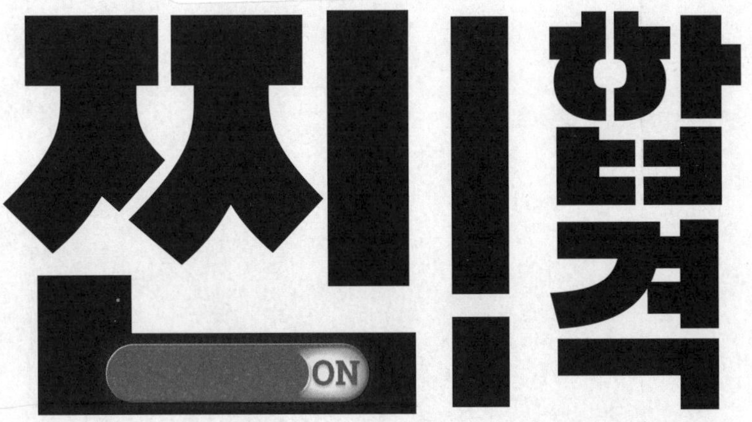


당신도 이번에 반드시 합격합니다!

100% 상세한 해설

# 600제 소방시설관리사 2차

## [ 소방시설의 점검실무행정 ]

## 초스피드기억법 + 요점노트

우석대학교 소방방재학과 교수 공하성

BM (주)도서출판 성안당

## ■ 도서 A/S 안내

성안당에서 발행하는 모든 도서는 저자와 출판사, 그리고 독자가 함께 만들어 나갑니다.

좋은 책을 펴내기 위해 많은 노력을 기울이고 있습니다. 혹시라도 내용상의 오류나 오탈자 등이 발견되면 "좋은 책은 나라의 보배"로서 우리 모두가 함께 만들어 간다는 마음으로 연락주시기 바랍니다. 수정 보완하여 더 나은 책이 되도록 최선을 다하겠습니다.

성안당은 늘 독자 여러분들의 소중한 의견을 기다리고 있습니다. 좋은 의견을 보내주시는 분께는 성안당 쇼핑몰의 포인트(3,000포인트)를 적립해 드립니다.

잘못 만들어진 책이나 부록 등이 파손된 경우에는 교환해 드립니다.

저자 문의 : http://pf.kakao.com/_iCdixj
Daum cafe.daum.net/firepass
NAVER cafe.naver.com/fireleader

본서 기획자 e-mail : coh@cyber.co.kr(최옥현)

홈페이지 : http://www.cyber.co.kr 전화 : 031) 950-6300

# 머리말

*God loves you, and has a wonderful plan for you.*

산업의 급격한 발전과 함께 건축물이 대형화·고층화되고, 각종 석유 화학 제품들의 범람으로 날로 대형화되어가고 있는 각종 화재는 막대한 재산과 생명을 빼앗아 가고 있습니다.

이를 사전에 예방하고 초기에 진압하기 위해서는 소방에 관한 체계적이고 전문적인 지식을 습득한 Engineer와 자동화·과학화된 System에 의해서만 가능할 것입니다.

이에 전문 Engineer가 되기 위하여 소방시설관리사 및 각종 소방분야시험에 응시하고자 하는 많은 수험생들과 소방공무원·현장 실무자들을 위해 본서를 집필하게 되었습니다.

이 책을 활용한다면 반드시 좋은 결과가 있을 것이라 생각됩니다.

참고로 해답의 근거를 다음과 같이 약자로 표기하여 신뢰성을 높였습니다.

- 기본법 : 소방기본법
- 기본령 : 소방기본법 시행령
- 기본규칙 : 소방기본법 시행규칙
- 소방시설법 : 소방시설 설치 및 관리에 관한 법률
- 소방시설법 시행령 : 소방시설 설치 및 관리에 관한 법률 시행령
- 소방시설법 시행규칙 : 소방시설 설치 및 관리에 관한 법률 시행규칙
- 화재예방법 : 화재의 예방 및 안전관리에 관한 법률
- 화재예방법 시행령 : 화재의 예방 및 안전관리에 관한 법률 시행령
- 화재예방법 시행규칙 : 화재의 예방 및 안전관리에 관한 법률 시행규칙
- 공사업법 : 소방시설공사업법
- 공사업령 : 소방시설공사업법 시행령
- 공사업규칙 : 소방시설공사업법 시행규칙
- 위험물법 : 위험물안전관리법
- 위험물령 : 위험물안전관리법 시행령
- 위험물규칙 : 위험물안전관리법 시행규칙
- 건축령 : 건축법 시행령
- 위험물기준 : 위험물안전관리에 관한 세부기준
- 건축물방화구조규칙 : 건축물의 피난·방화구조 등의 기준에 관한 규칙
- 건축물설비기준규칙 : 건축물의 설비기준 등에 관한 규칙
- 다중이용업소법 : 다중이용업소의 안전관리에 관한 특별법
- 다중이용업소법 시행령 : 다중이용업소의 안전관리에 관한 특별법 시행령
- 다중이용업소법 시행규칙 : 다중이용업소의 안전관리에 관한 특별법 시행규칙
- 초고층재난관리법 : 초고층 및 지하연계 복합건축물 재난관리에 관한 특별법
- 초고층재난관리법 시행령 : 초고층 및 지하연계 복합건축물 재난관리에 관한 특별법 시행령
- 초고층재난관리법 시행규칙 : 초고층 및 지하연계 복합건축물 재난관리에 관한 특별법 시행규칙
- 화재안전성능기준 : NFPC
- 화재안전기술기준 : NFTC

잘못된 부분에 대해서는 발견 즉시 카페(cafe.daum.net/firepass, cafe.naver.com/fireleader)에 올리도록 하겠으며, 새로운 책이 나올 때마다 늘 수정·보완하도록 하겠습니다.

끝으로 이 책에 대한 모든 영광을 그분께 돌려 드립니다.

공하성 올림

# CONTENTS

## ♣ 초스피드 기억법



## ♣ 요점노트

# 초스피드 기억법



● 기억 **전략법**

읽었을 때 10% 기억
들었을 때 20% 기억
보았을 때 30% 기억
보고 들었을 때 50% 기억
대화를 통해 70% 기억

누군가를 가르쳤을 때 95% 기억

# 상대성 원리

아인슈타인이 '상대성 원리'를 발견하고 강연회를 다니기 시작했다. 많은 단체 또는 사람들이 그를 불렀다.

30번 이상의 강연을 한 어느날이었다. 전속 운전기사가 아인슈타인에게 장난스럽게 이런말을 했다.

"박사님! 전 상대성 원리에 대한 강연을 30번이나 들었기 때문에 이제 모두 암송할 수 있게 되었습니다. 박사님은 연일 강연하시느라 피곤하실텐데 다음번에는 제가 한번 강연하면 어떨까요?"

그 말을 들은 아인슈타인은 아주 재미있어 하면서 순순히 그 말에 응하였다.

그래서 다음 대학을 향해 가면서 아인슈타인과 운전기사는 옷을 바꿔입었다.

운전기사는 아인슈타인과 나이도 비슷했고 외모도 많이 닮았다.

이때부터 아인슈타인은 운전을 했고 뒷자석에는 운전기사가 앉아 있게 되었다.

학교에 도착하여 강연이 시작되었다.

가짜 아인슈타인 박사의 강의는 정말 훌륭했다. 말 한마디, 얼굴표정, 몸의 움직임까지도 진짜 박사와 흡사했다.

성공적으로 강연을 마친 가짜 박사는 많은 박수를 받으며 강단에서 내려오려고 했다. 그 때 문제가 발생했다. 그 대학의 교수가 질문을 한 것이다.

가슴이 '쿵'하고 내려앉은 것은 가짜박사보다 진짜 박사쪽이었다.

운전기사 복장을 하고 있으니 나서서 질문에 답할 수도 없는 상황이었다.

그런데 단상에 있던 가짜 박사는 조금도 당황하지 않고 오히려 빙그레 웃으며 이렇게 말했다.

"아주 간단한 질문이오. 그 정도는 제 운전기사도 답할 수 있습니다."

그러더니 진짜 아인슈타인 박사를 향해 소리쳤다.

"여보게나? 이 분의 질문에 대해 어서 설명해 드리게나!"

그말에 진짜 박사는 안도의 숨을 내쉬며 그 질문에 대해 차근차근 설명해 나갔다.

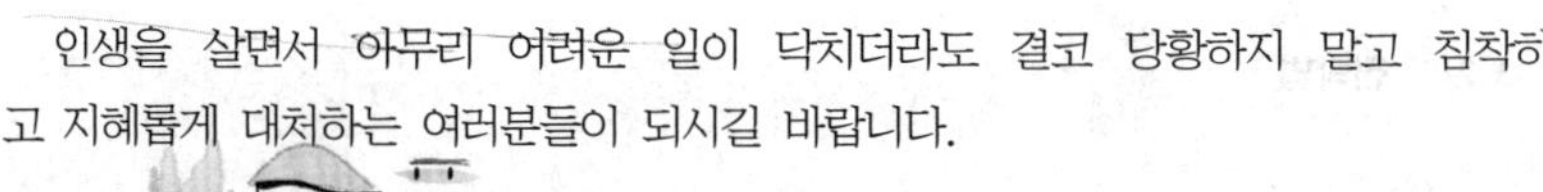

인생을 살면서 아무리 어려운 일이 닥치더라도 결코 당황하지 말고 침착하고 지혜롭게 대처하는 여러분들이 되시길 바랍니다.

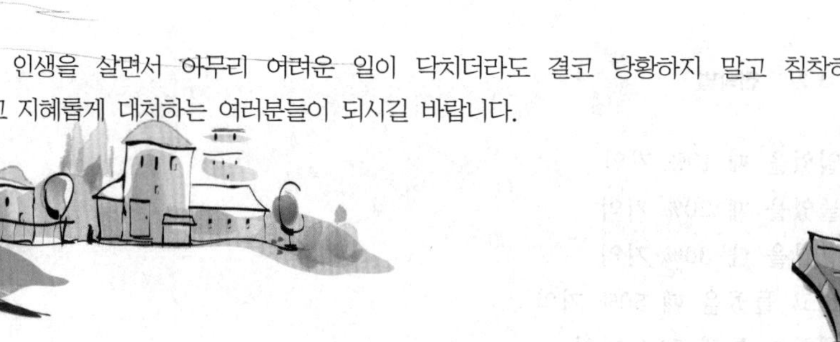

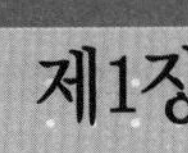

# 제1장 소방시설의 자체점검제도

## 1 소방관련법령

### ① 복합건축물로 보지 않는 경우(소방시설법 시행령 〔별표 2〕)

① 관계법령에서 주된 용도의 **부수**시설로서 그 설치를 의무화하고 있는 용도 또는 시설

② 주택법에 따라 **주택** 안에 부대시설 또는 복리시설이 설치되는 특정소방대상물

③ 건축물의 주된 용도의 기능에 필수적인 용도로서 다음의 어느 하나에 해당하는 용도

㉠ 건축물의 **설**비, **대**피 또는 **위**생을 위한 용도, 그 밖에 이와 비슷한 용도

㉡ **사**무, **작**업, **집**회, **물**품저장 또는 **주**차를 위한 용도, 그 밖에 이와 비슷한 용도

㉢ **구내**식당, 구내세탁소, 구내운동시설 등 종업원 후생복리시설(기숙사 제외) 또는 구내소각시설의 용도, 그 밖에 이와 비슷한 용도

기억법 **주택부수 설대위 구내사작 집물주**

비교

**복합건축물에 해당하는 경우**(소방시설법 시행령 〔별표 2〕)
하나의 건축물이 **근린생활시설**, **판매시설**, **업무시설**, **숙박시설** 또는 **위락시설**의 용도와 주택의 용도로 함께 사용되는 것

### ② 특정소방대상물의 관계인이 특정소방대상물에 설치·관리해야 하는 소방시설의 종류

① 단독경보형 감지기의 설치대상(소방시설법 시행령 〔별표 4〕)

| 연면적 | 설치대상 |
|---|---|
| $400m^2$ 미만 | • 유치원 |
| $2000m^2$ 미만 | • 교육연구시설·수련시설 내에 있는 **합숙소** 또는 **기숙사** |
| 모두 적용 | • **100명 미만**의 수련시설(숙박시설이 있는 것)<br>• 연립주택 및 다세대주택(연동형 설치) |

② **시**각경보기를 설치해야 하는 특정소방대상물(소방시설법 시행령 〔별표 4〕)

㉠ **근**린생활시설, **문**화 및 집회시설, **종**교시설, **판**매시설, **운**수시설, 운**동**시설, **위**락시설, **창**고시설(물류터미널)

㉡ **의**료시설, **노**유자시설, **업**무시설, **숙**박시설, **발**전시설 및 **장**례시설

㉢ 교육연구시설(**도**서관), 방송통신시설(**방**송국)

㉣ 지하가(**지**하상가)

NOTE

※ **단**독경보형 감지기의 설치기준(NFPC 201 제5조, NFTC 201 2.2)

① 각 **실**(이웃하는 실내의 바닥면적이 각각 $30m^2$ 미만이고 벽체의 상부의 전부 또는 일부가 개방되어 이웃하는 실내와 공기가 상호 유통되는 경우에는 이를 1개의 실로 봄)마다 설치하되 바닥면적이 $150m^2$를 초과하는 경우에는 $150m^2$마다 1개 이상 설치할 것

② 최상층의 계단실의 **천**장(외기가 상통하는 계단실의 경우 제외)에 설치할 것

③ 건전지를 주전원으로 사용하는 단독경보형 감지기는 정상적인 작동상태를 유지할 수 있도록 건전지를 **교**환할 것

④ 상용전원을 주전원으로 사용하는 단독경보형 감지기의 2차 전지는 소방시설 설치 및 관리에 관한 법률 제40조에 따라 제품검사에 합격한 것을 사용할 것

기억법 **실천교단**

NOTE

| 기억법 | 시근문종판 운동위창<br>장발노의 숙업<br>도방지 |
|---|---|

※ 공기호흡기를 설치하여야 하는 특정소방대상물
★꼭 기억하세요★

③ **공**기호흡기를 설치하여야 하는 특정소방대상물(소방시설법 시행령 〔별표 4〕 제3호 나목 3)

㉠ **수**용인원 **1**00명 이상인 문화 및 집회시설 중 **영**화상영관

㉡ 판매시설 중 **대**규모점포

㉢ 운수시설 중 **지**하역사

㉣ 지하가 중 **지**하상가

㉤ **물**분무등소화설비를 설치하는 특정소방대상물 및 화재안전기준에 따라 이산화탄소 소화설비(호스릴 이산화탄소 소화설비 제외)를 설치하여야 하는 특정소방대상물

| 기억법 | 공수1영 대지물 |
|---|---|

중요

**인명구조기구의 설치기준**(NFPC 302 제4조, NFTC 302 2.1.1.1)

(1) 특정소방대상물의 용도 및 장소별로 설치하여야 할 인명구조기구는 〔별표 1〕에 따라 설치

‖ 특정소방대상물의 용도 및 장소별로 설치하여야 할 인명구조기구 ‖

| 특정소방대상물 | 인명구조기구의 종류 | 설치수량 |
|---|---|---|
| • 지하층을 포함하는 층수가 **7층** 이상인 관광호텔 및 **5층** 이상인 병원 | • 방열복 또는 방화복(안전모, 보호장갑 및 안전화 포함)<br>• 공기호흡기<br>• 인공소생기 | • 각 **2개** 이상 비치할 것. 단, 병원의 경우에는 인공소생기를 설치하지 않을 수 있다. |
| • 문화 및 집회시설 중 수용인원 **100명** 이상의 영화상영관<br>• 판매시설 중 대규모 점포<br>• 운수시설 중 지하역사<br>• 지하가 중 지하상가 | • 공기호흡기 | • **층**마다 **2개** 이상 비치할 것. 단, 각 층마다 갖추어 두어야 할 공기호흡기 중 일부를 직원이 상주하는 인근 사무실에 갖추어 둘 수 있다. |
| • 물분무등소화설비 중 이산화탄소 소화설비를 설치하여야 하는 특정소방대상물 | • 공기호흡기 | • 이산화탄소 소화설비가 설치된 장소의 출입구 외부 인근에 **1대** 이상 비치할 것 |

(2) 화재시 쉽게 반출·사용할 수 있는 장소에 비치

(3) 인명구조기구가 설치된 가까운 장소의 보기 쉬운 곳에 **"인명구조기구"**라는 축광식 표지와 그 사용방법을 표시한 표지를 부착하되, 축광식 표지는 소방청장이 고시한 축광표지의 성능인증 및 제품검사의 기술기준에 적합한 것으로 할 것

(4) 방열복은 소방청장이 고시한 소방용 방열복의 성능인증 및 제품검사의 기술기준에 적합한 것으로 설치

(5) 방화복(**안전모**, **보호장갑** 및 **안전화** 포함)은 소방장비관리법 및 표준규격을 정해야 하는 소방장비의 종류 고시 제2조 제①항 제4조에 적합한 것으로 설치

※ 지하층을 포함하는 층수가 7층 이상인 관광호텔 및 5층 이상인 병원에 설치하여야 할 인명구조기구의 종류
① 방열복 또는 방화복(안전모, 보호장갑 및 안전화 포함)
② 공기호흡기
③ 인공소생기

## 3 소방시설을 설치하지 않을 수 있는 특정소방대상물 및 소방시설의 범위(소방시설법 시행령 〔별표 6〕)

| 구 분 | 특정소방대상물 | 소방시설 |
|---|---|---|
| 화재위험도가 낮은 특정소방대상물 | 석재, 불연성 금속, 불연성 건축재료 등의 가공공장·기계조립공장·주물공장 또는 불연성 물품을 저장하는 창고 | ① 옥외소화전설비<br>② 연결살수설비 |
| 화재안전기준을 적용하기 어려운 특정소방대상물 | **펄**프공장의 작업장, **음**료수공장의 세정 또는 **충**전을 하는 작업장, 그 밖에 이와 비슷한 용도로 사용하는 것 | ① **스**프링클러설비<br>② **상**수도소화용수설비<br>③ **연**결살수설비<br>기억법 펄음충 스상연 |
| | **정**수장, **수**영장, **목**욕장, **농**예·**축**산·**어**류양식용 시설, 그 밖에 이와 비슷한 용도로 사용되는 것 | ① **자**동화재탐지설비<br>② **상**수도소화용수설비<br>③ **연**결살수설비<br>기억법 정수목농축어 자상연 |
| 화재안전기준을 달리 적용하여야 하는 특수한 용도 또는 구조를 가진 특정소방대상물 | 원자력발전소, 중·저준위 방사성 폐기물의 저장시설 | ① 연결송수관설비<br>② 연결살수설비 |
| 위험물안전관리법에 따른 자체소방대가 설치된 특정소방대상물 | 자체소방대가 설치된 위험물제조소 등에 부속된 사무실 | ① 옥내소화전설비<br>② 소화용수설비<br>③ 연결살수설비<br>④ 연결송수관설비 |

## 4 터널에 설치하는 소방시설의 종류(소방시설법 시행령 〔별표 4〕)

| 소방시설 | 설치대상 |
|---|---|
| ① 소화기구 | 터널 |
| ② 비상**경**보설비<br>③ 비상**조**명등<br>④ 비상**콘**센트설비<br>⑤ **무**선통신보조설비 | 지하가 중 터널길이 500m 이상<br>기억법 경조콘무 |
| ⑥ 제연설비<br>⑦ 물분무등소화설비 | 지하가 중 예상교통량, 경사도 등 터널의 특성을 고려하여 행정안전부령으로 정하는 터널 |
| ⑧ 연결송수관설비 | 지하가 중 터널길이 1000m 이상 |
| ⑨ 옥내소화전설비 | • 길이가 1000m 이상인 터널<br>• 예상교통량, 경사도 등 터널의 특성을 고려하여 행정안전부령으로 정하는 터널 |
| ⑩ 자동화재탐지설비 | 터널길이 1000m 이상 |

NOTE

✽ 화재안전기준을 적용하기 어려운 특정소방대상물로 펄프공장의 작업장, 음료수공장의 세정 또는 충전을 하는 작업장, 그 밖에 이와 비슷한 용도로 사용하는 것에 설치하지 아니할 수 있는 소방시설
① 스프링클러설비
② 상수도 소화용수설비
③ 연결살수설비

✽ 화재안전기준을 적용하기 어려운 특정소방대상물로 정수장, 수영장, 목욕장, 농예·축산·어류양식용 시설, 그 밖에 이와 비슷한 용도로 사용되는 것에 설치하지 아니할 수 있는 소방시설
① 자동화재탐지설비
② 상수도소화용수설비
③ 연결살수설비

NOTE

※ 스프링클러설비에서 설치장소의 평상시 최고주위온도에 따른 폐쇄형 스프링클러헤드의 표시온도
★꼭 기억하세요★

## 5 설치장소의 평상시 최고주위온도에 따른 표시온도(NFPC 103 제10조, NFTC 103 2.7.6)

다음 3가지 소방시설의 **설치장소**의 **최고주위온도**와 **표시온도**가 모두 같다.

① **스**프링클러설비에서 설치장소의 평상시 최고주위온도에 따른 폐쇄형 스프링클러헤드의 표시온도(NFPC 103 제10조, NFTC 103 2.7.6)

| 설치장소의 최고주위온도 | 표시온도 |
|---|---|
| **39**℃ 미만 | **79**℃ 미만 |
| 39℃ 이상 **64**℃ 미만 | 79℃ 이상 **121**℃ 미만 |
| 64℃ 이상 **106**℃ 미만 | 121℃ 이상 **162**℃ 미만 |
| 106℃ 이상 | 162℃ 이상 |

(비고) 높이 **4m** 이상인 **공장**은 표시온도 **121℃** 이상으로 할 것

② **가**스식, **분**말식, **고**체에어로졸식 **자**동소화장치에서 설치장소의 평상시 최고주위온도에 따른 표시온도(NFPC 101 제4조, NFTC 101 2.1.2.4.3)

| 설치장소의 최고주위온도 | 표시온도 |
|---|---|
| **39**℃ 미만 | **79**℃ 미만 |
| 39℃ 이상 **64**℃ 미만 | 79℃ 이상 **121**℃ 미만 |
| 64℃ 이상 **106**℃ 미만 | 121℃ 이상 **162**℃ 미만 |
| 106℃ 이상 | 162℃ 이상 |

③ 연결**살**수설비에서 설치장소의 평상시 최고주위온도에 따른 폐쇄형 스프링클러헤드의 표시온도(NFPC 503 제6조, NFTC 503 2.3.3.1)

| 설치장소의 최고주위온도 | 표시온도 |
|---|---|
| **39**℃ 미만 | **79**℃ 미만 |
| 39℃ 이상 **64**℃ 미만 | 79℃ 이상 **121**℃ 미만 |
| 64℃ 이상 **106**℃ 미만 | 121℃ 이상 **162**℃ 미만 |
| 106℃ 이상 | 162℃ 이상 |

**기억법** 39 79
64 121
106 162
가분고자 살스

※ 소방용품 중 소화설비를 구성하는 제품 또는 기기
① 소화기구(소화약제 외의 것을 이용한 간이소화용구는 제외)
② 자동소화장치
③ 소화설비를 구성하는 소화전, 관창, 소방호스, 스프링클러헤드, 기동용 수압개폐장치, 유수제어밸브 및 가스관 선택밸브

## 6 소방용품(소방시설법 시행령 〔별표 3〕)

| 구 분 | 설 명 |
|---|---|
| 소화설비를 구성하는 제품 또는 기기 | ① **소**화**기**구(소화약제 외의 것을 이용한 간이소화용구는 제외)<br>② 자동소화장치<br>③ 소화설비를 구성하는 **소화전**, **관**창, **소방호스**, **스**프링클러헤드, **기**동용 수압개폐장치, **유**수제어밸브 및 **가**스관 선택밸브<br>**기억법** 소기전관 호스유기가 |

| | |
|---|---|
| 경보설비를 구성하는 제품 또는 기기 | ① 누전경보기 및 가스누설경보기<br>② 경보설비를 구성하는 발신기, 수신기, 중계기, 감지기 및 음향장치(경종만 해당)<br>기억법 경누가수발 중감음경 |
| 피난구조설비를 구성하는 제품 또는 기기 | ① 피난사다리, 구조대, 완강기(간이완강기 및 지지대 포함)<br>② 공기호흡기(충전기 포함)<br>③ 피난구유도등, 통로유도등, 객석유도등 및 예비전원이 내장된 비상조명등<br>기억법 피구완공 예비 |
| 소화용으로 사용하는 제품 또는 기기 | ① 소화약제(상업용 주방자동소화장치·캐비닛형 자동소화장치·포소화설비·이산화탄소 소화설비·할론소화설비·할로겐화합물 및 불활성기체 소화설비·분말소화설비·강화액소화설비·고체에어로졸 소화설비만 해당)<br>② 방염제(방염액·방염도료 및 방염성 물질을 말함) |
| 그 밖에 행정안전부령으로 정하는 소방관련 제품 또는 기기 | |

중요

(1) **소화기구**(소방시설법 시행령 〔별표 1〕)
① 소화기
② 간이소화용구 : 에어로졸식 소화용구, 투척용 소화용구, 소공간용 소화용구 및 소화약제 외의 것을 이용한 간이소화용구
③ 자동확산소화기

(2) **자동소화장치**
① 주거용 주방자동소화장치
② 상업용 주방자동소화장치
③ 캐비닛형 자동소화장치
④ 가스자동소화장치
⑤ 분말자동소화장치
⑥ 고체에어로졸 자동소화장치

기억법 소간 에투외
고자주캐(줄게) 분가상

## 7 변경강화기준 적용설비(소방시설법 제13조)

① 소화기구
② 비상경보설비
③ 자동화재탐지설비
④ 자동화재속보설비
⑤ 피난구조설비
⑥ 소방시설(공동구 설치용, 전력 및 통신사업용 지하구, 노유자시설, 의료시설)

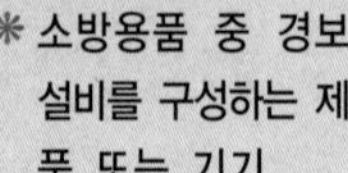


**＊ 소방용품 중 경보설비를 구성하는 제품 또는 기기**
① 누전경보기 및 가스누설경보기
② 경보설비를 구성하는 발신기, 수신기, 중계기, 감지기 및 음향장치(경종만 해당)

**＊ 대통령령이 정하는 소방시설의 설치제외장소(소방시설법 제13조)**
① 화재위험도가 낮은 특정소방대상물
② 화재안전기준을 적용하기가 어려운 특정소방대상물
③ 화재안전기준을 다르게 적용하여야 하는 특수한 용도 또는 구조를 가진 특정소방대상물
④ 자체소방대가 설치된 특정소방대상물

NOTE

※ 소방시설 등의 자체점검 결과보고서의 제출방법
소방본부장 또는 소방서장에게 자체점검 실시결과 보고를 마친 관계인은 소방시설 등 자체점검 실시결과 보고서(소방시설 등 점검표 포함)를 점검이 끝난 날부터 **2년**간 자체 보관한다.

※ 2 이상의 특정소방대상물을 하나의 특정소방대상물로 보는 내화구조로 된 연결통로의 구조
① 벽이 없는 구조로서 그 길이가 6m 이하인 경우
② 벽이 있는 구조로서 그 길이가 10m 이하인 경우(단, 벽높이가 바닥에서 천장까지의 높이의 $\frac{1}{2}$ 이상인 경우에는 벽이 있는 구조로 보고, 벽높이가 바닥에서 천장까지의 높이의 $\frac{1}{2}$ 미만인 경우에는 벽이 없는 구조로 봄)

| 공동구,<br>전력 및 통신사업용 지하구 | 노유자시설 | 의료시설 |
|---|---|---|
| ① 소화기<br>② 자동소화장치<br>③ 자동화재탐지설비<br>④ 통합감시시설<br>⑤ 유도등 및 연소방지설비 | ① 간이스프링클러설비<br>② 자동화재탐지설비<br>③ 단독경보형 감지기 | ① 스프링클러설비<br>② 간이스프링클러설비<br>③ 자동화재탐지설비<br>④ 자동화재속보설비 |

## 2 소방시설의 자체점검

### 1 소방시설 등의 자체점검 결과보고서 제출

① **소방시설 등**의 **자체점검**(소방시설법 제22조) : 특정소방대상물의 **관계인**은 그 대상물에 설치되어 있는 소방시설 등이 적합하게 설치·관리되고 있는지에 대하여 기간 내에 스스로 점검하거나 관리업자 또는 **행정안전부령**으로 정하는 기술자격자로 하여금 정기적으로 점검하게 하여야 한다.

② **자체점검 결과보고서**의 **제출**(소방시설법 시행규칙 제23조)

㉠ 소방시설 등의 자체점검(소방시설법 시행규칙 제23조 [별표 3])

| 구 분 | 제출기간 | 제출처 |
|---|---|---|
| 관리업자 또는 소방안전관리자로 선임된 소방시설관리사·소방기술사 | 10일 이내 | 관계인 |
| 관계인 | 15일 이내 | 소방본부장·소방서장 |

㉡ 소방본부장 또는 소방서장에게 자체점검 실시결과 보고를 마친 관계인은 소방시설 등 자체점검 실시결과 보고서(소방시설 등 점검표 포함)를 점검이 끝난 날부터 **2년**간 자체 보관한다.

### 2 특정소방대상물의 구분(소방시설법 시행령 [별표 2])

| 구 분 | 설 명 |
|---|---|
| 각각 별개의 특정소방대상물로 보는 경우 | • 내화구조로 된 하나의 특정소방대상물이 개구부 및 연소확대 우려가 없는 내화구조의 바닥과 벽으로 구획되어 있는 경우 |
| **하**나의 특정**소**방대상물로 보는 경우 | 2 이상의 특정소방대상물이 다음에 해당하는 구조로 연결통로로 연결된 경우<br>• **내**화구조로 된 **연**결통로가 다음에 해당하는 경우<br>– **벽이 없는 구조**로서 그 길이가 **6**m 이하인 경우<br>– **벽이 있는 구조**로서 그 길이가 **10**m 이하인 경우(단, 벽높이가 바닥에서 천장까지의 높이의 $\frac{1}{2}$ 이상인 경우에는 벽이 있는 구조로 보고, 벽높이가 바닥에서 천장까지의 높이의 $\frac{1}{2}$ 미만인 경우에는 벽이 없는 구조로 봄)<br>• **내**화구조가 **아**닌 **연**결통로로 연결된 경우<br>• **컨베이어**로 연결되거나 **플랜트설비**의 배관 등으로 연결되어 있는 경우<br>• **지하보도**, **지하상가**, **지하가**로 연결된 경우<br>• **자동방화셔터** 또는 **60분+방화문**이 설치되지 않은 **피**트로 연결된 경우<br>• **지하구**로 연결된 경우<br>기억법 **하소 내연610, 내아연 컨플 보도상가 구피** |

NOTE

| | |
|---|---|
| 별개의 특정소방대상물로 보는 경우 | • 화재시 경보설비 또는 자동소화설비의 작동과 연동하여 자동으로 닫히는 **자동방화셔터** 또는 **60분+방화문**이 설치된 경우<br>• 화재시 자동으로 방수되는 방식의 **드렌처설비** 또는 **개방형 스프링클러헤드**가 설치된 경우 |
| 해당 지하층 부분을 지하가로 보는 경우 | • 특정소방대상물의 지하층이 지하가와 연결되어 있는 경우(단, 다음 지하가와 연결되는 지하층에 지하층 또는 지하가가 설치된 자동방화셔터 또는 **60분+방화문**이 화재시 경보설비 또는 자동소화설비의 작동과 연동하여 닫히는 구조이거나 그 윗부분에 **드렌처설비**를 설치한 경우 제외) |

## 3 소방시설관리업

① **소방시설관리업**의 **등록기준**(소방시설법 시행령 〔별표 9〕)

| 기술인력 등 / 업종별 | 기술인력 | 영업범위 |
|---|---|---|
| 전문 소방시설 관리업 | ① 주된 기술인력<br>㉠ 소방시설관리사 자격을 취득한 후 소방 관련 실무경력이 **5년** 이상인 사람 1명 이상<br>㉡ 소방시설관리사 자격을 취득한 후 소방 관련 실무경력이 **3년** 이상인 사람 1명 이상<br>② 보조기술인력<br>㉠ 고급 점검자 : **2명** 이상<br>㉡ 중급 점검자 : **2명** 이상<br>㉢ 초급 점검자 : **2명** 이상 | 모든 특정소방대상물 |
| 일반 소방시설 관리업 | ① 주된 기술인력 : 소방시설관리사 자격을 취득 후 소방 관련 실무경력이 **1년** 이상인 사람<br>② 보조기술인력<br>㉠ 중급 점검자 : **1명** 이상<br>㉡ 초급 점검자 : **1명** 이상 | 1급, 2급, 3급 소방안전관리 대상물 |

〔비고〕 1. 소방 관련 실무경력 : 소방기술과 관련된 경력
2. 보조기술인력의 종류별 자격 : 소방기술과 관련된 자격·학력 및 경력을 가진 사람 중에서 행정안전부령으로 정한다.

② **소방시설별 점검장비**(소방시설법 시행규칙 〔별표 3〕)

| 소방시설 | 장 비 | 규 격 |
|---|---|---|
| **모**든 소방시설 | • 방수압력측정계<br>• 절연저항계(절연저항측정기)<br>• 전류전압측정계 | – |
| **소**화기구 | • 저울 | – |

※ **소방시설 중 모든 소방시설의 점검장비**
① 방수압력측정계
② 절연저항계(절연저항측정기)
③ 전류전압측정계

NOTE

**※ 소방시설 중 자동화재탐지설비의 점검장비**
① 열감지기시험기
② 연감지기시험기
③ 공기주입시험기
④ 감지기시험기 연결막대
⑤ 음량계

**※ 소방시설 중 제연설비의 점검장비**
① 풍속풍압계
② 폐쇄력측정기
③ 차압계(압력차 측정기)

**※ 작동점검**
소방시설 등을 인위적으로 조작하여 정상작동 여부를 점검하는 것

| | | |
|---|---|---|
| **옥**내소화전설비 · 옥외소화전설비 | • 소화전밸브압력계 | – |
| **스**프링클러설비 · 포소화설비 | • 헤드결합렌치 | – |
| **자**동화재탐지설비 · 시각경보기 | • 열감지기시험기<br>• 연감지기시험기<br>• 공기주입시험기<br>• 감지기시험기 연결막대<br>• 음량계 | – |
| **누**전경보기 | • 누전계 | • 누전전류 측정용 |
| **무**선통신보조설비 | • 무선기 | • 통화시험용 |
| **제**연설비 | • 풍속풍압계<br>• 폐쇄력측정기<br>• 차압계(압력차 측정기) | – |
| **통**로유도등 · 비상조명등 | • 조도계(밝기 측정기) | • 최소눈금이 0.1lx 이하인 것 |

기억법 **모장옥스소자누 무제통**

## 4 특정소방대상물의 자체점검

① 소방시설 등 자체점검의 구분과 대상 점검자의 자격, 점검횟수 및 시기(소방시설법 시행규칙 〔별표 3〕)

| 점검 구분 | 정 의 | 점검대상 | 점검자의 자격 (주된 인력) | 점검 횟수 및 점검 시기 |
|---|---|---|---|---|
| 작동점검 | 소방시설 등을 인위적으로 조작하여 정상적으로 작동하는지를 점검하는 것 | ① 간이스프링클러설비 · 자동화재탐지설비 | • 관계인<br>• 소방안전관리자로 선임된 소방시설관리사 또는 소방기술사<br>• 소방시설관리업에 등록된 기술인력 중 소방시설관리사 또는 「소방시설공사업법 시행규칙」에 따른 특급 점검자 | 작동점검은 **연 1회** 이상 실시하며, 종합점검대상은 종합점검을 받은 달부터 **6개월**이 되는 달에 실시 |
| | | ② ①에 해당하지 아니하는 특정소방대상물 | • 소방시설관리업에 등록된 기술인력 중 소방시설관리사<br>• 소방안전관리자로 선임된 소방시설관리사 또는 소방기술사 | |
| | | ③ 작동점검 제외대상<br>• 특정소방대상물 중 소방안전관리자를 선임하지 않는 대상<br>• 위험물제조소 등<br>• 특급 소방안전관리대상물 | | |

NOTE

| 종합 점검 | 소방시설 등의 작동점검을 포함하여 소방시설 등의 설비별 주요 구성 부품의 구조기준이 화재안전기준과 「건축법」 등 관련 법령에서 정하는 기준에 적합한지 여부를 점검하는 것<br>(1) 최초점검 : 특정소방대상물의 소방시설이 새로 설치되는 경우 건축물을 사용할 수 있게 된 날부터 60일 이내에 점검하는 것<br>(2) 그 밖의 종합점검 : 최초점검을 제외한 종합점검 | ④ 소방시설 등이 신설된 경우에 해당하는 특정소방대상물<br>⑤ **스프링클러설비**가 설치된 특정소방대상물<br>⑥ **물분무등소화설비**(호스릴방식의 물분무등소화설비만을 설치한 경우는 제외)가 설치된 연면적 **5000m²** 이상인 특정소방대상물(위험물제조소 등 제외)<br>⑦ 다중이용업의 영업장이 설치된 특정소방대상물로서 연면적이 **2000m²** 이상인 것<br>⑧ **제연설비**가 설치된 터널<br>⑨ **공공기관** 중 연면적(터널·지하구의 경우 그 길이와 평균폭을 곱하여 계산된 값)이 **1000m²** 이상인 것으로서 옥내소화전설비 또는 자동화재탐지설비가 설치된 것(단, 소방대가 근무하는 공공기관 제외) | • 소방시설관리업에 등록된 기술인력 중 **소방시설관리사**<br>• 소방안전관리자로 선임된 **소방시설관리사** 또는 **소방기술사** | 〈점검횟수〉<br>㉠ 연 1회 이상(특급 소방안전관리대상물은 반기에 1회 이상) 실시<br>㉡ ㉠에도 불구하고 소방본부장 또는 소방서장은 소방청장이 소방안전관리가 우수하다고 인정한 특정소방대상물에 대해서는 3년의 범위에서 소방청장이 고시하거나 정한 기간 동안 종합점검을 면제할 수 있다(단, 면제기간 중 화재가 발생한 경우는 제외).<br>〈점검시기〉<br>㉠ ④에 해당하는 특정소방대상물은 건축물을 사용할 수 있게 된 날부터 60일 이내 실시<br>㉡ ㉠을 제외한 특정소방대상물은 건축물의 사용승인일이 속하는 달에 실시(단, 학교의 경우 해당 건축물의 사용승인일이 1월에서 6월 사이에 있는 경우에는 6월 30일까지 실시할 수 있다.)<br>㉢ 건축물 사용승인일 이후 ⑥에 따라 종합점검대상에 해당하게 된 경우에는 그 다음 해부터 실시<br>㉣ 하나의 대지경계선 안에 2개 이상의 자체점검대상 건축물 등이 있는 경우 그 건축물 중 사용승인일이 가장 빠른 연도의 건축물의 사용승인일을 기준으로 점검할 수 있다. |
|---|---|---|---|---|

**※ 종합점검**
소방시설 등의 작동점검을 포함하여 설비별 주요구성부품의 구조기준이 화재안전기준에 적합한지 여부를 점검하는 것

**※ 특급 소방안전관리대상물**
30층 이상, 높이 120m 이상 또는 연면적 10만 m² 이상

NOTE

**※ 점검한도면적**
점검인력 1단위가 하루 동안 점검할 수 있는 특정소방대상물의 연면적

**※ 실제 점검면적에 곱하는 가감계수(2류)**
문화 및 집회시설, 종교시설, 의료시설(정신보건시설 제외), 교정 및 군사시설(군사시설 제외), 지하가, 복합건축물(1류에 속하는 시설이 있는 경우), 발전시설, 판매시설

기억법 교문발 2지(이지=쉽다.) 의복 종판(장판)

**※ 실제 점검면적에 곱하는 가감계수(3류)**
근린생활시설, 운동시설, 업무시설, 방송통신시설, 운수시설

기억법 방업(방염) 운운근3 (근생=근린생활)

## 5 소방시설 등의 자체점검시 일반소방시설관리업 점검인력 배치기준(구 소방시설법 시행규칙 〔별표 2〕)

① 소방시설관리사 **1명**과 보조기술인력 **2명**을 점검인력 1단위로 하되, 점검인력 1단위에 **2명**(같은 건축물을 점검할 때에는 **4명**) 이내의 보조기술인력 추가 가능

② 소방안전관리자로 선임된 소방시설관리사 및 소방기술사가 점검하는 경우의 1단위

| 일반점검 | 소규모점검 |
|---|---|
| • 소방시설관리사 및 소방기술사 1명<br>• 보조기술인력 2명(4명 이내의 보조기술인력 추가 가능) | • 소방시설관리사 및 소방기술사 1명<br>• 보조기술인력 1명 |

③ 점검한도면적

| 작동점검 | 종합점검 |
|---|---|
| 12000m$^2$(소규모점검은 3500m$^2$) | 10000m$^2$ |
| 보조기술인력 1명당 3500m$^2$씩 추가 | 보조기술인력 1명당 3000m$^2$씩 추가 |

④ 관리업자가 하루 동안 점검한 면적은 실제 점검면적에 다음의 기준을 적용하여 계산한 면적(점검면적)으로 하되, 점검면적은 점검한도면적을 초과 금지

‖ 실제 점검면적 ‖

| 지하구 | 터 널 |
|---|---|
| 지하구길이×1.8m | • **3차로** 이하 : 터널길이×3.5m<br>• **4차로** 이상 : 터널길이×7m<br>• 한쪽 측벽에 소방시설이 설치된 4차로 이상 : 터널길이×3.5m |

㉠ 실제 점검면적에 다음의 가감계수를 곱한다.

| 구 분 | 대상용도 | 가감계수 |
|---|---|---|
| 1류 | 노유자시설, 숙박시설, 위락시설, 의료시설(정신보건의료기관), 수련시설, 복합건축물(1류에 속하는 시설이 있는 경우)<br>기억법 노숙 1위 수정 | 1.2 |
| 2류 | 문화 및 집회시설, 종교시설, 의료시설(정신보건시설 제외), 교정 및 군사시설(군사시설 제외), 지하가, 복합건축물(1류에 속하는 시설이 있는 경우), 발전시설, 판매시설<br>기억법 교문발 2지(이지=쉽다.) 의복 종판(장판) | 1.1 |

| | | |
|---|---|---|
| 3류 | 근린생활시설, 운동시설, 업무시설, 방송통신시설, 운수시설<br>기억법 방업(방염) 운운근3(근생=근린생활) | 1.0 |
| 4류 | 공장, 위험물 저장 및 처리시설, 창고시설<br>기억법 창공위4(창공위 사랑) | 0.9 |
| 5류 | 공동주택(아파트 제외), 교육연구시설, 항공기 및 자동차 관련시설, 동물 및 식물 관련시설, 자원순환 관련시설, 군사시설, 묘지 관련시설, 관광휴게시설, 장례식장, 지하구, 문화재<br>기억법 5교 공아제 동물 묘지관광 항문지군 | 0.8 |

㉡ 점검한 특정소방대상물이 다음의 어느 하나에 해당할 때에는 다음에 따라 계산된 값을 ㉠에 따라 계산된 값에서 뺀다.

- 스프링클러설비가 설치되지 않은 경우 : ㉠의 계산된 값×0.1
- 제연설비가 설치되지 않은 경우 : ㉠의 계산된 값×0.1
- 물분무등소화설비가 설치되지 않은 경우 : ㉠의 계산된 값×0.15

㉢ 2개 이상의 특정소방대상물을 하루에 점검하는 경우 : 나중에 점검하는 특정소방대상물에 대하여 특정소방대상물 간의 최단 주행거리 5km마다 ㉡에 따라 계산된 값(㉡에 따라 계산된 값이 없을 때에는 ㉠에 따라 계산된 값)에 0.02를 곱한 값을 더한다.

비교

**아파트 점검인력 배치기준**(소방시설법 시행규칙 〔별표 4〕)

(1) 소방시설관리사 **1명**과 보조기술인력 **2명**을 점검인력 1단위로 하되, 점검인력 1단위에 2명(같은 건축물을 점검할 때에는 **4명**) 이내의 보조기술인력 추가 가능

(2) 점검한도세대수

| 작동점검 | 종합점검 |
|---|---|
| **350세대**(소규모점검의 경우 90세대) | **300세대** |
| 보조기술인력 1명당 **90세대**씩 추가 | 보조기술인력 1명당 **70세대**씩 추가 |

(3) 관리업자가 하루 동안 점검한 세대수는 실제 점검세대수에 다음의 기준을 적용하여 계산한 세대수(점검세대수)로 하되, 점검세대수는 점검한도세대수를 초과 금지

① 점검한 아파트가 다음의 어느 하나에 해당할 때에는 다음에 따라 계산된 값을 실제 점검세대수에서 뺀다.

㉠ 스프링클러설비가 설치되지 않은 경우 : 실제 점검세대수×**0.1**

㉡ 제연설비가 설치되지 않은 경우 : 실제 점검세대수×**0.1**

㉢ 물분무등소화설비가 설치되지 않은 경우 : 실제 점검세대수×**0.15**

NOTE

* **아파트 종합점검 점검한도세대수**
300세대

* **점검한 아파트의 실제 점검세대수를 빼는 경우**
① 스프링클러설비가 설치되지 않은 경우 : 실제 점검세대수×0.1
② 제연설비가 설치되지 않은 경우 : 실제 점검세대수×0.1
③ 물분무등소화설비가 설치되지 않은 경우 : 실제 점검세대수×0.15

② 2개 이상의 아파트를 하루에 점검하는 경우 : 나중에 점검하는 아파트에 대하여 아파트 간의 최단 주행거리 5km마다 ①에 따라 계산된 값(①에 따라 계산된 값이 없을 때에는 실제 점검세대수)에 0.02를 곱한 값을 더한다.

(4) 아파트와 아파트 외 용도의 건축물을 하루에 점검할 때에는 (1)~(3)에 따라 계산된 값에 종합점검의 경우 **33.3**을 곱한 값을 점검면적으로 보고 점검한도면적은 종합점검 **10000m²**, 작동점검 **12000m²**(소규모점검의 경우 **3500m²**) 보조기술인력 1명 추가시마다 종합점검의 경우 **3000m²**, 작동점검의 경우 **3500m²**씩을 점검한도면적에 더한다.

(5) 종합점검과 작동점검을 하루에 점검하는 경우에는 작동점검의 점검면적 또는 점검세대수에 **0.8**을 곱한 값을 종합점검 점검면적 또는 점검세대수로 본다.

(6) 규정에 따라 계산된 값은 **소수점 이하 2째자리**에서 반올림한다.

## 6 소방시설 등의 자체점검시 전문소방시설관리업 점검인력 배치기준(소방시설법 시행규칙 〔별표 4〕)

① 소방시설관리사 또는 특급점검자 **1명**과 보조기술인력 **2명**을 점검인력 1단위로 하되, 점검인력 1단위에 **2명**(같은 건축물을 점검할 때에는 **4명**) 이내의 보조기술인력 추가 가능

② 소방안전관리자로 선임된 소방시설관리사 및 소방기술사가 점검하는 경우의 1단위

㉠ 소방시설관리사 또는 소방기술사 1명

㉡ 보조기술인력 2명(2명 이내의 보조기술인력 추가 가능)

㉢ 보조기술인력은 관계인 또는 소방안전관리보조자

③ 관계인 또는 소방안전관리자가 점검하는 경우의 1단위

㉠ 관계인 또는 소방안전관리자 1명

㉡ 보조기술인력 2명

㉢ 보조기술인력은 관리자, 점유자 또는 소방안전관리보조자

③ 점검한도면적

| 작동점검 | 종합점검 |
|---|---|
| 10000m² | 8000m² |
| 보조기술인력 1명당 2500m²씩 추가 | 보조기술인력 1명당 20000m²씩 추가 |

④ 점검인력 하루 배치기준 : 5개 특정소방대상물(단, 2개 이상 특정소방대상물을 2일 이상 연속하여 점검하는 경우 배치기한 초과 금지)

⑤ 관리업자가 하루 동안 점검한 면적은 실제 점검면적에 다음의 기준을 적용하여 계산한 면적(점검면적)으로 하되, 점검면적은 점검한도면적을 초과 금지

‖ 실제 점검면적 ‖

| 지하구 | 터 널 |
|---|---|
| 지하구길이×1.8m | • 3차로 이하 : 터널길이×3.5m<br>• 4차로 이상 : 터널길이×7m<br>• 한쪽 측벽에 소방시설이 설치된 4차로 이상 : 터널길이×3.5m |

㉠ 실제 점검면적에 다음의 가감계수를 곱한다.

| 구 분 | 대상용도 | 가감계수 |
|---|---|---|
| 1류 | 문화 및 집회시설, 종교시설, 판매시설, 의료시설, 노유자시설, 수련시설, 숙박시설, 위락시설, 창고시설, 교정시설, 발전시설, 지하가, 복합건축물<br>기억법 교문발 1지(일지매) 의복종판(장판) 노숙수창위 | 1.1 |
| 2류 | 공동주택, 근린생활시설, 운수시설, 교육연구시설, 운동시설, 업무시설, 방송통신시설, 공장, 항공기 및 자동차관련시설, 군사시설, 관광휴게시설, 장례시설, 지하구<br>기억법 공교 방항군(반항군) 관장지(관광지) 운업근(운수업 근무) | 1.0 |
| 3류 | 위험물 저장 및 처리시설, 문화재, 동물 및 식물 관련시설, 자원순환관련시설, 묘지관련시설<br>기억법 위문 동자묘 | 0.9 |

㉡ 점검한 특정소방대상물이 다음의 어느 하나에 해당할 때에는 다음에 따라 계산된 값을 ㉠에 따라 계산된 값에서 뺀다.

- 스프링클러설비가 설치되지 않은 경우 : ㉠의 계산된 값×0.1
- 제연설비가 설치되지 않은 경우 : ㉠의 계산된 값×0.1
- 물분무등소화설비가 설치되지 않은 경우 : ㉠의 계산된 값×0.1

㉢ 2개 이상의 특정소방대상물을 하루에 점검하는 경우 : 특정소방대상물 상호간의 좌표 최단 주행거리 5km마다 점검한도면적에 0.02를 곱한 값을 점검한도면적에서 뺀다.

2개 이상 특정소방대상물을 하루에 점검하는 경우의 점검한도면적=점검한도면적(특정소방대상물 상호간의 좌표 최단거리 5km마다 점검한도면적×0.02)

NOTE

※ 실제 점검면적에 곱하는 가감계수(2류)
공동주택, 근린생활시설, 운수시설, 교육연구시설, 운동시설, 업무시설, 방송통신시설, 공장, 항공기 및 자동차관련시설, 군사시설, 관광휴게시설, 장례시설, 지하구

기억법
공교 방항군(반항군)
관장지(관광지)
운업근(운수업 근무)

※ 실제 점검면적에 곱하는 가감계수(3류)
위험물 저장 및 처리시설, 문화재, 동물 및 식물 관련시설, 자원순환관련시설, 묘지관련시설

기억법
위문 동자묘

NOTE

※ 아파트 종합점검 점검한도세대수
250세대

※ 점검한 아파트의 실제 점검세대수를 빼는 경우
① 스프링클러설비가 설치되지 않은 경우 : 실제 점검세대수×0.1
② 제연설비가 설치되지 않은 경우 : 실제 점검세대수×0.1
③ 물분무등소화설비가 설치되지 않은 경우 : 실제 점검세대수×0.1

비교

**아파트 점검인력 배치기준**(소방시설법 시행규칙 〔별표 4〕)

(1) 소방시설관리사 또는 특급점검자 **1명**과 보조기술인력 **2명**을 점검인력 1단위로 하되, 점검인력 1단위에 2명(같은 건축물을 점검할 때에는 **4명**) 이내의 보조기술인력 추가 가능
(2) 점검한도세대수 : **250세대**
(3) 점검인력 1단위에 보조기술인력을 1명씩 추가할 때마다 60세대씩을 점검한도세대수에 더한다.
(4) 관리업자가 하루 동안 점검한 세대수는 실제 점검세대수에 다음의 기준을 적용하여 계산한 세대수(점검세대수)로 하되, 점검세대수는 점검한도세대수를 초과 금지
① 점검한 아파트가 다음의 어느 하나에 해당할 때에는 다음에 따라 계산된 값을 실제 점검세대수에서 뺀다.
㉠ 스프링클러설비가 설치되지 않은 경우 : 실제 점검세대수×0.1
㉡ 제연설비가 설치되지 않은 경우 : 실제 점검세대수×0.1
㉢ 물분무등소화설비가 설치되지 않은 경우 : 실제 점검세대수×0.1
② 2개 이상의 아파트를 하루에 점검하는 경우 : 아파트 상호간의 좌표 최단 주행거리 5km마다 ①에 따라 계산된 값(①에 따라 계산된 값이 없을 때에는 실제 점검세대수)에 0.02를 곱한 값을 뺀다.

2개 이상의 아파트를 하루에 점검하는 경우의 점검한도세대수＝점검한도세대수－(아파트 상호간의 좌표 최단거리 510m마다 점검 한도세대수×0.02)

(5) 아파트와 아파트 외 용도의 건축물을 하루에 점검할 때에는 (1)～(4)에 따라 계산된 값에 종합점검의 경우 **32**, 작동점검의 경우 **40**을 곱한 값을 점검면적으로 본다.
(6) 종합점검과 작동점검을 하루에 점검하는 경우에는 작동점검의 점검면적 또는 점검세대수에 **0.8**을 곱한 값을 종합점검 점검면적 또는 점검세대수로 본다.
(7) 규정에 따라 계산된 값은 **소수점 이하 2째자리**에서 반올림한다.

## 7 소방시설관리사 및 소방시설관리업의 등록취소 · 영업정지 등 행정처분의 일반기준

(소방시설법 시행규칙 〔별표 8〕)

① 위반행위가 2 이상이면 그중 무거운 처분기준(무거운 처분기준이 동일한 때에는 그중 하나의 처분기준)에 의하되, 2 이상의 처분기준이 모두 영업정지이거나 사용정지인 경우에는 각 처분기준을 합산한 기간을 넘지 않는 범위에서 무거운 처분기준에 각각 나머지 처분기준의 $\frac{1}{2}$ 범위에서 가중한다.

② 영업정지 또는 사용정지 처분기간 중 영업정지 또는 사용정지에 해당하는 위반사항이 있을 때에는 종전의 처분기간 만료일의 다음날부터 새로운 위반사항에 따른 영업정지 또는 사용정지의 행정처분을 한다.

③ 위반행위의 횟수에 따른 행정처분기준은 **최근 1년**간 같은 위반행위로 행정처분을 받은 경우에 적용한다. 이 경우 기준적용일은 위반사항에 대한 행정처분일과 그 처분 후에 한 위반행위가 다시 적발된 날을 기준으로 한다.

④ 영업정지에 해당하는 위반사항으로서 위반행위의 **동기ㆍ내용ㆍ횟수** 또는 위반정도 등을 고려하여 다음에 해당하는 경우에는 그 처분기준의 $\frac{1}{2}$까지 감경하여 처분할 수 있다.

㉠ 위반행위가 사소한 부주의나 오류 등 과실에 의한 것으로 인정되는 경우

㉡ 위반의 내용ㆍ정도가 경미하여 관계인에게 미치는 피해가 적다고 인정되는 경우

㉢ 위반행위자가 처음 해당 위반행위를 한 경우로서 5년 이상 소방시설관리사의 업무, 소방시설관리업 등을 모범적으로 해 온 사실이 인정되는 경우

㉣ 그 밖에 다음의 경미한 위반사항에 해당되는 경우(소방시설관리업자의 감경처분요건 중 경미한 위반사항)

- **스프링클러설비 헤드**가 살수반경에 미치지 못하는 경우
- **자동화재탐지설비 감지기 2개 이하**가 설치되지 않은 경우
- **유도등**이 일시적으로 점등되지 않는 경우
- **유도표지**가 정해진 위치에 붙어 있지 않은 경우

NOTE

※ **소방시설관리업자의 경미한 위반사항으로서 위반행위의 동기ㆍ내용ㆍ횟수 또는 그 결과를 고려하여 다음에 해당하는 경우에는 그 처분기준의 $\frac{1}{2}$까지 감경하여 처분할 수 있는 경우**

① 스프링클러설비 헤드가 살수반경에 미치지 못하는 경우
② 자동화재탐지설비 감지기 2개 이하가 설치되지 않은 경우
③ 유도등이 일시적으로 점등되지 않는 경우
④ 유도표지가 정해진 위치에 붙어 있지 않은 경우

## 8 제조소 등의 종류 및 규모에 따라 선임하여야 하는 안전관리자의 자격(위험물령 〔별표 6〕)

| 제조소 등의 종류 및 규모 | | | 안전관리자의 자격 |
|---|---|---|---|
| 제조소 | 제4류 위험물만을 취급하는 것으로서 지정수량 **5배 이하**의 것 | | • 위험물기능장<br>• 위험물산업기사<br>• 위험물기능사<br>• **안전관리자교육이수자**<br>• **소방공무원경력자** |
| | 기타 | | • 위험물기능장<br>• 위험물산업기사<br>• 위험물기능사(2년 이상 실무경력) |
| 저장소 | 옥내저장소 | 제4류 위험물만을 저장하는 것으로서 지정수량 **5배 이하**의 것 | • 위험물기능장<br>• 위험물산업기사<br>• 위험물기능사<br>• **안전관리자교육이수자**<br>• **소방공무원경력자** |
| | | 제4류 위험물 중 알코올류ㆍ제2석유류ㆍ제3석유류ㆍ제4석유류ㆍ동식물유류만을 저장하는 것으로서 지정수량 **40배 이하**의 것 | |
| | 옥외탱크 저장소 | 제4류 위험물만을 저장하는 것으로서 지정수량 **5배 이하**의 것, 제4류 위험물 중 제2석유류ㆍ제3석유류ㆍ제4석유류ㆍ동식물유류만을 저장하는 것으로서 지정수량 **40배 이하**의 것 | |

※ **제4류 위험물만을 취급하는 것으로서 지정수량 5배 이하의 제조소에 선임하여야 하는 안전관리자의 자격**

① 위험물기능장
② 위험물산업기사
③ 위험물기능사
④ 안전관리자교육이수자
⑤ 소방공무원경력자

NOTE

**❋ 주유취급소에 선임하여야 하는 안전관리자의 자격**

① 위험물기능장
② 위험물산업기사
③ 위험물기능사
④ 안전관리자교육이수자
⑤ 소방공무원경력자

<table>
<tr><td rowspan="9">저장소</td><td rowspan="2">옥내탱크<br>저장소</td><td>제4류 위험물만을 저장하는 것으로서 지정수량 5배 이하의 것</td><td rowspan="2">• 위험물기능장<br>• 위험물산업기사<br>• 위험물기능사<br>• 안전관리자교육이수자<br>• 소방공무원경력자</td></tr>
<tr><td>제4류 위험물 중 제2석유류 · 제3석유류 · 제4석유류 · 동식물유류만을 저장하는 것</td></tr>
<tr><td rowspan="2">지하탱크<br>저장소</td><td>제4류 위험물만을 저장하는 것으로서 지정수량 40배 이하의 것</td><td rowspan="6">• 위험물기능장<br>• 위험물산업기사<br>• 위험물기능사<br>• 안전관리자교육이수자<br>• 소방공무원경력자</td></tr>
<tr><td>제4류 위험물 중 제1석유류 · 알코올류 · 제2석유류 · 제3석유류 · 제4석유류 · 동식물유류만을 저장하는 것으로서 지정수량 250배 이하의 것</td></tr>
<tr><td colspan="2">간이탱크저장소로서 제4류 위험물만을 저장하는 것</td></tr>
<tr><td colspan="2">옥외저장소 중 제4류 위험물만을 저장하는 것으로서 지정수량의 40배 이하의 것</td></tr>
<tr><td colspan="2">보일러, 버너, 그 밖에 이와 유사한 장치에 공급하기 위한 위험물을 저장하는 탱크저장소</td></tr>
<tr><td colspan="2">선박주유취급소, 철도주유취급소 또는 항공기주유취급소의 고정주유설비에 공급하기 위한 위험물을 저장하는 탱크저장소로서 지정수량의 250배(제1석유류의 경우에는 지정수량의 100배) 이하의 것</td></tr>
<tr><td colspan="2">기타 저장소</td><td>• 위험물기능장<br>• 위험물산업기사<br>• 위험물기능사(2년 이상 실무경력)</td></tr>
<tr><td rowspan="8">취급소</td><td colspan="2">주유취급소</td><td rowspan="7">• 위험물기능장<br>• 위험물산업기사<br>• 위험물기능사<br>• 안전관리자교육이수자<br>• 소방공무원경력자</td></tr>
<tr><td rowspan="2">판매취급소</td><td>제4류 위험물만을 취급하는 것으로서 지정수량 5배 이하의 것</td></tr>
<tr><td>제4류 위험물 중 제1석유류 · 알코올류 · 제2석유류 · 제3석유류 · 제4석유류 · 동식물유류만을 취급하는 것</td></tr>
<tr><td colspan="2">제4류 위험물 중 제1석유류 · 알코올류 · 제2석유류 · 제3석유류 · 제4석유류 · 동식물유류만을 지정수량 50배 이하로 취급하는 일반취급소(제1석유류 · 알코올류의 취급량이 지정수량의 10배 이하)로서 다음의 어느 하나에 해당하는 것<br>• 보일러, 버너, 그 밖에 이와 유사한 장치에 의하여 위험물을 소비하는 것<br>• 위험물을 용기 또는 차량에 고정된 탱크에 주입하는 것</td></tr>
<tr><td colspan="2">제4류 위험물만을 취급하는 일반취급소로서 지정수량 10배 이하의 것</td></tr>
<tr><td colspan="2">제4류 위험물 중 제2석유류 · 제3석유류 · 제4석유류 · 동식물유류만을 취급하는 일반취급소로서 지정수량 20배 이하의 것</td></tr>
<tr><td colspan="2">농어촌 전기공급사업촉진법에 의하여 설치된 자가발전시설에 사용되는 위험물을 취급하는 일반취급소</td></tr>
<tr><td colspan="2">기타 취급소</td><td>• 위험물기능장<br>• 위험물산업기사<br>• 위험물기능사(2년 이상 실무경력)</td></tr>
</table>

NOTE

중요

**위험물취급자격자 · 안전관리대행기관**

(1) **위험물취급자격자**의 **자격**(위험물령 〔별표 5〕)

| 위험물취급자격의 구분 | 취급할 수 있는 위험물 |
|---|---|
| 국가기술자격법에 따라 **위험물기능장**, **위험물산업기사**, **위험물기능사** 자격을 취득한 사람 | 모든 위험물 |
| 안전관리자교육이수자 | 제4류 위험물 |
| 소방공무원경력자(**소방공무원**으로 근무한 경력이 **3년** 이상인 자) | 제4류 위험물 |

(2) **위험물 안전관리대행기관**의 **지정기준**(위험물규칙 〔별표 22〕)

| 구 분 | 내 용 |
|---|---|
| 기술인력 | ① **위험물기능장** 또는 **위험물산업기사 1인** 이상<br>② **위험물산업기사** 또는 **위험물기능사 2인** 이상<br>③ **기계분야** 및 **전기분야**의 **소방설비기사 1인** 이상 |
| 시설 | **전용사무실** |
| 장비 | ① 절연저항계<br>② 접지저항측정기(최소눈금 **0.1Ω 이하**)<br>③ 가스농도측정기(탄화수소계 가스의 농도측정 가능)<br>④ 정전기 전위측정기<br>⑤ 토크렌치<br>⑥ 진동시험기<br>⑦ 표면온도계(−10~300℃)<br>⑧ 두께측정기(1.5~99.9mm)<br>⑨ 안전용구(안전모, 안전화, 손전등, 안전로프 등)<br>⑩ 소화설비 점검기구(소화전밸브압력계, 방수압력측정계, 포콜렉터, 헤드렌치, 포콘테이너) |

※ **위험물 안전관리대행기관의 지정기준 중 기술인력**
① 위험물기능장 또는 위험물산업기사 1인 이상
② 위험물산업기사 또는 위험물기능사 2인 이상
③ 기계분야 및 전기분야의 소방설비기사 1인 이상

## 9 다중이용업소에 설치하는 안전시설 등(다중이용업소법 시행령 〔별표 1의 2〕)

| 시 설 | 종 류 |
|---|---|
| 소화설비 | • 소화기<br>• 자동확산소화기<br>• 간이스프링클러설비(**캐비닛형 간이스프링클러설비** 포함) : 영업장이 지하층에 설치된 것, 밀폐구조의 영업장, 산후조리업 및 고시원업(단, 지상 1층에 있거나 지상과 직접 맞닿아 있는 층에 설치된 영업장 제외), 권총사격장의 영업장 |
| 피난구조설비 | • 유도등<br>• 유도표지<br>• 비상조명등 |

※ **다중이용업소에 설치하는 피난구조설비의 안전시설 등**
① 유도등
② 유도표지
③ 비상조명등
④ 휴대용 비상조명등
⑤ 피난유도선(단, 영업장 내부 피난통로 또는 복도가 있는 영업장에만 설치)
⑥ 피난기구

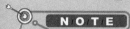

| | |
|---|---|
| 피난구조설비 | • 휴대용 비상조명등<br>• 피난유도선(단, 영업장 내부 피난통로 또는 복도가 있는 영업장에만 설치)<br>• 피난기구 |
| 경보설비 | • 비상벨설비 또는 자동화재탐지설비(단, 노래반주기 등 영상음향장치를 사용하는 영업장에는 자동화재탐지설비 설치)<br>• 가스누설경보기(단, 가스시설을 사용하는 주방이나 난방시설이 있는 영업장에만 설치) |
| 방화시설 | • **비상구** |
| 그 밖의 안전시설 | • 영상음향차단장치(단, 노래반주기 등 영상음향장치를 사용하는 영업장에만 설치)<br>• 창문(단, 고시원의 영업장에만 설치)<br>• 누전차단기 |
| 영업장 내부 피난통로 | • 구획된 실이 있는 영업장에만 설치 |

### ⑩ 다중이용업소의 주된 출입구 및 비상구(비상구 등) 설치기준(다중이용업소법 시행령 〔별표 1의 2〕, 다중이용업소법 시행규칙 〔별표 2〕)

| 구 분 | 설치기준 |
|---|---|
| 설치대상 | **〈비상구 설치제외대상〉**<br>① 주출입구 외에 해당 영업장 내부에서 **피난층** 또는 지상으로 통하는 **직통계단**이 주출입구 중심선으로부터 수평거리로 영업장의 긴 변 길이의 $\frac{1}{2}$ 이상 떨어진 위치에 **별도**로 **설치**된 경우<br>② 피난층에 설치된 영업장(영업장으로 사용하는 바닥면적이 33m² 이하인 경우로서 영업장 내부에 구획된 실이 없고 영업장 전체가 개방된 구조의 영업장)으로서 그 영업장의 각 부분으로부터 출입구까지의 **수평거리**가 10m 이하인 경우 |
| 설치위치 | 비상구는 영업장(2개 이상의 층이 있는 경우에는 각각의 층별 영업장을 말함)의 주된 출입구의 반대방향에 설치하되, 주된 출입구 중심선으로부터의 수평거리가 영업장의 가장 긴 대각선 길이, 가로 또는 세로 길이 중 가장 긴 길이의 $\frac{1}{2}$ 이상 떨어진 위치에 설치할 것(단, 건물구조로 인하여 주된 출입구의 반대방향에 설치할 수 없는 경우에는 주된 출입구 중심선으로부터의 수평거리가 영업장의 가장 긴 대각선 길이, 가로 또는 세로 길이 중 가장 긴 길이의 $\frac{1}{2}$ 이상 떨어진 위치에 설치 가능) |
| 규격 | **가로** 75cm 이상, **세로** 150cm 이상(문틀을 제외한 가로×세로) |
| 문의 열림방향 | 피난방향으로 열리는 구조로 할 것. 단, 주된 출입구의 문이 건축법 시행령에 따른 피난계단 또는 특별피난계단의 설치기준에 따라 설치해야 하는 문이 아니거나 방화구획이 아닌 곳에 위치한 주된 출입구가 다음의 기준을 충족하는 경우에는 자동문[미서기(슬라이딩)문]으로 설치할 수 있다. |

**＊ 다중이용업소의 비상구 규격**
가로 75cm 이상, 세로 150cm 이상(비상구 문틀을 제외한 비상구의 가로×세로)

NOTE

| | |
|---|---|
| 문의 열림방향 | ① 화재감지기와 연동하여 개방되는 구조<br>② 정전시 자동으로 개방되는 구조<br>③ 정전시 수동으로 개방되는 구조 |
| 문의 재질 | ① 주요구조부(영업장의 벽, 천장, 바닥)가 내화구조인 경우 비상구 및 주출입구의 문은 **방화문**으로 설치할 것<br>② **불연재료로 설치할 수 있는 경우**<br>㉠ 주요구조부가 **내화구조**가 아닌 경우<br>㉡ 건물의 구조상 비상구 또는 주출입구의 문이 지표면과 접하는 경우로서 화재의 연소확대 우려가 없는 경우<br>㉢ 피난계단 또는 특별피난계단의 설치기준에 따라 설치해야 하는 문이 아니거나 방화구획이 아닌 곳에 위치한 경우 |

비교

**다중이용업소의 비상구 설치기준 등**

(1) **다중이용업소**의 **복층구조 영업장**의 **구조**, **비상구 설치기준ㆍ특례기준**(다중이용업소법 시행규칙 〔별표 2〕)

| 영업장 구조 | 설치기준 | 특례기준 |
|---|---|---|
| 각각 다른 **2개 이상**의 층을 **내부계단** 또는 통로가 설치되어 하나의 층의 내부에서 다른 층으로 출입할 수 있도록 되어 있는 구조 | ① 각 층마다 영업장 외부의 계단 등으로 피난할 수 있는 **비상구**를 설치할 것<br>② 비상구문은 문의 재질에 적합하게 설치할 것<br>③ 비상구문의 열림방향은 실내에서 **외부**로 **열리는 구조**로 할 것 | 영업장의 위치ㆍ구조가 다음에 해당하는 경우에는 그 영업장으로 사용하는 어느 하나의 층에 비상구를 설치할 수 있다.<br>① 건축물의 **주요구조부**를 훼손하는 경우<br>② **옹벽** 또는 **외벽**이 **유리**로 설치된 경우 등 |

(2) **다중이용업소 영업장**의 위치가 **4층**(지하층 제외) **이하**인 경우 **비상구 설치기준**(다중이용업소법 시행규칙 〔별표 2〕)

피난시에 유효한 **발코니**(활하중 $5kN/m^2$ 이상, **가로 75cm** 이상, **세로 150cm** 이상, **면적** $1.12m^2$ 이상, **높이 100cm** 이상 난간을 설치한 것) 또는 **부속실**(**가로 75cm** 이상, **세로** **150cm** 이상, **면적** $1.12m^2$ 이상 크기의 **불연재료**로 바닥에서 천장까지 구획)을 설치하고, 그 장소에 알맞은 **피난기구**를 설치할 것

※ **다중이용업소의 복층구조 영업장의 비상구 설치기준**

① 각 층마다 영업장 외부의 계단 등으로 피난할 수 있는 비상구를 설치할 것
② 비상구문은 문의 재질에 적합하게 설치할 것
③ 비상구문의 열림방향은 실내에서 외부로 열리는 구조로 할 것

## ⑪ 다중이용업소의 설치ㆍ유지기준 등(다중이용업소법 시행규칙 〔별표 2〕)

① **다중이용업소 보일러실**과 **영업장 사이**의 **방화구획** : 보일러실과 영업장 사이의 출입문은 **방화문**으로 설치하고, **개구부**에는 **방화댐퍼** 설치

② **다중이용업소 영상음향차단장치 설치ㆍ유지기준**

| 구 분 | 설 명 |
|---|---|
| 설치대상 | • **노래반주기** 등 영상음향장치를 사용하는 영업장 |

NOTE

| | |
|---|---|
| 설치기준 | ① 영상음향차단장치는 화재시 **자**동화재탐지설비의 감지기에 의하여 자동으로 음향 및 영상이 정지될 수 있는 구조로 설치하되, **수동**(하나의 스위치로 전체의 음향 및 영상장치를 제어할 수 있는 구조)으로도 조작할 수 있도록 설치할 것<br>② 영상음향차단장치의 수동**차**단스위치를 설치하는 경우에는 관계인이 일정하게 거주하거나 근무하는 장소에 설치할 것. 이 경우 **수동차단스위치**와 가장 가까운 곳에 **"영상음향차단스위치"**라는 표지 부착<br>③ 전기로 인한 화재발생 위험을 예방하기 위하여 부하용량에 알맞은 **누전차단기**(과전류차단기 포함) 설치<br>④ 영상음향차단장치의 작동으로 실내등의 전원이 차단되지 않는 구조로 설치할 것<br>기억법 **누영자 수동차(누가 영자한테 수동차를 주니?)** |

③ **다중이용업소 피난유도선 설치 · 유지기준**

| 구 분 | 설 명 |
|---|---|
| 설치대상 | 영업장 내부 피난통로 또는 복도가 있는 경우에는 **피난유도선**을 설치할 것 |
| 설치기준 | ① 피난유도선은 **소방청장**이 정하여 고시하는 유도등 및 유도표지의 화재안전기준에 따라 설치<br>② 전류에 의하여 빛을 내는 방식으로 할 것 |

④ **다중이용업소 영업장 내부 피난통로 설치 · 유지기준**

| 구 분 | 설 명 |
|---|---|
| 설치대상 | **내부**에 **구획된** 실이 있는 **영업장** |
| 설치기준 | 내부 피난통로 폭은 **최소 120cm 이상**으로 하고, 양 옆에 구획된 실이 있는 영업장으로서 구획된 실의 출입문 열리는 방향이 피난통로방향인 경우에는 **150cm** 이상으로 설치할 것(단, 구획된 실에서부터 주된 출입구 또는 비상구까지의 내부 피난통로의 구조는 **3번 이상 구부러지는 형태**로 설치 금지) |

⑤ **다중이용업소 영업장 창문 설치 · 유지기준**

| 구 분 | 설 명 |
|---|---|
| 설치대상 | **고시원업**의 영업장 |
| 설치기준 | 층별 영업장 내부에는 **가로 50cm** 이상, **세로 50cm** 이상 크기의 창문을 영업장 내부 피난통로 또는 복도에 바깥공기와 접하는 부분(구획된 실에 설치하는 것 제외)에 **1개 이상** 설치할 것 |

⑥ **다중이용업소 안전시설** 등 **설치**의 **특례기준**

㉠ **소방청장 · 소방본부장** 또는 **소방서장** : 해당 영업장에 대해 화재위험평가를 실시한 결과 화재위험유발지수가 기준 미만인 업종에 대해서는 소방시설 · 비상구 또는 그 밖의 안전시설 설치 면제

㉡ **소방본부장** 또는 **소방서장** : 비상구의 크기, 비상구의 설치거리, 간이스프링클러설비의 배관구경 등 소방청장이 정하여 고시하는 안전시설 등에 대해서는 소방청장이 고시하는 바에 따라 안전시설 등의 설치기준의 일부적용 제외

**※ 내부에 구획된 실이 있는 영업장의 내부 · 피난통로 설치 · 유지기준**
내부 피난통로 폭은 최소 120cm 이상으로 하고, 양 옆에 구획된 실이 있는 영업장으로서 구획된 실의 출입문 열리는 방향이 피난통로 방향인 경우에는 150cm 이상으로 설치할 것(단, 구획된 실에서부터 주된 출입구 또는 비상구까지의 내부 피난통로의 구조는 3번 이상 구부러지는 형태로 설치 금지)

**※ 고시원업의 영업장 창문 설치 · 유지기준**
층별 영업장 내부에는 가로 50cm 이상, 세로 50cm 이상 크기의 창문을 영업장 내부 피난통로 또는 복도에 바깥공기와 접하는 부분(구획된 실에 설치하는 것 제외)에 1개 이상 설치할 것

NOTE

## ⑫ 다중이용업소의 작동점검(소방시설 자체점검사항 등에 관한 고시 〔별지 제4호 서식〕)

| 구 분 | | 점검항목 |
|---|---|---|
| 소화설비 | 소화기구<br>(소화기,<br>자동확산소화기) | ① 설치수량(구획된 실 등) 및 설치거리(보행거리) 적정 여부<br>② 설치장소(손쉬운 사용) 및 설치높이 적정 여부<br>③ 소화기 표지 설치상태 적정 여부<br>④ **외형**의 이상 또는 사용상 장애 여부<br>⑤ 수동식 분말소화기 내용연수 적정 여부 |
| | 간이스프링클러설비 | ① 수원의 양 적정 여부<br>② 가압송수장치의 정상작동 여부<br>③ 배관 및 밸브의 **파손**, **변형** 및 **잠김** 여부<br>④ 상용전원 및 비상전원의 이상 여부 |
| 경보설비 | 비상벨·<br>자동화재<br>탐지설비 | ① 구획된 실마다 감지기(발신기), 음향장치 설치 및 정상작동 여부<br>② 전용 수신기가 설치된 경우 주수신기와 상호 연동되는지 여부<br>③ 수신기 예비전원(축전지)상태 적정 여부(상시 충전, 상용전원 차단시 자동절환) |
| 피난구조설비 | 피난기구 | ① 피난기구의 부착**위치** 및 부착**방법** 적정 여부<br>② 피난기구(지지대 포함)의 **변형·손상** 또는 **부식**이 있는지 여부<br>③ 피난기구의 위치표시 표지 및 사용방법 표지 부착 적정 여부 |
| | 피난유도선 | 피난유도선의 **변형** 및 **손상** 여부 |
| | 유도등 | ① 상시(**3선식**의 경우 점검스위치 작동시) 점등 여부<br>② 시각장애(규정된 높이, 적정위치, 장애물 등으로 인한 시각장애 유무) 여부<br>③ 비상전원 성능 적정 및 상용전원 차단시 예비전원 자동전환 여부 |
| | 유도표지 | ① 설치상태(유사 등화광고물·게시물 존재, 쉽게 떨어지지 않는 방식) 적정 여부<br>② **외광·조명장치**로 상시 조명 제공 또는 비상조명등 설치 여부 |
| | 비상조명등 | 설치위치의 적정 여부 |
| | 휴대용<br>비상조명등 | 영업장 안의 구획된 실마다 잘 보이는 곳에 **1개** 이상 설치 여부 |
| 비상구 | ① 피난동선에 물건을 쌓아두거나 장애물 설치 여부<br>② **피난구**, **발코니** 또는 **부속실**의 훼손 여부<br>③ **방화문·방화셔터**의 관리 및 작동상태 | |
| 영업장 내부 피난통로·영상음향차단장치·누전차단기·창문 | ① 영업장 내부 피난통로 관리상태 적합 여부<br>② 영업장 **창문** 관리상태 적합 여부 | |

**※ 다중이용업소에 설치하는 간이스프링클러의 작동점검 내용**
① 수원의 양 적정 여부
② 가압송수장치의 정상작동 여부
③ 배관 및 밸브의 파손, 변형 및 잠김 여부
④ 상용전원 및 비상전원의 이상 여부

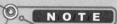

| 피난안내도 · 피난안내영상물 | 피난안내도의 정상 부착 및 피난안내영상물 상영 여부 |
|---|---|
| 비고 | ※ 방염성능시험성적서, 합격표시 및 방염성능검사결과의 확인이 불가한 경우 비고에 기재한다. |

**⑬ 다중이용업소의 종합점검**(소방시설 자체점검사항 등에 관한 고시 〔별지 제4호 서식〕)

| 구 분 | | 점검항목 |
|---|---|---|
| 소화설비 | 소화기구(소화기, 자동확산소화기) | ① 설치수량(구획된 실 등) 및 설치거리(보행거리) 적정 여부<br>② 설치장소(손쉬운 사용) 및 설치높이 적정 여부<br>③ 소화기 표지 설치상태 적정 여부<br>④ **외형**의 이상 또는 사용상 장애 여부<br>⑤ 수동식 분말소화기 내용연수 적정 여부 |
| | 간이스프링클러설비 | ① 수원의 양 적정 여부<br>② 가압송수장치의 정상작동 여부<br>③ 배관 및 밸브의 **파손**, **변형** 및 **잠김** 여부<br>④ 상용전원 및 비상전원의 이상 여부<br>❺ 유수검지장치의 정상작동 여부<br>❻ 헤드의 적정 설치 여부(미설치, 살수장애, 도색 등)<br>❼ **송수구** 결합부의 이상 여부<br>❽ 시험밸브 개방시 펌프기동 및 음향 경보 여부 |
| 경보설비 | 비상벨 · 자동화재탐지설비 | ① 구획된 실마다 감지기(발신기), 음향장치 설치 및 정상작동 여부<br>② 전용 수신기가 설치된 경우 주수신기와 상호 연동되는지 여부<br>③ 수신기 예비전원(축전지)상태 적정 여부(상시 충전, 상용전원 차단시 자동절환) |
| | 가스누설경보기 | ● **주방** 또는 **난방시설**이 설치된 장소에 설치 및 정상작동 여부 |
| 피난구조설비 | 피난기구 | ❶ 피난기구 **종류** 및 **설치개수** 적정 여부<br>② 피난기구의 부착**위치** 및 부착**방법** 적정 여부<br>③ 피난기구(지지대 포함)의 **변형 · 손상** 또는 **부식**이 있는지 여부<br>④ 피난기구의 위치표시 표지 및 사용방법 표지 부착 적정 여부<br>❺ 피난에 유효한 **개구부** 확보(크기, 높이에 따른 발판, 창문 파괴장치) 및 관리상태 |
| | 피난유도선 | ① 피난유도선의 **변형** 및 **손상** 여부<br>❷ 정상 점등(화재 신호와 연동 포함) 여부 |
| | 유도등 | ① 상시(**3선식**의 경우 점검스위치 작동시) 점등 여부<br>② 시각장애(규정된 높이, 적정위치, 장애물 등으로 인한 시각장애 유무) 여부<br>③ 비상전원 성능 적정 및 상용전원 차단시 예비전원 자동전환 여부 |

NOTE

**※ 다중이용업소에 설치하는 자동확산소화기의 종합점검 내용**
① 설치수량(구획된 실 등) 및 설치거리(보행거리) 적정 여부
② 설치장소(손쉬운 사용) 및 설치높이 적정 여부
③ 소화기 표지 설치상태 적정 여부
④ 외형의 이상 또는 사용상 장애 여부
⑤ 수동식 분말소화기 내용연수 적정 여부

**※ 다중이용업소에 설치하는 가스누설경보기의 종합점검 내용**
주방 또는 난방시설이 설치된 장소에 설치 및 정상작동 여부

NOTE

| | | |
|---|---|---|
| 피난구조설비 | 유도표지 | ① 설치상태(유사 등화광고물·게시물 존재, 쉽게 떨어지지 않는 방식) 적정 여부<br>② **외광·조명장치**로 상시 조명 제공 또는 비상조명등 설치 여부 |
| | 비상조명등 | ① 설치위치의 적정 여부<br>❷ 예비전원 내장형의 경우 점검스위치 설치 및 정상작동 여부 |
| | 휴대용 비상조명등 | ① 영업장 안의 구획된 실마다 잘 보이는 곳에 **1개** 이상 설치 여부<br>❷ 설치높이 및 표지의 적합 여부<br>❸ 사용시 자동으로 점등되는지 여부 |
| 비상구 | ① 피난동선에 물건을 쌓아두거나 장애물 설치 여부<br>② **피난구**, **발코니** 또는 **부속실**의 훼손 여부<br>③ **방화문·방화셔터**의 관리 및 작동상태 | |
| 영업장 내부 피난통로·영상음향차단장치·누전차단기·창문 | ① 영업장 내부 피난통로 관리상태 적합 여부<br>❷ **영상음향차단장치** 설치 및 정상작동 여부<br>❸ **누전차단기** 설치 및 정상작동 여부<br>④ 영업장 **창문** 관리상태 적합 여부 | |
| 피난안내도·피난안내 영상물 | 피난안내도의 정상 부착 및 피난안내영상물 상영 여부 | |
| 방염 | ❶ 선처리 방염대상물품의 적합 여부(방염성능시험성적서 및 합격표시 확인)<br>❷ 후처리 방염대상물품의 적합 여부(방염성능검사결과 확인) | |
| 비고 | ※ 방염성능시험성적서, 합격표시 및 방염성능검사결과의 확인이 불가한 경우 비고에 기재한다. | |

※ "●"는 종합점검의 경우에만 해당

**❋ 다중이용업소에 설치하는 비상구의 종합점검 내용**

① 피난동선에 물건을 쌓아두거나 장애물 설치 여부
② 피난구, 발코니 또는 부속실의 훼손 여부
③ 방화문·방화셔터의 관리 및 작동상태

**❋ 다중이용업소에 설치하는 방염대상물품의 종합점검 내용**

① 선처리 방염대상물품의 적합 여부(방염성능시험성적서 및 합격표시 확인)
② 후처리 방염대상물품의 적합 여부(방염성능검사결과 확인)

# 제2장 소방기계시설의 점검

## 1 모든 소방시설 및 소화기구

### ① 전류전압측정계

| 구 분 | 내 용 |
|---|---|
| 0점 조정방법 | ① **미터락**(meter lock)을 푼다.<br>② 지침이 "0"에 있는지를 확인하고 맞지 않을 경우 **영위조정기**를 돌려 "0"에 맞춘다.<br>③ **레인지스위치**를 〔Ω〕에 맞춘다.<br>④ **두 리드선**을 **단락**시켜 "0Ω" ADJ **손잡이**를 조정하여 지침을 "0"에 맞춘다. |
| **콘**덴서의 품질시험방법 | ① **레인지스위치**를 〔Ω〕에 맞춘다.<br>② **리드선**을 공통단자와 〔Ω〕측정단자에 **삽입**시킨다.<br>③ 리드선을 콘덴서의 **양단**에 **접촉**시킨다.<br>▎콘덴서의 품질시험▎<br>상 태 / 지침의 형태<br>정상: 지침이 순간적으로 흔들리다 곧 원래대로 되돌아 온다.<br>단락: 지침이 움직인 채 그대로 있다.<br>용량완전소모: 지침이 전혀 움직이지 않는다.<br>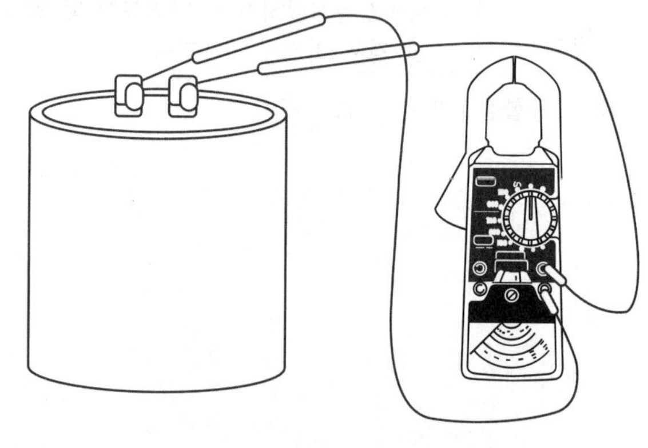<br>▎콘덴서의 품질시험방법▎ |
| 사용상 주의사항 | ① 측정 전 **레인지스위치**의 **위치**를 **확인**할 것<br>② **저항측정**시 반드시 **전원**을 **차단**할 것<br>③ 측정범위가 **미**지수일 때는 눈금의 **최대범위**에서 측정하여 한 단씩 **범위**를 **낮출 것** |

**기억법** **콘레저차 미최**

NOTE

**※ 전류전압측정계의 사용상 주의사항**
① 측정 전 레인지스위치의 위치를 확인할 것
② 저항측정시 반드시 전원을 차단할 것
③ 측정범위가 미지수일 때는 눈금의 최대범위에서 측정하여 한 단씩 범위를 낮출 것

NOTE

※ 대형소화기의 소화약제 충전량
★꼭 기억하세요★

## ② 대형소화기의 소화약제 충전량(소화기의 형식승인 및 제품검사기술기준 제10조)

| 종 별 | 충전량 |
|---|---|
| **포** | **2**0L 이상 |
| **분**말 | **2**0kg 이상 |
| **할**로겐화물 | **3**0kg 이상 |
| **이**산화탄소 | **5**0kg 이상 |
| **강**화액 | **6**0L 이상 |
| **물** | **8**0L 이상 |

> 기억법 포분할이강물
> 2 2 3 5 6 8

## ③ 가스식, 분말식, 고체에어로졸식 자동소화장치의 설치기준(NFPC 101 제4조 제②항 제4호, NFTC 101 2.1.2.4)

① 소화약제 방출구는 형식승인 받은 **유효설치범위** 내에 설치할 것

② 자동소화장치는 방호구역 내에 형식승인된 **1개**의 제품을 설치할 것. 이 경우 연동방식으로서 하나의 형식을 받은 경우에는 1개의 제품으로 본다.

③ 감지부는 형식승인된 유효설치범위 내에 설치해야 하며 설치장소의 평상시 **최고주위온도**에 따라 다음 표에 따른 표시온도의 것으로 설치할 것(단, 열감지선의 감지부는 형식승인 받은 최고주위온도 범위 내에 설치)

| 설치장소의 최고주위온도 | 표시온도 |
|---|---|
| **39**℃ 미만 | **79**℃ 미만 |
| 39~**64**℃ 미만 | 79~**121**℃ 미만 |
| 64~**106**℃ 미만 | 121~**162**℃ 미만 |
| 106℃ 이상 | 162℃ 이상 |

> 기억법 39 79
> 64 121
> 106 162

④ 화재감지기를 감지부를 사용하는 경우에는 다음 설치방법에 따를 것

㉠ 화재감지기는 방호구역 내의 **천장** 또는 **옥내**에 **면하는 부분**에 설치하되 자동화재탐지설비의 화재안전기준에 적합하도록 설치할 것

㉡ 방호구역 내 **화재감지기**의 감지에 따라 작동되도록 할 것

㉢ 화재감지기의 회로는 **교차회로방식**으로 설치할 것

NOTE

㉣ 교차회로 내의 각 화재감지기회로별로 설치된 화재감지기 1개가 담당하는 바닥면적은 자동화재탐지설비의 화재안전기준에 따른 바닥면적으로 할 것

비교

**자동소화장치의 설치기준**

(1) **캐비닛형 자동소화장치의 설치기준**(NFPC 101 제4조 제②항 제3호, NFTC 101 2.1.2.3)

① 분사헤드(방출구)의 설치높이는 방호구역의 바닥으로부터 형식승인을 받은 범위 내에서 유효하게 소화약제를 방출시킬 수 있는 높이에 설치할 것

② 화재감지기는 방호구역 내의 **천장** 또는 **옥내**에 **면하는 부분**에 설치하되 자동화재탐지설비의 화재안전기준에 적합하도록 설치할 것

③ 방호구역 내 **화재감지기**의 감지에 따라 작동되도록 할 것

④ 화재감지기의 회로는 **교차회로방식**으로 설치할 것

⑤ 교차회로 내의 각 화재감지기회로별로 설치된 화재감지기 1개가 담당하는 바닥면적은 자동화재탐지설비의 화재안전기준에 따른 바닥면적으로 할 것

⑥ 개구부 및 통기구(환기장치 포함)를 설치한 것에 있어서는 소화약제가 방출되기 전에 해당 **개구부** 및 **통기구**를 자동으로 폐쇄할 수 있도록 할 것(단, 가스압에 의하여 폐쇄되는 것은 소화약제 방출과 동시에 폐쇄할 수 있음)

⑦ 작동에 지장이 없도록 견고하게 **고정**할 것

⑧ 구획된 장소의 **방호체적** 이상을 방호할 수 있는 소화성능이 있을 것

※ 주거용 주방자동소화장치의 설치기준 (NFPC 101 제4조 제②항 제1호, NFTC 101 2.1.2.1) ★꼭 기억하세요★

(2) **주거용 주방자동소화장치의 설치기준**(NFPC 101 제4조 제②항 제1호, NFTC 101 2.1.2.1)

① 소화약제 **방**출구는 **환기구**의 **청소부분**과 분리되어 있어야 하며, 형식승인 받은 **유효 설치 높이** 및 **방호면적**에 따라 설치

② **감**지부는 형식승인 받은 유효한 높이 및 위치에 설치

③ **차**단장치(전기 또는 가스)는 상시 확인 및 점검이 가능하도록 설치

④ 가스용 주방자동소화장치를 사용하는 경우 **탐**지부는 수신부와 분리하여 설치하되, 공기보다 가벼운 가스를 사용하는 경우에는 **천장면**으로부터 **30cm** 이하의 위치에 설치하고, 공기보다 무거운 가스를 사용하는 장소에는 **바닥면**으로부터 **30cm** 이하의 위치에 설치

⑤ **수**신부는 주위의 **열기류** 또는 **습기** 등과 주위온도에 영향을 받지 않고 사용자가 상시 볼 수 있는 장소에 설치

기억법 **방감 차탐수**

## 2 옥내소화전설비

### 1 충압펌프 기동정지 반복원인

① 펌프토출측 배관의 **체크밸브** 누수

② 펌프토출측 배관의 **개폐표시형 밸브** 누수

③ 압력챔버의 **배수밸브** 누수

④ 소화전, 헤드 등의 **살수장치** 누수

NOTE

## ② 펌프가 기동하지 않는 경우의 원인

① **펌프**의 고장
② **상용전원**의 고장
③ 압력챔버의 **압력스위치** 고장
④ 주배관과 압력챔버 사이의 **밸브** 폐쇄
⑤ **동력제어반**의 기동스위치가 **정지위치**에 있을 때
⑥ **감시제어반**의 기동스위치가 **정지위치**에 있을 때

아하! 그렇구나 **물이 나오지 않는 경우의 원인 및 이유**

| 원 인 | 이 유 |
|---|---|
| **후드밸브**의 막힘 | 펌프흡입측 배관에 물이 유입되지 못하므로 |
| **Y형 스트레이너**의 막힘 | Y형 스트레이너 2차측에 물이 공급되지 못하므로 |
| **펌프토출측**의 **체크밸브** 막힘 | 펌프토출측의 체크밸브 2차측에 물이 공급되지 못하므로 |
| **펌프토출측**의 **게이트밸브** 폐쇄 | 펌프토출측의 게이트밸브 2차측에 물이 공급되지 못하므로 |
| **압력챔버** 내의 **압력스위치** 고장 | 펌프가 기동되지 않으므로 |
| **알람체크밸브** 개방 불가 | **알람체크밸브** 2차측에 물이 공급되지 못하므로 |
| **알람체크밸브** 1차측 게이트밸브 폐쇄 | 알람체크밸브 1차측 게이트밸브 2차측에 물이 공급되지 못하므로 |

※ 물이 나오지 않는 경우의 원인
★꼭 기억하세요★

## ③ 유효수량의 $\frac{1}{3}$ 이상을 옥상에 설치하지 않아도 되는 경우(NFPC 102 제4조, NFTC 102 2.1.2)

① **지하층**만 있는 건축물
② **고가수조**를 가압송수장치로 설치한 경우
③ 수원이 건축물의 **최**상층에 설치된 **방**수구보다 높은 위치에 설치된 경우
④ 건축물의 높이가 지표면으로부터 **10**m 이하인 경우
⑤ **주펌프**와 동등 이상의 성능이 있는 별도의 펌프로서 **내연기관**의 기동과 연동하여 작동되거나 **비상전원**을 연결하여 설치한 경우
⑥ **학**교 · **공**장 · **창고시설**로서 동결의 우려가 있는 장소
⑦ **가압수조**를 가압송수장치로 설치한 옥내소화전설비

기억법 **유지고최방 10 주내비 학공창가**

※ 유효수량의 $\frac{1}{3}$ 이상을 옥상에 설치하지 않아도 되는 경우
★꼭 기억하세요★

NOTE

※ 고가수조 · 옥상수조에 필요한 설비
① 수위계
② 배수관
③ 급수관
④ 맨홀
⑤ 오버플로관

기억법
오급맨 수고배

※ 압력수조에 필요한 설비
① 수위계
② 배수관
③ 급수관
④ 맨홀
⑤ 급기관
⑥ 압력계
⑦ 안전장치
⑧ 자동식 공기압축기

기억법
기압안자(기아자동차)

※ 옥내소화전 방수구의 설치제외장소
★꼭 기억하세요★

## 4 고가수조 · 옥상수조 · 압력수조(NFPC 102 제5조 제②·③항, NFTC 102 2.2.2.2, 2.2.3.2)

| 고가수조 · 옥상수조에 필요한 설비 | 압력수조에 필요한 설비 |
|---|---|
| ① 수위계<br>② 배수관<br>③ 급수관<br>④ 맨홀<br>⑤ 오버플로관<br>기억법 오급맨 수고배 | ① 수위계<br>② 배수관<br>③ 급수관<br>④ 맨홀<br>⑤ **급기관**<br>⑥ **압력계**<br>⑦ **안전장치**<br>⑧ **자동식 공기압축기**<br>기억법 기압안자(기아자동차) |

중요

고가수조와 옥상수조

| 고가수조 | 옥상수조 |
|---|---|
| • 펌프 등의 가압송수장치가 없는 **순수한 자연낙차**를 **이용**한 가압송수장치의 수조<br>• 펌프 등의 가압송수장치가 설치되어 있지 않음 | • 펌프 등의 가압송수장치가 있는 상태에서 펌프의 고장 또는 정전 등에 의하여 펌프를 사용할 수 없는 경우 사용하기 위해 옥상에 저장해 놓은 가압송수장치의 수조<br>• 펌프 등의 가압송수장치가 설치되어 있음 |
| 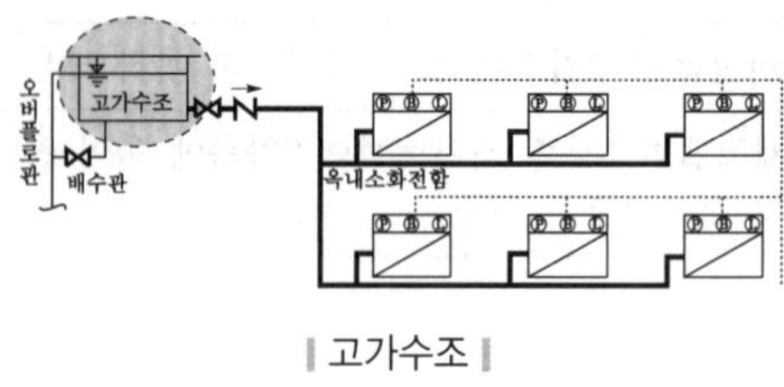<br>\| 고가수조 \| | 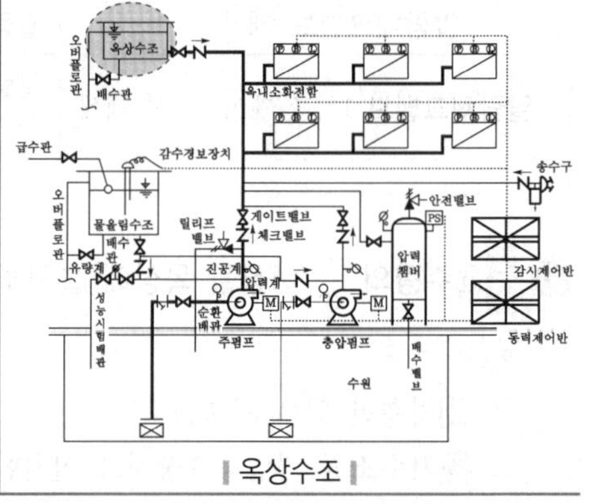<br>\| 옥상수조 \| |





## 5 옥내소화전 방수구의 설치제외장소(NFPC 102 제11조, NFTC 102 2.8.1)

① 냉장창고 중 온도가 영하인 **냉장실** 또는 냉동창고의 **냉동실**
② 고온의 **노**가 설치된 장소 또는 물과 격렬하게 **반응**하는 **물품**의 저장 또는 취급 장소
③ **발전소 · 변전소** 등으로서 전기시설이 설치된 장소
④ **식물원 · 수족관 · 목욕실 · 수영장**(관람석 부분 제외) 또는 그 밖의 이와 비슷한 장소
⑤ **야외음악당 · 야외극장** 또는 그 밖의 이와 비슷한 장소

기억법 냉장고 물전식야방

비교

**설치제외장소**

(1) **할**로겐화합물 및 불활성기체 **소화설비**의 **설치제외장소**(NFPC 107A 제5조, NFTC 107A 2.2.1)

① 사람이 **상**주하는 곳으로서 최대허용**설**계농도를 초과하는 장소

② **제3류 위험물** 및 **제5류 위험물**을 저장·보관·사용하는 장소(단, 소화성능이 인정되는 위험물 제외)

기억법 상설35할제

(2) **화재조기진압용 스프링클러의 설치제외물품**(NFPC 103B 제17조, NFTC 103B 2.14)

① **제4류** 위험물

② **타이어, 두루마리 종이** 및 **섬유류, 섬유제품** 등 연소시 화염의 속도가 빠르고 방사된 물이 하부까지에 도달하지 못하는 것

기억법 조제 4류 타종섬

(3) **물분무헤드**의 **설치제외장소**(NFPC 104 제15조, NFTC 104 2.12)

① **물**과 **심하게 반응하는 물질** 또는 물과 반응하여 위험한 물질을 생성하는 물질을 저장 또는 취급하는 장소

② **고온물질** 및 증류범위가 넓어 끓어 넘치는 위험이 있는 물질을 저장 또는 취급하는 장소

③ 운전시에 표면의 온도가 **260℃** 이상으로 되는 등 직접 분무를 하는 경우 그 부분에 손상을 입힐 우려가 있는 **기**계장치 등이 있는 장소

기억법 물고기 26(이륙)

(4) **이산화탄소 소화설비**의 **분사헤드 설치제외장소**(NFPC 106 제11조, NFTC 106 2.8.1)

① **방재실, 제어실** 등 사람이 상시 근무하는 장소

② **니트로셀룰로오스, 셀룰로이드 제품** 등 자기연소성 물질을 저장·취급하는 장소

③ **나트륨, 칼륨, 칼슘** 등 활성금속물질을 저장·취급하는 장소

④ **전시장** 등의 관람을 위하여 다수인이 출입·**통**행하는 통로 및 **전**시실 등

기억법 방니나전 통전이

(5) **스프링클러헤드**의 **설치제외장소**(NFPC 103 제15조, NFTC 103 2.12)

① **계**단실(특별피난계단의 부속실 포함)·경사로·승강기의 승강로·비상용 승강기의 승강장·파이프덕트 및 덕트피트(파이프·덕트를 통과시키기 위한 구획된 구멍에 한함)·목욕실·수영장(관람석 제외)·화장실·직접 외기에 개방되어 있는 복도, 기타 이와 유사한 장소

② **통신기기실·전자기기실**, 기타 이와 유사한 장소

③ **발전실·변전실·변압기**, 기타 이와 유사한 전기설비가 설치되어 있는 장소

④ **병**원의 **수술실·응급처치실**, 기타 이와 유사한 장소

⑤ 천장과 반자 양쪽이 **불연재료**로 되어 있는 경우로서 그 사이의 거리 및 구조가 다음에 해당하는 부분

NOTE


※ **화재조기진압용 스프링클러의 설치제외물품(NFPC 103B 제17조, NFTC 103B 2.14)**

① 제**4류** 위험물

② **타**이어, 두루마리 **종**이 및 **섬**유류, 섬유제품 등 연소시 화염의 속도가 빠르고 방사된 물이 하부까지에 도달하지 못하는 것

기억법 조제 4류 타종섬

※ **이산화탄소 소화설비의 분사헤드 설치제외장소(NFPC 106 제11조, NFTC 106 2.8.1)**

① **방**재실, 제어실 등 사람이 상시 근무하는 장소

② **니**트로셀룰로오스, 셀룰로이드 제품 등 자기연소성 물질을 저장·취급하는 장소

③ **나**트륨, 칼륨, 칼슘 등 활성금속물질을 저장·취급하는 장소

④ **전**시장 등의 관람을 위하여 다수인이 출입·**통**행하는 통로 및 **전**시실 등

기억법 방니나전 통전이

NOTE

㉠ 천장과 반자 사이의 거리가 **2**m 미만인 부분

㉡ 천장과 반자 사이의 **벽**이 **불연재료**이고 천장과 반자 사이의 거리가 **2**m 이상으로서 그 사이에 **가연물**이 **존재**하지 **않는 부분**

⑥ 천장 · 반자 중 한쪽이 **불연재료**로 되어 있고, 천장과 반자 사이의 거리가 **1**m 미만인 부분

⑦ 천장 및 반자가 **불연재료 외**의 것으로 되어 있고, 천장과 반자 사이의 거리가 **0.5**m 미만인 경우

⑧ **펌프실 · 물탱크실**, 엘리베이터 권상기실, 그 밖의 이와 비슷한 장소

⑨ **현관 · 로비** 등으로서 바닥에서 높이가 20m 이상인 장소

⑩ 영하의 **냉**장창고의 **냉장실** 또는 냉동창고의 **냉동실**

⑪ **고**온의 노가 설치된 장소 또는 물과 격렬하게 반응하는 물품의 저장 또는 취급 장소

⑫ **불**연재료로 된 특정소방대상물 또는 그 부분으로서 다음에 해당하는 장소

㉠ **정수장 · 오물처리장**, 그 밖의 이와 비슷한 장소

㉡ **펄프공장**의 작업장 · **음료수공장**의 세정 또는 충전하는 작업장, 그 밖의 이와 비슷한 장소

㉢ **불**연성의 금속 · 석재 등의 가공공장으로서 가연성 물질을 저장 또는 취급하지 않는 장소

㉣ 가연성 물질이 존재하지 않는 「건축물의 에너지절약설계기준」에 따른 방풍실

> 기억법 정오불펄음(**정오불포럼**)

⑬ 실내에 설치된 테니스장 · 게이트볼장 · 정구장 또는 이와 비슷한 장소로서 실내 바닥 · 벽 · 천장이 불연재료 또는 준불연재료로 구성되어 있고 가연물이 존재하지 않는 장소로서 관람석이 없는 운동시설(지하층 제외)

> 기억법 계통발병 2105 펌현아 고냉불스

(6) **연결살수설비헤드의 설치 제외장소**(NFPC 503 제7조, NFTC 503 2.4)

※ 연결살수설비헤드의 설치 제외장소 ★꼭 기억하세요★

① **상점**(**판매시설**과 **운수시설**을 말하며, 바닥면적이 150m$^2$ 이상인 지하층에 설치된 것 제외)으로서 주요구조부가 **내화구조** 또는 **방화구조**로 되어 있고 바닥면적이 **500m$^2$ 미만**으로 방화구획되어 있는 특정소방대상물 또는 그 부분

② **계단실**(특별피난계단의 부속실 포함) · **경사로** · **승강기**의 **승강로** · **파이프덕트** · **목욕실** · **수영장**(관람석부분 제외) · **화장실** · 직접 외기에 **개방**되어 있는 **복도**, 기타 이와 유사한 장소

③ **통신기기실** · **전자기기실**, 기타 이와 유사한 장소

④ **발전실** · **변전실** · **변압기**, 기타 이와 유사한 전기설비가 설치되어 있는 장소

⑤ 병원의 **수술실** · **응급처치실**, 기타 이와 유사한 장소

⑥ 천장과 반자 양쪽이 **불연재료**로 되어 있는 경우로서 그 사이의 거리 및 구조가 다음의 어느 하나에 해당하는 부분

㉠ 천장과 반자 사이의 거리가 **2m 미만**인 부분

㉡ 천장과 반자 사이의 벽이 불연재료이고 천장과 반자 사이의 거리가 **2m 이상**으로서 그 사이에 가연물이 존재하지 않는 부분

NOTE

⑦ 천장 · 반자 중 **한쪽**이 **불연재료**로 되어 있고 천장과 반자 사이의 거리가 **1m 미만**인 부분
⑧ 천장 및 반자가 불연재료 외의 것으로 되어 있고 천장과 반자 사이의 거리가 **0.5m 미만**인 부분
⑨ **펌프실 · 물탱크실, 엘리베이터 권상기실**, 그 밖의 이와 비슷한 장소
⑩ **현관** 또는 **로비** 등으로서 바닥으로부터 높이가 **20m 이상**인 장소
⑪ 냉장창고의 영하의 **냉장실** 또는 냉동창고의 **냉동실**
⑫ **고온**의 **노**가 설치된 장소 또는 **물**과 **격렬**하게 **반응**하는 **물품**의 저장 또는 취급장소
⑬ 불연재료로 된 특정소방대상물 또는 그 부분으로서 다음의 어느 하나에 해당하는 장소
　㉠ **정수장 · 오물처리장**, 그 밖의 이와 비슷한 장소
　㉡ **펄프공장**의 **작업장** · **음료수공장**의 **세정** 또는 **충전**하는 **작업장**, 그 밖의 이와 비슷한 장소
　㉢ 불연성의 **금속 · 석재** 등의 **가공공장**으로서 가연성 물질을 저장 또는 취급하지 않는 장소
⑭ 실내에 설치된 **테니스장 · 게이트볼장 · 정구장** 또는 이와 비슷한 장소로서 실내 바닥 · 벽 · 천장이 **불연재료** 또는 **준불연재료**로 구성되어 있고 가연물이 존재하지 않는 장소로서 관람석이 없는 운동시설 부분(지하층 제외)

## 6 내화배선 · 내열배선(NFTC 102 2.7.2)

### ① 내화배선

| 사용전선의 종류 | 공사방법 |
|---|---|
| ① 450/750V 저독성 난연 가교폴리올레핀 절연전선<br>② 0.6/1kV 가교 폴리에틸렌 절연 저독성 난연 폴리올레핀 시스 전력케이블<br>③ 6/10kV 가교 폴리에틸렌 절연 저독성 난연 폴리올레핀 시스 전력용 케이블<br>④ 가교 폴리에틸렌 절연 비닐시스 트레이용 난연 전력케이블<br>⑤ 0.6/1kV EP 고무절연 클로로프렌 시스 케이블<br>⑥ 300/500V 내열성 실리콘 고무 절연전선(180℃)<br>⑦ 내열성 에틸렌-비닐 아세테이트 고무 절연케이블<br>⑧ 버스덕트(bus duct)<br>⑨ 기타 「전기용품 및 생활용품 안전관리법」 및 「전기설비기술기준」에 따라 동등 이상의 내화성능이 있다고 주무부장관이 인정하는 것 | ① **금**속관공사<br>② **2**종 금속제 **가**요전선관공사<br>③ **합**성수지관공사<br>• 내화구조로 된 벽 또는 바닥 등에 벽 또는 바닥의 표면으로부터 **25**mm 이상의 깊이로 매설할 것<br>기억법 금2가합25<br>• 적용 제외<br>- 배선을 **내**화성능을 갖는 배선**전**용실 또는 배선용 **샤**프트 · **피**트 · **덕**트 등에 설치하는 경우<br>- 배선전용실 또는 배선용 샤프트 · 피트 · 덕트 등에 **다**른 설비의 배선이 있는 경우에는 이로부터 **15**cm 이상 떨어지게 하거나 소화설비의 배선과 이웃 다른 설비의 배선 사이에 배선지름의 1.5배 이상의 높이의 **불연성 격벽**을 설치하는 경우<br>기억법 내전 샤피덕 다15 |
| 내화전선 | 케이블공사 |

※ HFIX
450/750V 저독성 난연 가교폴리올레핀 절연전선

NOTE

**※ 내화전선의 내화성능**
KS C IEC 66331-1과 2(온도 830℃/가열시간 120분) 표준 이상을 충족하고, 난연성능 확보를 위해 KS C IEC 60332-3-24 성능 이상을 충족할 것

※ **내화전선**의 **내화성능** : KS C IEC 60331-1과 2(온도 830℃/가열시간 **120분**) 표준 이상을 충족하고, 난연성능 확보를 위해 KS C IEC 60332-3-24 성능 이상을 충족할 것

② **내열배선**

| 사용전선의 종류 | 공사방법 |
|---|---|
| ① 450/750V 저독성 난연 가교폴리올레핀 절연전선<br>② 0.6/1kV 가교 폴리에틸렌 절연 저독성 난연 폴리올레핀 시스 전력케이블<br>③ 6/10kV 가교 폴리에틸렌 절연 저독성 난연 폴리올레핀 시스 전력용 케이블<br>④ 가교 폴리에틸렌 절연 비닐시스 트레이용 난연 전력케이블<br>⑤ 0.6/1kV EP 고무절연 클로로프렌 시스 케이블<br>⑥ 300/500V 내열성 실리콘 고무 절연전선(180℃)<br>⑦ 내열성 에틸렌-비닐 아세테이트 고무 절연케이블<br>⑧ 버스덕트(bus duct)<br>⑨ 기타 「전기용품 및 생활용품 안전관리법」 및 「전기설비기술기준」에 따라 동등 이상의 내열성능이 있다고 주무부장관이 인정하는 것 | ① **금**속관공사<br>② 금속제 **가**요전선관공사<br>③ 금속**덕**트공사<br>④ **케**이블공사(불연성 덕트에 설치하는 경우)<br>기억법 **금가덕케**<br>• 적용 제외<br>- 배선을 **내**화성능을 갖는 배선**전**용실 또는 배선용 **샤**프트·**피**트·**덕**트 등에 설치하는 경우<br>- 배선전용실 또는 배선용 샤프트·피트·덕트 등에 **다**른 설비의 배선이 있는 경우에는 이로부터 **15**cm 이상 떨어지게 하거나 소화설비의 배선과 이웃 다른 설비의 배선 사이에 배선지름(배선의 지름이 다른 경우에는 가장 큰 것 기준)의 **1.5배** 이상의 높이의 **불연성 격벽**을 설치하는 경우<br>기억법 **내전 샤피덕 다15** |
| 내화전선 | 케이블공사 |

중요

**소방용 케이블과 다른 용도의 케이블을 배선전용실에 함께 배선할 경우**

(1) 소방용 케이블을 내화성능을 갖는 배선전용실 등의 내부에 소방용이 아닌 케이블과 함께 노출하여 배선할 때 소방용 케이블과 다른 용도의 케이블 간의 피복과 피복 간의 이격거리는 15cm 이상이어야 한다.

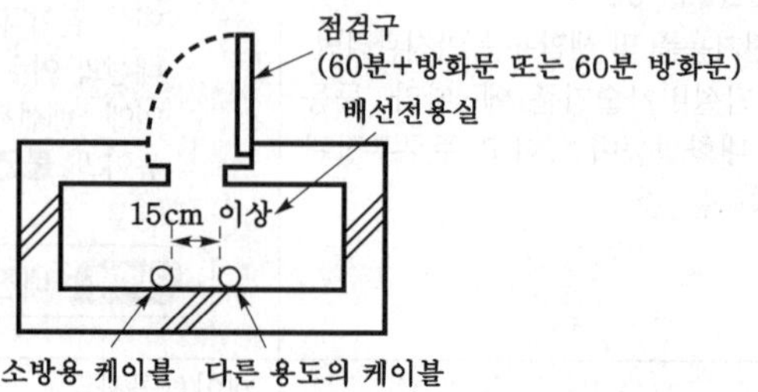

NOTE

(2) 불연성 격벽을 설치한 경우에 격벽의 높이는 굵은 케이블 지름의 **1.5배** 이상이어야 한다.

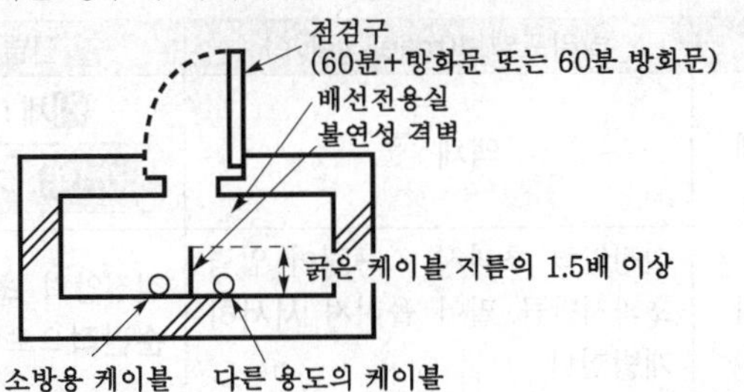


## 7 릴리프밸브

① **릴리프밸브의 개방압력 조정방법**

㉠ 동력제어반에서 주펌프, 충압펌프의 운전선택스위치를 '**수동**'으로 한다.

㉡ 주펌프 2차측 개폐밸브를 폐쇄한다.

㉢ 성능시험배관의 개폐밸브 · **유량조절밸브**를 개방한다.

㉣ 동력제어반에서 주펌프 '**수동**' 기동한다.

㉤ 성능시험배관의 유량조절밸브를 서서히 잠그면서 릴리프밸브의 작동점이 체절압력의 90%가 되도록 한다.

㉥ 릴리프밸브의 캡을 열고 조정나사를 반시계방향으로 서서히 돌려서 릴리프밸브를 개방한다.

㉦ 주펌프를 '**수동**' 정지한다.

㉧ 주펌프 2차측 개폐밸브 개방 및 성능시험배관의 개폐밸브, 성능시험배관의 유량조절밸브를 폐쇄한다.

㉨ 동력제어반에서 충압펌프의 운전선택스위치를 '**자동**' 위치로 한다.

㉩ 충압펌프가 정지상태로 있거나 기동되었다가 설정압력에 의해 자동정지를 한다.

㉪ 주펌프의 운전선택스위치를 '**자동**' 위치로 한다.

**＊ 릴리프밸브**

| | |
|---|---|
| 적용유체 | 액체 : 물 |
| 개방형태 | 설정압력 초과시 스프링이 압력 초과시만큼 밀어 올려져 서서히 개방한다. |
| 작동압력조정 | 현장에서 임의로 조작자가 작동압력을 조정할 수 있다. |

중요

(1) **릴리프밸브**의 **점검요령**

① 주배관의 **게이트밸브**를 잠근다.

② **펌프**를 **기동**하여 체절운전을 한다.

③ 릴리프밸브가 개방될 때 **압력계**를 확인하여 체절압력 미만인지를 확인한다.

(2) **릴리프밸브**의 **압력설정방법**

① 주펌프의 토출측 **개폐표시형 밸브**를 잠근다.

② 주펌프를 **수동**으로 **기동**한다.

③ **릴리프밸브**의 **뚜껑**을 **개방**한다.

④ **압력조정나사**를 좌우로 돌려 물이 나오는 시점을 **조정**한다.

**＊ 릴리프밸브의 점검요령**
★꼭 기억하세요★

NOTE

**✻ 릴리프밸브 적응 유체**
액체 : 물

**✻ 안전밸브 적응 유체**
기체 : 가스 또는 증기

② 릴리프밸브와 안전밸브의 차이점

| 구 분 | 릴리프밸브(relief valve) | 안전밸브(safety valve) |
|---|---|---|
| 적응유체 | **액체** : 물 | **기체** : 가스 또는 증기<br>기억법 기안(**기안**하다.) |
| 개방형태 | 설정압력 초과시 스프링이 압력 초과시만큼 밀어 올려져 **서서히 개방**한다. | 설정압력 초과시 레버가 움직여 **순간적**으로 **완전개방**된다. |
| 작동압력조정 | 현장에서 임의로 조작자가 **작동압력**을 **조정**할 수 있다. | 제조사에서 작동압력이 설정되어 출고되므로 임의 **조정**이 **불가능**하다. |
| 구조 | 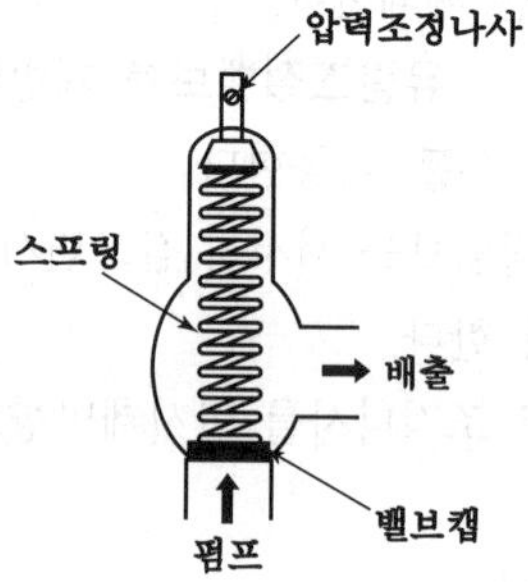 압력조정나사, 스프링, 배출, 밸브캡, 펌프 | 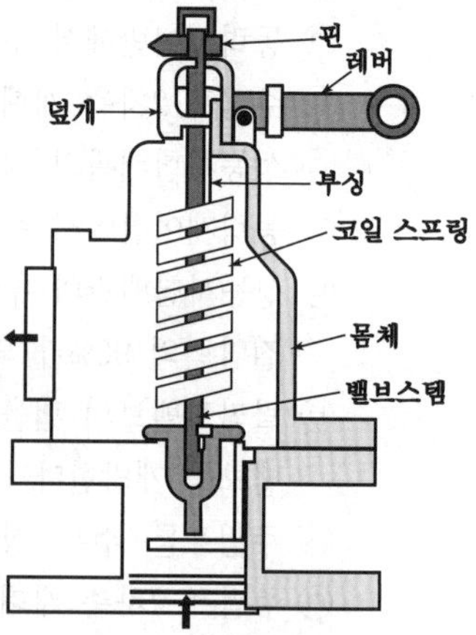 핀, 레버, 덮개, 부싱, 코일 스프링, 몸체, 밸브스템 |
| 설치 예 | 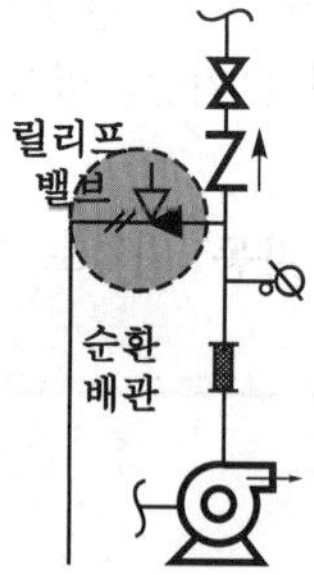 릴리프밸브, 순환배관<br>❙펌프 주위❙ | 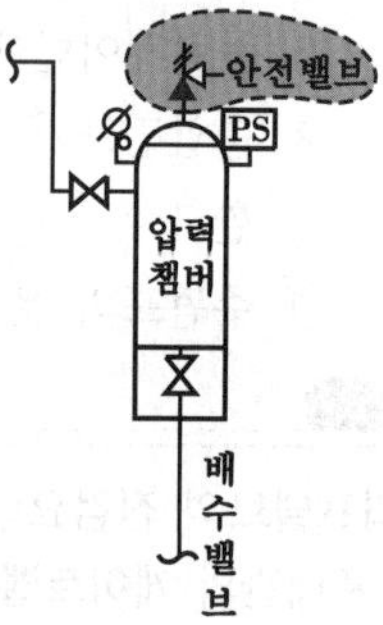 안전밸브, PS, 압력챔버, 배수밸브<br>❙안전밸브 주위❙ |

NOTE

## 8 펌프의 시험

① **무부하시험**(체절운전시험)

㉠ 펌프토출측 밸브와 성능시험배관의 개폐밸브, **유량조절밸브**를 잠근상태에서 **펌프**를 **기동**한다.

㉡ 압력계의 지시치가 정격토출압력의 **140% 이하**인지를 확인한다.

중요

**체절운전, 체절압력, 체절양정**

| 체절운전 | 체절압력 | 체절양정 |
|---|---|---|
| **펌프**의 **성능시험**을 목적으로 펌프토출측의 개폐밸브를 닫은 상태에서 펌프를 운전하는 것 | 체절운전시 릴리프밸브가 압력수를 방출할 때의 압력계상 압력으로 정격토출압력의 **140% 이하** | 펌프의 토출측 밸브가 모두 막힌 상태, 즉 유량이 0인 상태에서의 양정 |

② **정격부하시험**

㉠ 펌프를 기동한 상태에서 **유량조절밸브**를 서서히 개방하여 유량계를 통과하는 유량이 정격토출유량이 되도록 조정한다.

㉡ 압력계의 지시치가 **정격토출압력** 이상이 되는지를 확인한다.

③ **피크부하시험**(최대운전시험)

㉠ 유량조절밸브를 조금 더 개방하여 유량계를 통과하는 유량이 정격토출유량의 **150%**가 되도록 조정한다.

㉡ 압력계의 지시치가 정격토출압력의 **65% 이상**인지를 확인한다.

④ **펌프의 성능곡선** : 운전점=150% 유량점

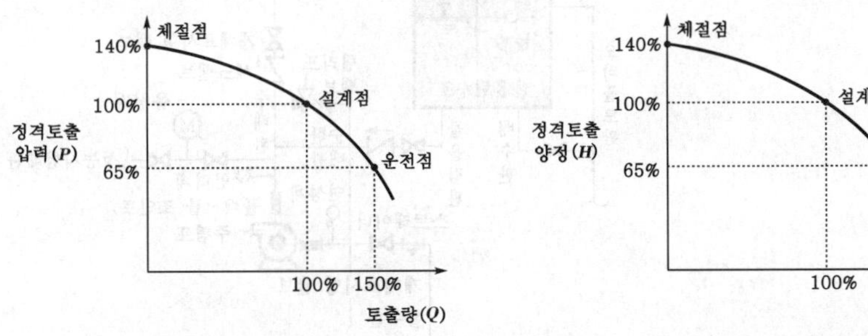


(a) 정격토출압력-토출량의 관계

(b) 정격토출양정-토출량의 관계

‖ 펌프의 성능곡선 ‖

중요

(1) **펌프**의 **성능시험방법**

① **주배관**의 **개폐밸브**를 **잠근다.**

② 제어반에서 **충압펌프**의 **기동**을 **중지**시킨다.

③ 압력챔버의 **배수밸브**를 열어 **주펌프**가 **기동**되면 잠근다(제어반에서 수동으로 주펌프를 기동).

④ **성능시험배관상**에 있는 **개폐밸브**를 **개방**한다.

**※ 체절운전**
펌프의 성능시험을 목적으로 펌프토출측의 개폐밸브를 닫은 상태에서 펌프를 운전하는 것

**※ 체절양정**
펌프의 토출측 밸브가 모두 막힌 상태, 즉 유량이 0인 상태에서의 양정

**※ 정격부하시험**
① 펌프를 기동한 상태에서 유량조절밸브를 서서히 개방하여 유량계를 통과하는 유량이 정격토출유량이 되도록 조정한다.
② 압력계의 지시치가 정격토출압력 이상이 되는지를 확인한다.

**※ 피크부하시험**
① 유량조절밸브를 조금 더 개방하여 유량계를 통과하는 유량이 정격토출유량의 150%가 되도록 조정한다.
② 압력계의 지시치가 정격토출압력의 65% 이상인지를 확인한다.

NOTE

⑤ 성능시험배관의 **유량조절밸브**를 **서서히 개방**하여 유량계를 통과하는 유량이 정격토출유량이 되도록 **조정**한다. 정격토출유량이 되었을 때 펌프토출측 압력계를 읽어 정격토출압력 이상인지 확인한다.

⑥ 성능시험배관의 **유량조절밸브**를 **조금 더 개방**하여 유량계를 통과하는 유량이 **정격토출유량**의 **150%**가 되도록 조정한다. 이때 펌프토출측 압력계의 확인된 압력은 정격토출압력의 **65%** 이상이어야 한다.

⑦ 성능시험배관상에 있는 **유량계**를 확인하여 **펌프**의 **성능**을 측정한다.

⑧ **성능시험** 측정 후 배관상 **개폐밸브**를 잠근 후 **주밸브**를 연다.

⑨ 제어반에서 **충압펌프 기동중지**를 **해제**한다.

※ 압력챔버의 공기교체 요령(방법)
★꼭 기억하세요★

(2) **압력챔버**의 **공기교체 요령**(방법)

① 동력제어반(MCC)에서 주펌프 및 충압펌프의 **선택스위치**를 '**수동**' 또는 '**정지**' 위치로 한다.

② **압력챔버 개폐밸브**를 잠근다.

③ **배수밸브** 및 **안전밸브**를 **개방**하여 **물**을 **배수**한다.

④ 안전밸브에 의해서 탱크 내에 **공기**가 **유입**되면, **안전밸브**를 **잠근 후 배수밸브**를 **폐쇄**한다.

⑤ 압력챔버 개폐밸브를 서서히 개방하고, 동력제어반에서 주펌프 및 충압펌프의 선택스위치를 '**자동**'위치로 한다(이때 소화펌프는 자동으로 기동되며 설정압력에 도달되면 자동정지함).

## 9 수계소화설비의 펌프흡입측과 토출측의 주위배관

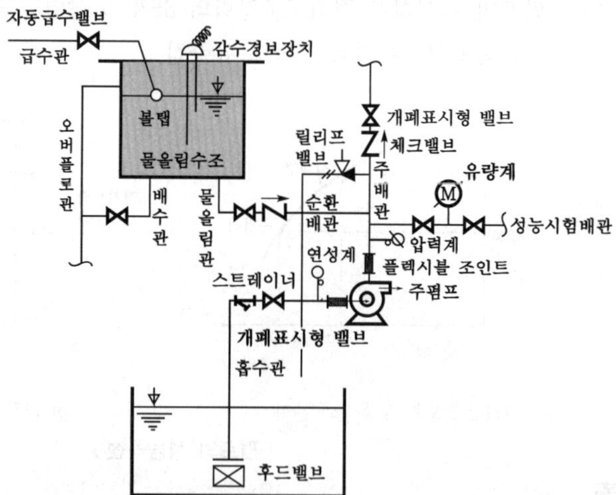


※ 후드밸브의 기능
① 여과기능
② 체크밸브 기능

| 부속품 | 기 능 |
|---|---|
| 후드밸브 | **여과**기능 · **체크밸브** 기능 |
| 스트레이너 | 펌프 내의 **이물질 침투** 방지 |
| 개폐표시형 밸브 | 주밸브로 사용되며 **육안**으로 **밸브**의 **개폐** 확인 |
| 연성계 | 펌프의 **흡입측 압력** 측정 |

NOTE

| 플렉시블조인트 | 펌프 또는 배관의 **충격흡수** |
|---|---|
| 주펌프 | 소화수에 유속과 압력부여 |
| 압력계 | 펌프의 **토출측 압력** 측정 |
| 유량계 | **성능시험**시 펌프의 **유량** 측정 |
| 성능시험배관 | **주펌프**의 **성능 적합여부** 확인 |
| 체크밸브 | **역류**방지 |
| 물올림수조 | 물올림장치의 **전용 탱크** |
| 순환배관 | **체절운전시 수온상승** 방지 |
| 릴리프밸브 | **체절압력 미만**에서 개방 |
| 감수경보장치 | 물올림수조의 **물부족 감시** |
| 자동급수밸브 | 물올림수조의 **물 자동공급** |
| 볼탭 | 물올림수조의 **물**의 **양 감지** |
| 급수관 | 물올림수조의 **물 공급**배관 |
| 오버플로관 | 물올림수조에 물이 넘칠 경우 **물배출** |
| 배수관 | 물올림수조의 **청소**시 **물**을 배출하는 관 |
| 물올림관 | **흡수관**에 **물**을 **공급**하기 위한 관 |

아하! 그렇구나 **수조의 수위보다 펌프가 낮게 설치되는 경우(정압흡입방식)**

(1) 수조의 수위보다 펌프가 낮은 경우

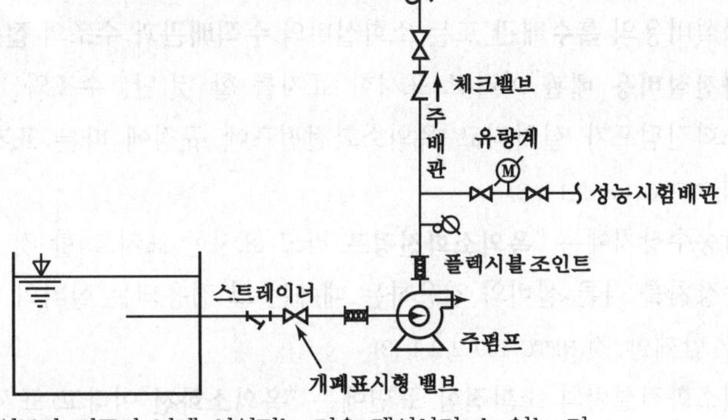


(2) 수조의 수위보다 펌프가 낮게 설치되는 경우 제외시킬 수 있는 것

① **후**드밸브
② **진**공계(연성계)
③ 물올림**장치**

기억법 **후진장치**

* 수조의 수위보다 펌프가 낮게 설치되는 경우 제외시킬 수 있는 것
① 후드밸브
② 진공계(연성계)
③ 물올림장치

## 3 옥외소화전설비

### ① 옥내 · 외 소화전설비의 방수압력 측정방법

노즐선단에 노즐구경($D$)의 $\frac{1}{2}$ 떨어진 지점에서 노즐선단과 수평되게 피토게이지(pitot gauge)를 설치하여 눈금을 읽는다.

**NOTE**

**※ 옥내소화전설비의 방수압력 측정방법**
노즐선단에 노즐구경($D$)의 $\frac{1}{2}$ 떨어진 지점에서 노즐선단과 수평되게 피토게이지(pitot gauge)를 설치하여 눈금을 읽는다.

**※ 옥내소화전설비 방수량 측정방법**
노즐선단에 노즐구경($D$)의 $\frac{1}{2}$ 떨어진 지점에서 노즐선단과 수평 되게 피토게이지를 설치하여 눈금을 읽은 후 $Q=0.653D^2\sqrt{10P}$ 공식에 대입한다.

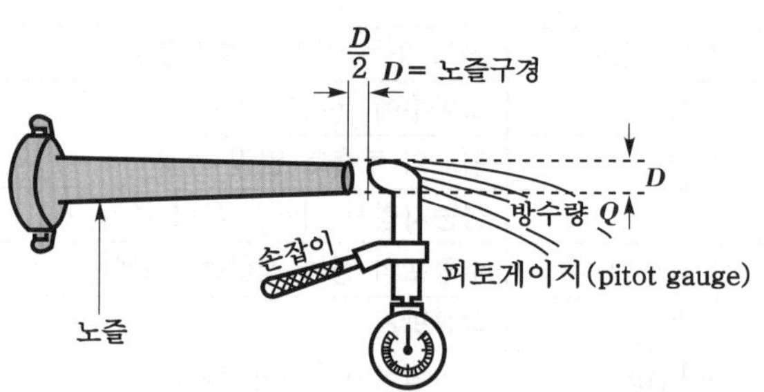


‖ 방수압 측정 ‖

중요

**옥내·외 소화전설비의 방수량 측정방법**
노즐선단에 노즐구경($D$)의 $\frac{1}{2}$ 떨어진 지점에서 노즐선단과 수평되게 피토게이지를 설치하여 눈금을 읽은 후 $Q=0.653\,D^2\sqrt{10P}$ 공식에 대입한다.

### 2 옥외소화전설비 표지의 명칭과 설치위치(NFTC 109)

① 수조 외측의 보기 쉬운 곳에 "**옥외소화전설비용 수조**"라고 표시한 표지를 할 것. 이 경우 그 수조를 다른 설비와 겸용하는 때에는 그 겸용되는 설비의 이름을 표시한 표지를 함께할 것(NFTC 109 2.1.4.7)

② 소화설비용의 **흡수배관** 또는 소화설비의 **수직배관**과 수조의 **접속부분**에는 "**옥외소화전설비용 배관**"이라고 표시한 표지를 할 것(단, 수조와 가까운 장소에 옥외소화전펌프가 설치되고 옥외소화전펌프에 규정에 따른 표지를 설치한 때는 제외)(NFTC 109 2.1.4.8)

③ 가압송수장치에는 "**옥외소화전펌프**"라고 표시한 표지를 할 것. 이 경우 그 가압송수장치를 다른 설비와 겸용하는 때에는 그 겸용되는 설비의 이름을 표시한 표지를 함께할 것(NFTC 109 2.2.1.13)

④ 옥외소화전설비의 소화전함 표면에는 "**옥외소화전**"이라고 표시한 표지를 하고, 가압송수장치의 기동을 표시하는 표시등은 옥외소화전함의 상부 또는 그 직근에 설치하되 적색등으로 할 것(NFTC 109 2.4.3, 2.4.4.2)

⑤ 동력제어반 앞면은 **적색**으로 하고 "**옥외소화전설비용 동력제어반**"이라고 표시한 표지를 설치할 것(NFTC 109 2.6.4.1)

⑥ 옥외소화전설비의 **과전류차단기** 및 **개폐기**에는 "**옥외소화전설비용**"이라고 표시한 표지를 하여야 한다.(NFTC 109 2.7.3)

⑦ 옥외소화전설비용 접속단자에는 "**옥외소화전단자**"라고 표시한 표지를 부착한다.(NFTC 109 2.7.4.1)

NOTE

비교

**옥내소화전설비 표지**의 **명칭**과 **설치위치**(NFTC 102)

(1) 수조 외측의 보기 쉬운 곳에 "**옥내소화전설비용 수조**"라고 표시한 표지를 할 것. 이 경우 그 수조를 다른 설비와 겸용하는 때에는 그 겸용되는 설비의 이름을 표시한 표지를 함께 하여야 한다.(NFTC 102 2.1.6.7)

(2) 소화설비용 펌프의 **흡수배관** 또는 소화설비의 **수직배관**과 수조의 **접속부분**에는 "**옥내소화전설비용 배관**"이라고 표시한 표지를 할 것(단, 수조와 가까운 장소에 옥내소화전펌프가 설치되고 옥내소화전펌프에 규정에 따른 표지를 설치한 때는 제외)(NFTC 102 2.1.6.8)

(3) 가압송수장치에는 "**옥내소화전펌프**"라고 표시한 표지를 할 것. 이 경우 그 가압송수장치를 다른 설비와 겸용하는 때에는 그 겸용되는 설비의 이름을 표시한 표지를 함께 하여야 한다.(NFTC 102 2.2.1.15)

(4) 옥내소화전설비의 함에는 그 표면에 "**소화전**"이라는 표시와 그 사용요령을 기재한 표지판을 붙여야 하며, 표지판을 함의 문에 붙이는 경우에는 문의 내부 및 외부 모두에 붙여야 한다. 이 경우, 사용요령은 외국어와 시각적인 그림을 포함하여 작성해야 한다.(NFTC 102 2.4.4, 2.4.5)

(5) 동력제어반 앞면은 **적색**으로 하고 "**옥내소화전설비용 동력제어반**"이라고 표시한 표지를 설치할 것(NFTC 102 2.6.4.1)

(6) 옥내소화전설비의 과전류차단기 및 개폐기에는 "**옥내소화전설비용**"이라고 표시한 표지를 하여야 한다.(NFTC 102 2.7.3)

(7) 옥내소화전설비용 접속단자에는 "**옥내소화전설비단자**"라고 표시한 표지를 부착할 것(NFTC 102 2.7.4.1)

### 3 옥외소화전의 동파방지를 위한 시공시 유의사항

① 배관매설시 **동결심도 이상**으로 **매설**하고 **모래** 또는 **자갈** 등을 채워 배수가 잘 되도록 할 것

② 밸브류·배관 등을 **보온재**로 보온한다.

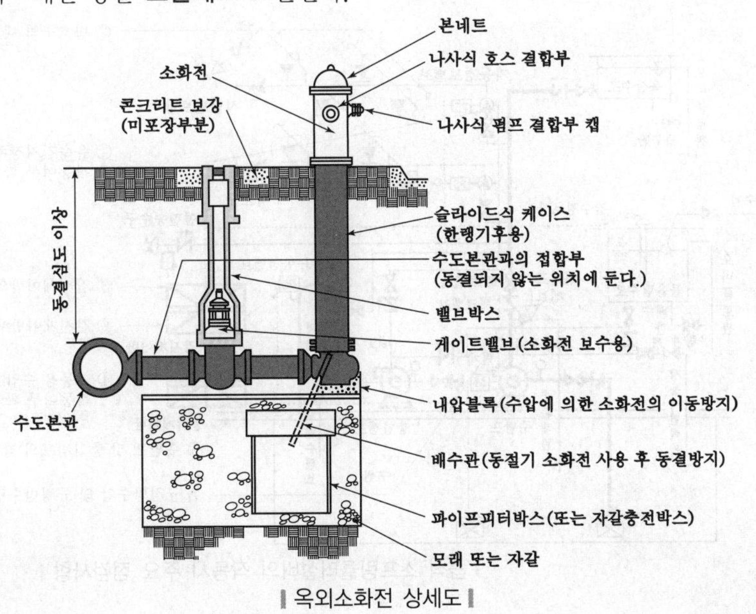


‖ 옥외소화전 상세도 ‖

* **옥외소화전설비·스프링클러설비 배관의 보온방법**
  ① 보온재를 이용한 배관보온법
  ② 히팅코일을 이용한 가열법
  ③ 순환펌프를 이용한 물의 유동법
  ④ 부동액주입법

* **옥외소화전설비·스프링클러설비 보온재의 구비조건**
  ① 보온능력이 우수할 것
  ② 단열효과가 뛰어날 것
  ③ 시공이 용이할 것
  ④ 가벼울 것
  ⑤ 가격이 저렴할 것

NOTE

중요

**옥외소화전설비 · 스프링클러설비 배관의 보온**

| 배관의 보온방법 | 보온재의 구비조건 |
|---|---|
| ① **보온재**를 이용한 배관보온법<br>② **히팅코일**을 이용한 가열법<br>③ **순환펌프**를 이용한 물의 유동법<br>④ **부동액**주입법<br>기억법 **보히순부(순두부)** | ① **보온능력**이 우수할 것<br>② **단열효과**가 뛰어날 것<br>③ **시공**이 **용이**할 것<br>④ 가벼울 것<br>⑤ **가격**이 **저렴**할 것 |

## 4 스프링클러설비

※ 습식 스프링클러설비의 동작시험 순서 ★꼭 기억하세요★

### 1 습식 스프링클러설비의 동작시험 순서

① **말단시험밸브** 개방
② **알람체크밸브** 개방
③ 유수검지장치의 압력스위치 작동
④ **사이렌** 경보
⑤ 감시제어반에 **화재표시등** 점등
⑥ **기동용 수압개폐장치**의 압력스위치 작동
⑦ **주펌프** 및 **충압펌프**의 작동
⑧ 감시제어반에 기동표시등 점등
⑨ 말단시험밸브 폐쇄
⑩ 규정방수압에서 펌프 자동정지
⑪ 모든 장치의 정상여부 확인

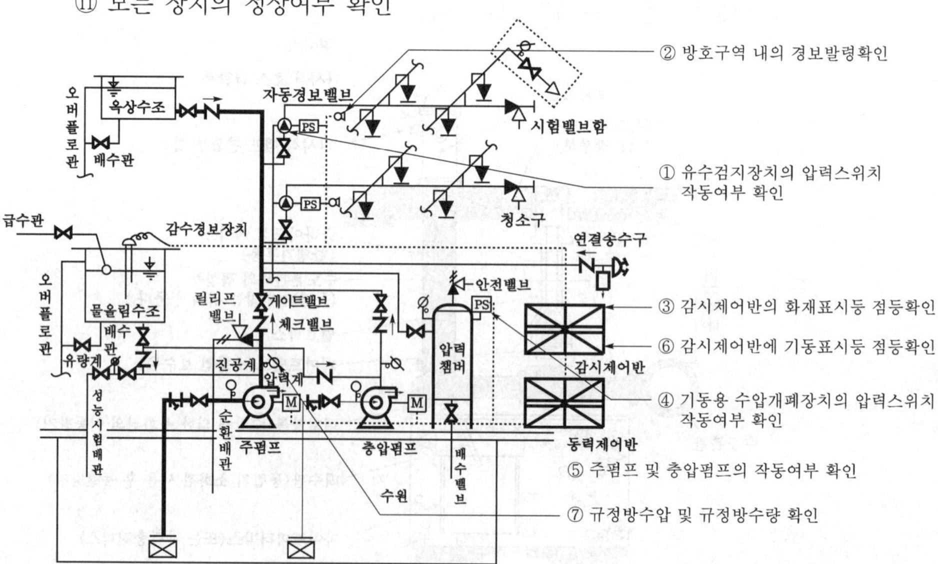


‖ 습식 스프링클러설비의 작동시 주요 점검사항 ‖

NOTE

## ❷ 건식 밸브(Dry pipe valve)

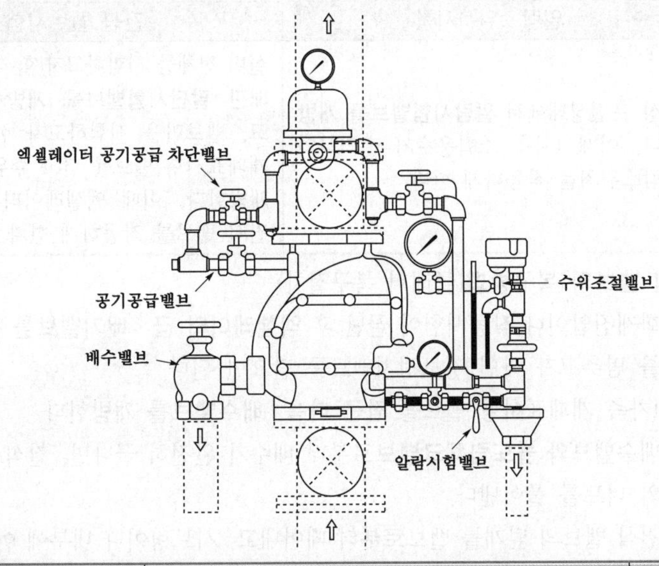


| 밸브명칭 | 밸브기능 | 평상시 유지상태 |
|---|---|---|
| **엑셀레이터 공기공급 차단밸브** | 2차측 배관 내가 공기로 충압될 때까지 엑셀레이터로의 공기유입을 차단시켜 주는 밸브 | **개방** |
| **공기공급밸브** | 공기압축기로부터 공급되는 공기의 유입을 제어하는 밸브 | **개방** |
| **배수밸브** | 건식 밸브 작동 후 2차측으로 방출된 물을 배수시켜 주는 밸브 | **폐쇄** |
| **수위조절밸브** | 초기 세팅을 위해 2차측에 보충수를 채우고 그 수위를 확인하는 밸브 | **폐쇄** |
| **알람시험밸브** | 정상적인 밸브의 작동 없이 화재경보를 시험하는 밸브 | **폐쇄** |

① **건식 밸브의 작동방법(시험방법)**

㉠ 2차측 **제어밸브 폐쇄**

㉡ **엑셀레이터 공기공급 차단밸브 · 공기공급밸브 개방상태** 및 **배수밸브 · 수위조절밸브 · 알람시험밸브 폐쇄상태**인지 확인

㉢ **수위조절밸브 개방** : 2차측 배관의 공기압력 저하로 급속개방장치가 작동하여 클래퍼 개방

㉣ 펌프의 **자동기동** 확인

㉤ 감시제어반의 **밸브개방표시등** 점등확인

㉥ 해당 방호구역의 경보확인

㉦ 시험완료 후 **정상상태**로 **복구**

※ 건식 밸브의 작동(동작)방법
★꼭 기억하세요★

NOTE

※ 건식 밸브의 복구방법
★꼭 기억하세요★

② **건식 밸브의 시험종류**

| 알람스위치시험 | 건식 밸브시험 |
|---|---|
| 정상 운전상태에서 **알람시험밸브**를 **개방**한다. 이때 1차측 소화용수가 흘러나와 알람스위치를 작동하게 한다. | 설비 전체를 시험하고자 할 때에는 **2차측 배관 말단시험밸브**를 **개방**하여 실시하고, 밸브만을 시험하고자 한다면 2차측 개폐표시형 밸브를 닫고 **수위조절밸브**를 **개방**한다. 이때 엑셀레이터가 작동하여 건식 밸브를 작동하게 한다. |

③ **건식 밸브의 복구방법**(클래퍼 복구절차)

㉠ 화재진압이나 작동시험이 끝난 후 **엑셀레이터 급 · 배기밸브**를 잠근다. 경보를 멈추고자 하면 경보정지밸브를 닫으면 된다.

㉡ 1차측 개폐표시형 밸브를 잠근 다음, **배수밸브**를 **개방**한다.

㉢ 배수밸브와 **볼드립체크밸브**로부터 배수가 완전히 끝나면, 건식 밸브의 볼트와 너트를 풀어낸다.

㉣ 건식 밸브의 덮개를 밸브로부터 떼어내고, 시트링이나 내부에 이상유무를 검사하고, 시트면을 부드러운 헝겊 등으로 깨끗이 닦아낸다. 만약, 이물질이 있으면 이물질을 제거한다.

㉤ 클래퍼를 살짝 들고, 래치의 앞부분을 밑으로 누른 다음, 시트링에 가볍게 올려놓는다. 서로 접촉이 잘 되었는지 약간씩 흔들어서 확인한다.

㉥ 덮개를 몸체에 취부하고 볼트와 너트를 적절한 공구를 이용하여 골고루 조인다.

㉦ **배기플러그**를 **개방**하여 압력이 “0”이 되게 한다.

㉧ 각 부위의 배수 및 건조가 완료되면 파손된 헤드를 교체하고 재세팅하면 된다.

참고

**엑셀레이터**(Accellerator)

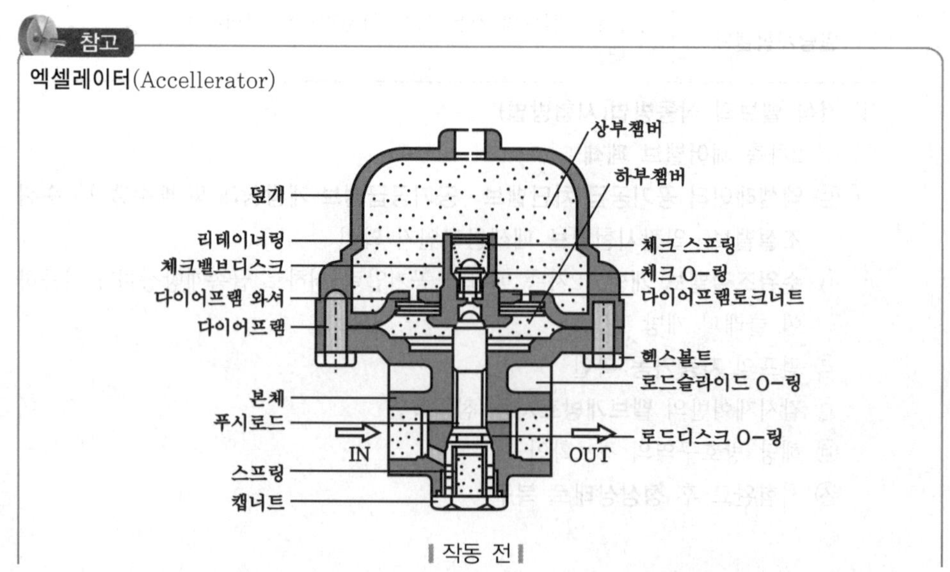


▮작동 전▮

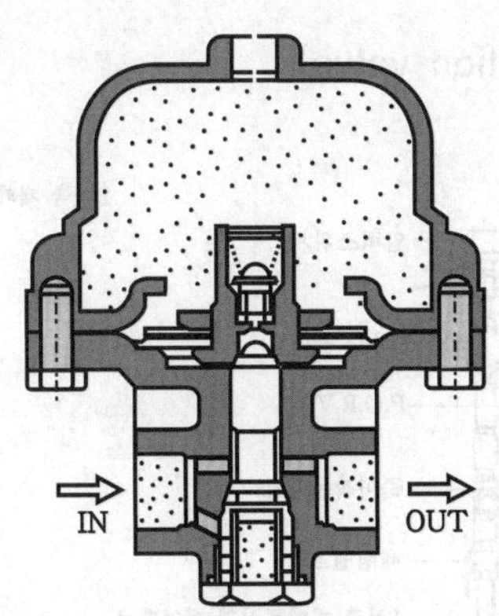


‖작동 후‖

(1) **엑셀레이터 초기작동 준비절차**

① 건식 밸브의 엑셀레이터 급기밸브를 통하여 입구배관으로 **공기압**이 **공급**된다.

② 공급된 공기압은 하부챔버를 통해 **중간챔버**에 채워진다.

③ 중간챔버에 공급된 공기는 다이어프램을 위로 살짝 밀며 체크밸브디스크를 위로 밀고 상수챔버에 채워진다. 이때 **공기**가 **공급**된다.

④ 상부챔버에 채워진 공기는 공기압력계에 나타나며, 채워진 공기압은 중간챔버와 균형을 이루어 **건식 밸브 스프링클러설비**를 정상적으로 운전할 수 있도록 해준다.

(2) **건식 밸브 2차측 스프링클러헤드 개방시 엑셀레이터 작동절차**

① 건식 밸브 스프링클러설비의 2차측 스프링클러헤드 개방으로 설비 내 **공기압력**은 급격히 감소하게 된다(엑셀레이터는 정격압력이 0.07~0.56MPa/min 사이에서 떨어지는 동안 **30초** 내에 건식 밸브의 작동에 영향을 주어야 함).

② 설비배관 내 급격한 공기압력의 감소는 중간챔버에 채워진 **공기압**을 **감소**하게 하며, 상부챔버의 공기가 중간챔버에 공급되나, 체크밸브디스크로부터 흐름을 강하게 제한받는다.

③ 계속적인 공기압력의 감소는 상부챔버로부터 중간챔버에 공급되는 공기의 양보다 매우 크게 되어 상부챔버와 중간챔버의 압력의 균형이 깨어져 밑으로 강하게 누르게 된다.

④ 다이어프램으로 전달된 힘은 푸시로드를 아래로 향하게 하여 하부챔버를 개방하게 된다.

⑤ 개방된 하부챔버를 통해 설비배관 내 공기가 일제히 흐르게 되고, 건식 밸브의 **중간챔버**로 **공기압**을 **공급**한다.

⑥ 건식 밸브의 중간챔버로 공급된 공기압은 **클래퍼**를 급격하게 **개방**한다. 이때 가압소화용수가 방수되어 설비 내로 흘러 들어가고, 개방된 헤드로부터 소화용수를 살수하여 소화작용을 한다.

(3) **엑셀레이터 복구방법**

① 소화작용이 끝나면, 제일 먼저 엑셀레이터의 **급·배기 개폐밸브를 폐쇄**하여 물로 인한 엑셀레이터의 피해를 줄여야 하며 캡너트를 개방하여 배수시킨다.

② 드레인플러그를 통해 배수가 끝나면 **배기플러그**를 **개방**하여 엑셀레이터 상부의 게이지가 "0"이 되게 한다.

③ 건식 밸브 작동준비절차 및 세팅절차에 의하여 **엑셀레이터**를 **재세팅**하면 된다.

NOTE

**※ 엑셀레이터 초기작동 준비절차**

① 건식 밸브의 엑셀레이터 급기밸브를 통하여 입구배관으로 공기압이 공급된다.

② 공급된 공기압은 하부챔버를 통해 중간챔버에 채워진다.

③ 중간챔버에 공급된 공기는 다이어프램을 위로 살짝 밀며 체크밸브디스크를 위로 밀고 상수챔버에 채워진다. 이때 공기가 공급된다.

④ 상부챔버에 채워진 공기는 공기압력계에 나타나며, 채워진 공기압은 중간챔버와 균형을 이루어 건식 밸브 스프링클러설비를 정상적으로 운전할 수 있도록 해준다.

**※ 엑셀레이터 복구방법**

① 소화작용이 끝나면, 제일 먼저 엑셀레이터의 급·배기 개폐밸브를 폐쇄하여 물로 인한 엑셀레이터의 피해를 줄여야 하며 캡너트를 개방하여 배수시킨다.

② 드레인플러그를 통해 배수가 끝나면 배기플러그를 개방하여 엑셀레이터 상부의 게이지가 "0"이 되게 한다.

③ 건식 밸브 작동준비절차 및 세팅절차에 의하여 엑셀레이터를 재세팅하면 된다.

NOTE

**※ 준비작동밸브와 같은 의미**
준비작동식 밸브, 프리액션밸브(Preaction valve)

**※ P.O.R.V(Pressure Operated Relief Valve)**
전자밸브 또는 긴급해제밸브의 개방으로 작동된 준비작동밸브가 1차측 공급수의 압력으로 인해 자동으로 복구되는 것을 방지하기 위한 밸브

**※ 준비작동밸브의 작동방법**
① 슈퍼비조리판넬의 기동스위치를 누르면 솔레노이드밸브가 개방되어 준비작동밸브 작동
② 감시제어반에서 솔레노이드밸브 기동스위치 작동
③ 수동개방밸브를 개방하면 준비작동밸브 작동
④ 교차회로방식의 A·B 감지기를 감시제어반에서 작동시키면 솔레노이드밸브가 개방되어 준비작동밸브 작동
⑤ 교차회로방식의 A·B 감지기 작동

## ③ 준비작동밸브(Pre-action valve)

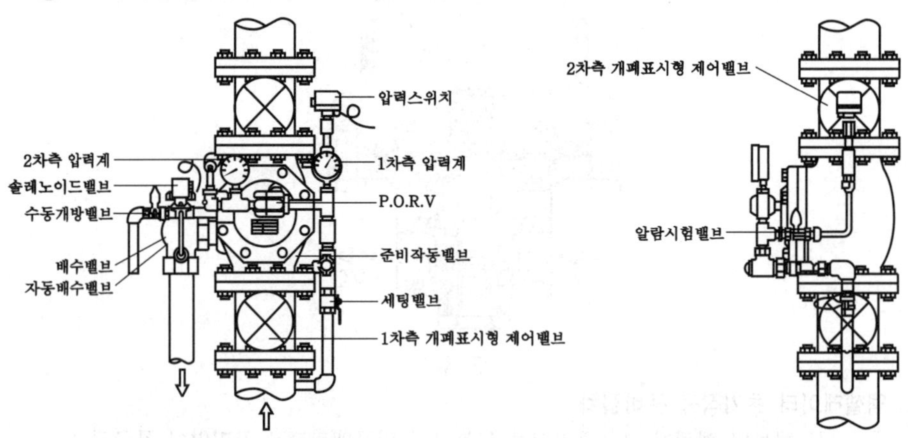


| 명 칭 | 상 태 |
|---|---|
| 준비작동밸브 | 평상시 **폐쇄** |
| 배수밸브 | 평상시 **폐쇄** |
| P.O.R.V | – |
| 알람시험밸브 | 평상시 **폐쇄** |
| 수동개방밸브 | 평상시 **폐쇄** |
| 솔레노이드밸브 | 평상시 **폐쇄** |
| 1차측 압력계 | – |
| 2차측 압력계 | – |
| 압력스위치 | – |
| 세팅밸브 | – |
| 자동배수밸브 | 배수밸브 내부에 장착 |
| 1차측 개폐표시형 제어밸브 | 평상시 **개방** |
| 2차측 개폐표시형 제어밸브 | 평상시 **개방** |

※ P.O.R.V(Pressure Operated Relief Valve) : 전자밸브 또는 긴급해제밸브의 개방으로 작동된 준비작동밸브가 1차측 공급수의 압력으로 인해 **자동**으로 **복구**되는 것을 **방지**하기 위한 밸브

### ① 준비작동밸브의 작동방법

㉠ **슈퍼비조리판넬**의 **기동스위치**를 누르면 솔레노이드밸브가 개방되어 준비작동밸브 작동
㉡ 감시제어반에서 **솔레노이드밸브** 기동스위치 작동
㉢ **수동개방밸브**(긴급해제밸브)를 **개방**하면 준비작동밸브 작동
㉣ **교차회로방식**의 A · B **감지기**를 감시제어반에서 작동시키면 솔레노이드밸브가 개방되어 준비작동밸브 작동
㉤ **교차회로방식**의 A · B **감지기** 작동

NOTE

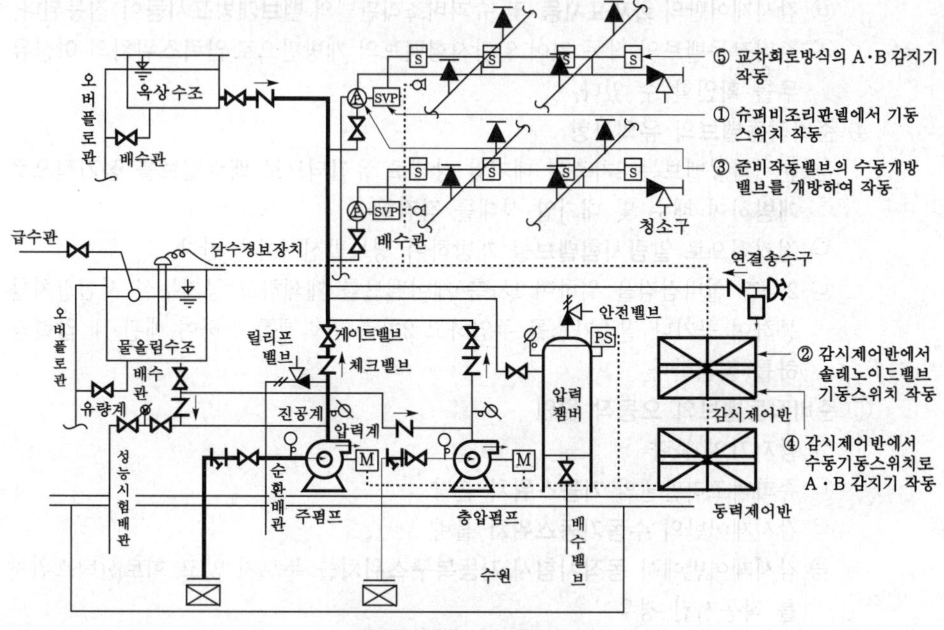


‖준비작동밸브의 작동방법‖

② **준비작동밸브의 복구방법**

㉠ 감지기를 작동시켰으면 감시제어반의 **복구스위치**를 눌러 **복구**

㉡ 수동개방밸브를 작동시켰으면 **수동개방밸브 폐쇄**

㉢ 1차측 제어밸브를 폐쇄하여 **배수밸브**를 통해 **가압수 완전배수**(기타 잔류수는 배수밸브 내부에 장착된 **자동배수밸브**에 의해 **자동배수**됨)

㉣ 배수완료 후 **세팅밸브**를 **개방**하고 **1차측 압력계**를 **확인**하여 압력이 걸리는지 확인

㉤ **1차측 제어밸브**를 서서히 개방하여 준비작동밸브의 작동유무를 확인하고, 1차측 압력계의 압력이 규정압이 되는지 확인(이때 2차측 압력계가 동작되면 불량이므로 재세팅)

㉥ **2차측 제어밸브 개방**

③ **준비작동밸브의 점검방법**

㉠ **2차측 제어밸브**를 **폐쇄**한다.

㉡ **배수밸브**를 돌려 **개방**한다.

㉢ 준비작동밸브는 다음 3가지 중 1가지를 채택하여 작동시킨다.

- 슈퍼비조리판넬의 **기동스위치**를 누르면 솔레노이드밸브가 개방되어 준비작동밸브가 작동된다.
- **수동개방밸브**를 **개방**하면 준비작동밸브가 작동된다.
- **교차회로방식**의 A · B **감지기**를 감시제어반에서 작동시키면 솔레노이드밸브가 개방되어 준비작동밸브가 작동된다.

㉣ **경보장치**가 **작동**하여 알람이 울린다.

㉤ **펌프**가 **작동**하여 배수밸브를 통해 방수된다.

**✻ 준비작동밸브의 작동방법(3가지)**

① 슈퍼비조리판넬의 기동스위치를 누르면 솔레노이드밸브가 개방되어 준비작동밸브가 작동된다.

② 수동개방밸브를 개방하면 준비작동밸브가 작동된다.

③ 교차회로방식의 A · B 감지기를 감시제어반에서 작동시키면 솔레노이드밸브가 개방되어 준비작동밸브가 작동된다.

NOTE

ⓗ 감시제어반의 **화재표시등** 및 슈퍼비조리판넬의 **밸브개방표시등**이 점등된다.

ⓢ 준비작동밸브의 작동 없이 알람시험밸브의 개방만으로 **압력스위치**의 **이상유무**를 **확인**할 수 있다.

④ **준비작동밸브의 유의사항**

㉠ 준비작동밸브는 2차측이 대기압 상태로 유지되므로 **배수밸브**를 **정기적**으로 **개방**하여 배수 및 대기압 상태를 점검한다.

㉡ 정기적으로 **알람시험밸브**를 **개방**하여 경보발신시험을 한다.

㉢ 2차측 설비점검을 위하여 1차측 제어밸브를 폐쇄하고 공기누설 시험장치를 통하여 공기나 질소가스를 주입하고 2차측 압력계를 통하여 배관 내 **압력강하**를 **점검**한다.

※ 준비작동밸브의 오동작 원인
★꼭 기억하세요★

⑤ **준비작동밸브의 오동작 원인**

㉠ **감지기**의 불량

㉡ 슈퍼비조리판넬의 **기동스위치** 불량

㉢ 감시제어반의 **수동기동스위치** 불량

㉣ 감시제어반에서 **동작시험**시 **자동복구스위치**를 누르지 않고 회로선택스위치를 작동시킨 경우

㉤ **솔레노이드밸브**의 고장

중요

**준비작동밸브(SDV)형**

(1) **준비작동밸브(SDV)형의 구성요소**

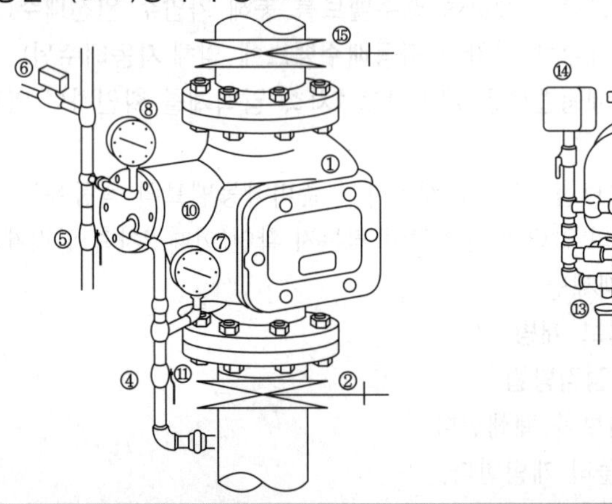

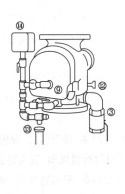

| 기 호 | 명 칭 |
|---|---|
| ① | 준비작동밸브 본체 |
| ② | 1차측 제어밸브(개폐표시형) |
| ③ | 드레인밸브 |
| ④ | 볼밸브(중간챔버 급수용) |
| ⑤ | 수동기동밸브 |
| ⑥ | 전자밸브 |
| ⑦ | 압력계(1차측) |
| ⑧ | 압력계(중간챔버용) |

| ⑨ | 경보시험밸브 |
|---|---|
| ⑩ | 중간챔버 |
| ⑪ | 체크밸브 |
| ⑫ | 복구레버(밸브후면) |
| ⑬ | 자동배수밸브 |
| ⑭ | 압력스위치 |
| ⑮ | 2차측 제어밸브(개폐표시형) |

(2) **준비작동밸브형**의 **작동시험**

| 작동순서 | 작동 후 조치(배수 및 복구) | 경보장치 작동시험방법 |
|---|---|---|
| • 2차측 제어밸브⑮ 폐쇄<br>• 감지기 1개 회로 작동 : 경보장치 동작<br>• 감지기 2개 회로 작동 : 전자밸브⑥ 동작<br>• 중간챔버⑩ 압력저하로 클래퍼 개방<br>• 2차측 제어밸브까지 송수<br>• 경보장치 동작<br>• 펌프자동기동 및 압력 유지상태 확인 | **〈배수〉**<br>• 1차측 제어밸브② 및 볼밸브④ 폐쇄<br>• 드레인밸브③ 및 수동기동밸브⑤를 개방하여 배수<br>• 제어반 복구 및 펌프정지 확인<br>**〈복구〉**<br>• 복구레버⑫를 반시계방향으로 돌려 클래퍼 폐쇄<br>• 드레인밸브③ 및 수동기동밸브⑤ 폐쇄<br>• 볼밸브④를 개방하여 중간챔버⑩에 급수하고 압력계⑧ 확인<br>• 1차측 제어밸브② 서서히 개방<br>• 볼밸브④ 폐쇄<br>• 감시제어반의 스위치상태 확인<br>• 2차측 제어밸브⑮ 서서히 개방 | • 2차측 제어밸브⑮ 폐쇄<br>• 경보시험밸브⑨를 개방하여 압력스위치 작동 : 경보장치 동작<br>• 경보시험밸브⑨ 폐쇄<br>• 자동배수밸브⑬은 개방하여 2차측 물 완전배수<br>• 감시제어반의 스위치상태 확인<br>• 2차측 제어밸브⑮ 서서히 개방 |

## 4 알람체크밸브(습식 밸브)

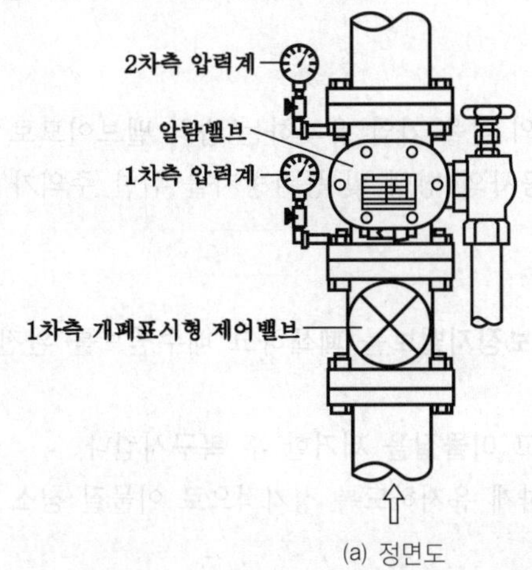

(a) 정면도

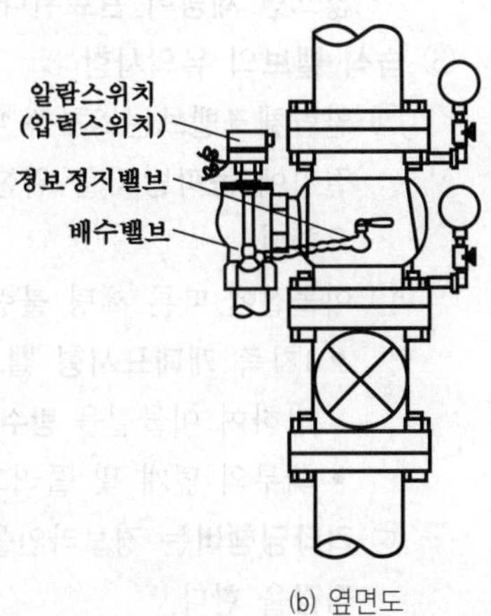

(b) 옆면도

‖ 알람체크밸브 ‖

**NOTE**

✻ **준비작동밸브(SDV)형의 작동순서**
① 2차측 제어밸브⑮ 폐쇄
② 감지기 1개 회로 작동 : 경보장치 동작
③ 감지기 2개 회로 작동 : 전자밸브⑥ 동작
④ 중간챔버⑩ 압력저하로 클래퍼 개방
⑤ 2차측 제어밸브까지 송수
⑥ 경보장치 동작
⑦ 펌프자동기동 및 압력 유지상태 확인

NOTE

| 명 칭 | 상 태 |
|---|---|
| 알람밸브 | 평상시 **폐쇄** |
| 배수밸브 | 평상시 **폐쇄** |
| 알람스위치(압력스위치) | 지연회로내장 |
| 경보정지밸브 | 평상시 **개방** |
| 1차측 압력계 | − |
| 2차측 압력계 | − |
| 1차측 개폐표시형 제어밸브 | 평상시 **개방** |

① **습식 밸브의 점검방법**

㉠ **배수밸브**에 부착되어 있는 **핸들**을 돌려 개방(이때 2차측 압력 감소)

㉡ 클래퍼가 개방되어 **알람스위치**(압력스위치), **경보장치**가 작동하여 경보 울림

㉢ 감시제어반에 **화재표시등** 점등

㉣ **펌프**가 **작동**하여 배수밸브를 통해 방수

㉤ 작동확인 후 **배수밸브**를 **폐쇄**하면 **펌프정지**

㉥ 감시제어반의 복구 또는 자동복구스위치를 눌러 **복구**

② **습식 밸브의 복구방법**

㉠ 밸브작동 후 1차측 제어밸브와 **경보정지밸브**를 **폐쇄**하고 **배수밸브**를 통해 **가압수**를 완전히 **배수**시킨다.

㉡ 배수완료 후 손상된 스프링클러헤드를 교체하거나 주변 **부품 복구작업**을 완료한다.

㉢ 1차측 제어밸브를 서서히 개방하여 알람체크밸브의 상태를 확인하고 2차측 배관 내에 가압수를 채운다. 1·2차측 압력계의 압력이 규정압이 되는지를 확인한다.

㉣ 2차측 압력이 1차측 압력보다 상승하면 알람체크밸브 디스크는 자동으로 폐쇄되며 **펌프**가 **정지**된다.

㉤ 경보정지밸브를 개방하여 누수에 따른 디스크 개방 및 화재경보를 발신하지 않으면 **세팅**이 **완료**된다.

③ **습식 밸브의 유의사항**

㉠ 알람체크밸브는 2차측 배관 내의 물을 가압 유지하는 습식 밸브이므로 동절기에 **동파방지**를 위한 **보온공사**의 병행 및 동파방지를 위한 주의가 필요하다.

㉡ 이물질에 따른 세팅 불량시

- 1차측 **개폐표시형** 밸브와 **경보정지밸브**를 **폐쇄**하고 배수밸브를 완전개방하여 이물질을 **방수**시킨다.
- 외부의 덮개 및 플러그를 풀고 **이물질**을 **제거**한 후 **복구**시킨다.

㉢ **리타딩챔버**는 경보라인을 청결하게 유지하도록 정기적으로 이물질 **청소** 및 **점검**을 한다.

**＊ 습식 밸브의 점검방법**

① 배수밸브에 부착되어 있는 핸들을 돌려 개방(이때 2차측 압력 감소)
② 클래퍼가 개방되어 알람스위치(압력스위치), 경보장치가 작동하여 경보 울림
③ 감시제어반에 화재표시등 점등
④ 펌프가 작동하여 배수밸브를 통해 방수
⑤ 작동확인 후 배수밸브를 폐쇄하면 펌프정지
⑥ 감시제어반의 복구 또는 자동복구스위치를 눌러 복구

NOTE

## 5 말단시험밸브의 시험작동시 확인사항

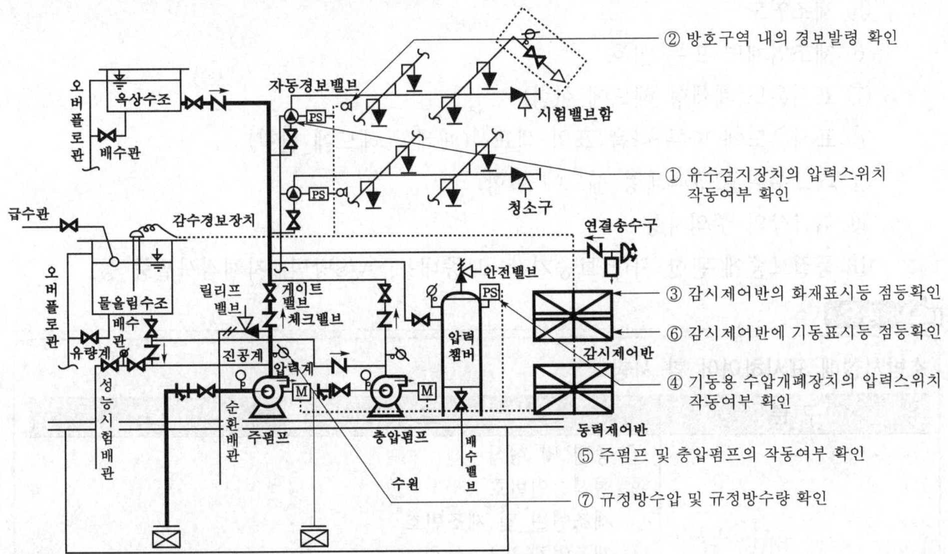


## 6 폐쇄형 헤드의 색별 표시방법(스프링클러헤드의 형식승인 및 제품검사의 기술기준 제12조의 6)

| 유리벌브형 | | 퓨즈블링크형 | |
|---|---|---|---|
| 표시온도 | 액체의 색별 | 표시온도 | 프레임의 색별 |
| 57℃ | **오렌지** | 77℃ 미만 | 색 표시 안 함 |
| 68℃ | **빨강** | 78~120℃ | **흰색** |
| 79℃ | **노랑** | 121~162℃ | **파랑** |
| 93℃ | **초록** | 163~203℃ | **빨강** |
| 141℃ | **파랑** | 204~259℃ | **초록** |
| 182℃ | **연한 자주** | 260~319℃ | **오렌지** |
| 227℃ 이상 | **검정** | 320℃ 이상 | **검정** |

중요

**정온식 감지선형 감지기**의 외피 **색상표시**(감지기의 형식승인 및 제품검사의 기술기준 제37조)

| 공칭작동온도 | 색 상 |
|---|---|
| 80℃ 이하 | **백색** |
| 80~120℃ 이하 | **청색** |
| 120℃ 이상 | **적색** |

※ 정온식 감지선형 감지기의 외피 색상표시
★꼭 기억하세요★

## 7 스프링클러헤드에 표시하여야 할 사항(스프링클러헤드의 형식승인 및 제품검사의 기술기준 제12조의 6)

① 종별
② 형식
③ 형식승인번호

NOTE

④ 제조번호 또는 로트번호
⑤ 제조연도
⑥ 제조업체명 또는 상호
⑦ 표시온도(폐쇄형 헤드에 한함)
⑧ 표시온도에 따른 다음 표의 색표시(폐쇄형 헤드에 한함)
⑨ 최고주위온도(폐쇄형 헤드에 한함)
⑩ 취급상의 주의사항
⑪ 품질보증에 관한 사항(보증기간, 보증내용, A/S방법, 자체검사필증 등)

중요

**소방시설에 표시하여야 할 사항**

| 구 분 | 표시하여야 할 사항 |
|---|---|
| **기동용 수압개폐장치**<br>(기동용 수압개폐장치의 형식승인 및 제품검사의 기술기준 제6조) | ① 종별 및 형식<br>② 형식승인번호<br>③ 제조연월 및 제조번호<br>④ 제조업체 또는 상호<br>⑤ 호칭압력<br>⑥ 사용안내문 설치방법, 취급상 주의사항 등<br>⑦ 품질보증에 관한 사항(보증기간, 보증내용, A/S방법, 자체검사필증 등)<br>⑧ 극성이 있는 단자에는 극성을 표시하는 기호<br>⑨ 정격입력전압(전원을 공급받아 작동하는 방식에 한함)<br>⑩ 예비전원의 종류, 정격용량, 정격전압(예비전원이 내장된 경우에 한함) |
| **유수제어밸브**<br>(유수제어밸브의 형식승인 및 제품검사의 기술기준 제6조) | ① 종별 및 형식<br>② 형식승인번호<br>③ 제조연월 및 제조번호<br>④ 제조업체명 또는 상호<br>⑤ 안지름, 호칭압력 및 사용압력범위<br>⑥ 유수방향의 화살 표시<br>⑦ 설치방향<br>⑧ 2차측에 압력설정이 필요한 것에는 **압력설정값**<br>⑨ 검지유량상수<br>⑩ 습식 유수검지장치에 있어서는 최저사용압력에 있어서 **부작동 유량**<br>⑪ 일제개방밸브 개방용 제어부의 사용압력범위(제어동력에 1차측의 압력과 다른 압력을 사용하는 것)<br>⑫ 일제개방밸브 제어동력에 사용하는 유체의 종류(제어동력에 가압수 등 이외에 유체의 압력을 사용하는 것)<br>⑬ 일제개방밸브 제어동력의 종류(제어동력에 압력을 사용하지 아니하는 것)<br>⑭ 설치방법 및 취급상의 주의사항<br>⑮ 품질보증에 관한 사항(보증기간, 보증내용, A/S방법, 자체검사필증 등) |

**＊ 기동용 수압개폐장치에 표시하여야 할 사항**
① 종별 및 형식
② 형식승인번호
③ 제조연월 및 제조번호
④ 제조업체 또는 상호
⑤ 호칭압력
⑥ 사용안내문 설치방법, 취급상 주의사항 등
⑦ 품질보증에 관한 사항(보증기간, 보증내용, A/S방법, 자체검사필증 등)
⑧ 극성이 있는 단자에는 극성을 표시하는 기호
⑨ 정격입력전압(전원을 공급받아 작동하는 방식에 한함)
⑩ 예비전원의 종류, 정격용량, 정격전압(예비전원이 내장된 경우에 한함)

NOTE

| | |
|---|---|
| **가스관 선택밸브**<br>(가스관 선택밸브의 형식승인 및 제품검사의 기술기준 제10조) | ① 선택밸브는 다음 사항을 보기 쉬운 부위에 잘 지워지지 아니하도록 표시하여야 한다. 단, ⓞ부터 ㉧까지는 취급설명서에 표시할 수 있다.<br>㉠ 종별 및 형식<br>㉡ 형식승인번호<br>㉢ 제조연월 및 제조번호<br>㉣ 제조업체명 또는 번호<br>㉤ 호칭<br>㉥ 사용압력범위<br>㉦ 가스의 흐름방향 표시<br>ⓞ 설치방법 및 취급상 주의사항<br>㉨ 정격전압(솔레노이드식 작동장치 및 모터식 작동장치에 한함)<br>㉧ 품질보증에 관한 사항(보증기간, 보증내용, A/S방법, 자체검사필증 등)<br>② 선택밸브 본체와 일체형이 아닌 플랜지는 다음 사항을 플랜지에 별도로 표시한다.<br>㉠ 형식승인번호<br>㉡ 제조번호 |
| **옥내소화전방수구 · 옥외소화전**<br>(소화전 형식승인 및 제품검사의 기술기준 제8조) | ① 종별(옥외소화전에 한함)<br>② 형식승인번호<br>③ 제조연도<br>④ 제조번호 또는 로트번호<br>⑤ 제조업체명 또는 상호<br>⑥ 호칭<br>⑦ 품질보증에 관한 사항(보증기간, 보증내용, A/S방법, 자체검사필증 등)<br>⑧ 옥외소화전 본체의 원산지 |
| **소화기의 본체용기**<br>(소화기의 형식승인 및 제품검사의 기술기준 제38조) | ① 종별 및 형식<br>② 형식승인번호<br>③ 제조연월 및 제조번호<br>④ 제조업체명 또는 상호, 수입업체명(수입품에 한함)<br>⑤ 사용온도범위<br>⑥ 소화능력단위<br>⑦ 충전된 소화약제의 주성분 및 중(용)량<br>⑧ 소화기 가압용 가스용기의 가스종류 및 가스량(가압식 소화기에 한함)<br>⑨ 총중량<br>⑩ 취급상의 주의사항<br>㉠ **유류화재** 또는 **전기화재**에 사용하여서는 아니 되는 소화기는 그 내용<br>㉡ 기타 주의사항<br>⑪ 적응화재별 표시사항은 일반화재용 소화기의 경우 "A(일반화재용)", 유류화재용 소화기의 경우 "**B(유류화재용)**", 전기화재용 소화기의 경우 "**C(전기화재용)**", 주방화재용 소화기의 경우 "**K(주방화재용)**"으로 표시 |

**✻ 옥내소화전방수구에 표시하여야 할 사항**
① 종별 및 형식
② 형식승인번호
③ 제조연도
④ 제조번호 또는 로트번호
⑤ 제조업체명 또는 상호
⑥ 호칭
⑦ 품질보증에 관한 사항(보증기간, 보증내용, A/S방법, 자체검사필증 등)
⑧ 옥외소화전 본체의 원산지

| | |
|---|---|
| **소화기의 본체용기**<br>(소화기의 형식승인 및 제품검사의 기술기준 제38조) | ⑫ 사용방법<br>⑬ 품질보증에 관한 사항(보증기간, 보증내용, A/S 방법, 자체 검사필증 등)<br>⑭ 다음의 부품에 대한 원산지<br>㉠ **용기**<br>㉡ **밸브**<br>㉢ **호스**<br>㉣ **소화약제** |
| **관창**<br>(관창의 형식승인 및 제품검사의 기술기준 제10조) | ① 형식승인번호<br>② 제조연도<br>③ 제조번호 또는 로트번호<br>④ 제조업체명 또는 상호<br>⑤ 호칭<br>⑥ 품질보증에 관한 사항(보증기간, 보증내용, A/S방법, 자체 검사필증 등) |
| **소방호스**<br>(소방호스의 형식승인 및 제품검사의 기술기준 제10조) | ① 종별<br>② 형식<br>③ 형식승인번호<br>④ 제조연도 및 제조번호(또는 로트번호)<br>⑤ 제조업체명 또는 상호(호스와 연결금속구에 각각 표시)<br>⑥ 길이<br>⑦ 이중재킷인 것은 **"이중재킷"**<br>⑧ **"옥내소화전용"**, **"옥외소화전용"**, **"소방자동차용"** 등의 용도<br>⑨ 품질보증에 관한 사항(보증기간, 보증내용, A/S방법, 자체 검사필증 등)<br>⑩ **최소곡률반경**(소방용 릴호스에 한함)<br>⑪ 소방호스호칭・나사호칭(소방호스와 나사호칭이 상이한 경우에 한함) |
| **완강기・간이완강기**<br>(완강기의 형식승인 및 제품검사의 기술기준 제10조) | ① 품명 및 형식<br>② 형식승인번호<br>③ 제조연월 및 제조번호<br>④ 제조업체명 또는 상호<br>⑤ 길이<br>⑥ 최대사용하중<br>⑦ 최대사용자수<br>⑧ 사용안내문(설치 및 사용방법, 취급상의 주의사항)<br>⑨ **"본 제품은 1회용임"**(간이완강기에 한함)<br>⑩ 품질보증에 관한 사항(보증기간, 보증내용, A/S방법, 자체 검사필증 등) |
| **피난사다리**<br>(피난사다리의 형식승인 및 제품검사의 기술기준 제11조) | ① 종별 및 형식<br>② 형식승인번호<br>③ 제조연월 및 제조번호<br>④ 제조업체명 또는 상호<br>⑤ 길이 및 자체중량<br>⑥ 사용안내문(사용방법, 취급상의 주의사항)<br>⑦ 용도(하향식 피난구용 내림식 사다리에 한하며, **"하향식 피난구용"**으로 표시) |

NOTE

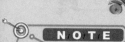

**✽ 관창에 표시하여야 할 사항**
① 형식승인번호
② 제조연도
③ 제조번호 또는 로트번호
④ 제조업체명 또는 상호
⑤ 호칭
⑥ 품질보증에 관한 사항(보증기간, 보증내용, A/S방법, 자체검사필증 등)

**✽ 피난사다리에 표시하여야 할 사항**
① 종별 및 형식
② 형식승인번호
③ 제조연월 및 제조번호
④ 제조업체명 또는 상호
⑤ 길이 및 자체중량
⑥ 사용안내문(사용방법, 취급상의 주의사항)
⑦ 용도(하향식 피난구용 내림식 사다리에 한하며, "하향식 피난구용"으로 표시)
⑧ 품질보증에 관한 사항(보증기간, 보증내용, A/S방법, 자체검사필증 등)

| | |
|---|---|
| **피난사다리**<br>(피난사다리의 형식승인 및 제품검사의 기술기준 제11조) | ⑧ 품질보증에 관한 사항(보증기간, 보증내용, A/S방법, 자체검사필증 등) |
| **소화약제의 용기**<br>(소화약제의 형식승인 및 제품검사의 기술기준 제13조) | ① 종별 및 형식<br>② 형식승인번호<br>③ 제조연월 및 제조번호<br>④ 제조업체명 또는 상호<br>⑤ 사용할 소화설비의 종류 및 사용용도(고발포용, 저발포용 또는 저발포·고발포 겸용을 구분하여 기재할 것)<br>⑥ 주성분<br>⑦ 소화약제중량(또는 용량), 총중량 표시(단, 가스계에는 용기중량, 충전압력 및 용기부피 추가 표시)<br>⑧ 사용농도 및 사용온도(침윤소화약제, 포소화약제에 한함)<br>⑨ 사용방법 및 취급상의 주의사항 등<br>⑩ 소화대상용제(알코올류 등 수용성 용제) 명칭(알코올형 포소화약제에 한함)<br>⑪ 품질보증에 관한 사항(보증기간, 보증내용 및 자체검사필증 등)<br>⑫ 소화농도(설비용 가스계소화약제에 한함)<br>⑬ 대용량 포방수포용(공기압축포 포함) 포소화약제임을 알리는 표시(방수포용 포소화약제에 한함)<br>⑭ 소화약제 원산지 |
| **방염제의 용기**<br>(방염제의 형식승인 및 제품검사의 기술기준 제10조) | ① 종별 및 형식<br>② 형식승인번호<br>③ 제조연월 및 로트번호<br>④ 제조업체명 또는 상호<br>⑤ 방염제의 중(용)량<br>⑥ 용도 및 처리방법<br>⑦ 주성분<br>⑧ 취급상의 주의사항<br>⑨ **도후량**(칠한 막의 건조두께를 말하며, 방염도료에 한함)<br>⑩ **처리면적**(현장 방염처리용에 한함)<br>⑪ 품질처리보증에 관한 사항(보증기간, 보증내용, 자체검사필증 등)<br>⑫ 방염처리시 합격표시 처리방법(현장 방염처리용에 한함) |
| **에어로졸식 소화용구**<br>(에어로졸식 소화용구의 형식승인 및 제품검사의 기술기준 제15조) | ① 종별 및 형식<br>② 형식승인번호<br>③ 제조연월 및 제조번호<br>④ **제조업체**(수입품에 있어서는 판매자명 또는 상호)<br>⑤ 사용온도범위<br>⑥ 적응화재(소화용구가 사용되는 그림의 표시를 하여야 하며, 그림표시의 바로 근처에는 **"그림으로 표시하는 화재의 초기진화에 유효합니다."**라는 표기)<br>⑦ 충전된 소화약제의 주성분과 중량 또는 용량<br>⑧ 방사거리 및 방사시간<br>⑨ 총중량, 가압용 가스용기의 가스종류 및 가스량(가압식에 한함)<br>⑩ 할로겐화합물소화약제를 사용하는 소화용구에는 다음 사항을 표시하여야 한다. |

NOTE

**※ 에어로졸식 소화용구에 표시하여야 할 사항**
① 종별 및 형식
② 형식승인번호
③ 제조연월 및 제조번호
④ 제조업체(수입품에 있어서는 판매자명 또는 상호)
⑤ 사용온도범위
⑥ 적응화재(소화용구가 사용되는 그림의 표시를 하여야 하며, 그림표시의 바로 근처에는 "그림으로 표시하는 화재의 초기진화에 유효합니다."라는 표기)
⑦ 충전된 소화약제의 주성분과 중량 또는 용량
⑧ 방사거리 및 방사시간
⑨ 총중량, 가압용 가스용기의 가스종류 및 가스량(가압식에 한함)
⑩ 할로겐화합물소화약제를 사용하는 소화용구에는 주의사항을 표시하여야 한다.
⑪ 사용안내문(사용방법, 취급상의 주의사항)
⑫ 품질보증에 관한 사항(보증기간, 보증내용, 자체검사필증 등)

NOTE

**＊ 에어로졸식 소화용구의 주의사항**
① 밀폐된 좁은 실내에서는 사용을 삼가십시오.
② 발생되는 가스는 유독하므로 호흡을 삼가고, 사용 후 즉시 환기하십시오.
③ 영유아의 손에 닿지 않도록 보관에 주의하십시오.

| | |
|---|---|
| **에어로졸식 소화용구**<br>(에어로졸식 소화용구의 형식승인 및 제품검사의 기술기준 제15조) | • 주의<br>– 밀폐된 좁은 실내에서는 사용을 삼가십시오.<br>– 발생되는 가스는 유독하므로 호흡을 삼가고, 사용 후 즉시 환기하십시오.<br>– 영유아의 손에 닿지 않도록 보관에 주의하십시오.<br>⑪ 사용안내문(사용방법, 취급상의 주의사항)<br>⑫ 품질보증에 관한 사항(보증기간, 보증내용, 자체검사필증 등) |
| **주거용 주방자동소화장치**<br>(주거용 주방자동소화장치의 형식승인 및 제품검사의 기술기준 제35조) | ① 품명 및 형식(전기식 또는 가스식)<br>② 형식승인번호<br>③ 제조연월 및 제조번호<br>④ 제조업체명 또는 상호, 수입업체명(수입품에 한정)<br>⑤ 공칭작동온도 및 사용온도범위<br>⑥ 공칭방호면적(가로×세로)<br>⑦ 소화약제의 주성분과 중량 또는 용량<br>⑧ 극성이 있는 단자에는 극성을 표시하는 기호<br>⑨ 퓨즈 및 퓨즈홀더 부근에는 정격전류값<br>⑩ 스위치 등 조작부 또는 조정부 부근에는 **"열림"** 및 **"닫힘"** 등의 표시<br>⑪ 취급방법의 개요 및 주의사항<br>⑫ 품질보증에 관한 사항(보증기간, 보증내용, A/S방법, 자체검사필증 등)<br>⑬ 설치방법<br>⑭ **감지부**의 설치개수, 설치위치 및 높이의 범위<br>⑮ **방출구**의 설치개수, 설치위치 및 높이의 범위<br>⑯ 차단장치(전기 또는 가스)의 설치개수<br>⑰ 탐지부 유·무의 표시 및 설치개수<br>⑱ 다음 부품에 대한 원산지<br>㉠ **용기**<br>㉡ **밸브**<br>㉢ **소화약제** |
| **캐비닛형 자동소화장치**<br>(캐비닛형 자동소화장치의 형식승인 및 제품검사의 기술기준 제21조) | ① 종별 및 형식<br>② 형식승인번호<br>③ 제조연월 및 제조번호<br>④ 제조업체명 또는 상호<br>⑤ 사용소화약제의 주성분, 설계농도(소화약제의 표시사항에 명기된 소화농도의 **1.3배** 표시)<br>⑥ 소화약제의 용량 및 중량<br>⑦ **방호체적**(최대설치높이를 **3.7m**로 한 경우의 체적), **방사시간**<br>⑧ 사용온도범위<br>⑨ 극성이 있는 단자에는 극성을 표시하는 기호<br>⑩ 예비전원으로 사용하는 축전지의 종류, 정격용량, 정격전압 및 접속하는 경우의 주의사항 |

| | |
|---|---|
| **캐비닛형 자동소화장치**<br>(캐비닛형 자동소화장치의 형식승인 및 제품검사의 기술기준 제21조) | ⑪ 퓨즈 및 퓨즈홀더 부근에는 정격전류<br>⑫ 스위치 등 조작부 또는 조정부 부근에는 **"열림"** 및 **"닫힘"** 등의 표시<br>⑬ 취급방법의 개요 및 주의사항<br>⑭ 품질보증에 관한 사항(보증기간, 보증내용, A/S방법, 자체검사필증 등) |
| **가스·분말식 자동소화장치**<br>(가스·분말식 자동소화장치의 형식승인 및 제품검사의 기술기준 제26조) | ① 품명 및 형식명<br>② 형식승인번호<br>③ 제조연월 및 제조번호(로트번호)<br>④ 제조업체명(또는 상호) 및 전화번호, 수입업체명(수입품에 한함)<br>⑤ 설계방호체적, 소화등급(소화등급적용 제품에 한함)<br>⑥ 자동소화장치 노즐의 최대방호면적, 최대설치높이<br>⑦ 소화약제 저장용기(지지장치 제외)의 총질량, 소화약제 질량<br>⑧ 감지부 공칭작동온도<br>⑨ 사용온도범위<br>⑩ 방사시간<br>⑪ 소화약제의 주성분<br>⑫ 설치방법 및 취급상의 주의사항<br>⑬ 품질보증에 관한 사항(보증기간, 보증내용 및 A/S방법 등)<br>⑭ 주요부품의 원산지 |
| **자동확산소화기**<br>(자동확산소화기의 형식승인 및 제품검사의 기술기준 제22조) | ① 품명 및 형식<br>② 형식승인번호<br>③ 제조연월 및 제조번호<br>④ 제조업체명 또는 상호<br>⑤ 공칭작동온도<br>⑥ 공칭방호면적($L \times L$)<br>⑦ 소화약제의 주성분 및 중(용)량<br>⑧ 총중량<br>⑨ 취급방법의 개요 및 주의사항<br>⑩ 방사시간<br>⑪ 품질보증에 관한 사항(보증기간, 보증내용, A/S방법, 자체검사필증 등)<br>⑫ 용도별 적용화재 및 설치장소 표시<br>⑬ 유효설치높이(주방화재용에 한함) |
| **투척용 소화용구**<br>(투척용 소화용구의 형식승인 및 제품검사의 기술기준 제13조) | ① 종별 및 형식<br>② 형식승인번호<br>③ 제조연월 및 제조번호<br>④ 제조업체 또는 상호, 수입업체명(수입품에 한함)<br>⑤ 사용온도범위<br>⑥ 소화능력단위<br>⑦ 소화약제의 주성분 및 중(용)량<br>⑧ 취급상의 주의사항<br>⑨ 품질보증에 관한 사항(보증기간, 보증내용, 자체검사필증 등) |

NOTE

**＊ 자동확산소화기에 표시하여야 할 사항**
① 품명 및 형식
② 형식승인번호
③ 제조연월 및 제조번호
④ 제조업체명 또는 상호
⑤ 공칭작동온도
⑥ 공칭방호면적 ($L \times L$)
⑦ 소화약제의 주성분 및 중(용)량
⑧ 총중량
⑨ 취급방법의 개요 및 주의사항
⑩ 방사시간
⑪ 품질보증에 관한 사항(보증기간, 보증내용, A/S방법, 자체검사필증 등)
⑫ 용도별 적용화재 및 설치장소 표시
⑬ 유효설치높이(주방화재용에 한함)

NOTE

**✻ 고체에어로졸발생기에 표시하여야 할 사항**

① 품명 및 형식명
② 형식승인번호
③ 제조업체명(또는 상호) 및 전화번호, 수입업체명(수입품에 한함)
④ 제조연월 및 제조번호(로트번호)
⑤ 설계방호체적
⑥ 고체에어로졸 발생기의 최대방호면적, 최대설치높이
⑦ 고체에어로졸 화합물 및 고체에어로졸발생기(지지장치 제외)의 질량
⑧ 사용온도범위
⑨ 인체 및 소화대상물과의 설치안전거리
⑩ 방출시간
⑪ 설치방법 및 취급상의 주의사항
⑫ 품질보증에 관한 사항(보증기간, 보증내용 및 A/S방법 등)
⑬ 예상사용수명
⑭ 주요부품의 원산지, 고체에어로졸 화합물의 주성분

**✻ 수신기에 표시하여야 할 사항**
★꼭 기억하세요★

| | |
|---|---|
| **고체에어로졸발생기**<br>(고체에어로졸 자동소화장치의 형식승인 및 제품검사의 기술기준 제36조) | ① 품명 및 형식명<br>② 형식승인번호<br>③ 제조업체명(또는 상호) 및 수입업체명(수입품에 한함)<br>④ 제조연월 및 제조번호(로트번호)<br>⑤ 적응화재별 설계방호체적<br>⑥ 고체에어로졸 발생기의 최대방호면적, 최대설치높이, 최대이격거리<br>⑦ 고체에어로졸 화합물 및 고체에어로졸 발생기(지지장치 제외)의 질량<br>⑧ 사용온도범위<br>⑨ 인체 및 가연물과의 설치안전거리<br>⑩ 방출시간<br>⑪ 예상사용수명<br>⑫ 고체에어로졸 화합물의 주성분 |
| **수신기**<br>(수신기의 형식승인 및 제품검사의 기술기준 제22조) | ① 종별 및 형식<br>② 형식승인번호<br>③ 제조연월 및 제조번호<br>④ 제조업체명 및 상호<br>⑤ 취급방법의 개요 및 주의사항(본 내용을 기재하여 수신기 부근에 매달아 두는 방식도 가능)<br>⑥ 극성이 있는 단자에는 극성을 표시하는 기호<br>⑦ 방수형 또는 방폭형인 것은 "**방수형**" 또는 "**방폭형**"이라는 문자 별도 표시<br>⑧ 접속 가능한 회선수, 회선별 접속 가능한 감지기·탐지부 등의 수량(해당하는 경우에 한함)<br>⑨ 주전원의 정격전압<br>⑩ 예비전원으로 사용하는 축전지의 종류, 정격용량, 정격전압 및 접속하는 경우의 주의사항<br>⑪ 퓨즈 및 퓨즈홀더 부근에는 정격전류<br>⑫ 스위치 등 조작부 또는 조정부 부근에는 "**개**" 및 "**폐**" 등의 표시<br>⑬ 출력용량(경종 및 시각경보장치를 접속하는 경우, 각각의 소비전류 및 수량)<br>⑭ 품질보증에 관한 사항(보증기간, 보증내용, A/S방법, 자체검사필증 등)<br>⑮ 접속 가능한 가스누설경보기의 입력신호(해당되는 경우에 한함)<br>⑯ 접속 가능한 중계기의 형식번호(해당되는 경우에 한함)<br>⑰ 접속 가능한 감지기의 형식번호(해당되는 경우에 한함)<br>⑱ 접속 가능한 발신기의 형식번호(해당되는 경우에 한함)<br>⑲ 접속 가능한 경종 형식번호(해당되는 경우에 한함)<br>⑳ 접속 가능한 시각경보장치 성능인증번호(해당되는 경우에 한함)<br>㉑ 감지기 입력부의 감시전류 설계범위(해당되는 경우에 한함) |
| **감지기**<br>(감지기의 형식승인 및 제품검사의 기술기준 제37조) | ① 종별 및 형식<br>② 형식승인번호<br>③ 제조연월 및 제조번호<br>④ 제조업체명 또는 상호<br>⑤ 특수하게 취급하여야 할 것은 그 주의사항 |

| | |
|---|---|
| **감지기**<br>(감지기의 형식승인 및 제품검사의 기술기준 제37조) | ⑥ 극성이 있는 단자에는 극성을 표시하는 기호<br>⑦ 공칭축적시간(축적형에 한하여 **"지연형(축적형) 수신기에는 설치할 수 없음"**) 표시 별도<br>⑧ 차동식 분포형 감지기의 공기관식은 최대공기관의 길이와 사용공기관의 안지름 및 바깥지름, 열전대식 및 열반도체식은 감열부의 최대수량 또는 길이<br>⑨ 정온식 기능을 가진 감지기에는 **공칭작동온도**, 보상식 감지기에는 **정온점**, 정온식 감지선형 감지기에는 외피에 다음의 구분에 따른 공칭작동온도의 색상을 표시한다.<br>㉠ 공칭작동온도가 80℃ 이하 : **백색**<br>㉡ 공칭작동온도가 80~120℃ 이하 : **청색**<br>㉢ 공칭작동온도가 120℃ 이상 : **적색**<br>⑩ 방수형인 것은 **"방수형"**이라는 문자 별도표시<br>⑪ 다신호식 기능을 가진 감지기는 해당 감지기가 발하는 화재신호의 수 및 작동원리 구분방법<br>⑫ 설치방법, 취급상의 주의사항<br>⑬ 품질보증에 관한 사항(보증기간, 보증내용, A/S방법, 자체검사필증 등)<br>⑭ 유효감지거리 및 시야각(해당되는 경우)<br>⑮ 화재정보신호값 범위(해당되는 경우)<br>⑯ 공칭감지온도의 범위(해당되는 경우)<br>⑰ 공칭감지농도의 범위(해당되는 경우)<br>⑱ 방폭형인 것은 **"방폭형"**이라는 문자 별도표시 및 방폭등급<br>⑲ 최대연동개수(연동식에 한함)<br>⑳ 접속 가능한 수신기 형식번호(무선식 감지기에 한함)<br>㉑ 접속 가능한 중계기 형식번호(무선식 감지기에 한함)<br>㉒ 접속 가능한 간이형 수신기 성능인증번호(해당되는 경우에 한함)<br>㉓ 접속 가능한 자동화재속보설비의 속보기 성능인증번호(해당되는 경우에 한함)<br>㉔ 감시상태의 소비전류설계값(해당되는 경우에 한함) |
| **발신기**<br>(발신기의 형식승인 및 제품검사의 기술기준 제17조) | ① 종별 및 형식<br>② 형식승인번호<br>③ 제조연월 및 제조번호<br>④ 제조업체명 또는 상호<br>⑤ 특수하게 취급하여야 할 것은 그 주의사항 및 사용온도범위(시험온도범위 기준보다 강화된 온도범위를 사용온도범위로 하고자 하는 경우에 한함)<br>⑥ 접점의 정격용량<br>⑦ 극성이 있는 단자는 극성을 표시하는 기호<br>⑧ **"발신기"**의 표시 및 그 사용방법<br>⑨ 방수형인 것은 **"방수형"**이라는 문자 별도표시<br>⑩ 설치방법, 취급상의 주의사항<br>⑪ 품질보증에 관한 사항(보증기간, 보증내용, A/S방법, 자체검사필증 등)<br>⑫ 방폭형인 것은 **"방폭형"**이라는 문자 별도표시 및 방폭등급<br>⑬ 접속 가능한 수신기 형식번호(무선식 발신기에 한함)<br>⑭ 접속 가능한 중계기 형식번호(무선식 발신기에 한함) |

NOTE

**※ 공칭작동온도의 색상표시**
① 정온식 기능을 가진 감지기 : 공칭작동온도
② 보상식 감지기 : 정온점
③ 정온식 감지선형 감지기 : 외피

**※ 발신기에 표시하여야 할 사항**
★꼭 기억하세요★

NOTE

**＊ 경종에 표시하여야 할 사항**

① 종별 및 형식
② 형식승인번호
③ 제조연월 및 제조번호
④ 제조업체명 또는 상호
⑤ 특수하게 취급하여야 하는 경우에는 그 주의사항 및 사용온도범위(시험온도범위 기준보다 강화된 온도범위를 사용온도범위로 하고자 하는 경우에 한함)
⑥ 극성이 있는 단자에는 극성을 표시하는 기호
⑦ 정격전압 및 정격전류
⑧ 방수형 또는 방폭형인 것은 "방수형" 또는 "방폭형"이라는 문자 별도표시
⑨ 설치 및 취급상의 주의사항 등
⑩ 품질보증에 관한 사항(보증기간, 보증내용, A/S방법, 자체검사필증 등)
⑪ 부품 중 모터의 원산지

| | |
|---|---|
| **중계기**<br>(중계기의 형식승인 및 제품검사의 기술기준 제16조) | ① 종별 및 형식<br>② 형식승인번호<br>③ 제조연월 및 제조번호<br>④ 제조업체명 또는 상호<br>⑤ 취급방법의 개요 및 주의사항(본 내용을 기재하여 중계기 부근에 매달아 두는 방식도 가능)<br>⑥ 극성이 있는 단자에는 극성을 표시하는 기호<br>⑦ 방수형 또는 방폭형인 것은 **"방수형"** 또는 **"방폭형"**이라는 문자 별도표시<br>⑧ 접속 가능한 회선수, 회선별 접속 가능한 감지기·탐지부 등의 수량(해당하는 경우에 한함)<br>⑨ 주전원의 정격전압<br>⑩ 예비전원으로 사용하는 축전지의 종류·정격용량·정격전압 및 접속하는 경우의 주의사항<br>⑪ 퓨즈 및 퓨즈홀더 부근에는 정격전류<br>⑫ 스위치 등 조작부 또는 조정부 부근에는 **"개"** 및 **"폐"** 등의 표시<br>⑬ 출력용량(경종을 접속하는 경우 경종의 소비전류 및 수량)<br>⑭ 설치 및 사용방법, 취급상의 주의사항<br>⑮ 품질보증에 관한 사항(보증기간, 보증내용, A/S방법, 자체검사필증 등)<br>⑯ 접속 가능한 수신기의 형식번호<br>⑰ 접속 가능한 감지기의 형식번호(해당되는 경우에 한함)<br>⑱ 접속 가능한 발신기의 형식번호(해당되는 경우에 한함)<br>⑲ 접속 가능한 경종 형식번호(해당되는 경우에 한함)<br>⑳ 접속 가능한 시각경보장치 성능인증번호(해당되는 경우에 한함)<br>㉑ 감지기 입력부의 감시전류 설계범위(해당되는 경우에 한함) |
| **경종**<br>(경종의 형식승인 및 제품검사의 기술기준 제12조) | ① 종별 및 형식<br>② 형식승인번호<br>③ 제조연월 및 제조번호<br>④ 제조업체명 또는 상호<br>⑤ 특수하게 취급하여야 하는 경우에는 그 주의사항 및 사용온도범위(시험온도범위 기준보다 강화된 온도범위를 사용온도범위로 하고자 하는 경우에 한함)<br>⑥ 극성이 있는 단자에는 극성을 표시하는 기호<br>⑦ 정격전압 및 정격전류<br>⑧ 방수형 또는 방폭형인 것은 **"방수형"** 또는 **"방폭형"**이라는 문자 별도표시<br>⑨ 설치 및 취급상의 주의사항 등<br>⑩ 품질보증에 관한 사항(보증기간, 보증내용, A/S방법, 자체검사필증 등)<br>⑪ 부품 중 모터의 원산지<br>⑫ 접속 가능한 수신기 형식번호(무선식 경종에 한함)<br>⑬ 접속 가능한 중계기 형식번호(무선식 경종에 한함) |
| **누전경보기**<br>(누전경보기의 형식승인 및 제품검사의 기술기준 제38조) | ① 종별 및 형식<br>② 형식승인번호<br>③ 제조연월 및 제조번호<br>④ 제조업체명 또는 상호<br>⑤ 극성이 있는 단자에는 극성을 표시하는 기호<br>⑥ 정격전압 및 정격전류<br>⑦ 방수형인 것은 **"방수형"**이라는 문자 별도표시<br>⑧ 집합형 누전경보기의 수신부에 있어서는 경계전로의 수 |

NOTE

| | |
|---|---|
| **누전경보기**<br>(누전경보기의 형식승인 및 제품검사의 기술기준 제38조) | ⑨ 변류기 접속용의 단자판에는 그 용도를 나타내는 기호, 전원용 단자판에는 사용전압의 기호 및 사용전압, 그 밖의 단자판에는 그 용도를 나타내는 기호, 사용전압의 기호, 사용전압 및 전류<br>⑩ 수신부에는 접속 가능한 변류기의 형식승인번호<br>⑪ 변류기에는 접속 가능한 수신부의 형식승인번호<br>⑫ 설치방법 및 취급상의 주의사항<br>⑬ 품질보증에 관한 사항(보증기간, 보증내용, A/S방법, 자체검사필증 등)<br>⑭ 방폭형인 것은 "**방폭형**"이라는 문자 별도표시 및 방폭등급 |
| **가스누설경보기(분리형)**<br>(가스누설경보기의 형식승인 및 제품검사의 기술기준 제30조) | ① 수신부에 표시할 사항<br>㉠ 종별 및 형식<br>㉡ 형식승인번호<br>㉢ 제조연월 및 제조번호<br>㉣ 제조업체명 또는 상호[제조원과 판매원(수입원)이 다른 경우 각각 표시]<br>㉤ 취급방법의 개요 및 주의사항<br>㉥ 주전원의 정격전압 및 정격전류<br>㉦ 접속 가능한 회선수, 중계기의 최대수, 접속 가능한 중계기의 형식승인번호 및 탐지부의 고유번호<br>㉧ 예비전원이 설치된 것은 축전지의 종류, 정격용량, 정격전압 및 접속하는 경우의 주의사항<br>㉨ 지연형인 것은 표준지연시간<br>② 탐지부에 표시할 사항<br>㉠ 탐지대상가스 및 사용온도범위<br>㉡ 사용장소 또는 용도<br>㉢ 탐지소자의 종류(탐지부가 방폭구조인 경우에는 "**방폭형**"이라는 문자 및 방폭등급 표기)<br>㉣ 형식승인번호 탐지부의 고유번호<br>③ 단자판에는 단자기호<br>④ 방수형인 것은 "**방수형**"이라는 문자 별도표시<br>⑤ 스위치 등 조작부 또는 조정부에는 "**개**" 및 "**폐**" 등의 표시와 사용방법<br>⑥ 퓨즈 및 퓨즈홀더 부근에는 정격전류<br>⑦ 설치방법 및 사용상의 주의사항<br>⑧ 방폭형인 것은 "**방폭형**"이라는 문자 별도표시 및 방폭등급<br>⑨ 권장사용기한(단독형 가스누설경보기 및 탐지부에 한함) |
| **유도등**<br>(유도등의 형식승인 및 제품검사의 기술기준 제25조) | ① 종별 및 형식<br>② 형식승인번호<br>③ 제조연월, 제조번호<br>④ 제조업체명 또는 상호<br>⑤ **유효점등기간**<br>⑥ 비상전원으로 사용하는 예비전원의 종류, 정격용량 또는 정격정전용량, 정격전압<br>⑦ 그 밖의 주의사항<br>⑧ 퓨즈 및 퓨즈홀더 부근에는 정격전류<br>⑨ 품질보증에 관한 사항(보증기간, 보증내용, A/S방법, 자체검사필증 등)<br>⑩ **소비전력** |

**＊유도등에 표시하여야 할 사항**

① 종별 및 형식
② 형식승인번호
③ 제조연월, 제조번호
④ 제조업체명 또는 상호
⑤ 유효점등기간
⑥ 비상전원으로 사용하는 예비전원의 종류, 정격용량 또는 정격정전용량, 정격전압
⑦ 그 밖의 주의사항
⑧ 퓨즈 및 퓨즈홀더 부근에는 정격전류
⑨ 품질보증에 관한 사항(보증기간, 보증내용, A/S방법, 자체검사필증 등)
⑩ 소비전력

NOTE

| | |
|---|---|
| **비상조명등**<br>(비상조명등의 형식승인 및 제품검사의 기술기준 제20조) | ① 종별 및 형식<br>② 형식승인번호<br>③ 제조연월 및 제조번호<br>④ 제조업체명 또는 상호<br>⑤ 정격전압<br>⑥ 정격입력전류, 정격입력전력<br>⑦ 비상전원으로 사용하는 축전지의 종류, 정격용량, 정격전압<br>⑧ 적합한 광원의 종류와 크기<br>⑨ **설계광속표준전압** 및 **설계광속비**<br>⑩ 배광번호 및 해당 배광번호표<br>⑪ 그 밖의 주의사항<br>⑫ 퓨즈 및 퓨즈홀더 부근에는 정격전류<br>⑬ 방수형인 것은 "**방수형**"이라는 문자 별도표시<br>⑭ **유효점등시간**(설계치)<br>⑮ 품질보증에 관한 사항(보증기간, 보증내용, A/S방법, 자체 검사필증 등)<br>⑯ 방폭형인 것은 "**방폭형**"이라는 문자 별도표시 및 방폭등급 |

## 8 폐쇄형 스프링클러헤드

※ **폐쇄형 스프링클러헤드의 설치장소별 기준개수**
★꼭 기억하세요★

① 폐쇄형 스프링클러헤드의 설치장소별 기준개수(NFPC 103 제4조 제①항, NFTC 103 2.1.1.1)

| 특정소방대상물 | | 폐쇄형 헤드의 기준개수 |
|---|---|---|
| **지**하가 · 지하역사 | | 30 |
| **11**층 이상 | | 30 |
| 10층 이하 | **공**장(특수가연물) | 30 |
| 10층 이하 | **판**매시설(백화점 등),<br>**복**합건축물(판매시설이 설치된 것) | 30 |
| 10층 이하 | **근**린생활시설, **운**수시설 | **2**0 |
| 10층 이하 | **8**m **이**상 | **2**0 |
| 10층 이하 | **8**m **미**만 | **1**0 |
| 공동주택(아파트 등) | | 10<br>(각 동이 주차장으로 연결된 경우 30) |

[비고] 하나의 소방대상물이 2 이상의 "**스프링클러헤드의 기준개수**"란에 해당하는 때에는 기준개수가 많은 것을 기준으로 한다(단, 각 기준개수에 해당하는 수원을 별도로 설치하는 경우 제외).

기억법 **지11 공복판, 근운8이2, 8미1**

※ **연결살수설비에서 폐쇄형 스프링클러헤드의 표시온도기준(NFTC 503 2.3.3.1)**
스프링클러설비에서 폐쇄형 스프링클러헤드의 표시온도기준과 동일하다.

② 스프링클러설비에서 폐쇄형 스프링클러헤드의 표시온도기준(NFTC 103 2.7.6) : **폐쇄형 스프링클러헤드**는 그 설치장소의 평상시 최고주위온도에 따라 다음 표에 따른 표시온도의 것으로 설치할 것. 단, 높이가 **4m 이상**인 **공장**에 설치하는 스프링클러헤드는 그 설치장소의 평상시 최고주위온도에 관계없이 표시온도 **121℃ 이상**의 것으로 할 수 있다.

| 설치장소의 최고주위온도 | 표시온도 |
|---|---|
| 39℃ 미만 | 79℃ 미만 |
| 39℃ 이상 64℃ 미만 | 79℃ 이상 121℃ 미만 |
| 64℃ 이상 106℃ 미만 | 121℃ 이상 162℃ 미만 |
| 106℃ 이상 | 162℃ 이상 |

기억법 39 79
64 121
106 162

표시온도기준

(1) **미분무소화설비**에서 **폐쇄형 미분무헤드 표시온도기준**(NFTC 104A 2.10.4) 13회, 5점

폐쇄형 미분무헤드는 그 설치장소의 평상시 최고주위온도에 따라 다음 식에 따른 표시온도의 것으로 설치해야 한다.

$$T_a = 0.9\,T_m - 27.3℃$$

여기서, $T_a$ : 최고주위온도

$T_m$ : 헤드의 표시온도

(2) 가스식, 분말식, 고체에어로졸식 자동소화장치의 표시온도기준(NFTC 101 2.1.2.4.3)

감지부는 형식승인된 유효설치범위 내에 설치해야 하며 설치장소의 평상시 최고주위온도에 따라 다음 표에 따른 표시온도의 것으로 설치할 것. 단, 열감지선의 감지부는 형식승인 받은 최고주위온도범위 내에 설치해야 한다.

| 설치장소의 최고주위온도 | 표시온도 |
|---|---|
| 39℃ 미만 | 79℃ 미만 |
| 39℃ 이상 64℃ 미만 | 79℃ 이상 121℃ 미만 |
| 64℃ 이상 106℃ 미만 | 121℃ 이상 162℃ 미만 |
| 106℃ 이상 | 162℃ 이상 |

기억법 39 79
64 121
106 162

※ 미분무소화설비에서 폐쇄형 미분무헤드 표시온도기준

$T_a = 0.9\,T_m - 27.3℃$

여기서, $T_a$ : 최고주위온도

$T_m$ : 헤드의 표시온도

## 9 **폐쇄형 스프링클러설비의 방호구역 · 유수검지장치 적합기준**(NFPC 103 제6조, NFTC 103 2.3)

폐쇄형 스프링클러헤드를 사용하는 설비의 방호구역(스프링클러설비의 소화범위에 포함된 영역) · **유수검지장치**는 다음의 기준에 적합해야 한다.

NOTE

① 하나의 방호구역의 바닥면적은 **3**000m$^2$를 초과하지 아니할 것. 단, 폐쇄형 스프링클러설비에 **격자형 배관방식**(2 이상의 수평주행배관 사이를 가지배관으로 연결하는 방식)을 채택하는 때에는 3700m$^2$ 범위 내에서 **펌프용량**, **배관**의 **구경** 등을 수리학적으로 계산한 결과 헤드의 방수압 및 방수량이 방호구역 범위 내에서 소화목적을 달성하는 데 충분할 것

② 하나의 방호구역에는 **1**개 이상의 **유수검지장치**를 설치하되, 화재발생시 접근이 쉽고 점검하기 편리한 장소에 설치할 것

③ 하나의 방호구역은 **2개층**에 미치지 않도록 할 것. 단, 1개층에 설치되는 스프링클러헤드의 수가 **10개 이하**인 경우와 **복층형 구조**의 **공동주택**에는 **3개층 이내**로 할 수 있다.

④ **유수검지장치**를 **실**내에 설치하거나 보호용 철망 등으로 구획하여 바닥으로부터 **0.8~1.5m 이하**의 위치에 설치하되, 그 실 등에는 가로 **0.5m** 이상 세로 **1m** 이상의 출입문을 설치하고 그 **출입문** 상단에 "**유수검지장치실**"이라고 표시한 표지를 설치할 것. 단, 유수검지장치를 기계실(공조용 기계실 포함) 안에 설치하는 경우에는 별도의 실 또는 보호용 철망을 설치하지 않고 기계실 출입문 상단에 "**유수검지장치실**"이라고 표시한 표지를 설치할 수 있다.

⑤ 스프링클러헤드에 공급되는 **물**은 **유수검지장치** 등을 지나도록 하여야 한다(단, **송수구**를 통하여 공급되는 물은 제외).

⑥ 자연**낙**차에 따른 압력수가 흐르는 배관상에 설치된 유수검지장치는 화재시 물의 흐름을 검지할 수 있는 최소한의 압력이 얻어질 수 있도록 수조의 하단으로부터 낙차를 두어 설치하여야 한다.

⑦ **조기반응형 스프링클러헤드**를 설치하는 경우에는 **습식 유수검지장치**를 설치할 것

**기억법** **폐유 31층 실물낙조**

※ **개방형 스프링클러설비의 방수구역·일제개방밸브 적합기준(NFPC 103 제7조, NFTC 103 2.4.1)**
★꼭 기억하세요★

**비교**

**개방형 스프링클러설비의 방수구역·일제개방밸브 적합기준**(NFPC 103 제7조, NFTC 103 2.4.1)

(1) 하나의 방수구역은 **2개층**에 미치지 않을 것

(2) **방수구역**마다 일제개방밸브를 설치할 것

(3) 하나의 방수구역을 담당하는 헤드의 개수는 **50개 이하**로 할 것. 단, **2개 이상**의 **방수구역**으로 나눌 경우에는 하나의 방수구역을 담당하는 헤드의 개수는 **25개 이상**으로 할 것

(4) 일제개방밸브의 설치위치는 바닥으로부터 0.8m 이상 1.5m 이하에 설치하고, 표지는 "**일제개방밸브실**"이라고 표시할 것

**기억법** **250 방수개**

**⑩ 준비작동식 · 일제살수식 스프링클러설비의 화재감지기회로를 교차회로방식으로 적용하지 않아도 되는 경우**(NFPC 103 제9조 제③항, NFTC 103 2.6.3.2 / NFPC 203 제7조 제①항, NFTC 203 2.4.1)

① 스프링클러설비의 배관 또는 헤드의 **누설경보용 물** 또는 **압축공기**가 채워지는 경우
② **불**꽃감지기를 설치하는 경우
③ **정온식 감지선형** 감지기를 설치하는 경우
④ **분포형** 감지기를 설치하는 경우
⑤ **복합형** 감지기를 설치하는 경우
⑥ **광전식 분리형** 감지기를 설치하는 경우
⑦ **아날로그방식**의 감지기를 설치하는 경우
⑧ **다신호방식**의 감지기를 설치하는 경우
⑨ **축적방식**의 감지기를 설치하는 경우

기억법 불정감 복분 광아다축

중요

**교차회로방식을 적용하지 않아도 되는 감지기**(감지기의 형식승인 및 제품검사의 기술기준 제2 · 4조)

| 감지기 종류 | 정 의 |
|---|---|
| 불꽃감지기 | 불꽃에서 방사되는 **불꽃**의 **변화**가 일정량 이상이 되었을 때 화재신호를 발신하는 것으로 **자외선식, 적외선식, 자외선 · 적외선 겸용식, 복합식**으로 구분한다. |
| 정온식 감지선형 감지기 | 일국소의 주위온도가 **일정**한 **온도** 이상이 되는 경우에 작동하는 것으로서 **외관**이 **전선**으로 되어 있는 것 |
| 분포형 감지기 | 주위온도가 **일정 상승률** 이상이 되는 경우에 작동하는 것으로서 **넓은 범위** 내에서의 **열효과**의 누적에 의하여 작동되는 것 |
| 복합형 감지기 | 화재시 발생하는 열, 연기, 불꽃을 자동적으로 감지하는 기능 중 **두 가지 성능**의 **감지기능**이 함께 작동될 때 화재신호를 발신하거나 또는 **두 개**의 **화재신호**를 각각 발신하는 것 |
| 광전식 분리형 감지기 | **발광부**와 **수광부**로 구성된 구조로 발광부와 수광부 사이의 공간에 일정한 농도의 **연기**를 포함하게 되는 경우에 작동하는 것 |
| 아날로그방식의 감지기 | 주위의 온도 또는 연기의 양의 변화에 따른 화재정보신호값을 출력하는 방식의 감지기 |
| 다신호방식의 감지기 | 1개의 감지기 내에 서로 **다른 종별** 또는 **감도** 등의 기능을 갖춘 것으로서 일정 시간 간격을 두고 각각 다른 **2개 이상**의 **화재신호**를 발하는 감지기 |
| 축적방식의 감지기<br>(축적형 감지기) | 일정 농도 이상의 연기가 **일정 시간**(공칭축적시간) 연속하는 것을 전기적으로 **검출함**으로써 작동하는 감지기 |

기억법 불정감 복분 광아다축

NOTE

❋ 준비작동식 · 일제살수식 스프링클러설비의 화재감지기회로를 교차회로방식으로 적용하지 않아도 되는 경우(NFPC 103 제9조 제③항, NFTC 103 2.6.3.2 / NFPC 203 제7조 제①항, NFTC 203 2.4.1)
★꼭 기억하세요★

NOTE

✻ 스프링클러설비에서 감시제어반에 도통시험 및 작동시험을 할 수 있어야 하는 회로
① 기동용 수압개폐장치의 압력스위치회로
② 수조 또는 물올림 수조의 저수위감시 회로
③ 유수검지장치 또는 일제개방밸브의 압력스위치회로
④ 일제개방밸브를 사용하는 설비의 화재감지기회로
⑤ 급수배관에 설치되어 있는 개폐밸브의 폐쇄상태 확인회로

기억법 기스유수일급

## ⑪ 감시제어반에서 도통시험 및 작동시험을 할 수 있어야 하는 회로(NFPC 103 제13조 제③항 제6호, NFTC 103 2.10.3.8)

| 스프링클러설비 | 화재조기진압용 스프링클러설비 | 옥내소화전설비 · 포소화설비 | 옥외 소화전설비 · 물분무소화설비 · |
|---|---|---|---|
| ① 기동용 수압개폐장치의 **압력스위치회로**<br>② 수조 또는 물올림 수조의 **저수위감시회로**<br>③ **유수검지장치** 또는 **일제개방밸브의 압력스위치회로**<br>④ 일제개방밸브를 사용하는 설비의 **화재감지기회로**<br>⑤ 급수배관에 설치되어 있는 **개폐밸브의 폐쇄상태확인회로**<br>기억법 기스유수 일급 | ① **기동용 수압개폐장치의 압력스위치회로**<br>② **수조 또는 물올림수조의 저수위감시회로**<br>③ **유수검지장치** 또는 **압력스위치회로**<br>④ 급수배관에 설치되어 있는 **개폐밸브의 폐쇄상태확인회로**<br>기억법 조기 수유급 | ① 기동용 수압개폐장치의 압력스위치회로<br>② 수조 또는 물올림수조의 저수위감시회로<br>③ 급수배관에 설치되어 있는 개폐밸브의 폐쇄상태확인회로 | ① **기동용 수압개폐장치의 압력스위치회로**<br>② **수조 또는 물올림수조의 저수위감시회로**<br>기억법 옥물수기 |

• '수조 또는 물올림수조의 저수위감시회로'를 '수조 또는 물올림수조의 감시회로'라고 써도 틀린 답은 아니다.

중요

**감시제어반에서 확인되어야 하는 감시신호**

(1) **옥내소화전설비**(NFPC 102 제9조, NFTC 102 2.6.2.5), **포소화설비**(NFPC 105 제14조, NFTC 105 2.11.2.5)
① 기동용 수압개폐장치의 압력스위치회로
② 수조 또는 물올림수조의 저수위감시회로
③ 급수배관에 설치되어 있는 개폐밸브의 폐쇄상태확인회로

(2) **옥외소화전설비**(NFPC 109 제9조, NFTC 109 2.6.2.5), **물분무소화설비**(NFPC 104 제13조, NFTC 104 2.10.2.5)
① 기동용 수압개폐장치의 압력스위치회로 : 펌프의 작동여부
② 수조 또는 물올림수조의 저수위감시회로 : 저수위 확인여부

(3) **화재조기진압용 스프링클러설비**(NFPC 103B 제15조, NFTC 103B 2.12.3.6)
① 기동용 수압개폐장치의 **압력스위치회로** : 펌프의 작동여부
② 수조 또는 물올림수조의 **저수위감시회로** : 저수위 확인여부
③ **유수검지장치** 또는 **압력스위치회로** : 유수검지장치 또는 일제개방밸브의 작동여부
④ **개폐밸브**의 **폐쇄상태 확인회로** : 탬퍼스위치의 작동여부

기억법 기압 유압 수저 개조확

⑫ **스프링클러설비에서 감시제어반과 동력제어반을 구분하여 설치하지 않아도 되는 경우**(NFPC 103 제13조, NFTC 103 2.10.1)

① 다음에 해당하지 아니하는 특정소방대상물에 설치되는 스프링클러설비
  ㉠ 층수가 **7층** 이상으로서 연면적이 **2000m²** 이상인 것
  ㉡ 지하층의 바닥면적의 합계가 **3000m²** 이상인 것
② **내연기관**에 따른 가압송수장치를 사용하는 스프링클러설비
③ **고가수조**에 따른 가압송수장치를 사용하는 스프링클러설비
④ **가압수조**에 따른 가압송수장치를 사용하는 스프링클러설비

기억법 감동 내고가

⑬ **스프링클러설비의 설치제외장소**

① 스프링클러설비의 스프링클러헤드 설치제외장소(NFPC 103 제15조, NFTC 103 2.12.1)
  ㉠ **계단실**(특별피난계단의 부속실 포함)·**경사로**·**승강기**의 **승강로**·**비상용 승강기**의 **승강장**·**파이프덕트** 및 **덕트피트**(파이프·덕트를 통과시키기 위한 구획된 구멍에 한함)·**목욕실**·**수영장**(관람석부분 제외)·**화장실**·직접 외기에 개방되어 있는 복도, 기타 이와 유사한 장소
  ㉡ **통신기기실**·**전자기기실**, 기타 이와 유사한 장소
  ㉢ **발전실**·**변전실**·**변압기**, 기타 이와 유사한 전기설비가 설치되어 있는 장소
  ㉣ **병**원의 **수술실**·**응급처치실**, 기타 이와 유사한 장소
  ㉤ 천장과 반자 양쪽이 **불연재료**로 되어 있는 경우로서 그 사이의 거리 및 구조가 다음의 어느 하나에 해당하는 부분
  - 천장과 반자 사이의 거리가 **2m 미만**인 부분

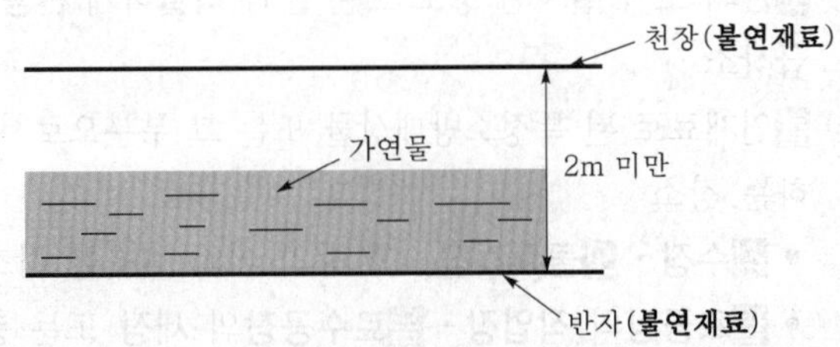


‖천장-반자 사이 2m 미만‖

  - 천장과 반자 사이의 벽이 **불연재료**이고 천장과 반자 사이의 거리가 **2m 이상**으로서 그 사이에 가연물이 존재하지 않는 부분

**N O T E**

※ 스프링클러설비에서 감시제어반과 동력제어반을 구분하여 설치하지 않아도 되는 경우(NFPC 103 제13조, NFTC 103 2.10.1)
★꼭 기억하세요★

※ 감시제어반과 동력제어반을 구분하여 설치하지 않아도 되는 경우
① 옥내소화전설비 (NFPC 102 제9조, NFTC 102 2.6.1)
② 옥외소화전설비 (NFPC 109 제9조, NFTC 109 2.6.1)
③ 물분무소화설비 (NFPC 104 제13조, NFTC 104 2.1.1)

NOTE

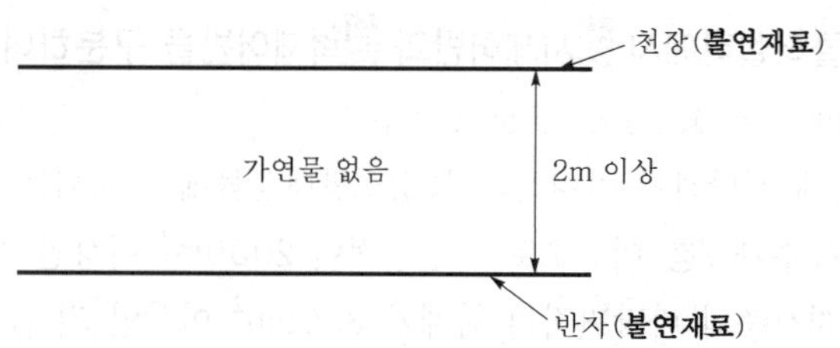


‖ 천장-반자 사이 2m 이상 ‖

ⓑ 천장 · 반자 중 **한쪽**이 **불연재료**로 되어 있고 천장과 반자 사이의 거리가 **1m 미만**인 부분

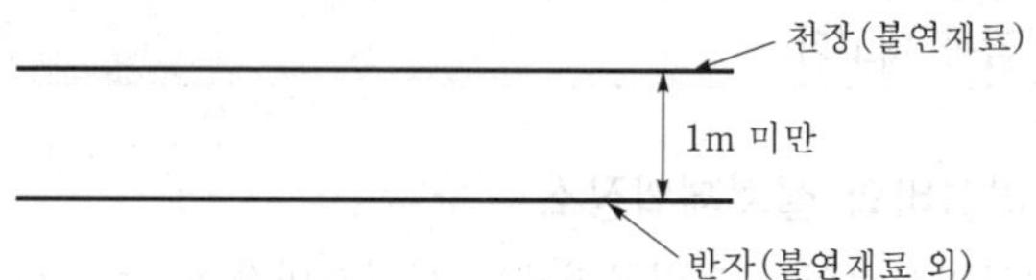


‖ 천장-반자 사이 1m 미만 ‖

ⓢ 천장 및 반자가 **불연재료 외**의 것으로 되어 있고 천장과 반자 사이의 거리가 **0.5m 미만**인 부분

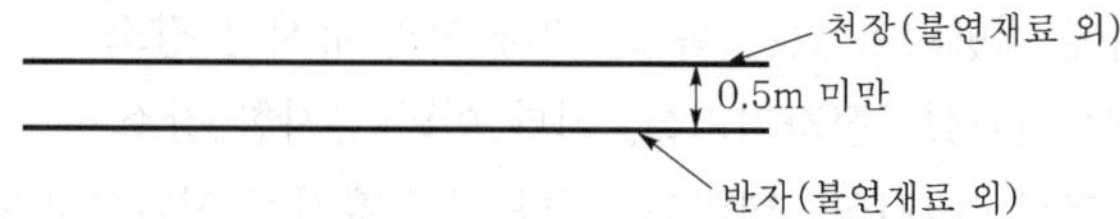


‖ 천장-반자 사이 0.5m 미만 ‖

ⓞ **펌프실 · 물탱크실 · 엘리베이터 권상기실**, 그 밖의 이와 비슷한 장소

ⓙ **현관** 또는 **로비 등**으로서 바닥으로부터 높이가 **20m 이상**인 장소

ⓒ **영하**의 **냉**장창고의 **냉장실** 또는 냉동창고의 **냉동실**

ⓚ **고온**의 **노**가 설치된 장소 또는 **물**과 **격렬**하게 **반응**하는 **물품**의 저장 또는 취급장소

ⓣ **불**연재료로 된 특정소방대상물 또는 그 부분으로서 다음의 어느 하나에 해당하는 장소

- **정수장 · 오물처리장**, 그 밖의 이와 비슷한 장소
- **펄프공장**의 **작업장 · 음료수공장**의 **세정** 또는 **충전**하는 **작업장**, 그 밖의 이와 비슷한 장소
- **불**연성의 **금속 · 석재** 등의 **가공공장**으로서 가연성 물질을 저장 또는 취급하지 않는 장소
- 가연성 물질이 존재하지 않는 「건축물의 에너지절약설계기준」에 따른 방풍실

기억법 정오불펄음(정오불포럼)

**＊ 스프링클러설비의 스프링클러헤드 설치 제외장소 중 불연재료로 된 특정소방대상물 또는 그 부분**

① 정수장 · 오물처리장, 그 밖의 이와 비슷한 장소
② 펄프공장의 작업장 · 음료수공장의 세정 또는 충전하는 작업장, 그 밖의 이와 비슷한 장소
③ 불연성의 금속 · 석재 등의 가공공장으로서 가연성 물질을 저장 또는 취급하지 않는 장소
④ 가연성 물질이 존재하지 않는 「건축물의 에너지절약설계기준」에 따른 방풍실

NOTE

㉲ 실내에 설치된 **테니스장 · 게이트볼장 · 정구장** 또는 이와 비슷한 장소로서 실내 바닥 · 벽 · 천장이 **불연재료** 또는 **준불연재료**로 구성되어 있고 가연물이 존재하지 않는 장소로서 **관람석**이 **없는 운동시설**(지하층 제외)

**기억법** 계통발병 2105 펌현아 고냉불스

② 화재**조**기진압용 스프링클러설비의 설치**제**외물품(화재조기진압용 스프링클러설비의 화재안전기준(NFPC 103B 제17조, NFTC 103B 2.14.1)

㉠ **제4류 위험물**

㉡ **타**이어, 두루마리 **종**이 및 **섬**유류, **섬유제품** 등 연소시 화염의 속도가 빠르고 방사된 물이 하부까지 도달하지 못하는 것

**기억법** 조제 4류 타종섬

## ⑭ 스프링클러헤드수별 급수관 구경(NFPC 103 〔별표 1〕, NFTC 103 2.5.3.3)

※ 스프링클러헤드수별 급수관 구경(NFPC 103 [별표 1], NFTC 103 2.5.3.3)
★꼭 기억하세요★

| 구분 \ 급수관의 구경 | 25mm | 32mm | 40mm | 50mm | 65mm | 80mm | 90mm | 100mm | 125mm | 150mm |
|---|---|---|---|---|---|---|---|---|---|---|
| 폐쇄형 헤드 | 2개 | 3개 | 5개 | 10개 | 30개 | 60개 | 80개 | 100개 | 160개 | 161개 이상 |
| 폐쇄형 헤드 (헤드를 동일급수관의 가지관상에 병설하는 경우) | 2개 | 4개 | 7개 | 15개 | 30개 | 60개 | 65개 | 100개 | 160개 | 161개 이상 |
| 폐쇄형 헤드 (무대부 · 특수가연물 저장취급장소) · 개방형 헤드 (헤드개수 30개 이하) | 1개 | 2개 | 5개 | 8개 | 15개 | 27개 | 40개 | 55개 | 90개 | 91개 이상 |

**기억법**
2 3 5 1 3 6 8 1 6
2 4 7 5 3 6 5 1 6
1 2 5 8 5 27 4 55 9

## ⑮ 간이스프링클러설비

① 간이스프링클러설비에서 간이헤드의 적합기준(NFPC 103A 제9조, NFTC 103A 2.6.1.2) : 간이헤드의 작동온도는 실내의 최대 주위천장온도가 0~38℃ 이하인 경우 공칭작동온도가 57℃에서 77℃의 것을 사용하고, 39~66℃ 이하인 경우에는 공칭작동온도가 79℃에서 109℃의 것을 사용할 것

NOTE

▌간이헤드의 작동온도▐

| 최대 주위천장온도 | 공칭작동온도 |
|---|---|
| 0~38℃ | 57~77℃ |
| 39~66℃ | 79~109℃ |

기억법 038 → 5777
3966 → 79109

※ 다중이용업소의 간이스프링클러설비 작동점검(소방시설 자체점검사항 등에 관한 고시 〔별지 4〕)
① 수원의 양 적정 여부
② 가압송수장치의 정상 작동 여부
③ 배관 및 밸브의 파손, 변형 및 잠김 여부
④ 상용전원 및 비상전원의 이상 여부

② **다중이용업소**의 **간이스프링클러설비 작동점검**(소방시설 자체점검사항 등에 관한 고시 〔별지 4〕)

㉠ **수원**의 양 적정 여부
㉡ **가압송수장치**의 정상 작동 여부
㉢ **배관 및 밸브**의 **파손**, 변형 및 잠김 여부
㉣ **상용전원** 및 **비상전원**의 이상 여부

③ **다중이용업소**의 **간이스프링클러설비 종합점검**(소방시설 자체점검사항 등에 관한 고시 〔별지 4〕)

㉠ **수원**의 양 적정 여부
㉡ **가압송수장치**의 정상 작동 여부
㉢ **배관 및 밸브**의 **파손**, 변형 및 잠김 여부
㉣ **상용전원** 및 **비상전원**의 이상 여부
● ㅁ **유수검지장치**의 정상 작동 여부
● ㅂ **헤드**의 적정 설치 여부(**미설치**, 살수장애, 도색 등)
● ㅅ **송수구** 결합부의 이상 여부
● ㅇ **시험밸브** 개방시 펌프기동 및 음향 경보 여부

※ "●"는 종합점검의 경우에만 해당

기억법 수원 → 가압송수장치 → 배관 및 밸브(파손) → 상용전원, 비상전원 → 유수검지장치 → 헤드(미설치) → 송수구 → 시험밸브

## 5 포소화설비

### 1 포방출구의 구분(위험물 안전관리에 관한 세부기준 제133조)

| 탱크의 종류 | 포방출구 |
|---|---|
| 고정지붕구조(콘루프탱크) | ① Ⅰ형 방출구<br>② Ⅱ형 방출구<br>③ Ⅲ형 방출구(표면하 주입방식)<br>④ Ⅳ형 방출구(반표면하 주입방식) |
| 부상덮개부착 고정지붕구조 | Ⅱ형 방출구 |
| 부상지붕구조(플루팅루프탱크) | 특형 방출구 |

## ② 포방출구의 종류

| 구 분 | 형 태 |
|---|---|
| **Ⅰ형 방출구**<br>고정지붕구조의 탱크에 **상부포주입법**을 이용하는 것으로서 방출된 포가 액면 아래로 몰입되거나 액면을 뒤섞지 않고 액면상을 덮을 수 있는 **통계단** 또는 **미끄럼판** 등의 설비 및 탱크 내의 위험물 증기가 외부로 역류되는 것을 저지할 수 있는 구조·기구를 갖는 포방출구<br>기억법 Ⅰ고상통미 | 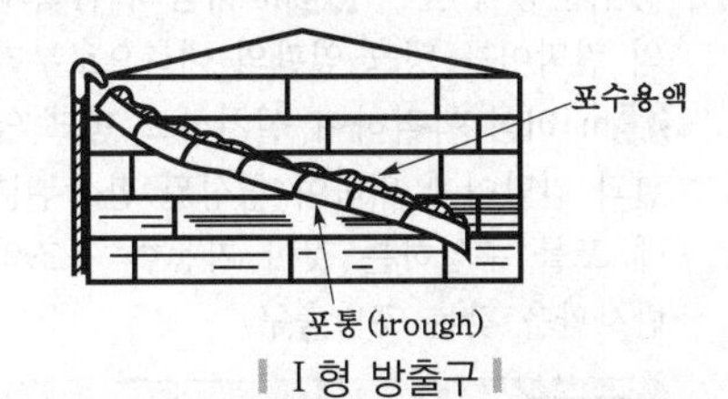<br><br>∥Ⅰ형 방출구∥ |
| **Ⅱ형 방출구**<br>고정지붕구조 또는 부상덮개부착 고정지붕구조의 탱크에 **상부포주입법**을 이용하는 것으로서 방출된 포가 탱크 옆판의 내면을 따라 흘러내려 가면서 액면 아래로 몰입되거나 액면을 뒤섞지 않고 **액면상**을 덮을 수 있는 반사판 및 탱크 내의 위험물 증기가 외부로 역류되는 것을 저지할 수 있는 구조·기구를 갖는 포방출구<br>기억법 고부Ⅱ상(이상) | 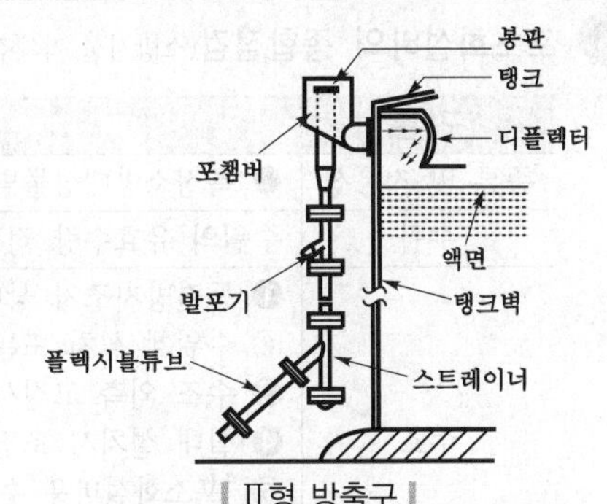<br><br>∥Ⅱ형 방출구∥ |
| **Ⅲ형 방출구**(표면하 주입식 방출구)<br>고정지붕구조의 탱크에 **저부포주입법**을 이용하는 것으로서 송포관으로부터 포를 방출하는 포방출구<br>기억법 고Ⅲ저송(3지층) | 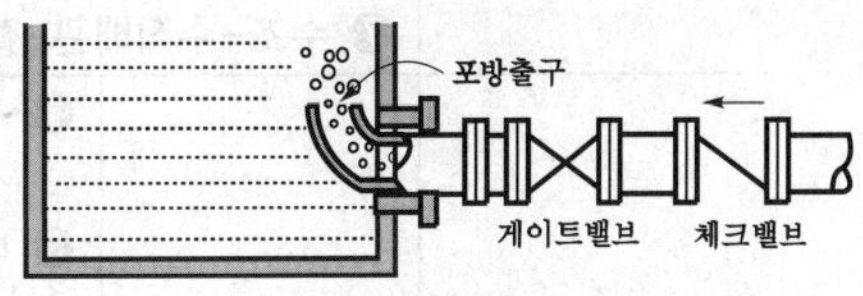<br><br>∥Ⅲ형 방출구∥ |
| **Ⅳ형 방출구**(반표면하 주입식 방출구)<br>고정지붕구조의 탱크에 **저부포주입법**을 이용하는 것으로서 평상시에는 탱크의 액면하의 저부에 설치된 **격납통**(포를 보내는 것에 의하여 용이하게 이탈되는 캡을 갖는 것에 포함)에 수납되어 있는 특수호스 등이 송포관의 말단에 접속되어 있다가 포를 보내는 것에 의하여 특수호스 등이 전개되어 그 선단이 액면까지 도달한 후 포를 방출하는 포방출구<br>기억법 고저격Ⅳ(저격수) | 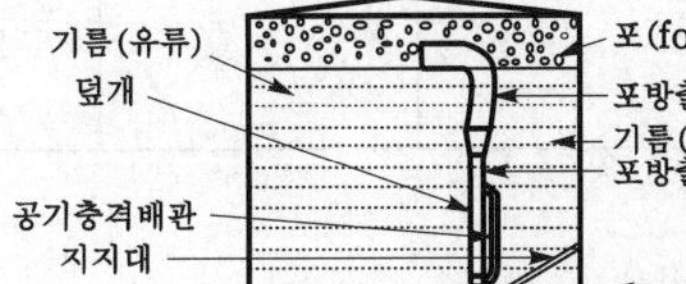<br><br>(a) 포방출 전<br><br>(b) 포방출 후<br>∥Ⅳ형 방출구∥ |

NOTE

＊ **Ⅰ형 방출구의 정의**
고정지붕구조의 탱크에 상부포주입법을 이용하는 것으로서 방출된 포가 액면 아래로 몰입되거나 액면을 뒤섞지 않고 액면상을 덮을 수 있는 통계단 또는 미끄럼판 등의 설비 및 탱크 내의 위험물 증기가 외부로 역류되는 것을 저지할 수 있는 구조·기구를 갖는 포방출구

기억법
Ⅰ고상통미

NOTE

| **특형 방출구** | |
|---|---|
| **부**상지붕구조의 탱크에 **상부포주입법**을 이용하는 것으로서 부상지붕의 부상부분상에 높이 **0.9m 이상**의 금속제의 칸막이를 탱크 옆판의 내측으로부터 **1.2m 이상** 이격하여 설치하고 탱크 옆판과 칸막이에 의하여 형성된 환상부분에 포를 주입하는 것이 가능한 구조의 반사판을 갖는 포방출구<br>기억법 특부상 0912 | 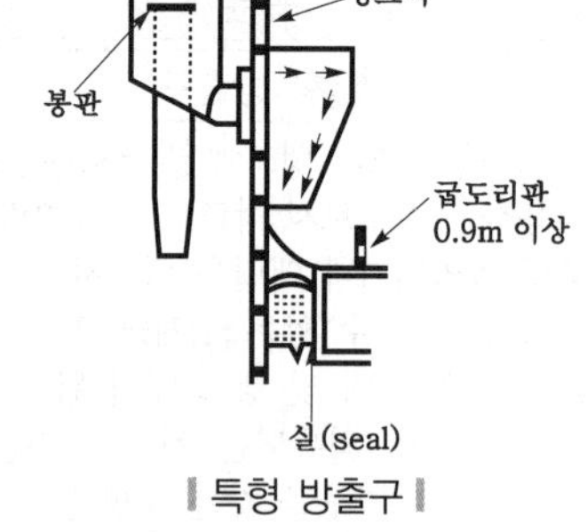<br>▎특형 방출구▎ |

## 3 포소화설비의 종합점검(소방시설 자체점검사항 등에 관한 고시 〔별지 4)

| 구 분 | | 점검항목 |
|---|---|---|
| 종류 및 적응성 | | ● 특정소방대상물별 포소화설비 종류 및 적응성 적정 여부 |
| 수원 | | 수원의 유효수량 적정 여부(겸용 설비 포함) |
| 수조 | | ❶ 동결방지조치 상태 적정 여부<br>② 수위계 설치 또는 수위 확인 가능 여부<br>❸ 수조 외측 고정사다리 설치 여부(바닥보다 낮은 경우 제외)<br>❹ 실내 설치시 조명설비 설치 여부<br>⑤ **"포소화설비용 수조"** 표지 설치 여부 및 설치상태<br>❻ 다른 소화설비와 겸용시 겸용 설비의 이름 표시한 표지 설치 여부<br>❼ **수조-수직배관** 접속부분 **"포소화설비용 배관"** 표지 설치 여부 |
| 가압송수장치 | 펌프방식 | ❶ 동결방지조치 상태 적정 여부<br>② 성능시험배관을 통한 펌프성능시험 적정 여부<br>❸ 다른 소화설비와 겸용인 경우 펌프성능 확보 가능 여부<br>④ 펌프 흡입측 **연성계 · 진공계** 및 **토출측 압력계** 등 부속장치의 변형 · 손상 유무<br>❺ 기동장치 적정 설치 및 기동압력 설정 적정 여부<br>❻ 물올림장치 설치 적정(전용 여부, 유효수량, 배관구경, 자동급수) 여부<br>❼ 충압펌프 설치 적정(토출압력, 정격토출량) 여부<br>⑧ 내연기관방식의 펌프 설치 적정(정상기동(기동장치 및 제어반) 여부, 축전지상태, 연료량) 여부<br>⑨ 가압송수장치의 **"포소화설비펌프"** 표지 설치 여부 또는 다른 소화설비와 겸용시 겸용 설비 이름 표시 부착 여부 |

✻ **포소화설비 수원의 종합점검항목**
수원의 유효수량 적정 여부(겸용 설비 포함)

✻ **포소화설비 수조의 종합점검항목**
① 동결방지조치 상태 적정 여부
② 수위계 설치 또는 수위 확인 가능 여부
③ 수조 외측 고정사다리 설치 여부(바닥보다 낮은 경우 제외)
④ 실내 설치시 조명설비 설치 여부
⑤ "포소화설비용 수조" 표지 설치 여부 및 설치상태
⑥ 다른 소화설비와 겸용시 겸용 설비의 이름 표시한 표지 설치 여부
⑦ 수조-수직배관 접속부분 "포소화설비용 배관" 표지 설치 여부

NOTE

<table>
<tr><td rowspan="3">가압송수장치</td><td>고가수조방식</td><td>수위계 · 배수관 · 급수관 · 오버플로관 · 맨홀 등 부속장치의 변형 · 손상 유무</td></tr>
<tr><td>압력수조방식</td><td>❶ 압력수조의 압력 적정 여부<br>② 수위계 · 급수관 · 급기관 · 압력계 · 안전장치 · 공기압축기 등 부속장치의 변형 · 손상 유무</td></tr>
<tr><td>가압수조방식</td><td>❶ 가압수조 및 가압원 설치장소의 방화구획 여부<br>② 수위계 · 급수관 · 배수관 · 급기관 · 압력계 등 부속장치의 변형 · 손상 유무</td></tr>
<tr><td>배관 등</td><td colspan="2">❶ 송액관 기울기 및 배액밸브 설치 적정 여부<br>❷ 펌프의 흡입측 배관 여과장치의 상태 확인<br>❸ 성능시험배관 설치(개폐밸브, 유량조절밸브, 유량측정장치) 적정 여부<br>❹ 순환배관 설치(설치위치 · 배관구경, 릴리프밸브 개방압력) 적정 여부<br>❺ 동결방지조치 상태 적정 여부<br>⑥ 급수배관 개폐밸브 설치(개폐표시형, 흡입측 버터플라이 제외) 적정 여부<br>⑦ 급수배관 개폐밸브 작동표시스위치 설치 적정(제어반 표시 및 경보, 스위치 동작 및 도통시험, 전기배선 종류) 여부<br>❽ 다른 설비의 배관과의 구분 상태 적정 여부</td></tr>
<tr><td>송수구</td><td colspan="2">① 설치장소 적정 여부<br>❷ 연결배관에 개폐밸브를 설치한 경우 개폐상태 확인 및 조작가능 여부<br>❸ 송수구 설치높이 및 구경 적정 여부<br>④ 송수압력범위 표시 표지 설치 여부<br>❺ 송수구 설치개수 적정 여부<br>❻ 자동배수밸브(또는 배수공) · 체크밸브 설치 여부 및 설치상태 적정 여부<br>⑦ 송수구 마개 설치 여부</td></tr>
<tr><td>저장탱크</td><td colspan="2">❶ 포약제 변질 여부<br>❷ 액면계 또는 계량봉 설치상태 및 저장량 적정 여부<br>❸ 그라스게이지 설치 여부(가압식이 아닌 경우)<br>④ 포소화약제 저장량의 적정 여부</td></tr>
<tr><td>개방밸브</td><td colspan="2">① 자동개방밸브 설치 및 화재감지장치의 작동에 따라 자동으로 개방되는지 여부<br>② 수동식 개방밸브 적정 설치 및 작동 여부</td></tr>
<tr><td>기동장치</td><td>수동식 기동장치</td><td>① 직접 · 원격조작 가압송수장치 · 수동식 개방밸브 · 소화약제 혼합장치 기동 여부<br>❷ 기동장치 조작부의 접근성 확보, 설치높이, 보호장치 설치 적정 여부<br>③ 기동장치 조작부 및 호스접결구 인근 "기동장치의 조작부" 및 "접결구" 표시 설치 여부<br>❹ 수동식 기동장치 설치개수 적정 여부</td></tr>
</table>

**✽ 포소화설비 저장탱크의 종합점검항목**

① 포약제 변질 여부
② 액면계 또는 계량봉 설치상태 및 저장량 적정 여부
③ 그라스게이지 설치 여부(가압식이 아닌 경우)
④ 포소화약제 저장량의 적정 여부

NOTE

※ **포소화설비의 포헤드 종합점검항목**
① 헤드의 변형·손상 유무
② 헤드 수량 및 위치 적정 여부
③ 헤드 살수장애 여부

<table>
<tr><td rowspan="2">기동장치</td><td>자동식<br>기동장치</td><td>① 화재감지기 또는 폐쇄형 스프링클러헤드의 개방과 연동하여 가압송수장치·일제개방밸브 및 포소화약제 혼합장치 기동 여부<br>❷ 폐쇄형 스프링클러헤드 설치 적정 여부<br>❸ 화재감지기 및 발신기 설치 적정 여부<br>❹ 동결 우려 장소 자동식 기동장치 자동화재탐지설비 연동 여부</td></tr>
<tr><td>자동경보장치</td><td>① 방사구역마다 발신부(또는 층별 유수검지장치) 설치 여부<br>② 수신기는 설치장소 및 헤드 개방·감지기 작동 표시장치 설치 여부<br>❸ 2 이상 수신기 설치시 수신기 간 상호 동시 통화 가능 여부</td></tr>
<tr><td rowspan="4">포헤드 및<br>고정포방출구</td><td>포헤드</td><td>① 헤드의 변형·손상 유무<br>② 헤드수량 및 위치 적정 여부<br>③ 헤드 살수장애 여부</td></tr>
<tr><td>호스릴<br>포소화설비 및<br>포소화전설비</td><td>① 방수구와 호스릴함 또는 호스함 사이의 거리 적정 여부<br>② 호스릴함 또는 호스함 설치높이, 표지 및 위치표시등 설치 여부<br>❸ 방수구 설치 및 호스릴·호스 길이 적정 여부</td></tr>
<tr><td>전역방출방식의<br>고발포용<br>고정포방출구</td><td>① 개구부 자동폐쇄장치 설치 여부<br>❷ 방호구역의 관포체적에 대한 포수용액 방출량 적정 여부<br>❸ 고정포방출구 설치개수 적정 여부<br>④ 고정포방출구 설치위치(높이) 적정 여부</td></tr>
<tr><td>국소방출방식의<br>고발포용<br>고정포방출구</td><td>❶ 방호대상물 범위 설정 적정 여부<br>❷ 방호대상물별 방호면적에 대한 포수용액 방출량 적정 여부</td></tr>
<tr><td>전원</td><td colspan="2">❶ 대상물 수전방식에 따른 상용전원 적정 여부<br>❷ 비상전원 설치장소 적정 및 관리 여부<br>③ 자가발전설비인 경우 연료적정량 보유 여부<br>④ 자가발전설비인 경우 「전기사업법」에 따른 정기점검 결과 확인</td></tr>
<tr><td rowspan="2">제어반</td><td colspan="2">● 겸용 감시·동력 제어반 성능 적정 여부(겸용으로 설치된 경우)</td></tr>
<tr><td>감시제어반</td><td>① 펌프 작동 여부 확인표시등 및 음향경보장치 정상작동 여부<br>② 펌프별 자동·수동 전환스위치 정상작동 여부<br>❸ 펌프별 수동기동 및 수동중단 기능 정상작동 여부<br>❹ 상용전원 및 비상전원 공급 확인 가능 여부(비상전원 있는 경우)</td></tr>
</table>

NOTE

| | | |
|---|---|---|
| 제어반 | 감시제어반 | ❺ 수조·물올림수조 저수위**표시등** 및 **음향경보장치** 정상작동 여부<br>⑥ 각 확인회로별 **도통시험** 및 **작동시험** 정상작동 여부<br>⑦ 예비전원 확보 유무 및 시험 적합 여부<br>❽ 감시제어반 전용실 적정 설치 및 관리 여부<br>❾ 기계·기구 또는 시설 등 제어 및 감시설비 외 설치 여부 |
| | 동력제어반 | 앞면은 **적색**으로 하고, **"포소화설비용 동력제어반"** 표지 설치 여부 |
| | 발전기제어반 | ● 소방전원보존형 발전기는 이를 식별할 수 있는 표지 설치 여부 |
| 비고 | ※ 특정소방대상물의 위치·구조·용도 및 소방시설의 상황 등이 이 표의 항목대로 기재하기 곤란하거나 이 표에서 누락된 사항을 기재한다. | |

※ "●"는 종합점검의 경우에만 해당

**※ 포소화설비 동력제어반의 종합점검 항목**
앞면은 적색으로 하고, "포소화설비용 동력제어반" 표지 설치 여부

중요

**포소화설비**의 **작동점검**(소방시설 자체점검사항 등에 관한 고시 [별지 제4호 서식])

| 구 분 | | 점검항목 |
|---|---|---|
| 수원 | | 수원의 유효수량 적정 여부(겸용 설비 포함) |
| 수조 | | ① 수위계 설치 또는 수위 확인 가능 여부<br>② "**포소화설비용 수조**" 표지 설치 여부 및 설치상태 |
| 가압송수장치 | 펌프방식 | ① 성능시험배관을 통한 펌프성능시험 적정 여부<br>② 펌프 흡입측 **연성계·진공계** 및 **토출측 압력계** 등 부속장치의 변형·손상 유무<br>③ 내연기관방식의 펌프 설치 적정(정상기동(기동장치 및 제어반) 여부, 축전지상태, 연료량) 여부<br>④ 가압송수장치의 "**포소화설비펌프**" 표지 설치 여부 또는 다른 소화설비와 겸용시 겸용 설비 이름 표시 부착 여부 |
| | 고가수조방식 | **수위계·배수관·급수관·오버플로관·맨홀** 등 부속장치의 변형·손상 유무 |
| | 압력수조방식 | **수위계·급수관·급기관·압력계·안전장치·공기압축기** 등 부속장치의 변형·손상 유무 |
| | 가압수조방식 | **수위계·급수관·배수관·급기관·압력계** 등 부속장치의 변형·손상 유무 |
| 배관 등 | | ① 급수배관 개폐밸브 설치(개폐표시형, 흡입측 버터플라이 제외) 적정 여부<br>② 급수배관 개폐밸브 작동표시스위치 설치 적정(제어반 표시 및 경보, 스위치 동작 및 도통시험, 전기배선 종류) 여부 |

NOTE

| 구분 | | 점검항목 |
|---|---|---|
| 송수구 | | ① 설치장소 적정 여부<br>② 송수압력범위 표시 표지 설치 여부<br>③ 송수구 **마개** 설치 여부 |
| 저장탱크 | | 포소화약제 저장량의 적정 여부 |
| 개방밸브 | | ① 자동개방밸브 설치 및 화재감지장치의 작동에 따라 자동으로 개방되는지 여부<br>② 수동식 개방밸브 적정 설치 및 작동 여부 |
| 기동장치 | 수동식 기동장치 | ① 직접·원격조작 가압송수장치·수동식 개방밸브·소화약제 혼합장치 기동 여부<br>② 기동장치 조작부 및 호스접결구 인근 "**기동장치의 조작부**" 및 "**접결구**" 표지 설치 여부 |
| | 자동식 기동장치 | 화재감지기 또는 폐쇄형 스프링클러헤드의 개방과 연동하여 가압송수장치·일제개방밸브 및 포소화약제 혼합장치 기동 여부 |
| | 자동경보장치 | ① 방사구역마다 발신부(또는 층별 유수검지장치) 설치 여부<br>② 수신기는 설치장소 및 헤드 개방·감지기 작동 표시장치 설치 여부 |
| 포헤드 및 고정포방출구 | 포헤드 | ① 헤드의 **변형·손상** 유무<br>② 헤드**수량** 및 **위치** 적정 여부<br>③ 헤드 살수장애 여부 |
| | 호스릴 포소화설비 및 포소화전설비 | ① 방수구와 호스릴함 또는 호스함 사이의 거리 적정 여부<br>② 호스릴함 또는 호스함 설치높이, 표지 및 위치표시등 설치 여부 |
| | 전역방출방식의 고발포용 고정포방출구 | ① 개구부 자동폐쇄장치 설치 여부<br>② 고정포방출구 설치위치(높이) 적정 여부 |
| 전원 | | ① 자가발전설비인 경우 연료적정량 보유 여부<br>② 자가발전설비인 경우 「전기사업법」에 따른 정기점검 결과 확인 |
| 제어반 | 감시제어반 | ① 펌프 작동 여부 확인**표시등** 및 **음향경보장치** 정상작동 여부<br>② 펌프별 자동·수동 전환스위치 정상작동 여부<br>③ 각 확인회로별 **도통시험** 및 **작동시험** 정상작동 여부<br>④ 예비전원 확보 유무 및 시험 적합 여부 |
| | 동력제어반 | 앞면은 **적색**으로 하고, "**포소화설비용 동력제어반**" 표지 설치 여부 |
| 비고 | | ※ 특정소방대상물의 위치·구조·용도 및 소방시설의 상황 등이 이 표의 항목대로 기재하기 곤란하거나 이 표에서 누락된 사항을 기재한다. |

**※ 포소화설비에서 포헤드의 작동점검 3가지**

① 헤드의 변형·손상 유무
② 헤드수량 및 위치 적정 여부
③ 헤드 살수장애 여부

**※ 포소화설비에서 감시제어반의 작동점검 4가지**

① 펌프 작동 여부 확인표시등 및 음향경보장치 정상작동 여부
② 펌프별 자동·수동 전환스위치 정상작동 여부
③ 각 확인회로별 도통시험 및 작동시험 정상작동 여부
④ 예비전원 확보 유무 및 시험 적합 여부

**NOTE**

**※ 포 · (간이)스프링클러 · 물분무 · 미분무 소화설비의 외관점검(소방시설 자체점검사항 등에 관한 고시 [별지 6] 소방시설외관점검표 중 3호)**
★꼭 기억하세요★

**※ 스프링클러소화설비 · 물분무소화설비의 외관점검**
포소화설비의 외관점검과 동일하다.

## ④ 포 · (간이)스프링클러 · 물분무 · 미분무 소화설비의 외관점검(소방시설 자체점검사항 등에 관한 고시 〔별지 6〕 소방시설외관점검표 중 3호)

| 구 분 | 점검내용 |
|---|---|
| 수원 | ① 주된 수원의 **유효수량** 적정 여부(겸용설비 포함)<br>② **보조수원**(옥상)의 유효수량 적정 여부<br>③ **수조 표시** 설치상태 적정 여부 |
| 저장탱크(포소화설비) | 포소화약제 **저장량**의 적정 여부 |
| 가압송수장치 | 펌프 흡입측 **연성계 · 진공계** 및 토출측 **압력계** 등 부속장치의 변형 · 손상 유무 |
| 유수검지장치 | 유수검지장치실 설치 적정(**실내** 또는 **구획**, **출입문 크기**, **표지**) 여부 |
| 배관 | ① 급수배관 개폐밸브 설치(**개폐표시형**, **흡입측 버터플라이** 제외) 적정 여부<br>② **준비작동식** 유수검지장치 및 **일제개방밸브** 2차측 배관 부대설비 설치 적정<br>③ 유수검지장치 시험장치 설치 적정(설치위치, 배관구경, 개폐밸브 및 개방형 헤드, 물받이통 및 배수관) 여부<br>④ 다른 설비의 배관과의 **구분**상태 적정 여부 |
| 기동장치 | **수동조작함**(설치높이, 표시등) 설치 적정 여부 |
| 제어밸브 등(물분무소화설비) | 제어밸브 **설치위치** 적정 및 표지설치 여부 |
| 배수설비<br>(물분무소화설비가 설치된 차고 · 주차장) | 배수설비(배수구, 기름분리장치 등) **설치** 적정 여부 |
| 헤드 | 헤드의 **변형 · 손상** 유무 및 살수장애 여부 |
| 호스릴방식<br>(미분무소화설비, 포소화설비) | **소화약제저장용기** 근처 및 호스릴함 위치표시등 정상 점등 및 표지 설치 여부 |
| 송수구 | 송수구 설치장소 적정 여부(소방차가 쉽게 접근할 수 있는 장소) |
| 제어반 | 펌프별 **자동 · 수동 전환스위치 정상**위치에 있는지 여부 |

**비교**

**이산화탄소 · 할론 · 할로겐화합물 및 불활성기체 · 분말 소화설비의 외관점검**(소방시설 자체점검사항 등에 관한 고시 〔별지 6〕 소방시설외관점검표 중 4호)

| 구 분 | 점검내용 |
|---|---|
| 저장용기 | ① **설치장소** 적정 및 관리 여부<br>② 저장용기 설치장소 표지 설치 여부<br>③ **소화약제 저장량** 적정 여부 |
| 기동장치 | 기동장치 설치 적정(출입구 부근 등, 높이, 보호장치, 표지전원표시등) 여부 |
| 배관 등 | 배관의 **변형 · 손상** 유무 |
| 분사헤드 | 분사헤드의 변형 · 손상 유무 |
| 호스릴방식 | 소화약제 저장용기의 **위치표시등** 정상 점등 및 표지 설치 여부 |
| 안전시설 등<br>(이산화탄소소화설비) | ① 방호구역 출입구 부근 잘 보이는 장소에 소화약제 방출 **위험경고표지** 부착 여부<br>② 방호구역 출입구 외부 인근에 **공기호흡기** 설치 여부 |

NOTE

※ 포소화약제 혼합장치의 종류
★꼭 기억하세요★

## 5 포소화약제의 혼합장치(NFPC 105 제3조, NFTC 105 1.7)

① **펌프 프로포셔너방식**(펌프혼합방식) : 펌프의 토출관과 흡입관 사이의 배관 도중에 설치한 흡입기에 펌프에서 토출된 물의 일부를 보내고 **농도조정밸브**에서 조정된 포소화약제의 필요량을 포소화약제 탱크에서 펌프흡입측으로 보내어 이를 혼합하는 방식

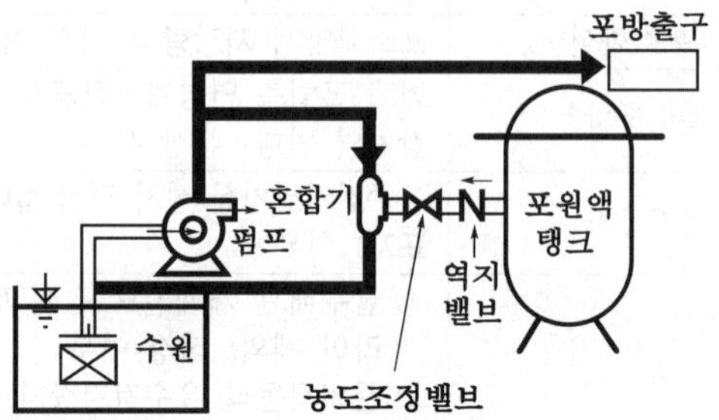


| 펌프 프로포셔너방식 |

② **라인 프로포셔너방식**(관로혼합방식) : 펌프와 발포기의 중간에 설치된 벤투리관의 벤투리작용에 의하여 포소화약제를 흡입·혼합하는 방식

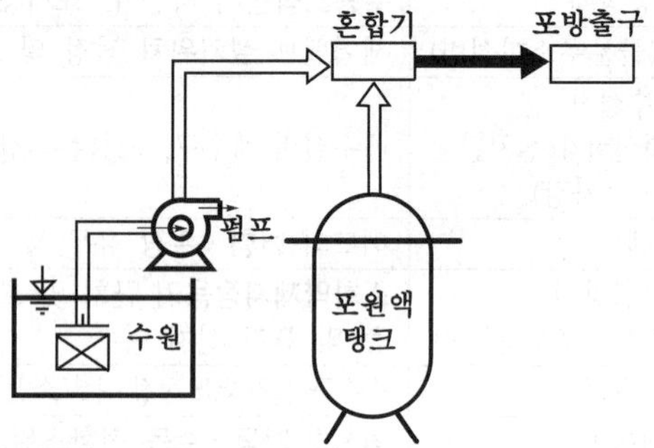


| 라인 프로포셔너방식 |

③ **프레져 프로포셔너방식**(차압혼합방식) : 펌프와 발포기의 중간에 설치된 벤투리관의 벤투리작용과 **펌프가압수**의 포소화약제 저장탱크에 대한 압력에 의하여 포소화약제를 흡입·혼합하는 방식

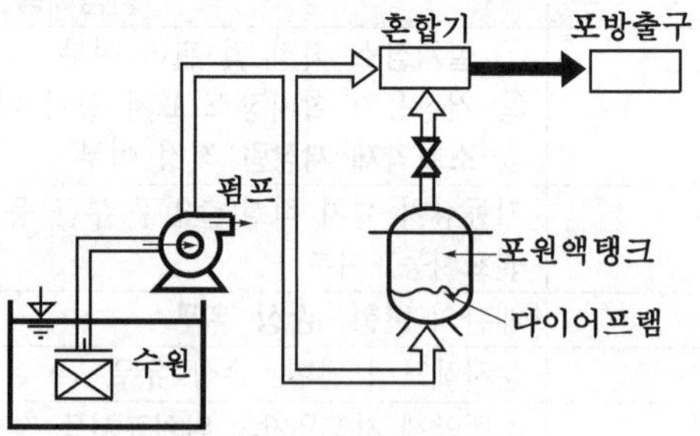


| 프레져 프로포셔너방식 |

④ **프레져사이드 프로포셔너방식**(압입혼합방식) : 펌프의 토출관에 **압입기**를 설치하여 포소화약제 **압입용 펌프**로 포소화약제를 압입시켜 혼합하는 방식

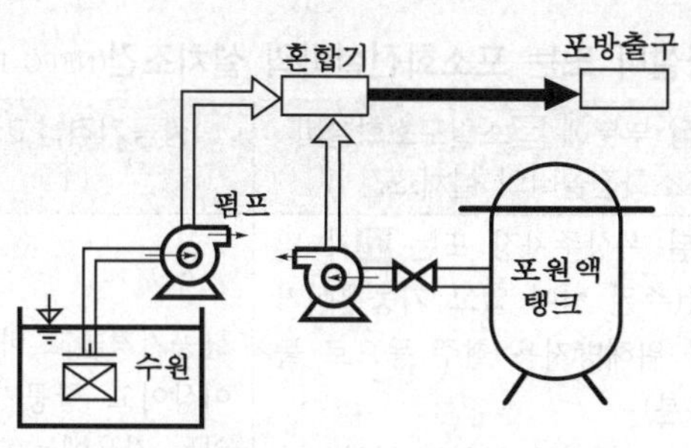


‖프레져사이드 프로포셔너방식‖

⑤ **압**축공기포 믹싱챔버방식 : **압축공기** 또는 **압축질소**를 일정 비율로 포수용액에 **강제 주입** 혼합하는 방식

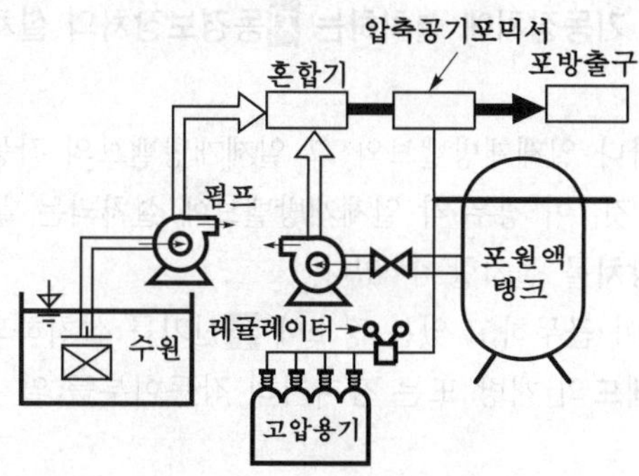


‖압축공기포 믹싱챔버방식‖

기억법 **펌프사라압(펌프사랑압)**

중요

**포소화약제 혼합장치의 특징**

| 구 분 | 특 징 |
|---|---|
| 펌프 프로포셔너방식<br>(pump proportioner type) | ① 펌프는 포소화설비 전용의 것일 것<br>② 구조가 비교적 간단하다.<br>③ **소용량**의 **저장탱크용**으로 적당하다. |
| 라인 프로포셔너방식<br>(line proportioner type) | ① **구조**가 가장 **간단**하다.<br>② **압력강하**의 우려가 있다. |
| 프레져 프로포셔너방식<br>(pressure proportioner type) | ① 방호대상물 가까이에 포원액탱크를 분산배치할 수 있다.<br>② 배관을 **소화전 · 살수배관**과 **겸용**할 수 있다.<br>③ 포원액탱크의 압력용기 사용에 따른 **설치비**가 **고가**이다. |
| 프레져사이드 프로포셔너방식<br>(pressure side proportioner type) | ① 고가의 포원액탱크 압력용기 사용이 불필요하다.<br>② **대용량**의 포소화설비에 적합하다.<br>③ 포원액탱크를 적재하는 **화학소방차**에 적합하다. |
| 압축공기포 믹싱챔버방식<br>(air foam system type) | ① 포수용액에 공기를 강제로 주입시켜 **원거리방수**가 가능하다.<br>② 물사용량을 줄여 **수손피해**를 **최소화**할 수 있는 방식이다. |

NOTE

**＊포소화약제 혼합장치의 종류**

① 펌프 프로포셔너방식(pump proportioner type)
② 라인 프로포셔너방식(line proportioner type)
③ 프레져 프로포셔너방식(pressure proportioner type)
④ 프레져사이드 프로포셔너방식(pressure side proportioner type)
⑤ 압축공기포 믹싱챔버방식(air foam system type)

NOTE

✱ **차고 · 주차장 부분에 호스릴포소화설비 또는 포소화전설비를 설치할 수 있는 조건**
① 완전개방된 옥상주차장 또는 고가 밑의 주차장(주된 벽이 없고 기둥뿐이거나 주위가 위해방지용 철주 등으로 둘러싸인 부분)
② 지상 1층으로서 지붕이 없는 부분

기억법
차호완고1

### 6 호스릴포소화설비 또는 포소화전설비의 설치조건(NFPC 105 제4조, NFTC 105 2.1.1)

| 차고 · 주차장 부분에 호스릴포소화설비 또는 포소화전설비의 설치조건 | 항공기격납고의 호스릴포소화설비의 설치조건 |
|---|---|
| ① 완전개방된 옥상주차장 또는 고가 밑의 주차장(주된 벽이 없고 기둥뿐이거나 주위가 위해방지용 철주 등으로 둘러싸인 부분)<br>② **지상 1층**으로서 지붕이 없는 부분<br>기억법 **차호완고1** | 항공기격납고 바닥면적의 합계가 1000m$^2$ 이상이고 항공기의 격납위치가 한정되어 있는 경우에는 그 한정된 장소 외의 부분 |

### 7 포소화설비의 기동장치에 설치하는 자동경보장치의 설치기준(NFPC 105 제11조, NFTC 105 2.8.3)

① **방사구역**마다 일제개방밸브와 그 일제개방밸브의 작동여부를 발신하는 발신부를 설치할 것. 이 경우 각 일제개방밸브에 설치되는 발신부 대신 **1개층**에 **1개**의 **유수검지장치**를 설치할 수 있다.
② 상시 사람이 근무하고 있는 장소에 **수신기**를 설치하되, 수신기에는 **폐쇄형 스프링클러헤드**의 개방 또는 감지기의 작동여부를 알 수 있는 **표시장치**를 설치할 것
③ 하나의 소방대상물에 **2 이상**의 수신기를 설치하는 경우에는 수신기가 설치된 장소 상호간에 **동시 통화**가 가능한 설비를 할 것

기억법 **방발 수동포자**

## 6 물분무소화설비

✱ **물분무소화설비의 수동식 기동장치 설치기준**
① 직접조작 또는 원격조작에 따라 각각의 가압송수장치 및 수동식 개방밸브 또는 가압송수장치 및 자동개방밸브를 개방할 수 있도록 설치할 것
② 기동장치의 가까운 곳의 보기 쉬운 곳에 "기동장치"라고 표시한 표지를 할 것

✱ **물분무소화설비 · 포소화설비 자동식 기동장치의 기동방식**
① 폐쇄형 스프링클러헤드 개방방식
② 화재감지기 작동방식

### 1 물분무소화설비의 기동장치의 설치기준(NFPC 104 제8조, NFTC 104 2.5)

| 수동식 기동장치 | 자동식 기동장치 |
|---|---|
| ① 직접조작 또는 원격조작에 따라 각각의 **가압송수장치** 및 **수동식 개방밸브** 또는 **가압송수장치** 및 **자동개방밸브**를 개방할 수 있도록 설치할 것<br>② 기동장치의 가까운 곳의 보기 쉬운 곳에 "**기동장치**"라고 표시한 표지를 할 것 | 화재감지기의 작동 또는 **폐쇄형 스프링클러헤드**의 개방과 연동하여 경보를 발하고, 가압송수장치 및 자동개방밸브를 기동할 수 있는 것으로 할 것(단, **자동화재탐지설비**의 **수신기**가 설치되어 있는 장소에 **상시 사람**이 **근무**하고 있고, 화재시 물분무소화설비를 즉시 작동시킬 수 있는 경우는 제외) |

### 2 물분무헤드의 고압전기기기와의 이격거리(NFPC 104 제10조, NFTC 104 2.7.2)

| 전 압 | 거 리 |
|---|---|
| 66kV 이하 | 70cm 이상 |

NOTE

| | |
|---|---|
| 66kV 초과 77kV 이하 | 80cm 이상 |
| 77kV 초과 110kV 이하 | 110cm 이상 |
| 110kV 초과 154kV 이하 | 150cm 이상 |
| 154kV 초과 181kV 이하 | 180cm 이상 |
| 181kV 초과 220kV 이하 | 210cm 이상 |
| 220kV 초과 275kV 이하 | 260cm 이상 |

기억법

66 70 181 180
77 80 220 210
110 110 275 260
154 150

참고

**물분무헤드의 종류**

| 종 류 | 설 명 |
|---|---|
| 충돌형 | 유수와 유수의 충돌에 의해 미세한 물방울을 만드는 물분무헤드<br>‖충돌형‖ |
| 분사형 | 소구경의 오리피스로부터 고압으로 분사하여 미세한 물방울을 만드는 물분무헤드<br>‖분사형‖ |
| 선회류형 | 선회류에 의해 확산방출하든가 선회류와 직선류의 충돌에 의해 확산방출하여 미세한 물방울로 만드는 물분무헤드<br>‖선회류형‖ |

※ 물분무헤드의 종류
① 충돌형
② 분사형
③ 선회류형
④ 디플렉터형
⑤ 슬리트형

NOTE

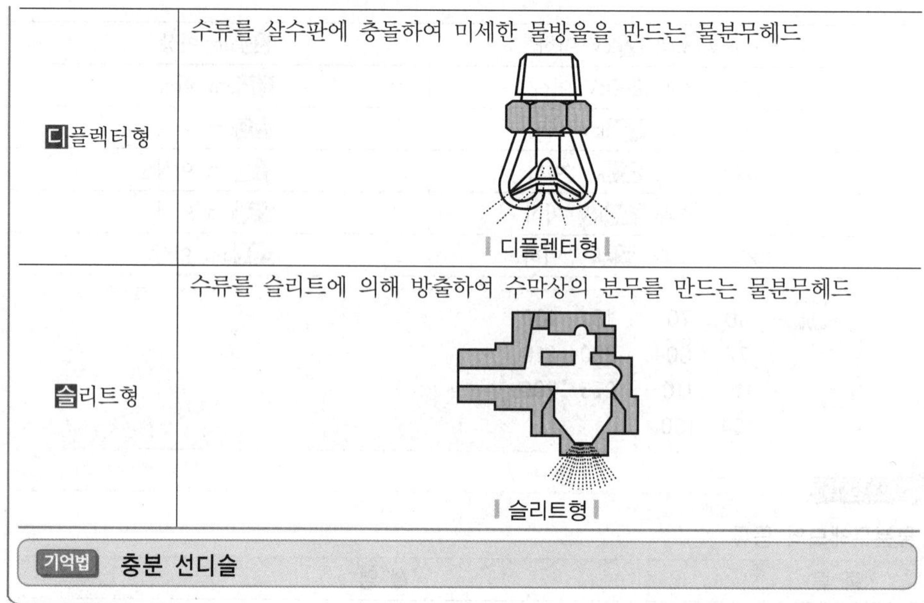

| | |
|---|---|
| **디**플렉터형 | 수류를 살수판에 충돌하여 미세한 물방울을 만드는 물분무헤드<br>‖ 디플렉터형 ‖ |
| **슬**리트형 | 수류를 슬리트에 의해 방출하여 수막상의 분무를 만드는 물분무헤드<br>‖ 슬리트형 ‖ |

**기억법** 충분 선디슬

## ③ 물분무소화설비의 물분무헤드 설치제외장소(NFPC 104 제15조, NFTC 104 2.12.1)

① **물**에 심하게 **반응**하는 **물질** 또는 물과 반응하여 위험한 물질을 생성하는 물질을 저장 또는 취급하는 장소

② **고**온의 **물질** 및 **증류범위**가 **넓어** 끓어 넘치는 위험이 있는 물질을 저장 또는 취급하는 장소

③ 운전시에 표면의 온도가 **26**0℃ **이상**으로 되는 등 직접 분무를 하는 경우 그 부분에 손상을 입힐 우려가 있는 **기**계장치 등이 있는 장소

**기억법** 물고기 26(물고기 이륙)

## ④ 물분무소화설비의 배수설비의 설치기준(NFPC 104 제11조, NFTC 104 2.8.1)

① **차량**이 주차하는 장소의 적당한 곳에 높이 10cm 이상의 **경**계턱으로 배수구를 설치한다.

② **배수구**에는 새어 나온 기름을 모아 소화할 수 있도록 길이 40m 이하마다 집수관·소화피트 등 **기**름분리장치를 설치한다.

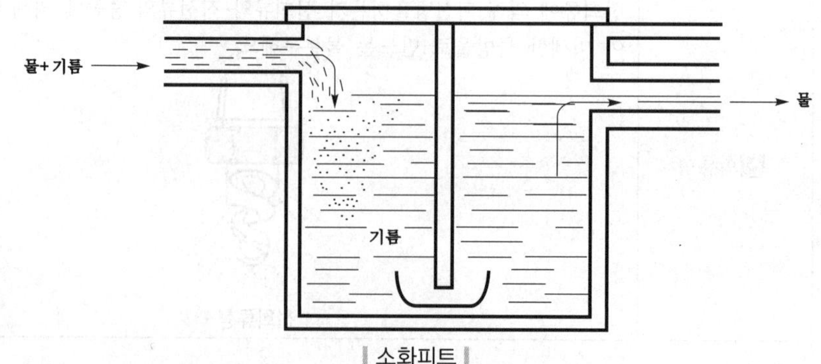


‖ 소화피트 ‖

※ 물분무소화설비의 배수설비의 설치기준

① 차량이 주차하는 장소의 적당한 곳에 높이 10cm 이상의 경계턱으로 배수구를 설치한다.

② 배수구에는 새어 나온 기름을 모아 소화할 수 있도록 길이 40m 이하마다 집수관·소화피트 등 기름분리장치를 설치한다.

③ 차량이 주차하는 바닥은 배수구를 향하여 $\frac{2}{100}$ 이상의 기울기를 유지한다.

④ 배수설비는 가압송수장치의 최대송수능력의 수량을 유효하게 배수할 수 있는 크기 및 기울기를 유지한다.

NOTE

③ 차량이 주차하는 **바닥**은 **배**수구를 향하여 $\frac{2}{100}$ 이상의 기울기를 유지한다.

④ **배수설비**는 가압송수장치의 **최대송수능력**의 수량을 유효하게 배수할 수 있는 크기 및 **기**울기를 유지한다.

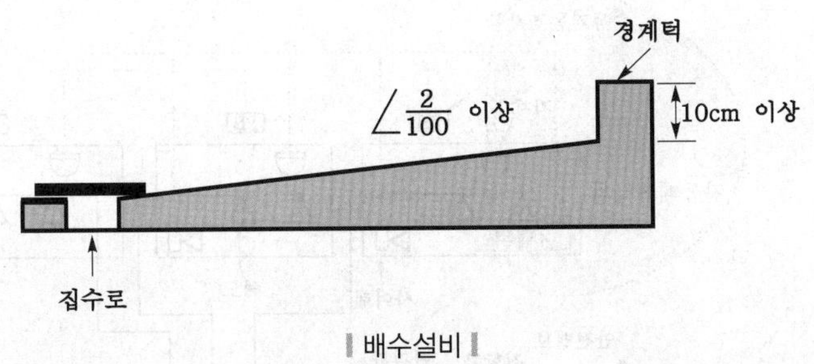


‖ 배수설비 ‖

기억법 경기 배기

**5 물분무소화설비, 옥내·외 소화전설비, 포소화설비 감시제어반의 기능**(NFPC 104 제13조, NFTC 104 2.10.2 / NFPC 102 제9조, NFTC 102 2.6.2 / NFPC 109 제9조, NFTC 109 2.6.2 / NFPC 105 제14조, NFTC 105 2.11.2)

① 각 펌프의 작동여부를 확인할 수 있는 **표시등** 및 **음향경보기능**이 있을 것
② 각 펌프를 자동 및 수동으로 작동시키거나 중단시킬 수 있을 것
③ 비상전원을 설치한 경우에는 **상용전원** 및 **비상전원**의 공급여부를 확인할 수 있을 것
④ 수조 또는 물올림수조가 저수위로 될 때 **표시등** 및 **음향**으로 경보할 것
⑤ 각 확인회로(기동용 수압개폐장치의 압력스위치회로·수조 또는 물올림수조의 저수위감시회로)마다 **도통시험** 및 **작동시험**을 할 수 있을 것
⑥ **예비전원**이 확보되고 **예비전원**의 **적합여부**를 시험할 수 있을 것

비교

**스프링클러설비·화재조기진압용 스프링클러설비 감시제어반의 기능**(NFPC 103 제13조, NFTC 103 2.10.2 / NFPC 103B 제15조, NFTC 103B 2.12.2)
(1) 각 펌프의 작동여부를 확인할 수 있는 **표시등** 및 **음향경보기능**이 있을 것
(2) 각 펌프를 자동 및 수동으로 작동시키거나 중단시킬 수 있을 것
(3) 비상전원을 설치한 경우에는 **상용전원** 및 **비상전원**의 공급여부를 확인할 수 있을 것
(4) 수조 또는 물올림수조가 저수위로 될 때 **표시등** 및 **음향**으로 경보할 것
(5) **예비전원**이 확보되고 **예비전원**의 **적합여부**를 시험할 수 있을 것

**※ 옥내·외 소화전설비, 포소화설비 감시제어반의 기능**
물분무소화설비의 감시제어반의 기능과 동일하다.

**※ 옥내소화전설비**
화재안전기술기준에서 도통시험 및 작동시험을 해야 하는 각 확인회로(NFTC 102 2.6.2.5)
① 기동용 수압개폐장치의 압력스위치회로
② 수조 또는 물올림수조의 저수위감시회로
③ 급수배관에 설치되어 있는 개폐밸브의 폐쇄상태 확인회로

NOTE

## 7 이산화탄소 소화설비

### 1 이산화탄소 소화설비의 블록 다이어그램(Block diagram)

① 전기식

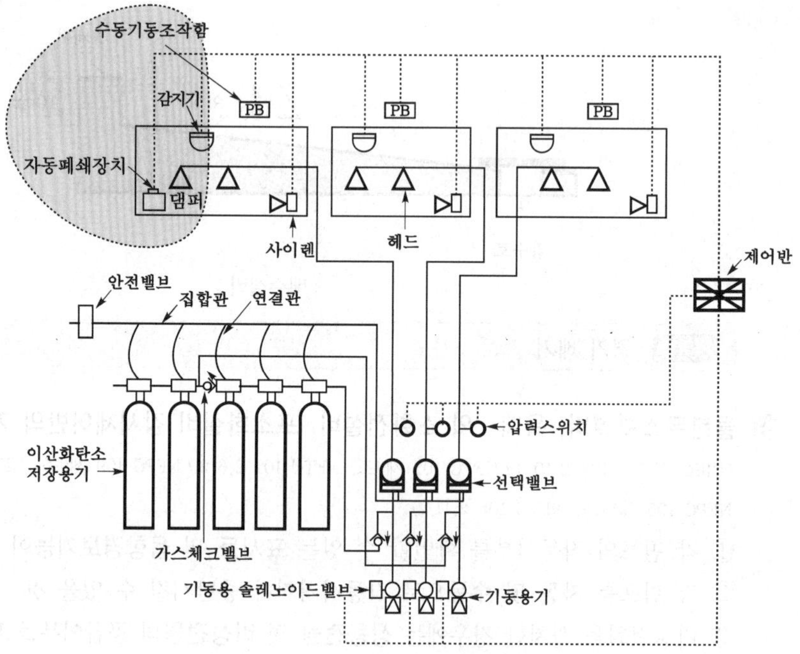


‖ 이산화탄소 소화설비의 계통도(전기식) ‖

* 이산화탄소 소화설비의 블록 다이어그램
★꼭 기억하세요★

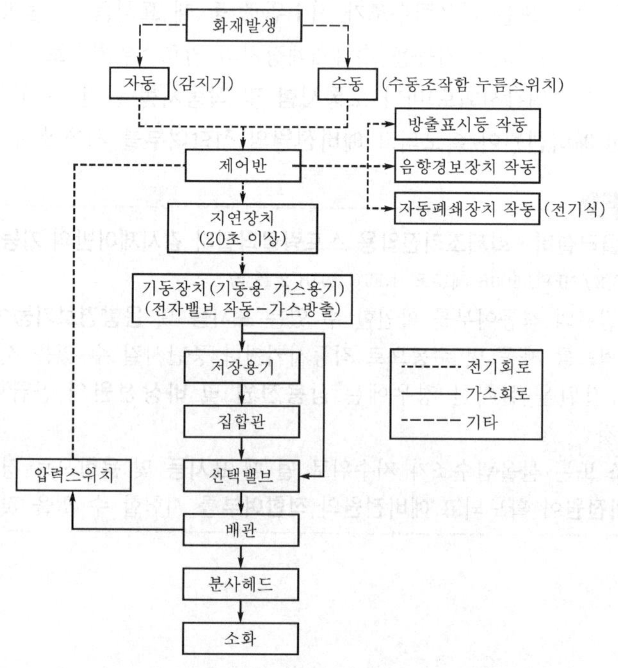


‖ 이산화탄소 소화설비의 블록 다이어그램 1(전기식) ‖

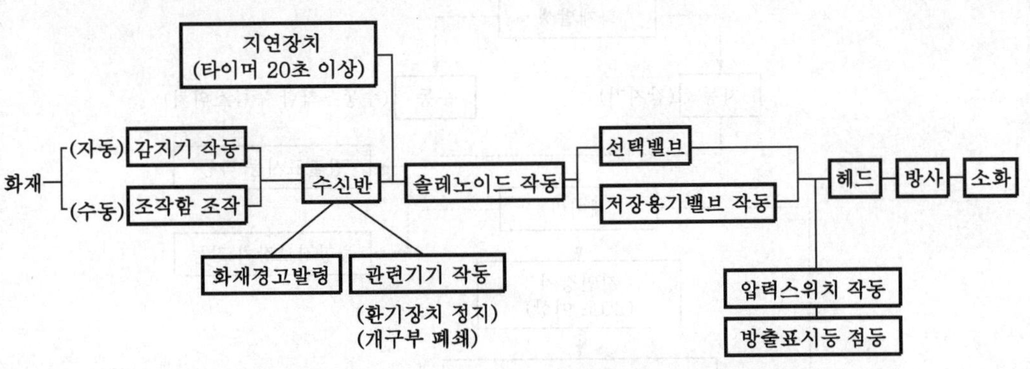


▌이산화탄소 소화설비의 블록 다이어그램 2(전기식)▐

NOTE

※ 이산화탄소 소화설비의 블록 다이어그램(전기식)
★꼭 기억하세요★

② 가스압력식

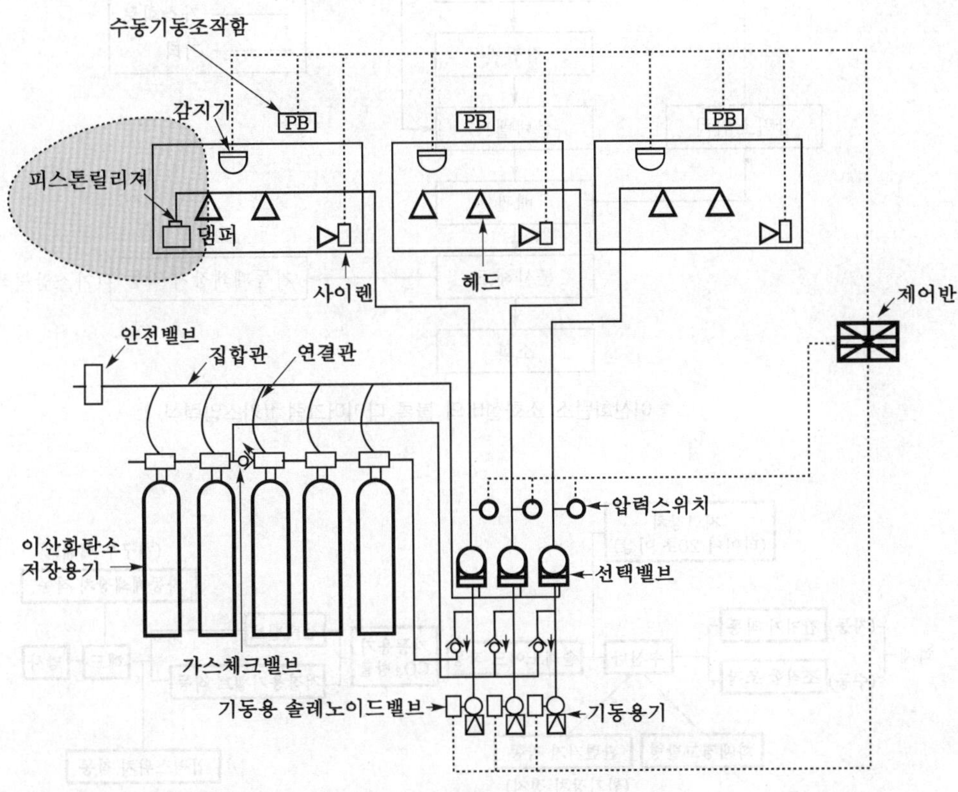


▌이산화탄소 소화설비의 계통도(가스압력식)▐

NOTE

※ 이산화탄소 소화설비의 블록 다이어그램 1 (가스압력식)
★꼭 기억하세요★

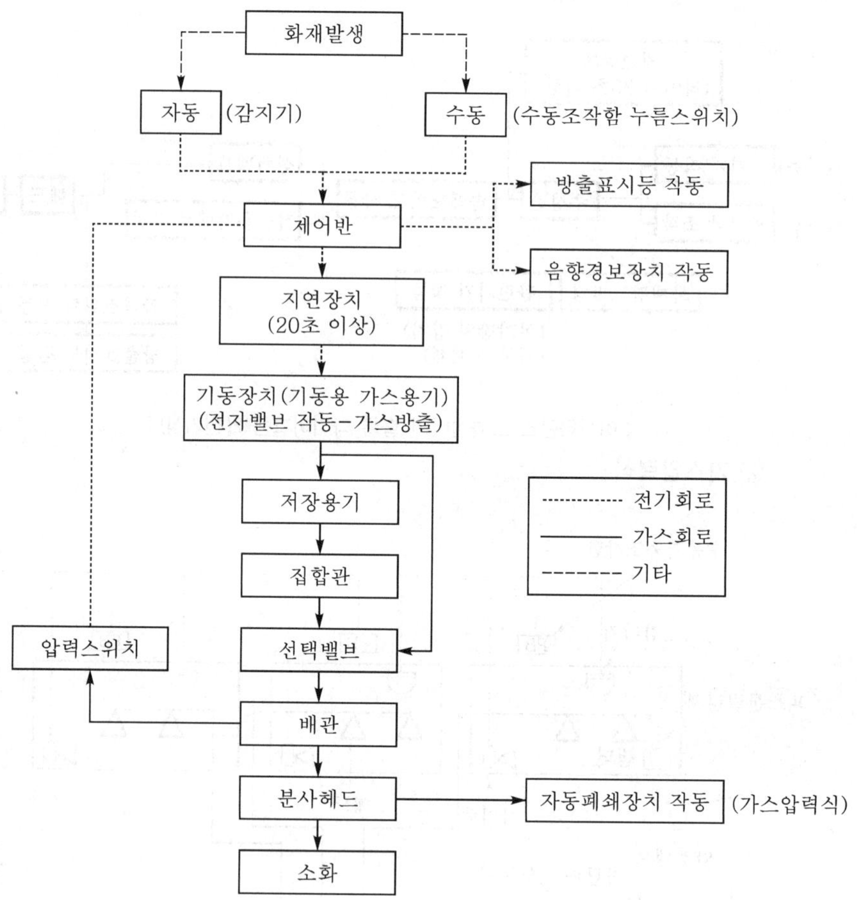


▌이산화탄소 소화설비의 블록 다이어그램 1(가스압력식)▐

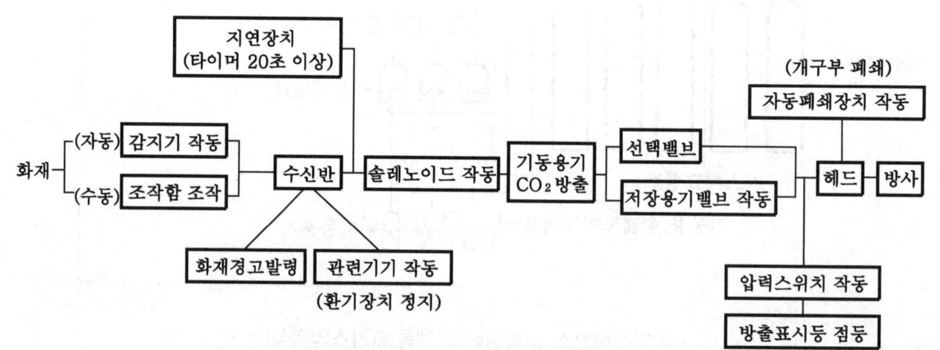


▌이산화탄소 소화설비의 블록 다이어그램 2(가스압력식)▐

NOTE

※ 피스톤릴리져
① 가스압력식에 사용
② 가스의 방출에 따라 가스의 누설이 발생될 수 있는 급배기 댐퍼나 자동개폐문 등에 설치하여 가스의 방출과 동시에 자동적으로 개구부를 차단시키기 위한 장치

용어

**자동폐쇄장치의 종류**

| 모터식 댐퍼릴리져 (motor type damper releaser) | 피스톤릴리져 (piston releaser) |
|---|---|
| • **전기식**에 사용<br>• 해당 구역의 화재감지기 또는 선택밸브 2차측의 압력스위치와 연동하여 감지기의 작동과 동시에 또는 가스방출에 의해 압력스위치가 동작되면 댐퍼에 의해 개구부를 폐쇄시키는 장치 | • **가스압력식**에 사용<br>• 가스의 방출에 따라 가스의 누설이 발생될 수 있는 급배기댐퍼나 자동개폐문 등에 설치하여 가스의 방출과 동시에 자동적으로 개구부를 차단시키기 위한 장치 |
| 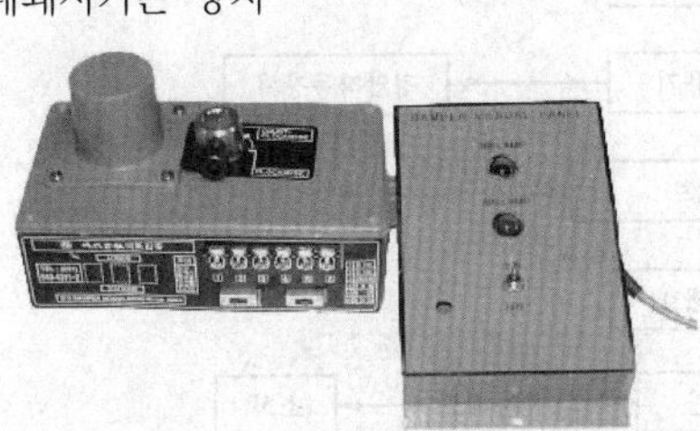<br>▌모터식 댐퍼릴리져▐ | <br>▌피스톤릴리져▐ |

비교

**블록 다이어그램(Block diagram)**

(1) **할론소화설비**

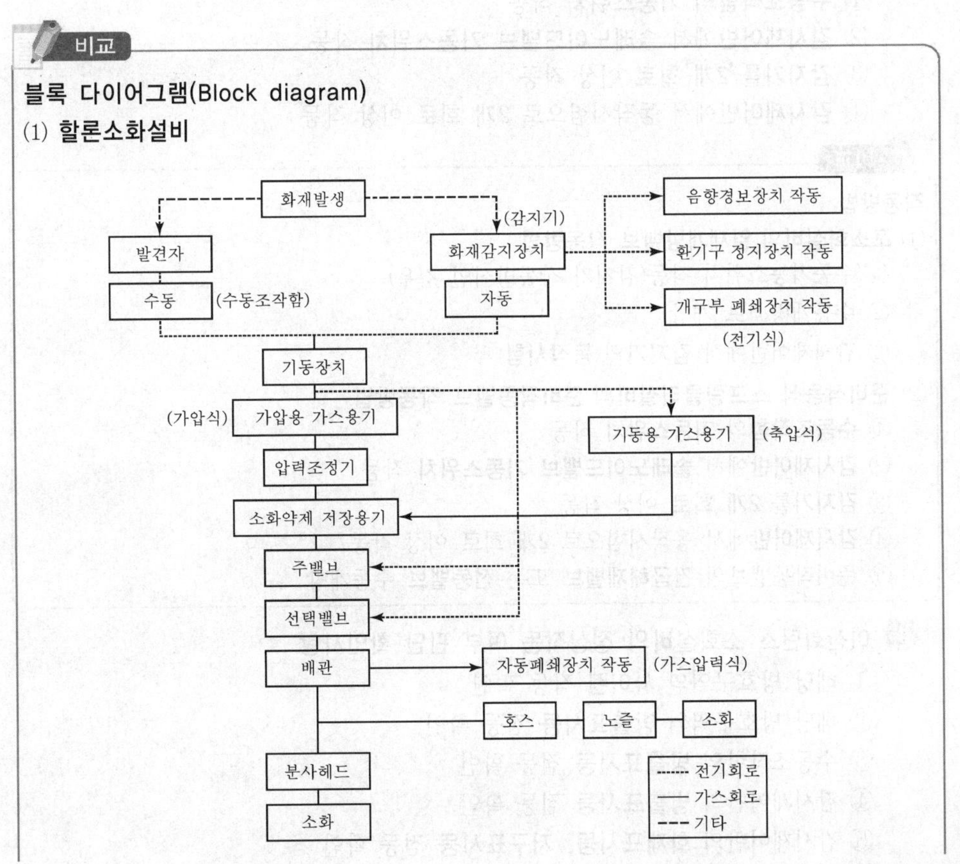

NOTE

(2) 분말소화설비

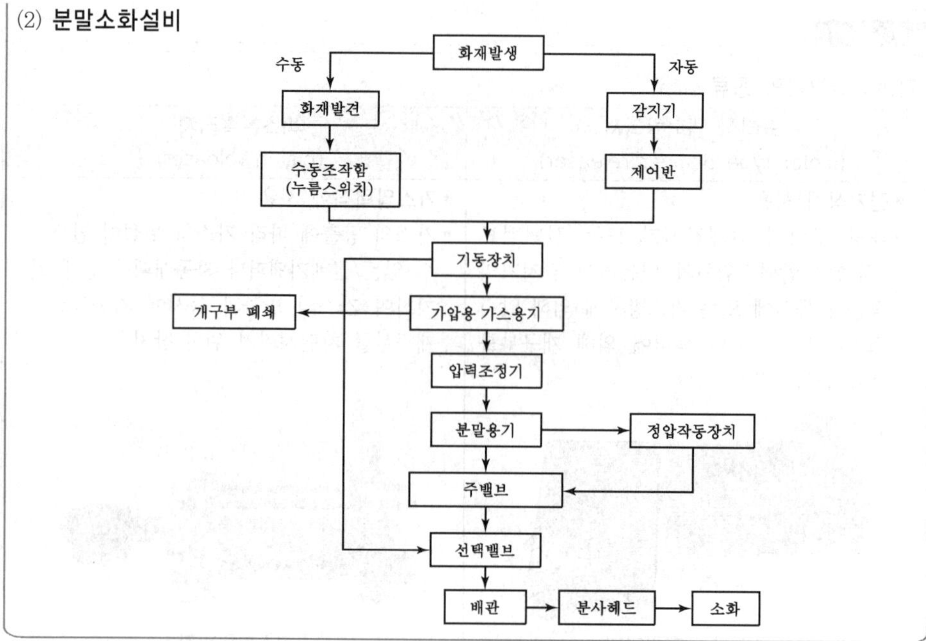


※ 이산화탄소 소화설비의 전자개방밸브 작동방법
① 수동조작함의 기동스위치 작동
② 감시제어반에서 솔레노이드밸브 기동스위치 작동
③ 감지기를 2개 회로 이상 작동
④ 감시제어반에서 동작시험으로 2개 회로 이상 작동

## 2 이산화탄소 소화설비의 전자개방밸브 작동방법

① **수동조작함**의 **기동스위치** 작동
② **감시제어반**에서 **솔레노이드밸브 기동스위치** 작동
③ **감지기**를 **2개 회로** 이상 작동
④ **감시제어반**에서 동작시험으로 **2개 회로** 이상 작동

비교

**작동방법**

(1) **포소화설비**의 **일제개방밸브 작동방법**
① 수동기동스위치 작동(감지기 작동방식인 경우)
② 수동개방밸브 개방
③ 감시제어반에서 **감지기**의 **동작시험**

(2) **준비작동식 스프링클러설비**의 **준비작동밸브 작동방법**
① **수동조작함**의 **기동스위치** 작동
② **감시제어반**에서 **솔레노이드밸브 기동스위치** 작동
③ **감지기**를 **2개 회로** 이상 작동
④ **감시제어반**에서 동작시험으로 **2개 회로** 이상 작동
⑤ 준비작동밸브의 **긴급해제밸브** 또는 **전동밸브** 수동개방

※ 전자개방밸브와 같은 의미
솔레노이드밸브

※ 이산화탄소 소화설비의 정상작동 여부 판단 확인사항
★꼭 기억하세요★

## 3 이산화탄소 소화설비의 정상작동 여부 판단 확인사항

① 해당 방호구역의 **사이렌** 작동 확인
② 해당 방호구역의 **방출표시등** 점등 확인
③ 수동조작함의 **방출표시등** 점등 확인
④ 감시제어반의 **방출표시등** 점등 확인
⑤ 감시제어반의 **화재표시등, 지구표시등** 점등 확인

NOTE

## 4 이산화탄소 소화설비 기동장치

### ① 이산화탄소 소화설비 기동장치의 작동방식에 따른 종류

㉠ **전기식** : 기동용기함이 없고 기동용기함 대신 **선택밸브 솔레노이드**와 **저장용기밸브 솔레노이드**가 부설되어 있어 **자동기동장치**의 경우 감지기의 화재감지기에 의해, **수동기동장치**의 경우 수동기동스위치를 누르면 전기적 신호에 의하여 선택밸브 솔레노이드가 선택밸브를 개방시키고, 저장용기밸브 솔레노이드가 저장용기밸브를 개방시켜서 약제를 방출하는 방식

㉡ **가스압력식** : **기동용기함이 있으며** 기동용기밸브에 **기동용 솔레노이드**가 부착되어 있어 **자동기동장치**의 경우 감지기의 동작에 의해, **수동기동장치**의 경우 수동조작함의 기동스위치의 조작에 의해 기동용기밸브의 기동용 솔레노이드가 작동, 기동용기밸브를 개방시키면 기동용기 내의 기동용 가스가 방출되면서 방출된 가스는 선택밸브의 피스톤으로 흘러 들어가 가스압력에 의해서 선택밸브의 걸쇠를 해제시켜 선택밸브를 개방하고, 다시 피스톤릴리져로부터 분기되는 동관을 따라 저장용기밸브를 기동용 가스압력에 의하여 개방함에 따라 저장용기 내에 저장된 가스가 방호구역의 분사헤드에서 방사되는 방식

㉢ **기계식** : **자동식 기동장치**의 경우 금속의 열팽창 및 열에 따른 공기의 팽창을 이용하여 설비를 기동하는 방식 등이 있으며, **수동식 기동장치**의 경우 용기의 배출밸브에 레버 또는 와이어를 설치하여 기계적으로 조작하는 방식 등이 있으나 오늘날 거의 사용하지 않는 방식

### ② **이**산화탄소 소화설비 기동장치의 설치기준(NFPC 106 제6조, NFTC 106 2.3)

| 수동식 기동장치 | 자동식 기동장치 |
|---|---|
| • **전역방출방식**에 있어서는 **방호구역**마다, **국소방출방식**에 있어서는 **방호대상물**마다 설치할 것<br>• 해당 방호구역의 출입구부분 등 조작을 하는 자가 쉽게 피난할 수 있는 장소에 설치할 것<br>• 기동장치의 조작부는 바닥으로부터 높이 **0.8~1.5m 이하**의 위치에 설치하고, 보호판 등에 따른 보호장치를 설치할 것<br>• 기동장치 인근의 보기 쉬운 곳에 **"이산화탄소 소화설비 수동식 기동장치"**라는 표지를 할 것<br>• 전기를 사용하는 기동장치에는 **전원표시등**을 설치할 것<br>• 기동장치의 방출용 스위치는 음향경보장치와 연동하여 조작될 수 있는 것으로 할 것 | • **자동식 기동장치**에는 **수**동으로도 기동할 수 있는 구조로 할 것<br>• **전기식 기동장치**로서 **7병 이상**의 저장용기를 동시에 개방하는 설비에 있어서는 **2병 이상**의 저장용기에 **전자개방밸브**를 부착할 것<br>• **가**스압력식 기동장치는 다음의 기준에 따를 것<br>– **기**동용 가스용기 및 해당 용기에 사용하는 밸브는 **25MPa 이상**의 압력에 견딜 수 있는 것으로 할 것<br>– 기동용 가스용기에는 **내**압시험압력의 **0.8~내압시험압력** 이하에서 작동하는 **안**전장치를 설치할 것<br>– 기동용 가스용기의 체적은 **5**L 이상으로 하고, 해당 용기에 저장하는 **질소** 등의 비활성 기체는 **6.0MPa** 이상(21℃ 기준)의 압력으로 충전할 것<br>– 질소 등의 비활성기체 기동용 가스용기에는 충전 여부를 확인할 수 있는 **압력게이지**를 설치할 것<br>• 기계식 기동장치는 저장용기를 쉽게 개방할 수 있는 구조로 할 것<br><br>기억법 **이수전가 기내 안용5** |

※ **이산화탄소 소화설비 기동장치 중 가스압력식 기동장치의 설치기준**
① 기동용 가스용기 및 해당 용기에 사용하는 밸브는 25MPa 이상의 압력에 견딜 수 있는 것으로 할 것
② 기동용 가스용기에는 내압시험압력의 0.8~내압시험압력 이하에서 작동하는 안전장치를 설치할 것
③ 기동용 가스용기의 체적은 5L 이상으로 하고, 해당 용기에 저장하는 질소 등의 비활성 기체는 6.0MPa 이상(21℃ 기준)의 압력으로 충전할 것
④ 질소 등의 비활성기체 기동용 가스용기에는 충전 여부를 확인할 수 있는 압력게이지를 설치할 것

NOTE

※ 포소화설비의 수동식 기동장치 설치기준(NFPC 105 제11조, NFTC 105 2.8)
① 직접조작 또는 원격조작에 따라 가압송수장치 · 수동식 개방밸브 및 소화약제 혼합장치를 기동할 수 있는 것으로 할 것
② 2 이상의 방사구역을 가진 포소화설비에는 방사구역을 선택할 수 있는 구조로 할 것
③ 기동장치의 조작부는 화재시 쉽게 접근할 수 있는 곳에 설치하되, 바닥으로부터 0.8~1.5m 이하의 위치에 설치하고, 유효한 보호장치를 설치할 것

비교

**기동장치**의 **설치기준**

(1) **물분무소화설비**의 **기동장치**의 **설치기준**(NFPC 104 제8조, NFTC 104 2.5)

| 수동식 기동장치 | 자동식 기동장치 |
|---|---|
| ① 직접조작 또는 원격조작에 따라 각각의 **가압송수장치** 및 **수동식 개방밸브** 또는 **가압송수장치** 및 **자동개방밸브**를 개방할 수 있도록 설치할 것<br>② 기동장치의 가까운 곳의 보기 쉬운 곳에 **"기동장치"**라고 표시한 표지를 할 것 | 화재감지기의 작동 또는 **폐쇄형 스프링클러 헤드**의 개방과 연동하여 경보를 발하고, 가압송수장치 및 자동개방밸브를 기동할 수 있는 것으로 할 것(단, **자동화재탐지설비**의 **수신기**가 설치되어 있는 장소에 **상시 사람**이 **근무**하고 있고, 화재시 물분무소화설비를 즉시 작동시킬 수 있는 경우는 제외) |

(2) **할로겐화합물 및 불활성기체 소화설비 기동장치**의 **설치기준**(NFPC 107A 제8조, NFTC 107A 2.5)

| 수동식 기동장치 | 자동식 기동장치 |
|---|---|
| ① **방호구역**마다 설치할 것<br>② 해당 방호구역의 **출입구 부근** 등 조작을 하는 자가 쉽게 피난할 수 있는 장소에 설치할 것<br>③ 기동장치의 조작부는 바닥으로부터 **0.8~1.5m 이하**의 위치에 설치하고, 보호판 등에 따른 **보호장치**를 설치할 것<br>④ 기동장치 인근의 보기 쉬운 곳에 **"할로겐화합물 및 불활성기체 소화설비 수동식 기동장치"**라는 표지를 할 것<br>⑤ 전기를 사용하는 기동장치에는 **전원표시등**을 설치할 것<br>⑥ 기동장치의 방출용 스위치는 **음향경보장치**와 **연동**하여 조작될 수 있는 것으로 할 것<br>⑦ **50N 이하**의 힘을 가하여 기동할 수 있는 구조로 설치 | ① 자동식 기동장치에는 수동식 기동장치를 함께 설치할 것<br>② 전기식 기동장치로서 **7병** 이상의 저장용기를 동시에 개방하는 설비는 **2병** 이상의 저장용기에 전자개방밸브를 부착할 것<br>③ 가스압력식 기동장치는 다음의 기준에 따를 것<br>㉠ 기동용 가스용기 및 해당 용기에 사용하는 밸브는 **25MPa** 이상의 압력에 견딜 수 있는 것으로 할 것<br>㉡ 기동용 가스용기에는 **내압시험압력**의 **0.8배**부터 **내압시험압력** 이하에서 작동하는 안전장치를 설치할 것<br>㉢ 기동용 가스용기의 체적은 **5L** 이상으로 하고, 해당 용기에 저장하는 질소 등의 비활성 기체는 **6.0MPa** 이상(21℃ 기준)의 압력으로 충전할 것(단, 기동용 가스용기의 체적을 **1L** 이상으로 하고, 해당 용기에 저장하는 이산화탄소의 양은 **0.6kg** 이상으로 하며, 충전비는 **1.5** 이상 **1.9** 이하의 기동용 가스용기로 할 수 있음)<br>㉣ **질소** 등의 비활성 기체 기동용 가스용기에는 충전 여부를 확인할 수 있는 압력게이지를 설치할 것<br>④ 기계식 기동장치는 저장용기를 쉽게 **개방**할 수 있는 구조로 할 것 |

(3) **포소화설비 기동장치**의 **설치기준**(NFPC 105 제11조, NFTC 105 2.8)

| 수동식 기동장치 | 자동식 기동장치 |
|---|---|
| ① **직**접조작 또는 원격조작에 따라 **가압송수장치 · 수동식 개방밸브** 및 **소화약제 혼합장치**를 기동할 수 있는 것으로 할 것 | ① **폐쇄형 스프링클러헤드**를 사용하는 경우에는 다음에 따를 것<br>㉠ **표**시**온**도가 **7**9℃ **미만**인 것을 사용하고, 1개의 스프링클러헤드의 경계면적은 **2**0m² **이하**로 할 것 |

NOTE

② **2 이상**의 방사구역을 가진 포소화설비에는 방사구역을 선택할 수 있는 구조로 할 것
③ **기동**장치의 조작부는 화재시 쉽게 접근할 수 있는 곳에 설치하되, 바닥으로부터 0.8~1.5m 이하의 위치에 설치하고, 유효한 보호장치를 설치할 것
④ **기**동장치의 조작부 및 호스접결구에는 가까운 곳의 보기 쉬운 곳에 각각 "**기동장치의 조작부**" 및 "**접결구**"라고 표시한 **표**지를 설치할 것
⑤ **차고** 또는 **주차장**에 설치하는 포소화설비의 수동식 기동장치는 방사구역마다 **1개** 이상 설치할 것
⑥ **항공기격납고**에 설치하는 포소화설비의 수동식 기동장치는 각 방사구역마다 **2개** 이상을 설치하되, 그중 1개는 각 방사구역으로부터 **가장 가까운 곳** 또는 **조작**에 **편리한 장소**에 설치하고, **1개**는 화재감지기의 수신기를 설치한 **감시실** 등에 설치할 것

기억법 포직2 기표차항

㉡ 부착면의 높이는 **바**닥으로부터 **5m 이하**로 하고, 화재를 유효하게 감지할 수 있도록 할 것
㉢ 하나의 감지장치 경계구역은 하나의 **층**이 되도록 할 것

기억법 표온72 바5층

② **화재감지기**를 사용하는 경우에는 다음에 따를 것
㉠ 화재감지기는 자동화재탐지설비의 화재안전기준에 따라 설치할 것
㉡ 화재감지기회로에는 다음 기준에 따른 **발신기**를 설치할 것
- 조작이 **쉬운 장소**에 설치하고, 스위치는 바닥으로부터 0.8~1.5m 이하의 높이에 설치할 것
- 특정소방대상물의 **층**마다 설치하되, 해당 특정소방대상물의 각 부분으로부터 **수평거리**가 25m 이하가 되도록 할 것. 단, **복도** 또는 **별도**로 구획된 실로서 **보행거리**가 40m 이상일 경우에는 추가로 설치하여야 한다.
- 발신기의 위치를 표시하는 **표시등**은 **함**의 **상부**에 설치하되, 그 불빛은 부착면으로부터 15° 이상의 범위 안에서 부착지점으로부터 10m 이내의 어느 곳에서도 쉽게 식별할 수 있는 **적색등**으로 할 것

③ 동결의 우려가 있는 장소의 포소화설비의 자동식 기동장치는 **자동화재탐지설비**와 연동으로 할 것

## 5 가스압력식 가스계 소화설비의 약제방출 방지대책

① 기동용기에 부착된 전자개방밸브에 **안전핀**을 삽입할 것
② 기동용기에 부착된 전자개방밸브를 **기동용기**와 **분리**할 것
③ 제어반 또는 수신반에서 **연동정지스위치**를 동작시킬 것
④ 저장용기에 부착된 **용기개방밸브**를 **저장용기**와 분리하고, 용기개방밸브에 캡을 씌워둘 것
⑤ 기동용 가스관을 **기동용기**와 분리할 것
⑥ 기동용 가스관을 **저장용기**와 분리할 것
⑦ 제어반의 **전원스위치** 차단 및 **예비전원**을 차단할 것

* 가스압력식 가스계 소화설비의 약제방출 방지대책
★꼭 기억하세요★

NOTE

※ 이산화탄소 소화약제의 저장용기 설치장소(NFPC 106 제4조, NFTC 106 2.1.1)
★꼭 기억하세요★

## 6 이산화탄소 소화약제의 저장용기

① **이산화탄소 소화약제의 저장용기 설치장소**(NFPC 106 제4조, NFTC 106 2.1.1)

㉠ **방호구역 외**의 장소에 설치(단, 방호구역 내에 설치할 경우에는 피난 및 조작이 용이하도록 **피난구 부근**에 설치)

㉡ **온**도가 **40℃ 이하**이고, 온도의 변화가 적은 곳에 설치

㉢ **직사광선** 및 **빗물**이 침투할 우려가 없는 곳에 설치

㉣ **방화문**으로 구획된 실에 설치

㉤ 용기의 설치장소에는 해당 용기가 설치된 곳임을 표시하는 표지를 할 것

㉥ 용기 간의 간격은 점검에 지장이 없도록 **3cm 이상**의 간격 유지

㉦ 저장용기와 집합관을 연결하는 연결배관에는 **체크밸브** 설치(단, 저장용기가 하나의 방호구역만을 담당하는 경우는 제외)

기억법 **이외 방온직**

※ 할론소화약제·분말소화약제의 저장용기 설치장소
이산화탄소 소화약제의 저장용기 설치장소와 동일하다.

비교

**할로겐화합물 및 불활성기체 소화약제**의 **저장용기 설치장소**(NFPC 107A 제6조, NFTC 107A 2.3.1)

(1) **방호구역 외**의 장소에 설치(단, 방호구역 내에 설치할 경우에는 피난 및 조작이 용이하도록 **피난구 부근**에 설치)

(2) **온**도가 **55℃ 이하**이고 온도의 변화가 작은 곳에 설치

(3) **직사광선** 및 **빗물**이 침투할 우려가 없는 곳에 설치

(4) **방화문**으로 방화구획된 실에 설치할 것

(5) 용기의 설치장소에는 해당 용기가 설치된 곳임을 표시하는 표지를 할 것

(6) 용기 간의 간격은 점검에 지장이 없도록 **3cm 이상**의 간격 유지

(7) 저장용기와 집합관을 연결하는 연결배관에는 **체크밸브** 설치(단, 저장용기가 하나의 방호구역만을 담당하는 경우는 제외)

기억법 **할외온 방3**

② **이산화탄소 소화약제**의 **저장용기 설치기준**(NFPC 106 제4조 제②항, NFTC 106 2.1.2)

㉠ 충전비 : 고압식은 **1.5~1.9 이하**, 저압식은 **1.1~1.4 이하**

㉡ 봉판 설치 : 내압시험압력의 **0.64~0.8배**까지의 압력에서 작동하는 안전밸브와 **내압시험압력의 0.8배~내압시험압력**에서 작동하는 것(저압식 저장용기)

㉢ 압력경보장치 설치 : 액면계 및 압력계와 **2.3MPa 이상 1.9MPa 이하**의 압력에서 작동하는 것(저압식 저장용기)

㉣ 자동냉동장치 설치 : 용기 내부의 온도가 **-18℃** 이하에서 **2.1MPa**의 압력을 유지할 수 있는 것(저압식 저장용기)

㉤ **고압식**은 **25MPa** 이상, **저압식**은 **3.5MPa** 이상의 내압시험압력에 합격한 것으로 할 것

비교

**저장용기 설치기준**

(1) **할론소화약제**의 **저장용기 설치기준**(NFPC 107 제4조 제②항, NFTC 107 2.1.2)

① 축압식 저장용기의 압력 : 온도 20℃에서 **할론 1211**을 저장하는 것은 **1.1**MPa 또는 **2.5**MPa, **할론 1301**을 저장하는 것은 **2.5**MPa 또는 **4.2**MPa이 되도록 **질소가스**로 축압할 것

② 충전비 : **할론 2402**를 저장하는 것 중 **가압식** 저장용기는 **0.51~0.67 미만**, **축압식** 저장용기는 **0.67~2.75 이하**, **할론 1211**은 **0.7~1.4 이하**, **할론 1301**은 **0.9~1.6 이하**로 할 것

③ 동일 집합관에 접속되는 용기의 소화약제 충전량 : 동일 충전비의 것이어야 할 것

기억법 1211 1125 1301 2542
2402 가5167 67275
1211 0714 1301 0916

(2) **할로겐화합물 및 불활성기체 소화약제 저장용기**의 **적합기준**(NFPC 107A 제6조 제②항, NFTC 107A 2.3.2)

① **약**제명・저장용기의 **자**체중량과 **총**중량・**충**전일시・충전압력 및 약제의 체적 표시

② 동일 **집**합관에 접속되는 저장용기 : **동일한 내용적**을 가진 것으로 **충전량** 및 **충전압력**이 같도록 할 것

③ 저장용기에 **충**전량 및 충전압력을 **확**인할 수 있는 장치를 하는 경우에는 해당 소화약제에 적합한 구조로 할 것

④ 저장용기의 **약제량 손실**이 **5%**를 초과하거나 **압력손실**이 **10%**를 초과할 경우에는 재충전하거나 저장용기를 교체할 것(단, 불활성기체 소화약제 저장용기의 경우에는 **압력손실**이 **5%**를 초과할 경우 재충전하거나 저장용기 교체)

기억법 약자총충 집동내 확충 량5(양호)

## 7 호스릴 이산화탄소 소화설비의 설치기준(NFPC 106 제10조, NFTC 106 2.7.4)

① 방호대상물의 각 부분으로부터 하나의 호스접결구까지의 **수평거리가 15**m 이하가 되도록 할 것

② 소화약제 **저**장용기는 **호스릴**을 설치하는 장소마다 설치할 것

③ **노**즐은 **20**℃에서 하나의 노즐마다 **60**kg/min 이상의 소화약제를 방사할 수 있는 것으로 할 것

④ 소화약제 저장용기의 **개**방밸브는 호스릴의 설치장소에서 **수동**으로 **개폐**할 수 있는 것으로 할 것

⑤ 소화약제 저장용기의 가장 **가**까운 곳의 보기 쉬운 곳에 적색의 **표**시등을 설치하고, 호스릴 이산화탄소 소화설비가 있다는 뜻을 표시한 표지를 할 것

기억법 호이수15 저노2060 개수가표

NOTE

※ **할론소화약제의 저장용기 설치기준(NFPC 107 제4조 제②항, NFTC 107 2.1.2)**

① 축압식 저장용기의 압력 : 온도 20℃에서 할론 1211을 저장하는 것은 1.1MPa 또는 2.5MPa, 할론 1301을 저장하는 것은 2.5MPa 또는 4.2MPa이 되도록 질소가스로 축압할 것

② 충전비 : 할론 2402를 저장하는 것 중 가압식 저장용기는 0.51~0.67 미만, 축압식 저장용기는 0.67~2.75 이하, 할론 1211은 0.7~1.4 이하, 할론 1301은 0.9~1.6 이하로 할 것

③ 동일 집합관에 접속되는 용기의 소화약제 충전량 : 동일 충전비의 것이어야 할 것

※ **호스릴 이산화탄소 소화설비의 설치기준**
★꼭 기억하세요★

NOTE

비교

**소화설비의 설치기준**

(1) **호스릴 분말소화설비**의 **설치기준**(NFPC 108 제11조, NFTC 108 2.8.4)

① 방호대상물의 각 부분으로부터 하나의 호스접결구까지의 **수평거리**가 15m 이하가 되도록 할 것

② 소화약제 저장용기의 개방밸브는 호스릴의 설치장소에서 수동으로 개폐할 수 있는 것으로 할 것

③ 소화약제 저장용기는 **호스릴**을 설치하는 장소마다 설치할 것

④ 노즐은 하나의 노즐마다 1분당 다음 표에 따른 소화약제를 방출할 수 있는 것으로 할 것

| 소화약제의 종별 | 소화약제의 양 |
|---|---|
| 제1종 분말 | 45kg/min |
| 제2종 분말 또는 제3종 분말 | 27kg/min |
| 제4종 분말 | 18kg/min |

⑤ 소화약제 저장용기의 가장 가까운 곳의 보기 쉬운 곳에 적색의 표시등을 설치하고, 호스릴방식의 분말소화설비가 있다는 뜻을 표시한 표지를 할 것

(2) **호스릴 할론소화설비**의 **설치기준**(NFPC 107 제10조, NFTC 107 2.7.4)

① 방호대상물의 각 부분으로부터 하나의 호스접결구까지의 **수평거리**가 20m 이하가 되도록 할 것

② 소화약제 저장용기의 개방밸브는 호스릴의 설치장소에서 수동으로 개폐할 수 있는 것으로 할 것

③ 소화약제 저장용기는 **호스릴**을 설치하는 장소마다 설치할 것

④ 노즐은 20℃에서 하나의 노즐마다 1분당 다음 표에 따른 소화약제를 방출할 수 있는 것으로 할 것

| 소화약제의 종별 | 소화약제의 양 |
|---|---|
| 할론 2402 | 45kg/min |
| 할론 1211 | 40kg/min |
| 할론 1301 | 35kg/min |

⑤ 소화약제 저장용기의 가장 가까운 곳의 보기 쉬운 곳에 적색의 표시등을 설치하고, 호스릴방식의 할론소화설비가 있다는 뜻을 표시한 표지를 할 것

(3) **차고 · 주차장에 설치하는 호스릴 포소화설비**의 **설치기준**(NFPC 105 제12조, NFTC 105 2.9.3)

① 특정소방대상물의 어느 층에 있어서도 그 층에 설치된 호스릴 포방수구 또는 포소화전방수구(호스릴포방수구 또는 포소화전방수구가 5개 이상 설치된 경우에는 **5개**)를 동시에 사용할 경우 각 이동식 포노즐 선단의 포수용액 방사압력이 **0.35MPa 이상**이고 **300L/min 이상**(1개층의 바닥면적이 **200m² 이하**인 경우에는 **230L/min 이상**)의 포수용액을 **수평거리 15m 이상**으로 방사할 수 있도록 할 것

**※ 호스릴 할론소화설비의 설치기준 3가지**
① 방호대상물의 각 부분으로부터 하나의 호스접결구까지의 수평거리가 20m 이하가 되도록 할 것
② 소화약제 저장용기의 개방밸브는 호스릴의 설치장소에서 수동으로 개폐할 수 있는 것으로 할 것
③ 소화약제 저장용기는 호스릴을 설치하는 장소마다 설치할 것

NOTE

② **저발포**의 포소화약제를 사용할 수 있는 것으로 할 것
③ 호스릴 또는 호스를 호스릴포방수구 또는 포소화전방수구로 분리하여 비치하는 때에는 그로부터 3m 이내의 거리에 **호스릴함** 또는 **호스함**을 설치할 것
④ 호스릴함 또는 호스함은 바닥으로부터 높이 1.5m 이하의 위치에 설치하고 그 표면에는 "**포호스릴함(또는 포소화전함)**"이라고 표시한 표지와 **적색**의 **위치표시등**을 설치할 것
⑤ 방호대상물의 각 부분으로부터 하나의 호스릴포방수구까지의 **수평거리**는 15m 이하(**포소화전방수구**의 경우에는 25m 이하)가 되도록 하고 호스릴 또는 호스의 길이는 방호대상물의 각 부분에 포가 유효하게 뿌려질 수 있도록 할 것

## 8 이산화탄소 소화설비의 분사헤드 설치제외장소(NFPC 106 제11조, NFTC 106 2.8.1)

설계 및 시공 13회, 4점

※ 이산화탄소 소화설비의 분사헤드 설치제외장소
★꼭 기억하세요★

① **방재실**ㆍ**제어실** 등 사람이 상시 근무하는 장소
② **니트로셀룰로오스**ㆍ**셀룰로이드제품** 등 자기연소성 물질을 저장ㆍ취급하는 장소
③ **나트륨**ㆍ**칼륨**ㆍ**칼슘** 등 활성금속물질을 저장ㆍ취급하는 장소
④ **전시장** 등의 관람을 위하여 다수인이 출입ㆍ통행하는 통로 및 전시실 등

기억법 **방니나전 통전이**

## 9 이산화탄소 소화설비의 배관기준(위험물 안전관리에 관한 세부기준 제134조 제4호)

① **전용**으로 할 것
② **강관** : 압력배관용 탄소강관 중에서 **고압식**인 것은 스케줄 80 이상, **저압식**인 것은 스케줄 40 이상의 것 또는 이와 동등 이상의 강도를 갖는 것으로서 아연도금 등에 따른 방식처리를 한 것
③ **동관** : 이음매 없는 구리 및 구리합금관 또는 이와 동등 이상의 강도를 갖는 것으로서 **고압식**인 것은 16.5MPa 이상, **저압식**인 것은 3.75MPa 이상의 압력에 견딜 수 있는 것
④ **관이음쇠** : **고압식**인 것은 16.5MPa 이상, **저압식**인 것은 3.75MPa 이상의 압력에 견딜 수 있는 것으로서 적절한 방식처리를 한 것
⑤ **낙차** : 50m 이하
⑥ **이산화탄소 소화설비의 이음이 없는 배관기준**(NFPC 106 제8조, NFTC 106 2.5.1.4)

| 관의 종류 | | 재료사용기준 |
|---|---|---|
| 개폐밸브 또는 선택밸브의 2차측 배관부속 | 고압식 | 2.0MPa의 압력에 견딜 수 있는 것을 사용하여야 하며, **1차측 배관부속**은 4.0MPa의 압력에 견딜 수 있는 것을 사용할 것 |
| | 저압식 | 2.0MPa의 압력에 견딜 수 있을 것 |

비교

**배관의 설치기준**

(1) **할로겐화합물 및 불활성기체 소화설비**의 **배관 설치기준**(NFPC 107A 제10조, NFTC 107A 2.7.1)

① **전용**으로 할 것

② **강관**사용시 : **압력배관용 탄소강관** 또는 이와 동등 이상의 강도를 가진 것으로서 **아연도금** 등에 따라 방식처리된 것을 사용할 것

③ **동관**사용시 : **이음이 없는 동** 및 **동합금관**의 것을 사용할 것

④ **배관부속** 및 **밸브류** : 강관 또는 동관과 동등 이상의 강도 및 내식성이 있는 것으로 할 것

⑤ 배관과 배관, 배관과 배관부속 및 밸브류의 **접**속 **나사접합**, **용접접합**, **압축접합** 또는 **플랜지접합** 등의 방법을 사용해야 한다.

⑥ 배관의 **구**경 : 해당 방호구역에 할로겐화합물 소화약제가 **10초**(**불활성기체 소화약제**는 A · C급 화재 **2분**, B급 화재 **1분**) 이내에 방호구역 각 부분에 최소설계농도의 **95% 이상** 해당하는 약제량이 방출되도록 해야 한다.

기억법 **할전 강압아 동이동 부밸 접구**

(2) **분말소화설비**의 **배관 설치기준(배관설치시 주의사항)**(NFPC 108 제9조, NFTC 108 2.6.1)

① **전용**으로 할 것

② **강관**사용시 : **아**연도금에 따른 배관용 탄소강관(단, 축압식 중 20℃에서 압력 **2.5~4.2MPa** 이하인 것은 압력배관용 탄소강관 중 이음이 없는 스케줄 **40** 이상 또는 아연도금으로 방식처리된 것)

③ **동관**사용시 : 고정압력 또는 최고사용압력의 **1.5배** 이상의 압력에 견딜 것

④ **밸브류** : **개폐위치** 또는 **개폐방향**을 표시한 것

⑤ **배관부속** 및 **밸브류** : 배관과 동등 이상의 강도 및 내식성이 있는 것

기억법 **분전강아4 동15 밸부밸**

(3) **할론소화설비**의 **배관설치기준**(NFPC 107 제8조, NFTC 107 2.5.1)

① **전용**으로 할 것

② **강관**사용시 : **압력배관용 탄소강관** 중 **스케줄 40** 이상의 것 또는 이와 동등 이상의 강도를 가진 것으로서 아연도금 등에 따라 방식처리된 것을 사용할 것

③ **동관**사용시 : 이음이 없는 동 및 동합금관의 것으로서 **고압식**은 **16.5MPa** 이상, **저압식**은 **3.75MPa** 이상의 압력에 견딜 수 있는 것을 사용할 것

④ **배관부속** 및 **밸브류** : 강관 또는 동관과 동등 이상의 강도 및 내식성이 있는 것으로 할 것

기억법 **할전 강압4 동고 165 375 부밸**

NOTE

**＊ 할론소화설비의 배관설치기준(NFPC 107 제8조, NFTC 107 2.5.1)**

① 전용으로 할 것

② 강관사용시 : 압력배관용 탄소강관 중 스케줄 40 이상의 것 또는 이와 동등 이상의 강도를 가진 것으로서 아연도금 등에 따라 방식처리된 것을 사용할 것

③ 동관사용시 : 이음이 없는 동 및 동합금관의 것으로서 고압식은 16.5MPa 이상, 저압식은 3.75MPa 이상의 압력에 견딜 수 있는 것을 사용할 것

④ 배관부속 및 밸브류 : 강관 또는 동관과 동등 이상의 강도 및 내식성이 있는 것으로 할 것

NOTE

※ 할론 1301 소화약제의 농도별 영향
★꼭 기억하세요★

## 8 할론 1301 소화약제의 농도별 영향

| 농 도 | 영 향 |
|---|---|
| 6% | • 현기증<br>• 맥박수 증가<br>• 가벼운 지각 이상<br>• 심전도는 변화 없음 |
| 9% | • 불쾌한 현기증<br>• **맥박수** 증가<br>• 심전도는 변화 없음 |
| 10% | • 가벼운 현기증과 지각 이상<br>• **혈압** 저하<br>• 심전도 파고가 낮아짐 |
| 12~15% | • **심한 현기증**과 지각 이상<br>• 심전도 파고가 낮아짐 |

비교

**이산화탄소 소화약제의 농도별 영향**

| 농 도 | 영 향 | 처 치 |
|---|---|---|
| 1% | 공중위생상의 상한선이다. | **무해** |
| 2% | 수시간의 흡입으로는 증상이 없다. | **무해** |
| 3% | 호흡수가 증가되기 시작한다. | 장시간 흡입하면 좋지 않으므로 환기 필요 |
| 4% | 두부에 압박감이 느껴진다. | 빨리 **신선한 공기**를 마실 것 |
| 6% | 호흡수가 현저하게 증가한다. | 빨리 **신선한 공기**를 마실 것 |
| 8% | 호흡이 곤란해진다. | 빨리 **신선한 공기**를 마실 것 |
| 10% | 2~3분 동안에 의식을 상실한다. | ① **30분 이내**에 밖으로 이동시켜 **인공호흡** 실시<br>② **의사치료** |
| 20% | 사망한다. | ① 즉시 밖으로 이동시켜 **인공호흡** 실시<br>② **의사치료** |

## 9 할로겐화합물 및 불활성기체 소화설비

### 1 이너젠(Inergen) 불활성기체 소화약제의 점검

① **점검준비**

㉠ 점검실시 전에 도면상의 설비의 **기능 · 구조 · 성능** 사전 파악

㉡ 점검개시에 앞서 **관계자**와 점검의 **범위 · 내용 · 시간** 등에 관하여 충분히 협의

㉢ 점검 중에는 해당 소화설비를 사용할 수 없게 되므로 **자동화재탐지설비** 등으로 화재감시 조치

NOTE

② **이너젠 저장용기 점검**

㉠ **방호구역 외**의 장소로서 방호구역을 통하지 않고 출입이 가능한 장소인지 확인

㉡ 온도계를 비치하고 주위온도가 55℃ 이하인지 확인

㉢ 저장용기, 부속품 등의 부식 및 변형여부 확인

㉣ 용기밸브의 개방장치의 용기밸브본체에 정확히 부착되어 있으며 이너젠 기동관의 연결접속부분의 이상유무 확인

㉤ **안전핀**의 부착, 봉인여부 확인

③ **기동용기함 점검**

㉠ 기동용기함 내 부품의 부착상태, 변형, 손상 등의 여부 확인

㉡ 기동용기함 표면에 방호구역명 및 취급방법을 표시한 설명판의 유무 확인

④ **선택밸브 점검**

㉠ 변형, 손상 등이 없고 밸브본체와 이너젠 기동관과의 접속부는 **스패너, 파이프렌치** 등으로 나사 등의 조임 확인

㉡ 수동기동레버에 **안전핀**의 **장착** 및 **봉인**이 되어 있는지 확인

㉢ 선택밸브에 **방호구역명**의 표시여부 확인

㉣ **80A 이하**의 제품일 경우 **복귀손잡이**(reset knob)가 정상상태로 복구되어 있는지 확인하며, **100A 이상**의 제품일 경우 닫힌 상태로 복구되어 있는지 확인

⑤ **수동조작함 점검**

㉠ 높이 0.8~1.5m 사이에 고정되고 외면의 적색도장 여부 확인

㉡ **방호구역**의 **출입구 부근**에 위치하는지와 장애물의 유무 확인

㉢ 전면부의 봉인유무 확인

⑥ **경보 및 제어장치 점검**

㉠ 경보장치인 **사이렌** 및 **방출표시등**의 변형, 손상, 탈락 및 배선접속 이상 등 확인

㉡ 이너젠 제어반의 지연장치, 전원표시, 구역표시, 방출표시, **자동·수동 선택스위치**와 **표시등**의 기능이상 유무 확인

⑦ **배관 및 분사헤드 점검**

㉠ 관과 관부속 또는 기기접속부의 **나사조임**, **볼트** 및 **너트**의 **풀림**, **탈락여부** 및 흔들림이 없도록 견고히 고정되어 있는지 등을 확인

㉡ 분사헤드에 **오리피스**의 **규격**이 표시되어 있는지와 방출시 장애가 될 수 있는 물체가 근처에 있는지 확인

**※ 불활성기체 소화설비의 수동조작함 점검방법**
① 높이 0.8~1.5m 사이에 고정되고 외면의 적색도장 여부 확인
② 방호구역의 출입구 부근에 위치하는지와 장애물의 유무 확인
③ 전면부의 봉인유무 확인

참고

**가스량 산정 · 점검 · 판정방법**

| 구 분 | 산정방법 | 점검방법 | 판정방법 |
|---|---|---|---|
| 이너젠가스 저장용기 | 압력측정방법 | 용기밸브의 **고압용 게이지**를 확인하여 **저장용기 내부**의 **압력**을 **측정** | 압력손실이 **5%**를 초과할 경우 **재충전**하거나 **저장용기**를 **교체**할 것 |
| 이산화탄소 저장용기 | 액면계(액화가스레벨메타)를 사용하여 행하는 방법 | ① **액면계**의 전원스위치를 넣고 전압을 체크한다.<br>② 용기는 통상의 상태 그대로 하고 **액면계 프로브**와 **방사선원 간**에 용기를 끼워 넣듯이 삽입한다.<br>③ 액면계의 검출부를 조심하여 상하방향으로 이동시켜 메타지침의 흔들림이 크게 다른 부분을 발견하여 그 위치가 용기의 바닥에서 얼마만큼의 높이인가를 측정한다.<br>④ **액면의 높이**와 **약제량**과의 환산은 전용의 환산척을 이용한다. | 약제량의 측정결과를 중량표와 비교하여 그 차이가 **5% 이하**일 것 |
| 이산화탄소 기동용 가스용기 | **간평식 측정기**를 사용하여 행하는 방법 | ① 용기밸브에 설치되어 있는 **용기밸브 개방장치, 조작관** 등을 떼어낸다.<br>② 간평식 측정기를 이용하여 **기동용기**의 **중량**을 측정한다.<br>③ 약제량은 측정값에서 **용기밸브** 및 **용기**의 **중량**을 **뺀 값**이다. | 내용적 5L 이상, 충전압력 6MPa 이상(21℃ 기준) |

## ❷ 할로겐화합물 및 불활성기체 소화설비(소방시설 자체점검사항 등에 관한 고시 [별지 제4호 서식])의 자동폐쇄장치(화재표시반) 종합점검

① 환기장치 자동정지 기능 적정 여부
② 개구부 및 통기구 자동폐쇄장치 설치장소 및 기능 적합 여부
❸ 자동폐쇄장치 복구장치 설치기준 적합 및 위치표지 적합 여부

※ "●"는 종합점검의 경우에만 해당

NOTE

**✻ 가스량 산정방법**

| 구 분 | 산정방법 |
|---|---|
| 이너젠 가스 저장용기 | 압력측정방법 |
| 이산화탄소 저장용기 | 액면계(액화가스레벨메타)를 사용하여 행하는 방법 |
| 이산화탄소 기동용 가스용기 | 간평식 측정기를 사용하여 행하는 방법 |

**✻ 이산화탄소 저장용기의 점검방법**

① 액면계의 전원스위치를 넣고 전압을 체크한다.
② 용기는 통상의 상태 그대로 하고 액면계 프로브와 방사선원 간에 용기를 끼워 넣듯이 삽입한다.
③ 액면계의 검출부를 조심하여 상하방향으로 이동시켜 메타지침의 흔들림이 크게 다른 부분을 발견하여 그 위치가 용기의 바닥에서 얼마만큼의 높이인가를 측정한다.
④ 액면의 높이와 약제량과의 환산은 전용의 환산척을 이용한다.

**✻ 할론소화설비, 이산화탄소 소화설비, 자동폐쇄장치 종합점검**

할로겐화합물 및 불활성기체 소화설비 자동폐쇄장치의 종합점검과 동일하다.

NOTE

※ 이산화탄소 소화설비 · 할론소화설비의 자동폐쇄장치의 설치기준
할로겐화합물 및 불활성기체 소화설비의 자동폐쇄장치의 설치기준과 동일하다.

※ 할로겐화합물 및 불활성기체 소화약제의 최대허용설계농도(NFPC 107A 제4조 / NFTC 107A 2.1.1, 2.4.2)
★꼭 기억하세요★

※ FIC-13I1이 아님에 주의할 것
FIC-13I(알파벳 '아이')1임을 알라!

참고

**할로겐화합물 및 불활성기체 소화설비의 자동폐쇄장치의 설치기준**(NFPC 107A 제15조, NFTC 107A 2.12.1)

(1) **환기장치** 등을 설치한 것은 소화약제가 방출되기 전에 해당 환기장치 등이 정지될 수 있도록 할 것
(2) **개**구부가 있거나 천장으로부터 **1m 이상**의 아랫부분 또는 바닥으로부터 해당층의 높이의 $\frac{2}{3}$ **이내**의 부분에 **통**기구가 있어 소화약제의 유출에 따라 소화효과를 감소시킬 우려가 있는 것은 소화약제가 방출되기 전에 해당 **개구부** 및 **통기구**를 폐쇄할 수 있도록 할 것
(3) 자동폐쇄장치는 방호구역 또는 방호대상물이 있는 구획의 밖에서 **복**구할 수 있는 **구**조로 하고, 그 위치를 **표**시하는 표지를 할 것

기억법 **환개통 복구표**

## 3 할로겐화합물 및 불활성기체 소화설비의 소화약제(NFPC 107A 제4조, NFTC 107A 2.1.1, 2.4.2)

| 소화약제 | 화학식 | 최대허용 설계농도[%] |
|---|---|---|
| 트리플루오로이오다이드(이하 FIC-13I1) | • $CF_3I$ | 0.3 |
| 클로로테트라플루오로에탄(이하 HCFC-124) | • $CHClFCF_3$ | 1.0 |
| 도데카플루오로-2-메틸펜탄-3-원(이하 FK-5-1-12) | • $CF_3CF_2C(O)CF(CF_3)_2$ | 10 |
| 하이드로클로로플루오로카본혼화제(이하 HCFC BLEND A) | • HCFC-123($CHCl_2CF_3$) : **4.75**%<br>• HCFC-22($CHClF_2$) : **82**%<br>• HCFC-124($CHClFCF_3$) : **9.5**%<br>• $C_{10}H_{16}$ : **3.75**%<br>기억법 475 82 95 375 (**사시오. 빨리** 그래서 **구어 삼키시오**!) | 10 |
| 헵타플루오로프로판(이하 HFC-**227e**a)<br>기억법 227e(**둘둘치**킨**이** 맛있다) | • $CF_3CHFCF_3$ | 10.5 |
| 펜타플루오로에탄(이하 HFC-**125**)<br>기억법 125(**이리온**) | • $CHF_2CF_3$ | 11.5 |
| 헥사플루오로프로판(이하 HFC-236fa) | • $CF_3CH_2CF_3$ | 12.5 |
| 트리플루오로메탄(이하 HFC-23) | • $CHF_3$ | 30 |

| | | |
|---|---|---|
| 퍼플루오로부탄(이하 FC-3-1-10)<br>기억법 FC31(FC 서울의 3.1절) | • $C_4F_{10}$ | 40 |
| 불연성·불활성기체 혼합가스(이하 IG-01) | • Ar | 43 |
| 불연성·불활성기체 혼합가스(이하 IG-100) | • $N_2$ | |
| 불연성·불활성기체 혼합가스(이하 IG-541) | • $N_2$ : 52%<br>• Ar : 40%<br>• $CO_2$ : 8%<br>기억법 NACO(내코) 52408 | |
| 불연성·불활성기체 혼합가스(이하 IG-55) | • $N_2$ : 50%<br>• Ar : 50% | |

비교

**이산화탄소 소화설비의 가연성 액체 또는 가연성 가스의 소화에 필요한 설계농도**(NFTC 106 2.2.1.1.2)

| 방호대상물 | 설계농도〔%〕 |
|---|---|
| 부탄(Butane) | 34 |
| 메탄(Methane) | |
| 프로판(Propane) | 36 |
| 이소부탄(Iso Butane) | |
| 사이클로프로판(Syclo Propane) | 37 |
| 석탄가스, 천연가스(Coal, Natural gas) | |
| 에탄(Ethane) | 40 |
| 에틸렌(Ethylene) | 49 |
| 산화에틸렌(Ethylene Oxide) | 53 |
| 일산화탄소(Carbon Monoxide) | 64 |
| 아세틸렌(Acetylene) | 66 |
| 수소(Hydrogen) | 75 |

기억법 부메34, 프이36, 사석37, 에40, 에틸49, 산53, 일64, 아66, 수75

NOTE

❋ 이산화탄소 소화설비의 가연성 액체 또는 가연성 가스의 소화에 필요한 설계농도
★꼭 기억하세요★

NOTE

**※ 할로겐화합물 및 불활성기체 소화설비의 설치제외장소(NFPC 107A 제5조, NFTC 107A 2.2.1)**
① 사람이 상주하는 곳으로서 최대허용설계농도를 초과하는 장소
② 제3류 위험물 및 제5류 위험물을 사용하는 장소(단, 소화성능이 인정되는 위험물 제외)

**※ 불활성가스 소화설비와 같은 의미**
불활성기체 소화설비

**※ 불활성가스 소화설비의 저장용기 설치기준(위험물 안전관리에 관한 세부기준 제134조)**
① 방호구역 외의 장소에 설치할 것
② 온도가 40℃ 이하이고 온도변화가 적은 장소에 설치할 것
③ 직사일광 및 빗물이 침투할 우려가 적은 장소에 설치할 것
④ 저장용기에는 안전장치(용기밸브에 설치되어 있는 것 포함)를 설치할 것
⑤ 저장용기의 외면에 소화약제의 종류와 양, 제조연도 및 제조자를 표시할 것

**※ 불활성가스 소화설비의 선택밸브기준**
★꼭 기억하세요★

아하! 그렇구나 **이론농도와 설계농도**

| 이론농도(소화농도) | 설계농도 |
|---|---|
| 실험이나 공인된 자료 등을 통하여 이론적으로 구한 소화농도 | 이론농도에 일정량의 여유분을 더한 값 |

- 설계농도[%]=소화농도[%]×안전계수(A·C급 1.2, B급 1.3)

**4 할로겐화합물 및 불활성기체 소화설비의 설치제외장소**(NFPC 107A 제5조, NFTC 107A 2.2.1)

① 사람이 상주하는 곳으로서 최대허용설계농도를 초과하는 장소
② **제3류 위험물** 및 **제5류 위험물**을 사용하는 장소(단, 소화성능이 인정되는 위험물 제외)

기억법 상설35할제

**5 불활성가스 소화설비**(위험물 안전관리에 관한 세부기준 제134조)

① **불활성가스 소화설비**의 **저장용기 설치기준**
㉠ **방호구역 외**의 장소에 설치할 것
㉡ 온도가 **40℃** 이하이고 온도변화가 적은 장소에 설치할 것
㉢ 직사일광 및 빗물이 침투할 우려가 적은 장소에 설치할 것
㉣ 저장용기에는 안전장치(용기밸브에 설치되어 있는 것 포함)를 설치할 것
㉤ 저장용기의 외면에 **소화약제**의 **종류**와 **양**, **제조연도** 및 **제조자**를 표시할 것

기억법 불외 안온직

② **불활성가스 소화설비**의 **선택밸브기준**
㉠ 저장용기를 공용하는 경우에는 **방호구역** 또는 **방호대상물**마다 선택밸브를 설치할 것
㉡ 선택밸브는 **방호구역 외**의 장소에 설치할 것
㉢ 선택밸브에는 "**선택밸브**"라고 표시하고 선택이 되는 방호구역 또는 방호대상물을 표시할 것

③ **불활성가스 소화설비**의 **기동용 가스용기기준**
㉠ 기동용 가스용기는 **25MPa** 이상의 압력에 견딜 수 있는 것일 것
㉡ 기동용 가스용기의 내용적은 **1L** 이상으로 하고 해당 용기에 저장하는 이산화탄소의 양은 0.6kg 이상으로 하되 그 충전비는 **1.5** 이상일 것
㉢ 기동용 가스용기에는 **안전장치** 및 **용기밸브**를 설치할 것

NOTE

④ **불활성가스 소화설비**의 **저압식 저장용기기준**

㉠ 저압식 저장용기에는 **액면계** 및 **압력계**를 설치할 것

㉡ 저압식 저장용기에는 **2.3MPa 이상**의 압력 및 **1.9MPa 이하**의 압력에서 작동하는 **압력경보장치**를 설치할 것

㉢ 저압식 저장용기에는 용기 내부의 온도를 **영하 20℃ 이상 영하 18℃ 이하**로 유지할 수 있는 **자동냉동기**를 설치할 것

㉣ 저압식 저장용기에는 **파괴판**을 설치할 것

㉤ 저압식 저장용기에는 **방출밸브**를 설치할 것

## 10 분말소화설비 기동장치의 설치기준(NFPC 108 제7조, NFTC 108 2.4)

| 수동식 기동장치 | 자동식 기동장치 |
|---|---|
| ① **전역방출방식**에 있어서는 **방호구역**마다, **국소방출방식**에 있어서는 **방호대상물**마다 설치할 것<br>② 해당 방호구역의 출입구부분 등 조작을 하는 자가 쉽게 피난할 수 있는 장소에 설치할 것<br>③ 기동장치의 조작부는 바닥으로부터 높이 **0.8~1.5m 이하**의 위치에 설치하고, 보호판 등에 따른 보호장치를 설치할 것<br>④ 기동장치 인근의 보기 쉬운 곳에 "**분말소화설비 수동식 기동장치**"라고 표시한 표지를 할 것<br>⑤ 전기를 사용하는 기동장치에는 **전원표시등**을 설치할 것<br>⑥ 기동장치의 방출용 스위치는 **음향경보장치**와 연동하여 조작될 수 있는 것으로 할 것 | ① **자동식 기동장치**에는 **수**동으로도 기동할 수 있는 구조로 할 것<br>② **전기식 기동장치**로서 **7병 이상**의 저장용기를 동시에 개방하는 설비에 있어서는 **2병 이상**의 저장용기에 **전자개방밸브**를 부착할 것<br>③ **가**스압력식 기동장치는 다음의 기준에 따를 것<br>㉠ **기**동용 가스용기 및 해당 용기에 사용하는 밸브는 **25MPa 이상**의 압력에 견딜 수 있는 것으로 할 것<br>㉡ 기동용 가스용기에는 **내**압시험압력의 **0.8~내압시험압력** 이하에서 작동하는 **안**전장치를 설치할 것<br>㉢ 기동용 가스용기의 **체**적은 **5L** 이상으로 하고, 해당 용기에 저장하는 질소 등의 비활성 기체는 6.0MPa 이상(21℃ 기준)의 압력으로 충전할 것(단, 기동용 가스용기의 체적을 1L 이상으로 하고, 해당 용기에 저장하는 이산화탄소의 양은 0.6kg 이상으로 하며, 충전비는 1.5 이상 1.9 이하의 기동용 가스용기로 할 수 있다.)<br>④ 기계식 기동장치에 있어서는 저장용기를 쉽게 개방할 수 있는 구조로 할 것<br>**기억법** **수전가 기내 안체** |

※ **분말소화설비 기동장치의 설치기준(NFPC 107 제6조, NFTC 107 2.3)**
분말소화설비 기동장치의 설치기준과 동일하므로 암기하기가 쉽다.

NOTE

비교

**이산화탄소 소화설비 기동장치**의 **설치기준**(NFPC 106 제6조, NFTC 106 2.3)

| 수동식 기동장치 | 자동식 기동장치 |
|---|---|
| ① **전역방출방식**에 있어서는 **방호구역**마다, **국소방출방식**에 있어서는 **방호대상물**마다 설치할 것<br>② 해당 방호구역의 출입구부분 등 조작을 하는 자가 쉽게 피난할 수 있는 장소에 설치할 것<br>③ 기동장치의 조작부는 바닥으로부터 높이 **0.8~1.5m 이하**의 위치에 설치하고, 보호판 등에 따른 보호장치를 설치할 것<br>④ 기동장치 인근의 보기 쉬운 곳에 "**이산화탄소 소화설비 수동식 기동장치**"라는 표지를 할 것<br>⑤ 전기를 사용하는 기동장치에는 **전원표시등**을 설치할 것<br>⑥ 기동장치의 방출용 스위치는 **음향경보장치**와 연동하여 조작될 수 있는 것으로 할 것 | ① **자동식 기동장치**에는 **수동**으로도 기동할 수 있는 구조로 할 것<br>② **전기식 기동장치**로서 **7병 이상**의 저장용기를 동시에 개방하는 설비에 있어서는 **2병 이상**의 저장용기에 **전자개방밸브**를 부착할 것<br>③ **가**스압력식 기동장치는 다음의 기준에 따를 것<br>㉠ **기**동용 가스용기 및 해당 용기에 사용하는 밸브는 **25MPa 이상**의 압력에 견딜 수 있는 것으로 할 것<br>㉡ 기동용 가스용기에는 **내**압시험압력의 **0.8~내압시험압력** 이하에서 작동하는 **안**전장치를 설치할 것<br>㉢ 기동용 가스용기의 **체**적은 **5**L 이상으로 하고, 해당 용기에 저장하는 **질소** 등의 비활성기체는 **6.0MPa** 이상(21℃ 기준)의 압력으로 충전할 것<br>㉣ 질소 등의 비활성 기체 기동용 가스용기에는 충전여부를 확인할 수 있는 **압력게이지**를 설치할 것<br>④ 기계식 기동장치는 저장용기를 쉽게 개방할 수 있는 구조로 할 것<br>**기억법** **이수전가 기내 안체5** |

## 11 피난기구 · 인명구조기구

※ 피난기구 설치의 감소기준
★꼭 기억하세요★

### 1 피난기구 설치의 감소기준(NFPC 301 제7조, NFTC 301 2.3)

① 피난기구를 설치하여야 할 소방대상물 중 다음의 기준에 적합한 층에는 피난기구의 $\frac{1}{2}$을 **감소**할 수 있다(단, 피난기구의 수에 있어서 소수점 이하의 수는 1로 함)

㉠ 주요구조부가 **내화구조**로 되어 있을 것

㉡ **직**통계단인 **피난계단** 또는 **특별피난계단**이 2 이상 설치되어 있을 것

② 피난기구를 설치하여야 할 소방대상물 중 주요구조부가 **내화구조**이고 다음의 기준에 적합한 **건**널복도가 설치되어 있는 층에는 피난기구의 수에서 해당 건널복도의 수의 2배의 수를 **뺀 수**로 한다.

㉠ **내화구조** 또는 **철골조**로 되어 있을 것

NOTE

ⓛ 건널복도 양단의 출입구에 자동폐쇄장치를 한 **60분+방화문** 또는 **60분 방화문**(방화셔터 제외)이 설치되어 있을 것

ⓒ **피난 · 통행** 또는 **운반**의 전용용도일 것

③ 피난기구를 설치하여야 할 소방대상물 중 다음에 기준에 적합한 **노**대가 설치된 거실의 바닥면적은 피난기구의 설치개수 산정을 위한 바닥면적에서 제외

㉠ 노대를 포함한 특정소방대상물의 주요구조부가 **내화구조**일 것

ⓛ 노대가 거실의 **외**기에 면하는 부분에 피난상 유효하게 설치되어 있어야 할 것

ⓒ 노대가 소방**사**다리차가 쉽게 통행할 수 있는 도로 또는 공지에 면하여 설치되어 있거나, 또는 거실부분과 방화구획되어 있거나 또는 노대에 지상으로 통하는 계단, 그 밖의 피난기구가 설치되어 있어야 할 것

> 기억법 $\frac{1}{2}$ 내직 건내철갑통 노내외사

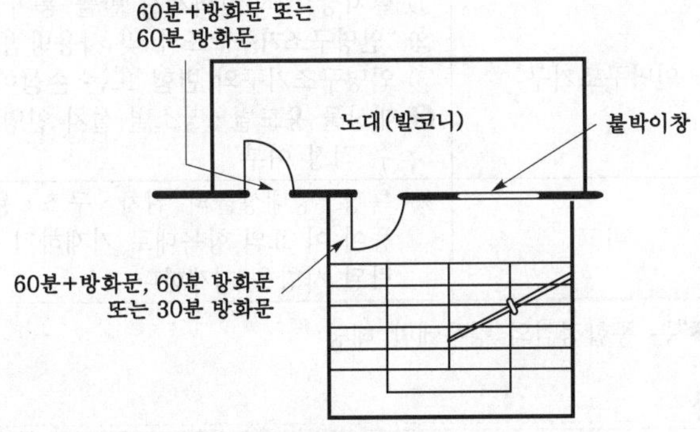


‖ 노대를 설치한 경우 ‖

## ② 피난기구 · 인명구조기구의 종합점검(소방시설 자체점검사항 등에 관한 고시 〔별지 제4호 서식〕)

| 구 분 | 점검항목 |
|---|---|
| 피난기구 공통사항 | ❶ 대상물 **용도별 · 층별 · 바닥면적별** 피난기구 종류 및 설치 개수 적정 여부<br>② 피난에 유효한 **개구부 확보**(크기, 높이에 따른 발판, 창문 파괴장치) 및 관리상태<br>❸ 개구부 **위치** 적정(동일직선상이 아닌 위치) 여부<br>④ 피난기구의 부착위치 및 부착방법 적정 여부<br>⑤ 피난기구(지지대 포함)의 **변형 · 손상** 또는 **부식**이 있는지 여부<br>⑥ 피난기구의 위치표시 표지 및 사용방법 표지 부착 적정 여부<br>❼ 피난기구의 설치제외 및 설치감소 적합 여부 |
| 공기안전매트 · 피난사다리 · (간이)완강기 · 미끄럼대 · 구조대 | ❶ 공기안전매트 설치 여부<br>❷ 공기안전매트 설치 공간 확보 여부<br>❸ 피난사다리(**4층 이상**의 층)의 구조(**금속성** 고정사다리) 및 **노대** 설치 여부<br>❹ (간이)완강기의 구조(로프 손상 방지) 및 길이 적정 여부<br>❺ 숙박시설의 **객실**마다 완강기(**1개**) 또는 간이완강기(**2개 이상**) 추가 설치 여부<br>❻ 미끄럼대의 구조 적정 여부<br>❼ 구조대의 **길이** 적정 여부 |

* **피난기구 공통사항 종합점검**
① 대상물 용도별 · 층별 · 바닥면적별 피난기구 종류 및 설치개수 적정 여부
② 피난에 유효한 개구부 확보(크기, 높이에 따른 발판, 창문 파괴장치) 및 관리상태
③ 개구부 위치 적정(동일직선상이 아닌 위치) 여부
④ 피난기구의 부착위치 및 부착방법 적정 여부
⑤ 피난기구(지지대 포함)의 변형 · 손상 또는 부식이 있는지 여부
⑥ 피난기구의 위치표시 표지 및 사용방법 표지 부착 적정 여부
⑦ 피난기구의 설치제외 및 설치감소 적합 여부

NOTE

**＊ 다수인 피난장비의 종합점검항목**
① 설치장소 적정(피난 용이, 안전하게 하강, 피난층의 충분한 착지 공간) 여부
② 보관실 설치 적정(건물 외측 돌출, 빗물·먼지 등으로부터 장비 보호) 여부
③ 보관실 외측문 개방 및 탑승기 자동전개 여부
④ 보관실 문 오작동 방지조치 및 문 개방시 경보설비 연동(경보) 여부

| | |
|---|---|
| 다수인 피난장비 | ❶ 설치장소 적정(피난 용이, 안전하게 하강, 피난층의 충분한 착지 공간) 여부<br>❷ 보관실 설치 적정(건물 외측 돌출, 빗물·먼지 등으로부터 장비 보호) 여부<br>❸ 보관실 **외측문** 개방 및 **탑승기** 자동전개 여부<br>❹ 보관실 문 오작동 방지조치 및 문 개방시 경보설비 연동(경보) 여부 |
| 승강식 피난기·하향식 피난구용 내림식 사다리 | ❶ 대피실 출입문 **60분+방화문** 또는 **60분 방화문** 설치 및 표지 부착 여부<br>❷ 대피실 표지(층별 위치표시, 피난기구 사용설명서 및 주의사항) 부착 여부<br>❸ 대피실 출입문 개방 및 피난기구 작동시 표시등·경보장치 작동 적정 여부 및 감시제어반 피난기구 작동 확인 가능 여부<br>❹ 대피실 **면적** 및 **하강구** 규격 적정 여부<br>❺ 하강구 내측 연결금속구 존재 및 피난기구 전개시 장애발생 여부<br>❻ 대피실 내부 비상조명등 설치 여부 |
| 인명구조기구 | ① 설치장소 적정(화재시 반출 용이성) 여부<br>② "**인명구조기구**" 표시 및 사용방법 표지 설치 적정 여부<br>③ 인명구조기구의 **변형** 또는 **손상**이 있는지 여부<br>❹ 대상물 용도별·장소별 설치 인명구조기구 종류 및 설치개수 적정 여부 |
| 비고 | ※ 특정소방대상물의 위치·구조·용도 및 소방시설의 상황 등이 이 표의 항목대로 기재하기 곤란하거나 이 표에서 누락된 사항을 기재한다. |

※ "●"는 종합점검의 경우에만 해당

중요

**피난기구·인명구조기구**의 **작동점검**(소방시설 자체점검사항 등에 관한 고시 〔별지 제4호 서식〕)

| 구 분 | 점검항목 |
|---|---|
| 피난기구 공통사항 | ① 피난에 유효한 **개구부 확보**(크기, 높이에 따른 발판, 창문 파괴장치) 및 관리상태<br>② 피난기구의 부착위치 및 부착방법 적정 여부<br>③ 피난기구(지지대 포함)의 **변형·손상** 또는 **부식**이 있는지 여부<br>④ 피난기구의 위치표시 표지 및 사용방법 표지 부착 적정 여부 |
| 인명구조기구 | ① 설치장소 적정(화재시 반출 용이성) 여부<br>② "**인명구조기구**" 표시 및 사용방법 표지 설치 적정 여부<br>③ 인명구조기구의 **변형** 또는 **손상**이 있는지 여부 |
| 비고 | ※ 특정소방대상물의 위치·구조·용도 및 소방시설의 상황 등이 이 표의 항목대로 기재하기 곤란하거나 이 표에서 누락된 사항을 기재한다. |

## 12 제연설비

### ① **제연설비를 설치하여야 하는 특정소방대상물**(소방시설법 시행령 〔별표 4〕 제5호 가목)

① **문**화 및 집회시설, **종**교시설, **운**동시설로서 무대부의 바닥면적이 **200m²** 이상 또는 문화 및 집회시설 중 **영화상영관**으로서 수용인원 **100명** 이상인 것
② **지**하층이나 **무**창층에 설치된 근린생활시설, 판매시설, 운수시설, 숙박시설, 위

락시설, 의료시설, 노유자시설 또는 창고시설(물류터미널만 해당)로서 해당 용도로 사용되는 바닥면적의 합계가 $1000m^2$ 이상인 층

③ 운수시설 중 **시**외버스정류장, **철**도시설 및 도시철도시설, 공항시설 및 항만시설의 **대**기실 또는 **휴**게시설로서 지하층 또는 무창층의 바닥면적이 $1000m^2$ 이상인 것

④ 지하**가**(터널 제외)로서 연면적 $1000m^2$ 이상인 것

⑤ 지하가 중 **예**상교통량, **경**사도 등 터널의 특성을 고려하여 **행정안전부령**으로 정하는 터널

⑥ 특정소방대상물(갓복도형 아파트 등은 제외)에 부설된 **특별피난계단** 또는 **비상용 승강기**의 **승강장** 또는 **피난용 승강기**의 **승강장**

> 기억법 제문종운 지무 시철대휴가 예경 특비승

## ② 제연설비의 면제기준(소방시설법 시행령 [별표 5] 제9호)

① 특정소방대상물(갓복도형 아파트 등은 제외)에 부설된 특별피난계단 또는 비상용 승강기의 승강장은 제외

㉠ **공**기**조**화설비를 화재안전기준의 제연설비기준에 적합하게 설치하고 **공기조화설비**가 화재시 제연설비기능으로 **자동전환**되는 구조로 설치되어 있는 경우

㉡ **직**접 외부 공기와 통하는 **배출**구의 면적의 합계가 해당 제연구역[제연경계(제연설비의 일부인 천장 포함)에 의하여 구획된 건축물 내의 공간] 바닥면적의 $\frac{1}{100}$ 이상이고, 배출구부터 각 부분까지의 **수평**거리가 **30**m 이내이며, 공기유입구가 화재안전기준에 적합하게(외부공기를 직접 자연 유입할 경우에 유입구의 크기는 배출구의 크기 이상) 설치되어 있는 경우

② 특정소방대상물(갓복도형 아파트 등은 제외)에 부설된 특별피난계단 또는 비상용 승강기의 승강장 중 **노**대와 연결된 **특별피난계단** 또는 **노**대가 설치된 비상용 승강기의 **승강장** 또는 배연설비가 설치된 피난용 승강기의 승강장

> 기억법 제면 공조 자동 직배출 백수평 30 노특노승

## ③ 제연설비를 설치하여야 할 특정소방대상물 중 배출구·공기유입구의 설치 및 배출량 산정에서 이를 제외할 수 있는 부분(장소)(NFPC 501 제12조, NFTC 501 2.9.1)

제연설비를 설치해야 할 특정소방대상물 중 **화**장실·**목**욕실·**주**차장·**발**코니를 설치한 **숙**박시설(**가**족호텔 및 **휴**양콘도미니엄에 한함)의 객실과 사람이 상주하지 않는 **기**계실·**전**기실·**공**조실·**50**$m^2$ 미만의 **창**고 등으로 사용되는 부분에 대하여는 배출구·공기유입구의 설치 및 배출량 산정에서 이를 제외할 수 있다.

> 기억법 화목 발주 숙가휴 기전공 50창

## ④ 제연설비의 설치장소에 대한 제연구획기준(NFPC 501 제4조, NFTC 501 2.1.1)

① 하나의 제연구역의 **면**적은 $1000m^2$ 이내로 할 것

NOTE

**※ 제연설비 설치대상 중 배출구·공기유입구의 설치 및 배출량 산정에서 이를 제외할 수 있는 부분**
제연설비를 설치해야 할 특정소방대상물 중 화장실·목욕실·주차장·발코니를 설치한 숙박시설(가족호텔 및 휴양콘도미니엄에 한함)의 객실과 사람이 상주하지 아니하는 기계실·전기실·공조실·$50m^2$ 미만의 창고 등으로 사용되는 부분

**※ 제연설비의 설치장소에 대한 제연구획기준(NFPC 501 제4조, NFTC 501 2.1.1)**
★꼭 기억하세요★

NOTE

② 거실과 통로(복도 포함)는 **각**각 **제연구획**할 것
③ **통**로상의 제연구역은 보행중심선의 **길이**가 60m를 초과하지 않을 것
④ 하나의 제연구역은 직경 60m **원** 내에 들어갈 수 있을 것
⑤ 하나의 제연구역은 **2개 이상 층**에 미치지 않도록 할 것(단, 층의 구분이 불분명한 부분은 그 부분을 다른 부분과 별도로 제연구획할 것)

기억법 **층면 각제 원통길이**

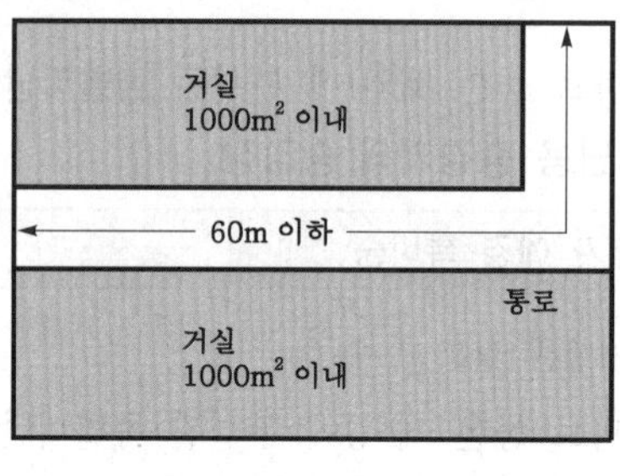


(a)

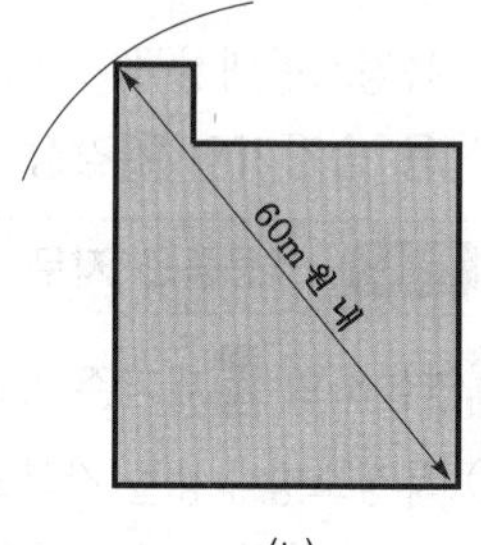


(b)

| 제연구역의 구획 |

**아하! 그렇구나 제연설비의 제연방식기준**(NFPC 501 제5조, NFTC 501 2.2)

(1) 예상제연구역에 대하여는 화재시 **연기배출**과 **동시**에 **공기유입**이 될 수 있게 하고, 배출구역이 거실일 경우에는 **통로**에 동시에 공기가 유입될 수 있도록 할 것
(2) 통로와 인접하고 있는 거실의 바닥면적이 **$50m^2$ 미만**으로 구획(거실과 통로와의 구획이 아닌 제연경계에 따른 구획은 제외)되고 그 거실에 통로가 인접하여 있는 경우에는 화재시 그 거실에서 직접 배출하지 아니하고 인접한 통로의 배출로 갈음할 수 있다(단, 그 거실이 다른 거실의 피난을 위한 경유거실인 경우에는 그 거실에서 직접 배출).
(3) 통로의 주요구조부가 **내화구조**이며 마감이 **불연재료** 또는 **난연재료**로 처리되고 통로 내부에 가열성 내용물이 없는 경우에 그 통로는 예상제연구역으로 간주하지 않을 수 있다(단, 화재발생시 연기의 유입이 우려되는 통로 제외).

## 5 제연설비의 작동점검(소방시설 자체점검사항 등에 관한 고시 〔별지 제4호 서식〕)

| 구 분 | 점검항목 |
|---|---|
| 배출구 | 배출구 **변형·훼손** 여부 |
| 유입구 | ① 공기유입구 설치 위치 적정 여부<br>② 공기유입구 **변형·훼손** 여부 |
| 배출기 | ① 배출기 회전이 원활하며 회전방향 정상 여부<br>② **변형·훼손** 등이 없고 **V-벨트** 기능 정상 여부<br>③ 본체의 **방청**, **보존상태** 및 **캔버스** 부식 여부 |
| 비상전원 | ① 자가발전설비인 경우 연료적정량 보유 여부<br>② 자가발전설비인 경우 「전기사업법」에 따른 정기점검 결과 확인 |
| 기동 | ① 가동식의 **벽·제연경계벽·댐퍼** 및 **배출기** 정상작동(화재감지기 연동) 여부<br>② 예상제연구역 및 제어반에서 가동식의 **벽·제연경계벽·댐퍼** 및 **배출기** 수동기동 가능 여부<br>③ 제어반 각종 **스위치류** 및 **표시장치**(작동표시등 등) 기능의 이상 여부 |
| 비고 | ※ 특정소방대상물의 위치·구조·용도 및 소방시설의 상황 등이 이 표의 항목대로 기재하기 곤란하거나 이 표에서 누락된 사항을 기재한다. |

※ 제연설비의 기동 작동점검 내용
① 가동식의 벽·제연경계벽·댐퍼 및 배출기 정상작동(화재감지기 연동) 여부
② 예상제연구역 및 제어반에서 가동식의 벽·제연경계벽·댐퍼 및 배출기 수동기동 가능 여부
③ 제어반 각종 스위치류 및 표시장치(작동표시등 등) 기능의 이상 여부

NOTE

비교

**특별피난계단의 계단실 및 부속실의 제연설비 작동점검**(소방시설 자체점검사항 등에 관한 고시 〔별지 제4호 서식〕)

| 구 분 | 점검항목 |
|---|---|
| 수직풍도에 따른 배출 | ① 배출댐퍼 설치(개폐 여부 확인 기능, 화재감지기 동작에 따른 개방) 적정 여부<br>② 배출용 송풍기가 설치된 경우 화재감지기 연동기능 적정 여부 |
| 급기구 | 급기댐퍼 설치상태(화재감지기 동작에 따른 개방) 적정 여부 |
| 송풍기 | ① 설치장소 적정(화재영향, 접근·점검 용이성) 여부<br>② 화재감지기 동작 및 수동조작에 따라 작동하는지 여부 |
| 외기취입구 | 설치위치(오염공기 유입방지, 배기구 등으로부터 이격거리) 적정 여부 |
| 제연구역의 출입문 | 폐쇄상태 유지 또는 화재시 자동폐쇄 구조 여부 |
| 수동기동장치 | ① 기동장치 설치(위치, 전원표시등 등) 적정 여부<br>② 수동기동장치(옥내 수동발신기 포함) 조작시 관련 장치 정상작동 여부 |
| 제어반 | ① 비상용 축전지의 정상 여부<br>② 제어반 감시 및 원격조작기능 적정 여부 |
| 비상전원 | ① 자가발전설비인 경우 연료적정량 보유 여부<br>② 자가발전설비인 경우 「전기사업법」에 따른 정기점검 결과 확인 |
| 비고 | ※ 특정소방대상물의 위치·구조·용도 및 소방시설의 상황 등이 이 표의 항목대로 기재하기 곤란하거나 이 표에서 누락된 사항을 기재한다. |

## ⑥ 제연설비의 종합점검(소방시설 자체점검사항 등에 관한 고시 〔별지 제4호 서식〕)

| 구 분 | 점검항목 |
|---|---|
| 제연구역의 구획 | ● 제연구역의 구획 방식 적정 여부<br>- 제연경계의 **폭**, **수직거리** 적정 설치 여부<br>- 제연경계벽은 가동시 **급속**하게 **하강**되지 **아니**하는 구조 |
| 배출구 | ❶ 배출구 설치위치(수평거리) 적정 여부<br>② 배출구 **변형·훼손** 여부 |
| 유입구 | ① 공기유입구 설치위치 적정 여부<br>② 공기유입구 **변형·훼손** 여부<br>❸ 옥외에 면하는 **배출구** 및 **공기유입구** 설치 적정 여부 |
| 배출기 | ❶ 배출기와 배출풍도 사이 **캔버스** 내열성 확보 여부<br>② 배출기 회전이 원활하며 회전방향 정상 여부<br>③ **변형·훼손** 등이 없고 **V-벨트** 기능 정상 여부<br>④ 본체의 **방청**, **보존상태** 및 **캔버스** 부식 여부<br>❺ 배풍기 내열성 단열재 단열처리 여부 |
| 비상전원 | ❶ 비상전원 설치장소 적정 및 관리 여부<br>② 자가발전설비인 경우 연료적정량 보유 여부<br>③ 자가발전설비인 경우 「전기사업법」에 따른 정기점검 결과 확인 |
| 기동 | ① 가동식의 **벽·제연경계벽·댐퍼** 및 **배출기** 정상작동(화재감지기 연동) 여부<br>② 예상제연구역 및 제어반에서 가동식의 **벽·제연경계벽·댐퍼** 및 **배출기** 수동기동 가능 여부<br>③ 제어반 각종 **스위치류** 및 **표시장치**(작동표시등 등) 기능의 이상 여부 |
| 비고 | ※ 특정소방대상물의 위치·구조·용도 및 소방시설의 상황 등이 이 표의 항목대로 기재하기 곤란하거나 이 표에서 누락된 사항을 기재한다. |

※ "●"는 종합점검의 경우에만 해당

**✻ 특별피난계단의 계단실 및 부속실 제연설비의 수동기동장치 작동점검항목**

① 기동장치 설치(위치, 전원표시등 등) 적정 여부
② 수동기동장치(옥내 수동발신기 포함) 조작시 관련 장치 정상작동 여부

**✻ 제연설비의 배출구 종합점검항목**

① 배출구 설치위치(수평거리) 적정 여부
② 배출구 변형·훼손 여부

**✻ 제연설비의 배출기 종합점검항목**

① 배출기와 배출풍도 사이 캔버스 내열성 확보 여부
② 배출기 회전이 원활하며 회전방향 정상 여부
③ 변형·훼손 등이 없고 V-벨트 기능 정상 여부
④ 본체의 방청, 보존상태 및 캔버스 부식 여부
⑤ 배풍기 내열성 단열재 단열처리 여부

비교

**특별피난계단의 계단실 및 부속실의 제연설비 종합점검**(소방시설 자체점검사항 등에 관한 고시 〔별지 제4호 서식〕)

| 구 분 | 점검항목 |
|---|---|
| 과압방지조치 | ● **자동차압·과압조절형** 댐퍼(또는 **플랩댐퍼**)를 사용한 경우 성능 적정 여부 |
| 수직풍도에 따른 배출 | ① 배출댐퍼 설치(개폐 여부 확인 기능, 화재감지기 동작에 따른 개방) 적정 여부<br>② 배출용 송풍기가 설치된 경우 화재감지기 연동 기능 적정 여부 |
| 급기구 | 급기댐퍼 설치상태(화재감지기 동작에 따른 개방) 적정 여부 |
| 송풍기 | ① 설치장소 적정(화재영향, 접근·점검 용이성) 여부<br>② 화재감지기 동작 및 수동조작에 따라 작동하는지 여부<br>❸ 송풍기와 연결되는 **캔버스** 내열성 확보 여부 |
| 외기취입구 | ① 설치위치(오염공기 유입방지, 배기구 등으로부터 이격거리) 적정 여부<br>❷ 설치구조(빗물·이물질 유입방지, 옥외의 풍속과 풍향에 영향) 적정 여부 |
| 제연구역의 출입문 | ① 폐쇄상태 유지 또는 화재시 자동폐쇄 구조 여부<br>❷ 자동폐쇄장치 **폐쇄력** 적정 여부 |
| 수동기동장치 | ① 기동장치 설치(위치, 전원표시등 등) 적정 여부<br>② 수동기동장치(옥내 수동발신기 포함) 조작시 관련 장치 정상작동 여부 |
| 제어반 | ① 비상용 축전지의 정상 여부<br>② 제어반 감시 및 원격조작 기능 적정 여부 |
| 비상전원 | ❶ 비상전원 설치장소 적정 및 관리 여부<br>② 자가발전설비인 경우 연료적정량 보유 여부<br>③ 자가발전설비인 경우 「전기사업법」에 따른 정기점검 결과 확인 |
| 비고 | ※ 특정소방대상물의 위치·구조·용도 및 소방시설의 상황 등이 이 표의 항목대로 기재하기 곤란하거나 이 표에서 누락된 사항을 기재한다. |

※ "●"는 종합점검의 경우에만 해당

**❋ 특별피난계단의 계단실 및 부속실의 제연설비에서 송풍기의 종합점검 3가지**
① 설치장소 적정(화재영향, 접근·점검 용이성) 여부
② 화재감지기 동작 및 수동조작에 따라 작동하는지 여부
③ 송풍기와 연결되는 캔버스 내열성 확보 여부

## 13 특별피난계단의 계단실 및 부속실 제연설비

### 1 특별피난계단의 계단실 및 부속실 제연설비의 성능시험조사표(소방시설 자체점검사항 등에 관한 고시 〔별지 제5호 서식〕)

① **특별피난계단의 계단실 및 부속실 제연설비의 방연풍속 측정방법**

㉠ 송풍기에서 가장 먼 층을 기준으로 제연구역 **1개층**(20층 초과시 연속되는 **2개층**) **제연구역**과 **옥내** 간의 측정을 원칙으로 하며 필요시 그 이상으로 할 수 있다.

㉡ 방연풍속은 최소 **10점** 이상 **균등 분할**하여 측정하며, 측정시 각 측정점에 대해 제연구역을 기준으로 **기류**가 유입(−) 또는 배출(+) 상태를 측정지에 기록한다.

㉢ 유입공기 배출장치(있는 경우)는 **방연풍속**을 측정하는 층만 개방한다.

㉣ 직통계단식 공동주택은 방화문 개방층의 제연구역과 연결된 세대와 면하는 외기문을 개방할 수 있다.

기억법 **방송제옥 10균 유배 직공**

② **특별피난계단의 계단실 및 부속실 제연설비의 비개방층 차압 측정방법**
   ㉠ 비개방층 차압은 "**방연풍속**"의 시험조건에서 방화문이 열린 층의 직상 및 직하층을 기준층으로 하여 **5개층**마다 1개소 측정을 원칙으로 하며 필요시 그 이상으로 할 수 있다.
   ㉡ **20개층**까지는 **1개층**만 개방하여 측정한다.
   ㉢ **21개층**부터는 **2개층**을 개방하여 측정하고, 1개층만 개방하여 추가로 측정한다.

기억법 비방5 201 212

③ **특별피난계단의 계단실 및 부속실 제연설비의 유입공기 배출량 측정방법**
   ㉠ 기계배출식은 송풍기에서 가장 먼 층의 유입공기 배출댐퍼를 개방하여 측정하는 것을 원칙으로 한다.
   ㉡ 기타 방식은 설계조건에 따라 적정한 위치의 유입공기 배출구를 개방하여 측정하는 것을 원칙으로 한다.

기억법 유기송댐 설구

④ **특별피난계단의 계단실 및 부속실 제연설비의 송풍기 풍량 측정방법**
   ㉠ "**방연풍속**"의 시험조건에서 송풍기 풍량은 피토관 또는 기타 풍량측정장치를 사용하고, 송풍기 전동기의 전류, 전압을 측정한다.
   ㉡ 이때 전류 및 전압 측정값은 동력제어반에 표시되는 수치를 기록할 수 있다.

기억법 송방피전류압동

## ❷ 특별피난계단의 계단실 및 부속실 제연설비의 제연방식기준(NFPC 501A 제4조, NFTC 501A 2.1.1)

① 제연구역에 옥외의 신선한 공기를 공급하여 제연구역의 기압을 **제연구역 이외의 옥내**보다 높게 하되 차압을 유지하게 함으로써 옥내로부터 제연구역 내로 연기가 침투하지 못하도록 할 것
② 피난을 위하여 제연구역의 출입문이 일시적으로 개방되는 경우 **방연풍속**을 유지하도록 옥외의 공기를 제연구역 내로 보충 공급하도록 할 것
③ 출입문이 닫히는 경우 제연구역의 과압을 방지할 수 있는 유효한 조치를 하여 **차압**을 유지할 것

기억법 차압부과 방풍

## ❸ 특별피난계단의 계단실 및 부속실 제연설비의 제연구역 선정기준(NFPC 501A 제5조, NFTC 501A 2.2.1)

① **계단실** 및 그 **부속실**을 동시에 제연하는 것
② 부속실만을 단독으로 제연하는 것
③ **계단실**을 단독 제연하는 것
④ **비상용 승강기 승강장**을 단독 제연하는 것

기억법 특계부 부계승

NOTE

※ **특별피난계단의 계단실 및 부속실 제연설비 성능시험조사표에서 비개방층 차압 측정방법**
① 비개방층 차압은 "방연풍속"의 시험조건에서 방화문이 열린 층의 직상 및 직하층을 기준층으로 하여 5개층마다 1개소 측정을 원칙으로 하며 필요시 그 이상으로 할 수 있다.
② 20개층까지는 1개층만 개방하여 측정한다.
③ 21개층부터는 2개층을 개방하여 측정하고, 1개층만 개방하여 추가로 측정한다.

※ **특별피난계단의 계단실 및 부속실 제연설비 성능시험조사표에서 유입공기 배출량 측정방법**
① 기계배출식은 송풍기에서 가장 먼 층의 유입공기 배출댐퍼를 개방하여 측정하는 것을 원칙으로 한다.
② 기타 방식은 설계조건에 따라 적정한 위치의 유입공기 배출구를 개방하여 측정하는 것을 원칙으로 한다.

※ **차압**
일정한 기압의 차이

※ **특별피난계단의 계단실 및 부속실 제연설비의 제연구역 선정기준(NFPC 501A 제5조, NFTC 501A 2.2.1)**
★꼭 기억하세요★

NOTE

중요

**특별피난계단의 계단실 및 부속실 제연설비의 방연풍속기준**(NFPC 501A 제10조, NFTC 501A 2.7.1)

| 제연구역 | | 방연풍속 |
|---|---|---|
| 계단실 및 그 부속실을 동시에 제연하는 것 또는 계단실만 단독으로 제연하는 것 | | 0.5m/s 이상 |
| 부속실만 단독으로 제연하는 것 또는 비상용 승강기와 승강장만 단독으로 제연하는 것 | 부속실 또는 승강장이 면하는 옥내가 거실인 경우 | 0.7m/s 이상 |
| | 부속실 또는 승강장이 면하는 옥내가 복도로서 그 구조가 방화구조(내화시간이 30분 이상인 구조를 포함)인 것 | 0.5m/s 이상 |

* 특별피난계단의 계단실 및 부속실 제연설비의 제연구역 급기기준
★꼭 기억하세요★

**4 특별피난계단의 계단실 및 부속실 제연설비의 제연구역 급기기준**(NFPC 501A 제16조, NFTC 501A 2.13.1)

① **부속실**을 제연하는 경우 : 동일 수직선상의 모든 부속실은 하나의 **전용 수직풍도**를 통해 **동시**에 **급기**(단, 동일 수직선상에 2대 이상의 급기송풍기가 설치되는 경우 수직풍도 분리설치 가능)

② **계단실** 및 **부속실**을 **동시**에 **제연**하는 경우 : 계단실에 대하여는 그 **부속실**의 **수직풍도**를 통해 **급기** 가능

③ **계단실**만 제연하는 경우 : **전용 수직풍도**를 설치하거나 **계단실**에 **급기풍도** 또는 **급기송풍기**를 **직접 연결**하여 급기하는 방식으로 할 것

④ 하나의 **수**직풍도마다 **전용**의 **송풍기**로 급기

기억법 **특부계 부계수**

중요

**제연구역에 설치하는 급기구 댐퍼설치의 적합기준**(NFPC 501A 제17조, NFTC 501A 2.14.1.3)

(1) 급기댐퍼는 두께 **1.5mm** 이상의 **강판** 또는 이와 동등 이상의 강도가 있는 것으로 설치해야 하며, **비내식성 재료**의 경우에는 **부식방지조치**를 할 것
(2) 자동차압급기댐퍼를 설치하는 경우 **차압범위**의 **수동설정기능**과 설정범위의 차압이 유지되도록 **개구율**을 **자동조절**하는 기능이 있을 것
(3) 자동차압급기댐퍼는 옥내와 면하는 개방된 출입문이 완전히 닫히기 전에 개구율을 자동감소시켜 과압을 방지하는 기능이 있을 것
(4) 자동차압급기댐퍼는 **주위 온도** 및 **습도**의 변화에 의해 기능에 영향을 받지 않는 구조일 것
(5) 자동차압급기댐퍼는 「자동차압급기댐퍼의 성능인증 및 제품검사의 기술기준」에 적합한 것으로 설치할 것
(6) 자동차압급기댐퍼가 아닌 댐퍼는 **개구율**을 **수동**으로 **조절**할 수 있는 구조로 할 것
(7) 옥내에 설치된 **화재감지기**에 따라 모든 제연구역의 댐퍼가 개방되도록 할 것

NOTE

※ 특별피난계단의 계단실 및 부속실 제연설비 제어반의 보유기능
★꼭 기억하세요★

**5** **특별피난계단의 계단실 및 부속실 제연설비 제어반의 보유기능**(NFPC 501A 제23조, NFTC 501A 2.20.1.2)

① **급기용 댐퍼**의 개폐에 대한 감시 및 **원격조작기능**
② **배출댐퍼** 또는 개폐기의 작동여부에 대한 **감시** 및 **원격조작기능**
③ 급기송풍기와 유입공기의 **배출용 송풍기**(설치한 경우)의 작동여부에 대한 **감시** 및 **원격조작기능**
④ 제연구역의 출입문의 일시적인 **고정개방** 및 **해정**에 대한 감시 및 원격조작기능
⑤ **수동기동장치**의 **작동여부**에 대한 **감시기능**
⑥ 급기구 개구율의 자동조절장치(설치한 경우)의 작동여부에 대한 감시기능(단, 급기구에 차압표시계를 고정부착한 자동차압급기댐퍼를 설치하고 당해 제어반에도 차압표시계를 설치한 경우 제외)
⑦ **감시선로**의 단선에 대한 **감시기능**
⑧ 예비전원이 확보되고 예비전원의 적합여부를 시험할 수 있어야 할 것

기억법 특급배송 출감원 수감단자

## 14 지하구에 설치하는 소방시설 · 연결살수설비

### 1 연소방지설비

① 연소방지설비의 헤드 설치기준(NFPC 605 제8조, NFTC 605 2.4.2)

㉠ **천장** 또는 **벽면**에 설치할 것
㉡ 헤드 간의 수평거리는 **연소방지설비 전용 헤드**의 경우에는 **2m 이하**, **개방형 스프링클러헤드**의 경우에는 **1.5m 이하**로 할 것
㉢ 소방대원의 출입이 가능한 환기구 · 작업구마다 지하구의 양쪽 방향으로 살수헤드를 설정하되, 한쪽 방향의 살수구역의 길이는 3m 이상으로 할 것. 단, 환기구 사이의 간격이 700m를 초과할 경우에는 700m 이내마다 살수구역을 설정하되, 지하구의 구조를 고려하여 방화벽을 설치한 경우에는 그렇지 않다.
㉣ 연소방지설비 전용 헤드를 설치할 경우에는 「소화설비용 헤드의 성능인증 및 제품검사 기술기준」에 적합한 **'살수헤드'**를 설치할 것

기억법 천거 연방

② 지하구에 설치하는 연소방지설비의 연소방지재(NFPC 605 제9조, NFTC 605 2.5) : 지하구 내에 설치하는 **케이블 · 전선** 등에는 다음의 기준에 따라 연소방지재를 설치해야 한다(단, 케이블 · 전선 등을 다음 ㉠의 난연성능 이상을 충족하는 것으로 설치한 경우에는 연소방지재를 설치하지 않을 수 있다).

㉠ 연소방지재는 한국산업표준(KS C IEC 60332-3-24)에서 정한 난연성능 이상의 제품을 사용하되 다음의 기준을 충족할 것

NOTE

* 연소방지재의 시험성적서에 명시된 방식으로 시험성적서에 명시된 길이 이상으로 설치하는 부분
① 분기구
② 지하구의 인입부 또는 인출부
③ 절연유 순환펌프 등이 설치된 부분
④ 기타 화재발생 위험이 우려되는 부분

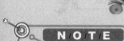

- 시험에 사용되는 연소방지재는 시료(케이블 등)의 아래쪽(점화원으로부터 가까운 쪽)으로부터 30cm 지점부터 부착 또는 설치할 것
- 시험에 사용되는 시료(케이블 등)의 단면적은 325mm$^2$로 할 것
- 시험성적서의 유효기간은 발급 후 3년으로 할 것

㉡ 연소방지재는 다음에 해당하는 부분에 ㉠과 관련된 시험성적서에 명시된 방식으로 시험성적서에 명시된 길이 이상으로 설치하되, 연소방지재 간의 설치간격은 350m를 넘지 않도록 해야 한다.

- **분기구**
- 지하구의 **인입부** 또는 **인출부**
- **절연유 순환펌프** 등이 설치된 부분
- 기타 화재발생 위험이 우려되는 부분

## 2 연결살수설비

① **연결살수설비**의 **종합점검**(소방시설 자체점검사항 등에 관한 고시 〔별지 제4호 서식〕)

| 구 분 | 점검항목 |
|---|---|
| 송수구 | ① 설치장소 적정 여부<br>② 송수구 구경(65mm) 및 형태(**쌍구형**) 적정 여부<br>③ 송수구역별 호스접결구 설치 여부(개방형 헤드의 경우)<br>④ 설치높이 적정 여부<br>❺ 송수구에서 주배관상 연결배관 개폐밸브 설치 여부<br>⑥ "**연결살수설비송수구**" 표지 및 송수구역 일람표 설치 여부<br>⑦ 송수구 **마개** 설치 여부<br>⑧ 송수구의 **변형** 또는 **손상** 여부<br>❾ **자동배수밸브** 및 **체크밸브** 설치순서 적정 여부<br>⑩ 자동배수밸브 설치상태 적정 여부<br>⓫ 1개 송수구역 설치 살수헤드 수량 적정 여부(개방형 헤드의 경우) |
| 선택밸브 | ① 선택밸브 적정 설치 및 정상작동 여부<br>② 선택밸브 부근 송수구역 **일람표** 설치 여부 |
| 배관 등 | ① 급수배관 개폐밸브 설치 적정(개폐표시형, 흡입측 버터플라이 제외) 여부<br>❷ **동결방지조치** 상태 적정 여부(습식의 경우)<br>❸ 주배관과 타 설비 배관 및 수조 접속 적정 여부(폐쇄형 헤드의 경우)<br>④ 시험장치 설치 적정 여부(폐쇄형 헤드의 경우)<br>❺ 다른 설비의 배관과의 구분 상태 적정 여부 |
| 헤드 | ① 헤드의 **변형·손상** 유무<br>② 헤드 설치 **위치·장소·상태**(고정) 적정 여부<br>③ 헤드 살수장애 여부 |
| 비고 | ※ 특정소방대상물의 위치·구조·용도 및 소방시설의 상황 등이 이 표의 항목대로 기재하기 곤란하거나 이 표에서 누락된 사항을 기재한다. |

※ "●"는 종합점검의 경우에만 해당

NOTE

② **연결살수설비**의 **작동점검**(소방시설 자체점검사항 등에 관한 고시 〔별지 제4호 서식〕)

| 구 분 | 점검항목 |
|---|---|
| 송수구 | ① 설치장소 적정 여부<br>② 송수구 구경(65mm) 및 형태(**쌍구형**) 적정 여부<br>③ 송수구역별 호스접결구 설치 여부(개방형 헤드의 경우)<br>④ 설치높이 적정 여부<br>⑤ **"연결살수설비송수구"** 표지 및 송수구역 일람표 설치 여부<br>⑥ 송수구 **마개** 설치 여부<br>⑦ 송수구의 **변형** 또는 **손상** 여부<br>⑧ 자동배수밸브 설치상태 적정 여부 |
| 선택밸브 | ① 선택밸브 적정 설치 및 정상작동 여부<br>② 선택밸브 부근 송수구역 **일람표** 설치 여부 |
| 배관 등 | ① 급수배관 개폐밸브 설치 적정(개폐표시형, 흡입측 버터플라이 제외) 여부<br>② 시험장치 설치 적정 여부(폐쇄형 헤드의 경우) |
| 헤드 | ① 헤드의 **변형·손상** 유무<br>② 헤드 설치 **위치·장소·상태**(고정) 적정 여부<br>③ 헤드 살수장애 여부 |
| 비고 | ※ 특정소방대상물의 위치·구조·용도 및 소방시설의 상황 등이 이 표의 항목대로 기재하기 곤란하거나 이 표에서 누락된 사항을 기재한다. |

## 15 연결송수관설비

### 1 연결송수관설비의 종합점검(소방시설 자체점검사항 등에 관한 고시 〔별지 제4호 서식〕)

| 구 분 | 점검항목 |
|---|---|
| 송수구 | ① 설치장소 적정 여부<br>② 지면으로부터 설치높이 적정 여부<br>③ 급수개폐밸브가 설치된 경우 설치상태 적정 및 정상 기능 여부<br>④ 수직배관별 **1개** 이상 송수구 설치 여부<br>⑤ **"연결송수관설비송수구"** 표지 및 송수압력범위 표지 적정 설치 여부<br>⑥ 송수구 **마개** 설치 여부 |
| 배관 등 | ❶ 겸용 급수배관 적정 여부<br>❷ 다른 설비의 배관과의 구분 상태 적정 여부 |
| 방수구 | ❶ 설치기준(층, 개수, 위치, 높이) 적정 여부<br>② 방수구 형태 및 구경 적정 여부<br>③ 위치표시(표시등, 축광식 표지) 적정 여부<br>④ 개폐기능 설치 여부 및 상태 적정(닫힌 상태) 여부 |
| 방수기구함 | ❶ 설치기준(층, 위치) 적정 여부<br>② **호스** 및 **관창** 비치 적정 여부<br>③ **"방수기구함"** 표지 설치상태 적정 여부 |
| 가압송수장치 | ❶ 가압송수장치 설치장소 기준 적합 여부<br>❷ 펌프 흡입측 **연성계·진공계** 및 **토출측 압력계** 설치 여부<br>❸ **성능시험배관** 및 **순환배관** 설치 적정 여부 |

**＊ 연결송수관설비 방수구의 종합점검항목**
① 설치기준(층, 개수, 위치, 높이) 적정 여부
② 방수구 형태 및 구경 적정 여부
③ 위치표시(표시등, 축광식 표지) 적정 여부
④ 개폐기능 설치 여부 및 상태 적정(닫힌 상태) 여부

**＊ 연결송수관설비의 방수기구함의 종합점검항목**
① 설치기준(층, 위치) 적정 여부
② 호스 및 관창 비치 적정 여부
③ "방수기구함" 표지 설치상태 적정 여부

NOTE

| | |
|---|---|
| 가압송수장치 | ④ 펌프 토출량 및 양정 적정 여부<br>⑤ 방수구 개방시 자동기동 여부<br>⑥ 수동기동스위치 설치상태 적정 및 수동스위치 조작에 따른 기동 여부<br>⑦ 가압송수장치 **"연결송수관펌프"** 표지 설치 여부<br>❽ 비상전원 설치장소 적정 및 관리 여부<br>⑨ 자가발전설비인 경우 연료적정량 보유 여부<br>⑩ 자가발전설비인 경우 「전기사업법」에 따른 정기점검 결과 확인 |
| 비고 | ※ 특정소방대상물의 위치·구조·용도 및 소방시설의 상황 등이 이 표의 항목대로 기재하기 곤란하거나 이 표에서 누락된 사항을 기재한다. |

※ "●"는 종합점검의 경우에만 해당

### ② 연결송수관설비의 작동점검(소방시설 자체점검사항 등에 관한 고시 〔별지 제4호 서식〕)

| 구 분 | 점검항목 |
|---|---|
| 송수구 | ① 설치장소 적정 여부<br>② 지면으로부터 설치높이 적정 여부<br>③ 급수개폐밸브가 설치된 경우 설치상태 적정 및 정상 기능 여부<br>④ 수직배관별 **1개** 이상 송수구 설치 여부<br>⑤ **"연결송수관설비송수구"** 표지 및 송수압력범위 표지 적정 설치 여부<br>⑥ 송수구 **마개** 설치 여부 |
| 방수구 | ① 방수구 형태 및 구경 적정 여부<br>② 위치표시(표시등, 축광식 표지) 적정 여부<br>③ 개폐기능 설치 여부 및 상태 적정(닫힌 상태) 여부 |
| 방수기구함 | ① **호스** 및 **관창** 비치 적정 여부<br>② **"방수기구함"** 표지 설치상태 적정 여부 |
| 가압송수장치 | ① 펌프 토출량 및 양정 적정 여부<br>② 방수구 개방시 자동기동 여부<br>③ 수동기동스위치 설치상태 적정 및 수동스위치 조작에 따른 기동 여부<br>④ 가압송수장치 **"연결송수관펌프"** 표지 설치 여부<br>⑤ 자가발전설비인 경우 연료적정량 보유 여부<br>⑥ 자가발전설비인 경우 「전기사업법」에 따른 정기점검 결과 확인 |
| 비고 | ※ 특정소방대상물의 위치·구조·용도 및 소방시설의 상황 등이 이 표의 항목대로 기재하기 곤란하거나 이 표에서 누락된 사항을 기재한다. |

## 16 소화용수설비

### ❶ 소방용수시설의 수원의 기준(소방기본법 시행규칙 〔별표 3〕)

**❋ 소방용수설비와 같은 의미**
소방용수시설

#### ① 공통기준

| 주거지역·상업지역 및 공업지역에 설치하는 경우 | **기타 지역**에 설치하는 경우 |
|---|---|
| 소방대상물과의 수평거리를 **100m** 이하가 되도록 할 것 | 소방대상물과의 수평거리를 **140m** 이하가 되도록 할 것 |

NOTE

② **소방용수시설별 설치기준**

| 소방용수시설 | 설치기준 |
|---|---|
| 소화전 | • 상수도와 연결하여 지하식 또는 지상식의 구조로 하고, 소방용 호스와 연결하는 소화전의 연결금속구의 구경은 65mm로 할 것 |
| 급수탑 | • 급수배관의 구경은 100mm 이상으로 하고, 개폐밸브는 지상에서 1.5~1.7m 이하의 위치에 설치하도록 할 것 |
| **저**수조 | • 지면으로부터의 **낙**차가 4.5m 이하일 것<br>• 흡수부분의 **수**심이 0.5m 이상일 것<br>• 소방펌프자동차가 **쉽**게 접근할 수 있도록 할 것<br>• 흡수에 지장이 없도록 토사 및 쓰레기 등을 **제**거할 수 있는 설비를 갖출 것<br>• 흡수관의 **투**입구가 사각형의 경우에는 한 변의 길이가 60cm 이상, 원형의 경우에는 지름이 60cm 이상일 것<br>• 저수조에 물을 공급하는 방법은 상수도에 연결하여 **자**동으로 **급**수되는 구조일 것<br>기억법 저낙수 쉽제 투자급 |

## ❷ 소화용수설비의 종합점검(소방시설 자체점검사항 등에 관한 고시 〔별지 제4호 서식〕)

| 구 분 | 점검항목 | |
|---|---|---|
| 소화수조 및 저수조 | 수원 | 수원의 유효수량 적정 여부 |
| | 흡수관투입구 | ① 소방차 접근 용이성 적정 여부<br>❷ **크기** 및 **수량** 적정 여부<br>③ "**흡수관투입구**" 표지 설치 여부 |
| | 채수구 | ① 소방차 접근 용이성 적정 여부<br>❷ **결합금속구** 구경 적정 여부<br>❸ **채수구** 수량 적정 여부<br>④ 개폐밸브의 조작 용이성 여부 |
| | 가압송수장치 | ① 기동스위치 **채수구** 직근 설치 여부 및 정상작동 여부<br>② "**소화용수설비펌프**" 표지 설치상태 적정 여부<br>❸ 동결방지조치 상태 적정 여부<br>❹ 토출측 **압력계**, 흡입측 **연성계** 또는 **진공계** 설치 여부<br>⑤ 성능시험배관 적정 설치 및 정상작동 여부<br>⑥ 순환배관 설치 적정 여부<br>❼ 물올림장치 설치 적정(전용 여부, 유효수량, 배관구경, 자동급수) 여부<br>⑧ 내연기관방식의 펌프 설치 적정(제어반 기동, 채수구 원격조작, 기동표시등 설치, 축전지 설비) 여부 |
| 상수도 소화용수설비 | ① 소화전 위치 적정 여부<br>② 소화전 관리상태(변형·손상 등) 및 방수 원활 여부 | |
| 비고 | ※ 특정소방대상물의 위치·구조·용도 및 소방시설의 상황 등이 이 표의 항목대로 기재하기 곤란하거나 이 표에서 누락된 사항을 기재한다. | |

※ "●"는 종합점검의 경우에만 해당

비교

**소화용수설비의 작동점검**(소방시설 자체점검사항 등에 관한 고시 〔별지 제4호 서식〕)

| 구 분 | 점검항목 | |
|---|---|---|
| 소화수조 및 저수조 | 수원 | 수원의 유효수량 적정 여부 |
| | 흡수관투입구 | ① 소방차 접근 용이성 적정 여부<br>② "**흡수관투입구**" 표지 설치 여부 |

*** 소방용수시설 저수조의 설치기준(소방기본법 시행규칙 [별표 3])**
① 지면으로부터의 낙차가 4.5m 이하일 것
② 흡수부분의 수심이 0.5m 이상일 것
③ 소방펌프자동차가 쉽게 접근할 수 있도록 할 것
④ 흡수에 지장이 없도록 토사 및 쓰레기 등을 제거할 수 있는 설비를 갖출 것
⑤ 흡수관의 투입구가 사각형의 경우에는 한 변의 길이가 60cm 이상, 원형의 경우에는 지름이 60cm 이상일 것
⑥ 저수조에 물을 공급하는 방법은 상수도에 연결하여 자동으로 급수되는 구조일 것

*** 소화용수설비 흡수관투입구의 작동점검 내용**
① 소방차 접근 용이성 적정 여부
② "흡수관투입구" 표지 설치 여부

<table>
<tr><td rowspan="2">소화수조 및 저수조</td><td>채수구</td><td>① 소방차 접근 용이성 적정 여부<br>② 개폐밸브의 조작 용이성 여부</td></tr>
<tr><td>가압송수장치</td><td>① 기동스위치 채수구 직근 설치 여부 및 정상작동 여부<br>② "소화용수설비펌프" 표지 설치상태 적정 여부<br>③ 성능시험배관 적정 설치 및 정상작동 여부<br>④ 순환배관 설치 적정 여부<br>⑤ 물올림장치 설치 적정(전용 여부, 유효수량, 배관구경, 자동급수) 여부<br>⑥ 내연기관방식의 펌프 설치 적정(제어반 기동, 채수구 원격조작, 기동표시등 설치, 축전지 설비) 여부</td></tr>
<tr><td>상수도 소화용수설비</td><td colspan="2">① 소화전 위치 적정 여부<br>② 소화전 관리상태(변형·손상 등) 및 방수 원활 여부</td></tr>
<tr><td>비고</td><td colspan="2">※ 특정소방대상물의 위치·구조·용도 및 소방시설의 상황 등이 이 표의 항목대로 기재하기 곤란하거나 이 표에서 누락된 사항을 기재한다.</td></tr>
</table>

## 17 건축물의 방화 및 피난시설

### 1 용어의 정의(초고층재난관리법 제2조)

| 초고층 건축물 | 지하연계 복합건축물 |
|---|---|
| 층수가 **50층** 이상 또는 높이가 **200m** 이상인 건축물 | 층수가 **11층** 이상이거나 1일 수용인원이 **5000명** 이상인 건축물로서 지하부분이 지하역사 또는 지하도상가와 연결된 건축물로서 건축물 안에 문화 및 집회 시설, 판매시설, 운수시설, 업무시설, 숙박시설, 위락시설 중 유원시설업의 시설 또는 대통령령으로 정하는 용도의 시설이 하나 이상 있는 건축물 |

**※ 지하연계 복합건축물의 정의**
층수가 11층 이상이거나 1일 수용인원이 5000명 이상인 건축물로서 지하부분이 지하역사 또는 지하도상가와 연결된 건축물로서 건축물 안에 문화 및 집회 시설, 판매시설, 운수시설, 업무시설, 숙박시설, 위락시설 중 유원시설업의 시설 또는 대통령령으로 정하는 용도의 시설이 하나 이상 있는 건축물

### 2 피난안전구역

#### ① 피난안전구역 설치기준(초고층재난관리법 시행령 제14조)

| 초고층 건축물 | 16층 이상 29층 이하인 지하연계 복합건축물 |
|---|---|
| 피난층 또는 지상으로 통하는 직통계단과 직접 연결되는 피난안전구역(건축물의 피난·안전을 위하여 건축물 중간층에 설치하는 대피공간)을 지상층으로부터 최대 30개 층마다 1개소 이상 설치 | 지상층별 거주밀도가 1.5명/$m^2$를 초과하는 층은 해당층의 사용형태별 면적의 합의 $\frac{1}{10}$에 해당하는 면적을 피난안전구역으로 설치 |

#### ② 피난안전구역에 설치하여야 하는 설비(초고층재난관리법 시행령 제14조)

| 피난안전구역의 설치설비 | 종 류 |
|---|---|
| 소화설비 | • 소화기구(소화기 및 간이소화용구만 해당)<br>• 옥내소화전설비<br>• 스프링클러설비 |
| 경보설비 | • 자동화재탐지설비 |

**※ 피난안전구역에 설치하여야 하는 소화설비**
① 소화기구(소화기 및 간이소화용구만 해당)
② 옥내소화전설비
③ 스프링클러설비

| | |
|---|---|
| 피난구조설비 | • **방**열복<br>• **공**기호흡기(보조마스크 포함)<br>• **인**공소생기<br>• 피난유도**선**(피난안전구역으로 통하는 직통계단 및 특별피난계단 포함)<br>• 비상**조**명등 및 휴대용 비상조명등<br>• 피난안전구역으로 피난을 유도하기 위한 **유**도등·유도표지 |
| 소화활동설비 | • **제**연설비<br>• **무**선통신보조설비 |

**기억법** **피안소옥스, 경탐, 방공인선조유, 무제**

③ **피난안전구역 면적 산정기준**(초고층재난관리법 시행령 〔별표 2〕)

| 지하층이 하나의 용도로 사용되는 경우 | 지하층이 둘 이상의 용도로 사용되는 경우 |
|---|---|
| **피난안전구역 면적=(수용인원×0.1)×0.28m²** | **피난안전구역 면적=(사용형태별 수용인원의 합×0.1)×0.28m²** |

**비교**

**수용인원**의 **산정기준**(소방시설법 시행령 〔별표 7〕)

(1) 숙박시설이 있는 특정소방대상물

| 특정소방대상물 | | 산정방법 |
|---|---|---|
| 숙박시설 | **침**대가 **있**는 경우 | 해당 특정소방대상물의 **종**사자수+침대수<br>(2인용 침대는 2인으로 산정) |
| | 침대가 **없**는 경우 | 해당 특정소방대상물의 종사자수+ $\frac{\text{숙박시설 바닥면적 합계}}{3\text{m}^2}$ |

**기억법** **침있종없3**

(2) 숙박시설이 없는 특정소방대상물

| 특정소방대상물 | 산정방법 |
|---|---|
| • **강**의실·교무실·상담실·실습실·휴게실 | $\frac{\text{해당 용도로 사용하는 바닥면적 합계}}{1.9\text{m}^2}$ |
| • **기**타 | $\frac{\text{해당 용도로 사용하는 바닥면적 합계}}{3\text{m}^2}$ |
| • 강**당**<br>• 문화 및 집회 시설, 운동시설<br>• 종교시설 | $\frac{\text{해당 용도로 사용하는 바닥면적 합계}}{4.6\text{m}^2}$<br>(고정식 의자를 설치한 관람석 : 해당 부분의 의자수로 하고, 긴 의자의 경우에는 의자의 정면너비를 **0.45m**로 나누어 얻은 수) |

**기억법** **강19 기3 당46**

[비고] 1. 위 표에서 바닥면적을 산정하는 때는 복도(준불연재료 이상의 것을 사용하여 바닥에서 천장까지 벽으로 구획한 것)·계단 및 화장실의 바닥면적 제외

2. 계산결과 1 미만의 소수는 **반올림**

NOTE

**※ 피난안전구역에 설치하여야 하는 피난구조설비**

① 방열복
② 공기호흡기(보조마스크 포함)
③ 인공소생기
④ 피난유도선(피난안전구역으로 통하는 직통계단 및 특별피난계단 포함)
⑤ 비상조명등 및 휴대용 비상조명등
⑥ 피난안전구역으로 피난을 유도하기 위한 유도등·유도표지

## 3 종합방재실의 설치기준(초고층재난관리법 시행규칙 제7조)

① **종합방재실**의 **개수** : **1개**[단, 100층 이상인 초고층 건축물 등(공동주택 제외)의 관리주체는 종합방재실이 그 기능을 상실하는 경우에 대비하여 종합방재실을 추가로 설치하거나, 관계지역 내 다른 종합방재실에 보조 종합재난관리체제를 구축하여 재난관리업무가 중단되지 아니하도록 할 것]

② **종합방재실**의 **위치**

㉠ **1층** 또는 **피난층**(단, 초고층 건축물 등에 특별피난계단이 설치되어 있고, 특별피난계단 출입구로부터 5m 이내에 종합방재실을 설치하려는 경우에는 2층 또는 지하 1층에 설치할 수 있으며, 공동주택의 경우에는 관리사무소 내에 설치 가능)

㉡ **비상용 승강장**, **피난전용 승강장** 및 **특별피난계단**으로 이동하기 쉬운 곳

㉢ **재**난정보 수집 및 제공, 방재활동의 거점역할을 할 수 있는 곳

㉣ **소방대**가 쉽게 도달할 수 있는 곳

㉤ **화재** 및 **침수** 등으로 인하여 피해를 입을 우려가 적은 곳

> 기억법 종1(종일) 특승(특성) 재대화

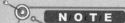

※ 종합방재실의 위치 기준
① 1층 또는 피난층(단, 초고층 건축물 등에 특별피난계단이 설치되어 있고, 특별피난계단 출입구로부터 5m 이내에 종합방재실을 설치하려는 경우에는 2층 또는 지하 1층에 설치할 수 있으며, 공동주택의 경우에는 관리사무소 내에 설치 가능)
② 비상용 승강장, 피난전용 승강장 및 특별피난계단으로 이동하기 쉬운 곳
③ 재난정보 수집 및 제공, 방재활동의 거점역할을 할 수 있는 곳
④ 소방대가 쉽게 도달할 수 있는 곳
⑤ 화재 및 침수 등으로 인하여 피해를 입을 우려가 적은 곳

③ **종**합방재실의 **구**조 및 면적

㉠ **다**른 부분과 방화구획으로 설치할 것. 단, 다른 제어실 등의 감시를 위하여 두께 7mm 이상의 망입유리(두께 16.3mm 이상의 접합유리 또는 두께 28mm 이상의 복층유리 포함)로 된 $4m^2$ 미만의 붙박이창을 설치

㉡ **인**력의 대기 및 휴식 등을 위하여 종합방재실과 방화구획된 부속실 설치

㉢ 면적은 **20**$m^2$ 이상으로 할 것

㉣ **재**난 및 안전관리, 방범 및 보안, 테러예방을 위하여 필요한 시설·장비의 설치와 근무인력의 재난 및 안전관리활동, 재난발생시 소방대원의 지휘활동에 지장이 없도록 설치

㉤ **출**입문에는 **출입제한** 및 **통제장치**를 갖출 것

> 기억법 종구다 인20재출(제출)

④ **종**합방재실의 **설**비 등

㉠ **조**명설비(예비전원 포함) 및 급수·배수설비

㉡ **상**용전원과 예비전원의 공급을 자동 또는 수동으로 전환하는 설비

㉢ **급**기·배기설비 및 냉난방설비

㉣ **전**력공급상황 확인시스템

㉤ **공**기조화·냉난방·소방·승강기 설비의 감시 및 제어시스템

㉥ **자**료저장시스템

㉦ **지**진계 및 풍향·풍속계

㉧ **소**화**장**비 보관함 및 **무**정전 전원공급장치

㉨ **피**난**안**전구역, 피난용 승강기 **승**강장 및 **테**러 등의 감시와 방범보안을 위한 폐쇄회로 텔레비전(CCTV)

NOTE

**기억법** 조상 급전 공자 지소장무 피안승테 종설

## 4 내화구조의 기준(건축물방화구조규칙 제3조)

| 내화구분 | | 기 준 |
|---|---|---|
| 벽 | 모든 벽 | ① 철근콘크리트조 또는 **철**골철근**콘**크리트조로서 두께가 **10**cm 이상인 것<br>② 골구를 **철골**조로 하고 그 양면을 두께 **4**cm 이상의 **철망** 모르타르로 덮은 것<br>③ 두께 **5**cm 이상의 콘크리트 **블록**·벽돌 또는 석재로 덮은 것<br>④ 철재로 보강된 콘크리트 블록조·벽돌조 또는 **석**조로서 철재에 덮은 콘크리트블록의 두께가 **5**cm 이상인 것<br>⑤ **벽**돌조로서 두께가 **19**cm 이상인 것<br>⑥ 고온·고압의 증기로 양생된 **경량**기포 콘크리트패널 또는 경량기포 콘크리트블록조로서 두께가 **10**cm 이상인 것<br>**기억법** 철콘10, 철골 4철망, 5블록, 5석(보석), 19벽, 10경량 |
| | 외벽 중 비내력벽 | ① 철근콘크리트조 또는 철골철근콘크리트조로서 두께가 7cm 이상인 것<br>② 골구를 철골조로 하고 그 양면을 두께 3cm 이상의 철망 모르타르로 덮은 것<br>③ 두께 4cm 이상의 콘크리트 블록·벽돌 또는 석재로 덮은 것<br>④ 철재로 보강된 콘크리트 블록조·벽돌조 또는 석조로서 철재에 덮은 콘크리트블록 등의 두께가 4cm 이상인 것<br>⑤ 무근콘크리트조·콘크리트 블록조·벽돌조 또는 석조로서 그 두께가 7cm 이상인 것 |
| 기둥 (작은 지름이 25cm 이상인 것) | | ① 철근콘크리트조 또는 철골철근콘크리트조<br>② 철골을 두께 6cm 이상의 철망 모르타르로 덮은 것<br>③ 두께 7cm 이상의 콘크리트 블록·벽돌 또는 석재로 덮은 것<br>④ 철골을 두께 5cm 이상의 콘크리트로 덮은 것 |
| 바닥 | | ① 철근콘크리트조 또는 철골철근콘크리트조로서 두께가 10cm 이상인 것<br>② 철재로 보강된 콘크리트 블록조·벽돌조 또는 석조로서 철재에 덮은 콘크리트블록 등의 두께가 5cm 이상인 것<br>③ 철재의 양면을 두께 5cm 이상의 철망 모르타르 또는 콘크리트로 덮은 것 |
| 보 (지붕틀 포함) | | ① 철근콘크리트조 또는 철골철근콘크리트조<br>② 철골을 두께 6cm 이상의 철망 모르타르로 덮은 것<br>③ 두께 5cm 이상의 콘크리트로 덮은 것<br>④ 철골조의 지붕틀로서 바로 아래에 반자가 없거나 **불연재료**로 된 반자가 있는 것 |
| 지붕 | | ① 철근콘크리트조 또는 철골철근콘크리트조<br>② 철재로 보강된 콘크리트 블록조·벽돌조 또는 석조<br>③ 철재로 보강된 유리블록 또는 망입유리로 된 것 |
| 계단 | | ① 철근콘크리트조 또는 철골철근콘크리트조<br>② 무근콘크리트조·콘크리트 블록조·벽돌조 또는 석조<br>③ 철재로 보강된 콘크리트 블록조·벽돌조 또는 석조<br>④ 철골조 |

**✻ 내화구조의 기둥(작은 지름이 25cm 이상인 것)기준**
① 철근콘크리트조 또는 철골철근콘크리트조
② 철골을 두께 6cm 이상의 철망 모르타르로 덮은 것
③ 두께 7cm 이상의 콘크리트 블록·벽돌 또는 석재로 덮은 것
④ 철골을 두께 5cm 이상의 콘크리트로 덮은 것

**✻ 내화구조의 지붕 기준**
① 철근콘크리트조 또는 철골철근콘크리트조
② 철재로 보강된 콘크리트 블록조·벽돌조 또는 석조
③ 철재로 보강된 유리블록 또는 망입유리로 된 것

NOTE

## 5 방화구조의 기준(건축물방화구조규칙 제4조)

| 구조내용 | 기 준 |
|---|---|
| • 철망 모르타르 바르기 | 바름두께가 2cm 이상인 것 |
| • 석고판 위에 시멘트 모르타르 또는 회반죽을 바른 것<br>• 시멘트 모르타르 위에 타일을 붙인 것 | 두께의 합계가 2.5cm 이상인 것 |
| • 심벽에 흙으로 맞벽치기한 것 | 그대로 모두 인정됨 |
| • 한국산업표준이 정하는 바에 따라 시험한 결과 방화 2급 이상에 해당하는 것 | – |

기억법 방철망2, 석시회25시타, 심

## 6 방화구획의 기준(건축령 제46조, 건축물방화구조규칙 제14조)

| 대상건축물 | 대상규모 | 층 및 구획방법 | | 구획부분의 구조 |
|---|---|---|---|---|
| 주요 구조부가 내화구조 또는 불연재료로 된 건축물 | 연면적 $1000m^2$ 넘는 것 | • 10층 이하 | • 바닥면적 $1000m^2$ 이내마다 | • 내화구조로 된 바닥 · 벽<br>• 60분+방화문, 60분 방화문<br>• 자동방화셔터 |
| | | • 매 층마다 | 다만, 지하 1층에서 지상으로 직접 연결하는 경사로 부위는 제외 | |
| | | • 11층 이상 | • 바닥면적 $200m^2$ 이내마다 (실내마감을 불연재료로 한 경우 $500m^2$ 이내마다) | |

• 스프링클러, 기타 이와 유사한 자동식 소화설비를 설치한 경우 바닥면적은 위의 **3배** 면적으로 산정한다.
• **필로티**나 그 밖의 비슷한 구조의 부분을 주차장으로 사용하는 경우 그 부분은 건축물의 다른 부분과 구획할 것

## 7 방화벽 · 방화문

### ① 방화벽의 기준(건축령 제57조, 건축물방화구조규칙 제21조)

| 구 분 | 내 용 |
|---|---|
| 대상 건축물 | • 주요구조부가 내화구조 또는 불연재료가 아닌 연면적 $1000m^2$ 이상인 건축물 |
| 구획단지 | • 연면적 $1000m^2$ 미만마다 구획 |
| 방화벽의 구조 | • 내화구조로서 홀로 설 수 있는 구조일 것<br>• 방화벽의 양쪽 끝과 위쪽 끝을 건축물의 외벽면 및 지붕면으로부터 0.5m 이상 튀어나오게 할 것<br>• 방화벽에 설치하는 출입문의 너비 및 높이는 각각 2.5m 이하로 하고 이에 **60분+방화문** 또는 **60분 방화문**을 설치할 것 |

### ② 방화문의 구조(건축령 제64조, 건축물방화구조규칙 제26조)

| 60분+방화문 | 60분 방화문 | 30분 방화문 |
|---|---|---|
| 연기 및 불꽃을 차단할 수 있는 시간이 60분 이상이고, 열을 차단할 수 있는 시간이 30분 이상인 방화문 | 연기 및 불꽃을 차단할 수 있는 시간이 60분 이상인 방화문 | 연기 및 불꽃을 차단할 수 있는 시간이 30분 이상 60분 미만인 방화문 |

**＊ 60분+방화문, 60분 방화문**
예전에는 '갑종방화문'이라 불렀다.

**＊ 30분 방화문**
예전에는 '을종방화문'이라 불렀다.

NOTE

※ 지하층의 비상탈출구 설치기준
★꼭 기억하세요★

## 8 지하층의 비상탈출구 설치기준(건축물방화구조규칙 제25조 제②항)

| 구 분 | 구조기준 |
|---|---|
| ① **크**기 | 너비 0.**75**m, 높이 **1.5**m 이상 |
| ② **문** | **피**난방향으로 열리도록 하고 실내에서 항상 열 수 있는 구조로 하며 내부 및 외부에는 **비상탈출구**의 **표지** 설치 |
| ③ **위**치 | 출입구로부터 **3**m 이상 떨어진 곳에 설치 |
| ④ **사**다리 | 바닥으로부터 비상탈출구의 아랫부분까지의 높이가 **1.2**m 이상인 경우 발판의 너비가 **20**cm 이상인 **사다리** 설치 |
| ⑤ 비상탈출구 및 피난통로 | 비상탈출구는 피난층 또는 지상으로 통하는 복도나 직통계단에 직접 접하거나 통로 등으로 연결될 수 있도록 설치하여야 하며, 피난층 또는 지상으로 통하는 복도나 직통계단까지 이르는 피난통로의 유효너비는 0.**75**m 이상으로 하고, 피난통로의 실내에 접하는 부분의 마감과 그 바탕은 **불연재료**로 할 것 |
| ⑥ **장**애물 제거 | 비상탈출구의 진입부분 및 피난통로에는 통행에 지장이 있는 물건을 방치하거나 시설물 설치 금지 |
| ⑦ 비상탈출구의 유도등과 피난통로의 비상조명등의 설치 | 소방법령이 정하는 바에 의할 것 |

**기억법** **크7515, 문피탈, 위3(위상), 사1220, 75불, 장**

**비교**

**지하층의 구조**(건축물방화구조규칙 제25조 제①항)

| 구 분 | 규 모 | 구조기준 |
|---|---|---|
| 비상탈출구 환기통 | 바닥면적 50m² 이상인 층 | 직통계단 이외 **피난층** 또는 지상으로 통하는 **비상탈출구** 및 **환기통** 설치(단, **직통계단 2개소** 이상 설치시 **제외**) |
| 피난계단 또는 특별피난계단 | 바닥면적 1000m² 이상인 층 | 방화구획으로 구획되는 각 부분마다 **1개소** 이상 **피난층** 또는 지상으로 통하는 **피난계단** 또는 **특별피난계단** 설치 |
| 환기설비 | 거실의 바닥면적 1000m² 이상인 층 | **환기설비** 설치 |
| 급수전 | 지하층의 바닥면적 300m² 이상인 층 | 식수공급을 위한 **급수전**을 **1개소** 이상 설치할 것 |

[비고] 1. 거실의 바닥면적이 $50m^2$ 이상인 층에는 직통계단 외에 피난층 또는 지상으로 통하는 비상탈출구 및 환기통을 설치할 것(단, 직통계단이 2개소 이상 설치되어 있는 경우는 제외).

2. 제2종 근린생활시설 중 공연장・단란주점・당구장・노래연습장, 문화 및 집회 시설 중 예식장・공연장, 수련시설 중 생활권수련시설・자연권수련시설, 숙박시설 중 여관・여인숙, 위락시설 중 단란주점・유흥주점 또는 다중이용업의 용도에 쓰이는 층으로서 그 층 거실의 바닥면적 합계가 50m² 이상인 건축물에는 직통계단을 2개소 이상 설치할 것
3. 바닥면적이 1000m² 이상인 층에는 피난층 또는 지상으로 통하는 직통계단을 방화구획으로 구획되는 각 부분마다 1개소 이상 설치하되, 이를 피난계단 또는 특별피난계단의 구조로 할 것
4. 거실의 바닥면적의 합계가 1000m² 이상인 층에는 환기설비를 설치할 것
5. 지하층의 바닥면적이 300m² 이상인 층에는 식수공급을 위한 급수전을 1개소 이상 설치할 것

## 9 비상용 승강기

※ **비상용 승강기를 설치하지 아니할 수 있는 건축물(건축물설비기준규칙 제9조)**
★꼭 기억하세요★

① **비상용 승강기를 설치하지 아니할 수 있는 건축물**(건축물설비기준규칙 제9조)

㉠ 높이 31m를 넘는 각 층을 **거실 외**의 용도로 쓰는 건축물

㉡ 높이 31m를 넘는 각 층의 **바닥면적** 합계가 500m² 이하인 건축물

㉢ 높이 31m를 넘는 층수가 **4개층** 이하로서 당해 각 층의 바닥면적의 합계 200m²(벽 및 반자가 실내에 접하는 부분의 마감을 불연재료로 한 경우에는 500m²) 이내마다 방화구획으로 구획된 건축물

② **비상용 승강기의 승강장 구조**(건축물설비기준규칙 제10조)

㉠ 승강장의 창문・출입구, 기타 개구부를 제외한 부분은 당해 건축물의 다른 부분과 내화구조의 바닥 및 벽으로 구획할 것(단, 공동주택의 경우에는 승강장과 특별피난계단의 부속실과의 겸용 부분을, 특별피난계단의 계단실과 별도로 구획하는 때에는 승강장을 특별피난계단의 부속실과 겸용 가능)

㉡ 승강장은 각 층의 내부와 연결될 수 있도록 하되, 그 출입구(승강로의 출입구 제외)에는 **60분+방화문** 또는 **60분 방화문**을 설치할 것(단, 피난층에는 **60분+방화문** 또는 **60분 방화문** 설치 제외가능)

㉢ 노대 또는 외부를 향하여 열 수 있는 **창문**이나 **배연설비**를 설치할 것

㉣ 벽 및 반자가 실내에 접하는 부분의 마감재료(마감을 위한 바탕 포함)는 **불연재료**로 할 것

㉤ 채광이 되는 창문이 있거나 **예비전원**에 의한 **조명설비**를 할 것

㉥ 승강장의 바닥면적은 **비상용 승강기 1대**에 대하여 6m² 이상으로 할 것(단, 옥외에 승강장을 설치하는 경우는 제외)

㉦ 피난층이 있는 승강장의 출입구(승강장이 없는 경우에는 승강로의 출입구)로부터 도로 또는 공지(공원・광장, 기타 이와 유사한 것으로서 피난 및 소화를 위한 당해 대지의 출입에 지장이 없는 것)에 이르는 거리가 30m 이하일 것

㉧ 승강장 출입구 부근의 잘 보이는 곳에 당해 승강기가 비상용 승강기임을 알 수 있는 **표지**를 할 것

NOTE

▮비상용 **승**강기의 승강장 구조기준▮

| 구 분 | 구조기준 |
|---|---|
| **구**획 | 승강장은 개구부 등을 제외하고는 해당 건축물의 다른 부분과 **내화구조**의 바닥 및 벽으로 구획 |
| **출**입문 | 각 층의 내부와 연결될 수 있도록 하되 그 출입구(승강로의 출입구 제외)에는 **60분+방화문** 또는 **60분 방화문**을 설치(단, 피난층에는 **60분+방화문** 또는 **60분 방화문** 설치 제외 가능) |
| **배**연설비 | 노대 또는 외부를 향하여 열 수 있는 창이나 배연설비 설치 |
| **내**장재 | 벽 및 반자가 실내에 면하는 부분의 마감재료는 **불연재료**로 설치 |
| **조**명 | **채광**이 되는 **창**이 있거나 예비전원에 따른 **조명설비** 설치 |
| **면**적 | 바닥면적은 비상용 승강기 1대에 대하여 **6m²** 이상(옥외에 설치하는 경우 제외) |
| **보**행거리 | 피난층에 있는 승강장의 출입구(승강장이 없는 경우에는 승강로의 출입구)로부터 도로 또는 공지(공원·광장, 기타 이와 유사한 것으로서 피난 및 소화를 위한 해당 대지의 출입에 지장이 없는 것)에 이르는 거리는 **30m** 이하 |
| **표**지 | 승강장 출입구 부근의 잘 보이는 곳에 비상용 승강기임을 알 수 있는 표지 설치 |

기억법 **구출보조 내배승표면**

중요

**비상용 승강기**의 **승강로 구조**(건축물설비기준규칙 제10조)
(1) 승강로는 당해 건축물의 다른 부분과 내화구조로 구획할 것
(2) 각 층으로부터 피난층까지 이르는 승강로를 단일구조로 연결하여 설치할 것

※ 비상용 승강기의 승강로 구조(건축물설비기준규칙 제10조)
★꼭 기억하세요★

# 제3장 소방전기시설의 점검

NOTE

## 1 자동화재탐지설비

### ① 자동화재탐지설비 P형 수신기의 시험(성능시험)

| 시험 종류 | 시험방법(작동시험방법) | 가부판정기준(확인사항) |
|---|---|---|
| **화**재**표**시 작동시험 | ① 회로**선**택스위치로서 실행하는 시험 : 동작시험스위치를 눌러서 스위치주의등의 점등을 확인한 후 회로선택스위치를 차례로 회전시켜 **1회로**마다 화재시의 작동시험을 행할 것<br>② **감**지기 또는 **발**신기의 작동시험과 함께 행하는 방법 : 감지기 또는 발신기를 차례로 작동시켜 경계구역과 지구표시등과의 접속상태를 확인할 것<br>기억법 **화표선발감** | ① 각 **릴레이**(relay)의 작동<br>② **화재표시등**, **지구표시등**, 그 밖의 표시장치의 점등(램프의 단선도 함께 확인할 것)<br>③ **음향장치** 작동확인<br>④ **감지기회로** 또는 **부속기기회로**와의 연결접속이 정상일 것 |
| 회로**도**통시험 | **목적** : **감지기회로**의 **단선**의 **유무**와 기기 등의 접속상황을 확인<br>① **도**통시험스위치를 누른다.<br>② 회로**선**택스위치를 차례로 회전시킨다.<br>③ 각 회선별로 **전**압계의 전압을 확인한다(단, 발광다이오드로 그 정상유무를 표시하는 것은 발광다이오드의 점등유무를 확인).<br>④ **종**단저항 등의 접속상황을 조사한다.<br>기억법 **도단도선전종** | 각 회선의 **전압계**의 **지시치** 또는 발광다이오드(LED)의 점등유무 상황이 정상일 것 |
| **공**통선시험 (단, 7회선 이하는 제외) | **목적** : 공통선이 담당하고 있는 **경**계구역의 적정여부 확인<br>① 수신기 내 접속단자의 회로**공**통선을 1선 제거한다.<br>② 회로도통시험의 예에 따라 **도**통시험 스위치를 누르고, 회로선택스위치를 차례로 회전시킨다.<br>③ **전**압계 또는 **발**광다이오드를 확인하여 '**단선**'을 지시한 경계구역의 회선수를 조사한다.<br>기억법 **공경공도 전발선** | 공통선이 담당하고 있는 경계구역수가 **7 이하**일 것 |
| **예**비전원시험 | **목적** : 상용전원 및 비상전원이 사고 등으로 정전된 경우, 자동적으로 예비전원으로 절환되며, 또한 정전복구시에 자동적으로 상용전원으로 절환되는지의 여부 확인 | ① 예비전원의 **전압**<br>② 예비전원의 **용량**<br>③ 예비전원의 **절환상황**<br>④ 예비전원의 **복구작동**이 정상일 것 |

✽ **회로도통시험의 목적 및 시험방법**

① 목적 : 감지기회로의 **단**선의 유무와 기기 등의 접속상황을 확인
② 시험방법
㉠ **도**통시험스위치를 누른다.
㉡ 회로**선**택스위치를 차례로 회전시킨다.
㉢ 각 회선별로 **전**압계의 전압을 확인한다(단, 발광다이오드로 그 정상유무를 표시하는 것은 발광다이오드의 점등유무를 확인).
㉣ **종**단저항 등의 접속상황을 조사한다.

기억법
**도단도선전종**

NOTE

| | | |
|---|---|---|
| 예비전원시험 | ① 예비전원스위치를 누른다.<br>② 전압계의 지시치가 지정치의 범위 내에 있을 것(단, 발광다이오드로 그 정상유무를 표시하는 것은 발광다이오드의 정상 점등유무를 확인)<br>③ 교류전원을 개로(상용전원을 차단)하고 자동절환릴레이의 작동상황을 조사한다.<br>기억법 예예전교자 | |
| 동시작동시험<br>(단, 1회선은 제외) | **목적** : 감지기회로가 동시에 수회선 작동하더라도 수신기의 기능에 이상이 없는가의 여부 확인<br>① 주전원에 의해 행한다.<br>② 각 회선의 화재작동을 복구시키는 일이 없이 **5회선**(5회선 미만은 전회선)을 동시에 작동시킨다.<br>③ ②의 경우 주음향장치 및 지구음향장치를 작동시킨다.<br>④ 부수신기와 표시기를 함께 하는 것에 있어서는 이 모두를 작동상태로 하고 행한다.<br>기억법 동주5 | 각 회선을 동시 작동시켰을 때<br>① **수신기**의 이상유무<br>② **부수신기**의 이상유무<br>③ **표시장치**의 이상유무<br>④ **음향장치**의 이상유무<br>⑤ **화재**시 **작동**을 정확하게 계속하는 것일 것 |
| 지구음향장치 작동시험 | **목적** : 화재신호와 연동하여 음향장치의 정상작동여부 확인<br>① 임의의 감지기 및 발신기 등을 작동시킨다. | ① 감지기를 작동시켰을 때 수신기에 연결된 해당 지구음향장치가 작동하고 **음량**이 **정상**적이어야 한다.<br>② 음량은 음향장치의 중심에서 1m 떨어진 위치에서 90dB 이상일 것 |
| 회로저항시험 | **목적** : 감지기회로의 **1회선**의 선로저항치가 수신기의 기능에 이상을 가져오는지의 여부를 다음에 따라 확인할 것<br>① 저항계 또는 테스터(tester)를 사용하여 감지기회로의 공통선과 표시선(회로선) 사이의 전로에 대해 측정한다.<br>② 항상 개로식인 것에 있어서는 회로의 말단을 도통상태로 하여 측정한다. | 하나의 감지기회로의 합성저항치는 50Ω 이하로 할 것 |
| 저전압시험 | **목적** : 교류전원전압을 정격전압의 80% 전압으로 가하여 동작에 이상이 없는지를 확인할 것<br>① 자동화재탐지설비용 전압시험기 또는 가변저항기 등을 사용하여 교류전원전압을 정격전압의 80%의 전압으로 실시한다.<br>② 축전지설비인 경우에는 축전지의 단자를 절환하여 정격전압의 80%의 전압으로 실시한다.<br>③ **화재표시작동시험**에 준하여 실시한다. | **화재신호**를 **정상**적으로 수신할 수 있을 것 |

❋ 예비전원시험
★꼭 기억하세요★

❋ 동시작동시험
★꼭 기억하세요★

NOTE

| | | |
|---|---|---|
| **비**상전원시험 | **목적** : 상용전원이 정전되었을 때 자동적으로 비상전원(비상전원수전설비 제외)으로 절환되는지의 여부를 다음에 따라 확인할 것<br>① 비상전원으로 **축전지설비**를 사용하는 것에 대해 행한다.<br>② 충전용 전원을 개로의 상태로 하고 **전압계**의 지시치가 적정한가를 확인한다(단, **발광다이오드**로 그 정상유무를 표시하는 것은 발광다이오드의 정상 점등유무를 확인)<br>③ 화재표시작동시험에 준하여 시험한 경우, **전압계**의 지시치가 정격전압의 **80%** 이상임을 확인한다(단, **발광다이오드**로 그 정상유무를 표시하는 것은 발광다이오드의 정상 점등유무를 확인) | 비상전원의 전압, 용량, 절환상황, 복구작동이 정상이어야 할 것 |

**기억법** 도표공동 예저비지

## 2 서미스터의 종류

| 소 자 | 설 명 |
|---|---|
| **N**TC | 화재시 온도 상승으로 인해 저항값이 **감소**하는 반도체소자<br>**기억법** N감(**인감**) |
| PTC | 온도 상승으로 인해 저항값이 **증가**하는 반도체소자 |
| CTR | 특정 온도에서 저항값이 **급격히 감소**하는 반도체소자 |

## 3 R형 수신기의 특징

* R형 수신기와 같은 의미
다중전송방식

① **선로수**가 적어 경제적이다.
② **선로길이**를 길게 할 수 있다.
③ **증설** 또는 **이설**이 비교적 쉽다.
④ **화재발생지구**를 선명하게 **숫**자로 표시할 수 있다.
⑤ **신호**의 **전달**이 확실하다.

**기억법** 수길이 숫신(**수신**)

## 4 교차회로방식 vs 토너먼트방식

* 교차회로방식 적용설비
① 분말소화설비
② 할론소화설비
③ 이산화탄소 소화설비
④ 준비작동식 스프링클러설비
⑤ 일제살수식 스프링클러설비
⑥ 부압식 스프링클러설비
⑦ 할로겐화합물 및 불활성기체 소화설비

① **교차회로방식**

| 구 분 | 설 명 |
|---|---|
| 정의 | 하나의 담당구역 내에 **2 이상**의 화재감지기회로를 설치하고 인접한 2 이상의 **화재감지기**가 동시에 감지되는 때에 설비가 개방·작동하는 방식 |
| 적용설비 | ① **분**말소화설비<br>② **할**론소화설비<br>③ **이**산화탄소 소화설비<br>④ **준**비작동식 스프링클러설비<br>⑤ **일**제살수식 스프링클러설비<br>⑥ **부**압식 스프링클러설비<br>⑦ **할**로겐화합물 및 불활성기체 소화설비<br>**기억법** 분할이 준일부할 |

NOTE

| | |
|---|---|
| 설치 예 | 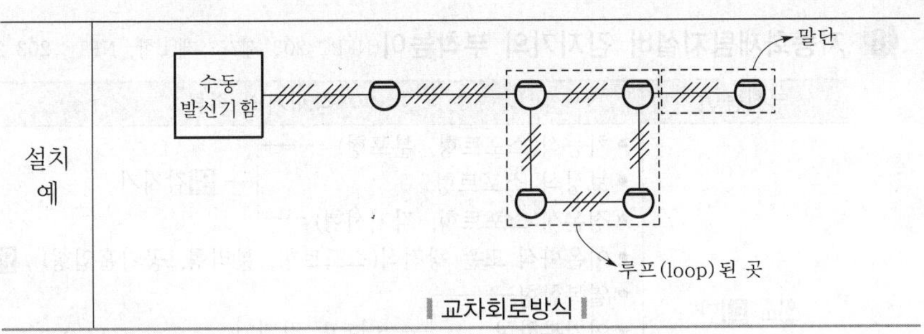<br>∥교차회로방식∥ |

② **토**너먼트방식

| 구 분 | 설 명 |
|---|---|
| 정의 | **가스계 소화설비**에 작용하는 방식으로 용기로부터 노즐까지의 마찰손실을 일정하게 유지하기 위하여 'H'자 형태로 배관하는 방식<br>기억법 **가토**(일본장수 **가토**) |
| 적용 설비 | ① 분말소화설비<br>② 이산화탄소 소화설비<br>③ 할론소화설비<br>④ 할로겐화합물 및 불활성기체 소화설비 |
| 설치 예 | **분말헤드**<br>∥토너먼트방식∥ |

※ **토너먼트방식 적용 설비**
① 분말소화설비
② 이산화탄소 소화설비
③ 할론소화설비
④ 할로겐화합물 및 불활성기체 소화설비

### 5 자동화재탐지설비의 중계기 설치기준(NFPC 203 제6조, NFTC 203 2.3.1)

① 수신기에서 직접 감지기회로의 **도통시험**을 하지 않는 것에 있어서는 **수신기**와 **감지기** 사이에 설치할 것

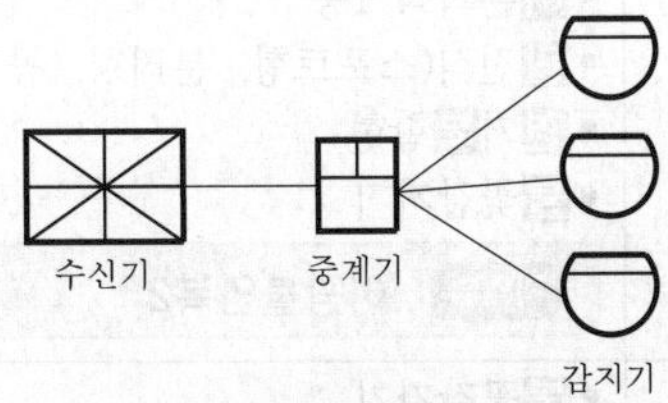


∥일반적인 중계기의 설치∥

② **조**작 및 점검에 편리하고 화재 및 침수 등의 재해로 인한 피해를 받을 우려가 없는 장소에 설치할 것

③ 수신기에 따라 감시되지 않는 배선을 통하여 전력을 공급받는 것에 있어서는 **전원입력측**의 배선에 **과전류차단기**를 설치하고 해당 전원의 정전이 즉시 수신기에 표시되는 것으로 하며, **상용전원** 및 **예비전원**의 시험을 할 수 있도록 할 것

기억법 **자중도 조입과**

※ **자동화재탐지설비의 중계기 설치기준 (NFPC 203 제6조, NFTC 203 2.3.1)**
① 수신기에서 직접 감지기회로의 도통시험을 하지 않는 것에 있어서는 수신기와 감지기 사이에 설치할 것
② 조작 및 점검에 편리하고 화재 및 침수 등의 재해로 인한 피해를 받을 우려가 없는 장소에 설치할 것
③ 수신기에 따라 감시되지 않는 배선을 통하여 전력을 공급받는 것에 있어서는 전원입력측의 배선에 과전류차단기를 설치하고 해당 전원의 정전이 즉시 수신기에 표시되는 것으로 하며, 상용전원 및 예비전원의 시험을 할 수 있도록 할 것

NOTE

## 6 자동화재탐지설비 감지기의 부착높이(NFPC 203 제7조 제①항, NFTC 203 2.4.1)

| 부착높이 | 감지기의 종류 |
|---|---|
| 4m 미만 | • 차동식(스포트형, 분포형)<br>• 보상식 스포트형<br>• 정온식(스포트형, 감지선형) ─ 열감지기<br>• 이온화식 또는 광전식(스포트형, 분리형, 공기흡입형) : 연기감지기<br>• 열복합형<br>• 연기복합형<br>• 열연기복합형 ─ 복합형 감지기<br>• 불꽃감지기<br>기억법 열연불복 4미 |
| 4~8m 미만 | • 차동식(스포트형, 분포형)<br>• 보상식 스포트형<br>• 정온식(스포트형, 감지선형) 특종 또는 1종 ─ 열감지기<br>• 이온화식 1종 또는 2종<br>• 광전식(스포트형, 분리형, 공기흡입형) 1종 또는 2종 ─ 연기감지기<br>• 열복합형<br>• 연기복합형<br>• 열연기복합형 ─ 복합형 감지기<br>• 불꽃감지기<br>기억법 8미열 정특1 이광12 복불 |
| 8~15m 미만 | • 차동식 분포형<br>• 이온화식 1종 또는 2종<br>• 광전식(스포트형, 분리형, 공기흡입형) 1종 또는 2종<br>• 연기복합형<br>• 불꽃감지기<br>기억법 15분 이광12 연복불 |
| 15~20m 미만 | • 이온화식 1종<br>• 광전식(스포트형, 분리형, 공기흡입형) 1종<br>• 연기복합형<br>• 불꽃감지기<br>기억법 이광불연복2 |
| 20m 이상 | • 불꽃감지기<br>• 광전식(분리형, 공기흡입형) 중 아날로그방식<br>기억법 불광아 |

[비고] 1. 감지기별 부착높이 등에 대하여 별도로 형식승인을 받은 경우에는 그 성능인정범위 내에서 사용할 수 있다.
2. 부착높이 20m 이상에 설치되는 광전식 중 아날로그방식의 감지기는 공칭감지농도 하한값이 감광률 5%/m 미만인 것으로 한다.

※ 부착높이 8~15m 미만의 감지기의 종류 ★꼭 기억하세요★

※ 부착높이 20m 이상의 감지기의 종류 ★꼭 기억하세요★

**7 취침 · 숙박 · 입원 등 이와 유사한 용도로 사용되는 거실에 설치하여야 하는 연기감지기 설치대상 특정소방대상물**(NFPC 203 제7조, NFTC 203 2.4.2.5)

① **공**동주택 · **오**피스텔 · **숙**박시설 · **노**유자시설 · **수**련시설
② 교육연구시설 중 **합**숙소
③ 의료시설, 근린생활시설 중 **입원실**이 있는 **의**원 · **조**산원
④ **교**정 및 **군**사시설
⑤ 근린생활시설 중 **고**시원

기억법 공오숙노수 합의조 교군고

**8 공기관식 차동식 분포형 감지기**

① 작동개시시간

| 작동개시시간이 허용범위보다 늦게 되는 경우 (감지기의 동작이 늦어짐) | 작동개시시간이 허용범위보다 빨리 되는 경우 (감지기의 동작이 빨라짐) |
|---|---|
| • 감지기의 **리크저항**(leak resistance)이 **기준치 이하**일 때<br>• 검출부 내의 **다이어프램**이 부식되어 표면에 구멍(leak)이 발생하였을 때 | • 감지기의 **리크저항**(leak resistance)이 **기준치 이상**일 때<br>• 검출부 내의 **리크구멍**이 이물질 등에 의해 막히게 되었을 때 |

중요

**비화재보 및 자동화재탐지설비가 동작하지 않는 경우**

(1) **비화재보(Unwanted Alarm)**

실제 화재시 발생하는 열 · 연기 · 불꽃 등 연소생성물이 아닌 다른 요인에 의해 설비가 작동되어 경보하는 현상

| 구 분 | 일관성 비화재보(Nuisance Alarm) | 오보(False Alarm) |
|---|---|---|
| 정의 | 실제 화재상황과 유사한 상황일 때 동작하는 비화재보 | 설비 자체의 결함이나 오조작 등에 따른 비화재보 |
| 종류 또는 상황 | ① **보일러**의 **열**에 따른 동작<br>② **난로**의 **열**에 따른 동작<br>③ **수증기**에 따른 동작<br>④ **조리**시 **연기**에 따른 동작 | ① 설비 자체의 **기능**적 결함<br>② 설비의 **유지관리** 불량<br>③ 실수나 **고의**적인 행위 |

(2) **일관성 비화재보(Nuisance Alarm)시 적응성 감지기**

① **불**꽃감지기
② **정**온식 **감**지선형 감지기
③ **분**포형 감지기
④ **복**합형 감지기
⑤ **광**전식 분리형 감지기
⑥ **아**날로그방식의 감지기
⑦ **다**신호방식의 감지기
⑧ **축**적방식의 감지기

기억법 불정감 복분 광아다축

NOTE

※ 취침 · 숙박 · 입원 등 이와 유사한 용도로 사용되는 거실에 설치하여야 하는 연기감지기 설치대상 특정소방대상물(NFPC 203 제7조, NFTC 203 2.4.2.5)
★꼭 기억하세요★

※ 공기관식 차동식 분포형 감지기의 작동개시시간 허용범위보다 늦게 되는 경우의 원인
① 감지기의 리크저항(leak resistance)이 기준치 이하일 때
② 검출부 내의 다이어프램이 부식되어 표면에 구멍(leak)이 발생하였을 때

NOTE

**※ 자동화재탐지설비의 비화재보가 발생하는 원인**
★꼭 기억하세요★

**※ 자동화재탐지설비가 동작하지 않는 경우의 원인**
① 전원의 고장(예비전원 포함)
② 전기회로의 접촉불량 및 단선
③ 릴레이·감지기 등의 접점불량
④ 감지기의 기능불량

**※ 공기관**
공기관의 두께는 0.3mm 이상, 외경은 1.9mm 이상이며, 공기관의 길이는 20~100m 이하이어야 한다.

**※ 마노미터(manometer)와 같은 의미**
마노메타

**※ 테스트펌프(test pump)와 같은 의미**
공기주입기, 공기주입시험기

**※ 공기관식 차동식 분포형 감지기의 설치기준(NFPC 203 제7조 제③항, NFTC 203 2.4.3.7)**
★꼭 기억하세요★

(3) **자동화재탐지설비의 점검사항**

| 비화재보가 발생하는 원인 | 자동화재탐지설비가 동작하지 않는 경우의 원인 |
|---|---|
| ① **표시회로**의 **절연불량**<br>② **감지기**의 **기능불량**<br>③ **감지기**가 설치되어 있는 장소의 급격한 **온도변화**에 따른 감지기 동작<br>④ **수신기**의 **기능불량** | ① **전원**의 고장(예비전원 포함)<br>② **전기회로**의 접촉불량 및 단선<br>③ 릴레이·감지기 등의 접점불량<br>④ 감지기의 기능불량 |

② **공기관식 차동식 분포형 감지기의 유통시험** : 공기관에 공기를 유입시켜 **공**기관의 **누**설, **찌**그러짐, 막힘 등의 유무 및 공기관의 **길이**를 확인하는 시험이다.

기억법 **공길누찌**

㉠ 검출부의 시험공 또는 공기관의 한쪽 끝에 **마노미터**를, 다른 한쪽 끝에 **테스트펌프**를 접속한다.
㉡ **테스트펌프**로 공기를 주입하고 **마노미터**의 수위를 100mm까지 상승시켜 수위를 정지시킨다(정지하지 않으면 공기관에 누설이 있는 것).
㉢ 시험코크를 이동시켜 송기구를 열고 수위가 50mm까지 내려가는 시간(**유통시간**)을 측정하여 공기관의 길이를 산출한다.

③ **공기관식 차동식 분포형 감지기**의 **접점수고시험시 검출부**의 **공기관에 접속하는 기기**
㉠ 마노미터
㉡ 테스트펌프

④ **공기관식 차동식 분포형 감지기의 설치기준**(NFPC 203 제7조 제③항, NFTC 203 2.4.3.7)
㉠ 공기관의 노출부분은 감지구역마다 20m 이상이 되도록 할 것(**길**이)
㉡ 공기관과 감지구역의 각 변과의 **수평거리**는 1.5m 이하가 되도록 하고, 공기관 **상**호간의 거리는 6m(주요구조부를 내화구조로 한 특정소방대상물 또는 그 부분에 있어서는 9m) 이하가 되도록 할 것
㉢ 공기관은 도중에서 **분**기하지 않도록 할 것
㉣ 하나의 검출부분에 접속하는 공기관의 길이는 100m 이하로 할 것
㉤ **검**출부는 5° 이상 경사되지 않도록 부착할 것
㉥ 검출부는 바닥으로부터 0.8~1.5m 이하의 위치에 설치할 것

기억법 **길거리 상검분**

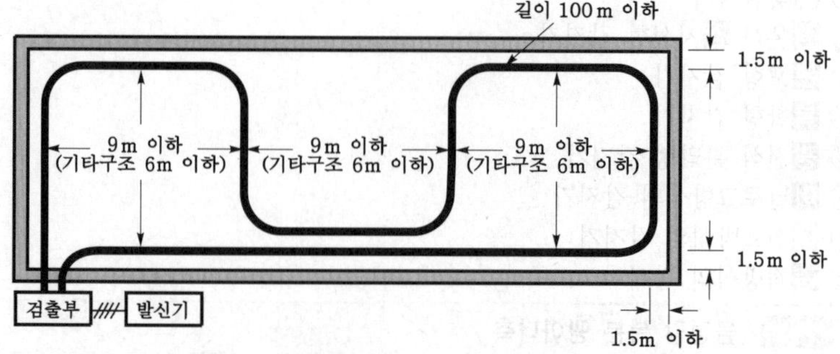


‖공기관식 차동식 분포형 감지기의 설치‖

NOTE

비교

**감지기의 설치기준**

(1) **정온식 감지선형 감지기**의 설치기준(NFPC 203 제7조 제③항 제12호, NFTC 203 2.4.3.12)

① 보조선이나 고정금구를 사용하여 감지선이 늘어지지 않도록 설치할 것
② 단자부와 마감고정금구와의 설치간격은 10cm 이내로 설치할 것
③ 감지선형 감지기의 굴곡반경은 5cm 이상으로 할 것
④ 감지기와 감지구역의 각 부분과의 수평거리가 내화구조의 경우 **1종 4.5m** 이하, **2종 3m** 이하로 할 것. 기타구조의 경우 **1종 3m** 이하, **2종 1m** 이하로 할 것

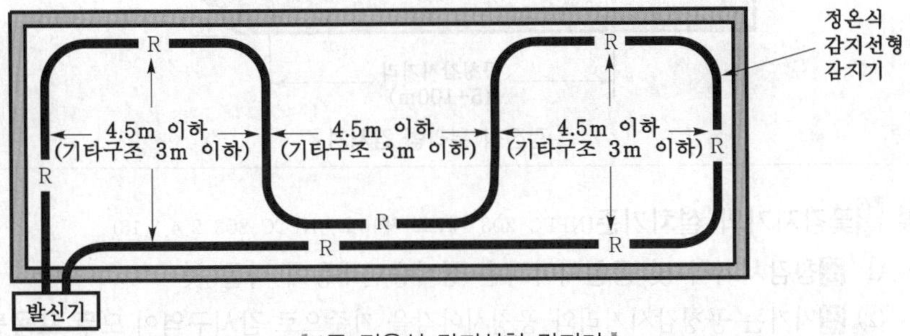


▮1종 정온식 감지선형 감지기▮

⑤ 케이블트레이에 감지기를 설치하는 경우에는 **케이블트레이 받침대**에 마감금구를 사용하여 설치할 것
⑥ **지하구**나 **창고**의 **천장** 등에 지지물이 적당하지 않는 장소에서는 **보조선**을 설치하고 그 보조선에 설치할 것
⑦ 분전반 내부에 설치하는 경우 접착제를 이용하여 돌기를 바닥에 고정시키고 그곳에 감지기를 설치할 것
⑧ 그 밖의 설치방법은 형식승인내용에 따르며 형식승인사항이 아닌 것은 제조사의 시방에 따라 설치할 것

**기억법** 정감 보단1굴5거 케분시

(2) **광전식 분리형 감지기**의 **설치기준**(NFPC 203 제7조 제15호, NFTC 203 2.4.3.15)

① 감지기의 송광부와 수광부는 설치된 뒷벽으로부터 **1m 이내** 위치에 설치
② 감지기의 광축의 길이는 **공칭감시거리** 범위 이내
③ 광축의 높이는 천장 등 높이의 **80% 이상**
④ 광축은 나란한 벽으로부터 **0.6m 이상** 이격하여 설치
⑤ 감지기의 수광면은 **햇빛**을 직접 받지 않도록 설치
⑥ 그 밖의 설치기준은 형식승인내용에 따르며 형식승인사항이 아닌 것은 제조사의 시방에 따라 설치

**기억법** 광분수 벽높(노) 길공

※ 정온식 감지선형 감지기의 설치기준(NFPC 203 제7조 제③항 제12호, NFTC 203 2.4.3.12)
★꼭 기억하세요★

※ 광전식 분리형 감지기의 설치기준(NFPC 203 제7조 제15호, NFTC 203 2.4.3.15)
★꼭 기억하세요★

NOTE

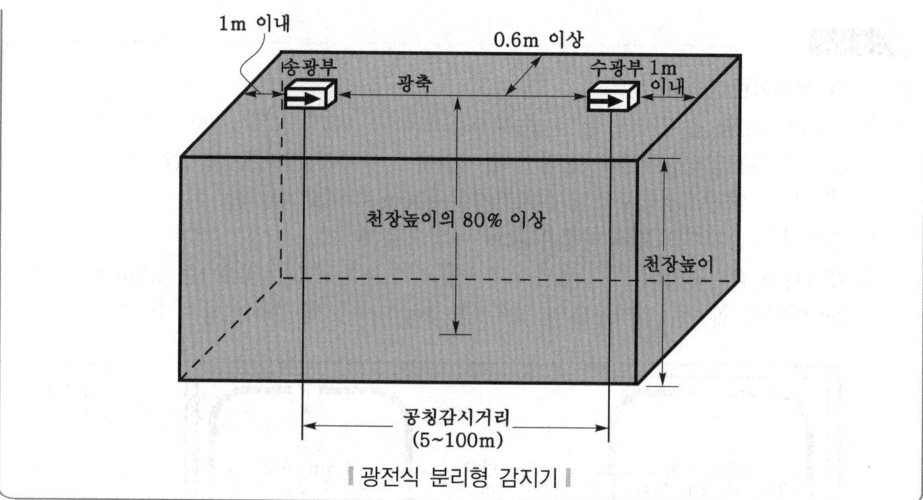


‖광전식 분리형 감지기‖

※ 불꽃감지기의 설치기준(NFPC 203 제7조 제13호, NFTC 203 2.4.3.13)
★꼭 기억하세요★

## 9 불꽃감지기의 설치기준(NFPC 203 제7조 제13호, NFTC 203 2.4.3.13)

① **공칭감시거리** 및 **공칭시야각**은 형식승인내용에 따를 것
② 감지기는 공칭감시거리와 공칭시야각을 기준으로 **감시구역**이 **모두 포용**될 수 있도록 설치
③ 감지기는 화재감지를 유효하게 감지할 수 있는 **모서리** 또는 **벽** 등에 설치
④ 감지기를 **천장**에 설치하는 경우에 감지기는 **바닥**을 향하여 설치
⑤ **수분**이 많이 발생할 우려가 있는 장소에는 **방수형**으로 설치
⑥ 그 밖의 설치기준은 형식승인내용에 따르며 형식승인사항이 아닌 것은 **제조사**의 **시방서**에 따라 설치

기억법 불공감 모수방

## 10 축적기능이 없는 감지기(일반감지기)의 설치(NFPC 203 제7조 제③항, NFTC 203 2.4.3)

① **교차회로방식**에 사용되는 **감**지기
② **급**속한 **연소확대**가 우려되는 장소에 사용되는 감지기
③ **축적기능**이 있는 **수신기**에 연결하여 사용하는 감지기

기억법 교감수축연급

※ 축적형 수신기의 설치장소(NFPC 203 제5조 제②항, NFTC 203 2.2.2)
★꼭 기억하세요★

비교

**축적형 수신기**의 **설치장소**(NFPC 203 제5조 제②항, NFTC 203 2.2.2)
(1) **지하층·무창층**으로 환기가 잘되지 않는 장소
(2) 실내면적이 **40m² 미만**인 장소
(3) 감지기의 부착면과 실내바닥의 사이가 **2.3m 이하**인 장소

## 11 자동화재탐지설비의 발화층 및 직상 4개층 우선경보방식

| 발화층 | 경보층 | |
|---|---|---|
| | 11층(공동주택은 16층) 미만 | 11층(공동주택은 16층) 이상 |
| **2**층 이상 발화 | 전층 일제경보 | • 발화층<br>• 직상 **4개층** |
| **1**층 발화 | | • 발화층<br>• 직상 4개층<br>• 지하층 |
| 지하층 발화 | | • 발화층<br>• 직상층<br>• 기타의 지하층 |

기억법 21 4개층

**중요**

**발화층 및 직상 4개층 우선경보방식 특정소방대상물**(NFPC 203 제8조, NFTC 203 2.5.1.2)
11층(공동주택 16층) 이상인 특정소방대상물

## 12 소방전기시설의 설치높이

| 설 비 | 설치높이 |
|---|---|
| 기타 설비(발신기 등)(NFPC 203 제9조 제①항, NFTC 203 2.6.1.1) | 0.8~1.5m 이하 |
| 시각경보장치(NFPC 203 제8조 제②항, NFTC 203 2.5.2.3) | 2~2.5m 이하<br>(단, 천장의 높이가 2m 이하인 경우에는 천장으로부터 0.15m 이내의 장소에 설치) |

**비교**

**소방기계시설의 설치높이**

| 0.5~1m 이하 | 0.8~1.5m 이하 | 1.5m 이하 |
|---|---|---|
| ① **연**결송수관설비의 송수구 (NFPC 502 제4조, NFTC 502 2.1.1.2)<br>② **연**결살수설비의 송수구 (NFPC 503 제4조, NFTC 503 2.1.1.5)<br>③ **소**화**용**수설비의 채수구 (NFPC 402 제4조, NFTC 402 2.1.3.2.2)<br>기억법 연소용 51(**연소용 오일**은 잘 탄다.) | ① **제**어밸브(일제개방밸브·개폐표시형 밸브·수동조작부) (NFPC 103 제15조, NFTC 103 2.12.2.2 / NFPC 104 제9조, NFTC 104 2.6.1.1)<br>② **유**수검지장치(NFPC 103 제6조, NFTC 103 2.3.1.4)<br>기억법 제유 85(**제**가 **유**일하게 **팔**았어**요**.) | ① **옥내**소화전설비의 방수구 (NFPC 102 제7조, NFTC 102 2.4.2.2)<br>② **호**스릴함(NFPC 105 제12조, NFTC 105 2.9.3.4)<br>③ **소**화기(NFPC 101 제4조, NFTC 101 2.1.1.6)<br>기억법 옥내호소 5(**옥내**에서 **호소**하시**오**.) |

NOTE

＊ **자동화재탐지설비 음향장치의 발화층 및 직상 4개층 경보 기준**
① 2층 이상의 층에서 발화한 때에는 발화층 및 그 직상 4개층에 경보를 발할 것
② 1층에서 발화한 때에는 발화층·그 직상 4개층 및 지하층에 경보를 발할 것
③ 지하층에서 발화한 때에는 발화층·그 직상층 및 기타의 지하층에 경보를 발할 것

NOTE

※ 자동화재탐지설비 감지기회로의 종단저항 설치기준
★꼭 기억하세요★

## 13 자동화재탐지설비 감지기회로의 종단저항 설치기준(NFPC 203 제11조, NFTC 203 2.8.1.3)

① **점**검 및 **관리**가 쉬운 장소에 설치할 것
② **전**용함 설치시 바닥으로부터 **1.5m** 이내의 높이에 설치할 것
③ **감**지기회로의 **끝부분**에 설치하며, **종단감지기**에 설치할 경우에는 구별이 쉽도록 해당 감지기의 **기판** 및 **감지기 외부** 등에 별도의 표시를 할 것

기억법 **감전점**

※ 먼지 또는 미분 등이 다량으로 체류하는 장소의 감지기 적응성(연기감지기를 설치할 수 없는 경우) 비고
① 불꽃감지기에 따라 감시가 곤란한 장소는 적응성이 있는 열감지기를 설치할 것
② 차동식 분포형 감지기를 설치하는 경우에는 검출부에 먼지, 미분 등이 침입하지 않도록 조치할 것
③ 차동식 스포트형 감지기 또는 보상식 스포트형 감지기를 설치하는 경우에는 검출부에 먼지, 미분 등이 침입하지 않도록 조치할 것
④ 섬유, 목재 가공공장 등 화재확대가 급속하게 진행될 우려가 있는 장소에 설치하는 경우 정온식 감지기는 특종으로 설치할 것. 공칭작동온도 75℃ 이하, 열아날로그식 스포트형 감지기는 화재표시 설정은 80℃ 이하가 되도록 할 것

## 14 설치장소별 감지기 적응성

① **연기감지기를 설치할 수 없는 경우**(NFTC 203 2.4.6(1))

| 설치장소 | | 적응열감지기 | | | | | | | | | 불꽃감지기 | 비 고 |
|---|---|---|---|---|---|---|---|---|---|---|---|---|
| 환경상태 | 적응장소 | 차동식 스포트형 | | 차동식 분포형 | | 보상식 스포트형 | | 정온식 | | 열아날로그식 | | |
| | | 1종 | 2종 | 1종 | 2종 | 1종 | 2종 | 특종 | 1종 | | | |
| **먼**지 또는 미분 등이 다량으로 체류하는 장소 | • 쓰레기장<br>• 하역장<br>• 도장실<br>• 섬유<br>• 목재<br>• 석재 등 가공공장 | ○ | ○ | ○ | ○ | ○ | ○ | ○ | × | ○ | ○ | ① **불**꽃감지기에 따라 감시가 곤란한 장소는 적응성이 있는 **열감지기**를 설치할 것<br>② **차동식 분포형 감지기**를 설치하는 경우에는 검출부에 먼지, 미분 등이 침입하지 않도록 조치할 것<br>③ **차동식 스포트형 감지기** 또는 **보상식 스포트형 감지기**를 설치하는 경우에는 검출부에 **먼**지, 미분 등이 침입하지 않도록 조치할 것<br>④ **섬**유, 목재 가공공장 등 화재확대가 급속하게 진행될 우려가 있는 장소에 설치하는 경우 **정온식 감지기**는 **특종**으로 설치할 것. 공칭작동온도 **75℃** 이하, 열아날로그식 스포트형 감지기는 화재표시 설정은 **80℃** 이하가 되도록 할 것<br>기억법 **먼불열 분차스보 먼 섬정특** |

NOTE

| | | | | | | | | | | | | |
|---|---|---|---|---|---|---|---|---|---|---|---|---|
| 수증기가 다량으로 머무는 장소 | • 증기세정실<br>• 탕비실<br>• 소독실 등 | × | × | × | ○ | × | ○ | ○ | ○ | ○ | ○ | ① 차동식 분포형 감지기 또는 보상식 스포트형 감지기는 급격한 온도변화가 없는 장소에 한하여 사용할 것<br>② 차동식 분포형 감지기를 설치하는 경우에는 검출부에 수증기가 침입하지 않도록 조치할 것<br>③ 보상식 스포트형 감지기, 정온식 감지기 또는 열아날로그식 감지기를 설치하는 경우에는 방수형으로 설치할 것<br>④ 불꽃감지기를 설치할 경우 방수형으로 할 것 |
| 부식성 가스가 발생할 우려가 있는 장소 | • 도금공장<br>• 축전지실<br>• 오수처리장 등 | × | × | ○ | ○ | ○ | ○ | ○ | × | ○ | ○ | ① **차**동식 분포형 감지기를 설치하는 경우에는 감지부가 피복되어 있고 검출부가 부식성 가스에 영향을 받지 않는 것 또는 검출부에 부식성 가스가 침입하지 않도록 조치할 것<br>② **보**상식 스포트형 감지기, 정온식 감지기 또는 열아날로그식 스포트형 감지기를 설치하는 경우에는 부식성 가스의 성상에 반응하지 않는 내산형 또는 내알칼리형으로 설치할 것<br>③ **정**온식 감지기를 설치하는 경우에는 특종으로 설치할 것<br>**기억법** 정차보 |
| 주방, 기타 평상시에 연기가 체류하는 장소 | • 주방<br>• 조리실<br>• 용접작업장 등 | × | × | × | × | × | × | ○ | ○ | ○ | ○ | ① 주방, 조리실 등 습도가 많은 장소에는 방수형 감지기를 설치할 것<br>② 불꽃감지기는 UV/IR형을 설치할 것 |
| 현저하게 고온으로 되는 장소 | • 건조실<br>• 살균실<br>• 보일러실<br>• 주조실<br>• 영사실<br>• 스튜디오 | × | × | × | × | × | × | ○ | ○ | ○ | × | – |

**＊ 주방, 기타 평상시에 연기가 체류하는 장소의 감지기 적응성(연기감지기를 설치할 수 없는 경우) 비고**

① 주방, 조리실 등 습도가 많은 장소에는 방수형 감지기를 설치할 것
② 불꽃감지기는 UV/IR형을 설치할 것

NOTE

|  |  |  |  |  |  |  |  |  |  |  |  |  |
|---|---|---|---|---|---|---|---|---|---|---|---|---|
| 배기가스가 다량으로 체류하는 장소 | • 주차장<br>• 차고<br>• 화물취급소 차로<br>• 자가발전실<br>• 트럭터미널<br>• 엔진시험실 | ○ | ○ | ○ | ○ | ○ | ○ | × | × | ○ | ○ | ① 불꽃감지기에 따라 감시가 곤란한 장소는 적응성이 있는 열감지기를 설치할 것<br>② 열아날로그식 스포트형 감지기는 화재표시 설정이 60℃ 이하가 바람직하다. |
| 연기가 다량으로 유입할 우려가 있는 장소 | • 음식물배급실<br>• 주방전실<br>• 주방 내 식품저장실<br>• 음식물운반용 엘리베이터<br>• 주방 주변의 복도 및 통로<br>• 식당 등 | ○ | ○ | ○ | ○ | ○ | ○ | ○ | ○ | ○ | × | ① 고체연료 등 가연물이 수납되어 있는 음식물배급실, 주방전실에 설치하는 정온식 감지기는 특종으로 설치할 것<br>② 주방 주변의 복도 및 통로, 식당 등에는 정온식 감지기를 설치하지 말 것<br>③ ① 및 ②의 장소에 열아날로그식 스포트형 감지기를 설치하는 경우에는 화재표시 설정을 60℃ 이하로 할 것 |
| 물방울이 발생하는 장소 | • 스레트 또는 철판으로 설치한 지붕창고·공장<br>• 패키지형 냉각기 전용 수납실<br>• 밀폐된 지하창고<br>• 냉동실 주변 등 | × | × | ○ | ○ | ○ | ○ | ○ | ○ | ○ | ○ | ① 보상식 스포트형 감지기, 정온식 감지기 또는 열아날로그식 스포트형 감지기를 설치하는 경우에는 방수형으로 설치할 것<br>② 보상식 스포트형 감지기는 급격한 온도변화가 없는 장소에 한하여 설치할 것<br>③ 불꽃감지기를 설치하는 경우에는 방수형으로 설치할 것 |
| 불을 사용하는 설비로서 불꽃이 노출되는 장소 | • 유리공장<br>• 용선로가 있는 장소<br>• 용접실<br>• 주방<br>• 작업장<br>• 주조실 등 | × | × | × | × | × | × | ○ | ○ | ○ | × | – |

㈜ 1. "○"는 당해 설치장소에 적응하는 것을 표시, "×"는 당해 설치장소에 적응하지 않는 것을 표시
2. 차동식 스포트형, 차동식 분포형 및 보상식 스포트형 1종은 감도가 예민하기 때문에 비화재보 발생은 2종에 비해 불리한 조건이라는 것을 유의할 것
3. 차동식 분포형 **3종** 및 정온식 **2종**은 소화설비와 연동하는 경우에 한해서 사용할 것
4. 다신호식 감지기는 그 감지기가 가지고 있는 종별, 공칭작동온도별로 따르지 말고 상기 표에 따른 적응성이 있는 감지기로 할 것

**※ 불을 사용하는 설비로서 불꽃이 노출되는 장소의 적응감지기(연기감지기를 설치할 수 없는 경우)**
① 열아날로그식
② 정온식 특종
③ 정온식 1종

NOTE

② **연기감지기를 설치할 수 있는 경우**(NFTC 203 2.4.6(2))

| 설치장소 | | 적응열감지기 | | | | | 적응연기감지기 | | | | | | 불꽃감지기 |
|---|---|---|---|---|---|---|---|---|---|---|---|---|---|
| 환경상태 | 적응장소 | 차동식 스포트형 | 차동식 분포형 | 보상식 스포트형 | 정온식 | 열아날로그식 | 이온화식 스포트형 | 광전식 스포트형 | 이온아날로그식 스포트형 | 광전아날로그식 스포트형 | 광전식 분리형 | 광전아날로그식 분리형 | |
| 흡연에 의해 연기가 체류하며 환기가 되지 않는 장소 | • 회의실<br>• 응접실<br>• 휴게실<br>• 노래연습실<br>• 오락실<br>• 다방<br>• 음식점<br>• 대합실<br>• 카바레 등의 객실<br>• 집회장<br>• 연회장 등 | ○ | ○ | ○ | | | | ◎ | | ◎ | ○ | ○ | |
| 취침시설로 사용하는 장소 | • 호텔 객실<br>• 여관<br>• 수면실 등 | | | | | | ◎ | ◎ | ◎ | ◎ | ○ | ○ | |
| 연기 이외의 미분이 떠다니는 장소 | • 복도<br>• 통로 등 | | | | | | ◎ | ◎ | ◎ | ◎ | ○ | ○ | ○ |
| 바람의 영향을 받기 쉬운 장소 | • 로비<br>• 교회<br>• 관람장<br>• 옥탑에 있는 기계실 | | ○ | | | | | ◎ | | ◎ | ○ | ○ | ○ |
| 연기가 멀리 이동해서 감지기에 도달하는 장소 | • 계단<br>• 경사로 | | | | | | | ○ | | ○ | ○ | ○ | |
| 훈소화재의 우려가 있는 장소 | • 전화기기실<br>• 통신기기실<br>• 전산실<br>• 기계제어실 | | | | | | | ○ | | ○ | ○ | ○ | |

**※ 훈소화재의 우려가 있는 장소의 적응감지기(연기감지기를 설치할 수 있는 경우)**
① 광전아날로그식 분리형
② 광전식 분리형
③ 광전아날로그식 스포트형
④ 광전식 스포트형

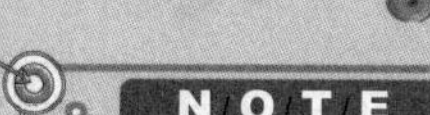

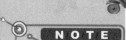

| 넓은 공간으로 천장이 높아 열 및 연기가 확산하는 장소 | • 체육관<br>• 항공기격납고<br>• 높은 천장의 창고 · 공장<br>• 관람석 상부 등 감지기 부착높이가 8m 이상의 장소 |  | ○ |  |  |  |  |  |  |  | ○ | ○ | ○ |
|---|---|---|---|---|---|---|---|---|---|---|---|---|---|

**기억법** 흡취미바 멀훈넓별2 차불꽃 광분 광이아

[비고] 연기가 멀리 이동해서 감지기에 도달하는 장소에서 **광전식 스포트형 감지기** 또는 **광전 아날로그식 스포트형 감지기**를 설치하는 경우에는 해당 감지기회로에 **축적기능**을 **갖지 않는 것**으로 할 것

(주) 1. "○"는 해당 설치장소에 적응하는 것을 표시
2. "◎"는 해당 설치장소에 **연기감지기**를 설치하는 경우에는 해당 감지회로에 **축적기능**을 갖는 것을 표시
3. 차동식 스포트형, 차동식 분포형, 보상식 스포트형 및 **연기식(축적기능이 없는 것)** 1종은 감도가 예민하기 때문에 비화재보 발생은 **2종**에 비해 불리한 조건이라는 것을 유의하여 따를 것
4. **차동식 분포형 3종** 및 **정온식 2종**은 **소화설비**와 **연동**하는 경우에 한해서 사용할 것
5. **광전식 분리형 감지기**는 평상시 연기가 발생하는 장소 또는 공간이 협소한 경우에는 적응성이 없음
6. 넓은 공간으로 천장이 높아 열 및 연기가 확산하는 장소로서 차동식 분포형 또는 광전식 분리형 **2종**을 설치하는 경우에는 제조사의 사양에 따를 것
7. 다신호식 감지기는 그 감지기가 가지고 있는 종별, 공칭작동온도별로 따르고 표에 따른 적응성이 있는 감지기로 할 것

※ 단독경보형 감지기의 설치기준(NFPC 201 제5조, NFTC 201 2.2.1)
★꼭 기억하세요★

## 2 단독경보형 감지기의 설치기준(NFPC 201 제5조, NFTC 201 2.2.1)

① 각 **실**(이웃하는 실내의 바닥면적이 각각 **30m²** 미만이고 벽체의 상부의 전부 또는 일부가 개방되어 이웃하는 실내와 공기가 상호 유통되는 경우에는 이를 1개의 실로 봄)마다 설치하되, 바닥면적이 **150m²**를 초과하는 경우에는 **150m²**마다 1개 이상 설치할 것

② 최상층의 계단실 **천장**(외기가 상통하는 계단실의 경우 제외)에 설치할 것

③ 건전지를 주전원으로 사용하는 단독경보형 감지기는 정상적인 작동상태를 유지할 수 있도록 건전지를 주기적으로 **교**환할 것

④ 상용전원을 주전원으로 사용하는 단독경보형 감지기의 2차 전지는 소방시설법 제40조(소방용품의 성능인증)에 따라 제품검사에 합격한 것을 사용할 것

**기억법** 실천교단

NOTE

※ 누전경보기 수신부의 설치제외장소
① 습도가 높은 장소
② 온도의 변화가 급격한 장소
③ 화약류 제조·저장·취급 장소
④ 대전류회로·고주파 발생회로 등의 영향을 받을 우려가 있는 장소
⑤ 가연성의 증기·먼지·가스·부식성의 증기·가스 다량 체류장소

## 3 누전경보기의 수신부(NFPC 205 제5조, NFTC 205 2.2.2)

| 수신부의 설치장소 | 수신부의 설치제외장소 |
|---|---|
| 옥내의 점검에 편리한 장소 | ① **습**도가 높은 장소<br>② **온**도의 변화가 급격한 장소<br>③ **화**약류 제조·저장·취급 장소<br>④ **대전류회로**·**고주파 발생회로** 등의 영향을 받을 우려가 있는 장소<br>⑤ **가**연성의 증기·먼지·가스·부식성의 증기·가스 다량 체류장소<br>기억법 **온습누가대화(온도·습도가 높으면 누가 대화하냐?)** |

비교

**자동화재탐지설비의 감지기 설치제외장소**(NFPC 203 제7조 제⑤항, NFTC 203 2.4.5)
① **천**장 또는 반자의 높이가 **20m** 이상인 장소(단, 감지기의 부착높이에 따라 적응성이 있는 장소 제외)
② 헛**간** 등 외부와 기류가 통하는 장소로서 감지기에 의하여 **화재발생**을 유효하게 감지할 수 없는 장소
③ **부식성** 가스가 체류하는 장소
④ **고온도** 및 **저온도**로서 감지기의 기능이 정지되기 쉽거나 감지기의 **유지·관리**가 어려운 장소
⑤ **목욕실·욕조** 또는 **샤워시설**이 있는 **화장실**, 기타 이와 유사한 장소
⑥ **파이프덕트** 등, 그 밖의 이와 비슷한 것으로서 **2개층**마다 방화구획된 것이나 수평단면적이 $5m^2$ 이하인 것
⑦ **먼**지·가루 또는 **수증기**가 다량으로 체류하는 장소 또는 주방 등 평상시에 연기가 발생하는 장소(단, **연기감지기**만 적용)
⑧ **프**레스공장·**주**조공장 등 화재발생의 위험이 적은 장소로서 감지기의 유지·관리가 어려운 장소

기억법 **천간부고 목파먼 프주(퍼주다.)**

## 4 유도등·유도표지

### 1 유도등

① **유도등의 상태**(NFPC 303 제10조, NFTC 303 2.7.3.2)

| 구 분 | 설 명 |
|---|---|
| 평상시 상태 | 점멸기를 설치하지 않고 **항상 점등상태**를 유지할 것 |
| 예외규정 (유도등을 항상 점등상태로 유지하지 않아도 되는 경우) | ① 특정소방대상물 또는 그 부분에 사람이 없는 경우<br>② 3선식 배선에 의해 상시 **충**전되는 구조로서 다음의 장소<br>㉠ **외**부의 빛에 의해 **피난구** 또는 **피난방향**을 쉽게 식별할 수 있는 장소<br>㉡ **공연장**, **암실** 등으로서 어두워야 할 필요가 있는 장소<br>㉢ 특정소방대상물의 **관계인** 또는 **종사원**이 주로 사용하는 장소<br>기억법 **외충관공(외부충격을 받아도 관공서는 끄떡없음)** |

※ 3선식 배선에 의해 상시 충전되는 구조로서 유도등을 항상 점등상태로 유지하지 않아도 되는 경우
① 외부의 빛에 의해 피난구 또는 피난방향을 쉽게 식별할 수 있는 장소
② 공연장, 암실 등으로서 어두워야 할 필요가 있는 장소
③ 특정소방대상물의 관계인 또는 종사원이 주로 사용하는 장소

NOTE

② 3선식 배선으로 상시 충전되는 유도등의 전기회로에 점멸기를 설치하는 경우 점등되어야 하는 때(NFPC 303 제10조 제④항, NFTC 303 2.7.4)

㉠ **자동화재탐지설비**의 **감지기** 또는 **발신기**가 작동되는 때

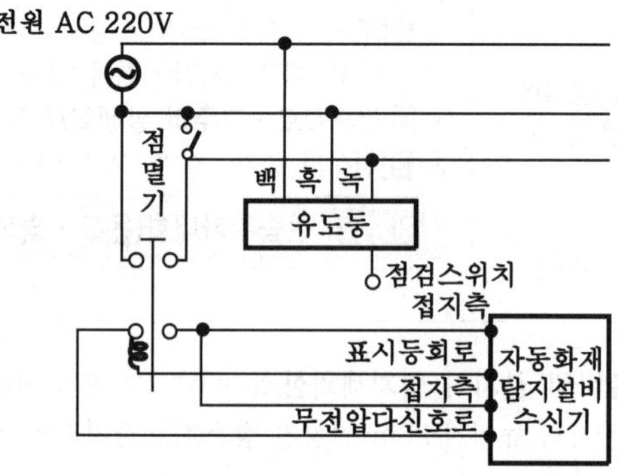


‖ 자동화재탐지설비와 연동 ‖

㉡ **비상경보설비**의 **발신기**가 작동되는 때

㉢ **상용전원**이 **정전**되거나 **전원선**이 **단선**되는 때

㉣ **방재업무**를 **통제**하는 곳 또는 전기실의 배전반에서 **수동**으로 **점등**하는 때

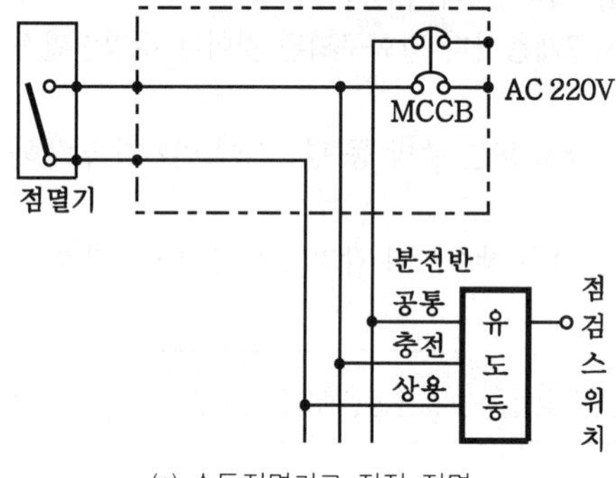


(a) 수동점멸기로 직접 점멸

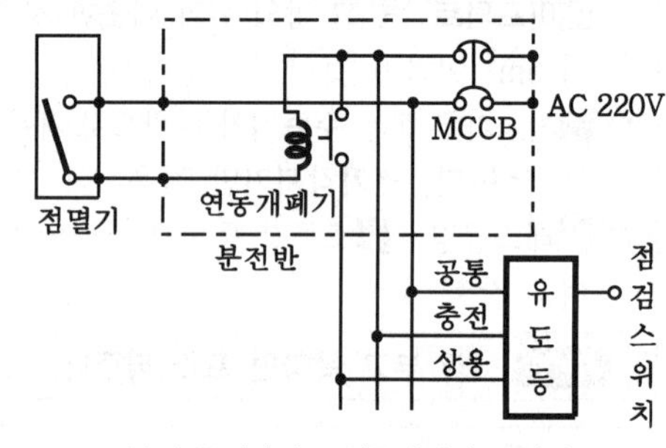


(b) 수동점멸기로 연동개폐기를 제어

‖ 유도등의 원격점멸 ‖

㉤ **자동소화설비**가 작동되는 때

기억법 **탐경 상방자**

③ 유도등의 비상전원 감시램프 점등시의 원인

※ 유도등의 비상전원 감시램프 점등시의 원인
★꼭 기억하세요★

㉠ **축전지**의 **접촉불량**

㉡ **비상전원용 퓨즈**의 **단선**

㉢ **축전지**의 **불량**

㉣ **축전지**의 **누락**

기억법 **누축접퓨**

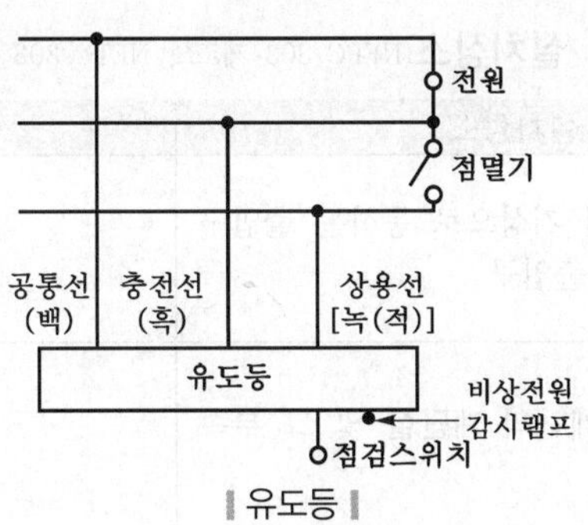


‖ 유도등 ‖

중요

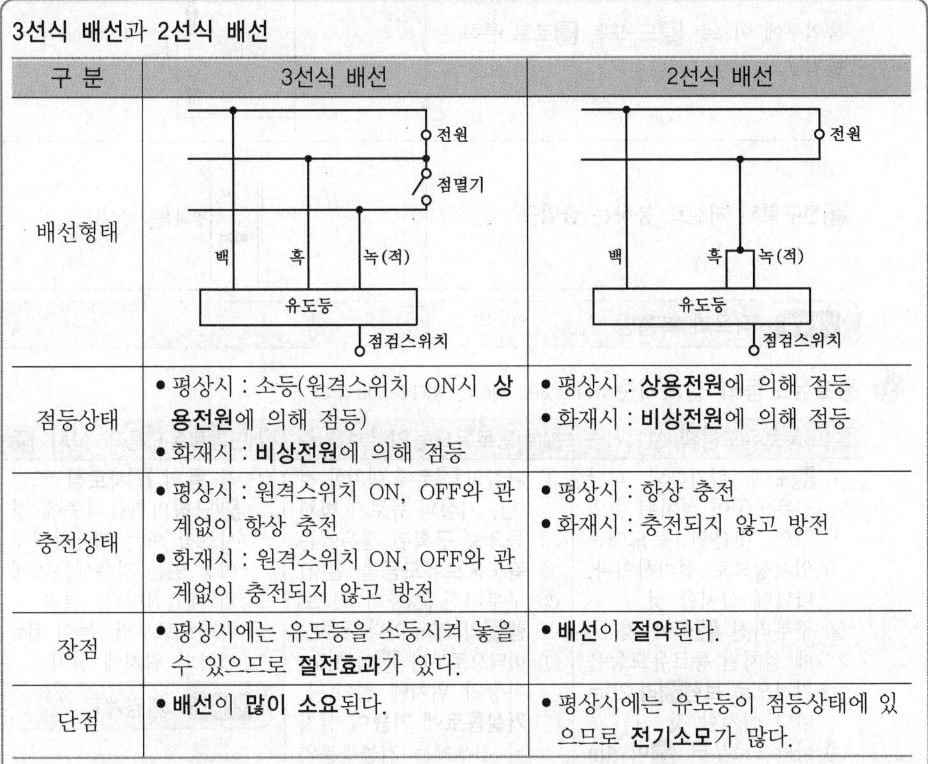

**3선식 배선과 2선식 배선**

| 구 분 | 3선식 배선 | 2선식 배선 |
|---|---|---|
| 배선형태 | 전원, 점멸기, 백, 흑, 녹(적), 유도등, 점검스위치 | 전원, 백, 흑, 녹(적), 유도등, 점검스위치 |
| 점등상태 | • 평상시 : 소등(원격스위치 ON시 **상용전원**에 의해 점등)<br>• 화재시 : **비상전원**에 의해 점등 | • 평상시 : **상용전원**에 의해 점등<br>• 화재시 : **비상전원**에 의해 점등 |
| 충전상태 | • 평상시 : 원격스위치 ON, OFF와 관계없이 항상 충전<br>• 화재시 : 원격스위치 ON, OFF와 관계없이 충전되지 않고 방전 | • 평상시 : 항상 충전<br>• 화재시 : 충전되지 않고 방전 |
| 장점 | • 평상시에는 유도등을 소등시켜 놓을 수 있으므로 **절전효과**가 있다. | • **배선**이 **절약**된다. |
| 단점 | • **배선**이 **많이 소요**된다. | • 평상시에는 유도등이 점등상태에 있으므로 **전기소모**가 많다. |

④ **유도등의 60분 이상 작동용량 비상전원 설치대상**(NFPC 303 제10조 제②항, NFTC 303 2.7.2.2 / NFPC 304 제4조 제①항 제5호, NFTC 304 2.1.1.5)

㉠ **11층** 이상(지하층 제외)

㉡ **지하층 · 무창층**으로서 **도매시장 · 소매시장 · 여객자동차터미널 · 지하역사 · 지하상가**

기억법 도소여지 1160

NOTE

※ **비상조명등의 60분 이상 작동용량 비상전원 설치대상(NFPC 304 제4조 제①항 제5호, NFTC 304 2.1.1.5)**
유도등의 60분 이상 작동용량 비상전원 설치대상과 동일하다.

NOTE

**✻ 피난구유도등의 설치장소(NFPC 303 제5조, NFTC 303 2.2.1)**

① 옥내로부터 직접 지상으로 통하는 출입구 및 그 부속실의 출입구
② 직통계단 · 직통계단의 계단실 및 그 부속실의 출입구
③ 출입구에 이르는 복도 또는 통로로 통하는 출입구
④ 안전구획된 거실로 통하는 출입구

**✻ 거실통로유도등의 설치기준**

① 거실의 통로에 설치할 것(단, 거실의 통로가 벽체 등으로 구획된 경우에는 복도통로유도등을 설치)
② 구부러진 모퉁이 및 보행거리 20m마다 설치
③ 바닥으로부터 높이 1.5m 이상의 위치에 설치(단, 거실통로에 기둥이 설치된 경우에는 기둥부분의 바닥으로부터 높이 1.5m 이하의 위치에 설치)

기억법 거통 모거높

## ② 피난구유도등의 설치장소(NFPC 303 제5조, NFTC 303 2.2.1)

| 설치장소 | 도 해 |
|---|---|
| **옥내**로부터 직접 지상으로 통하는 출입구 및 그 부속실의 출입구 | 옥외 / 실내 |
| **직**통계단 · 직통계단의 **계단실** 및 그 부속실의 출입구 | 복도 / 계단 |
| 출입구에 이르는 **복도** 또는 **통로**로 통하는 출입구 | 거실 / 복도 |
| **안전구획**된 거실로 통하는 출입구 | 출구 / 방화문 |

기억법 **직옥피 복통안**

## ③ 통로유도등의 설치기준(NFPC 303 제6조, NFTC 303 2.3)

| 복도통로유도등의 설치기준 | 거실통로유도등의 설치기준 | 계단통로유도등의 설치기준 |
|---|---|---|
| ① **복도**에 설치하되 피난구유도등이 설치된 출입구의 맞은편 복도에는 입체형으로 설치하거나, 바닥에 설치할 것<br>② 구부러진 **모**퉁이 및 ①에 설치된 통로유도등을 기점으로 **보행거리 20m**마다 설치할 것<br>③ 바닥으로부터 **높**이 **1m** 이하의 위치에 설치할 것(단, **지하층** 또는 **무창층**의 용도가 **도매시장 · 소매시장 · 여객자동차터미널 · 지하역사** 또는 **지하상가**인 경우에는 복도 · 통로 중앙부분의 바닥에 설치)<br>④ **바**닥에 설치하는 통로유도등은 하중에 따라 파괴되지 아니하는 강도의 것으로 할 것<br>기억법 **복복 모거높바** | ① **거실**의 **통로**에 설치할 것(단, 거실의 통로가 **벽체** 등으로 **구획**된 경우에는 **복도통로유도등**을 설치)<br>② 구부러진 **모**퉁이 및 **보행거리 20m**마다 설치<br>③ 바닥으로부터 **높**이 **1.5m 이상**의 위치에 설치(단, **거실통로**에 **기둥**이 설치된 경우에는 기둥부분의 바닥으로부터 높이 **1.5m 이하**의 위치에 설치)<br>기억법 **거통 모거높** | ① **각 층**의 **경사로참** 또는 **계단참**마다(1개층에 경사로참 또는 계단참이 2 이상 있는 경우에는 2개의 계단참마다) 설치<br>② 바닥으로부터 높이 **1m** 이하의 위치에 설치<br>기억법 **계경계1** |

NOTE

**4 광원점등방식의 피난유도선 설치기준**(NFPC 303 제9조 제②항, NFTC 303 2.6.2)

① 구획된 각 실로부터 **주출입구** 또는 **비상구**까지 설치
② 피난유도표시부는 바닥으로부터 높이 **1m 이하**의 위치 또는 바닥면에 설치
③ 피난유도표시부는 **50cm 이내**의 간격으로 연속되도록 설치하되 실내장식물 등으로 설치가 곤란할 경우 1m 이내로 설치
④ 수신기로부터의 **화재신호** 및 **수동조작**에 의하여 광원이 점등되도록 설치
⑤ 비상전원이 **상시 충전상태**를 유지하도록 설치
⑥ 바닥에 설치되는 피난유도표시부는 **매립**하는 방식 사용
⑦ 피난유도제어부는 조작 및 관리가 용이하도록 바닥으로부터 **0.8~1.5m** 이하의 높이에 설치

비교

**피난유도선**

(1) **축광방식**의 **피난유도선 설치기준**(NFPC 303 제9조 제①항, NFTC 303 2.6.1)
① 구획된 각 실로부터 **주출입구** 또는 **비상구**까지 설치
② 바닥으로부터 높이 **50cm 이하**의 위치 또는 바닥면에 설치
③ 피난유도표시부는 **50cm 이내**의 간격으로 연속되도록 설치
④ 부착대에 의하여 견고하게 설치
⑤ 외부의 빛 또는 조명장치에 의하여 상시 조명이 제공되거나 비상조명등에 따른 조명이 제공되도록 설치

(2) **다중이용업소에 설치하는 피난유도선 설치ㆍ유지기준**(다중이용업소법 시행규칙 [별표 2] 제1호 다목 2)
① 영업장 내부 피난통로 또는 복도에 「소방시설 설치 및 관리에 관한 법률」에 따라 소방청장이 정하여 고시하는 유도등 및 유도표지의 화재안전기준에 따라 설치할 것
② **전류**에 의하여 **빛**을 내는 방식으로 할 것

**5 설치제외장소**

① **피난구유도등**의 **설치제외장소**(NFPC 303 제11조, NFTC 303 2.8.1)

㉠ 바닥면적이 **1000**$m^2$ 미만인 층으로서 옥내로부터 **직**접 지상으로 통하는 출입구(외부의 식별이 용이한 경우)
㉡ 대각선의 길이가 15m 이내인 구획된 실의 입구
㉢ 거실 각 부분으로부터 하나의 출입구에 이르는 보행거리가 **2**0m 이하이고 비상**조**명등과 유도**표**지가 설치된 거실의 출입구
㉣ **출**입구가 **3** 이상 있는 거실로서 그 거실 각 부분으로부터 하나의 출입구에 이르는 **보**행거리가 **3**0m 이하인 경우에는 주된 출입구 **2개소** 외의 유도표지가 부착된 출입구(단, **공**연장ㆍ**집**회장ㆍ**관**람장ㆍ**전**시장ㆍ**판**매시설ㆍ**운**수시설ㆍ**숙**박시설ㆍ**노**유자시설ㆍ**의**료시설ㆍ**장**례식장의 경우 제외)

기억법 1000직쉽 2조표 출3보3 2개소 집공장의 노숙판 운관전

② **통로유도등**의 **설치제외장소**(NFPC 303 제11조, NFTC 303 2.8.2)

㉠ 구부러지지 아니한 복도 또는 통로로서 길이가 **30m** 미만인 **복도** 또는 통로

※ 피난구유도등의 설치제외장소
★꼭 기억하세요★

NOTE

ⓒ 복도 또는 통로로서 **보행거리**가 20m 미만이고 그 복도 또는 통로와 연결된 출입구 또는 그 부속실의 출입구에 피난구유도등이 설치된 복도 또는 통로

③ **객석유도등**의 **설치제외장소**(NFPC 303 제11조, NFTC 303 2.8.3)

㉠ **채광**이 충분한 객석(**주간**에만 사용)

ⓒ **통**로유도등이 설치된 객석(거실 각 부분에서 거실 출입구까지의 **보행거리 20m** 이하)

기억법 **채객보통(채소는 객관적으로 보통이다.)**

## 6 유도등 · 유도표지의 작동점검(소방시설 자체점검사항 등에 관한 고시 〔별지 제4호 서식〕)

| 구 분 | 점검항목 | |
|---|---|---|
| 유도등 | ① 유도등의 변형 및 손상 여부<br>② 상시(**3선식**의 경우 점검스위치 작동시) 점등 여부<br>③ 시각장애(규정된 높이, 적정위치, 장애물 등으로 인한 시각장애 유무) 여부<br>④ 비상전원 성능 적정 및 상용전원 차단시 예비전원 자동전환 여부 | |
| 유도표지 | ① 유도표지의 **변형** 및 **손상** 여부<br>② 설치상태(유사 등화광고물·게시물 존재, 쉽게 떨어지지 않는 방식) 적정 여부<br>③ **외광·조명장치**로 상시 조명 제공 또는 비상조명등 설치 여부<br>④ 설치방법(위치 및 높이) 적정 여부 | |
| 피난유도선 | ① 피난유도선의 **변형** 및 **손상** 여부<br>② 설치방법(위치·높이 및 간격) 적정 여부 | |
| | 축광방식의 경우 | **상시조명** 제공 여부 |
| | 광원점등방식의 경우 | ① 수신기 화재신호 및 수동조작에 의한 **광원점등** 여부<br>② 비상전원 상시 충전상태 유지 여부 |
| 비고 | ※ 특정소방대상물의 위치·구조·용도 및 소방시설의 상황 등이 이 표의 항목대로 기재하기 곤란하거나 이 표에서 누락된 사항을 기재한다. | |

비교

**유도등 · 유도표지의 종합점검**(소방시설 자체점검사항 등에 관한 고시 〔별지 제4호 서식〕)

| 구 분 | 점검항목 | |
|---|---|---|
| 유도등 | ① 유도등의 변형 및 손상 여부<br>② 상시(**3선식**의 경우 점검스위치 작동시) 점등 여부<br>③ 시각장애(규정된 높이, 적정위치, 장애물 등으로 인한 시각장애 유무) 여부<br>④ 비상전원 성능 적정 및 상용전원 차단시 예비전원 자동전환 여부<br>❺ 설치장소(위치) 적정 여부<br>❻ 설치높이 적정 여부<br>❼ 객석유도등의 설치개수 적정 여부 | |
| 유도표지 | ① 유도표지의 **변형** 및 **손상** 여부<br>② 설치상태(유사 등화광고물·게시물 존재, 쉽게 떨어지지 않는 방식) 적정 여부<br>③ **외광·조명장치**로 상시 조명 제공 또는 비상조명등 설치 여부<br>④ 설치방법(위치 및 높이) 적정 여부 | |
| 피난유도선 | ① 피난유도선의 **변형** 및 **손상** 여부<br>② 설치방법(위치·높이 및 간격) 적정 여부 | |
| | 축광방식의 경우 | ❶ 부착대에 견고하게 설치 여부<br>② 상시조명 제공 여부 |
| | 광원점등방식의 경우 | ① 수신기 화재신호 및 수동조작에 의한 **광원점등** 여부<br>② 비상전원 상시 충전상태 유지 여부<br>❸ 바닥에 설치되는 경우 매립방식 설치 여부<br>❹ 제어부 설치위치 적정 여부 |
| 비고 | ※ 특정소방대상물의 위치·구조·용도 및 소방시설의 상황 등이 이 표의 항목대로 기재하기 곤란하거나 이 표에서 누락된 사항을 기재한다. | |

※ "●"는 종합점검의 경우에만 해당

NOTE

## 5 비상조명등 · 휴대용 비상조명등

### 1 비상조명등의 설치제외장소(NFPC 304 제5조, NFTC 304 2.2.1)

① **거실**의 각 부분으로부터 하나의 출입구에 이르는 **보행거리**가 15m 이내인 부분

② **의**원 · **경**기장 · **공**동**주**택 · **의**료시설 · **학교**의 거실

기억법 공주학교의 의경

### 2 휴대용 비상조명등

① **휴대용 비상조명등**의 **설치제외장소**(NFPC 304 제5조, NFTC 304 2.2.2) : 지상 1층 또는 **피난층**으로서 복도 · 통로 또는 창문 등의 개구부를 통하여 피난이 용이한 경우 또는 숙박시설로서 복도에 비상조명등을 설치한 경우

② **휴대용 비상조명등의 작동점검**(소방시설 자체점검사항 등에 관한 고시 〔서식 4〕)

㉠ **설치대상** 및 **설치수량** 적정 여부

㉡ 설치높이 적정 여부

㉢ 휴대용 비상조명등의 **변형** 및 손상 여부

㉣ **어둠** 속에서 위치를 확인할 수 있는 구조인지 여부

㉤ 사용시 **자동**으로 점등되는지 여부

㉥ **건전지**를 사용하는 경우 유효한 **방전 방지조치**가 되어 있는지 여부

㉦ **충전식** 배터리의 경우에는 **상시 충전**되도록 되어 있는지의 여부

## 6 비상콘센트설비(NFPC 504 제3 · 4조, NFTC 504 1.7.2.1)

화재시 소화활동 등에 필요한 전원을 전용회선으로 공급하는 설비

### 1 비상콘센트설비의 화재안전기준

‖ 비상콘센트설비 ‖

| 구 분 | 전 압 | 공급용량 | 플러그접속기 |
|---|---|---|---|
| 단상교류 | 220V | 1.5kVA 이상 | 접지형 2극 |

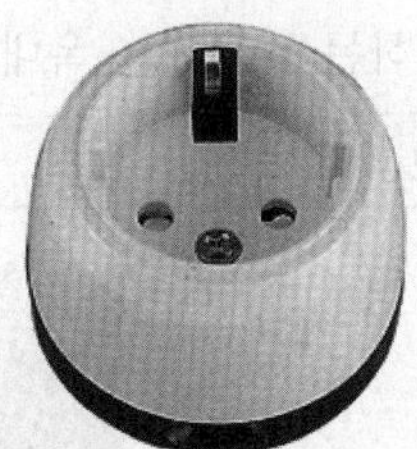

‖ 접지형 2극 플러그접속기 ‖

① 하나의 전용 회로에 설치하는 비상콘센트는 **10개** 이하로 할 것(단, 전선의 용량은 최대 **3개**)

※ **비상조명등의 설치제외장소(NFPC 304 제5조, NFTC 304 2.2.1)**

① 거실의 각 부분으로부터 하나의 출입구에 이르는 보행거리가 15m 이내인 부분

② 의원 · 경기장 · 공동주택 · 의료시설 · 학교의 거실

※ **비상콘센트설비**

화재시 소화활동 등에 필요한 전원을 전용회선으로 공급하는 설비

NOTE

| 설치하는 비상콘센트 수량 | 전선의 용량산정시 적용하는 비상콘센트 수량 | 전선의 용량 |
|---|---|---|
| 1 | 1개 이상 | 1.5kVA 이상 |
| 2 | 2개 이상 | 3.0kVA 이상 |
| 3~10 | 3개 이상 | 4.5kVA 이상 |

② 전원회로는 각 층에 있어서 **2 이상**이 되도록 설치할 것(단, 설치하여야 할 층의 콘센트가 **1개**인 때에는 하나의 회로로 할 수 있음)

③ 플러그접속기의 칼받이 접지극에는 **접지공사**를 해야 한다.

④ **풀박스**는 1.6mm 이상의 철판을 사용할 것

⑤ 절연저항은 **전원부**와 **외함** 사이를 **직류 500V 절연저항계**로 측정하여 20MΩ 이상일 것

⑥ 전원으로부터 각 층의 비상콘센트에 분기되는 경우에는 **분기배선용 차단기**를 보호함 안에 설치할 것

⑦ 바닥으로부터 0.8~1.5m 이하의 높이에 설치할 것

⑧ 전원회로는 주배전반에서 **전용 회로**로 하며, 배선의 종류는 **내화배선**이어야 한다.

⑨ 콘센트마다 **배선용 차단기**를 설치하며, **충전부**가 노출되지 않도록 할 것

**✻ 풀박스(pull box)**
배관이 긴 곳 또는 굴곡부분이 많은 곳에서 시공을 용이하게 하기 위하여 배선 도중에 사용하여 전선을 끌어들이기 위한 박스

용어

**풀박스**(pull box)
배관이 긴 곳 또는 굴곡부분이 많은 곳에서 시공을 용이하게 하기 위하여 배선 도중에 사용하여 전선을 끌어들이기 위한 박스

**✻ 비상콘센트 보호함의 시설기준(NFPC 504 제5조, NFTC 504 2.2.1)**
★꼭 기억하세요★

## 2 비상**콘**센트 **보**호함의 시설기준(NFPC 504 제5조, NFTC 504 2.2.1)

① 보호함에는 쉽게 **개**폐할 수 있는 **문** 설치

② 보호함 표면에 **"비상콘센트"**라고 표시한 **표**지할 것

③ 보호함 **상부**에 **적**색의 **표시등** 설치(단, 비상콘센트의 보호함을 **옥내소화전함** 등과 접속하여 설치하는 경우에는 옥내소화전함 등의 표시등과 겸용 가능)

기억법 **개표적 콘보**

▌비상콘센트 보호함▐

NOTE

### ③ 비상콘센트설비의 종합점검(소방시설 자체점검사항 등에 관한 고시 〔별지 제4호 서식〕)

| 구 분 | 점검항목 |
|---|---|
| 전원 | ❶ 상용전원 적정 여부<br>❷ 비상전원 설치장소 적정 및 관리 여부<br>③ 자가발전설비인 경우 연료적정량 보유 여부<br>④ 자가발전설비인 경우 「전기사업법」에 따른 정기점검 결과 확인 |
| 전원회로 | ❶ 전원회로방식(**단상**교류 220V) 및 공급용량(1.5kVA 이상) 적정 여부<br>❷ 전원회로 설치개수(각 층에 **2 이상**) 적정 여부<br>❸ 전용 전원회로 사용 여부<br>❹ 1개 전용회로에 설치되는 비상콘센트 수량 적정(**10개 이하**) 여부<br>❺ 보호함 내부에 **분기배선용 차단기** 설치 여부 |
| 콘센트 | ① **변형·손상·**현저한 **부식**이 없고 전원의 정상 공급 여부<br>❷ 콘센트별 배선용 차단기 설치 및 충전부 노출 방지 여부<br>③ 비상콘센트 설치**높이**, 설치**위치** 및 설치**수량** 적정 여부 |
| 보호함 및 배선 | ① 보호함 개폐 용이한 문 설치 여부<br>② "**비상콘센트**" 표지 설치상태 적정 여부<br>③ 위치표시등 설치 및 정상 점등 여부<br>④ 점검 또는 사용상 장애물 유무 |
| 비고 | ※ 특정소방대상물의 위치·구조·용도 및 소방시설의 상황 등이 이 표의 항목대로 기재하기 곤란하거나 이 표에서 누락된 사항을 기재한다. |

※ "●"는 종합점검의 경우에만 해당

비교

**비상콘센트설비**의 **작동점검**(소방시설 자체점검사항 등에 관한 고시 〔별지 제4호 서식〕)

| 구 분 | 점검항목 |
|---|---|
| 전원 | ① 자가발전설비인 경우 연료적정량 보유 여부<br>② 자가발전설비인 경우 「전기사업법」에 따른 **정기점검** 결과 확인 |
| 콘센트 | ① **변형·손상·**현저한 **부식**이 없고 **전원**의 정상 공급 여부<br>② 비상콘센트 설치**높이**, 설치**위치** 및 설치**수량** 적정 여부 |
| 보호함 및 배선 | ① 보호함 개폐 용이한 문 설치 여부<br>② "**비상콘센트**" 표지 설치상태 적정 여부<br>③ **위치표시등** 설치 및 정상 점등 여부<br>④ **점검** 또는 사용상 **장애물** 유무 |
| 비고 | ※ 특정소방대상물의 위치·구조·용도 및 소방시설의 상황 등이 이 표의 항목대로 기재하기 곤란하거나 이 표에서 누락된 사항을 기재한다. |

## 7 무선통신보조설비

### ① 무선통신보조설비의 설치제외장소(NFPC 505 제4조, NFTC 505 2.1)

**지하층**으로서 **특**정소방대상물의 바닥부분 **2면** 이상이 지표면과 동일하거나 지표면으로부터의 깊이가 1m 이하인 경우에는 해당층에 한하여 무선통신보조설비를 설치하지 아니할 수 있다.

기억법 무지특2(**무지**한 사람이 **특이**하게 생겼다.)

**＊ 비상콘센트설비의 콘센트 종합점검 항목**

① 변형·손상·현저한 부식이 없고 전원의 정상 공급 여부
② 콘센트별 배선용 차단기 설치 및 충전부 노출 방지 여부
③ 비상콘센트 설치높이, 설치위치 및 설치수량 적정 여부

NOTE

**2** 무선통신보조설비의 **증**폭기 및 **무**선중계기의 설치기준(NFPC 505 제8조, NFTC 505 2.5.1)

① 전원은 **축전지설비**, **전기저장장치**(외부에너지를 저장해 두었다가 필요한 때 전기를 공급하는 장치) 또는 **교류전압 옥내간선**으로 하고, 전원까지의 배선은 **전용**으로 할 것

② 증폭기의 전면에는 **전**원확인 **표시등** 및 **전압계**를 설치할 것

③ 증폭기의 **비**상전원용량은 **30분** 이상일 것

④ **증폭기 및 무선중계기**를 설치하는 경우 「전파법」 규정에 따른 적합성 평가를 받은 제품으로 설치할 것

> **기억법** 증무전 무비축교 표압

⑤ 디지털방식의 무전기를 사용하는 데 지장이 없도록 설치할 것

**3** 무선통신보조설비 무선기기 접속단자의 작동점검(소방시설 자체점검사항 등에 관한 고시 〔별지 제4호 서식〕)

① **설치장소**(소방활동 용이성, 상시 근무장소) 적정 여부

② 보호함 "**무선기기 접속단자**" 표지 설치 여부

**4** 무선통신보조설비의 종합점검(소방시설 자체점검사항 등에 관한 고시 〔별지 제4호 서식〕)

| 구 분 | 점검항목 |
|---|---|
| 누설동축케이블 등 | ① **피난** 및 통행 지장 여부(노출하여 설치한 경우)<br>❷ **케이블** 구성 적정(누설동축케이블+안테나 또는 동축케이블+안테나) 여부<br>❸ **지지금구** 변형·손상 여부<br>❹ **누설동축케이블** 및 **안테나** 설치 적정 및 변형·손상 여부<br>❺ 누설동축케이블 **말단 '무반사 종단저항'** 설치 여부 |
| 무선기기 접속단자, 옥외안테나 | ① 설치장소(소방활동 용이성, 상시 근무장소) 적정 여부<br>❷ 단자 설치**높이** 적정 여부<br>❸ 지상 접속**단자** 설치거리 적정 여부<br>❹ 접속단자 보호함 구조 적정 여부<br>⑤ 접속단자 보호함 "**무선기기 접속단자**" 표지 설치 여부<br>⑥ 옥외안테나 통신장애 발생 여부<br>⑦ 안테나 설치 적정(견고함, 파손우려) 여부<br>⑧ 옥외안테나에 "**무선기기 보조설비 안테나**" 표지 설치 여부<br>⑨ 옥외안테나 통신 가능거리 표지 설치 여부<br>⑩ 수신기 설치장소 등에 옥외안테나 위치표시도 비치 여부 |
| 분배기, 분파기, 혼합기 | ❶ 먼지, 습기, 부식 등에 의한 기능 이상 여부<br>❷ 설치장소 적정 및 관리 여부 |
| 증폭기 및 무선중계기 | ❶ 상용전원 적정 여부<br>② 전원표시등 및 전압계 설치상태 적정 여부<br>❸ 증폭기 비상전원 부착 상태 및 용량 적정 여부<br>④ 적합성 평가 결과 임의변경 여부 |
| 기능점검 | ● 무선통신 가능 여부 |
| 비고 | ※ 특정소방대상물의 위치·구조·용도 및 소방시설의 상황 등이 이 표의 항목대로 기재하기 곤란하거나 이 표에서 누락된 사항을 기재한다. |

※ "●"는 종합점검의 경우에만 해당

※ **무선통신보조설비 누설동축케이블 등의 종합점검항목**
① 피난 및 통행 지장 여부(노출하여 설치한 경우)
② 케이블 구성 적정(누설동축케이블+안테나 또는 동축케이블+안테나) 여부
③ 지지금구 변형·손상 여부
④ 누설동축케이블 및 안테나 설치 적정 및 변형·손상 여부
⑤ 누설동축케이블 말단 '무반사 종단저항' 설치 여부

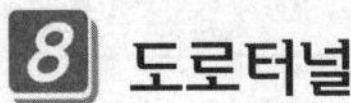

## 8 도로터널

### ① 도로터널의 비상경보설비 설치기준(NFPC 603 제8조, NFTC 603 2.4.1)

① 발신기는 주행차로 한쪽 측벽에 50m 이내의 간격으로 설치하며, **편도 2차선** 이상의 **양방향터널**이나 **4차로** 이상의 **일방향터널**의 경우에는 **양쪽**의 측벽에 각각 50m 이내의 간격으로 엇갈리게 설치할 것

② 발신기는 바닥면으로부터 0.8~1.5m 이하의 높이에 설치할 것

③ 음향장치는 발신기 설치위치와 동일하게 설치할 것(단, 비상방송설비의 화재안전기준에 적합하게 설치된 방송설비를 비상경보설비와 연동하여 작동하도록 설치한 경우에는 비상경보설비의 지구음향장치 설치제외)

④ 음량장치의 음량은 부착된 음향장치의 중심으로부터 1m 떨어진 위치에서 90dB 이상이 되도록 할 것

⑤ 음향장치는 터널 내부 전체에 동시에 **경보**를 발하도록 설치할 것

⑥ 시각경보기는 주행차로 **한쪽** 측벽에 50m 이내의 간격으로 비상경보설비 **상부** 직근에 설치하고, 전체 시각경보기는 동기방식에 의해 작동될 수 있도록 할 것

기억법 50 08 90 음동경시(**경시**대회)

중요

**도로터널의 물분무소화설비 설치기준**(NFPC 603 제7조, NFTC 603 2.3.1)

(1) 물분무헤드는 도로면에 $1m^2$당 6L/min 이상의 수량을 균일하게 방수할 수 있도록 할 것

(2) 물분무설비의 하나의 방수구역은 25m 이상으로 하며, 3개 방수구역을 동시에 40분 이상 방수할 수 있는 수량을 확보할 것

(3) 물분무설비의 비상전원은 40분 이상 기능을 유지할 수 있도록 할 것

기억법 물6비방

※ 도로터널의 물분무소화설비 설치기준 (NFPC 603 제5조 2, NFTC 603 2.3.1) ★꼭 기억하세요★

### ② 터널에 설치할 수 있는 감지기의 종류(NFPC 603 제9조, NFTC 603 2.5.1)

① **차동식 분포형 감지기**

② **정온식 감지선형 감지기**(아날로그식)

③ **중앙기술심의위원회**의 심의를 거쳐 터널화재에 적응성이 있다고 인정된 감지기

기억법 터분감아중

※ 터널에 설치할 수 있는 감지기의 종류 (NFPC 603 제7조, NFTC 603 2.5.1) ★꼭 기억하세요★

NOTE

비교

(1) **지하층 · 무창층** 등으로서 **환**기가 잘되지 아니하거나 실내**면**적이 **40m² 미만**인 장소, 감지기의 **부**착면과 실내바닥과의 거리가 **2.3m 이하**인 곳으로서 일시적으로 발생한 열 · 연기 또는 먼지 등으로 인하여 화재신호를 발신할 우려가 있는 장소의 적응감지기(NFPC 203 제7조, NFTC 203 2.4.1)

① **불**꽃감지기
② **정**온식 **감**지선형 감지기
③ **분**포형 감지기
④ **복**합형 감지기
⑤ **광**전식 분리형 감지기
⑥ **아**날로그방식의 감지기
⑦ **다**신호방식의 감지기
⑧ **축**적방식의 감지기

기억법 환면부23 불정감 복분 광아다축

(2) **특수한 장소에 설치하는 감지기**(NFPC 203 제7조, NFTC 203 2.4.4)

| 장 소 | 적응감지기 |
|---|---|
| • **화**학공장<br>• **격**납고<br>• **제**련소<br>기억법 화격제 불분(불분명) | • 광전식 **분**리형 감지기<br>• **불**꽃감지기 |
| • **전**산실<br>• **반**도체공장<br>기억법 전반공 | • 광전식 **공**기흡입형 감지기 |

## ③ 도로터널의 제연설비

※ 도로터널의 제연설비 설치기준(NFPC 603 제9조 제②항) ★꼭 기억하세요★

① **도로터널의 제연설비 설치기준**(NFPC 603 제11조 제②항)

㉠ **종**류환기방식의 경우 제트팬의 소손을 고려하여 **예비용 제트팬**을 설치하도록 할 것

㉡ **횡**류환기방식(또는 반횡류환기방식) 및 대배기구방식의 배연용 팬은 덕트의 길이에 따라서 노출온도가 달라질 수 있으므로 수치해석 등을 통해서 **내열온도** 등을 검토한 후에 적용하도록 할 것

㉢ 대배기구의 개폐용 전동모터는 **정**전 등 전원이 차단되는 경우에도 조작상태를 유지할 수 있도록 할 것

㉣ 화재에 노출이 우려되는 제연설비와 전원공급선 및 제트팬 사이의 전원공급장치 등은 **250℃**의 온도에서 **60분** 이상 운전상태를 유지할 수 있도록 할 것

기억법 제종예횡내 정256

NOTE

중요

**도로터널**의 제연설비 설계사양(NFPC 603 제11조 제①항, NFTC 603 2.7.1)
(1) 설계화재강도 **20MW**를 기준으로 하고, 이때 연기발생률은 **80m³/s**로 하며, 배출량은 발생된 연기와 혼합된 공기를 충분히 배출할 수 있는 용량 이상을 확보할 것
(2) 화재강도가 설계화재강도보다 높을 것으로 예상될 경우 위험도분석을 통하여 설계화재강도를 설정하도록 할 것

② **도로터널 제연설비의 자동 또는 수동 기동방법**(NFPC 603 제11조 제③항, NFTC 603 2.7.3)
㉠ **화재감지기**가 동작되는 경우
㉡ **발신기**의 **스위치 조작** 또는 **자동소화설비**의 **기동장치**를 동작시키는 경우
㉢ **화재수신기** 또는 **감시제어반**의 **수동조작스위치**를 동작하는 경우

※ 도로터널 제연설비의 자동 또는 수동 기동방법(NFPC 603 제11조 제③항, NFTC 603 2.7.3)
★꼭 기억하세요★

기억법 **자수감발수**

## 9 기타 설비(전기분야)

### ① 각 설비의 비상전원 종류

| 설 비 | 전 원 | 비상전원 | 비상전원 용량 |
|---|---|---|---|
| • 자동화재탐지설비(NFPC 203 제10조, NFTC 203 2.7.1.1) | • 축전지설비<br>• 전기저장장치<br>• 교류전압 옥내간선 | • 축전지설비<br>• 전기저장장치 | • **10분** 이상(30층 미만)<br>• **30분** 이상(30층 이상) |
| • 비상방송설비(NFPC 202 제6조, NFTC 202 2.3.1) | • 축전지설비<br>• 전기저장장치<br>• 교류전압 옥내간선 | • 축전지설비<br>• 전기저장장치 | |
| • 비상경보설비(NFPC 201 제4조, NFTC 201 2.1.6) | • 축전지설비<br>• 전기저장장치<br>• 교류전압 옥내간선 | • 축전지설비<br>• 전기저장장치 | • **10분** 이상 |
| • 유도등(NFPC 303 제10조, NFTC 303 2.7) | • 축전지설비<br>• 전기저장장치<br>• 교류전압 옥내간선 | • 축전지설비 | • **20분** 이상<br>※ 예외규정 : **60분** 이상<br>(1) **11층** 이상(지하층 제외)<br>(2) 지하층·무창층으로서 **도매시장·소매시장·여객자동차터미널·지하역사·지하상가** |
| • 무선통신보조설비(NFPC 505 제8조, NFTC 505 2.5.1) | • 축전지설비<br>• 전기저장장치<br>• 교류전압 옥내간선 | 명시하지 않음 | • **30분** 이상<br>기억법 **탐경유방무축** |

NOTE

| | | | |
|---|---|---|---|
| • 시각경보장치(NFPC 203 제8조, NFTC 203 2.5.2.4) | 명시하지 않음 | • 전기저장장치<br>• 축전지설비 | 명시하지 않음 |
| • 비상콘센트설비(NFPC 504 제4조, NFTC 504 2.1) | 명시하지 않음 | • 자가발전설비<br>• 비상전원수전설비<br>• 전기저장장치<br>• 축전지설비 | • 20분 이상 |
| • **스**프링클러설비(NFPC 103 제12조, NFTC 103 2.9)<br>• **미**분무소화설비(NFPC 104A 제14조, NFTC 104A 2.11) | 명시하지 않음 | • **자**가발전설비<br>• **축**전지설비<br>• **전**기저장장치<br>• 비상전원**수**전설비[차고·주차장으로서 스프링클러설비(또는 미분무소화설비)가 설치된 부분의 바닥면적 합계가 1000m² 미만인 경우] | • 20분 이상(30층 미만)<br>• 40분 이상(30~49층 이하)<br>• 60분 이상(50층 이상)<br>기억법 **스미자 수전축** |
| • 포소화설비(NFPC 105 제13조, NFTC 105 2.10) | 명시하지 않음 | • 자가발전설비<br>• 축전지설비<br>• 전기저장장치<br>• 비상전원**수**전설비<br>– 호스릴포소화설비 또는 포소화전만을 설치한 차고·주차장<br>– 포헤드설비 또는 고정포방출설비가 설치된 부분의 바닥면적(스프링클러설비가 설치된 차고·주차장의 바닥면적 포함)의 합계가 1000m² 미만인 것 | • 20분 이상 |
| • **간**이스프링클러설비(NFPC 103A 제12조, NFTC 103A 2.9) | 명시하지 않음 | • 비상전원**수**전설비 | • 10분(숙박시설 바닥면적 합계 300~600m² 미만, 근린생활시설 바닥면적 합계 1000m² 이상, 복합건축물 연면적 1000m² 이상은 20분) 이상<br>기억법 **간수** |

✻ **간이스프링클러설비의 비상전원 용량**
10분(숙박시설 바닥면적 합계 300~600m² 미만, 근린생활시설 바닥면적 합계 1000m² 이상, 복합건축물 연면적 1000m² 이상은 20분) 이상

| | | | |
|---|---|---|---|
| • 옥내소화전설비(NFPC 102 제8조, NFTC 102 2.5)<br>• 연결송수관설비(NFPC 502 제9조, NFTC 502 2.6) | 명시하지 않음 | • 자가발전설비<br>• 축전지설비<br>• 전기저장장치 | • **20분** 이상(30층 미만)<br>• **40분** 이상(30~49층 이하)<br>• **60분** 이상(50층 이상) |
| • 제연설비(NFPC 501 제11조, NFTC 501 2.8)<br>• 분말소화설비(NFPC 108 제15조, NFTC 108 2.12)<br>• 이산화탄소 소화설비(NFPC 106 제15조, NFTC 106 2.12)<br>• 물분무소화설비(NFPC 104 제12조, NFTC 104 2.9)<br>• 할론소화설비(NFPC 107 제14조, NFTC 107 2.11)<br>• 할로겐화합물 및 불활성기체 소화설비(NFPC 107A 제16조, NFTC 107A 2.13)<br>• 화재조기진압용 스프링클러설비(NFPC 103B 제14조, NFTC 103B 2.11) | 명시하지 않음 | • 자가발전설비<br>• 축전지설비<br>• 전기저장장치 | • **20분** 이상 |
| • 비상조명등(NFPC 304 제4조, NFTC 304 2.1.1) | 명시하지 않음 | • 자가발전설비<br>• 축전지설비<br>• 전기저장장치 | • **20분** 이상<br>※ 예외규정 : **60분** 이상<br>(1) **11층** 이상(지하층 제외)<br>(2) 지하층·무창층으로서 **도매시장·소매시장·여객자동차터미널·지하역사·지하상가** |

※ 각 설비의 비상전원 종류
★꼭 기억하세요★

## ② 소방시설용 비상전원수전설비

① **소방시설용 비상전원수전설비**의 **인입선** 및 **인입구배선**의 **시설기준**(NFPC 602 제4조, NFTC 602 2.1)

㉠ 인입선은 특정소방대상물에 화재가 발생할 경우에도 화재로 인한 손상을 받지 않도록 설치

㉡ 인입구배선은 옥내소화전설비의 화재안전기술기준 2.7.2(1)에 따른 내화배선으로 할 것

※ 소방시설용 비상전원수전설비의 인입선 및 인입구배선의 시설기준(NFPC 602 제4조, NFTC 602 2.1)
★꼭 기억하세요★

② **소방시설용 비상전원수전설비**의 **특고압** 또는 **고압으로 수전하는 경우 큐비클형 방식의 설치기준 중 환기장치 설치기준**(NFPC 602 제5조, NFTC 602 2.2.3.7)

㉠ 내부의 **온도**가 상승하지 않도록 **환기장치**를 할 것

㉡ 자연환기구의 개구부 면적의 **합**계는 외함의 한 면에 대하여 해당 면적의 $\frac{1}{3}$ 이하로 할 것. 이 경우 하나의 통기구의 크기는 직경 10mm 이상의 둥근 막대가 들어가서는 안 된다.

㉢ 자연환기구에 따라 **충**분히 **환**기할 수 없는 경우에는 환기설비를 설치할 것

㉣ 환기구에는 **금속망**, **방화댐퍼** 등으로 방화조치를 하고, 옥외에 설치하는 것은 **빗**물 등이 들어가지 않도록 할 것

**기억법** **큐환온 합충환 금방빗**

# 요점노트

# 제1장 소방시설의 자체점검제도

## 01 소방관련법령

### 1. 특수가연물의 저장 및 취급기준(화재예방법 시행령 [별표 3])

(1) 특수가연물을 저장 또는 취급하는 장소에는 **품명·최대저장수량**, 단위부피당 질량 또는 단위체적당 질량, 관리책임자 **성명·직책·연락처** 및 화기취급의 **금지표시**가 포함된 특수가연물 표지를 설치할 것

(2) **다음 기준에 따라 쌓아 저장할 것(단, 석탄·목탄류를 발전용으로 저장하는 경우는 제외)**

① **품명별**로 구분하여 쌓을 것

② 쌓는 높이는 10m 이하가 되도록 하고, 쌓는 부분의 바닥면적은 $50m^2$(**석탄·목탄류**의 경우에는 $200m^2$) 이하가 되도록 할 것[단, **살수설비**를 설치하거나, 방사능력범위에 해당 특수가연물이 포함되도록 **대형 수동식 소화기**를 설치하는 경우에는 쌓는 높이를 15m 이하, 쌓는 부분의 바닥면적을 $200m^2$(**석탄·목탄류**의 경우에는 $300m^2$) 이하로 할 수 있다.]

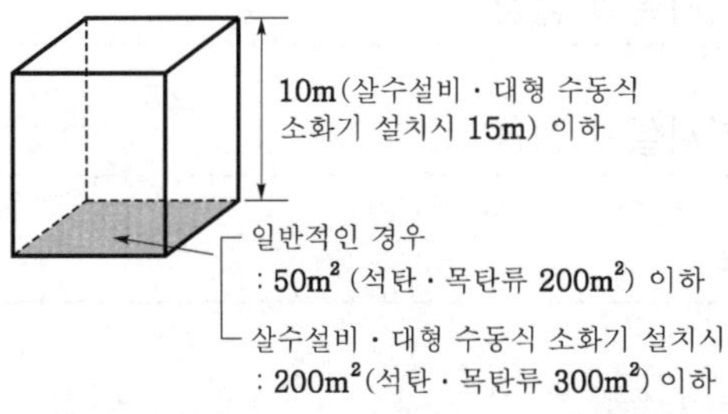


③ 쌓는 부분의 바닥면적 사이는 실내의 경우 1.2m 또는 **쌓는 높이**의 $\frac{1}{2}$ 중 **큰 값**(실외 3m 또는 **쌓는 높이** 중 **큰 값**) 이상으로 간격을 둘 것

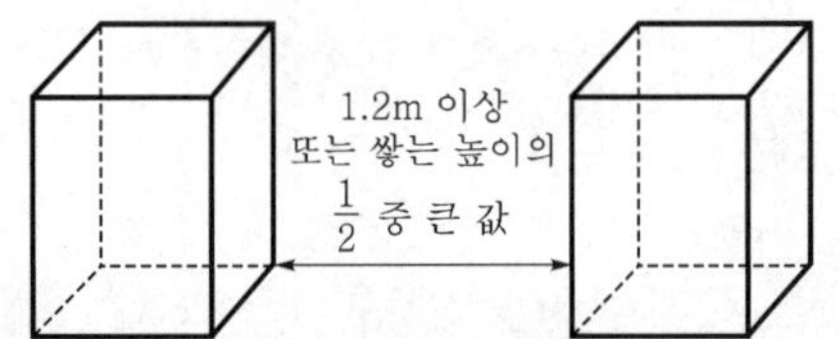


### 2. 대통령령 또는 화재안전기준의 변경으로 강화된 기준을 적용하는 소방시설(소방시설법 제13조 제①항, 소방시설법 시행령 제13조)

(1) **다음 소방시설 중 대통령령 또는 화재안전기준으로 정하는 것**

① **소화기구**

② **비상경보설비**

③ **자동화재탐지설비**

④ **자동화재속보설비**

⑤ **피난구조설비**

(2) **소방시설(공동구 설치용, 전력 및 통신사업용 지하구, 노유자시설, 의료시설)**

| 공동구, 전력 및 통신사업용 지하구 | 노유자시설 | 의료시설 |
|---|---|---|
| ① 소화기<br>② 자동소화장치<br>③ 자동화재탐지설비<br>④ 통합감시시설<br>⑤ 유도등 및 연소방지설비 | ① 간이스프링클러설비<br>② 자동화재탐지설비<br>③ 단독경보형 감지기 | ① 스프링클러설비<br>② 간이스프링클러설비<br>③ 자동화재탐지설비<br>④ 자동화재속보설비 |

### 3. 대통령령으로 정하는 소방시설을 설치하지 아니할 수 있는 특정소방대상물(소방시설법 제13조 제④항)

① **화재위험도**가 **낮은** 특정소방대상물

② **화재안전기준**을 **적용**하기 **어려운** 특정소방대상물

③ **화재안전기준**을 **다르게 적용**하여야 하는 특수한 용도 또는 구조를 가진 특정소방대상물

④ 「위험물안전관리법」 제19조에 따른 **자체소방대**가 설치된 특정소방대상물

### 4. 특정소방대상물의 관계인과 소방안전관리대상물의 소방안전관리자의 업무(화재예방법 제24조 제⑤항)

| 특정소방대상물<br>(관계인) | 소방안전관리대상물<br>(소방안전관리자) |
|---|---|
| ① 피난시설·방화구획 및 방화시설의 관리<br>② 소방시설, 그 밖의 소방관련시설의 관리<br>③ **화기취급**의 감독<br>④ 화재발생시 초기대응<br>⑤ 그 밖의 소방안전관리에 필요한 업무 | ① 피난시설·방화구획 및 방화시설의 관리<br>② 소방시설, 그 밖의 소방관련시설의 관리<br>③ **화기취급**의 감독<br>④ **소방계획서**의 작성 및 시행(피난계획에 관한 사항과 대통령령으로 정하는 사항 포함)<br>⑤ **자위소방대** 및 **초기대응체계**의 구성·운영·교육<br>⑥ 소방훈련 및 교육<br>⑦ 소방안전관리에 관한 업무수행에 관한 기록·유지<br>⑧ 화재발생시 초기대응<br>⑨ 그 밖의 소방안전관리에 필요한 업무 |

## 02 자체점검의 점검구분

### 1. 소방시설 등의 자체점검의 구분·대상·점검자의 자격·점검방법 및 점검횟수(소방시설법 시행규칙 [별표 3])

#### (1) 소방시설 등의 자체점검

| 구 분 | 제출기간 | 제출처 |
|---|---|---|
| 관리업자 또는 소방안전관리자로 선임된 소방시설관리사·소방기술사 | 10일 이내 | 관계인 |
| 관계인 | 15일 이내 | 소방본부장·소방서장 |

#### (2) 소방시설 등 자체점검의 점검대상, 점검자의 자격, 점검횟수 및 시기

| 점검구분 | 정 의 | 점검대상 | 점검자의 자격<br>(주된 인력) | 점검횟수 및<br>점검시기 |
|---|---|---|---|---|
| 작동점검 | 소방시설 등을 인위적으로 조작하여 정상적으로 작동하는지를 점검하는 것 | ① 간이스프링클러설비·자동화재탐지설비 | • 관계인<br>• 소방안전관리자로 선임된 소방시설관리사 또는 소방기술사<br>• 소방시설관리업에 등록된 기술인력 중 소방시설관리사 또는 「소방시설공사업법 시행규칙」에 따른 특급 점검자 | 작동점검은 **연 1회** 이상 실시하며, 종합점검대상은 종합점검을 받은 달부터 **6개월**이 되는 달에 실시 |
| | | ② ①에 해당하지 아니하는 특정소방대상물 | • 소방시설관리업에 등록된 기술인력 중 소방시설관리사<br>• 소방안전관리자로 선임된 소방시설관리사 또는 소방기술사 | |
| | | ③ 작동점검 제외대상<br>• 특정소방대상물 중 소방안전관리자를 선임하지 않는 대상<br>• 위험물제조소 등<br>• 특급 소방안전관리대상물 | | |
| 종합점검 | 소방시설 등의 작동점검을 포함하여 소방시설 등의 설비별 주요 구성 부품의 구조기준이 화재안전기준과 「건축법」 등 관련 법령에서 정하는 기준에 적합한지 여부를 점검하는 것<br>(1) 최초점검 : 특정소방대상물의 소방시설이 새로 설치되는 경우 건축물을 사용할 수 있게 된 날부터 60일 이내에 점검하는 것<br>(2) 그 밖의 종합점검 : 최초점검을 제외한 종합점검 | ④ 소방시설 등이 신설된 경우에 해당하는 특정소방대상물<br>⑤ **스프링클러설비**가 설치된 특정소방대상물<br>⑥ **물분무등소화설비**(호스릴 방식의 물분무등소화설비만을 설치한 경우는 제외)가 설치된 연면적 **5000m²** 이상인 특정소방대상물(위험물제조소 등 제외)<br>⑦ 다중이용업의 영업장이 설치된 특정소방대상물로서 연면적이 2000m² 이상인 것<br>⑧ **제연설비**가 설치된 터널<br>⑨ **공공기관** 중 연면적(터널·지하구의 경우 그 길이와 평균폭을 곱하여 계산된 값)이 1000m² 이상인 것으로서 옥내소화전설비 또는 자동화재탐지설비가 설치된 것(단, 소방대가 근무하는 공공기관 제외) | • 소방시설관리업에 등록된 기술인력 중 **소방시설관리사**<br>• 소방안전관리자로 선임된 **소방시설관리사** 또는 **소방기술사** | 〈점검횟수〉<br>㉠ 연 1회 이상(특급 소방안전관리대상물은 반기에 1회 이상) 실시<br>㉡ ㉠에도 불구하고 소방본부장 또는 소방서장은 소방청장이 소방안전관리가 우수하다고 인정한 특정소방대상물에 대해서는 3년의 범위에서 소방청장이 고시하거나 정한 기간 동안 종합점검을 면제할 수 있다(단, 면제기간 중 화재가 발생한 경우는 제외).<br>〈점검시기〉<br>㉠ ④에 해당하는 특정소방대상물은 건축물을 사용할 수 있게 된 날부터 60일 이내 실시<br>㉡ ㉠을 제외한 특정소방대상물은 건축물의 사용승인일이 속하는 달에 실시(단, 학교의 경우 해당 건축물의 사용승인일이 1월에서 6월 사이에 있는 경우에는 6월 30일까지 실시할 수 있다.)<br>㉢ 건축물 사용승인일 이후 ⑥에 따라 종합점검대상에 해당하게 된 경우에는 그 다음 해부터 실시<br>㉣ 하나의 대지경계선 안에 2개 이상의 자체점검대상 건축물 등이 있는 경우 그 건축물 중 사용승인일이 가장 빠른 연도의 건축물의 사용승인일을 기준으로 점검할 수 있다. |

〔비고〕 1. 신축·증축·개축·재축·이전·용도변경 또는 대수선 등으로 소방시설이 새로 설치된 경우에는 해당 특정소방대상물의 소방시설 전체에 대하여 실시한다.
2. 작동점검 및 종합점검(최초 점검 제외)은 건축물 사용승인 후 그 다음 해부터 실시한다.
3. 특정소방대상물이 증축·용도변경 또는 대수선 등으로 사용승인일이 달라지는 경우 사용승인일이 빠른 날을 기준으로 자체점검을 실시한다.

## 2. 소방시설 등 점검결과보고서의 기재사항 (소방시설법 시행규칙 [별지 제9호 서식])

① 특정소방대상물의 소재지
② 특정소방대상물의 명칭(상호)
③ 특정소방대상물의 대상물 구분(용도)
④ 점검자(성명, 업체명, 전화번호)
⑤ 점검자의 전자우편 송달 동의
⑥ 점검인력(주된 기술인력, 보조기술인력)
⑦ 점검기간
⑧ 소방시설 등의 점검결과

## 3. 소방시설관리업의 등록기준(소방시설법 시행령 [별표 9])

### (1) 기술인력

| 기술인력 등 / 업종별 | 기술인력 | 영업범위 |
|---|---|---|
| 전문 소방시설관리업 | ① 주된 기술인력<br>㉠ 소방시설관리사+실무경력 5년 이상 : 1명 이상<br>㉡ 소방시설관리사+실무경력 3년 이상 : 1명 이상<br>② 보조기술인력<br>㉠ 고급 점검자 : 2명 이상<br>㉡ 중급 점검자 : 2명 이상<br>㉢ 초급 점검자 : 2명 이상 | 모든 특정소방대상물 |
| 일반 소방시설관리업 | 가. 주된 기술인력 : 소방시설관리사+실무경력 1년 이상 1명 이상<br>나. 보조기술인력<br>1) 중급 점검자 : 1명 이상<br>2) 초급 점검자 : 1명 이상 | 1급, 2급, 3급 소방안전관리 대상물 |

〔비고〕 1. 소방 관련 실무경력 : 소방기술과 관련된 경력
2. 보조기술인력의 종류별 자격 : 소방기술과 관련된 자격·학력 및 경력을 가진 사람 중에서 행정안전부령으로 정한다.

### (2) 소방시설별 점검장비(소방시설법 시행규칙 [별표 3])

| 소방시설 | 장 비 | 규 격 |
|---|---|---|
| 모든 소방시설 | • 방수압력측정계<br>• 절연저항계(절연저항측정기)<br>• 전류전압측정계 | – |
| 소화기구 | • 저울 | – |
| 옥내소화전설비<br>옥외소화전설비 | • 소화전밸브압력계 | – |
| 스프링클러설비<br>포소화설비 | • 헤드결합렌치 | – |
| 이산화탄소 소화설비<br>분말소화설비<br>할론소화설비<br>할로겐화합물 및 불활성기체 소화설비 | • 검량계<br>• 기동관누설시험기<br>• 그 밖에 소화약제의 저장량을 측정할 수 있는 점검기구 | – |
| 자동화재탐지설비<br>시각경보기 | • 열감지기시험기<br>• 연감지기시험기<br>• 공기주입시험기<br>• 감지기시험기연결막대<br>• 음량계 | – |
| 누전경보기 | • 누전계 | 누전전류 측정용 |
| 무선통신보조설비 | • 무선기 | 통화시험용 |
| 제연설비 | • 풍속풍압계<br>• 폐쇄력 측정기<br>• 차압계(압력차측정기) | – |
| 통로유도등<br>비상조명등 | • 조도계<br>(밝기 측정기) | 최소눈금이 0.1 lx 이하인 것 |

기억법 모장옥스소 이자누 무제통

## 4. 제조소등의 종류 및 규모에 따라 선임하여야 하는 안전관리자의 자격(위험물령 [별표 6])

<table>
<tr><th colspan="3">제조소등의 종류 및 규모</th><th>안전관리자의 자격</th></tr>
<tr><td rowspan="2">제조소</td><td colspan="2">① 제4류 위험물만을 취급하는 것으로서 지정수량 5배 이하의 것</td><td>• 위험물기능장<br>• 위험물산업기사<br>• 위험물기능사<br>• 안전관리자교육이수자<br>• 소방공무원경력자</td></tr>
<tr><td colspan="2">② 기타</td><td>• 위험물기능장<br>• 위험물산업기사<br>• 위험물기능사(2년 이상 실무경력)</td></tr>
<tr><td rowspan="13">저장소</td><td rowspan="2">① 옥내저장소</td><td>제4류 위험물만을 저장하는 것으로서 지정수량 5배 이하의 것</td><td rowspan="9">• 위험물기능장<br>• 위험물산업기사<br>• 위험물기능사<br>• 안전관리자교육이수자<br>• 소방공무원경력자</td></tr>
<tr><td>제4류 위험물 중 알코올류·제2석유류·제3석유류·제4석유류·동식물유류만을 저장하는 것으로서 지정수량 40배 이하의 것</td></tr>
<tr><td rowspan="2">② 옥외탱크저장소</td><td>제4류 위험물만을 저장하는 것으로서 지정수량 5배 이하의 것</td></tr>
<tr><td>제4류 위험물 중 제2석유류·제3석유류·제4석유류·동식물유류만을 저장하는 것으로서 지정수량 40배 이하의 것</td></tr>
<tr><td rowspan="2">③ 옥내탱크저장소</td><td>제4류 위험물만을 저장하는 것으로서 지정수량 5배 이하의 것</td></tr>
<tr><td>제4류 위험물 중 제2석유류·제3석유류·제4석유류·동식물유류만을 저장하는 것</td></tr>
<tr><td rowspan="2">④ 지하탱크저장소</td><td>제4류 위험물만을 저장하는 것으로서 지정수량 40배 이하의 것</td></tr>
<tr><td>제4류 위험물 중 제1석유류·알코올류·제2석유류·제3석유류·제4석유류·동식물유류만을 저장하는 것으로서 지정수량 250배 이하의 것</td></tr>
<tr><td colspan="2">⑤ 간이탱크저장소로서 제4류 위험물만을 저장하는 것</td></tr>
<tr><td colspan="2">⑥ 옥외저장소 중 제4류 위험물만을 저장하는 것으로서 지정수량의 40배 이하의 것</td><td rowspan="3">• 위험물기능장<br>• 위험물산업기사<br>• 위험물기능사<br>• 안전관리자교육이수자<br>• 소방공무원경력자</td></tr>
<tr><td colspan="2">⑦ 보일러, 버너 그 밖에 이와 유사한 장치에 공급하기 위한 위험물을 저장하는 탱크저장소</td></tr>
<tr><td colspan="2">⑧ 선박주유취급소, 철도주유취급소 또는 항공기주유취급소의 고정주유설비에 공급하기 위한 위험물을 저장하는 탱크저장소로서 지정수량의 250배(제1석유류의 경우에는 지정수량의 100배) 이하의 것</td></tr>
<tr><td colspan="2">⑨ 기타 저장소</td><td>• 위험물기능장<br>• 위험물산업기사<br>• 위험물기능사(2년 이상 실무경력)</td></tr>
<tr><td rowspan="7">취급소</td><td colspan="2">① 주유취급소</td><td rowspan="7">• 위험물기능장<br>• 위험물산업기사<br>• 위험물기능사<br>• 안전관리자교육이수자<br>• 소방공무원경력자</td></tr>
<tr><td rowspan="2">② 판매취급소</td><td>제4류 위험물만을 취급하는 것으로서 지정수량 5배 이하의 것</td></tr>
<tr><td>제4류 위험물 중 제1석유류·알코올류·제2석유류·제3석유류·제4석유류·동식물유류만을 취급하는 것</td></tr>
<tr><td colspan="2">③ 제4류 위험물 중 제1석유류·알코올류·제2석유류·제3석유류·제4석유류·동식물유류만을 지정수량 50배 이하로 취급하는 일반취급소(제1석유류·알코올류의 취급량이 지정수량의 10배 이하)로서 다음의 어느 하나에 해당하는 것<br>㉠ 보일러, 버너 그 밖에 이와 유사한 장치에 의하여 위험물을 소비하는 것<br>㉡ 위험물을 용기 또는 차량에 고정된 탱크에 주입하는 것</td></tr>
<tr><td colspan="2">④ 제4류 위험물만을 취급하는 일반취급소로서 지정수량 10배 이하의 것</td></tr>
<tr><td colspan="2">⑤ 제4류 위험물 중 제2석유류·제3석유류·제4석유류·동식물유류만을 취급하는 일반취급소로서 지정수량 20배 이하의 것</td></tr>
<tr><td colspan="2">⑥ 「농어촌 전기공급사업 촉진법」에 의하여 설치된 자가발전시설에 사용되는 위험물을 취급하는 일반취급소</td></tr>
</table>

| 취급소 | ⑦ 기타 취급소 | • 위험물기능장<br>• 위험물산업기사<br>• 위험물기능사(2년 이상 실무경력) |
|---|---|---|

## 5. 다중이용업소에 설치 · 유지하여야 하는 안전시설 등

| 구 분 | 설치대상 |
|---|---|
| 다중이용업소에 설치 · 유지하여야 하는 안전시설 등에서 영업장 내부 피난통로 또는 복도가 있는 영업장 중 피난유도선을 설치하여야 하는 곳(「다중이용업소법 시행령」 [별표 1의 2]) | 영업장 내부 피난통로(단, 구획된 실이 있는 영업장에만 설치) |
| 다중이용업소에 설치 · 유지하여야 하는 안전시설 등에서 간이스프링클러설비(캐비닛형 간이스프링클러설비 포함)를 설치하여야 하는 영업장(「다중이용업소법 시행령」 [별표 1의 2]) | ① 지하층에 설치된 영업장<br>② 밀폐구조의 영업장<br>③ 산후조리업 및 고시원업의 영업장(단, 지상 1층에 있거나 지상과 직접 맞닿아 있는 층[영업장의 주된 출입구가 건축물 외부의 지면과 직접 연결된 경우 포함]에 설치된 영업장은 제외)<br>④ 권총사격장의 영업장 |
| 다중이용업소에 설치 · 유지하여야 하는 안전시설 등에서 노래반주기 등 영상음향장치를 사용하는 영업장에 설치하는 경보설비(「다중이용업소법 시행령」 [별표 1의 2]) | 자동화재탐지설비 |
| 다중이용업소에 설치 · 유지하여야 하는 안전시설 등에서 가스시설을 사용하는 주방이나 난방시설이 있는 영업장에 설치하는 경보설비(「다중이용업소법 시행령」 [별표 1의 2]) | 가스누설경보기 |
| 다중이용업소에 설치 · 유지하여야 하는 안전시설 등에서 비상구를 설치하지 않을 수 있는 영업장(「다중이용업소법 시행령」 [별표 1의 2]) | ① 주된 출입구 외에 해당 영업장 내부에서 피난층 또는 지상으로 통하는 직통계단이 주된 출입구로부터 영업장의 긴 변 길이의 $\frac{1}{2}$ 이상 떨어진 위치에 별도로 설치된 경우<br>② 피난층에 설치된 영업장(영업장으로 사용하는 바닥면적이 33m$^2$ 이하인 경우로서 영업장 내부에 구획된 실이 없고, 영업장 전체가 개방된 구조의 영업장)으로서 그 영업장의 각 부분으로부터 출입구까지의 수평거리가 10m 이하인 경우 |

## 6. 안전시설 등의 설치 · 유지 기준(다중이용업소법 시행규칙 [별표 2])

| 안전시설 등 종류 | 설치 · 유지 기준 |
|---|---|
| 소화기 또는 자동확산 소화기 | 영업장 안의 구획된 실마다 설치할 것 |
| 간이 스프링클러 설비 | 화재안전기준에 따라 설치할 것(단, 영업장의 구획된 실마다 간이스프링클러헤드 또는 스프링클러헤드가 설치된 경우에는 그 설비의 유효범위부분에는 간이스프링클러설비 설치 제외) |
| 비상벨설비 또는 자동화재 탐지설비 | ① 영업장의 구획된 실마다 비상벨설비 또는 자동화재탐지설비 중 하나 이상을 화재안전기준에 따라 설치할 것<br>② 자동화재탐지설비를 설치하는 경우에는 **감지기**와 **지구음향장치**는 영업장의 구획된 실마다 설치할 것(단, 영업장의 구획된 실에 **비상방송설비**의 음향장치가 설치된 경우 해당 실에는 **지구음향장치** 생략 가능)<br>③ 영상음향차단장치가 설치된 영업장에 자동화재탐지설비의 **수신기**를 별도로 설치할 것 |
| 피난기구 (간이완강기 및 피난밧줄 제외) | **4층** 이하 영업장의 비상구(발코니 또는 부속실)에는 피난기구를 화재안전기준에 따라 설치할 것 |
| 피난유도선 | ① 영업장 내부 **피난통로** 또는 **복도**에 유도등 및 유도표지의 화재안전기준에 따라 설치할 것<br>② **전류**에 의하여 **빛**을 내는 방식으로 할 것 |
| 유도등, 유도표지 또는 비상조명등 | 영업장의 구획된 실마다 유도등, 유도표지 또는 비상조명등 중 하나 이상을 화재안전기준에 따라 설치할 것 |
| 휴대용 비상조명등 | 영업장 안의 구획된 실마다 휴대용 비상조명등을 화재안전기준에 따라 설치할 것 |

| | |
|---|---|
| 영업장 내부 피난통로 | ① 내부 피난통로의 폭은 120cm 이상으로 할 것(단, 양 옆에 구획된 실이 있는 영업장으로서 구획된 실의 출입문 열리는 방향이 피난통로 방향인 경우에는 150cm 이상으로 설치)<br>② 구획된 실부터 주된 출입구 또는 비상구까지의 내부 피난통로의 구조는 **세 번** 이상 구부러지는 형태로 설치하지 말 것 |
| 창 문 | ① 영업장 층별로 가로 50cm 이상, 세로 50cm 이상 열리는 창문을 1개 이상 설치할 것<br>② 영업장 내부 피난통로 또는 복도에 바깥 공기와 접하는 부분에 설치할 것(구획된 실에 설치하는 것을 제외) |
| 보일러실과 영업장 사이의 방화구획 | 보일러실과 영업장 사이의 **출입문**은 **방화문**으로 설치하고, **개구부**에는 **방화댐퍼**(damper)를 설치할 것 |

## 7. 안전시설 등을 다음에 해당하는 고장상태 등으로 방치한 경우 200만원의 과태료에 해당하는 경우(다중이용업소법 시행령 [별표 6])

① 소화펌프를 **고장상태**로 방치한 경우
② **수신반**의 **전원**을 **차단**한 상태로 방치한 경우
③ **동력(감시)제어반**을 **고장상태**로 **방치**하거나 전원을 차단한 경우
④ 소방시설용 **비상전원**을 **차단**한 경우
⑤ 소화배관의 **밸브**를 **잠금상태**로 두어 소방시설이 작동할 때 소화수가 나오지 않거나 소화약제가 방출되지 않는 상태로 방치한 경우

## 8. 피난안내도 및 피난안내 영상물에 포함되어야 할 내용(다중이용업소법 시행규칙 [별표 2의 2])

① 화재시 대피할 수 있는 **비상구** 위치
② 구획된 실 등에서 **비상구** 및 출입구까지의 **피난 동선**
③ 소화기, 옥내소화전 등 소방시설의 위치 및 사용방법
④ **피난** 및 **대처방법**

제 2 장

# 소방기계시설의 점검

## 01 모든 소방시설 및 소화기구

### 1. 전류전압측정계의 0점 조정방법, 콘덴서의 품질시험방법 및 사용상의 주의사항

#### (1) 0점 조정방법

| | |
|---|---|
| 기본 0점 조정방법 | ① **미터락**이 고정되어 있으면 풀어준다.<br>② 지침이 "0"에 있는지를 확인하고 맞지 않을 경우 **영위 조정기**를 돌려 "0"에 맞춘다. |
| 저항 측정시의 0점 조정 방법 | ① **레인지스위치**를 〔Ω〕에 맞춘다.<br>② 리드선을 공통단자와 〔Ω〕단자에 **삽입**시킨다.<br>③ **두 리드선을 단락**시켜 "0"Ω ADJ 손잡이를 조정하여 지침을 "0"에 맞춘다. |

#### (2) 콘덴서의 품질시험방법

① **레인지스위치**를 〔Ω〕에 맞춘다.
② **리드선**을 공통단자와 〔Ω〕측정단자에 **삽입**시킨다.
③ 리드선을 콘덴서의 **양단**에 **접촉**시킨다.

| 상 태 | 지침의 형태 |
|---|---|
| 정상 | 지침이 순간적으로 흔들리다 곧 원래대로 되돌아 온다. |
| 단락 | 지침이 움직인채 그대로 있다. |
| 용량완전소모 | 지침이 전혀 움직이지 않는다. |

#### (3) 사용상 주의사항

① 측정 전 **레인지스위치**의 **위치**를 **확인**할 것
② **저항측정**시 반드시 **전원**을 **차단**할 것
③ 측정범위가 **미**지수일 때는 눈금의 **최대범위**에서 측정하여 1단씩 범위를 **낮출 것**

기억법 콘레저차 미최

### 2. 자동소화장치의 점검방법

| 구성요소 | 점검방법 |
|---|---|
| 감지부 | 가열시험기로 온도감지기를 가열하여 시험하는 방법으로 **1차 감지온도**에서 **경보** 및 **차단장치(전기 또는 가스)** 작동, **2차 감지온도**에서 **소화약제**가 방출 |
| 탐지부 | ① **점검용 가스**를 탐지부에 **분사**<br>② **경보** 확인<br>③ **차단장치(전기 또는 가스)** 작동 확인 |
| 수신부 (제어반) | **가스감지기·온도감지기** 또는 **예비전원**에 이상 발생시 **표시등**이 **점등**되어 알려주며, **소화기 이상시 경보** |
| 가스 차단장치 | ① **수동스위치**를 눌러 차단장치(전기 또는 가스) 작동 확인<br>② 가열시험기로 온도감지기를 가열하여 **1차 감지온도**에서 **차단장치(전기 또는 가스)** 작동 확인<br>③ **탐지부**의 **작동**으로 차단장치(전기 또는 가스) 작동 확인 |
| 소화약제 저장용기 | ① 축압형 주방자동소화장치 : 지시압력계의 **압력상태**가 **녹색**의 범위에 있는지 확인<br>② 가압형 주방자동소화장치 : **가압설비** 및 **약제상태** 점검 |
| 예비전원 | 사용전원을 차단한 상태에서 **예비전원램프**의 점등 확인 |

### 3. 분말소화약제의 고형화 방지방법

① **건조한 장소**에 보관할 것
② **밀폐용기**에 장시간 보관하지 **말 것**
③ 수시로 **약제**를 **흔들어** 줄 것
④ **방습제**를 사용하여 분말입자를 표면처리할 것
⑤ 물청소 등으로 인해 **물기**가 **침투**되지 않도록 **주의**할 것

### 4. 소화기구의 점검기구·용도

| 점검기구 | 용 도 |
|---|---|
| 저울 | 분말소화약제의 **침강시험** |

## 5. 소화기구의 소화약제별 적응성(NFTC 101 2.1.1.1)

| 소화약제 구분 \ 적응대상 | 가스 | | | 분말 | | 액체 | | | | 기타 | | | |
|---|---|---|---|---|---|---|---|---|---|---|---|---|---|
| | 이산화탄소소화약제 | 할론소화약제 | 할로겐화합물 및 불활성기체소화약제 | 인산염류소화약제 | 중탄산염류소화약제 | 산알칼리소화약제 | 강화액소화약제 | 포소화약제 | 물·침윤소화약제 | 고체에어로졸화합물 | 마른모래 | 팽창질석·팽창진주암 | 그 밖의 것 |
| 일반화재 (A급 화재) | − | ○ | ○ | ○ | − | ○ | ○ | ○ | ○ | ○ | ○ | ○ | − |
| 유류화재 (B급 화재) | ○ | ○ | ○ | ○ | ○ | ○ | ○ | ○ | ○ | ○ | ○ | ○ | − |
| 전기화재 (C급 화재) | ○ | ○ | ○ | ○ | ○ | * | * | * | * | ○ | − | − | − |
| 주방화재 (K급 화재) | − | − | − | − | * | − | * | * | * | − | − | − | * |

(주) *의 소화약제별 적응성은 「소방용품의 형식승인 및 제품검사의 기술기준」에 따라 화재종류별 적응성에 적합한 것으로 인정되는 경우에 한한다.

## 6. 소화기구의 작동점검항목(소방시설 자체점검사항 등에 관한 고시 [별지 제4호 서식])

① 거주자 등이 손쉽게 사용할 수 있는 장소에 설치되어 있는지 여부
② 설치높이 적합 여부
③ 배치거리(보행거리 소형 20m 이내, 대형 30m 이내) 적합 여부
④ 구획된 거실(바닥면적 $33m^2$ 이상)마다 소화기 설치 여부
⑤ 소화기 표지 설치상태 적정 여부
⑥ 소화기의 변형·손상 또는 부식 등 외관의 이상 여부
⑦ 지시압력계(녹색범위)의 적정 여부
⑧ 수동식 분말소화기 내용연수(10년) 적정 여부

## 7. 소화기구의 종합점검항목(소방시설 자체점검사항 등에 관한 고시 [별지 제4호 서식])

① 거주자 등이 손쉽게 사용할 수 있는 장소에 설치되어 있는지 여부
② 설치높이 적합 여부
③ 배치거리(보행거리 소형 20m 이내, 대형 30m 이내) 적합 여부
④ 구획된 거실(바닥면적 $33m^2$ 이상)마다 소화기 설치 여부
⑤ 소화기 표지 설치상태 적정 여부
⑥ 소화기의 변형·손상 또는 부식 등 외관의 이상 여부
⑦ 지시압력계(녹색범위)의 적정 여부
⑧ 수동식 분말소화기 내용연수(10년) 적정 여부
❾ 설치수량 적정 여부
❿ 적응성 있는 소화약제 사용 여부

※ "●"는 종합점검의 경우에만 해당

# 02 옥내소화전설비

## 1. 토출량(방수량)

①
$$Q = 10.99\, CD^2 \sqrt{10P}$$

여기서, $Q$ : 토출량[$m^3/s$]
$C$ : 노즐의 흐름계수
$D$ : 구경[m]
$P$ : 방사압력(게이지압)[MPa]

②
$$Q = 0.653 D^2 \sqrt{10P} = 0.6597\, CD^2 \sqrt{10P}$$

여기서, $Q$ : 토출량[L/min]
$C$ : 노즐의 흐름계수(유량계수)
$D$ : 구경[mm]
$P$ : 방사압력(게이지압)[MPa]

③
$$Q = K\sqrt{10P}$$

여기서, $Q$ : 토출량[L/min]
$K$ : 방출계수
$P$ : 방사압력(게이지압)[MPa]

## 2. 펌프의 성능시험방법

| | |
|---|---|
| 무부하시험<br>(체절운전시험) | ① 펌프 토출측 밸브와 성능시험배관의 개폐밸브, **유량조절밸브**를 잠근 상태에서 **펌프 기동**<br>② 압력계의 지시치가 정격토출압력의 **140% 이하**인지 확인 |
| 정격부하시험 | ① 펌프를 기동한 상태에서 **유량조절밸브**를 서서히 개방하여 유량계를 통과하는 유량이 정격토출유량이 되도록 조정<br>② 압력계의 지시치가 **정격토출압력** 이상이 되는지 확인 |
| 피크부하시험<br>(최대 운전시험) | ① 유량조절밸브를 조금 더 개방하여 유량계를 통과하는 유량이 정격토출유량의 **150%**가 되도록 조정<br>② 압력계의 지시치가 정격토출압력의 **65% 이상**인지 확인 |

## 3. 옥내소화전설비에서 노즐선단의 방수압력 상한값 규정 이유

① **반동력**을 줄여 사용자의 **호스 조작**을 **용이**하게 하기 위해

② **소방호스**의 **파열**을 **방지**하기 위해

③ 피연소물에 대한 수손피해를 줄이기 위해

## 4. 옥내소화전설비와 호스릴 옥내소화전설비의 차이점

| 구분 | 옥내소화전설비 | 호스릴 옥내소화전설비 |
|---|---|---|
| 수원 | $Q \geq 2.6N$(30층 미만)<br>여기서, $Q$ : 수원의 저수량〔m³〕<br>$N$ : 가장 많은 층의 소화전개수(최대 2개) | $Q \geq 2.6N$(30층 미만)<br>여기서, $Q$ : 수원의 저수량〔m³〕<br>$N$ : 가장 많은 층의 소화전개수(최대 2개) |
| 옥상수원 | $Q \geq 2.6N \times \frac{1}{3}$ (30층 미만)<br>여기서, $Q$ : 옥상수원의 저수량〔m³〕<br>$N$ : 가장 많은 층의 소화전개수(최대 2개) | $Q \geq 2.6N \times \frac{1}{3}$ (30층 미만)<br>여기서, $Q$ : 옥상수원의 저수량〔m³〕<br>$N$ : 가장 많은 층의 소화전개수(최대 2개) |
| 방수압 | $P \geq P_1 + P_2 + P_3 + 0.17$<br>여기서, $P$ : 필요한 압력〔MPa〕<br>$P_1$ : 소방호스의 마찰손실수두압〔MPa〕<br>$P_2$ : 배관 및 관부속품의 마찰손실수두압〔MPa〕<br>$P_3$ : 낙차의 환산수두압〔MPa〕<br>$Q \geq N \times 130\text{L/min}$<br>여기서, $Q$ : 방수량〔L/min〕<br>$N$ : 가장 많은 층의 소화전개수(30층 미만 : 최대 2개, 30층 이상 : 최대 5개) | $P \geq P_1 + P_2 + P_3 + 0.17$<br>여기서, $P$ : 필요한 압력〔MPa〕<br>$P_1$ : 소방호스의 마찰손실수두압〔MPa〕<br>$P_2$ : 배관 및 관부속품의 마찰손실수두압〔MPa〕<br>$P_3$ : 낙차의 환산수두압〔MPa〕<br>$Q \geq N \times 130\text{L/min}$<br>여기서, $Q$ : 방수량〔L/min〕<br>$N$ : 가장 많은 층의 소화전개수(30층 미만 : 최대 2개, 30층 이상 : 최대 5개) |
| 호스구경 | • 40mm 이상 | • 25mm 이상 |
| 배관구경 | • 가지배관 : 40mm 이상<br>• 주배관 중 수직배관 : 50mm 이상 | • 가지배관 : 25mm 이상<br>• 주배관 중 수직배관 : 32mm 이상 |
| 수평거리 | • 25m 이하 | • 25m 이하 |

**중요** **유효수량의 $\frac{1}{3}$ 이상을 옥상에 설치하지 않아도 되는 경우**(NFPC 102 제4조, NFTC 102 2.1.2)

(1) **지하층**만 있는 건축물
(2) **고가수조**를 가압송수장치로 설치한 경우
(3) 수원이 건축물의 **최**상층에 설치된 **방수구**보다 높은 위치에 설치된 경우
(4) 건축물의 높이가 지표면으로부터 10m 이하인 경우
(5) **주펌프**와 동등 이상의 성능이 있는 별도의 펌프로서 **내연기관**의 기동과 연동하여 작동되거나 **비상전원**을 연결하여 설치한 경우
(6) **학교·공장·창고시설**로서 동결의 우려가 있는 장소
(7) **가압수조**를 가압송수장치로 설치한 옥내소화전설비

**기억법** 유지고최방 10 주내비 학공창가

## 5. 릴리프밸브와 안전밸브의 차이점

| 구 분 | 릴리프밸브 | 안전밸브 |
|---|---|---|
| 적응유체 | **액체** | **기체** |
| 개방형태 | 설정압력 초과시<br>**서서히 개방** | 설정압력 초과시<br>**순간적으로 완전개방** |
| 작동압력 조정 | 조작자가 **작동압력 조정가능** | 조작자가 작동압력 **조정불가** |

## 6. 릴리프밸브의 압력설정방법

① 주펌프의 토출측 **개폐표시형 밸브**를 잠근다.

② 주펌프를 **수동**으로 **기동**한다.

③ **릴리프밸브**의 **뚜껑**을 **개방**한다.

④ **압력조정나사**를 좌우로 돌려 물이 나오는 시점을 **조정**한다.

## 7. 연성계 · 진공계의 설치제외

① 수원의 **수위**가 펌프의 위치보다 높은 경우

② **수직회전축**펌프의 경우

## 8. 고가수조 · 옥상수조 · 압력수조(NFPC 102 제5조 제② · ③항 / NFTC 102 2.2.2.2, 2.2.3.2)

| 고가수조 · 옥상수조에 필요한 설비 | 압력수조에 필요한 설비 |
|---|---|
| ① **수위계**<br>② **배수관**<br>③ **급수관**<br>④ **맨홀**<br>⑤ **오버플로관**<br><br>**기억법** 오급맨 수고배 | ① **수위계**<br>② **배수관**<br>③ **급수관**<br>④ **맨홀**<br>⑤ **급기관**<br>⑥ **압력계**<br>⑦ **안전장치**<br>⑧ **자동식 공기압축기**<br><br>**기억법** 기압안자 (기아자동차) |

## 9. 배관의 종류

| 사용압력 | 배관 종류 |
|---|---|
| 1.2MPa 미만 | • 배관용 탄소강관<br>• 이음매 없는 구리 및 구리합금관(습식 배관)<br>• 배관용 스테인리스강관 또는 일반배관용 스테인리스강관<br>• 덕타일 주철관 |
| 1.2MPa 이상 | • 압력배관용 탄소강관<br>• 배관용 아크용접 탄소강강관 |

※ 이와 동등 이상의 **강도** · **내식성** 및 **내열성**을 가진 것

## 10. 「소방용 합성수지배관의 성능인증 및 제품검사의 기술기준」에 적합한 소방용 합성수지배관으로 설치할 수 있는 경우 (NFPC 102 제6조 제②항 / NFTC 102 2.3.2)

① 배관을 **지하**에 **매설**하는 경우

② 다른 부분과 **내화구조**로 구획된 **덕트** 또는 **피트**의 내부에 설치하는 경우

③ **천장**(상층이 있는 경우에는 상층바닥의 하단 포함)과 **반자**를 **불연재료** 또는 **준불연재료**로 설치하고 소화배관 내부에 항상 소화수가 채워진 상태로 설치하는 경우

## 11. 옥내소화전설비에서 수조의 종합점검(소방시설 자체점검사항 등에 관한 고시 [별지 제4호 서식])

❶ 동결방지조치 상태 적정 여부

② 수위계 설치상태 적정 또는 수위 확인 가능 여부

❸ 수조 외측 고정사다리 설치상태 적정 여부(바닥보다 낮은 경우 제외)

❹ 실내 설치시 조명설비 설치상태 적정 여부

⑤ "**옥내소화전설비용 수조**" 표지 설치상태 적정 여부

❻ 다른 소화설비와 겸용시 겸용 설비의 이름 표시한 표지 설치상태 적정 여부

❼ 수조-수직배관 접속부분 "**옥내소화전설비용 배관**" 표지 설치상태 적정 여부

※ "●"는 종합점검의 경우에만 해당

## 03 옥외소화전설비

### 1. 옥외소화전설비의 방수압력 및 방수량 측정방법

| | |
|---|---|
| 방수압력 측정방법 | ① 옥외소화전 방수구를 **모두 개방**(최대 2개)시켜 놓는다.<br>② 노즐선단에 노즐구경의 $\frac{1}{2}$ 떨어진 지점에서 노즐선단과 수평되게 **피토게이지**를 설치하여 눈금을 읽는다. |
| 방수량 측정방법 | ① 옥외소화전 방수구를 **모두 개방**(최대 2개)시켜 놓는다.<br>② 노즐선단에 노즐구경의 $\frac{1}{2}$ 떨어진 지점에서 노즐선단과 수평되게 **피토게이지**를 설치하여 눈금을 읽은 후 공식에 대입한다.<br>$Q=0.653D^2\sqrt{10P}$<br>여기서, $Q$ : 방수량[L/min]<br>$D$ : 노즐구경[mm]<br>$P$ : 방수압력[MPa] |

### 2. 옥외소화전설비에서 가압송수장치의 종합점검(소방시설 자체점검사항 등에 관한 고시[별지 제4호 서식])

#### (1) 펌프방식

❶ 동결방지조치 상태 적정 여부
② 옥외소화전 방수량 및 방수압력 적정 여부
❸ 감압장치 설치 여부(방수압력 0.7MPa 초과 조건)
④ 성능시험배관을 통한 펌프성능시험 적정 여부
❺ 다른 소화설비와 겸용인 경우 펌프성능 확보 가능 여부
⑥ 펌프 흡입측 연성계·진공계 및 토출측 압력계 등 부속장치의 변형·손상 유무
❼ 기동장치 적정 설치 및 기동압력 설정 적정 여부
⑧ 기동스위치 설치 적정 여부(ON/OFF 방식)
❾ 물올림장치 설치 적정(전용 여부, 유효수량, 배관구경, 자동급수) 여부
❿ 충압펌프 설치 적정(토출압력, 정격토출량) 여부
⑪ 내연기관방식의 펌프 설치 적정(정상기동(기동장치 및 제어반) 여부, 축전지상태, 연료량) 여부
⑫ 가압송수장치의 "**옥외소화전펌프**" 표지 설치 여부 또는 다른 소화설비와 겸용시 겸용 설비 이름 표시 부착 여부

#### (2) 고가수조방식

수위계·배수관·급수관·오버플로관·맨홀 등 부속장치의 변형·손상 유무

#### (3) 압력수조방식

❶ 압력수조의 압력 적정 여부
② 수위계·급수관·급기관·압력계·안전장치·공기압축기 등 부속장치의 변형·손상 유무

#### (4) 가압수조방식

❶ 가압수조 및 가압원 설치장소의 방화구획 여부
② 수위계·급수관·배수관·급기관·압력계 등 부속장치의 변형·손상 유무

※ "●"는 종합점검의 경우에만 해당

## 04 스프링클러설비

### 1. 시험장치를 이용한 습식 스프링클러설비

| 동작시험순서 | 동작시 주요점검사항 (동작시 확인사항) |
|---|---|
| ① **말단시험밸브** 개방<br>② **알람체크밸브** 개방<br>③ 유수검지장치의 압력스위치 작동<br>④ **사이렌** 경보<br>⑤ 감시제어반에 **화재표시등** 점등<br>⑥ **기동용 수압개폐장치**의 압력스위치 작동<br>⑦ **주펌프** 및 **충압펌프**의 작동<br>⑧ 감시제어반에 기동표시등 점등<br>⑨ 말단시험밸브 폐쇄<br>⑩ 규정방수압에서 펌프 자동정지<br>⑪ 모든 장치의 정상 여부 확인 | ① **유수검지장치**의 **압력스위치** 작동 여부 확인<br>② 방호구역 내의 **경보발령** 확인<br>③ **감시제어반**에 **화재표시등** 점등 확인<br>④ **기동용 수압개폐장치의 압력스위치** 작동 여부 확인<br>⑤ **주펌프** 및 **충압펌프**의 작동 여부 확인<br>⑥ **감시제어반**에 **기동표시등** 점등 확인<br>⑦ 규정방수압(0.1~1.2MPa) 및 규정방수량(80L/min 이상) 확인 |

## 2. 습식 스프링클러설비의 비화재시에도 오보가 울릴 경우의 점검사항

① 리타딩챔버 상단의 **압력스위치** 점검
② 리타딩챔버 상단의 압력스위치 배선의 **누전상태** 점검
③ 리타딩챔버 상단의 압력스위치 배선의 **합선상태** 점검
④ 리타딩챔버 하단의 **오리피스** 점검

## 3. 건식 밸브의 작동방법(시험방법)

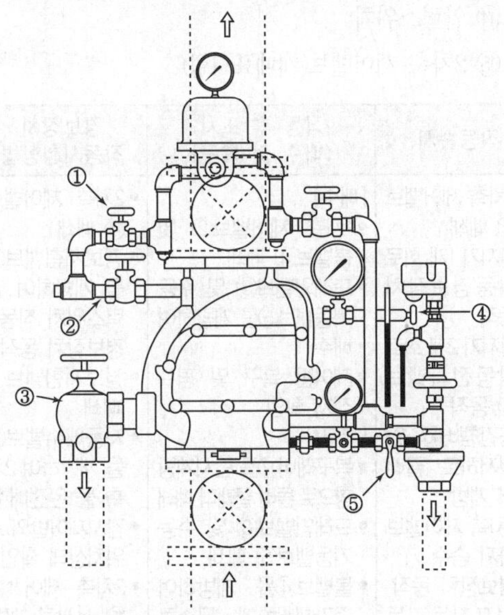


(1) 2차측 **제어밸브 폐쇄**

(2) ①·②번 **밸브 개방상태** 및 ③·④·⑤번 **밸브 폐쇄상태**인지 확인

(3) ④번 **시험밸브 개방**－이때 2차측 배관의 공기압력 저하로 급속개방장치가 작동하여 클래퍼 개방

(4) 펌프의 **자동기동** 확인

(5) 감시제어반의 **밸브개방표시등** 점등 확인

(6) 해당 방호구역의 경보 확인

(7) 시험완료 후 **정상상태**로 **복구**

| 기 호 | 밸브명칭 | 밸브기능 | 평상시 유지상태 |
|---|---|---|---|
| ① | 엑셀레이터 공기공급 차단밸브 | 2차측 배관 내가 공기로 충압될 때까지 엑셀레이터로의 공기유입을 차단시켜 주는 밸브 | 개방 |
| ② | 공기공급 밸브 | 공기압축기로부터 공급되어지는 공기의 유입을 제어하는 밸브 | 개방 |
| ③ | 배수밸브 | 건식 밸브 작동 후 2차측으로 방출된 물을 배수시켜 주는 밸브 | 폐쇄 |
| ④ | 수위조절 밸브 | 초기세팅을 위해 2차측에 보충수를 채우고 그 수위를 확인하는 밸브 | 폐쇄 |
| ⑤ | 알람시험 밸브 | 정상적인 밸브의 작동없이 화재경보를 시험하는 밸브 | 폐쇄 |

## 4. 준비작동밸브의 점검 및 복구방법

| | |
|---|---|
| 점검방법 | ① **2차측 제어밸브** 폐쇄<br>② **배수밸브**를 돌려 **개방**<br>③ 준비작동밸브는 다음 5가지 중 1가지를 채택하여 작동<br>• **슈**퍼비조리판넬의 **기동스위치**를 누름<br>• **교**차회로방식의 A·B **감지기** 작동<br>• 감시제어반에서 **동작시**험으로 교차회로방식의 A·B 감지기 작동<br>• 감시제어반에서 솔레노이드밸브 **기동스위치** 작동<br>• **준**비작동밸브의 **수동개방밸브** 또는 **전동밸브** 수동 개방<br>**기억법** 슈교동기준<br>④ **경보장치**가 **작동**하여 알람이 울린다.<br>⑤ **펌프**가 **작동**하여 배수밸브를 통해 방수<br>⑥ 감시제어반의 **화재표시등** 및 슈퍼비조리판넬의 **밸브개방표시등** 점등<br>⑦ 준비작동밸브의 작동 없이 알람시험밸브의 개방만으로 **압력스위치**의 **이상유무**를 **확인**가능 |
| 복구방법 | ① 감지기를 작동시켰으면 감시제어반의 **복구스위치**를 눌러 **복구**<br>② 수동개방밸브를 작동시켰으면 **수동개방밸브 폐쇄**<br>③ **1차측 제어밸브**를 **폐쇄**하여 배수밸브를 통해 가압수 완전배수<br>④ 배수완료 후 **세팅밸브**를 **개방**하고 1차측 압력계를 확인하여 압력이 걸리는지 확인<br>⑤ **1차측 제어밸브**를 서서히 **개방**하여 준비작동밸브의 작동유무를 확인하고, 1차측 압력계의 압력이 규정압이 되는지를 확인<br>⑥ **2차측 제어밸브 개방** |

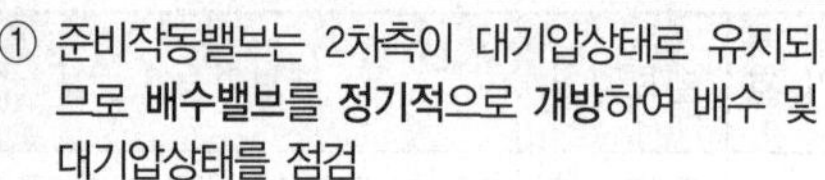


| | |
|---|---|
| 유의사항 | ① 준비작동밸브는 2차측이 대기압상태로 유지되므로 **배수밸브를 정기적**으로 **개방**하여 배수 및 대기압상태를 점검<br>② 정기적으로 **알람시험밸브**를 **개방**하여 경보발신 시험을 한다.<br>③ 2차측 설비점검을 위하여 1차측 제어밸브를 폐쇄하고 공기누설 시험장치를 통하여 공기나 질소가스를 주입하고 2차측 압력계를 통하여 배관 내 **압력강하** 점검 |

## 5. 준비작동밸브의 오동작 원인

① **감지기**의 불량

② 슈퍼비조리판넬의 **기동스위치** 불량

③ 감시제어반의 **수동기동스위치** 불량

④ 감시제어반에서 **동작시험**시 **자동복구스위치**를 누르지 않고 회로선택스위치를 작동시킨 경우

⑤ **솔레노이드밸브**의 고장

## 6. 준비작동밸브(SDV)형의 작동순서 등

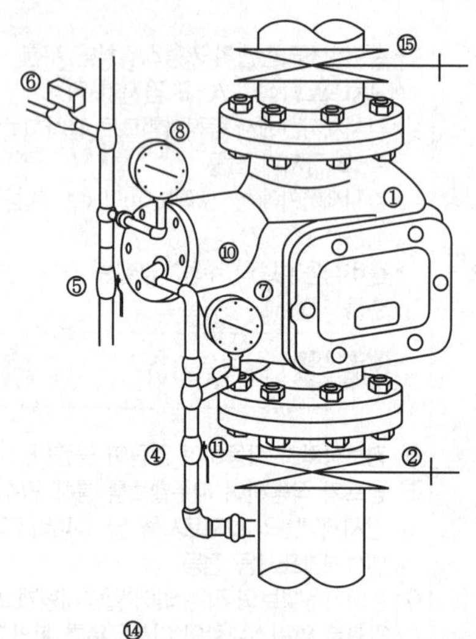
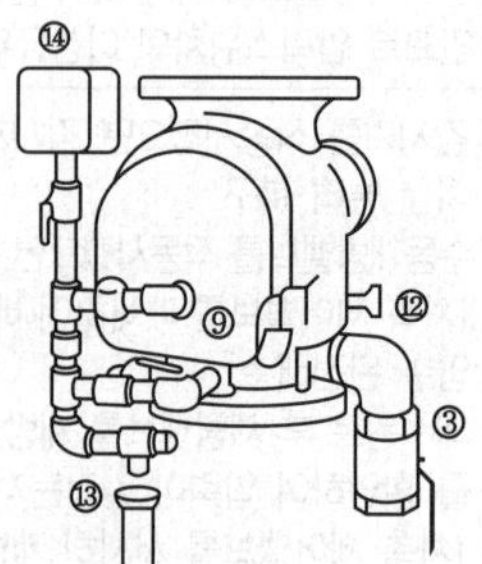

① 준비작동밸브 본체

② 1차측 제어밸브(개폐표시형)

③ 드레인밸브

④ 볼밸브(중간챔버 급수용)

⑤ 수동기동밸브

⑥ 전자밸브

⑦ 압력계(1차측)

⑧ 압력계(중간챔버용)

⑨ 경보시험밸브

⑩ 중간챔버

⑪ 체크밸브

⑫ 복구레버(밸브후면)

⑬ 자동배수밸브

⑭ 압력스위치

⑮ 2차측 제어밸브(개폐표시형)

| 작동순서 | 작동 후 조치<br>(배수 및 복구) | 경보장치<br>작동시험방법 |
|---|---|---|
| • 2차측 제어밸브 ⑮ 폐쇄<br>• 감지기 1개 회로 작동경보장치 동작<br>• 감지기 2개 회로 작동전자밸브 ⑥ 동작<br>• 중간챔버⑩ 압력저하로 클래퍼 개방<br>• 2차측 제어밸브까지 송수<br>• 경보장치 동작<br>• 펌프자동기동 및 압력유지상태 확인 | [배수]<br>• 1차측 제어밸브② 및 볼밸브④ 폐쇄<br>• 드레인밸브③ 및 수동기동밸브⑤를 개방하여 배수<br>• 제어반 복구 및 펌프정지 확인<br>[복구]<br>• 복구레버⑫를 반시계방향으로 돌려 클래퍼 폐쇄<br>• 드레인밸브③ 및 수동기동밸브⑤ 폐쇄<br>• 볼밸브④를 개방하여 중간챔버⑩에 급수하고 압력계⑧ 확인<br>• 1차측 제어밸브② 서서히 개방<br>• 볼밸브④ 폐쇄<br>• 감시제어반의 스위치 상태 확인<br>• 2차측 제어밸브⑮ 서서히 개방 | • 2차측 제어밸브 ⑮ 폐쇄<br>• 경보시험밸브⑨를 개방하여 압력스위치 작동 : 경보장치 동작<br>• 경보시험밸브⑨ 폐쇄<br>• 자동배수밸브⑬을 개방하여 2차측 물 완전배수<br>• 감시제어반의 스위치상태 확인<br>• 2차측 제어밸브 ⑮ 서서히 개방 |

## 7. 준비작동밸브의 작동방법

① **슈퍼비조리판넬**의 **기동스위치**를 누르면 솔레노이드밸브가 개방되어 준비작동밸브 작동

② **수동개방밸브**를 **개방**하면 준비작동밸브 작동

③ **교차회로방식**의 A · B **감지기**를 감시제어반에서 작동시키면 솔레노이드밸브가 개방되어 준비작동밸브 작동

## 8. 준비작동밸브의 오동작 원인

① **감지기**의 불량
② 슈퍼비조리판넬의 **기동스위치** 불량
③ 감시제어반의 **수동기동스위치** 불량
④ 감시제어반에서 **동작시험**시 **자동복구스위치**를 누르지 않고 회로선택스위치를 작동시킨 경우
⑤ **솔레노이드밸브**의 고장

## 9. P.O.R.V(Pressure-Operated Relief Valve)

| 구분 | 내용 |
|---|---|
| 건식 밸브 | 스프링클러헤드 개방시 건식 밸브의 개방, 가속기 작동 후 가속기 및 건식 밸브의 **실린더 내부로 1차측의 가압수 유입방지** |
| 준비 작동식 밸브 | ① 솔레노이드밸브 등에 의한 준비작동밸브 개방 후 솔레노이드밸브가 전기적인 불균형에 의해 닫히더라도 **준비작동밸브**의 **개방상태를 계속 유지**시켜주기 위한 밸브<br>② 준비작동밸브 개방 이후 클래퍼가 다시 닫혀 급수가 원활하지 못하게 되는 현상을 방지하기 위한 밸브로서 개방된 클래퍼가 다시 닫히는 것을 방지하는 밸브<br>③ 준비작동밸브의 기동밸브가 수동 및 자동으로 기동되었다가 폐쇄되더라도 밸브 본체 중간챔버의 물을 계속 배수시킴으로써 한 번 개방된 준비작동밸브는 **계속 개방상태를 유지**시킬 목적으로 설치 |

## 10. 건식 밸브의 작동순서 및 설정압력이 낮은 경우

### (1) 건식 밸브의 작동순서(A사)

| 일반건식 밸브 | 저압건식 밸브 |
|---|---|
| ① 공기압축기에 연결된 **시험밸브**를 개방하여 2차측 **압축공기** 배출<br>② **액셀러레이터** 작동으로 클래퍼 개방 및 2차측 가압수 송수<br>③ PORV 작동으로 클래퍼 폐쇄방지 및 시험밸브를 통한 누수 확인<br>④ **압력스위치** 작동으로 제어반에 화재 및 밸브개방 신호표시와 동시에 음향경보장치 작동 | ① **배수밸브** 개방으로 2차측 압축공기 배출<br>② **액추에이터** 작동으로 밸브의 중간챔버 가압수 배출<br>③ 밸브 본체의 **시트** 개방 및 배수밸브에 의한 누수 확인<br>④ **압력스위치** 작동으로 제어반에 화재 및 밸브개방 신호표시와 동시에 음향경보장치 작동 |

### (2) 건식 밸브의 작동순서(B사)

| 일반건식 밸브 | 저압건식 밸브 |
|---|---|
| ① **수위확인밸브**를 개방하여 2차측 압축공기 배출<br>② **액셀러레이터** 작동으로 잔여 압축공기를 보내서 클래퍼 개방<br>③ **수위확인밸브**를 통한 누수 확인<br>④ **압력스위치** 작동으로 제어반에 화재 및 밸브개방 신호표시와 동시에 음향경보장치 작동 | ① **공기조절밸브** 개방으로 2차측 압축공기 배출<br>② **액추에이터** 작동으로 밸브의 중간챔버 가압수 배출<br>③ **클래퍼 고정 래치**의 작동으로 클래퍼 개방 및 공기조절밸브에 의한 누수 확인<br>④ **압력스위치** 작동으로 제어반에 화재 및 밸브개방 신호표시와 동시에 음향경보장치 작동 |

### (3) 저압건식 밸브 2차측 설정압력이 낮은 경우의 장점

① **클래퍼**의 개방시간 단축
② 2차측 **누설** 우려가 적어 유지관리 용이
③ **공기압축기** 용량을 작게 할 수 있음
④ 초기 **세팅시간** 단축
⑤ **복구시간** 단축
⑥ **가압수 이동시간** 단축
⑦ **압축공기**에 의한 화재확대 저하

## 11. 소화설비의 작동순서

### (1) 준비작동식 스프링클러설비의 작동순서

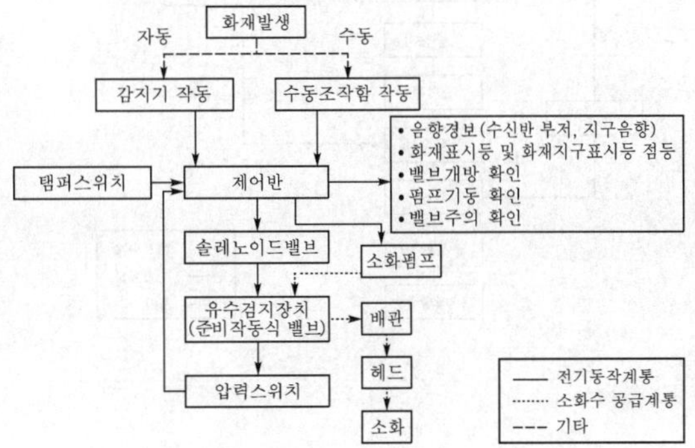

### (2) 이산화탄소 소화설비(연기감지기와 가스압력식 기동장치를 채용한 자동기동방식)의 작동순서

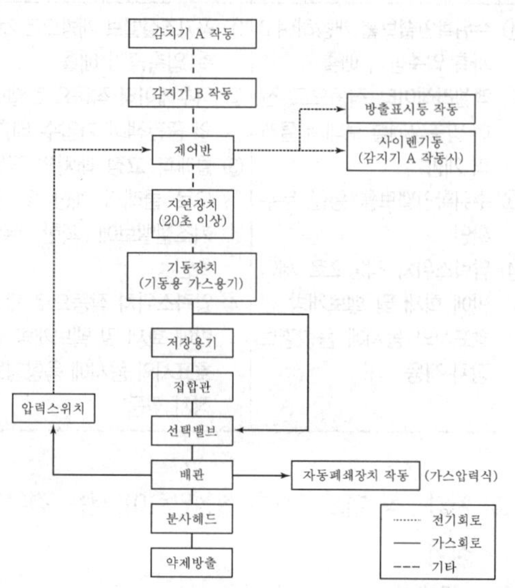


### (3) 이산화탄소 소화설비(연기감지기와 전기식 기동장치를 채용한 자동기동방식)의 작동순서

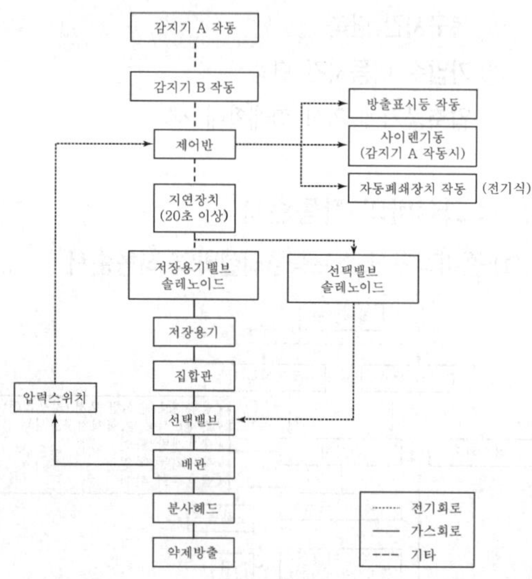


### (4) 할론소화설비의 작동순서

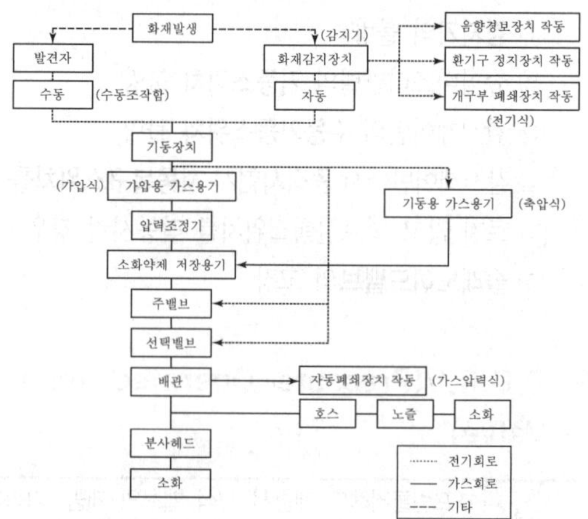


### (5) 분말소화설비의 작동순서

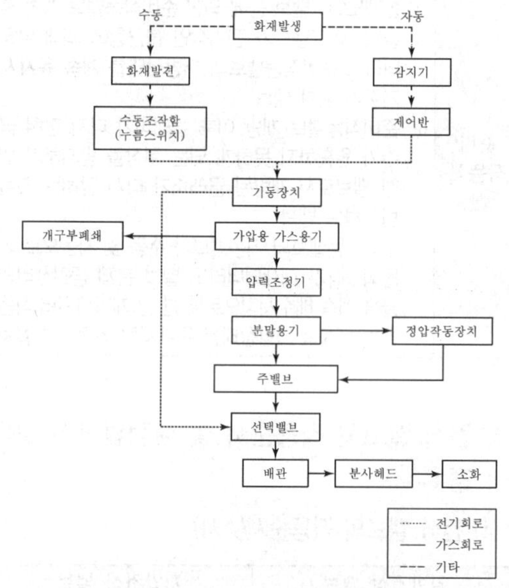


## 12. 후드밸브와 체크밸브의 이상유무 확인방법

(1) 펌프 상부에 설치된 **물올림컵밸브**의 **개방**

(2) 물올림컵에 물이 차면 물올림장치에 설치된 **급수배관**의 **개폐밸브 폐쇄**

(3) 물올림컵의 수위상태 확인

① 수위변화가 없을 때 : **정상**

② 물이 빨려 들어갈 때 : **후드밸브**의 역류방지기능 고장

③ 물이 계속 넘칠 때 : 펌프토출측 **체크밸브**의 역류방지기능 고장

## 13. 스프링클러설비에서 하나의 방호구역을 3개 층 이내로 할 수 있는 경우

① 1개 층에 설치되는 스프링클러헤드의 수가 10개 이하인 경우
② 복층형 구조의 공동주택의 경우

## 14. 화재조기진압용 스프링클러설비를 설치할 장소의 구조

① 당해 층의 높이가 13.7m 이하일 것
② 천장의 기울기가 $\frac{168}{1000}$ 을 초과하지 않아야 하고, 이를 초과하는 경우에는 반자를 지면과 수평으로 설치할 것
③ 천장은 평평하여야 하며 철재나 목재트러스 구조인 경우, 철재나 목재의 돌출부분이 102mm를 초과하지 아니할 것
④ 보로 사용되는 목재·콘크리트 및 철재 사이의 간격이 0.9m 이상 2.3m 이하일 것
⑤ 창고 내의 선반의 형태는 하부로 물이 침투되는 구조로 할 것

## 15. 화재조기진압용 스프링클러설비 설치제외물품

① 제4류 위험물
② 타이어, 두루마리 종이 및 섬유류, 섬유제품 등 연소시 화염의 속도가 빠르고 방사된 물이 하부에까지 도달하지 못하는 것

## 16. 스프링클러설비에서 헤드의 작동점검(소방시설 자체점검사항 등에 관한 고시 [별지 제4호 서식])

① 헤드의 변형·손상 유무
② 헤드 설치 위치·장소·상태(고정) 적정 여부
③ 헤드 살수장애 여부

## 17. 스프링클러설비에서 가압송수장치의 종합점검(소방시설 자체점검사항 등에 관한 고시 [별지 제4호 서식])

### (1) 펌프방식

❶ 동결방지조치 상태 적정 여부
② 성능시험배관을 통한 펌프성능시험 적정 여부
❸ 다른 소화설비와 겸용인 경우 펌프성능 확보 가능 여부
④ 펌프 흡입측 연성계·진공계 및 토출측 압력계 등 부속장치의 변형·손상 유무
❺ 기동장치 적정 설치 및 기동압력 설정 적정 여부
❻ 물올림장치 설치 적정(전용 여부, 유효수량, 배관구경, 자동급수) 여부
❼ 충압펌프 설치 적정(토출압력, 정격토출량) 여부
⑧ 내연기관방식의 펌프 설치 적정(정상기동(기동장치 및 제어반) 여부, 축전지상태, 연료량) 여부
⑨ 가압송수장치의 "**스프링클러펌프**" 표지 설치 여부 또는 다른 소화설비와 겸용시 겸용 설비 이름 표시 부착 여부

### (2) 고가수조방식

수위계·배수관·급수관·오버플로관·맨홀 등 부속장치의 변형·손상 유무

### (3) 압력수조방식

❶ 압력수조의 압력 적정 여부
② 수위계·급수관·급기관·압력계·안전장치·공기압축기 등 부속장치의 변형·손상 유무

### (4) 가압수조방식

❶ 가압수조 및 가압원 설치장소의 방화구획 여부
② 수위계·급수관·배수관·급기관·압력계 등 부속장치의 변형·손상 유무

※ "●"는 종합점검의 경우에만 해당

# 05 포소화설비

## 1. 포소화약제 저장조 내의 포소화약제 보충 조작순서

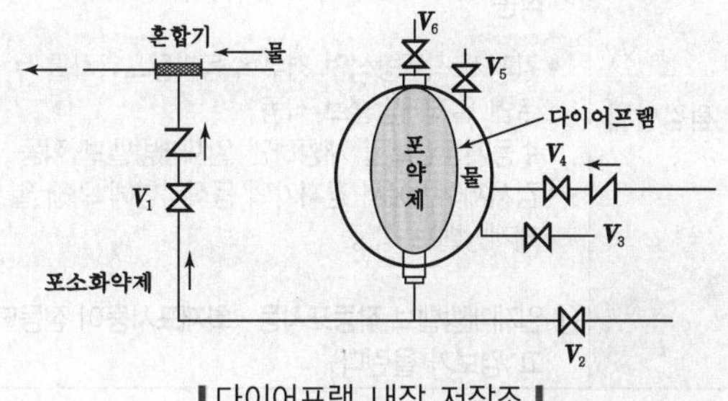


▌다이어프램 내장 저장조▐

① $V_1$, $V_4$를 **폐쇄**시킨다.
② $V_3$, $V_5$를 개방하여 저장탱크 내의 물을 **배수**한다.
③ $V_6$를 **개방**한다.
④ $V_2$에 포소화약제 송액장치(주입장치)를 **접속**시킨다.
⑤ $V_2$를 개방하여 포소화약제를 **주입**(송액)시킨다.
⑥ 포소화약제가 보충되었을 때 $V_2$, $V_3$를 **폐쇄**한다.
⑦ 본 소화설비용 **펌프**를 **기동**한다.
⑧ $V_4$를 개방하면서 저장탱크 내를 가압하여 $V_5$, $V_6$로부터 공기를 뺀 후 $V_5$, $V_6$를 폐쇄하여 소화**펌프**를 **정지**시킨다.
⑨ $V_1$을 **개방**한다.

## 2. 포소화설비 고정포방출구의 시험방법 점검요령

① 고정포 방출구 상부에 곡관을 붙이고 곡관에 슈트를 설치하여 **포수용액**을 **방사**하여 수집통에 수집 · **방사량 · 포의 팽창비** 등 측정
② 수직배관의 스트레이너 출구측에 **압력계**를 설치하여 **유입압력 측정**
③ 하나의 탱크에 2개 이상의 방출구가 설치된 경우 동시에 방출하고 **수집통**은 **1개소**만 설치
④ 위의 시험방법이 곤란한 경우, 송액관 수직배관 중 플렉시블 조인트 및 스트레이너 상부에 노즐을 접속 · 방수하여 방수압 측정

## 3. 포소화설비 포헤드 및 포워터 스프링클러 설비

| | |
|---|---|
| 점검방법 | ① **2차측**의 **제어밸브 폐쇄**<br>② **포원액 탱크**의 **약제밸브 폐쇄**<br>③ 일제개방밸브는 다음 3가지 중 1가지를 채택하여 작동<br>• 감지기 작동방식인 경우 **수동기동스위치**를 누르면 일제개방밸브 작동<br>• **수동개방밸브**를 개방하면 일제개방밸브 작동<br>• 감시제어반에서 **감지기**의 **동작시험**에 의해 일제개방밸브 작동<br>④ 일제개방밸브 **작동표시등 · 화재표시등**이 점등되고 경보가 울린다. |
| 복구방법 | ① 일제개방밸브의 **1차측 제어밸브** 폐쇄<br>② 감지기를 작동시켰으면 감시제어반의 **복구스위치**를 눌러 복구<br>③ 수동기동스위치를 누른 경우 수동기동스위치를 원상태로 복구<br>④ 일제개방밸브의 **1차측 제어밸브**를 서서히 개방하여 **일제개방밸브**의 **작동유무**를 확인하고, **2차측 제어밸브**를 **개방**하고 **배수밸브 폐쇄**<br>⑤ **배액밸브**를 **개방**하여 배관 내의 포수용액을 완전히 배출시킨 후 폐쇄 |

## 4. 포소화설비의 고정포 방출설비

| | |
|---|---|
| 점검방법 | ① 고정포 방출구의 **점검구 개방** 후 봉판을 열고 그 부분에 65mm **호스 연결**<br>② 해당 방호구역의 **선택밸브 개방**<br>③ 감시제어반에서 수동기동스위치를 눌러 **펌프기동**, 방유제쪽으로 **포수용액 방출**<br>④ 포채집기 및 포콘테이너를 사용하여 **포팽창비 · 환원시간** 등 측정 |
| 복구방법 | ① **배액밸브**를 **개방**하여 배관 내의 포수용액을 완전히 배출시킨 후 폐쇄<br>② **가압송수장치** 및 **약제밸브개방** |

## 5. (간이)스프링클러 · 물분무 · 미분무 · 포소화설비의 외관점검(소방시설 자체점검사항 등에 관한 고시 [별지 제6호 서식])

| 구 분 | 점검 내용 |
|---|---|
| 수원 | ① 주된 수원의 유효수량 적정 여부(겸용설비 포함)<br>② 보조수원(옥상)의 유효수량 적정 여부<br>③ 수조표시 설치상태 적정 여부 |
| 저장탱크<br>(포소화설비) | 포소화약제 저장량의 적정 여부 |
| 가압송수장치 | 펌프 **흡입측 연성계 · 진공계** 및 **토출측 압력계** 등 부속장치의 변형 · 손상 유무 |
| 유수검지장치 | 유수검지장치실 설치 적정(실내 또는 구획, 출입문 크기, 표지) 여부 |
| 배관 | ① 급수배관 개폐밸브 설치(개폐표시형, 흡입측 버터플라이 제외) 적정 여부<br>② 준비작동식 유수검지장치 및 일제개방밸브 2차측 배관 부대설비 설치 적정<br>③ 유수검지장치의 시험장치 설치 적정(설치위치, 배관구경, 개폐밸브 및 개방형 헤드, 물받이통 및 배수관) 여부<br>④ 다른 설비의 배관과의 구분 상태 적정 여부 |

| | |
|---|---|
| 기동장치 | 수동조작함(설치높이, 표시등) 설치 적정 여부 |
| 제어밸브 등 (물분무소화설비) | 제어밸브 설치 위치 적정 및 표지 설치 여부 |
| 배수설비 (물분무소화설비가 설치된 차고·주차장) | 배수설비(배수구, 기름분리장치 등) 설치 적정 여부 |
| 헤드 | 헤드의 변형·손상 유무 및 살수장애 여부 |
| 호스릴방식 (미분무소화설비, 포소화설비) | 소화약제저장용기 근처 및 호스릴함 위치표시등 정상 점등 및 표지 설치 여부 |
| 송수구 | 송수구 설치장소 적정 여부(소방차가 쉽게 접근할 수 있는 장소) |
| 제어반 | 펌프 별 자동·수동 전환스위치 정상위치에 있는지 여부 |

## 6. 포소화설비 가압송수장치의 작동점검(소방시설 자체점검사항 등에 관한 고시 [별지 제4호 서식])

### (1) 펌프방식

① 성능시험배관을 통한 펌프성능시험 적정 여부

② 펌프 흡입측 연성계·진공계 및 토출측 압력계 등 부속장치의 변형·손상 유무

③ 내연기관방식의 펌프 설치 적정(정상기동(기동장치 및 제어반) 여부, 축전지상태, 연료량) 여부

④ 가압송수장치의 **"포소화설비펌프"** 표지 설치 여부 또는 다른 소화설비와 겸용시 겸용 설비 이름 표시 부착 여부

### (2) 고가수조방식

수위계·배수관·급수관·오버플로관·맨홀 등 부속장치의 변형·손상 유무

### (3) 압력수조방식

수위계·급수관·급기관·압력계·안전장치·공기압축기 등 부속장치의 변형·손상 유무

### (4) 가압수조방식

수위계·급수관·배수관·급기관·압력계 등 부속장치의 변형·손상 유무

## 7. 포소화설비 수조의 종합점검(소방시설 자체점검사항 등에 관한 고시 [별지 제4호 서식])

❶ 동결방지조치 상태 적정 여부

② 수위계 설치 또는 수위 확인 가능 여부

❸ 수조 외측 고정사다리 설치 여부(바닥보다 낮은 경우 제외)

❹ 실내 설치시 조명설비 설치 여부

⑤ **"포소화설비용 수조"** 표지 설치 여부 및 설치상태

❻ 다른 소화설비와 겸용시 겸용 설비의 이름 표시한 표지 설치 여부

❼ 수조-수직배관 접속부분 **"포소화설비용 배관"** 표지 설치 여부

※ "●"는 종합점검의 경우에만 해당

# 06 물분무소화설비·미분무소화설비

## 1. 물분무소화설비의 종합점검(소방시설 자체점검사항 등에 관한 고시 [별지 제4호 서식])

| 구 분 | | 점검항목 |
|---|---|---|
| 수원 | | 수원의 유효수량 적정 여부(겸용 설비 포함) |
| 수조 | | ❶ 동결방지조치 상태 적정 여부<br>② 수위계 설치 또는 수위 확인 가능 여부<br>❸ 수조 외측 고정사다리 설치 여부(바닥보다 낮은 경우 제외)<br>❹ 실내 설치시 조명설비 설치 여부<br>⑤ "물분무소화설비용 수조" 표지 설치상태 적정 여부<br>❻ 다른 소화설비와 겸용시 겸용 설비의 이름 표시한 표지 설치 여부<br>❼ 수조-수직배관 접속부분 "물분무소화설비용 배관" 표지 설치 여부 |
| 가압송수장치 | 펌프방식 | ❶ 동결방지조치 상태 적정 여부<br>② 성능시험배관을 통한 펌프성능시험 적정 여부<br>❸ 다른 소화설비와 겸용인 경우 펌프성능 확보 가능 여부<br>④ 펌프 흡입측 연성계·진공계 및 토출측 압력계 등 부속장치의 변형·손상 유무<br>❺ 기동장치 적정 설치 및 기동압력 설정 적정 여부<br>❻ 물올림장치 설치 적정(전용 여부, 유효수량, 배관구경, 자동급수) 여부<br>❼ 충압펌프 설치 적정(토출압력, 정격토출량) 여부<br>⑧ 내연기관방식의 펌프 설치 적정(정상기동(기동장치 및 제어반) 여부, 축전지상태, 연료량) 여부<br>⑨ 가압송수장치의 "물분무소화설비펌프" 표지 설치 여부 또는 다른 소화설비와 겸용시 겸용 설비 이름 표시 부착 여부 |

| | | |
|---|---|---|
| 가압 송수 장치 | 고가 수조방식 | **수위계**·**배수관**·**급수관**·**오버플로관**·**맨홀** 등 부속장치의 변형·손상 유무 |
| | 압력 수조방식 | ❶ 압력수조의 압력 적정 여부<br>② **수위계**·**급수관**·**급기관**·**압력계**·**안전장치**·**공기압축기** 등 부속장치의 변형·손상 유무 |
| | 가압 수조방식 | ❶ 가압수조 및 가압원 설치장소의 방화구획 여부<br>② **수위계**·**급수관**·**배수관**·**급기관**·**압력계** 등 부속장치의 변형·손상 유무 |
| 기동 장치 | | ① 수동식 기동장치 조작에 따른 가압송수장치 및 개방밸브 정상작동 여부<br>② 수동식 기동장치 인근 "**기동장치**" 표지 설치 여부<br>③ 자동식 기동장치는 화재감지기의 작동 및 헤드 개방과 연동하여 경보를 발하고, 가압송수장치 및 개방밸브 정상작동 여부 |
| 제어 밸브 등 | | ① 제어밸브 설치위치(높이) 적정 및 "**제어밸브**" 표지 설치 여부<br>❷ 자동개방밸브 및 수동식 개방밸브 설치위치(높이) 적정 여부<br>❸ 자동개방밸브 및 수동식 개방밸브 시험장치 설치 여부 |
| 물분무 헤드 | | ① 헤드의 **변형**·**손상** 유무<br>② 헤드 설치 **위치**·**장소**·**상태**(고정) 적정 여부<br>❸ **전기절연** 확보 위한 전기기기와 헤드 간 거리 적정 여부 |
| 배관 등 | | ❶ 펌프의 흡입측 배관 여과장치의 상태 확인<br>❷ 성능시험배관 설치(개폐밸브, 유량조절밸브, 유량측정장치) 적정 여부<br>❸ 순환배관 설치(설치위치·배관구경, 릴리프밸브 개방압력) 적정 여부<br>❹ **동결방지조치** 상태 적정 여부<br>⑤ 급수배관 개폐밸브 설치(개폐표시형, 흡입측 버터플라이 제외) 및 작동표시스위치 적정(제어반 표시 및 경보, 스위치 동작 및 도통시험) 여부<br>❻ 다른 설비의 배관과의 구분 상태 적정 여부 |
| 송수구 | | ① 설치장소 적정 여부<br>❷ 연결배관에 개폐밸브를 설치한 경우 개폐상태 확인 및 조작 가능 여부<br>❸ 송수구 설치높이 및 구경 적정 여부<br>④ 송수압력범위 표시 표지 설치 여부<br>❺ 송수구 설치개수 적정 여부<br>❻ **자동배수밸브**(또는 배수공)·**체크밸브** 설치 여부 및 설치상태 적정 여부<br>⑦ 송수구 **마개** 설치 여부 |
| 배수 설비 (차고·주차장의 경우) | | ● 배수설비(배수구, 기름분리장치 등) 설치 적정 여부 |
| 제어반 | | ● 겸용 감시·동력 제어반 성능 적정 여부(겸용으로 설치된 경우) |
| 제어반 | 감시 제어반 | ① 펌프 작동 여부 확인**표시등** 및 **음향경보장치** 정상작동 여부<br>② 펌프별 자동·수동 전환스위치 정상작동 여부<br>❸ 펌프별 수동기동 및 수동중단 기능 정상작동 여부<br>❹ 상용전원 및 비상전원 공급 확인 가능 여부(비상전원 있는 경우)<br>❺ 수조·물올림수조 **저수위표시등** 및 **음향경보장치** 정상작동 여부<br>⑥ 각 확인회로별 **도통시험** 및 **작동시험** 정상작동 여부<br>⑦ 예비전원 확보 유무 및 시험 적합 여부<br>❽ 감시제어반 전용실 적정 설치 및 관리 여부<br>❾ 기계·기구 또는 시설 등 제어 및 감시설비 외 설치 여부 |
| | 동력 제어반 | 앞면은 **적색**으로 하고, "**물분무소화설비용 동력제어반**" 표지 설치 여부 |
| | 발전기 제어반 | ● 소방전원보존형 발전기는 이를 식별할 수 있는 표지 설치 여부 |
| 전원 | | ❶ 대상물 수전방식에 따른 상용전원 적정 여부<br>❷ 비상전원 설치장소 적정 및 관리 여부<br>③ 자가발전설비인 경우 연료적정량 보유 여부<br>④ 자가발전설비인 경우 「전기사업법」에 따른 정기점검 결과 확인 |
| 물분무 헤드의 제외 | | ● 헤드 설치 제외 적정 여부(설치 제외된 경우) |
| 비고 | | ※ 특정소방대상물의 위치·구조·용도 및 소방시설의 상황 등이 이 표의 항목대로 기재하기 곤란하거나 이 표에서 누락된 사항을 기재한다. |

※ "●"는 종합점검의 경우에만 해당

## 2. 미분무소화설비의 종합점검(소방시설 자체점검사항 등에 관한 고시 [별지 제4호 서식])

| 구 분 | 점검항목 |
|---|---|
| 수원 | ① 수원의 **수질** 및 **필터**(또는 스트레이너) 설치 여부<br>❷ 주배관 **유입측 필터**(또는 스트레이너) 설치 여부<br>③ 수원의 유효수량 적정 여부<br>❹ 첨가제의 양 산정 적정 여부(**첨가제**를 사용한 경우) |
| 수조 | ① 전용 수조 사용 여부<br>❷ 동결방지조치 상태 적정 여부<br>③ 수위계 설치 또는 수위 확인 가능 여부<br>❹ 수조 외측 고정사다리 설치 여부(바닥보다 낮은 경우 제외)<br>❺ 실내 설치시 조명설비 설치 여부<br>⑥ "**미분무설비용 수조**" 표지 설치상태 적정 여부<br>❼ **수조-수직배관** 접속부분 "**미분무설비용 배관**" 표지 설치 여부 |

| 구분 | | 점검항목 |
|---|---|---|
| 가압송수장치 | 펌프방식 | ❶ 동결방지조치 상태 적정 여부<br>❷ 전용 펌프 사용 여부<br>③ 펌프 토출측 압력계 등 부속장치의 변형·손상 유무<br>④ 성능시험배관을 통한 펌프성능시험 적정 여부<br>⑤ 내연기관방식의 펌프 설치 적정(정상기동(기동장치 및 제어반) 여부, 축전지상태, 연료량) 여부<br>⑥ 가압송수장치의 "미분무펌프" 등 표지 설치 여부 |
| | 압력수조방식 | ① **동결방지조치** 상태 적정 여부<br>❷ 전용 압력수조 사용 여부<br>③ 압력수조의 압력 적정 여부<br>④ **수위계·급수관·급기관·압력계·안전장치·공기압축기** 등 부속장치의 변형·손상 유무<br>⑤ 압력수조 토출측 압력계 설치 및 적정 범위 여부<br>⑥ 작동장치 구조 및 기능 적정 여부 |
| | 가압수조방식 | ❶ 전용 가압수조 사용 여부<br>❷ 가압수조 및 가압원 설치장소의 방화구획 여부<br>③ **수위계·급수관·배수관·급기관·압력계** 등 구성품의 변형·손상 유무 |
| 폐쇄형 미분무소화설비의 방호구역 및 개방형 미분무소화설비의 방수구역 | | 방호(방수)구역의 설정 기준(바닥면적, 층 등) 적정 여부 |
| 배관 등 | | ① 급수배관 개폐밸브 설치(개폐표시형, 흡입측 버터플라이 제외) 및 작동표시스위치 적정(제어반 표시 및 경보, 스위치 동작 및 도통시험) 여부<br>❷ 성능시험배관 설치(개폐밸브, 유량조절밸브, 유량측정장치) 적정 여부<br>❸ **동결방지조치** 상태 적정 여부<br>④ 유수검지장치 시험장치 설치 적정(설치위치, 배관구경, 개폐밸브 및 개방형 헤드, 물받이 통 및 배수관) 여부<br>❺ **주차장**에 설치된 미분무소화설비방식 적정(습식 외의 방식) 여부<br>❻ 다른 설비의 배관과의 구분 상태 적정 여부 |
| 배관 등 | 호스릴방식 | ❶ 방호대상물 각 부분으로부터 호스접결구까지 수평거리 적정 여부<br>② 소화약제저장용기의 위치표시등 정상 점등 및 표지 설치 여부 |
| 음향장치 | | ① 유수검지에 따른 **음향장치** 작동 가능 여부<br>② 개방형 미분무설비는 감지기 작동에 따라 음향장치 작동 여부<br>❸ 음향장치 설치 담당구역 및 수평거리 적정 여부<br>❹ 주음향장치 **수신기 내부** 또는 **직근** 설치 여부<br>❺ 우선경보방식에 따른 경보 적정 여부<br>⑥ 음향장치(경종 등) **변형·손상** 확인 및 정상작동(음량 포함) 여부<br>⑦ 발신기(설치높이, 설치거리, 표시등) 설치 적정 여부 |
| 헤드 | | ① 헤드 설치 **위치·장소·상태**(고정) 적정 여부<br>② 헤드의 **변형·손상** 유무<br>③ 헤드 살수장애 여부 |
| 전원 | | ❶ 대상물 수전방식에 따른 상용전원 적정 여부<br>❷ 비상전원 설치장소 적정 및 관리 여부<br>③ 자가발전설비인 경우 연료적정량 보유 여부<br>④ 자가발전설비인 경우 「전기사업법」에 따른 정기점검 결과 확인 |
| 제어반 | 감시제어반 | ① 펌프 작동 여부 확인**표시등** 및 **음향경보장치** 정상작동 여부<br>② 펌프별 자동·수동 전환스위치 정상작동 여부<br>❸ 펌프별 수동기동 및 수동중단 기능 정상작동 여부<br>❹ 상용전원 및 비상전원 공급 확인 가능 여부(비상전원 있는 경우)<br>❺ 수조·물올림수조 저수위**표시등** 및 **음향경보장치** 정상작동 여부<br>⑥ 각 확인회로별 **도통시험** 및 **작동시험** 정상작동 여부<br>⑦ 예비전원 확보 유무 및 시험 적합 여부<br>❽ 감시제어반 전용실 적정 설치 및 관리 여부<br>❾ 기계·기구 또는 시설 등 제어 및 감시설비 외 설치 여부<br>⑩ 감시제어반과 수신기 간 상호 연동 여부(별도로 설치된 경우) |
| | 동력제어반 | 앞면은 **적색**으로 하고, "**미분무소화설비용 동력제어반**" 표지 설치 여부 |
| | 발전기제어반 | ● 소방전원보존형 발전기는 이를 식별할 수 있는 표지 설치 여부 |

| 비고 | ※ 특정소방대상물의 위치·구조·용도 및 소방시설의 상황 등이 이 표의 항목대로 기재하기 곤란하거나 이 표에서 누락된 사항을 기재한다. |
|---|---|

※ "●"는 종합점검의 경우에만 해당

## 07 이산화탄소 소화설비

### 1. 이산화탄소 소화설비의 분사헤드 설치제외 장소(NFPC 106 제11조, NFTC 106 2.8.1)

① **방재실, 제어실** 등 사람이 상시 근무하는 장소
② **니트로셀룰로오스, 셀룰로이드 제품** 등 자기연소성 물질을 저장, 취급하는 장소
③ **나트륨, 칼륨, 칼슘** 등 활성금속물질을 저장, 취급하는 장소
④ **전시장** 등의 관람을 위하여 다수인이 출입·**통**행하는 통로 및 **전**시실 등

기억법 방니나전 통전

### 2. 가스압력식 가스계 소화설비의 약제방출방지대책

① 기동용기에 부착된 전자개방밸브에 **안전핀**을 삽입할 것
② 기동용기에 부착된 전자개방밸브를 **기동용기**와 **분리**할 것
③ 제어반 또는 수신반에서 **연동정지스위치**를 동작시킬 것
④ 저장용기에 부착된 **용기개방밸브**를 **저장용기**와 분리하고, 용기개방밸브에 캡을 씌워둘 것
⑤ 기동용 가스관을 **기동용기**와 분리할 것
⑥ 기동용 가스관을 **저장용기**와 분리할 것
⑦ 제어반의 **전원스위치** 차단 및 **예비전원**을 차단할 것

### 3. 이산화탄소 소화설비 기동장치의 설치기준 (NFPC 106 제6조, NFTC 106 2.3)

| 수동식 기동장치 | 자동식 기동장치 |
|---|---|
| ① **전역방출방식**에 있어서는 **방호구역**마다, **국소방출방식**에 있어서는 **방호대상물**마다 설치할 것<br>② 해당 방호구역의 출입구부근 등 조작을 하는 자가 쉽게 피난할 수 있는 장소에 설치할 것<br>③ 기동장치의 조작부는 바닥으로부터 높이 **0.8~1.5m 이하**의 위치에 설치하고, 보호판 등에 따른 보호장치를 설치할 것<br>④ 기동장치 인근의 보기 쉬운 곳에 "**이산화탄소 소화설비 수동식 기동장치**"라고 표시한 표지를 할 것<br>⑤ 전기를 사용하는 기동장치에는 **전원표시등**을 설치할 것<br>⑥ 기동장치의 방출용 스위치는 음향경보장치와 연동하여 조작될 수 있는 것으로 할 것 | ① **자동식 기동장치**에는 **수동**으로도 기동할 수 있는 구조로 할 것<br>② **전기식 기동장치**로서 **7병 이상**의 저장용기를 동시에 개방하는 설비에 있어서는 **2병 이상**의 저장용기에 **전자개방밸브**를 부착할 것<br>③ 가스압력식 기동장치는 다음의 기준에 따를 것<br>㉠ 기동용 가스용기 및 해당 용기에 사용하는 밸브는 **25MPa 이상**의 압력에 견딜 수 있는 것으로 할 것<br>㉡ 기동용 가스용기에는 **내압시험압력**의 0.8~**내압시험압력** 이하에서 작동하는 **안전장치**를 설치할 것<br>㉢ 기동용 가스용기의 **용적**은 **5L** 이상으로 하고, 해당 용기에 저장하는 **질소** 등의 비활성 기체는 **6.0 MPa** 이상(21℃ 기준)의 압력으로 충전할 것<br>㉣ **질소** 등의 비활성 기체 기동용 가스용기에는 충전 여부를 확인할 수 있는 **압력게이지**를 설치할 것<br>④ 기계식 기동장치는 저장용기를 쉽게 개방할 수 있는 구조로 할 것<br>기억법 이수전가 기내 안용5 |

**4. 화재시 현저하게 연기가 찰 우려가 없는 장소로서 호스릴 이산화탄소 소화설비의 설치장소**(NFPC 106 제10조 제③항, NFTC 106 2.7.3)

① 지상 1층 및 피난층에 있는 부분으로서 지상에서 **수동 또는 원격조작**에 따라 개방할 수 있는 개구부의 유효면적의 합계가 바닥면적의 **15%** 이상이 되는 부분

② 전기설비가 설치되어 있는 부분 또는 다량의 화기를 사용하는 부분(해당 설비의 주위 **5m 이내**의 부분 포함)의 바닥면적이 해당 설비가 설치되어 있는 구획의 바닥면적의 $\frac{1}{5}$ **미만**이 되는 부분

**5. 이산화탄소 소화약제의 농도별 영향**

| 농 도 | 영 향 |
|---|---|
| 1% | **공중위생상의 상한선**이다. |
| 2% | 수 시간의 흡입으로는 증상이 없다. |
| 3% | **호흡수**가 증가되기 시작한다. |
| 4% | **두부**에 **압박감**이 느껴진다. |
| 6% | **호흡수**가 **현저**하게 증가한다. |
| 8% | **호흡**이 **곤란**해진다. |
| 10% | **2~3분** 동안에 **의식**을 상실한다. |
| 20% | **사망**한다. |

**6. 자동폐쇄장치**

| 모터식 댐퍼릴리져 | 피스톤릴리져 |
|---|---|
| 해당 구역의 **화재감지기** 또는 **선택밸브 2차측**의 **압력스위치**와 연동하여 **감지기**의 작동과 동시에 또는 가스방출에 의해 압력스위치가 동작되면 댐퍼에 의해 **개구부**를 **폐쇄**시키는 장치 | **가스**의 **방출**에 따라 가스의 누설이 발생될 수 있는 급배기댐퍼나 자동개폐문 등에 설치하여 가스의 방출과 동시에 자동적으로 **개구부**를 **폐쇄**시키기 위한 장치 |

**7. 이산화탄소 소화설비에서 기동스위치 조작에 의한 기동용기 미개방 원인**

① 제어반의 **공급전원 차단**

② **기동스위치**의 **접점 불량**

③ **기동용 시한계전기**(**타이머**)의 **불량**

④ 제어반에서 **기동용 솔레노이드**에 연결된 **배선**의 **단선**

⑤ 제어반에서 **기동용 솔레노이드**에 연결된 **배선**의 **오접속**

⑥ **기동용 솔레노이드**의 **코일 단선**

⑦ **기동용 솔레노이드**의 **절연 파괴**

**8. 이산화탄소 소화설비에서 제어반의 작동점검**
**(소방시설 자체점검사항 등에 관한 고시 [별지 제4호 서식])**

① 수동기동장치 또는 감지기 신호 수신시 음향경보장치 작동 기능 정상 여부

② 소화약제 방출·지연 및 기타 제어 기능 적정 여부

③ 전원표시등 설치 및 정상 점등 여부

**9. 이산화탄소 소화설비에서 기동장치의 종합점검(소방시설 자체점검사항 등에 관한 고시 [별지 제4호 서식])**

(1) 방호구역별 출입구 부근 소화약제 방출표시등 설치 및 정상작동 여부

(2) **수동식 기동장치**

① 기동장치 부근에 비상스위치 설치 여부

❷ 방호구역별 또는 방호대상별 기동장치 설치 여부

③ 기동장치 설치 적정(출입구 부근 등, 높이, 보호장치, 표지, 전원표시등) 여부

④ 방출용 스위치 음향경보장치 연동 여부

(3) **자동식 기동장치**

① 감지기 작동과의 연동 및 수동기동 가능 여부

❷ 저장용기 수량에 따른 전자개방밸브 수량 적정 여부(전기식 기동장치의 경우)

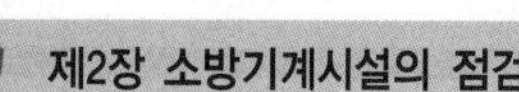

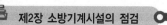

③ 기동용 가스용기의 용적, 충전압력 적정 여부(가스압력식 기동장치의 경우)
❹ 기동용 가스용기의 안전장치, 압력게이지 설치 여부(가스압력식 기동장치의 경우)
❺ 저장용기 개방구조 적정 여부(기계식 기동장치의 경우)
※ "●"는 종합점검의 경우에만 해당

## 08 할론소화설비

### 1. 할론소화설비의 약제량 측정방법

| 측정방법 | 설 명 |
|---|---|
| 중량 측정법 | ① 약제가 들어있는 가스용기의 **총 중량**을 측정한 후 용기에 표시된 중량과 비교하여 **기재중량**과 **계량중량**의 차가 **10%** 이상 감소되는지 확인하는 방법<br>② 중량계를 사용하여 저장용기의 총 중량을 측정한 후 총 중량에서 용기밸브와 용기의 무게를 감한 중량이 저장용기 속의 약제량이 된다. 중량측정법은 측정시간이 많이 소요되나, 약제량의 측정이 정확하다. |
| 액위 측정법 | ① 액면계(액화가스레벨미터)를 사용하여 저장용기 속 약제의 액면 높이를 측정한 후 액면의 높이를 이용하여 저장용기 속의 약제량을 계산하는 방법. 액위측정법은 측정시간이 적게 소요되나, 약제량의 측정이 부정확하다.<br>② 저장용기의 내외부에 설치하여 용기 내부 **액면의 높이**를 측정함으로써 약제량을 확인하는 방법 |
| 비파괴 검사법 | 제품을 **깨뜨리지 않고 결함**의 유무를 **검사** 또는 시험하는 방법 |
| 비중 측정법 | 물질의 질량과 그 물질과의 동일 체적의 **표준물질**의 **질량**의 비를 측정하는 방법 |
| 압력측정법 (검압법) | 검압계를 사용해서 약제량을 측정하는 방법 |

### 2. 할론소화설비의 종합점검(소방시설 자체점검사항 등에 관한 고시 [별지 제4호 서식])

| 구 분 | | 점검항목 |
|---|---|---|
| 저장용기 | | ❶ 설치장소 적정 및 관리 여부<br>② 저장용기 설치장소 표지 설치상태 적정 여부<br>❸ 저장용기 설치간격 적정 여부<br>④ 저장용기 개방밸브 자동·수동 개방 및 안전장치 부착 여부<br>❺ 저장용기와 집합관 연결배관상 체크밸브 설치 여부<br>❻ 저장용기와 선택밸브(또는 개폐밸브) 사이 안전장치 설치 여부<br>⑦ 축압식 저장용기의 압력 적정 여부<br>❽ 가압용 가스용기 내 **질소가스** 사용 및 압력 적정 여부<br>❾ 가압식 저장용기 **압력조정장치** 설치 여부 |
| 소화약제 | | 소화약제 저장량 적정 여부 |
| 기동장치 | | 방호구역별 출입구 부근 소화약제 방출표시등 설치 및 정상작동 여부 |
| | 수동식 기동장치 | ① 기동장치 부근에 비상스위치 설치 여부<br>❷ 방호구역별 또는 방호대상별 기동장치 설치 여부<br>③ 기동장치 설치상태 적정(출입구 부근 등, 높이, 보호장치, 표지, 전원표시등) 여부<br>④ 방출용 스위치 **음향경보장치** 연동 여부 |
| | 자동식 기동장치 | ① 감지기 작동과의 연동 및 수동기동 가능 여부<br>❷ 저장용기 수량에 따른 전자개방밸브 수량 적정 여부(전기식 기동장치의 경우)<br>③ 기동용 가스용기의 **용적**, **충전압력** 적정 여부(가스압력식 기동장치의 경우)<br>❹ 기동용 가스용기의 **안전장치**, **압력게이지** 설치 여부(가스압력식 기동장치의 경우)<br>❺ 저장용기 개방구조 적정 여부(기계식 기동장치의 경우) |
| 제어반 및 화재표시반 | | ① 설치장소 적정 및 관리 여부<br>② **회로도** 및 **취급설명서** 비치 여부 |
| | 제어반 | ① 수동기동장치 또는 감지기 신호 수신시 음향경보장치 작동기능 정상 여부<br>② 소화약제 **방출·지연** 및 기타 제어기능 적정 여부<br>③ 전원표시등 설치 및 정상 점등 여부 |
| | 화재표시반 | ① 방호구역별 표시등(음향경보장치 조작, 감지기 작동), 경보기 설치 및 작동 여부<br>② 수동식 기동장치 작동표시표시등 설치 및 정상작동 여부<br>③ 소화약제 방출표시등 설치 및 정상작동 여부<br>❹ 자동식 기동장치 자동·수동 절환 및 절환표시등 설치 및 정상작동 여부 |

| 배관 등 | | 배관의 **변형·손상** 유무 |
|---|---|---|
| 선택밸브 | | ● 선택밸브 설치기준 적합 여부 |
| 분사헤드 | 전역 방출방식 | ① 분사헤드의 **변형·손상** 유무<br>❷ 분사헤드의 설치위치 적정 여부 |
| | 국소 방출방식 | ① 분사헤드의 **변형·손상** 유무<br>❷ 분사헤드의 설치장소 적정 여부 |
| | 호스릴 방식 | ❶ 방호대상물 각 부분으로부터 호스접결구까지 수평거리 적정 여부<br>② 소화약제 저장용기의 위치표시등 정상 점등 및 표지 설치상태 적정 여부<br>❸ 호스릴소화설비 설치장소 적정 여부 |
| 화재감지기 | | ① 방호구역별 화재감지기 감지에 의한 기동장치 작동 여부<br>❷ 교차회로(또는 NFPC 203 제7조 제①항, NFTC 203 2.4.1 단서 감지기) 설치 여부<br>❸ 화재감지기별 유효바닥면적 적정 여부 |
| 음향 경보장치 | | ① 기동장치 조작시(수동식-방출용 스위치, 자동식-화재감지기) 경보 여부<br>② 약제 방사 개시(또는 방출압력스위치 작동) 후 경보 적정 여부<br>❸ 방호구역 또는 방호대상물 구획 안에서 유효한 경보 가능 여부 |
| | 방송에 따른 경보장치 | ❶ **증폭기** 재생장치의 설치장소 적정 여부<br>❷ 방호구역·방호대상물에서 확성기 간 수평거리 적정 여부<br>❸ 제어반 **복구스위치** 조작시 경보 지속 여부 |
| 자동 폐쇄장치 | | ① **환기장치** 자동정지 기능 적정 여부<br>② 개구부 및 통기구 자동폐쇄장치 설치장소 및 기능 적합 여부<br>❸ 자동폐쇄장치 복구장치 및 위치표지 설치상태 적정 여부 |
| 비상전원 | | ❶ 설치장소 적정 및 관리 여부<br>② 자가발전설비인 경우 연료적정량 보유 여부<br>③ 자가발전설비인 경우 「전기사업법」에 따른 정기점검 결과 확인 |
| 비고 | | ※ 특정소방대상물의 위치·구조·용도 및 소방시설의 상황 등이 이 표의 항목대로 기재하기 곤란하거나 이 표에서 누락된 사항을 기재한다. |

※ "●"는 종합점검의 경우에만 해당

## 09 할로겐화합물 및 불활성기체 소화설비

### 1. LOAEL과 NOAEL

| LOAEL | NOAEL |
|---|---|
| 농도를 감소시킬 때 악영향을 감지할 수 있는 최소농도 | 농도를 증가시킬 때 아무런 악영향도 감지할 수 없는 최대농도(최대허용설계농도) |

### 2. 할로겐화합물 및 불활성기체 소화설비의 저장용기의 재충전 또는 교체기준(NFPC 107A 제6조, NFTC 107A 2.3.2.5)

| 할로겐화합물 소화약제 | 불활성기체 소화약제 |
|---|---|
| 저장용기의 **약제량 손실**이 5%를 초과하거나 **압력손실**이 10%를 초과할 경우에는 재충전하거나 저장용기를 교체할 것 | 저장용기의 **압력손실**이 5%를 초과할 경우 재충전하거나 저장용기를 교체할 것 |

### 3. 이너젠가스 저장용기의 가스량 산정방법

| 산정방법 | 압력측정방법 |
|---|---|
| 점검방법 | 용기밸브의 **고압용 게이지**를 확인하여 **저장용기 내부의 압력**을 **측정** |
| 판정방법 | 압력손실이 5%를 초과할 경우 **재충전**하거나 **저장용기를 교체**할 것 |

### 4. 이산화탄소 저장용기의 가스량 산정(점검)방법

| 산정방법 | 액면계(액화가스레벨미터)를 사용하여 행하는 방법 |
|---|---|
| 점검방법 | ① **액면계**의 전원스위치를 넣고 전압을 체크한다.<br>② 용기는 통상의 상태 그대로 하고 **액면계 프로브**와 **방사선원** 간에 용기를 끼워 넣듯이 삽입한다.<br>③ 액면계의 검출부를 조심하여 상하방향으로 이동시켜 메타지침의 흔들림이 크게 다른 부분을 발견하여 그 위치가 용기의 바닥에서 얼마만큼의 높이인가를 측정한다.<br>④ **액면의 높이**와 **약제량**과의 환산은 전용의 환산척을 이용한다. |
| 판정방법 | 약제량의 측정결과를 중량표와 비교하여 그 차이가 **5% 이하**일 것 |

### 5. 이산화탄소 소화설비 기동용 가스용기의 가스량 산정(점검)방법

| | |
|---|---|
| 산정방법 | 간평식 측정기를 사용하여 행하는 방법 |
| 점검방법 | ① 용기밸브에 설치되어 있는 **용기밸브 개방장치**, **조작관** 등을 떼어낸다.<br>② 간평식 측정기를 이용하여 **기동용기**의 **중량**을 측정한다.<br>③ 약제량은 측정값에서 **용기밸브** 및 **용기**의 **중량**을 **뺀 값**이다. |
| 판정방법 | 내용적 5L 이상, 충전압력 6MPa 이상(21℃ 기준) |

### 6. 배관의 구경

| 할로겐화합물 및 불활성기체 소화설비의 화재안전기준 (NFPC 107A 제10조, NFTC 107A 2.7.3) | 이산화탄소 소화설비의 화재안전기준 (NFPC 106 제8조, NFTC 106 2.5.2) |
|---|---|
| 해당 방호구역에 **할로겐화합물** 소화약제는 **10초** 이내(**불활성기체** 소화약제는 A·C급 화재 2분, B급 화재 1분 이내)에 방호구역 각 부분에 최소설계농도의 **95%** 이상 해당하는 약제량이 방출되도록 할 것 | 이산화탄소의 소요량이 다음의 기준에 따른 시간 내에 방사될 수 있는 것으로 할 것<br>① **전역방출식**에 있어서 **가연성 액체** 또는 **가연성 가스** 등 **표면화재** 방호대상물의 경우에는 **1분**<br>② **전역방출방식**에 있어서 **종이, 목재, 석탄, 섬유류, 합성수지류** 등 **심부화재** 방호대상물의 경우에는 **7분**, 이 경우 설계농도가 **2분** 이내에 **30%**에 도달하여야 한다.<br>③ **국소방출방식**의 경우에는 **30초** |

### 7. 할로겐화합물 및 불활성기체 소화설비의 저장용기 종합점검(소방시설 자체점검사항 등에 관한 고시 [별지 제4호 서식])

❶ 설치장소 적정 및 관리 여부

② 저장용기 설치장소 표지 설치 여부

❸ 저장용기 설치간격 적정 여부

④ 저장용기 개방밸브 자동·수동 개방 및 안전장치 부착 여부

❺ 저장용기와 집합관 연결배관상 체크밸브 설치 여부

※ "●"는 종합점검의 경우에만 해당

## 10 분말소화설비

### 1. 분말소화약제의 고화(고체화)방지방법

① 습도가 높은 공기 중에 노출시키지 말고 **건조**한 **장소**에 보관할 것

② 밀폐용기에 장시간 보관하면 **방습처리**가 **불균일**하게 되어 고화되므로 밀폐용기에 장시간 보관을 피할 것

③ 수시로 약제를 흔들어 줄 것

④ 가압용 가스가 **규정압력범위 내**에 있는지 수시로 확인할 것

### 2. 넉다운효과(knockdown effect)

| 구 분 | 설 명 |
|---|---|
| 정의 | 약제방출시 10~20초 이내에 순간적으로 화재를 진압하는 것 |
| 넉다운 효과가 일어나지 않는 이유 | ① 약제에 **이물질**이 혼합되어서<br>② **가압용** 또는 **축압용 가스**가 **방출**되어서<br>③ 바람이 **10m/s 이상**으로 불 경우<br>④ **큰 화재**의 경우<br>⑤ **금속화재**의 경우 |

### 3. 할론소화설비 · 분말소화설비 기동장치의 설치기준(NFPC 107 제6조, NFTC 107 2.3 / NFPC 108 제7조, NFTC 108 2.4)

| | |
|---|---|
| 수동식 기동장치 | ① **전역방출방식**에 있어서는 **방호구역**마다, **국소방출방식**에 있어서는 **방호대상물**마다 설치할 것<br>② 해당 방호구역의 출입구부근 등 조작을 하는 자가 쉽게 피난할 수 있는 장소에 설치할 것<br>③ 기동장치의 조작부는 바닥으로부터 높이 **0.8~1.5m 이하**의 위치에 설치하고, 보호판 등에 따른 보호장치를 설치할 것<br>④ 기동장치 인근의 보기 쉬운 곳에 "**할론소화설비 수동식 기동장치(또는 분말소화설비 수동식 기동장치)**"라고 표시한 표지를 할 것<br>⑤ 전기를 사용하는 기동장치에는 **전원표시등**을 설치할 것<br>⑥ 기동장치의 방출용 스위치는 음향경보장치와 연동하여 조작될 수 있는 것으로 할 것 |

<table>
<tr><td>자동식<br>기동장치</td><td>① 자동식 기동장치에는 수동으로도 기동할 수 있는 구조로 할 것<br>② 전기식 기동장치로서 7병 이상의 저장용기를 동시에 개방하는 설비에 있어서는 2병 이상의 저장용기에 전자개방밸브를 부착할 것<br>③ 가스압력식 기동장치는 다음의 기준에 따를 것<br>㉠ 기동용 가스용기 및 해당 용기에 사용하는 밸브는 25MPa 이상의 압력에 견딜 수 있는 것으로 할 것<br>㉡ 기동용 가스용기에는 내압시험압력의 0.8~내압시험압력 이하에서 작동하는 안전장치를 설치할 것<br>㉢ 기동용 가스용기의 체적은 5L 이상으로 하고, 해당 용기에 저장하는 질소 등의 비활성 기체는 6.0MPa 이상(21℃ 기준)의 압력으로 충전할 것(단, 기동용 가스용기의 체적을 1L 이상으로 하고, 해당 용기에 저장하는 이산화탄소의 양은 0.6kg 이상으로 하며, 충전비는 1.5 이상 1.9 이하의 기동용 가스용기로 할 수 있음)<br>④ 기계식 기동장치에 있어서는 저장용기를 쉽게 개방할 수 있는 구조로 할 것<br><br>기억법 수전가 기내 안체</td></tr>
</table>

## 4. 입도계의 용도 및 사용법

<table>
<tr><th>구 분</th><th colspan="3">설 명</th></tr>
<tr><td>용도</td><td colspan="3">분말소화약제의 입도시험</td></tr>
<tr><td rowspan="7">사용법</td><td colspan="3">① 균일하게 혼합된 시료 100g 준비<br>② 분말소화약제를 다단식으로 장착한 표준체에 10분간 진동하여 통과시켰을 때 잔량이 다음과 같을 것</td></tr>
<tr><td rowspan="2">표준체 크기〔μm〕</td><td colspan="2">ABC 분말(잔량〔%〕)</td></tr>
<tr><td>최 소</td><td>최 대</td></tr>
<tr><td>425</td><td>0</td><td>0</td></tr>
<tr><td>150</td><td>0</td><td>10</td></tr>
<tr><td>75</td><td>12</td><td>25</td></tr>
<tr><td>45</td><td>12</td><td>25</td></tr>
</table>

## 5. 분말소화설비의 종합점검(소방시설 자체점검사항 등에 관한 고시 [별지 제4호 서식])

<table>
<tr><th colspan="2">구 분</th><th>점검항목</th></tr>
<tr><td colspan="2">저장용기</td><td>❶ 설치장소 적정 및 관리 여부<br>② 저장용기 설치장소 표지 설치 여부<br>❸ 저장용기 설치간격 적정 여부<br>④ 저장용기 개방밸브 자동·수동 개방 및 안전장치 부착 여부<br>❺ 저장용기와 집합관 연결배관상 체크밸브 설치 여부<br>❻ 저장용기 안전밸브 설치 적정 여부<br>❼ 저장용기 정압작동장치 설치 적정 여부<br>❽ 저장용기 청소장치 설치 적정 여부<br>⑨ 저장용기 지시압력계 설치 및 충전압력 적정 여부(축압식의 경우)</td></tr>
<tr><td colspan="2">가압용<br>가스용기</td><td>① 가압용 가스용기 저장용기 접속 여부<br>② 가압용 가스용기 전자개방밸브 부착 적정 여부<br>③ 가압용 가스용기 압력조정기 설치 적정 여부<br>④ 가압용 또는 축압용 가스 종류 및 가스량 적정 여부<br>❺ 배관청소용 가스 별도 용기 저장 여부</td></tr>
<tr><td colspan="2">소화약제</td><td>소화약제 저장량 적정 여부</td></tr>
<tr><td rowspan="3">기동장치</td><td colspan="2">방호구역별 출입구 부근 소화약제 방출표시등 설치 및 정상작동 여부</td></tr>
<tr><td>수동식<br>기동장치</td><td>① 기동장치 부근에 비상스위치 설치 여부<br>❷ 방호구역별 또는 방호대상별 기동장치 설치 여부<br>③ 기동장치 설치 적정(출입구 부근 등, 높이, 보호장치, 표지, 전원표시등) 여부<br>④ 방출용 스위치 음향경보장치 연동 여부</td></tr>
<tr><td>자동식<br>기동장치</td><td>① 감지기 작동과의 연동 및 수동기동 가능 여부<br>❷ 저장용기 수량에 따른 전자개방밸브 수량 적정 여부(전기식 기동장치의 경우)<br>③ 기동용 가스용기의 용적, 충전압력 적정 여부(가스압력식 기동장치의 경우)<br>❹ 기동용 가스용기의 안전장치, 압력게이지 설치 여부(가스압력식 기동장치의 경우)<br>❺ 저장용기 개방구조 적정 여부(기계식 기동장치의 경우)</td></tr>
<tr><td rowspan="3">제어반 및<br>화재표시반</td><td colspan="2">① 설치장소 적정 및 관리 여부<br>② 회로도 및 취급설명서 비치 여부</td></tr>
<tr><td>제어반</td><td>① 수동기동장치 또는 감지기 신호 수신시 음향경보장치 작동 기능 정상 여부<br>② 소화약제 방출·지연 및 기타 제어 기능 적정 여부<br>③ 전원표시등 설치 및 정상 점등 여부</td></tr>
<tr><td>화재표시반</td><td>① 방호구역별 표시등(음향경보장치 조작, 감지기 작동), 경보기 설치 및 작동 여부<br>② 수동식 기동장치 작동표시 표시등 설치 및 정상작동 여부<br>③ 소화약제 방출표시등 설치 및 정상작동 여부<br>❹ 자동식 기동장치 자동·수동 절환 및 절환표시등 설치 및 정상작동 여부</td></tr>
</table>

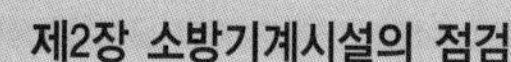



| 구분 | | 점검항목 |
|---|---|---|
| 배관 등 | 배관의 **변형·손상** 유무 | |
| 선택밸브 | 선택밸브 설치기준 적합 여부 | |
| 분사헤드 | 전역방출방식 | ① 분사헤드의 **변형·손상** 유무<br>❷ 분사헤드의 설치위치 적정 여부 |
| | 국소방출방식 | ① 분사헤드의 **변형·손상** 유무<br>❷ 분사헤드의 설치장소 적정 여부 |
| | 호스릴방식 | ❶ 방호대상물 각 부분으로부터 호스접결구까지 수평거리 적정 여부<br>② 소화약제저장용기의 위치표시등 정상 점등 및 표지 설치 여부<br>❸ 호스릴소화설비 설치장소 적정 여부 |
| 화재감지기 | ① 방호구역별 화재감지기 감지에 의한 기동장치 작동 여부<br>❷ 교차회로(또는 NFPC 203 제7조 제①항, NFTC 203 2.4.1 단서 감지기) 설치 여부<br>❸ 화재감지기별 유효바닥면적 적정 여부 | |
| 음향 경보장치 | ① 기동장치 조작시(수동식-방출용 스위치, 자동식-화재감지기) 경보 여부<br>② 약제 방사 개시(또는 방출압력스위치 작동) 후 1분 이상 경보 여부<br>❸ 방호구역 또는 방호대상물 구획 안에서 유효한 경보 가능 여부 | |
| | 방송에 따른 경보장치 | ❶ **증폭기** 재생장치의 설치장소 적정 여부<br>❷ 방호구역·방호대상물에서 **확성기** 간 수평거리 적정 여부<br>❸ 제어반 복구스위치 조작시 경보 지속 여부 |
| 비상전원 | ❶ 설치장소 적정 및 관리 여부<br>② 자가발전설비인 경우 연료적정량 보유 여부<br>③ 자가발전설비인 경우 「전기사업법」에 따른 정기점검 결과 확인 | |
| 비고 | ※ 특정소방대상물의 위치·구조·용도 및 소방시설의 상황 등이 이 표의 항목대로 기재하기 곤란하거나 이 표에서 누락된 사항을 기재한다. | |

※ "●"는 종합점검의 경우에만 해당

## 11 피난기구·인명구조기구

### 1. 피난기구의 적응성(NFTC 301 2.1.1)

| 층별 / 설치장소별 구분 | 1층 | 2층 | 3층 | 4층 이상 10층 이하 |
|---|---|---|---|---|
| 노유자시설 | • 미끄럼대<br>• 구조대<br>• 피난교<br>• 다수인 피난장비<br>• 승강식 피난기 | • 미끄럼대<br>• 구조대<br>• 피난교<br>• 다수인 피난장비<br>• 승강식 피난기 | • 미끄럼대<br>• 구조대<br>• 피난교<br>• 다수인 피난장비<br>• 승강식 피난기 | • 구조대[1]<br>• 피난교<br>• 다수인 피난장비<br>• 승강식 피난기 |
| 의료시설·입원실이 있는 의원·접골원·조산원 | – | – | • 미끄럼대<br>• 구조대<br>• 피난교<br>• 피난용 트랩<br>• 다수인 피난장비<br>• 승강식 피난기 | • 구조대<br>• 피난교<br>• 피난용 트랩<br>• 다수인 피난장비<br>• 승강식 피난기 |
| 영업장의 위치가 4층 이하인 다중이용업소 | – | • 미끄럼대<br>• 피난사다리<br>• 구조대<br>• 완강기<br>• 다수인 피난장비<br>• 승강식 피난기 | • 미끄럼대<br>• 피난사다리<br>• 구조대<br>• 완강기<br>• 다수인 피난장비<br>• 승강식 피난기 | • 미끄럼대<br>• 피난사다리<br>• 구조대<br>• 완강기<br>• 다수인 피난장비<br>• 승강식 피난기 |
| 그 밖의 것 | – | – | • 미끄럼대<br>• 피난사다리<br>• 구조대<br>• 완강기<br>• 피난교<br>• 피난용 트랩<br>• 간이완강기[2]<br>• 공기안전매트[2]<br>• 다수인 피난장비<br>• 승강식 피난기 | • 피난사다리<br>• 구조대<br>• 완강기<br>• 피난교<br>• 간이완강기[2]<br>• 공기안전매트[2]<br>• 다수인 피난장비<br>• 승강식 피난기 |

〔비고〕 1. 구조대의 적응성은 장애인관련시설로서 주된 사용자 중 스스로 피난이 불가한 자가 있는 경우 추가로 설치하는 경우에 한한다.

2. 간이완강기의 적응성은 **숙박시설**의 **3층 이상**에 있는 객실에, **공기안전매트**의 적응성은 **공동주택**에 추가로 설치하는 경우에 한한다.

## 2. 피난기구 · 인명구조기구의 작동점검(소방시설 자체점검사항 등에 관한 고시 [별지 제4호 서식])

| 구 분 | 점검항목 |
|---|---|
| 피난기구 공통사항 | ① 피난에 유효한 **개구부 확보**(크기, 높이에 따른 발판, 창문 파괴장치) 및 관리상태<br>② 피난기구의 부착위치 및 부착방법 적정 여부<br>③ 피난기구(지지대 포함)의 **변형 · 손상** 또는 **부식**이 있는지 여부<br>④ 피난기구의 위치표시 표지 및 사용방법 표지 부착 적정 여부 |
| 인명구조기구 | ① 설치장소 적정(화재시 반출 용이성) 여부<br>② **"인명구조기구"** 표시 및 사용방법 표지 설치 적정 여부<br>③ 인명구조기구의 **변형** 또는 **손상**이 있는지 여부 |
| 비고 | ※ 특정소방대상물의 위치 · 구조 · 용도 및 소방시설의 상황 등이 이 표의 항목대로 기재하기 곤란하거나 이 표에서 누락된 사항을 기재한다. |

## 3. 피난기구 · 인명구조기구의 종합점검(소방시설 자체점검사항 등에 관한 고시 [별지 제4호 서식])

| 구 분 | 점검항목 |
|---|---|
| 피난기구 공통사항 | ❶ 대상물 **용도별 · 층별 · 바닥면적별** 피난기구 종류 및 설치개수 적정 여부<br>② 피난에 유효한 **개구부 확보**(크기, 높이에 따른 발판, 창문 파괴장치) 및 관리상태<br>❸ 개구부 **위치** 적정(동일직선상이 아닌 위치) 여부<br>④ 피난기구의 부착위치 및 부착방법 적정 여부<br>⑤ 피난기구(지지대 포함)의 **변형 · 손상** 또는 **부식**이 있는지 여부<br>⑥ 피난기구의 위치표시 표지 및 사용방법 표지 부착 적정 여부<br>❼ 피난기구의 설치제외 및 설치감소 적합 여부 |
| 공기안전매트 · 피난사다리 · (간이)완강기 · 미끄럼대 · 구조대 | ❶ 공기안전매트 설치 여부<br>❷ 공기안전매트 설치 공간 확보 여부<br>❸ 피난사다리(**4층 이상**의 층)의 구조(**금속성** 고정사다리) 및 **노대** 설치 여부<br>❹ (간이)완강기의 구조(로프 손상 방지) 및 길이 적정 여부<br>❺ 숙박시설의 **객실**마다 완강기(1개) 또는 간이완강기(2개 이상) 추가 설치 여부<br>❻ 미끄럼대의 **구조** 적정 여부<br>❼ 구조대의 **길이** 적정 여부 |
| 다수인 피난장비 | ❶ 설치장소 적정(피난 용이, 안전하게 하강, 피난층의 충분한 착지 공간) 여부<br>❷ 보관실 설치 적정(건물 외측 돌출, 빗물 · 먼지 등으로부터 장비 보호) 여부<br>❸ 보관실 **외측문** 개방 및 **탑승기** 자동전개 여부<br>❹ 보관실 문 오작동 방지조치 및 문 개방시 경보설비 연동(경보) 여부 |
| 승강식 피난기 · 하향식 피난구용 내림식 사다리 | ❶ 대피실 출입문 **60분+방화문** 또는 **60분 방화문** 설치 및 표지 부착 여부<br>❷ 대피실 표지(층별 위치표시, 피난기구 사용설명서 및 주의사항) 부착 여부<br>❸ 대피실 출입문 개방 및 피난기구 작동시 표시등 · 경보장치 작동 적정 여부 및 감시제어반 피난기구 작동 확인 가능 여부<br>❹ 대피실 **면적** 및 **하강구** 규격 적정 여부<br>❺ 하강구 내측 연결금속구 존재 및 피난기구 전개시 장애발생 여부<br>❻ 대피실 내부 비상조명등 설치 여부 |
| 인명구조기구 | ① 설치장소 적정(화재시 반출 용이성) 여부<br>② **"인명구조기구"** 표시 및 사용방법 표지 설치 적정 여부<br>③ 인명구조기구의 **변형** 또는 **손상**이 있는지 여부<br>❹ 대상물 용도별 · 장소별 설치 인명구조기구 종류 및 설치개수 적정 여부 |
| 비고 | ※ 특정소방대상물의 위치 · 구조 · 용도 및 소방시설의 상황 등이 이 표의 항목대로 기재하기 곤란하거나 이 표에서 누락된 사항을 기재한다. |

※ "●"는 종합점검의 경우에만 해당

# 12 제연설비

## 1. 제연구역의 구획설정기준(NFPC 501 제4조, NFTC 501 2.1.1)

① 하나의 제연구역의 **면**적은 1000m$^2$ 이내로 한다.

② 거실과 통로(복도 포함)는 **각**각 **제연구획**한다.

③ **통**로상의 제연구역은 보행중심선의 **길이**가 **60m**를 초과하지 않아야 한다.

④ 하나의 제연구역은 직경 **60m 원** 내에 들어갈 수 있도록 한다.

⑤ 하나의 제연구역은 **2개** 이상의 **층**에 미치지 않도록 한다. (단, 층의 구분이 불분명한 부분은 다른 부분과 별도로 제연구획할 것)

**기억법** 층면 각제 원통길이

## 2. 풍속풍압계의 사용법

| 구 분 | 설 명 |
|---|---|
| 풍속 측정 | ① 검출부 끝부분에 Zero cap을 **씌우고 선택스위치를 저속**(LS)의 위치에 놓는다(이때 미터의 바늘이 서서히 0점으로 이동).<br>② 약 1분 후에 0점 조정 손잡이로 **0점 조정**<br>③ 검출부의 Zero cap을 **벗기고** 점 표시가 바람방향과 직각이 되도록 하여 **풍속측정** |
| 풍압 측정 | ① 검출부 끝부분에 Zero cap을 **씌우고** 전환스위치를 **정압**(SP)의 위치에 놓는다.<br>② 0점 조정 손잡이로 **0점 조정**<br>③ Zero cap을 **벗기고** 검출부의 끝부분을 정압 Cap에 꽂고 검출부의 점표시와 정압 Cap의 점표시가 일직선상이 되도록 한다.<br>④ 정압 Cap의 고정나사를 돌려 고정시킨 후 **정압측정** |
| 풍온 측정 | ① 검출부 끝부분의 Zero cap을 **벗기고** 선택스위치를 **온도**(TEMP)의 위치에 놓는다.<br>② 기류 중에 검출부의 끝부분을 삽입하여 **온도측정** |

## 3. 폐쇄력 측정기의 용도 및 사용법

| 구 분 | 설 명 |
|---|---|
| 용도 | **제연구역**의 **출입문** 및 **복도**와 **거실** 사이의 **출입문**의 **폐쇄력** 측정 |
| 사용법 | ① ON/OFF 스위치를 눌러 **전원**을 켠다.<br>② 영점버튼을 눌러 **영점**으로 맞춘다.<br>③ **일반인지센서** 또는 Hook **어댑터**를 출입문에 대거나 걸고 **폐쇄력**을 측정한다(이때 제연설비는 미작동 상태).<br>④ 측정 후 ON/OFF 스위치를 눌러 전원을 끈다. |

## 4. 차압계의 사용법

① ON/OFF 스위치를 눌러 **전원**을 켠다.

② Zero를 눌러 **영점**으로 맞춘다.

③ 압력호스를 통해 차압을 측정한다(HOLD를 누르면 측정값이 변하지 않는다).

④ 측정 후 ON/OFF 스위치를 눌러 **전원**을 끈다.

## 5. 제연설비의 작동점검항목(소방시설 자체점검사항 등에 관한 고시 [별지 제4호 서식])

| 구 분 | 점검항목 |
|---|---|
| 배출구 | 배출구 **변형·훼손** 여부 |
| 유입구 | ① 공기유입구 설치 위치 적정 여부<br>② 공기유입구 **변형·훼손** 여부 |
| 배출기 | ① 배출기 회전이 원활하며 회전방향 정상 여부<br>② **변형·훼손** 등이 없고 **V-벨트** 기능 정상 여부<br>③ 본체의 **방청, 보존상태** 및 **캔버스** 부식 여부 |
| 비상전원 | ① 자가발전설비인 경우 연료적정량 보유 여부<br>② 자가발전설비인 경우 「전기사업법」에 따른 정기점검 결과 확인 |
| 기동 | ① 가동식의 **벽·제연경계벽·댐퍼** 및 **배출기** 정상작동(화재감지기 연동) 여부<br>② 예상제연구역 및 제어반에서 가동식의 **벽·제연경계벽·댐퍼** 및 **배출기** 수동기동 가능 여부<br>③ 제어반 각종 **스위치류** 및 **표시장치**(작동표시등 등) 기능의 이상 여부 |
| 비고 | ※ 특정소방대상물의 위치·구조·용도 및 소방시설의 상황 등이 이 표의 항목대로 기재하기 곤란하거나 이 표에서 누락된 사항을 기재한다. |

## 6. 제연설비의 종합점검(소방시설 자체점검사항 등에 관한 고시 [별지 제4호 서식])

| 구 분 | 점검항목 |
|---|---|
| 제연구역의 구획 | ● 제연구역의 구획 방식 적정 여부<br>- 제연경계의 **폭, 수직거리** 적정 설치 여부<br>- 제연경계벽은 가동시 **급속**하게 **하강되지 아니하는** 구조 |
| 배출구 | ❶ 배출구 설치위치(수평거리) 적정 여부<br>② 배출구 **변형·훼손** 여부 |
| 유입구 | ① 공기유입구 설치위치 적정 여부<br>② 공기유입구 **변형·훼손** 여부<br>❸ 옥외에 면하는 **배출구** 및 **공기유입구** 설치 적정 여부 |
| 배출기 | ❶ 배출기와 배출풍도 사이 **캔버스** 내열성 확보 여부<br>② 배출기 회전이 원활하며 회전방향 정상 여부<br>③ **변형·훼손** 등이 없고 **V-벨트** 기능 정상 여부<br>④ 본체의 **방청, 보존상태** 및 **캔버스** 부식 여부<br>❺ 배풍기 내열성 단열재 단열처리 여부 |

| 비상전원 | ❶ 비상전원 설치장소 적정 및 관리 여부<br>② 자가발전설비인 경우 연료적정량 보유 여부<br>③ 자가발전설비인 경우 「전기사업법」에 따른 정기점검 결과 확인 |
|---|---|
| 기동 | ① 가동식의 **벽·제연경계벽·댐퍼 및 배출기** 정상작동(화재감지기 연동) 여부<br>② 예상제연구역 및 제어반에서 가동식의 **벽·제연경계벽·댐퍼 및 배출기** 수동기동 가능 여부<br>③ 제어반 각종 **스위치류** 및 **표시장치**(작동표시등 등) 기능의 이상 여부 |
| 비고 | ※ 특정소방대상물의 위치·구조·용도 및 소방시설의 상황 등이 이 표의 항목대로 기재하기 곤란하거나 이 표에서 누락된 사항을 기재한다. |

※ "●"는 종합점검의 경우에만 해당

## 13 특별피난계단의 계단실 및 부속실의 제연설비

### 1. 특별피난계단의 계단실 및 부속실 제연설비의 급기송풍기 설치기준(NFPC 501A 제19조, NFTC 501A 2.16.1)

① 송풍기의 송풍능력은 송풍기가 담당하는 제연구역에 대한 급기량의 **1.15배 이상**으로 할 것(단, 풍도에서의 누설을 실측하여 조정하는 경우는 제외)

② 송풍기를 설치하여 풍량조절을 할 수 있도록 할 것

③ 송풍기에는 풍량을 실측할 수 있는 유효한 조치를 할 것

④ 송풍기는 인접장소의 화재로부터 영향을 받지 않고 접근 및 점검이 용이한 장소에 설치할 것

⑤ 송풍기는 옥내의 **화재감지기**의 동작에 작동하도록 할 것

⑥ 송풍기와 연결되는 **캔버스**는 **내열성(석면재료 제외)**이 있는 것으로 할 것

### 2. 배출댐퍼 및 개폐기의 직근과 제연구역에 전용의 수동기동장치에 의하여 작동되는 장치

① 전층의 제연구역에 설치된 급기댐퍼의 개방

② 당해 층의 배출댐퍼 또는 개폐기의 개방

③ 급기송풍기 및 유입공기의 배출용 송풍기의 작동

④ 개방·고정된 모든 출입문의 개폐장치의 작동

### 3. 전층의 출입문이 닫힌 상태에서 차압 부족의 원인

① 급기송풍기의 **풍량 부족**

② 급기송풍기 배출측 풍량조절댐퍼 많이 닫힘

③ 급기풍도에서의 누설

④ 급기댐퍼의 **개구율 부족**

⑤ 자동차압과압조절형 댐퍼의 **차압조절기능** 고장

⑥ 출입문과 바닥 사이의 **틈새 과다**

### 4. 전실(특별피난계단 또는 비상용 승강기의 승강장) 제연설비의 점검방법

① **옥내감지기** 작동 또는 **수동기동스위치** 작동

② **화재경보발생** 및 **댐퍼개방** 확인

③ 송풍기가 작동하여 계단실 및 부속실에 **공기가 유입**되는지 확인

④ 전실 내의 **차압** 측정

⑤ **출입문**을 **개방**한 후 계단실 및 부속실의 **방연풍속** 측정

⑥ 전실 내에서 과압발생시 **과압배출장치** 작동 여부 확인

⑦ **수동기동스위치**를 작동한 경우 스위치 **복구**

### 5. 특별피난계단의 계단실 및 부속실 제연설비의 작동점검(소방시설 자체점검사항 등에 관한 고시 [별지 제4호 서식])

| 구 분 | 점검항목 |
|---|---|
| 수직풍도에 따른 배출 | ① 배출댐퍼 설치(개폐 여부 확인 기능, 화재감지기 동작에 따른 개방) 적정 여부<br>② 배출용 송풍기가 설치된 경우 화재감지기 연동기능 적정 여부 |
| 급기구 | 급기댐퍼 설치상태(화재감지기 동작에 따른 개방) 적정 여부 |
| 송풍기 | ① 설치장소 적정(화재영향, 접근·점검 용이성) 여부<br>② 화재감지기 동작 및 수동조작에 따라 작동하는지 여부 |
| 외기취입구 | 설치위치(오염공기 유입방지, 배기구 등으로부터 이격거리) 적정 여부 |
| 제연구역의 출입문 | 폐쇄상태 유지 또는 화재시 자동폐쇄 구조 여부 |
| 수동기동장치 | ① 기동장치 설치(위치, 전원표시등 등) 적정 여부<br>② 수동기동장치(옥내 수동발신기 포함) 조작시 관련 장치 정상작동 여부 |
| 제어반 | ① 비상용 축전지의 정상 여부<br>② 제어반 감시 및 원격조작기능 적정 여부 |
| 비상전원 | ① 자가발전설비인 경우 연료적정량 보유 여부<br>② 자가발전설비인 경우 「전기사업법」에 따른 정기점검 결과 확인 |
| 비고 | ※ 특정소방대상물의 위치·구조·용도 및 소방시설의 상황 등이 이 표의 항목대로 기재하기 곤란하거나 이 표에서 누락된 사항을 기재한다. |

### 6. 특별피난계단의 계단실 및 부속실의 제연설비 종합점검(소방시설 자체점검사항 등에 관한 고시 [별지 제4호 서식])

| 구 분 | 점검항목 |
|---|---|
| 과압방지조치 | ● **자동차압·과압조절형** 댐퍼(또는 **플랩댐퍼**)를 사용한 경우 성능 적정 여부 |
| 수직풍도에 따른 배출 | ① 배출댐퍼 설치(개폐 여부 확인 기능, 화재감지기 동작에 따른 개방) 적정 여부<br>② 배출용 송풍기가 설치된 경우 화재감지기 연동 기능 적정 여부 |
| 급기구 | 급기댐퍼 설치상태(화재감지기 동작에 따른 개방) 적정 여부 |
| 송풍기 | ① 설치장소 적정(화재영향, 접근·점검 용이성) 여부<br>② 화재감지기 동작 및 수동조작에 따라 작동하는지 여부<br>❸ 송풍기와 연결되는 **캔버스** 내열성 확보 여부 |
| 외기취입구 | ① 설치위치(오염공기 유입방지, 배기구 등으로부터 이격거리) 적정 여부<br>❷ 설치구조(빗물·이물질 유입방지, 옥외의 풍속과 풍향에 영향) 적정 여부 |
| 제연구역의 출입문 | ① 폐쇄상태 유지 또는 화재시 자동폐쇄 구조 여부<br>❷ 자동폐쇄장치 **폐쇄력** 적정 여부 |
| 수동기동장치 | ① 기동장치 설치(위치, 전원표시등 등) 적정 여부<br>② 수동기동장치(옥내 수동발신기 포함) 조작시 관련 장치 정상작동 여부 |
| 제어반 | ① 비상용 축전지의 정상 여부<br>② 제어반 감시 및 원격조작 기능 적정 여부 |
| 비상전원 | ❶ 비상전원 설치장소 적정 및 관리 여부<br>② 자가발전설비인 경우 연료적정량 보유 여부<br>③ 자가발전설비인 경우 「전기사업법」에 따른 정기점검 결과 확인 |
| 비고 | ※ 특정소방대상물의 위치·구조·용도 및 소방시설의 상황 등이 이 표의 항목대로 기재하기 곤란하거나 이 표에서 누락된 사항을 기재한다. |

※ "●"는 종합점검의 경우에만 해당

## 14 연소방지설비·연결살수설비

### 1. 연소방지설비의 작동점검(소방시설 자체점검사항 등에 관한 고시 [별지 제4호 서식])

| 구 분 | 점검항목 |
|---|---|
| 배관 | 급수배관 개폐밸브 적정(개폐표시형) 설치 및 관리상태 적합 여부 |
| 방수헤드 | ① 헤드의 **변형·손상** 유무<br>② 헤드 **살수장애** 여부<br>③ 헤드 상호간 거리 적정 여부 |
| 송수구 | ① 설치장소 적정 여부<br>② 송수구 1m 이내 살수구역 안내표지 설치상태 적정 여부<br>③ 설치높이 적정 여부<br>④ 송수구 **마개** 설치상태 적정 여부 |
| 비고 | ※ 특정소방대상물의 위치·구조·용도 및 소방시설의 상황 등이 이 표의 항목대로 기재하기 곤란하거나 이 표에서 누락된 사항을 기재한다. |

## 2. 연소방지설비의 종합점검(소방시설 자체점검사항 등에 관한 고시 [별지 제4호 서식])

| 구 분 | 점검항목 |
|---|---|
| 배관 | ① 급수배관 개폐밸브 적정(개폐표시형) 설치 및 관리상태 적합 여부<br>❷ 다른 설비의 배관과의 구분 상태 적정 여부 |
| 방수헤드 | ① 헤드의 **변형·손상** 유무<br>② 헤드 **살수장애** 여부<br>③ 헤드 상호간 거리 적정 여부<br>❹ 살수구역 설정 적정 여부 |
| 송수구 | ① 설치장소 적정 여부<br>❷ 송수구 구경(65mm) 및 형태(**쌍구형**) 적정 여부<br>③ 송수구 1m 이내 살수구역 안내표지 설치상태 적정 여부<br>④ 설치높이 적정 여부<br>❺ 자동배수밸브 설치상태 적정 여부<br>❻ 연결배관에 개폐밸브를 설치한 경우 개폐상태 확인 및 조작 가능 여부<br>⑦ 송수구 **마개** 설치상태 적정 여부 |
| 방화벽 | ❶ **방화문** 관리상태 및 정상기능 적정 여부<br>❷ 관통부위 내화성 **화재차단제** 마감 여부 |
| 비고 | ※ 특정소방대상물의 위치·구조·용도 및 소방시설의 상황 등이 이 표의 항목대로 기재하기 곤란하거나 이 표에서 누락된 사항을 기재한다. |

※ "●"는 종합점검의 경우에만 해당

## 3. 연결살수설비의 작동점검(소방시설 자체점검사항 등에 관한 고시 [별지 제4호 서식])

| 구 분 | 점검항목 |
|---|---|
| 송수구 | ① 설치장소 적정 여부<br>② 송수구 구경(65mm) 및 형태(**쌍구형**) 적정 여부<br>③ 송수구역별 호스접결구 설치 여부(개방형 헤드의 경우)<br>④ 설치높이 적정 여부<br>⑤ "**연결살수설비송수구**" 표지 및 송수구역 일람표 설치 여부<br>⑥ 송수구 **마개** 설치 여부<br>⑦ 송수구의 **변형** 또는 **손상** 여부<br>⑧ 자동배수밸브 설치상태 적정 여부 |
| 선택밸브 | ① 선택밸브 적정 설치 및 정상작동 여부<br>② 선택밸브 부근 송수구역 **일람표** 설치 여부 |
| 배관 등 | ① 급수배관 개폐밸브 설치 적정(개폐표시형, 흡입측 버터플라이 제외) 여부<br>② 시험장치 설치 적정 여부(폐쇄형 헤드의 경우) |
| 헤드 | ① 헤드의 **변형·손상** 유무<br>② 헤드 설치 **위치·장소·상태**(고정) 적정 여부<br>③ 헤드 살수장애 여부 |
| 비고 | ※ 특정소방대상물의 위치·구조·용도 및 소방시설의 상황 등이 이 표의 항목대로 기재하기 곤란하거나 이 표에서 누락된 사항을 기재한다. |

## 4. 연결살수설비의 종합점검(소방시설 자체점검사항 등에 관한 고시 [별지 제4호 서식])

| 구 분 | 점검항목 |
|---|---|
| 송수구 | ① 설치장소 적정 여부<br>② 송수구 구경(65mm) 및 형태(쌍구형) 적정 여부<br>③ 송수구역별 호스접결구 설치 여부(개방형 헤드의 경우)<br>④ 설치높이 적정 여부<br>❺ 송수구에서 주배관상 연결배관 개폐밸브 설치 여부<br>⑥ "**연결살수설비송수구**" 표지 및 송수구역 일람표 설치 여부<br>⑦ 송수구 마개 설치 여부<br>⑧ 송수구의 변형 또는 손상 여부<br>❾ 자동배수밸브 및 체크밸브 설치순서 적정 여부<br>⑩ 자동배수밸브 설치상태 적정 여부<br>⓫ 1개 송수구역 설치 살수헤드 수량 적정 여부(개방형 헤드의 경우) |
| 선택밸브 | ① 선택밸브 적정 설치 및 정상작동 여부<br>② 선택밸브 부근 송수구역 일람표 설치 여부 |
| 배관 등 | ① 급수배관 개폐밸브 설치 적정(개폐표시형, 흡입측 버터플라이 제외) 여부<br>❷ 동결방지조치 상태 적정 여부(습식의 경우)<br>❸ 주배관과 타 설비 배관 및 수조 접속 적정 여부(폐쇄형 헤드의 경우)<br>④ 시험장치 설치 적정 여부(폐쇄형 헤드의 경우)<br>❺ 다른 설비의 배관과의 구분 상태 적정 여부 |
| 헤드 | ① 헤드의 변형·손상 유무<br>② 헤드 설치 위치·장소·상태(고정) 적정 여부<br>③ 헤드 살수장애 여부 |
| 비고 | ※ 특정소방대상물의 위치·구조·용도 및 소방시설의 상황 등이 이 표의 항목대로 기재하기 곤란하거나 이 표에서 누락된 사항을 기재한다. |

※ "●"는 종합점검의 경우에만 해당

## 15 연결송수관설비

### 1. 연결송수관설비, 급수개폐밸브 작동표시스위치의 설치기준(NFPC 502 제4조, NFTC 502 2.1.1.4)

① 급수개폐밸브가 잠길 경우 탬퍼스위치의 동작으로 인하여 **감시제어반** 또는 **수신기**에 표시되어야 하며 **경보음**을 발할 것

② 탬퍼스위치는 감시제어반 또는 수신기에서 **동작**의 **유무확인**과 **동작시험**, **도통시험**을 할 수 있을 것

③ 탬퍼스위치에 사용되는 전기배선은 **내화전선** 또는 **내열전선**으로 설치할 것

### 2. 연결송수관설비의 작동점검(소방시설 자체점검사항 등에 관한 고시 [별지 제4호 서식])

| 구 분 | 점검항목 |
|---|---|
| 송수구 | ① 설치장소 적정 여부<br>② 지면으로부터 설치높이 적정 여부<br>③ 급수개폐밸브가 설치된 경우 설치상태 적정 및 정상 기능 여부<br>④ 수직배관별 1개 이상 송수구 설치 여부<br>⑤ "**연결송수관설비송수구**" 표지 및 송수압력범위 표지 적정 설치 여부<br>⑥ 송수구 **마개** 설치 여부 |
| 방수구 | ① 방수구 형태 및 구경 적정 여부<br>② 위치표시(표시등, 축광식 표지) 적정 여부<br>③ 개폐기능 설치 여부 및 상태 적정(닫힌 상태) 여부 |
| 방수 기구함 | ① **호스** 및 **관창** 비치 적정 여부<br>② "**방수기구함**" 표지 설치상태 적정 여부 |
| 가압 송수장치 | ① 펌프 토출량 및 양정 적정 여부<br>② 방수구 개방시 자동기동 여부<br>③ 수동기동스위치 설치상태 적정 및 수동스위치 조작에 따른 기동 여부<br>④ 가압송수장치 "**연결송수관펌프**" 표지 설치 여부<br>⑤ 자가발전설비인 경우 연료적정량 보유 여부<br>⑥ 자가발전설비인 경우 「전기사업법」에 따른 정기점검 결과 확인 |
| 비고 | ※ 특정소방대상물의 위치·구조·용도 및 소방시설의 상황 등이 이 표의 항목대로 기재하기 곤란하거나 이 표에서 누락된 사항을 기재한다. |

### 3. 연결송수관설비의 종합점검(소방시설 자체점검사항 등에 관한 고시 [별지 제4호 서식])

| 구 분 | 점검항목 |
|---|---|
| 송수구 | ① 설치장소 적정 여부<br>② 지면으로부터 설치높이 적정 여부<br>③ 급수개폐밸브가 설치된 경우 설치상태 적정 및 정상 기능 여부<br>④ 수직배관별 1개 이상 송수구 설치 여부<br>⑤ "**연결송수관설비송수구**" 표지 및 송수압력범위 표지 적정 설치 여부<br>⑥ 송수구 **마개** 설치 여부 |
| 배관 등 | ❶ 겸용 급수배관 적정 여부<br>❷ 다른 설비의 배관과의 구분 상태 적정 여부 |
| 방수구 | ❶ 설치기준(층, 개수, 위치, 높이) 적정 여부<br>② 방수구 형태 및 구경 적정 여부<br>③ 위치표시(표시등, 축광식 표지) 적정 여부<br>④ 개폐기능 설치 여부 및 상태 적정(닫힌 상태) 여부 |
| 방수 기구함 | ❶ 설치기준(층, 위치) 적정 여부<br>② **호스** 및 **관창** 비치 적정 여부<br>③ "**방수기구함**" 표지 설치상태 적정 여부 |
| 가압 송수장치 | ❶ 가압송수장치 설치장소 기준 적합 여부<br>❷ 펌프 흡입측 **연성계·진공계** 및 **토출측 압력계** 설치 여부<br>❸ **성능시험배관** 및 **순환배관** 설치 적정 여부<br>④ 펌프 토출량 및 양정 적정 여부<br>⑤ 방수구 개방시 자동기동 여부<br>⑥ 수동기동스위치 설치상태 적정 및 수동스위치 조작에 따른 기동 여부<br>⑦ 가압송수장치 "**연결송수관펌프**" 표지 설치 여부<br>❽ 비상전원 설치장소 적정 및 관리 여부<br>⑨ 자가발전설비인 경우 연료적정량 보유 여부<br>⑩ 자가발전설비인 경우 「전기사업법」에 따른 정기점검 결과 확인 |
| 비고 | ※ 특정소방대상물의 위치·구조·용도 및 소방시설의 상황 등이 이 표의 항목대로 기재하기 곤란하거나 이 표에서 누락된 사항을 기재한다. |

※ "●"는 종합점검의 경우에만 해당

## 16 소화용수설비

### 1. 소방용수시설의 수원의 기준(소방기본법 시행규칙 [별표 3])

| 공통 기준 | | |
|---|---|---|
| 공통 기준 | 주거지역·상업지역 및 공업지역에 설치하는 경우 | 소방대상물과의 수평거리를 100m 이하가 되도록 할 것 |
| | 기타 지역에 설치하는 경우 | 소방대상물과의 수평거리를 140m 이하가 되도록 할 것 |

| | | |
|---|---|---|
| 설치기준 | 소화전의 설치기준 | 상수도와 연결하여 지하식 또는 지상식의 구조로 하고, 소방용 호스와 연결하는 소화전의 연결금속구의 구경은 65mm로 할 것 |
| | 급수탑의 설치기준 | 급수배관의 구경은 100mm 이상으로 하고, 개폐밸브는 지상에서 1.5~ 1.7m 이하의 위치에 설치하도록 할 것 |
| | 저수조의 설치기준 | ① 지면으로부터의 낙차가 4.5m 이하일 것<br>② 흡수부분의 수심이 0.5m 이상일 것<br>③ 소방펌프자동차가 쉽게 접근할 수 있도록 할 것<br>④ 흡수에 지장이 없도록 토사 및 쓰레기 등을 제거할 수 있는 설비를 갖출 것<br>⑤ 저수조에 물을 공급하는 방법은 상수도에 연결하여 자동으로 급수되는 구조일 것<br>기억법 저낙수 쉽제 투자급 |

## 2. 소화용수설비의 작동점검(소방시설 자체점검사항 등에 관한 고시 [별지 제4호 서식])

| 구 분 | | 점검항목 |
|---|---|---|
| 소화수조 및 저수조 | 수원 | 수원의 유효수량 적정 여부 |
| | 흡수관투입구 | ① 소방차 접근 용이성 적정 여부<br>② "**흡수관투입구**" 표지 설치 여부 |
| | 채수구 | ① 소방차 접근 용이성 적정 여부<br>② 개폐밸브의 조작 용이성 여부 |
| | 가압송수장치 | ① 기동스위치 **채수구** 직근 설치 여부 및 정상작동 여부<br>② "**소화용수설비펌프**" 표지 설치상태 적정 여부<br>③ 성능시험배관 적정 설치 및 정상작동 여부<br>④ 순환배관 설치 적정 여부<br>⑤ 내연기관방식의 펌프 설치 적정(제어반 기동, 채수구 원격조작, 기동표시등 설치, 축전지 설비) 여부 |
| 상수도 소화용수 설비 | | ① 소화전 위치 적정 여부<br>② 소화전 관리상태(변형·손상 등) 및 방수 원활 여부 |
| 비고 | | ※ 특정소방대상물의 위치·구조·용도 및 소방시설의 상황 등이 이 표의 항목대로 기재하기 곤란하거나 이 표에서 누락된 사항을 기재한다. |

## 3. 소화용수설비의 종합점검(소방시설 자체점검사항 등에 관한 고시 [별지 제4호 서식])

| 구 분 | | 점검항목 |
|---|---|---|
| 소화수조 및 저수조 | 수원 | 수원의 유효수량 적정 여부 |
| | 흡수관투입구 | ① 소방차 접근 용이성 적정 여부<br>❷ **크기** 및 **수량** 적정 여부<br>③ "**흡수관투입구**" 표지 설치 여부 |
| | 채수구 | ① 소방차 접근 용이성 적정 여부<br>❷ **결합금속구** 구경 적정 여부<br>❸ **채수구** 수량 적정 여부<br>④ 개폐밸브의 조작 용이성 여부 |
| | 가압송수장치 | ① 기동스위치 **채수구** 직근 설치 여부 및 정상작동 여부<br>② "**소화용수설비펌프**" 표지 설치 상태 적정 여부<br>❸ 동결방지조치 상태 적정 여부<br>❹ 토출측 **압력계**, 흡입측 **연성계** 또는 **진공계** 설치 여부<br>⑤ 성능시험배관 적정 설치 및 정상작동 여부<br>⑥ 순환배관 설치 적정 여부<br>❼ 물올림장치 설치 적정(전용 여부, 유효수량, 배관구경, 자동급수) 여부<br>⑧ 내연기관방식의 펌프 설치 적정(제어반 기동, 채수구 원격조작, 기동표시등 설치, 축전지 설비) 여부 |
| 상수도 소화용수 설비 | | ① 소화전 위치 적정 여부<br>② 소화전 관리상태(변형·손상 등) 및 방수 원활 여부 |
| 비고 | | ※ 특정소방대상물의 위치·구조·용도 및 소방시설의 상황 등이 이 표의 항목대로 기재하기 곤란하거나 이 표에서 누락된 사항을 기재한다. |

※ "●"는 종합점검의 경우에만 해당

# 17 건축물의 방화 및 피난시설

## 1. 내화구조의 기준(건축물방화구조규칙 제3조)

| 내화구분 | | 기 준 |
|---|---|---|
| 벽 | 모든 벽 | ① 철근콘크리트조 또는 철골철근콘크리트조로서 두께가 10cm 이상인 것<br>② 골구를 철골조로 하고 그 양면을 두께 4cm 이상의 철망 모르타르로 덮은 것<br>③ 두께 5cm 이상의 콘크리트블록·벽돌 또는 석재로 덮은 것 |

| | | |
|---|---|---|
| 벽 | 모든 벽 | ④ 철재로 보강된 콘크리트블록조·벽돌조 또는 석조로서 철재에 덮은 콘크리트블록의 두께가 5cm 이상인 것<br>⑤ 벽돌조로서 두께가 19cm 이상인 것<br>⑥ 고온·고압의 증기로 양생된 경량기포 콘크리트패널 또는 경량기포 콘크리트블록조로서 두께가 10cm 이상인 것<br>**기억법** 철콘10, 철골 4철망, 5블록, 5석(보석), 19벽, 10경량 |
| | 외벽 중 비내력벽 | ① 철근콘크리트조 또는 철골철근콘크리트조로서 두께가 7cm 이상인 것<br>② 골구를 철골조로 하고 그 양면을 두께 3cm 이상의 철망 모르타르로 덮은 것<br>③ 두께 4cm 이상의 콘크리트블록·벽돌 또는 석재로 덮은 것<br>④ 철재로 보강된 콘크리트블록조·벽돌조 또는 석조로서 철재에 덮은 콘크리트블록 등의 두께가 4cm 이상인 것<br>⑤ 무근콘크리트조·콘크리트블록조·벽돌조 또는 석조로서 그 두께가 7cm 이상인 것 |
| 기둥 (작은 지름이 25cm 이상인 것) | | ① 철근콘크리트조 또는 철골철근콘크리트조<br>② 철골을 두께 6cm 이상의 철망 모르타르로 덮은 것<br>③ 두께 7cm 이상의 콘크리트블록·벽돌 또는 석재로 덮은 것<br>④ 철골을 두께 5cm 이상의 콘크리트로 덮은 것 |
| 바닥 | | ① 철근콘크리트조 또는 철골철근콘크리트조로서 두께가 10cm 이상인 것<br>② 철재로 보강된 콘크리트블록조·벽돌조 또는 석조로서 철재에 덮은 콘크리트블록 등의 두께가 5cm 이상인 것<br>③ 철재의 양면을 두께 5cm 이상의 철망 모르타르 또는 콘크리트로 덮은 것 |
| 보 (지붕틀 포함) | | ① 철근콘크리트조 또는 철골철근콘크리트조<br>② 철골을 두께 6cm 이상의 철망 모르타르로 덮은 것<br>③ 두께 5cm 이상의 콘크리트로 덮은 것<br>④ 철골조의 지붕틀로서 바로 아래에 반자가 없거나 **불연재료**로 된 반자가 있는 것 |
| 지붕 | | ① 철근콘크리트조 또는 철골철근콘크리트조<br>② 철재로 보강된 콘크리트블록조·벽돌조 또는 석조<br>③ 철재로 보강된 유리블록 또는 망입유리로 된 것 |
| 계단 | | ① 철근콘크리트조 또는 철골철근콘크리트조<br>② 무근콘크리트조·콘크리트블록조·벽돌조 또는 석조<br>③ 철재로 보강된 콘크리트블록조·벽돌조 또는 석조<br>④ 철골조 |

## 2. 방화구조의 기준(건축물방화구조규칙 제4조)

| 구조내용 | 기 준 |
|---|---|
| • 철망 모르타르 바르기 | 바름두께가 2cm 이상인 것 |
| • 석고판 위에 시멘트 모르타르 또는 회반죽을 바른 것<br>• 시멘트 모르타르 위에 타일을 붙인 것 | 두께의 합계가 2.5cm 이상인 것 |
| • 심벽에 흙으로 맞벽치기 한 것 | 그대로 모두 인정됨 |
| • 한국산업표준이 정하는 바에 따라 시험한 결과 방화 2급 이상에 해당하는 것 | – |

**기억법** 방철망2, 석시회25시타, 심

## 3. 피난안전구역의 구조 및 설비의 적합기준(건축물방화구조규칙 제8조의 2 제③항)

① 피난안전구역의 바로 아래층 및 윗층은 단열재를 설치할 것
② 피난안전구역의 내부마감재료는 불연재료로 설치할 것
③ 건축물의 내부에서 피난안전구역으로 통하는 계단은 특별피난계단의 구조로 설치할 것
④ 비상용 승강기는 피난안전구역에서 승하차할 수 있는 구조로 설치할 것
⑤ 피난안전구역에는 식수공급을 위한 급수전을 1개소 이상 설치하고 예비전원에 의한 조명설비를 설치할 것
⑥ 관리사무소 또는 방재센터 등과 긴급연락이 가능한 경보 및 통신시설을 설치할 것
⑦ 피난안전구역의 높이는 2.1m 이상일 것

## 4. 방화구획의 설치기준(건축령 제46조, 건축물방화구조규칙 제14조)

| 대상 건축물 | 대상 규모 | 층 및 구획방법 | | 구획 부분의 구조 |
|---|---|---|---|---|
| 주요구조부가 내화구조 또는 불연재료로 된 건축물 | 연면적 1000m² 넘는 것 | • 10층 이하 | • 바닥면적 1000m² 이내마다 | • 내화구조로 된 바닥·벽<br>• 60분+방화문, 60분 방화문<br>• 자동방화셔터 |
| | | • 3층 이상<br>• 지하층 | • 층마다 | |
| | | • 11층 이상 | • 바닥면적 200m² 이내마다(실내마감을 불연재료로 한 경우 500m² 이내마다) | |

• 필로티나, 그 밖의 비슷한 구조의 부분을 주차장으로 사용하는 경우 그 부분은 건축물의 다른 부분과 구획할 것
• 스프링클러, 기타 이와 유사한 자동식 소화설비를 설치한 경우 바닥면적은 위의 **3배** 면적으로 산정한다.

## 5. 옥외피난계단의 구조(건축물방화구조규칙 제9조)

| 구 분 | 설치기준 |
|---|---|
| ① 출입구 외의 개구부와의 거리 | 계단은 그 계단으로 통하는 출입구 외의 창문 등으로부터 2m 이상의 거리를 두고 설치할 것(망이 들어있는 유리의 붙박이창으로서 그 면적이 각각 1m² 이하인 것은 제외) |
| ② 출입구 | **60분+방화문** 또는 **60분 방화문** 설치(피난방향으로 열 수 있고 항상 닫힌 상태로 유지하거나 연기 또는 온도상승에 의해 자동적으로 닫히는 구조) |
| ③ 계단 유효너비 | 0.9m 이상 |
| ④ 계단 구조 | **내화구조**로 하고 지상까지 직접 연결 |

## 6. 비상용 승강기의 설치제외(건축물설비기준규칙 제9조)

① 높이 31m를 넘는 각 층을 거실 이외의 용도에 사용하는 건축물
② 높이 31m를 넘는 각 층의 바닥면적의 합계가 500m² 이하인 건축물
③ 높이 31m를 넘는 부분의 층수가 **4개 층** 이하로서 해당 각 층의 바닥면적 200m²(벽 및 반자가 실내에 면하는 부분의 마감을 불연재료로 한 경우 500m²) 이내마다 방화구획으로 구획한 건축물

## 7. 지하층의 비상탈출구 설치기준(건축물방화구조규칙 제25조)

| 구 분 | 구조기준 |
|---|---|
| ① **크**기 | 너비 0.75m, 높이 1.5m 이상 |
| ② **문** | **피**난방향으로 열리도록 하고 실내에서 항상 열 수 있는 구조로 하며 내부 및 외부에는 **비상탈출구**의 표지 설치 |
| ③ **위**치 | 출입구로부터 3m 이상 떨어진 곳 |
| ④ **사**다리 | 지하층의 바닥으로부터 비상탈출구의 아랫부분까지의 높이가 1.2m 이상인 경우 벽체에 발판의 너비가 20cm 이상인 **사다리** 설치 |
| ⑤ 피난**통**로 | 너비 0.75m 이상, 내장재는 **불연재료**로 설치 |
| ⑥ **장**애물 제거 | 비상탈출구의 진입부분 및 피난통로에는 통행에 지장이 있는 물건을 방치하거나 시설물 설치금지 |

**기억법** 크7515, 문피탈, 위3(위상), 사1220, 통75불, 장

## 8. 배연설비의 설치대상 및 설치장소

| 설치장소 | 대상 및 규정 |
|---|---|
| ① 거실(피난층 제외) (건축령 제51조) | **6층 이상**의 건축물로서 제2종 근린생활시설 중 공연장·종교집회장 및 인터넷컴퓨터게임시설제공업소 및 다중생활시설(공연장, 종교집회장 및 인터넷컴퓨터게임시설제공업소는 해당 용도로 쓰이는 바닥면적의 합계가 각각 300m² 이상인 경우만 해당)·문화 및 집회시설, 종교시설, 판매시설, 운수시설, 의료시설(요양병원 및 정신병원 제외), 교육연구시설 중 연구소·노유자시설 중 아동관련시설·노인복지시설(노인요양시설 제외)·수련시설 중 유스호스텔, 운동시설, 업무시설, 숙박시설, 위락시설, 관광휴게시설, 장례시설 |
| ② 특별피난계단 부속실 (건축물방화구조규칙 제9조) | 건축물의 내부와 계단실은 노대를 통하여 연결하거나 외부를 향하여 열 수 있는 면적 1m² 이상인 창문(바닥으로부터 1m 이상의 높이에 설치한 것에 한한다) 또는 「건축물의 설비기준 등에 관한 규칙」 제14조의 규정에 적합한 구조의 배연설비가 있는 면적 3m² 이상인 부속실을 통하여 연결할 것 |
| ③ 비상용 승강기 승강장 (건축물설비기준규칙 제10조) | 비상용 승강기 승강장에는 노대 또는 외부로 열 수 있는 **창**이나 **배연설비** 설치 |

# 18 기타설비(기계분야)

## 1. 관 내에서 발생하는 현상

### (1) 공동현상(cavitation)

| | |
|---|---|
| 개 요 | • 펌프의 흡입측 배관 내의 물의 정압이 기존의 증기압보다 낮아져서 기포가 발생되어 물이 흡입되지 않는 현상 |
| 발생현상 | • 소음과 진동발생<br>• 관 부식<br>• 임펠러의 손상(수차의 날개를 해친다)<br>• 펌프의 성능저하<br>기억법 소진 부임성공 |
| 발생원인 | • 펌프의 흡입수두가 클 때(소화펌프의 흡입고가 클 때)<br>• 펌프의 마찰손실이 클 때<br>• 펌프의 임펠러속도가 클 때<br>• 펌프의 설치위치가 수원보다 높을 때<br>• 관 내의 수온이 높을 때(물의 온도가 높을 때)<br>• 관 내의 물의 정압이 그때의 증기압보다 낮을 때<br>• 흡입관의 구경이 작을 때<br>• 흡입거리가 길 때<br>• 유량이 증가하여 펌프물이 과속으로 흐를 때<br>기억법 정낮 구작 거길공 |
| 방지대책 | • 펌프의 흡입수두를 작게 한다.<br>• 펌프의 마찰손실을 작게 한다.<br>• 펌프의 임펠러속도(회전수)를 작게 한다.<br>• 펌프의 설치위치를 수원보다 낮게 한다.<br>• 양흡입펌프를 사용한다(펌프의 흡입측을 가압한다).<br>• 관 내의 물의 정압을 그때의 증기압보다 높게 한다.<br>• 흡입관의 구경을 크게 한다.<br>• 펌프를 2개 이상 설치한다. |

### (2) 수격작용(water hammering)

| | |
|---|---|
| 개 요 | • 배관 속의 물흐름을 급히 차단하였을 때 동압이 정압으로 전환되면서 일어나는 쇼크(shock)현상<br>• 배관 내를 흐르는 유체의 유속을 급격하게 변화시키므로 압력이 상승 또는 하강하여 관로의 벽면을 치는 현상 |
| 발생원인 | • 펌프가 갑자기 정지할 때<br>• 급히 밸브를 개폐할 때<br>• 정상운전시 유체의 압력변동이 생길 때 |
| 방지대책 | • 관의 관경(직경)을 크게 한다.<br>• 관 내의 유속을 낮게 한다(관로에서 일부 고압수를 방출한다).<br>• 조압수조(surge tank)를 관선에 설치한다.<br>• 플라이휠(fly wheel)을 설치한다.<br>• 펌프 송출구(토출측) 가까이에 밸브를 설치한다.<br>• 에어챔버(air chamber)를 설치한다. |

### (3) 맥동현상(surging)

| | |
|---|---|
| 개 요 | • 유량이 단속적으로 변하여 펌프 입출구에 설치된 진공계 · 압력계가 흔들리고 진동과 소음이 일어나며 펌프의 토출유량이 변하는 현상 |
| 발생원인 | • 배관 중에 수조가 있을 때<br>• 배관 중에 기체상태의 부분이 있을 때<br>• 유량조절밸브가 배관 중 수조의 위치 후방에 있을 때<br>• 펌프의 특성곡선이 산모양이고 운전점이 그 정상부일 때 |
| 방지대책 | • 배관 중에 불필요한 수조를 없앤다.<br>• 배관 내의 기체(공기)를 제거한다.<br>• 유량조절밸브를 배관 중 수조의 전방에 설치한다.<br>• 운전점을 고려하여 적합한 펌프를 선정한다.<br>• 풍량 또는 토출량을 줄인다. |

### (4) 에어 바인딩(air binding)=에어 바운드(air bound)

| | |
|---|---|
| 개 요 | • 펌프 내에 공기가 차있으면 공기의 밀도는 물의 밀도보다 작으므로 수두를 감소시켜 송액이 되지 않는 현상 |
| 발생원인 | • 펌프 내에 공기가 차있을 때 |
| 방지대책 | • 펌프 작동 전 공기를 제거한다.<br>• 자동공기제거펌프(self-priming pump)를 사용한다. |

## 2. 신축이음의 종류

① 벨로스형 이음

② 슬리브형 이음

③ 루프형 이음

④ 스위블형 이음

⑤ 볼조인트

## 3. $NPSH_{av}$ vs $NPSH_{re}$

| 유효흡입양정($NPSH_{av}$) | 필요흡입양정($NPSH_{re}$) |
|---|---|
| 펌프 설치과정에서 펌프 그 자체와는 무관하게 흡입측 배관의 설치위치, 액체온도 등에 따라 결정되는 양정 | 펌프 그 자체가 캐비테이션을 일으키지 않고 정상운전되기 위하여 필요로 하는 흡입양정 |

## 4. 주펌프 2대 병렬운전시 장점

① 펌프**운전**을 **순차적**으로 하여 시스템 운용이 안정적

② 1대의 펌프가 **고장**나도 나머지 1대로 **정상운전** 가능

③ 펌프의 **수명**연장

④ 유량이 분배되어 **배관**의 **마찰손실** 감소

## 5. 용어의 정의(분기배관의 성능인증 및 제품검사의 기술기준 제2조)

| 용 어 | 정 의 |
|---|---|
| 분기배관 | 배관 측면에 구멍을 뚫어 2 이상의 관로가 생기도록 가공한 배관으로서 **확관형 분기배관**과 **비확관형 분기배관**으로 구분 |
| 확관형 분기배관 | 배관의 측면에 조그만 **구멍**을 뚫고 **소성가공**으로 **확관**시켜 배관 **용접이음자리**를 만들거나 배관 **용접이음자리**에 배관이음쇠를 용접이음한 배관(일명 "**돌출형 T분기관**") |
| 비확관형 분기배관 | 배관의 측면에 **분기호칭내경** 이상의 **구멍**을 뚫고 **배관이음쇠를 용접이음**한 배관 |

## 6. 분기배관의 분기간격

$$S_1 = -0.0004D^2 + 1.1561D + 39.498$$

여기서, $S_1$ : 배관의 끝단면(배관 끝단으로 갈수록 지름이 줄어드는 배관의 경우에는 지름이 줄어들기 시작하는 부분)으로부터 분기관 외측면까지의 최단거리〔mm〕

$D$ : 분기되는 배관의 호칭지름〔mm〕

$$S_2 = -0.001D^2 + 0.8013D + 29.655$$

여기서, $S_2$ : 하나의 분기관에서 인접한 분기관까지의 외측 사이거리 또는 리듀서형 배관의 끝단면으로부터 분기관 외측면까지의 최단거리〔mm〕

$D$ : 분기되는 배관의 호칭지름〔mm〕

## 7. 피난안전구역에 설치하는 소방시설 설치기준

**(NFPC 604 제10조, NFTC 604 2.6.1)**

| 구 분 | 설치기준 |
|---|---|
| 제연설비 | 피난안전구역과 비제연구역간의 차압은 50Pa(옥내에 스프링클러설비가 설치된 경우 12.5Pa) 이상으로 하여야 한다(단, 피난안전구역의 한쪽 면 이상이 외기에 개방된 구조의 경우에는 설치제외 가능). |
| 휴대용 비상조명등 | ① **휴대용 비상조명등의 설치기준**<br>㉠ 초고층 건축물에 설치된 피난안전구역 : 피난안전구역 위층의 재실자수(「건축물의 피난·방화구조 등의 기준에 관한 규칙」 [별표 1의 2]에 따라 산정된 재실자수)의 $\frac{1}{10}$ 이상<br>㉡ 지하연계복합건축물에 설치된 피난안전구역 : 피난안전구역이 설치된 층의 수용인원(영 [별표 7]에 따라 산정된 수용인원)의 $\frac{1}{10}$ 이상<br>② 건전지 및 충전식 건전지의 용량은 **40분** 이상 유효하게 사용할 수 있는 것으로 한다(단, 피난안전구역이 **50층** 이상에 설치되어 있을 경우의 용량은 **60분** 이상으로 할 것). |

## 8. 기타사항의 종합점검(소방시설 자체점검사항 등에 관한 고시 [별지 제4호 서식])

| 구 분 | 점검항목 |
|---|---|
| 피난·방화시설 | ① **방화문** 및 **방화셔터**의 관리상태(폐쇄·훼손·변경) 및 정상기능 적정 여부<br>❷ **비상구** 및 **피난통로** 확보 적정 여부(피난·방화시설 주변 장애물 적치 포함) |
| 방염 | ❶ 선처리 방염대상물품의 적합 여부(방염성능시험성적서 및 합격표시 확인)<br>❷ 후처리 방염대상물품의 적합 여부(방염성능검사결과 확인) |
| 비고 | ※ **방염성능시험성적서, 합격표시** 및 **방염성능검사결과**의 확인이 불가한 경우 비고에 기재한다. |

※ "●"는 종합점검의 경우에만 해당

# 제3장 소방전기시설의 점검

## 01 자동화재탐지설비

### 1. P형 수신기의 시험(성능시험)

| 시험 종류 | 시험방법(작동시험방법) | 가부판정기준(확인사항) |
|---|---|---|
| 화재표시 작동시험 | ① 회로**선**택스위치로서 실행하는 시험 : 동작시험스위치를 눌러서 스위치 주의등의 점등을 확인한 후 회로선택스위치를 차례로 회전시켜 1**회로**마다 화재시의 작동시험을 행할 것<br>② **감**지기 또는 **발**신기의 작동시험과 함께 행하는 방법 : 감지기 또는 발신기를 차례로 작동시켜 경계구역과 지구표시등과의 접속상태를 확인할 것<br>기억법 화표선발감 | ① 각 **릴레이**(relay)의 작동<br>② **화재표시등, 지구표시등** 그 밖의 표시장치의 점등(램프의 단선도 함께 확인할 것)<br>③ **음향장치** 작동확인<br>④ **감지기회로** 또는 **부속기기회로**와의 연결접속이 정상일 것 |
| 회로**도**통시험 | **목적 : 감지기회로**의 **단선**의 **유무**와 기기 등의 접속상황을 확인<br>① **도**통시험스위치를 누른다.<br>② 회로**선**택스위치를 차례로 회전시킨다.<br>③ 각 회선별로 **전**압계의 전압을 확인한다(단, 발광다이오드로 그 정상유무를 표시하는 것은 발광다이오드의 점등유무를 확인한다).<br>④ **종**단저항 등의 접속상황을 조사한다.<br>기억법 도단도선전종 | 각 회선의 **전압계**의 **지시치** 또는 발광다이오드(LED)의 점등유무 상황이 정상일 것 |
| **공**통선시험 (단, 7회선 이하는 제외) | **목적** : 공통선이 담당하고 있는 **경**계구역의 적정 여부 확인<br>① 수신기 내 접속단자의 회로**공**통선을 1선 제거한다.<br>② 회로도통시험의 예에 따라 **도**통시험스위치를 누르고, 회로선택스위치를 차례로 회전시킨다.<br>③ **전**압계 또는 **발**광다이오드를 확인하여 '**단선**'을 지시한 경계구역의 회선수를 조사한다.<br>기억법 공경공도 전발선 | 공통선이 담당하고 있는 경계구역수가 7 **이하**일 것 |
| **예**비전원시험 | **목적** : 상용전원 및 비상전원이 사고 등으로 정전된 경우, 자동적으로 예비전원으로 절환되며, 또한 정전복구시에 자동적으로 상용전원으로 절환되는지의 여부 확인<br>① **예**비전원스위치를 누른다.<br>② **전**압계의 지시치가 지정치의 범위 내에 있을 것(단, 발광다이오드로 그 정상유무를 표시하는 것은 발광다이오드의 정상 점등유무를 확인한다)<br>③ **교**류전원을 개로(상용전원을 차단)하고 **자**동절환릴레이의 작동상황을 조사한다.<br>기억법 예예전교자 | ① 예비전원의 **전압**<br>② 예비전원의 **용량**<br>③ 예비전원의 **절환상황**<br>④ 예비전원의 **복구작동**이 정상일 것 |

| | | |
|---|---|---|
| **동**시작동시험<br>(단, 1회선은 제외) | **목적** : 감지기회로가 동시에 수회선 작동하더라도 수신기의 기능에 이상이 없는가의 여부 확인<br>① **주**전원에 의해 행한다.<br>② 각 회선의 화재작동을 복구시키는 일이 없이 **5회선**(5회선 미만은 전회선)을 동시에 작동시킨다.<br>③ ②의 경우 주음향장치 및 지구음향장치를 작동시킨다.<br>④ 부수신기와 표시기를 함께 하는 것에 있어서는 이 모두를 작동상태로 하고 행한다.<br>기억법 동주5 | 각 회선을 동시 작동시켰을 때<br>① **수신기**의 이상유무<br>② **부수신기**의 이상유무<br>③ **표시장치**의 이상유무<br>④ **음향장치**의 이상유무<br>⑤ **화재**시 **작동**을 정확하게 계속하는 것일 것 |
| **지**구음향장치 작동시험 | **목적** : 화재신호와 연동하여 음향장치의 정상작동 여부 확인<br>① 임의의 **감지기** 및 **발신기** 등을 작동시킨다. | ① 감지기를 작동시켰을 때 수신기에 연결된 해당 지구음향장치가 작동하고 **음량**이 **정상**적이어야 한다.<br>② 음량은 음향장치의 중심에서 **1m** 떨어진 위치에서 **90dB** 이상일 것 |
| 회로**저**항시험 | **목적** : 감지기회로의 **1회선**의 선로저항치가 수신기의 기능에 이상을 가져오는지의 여부를 다음에 따라 확인할 것<br>① 저항계 또는 테스터(tester)를 사용하여 감지기회로의 공통선과 표시선(회로선) 사이의 전로에 대해 측정한다.<br>② 항상 개로식인 것에 있어서는 회로의 말단을 도통상태로 하여 측정한다. | 하나의 감지기회로의 합성저항치는 **50Ω** 이하로 할 것 |
| **저**전압시험 | **목적** : 교류전원전압을 정격전압의 80% 전압으로 가하여 동작에 이상이 없는지를 확인할 것<br>① 자동화재탐지설비용 전압시험기 또는 가변저항기 등을 사용하여 교류전원전압을 정격전압의 **80%**의 전압으로 실시한다.<br>② 축전지설비인 경우에는 축전지의 단자를 절환하여 정격전압의 **80%**의 전압으로 실시한다.<br>③ **화재표시작동시험**에 준하여 실시한다. | **화재신호**를 **정상**적으로 수신할 수 있을 것 |
| **비**상전원시험 | **목적** : 상용전원이 정전되었을 때 자동적으로 비상전원(비상전원수전설비 제외)으로 절환되는지의 여부를 다음에 따라 확인할 것<br>① 비상전원으로 **축전지설비**를 사용하는 것에 대해 행한다.<br>② 충전용 전원을 개로의 상태로 하고 **전압계**의 지시치가 적정한가를 확인한다(단, **발광다이오드**로 그 정상유무를 표시하는 것은 발광다이오드의 정상 점등유무를 확인한다).<br>③ 화재표시작동시험에 준하여 시험한 경우, **전압계**의 지시치가 정격전압의 **80%** 이상임을 확인한다(단, **발광다이오드**로 그 정상유무를 표시하는 것은 발광다이오드의 정상 점등유무를 확인한다). | 비상전원의 전압, 용량, 절환상황, 복구작동이 정상이어야 할 것 |

기억법 **도표공동 예저비지**

## 2. P형 수신기의 고장진단

| 고장증상 | | 예상원인 | 점검방법 |
|---|---|---|---|
| ① 상용전원감시등 소등 | | 정전 | 상용전원 확인 |
| | | 퓨즈 단선 | 전원스위치 끄고 퓨즈 교체 |
| | | 입력전원전원선 불량 | 외부 전원선 점검 |
| | | 전원회로부 훼손 | 트랜스 2차측 24V AC 및 다이오드 출력 24V DC 확인 |
| ② 예비전원감시등 점등<br>(축전지 감시등 점등) | | 퓨즈 단선 | 확인 교체 |
| | | 충전 불량 | 충전전압 확인 |
| | | • 배터리 소켓 접속 불량<br>• 장기간 정전으로 인한 배터리의 완전방전 | 배터리 감시표시등의 점등확인 소켓단자 확인 |
| ③ 지구표시등의 소등 | | ※ 지구 및 주경종을 정지시키고 회로를 동작시켜 지구회로가 동작하는지 확인 | |
| | | 램프 단선 | 램프 교체 |
| | | 지구표시부 퓨즈 단선 | 확인 교체 |
| | | 회로 퓨즈 단선 | 퓨즈 점검 교체 |
| | | 전원표시부 퓨즈 단선 | 전압계 지침 확인 |
| ④ 지구 표시등의 계속 점등 | 복구되지 않을 때 복구스위치를 누르면 OFF, 누르면 ON | 회로선 합선, 감지기나 수동발신기의 지속 동작 | 감지기선로 점검, 릴레이 동작점검 |
| | 복구는 되나 다시 동작 | 감지의 불량 | 현장의 감지기 오동작확인, 교체 |
| ⑤ 화재표시등의 고장 | | 지구표시등의 점검방법과 동일 | |
| ⑥ 지구경종 동작 불능 | | 퓨즈 단선 | 점검 및 교체 |
| | | 릴레이의 점검 불량 | 지구릴레이 동작 확인 및 점검 |
| | | 외부 경종선 쇼트 | 테스터로 단자저항점검(0Ω) |
| ⑦ 지구경종 동작 불능 | 지구표시등 점등 | ④에 의해 조치 | |
| | 지구표시등 미점등 | 릴레이의 접점 쇼트 | 릴레이 동작점검 및 교체 |
| ⑧ 주경종 고장 | | 지구경종 점검방법과 동일 | |
| ⑨ 릴레이의 소음 발생 | | 정류 다이오드 1개 불량으로 인한 정류전압 이상 | 정류 다이오드 출력단자전압 확인(18V 이하) |
| | | 릴레이 열화 | 릴레이 코일 양단전압 확인(22V 이상) |
| ⑩ 전화통화 불량 | | 송수화기 잭 접속 불량 | 플러그 재삽입 후 회전시켜 접속 확인 |
| | | 송수화기 불량 | 송수화기를 테스트로 저항치 점검($R$×1에서 50~100) |
| ⑪ 전화부저 동작 불능 | | 송수화기 잭 접속 불량 | 플러그 재삽입 후 회전시켜 접속 확인 |

### 3. 시험방법 · 양부판정기준

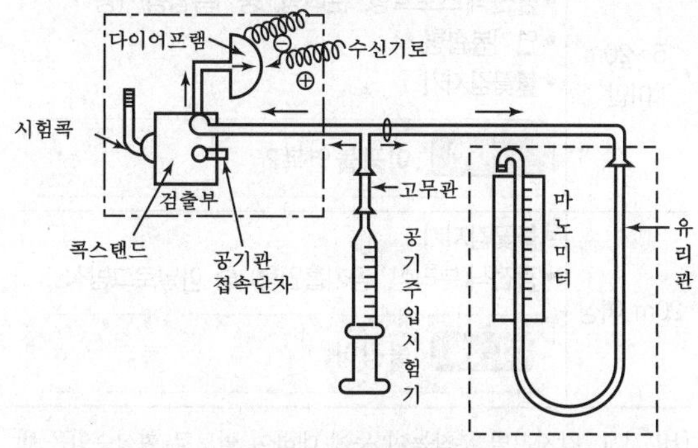


▌유통시험 · 접점수고시험▐

| 구 분 | 유통시험 |
|---|---|
| 시험방법 | 공기관에 공기를 유입시켜 공기관이 새거나, 깨어지거나, 줄어듦 등의 유무 및 공기관의 길이를 확인하기 위하여 다음에 따라 행할 것<br>① 검출부의 시험공 또는 공기관의 한쪽 끝에 **공기주입시험기**를, 다른 한쪽 끝에 **마노미터**를 접속한다.<br>② **공기주입시험기**로 공기를 불어넣어 마노미터의 수위를 100mm까지 상승시켜 수위를 정지시킨다(정지하지 않으면 공기관에 누설이 있는 것이다).<br>③ 시험콕을 이동시켜 송기구를 열고 수위가 50mm까지 내려가는 시간(**유통시간**)을 측정하여 공기관의 길이를 산출한다. |
| 양부판정 기준 | 유통시간에 의해서 **공기관**의 **길이**를 산출하고 산출된 공기관의 길이가 하나의 검출의 **최대공기관 길이 이내일 것** |
| 주의사항 | 공기주입을 서서히 하며 **지정량 이상** 가하지 않도록 할 것 |

| 구 분 | 접점수고시험 |
|---|---|
| 시험방법 | 접점수고치가 **낮으면**(기준치 이하) 감도가 **예민**하게 되어 **오동작**(비화재보)의 원인이 되기도 하며, 접점수고값이 **높으면**(기준치 이상) 감도가 **저하**하여 **지연동작**의 원인이 되므로 적정치를 보유하고 있는가를 확인하기 위하여 다음에 따라 행한다.<br>① 시험콕 또는 스위치를 접점수고시험 위치로 조정하고 **공기주입시험기**에서 미량의 공기를 서서히 주입한다.<br>② 감지기의 접점이 폐쇄되었을 때에 공기의 주입을 중지하고 **마노미터**의 수위를 읽어서 접점수고를 측정한다. |
| 양부판정 기준 | **접점수고치**가 각 검출부에 지정되어 있는 값의 범위 내에 있을 것 |
| 주의사항 | – |

### 4. 화재작동시험(공기주입시험)의 시험방법

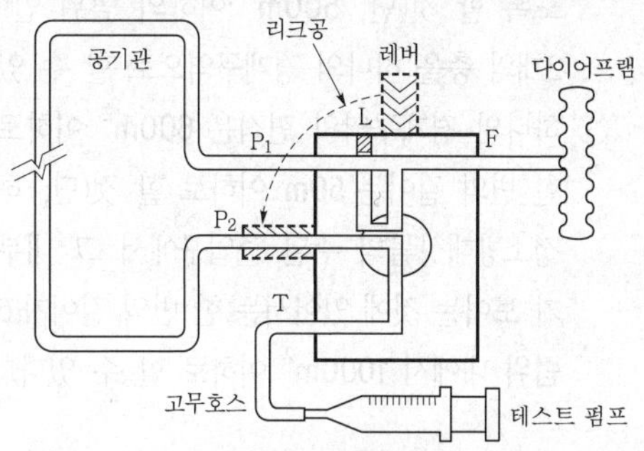


▌화재작동시험▐

① 검출부의 시험구멍에 **공기주입시험기 접속**
② **시험코크**를 조작해서 시험위치(중단) 조정
③ 검출부에 표시되어 있는 공기량을 **공기관** 투입
④ 공기를 투입하고 나서 작동하기까지의 시간 측정
⑤ 측정이 끝나면 **코크레버**를 평상시 상태인 상단위치
⑥ 검출부의 시험구멍에서 **공기주입시험기 분리**
⑦ 수신기 복구

### 5. 화재작동시험(공기주입시험) 작동개시시간의 점검결과 불량원인

| 작동시간이 늦은 경우 (기준치 이상, 시간 초과) | 작동시간이 빠른 경우 (기준치 미만, 시간 미달) |
|---|---|
| ① 리크저항값이 규정치보다 작다(누설 용이).<br>② 접점수고값이 규정치보다 높다.<br>③ 주입한 공기량에 비해 공기관의 길이가 너무 길다.<br>④ 공기관에 작은 구멍이 있다(공기관 누설).<br>⑤ 검출부 접점의 접촉이 불량하다. | ① 리크저항값이 규정치보다 크다(누설 지연).<br>② 접점수고값이 규정치보다 낮다.<br>③ 주입한 공기량에 비해 공기관의 길이가 짧다. |

### 6. 자동화재탐지설비의 경계구역 설정기준(NFPC 203 제4조, NFTC 203 2.1.1)

① 하나의 경계구역이 **2개** 이상의 **건축물**에 미치지 않도록 할 것

② 하나의 경계구역이 **2개** 이상의 **층**에 미치지 않도록 할 것(단, 500m² 이하의 범위 안에서는 2개의 층을 하나의 경계구역으로 할 수 있다)

③ 하나의 경계구역의 면적은 **600m²** 이하로 하고 한 변의 길이는 **50m** 이하로 할 것(단, 해당 특정소방대상물의 주된 출입구에서 그 내부 전체가 보이는 것에 있어서는 한 변의 길이가 **50m**의 **범위** 내에서 1000m² 이하로 할 수 있다)

## 7. 감지기의 설치높이(NFPC 203 제7조 제①항, NFTC 203 2.4.1)

| 부착높이 | 감지기의 종류 |
|---|---|
| 4m 미만 | • 차동식(스포트형, 분포형) • 보상식 스포트형 • 정온식(스포트형, 감지선형) — 열감지기<br>• 이온화식 또는 광전식(스포트형, 분리형, 공기흡입형) : 연기감지기<br>• 열복합형 • 연기복합형 • 열연기복합형 — 복합형 감지기<br>• 불꽃감지기<br>기억법 열연불복 4미 |
| 4~8m 미만 | • 차동식(스포트형, 분포형) • 보상식 스포트형 • 정온식(스포트형, 감지선형) 특종 또는 1종 — 열감지기<br>• 이온화식 1종 또는 2종 • 광전식(스포트형, 분리형, 공기흡입형) 1종 또는 2종 — 연기감지기<br>• 열복합형 • 연기복합형 • 열연기복합형 — 복합형 감지기<br>• 불꽃감지기<br>기억법 8미열 정특1 이광12 복불 |
| 8~15m 미만 | • 차동식 분포형<br>• 이온화식 1종 또는 2종<br>• 광전식(스포트형, 분리형, 공기흡입형) 1종 또는 2종<br>• 연기복합형<br>• 불꽃감지기<br>기억법 15분 이광12 연복불 |
| 15~20m 미만 | • 이온화식 1종<br>• 광전식(스포트형, 분리형, 공기흡입형) 1종<br>• 연기복합형<br>• 불꽃감지기<br>기억법 이광불연복2 |
| 20m 이상 | • 불꽃감지기<br>• 광전식(분리형, 공기흡입형) 중 아날로그방식<br>기억법 불광아 |

〔비고〕 1. 감지기별 부착높이 등에 대하여 별도로 형식승인을 받은 경우에는 그 성능인정범위 내에서 사용할 수 있다.
2. 부착높이 20m 이상에 설치되는 광전식 중 아날로그방식의 감지기는 공칭감지농도 하한값이 감광률 **5%/m** 미만인 것으로 한다.

## 8. 절연저항시험(NFPC 203 제11조, NFTC 203 2.8.1.5)

**▮절연저항시험▮**

| 절연저항계 | 절연저항 | 대 상 |
|---|---|---|
| 직류 250V | 0.1MΩ 이상 | • 1경계구역의 절연저항 |
| 직류 500V | 5MΩ 이상 | • 누전경보기<br>• 가스누설경보기<br>• 수신기<br>• 자동화재속보설비<br>• 비상경보설비<br>• 유도등(교류입력측과 외함 간 포함)<br>• 비상조명등(교류입력측과 외함 간 포함) |
| | 20MΩ 이상 | • 경종<br>• 발신기<br>• 중계기<br>• 비상콘센트<br>• 기기의 절연된 선로 간<br>• 기기의 충전부와 비충전부 간<br>• 기기의 교류입력측과 외함 간(유도등 · 비상조명등 제외) |
| | 50MΩ 이상 | • 감지기(정온식 감지선형 감지기 제외)<br>• 가스누설경보기(10회로 이상)<br>• 수신기(10회로 이상) |
| | 1000MΩ 이상 | • 정온식 감지선형 감지기 |

## 9. 설치장소별 감지기 적응성(연기감지기를 설치할 수 없는 경우 적용)(NFTC 203 2.4.6(1))

| 설치장소 | | 적응열감지기 | | | | | | | | | 불꽃감지기 |
|---|---|---|---|---|---|---|---|---|---|---|---|
| 환경상태 | 적응장소 | 차동식스포트형 | | 차동식분포형 | | 보상식스포트형 | | 정온식 | | 열아날로그식 | |
| | | 1종 | 2종 | 1종 | 2종 | 1종 | 2종 | 특종 | 1종 | | |
| 먼지 또는 미분 등이 다량으로 체류하는 장소 | 쓰레기장, 하역장, 도장실, 섬유·목재·석재 등 가공공장 | ○ | ○ | ○ | ○ | ○ | ○ | ○ | × | ○ | ○ |

〔비고〕 1. **불**꽃감지기에 따라 감시가 곤란한 장소는 적응성이 있는 **열**감지기를 설치할 것
2. 차동식 **분**포형 감지기를 설치하는 경우에는 검출부에 **먼**지, 미분 등이 침입하지 않도록 조치할 것
3. **차**동식 **스**포트형 감지기 또는 **보**상식 스포트형 감지기를 설치하는 경우에는 검출부에 **먼**지, 미분 등이 침입하지 않도록 조치할 것
4. **섬**유, 목재 가공공장 등 화재확대가 급속하게 진행될 우려가 있는 장소에 설치하는 경우 **정**온식 감지기는 **특**종으로 설치할 것. 공칭작동온도 75℃ 이하, 열아날로그식 스포트형 감지기는 화재표시 설정은 80℃ 이하가 되도록 할 것

**기억법** 먼불열 분차스보먼 섬정특

## 10. 정온식 감지선형 감지기의 공칭작동온도의 색상(감지기의 형식승인 및 제품검사의 기술기준 제37조)

| 온 도 | 색 상 |
|---|---|
| 80℃ 이하 | 백색 |
| 80℃ 이상~120℃ 이하 | 청색 |
| 120℃ 이상 | 적색 |

## 11. 보상식 감지기 vs 열복합형 감지기

| 구 분 | 보상식 감지기 | 열복합형 감지기 |
|---|---|---|
| 동작방식 | 차동식과 정온식의 OR 회로 | 차동식과 정온식의 AND 회로 |
| 신호출력 | 차동식, 정온식 2가지 중 1가지 기능이 작동하면 신호발신 | 차동식, 정온식 2가지 기능 동시 작동시 신호발신 |
| 목적 | 실보방지 | 비화재보방지 |
| 적응성 | 심부화재의 우려가 있는 장소 | 지하층·무창층으로서 환기가 잘되지 않는 장소 |

## 12. 중계기의 특징

| 구 분 | 집합형 | 분산형 |
|---|---|---|
| 입력전원 | • AC 220V | • DC 24V |
| 전원공급 | • 전원 및 비상전원은 외부전원을 이용한다. | • 전원 및 비상전원은 수신기를 이용한다. |
| 회로수용능력 | • 대용량(대부분 30~40회로) | • 소용량(대부분 5회로 미만) |
| 전원공급 사고 | • 내장된 예비전원에 의해 정상적인 동작을 수행한다. | • 중계기 전원선로의 사고시 해당 계통 전체 시스템이 마비된다. |
| 설치적용 | • 전압강하가 우려되는 장소<br>• 수신기와 거리가 먼 초고층 빌딩 | • 전기피트가 좁은 장소<br>• 아날로그식 감지기를 객실별로 설치하는 호텔 |

## 13. 자동화재탐지설비·시각경보장치의 종합점검표(소방시설 자체점검사항 등에 관한 고시 [별지 제4호 서식])

| 구 분 | 점검항목 |
|---|---|
| 경계구역 | ❶ 경계구역 구분 적정 여부<br>❷ 감지기를 공유하는 경우 스프링클러·물분무소화·제연설비 경계구역 일치 여부 |
| 수신기 | ① 수신기 설치장소 적정(관리 용이) 여부<br>② 조작스위치의 높이는 적정하며 정상위치에 있는지 여부<br>❸ 개별 경계구역 표시 가능 회선수 확보 여부<br>❹ 축적기능 보유 여부(환기·면적·높이 조건 해당할 경우)<br>⑤ 경계구역 일람도 비치 여부<br>⑥ 수신기 음향기구의 음량·음색 구별 가능 여부<br>❼ 감지기·중계기·발신기 작동 경계구역 표시 여부(종합방재반 연동 포함)<br>❽ 1개 경계구역 1개 표시등 또는 문자 표시 여부<br>❾ 하나의 대상물에 수신기가 2 이상 설치된 경우 상호 연동되는지 여부<br>⑩ 수신기 **기록장치** 데이터 발생 표시시간과 표준시간 일치 여부 |

| | |
|---|---|
| 중계기 | ❶ 중계기 설치위치 적정 여부(수신기에서 감지기회로 도통시험하지 않는 경우)<br>❷ 설치장소(조작·점검 편의성, 화재·침수 피해 우려) 적정 여부<br>❸ 전원입력측 배선상 과전류차단기 설치 여부<br>❹ 중계기 전원 정전시 수신기 표시 여부<br>❺ 상용전원 및 예비전원 시험 적정 여부 |
| 감지기 | ❶ 부착 높이 및 장소별 감지기 종류 적정 여부<br>❷ 특정 장소(환기불량, 면적협소, 저층고)에 적응성이 있는 감지기 설치 여부<br>③ 연기감지기 설치장소 적정 설치 여부<br>❹ 감지기와 실내로의 공기유입구 간 이격거리 적정 여부<br>❺ 감지기 부착면 적정 여부<br>⑥ 감지기 설치(감지면적 및 배치거리) 적정 여부<br>❼ 감지기별 세부 설치기준 적합 여부<br>❽ 감지기 설치제외장소 적합 여부<br>⑨ 감지기 변형·손상 확인 및 작동시험 적합 여부 |
| 음향장치 | ① 주음향장치 및 지구음향장치 설치 적정 여부<br>② 음향장치(경종 등) 변형·손상 확인 및 정상작동(음량 포함) 여부<br>❸ 우선경보 기능 정상작동 여부 |
| 시각경보장치 | ① 시각경보장치 설치장소 및 높이 적정 여부<br>② 시각경보장치 변형·손상 확인 및 정상작동 여부 |
| 발신기 | ① 발신기 설치 장소, 위치(수평거리) 및 높이 적정 여부<br>② 발신기 변형·손상 확인 및 정상작동 여부<br>③ 위치표시등 변형·손상 확인 및 정상 점등 여부 |
| 전원 | ① 상용전원 적정 여부<br>② 예비전원 성능 적정 및 상용전원 차단시 예비전원 자동전환 여부 |
| 배선 | ❶ 종단저항 설치 장소, 위치 및 높이 적정 여부<br>❷ 종단저항 표지 부착 여부(종단감지기에 설치할 경우)<br>③ 수신기 도통시험 회로 정상 여부<br>❹ 감지기회로 송배선식 적용 여부<br>❺ 1개 공통선 접속 경계구역 수량 적정 여부(P형 또는 GP형의 경우) |
| 비고 | ※ 특정소방대상물의 위치·구조·용도 및 소방시설의 상황 등이 이 표의 항목대로 기재하기 곤란하거나 이 표에서 누락된 사항을 기재한다. |

※ "●"는 종합점검의 경우에만 해당

### 14. 취침·숙박·입원 등 이와 유사한 용도로 사용되는 거실에 설치하여야 하는 연기감지기 설치대상 특정소방대상물(NFPC 203 제7조, NFTC 203 2.4.2.5)

① **공**동주택·**오**피스텔·**숙**박시설·**노**유자시설·**수**련시설
② 교육연구시설 중 **합숙소**
③ 의료시설, 근린생활시설 중 **입원실**이 있는 **의원·조산원**
④ **교**정 및 **군**사시설
⑤ 근린생활시설 중 **고시원**

**기억법** 공오숙노수 합의조 교군고

### 15. R형 수신기(다중전송방식)의 특징

① **선로수**가 적어 경제적이다.
② **선로길이**를 길게 할 수 있다.
③ **증설** 또는 **이설**이 비교적 쉽다.
④ **화재발생지구**를 선명하게 **숫**자로 표시할 수 있다.
⑤ **신호**의 **전달**이 확실하다.

**기억법** 수길이 숫신(수신)

### 16. 지하층·무창층 등으로서 환기가 잘되지 아니하거나 실내면적이 40m² 미만인 장소, 감지기의 부착면과 실내바닥과의 거리가 2.3m 이하인 곳으로서 일시적으로 발생한 열·연기 또는 먼지 등으로 인하여 화재신호를 발신할 우려가 있는 장소의 적응감지기(NFPC 203 제7조 제①항, NFTC 203 2.4.1)

① **불**꽃감지기
② **정**온식 **감**지선형 감지기
③ **분**포형 감지기
④ **복**합형 감지기
⑤ **광**전식 분리형 감지기
⑥ **아**날로그방식의 감지기
⑦ **다**신호방식의 감지기
⑧ **축**적방식의 감지기

**기억법** 환면부23 불정감 복분 광아다축

**17. 작동시험(감지기의 형식승인 및 제품검사의 기술기준 제16조 제①항 제1호)**

▌정온식 감지기의 최소작동시간[s]▐

| 종 별 | 실 온 | |
|---|---|---|
| | 0℃ | 0℃ 이외 |
| 특종 | 40초 이하 | 실온일 때 작동시간공식 $t=\dfrac{t_0\log_{10}\left(1+\dfrac{\theta-\theta_r}{\delta}\right)}{\log_{10}\left(1+\dfrac{\theta}{\delta}\right)}$ |
| 1종 | 40초 초과 120초 이하 | |
| 2종 | 120초 초과 300초 이하 | |

여기서, $t$ : 실온이 0℃ 이외인 경우의 작동시간[s]
$t_0$ : 실온이 0℃인 경우의 작동시간[s]
$\theta$ : 공칭작동온도[℃]
$\theta_r$ : 실온[℃]
$\delta$ : 공칭작동온도와 작동시험온도와의 차[℃]

## 02 자동화재속보설비 및 통합감시시설

### 1. 자동화재속보설비 · 통합감시시설의 작동점검(소방시설 자체점검사항 등에 관한 고시 [별지 제4호 서식])

| 구 분 | 점검항목 |
|---|---|
| 자동화재속보설비 | ① 상용전원 공급 및 전원표시등 정상 점등 여부<br>② 조작스위치 높이 적정 여부<br>③ **자동화재탐지설비** 연동 및 화재신호 **소방관서** 전달 여부 |
| 통합감시시설 | 수신기 간 **원격제어** 및 **정보공유** 정상작동 여부 |
| 비고 | ※ 특정소방대상물의 **위치 · 구조 · 용도** 및 **소방시설의 상황** 등이 이 표의 항목대로 기재하기 곤란하거나 이 표에서 누락된 사항을 기재한다. |

### 2. 자동화재속보설비 · 통합감시시설의 종합점검(소방시설 자체점검사항 등에 관한 고시 [별지 제4호 서식])

| 구 분 | 점검항목 |
|---|---|
| 자동화재속보설비 | ① 상용전원 공급 및 전원표시등 정상 점등 여부<br>② 조작스위치 높이 적정 여부<br>③ **자동화재탐지설비** 연동 및 화재신호 **소방관서** 전달 여부 |
| 통합감시시설 | ❶ 주 · 보조 수신기 설치 적정 여부<br>② 수신기 간 **원격제어** 및 **정보공유** 정상작동 여부<br>❸ **예비선로** 구축 여부 |
| 비고 | ※ 특정소방대상물의 **위치 · 구조 · 용도** 및 **소방시설의 상황** 등이 이 표의 항목대로 기재하기 곤란하거나 이 표에서 누락된 사항을 기재한다. |

※ "●"는 종합점검의 경우에만 해당

## 03 비상경보설비 및 단독경보형 감지기, 비상방송설비

### 1. 비상경보설비의 작동점검 · 종합점검(소방시설 자체점검사항 등에 관한 고시 [별지 제4호 서식])

① 수신기 설치장소 적정(관리 용이) 및 스위치 정상위치 여부
② 수신기 상용전원 공급 및 전원표시등 정상 점등 여부
③ 예비전원(축전지)상태 적정 여부(상시 충전, 상용전원 차단시 자동절환)
④ 지구음향장치 설치기준 적합 여부
⑤ 음향장치(경종 등) 변형 · 손상 확인 및 정상작동(음량 포함) 여부
⑥ 발신기 설치 장소, 위치(수평거리) 및 높이 적정 여부
⑦ 발신기 변형 · 손상 확인 및 정상작동 여부
⑧ 위치표시등 변형 · 손상 확인 및 정상 점등 여부

### 2. 단독경보형 감지기의 작동점검 · 종합점검(소방시설 자체점검사항 등에 관한 고시 [별지 제4호 서식])

① 설치위치(각 실, 바닥면적 기준 추가 설치, 최상층 계단실) 적정 여부
② 감지기의 변형 또는 손상이 있는지 여부
③ 정상적인 감시상태를 유지하고 있는지 여부(시험작동 포함)

### 3. 단독경보형 감지기 설치기준(NFPC 201 제5조, NFTC 201 2.2.1)

① 각 **실**(이웃하는 실내의 바닥면적이 각각 30m$^2$ 미만이고 벽체 상부의 전부 또는 일부가 개방되어 이웃하는 실내와 공기가 상호유통되는 경우에는 이를 1개의 실로 본다)마다 설치하되, 바닥면적이 150m$^2$를 초과하는 경우에는 150m$^2$마다 1개 이상 설치

② 최상층 계단실의 **천장**(외기가 상통하는 계단실의 경우를 제외)에 설치

③ 건전지를 주전원으로 사용하는 단독경보형 감지기는 정상적인 작동상태를 유지할 수 있도록 주기적으로 건전지 **교환**

④ 상용전원을 주전원으로 사용하는 단독경보형 감지기의 2차 전지는 제품검사에 합격한 것 사용

기억법 실천교단

### 4. 비상방송설비의 작동점검(소방시설 자체점검사항 등에 관한 고시 [별지 제4호 서식])

| 구 분 | 점검항목 |
|---|---|
| 음향장치 | 자동화재탐지설비 작동과 연동하여 정상작동 가능 여부 |
| 전원 | 상용전원 적정 여부 |
| 비고 | ※ 특정소방대상물의 위치·구조·용도 및 소방시설의 상황 등이 이 표의 항목대로 기재하기 곤란하거나 이 표에서 누락된 사항을 기재한다. |

### 5. 비상방송설비의 종합점검(소방시설 자체점검사항 등에 관한 고시 [별지 제4호 서식])

| 구 분 | 점검항목 |
|---|---|
| 음향장치 | ❶ 확성기 음성입력 적정 여부<br>❷ 확성기 설치 적정(층마다 설치, 수평거리, 유효하게 경보) 여부<br>❸ 조작부 조작스위치 높이 적정 여부<br>❹ 조작부상 설비 작동층 또는 작동구역 표시 여부<br>❺ 증폭기 및 조작부 설치장소 적정 여부<br>❻ 우선경보방식 적용 적정 여부<br>❼ 겸용 설비 성능 적정(화재시 다른 설비 차단) 여부<br>❽ 다른 전기회로에 의한 유도장애 발생 여부<br>❾ 2 이상 조작부 설치시 상호 동시통화 및 전 구역 방송 가능 여부<br>❿ 화재신호 수신 후 방송개시 소요시간 적정 여부<br>⑪ 자동화재탐지설비 작동과 연동하여 정상작동 가능 여부 |
| 배선 등 | ❶ 음량조절기를 설치한 경우 3선식 배선 여부<br>❷ 하나의 층에 단락, 단선시 다른 층의 화재통보 적부 |
| 전원 | ① 상용전원 적정 여부<br>❷ 예비전원 성능 적정 및 상용전원 차단시 예비전원 자동전환 여부 |
| 비고 | ※ 특정소방대상물의 위치·구조·용도 및 소방시설의 상황 등이 이 표의 항목대로 기재하기 곤란하거나 이 표에서 누락된 사항을 기재한다. |

※ "●"는 종합점검의 경우에만 해당

## 04 누전경보기

### 1. 누전경보기의 시험종류

| 시험종류 | 설 명 |
|---|---|
| 동작시험 | 스위치를 시험위치에 두고 회로시험스위치로 각 구역을 선택하여 **누전시**와 **같은 작동**이 행하여지는지를 확인한다. |
| 도통시험 | 스위치를 시험위치에 두고 회로시험스위치로 각 구역을 선택하여 변류기와의 접속이상 유무를 점검한다. 이상시에는 **도통감시등**이 점등된다. |
| 누설전류 측정시험 | 평상시 누설되어지고 있는 **누전량**을 **점검**할 때 사용한다. 이 스위치를 누르고 회로시험스위치 해당 구역을 선택하면 누전되고 있는 전류량이 누설전류표시부에 숫자로 나타난다. |

### 2. 누전계의 용도 및 사용법

| 구 분 | 설 명 |
|---|---|
| 용도 | 전기선로의 **누설전류** 및 **일반전류** 측정 |
| 사용법 | ① 영점 조정나사로 0점 조정<br>② 배터리의 이상유무 확인<br>③ **전류조정스위치**를 〔mA〕로 선택<br>④ **전류인지집게**를 열어 측정대상 **관통**<br>⑤ 지시값 읽음 |

### 3. 시험용 푸시버튼스위치 조작에 의한 누전경보기의 미작동 원인

① **접속단자**의 **접속 불량**

② **푸시버튼스위치**의 **접촉 불량**

③ **회로**의 **단선**

④ **수신부 자체**의 **고장**

⑤ 수신부 전원퓨즈 단선

### 4. 누전경보기에서 수신부의 작동점검(소방시설 자체점검사항 등에 관한 고시 [별지 제4호 서식])

① 상용전원 공급 및 전원표시등 정상 점등 여부

② 수신부의 성능 및 누전경보 시험 적정 여부

③ 음향장치 설치장소(상시 사람이 근무) 및 음량·음색 적정 여부

## 5. 누전경보기의 종합점검(소방시설 자체점검사항 등에 관한 고시 [별지 제4호 서식])

| 구 분 | 점검항목 |
|---|---|
| 설치방법 | ❶ **정격전류**에 따른 설치형태 적정 여부<br>❷ 변류기 설치 위치 및 형태 적정 여부 |
| 수신부 | ① 상용전원 공급 및 전원표시등 정상 점등 여부<br>❷ 가연성 증기, 먼지 등 **체류** 우려 장소의 경우 **차단기구** 설치 여부<br>③ 수신부의 성능 및 누전경보 시험 적정 여부<br>④ 음향장치 설치장소(상시 사람이 근무) 및 **음량·음색** 적정 여부 |
| 전원 | ❶ 분전반으로부터 **전용 회로** 구성 여부<br>❷ **개폐기** 및 **과전류차단기** 설치 여부<br>❸ 다른 차단기에 의한 전원차단 여부(전원을 분기할 경우) |
| 비고 | ※ 특정소방대상물의 위치·구조·용도 및 소방시설의 상황 등이 이 표의 항목대로 기재하기 곤란하거나 이 표에서 누락된 사항을 기재한다. |

※ "●"는 종합점검의 경우에만 해당

# 05 가스누설경보기

## 1. 가스누설경보기에서 수신부의 작동점검(소방시설 자체점검사항 등에 관한 고시 [별지 제4호 서식])

① 수신부 설치장소 적정 여부
② 상용전원 공급 및 전원표시등 정상 점등 여부
③ 음향장치의 음량·음색·음압 적정 여부

## 2. 가스누설경보기에서 탐지부의 작동점검(소방시설 자체점검사항 등에 관한 고시 [별지 제4호 서식])

① 탐지부의 설치방법 및 설치상태 적정 여부
② 탐지부의 정상작동 여부

## 3. 가스누설경보기의 종합점검(소방시설 자체점검사항 등에 관한 고시 [별지 제4호 서식])

| 구 분 | 점검항목 |
|---|---|
| 수신부 | ① 수신부 설치장소 적정 여부<br>② 상용전원 공급 및 전원표시등 정상 점등 여부<br>③ 음향장치의 **음량·음색·음압** 적정 여부 |
| 탐지부 | ① 탐지부의 **설치방법** 및 **설치상태** 적정 여부<br>② 탐지부의 정상작동 여부 |
| 차단기구 | ① 차단기구는 **가스 주배관**에 견고히 부착되어 있는지 여부<br>② **시험장치**에 의한 가스차단밸브의 정상 개폐 여부 |
| 비고 | ※ 특정소방대상물의 위치·구조·용도 및 소방시설의 상황 등이 이 표의 항목대로 기재하기 곤란하거나 이 표에서 누락된 사항을 기재한다. |

# 06 유도등·유도표지

## 1. 복도통로유도등의 종류 및 설치기준(NFPC 303 제6조, NFTC 303 2.3)

| 구 분 | 복도통로유도등 | 거실통로유도등 | 계단통로유도등 |
|---|---|---|---|
| 설치장소 | 복도 | 거실의 통로 | 계단 |
| 설치방법 | ① 복도에 설치하되 피난구유도등이 설치된 출입구의 맞은편 복도에는 입체형으로 설치하거나, 바닥에 설치할 것<br>② 구부러진 모퉁이 및 ①에 따라 설치된 통로유도등을 기점으로 보행거리 20m마다 설치할 것 | 구부러진 모퉁이 및 보행거리 20m마다 | 각 층의 **경사로참** 또는 **계단참**마다 |
| 설치높이 | 바닥으로부터 높이 1m 이하 | 바닥으로부터 높이 1.5m 이상 | 바닥으로부터 높이 1m 이하 |

## 2. 축광방식 피난유도선 vs 광원점등방식 피난유도선 설치기준(NFPC 303 제9조, NFTC 303 2.6)

| 축광방식의 피난유도선 설치기준 | 광원점등방식의 피난유도선 설치기준 |
|---|---|
| ① 구획된 각 실로부터 **주출입구** 또는 **비상구**까지 설치<br>② 바닥으로부터 높이 **50cm 이하**의 위치 또는 바닥면에 설치<br>③ 피난유도표시부는 **50cm 이내**의 간격으로 연속되도록 설치<br>④ **부착대**에 의하여 견고하게 설치<br>⑤ 외부의 빛 또는 조명장치에 의하여 **상시 조명**이 제공되거나 **비상조명등**에 의한 조명이 제공되도록 설치 | ① 구획된 각 실로부터 **주출입구** 또는 **비상구**까지 설치<br>② 피난유도표시부는 바닥으로부터 높이 **1m 이하**의 위치 또는 바닥면에 설치<br>③ 피난유도표시부는 **50cm 이내**의 간격으로 연속되도록 설치하되 실내장식물 등으로 설치가 곤란할 경우 **1m 이내**로 설치<br>④ 수신기로부터의 **화재신호** 및 **수동조작**에 의하여 광원이 점등되도록 설치<br>⑤ 비상전원이 **상시 충전상태**를 유지하도록 설치<br>⑥ 바닥에 설치되는 피난유도 표시부는 **매립**하는 방식을 사용<br>⑦ 피난유도제어부는 조작 및 관리가 용이하도록 바닥으로부터 **0.8~1.5m 이하**의 높이에 설치 |

## 3. 유도등 점등상태(NFPC 303 제10조, NFTC 303 2.7.3.2)

| 구 분 | 설 명 |
|---|---|
| 평상시 상태 | 점멸기를 설치하지 않고 **항상 점등상태**를 유지할 것 |
| 예외규정 (유도등을 항상 점등상태로 유지하지 않아도 되는 경우) | ① 특정소방대상물 또는 그 부분에 사람이 없는 경우<br>② 3선식 배선에 의해 상시 **충**전되는 구조로서 다음의 장소<br>㉠ **외**부의 빛에 의해 **피난구** 또는 **피난방향**을 쉽게 식별할 수 있는 장소<br>㉡ **공연장, 암실** 등으로서 어두워야 할 필요가 있는 장소<br>㉢ 특정소방대상물의 **관계인** 또는 **종사원**이 주로 사용하는 장소<br>**기억법** 외충관공(**외**부**충**격을 받아도 **관공**서는 끄떡없음) |

## 4. 유도등의 비상전원 감시램프 점등시의 원인

① **축전지**의 **접촉 불량**
② **비상전원용 퓨즈**의 **단선**
③ **축전지**의 **불량**
④ **축전지**의 **누락**

**기억법** 누축접퓨

## 5. 유도등 3선식 배선시 점멸기를 설치할 경우 점등되어야 하는 경우(NFPC 303 제10조, NFTC 303 2.7.4)

① **자동화재탐지설비**의 **감지기** 또는 **발신기**가 작동되는 때
② **비상경보설비**의 **발신기**가 작동되는 때
③ **상용전원**이 **정전**되거나 **전원선**이 **단선**되는 때
④ **방재업무**를 **통제**하는 곳 또는 전기실의 배전반에서 **수동**으로 **점등**하는 때
⑤ **자동소화설비**가 작동되는 때

**기억법** 탐경상방자유

## 6. 3선식배선과 2선식배선

| 구 분 | | 3선식배선 | 2선식배선 |
|---|---|---|---|
| 배선 형태 | | 전원, 점멸기, 백, 흑, 녹(적), 유도등, 점검스위치 | 전원, 백, 흑, 녹(적), 유도등, 점검스위치 |
| 설명 | 점등 상태 | • 평상시 : 소등(원격스위치 ON시 점등)<br>• 화재시 : 점등 | • 평상시 및 화재시 : 항상 점등 |
| | 충전 상태 | • 평상시 : 항상 충전<br>• 화재시 : 방전 | • 평상시 : 항상 충전<br>• 화재시 : 방전 |

## 7. 유도등의 조도 측정(유도등의 형식승인 및 제품검사의 기술기준 제23조)

| 구분 | 설명 |
|---|---|
| 계단통로 유도등 | 바닥면 또는 디딤바닥면으로부터 높이 2.5m의 위치에 그 유도등을 설치하고 그 유도등의 바로 밑으로부터 수평거리로 10m 떨어진 위치에서의 법선조도가 0.5lx 이상 |
| 복도통로 유도등 · 거실통로 유도등 | 복도통로유도등 바닥면으로부터 1m 높이에, 거실통로유도등은 바닥면으로부터 2m 높이에 설치하고 그 유도등의 중앙으로부터 0.5m 떨어진 위치의 바닥면 조도와 유도등의 전면 중앙으로부터 0.5m 떨어진 위치의 조도가 1lx 이상이어야 한다. 단, 바닥면에 설치하는 통로유도등은 그 유도등의 바로 윗부분 1m의 높이에서 법선조도가 1lx 이상 |
| 객석 유도등 | 바닥면 또는 디딤바닥면에서 높이 0.5m의 위치에 설치하고 그 유도등의 바로 밑에서 0.3m 떨어진 위치에서의 수평조도가 0.2lx 이상 |

**비교**

식별도 및 시야각시험(유도등의 형식승인 및 제품검사의 기술기준 제16조)

| 피난구유도등 · 거실통로유도등 | 복도통로유도등 |
|---|---|
| 상용전원으로 등을 켜는 경우 30m(비상전원 20m)의 거리에서 각기 보통 시력으로 피난유도표시를 식별할 수 있을 것 | 상용전원으로 등을 켜는 경우에는 직선거리 20m의 위치에서, 비상전원 등을 켜는 경우에는 직선거리 15m의 위치에서 보통시력에 의해 표시면의 화살표가 쉽게 식별되어야 함 |

## 8. 통로유도등의 설치기준(NFPC 303 제6조, NFTC 303 2.3)

| | |
|---|---|
| 복도통로 유도등의 설치기준 | ① 복도에 설치하되 피난구유도등이 설치된 출입구의 맞은편 복도에는 입체형으로 설치하거나, 바닥에 설치할 것<br>② 구부러진 모퉁이 및 ①에 따라 설치된 통로유도등을 기점으로 보행거리 20m마다 설치할 것<br>③ 바닥으로부터 높이 1m 이하의 위치에 설치할 것(단, 지하층 또는 무창층의 용도가 도매시장·소매시장·여객자동차터미널·지하역사 또는 지하상가인 경우에는 복도·통로 중앙부분의 바닥에 설치)<br>④ 바닥에 설치하는 통로유도등은 하중에 따라 파괴되지 아니하는 강도의 것으로 할 것<br>기억법 복복 모거높바 |
| 거실통로 유도등의 설치기준 | ① 거실의 통로에 설치할 것(단, 거실의 통로가 벽체 등으로 구획된 경우에는 복도통로유도등을 설치)<br>② 구부러진 모퉁이 및 보행거리 20m마다 설치<br>③ 바닥으로부터 높이 1.5m 이상의 위치에 설치(단, 거실통로에 기둥이 설치된 경우에는 기둥부분의 바닥으로부터 높이 1.5m 이하의 위치에 설치)<br>기억법 거통 모거높 |
| 계단통로 유도등의 설치기준 | ① 각 층의 경사로참 또는 계단참마다(1개층에 경사로참 또는 계단참이 2 이상 있는 경우에는 2개의 계단참마다) 설치<br>② 바닥으로부터 높이 1m 이하의 위치에 설치<br>기억법 계경계1 |

## 9. 조도계의 사용법 및 주의사항

| 구 분 | 설 명 |
|---|---|
| 사용법 | ① 조도계의 전원스위치 ON<br>② 빛이 노출되지 않은 상태에서 지시눈금이 '0'의 위치인지 확인<br>③ 적정한 측정단위를 레인지(range)로 선택<br>④ 감광부분을 측정장소에 놓고 읽음 |
| 주의사항 | ① 빛의 강도를 모를 경우 레인지(range)를 최대로 놓는다.<br>② 감광부분은 직사광선 등 고도한 광도에 노출되지 않도록 한다. |

## 10. 유도등의 작동점검(소방시설 자체점검사항 등에 관한 고시 [별지 제4호 서식])

① 유도등의 변형 및 손상 여부
② 상시(3선식의 경우 점검스위치 작동시) 점등 여부
③ 시각장애(규정된 높이, 적정위치, 장애물 등으로 인한 시각장애 유무) 여부
④ 비상전원 성능 적정 및 상용전원 차단시 예비전원 자동전환 여부
⑤ 설치장소(위치) 적정 여부
⑥ 설치높이 적정 여부
⑦ 객석유도등의 설치개수 적정 여부

## 11. 유도등·유도표지의 종합점검(소방시설 자체점검사항 등에 관한 고시 [별지 제4호 서식])

| 구 분 | | 점검항목 |
|---|---|---|
| 유도등 | | ① 유도등의 변형 및 손상 여부<br>② 상시(3선식의 경우 점검스위치 작동시) 점등 여부<br>③ 시각장애(규정된 높이, 적정위치, 장애물 등으로 인한 시각장애 유무) 여부<br>④ 비상전원 성능 적정 및 상용전원 차단시 예비전원 자동전환 여부<br>❺ 설치장소(위치) 적정 여부<br>❻ 설치높이 적정 여부<br>❼ 객석유도등의 설치개수 적정 여부 |
| 유도표지 | | ① 유도표지의 변형 및 손상 여부<br>② 설치상태(유사 등화광고물·게시물 존재, 쉽게 떨어지지 않는 방식) 적정 여부<br>③ 외광·조명장치로 상시 조명 제공 또는 비상조명등 설치 여부<br>④ 설치방법(위치 및 높이) 적정 여부 |
| 피난 유도선 | | ① 피난유도선의 변형 및 손상 여부<br>② 설치방법(위치·높이 및 간격) 적정 여부 |
| | 축광방식의 경우 | ❶ 부착대에 견고하게 설치 여부<br>② 상시조명 제공 여부 |
| | 광원점등방식의 경우 | ① 수신기 화재신호 및 수동조작에 의한 광원점등 여부<br>② 비상전원 상시 충전상태 유지 여부<br>❸ 바닥에 설치되는 경우 매립방식 설치 여부<br>❹ 제어부 설치위치 적정 여부 |
| 비고 | | ※ 특정소방대상물의 위치·구조·용도 및 소방시설의 상황 등이 이 표의 항목대로 기재하기 곤란하거나 이 표에서 누락된 사항을 기재한다. |

※ "●"는 종합점검의 경우에만 해당

## 07 비상조명등·휴대용 비상조명등

### 1. 비상조명등의 작동점검(소방시설 자체점검사항 등에 관한 고시 [별지 제4호 서식])

① 설치위치(거실, 지상에 이르는 복도·계단, 그 밖의 통로) 적정 여부
② 비상조명등 변형·손상 확인 및 정상 점등 여부
③ 예비전원 내장형의 경우 점검스위치 설치 및 정상작동 여부
④ 비상전원 성능 적정 및 상용전원 차단시 예비전원 자동전환 여부

### 2. 비상조명등의 종합점검(소방시설 자체점검사항 등에 관한 고시 [별지 제4호 서식])

① **설치위치**(거실, 지상에 이르는 복도·계단, 그 밖의 통로) 적정 여부
② 비상조명등 **변형**·손상 확인 및 정상 점등 여부
❸ **조도** 적정 여부
④ **예비전원 내장형**의 경우 **점검스위치** 설치 및 정상작동 여부
❺ 비상전원 **종류** 및 **설치장소** 기준 적합 여부
⑥ 비상전원 성능 적정 및 **상용전원 차단시 예비전원 자동전환** 여부

※ "●"는 종합점검의 경우에만 해당

### 3. 휴대용 비상조명등의 작동점검·종합점검(소방시설 자체점검사항 등에 관한 고시 [별지 제4호 서식])

① **설치대상** 및 **설치수량** 적정 여부
② 설치높이 적정 여부
③ 휴대용 비상조명등의 **변형** 및 손상 여부
④ **어둠** 속에서 위치를 확인할 수 있는 구조인지 여부
⑤ 사용시 **자동**으로 점등되는지 여부
⑥ **건전지**를 사용하는 경우 유효한 **방전 방지조치**가 되어 있는지 여부
⑦ **충전식** 배터리의 경우에는 **상시 충전**되도록 되어 있는지의 여부

## 08 비상콘센트설비

### 1. 비상콘센트설비의 용어정의(NFPC 504 제3조, NFTC 504 1.7)

| 용 어 | 정 의 |
|---|---|
| 저압 | 직류는 1.5kV 이하, 교류는 1kV 이하인 것 |
| 고압 | 직류는 1.5kV를, 교류는 1kV를 초과하고, 7kV 이하인 것 |
| 특고압 | 7kV를 초과하는 것 |

### 2. 비상콘센트설비의 설치기준(NFPC 504 제4조, NFTC 504 2.1)

| 구 분 | 전 압 | 공급용량 | 플러그접속기 |
|---|---|---|---|
| 단상교류 | 220V | 1.5kVA 이상 | 접지형 2극 |

① 하나의 전용회로에 설치하는 비상콘센트는 **10개** 이하로 할 것(전선의 용량은 최대 **3개**)

| 설치하는 비상콘센트 수량 | 전선의 용량산정시 적용하는 비상콘센트 수량 | 전선의 용량 |
|---|---|---|
| 1 | 1개 이상 | 1.5kVA 이상 |
| 2 | 2개 이상 | 3.0kVA 이상 |
| 3~10 | 3개 이상 | 4.5kVA 이상 |

② 전원회로는 각 층에 있어서 **2 이상**이 되도록 설치할 것(단, 설치하여야 할 층의 콘센트가 **1개**인 때에는 하나의 회로로 할 수 있다)
③ 플러그접속기의 칼받이 접지극에는 **접지공사**를 해야 한다.
④ 풀박스는 **1.6mm** 이상의 철판을 사용할 것
⑤ 절연저항은 **전원부**와 **외함** 사이를 **직류 500V 절연저항계**로 측정하여 **20MΩ** 이상일 것
⑥ 전원으로부터 각 층의 비상콘센트에 분기되는 경우에는 **분기배선용 차단기**를 보호함 안에 설치할 것
⑦ 바닥으로부터 **0.8~1.5m** 이하의 높이에 설치할 것
⑧ 전원회로는 **주배전반**에서 **전용회로**로 하며, 배선의 종류는 **내화배선**이어야 한다.
⑨ 콘센트마다 **배선용 차단기**를 설치하며, **충전부**가 노출되지 않도록 할 것

### 3. 각 설비의 비상전원 종류

| 설 비 | 전원 | 비상전원 | 비상전원 용량 |
|---|---|---|---|
| • 자동화재**탐**지설비 | • 축전지설비<br>• 전기저장장치<br>• 교류전압 옥내간선 | • **축**전지설비<br>• 전기저장장치 | 10분 이상(30층 미만)<br>30분 이상(30층 이상) |
| • 비상**방**송설비 | • 축전지설비<br>• 전기저장장치<br>• 교류전압 옥내간선 | • **축**전지설비<br>• 전기저장장치 | |
| • 비상**경**보설비 | • 축전지설비<br>• 전기저장장치<br>• 교류전압 옥내간선 | • **축**전지설비<br>• 전기저장장치 | 10분 이상 |
| • **유**도등 | • 축전지설비<br>• 전기저장장치<br>• 교류전압 옥내간선 | • **축**전지설비 | 20분 이상<br>※ 예외규정 : 60분 이상<br>(1) 11층 이상(지하층 제외)<br>(2) 지하층·무창층으로서 **도매시장·소매시장·여객자동차터미널·지하역사·지하상가** |
| • **무**선통신보조설비 | • 축전지설비<br>• 전기저장장치<br>• 교류전압 옥내간선 | 명시하지 않음 | 30분 이상<br>기억법 탐경유방무축 |
| • 시각경보장치 | – | • 전기저장장치<br>• 축전지설비 | – |
| • 비상콘센트설비 | – | • 자가발전설비<br>• 비상전원수전설비<br>• 축전지설비<br>• 전기저장장치 | 20분 이상 |
| • **스**프링클러설비<br>• **미**분무소화설비 | – | • **자**가발전설비<br>• **축**전지설비<br>• **전**기저장장치<br>• 비상전원**수**전설비(차고·주차장으로서 스프링클러설비(또는 미분무소화설비)가 설치된 부분의 바닥면적 합계가 $1000m^2$ 미만인 경우) | 20분 이상(30층 미만)<br>40분 이상(30~49층 이하)<br>60분 이상(50층 이상)<br>기억법 스미자 수전축 |
| • 포소화설비 | – | • 자가발전설비<br>• 축전지설비<br>• 전기저장장치<br>• 비상전원수전설비<br>– 호스릴포소화설비 또는 포소화전만을 설치한 차고·주차장<br>– 포헤드설비 또는 고정포방출설비가 설치된 부분의 바닥면적(스프링클러설비가 설치된 차고·주차장의 바닥변적 포함)의 합계가 $1000m^2$ 미만인 것 | 20분 이상 |

| | | | |
|---|---|---|---|
| • 간이스프링클러설비 | – | • 비상전원수전설비 | 10분(숙박시설 바닥면적 합계 300~600m² 미만, 근린생활시설 바닥면적 합계 1000m² 이상, 복합건축물 연면적 1000m² 이상은 20분) 이상<br>기억법 간수 |
| • 옥내소화전설비<br>• 연결송수관설비 | – | • 자가발전설비<br>• 축전지설비<br>• 전기저장장치 | 20분 이상(30층 미만)<br>40분 이상(30~49층 이하)<br>60분 이상(50층 이상) |
| • 제연설비<br>• 분말소화설비<br>• 이산화탄소 소화설비<br>• 물분무소화설비<br>• 할론소화설비<br>• 할로겐화합물 및 불활성기체 소화설비<br>• 화재조기진압용 스프링클러설비 | – | | 20분 이상 |
| • 비상조명등 | – | | 20분 이상<br>※ 예외규정 : 60분 이상<br>(1) 11층 이상(지하층 제외)<br>(2) 지하층·무창층으로서 도매시장·소매시장·여객자동차터미널·지하역사·지하상가 |

## 4. 설치높이(소방전기시설)

| 설 비 | 설치높이 |
|---|---|
| 기타 설비 | 0.8~1.5m 이하 |
| 시각경보장치 | 2~2.5m 이하<br>(단, 천장의 높이가 2m 이하인 경우에는 천장으로부터 0.15m 이내의 장소에 설치) |

**비교**

설치높이(소방기계시설)

**0.5~1m 이하**

① 연결송수관설비의 송수구·방수구(NFPC 502 제4·6조, NFTC 502 2.1.1.2, 2.3.1.4)
② 연결살수설비의 송수구(NFPC 503 제4조, NFTC 503 2.1.1.5)

기억법 연 51(연소용 오일은 잘 탄다.)

**0.8~1.5m 이하**

① 제어밸브(일제개방밸브·개폐표시형 밸브·수동조작부)(스프링클러설비의 화재안전기준(NFPC 103 제15조, NFTC 103 2.12.2.2)
② 유수검지장치(NFPC 103 제6조, NFTC 103 2.3.1.4)

기억법 제유 85(제가 유일하게 팔았어요.)

**1.5m 이하**

① 옥내소화전설비의 방수구(NFPC 102 제7조, NFTC 102 2.4.2.2)
② 호스릴함(NFPC 105 제12조, NFTC 105 2.9.3.4)
③ 소화기(NFPC 101 제4조, NFTC 101 2.1.1.6)

기억법 옥내호소 5(옥내에서 호소하시오.)

### 5. 비상콘센트 보호함의 설치기준(NFPC 504 제5조, NFTC 504 2.2.1)

① 쉽게 **개**폐할 수 있는 **문** 설치
② 표면에 '**비상콘센트**'라고 **표**시
③ **상부**에 **적색표시등** 설치(단, 보호함을 **옥내소화전함** 등과 함께 설치하는 경우 옥내소화전함 등의 표시등과 겸용가능)

**기억법** 개표적 콘보

### 6. 비상콘센트설비의 작동점검(소방시설 자체점검사항 등에 관한 고시 [별지 제4호 서식])

| 구 분 | 점검항목 |
|---|---|
| 전원 | ① 자가발전설비인 경우 연료적정량 보유 여부<br>② 자가발전설비인 경우 「전기사업법」에 따른 **정기점검** 결과 확인 |
| 콘센트 | ① **변형·손상·현저한 부식**이 없고 **전원**의 정상 공급 여부<br>② 비상콘센트 설치**높이**, 설치**위치** 및 설치**수량** 적정 여부 |
| 보호함 및 배선 | ① 보호함 개폐 용이한 문 설치 여부<br>② "**비상콘센트**" 표지 설치상태 적정 여부<br>③ **위치표시등** 설치 및 정상 점등 여부<br>④ **점검** 또는 사용상 **장애물** 유무 |
| 비고 | ※ 특정소방대상물의 위치·구조·용도 및 소방시설의 상황 등이 이 표의 항목대로 기재하기 곤란하거나 이 표에서 누락된 사항을 기재한다. |

### 7. 비상콘센트설비에서 전원의 종합점검(소방시설 자체점검사항 등에 관한 고시 [별지 제4호 서식])

❶ 상용전원 적정 여부
❷ 비상전원 설치장소 적정 및 관리 여부
③ 자가발전설비인 경우 연료적정량 보유 여부
④ 자가발전설비인 경우 「전기사업법」에 따른 정기점검 결과 확인

※ "●"는 종합점검의 경우에만 해당

### 8. 비상콘센트설비에서 콘센트의 종합점검(소방시설 자체점검사항 등에 관한 고시 [별지 제4호 서식])

① 변형·손상·현저한 부식이 없고 전원의 정상 공급 여부
❷ 콘센트별 배선용 차단기 설치 및 충전부 노출 방지 여부
③ 비상콘센트 설치높이, 설치위치 및 설치수량 적정 여부

※ "●"는 종합점검의 경우에만 해당

### 9. 비상콘센트설비에서 보호함 및 배선의 종합점검(소방시설 자체점검사항 등에 관한 고시 [별지 제4호 서식])

① 보호함 개폐 용이한 문 설치 여부
② "**비상콘센트**" 표지 설치상태 적정 여부
③ 위치표시등 설치 및 정상 점등 여부
④ 점검 또는 사용상 장애물 유무

## 09 무선통신보조설비

### 1. 무선통신보조설비의 종류(방식)

| 방식 | 내용 |
|---|---|
| 누설동축케이블 방식 | 동축케이블과 누설동축케이블을 조합한 것 |
| 안테나방식 | 동축케이블과 안테나를 조합한 것 |
| 누설동축케이블과 안테나의 혼합방식 | 누설동축케이블방식과 안테나방식을 혼합한 것 |

### 2. 누설동축케이블의 표시사항

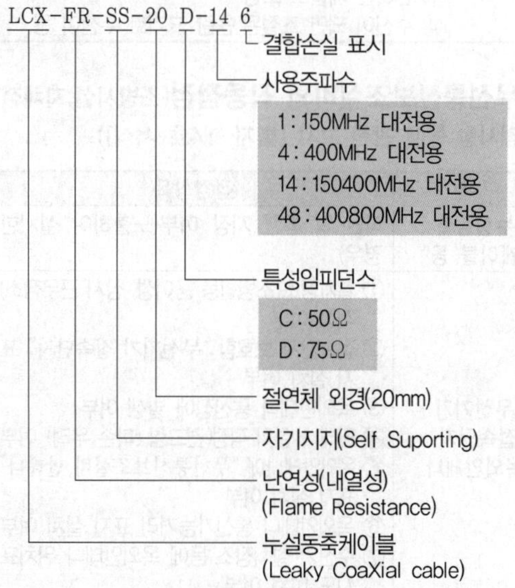


### 3. Grading의 정의

케이블의 전송손실에 의한 **수신레벨**의 **저하폭**을 적게 하기 위하여 결합손실이 **다른** 누설동축케이블을 **단계적**으로 접속하는 것

## 4. 누설동축케이블의 특징

① **균일**한 **전자계**를 방사시킬 수 있음
② **전자계**의 **방사량**을 **조절**할 수 있음
③ **유지보수**가 **용이**
④ **이동체 통신**에 적합
⑤ **전자파 방사특성**이 **우수**

## 5. 분배기, 분파기 및 혼합기 등의 설치기준(NFPC 505 제7조, NFTC 505 2.4.1)

① **먼지 · 습기** 및 **부식** 등에 따라 기능에 이상을 가져오지 않도록 할 것
② 임피던스는 **50Ω**의 것으로 할 것
③ 점검에 편리하고 화재 등의 재해로 인한 피해의 우려가 없는 장소에 설치할 것

## 6. 무선기의 사용법

| 구 분 | 설 명 |
|---|---|
| 송신 | ① 채널선택버튼을 **원하는 채널로 변경**<br>② PTT를 **누르고** 입에서 **마이크**를 2.5~5cm 가량 떼어 말할 것<br>③ 송신이 끝나면 PTT를 **놓을 것** |
| 수신 | ① 기기의 **전원** ON<br>② 음량 조절<br>③ 원하는 **채널로 조정**<br>④ 수신이 되면 조절된 음량 크기로 수신이 됨 |

## 7. 무선통신보조설비의 작동점검(소방시설 자체점검사항 등에 관한 고시 [별지 제4호 서식])

| 구 분 | 점검항목 |
|---|---|
| 누설동축케이블 등 | **피난** 및 **통행** 지장 여부(노출하여 설치한 경우) |
| 무선기기 접속단자, 옥외안테나 | ① **설치장소**(소방활동 용이성, 상시 근무장소) 적정 여부<br>② 접속단자 보호함 "**무선기기 접속단자**" 표지 설치 여부<br>③ 옥외안테나 통신장애 발생 여부<br>④ 안테나 설치 적정(견고함, 파손 우려) 여부<br>⑤ 옥외안테나에 "**무선통신보조설비 안테나**" 표지 설치 여부<br>⑥ 옥외안테나 통신가능거리 표지 설치 여부<br>⑦ 수신기 설치장소 등에 옥외안테나 위치표시도 비치 여부 |
| 증폭기 및 무선중계기 | ① **전원표시등** 및 **전압계** 설치상태 적정 여부<br>② **적합성** 평가결과 임의변경 여부 |
| 비고 | ※ 특정소방대상물의 위치·구조·용도 및 소방시설의 상황 등이 이 표의 항목대로 기재하기 곤란하거나 이 표에서 누락된 사항을 기재한다. |

## 8. 무선통신보조설비의 종합점검(소방시설 자체점검사항 등에 관한 고시 [별지 제4호 서식])

| 구 분 | 점검항목 |
|---|---|
| 누설동축케이블 등 | ① **피난** 및 **통행** 지장 여부(노출하여 설치한 경우)<br>❷ **케이블** 구성 적정(누설동축케이블+안테나 또는 동축케이블+안테나) 여부<br>❸ **지지금구** 변형·손상 여부<br>❹ **누설동축케이블** 및 **안테나** 설치 적정 및 변형·손상 여부<br>❺ 누설동축케이블 말단 '**무반사 종단저항**' 설치 여부 |
| 무선기기 접속단자, 옥외안테나 | ① **설치장소**(소방활동 용이성, 상시 근무장소) 적정 여부<br>❷ 단자 설치**높이** 적정 여부<br>❸ 지상 **접속단자** 설치거리 적정 여부<br>❹ 접속단자 보호함 구조 적정 여부<br>⑤ 접속단자 보호함 "**무선기기 접속단자**" 표지 설치 여부<br>⑥ 옥외안테나 통신장애 발생 여부<br>⑦ 안테나 설치 적정(견고함, 파손 우려) 여부<br>⑧ 옥외안테나에 "**무선통신보조설비 안테나**" 표지 설치 여부<br>⑨ 옥외안테나 통신가능거리 표지 설치 여부<br>⑩ 수신기 설치장소 등에 옥외안테나 위치표시도 비치 여부 |
| 분배기, 분파기, 혼합기 | ❶ **먼지**, **습기**, **부식** 등에 의한 기능 이상 여부<br>❷ 설치장소 적정 및 관리 여부 |
| 증폭기 및 무선이동 중계기 | ❶ 상용전원 적정 여부<br>② **전원표시등** 및 **전압계** 설치상태 적정 여부<br>❸ 증폭기 비상전원 부착 상태 및 용량 적정 여부<br>④ **적합성** 평가결과 임의변경 여부 |
| 기능점검 | ● 무선통신 가능 여부 |
| 비고 | ※ 특정소방대상물의 위치·구조·용도 및 소방시설의 상황 등이 이 표의 항목대로 기재하기 곤란하거나 이 표에서 누락된 사항을 기재한다. |

※ "●"는 종합점검의 경우에만 해당

# 10 도로터널

## 1. 설치 가능한 화재감지기 : 터널에 설치할 수 있는 감지기의 종류(NFPC 603 제9조, NFTC 603 2.5.1)

① **차동식 분포형 감지기**
② **정온식 감지선형 감지기**(아날로그식)
③ **중앙기술심의위원회**의 심의를 거쳐 터널화재에 적응성이 있다고 인정된 감지기

기억법 **터분감아중**

## 2. 도로터널의 방수압력 · 방수량(NFPC 603 제6 · 12조 / NFTC 603 2.2.1.3, 2.8.1.1)

| 구 분 | 옥내소화전설비 | 연결송수관설비 |
|---|---|---|
| 방수압력 | 0.35MPa 이상 | 0.35MPa 이상 |
| 방수량 | 190L/min 이상 | 400L/min 이상 |

## 3. 도로터널의 제연설비 설계사양(NFPC 603 제11조 제①항, NFTC 603 2.7.1.1)

① 설계화재강도 20MW를 기준으로 하고, 이때 연기발생률은 80m$^3$/s로 하며, 배출량은 발생된 연기와 혼합된 공기를 충분히 배출할 수 있는 용량 이상을 확보할 것

② 화재강도가 설계화재강도보다 높을 것으로 예상될 경우 위험도분석을 통하여 설계화재강도를 설정하도록 할 것

# 11 기타 설비(전기분야)

## 1. 고압 또는 특고압 수전 경우의 도면

전용의 전력용 변압기에서 소방부하에 전원을 공급하는 경우

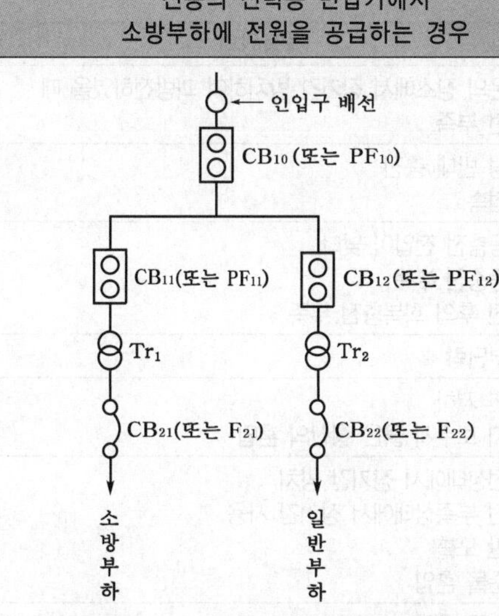


(주) 1. 일반회로의 과부하 또는 단락사고시에 $CB_{10}$(또는 $PF_{10}$)이 $CB_{12}$(또는 $PF_{12}$) 및 $CB_{22}$(또는 $F_{22}$)보다 먼저 차단되어서는 아니 된다.
2. $CB_{11}$(또는 $PF_{11}$)은 $CB_{12}$(또는 $PF_{12}$)와 동등 이상의 차단용량일 것

| 약 호 | 명 칭 |
|---|---|
| CB | 전력차단기 |
| PF | 전력퓨즈(고압 또는 특고압용) |
| F | 퓨즈(저압용) |
| Tr | 전력용 변압기 |

공용의 전력용 변압기에서 소방부하에 전원을 공급하는 경우

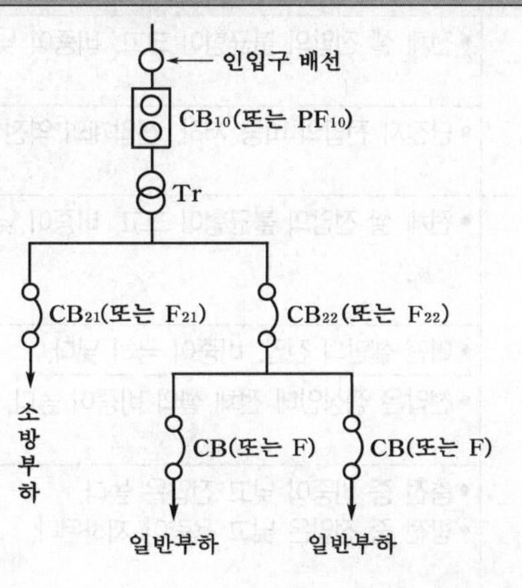


(주) 1. 일반회로의 과부하 또는 단락사고시에 $CB_{10}$(또는 $PF_{10}$)이 $CB_{22}$(또는 $F_{22}$) 및 CB(또는 F)보다 먼저 차단되어서는 아니 된다.
2. $CB_{21}$(또는 $F_{21}$)은 $CB_{22}$(또는 $F_{22}$)와 동등 이상의 차단용량일 것

| 약 호 | 명 칭 |
|---|---|
| CB | 전력차단기 |
| PF | 전력퓨즈(고압 또는 특고압용) |
| F | 퓨즈(저압용) |
| Tr | 전력용 변압기 |

비교

저압수전의 경우

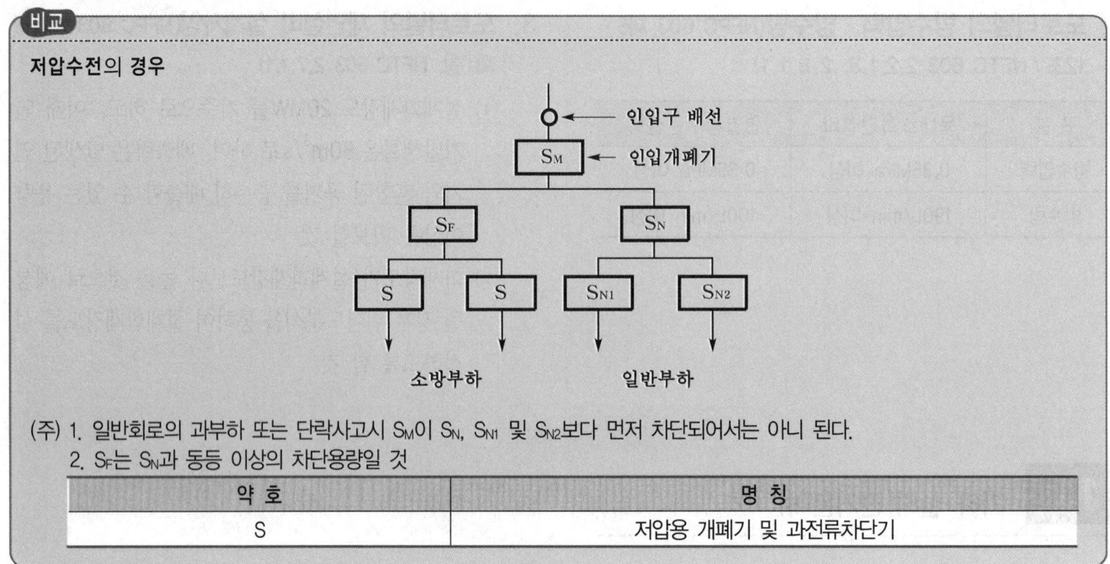


(주) 1. 일반회로의 과부하 또는 단락사고시 $S_M$이 $S_N$, $S_{N1}$ 및 $S_{N2}$보다 먼저 차단되어서는 아니 된다.
2. $S_F$는 $S_N$과 동등 이상의 차단용량일 것

| 약 호 | 명 칭 |
|---|---|
| S | 저압용 개폐기 및 과전류차단기 |

## 2. 연축전지의 고장과 불량현상

| | 불량현상 | 추정원인 |
|---|---|---|
| 초기 고장 | • 전체 셀 전압의 불균형이 크고, 비중이 낮다. | • 고온의 장소에서 장기간 방치하여 과방전하였을 때<br>• 충전 부족 |
| | • 단전지 전압의 비중 저하, 전압계의 역전 | • 극성 반대 충전<br>• 역접속 |
| 우발 고장 | • 전체 셀 전압의 불균형이 크고, 비중이 낮다. | • 부동충전 전압이 낮다.<br>• 균등충전 부족<br>• 방전 후의 회복충전 부족 |
| | • 어떤 셀만의 전압, 비중이 극히 낮다. | • 국부단락 |
| | • 전압은 정상인데 전체 셀의 비중이 높다. | • 액면 저하<br>• 유지 보수시 묽은 황산의 혼입 |
| | • 충전 중 비중이 낮고 전압은 높다.<br>• 방전 중 전압은 낮고 용량이 저하된다. | • 방전상태에서 장기간 방치<br>• 충전 부족상태에서 장기간 사용<br>• 극판 노출<br>• 불순물 혼입 |
| | • 전해액의 변색, 충전하지 않고 방치 중에도 다량으로 가스 발생 | • 불순물 혼입 |
| | • 전해액의 감소가 빠르다. | • 과충전<br>• 실온이 높다. |
| | • 축전지의 현저한 온도 상승 또는 소손 | • 과충전<br>• 충전장치의 고장<br>• 액면 저하로 인한 극판의 노출<br>• 교류전류의 유입이 크다. |

## 3. 트래킹(tracking)현상

| 구 분 | 설 명 |
|---|---|
| 정의 | ① 전기제품 등에서 **충전전극간**의 절연물 표면에 어떤 원인(경년변화, 먼지, 기타 오염물질 부착, 습기, 수분의 영향)으로 **탄화도전로**가 형성되어 결국은 지락, 단락으로 발전하여 발화하는 현상<br>② 전기절연재료의 절연성능의 **열화**현상<br>③ 화재원인조사시 **전기기계기구**에 의해 나타남 |
| 진행과정 | ① 표면의 오염에 의한 **도전로**의 형성<br>② 도전로의 **분단**과 미소발광 **방전**이 발생<br>③ 방전에 의한 표면의 **탄화개시** 및 **트랙**(track)의 형성<br>④ **단락** 또는 **지락**으로 진행 |

## 4. 동력제어반 점검시 소방펌프가 자동기동이 되지 않을 수 있는 주요원인

| 주요원인 | 비 고 |
|---|---|
| 배선용 차단기 OFF | ① 배선용 차단기가 OFF되어 있는 경우<br>② 배선용 차단기의 전원이 공급되지 않는 경우 |
| 동력제어반 내의 퓨즈 단선 | ① 동력제어반 내의 보조회로보호용 퓨즈가 단선된 경우<br>② 동력제어반 내의 보조회로보호용 배선용 차단기가 OFF되어 있는 경우 |
| 과부하보호용 계전기 동작 | 과부하보호용 **열동계전기**(THR) 또는 **전자식 과부하계전기**(EOCR)가 동작된 경우 |
| 전자접촉기 접점불량 | ① 전자접촉기의 **주접점**이 불량한 경우<br>② 전자접촉기의 **보조접점**이 불량한 경우<br>③ 전자접촉기의 **코일**이 **불량**한 경우 |
| 타이머의 접점불량 | ① 타이머의 접점이 불량한 경우<br>② 타이머의 코일이 불량한 경우 |

# 제4장 도시기호

## 01 도시기호

### 1. 소방시설 도시기호(소방시설 자체점검사항 등에 관한 고시 [별표])

| 명 칭 | 도시기호 | 비 고 |
|---|---|---|
| 일반배관 | ———————— | – |
| 옥·내외소화전 | ——— H ——— | 'Hydrant(소화전)'의 약자 |
| 스프링클러 | ——— SP ——— | 'Sprinkler(스프링클러)'의 약자 |
| 물분무 | ——— WS ——— | 'Water Spray(물분무)'의 약자 |
| 포소화 | ——— F ——— | 'Foam(포)'의 약자 |
| 배수관 | ——— D ——— | 'Drain(배수)'의 약자 |
| 전선관 – 입상 | | – |
| 전선관 – 입하 | | – |
| 전선관 – 통과 | | – |
| 플랜지 | | – |
| 유니온 | | – |
| 90° 엘보 | | – |
| 45° 엘보 | | – |
| 티 | | – |
| 크로스 | | – |
| 맹플랜지 | | – |
| 캡 | | – |
| 플러그 | | – |

| 플렉시블조인트 | | 펌프 또는 배관의 충격흡수 |
|---|---|---|
| 체크밸브 | | – |
| 가스체크밸브 | | – |
| 동체크밸브 | | – |
| 게이트밸브<br>(상시개방) | | – |
| 게이트밸브<br>(상시폐쇄) | | – |
| 선택밸브 | | – |
| 조작밸브(일반) | | – |
| 조작밸브(전자석) | | – |
| 조작밸브(가스식) | | – |
| 솔레노이드밸브 | S | '전자밸브' 또는 '전자개방밸브'라고도 부른다. |
| 모터밸브(전동밸브) | M | 'Motor(모터)'의 약자 |
| 볼밸브 | | – |
| 릴리프밸브(일반) | | – |
| 릴리프밸브<br>(이산화탄소용) | | – |
| 배수밸브 | | – |
| 자동배수밸브 | | – |

| 여과망 | | – |
|---|---|---|
| 자동밸브 | | – |
| 감압밸브 | | – |
| 공기조절밸브 | | – |
| 풋밸브 | | – |
| 앵글밸브 | | – |
| 경보밸브(습식) | | – |
| 경보밸브(건식) | | – |
| 경보델류지밸브 | D | 'Deluge(델류지)'의 약자 |
| 프리액션밸브 | P | 'Pre-action(프리액션)'의 약자 |
| 압력계 | P | – |
| 연성계(진공계) | P | – |
| 유량계 | M | – |
| Y형 스트레이너 | | – |
| U형 스트레이너 | | – |
| 옥내소화전함 | | – |
| 옥내소화전·방수용 기구 병설 | | 단구형 |
| 옥외소화전 | H | – |

| | | |
|---|---|---|
| 포말소화전 | | – |
| 프레져프로포셔너 | | – |
| 라인프로포셔너 | | – |
| 프레져사이드 프로포셔너 | | – |
| 기타 | | 펌프 프로포셔너 방식 |
| 원심리듀서 | | – |
| 편심리듀서 | | – |
| 수신기 | | • 가스누설경보설비와 일체인 것:<br>• 가스누설 보설비 및 방배연 연동과 일체인 것:<br>• P형 10회로용 수신기:<br>P–10 |
| 제어반 | | – |
| 스프링클러헤드 폐쇄형 상향식(평면도) | | – |
| 스프링클러헤드 폐쇄형 하향식(평면도) | | – |
| 스프링클러헤드 개방형 상향식(평면도) | | – |
| 스프링클러헤드 개방형 하향식(평면도) | | – |
| 스프링클러헤드 폐쇄형 상향식(계통도) | | – |
| 스프링클러헤드 폐쇄형 하향식(입면도) | | – |
| 스프링클러헤드 폐쇄형 상 · 하향식(입면도) | | – |

| 스프링클러헤드<br>상향형(입면도) | | – |
|---|---|---|
| 스프링클러헤드<br>하향형(입면도) | | – |
| 분말 · 탄산가스 ·<br>할로겐헤드 | | – |
| 연결살수헤드 | | – |
| 물분무헤드(평면도) | | – |
| 물분무헤드(입면도) | | – |
| 드렌쳐헤드(평면도) | | – |
| 드렌쳐헤드(입면도) | | – |
| 포헤드(입면도) | | – |
| 포헤드(평면도) | | – |
| 감지헤드(평면도) | | – |
| 감지헤드(입면도) | | – |
| 할로겐화합물 및<br>불활성기체 소화설비<br>방출헤드<br>(평면도) | | – |
| 할로겐화합물 및<br>불활성기체 소화설비<br>방출헤드<br>(입면도) | | – |
| 프리액션밸브<br>수동조작함 | SVP | – |
| 송수구 | | – |
| 방수구 | | – |
| 고가수조<br>(물올림장치) | | – |

| | | |
|---|---|---|
| 압력챔버 | | – |
| 포말원액탱크 | 수직 수평 | – |
| 일반펌프 | | – |
| 펌프모터(수평) | M | – |
| 펌프모터(수직) | M | – |
| 분말약제 저장용기 | P.D | – |
| 저장용기 | | – |
| 정온식 스포트형 감지기 | | • 방수형 :<br>• 내산형 :<br>• 내알칼리형 :<br>• 방폭형 : EX |
| 차동식 스포트형 감지기 | | – |
| 보상식 스포트형 감지기 | | – |
| 연기 감지기 | S | • 점검박스붙이형 : S<br>• 매입형 : S |
| 감지선 | | • 감지선과 전선의 접속점 :<br>• 가건물 및 천장 안에 시설할 경우 :<br>• 관통위치 : |
| 공기관 | | • 가건물 및 천장 안에 시설할 경우 :<br>• 관통위치 : |
| 열전대 | | • 가건물 및 천장 안에 시설할 경우 : |

| | | | |
|---|---|---|---|
| 열반도체 | ⊚ (원 안에 oo) | | – |
| 차동식 분포형 감지기의 검출기 | ⧗ | | – |
| 발신기세트 단독형 | P B L (세로 배열) | | – |
| 발신기세트 옥내소화전 내장형 | PBL (사각형 위) | | – |
| 경계구역번호 | △ | | – |
| 비상용 누름버튼 | Ⓕ (이중원) | | – |
| 비상전화기 | ET (원) | | – |
| 비상벨 | B (원) | • 방수형 : B<br>• 방폭형 : B EX | |
| 사이렌 | | • 모터사이렌 : M<br>• 전자사이렌 : S | |
| 조작장치 | E P | | – |
| 증폭기 | AMP | • 소방설비용 : AMP F | |
| 기동누름버튼 | Ⓔ (이중원) | | – |
| 이온화식 감지기 (스포트형) | S I | | – |
| 광전식 연기감지기 (아날로그) | S A | | – |
| 광전식 연기감지기 (스포트형) | S P | | – |
| 감지기간선, HIV 1.2mm×4(22C) | — F —//// | | – |
| 감지기간선, HIV 1.2mm×8(22C) | — F —////  //// | | – |
| 유도등간선, HIV 2.0mm×3(22C) | — EX — | | – |

| | | | | |
|---|---|---|---|---|
| 경보부저 | | | BZ | – |
| 표시반 | | | | • 창이 3개인 표시반: 3 |
| 회로시험기 | | | | – |
| 화재경보벨 | | | B | – |
| 시각경보기 (스트로브) | | | | – |
| 부수신기 | | | | – |
| 중계기 | | | | – |
| 표시등 | | | | • 시동표시등과 겸용: |
| 피난구유도등 | | | | – |
| 통로유도등 | | | | – |
| 표시판 | | | | – |
| 보조전원 | | | T R | – |
| 종단저항 | | | Ω | – |
| 제연설비 | 수동식 제어 | | | – |
| | 천장용 배풍기 | | | – |
| | 벽부착용 배풍기 | | | – |
| | 배풍기 | 일반 배풍기 | | – |
| | | 관로 배풍기 | | – |
| | 댐퍼 | 화재댐퍼 | | – |
| | | 연기댐퍼 | | – |
| | | 화재/연기댐퍼 | | – |

| | | | |
|---|---|---|---|
| 방연·방화문 | 연기감지기 (전용) | [S] | – |
| | 열감지기 (전용) | ◓ | – |
| | 자동폐쇄장치 | (ER) | – |
| | 연동제어기 | ▭ | • 조작부를 가진 연동 제어기: ▭ |
| | 배연창 기동모터 | (M) | – |
| | 배연창 수동조작함 | 8 | – |
| | 압력스위치 | (PS) | – |
| | 탬퍼스위치 | [TS] | – |
| 피뢰침 | 피뢰부 (평면도) | ◉ | – |
| | 피뢰부 (입면도) | | – |
| | 피뢰도선 및 지붕 위 도체 | ── | – |
| 접지 | | ⏚ | – |
| 접지저항 측정용 단자 | | ⊗ | – |
| ABC 소화기 | | (소) | – |
| 자동확산소화기 | | (자) | – |
| 자동식 소화기 | | ◀소▶ | – |
| 이산화탄소 소화기 | | (C) | – |
| 할로겐화합물 소화기 | | △ | – |
| 스피커 | | ▽ | – |
| 연기방연벽 | | ▨ | – |
| 화재방화벽 | | ── | – |

| 화재 및 연기방벽 | | – |
|---|---|---|
| 비상콘센트 | | – |
| 비상분전반 | | – |
| 가스계 소화설비의<br>수동조작함 | RM | – |
| 전동기구동 | M | – |
| 엔진구동 | E | – |
| 배관행거 | | – |
| 기압계 | | – |
| 배기구 | | – |
| 바닥은폐선 | | – |
| 노출배선<br>(소방시설 자체점검사항 등에<br>관한 고시) | | – |
| 소화가스패키지 | PAC | – |
| 천장은폐배선 | | • 천장 속의 배선을 구별하는 경우: |
| 바닥은폐배선 | | – |
| 노출배선<br>(옥내배선기호) | | • 바닥면 노출배선을 구별하는 경우: |

## 2. 옥내배선용 그림기호(KSC 0301) : 2015 확인

| 명 칭 | 그림기호 | 적 요 |
|---|---|---|
| 천장은폐배선 | | • 천장 속의 배선을 구별하는 경우: |
| 바닥은폐배선 | | – |
| 노출배선 | | • 바닥면 노출배선을 구별하는 경우: |
| 상승 | | • 케이블의 방화구획 관통부: |
| 인하 | | • 케이블의 방화구획 관통부: |
| 소통 | | • 케이블의 방화구획 관통부: |

| 명칭 | | 그림기호 | 적요 |
|---|---|---|---|
| 정류장치 | | | – |
| 축전지 | | | – |
| 비상조명등 | 백열등 | | • 일반용 조명 형광등에 조립하는 경우 : |
| | 형광등 | | • 계단에 설치하는 통로유도등과 겸용 : |
| 유도등 | 백열등 | | • 객석유도등 : S |
| | 형광등 | | • 중형 : 중<br>• 통로유도등 :<br>• 계단에 설치하는 비상용 조명과 겸용 : |
| 비상콘센트 | | | – |
| 배전반, 분전반 및 제어반 | | | • 배전반 :<br>• 분전반 :<br>• 제어반 : |
| 보안기 | | | – |
| 스피커 | | | • 벽붙이형 :<br>• 소방설비용 : F<br>• 아우트렛만인 경우 :<br>• 폰형 스피커 : |
| 증폭기 | | AMP | • 소방설비용 : AMP F |
| 차동식 스포트형 감지기 | | | – |
| 보상식 스포트형 감지기 | | | – |
| 정온식 스포트형 감지기 | | | • 방수형 :<br>• 내산형 :<br>• 내알칼리형 :<br>• 방폭형 : EX |
| 연기감지기 | | S | • 점검박스 붙이형 : S<br>• 매입형 : S |

| | | |
|---|---|---|
| 감지선 | | • 감지선과 전선의 접속점:<br>• 가건물 및 천장 안에 시설할 경우:<br>• 관통 위치: |
| 공기관 | | • 가건물 및 천장 안에 시설할 경우:<br>• 관통 위치: |
| 열전대 | | • 가건물 및 천장 안에 시설할 경우: |
| 열반도체 | | – |
| 차동식 분포형 감지기의 검출부 | | – |
| P형 발신기 | P | • 옥외형: P<br>• 방폭형: P EX |
| 회로시험기 | | – |
| 경보벨 | B | • 방수용: B<br>• 방폭형: B EX |
| 수신기 | | • 가스누설경보설비와 일체인 것:<br>• 가스누설경보설비 및 방배연 연동과 일체인 것: |
| 부수신기(표시기) | | – |
| 중계기 | | – |
| 표시등 | | – |
| 차동스포트 시험기 | T | – |
| 경계구역 경계선 | | – |
| 경계구역번호 | | • 경계구역 번호가 1인 계단: 계단/1 |
| 기동장치 | F | • 방수용: F<br>• 방폭형: F EX |
| 비상전화기 | ET | – |
| 기동버튼 | E | • 가스계 소화설비: $E_G$<br>• 수계 소화설비: $E_W$ |
| 제어반 | | – |

| 표시반 | (기호) | • 창이 3개인 표시반 : (기호)3 |
|---|---|---|
| 표시등 | (기호) | • 시동표시등과 겸용 : (기호) |
| 자동폐쇄장치 | ER | • 방화문용 : $ER_D$<br>• 방화셔터용 : $ER_S$<br>• 연기방지 수직벽용 : $ER_W$<br>• 방화댐퍼용 : $ER_{SD}$ |
| 연동제어기 | (기호) | • 조작부를 가진 연동제어기 : (기호) |
| 누설동축케이블 | (기호) | • 천장에 은폐하는 경우 : (기호) |
| 안테나 | (기호) | • 내열형 : (기호)H |
| 혼합기 | (기호) | – |
| 분배기 | (기호) | – |
| 분파기(필터 포함) | F | – |
| 무선기 접속단자 | (기호) | • 소방용 : (기호)F<br>• 경찰용 : (기호)P<br>• 자위용 : (기호)G |

# No.1

## 공하성 교수의 노하우와 함께 소방자격시험 완전정복
## VISION 연속판매 1위! 한 번에 합격시켜 주는 명품교재!

소방시설 관리사 1차

[ 소방시설관리사 1차 ]

[ 29년 과년도 | 소방시설관리사 1차 ]

[ 소방시설관리사 2차 소방시설의 점검실무행정 ]

[ 소방시설관리사 2차 소방시설의 설계 및 시공 ]

### 공하성 교수의 수상 및 TV 방송 출연 경력

The 8th O2O International Symposium on Advanced and Applied Convergence, ISAAC 2020, 최우수논문상 (Best Paper Award) 수상

The 10th International Symposium on Advanced and Applied Convergence, ISAAC 2022, 최우수논문상 (Best Paper Award) 수상

The 9th International Joint Conference on Convergence, IJCC & ICAI 2023, 최우수논문상 (Best Paper Award) 수상

- KBS 〈아침뉴스〉 초·중·고등학생 소방안전교육(2014.05.02.)
- KBS 〈추적60분〉 세월호참사 1주기 안전기획(2015.04.18.)
- KBS 〈생생정보〉 긴급차량 길터주기(2016.03.08.)
- KBS 〈취재파일K〉 지진대피훈련(2016.04.24.)
- KBS 〈취재파일K〉 지진대응시스템의 문제점과 대책(2016.09.25.)
- KBS 〈9시뉴스〉 생활 속 지진대비 재난배낭(2016.09.30.)
- KBS 〈생방송 아침이 좋다〉 휴대용 가스레인지 안전 관련(2017.09.27.)
- KBS 〈9시뉴스〉 태풍으로 인한 피해대책(2019.09.05.)
- KBS 〈9시뉴스〉 산업용 방진 마스크의 차단효과(2020.03.03.)
- KBS 〈9시뉴스〉 집트랙·집라인 안전대책(2021.11.09.)
- KBS 〈9시뉴스〉 재선충감염목의 산불화재위험성(2023.01.30.)

- MBC 〈파워매거진〉 스프링클러설비의 유용성(2015.01.23.)
- MBC 〈생방송 오늘아침〉 전기밥솥의 화재위험성(2016.03.01.)
- MBC 〈경제매거진M〉 캠핑장 안전(2016.10.29.)
- MBC 〈생방송 오늘아침〉 기름화재 주의사항과 진압방법(2017.01.17.)
- MBC 〈9시뉴스〉 119구급대원 응급실 이송(2018.12.06.)
- MBC 〈생방송 오늘아침〉 주방용 주거자동소화장치의 위험성(2019.10.02.)
- MBC 〈뉴스데스크〉 우레탄폼의 위험성(2020.07.21.)
- MBC 〈뉴스데스크〉 터널화재 예방책(2021.11.05.)
- MBC 〈생방송 오늘아침〉 구룡마을 전열기구 화재위험성(2023.01.31.)

- SBS 〈8시뉴스〉 단독경보형 감지기 유지관리(2016.01.30.)
- SBS 〈영재발굴단〉 건물붕괴 시 드론의 역할(2016.05.04.)
- SBS 〈모닝와이드〉 인천지하철 안전(2017.05.01.)
- SBS 〈모닝와이드〉 중국 웨이하이 스쿨버스 화재(2017.06.05.)
- SBS 〈8시뉴스〉 런던 아파트 화재(2017.06.14.)
- SBS 〈8시뉴스〉 소방헬기 용도 외 사용 관련(2017.09.28.)
- SBS 〈8시뉴스〉 소방관 면책조항 관련(2017.10.19.)
- SBS 〈모닝와이드〉 주점화재의 대책(2018.06.20.)
- SBS 〈8시뉴스〉 5인승 이상 차량용 소화기 비치(2018.08.15.)
- SBS 〈8시뉴스〉 서울 아현동 지하통신구 화재(2018.11.24.)
- SBS 〈8시뉴스〉 자동심장충격기의 관리실태(2019.08.15.)
- SBS 〈8시뉴스〉 고드름의 위험성(2023.01.25.)

- YTN 〈뉴스속보〉 밀양화재 관련(2018.01.26.)
- YTN 〈YTN 24〉 고양저유소 화재(2018.10.07.)
- YTN 〈뉴스속보〉 고양저유소 화재(2018.10.10.)
- YTN 〈뉴스속보〉 고시원 화재대책(2018.11.09.)
- YTN 〈더뉴스〉 서울고시원 화재(2018.11.09.)
- YTN 〈뉴스속보〉 태풍에 의한 산사태 위험성(2020.09.06.)
- YTN 〈뉴스속보〉 산사태 대피요령(2021.09.16.)
- YTN 〈뉴스속보〉 현대아울렛화재의 후속조치(2023.01.02.) 외 다수

정가 : 76,000원

9 788931 528688 13530
ISBN 978-89-315-2868-8
http://www.cyber.co.kr


God loves you
and has a wonderful plan for you.

BM Book Multimedia Group

성안당은 선진화된 출판 및 영상교육 시스템을 구축하고
항상 연구하는 자세로 독자 앞에 다가갑니다.

New 2024
VISION 연속 판매1위
공하성

당신도 이번에 반드시 합격합니다!

무료강의
최근 1개년 기출문제에 한함

100% 상세한 해설

# 600제 소방시설관리사 2차
## [ 소방시설의 점검실무행정 ]
### I 600제 종합문제

우석대학교 소방방재학과 교수 공하성

스마트폰 카메라로 QR코드를 찍어보세요!

Q&A
http://pf.kakao.com/_iCdixj
Daum cafe.daum.net/firepass
NAVER cafe.naver.com/fireleader

BM (주)도서출판 성안당

당신도 이번에 반드시 합격합니다!

100% 상세한 해설

# 600제 소방시설관리사 2차

## [ 소방시설의 점검실무행정 ]

## I 600제 종합문제

우석대학교 소방방재학과 교수 공하성

## 도서 A/S 안내

성안당에서 발행하는 모든 도서는 저자와 출판사, 그리고 독자가 함께 만들어 나갑니다.

좋은 책을 펴내기 위해 많은 노력을 기울이고 있습니다. 혹시라도 내용상의 오류나 오탈자 등이 발견되면 "좋은 책은 나라의 보배"로서 우리 모두가 함께 만들어 간다는 마음으로 연락주시기 바랍니다. 수정 보완하여 더 나은 책이 되도록 최선을 다하겠습니다.

성안당은 늘 독자 여러분들의 소중한 의견을 기다리고 있습니다. 좋은 의견을 보내주시는 분께는 성안당 쇼핑몰의 포인트(3,000포인트)를 적립해 드립니다.

잘못 만들어진 책이나 부록 등이 파손된 경우에는 교환해 드립니다.

저자 문의 : Ch http://pf.kakao.com/_iCdixj
Daum cafe.daum.net/firepass
NAVER cafe.naver.com/fireleader

본서 기획자 e-mail : coh@cyber.co.kr(최옥현)

홈페이지 : http://www.cyber.co.kr 전화 : 031) 950-6300

# 머리말

*Believe in the Lord Jesus, and You will be Saved.*

산업의 급격한 발전과 함께 건축물이 대형화·고층화되고, 각종 석유 화학 제품들의 범람으로 날로 대형화되어 가고 있는 각종 화재는 막대한 재산과 생명을 빼앗아 가고 있습니다.

이를 사전에 예방하고 초기에 진압하기 위해서는 소방에 관한 체계적이고 전문적인 지식을 습득한 Engineer와 자동화·과학화된 System에 의해서만 가능할 것입니다.

이에 전문 Engineer가 되기 위하여 소방시설관리사 및 각종 소방분야시험에 응시하고자 하는 많은 수험생들과 소방공무원·현장 실무자들을 위해 본서를 집필하게 되었습니다.

이 책을 활용한다면 반드시 좋은 결과가 있을 것이라 생각됩니다.

참고로 해답의 근거를 다음과 같이 약자로 표기하여 신뢰성을 높였습니다.

- **기본법** : 소방기본법
- **기본령** : 소방기본법 시행령
- **기본규칙** : 소방기본법 시행규칙
- **소방시설법** : 소방시설 설치 및 관리에 관한 법률
- **소방시설법 시행령** : 소방시설 설치 및 관리에 관한 법률 시행령
- **소방시설법 시행규칙** : 소방시설 설치 및 관리에 관한 법률 시행규칙
- **화재예방법** : 화재의 예방 및 안전관리에 관한 법률
- **화재예방법 시행령** : 화재의 예방 및 안전관리에 관한 법률 시행령
- **화재예방법 시행규칙** : 화재의 예방 및 안전관리에 관한 법률 시행규칙
- **공사업법** : 소방시설공사업법
- **공사업령** : 소방시설공사업법 시행령
- **공사업규칙** : 소방시설공사업법 시행규칙
- **위험물법** : 위험물안전관리법
- **위험물령** : 위험물안전관리법 시행령
- **위험물규칙** : 위험물안전관리법 시행규칙
- **건축령** : 건축법 시행령
- **위험물기준** : 위험물안전관리에 관한 세부기준
- **건축물방화구조규칙** : 건축물의 피난·방화구조 등의 기준에 관한 규칙
- **건축물설비기준규칙** : 건축물의 설비기준 등에 관한 규칙
- **다중이용업소법** : 다중이용업소의 안전관리에 관한 특별법
- **다중이용업소법 시행령** : 다중이용업소의 안전관리에 관한 특별법 시행령
- **다중이용업소법 시행규칙** : 다중이용업소의 안전관리에 관한 특별법 시행규칙
- **초고층재난관리법** : 초고층 및 지하연계 복합건축물 재난관리에 관한 특별법
- **초고층재난관리법 시행령** : 초고층 및 지하연계 복합건축물 재난관리에 관한 특별법 시행령
- **초고층재난관리법 시행규칙** : 초고층 및 지하연계 복합건축물 재난관리에 관한 특별법 시행규칙
- **화재안전성능기준** : NFPC
- **화재안전기술기준** : NFTC

잘못된 부분에 대해서는 발견 즉시 카페(cafe.daum.net/firepass, cafe.naver.com/fireleader)에 올리도록 하겠으며, 새로운 책이 나올 때마다 늘 수정·보완하도록 하겠습니다.

교정에 힘써준 안재천 교수님에게 고마움을 표하며 끝으로 이 책에 대한 모든 영광을 그분께 돌려 드립니다.

공하성 올림

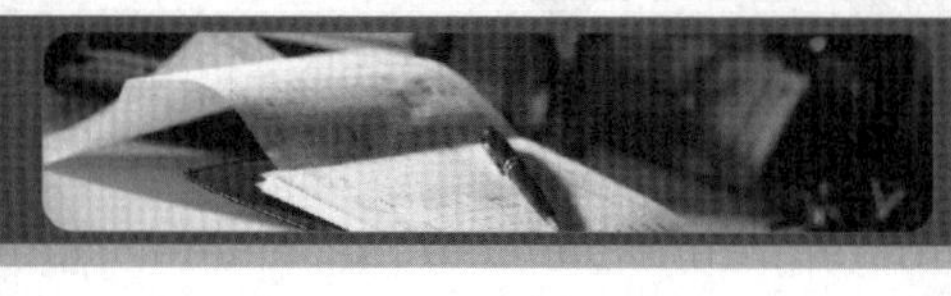

# 소방시설의 점검실무행정

## 제1장 소방시설의 자체점검제도

| | |
|---|---|
| 1. 자체점검의 점검 구분 | 11.8% (12점) |

## 제2장 소방시설점검

| | |
|---|---|
| 1. 모든 소방시설, 2. 소화기구 | 0.1% (0.5점) |
| 3. 옥내소화전설비 | 12.5% (12점) |
| 4. 옥외소화전설비 | 1.1% (1점) |
| 5. 스프링클러설비 · 간이스프링클러설비 | 17.5% (17점) |
| 6. 포소화설비 | 1.1% (1점) |
| 7. 물분무소화설비 · 미분무소화설비 | 0.1% (0.5점) |
| 8. 이산화탄소 소화설비 | 8.7% (9점) |
| 9. 할론소화설비 | 0.1% (0.5점) |
| 10. 할로겐화합물 및 불활성기체 소화설비 | 7.4% (7점) |
| 11. 분말소화설비 | 0.1% (0.5점) |
| 12. 피난기구 · 인명구조기구 | 2.4% (2점) |
| 13. 제연설비 | 2.4% (2점) |
| 14. 특별피난계단의 계단실 및 부속실의 제연설비 | 2.5% (2점) |
| 15. 연소방지설비 · 연결살수설비 | 1.1% (1점) |
| 16. 연결송수관설비 | 0.1% (0.5점) |
| 17. 소화용수설비 | 2.5% (2점) |
| 18. 건축물의 방화 및 피난시설 | 3.7% (3점) |
| 19. 자동화재 탐지설비 | 12.5% (12점) |
| 20. 통합감시시설 | 0.1% (0.5점) |
| 21. 비상경보설비 및 비상방송설비 | 0.1% (0.5점) |
| 22. 누전경보기 | 1.1% (1점) |
| 23. 가스누설경보기 | 0.1% (0.5점) |
| 24. 유도등 · 유도표지 | 5% (5점) |
| 25. 비상조명등 · 휴대용 비상조명등 | 0.1% (0.5점) |
| 26. 비상콘센트설비 | 5% (5점) |
| 27. 무선통신보조설비 | 0.1% (0.5점) |
| 28. 기타 설비 | 0.1% (0.5점) |

## 제3장 도시기호

| | |
|---|---|
| 1. 도시기호 | 0.6% (0.5점) |

# 차 례

## 01 소방시설의 자체점검제도



## 02 소방기계시설의 점검

# CONTENTS

## 03 소방전기시설의 점검



## 04 도시기호

# 시험안내

## 1 시행지역

(1) **시행지역** : 서울, 부산, 대구, 인천, 광주, 대전 6개 지역

(2) 시험지역 및 시험장소는 인터넷 원서접수시 수험자가 직접 선택

## 2 시험과목 및 시험방법

(1) **시험과목** : 「소방시설 설치 및 관리에 관한 법률 시행령」 부칙 제6조

| 구 분 | 시험과목 |
|---|---|
| 제1차 시험 | • 소방안전관리론(연소 및 소화, 화재예방관리, 건축물소방안전기준, 인원수용 및 피난계획에 관한 부분으로 한정) 및 화재역학(화재의 성질・상태, 화재하중, 열전달, 화염확산, 연소속도, 구획화재, 연소생성물 및 연기의 생성・이동에 관한 부분으로 한정)<br>• 소방수리학・약제화학 및 소방전기(소방관련 전기공사재료 및 전기제어에 관한 부분으로 한정)<br>• 소방관련 법령(「소방기본법」, 「소방기본법 시행령」, 「소방기본법 시행규칙」, 「소방시설공사업법」, 「소방시설공사업법 시행령」, 「소방시설공사업법 시행규칙」, 「소방시설 설치 및 관리에 관한 법률」, 「소방시설 설치 및 관리에 관한 법률 시행령」, 「소방시설 설치 및 관리에 관한 법률 시행규칙」, 「화재의 예방 및 안전관리에 관한 법률」, 「화재의 예방 및 안전관리에 관한 법률 시행령」, 「화재의 예방 및 안전관리에 관한 법률 시행규칙」, 「위험물안전관리법」, 「위험물안전관리법 시행령」, 「위험물안전관리법 시행규칙」, 「다중이용업소의 안전관리에 관한 특별법」, 「다중이용업소의 안전관리에 관한 특별법 시행령」, 「다중이용업소의 안전관리에 관한 특별법 시행규칙」)<br>• 위험물의 성질・상태 및 시설기준<br>• 소방시설의 구조원리(고장진단 및 정비를 포함) |
| 제2차 시험 | • 소방시설의 점검실무행정(점검절차 및 점검기구 사용법 포함)<br>• 소방시설의 설계 및 시공 |

※ 시험과 관련하여 법률 등을 적용하여 정답을 구해야 하는 문제는 **시험시행일 현재 시행 중인 법률** 등을 적용하여 그 정답을 구해야 함

(2) **시험방법** : 「소방시설 설치 및 관리에 관한 법률 시행령」 제38조

① **제1차 시험** : 객관식 4지 선택형

② **제2차 시험** : 논문형을 원칙으로 하되, 기입형 포함 가능

※ 1차 시험 문제지 및 가답안은 모두 공개, 2차 시험은 문제지만 공개하고 답안 및 채점기준은 비공개

## 3 시험시간 및 시험방법

<table>
<tr><th>구 분</th><th colspan="2">시험과목</th><th>시험시간</th><th>문항수</th><th>시험방법</th></tr>
<tr><td rowspan="2">제1차 시험</td><td colspan="2">5개 과목</td><td>09:30~11:35(125분)<br>(09:00까지 입실)</td><td rowspan="2">과목별<br>25문항<br>(총 125문항)</td><td rowspan="2">4지<br>선택형</td></tr>
<tr><td colspan="2">4개 과목(일부면제자)</td><td>09:30~11:10(100분)<br>(09:00까지 입실)</td></tr>
<tr><td rowspan="2">제2차 시험</td><td>1교시</td><td>소방시설의<br>점검실무행정</td><td>09:30~11:00(90분)<br>(09:00까지 입실)</td><td rowspan="2">과목별<br>3문항<br>(총 6문항)</td><td rowspan="2">논문형 원칙<br>(기입형<br>포함 가능)</td></tr>
<tr><td>2교시</td><td>소방시설의<br>설계 및 시공</td><td>11:50~13:20(90분)<br>(11:20까지 입실)</td></tr>
</table>

※ 1·2차 시험 분리시행

## 4 응시자격 및 결격사유

(1) **응시자격** :「소방시설 설치 및 관리에 관한 법률 시행령」 부칙 제6조

① **소방기술사**·위험물기능장·건축사·건축기계설비기술사·건축전기설비기술사 또는 공조냉동기계기술사

② **소방설비기사** 자격을 취득한 후 **2년** 이상 소방청장이 정하여 고시하는 소방에 관한 실무경력(이하 "**소방실무경력**"이라 함)이 있는 사람

③ **소방설비산업기사** 자격을 취득한 후 **3년** 이상 소방실무경력이 있는 사람

④「국가과학기술 경쟁력 강화를 위한 이공계지원 특별법」 제2조 제1호에 따른 이공계(이하 "**이공계**"라 함) 분야를 전공한 사람으로서 다음의 어느 하나에 해당하는 사람

㉠ 이공계 분야의 박사학위를 취득한 사람

㉡ 이공계 분야의 석사학위를 취득한 후 2년 이상 소방실무경력이 있는 사람

㉢ 이공계 분야의 학사학위를 취득한 후 3년 이상 소방실무경력이 있는 사람

⑤ 소방안전공학(소방방재공학, 안전공학을 포함) 분야를 전공한 후 다음의 어느 하나에 해당하는 사람

㉠ 해당 분야의 석사학위 이상을 취득한 사람

㉡ 2년 이상 소방실무경력이 있는 사람

⑥ **위험물산업기사** 또는 **위험물기능사** 자격을 취득한 후 **3년** 이상 소방실무경력이 있는 사람

⑦ **소방공무원**으로 **5년** 이상 근무한 경력이 있는 사람

⑧ 소방안전관련학과의 학사학위를 취득한 후 3년 이상 소방실무경력이 있는 사람

⑨ **산업안전기사** 자격을 취득한 후 **3년** 이상 소방실무경력이 있는 사람

⑩ 다음의 어느 하나에 해당하는 사람

㉠ 특급 소방안전관리대상물의 소방안전관리자로 2년 이상 근무한 실무경력이 있는 사람

## 시험안내

㉡ 1급 소방안전관리대상물의 소방안전관리자로 3년 이상 근무한 실무경력이 있는 사람
㉢ 2급 소방안전관리대상물의 소방안전관리자로 5년 이상 근무한 실무경력이 있는 사람
㉣ 3급 소방안전관리대상물의 소방안전관리자로 7년 이상 근무한 실무경력이 있는 사람
㉤ 10년 이상 소방실무경력이 있는 사람

※ ㉠~㉣은 선임경력만 인정 / ㉤은 선임, 보조선임 둘 다 인정

**응시자격 관련 참고사항**

- **대학졸업자란?**
  고등교육법 제2조 제1호부터 제6호의 학교[대학, 산업대학, 교육대학, 전문대학, 원격대학(방송대학, 통신대학, 방송통신대학 및 사이버대학), 기술대학] 학위 및 평생교육법 제4조 제4항 및 「학점인정 등에 관한 법률」 제7조와 제9조 등에 의거한 학위 인정
- 석사학위 이상의 소방안전공학분야는 방재공학과, 방재안전관리학과, 그린빌딩시스템학과, 소방도시방재학과 등이 있으며, 대학원에서 관련학과의 교과목 내용에 "소방시설의 점검·관리에 관한 사항"이 있을 경우 이를 입증할 수 있는 증명서류를 제출하면 응시자격을 부여함
- 소방관련학과 및 소방안전관련학과의 인정범위, 소방실무경력의 인정범위 및 경력기간 산정방법은 소방시설관리사 홈페이지 참조

※ 응시자격 경력산정 서류심사 기준일은 제1차 시험일

※ **시험에서 부정한 행위를 한 응시자에 대하여는** 그 시험을 정지 또는 무효로 하고, 그 처분이 있은 날부터 **2년간 시험 응시자격을 정지**(법 제26조)

**(2) 결격사유** : 「소방시설 설치 및 관리에 관한 법률」 제27조

① 피성년후견인
② 「소방시설 설치 및 관리에 관한 법률」, 「소방기본법」, 「화재의 예방 및 안전관리에 관한 법률」, 「소방시설공사업법」 또는 「위험물안전관리법」을 위반하여 금고 이상의 실형을 선고받고 그 집행이 끝나거나(**집행이 끝난 것으로 보는 경우를 포함**) 집행이 면제된 날부터 2년이 지나지 아니한 사람
③ 「소방시설 설치 및 관리에 관한 법률」, 「소방기본법」, 「화재의 예방 및 안전관리에 관한 법률」, 「소방시설공사업법」 또는 「위험물안전관리법」을 위반하여 금고 이상의 형의 집행유예를 선고받고 그 유예기간 중에 있는 사람
④ 「소방시설 설치 및 관리에 관한 법률」 제28조에 따라 자격이 취소(제27조 제1호에 해당하여 자격이 취소된 경우는 제외)된 날부터 2년이 지나지 아니한 사람

※ 최종합격자 발표일을 기준으로 결격사유에 해당하는 사람은 소방시설관리사 시험에 응시할 수 없음(법 제25조 제3항)

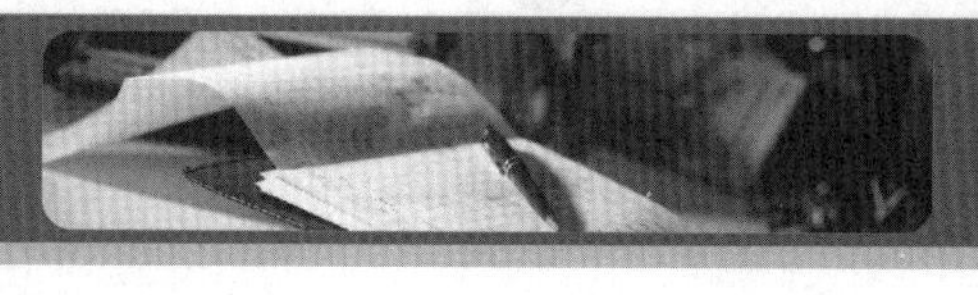

## 5 합격자 결정

(1) **제1차 시험** : 과목당 100점을 만점으로 하여 **모든 과목의 점수가 40점** 이상, **전 과목 평균 60점** 이상 득점한 자

(2) **제2차 시험** : 과목당 100점을 만점으로 하되, 시험위원의 채점점수 중 최고점수와 최저점수를 제외한 점수가 **모든 과목에서 40점** 이상, **전 과목** 평균 **60점** 이상을 득점한 자

## 6 시험의 일부(과목) 면제 사항

「소방시설 설치 및 관리에 관한 법률 시행령」 제38조 및 부칙 제6조

**(1) 제1차 시험의 면제**

① 제1차 시험에 합격한 자에 대하여는 다음 회의 시험에 한하여 제1차 시험을 면제한다. 단, 면제받으려는 시험의 응시자격을 갖춘 경우로 한정함

※ 전년도 1차 시험에 합격한 자에 한하여 1차 시험 면제

② 별도 제출서류 없음(원서접수시 자격정보시스템에서 자동 확인)

**(2) 제1차 시험과목의 일부면제**

| 면제대상 | 면제과목 |
|---|---|
| 소방기술사 자격을 취득한 후 15년 이상 소방실무경력이 있는 자 | 소방수리학·약제화학 및 소방전기(소방관련 전기공사재료 및 전기제어에 관한 부분에 한함) |
| 소방공무원으로 15년 이상 근무한 경력이 있는 사람으로서 5년 이상 소방청장이 정하여 고시하는 소방관련 업무 경력이 있는 자 | 다음의 소방관련법령<br>●「소방기본법」, 같은 법 시행령 및 같은 법 시행규칙<br>●「소방시설공사업법」, 같은 법 시행령 및 같은 법 시행규칙<br>●「소방시설 설치 및 관리에 관한 법률」, 같은 법 시행령 및 같은 법 시행규칙<br>●「화재의 예방 및 안전관리에 관한 법률」, 같은 법 시행령 및 같은 법 시행규칙<br>●「위험물안전관리법」, 같은 법 시행령 및 같은 법 시행규칙<br>●「다중이용업소의 안전관리에 관한 특별법」, 같은 법 시행령 및 같은 법 시행규칙 |

※ 면제 대상을 모두 충족하는 사람은 본인이 선택한 한 과목만 면제받을 수 있음

**(3) 제2차 시험과목의 일부면제**

| 면제대상 | 면제과목 |
|---|---|
| 소방기술사·위험물기능장·건축사·건축기계설비기술사·건축전기설비기술사·공조냉동기계기술사 | **소방시설의 설계 및 시공** |
| 소방공무원으로 5년 이상 근무한 경력이 있는 사람 | **소방시설의 점검실무행정**<br>(점검절차 및 점검기구 사용법 포함) |

※ 면제 대상을 모두 충족하는 사람은 본인이 선택한 한 과목만 면제받을 수 있음

### (4) 면제대상별 제출서류

| 면제대상 | 제출서류 |
|---|---|
| 소방기술사 자격을 취득한 후 15년 이상 소방실무경력이 있는 사람 | • 서류심사신청서(공단 소정양식) 1부<br>• 경력(재직)증명서 1부<br>• 4대 보험 가입증명서 중 선택하여 1부<br>※ 개인정보 제공 동의서상 행정정보공동이용 조회에 동의시, 제출 불필요<br>• 소방실무경력관련 입증서류 |
| 소방공무원으로 15년 이상 근무한 경력이 있는 사람으로서 5년 이상 소방청장이 정하여 고시하는 **소방관련 업무 경력**이 있는 사람 | • 서류심사신청서(공단 소정양식) 1부<br>• 소방공무원 재직(경력)증명서 1부<br>• 5년 이상 **소방업무가 명기**된 경력(재직)증명서 1부 |
| 소방기술사 · 위험물기능장 · 건축사 · 건축기계설비기술사 · 건축전기설비기술사 또는 공조냉동기계기술사 | • 서류심사신청서(공단 소정양식) 1부<br>• 건축사 자격증 사본(원본지참 제시) 1부<br>※ 국가기술자격취득자는 자동조회(제출 불필요) |
| 소방공무원으로 5년 이상 근무한 사람 | • 서류심사신청서(공단 소정양식) 1부<br>• 재직증명서 또는 경력증명서 원본 1부 |

※ 1차 시험 합격 예정자 대상 응시자격 서류심사와 별도

## 7 응시원서 접수

### (1) 접수방법

① 큐넷 소방시설관리사 자격시험 홈페이지(http://www.Q-Net.or.kr)를 통한 인터넷 접수만 가능

※ 인터넷 활용 불가능자의 내방접수(공단지부 · 지사)를 위해 원서접수 도우미 지원

※ 단체접수는 불가함

② 인터넷 원서접수시 최근 6개월 이내에 촬영한 탈모 상반신 여권용 사진을 파일(JPG, JPEG 파일, 사이즈 : 150×200 이상, 300DPI 권장, 200KB 이하)로 첨부하여 인터넷 회원가입 후 접수(기존 큐넷 회원의 경우 마이페이지에서 사진 수정 등록)

③ 원서접수 마감시각까지 수수료를 결제하고, 수험표를 출력하여야 접수 완료

### (2) 수험표 교부

① 수험표는 인터넷 원서접수가 정상적으로 처리되면 출력 가능

② 수험표 분실시 시험당일 아침까지 인터넷으로 재출력 가능

③ 수험표에는 시험일시, 입실시간, 시험장 위치(교통편), 수험자 유의사항 등이 기재되어 있음

※ 「SMART Q-Finder」 도입으로 시험 전일 18:00부터 시험실 확인 가능

(3) **원서접수 완료(결제완료) 후 접수내용 변경방법** : 원서접수기간 내에는 취소 후 재접수가 가능하나, 원서접수기간 종료 후에는 접수내용 변경 및 재접수 불가

(4) **시험 일부(과목) 면제자 원서접수 방법**

① **일반응시자 및 제1차 시험 면제자**(전년도 제1차 시험 합격자)는 별도의 제출서류 없이 **큐넷 홈페이지에서 바로 원서접수 가능**

② 제1차 시험 및 제2차 시험 일부과목 면제에 해당하는 **소방기술사 자격취득 후 소방실무 경력자, 건축사 자격취득자, 소방공무원**은 면제근거서류를 시행기관(서울・부산・대구・광주・대전지역본부, 인천지사)에 제출하여 **심사 및 승인을 받은 후 원서접수 가능**

## 8 수험자 유의사항

(1) **제1・2차 시험 공통 수험자 유의사항**

① 수험원서 또는 제출서류 등의 허위작성・위조・기재오기・누락 및 연락불능의 경우에 발생하는 불이익은 전적으로 수험자 책임임

※ Q-Net의 회원정보에 반드시 연락 가능한 전화번호로 수정

※ 알림서비스 수신동의시에 시험실 사전 안내 및 합격축하 메시지 발송

② 수험자는 시험시행 전까지 시험장 위치 및 교통편을 확인하여야 하며(**단, 시험실 출입은 할 수 없음**), 시험당일 교시별 입실시간까지 신분증, 수험표, 필기구를 지참하고 해당 시험실의 지정된 좌석에 착석하여야 함

※ 매 교시 **시험 시작 이후 입실 불가**

※ 수험자 입실 완료 시각 20분 전 교실별 좌석 배치도 부착

※ 신분증 인정범위는 관련 규정에 따라 변경될 수 있으므로 자세한 사항은 큐넷 소방시설관리사 홈페이지 공지사항 참조

※ **신분증(증명서)에는 사진, 성명, 주민번호(생년월일), 발급기관이 반드시 포함(없는 경우 불인정)**

※ **원본이 아닌 화면 캡쳐본, 녹화・촬영본, 복사본 등은 신분증으로 불인정**

※ **신분증 미지참자는 응시 불가**

③ 본인이 원서접수시 선택한 시험장이 아닌 다른 시험장이나 지정된 시험실 좌석 이외에는 응시할 수 없음

④ 시험시간 중에는 화장실 출입이 불가하고 종료시까지 퇴실할 수 없음

※ '시험 포기 각서' 제출 후 퇴실한 수험자는 다음 교(차)시 재입실・응시 불가 및 당해 시험 무효 처리

※ 단, 설사/배탈 등 긴급사항 발생으로 중도 퇴실시, 해당 교시 재입실이 불가하고, 시험시간 종료 전까지 시험본부에 대기

⑤ 결시 또는 기권, 답안카드(답안지) 제출 불응한 수험자는 해당 교시 이후 시험에 응시할 수 없음

⑥ 시험 종료 후 감독위원의 답안카드(답안지) 제출지시에 불응한 채 계속 답안카드(답안지)를 작성하는 경우 당해 시험은 **무효 처리**하고 부정행위자로 처리될 수 있으니 유의하시기 바람

# 시험안내

⑦ 수험자는 감독위원의 지시에 따라야 하며, 부정한 행위를 한 수험자에게는 **당해 시험을 무효**로 하고, 그 처분일로부터 **2년간 시험에 응시할 수 없음**(소방시설 설치 및 관리에 관한 법률 제26조)

⑧ 시험실에는 벽시계가 구비되지 않을 수 있으므로 **손목시계를 준비**하여 시간관리를 하시기 바라며, **스마트워치** 등 전자·통신기기는 시계대용으로 사용할 수 없음

※ 시험시간은 타종에 의하여 관리되며, 교실에 비치되어 있는 시계 및 감독위원의 시간안내는 단순 참고사항이며 시간 관리의 책임은 수험자에게 있음

※ 손목시계는 시각만 확인할 수 있는 단순한 것을 사용하여야 하며, 스마트워치 등 부정행위에 활용될 수 있는 일체의 시계 착용을 금함

⑨ 전자계산기는 필요시 1개만 사용할 수 있고 공학용 및 재무용 등 데이터 저장기능이 있는 전자계산기는 **수험자 본인**이 반드시 메모리(SD카드 포함)를 제거, 삭제(리셋, 초기화)하고 시험위원이 초기화 여부를 확인할 경우에는 협조하여야 함. 메모리(SD카드 포함) 내용이 제거되지 않은 계산기는 사용 불가하며 사용시 부정행위로 처리될 수 있음

※ 단, 메모리(SD카드 포함) 내용이 제거되지 않은 계산기는 사용 불가

※ **시험일 이전에 리셋 점검하여 계산기 작동 여부 등 사전확인 및 재설정(초기화 이후 세팅) 방법 숙지**

⑩ 시험시간 중에는 **통신기기 및 전자기기**[휴대용 전화기, 휴대용 개인정보 단말기(PDA), 휴대용 멀티미디어 재생장치(PMP), 휴대용 컴퓨터, 휴대용 카세트, 디지털 카메라, 음성 파일 변환기(MP3), 휴대용 게임기, 전자사전, 카메라펜, 시각표시 외의 기능이 부착된 시계, 스마트워치 등]를 일체 휴대할 수 없으며, **금속(전파)탐지기** 수색을 통해 시험 도중 관련 **장비를 소지·착용하다가 적발될 경우 실제 사용 여부와 관계없이 당해 시험을 정지(퇴실) 및 무효(0점) 처리하며 부정행위자로 처리될 수 있음을 유의하기 바람**

※ 전자·통신기기(전자계산기 등 소지를 허용한 물품 제외)의 시험장 반입 원칙적 금지

※ 휴대폰은 전원 OFF하여 시험위원 지시에 따라 보관

⑪ 시험당일 시험장 내에는 주차공간이 없거나 협소하므로 대중교통을 이용하여 주시고, 교통 혼잡이 예상되므로 미리 입실할 수 있도록 하시기 바람

⑫ 시험장은 전체가 금연구역이므로 흡연을 금지하며, 쓰레기를 함부로 버리거나 시설물이 훼손되지 않도록 주의 바람

⑬ 가답안 발표 후 의견제시 사항은 반드시 정해진 기간 내에 제출하여야 함

⑭ 접수 취소시 시험응시 수수료 환불은 정해진 규정 이외에는 환불받을 수 없음을 유의하시기 바람

⑮ 기타 시험 일정, 운영 등에 관한 사항은 큐넷 소방시설관리사 홈페이지의 시행공고를 확인하시기 바라며, 미확인으로 인한 불이익은 수험자의 귀책임

⑯ 응시편의 제공을 요청하고자 하는 수험자는 소방시설관리사 국가자격시험 시행계획 공고문의 "장애인 등 유형별 편의 제공사항"을 확인하여 주기 바람

※ 편의 제공을 요구하지 않거나 해당 증빙서류를 제출하지 않은 응시편의 제공 대상 수험자는 일반수험자와 동일한 조건으로 응시하여야 함(응시편의 제공 불가)

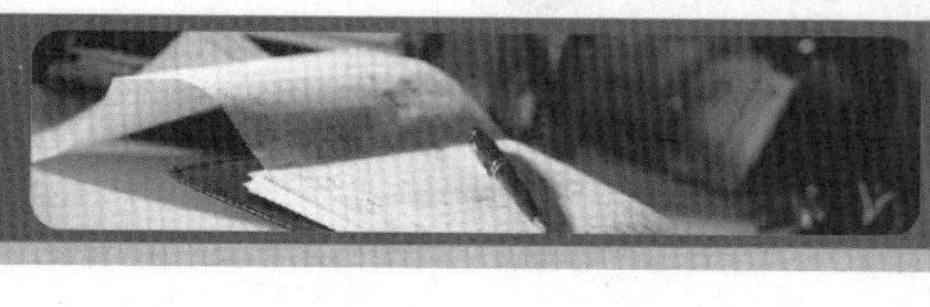

(2) **제1차 시험 수험자 유의사항**

① 답안카드에 기재된 '**수험자 유의사항 및 답안카드 작성시 유의사항**'을 준수하시기 바람

② 수험자 교육시간에 감독위원 안내 또는 방송(유의사항)에 따라 답안카드에 수험번호를 기재 마킹하고, 배부된 시험지의 인쇄상태를 확인하여야 함

③ 답안카드는 국가전문자격 공통 표준형으로 문제번호가 1번부터 125번까지 인쇄되어 있고, 답안 마킹시에는 반드시 시험문제지의 문제번호와 **동일한 번호에 마킹**하여야 함

※ 답안카드 견본을 큐넷 소방시설관리사 홈페이지 공지사항에 공개

④ 답안카드 기재 · 마킹시에는 **반드시 검은색 사인펜을 사용**하여야 함

**※ 지워지는 펜 사용 불가**

⑤ 채점은 전산 자동 판독 결과에 따르므로 유의사항을 지키지 않거나(검은색 사인펜 미사용) 수험자의 부주의(답안카드 기재 · 마킹착오, 불완전한 마킹 · 수정, 예비마킹 등)로 판독 불능, 중복판독 등 불이익이 발생할 경우 **수험자 책임**으로 이의제기를 하더라도 받아들여지지 않음

※ 답안을 잘못 작성했을 경우, 답안카드 교체 및 수정테이프 사용 가능(단, 답안 이외 수험번호 등 인적사항은 수정불가)하며 재작성에 따른 시험시간은 별도로 부여하지 않음

※ 수정테이프 이외 수정액 및 스티커 등은 사용 불가

(3) **제2차 시험 수험자 유의사항**

① 국가전문자격 주관식 답안지 표지에 기재된 '**답안지 작성시 유의사항**'을 준수하시기 바람

② 수험자 인적사항 · 답안지 등 작성은 반드시 **검은색 필기구만 사용**하여야 함(그 외 연필류, 유색 필기구, 2가지 이상 혼합사용 등으로 작성한 답항 등으로 작성한 **답항은 채점하지 않으며 0점 처리**)

※ 필기구는 본인 지참으로 별도 지급하지 않음

**※ 지워지는 펜 사용 불가**

③ **답안지의 인적사항 기재란 외의 부분에 특정인임을 암시하거나** 답안과 관련 없는 특수한 표시를 하는 경우, **답안지 전체를 채점하지 않으며 0점 처리**함

④ 답안 정정시에는 반드시 정정 부분을 두 줄(=)로 긋고 다시 기재하거나 수정테이프를 사용하여 수정하며, 수정액 등을 사용했을 경우 채점상의 불이익을 받을 수 있으므로 사용하지 마시기 바람

## 9 시행기관

| 기관명 | 담당부서 | 주 소 | 우편번호 | 연락처 |
|---|---|---|---|---|
| 서울지역본부 | 전문자격시험부 | 서울 동대문구 장안벚꽃로 279 | 02512 | 02-2137-0553 |
| 부산지역본부 | 필기시험부 | 부산 북구 금곡대로 441번길26 | 46519 | 051-330-1801 |
| 대구지역본부 | 필기시험부 | 대구 달서구 성서공단로 213 | 42704 | 053-580-2375 |
| 광주지역본부 | 필기시험부 | 광주 북구 첨단벤처로 82 | 61008 | 062-970-1767 |
| 대전지역본부 | 필기시험부 | 대전 중구 서문로 25번길1 | 35000 | 042-580-9140 |
| 인천지사 | 필기시험부 | 인천 남동구 남동서로 209 | 21634 | 031-820-8694 |

## 10 합격예정자 발표 및 응시자격 서류 제출

### (1) 합격(예정)자 발표

| 구 분 | 발표내용 | 발표방법 |
|---|---|---|
| 제1차 시험 | • 개인별 합격 여부<br>• 과목별 득점 및 총점 | • 소방시설관리사 홈페이지[**60일간**]<br>• ARS(유료)(1666-0100)[**4일간**] |
| 제2차 시험 | | |

※ 제1차 시험 합격예정자의 응시자격 서류 제출 등에 관한 자세한 사항은 소방시설관리사 홈페이지(http://www.Q-Net.or.kr/site/sbsiseol)에 추후 공지

※ 제2차 시험 합격자에 대하여 소방청에서 신원조회를 실시하며, 신원조회 결과 결격사유에 해당하는 자에 대해서는 제1차 시험 및 제2차 시험 합격을 취소

### (2) 응시자격 서류 제출(경력 산정 기준일 : 1차 시험 시행일)

제출대상 : 제1차 시험 합격예정자

※ 제2차 시험 일부과목면제자와 동일 기간에 서류 접수 · 심사 실시

※ 응시자격 증명서류 제출 대상자가 제출기간 내에 서류를 제출하지 않거나 심사 후 부적격자일 경우 제1차 시험 합격예정을 취소

※ 제1차 시험 일부과목면제자 중 면제 증명서류를 제출한 제1차 시험 합격예정자는 서류 제출이 불필요

## 친밀한 사귐을 위한 10가지 충고

1. 만나면 무슨 일이든 명랑하게 먼저 말을 건네라.
2. 그리고 웃어라.
3. 그 상대방의 이름을 어떤 식으로든지 불러라.
   (사람에게 가장 아름다운 음악은 자기의 이름이다.)
4. 그에게 친절을 베풀라.
5. 당신이 하고 있는 일이 재미있는 것처럼 말하고 행동하라.
   (성실한 삶을 살고 있음을 보여라)
6. 상대방에게 진정한 관심을 가지라.
   (싫어할 사람이 없다.)
7. 상대방만이 갖고 있는 장점을 칭찬하는 사람이 되라.
8. 상대방의 감정을 늘 생각하는 사람이 되라.
9. 내가 할 수 있는 서비스를 늘 신속히 하라.
10. 이 모든 것에 유머와 겸손을 더하라.

•김형모의 「마음의 고통을 돕기 위한 10가지 충고」 중에서

소방시설관리사
2차
소방시설의 점검실무행정
종합문제 600제

넌 멋져, 할 수 있어!

CHAPTER

# 01 소방시설의 자체점검제도

## 1 소방관련법령

### ★ 문제 01

「화재의 예방 및 안전관리에 관한 법률 시행령」상 특수가연물의 저장 및 취급기준을 쓰시오. (3점)

정답 ① 특수가연물을 저장 또는 취급하는 장소에는 품명 · 최대저장수량, 단위부피당 질량 또는 단위체적당 질량, 관리책임자 성명 · 직책, 연락처 및 화기취급의 금지표지를 설치할 것

② 다음 기준에 따라 쌓아 저장할 것(단, 석탄 · 목탄류를 발전용으로 저장하는 경우는 제외)

㉠ 품명별로 구분하여 쌓을 것

㉡ 쌓는 높이는 10m 이하가 되도록 하고, 쌓는 부분의 바닥면적은 $50m^2$(석탄 · 목탄류의 경우에는 $200m^2$) 이하가 되도록 할 것[단, 살수설비를 설치하거나, 방사능력범위에 해당 특수가연물이 포함되도록 대형 수동식 소화기를 설치하는 경우에는 쌓는 높이를 15m 이하, 쌓는 부분의 바닥면적을 $200m^2$(석탄 · 목탄류의 경우에는 $300m^2$) 이하로 할 수 있다.]

㉢ 쌓는 부분 바닥면적의 사이는 실내의 경우 1.2m 또는 쌓는 높이의 1/2 중 큰 값 이상으로 간격을 두어야 하며, 실외의 경우 3m 또는 쌓는 높이 중 큰 값 이상으로 간격을 둘 것

해설 **화재의 예방 및 안전관리에 관한 법률 시행령 〔별표 3〕**

**특수가연물의 저장 및 취급기준**

(1) 특수가연물을 저장 또는 취급하는 장소에는 **품명 · 최대저장수량**, **단위부피당 질량** 또는 **단위체적당 질량**, **관리책임자 성명 · 직책**, **연락처** 및 **화기취급**의 **금지표지**를 설치할 것

(2) 다음 기준에 따라 쌓아 저장할 것(단, **석탄 · 목탄류**를 **발전용**으로 저장하는 경우는 제외)

① **품명별**로 구분하여 쌓을 것

② 쌓는 높이는 **10m** 이하가 되도록 하고, 쌓는 부분의 바닥면적은 **$50m^2$**(**석탄 · 목탄류**의 경우에는 **$200m^2$**) 이하가 되도록 할 것[단, **살수설비**를 설치하거나, 방사능력범위에 해당 특수가연물이 포함되도록 **대형 수동식 소화기**를 설치하는 경우에는 쌓는 높이를 **15m** 이하, 쌓는 부분의 바닥면적을 **$200m^2$**(**석탄 · 목탄류**의 경우에는 **$300m^2$**) 이하로 할 수 있다.]

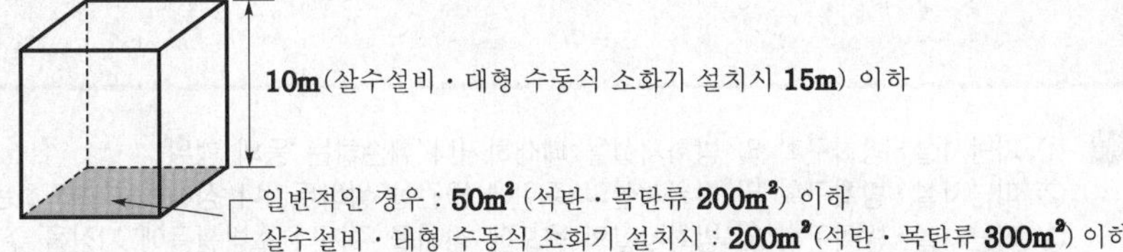


③ 실외에 쌓아 저장하는 경우 쌓는 부분이 대지경계선, 도로 및 인접 건축물과 최소 **6m** 이상 간격을 둘 것. 다만, 쌓는 높이보다 **0.9m** 이상 높은 「건축물 시행령」 제2조 제7호에 따른 내화구조 벽체를 설치한 경우는 그렇지 않다.

④ 실내에 쌓아 저장하는 경우 주요구조부는 내화구조이면서 불연재료여야 하고, 다른 종류의 특수가연물과 같은 공간에 보관하지 않을 것(단, 내화구조의 벽으로 분리하는 경우 제외)

⑤ 쌓는 부분 바닥면적의 사이는 실내의 경우 **1.2m** 또는 **쌓는 높이**의 **1/2** 중 **큰 값** 이상으로 간격을 두어야 하며, 실외의 경우 **3m** 또는 **쌓는 높이** 중 **큰 값** 이상으로 간격을 둘 것

☆

## 문제 02

**지하 3층, 지상 5층 복합건축물의 소방안전관리자가 소방시설을 설치 · 관리하는 과정에서 고의로 제어반에서 화재발생시 소화펌프 및 제연설비가 자동으로 작동되지 않도록 조작하여 실제 화재가 발생했을 때 소화설비와 제연설비가 작동하지 않았다. 다음 물음에 답하시오. (단, 이 사고는 「소방시설 설치 및 관리에 관한 법률」 제12조 제3항을 위반하여 동법 제56조의 벌칙을 적용받았다.) (4점)**

(가) 위 사례에서 소방안전관리자의 위반사항과 그에 따른 벌칙을 쓰시오. (2점)

(나) 위 사례에서 화재로 인해 사람이 상해를 입은 경우, 소방안전관리자가 받게 될 벌칙을 쓰시오. (2점)

정답 (가) ① 위반사항 : 소방시설의 기능과 성능에 지장을 줄 수 있는 폐쇄(잠금 포함) · 차단 등의 행위
② 벌칙 : 5년 이하의 징역 또는 5천만원 이하의 벌금
(나) 7년 이하의 징역 또는 7천만원 이하의 벌금

해설 (가) **위반사항**(소방시설 설치 및 관리에 관한 법률 제12조 제③항)
특정소방대상물의 **관계인**은 소방시설을 설치 · 관리할 경우 화재시 소방시설의 기능과 성능에 지장을 줄 수 있는 **폐쇄**(잠금 포함) · **차단** 등의 행위를 하여서는 아니 된다(단, 소방시설의 **점검 · 정비**를 위한 폐쇄 · 차단은 할 수 있다).

(나) **벌칙**(소방시설 설치 및 관리에 관한 법률 제56조)

| 5년 이하의 징역 또는 5000만원 이하의 벌금 | 7년 이하의 징역 또는 7000만원 이하의 벌금 | 10년 이하의 징역 또는 1억원 이하의 벌금 |
|---|---|---|
| 소방시설에 **폐쇄 · 차단** 등의 행위를 한 자 | 소방시설에 **폐쇄 · 차단** 등의 행위를 하여 사람을 **상해**에 이르게 한 자 | 소방시설에 **폐쇄 · 차단** 등의 행위를 하여 사람을 **사망**에 이르게 한 자 |

☆

## 문제 03

**「소방시설 설치 및 관리에 관한 법률」에 의거하여 특정소방대상물의 관계인은 피난시설, 방화구획 및 방화시설을 유효하게 유지, 관리여야 한다. 이와 관계되어 하여서는 아니 되는 4가지 행위에 대하여 기술하시오. (4점)**

○
○
○
○

정답 ① 피난시설 · 방화구획 및 방화시설을 폐쇄하거나 훼손하는 등의 행위
② 피난시설 · 방화구획 및 방화시설의 주위에 물건을 쌓아두거나 장애물을 설치하는 행위
③ 피난시설 · 방화구획 및 방화시설의 용도에 장애를 주거나 소방활동에 지장을 주는 행위
④ 그 밖에 피난시설 · 방화구획 및 방화시설을 변경하는 행위

해설 **소방시설 설치 및 관리에 관한 법률 제16조**
**특정소방대상물의 관계인은 피난시설, 방화구획 및 방화시설에 대하여 정당한 사유가 없는 한 하여서는 아니 되는 4가지 행위는 다음과 같다.**
(1) 피난시설 · 방화구획 및 방화시설을 **폐쇄**하거나 **훼손**하는 등의 행위
(2) 피난시설 · 방화구획 및 방화시설의 주위에 **물건**을 쌓아두거나 **장애물**을 설치하는 행위
(3) 피난시설 · 방화구획 및 방화시설의 **용도**에 **장애**를 주거나 「소방기본법」 제16조의 규정에 따른 소방활동에 지장을 주는 행위
(4) 그 밖에 피난시설 · 방화구획 및 방화시설을 **변경**하는 행위

## 문제 04

「소방시설 설치 및 관리에 관한 법률」상 강화된 소방시설기준의 적용대상인 노유자시설과 의료시설에 설치하는 소방시설을 쓰시오. (6점)

정답 ① 노유자시설 : 간이스프링클러설비, 자동화재탐지설비, 단독경보형 감지기
② 의료시설 : 스프링클러설비, 간이스프링클러설비, 자동화재탐지설비, 자동화재속보설비

해설 **소방시설 설치 및 관리에 관한 법률 제13조 제①항, 소방시설 설치 및 관리에 관한 법률 시행령 제13조**
**대통령령 또는 화재안전기준의 변경으로 강화된 기준을 적용하는 소방시설**

(1) 다음 소방시설 중 **대통령령** 또는 **화재안전기준**으로 정하는 것
① **소화기구**
② **비상경보설비**
③ **자동화재탐지설비**
④ **자동화재속보설비**
⑤ **피난구조설비**

기억법 변소경속피

(2) **소방시설**(**공동구** 설치용, **전력** 및 **통신사업용 지하구**, **노유자시설**, **의료시설**)

| 공동구, 전력 및 통신사업용 지하구 | 노유자시설 | 의료시설 |
|---|---|---|
| ① 소화기<br>② 자동소화장치<br>③ 자동화재탐지설비<br>④ 통합감시시설<br>⑤ 유도등<br>⑥ 연소방지설비 | ① 간이스프링클러설비<br>② 자동화재탐지설비<br>③ 단독경보형 감지기 | ① 스프링클러설비<br>② 간이스프링클러설비<br>③ 자동화재탐지설비<br>④ 자동화재속보설비 |

## 문제 05

「소방시설 설치 및 관리에 관한 법률」에 의거하여 특정소방대상물의 관계인은 대통령령이 정하는 바에 따라 특정소방대상물의 규모·용도 및 수용인원 등을 고려하여 갖추어야 하는 소방시설 등을 소방청장이 정하여 고시하는 화재안전기준에 따라 설치 또는 유지·관리하여야 한다. 이러한 규정에도 불구하고 대통령령이 정하는 소방시설을 설치하지 아니할 수 있는 특정소방대상물 4가지를 쓰시오. (4점)

○
○
○
○

정답 ① 화재위험도가 낮은 특정소방대상물
② 화재안전기준을 적용하기가 어려운 특정소방대상물
③ 화재안전기준을 달리 적용하여야 하는 특수한 용도 또는 구조를 가진 특정소방대상물
④ 자체소방대가 설치된 특정소방대상물

해설 **소방시설 설치 및 관리에 관한 법률 제13조 제④항**
**대통령령으로 정하는 소방시설을 설치하지 아니할 수 있는 특정소방대상물**
(1) **화재위험도**가 **낮은** 특정소방대상물
(2) **화재안전기준**을 **적용**하기 **어려운** 특정소방대상물
(3) **화재안전기준**을 **다르게 적용**하여야 하는 특수한 용도 또는 구조를 가진 특정소방대상물
(4) 「위험물안전관리법」 제19조에 따른 **자체소방대**가 설치된 특정소방대상물

☆☆

**문제 06**

「소방시설 설치 및 관리에 관한 법률」에 의거하여 판매하거나 또는 판매의 목적으로 진열하거나 소방시설공사에 사용할 수 없는 소방용품 3가지를 쓰시오. (3점)

○

○

○

정답 ① 형식승인을 받지 아니한 것
② 형상 등을 임의로 변경한 것
③ 제품검사를 받지 아니하거나 합격 표시를 아니한 것

해설 **소방시설 설치 및 관리에 관한 법률 제37조 제⑥항**
**판매하거나 판매목적으로 진열하거나 소방시설공사에 사용할 수 없는 소방용품**
(1) **형식승인**을 받지 아니한 것
(2) **형상** 등을 임의로 변경한 것
(3) **제품검사**를 받지 아니하거나 **합격표시**를 하지 아니한 것

☆

**문제 07**

「화재의 예방 및 안전관리에 관한 법률」에 의거하여 특정소방대상물의 관계인은 그 특정소방대상물에 대하여 소방안전관리업무를 수행하여야 한다. 특정소방대상물의 관계인과 소방안전관리자의 업무 9가지에 대하여 기술하시오. (7점)

○

○

○

○

○

○

○

○

○

정답 ① 피난계획에 관한 사항과 대통령령으로 정하는 사항이 포함된 소방계획서의 작성 및 시행
② 자위소방대 및 초기대응체계의 구성, 운영 및 교육
③ 피난시설, 방화구획 및 방화시설의 관리
④ 소방시설이나 그 밖의 소방관련시설의 관리
⑤ 소방훈련 및 교육
⑥ 화기취급의 감독
⑦ 소방안전관리에 관한 업무수행에 관한 기록・유지
⑧ 화재발생시 초기대응
⑨ 그 밖에 소방안전관리에 필요한 업무

해설 **화재의 예방 및 안전관리에 관한 법률 제24조 제⑤항**
**관계인 및 소방안전관리자의 업무**

| 특정소방대상물(관계인) | 소방안전관리대상물(소방안전관리자) |
|---|---|
| ① 피난시설·방화구획 및 방화시설의 관리<br>② 소방시설, 그 밖의 소방관련시설의 관리<br>③ **화기취급**의 감독<br>④ 화재발생시 초기대응<br>⑤ 그 밖의 소방안전관리에 필요한 업무 | ① 피난시설·방화구획 및 방화시설의 관리<br>② 소방시설, 그 밖의 소방관련시설의 관리<br>③ **화기취급**의 감독<br>④ **소방계획서**의 작성 및 시행(피난계획에 관한 사항과 대통령령으로 정하는 사항 포함)<br>⑤ **자위소방대** 및 **초기대응체계**의 구성·운영·교육<br>⑥ 소방훈련 및 교육<br>⑦ 소방안전관리에 관한 업무수행에 관한 기록·유지<br>⑧ 화재발생시 초기대응<br>⑨ 그 밖의 소방안전관리에 필요한 업무 |

☆☆

## 문제 08

**「소방시설 설치 및 관리에 관한 법률 시행령」에 의거하여 무창층이라 함은 지상층 중 특정요건을 모두 갖춘 개구부의 면적의 합계가 당해 층의 바닥면적의 30분의 1 이하가 되는 층을 말한다. 이러한 개구부가 갖추어야 할 요건 5가지에 대하여 기술하시오. (10점)**

○
○
○
○
○

정답 ① 개구부의 크기가 지름 50cm 이상의 원이 통과할 수 있을 것
② 해당층의 바닥면으로부터 개구부 밑부분까지의 높이가 1.2m 이내일 것
③ 개구부는 도로 또는 차량이 진입할 수 있는 빈터를 향할 것
④ 화재시 건축물로부터 쉽게 피난할 수 있도록 개구부에 창살 그 밖의 장애물이 설치되지 않을 것
⑤ 내부 또는 외부에서 쉽게 파괴 또는 개방할 수 있을 것

해설 **소방시설 설치 및 관리에 관한 법률 시행령 제2조**
**"무창층"이란 지상층 중 다음의 요건을 모두 갖춘 개구부(건축물에서 채광·환기·통풍 또는 출입 등을 위하여 만든 창·출입구, 그 밖에 이와 비슷한 것)의 면적의 합계가 해당층의 바닥면적의 $\frac{1}{30}$ 이하가 되는 층을 말한다.**
(1) 크기는 지름 **50cm** 이상의 원이 통과할 수 있을 것
(2) 해당층의 바닥면으로부터 개구부 밑부분까지의 높이가 **1.2m** 이내일 것
(3) 도로 또는 차량이 진입할 수 있는 **빈터**를 향할 것
(4) 화재시 건축물로부터 쉽게 피난할 수 있도록 **창살**이나 그 밖의 장애물이 설치되지 않을 것
(5) **내부** 또는 **외부**에서 쉽게 부수거나 열 수 있을 것

★★★

## 문제 09

「소방시설 설치 및 관리에 관한 법률 시행령」에 의거하여 건축허가 등을 함에 있어서 미리 소방본부장 또는 소방서장의 동의를 받아야 하는 건축물 등의 범위에 대하여 7가지를 쓰시오. (7점)

○
○
○
○
○
○
○

정답 ① 연면적이 400m²(학교시설 : 100m², 수련시설・노유자시설 : 200m², 정신의료기관・장애인 의료재활시설 : 300m²) 이상인 건축물
② 층수가 6층 이상인 건축물
③ 차고・주차장 또는 주차용도로 사용되는 시설(자동차 20대 이상)
④ 항공기격납고, 관망탑, 항공관제탑, 방송용 송수신탑
⑤ 지하층 또는 무창층이 있는 건축물로서 바닥면적이 150m²(공연장은 100m²) 이상인 층이 있는 것
⑥ 위험물 저장 및 처리 시설
⑦ 요양병원(의료재활시설은 제외)

해설 **소방시설 설치 및 관리에 관한 법률 시행령 제7조**
**건축허가 등의 동의대상물의 범위**
(1) 연면적 **400m²**(학교시설 : **100m²**, **수련시설・노유자시설** : **200m²**, **정신의료기관・장애인 의료재활시설** : **300m²**) 이상인 건축물
(2) **6층** 이상인 건축물
(3) 차고・주차장으로서 바닥면적 **200m²** 이상(자동차 **20대** 이상)
(4) **항공기격납고, 관망탑, 항공관제탑, 방송용 송수신탑**
(5) 지하층 또는 무창층의 바닥면적 **150m²**(공연장은 **100m²**) 이상인 층이 있는 것
(6) **위험물저장 및 처리시설**, **지하구**
(7) **전기저장시설**, **풍력발전소**
(8) **조산원**, **산후조리원**, **의원**(입원실 있는 것)
(9) **결핵환자**나 **한센인**이 24시간 생활하는 노유자시설
(10) **요양병원**(의료재활시설 제외)
(11) 노인주거복지시설・노인의료복지시설 및 재가노인복지시설, 학대피해노인 전용쉼터, **아동복지시설**, **장애인거주시설**
(12) 정신질환자 관련시설(종합시설 중 24시간 주거를 제공하지 아니하는 시설 제외)
(13) **노숙인자활시설**, **노숙인재활시설** 및 **노숙인요양시설**
(14) 공장 또는 창고시설로서 지정수량의 **750배 이상**의 특수가연물을 저장・취급하는 것
(15) 가스시설로서 지상에 노출된 탱크의 저장용량의 합계가 **100톤** 이상인 것

☆☆

## 문제 10

「소방시설 설치 및 관리에 관한 법률 시행령」에 의거하여 특정소방대상물이 증축되는 경우에는 기존 부분을 포함한 특정소방대상물의 전체에 대하여 증축 당시의 소방시설 등의 설치에 관한 대통령령 또는 화재안전기준을 적용하여야 한다. 기존 부분에 대해서는 증축 당시의 소방시설의 설치에 관한 대통령령 또는 화재안전기준을 적용하지 않는 경우 4가지를 기술하시오. (4점)

○

○

○

○

정답 ① 기존 부분과 증축 부분이 내화구조로 된 바닥과 벽으로 구획된 경우
② 기존 부분과 증축 부분이 60분+방화문 또는 자동방화셔터로 구획되어 있는 경우
③ 자동차 생산공장 등 화재위험이 낮은 특정소방대상물 내부에 연면적 $33m^2$ 이하의 직원 휴게실을 증축하는 경우
④ 자동차 생산공장 등 화재위험이 낮은 특정소방대상물에 캐노피(기둥으로 받치거나 매달아 놓은 덮개를 말하며, 3면 이상에 벽이 없는 구조의 캐노피)를 설치하는 경우

해설 **소방시설 설치 및 관리에 관한 법률 시행령 제15조**
**기존 부분에 대해서는 증축 당시의 소방시설의 설치에 관한 대통령령 또는 화재안전기준을 적용하지 않는 경우 4가지**
(1) 기존 부분과 증축 부분이 **내화구조**로 된 **바닥**과 **벽**으로 구획된 경우
(2) 기존 부분과 증축 부분이 **60분+방화문** 또는 **자동방화셔터**로 구획되어 있는 경우
(3) **자동차 생산공장** 등 화재위험이 낮은 특정소방대상물 **내부**에 연면적 $33m^2$ 이하의 **직원 휴게실**을 증축하는 경우
(4) **자동차 생산공장** 등 화재위험이 낮은 특정소방대상물에 **캐노피**(기둥으로 받치거나 매달아 놓은 덮개를 말하며, **3면** 이상에 벽이 없는 구조의 캐노피)를 설치하는 경우

☆☆☆

## 문제 11

「소방시설 설치 및 관리에 관한 법률 시행령」에 의거하여 소방본부장 또는 소방서장은 특정소방대상물이 용도변경되는 경우에는 용도변경되는 부분에 한하여 용도변경 당시의 소방시설 등의 설치에 관한 대통령령 또는 화재안전기준을 적용한다. 이러한 규정에도 불구하고 특정소방대상물 전체에 대하여 용도변경되기 전에 해당 특정소방대상물에 적용되던 소방시설 등의 설치에 관한 대통령령 또는 화재안전기준을 적용할 수 있는 경우 2가지를 기술하시오. (4점)

○

○

정답 ① 특정소방대상물의 구조·설비가 화재 연소확대 요인이 적어지거나 피난 또는 화재 진압활동이 쉬워지도록 변경되는 경우
② 용도변경으로 인하여 천장·바닥·벽 등에 고정되어 있는 가연성 물질의 양이 감소되는 경우

해설 **소방시설 설치 및 관리에 관한 법률 시행령 제15조 제②항**
**특정소방대상물 전체에 대하여 용도변경 전에 해당 특정소방대상물에 적용되던 소방시설의 설치에 관한 대통령령 또는 화재안전기준을 적용할 수 있는 경우**
(1) 특정소방대상물의 구조·설비가 **화재 연소확대 요인**이 적어지거나 피난 또는 화재 진압활동이 쉬워지도록 변경되는 경우
(2) 용도변경으로 인하여 **천장·바닥·벽** 등에 고정되어 있는 가연성 물질의 양이 줄어드는 경우

중요

**특정소방대상물의 증축 또는 용도변경시의 소방시설기준 적용의 특례사항으로 기존 부분에 대해서는 증축 당시의 소방시설의 설치에 관한 대통령령 또는 화재안전기준을 적용하지 않는 경우**(소방시설 설치 및 관리에 관한 법률 시행령 제15조 제①항)

(1) 기존 부분과 증축 부분이 **내화구조**로 된 **바닥**과 **벽**으로 구획된 경우
(2) 기존 부분과 증축 부분이 「건축법 시행령」 제46조 제①항 제2호에 따른 **60분+방화문** 또는 **자동방화셔터**로 구획되어 있는 경우
(3) 자동차 생산공장 등 화재위험이 낮은 특정소방대상물 내부에 연면적 $33m^2$ 이하의 **직원 휴게실**을 증축하는 경우
(4) 자동차 생산공장 등 화재위험이 낮은 특정소방대상물에 **캐노피**(기둥으로 받치거나 매달아 놓은 덮개를 말하며, **3면** 이상에 벽이 없는 구조의 캐노피를 설치하는 경우

★★★

## 문제 12

「소방시설 설치 및 관리에 관한 법률 시행령」에 의거하여 방염성능기준 이상의 실내장식물 등을 설치하여야 하는 특정소방대상물 7가지를 기술하시오. (7점)

○
○
○
○
○
○
○

정답 ① 의료시설(종합병원, 정신의료기관)
② 합숙소
③ 노유자시설
④ 숙박이 가능한 수련시설
⑤ 숙박시설
⑥ 방송국 및 촬영소
⑦ 다중이용업소

해설 **소방시설 설치 및 관리에 관한 법률 시행령 제30조**
**방염성능기준 이상의 실내장식물 등을 설치해야 하는 특정소방대상물**
(1) **체력단련장**, **공연장** 및 **종교집회장**
(2) 문화 및 집회시설
(3) 종교시설
(4) 운동시설(**수영장**은 **제외**)
(5) **의원**, **조산원**, **산후조리원**
(6) **의료시설**(종합병원, 정신의료기관)
(7) **합숙소**
(8) **노유자시설**
(9) 숙박이 가능한 **수련시설**
(10) **숙박시설**
(11) **방송국** 및 **촬영소**
(12) **다중이용업소**(단란주점영업, 유흥주점영업, 노래연습장의 영업장 등)
(13) 층수가 **11층 이상**인 것(**아파트**는 **제외**)

★★★
## 문제 13

「소방시설 설치 및 관리에 관한 법률 시행령」에 의거하여 제조 또는 가공공정에서 방염처리를 한 방염대상물품 4가지를 기술하시오. (10점)

○
○
○
○

**정답** ① 창문에 설치하는 커텐류(블라인드 포함)
② 카펫, 벽지류로서 두께가 2mm 미만인 종이벽지를 제외한 것
③ 전시용 합판·목재 또는 섬유판, 무대용 합판·목재 또는 섬유판(합판·목재류의 경우 불가피하게 설치현장에서 방염처리한 것 포함)
④ 암막·무대막(영화상영관, 가상체험 체육시설업에 설치하는 스크린 포함)

**해설** **소방시설 설치 및 관리에 관한 법률 시행령 제31조 제①항**
**방염대상물품**
(1) 제조 또는 가공공정에서 방염처리를 한 물품으로서 다음에 해당하는 것
① 창문에 설치하는 커튼류(**블라인드 포함**)
② 카펫·벽지류(두께가 2mm 미만인 **종이벽지 제외**)
③ 전시용 합판·목재 또는 섬유판, 무대용 합판·목재 또는 섬유판(합판·목재류의 경우 불가피하게 설치현장에서 방염처리한 것 포함)
④ **암막·무대막**(「영화 및 비디오물의 진흥에 관한 법률」 제2조 제10호에 따른 **영화상영관**에 설치하는 **스크린**과 「다중이용업소의 안전관리에 관한 특별법 시행령」 제2조 제7호의 4에 따른 **가상체험 체육시설업**에 설치하는 **스크린 포함**)
⑤ 섬유류 또는 합성수지류 등을 원료로 하여 제작된 **소파·의자**(「다중이용업소의 안전관리에 관한 특별법 시행령」 제2조 제1호 나목 및 같은 조 제6호에 따른 **단란주점영업**, **유흥주점영업** 및 **노래연습장업**의 영업장에 설치하는 것만 해당)
(2) 건축물 내부의 천장이나 벽에 부착하거나 설치하는 것으로서 다음에 해당하는 것을 말한다. 단, 가구류(옷장, 찬장, 식탁, 식탁용 의자, 사무용 책상, 사무용 의자 및 계산대, 그 밖에 이와 비슷한 것)와 너비 10cm 이하인 반자돌림대 등과 「건축법」 제52조에 따른 내부마감재료 제외
① **종이류**(두께 **2mm 이상**)·**합성수지류** 또는 **섬유류**를 주원료로 한 물품
② **합판**이나 **목재**
③ 공간을 구획하기 위하여 설치하는 간이 칸막이(접이식 등 이동 가능한 벽체나 천장 또는 반자가 실내에 접하는 부분까지 구획하지 않을 벽체)
④ 흡음이나 방음을 위하여 설치하는 흡음재(흡음용 커튼 포함) 또는 방음재(방음용 커튼 포함)

★★
## 문제 14

「소방시설 설치 및 관리에 관한 법률 시행령」에 의거하여 방염성능기준 5가지를 기술하시오. (10점)

○
○
○
○
○

정답 ① 버너의 불꽃을 제거한 때부터 불꽃을 올리며 연소하는 상태가 그칠 때까지 시간은 20초 이내
② 버너의 불꽃을 제거한 때부터 불꽃을 올리지 않고 연소하는 상태가 그칠 때까지 시간은 30초 이내
③ 탄화한 면적은 50cm$^2$ 이내, 탄화한 길이는 20cm 이내
④ 불꽃에 의하여 완전히 녹을 때가지 불꽃의 접촉횟수는 3회 이상
⑤ 소방청장이 정하여 고시한 방법으로 발연량을 측정하는 경우 최대연기밀도는 400 이하

해설 **소방시설 설치 및 관리에 관한 법률 시행령 제31조 제②항**
**방염성능기준**
(1) 버너의 불꽃을 제거한 때부터 **불꽃을 올리며** 연소하는 상태가 그칠 때까지 시간은 **20초** 이내일 것
(2) 버너의 불꽃을 제거한 때부터 **불꽃을 올리지 않고** 연소하는 상태가 그칠 때까지 시간은 **30초** 이내일 것
(3) **탄화**한 **면적**은 **50cm$^2$** 이내, **탄화**한 **길이**는 **20cm** 이내일 것
(4) 불꽃에 의하여 완전히 녹을 때가지 불꽃의 접촉횟수는 **3회** 이상일 것
(5) 소방청장이 정하여 고시한 방법으로 발연량을 측정하는 경우 최대연기밀도는 **400 이하**일 것

## 문제 15

「화재의 예방 및 안전관리에 관한 법률 시행령」에 의거하여 1급 소방안전관리자를 두어야 하는 특정소방대상물(1급 소방안전관리대상물) 3가지를 쓰시오. (3점)
○
○
○

정답 ① 연면적 15000m$^2$ 이상인 특정소방대상물(아파트 및 연립주택 제외)
② 특정소방대상물로서 지상층의 층수가 11층 이상인 것(아파트 제외)
③ 가연성 가스를 1000톤 이상 저장·취급하는 시설

해설 **화재의 예방 및 안전관리에 관한 법률 시행령 〔별표 4〕**
**1급 소방안전관리대상물**
(1) **30층** 이상(지하층 제외)이거나 지상으로부터 높이가 **120m** 이상인 **아파트**
(2) 연면적 **15000m$^2$** 이상인 특정소방대상물(아파트 및 연립주택 제외)
(3) 특정소방대상물로서 지상층의 층수가 **11층** 이상인 것(아파트 제외)
(4) 가연성 가스를 **1000톤** 이상 저장·취급하는 시설

- 동·식물원, 철강 등 불연성 물품을 저장·취급하는 창고, 위험물 저장 및 처리 시설 중 위험물제조소 등, 지하구를 제외한 것

비교

**화재의 예방 및 안전관리에 관한 법률 시행령 〔별표 4〕**

| 특급 소방안전관리대상물 | 2급 소방안전관리대상물 |
|---|---|
| ① **50층** 이상(지하층 제외)이거나 지상으로부터 높이가 **200m** 이상인 **아파트**<br>② **30층** 이상(지하층 포함)이거나 지상으로부터 높이가 **120m** 이상인 특정소방대상물(**아파트 제외**)<br>③ 특정소방대상물로서 연면적이 **10만m$^2$** 이상인 특정소방대상물(**아파트 제외**) | ① 〔별표 4〕에 따라 **옥내소화전설비, 스프링클러설비** 또는 **물분무등소화설비**(호스릴방식만을 설치한 경우는 제외)를 설치하는 특정소방대상물<br>② 가스제조설비를 갖추고 도시가스사업의 허가를 받아야 하는 시설 또는 가연성 가스를 **100~1000톤 미만** 저장·취급하는 시설<br>③ **지하구**<br>④ 「공동주택관리법」 제2조 각 호의 어느 하나에 해당하는 **공동주택**(〔별표 4〕에 따라 옥내소화전설비 또는 스프링클러설비가 설치된 공동주택 한정)<br>⑤ 「문화재보호법」 제23조에 따라 **보물** 또는 **국보**로 지정된 **목조건축물** |

★★

## 문제 16

「화재의 예방 및 안전관리에 관한 법률 시행령」에 의거하여 소방안전관리대상물의 소방계획 작성시 포함되어야 하는 사항 12가지를 쓰시오. (12점)

○ ○
○ ○
○ ○
○ ○
○ ○
○ ○

정답 ① 소방안전관리대상물의 위치・구조・연면적・용도 및 수용인원 등 일반현황
② 소방안전관리대상물에 설치한 소방시설 및 방화시설, 전기시설・가스시설 및 위험물시설의 현황
③ 화재예방을 위한 자체점검계획 및 대응대책
④ 소방시설・피난시설 및 방화시설의 점검・정비계획
⑤ 피난층 및 피난시설의 위치와 피난경로의 설정, 화재안전취약자의 피난계획 등을 포함한 피난계획
⑥ 방화구획・제연구획・건축물의 내부마감재료 및 방염물품의 사용현황과 그 밖의 방화구조 및 설비의 유지・관리계획
⑦ 소방훈련 및 교육에 관한 계획
⑧ 특정소방대상물의 근무자 및 거주자의 자위소방대 조직과 대원의 임무(화재안전취약자의 피난보조임무 포함)에 관한 사항
⑨ 화기취급 작업에 대한 사전안전조치 및 감독 등 공사 중 소방안전관리에 관한 사항
⑩ 관리의 권원이 분리된 특정소방대상물의 소방안전관리에 관한 사항
⑪ 소화 및 연소방지에 관한 사항
⑫ 위험물의 저장・취급에 관한 사항(예방규정을 정하는 제조소 등은 제외)

해설 **화재의 예방 및 안전관리에 관한 법률 시행령 제27조**
**소방안전관리대상물의 소방계획서 작성에 포함되어야 할 사항**
(1) 소방안전관리대상물의 **위치・구조・연면적・용도** 및 **수용인원** 등 일반현황
(2) 소방안전관리대상물에 설치한 **소방시설・방화시설, 전기시설・가스시설** 및 **위험물시설**의 현황
(3) 화재예방을 위한 **자체점검계획** 및 **대응대책**
(4) 소방시설・피난시설 및 방화시설의 **점검・정비계획**
(5) 피난층 및 피난시설의 위치와 피난경로의 설정, 화재안전취약자의 피난계획 등을 포함한 피난계획
(6) 방화구획, 제연구획, 건축물의 내부마감재료 및 방염물품의 사용현황과 그 밖의 방화구조 및 설비의 유지・관리계획
(7) **소방훈련** 및 **교육**에 관한 계획
(8) 특정소방대상물의 **근무자** 및 **거주자**의 **자위소방대** 조직과 대원의 임무(화재안전취약자의 피난보조임무 포함)에 관한 사항
(9) 화기취급 작업에 대한 **사전안전조치** 및 **감독** 등 공사 중 소방안전관리에 관한 사항
(10) 관리의 권원이 분리된 특정소방대상물의 소방안전관리에 관한 사항
(11) **소화**와 **연소** 방지에 관한 사항
(12) **위험물**의 **저장・취급**에 관한 사항(「위험물 안전관리법」 제17조에 따라 **예방규정**을 정하는 제조소 등 제외)
(13) 소방안전관리에 대한 업무수행에 관한 기록 및 유지에 관한 사항
(14) 화재발생시 화재경보, 초기소화 및 피난유도 등 초기대응에 관한 사항
(15) **소방본부장** 또는 **소방서장**이 소방안전관리대상물의 위치・구조・설비 또는 관리상황 등을 고려하여 소방안전관리에 필요하여 요청하는 사항

☆

## 문제 17

**소방시설관리사 시험의 응시자격에 소방안전관리자 자격을 가진 사람은 최소 몇 년 이상의 실무경력이 필요한지 각각 쓰시오. (3점)**

○특급 소방안전관리자로 (    )년 이상 근무한 실무경력이 있는 사람
○1급 소방안전관리자로 (    )년 이상 근무한 실무경력이 있는 사람
○3급 소방안전관리자로 (    )년 이상 근무한 실무경력이 있는 사람

정답 ① 특급 소방안전관리자로 ( 2 )년 이상 근무한 실무경력이 있는 사람
② 1급 소방안전관리자로 ( 3 )년 이상 근무한 실무경력이 있는 사람
③ 3급 소방안전관리자로 ( 7 )년 이상 근무한 실무경력이 있는 사람

해설 **구 화재예방, 소방시설 설치 · 유지 및 안전관리에 관한 법률 시행령 제27조**(2026. 12. 31. 개정 예정)
**응시자격**

(1) **소방기술사** · 위험물기능장 · 건축사 · 건축기계설비기술사 · 건축전기설비기술사 또는 공조냉동기계기술사 자격취득자
(2) **소방설비기사** 자격을 취득한 후 **2년** 이상 소방청장이 정하여 고시하는 소방에 관한 실무경력(이하 "**소방실무경력**"이라 함)이 있는 사람
(3) **소방설비산업기사** 자격을 취득한 후 **3년** 이상 소방실무경력이 있는 사람
(4) 「국가과학기술 경쟁력 강화를 위한 이공계지원 특별법」 제2조 제1호에 따른 이공계(이하 "**이공계**"라 함) 분야를 전공한 사람으로서 다음의 어느 하나에 해당하는 사람
  ① 이공계 분야의 박사학위를 취득한 사람
  ② 이공계 분야의 석사학위를 취득한 후 **2년** 이상 소방실무경력이 있는 사람
  ③ 이공계 분야의 학사학위를 취득한 후 **3년** 이상 소방실무경력이 있는 사람
(5) 소방안전공학(소방방재공학, 안전공학을 포함) 분야를 전공한 후 다음에 해당하는 사람
  ① 해당 분야의 **석사학위** 이상을 취득한 사람
  ② **2년** 이상 소방실무경력이 있는 사람
(6) **위험물산업기사** 또는 **위험물기능사** 자격을 취득한 후 **3년** 이상 소방실무경력이 있는 사람
(7) **소방공무원**으로 **5년** 이상 근무한 경력이 있는 사람
(8) 소방안전관련학과의 학사학위를 취득한 후 3년 이상 소방실무경력이 있는 사람
(9) **산업안전기사** 자격을 취득한 후 **3년** 이상 소방실무경력이 있는 사람
(10) 다음에 해당하는 사람
  ① **특급** 소방안전관리대상물의 소방안전관리자로 **2년** 이상 근무한 실무경력이 있는 사람
  ② **1급** 소방안전관리대상물의 소방안전관리자로 **3년** 이상 근무한 실무경력이 있는 사람
  ③ **2급** 소방안전관리대상물의 소방안전관리자로 **5년** 이상 근무한 실무경력이 있는 사람
  ④ **3급** 소방안전관리대상물의 소방안전관리자로 **7년** 이상 근무한 실무경력이 있는 사람
  ⑤ **10년** 이상 소방실무경력이 있는 사람
  ※ **시험에서 부정한 행위를 한 응시자에 대하여는** 그 시험을 정지 또는 무효로 하고, 그 처분이 있은 날부터 **2년간 시험응시자격을 정지**한다. (구 화재예방, 소방시설 설치 · 유지 및 안전관리에 관한 법률 제26조의 2)

☆☆☆

## 문제 18

**「소방시설 설치 및 관리에 관한 법률 시행령」〔별표 2〕에 의거하여 하나의 건축물 안에 특정소방대상물 중 둘 이상의 용도로 사용되는 것을 복합건축물이라 한다. 이러한 규정에도 불구하고 건축물 주된 용도의 기능에 필수적인 용도로 사용되는 경우에는 복합건축물로 보지 않는다. 이러한 용도 3가지를 쓰시오. (6점)**

○
○
○

정답 ① 건축물의 설비·대피 및 위생, 그 밖에 이와 비슷한 시설의 용도
② 사무·작업·집회·물품저장·주차, 그 밖에 이와 비슷한 시설의 용도
③ 구내식당·구내세탁소·구내운동시설 등 종업원 후생복리시설(기숙사 제외) 및 구내소각시설, 그 밖에 이와 비슷한 시설의 용도

해설 **소방시설 설치 및 관리에 관한 법률 시행령 〔별표 2〕**
**복합건축물로 보지 않는 건축물의 주된 용도의 기능에 필수적인 용도로 사용되는 경우**
(1) 건축물의 **설비·대피** 및 **위생**, 그 밖에 이와 비슷한 시설의 용도
(2) **사무·작업·집회·물품저장·주차**, 그 밖에 이와 비슷한 시설의 용도
(3) **구내식당·구내세탁소·구내운동시설** 등 **종업원 후생복리시설**(기숙사 제외) 및 **구내소각시설**, 그 밖에 이와 비슷한 시설의 용도

비교

**소방시설 설치 및 관리에 관한 법률 시행령 〔별표 2〕**
(1) **복합건축물로 보지 않는 경우**
① 관계 법령에서 주된 용도의 **부수**시설로서 그 설치를 의무화하고 있는 용도 또는 시설
② 「주택법」에 따라 **주택** 안에 부대시설 또는 복리시설이 설치되는 특정소방대상물
③ 건축물의 주된 용도의 기능에 필수적인 용도로서 다음의 어느 하나에 해당하는 용도
㉠ 건축물의 **설**비, **대**피 또는 **위**생을 위한 용도, 그 밖에 이와 비슷한 용도
㉡ **사**무, **작**업, **집**회, **물**품저장 또는 **주**차를 위한 용도, 그 밖에 이와 비슷한 용도
㉢ **구내**식당, 구내세탁소, 구내운동시설 등 종업원 후생복리시설(기숙사 제외) 또는 구내소각시설의 용도, 그 밖에 이와 비슷한 용도

기억법 **주택부수 설대위 구내사작 집물주**

(2) **복합건축물에 해당하는 경우**
하나의 건축물이 특정소방대상물(지하구, 문화재 제외) 중 둘 이상의 용도로 사용되는 것

## 문제 19

「소방시설 설치 및 관리에 관한 법률 시행령」〔별표 4〕에 의거하여 특정소방대상물의 규모·용도 및 수용인원 등을 고려하여 갖추어야 하는 소방시설의 종류 중 문화 및 집회시설(동식물원 제외), 종교시설(주요구조부가 목조인 것 제외), 운동시설(물놀이형 시설 제외)의 모든 층에 설치하여야 하는 경우에 해당하는 스프링클러설비 설치대상 4가지를 쓰시오. (4점)
○
○
○
○

정답 ① 수용인원 : 100명 이상
② 영화상영관의 용도로 쓰이는 층의 바닥면적이 지하층 또는 무창층인 경우 : 500m$^2$ 이상(기타층 : 1000m$^2$ 이상)
③ 무대부가 지하층·무창층 또는 4층 이상의 층에 있는 경우 : 무대부 면적 300m$^2$ 이상
④ 무대부가 ③ 외의 층에 있는 경우 : 무대부 면적 500m$^2$ 이상

해설 **소방시설 설치 및 관리에 관한 법률 시행령 〔별표 4〕 제1호 라목**
**스프링클러설비를 설치하여야 하는 특정소방대상물**

| 문화 및 집회시설(동식물원 제외), 종교시설(주요구조부가 목조인 것 제외), 운동시설(물놀이형 시설 및 바닥이 불연재료이고 관람석이 없는 운동시설 제외)로서 다음 어느 하나에 해당하는 모든 층 | 다음 어느 하나에 해당하는 용도로 사용되는 시설의 바닥면적의 합계가 600m$^2$ 이상인 모든 층 |
|---|---|
| ① 수용인원 : **100명** 이상<br>② 영화상영관의 용도로 쓰이는 층의 바닥면적이 지하층 또는 무창층인 경우 : **500m$^2$** 이상(기타층 : **1000m$^2$** 이상)<br>③ 무대부가 지하층 · 무창층 또는 4층 이상의 층에 있는 경우 : 무대부면적 **300m$^2$** 이상<br>④ 무대부 ③ 외의 층에 있는 경우 무대부면적 : **500m$^2$** 이상 | ① 조산원 및 산후조리원<br>② 정신의료기관<br>③ 종합병원, 병원, 치과병원, 한방병원 및 요양병원<br>④ 노유자시설<br>⑤ 숙박이 가능한 수련시설<br>⑥ 숙박시설 |

(1) 지붕 또는 외벽이 불연재료가 아니거나 내화구조가 아닌 **공장** 또는 **창고시설**
  ① 창고시설(물류터미널 **한정**) 중 바닥면적의 합계가 **2500m$^2$** 이상이거나 수용인원이 **250명** 이상인 것
  ② 창고시설(물류터미널 **제외**) 중 바닥면적의 합계가 **2500m$^2$** 이상인 것
  ③ 랙크식 창고시설 중 바닥면적의 합계가 **750m$^2$** 이상인 것
  ④ 공장 또는 창고시설 중 지하층 · 무창층 또는 층수가 **4층** 이상인 것 중 바닥면적이 **500m$^2$** 이상인 것
  ⑤ 공장 또는 창고시설 중 지정수량의 **500배** 이상의 특수가연물을 저장 · 취급하는 시설
(2) 문화 및 집회시설(동식물원 제외), 종교시설(주요구조부가 목조인 것 제외), 운동시설(물놀이형 시설 제외)
  ① 수용인원 : **100명** 이상인 것
  ② 영화상영관의 용도로 쓰이는 층의 바닥면적이 **지하층** 또는 **무창층**인 경우 **500m$^2$** 이상, 그 밖의 층의 경우 **1000m$^2$** 이상인 것
  ③ 무대부가 **지하층 · 무창층** 또는 **4층** 이상의 층에 있는 경우 : 무대부의 면적이 **300m$^2$** 이상인 것
  ④ 무대부가 **3층** 이하인 경우 : 무대부의 면적이 **500m$^2$** 이상인 것
(3) 다음의 용도로 사용되는 시설의 바닥면적의 합계가 **600m$^2$** 이상인 것은 모든 층
  ① 근린생활시설 중 조산원 및 산후조리원
  ② 의료시설 중 **정신의료기관**
  ③ 의료시설 중 **종합병원**, **병원**, **치과병원**, **한방병원** 및 **요양병원**
  ④ **노유자시설**
  ⑤ **숙박**이 가능한 **수련시설**
  ⑥ 숙박시설
(4) 공장 또는 창고시설
  ① 「화재의 예방 및 안전관리에 관한 법률 시행령」 〔별표〕에서 정하는 지정수량의 **1000배** 이상의 특수가연물을 저장 · 취급하는 시설
  ② 「원자력안전법 시행령」에 따른 **중 · 저준위방사성 폐기물**의 저장시설 중 소화수를 수집 · 처리하는 설비가 있는 저장시설
(5) 교정 및 군사시설
  ① **보호감호소**, **교도소**, **구치소** 및 그 지소, **보호관찰소**, **갱생보호시설**, **치료감호시설**, **소년원** 및 **소년분류심사원**의 수용거실
  ② 출입국관리법에 따른 보호시설(외국인보호소의 경우에는 보호대상자의 생활공간 한정)로 사용하는 부분(단, 보호시설이 임차건물에 있는 경우는 제외)
  ③ 경찰관 직무집행법에 따른 **유치장**

☆

## 문제 20

「소방시설 설치 및 관리에 관한 법률 시행령」〔별표 4〕에 의거하여 특정소방대상물의 관계인이 특정소방대상물의 규모 · 용도 및 수용인원을 고려하여 스프링클러설비를 설치하고자 한다. "지붕 또는 외벽이 불연재료가 아니거나 내화구조가 아닌 공장 또는 창고시설"로서 스프링클러설비 설치대상이 되는 경우 5가지를 쓰시오. (5점)

○
○
○
○
○

정답 ① 창고시설(물류터미널 한정) 중 바닥면적의 합계가 $2500m^2$ 이상이거나 수용인원이 250명 이상인 것
② 창고시설(물류터미널 제외) 중 바닥면적의 합계가 $2500m^2$ 이상인 것
③ 랙크식 창고시설 중 바닥면적의 합계가 $750m^2$ 이상인 것
④ 공장 또는 창고시설 중 지하층 · 무창층 또는 층수가 4층 이상인 것 중 바닥면적이 $500m^2$ 이상인 것
⑤ 공장 또는 창고시설 중 지정수량의 500배 이상의 특수가연물을 저장 · 취급하는 시설

해설 **소방시설 설치 및 관리에 관한 법률 시행령 〔별표 4〕 제1호 라목**
**스프링클러설비를 설치하여야 하는 특정소방대상물**

(1) 지붕 또는 외벽이 불연재료가 아니거나 내화구조가 아닌 **공장** 또는 **창고시설**
① 창고시설(물류터미널 **한정**) 중 바닥면적의 합계가 **$2500m^2$** 이상이거나 수용인원이 **250명** 이상인 것
② 창고시설(물류터미널 **제외**) 중 바닥면적의 합계가 **$2500m^2$** 이상인 것
③ 랙크식 창고시설 중 바닥면적의 합계가 **$750m^2$** 이상인 것
④ 공장 또는 창고시설 중 지하층 · 무창층 또는 층수가 **4층** 이상인 것 중 바닥면적이 **$500m^2$** 이상인 것
⑤ 공장 또는 창고시설 중 지정수량의 **500배** 이상의 특수가연물을 저장 · 취급하는 시설

(2) 문화 및 집회시설(동식물원 제외), 종교시설(주요구조부가 목조인 것 제외), 운동시설(물놀이형 시설 제외)
① 수용인원 : **100명** 이상인 것
② 영화상영관의 용도로 쓰이는 층의 바닥면적이 **지하층** 또는 **무창층**인 경우 **$500m^2$** 이상, 그 밖의 층의 경우 **$1000m^2$** 이상인 것
③ 무대부가 **지하층 · 무창층** 또는 **4층** 이상의 층에 있는 경우 : 무대부의 면적이 **$300m^2$** 이상인 것
④ 무대부가 **3층** 이하인 경우 : 무대부의 면적이 **$500m^2$** 이상인 것

(3) 다음의 용도로 사용되는 시설의 바닥면적의 합계가 **$600m^2$** 이상인 것은 모든 층
① 근린생활시설 중 조산원 및 산후조리원
② 의료시설 중 **정신의료기관**
③ 의료시설 중 **종합병원**, **병원**, **치과병원**, **한방병원** 및 **요양병원**
④ **노유자시설**
⑤ **숙박**이 가능한 **수련시설**
⑥ 숙박시설

(4) 공장 또는 창고시설
① 「화재의 예방 및 안전관리에 관한 법률 시행령」〔별표〕에서 정하는 지정수량의 **1000배** 이상의 특수가연물을 저장 · 취급하는 시설
② 「원자력안전법 시행령」에 따른 **중 · 저준위방사성 폐기물**의 저장시설 중 소화수를 수집 · 처리하는 설비가 있는 저장시설

(5) 교정 및 군사시설
① **보호감호소**, **교도소**, **구치소** 및 그 지소, **보호관찰소**, **갱생보호시설**, **치료감호시설**, **소년원** 및 **소년분류심사원**의 수용거실
② 출입국관리법에 따른 보호시설(외국인보호소의 경우에는 보호대상자의 생활공간 한정)로 사용하는 부분(단, 보호시설이 임차건물에 있는 경우는 제외)
③ 경찰관 직무집행법에 따른 **유치장**

☆☆☆

## 문제 21

「소방시설 설치 및 관리에 관한 법률 시행령」〔별표 4〕에 의거하여 소화수를 수집·처리하는 설비가 설치되어 있지 아니한 중·저준위방사성 폐기물저장시설의 경우에 설치할 수 있는 소화설비의 종류 3가지를 쓰시오. (6점)

○

○

○

정답 ① 이산화탄소 소화설비
② 할론소화설비
③ 할로겐화합물 및 불활성기체 소화설비

해설 **소방시설 설치 및 관리에 관한 법률 시행령 〔별표 4〕 제1호 바목 6~7**
**물분무등소화설비를 설치하여야 하는 특정소방대상물**

(1) 소화수를 수집·처리하는 설비가 설치되어 있지 않은 중·저준위방사성 폐기물의 저장시설. 이 시설에는 **이산화탄소 소화설비**, **할론소화설비** 또는 **할로겐화합물 및 불활성기체 소화설비**를 설치해야 한다.

(2) 지하가 중 예상 교통량, 경사도 등 터널의 특성을 고려하여 행정안전부령으로 정하는 터널(이 시설에는 **물분무소화설비** 설치)

☆

## 문제 22

「소방시설 설치 및 관리에 관한 법률 시행령」에 따른 특정소방 대상물의 관계인이 특정소방대상물의 규모용도 및 수용인원 등을 고려하여 갖추어야 하는 소방시설의 종류에서 다음 물음에 답하시오. (13점)

(가) 단독경보형 감지기를 설치해야 하는 특정소방대상물에 관하여 쓰시오. (6점)

(나) 시각경보기를 설치해야 하는 특정소방대상물에 관하여 쓰시오. (4점)

(다) 자동화재탐지설비와 시각경보기 점검에 필요한 점검장비에 관하여 쓰시오. (3점)

정답 (가) ① 교육연구시설 또는 수련시설 내에 있는 합숙소 또는 기숙사로서 연면적 2000$m^2$ 미만인 것
② 100명 미만의 숙박시설이 있는 수련시설
③ 연면적 400$m^2$ 미만의 유치원
④ 연립주택 및 다세대주택(연동형)

(나) ① 근린생활시설, 문화 및 집회시설, 종교시설, 판매시설, 운수시설, 운동시설, 위락시설, 창고시설 중 물류터미널
② 의료시설, 노유자시설, 업무시설, 숙박시설, 발전시설 및 장례시설
③ 교육연구시설 중 도서관, 방송통신시설 중 방송국
④ 지하가 중 지하상가

(다) ① 열감지기시험기
② 연감지기시험기
③ 공기주입시험기
④ 감지기시험기 연결막대
⑤ 음량계

해설 (개) **단독경보형 감지기**의 **설치대상**(소방시설 설치 및 관리에 관한 법률 시행령 〔별표 4〕 제2호 가목)

| 연면적 | 설치대상 |
|---|---|
| $400m^2$ 미만 | • 유치원 |
| $2000m^2$ 미만 | • 교육연구시설 또는 수련시설 내에 있는 **합숙소** 또는 **기숙사** |
| 모두 적용 | • **100명 미만**의 수련시설(숙박시설이 있는 것)<br>• 연립주택·다세대주택(연동형) |

비교

**단독경보형 감지기**의 **설치기준**[비상경보설비 및 단독경보형 감지기의 화재안전기준(NFPC 201 제5조, NFTC 201 2.2.1)]

(1) 각 **실**(이웃하는 실내의 바닥면적이 각각 **$30m^2$** 미만이고 벽체의 상부의 전부 또는 일부가 개방되어 이웃하는 실내와 공기가 상호 유통되는 경우에는 이를 1개의 실로 본다)마다 설치하되, 바닥면적이 **$150m^2$**를 초과하는 경우에는 **$150m^2$**마다 1개 이상 설치할 것
(2) 최상층의 계단실 **천장**(외기가 상통하는 계단실의 경우 제외)에 설치할 것
(3) 건전지를 **주전원**으로 사용하는 단독경보형 감지기는 정상적인 작동상태를 유지할 수 있도록 주기적으로 건전지를 **교**환할 것
(4) 상용전원을 주전원으로 사용하는 단독경보형 감지기의 2차 전지는 소방시설법 제40조(소방용품의 성능인증)에 따라 제품검사에 합격한 것을 사용할 것

기억법 **실천교단**

(내) **시각경보기**를 **설치**하여야 하는 **특정소방대상물**(소방시설 설치 및 관리에 관한 법률 시행령 〔별표 4〕)

① **근**린생활시설, **문**화 및 집회시설, **종**교시설, **판**매시설, **운**수시설, 운**동**시설, **위**락시설, **창**고시설(물류터미널)
② **의**료시설, **노**유자시설, **업**무시설, **숙**박시설, **발**전시설 및 **장**례시설
③ 교육연구시설(**도**서관), 방송통신시설(**방**송국)
④ 지하가(**지**하상가)

기억법 **시근문종판 운동위창**
**장발노의 숙업**
**도방지**

(대) ① **소방시설관리업의 업종별 등록기준 및 영업범위**(소방시설 설치 및 관리에 관한 법률 시행령 〔별표 9〕)

| 기술인력 등 / 업종별 | 기술인력 | 영업범위 |
|---|---|---|
| 전문 소방시설관리업 | ① 주된 기술인력<br>㉠ 소방시설관리사 자격을 취득한 후 소방관련 실무경력이 **5년** 이상인 사람 1명 이상<br>㉡ 소방시설관리사 자격을 취득한 후 소방관련 실무경력이 **3년** 이상인 사람 1명 이상<br>② 보조기술인력<br>㉠ 고급 점검자 : **2명** 이상<br>㉡ 중급 점검자 : **2명** 이상<br>㉢ 초급 점검자 : **2명** 이상 | 모든 특정소방대상물 |
| 일반 소방시설관리업 | ① 주된 기술인력 : 소방시설관리사 자격증 취득 후 소방관련 실무경력이 **1년** 이상인 사람<br>② 보조기술인력<br>㉠ 중급 점검자 : **1명** 이상<br>㉡ 초급 점검자 : **1명** 이상 | 1급, 2급, 3급 소방안전관리 대상물 |

〔비고〕 1. **"소방관련 실무경력"**이란 「소방시설공사업법」에 따른 소방기술과 관련된 경력을 말한다.
2. 보조기술인력의 종류별 자격은 「소방시설공사업법」에 따라 소방기술과 관련된 자격·학력 및 경력을 가진 사람 중에서 행정안전부령으로 정한다.

② **소방시설별 점검장비**(소방시설 설치 및 관리에 관한 법률 시행규칙 〔별표 3〕)

| 소방시설 | 장 비 | 규 격 |
|---|---|---|
| • **모든 소방시설** | • 방수압력측정계<br>• 절연저항계(절연저항측정기)<br>• 전류전압측정계 | – |

| | | |
|---|---|---|
| • **소화기구** | • 저울 | – |
| • **옥내소화전설비**<br>• **옥외소화전설비** | • 소화전밸브압력계 | – |
| • **스프링클러설비**<br>• **포소화설비** | • 헤드결합렌치 | – |
| • **이산화탄소 소화설비**<br>• **분말소화설비**<br>• **할론소화설비**<br>• **할로겐화합물 및 불활성기체 소화설비** | • 검량계<br>• 기동관누설시험기 | – |
| • **자동화재탐지설비**<br>• **시각경보기** | • **열**감지기시험기<br>• **연**감지기시험기<br>• **공**기주입시험기<br>• **감**지기시험기 연결막대<br>• **음**량계<br>기억법 **열연공감음** | – |
| • **누전경보기** | • 누전계 | 누전전류 측정용 |
| • **무선통신보조설비** | • 무선기 | 통화시험용 |
| • **제연설비** | • 풍속풍압계<br>• 폐쇄력측정기<br>• 차압계(압력차측정기) | – |
| • **통로유도등**<br>• **비상조명등** | • 조도계(밝기측정기) | 최소눈금이 0.1lx 이하인 것 |

기억법 **모장옥스소이자누 무제통**

〔비고〕 1. 신축 · 증축 · 개축 · 재축 · 이전 · 용도변경 또는 대수선 등으로 소방시설이 새로 설치된 경우에는 해당 특정소방대상물의 소방시설 전체에 대하여 실시
2. 작동점검 및 종합점검(최초점검 제외)은 건축물 사용승인 후 그 다음 해부터 실시
3. 특정소방대상물이 증축 · 용도변경 또는 대수선 등으로 사용승인일이 달라지는 경우 사용승인일이 빠른 날을 기준으로 자체점검 실시

## 문제 23

**「소방시설 설치 및 관리에 관한 법률 시행령」 제11조에 근거한 인명구조기구 중 공기호흡기를 설치해야 할 특정소방대상물과 설치기준을 각각 쓰시오. (7점)**

정답 ① 공기호흡기를 설치해야 하는 특정소방대상물
㉠ 수용인원 100명 이상인 문화 및 집회시설 중 영화상영관
㉡ 판매시설 중 대규모점포
㉢ 운수시설 중 지하역사
㉣ 지하가 중 지하상가
㉤ 물분무등소화설비를 설치하는 특정소방대상물 및 화재안전기준에 따라 이산화탄소 소화설비(호스릴 이산화탄소 소화설비 제외)를 설치하여야 하는 특정소방대상물

② 인명구조기구의 설치기준
㉠ 특정소방대상물의 용도 및 장소별로 설치하여야 할 인명구조기구는 NFTC 302 2.1.1.1에 따라 설치
㉡ 화재시 쉽게 반출 · 사용할 수 있는 장소에 비치
㉢ 인명구조기구가 설치된 가까운 장소의 보기 쉬운 곳에 "인명구조기구"라는 축광식 표지와 그 사용방법을 표시한 표지를 부착하되, 축광식 표지는 소방청장이 고시한 「축광표지의 성능인증 및 제품검사의 기술기준」에 적합한 것으로 할 것

㉣ 방열복은 소방청장이 고시한 「소방용 방열복의 성능인증 및 제품검사의 기술기준」에 적합한 것으로 설치
㉤ 방화복(안전모, 보호장갑 및 안전화 포함)은 「소방장비관리법」 제10조 제②항 및 「표준규격을 정해야 하는 소방장비의 종류고시」 제2조 제①항 제4호에 적합한 것으로 설치

해설 (1) 특정소방대상물의 관계인 특정소방대상물에 설치·관리해야 하는 소방시설의 종류(소방시설 설치 및 관리에 관한 법률 시행령 〔별표 4〕 제3호 나목 3)

〈**공**기호흡기를 설치해야 하는 특정소방대상물〉
① **수**용인원 **1**00명 이상인 문화 및 집회시설 중 **영**화상영관
② 판매시설 중 **대**규모점포
③ 운수시설 중 **지**하역사
④ 지하가 중 **지**하상가
⑤ **물**분무등소화설비를 설치하는 특정소방대상물 및 화재안전기준에 따라 이산화탄소 소화설비(호스릴 이산화탄소 소화설비 제외)를 설치하여야 하는 특정소방대상물

기억법 **공수1영 대지물**

(2) 인명구조기구의 설치기준[인명구조기구의 화재안전기준(NFPC 302 제4조, NFTC 302 2.1.1)]
① 특정소방대상물의 용도 및 장소별로 설치해야 할 인명구조기구는 NFTC 302 2.1.1.1에 따라 설치
② 화재시 쉽게 반출·사용할 수 있는 장소에 비치
③ 인명구조기구가 설치된 가까운 장소의 보기 쉬운 곳에 **"인명구조기구"**라는 축광식 표지와 그 사용방법을 표시한 표지를 부착하되, 축광식 표지는 소방청장이 고시한 「축광표지의 성능인증 및 제품검사의 기술기준」에 적합한 것으로 할 것
④ 방열복은 소방청장이 고시한 「소방용 방열복의 성능인증 및 제품검사의 기술기준」에 적합한 것으로 설치
⑤ 방화복(안전모, 보호장갑 및 안전화 포함)은 「소방장비관리법」 제10조 제②항 및 「표준규격을 정해야 하는 소방장비의 종류고시」 제2조 제①항 제4호에 적합한 것으로 설치

❙ 특정소방대상물의 용도 및 장소별로 설치해야 할 인명구조기구 ❙

| 특정소방대상물 | 인명구조기구의 종류 | 설치수량 |
|---|---|---|
| • 지하층을 포함하는 층수가 **7층** 이상인 관광호텔 및 **5층** 이상인 병원 | • 방열복 또는 방화복(안전모, 보호장갑 및 안전화 포함)<br>• 공기호흡기<br>• 인공소생기 | • 각 **2개** 이상 비치할 것. 단, 병원의 경우에는 인공소생기를 설치하지 않을 수 있다. |
| • 문화 및 집회시설 중 수용인원 **100명** 이상의 영화상영관<br>• 판매시설 중 대규모 점포<br>• 운수시설 중 지하역사<br>• 지하가 중 지하상가 | • 공기호흡기 | • **층**마다 **2개** 이상 비치할 것. 단, 각 층마다 갖추어 두어야 할 공기호흡기 중 일부를 직원이 상주하는 인근 사무실에 갖추어 둘 수 있다. |
| • 물분무등소화설비 중 이산화탄소 소화설비를 설치하여야하는 특정소방대상물 | • 공기호흡기 | • 이산화탄소 소화설비가 설치된 장소의 출입구 외부 인근에 **1대** 이상 비치할 것 |

☆ 문제 24

**「소방시설 설치 및 관리에 관한 법률 시행령」〔별표 4〕에 의거하여 길이가 3000m인 터널에 설치하여야 할 소방시설에 대하여 쓰시오. (10점)**

정답 ① 소화기구
② 비상경보설비
③ 비상조명등
④ 비상콘센트설비
⑤ 무선통신보조설비
⑥ 제연설비
⑦ 물분무소화설비
⑧ 연결송수관설비
⑨ 옥내소화전설비
⑩ 자동화재탐지설비

해설 **소방시설 설치 및 관리에 관한 법률 시행령 〔별표 4〕**
**터널에 설치하는 소방시설의 종류**

| 소방시설 | 설치대상 |
|---|---|
| ① 소화기구 | 터널 |
| ② 비상**경**보설비<br>③ 비상**조**명등<br>④ 비상**콘**센트설비<br>⑤ **무**선통신보조설비 | 지하가 중 터널길이 **500m** 이상<br>기억법 경조콘무 |
| ⑥ 제연설비<br>⑦ 물분무소화설비 | 지하가 중 예상교통량, 경사도 등 터널의 특성을 고려하여 행정안전부령으로 정하는 터널 |
| ⑧ 연결송수관설비 | 지하가 중 터널길이 **1000m** 이상 |
| ⑨ 옥내소화전설비 | • 길이가 1000m 이상인 터널<br>• 예상교통량, 경사도 등 터널의 특성을 고려하여 행정안전부령으로 정하는 터널 |
| ⑩ 자동화재탐지설비 | 터널길이 **1000m** 이상 |

☆
## 문제 25

「소방시설 설치 및 관리에 관한 법률 시행령」〔별표 6〕에 의거하여 소방시설을 설치하지 않을 수 있는 특정소방대상물 및 소방시설의 범위에 대한 다음의 표를 완성하시오. (30점)

| 구 분 | 특정소방대상물 | 설치하지 않을 수 있는 소방시설 |
|---|---|---|
| 화재위험도가 낮은 특정소방대상물 | | |
| 화재안전기준을 적용하기가 어려운 특정소방대상물 | | |
| | | |
| 화재안전기준을 달리 적용하여야 하는 특수한 용도 또는 구조를 가진 특정소방대상물 | | |
| 자체소방대가 설치된 특정소방대상물 | | |

정답

| 구 분 | 특정소방대상물 | 설치하지 않을 수 있는 소방시설 |
|---|---|---|
| **화재위험도**가 낮은 특정소방대상물 | 석재·불연성 금속·불연성 건축재료 등의 가공공장·기계조립공장·주물공장 또는 불연성 물품을 저장하는 창고 | 옥외소화전 및 연결살수설비 |
| 화재안전기준을 적용하기가 어려운 특정소방대상물 | 펄프공장의 작업장·음료수 공장의 세정 또는 충전하는 작업장 그 밖에 이와 비슷한 용도로 사용하는 것 | 스프링클러설비, 상수도소화용수설비 및 연결살수설비 |
| | 정수장, 수영장, 목욕장, 농예·축산·어류양식용 시설 그 밖에 이와 비슷한 용도로 사용되는 것 | 자동화재탐지설비, 상수도소화용수설비 및 연결살수설비 |

| 화재안전기준을 달리 적용하여야 하는 특수한 용도 또는 구조를 가진 특정소방대상물 | 원자력발전소, 중·저준위 방사성 폐기물의 저장시설 | 연결송수관설비 및 연결살수설비 |
|---|---|---|
| 자체소방대가 설치된 특정소방대상물 | 자체소방대가 설치된 위험물제조소 등에 부속된 사무실 | 옥내소화전설비, 소화용수설비, 연결살수설비 및 연결송수관설비 |

해설 **소방시설 설치 및 관리에 관한 법률 시행령 〔별표 6〕**
**소방시설을 설치하지 않을 수 있는 특정소방대상물 및 소방시설의 범위**

| 구 분 | 특정소방대상물 | 설치하지 않을 수 있는 소방시설 |
|---|---|---|
| ① **화재위험도**가 **낮은** 특정소방대상물 | **석재, 불연성 금속, 불연성 건축재료** 등의 가공공장·기계조립공장·주물공장 또는 불연성 물품을 저장하는 창고 | ① 옥외소화전설비<br>② 연결살수설비 |
| ② **화재안전기준**을 **적용**하기 **어려운** 특정소방대상물 | **펄**프공장의 **작업장**, **음료수** 공장의 세정 또는 **충**전을 하는 작업장, 그 밖에 이와 비슷한 용도로 사용하는 것 | ① **스**프링클러설비<br>② **상**수도소화용수설비<br>③ **연**결살수설비<br>기억법 펄음충 스상연 |
| | **정수장**, **수영장**, **목욕장**, **농예·축산·어류양식용 시설**, 그 밖에 이와 비슷한 용도로 사용되는 것 | ① **자**동화재탐지설비<br>② **상**수도소화용수설비<br>③ **연**결살수설비<br>기억법 정수목농축어 자상연 |
| ③ **화재안전기준**을 **달리** 적용하여야 하는 **특수한 용도** 또는 구조를 가진 특정소방대상물 | **원자력발전소, 중·저준위 방사성 폐기물의 저장시설** | ① 연결송수관설비<br>② 연결살수설비 |
| ④ 「위험물안전관리법」 제19조에 따른 **자체소방대**가 설치된 특정소방대상물 | **자체소방대**가 설치된 위험물제조소 등에 부속된 사무실 | ① 옥내소화전설비<br>② 소화용수설비<br>③ 연결살수설비<br>④ 연결송수관설비 |

☆

## 문제 26

**「소방시설 설치 및 관리에 관한 법률 시행령」〔별표 6〕에 의거하여 특정소방대상물 가운데 대통령령으로 정하는 "소방시설을 설치하지 않을 수 있는 특정소방대상물과 그에 따른 소방시설의 범위"를 다음 빈칸에 각각 쓰시오. (4점)**

| 구 분 | 특정소방대상물 | 설치하지 않을 수 있는 소방시설 |
|---|---|---|
| 화재안전기준을 적용하기 어려운 특정소방대상물 | ① | ② |
| | ③ | ④ |

정답 ① 펄프공장의 작업장, 음료수공장의 세정 또는 충전을 하는 작업장, 그 밖에 이와 비슷한 용도로 사용하는 것
② 스프링클러설비, 상수도소화용수설비 및 연결살수설비
③ 정수장, 수영장, 목욕장, 농예·축산·어류양식용 시설, 그 밖에 이와 비슷한 용도로 사용되는 것
④ 자동화재탐지설비, 상수도소화용수설비 및 연결살수설비

해설 **문제 25 참조**

★★

문제 27

「소방시설 설치 및 관리에 관한 법률 시행령」〔별표 10〕에 의거하여 소방시설을 고장상태 등으로 방치한 경우 200만원의 과태료가 부과된다. 이러한 경우 3가지를 쓰시오. (6점)

○

○

○

정답 ① 소화펌프를 고장상태로 방치한 경우
② 화재수신기, 동력·감시제어반 또는 소방시설용 전원(비상전원)을 차단하거나, 고장난 상태로 방치하거나, 임의로 조작하여 자동으로 작동이 되지 않도록 한 경우
③ 소방시설이 작동할 때 소화배관을 통하여 소화수가 방수되지 않는 상태 또는 소화약제가 방출되지 않는 상태로 방치한 경우

해설 **소방시설 설치 및 관리에 관한 법률 시행령 〔별표 10〕**
**과태료의 부과기준**

| 위반 행위 | 과태료 |
|---|---|
| 〈소방시설을 다음에 해당하는 고장상태 등으로 방치한 경우〉<br>① **소화펌프**를 **고장상태**로 방치한 경우<br>② **화재수신기, 동력·감시제어반** 또는 소방시설용 전원(비상전원)을 차단하거나, 고장난 상태로 방치하거나, 임의로 조작하여 자동으로 작동이 되지 않도록 한 경우<br>③ 소방시설이 작동할 때 소화배관을 통하여 소화수가 방수되지 않는 상태 또는 소화약제가 방출되지 않는 상태로 방치한 경우 | 200만원 |

## 2 자체점검의 점검구분

☆☆

### 문제 28

「소방시설 설치 및 관리에 관한 법률 시행규칙」〔별표 3〕에 의거하여 종합점검의 정의를 쓰시오. (5점)

정답 소방시설 등의 작동점검을 포함하여 소방시설 등의 설비별 주요구성부품의 구조기준이 화재안전기준과 「건축법」 등 관련법령에서 정하는 기준에 적합한지 여부를 점검하는 것

해설 **소방시설 설치 및 관리에 관한 법률 시행규칙 〔별표 3〕**
**소방시설 등 자체점검의 점검대상, 점검자의 자격, 점검횟수 및 시기**

| 점검구분 | 정 의 | 점검대상 | 점검자의 자격(주된 인력) | 점검횟수 및 점검시기 |
|---|---|---|---|---|
| 작동점검 | 소방시설 등을 인위적으로 조작하여 정상적으로 작동하는지를 점검하는 것 | ① 간이스프링클러설비·자동화재탐지설비 | • 관계인<br>• 소방안전관리자로 선임된 소방시설관리사 또는 소방기술사<br>• 소방시설관리업에 등록된 기술인력 중 소방시설관리사 또는 「소방시설공사업법 시행규칙」에 따른 특급 점검자 | 작동점검은 **연 1회** 이상 실시하며, 종합점검대상은 종합점검을 받은 달부터 **6개월**이 되는 달에 실시 |
| | | ② ①에 해당하지 아니하는 특정소방대상물 | • 소방시설관리업에 등록된 기술인력 중 소방시설관리사<br>• 소방안전관리자로 선임된 소방시설관리사 또는 소방기술사 | |
| | | ③ 작동점검 제외대상<br>• 특정소방대상물 중 소방안전관리자를 선임하지 않는 대상<br>• 위험물제조소 등<br>• 특급 소방안전관리대상물 | | |
| 종합점검 | 소방시설 등의 작동점검을 포함하여 소방시설 등의 설비별 주요 구성부품의 구조기준이 화재안전기준과 「건축법」 등 관련법령에서 정하는 기준에 적합한지 여부를 점검하는 것<br>(1) 최초점검 : 특정소방대상물의 소방시설이 새로 설치되는 경우 건축물을 사용할 수 있게 된 날부터 60일 이내에 점검하는 것<br>(2) 그 밖의 종합점검 : 최초점검을 제외한 종합점검 | ④ 소방시설 등이 신설된 경우에 해당하는 특정소방대상물<br>⑤ **스프링클러설비**가 설치된 특정소방대상물<br>⑥ **물분무등소화설비**(호스릴방식의 물분무등소화설비만을 설치한 경우는 제외)가 설치된 연면적 **5000m²** 이상인 특정소방대상물(위험물제조소 등 제외)<br>⑦ 다중이용업의 영업장이 설치된 특정소방대상물로서 연면적이 **2000m²** 이상인 것<br>⑧ **제연설비**가 설치된 터널<br>⑨ **공공기관** 중 연면적(터널·지하구의 경우 그 길이와 평균폭을 곱하여 계산된 값)이 **1000m²** 이상인 것으로서 옥내소화전설비 또는 자동화재탐지설비가 설치된 것(단, 소방대가 근무하는 공공기관 제외) | • 소방시설관리업에 등록된 기술인력 중 **소방시설관리사**<br>• 소방안전관리자로 선임된 **소방시설관리사** 또는 **소방기술사** | 〈점검횟수〉<br>㉠ 연 1회 이상(특급 소방안전관리대상물은 반기에 1회 이상) 실시<br>㉡ ㉠에도 불구하고 소방본부장 또는 소방서장은 소방청장이 소방안전관리가 우수하다고 인정한 특정소방대상물에 대해서는 3년의 범위에서 소방청장이 고시하거나 정한 기간 동안 종합점검을 면제할 수 있다(단, 면제기간 중 화재가 발생한 경우는 제외).<br>〈점검시기〉<br>㉠ ④에 해당하는 특정소방대상물은 건축물을 사용할 수 있게 된 날부터 60일 이내 실시<br>㉡ ㉠을 제외한 특정소방대상물은 건축물의 사용승인일이 속하는 달에 실시(단, 학교의 경우 해당 건축물의 사용승인일이 1월에서 6월 사이에 있는 경우에는 6월 30일까지 실시할 수 있다.)<br>㉢ 건축물 사용승인일 이후 ⑥에 따라 종합점검대상에 해당하게 된 경우에는 그 다음 해부터 실시<br>㉣ 하나의 대지경계선 안에 2개 이상의 자체점검대상 건축물 등이 있는 경우 그 건축물 중 사용승인일이 가장 빠른 연도의 건축물의 사용승인일을 기준으로 점검할 수 있다. |

★★

**문제 29**

**소방시설 설치 및 관리에 관한 법령에 의거하여 소방시설의 종합점검에 대한 종합점검의 대상을 2가지만 쓰시오. (5점)**

○

○

정답 ① 스프링클러설비가 설치된 특정소방대상물
② 물분무등소화설비(호스릴방식의 물분무등소화설비만을 설치한 경우는 제외)가 설치된 연면적 5000m$^2$ 이상인 특정소방대상물(위험물제조소 등 제외)

해설 **문제 28 참조**

★★★

**문제 30**

**소방시설 설치 및 관리에 관한 법령에 의거하여 소방시설의 종합점검에 대한 종합점검자의 자격을 쓰시오. (5점)**

정답 ① 소방시설관리업에 등록된 기술인력 중 소방시설관리사
② 소방안전관리자로 선임된 소방시설관리사 또는 소방기술사

해설 **문제 28 참조**

★★

**문제 31**

**소방시설 설치 및 관리에 관한 법령에 의거하여 소방시설의 종합점검에 대한 종합점검의 점검횟수 및 시기를 쓰시오. (5점)**

○ 횟수 :

○ 시기 :

정답 ① 횟수 : 연 1회 이상 실시(특급 소방안전관리대상물은 반기별로 1회 이상)
② 시기
㉠ 소방시설 등이 신설된 경우에 해당하는 특정소방대상물은 건축물을 사용할 수 있게 된 날부터 60일 이내 실시
㉡ ㉠을 제외한 특정소방대상물은 건축물의 사용승인일이 속하는 달에 실시(단, 학교의 경우 해당 건축물의 사용승인일이 1월에서 6월 사이에 있는 경우에는 6월 30일까지 실시 가능)
㉢ 건축물 사용승인일 이후 물분무등소화설비(호스릴방식 제외)가 설치된 연면적 5000m$^2$ 이상인 특정소방대상물(위험물제조소 등 제외)에 따라 종합점검대상에 해당하게 된 경우에는 그 다음 해부터 실시
㉣ 하나의 대지경계선 안에 2개 이상의 자체점검대상 건축물 등이 있는 경우 그 건축물 중 사용승인일이 가장 빠른 연도의 건축물의 사용승인일을 기준으로 점검할 수 있다.

해설 **문제 28 참조**

★★

**문제 32**

**소방시설 설치 및 관리에 관한 법령에 의거하여 소방시설 등의 자체점검에 있어서 작동점검과 종합점검의 대상, 점검자의 자격, 점검방법, 점검횟수 및 시기를 기술하시오. (30점)**

**정답** **소방시설 등 자체점검의 점검대상, 점검자의 자격, 점검횟수 및 시기**

| 점검구분 | 정 의 | 점검대상 | 점검자의 자격(주된 인력) | 점검횟수 및 점검시기 |
|---|---|---|---|---|
| 작동점검 | 소방시설 등을 인위적으로 조작하여 정상적으로 작동하는지를 점검하는 것 | ① 간이스프링클러설비 · 자동화재탐지설비 | • 관계인<br>• 소방안전관리자로 선임된 소방시설관리사 또는 소방기술사<br>• 소방시설관리업에 등록된 기술인력 중 소방시설관리사 또는 「소방시설공사업법 시행규칙」에 따른 특급 점검자 | 작동점검은 **연 1회** 이상 실시하며, 종합점검대상은 종합점검을 받은 달부터 **6개월**이 되는 달에 실시 |
| | | ② ①에 해당하지 아니하는 특정소방대상물 | • 소방시설관리업에 등록된 기술인력 중 소방시설관리사<br>• 소방안전관리자로 선임된 소방시설관리사 또는 소방기술사 | |
| | | ③ 작동점검 제외대상<br>• 특정소방대상물 중 소방안전관리자를 선임하지 않는 대상<br>• 위험물제조소 등<br>• 특급 소방안전관리대상물 | | |
| 종합점검 | 소방시설 등의 작동점검을 포함하여 소방시설 등의 설비별 주요 구성 부품의 구조기준이 화재안전기준과 「건축법」 등 관련 법령에서 정하는 기준에 적합한지 여부를 점검하는 것<br>(1) 최초점검 : 특정소방대상물의 소방시설이 새로 설치되는 경우 건축물을 사용할 수 있게 된 날부터 60일 이내에 점검하는 것<br>(2) 그 밖의 종합점검 : 최초점검을 제외한 종합점검 | ④ 소방시설 등이 신설된 경우에 해당하는 특정소방대상물<br>⑤ **스프링클러설비**가 설치된 특정소방대상물<br>⑥ **물분무등소화설비**(호스릴방식의 물분무등소화설비만을 설치한 경우는 제외)가 설치된 연면적 **5000m²** 이상인 특정소방대상물(위험물제조소 등 제외)<br>⑦ 다중이용업의 영업장이 설치된 특정소방대상물로서 연면적이 **2000m²** 이상인 것<br>⑧ **제연설비**가 설치된 터널<br>⑨ **공공기관** 중 연면적(터널 · 지하구의 경우 그 길이와 평균폭을 곱하여 계산된 값)이 **1000m²** 이상인 것으로서 옥내소화전설비 또는 자동화재탐지설비가 설치된 것(단, 소방대가 근무하는 공공기관 제외) | • 소방시설관리업에 등록된 기술인력 중 **소방시설관리사**<br>• 소방안전관리자로 선임된 **소방시설관리사** 또는 **소방기술사** | 〈점검횟수〉<br>㉠ 연 1회 이상(특급 소방안전관리대상물은 반기에 1회 이상) 실시<br>㉡ ㉠에도 불구하고 소방본부장 또는 소방서장은 소방청장이 소방안전관리가 우수하다고 인정한 특정소방대상물에 대해서는 3년의 범위에서 소방청장이 고시하거나 정한 기간 동안 종합점검을 면제할 수 있다(단, 면제기간 중 화재가 발생한 경우는 제외).<br>〈점검시기〉<br>㉠ ④에 해당하는 특정소방대상물은 건축물을 사용할 수 있게 된 날부터 60일 이내 실시<br>㉡ ㉠을 제외한 특정소방대상물은 건축물의 사용승인일이 속하는 달에 실시(단, 학교의 경우 해당 건축물의 사용승인일이 1월에서 6월 사이에 있는 경우에는 6월 30일까지 실시할 수 있다.)<br>㉢ 건축물 사용승인일 이후 ⑥에 따라 종합점검대상에 해당하게 된 경우에는 그 다음 해부터 실시<br>㉣ 하나의 대지경계선 안에 2개 이상의 자체점검대상 건축물 등이 있는 경우 그 건축물 중 사용승인일이 가장 빠른 연도의 건축물의 사용승인일을 기준으로 점검할 수 있다. |

해설 문제 28 참조

중요

**소방시설 등의 자체점검 결과보고서 제출**

(1) **소방시설 등의 자체점검**(소방시설 설치 및 관리에 관한 법률 제22~23조)

① 특정소방대상물의 관계인은 그 대상물에 설치되어 있는 소방시설 등이 적합하게 설치·관리되고 있는지에 대하여 기간 내에 스스로 점검하거나 점검능력평가를 받은 관리업자 또는 행정안전부령으로 정하는 기술자격자로 하여금 정기적으로 점검하게 하여야 한다. 이 경우 관리업자 등이 점검한 경우에는 그 점검결과를 행정안전부령으로 정하는 바에 따라 관계인에게 제출하여야 한다.

② 특정소방대상물의 관계인은 자체점검을 한 경우에는 그 점검결과를 행정안전부령으로 정하는 바에 따라 소방시설 등에 대한 수리·교체·정비에 관한 이행계획(중대위반사항에 대한 조치사항을 포함)을 첨부하여 소방본부장 또는 소방서장에게 보고하여야 한다.

(2) **자체점검 결과보고서의 제출**(소방시설 설치 및 관리에 관한 법률 시행규칙 제23조)

① 소방시설 등의 자체점검

| 구 분 | 제출기간 | 제출처 |
|---|---|---|
| 관리업자 또는 소방안전관리자로 선임된 소방시설관리사·소방기술사 | 10일 이내 | 관계인 |
| 관계인 | 15일 이내 | 소방본부장·소방서장 |

② 소방본부장 또는 소방서장에게 자체점검 실시결과 보고를 마친 관계인은 소방시설 등 자체점검 실시결과 보고서(소방시설 등 점검표 포함)를 점검이 끝난 날부터 **2년**간 자체보관해야 한다.

★★★

## 문제 33

「소방시설 설치 및 관리에 관한 법률 시행규칙」〔별표 3〕의 공공기관의 소방안전관리에 관한 규정에 대한 다음 (    )에 들어갈 내용을 쓰시오. (20점)

○ 종합점검의 설치대상인 특정소방대상물은 제2조에 따른 공공기관 중 연면적(터널·지하구의 경우 그 길이와 평균 폭을 곱하여 계산된 값을 말한다)이 ( ① )$m^2$ 이상인 것으로서 ( ② ) 또는 ( ③ )가 설치된 것. 다만, ( ④ )가 근무하는 공공기관은 제외한다.

○ 종합점검의 점검시기는 제2조 제2호 또는 제5호에 따른 ( ⑤ )의 경우에는 해당 건축물의 사용승인일이 1월에서 6월 사이에 있는 경우에는 ( ⑥ )까지 실시할 수 있다.

○ 제2조에 따른 기관장은 공공기관에 설치된 소방시설 등의 유지·관리상태를 ( ⑦ ) 또는 ( ⑧ )을 이용하여 점검하는 외관점검을 ( ⑨ ) 이상 실시(작동점검 또는 종합점검을 실시한 달에는 실시하지 않을 수 있다)하고 그 점검결과를 ( ⑩ )년간 자체보관해야 한다.

정답 ① 1000
② 옥내소화전설비
③ 자동화재탐지설비
④ 소방대
⑤ 학교
⑥ 6월 30일
⑦ 맨눈
⑧ 신체감각
⑨ 월 1회
⑩ 2

**해설** **소방시설 설치 및 관리에 관한 법률 시행규칙 〔별표 3〕**
**공공기관의 소방안전관리에 관한 규정**

(1) 종합점검의 설치대상인 특정소방대상물은 제2조에 따른 공공기관 중 연면적(터널·지하구의 경우 그 길이와 평균 폭을 곱하여 계산된 값을 말한다)이 **1000m²** 이상인 것으로서 **옥내소화전설비** 또는 **자동화재탐지설비**가 설치된 것. 다만, 「소방기본법」 제2조 제5호에 따른 **소방대**가 근무하는 공공기관은 제외한다.

(2) 종합점검의 점검시기는 제2조 제2호 또는 제5호에 따른 **학교**의 경우에는 해당 건축물의 사용승인일이 **1월**에서 **6월** 사이에 있는 경우에는 **6월 30일**까지 실시할 수 있다.

(3) 제2조에 따른 공공기관의 장(이하 **"기관장"**이라 한다)은 공공기관에 설치된 소방시설 등의 유지·관리상태를 **맨눈** 또는 **신체감각**을 이용하여 점검하는 외관점검을 **월 1회** 이상 실시(작동점검 또는 종합점검을 실시한 달에는 실시하지 않을 수 있다)하고, 그 점검결과를 **2년**간 자체보관해야 한다. 이 경우 외관점검의 점검자는 해당 특정소방대상물의 **관계인**, **소방안전관리자** 또는 **소방시설관리업자**(소방시설관리사를 포함하여 등록된 기술인력)로 해야 한다.

(4) 기관장은 해당 공공기관의 전기시설물 및 가스시설에 대하여 다음의 구분에 따른 점검 또는 검사를 받아야 한다.

① 전기시설물물의 경우 : 「전기사업법」 제63조에 따른 **사용 전 검사**

② 가스시설의 경우 : 「도시가스사업법」 제17조에 따른 검사, 「고압가스 안전관리법」 제16조의 2 및 제20조 제④항에 따른 검사 또는 「액화석유가스의 안전관리 및 사업법」 제37조 및 제44조 제②항·제④항에 따른 검사

★★★

## 문제 34

소방시설 설치 및 관리에 관한 법령에 의거하여 소방시설 자체점검자가 소방시설에 대하여 자체점검하였을 때 그 점검결과에 대한 결과보고서(요식절차)를 기술하시오. (10점)

**정답** ① 관리업자 또는 소방안전관리자로 선임된 소방시설관리사 및 소방기술사는 자체점검을 실시한 경우에는 그 점검이 끝난 날부터 10일 이내에 소방시설 등 자체점검 실시결과 보고서(전자문서로 된 보고서 포함)에 소방청장이 정하여 고시하는 소방시설 등 점검표를 첨부하여 관계인에게 제출해야 한다.

② 자체점검 실시결과 보고서를 제출받거나 스스로 자체점검을 실시한 관계인은 자체점검이 끝난 날부터 15일 이내에 소방시설 등 자체점검 실시결과 보고서(전자문서로 된 보고서 포함)를 소방본부장 또는 소방서장에게 서면이나 소방청장이 지정하는 전산망을 통하여 보고해야 한다.

㉠ 점검인력 배치확인서(관리업자가 점검한 경우만 해당)

㉡ 소방시설 등의 자체점검 결과 이행계획서

③ 소방본부장 또는 소방서장에게 자체점검 실시결과 보고를 마친 관계인은 소방시설 등 자체점검 실시결과 보고서(소방시설 등 점검표 포함)를 점검이 끝난 날부터 2년간 자체보관해야 한다.

**해설** **문제 32 참조**

★★

## 문제 35

「소방시설 설치 및 관리에 관한 법률 시행령」에 의거하여 소방시설관리업의 등록기준에서 인력기준에 관하여 설명하시오. (30점)

정답

| 기술인력 등 / 업종별 | 기술인력 | 영업범위 |
|---|---|---|
| 전문 소방시설관리업 | ① 주된 기술인력<br>㉠ 소방시설관리사+실무경력 **5년** 이상 : **1명** 이상<br>㉡ 소방시설관리사+실무경력 **3년** 이상 : **1명** 이상<br>② 보조기술인력<br>㉠ 고급 점검자 : **2명** 이상<br>㉡ 중급 점검자 : **2명** 이상<br>㉢ 초급 점검자 : **2명** 이상 | 모든 특정소방대상물 |
| 일반 소방시설관리업 | ① 주된 기술인력 : 소방시설관리사+실무경력 **1년** 이상 : **1명** 이상<br>② 보조기술인력<br>㉠ 중급 점검자 : **1명** 이상<br>㉡ 초급 점검자 : **1명** 이상 | 1급, 2급, 3급 소방안전관리대상물 |

해설 **소방시설 설치 및 관리에 관한 법률 시행령 〔별표 9〕**
**소방시설관리업의 등록기준**

(1) **업종별 등록기준 및 영업범위**

| 기술인력 등 / 업종별 | 기술인력 | 영업범위 |
|---|---|---|
| 전문 소방시설관리업 | ① 주된 기술인력<br>㉠ 소방시설관리사+실무경력 **5년** 이상 : **1명** 이상<br>㉡ 소방시설관리사+실무경력 **3년** 이상 : **1명** 이상<br>② 보조기술인력<br>㉠ 고급 점검자 : **2명** 이상<br>㉡ 중급 점검자 : **2명** 이상<br>㉢ 초급 점검자 : **2명** 이상 | 모든 특정소방대상물 |
| 일반 소방시설관리업 | ① 주된 기술인력 : 소방시설관리사+실무경력 **1년** 이상 : **1명** 이상<br>② 보조기술인력<br>㉠ 중급 점검자 : **1명** 이상<br>㉡ 초급 점검자 : **1명** 이상 | 1급, 2급, 3급 소방안전관리대상물 |

〔비고〕 1. 소방관련실무경력 : 소방기술과 관련된 경력
2. 보조기술인력의 종류별 자격 : 소방기술과 관련된 자격·학력 및 경력을 가진 사람 중에서 행정안전부령으로 정한다.

(2) **소방시설 설치 및 관리에 관한 법률 시행규칙 〔별표 3〕**
**소방시설별 장비기준**

| 소방시설 | 장 비 | 규 격 |
|---|---|---|
| • **모든 소방시설** | • 방수압력측정계<br>• 절연저항계(절연저항측정기)<br>• 전류전압측정계 | – |
| • **소화기구** | • 저울 | – |
| • **옥내소화전설비**<br>• **옥외소화전설비** | • 소화전밸브압력계 | – |
| • **스프링클러설비**<br>• **포소화설비** | • 헤드결합렌치 | – |
| • **이산화탄소 소화설비**<br>• **분말소화설비**<br>• **할론소화설비**<br>• **할로겐화합물 및 불활성기체 소화설비** | • 검량계, 기동관누설시험기 | – |

| | | |
|---|---|---|
| • **자동화재탐지설비**<br>• **시각경보기** | • 열감지기시험기<br>• 연감지기시험기<br>• 공기주입시험기<br>• 감지기시험기연결막대<br>• 음량계 | – |
| • **누전경보기** | • 누전계 | 누전전류 측정용 |
| • **무선통신보조설비** | • 무선기 | 통화시험용 |
| • **제연설비** | • 풍속풍압계<br>• 폐쇄력 측정기<br>• 차압계(압력차측정기) | – |
| • **통로유도등**<br>• **비상조명등** | • 조도계(밝기측정기) | 최소눈금이 0.1lx 이하인 것 |

**기억법** **모장옥스소이자누 무제통**

〔비고〕 1. 신축 · 증축 · 개축 · 재축 · 이전 · 용도변경 또는 대수선 등으로 소방시설이 새로 설치된 경우에는 해당 특정소방대상물의 소방시설 전체에 대하여 실시한다.
2. 작동점검 및 종합점검(최초점검 제외)은 건축물 사용승인 후 그 다음 해부터 실시한다.
3. 특정소방대상물이 증축 · 용도변경 또는 대수선 등으로 사용승인일이 달라지는 경우 사용승인일이 빠른 날을 기준으로 자체점검을 실시한다.

☆

## 문제 36

「소방시설 설치 및 관리에 관한 법률 시행규칙」〔별표 3〕 소방시설별 장비기준에 대한 다음의 표를 완성하시오. (10점)

| 소방시설 | 장 비 | 규 격 |
|---|---|---|
| | | |
| | | |
| | | |
| | | |
| | | |
| | | |
| | | |
| | | |
| | | |
| | | |

정답

| 소방시설 | 장 비 | 규 격 |
|---|---|---|
| • 모든 소방시설 | • 방수압력측정계<br>• 절연저항계(절연저항측정기)<br>• 전류전압측정계 | – |
| • 소화기구 | • 저울 | – |
| • 옥내소화전설비<br>• 옥외소화전설비 | • 소화전밸브압력계 | – |

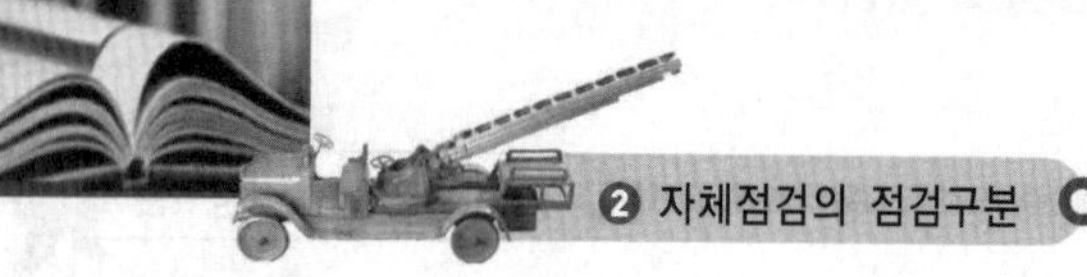


| | | |
|---|---|---|
| • 스프링클러설비<br>• 포소화설비 | • 헤드결합렌치 | – |
| • 이산화탄소 소화설비<br>• 분말소화설비<br>• 할론소화설비<br>• 할로겐화합물 및 불활성기체 소화설비 | • 검량계, 기동관누설시험기 | – |
| • 자동화재탐지설비<br>• 시각경보기 | • 열감지기시험기 · 공기주입시험기<br>• 연감지기시험기<br>• 감지기시험기 연결막대<br>• 음량계 | – |
| • 누전경보기 | • 누전계 | 누전전류 측정용 |
| • 무선통신보조설비 | • 무선기 | – |
| • 제연설비 | • 풍속풍압계<br>• 폐쇄력측정기<br>• 차압계(압력차측정기) | – |
| • 통로유도등<br>• 비상조명등 | • 조도계(밝기측정기) | 최소눈금이 0.1 lx 이하인 것 |

해설 **문제 35 참조**

☆☆☆

## 문제 37

「소방시설 설치 및 관리에 관한 법률 시행규칙」에 의거하여 소방시설등의 작동점검 실시결과 보고서에 기재하여야 할 사항 8가지를 기술하시오. (8점)

○
○
○
○
○
○
○
○

정답 ① 특정소방대상물의 소재지
② 특정소방대상물의 명칭(상호)
③ 특정소방대상물의 대상물 구분(용도)
④ 점검자 : 관계인(성명, 전화번호), 소방안전관리자(성명, 전화번호), 소방시설관리업자(업체명, 전화번호)
⑤ 점검자의 전자우편 송달 동의
⑥ 점검인력(주된 기술인력, 보조기술인력)
⑦ 점검기간
⑧ 소방시설등의 점검결과

해설 **소방시설 설치 및 관리에 관한 법률 시행규칙 〔별지 제9호 서식〕**
**소방시설등 자체점검 실시결과 보고서 작성 내용**
(1) 특정소방대상물의 소재지
(2) 특정소방대상물의 명칭(상호)
(3) 특정소방대상물의 대상물 구분(용도)
(4) 점검자 : 관계인(성명, 전화번호), 소방안전관리자(성명, 전화번호), 소방시설관리업자(업체명, 전화번호)
(5) 점검자의 전자우편 송달 동의
(6) 점검인력(주된 기술인력, 보조기술인력)

(7) 점검기간
(8) 소방시설등의 점검결과
(9) 특정소방대상물 정보
(10) 소방시설등의 현황(소방시설등 점검결과)

▌소방시설등 자체점검 실시결과 보고서▐

※ [ ]에는 해당되는 곳에 √표를 합니다.

| | | | | | |
|---|---|---|---|---|---|
| 특정소방대상물 | 명칭(상호) | | | 대상물 구분(용도) | |
| | 소재지 | | | | |
| 점검기간 | 년 월 일 ~ 년 월 일 (총 점검일수: 일) | | | | |
| 점검자 | [ ]관계인 (성명: , 전화번호: )<br>[ ]소방안전관리자 (성명: , 전화번호: )<br>[ ]방시설관리업자 (업체명: , 전화번호: ) | | | | |
| | 전자우편 송달 동의 | 「행정절차법」 제14조에 따라 정보통신망을 이용한 문서 송달에 동의합니다. | | | |
| | | [ ] 동의함 [ ] 동의하지 않음 | | | |
| | | 관계인 (서명 또는 인) | | | |
| | | 전자우편 주소 @ | | | |
| 점검인력 | 구분 | 성명 | 자격구분 | 자격번호 | 점검참여일(기간) |
| | 주된 기술인력 | | | | |
| | 보조 기술인력 | | | | |
| | 보조 기술인력 | | | | |
| | 보조 기술인력 | | | | |
| | 보조 기술인력 | | | | |
| | 보조 기술인력 | | | | |

「소방시설 설치 및 관리에 관한 법률」 제23조 제3항 및 같은 법 시행규칙 제23조 제1항 및 제2항에 따라 위와 같이 소방시설등 자체점검 실시결과 보고서를 제출합니다.

년 월 일

소방시설관리업자 · 소방안전관리자 · 관계인: (서명 또는 인)

**관계인 · ○○ 소방본부장 · 소방서장** 귀하

| 구 분 | 첨부서류 |
|---|---|
| 소방시설관리업자 또는 소방안전관리자가 제출 | 소방청장이 정하여 고시하는 소방시설등점검표 |
| 관계인이 제출 | 1. 점검인력 배치확인서(소방시설관리업자가 점검한 경우에만 제출합니다) 1부<br>2. [별지 제10호 서식]의 소방시설등의 자체점검 결과 이행계획서 |
| | **유의 사항** |
| 「소방시설 설치 및 관리에 관한 법률」 제58조 제1호 및 제61조 제1항 제8호 | 1. 특정소방대상물의 관계인이 소방시설등에 대한 자체점검을 하지 아니하거나 관리업자 등으로 하여금 정기적으로 점검하게 하지 않은 경우 1년 이하의 징역 또는 1천만원 이하의 벌금에 처합니다.<br>2. 특정소방대상물의 관계인이 소방시설등의 점검결과를 보고하지 않거나 거짓으로 보고한 경우 300만원 이하의 과태료를 부과합니다. |

☆☆☆
## 문제 38

「소방시설공사업법 시행령」에 의거하여 특정소방대상물에 설치된 소방시설 등을 구성하는 전부 또는 일부를 개설, 이전 또는 정비하는 소방시설공사의 착공신고 대상 3가지를 쓰시오. (단, 고장 또는 파손 등으로 인하여 작동시킬 수 없는 소방시설을 긴급히 교체하거나 보수하여야 하는 경우에는 신고하지 않을 수 있다.) (6점)

○
○
○

정답 ① 수신반
② 소화펌프
③ 동력(감시)제어반

해설 **소방시설공사업법 시행령 제4조**
**특정소방대상물에 설치된 소방시설 등을 구성하는 전부 또는 일부를 개설, 이전 또는 정비하는 공사(단, 고장 또는 파손 등으로 인하여 작동시킬 수 없는 소방시설을 긴급히 교체하거나 보수하여야 하는 경우에는 신고하지 않을 수 있다)**
(1) **수신반**
(2) **소화펌프**
(3) **동력(감시)제어반**

중요

**소방시설공사**의 **착공신고대상**(소방시설공사업법 시행령 제4조)

① **옥내소화전설비**(호스릴옥내소화전설비 포함), **옥외소화전설비, 스프링클러설비 · 간이스프링클러설비**(캐비닛형 간이스프링클러설비 포함) 및 **화재조기진압용 스프링클러설비**, 물분무소화설비 · 포소화설비 · 이산화탄소 소화설비 · 할론소화설비 · 할로겐화합물 및 불활성기체 소화설비 · 미분무소화설비 · 강화액소화설비 및 분말소화설비, 연결송수관설비, 연결살수설비, 제연설비(소방용 외의 용도와 겸용되는 제연설비를 기계가스설비공사업자가 공사하는 경우는 제외한다), 소화용수설비(소화용수설비를 기계가스설비공사업자 또는 상 · 하수도설비공사업자가 공사하는 경우는 제외한다) 또는 연소방지설비

② **자동화재탐지설비, 비상경보설비, 비상방송설비**(소방용 외의 용도와 겸용되는 비상방송설비를 정보통신공사업자가 공사하는 경우는 제외한다), 비상콘센트설비(비상콘센트설비를 전기공사업자가 공사하는 경우는 제외한다) 또는 무선통신보조설비(소방용 외의 용도와 겸용되는 무선통신보조설비를 정보통신공사업자가 공사하는 경우는 제외한다)

③ 특정소방대상물에 다음의 어느 하나에 해당하는 설비 또는 구역 등을 **증설**하는 공사

㉠ **옥내 · 옥외소화전설비**

㉡ **스프링클러설비 ·** 간이스프링클러설비 또는 물분무등소화설비의 방호구역, 자동화재탐지설비의 경계구역, 제연설비의 제연구역(소방용 외의 용도와 겸용되는 제연설비를 기계가스설비공사업자가 공사하는 경우는 제외한다), 연결살수설비의 살수구역, 연결송수관설비의 송수구역, 비상콘센트설비의 전용회로, 연소방지설비의 살수구역

④ 특정소방대상물에 설치된 소방시설 등을 구성하는 다음에 해당하는 것의 **전부** 또는 **일부**를 **개설**, **이전** 또는 **정비**하는 공사(단, 고장 또는 파손 등으로 인하여 작동시킬 수 없는 소방시설을 긴급히 교체하거나 보수하여야 하는 경우에는 신고하지 않을 수 있다)

㉠ **수신반**

㉡ **소화펌프**

㉢ **동력(감시)제어반**

☆☆

## 문제 39

**위험물안전관리자(기능사, 취급자)의 선임대상을 제조소, 저장소, 취급소를 구분하여 기술하시오. (15점)**

정답

<table>
<tr><th colspan="3">제조소 등의 종류 및 규모</th><th>안전관리자의 자격</th></tr>
<tr><td rowspan="2">제조소</td><td colspan="2">① 제4류 위험물만을 취급하는 것으로서 지정수량 5배 이하의 것</td><td>• 위험물기능장<br>• 위험물산업기사<br>• 위험물기능사<br>• 안전관리자교육이수자<br>• 소방공무원경력자</td></tr>
<tr><td colspan="2">② 기타</td><td>• 위험물기능장<br>• 위험물산업기사<br>• 위험물기능사(2년 이상 실무경력)</td></tr>
<tr><td rowspan="13">저장소</td><td rowspan="2">① 옥내저장소</td><td>제4류 위험물만을 저장하는 것으로서 지정수량 5배 이하의 것</td><td rowspan="12">• 위험물기능장<br>• 위험물산업기사<br>• 위험물기능사<br>• 안전관리자교육이수자<br>• 소방공무원경력자</td></tr>
<tr><td>제4류 위험물 중 알코올류·제2석유류·제3석유류·제4석유류·동식물유류만을 저장하는 것으로서 지정수량 40배 이하의 것</td></tr>
<tr><td rowspan="2">② 옥외탱크저장소</td><td>제4류 위험물만을 저장하는 것으로서 지정수량 5배 이하의 것</td></tr>
<tr><td>제4류 위험물 중 제2석유류·제3석유류·제4석유류·동식물유류만을 저장하는 것으로서 지정수량 40배 이하의 것</td></tr>
<tr><td rowspan="2">③ 옥내탱크저장소</td><td>제4류 위험물만을 저장하는 것으로서 지정수량 5배 이하의 것</td></tr>
<tr><td>제4류 위험물 중 제2석유류·제3석유류·제4석유류·동식물유류만을 저장하는 것</td></tr>
<tr><td rowspan="2">④ 지하탱크저장소</td><td>제4류 위험물만을 저장하는 것으로서 지정수량 40배 이하의 것</td></tr>
<tr><td>제4류 위험물 중 제1석유류·알코올류·제2석유류·제3석유류·제4석유류·동식물유류만을 저장하는 것으로서 지정수량 250배 이하의 것</td></tr>
<tr><td colspan="2">⑤ 간이탱크저장소로서 제4류 위험물만을 저장하는 것</td></tr>
<tr><td colspan="2">⑥ 옥외저장소 중 제4류 위험물만을 저장하는 것으로서 지정수량의 40배 이하의 것</td></tr>
<tr><td colspan="2">⑦ 보일러, 버너 그 밖에 이와 유사한 장치에 공급하기 위한 위험물을 저장하는 탱크저장소</td></tr>
<tr><td colspan="2">⑧ 선박주유취급소, 철도주유취급소 또는 항공기주유취급소의 고정주유설비에 공급하기 위한 위험물을 저장하는 탱크저장소로서 지정수량의 250배(제1석유류의 경우에는 지정수량의 100배) 이하의 것</td></tr>
<tr><td colspan="2">⑨ 기타 저장소</td><td>• 위험물기능장<br>• 위험물산업기사<br>• 위험물기능사(2년 이상 실무경력)</td></tr>
</table>

<table>
<tr><td rowspan="9">취<br>급<br>소</td><td colspan="2">① 주유취급소</td><td rowspan="8">• 위험물기능장<br>• 위험물산업기사<br>• 위험물기능사<br>• 안전관리자교육이수자<br>• 소방공무원경력자</td></tr>
<tr><td rowspan="2">② 판매취급소</td><td>제4류 위험물만을 취급하는 것으로서 지정수량 5배 이하의 것</td></tr>
<tr><td>제4류 위험물 중 제1석유류 · 알코올류 · 제2석유류 · 제3석유류 · 제4석유류 · 동식물유류만을 취급하는 것</td></tr>
<tr><td colspan="2">③ 제4류 위험물 중 제1석유류 · 알코올류 · 제2석유류 · 제3석유류 · 제4석유류 · 동식물유류만을 지정수량 50배 이하로 취급하는 일반취급소(제1석유류 · 알코올류의 취급량이 지정수량의 10배 이하)로서 다음의 어느 하나에 해당하는 것<br>㉠ 보일러, 버너 그 밖에 이와 유사한 장치에 의하여 위험물을 소비하는 것<br>㉡ 위험물을 용기 또는 차량에 고정된 탱크에 주입하는 것</td></tr>
<tr><td colspan="2">④ 제4류 위험물만을 취급하는 일반취급소로서 지정수량 10배 이하의 것</td></tr>
<tr><td colspan="2">⑤ 제4류 위험물 중 제2석유류 · 제3석유류 · 제4석유류 · 동식물유류만을 취급하는 일반취급소로서 지정수량 20배 이하의 것</td></tr>
<tr><td colspan="2">⑥ 「농어촌 전기공급사업촉진법」에 따라 설치된 자가발전시설에 사용되는 위험물을 취급하는 일반취급소</td></tr>
<tr><td colspan="2"></td></tr>
<tr><td colspan="2">⑦ 기타 취급소</td><td>• 위험물기능장<br>• 위험물산업기사<br>• 위험물기능사(2년 이상 실무경력)</td></tr>
</table>

해설 **위험물안전관리법 시행령 〔별표 6〕**
**제조소 등의 종류 및 규모에 따라 선임하여야 하는 안전관리자의 자격**

<table>
<tr><th colspan="3">제조소 등의 종류 및 규모</th><th>안전관리자의 자격</th></tr>
<tr><td rowspan="2">제<br>조<br>소</td><td colspan="2">① 제4류 위험물만을 취급하는 것으로서 지정수량 5배 이하의 것</td><td>• 위험물기능장<br>• 위험물산업기사<br>• 위험물기능사<br>• 안전관리자교육이수자<br>• 소방공무원경력자</td></tr>
<tr><td colspan="2">② 기타</td><td>• 위험물기능장<br>• 위험물산업기사<br>• 위험물기능사(2년 이상 실무경력)</td></tr>
<tr><td rowspan="12">저<br>장<br>소</td><td rowspan="2">① 옥내저장소</td><td>제4류 위험물만을 저장하는 것으로서 지정수량 5배 이하의 것</td><td rowspan="12">• 위험물기능장<br>• 위험물산업기사<br>• 위험물기능사<br>• 안전관리자교육이수자<br>• 소방공무원경력자</td></tr>
<tr><td>제4류 위험물 중 알코올류 · 제2석유류 · 제3석유류 · 제4석유류 · 동식물유류만을 저장하는 것으로서 지정수량 40배 이하의 것</td></tr>
<tr><td rowspan="2">② 옥외탱크저장소</td><td>제4류 위험물만을 저장하는 것으로서 지정수량 5배 이하의 것</td></tr>
<tr><td>제4류 위험물 중 제2석유류 · 제3석유류 · 제4석유류 · 동식물유류만을 저장하는 것으로서 지정수량 40배 이하의 것</td></tr>
<tr><td rowspan="2">③ 옥내탱크저장소</td><td>제4류 위험물만을 저장하는 것으로서 지정수량 5배 이하의 것</td></tr>
<tr><td>제4류 위험물 중 제2석유류 · 제3석유류 · 제4석유류 · 동식물유류만을 저장하는 것</td></tr>
<tr><td rowspan="2">④ 지하탱크저장소</td><td>제4류 위험물만을 저장하는 것으로서 지정수량 40배 이하의 것</td></tr>
<tr><td>제4류 위험물 중 제1석유류 · 알코올류 · 제2석유류 · 제3석유류 · 제4석유류 · 동식물유류만을 저장하는 것으로서 지정수량 250배 이하의 것</td></tr>
<tr><td colspan="2">⑤ 간이탱크저장소로서 제4류 위험물만을 저장하는 것</td></tr>
<tr><td colspan="2">⑥ 옥외저장소 중 제4류 위험물만을 저장하는 것으로서 지정수량의 40배 이하의 것</td></tr>
<tr><td colspan="2">⑦ 보일러, 버너 그 밖에 이와 유사한 장치에 공급하기 위한 위험물을 저장하는 탱크저장소</td></tr>
<tr><td colspan="2">⑧ 선박주유취급소, 철도주유취급소 또는 항공기주유취급소의 고정주유설비에 공급하기 위한 위험물을 저장하는 탱크저장소로서 지정수량의 250배(제1석유류의 경우에는 지정수량의 100배) 이하의 것</td></tr>
</table>

| 구분 | 대상 | | 자격 |
|---|---|---|---|
| 저장소 | ⑨ 기타 저장소 | | • 위험물기능장<br>• 위험물산업기사<br>• 위험물기능사(**2년** 이상 실무경력) |
| 취급소 | ① 주유취급소 | | • 위험물기능장<br>• 위험물산업기사<br>• 위험물기능사<br>• **안전관리자교육이수자**<br>• **소방공무원경력자** |
| | ② 판매취급소 | 제4류 위험물만을 취급하는 것으로서 지정수량 **5배 이하**의 것 | |
| | | 제4류 위험물 중 제1석유류·알코올류·제2석유류·제3석유류·제4석유류·동식물유류만을 취급하는 것 | |
| | ③ 제4류 위험물 중 제1석유류·알코올류·제2석유류·제3석유류·제4석유류·동식물유류만을 지정수량 **50배 이하**로 취급하는 일반취급소(제1석유류·알코올류의 취급량이 지정수량의 10배 이하)로서 다음의 어느 하나에 해당하는 것<br>㉠ 보일러, 버너 그 밖에 이와 유사한 장치에 의하여 위험물을 소비하는 것<br>㉡ 위험물을 용기 또는 차량에 고정된 탱크에 주입하는 것 | | |
| | ④ 제4류 위험물만을 취급하는 일반취급소로서 지정수량 **10배 이하**의 것 | | |
| | ⑤ 제4류 위험물 중 제2석유류·제3석유류·제4석유류·동식물유류만을 취급하는 일반취급소로서 지정수량 **20배 이하**의 것 | | |
| | ⑥「농어촌 전기공급사업촉진법」에 따라 설치된 자가발전시설에 사용되는 위험물을 취급하는 일반취급소 | | |
| | ⑦ 기타 취급소 | | • 위험물기능장<br>• 위험물산업기사<br>• 위험물기능사(**2년** 이상 실무경력) |

중요

**위험물취급자격자 · 안전관리대행기관**

(1) **위험물취급자격자**의 **자격**(위험물안전관리법 시행령 〔별표 5〕)

| 위험물취급자격의 구분 | 취급할 수 있는 위험물 |
|---|---|
| ① 국가기술자격법에 따라 위험물기능장, 위험물산업기사, 위험물기능사 자격을 취득한 사람 | 모든 위험물 |
| ② 안전관리자교육이수자 | 제4류 위험물 |
| ③ 소방공무원경력자(**소방공무원**으로 근무한 경력이 **3년** 이상인 자) | 제4류 위험물 |

(2) **안전관리대행기관**의 **지정기준**(위험물안전관리법 시행규칙 〔별표 22〕)

| 구분 | 기준 |
|---|---|
| 기술인력 | ① **위험물기능장** 또는 **위험물산업기사 1인** 이상<br>② **위험물산업기사** 또는 **위험물기능사 2인** 이상<br>③ **기계분야** 및 **전기분야**의 **소방설비기사 1인** 이상 |
| 시 설 | **전용사무실** |
| 장 비 | ① 절연저항계(절연저항측정기)<br>② 접지저항측정기(최소눈금 **0.1Ω 이하**)<br>③ 가스농도측정기(탄화수소계 가스의 농도측정이 가능할 것)<br>④ 정전식 전위측정기<br>⑤ 토크렌치<br>⑥ 진동시험기<br>⑦ 표면온도계(−10~300℃)<br>⑧ 두께측정기(1.5~99.9mm)<br>⑨ 안전용구(안전모, 안전화, 손전등, 안전로프 등)<br>⑩ 소화설비점검기구(소화전밸브압력계, 방수압력측정계, 포콜렉터, 헤드렌치, 포콘테이너) |

☆

## 문제 40

「위험물안전관리법 시행규칙」〔별표 17〕에 의거하여 위험물제조소 등의 자동화재탐지설비 설치기준 4가지를 쓰시오. (4점)

○

○

○

○

정답 ① 자동화재탐지설비의 경계구역은 건축물, 그 밖의 공작물의 2 이상의 층에 걸치지 아니하도록 할 것
② 하나의 경계구역의 면적은 600m$^2$ 이하로 하고 그 한 변의 길이는 50m 이하로 할 것
③ 자동화재탐지설비의 감지기는 지붕 또는 벽의 옥내에 면한 부분에 유효하게 화재의 발생을 감지할 수 있도록 설치할 것
④ 자동화재탐지설비에는 비상전원을 설치할 것

해설 **위험물안전관리법 시행규칙 〔별표 17〕**
**자동화재탐지설비의 설치기준**

(1) 자동화재탐지설비의 경계구역(화재가 발생한 구역을 다른 구역과 구분하여 식별할 수 있는 최소단위의 구역)은 건축물, 그 밖의 공작물의 **2 이상**의 층에 걸치지 아니하도록 할 것(단, 하나의 경계구역의 면적이 500m$^2$ 이하이면서 당해 경계구역이 두 개의 층에 걸치는 경우이거나 **계단·경사로·승강기**의 **승강로**, 그 밖에 이와 유사한 장소에 연기감지기를 설치하는 경우 제외)
(2) 하나의 경계구역의 면적은 **600m$^2$** 이하로 하고 그 한 변의 길이는 **50m**(광전식 분리형 감지기를 설치할 경우에는 100m) 이하로 할 것(단, 당해 건축물, 그 밖의 공작물의 주요한 출입구에서 그 내부의 전체를 볼 수 있는 경우에 있어서는 그 면적을 **1000m$^2$** 이하로 할 것)
(3) 자동화재탐지설비의 감지기(옥외탱크저장소에 설치하는 자동화재탐지설비의 감지기 제외)는 **지붕**(상층이 있는 경우에는 상층의 바닥) 또는 **벽**의 옥내에 면한 부분(천장이 있는 경우에는 천장 또는 벽의 옥내에 면한 부분 및 천장의 뒷부분)에 유효하게 화재의 발생을 감지할 수 있도록 설치할 것
(4) 옥외탱크저장소에 설치하는 자동화재탐지설비의 감지기 설치기준
① **불꽃감지기**를 설치할 것(단, 불꽃을 감지하는 기능이 있는 지능형 폐쇄회로텔레비전(CCTV)을 설치한 경우 불꽃감지기를 설치한 것으로 본다.)
② 옥외저장탱크 외측과 〔별표 6〕 Ⅱ에 따른 보유공지 내에서 발생하는 화재를 유효하게 감지할 수 있는 위치에 설치할 것
③ 지지대를 설치하고 그곳에 감지기를 설치하는 경우 **지지대**는 **벼락**에 영향을 받지 않도록 설치할 것
(5) 자동화재탐지설비에는 비상전원을 설치할 것
(6) 옥외탱크저장소가 다음에 해당하는 경우에는 **자동화재탐지설비**를 설치하지 않을 수 있다.
① 옥외탱크저장소의 **방유제**와 옥외저장탱크 사이의 지표면을 **불연성** 및 **불침윤성**(수분에 젖지 않는 성질)이 있는 철근콘크리트 구조 등으로 한 경우
② 「화학물질관리법 시행규칙」〔별표 5〕 제6호의 화학물질안전원장이 정하는 고시에 따라 **가스감지기**를 설치한 경우

☆

## 문제 41

「위험물안전관리법 시행규칙」〔별표 17〕에 의거하여 다음의 위험물제조소 등에 자동화재탐지설비의 설치대상 기준을 쓰시오. (6점)

○제조소 및 일반취급소 :
○옥내저장소 :
○옥내탱크저장소 :

정답 ① ㉠ 연면적 500m$^2$ 이상인 것
㉡ 옥내에서 지정수량의 100배 이상을 취급하는 것
㉢ 일반취급소로 사용되는 부분 외의 부분이 있는 건축물에 설치된 일반취급소

② ㉠ 지정수량의 100배 이상을 저장 또는 취급하는 것
㉡ 저장창고의 연면적이 150m²를 초과하는 것
㉢ 처마높이가 6m 이상인 단층 건물의 것
㉣ 옥내저장소로 사용되는 부분 외의 부분이 있는 건축물에 설치된 옥내저장소
③ 단층 건물 외의 건축물에 설치된 옥내탱크저장소로서 소화난이도 등급 Ⅰ에 해당하는 것

해설 **위험물안전관리법 시행규칙 〔별표 17〕**
**소화설비, 경보설비 및 피난설비의 기준**
(1) 제조소 등별로 설치하여야 하는 경보설비의 종류

| 제조소 등의 구분 | 제조소 등의 규모, 저장 또는 취급하는 위험물의 종류 및 최대수량 등 | 경보설비 |
|---|---|---|
| 제조소 및 일반취급소 | ① 연면적 **500m²** 이상인 것<br>② 옥내에서 지정수량의 **100배** 이상을 취급하는 것(고인화점위험물만을 **100℃** 미만의 온도에서 취급하는 것을 제외)<br>③ 일반취급소로 사용되는 부분 외의 부분이 있는 건축물에 설치된 일반취급소(일반취급소와 일반취급소 외의 부분이 내화구조의 바닥 또는 벽으로 개구부 없이 구획된 것을 제외) | **자동화재탐지설비** |
| 옥내저장소 | ① 지정수량의 **100배** 이상을 저장 또는 취급하는 것(고인화점위험물만을 저장 또는 취급하는 것을 제외)<br>② 저장창고의 연면적이 **150m²**를 초과하는 것[연면적 150m² 이내마다 불연재료의 격벽으로 개구부 없이 완전히 구획된 저장창고와 제2류(인화성 고체 제외) 또는 제4류의 위험물(인화점이 70℃ 미만인 것 제외)만을 저장 또는 취급하는 것에 있어서는 저장창고의 연면적이 500m² 이상의 것에 한한다.]<br>③ 처마높이가 **6m** 이상인 단층건물의 것<br>④ 옥내저장소로 사용되는 부분 외의 부분이 있는 건축물에 설치된 옥내저장소[옥내저장소와 옥내저장소 외의 부분이 내화구조의 바닥 또는 벽으로 개구부 없이 구획된 것과 제2류(인화성 고체 제외) 또는 제4류의 위험물(인화점이 70℃ 미만인 것 제외)만을 저장 또는 취급하는 것 제외] | |
| 옥내탱크저장소 | 단층 건물 외의 건축물에 설치된 옥내탱크저장소로서 소화난이도 등급 Ⅰ에 해당하는 것 | |
| 주유취급소 | 옥내주유취급소 | |
| 옥외탱크저장소 | 특수인화물, 제1석유류 및 알코올류를 저장 또는 취급하는 탱크의 용량이 1000만L 이상인 것 | 자동화재탐지설비, 자동화재속보설비 |
| 제조소 및 일반취급소, 옥내저장소, 옥내탱크저장소, 주유취급소, 옥외탱크저장소의 자동화재탐지설비 설치대상에 해당하지 않는 제조소 등 | 지정수량의 **10배** 이상을 저장 또는 취급하는 것 | 자동화재탐지설비, 비상경보설비, 확성장치 또는 비상방송설비 중 1종 이상 |

〔비고〕 이송취급소의 경보설비는 〔별표 15〕 Ⅳ 제14호의 규정에 의한다.

(2) 소화난이도 등급 Ⅰ의 제조소 등 및 소화설비
① 소화난이도 등급 Ⅰ에 해당하는 제조소 등

| 제조소 등의 구분 | 제조소 등의 규모, 저장 또는 취급하는 위험물의 품명 및 최대수량 등 |
|---|---|
| 제조소 및 일반취급소 | ㉠ 연면적 **1000m²** 이상인 것<br>㉡ 지정수량의 **100배 이상**인 것(고인화점위험물만을 **100℃** 미만의 온도에서 취급하는 것 및 제48조의 위험물을 취급하는 것은 제외)<br>㉢ 지반면으로부터 **6m 이상**의 높이에 위험물 취급설비가 있는 것(고인화점위험물만을 **100℃ 미만**의 온도에서 취급하는 것은 제외)<br>㉣ 일반취급소로 사용되는 부분 외의 부분을 갖는 건축물에 설치된 것(내화구조로 개구부 없이 구획된 것 및 고인화점위험물만을 100℃ 미만의 온도에서 취급하는 것 및 〔별표 16〕 Ⅹ의 2의 화학실험의 일반취급소는 제외) |
| 주유취급소 | 〔별표 13〕 Ⅴ 제2호에 따른 면적의 합이 **500m²**를 초과하는 것 |

| | |
|---|---|
| 옥내저장소 | ㉠ 지정수량의 **150배** 이상인 것(고인화점위험물만을 저장하는 것 및 제48조의 위험물을 저장하는 것은 제외)<br>㉡ 연면적 **150m²**를 초과하는 것(150m² 이내마다 **불연재료**로 개구부 없이 구획된 것 및 인화성 고체 외의 제2류 위험물 또는 인화점 70℃ 이상의 제4류 위험물만을 저장하는 것은 제외)<br>㉢ 처마높이가 **6m** 이상인 단층건물의 것<br>㉣ 옥내저장소로 사용되는 부분 외의 부분이 있는 건축물에 설치된 것(내화구조로 개구부 없이 구획된 것 및 인화성 고체 외의 제2류 위험물 또는 인화점 70℃ 이상의 제4류 위험물만을 저장하는 것은 제외) |
| 옥외 탱크저장소 | ㉠ 액표면적이 **40m²** 이상인 것(제6류 위험물을 저장하는 것 및 고인화점위험물만을 100℃ 미만의 온도에서 저장하는 것은 제외)<br>㉡ 지반면으로부터 탱크 옆판의 상단까지 높이가 **6m** 이상인 것(제6류 위험물을 저장하는 것 및 고인화점위험물만을 100℃ 미만의 온도에서 저장하는 것은 제외)<br>㉢ 지중탱크 또는 해상탱크로서 지정수량의 **100배** 이상인 것(제6류 위험물을 저장하는 것 및 고인화점위험물만을 100℃ 미만의 온도에서 저장하는 것은 제외)<br>㉣ 고체위험물을 저장하는 것으로서 지정수량의 **100배** 이상인 것 |
| 옥내 탱크저장소 | ㉠ 액표면적이 **40m²** 이상인 것(제6류 위험물을 저장하는 것 및 고인화점위험물만을 **100℃ 미만**의 온도에서 저장하는 것은 제외)<br>㉡ 바닥면으로부터 탱크 옆판의 상단까지 높이가 **6m** 이상인 것(제6류 위험물을 저장하는 것 및 고인화점위험물만을 **100℃** 미만의 온도에서 저장하는 것은 제외)<br>㉢ 탱크전용실이 단층건물 외의 건축물에 있는 것으로서 인화점 **38~70℃ 미만**의 위험물을 지정수량의 **5배** 이상 저장하는 것(내화구조로 개구부 없이 구획된 것은 제외한다) |
| 옥외저장소 | ㉠ 덩어리 상태의 **유황**을 저장하는 것으로서 경계표시 내부의 면적(2 이상의 경계표시가 있는 경우에는 각 경계표시의 내부의 면적을 합한 면적)이 **100m²** 이상인 것<br>㉡ 〔별표 11〕 Ⅲ의 위험물을 저장하는 것으로서 지정수량의 **100배** 이상인 것 |
| 암반 탱크저장소 | ㉠ 액표면적이 **40m²** 이상인 것(제6류 위험물을 저장하는 것 및 고인화점위험물만을 **100℃** 미만의 온도에서 저장하는 것은 제외)<br>㉡ 고체위험물만을 저장하는 것으로서 지정수량의 **100배** 이상인 것 |
| 이송취급소 | 모든 대상 |

〔비고〕 제조소 등의 구분별로 오른쪽 란에 정한 제조소 등의 규모, 저장 또는 취급하는 위험물의 수량 및 최대수량 등의 어느 하나에 해당하는 제조소 등은 소화난이도 **등급 Ⅰ**에 해당하는 것으로 한다.

② 소화난이도 등급 Ⅰ의 제조소 등에 설치하여야 하는 소화설비

| 제조소 등의 구분 | | 소화설비 |
|---|---|---|
| 제조소 및 일반취급소 | | ㉠ 옥내소화전설비<br>㉡ 옥외소화전설비<br>㉢ 스프링클러설비 또는 물분무등소화설비(화재발생시 연기가 충만할 우려가 있는 장소에는 스프링클러설비 또는 이동식 외의 물분무등소화설비에 한함) |
| 주유취급소 | | ㉠ 스프링클러설비(건축물에 한정)<br>㉡ 소형수동식 소화기 등(능력단위의 수치가 건축물 그 밖의 공작물 및 위험물의 소요단위의 수치에 이르도록 설치할 것 |
| 옥내 저장소 | 처마높이가 **6m** 이상인 단층건물 또는 다른 용도의 부분이 있는 건축물에 설치한 옥내저장소 | 스프링클러설비 또는 이동식 외의 물분무등소화설비 |
| | 그 밖의 것 | ㉠ 옥외소화전설비<br>㉡ 스프링클러설비<br>㉢ 이동식 외의 물분무등소화설비 또는 이동식 포소화설비(포소화전을 옥외에 설치하는 것에 한함) |

| | | | |
|---|---|---|---|
| 옥외탱크저장소 | 지중탱크 또는 해상탱크 외의 것 | **유황**만을 저장 취급하는 것 | 물분무소화설비 |
| | | 인화점 **70℃** 이상의 제4류 위험물만을 저장 취급하는 것 | 물분무소화설비 또는 고정식 포소화설비 |
| | | 그 밖의 것 | 고정식 포소화설비(포소화설비가 적응성이 없는 경우에는 분말소화설비) |
| | **지중탱크** | | ㉠ 고정식 포소화설비<br>㉡ 이동식 이외의 불활성 가스 소화설비 또는 이동식 이외의 할로겐화합물 소화설비 |
| | **해상탱크** | | ㉠ 고정식 포소화설비<br>㉡ 물분무소화설비<br>㉢ 이동식 이외의 불활성 가스 소화설비 또는 이동식 이외의 할로겐화합물 소화설비 |
| 옥내탱크저장소 | **유황**만을 저장 취급하는 것 | | 물분무소화설비 |
| | 인화점 **70℃ 이상**의 제4류 위험물만을 저장 취급하는 것 | | ㉠ 물분무소화설비<br>㉡ 고정식 포소화설비<br>㉢ 이동식 이외의 불활성 가스 소화설비<br>㉣ 이동식 이외의 할로겐화합물 소화설비 또는 이동식 이외의 분말소화설비 |
| | 그 밖의 것 | | ㉠ 고정식 포소화설비<br>㉡ 이동식 이외의 불활성 가스 소화설비<br>㉢ 이동식 이외의 할로겐화합물 소화설비 또는 이동식 이외의 분말소화설비 |
| 옥외저장소 및 이송취급소 | | | ㉠ 옥내소화전설비<br>㉡ 옥외소화전설비<br>㉢ 스프링클러설비 또는 물분무등소화설비(화재발생시 연기가 충만할 우려가 있는 장소에는 스프링클러설비 또는 이동식 이외의 물분무등소화설비에 한함) |
| 암반탱크저장소 | **유황**만을 저장 취급하는 것 | | 물분무소화설비 |
| | 인화점 **70℃ 이상**의 제4류 위험물만을 저장 취급하는 것 | | 물분무소화설비 또는 고정식 포소화설비 |
| | 그 밖의 것 | | 고정식 포소화설비(포소화설비가 적응성이 없는 경우에는 분말소화설비) |

〔비고〕 위 표 오른쪽란의 소화설비를 설치함에 있어서는 당해 소화설비의 방사범위가 당해 제조소, 일반취급소, 옥내저장소, 옥외탱크저장소, 옥내탱크저장소, 옥외저장소, 암반탱크저장소(암반탱크에 관계되는 부분 제외) 또는 이송취급소(이송기지 내에 한함)의 건축물, 그 밖의 공작물 및 위험물을 포함하도록 하여야 한다. 단, 고인화점위험물만을 100℃ 미만의 온도에서 취급하는 제조소 또는 일반취급소의 경우에는 당해 제조소 또는 일반취급소의 건축물 및 그 밖의 공작물만 포함하도록 할 수 있다.

### 문제 42

「위험물안전관리법 시행규칙」〔별표 17〕에 따른 제5류 위험물에 적응성 있는 대형 · 소형 소화기의 종류를 모두 쓰시오. (7점)

정답 ① 봉상수소화기
② 무상수소화기
③ 봉상강화액 소화기
④ 무상강화액 소화기
⑤ 포소화기

해설 **위험물안전관리법 시행규칙 〔별표 17〕**

**소화설비의 적응성**

| 소화설비의 구분 \ 대상물 구분 | | | 건축물 · 그 밖의 공작물 | 전기설비 | 제1류 위험물 | | 제2류 위험물 | | | 제3류 위험물 | | 제4류 위험물 | 제5류 위험물 | 제6류 위험물 |
|---|---|---|---|---|---|---|---|---|---|---|---|---|---|---|
| | | | | | 알칼리금속과산화물 등 | 그 밖의 것 | 철분 · 금속분 · 마그네슘 등 | 인화성고체 | 그 밖의 것 | 금수성물품 | 그 밖의 것 | | | |
| 옥내소화전 또는 옥외소화전설비 | | | ○ | | | ○ | | ○ | ○ | | ○ | | ○ | ○ |
| 스프링클러설비 | | | ○ | | | ○ | | ○ | ○ | | ○ | △ | ○ | ○ |
| 물분무등소화설비 | 물분무소화설비 | | ○ | ○ | | ○ | | ○ | ○ | | ○ | ○ | ○ | ○ |
| | 포소화설비 | | ○ | | | ○ | | ○ | ○ | | ○ | ○ | ○ | ○ |
| | 불활성가스 소화설비 | | | ○ | | | | ○ | | | | ○ | | |
| | 할론소화설비 | | | ○ | | | | ○ | | | | ○ | | |
| | 분말소화설비 | 인산염류 등 | ○ | ○ | | ○ | | ○ | ○ | | | ○ | | ○ |
| | | 탄산수소염류 등 | | ○ | ○ | | ○ | ○ | | ○ | | ○ | | |
| | | 그 밖의 것 | | | ○ | | ○ | | | ○ | | | | |
| 대형 · 소형수동식 소화기 | 봉상수소화기 | | ○ | | | ○ | | ○ | ○ | | ○ | | ○ | ○ |
| | 무상수소화기 | | ○ | ○ | | ○ | | ○ | ○ | | ○ | | ○ | ○ |
| | 봉상강화액 소화기 | | ○ | | | ○ | | ○ | ○ | | ○ | | ○ | ○ |
| | 무상강화액 소화기 | | ○ | ○ | | ○ | | ○ | ○ | | ○ | ○ | ○ | ○ |
| | 포소화기 | | ○ | | | ○ | | ○ | ○ | | ○ | ○ | ○ | ○ |
| | 이산화탄소 소화기 | | | ○ | | | | ○ | | | | ○ | | △ |
| | 할로겐화합물 소화기 | | | ○ | | | | ○ | | | | ○ | | |
| | 분말소화기 | 인산염류소화기 | ○ | ○ | | ○ | | ○ | ○ | | | ○ | | ○ |
| | | 탄산수소염류 소화기 | | ○ | ○ | | ○ | ○ | | ○ | | ○ | | |
| | | 그 밖의 것 | | | ○ | | ○ | | | ○ | | | | |
| 기타 | 물통 또는 수조 | | ○ | | | ○ | | ○ | ○ | | ○ | | ○ | ○ |
| | 건조사 | | | | ○ | ○ | ○ | ○ | ○ | ○ | ○ | ○ | ○ | ○ |
| | 팽창질석 또는 팽창진주암 | | | | ○ | ○ | ○ | ○ | ○ | ○ | ○ | ○ | ○ | ○ |

〔비고〕 1. ○표시 : 당해 소방대상물 및 위험물에 대하여 소화설비가 적응성이 있음을 표시

2. △표시 : 제4류 위험물을 저장 또는 취급하는 장소의 살수기준면적에 따라 스프링클러설비의 살수밀도가 다음 표에 정하는 기준 이상인 경우에는 당해 스프링클러설비가 제4류 위험물에 대하여 적응성이 있음을, 제6류 위험물을 저장 또는 취급하는 장소로서 폭발의 위험이 없는 장소에 한하여 이산화탄소 소화기가 제6류 위험물에 대하여 적용성이 있음을 각각 표시

| 살수기준면적(m²) | 방사밀도(L/m²분) | | 비 고 |
|---|---|---|---|
| | 인화점 38℃ 미만 | 인화점 38℃ 이상 | |
| 279 미만 | 16.3 이상 | 12.2 이상 | 살수기준면적은 내화구조의 벽 및 바닥으로 구획된 하나의 실의 바닥면적을 말하고, 하나의 실의 바닥면적이 465m² 이상인 경우의 살수기준면적은 465m²로 한다. 단, 위험물의 취급을 주된 작업내용으로 하지 아니하고 소량의 위험물을 취급하는 설비 또는 부분이 넓게 분산되어 있는 경우에는 방사밀도는 8.2L/m²분 이상, 살수기준면적은 279m² 이상으로 할 수 있다. |
| 279~372 미만 | 15.5 이상 | 11.8 이상 | |
| 372~465 미만 | 13.9 이상 | 9.8 이상 | |
| 465 이상 | 12.2 이상 | 8.1 이상 | |

〔비고〕 1. 인산염류 등은 인산염류, 황산염류 그 밖에 방염성이 있는 약제를 말한다.
2. 탄산수소염류 등은 탄산수소염류 및 탄산수소염류와 요소의 반응생성물을 말한다.
3. 알칼리금속과산화물 등은 알칼리금속의 과산화물 및 알칼리금속의 과산화물을 함유한 것을 말한다.
4. 철분·금속분·마그네슘 등은 철분·금속분·마그네슘과 철분·금속분 또는 마그네슘을 함유한 것을 말한다.

☆☆

## 문제 43

**「공공기관의 소방안전관리에 관한 규정」에 의거하여 공공기관의 소방안전관리에 관한 규정을 적용하여야 하는 해당 공공기관의 적용범위 5가지를 쓰시오. (10점)**

○
○
○
○
○

정답 ① 국가 및 지방자치단체
② 국공립학교
③ 공공기관의 운영에 관한 법률에 따른 공공기관
④ 지방공기업법의 규정에 의하여 설립된 지방공사 또는 지방공단
⑤ 사립학교법의 규정에 의한 사립학교

해설 **공공기관의 소방안전관리에 관한 규정 제2조**
**적용범위**
(1) **국가** 및 **지방자치단체**
(2) **국공립학교**
(3) 「공공기관의 운영에 관한 법률」 제4조에 따른 공공기관
(4) 「지방공기업법」 제49조에 따라 설립된 지방공사 또는 같은 법 제76조에 따라 설립된 지방공단
(5) 「사립학교법」 제2조 제①항에 따른 **사립학교**

★★

## 문제 44

「방염성능기준」에 의거한 소방청고시에서 규정하고 있는 방염성능기준 5가지를 쓰시오. (단, 접염횟수의 기준은 용융하는 물품에 한하여 적용한다.) (10점)

○

○

○

○

○

정답 ① 카펫의 방염성능기준은 잔염시간이 20초 이내, 탄화길이 10cm 이내이어야 한다. 이 경우 내세탁성을 측정하는 물품은 세탁 전과 세탁 후에 이 기준에 적합할 것

② 얇은 포의 방염성능기준은 잔염시간 3초 이내, 잔신시간 5초 이내, 탄화면적 30cm$^2$ 이내, 탄화길이 20cm 이내, 접염횟수 3회 이상이어야 한다. 이 경우 내세탁성을 측정하는 물품은 세탁 전과 세탁 후에 이 기준에 적합할 것

③ 두꺼운 포의 방염성능기준은 잔염시간 5초 이내, 잔신시간 20초 이내, 탄화면적 40cm$^2$ 이내, 탄화길이 20cm 이내, 접염횟수 3회 이상이어야 한다. 이 경우 내세탁성을 측정하는 물품은 세탁 전과 세탁 후에 이 기준에 적합할 것

④ 합성수지판의 방염성능기준은 잔염시간 5초 이내, 잔신시간 20초 이내, 탄화면적 40cm$^2$ 이내, 탄화길이 20cm 이내일 것

⑤ 합판, 섬유판, 목재 및 기타 물품의 방염성능기준은 잔염시간 10초 이내, 잔신시간 30초 이내, 탄화면적 50cm$^2$ 이내, 탄화길이 20cm 이내일 것

해설 **방염성능기준 제4조 제①항**

**방염성능의 기준**

**방염성능기준**은 측정기준 및 방법을 적용하여 측정하였을 때 다음에서 규정하는 기준에 적합하여야 한다(단, 접염횟수의 기준은 용융하는 물품에 한하여 적용).

(1) 카펫의 방염성능기준은 잔염시간이 **20초** 이내, 탄화길이 **10cm** 이내이어야 한다. 이 경우 내세탁성을 측정하는 물품은 세탁 전과 세탁 후에 이 기준에 적합하여야 한다.

(2) 얇은 포의 방염성능기준은 잔염시간 **3초** 이내, 잔신시간 **5초** 이내, 탄화면적 **30cm$^2$** 이내, 탄화길이 **20cm** 이내, 접염횟수 3회 이상이어야 한다. 이 경우 내세탁성을 측정하는 물품은 세탁 전과 세탁 후에 이 기준에 적합하여야 한다.

(3) 두꺼운 포의 방염성능기준은 잔염시간 **5초** 이내, 잔신시간 **20초** 이내, 탄화면적 **40cm$^2$** 이내, 탄화길이 **20cm** 이내, 접염횟수 **3회** 이상이어야 한다. 이 경우 내세탁성을 측정하는 물품은 세탁 전과 세탁 후에 이 기준에 적합하여야 한다.

(4) 합성수지판의 방염성능기준은 잔염시간 **5초** 이내, 잔신시간 **20초** 이내, 탄화면적 **40cm$^2$** 이내, 탄화길이 **20cm** 이내이어야 한다.

(5) 합판, 섬유판, 목재 및 기타물품(이하 **"합판 등"**이라 한다)의 방염성능기준은 잔염시간 **10초** 이내, 잔신시간 **30초** 이내, 탄화면적 **50cm$^2$** 이내, 탄화길이 **20cm** 이내이어야 한다.

(6) 소파 · 의자의 방염성능기준

① 버너법에 의한 시험은 잔염시간 및 잔신시간이 각각 **120초** 이내일 것

② **45도** 에어믹스버너 철망법에 의한 시험은 탄화길이가 최대 **7cm** 이내, 평균 **5cm** 이내일 것

☆☆

**문제 45**

「방염성능기준」에 의거한 방염물품은 보기 쉬운 부위에 잘 지워지지 아니하도록 표시를 하여야 한다. 소방청고시(방염성능의 기준)에서 규정하고 있는 방염물품의 표시사항 6가지를 쓰시오. (6점)

○ ○
○ ○
○ ○

정답 ① 품명
② 제조년월 및 제조번호(두루마리번호 또는 포장상자번호 등) 또는 로트번호
③ 제조업체명 또는 상호(커텐 및 암막의 경우에는 이면 또는 포장지에 표시하여야 한다)
④ 소재혼용률
⑤ 길이 및 폭(포장단위가 두루마리인 경우)
⑥ 주의사항

해설 **방염성능기준 제10조**
**방염물품의 표시사항**
방염물품에는 다음 사항을 보기 쉬운 부위에 잘 지워지지 아니하도록 표시하여야 한다(단, 현장방염처리물품에는 이 규정을 적용하지 아니하며 제6호는 포장지 또는 사용안내서에 표시가능).
(1) **품명**
(2) **제조년월** 및 **제조번호**(두루마리번호 또는 포장상자번호 등) 또는 로트번호
(3) 제조업체명 또는 상호(커텐 및 암막의 경우에는 이면 또는 포장지에 표시하여야 한다)
(4) 소재혼용률
(5) 최대연기밀도 신청값
(6) **길이** 및 **폭**(포장단위가 두루마리인 경우)
(7) 주의사항

☆

**문제 46**

「위험물안전관리에 관한 세부기준」에서 부착장소의 최고주위온도와 스프링클러헤드 표시온도를 쓰시오. (5점)

| 부착장소의 최고주위온도(단위 : ℃) | 표시온도(단위 : ℃) |
|---|---|
| | |
| | |
| | |
| | |
| | |

정답

| 부착장소의 최고주위온도(단위 : ℃) | 표시온도(단위 : ℃) |
|---|---|
| 28℃ 미만 | 58℃ 미만 |
| 28℃ 이상 39℃ 미만 | 58℃ 이상 79℃ 미만 |
| 39℃ 이상 64℃ 미만 | 79℃ 이상 121℃ 미만 |
| 64℃ 이상 106℃ 미만 | 121℃ 이상 162℃ 미만 |
| 106℃ 이상 | 162℃ 이상 |

해설 **위험물안전관리에 관한 세부기준 제131조**

**부착장소의 최고주위온도와 스프링클러헤드의 표시온도**

| 부착장소의 최고주위온도(단위 : ℃) | 표시온도(단위 : ℃) |
|---|---|
| 28℃ 미만 | 58℃ 미만 |
| 28℃ 이상 39℃ 미만 | 58℃ 이상 79℃ 미만 |
| 39℃ 이상 64℃ 미만 | 79℃ 이상 121℃ 미만 |
| 64℃ 이상 106℃ 미만 | 121℃ 이상 162℃ 미만 |
| 106℃ 이상 | 162℃ 이상 |

비교

설치장소의 평상시 최고주위온도에 따른 폐쇄형 스프링클러헤드의 표시온도[스프링클러설비의 화재안전기준(NFPC 103 제10조, NFTC 103 2.7.6)]

(1) **스**프링클러설비

| 설치장소의 최고주위온도 | 표시온도 |
|---|---|
| **39**℃ 미만 | **79**℃ 미만 |
| 39℃ 이상 **64**℃ 미만 | 79℃ 이상 **121**℃ 미만 |
| 64℃ 이상 **106**℃ 미만 | 121℃ 이상 **162**℃ 미만 |
| 106℃ 이상 | 162℃ 이상 |

※ 비고 : 높이 4m 이상인 공장은 표시온도 121℃ 이상으로 할 것

(2) **가**스식, **분**말식, **고**체에어로졸식 **자**동소화장치에서 설치장소의 평상시 최고주위온도에 따른 표시온도[소화기구 및 자동소화장치의 화재안전기준(NFPC 101 제4조, NFTC 101 2.1.2.4.3)]

| 설치장소의 최고주위온도 | 표시온도 |
|---|---|
| **39**℃ 미만 | **79**℃ 미만 |
| 39℃ 이상 **64**℃ 미만 | 79℃ 이상 **121**℃ 미만 |
| 64℃ 이상 **106**℃ 미만 | 121℃ 이상 **162**℃ 미만 |
| 106℃ 이상 | 162℃ 이상 |

(3) 연결**살**수설비에서 설치장소의 평상시 최고주위온도에 따른 폐쇄형 스프링클러헤드의 표시온도[연결살수설비의 화재안전기준(NFPC 503 제6조, NFTC 503 2.3.3.1)]

| 설치장소의 최고주위온도 | 표시온도 |
|---|---|
| **39**℃ 미만 | **79**℃ 미만 |
| 39℃ 이상 **64**℃ 미만 | 79℃ 이상 **121**℃ 미만 |
| 64℃ 이상 **106**℃ 미만 | 121℃ 이상 **162**℃ 미만 |
| 106℃ 이상 | 162℃ 이상 |

기억법 39 79
64 121
106 162
**가분고자 살스**

※ 위의 3가지 소방시설의 **설치장소**의 **최고주위온도**와 **표시온도**가 모두 같다.

☆

## 문제 47

「다중이용업소의 안전관리에 관한 특별법」에 의거하여 다중이용업을 하고자 하는 자는 안전시설 등을 설치하기 전에 미리 소방본부장 또는 소방서장에게 행정안전부령으로 정하는 안전시설 등의 설계도서를 첨부하여 행정안전부령으로 정하는 바에 따라 신고를 하여야 한다. 어떤 때인지 그 경우 3가지를 쓰시오. (6점)

○

○

○

정답 ① 안전시설 등을 설치하고자 하는 때
② 영업장 내부구조를 변경하고자 하는 때
③ 안전시설 등의 공사를 마친 때

해설 **다중이용업소의 안전관리에 관한 특별법 제9조 제③항**
**다중이용업을 하려는 자는 안전시설 등을 설치하기 전에 미리 소방본부장이나 소방서장에게 행정안전부령으로 정하는 안전시설 등의 설계도서를 첨부하여 행정안전부령으로 정하는 바에 따라 신고하여야 하는 경우**
(1) 안전시설 등을 설치하려는 경우
(2) 영업장 내부구조를 변경하려는 경우로서 다음에 해당하는 경우
① 영업장 **면적**의 **증가**
② 영업장의 구획된 **실**의 **증가**
③ 내부통로 **구조**의 **변경**
(3) 안전시설 등의 **공사**를 **마친** 경우

☆

## 문제 48

소방시설관리사가 종합점검 과정에서 해당 건축물 내 다중이용업소수가 지난해보다 크게 증가하여 이에 대한 화재위험평가를 해야 한다고 판단하였다. 「다중이용업소의 안전관리에 관한 특별법」에 따라 다중이용업소에 대한 화재위험평가를 해야 하는 경우를 쓰시오. (3점)

정답 ① $2000m^2$ 지역 안에 다중이용업소가 50개 이상 밀집하여 있는 경우
② 5층 이상인 건축물로서 다중이용업소가 10개 이상 있는 경우
③ 하나의 건축물에 다중이용업소로 사용하는 영업장 바닥면적의 합계가 $1000m^2$ 이상인 경우

해설 **다중이용업소의 안전관리에 관한 특별법 제15조**
**다중이용업소에 대한 화재위험평가를 할 수 있는 경우**
(1) **$2000m^2$** 지역 안에 다중이용업소가 **50개** 이상 밀집하여 있는 경우
(2) **5층** 이상인 건축물로서 다중이용업소가 **10개** 이상 있는 경우
(3) 하나의 건축물에 다중이용업소로 사용하는 영업장 바닥면적의 합계가 **$1000m^2$** 이상인 경우

## 문제 49

「다중이용업소의 안전관리에 관한 특별법 시행령」에 의거하여 다중이용업소에 해당되는 수용인원 100명 이상 300명 미만인 학원 3가지를 쓰시오. (6점)
○
○
○

정답 ① 하나의 건축물에 학원과 기숙사가 함께 있는 학원
② 하나의 건축물에 학원이 둘 이상 있는 경우로서 학원의 수용인원이 300명 이상인 학원
③ 다중이용업 중 어느 하나 이상의 다중이용업과 학원이 함께 있는 경우

해설 **다중이용업소의 안전관리에 관한 특별법 시행령 제2조**
**수용인원 100명 이상 300명 미만으로서 다음의 어느 하나에 해당하는 것. 단, 학원으로 사용하는 부분과 다른 용도로 사용하는 부분(학원의 운영권자를 달리하는 학원과 학원 포함)이 「건축법 시행령」 제46조에 따른 방화구획으로 나누어진 경우 제외**
(1) 하나의 건축물에 **학원**과 **기숙사**가 **함께** 있는 **학원**
(2) 하나의 건축물에 **학원**이 **둘 이상** 있는 경우로서 학원의 수용인원이 **300명** 이상인 학원
(3) 하나의 건축물에 제1호, 제2호, 제4호부터 제7호까지, 제7호의 2부터 제7호의 5까지 및 제8호의 다중이용업 중 어느 하나 이상의 **다중이용업**과 **학원**이 함께 있는 경우

## 문제 50

「다중이용업소의 안전관리에 관한 특별법 시행령」에 의거하여 다중이용업소 내부의 천장이나 벽에 붙이는(설치하는) 것(실내장식물) 중 불연재료, 준불연재료 또는 방염성능기준 이상으로 설치하여야 하는 실내장식물 4가지를 쓰시오. (8점)
○
○
○
○

정답 ① 종이류(두께 2mm 이상인 것), 합성수지류 또는 섬유류를 주원료로 한 물품
② 합판이나 목재
③ 공간을 구획하기 위하여 설치하는 간이 칸막이(접이식 등 이동 가능한 벽체나 천장 또는 반자가 실내에 접하는 부분까지 구획하지 아니하는 벽체)
④ 흡음이나 방음을 위하여 설치하는 흡음재(흡음용 커튼을 포함) 또는 방음재(방음용 커튼을 포함)

해설 **다중이용업소의 안전관리에 관한 특별법 시행령 제3조**
**다중이용업소 내부의 천장이나 벽에 붙이는(설치하는) 것(실내장식물) 중 불연재료, 준불연재료 또는 방염성능기준 이상으로 설치하여야 하는 실내장식물**
(1) 종이류(두께 **2mm** 이상인 것), 합성수지류 또는 섬유류를 주원료로 한 물품
(2) **합판**이나 **목재**
(3) 공간을 구획하기 위하여 설치하는 **간이 칸막이**(접이식 등 이동 가능한 벽체나 천장 또는 반자가 실내에 접하는 부분까지 구획하지 아니하는 벽체)
(4) 흡음이나 방음을 위하여 설치하는 **흡음재**(흡음용 커튼 포함) 또는 **방음재**(방음용 커튼 포함)

## 문제 51

「다중이용업소의 안전관리에 관한 특별법 시행령」에 의거하여 다중이용업소의 방염성능기준 이상으로 설치하지 않을 수 있는 실내장식물에 대하여 쓰시오. (2점)

정답 가구류(옷장, 찬장, 식탁, 식탁용 의자, 사무용 책상, 사무용 의자 및 계산대, 그 밖에 이와 비슷한 것)와 너비 10cm 이하인 반자돌림대 등과 「건축법」 제52조에 따른 내부 마감재료는 제외한다.

해설 **다중이용업소의 안전관리에 관한 특별법 시행령 제3조**
**방염성능기준 이상으로 설치하지 않을 수 있는 실내장식물**
**가구류**(옷장, 찬장, 식탁, 식탁용 의자, 사무용 책상, 사무용 의자 및 계산대, 그 밖에 이와 비슷한 것)와 너비 **10cm 이하**인 **반자돌림대** 등과 「건축법」 제52조에 따른 **내부 마감재료**는 **제외**한다.

## 문제 52

「다중이용업소의 안전관리에 관한 특별법 시행령」〔별표 1〕에 의거하여 다중이용업주 및 다중이용업을 하고자 하는 자는 영업장에 대통령령이 정하는 소방시설 등 및 영업장 내부 피난통로 그 밖의 안전시설을 행정안전부령이 정하는 기준에 따라 설치·유지하여야 한다. 이 중 소방시설 등에 대한 종류 3가지를 쓰시오. (8점)

○
○
○

정답 ① 소화설비 : 소화기 또는 자동확산소화기
② 피난구조설비 : 유도등·유도표지 또는 비상조명등·휴대용 비상조명등 및 피난기구
③ 경보설비 : 비상벨설비 또는 자동화재탐지설비·가스누설경보기

해설 **다중이용업소의 안전관리에 관한 특별법 시행령 〔별표 1〕 제2조의 2 관련**
**안전시설 등**

| 구 분 | | 세부종류 |
|---|---|---|
| 소방시설 | 소화설비 | ① 소화기 또는 자동확산소화기<br>② 간이스프링클러설비(**캐비닛형 간이스프링클러설비** 포함) |
| | 경보설비 | ① 비상벨설비 또는 자동화재탐지설비<br>② 가스누설경보기 |
| | 피난구조설비 | ① 피난기구<br>㉠ 미끄럼대<br>㉡ 피난사다리<br>㉢ 구조대<br>㉣ 완강기<br>㉤ 다수인 피난장비<br>㉥ 승강식 피난기<br>② 피난유도선<br>③ 유도등, 유도표지 또는 비상조명등<br>④ 휴대용 비상조명등 |
| 비상구 | | – |
| 영업장 내부 피난통로 | | – |
| 그 밖의 안전시설 | | ① 영상음향차단장치(단, 노래반주기 등 영상음향장치를 사용하는 영업장에만 설치)<br>② 누전차단기<br>③ 창문(단, 고시원업의 영업장에만 설치) |

☆

## 문제 53

「다중이용업소의 안전관리에 관한 특별법 시행령」〔별표 1의 2〕에 의거하여 다중이용업소에 설치·유지하여야 하는 안전시설 등 중에서 구획된 실(室)이 있는 영업장 내부에 피난통로를 설치하여야 되는 다중이용업에 대하여 쓰시오. (2점)

정답 구획된 실이 있는 영업장의 내부 피난통로 전부

해설 **다중이용업소의 안전관리에 관한 특별법 시행령 〔별표 1의 2〕**
다중이용업소에 설치·유지하여야 하는 안전시설 등에서 구획된 실이 있는 영업장 내부의 피난통로에 설치하는 것은 영업장 내부 피난통로(단, 구획된 실이 있는 영업장에만 설치)이다.

중요

| 구 분 | 설치대상 |
|---|---|
| 다중이용업소에 설치·유지하여야 하는 안전시설 등에서 영업장 내부 피난통로 또는 복도가 있는 영업장 중 피난유도선을 설치하여야 하는 곳(다중이용업소의 안전관리에 관한 특별법 시행령 〔별표 1의 2〕) | 영업장 내부 피난통로(단, 구획된 실이 있는 영업장에만 설치) |
| 다중이용업소에 설치·유지하여야 하는 안전시설 등에서 간이스프링클러설비(캐비닛형 간이스프링클러설비 포함)를 설치하여야 하는 영업장(다중이용업소의 안전관리에 관한 특별법 시행령 〔별표 1의 2〕) | ① **지하층**에 설치된 영업장<br>② **밀폐구조**의 영업장<br>③ **산후조리업** 및 **고시원업**의 영업장(단, **지상 1층**에 있거나 지상과 직접 맞닿아 있는 층[영업장의 주된 출입구가 건축물 외부의 지면과 직접 연결된 경우 포함]에 설치된 영업장은 제외)<br>④ **권총사격장**의 영업장 |
| 다중이용업소에 설치·유지하여야 하는 안전시설 등에서 노래반주기 등 영상음향장치를 사용하는 영업장에 설치하는 경보설비(다중이용업소의 안전관리에 관한 특별법 시행령 〔별표 1의 2〕) | **자동화재탐지설비** |
| 다중이용업소에 설치·유지하여야 하는 안전시설 등에서 가스시설을 사용하는 주방이나 난방시설이 있는 영업장에 설치하는 경보설비(다중이용업소의 안전관리에 관한 특별법 시행령 〔별표 1의 2〕) | **가스누설경보기** |
| 다중이용업소에 설치·유지하여야 하는 안전시설 등에서 비상구를 설치하지 않을 수 있는 영업장(다중이용업소의 안전관리에 관한 특별법 시행령 〔별표 1의 2〕) | ① 주된 출입구 외에 해당 영업장 내부에서 피난층 또는 지상으로 통하는 직통계단이 주된 출입구 중심선으로부터 수평거리로 영업장의 긴 변 길이의 $\frac{1}{2}$ 이상 떨어진 위치에 별도로 설치된 경우<br>② 피난층에 설치된 영업장(영업장으로 사용하는 바닥면적이 **33m²** 이하인 경우로서 영업장 내부에 구획된 실이 없고, 영업장 전체가 개방된 구조의 영업장)으로서 그 영업장의 각 부분으로부터 출입구까지의 **수평거리**가 **10m** 이하인 경우 |

☆

문제 54

「다중이용업소의 안전관리에 관한 특별법 시행령」〔별표 6〕에 의거하여 안전시설 등을 고장상태 등으로 방치한 경우 200만원의 과태료가 부과된다. 이러한 경우 5가지를 쓰시오. (10점)

○
○
○
○
○

정답 ① 소화펌프를 고장상태로 방치한 경우
② 수신반의 전원을 차단한 상태로 방치한 경우
③ 동력(감시)제어반을 고장상태로 방치하거나 전원을 차단한 경우
④ 소방시설용 비상전원을 차단한 경우
⑤ 소화배관의 밸브를 잠금상태로 두어 소방시설이 작동할 때 소화수가 나오지 아니하거나 소화약제가 방출되지 아니한 상태로 방치한 경우

해설 **다중이용업소의 안전관리에 관한 특별법 시행령 〔별표 6〕**
**안전시설 등을 다음에 해당하는 고장상태 등으로 방치한 경우 200만원의 과태료에 해당하는 경우**
(1) 소화펌프를 **고장상태**로 방치한 경우
(2) **수신반**의 **전원**을 **차단**한 상태로 방치한 경우
(3) **동력(감시)제어반**을 **고장상태**로 **방치**하거나 전원을 차단한 경우
(4) 소방시설용 **비상전원**을 **차단**한 경우
(5) 소화배관의 **밸브**를 **잠금상태**로 두어 소방시설이 작동할 때 소화수가 나오지 않거나 소화약제가 방출되지 않는 상태로 방치한 경우

☆

문제 55

「다중이용업소의 안전관리에 관한 특별법 시행규칙」〔별표 2〕상 안전시설 등의 설치·유지기준 중 비상구의 문이 열리는 방향은 피난방향으로 열리는 구조로 하여야 한다. 다만, 주된 출입구의 문이 「건축법 시행령」 제35조에 따른 피난계단 또는 특별피난계단의 설치기준에 따라 설치하여야 하는 문이 아니거나 같은 법 시행령 제46조에 따라 설치되는 방화구획이 아닌 곳에 위치한 주된 출입구가 어떤 기준을 충족하는 경우에는 자동문[미서기(슬라이딩)문을 말한다]으로 설치할 수 있는지 그 기준 3가지를 쓰시오. (6점)

○
○
○

정답 ① 화재감지기와 연동하여 개방되는 구조
② 정전시 자동으로 개방되는 구조
③ 정전시 수동으로 개방되는 구조

소방시설의 점검실무행정 종합문제 600제

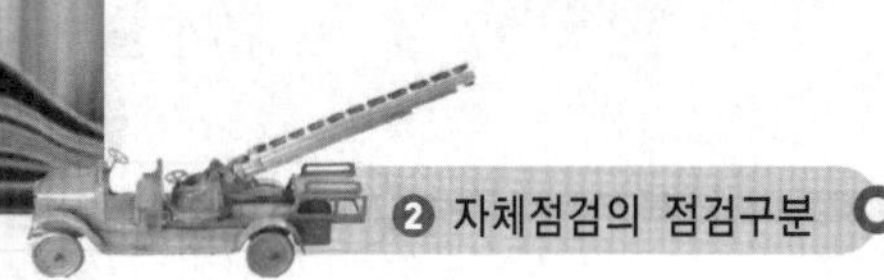





해설 **다중이용업소의 안전관리에 관한 특별법 시행규칙 〔별표 2〕**
**안전시설 등의 설치·유지기준**

| 안전시설 등 종류 | | 설치·유지기준 |
|---|---|---|
| 주된 출입구 및 비상구 (비상구 등) | (1) 공통기준 | ① 설치위치 : 비상구는 영업장(2개 이상의 층이 있는 경우에는 각각의 층별 영업장) 주된 출입구의 반대방향에 설치하되, 주된 출입구 중심선으로부터의 수평거리가 영업장의 가장 긴 대각선 길이, 가로 또는 세로 길이 중 가장 긴 길이의 $\frac{1}{2}$ 이상 떨어진 위치에 설치할 것. 단, 건물구조로 인하여 주된 출입구의 반대방향에 설치할 수 없는 경우에는 주된 출입구 중심선으로부터의 수평거리가 영업장의 가장 긴 대각선 길이, 가로 또는 세로 길이 중 가장 긴 길이의 $\frac{1}{2}$ 이상 떨어진 위치에 설치할 수 있다.<br>② 비상구 등 규격 : 가로 **75cm** 이상, 세로 **150cm** 이상(문틀을 제외한 가로길이 및 세로길이)으로 할 것<br>③ 구조<br>㉠ 비상구 등은 구획된 실 또는 천장으로 통하는 구조가 아닌 것으로 할 것(단, 영업장 바닥에서 천장까지 불연재료로 구획된 부속실(전실), 모자보건법 제2조 제10호에 따른 산후조리원에 설치하는 방풍실 또는 녹색건축물 조성지원법에 따라 설계된 방풍구조는 제외)<br>㉡ 비상구 등은 다른 영업장 또는 다른 용도의 시설(주차장은 제외한다)을 경유하는 구조가 아닌 것이어야 하고, 층별 영업장은 다른 영업장 또는 다른 용도의 시설과 **불연재료·준불연재료**로 된 차단벽이나 칸막이로 분리되도록 할 것(단, 다음 ⓐ부터 ⓒ까지의 경우에는 분리 또는 구획하는 별도의 차단벽이나 칸막이 등 설치 제외 가능)<br>ⓐ 둘 이상의 영업소가 주방 외에 객실부분을 공동으로 사용하는 등의 구조인 경우<br>ⓑ 「식품위생법 시행규칙」〔별표 14〕 제8호 가목 5) 다)에 해당되는 경우<br>ⓒ 「다중이용업소의 안전관리에 관한 특별법 시행령」 제9조에 따른 안전시설 등을 갖춘 경우로서 실내에 설치한 유원시설업의 허가면적 내에 「관광진흥법 시행규칙」〔별표 1의 2〕 제1호 가목에 따라 청소년게임제공업 또는 인터넷컴퓨터게임시설 제공업이 설치된 경우<br>④ 문이 열리는 방향 : 피난방향으로 열리는 구조로 할 것. 단, 주된 출입구의 문이 「건축법 시행령」에 따른 피난계단 또는 특별피난계단의 설치기준에 따라 설치해야 하는 문이 아니거나 같은 법 시행령 제46조에 따라 설치되는 방화구획이 아닌 곳에 위치한 주된 출입구가 다음의 기준을 충족하는 경우에는 자동문[미서기(슬라이딩)문을 말한다]으로 설치할 수 있다.<br>㉠ **화재감지기**와 **연동**하여 **개방**되는 구조<br>㉡ **정전시 자동**으로 **개방**되는 구조<br>㉢ **정전시 수동**으로 **개방**되는 구조<br>⑤ 문의 재질 : 주요 구조부(영업장의 벽, 천장 및 바닥을 말한다)가 내화구조인 경우 비상구와 주된 출입구의 문은 방화문으로 설치할 것(단, 다음의 어느 하나에 해당하는 경우에는 불연재료로 설치할 수 있다)<br>㉠ 주요 구조부가 **내화구조가 아닌** 경우<br>㉡ 건물의 구조상 **비상구** 또는 주된 출입구의 문이 **지표면**과 접하는 경우로서 화재의 연소확대 우려가 없는 경우<br>㉢ **비상구** 등의 문이 「건축법 시행령」에 따른 **피난계단** 또는 **특별피난계단**의 설치기준에 따라 설치하여야 하는 문이 아니거나 같은 법 시행령에 따라 설치되는 방화구획이 아닌 곳에 위치한 경우 |
| | (2) 복층구조 영업장(각각 다른 **2개** 이상의 층을 내부계단 또는 통로가 설치되어 하나의 층의 내부에서 다른 층으로 출입할 수 있도록 되어 있는 구조의 영업장)의 기준 | ① 각 층마다 영업장 외부의 계단 등으로 피난할 수 있는 **비상구**를 설치할 것<br>② 비상구 등의 문은 (1)의 ⑤에 따른 재질로 설치할 것<br>③ 비상구 등의 문이 열리는 방향은 실내에서 외부로 열리는 구조로 할 것<br>④ 영업장의 위치 및 구조가 다음의 어느 하나에 해당하는 경우에는 위 ①에도 불구하고 그 영업장으로 사용하는 어느 하나의 층에 비상구를 설치할 것<br>㉠ 건축물 **주요 구조부**를 **훼손**하는 경우<br>㉡ **옹벽** 또는 **외벽**이 유리로 설치된 경우 등 |

| | | |
|---|---|---|
| 비상구 | (3) 영업장의 위치가 **4층** 이하(지하층인 경우 제외)인 경우의 기준 | ① 피난시에 유효한 발코니(활하중 **5kN/m²** 이상, 가로 **75cm** 이상, 세로 **150cm** 이상, 면적 1.12m² 이상난간의 높이 **100cm** 이상) 또는 부속실(불연재료로 바닥에서 천장까지 구획된 실로서 가로 **75cm** 이상, 세로 **150cm** 이상 난간의 면적 1.12m² 이상인 것)을 설치하고, 그 장소에 적합한 피난기구를 설치할 것<br>② 부속실을 설치하는 경우 부속실 입구의 문과 건물 외부로 나가는 문의 규격은 (1)의 ②에 따른 비상구 규격으로 할 것(단, **120cm** 이상의 난간이 있는 경우에는 발판 등을 설치하고 건축물 외부로 나가는 문의 규격과 재질을 가로 **75cm** 이상, 세로 **100cm** 이상의 창호로 설치가능)<br>③ 추락 등의 방지를 위하여 다음 사항을 갖추도록 할 것<br>㉠ 발코니 및 부속실 입구의 문을 개방하면 경보음이 울리도록 경보음 발생장치를 설치하고, 추락위험을 알리는 표지를 문(부속실의 경우 외부로 나가는 문도 포함)에 부착할 것<br>㉡ 부속실에서 건물 외부로 나가는 문 안쪽에는 기둥·바닥·벽 등의 견고한 부분에 탈착이 가능한 쇠사슬 또는 안전로프 등을 바닥에서부터 **120cm** 이상의 높이에 가로로 설치할 것(단, **120cm** 이상의 난간이 설치된 경우에는 쇠사슬 또는 안전로프 등 설치제외 가능) |

## 문제 56

「다중이용업소의 안전관리에 관한 특별법 시행규칙」〔별표 2〕에 의거하여 다중이용업소 중 영업장 내부 피난통로에 대한 설치·유지기준 2가지를 쓰시오. (6점)

○

○

정답 ① 내부 피난통로의 폭은 120cm 이상으로 할 것(단, 양 옆에 구획된 실이 있는 영업장으로서 구획된 실의 출입문이 열리는 방향이 피난통로 방향인 경우에는 150cm 이상으로 설치)

② 구획된 실부터 주된 출입구 또는 비상구까지의 내부 피난통로의 구조는 세 번 이상 구부러지는 형태로 설치하지 말 것

해설 **다중이용업소의 안전관리에 관한 특별법 시행규칙〔별표 2〕**
**안전시설 등의 설치·유지관리**

| 구 분 | 설 명 |
|---|---|
| 영업장 내부 피난통로 | ① 내부 피난통로의 폭은 **120cm** 이상으로 할 것(단, 양 옆에 구획된 실이 있는 영업장으로서 구획된 실의 출입문이 열리는 방향이 피난통로 방향인 경우에는 **150cm** 이상으로 설치)<br>② 구획된 실부터 주된 출입구 또는 비상구까지의 내부 피난통로의 구조는 **세 번** 이상 구부러지는 형태로 설치하지 말 것 |
| 창문 | ① 영업장 층별로 가로 **50cm** 이상, 세로 **50cm** 이상 열리는 **창문**을 **1개** 이상 설치할 것<br>② 영업장 내부 피난통로 또는 복도에 바깥 공기와 접하는 부분에 설치할 것(구획된 실에 설치하는 것 제외) |
| **영**상음향차단장치 | ① 화재시 **자**동화재탐지설비의 감지기에 의하여 **자동**으로 음향 및 영상이 정지될 수 있는 구조로 설치하되, **수동**(하나의 스위치로 전체의 음향 및 영상장치를 제어할 수 있는 구조)으로도 조작할 수 있도록 설치할 것<br>② 영상음향차단장치의 **수동차단스위치**를 설치하는 경우에는 **관계인**이 일정하게 거주하거나 일정하게 근무하는 장소에 설치할 것. 이 경우 수동차단스위치와 가장 가까운 곳에 **"영상음향차단스위치"**라는 표지를 부착할 것<br>③ 전기로 인한 화재발생 위험을 예방하기 위하여 부하용량에 알맞은 **누전차단기**(과전류차단기 포함)를 설치할 것<br>④ 영상음향차단장치의 작동으로 실내 등의 전원이 차단되지 않는 구조로 설치할 것<br>기억법 누영자 수동차(누가 영자한테 수동차를 주니?) |
| 보일러실과 영업장 사이의 방화구획 | 보일러실과 영업장 사이의 출입문은 방화문으로 설치하고, 개구부에는 **방화댐퍼**를 설치할 것 |

☆

## 문제 57

「다중이용업소의 안전관리에 관한 특별법 시행규칙」〔별표 2〕에 의거하여 다중이용업소의 영업장에 설치 · 유지하여야 하는 안전시설 등의 종류 중 영상음향차단장치에 대한 설치 · 유지기준을 쓰시오. (4점)

정답
① 화재시 자동화재탐지설비의 감지기에 의하여 자동으로 음향 및 영상이 정지될 수 있는 구조로 설치하되, 수동(하나의 스위치로 전체의 음향 및 영상장치를 제어할 수 있는 구조)으로도 조작할 수 있도록 설치할 것
② 영상음향차단장치의 수동차단스위치를 설치하는 경우에는 관계인이 일정하게 거주하거나 일정하게 근무하는 장소에 설치할 것. 이 경우 수동차단스위치와 가장 가까운 곳에 '영상음향차단스위치'라는 표지를 부착하여야 한다.
③ 전기로 인한 화재발생위험을 예방하기 위하여 부하용량에 알맞은 누전차단기(과전류차단기 포함)를 설치할 것
④ 영상음향차단장치의 작동으로 실내등의 전원이 차단되지 않는 구조로 설치할 것

해설 **다중이용업소의 안전관리에 관한 특별법 시행규칙 〔별표 2〕**
**다중이용업소의 영업장에 설치 · 유지하여야 하는 안전시설 등의 종류 중 영상음향차단장치에 대한 설치 · 유지기준**
(1) 화재시 자동화재탐지설비의 감지기에 의하여 **자동**으로 **음향** 및 **영상**이 정지될 수 있는 구조로 설치하되, **수동**(하나의 스위치로 전체의 음향 및 영상장치를 제어할 수 있는 구조)으로도 조작할 수 있도록 설치할 것
(2) 영상음향차단장치의 **수동차단스위치**를 설치하는 경우에는 관계인이 일정하게 거주하거나 일정하게 근무하는 장소에 설치할 것. 이 경우 수동차단스위치와 가장 가까운 곳에 **'영상음향차단스위치'**라는 표지를 부착하여야 한다.
(3) 전기로 인한 화재발생위험을 예방하기 위하여 부하용량에 알맞은 **누전차단기**(과전류차단기 포함)를 설치할 것
(4) 영상음향차단장치의 작동으로 실내등의 전원이 차단되지 않는 구조로 설치할 것

중요

**안전시설 등의 설치 · 유지 기준**(다중이용업소의 안전관리에 관한 특별법 시행규칙 〔별표 2〕)

| 안전시설 등 종류 | 설치 · 유지 기준 |
|---|---|
| 소화기 또는 자동확산소화기 | 영업장 안의 구획된 실마다 설치할 것 |
| 간이스프링클러설비 | 화재안전기준에 따라 설치할 것(단, 영업장의 구획된 실마다 간이스프링클러헤드 또는 스프링클러헤드가 설치된 경우에는 그 설비의 유효범위부분에는 간이스프링클러설비 설치 제외) |
| 비상벨설비 또는 자동화재탐지설비 | ① 영업장의 구획된 실마다 비상벨설비 또는 자동화재탐지설비 중 하나 이상을 화재안전기준에 따라 설치할 것<br>② 자동화재탐지설비를 설치하는 경우에는 **감지기**와 **지구음향장치**는 영업장의 구획된 실마다 설치할 것(단, 영업장의 구획된 실에 **비상방송설비**의 음향장치가 설치된 경우 해당 실에는 **지구음향장치** 생략 가능)<br>③ 영상음향차단장치가 설치된 영업장에 자동화재탐지설비의 **수신기**를 별도로 설치할 것 |
| 피난기구(간이완강기 및 피난밧줄 제외) | **4층** 이하 영업장의 비상구(발코니 또는 부속실)에는 피난기구를 화재안전기준에 따라 설치할 것 |
| 피난유도선 | ① 영업장 내부 **피난통로** 또는 **복도**에 「유도등 및 유도표지의 화재안전기준」에 따라 설치할 것<br>② **전류**에 의하여 **빛**을 내는 방식으로 할 것 |
| 유도등, 유도표지 또는 비상조명등 | 영업장의 구획된 실마다 유도등, 유도표지 또는 비상조명등 중 하나 이상을 화재안전기준에 따라 설치할 것 |
| 휴대용 비상조명등 | 영업장 안의 구획된 실마다 휴대용 비상조명등을 화재안전기준에 따라 설치할 것 |
| 영업장 내부 피난통로 | ① 내부 피난통로의 폭은 **120cm** 이상으로 할 것(단, 양 옆에 구획된 실이 있는 영업장으로서 구획된 실의 출입문 열리는 방향이 피난통로방향인 경우에는 **150cm** 이상으로 설치)<br>② 구획된 실부터 주된 출입구 또는 비상구까지의 내부 피난통로의 구조는 **세 번** 이상 구부러지는 형태로 설치하지 말 것 |
| 창 문 | ① 영업장 층별로 가로 **50cm 이상, 세로 50cm 이상 열리는 창문을 1개 이상 설치할** 것<br>② 영업장 내부 피난통로 또는 복도에 바깥 공기와 접하는 부분에 설치할 것(구획된 실에 설치하는 것을 제외) |
| 보일러실과 영업장 사이의 방화구획 | 보일러실과 영업장 사이의 **출입문**은 **방화문**으로 설치하고, **개구부**에는 **방화댐퍼**(damper)를 설치할 것 |

☆ 문제 58

「다중이용업소의 안전관리에 관한 특별법 시행규칙」〔별표 2〕에 의거하여 다중이용업소에 설치하는 문의 재질은 주요 구조부가 내화구조인 경우 비상구 및 주출입구의 문은 방화문으로 설치하여야 한다. 이러한 기준에도 불구하고 불연재료로 설치할 수 있는 경우 3가지에 대하여 쓰시오. (10점)

○

○

○

정답 ① 주요 구조부가 내화구조가 아닌 경우
② 건물의 구조상 비상구 또는 주된 출입구의 문이 지표면과 접하는 경우로서 화재의 연소확대 우려가 없는 경우
③ 비상구 등의 문이 피난계단 또는 특별피난계단의 설치기준에 따라 설치하여야 하는 문이 아니거나 방화구획이 아닌 곳에 위치한 경우

해설 **다중이용업소의 안전관리에 관한 특별법 시행규칙 〔별표 2〕**
**다중이용업소에 설치하는 문의 재질을 불연재료로 설치할 수 있는 경우**
**문**의 **재질** : 주요 구조부(영업장의 벽, 천장 및 바닥)가 내화구조인 경우 비상구와 주된 출입구의 문은 **방화문**으로 설치할 것. 단, 다음에 해당하는 경우에는 **불연재료**로 설치가능
(1) 주요 구조부가 **내화구조**가 **아닌** 경우
(2) 건물의 구조상 **비상구** 또는 **주된 출입구**의 문이 지표면과 접하는 경우로서 화재의 연소확대 우려가 없는 경우
(3) 비상구 등의 문이 「건축법 시행령」에 따른 피난계단 또는 특별피난계단의 설치기준에 따라 설치하여야 하는 문이 아니거나 같은 법 시행령 제46조에 따라 설치되는 방화구획이 아닌 곳에 위치한 경우

☆ 문제 59

「다중이용업소의 안전관리에 관한 특별법 시행규칙」〔별표 2의 2〕에 의거하여 피난안내도 및 피난안내 영상물에 포함되어야 할 내용 4가지를 쓰시오. (8점)

○

○

○

○

정답 ① 화재시 대피할 수 있는 비상구 위치
② 구획된 실 등에서 비상구 및 출입구까지의 피난동선
③ 소화기, 옥내소화전 등 소방시설의 위치 및 사용방법
④ 피난 및 대처방법

해설 **다중이용업소의 안전관리에 관한 특별법 시행규칙 〔별표 2의 2〕**
**피난안내도 및 피난안내 영상물에 포함되어야 할 내용**
(1) 화재시 대피할 수 있는 **비상구** 위치
(2) 구획된 실 등에서 **비상구** 및 출입구까지의 **피난동선**
(3) 소화기, 옥내소화전 등 소방시설의 위치 및 사용방법
(4) **피난** 및 **대처방법**

☆

## 문제 60

「다중이용업소의 안전관리에 관한 특별법 시행규칙」〔별표 2의 2〕에 의거하여 피난안내도 비치제외대상 2가지를 쓰시오. (4점)

○

○

**정답** ① 영업장으로 사용하는 바닥면적의 합계가 33m$^2$ 이하인 경우

② 영업장 내 구획된 실이 없고 영업장 어느 부분에서도 출입구 및 비상구 확인이 가능한 경우

**해설** **다중이용업소의 안전관리에 관한 특별법 시행규칙 〔별표 2의 2〕**
**피난안내도 비치대상 등**

| 구 분 | 설 명 |
|---|---|
| 피난안내도 비치대상 | 〈다중이용업의 영업장(단, 다음에 해당하는 경우에는 비치제외 가능)〉<br>① 영업장으로 사용하는 바닥면적의 합계가 **33m$^2$** 이하인 경우<br>② 영업장 내 구획된 실이 없고, 영업장 어느 부분에서도 출입구 및 비상구를 확인할 수 있는 경우 |
| 피난안내 영상물 상영대상 | ①「영화 및 비디오물 진흥에 관한 법률」의 **영화상영관** 및 **비디오물소극장업**의 영업장<br>②「음악산업 진흥에 관한 법률」의 **노래연습장업**의 영업장<br>③「식품위생법 시행령」의 **단란주점영업** 및 **유흥주점영업**의 영업장(단, 피난안내 영상물을 상영할 수 있는 시설이 설치된 경우만 해당)<br>④「다중이용업소의 안전관리에 관한 특별법 시행령」 제2조 제8호에 해당하는 영업으로서 **피난안내 영상물**을 **상영**할 수 있는 시설을 갖춘 영업장 |
| 피난안내도 비치위치 | 〈다음 어느 하나에 해당하는 위치에 모두 설치할 것〉<br>① 영업장 **주출입구** 부분의 손님이 쉽게 볼 수 있는 위치<br>② 구획된 **실**의 **벽**, **탁자** 등 손님이 쉽게 볼 수 있는 위치<br>③「게임산업진흥에 관한 법률」의 인터넷컴퓨터게임시설 제공업 영업장의 인터넷컴퓨터게임시설이 설치된 책상(단, 책상 위에 비치된 컴퓨터에 피난안내도를 내장하여 새로운 이용객이 컴퓨터를 작동할 때마다 피난안내도가 모니터에 나오는 경우에는 책상에 피난안내도가 비치된 것으로 봄) |
| 피난안내 영상물 상영시간 | 영업장의 내부구조 등을 고려하여 정하되, 상영시기는 다음과 같다.<br>**영화상영관 및 비디오물소극장업**: 매회 영화상영 또는 비디오물 상영 시작 전<br>**노래연습장업 등 그 밖의 영업**: 매회 새로운 이용객이 입장하여 노래방 기기 등을 작동할 때 |
| 피난안내도 및 피난안내 영상물에 포함되어야 할 내용 | 〈다음의 내용을 모두 포함할 것. 이 경우 광고 등 피난안내에 혼선을 초래하는 내용을 포함 금지〉<br>① 화재시 대피할 수 있는 위치<br>② 구획된 실 등에서 **비상구** 및 **출입구**까지의 **피난동선**<br>③ **소화기**, **옥내소화전** 등 소방시설의 위치 및 사용방법<br>④ **피난** 및 **대처방법** |
| 피난안내도의 크기 및 재질 | **크기**: **B4**(257mm×364mm) 이상의 크기로 할 것(단, 각 층별 영업장의 면적 또는 영업장이 위치한 층의 바닥면적이 각각 **400m$^2$** 이상인 경우에는 **A3**(297mm×420mm) 이상의 크기로 할 것)<br>**재질**: **종이**(코팅처리한 것), **아크릴**, **강판** 등 쉽게 훼손 또는 변형되지 않는 것으로 할 것 |
| 피난안내도 및 피난안내 영상물에 사용하는 언어 | 피난안내도 및 피난안내 영상물은 **한글** 및 **1개** 이상의 외국어를 사용하여 작성하여야 한다. |

| | |
|---|---|
| 장애인을 위한 피난안내 영상물 상영 | 「영화 및 비디오물의 진흥에 관한 법률」에 따른 영화상영관 중 전체 객석수의 합계가 **300석** 이상인 영화상영관의 경우 피난안내 영상물은 장애인을 위한 한국수어·폐쇄자막·화면해설 등을 이용하여 상영해야 한다. |

## 문제 61

「다중이용업소의 안전관리에 관한 특별법 시행규칙」에 의거하여 피난안내 영상물 상영대상 4가지를 쓰시오. (10점)

○

○

○

○

정답 ① 영화상영관 및 비디오물소극장업의 영업장
② 노래연습장업의 영업장
③ 단란주점영업 및 유흥주점영업의 영업장
④ 피난안내 영상물을 상영할 수 있는 시설을 갖춘 영업장

해설 **문제 60 참조**

## 문제 62

「다중이용업소의 안전관리에 관한 특별법 시행규칙」에 의거하여 피난안내도 비치위치 2가지를 쓰시오. (4점)

○

○

정답 ① 영업장 주출입구 부분의 손님이 쉽게 볼 수 있는 위치
② 구획된 실의 벽, 탁자 등 손님이 쉽게 볼 수 있는 위치

해설 **문제 60 참조**

## 문제 63

「다중이용업소의 안전관리에 관한 특별법 시행규칙」에 의거하여 다음 각 영업장별 피난안내 영상물 상영시기를 쓰시오. (4점)

○영화상영관 및 비디오물소극장업 :

○노래연습장업 등 그 밖의 영업 :

정답 ① 매회 영화 상영 또는 비디오물 상영 시작 전
② 매회 새로운 이용객이 입장하여 노래방 기기 등을 작동할 때

해설 **문제 60 참조**

☆ 문제 64

「기존 다중이용업소 건축물의 구조상 비상구를 설치할 수 없는 경우에 관한 고시」에서 건축물의 구조상 비상구를 설치할 수 없는 경우 4가지를 쓰시오. (10점)

○
○
○
○

정답 ① 비상구 설치를 위하여 주요 구조부를 관통하여야 하는 경우
② 비상구를 설치하여야 하는 영업장이 인접 건축물과의 이격거리(건축물 외벽과 외벽 사이의 거리)가 100cm 이하인 경우
③ 다음의 어느 하나에 해당하는 경우
㉠ 비상구 설치를 위하여 당해 영업장 또는 다른 영업장의 공조설비, 냉・난방설비, 수도설비 등 고정설비를 철거 또는 이전하여야 하는 등 그 설비의 기능과 성능에 지장을 초래하는 경우
㉡ 비상구 설치를 위하여 인접건물 또는 다른 사람 소유의 대지경계선을 침범하는 등 재산권 분쟁의 우려가 있는 경우
㉢ 영업장이 도시미관지구에 위치하여 비상구를 설치하는 경우 건축물 미관을 훼손한다고 인정되는 경우
㉣ 당해 영업장으로 사용부분의 바닥면적 합계가 33m$^2$ 이하인 경우
④ 그 밖에 관할 소방서장이 현장여건 등을 고려하여 비상구를 설치할 수 없다고 인정하는 경우

해설 **기존 다중이용업소 건축물의 구조상 비상구를 설치할 수 없는 경우에 관한 고시 제2조**
**건축물의 구조상 비상구를 설치할 수 없는 경우**
(1) 비상구 설치를 위하여 「건축법」의 **주요 구조부**를 **관통**하여야 하는 경우
(2) 비상구를 설치하여야 하는 영업장이 인접 건축물과의 **이격거리**(건축물 외벽과 외벽 사이의 거리)가 **100cm** 이하인 경우
(3) 다음의 어느 하나에 해당하는 경우
① 비상구 설치를 위하여 당해 영업장 또는 다른 영업장의 **공조설비**, **냉・난방설비**, **수도설비** 등 고정설비를 철거 또는 이전하여야 하는 등 그 설비의 기능과 성능에 지장을 초래하는 경우
② 비상구 설치를 위하여 인접 건물 또는 다른 사람 소유의 대지경계선을 침범하는 등 재산권 분쟁의 우려가 있는 경우
③ 영업장이 도시미관지구에 위치하여 비상구를 설치하는 경우 건축물 **미관**을 **훼손**한다고 인정되는 경우
④ 당해 영업장으로 사용부분의 바닥면적 합계가 **33m$^2$** 이하인 경우
(4) 그 밖에 관할 소방서장이 현장여건 등을 고려하여 비상구를 설치할 수 없다고 인정하는 경우

☆ 문제 65

다중이용업소 작동점검표에 대한 방화시설인 비상구의 점검내용 3가지를 쓰시오. (3점)

○
○
○

정답 ① 피난동선에 물건을 쌓아두거나 장애물 설치 여부
② 피난구, 발코니 또는 부속실의 훼손 여부
③ 방화문・방화셔터의 관리 및 작동상태

해설 **소방시설 자체점검사항 등에 관한 고시 〔별지 제4호 서식〕**
**다중이용업소 작동점검**

| 구 분 | | 점검항목 |
|---|---|---|
| 소화설비 | 소화기구<br>(소화기,<br>자동확산소화기) | ① 설치수량(구획된 실 등) 및 설치거리(보행거리) 적정 여부<br>② 설치장소(손쉬운 사용) 및 설치높이 적정 여부<br>③ 소화기 표지 설치상태 적정 여부<br>④ **외형**의 이상 또는 사용상 장애 여부<br>⑤ 수동식 분말소화기 내용연수 적정 여부 |
| | 간이스프링<br>클러설비 | ① **수원**의 양 적정 여부<br>② **가압송수장치**의 정상작동 여부<br>③ **배관 및 밸브**의 **파손**, **변형** 및 **잠김** 여부<br>④ **상용전원** 및 **비상전원**의 이상 여부<br>기억법 수원 → 가압송수장치 → 배관 및 밸브(파손) → 상용전원, 비상전원 |
| 경보설비 | 비상벨·자동<br>화재탐지설비 | ① 구획된 실마다 감지기(발신기), 음향장치 설치 및 정상작동 여부<br>② 전용 수신기가 설치된 경우 주수신기와 상호 연동되는지 여부<br>③ 수신기 예비전원(축전지)상태 적정 여부(상시 충전, 상용전원 차단시 자동절환) |
| 피난구조설비 | 피난기구 | ① 피난기구의 부착**위치** 및 부착**방법** 적정 여부<br>② 피난기구(지지대 포함)의 **변형·손상** 또는 **부식**이 있는지 여부<br>③ 피난기구의 위치표시 표지 및 사용방법 표지 부착 적정 여부 |
| | 피난유도선 | 피난유도선의 **변형** 및 **손상** 여부 |
| | 유도등 | ① 상시(**3선식**의 경우 점검스위치 작동시) 점등 여부<br>② 시각장애(규정된 높이, 적정위치, 장애물 등으로 인한 시각장애 유무) 여부<br>③ 비상전원 성능 적정 및 상용전원 차단시 예비전원 자동전환 여부 |
| | 유도표지 | ① 설치상태(유사 등화광고물·게시물 존재, 쉽게 떨어지지 않는 방식) 적정 여부<br>② **외광·조명장치**로 상시 조명 제공 또는 비상조명등 설치 여부 |
| | 비상조명등 | 설치위치의 적정 여부 |
| | 휴대용<br>비상조명등 | 영업장 안의 구획된 실마다 잘 보이는 곳에 **1개** 이상 설치 여부 |
| 비상구 | | ① 피난동선에 물건을 쌓아두거나 장애물 설치 여부<br>② **피난구**, **발코니** 또는 **부속실**의 훼손 여부<br>③ **방화문·방화셔터**의 관리 및 작동상태 |
| 영업장 내부 피난통로·영상음향차단장치·누전차단기·창문 | | ① 영업장 내부 피난통로 관리상태 적합 여부<br>② 영업장 **창문** 관리상태 적합 여부 |
| 피난안내도·피난안내영상물 | | 피난안내도의 정상 부착 및 피난안내영상물 상영 여부 |
| 비고 | | ※ 방염성능시험성적서, 합격표시 및 방염성능검사결과의 확인이 불가한 경우 비고에 기재한다. |

## 문제 66

다중이용업소 작동점검표에 대한 소방시설 중 간이스프링클러의 점검내용을 쓰시오. (10점)

정답
① 수원의 양 적정 여부
② 가압송수장치의 정상작동 여부
③ 배관 및 밸브의 파손, 변형 및 잠김 여부
④ 상용전원 및 비상전원의 이상 여부

해설 **문제 65 참조**

## 문제 67

다중이용업소의 소방시설 중 소화기구의 작동점검내용을 5가지 쓰시오. (10점)

○
○
○
○
○

정답
① 설치수량(구획된 실 등) 및 설치거리(보행거리) 적정 여부
② 설치장소(손쉬운 사용) 및 설치높이 적정 여부
③ 소화기 표지 설치상태 적정 여부
④ 외형의 이상 또는 사용상 장애 여부
⑤ 수동식 분말소화기 내용연수 적정 여부

해설 **문제 65 참조**

## 문제 68

다중이용업소의 소방시설 중 유도표지의 작동점검 2가지를 쓰시오. (6점)

○
○

정답
① 설치상태(유사 등화광고물 · 게시물 존재, 쉽게 떨어지지 않는 방식) 적정 여부
② 외광 · 조명장치로 상시 조명 제공 또는 비상조명등 설치 여부

해설 **문제 65 참조**

☆

## 문제 69

「소방시설 자체점검사항 등에 관한 고시」에 의거하여 고시원업(구획된 실(室) 안에 학습자가 공부할 수 있는 시설을 갖추고 숙박 또는 숙식을 제공하는 형태의 영업)의 영업장에 설치된 간이스프링클러설비에 대하여 작동점검표에 의한 점검내용과 종합점검표에 의한 점검내용을 모두 쓰시오. (10점)

정답 ① 작동점검
- ㉠ 수원의 양 적정 여부
- ㉡ 가압송수장치의 정상작동 여부
- ㉢ 배관 및 밸브의 파손, 변형 및 잠김 여부
- ㉣ 상용전원 및 비상전원의 이상 여부

② 종합점검
- ㉠ 수원의 양 적정 여부
- ㉡ 가압송수장치의 정상작동 여부
- ㉢ 배관 및 밸브의 파손, 변형 및 잠김 여부
- ㉣ 상용전원 및 비상전원의 이상 여부
- ㉤ 유수검지장치의 정상작동 여부
- ㉥ 헤드의 적정 설치 여부(미설치, 살수장애, 도색 등)
- ㉦ 송수구 결합부의 이상 여부
- ㉧ 시험밸브 개방시 펌프기동 및 음향경보 여부

해설 (1) **다중이용업소**의 **간이스프링클러설비 작동점검**(소방시설 자체점검사항 등에 관한 고시 〔별지 4〕)
- ① **수원**의 양 적정 여부
- ② **가압송수장치**의 정상작동 여부
- ③ **배관 및 밸브**의 **파손**, 변형 및 잠김 여부
- ④ **상용전원** 및 **비상전원**의 이상 여부

(2) **다중이용업소**의 **간이스프링클러설비 종합점검**(소방시설 자체점검사항 등에 관한 고시 〔별지 4〕)
- ① **수원**의 양 적정 여부
- ② **가압송수장치**의 정상작동 여부
- ③ **배관 및 밸브**의 **파손**, 변형 및 잠김 여부
- ④ **상용전원** 및 **비상전원**의 이상 여부
- ❺ **유수검지장치**의 정상작동 여부
- ❻ **헤드**의 적정 설치 여부(**미설치**, 살수장애, 도색 등)
- ❼ **송수구** 결합부의 이상 여부
- ❽ **시험밸브** 개방시 펌프기동 및 음향경보 여부

※ "●"는 종합점검의 경우에만 해당

> **기억법** 수원 → 가압송수장치 → 배관 및 밸브(파손) → 상용전원, 비상전원 → 유수검지장치 → 헤드(미설치) → 송수구 → 시험밸브

CHAPTER

# 02 소방기계시설의 점검

## 1 모든 소방시설 및 소화기구

☆

문제 70

**전류전압측정계의 0점 조정방법, 콘덴서의 품질시험방법 및 사용상의 주의사항에 대하여 기술하시오. (10점)**

○0점 조정방법 :

○콘덴서의 품질시험방법 :

○사용상 주의사항 :

정답 ① 0점 조정방법

㉠ 미터락(meter lock)을 푼다.

㉡ 지침이 "0"에 있는지를 확인하고 맞지 않을 경우 영위 조정기를 돌려 "0"에 맞춘다.

㉢ 레인지스위치를 〔Ω〕에 맞춘다.

㉣ 두 리드선을 단락시켜 "0"Ω ADJ 손잡이를 조정하여 지침을 "0"에 맞춘다.

② 콘덴서의 품질시험방법

㉠ 레인지스위치를 〔Ω〕에 맞춘다.

㉡ 리드선을 공통단자와 〔Ω〕측정단자에 삽입시킨다.

㉢ 리드선을 콘덴서의 양단에 접촉시킨다.

㉣ 정상콘덴서는 지침이 "0" 또는 그 이상의 위치를 가리킨 후 서서히 원위치로 돌아온다.

㉤ 불량콘덴서는 지침이 움직이지 않거나 움직인 후 원위치로 돌아오지 않는다.

③ 사용상 주의사항

㉠ 측정 전 레인지스위치의 위치를 확인할 것

㉡ 저항측정시 반드시 전원을 차단할 것

㉢ 측정범위가 미지수일 때는 눈금의 최대범위에서 측정하여 1단씩 범위를 낮출 것

해설 **전류전압측정계**

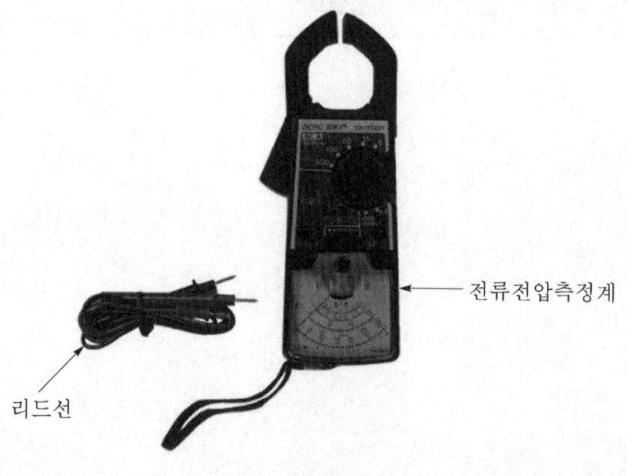


(a) 외형

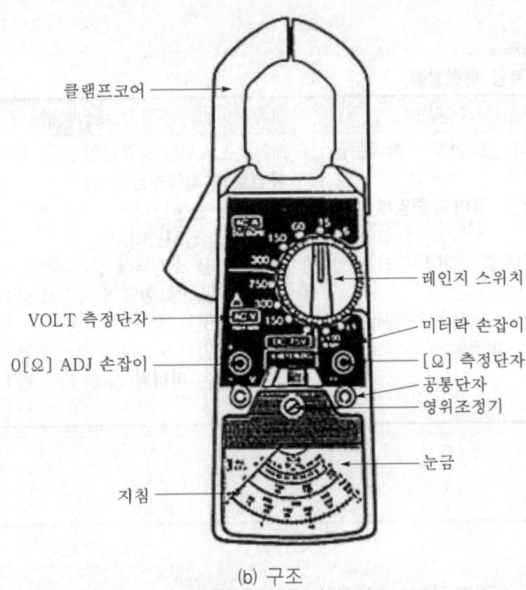


(b) 구조

▮전류전압측정계▮

(1) **0점 조정방법**

| | |
|---|---|
| 기본 0점 조정방법 | ① **미터락**(meter lock)이 고정되어 있으면 풀어준다.<br>② 지침(pointer)이 **"0"**에 있는지를 확인하고 맞지 않을 경우 **영위 조정기**를 돌려 **"0"**에 맞춘다. |
| 저항측정시의 0점 조정방법 | ① **레인지스위치**를 〔Ω〕에 맞춘다.<br>② **리드선**을 공통단자와 〔Ω〕단자에 **삽입**시킨다.<br>③ **두 리드선**을 **단락**시켜 **"0"**Ω ADJ 손잡이를 조정하여 지침을 **"0"**에 맞춘다. |

(2) **콘덴서의 품질시험방법**

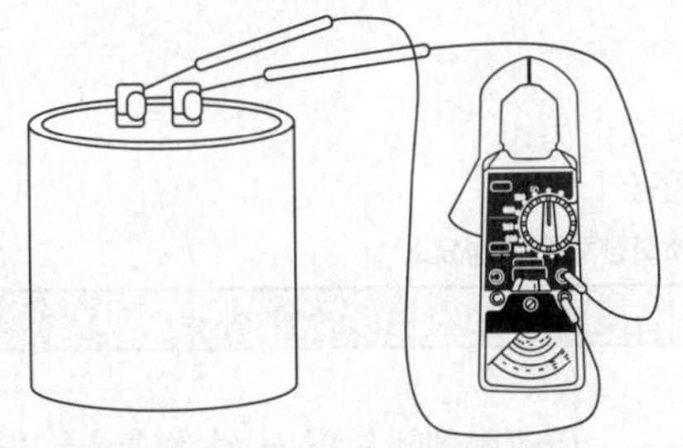

▮콘덴서의 품질시험방법▮

① **레인지스위치**를 〔Ω〕에 맞춘다.
② **리드선**을 공통단자와 〔Ω〕측정단자에 **삽입**시킨다.
③ 리드선을 콘덴서의 **양단**에 **접촉**시킨다.

| 상 태 | 지침의 형태 |
|---|---|
| 정상 | 지침이 순간적으로 흔들리다 곧 원래대로 되돌아 온다. |
| 단락 | 지침이 움직인채 그대로 있다. |
| 용량완전소모 | 지침이 전혀 움직이지 않는다. |

(3) **사용상 주의사항**

① 측정 전 **레인지스위치**의 **위치**를 **확인**할 것
② **저항측정**시 반드시 **전원**을 **차단**할 것
③ 측정범위가 **미**지수일 때는 눈금의 **최대범위**에서 측정하여 1단씩 범위를 **낮출 것**

기억법 **콘레저차 미최**

중요

**전류 · 전압 · 저항 측정방법**

| 교류전류 측정방법 | 교류전압 · 직류전압 측정방법 | 저항 측정방법 |
|---|---|---|
| ① 레인지스위치를 **전류**의 **최대눈금**에 맞춘다.<br>② 전선 중 **1선**만 **코어**의 **중앙부**에 삽입한다.<br>③ 레인지스위치를 한단씩 내려서 읽기 쉬운 곳을 찾는다.<br>④ 육안으로 읽기 어려운 곳에서 측정하는 경우는 **미터락**(meter lock)을 고정시킨다. | ① 레인지스위치를 **교류전압** 또는 **직류전압**의 **최대눈금**에 맞춘다.<br>② 리드선을 공통단자와 VOLT 측정단자에 삽입시킨다.<br>③ 두 리드선을 측정부에 접촉시킨다.<br>④ 레인지스위치를 한단씩 내려서 읽기 쉬운 곳을 찾는다.<br>⑤ 육안으로 읽기 어려운 곳에서 측정하는 경우는 **미터락**(meter lock)을 고정시킨다. | ① 레인지스위치를 〔Ω〕의 **최대눈금**에 맞춘다.<br>② 리드선을 공통단자와 〔Ω〕**측정단자**에 삽입시킨다.<br>③ 두 리드선을 측정부에 접촉시킨다.<br>④ 레인지스위치를 한단씩 내려서 읽기 쉬운 곳을 찾는다.<br>⑤ 육안으로 읽기 어려운 곳에서 측정하는 경우는 **미터락**(meter lock)을 고정시킨다. |

☆☆

## 문제 71

주거용 주방자동소화장치의 구성요소 5가지를 쓰시오. (5점)

○

○

○

○

○

정답 ① 감지부
② 탐지부
③ 수신부
④ 차단장치(전기 또는 가스)
⑤ 소화약제 저장용기

해설 **주거용 주방자동소화장치**의 **구성요소**

| 구성요소 | 설 명 | 외 형 |
|---|---|---|
| **감지부** | 화재에 의해 발생하는 열 및 불꽃을 이용하여 자동적으로 **화재**의 **발생**을 **감지**하는 것 | ┃감지부┃ |
| **탐지부** | 가스누설을 검지하여 수신부에 가스누설신호를 발신하는 부분 또는 **가스누설**을 **검지**하여 이를 **음향**으로 **경보**하고 동시에 수신부에 **가스누설신호**를 발신하는 부분 | STARCONET 탐지부 LNG<br>┃탐지부┃ |

| | | |
|---|---|---|
| 수신부<br>(제어반) | 감지부 또는 탐지부에 발하는 신호를 수신하여 **음향장치**로 **경보**를 발하고 **차단장치(전기 또는 가스)** 또는 **작동장치**에 **신호**를 발신하는 것 | ▌수신부▐ |
| 차단장치<br>(전기 또는 가스) | 수신부에서 발하는 신호를 받아 가스를 자동적으로 차단할 수 있는 것 | ▌차단장치(전기 또는 가스)▐ |
| 소화약제 저장용기 | – | – |
| 예비전원 | – | – |

참고

**주거용 주방자동소화장치**의 **구조**

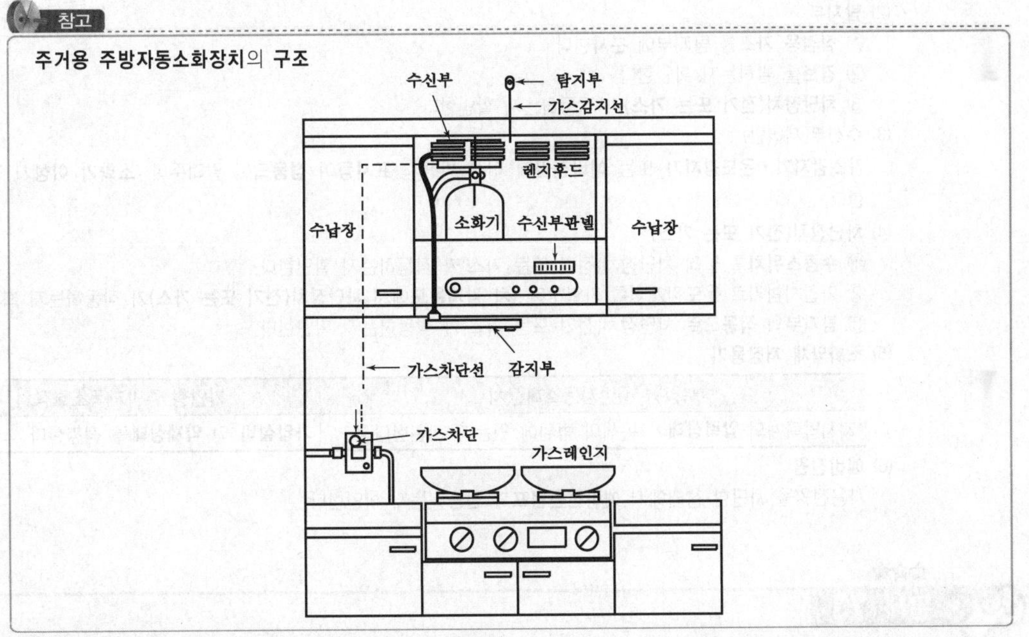


★★★

문제 72

주거용 주방자동소화장치의 감지부, 탐지부, 수신부(제어반), 차단장치(전기 또는 가스), 소화약제 저장용기, 예비전원의 점검방법에 대하여 설명하시오. (12점)

정답

| 구성요소 | 점검방법 |
|---|---|
| 감지부 | 가열시험기로 온도감지기를 가열하여 시험하는 방법으로 1차 감지온도에서 경보 및 차단장치(전기 또는 가스) 작동, 2차 감지온도에서 소화약제가 방출 |



소방시설의 점검실무행정 종합문제 600제

| | |
|---|---|
| 탐지부 | ① 점검용 가스를 탐지부에 분사<br>② 경보 확인<br>③ 차단장치(전기 또는 가스) 작동 확인 |
| 수신부(제어반) | 가스감지기·온도감지기 또는 예비전원에 이상 발생시 표시등이 점등되어 알려주며, 소화기 이상시 경보 |
| 차단장치<br>(전기 또는 가스) | ① 수동스위치를 눌러 차단장치(전기 또는 가스) 작동 확인<br>② 가열시험기로 온도감지기를 가열하여 1차 감지온도에서 차단장치(전기 또는 가스) 작동 확인<br>③ 탐지부의 작동으로 차단장치(전기 또는 가스) 작동 확인 |
| 소화약제 저장용기 | ① 축압형 주방자동소화장치 : 지시압력계의 압력상태가 녹색의 범위에 있는지 확인<br>② 가압형 주방자동소화장치 : 가압설비 및 약제상태 점검 |
| 예비전원 | 사용전원을 차단한 상태에서 예비전원램프의 점등 확인 |

해설 **주거용 주방자동소화장치**의 **점검방법**

(1) **감지부**

가열시험기로 온도감지기를 가열하여 시험하는 방법으로 **1차 감지온도**에서 **경보** 및 **차단장치(전기 또는 가스) 작동**, **2차 감지온도**에서 **소화약제**가 **방출**된다.

(2) **탐지부**

① **점검용 가스**를 탐지부에 **분사**한다.
② **경보**를 발하는지 확인한다.
③ **차단장치(전기 또는 가스)**가 작동하는지 확인한다.

(3) **수신부**(제어반)

**가스감지기·온도감지기** 또는 **예비전원**에 이상 발생시 **표시등**이 **점등**되어 알려주며, **소화기 이상**시 **경보**를 발한다.

(4) **차단장치(전기 또는 가스)**

① **수동스위치**를 눌러 차단장치(전기 또는 가스)가 작동하는지 확인한다.
② 가열시험기로 온도감지기를 가열하여 **1차 감지온도**에서 **차단장치(전기 또는 가스)**가 작동하는지 확인한다.
③ **탐지부**의 **작동**으로 차단장치(전기 또는 가스)가 작동하는지 확인한다.

(5) **소화약제 저장용기**

| 축압형 주방자동소화장치 | 가압형 주방자동소화장치 |
|---|---|
| 지시압력계의 **압력상태**가 녹색의 범위에 있는지 확인한다. | **가압설비** 및 **약제상태**를 점검한다. |

(6) **예비전원**

사용전원을 차단한 상태에서 **예비전원램프**가 **점등**되는지 확인한다.

☆☆☆

## 문제 73

주거용 소화기구의 장비 1가지를 쓰고 용도를 설명하시오. (4점)

정답 ① 장비 : 저울
② 용도 : 분말소화약제의 침강 시험

해설 **소화기구**의 **점검기구**

▮저울▮

| 구 분 | 설 명 |
|---|---|
| 용도 | 분말소화약제의 **침강시험**을 하는 기구 |
| 사용법 | 저울로 측정한 **분말소화약제 2g**을 골고루 살포하여 **1시간** 이내에 **침강**되지 않을 것 |
| 주의사항 | **충격**을 가하지 않도록 한다. |

☆☆☆

## 문제 74

주거용 소화기의 작동점검 중 점검항목 8가지를 쓰시오. (8점)

○
○
○
○
○
○
○
○

정답 ① 거주자 등이 손쉽게 사용할 수 있는 장소에 설치되어 있는지 여부
② 설치높이 적합 여부
③ 배치거리(보행거리 소형 20m 이내, 대형 30m 이내) 적합 여부
④ 구획된 거실(바닥면적 $33m^2$ 이상)마다 소화기 설치 여부
⑤ 소화기 표지 설치상태 적정 여부
⑥ 소화기의 변형·손상 또는 부식 등 외관의 이상 여부
⑦ 지시압력계(녹색범위)의 적정 여부
⑧ 수동식 분말소화기 내용연수(10년) 적정 여부

해설 **소방시설 자체점검사항 등에 관한 고시 〔별지 제4호 서식〕**
**소화기구 및 자동소화장치 작동점검**

| 구 분 | | 점검항목 |
|---|---|---|
| 소화기구<br>(소화기,<br>자동확산소화기,<br>간이소화용구) | | ① 거주자 등이 손쉽게 사용할 수 있는 장소에 설치되어 있는지 여부<br>② 설치높이 적합 여부<br>③ 배치거리(보행거리 **소형 20m** 이내, **대형 30m** 이내) 적합 여부<br>④ 구획된 거실(바닥면적 **$33m^2$** 이상)마다 소화기 설치 여부<br>⑤ 소화기 표지 설치상태 적정 여부<br>⑥ 소화기의 **변형·손상** 또는 **부식** 등 외관의 이상 여부<br>⑦ 지시압력계(**녹색**범위)의 적정 여부<br>⑧ 수동식 분말소화기 내용연수(**10년**) 적정 여부 |
| 자동소화장치 | 주거용 주방<br>자동소화장치 | ① 수신부의 설치상태 적정 및 정상(예비전원, 음향장치 등)작동 여부<br>② 소화약제의 지시압력 적정 및 외관의 이상 여부<br>③ 소화약제 **방출구**의 설치상태 적정 및 외관의 이상 여부<br>④ **감지부** 설치상태 적정 여부<br>⑤ **탐지부** 설치상태 적정 여부<br>⑥ 차단장치 설치상태 적정 및 정상작동 여부 |
| | 상업용 주방<br>자동소화장치 | ① 소화약제의 지시압력 적정 및 외관의 이상 여부<br>② **후드** 및 **덕트**에 **감지부**와 **분사헤드**의 설치상태 적정 여부<br>③ 수동기동장치의 설치상태 적정 여부 |
| | 캐비닛형<br>자동소화장치 | ① **분사헤드**의 설치상태 적합 여부<br>② **화재감지기** 설치상태 적합 여부 및 정상작동 여부<br>③ **개구부** 및 **통기구** 설치시 **자동폐쇄장치** 설치 여부 |
| | 가스·분말·<br>고체에어로졸<br>자동소화장치 | ① **수신부**의 정상(예비전원, 음향장치 등) 작동 여부<br>② 소화약제의 지시압력 적정 및 외관의 이상 여부<br>③ **감지부**(또는 화재감지기) 설치상태 적정 및 정상작동 여부 |
| 비고 | | ※ 특정소방대상물의 **위치·구조·용도** 및 **소방시설**의 **상황** 등이 이 표의 항목대로 기재하기 곤란하거나 이 표에서 누락된 사항을 기재한다. |

☆☆

문제 75

소화기구 중 소화기의 종합점검항목 10가지를 쓰시오. (10점)

○
○
○
○
○
○
○
○
○
○

정답 ① 거주자 등이 손쉽게 사용할 수 있는 장소에 설치되어 있는지 여부
② 설치높이 적합 여부
③ 배치거리(보행거리 소형 20m 이내, 대형 30m 이내) 적합 여부
④ 구획된 거실(바닥면적 $33m^2$ 이상)마다 소화기 설치 여부
⑤ 소화기 표지 설치상태 적정 여부
⑥ 소화기의 변형·손상 또는 부식 등 외관의 이상 여부
⑦ 지시압력계(녹색범위)의 적정 여부
⑧ 수동식 분말소화기 내용연수(10년) 적정 여부
⑨ 설치수량 적정 여부
⑩ 적응성 있는 소화약제 사용 여부

해설 **소방시설 자체점검사항 등에 관한 고시 〔별지 제4호 서식〕**
**소화기구 및 자동소화장치의 종합점검**

| 구 분 | | 점검항목 |
|---|---|---|
| 소화기구<br>(소화기,<br>자동확산소화기,<br>간이소화용구) | | ① 거주자 등이 손쉽게 사용할 수 있는 장소에 설치되어 있는지 여부<br>② 설치높이 적합 여부<br>③ 배치거리(보행거리 **소형 20m** 이내, **대형 30m** 이내) 적합 여부<br>④ 구획된 거실(바닥면적 **$33m^2$** 이상)마다 소화기 설치 여부<br>⑤ 소화기 표지 설치상태 적정 여부<br>⑥ 소화기의 **변형·손상** 또는 **부식** 등 외관의 이상 여부<br>⑦ 지시압력계(**녹색**범위)의 적정 여부<br>⑧ 수동식 분말소화기 내용연수(**10년**) 적정 여부<br>❾ 설치수량 적정 여부<br>❿ 적응성 있는 소화약제 사용 여부 |
| 자동소화장치 | 주거용 주방<br>자동소화장치 | ① 수신부의 설치상태 적정 및 정상(예비전원, 음향장치 등)작동 여부<br>② 소화약제의 지시압력 적정 및 외관의 이상 여부<br>③ 소화약제 **방출구**의 설치상태 적정 및 외관의 이상 여부<br>④ **감지부** 설치상태 적정 여부<br>⑤ **탐지부** 설치상태 적정 여부<br>⑥ 차단장치 설치상태 적정 및 정상작동 여부 |
| | 상업용 주방<br>자동소화장치 | ① 소화약제의 지시압력 적정 및 외관의 이상 여부<br>② **후드** 및 **덕트**에 **감지부**와 **분사헤드**의 설치상태 적정 여부<br>③ 수동기동장치의 설치상태 적정 여부 |

| | | |
|---|---|---|
| 자동소화장치 | 캐비닛형 자동소화장치 | ① **분사헤드**의 설치상태 적합 여부<br>② **화재감지기** 설치상태 적합 여부 및 정상작동 여부<br>③ **개구부** 및 **통기구** 설치시 **자동폐쇄장치** 설치 여부 |
| | 가스·분말·고체에어로졸 자동소화장치 | ① **수신부**의 정상(예비전원, 음향장치 등)작동 여부<br>② 소화약제의 지시압력 적정 및 외관의 이상 여부<br>③ **감지부**(또는 화재감지기) 설치상태 적정 및 정상작동 여부 |
| 비고 | ※ 특정소방대상물의 위치·구조·용도 및 소방시설의 상황 등이 이 표의 항목대로 기재하기 곤란하거나 이 표에서 누락된 사항을 기재한다. | |

※ "●"는 종합점검의 경우에만 해당

## 문제 76

「소화기의 형식승인 및 제품검사의 기술기준」에서 소화기는 대형 및 소형 소화기로 구분하는데 이 중 대형소화기에 충전하는 소화약제의 양을 각각 기재하시오. (6점)

○ 물소화기 :
○ 강화액소화기 :
○ 할로겐화합물 소화기 :
○ 이산화탄소 소화기 :
○ 분말소화기 :
○ 포소화기 :

정답
① 80L 이상
② 60L 이상
③ 30kg 이상
④ 50kg 이상
⑤ 20kg 이상
⑥ 20L 이상

해설 **소화기의 형식승인 및 제품검사의 기술기준 제10조**
**대형소화기의 소화약제 충전량**

| 종 별 | 충전량 |
|---|---|
| **포** | **2**0L 이상 |
| **분**말 | **2**0kg 이상 |
| **할**로겐화물 | **3**0kg 이상 |
| **이**산화탄소 | **5**0kg 이상 |
| **강**화액 | **6**0L 이상 |
| **물** | **8**0L 이상 |

기억법 **포 분 할 이 강 물**
**2 2 3 5 6 8**

## 문제 77

「소화기의 형식승인 및 제품검사의 기술기준」에 의해 지시압력계를 설치하는 소화기를 쓰시오. (4점)

**정답** 축압식 소화기(이산화탄소 및 할론 1301 소화약제를 충전한 소화기와 한 번 사용한 후에는 다시 사용할 수 없는 형의 소화기 제외)

**해설** **소화기의 형식승인 및 제품검사의 기술기준 제3조**
**지시압력계를 설치하는 소화기**
축압식 소화기(이산화탄소 및 할론 1301 소화약제를 충전한 소화기와 한 번 사용한 후에는 다시 사용할 수 없는 형의 소화기 제외)

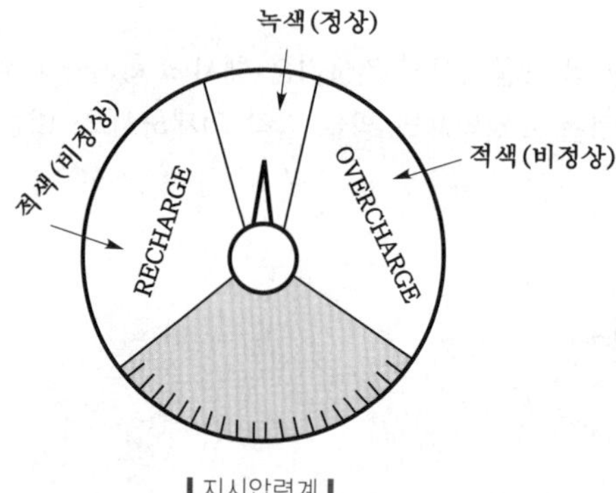


▎지시압력계▎

**참고**

| **여과망을 설치하여야 하는 소화기** (소화기의 형식승인 및 제품검사의 기술기준 제17조) | **자동차에 설치할 수 있는 소화기** (소화기의 형식승인 및 제품검사의 기술기준 제9조) |
|---|---|
| ① 물소화기<br>② 산알칼리 소화기<br>③ 강화액소화기<br>④ 포소화기 | ① 강화액소화기(안개모양으로 방사되는 것)<br>② 할로겐화물 소화기<br>③ 이산화탄소 소화기<br>④ 포소화기<br>⑤ 분말소화기 |

※ 「소화기의 형식승인 및 제품검사의 기술기준」에 의해 현재 표의 5가지가 자동차에 설치할 수 있는 소화기로 규정하고 있으나, 이 중 포소화기는 자동차에 전기배선이 있으므로 기존의 상태로는 사용할 수 없고 전기화재에 대한 대책을 강구하여야만 사용이 가능하다.

☆☆☆

## 문제 78

그림은 축압식 ABC급 분말소화기의 내부구조이다. 다음 각 물음에 답하시오. (15점)

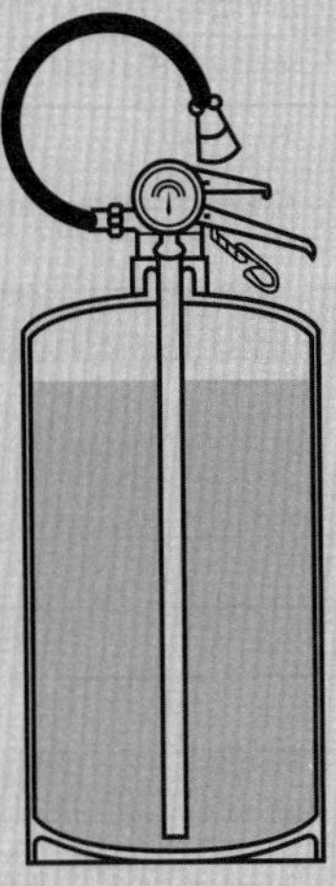

(가) 소화효과 3가지를 쓰시오. (3점)

○

○

○

(나) 소화기의 구성부품 5가지를 쓰시오. (5점)

○

○

○

○

○

(다) 내부압력 점검방법에 대하여 간단히 설명하시오. (4점)

(라) 소화기의 점검기구를 쓰시오. (단, 모든 소방시설을 제외한다.) (3점)

○

정답 (가) ① 질식효과
② 부촉매효과
③ 냉각효과

(나) ① 압력계
② 노즐
③ 손잡이
④ 안전핀
⑤ 사이폰관

(다) 압력계의 지침이 녹색부분을 가리키고 있으면 정상, 그 외의 부분을 가리키고 있으면 비정상

(라) 저울

해설 (가) **분말소화기**의 **소화효과**

| 소화효과 | 설 명 |
|---|---|
| 질식효과 | 공기 중의 산소농도를 **16%**(10~15%) 이하로 희박하게 하는 방법 |
| 냉각효과 | **점화원**을 **냉각**시키는 방법 |
| 화학소화(부촉매효과) | 연쇄반응을 억제하여 소화하는 방법으로 **억제작용**이라고도 한다. |

중요

(1) **주된 소화효과**

| 소화약제 | 소화효과 |
|---|---|
| • 포<br>• 분말<br>• 이산화탄소 | 질식소화 |
| • 물 | 냉각소화 |
| • 할론 | 화학소화(부촉매효과) |

(2) **소화효과**에 따른 **소화약제**

| 소화효과 | 적응 소화약제 |
|---|---|
| 냉각소화 | • 물<br>• 물분무<br>• 분말 |
| 질식소화 | • 포<br>• 분말<br>• 이산화탄소<br>• 물분무 |
| 제거소화 | • 물 |
| 화학소화(부촉매효과) | • 할론<br>• 분말 |
| 희석소화 | • 물<br>• 물분무 |
| 유화소화 | • 물분무 |
| 피복소화 | • 이산화탄소 |

(나) **분말소화기**의 **구성**

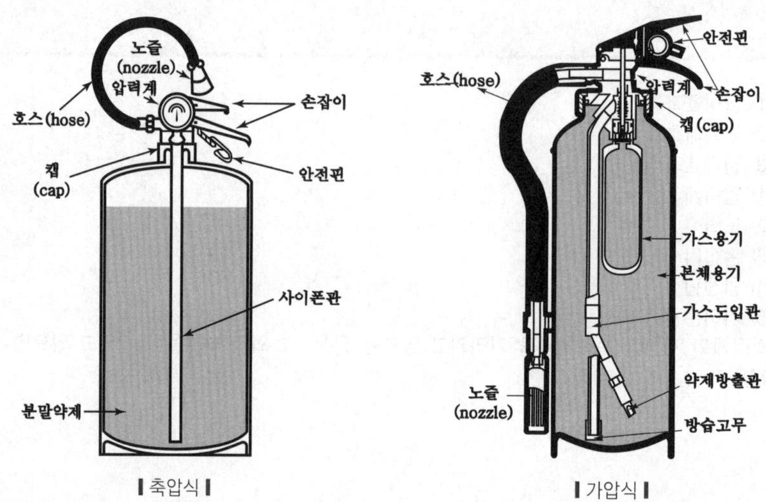


▌축압식▌ ▌가압식▌

(다) **축압식 소화기**

소화기의 용기 내부에 소화약제와 함께 압축공기 또는 불연성 가스를 축압시켜 놓은 것으로 반드시 소화기 상부에 **압력계**가 부착되어 있으며 이 압력계로 내부압력을 확인할 수 있는데, 압력계의 지침이 **녹색** 부분을 가리키고 있으면 **정상**, 그 외의 부분을 가리키고 있으면 비정상상태임을 알려준다.

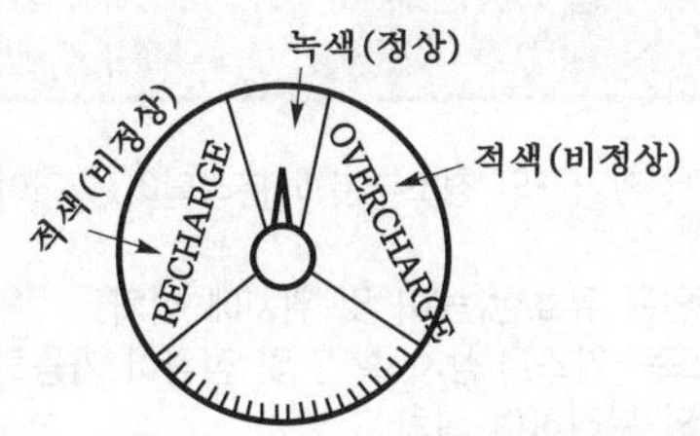


(라) ① **소화기구**의 **점검기구 사용법**

| 소방시설 | 장비(점검기구명) |
|---|---|
| 소화기구 | • 저울 |

② **저울** 및 **메스실린더** 또는 **비커**(beaker)

| 구 분 | 설 명 |
|---|---|
| 용도 | 분말소화약제의 **침강시험**을 하는 기구 |
| 사용법 | 메스실린더 또는 비커에 **물 200mL**를 넣고 저울로 측정한 **분말소화약제 2g**을 골고루 살포하여 **1시간** 이내에 **침강**되지 않을 것 |
| 주의사항 | ① 메스실린더 또는 비커는 사용 후 물로 깨끗이 씻는다.<br>② 저울은 **충격**을 가하지 않도록 한다. |

☆ 문제 79

분말소화기의 약제 고형화를 방지하기 위한 방법 4가지를 쓰시오. (8점)

○

○

○

○

정답 ① 건조한 장소에 보관할 것
② 밀폐용기에 장시간 보관하지 말 것
③ 수시로 약제를 흔들어 줄 것
④ 방습제를 사용하여 분말입자를 표면처리할 것

해설 **분말소화약제**의 **고형화 방지방법**

(1) **건조한 장소**에 보관할 것
(2) **밀폐용기**에 장시간 보관하지 **말 것**
(3) 수시로 **약제**를 **흔들어** 줄 것
(4) **방습제**를 사용하여 분말입자를 표면처리할 것
(5) 물청소 등으로 인해 **물기**가 **침투**되지 않도록 **주의**할 것

☆

## 문제 80

「소화기구 및 자동소화장치의 화재안전기준」에 의거하여 주거용 주방자동소화장치의 설치기준을 쓰시오. (10점)

정답 ① 소화약제 방출구 : 환기구의 청소부분과 분리되어 있어야 하며, 형식승인 받은 유효설치높이 및 방호면적에 따라 설치
② 감지부 : 형식승인된 유효한 높이 및 위치에 설치
③ 차단장치(전기 또는 가스) : 상시 확인 및 점검이 가능하도록 설치
④ 탐지부 : 수신부와 분리하여 설치

| 공기보다 가벼운 가스 | 공기보다 무거운 가스 |
|---|---|
| 천장면에서 30cm 이하에 설치 | 바닥면에서 30cm 이하에 설치 |

⑤ 수신부 : 주위의 열기류 또는 습기 등의 주위온도에 영향을 받지 않고 사용자가 상시 볼 수 있는 장소에 설치

해설 **주거용 주방자동소화장치**의 **설치기준**[소화기구 및 자동소화장치의 화재안전기준(NFPC 101 제4조, NFTC 101 2.1.2.1)]

<table>
<tr><th>구 분</th><th colspan="2">설 명</th></tr>
<tr><td>소화약제 방출구</td><td colspan="2">환기구의 청소부분과 분리되어 있어야 하며, 형식승인 받은 유효설치높이 및 방호면적에 따라 설치할 것</td></tr>
<tr><td>감지부</td><td colspan="2">형식승인된 유효한 높이 및 위치에 설치할 것</td></tr>
<tr><td>차단장치(전기 또는 가스)</td><td colspan="2">상시 확인 및 점검이 가능하도록 설치할 것</td></tr>
<tr><td rowspan="3">탐지부</td><td colspan="2">수신부와 분리하여 설치</td></tr>
<tr><td>공기보다 가벼운 가스</td><td>공기보다 무거운 가스</td></tr>
<tr><td>천장면에서 30cm 이하에 설치</td><td>바닥면에서 30cm 이하에 설치</td></tr>
<tr><td>수신부</td><td colspan="2">주위의 열기류 또는 습기 등과 주위온도에 영향을 받지 않고 사용자가 상시 볼 수 있는 장소에 설치할 것</td></tr>
</table>

☆

## 문제 81

「소화기구 및 자동소화장치의 화재안전기준」에 의거하여 자동소화장치 중 가스식, 분말식, 고체에어로졸식 자동소화장치의 설치기준을 쓰시오. (10점)

정답 ① 소화약제 방출구는 형식승인 받은 유효설치범위 내에 설치할 것
② 자동소화장치는 방호구역 내에 형식승인된 1개의 제품을 설치할 것. 이 경우 연동방식으로서 하나의 형식을 받은 경우에는 1개의 제품으로 본다.
③ 감지부는 형식승인된 유효설치범위 내에 설치해야 하며 설치장소의 평상시 최고주위온도에 따라 다음 표에 따른 표시온도의 것으로 설치할 것(단, 열감지선의 감지부는 형식승인 받은 최고주위온도범위 내에 설치)

| 설치장소의 최고주위온도 | 표시온도 |
|---|---|
| 39℃ 미만 | 79℃ 미만 |
| 39~64℃ 미만 | 79~121℃ 미만 |
| 64~106℃ 미만 | 121~162℃ 미만 |
| 106℃ 이상 | 162℃ 이상 |

④ 화재감지기를 감지부를 사용하는 경우에는 다음 설치방법에 따를 것
㉠ 화재감지기는 방호구역 내의 천장 또는 옥내에 면하는 부분에 설치하되 자동화재탐지설비의 화재안전기준에 적합하도록 설치할 것

ⓛ 방호구역 내의 화재감지기의 감지에 따라 작동되도록 할 것
ⓒ 화재감지기의 회로는 교차회로방식으로 설치할 것
ⓔ 교차회로 내의 각 화재감지기회로별로 설치된 화재감지기 1개가 담당하는 바닥면적은 자동화재탐지설비의 화재안전기준에 따른 바닥면적으로 할 것

해설 **가스식, 분말식, 고체에어로졸식 자동소화장치의 설치기준**[소화기구 및 자동소화장치의 화재안전기준(NFPC 101 제4조 제②항 제4호, NFTC 101 2.1.2.4)]

(1) 소화약제 방출구는 형식승인 받은 **유효설치범위** 내에 설치할 것
(2) 자동소화장치는 방호구역 내에 형식승인된 **1개**의 제품을 설치할 것. 이 경우 연동방식으로서 하나의 형식을 받은 경우에는 1개의 제품으로 본다.
(3) 감지부는 형식승인된 유효설치범위 내에 설치해야 하며 설치장소의 평상시 **최고주위온도**에 따라 다음 표에 따른 표시온도의 것으로 설치할 것(단, 열감지선의 감지부는 형식승인 받은 최고주위온도범위 내에 설치)

| 설치장소의 최고주위온도 | 표시온도 |
|---|---|
| **39**℃ 미만 | **79**℃ 미만 |
| 39~**64**℃ 미만 | 79~**121**℃ 미만 |
| 64~**106**℃ 미만 | 121~**162**℃ 미만 |
| 106℃ 이상 | 162℃ 이상 |

기억법 39 79
64 121
106 162

(4) 화재감지기를 감지부를 사용하는 경우에는 다음 설치방법에 따를 것
① 화재감지기는 방호구역 내의 **천장** 또는 **옥내**에 **면하는 부분**에 설치하되 자동화재탐지설비의 화재안전기준에 적합하도록 설치할 것
② 방호구역 내 **화재감지기**의 감지에 따라 작동되도록 할 것
③ 화재감지기의 회로는 **교차회로방식**으로 설치할 것
④ 교차회로 내의 각 화재감지기회로별로 설치된 화재감지기 1개가 담당하는 바닥면적은 자동화재탐지설비의 화재안전기준에 따른 바닥면적으로 할 것

비교

(1) **캐비닛형 자동소화장치**의 **설치기준**[소화기구 및 자동소화장치의 화재안전기준(NFPC 101 제4조 제②항 제3호, NFTC 101 2.1.2.3)]
① 분사헤드(방출구)의 설치높이는 방호구역의 바닥으로부터 형식승인을 받은 범위 내에서 유효하게 소화약제를 방출시킬 수 있는 높이에 설치할 것
② 화재감지기는 방호구역 내의 **천장** 또는 **옥내**에 **면하는 부분**에 설치하되 자동화재탐지설비의 화재안전기준에 적합하도록 설치할 것
③ 방호구역 내 **화재감지기**의 감지에 따라 작동되도록 할 것
④ 화재감지기의 회로는 **교차회로방식**으로 설치할 것
⑤ 교차회로 내의 각 화재감지기회로별로 설치된 화재감지기 1개가 담당하는 바닥면적은 자동화재 탐지설비의 화재안전기준에 따른 바닥면적으로 할 것
⑥ 개구부 및 통기구(환기장치 포함)를 설치한 것에 있어서는 약제가 방사되기 전에 해당 **개구부** 및 **통기구**를 자동으로 폐쇄할 수 있도록 할 것(단, 가스압에 의하여 폐쇄되는 것은 소화약제방출과 동시에 폐쇄할 수 있다)
⑦ 작동에 지장이 없도록 견고하게 **고정**시킬 것
⑧ 구획된 장소의 **방호체적** 이상을 방호할 수 있는 소화성능이 있을 것

(2) **주거용 주방자동소화장치**의 **설치기준**[소화기구 및 자동소화장치의 화재안전기준(NFPC 101 제4조 제②항 제1호, NFTC 101 2.1.2)]
① 소화약제 **방**출구는 **환기구**의 **청소부분**과 분리되어 있어야 하며, 형식승인 받은 **유효설치 높이** 및 **방호면적**에 따라 설치
② **감**지부는 형식승인 받은 유효한 높이 및 위치에 설치
③ **차**단장치(전기 또는 가스)는 상시 확인 및 점검이 가능하도록 설치
④ **탐**지부는 수신부와 분리하여 설치하되, 공기보다 가벼운 가스를 사용하는 경우에는 **천장면**으로부터 **30cm** 이하의 위치에 설치하고, 공기보다 무거운 가스를 사용하는 장소에는 **바닥면**으로부터 **30cm** 이하의 위치에 설치
⑤ **수**신부는 주위의 **열기류** 또는 **습기** 등과 주위온도에 영향을 받지 않고 사용자가 상시 볼 수 있는 장소에 설치

기억법 방감 차탐수

☆

### 문제 82

「소화기구 및 자동소화장치의 화재안전기준」에 의거하여 소화기 수량산출에서 소형소화기를 감소할 수 있는 경우에 관하여 쓰시오. (2점)

| 구 분 | 내 용 |
|---|---|
| 소화설비가 설치된 경우 | ① |
| 대형소화기가 설치된 경우 | ② |

정답

① 해당 설비의 유효범위의 부분에 대하여는 소화기의 $\frac{2}{3}$를 감소할 수 있다.

② 해당 설비의 유효범위의 부분에 대하여는 소화기의 $\frac{1}{2}$을 감소할 수 있다.

해설 소형소화기의 감소기준[소화기구 및 자동소화장치의 화재안전기준(NFPC 101 제5조, NFTC 101 2.2.1)]

| 구 분 | 내 용 |
|---|---|
| 소화설비(**옥내소화전설비 · 옥외소화전설비 · 스프링클러설비 · 물분무등소화설비**)가 설치된 경우 | 해당 설비의 유효범위의 부분에 대하여는 소화기의 $\frac{2}{3}$를 감소할 수 있다. |
| **대형소화기**가 설치된 경우 | 해당 설비의 유효범위의 부분에 대하여는 소화기의 $\frac{1}{2}$을 감소할 수 있다. |

비교

**대형소화기**의 **설치제외기준**[소화기구 및 자동소화장치의 화재안전기준(NFPC 101 제5조, NFTC 101 2.2.2)]

| 구 분 | 내 용 |
|---|---|
| 소화설비(**옥내소화전설비 · 옥외소화전설비 · 스프링클러설비 · 물분무등소화설비**)가 설치된 경우 | 해당 설비의 유효범위 안의 부분에 대하여는 **대형소화기**를 설치하지 않을 수 있다. |

☆

### 문제 83

「소화기구 및 자동소화장치의 화재안전기준」에 의거하여 소화기 수량산출에서 소형소화기를 감소할 수 없는 특정소방대상물 4가지를 쓰시오. (2점)

○
○
○
○

정답

① 근린생활시설
② 위락시설
③ 문화 및 집회시설
④ 운동시설

해설 소형소화기를 감소할 수 없는 특정소방대상물[소화기구 및 자동소화장치의 화재안전기준(NFPC 101 제5조, NFTC 101 2.2.1)]

① 층수가 **11층** 이상인 부분
② 근린생활시설
③ 위락시설
④ 문화 및 집회시설
⑤ 운동시설

⑥ 판매시설
⑦ 운수시설
⑧ 숙박시설
⑨ 노유자시설
⑩ 의료시설
⑪ 아파트
⑫ 업무시설(무인변전소 제외)
⑬ 방송통신시설, 교육연구시설
⑭ 항공기 및 자동차관련시설, 관광휴게시설

### 문제 84

「소화기구 및 자동소화장치의 화재안전기준(NFTC 101)」에 의거하여 일반화재를 적용대상으로 하는 소화기구의 적응성 있는 소화약제를 쓰시오. (4점)

| 구 분 | 종 류 |
|---|---|
| 가스계 소화약제 | ① |
| 분말소화약제 | ② |
| 액체소화약제 | ③ |
| 기타소화약제 | ④ |

정답 ① 할론소화약제, 할로겐화합물 및 불활성기체 소화약제
② 인산염류소화약제
③ 산알칼리소화약제, 강화액소화약제, 포소화약제, 물 · 침윤 소화약제
④ 고체에어로졸화합물, 마른모래, 팽창질석 · 팽창진주암

해설 소화기구의 소화약제별 적응성[소화기구 및 자동소화장치의 화재안전기준(NFTC 101 2.1.1.1)]

| 소화약제 / 구분 / 적응대상 | 가스 | | | 분말 | | 액체 | | | | 기타 | | | |
|---|---|---|---|---|---|---|---|---|---|---|---|---|---|
| | 이산화탄소 소화약제 | 할론 소화약제 | 할로겐화합물 및 불활성기체 소화약제 | 인산염류 소화약제 | 중탄산염류 소화약제 | 산알칼리 소화약제 | 강화액 소화약제 | 포 소화약제 | 물 · 침윤 소화약제 | 고체에어로졸화합물 | 마른모래 | 팽창질석 · 팽창진주암 | 그 밖의 것 |
| 일반화재 (A급 화재) | – | ○ | ○ | ○ | – | ○ | ○ | ○ | ○ | ○ | ○ | ○ | – |
| 유류화재 (B급 화재) | ○ | ○ | ○ | ○ | ○ | ○ | ○ | ○ | ○ | ○ | ○ | ○ | – |
| 전기화재 (C급 화재) | ○ | ○ | ○ | ○ | ○ | * | * | * | * | ○ | – | – | – |
| 주방화재 (K급 화재) | – | – | – | – | * | – | * | * | * | – | – | – | * |

(주) *의 소화약제별 적응성은 「소방용품의 형식승인 및 제품검사의 기술기준」에 따라 화재종류별 적응성에 적합한 것으로 인정되는 경우에 한한다.

# 2 옥내소화전설비

☆

**문제 85**

**옥내 · 외소화전설비의 방사노즐과 분무노즐 방수시의 방수압력 측정방법에 대하여 쓰고, 옥외소화전설비의 방수압력이 75.42PSI일 경우 방수량은 몇 $m^3$/min인지 구하시오. (10점)**

(가) 방수압력 측정방법 (5점)

(나) 방수량 (5점)

○ 계산과정 :

○ 답 :

정답 (가) 노즐선단에서 노즐구경의 $\frac{1}{2}$배 떨어진 위치에서 수평되게 피토게이지를 설치하여 눈금을 읽는다.

(나) ○ 계산과정 : $0.653 \times 19^2 \times \sqrt{10 \times 0.52} = 537.553 ≒ 537.55\text{L/min} ≒ 0.54\text{m}^3\text{/min}$

○ 답 : $0.54\text{m}^3$/min

해설 (가) **옥내 · 외 소화전설비**의 **방수압력 측정방법**

노즐선단에 노즐구경($D$)의 $\frac{1}{2}$ 떨어진 지점에서 노즐선단과 수평되게 피토게이지(pitot gauge)를 설치하여 눈금을 읽는다.

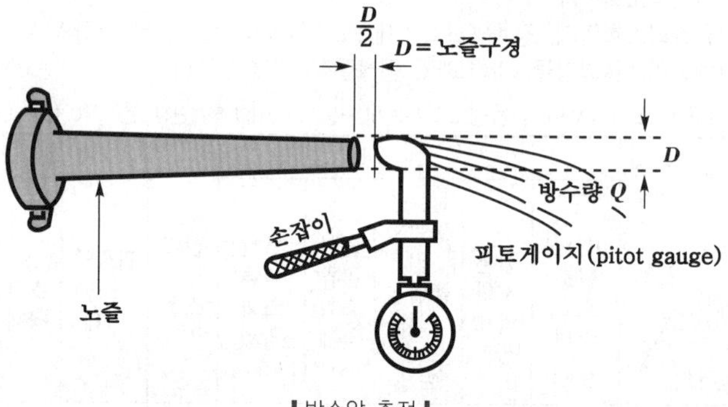


▌방수압 측정▌

**중요**

**방수량 측정방법**

노즐선단에 노즐구경($D$)의 $\frac{1}{2}$ 떨어진 지점에서 노즐선단과 수평되게 피토게이지를 설치하여 눈금을 읽은 후 $Q = 0.653\,D^2\sqrt{10P}$ 공식에 대입한다.

(나) 14.7psi=0.101325MPa 이므로

$$75.42\text{psi}=\frac{75.42\text{psi}}{14.7\text{psi}}\times 0.101325\text{MPa} \fallingdotseq 0.52\text{MPa}$$

**※ 표준대기압**

1atm=760mmHg=1.0332kg$_f$/cm$^2$
=10.332mH$_2$O(mAq)
=14.7psi(lb$_f$/in$^2$)
=101.325kPa(kN/m$^2$)
=1013mbar

$$Q=0.653\,D^2\sqrt{10P}$$

여기서, $Q$ : 토출량(방수량)[L/min]
$D$ : 노즐구경[mm]
$P$ : 방사압력[MPa]

**옥외소화전설비**의 **방수량** $Q$는

$Q=0.653D^2\sqrt{10P}$
$=0.653\times(19\text{mm})^2\times\sqrt{10\times 0.52\text{MPa}}$
$=537.553 \fallingdotseq 537.55\text{L/min}$
$=0.537\text{m}^3/\text{min}$
$\fallingdotseq 0.54\text{m}^3/\text{min}$ 이상

**※ 노즐구경 · 방수구경**

| 구 분 | 옥내소화전설비 | 옥외소화전설비 |
|---|---|---|
| 노즐구경 | 13mm | 19mm |
| 방수구경 | 40mm | 65mm |

중요

**토출량(방수량) · 방수압**

(1) **공식**

① $Q=10.99\,CD^2\sqrt{10P}$

여기서, $Q$ : 토출량[m$^3$/s]
$C$: 노즐의 흐름계수
$D$ : 구경[m]
$P$ : 방사압력[MPa]

② $Q=0.653\,D^2\sqrt{10P}=0.6597\,CD^2\sqrt{10P}$

여기서, $Q$ : 토출량[L/min]
$C$: 노즐의 흐름계수(유량계수)
$D$ : 구경[m]
$P$ : 방사압력[MPa]

③ $Q=K\sqrt{10P}$

여기서, $Q$ : 토출량[L/min]
$K$ : 방출계수
$P$ : 방사압력[MPa]

(2) **방수량 공식 유도과정**

$Q=AV$ 에서

노즐의 유량계수(흐름계수) $C$를 고려하면

$$Q=CAV$$

여기서, $Q$ : 유량〔m³/s〕
$C$ : 노즐의 유량계수(일반적으로 0.99 적용)
$A$ : 단면적〔m²〕
$V$ : 유속〔m/s〕

$$A=\frac{\pi}{4}D^2$$

여기서, $A$ : 단면적〔m²〕
$D$ : 내경〔m〕

$$V=\sqrt{2gH}$$

여기서, $V$ : 유속〔m/s〕
$g$ : 중력가속도(9.8m/s²)
$H$ : 높이〔m〕

$$H=\frac{P}{\gamma}$$

여기서, $H$ : 높이〔m〕
$P$ : 압력〔kg/m²〕
$\gamma$ : 비중량(물의 비중량 1000kg/m³)

$$\begin{aligned}Q&=CAV\\&=C\left(\frac{\pi D^2}{4}\right)(\sqrt{2gH})\\&=C\left(\frac{\pi D^2}{4}\right)\left(\sqrt{2g\frac{P}{\gamma}}\right)\\&=0.99\times\frac{\pi D^2}{4}\times\sqrt{2\times 9.8\text{m/s}^2\times\frac{P[\text{kg/m}^2]}{1000\text{kg/m}^3}}\\&=0.99\times\frac{\pi D^2}{4}\times\sqrt{2\times(9.8\times10^2\text{cm/s}^2)\times\frac{P[\text{kg}/10^4\text{cm}^2]}{1000\text{kg}/10^6\text{cm}^3}}\end{aligned}$$

$P$의 단위 kg/cm² → MPa로 환산하면

$$\begin{aligned}&=0.99\times\frac{\pi D^2}{4}\times\sqrt{2\times9.8\times\frac{10P}{1000}\times10^4}\\&=10.8856D^2\sqrt{10P}\\&\fallingdotseq 10.99CD^2\sqrt{10P}\end{aligned}$$

$Q$의 단위 m³/s → L/min, $D$의 단위 m → mm로 환산하면

$$\begin{aligned}Q&=10.8856\times\frac{1000\times60}{10^6}D^2\sqrt{10P}\\&\fallingdotseq 0.653D^2\sqrt{10P}\end{aligned}$$

- 1m³=1000L, 1min=60s이다.
- 1m=1000mm이므로 1m²=1000000mm²=10⁶mm²이다.

★★★

## 문제 86

옥내소화전설비의 소방호스 노즐에서 방수압력을 측정하였다. 측정결과를 참조하여 다음 각 물음에 답하시오. (12점)

〔측정결과〕

① 노즐구경은 13mm이다.

② 피토게이지의 측정압력은 0.25MPa이다.

(가) 방수압을 측정할 때 노즐과 피토게이지의 이격거리〔mm〕는? (6점)

○ 계산과정 :

○ 답 :

(나) 방수량〔L/min〕을 구하시오. (6점)

○ 계산과정 :

○ 답 :

정답

(가) ○ 계산과정 : $\frac{13}{2} = 6.5\text{mm}$

○ 답 : 6.5mm

(나) ○ 계산과정 : $0.653 \times 13^2 \times \sqrt{2.5} = 174.489 ≒ 174.49\text{L/min}$

○ 답 : 174.49L/min

해설 (가) **방수압 측정방법**

노즐선단에 노즐구경($D$)의 $\frac{1}{2}$ 떨어진 지점에서 노즐선단과 수평되게 **피토게이지**(pitot gauge)를 설치하여 눈금을 읽는다.

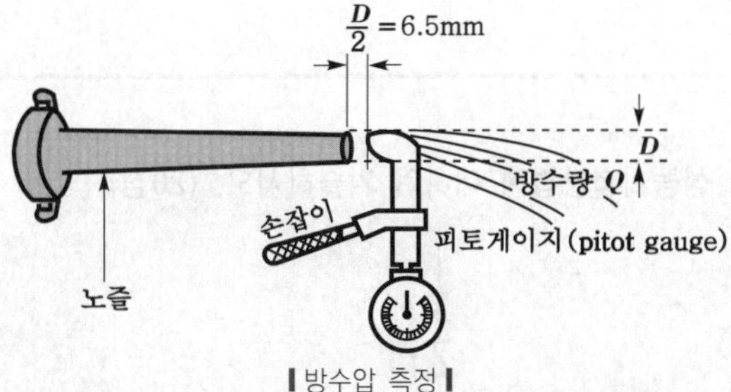


▌방수압 측정▐

$\therefore \frac{D}{2} = \frac{13\text{mm}}{2} = 6.5\text{mm}$

(나) **방수량 측정방법**

노즐선단에서 노즐구경($D$)의 $\frac{1}{2}$ 떨어진 지점에서 노즐선단과 수평되게 **피토게이지**(pitot gauge)를 설치하여 눈금을 읽은 후 다음 식에 대입하여 방수량을 구한다.

$Q = 0.653D^2\sqrt{10P}$ 또는 $Q = 0.6597CD^2\sqrt{10P}$

여기서, $Q$ : 방수량〔L/min〕

$C$ : 노즐의 흐름계수

$D$ : 노즐구경〔mm〕

$P$ : 방수압〔MPa〕

**방수량** $Q$는

$Q = 0.653D^2\sqrt{10P} = 0.653 \times (13\text{mm})^2 \times \sqrt{10 \times 0.25\text{MPa}} = 174.489 ≒ 174.49\text{L/min}$

※ 노즐구경〔mm〕 및 방수압〔MPa〕의 단위에 주의하라!

☆☆☆

## 문제 87

옥내소화전설비에서 노즐선단의 방수압력 상한값을 규정한 이유 3가지를 쓰시오. (6점)

○

○

○

정답 ① 반동력을 줄여 사용자의 호스 조작을 용이하게 하기 위해
② 소방호스의 파열을 방지하기 위해
③ 피연소물에 대한 수손피해를 줄이기 위해

해설 **옥내소화전설비**에서 **노즐선단**의 **방수압력 상한값 규정 이유**

(1) **반동력**을 줄여 사용자의 **호스 조작**을 **용이**하게 하기 위해

(2) **소방호스**의 **파열**을 **방지**하기 위해

(3) 피연소물에 대한 **수손피해**를 줄이기 위해

옥내소화전의 노즐선단에 작용하는 방수압력이 **0.7MPa** 이상의 경우에는 소방호스의 방수압력에 따른 반동력으로 인하여 소화활동에 장애가 초래됨에 따라 소화인력 1인당 반동력을 **196N**으로 제한함으로써 0.7MPa 이하의 방수압력을 유지할 수 있도록 압력을 저감시키는 조치를 할 것

중요

**반동력**

$$R = 1.57PD^2$$

여기서, $R$ : 반동력〔N〕

$P$ : 방수압력〔MPa〕

$D$ : 구경(내경)〔mm〕

☆☆☆

## 문제 88

가압송수장치의 성능시험방법에 대하여 기술하시오. (20점)

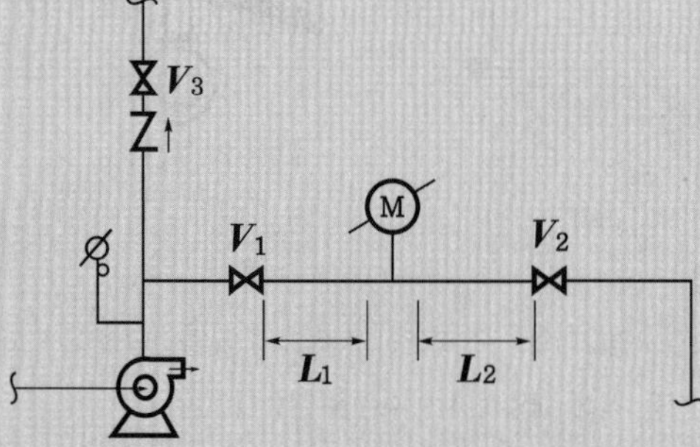


여기서, $V_1$ : 개폐밸브(측정시 개방)

$V_2$ : 유량조절밸브(평상시 개방)

$V_3$ : 개폐표시형 밸브

$L_1$ : 상류측 직관부 구경의 8배 이상

$L_2$ : 하류측 직관부 구경의 5배 이상

정답 ① 주배관의 개폐밸브($V_3$)를 잠근다.
② 제어반에서 충압펌프의 기동을 중지시킨다.
③ 압력챔버의 배수밸브를 열어 주펌프가 기동되면 잠근다.
④ 성능시험배관상에 있는 개폐밸브($V_1$)를 개방한다.
⑤ 성능시험배관의 유량조절밸브($V_2$)를 서서히 개방하여 유량계를 통과하는 유량이 정격토출유량이 되도록 조정한다. 정격토출유량이 되었을 때 펌프토출측 압력계를 읽어 정격토출압력 이상인지 확인한다.
⑥ 성능시험배관의 유량조절밸브를 조금 더 개방하여 유량계를 통과하는 유량이 정격토출유량의 150%가 되도록 조정한다. 이때 펌프토출측 압력계의 확인된 압력은 정격토출압력의 65% 이상이어야 한다.
⑦ 성능시험배관상에 있는 유량계를 확인하여 펌프의 성능을 측정한다.
⑧ 성능시험 측정 후 배관상 개폐밸브를 잠근 후 주밸브를 연다.
⑨ 제어반에서 충압펌프기동중지를 해제한다.

해설 **펌프**의 **성능시험 방법**

(1) **주배관**의 **개폐밸브**($V_3$)를 **잠근다**.
(2) 제어반에서 **충압펌프**의 **기동**을 **중지**시킨다.
(3) 압력챔버의 **배수밸브**를 열어 **주펌프**가 **기동**되면 잠근다(제어반에서 수동으로 주펌프를 기동시킨다).
(4) **성능시험배관상**에 있는 **개폐밸브**($V_1$)를 **개방**한다.
(5) 성능시험배관의 **유량조절밸브**($V_2$)를 **서서히 개방**하여 유량계를 통과하는 유량이 정격토출유량이 되도록 **조정**한다. 정격토출유량이 되었을 때 펌프토출측 압력계를 읽어 정격토출압력 이상인지 확인한다.
(6) 성능시험배관의 **유량조절밸브**를 **조금 더 개방**하여 유량계를 통과하는 유량이 **정격토출유량**의 **150%**가 되도록 조정한다. 이때 펌프토출측 압력계의 확인된 압력은 정격토출압력의 **65%** 이상이어야 한다.
(7) 성능시험배관상에 있는 **유량계**를 확인하여 **펌프**의 **성능**을 **측정**한다.
(8) **성능시험** 측정 후 배관상 **개폐밸브**를 잠근 후 **주밸브**를 연다.
(9) 제어반에서 **충압펌프기동중지**를 **해제**한다.

중요

**압력챔버**의 **공기교체 요령**

(1) 동력제어반(MCC)에서 주펌프 및 충압펌프의 **선택스위치**를 '**수동**' 또는 '**정지**' 위치로 한다.
(2) **압력챔버 개폐밸브**를 잠근다.
(3) **배수밸브** 및 **안전밸브**를 **개방**하여 **물**을 **배수**한다.
(4) 안전밸브에 의해서 탱크 내에 **공기**가 **유입**되면, **안전밸브**를 **잠근 후 배수밸브**를 **폐쇄**한다.
(5) **압력챔버 개폐밸브**를 서서히 **개방**하고, 동력제어반에서 주펌프 및 충압펌프의 선택스위치를 '**자동**'위치로 한다. (이때 소화펌프는 자동으로 기동되며 설정압력에 도달되면 자동정지한다)

## 문제 89

**옥내소화전설비의 기동용 수압개폐장치를 점검한 결과 압력챔버 내에 공기를 모두 배출하고 물만 가득 채워져 있다. 압력챔버를 재조정하는 방법에 대하여 기술하시오. (20점)**

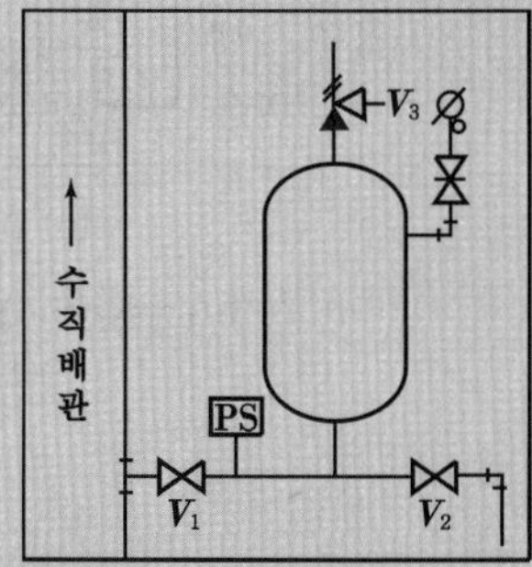

**정답** ① 동력제어반에서 주펌프 및 충압펌프의 선택스위치를 '수동' 또는 '정지' 위치로 한다.
② 압력챔버 개폐밸브($V_1$)를 잠근다.
③ 배수밸브($V_2$) 및 안전밸브($V_3$)를 개방하여 물을 배수한다.
④ 안전밸브에 의해서 탱크 내에 공기가 유입되면, 안전밸브를 잠근 후 배수밸브를 폐쇄한다.
⑤ 압력챔버 개폐밸브를 서서히 개방하고, 동력제어반에서 주펌프 및 충압펌프의 선택스위치를 '자동'위치로 한다(이때 소화펌프는 자동으로 기동되며 설정압력에 도달되면 자동정지한다).

**해설** **압력챔버**의 **공기교체**(충전) **요령**
(1) 동력제어반(MCC)에서 주펌프 및 충압펌프의 **선택스위치**를 '**수동**' 또는 '**정지**' 위치로 한다.
(2) **압력챔버 개폐밸브**($V_1$)를 잠근다.
(3) **배수밸브**($V_2$) 및 **안전밸브**($V_3$)를 **개방**하여 **물**을 **배수**한다.
(4) 안전밸브에 의해서 탱크 내에 **공기**가 **유입**되면, **안전밸브**를 **잠근 후 배수밸브**를 **폐쇄**한다.
(5) **압력챔버 개폐밸브**를 서서히 **개방**하고, 동력제어반에서 주펌프 및 충압펌프의 선택스위치를 '**자동**'위치로 한다(이때 소화펌프는 자동으로 기동되며 설정압력에 도달되면 자동정지한다).

☆☆

## 문제 90

**기동용 수압개폐장치(압력챔버)에 설치되는 압력스위치에 표시되어 있는 DIFF와 RANGE가 의미하는 것을 쓰시오. (4점)**
○ DIFF :
○ RANGE :

**정답** ① DIFF : 펌프의 작동정지점에서 기동점과의 압력차이
② RANGE : 펌프의 작동정지점

**해설** **압력스위치**

| DIFF(DIFFerence) | RANGE |
|---|---|
| 펌프의 작동정지점에서 기동점과의 **압력차이** | 펌프의 **작동정지점** |

(a) 압력스위치 (b) DIFF, RANGE의 설정 예

▌압력스위치▐

☆☆☆

## 문제 91

소화설비에 사용되는 다음 밸브의 정확한 명칭, ㈎의 용도 및 특징(기능) 3가지를 쓰시오. (4점)

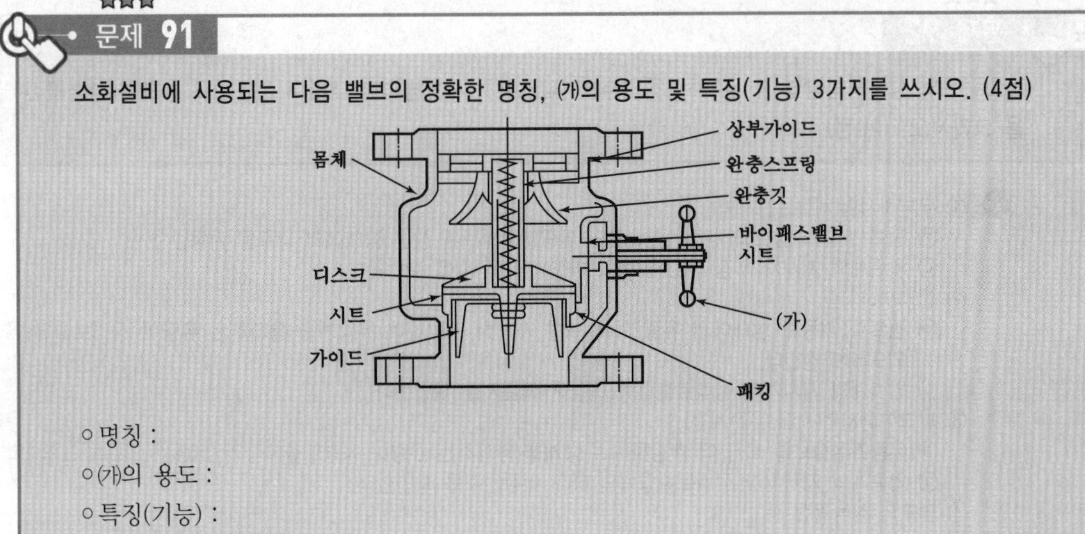


ㅇ명칭 :

ㅇ㈎의 용도 :

ㅇ특징(기능) :

**정답** ① 명칭 : 스모렌스키 체크밸브

② ㈎의 용도 : 밸브 2차측의 물을 1차측으로 배수(바이패스 기능)

③ 특징(기능)

㉠ 역류방지기능

㉡ 수격방지기능

㉢ 바이패스기능(밸브 2차측의 물을 1차측으로 배수)

**해설** **스모렌스키 체크밸브**(Smolensky check valve)의 **특징**

(1) **수격**(water hammer)을 **방지**할 수 있도록 설계되어 있다. **제조회사명**을 밸브의 명칭으로 나타낸 것으로 주배관용으로서 **바이패스밸브**가 설치되어 있어서 스모렌스키 체크밸브 **2차측**의 **물**을 **1차측**으로 배수시킬 수 있다.

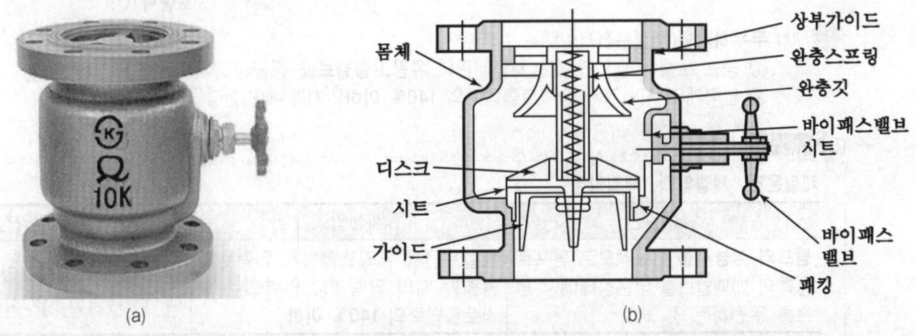


(a) (b)

▎스모렌스키 체크밸브▕

(2)

| 습식 유수검지장치의 기능 | 건식 유수검지장치의 기능 | 후드밸브기능 | 스모렌스키 체크밸브의 기능 |
|---|---|---|---|
| • 자동경보기능<br>• 오동작방지기능<br>• 체크밸브기능 | • 자동경보기능<br>• 체크밸브기능 | • 여과기능<br>• 체크밸브기능 | • 역류방지기능<br>• 수격방지기능<br>• 바이패스기능(밸브 2차측의 물을 1차측으로 배수) |

☆☆☆

**문제 92**

**소화펌프의 성능시험방법 중 무부하, 정격부하, 피크부하 시험방법에 대하여 설명하고 펌프의 성능곡선을 그리시오. (20점)**

정답 ① 무부하시험(체절운전시험)

㉠ 펌프 토출측 밸브와 성능시험배관의 유량조절밸브를 잠근 상태에서 펌프를 기동한다.
㉡ 압력계의 지시치가 정격토출압력의 140% 이하인지를 확인한다.

② 정격부하시험

㉠ 펌프를 기동한 상태에서 유량조절밸브를 서서히 개방하여 유량계를 통과하는 유량이 정격토출유량이 되도록 조정한다.
㉡ 압력계의 지시치가 정격토출압력 이상이 되는지를 확인한다.

③ 피크부하시험(최대 운전시험)

㉠ 유량조절밸브를 조금 더 개방하여 유량계를 통과하는 유량이 정격토출유량의 150%가 되도록 조정한다.
㉡ 압력계의 지시치가 정격토출압력의 65% 이상인지를 확인한다.

④ 펌프의 성능곡선

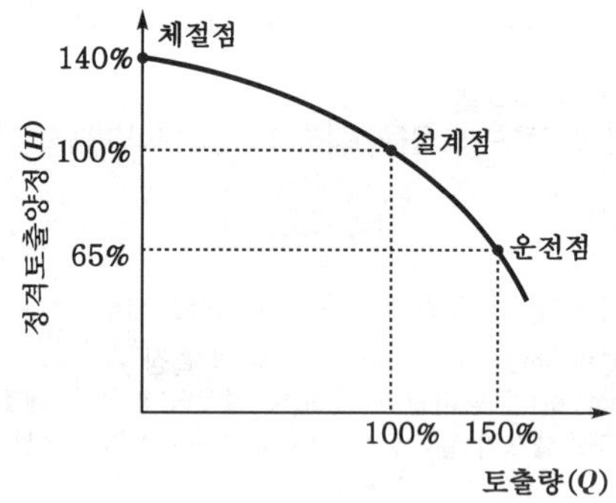


해설 (1) **무부하시험**(체절운전시험)

① 펌프 토출측 밸브와 성능시험배관의 **유량조절밸브**를 잠근상태에서 **펌프**를 **기동**한다.
② 압력계의 지시치가 정격토출압력의 **140% 이하**인지를 확인한다.

중요

**체절운전, 체절압력, 체절양정**

| 체절운전 | 체절압력 | 체절양정 |
|---|---|---|
| **펌프의 성능시험**을 목적으로 펌프토출측의 개폐밸브를 닫은상태에서 펌프를 운전하는 것 | 체절운전시 릴리프밸브가 압력수를 방출할 때의 압력계상 압력으로 정격토출압력의 **140% 이하** | 펌프의 토출측 밸브가 모두 막힌 상태, 즉 유량이 0인 상태에서의 양정 |

(2) **정격부하시험**

① 펌프를 기동한 상태에서 **유량조절밸브**를 서서히 개방하여 유량계를 통과하는 유량이 정격토출유량이 되도록 조정한다.
② 압력계의 지시치가 **정격토출압력** 이상이 되는지를 확인한다.

(3) **피크부하시험**(최대 운전시험)

① 유량조절밸브를 조금 더 개방하여 유량계를 통과하는 유량이 정격토출유량의 **150%**가 되도록 조정한다.
② 압력계의 지시치가 정격토출압력의 **65% 이상**인지를 확인한다.

(4) **펌프**의 **성능곡선**

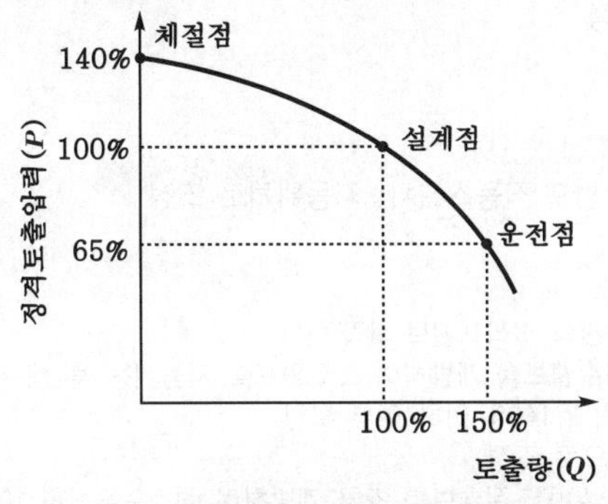


(a) 정격토출압력-토출량의 관계

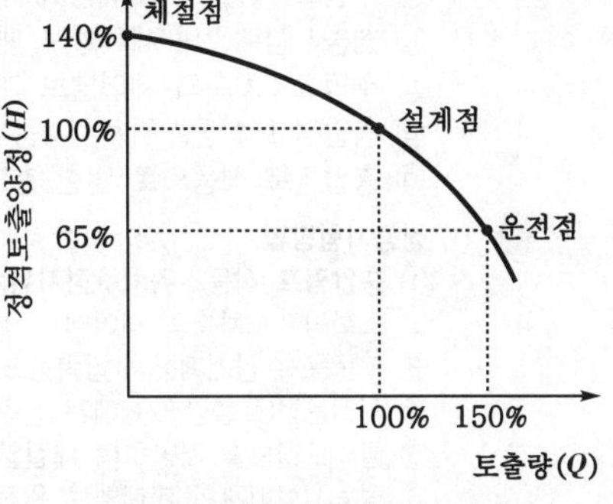


(b) 정격토출양정-토출량의 관계

▍펌프의 성능곡선▍

- 운전점=150% 유량점

중요

(1) **펌프**의 **성능시험방법**

① **주배관**의 **개폐밸브**를 **잠근다.**

② 제어반에서 **충압펌프**의 **기동**을 **중지**시킨다.

③ 압력챔버의 **배수밸브**를 열어 **주펌프**가 **기동**되면 잠근다(제어반에서 수동으로 주펌프를 기동시킨다).

④ **성능시험배관상**에 있는 **개폐밸브**를 **개방**한다.

⑤ 성능시험배관의 **유량조절밸브**를 **서서히 개방**하여 유량계를 통과하는 유량이 정격토출유량이 되도록 **조정**한다. 정격토출유량이 되었을 때 펌프 토출측 압력계를 읽어 정격토출압력 이상인지 확인한다.

⑥ 성능시험배관의 **유량조절밸브**를 **조금 더 개방**하여 유량계를 통과하는 유량이 **정격토출유량**의 **150%**가 되도록 조정한다. 이때 펌프 토출측 압력계의 확인된 압력은 정격토출압력의 **65%** 이상이어야 한다.

⑦ 성능시험배관상에 있는 **유량계**를 확인하여 **펌프**의 **성능**을 측정한다.

⑧ **성능시험** 측정 후 배관상 **개폐밸브**를 잠근 후 **주밸브**를 연다.

⑨ 제어반에서 **충압펌프기동중지**를 **해제**한다.

(2) **압력챔버의 공기교체 요령**

① 동력제어반(MCC)에서 주펌프 및 충압펌프의 **선택스위치**를 '**수동**' 또는 '**정지**' 위치로 한다.

② **압력챔버 개폐밸브**를 잠근다.

③ **배수밸브** 및 **안전밸브**를 **개방**하여 **물**을 **배수**한다.

④ 안전밸브에 의해서 탱크 내에 **공기**가 **유입**되면, **안전밸브**를 **잠근 후 배수밸브**를 **폐쇄**한다.

⑤ 압력챔버 개폐밸브를 서서히 개방하고, 동력제어반에서 주펌프 및 충압펌프의 선택스위치를 '**자동**'위치로 한다(이때 소화펌프는 자동으로 기동되며 설정압력에 도달되면 자동정지한다).

☆☆

## 문제 93

**자동의 경우 소화펌프의 성능시험방법 및 복구방법에 대하여 쓰시오. (15점)**

정답 ① 성능시험방법

㉠ 충압펌프 작동스위치 : 정지위치로 조정

㉡ 소화펌프 2차측의 제어밸브 및 순환배관의 릴리프밸브 폐쇄

㉢ 기동용 수압개폐장치(압력탱크)에서 배수밸브를 개방하여 소화펌프를 자동기동 후 배수밸브 폐쇄

㉣ 체절운전(토출량 0%)에서 정격토출압력의 140% 이하여부 확인

㉤ 릴리프밸브를 개방하여 체절압력 미만으로 조절

㉥ 성능시험배관의 개폐밸브 완전개방 및 유량조절밸브를 조금 개방하여 정격토출량의 100%로 유량조절, 정격토출압력의 100% 이상 여부 확인

㉦ 유량조절밸브를 더 개방하여 정격토출량의 150%로 유량조절, 정격토출압력의 65% 이상 여부 확인

② 복구방법
 ㉠ 주펌프 작동스위치 : 정지위치로 조정
 ㉡ 성능시험배관의 제어밸브 폐쇄
 ㉢ 주펌프 2차측의 제어밸브 개방
 ㉣ 충압펌프 작동스위치 : 자동위치로 조정
 ㉤ 충압펌프 작동으로 인한 충압 후 주펌프 작동스위치 : 자동위치로 조정

해설 (1) **성능시험방법**
 ① **충압펌프** 작동스위치 : **정지위치**로 조정
 ② 소화펌프 2차측의 제어밸브 및 순환배관의 릴리프밸브 폐쇄
 ③ 기동용 수압개폐장치(압력탱크)에서 **배수밸브**를 **개방**하여 소화펌프를 자동기동 후 배수밸브 폐쇄
 ④ 체절운전(토출량 0%)에서 정격토출압력의 **140%** 이하 여부 확인
 ⑤ 릴리프밸브를 개방하여 **체절압력 미만**으로 조절
 ⑥ 성능시험배관의 개폐밸브 완전개방 및 유량조절밸브를 조금 개방하여 정격토출량의 **100%**로 유량조절, 정격토출압력의 **100%** 이상 여부 확인
 ⑦ 유량조절밸브를 더 개방하여 **정격토출량**의 **150%**로 유량조절, **정격토출압력**의 **65%** 이상 여부 확인

(2) **복구방법**
 ① 주펌프 작동스위치 : **정지위치**로 조정
 ② 성능시험배관의 제어밸브 **폐쇄**
 ③ 주펌프 2차측의 제어밸브 **개방**
 ④ 충압펌프 작동스위치 : **자동위치**로 조정
 ⑤ 충압펌프 작동으로 인한 충압 후 주펌프 작동스위치 : **자동위치**로 조정

### 문제 94

**소화펌프의 성능을 측정하기 위하여 성능시험배관에 오리피스식의 유량측정장치를 설치하고 유량을 측정한 결과 유량은 240L/min이고 압력계에 표시된 토출측의 압력이 0.6MPa이었다면 인입측의 압력〔MPa〕을 구하시오. (단, $K$값은 100이다.) (5점)**

○ 계산과정 :
○ 답 :

정답 ○ 계산과정 : $240 = 100\sqrt{10(P_1 - 0.6)}$

$$\left(\frac{240}{100}\right)^2 = 10P_1 - 6$$

$$\left(\frac{240}{100}\right)^2 + 6 = 10P_1$$

$$11.76 = 10P_1$$

$$P_1 = 1.176 \fallingdotseq 1.18\text{MPa}$$

○ 답 : 1.18MPa

해설

| 방수량 구하는 기본식 | 성능시험배관 방수량 구하는 식(압력계에 따른 방법) |
|---|---|
| $Q = K\sqrt{10P}$ | $Q = K\sqrt{10(P_1 - P_2)}$ |
| 여기서, $Q$ : 방수량〔L/min〕<br>$K$ : 방출계수<br>$P$ : 방수압력〔MPa〕 | 여기서, $Q$ : 성능시험배관 방수량〔L/min〕<br>$K$ : 방출계수<br>$P_1$ : 인입측 압력〔MPa〕<br>$P_2$ : 토출측 압력〔MPa〕 |

성능시험배관 방수량 $Q$는

$$Q = K\sqrt{10(P_1 - P_2)}$$

$$240\text{L/min} = 100\sqrt{10(P_1 - 0.6\text{MPa})}$$

$240L/min = 100\sqrt{10P_1 - 6MPa}$

계산의 편리를 위해 단위를 생략하고 계산하면

$240 = 100\sqrt{10P_1 - 6}$

$\frac{240}{100} = \sqrt{10P_1 - 6}$

$\left(\frac{240}{100}\right)^2 = (\sqrt{10P_1 - 6})^2$

$\left(\frac{240}{100}\right)^2 = 10P_1 - 6$

$\left(\frac{240}{100}\right)^2 + 6 = 10P_1$

$11.76 = 10P_1$

$\frac{11.76}{10} = P_1$

$1.176 = P_1$

좌우변을 서로 바꾸면

$P_1 = 1.176 ≒ 1.18MPa$

중요

**압력계**에 **따른 성능시험배관 유량측정방법**

오리피스 전후에 설치한 압력계 $P_1$, $P_2$의 **압력차**를 이용한 유량측정법

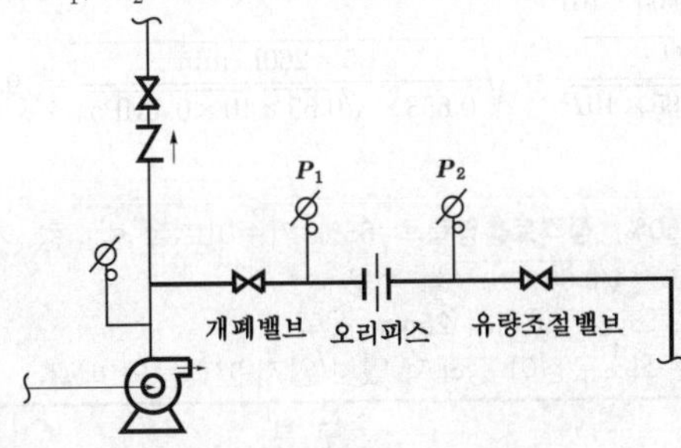


❙압력계에 따른 방법❙

☆☆☆

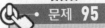

## 문제 95

**특정소방대상물에 옥내소화전을 3층에 5개, 4층에 3개 설치하였다. 펌프의 실양정이 30m일 때 펌프의 성능시험배관의 관경〔mm〕을 구하시오. (단, 펌프의 정격토출압력은 0.4MPa이다.) (4점)**

〔조건〕

① 배관관경 산정기준은 정격토출량의 150%로 운전시 정격토출압력의 65% 기준으로 계산

② 배관은 25mm/32mm/40mm/50mm/65mm/80mm/90mm/100mm 중 하나를 선택

○계산과정 :

○답 :

정답 ○계산과정 : $Q = 2 \times 130 = 260L/min$

$$D = \sqrt{\frac{1.5 \times 260}{0.653 \times \sqrt{0.65 \times 10 \times 0.4}}}$$

$$= 19.24mm ≒ 25mm$$

○답 : 25mm

해설 **옥내소화전설비 방수량**

$$Q = N \times 130\text{L/min}$$

여기서, $Q$ : 방수량[L/min]

$N$ : 가장 많은 층의 소화전개수(30층 미만 : **최대 2개**, 30층 이상 : **최대 5개**)

방수량 $Q = N \times 130\text{L/min} = 2 \times 130\text{L/min} = 260\text{L/min}$

• 가장 많은 층의 소화전개수($N$)는 **5개**가 설치되어 있으므로 $N$=2(최대 2개)가 된다.

| 방수량 구하는 기본식 | 성능시험배관 방수량 구하는 식 |
|---|---|
| $Q = 0.653D^2\sqrt{10P}$<br>여기서, $Q$ : 방수량[L/min]<br>$D$ : 내경[mm]<br>$P$ : 방수압력[MPa] | $1.5Q = 0.653D^2\sqrt{0.65 \times 10P}$<br>여기서, $Q$ : 방수량[L/min]<br>$D$ : 내경[mm]<br>$P$ : 방수압력[MPa] |

$$1.5Q = 0.653D^2\sqrt{0.65 \times 10P}$$

$$\frac{1.5Q}{0.653\sqrt{0.65 \times 10P}} = D^2$$

$$D^2 = \frac{1.5Q}{0.653\sqrt{0.65 \times 10P}}$$

$$\sqrt{D^2} = \sqrt{\frac{1.5Q}{0.653\sqrt{0.65 \times 10P}}}$$

$$D = \sqrt{\frac{1.5Q}{0.653 \times \sqrt{0.65 \times 10P}}} = \sqrt{\frac{1.5 \times 260\text{L/min}}{0.653 \times \sqrt{0.65 \times 10 \times 0.4\text{MPa}}}} = 19.24\text{mm}$$

∴ 25mm 선택

• **정격토출량**의 **150%**, **정격토출압력**의 **65%** 기준이므로 방수량 기본식 $Q = 0.653D^2\sqrt{10P}$ 에서 변형하여 $1.5Q = 0.653D^2\sqrt{0.65 \times 10P}$ 식 적용
• 19.24mm이므로 [조건 ②]에서 **25mm** 선택
• 성능시험배관은 최소구경이 정해져 있지 않지만 다음의 배관은 최소구경이 정해져 있으므로 주의하자!

| 구 분 | 구 경 |
|---|---|
| 주배관 중 **수직배관**, 펌프 토출측 **주배관** | **50mm 이상** |
| **연결송수관**인 방수구가 연결된 경우(연결송수관설비의 배관과 겸용할 경우) | **100mm 이상** |

## 문제 96

지상 5층 건축물에 옥내소화전을 설치하려고 한다. 각 층에 130L/min씩 방출하는 옥내소화전 3개씩을 배치하며, 30분간 연속 방수한다고 할 때 수원의 저수량[m³]을 구하시오. (4점)

○ 계산과정 :

○ 답 :

정답 ○ 계산과정 : 2×130×30=7800L=7.8$m^3$

○ 답 : 7.8$m^3$ 이상

해설

$$Q = N \times 130\text{L/min} \times \text{방사시간(min)}$$

여기서, $Q$ : 수원의 저수량[L]

$N$ : 가장 많은 층의 소화전개수(30층 미만 : **최대 2개**, 30층 이상 : **최대 5개**)

**수원**의 **저수량** $Q$는

$Q = N \times 130\text{L/min} \times$ 방사시간[min] $= 2 \times 130\text{L/min} \times 30\text{min} = 7800\text{L} = 7.8\text{m}^3$

중요

**수원**의 **저수량(수량)**

(1) **드렌처설비**

$$Q = 1.6N$$

여기서, $Q$ : 수원의 저수량[$m^3$]

$N$ : 드렌처헤드개수(드렌처헤드가 가장 많이 설치된 **제어밸브** 기준)

(2) **스프링클러설비**

$$Q = 1.6N \text{(30층 미만)}$$

여기서, $Q$ : 수원의 저수량[$m^3$]

$N$ : 폐쇄형 헤드의 기준개수(설치개수가 기준개수보다 작으면 그 설치개수)

(3) **스프링클러설비**(옥상수원)

$$Q = 1.6N \times \frac{1}{3} \text{(30층 미만)}$$

여기서, $Q$ : 수원의 저수량[$m^3$]

$N$ : 폐쇄형 헤드의 기준개수(설치개수가 기준개수보다 작으면 그 설치개수)

(4) **옥내소화전설비**

$$Q = 2.6N \text{(30층 미만)}$$

여기서, $Q$ : 수원의 저수량[$m^3$]

$N$ : 가장 많은 층의 소화전개수(30층 미만 : **최대 2개**)

(5) **옥내소화전설비**(옥상수원)

$$Q = 2.6N \times \frac{1}{3} \text{(30층 미만)}$$

여기서, $Q$ : 수원의 저수량[$m^3$]

$N$ : 가장 많은 층의 소화전개수(30층 미만 : **최대 2개**)

(6) **옥외소화전설비**

$$Q = 7N$$

여기서, $Q$ : 수원의 저수량[$m^3$]

$N$ : 옥외소화전 설치개수(최대 **2개**)

## 문제 97

옥내소화전설비에서 소화전 노즐의 규정방수압 초과시 감압방식 4가지를 쓰시오. (4점)

○

○

○

○

정답 ① 고가수조에 따른 방법
② 배관계통에 따른 방법
③ 중계펌프를 설치하는 방법
④ 감압밸브 또는 오리피스를 설치하는 방법

해설 **옥내소화전설비**의 **감압방식**의 **종류** : 옥내소화전설비의 소방호스 노즐의 방수압력의 허용범위는 **0.17~0.7MPa** 이다. **0.7MPa**을 초과시에는 **호스접결구**의 **인입측**에 감압장치를 설치하여야 한다.

(1) 고가수조에 따른 방법 : **고가수조**를 저층용과 고층용으로 구분하여 설치하는 방법

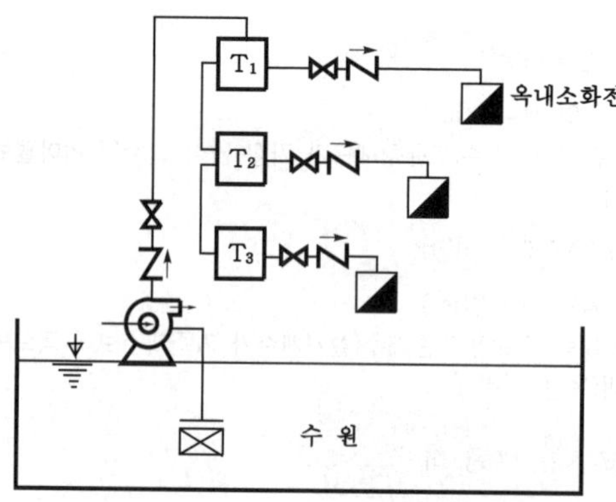


❙고가수조에 따른 방법❙

(2) 배관계통에 따른 방법 : **펌프**를 저층용과 고층용으로 구분하여 설치하는 방법

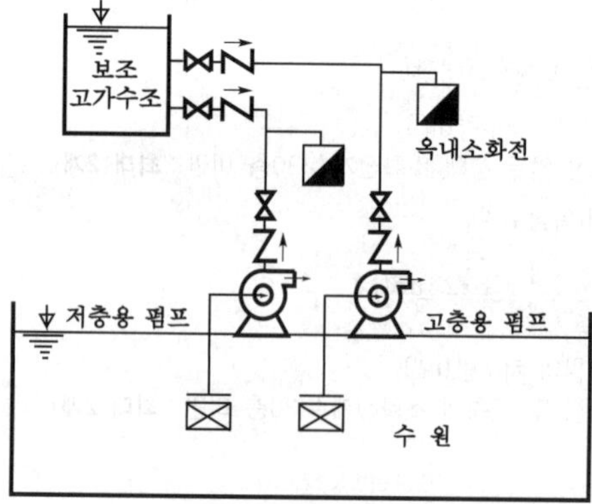


❙배관계통에 따른 방법❙

(3) 중계펌프(boosting pump)를 설치하는 방법 : **중계펌프**를 설치하여 방수압을 낮추는 방법

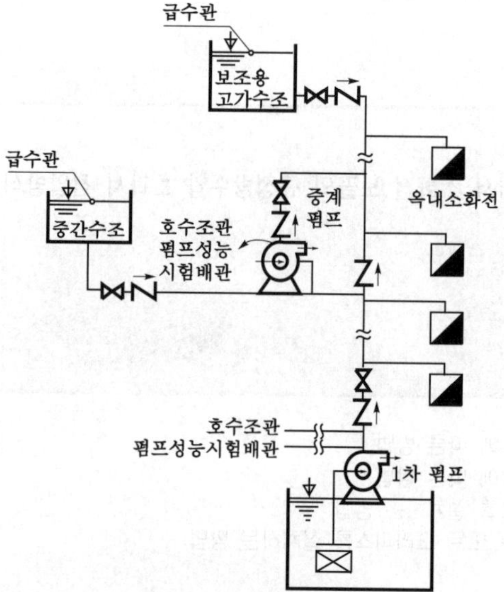


❙중계펌프를 설치하는 방법❙

(4) 감압밸브 또는 오리피스(orifice)를 설치하는 방법 : 방수구에 **감압밸브** 또는 **오리피스**를 설치하여 방수압을 낮추는 방법

(a) 감압밸브

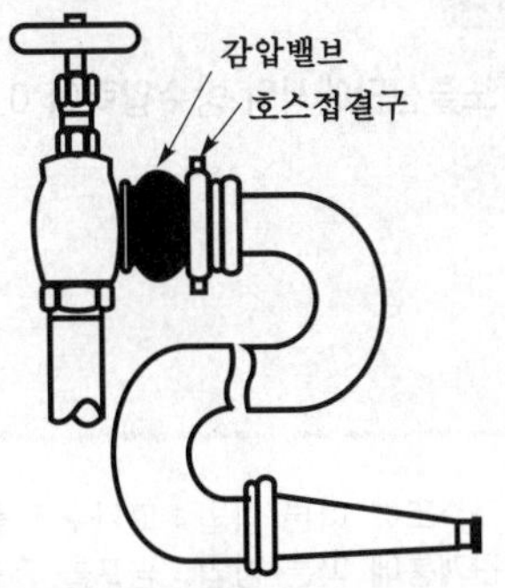


(b) 감압밸브의 설치

▌감압밸브를 설치하는 방법▐

(5) 감압기능이 있는 소화전 개폐밸브를 설치하는 방법 : **소화전 개폐밸브**를 **감압기능**이 있는 것으로 설치하여 방수압을 낮추는 방법

## 문제 98

**옥내소화전설비에서 방사압력 0.7MPa 초과시 발생할 수 있는 문제점 2가지를 쓰시오. (4점)**

○

○

정답 ① 노즐조작자의 용이한 소화활동이 어려움
② 소방호스의 파손우려가 있음

해설 방사압력 **0.7MPa 초과**시 **문제점**

(1) 반동력이 너무 커서 노즐조작자의 용이한 **소화활동**에 **어려움**이 있다.
(2) **소방호스**의 **파손우려**가 있다.
(3) **배관** 및 **관부속품**의 **수명**이 **단축**된다.

중요

**반동력**

$$R = 1.57PD^2$$

여기서, $R$ : 반동력〔N〕
$P$ : 방수압력〔MPa〕
$D$ : 구경(내경)〔mm〕

- 옥내소화전 노즐선단의 방수압력은 **0.7MPa** 이하로 제한하고 있는데 이것은 옥내소화전을 사용할 때 일반인이 소화활동상 지장을 받지 않기 위하여 소방대 1인당 반동력을 **196N** 이하로 제한하기 위해서이다.

| 방수압력이 0.7MPa인 경우 | 방수압력이 0.8MPa인 경우 |
|---|---|
| 반동력 $R$는<br>$R = 1.57PD^2$<br>$= 1.57 \times 0.7\text{MPa} \times (13\text{mm})^2$<br>$\fallingdotseq 185.731\text{N}$ | 반동력 $R$는<br>$R = 1.57PD^2$<br>$= 1.57 \times 0.8\text{MPa} \times (13\text{mm})^2$<br>$= 212.264\text{N}$ |

※ 옥내소화전설비의 노즐구경($D$)은 **13mm**이다.

소방시설의 점검실무행정 종합문제 600제

★ 문제 99

옥내소화전 노즐선단에서의 방수압력이 0.7MPa를 초과하는 경우 감압방식 4가지를 쓰고 설명하시오. (8점)

○
○
○
○

① 고가수조에 따른 방법 : 고가수조를 저층용과 고층용으로 구분하여 설치하는 방법
② 배관계통에 따른 방법 : 펌프를 저층용과 고층용으로 구분하여 설치하는 방법
③ 중계펌프를 설치하는 방법 : 중계펌프를 설치하여 방수압을 낮추는 방법
④ 감압밸브 또는 오리피스를 설치하는 방법 : 방수구에 감압밸브 또는 오리피스를 설치하여 방수압을 낮추는 방법

해설 **문제 97 참조**

★ 문제 100

「옥내소화전설비의 화재안전기준」에 의거하여 옥내소화전설비와 호스릴 옥내소화전설비의 차이점(수원, 방수압, 방수량, 배관구경, 수평거리)을 기술하시오. (10점)

| 구 분 | 옥내소화전설비 | 호스릴 옥내소화전설비 |
|---|---|---|
| 수원 | • 가장 많은 층의 소화전개수(최대 2개)×2.6m³ 이상 | • 가장 많은 층의 소화전개수(최대 2개)×2.6m³ 이상 |
| 방수압 | • 0.17MPa 이상 | • 0.17MPa 이상 |
| 방수량 | • 130L/min 이상 | • 130L/min 이상 |
| 배관구경 | • 가지배관 : 40mm 이상<br>• 주배관 중 수직배관 : 50mm 이상 | • 가지배관 : 25mm 이상<br>• 주배관 중 수직배관 : 32mm 이상 |
| 수평거리 | • 25m 이하 | • 25m 이하 |

해설 **옥내소화전설비**와 **호스릴 옥내소화전설비**의 **차이점**

| 구 분 | 옥내소화전설비 | 호스릴 옥내소화전설비 |
|---|---|---|
| 수원 | $Q \geq 2.6N$(30층 미만)<br>여기서, $Q$ : 수원의 저수량[m³]<br>$N$ : 가장 많은 층의 소화전개수 (**최대 2개**) | $Q \geq 2.6N$(30층 미만)<br>여기서, $Q$ : 수원의 저수량[m³]<br>$N$ : 가장 많은 층의 소화전개수 (**최대 2개**) |
| 옥상수원 | $Q \geq 2.6N \times \frac{1}{3}$(30층 미만)<br>여기서, $Q$ : 옥상수원의 저수량[m³]<br>$N$ : 가장 많은 층의 소화전개수 (**최대 2개**) | $Q \geq 2.6N \times \frac{1}{3}$(30층 미만)<br>여기서, $Q$ : 옥상수원의 저수량[m³]<br>$N$ : 가장 많은 층의 소화전개수 (**최대 2개**) |

| | | |
|---|---|---|
| 방수압 | $P \geq P_1 + P_2 + P_3 + 0.17$<br>여기서, $P$ : 필요한 압력〔MPa〕<br>$P_1$ : 소방호스의 마찰손실수두압〔MPa〕<br>$P_2$ : 배관 및 관부속품의 마찰손실 수두압〔MPa〕<br>$P_3$ : 낙차의 환산수두압〔MPa〕 | $P \geq P_1 + P_2 + P_3 + 0.17$<br>여기서, $P$ : 필요한 압력〔MPa〕<br>$P_1$ : 소방호스의 마찰손실수두압〔MPa〕<br>$P_2$ : 배관 및 관부속품의 마찰손실 수두압〔MPa〕<br>$P_3$ : 낙차의 환산수두압〔MPa〕 |
| 방수량 | $Q \geq N \times 130\text{L/min}$<br>여기서, $Q$ : 방수량〔L/min〕<br>$N$ : 가장 많은 층의 소화전개수 (30층 미만 : **최대 2개**, 30층 이상 : **최대 5개**) | $Q \geq N \times 130\text{L/min}$<br>여기서, $Q$ : 방수량〔L/min〕<br>$N$ : 가장 많은 층의 소화전개수 (30층 미만 : **최대 2개**, 30층 이상 : **최대 5개**) |
| 호스구경 | • **40mm** 이상 | • **25mm** 이상 |
| 배관구경 | • 가지배관 : **40mm** 이상<br>• 주배관 중 수직배관 : **50mm** 이상 | • 가지배관 : **25mm** 이상<br>• 주배관 중 수직배관 : **32mm** 이상 |
| 수평거리 | • **25m** 이하 | • **25m** 이하 |

중요

**유효수량**의 $\frac{1}{3}$ **이상**을 **옥상**에 **설치하지 않아도 되는 경우**[옥내소화전설비의 화재안전기준(NFPC 102 제4조, NFTC 102 2.1.2)]

(1) **지하층**만 있는 건축물
(2) **고가수조**를 가압송수장치로 설치한 옥내소화전설비
(3) 수원이 건축물의 **최**상층에 설치된 **방**수구보다 높은 위치에 설치된 경우
(4) 건축물의 높이가 지표면으로부터 **10m** 이하인 경우
(5) **주펌프**와 동등 이상의 성능이 있는 별도의 펌프로서 **내연기관**의 기동과 연동하여 작동되거나 **비상전원**을 연결하여 설치한 경우
(6) **학교 · 공장 · 창고시설**로서 동결의 우려가 있는 장소
(7) **가압수조**를 가압송수장치로 설치한 옥내소화전설비

기억법 **유지고최방 10 주내비 학공창가**

☆

## 문제 101

**릴리프밸브와 안전밸브의 차이점을 기술하시오. (6점)**

정답

| 구 분 | 릴리프밸브 | 안전밸브 |
|---|---|---|
| 적응유체 | 액체 | 기체 |
| 개방형태 | 설정압력 초과시 서서히 개방 | 설정압력 초과시 순간적으로 완전개방 |
| 작동압력조정 | 조작자가 작동압력 조정 가능 | 조작자가 작동압력 조정불가 |

해설 **릴리프밸브**와 **안전밸브**의 **차이점**

| 구 분 | 릴리프밸브(relief valve) | **안**전밸브(safety valve) |
|---|---|---|
| 적응유체 | **액체 :** 물 | **기체 :** 가스 또는 증기<br>기억법 기안(**기안**하다.) |
| 개방형태 | 설정압력 초과시 스프링이 압력초과시 만큼 밀어올려져 **서서히 개방**한다. | 설정압력 초과시 레버가 움직여 **순간적**으로 **완전개방**된다. |
| 작동압력조정 | 현장에서 임의로 조작자가 **작동압력**을 **조정**할 수 있다. | 제조사에서 작동압력이 설정되어 출고되므로 임의 **조정**이 **불가능**하다. |

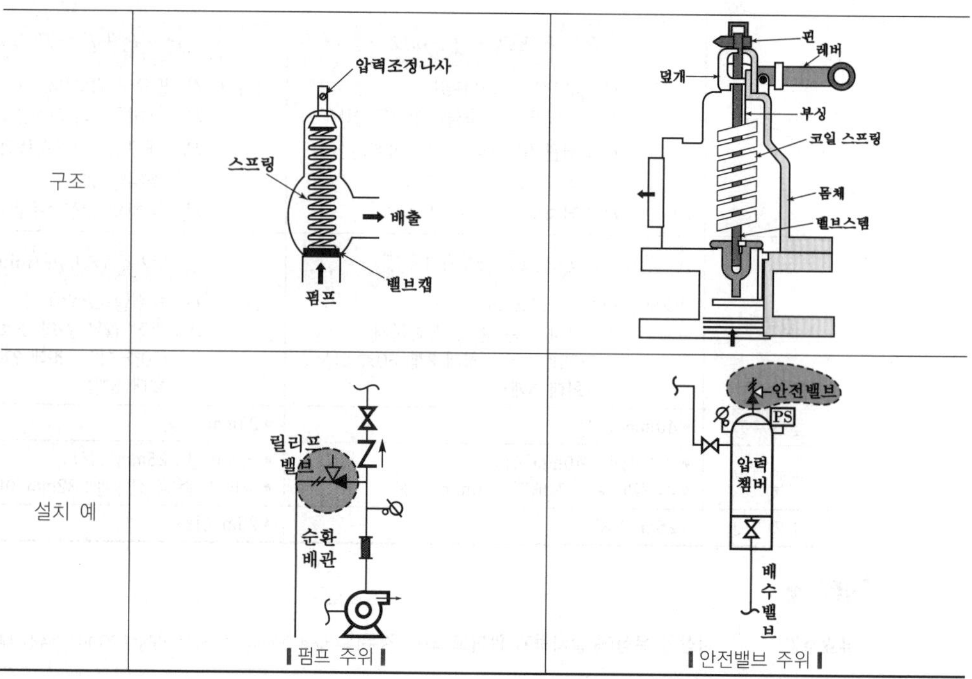

## 문제 102

릴리프밸브의 압력설정방법을 기술하시오. (4점)

정답 ① 주펌프의 토출측 개폐표시형 밸브를 잠근다.
② 주펌프를 수동으로 기동한다.
③ 릴리프밸브의 뚜껑을 개방한다.
④ 압력조정나사를 좌우로 돌려 물이 나오는 시점을 조정한다.

해설 **릴리프밸브**의 **압력설정방법**

(1) 주펌프의 토출측 **개폐표시형 밸브**를 잠근다.
(2) 주펌프를 **수동**으로 **기동**한다.
(3) **릴리프밸브**의 **뚜껑**을 **개방**한다.
(4) **압력조정나사**를 좌우로 돌려 물이 나오는 시점을 **조정**한다.

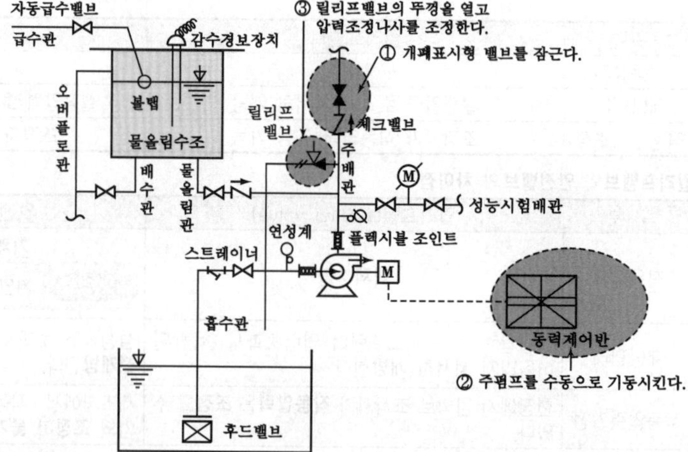

중요

**펌프**의 **성능시험방법 · 압력챔버**의 **공기교체요령**

(1) **펌프**의 **성능시험방법**

① **주배관**의 **개폐밸브**를 **잠근다.**
② 제어반에서 **충압펌프**의 **기동**을 **중지**시킨다.
③ 압력챔버의 **배수밸브**를 열어 **주펌프**가 **기동**되면 잠근다(제어반에서 수동으로 주펌프를 기동시킨다).
④ **성능시험배관상**에 있는 **개폐밸브**를 **개방**한다.
⑤ 성능시험배관의 **유량조절밸브**를 **서서히 개방**하여 유량계를 통과하는 유량이 정격토출유량이 되도록 **조정**한다. 정격토출유량이 되었을 때 펌프토출측 압력계를 읽어 정격토출압력 이상인지 확인한다.
⑥ 성능시험배관의 **유량조절밸브**를 **조금 더 개방**하여 유량계를 통과하는 유량이 **정격토출유량**의 **150%**가 되도록 조정한다. 이때 펌프토출측 압력계의 확인된 압력은 정격토출압력의 **65%** 이상이어야 한다.
⑦ 성능시험배관상에 있는 **유량계**를 확인하여 **펌프**의 **성능**을 **측정**한다.
⑧ **성능시험** 측정 후 배관상 **개폐밸브**를 잠근 후 **주밸브**를 연다.
⑨ 제어반에서 **충압펌프 기동중지**를 **해제**한다.

(2) **압력챔버**의 **공기교체**(충전)**요령**

① 동력제어반(MCC)에서 주펌프 및 충압펌프의 **선택스위치**를 **'수동'** 또는 **'정지'** 위치로 한다.
② **압력챔버 개폐밸브**를 잠근다.
③ **배수밸브** 및 **안전밸브**를 **개방**하여 **물**을 **배수**한다.
④ 안전밸브에 의해서 탱크 내에 **공기**가 **유입**되면, **안전밸브**를 **잠근 후 배수밸브**를 **폐쇄**한다.
⑤ **압력챔버 개폐밸브**를 서서히 **개방**하고, 동력제어반에서 주펌프 및 충압펌프의 선택스위치를 **'정지'** 위치로 한다(이때 소화펌프는 자동으로 기동되며 설정 압력에 도달되면 자동정지한다).

☆☆☆

## 문제 103

**어느 노유자시설에 설치된 호스릴 옥내소화전설비 주펌프의 성능시험과 관련하여 펌프의 최소 전양정과 최소 유량을 정격토출압력과 정격유량으로 한 펌프를 사용하고자 한다. 이 펌프를 가지고 과부하운전(정격토출량의 150% 운전)하였을 때 펌프 토출압력이 0.24MPa로 측정되었다면, 이 펌프는 화재안전기준에서 요구하는 성능을 만족하는지 여부를 조건을 참조하여 구하시오. (단, 반드시 계산과정이 작성되어야 하며 답란에는 결과에 따라 '만족' 또는 '불만족'으로 표시하시오.) (5점)**

[조건]

① 호스릴 옥내소화전의 층별 설치개수는 지하 1층 2개, 지상 1층 및 2층은 4개, 3층은 3개, 4층은 2개이다.
② 호스릴 옥내소화전의 방수구는 바닥으로부터 1m의 높이에 설치되어 있다.
③ 펌프가 저수조보다 높은 위치이며 수조의 흡수면으로부터 펌프까지의 수직거리는 4m이다.
④ 펌프로부터 최상층인 4층 바닥까지의 높이는 15m이다.
⑤ 배관(관부속 포함) 및 호스의 마찰손실은 실양정의 30%를 적용한다.

○ 계산과정 :

○ 답 :

정답 ○ 계산과정 : $h_3 = 4+15+1 = 20\text{m}$

$h_1 + h_2 = 20 \times 0.3 = 6\text{m}$

$H = 6+20+17 = 43\text{m}$

최소 전양정[m]=43m

$43 \times 0.65 = 27.95\text{m}$

$$27.95 = \frac{27.95}{10.332} \times 101.325 \fallingdotseq 274\text{kPa} = 0.274\text{MPa}$$

○ 답 : 불만족

해설 다음과 같이 그림을 그리면 이해가 빠르다!

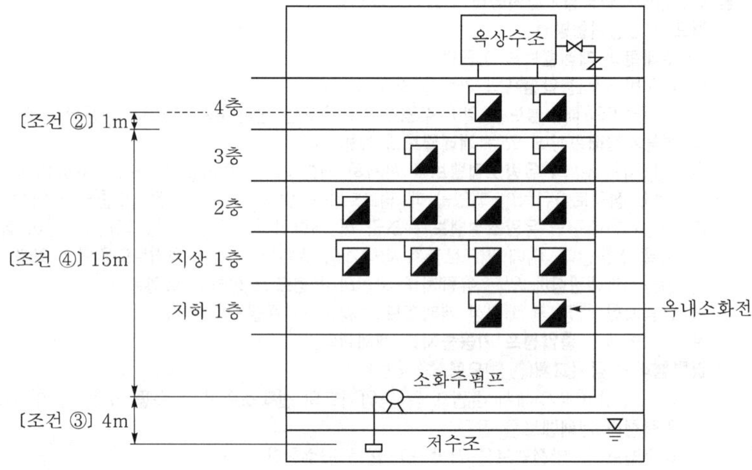


**전양정**

$$H = h_1 + h_2 + h_3 + 17$$

여기서, $H$ : 전양정〔m〕

$h_1$ : 소방호스의 마찰손실수두〔m〕

$h_2$ : 배관 및 관부속품의 마찰손실수두〔m〕

$h_3$ : 실양정(흡입양정+토출양정)〔m〕

$h_3 = 4\text{m} + 15\text{m} + 1\text{m} = 20\text{m}$

(〔조건 ②, ③, ④〕에 의해)

$h_1 + h_2 = h_3 \times 0.3$

$h_1 + h_2 = 20\text{m} \times 0.3 = 6\text{m}$

(〔조건 ⑤〕에 의해)

**펌프**의 **전양정** $H$는

$H = h_1 + h_2 + h_3 + 17$

$= 6\text{m} + 20\text{m} + 17 = 43\text{m}$

- **실양정**($h_3$) : 옥내소화전펌프의 후드밸브(흡수면)~최상층 옥내소화전의 앵글밸브(방수구)까지의 수직거리

**호스릴 옥내소화전 유량**(토출량)

$$Q = N \times 130\text{L/min}$$

여기서, $Q$ : 유량(토출량)〔L/min〕

$N$ : 가장 많은 층의 소화전개수(30층 미만 : **최대 2개**, 30층 이상 : **최대 5개**)

**펌프**의 **최소 유량** $Q$는

$Q = N \times 130\text{L/min}$

$= 2 \times 130\text{L/min} = 260\text{L/min}$

- 〔조건 ①〕에서 가장 많은 소화전개수는 4개가 설치되어 있으므로 $N$=**2개(최대 2개)**

중요

**옥내소화전설비와 호스릴 옥내소화전설비의 차이점**

| 구 분 | 옥내소화전설비 | 호스릴 옥내소화전설비 |
|---|---|---|
| 수원 | $Q=2.6N$(30층 미만)<br>$Q=5.2N$(30~49층 이하)<br>$Q=7.8N$(50층 이상)<br>여기서, $Q$ : 수원의 저수량[$m^3$]<br>$N$ : 가장 많은 층의 소화전개수(30층 미만 : **최대 2개**, 30층 이상 : **최대 5개**) | $Q=2.6N$(30층 미만)<br>$Q=5.2N$(30~49층 이하)<br>$Q=7.8N$(50층 이상)<br>여기서, $Q$ : 수원의 저수량[$m^3$]<br>$N$ : 가장 많은 층의 소화전개수(30층 미만 : **최대 2개**, 30층 이상 : **최대 5개**) |
| 옥상수원 | $Q=2.6N\times\frac{1}{3}$(30층 미만)<br>$Q=5.2N\times\frac{1}{3}$(30~49층 이하)<br>$Q=7.8N\times\frac{1}{3}$(50층 이상)<br>여기서, $Q$ : 옥상수원의 저수량[$m^3$]<br>$N$ : 가장 많은 층의 소화전개수(30층 미만 : **최대 2개**, 30층 이상 : **최대 5개**) | $Q=2.6N\times\frac{1}{3}$(30층 미만)<br>$Q=5.2N\times\frac{1}{3}$(30~49층 이하)<br>$Q=7.8N\times\frac{1}{3}$(50층 이상)<br>여기서, $Q$ : 옥상수원의 저수량[$m^3$]<br>$N$ : 가장 많은 층의 소화전개수(30층 미만 : **최대 2개**, 30층 이상 : **최대 5개**) |
| 방수압 | $P=P_1+P_2+P_3+0.17$<br>여기서, $P$ : 필요한 압력[MPa]<br>$P_1$ : 소방호스의 마찰손실수두압[MPa]<br>$P_2$ : 배관 및 관부속품의 마찰손실수두압[MPa]<br>$P_3$ : 낙차의 환산수두압[MPa] | $P=P_1+P_2+P_3+0.17$<br>여기서, $P$ : 필요한 압력[MPa]<br>$P_1$ : 소방호스의 마찰손실수두압[MPa]<br>$P_2$ : 배관 및 관부속품의 마찰손실수두압[MPa]<br>$P_3$ : 낙차의 환산수두압[MPa] |
| 방수량 | $Q=N\times 130\text{L/min}$<br>여기서, $Q$ : 방수량[L/min]<br>$N$ : 가장 많은 층의 소화전개수(30층 미만 : **최대 2개**, 30층 이상 : **최대 5개**) | $Q=N\times 130\text{L/min}$<br>여기서, $Q$ : 방수량[L/min]<br>$N$ : 가장 많은 층의 소화전개수(30층 미만 : **최대 2개**, 30층 이상 : **최대 5개**) |
| 호스구경 | • **40mm** 이상 | • **25mm** 이상 |
| 배관구경 | • 가지배관 : **40mm** 이상<br>• 주배관 중 수직배관 : **50mm** 이상 | • 가지배관 : **25mm** 이상<br>• 주배관 중 수직배관 : **32mm** 이상 |
| 수평거리 | • **25m** 이하 | • **25m** 이하 |

(1)

정격토출량 150%로 운전시의 양정=전양정×0.65

$$=43\text{m}\times 0.65$$
$$=27.95\text{m}$$

• 펌프의 성능시험 : 체절운전시 정격토출압력의 **140%**를 초과하지 아니하고, **정격토출량**의 **150%**로 운전시 **정격토출압력**의 **65%** 이상이 될 것

(2) **최소 토출압력**

**표준대기압**

1atm=760mmHg=1.0332kg$_f$/cm$^2$
=10.332mH$_2$O[mAq]
=14.7psi[lb$_f$/in$^2$]
=101.325kPa[kN/m$^2$]
=1013mbar

**최소 토출압력 1**

$$27.95\text{m}=\frac{27.95\text{m}}{10.332\text{m}}\times 101.325\text{kPa}\fallingdotseq 274\text{kPa}=0.274\text{MPa}$$

또는 소방시설(옥내소화전설비)이므로 약식 단위변환을 사용하면 다음과 같다.

$$1\text{MPa} = 1000\text{kPa} = 100\text{m}$$

**최소 토출압력 2**

$$27.95\text{m} = \frac{27.95\text{m}}{100\text{m}} \times 1000\text{kPa} = 279.5\text{kPa} = 0.2795\text{MPa}$$

∴ 두 풀이방법 모두 정답!
둘 중 어느 것으로 답할지 고민한다면 상세한 단위변환인 0.274MPa로 계산하라!

∴ 토출압력이 0.274MPa 이상이어야 하므로 0.24MPa로 측정되었다면 **불만족!**

☆☆☆

## 문제 104

「옥내소화전설비의 화재안전기준」에 의거하여 펌프의 토출측에는 압력계를 체크밸브 이전에 펌프 토출측 플랜지에서 가까운 곳에 설치하고, 흡입측에는 연성계 또는 진공계를 설치하여야 한다. 연성계 또는 진공계를 설치하지 아니할 수 있는 경우 2가지를 쓰시오. (4점)

○

○

정답 ① 수원의 수위가 펌프의 위치보다 높은 경우
② 수직회전축 펌프의 경우

해설 **연성계 · 진공계**의 **설치제외**
(1) 수원의 **수위**가 펌프의 위치보다 높은 경우
(2) **수직회전축**펌프의 경우

- **옥내소화전설비**의 **화재안전기준**[옥내소화전설비의 화재안전기준(NFPC 102 제5조 제①항 제6호, NFTC 102 2.2.1.6)]
펌프의 **토출측**에는 **압력계**를 체크밸브 이전에 펌프 토출측 플랜지에서 가까운 곳에 설치하고, **흡입측**에는 **연성계** 또는 **진공계**를 설치할 것(단, 수원의 **수위**가 펌프의 위치보다 **높거나 수직회전축 펌프**의 경우에는 연성계 또는 진공계를 설치하지 않을 수 있다)

☆☆☆

## 문제 105

「옥내소화전설비의 화재안전기준」에 의거하여 주펌프 및 예비펌프에는 반드시 설치하여야 하나 충압펌프에는 설치하지 않을 수 있는 것 2가지를 쓰시오. (4점)

○

○

정답 ① 펌프의 성능은 체절운전시 정격토출압력의 140%를 초과하지 않고, 정격토출량의 150%로 운전시 정격토출압력의 65% 이상이 되어야 하며, 펌프의 성능을 시험할 수 있는 성능시험배관을 설치할 것(단, 충압펌프는 제외)
② 체절운전시 수온의 상승을 방지하기 위한 순환배관(단, 충압펌프는 제외)

해설 **충압펌프**에 **설치**를 **제외할 수 있는 것**[옥내소화전설비의 화재안전기준(NFPC 102 제5조 제①항 제7·8호 / NFTC 102 2.2.1.7, 2.2.1.8)]
(1) 펌프의 성능은 체절운전시 정격토출압력의 140%를 초과하지 않고, 정격토출량의 150%로 운전시 정격토출압력의 65% 이상이 되어야 하며, 펌프의 성능을 시험할 수 있는 성능시험배관을 설치할 것(단, **충압펌프**는 제외)
(2) 가압송수장치에는 체절운전시 **수온**의 상승을 **방지**하기 위한 순환배관을 설치할 것(단, **충압펌프**는 제외)

☆

## 문제 106

「옥내소화전설비의 화재안전기준」에 의거하여 물올림장치의 설치기준에 대하여 기술하시오. (10점)

정답 ① 전용의 수조를 설치할 것
② 수조의 유효수량은 100L 이상으로 하되, 구경 15mm 이상의 급수배관에 따라 해당 수조에 물이 계속 보급되도록 할 것

해설 **물올림장치**[옥내소화전설비의 화재안전기준(NFPC 102 제5조 제①항 제11호, NFTC 102 2.2.1.12)]
(1) 전용의 수조를 설치할 것
(2) 수조의 유효수량은 **100L** 이상으로 하되, 구경 **15mm** 이상의 급수배관에 따라 해당 수조에 물이 계속 보급되도록 할 것

☆

## 문제 107

「옥내소화전설비의 화재안전기준」에 의거하여 옥상수조에 설치하여야 하는 부속장치 5가지를 쓰시오. (5점)

○
○
○
○
○

정답 ① 수위계
② 배수관
③ 급수관
④ 맨홀
⑤ 오버플로관

해설 **고가수조 · 옥상수조 · 압력수조**[옥내소화전설비의 화재안전기준(NFPC 102 제5조 제②·③항 / NFTC 102 2.2.2.2, 2.2.3.2)]

| 고가수조 · 옥상수조에 필요한 설비 | 압력수조에 필요한 설비 |
|---|---|
| ① **수**위계<br>② **배**수관<br>③ **급**수관<br>④ **맨**홀<br>⑤ **오**버플로관<br>기억법 오급맨 수고배 | ① 수위계<br>② 배수관<br>③ 급수관<br>④ 맨홀<br>⑤ **급기관**<br>⑥ **압력계**<br>⑦ **안전장치**<br>⑧ **자동식 공기압축기**<br>기억법 기압안자(기아자동차) |

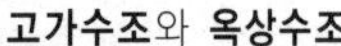

중요

**고가수조**와 **옥상수조**

| 고가수조 | 옥상수조 |
|---|---|
| • 펌프 등의 가압송수장치가 없는 **순수한 자연낙차를 이용**한 가압송수장치의 수조<br>• 펌프 등의 가압송수장치가 설치되어 있지 않음<br><br>▌고가수조▐ | • 펌프 등의 가압송수장치가 있는 상태에서 펌프의 고장 또는 정전 등에 의하여 펌프를 사용할 수 없는 경우 사용하기 위해 옥상에 저장해 놓은 가압송수장치의 수조<br>• 펌프 등의 가압송수장치가 설치되어 있음<br><br>▌옥상수조▐ |

☆☆☆

## 문제 108

「옥내소화전설비의 화재안전기준」에 의거하여 가압수조를 이용한 가압송수장치의 설치기준 3가지를 쓰시오. (10점)

○

○

○

정답 ① 가압수조의 압력은 규정방수량 및 방수압이 20분 이상 유지되도록 할 것
② 가압수조 및 가압원은 방화구획된 장소에 설치할 것
③ 가압수조를 이용한 가압송수장치는 소방용 기계기구의 승인 등에 관한 규칙에 적합한 것으로 설치할 것

해설 **가압수조를 이용한 가압송수장치의 설치기준**[옥내소화전설비의 화재안전기준(NFPC 102 제5조 제④항, NFTC 102 2.2.4)]

(1) 가압수조의 압력은 제①항 제3호에 따른 방수량 및 방수압이 **20분** 이상 유지되도록 할 것
(2) **가압수조** 및 **가압원**은 「건축법 시행령」 제46조에 따른 **방화구획**된 장소에 설치할 것
(3) 가압수조를 이용한 가압송수장치는 소방청장이 정하여 고시한 「가압수조식 가압송수장치의 성능인증 및 제품검사의 기술기준」에 적합한 것으로 설치할 것

☆

## 문제 109

「옥내소화전설비의 화재안전기준」에 의거하여 펌프성능시험배관의 시공방법을 기술하시오. (10점)

정답 ① 배관의 구경

㉠ 성능시험배관의 호칭지름은 유량측정장치의 호칭지름에 따른다.

㉡ 정격토출량의 150%로 운전시 정격토출압력의 65% 이상이 되어야 한다.

② 설치위치 : 펌프의 토출측에 설치된 개폐밸브 이전에서 분기하여 직선으로 설치

③ 유량측정장치

㉠ 유량측정장치를 기준으로 전단 직관부에 개폐밸브를, 후단 직관부에는 유량조절밸브를 설치할 것

㉡ 펌프의 정격토출량의 175% 이상 측정할 수 있는 성능이 있을 것

해설 **성능시험배관**의 **시공방법**[옥내소화전설비의 화재안전기준(NFPC 102 제6조 제⑦항 / NFTC 102 2.2.1.7, 2.3.7)]

(1) **배관**의 **구경**

① 성능시험배관의 호칭지름은 유량측정장치의 호칭지름에 따른다.

② **정격토출량**의 **150%**로 운전시 **정격토출압력**의 **65% 이상**이 되어야 한다.

(2) **설치위치** : 펌프의 토출측에 설치된 **개폐밸브 이전**에서 **분기**하여 직선으로 설치

(3) **유량측정장치**

① 유량측정장치를 기준으로 **전단 직관부**에 **개폐밸브**를, **후단 직관부**에는 **유량조절밸브**를 설치할 것

② 펌프의 **정격토출량**의 **175%** 이상 측정할 수 있는 성능이 있을 것

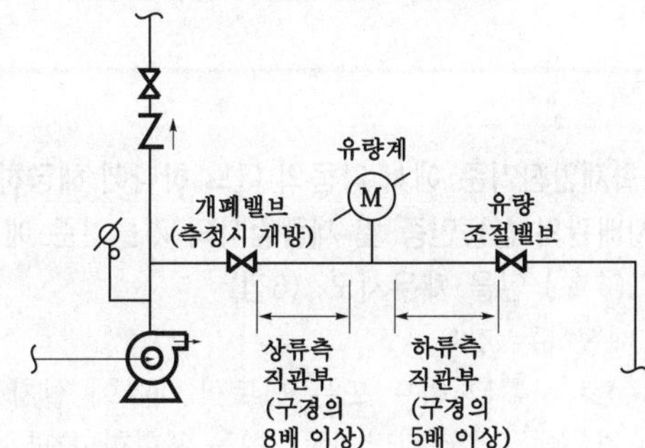


‖유량계에 따른 방법‖

중요

**펌프**의 **성능시험방법 · 압력챔버**의 **공기교체요령**

(1) **펌프**의 **성능시험방법**

① **주배관**의 **개폐밸브**를 **잠근다.**

② 제어반에서 **충압펌프**의 **기동**을 **중지**시킨다.

③ 압력챔버의 **배수밸브**를 열어 **주펌프**가 **기동**되면 잠근다(제어반에서 수동으로 주펌프를 기동시킨다).

④ **성능시험배관상**에 있는 **개폐밸브**를 **개방**한다.

⑤ 성능시험배관의 **유량조절밸브**를 **서서히 개방**하여 유량계를 통과하는 유량이 정격토출유량이 되도록 **조정**한다. 정격토출유량이 되었을 때 펌프토출측 압력계를 읽어 정격토출압력 이상인지 확인한다.

⑥ 성능시험배관의 **유량조절밸브**를 **조금 더 개방**하여 유량계를 통과하는 유량이 **정격토출유량**의 **150%**가 되도록 조정한다. 이때 펌프토출측 압력계의 확인된 압력은 정격토출압력의 **65%** 이상이어야 한다.

⑦ 성능시험배관상에 있는 **유량계**를 확인하여 **펌프**의 **성능**을 **측정**한다.

⑧ **성능시험** 측정 후 배관상 **개폐밸브**를 잠근 후 **주밸브**를 개방한다.

⑨ 제어반에서 **충압펌프 기동중지**를 **해제**한다.

(2) **압력챔버**의 **공기교체**(충전)**요령**

① 동력제어반(MCC)에서 주펌프 및 충압펌프의 **선택스위치**를 '**수동**' 또는 '**정지**' 위치로 한다.

② **압력챔버 개폐밸브**를 잠근다.

③ **배수밸브** 및 **안전밸브**를 **개방**하여 **물**을 **배수**한다.

④ 안전밸브에 의해서 탱크 내에 **공기**가 **유입**되면, **안전밸브**를 **잠근 후 배수밸브**를 **폐쇄**한다.

⑤ **압력챔버 개폐밸브**를 서서히 **개방**하고, 동력제어반에서 주펌프 및 충압펌프의 선택스위치를 "**자동**" 위치로 한다(이때 소화펌프는 자동으로 기동되며 설정압력에 도달되면 자동정지한다).

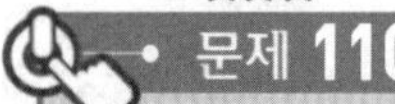



☆☆☆

## 문제 110

「옥내소화전설비의 화재안전기준」에서 소방용 배관을 소방용 합성수지배관으로 설치할 수 있는 경우 3가지를 쓰시오. (단, 「소방용 합성수지배관의 성능인증 및 제품검사의 기술기준」에 적합한 것이다.) (5점)

○

○

○

정답 ① 배관을 지하에 매설하는 경우
② 다른 부분과 내화구조로 구획된 덕트 또는 피트의 내부에 설치하는 경우
③ 천장(상층이 있는 경우에는 상층바닥의 하단을 포함)과 반자를 불연재료 또는 준불연재료로 설치하고 소화배관 내부에 항상 소화수가 채워진 상태로 설치하는 경우

해설 **「소방용 합성수지배관의 성능인증 및 제품검사의 기술기준」에 적합한 소방용 합성수지배관으로 설치할 수 있는 경우**
[옥내소화전설비의 화재안전기준(NFPC 102 제6조 제②항, NFTC 102 2.3.2)]
(1) 배관을 **지하**에 **매설**하는 경우
(2) 다른 부분과 **내화구조**로 구획된 **덕트** 또는 **피트**의 내부에 설치하는 경우
(3) **천장**(상층이 있는 경우에는 상층바닥의 하단 포함)과 **반자**를 **불연재료** 또는 **준불연재료**로 설치하고 소화배관 내부에 항상 소화수가 채워진 상태로 설치하는 경우

☆

## 문제 111

「옥내소화전설비의 화재안전기준」에서 다음의 어느 하나에 해당하는 장소에는 소방청장이 정하여 고시한 「소방용 합성수지배관의 성능인증 및 제품검사의 기술기준」에 적합한 소방용 합성수지배관으로 설치할 수 있다. 다음 (   ) 안을 채우시오. (6점)

○ 배관을 ( ① )에 매설하는 경우
○ 다른 부분과 ( ② )로 구획된 덕트 또는 피트의 내부에 설치하는 경우
○ 천장(상층이 있는 경우에는 상층바닥의 ( ③ )을 포함한다)과 반자를 ( ④ ) 또는 ( ⑤ )로 설치하고 소화배관 내부에 항상 ( ⑥ )가 채워진 상태로 설치하는 경우

정답 ① 지하
② 내화구조
③ 하단
④ 불연재료
⑤ 준불연재료
⑥ 소화수

해설 **급수배관**을 **제품검사**에 **합격한 소방용 합성수지배관으로 설치할 수 있는 경우**[옥내소화전설비의 화재안전기준(NFPC 102 제6조 제②항, NFTC 102 2.3.2) / 스프링클러설비의 화재안전기준(NFPC 103 제8조 제②항, NFTC 103 2.5.2) / 간이스프링클러설비의 화재안전기준(NFPC 103A 제8조 제②항, NFTC 103A 2.5.2) / 화재조기진압용 스프링클러설비의 화재안전기준(NFPC 103B 제8조 제③항, NFTC 103B 2.5.3) / 물분무소화설비의 화재안전기준(NFPC 104 제6조 제②항, NFTC 104 2.3.2) / 포소화설비의 화재안전기준(NFPC 105 제7조 제②항, NFTC 105 2.4.2) / 옥외소화전설비의 화재안전기준(NFPC 109 제6조 제④항, NFTC 109 2.3.4) / 연결송수관설비의 화재안전기준(NFPC 502 제5조 제③항, NFTC 502 2.2.3) / 연결살수설비의 화재안전기준(NFPC 503 제5조 제②항, NFTC 503 2.2.2)]
(1) 배관을 **지하**에 **매설**하는 경우
(2) 다른 부분과 **내화구조**로 구획된 덕트 또는 피트의 내부에 설치하는 경우
(3) 천장(상층이 있는 경우에는 상층바닥의 **하단**을 포함)과 반자를 **불연재료** 또는 **준불연재료**로 설치하고 **소화배관 내부에 항상 소화수가 채워진 상태로 설치하는 경우**

☆☆☆

## 문제 112

「옥내소화전설비의 화재안전기준」에 의거하여 특정 규모 이상인 소방대상물에 설치되는 옥내소화전설비에는 비상전원을 설치해야 한다. 이러한 규정에도 불구하고 비상전원을 설치하지 않을 수 있는 경우 3가지를 쓰시오. (6점)

○

○

○

정답 ① 2 이상의 변전소에서 전력을 동시에 공급받을 수 있는 경우
② 하나의 변전소로부터 전력의 공급이 중단되는 때에는 자동으로 다른 변전소로부터 전원을 공급받을 수 있도록 상용전원을 설치한 경우
③ 가압수조방식의 경우

해설 **옥내소화전설비**에서 **비상전원**을 **설치하지 않을 수 있는 경우**[옥내소화전설비의 화재안전기준(NFPC 102 제8조 제②항, NFTC 102 2.5.2)]
다음의 어느 하나에 해당하는 특정소방대상물의 옥내소화전설비에는 비상전원을 설치해야 한다(단, ① 2 이상의 변전소에서 전력을 동시에 공급받을 수 있거나 ② 하나의 변전소로부터 전력의 공급이 중단되는 때에는 자동으로 다른 변전소로부터 전원을 공급받을 수 있도록 상용전원을 설치한 경우와 ③ 가압수조방식은 제외).
(1) 층수가 **7층** 이상으로서 연면적이 **2000m²** 이상인 것
(2) (1)에 해당하지 아니하는 특정소방대상물로서 **지하층**의 **바닥면적**의 **합계**가 **3000m²** 이상인 것

☆

## 문제 113

「옥내소화전설비의 화재안전기준」에 의거하여 옥내소화전 방수구의 설치제외장소 5가지를 쓰시오. (10점)

○

○

○

○

○

정답 ① 냉장창고 중 온도가 영하인 냉장실 또는 냉동창고의 냉동실
② 고온의 노가 설치된 장소 또는 물과 격렬하게 반응하는 물품의 저장 또는 취급 장소
③ 발전소 · 변전소 등으로서 전기시설이 설치된 장소
④ 식물원 · 수족관 · 목욕실 · 수영장(관람석 부분 제외) 또는 이와 비슷한 장소
⑤ 야외음악당 · 야외극장 또는 이와 비슷한 장소

해설 **옥내소화전 방수구**의 **설치제외장소**[옥내소화전설비의 화재안전기준(NFPC 102 제11조, NFTC 102 2.8.1)]
(1) **냉**장창고 중 온도가 영하인 **냉장실** 또는 냉동창고의 **냉동실**
(2) **고온**의 **노**가 설치된 장소 또는 **물**과 격렬하게 **반응**하는 **물품**의 저장 또는 취급 장소
(3) **발전소 · 변전소** 등으로서 **전**기시설이 설치된 장소
(4) **식물원 · 수족관 · 목욕실 · 수영장**(관람석 부분 제외) 또는 그 밖의 이와 비슷한 장소
(5) **야외음악당 · 야외극장** 또는 그 밖의 이와 비슷한 장소

기억법 냉장고 물전식야방

중요

**설치제외장소**

(1) **할로겐화합물 및 불활성기체 소화설비**의 **설치제외장소**[할로겐화합물 및 불활성기체 소화설비의 화재안전기준(NFPC 107A 제5조, NFTC 107A 2.2.1)]

① 사람이 **상**주하는 곳으로서 최대허용**설**계농도를 초과하는 장소

② **제3류 위험물** 및 **제5류 위험물**을 저장·보관·사용하는 장소(단, 소화성능이 인정되는 위험물 제외)

기억법 상설35할제

• [단서]의 '**소화성능이 인정되는 위험물 제외**'라는 말도 반드시 쓰도록 하자!

(2) **화재조기진압용 스프링클러**의 **설치제외**[화재조기진압용 스프링클러설비의 화재안전기준(NFPC 103B 제17조, NFTC 103B 2.14.1)]

① **제4류 위험물**

② **타이어**, **두루마리 종이** 및 **섬유류**, **섬유제품** 등 연소시 화염의 속도가 빠르고 방사된 물이 하부까지에 도달하지 못하는 것

기억법 조제 4류 타종섬

(3) **물분무헤드**의 **설치제외장소**[물분무소화설비의 화재안전기준(NFPC 104 제15조, NFTC 104 2.12.1)]

① **물**과 **심하게 반응하는 물질** 또는 물과 반응하여 위험한 물질을 생성하는 물질을 저장 또는 취급하는 장소

② **고온물질** 및 증류범위가 넓어 끓어넘치는 위험이 있는 물질을 저장 또는 취급하는 장소

③ 운전시에 표면의 온도가 **260℃** 이상으로 되는 등 직접 분무를 하는 경우 그 부분에 손상을 입힐 우려가 있는 **기**계장치 등이 있는 장소

기억법 물고기 26(**이륙**)

(4) **이산화탄소 소화설비**의 **분사헤드 설치제외장소**[이산화탄소 소화설비의 화재안전기준(NFPC 106 제11조, NFTC 106 2.8.1)]

① **방재실**, **제어실** 등 사람이 상시 근무하는 장소

② **니트로셀룰로오스**, **셀룰로이드 제품** 등 자기연소성 물질을 저장·취급하는 장소

③ **나트륨**, **칼륨**, **칼슘** 등 활성금속물질을 저장·취급하는 장소

④ **전시장** 등의 관람을 위하여 다수인이 출입·**통**행하는 통로 및 **전**시실 등

기억법 방니나전 통전이

(5) **스프링클러헤드**의 **설치제외장소**[스프링클러설비의 화재안전기준(NFPC 103 제15조, NFTC 2.12)]

① **계**단실(특별피난계단의 부속실 포함)·경사로·승강기의 승강로·비상용 승강기의 승강장·파이프덕트 및 덕트피트(파이프·덕트를 통과시키기 위한 구획된 구멍에 한함)·목욕실·수영장(관람석 제외)·화장실·직접 외기에 개방되어 있는 복도, 기타 이와 유사한 장소

② **통신기기실**·**전자기기실**, 기타 이와 유사한 장소

③ **발전실**·**변전실**·**변압기**, 기타 이와 유사한 전기설비가 설치되어 있는 장소

④ **병**원의 **수술실**·**응급처치실**, 기타 이와 유사한 장소

⑤ 천장과 반자 양쪽이 **불연재료**로 되어 있는 경우로서 그 사이의 거리 및 구조가 다음에 해당하는 부분

㉠ 천장과 반자 사이의 거리가 **2m** 미만인 부분

㉡ 천장과 반자 사이의 **벽**이 **불연재료**이고 천장과 반자 사이의 거리가 **2m** 이상으로서 그 사이에 **가연물**이 **존재**하지 **않는 부분**

⑥ 천장·반자 중 한쪽이 **불연재료**로 되어 있고, 천장과 반자 사이의 거리가 **1m** 미만인 부분

⑦ 천장 및 반자가 **불연재료 외**의 것으로 되어 있고, 천장과 반자 사이의 거리가 **0.5m** 미만인 경우

⑧ **펌프실**·**물탱크실**, **엘리베이터 권상기실** 그 밖의 이와 비슷한 장소

⑨ **현관**·**로비** 등으로서 바닥에서 높이가 **20m** 이상인 장소

⑩ 영하의 **냉**장창고의 **냉장실** 또는 냉동창고의 **냉동실**

⑪ **고**온의 노가 설치된 장소 또는 물과 격렬하게 반응하는 물품의 저장 또는 취급장소

⑫ **불**연재료로 된 특정소방대상물 또는 그 부분으로서 다음에 해당하는 장소

㉠ **정수장**·**오물처리장**, 그 밖의 이와 비슷한 장소

㉡ **펄프공장**의 작업장·**음료수공장**의 세정 또는 충전하는 작업장, 그 밖의 이와 비슷한 장소

㉢ **불**연성의 금속·석재 등의 가공공장으로서 가연성 물질을 저장 또는 취급하지 않는 장소

㉣ 가연성 물질이 존재하지 않는 「건축물의 에너지절약 설계기준」에 따른 방풍실

**기억법** 정오불펄음(정오불포럼)

⑬ 실내에 설치된 테니스장 · 게이트볼장 · 정구장 또는 이와 비슷한 장소로서 실내바닥 · 벽 · 천장이 불연재료 또는 준불연재료로 구성되어 있고 가연물이 존재하지 않는 장소로서 관람석이 없는 운동시설(지하층 제외)

**기억법** 계통발병 2105 펌현아 고냉불스

(6) **연결살수설비**의 **헤드 설치제외장소**[연결살수설비의 화재안전기준(NFPC 503 제7조, NFTC 503 2.4.1)]

① **상점**(**판매시설**과 **운수시설**을 말하며, 바닥면적이 $150m^2$ 이상인 지하층에 설치된 것 제외)으로서 주요구조부가 **내화구조** 또는 **방화구조**로 되어 있고 바닥면적이 **$500m^2$ 미만**으로 방화구획되어 있는 특정소방대상물 또는 그 부분

② **계단실**(특별피난계단의 부속실 포함) · **경사로** · **승강기**의 **승강로** · **파이프덕트** · **목욕실** · **수영장**(관람석부분 제외) · **화장실** · 직접 외기에 **개방**되어 있는 **복도**, 기타 이와 유사한 장소

③ **통신기기실** · **전자기기실** · 기타 이와 유사한 장소

④ **발전실** · **변전실** · **변압기** · 기타 이와 유사한 전기설비가 설치되어 있는 장소

⑤ 병원의 **수술실** · **응급처치실** · 기타 이와 유사한 장소

⑥ 천장과 반자 양쪽이 **불연재료**로 되어 있는 경우로서 그 사이의 거리 및 구조가 다음의 어느 하나에 해당하는 부분

㉠ 천장과 반자 사이의 거리가 **2m 미만**인 부분

㉡ 천장과 반자 사이의 벽이 불연재료이고 천장과 반자 사이의 거리가 **2m 이상**으로서 그 사이에 가연물이 존재하지 않는 부분

⑦ 천장 · 반자 중 **한쪽**이 **불연재료**로 되어 있고 천장과 반자 사이의 거리가 **1m 미만**인 부분

⑧ 천장 및 반자가 불연재료 외의 것으로 되어 있고 천장과 반자 사이의 거리가 **0.5m 미만**인 부분

⑨ **펌프실** · **물탱크실**, 그 밖의 이와 비슷한 장소

⑩ **현관** 또는 **로비** 등으로서 바닥으로부터 높이가 20m 이상인 장소

⑪ 냉장창고의 영하의 **냉장실** 또는 냉동창고의 **냉동실**

⑫ 고온의 노가 설치된 장소 또는 **물**과 **격렬**하게 **반응**하는 **물품**의 저장 또는 취급장소

⑬ 불연재료로 된 특정소방대상물 또는 그 부분으로서 다음의 어느 하나에 해당하는 장소

㉠ **정수장** · **오물처리장**, 그 밖의 이와 비슷한 장소

㉡ **펄프공장**의 **작업장** · **음료수공장**의 **세정** 또는 **충전**하는 **작업장**, 그 밖의 이와 비슷한 장소

㉢ 불연성의 **금속** · **석재** 등의 **가공공장**으로서 가연성 물질을 저장 또는 취급하지 않는 장소

⑭ 실내에 설치된 **테니스장** · **게이트볼장** · **정구장** 또는 이와 비슷한 장소로서 실내 바닥 · 벽 · 천장이 **불연재료** 또는 **준불연재료**로 구성되어 있고 가연물이 존재하지 않는 장소로서 관람석이 없는 운동시설 부분(지하층 제외)

## 문제 114

「옥내소화전설비의 화재안전기술기준(NFTC 102 2.7.2)」에 의거하여 옥내소화전설비의 화재안전기준에서 내화배선의 공사방법을 쓰시오. (단, 내화전선을 사용하는 경우는 제외한다.) (8점)

정답 ① 금속관 · 2종 금속제 가요전선관 또는 합성수지관에 수납하여 내화구조로 된 벽 또는 바닥 등에 벽 또는 바닥의 표면으로부터 25mm 이상의 깊이로 매설

② 적용 제외

㉠ 배선을 내화성능을 갖는 배선전용실 또는 배선용 샤프트 · 피트 · 덕트 등에 설치하는 경우

㉡ 배선전용실 또는 배선용 샤프트 · 피트 · 덕트 등에 다른 설비의 배선이 있는 경우에는 이로부터 15cm 이상 떨어지게 하거나 소화설비의 배선과 이웃하는 다른 설비의 배선 사이에 배선지름(배선의 지름이 다른 경우에는 가장 큰 것 기준)의 1.5배 이상 높이의 불연성 격벽을 설치하는 경우

해설 **내화배선 · 내열배선**[옥내소화전설비의 화재안전기술기준(NFTC 102 2.7.2.)]

(1) **내화배선**

| 사용전선의 종류 | 공사방법 |
|---|---|
| ① 450/750V 저독성 난연 가교폴리올레핀 절연전선<br>② 0.6/1kV 가교 폴리에틸렌 절연 저독성 난연 폴리올레핀 시스 전력 케이블<br>③ 6/10kV 가교 폴리에틸렌 절연 저독성 난연 폴리올레핀 시스 전력용 케이블<br>④ 가교 폴리에틸렌 절연 비닐시스 트레이용 난연 전력 케이블<br>⑤ 0.6/1kV EP 고무절연 클로로프렌 시스 케이블<br>⑥ 300/500V 내열성 실리콘 고무절연전선(180℃)<br>⑦ 내열성 에틸렌-비닐 아세테이트 고무절연 케이블<br>⑧ 버스덕트(bus duct)<br>⑨ 기타 「전기용품 및 생활용품 안전관리법」 및 「전기설비기술기준」에 따라 동등 이상의 내화성능이 있다고 주무부장관이 인정하는 것 | ① **금**속관공사<br>② **2**종 금속제 **가**요전선관공사<br>③ **합**성수지관공사<br>• 내화구조로 된 벽 또는 바닥 등에 벽 또는 바닥의 표면으로부터 **25**mm 이상의 깊이로 매설할 것<br>기억법 금2가합25<br>• 적용 제외<br>- 배선을 **내**화성능을 갖는 배선**전**용실 또는 배선용 **샤**프트·**피**트·**덕**트 등에 설치하는 경우<br>- 배선전용실 또는 배선용 샤프트·피트·덕트 등에 **다**른 설비의 배선이 있는 경우에는 이로부터 **15**cm 이상 떨어지게 하거나 소화설비의 배선과 이웃한 다른 설비의 배선 사이에 배선지름의 **1.5배** 이상의 높이의 **불연성 격벽**을 설치하는 경우<br>기억법 내전 샤피덕 다15 |
| 내화전선 | 케이블공사 |

※ **내화전선**의 **내화성능** : KS C IEC 60331-1과 2(온도 830℃/가열시간 120분)의 표준 이상을 충족하고, 난연성능 확보를 위해 KS C IEC 60332-3-24 성능 이상을 충족할 것

(2) **내열배선**

| 사용전선의 종류 | 공사방법 |
|---|---|
| ① 450/750V 저독성 난연 가교폴리올레핀 절연전선<br>② 0.6/1kV 가교 폴리에틸렌 절연 저독성 난연 폴리올레핀 시스 전력 케이블<br>③ 6/10kV 가교 폴리에틸렌 절연 저독성 난연 폴리올레핀 시스 전력용 케이블<br>④ 가교 폴리에틸렌 절연 비닐시스 트레이용 난연 전력 케이블<br>⑤ 0.6/1kV EP 고무절연 클로로프렌 시스 케이블<br>⑥ 300/500V 내열성 실리콘 고무절연전선(180℃)<br>⑦ 내열성 에틸렌-비닐 아세테이트 고무절연 케이블<br>⑧ 버스덕트(bus duct)<br>⑨ 기타 「전기용품 및 생활용품 안전관리법」 및 「전기설비기술기준」에 따라 동등 이상의 내열성능이 있다고 주무부장관이 인정하는 것 | ① **금**속관공사<br>② 금속제 **가**요전선관공사<br>③ 금속**덕**트공사<br>④ **케**이블공사(불연성 덕트에 설치하는 경우)<br>기억법 금가덕케<br>• 적용 제외<br>- 배선을 **내**화성능을 갖는 배선**전**용실 또는 배선용 **샤**프트·**피**트·**덕**트 등에 설치하는 경우<br>- 배선전용실 또는 배선용 샤프트·피트·덕트 등에 **다**른 설비의 배선이 있는 경우에는 이로부터 **15**cm 이상 떨어지게 하거나 소화설비의 배선과 이웃한 다른 설비의 배선 사이에 배선지름(배선의 지름이 다른 경우에는 가장 큰 것 기준)의 **1.5배** 이상의 높이의 **불연성 격벽**을 설치하는 경우<br>기억법 내전 샤피덕 다15 |
| 내화전선 | 케이블공사 |

중요

**소방용 케이블**과 **다른 용도**의 **케이블**을 **배선전용실**에 **함께 배선할 경우**

(1) 소방용 케이블을 내화성능을 갖는 배선전용실 등의 내부에 소방용이 아닌 케이블과 함께 노출하여 배선할 때 소방용 케이블과 다른 용도의 케이블간의 피복과 피복간의 이격거리는 **15cm** 이상이어야 한다.

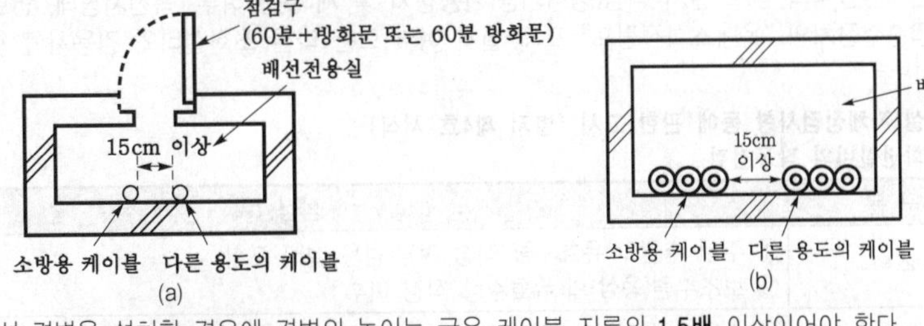


(2) 불연성 격벽을 설치한 경우에 격벽의 높이는 굵은 케이블 지름의 **1.5배** 이상이어야 한다.

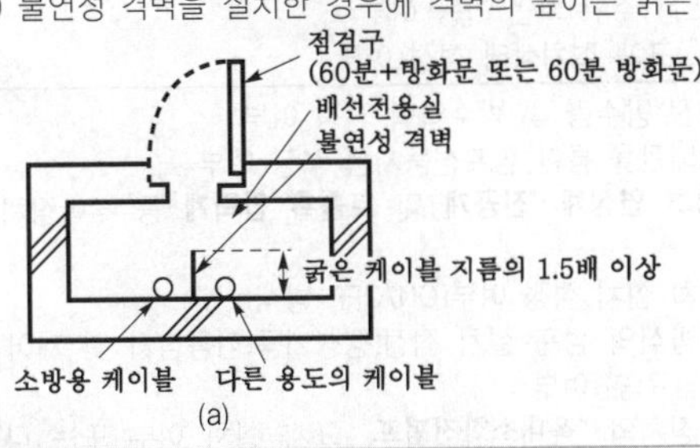


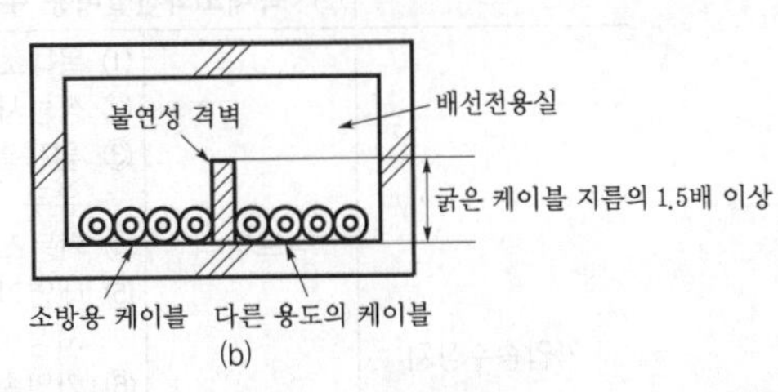


★★★

## 문제 115

「옥내소화전설비의 화재안전기술기준(NFTC 102 2.7.2)」에 의거하여 내화전선의 내화성능기준에 대하여 쓰시오. (6점)

**정답** KS C IEC 60331-1과 2(온도 830℃/가열시간 120분)의 표준 이상을 충족하고, 난연성능 확보를 위해 KS C IEC 60332-3-24 성능 이상을 충족할 것

**해설** **문제 114 참조**

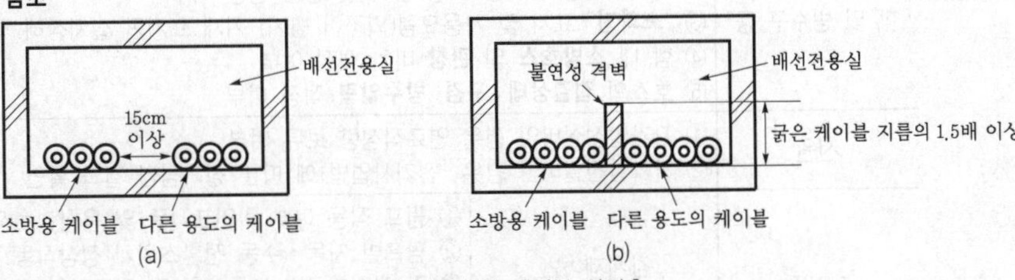


▍배선전용실의 케이블 설치▍

★

## 문제 116

공동주택(아파트)에 설치된 옥내소화전설비에 대해 작동점검을 실시하려고 한다. 가압송수장치 중 펌프방식의 작동점검 6가지를 쓰시오. (6점)

○ ○

○ ○

○ ○

정답 ① 옥내소화전 방수량 및 방수압력 적정 여부
② 성능시험배관을 통한 펌프성능시험 적정 여부
③ 펌프흡입측 연성계·진공계 및 토출측 압력계 등 부속장치의 변형·손상 유무
④ 기동스위치 설치 적정 여부(ON/OFF 방식)
⑤ 내연기관방식의 펌프 설치 적정(정상기동(기동장치 및 제어반) 여부, 축전지상태, 연료량) 여부
⑥ 가압송수장치의 "옥내소화전펌프" 표지 설치 여부 또는 다른 소화설비와 겸용시 겸용 설비 이름 표시 부착 여부

해설 **소방시설 자체점검사항 등에 관한 고시 〔별지 제4호 서식〕**
**옥내소화전설비의 작동점검**

| 구 분 | | 점검항목 |
|---|---|---|
| 수원 | | ① 주된 수원의 **유효수량** 적정 여부(겸용 설비 포함)<br>② 보조수원(**옥상**)의 유효수량 적정 여부 |
| 수조 | | ① 수위계 설치상태 적정 또는 수위 확인 가능 여부<br>② **"옥내소화전설비용 수조"** 표지 설치상태 적정 여부 |
| 가압송수장치 | 펌프방식 | ① 옥내소화전 방수량 및 방수압력 적정 여부<br>② 성능시험배관을 통한 펌프성능시험 적정 여부<br>③ 펌프흡입측 **연성계·진공계** 및 **토출측 압력계** 등 부속장치의 변형·손상 유무<br>④ 기동스위치 설치 적정 여부(ON/OFF 방식)<br>⑤ 내연기관방식의 펌프 설치 적정(정상기동(기동장치 및 제어반) 여부, 축전지상태, 연료량) 여부<br>⑥ 가압송수장치의 **"옥내소화전펌프"** 표지 설치 여부 또는 다른 소화설비와 겸용시 겸용 설비 이름 표시 부착 여부 |
| | 고가수조방식 | **수위계·배수관·급수관·오버플로관·맨홀** 등 부속장치의 변형·손상 유무 |
| | 압력수조방식 | **수위계·급수관·급기관·압력계·안전장치·공기압축기** 등 부속장치의 변형·손상 유무 |
| | 가압수조방식 | **수위계·급수관·배수관·급기관·압력계** 등 부속장치의 변형·손상 유무 |
| 송수구 | | ① 설치장소 적정 여부<br>② 송수구 **마개** 설치 여부 |
| 배관 등 | | 급수배관 개폐밸브 설치(개폐표시형, 흡입측 버터플라이 제외) 적정 여부 |
| 함 및 방수구 등 | | ① 함 개방 용이성 및 장애물 설치 여부 등 사용 편의성 적정 여부<br>② 위치·기동 표시등 적정 설치 및 정상 점등 여부<br>③ **"소화전"** 표시 및 사용요령(외국어 병기) 기재 표지판 설치상태 적정 여부<br>④ 함 내 **소방호스** 및 **관창** 비치 적정 여부<br>⑤ 호스의 **접결상태**, **구경**, **방수압력** 적정 여부 |
| 전원 | | ① 자가발전설비인 경우 연료적정량 보유 여부<br>② 자가발전설비인 경우 「전기사업법」에 따른 정기점검 결과 확인 |
| 제어반 | 감시제어반 | ① 펌프 작동 여부 확인표시등 및 음향경보장치 정상작동 여부<br>② 펌프별 자동·수동 전환스위치 정상작동 여부<br>③ 각 확인회로별 도통시험 및 작동시험 정상작동 여부<br>④ 예비전원 확보 유무 및 시험 적합 여부 |
| | 동력제어반 | 앞면은 **적색**으로 하고, **"옥내소화전설비용 동력제어반"** 표지 설치 여부 |
| 비고 | | ※ 특정소방대상물의 위치·구조·용도 및 소방시설의 상황 등이 이 표의 항목대로 기재하기 곤란하거나 이 표에서 누락된 사항을 기재한다. |

★

## 문제 117

소방시설 종합점검표에서 옥내소화전설비의 송수구 점검항목 5가지를 쓰시오. (5점)

○
○
○
○
○

정답 ① 설치장소 적정 여부
② 연결배관에 개폐밸브를 설치한 경우 개폐상태 확인 및 조작가능 여부
③ 송수구 설치높이 및 구경 적정 여부
④ 자동배수밸브(또는 배수공)·체크밸브 설치 여부 및 설치상태 적정 여부
⑤ 송수구 마개 설치 여부

해설 **소방시설자체점검 사항 등에 관한 고시 〔별지 제4호 서식〕**
**옥내소화전설비의 종합점검**

| 구 분 | | 점검항목 |
|---|---|---|
| 수원 | | ① 주된 수원의 **유효수량** 적정 여부(겸용 설비 포함)<br>② 보조수원(**옥상**)의 유효수량 적정 여부 |
| 수조 | | ❶ 동결방지조치 상태 적정 여부<br>② **수위계** 설치상태 적정 또는 수위 확인 가능 여부<br>❸ 수조 외측 고정사다리 설치상태 적정 여부(바닥보다 낮은 경우 제외)<br>❹ 실내 설치시 조명설비 설치상태 적정 여부<br>⑤ **"옥내소화전설비용 수조"** 표지 설치상태 적정 여부<br>❻ 다른 소화설비와 겸용시 겸용 설비의 이름 표시한 표지 설치상태 적정 여부<br>❼ 수조-수직배관 접속부분 **"옥내소화전설비용 배관"** 표지 설치상태 적정 여부 |
| 가압송수장치 | 펌프방식 | ❶ 동결방지조치 상태 적정 여부<br>② 옥내소화전 방수량 및 방수압력 적정 여부<br>❸ 감압장치 설치 여부(방수압력 **0.7MPa** 초과 조건)<br>④ 성능시험배관을 통한 펌프성능시험 적정 여부<br>❺ 다른 소화설비와 겸용인 경우 펌프성능 확보 가능 여부<br>⑥ 펌프 흡입측 **연성계·진공계** 및 **토출측 압력계** 등 부속장치의 변형·손상 유무<br>❼ 기동장치 적정 설치 및 기동압력 설정 적정 여부<br>⑧ 기동스위치 설치 적정 여부(ON/OFF 방식)<br>❾ 주펌프와 동등 이상 펌프 추가 설치 여부<br>❿ 물올림장치 설치 적정(전용 여부, 유효수량, 배관구경, 자동급수) 여부<br>⓫ 충압펌프 설치 적정(토출압력, 정격토출량) 여부<br>⑫ 내연기관방식의 펌프 설치 적정(정상기동(기동장치 및 제어반) 여부, 축전지상태, 연료량) 여부<br>⑬ 가압송수장치의 **"옥내소화전펌프"** 표지 설치 여부 또는 다른 소화설비와 겸용시 겸용 설비 이름 표시 부착 여부 |
| | 고가수조방식 | **수위계·배수관·급수관·오버플로관·맨홀** 등 부속장치의 변형·손상 유무 |
| | 압력수조방식 | ❶ 압력수조의 압력 적정 여부<br>② **수위계·급수관·급기관·압력계·안전장치·공기압축기** 등 부속장치의 변형·손상 유무 |
| | 가압수조방식 | ❶ 가압수조 및 가압원 설치장소의 방화구획 여부<br>② **수위계·급수관·배수관·급기관·압력계** 등 부속장치의 변형·손상 유무 |

<table>
<tr><td>송수구</td><td colspan="2">① 설치장소 적정 여부<br>❷ 연결배관에 개폐밸브를 설치한 경우 개폐상태 확인 및 조작가능 여부<br>❸ 송수구 설치높이 및 구경 적정 여부<br>❹ 자동배수밸브(또는 배수공)·체크밸브 설치 여부 및 설치상태 적정 여부<br>⑤ 송수구 마개 설치 여부</td></tr>
<tr><td>배관 등</td><td colspan="2">❶ 펌프의 흡입측 배관 여과장치의 상태 확인<br>❷ 성능시험배관 설치(개폐밸브, 유량조절밸브, 유량측정장치) 적정 여부<br>❸ 순환배관 설치(설치위치·배관구경, 릴리프밸브 개방압력) 적정 여부<br>❹ 동결방지조치 상태 적정 여부<br>⑤ 급수배관 개폐밸브 설치(개폐표시형, 흡입측 버터플라이 제외) 적정 여부<br>❻ 다른 설비의 배관과의 구분 상태 적정 여부</td></tr>
<tr><td>함 및 방수구 등</td><td colspan="2">① 함 개방 용이성 및 장애물 설치 여부 등 사용 편의성 적정 여부<br>② 위치·기동 표시등 적정 설치 및 정상 점등 여부<br>③ "소화전" 표시 및 사용요령(외국어 병기) 기재 표지판 설치상태 적정 여부<br>❹ 대형 공간(기둥 또는 벽이 없는 구조) 소화전함 설치 적정 여부<br>❺ 방수구 설치 적정 여부<br>⑥ 함 내 소방호스 및 관창 비치 적정 여부<br>⑦ 호스의 접결상태, 구경, 방수압력 적정 여부<br>❽ 호스릴방식 노즐 개폐장치 사용 용이 여부</td></tr>
<tr><td>전원</td><td colspan="2">❶ 대상물 수전방식에 따른 상용전원 적정 여부<br>❷ 비상전원 설치장소 적정 및 관리 여부<br>③ 자가발전설비인 경우 연료적정량 보유 여부<br>④ 자가발전설비인 경우 「전기사업법」에 따른 정기점검 결과 확인</td></tr>
<tr><td rowspan="4">제어반</td><td colspan="2">● 겸용 감시·동력 제어반 성능 적정 여부(겸용으로 설치된 경우)</td></tr>
<tr><td>감시제어반</td><td>① 펌프 작동 여부 확인표시등 및 음향경보장치 정상작동 여부<br>② 펌프별 자동·수동 전환스위치 정상작동 여부<br>❸ 펌프별 수동기동 및 수동중단 기능 정상작동 여부<br>❹ 상용전원 및 비상전원 공급 확인 가능 여부(비상전원 있는 경우)<br>❺ 수조·물올림수조 저수위표시등 및 음향경보장치 정상작동 여부<br>⑥ 각 확인회로별 도통시험 및 작동시험 정상작동 여부<br>⑦ 예비전원 확보 유무 및 시험 적합 여부<br>❽ 감시제어반 전용실 적정 설치 및 관리 여부<br>❾ 기계·기구 또는 시설 등 제어 및 감시설비 외 설치 여부</td></tr>
<tr><td>동력제어반</td><td>앞면은 적색으로 하고, "옥내소화전설비용 동력제어반" 표지 설치 여부</td></tr>
<tr><td>발전기제어반</td><td>● 소방전원보존형 발전기는 이를 식별할 수 있는 표지 설치 여부</td></tr>
<tr><td>비고</td><td colspan="2">※ 특정소방대상물의 위치·구조·용도 및 소방시설의 상황 등이 이 표의 항목대로 기재하기 곤란하거나 이 표에서 누락된 사항을 기재한다.</td></tr>
</table>

※ "●"는 종합점검의 경우에만 해당

# 3 옥외소화전설비

☆☆

## 문제 118

옥외소화전설비의 방수압력 측정방법에 대하여 설명하시오. (5점)

정답 ① 옥외소화전 방수구를 모두 개방(최대 2개)시켜 놓는다.
② 노즐선단에 노즐구경의 $\frac{1}{2}$ 떨어진 지점에서 노즐선단과 수평되게 피토게이지를 설치하여 눈금을 읽는다.

해설 **옥외소화전설비**의 **방수압력** 및 **방수량 측정방법**

(1) **방수압력 측정방법**

① 옥외소화전 방수구를 **모두 개방**(**최대 2개**)시켜 놓는다.

② 노즐선단에 노즐구경($D$)의 $\frac{1}{2}$ 떨어진 지점에서 노즐선단과 수평되게 **피토게이지**(pitot gauge)를 설치하여 눈금을 읽는다.

(2) **방수량 측정방법**

① 옥외소화전 방수구를 **모두 개방**(**최대 2개**)시켜 놓는다.

② 노즐선단에 노즐구경($D$)의 $\frac{1}{2}$ 떨어진 지점에서 노즐선단과 수평되게 **피토게이지**를 설치하여 눈금을 읽은 후 공식에 대입한다.

$$Q = 0.653D^2\sqrt{10P} = 0.6597CD^2\sqrt{10P}$$

여기서, $Q$ : 방수량〔L/min〕
$D$ : 노즐구경〔mm〕
$P$ : 방수압력〔MPa〕
$C$ : 노즐의 흐름계수(유량계수)

☆☆☆

## 문제 119

옥외소화전설비의 방수량 측정방법에 대하여 설명하시오. (5점)

정답 ① 옥외소화전 방수구를 모두 개방(최대 2개)시켜 놓는다.
② 노즐선단에 노즐구경의 $\frac{1}{2}$ 떨어진 지점에서 노즐선단과 수평되게 피토게이지를 설치하여 눈금을 읽은 후 공식에 대입한다.

$$Q = 0.653D^2\sqrt{10P}$$

여기서, $Q$ : 방수량〔L/min〕
$D$ : 노즐구경〔mm〕
$P$ : 방수압력〔MPa〕

해설 **문제 118 참조**

☆☆

## 문제 120

옥외소화전설비의 법정점검장비를 기술하시오. (단, 모든 소방시설을 포함할 것) (10점)

정답 ① 소화전밸브압력계
② 방수압력측정계
③ 절연저항계
④ 전류전압측정계

해설 **소방시설관리업**의 **등록기준**

(1) **업종별 등록기준 및 영업범위**(소방시설 설치 및 관리에 관한 법률 시행령 [별표 9])

| 업종별 \ 기술인력 등 | 기술인력 | 영업범위 |
|---|---|---|
| 전문 소방시설관리업 | ① 주된 기술인력<br>㉠ 소방시설관리사+실무경력 **5년** 이상 : **1명** 이상<br>㉡ 소방시설관리사+실무경력 **3년** 이상 : **1명** 이상<br>② 보조기술인력<br>㉠ 고급 점검자 : **2명** 이상<br>㉡ 중급 점검자 : **2명** 이상<br>㉢ 초급 점검자 : **2명** 이상 | 모든 특정소방대상물 |
| 일반 소방시설관리업 | ① 주된 기술인력 : 소방시설관리사+실무경력 **1년** 이상 : **1명** 이상<br>② 보조기술인력<br>㉠ 중급 점검자 : **1명** 이상<br>㉡ 초급 점검자 : **1명** 이상 | 1급, 2급, 3급 소방안전관리대상물 |

[비고] 1. 소방관련실무경력 : 소방기술과 관련된 경력
2. 보조기술인력의 종류별 자격 : 소방기술과 관련된 자격·학력 및 경력을 가진 사람 중에서 행정안전부령으로 정한다.

(2) **소방시설별 점검장비**(소방시설 설치 및 관리에 관한 법률 시행규칙 [별표 3])

| 소방시설 | 장 비 | 규 격 |
|---|---|---|
| • **모든 소방시설** | • 방수압력측정계<br>• 절연저항계(절연저항측정기)<br>• 전류전압측정계 | – |
| • **소화기구** | • 저울 | – |
| • **옥내소화전설비**<br>• **옥외소화전설비** | • 소화전밸브압력계 | – |
| • **스프링클러설비**<br>• **포소화설비** | • 헤드결합렌치 | – |
| • **이산화탄소 소화설비**<br>• **분말소화설비**<br>• **할론소화설비**<br>• **할로겐화합물 및 불활성기체 소화설비** | • 검량계, 기동관 누설시험기 | – |
| • **자동화재탐지설비**<br>• **시각경보기** | • 열감지기시험기<br>• 연감지기시험기<br>• 공기주입시험기<br>• 감지기시험기 연결막대<br>• 음량계 | – |
| • **누전경보기** | • 누전계 | 누전전류측정용 |
| • **무선통신보조설비** | • 무선기 | 통화시험용 |
| • **제연설비** | • 풍속풍압계<br>• 폐쇄력 측정기<br>• 차압계(압력차측정기) | – |
| • **통로유도등**<br>• **비상조명등** | • 조도계(밝기측정기) | 최소눈금이 0.1lx 이하인 것 |

기억법 **모장옥스소이자누 무제통**

[비고] 1. 신축·증축·개축·재축·이전·용도변경 또는 대수선 등으로 소방시설이 새로 설치된 경우에는 해당 특정소방대상물의 소방시설 전체에 대하여 실시
2. 작동점검 및 종합점검(최초점검 제외)은 건축물 사용승인 후 그 다음 해부터 실시
3. 특정소방대상물이 증축·용도변경 또는 대수선 등으로 사용승인일이 달라지는 경우 사용승인일이 빠른 날을 기준으로 자체점검 실시

## 문제 121

옥외소화전설비에서 소화전의 동파방지를 위하여 시공시 유의해야 할 사항 2가지를 쓰시오. (단, 동파방지 기구 등을 추가적으로 설치하는 것은 제외한다.) (4점)

○

○

정답 ① 배관매설시 동결심도 이상으로 매설하고 모래 또는 자갈 등을 채워 배수가 잘 되도록 할 것
② 밸브류·배관 등을 보온재로 보온한다.

해설 **옥외소화전**의 **동파방지**를 위한 **시공시 유의사항**

(1) 배관매설시 **동결심도 이상**으로 **매설**하고 **모래** 또는 **자갈** 등을 채워 배수가 잘 되도록 할 것
(2) 밸브류·배관 등을 **보온재**로 보온한다.

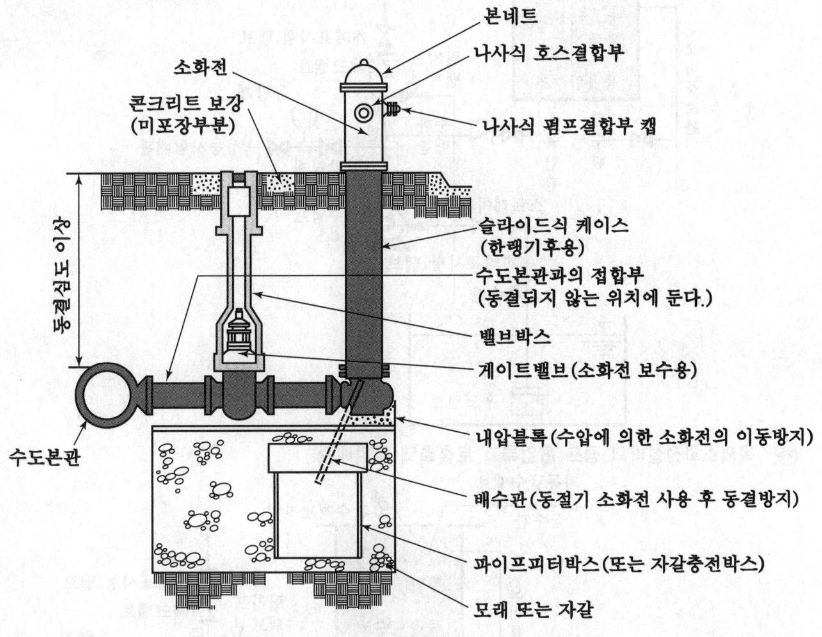


∥옥외소화전 상세도∥

중요

**배관**의 **보온**

| 배관의 **보온방법** | 보온재의 **구비조건** |
|---|---|
| ① **보온재**를 이용한 배관보온법<br>② **히팅코일**을 이용한 가열법<br>③ **순환펌프**를 이용한 물의 유동법<br>④ **부동액**주입법<br>기억법 보히순부(순두부) | ① **보온능력**이 우수할 것<br>② **단열효과**가 뛰어날 것<br>③ **시공**이 **용이**할 것<br>④ 가벼울 것<br>⑤ **가격**이 **저렴**할 것 |

☆

## 문제 122

옥외소화전설비에 대한 사항이다. 다음 조건을 참고하여 펌프 흡입측과 토출측의 주위배관을 도시하고 밸브 및 기구 등의 이름을 기술하시오. (10점)

〔조건〕

① 수원의 수위가 펌프의 위치보다 낮은 경우이다.
② 기동장치는 기동용 수압개폐장치를 이용한다.
③ 지상식 옥외소화전을 2개소에 설치한다.

정답

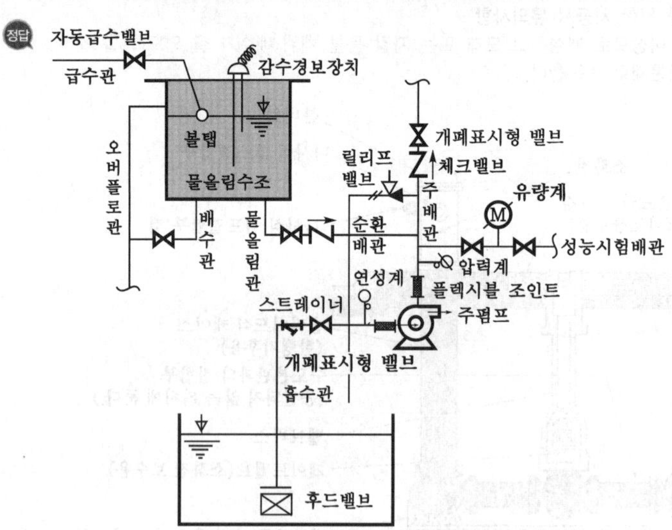


해설 **옥외소화전설비**의 **펌프 흡입측**과 **토출측**의 **주위배관**

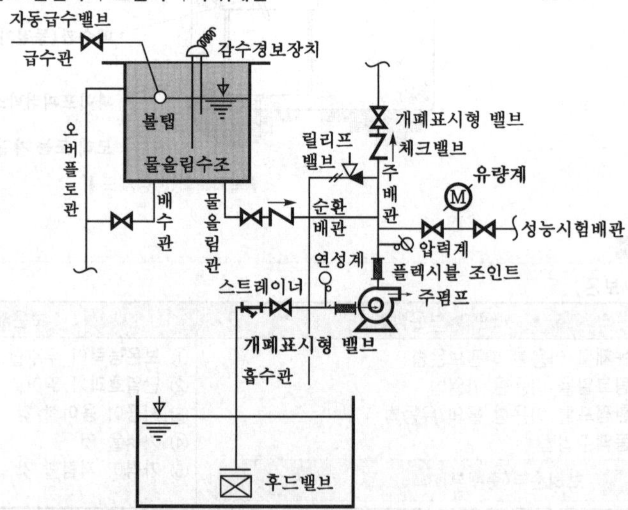
자동급수밸브
급수관
감수경보장치
볼탭
물올림수조
오버플로관
배수관
물올림관
릴리프 밸브
개폐표시형 밸브
체크밸브
주배관
유량계
순환배관
성능시험배관
압력계
연성계
플렉시블 조인트
스트레이너
주펌프
개폐표시형 밸브
흡수관
후드밸브

(1) **감수경보장치** : 물올림수조에 물이 부족할 경우 **감시제어반**에 **신호**를 보내는 장치
(2) **체크밸브** : 펌프토출측의 물이 자연압에 의해 아래로 내려오는 것을 막기 위한 밸브
(3) **순환배관** : 펌프의 체절운전시 **수온**의 **상승**을 **방지**하기 위한 배관
(4) **배수관** : 물올림수조 청소시 탱크 내의 **물**을 **배수**하기 위한 배관
(5) **오버플로관** : 물올림수조에 물이 넘칠 경우 **물**을 **배출**시키기 위한 배관

(6) **플렉시블 조인트** : 펌프 또는 배관의 **충격흡수** **"플렉시블 튜브"**로 답하지 않도록 거듭 주의!!

| 구 분 | 플렉시블 조인트 | 플렉시블 튜브 |
|---|---|---|
| 용 도 | 펌프 또는 배관의 충격흡수 | 구부러짐이 많은 배관에 사용 |
| 설치장소 | 펌프의 흡입측 · 토출측 | 저장용기~집합관 설비 |
| 도시기호 | | |
| 설치 예 | 플렉시블 조인트, M, 플렉시블 조인트, 후드밸브 | 집합관, 플렉시블 튜브, 안전밸브, 용기밸브, 저장용기 |

☆☆☆

문제 123

옥외소화전설비에서 소화전함의 작동점검에 대하여 5가지를 설명하시오. (5점)

○

○

○

○

○

정답 ① 함 개방 용이성 및 장애물 설치 여부 등 사용 편의성 적정 여부
② 위치 · 기동 표시등 적정 설치 및 정상점등 여부
③ "옥외소화전" 표시 설치 여부
④ 옥외소화전함 내 소방호스, 관창, 옥외소화전 개방장치 비치 여부
⑤ 호스의 접결상태, 구경, 방수거리 적정 여부

해설 **소방시설 자체점검사항 등에 관한 고시 〔별지 제3호 서식〕**
**옥외소화전설비의 작동점검**

| 구 분 | | 점검항목 |
|---|---|---|
| 수원 | | 수원의 유효수량 적정 여부(겸용 설비 포함) |
| 수조 | | ① **수위계** 설치 또는 수위 확인 가능 여부<br>② **"옥외소화전설비용 수조"** 표시 설치 여부 및 설치상태 |
| 가압송수장치 | 펌프방식 | ① 옥외소화전 방수량 및 방수압력 적정 여부<br>② 성능시험배관을 통한 펌프성능시험 적정 여부<br>③ 펌프 흡입측 **연성계 · 진공계** 및 **토출측 압력계** 등 부속장치의 변형 · 손상 유무<br>④ 기동스위치 설치 적정 여부(ON/OFF 방식)<br>⑤ 내연기관방식의 펌프 설치 적정(정상기동(기동장치 및 제어반) 여부, 축전지상태, 연료량) 여부<br>⑥ 가압송수장치의 **"옥외소화전펌프"** 표시 설치 여부 또는 다른 소화설비와 겸용시 겸용 설비 이름 표시 부착 여부 |

| | | |
|---|---|---|
| 가압송수장치 | 고가수조방식 | **수위계 · 배수관 · 급수관 · 오버플로관 · 맨홀** 등 부속장치의 변형 · 손상 유무 |
| | 압력수조방식 | **수위계 · 급수관 · 급기관 · 압력계 · 안전장치 · 공기압축기** 등 부속장치의 변형 · 손상 유무 |
| | 가압수조방식 | **수위계 · 급수관 · 배수관 · 급기관 · 압력계** 등 부속장치의 변형 · 손상 유무 |
| 배관 등 | ① 호스구경 적정 여부<br>② 급수배관 개폐밸브 설치(개폐표시형, 흡입측 버터플라이 제외) 적정 여부 | |
| 소화전함 등 | ① 함 개방 용이성 및 장애물 설치 여부 등 사용 편의성 적정 여부<br>② 위치 · 기동 표시등 적정 설치 및 정상점등 여부<br>③ "**옥외소화전**" 표시 설치 여부<br>④ 옥외소화전함 내 **소방호스**, **관창**, **옥외소화전 개방**장치 비치 여부<br>⑤ 호스의 **접결상태**, **구경**, **방수거리** 적정 여부 | |
| 전원 | ① 자가발전설비인 경우 연료적정량 보유 여부<br>② 자가발전설비인 경우 「전기사업법」에 따른 정기점검 결과 확인 | |
| 제어반 | 감시제어반 | ① 펌프 작동 여부 확인표시등 및 음향경보장치 정상작동 여부<br>② 펌프별 자동 · 수동 전환스위치 정상작동 여부<br>③ 각 확인회로별 도통시험 및 작동시험 정상작동 여부<br>④ 예비전원 확보 유무 및 시험 적합 여부 |
| | 동력제어반 | 앞면은 **적색**으로 하고, "**옥외소화전설비용 동력제어반**" 표지 설치 여부 |
| 비고 | ※ 특정소방대상물의 위치 · 구조 · 용도 및 소방시설의 상황 등이 이 표의 항목대로 기재하기 곤란하거나 이 표에서 누락된 사항을 기재한다. | |

☆☆☆

**문제 124**

옥외소화전설비에서 가압송수장치의 펌프방식 종합점검항목 12가지를 쓰시오. (12점)

○ ○
○ ○
○ ○
○ ○
○ ○
○ ○

정답
① 동결방지조치 상태 적정 여부
② 옥외소화전 방수량 및 방수압력 적정 여부
③ 감압장치 설치 여부(방수압력 0.7MPa 초과 조건)
④ 성능시험배관을 통한 펌프성능시험 적정 여부
⑤ 다른 소화설비와 겸용인 경우 펌프성능 확보 가능 여부
⑥ 펌프 흡입측 연성계 · 진공계 및 토출측 압력계 등 부속장치의 변형 · 손상 유무
⑦ 기동장치 적정 설치 및 기동압력 설정 적정 여부
⑧ 기동스위치 설치 적정 여부(ON/OFF 방식)
⑨ 물올림장치 설치 적정(전용 여부, 유효수량, 배관구경, 자동급수) 여부
⑩ 충압펌프 설치 적정(토출압력, 정격토출량) 여부
⑪ 내연기관방식의 펌프 설치 적정(정상기동(기동장치 및 제어반) 여부, 축전지상태, 연료량) 여부
⑫ 가압송수장치의 "옥외소화전펌프" 표지 설치 여부 또는 다른 소화설비와 겸용시 겸용 설비 이름 표시 부착 여부

해설 **소방시설 자체점검사항 등에 관한 고시 〔별지 제4호 서식〕**
**옥외소화전설비의 종합점검**

| 구 분 | | 점검항목 |
|---|---|---|
| 수원 | | 수원의 유효수량 적정 여부(겸용 설비 포함) |
| 수조 | | ❶ 동결방지조치 상태 적정 여부<br>② **수위계** 설치 또는 수위 확인 가능 여부<br>❸ 수조 외측 고정사다리 설치 여부(바닥보다 낮은 경우 제외)<br>❹ 실내 설치시 조명설비 설치 여부<br>⑤ "**옥외소화전설비용 수조**" 표지 설치 여부 및 설치상태<br>❻ 다른 소화설비와 겸용시 겸용 설비의 이름 표시한 표지 설치 여부<br>❼ 수조-수직배관 접속부분 "**옥외소화전설비용 배관**" 표지 설치 여부 |
| 가압송수장치 | 펌프방식 | ❶ 동결방지조치 상태 적정 여부<br>② 옥외소화전 방수량 및 방수압력 적정 여부<br>❸ 감압장치 설치 여부(방수압력 0.7MPa 초과 조건)<br>④ 성능시험배관을 통한 펌프성능시험 적정 여부<br>❺ 다른 소화설비와 겸용인 경우 펌프성능 확보 가능 여부<br>⑥ 펌프 흡입측 **연성계·진공계** 및 **토출측 압력계** 등 부속장치의 변형·손상 유무<br>❼ 기동장치 적정 설치 및 기동압력 설정 적정 여부<br>⑧ 기동스위치 설치 적정 여부(ON/OFF 방식)<br>❾ 물올림장치 설치 적정(전용 여부, 유효수량, 배관구경, 자동급수) 여부<br>❿ 충압펌프 설치 적정(토출압력, 정격토출량) 여부<br>⑪ 내연기관방식의 펌프 설치 적정(정상기동(기동장치 및 제어반) 여부, 축전지상태, 연료량) 여부<br>⑫ 가압송수장치의 "**옥외소화전펌프**" 표지 설치 여부 또는 다른 소화설비와 겸용시 겸용 설비 이름 표시 부착 여부 |
| | 고가수조방식 | **수위계·배수관·급수관·오버플로관·맨홀** 등 부속장치의 변형·손상 유무 |
| | 압력수조방식 | ❶ 압력수조의 압력 적정 여부<br>② **수위계·급수관·급기관·압력계·안전장치·공기압축기** 등 부속장치의 변형·손상 유무 |
| | 가압수조방식 | ❶ 가압수조 및 가압원 설치장소의 방화구획 여부<br>② **수위계·급수관·배수관·급기관·압력계** 등 부속장치의 변형·손상 유무 |
| 배관 등 | | ❶ 호스접결구 높이 및 각 부분으로부터 호스접결구까지의 수평거리 적정 여부<br>② 호스구경 적정 여부<br>❸ 펌프의 흡입측 배관 여과장치의 상태 확인<br>❹ 성능시험배관 설치(개폐밸브, 유량조절밸브, 유량측정장치) 적정 여부<br>❺ 순환배관 설치(설치위치·배관구경, 릴리프밸브 개방압력) 적정 여부<br>❻ **동결방지조치** 상태 적정 여부<br>⑦ 급수배관 개폐밸브 설치(개폐표시형, 흡입측 버터플라이 제외) 적정 여부<br>❽ 다른 설비의 배관과의 구분상태 적정 여부 |
| 소화전함 등 | | ① 함 개방 용이성 및 장애물 설치 여부 등 사용 편의성 적정 여부<br>② 위치·기동 표시등 적정 설치 및 정상점등 여부<br>③ "**옥외소화전**" 표시 설치 여부<br>❹ 소화전함 설치수량 적정 여부<br>⑤ 옥외소화전함 내 **소방호스**, **관창**, **옥외소화전 개방**장치 비치 여부<br>⑥ 호스의 **접결상태**, **구경**, **방수거리** 적정 여부 |
| 전원 | | ❶ 대상물 수전방식에 따른 상용전원 적정 여부<br>❷ 비상전원 설치장소 적정 및 관리 여부<br>③ 자가발전설비인 경우 연료적정량 보유 여부<br>④ 자가발전설비인 경우 「전기사업법」에 따른 정기점검 결과 확인 |

| | | |
|---|---|---|
| 제어반 | ● 겸용 감시·동력 제어반 성능 적정 여부(겸용으로 설치된 경우) | |
| | 감시제어반 | ① 펌프 작동 여부 확인표시등 및 음향경보장치 정상작동 여부<br>② 펌프별 자동·수동 전환스위치 정상작동 여부<br>❸ 펌프별 수동기동 및 수동중단 기능 정상작동 여부<br>❹ 상용전원 및 비상전원 공급 확인 가능 여부(비상전원 있는 경우)<br>❺ 수조·물올림수조 저수위표시등 및 음향경보장치 정상작동 여부<br>⑥ 각 확인회로별 도통시험 및 작동시험 정상작동 여부<br>⑦ 예비전원 확보 유무 및 시험 적합 여부<br>❽ 감시제어반 전용실 적정 설치 및 관리 여부<br>❾ 기계·기구 또는 시설 등 제어 및 감시설비 외 설치 여부 |
| | 동력제어반 | 앞면은 **적색**으로 하고, **"옥외소화전설비용 동력제어반"** 표지 설치 여부 |
| | 발전기제어반 | ● 소방전원보존형 발전기는 이를 식별할 수 있는 표지 설치 여부 |
| 비고 | ※ 특정소방대상물의 위치·구조·용도 및 소방시설의 상황 등이 이 표의 항목대로 기재하기 곤란하거나 이 표에서 누락된 사항을 기재한다. | |

※ "●"는 종합점검의 경우에만 해당

## 문제 125

**옥외소화전설비에 대한 다음 각 물음에 답하시오. (8점)**

○ 옥외소화전배관을 루프(loop)형태로 하는 이유는?
○ 지하배관 매설시 포스트 인디케이터밸브(PIV)를 설치하는 이유는?

정답 ① 한쪽 배관에 이상 발생시 다른 방향으로 소화수를 공급하기 위해
② 루프형태의 배관에 소화수의 공급 및 차단을 지상에서 쉽게 하기 위해

해설 (1) **소화전설비**의 **배관방식**

| 구 분 | 루프(loop)배관 | 데드엔드(dead-end)배관 |
|---|---|---|
| 설명 | 소화수 공급이 두 방향으로 이루어지도록 **루프형태**로 **배관**하는 방법 | 수직배관에서 각 층별로 배관을 분기하여 **가지관**을 설치하는 방법 |
| 특징 | 한쪽 배관에 이상 발생시 **다른 방향**으로 **소화수 공급** | 배관에 이상 발생시 **소화수 공급 불가능** |

(2) 지하배관이 루프(loop)형태로 되어 있는 소화전설비에서 **소화수**의 **공급** 및 **차단**을 **지상**에서 쉽게 하기 위하여 **포스트 인디케이터밸브**(**PIV**, Post Indicator Valve)를 설치한다.

‖ 포스트 인디케이터밸브 ‖

# 4 스프링클러설비 · 간이스프링클러설비

## 문제 126

스프링클러설비에 대한 다음의 용어를 설명하시오. (6점)

○ 리타딩챔버 :

○ 익져스터 :

○ 탬퍼스위치 :

정답 ① 리타딩챔버 : 알람체크밸브의 오동작 방지
② 익져스터 : 건식 밸브의 2차측 압축공기 배출속도 가속장치
③ 탬퍼스위치 : 개폐표시형 밸브에 부착하여 밸브의 개폐상태 감시

해설 **스프링클러설비**의 **부속품**

| 명 칭 | 용 도 |
|---|---|
| 리타딩챔버 | ① **알람체크밸브**의 **오동작** 방지<br>② 습식 유수검지장치에 설치하여 습식 유수검지장치의 오작동을 방지하는 기능 |
| 엑셀레이터<br>익져스터 | ① **건식 밸브**의 2차측 **압축공기 배출속도 가속장치**<br>② 건식 스프링클러설비의 교차배관에 설치하여 화재시 소화수의 방출지연시간을 감소시키는 기능 |
| 탬퍼스위치 | ① 개폐표시형 밸브에 부착하여 밸브의 **개폐상태 감시**<br>② 급수배관에 설치되어 급수를 차단할 수 있는 개폐밸브에 설치하여 그 밸브의 개폐상태를 감시제어반에서 확인하는 기능 |
| 알람체크밸브 | 헤드의 개방에 의해 개방되어 **1차측**의 **가압수**를 **2차측**으로 **송수** |
| 물올림장치 | 펌프운전시 **공동현상**을 방지하기 위하여 설치 |
| 편심리듀셔 | 배관 흡입측의 **공기고임** 방지 |
| 자동배수장치 | 배관의 **동파** 및 **부식 방지** |
| 유수검지장치 | 본체 내의 **유수현상**을 **자동**으로 **검지**하여 신호 또는 경보를 발함 |
| 후드밸브 | **여과** 및 **체크밸브** 기능 |
| 압력챔버 | 펌프의 게이트밸브 2차측에 연결되어 배관 내의 압력감소시 **충압펌프** 또는 **주펌프 기동** |

## 문제 127

시험장치를 이용한 습식 스프링클러설비의 동작시험 순서를 설명하고, 동작시 주요점검사항 7가지를 쓰시오. (10점)

(가) 동작시험 순서 (3점)

(나) 동작시 주요점검사항 (7점)

○

○

○

○

○

○

○

정답 (가) 동작시험 순서
① 말단시험밸브 개방
② 알람체크밸브 개방
③ 유수검지장치의 압력스위치 작동
④ 사이렌 경보
⑤ 감시제어반에 화재표시등 점등
⑥ 기동용 수압개폐장치의 압력스위치 작동
⑦ 주펌프 및 충압펌프의 작동
⑧ 감시제어반에 기동표시등 점등
⑨ 말단시험밸브 폐쇄
⑩ 규정방수압에서 펌프 자동정지
⑪ 모든 장치의 정상 여부 확인

(나) 작동시 주요점검사항
① 유수검지장치의 압력스위치 작동 여부 확인
② 방호구역 내의 경보발령 확인
③ 감시제어반의 화재표시등 점등 확인
④ 기동용 수압개폐장치의 압력스위치 작동 여부 확인
⑤ 주펌프 및 충압펌프의 작동 여부 확인
⑥ 감시제어반에 기동표시등 점등 확인
⑦ 규정방수압(0.1~1.2MPa) 및 규정방수량(80L/min 이상) 확인

해설 (1) **습식 스프링클러설비**의 **동작시험 순서**
① **말단시험밸브** 개방
② **알람체크밸브** 개방
③ 유수검지장치의 압력스위치 작동
④ **사이렌** 경보
⑤ 감시제어반에 **화재표시등** 점등
⑥ **기동용 수압개폐장치**의 압력스위치 작동
⑦ **주펌프** 및 **충압펌프**의 작동
⑧ 감시제어반에 기동표시등 점등
⑨ 말단시험밸브 폐쇄
⑩ 규정방수압에서 펌프 자동정지
⑪ 모든 장치의 정상 여부 확인

(2) **습식 스프링클러설비**의 작동시 **주요점검사항**

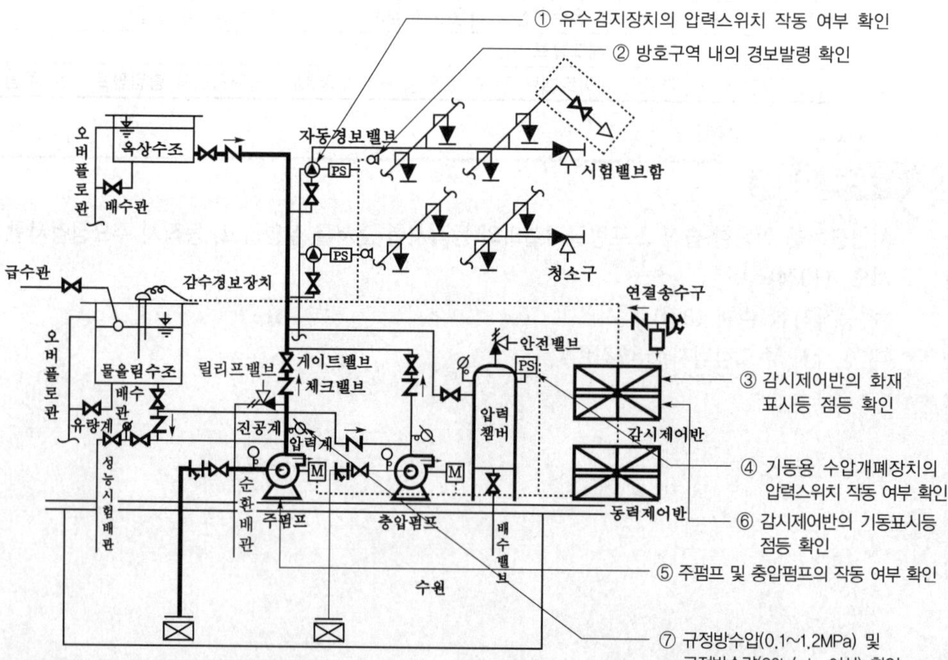

중요

**시험장치**

(1) **시험장치**(말단시험밸브함)의 **설치기준**[스프링클러설비의 화재안전기준(NFPC 103 제8조 제⑫항, NFTC 103 2.5.12)]

**습식 유수검지장치** 또는 **건식 유수검지장치**를 사용하는 스프링클러설비와 부압식 스프링클러설비에는 동장치를 시험할 수 있는 시험장치를 다음의 기준에 따라 설치하여야 한다.

① 습식 스프링클러설비 및 부압식 스프링클러설비에 있어서는 유수검지장치 2차측 배관에 연결하여 설치하고 건식 스프링클러설비인 경우 유수검지장치에서 **가장 먼 거리에 위치한 가지배관**의 **끝**으로부터 연결하여 설치할 것. 이 경우 유수검지장치 2차측 설비의 내용적이 2840L를 초과하는 건식 스프링클러설비는 시험장치 개폐밸브를 완전 개방 후 **1분** 이내에 물이 방사될 것

② 시험장치 배관의 구경은 **25mm** 이상으로 하고, 그 끝에 **개폐밸브** 및 **개방형 헤드** 또는 스프링클러헤드와 동등한 방수성능을 가진 오리피스를 설치할 것. 이 경우 개방형 헤드는 **반사판** 및 **프레임을 제거한 오리피스**만으로 설치할 수 있다.

▌개방형 헤드(반사판 및 프레임 제거)▐

③ 시험배관의 끝에는 **물받이통** 및 **배수관**을 설치하여 시험 중 방사된 물이 바닥에 흘러내리지 않도록 할 것(단, **목욕실 · 화장실** 또는 그 밖의 곳으로서 배수처리가 쉬운 장소에 시험배관을 설치한 경우는 제외).

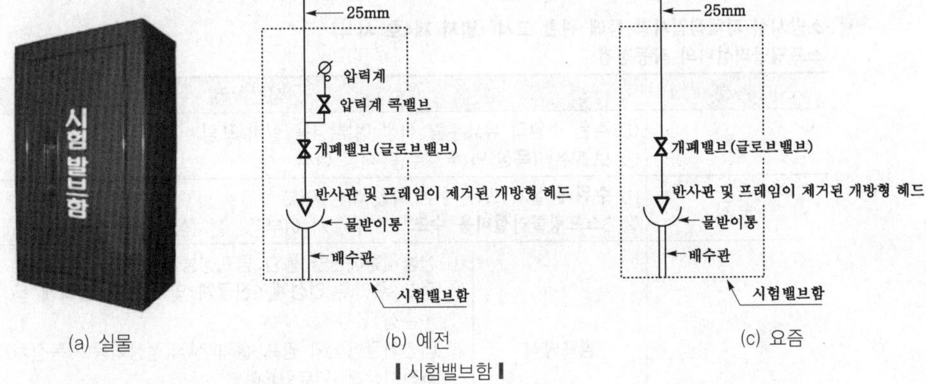


(a) 실물 (b) 예전 (c) 요즘

▌시험밸브함▐

(2) **시험장치**(말단시험밸브함)의 **기능**

① 말단시험밸브를 개방하여 **규정방수압** 및 **규정방수량** 확인

② 말단시험밸브를 개방하여 **유수검지장치** 및 **펌프**의 작동 확인

(3) **시험장치**의 **설치제외설비**[스프링클러설비의 화재안전기준(NFPC 103 제8조, NFTC 103 2.5.12)]

① **준비작동식** 스프링클러설비

② **일제살수식** 스프링클러설비

☆

**문제 128**

습식 스프링클러설비의 말단시험밸브의 시험작동시 확인될 수 있는 사항 7가지를 쓰시오. (10점)

○

○

○

○

○

○

○

정답 ① 유수검지장치의 압력스위치 작동 여부 확인
② 방호구역 내의 경보발령 확인
③ 감시제어반에 화재표시등 점등 확인
④ 기동용 수압개폐장치의 압력스위치 작동 여부 확인
⑤ 주펌프 및 충압펌프의 작동 여부 확인
⑥ 감시제어반에 기동표시등 점등 확인
⑦ 규정방수압(0.1~1.2MPa) 및 규정방수량(80L/min 이상) 확인

해설 **문제 127 참조**

☆☆

## 문제 129

스프링클러설비 준비작동식 유수검지장치 작동점검항목 2가지를 쓰시오. (2점)

○

○

정답 ① 담당구역 내 화재감지기 동작(수동기동 포함)에 따라 개방 및 작동 여부
② 수동조작함(설치높이, 표시등) 설치 적정 여부

해설 **소방시설 자체점검사항 등에 관한 고시 〔별지 제4호 서식〕**
**스프링클러설비의 작동점검**

| 구 분 | | 점검항목 |
|---|---|---|
| 수원 | | ① 주된 수원의 유효수량 적정 여부(겸용 설비 포함)<br>② 보조수원(**옥상**)의 유효수량 적정 여부 |
| 수조 | | ① **수위계** 설치 또는 수위 확인 가능 여부<br>② **"스프링클러설비용 수조"** 표지 설치 여부 및 설치상태 |
| 가압송수장치 | 펌프방식 | ① 성능시험배관을 통한 펌프성능시험 적정 여부<br>② 펌프 흡입측 **연성계 · 진공계** 및 **토출측 압력계** 등 부속장치의 변형 · 손상 유무<br>③ 내연기관방식의 펌프 설치 적정(정상기동(기동장치 및 제어반) 여부, 축전지상태, 연료량) 여부<br>④ 가압송수장치의 **"스프링클러펌프"** 표지 설치 여부 또는 다른 소화설비와 겸용시 겸용 설비 이름 표시 부착 여부 |
| | 고가수조방식 | **수위계 · 배수관 · 급수관 · 오버플로관 · 맨홀** 등 부속장치의 변형 · 손상 유무 |
| | 압력수조방식 | **수위계 · 급수관 · 급기관 · 압력계 · 안전장치 · 공기압축기** 등 부속장치의 변형 · 손상 유무 |
| | 가압수조방식 | **수위계 · 급수관 · 배수관 · 급기관 · 압력계** 등 부속장치의 변형 · 손상 유무 |
| 폐쇄형 스프링클러설비 방호구역 및 유수검지장치 | | 유수검지장치실 설치 적정(실내 또는 구획, 출입문 크기, 표지) 여부 |
| 개방형 스프링클러설비 방수구역 및 일제개방밸브 | | 일제개방밸브실 설치 적정(실내(구획), 높이, 출입문, 표지) 여부 |
| 배관 | | ① 급수배관 개폐밸브 설치(개폐표시형, 흡입측 버터플라이 제외) 및 작동표시스위치 적정(제어반 표시 및 경보, 스위치 동작 및 도통시험) 여부<br>② 준비작동식 유수검지장치 및 일제개방밸브 2차측 배관 부대설비 설치 적정(개폐표시형 밸브, 수직배수배관, 개폐밸브, 자동배수장치, 압력스위치 설치 및 감시제어반 개방 확인) 여부<br>③ 유수검지장치 시험장치 설치 적정(설치위치, 배관구경, 개폐밸브 및 개방형 헤드, 물받이 통 및 배수관) 여부 |

| 구분 | | 점검항목 |
|---|---|---|
| 음향장치 및 기동장치 | | ① 유수검지에 따른 음향장치 작동 가능 여부(습식 · 건식의 경우)<br>② 감지기 작동에 따라 음향장치 작동 여부(준비작동식 및 일제개방밸브의 경우)<br>③ 음향장치(경종 등) **변형 · 손상** 확인 및 정상작동(음량 포함) 여부 |
| | 펌프 작동 | ① 유수검지장치의 발신이나 기동용 수압개폐장치의 작동에 따른 펌프 기동 확인(습식 · 건식의 경우)<br>② 화재감지기의 감지나 기동용 수압개폐장치의 작동에 따른 펌프 기동 확인(준비작동식 및 일제개방밸브의 경우) |
| | 준비작동식 유수검지장치 또는 일제개방밸브 작동 | ① 담당구역 내 화재감지기 동작(수동기동 포함)에 따라 개방 및 작동 여부<br>② 수동조작함(설치높이, 표시등) 설치 적정 여부 |
| 헤드 | | ① 헤드의 **변형 · 손상** 유무<br>② 헤드 **설치 위치 · 장소 · 상태**(고정) 적정 여부<br>③ 헤드 살수장애 여부 |
| 송수구 | | ① 설치장소 적정 여부<br>② 송수압력범위 표시 표지 설치 여부<br>③ 송수구 **마개** 설치 여부 |
| 전원 | | ① 자가발전설비인 경우 연료적정량 보유 여부<br>② 자가발전설비인 경우 「전기사업법」에 따른 정기점검 결과 확인 |
| 제어반 | 감시제어반 | ① 펌프 작동 여부 확인표시등 및 음향경보장치 정상작동 여부<br>② 펌프별 자동 · 수동 전환스위치 정상작동 여부<br>③ 각 확인회로별 도통시험 및 작동시험 정상작동 여부<br>④ 예비전원 확보 유무 및 시험 적합 여부<br>⑤ 유수검지장치 · 일제개방밸브 작동시 표시 및 경보 정상작동 여부<br>⑥ 일제개방밸브 수동조작스위치 설치 여부 |
| | 동력제어반 | 앞면은 **적색**으로 하고, **"스프링클러설비용 동력제어반"** 표지 설치 여부 |
| 비고 | | ※ 특정소방대상물의 위치 · 구조 · 용도 및 소방시설의 상황 등이 이 표의 항목대로 기재하기 곤란하거나 이 표에서 누락된 사항을 기재한다. |

☆☆

## 문제 130

스프링클러설비의 음향장치 및 기동장치의 경우 일제개방밸브 작동에 대한 작동점검항목 2가지를 쓰시오. (2점)

○

○

**정답** ① 담당구역 내 화재감지기 동작(수동기동 포함)에 따라 개방 및 작동 여부
② 수동조작함(설치높이, 표시등) 설치 적정 여부

**해설** **문제 129 참조**

☆☆

## 문제 131

습식 스프링클러설비의 음향장치 및 기동장치의 경우 펌프 작동에 대한 작동점검항목 1가지를 쓰시오. (2점)

○

**정답** 유수검지장치의 발신이나 기동용 수압개폐장치의 작동에 따른 펌프 기동 확인

**해설** **문제 129 참조**

☆☆☆
## 문제 132

준비작동식 스프링클러설비의 음향장치 및 기동장치의 경우 펌프 작동에 대한 작동점검항목 1가지를 쓰시오. (2점)

○

정답 화재감지기의 감지나 기동용 수압개폐장치의 작동에 따른 펌프 기동 확인

- 작동상태 점검 후 시설을 반드시 복원 조치할 것

해설 **문제 129 참조**

☆☆
## 문제 133

다음은 습식 스프링클러설비의 작동과 관련 부대전기설비의 배선을 나타낸 그림이다. 각 기기들의 연계 작동순서를 간략하게 설명하시오. (5점)

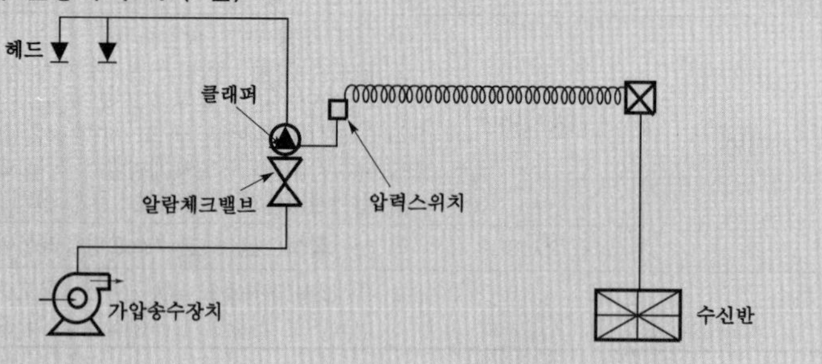


정답 화재발생 → 헤드개방 → 밸브 2차측 압력감소와 동시에 클래퍼 개방 → 압력스위치 동작 → 수신반에 신호 → 가압송수장치 작동

해설 **작동순서**

| 설 비 | 작동순서 |
|---|---|
| • 습식<br>• 건식 | • 화재발생<br>• 헤드개방<br>• 밸브 2차측 압력감소와 동시에 클래퍼 개방<br>• **압력스위치** 동작<br>• **수신반**에 **신호**<br>• **가압송수장치**(펌프) **작동** |

비교

**준비작동식 스프링클러설비**의 **준비작동밸브 개방원리**

화재발생 → 감지기 동작 → 솔레노이드밸브 개방 → 밸브 2차측 압력감소와 동시에 클래퍼 개방 → 준비작동밸브 개방

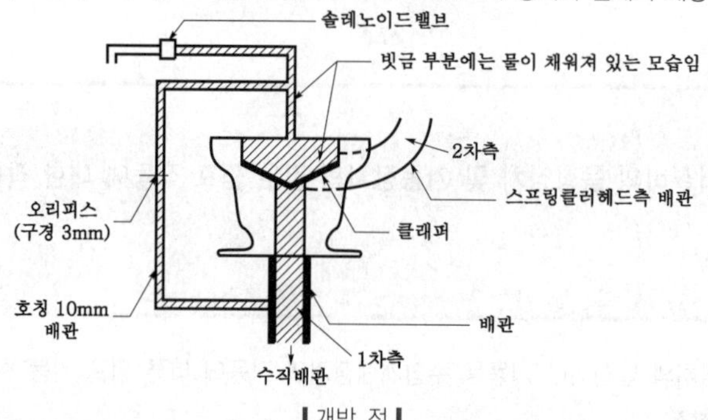


▌개방 전▐

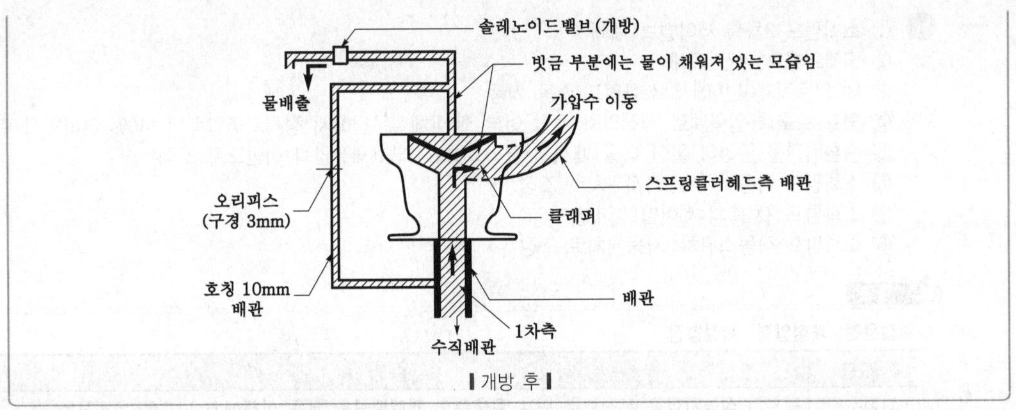

▍개방 후▍

## 문제 134

습식 스프링클러설비의 성능시험을 위한 습식 스프링클러의 시험밸브 개방시 작동순서를 쓰시오. (10점)

정답 ① 시험밸브 개방 → 알람밸브 2차측 배관 내 압력 감소 → 클래퍼 개방 → 리타딩챔버 내 압력 상승 → 압력스위치(알람스위치) 작동 → 경보장치 작동
② 시험밸브 개방 → 알람밸브 2차측 배관 내 압력 감소 → 클래퍼 개방 → 알람밸브 1차측 배관 내 압력 감소 → 기동용 수압개폐장치 내 압력 감소 → 압력스위치 작동 → 가압송수장치(펌프) 작동

해설 **습식 스프링클러**의 **시험밸브 개방시 작동순서**
(1) **시험밸브** 개방 → **알람밸브 2차측** 배관 내 압력 감소 → **클래퍼** 개방 → **리타딩챔버** 내 압력 상승 → **압력스위치**(알람스위치) 작동 → **경보장치** 작동
(2) **시험밸브** 개방 → **알람밸브 2차측** 배관 내 압력 감소 → **클래퍼** 개방 → **알람밸브 1차측** 배관 내 압력 감소 → **기동용 수압개폐장치** 내 압력 감소 → **압력스위치** 작동 → **가압송수장치**(펌프) 작동

## 문제 135

습식 스프링클러설비의 성능시험을 위한 기계실 내에서 알람체크밸브 시험방법을 쓰시오. (10점)

정답 ① 경보시험밸브 개방 → 리타딩챔버 내 압력 상승 → 압력스위치(알람스위치) 작동 → 경보장치 작동
② 배수밸브 개방 → 알람밸브 2차측 배관 내 압력 감소 → 클래퍼 개방 → 리타딩챔버 내 압력 상승 → 압력스위치(알람스위치) 작동 → 경보장치 작동

해설 **기계실 내**에서 **알람체크밸브 시험**
(1) **경보시험밸브** 개방 → **리타딩챔버** 내 압력 상승 → **압력스위치(알람스위치)** 작동 → **경보장치** 작동
(2) **배수밸브** 개방 → **알람밸브 2차측** 배관 내 압력 감소 → **클래퍼** 개방 → **리타딩챔버** 내 압력 상승 → **압력스위치**(알람스위치) 작동 → **경보장치** 작동

## 문제 136

습식 스프링클러설비의 성능시험을 위한 펌프의 체절운전시험방법을 쓰시오. (10점)

정답 ① 소화펌프 2차측 제어밸브 폐쇄
② 릴리프밸브 완전 폐쇄
③ MCC(동력제어반)에서 소화펌프 수동 기동
④ 펌프 토출측 압력계로 체절압력 적합 여부 확인(체절운전에서 정격토출압력의 140% 이하인지 확인)
⑤ 순환배관을 통하여 물이 나올 때까지 릴리프밸브 개방(체절압력 미만으로 조정)
⑥ 소화펌프 작동스위치 : 정지위치로 조정
⑦ 소화펌프 2차측의 제어밸브 개방
⑧ 소화펌프 작동스위치 : 자동위치로 조정

중요

**체절운전, 체절압력, 체절양정**

| 구 분 | 설 명 |
|---|---|
| 체절운전 | 펌프의 **성능시험**을 목적으로 펌프 **토출측**의 **개폐밸브**를 **닫은 상태**에서 펌프를 운전하는 것 |
| 체절압력 | 체절운전시 **릴리프밸브**가 압력수를 방출할 때의 압력계상 압력으로 **정격토출압력**의 **140%** 이하 |
| 체절양정 | 펌프의 **토출측** 밸브가 모두 막힌 상태, 즉 유량이 0인 상태에서의 양정 |

※ **체절압력** 구하는 식

**체절압력**[MPa]=정격토출압력[MPa]×1.4=펌프의 명판에 표시된 양정[m]×1.4×$\frac{1}{100}$

해설 (1) 펌프의 **성능시험배관 및 유량측정장치**의 **설치기준**
① 펌프 토출측의 **개폐밸브 이전**에서 **분기**하는 펌프의 성능시험을 위한 배관일 것
② 유량측정장치는 성능시험배관의 직관부에 설치하되, 펌프의 정격토출량의 **175%** 이상 측정할 수 있는 성능이 있을 것

(2) **펌프**의 **성능시험방법**
① **주배관**의 **개폐밸브**를 **잠금**
② 제어반에서 **충압펌프**의 **기동 중지**
③ 압력챔버의 **배수밸브**를 열어 **주펌프**가 **기동**되면 잠금(제어반에서 수동으로 주펌프 기동)
④ **성능시험배관상**에 있는 **개폐밸브 개방**
⑤ 성능시험배관의 **유량조절밸브**를 **서서히 개방**하여 유량계를 통과하는 유량이 정격토출유량이 되도록 **조정**
⑥ 성능시험배관의 **유량조절밸브**를 **조금 더 개방**하여 유량계를 통과하는 유량이 **정격토출유량**의 **150%**가 되도록 조정
⑦ 성능시험배관상에 있는 **유량계**를 확인하여 **펌프성능 측정**
⑧ **성능시험** 측정 후 배관상 **개폐밸브**를 잠근 후 **주밸브** 개방
⑨ 제어반에서 **충압펌프 기동중지**를 **해제**

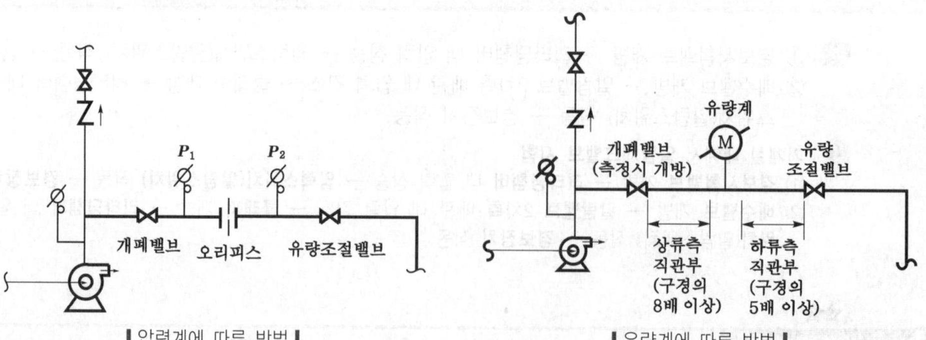


▍압력계에 따른 방법▍　　▍유량계에 따른 방법▍

☆☆
## 문제 137

습식 스프링클러에서 알람밸브가 오보(비화재시의 경보)되는 경우의 확인 및 조치사항 5가지를 쓰시오. (10점)

○
○
○
○
○

정답

| 확인사항 | 조치사항 |
|---|---|
| 경보시험밸브의 개방 여부 확인 | 폐쇄상태 유지 |
| 말단시험밸브의 개방 여부 확인 | 폐쇄상태 유지 |
| 배수밸브의 개방 여부 확인 | 폐쇄상태 유지 |
| 밸브 내부의 클래퍼 시트 부분의 이물질 형성 및 변형 등의 여부 확인 | 이물질이 없어야 하며, 변형되지 않은 상태로 유지 |
| 알람밸브 2차측 배관의 누수 여부 확인 | 누수시 보수 |

해설 **비화재시**에도 **오보**가 울릴 경우의 **점검사항**

(1) 리타딩챔버 상단의 **압력스위치** 점검
(2) 리타딩챔버 상단의 압력스위치 배선의 **누전상태** 점검
(3) 리타딩챔버 상단의 압력스위치 배선의 **합선상태** 점검
(4) 리타딩챔버 하단의 **오리피스** 점검

비교

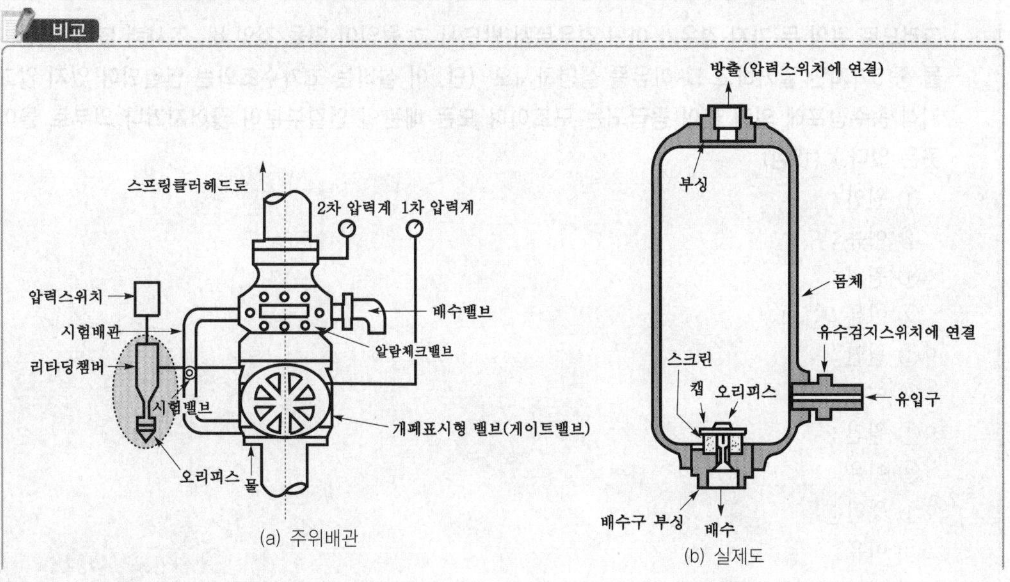


(a) 주위배관

(b) 실제도

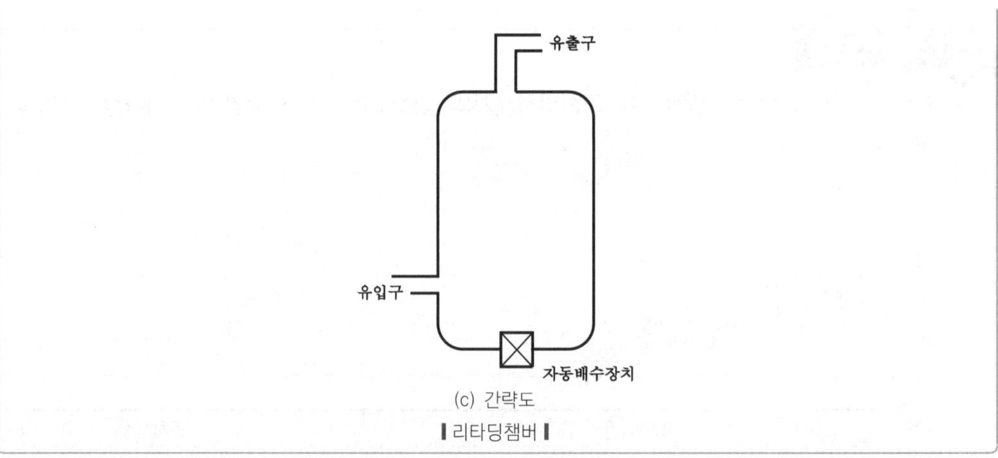

(c) 간략도

┃리타딩챔버┃



☆☆☆

## 문제 138

어느 스프링클러 습식 설비에서 임의의 헤드를 개방시켜 보았더니 처음에는 약간의 물이 새어나오다가 그것마저도 중지되었다. 그 원인으로 우선 다음 두 가지의 가능성을 조사해 보았으나 아무런 이상이 없었다.

① 전동기의 고장유무
② 전동기에 동력을 공급하는 설비의 고장유무

그러므로 위의 두 가지 경우가 아닌 경우로서 반드시 그 원인이 있을 것인 바, 조사해 볼 수 있는 가능성들 중 5가지만 열거하고 그 이유를 설명하시오. (단, 이 설비는 고가수조와는 연결되어 있지 않고 전동기식 송수펌프에 의해 물이 공급되는 구조이며 모든 배관의 연결부분이 끊어지거나 외부로 물이 새는 곳은 없다.) (15점)

○ ① 원인 :
　② 이유 :
○ ① 원인 :
　② 이유 :
○ ① 원인 :
　② 이유 :
○ ① 원인 :
　② 이유 :
○ ① 원인 :
　② 이유 :

정답 ① ㉠ 원인 : 후드밸브의 막힘
㉡ 이유 : 펌프 흡입측 배관에 물이 유입되지 못하므로
② ㉠ 원인 : 펌프 흡입측의 게이트밸브 폐쇄
㉡ 이유 : 펌프 흡입측의 게이트밸브 2차측에 물이 공급되지 못하므로
③ ㉠ 원인 : 펌프 토출측의 게이트밸브 폐쇄
㉡ 이유 : 펌프 토출측의 게이트밸브 2차측에 물이 공급되지 못하므로
④ ㉠ 원인 : 알람체크밸브 개방 불가
㉡ 이유 : 알람체크밸브 2차측에 물이 공급되지 못하므로
⑤ ㉠ 원인 : 압력챔버 내의 압력스위치 고장
㉡ 이유 : 펌프가 기동되지 않으므로

해설 **물**이 나오지 않는 경우의 **원인** 및 **이유**
(1) ① 원인 : **후드밸브**의 막힘
② 이유 : 펌프 흡입측 배관에 물이 유입되지 못하므로
(2) ① 원인 : **Y형 스트레이너의 막힘**
② 이유 : Y형 스트레이너 2차측에 물이 공급되지 못하므로
(3) ① 원인 : **펌프 토출측의 체크밸브** 막힘
② 이유 : 펌프 토출측의 체크밸브 2차측에 물이 공급되지 못하므로
(4) ① 원인 : **펌프 토출측의 게이트밸브** 폐쇄
② 이유 : 펌프 토출측의 게이트밸브 2차측에 물이 공급되지 못하므로
(5) ① 원인 : **압력챔버** 내의 **압력스위치** 고장
② 이유 : 펌프가 기동되지 않으므로
(6) ① 원인 : **알람체크밸브** 개방 불가
② 이유 : 알람체크밸브 2차측에 물이 공급되지 못하므로
(7) ① 원인 : **알람체크밸브 1차측 게이트밸브 폐쇄**
② 이유 : 알람체크밸브 1차측 게이트밸브 2차측에 물이 공급되지 못하므로

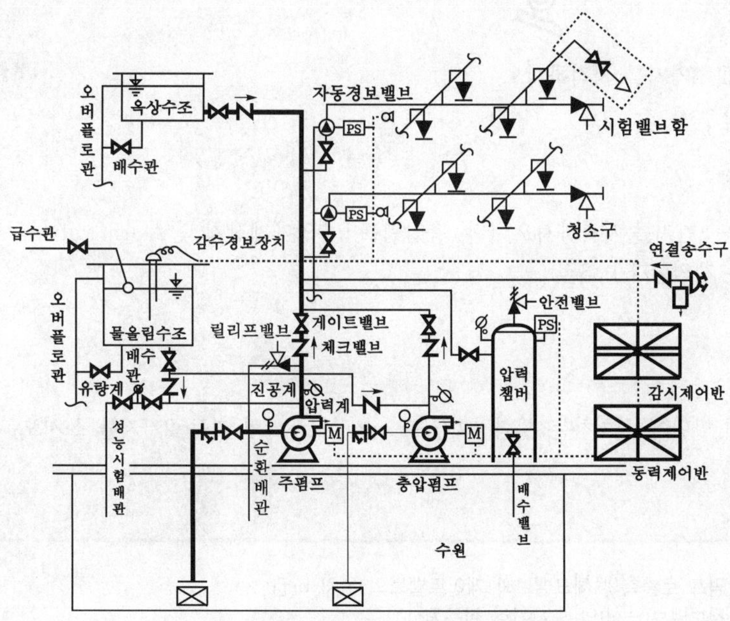

▌습식 스프링클러설비▐

★★★

## 문제 139

그림은 폐쇄형 습식 스프링클러설비의 계통도이다. 다음 각 물음에 답하시오. (10점)

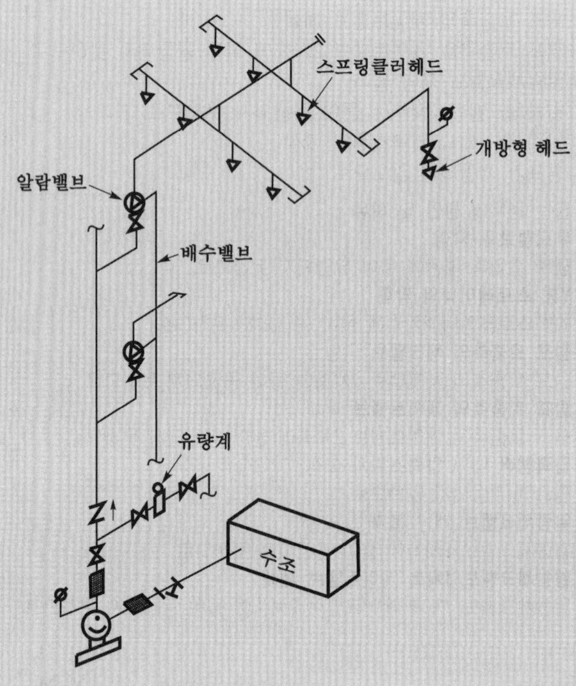


(가) 잘못된 곳 3가지를 지적하시오. (3점)

○

○

○

(나) 누락된 곳 3가지를 지적하시오. (단, 충압펌프 · 수압개폐장치 및 Alarm valve 주위의 기기상세에 대하여는 제외한다.) (3점)

○

○

○

(다) 최상층의 말단에 설치하는 시험장치(test connection)의 기능 2가지를 쓰시오. (4점)

○

○

정답 (가) ① 펌프 토출측의 체크밸브와 게이트밸브의 위치 바뀜
② 경보밸브(습식)의 도시기호 잘못됨
③ 스프링클러헤드의 배관분기가 잘못됨

(나) ① 펌프 흡입측의 개폐표시형 밸브(게이트밸브)
② 교차배관 끝의 청소구
③ 시험배관 끝의 물받이통 및 배수관

(다) ① 규정방수압 및 규정방수량 확인
② 유수검지장치의 작동 확인

해설 (가) **잘못된 곳**

① 펌프 토출측의 체크밸브와 게이트밸브의 위치 바뀜

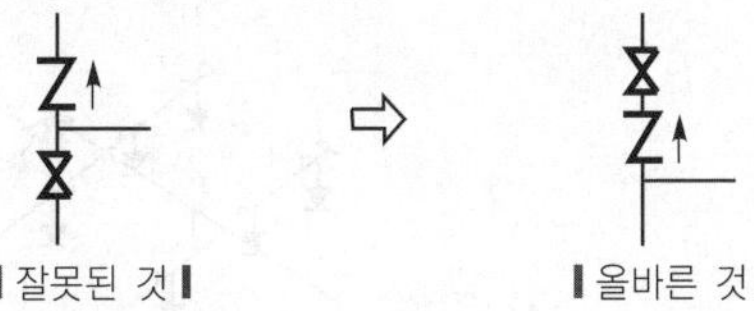
▎잘못된 것▕ ▎올바른 것▕

② 경보밸브(습식)의 도시기호 잘못됨

▎잘못된 것▕ ▎올바른 것▕

③ 스프링클러헤드의 배관분기가 잘못됨

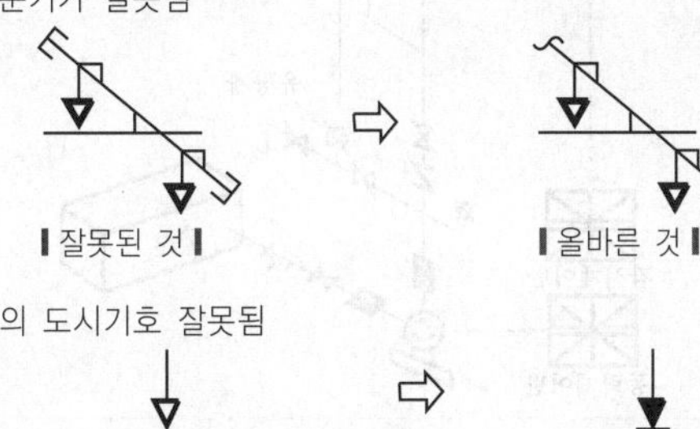
▎잘못된 것▕ ▎올바른 것▕

④ 폐쇄형 스프링클러헤드의 도시기호 잘못됨

▎잘못된 것▕ ▎올바른 것▕

⑤ 유량계 도시기호 잘못됨

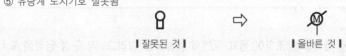

▎잘못된 것▕ ▎올바른 것▕

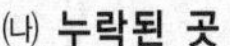

(나) **누락된 곳**

① 펌프 흡입측의 개폐표시형 밸브(게이트밸브)

▎게이트밸브▕

② 교차배관 끝의 청소구

▎청소구▕

③ 시험배관 끝의 물받이통 및 배수관

▎물받이통 · 배수관▕

④ 감시제어반 및 동력제어반

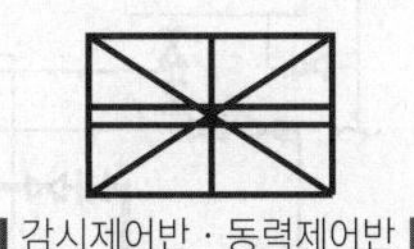
▎감시제어반 · 동력제어반▕

- 수조와 펌프가 같은 위치에 있으므로 **연성계**(진공계), **후드밸브**, **물올림장치**는 필요없다. 주의! 또 주의하라.

(다) **말단시험장치**의 **시험사항**

① 말단시험밸브를 개방하여 **규정방수압** 및 **규정방수량** 확인

② 말단시험밸브를 개방하여 **유수검지장치**의 작동 확인

참고

**수정된 도면**

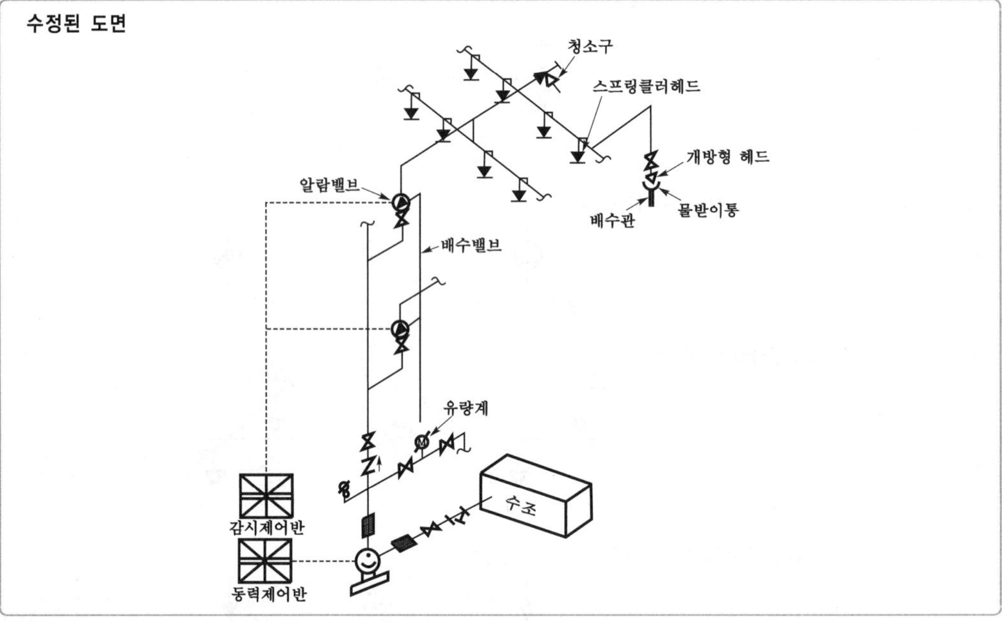


★★

## 문제 140

스프링클러설비에서 다음을 참조하여 펌프 주변의 계통도를 그리고, 각 구성 명칭을 표시하고 그 기능을 설명하시오. (20점)

〔조건〕

① 수조의 수위보다 펌프가 높게 설치되어 있다.
② 물올림장치 부분의 부속류를 도시한다.
③ 펌프 흡입측 배관의 밸브 및 부속류를 도시한다.
④ 펌프 토출측 배관의 밸브 및 부속류를 도시한다.
⑤ 성능시험배관의 밸브 및 부속류를 도시한다.

정답 ① 계통도

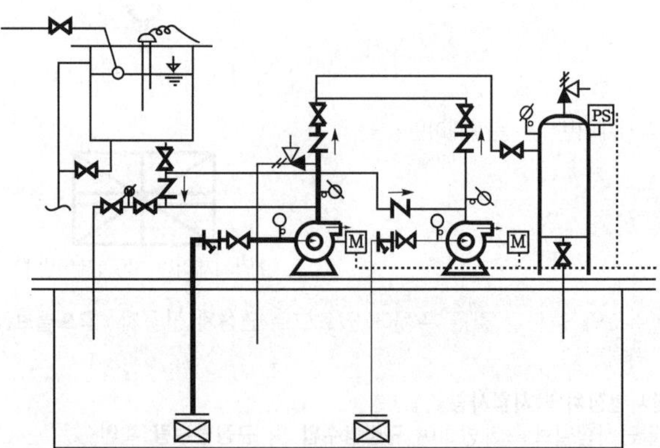

② 각 기기의 기능
- ㉠ 후드밸브 : 역류방지기능 및 여과기능
- ㉡ 플렉시블 조인트 : 진동전달방지, 신축흡수
- ㉢ 주펌프 : 소화수에 유속과 압력을 부여
- ㉣ 압력계 : 펌프의 토출측 수두 측정
- ㉤ 순환배관 : 펌프의 체절운전시 수온상승 방지
- ㉥ 릴리프밸브 : 체절압력 미만에서 개방
- ㉦ 물올림수조 : 후드밸브 감시(누수 발생시 펌프 흡입측에 물을 보충)
- ㉧ 체크밸브 : 역류 방지
- ㉨ 개폐표시형 개폐밸브 : 성능시험시 또는 배관 수리시 유수 차단
- ㉩ 수격방지기 : 펌프의 기동, 정지 시 수격 완화
- ㉪ 유량계 : 성능시험시 펌프의 유량(토출량) 측정
- ㉫ 성능시험배관 : 가압송수장치의 성능시험
- ㉬ 충압펌프 : 배관 내를 상시 충압
- ㉭ 기동용 수압개폐장치(압력챔버) : 펌프의 자동 기동 및 정지

해설

| 부속품 | 기 능 |
|---|---|
| 후드밸브 | **여과**기능 · **체크밸브**기능 |
| 스트레이너 | 펌프 내의 **이물질 침투** 방지 |
| 개폐표시형 밸브 | 주밸브로 사용되며 **육안**으로 **밸브**의 **개폐** 확인 |
| 연성계 | 펌프의 **흡입측 압력** 측정 |
| 플렉시블 조인트 | 펌프 또는 배관의 **충격흡수** |
| 주펌프 | 소화수에 유속과 압력 부여 |
| 압력계 | 펌프의 **토출측 압력** 측정 |
| 유량계 | **성능시험**시 펌프의 **유량** 측정 |
| 성능시험배관 | **주펌프**의 **성능 적합 여부** 확인 |
| 체크밸브 | **역류** 방지 |
| 물올림수조 | 물올림장치의 **전용탱크** |
| 순환배관 | **체절운전시 수온상승** 방지 |
| 릴리프밸브 | **체절압력 미만**에서 개방 |
| 감수경보장치 | 물올림수조의 **물부족 감시** |
| 자동급수밸브 | 물올림수조의 **물 자동공급** |
| 볼탭 | 물올림수조의 **물**의 **양 감지** |
| 급수관 | 물올림수조의 **물 공급**배관 |
| 오버플로관 | 물올림수조에 물이 넘칠 경우 **물배출** |
| 배수관 | 물올림수조의 **청소**시 **물**을 배출하는 관 |
| 물올림관 | **흡수관**에 **물**을 **공급**하기 위한 관 |

☆☆☆

### 문제 141

습식 스프링클러설비에서 탬퍼스위치 설치위치 5곳을 쓰시오. (10점)

○

○

○

○

○



소방시설의 점검실무행정 종합문제 600제

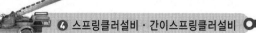

정답 ① 주펌프의 흡입측에 설치된 개폐밸브
② 주펌프의 토출측에 설치된 개폐밸브
③ 유수검지장치, 일제개방밸브의 1차측 개폐밸브
④ 유수검지장치, 일제개방밸브의 2차측 개폐밸브
⑤ 옥상수조와 수직배관 사이의 개폐밸브

해설 **탬퍼스위치**의 **설치장소**

| 기 호 | 설치장소 |
|---|---|
| ① | **주펌프**의 **흡입측**에 설치된 개폐밸브 |
| ② | **주펌프**의 **토출측**에 설치된 개폐밸브 |
| ③ | **옥상수조**와 **수직배관** 사이의 개폐밸브 |
| ④ | **유수검지장치**, **일제개방밸브**의 **1차측** 개폐밸브 |
| ⑤ | **유수검지장치**, **일제개방밸브**의 **2차측** 개폐밸브 |
| ⑥ | **충압펌프**의 **흡입측**에 설치된 개폐밸브 |
| ⑦ | **충압펌프**의 **토출측**에 설치된 개폐밸브 |

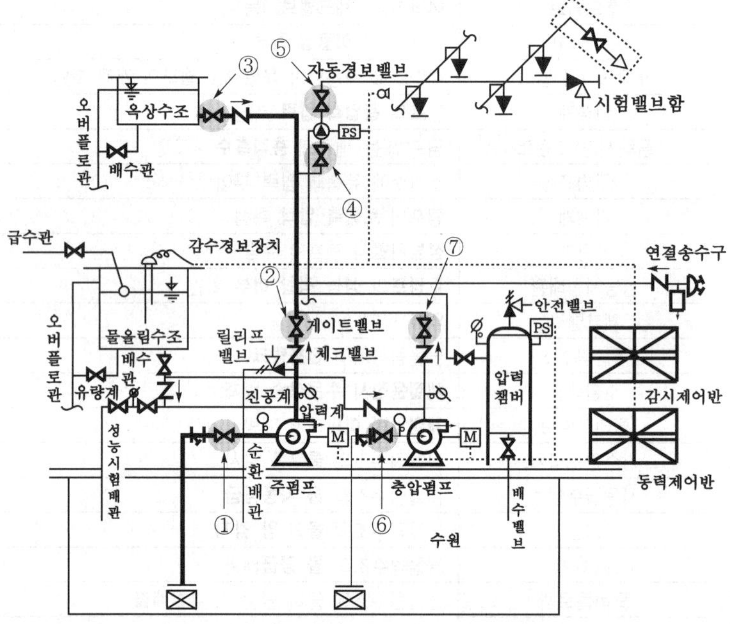


▮습식 스프링클러설비▮

**중요**

**탬퍼스위치**(TS ; Tamper Switch)의 **설치목적**
**밸브**의 **개폐상태**를 감시제어반에서 확인하기 위하여 설치(밸브의 개폐상태 감시)

• 스프링클러설비의 감시제어반에서 도통시험 및 작동시험을 할 수 있어야 하는 회로를 답하지 않도록 주의하라! 혼동하기 쉽다.

비교

**감시제어반**에서 **도통시험** 및 **작동시험**을 할 수 있어야 하는 **회로**(NFPC 103 제13조 제③항 제6호, NFTC 103 2.10.3.8)

| 스프링클러설비 | 화재조기진압용 스프링클러설비 | 옥내소화전설비 · 포소화설비 | 옥외소화전설비 · 물분무소화설비 · |
|---|---|---|---|
| ① **기**동용 수압개폐장치의 **압력스위치회로**<br>② **수**조 또는 물올림수조의 **저수위감시회로**<br>③ **유수검지장치** 또는 **일제개방밸브**의 **압력스위치회로**<br>④ **일**제개방밸브를 사용하는 설비의 **화재감지기회로**<br>⑤ **급**수배관에 설치되어 있는 **개폐밸브**의 **폐쇄상태 확인회로**<br>기억법 기스유수일급 | ① **기동용 수압개폐장치**의 **압력스위치회로**<br>② **수조** 또는 **물올림수조**의 **저수위감시회로**<br>③ **유수검지장치** 또는 **압력스위치회로**<br>④ **급**수배관에 설치되어 있는 **개폐밸브**의 **폐쇄상태 확인회로**<br>기억법 조기 수유급 | ① 기동용 수압개폐장치의 압력스위치회로<br>② 수조 또는 물올림수조의 저수위감시회로<br>③ 급수배관에 설치되어 있는 개폐밸브의 폐쇄상태 확인회로 | ① **기동용 수압개폐장치**의 **압력스위치회로**<br>② **수조** 또는 **물올림수조**의 **저수위감시회로**<br>기억법 옥물수기 |

- **'수조 또는 물올림수조의 저수위감시회로'**를 **'수조 또는 물올림수조의 감시회로'**라고 써도 틀린 답은 아니다.

## 문제 142

스프링클러설비에 대한 시험밸브 개방시 경보가 발하지 않는 경우 확인 및 조치사항 4가지를 쓰시오. (10점)

○
○
○
○

정답

| 확인사항 | 조치사항 |
|---|---|
| 압력스위치의 동작 여부 확인 | 정상적으로 동작하지 않을 경우 교체할 것 |
| 배선의 단선상태 확인 | 단선상태일 경우 재시공할 것 |
| 사이렌의 동작 여부 확인 | 정상적으로 동작하지 않을 경우 교체할 것 |
| 경보정지밸브의 폐쇄 여부 확인 | 개방상태로 유지할 것 |

해설 **시험밸브 개방시 경보**가 **발하지 않는 경우**

| 확인사항 | 조치사항 |
|---|---|
| 압력스위치의 동작 여부 확인 | 정상적으로 동작하지 않을 경우 교체할 것 |
| 배선의 단선상태 확인 | **단선상태**일 경우 재시공할 것 |
| 사이렌의 동작 여부 확인 | 정상적으로 동작하지 않을 경우 교체할 것 |
| 경보정지밸브의 폐쇄 여부 확인 | **개방상태**로 유지할 것 |

☆☆☆

## 문제 143

건식 스프링클러설비에서 건식 밸브 내의 프라이밍 워터(priming water)가 필요한 이유(5가지)에 대하여 쓰시오. (10점)

○
○
○
○
○

정답 ① 누설 여부 확인 : 덮개로부터의 누설 여부와 Seat ring의 공기 시트부의 누설 여부 확인
② 충격 감소(완충작용) : 클래퍼의 급격한 개방시 충격 감소
③ 기밀 유지(봉수작용) : 클래퍼의 누설이 없도록 기밀 유지
④ 수평면 유지 : 건식 밸브 2차측 공기압력이 수평면에 작용하여 1차측 압력에 대응함
⑤ 중량물 : 프라이밍 워터(priming water) 자체의 중량이 1차측 압력에 대응함

해설 **Preaction system**에서 **Interlock system**의 **종류**

| 종 류 | 밸브 개방방법 | 장 점 | 단 점 |
|---|---|---|---|
| Single interlocked system | **화재감지기** 작동 | 조기 소화 가능 | 화재감지기 고장시 밸브 개방 불가 |
| Double interlocked system | **화재감지기**와 **스프링클러헤드** 작동 | 오동작으로 인한 수손피해 최소 | 소화수 방출 지연, 화재감지기 고장시 밸브 개방 불가 |
| None interlocked system | **화재감지기** 또는 **스프링클러헤드** 작동 | 조기 소화 가능, 화재감지기 고장시 밸브 개방 가능 | 오작동으로 인한 수손피해 발생 |

☆

## 문제 144

건식 스프링클러설비에서 건식 밸브의 클래퍼 상부에 일정한 수면(priming water level)을 유지하는 이유를 5가지만 쓰시오. (5점)

○
○
○
○
○

정답 ① 저압의 공기로 클래퍼 상·하부의 동일압력 유지
② 저압의 공기로 클래퍼의 닫힌 상태 유지
③ 화재시 클래퍼의 쉬운 개방
④ 화재시 신속한 소화활동
⑤ 클래퍼 상부의 기밀 유지

해설 **클래퍼 상부**에 일정한 **수면**을 **유지**하는 이유

(1) 클래퍼 하부에는 **가압수**, 상부에는 **압축공기**로 채워져 있는데, 일반적 가압수의 압력이 압축공기의 압력보다 훨씬 크므로 그만큼 압축공기를 고압으로 충전시켜야 되기 때문에 클래퍼 상부에 일정한 수면을 유지하면 저압의 공기로도 클래퍼 상·하부의 압력을 동일하게 유지할 수 있다.
(2) 클래퍼 상·하부의 압력이 동일한 때에만 클래퍼는 평상시 닫힌 상태를 유지할 수 있는데 클래퍼 상부에 일정한 수면을 유지하면 저압의 공기로도 클래퍼의 닫힌 상태를 유지할 수 있다.

(3) 클래퍼 상부에 일정한 물을 채워두면 클래퍼 상부의 공기압은 가압수의 압력에 비하여 **1/5~1/6** 정도이면 되므로 화재시 **10%** 정도의 압력만 감소된다 하더라도 클래퍼가 쉽게 개방된다.
(4) 클래퍼 상부에 저압의 공기를 채워도 되므로 화재시 클래퍼를 신속하게 개방하여 즉각적인 소화활동을 하기 위함이다.
(5) 물올림관을 통해 클래퍼 상부에 일정한 물을 채우면 클래퍼 상부의 압축공기가 클래퍼 하부로 새지 않도록 할 수 있다.

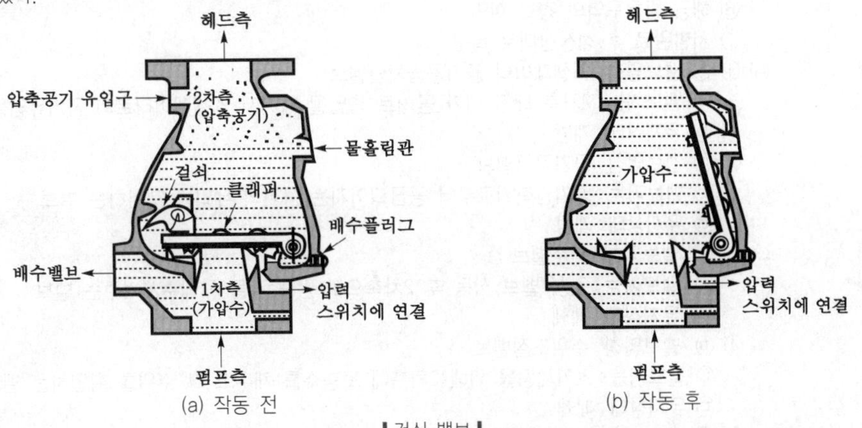

(a) 작동 전 (b) 작동 후

▌건식 밸브▌

☆☆☆
## 문제 145

**건식 밸브의 도면을 보고 다음 각 물음에 답하시오. (20점)**

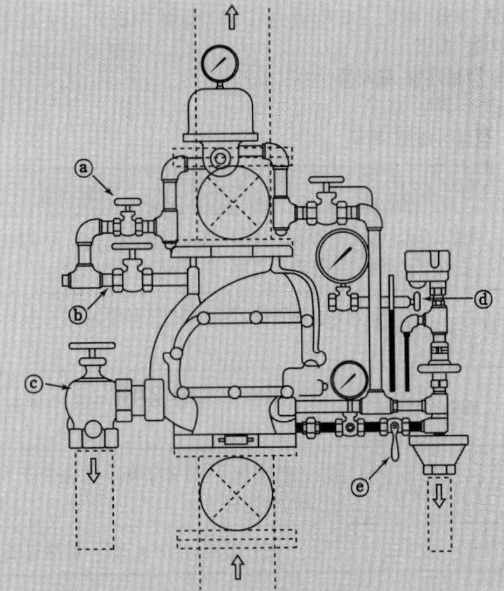


(가) 건식 밸브의 작동방법에 대하여 쓰시오. (10점)
(나) 다음 보기를 참고하여 기호 ⓐ~ⓔ의 밸브명칭, 밸브기능, 평상시 유지상태를 설명하시오. (10점)
〔보기〕
① 밸브명칭 : 개폐표시형 밸브
② 밸브기능 : 건식 밸브 1차측 물 공급을 제어시켜 주는 밸브
③ 유지상태 : 개방

정답 (가) ① 2차측 제어밸브 폐쇄
② ⓐ, ⓑ번 밸브 개방상태 및 ⓒ, ⓓ, ⓔ번 밸브 폐쇄상태인지 확인
③ ⓓ번 시험밸브 개방 : 이때 2차측 배관의 공기압력 저하로 급속개방장치가 작동하여 클래퍼 개방
④ 펌프의 자동기동 확인
⑤ 감시제어반의 밸브개방 표시등 점등 확인
⑥ 해당 방호구역의 경보 확인
⑦ 시험완료 후 정상상태로 복구

(나) ① ㉠ 밸브명칭 : 엑셀레이터 공기공급차단밸브
㉡ 밸브기능 : 2차측 배관 내가 공기로 충압될 때까지 엑셀레이터로의 공기유입을 차단시켜주는 밸브
㉢ 유지상태 : 개방
② ㉠ 밸브명칭 : 공기공급밸브
㉡ 밸브기능 : 공기압축기로부터 공급되어지는 공기의 유입을 제어하는 밸브
㉢ 유지상태 : 개방
③ ㉠ 밸브명칭 : 배수밸브
㉡ 밸브기능 : 건식 밸브 작동 후 2차측으로 방출된 물을 배수시켜주는 밸브
㉢ 유지상태 : 폐쇄
④ ㉠ 밸브명칭 : 수위조절밸브
㉡ 밸브기능 : 초기세팅을 위해 2차측에 보충수를 채우고 그 수위를 확인하는 밸브
㉢ 유지상태 : 폐쇄
⑤ ㉠ 밸브명칭 : 알람시험밸브
㉡ 밸브기능 : 정상적인 밸브의 작동없이 화재경보를 시험하는 밸브
㉢ 유지상태 : 폐쇄

해설 (가) **건식 밸브**의 **작동방법(시험방법)**
① 2차측 **제어밸브 폐쇄**
② ⓐ · ⓑ번 **밸브 개방상태** 및 ⓒ · ⓓ · ⓔ번 **밸브 폐쇄상태**인지 확인
③ ⓓ번 **시험밸브 개방** : 이때 2차측 배관의 공기압력 저하로 급속개방장치가 작동하여 클래퍼 개방
④ 펌프의 **자동기동** 확인
⑤ 감시제어반의 **밸브개방 표시등** 점등 확인
⑥ 해당 방호구역의 경보 확인
⑦ 시험완료 후 **정상상태**로 **복구**

(나)

| 기 호 | 밸브명칭 | 밸브기능 | 평상시 유지상태 |
|---|---|---|---|
| ⓐ | 엑셀레이터 공기공급차단밸브 | **2차측 배관 내**가 공기로 충압될 때까지 **엑셀레이터로의 공기유입**을 차단시켜 주는 밸브 | 개방 |
| ⓑ | 공기공급밸브 | **공기압축기**로부터 공급되어지는 공기의 유입을 제어하는 밸브 | 개방 |
| ⓒ | 배수밸브 | **건식 밸브** 작동 후 **2차측**으로 방출된 물을 배수시켜주는 밸브 | 폐쇄 |
| ⓓ | 수위조절밸브 | 초기세팅을 위해 **2차측**에 보충수를 채우고 그 수위를 확인하는 밸브 | 폐쇄 |
| ⓔ | 알람시험밸브 | 정상적인 밸브의 작동없이 **화재경보**를 시험하는 밸브 | 폐쇄 |

중요

**밸브**의 **작동점검방법**

1. 알람체크밸브(습식밸브)

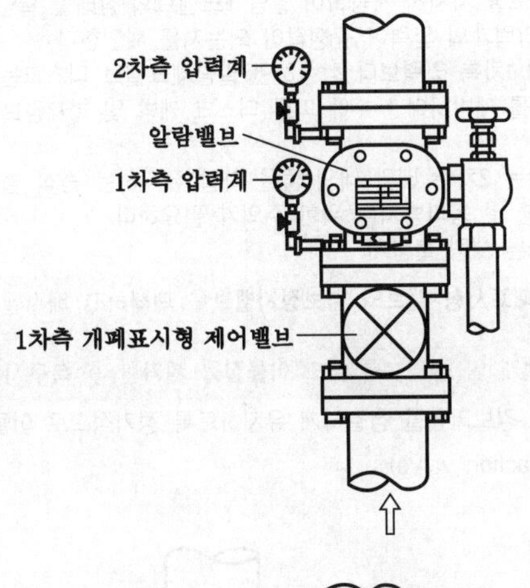


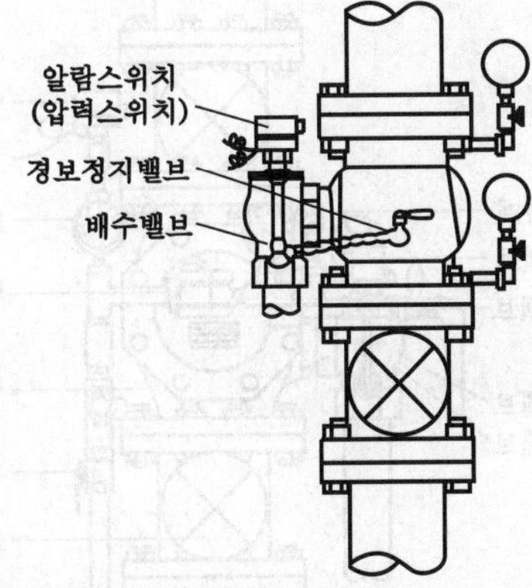


| 명 칭 | 상 태 |
|---|---|
| 알람밸브 | 평상시 **폐쇄** |
| 배수밸브 | 평상시 **폐쇄** |
| 알람스위치(압력스위치) | 지연회로 내장 |
| 경보정지밸브 | 평상시 개방 |
| 1차측 압력계 | – |
| 2차측 압력계 | – |
| 1차측 개폐표시형 제어밸브 | 평상시 **개방** |

(1) **점검방법**

① **배수밸브**에 부착되어 있는 **핸들**을 돌려 개방(이때 2차측 압력 감소)

② 클래퍼가 개방되어 **알람스위치**(압력스위치), **경보장치**가 작동하여 경보 울림

③ 감시제어반에 **화재표시등** 점등

④ **펌프**가 **작동**하여 배수밸브를 통해 방수

⑤ 작동확인 후 **배수밸브**를 **폐쇄**하면 **펌프정지**

⑥ 감시제어반의 복구 또는 자동복구스위치를 눌러 **복구**

(2) **복구방법**

① 밸브작동 후 1차측 제어밸브와 **경보정지밸브**를 **폐쇄**하고 **배수밸브**를 통해 **가압수**를 완전히 **배수**시킨다.
② 배수완료 후 손상된 스프링클러헤드를 교체하거나 **주변 부품 복구작업**을 완료한다.
③ 1차측 제어밸브를 서서히 개방하여 알람체크밸브의 상태를 확인하고 2차측 배관 내에 가압수를 채운다. 1차 · 2차측 압력계의 압력이 규정압이 되는지를 확인한다.
④ 2차측 압력이 1차측 압력보다 상승하면 알람체크밸브 디스크는 자동으로 폐쇄되며 **펌프**가 **정지**된다.
⑤ 경보정지밸브를 개방하여 누수에 따른 디스크 개방 및 화재경보를 발신하지 않으면 **세팅**이 **완료**된다.

(3) **유의사항**

① 알람체크밸브는 2차측 배관 내의 물을 가압 유지하는 습식 밸브이므로 동절기에 **동파방지**를 위한 **보온공사**의 병행 및 동파방지를 위한 주의가 필요하다.
② 이 물질에 따른 세팅 불량시

- 1차측 **개폐표시형 밸브**와 **경보정지밸브**를 **폐쇄**하고 배수밸브를 완전개방하여 이물질을 **방수**시킨다.
- 외부의 덮개 및 플러그를 풀고 **이물질**을 **제거**한 후 **복구**시킨다.

③ **리타딩챔버**는 경보라인을 청결하게 유지하도록 정기적으로 이물질 **청소** 및 **점검**을 한다.

2. **준비작동식 밸브**(preaction valve)

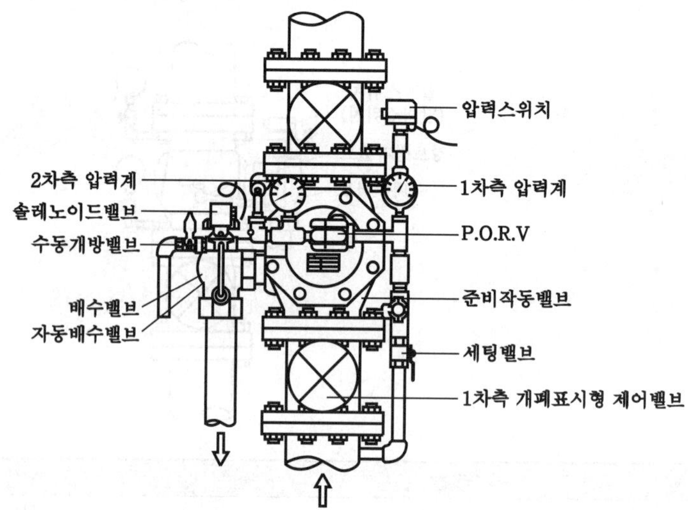


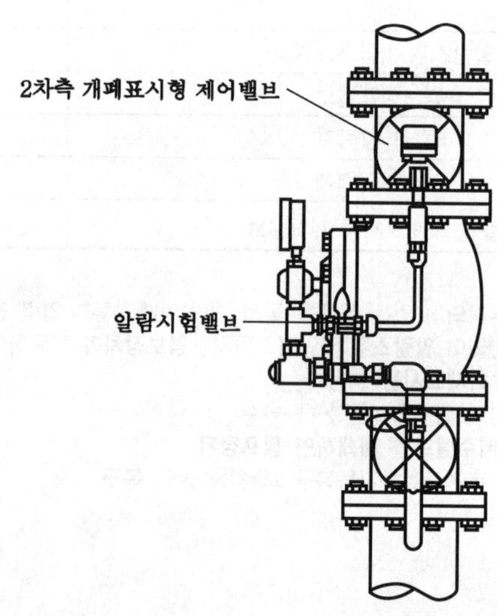

| 명 칭 | 상 태 |
|---|---|
| 준비작동밸브 | 평상시 **폐쇄** |
| 배수밸브 | 평상시 **폐쇄** |
| P.O.R.V | – |
| 알람시험밸브 | 평상시 **폐쇄** |
| 수동개방밸브 | 평상시 **폐쇄** |
| 솔레노이드밸브 | 평상시 **폐쇄** |
| 1차측 압력계 | – |
| 2차측 압력계 | – |
| 압력스위치 | – |
| 세팅밸브 | – |
| 자동배수밸브 | 배수밸브 내부에 장착 |
| 1차측 개폐표시형 제어밸브 | 평상시 **개방** |
| 2차측 개폐표시형 제어밸브 | 평상시 **개방** |

※ P.O.R.V(Pressure Operated Relief Valve)
전자밸브 또는 긴급해제밸브의 개방으로 작동된 준비작동밸브가 1차측 공급수의 압력으로 인해 **자동**으로 **복구**되는 것을 **방지**하기 위한 밸브

(1) **점검방법**

① **2차측 제어밸브**를 **폐쇄**한다.
② **배수밸브**를 돌려 **개방**한다.
③ 준비작동밸브는 다음 3가지 중 1가지를 채택하여 작동시킨다.

- 슈퍼비조리판넬의 **기동스위치**를 누르면 솔레노이드밸브가 개방되어 준비작동밸브가 작동된다.
- **수동개방밸브**를 **개방**하면 준비작동밸브가 작동된다.
- **교차회로방식**의 **A · B 감지기**를 감시제어반에서 작동시키면 솔레노이드밸브가 개방되어 준비작동밸브가 작동된다.

④ **경보장치**가 **작동**하여 알람이 울린다.
⑤ **펌프**가 **작동**하여 배수밸브를 통해 방수된다.
⑥ 감시제어반의 **화재표시등** 및 슈퍼비조리판넬의 **밸브개방표시등**이 점등된다.
⑦ 준비작동밸브의 작동없이 알람시험밸브의 개방만으로 **압력스위치**의 **이상유무**를 **확인**할 수 있다.

(2) **복구방법**

① 감지기를 작동시켰으면 감시제어반의 **복구스위치**를 눌러 **복구**시킨다.
② 수동개방밸브를 작동시켰으면 **수동개방밸브**를 **폐쇄**시킨다.
③ **1차측 제어밸브**를 **폐쇄**하여 배수밸브를 통해 가압수를 완전배수시킨다(기타 잔류수는 배수밸브 내부에 장착된 자동배수밸브에 의해 자동배수된다).
④ 배수완료 후 **세팅밸브**를 **개방**하고 1차측 압력계를 확인하여 압력이 걸리는지 확인한다.
⑤ **1차측 제어밸브**를 서서히 **개방**하여 준비작동밸브의 작동유무를 확인하고, **1차측 압력계**의 압력이 **규정압**이 되는지를 확인한다(이때 2차측 압력계가 동작되면 불량이므로 재세팅한다).
⑥ **2차측 제어밸브**를 **개방**한다.

(3) **유의사항**

① 준비작동밸브는 2차측이 대기압 상태로 유지되므로 **배수밸브**를 **정기적**으로 **개방**하여 배수 및 대기압 상태를 점검한다.
② 정기적으로 **알람시험밸브**를 **개방**하여 경보발신시험을 한다.
③ 2차측 설비점검을 위하여 1차측 제어밸브를 폐쇄하고 공기누설 시험장치를 통하여 공기나 질소가스를 주입하고 2차측 압력계를 통하여 배관 내 **압력강하**를 **점검**한다.

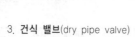

3. **건식 밸브**(dry pipe valve)

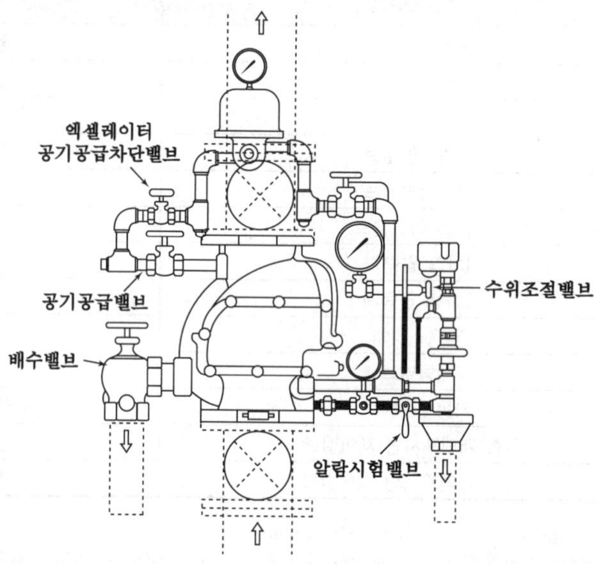


| 밸브명칭 | 밸브기능 | 평상시 유지상태 |
|---|---|---|
| 엑셀레이터 공기공급차단밸브 | 2차측 배관 내가 공기로 충압될 때까지 엑셀레이터로의 공기유입을 차단시켜주는 밸브 | **개방** |
| 공기공급밸브 | 공기압축기로부터 공급되어지는 공기의 유입을 제어하는 밸브 | **개방** |
| 배수밸브 | 건식 밸브 작동 후 2차측으로 방출된 물을 배수시켜주는 밸브 | **폐쇄** |
| 수위조절밸브 | 초기세팅을 위해 2차측에 보충수를 채우고 그 수위를 확인하는 밸브 | **폐쇄** |
| 알람시험밸브 | 정상적인 밸브의 작동없이 화재경보를 시험하는 밸브 | **폐쇄** |

(1) **작동방법(시험방법)**

① 2차측 **제어밸브 폐쇄**
② 엑셀레이터 공기공급차단밸브 · 공기공급밸브 **개방상태** 및 배수밸브 · 수위조절밸브 · 알람시험밸브 **폐쇄상태**인지 확인
③ 수위조절밸브 **시험밸브 개방** : 이때 2차측 배관의 공기압력 저하로 급속개방장치가 작동하여 클래퍼 개방
④ **펌프**의 **자동기동** 확인
⑤ 감시제어반의 **밸브개방표시등** 점등 확인
⑥ 해당 방호구역의 경보 확인
⑦ 시험완료 후 정상상태로 **복구**

(2) **시험종류**

| 알람스위치시험 | 건식 밸브시험 |
|---|---|
| 정상 운전상태에서 **알람시험밸브**를 **개방**한다. 이때 1차측 소화용수가 흘러나와 알람스위치를 작동하게 한다. | 설비 전체를 시험하고자 할 때에는 **2차측 배관 말단시험밸브**를 **개방**하여 실시하고, 밸브만을 시험하고자 한다면 2차측 개폐표시형 밸브를 닫고 **수위조절밸브**를 **개방**한다. 이때 엑셀레이터가 작동하여 건식 밸브를 작동하게 한다. |

(3) **복구방법**(클래퍼 복구절차)

① 화재진압이나 작동시험이 끝난 후 **엑셀레이터 급·배기밸브**를 잠근다. 경보를 멈추고자 하면 경보정지밸브를 닫으면 된다.

② 1차측 개폐표시형 밸브를 잠근 다음, **배수밸브**를 **개방**한다.

③ 배수밸브와 **볼드립체크밸브**로부터 배수가 완전히 끝나면, 건식 밸브의 볼트와 너트를 풀어낸다.

④ 건식 밸브의 덮개를 밸브로부터 떼어내고, 시트링이나 내부에 이상유무를 검사하고, 시트면을 부드러운 헝겊 등으로 깨끗이 닦아낸다. 만약, 이물질이 있으면 이물질을 제거한다.

⑤ 클래퍼를 살짝 들고, 래치의 앞부분을 밑으로 누른 다음, 시트링에 가볍게 올려놓는다. 서로 접촉이 잘 되었는지 약간씩 흔들어서 확인한다.

⑥ 덮개를 몸체에 취부하고 볼트와 너트를 적절한 공구를 이용하여 골고루 조인다.

⑦ **배기플러그**를 **개방**하여 압력이 **"0"**이 되게 한다.

⑧ 각 부위의 배수 및 건조가 완료되면 파손된 헤드를 교체하고 재세팅하면 된다.

(4) **유의사항**

① 정상적인 설비라고 하면, **2.8bar**(0.285MPa) 공기압에서 24시간 동안 유지시 0.1bar(0.01MPa) 이상의 압력손실이 있는 것은 시정되어야 한다(NFPA 13, 8-2.3).

② 밸브의 압력손실 여부는 **주간** 단위로 **1회 이상 점검**한다(단, 수시로 공기압축기가 작동하면 배관의 누설여부를 확인할 것).

※ **엑셀레이터**(accellerator)

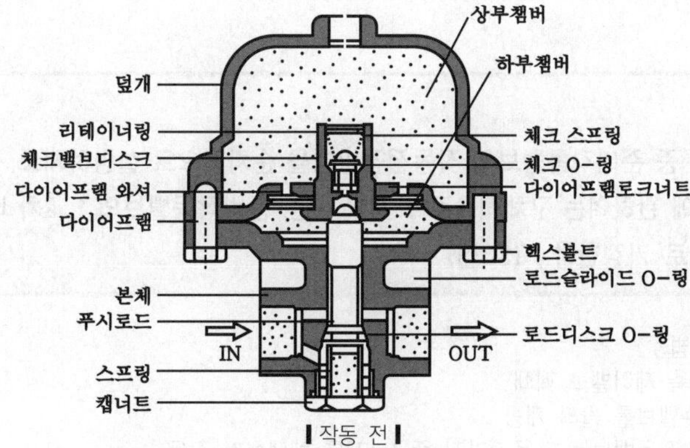


▎작동 전▎

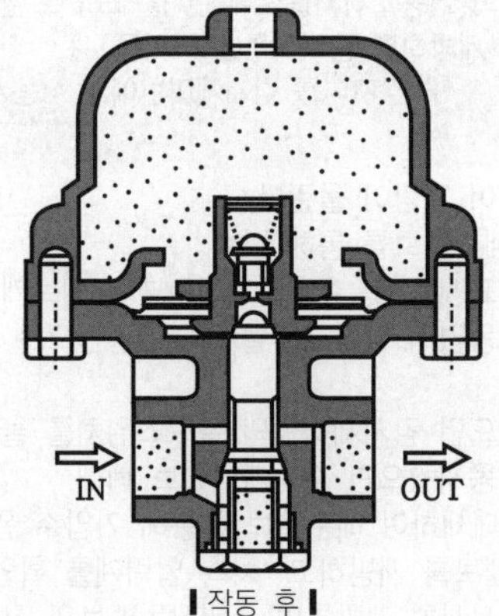


▎작동 후▎

(1) **초기작동 준비절차**

① 건식 밸브의 엑셀레이터 급기밸브를 통하여 입구배관으로 **공기압**이 **공급**된다.

② 공급되어진 공기압은 하부챔버를 통해 **중간챔버**에 채워진다.

③ 중간챔버에 공급되어진 공기는 다이어프램을 위로 살짝 밀며 체크밸브디스크를 위로 밀고 상수챔버에 채워진다. 이때 **공기**가 **공급**된다.

④ 상부챔버에 채워진 공기는 **공기압력계**에 나타나며, 채워진 공기압은 중간챔버와 균형을 이루어 **건식 밸브 스프링클러설비**를 정상적으로 운전할 수 있도록 해준다.

(2) **건식 밸브 2차측 스프링클러헤드 개방시 작동절차**

① 건식 밸브 스프링클러설비의 2차측 스프링클러헤드 개방으로 설비 내 **공기압력**은 급격히 감소하게 된다(엑셀레이터는 정격압력이 10~80psi/min(0.07~0.56MPa/min) 사이에서 떨어지는 동안 30초 내에 건식 밸브의 작동에 영향을 주어야 한다).

② 설비배관 내 급격한 공기압력의 감소는 중간챔버에 채워진 **공기압**을 **감소**하게 하며, 또한 상부챔버의 공기가 중간챔버에 공급되어지나, 체크밸브디스크로부터 흐름을 강하게 제한받는다.

③ 계속적인 공기압력의 감소는 상부챔버로부터 중간챔버에 공급되어지는 공기의 양보다 매우 크게 되어 상부챔버와 중간챔버의 압력의 균형이 깨어져 밑으로 강하게 누르게 된다.

④ 다이어프램으로 전달된 힘은 푸시로드를 아래로 향하게 하여 하부챔버를 개방하게 된다.

⑤ 개방되어진 하부챔버를 통해 설비배관 내 공기가 일제히 흐르게 되고, 건식 밸브의 **중간챔버**로 **공기압**을 **공급**한다.

⑥ 건식 밸브의 중간챔버로 공급되어진 공기압은 **클래퍼**를 급격하게 **개방**한다. 이때 가압소화용수가 방수되어 설비 내로 흘러 들어가고, 개방된 헤드로부터 소화용수를 살수하여 소화작용을 한다.

(3) **복구방법**

① 소화작용이 끝나면, 제일 먼저 엑셀레이터의 **급 · 배기 개폐밸브**를 **폐쇄**하여 물로 인한 엑셀레이터의 피해를 줄여야 하며 캡너트를 개방하여 배수시킨다.

② 드레인플러그를 통해 배수가 끝나면 **배기플러그**를 **개방**하여 엑셀레이터 상부의 게이지가 "0"이 되게 한다.

③ 건식 밸브 작동준비절차 및 세팅절차에 의하여 엑셀레이터를 재세팅하면 된다.

☆☆

## 문제 146

**스프링클러설비 중 준비작동밸브의 작동점검방법을 순차적으로 설명하시오. 특히 준비작동밸브의 작동방법, 복구방법에 관하여는 구체적으로 쓰시오. (단, 준비작동밸브의 1, 2차 배관 양쪽에 개폐밸브가 모두 설치된 것으로 가정한다.) (30점)**

정답 ① 점검방법

㉠ 2차측 제어밸브 폐쇄

㉡ 배수밸브를 돌려 개방

㉢ 준비작동밸브는 다음 3가지 중 1가지를 채택하여 작동

- 슈퍼비조리판넬의 기동스위치를 누르면 솔레노이드밸브가 개방되어 준비작동밸브 작동
- 수동개방밸브를 개방하면 준비작동밸브 작동
- 교차회로방식의 A · B 감지기를 감시제어반에서 작동시키면 솔레노이드밸브가 개방되어 준비작동밸브 작동

㉣ 경보장치가 작동하여 알람이 울린다.

㉤ 펌프가 작동하여 배수밸브를 통해 방수

㉥ 감시제어반의 화재표시등 및 슈퍼비조리판넬의 밸브개방표시등 점등

㉦ 준비작동밸브의 작동없이 알람시험밸브의 개방만으로 압력스위치의 이상유무를 확인 가능

② 복구방법

㉠ 감지기를 작동시켰으면 감시제어반의 복구스위치를 눌러 복구

㉡ 수동개방밸브를 작동시켰으면 수동개방밸브 폐쇄

㉢ 1차측 제어밸브를 폐쇄하여 배수밸브를 통해 가압수 완전배수

㉣ 배수완료 후 세팅밸브를 개방하고 1차측 압력계를 확인하여 압력이 걸리는지 확인

㉤ 1차측 제어밸브를 서서히 개방하여 준비작동밸브의 작동유무를 확인하고, 1차측 압력계의 압력이 규정압이 되는지를 확인

㉥ 2차측 제어밸브 개방

③ 유의사항

㉠ 준비작동밸브는 2차측이 대기압 상태로 유지되므로 배수밸브를 정기적으로 개방하여 배수 및 대기압 상태를 점검

㉡ 정기적으로 알람시험밸브를 개방하여 경보발신시험을 한다.

㉢ 2차측 설비점검을 위하여 1차측 제어밸브를 폐쇄하고 공기누설 시험장치를 통하여 공기나 질소가스를 주입하고 2차측 압력계를 통하여 배관 내 압력강하 점검

해설 문제 145 참조

중요

**준비작동밸브**(SDV)**형**의 **작동시험**

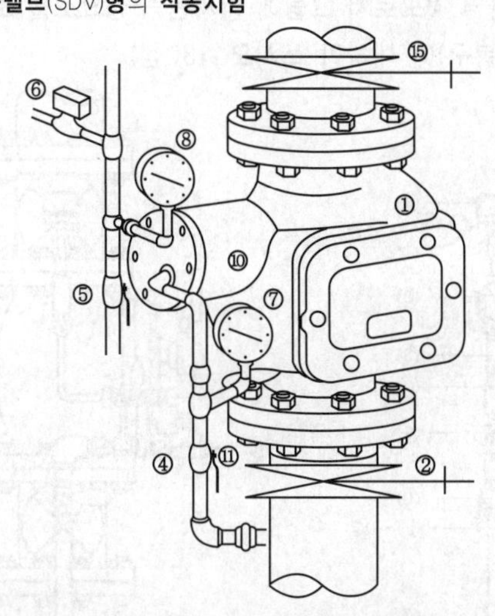


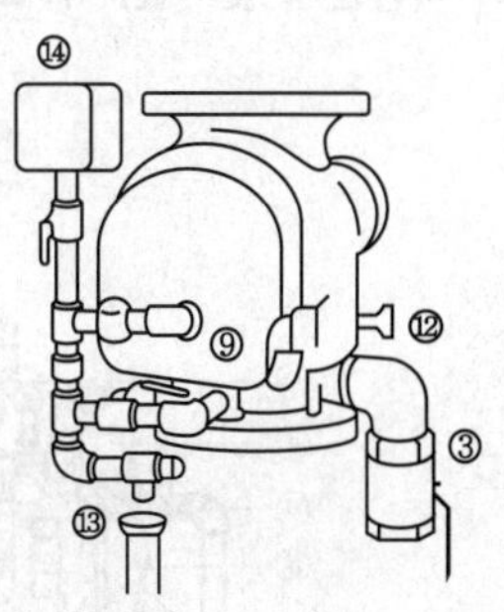


| 기 호 | 명 칭 | 기 호 | 명 칭 |
|---|---|---|---|
| ① | 준비작동밸브 본체 | ⑨ | 경보시험밸브 |
| ② | 1차측 제어밸브(개폐표시형) | ⑩ | 중간챔버 |
| ③ | 드레인밸브 | ⑪ | 체크밸브 |
| ④ | 볼밸브(중간챔버 급수용) | ⑫ | 복구레버(밸브후면) |
| ⑤ | 수동기동밸브 | ⑬ | 자동배수밸브 |
| ⑥ | 전자밸브 | ⑭ | 압력스위치 |
| ⑦ | 압력계(1차측) | ⑮ | 2차측 제어밸브(개폐표시형) |
| ⑧ | 압력계(중간챔버용) | | |

| 작동순서 | 작동 후 조치(배수 및 복구) | 경보장치 작동시험방법 |
|---|---|---|
| • 2차측 제어밸브⑮ 폐쇄<br>• 감지기 1개회로 작동 : 경보장치 동작<br>• 감지기 2개회로 작동 : 전자밸브⑥ 동작<br>• 중간챔버⑩ 압력저하로 클래퍼 개방<br>• 2차측 제어밸브까지 송수<br>• 경보장치 동작<br>• 펌프자동기동 및 압력 유지상태 확인 | **〈배수〉**<br>• 1차측 제어밸브② 및 볼밸브④ 폐쇄<br>• 드레인밸브③ 및 수동기동밸브⑤를 개방하여 배수<br>• 제어반 복구 및 펌프정지 확인<br>**〈복구〉**<br>• 복구레버⑫를 반시계방향으로 돌려 클래퍼 폐쇄<br>• 드레인밸브③ 및 수동기동밸브⑤ 폐쇄<br>• 볼밸브④를 개방하여 중간챔버⑩에 급수하고 압력계⑧ 확인<br>• 1차측 제어밸브② 서서히 개방<br>• 볼밸브④ 폐쇄<br>• 감시제어반의 스위치상태 확인<br>• 2차측 제어밸브⑮ 서서히 개방 | • 2차측 제어밸브⑮ 폐쇄<br>• 경보시험밸브⑨를 개방하여 압력스위치 작동 : 경보장치 동작<br>• 경보시험밸브⑨ 폐쇄<br>• 자동배수밸브⑬은 개방하여 2차측 물 완전배수<br>• 감시제어반의 스위치상태 확인<br>• 2차측 제어밸브⑮ 서서히 개방 |

☆☆

문제 147

그림은 스프링클러설비의 준비작동식을 나타낸 것으로서 그림에 명시된 구성요소를 보고 본 유수검지장치의 작동순서 및 작동 후 조치(배수 및 복구)에 대하여 쓰시오. (30점)

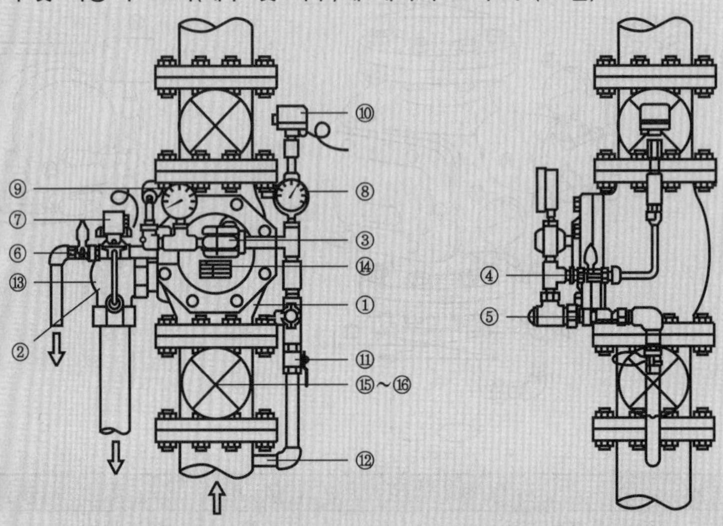


| No. | 품 명 | | 유 지 | 참 고 |
|---|---|---|---|---|
| ① | 프리액션밸브 | | 잠김 | |
| ② | 메인드레인밸브 | | 잠김 | |
| ③ | P.O.R.V | | | |
| ④ | 알람테스트밸브 | | 잠김 | |
| ⑤ | 클린체크밸브 | | | |
| ⑥ | 비상개방밸브 | | 잠김 | |
| ⑦ | 솔레노이드밸브 | | 잠김 | DC 24V |
| ⑧ | 1차측 | 압력게이지 | | |
| ⑨ | 2차측 | 압력게이지 | | |
| ⑩ | 프레샤스위치 | | | DC 24V |
| ⑪ | 세팅밸브 | | 잠김 | |
| ⑫ | 1차측 입수관 | | | |
| ⑬ | 오토드립밸브 | | | |
| ⑭ | 명판 | | | 검정각인 |
| ⑮ | 제어밸브(개폐표시형) | | 열림 | |
| ⑯ | 탬퍼스위치 | | | |

정답 ① 작동순서

㉠ 2차측 제어밸브(개폐표시형) 잠금

㉡ 감지기 1개회로 작동 → 경보장치 작동

㉢ 감지기 2개회로 작동 → 솔레노이드밸브 개방

㉣ 프리액션밸브의 중간챔버 압력 저하 → 클래퍼(프리액션밸브) 개방

㉤ 2차측 제어밸브(개폐표시형)까지 소화수 급수

ⓑ P.O.R.V. 작동 → 중간챔버 압력 저하상태 지속
ⓢ 경보장치 작동
ⓞ 펌프 기동 및 세팅압력 유지

② 작동 후 조치(배수 및 복구)

| 구분 | 내용 |
|---|---|
| 배 수 | • 1차측 제어밸브(개폐표시형) 잠금<br>• 세팅밸브 잠금상태 확인<br>• 메인드레인밸브 및 비상개방밸브 개방 → 배수<br>• 제어반 복구 및 펌프 정지 |
| 복 구 | • 메인드레인밸브 및 비상개방밸브 잠금<br>• 세팅밸브 개방 → 중간챔버에 급수 → 클래퍼(프리액션밸브) 자동 복구<br>• 1차측 제어밸브(개폐표시형) 서서히 개방<br>• 세팅밸브 잠금<br>• 제어반 스위치상태 확인<br>• 주펌프 작동스위치 자동 위치로 조정<br>• 2차측 제어밸브(개폐표시형) 서서히 개방 |

해설 **준비작동식 밸브**(preaction valve)의 **작동점검방법**

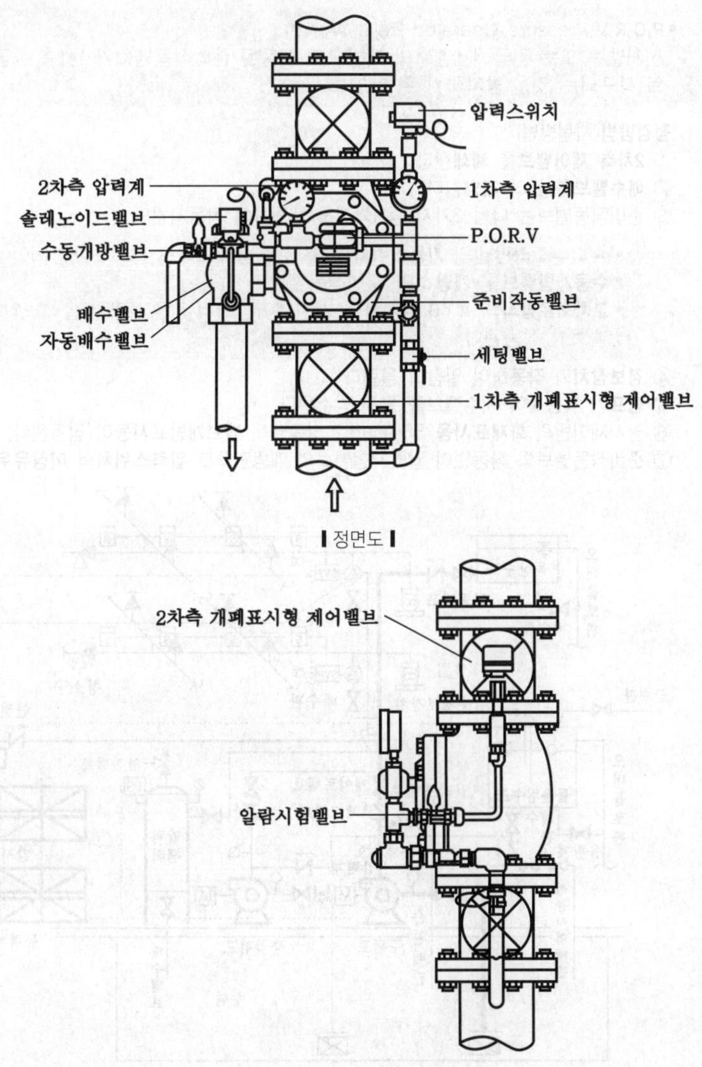


❙정면도❙

❙측면도❙

| 명 칭 | 상 태 |
|---|---|
| 준비작동밸브 | 평상시 **폐쇄** |
| 배수밸브 | 평상시 **폐쇄** |
| P.O.R.V | – |
| 알람시험밸브 | 평상시 **폐쇄** |
| 수동개방밸브 | 평상시 **폐쇄** |
| 솔레노이드밸브 | 평상시 **폐쇄** |
| 1차측 압력계 | – |
| 2차측 압력계 | – |
| 압력스위치 | – |
| 세팅밸브 | – |
| 자동배수밸브 | 배수밸브 내부에 장착 |
| 1차측 개폐표시형 제어밸브 | 평상시 **개방** |
| 2차측 개폐표시형 제어밸브 | 평상시 **개방** |

- **P.O.R.V**(Pressure Operated Relief Valve)
  전자밸브 또는 긴급해제밸브의 개방으로 작동된 준비작동밸브가 1차측 공급수의 압력으로 인해 **자동**으로 **복구**되는 것을 **방지**하기 위한 밸브

(1) **점검방법**(시험방법)

① **2차측 제어밸브**를 **폐쇄**한다.
② **배수밸브**를 돌려 **개방**한다.
③ 준비작동밸브는 다음 3가지 중 1가지를 채택하여 작동시킨다.

- 슈퍼비조리판넬의 **기동스위치**를 누르면 솔레노이드밸브가 개방되어 준비작동밸브가 작동된다.
- **수동개방밸브**를 **개방**하면 준비작동밸브가 작동된다.
- **교차회로방식**의 A · B **감지기**를 감시제어반에서 작동시키면 솔레노이드밸브가 개방되어 준비작동밸브가 작동된다.

④ **경보장치**가 **작동**하여 알람이 울린다.
⑤ **펌프**가 **작동**하여 배수밸브를 통해 방수된다.
⑥ 감시제어반의 **화재표시등** 및 슈퍼비조리판넬의 **밸브개방표시등**이 점등된다.
⑦ 준비작동밸브의 작동없이 알람시험밸브의 개방만으로 **압력스위치**의 **이상유무**를 **확인**할 수 있다.

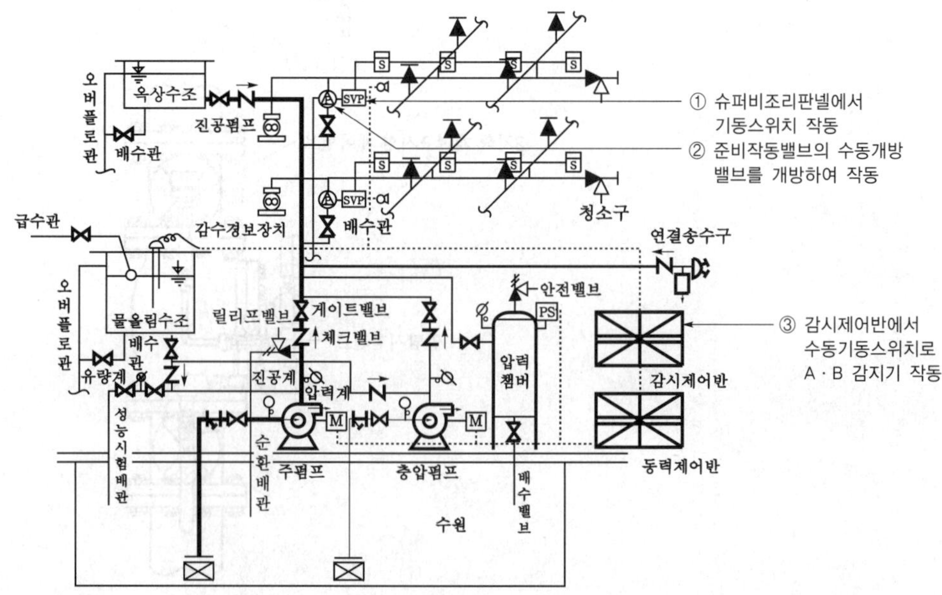


▎준비작동밸브의 작동방법▎

⑵ **복구방법**

① 감지기를 작동시켰으면 감시제어반의 **복구스위치**를 눌러 **복구**시킨다.

② 수동개방밸브를 작동시켰으면 **수동개방밸브**를 **폐쇄**시킨다.

③ **1차측 제어밸브**를 **폐쇄**하여 배수밸브를 통해 가압수를 완전배수시킨다(기타 잔류수는 배수밸브 내부에 장착된 자동배수밸브에 의해 자동배수된다).

④ 배수완료 후 **세팅밸브**를 **개방**하고 1차측 압력계를 확인하여 압력이 걸리는지 확인한다.

⑤ **1차측 제어밸브**를 서서히 개방하여 준비작동밸브의 작동유무를 확인하고, **1차측 압력계**의 압력이 **규정압**이 되는지를 확인한다(이때 2차측 압력계가 동작되면 불량이므로 재세팅한다).

⑥ **2차측 제어밸브**를 **개방**한다.

⑶ **유의사항**

① 준비작동밸브는 2차측이 대기압 상태로 유지되므로 **배수밸브**를 **정기적**으로 **개방**하여 배수 및 대기압 상태를 점검한다.

② 정기적으로 **알람시험밸브**를 **개방**하여 경보발생시험을 한다.

③ 2차측 설치점검을 위하여 1차측 제어밸브를 폐쇄하고 공기누설시험장치를 통하여 공기나 질소가스를 주입하고 2차측 압력계를 통하여 배관 내 **압력강하**를 **점검**한다.

★★★

## 문제 148

준비작동식 스프링클러설비에 대한 다음 그림의 번호(④, ⑤, ⑥, ⑨)에 해당하는 밸브의 명칭 및 평상시 개폐상태에 대하여 쓰시오. (8점)

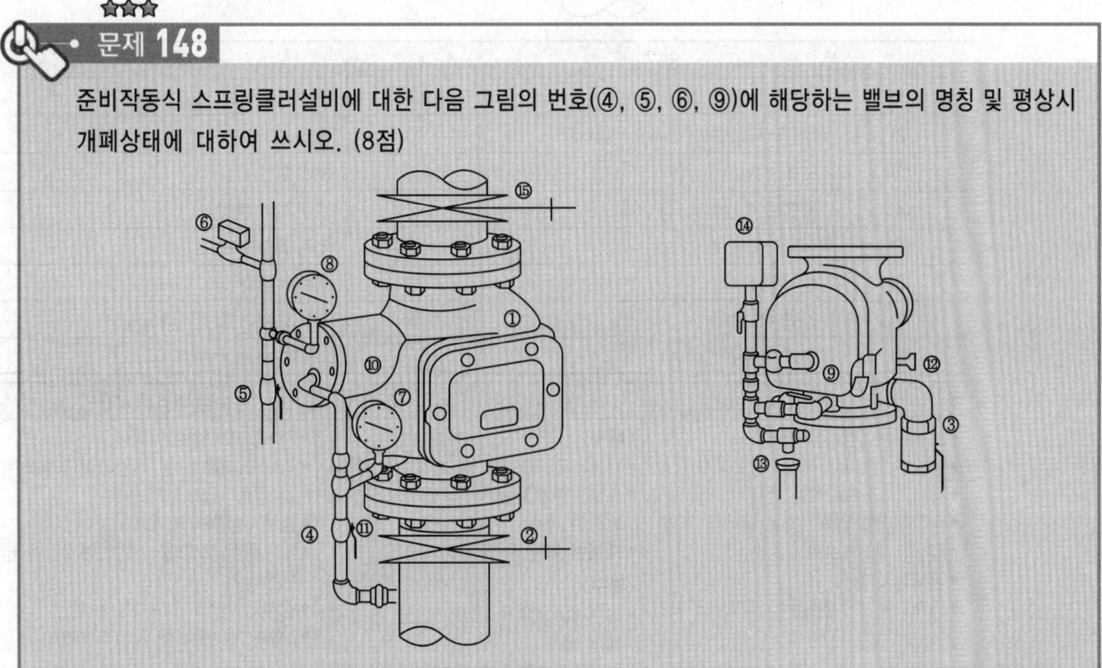


정답

| 번 호 | 밸브의 명칭 | 평상시 개폐상태 |
|---|---|---|
| ④ | 볼밸브(**중간챔버** 급수용) | 폐쇄 |
| ⑤ | 수동기동밸브 | 폐쇄 |
| ⑥ | 전자밸브 | 폐쇄 |
| ⑨ | 경보시험밸브 | 폐쇄 |



소방시설의 점검실무행정 종합문제 600제

해설 **준비작동밸브(SDV)형의 작동순서 · 작동 후 조치 · 경보장치 작동시험방법**

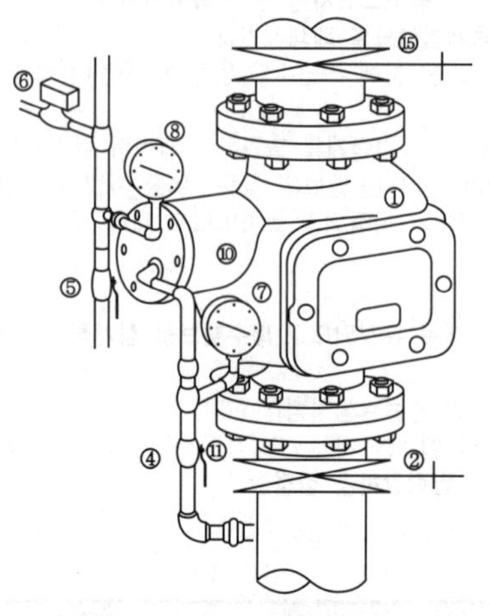


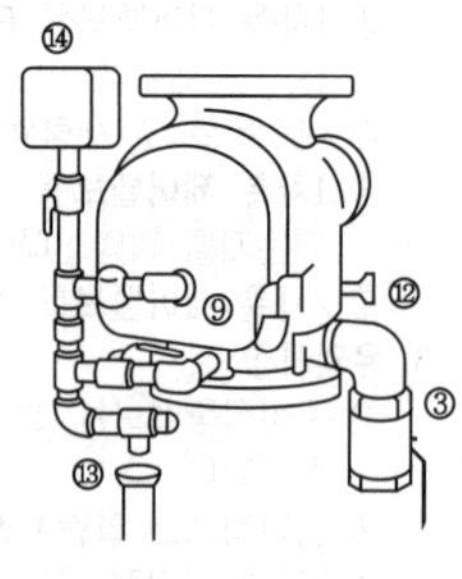


| 기 호 | 명 칭 | 기 호 | 명 칭 |
|---|---|---|---|
| ① | 준비작동밸브 본체 | ⑨ | 경보시험밸브 |
| ② | 1차측 제어밸브(개폐표시형) | ⑩ | 중간챔버 |
| ③ | 드레인밸브 | ⑪ | 체크밸브 |
| ④ | 볼밸브(중간챔버 급수용) | ⑫ | 복구레버(밸브후면) |
| ⑤ | 수동기동밸브 | ⑬ | 자동배수밸브 |
| ⑥ | 전자밸브 | ⑭ | 압력스위치 |
| ⑦ | 압력계(1차측) | ⑮ | 2차측 제어밸브(개폐표시형) |
| ⑧ | 압력계(중간챔버용) | | |

| 작동순서 | 작동 후 조치(배수 및 복구) | 경보장치 작동시험방법 |
|---|---|---|
| • 2차측 제어밸브⑮ 폐쇄<br>• 감지기 1개회로 작동 : 경보장치 동작<br>• 감지기 2개회로 작동 : 전자밸브⑥ 동작<br>• 중간챔버⑩ 압력저하로 클래퍼 개방<br>• 2차측 제어밸브까지 송수<br>• 경보장치 동작<br>• 펌프자동기동 및 압력 유지상태 확인 | **〈배수〉**<br>• 1차측 제어밸브② 및 볼밸브④ 폐쇄<br>• 드레인밸브③ 및 수동기동밸브⑤를 개방하여 배수<br>• 제어반 복구 및 펌프정지 확인<br>**〈복구〉**<br>• 복구레버⑫를 반시계방향으로 돌려 클래퍼 폐쇄<br>• 드레인밸브③ 및 수동기동밸브⑤ 폐쇄<br>• 볼밸브④를 개방하여 중간챔버⑩에 급수하고 압력계⑧ 확인<br>• 1차측 제어밸브② 서서히 개방<br>• 볼밸브④ 폐쇄<br>• 감시제어반의 스위치상태 확인<br>• 2차측 제어밸브⑮ 서서히 개방 | • 2차측 제어밸브⑮ 폐쇄<br>• 경보시험밸브⑨를 개방하여 압력스위치 작동 : 경보장치 동작<br>• 경보시험밸브⑨ 폐쇄<br>• 자동배수밸브⑬을 개방하여 2차측 물 완전배수<br>• 감시제어반의 스위치상태 확인<br>• 2차측 제어밸브⑮ 서서히 개방 |

☆☆☆

## 문제 149

스프링클러 준비작동밸브(SDV)형의 구성명칭은 다음과 같다. 작동순서, 작동 후 조치(배수 및 복구), 경보장치 작동시험방법에 대하여 쓰시오. (20점)

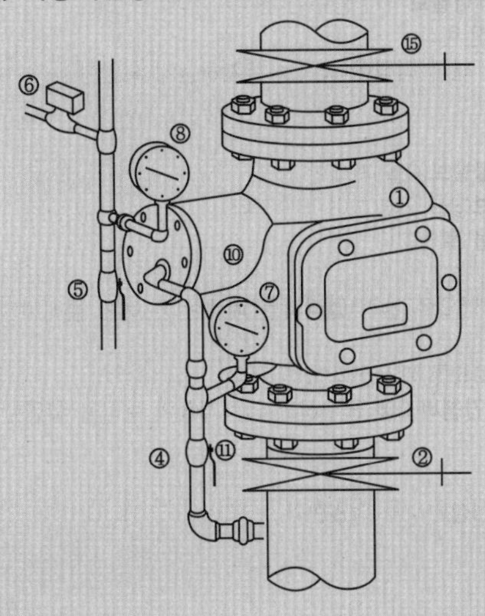


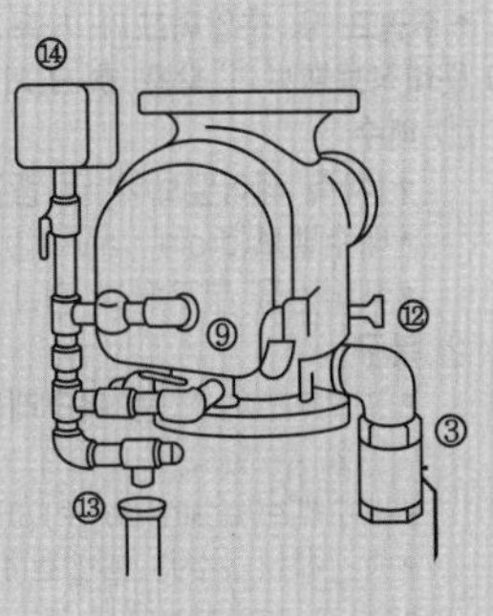


〔구성명칭〕

| | |
|---|---|
| ① 준비작동밸브 본체 | ② 1차측 제어밸브(개폐표시형) |
| ③ 드레인밸브 | ④ 볼밸브(중간챔버 급수용) |
| ⑤ 수동기동밸브 | ⑥ 전자밸브 |
| ⑦ 압력계(1차측) | ⑧ 압력계(중간챔버용) |
| ⑨ 경보시험밸브 | ⑩ 중간챔버 |
| ⑪ 체크밸브 | ⑫ 복구레버(밸브후면) |
| ⑬ 자동배수밸브 | ⑭ 압력스위치 |
| ⑮ 2차측 제어밸브(개폐표시형) | |

| 작동순서 | 작동 후 조치(배수 및 복구) | 경보장치 작동시험방법 |
|---|---|---|
| • 2차측 제어밸브⑮ 폐쇄<br>• 감지기 1개회로 작동 : 경보장치 동작<br>• 감지기 2개회로 작동 : 전자밸브⑥ 동작<br>• 중간챔버⑩ 압력저하로 클래퍼 개방<br>• 2차측 제어밸브까지 송수<br>• 경보장치 동작<br>• 펌프자동기동 및 압력 유지상태 확인 | **〈배수〉**<br>• 1차측 제어밸브② 및 볼밸브④ 폐쇄<br>• 드레인밸브③ 및 수동기동밸브⑤를 개방하여 배수<br>• 제어반 복구 및 펌프정지 확인<br>**〈복구〉**<br>• 복구레버⑫를 반시계방향으로 돌려 클래퍼 폐쇄<br>• 드레인밸브③ 및 수동기동밸브⑤ 폐쇄<br>• 볼밸브④를 개방하여 중간챔버⑩에 급수하고 압력계⑧ 확인<br>• 1차측 제어밸브② 서서히 개방<br>• 볼밸브④ 폐쇄<br>• 감시제어반의 스위치상태 확인<br>• 2차측 제어밸브⑮ 서서히 개방 | • 2차측 제어밸브⑮ 폐쇄<br>• 경보시험밸브⑨를 개방하여 압력스위치 작동 : 경보장치 동작<br>• 경보시험밸브⑨ 폐쇄<br>• 자동배수밸브⑬을 개방하여 2차측 물 완전배수<br>• 감시제어반의 스위치상태 확인<br>• 2차측 제어밸브⑮ 서서히 개방 |

해설 (1) **준비작동밸브**의 **작동순서**

- 2차측 제어밸브⑮를 폐쇄한다.
- 감지기 1개회로를 작동시켜 경보장치가 동작하는지 확인한다.
- 감지기 1개회로를 작동시켜 **전자밸브**(solenoid valve)⑥을 동작시킨다.
- 전자밸브⑥이 동작되면 **준비작동밸브**의 **중간챔버**⑩이 압력이 저하되어 클래퍼(clapper)가 개방된다.
- 클래퍼가 개방되면 1차측 가압수가 **2차측 제어밸브**까지 송수된다.
- 사이렌으로 경보하므로 **경보장치** 동작을 확인한다.
- **주펌프** 및 **충압펌프**가 자동기동되므로 배관 내에 적정한 압력을 유지하는지 확인한다.

(2) **준비작동밸브**의 **작동 후 조치**(배수 및 복구)

① **배수**

- **1차측 제어밸브**② 및 **중간챔버 급수용 볼밸브**④를 폐쇄한다.
- **배수밸브**(drain valve)③ 및 **수동개방밸브**⑤를 개방하여 배수한다.
- 제어반을 복구하고 펌프가 정지되는 것을 확인한다.

② **복구**

- 밸브후면에 있는 **복구레버**⑫를 반시계방향으로 돌려 **클래퍼**를 **폐쇄**한다. 이때 클래퍼의 폐쇄는 소리로 확인할 수 있다.
- 배수밸브(drain valve)③ 및 수동개방밸브⑤를 폐쇄한다.
- 중간챔버급수용 볼밸브④를 개방하여 **중간챔버**⑩에 급수하고 압력계⑧의 눈금을 확인한다.
- 1차측 제어밸브②를 서서히 개방한다.
- 중간챔버급수용 볼밸브④를 폐쇄한다.
- 감시제어반(수신반)의 스위치상태 등이 정상인지를 확인한다.
- 2차측 제어밸브⑮를 서서히 개방한다.

(3) **준비작동밸브**의 **경보장치 작동시험방법**

- 2차측 **제어밸브**⑮를 폐쇄한다.
- 경보시험밸브⑨를 개방하면 압력스위치가 작동한다. 이때 경보장치의 동작을 확인한다.
- 경보확인 후 경보시험밸브⑨를 폐쇄한다.
- 자동배수밸브⑬을 개방하여 2차측 물을 완전히 배수한다.
- **감시제어반**(수신반)의 **스위치상태** 등이 정상인지를 확인한다.
- 2차측 제어밸브⑮를 서서히 개방한다.

비교

**준비작동밸브(FPC)형**의 **작동순서 · 작동 후 조치 · 경보장치 작동시험방법**

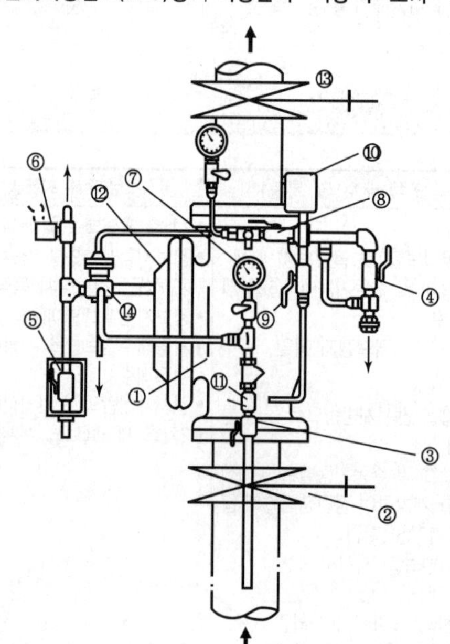


① 준비작동밸브 본체
② 1차측 제어밸브(개폐표시형)
③ 볼밸브(중간챔버 급수용)
④ 드레인밸브(2차측 연결)
⑤ 수동기동밸브
⑥ 전자밸브
⑦ 압력계
⑧ 볼밸브
⑨ 경보시험밸브
⑩ 압력스위치
⑪ 체크밸브(본체와 중간챔버 급수용 배관과 연결)
⑫ 중간챔버
⑬ 2차측 제어밸브(개폐표시형)
⑭ P.O.R.V(Pressure–Operated Relief Valve)

| 작동순서 | 작동 후 조치(배수 및 복구) | 경보장치 작동시험방법 |
|---|---|---|
| • 2차측 제어밸브⑮ 폐쇄<br>• 감지기 1개회로 작동경보장치 동작<br>• 감지기 2개회로 작동전자밸브⑥ 동작<br>• 중간챔버⑩ 압력저하로 클래퍼 개방<br>• 2차측 제어밸브까지 송수<br>• 경보장치 동작<br>• 펌프자동기동 및 압력유지상태 확인 | 〈배수〉<br>• 1차측 제어밸브② 및 볼밸브④ 폐쇄<br>• 드레인밸브③ 및 수동기동밸브 ⑤를 개방하여 배수<br>• 제어반 복구 및 펌프정지 확인<br>〈복구〉<br>• 복구레버⑫를 반시계방향으로 돌려 클래퍼 폐쇄<br>• 드레인밸브③ 및 수동기동밸브⑤ 폐쇄<br>• 볼밸브④를 개방하여 중간챔버⑩에 급수하고 압력계⑧ 확인<br>• 1차측 제어밸브② 서서히 개방<br>• 볼밸브④ 폐쇄<br>• 감시제어반의 스위치상태 확인<br>• 2차측 제어밸브⑮ 서서히 개방 | • 2차측 제어밸브⑮ 폐쇄<br>• 경보시험밸브⑨를 개방하여 압력스위치 작동 : 경보장치 동작<br>• 경보시험밸브⑨ 폐쇄<br>• 자동배수밸브⑬을 개방하여 2차측 물 완전배수<br>• 감시제어반의 스위치상태 확인<br>• 2차측 제어밸브⑮ 서서히 개방<br>※ 방호구역의 여건에 따라 수신반의 경보장치를 정지(OFF) 상태로 한 후에 작동시험 실시 |

• P.O.R.V(Pressure Operated Relief Valve)
전자밸브 또는 긴급해제밸브의 개방으로 작동된 준비작동밸브가 1차측 공급수의 압력으로 인해 자동으로 복구되는 것을 방지하기 위한 밸브

★★

문제 150

**준비작동식 밸브의 작동방법 3가지와 이의 복구방법을 쓰시오. (20점)**

(가) 작동방법 (10점)

○

○

○

(나) 복구방법 (10점)

정답 (가) ① 슈퍼비조리판넬의 기동스위치를 누르면 솔레노이드밸브가 개방되어 준비작동밸브 작동
② 수동개방밸브를 개방하면 준비작동밸브 작동
③ 교차회로방식의 A · B 감지기를 감시제어반에서 작동시키면 솔레노이드밸브가 개방되어 준비작동밸브 작동

(나) ① 감지기를 작동시켰으면 수신반의 복구스위치를 눌러 복구
② 수동개방밸브를 작동시켰으면 수동개방밸브 폐쇄
③ 1차측 제어밸브를 폐쇄하여 배수밸브를 통해 가압수 완전 배수
④ 배수완료 후 세팅밸브를 개방하고 1차측 압력계를 확인하여 압력이 걸리는지 확인
⑤ 1차측 제어밸브를 서서히 개방하여 준비작동밸브의 작동유무를 확인하고, 1차측 압력계의 압력이 규정압이 되는지를 확인
⑥ 2차측 제어밸브 개방

해설 (1) **준비작동밸브**의 **작동방법**
① **슈퍼비조리판넬**의 **기동스위치**를 누르면 솔레노이드밸브가 개방되어 준비작동밸브 작동
② **수동개방밸브**를 **개방**하면 준비작동밸브 작동
③ **교차회로방식**의 **A · B 감지기**를 감시제어반에서 작동시키면 솔레노이드밸브가 개방되어 준비작동밸브 작동

• 준비작동밸브=준비작동식 밸브=프리액션밸브(preaction valve)
• 수동개방밸브=긴급해제밸브

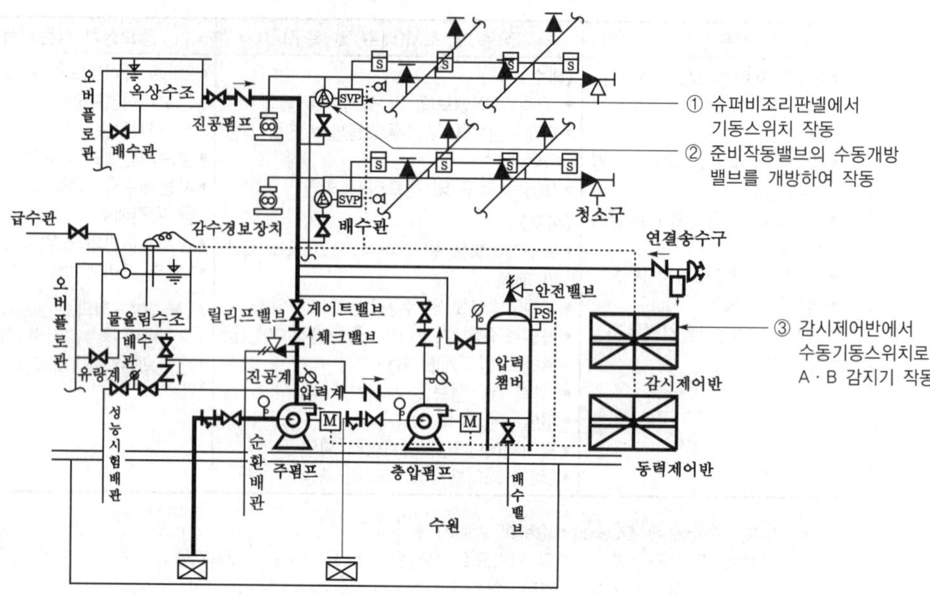


(2) **준비작동식 밸브**의 **복구방법**
① 감지기를 작동시켰으면 감시제어반의 **복구스위치**를 눌러 **복구**
② 수동개방밸브를 작동시켰으면 **수동개방밸브 폐쇄**
③ 1차측 제어밸브를 폐쇄하여 **배수밸브**를 통해 **가압수 완전배수**(기타 잔류수는 배수밸브 내부에 장착된 **자동배수밸브**에 의해 **자동배수**된다.)
④ 배수완료 후 세팅밸브를 개방하고 1차측 압력계를 확인하여 압력이 걸리는지 확인
⑤ 1차측 제어밸브를 서서히 개방하여 준비작동밸브의 작동유무를 확인하고, 1차측 압력계의 압력이 규정압이 되는지 확인(이때 2차측 압력계가 동작되면 불량이므로 재세팅)
⑥ 2차측 제어밸브 개방

☆☆
## 문제 151

**준비작동식 스프링클러설비에 대한 다음 각 물음에 답하시오. (10점)**
(가) 준비작동밸브의 작동방법을 쓰시오. (5점)
(나) 준비작동밸브의 오동작 원인을 쓰시오.(단, 사람에 따른 것도 포함할 것) (5점)

정답 (가) ① 슈퍼비조리판넬의 기동스위치를 누르면 솔레노이드밸브가 개방되어 준비작동밸브 작동
② 수동개방밸브를 개방하면 준비작동밸브 작동
③ 교차회로방식의 A · B 감지기를 감시제어반에서 작동시키면 솔레노이드밸브가 개방되어 준비작동밸브 작동
(나) ① 감지기의 불량
② 슈퍼비조리판넬의 기동스위치 불량
③ 감시제어반의 수동기동스위치 불량
④ 감시제어반에서 동작시험시 자동복구스위치를 누르지 않고 회로선택스위치를 작동시킨 경우
⑤ 솔레노이드밸브의 고장

해설 (가) **문제 150 참조**

(나) **준비작동밸브**의 **오동작 원인**

① **감지기**의 불량
② 슈퍼비조리판넬의 **기동스위치** 불량
③ 감시제어반의 **수동기동스위치** 불량
④ 감시제어반에서 **동작시험**시 **자동복구스위치**를 누르지 않고 회로선택스위치를 작동시킨 경우
⑤ **솔레노이드밸브**의 고장

☆☆☆

## 문제 152

**스프링클러설비 헤드의 감열부 유무에 따른 헤드의 설치수와 급수관 구경과의 관계를 도표로 나타내고 설치된 헤드의 작동점검항목을 쓰시오. (10점)**

정답 ① 스프링클러헤드수에 따른 급수관 구경

| 급수관의 구경 / 구 분 | 25mm | 32mm | 40mm | 50mm | 65mm | 80mm | 90mm | 100mm | 125mm | 150mm |
|---|---|---|---|---|---|---|---|---|---|---|
| 폐쇄형 헤드 | 2개 | 3개 | 5개 | 10개 | 30개 | 60개 | 80개 | 100개 | 160개 | 161개 이상 |
| 폐쇄형 헤드(헤드를 동일 급수관의 가지관상에 병설하는 경우) | 2개 | 4개 | 7개 | 15개 | 30개 | 60개 | 65개 | 100개 | 160개 | 161개 이상 |
| • 폐쇄형 헤드 (무대부 · 특수가연물 저장취급장소)<br>• 개방형 헤드 (헤드개수 30개 이하) | 1개 | 2개 | 5개 | 8개 | 15개 | 27개 | 40개 | 55개 | 90개 | 91개 이상 |

② ㉠ 헤드의 변형 · 손상 유무
㉡ 헤드 설치 위치 · 장소 · 상태(고정) 적정 여부
㉢ 헤드 살수장애 여부

해설 스프링클러헤드수별 급수관 구경[스프링클러설비의 화재안전기준(NFPC 103 [별표 1], NFTC 103 2.5.3.3)]

| 급수관의 구경 / 구 분 | 25mm | 32mm | 40mm | 50mm | 65mm | 80mm | 90mm | 100mm | 125mm | 150mm |
|---|---|---|---|---|---|---|---|---|---|---|
| 폐쇄형 헤드 | 2개 | 3개 | 5개 | 10개 | 30개 | 60개 | 80개 | 100개 | 160개 | 161개 이상 |
| 폐쇄형 헤드(헤드를 동일 급수관의 가지관상에 병설하는 경우) | 2개 | 4개 | 7개 | 15개 | 30개 | 60개 | 65개 | 100개 | 160개 | 161개 이상 |
| • 폐쇄형 헤드 (**무대부** · **특수가연물** 저장취급장소)<br>• 개방형 헤드 (헤드개수 **30**개 이하) | 1개 | 2개 | 5개 | 8개 | 15개 | 27개 | 40개 | 55개 | 90개 | 91개 이상 |

**기억법**

| 2 | 3 | 5 | 1 | 3 | 6 | 8 | 1 | 6 |
|---|---|---|---|---|---|---|---|---|
| 2 | 4 | 7 | 5 | 3 | 6 | 5 | 1 | 6 |
| 1 | 2 | 5 | 8 | 5 | 27 | 4 | 55 | 9 |

★★★ 문제 153

「스프링클러설비의 화재안전기준」에 의거하여 스프링클러 급수배관은 수리계산에 의하거나 다음의 "스프링클러헤드 수별 급수관의 구경"에 따라 산정하여야 한다. "스프링클러헤드 수별 급수관의 구경"의 주의사항 5가지를 열거하고, 스프링클러헤드를 가, 나, 다 각 란의 유형별로 한쪽의 가지배관에 설치할 수 있는 최대 개수를 그림으로 도시하시오. (단, 가지배관에 구경도 표시할 것) (30점)

▌스프링클러헤드수별 급수관의 구경(단위 : mm)▐

| 급수관의 구경 / 구 분 | 25 | 32 | 40 | 50 | 65 | 80 | 90 | 100 | 125 | 150 |
|---|---|---|---|---|---|---|---|---|---|---|
| 가 | 2 | 3 | 5 | 10 | 30 | 60 | 80 | 100 | 160 | 161 이상 |
| 나 | 2 | 4 | 7 | 15 | 30 | 60 | 65 | 100 | 160 | 161 이상 |
| 다 | 1 | 2 | 5 | 8 | 15 | 27 | 40 | 55 | 90 | 91 이상 |

정답 ① 스프링클러헤드 수별 급수관 구경의 주의사항 5가지

㉠ 폐쇄형 스프링클러헤드를 사용하는 설비의 경우로서 1개층에 하나의 급수배관(또는 밸브 등)이 담당하는 구역의 최대 면적은 3000$m^2$를 초과하지 않을 것

㉡ 폐쇄형 스프링클러헤드를 설치하는 경우에는 "가"란의 헤드수에 따를 것. 다만, 100개 이상의 헤드를 담당하는 급수배관(또는 밸브)의 구경을 100mm로 할 경우에는 수리계산을 통하여 제8조 제③항 제3호에서 규정한 배관의 유속에 적합하도록 할 것

㉢ 폐쇄형 스프링클러헤드를 설치하고 반자 아래의 헤드와 반자 속의 헤드를 동일 급수관의 가지관상에 병설하는 경우에는 "나"란의 헤드수에 따를 것

㉣ 제10조 제③항 제1호의 경우로서 폐쇄형 스프링클러헤드를 설치하는 설비의 배관 구경은 "다"란에 따를 것

㉤ 개방형 스프링클러헤드를 설치하는 경우 하나의 방수구역이 담당하는 헤드의 개수가 30개 이하일 때는 "다"란의 헤드수에 의하고, 30개를 초과할 때는 수리계산방법에 따를 것

② 가, 나, 다 각 란의 유형별로 한쪽의 가지배관에 설치할 수 있는 최대의 개수

㉠ "가"란

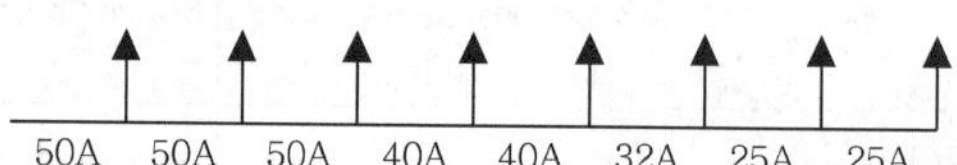


㉡ "나"란

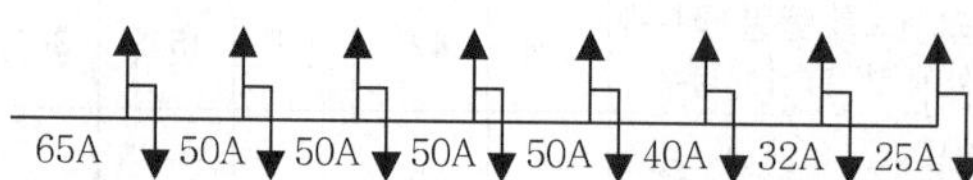


㉢ "다"란(무대부 · 특수가연물을 저장 또는 취급하는 장소로서 폐쇄형 스프링클러헤드를 설치하는 경우)

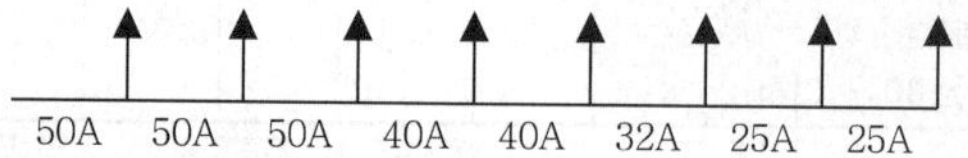


㉣ "다"란(개방형 스프링클러헤드를 설치하는 경우)

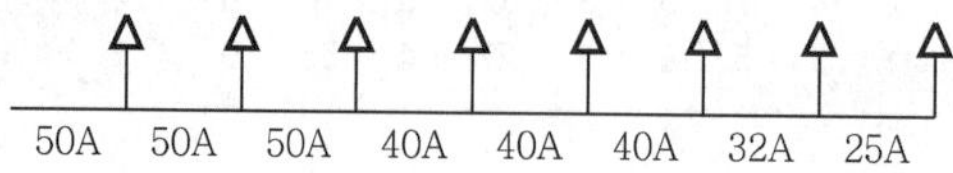

해설 (1) **스프링클러설비**의 **화재안전기준**(NFPC 103 〔별표 1〕, NFTC 103 2.5.3.3)

▎〔별표 1〕 스프링클러헤드수별 급수관의 구경 ▎ (단위 : mm)

| 구 분 \ 급수관의 구경 | 25 | 32 | 40 | 50 | 65 | 80 | 90 | 100 | 125 | 150 |
|---|---|---|---|---|---|---|---|---|---|---|
| 가 | 2 | 3 | 5 | 10 | 30 | 60 | 80 | 100 | 160 | 161 이상 |
| 나 | 2 | 4 | 7 | 15 | 30 | 60 | 65 | 100 | 160 | 161 이상 |
| 다 | 1 | 2 | 5 | 8 | 15 | 27 | 40 | 55 | 90 | 91 이상 |

(주) 1. 폐쇄형 스프링클러헤드를 사용하는 설비의 경우로서 1개층에 하나의 급수배관(또는 밸브 등)이 담당하는 구역의 최대 면적은 **3000m²**를 초과하지 아니할 것

2. **폐쇄형 스프링클러헤드**를 설치하는 경우에는 **"가"**란의 헤드수에 따를 것. 다만, **100개 이상**의 헤드를 담당하는 급수배관(또는 밸브)의 구경을 **100mm**로 할 경우에는 **수리계산**을 통하여 제8조 제③항 제3호에서 규정한 배관의 유속에 적합하도록 할 것

3. **폐쇄형 스프링클러헤드**를 설치하고 반자 아래의 헤드와 반자 속의 헤드를 **동일 급수관**의 **가지관상**에 **병설**하는 경우에는 **"나"**란의 헤드수에 따를 것

4. 제10조 제③항 제1호의 경우로서 **폐쇄형 스프링클러헤드**를 설치하는 설비의 배관 구경은 **"다"**란에 따를 것

5. **개방형 스프링클러헤드**를 설치하는 경우 하나의 방수구역이 담당하는 헤드의 개수가 **30개 이하**일 때는 **"다"**란의 헤드수에 의하고, **30개**를 **초과**할 때는 **수리계산방법**에 따를 것

기억법
2 3 5 1 3 6 8 1 6
2 4 7 5 3 6 5 1 6
1 2 5 8 5 27 4 55 9

(2) **스프링클러설비**의 **화재안전기준**(NFPC 103 제8조 제⑨항, NFTC 103 2.5.9.2)

교차배관에서 분기되는 지점을 기점으로 한쪽 가지배관에 설치되는 헤드의 개수(반자 아래와 반자 속의 헤드를 하나의 가지배관상에 병설하는 경우에는 반자 아래에 설치하는 헤드의 개수)는 **8개 이하**로 할 것

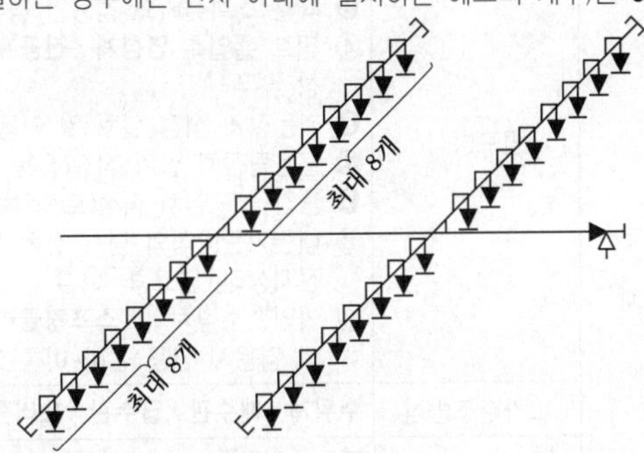


▎가지배관의 헤드개수 ▎

• **"나"**란 반자 아래와 반자 속의 헤드를 하나의 가지배관상에 병설하는 경우에는 반자 아래의 헤드개수만 8개 적용

☆☆☆
**문제 154**

소방시설 종합점검표에서 스프링클러설비의 스프링클러헤드 점검항목 10가지를 쓰시오. (10점)

○ ○
○ ○
○ ○
○ ○
○ ○

소방시설의 점검실무행정 종합문제 600제

**정답** ① 헤드의 변형 · 손상 유무
② 헤드 설치 위치 · 장소 · 상태(고정) 적정 여부
③ 헤드 살수장애 여부
④ 무대부 또는 연소 우려 있는 개구부 개방형 헤드 설치 여부
⑤ 조기반응형 헤드 설치 여부(의무설치장소의 경우)
⑥ 경사진 천장의 경우 스프링클러헤드의 배치상태
⑦ 연소할 우려가 있는 개구부 헤드 설치 적정 여부
⑧ 습식 · 부압식 스프링클러 외의 설비 상향식 헤드 설치 여부
⑨ 측벽형 헤드 설치 적정 여부
⑩ 감열부에 영향을 받을 우려가 있는 헤드의 차폐판 설치 여부

**해설** **소방시설 자체점검사항 등에 관한 고시 〔별지 제4호 서식〕**
**스프링클러설비의 종합점검**

| 구 분 | | 점검항목 |
|---|---|---|
| 수원 | | ① 주된 수원의 유효수량 적정 여부(겸용 설비 포함)<br>② 보조수원(**옥상**)의 유효수량 적정 여부 |
| 수조 | | ❶ 동결방지조치 상태 적정 여부<br>② **수위계** 설치 또는 수위 확인 가능 여부<br>❸ 수조 외측 고정사다리 설치 여부(바닥보다 낮은 경우 제외)<br>❹ 실내 설치시 조명설비 설치 여부<br>⑤ **"스프링클러설비용 수조"** 표지 설치 여부 및 설치상태<br>❻ 다른 소화설비와 겸용시 겸용 설비의 이름 표시한 표지 설치 여부<br>❼ 수조-수직배관 접속부분 **"스프링클러설비용 배관"** 표지 설치 여부 |
| 가압송수장치 | 펌프방식 | ❶ 동결방지조치 상태 적정 여부<br>② 성능시험배관을 통한 펌프성능시험 적정 여부<br>❸ 다른 소화설비와 겸용인 경우 펌프성능 확보 가능 여부<br>④ 펌프 흡입측 **연성계 · 진공계** 및 **토출측 압력계** 등 부속장치의 변형 · 손상 유무<br>❺ 기동장치 적정 설치 및 기동압력 설정 적정 여부<br>❻ 물올림장치 설치 적정(전용 여부, 유효수량, 배관구경, 자동급수) 여부<br>❼ 충압펌프 설치 적정(토출압력, 정격토출량) 여부<br>⑧ 내연기관방식의 펌프 설치 적정(정상기동(기동장치 및 제어반) 여부, 축전지상태, 연료량) 여부<br>⑨ 가압송수장치의 **"스프링클러펌프"** 표지 설치 여부 또는 다른 소화설비와 겸용시 겸용 설비 이름 표시 부착 여부 |
| | 고가수조방식 | **수위계 · 배수관 · 급수관 · 오버플로관 · 맨홀** 등 부속장치의 변형 · 손상 유무 |
| | 압력수조방식 | ❶ 압력수조의 압력 적정 여부<br>② **수위계 · 급수관 · 급기관 · 압력계 · 안전장치 · 공기압축기** 등 부속장치의 변형 · 손상 유무 |
| | 가압수조방식 | ❶ **가압수조** 및 **가압원** 설치장소의 방화구획 여부<br>② **수위계 · 급수관 · 배수관 · 급기관 · 압력계** 등 부속장치의 변형 · 손상 유무 |
| 폐쇄형 스프링클러설비 방호구역 및 유수검지장치 | | ❶ 방호구역 적정 여부<br>❷ 유수검지장치 설치 적정(수량, 접근 · 점검 편의성, 높이) 여부<br>③ 유수검지장치실 설치 적정(실내 또는 구획, 출입문 크기, 표지) 여부<br>❹ **자연낙차**에 의한 유수압력과 유수검지장치의 유수검지압력 적정 여부<br>❺ 조기반응형 헤드 적합 유수검지장치 설치 여부 |
| 개방형 스프링클러설비 방수구역 및 일제개방밸브 | | ❶ 방수구역 적정 여부<br>❷ 방수구역별 일제개방밸브 설치 여부<br>❸ 하나의 방수구역을 담당하는 헤드 개수 적정 여부<br>④ 일제개방밸브실 설치 적정(실내(구획), 높이, 출입문, 표지) 여부 |

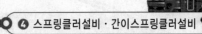

<table>
<tr><td rowspan="1">배관</td><td colspan="2">❶ 펌프의 흡입측 배관 여과장치의 상태 확인<br>❷ 성능시험배관 설치(개폐밸브, 유량조절밸브, 유량측정장치) 적정 여부<br>❸ 순환배관 설치(설치위치 · 배관구경, 릴리프밸브 개방압력) 적정 여부<br>❹ 동결방지조치 상태 적정 여부<br>⑤ 급수배관 개폐밸브 설치(개폐표시형, 흡입측 버터플라이 제외) 및 작동표시스위치 적정(제어반 표시 및 경보, 스위치 동작 및 도통시험) 여부<br>⑥ 준비작동식 유수검지장치 및 일제개방밸브 2차측 배관 부대설비 설치 적정(개폐표시형 밸브, 수직배수배관, 개폐밸브, 자동배수장치, 압력스위치 설치 및 감시제어반 개방 확인) 여부<br>⑦ 유수검지장치 시험장치 설치 적정(설치위치, 배관구경, 개폐밸브 및 개방형 헤드, 물받이통 및 배수관) 여부<br>❽ 주차장에 설치된 스프링클러방식 적정(습식 외의 방식) 여부<br>❾ 다른 설비의 배관과의 구분 상태 적정 여부</td></tr>
<tr><td rowspan="3">음향장치 및 기동장치</td><td colspan="2">① 유수검지에 따른 음향장치 작동 가능 여부(습식 · 건식의 경우)<br>② 감지기 작동에 따라 음향장치 작동 여부(준비작동식 및 일제개방밸브의 경우)<br>❸ 음향장치 설치 담당구역 및 수평거리 적정 여부<br>❹ 주음향장치 수신기 내부 또는 직근 설치 여부<br>❺ 우선경보방식에 따른 경보 적정 여부<br>⑥ 음향장치(경종 등) 변형 · 손상 확인 및 정상작동(음량 포함) 여부</td></tr>
<tr><td>펌프 작동</td><td>① 유수검지장치의 발신이나 기동용 수압개폐장치의 작동에 따른 펌프 기동 확인(습식 · 건식의 경우)<br>② 화재감지기의 감지나 기동용 수압개폐장치의 작동에 따른 펌프 기동 확인(준비작동식 및 일제개방밸브의 경우)</td></tr>
<tr><td>준비작동식 유수검지장치 또는 일제개방밸브 작동</td><td>① 담당구역 내 화재감지기 동작(수동기동 포함)에 따라 개방 및 작동 여부<br>② 수동조작함(설치높이, 표시등) 설치 적정 여부</td></tr>
<tr><td>헤드</td><td colspan="2">① 헤드의 변형 · 손상 유무<br>② 헤드 설치 위치 · 장소 · 상태(고정) 적정 여부<br>③ 헤드 살수장애 여부<br>❹ 무대부 또는 연소 우려 있는 개구부 개방형 헤드 설치 여부<br>❺ 조기반응형 헤드 설치 여부(의무설치장소의 경우)<br>❻ 경사진 천장의 경우 스프링클러헤드의 배치상태<br>❼ 연소할 우려가 있는 개구부 헤드 설치 적정 여부<br>❽ 습식 · 부압식 스프링클러 외의 설비 상향식 헤드 설치 여부<br>❾ 측벽형 헤드 설치 적정 여부<br>❿ 감열부에 영향을 받을 우려가 있는 헤드의 차폐판 설치 여부</td></tr>
<tr><td>송수구</td><td colspan="2">① 설치장소 적정 여부<br>❷ 연결배관에 개폐밸브를 설치한 경우 개폐상태 확인 및 조작 가능 여부<br>❸ 송수구 설치높이 및 구경 적정 여부<br>④ 송수압력범위 표시 표지 설치 여부<br>❺ 송수구 설치개수 적정 여부(폐쇄형 스프링클러설비의 경우)<br>❻ 자동배수밸브(또는 배수공) · 체크밸브 설치 여부 및 설치상태 적정 여부<br>⑦ 송수구 마개 설치 여부</td></tr>
<tr><td>전원</td><td colspan="2">❶ 대상물 수전방식에 따른 상용전원 적정 여부<br>❷ 비상전원 설치장소 적정 및 관리 여부<br>③ 자가발전설비인 경우 연료적정량 보유 여부<br>④ 자가발전설비인 경우 「전기사업법」에 따른 정기점검 결과 확인</td></tr>
</table>

| | | |
|---|---|---|
| 제어반 | ● 겸용 감시·동력 제어반 성능 적정 여부(겸용으로 설치된 경우) | |
| | 감시제어반 | ① 펌프 작동 여부 확인표시등 및 음향경보장치 정상작동 여부<br>② 펌프별 자동·수동 전환스위치 정상작동 여부<br>❸ 펌프별 수동기동 및 수동중단 기능 정상작동 여부<br>❹ 상용전원 및 비상전원 공급 확인 가능 여부(비상전원 있는 경우)<br>❺ 수조·물올림수조 저수위표시등 및 음향경보장치 정상작동 여부<br>⑥ 각 확인회로별 도통시험 및 작동시험 정상작동 여부<br>⑦ 예비전원 확보 유무 및 시험 적합 여부<br>❽ 감시제어반 전용실 적정 설치 및 관리 여부<br>❾ 기계·기구 또는 시설 등 제어 및 감시설비 외 설치 여부<br>⑩ 유수검지장치·일제개방밸브 작동시 표시 및 경보 정상작동 여부<br>⑪ 일제개방밸브 수동조작스위치 설치 여부<br>⓬ 일제개방밸브 사용설비 화재감지기 회로별 화재표시 적정 여부<br>⓭ 감시제어반과 수신기 간 상호 연동 여부(별도로 설치된 경우) |
| | 동력제어반 | 앞면은 **적색**으로 하고, "**스프링클러설비용 동력제어반**" 표지 설치 여부 |
| | 발전기제어반 | ● 소방전원보존형 발전기는 이를 식별할 수 있는 표지 설치 여부 |
| 헤드 설치제외 | ❶ 헤드 설치 제외 적정 여부(설치 제외된 경우)<br>❷ 드렌처설비 설치 적정 여부 | |
| 비고 | ※ 특정소방대상물의 위치·구조·용도 및 소방시설의 상황 등이 이 표의 항목대로 기재하기 곤란하거나 이 표에서 누락된 사항을 기재한다. | |

※ "●"는 종합점검의 경우에만 해당

☆☆

## 문제 155

간이스프링클러설비 가압송수장치 중 펌프방식의 종합점검항목 3가지를 쓰시오. (3점)

○

○

○

정답 ① 동결방지조치 상태 적정 여부
② 성능시험배관을 통한 펌프성능시험 적정 여부
③ 다른 소화설비와 겸용인 경우 펌프성능 확보 가능 여부

해설 **소방시설 자체점검사항 등에 관한 고시 〔별지 제4호 서식〕**
**간이스프링클러설비의 종합점검**

| 구 분 | 점검항목 |
|---|---|
| 수원 | 수원의 유효수량 적정 여부(겸용 설비 포함) |
| 수조 | ① 자동급수장치 설치 여부<br>❷ 동결방지조치 상태 적정 여부<br>③ 수위계 설치 또는 수위 확인 가능 여부<br>❹ 수조 외측 **고정사다리** 설치 여부(바닥보다 낮은 경우 제외)<br>❺ 실내 설치시 **조명설비** 설치 여부<br>⑥ "**간이스프링클러설비용 수조**" 표지 설치상태 적정 여부<br>❼ 다른 소화설비와 겸용시 겸용 설비의 이름 표시한 표지 설치 여부<br>❽ **수조-수직배관** 접속부분 "**간이스프링클러설비용 배관**" 표지 설치 여부 |

| 가압송수장치 | 상수도직결형 | **방수량** 및 **방수압력** 적정 여부 |
|---|---|---|
| | 펌프방식 | ❶ **동결방지조치** 상태 적정 여부<br>② 성능시험배관을 통한 펌프성능시험 적정 여부<br>❸ 다른 소화설비와 겸용인 경우 펌프성능 확보 가능 여부<br>④ 펌프 흡입측 **연성계 · 진공계** 및 **토출측 압력계** 등 부속장치의 **변형 · 손상** 유무<br>❺ 기동장치 적정 설치 및 기동압력 설정 적정 여부<br>❻ 물올림장치 설치 적정(전용 여부, 유효수량, 배관구경, 자동급수) 여부<br>❼ 충압펌프 설치 적정(토출압력, 정격토출량) 여부<br>⑧ 내연기관방식의 펌프 설치 적정(정상기동(기동장치 및 제어반) 여부, 축전지상태, 연료량) 여부<br>⑨ 가압송수장치의 **"간이스프링클러펌프"** 표지 설치 여부 또는 다른 소화설비와 겸용시 겸용 설비 이름 표시 부착 여부 |
| | 고가수조방식 | **수위계 · 배수관 · 급수관 · 오버플로관 · 맨홀** 등 부속장치의 변형 · 손상 유무 |
| | 압력수조방식 | ❶ 압력수조의 압력 적정 여부<br>② **수위계 · 급수관 · 급기관 · 압력계 · 안전장치 · 공기압축기** 등 부속장치의 변형 · 손상 유무 |
| | 가압수조방식 | ❶ 가압수조 및 가압원 설치장소의 방화구획 여부<br>② **수위계 · 급수관 · 배수관 · 급기관 · 압력계** 등 부속장치의 변형 · 손상 유무 |
| 방호구역 및 유수검지장치 | | ❶ 방호구역 적정 여부<br>❷ 유수검지장치 설치 적정(수량, 접근 · 점검 편의성, 높이) 여부<br>③ 유수검지장치실 설치 적정(실내 또는 구획, 출입문 크기, 표지) 여부<br>❹ **자연낙차**에 의한 유수압력과 유수검지장치의 유수검지압력 적정 여부<br>❺ **주차장**에 설치된 간이스프링클러방식 적정(습식 외의 방식) 여부 |
| 배관 및 밸브 | | ① **상수도직결형** 수도배관 구경 및 유수검지에 따른 다른 배관 자동 송수 차단 여부<br>② 급수배관 개폐밸브 설치(개폐표시형, 흡입측 버터플라이 제외) 및 작동표시스위치 적정(제어반 표시 및 경보, 스위치 동작 및 도통시험) 여부<br>❸ 펌프의 흡입측 배관 여과장치의 상태 확인<br>❹ 성능시험배관 설치(개폐밸브, 유량조절밸브, 유량측정장치) 적정 여부<br>❺ 순환배관 설치(설치위치 · 배관구경, 릴리프밸브 개방압력) 적정 여부<br>❻ **동결방지조치** 상태 적정 여부<br>⑦ 준비작동식 유수검지장치 2차측 배관 부대설비 설치 적정(개폐표시형 밸브, 수직배수배관 · 개폐밸브, 자동배수장치, 압력스위치 설치 및 감시제어반 개방 확인) 여부<br>⑧ 유수검지장치 시험장치 설치 적정(설치위치, 배관구경, 개폐밸브 및 개방형 헤드, 물받이통 및 배수관) 여부<br>❾ 간이스프링클러설비 배관 및 밸브 등의 순서의 적정 시공 여부<br>❿ 다른 설비의 배관과의 구분 상태 적정 여부 |
| 음향장치 및 기동장치 | | ① 유수검지에 따른 **음향장치** 작동 가능 여부(습식의 경우)<br>❷ 음향장치 설치 담당구역 및 수평거리 적정 여부<br>❸ 주음향장치 **수신기 내부** 또는 **직근** 설치 여부<br>❹ **우선경보방식**에 따른 경보 적정 여부<br>⑤ 음향장치(경종 등) **변형 · 손상** 확인 및 정상작동(음량 포함) 여부 |
| | 펌프 작동 | ① 유수검지장치의 발신이나 기동용 수압개폐장치의 작동에 따른 펌프 기동 확인(습식의 경우)<br>② 화재감지기의 감지나 기동용 수압개폐장치의 작동에 따른 펌프 기동 확인(준비작동식의 경우) |
| | 준비작동식 유수검지장치 작동 | ① 담당구역 내 화재감지기 동작(수동기동 포함)에 따라 개방 및 작동 여부<br>② 수동조작함(설치높이, 표시등) 설치 적정 여부 |

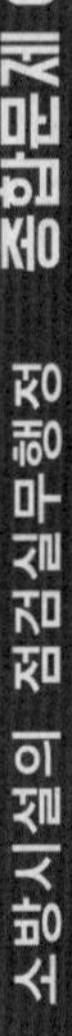

| | | |
|---|---|---|
| 간이헤드 | ① 헤드의 **변형 · 손상** 유무<br>② 헤드 **설치 위치 · 장소 · 상태**(고정) 적정 여부<br>③ 헤드 살수장애 여부<br>❹ 감열부에 영향을 받을 우려가 있는 헤드의 **차폐판** 설치 여부<br>❺ 헤드 설치 제외 적정 여부(설치 제외된 경우) | |
| 송수구 | ① 설치장소 적정 여부<br>❷ 연결배관에 개폐밸브를 설치한 경우 개폐상태 확인 및 조작 가능 여부<br>❸ 송수구 설치높이 및 구경 적정 여부<br>❹ **자동배수밸브**(또는 배수공) · **체크밸브** 설치 여부 및 설치상태 적정 여부<br>⑤ 송수구 **마개** 설치 여부 | |
| 제어반 | ● 겸용 감시 · 동력 제어반 성능 적정 여부(겸용으로 설치된 경우) | |
| | 감시제어반 | ① 펌프 작동 여부 확인**표시등** 및 **음향경보장치** 정상작동 여부<br>② 펌프별 자동 · 수동 전환스위치 정상작동 여부<br>❸ 펌프별 수동기동 및 수동중단 기능 정상작동 여부<br>❹ **상용전원** 및 **비상전원** 공급 확인 가능 여부(비상전원 있는 경우)<br>❺ 수조 · 물올림수조 저수위**표시등** 및 **음향경보장치** 정상작동 여부<br>⑥ 각 확인회로별 **도통시험** 및 **작동시험** 정상작동 여부<br>⑦ 예비전원 확보 유무 및 시험 적합 여부<br>❽ 감시제어반 전용실 적정 설치 및 관리 여부<br>❾ 기계 · 기구 또는 시설 등 제어 및 감시설비 외 설치 여부<br>⑩ 유수검지장치 작동시 표시 및 경보 정상작동 여부<br>⓫ 감시제어반과 수신기 간 상호 연동 여부(별도로 설치된 경우) |
| | 동력제어반 | 앞면은 **적색**으로 하고, **"간이스프링클러설비용 동력제어반"** 표지 설치 여부 |
| | 발전기제어반 | ● 소방전원보존형 발전기는 이를 식별할 수 있는 표지 설치 여부 |
| 전원 | ❶ 대상물 수전방식에 따른 상용전원 적정 여부<br>❷ 비상전원 설치장소 적정 및 관리 여부<br>③ 자가발전설비인 경우 연료적정량 보유 여부<br>④ 자가발전설비인 경우 「전기사업법」에 따른 정기점검 결과 확인 | |
| 비고 | ※ 특정소방대상물의 위치 · 구조 · 용도 및 소방시설의 상황 등이 이 표의 항목대로 기재하기 곤란하거나 이 표에서 누락된 사항을 기재한다. | |

※ "●"는 종합점검의 경우에만 해당

☆ 문제 156

**스프링클러설비 성능시험조사표에서 급수배관의 수압시험 점검항목 3가지를 쓰시오. (12점)**

○

○

○

정답 ① 가압송수장치 및 부속장치(밸브류, 배관, 배관부속류, 압력챔버)의 수압시험(접속상태에서 실시한다) 결과
② 옥외연결송수구 및 연결배관의 수압시험 결과
③ 입상배관 및 가지배관의 수압시험 결과

해설 **소방시설 자체점검사항 등에 관한 고시 〔별지 제5호 서식〕**
**스프링클러설비의 성능시험조사표**

| 구 분 | 점검항목(NFPC 103) |
|---|---|
| 수원<br>(제4조) | ① 주된 수원의 **유효수량** 적정 여부(겸용 설비 포함)<br>② **보조수원**(옥상수원)의 유효수량 적정 여부<br>③ **보조수원**(옥상) **설치 제외** 사항 적정 여부 |

| | | |
|---|---|---|
| 수조<br>(제4조) | | ① 점검 **편의성** 확보 여부<br>② **동결방지조치** 여부 또는 동결 우려 없는 장소 설치 여부<br>③ **수위계** 설치 또는 수위 확인 가능 여부<br>④ 수조 외측 **고정사다리** 설치 여부(바닥보다 낮은 경우 제외)<br>⑤ 실내 설치시 **조명설비** 설치 및 적정 조도 확보 여부<br>⑥ 수조의 밑부분 **청소용 배수밸브** 또는 배수관 설치 여부<br>⑦ "**스프링클러설비용 수조**" 표지 설치 여부 및 설치상태<br>⑧ 다른 소화설비와 겸용시 겸용 설비의 이름 표시한 표지 설치 여부<br>⑨ 수조-수직배관 접속부분 "**스프링클러설비용 배관**" 표지 설치 여부<br>⑩ 다른 설비와 겸용의 경우 **후드밸브**, **흡수구**, **급수구**의 설치위치 |
| 가압송수장치<br>(제5조) | 펌프<br>방식 | ① 주펌프를 **전동기방식**으로 설치 여부<br>② 펌프 설치환경 적정 여부(접근 · 점검 편의성, 화재 · 침수 등 피해 우려)<br>③ **동결방지조치** 여부 또는 동결 우려 없는 장소 설치 여부<br>④ 가압송수장치 **정격토출압력** 적정 여부<br>⑤ 가압송수장치 **송수량** 적정 여부<br>⑥ 펌프 **정격토출량** 적정 여부(겸용 설비 포함)<br>⑦ 다른 소화설비와 겸용 펌프성능 확보 가능 여부<br>⑧ 펌프 흡입측 **연성계 · 진공계** 및 토출측 **압력계** 설치위치 적정 여부<br>⑨ 주펌프측에 **성능시험배관** 및 **순환배관** 설치 여부(충압펌프 제외)<br>⑩ 기동용 수압개폐장치 설치 적정 여부<br>㉠ 충압펌프 설치 적정(토출압력, 정격토출량) 여부<br>㉡ 압력챔버 용적 적정 여부 및 기동압력 설정 적정 여부<br>⑪ **물올림장치** 설치 여부 : 전용탱크, 유효수량, 배관구경, 자동급수 적정 설치 여부<br>⑫ 내연기관방식 기동장치 설치 여부 또는 원격조작(적색등) 가능 여부<br>㉠ 제어반에 내연기관 자동기동 및 수동기동 가능 여부<br>㉡ 상시 충전 축전지설비 설치 여부<br>㉢ 연료탱크 용량 및 연료량 적정 운전 가능 여부<br>⑬ 가압송수장치의 "**스프링클러펌프**" 표지 설치 여부 또는 가압송수장치를 다른 소화설비와 겸용시 겸용 설비 이름 표시 부착 여부<br>⑭ 가압송수장치의 자동정지 불가능 여부(충압펌프 제외) |
| | 고가수조<br>방식 | ① **자연낙차수두** 적정 여부<br>② **부속장치**(수위계 · 배수관 · 급수관 · 오버플로관 · 맨홀) 설치 여부 |
| | 압력수조<br>방식 | ① 압력수조의 **압력** 적정 여부<br>② 부속장치(수위계 · 배수관 · 급수관 · 급기관 · 맨홀 · 압력계 · 안전장치 · 자동식 공기압축기) 설치 여부 |
| | 가압수조<br>방식 | ① **방수량** 및 **방수압** 적정(20분 이상 유지) 여부<br>② **가압수조** 및 **가압원** 설치장소의 방화구획 여부<br>③ 가압송수장치의 **성능인증** 적합 여부 |
| 폐쇄형<br>스프링클러설비<br>방호구역 및<br>유수검지장치<br>(제6조) | | ① 방호구역의 바닥면적 적정 여부 : **격자형 배관방식** 채택의 적정 여부<br>② 유수검지장치 설치 적정(수량, 접근 · 점검 편의성, 높이) 여부<br>③ 방호구역 선정 적정(1개층 1개) 여부 : 헤드 10개 이하, 복층형 구조 공동주택 3개층 이내 방호구역 설치<br>④ 유수검지장치실 설치 적정(실내 또는 구획, 출입문 크기, 표지) 여부<br>⑤ 헤드 공급수 유수검지장치 통과 여부<br>⑥ **자연낙차방식**일 때 유수검지장치 설치높이 적정 여부<br>⑦ **조기반응형 스프링클러설비** 설치시 습식 유수검지장치 또는 부압식 스프링클러설비 설치 여부 |
| 개방형<br>스프링클러설비<br>방수구역 및<br>일제개방밸브<br>(제7조) | | ① 방수구역 선정 적정(1개층 1개 방수구역) 여부<br>② 방수구역별 **일제개방밸브** 설치 여부<br>③ 하나의 **방수구역**을 담당하는 **헤드개수** 적정 여부<br>④ **주차장**에 설치된 스프링클러방식 적정(습식 외의 방식) 여부<br>⑤ 일제개방밸브실 설치 적정(실내 또는 구획, 높이, 출입문 크기, 표지) 여부 |

<table>
<tr><td>배관(제8조)</td><td colspan="2">① 배관과 배관이음쇠의 재질, 인증품 사용, 설치방식 등 적정 여부<br>② 소방용 합성수지배관 성능인증 적합 여부 및 설치 적정 여부<br>③ 겸용 급수배관성능 적정 여부(자동송수 차단 등)<br>④ 급수배관 개폐밸브 설치 적정(개폐표시형, 흡입측 버터플라이 제외) 여부<br>⑤ 배관구경 적정(수리계산방식의 경우 유속 제한기준 포함) 여부<br>⑥ 흡입측 배관의 공기고임 방지 구조 및 여과장치 설치 여부<br>⑦ 각 펌프흡입측 배관수조로부터 별도 설치 여부(수조가 펌프보다 낮음)<br>⑧ 연결송수관설비와 겸용시 배관구경 설치 적정 여부<br>⑨ 펌프성능시험 배관 설치 및 성능<br>　㉠ 설치위치(배관, 개폐밸브, 유량조절밸브) 적정 여부<br>　㉡ 유량측정장치 설치위치<br>　㉢ 유량측정장치 측정 성능 적정 여부<br>⑩ 순환배관 설치 적정(위치, 구경, 릴리프밸브 개방압력) 여부<br>⑪ 동결방지조치 여부 또는 동결 우려 없는 장소 설치 여부<br>⑫ 보온재성능(난연재 이상) 적정 여부<br>⑬ 가지배관 배열방식 적정 여부(토너먼트방식 제외)<br>⑭ 가지배관에 설치되는 헤드수량의 적정 여부<br>⑮ 신축배관 성능인증 적합 및 설치길이 적정 여부<br>⑯ 교차배관 설치위치 적정 여부 및 최소 구경 충족 여부<br>⑰ 청소구 설치 적정(설치위치, 나사식 개폐밸브 및 나사보호용 캡 설치) 여부<br>⑱ 하향식 헤드 가지배관 분기 적정 여부<br>⑲ 준비작동식 유수검지장치 및 일제개방밸브 2차측 배관 부대설비<br>　㉠ 수직배수배관 연결 및 개폐밸브 설치 적정 여부<br>　㉡ 자동배수장치 및 압력스위치 설치 적정 여부<br>　㉢ 압력스위치 수신부에서 개방 여부 확인 가능 여부<br>⑳ 습식 · 건식 유수검지장치 및 부압식 스프링클러설비 시험장치<br>　㉠ 유수검지장치에서 가장 먼 가지배관에 끝에 설치 여부<br>　㉡ 시험장치 배관구경 적정 여부<br>　㉢ 시험장치 개폐밸브 및 개방형 헤드 설치 적정 여부<br>　㉣ 시험 중 방사된 물이 바닥에 흘러내리지 않는 구조로 설치 여부<br>㉑ 가지배관 행가 설치간격 적정 여부<br>㉒ 교차배관 행가 설치간격 적정 여부<br>㉓ 수평주행배관 행가 설치간격 적정 여부<br>㉔ 수직배수배관 최소 구경 충족 여부<br>㉕ 주차장 스프링클러설비방식 적정 여부<br>㉖ 급수배관 개폐밸브 작동표시스위치 설치<br>　㉠ 급수개폐밸브 잠금상태 감시제어반 또는 수신기 표시, 경보 가능 여부<br>　㉡ 탬퍼스위치 감시제어반 또는 수신기에서 동작 유무 확인 가능 여부<br>　㉢ 탬퍼스위치 배선 동작시험, 도통시험 가능 여부<br>　㉣ 급수개폐밸브 작동표시스위치 전기배선 적정 설치 여부<br>㉗ 배관 수평 설치 여부(습식 · 부압식), 배수밸브 설치 적정 여부<br>㉘ 배관 기울기 적정 여부(습식 · 부압식), 배수밸브 설치 적정 여부<br>㉙ 다른 설비배관과의 구분방식 적정 여부(보온재 적색 & 배관구분 설치)<br>㉚ 분기배관 성능인증제품 설치 여부</td></tr>
<tr><td rowspan="2">음향장치 및 기동장치 (제9조)</td><td colspan="2">① 습식 · 건식 유수검지장치 사용 설비 헤드 개방시 음향장치 작동 여부<br>② 준비작동식 유수검지장치 또는 일제개방밸브 화재감지기 감지에 따라 음향장치 작동 여부<br>③ 음향장치 설치 담당구역 및 수평거리 적정 여부<br>④ 음향장치의 종류, 음색, 성능 적정 여부<br>⑤ 주음향장치 수신기 내부 또는 직근 설치 여부<br>⑥ 경보방식에 따른 경보 적정 여부</td></tr>
<tr><td>펌프 작동</td><td>① 습식 · 건식 스프링클러설비 펌프의 작동 적정 여부(유수검지장치 발신, 기동용 수압개폐장치 작동 또는 혼용에 의한 작동)<br>② 준비작동식 · 일제살수식 스프링클러설비 펌프의 작동 적정 여부(화재감지기의 화재감지, 기동용 수압개폐장치 작동 또는 혼용에 의한 작동)</td></tr>
</table>

| | | |
|---|---|---|
| 음향장치 및<br>기동장치<br>(제9조) | 준비작동식<br>유수검지<br>장치 또는<br>일제개방<br>밸브 작동 | ① 담당구역 내 화재감지기 동작에 따라 개방 및 작동 여부<br>② 화재감지기 **교차회로방식** 설치 여부<br>③ 화재감지기 담당 바닥면적의 적정 여부<br>④ **수동기동**에 따라서 개방 및 작동 여부<br>⑤ **화재감지기** 회로의 발신기 설치<br>㉠ 설치장소 및 설치높이 적정 여부<br>㉡ 층마다 설치 및 설치거리 적정 여부<br>㉢ 표시등 설치위치, 식별 가능 적색등 적정 설치 여부 |
| 헤드<br>(제10조) | ① 헤드 부착 위치·장소·상태(고정) 적정 여부<br>② 천장과 반자 사이 헤드 설치시 적정 설치 여부<br>③ 폭 **1.2m** 초과 덕트, 선반, 기타 이와 유사한 부분 헤드 설치 적정 여부<br>④ 랙크식 창고 헤드 설치높이 적정 여부<br>⑤ **헤드 수평거리** 적정 여부<br>⑥ 수리계산에 따른 헤드 적정 설치 여부<br>⑦ **무대부** 또는 연소 우려 있는 개구부 개방형 헤드 설치 여부<br>⑧ **조기반응형 헤드** 설치장소 적정 여부(의무설치대상)<br>⑨ **개방형** 스프링클러헤드 적정 설치 여부(의무설치대상)<br>⑩ **폐쇄형** 헤드 표시온도에 따른 설치장소 적정 여부<br>⑪ 헤드의 반사판 중심과 보의 수평거리 적정 여부 | |
| | 설치방법 | ① 헤드 살수장애 여부<br>② 헤드 살수반경 및 벽과의 공간 확보 여부<br>③ 헤드와 부착면과의 적정 설치 여부(30cm 이하)<br>④ 헤드 반사판 부착면과 평행 설치 여부<br>⑤ 천장의 기울기가 10분의 1을 초과하는 경우<br>㉠ 가지관을 천장마루와 평행하게 설치 여부<br>㉡ 천장 최상부 헤드 설치시 적정 설치 여부<br>㉢ 가지배관, 헤드, 반사판 설치 적정 여부<br>⑥ 연소할 우려가 있는 개구부<br>㉠ 헤드 상하좌우 설치간격의 적정 여부<br>㉡ 헤드와 개구부 내측면과 거리 적정 여부<br>㉢ 헤드 상호 간 간격의 적정 여부<br>⑦ 습식·부압식 스프링클러 외의 설비 상향식 헤드 설치 여부<br>⑧ 측벽형 헤드 설치 적정 여부<br>⑨ 감열부에 영향을 받을 우려가 있는 헤드의 차폐판 설치 여부 |
| 송수구<br>(제11조) | ① 설치장소 적정 여부(소방차 쉽게 접근, 잘 보이는 곳 설치 등)<br>② **개폐밸브** 설치장소 적정 여부<br>③ 송수구 구경 및 형태(쌍구형) 적정 여부<br>④ **송수압력범위** 표시 표지 적정 설치 여부<br>⑤ 송수구 설치개수 적정 여부(폐쇄형 스프링클러설비의 경우)<br>⑥ 지면으로부터 **설치높이** 적정 여부<br>⑦ **자동배수밸브**(또는 배수공)·체크밸브 설치 여부 및 설치상태 적정 여부<br>⑧ **송수구 마개** 설치 여부<br>⑨ 겸용 송수구 성능 적정 여부<br>⑩ 소방시설별 송수구 적정 구분 표시 여부 | |
| 전원(제12조) | 대상물 수전방식에 따른 상용전원회로 배선 적정 여부 | |
| 제어반<br>(제13조) | 공통사항 | ① **감시제어반**과 **동력제어반** 구분 설치 여부<br>② 제어반 설치장소(화재·침수 피해 방지) 적정 여부<br>③ 제어반 설비 전용 설치 여부(제어에 지장 없는 경우 제외)<br>④ 겸용 감시·동력 제어반 성능 적정 여부(겸용으로 설치된 경우) |
| | 감시<br>제어반 | ① **펌프 작동** 여부 확인표시등 및 음향경보장치 정상작동 여부<br>② 펌프별 자동·수동 전환스위치 정상작동 여부<br>③ 펌프별 수동기동 및 수동중단 기능 정상작동 여부 |

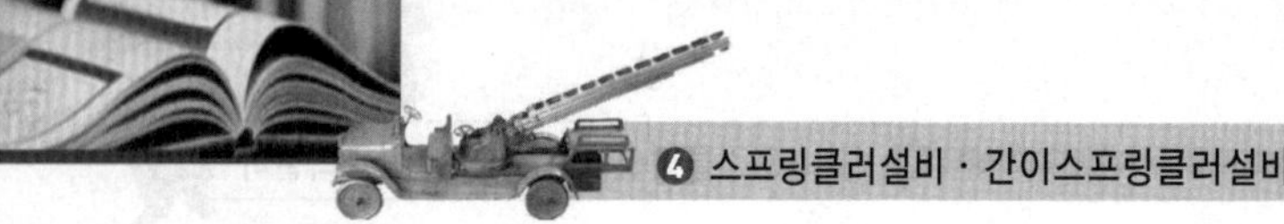





| | | |
|---|---|---|
| 제어반<br>(제13조) | 감시<br>제어반 | ④ **상용전원** 및 **비상전원** 공급 확인 가능 여부(비상전원 있는 경우)<br>⑤ **수조 · 물올림수조** 저수위표시등 및 음향경보장치 정상작동 여부<br>⑥ 각 확인회로별 도통시험 및 작동시험 정상작동 여부<br>⑦ 예비전원 확보 유무 및 적합 여부 시험 가능 여부<br>⑧ 전용실(중앙제어실 내에 감시제어반 설치시 제외)<br>㉠ 다른 부분과 방화구획 적정 여부<br>㉡ 설치위치(층) 적정 여부<br>㉢ 비상조명등 및 급 · 배기설비 설치 적정 여부<br>㉣ 무선기기 접속단자 설치 적정 여부<br>㉤ 바닥면적 적정 확보 여부<br>⑨ 기계 · 기구 또는 시설 등 제어 및 감시설비 외 설치 여부<br>⑩ **유수검지장치** · 일제개방밸브 작동시 표시 및 경보 정상작동 여부<br>⑪ 일제개방밸브 수동조작스위치 설치 여부<br>⑫ 일제개방밸브 사용설비 화재감지기 회로별 화재표시 적정 여부<br>⑬ **도통시험** 및 **작동시험**<br>㉠ 기동용 수압개폐장치의 압력스위치 회로 작동 여부<br>㉡ 수조 및 물올림수조의 저수위감시회로 작동 여부<br>㉢ 유수검지장치 또는 일제개방밸브의 압력스위치 회로 작동 여부<br>㉣ 일제개방밸브를 사용하는 설비의 화재감지기 회로 작동 여부<br>㉤ 개폐밸브 폐쇄상태 확인회로 작동 여부<br>⑭ 감시제어반과 수신기 간 상호 연동 여부(별도로 설치된 경우) |
| | 동력<br>제어반 | ① **"스프링클러설비용 동력제어반"** 표지 설치 여부<br>② 외함의 색상(**적색**), 재료, 두께, 강도 및 내열성 적정 여부 |
| | 자가발전<br>설비<br>제어반의<br>제어장치 | ① 비영리 공인기관의 시험 필한 장치 설치 여부<br>② **소방전원보존형 발전기** 제어장치 설치 및 표시 적정 여부 |
| 배선 등<br>(제14조) | | ① 비상전원회로 사용전선 및 배선공사 방법 적정 여부<br>② 그 밖의 전기회로의 사용전선 및 배선공사방법 적정 여부<br>③ 과전류차단기 및 개폐기 **"스프링클러설비용"** 표지 설치 여부<br>④ 전기배선 접속단자 **"스프링클러설비단자"** 표지 설치 여부<br>⑤ 전기배선 양단 타설비와 식별 용이성 확보 여부 |
| 헤드 설치<br>제외<br>(제15조) | | 헤드 설치 제외 적정 여부(설치 제외된 경우) |
| | 드렌처<br>헤드 | ① 드렌처설비헤드 수량, 위치의 적정 여부<br>② **제어밸브** 설치위치의 적정 여부<br>③ **수원량** 적정 확보 여부<br>④ **방수압력**, **방수량**의 적정 여부<br>⑤ 가압송수장치 설치위치, 장소의 적정 여부 |
| 별도 첨부 | | ① 비상전원설비 성능시험조사표<br>② 형식승인용품 및 성능인증용품 사용내역 |
| 수압시험 | | ① 가압송수장치 및 부속장치(밸브류 · 배관 · 배관부속류 · 압력챔버)의 수압시험(접속상태에서 실시) 결과<br>② **옥외연결송수구** 연결배관의 **수압시험** 결과<br>③ **입상배관** 및 **가지배관**의 **수압시험** 결과<br>• 수압시험은 1.4MPa의 압력으로 2시간 이상 시험하고자 하는 배관의 가장 낮은 부분에서 가압하되, 배관과 배관 · 배관부속류 · 밸브류 · 각종 장치 및 기구의 접속부분에서 누수현상이 없어야 한다. 이 경우 상용수압이 1.05MPa 이상인 부분에 있어서의 압력은 그 상용수압에 0.35MPa을 더한 값 |
| 비고 | | ※ 특정소방대상물의 위치 · 구조 · 용도 및 소방시설의 상황 등이 이 표의 항목대로 기재하기 곤란하거나 이 표에서 누락된 사항을 기재한다. |

★★

## 문제 157

**준비작동식 스프링클러설비에 대한 준비작동식밸브의 압력스위치에 수압을 가하여 압력스위치의 작동 및 경보를 검사하는 방법 5가지를 쓰시오. (10점)**

○

○

○

○

○

정답 ① 감지기 2회로를 동시에 작동시켜 클래퍼 개방에 따른 수압에 의하여 경보상태 검사
② 준비작동식 밸브 부근에 설치된 슈퍼비조리판넬의 수동기동스위치를 작동시켜 클래퍼 개방에 따른 수압에 의하여 경보상태 검사
③ 준비작동식 밸브의 중간챔버에 설치된 수동기동밸브를 개방하여 클래퍼 개방에 따른 수압에 의하여 경보상태 검사
④ 준비작동식 밸브를 수신반에 설치된 방호구역별 개방스위치를 작동시켜 클래퍼 개방에 따른 수압에 의하여 경보상태 검사
⑤ 클래퍼를 개방하지 않고 클래퍼 1차측에 설치된 경보시험밸브 개방에 따른 1차측 수압에 의하여 경보상태 검사

해설 준비작동식 밸브의 압력스위치에 수압을 가하여 압력스위치의 작동 및 경보검사방법
(1) **감지기 2회로**를 동시에 작동시켜 **클래퍼 개방**에 따른 수압에 의하여 경보상태 검사
(2) 준비작동식 밸브 부근에 설치된 **슈퍼비조리판넬**의 **수동기동스위치**를 작동시켜 클래퍼 개방에 따른 수압에 의하여 경보상태 검사
(3) 준비작동식 밸브의 **중간챔버**에 설치된 **수동기동밸브**를 개방하여 클래퍼 개방에 따른 수압에 의하여 경보상태 검사
(4) 준비작동식 밸브를 **수신반**에 설치된 방호구역별 **개방스위치**를 작동시켜 클래퍼 개방에 따른 수압에 의하여 경보상태 검사
(5) 클래퍼를 개방하지 않고 **클래퍼 1차측**에 설치된 **경보시험밸브** 개방에 따른 1차측 수압에 의하여 경보상태 검사

• 준비작동식 밸브=준비작동밸브

★★★

## 문제 158

**준비작동식 스프링클러설비에 대한 펌프의 소음, 진동의 발생원인 6가지에 대하여 쓰시오. (12점)**

○

○

○

○

○

○

정답 ① 캐비테이션이 발생하였을 때
② 공기를 혼입하였을 때
③ 서징현상이 발생하였을 때

④ 임펠러에 이물질이 끼었을 때
⑤ 임펠러의 일부가 마모 또는 부식되었을 때
⑥ 기초, 설치, 센터링이 불량할 때

해설 **펌프의 소음, 진동의 발생원인**
(1) 캐비테이션이 발생하였을 때
(2) 공기를 혼입하였을 때
(3) 서징현상이 발생하였을 때
(4) 임펠러에 이물질이 끼었을 때
(5) 임펠러의 일부가 마모 또는 부식되었을 때
(6) 기초, 설치, 센터링이 불량할 때

중요

**관 내**에서 **발생하는 현상**

(1) **맥동현상**(surging)

| | |
|---|---|
| 개 념 | 유량이 단속적으로 변하여 펌프 입출구에 설치된 **진공계 · 압력계**가 흔들리고 **진동**과 **소음**이 일어나며 펌프의 **토출유량**이 **변하는 현상** |
| 발생원인 | ① 배관 중에 **수조**가 있을 때<br>② 배관 중에 **기체상태**의 부분이 있을 때<br>③ **유량조절밸브**가 배관 중 수조의 위치 **후방**에 있을 때<br>④ 펌프의 특성곡선이 **산모양**이고 운전점이 그 **정상부**일 때 |
| 방지대책 | ① 배관 중에 불필요한 수조를 없앤다.<br>② 배관 내의 기체(공기)를 제거한다.<br>③ 유량조절밸브를 배관 중 수조의 전방에 설치한다.<br>④ 운전점을 고려하여 적합한 펌프를 선정한다.<br>⑤ **풍량** 또는 **토출량**을 줄인다. |

(2) **공동현상**(cavitation)

| | |
|---|---|
| 개 념 | 펌프의 흡입측 배관 내의 물의 정압이 기존의 증기압보다 낮아져서 기포가 발생되어 물이 흡입되지 않는 현상 |
| 발생현상 | ① 소음과 진동발생<br>② 관 부식<br>③ **임펠러**의 **손상**(수차의 날개를 해친다)<br>④ 펌프의 성능저하 |
| 발생원인 | ① 펌프의 흡입수두가 클 때(소화펌프의 흡입고가 클 때)<br>② 펌프의 마찰손실이 클 때<br>③ 펌프의 임펠러속도가 클 때<br>④ 펌프의 설치위치가 수원보다 높을 때<br>⑤ 관 내의 수온이 높을 때(물의 온도가 높을 때)<br>⑥ 관 내의 물의 정압이 그때의 증기압보다 낮을 때<br>⑦ 흡입관의 구경이 작을 때<br>⑧ 흡입거리가 길 때<br>⑨ 유량이 증가하여 펌프물이 과속으로 흐를 때 |
| 방지대책 | ① 펌프의 흡입수두를 **작게** 한다.<br>② 펌프의 마찰손실을 **작게** 한다.<br>③ 펌프의 **임펠러속도**(회전수)를 **작게** 한다.<br>④ 펌프의 설치위치를 수원보다 **낮게** 한다.<br>⑤ 양흡입펌프를 사용한다(펌프의 흡입측을 가압한다).<br>⑥ 관 내의 물의 정압을 그때의 증기압보다 **높게** 한다.<br>⑦ 흡입관의 구경을 **크게** 한다.<br>⑧ 펌프를 **2대** 이상 설치한다. |

(3) **수격작용**(water hammering)

| | |
|---|---|
| 개 념 | ① 배관 속의 물흐름을 급히 차단하였을 때 동압이 정압으로 전환되면서 일어나는 쇼크현상<br>② 배관 내를 흐르는 유체의 유속을 급격하게 변화시키므로 압력이 상승 또는 하강하여 **관로**의 **벽면**을 **치는 현상** |
| 발생원인 | ① 펌프가 갑자기 정지할 때<br>② 급히 밸브를 개폐할 때<br>③ 정상운전시 유체의 압력변동이 생길 때 |
| 방지대책 | ① 관의 관경(직경)을 크게 한다.<br>② 관 내의 유속을 낮게 한다(관로에서 일부 고압수를 방출한다).<br>③ 조압수조(surge tank)를 관선에 설치한다.<br>④ **플라이휠**(fly wheel)을 설치한다.<br>⑤ 펌프 송출구(토출측) 가까이에 밸브를 설치한다.<br>⑥ 에어챔버(air chamber)를 설치한다. |

☆☆ 문제 159

**준비작동식 스프링클러설비에서 준비작동밸브에 오리피스를 설치하는 이유에 대하여 쓰시오. (4점)**

정답 준비작동밸브의 중간챔버에 연결·설치되어 있는 전자개방밸브 또는 수동개방밸브 개방시 다량의 물이 배수되는데, 이때 준비작동밸브의 중간챔버 내부로 보충되는 가압수의 유량을 감소시켜 중간챔버 내부의 압력을 낮추고, 준비작동밸브를 신속하게 개방시키기 위함

해설 **준비작동식 밸브**에 **오리피스 설치이유**

준비작동밸브의 **중간챔버**에 연결·설치되어 있는 **전자개방밸브** 또는 **수동개방밸브** 개방시 다량의 물이 배수되는데, 이때 준비작동밸브의 중간챔버 내부로 보충되는 가압수의 유량을 감소시켜 중간챔버 내부의 압력을 낮추고, 준비작동밸브를 신속하게 개방시키기 위함

☆☆☆ 문제 160

**준비작동식 스프링클러설비에서 다음 그림은 준비작동밸브의 구조도이다. 이 밸브의 개방원리를 설명하시오. (7점)**

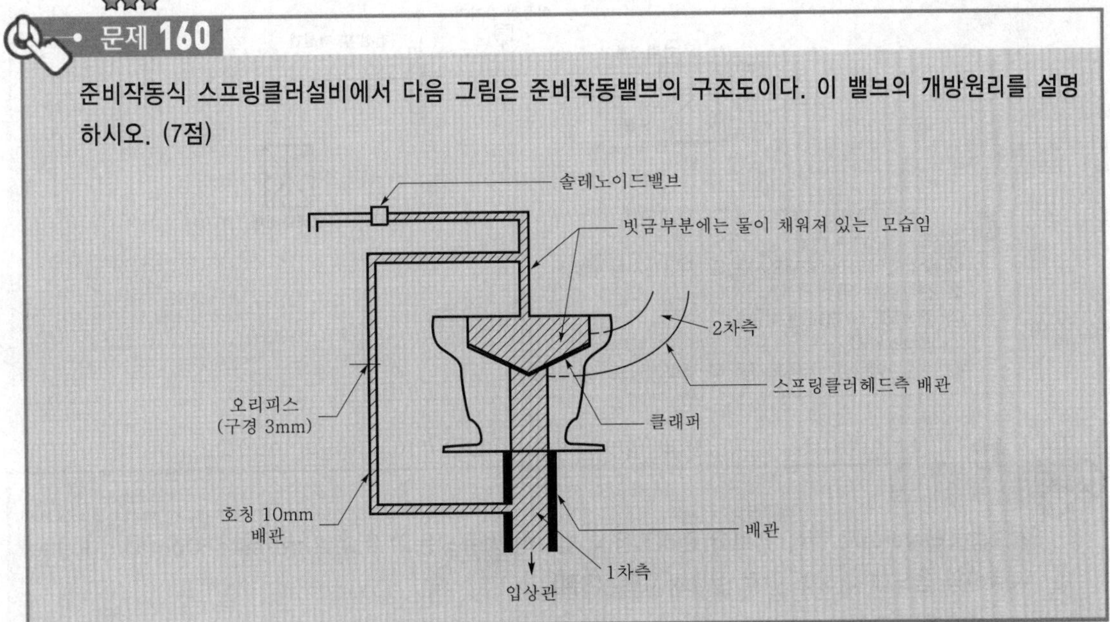


정답 화재발생시 감지기의 동작에 의하여 솔레노이드밸브가 개방되면 클래퍼 상부의 압력이 저하되어 클래퍼가 열리면서 준비작동밸브가 개방된다.

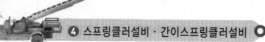

해설 **준비작동밸브**의 **개방원리**

준비작동밸브의 **1차측**에는 **가압수**, **2차측**에는 **대기압** 상태로 있다가 감지기가 회로를 감지하면 감시제어반(수신반)에 솔레노이드밸브(solenoid valve)를 동작시켜 클래퍼(clapper) 상부의 물을 배출시키면 클래퍼 상부의 압력이 저하되어 클래퍼 1차측의 수압에 의하여 클래퍼가 열리면서 **준비작동밸브**가 **개방**되어 스프링클러헤드측 배관으로 가압수를 송수시키고 이렇게 하여 송수된 물을 말단의 스프링클러헤드까지 충전되어 열에 의해 헤드가 개방되면 소화가 이루어진다.

밸브의 개방원리를 자세히 설명하면

(1) 솔레노이드밸브의 개방으로 인하여 **클래퍼 상부**의 중간챔버 내부의 가압수가 다량 배수된다.
(2) 이때, 오리피스를 통하여 클래퍼 상부의 **중간챔버 내부**로 **가압수**가 **보충**되지만, 오리피스를 통하여 보충되는 가압수는 소량이므로 중간챔버 내부의 압력은 급격하게 낮아진다.
(3) 중간챔버 내부의 압력이 낮아지게 되면, 클래퍼를 아래로 누르는 폐쇄력이 약해져서 **클래퍼**는 **개방**된다.

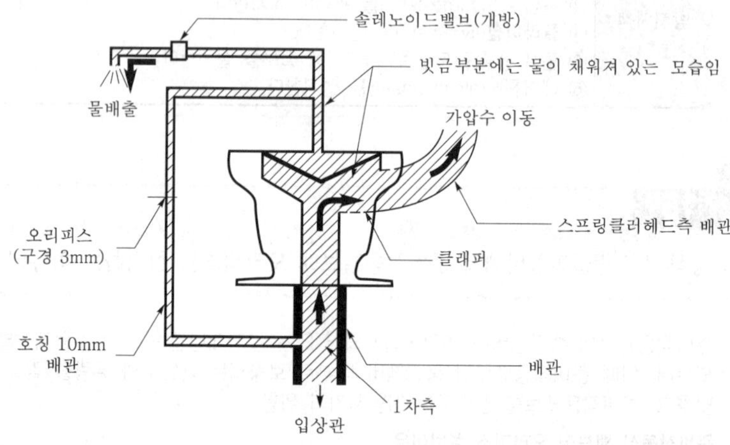


**| 준비작동밸브가 개방된 상태 |**

비교문제 **도면은 어떤 준비작동식 스프링클러설비의 계통을 나타낸 도면이다. 화재가 발생하였을 때 화재감지기, 소화설비반의 표시부, 전자밸브, 준비작동식 밸브 및 압력스위치들 간의 작동연계성(operation sequence)을 요약 설명하시오.**

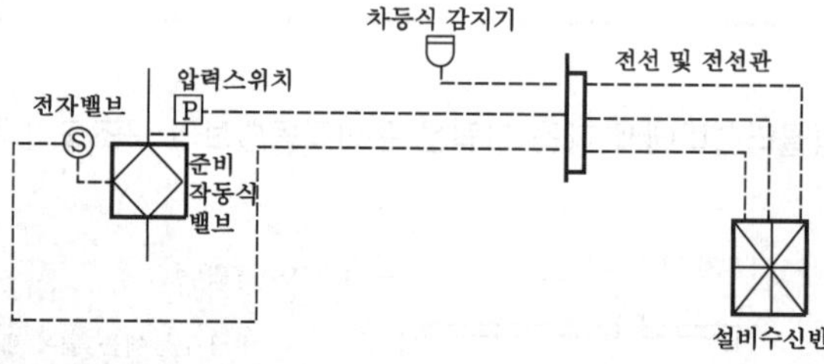


정답
① 감지기 A · B 작동
② 수신반에 신호(화재표시등 및 지구표시등 점등)
③ 전자밸브 작동
④ 준비작동식 밸브 동작
⑤ 압력스위치 작동
⑥ 수신반에 신호(기동표시등 및 밸브개방표시등 점등)

☆☆ **문제 161**

**스프링클러설비에서 건식 밸브와 준비작동식 밸브에 사용되는 P.O.R.V(Pressure-Operated Relief Valve)의 용도에 대하여 각각 설명하시오. (8점)**

○ 건식 밸브 :

○ 준비작동식 밸브 :

정답 ① 건식 밸브 : 스프링클러헤드 개방시 건식밸브의 개방, 가속기 작동 후 가속기 및 건식 밸브의 실린더 내부로 1차측의 가압수 유입 방지
② 준비작동식 밸브 : 솔레노이드밸브 등에 의한 준비작동밸브 개방 후 솔레노이드밸브가 전기적인 불균형에 의해 닫히더라도 준비작동밸브의 개방상태를 계속 유지시켜 주기 위한 밸브

해설 P.O.R.V(Pressure-Operated Relief Valve)

| 건식 밸브 | 준비작동식 밸브 |
|---|---|
| 스프링클러헤드 개방시 건식 밸브의 개방, 가속기 작동 후 가속기 및 건식 밸브의 **실린더 내부**로 **1차측**의 **가압수 유입 방지** | ① 솔레노이드밸브 등에 의한 준비작동밸브 개방 후 솔레노이드밸브가 전기적인 불균형에 의해 닫히더라도 **준비작동밸브**의 **개방상태**를 **계속 유지**시켜 주기 위한 밸브<br>② 준비작동밸브 개방 이후 클래퍼가 다시 닫혀 급수가 원활하지 못하게 되는 현상을 방지하기 위한 밸브로서 개방된 클래퍼가 다시 닫히는 것을 방지하는 밸브<br>③ 준비작동밸브의 기동밸브가 수동 및 자동으로 기동되었다가 폐쇄되더라도 밸브 본체 중간챔버의 물을 계속 배수시킴으로써 한 번 개방된 준비작동밸브는 **계속 개방상태**를 **유지**시킬 목적으로 설치 |

중요

**준비작동식 밸브**의 P.O.R.V(Pressure-Operated Relief Valve)

| 없을 경우 문제점 | 작동방식 |
|---|---|
| 준비작동식 밸브 개방 이후 밸브가 자동으로 복구되어 닫힐 수 있음 | 준비작동밸브 2차측의 가압수를 조작신호로 이용하여 중간챔버로 가는 배관경로를 폐쇄시켜 중간챔버의 압력저하상태를 지속적으로 유지시켜 줌 |

## 문제 162

**준비작동식 스프링클러설비 구성품 중 P.O.R.V(Pressure-Operated Relief Valve)에 대해서 설명하시오. (단, 없을 경우 문제점 및 작동방식에 대해서 답하시오.) (5점)**

○ 없을 경우 문제점 :
○ 작동방식 :

정답 ① 없을 경우 문제점 : 준비작동식 밸브 개방 이후 밸브가 자동으로 복구될 수 있음
② 작동방식 : 준비작동밸브 2차측의 가압수를 조작신호로 이용하여 중간챔버의 압력저하상태 유지

해설 **P.O.R.V(Pressure Operated Relief Valve)**

(1) 솔레노이드밸브 등에 따른 준비작동밸브 개방 후 솔레노이드밸브가 전기적인 불균형에 의해 닫히더라도 **준비작동밸브**의 **개방상태**를 **계속 유지**시켜주기 위한 밸브
(2) 준비작동식 밸브 개방 이후 클래퍼가 다시 닫혀 급수가 원활하지 못하게 되는 현상을 방지하기 위한 밸브로서 **개방된 클래퍼**가 다시 **닫히는 것**을 **방지**하는 밸브

| 없을 경우 문제점 | 작동방식 |
|---|---|
| 준비작동식 밸브 개방 이후 밸브가 **자동**으로 **복구**되어 닫힐 수 있음 | 준비작동밸브 **2차측**의 **가압수**를 **조작신호**로 이용하여 중간챔버로 가는 배관경로를 폐쇄시켜 중간챔버의 **압력저하상태**를 **지속적**으로 유지시켜 줌 |

참고

스프링클러설비에서 **유수검지장치**의 **주요구성부**

| 습 식 | 건 식 | 준비작동식 |
|---|---|---|
| ① 자동경보밸브(alarm check valve)<br>② 리타딩챔버(retarding chamber)<br>③ 압력스위치<br>④ 압력계<br>⑤ 게이트밸브(gate valve)<br>⑥ 드레인밸브(drain valve) | ① 건식 밸브(dry valve)<br>② 엑셀레이터(accelerator)<br>③ 자동식 공기압축기(auto type compressor)<br>④ 압력스위치<br>⑤ 압력계<br>⑥ 게이트밸브(gate valve) | ① 준비작동밸브(preaction valve)<br>② 솔레노이드밸브<br>③ 수동기동밸브<br>④ P.O.R.V(Pressure Operated Relief Valve)<br>⑤ 압력스위치<br>⑥ 압력계<br>⑦ 게이트밸브(gate valve) |

## 문제 163

스프링클러설비에서 일제개방밸브(감압식)의 세팅방법 중 압력세팅방법에 대하여 쓰시오. (10점)

정답 ① 솔레노이드밸브 및 수동개방밸브 폐쇄
② 덮개의 캡 개방
③ 조절볼트 완전 상승
④ 1차 개폐밸브 개방
⑤ 펌프급수 공급
⑥ 일제개방밸브 1차측 자동 세팅
⑦ 2차측 누수방지
⑧ 세팅 완료

해설 일제개방밸브(감압식)의 압력세팅방법
(1) **솔레노이드밸브** 및 **수동개방밸브 폐쇄**
(2) **덮개**의 **캡** 개방
(3) **조절볼트** 완전 상승
(4) **1차 개폐밸브** 개방
(5) **펌프급수** 공급
(6) **일제개방밸브 1차측** 자동 세팅
(7) **2차측** 누수방지
(8) 세팅 완료

## 문제 164

「스프링클러설비의 화재안전기준」에 따라 다음 각 물음에 답하시오. (10점)
(가) 일반건식 밸브와 저압건식 밸브의 작동순서를 쓰시오. (6점)
(나) 저압건식 밸브 2차측 설정압력이 낮은 경우 장점 4가지를 쓰시오. (4점)
○
○
○
○

정답 (가)

| 일반건식 밸브 | 저압건식 밸브 |
|---|---|
| ① 공기압축기에 연결된 시험밸브를 개방하여 2차측 압축공기 배출<br>② 액셀러레이터 작동으로 클래퍼 개방 및 2차측 가압수 송수<br>③ P.O.R.V 작동으로 클래퍼 폐쇄방지 및 시험밸브를 통한 누수 확인<br>④ 압력스위치 작동으로 제어반에 화재 및 밸브개방 신호 표시와 동시에 음향경보장치 작동 | ① 배수밸브 개방으로 2차측 압축공기 배출<br>② 액추에이터 작동으로 밸브의 중간챔버 가압수 배출<br>③ 밸브 본체의 시트 개방 및 배수밸브에 의한 누수 확인<br>④ 압력스위치 작동으로 제어반에 화재 및 밸브개방 신호 표시와 동시에 음향경보장치 작동 |

(나) ① 클래퍼의 개방시간 단축
② 2차측 누설 우려가 적어 유지관리 용이
③ 공기압축기 용량을 작게 할 수 있음
④ 초기 세팅시간 단축

해설 (1) 제조회사에 따라 작동순서가 다르다. 둘 중 하나로 답을 해도 맞는다고 본다.

▮건식 밸브의 작동순서(A사)▮

| 일반건식 밸브 | 저압건식 밸브 |
|---|---|
| ① 공기압축기에 연결된 **시험밸브**를 개방하여 2차측 **압축공기** 배출<br>② **액셀러레이터** 작동으로 클래퍼 개방 및 2차측 가압수 송수<br>③ **P.O.R.V** 작동으로 클래퍼 폐쇄방지 및 시험밸브를 통한 누수 확인<br>④ **압력스위치** 작동으로 제어반에 화재 및 밸브개방 신호표시와 동시에 음향경보장치 작동 | ① **배수밸브** 개방으로 2차측 압축공기 배출<br>② **액추에이터** 작동으로 밸브의 중간챔버 가압수 배출<br>③ 밸브 본체의 **시트** 개방 및 배수밸브에 의한 누수 확인<br>④ **압력스위치** 작동으로 제어반에 화재 및 밸브개방 신호표시와 동시에 음향경보장치 작동 |

▮건식 밸브의 작동순서(B사)▮

| 일반건식 밸브 | 저압건식 밸브 |
|---|---|
| ① **수위확인밸브**를 개방하여 2차측 압축공기 배출<br>② **액셀러레이터** 작동으로 잔여 압축공기를 보내서 클래퍼 개방<br>③ **수위확인밸브**를 통한 누수 확인<br>④ **압력스위치** 작동으로 제어반에 화재 및 밸브개방 신호표시와 동시에 음향경보장치 작동 | ① **공기조절밸브** 개방으로 2차측 압축공기 배출<br>② **액추에이터** 작동으로 밸브의 중간챔버 가압수 배출<br>③ **클래퍼 고정 래치**의 작동으로 클래퍼 개방 및 공기조절밸브에 의한 누수 확인<br>④ **압력스위치** 작동으로 제어반에 화재 및 밸브개방 신호표시와 동시에 음향경보장치 작동 |

(2) 저압건식 밸브 2차측 설정압력이 낮은 경우의 장점

① **클래퍼**의 개방시간 단축
② 2차측 **누설** 우려가 적어 유지관리 용이
③ **공기압축기** 용량을 작게 할 수 있음
④ 초기 **세팅시간** 단축
⑤ **복구시간** 단축
⑥ **가압수 이동시간** 단축
⑦ **압축공기**에 의한 화재 확대 저하

☆ 문제 165

준비작동식 스프링클러설비의 작동순서 Block diagram을 완성하시오. (7점)

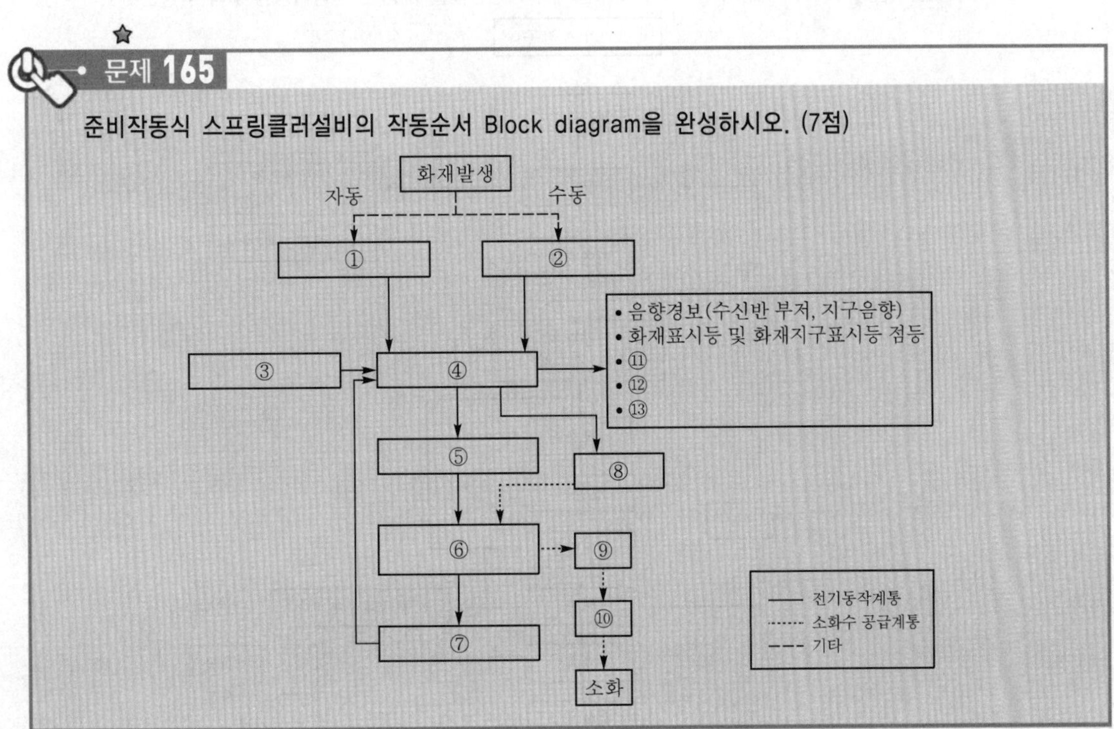




소방시설의 점검실무행정 종합문제 600제

정답 ① 감지기 작동
② 수동조작함 작동
③ 탬퍼스위치
④ 제어반
⑤ 솔레노이드밸브
⑥ 유수검지장치(준비작동식 밸브)
⑦ 압력스위치
⑧ 소화펌프
⑨ 배관
⑩ 헤드
⑪ 밸브개방 확인
⑫ 펌프기동 확인
⑬ 밸브주의 확인

해설 (1) 준비작동식 스프링클러설비의 작동순서

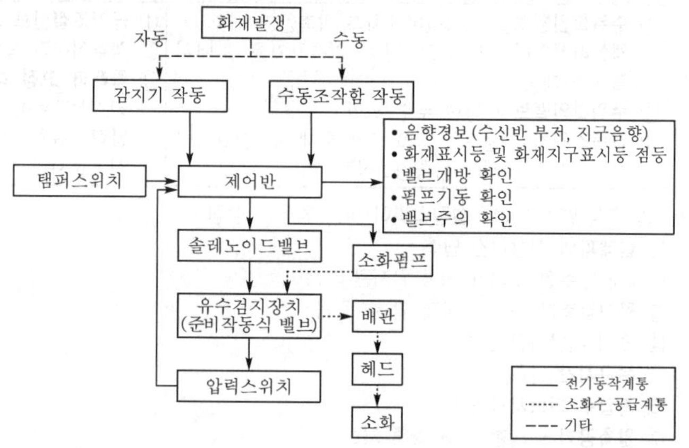


(2) 이산화탄소 소화설비(연기감지기와 가스압력식 기동장치를 채용한 자동기동방식)의 작동순서

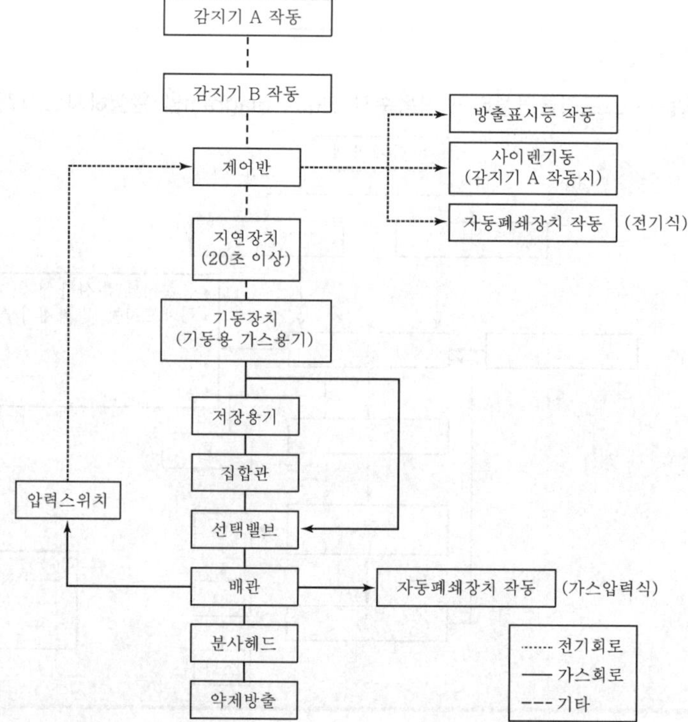




소방시설의 점검실무행정 종합문제 600제

(3) 이산화탄소 소화설비의 작동순서

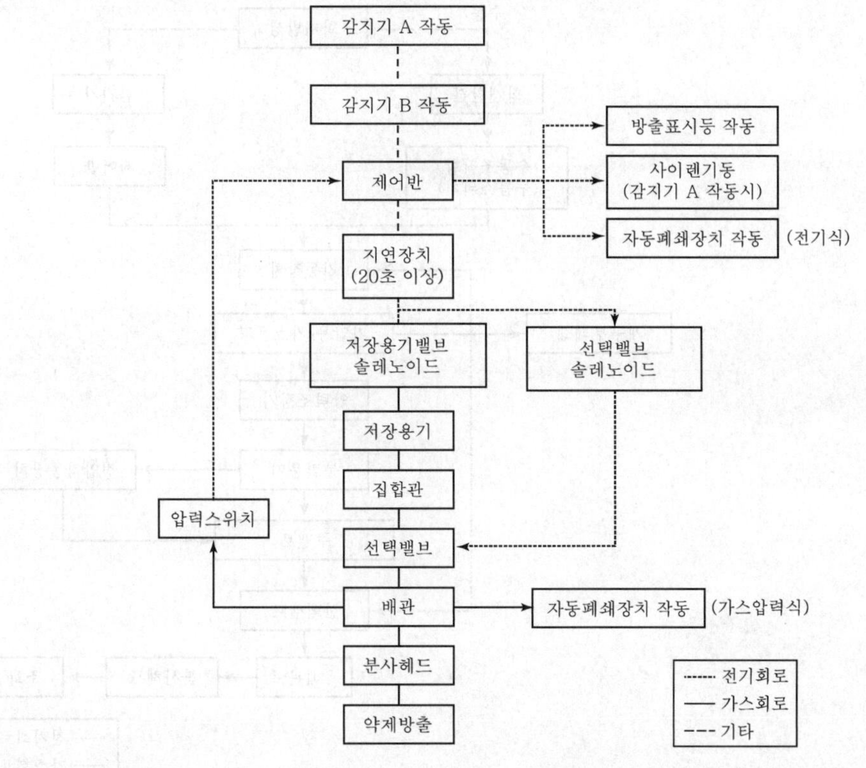


(4) 할론소화설비의 작동순서

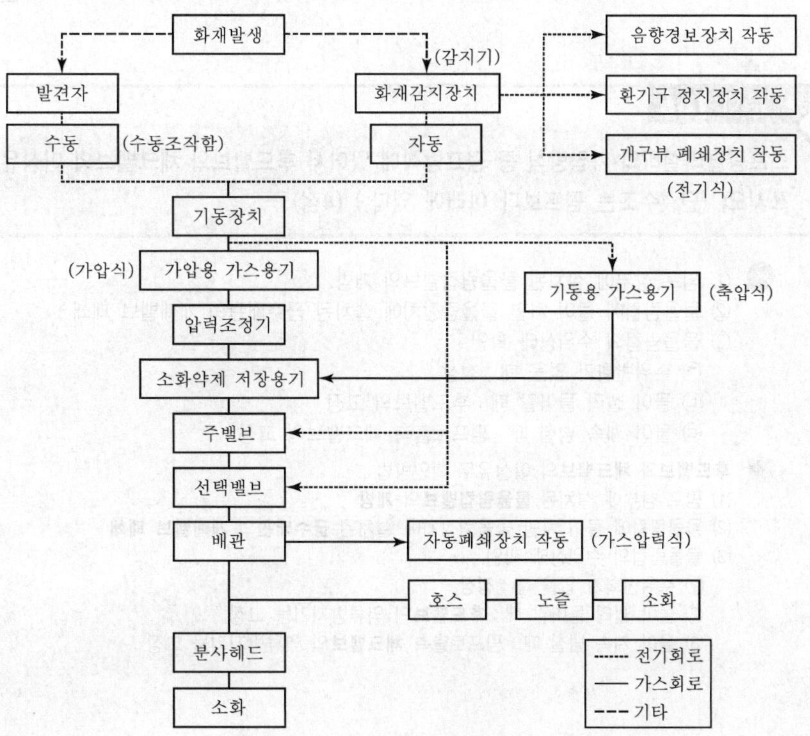

(5) 분말소화설비의 작동순서

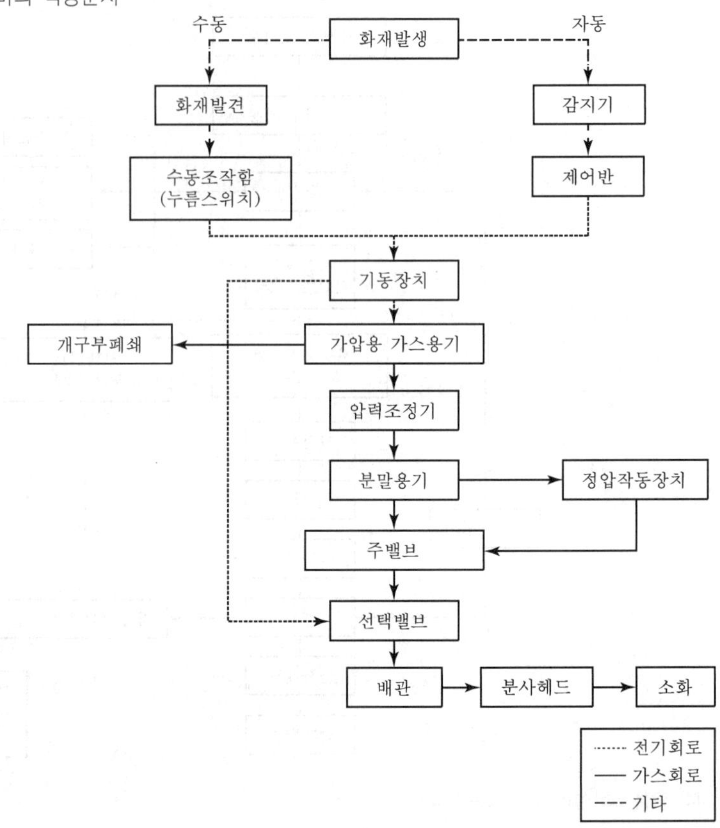


☆ 문제 166

**스프링클러설비의 가압방식 중 펌프방식에 있어서 후드밸브와 체크밸브의 이상유무를 확인하는 방법을 쓰시오. (단, 수조는 펌프보다 아래에 있다.) (4점)**

정답
① 펌프 상부에 설치된 물올림컵밸브의 개방
② 물올림컵에 물이 차면 물올림장치에 설치된 급수배관의 개폐밸브 폐쇄
③ 물올림컵의 수위상태 확인
　㉠ 수위변화가 없을 때 : 정상
　㉡ 물이 빨려 들어갈 때 : 후드밸브의 고장
　㉢ 물이 계속 넘칠 때 : 펌프토출측 체크밸브의 고장

해설 **후드밸브**와 **체크밸브**의 이상유무 확인방법
(1) 펌프 상부에 설치된 **물올림컵밸브**의 **개방**
(2) 물올림컵에 물이 차면 물올림장치에 설치된 **급수배관**의 **개폐밸브 폐쇄**
(3) 물올림컵의 수위상태 확인
　① 수위변화가 없을 때 : **정상**
　② 물이 빨려 들어갈 때 : **후드밸브**의 역류방지기능 고장
　③ 물이 계속 넘칠 때 : 펌프토출측 **체크밸브**의 역류방지기능 고장

## 문제 167

스프링클러설비에서 건식 스프링클러 2차측 급속개방장치(quick opening device)의 액셀러레이터(accelerator), 익져스터(exhauster)의 작동원리를 쓰시오. (4점)

정답

| 구 분 | 액셀러레이터 | 익져스터 |
|---|---|---|
| 작동원리 | 헤드가 개방되어 2차측 배관 내의 공기압이 저하되면 차압챔버의 압력에 의하여 건식 밸브의 중간챔버를 통해 공기가 배출되어 클래퍼를 밀어준다. | 헤드가 개방되어 2차측 배관 내의 공기압이 저하되면 익져스터 내부에 설치된 챔버의 압력변화로 인해 익져스터 내부밸브가 열려 건식 밸브 2차측의 공기를 대기로 배출시킨다. 또한, 건식 밸브의 중간챔버를 통해서도 공기가 배출되어 클래퍼를 밀어준다. |

해설

| 구 분 | | 액셀러레이터(accelerator) | 익져스터(exhauster) |
|---|---|---|---|
| 설치형태 | 입구 | **2차측 토출배관**에 연결됨 | **2차측 토출배관**에 연결됨 |
| | 출구 | 건식 밸브의 **중간챔버**에 **연결**됨 | **대기** 중에 **노출**됨 |
| 작동원리 | | 내부에 **차압챔버**가 일정한 압력으로 조정되어 있는데, 헤드가 개방되어 2차측 배관 내의 공기압이 저하되면 차압챔버의 압력에 의하여 건식 밸브의 **중간챔버**를 통해 **공기**가 **배출**되어 클래퍼(clapper)를 밀어준다. | 헤드가 개방되어 2차측 배관 내의 공기압이 저하되면 익져스터 내부에 설치된 챔버의 압력변화로 인해 익져스터의 내부밸브가 열려 **건식 밸브 2차측**의 **공기**를 **대기**로 **배출**시킨다. 또한, 건식 밸브의 **중간챔버**를 통해서도 공기가 배출되어 클래퍼(clapper)를 밀어준다. |
| 외 형 | | 압력게이지에 연결<br>상부챔버<br>다이어프램 본체<br>통로<br>중간챔버<br>통로<br>공간<br>밀대<br>통로<br>반침대<br>가스체크 다이어프램<br>여과기<br>▎액셀러레이터 ▎ | 챔버<br>잔압방출<br>안전밸브레버<br>챔버<br>압력 균형 플러그<br>안전밸브<br>방출구와 연결<br>챔버<br>▎익져스터 ▎ |

## 문제 168

폐쇄형 습식 스프링클러설비의 특징을 7가지 기술하시오. (7점)

① 구조가 간단하고 공사비 저렴
② 소화가 신속함
③ 타방식에 비해 유지관리 용이
④ 동결 우려장소 사용제한
⑤ 헤드 오동작시 수손피해
⑥ 배관부식 촉진
⑦ 배관하중이 많이 걸림

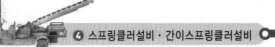

해설 **스프링클러설비**의 **특징(장단점)**

(1) **습식 스프링클러설비**

| 장 점 | 단 점 |
|---|---|
| ① **구조**가 **간단**하고 공사비 저렴<br>② **소화**가 **신속**<br>③ 타방식에 비해 **유지관리 용이** | ① **동결 우려장소** 사용제한<br>② 헤드 오동작시 **수손피해**<br>③ 배관**부식 촉진**<br>④ **배관하중**이 많이 걸림 |

(2) **건식 스프링클러설비**

| 장 점 | 단 점 |
|---|---|
| ① 동결 우려장소에서도 사용 가능<br>② **옥외**에서도 사용 가능 | ① **살수개시시간 지연**<br>② 화재 초기 압축공기에 따른 화재촉진 우려<br>③ 일반헤드인 경우 **상향형**으로 시공<br>④ **구조**가 **복잡** |

(3) **준비작동식 스프링클러설비**

| 장 점 | 단 점 |
|---|---|
| ① 동결 우려장소에서도 사용 가능<br>② 헤드오동작(개방)시 수손피해 우려 없다.<br>③ 헤드개방 전 **경보**로 조기대처 용이 | ① 감지장치로 자동화재탐지설비 감지기 별도 시공 필요<br>② **구조 복잡**, 시공비 고가<br>③ 2차측 배관 부실시공 우려 |

(4) **일제살수식 스프링클러설비**

| 장 점 | 단 점 |
|---|---|
| ① **초기화재**에 신속대처 용이<br>② **층고**가 **높은 장소**에서도 소화 가능 | ① **대량살수**로 수손피해 우려<br>② 화재감지장치 별도 필요 |

중요

**각 설비**의 **특징**

(1) **분말소화설비**의 **장단점**

| 장 점 | 단 점 |
|---|---|
| ① **소화성능**이 **우수**하고 인체에 무해하다.<br>② 전기절연성이 우수하여 **전기화재**에도 적합하다.<br>③ 소화약제의 수명이 반영구적이어서 **경제성**이 높다.<br>④ **타소화약제**와 **병용사용**이 가능하다.<br>⑤ **표면화재** 및 **심부화재**에 모두 적합하다. | ① 별도의 **가압원**이 필요하다.<br>② 소화 후 **잔유물**이 남는다. |

(2) **이산화탄소 소화설비**의 **장단점**

| 장 점 | 단 점 |
|---|---|
| ① 화재진화 후 **깨끗**하다.<br>② **심부화재**에 적합하다.<br>③ **증거보존**이 **양호**하여 화재원인조사가 쉽다.<br>④ 피연소물에 피해가 적다.<br>⑤ 전기절연성이 우수하여 **전기화재**에도 적합하다. | ① 방사시 **동결**의 **우려**가 있다.<br>② 방사시 **소음**이 **크다**.<br>③ **질식**의 **우려**가 있다. |

(3) **스프링클러설비**의 **장단점**

| 장 점 | 단 점 |
|---|---|
| ① **초기화재**에 적합하다.<br>② 소화제가 물이므로 값이 싸서 **경제적**이다.<br>③ 감지부의 구조가 기계적이므로 오동작 염려가 적다.<br>④ 시설의 **수명**이 **반영구적**이다.<br>⑤ **조작**이 **간편**하며 안전하다.<br>⑥ **완전자동**으로 사람이 없는 경우라도 자동적으로 화재를 감지하여 소화 및 경보를 해준다. | ① **초기시설비**가 많이 든다.<br>② **시공**이 타시설보다 **복잡**하다.<br>③ **물**로 인한 **피해**가 **크다**. |

☆

## 문제 169

건식 스프링클러설비에 사용되는 Quick Opening Devices의 종류 2가지를 쓰고 설치형태, 작동원리를 설명하시오. (3점)

정답

| 구 분 | | 액셀러레이터 | 익져스터 |
|---|---|---|---|
| 설치형태 | 입 구 | 2차측 토출배관에 연결됨 | 2차측 토출배관에 연결됨 |
| | 출 구 | 건식 밸브의 중간챔버에 연결됨 | 대기 중에 노출됨 |
| 작동원리 | | 헤드가 개방되어 2차측 배관 내의 공기압이 저하되면 차압챔버의 압력에 의하여 건식 밸브의 중간챔버를 통해 공기가 배출되어 클래퍼를 밀어준다. | 헤드가 개방되어 2차측 배관 내의 공기압이 저하되면 익져스터 내부에 설치된 챔버의 압력변화로 인해 익져스터의 내부밸브가 열려 건식 밸브 2차측의 공기를 대기로 배출시킨다. 또한 건식 밸브의 중간챔버를 통해서도 공기가 배출되어 클래퍼를 밀어준다. |

해설 **Q.O.D**(Quick Opening Devices)

건식 스프링클러설비는 2차측 배관에 공기압이 채워져 있어서 Q.O.D를 설치하여 건식 밸브 개방시 압축공기의 배출속도를 가속시켜 1차측 배관 내의 가압수를 2차측 헤드까지 신속하게 송수할 수 있도록 하는데 이것은 우리말로는 **'긴급개방장치'**라 하며 **액셀러레이터**(accelator), **익져스터**(exhauster)가 여기에 해당된다.

**문제 167 참조**

☆☆☆

## 문제 170

준비작동식 스프링클러설비의 작동원리를 2단계로 구분하여 기술하시오. (10점)

정답 ① 1단계 : 준비작동밸브의 1차측에는 가압수, 2차측에는 대기압상태로 있다가 화재발생시 감지기에 의하여 준비작동밸브를 개방하여 헤드까지 가압수를 송수시켜 놓는다.

② 2단계 : 열에 의해 헤드가 개방되면 물이 방사되어 소화한다.

해설 **스프링클러설비**의 **작동원리**

(1) **습식** : 습식 밸브의 1차측 및 2차측 배관 내에 항상 **가압수**가 충수되어 있다가 화재발생시 열에 의해 헤드가 개방되어 소화하는 방식

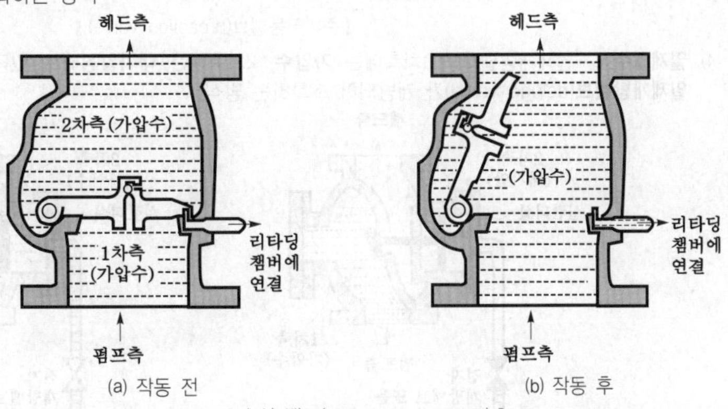


(a) 작동 전 (b) 작동 후

▌습식 밸브(alarm check valve)▐



소방시설의 점검실무행정 종합문제 600제

(2) **건식** : 건식 밸브의 1차측에는 **가압수**, 2차측에는 **공기**가 압축되어 있다가 화재발생시 열에 의해 헤드가 개방되어 소화하는 방식

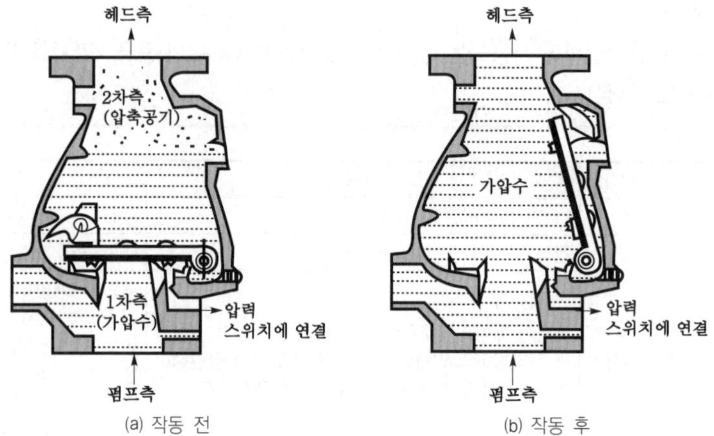


▎건식 밸브(dry valve) ▎

(3) **준비작동식**
① **1단계 :** 준비작동밸브의 1차측에는 **가압수**, 2차측에는 **대기압**상태로 있다가 감지기가 화재를 감지하면 감시제어반(수신반)에 신호를 보내 솔레노이드밸브(solenoid valve)를 동작시켜 **준비작동밸브**(preaction valve)를 개방하여 헤드까지 가압수를 송수시켜 놓는다.
② **2단계 :** 열에 의해 **폐쇄형 헤드**가 개방되면 **물**이 **방사**되어 소화한다.

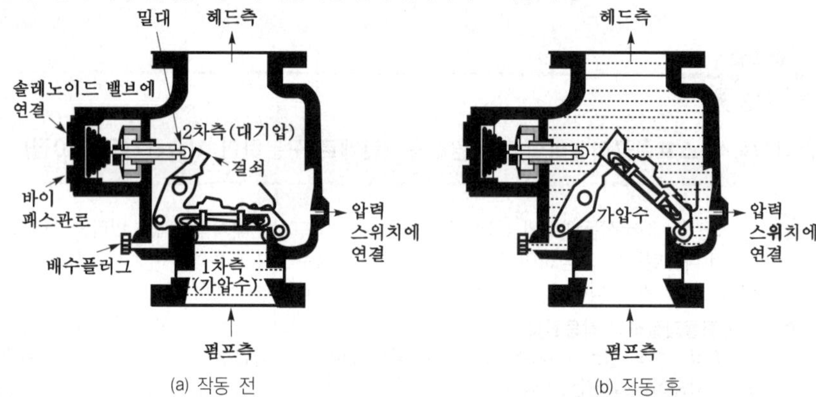


▎준비작동밸브(preaction valve) ▎

(4) **일제살수식** : 일제개방밸브의 1차측에는 **가압수**, 2차측에는 **대기압**상태로 있다가 화재발생시 감지기에 의하여 **일제개방밸브**(deluge valve)가 개방되어 소화하는 방식

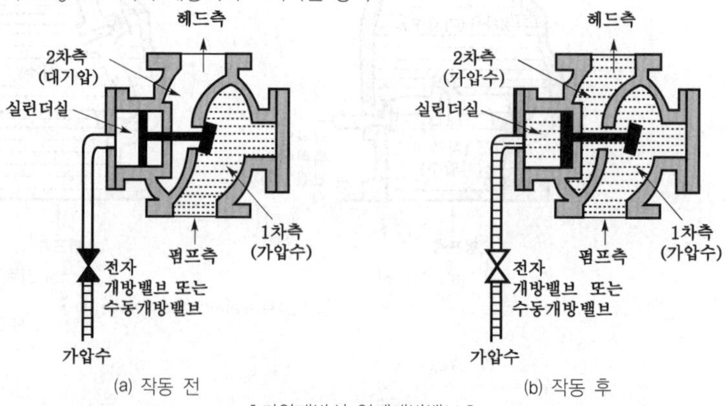


▎가압개방식 일제개방밸브 ▎

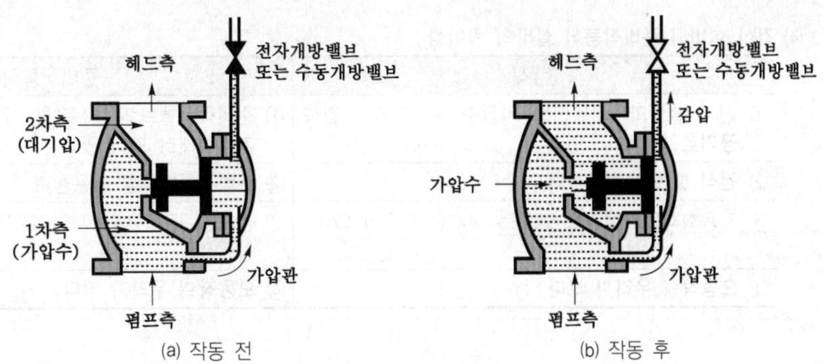

(a) 작동 전

(b) 작동 후

▌감압개방식 일제개방밸브▐

중요

**스프링클러설비**

(1) **스프링클러설비**의 **비교**

| 구분 \ 방식 | 습 식 | 건 식 | 준비작동식 | 부압식 | 일제살수식 |
|---|---|---|---|---|---|
| 1차측 | 가압수 | 가압수 | 가압수 | 가압수 | 가압수 |
| 2차측 | 가압수 | 압축공기 | 대기압 | 부압(진공압) | 대기압 |
| 밸브 종류 | 습식 밸브<br>(자동경보밸브,<br>알람체크밸브) | 건식 밸브 | 준비작동밸브 | 준비작동밸브 | 일제개방밸브<br>(델류즈밸브) |
| 헤드 종류 | 폐쇄형 헤드 | 폐쇄형 헤드 | 폐쇄형 헤드 | 폐쇄형 헤드 | 개방형 헤드 |

(2) **습식 설비**와 **준비작동식 설비**의 차이점

| 습 식 | 준비작동식 |
|---|---|
| ① 습식 밸브의 1·2차측 배관 내에 **가압수**가 상시 충수되어 있다. | ① 준비작동밸브의 1차측에는 **가압수**, 2차측에는 **대기압**상태로 되어 있다. |
| ② **습식 밸브**(자동경보밸브, 알람체크밸브)를 사용한다. | ② **준비작동밸브**를 사용한다. |
| ③ **자동화재탐지설비**를 별도로 설치할 필요가 없다. | ③ 감지장치로 자동화재탐지설비를 별도로 설치하여야 한다. |
| ④ **오동작**의 **우려**가 **크다**. | ④ **오동작**의 **우려**가 **작다**. |
| ⑤ **구조**가 **간단**하다. | ⑤ **구조**가 **복잡**하다. |
| ⑥ **설치비**가 **저가**이다. | ⑥ **설치비**가 **고가**이다. |
| ⑦ **보온**이 **필요**하다. | ⑦ **보온**이 **불필요**하다. |

(3) **습식 설비**와 **건식 설비**의 차이점

| 습 식 | 건 식 |
|---|---|
| ① 습식 밸브의 1·2차측 배관 내에 **가압수**가 상시 충수되어 있다. | ① 건식 밸브의 1차측에는 **가압수**, 2차측에는 **압축공기** 또는 **질소**로 충전되어 있다. |
| ② **습식 밸브**(자동경보밸브, 알람체크밸브)를 사용한다. | ② **건식 밸브**를 사용한다. |
| ③ **구조**가 **간단**하다. | ③ **구조**가 **복잡**하다. |
| ④ **설치비**가 **저가**이다. | ④ **설치비**가 **고가**이다. |
| ⑤ **보온**이 **필요**하다. | ⑤ **보온**이 **불필요**하다. |
| ⑥ **소화활동시간**이 **빠르다**. | ⑥ **소화활동시간**이 **느리다**. |

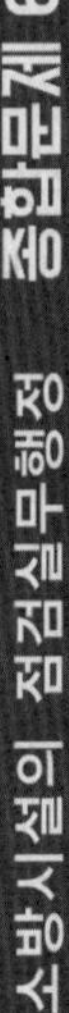

(4) **건식 설비**와 **준비작동식 설비**의 차이점

| 건 식 | 준비작동식 |
|---|---|
| ① 건식 밸브의 1차측에는 **가압수**, 2차측에는 **압축공기**로 충전되어 있다. | ① 준비작동밸브의 1차측에는 **가압수**, 2차측에는 **대기압**상태로 되어 있다. |
| ② **건식 밸브**를 사용한다. | ② **준비작동밸브**를 사용한다. |
| ③ 자동화재탐지설비를 별도로 설치할 필요가 없다. | ③ 감지장치로 자동화재탐지설비를 별도로 설치하여야 한다. |
| ④ **오동작**의 **우려**가 **크다**. | ④ **오동작**의 **우려**가 **작다**. |

## 문제 171

**일제개방밸브의 가압개방식과 감압개방식에 대하여 기술하시오. (10점)**

정답 ① 가압개방식 : 화재감지기가 화재를 감지해서 전자개방밸브를 개방시키거나, 수동개방밸브를 개방하면 가압수가 실린더실을 가압하여 일제개방밸브가 열리는 방식

② 감압개방식 : 화재감지기가 화재를 감지해서 전자개방밸브를 개방시키거나, 수동개방밸브를 개방하면 가압수가 실린더실을 감압하여 일제개방밸브가 열리는 방식

해설 **일제개방밸브**(deluge valve)의 **개방방식**

(1) **가압개방식** : 화재감지기가 화재를 감지해서 **전자개방밸브**(solenoid valve)를 개방시키거나, **수동개방밸브**를 개방하면 가압수가 실린더실을 **가압**하여 일제개방밸브가 열리는 방식

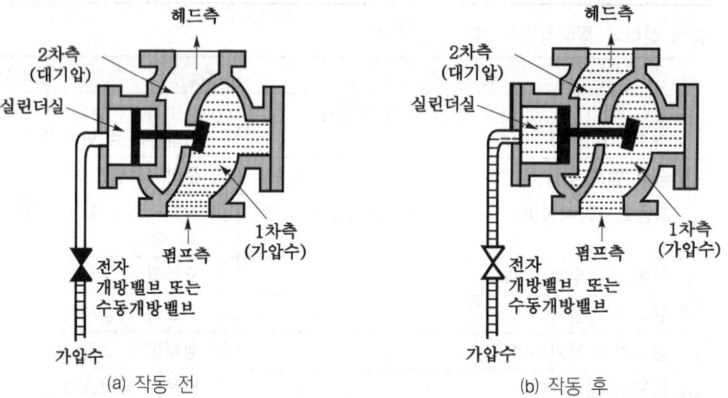

(a) 작동 전 (b) 작동 후

▌가압개방식 일제개방밸브▐

(2) **감압개방식** : 화재감지기가 화재를 감지해서 **전자개방밸브**(solenoid valve)를 개방시키거나, **수동개방밸브**를 개방하면 가압수가 실린더실을 **감압**하여 일제개방밸브가 열리는 방식

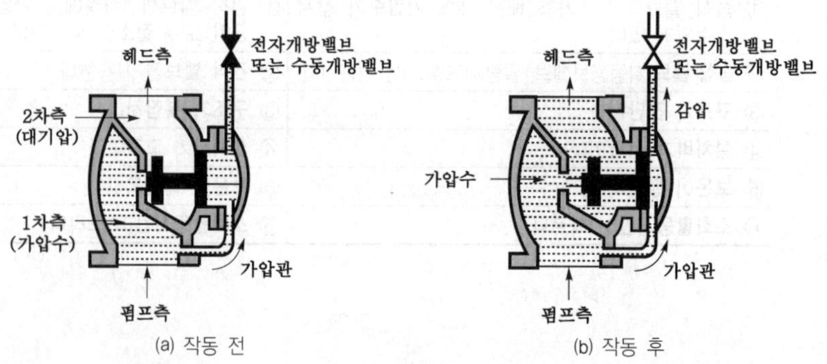

(a) 작동 전 (b) 작동 후

▌감압개방식 일제개방밸브▐

☆

## 문제 172

지하 1층 지상 25층의 계단실형 APT에 옥내소화전과 스프링클러설비를 설치할 경우 수원의 양을 구하고, 수원을 전량 지하수조에만 적용하고자 할 때, 조치방법을 설명하시오. (단, 지상층의 층당 바닥면적은 320m$^2$, 옥내소화전은 층별 2개씩 설치되며, 폐쇄형 습식 스프링클러헤드는 층별 28개가 설치되어 있다. 지하층의 바닥면적은 6300m$^2$이다. 옥내소화전 9개와 준비작동식 스프링클러설비가 함께 설치되어 있다. 소화펌프는 옥내소화전설비와 스프링클러설비를 겸용으로 사용한다.) (8점)

(가) 수원의 양 (4점)
- ○ 계산과정 :
- ○ 답 :

(나) 조치방법 (4점)

**정답** (가) 수원의 양

① 계산과정 : 옥내소화전설비 $Q=2.6\times2=5.2\text{m}^3$
스프링클러설비 $Q=1.6\times10=16\text{m}^3$
$Q=5.2+16=21.2\text{m}^3$

② 답 : 21.2m$^3$

(나) 조치방법 : 주펌프와 동등 이상의 성능이 있는 별도의 펌프로서 기동과 연동하여 작동되거나 비상전원을 연결하여 설치한다.

**해설** (가) **수원의 양**

① **옥내소화전설비**

$$Q=2.6N\text{(30층 미만)}$$

여기서, $Q$ : 수원의 저수량[m$^3$]
$N$ : 가장 많은 층의 소화전개수(**최대 2개**)

**수원**의 **저수량** $Q_1$은

$Q_1=2.6N=2.6\times2=\mathbf{5.2m^3}$

※ 지상에는 소화전이 2개씩 설치되어 있고 **지하**에 **9개**가 설치되어 있지만 $N$=2(최대 2개)가 된다.

② **스프링클러설비**

$$Q=1.6N\text{(30층 미만)}$$

여기서, $Q$ : 수원의 저수량[m$^3$]
$N$ : 폐쇄형 헤드의 기준개수(설치개수가 기준개수보다 작으면 그 설치개수)

**수원**의 **양** $Q_2$은

$Q_2=1.6N=1.6\times10=\mathbf{16m^3}$

※ 지하 1층 지상 25층의 아파트이므로 $N$=10이다.

| 특정소방대상물 | | 폐쇄형 헤드의 기준개수 |
|---|---|---|
| **지**하가 · 지하역사 | | 30 |
| **11**층 이상 | | 30 |
| 10층 이하 | **공**장(특수가연물) | 30 |
| 10층 이하 | **판**매시설(백화점 등), **복**합건축물(판매시설이 설치된 것) | 30 |
| 10층 이하 | **근**린생활시설, **운**수시설 | **2**0 |
| 10층 이하 | **8**m **이**상 | **2**0 |
| 10층 이하 | **8**m **미**만 | **1**0 |
| 공동주택(아파트 등) | | 10(각 동이 주차장으로 연결된 경우 30) |

기억법 지11, 공복판, 근운8이2, 8미1

$\therefore\ Q = Q_1 + Q_2 = 5.2\text{m}^3 + 16\text{m}^3 = \mathbf{21.2m^3}$

(나) **지하**에만 **수조**를 **설치**할 경우 조치방법 : **주펌프**와 동등 이상의 성능이 있는 별도의 펌프로서 **내연기관**의 기동과 연동하여 작동되거나 **비상전원**을 연결하여 설치한다.

## 문제 173

**다음 조건을 참조하여 옥내소화전설비 및 스프링클러설비에 대한 주펌프의 전양정[m] 및 수원의 양[m²]을 구하시오. (5점)**

[조건]

① 계단실형 아파트로서 지하 2층(주차장), 지상 12층(아파트 각 층 2세대)인 건축물이다.
② 각 층에 옥내소화전설비 및 스프링클러설비가 설치되어 있다.
③ 지하층에 옥내소화전 방수구가 3조 설치되어 있다.
④ 아파트의 각 세대별로 설치된 스프링클러헤드의 설치수량은 12개이다.
⑤ 각 설비가 설치되어 있는 장소는 방화구획, 불연재료로 구획되어 있지 않고 저수조, 펌프 및 수직배관은 겸용으로 설치되어 있다.
⑥ 옥내소화전설비의 경우 실양정 48m, 배관마찰손실은 실양정의 15%, 소방호스의 마찰손실수두는 실양정의 30%를 적용한다.
⑦ 스프링클러설비의 경우 실양정 50m, 배관마찰손실은 실양정의 35%를 적용한다.

○ 계산과정 :
○ 답 :

정답 ① 전양정
○ 계산과정
㉠ 옥내소화전설비
$h_1 = 48 \times 0.3 = 14.4\text{m}$
$h_2 = 48 \times 0.15 = 7.2\text{m}$
$h_3 = 48\text{m}$
$H = h_1 + h_2 + h_3 + 17 = 14.4 + 7.2 + 48 + 17 = 86.6\text{m}$
㉡ 스프링클러설비
$h_1 = 50 \times 0.35 = 17.5\text{m}$
$h_2 = 50\text{m}$
$H = h_1 + h_2 + 10 = 17.5 + 50 + 10 = 77.5\text{m}$
○ 답 : 86.6m

② 수원의 양
○ 계산과정
㉠ 옥내소화전설비
$Q_1 = 2.6 \times 2 = 5.2\text{m}^3$
㉡ 스프링클러설비
$Q_2 = 1.6 \times 10 = 16\text{m}^3$
$Q = 5.2 + 16 = 21.2\text{m}^3$
○ 답 : 21.2m³

(1) **전양정**

① **옥내소화전설비**

$$H \geq h_1 + h_2 + h_3 + 17$$

여기서, $H$ : 전양정[m]

$h_1$ : 소방호스의 마찰손실수두[m]

$h_2$ : 배관 및 관부속품의 마찰손실수두[m]

$h_3$ : 실양정(흡입양정+토출양정)[m]

$h_1$ : $48\text{m} \times 0.3 = 14.4\text{m}$([조건 ⑥]에서 실양정의 30%이므로)

$h_2$ : $48\text{m} \times 0.15 = 7.2\text{m}$([조건 ⑥]에서 실양정의 15%이므로)

$h_3$ : $48\text{m}$([조건 ⑥]에서 주어진 값)

**전양정** $H$는

$H = h_1 + h_2 + h_3 + 17 = 14.4 + 7.2 + 48 + 17 = 86.6\text{m}$ 이상

② **스프링클러설비**

$$H \geq h_1 + h_2 + 10$$

여기서, $H$ : 전양정[m]

$h_1$ : 배관 및 관부속품의 마찰손실수두[m]

$h_2$ : 실양정(흡입양정+토출양정)[m]

$h_1$ : $50\text{m} \times 0.35 = 17.5\text{m}$([조건 ⑦]에서 실양정의 35%이므로)

$h_2$ : $50\text{m}$([조건 ⑦]에서 주어진 값)

**전양정** $H$는

$H = h_1 + h_2 + 10 = 17.5 + 50 + 10 = 77.5\text{m}$ 이상

※ 두 가지 중 **큰 값**인 **86.6m** 적용

**하나**의 **펌프**에 **두 개**의 **설비가 함께 연결된 경우**

| 구 분 | 적 용 |
|---|---|
| 펌프의 전양정 | 두 설비의 전양정 중 **큰 값** |
| 펌프의 유량(토출량) | 두 설비의 유량(토출량)을 **더한 값** |
| 펌프의 토출압력 | 두 설비의 토출압력 중 **큰 값** |
| 수원의 저수량(수원의 양) | 두 설비의 저수량을 **더한 값** |

(2) **수원**의 **양**

① **옥내소화전설비**

$$Q = 2.6N$$

여기서, $Q$ : 수원의 저수량[m³]

$N$ : 가장 많은 층의 소화전개수(**최대 2개**)

**수원**의 **저수량** $Q_1$은

$Q_1 = 2.6N = 2.6 \times 2 = 5.2\text{m}^3$ 이상

※ 지상에는 소화전이 2개씩 설치되어 있고 **지하**에 **9개**가 설치되어 있지만 $N$=2(최대 2개)가 된다.

② **스프링클러설비**

$$Q = 1.6N$$

여기서, $Q$ : 수원의 저수량[$m^3$]

$N$ : 폐쇄형 헤드의 기준개수(설치개수가 기준개수보다 작으면 그 설치개수)

**수원**의 **양** $Q_2$은

$Q_2 = 1.6N = 1.6 \times 10 = \mathbf{16m^3}$ 이상

※ [조건 ①]에서 지하 2층 지상 12층의 아파트이므로 $N$=10이다.

| 특정소방대상물 | | 폐쇄형 헤드의 기준개수 |
|---|---|---|
| 지하가 · 지하역사 | | 30 |
| 11층 이상 | | 30 |
| 10층 이하 | 공장(특수가연물) | 30 |
| | 판매시설(백화점 등), 복합건축물(판매시설이 설치된 것) | 30 |
| | 근린생활시설, 운수시설 | 20 |
| | 8m 이상 | 20 |
| | 8m 미만 | 10 |
| 공동주택(아파트 등) | | 10(각 동이 주차장으로 연결된 경우 30) |

기억법 지11, 공복판, 근운8이2, 8미1

$\therefore\ Q = Q_1 + Q_2 = 5.2m^3 + 16m^3 = \mathbf{21.2m^3}$ 이상

☆☆

## 문제 174

「스프링클러설비의 화재안전기준」에 의거하여 소화펌프의 토출측에 성능시험배관과 순환배관을 설치하는 이유를 쓰시오. (4점)

정답
① 성능시험배관 : 체절운전시 정격토출압력의 140%를 초과하지 않고, 정격토출량의 150%로 운전시 정격토출압력의 65% 이상이 되도록 시험하기 위하여
② 순환배관 : 체절운전시 수온의 상승을 방지하기 위해

해설 **스프링클러설비**의 **화재안전기준**(NFPC 103 제5조 / NFTC 103 2.2.1.5, 2.2.1.6)

| 구 분 | 성능시험배관 | 순환배관 |
|---|---|---|
| 설치 이유 | 체절운전시 정격토출압력의 140%를 초과하지 않고, 정격토출량의 150%로 운전시 정격토출압력의 65% 이상이 되도록 시험하기 위하여 | 체절운전시 **수온**의 **상승**을 **방지**하기 위해 |
| 주위 배관 | 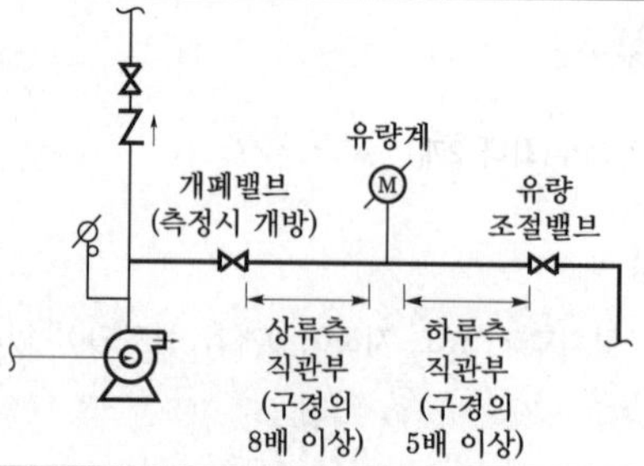 유량계<br>개폐밸브 (측정시 개방)<br>유량 조절밸브<br>상류측 직관부 (구경의 8배 이상)<br>하류측 직관부 (구경의 5배 이상) | 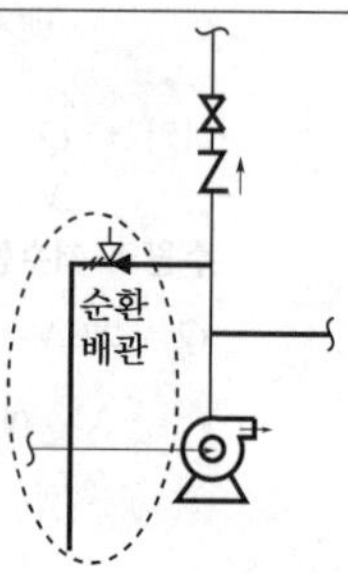 순환배관 |

☆

## 문제 175

「스프링클러설비의 화재안전기준」에 의거하여 스프링클러설비의 가압송수장치에 대한 설명이다. 다음 (  ) 안을 채우시오. (20점)

(가) 가압송수장치의 정격토출압력은 하나의 헤드 선단에 ( ① ) 이상 ( ② ) 이하의 법정 방수압력이 될 수 있게 하는 크기일 것 (3점)

(나) 가압송수장치의 송수량은 ( ③ )의 방수압력기준으로 ( ④ ) 이상의 방수성능을 가진 기준개수의 모든 헤드로부터의 ( ⑤ )을 충족시킬 수 있는 양 이상의 것으로 할 것. 이 경우 ( ⑥ )는 계산에 포함하지 않을 수 있다. (4점)

(다) 고가수조에는 ( ⑦ ), ( ⑧ ), ( ⑨ ), ( ⑩ ), ( ⑪ )을 설치할 것 (5점)

(라) 압력수조에는 ( ⑫ ), ( ⑬ ), ( ⑭ ), ( ⑮ ), ( ⑯ ), ( ⑰ ), ( ⑱ ) 및 압력저하방지를 위한 ( ⑲ )를 설치할 것 (8점)

**정답**
(가) ① 0.1MPa ② 1.2MPa
(나) ③ 0.1MPa ④ 80L/min
⑤ 방수량 ⑥ 속도수두
(다) ⑦ 수위계 ⑧ 급수관
⑨ 배수관 ⑩ 오버플로관
⑪ 맨홀
(라) ⑫ 수위계 ⑬ 급수관
⑭ 배수관 ⑮ 급기관
⑯ 맨홀 ⑰ 압력계
⑱ 안전장치 ⑲ 자동식 공기압축기

**해설** **스프링클러설비**의 **가압송수장치**[스프링클러설비의 화재안전기준(NFPC 103 제5조 / NFTC 103 2.2.1.10, 2.2.1.11, 2.2.2.2, 2.2.3.2)]

(가) 가압송수장치의 정격토출압력은 하나의 헤드 선단에 **0.1~1.2MPa** 이하의 방수압력이 될 수 있게 하는 크기일 것

(나) 가압송수장치의 송수량은 **0.1MPa**의 방수압력기준으로 **80L/min** 이상의 방수성능을 가진 기준개수의 모든 헤드로부터의 방수량을 충족시킬 수 있는 양 이상의 것으로 할 것. 이 경우 **속도수두**는 계산에 포함하지 않을 수 있다.

(다) **고**가수조에는 **수위계 · 급수관 · 배수관 · 오버플로관** 및 **맨홀**을 설치할 것

> **기억법** 오급맨 수고배

(라) **압**력수조에는 **수위계 · 급수관 · 배수관 · 급기관 · 맨홀 · 압력계 · 안전장치** 및 압력저하방지를 위한 **자동식 공기압축기**를 설치할 것

> **기억법** 기압안자(기아자동차)

**중요**

**각 설비의 주요사항**

| 구 분 | 드렌처설비 | 스프링클러설비 | 소화용수설비 | 옥내소화전설비 | 옥외소화전설비 | 포소화설비, 물분무소화설비, 연결송수관설비 |
|---|---|---|---|---|---|---|
| 방수압 | 0.1MPa 이상 | 0.1~1.2MPa 이하 | 0.15MPa 이상 | 0.17~0.7MPa 이하 | 0.25~0.7MPa 이하 | 0.35MPa 이상 |
| 방수량 | 80L/min 이상 | 80L/min 이상 | 800L/min 이상 (가압송수장치 설치) | 130L/min 이상 (30층 미만 : 최대 2개, 30층 이상 : 최대 5개) | 35L/min 이상 (최대 2개) | 75L/min 이상 (포워터 스프링클러헤드) |
| 방수구경 | – | – | – | 40mm | 65mm | – |
| 노즐구경 | – | – | – | 13mm | 19mm | – |

## 문제 176

「스프링클러설비의 화재안전기준」에 의거하여 하나의 방호구역은 2개층에 미치지 않도록 해야 한다. 이러한 규정에도 불구하고 하나의 방호구역을 3개층 이내로 할 수 있는 경우 2가지를 쓰시오. (4점)

○

○

**정답** ① 1개층에 설치되는 스프링클러헤드의 수가 10개 이하인 경우
② 복층형 구조의 공동주택의 경우

**해설** **스프링클러설비**의 **화재안전기준**(NFPC 103 제6조 제3호, NFTC 103 2.3.1.3)
하나의 방호구역은 **2개층**에 미치지 않도록 할 것. 단, 1개층에 설치되는 스프링클러헤드의 수가 **10개 이하**인 경우와 **복층형 구조**의 **공동주택**에는 **3개층 이내**로 할 수 있다.

## 문제 177

「스프링클러설비의 화재안전기준」에 의거하여 폐쇄형 스프링클러헤드를 사용하는 설비의 방호구역, 유수검지장치 설치기준을 6가지만 쓰시오. (6점)

○

○

○

○

○

○

**정답** ① 하나의 방호구역에는 1개 이상의 유수검지장치를 설치하되, 화재발생시 접근이 쉽고 점검하기 편리한 장소에 설치할 것
② 하나의 방호구역은 2개층에 미치지 않도록 하되, 1개층에 설치되는 스프링클러헤드의 수가 10개 이하인 경우와 복층형 구조의 공동주택에는 3개층 이내로 할 수 있다.
③ 유수검지장치를 실내에 설치하거나 보호용 철망 등으로 구획하여 바닥에서 0.8~1.5m 이하의 높이에 설치하되, 그 실 등에는 가로 0.5m 이상 세로 1m 이상의 개구부로서 그 개구부에는 출입문을 설치하고 그 출입문 상단에 "유수검지장치실"이라고 표시한 표지를 설치할 것(다만, 유수검지장치를 기계실(공조용 기계실 포함) 안에 설치하는 경우에는 별도의 실 또는 보호용 철망을 설치하지 않고 기계실 출입문 상단에 "유수검지장치실"이라고 표시한 표지설치 가능)
④ 스프링클러헤드에 공급되는 물은 유수검지장치를 지나도록 할 것(단, 송수구를 통하여 공급되는 물은 제외).
⑤ 자연낙차에 따른 압력수가 흐르는 배관상에 설치된 유수검지장치는 화재시 물의 흐름을 검지할 수 있는 최소한의 압력이 얻어질 수 있도록 수조의 하단으로부터 낙차를 두어 설치할 것
⑥ 조기반응형 스프링클러헤드를 설치하는 경우에는 습식 유수검지장치 또는 부압식 스프링클러설비를 설치할 것

**해설** **폐쇄형 스프링클러설비**의 **방호구역 · 유수검지장치**[스프링클러설비의 화재안전기준(NFPC 103 제6조, NFTC 103 2.3)]
폐쇄형 스프링클러헤드를 사용하는 설비의 방호구역(스프링클러설비의 소화범위에 포함된 영역을 말한다) · **유수검지장치**는 다음의 기준에 적합해야 한다.

(1) 하나의 방호구역의 바닥면적은 3000m²를 초과하지 않을 것(단, 폐쇄형 스프링클러설비에 **격자형 배관방식**(2 이상의 수평주행배관 사이를 가지배관으로 연결하는 방식)을 채택하는 때에는 **3700m²** 범위 내에서 **펌프용량, 배관**의 **구경** 등을 수리학적으로 계산한 결과 헤드의 방수압 및 방수량이 방호구역 범위 내에서 소화목적을 달성하는 데 충분할 것)
(2) 하나의 방호구역에는 1개 이상의 **유수검지장치**를 설치하되, 화재발생시 접근이 쉽고 점검하기 편리한 장소에 설치할 것

(3) 하나의 방호구역은 **2개층**에 미치지 않도록 할 것. 단, 1개층에 설치되는 스프링클러헤드의 수가 **10개 이하**인 경우와 **복층형 구조**의 **공동주택**에는 **3개층 이내**로 할 수 있다.
(4) **유수검지장치**를 **실**내에 설치하거나 보호용 철망 등으로 구획하여 바닥으로부터 **0.8~1.5m 이하**의 위치에 설치하되, 그 실 등에는 가로 **0.5m** 이상 세로 **1m** 이상의 개구부로서 그 개구부에는 출입문을 설치하고 그 **출입문** 상단에 **"유수검지장치실"**이라고 표시한 표지를 설치할 것(단, 유수검지장치를 기계실(공조용 기계실을 포함한다) 안에 설치하는 경우에는 별도의 실 또는 보호용 철망을 설치하지 않고 기계실 출입문 상단에 **"유수검지장치실"**이라고 표시한 표지설치 가능)
(5) 스프링클러헤드에 공급되는 **물**은 **유수검지장치**를 지나도록 할 것(단, **송수구**를 통하여 공급되는 물은 제외)
(6) 자연**낙**차에 따른 압력수가 흐르는 배관상에 설치된 유수검지장치는 화재시 물의 흐름을 검지할 수 있는 최소한의 압력이 얻어질 수 있도록 수조의 하단으로부터 낙차를 두어 설치할 것
(7) **조기반응형 스프링클러헤드**를 설치하는 경우에는 **습식 유수검지장치** 또는 **부압식 스프링클러설비**를 설치할 것

기억법 폐유 31층 실물낙조

☆

## 문제 178

「스프링클러설비의 화재안전기준」에 의거하여 일제개방밸브를 사용하는 스프링클러설비에 있어서 일제개방밸브 2차측 배관의 부대설비 설치기준을 쓰시오. (4점)

정답
① 개폐표시형 밸브를 설치할 것
② 개폐표시형 밸브와 준비작동식 유수검지장치 또는 일제개방밸브 사이의 배관은 다음과 같은 구조로 할 것
㉠ 수직배수배관과 연결하고 동연결배관상에는 개폐밸브를 설치할 것
㉡ 자동배수장치 및 압력스위치를 설치할 것
㉢ 압력스위치는 수신부에서 준비작동식 유수검지장치 또는 일제개방밸브의 개방 여부를 확인할 수 있게 설치할 것

해설 **준비작동식 유수검지장치** 또는 **일제개방밸브**를 사용하는 스프링클러설비에 있어서 동밸브 2차측 배관의 부대설비의 설치기준[스프링클러설비의 화재안전기준(NFPC 103 제8조 제⑪항, NFTC 103 2.5.11)]
(1) 개폐표시형 밸브를 설치할 것
(2) 개폐표시형 밸브와 **준비작동식 유수검지장치** 또는 **일제개방밸브** 사이의 배관은 다음과 같은 구조로 할 것
① **수직배수배관**과 연결하고 동연결배관상에는 **개폐밸브**를 설치할 것
② **자동배수장치** 및 **압력스위치**를 설치할 것
③ **압력스위치**는 수신부에서 **준비작동식 유수검지장치** 또는 **일제개방밸브**의 개방 여부를 확인할 수 있게 설치할 것

☆

## 문제 179

방호구역 내에 스프링클러를 개방형 또는 폐쇄형을 설치하는 경우가 있다. 이때 폐쇄형 헤드를 설치했다면 헤드의 방수상태 확인을 위해 꼭 설치하여야 하는 설비의 명칭 및 구성요소를 쓰고 개방형 헤드에 비해 그 장치를 꼭 설치하도록 하는 이유를 간략하게 쓰시오. (6점)
(가) 설비명칭 (2점)
(나) 구성요소 (2점)
(다) 설치이유 (2점)

정답 (가) 시험장치
(나) ① 압력계
② 개폐밸브
③ 반사판 및 프레임이 제거된 개방형 헤드

(다) ① 규정방수압 및 규정방수량 확인
② 유수검지장치의 작동 확인

해설 (가)

● **'말단시험밸브'**, **'시험밸브'**, **'말단시험장치'**, **'시험밸브함'**이라고 답하는 사람이 많다. 그러나 정확한 명칭은 **'시험장치'**이다.

(나) **시험장치**의 **설치기준**[스프링클러설비의 화재안전기준(NFPC 103 제8조 제⑫항, NFTC 103 2.5.12)]

**습식 유수검지장치** 또는 **건식 유수검지장치**를 사용하는 스프링클러설비와 부압식 스프링클러설비에는 동장치를 시험할 수 있는 시험장치를 다음의 기준에 따라 설치해야 한다.

① 습식 스프링클러설비 및 부압식 스프링클러설비에 있어서는 유수검지장치 2차측 배관에 연결하여 설치하고 건식 스프링클러설비인 경우 유수검지장치에서 가장 먼 거리에 위치한 가지배관의 끝으로부터 연결하여 설치할 것. 이 경우 유수검지장치 2차측 설비의 내용적이 2840L를 초과하는 건식 스프링클러설비는 시험장치 개폐밸브를 완전 개방 후 1분 이내에 물이 방사되어야 한다.

② 시험장치 배관의 구경은 25mm 이상으로 하고, 그 끝에 개폐밸브 및 개방형 헤드 또는 스프링클러헤드와 동등한 방수성능을 가진 오리피스를 설치할 것. 이 경우 개방형 헤드는 반사판 및 프레임을 제거한 오리피스만으로 설치할 수 있다.

③ 시험배관의 끝에는 **물받이통** 및 **배수관**을 설치하여 시험 중 방사된 물이 바닥에 흘러내리지 않도록 하여야 한다(단, 목욕실 · 화장실 또는 그 밖의 곳으로서 배수처리가 쉬운 장소에 시험배관을 설치한 경우는 제외).

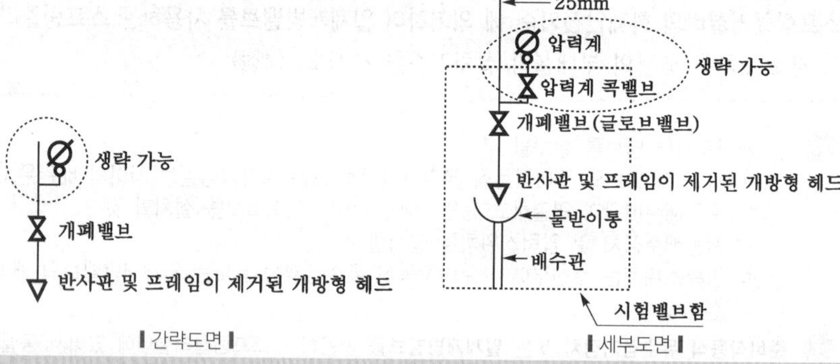


‖간략도면‖ ‖세부도면‖

● **'간략도면'**에 있는 구성요소만 답하면 되고 **'세부도면'**에 있는 **'배수관'**, **'물받이통'**, **'압력계 콕밸브'**까지는 답하지 않아도 된다.

(다) **시험장치**의 **기능**(설치이유)
① 개폐밸브를 개방하여 **규정방수압** 및 **규정방수량** 확인
② 개폐밸브를 개방하여 **유수검지장치**의 작동 확인

☆☆

### 문제 180

그림은 어느 실내에 설치된 노출상태의 습식 스프링클러설비를 일부 보여주고 있는 그림이다. 이 설비 부분에서 잘못된 곳을 2가지만 지적하고 올바르게 바로잡는 방법을 설명하시오. (6점)

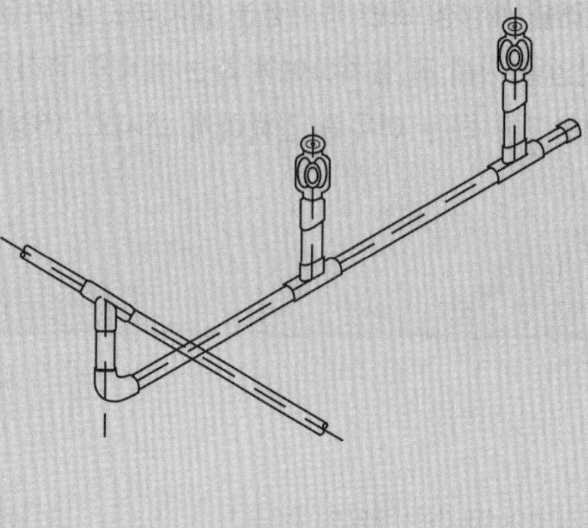

○

○

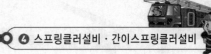

| 잘못된 곳 | 바로잡는 방법 |
|---|---|
| ① 교차배관이 가지배관 위에 설치<br>② 가지배관에 행거 미설치 | ① 교차배관은 가지배관과 수평으로 설치하거나 가지배관 밑에 설치<br>② 가지배관에 헤드의 설치지점 사이마다 1개 이상의 행거 설치 |

 잘못된 곳을 수정하여 올바른 도면을 그리면 다음과 같다.

| 잘못된 곳 | 바로잡는 방법 |
|---|---|
| ① 교차배관이 가지배관 위에 설치<br>② 가지배관에 행거 미설치<br>③ 가지배관과 교차배관의 구경이 동일함 | ① 교차배관은 가지배관과 수평으로 설치하거나 가지배관 밑에 설치[스프링클러설비의 화재안전기준(NFPC 103 제8조 제⑩항 제1호, NFTC 103 2.5.10.1)]<br>② 가지배관에 헤드의 설치지점 사이마다 1개 이상의 행거 설치[스프링클러설비의 화재안전기준(NFPC 103 제8조 제⑬항 제1호, NFTC 103 2.5.13.1)]<br>③ 교차배관의 구경은 최소구경이 40mm 이상이 되도록 할 것[스프링클러설비의 화재안전기준(NFPC 103 제8조 제⑩항 제1호, NFTC 103 2.5.10.1)] |

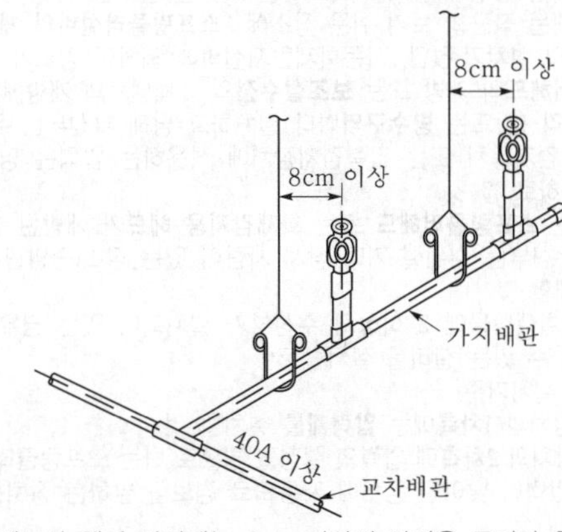


헤드와 행거 사이에는 **8cm** 이상의 간격을 두어야 한다.

**| 올바른 도면 |**

**행거**(hanger)
(1) 천장 등에 물건을 달아매는 데 사용하는 철재
(2) 배관의 지지에 사용되는 기구

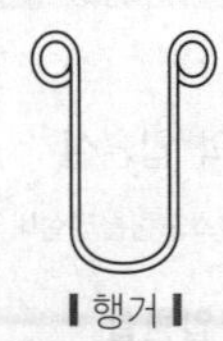

**| 행거 |**

**스프링클러설비**의 **화재안전기준**(NFPC 103, NFTC 103)
〈NFPC 제8조 제⑩항 제1호, NFTC 103 2.5.10.1〉
⑩ 교차배관의 위치 · 청소구 및 가지배관의 헤드설치는 다음의 기준에 따른다.
1. 교차배관은 가지배관과 수평으로 설치하거나 또는 가지배관 밑에 설치하고, 그 구경은 제③항 제3호에 따르되 최소구경이 **40mm** 이상이 되도록 할 것. 단, 패들형 유수검지장치를 사용하는 경우에는 교차배관의 구경과 동일하게 설치할 수 있다.

〈NFPC 제8조 제⑬항 제1호, NFTC 103 2.5.13.1〉
⑬ 배관에 설치되는 행거는 다음의 기준에 따라 설치하여야 한다.
1. 가지배관에는 헤드의 설치지점 사이마다 **1개** 이상의 행거를 설치하되, 헤드 간의 거리가 **3.5m**를 초과하는 경우에는 **3.5m** 이내마다 1개 이상 설치할 것. 이 경우 상향식 헤드와 행거 사이에는 **8cm** 이상의 간격을 두어야 한다.

☆

## 문제 181

**스프링클러설비의 유수검지장치 설치기준 2가지를 쓰시오. (2점)**

○

○

**정답** ① 유수검지장치의 1차측에는 압력계를 설치할 것
② 유수검지장치의 2차측에 압력의 설정을 필요로 하는 스프링클러설비에는 당해 유수검지장치의 압력설정치보다 2차측의 압력이 낮아진 경우에 자동으로 경보를 발하는 장치를 설치할 것

**해설** **스프링클러설비**의 **설치기준**(위험물기준 제131조)
(1) 스프링클러설비에 각 층 또는 방사구역마다 제어밸브의 설치기준
① 제어밸브는 개방형 스프링클러헤드를 이용하는 스프링클러설비에 있어서는 방수구역마다, 폐쇄형 스프링클러헤드를 사용하는 스프링클러설비에 있어서는 당해 방화대상물의 층마다, 바닥면으로부터 **0.8m** 이상 **1.5m** 이하의 높이에 설치할 것
② 제어밸브에는 함부로 닫히지 아니하는 조치를 강구할 것
③ 제어밸브에는 직근의 보기 쉬운 장소에 **"스프링클러설비의 제어밸브"**라고 표시할 것
(2) 자동경보장치의 설치기준(단, 자동화재탐지설비에 의하여 경보가 발하는 경우는 음향경보장치 설치제외 가능)
① **스프링클러헤드**의 개방 또는 **보조살수전**의 개폐밸브의 개방에 의하여 **경보**를 발하도록 할 것
② 발신부는 **각 층** 또는 **방수구역**마다 설치하고 당해 발신부는 **유수검지장치** 또는 **압력검지장치**를 이용할 것
③ ②의 유수검지장치 또는 압력검지장치에 작용하는 압력은 당해 유수검지장치 또는 압력검지장치의 **최고사용압력** 이하로 할 것
④ 수신부에는 **스프링클러헤드** 또는 **화재감지용 헤드**가 개방된 층 또는 방수구역을 알 수 있는 표시장치를 설치하고, 수신부는 수위실 기타 상시 사람이 있는 장소(중앙관리실이 설치되어 있는 경우에는 당해 **중앙관리실**)에 설치할 것
⑤ 하나의 방화대상물에 **2 이상**의 수신부가 설치되어 있는 경우에는 이들 수신부가 있는 장소 상호간에 **동시**에 **통화**할 수 있는 설비를 설치할 것
(3) 유수검지장치 설치기준
① 유수검지장치의 **1차측**에는 **압력계**를 설치할 것
② 유수검지장치의 **2차측**에 압력의 설정을 필요로 하는 스프링클러설비에는 당해 유수검지장치의 압력설정치보다 2차측의 압력이 낮아진 경우에 자동으로 경보를 발하는 장치를 설치할 것

☆☆☆

## 문제 182

**「스프링클러설비의 화재안전기준」에 의거하여 조기반응형 헤드를 설치하여야 하는 장소에 대하여 쓰시오. (4점)**

**정답** ① 공동주택 · 노유자시설의 거실
② 오피스텔 · 숙박시설의 침실, 병원의 입원실

**해설** **조기반응형** 스프링클러헤드의 설치장소[스프링클러설비의 화재안전기준(NFPC 103 제10조 제⑤항, NFTC 103 2.7.5)]
(1) **공동주택 · 노유자시설**의 **거실**
(2) **오피스텔 · 숙박시설**의 **침실, 병원의 입원실**

☆☆

## 문제 183

**「스프링클러설비의 화재안전기준」에 의거하여 다음의 표를 완성하시오. (8점)**

| 설치장소의 최고주위온도 | 표시온도 |
|---|---|
| | |
| | |
| | |
| | |

| 설치장소의 최고주위온도 | 표시온도 |
|---|---|
| 39℃ 미만 | 79℃ 미만 |
| 39℃ 이상 64℃ 미만 | 79℃ 이상 121℃ 미만 |
| 64℃ 이상 106℃ 미만 | 121℃ 이상 162℃ 미만 |
| 106℃ 이상 | 162℃ 이상 |

해설 (1) **스프링클러설비**의 **화재안전기준**(NFPC 103 제10조 제⑥항, NFTC 103 2.7.6)

**폐쇄형 스프링클러헤드**는 그 설치장소의 평상시 최고주위온도에 따라 다음 표에 따른 표시온도의 것으로 설치해야 한다. 단, 높이가 **4m** 이상인 **공장**에 설치하는 스프링클러헤드는 그 설치장소의 평상시 최고주위온도에 관계없이 표시온도 **121℃ 이상**의 것으로 할 수 있다.

| 설치장소의 최고주위온도 | 표시온도 |
|---|---|
| **39**℃ 미만 | **79**℃ 미만 |
| 39℃ 이상 **64**℃ 미만 | 79℃ 이상 **121**℃ 미만 |
| 64℃ 이상 **106**℃ 미만 | 121℃ 이상 **162**℃ 미만 |
| 106℃ 이상 | 162℃ 이상 |

기억법 39 79
64 121
106 162

(2) **연결살수설비**의 **화재안전기준**(NFPC 503 제6조 제③항, NFTC 503 2.3.3.1)

폐쇄형 스프링클러헤드를 설치하는 경우에는 제②항의 규정 외에 다음의 기준에 따라 설치해야 한다. 그 설치장소의 평상시 최고주위온도에 따라 다음 표에 따른 표시온도의 것으로 설치할 것. 단, 높이가 **4m 이상**인 공장 및 창고(랙크식 창고를 포함한다)에 설치하는 스프링클러헤드는 그 설치장소의 평상시 최고주위온도에 관계없이 표시온도 **121℃ 이상**의 것으로 할 수 있다.

| 설치장소의 최고주위온도 | 표시온도 |
|---|---|
| **39**℃ 미만 | **79**℃ 미만 |
| 39℃ 이상 **64**℃ 미만 | 79℃ 이상 **121**℃ 미만 |
| 64℃ 이상 **106**℃ 미만 | 121℃ 이상 **162**℃ 미만 |
| 106℃ 이상 | 162℃ 이상 |

기억법 39 79
64 121
106 162

## 문제 184

**스프링클러설비에 대한 다음 각 물음에 답하시오. (15점)**

(가) 스프링클러헤드 부착시 유의사항을 기술하시오. (5점)

(나) 스프링클러헤드의 설치기준을 기술하시오. (5점)

(다) 스프링클러설비의 배관시공시 유의사항을 기술하시오. (5점)

정답 (가) ① 살수가 방해되지 않도록 할 것
② 설치방향에 적합한 헤드를 부착할 것
③ 설치장소의 평상시 최고주위온도에 적합한 표시온도의 헤드를 설치할 것

| 설치장소의 최고주위온도 | 표시온도 |
|---|---|
| 39℃ 미만 | 79℃ 미만 |
| 39~64℃ 미만 | 79~121℃ 미만 |
| 64~106℃ 미만 | 121~162℃ 미만 |
| 106℃ 이상 | 162℃ 이상 |

[비고] 높이 4m 이상인 공장은 표시온도 121℃ 이상으로 할 것

(나) ① 스프링클러헤드로부터 반경 60cm 이상의 공간을 보유할 것(단, 벽과 스프링클러헤드간의 공간은 10cm 이상)
② 스프링클러헤드와 그 부착면과의 거리는 30cm 이하로 할 것
③ 배관·행거 및 조명기구 등 살수를 방해하는 것이 있는 경우에는 그로부터 아래에 설치하여 살수에 장애가 없도록 할 것(단, 스프링클러헤드와 장애물과의 이격거리를 장애물 폭의 3배 이상 확보한 경우는 제외)
④ 스프링클러헤드의 반사판은 그 부착면과 평행하게 설치할 것
⑤ 연소할 우려가 있는 개구부에는 그 상하좌우에 2.5m 간격으로 스프링클러헤드를 설치하되, 스프링클러헤드와 개구부의 내측면으로부터 직선거리는 15cm 이하가 되도록 할 것
⑥ 천장의 기울기가 $\frac{1}{10}$을 초과하는 경우에는 가지관을 천장의 마루와 평행하게 설치할 것
⑦ 상부에 설치된 헤드의 방출수에 따라 감열부에 영향을 받을 우려가 있는 헤드에는 방출수를 차단할 수 있는 유효한 차폐판을 설치할 것
⑧ 습식 스프링클러설비 외의 설비에는 상향식 스프링클러헤드를 설치할 것

(다) ① 동결방지를 위한 보온조치를 할 것
② 기기의 중량이 배관에 직접하중을 받지 않도록 할 것
③ 밸브 및 사용기기류의 분리가 용이하도록 할 것
④ 기기의 하중이 배관에 직접 전달되지 않도록 할 것

해설 (가) **스프링클러헤드 부착**시 **유의사항**[스프링클러설비의 화재안전기준(NFPC 103 제10조 제⑥항, NFTC 103 2.7.6)]
① **살수**가 **방해**되지 않도록 할 것
② **설치방향**에 적합한 헤드를 부착할 것
③ 설치장소의 평상시 **최고주위온도**에 **적합한 표시온도**의 **헤드**를 설치할 것

| 설치장소의 최고주위온도 | 표시온도 |
|---|---|
| **39**℃ 미만 | **79**℃ 미만 |
| 39~**64**℃ 미만 | **79~121**℃ 미만 |
| 64~**106**℃ 미만 | **121~162**℃ 미만 |
| 106℃ 이상 | **162**℃ 이상 |

[비고] 높이 **4m** 이상인 **공장**은 표시온도 **121℃** 이상으로 할 것

기억법
39 79
64 121
106 162

중요

**스프링클러설비**의 **배관방식**
(1) **트리방식(tree system)** : 주배관 → 교차배관 → 가지배관 → 헤드의 **단일방향**으로 유수되며, 화재안전기준에 따라 일반적으로 사용하는 스프링클러 배관방식

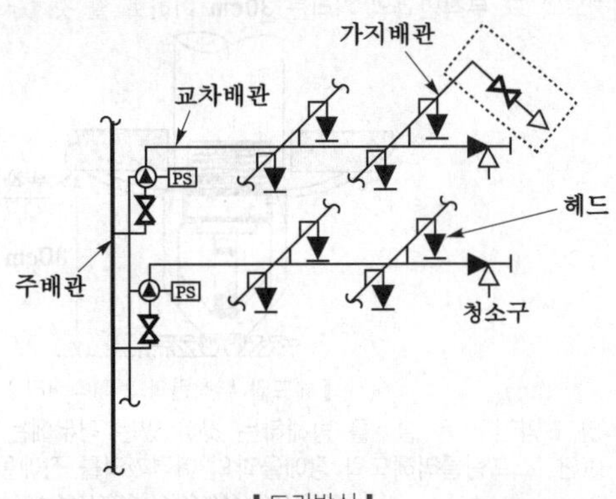


▎트리방식▎

(2) **루프방식**(loop system)

① **2개 이상**의 배관에서 스프링클러헤드에 물을 공급하도록 여러 개의 교차배관들이 서로 접속되어 있는 방식

② **교차배관**(cross main)이 서로 **연결**되어 스프링클러 작동시 2방향 이상으로 급수가 공급되나 가지배관은 연결되지 않는다.

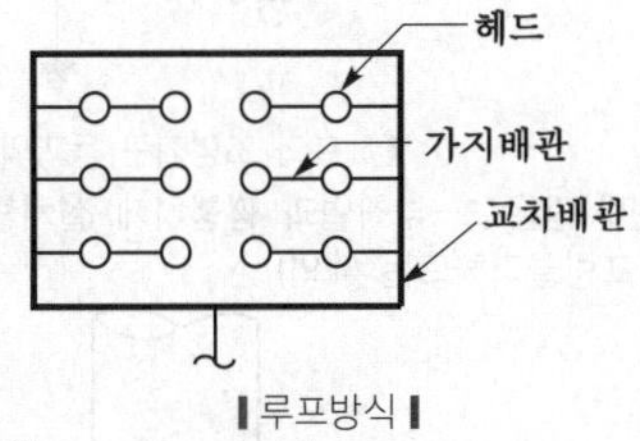


▎루프방식▎

(3) **격자방식**(grid system, 그리드방식)

① 평행한 교차배관에 많은 가지배관을 연결하는 방식

② **평행교차배관**이 **다중가지배관**에 **연결**되어 스프링클러 작동시 가지배관의 양끝으로 물이 공급되며 다른 가지배관은 물이송을 보조한다.

③ 유수의 흐름이 분산되어 **압력손실**이 적고 **공급압력 차이**를 줄일 수 있으며, **고른 압력분포**가 가능하다.

④ 국내에서는 발화위험이 높은 **반도체공장** 등의 공장지역 스프링클러설비에 많이 적용하고 있으며, 수리계산에 의하여 설계하고 중앙소방기술심의위원회의 심의를 거쳐 적용하여야 한다.

⑤ **문제점** : 공기압축으로 **유수**에 **장애**가 발생할 수 있어 미국화재안전기준(NFC)에서 **준비작동식**(0.7bar 이상) 및 **건식** 배관에서의 경우에는 사용을 제한하고 있다.

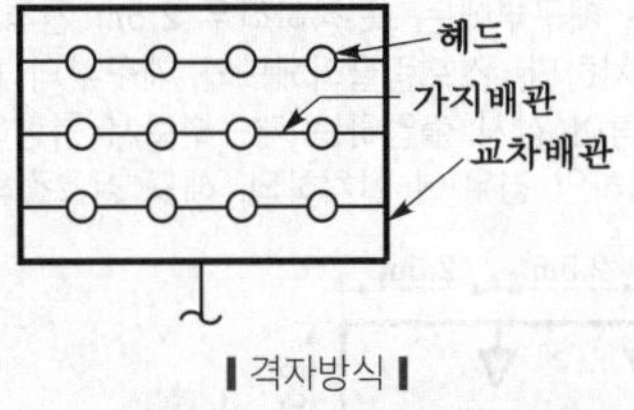


▎격자방식▎

(나) **스프링클러헤드**의 **설치기준**[스프링클러설비의 화재안전기준(NFPC 103 제10조, NFTC 103 2.7.7)]

① **살수**가 **방해**되지 않도록 스프링클러헤드로부터 반경 **60cm** 이상의 공간을 보유할 것(단, **벽**과 **스프링클러헤드간**의 공간은 **10cm** 이상)

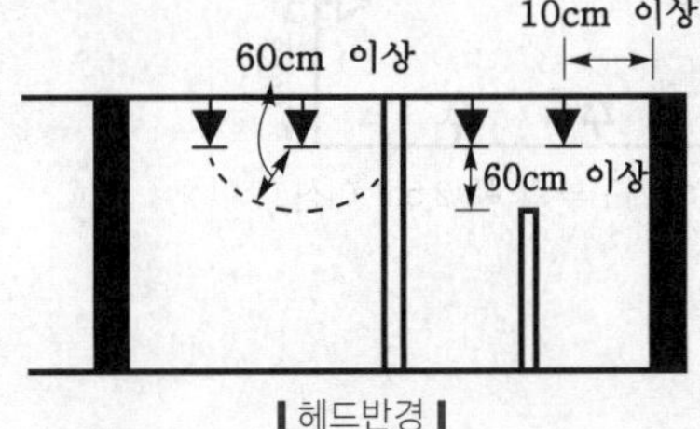


▎헤드반경▎



소방시설의 점검실무행정 종합문제 600제

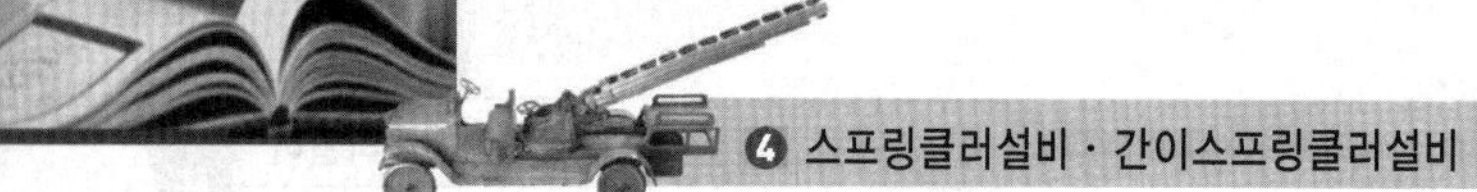

② 스프링클러헤드와 그 **부**착면과의 거리는 **30cm** 이하로 할 것

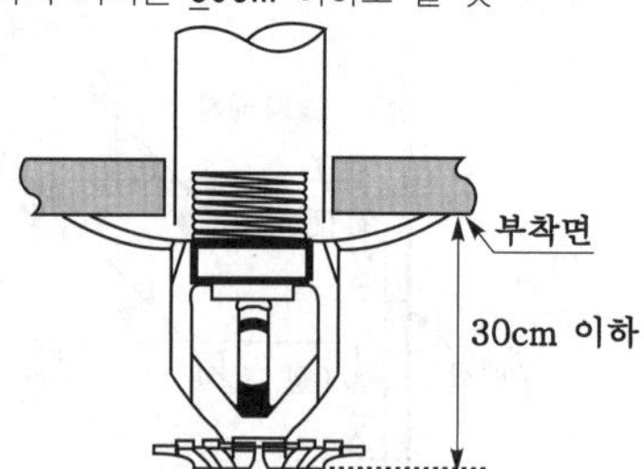


❙ 헤드와 부착면과의 이격거리 ❙

③ 배관, **행**거 및 조명기구 등 살수를 방해하는 것이 있는 경우에는 그로부터 아래에 설치하여 살수에 장애가 없도록 할 것(단, 스프링클러헤드와 장애물과의 이격거리를 장애물 폭의 **3배 이상** 확보한 경우는 제외)

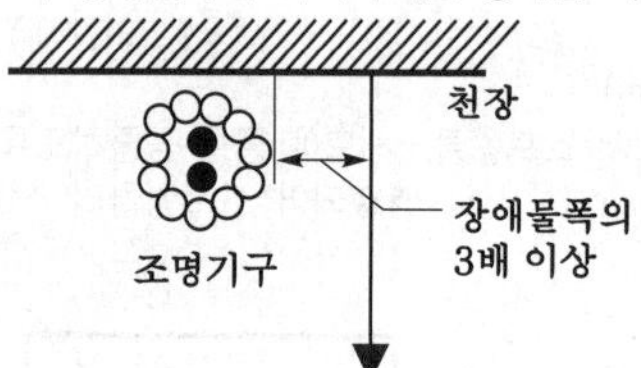


❙ 헤드와 조명기구 등과의 이격거리 ❙

④ 스프링클러헤드의 반사판은 그 부착면과 **평행**하게 설치할 것(단, **측벽형 헤드** 또는 연소할 우려가 있는 개구부에 설치하는 스프링클러헤드는 제외)

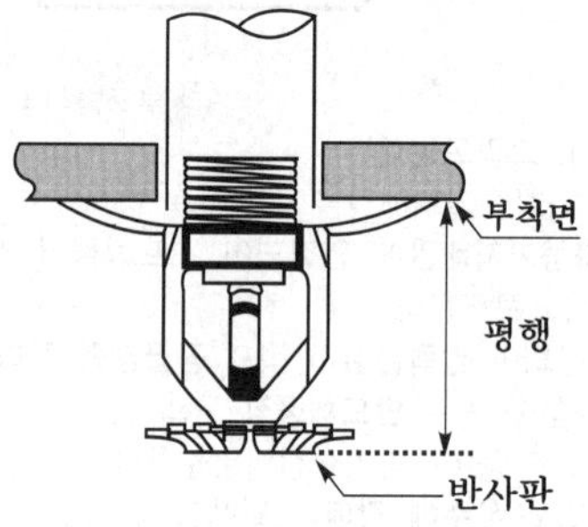


❙ 헤드의 반사판과 부착면 ❙

⑤ **연**소할 우려가 있는 개구부에는 그 상하좌우 **2.5m** 간격으로(개구부의 폭이 2.5m 이하인 경우에는 **중앙**) 스프링클러헤드를 설치하되, 스프링클러헤드와 개구부의 내측면으로부터의 직선거리는 **15cm** 이하가 되도록 할 것. 이 경우 사람이 상시 출입하는 개구부로서 통행에 지장이 있는 때에는 개구부의 상부 또는 측면(개구부의 폭이 **9m** 이하인 경우)에 설치하되, 헤드 상호간의 간격은 **1.2m** 이하로 설치해야 한다.

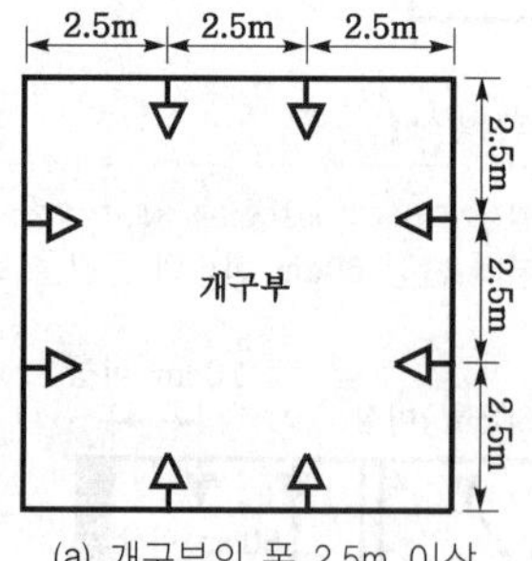


(a) 개구부의 폭 2.5m 이상

2.5m 이하

2.5m 이하

(b) 개구부의 폭 2.5m 이하

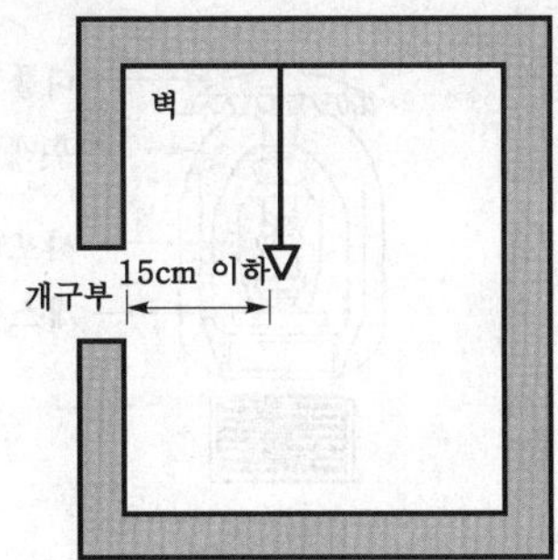


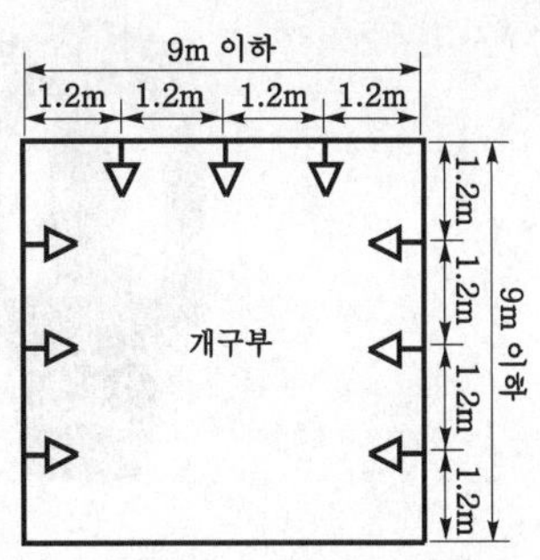


▌연소할 우려가 있는 개구부의 헤드설치▐

⑥ 천장의 **기**울기가 $\frac{1}{10}$ 을 초과하는 경우에는 가지관을 천장의 마루와 **평행**하게 **설치**하고, 천장의 최상부에 스프링클러헤드를 설치하는 경우에는 최상부에 설치하는 스프링클러헤드의 반사판을 **수평**으로 설치하고, 천장의 최상부를 중심으로 가지관을 서로 마주 보게 설치하는 경우에는 최상부의 가지관 상호간의 거리가 가지관상의 스프링클러헤드 상호간의 거리의 $\frac{1}{2}$ 이하(최소 1m 이상)가 되게 스프링클러헤드를 설치하고, 가지관의 최상부에 설치하는 스프링클러헤드는 천장의 최상부로부터의 수직거리가 90cm 이하가 되도록 할 것. 톱날지붕, 둥근지붕, 기타 이와 유사한 지붕의 경우에도 이에 준한다.

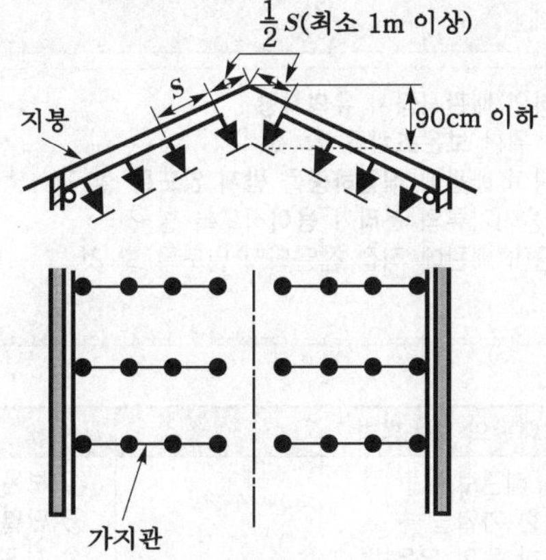


▌경사지붕의 헤드 설치▐

⑦ **상**부에 설치된 헤드의 방출수에 따라 감열부에 영향을 받을 우려가 있는 헤드에는 방출수를 차단할 수 있는 유효한 **차폐판**을 설치할 것

▌랙크형 스프링클러헤드▐

⑧ **습**식 및 **부**압식 스프링클러설비 외의 설비에는 **상향식 스프링클러헤드**를 설치할 것

(a)

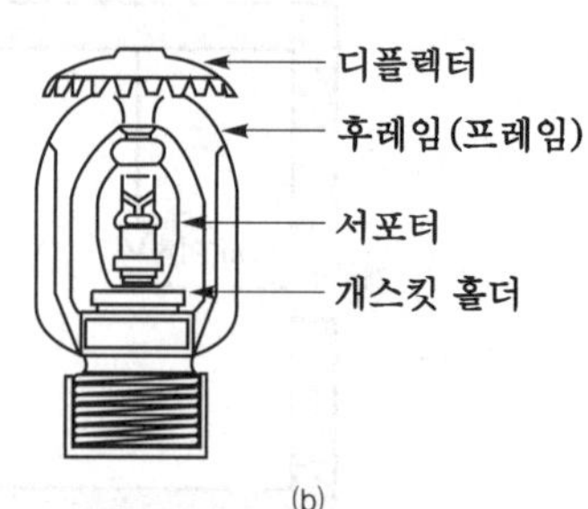


(b)

❙ 상향식 스프링클러헤드 ❙

기억법 스살 부3 행평연 기상차 부습(부식)

중요

**상향식 스프링클러헤드 설치**를 **제외할 수 있는 경우**(**하향식 스프링클러헤드**를 **설치할 수 있는 경우**)

(1) **드라이펜던트 스프링클러헤드**를 사용하는 경우
(2) 스프링클러헤드의 설치장소가 **동파**의 **우려**가 **없는 곳**인 경우
(3) **개방형 스프링클러헤드**를 사용하는 경우

기억법 하드 동개

(다) **스프링클러설비**의 **배관시공**시 **유의사항**
① 동결방지를 위한 **보온조치**를 할 것
② 기기의 중량이 배관에 **직접하중**을 **받지 않도록** 할 것
③ 밸브 및 사용기기류의 **분리**가 **용이**하도록 할 것
④ 기기의 하중이 배관에 직접 전달되지 않도록 할 것

중요

**배관**의 **보온**

| 배관의 보온방법 | 보온재의 구비조건 |
|---|---|
| ① **보온재**를 이용한 배관보온법<br>② **히팅코일**을 이용한 가열법<br>③ **순환펌프**를 이용한 물의 유동법<br>④ **부동액**주입법<br>기억법 보히순부(순두부) | ① **보온능력**이 우수할 것<br>② **단열효과**가 뛰어날 것<br>③ **시공**이 **용이**할 것<br>④ 가벼울 것<br>⑤ **가격**이 **저렴**할 것 |

★★★

문제 185

「스프링클러설비의 화재안전기준」에 의거하여 건식 및 준비작동식 스프링클러설비에 하향식 헤드를 부착할 수 있는 경우 3가지를 쓰시오. (3점)

○
○
○

정답 ① 드라이펜던트 스프링클러헤드를 사용하는 경우
② 스프링클러헤드의 설치장소가 동파의 우려가 없는 곳인 경우
③ 개방형 스프링클러헤드를 사용하는 경우

 **스프링클러설비**의 **화재안전기준**(NFPC 103 제10조 제⑦항, NFTC 103 2.7.7.7)

**습식 스프링클러설비** 및 **부압식 스프링클러설비 외**의 **설비**에는 **상향식 스프링클러헤드**를 설치할 것

〈**하**향식 스프링클러헤드를 설치할 수 있는 경우〉

(1) **드라이펜던트 스프링클러헤드**를 사용하는 경우

(2) 스프링클러헤드의 설치장소가 **동파**의 **우려**가 **없는 곳**인 경우

(3) **개방형 스프링클러헤드**를 사용하는 경우

> 기억법 하드동개

## 문제 186

준비작동식 스프링클러설비에서 감지기회로의 배선을 교차회로방식으로 설치하지 않아도 되는 감지기의 종류 5가지를 쓰시오. (10점)

- ○
- ○
- ○
- ○
- ○

정답
① 불꽃감지기
② 정온식 감지선형 감지기
③ 분포형 감지기
④ 복합형 감지기
⑤ 광전식 분리형 감지기

해설 **준비작동식 · 일제살수식 스프링클러설비**의 화재감지기회로를 **교차회로방식**으로 적용하지 않아도 되는 경우[스프링클러설비의 화재안전기준(NFPC 103 제9조 제③항, NFTC 103 2.6.3.2) / 자동화재탐지설비 및 시각경보장치의 화재안전기준(NFPC 203 제7조 제①항, NFTC 203 2.4.1)]

(1) 스프링클러설비의 배관 또는 헤드의 **누설경보용 물** 또는 **압축공기**가 채워지거나 부압식 스프링클러설비의 경우

(2) 다음의 감지기를 설치하는 경우
- **불꽃**감지기
- **정온식 감지선형** 감지기
- **분포형** 감지기
- **복합형** 감지기
- **광전식 분리형** 감지기
- **아날로그방식**의 감지기
- **다신호방식**의 감지기
- **축적방식**의 감지기

— 를 설치하는 경우

> 기억법 불정감 복분 광아다축

**중요**

**교차회로방식**을 **적용하지 않아도 되는 감지기**(감지기의 형식승인 및 제품검사의 기술기준 제2 · 4조)

| 감지기 종류 | 정 의 |
|---|---|
| **불**꽃감지기 | 불꽃에서 방사되는 **불꽃**의 **변화**가 일정량 이상이 되었을 때 화재신호를 발신하는 것으로 **자외선식, 적외선식, 자외선 · 적외선 겸용식, 복합식**으로 구분한다. |
| **정**온식 **감**지선형 감지기 | 일국소의 주위온도가 **일정**한 **온도** 이상이 되는 경우에 작동하는 것으로서 **외관**이 **전선**으로 되어 있는 것 |
| **분**포형 감지기 | 주위온도가 **일정 상승률** 이상이 되는 경우에 작동하는 것으로서 **넓은 범위** 내에서의 **열효과**의 누적에 의하여 작동되는 것 |
| **복**합형 감지기 | 화재시 발생하는 열, 연기, 불꽃을 자동적으로 감지하는 기능 중 **두 가지 성능**의 **감지기능**이 함께 작동될 때 화재신호를 발신하거나 또는 **두 개**의 **화재신호**를 각각 발신하는 것 |

| | |
|---|---|
| **광**전식 분리형 감지기 | **발광부**와 **수광부**로 구성된 구조로 발광부와 수광부 사이의 공간에 일정한 농도의 **연기**를 포함하게 되는 경우에 작동하는 것 |
| **아**날로그방식의 감지기 | 주위의 온도 또는 연기의 양의 변화에 따른 화재정보신호값을 출력하는 방식의 감지기 |
| **다**신호방식의 감지기 | 1개의 감지기 내에 서로 **다른 종별** 또는 **감도** 등의 기능을 갖춘 것으로서 일정시간 간격을 두고 각각 다른 **2개 이상**의 **화재신호**를 발하는 감지기 |
| **축**적방식의 감지기<br>(축적형 감지기) | 일정농도 이상의 연기가 **일정시간**(공칭축적시간) 연속하는 것을 전기적으로 **검출함**으로써 작동하는 감지기 |

기억법 불정감 복분 광아다축

☆

## 문제 187

「스프링클러설비의 화재안전기준」에 의거하여 습식 외의 스프링클러설비에는 상향식 스프링클러헤드를 설치하여야 하지만 예외규정으로 하향식 헤드를 사용할 수 있는 경우 3가지를 쓰시오. (3점)

○

○

○

정답 ① 드라이펜던트 스프링클러헤드를 사용하는 경우
② 스프링클러헤드의 설치장소가 동파의 우려가 없는 곳인 경우
③ 개방형 스프링클러헤드를 사용하는 경우

해설 **습식 설비**에 **하향식 스프링클러헤드**를 설치할 수 있는 경우[스프링클러설비의 화재안전기준(NFPC 103 제10조 제⑦항, NFTC 103 2.7.7.7)]

(1) **드라이펜던트 스프링클러헤드**를 사용하는 경우
(2) 스프링클러헤드의 설치장소가 **동파**의 **우려**가 **없는 곳**인 경우
(3) **개방형 스프링클러헤드**를 사용하는 경우

기억법 하드동개

중요

**스프링클러헤드**의 **종류**(**설계** 및 **성능특성**에 따른 **분류**)

| 종 류 | 설 명 |
|---|---|
| **화재조기진압용 스프링클러헤드**<br>(early suppression fast-response sprinkler) | 특정 높은 장소의 화재위험에 대하여 조기에 진화할 수 있도록 설계된 스프링클러헤드 |
| **라지 드롭형 스프링클러헤드**<br>(large drop sprinkler) | 동일 조건의 수(水)압력에서 표준형 헤드보다 큰 물방울을 방출하여 저장창고 등에서 발생하는 **대형화재**를 **진압**할 수 있는 헤드 |
| **주거형 스프링클러헤드**<br>(residential sprinkler) | 폐쇄형 헤드의 일종으로 **주거지역**의 화재에 적합한 감도 · 방수량 및 살수분포를 갖는 헤드(**간이형 스프링클러헤드** 포함) |
| **랙크형 스프링클러헤드**<br>(rack sprinkler) | **랙크식 창고**에 설치하는 헤드로서 상부에 설치된 헤드의 방출된 물에 의해 작동에 지장이 생기지 아니하도록 **보호판**이 **부착**된 헤드 |
| **플러시 스프링클러헤드**<br>(flush sprinkler) | 부착나사를 포함한 몸체의 일부나 전부가 **천장면 위**에 설치되어 있는 스프링클러헤드 |
| **리세스드 스프링클러헤드**<br>(recessed sprinkler) | 부착나사 이외의 몸체 일부나 전부가 **보호집 안**에 설치되어 있는 스프링클러헤드 |
| **컨실드 스프링클러헤드**<br>(concealed sprinkler) | 리세스드 스프링클러헤드에 **덮개**가 **부착**된 스프링클러헤드 |

| | |
|---|---|
| **속동형 스프링클러헤드**<br>(quick-response sprinkler) | 화재로 인한 **감응속도**가 일반 스프링클러보다 **빠른** 스프링클러로서 **사람**이 **밀집**한 **지역**이나 인명피해가 우려되는 장소에 가장 빨리 작동되도록 설계된 스프링클러헤드 |
| **드라이펜던트 스프링클러헤드**<br>(dry pendent sprinkler) | **동파방지**를 위하여 롱니플 내에 **질소가스**가 충전되어 있는 헤드 |

☆

## 문제 188

「스프링클러설비의 화재안전기준」에 의거하여 건식 스프링클러헤드의 설치장소 최고온도가 39℃ 미만이고, 헤드를 하향식으로 할 경우 설치헤드의 표시온도와 헤드의 종류를 쓰시오. (2점)

정답 ① 헤드의 표시온도 : 79℃ 미만
② 헤드의 종류 : 드라이펜던트 스프링클러헤드

해설 스프링클러설비의 화재안전기준(NFPC 103 제10조 / NFTC 103 2.7.6, 2.7.7.7)

(1) 설치장소의 최고주위온도와 스프링클러헤드의 표시온도

| 설치장소의 최고주위온도 | 표시온도 |
|---|---|
| **39**℃ 미만 | **79**℃ 미만 |
| 39℃ 이상 **64**℃ 미만 | 79℃ 이상 **121**℃ 미만 |
| 64℃ 이상 **106**℃ 미만 | 121℃ 이상 **162**℃ 미만 |
| 106℃ 이상 | 162℃ 이상 |

기억법 39 79
64 121
106 162

(2) 건식 스프링클러헤드 하향식 가능헤드 : **드라이펜던트 스프링클러헤드**

☆☆☆

## 문제 189

「스프링클러설비의 화재안전기준」에 의거하여 다음의 표를 완성하시오. (8점)

| 스프링클러헤드의 반사판 중심과 보의 수평거리 | 스프링클러헤드의 반사판 높이와 보의 하단 높이의 수직거리 |
|---|---|
| | |
| | |
| | |
| | |

정답

| 스프링클러헤드의 반사판 중심과 보의 수평거리 | 스프링클러헤드의 반사판 높이와 보의 하단 높이의 수직거리 |
|---|---|
| 0.75m 미만 | 보의 하단보다 낮을 것 |
| 0.75m 이상 1m 미만 | 0.1m 미만일 것 |
| 1m 이상 1.5m 미만 | 0.15m 미만일 것 |
| 1.5m 이상 | 0.3m 미만일 것 |

해설 **스프링클러설비**의 **화재안전기준**(NFPC 103 제10조 제⑧항, NFTC 103 2.7.8)
특정소방대상물의 보와 가장 가까운 스프링클러헤드는 다음 표의 기준에 따라 설치해야 한다. 단, 천장면에서 보의 하단까지의 길이가 **55cm**를 **초과**하고 보의 하단 측면 끝부분으로부터 스프링클러헤드까지의 거리가 스프링클러헤드 상호간 거리의 $\frac{1}{2}$ **이하**가 되는 경우에는 스프링클러헤드와 그 부착면과의 거리를 **55cm 이하**로 할 수 있다.

| 스프링클러헤드의 반사판 중심과 보의 수평거리 | 스프링클러헤드의 반사판 높이와 보의 하단 높이의 수직거리 |
|---|---|
| 0.75m 미만 | 보의 하단보다 낮을 것 |
| 0.75~1m 미만 | 0.1m 미만일 것 |
| 1~1.5m 미만 | 0.15m 미만일 것 |
| 1.5m 이상 | 0.3m 미만일 것 |

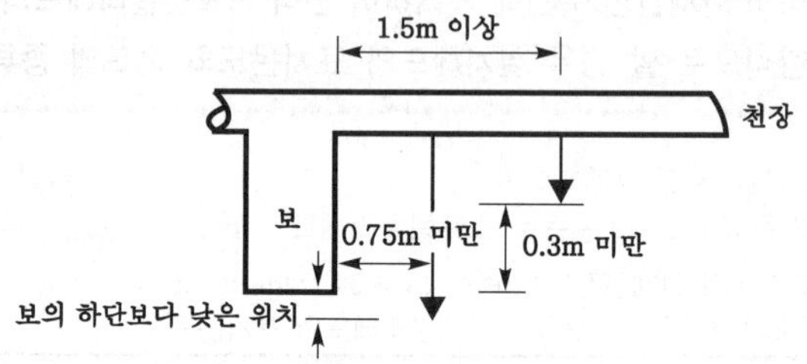


▮스프링클러헤드의 설치▮

비교

(1) **간이스프링클러설비**의 **화재안전기준**(NFPC 103A 제9조 제5호, NFTC 103A 2.6.1.6)
특정소방대상물의 보와 가장 가까운 간이헤드는 다음 표의 기준에 따라 설치할 것. 단, 천장면에서 보의 하단까지의 길이가 **55cm**를 **초과**하고 보의 하단 측면 끝부분으로부터 간이헤드까지의 거리가 간이헤드 상호간 거리의 $\frac{1}{2}$ **이하**가 되는 경우에는 간이헤드와 그 부착면과의 거리를 **55cm 이하**로 할 수 있다.

| 간이헤드의 반사판 중심과 보의 수평거리 | 간이헤드의 반사판 높이와 보의 하단높이의 수직거리 |
|---|---|
| 0.75m 미만 | 보의 하단보다 낮을 것 |
| 0.75~1m 미만 | 0.1m 미만일 것 |
| 1~1.5m 미만 | 0.15m 미만일 것 |
| 1.5m 이상 | 0.3m 미만일 것 |

(2) **포소화설비**의 **화재안전기준**(NFPC 105 제12조 제②항 제4호, NFTC 105 2.9.2.4)
특정소방대상물의 보가 있는 부분의 포헤드는 다음 표의 기준에 따라 설치할 것

| 포헤드와 보의 하단의 수직거리 | 포헤드와 보의 수평거리 |
|---|---|
| 0 | 0.75m 미만 |
| 0.1m 미만 | 0.75~1m 미만 |
| 0.1~0.15m 미만 | 1~1.5m 미만 |
| 0.15~0.30m 미만 | 1.5m 이상 |

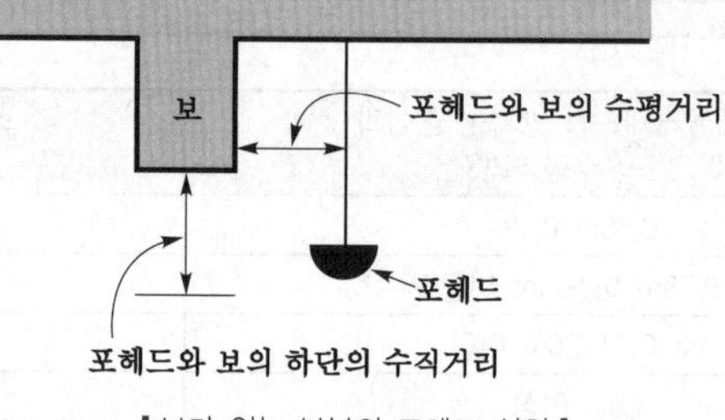


▮보가 있는 부분의 포헤드 설치▮

## 문제 190

**스프링클러헤드의 배치방식을 분류하고 헤드설치시 유의사항을 기술하시오. (10점)**

정답 ① 스프링클러헤드의 배치방식

㉠ 정방형(정사각형) : 헤드와 헤드간의 거리가 가지배관과 가지배관 사이의 거리와 동일한 경우

$$S = 2R\cos 45°, \ L = S$$

여기서, $S$ : 수평헤드간격
$R$ : 수평거리
$L$ : 배관간격

㉡ 장방형(직사각형) : 헤드와 헤드간의 거리가 가지배관과 가지배관 사이의 거리와 동일하지 않은 경우

$$S = \sqrt{4R^2 - L^2}, \ L = 2R\cos\theta, \ S' = 2R$$

여기서, $S$ : 수평헤드간격
$R$ : 수평거리
$L$ : 배관간격
$S'$ : 대각선 헤드간격
$\theta$ : 각도

㉢ 지그재그형(나란히꼴형) : 3개의 헤드가 정삼각형을 이루고 4개의 헤드는 나란히꼴을 이루는 경우

$$S = 2R\cos 30°, \ b = 2S\cos 30°, \ L = \frac{b}{2}$$

여기서, $S$ : 수평헤드간격
$R$ : 수평거리
$b$ : 수직헤드간격
$L$ : 배관간격

② 헤드설치시 유의사항

㉠ 스프링클러헤드로부터 반경 60cm 이상의 공간을 보유할 것(단, 벽과 스프링클러헤드간의 공간은 10cm 이상)
㉡ 스프링클러헤드와 그 부착면과의 거리는 30cm 이하로 할 것
㉢ 배관 · 행거 및 조명기구 등 살수를 방해하는 것이 있는 경우에는 그로부터 밑으로 30cm 이상의 거리를 둘 것
㉣ 스프링클러헤드의 반사판은 그 부착면과 평행하게 설치할 것
㉤ 연소할 우려가 있는 개구부에는 그 상하좌우에 2.5m 간격으로 스프링클러헤드를 설치하되, 스프링클러헤드와 개구부의 내측면으로부터 직선거리는 15cm 이하가 되도록 할 것
㉥ 천장의 기울기가 $\frac{1}{10}$을 초과하는 경우에는 가지관을 천장의 마루와 평행하게 설치할 것
㉦ 상부에 설치된 헤드의 방출수에 따라 감열부에 영향을 받을 우려가 있는 헤드에는 방출수를 차단할 수 있는 유효한 차폐판을 설치할 것
㉧ 습식 및 부압식 스프링클러설비 외의 설비에는 상향식 스프링클러헤드를 설치할 것

해설 (1) **스프링클러헤드**의 **배치방식**

① **정방형(정사각형) :** 헤드와 헤드간의 거리가 가지배관과 가지배관 사이의 **거리**와 **동일**한 경우

$$S = 2R\cos 45°, \ L = S$$

여기서, $S$ : 수평헤드간격
$R$ : 수평거리
$L$ : 배관간격

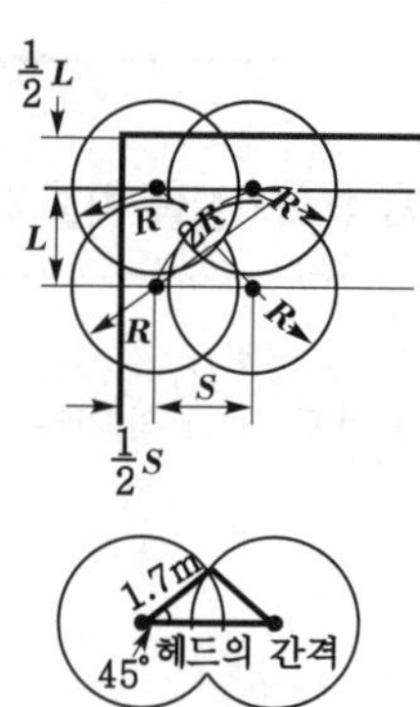


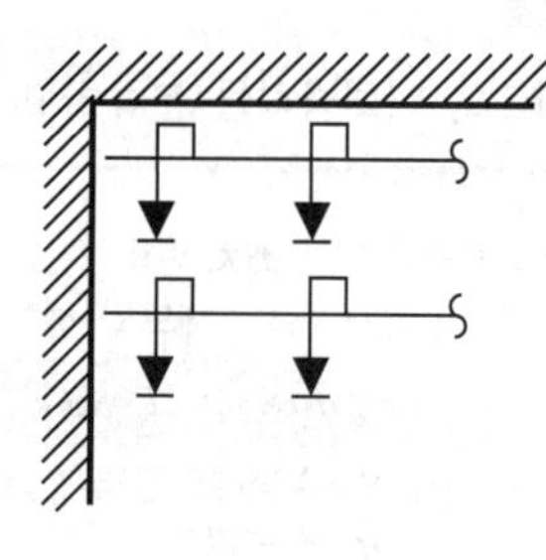

▌정방형▌

② **장방형(직사각형) :** 헤드와 헤드간의 거리가 가지배관과 가지배관 사이의 거리와 동일하지 않은 경우

$$S = \sqrt{4R^2 - L^2},\ L = 2R\cos\theta,\ S' = 2R$$

여기서, $S$ : 수평헤드간격
$R$ : 수평거리
$L$ : 배관간격
$S'$ : 대각선 헤드간격
$\theta$ : 각도

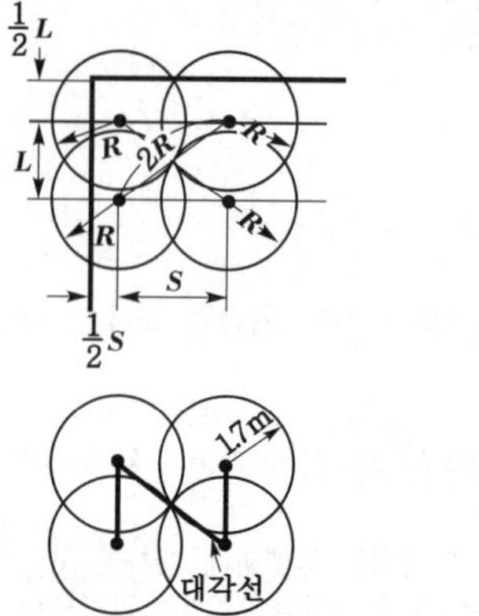


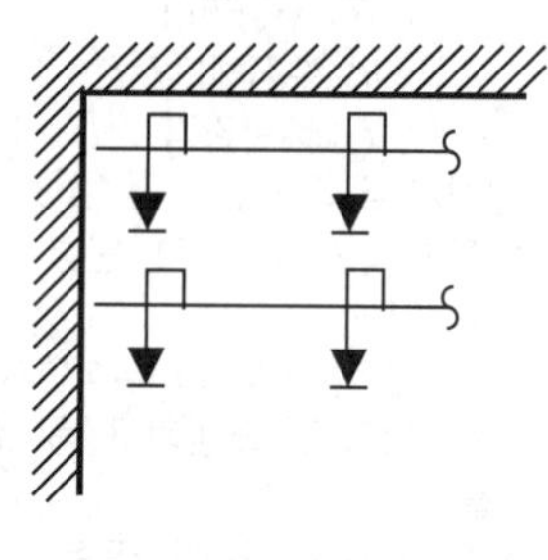

▌장방형▌

③ **지그재그형(나란히꼴형) : 3개**의 **헤드**가 **정삼각형**을 이루고 **4개**의 **헤드**는 **나란히꼴**을 이루는 배치형태로 이것은 일반적인 건물의 형태인 직사각형이나 정사각형이 아닌 형태의 건물에 적용되는 배치형태

$$S = 2R\cos 30°,\ b = 2S\cos 30°,\ L = \frac{b}{2}$$

여기서, $S$ : 수평헤드간격
$R$ : 수평거리
$b$ : 수직헤드간격
$L$ : 배관간격

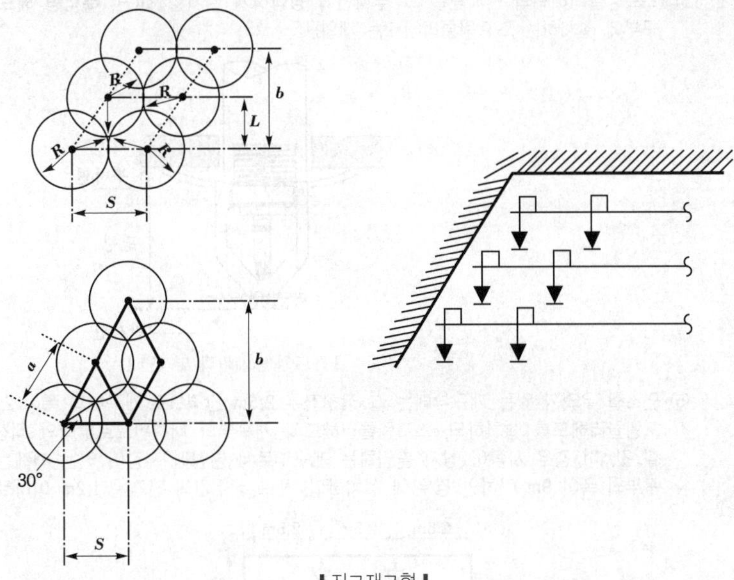

❙ 지그재그형 ❙

(2) **헤드설치시 유의사항**[스프링클러설비의 화재안전기준(NFPC 103 제10조 제⑦항, NFTC 103 2.7.7)]

① **살수**가 **방해**되지 않도록 스프링클러헤드로부터 반경 **60cm** 이상의 공간을 보유할 것(단, **벽**과 **스프링클러헤드간**의 공간은 10cm 이상)

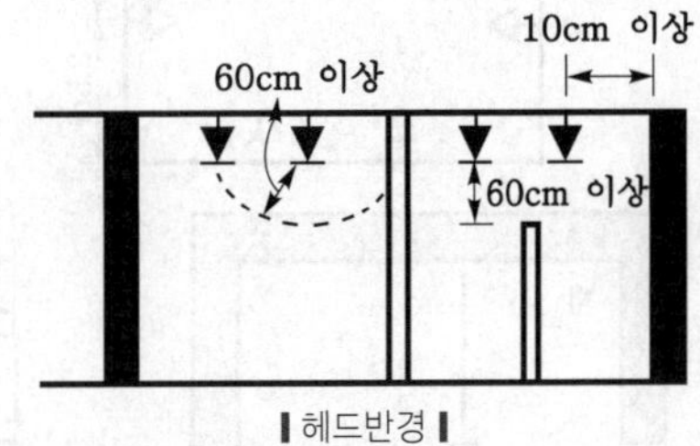

❙ 헤드반경 ❙

② 스프링클러헤드와 그 부착면과의 거리는 **30cm** 이하로 할 것

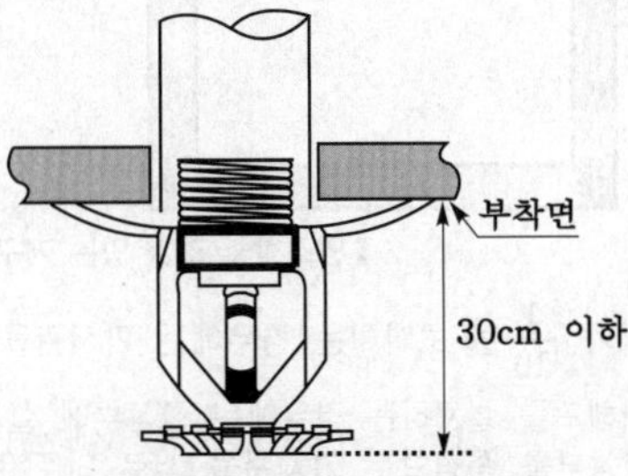

❙ 헤드와 부착면과의 이격거리 ❙

③ 배관, 행거 및 조명기구 등 살수를 방해하는 것이 있는 경우에는 그로부터 아래에 설치하여 살수에 장애가 없도록 할 것(단, 스프링클러헤드와 장애물과의 이격거리를 장애물 폭의 **3배 이상** 확보한 경우는 제외)

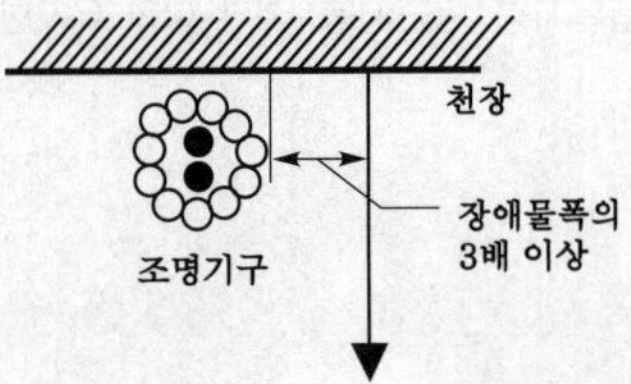

❙ 헤드와 조명기구 등과의 이격거리 ❙

④ 스프링클러헤드의 반사판은 그 부착면과 **평행**하게 설치할 것(단, **측벽형 헤드** 또는 연소할 우려가 있는 개구부에 설치하는 스프링클러헤드는 제외).

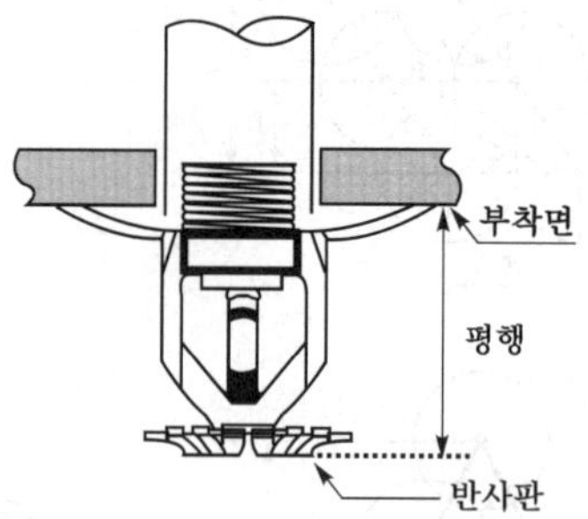


▌헤드의 반사판과 부착면▐

⑤ 연소할 우려가 있는 개구부에는 그 상하좌우 **2.5m** 간격으로(개구부의 폭이 2.5m 이하인 경우에는 **중앙**) 스프링클러헤드를 설치하되, 스프링클러헤드와 개구부의 내측면으로부터의 직선거리는 **15cm** 이하가 되도록 할 것. 이 경우 사람이 상시 출입하는 개구부로서 통행에 지장이 있는 때에는 개구부의 상부 또는 측면(개구부의 폭이 **9m** 이하인 경우)에 설치하되, 헤드 상호간의 간격은 **1.2m** 이하로 설치해야 한다.

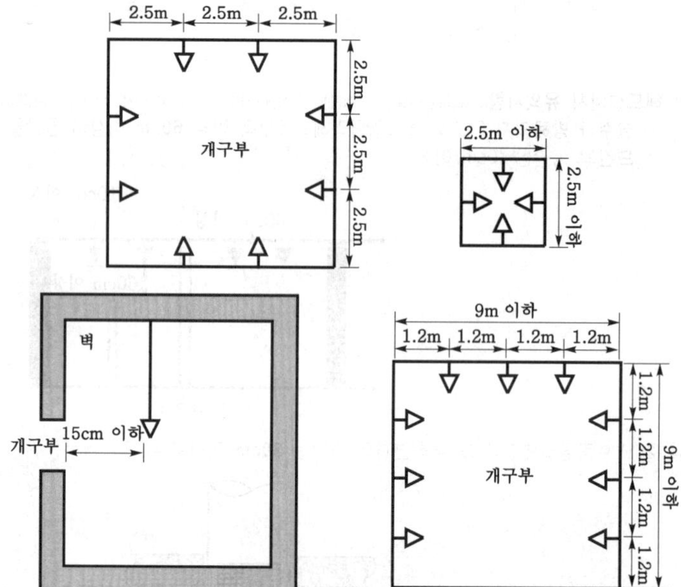


▌연소할 우려가 있는 개구부의 헤드설치▐

⑥ 천장의 기울기가 $\frac{1}{10}$을 초과하는 경우에는 가지관을 천장의 마루와 **평행**되게 **설치**하게, 천장의 최상부에 스프링클러헤드를 설치하는 경우에는 최상부에 설치하는 스프링클러헤드의 반사판을 **수평**으로 설치하고, 천장의 최상부를 중심으로 가지관을 서로 마주 보게 설치하는 경우에는 최상부의 가지관 상호간의 거리가 가지관상의 스프링클러헤드 상호간의 거리의 $\frac{1}{2}$ 이하(최소 **1m** 이상)가 되게 스프링클러헤드를 설치하고, 가지관의 최상부에 설치하는 스프링클러헤드는 천장의 최상부로부터의 수직거리가 **90cm** 이하가 되도록 할 것. 톱날지붕, 둥근지붕, 기타 이와 유사한 지붕의 경우에도 이에 준한다.

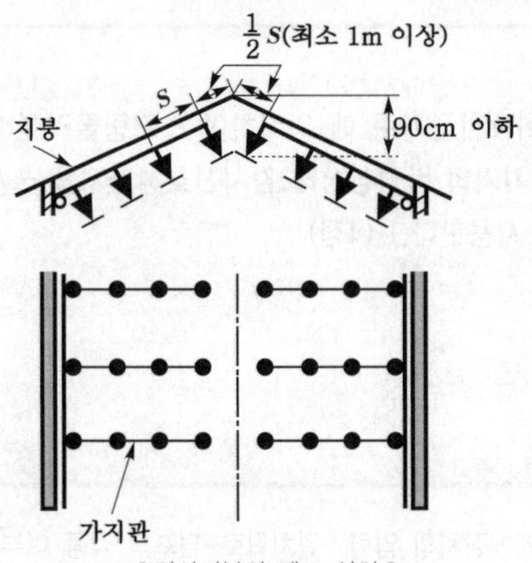


▎경사지붕의 헤드 설치▎

⑦ 상부에 설치된 헤드의 방출수에 따라 감열부에 영향을 받을 우려가 있는 헤드에는 방출수를 차단할 수 있는 유효한 **차폐판**을 설치할 것

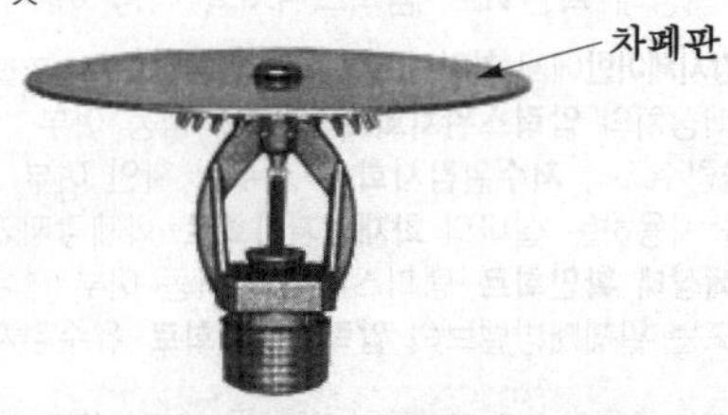


▎랙크형 스프링클러헤드▎

⑧ **습식** 및 **부압식** 스프링클러설비 외의 설비에는 **상향식 스프링클러헤드**를 설치할 것

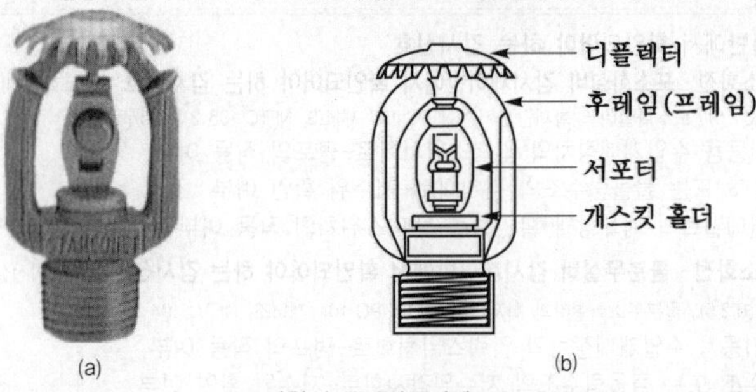


▎상향식 스프링클러헤드▎

중요

**상향식 스프링클러헤드 설치**를 **제외할 수 있는 경우**(**하향식 스프링클러헤드**를 **설치할 수 있는 경우**)

(1) **드라이펜던트 스프링클러헤드**를 사용하는 경우
(2) 스프링클러헤드의 설치장소가 **동파**의 **우려**가 **없는 곳**인 경우
(3) **개방형 스프링클러헤드**를 사용하는 경우

기억법 **하드 동개**

☆☆

**문제 191**

「스프링클러설비의 화재안전기준」에 의거하여 스프링클러설비의 감시제어반에서 확인되어야 하는 스프링클러설비의 구성기기의 비정상상태 감시신호 4가지를 쓰시오. (단, 물올림장치는 설치하지 않으며 감시제어반은 P형을 사용한다.) (4점)

○
○
○
○

정답 ① 기동용 수압개폐장치의 압력스위치회로-펌프의 작동 여부
② 수조의 저수위감시회로-저수위 확인 여부
③ 일제개방밸브를 사용하는 설비의 화재감지기회로-화재감지기의 작동 여부
④ 개폐밸브의 폐쇄상태 확인회로-탬퍼스위치의 작동 여부

해설 **스프링클러설비**의 **감시제어반**에서 **확인되어야 하는 감시신호**[스프링클러설비의 화재안전기준(NFPC 103 제13조, NFTC 103 2.10.3.8)]
(1) 기동용 수압개폐장치의 **압력스위치회로**-펌프의 작동 여부
(2) 수조 또는 물올림수조의 **저수위감시회로**-저수위 확인 여부
(3) 일제개방밸브를 사용하는 설비의 **화재감지기회로**-화재감지기의 작동 여부
(4) **개폐밸브**의 **폐쇄상태 확인회로**-탬퍼스위치의 작동 여부
(5) 유수검지장치 또는 일제개방밸브의 **압력스위치회로**-유수검지장치 또는 일제개방밸브의 작동 여부

※ 〔단서〕에 의해 물올림장치에 관한 사항은 기재하지 않는다.

중요

**감시제어반**에서 **확인되어야 하는 감시신호**

(1) **옥내소화전 · 포소화설비 감시제어반에서 확인되어야 하는 감시신호**[옥내소화전설비의 화재안전기준(NFPC 102 제9조, NFTC 102 2.6.2.5) / 포소화설비의 화재안전기준(NFPC 105 제14조, NFTC 105 2.11.2.5)]
① 기동용 수압개폐장치의 압력스위치회로-펌프의 작동 여부
② 수조 또는 물올림수조의 감시회로-저수위 확인 여부
③ 개폐밸브의 폐쇄상태 확인회로-탬퍼스위치의 작동 여부

(2) **옥외소화전 · 물분무설비 감시제어반에서 확인되어야 하는 감시신호**[옥외소화전설비의 화재안전기준(NFPC 109 제9조, NFTC 109 2.6.2.5) / 물분무소화설비의 화재안전기준(NFPC 104 제13조, NFTC 104 2.10.2.5)]
① 기동용 수압개폐장치의 압력스위치회로-펌프의 작동 여부
② 수조 또는 물올림수조의 저수위감시회로-저수위 확인 여부

(3) **화재조기진압용 스프링클러설비의 감시제어반에서 확인되어야 하는 감시신호**[화재조기진압용 스프링클러설비의 화재안전기준(NFPC 103B 제15조, NFTC 103B 2.12.3.6)]
① **기**동용 수압개폐장치의 **압력스위치회로**-펌프의 작동 여부
② **수**조 또는 물올림수조의 **저수위감시회로**-저수위 확인 여부
③ **유수검지장치** 또는 **압력스위치회로**-유수검지장치 또는 일제개방밸브의 작동 여부
④ **개폐밸브**의 **폐쇄상태 확인회로**-탬퍼스위치의 작동 여부

기억법 기압 유압 수저 개조확

☆☆

문제 192

「스프링클러설비의 화재안전기준」에 의거하여 스프링클러설비에서 감시제어반과 동력제어반을 구분하여 설치하지 않아도 되는 경우 4가지를 쓰시오. (10점)

○

○

○

○

정답 ① 다음에 해당하지 않는 특정소방대상물에 설치되는 스프링클러설비
㉠ 지하층을 제외한 층수가 7층 이상으로서 연면적이 2000$m^2$ 이상
㉡ 지하층의 바닥면적의 합계가 3000$m^2$ 이상
② 내연기관에 따른 가압송수장치를 사용하는 스프링클러설비
③ 고가수조에 따른 가압송수장치를 사용하는 스프링클러설비
④ 가압수조에 따른 가압송수장치를 사용하는 스프링클러설비

해설 **스프링클러설비**에서 **감시제어반**과 **동력제어반**을 **구분하여 설치하지 않아도 되는 경우**[스프링클러설비의 화재안전기준(NFPC 103 제13조, NFTC 103 2.10.1)]

(1) 다음에 해당하지 않는 특정소방대상물에 설치되는 스프링클러설비
① 지하층을 제외한 층수가 **7층** 이상으로서 연면적이 **2000$m^2$** 이상인 것
② 지하층의 바닥면적의 합계가 **3000$m^2$** 이상인 것

(2) **내연기관**에 따른 가압송수장치를 사용하는 스프링클러설비
(3) **고가수조**에 따른 가압송수장치를 사용하는 스프링클러설비
(4) **가압수조**에 따른 가압송수장치를 사용하는 스프링클러설비

기억법 감동 내고가

• 감시제어반과 동력제어반을 구분하여 설치하지 않아도 되는 경우는 **옥내소화전설비**(NFPC 102 제9조, NFTC 102 2.6.1), **옥외소화전설비**(NFPC 109 제9조, NFTC 109 2.6.1), **스프링클러설비**(NFPC 103 제13조, NFTC 103 2.10.1), **화재조기진압용 스프링클러설비**(NFPC 103B 제15조, NFTC 103B 2.12.1), **물분무소화설비**(NFPC 104 제13조, NFTC 104 2.10.1), **포소화설비**(NFPC 105 제14조, NFTC 105 2.11.1)가 **모두 동일**하다.

☆☆☆

문제 193

「스프링클러설비의 화재안전기준」에 의거하여 감시제어반은 전용실 안에 설치하여야 한다. 전용실의 설치기준(단서조항 제외) 5가지를 쓰시오. (10점)

○

○

○

○

○

정답 ① 다른 부분과 방화구획을 할 것
② 피난층 또는 지하 1층에 설치할 것
③ 비상조명등 및 급·배기설비를 설치할 것
④ 무선통신보조설비 화재안전기준에 따라 유효하게 통신이 가능할 것
⑤ 바닥면적은 감시제어반의 설치에 필요한 면적 외에 화재시 소방대원이 그 감시제어반의 조작에 필요한 최소면적 이상으로 할 것

해설 **스프링클러설비**의 **감시제어반**의 **전용실 안 설치기준**[스프링클러설비의 화재안전기준(NFPC 103 제13조 제③항 제3호, NFTC 103 2.10.3.3)]

(1) 다른 부분과 **방화구획**을 할 것. 이 경우 전용실의 벽에는 기계실 또는 전기실 등의 감시를 위하여 두께 **7mm** 이상의 **망입유리**(두께 **16.3mm** 이상의 **접합유리** 또는 두께 **28mm** 이상의 **복층유리**를 포함한다)로 된 **4m²** 미만의 **붙박이창**을 설치할 수 있다.
(2) **피난층** 또는 **지하 1층**에 설치할 것. 단, 다음의 어느 하나에 해당하는 경우에는 **지상 2층**에 설치하거나 **지하 1층 외**의 지하층에 설치할 수 있다.
  ① 「건축법 시행령」 제35조에 따라 특별피난계단이 설치되고 그 계단(부속실을 포함한다) 출입구로부터 **보행거리 5m** 이내에 전용실의 출입구가 있는 경우
  ② 아파트의 관리동(관리동이 없는 경우에는 경비실)에 설치하는 경우
(3) **비상조명등** 및 **급 · 배기설비**를 설치할 것
(4) 「무선통신보조설비의 화재안전기준」에 따라 유효하게 통신이 가능할 것(영 〔별표 4〕 제5호 마목에 따른 무선통신보조설비가 설치된 특정소방대상물에 한한다)
(5) 바닥면적은 감시제어반의 설치에 필요한 면적 외에 화재시 소방대원이 그 감시제어반의 조작에 필요한 최소면적 이상으로 할 것

참고

**옥내소화전설비**의 **감시제어반**의 **전용실 안 설치기준**[스프링클러설비의 화재안전기준(NFPC 102 제9조 제③항 제3호, NFTC 102 2.6.3.3)]도 **스프링클러설비**와 **동일**

(1) 다른 부분과 **방화구획**을 할 것. 이 경우 전용실의 벽에는 기계실 또는 전기실 등의 감시를 위하여 두께 **7mm** 이상의 **망입유리**(두께 **16.3mm** 이상의 **접합유리** 또는 두께 **28mm** 이상의 **복층유리**를 포함한다)로 된 **4m²** 미만의 **붙박이창**을 설치할 수 있다.
(2) **피난층** 또는 **지하 1층**에 설치할 것. 단, 다음의 어느 하나에 해당하는 경우에는 **지상 2층**에 설치하거나 **지하 1층** 외의 지하층에 설치할 수 있다.
  ① 「건축법 시행령」 제35조에 따라 특별피난계단이 설치되고 그 계단(부속실을 포함한다) 출입구로부터 **보행거리 5m** 이내에 전용실의 출입구가 있는 경우
  ② 아파트의 관리동(관리동이 없는 경우에는 경비실)에 설치하는 경우
(3) **비상조명등** 및 **급 · 배기설비**를 설치할 것
(4) 「무선통신보조설비의 화재안전기준」에 따라 유효하게 통신이 가능할 것(영 〔별표 4〕 제5호 마목에 따른 무선통신보조설비가 설치된 특정소방대상물에 한한다)를 설치할 것
(5) 바닥면적은 감시제어반의 설치에 필요한 면적 외에 화재시 소방대원이 그 감시제어반의 조작에 필요한 최소면적 이상으로 할 것

☆☆☆

## 문제 194

「스프링클러설비의 화재안전기준」에 의한 감시제어반의 기능에 대한 기준 5가지를 쓰시오. (10점)

○
○
○
○
○

정답 ① 각 펌프의 작동 여부를 확인할 수 있는 표시등 및 음향경보기능이 있을 것
② 각 펌프를 자동 및 수동으로 작동시키거나 중단시킬 수 있을 것
③ 비상전원을 설치한 경우에는 상용전원 및 비상전원의 공급 여부를 확인할 수 있을 것
④ 수조 또는 물올림수조가 저수위로 될 때 표시등 및 음향경보할 것
⑤ 예비전원이 확보되고 예비전원의 적합 여부를 시험할 수 있을 것

해설 **스프링클러설비**의 **감시제어반**의 **기능 적합기준**[스프링클러설비의 화재안전기준(NFPC 103 제13조, NFTC 103 2.10.2)]

(1) 각 펌프의 작동 여부를 확인할 수 있는 **표시등** 및 **음향경보기능**이 있을 것
(2) 각 펌프를 자동 및 수동으로 작동시키거나 중단시킬 수 있을 것
(3) 비상전원을 설치한 경우에는 **상용전원** 및 **비상전원**의 공급 여부를 확인할 수 있을 것

(4) 수조 또는 물올림수조가 저수위로 될 때 **표시등** 및 **음향**경보할 것
(5) **예비전원**이 확보되고 **예비전원**의 **적합 여부**를 시험할 수 있을 것

참고

**옥내소화전설비**의 **감시제어반**의 **기능 적합기준**[옥내소화전설비의 화재안전기준(NFPC 102 제9조, NFTC 102 2.6.2)]
(1) 각 펌프의 작동 여부를 확인할 수 있는 **표시등** 및 **음향경보기능**이 있을 것
(2) 각 펌프를 **자**동 및 **수**동으로 작동시키거나 중단시킬 수 있을 것
(3) **비**상전원을 설치한 경우에는 **상용전원** 및 **비상전원**의 공급 여부를 확인할 수 있을 것
(4) **수**조 또는 물올림수조가 저수위로 될 때 **표시등** 및 **음향**으로 경보할 것
(5) 각 **확**인회로(기동용 수압개폐장치의 압력스위치회로 · 수조 또는 물올림수조의 저수위감시회로 · 급수배관에 설치되어 있는 개폐밸브의 폐쇄상태 확인회로)마다 **도통시험** 및 **작동시험**을 할 수 있을 것
(6) **예비전원**이 확보되고 **예비전원**의 **적합 여부**를 시험할 수 있을 것

기억법 **감표 음자수 비수확예**

☆ 문제 195

드렌처설비에 대한 다음 각 물음에 답하시오. (20점)
(가) 정의 및 종류에 대한 일반적인 사항을 기술하시오. (5점)
(나) 배관설치시 유의사항에 대하여 기술하시오. (5점)
(다) 수원 및 방수량에 대하여 기술하시오. (5점)
(라) 배치기준에 대하여 설명하시오. (5점)

정답 (가) ① 건물의 창, 처마 등 외부화재에 의해 연소 · 파손하기 쉬운 부분에 설치하여 외부화재의 영향을 막기 위한 설비이다.
② 연소할 우려가 있는 개구부에 드렌처설비를 설치한 경우에는 스프링클러헤드를 설치하지 아니할 수 있다.
③ 종류 : 창문형, 외벽형, 지붕형, 처마형
(나) ① 제어밸브는 특정소방대상물 층마다에 바닥면으로부터 0.8~1.5m 이하의 위치에 설치할 것
② 수원에 연결하는 가압송수장치는 점검이 쉽고 화재 등의 재해로 인한 피해 우려가 없는 장소에 설치할 것
(다) ① 수원의 수량은 드렌처헤드가 가장 많이 설치된 제어밸브의 드렌처헤드의 설치개수에 1.6m$^3$를 곱하여 얻은 수치 이상이 되도록 할 것
② 드렌처설비는 드렌처헤드가 가장 많이 설치된 제어밸브에 설치된 드렌처헤드를 동시에 사용하는 경우에 각각의 헤드선단에 방수압력이 0.1MPa 이상, 방수량이 80L/min 이상이 되도록 할 것
(라) 드렌처헤드는 개구부 위측에 2.5m 이내마다 1개를 설치할 것

해설 (가) **드렌처설비**의 **일반**적인 **사항**

| 구 분 | | 드렌처설비 |
|---|---|---|
| 개 요 | | 건축물의 **창, 외벽** 등의 **개구부 처마** 등에 있어서 건축물의 옥외로부터 화재로 연소하기 쉬운 곳 또는 **유리창문**과 같이 열에 의하여 파손되기 쉬운 부분에 드렌처헤드를 설치하고 물을 연속적으로 살수하여 **수막**을 **형성**, **외부화재**로부터 보호하는 소화설비 |
| 스프링클러설비와의 차이점 | 스프링클러설비 | **옥내화재**에 대한 **소화설비** |
| | 드렌처설비 | **외부화재**에 대한 해당 건물의 연소를 방지하기 위한 **방화설비** |
| 스프링클러헤드의 설치제외 | | **연소**할 **우려**가 있는 **개구부**에 드렌처설비를 설치한 경우 |

| | |
|---|---|
| **드**렌처헤드의 종류 | ① **창**문형 헤드 ② **외**벽형 헤드<br>③ **지**붕형 헤드 ④ **처**마형 헤드(추녀용 헤드)<br>기억법 드창외지처<br>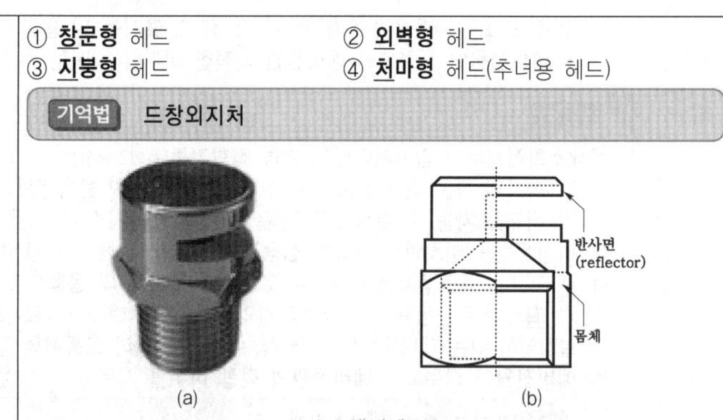<br><br>(a) (b)<br>▌드렌처헤드▐ |

(나) **드렌처설비**의 **배관설치**시 **유의사항**[스프링클러설비의 화재안전기준(NFPC 103 제15조 / NFTC 103 2.12.2.2, 2.12.2.5)]

① **제어밸브**는 특정소방대상물 층마다에 바닥면으로부터 **0.8~1.5m** 이하의 위치에 설치할 것

- **제어밸브** : 일제개방밸브 · 개폐표시형 밸브 및 수동조작부를 합한 것

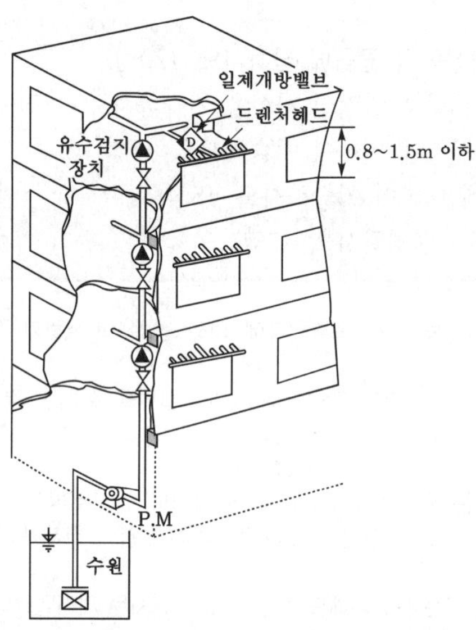


▌드렌처설비의 계통도▐

② 수원에 연결하는 가압송수장치는 **점검**이 **쉽고** 화재 등의 **재해**로 인한 **피해 우려**가 **없는 장소**에 설치할 것

(다) **드렌처설비 수원** 및 **방수량 기준**[스프링클러설비의 화재안전기준(NFPC 103 제15조 / NFTC 103 2.12.2.3, 2.12.2.4)]

① 수원의 수량은 드렌처헤드가 가장 많이 설치된 제어밸브의 드렌처헤드의 설치개수에 **1.6m³를** 곱하여 얻은 수치 이상이 되도록 할 것

중요

**수원**의 **저수량(수량)**

(1) **드렌처설비**

$$Q = 1.6N$$

여기서, $Q$ : 수원의 저수량[m³]

$N$ : 드렌처헤드개수(드렌처헤드가 가장 많이 설치된 **제어밸브** 기준)

(2) **스프링클러설비**

$$Q = 1.6N \text{(30층 미만)}$$

여기서, $Q$ : 수원의 저수량[m³]

$N$ : 폐쇄형 헤드의 기준개수(설치개수가 기준개수보다 작으면 그 설치개수)

(3) **스프링클러설비**(옥상수원)

$$Q=1.6N\times\frac{1}{3}\text{(30층 미만)}$$

여기서, $Q$ : 수원의 저수량[$m^3$]
$N$ : 폐쇄형 헤드의 기준개수(설치개수가 기준개수보다 작으면 그 설치개수)

(4) **옥내소화전설비**

$$Q=2.6N\text{(30층 미만)}$$

여기서, $Q$ : 수원의 저수량[$m^3$]
$N$ : 가장 많은 층의 소화전개수(30층 미만 : **최대 2개**)

(5) **옥내소화전설비**(옥상수원)

$$Q=2.6N\times\frac{1}{3}\text{(30층 미만)}$$

여기서, $Q$ : 수원의 저수량[$m^3$]
$N$ : 가장 많은 층의 소화전개수(30층 미만 : **최대 2개**)

(6) **옥외소화전설비**

$$Q=7N$$

여기서, $Q$ : 수원의 저수량[$m^3$]
$N$ : 옥외소화전 설치개수(**최대 2개**)

② 드렌처설비는 드렌처헤드가 가장 많이 설치된 제어밸브에 설치된 드렌처헤드를 동시에 사용하는 경우에 각각의 헤드선단에 방수압력이 **0.1MPa** 이상, 방수량이 **80L/min** 이상이 되도록 할 것

중요

**펌프**의 **토출량(방수량)**

(1) **드렌처설비**

$$Q=N\times 80\text{L/min}$$

여기서, $Q$ : 토출량[L/min]
$N$ : 드렌처헤드개수(드렌처헤드가 가장 많이 설치된 **제어밸브** 기준)

(2) **스프링클러설비**

$$Q=N\times 80\text{L/min}$$

여기서, $Q$ : 토출량[L/min]
$N$ : 폐쇄형 헤드의 기준개수(설치개수가 기준개수보다 작으면 그 설치개수)

(3) **옥내소화전설비**

$$Q=N\times 130\text{L/min}$$

여기서, $Q$ : 토출량[L/min]
$N$ : 가장 많은 층의 소화전개수(30층 미만 : **최대 2개**, 30층 이상 : **최대 5개**)

(4) **옥외소화전설비**

$$Q=N\times 350\text{L/min}$$

여기서, $Q$ : 토출량[L/min]
$N$ : 소화전개수(**최대 2개**)

(라) **드렌처헤드**의 **배치기준**[스프링클러설비의 화재안전기준(NFPC 103 제15조, NFTC 103 2.12.2.1)] : 드렌처헤드는 **개구부 위측에 2.5m 이내**마다 1개를 설치할 것

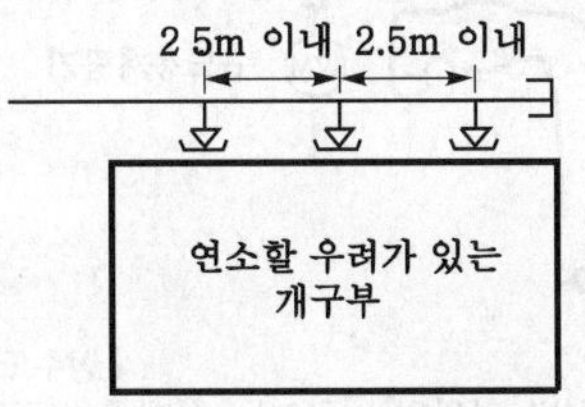


▎드렌처헤드의 설치▎

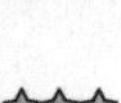

## 문제 196

「간이스프링클러설비의 화재안전기준」에서 가압수조를 이용한 가압송수장치를 설치할 경우 그 설치 기준 2가지를 쓰시오. (10점)
○
○

정답 ① 가압수조의 압력은 간이헤드 2개를 동시에 개방할 때 적정 방수량 및 방수압이 10분(「소방시설 설치 및 관리에 관한 법률 시행령」〔별표 4〕 제1호 마목 2) 가) 또는 6)과 8)에 해당하는 경우에는 5개의 간이헤드에서 최소 20분) 이상 유지되도록 할 것
② 소방청장이 정하여 고시한 「가압수조식 가압송수장치의 성능인증 및 제품검사의 기술기준」에 적합한 것으로 설치할 것

해설 가압수조를 이용한 가압송수장치의 설치기준[간이스프링클러설비의 화재안전기준(NFPC 103A 제5조 제⑤항, NFTC 103A 2.2.5)]
(1) 가압수조의 압력은 간이헤드 2개를 동시에 개방할 때 적정 방수량 및 방수압이 10분(「소방시설 설치 및 관리에 관한 법률 시행령」〔별표 4〕 제1호 마목 2) 가) 또는 6)과 8)에 해당하는 경우에는 5개의 간이헤드에서 최소 20분) 이상 유지되도록 할 것
(2) 소방청장이 정하여 고시한 「가압수조식 가압송수장치의 성능인증 및 제품검사의 기술기준」에 적합한 것으로 설치할 것

## 문제 197

「간이스프링클러설비의 화재안전기준」에 의거하여 간이스프링클러설비의 배관 및 밸브 등은 일정한 순서에 따라 설치하여야 한다. 가압수조를 가압송수장치로 이용하여 배관 및 밸브 등을 설치하는 경우 그 순서를 나열하시오. (10점)

정답 수원 – 가압수조 – 압력계 – 체크밸브 – 성능시험배관 – 개폐표시형 개폐밸브 – 유수검지장치 – 2개의 시험밸브

해설 **간이스프링클러설비**의 **배관 및 밸브 등**의 **순서**[간이스프링클러설비의 화재안전기준(NFPC 103A 제8조 제⑯항, NFTC 103A 2.5.16)]
(1) **상수도직결형**의 설치기준
① **수도용 계량기**, **급수차단장치**, **개폐표시형 밸브**, **체크밸브**, **압력계**, **유수검지장치**(압력스위치 등 유수검지장치와 동등 이상의 기능과 성능이 있는 것을 포함), **2개**의 **시험밸브**의 순으로 설치

기억법 상수도2 급수 개체 압유 시(상수도가 이상함)

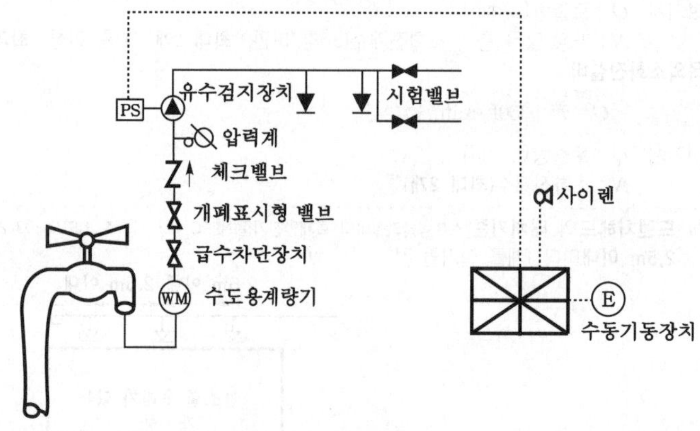


▎상수도직결형▎

② **간이스프링클러설비 이외**의 배관에는 화재시 배관을 차단할 수 있는 **급수차단장치** 설치

(2) 펌프 등의 가압송수장치를 이용하여 배관 및 밸브 등을 설치하는 경우에는 **수원**, **연성계** 또는 **진공계**(수원이 펌프보다 높은 경우를 제외), **펌프** 또는 **압력수조**, **압력계**, **체크밸브**, **성능시험배관**, **개폐표시형 밸브**, **유수검지장치**, **시험밸브**의 순으로 설치

기억법 수연펌프 압체성 개유시

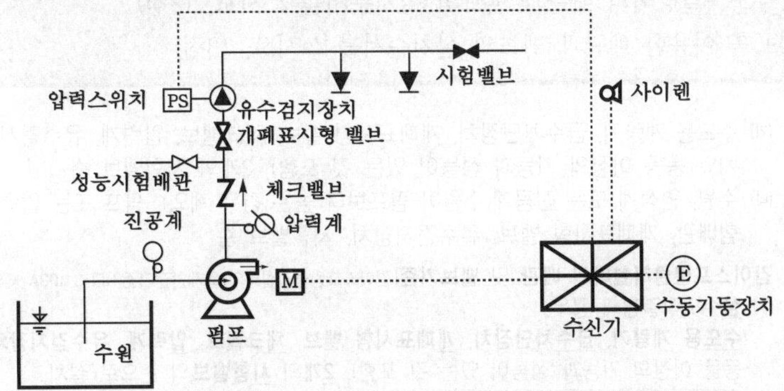


▌펌프 등의 가압송수장치를 이용하는 방식▐

(3) **가**압수조를 가압송수장치로 이용하여 배관 및 밸브 등을 설치하는 경우에는 **수원**, **가압수조**, **압력계**, **체크밸브**, **성능시험배관**, **개폐표시형 밸브**, **유수검지장치**, **2개**의 **시험밸브**의 순으로 설치

기억법 가수가2 압체성 개유시(가수가인)

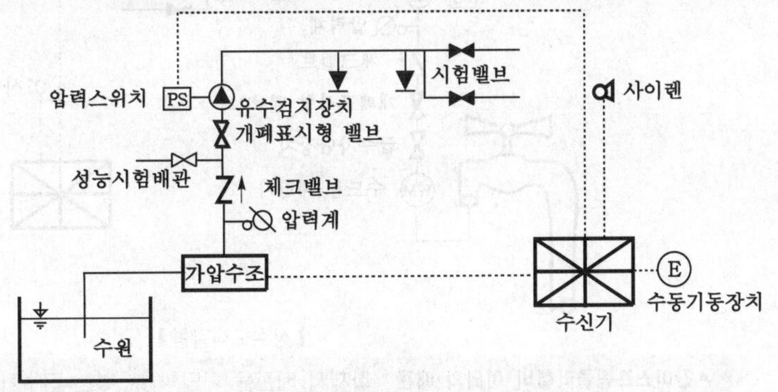


▌가압수조를 가압송수장치로 이용하는 방식▐

(4) **캐비닛형**의 가압송수장치에 배관 및 밸브 등을 설치하는 경우에는 **수원**, **연성계** 또는 **진공계**(수원이 펌프보다 높은 경우 제외), **펌프** 또는 **압력수조**, **압력계**, **체크밸브**, **개폐표시형 밸브**, **2개**의 **시험밸브**의 순으로 설치(단, 소화용수의 공급은 상수도와 직결된 바이패스관 또는 펌프에서 공급받아야 한다)

기억법 2캐수연 펌압체개 시(가구회사 이케아)

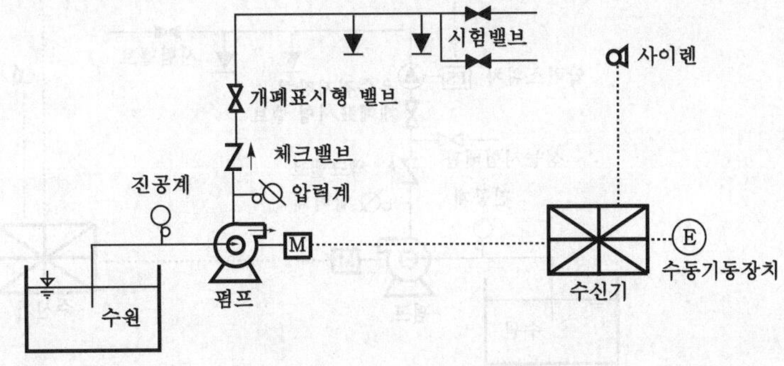


▌캐비닛형의 가압송수장치 이용▐

☆ 문제 198

「간이스프링클러설비의 화재안전기준」에 따라 다음 각 물음에 답하시오. (6점)

(가) 상수도직결방식의 배관과 밸브의 설치순서를 쓰시오. (3점)

(나) 펌프를 이용한 배관과 밸브의 설치순서를 쓰시오. (3점)

정답 (가) 수도용 계량기, 급수차단장치, 개폐표시형 밸브, 체크밸브, 압력계, 유수검지장치(압력스위치 등 유수검지장치와 동등 이상의 기능과 성능이 있는 것 포함), 2개의 시험밸브 순

(나) 수원, 연성계 또는 진공계(수원이 펌프보다 높은 경우 제외), 펌프 또는 압력수조, 압력계, 체크밸브, 성능시험배관, 개폐표시형 밸브, 유수검지장치, 시험밸브 순

해설 **간이스프링클러설비**의 **배관** 및 **밸브기준**[간이스프링클러설비의 화재안전기준(NFPC 103A 제8조 제⑯항 제1호, NFTC 103A 2.5.16)]

(1) **상**수도직결형의 경우

**수도용 계량기**, **급수차단장치**, **개폐표시형 밸브**, **체크밸브**, **압력계**, **유수검지장치**(압력스위치 등 유수검지장치와 동등 이상의 기능과 성능이 있는 것 포함), **2개**의 **시험밸브**의 순으로 설치

기억법 상수도2 급수 개체 압유 시(**상수도**가 **이**상함)

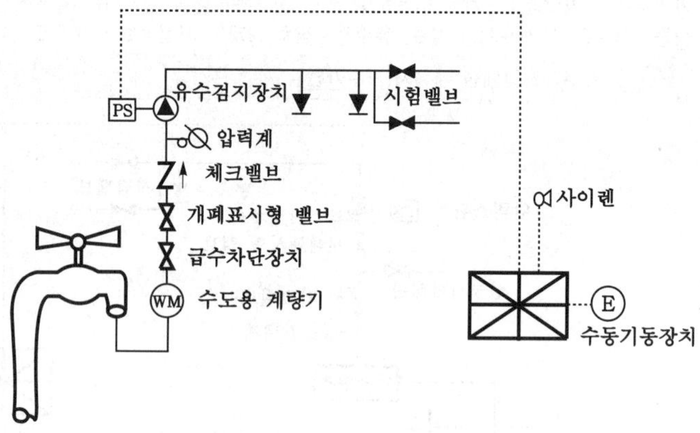


▌상수도직결형▐

• **간이스프링클러설비 이외의 배관** : 화재시 배관을 차단할 수 있는 급수차단장치 설치

(2) **펌프** 등의 가압송수장치를 이용하는 경우

**수원**, **연성계** 또는 **진공계**(수원이 펌프보다 높은 경우 제외), **펌프** 또는 **압력수조**, **압력계**, **체크밸브**, **성능시험배관**, **개폐표시형 밸브**, **유수검지장치**, **시험밸브**의 순으로 설치

기억법 수연펌프 압체성 개유시

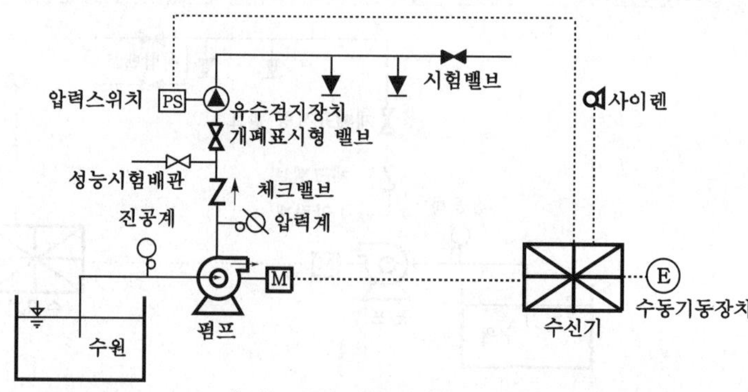


▌펌프 등의 가압송수장치 이용▐

(3) **가**압수조를 가압송수장치로 이용하는 경우[간이스프링클러설비의 화재안전기준(NFPC 103A 제8조 제⑯항, NFTC 103A 2.5.16.3)] **수원**, **가압수조**, **압력계**, **체크밸브**, **성능시험배관**, **개폐표시형 밸브**, **유수검지장치**, **2개**의 **시험밸브**의 순으로 설치

기억법 가수가2 압체성 개유시(가수가인)

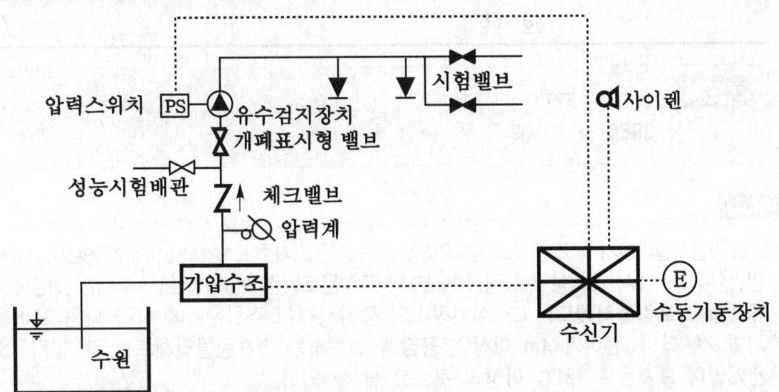


❙ 가압수조를 가압송수장치로 이용 ❙

(4) **캐**비닛형의 가압송수장치에 배관 및 밸브 등을 설치하는 경우 : **수원**, **연성계** 또는 **진공계**(수원이 펌프보다 높은 경우 제외), **펌프** 또는 **압력수조**, **압력계**, **체크밸브**, **개폐표시형 밸브**, **2개**의 **시험밸브**의 순으로 설치(단, 소화용수의 공급은 상수도와 직결된 바이패스관 또는 펌프에서 공급받아야 함)

기억법 2캐수연 펌압체개 시(가구회사 이케아)

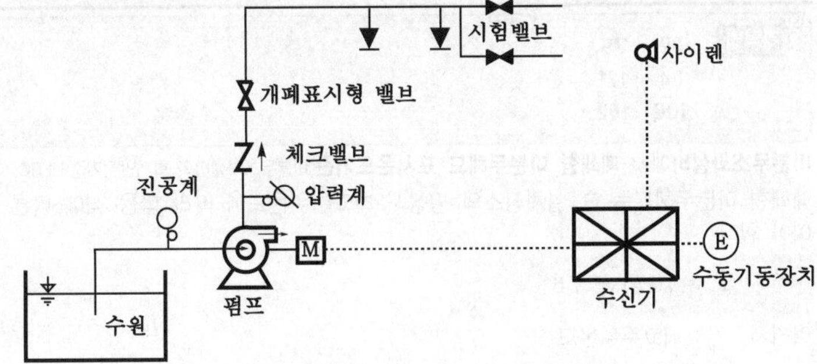


❙ 캐비닛형의 가압송수장치 이용 ❙

☆☆

## 문제 199

「간이스프링클러설비의 화재안전기준」의 간이헤드에 관한 것이다. (    )에 들어갈 내용을 쓰시오. (2점)

> 간이헤드의 작동온도는 실내의 최대 주위천장온도가 0℃ 이상 38℃ 이하인 경우 공칭작동온도가 ( ① )의 것을 사용하고, 39℃ 이상 66℃ 이하인 경우에는 공칭작동온도가 ( ② )의 것을 사용한다.

정답
① 57℃에서 77℃
② 79℃에서 109℃

해설 **간이스프링클러설비**에서 **간이헤드**의 **적합기준**[간이스프링클러설비의 화재안전기준(NFPC 103A 제9조, NFTC 103A 2.6.1.2)]
간이헤드의 작동온도는 실내의 최대주위천장온도가 **0~38℃** 이하인 경우 공칭작동온도가 **57℃에서 77℃**의 것을 사용하고, **39~66℃** 이하인 경우에는 공칭작동온도가 **79℃에서 109℃**의 것을 사용할 것

┃간이헤드의 작동온도┃

| 최대주위천장온도 | 공칭작동온도 |
|---|---|
| **0**~**38**℃ | **57**~**77**℃ |
| **39**~**66**℃ | **79**~**109**℃ |

기억법 038 → 5777
3966 → 79109

비교

(1) 스프링클러설비에서 폐쇄형 스프링클러헤드의 표시온도기준[스프링클러설비의 화재안전기준(NFPC 103 제10조, NFTC 103 2.7.6)]과 연결살수설비에서 폐쇄형 스프링클러헤드의 표시온도기준[(연결살수설비의 화재안전기준(NFPC 503 제6조, NFTC 503 2.3.3.1)]
**폐쇄형 스프링클러헤드**는 그 설치장소의 평상시 최고주위온도에 따라 다음 표에 따른 표시온도의 것으로 설치할 것. 다만, 높이가 **4m 이상**인 **공장**에 설치하는 스프링클러헤드는 그 설치장소의 평상시 최고주위온도에 관계없이 표시온도 **121℃ 이상**의 것으로 할 수 있다.

| 설치장소의 최고주위온도 | 표시온도 |
|---|---|
| **39**℃ 미만 | **79**℃ 미만 |
| 39℃ 이상 **64**℃ 미만 | 79℃ 이상 **121**℃ 미만 |
| 64℃ 이상 **106**℃ 미만 | 121℃ 이상 **162**℃ 미만 |
| 106℃ 이상 | 162℃ 이상 |

기억법 39 79
64 121
106 162

(2) **미분무소화설비**에서 **폐쇄형 미분무헤드 표시온도기준**[미분무소화설비의 화재안전기준(NFPC 104A 제13조, NFTC 104A 2.10.4)]
폐쇄형 미분무헤드는 그 설치장소의 평상시 최고주위온도에 따라 다음 식에 따른 표시온도의 것으로 설치하여야 한다.

$$T_a = 0.9T_m - 27.3℃$$

여기서, $T_a$ : 최고주위온도
$T_m$ : 헤드의 표시온도

(3) 가스식, 분말식, 고체에어로졸식 자동소화장치의 표시온도기준[소화기구 및 자동소화장치의 화재안전기준(NFPC 101 제4조, NFTC 101 2.1.2.4.3)]
감지부는 형식승인된 유효설치범위 내에 설치해야 하며 설치장소의 평상시 최고주위온도에 따라 다음 표에 따른 표시온도의 것으로 설치할 것. 다만, 열감지선의 감지부는 형식승인받은 최고주위온도범위 내에 설치하여야 한다.

| 설치장소의 최고주위온도 | 표시온도 |
|---|---|
| **39**℃ 미만 | **79**℃ 미만 |
| 39℃ 이상 **64**℃ 미만 | 79℃ 이상 **121**℃ 미만 |
| 64℃ 이상 **106**℃ 미만 | 121℃ 이상 **162**℃ 미만 |
| 106℃ 이상 | 162℃ 이상 |

기억법 39 79
64 121
106 162

☆☆☆

문제 200

「화재조기진압용 스프링클러설비의 화재안전기준」에 의거하여 화재조기진압용 스프링클러헤드의 정의를 쓰시오. (3점)

정답 특정한 높은 장소의 화재위험에 대하여 조기에 진화할 수 있도록 설계된 스프링클러헤드

해설 스프링클러헤드의 정의[화재조기진압용 스프링클러설비의 화재안전기준(NFPC 103B 제3조, NFTC 103B 1.7)]

| 명 칭 | 정 의 | 기 준 |
|---|---|---|
| 화재조기진압용 스프링클러헤드 | 특정한 높은 장소의 화재위험에 대하여 **조기**에 **진화**할 수 있도록 설계된 스프링클러헤드 | 화재조기진압용 스프링클러설비의 화재안전기준 (NFPC 103B 제3조, NFTC 103B 1.7) |
| 개방형 스프링클러헤드 | 감열체 없이 방수구가 **항상 열려져 있는** 스프링클러헤드 | 스프링클러설비의 화재안전기준 (NFPC 103 제3조, NFTC 103 1.7) |
| 폐쇄형 스프링클러헤드 | 정상상태에서 방수구를 **막고 있는 감열체**가 일정 온도에서 자동적으로 **파괴 · 용융** 또는 **이탈**됨으로써 방수구가 개방되는 스프링클러헤드 | |
| 조기반응형 헤드 | 표준형 스프링클러헤드보다 **기류온도** 및 **기류속도**에 **조기**에 **반응**하는 것 | |
| 측벽형 스프링클러헤드 | 가압된 물이 분사될 때 헤드의 축심을 중심으로 한 **반원상**에 **균일**하게 **분산**시키는 헤드 | |
| 건식 스프링클러헤드 | **물**과 **오리피스**가 **분리**되어 **동파**를 **방지**할 수 있는 스프링클러헤드 | |
| 간이헤드 | **폐쇄형 스프링클러헤드**의 일종으로 간이스프링클러설비를 설치해야 하는 특정소방대상물의 화재에 적합한 **감도 · 방수량** 및 **살수분포**를 갖는 헤드 | 간이스프링클러설비의 화재안전기준 (NFPC 103A 제3조, NFTC 103A 1.7) |

☆☆☆

문제 201

「화재조기진압용 스프링클러설비의 화재안전기준」에 의거하여 화재조기진압용 스프링클러설비를 설치할 장소의 구조 5가지를 쓰시오. (10점)

○
○
○
○
○

정답 ① 해당 층의 높이가 13.7m 이하일 것

② 천장의 기울기가 $\frac{168}{1000}$을 초과하지 않아야 하고, 이를 초과하는 경우에는 반자를 지면과 수평으로 설치할 것

③ 천장은 평평해야 하며 철재나 목재트러스 구조인 경우, 철재나 목재의 돌출부분이 102mm를 초과하지 않을 것

④ 보로 사용되는 목재 · 콘크리트 및 철재 사이의 간격이 0.9m 이상 2.3m 이하일 것

⑤ 창고 내의 선반의 형태는 하부로 물이 침투되는 구조로 할 것

해설 **화재조기진압용 스프링클러설비 설치장소**의 **구조 적합기준**[화재조기진압용 스프링클러설비의 화재안전기준(NFPC 103B 제4조, NFTC 103B 2.1.1)]

(1) 해당 층의 높이가 **13.7m** 이하일 것. 단, **2층 이상**일 경우에는 해당 층의 바닥을 **내화구조**로 하고 다른 부분과 **방화구획**할 것

(2) 천장의 **기**울기가 $\frac{168}{1000}$ 을 초과하지 않아야 하고, 이를 초과하는 경우에는 반자를 지면과 **수평**으로 설치할 것

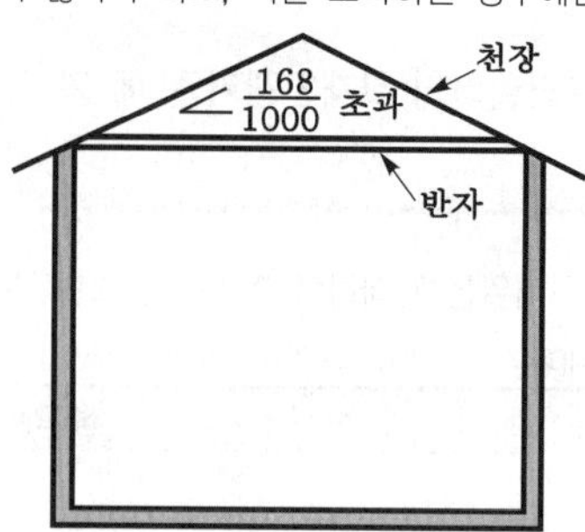


▌기울어진 천장의 경우▐

(3) 천장은 **평평**해야 하며 철재나 목재트러스 구조인 경우, 철재나 목재의 돌출부분이 **102mm**를 초과하지 않을 것

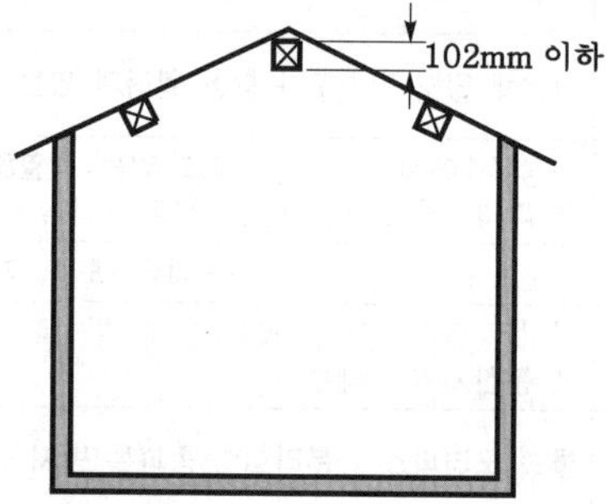


▌철재 또는 목재의 돌출치수▐

(4) 보로 사용되는 목재·콘크리트 및 철재 사이의 간격이 **0.9~2.3m** 이하일 것. 단, 보의 간격이 **2.3m** 이상인 경우에는 화재조기진압용 스프링클러헤드의 동작을 원활히 하기 위해 보로 구획된 부분의 천장 및 반자의 넓이가 **28m²**를 초과하지 않을 것

(5) 창고 내의 **선**반의 형태는 하부로 물이 침투되는 구조로 할 것

기억법 137기 168 평102선

★★★

## 문제 202

**「화재조기진압용 스프링클러설비의 화재안전기준」에 의거하여 화재조기진압용 스프링클러설비 설치제외물품 2가지를 쓰시오. (4점)**

○

○

정답 ① 제4류 위험물

② 타이어, 두루마리 종이 및 섬유류, 섬유제품 등 연소시 화염의 속도가 빠르고 방사된 물이 하부에까지 도달하지 못하는 것

해설 화재**조**기진압용 스프링클러설비의 설치제외물품[화재조기진압용 스프링클러설비의 화재안전기준(NFPC 103B 제17조, NFTC 103B 2.14)]

(1) **제4류 위험물**

(2) **타이어**, **두루마리 종이** 및 **섬유류**, **섬유제품** 등 연소시 화염의 속도가 빠르고 방사된 물이 하부에까지 도달하지 못하는 것

기억법 조4류 타종섬

☆☆

## 문제 203

「스프링클러설비 신축배관 성능인증 및 제품검사의 기술기준」에 의거한 가지배관과 스프링클러헤드 사이의 배관을 신축배관으로 하는 경우 다음 빈칸에 들어갈 내용을 쓰시오. (8점)

- 최고사용압력은 ( ① )이어야 하고, 최고사용압력의 ( ② )의 수압에 변형·누수되지 아니할 것
- 진폭을 ( ③ ), 진동수를 매초당 ( ④ )로 하여 ( ⑤ ) 동안 작동시킨 경우 또는 매초 ( ⑥ )부터 ( ⑦ )까지의 압력변동을 ( ⑧ ) 실시한 경우에도 변형·누수되지 아니할 것

**정답**

① 1.4MPa 이상 ② 1.5배
③ 5mm ④ 25회
⑤ 6시간 ⑥ 0.35MPa
⑦ 3.5MPa ⑧ 4000회

**해설** **스프링클러설비 신축배관 성능인증 및 제품검사의 기술기준**

(1) 최고사용압력(제7조) : 신축배관의 최고사용압력은 **1.4MPa** 이상이어야 한다.
(2) 내압시험(제8조)
  ① 신축배관은 최고사용압력의 **1.5배** 수압을 **5분**간 가하는 시험에서 파손, 누수 등이 없어야 한다.
  ② 신축배관의 내압시험은 길이방향으로 자유롭게 설치한 상태로 실시한다.
(3) 진동시험(제10조) : 신축배관은 **0.1MPa**의 수압을 가한 상태로 전진폭 **5mm**, 진동수 **25회/초**로 **6시간** 진동시키는 시험에서 누수 및 너트의 느슨해짐 등이 없어야 한다.
(4) 수격시험(제12조) : 신축배관은 매초 **0.35MPa**로부터 **3.5MPa**까지의 압력변동을 연속하여 **4000회** 가한 다음 최고사용압력의 **1.5배** 수압력을 **5분간** 가하여도 물이 새거나 변형이 되지 아니하여야 한다.

☆☆☆

## 문제 204

「유수제어밸브의 형식승인 및 제품검사의 기술기준」에 의거하여 수계소화설비의 펌프 토출측에 사용되는 유수제어밸브의 표시사항 5가지를 쓰시오. (10점)

○
○
○
○
○

**정답**

① 종별 및 형식
② 형식승인번호
③ 제조연월 및 제조번호
④ 제조업체명 또는 상호
⑤ 안지름, 호칭압력 및 사용압력범위

**해설** **유수제어밸브의 형식승인 및 제품검사의 기술기준 제6조**
**유수제어밸브의 표시사항**

(1) 종별 및 형식
(2) 형식승인번호
(3) 제조연월 및 제조번호
(4) 제조업체명 또는 상호
(5) 안지름, 호칭압력 및 사용압력범위
(6) 유수방향의 화살 표시

(7) 설치방향
(8) 2차측에 압력설정이 필요한 것에는 압력설정값
(9) 검지유량상수
(10) 습식 유수검지장치에 있어서는 최저사용압력에 있어서 부작동 유량
(11) 일제개방밸브 개방용 제어부의 사용압력범위(제어동력에 1차측의 압력과 다른 압력을 사용하는 것에 한함)
(12) 일제개방밸브 제어동력에 사용하는 유체의 종류(제어동력에 가압수 등 이외에 유체의 압력을 사용하는 것에 한함)
(13) 일제개방밸브 제어동력의 종류(제어동력에 압력을 사용하지 아니하는 것에 한한다)
(14) 설치방법 및 취급상의 주의사항
(15) 품질보증에 관한 사항(보증기간, 보증내용, A/S방법, 자체검사필증 등)

용어

**유수제어밸브**의 **형식승인 및 제품검사의 기술기준**
유수제어밸브 : 수계소화설비의 펌프 토출측에 사용되는 유수검지장치와 일제개방밸브

## 문제 205

**스프링클러설비에 사용되는 압력챔버의 역할 3가지와 압력챔버에 설치되는 안전밸브의 작동범위를 쓰시오. (5점)**

(가) 압력챔버의 역할 (3점)
○
○
○
(나) 압력챔버에 설치되는 안전밸브의 작동범위 (2점)

정답 (가) ① 수격작용 방지
② 배관 내의 압력저하시 충압펌프 또는 주펌프의 자동기동
③ 배관 내의 순간적인 압력변동으로부터 안정적인 압력검지
(나) 호칭압력과 호칭압력의 1.3배

해설 (가) 압력챔버의 역할(기동용 수압개폐장치의 형식승인 및 제품검사의 기술기준 제2조)

| 압력챔버의 역할 |
|---|
| • **수격작용** 방지<br>• 배관 내의 압력저하시 **충압펌프** 또는 **주펌프**의 자동기동<br>• 배관 내의 순간적인 압력변동으로부터 안정적인 압력검지 |

① 펌프의 게이트밸브(gate valve) 2차측에 연결되어 배관 내의 압력이 감소하면 압력스위치가 작동되어 **충압펌프**(jockey pump) 또는 **주펌프**를 자동기동시킨다. 또한, 배관 내의 순간적인 압력변동으로부터 안정적으로 압력을 감지한다.

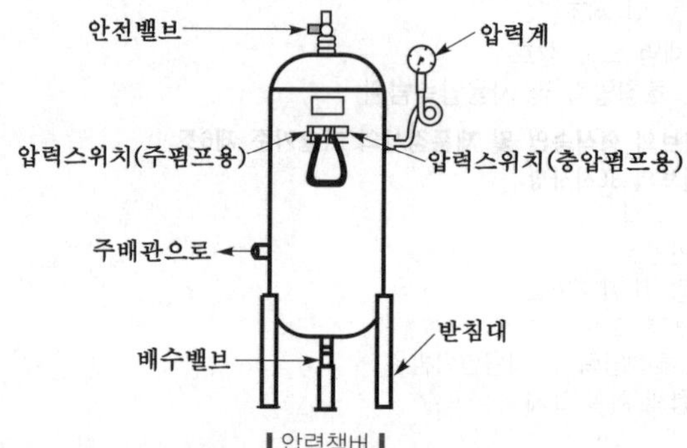

❙ 압력챔버 ❙

② 배관 내에서 수격작용(water hammering) 발생시 수격작용에 따른 압력이 압력챔버 내로 전달되면 압력챔버 내의 물이 상승하면서 공기(압축성 유체)를 압축시키므로 압력을 흡수하여 **수격작용**을 **방지**하는 역할을 한다.

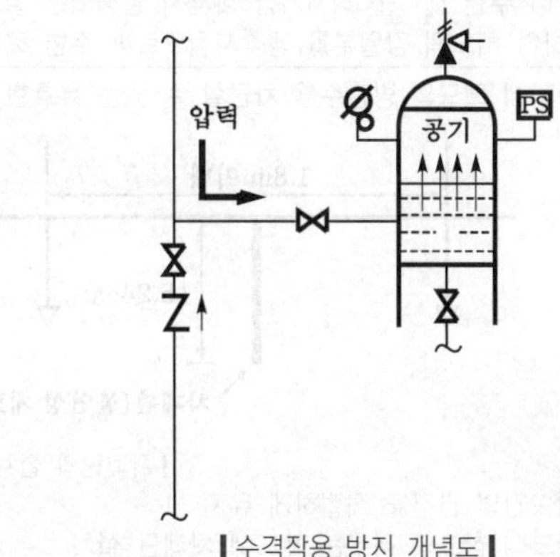


▌수격작용 방지 개념도 ▌

(나) **압력챔버에 설치되는** 안전밸브의 작동범위(기동용 수압개폐장치의 형식승인 및 제품검사의 기술기준 제10조)
소화설비에 사용되는 압력챔버의 안전밸브의 작동압력범위는 호칭압력과 호칭압력의 1.3배의 범위 내에서 작동하여야 한다.

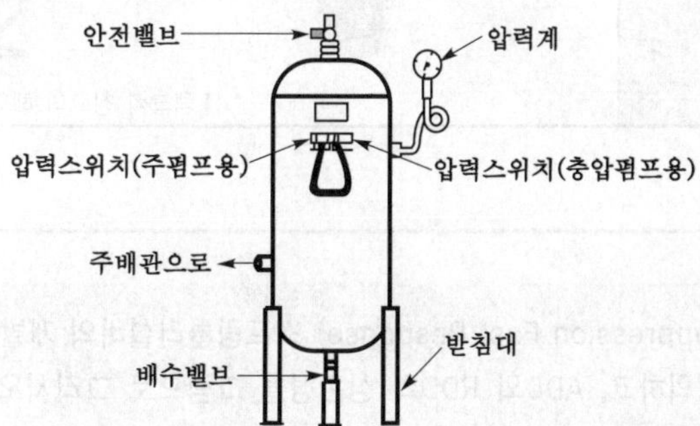


• **'호칭압력~호칭압력의 1.3배'**라고 답해도 된다.

★★★

## 문제 206

**스프링클러헤드의 Skipping 현상에 대한 개념 및 방지대책 3가지를 쓰시오. (6점)**

(가) 개념 (3점)

(나) 방지대책 (3점)

○

○

○

정답 (가) 화재 초기에 개방된 헤드로부터 방사된 물이 주변 헤드를 적시거나 열기류에 의하여 동반 상승되어 헤드의 감열부를 냉각시킴으로써 주변 헤드를 개방지연 또는 미개방시키는 현상

(나) ① 하향식 헤드의 방출수를 차단할 수 있는 유효한 차폐판 설치
② 헤드간의 간격을 적절하게 유지
③ 랙크식 창고의 경우는 헤드에 차폐판 설치

해설 **Skipping 현상**

<table>
<tr><td>개념<br>(설명)</td><td>스프링클러설비의 헤드에서 발생되는 현상으로, 화재발생시 초기에 개방된 헤드로부터 방사된 물이 주변 헤드를 적시거나 화재시 발생되는 열기류에 의하여 동반 상승되어 주변 헤드에 부착하여 헤드의 감열부를 냉각시킴으로써 주변 헤드를 개방지연 또는 미개방되게 하는 현상</td></tr>
<tr><td>방지대책</td><td>① 하향식 헤드의 방출수를 차단할 수 있는 유효한 차폐판 설치<br>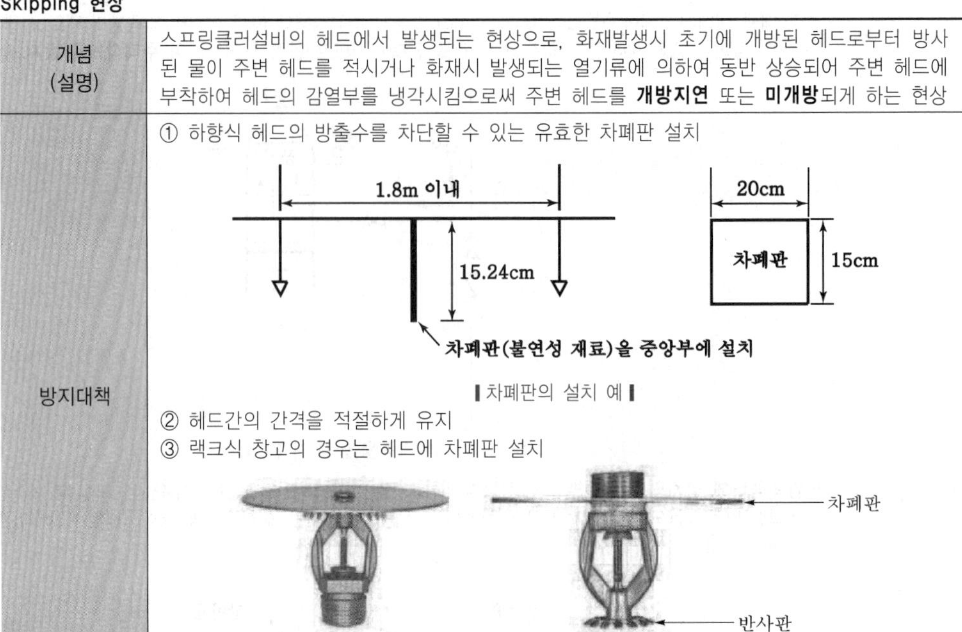<br><br>▎차폐판의 설치 예▐<br>② 헤드간의 간격을 적절하게 유지<br>③ 랙크식 창고의 경우는 헤드에 차폐판 설치<br><br>▎랙크식 창고의 헤드설치▐</td></tr>
</table>

★★★ 문제 207

**ESFR(Early Suppression Fast Response) 스프링클러설비의 개발이론 3가지(RTI, ADD, RDD)에 대하여 간단히 정의하고, ADD와 RDD의 상관성을 그림으로 그리시오. (15점)**

(가) 개발이론 (10점)
- ○
- ○
- ○

(나) ADD와 RDD의 상관성 (5점)

정답 (가) ① RTI(Response Time Index) : 반응시간지수

기류의 온도, 속도 및 작동시간에 대하여 스프링클러헤드의 반응을 예상한 지수로서 아래 식에 의하여 계산한다.

$$RTI = \tau\sqrt{u}$$

여기서, RTI : 반응시간지수[$(m \cdot s)^{0.5}$]

$\tau$ : 감열체의 시간상수[s]

$u$ : 기류속도[m/s]

② ADD(Actual Delivered Density) : 실제진화밀도[$L/m^2 \cdot min$ ; mm/min]

ADD는 실제적으로 화염을 침투하여 연소면 상부에 스프링클러로부터 물이 공급되는 밀도이다. 화염강도나 화재의 대류열에 의해서 영향을 받으며 스프링클러 분사시의 물방울 크기와 하향운동속도 등에 영향을 받는다. ADD의 영향인자는 화염의 강도, 화재의 대류열, 스프링클러 분사시의 물방울의 크기와 하향운동속도 등이 있다.

③ RDD(Required Delivered Density) : 소요살수밀도

RDD는 단위면적당 어느 정도의 소화수를 스프링클러로부터 방사해야 화재가 진압되는지를 결정하는 값이다. RDD의 영향인자는 단위시간당 흡수하는 열량, 물방울의 크기, 분사면적, 가연물의 종류 등이 있다.

(나) ADD와 RDD의 상관성

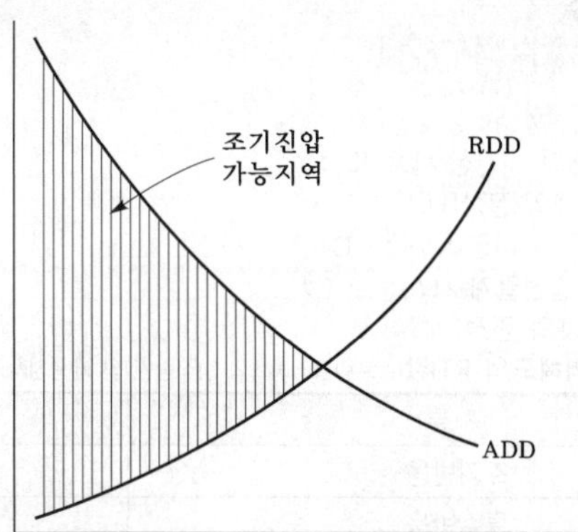

 (가) 개발이론

**RDD와 ADD**

| 소요살수밀도(RDD) | 실제진화밀도(ADD) |
|---|---|
| ① 화재진압에 필요한 최소한의 물의 양을 가연물 상단의 표면적으로 나눈 값<br>② 화재진압에 필요한 단위면적당 물의 양 | ① 실제 가연물 표면에 침투된 물의 양을 가연물 상단의 표면적으로 나눈 값<br>② 실제 가연물 표면에 침투된 단위면적당 물의 양 |

중요

**RTI와 RDD, ADD의 관계**

| RTI | RDD | ADD |
|---|---|---|
| 작아질수록 | 작아진다. | 커진다. |
| 커질수록 | 커진다. | 작아진다. |

① **소요살수밀도**(RDD ; Required Delivered Density)

$$\text{RDD} = \frac{Q}{A}$$

여기서, $Q$ : 헤드에서 방사된 물의 양〔Lpm〕
$A$ : 가연물 상단의 표면적〔$m^2$〕

② **실제진화밀도**(ADD ; Actual Delivered Density)

$$\text{ADD} = \frac{q}{A}$$

여기서, $q$ : 가연물 표면에 침투된 물의 양〔Lpm〕
$A$ : 가연물 상단의 표면적〔$m^2$〕

중요

(1) **반응시간지수(RTI ; Response Time Index)**

기류의 **온도 · 속도** 및 **작동시간**에 대하여 스프링클러헤드의 반응을 예상한 지수(스프링클러헤드의 형식승인 및 제품검사의 기술기준 제2조 제21호)

$$\text{RTI} = \tau\sqrt{u}$$

여기서, RTI : 반응시간지수〔m · s〕$^{0.5}$
$\tau$ : 감열체의 시간상수〔초〕
$u$ : 기류속도〔m/s〕

(2) **감열체**의 **시간상수**

$$\tau = \frac{mC}{hA}$$

여기서, $\tau$ : 감열체의 시간상수〔초 또는 s〕
$m$ : 감열체의 질량〔kg〕
$C$ : 감열체의 비열〔kJ/kg · ℃〕
$h$ : 대류 열전달계수〔W/m$^2$ · ℃〕
$A$ : 감열체의 면적〔m$^2$〕

(3) **표준형 스프링클러헤드**의 **RTI값**(스프링클러헤드의 형식승인 및 제품검사의 기술기준 제13조)

| 구 분 | RTI값 |
|---|---|
| 조기반응 | 50 이하 |
| 특수반응 | 51 초과~80 이하 |
| 표준반응 | 80 초과~350 이하 |

(나)

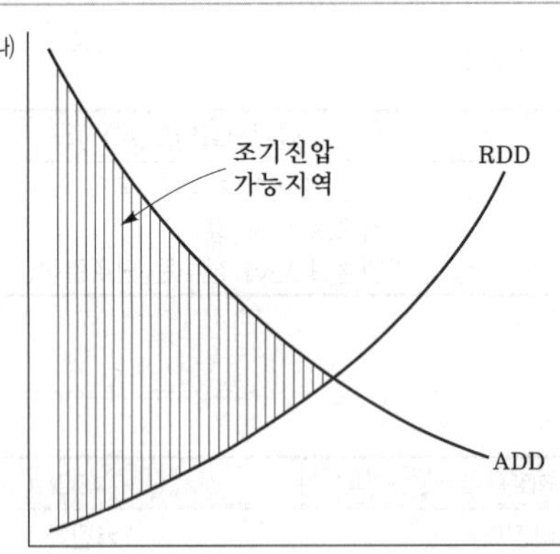


ADD가 RDD보다 클 때 화재는 진화되며, 빗금친 부분이 초기진압이 가능한 영역이다. RTI가 낮을수록 스프링클러헤드는 일찍 개방되며, 스프링클러헤드의 개방이 빠를수록 RDD는 낮고 ADD는 높아져서 화재 진압이 용이하다.

☆☆☆
**문제 208**

**「스프링클러헤드의 형식승인 및 제품검사 기술기준」에 대한 다음의 각 물음에 답하시오. (20점)**

(가) 반응시간지수(RTI)의 계산식을 쓰고 설명하시오. (5점)
- ㅇ계산식 :
- ㅇ설명 :

(나) 스프링클러 폐쇄형 헤드에 반드시 표시하여야 할 사항 5가지를 쓰시오. (5점)
- ㅇ
- ㅇ
- ㅇ
- ㅇ
- ㅇ

(다) 다음은 스프링클러 폐쇄형 헤드의 유리벌브형과 퓨즈블링크형에 대한 표시온도별 색상표시방법을 나타내는 표이다. 표가 완성되도록 번호에 맞는 답을 쓰시오. (10점)

| 유리벌브형 | | 퓨즈블링크형 | |
|---|---|---|---|
| 표시온도〔℃〕 | 액체의 색별 | 표시온도〔℃〕 | 프레임의 색별 |
| 57℃ | ① | 77℃ 미만 | ⑥ |
| 68℃ | ② | 78~120℃ | ⑦ |
| 79℃ | ③ | 121~162℃ | ⑧ |
| 141℃ | ④ | 163~203℃ | ⑨ |
| 227℃ 이상 | ⑤ | 204~259℃ | ⑩ |

정답 (개) ① 계산식 : $RTI = \tau\sqrt{u}$

여기서, RTI : 반응시간지수〔m · s〕$^{0.5}$

$\tau$ : 감열체의 시간상수〔초〕

$u$ : 기류속도〔m/s〕

② 설명 : 기류의 온도 · 속도 및 작동시간에 대하여 스프링클러헤드의 반응을 예상한 지수

(나) ① 종별
② 형식
③ 형식승인번호
④ 제조번호 또는 로트번호
⑤ 제조연도

(다)

| 유리벌브형 | | 퓨즈블링크형 | |
|---|---|---|---|
| 표시온도〔℃〕 | 액체의 색별 | 표시온도〔℃〕 | 프레임의 색별 |
| 57℃ | 오렌지 | 77℃ 미만 | 색 표시 안 함 |
| 68℃ | 빨강 | 78~120℃ | 흰색 |
| 79℃ | 노랑 | 121~162℃ | 파랑 |
| 141℃ | 파랑 | 163~203℃ | 빨강 |
| 227℃ 이상 | 검정 | 204~259℃ | 초록 |

해설 (개) 문제 207 참조

(나) 스프링클러헤드에 표시하여야 할 사항(스프링클러헤드의 형식승인 및 제품검사 기술기준 제12조의 6)
① 종별
② 형식
③ 형식**승인번호**
④ **제조**번호 또는 **로트**번호
⑤ **제조연도**
⑥ **제조업체명** 또는 **상호**
⑦ 표시**온도**(폐쇄형 헤드에 한함)
⑧ 표시온도에 따른 다음 표의 **색표시**(폐쇄형 헤드에 한함)
⑨ 최고주위온도(폐쇄형 헤드에 한함)
⑩ 취급상의 주의사항
⑪ 품질보증에 관한 사항(보증기간, 보증내용, A/S방법, 자체검사필증 등)

중요

**표시하여야 할 사항**

| 구 분 | 표시하여야 할 사항 |
|---|---|
| **기동용 수압개폐장치**<br>(기동용 수압개폐장치 형식 제6조) | ① **종별** 및 **형식**<br>② 형식승인번호<br>③ **제조연월** 및 제조번호<br>④ 제조업체 또는 상호<br>⑤ **호칭압력**<br>⑥ 사용안내문 설치방법, 취급상 주의사항 등<br>⑦ **품질보증**에 관한 사항(보증기간, 보증내용, A/S방법, 자체검사필증 등) |

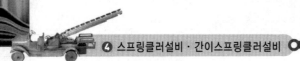

| | |
|---|---|
| **기동용 수압개폐장치**<br>(기동용 수압개폐장치 형식 제6조) | ⑧ 극성이 있는 단자에는 **극성**을 표시하는 기호<br>⑨ **정격입력전압**(전원을 공급받아 작동하는 방식에 한함)<br>⑩ 예비전원의 종류, 정격용량, 정격전압(예비전원이 내장된 경우에 한함) |
| **유수제어밸브**<br>(유수제어밸브 형식 제6조) | ① **종별** 및 **형식**<br>② **형식승인번호**<br>③ **제조연월** 및 제조번호<br>④ **제조업체명** 또는 상호<br>⑤ 안지름, 호칭압력 및 사용압력범위<br>⑥ **유수방향**의 화살 표시<br>⑦ 설치방향<br>⑧ **2차측**에 압력설정이 필요한 것에는 **압력설정값**<br>⑨ 검지유량상수<br>⑩ **습식** 유수검지장치에 있어서는 최저사용압력에 있어서 **부작동 유량**<br>⑪ 일제개방밸브 **개방용 제어부**의 사용압력범위(제어동력에 1차측의 압력과 다른 압력을 사용하는 것)<br>⑫ 일제개방밸브 제어동력에 사용하는 유체의 종류(제어동력에 가압수 등 이외에 유체의 압력을 사용하는 것)<br>⑬ 일제개방밸브 제어동력의 종류(제어동력에 압력을 사용하지 아니하는 것)<br>⑭ **설치방법** 및 취급상의 주의사항<br>⑮ **품질보증**에 관한 사항(보증기간, 보증내용, A/S방법, 자체검사필증 등) |
| **가스관 선택밸브**<br>(가스관 선택밸브 형식 제10조) | ① 선택밸브는 다음 사항을 보기 쉬운 부위에 잘 지워지지 아니하도록 표시하여야 한다. 단, ⓞ부터 ⓩ까지는 취급설명서에 표시할 수 있다.<br>㉠ **종별** 및 **형식**<br>㉡ 형식승인번호<br>㉢ 제조연월 및 제조번호<br>㉣ 제조업체명 또는 번호<br>㉤ **호칭**<br>㉥ **사용압력범위**<br>㉦ 가스의 흐름방향 표시<br>㉧ 설치방법 및 취급상 주의사항<br>㉨ 정격전압(솔레노이드식 작동장치 및 모터식 작동장치에 한함)<br>㉩ 품질보증에 관한 사항(보증기간, 보증내용, A/S방법, 자체검사필증 등)<br>② 선택밸브 본체와 일체형이 아닌 플랜지는 다음 사항을 플랜지에 별도로 표시한다.<br>㉠ 형식승인번호<br>㉡ 제조번호 |
| **옥내소화전방수구 · 옥외소화전**<br>(소화전 형식 제8조) | ① **종별**(옥외소화전에 한함)<br>② **형식승인번호**<br>③ 제조연도<br>④ 제조번호 또는 로트번호<br>⑤ 제조업체명 또는 약호<br>⑥ **호칭**<br>⑦ 품질보증에 관한 사항(보증기간, 보증내용, A/S방법, 자체검사필증 등)<br>⑧ 옥외소화전 본체의 원산지 |
| **소화기의 본체용기**<br>(소화기 형식 제38조) | ① **종별** 및 **형식**<br>② **형식승인번호**<br>③ 제조연월 및 제조번호<br>④ 제조업체명 또는 상호, 수입업체명(수입품에 한함)<br>⑤ 사용온도범위<br>⑥ 소화능력단위<br>⑦ 충전된 소화약제의 주성분 및 중(용)량<br>⑧ 소화기 가압용 가스용기의 가스종류 및 가스량(가압식 소화기에 한함) |

| | |
|---|---|
| **소화기의 본체용기**<br>(소화기 형식 제38조) | ⑨ 총중량<br>⑩ 취급상의 주의사항<br>㉠ **유류화재** 또는 **전기화재**에 사용하여서는 아니되는 소화기는 그 내용<br>㉡ 기타 주의사항<br>⑪ 적응화재별 표시사항은 일반화재용 소화기의 경우 **"A(일반화재용)"**, 유류화재용 소화기의 경우에는 **"B(유류화재용)"**, 전기화재용 소화기의 경우 **"C(전기화재용)"**, 주방화재용 소화기의 경우 **"K(주방화재용)"**으로 표시<br>⑫ 사용방법<br>⑬ 품질보증에 관한 사항(보증기간, 보증내용, A/S 방법, 자체검사필증 등)<br>⑭ 다음의 부품에 대한 원산지<br>㉠ **용기**<br>㉡ **밸브**<br>㉢ **호스**<br>㉣ **소화약제** |
| **관창**<br>(관창 형식 제10조) | ① **형식승인번호**<br>② 제조연도<br>③ 제조번호 또는 로트번호<br>④ 제조업체명 또는 상호<br>⑤ 호칭<br>⑥ 품질보증에 관한 사항(보증기간, 보증내용, A/S방법, 자체검사필증 등) |
| **소방호스**<br>(소방호스 형식 제10조) | ① **종별**<br>② 형식<br>③ **형식승인번호**<br>④ 제조연도 및 제조번호(또는 로트번호)<br>⑤ 제조업체명 또는 상호(호스와 연결금속구에 각각 표시)<br>⑥ **길이**<br>⑦ 이중재킷인 것은 **"이중재킷"**<br>⑧ **"옥내소화전용"**, **"옥외소화전용"**, **"소방자동차용"** 등의 용도<br>⑨ 품질보증에 관한 사항(보증기간, 보증내용, A/S방법, 자체검사필증 등)<br>⑩ **최소곡률반경**(소방용 릴호스에 한함)<br>⑪ 소방호스 호칭 · 나사 호칭(소방호스와 나사호칭이 상이한 경우에 한함) |
| **완강기 · 간이완강기**<br>(완강기 형식 제10조) | ① **품명** 및 **형식**<br>② **형식승인번호**<br>③ 제조연월 및 제조번호<br>④ 제조업체명 또는 상호<br>⑤ **길이**<br>⑥ 최대사용하중<br>⑦ 최대사용자수<br>⑧ 사용안내문(설치 및 사용방법, 취급상의 주의사항)<br>⑨ **"본 제품은 1회용임"**(간이완강기에 한함)<br>⑩ 품질보증에 관한 사항(보증기간, 보증내용, A/S방법, 자체검사필증 등) |
| **피난사다리**<br>(피난사다리 형식 제11조) | ① **종별** 및 **형식**<br>② **형식승인번호**<br>③ 제조연월 및 제조번호<br>④ 제조업체명 또는 상호<br>⑤ 길이 및 자체중량<br>⑥ 사용안내문(사용방법, 취급상의 주의사항)<br>⑦ 용도(하향식 피난구용 내림식 사다리에 한하며, **"하향식 피난구용"**으로 표시)<br>⑧ 품질보증에 관한 사항(보증기간, 보증내용, A/S방법, 자체검사필증 등) |
| **소화약제의 용기**<br>(소화약제 형식 제13조) | ① **종별** 및 **형식**<br>② **형식승인번호**<br>③ 제조연월 및 제조번호<br>④ 제조업체명 또는 상호<br>⑤ 사용할 소화설비의 종류 및 사용용도(고발포용, 저발포용 또는 저발포 · 고발포 겸용을 구분하여 기재할 것)<br>⑥ 주성분 |

| | |
|---|---|
| **소화약제의 용기**<br>(소화약제 형식 제13조) | ⑦ 소화약제중량(또는 용량), 총중량 표시(단, 가스계에는 용기중량, 충전압력 및 용기부피 추가 표시)<br>⑧ 사용농도 및 사용온도(침윤소화약제, 포소화약제에 한함)<br>⑨ 사용방법 및 취급상의 주의사항 등<br>⑩ 소화대상용제(알코올류 등 수용성용제) 명칭(알코올형 포소화약제에 한함)<br>⑪ 품질보증에 관한 사항(보증기간, 보증내용 및 자체검사필증 등)<br>⑫ 소화농도(설비용 가스계소화약제에 한함)<br>⑬ 대용량 포방수포용(공기압축포 포함) 포소화약제임을 알리는 표시(방수포용 포소화약제에 한함)<br>⑭ 소화약제 원산지 |
| **방염제의 용기**<br>(방염제의 형식 제10조) | ① **종별** 및 **형식**<br>② **형식승인번호**<br>③ 제조연월 및 로트번호<br>④ 제조업체명 또는 상호<br>⑤ 방염제의 중(용)량<br>⑥ 용도 및 처리방법<br>⑦ 주성분<br>⑧ 취급상의 주의사항<br>⑨ **도후량**(칠한막의 건조 두께를 말하며, 방염도료에 한함)<br>⑩ **처리면적**(현장방염처리용에 한함)<br>⑪ 품질처리 보증에 관한 사항(보증기간, 보증내용, 자체검사필증 등)<br>⑫ 방염처리시 합격표시 처리방법(현장방염처리용에 한함) |
| **에어로졸식 소화용구**<br>(에어로졸식 소화용구 형식 제15조) | ① **종별** 및 **형식**<br>② **형식승인번호**<br>③ 제조연월 및 제조번호<br>④ **제조업체**(수입품에 있어서는 판매자명 또는 상호)<br>⑤ 사용온도 범위<br>⑥ 적응화재(소화용구가 사용되는 그림의 표시를 하여야 하며, 그림표시의 바로 근처에는 **"그림으로 표시하는 화재의 초기진화에 유효합니다."**라는 표기)<br>⑦ 충전된 소화약제의 주성분과 중량 또는 용량<br>⑧ 방사거리 및 방사시간<br>⑨ 총중량, 가압용 가스용기의 가스종류 및 가스량(가압식에 한함)<br>⑩ 할로겐화물 소화약제를 사용하는 소화용구에는 다음 사항을 표시하여야 한다.<br>**주의**<br>1. 밀폐된 좁은 실내에서는 사용을 삼가십시오.<br>2. 발생되는 가스는 유독하므로 호흡을 삼가고, 사용 후 즉시 환기하십시오.<br>3. 영유아의 손에 닿지 않도록 보관에 주의하십시오.<br>⑪ 사용 안내문(사용방법, 취급상의 주의사항)<br>⑫ 품질보증에 관한 사항(보증기간, 보증내용, 자체검사필증 등) |
| **주거용 주방자동소화장치**<br>(주거용 주방자동소화장치 형식 제35조) | ① **품명** 및 **형식**(전기식 또는 가스식)<br>② **형식승인번호**<br>③ 제조연월 및 제조번호<br>④ 제조업체명 또는 상호, 수입업체명(수입품에 한함)<br>⑤ 공칭작동온도 및 사용온도범위<br>⑥ 공칭방호면적(가로×세로)<br>⑦ 소화약제의 주성분과 중량 또는 용량<br>⑧ 극성이 있는 단자에는 극성을 표시하는 기호<br>⑨ 퓨즈 및 퓨즈홀더 부근에는 정격전류값<br>⑩ 스위치 등 조작부 또는 조정부 부근에는 **"열림"** 및 **"닫힘"** 등의 표시<br>⑪ 취급방법의 개요 및 주의사항<br>⑫ 품질보증에 관한 사항(보증기간, 보증내용, A/S방법, 자체검사필증 등)<br>⑬ 설치방법<br>⑭ **감지부**의 설치개수, 설치위치 및 높이의 범위 |

| | |
|---|---|
| **주거용 주방자동소화장치**<br>(주거용 주방자동소화장치 형식 제35조) | ⑮ **방출구**의 설치개수, 설치위치 및 높이의 범위<br>⑯ 차단장치(전기 또는 가스)의 설치개수<br>⑰ 탐지부 유 · 무의 표시 및 설치개수<br>⑱ 다음 부품에 대한 원산지<br>㉠ **용기**<br>㉡ **밸브**<br>㉢ **소화약제** |
| **캐비닛형 자동소화장치**<br>(캐비닛형 자동소화장치 형식 제21조) | ① **종별** 및 **형식**<br>② **형식승인번호**<br>③ 제조연월 및 제조번호<br>④ 제조업체명 또는 상호<br>⑤ 사용 소화약제의 주성분, 설계농도(소화약제의 표시사항에 명기된 소화농도의 **1.3배** 표시)<br>⑥ 소화약제의 용량 및 중량<br>⑦ **방호체적**(최대설치높이를 **3.7m**로 한 경우의 체적), **방사시간**<br>⑧ 사용온도범위<br>⑨ 극성이 있는 단자에는 극성을 표시하는 기호<br>⑩ 예비전원으로 사용하는 축전지의 종류, 정격용량, 정격전압 및 접속하는 경우의 주의사항<br>⑪ **퓨즈** 및 **퓨즈 홀더** 부근에는 정격전류<br>⑫ 스위치 등 **조작부** 또는 조정부 부근에는 **"열림"** 및 **"닫힘"** 등의 표시<br>⑬ 취급방법의 개요 및 주의사항<br>⑭ 품질보증에 관한 사항(보증기간, 보증내용, A/S방법, 자체검사필증 등) |
| **가스 · 분말식 자동소화장치**<br>(가스 · 분말식 자동소화장치 형식 제26조) | ① **품명** 및 **형식명**<br>② **형식승인번호**<br>③ 제조연월 및 제조번호(로트번호)<br>④ 제조업체명(또는 상호) 및 전화번호, 수입업체명(수입품에 한함)<br>⑤ 설계방호체적, 소화등급(소화등급적용 제품에 한함)<br>⑥ 자동소화장치 노즐의 최대방호면적, 최대설치높이<br>⑦ 소화약제 저장용기(지지장치 제외)의 총질량, 소화약제 질량<br>⑧ **감지부 공칭작동온도**<br>⑨ 사용온도범위<br>⑩ **방사시간**<br>⑪ 소화약제의 주성분<br>⑫ 설치방법 및 취급상의 주의사항<br>⑬ 품질보증에 관한 사항(보증기간, 보증내용 및 A/S방법 등)<br>⑭ 주요부품의 원산지 |
| **자동확산소화기**<br>(자동확산소화기 형식 제22조) | ① 품명 및 형식<br>② 형식승인번호<br>③ 제조연월 및 제조번호<br>④ 제조업체명 또는 상호<br>⑤ **공칭작동온도**<br>⑥ **공칭방호면적**($L \times L$)<br>⑦ 소화약제의 주성분 및 중(용)량<br>⑧ **총중량**<br>⑨ 취급방법의 개요 및 주의사항<br>⑩ 방사시간<br>⑪ 품질보증에 관한 사항(보증기간, 보증내용, A/S방법, 자체검사필증 등)<br>⑫ 용도별 적용화재 및 설치장소 표시<br>⑬ 유효설치높이(**주방화재용**에 한함) |
| **투척용 소화용구**<br>(투척용 소화용구 형식 제13조) | ① 종별 및 형식<br>② 형식승인번호<br>③ 제조연월 및 제조번호<br>④ 제조업체 또는 상호, 수입업체명(수입품에 한함)<br>⑤ **사용온도범위** |

| | |
|---|---|
| **투척용 소화용구**<br>(투척용 소화용구 형식 제13조) | ⑥ 소화능력단위<br>⑦ 소화약제의 주성분 및 중(용)량<br>⑧ 취급상의 주의사항<br>⑨ 품질보증에 관한 사항(보증기간, 보증내용, 자체검사필증 등) |
| **고체에어로졸 발생기**<br>(고체에어로졸 자동소화장치 형식 제36조) | ① 품명 및 형식명<br>② 형식승인번호<br>③ 제조업체명(또는 상호) 및 수입업체명(수입품에 한함)<br>④ 제조연월 및 제조번호(로트번호)<br>⑤ 적응화재별 **설계방호체적**<br>⑥ 고체에어로졸 발생기의 최대방호면적, 최대설치높이, 최대이격거리<br>⑦ 고체에어로졸 화합물 및 고체에어로졸 발생기(지지장치 제외)의 질량<br>⑧ 사용온도범위<br>⑨ **인체** 및 **가연물**과의 **설치안전거리**<br>⑩ **방출시간**<br>⑪ 예상사용수명<br>⑫ 고체에어로졸 화합물의 주성분 |
| **수신기**<br>(수신기 형식 제22조) | ① 종별 및 형식<br>② 형식승인번호<br>③ 제조연월 및 제조번호<br>④ 제조업체명 및 상호<br>⑤ 취급방법의 개요 및 주의사항(본 내용을 기재하여 수신기 부근에 매어달아 두는 방식도 가능)<br>⑥ 극성이 있는 단자에는 극성을 표시하는 기호<br>⑦ 방수형 또는 방폭형인 것은 **"방수형"** 또는 **"방폭형"**이라는 문자 별도 표시<br>⑧ 접속 가능한 회선수, 회선별 접속 가능한 감지기 · 탐지부 등의 수량(해당하는 경우에 한함)<br>⑨ 주전원의 정격전압<br>⑩ 예비전원으로 사용하는 축전지의 종류, 정격용량, 정격전압 및 접속하는 경우의 주의사항<br>⑪ **퓨즈** 및 **퓨즈홀더** 부근에는 정격전류<br>⑫ 스위치 등 **조작부** 또는 조정부 부근에는 **"개"** 및 **"폐"** 등의 표시<br>⑬ 출력용량(경종 및 시각경보장치를 접속하는 경우, 각각의 소비전류 및 수량)<br>⑭ 품질보증에 관한 사항(보증기간, 보증내용, A/S방법, 자체검사필증 등)<br>⑮ 접속 가능한 **가스누설경보기**의 입력신호(해당되는 경우에 한함)<br>⑯ 접속 가능한 **중계기**의 형식번호(해당되는 경우에 한함)<br>⑰ 접속 가능한 **감지기**의 형식번호(해당되는 경우에 한함)<br>⑱ 접속 가능한 **발신기**의 형식번호(해당되는 경우에 한함)<br>⑲ 접속 가능한 경종 형식번호(해당되는 경우에 한함)<br>⑳ 접속 가능한 시각경보장치 성능인증번호(해당되는 경우에 한함)<br>㉑ 감지기 입력부의 감시전류 설계범위(해당되는 경우에 한함) |
| **감지기**<br>(감지기 형식 제37조) | ① 종별 및 형식<br>② 형식승인번호<br>③ 제조연월 및 제조번호<br>④ 제조업체명 또는 상호<br>⑤ **특수**하게 **취급**하여야 할 것은 그 주의사항<br>⑥ **극성**이 있는 **단자**에는 극성을 표시하는 기호<br>⑦ **공칭축적시간**(축적형에 한하여 **"지연형(축적형) 수신기에는 설치할 수 없음"** 표시 별도<br>⑧ 차동식 분포형 감지기에는 제1호 내지 제8호에 규정한 사항 외에 공기관식은 최대공기관의 길이와 사용공기관의 안지름 및 바깥지름, 열전대식 및 열반도체식은 감열부의 최대수량 또는 길이<br>⑨ 정온식 기능을 가진 감지기에는 **공칭작동온도**, 보상식 감지기에는 **정온점**, 정온식 감지선형 감지기에는 외피에 다음의 구분에 따른 공칭작동온도의 색상을 표시한다.<br>㉠ 공칭작동온도가 **80℃** 이하 : **백색**<br>㉡ 공칭작동온도가 **80~120℃** 이하 : **청색**<br>㉢ 공칭작동온도가 **120℃** 이상 : **적색** |

| | |
|---|---|
| **감지기**<br>(감지기 형식 제37조) | ⑩ 방수형인 것은 "**방수형**"이라는 문자 별도표시<br>⑪ 다신호식 기능을 가진 감지기는 해당 감지기가 발하는 화재신호의 수 및 작동원리 구분방법<br>⑫ 설치방법, 취급상의 주의사항<br>⑬ 품질보증에 관한 사항(보증기간, 보증내용, A/S방법, 자체검사필증 등)<br>⑭ 유효감지거리 및 시야각(해당되는 경우)<br>⑮ **화재정보신호값** 범위(해당되는 경우)<br>⑯ 공칭감지온도의 범위(해당되는 경우)<br>⑰ 공칭감지농도의 범위(해당되는 경우)<br>⑱ 방폭형인 것은 "**방폭형**"이라는 문자별도표시 및 방폭등급<br>⑲ 최대연동개수(연동식에 한함)<br>⑳ 접속 가능한 수신기 형식번호(무선식 감지기에 한함)<br>㉑ 접속 가능한 중계기 형식번호(무선식 감지기에 한함)<br>㉒ 접속 가능한 간이형 수신기 성능인증번호(해당되는 경우에 한함)<br>㉓ 접속 가능한 자동화재속보설비의 속보기 성능인증번호(해당되는 경우에 한함)<br>㉔ 감시상태의 소비전류설계값(해당되는 경우에 한함) |
| **발신기**<br>(발신기 형식 제17조) | ① 종별 및 형식<br>② 형식승인번호<br>③ 제조연월 및 제조번호<br>④ 제조업체명 또는 상호<br>⑤ **특수**하게 취급하여야 할 것은 그 주의사항 및 **사용온도범위**(시험온도범위 기준보다 강화된 온도범위를 사용온도범위로 하고자 하는 경우에 한함)<br>⑥ **접점**의 **정격용량**<br>⑦ **극성**이 있는 단자는 극성을 표시하는 기호<br>⑧ "**발신기**"의 표시 및 그 사용방법<br>⑨ 방수형인 것은 "**방수형**"이라는 문자 별도표시<br>⑩ 설치방법, 취급상의 주의사항<br>⑪ 품질보증에 관한 사항(보증기간, 보증내용, A/S방법, 자체검사필증 등)<br>⑫ 방폭형인 것은 "**방폭형**"이라는 문자 별도표시 및 방폭등급<br>⑬ 접속 가능한 수신기 형식번호(무선식 발신기에 한함)<br>⑭ 접속 가능한 중계기 형식번호(무선식 발신기에 한함) |
| **중계기**<br>(중계기 형식 제16조) | ① 종별 및 형식<br>② 형식승인번호<br>③ 제조연월 및 제조번호<br>④ 제조업체명 또는 상호<br>⑤ 취급방법의 개요 및 주의사항(본 내용을 기재하여 중계기 부근에 매어달아 두는 방식도 가능)<br>⑥ 극성이 있는 단자에는 극성을 표시하는 기호<br>⑦ 방수형 또는 방폭형인 것은 "**방수형**" 또는 "**방폭형**"이라는 문자 별도 표시<br>⑧ 접속 가능한 **회선수**, 회선별 접속 가능한 **감지기** · **탐지부** 등의 수량(해당하는 경우에 한함)<br>⑨ 주전원의 **정격전압**<br>⑩ 예비전원으로 사용하는 축전지의 종류 · 정격용량 · 정격전압 및 접속하는 경우의 주의사항<br>⑪ **퓨즈** 및 **퓨즈홀더** 부근에는 정격전류<br>⑫ 스위치 등 조작부 또는 조정부 부근에는 "**개**" 및 "**폐**" 등의 표시<br>⑬ **출력용량**(경종을 접속하는 경우 경종의 소비전류 및 수량)<br>⑭ 설치 및 사용방법, 취급상의 주의사항<br>⑮ 품질보증에 관한 사항(보증기간, 보증내용, A/S방법, 자체검사필증 등)<br>⑯ 접속 가능한 수신기의 형식번호<br>⑰ 접속 가능한 감지기의 형식번호(해당되는 경우에 한함)<br>⑱ 접속 가능한 발신기의 형식번호(해당되는 경우에 한함)<br>⑲ 접속 가능한 경종 형식번호(해당되는 경우에 한함)<br>⑳ 접속 가능한 시각경보장치 성능인증번호(해당되는 경우에 한함)<br>㉑ 감지기 입력부의 감시전류 설계범위(해당되는 경우에 한함) |
| **경종**<br>(경종 형식 제12조) | ① 종별 및 형식<br>② 형식승인번호<br>③ 제조연월 및 제조번호<br>④ 제조업체명 또는 상호<br>⑤ **특수**하게 취급하여야 하는 경우에는 그 주의사항 및 **사용온도범위**(시험온도범위기준보다 강화된 온도범위를 사용온도범위로 하고자 하는 경우에 한함) |

| | |
|---|---|
| **경종**<br>(경종 형식 제12조) | ⑥ 극성이 있는 단자에는 극성을 표시하는 기호<br>⑦ **정격전압** 및 **정격전류**<br>⑧ **방수형** 또는 **방폭형**인 것은 **"방수형"** 또는 **"방폭형"**이라는 문자 별도표시<br>⑨ 설치 및 취급상의 주의사항 등<br>⑩ 품질보증에 관한 사항(보증기간, 보증내용, A/S방법, 자체검사필증 등)<br>⑪ 부품 중 모터의 원산지<br>⑫ 접속 가능한 수신기 형식번호(무선식 경종에 한함)<br>⑬ 접속 가능한 중계기 형식번호(무선식 경종에 한함) |
| **누전경보기**<br>(누전경보기 형식 제38조) | ① 종별 및 형식<br>② 형식승인번호<br>③ 제조연월 및 제조번호<br>④ 제조업체명 또는 상호<br>⑤ **극성**이 있는 단자에는 극성을 표시하는 기호<br>⑥ **정격전압** 및 **정격전류**<br>⑦ 방수형인 것은 **"방수형"**이라는 문자 별도표시<br>⑧ **집합형** 누전경보기의 수신부에 있어서는 경계전로의 수<br>⑨ **변류기** 접속용의 단자판에는 그 용도를 나타내는 기호, 전원용 단자판에는 사용전압의 기호 및 사용전압 그 밖의 단자판에는 그 용도를 나타내는 기호, 사용전압의 기호, 사용전압 및 전류<br>⑩ **수신부**에는 접속 가능한 변류기의 형식승인번호<br>⑪ 변류기에는 접속 가능한 수신부의 형식승인번호<br>⑫ 설치방법 및 취급상의 주의사항<br>⑬ 품질보증에 관한 사항(보증기간, 보증내용, A/S방법, 자체검사필증 등)<br>⑭ **방폭형**인 것은 **"방폭형"**이라는 문자 별도표시 및 방폭등급 |
| **가스누설경보기(분리형)**<br>(가스누설경보기 형식 제30조) | ① **수신부**에 표시할 사항<br>㉠ 종별 및 형식<br>㉡ 형식승인번호<br>㉢ 제조연월 및 제조번호<br>㉣ 제조업체명 또는 상호[제조원과 판매원(수입원)이 다른 경우 각각 표시]<br>㉤ 취급방법의 개요 및 주의사항<br>㉥ 주전원의 정격전압 및 정격전류<br>㉦ 접속 가능한 회선수, **중계기**의 **최대수**, 접속 가능한 중계기의 형식승인번호 및 탐지부의 고유번호<br>㉧ 예비전원이 설치된 것은 축전지의 종류, 정격용량, 정격전압 및 접속하는 경우의 주의사항<br>㉨ 지연형인 것은 **표준지연시간**<br>② **탐지부**에 표시할 사항<br>㉠ 탐지대상가스 및 사용온도범위<br>㉡ 사용장소 또는 용도<br>㉢ 탐지소자의 종류(탐지부가 방폭구조인 경우에는 **"방폭형"**이라는 문자 및 방폭등급 표기)<br>㉣ 형식승인번호 탐지부의 고유번호<br>③ **단자판**에는 단자기호<br>④ 방수형인 것은 **"방수형"**이라는 문자 별도표시<br>⑤ 스위치 등 **조작부** 또는 조정부에는 **"개"** 및 **"폐"** 등의 표시와 사용방법<br>⑥ 퓨즈 및 퓨즈홀더 부근에는 정격전류<br>⑦ 설치방법 및 사용상의 주의사항<br>⑧ 방폭형인 것은 **"방폭형"**이라는 문자 별도표시 및 방폭등급<br>⑨ **권장사용기한**(단독형 가스누설경보기 및 탐지부에 한함) |
| **유도등**<br>(유도등 형식 제25조) | ① 종별 및 형식<br>② 형식승인번호<br>③ 제조연월, 제조번호<br>④ 제조업체명 또는 상호<br>⑤ **유효점등기간**<br>⑥ 비상전원으로 사용하는 예비전원의 종류, **정격용량** 또는 **정격정전용량**, **정격전압**<br>⑦ 그 밖의 주의사항<br>⑧ 퓨즈 및 퓨즈홀더 부근에는 정격전류<br>⑨ 품질보증에 관한 사항(보증기간, 보증내용, A/S방법, 자체검사필증 등)<br>⑩ **소비전력** |

| | |
|---|---|
| **비상조명등**<br>(비상조명등 형식 제20조) | ① 종별 및 형식<br>② 형식승인번호<br>③ 제조연월 및 제조번호<br>④ 제조업체명 또는 상호<br>⑤ 정격전압<br>⑥ **정격입력전류, 정격입력전력**<br>⑦ 비상전원으로 사용하는 축전지의 종류, 정격용량, 정격전압<br>⑧ 적합한 **광원**의 종류와 크기<br>⑨ **설계광속표준전압** 및 **설계광속비**<br>⑩ **배광번호** 및 해당 **배광번호표**<br>⑪ 그 밖의 주의사항<br>⑫ 퓨즈 및 퓨즈홀더 부근에는 정격전류<br>⑬ 방수형인 것은 **"방수형"**이라는 문자 별도표시<br>⑭ **유효점등시간**(설계치)<br>⑮ 품질보증에 관한 사항(보증기간, 보증내용, A/S방법, 자체검사필증 등)<br>⑯ 방폭형인 것은 **"방폭형"**이라는 문자 별도표시 및 방폭등급 |

(다) **폐쇄형헤드**의 **색별표시방법**(스프링클러헤드 형식 제12조의 6)

| 유리벌브형 | | 퓨즈블링크형 | |
|---|---|---|---|
| 표시온도〔℃〕 | 액체의 색별 | 표시온도〔℃〕 | 프레임의 색별 |
| 57℃ | **오렌지** | 77℃ 미만 | 색 표시 안 함 |
| 68℃ | **빨강** | 78~120℃ | **흰색** |
| 79℃ | **노랑** | 121~162℃ | **파랑** |
| 93℃ | **초록** | 163~203℃ | **빨강** |
| 141℃ | **파랑** | 204~259℃ | **초록** |
| 182℃ | **연한 자주** | 260~319℃ | **오렌지** |
| 227℃ 이상 | **검정** | 320℃ 이상 | **검정** |

비교

**정온식 감지선형 감지기**의 **외피 색상표시**(감지기의 형식승인 및 제품검사의 기술기준 제37조)

| 공칭작동온도 | 색 상 |
|---|---|
| 80℃ 이하 | 백색 |
| 80~120℃ 이하 | 청색 |
| 120℃ 이상 | 적색 |

☆

## 문제 209

스프링클러설비에서 Double Interlock Preaction System의 개요와 작동원리를 설명하시오. (5점)
○개요 :
○작동원리 :

정답 ① 개요 : 오동작으로 인한 수손피해 우려가 거의 없으므로 수손피해를 사전에 방지할 필요가 있는 고가의 물품을 보관하는 수장고 등에 설치

② 작동원리 : 감지기 동작으로 인한 솔레노이드밸브 개방 및 스프링클러헤드 개방으로 인한 엑추에이터가 작동하면 중간챔버의 압력이 감소하고 준비작동밸브가 개방된다.

 **Double Interlock Preaction System의 개요**와 **작동원리**

(1) Double Interlock Preaction System의 개요

**오동작**으로 인한 **수손피해** 우려가 거의 없으므로 수손피해를 사전에 방지할 필요가 있는 **고가**의 **물품**을 보관하는 **수장고** 등에 설치하는 준비작동식 스프링클러설비이다. 소화수 방출지연, 화재감지기 고장시 밸브 개방이 되지 않는 등의 단점이 있다.

(2) 작동원리

동작으로 인한 **솔레노이드밸브** 개방 및 스프링클러헤드 개방으로 인한 **엑추에이터**가 작동하면 중간챔버(푸시로드 챔버)의 압력이 감소하고 준비작동밸브가 개방된다.

- 중간 챔버=푸시로드 챔버

## 문제 210

**스프링클러설비가 설치된 건물에서 최고층 건물높이가 70m이고 헤드가 최고층까지 설치되었다. 다음 조건을 참조하여 충압펌프의 전동기 용량[kW]을 구하시오. (5점)**

[조건]

① 펌프의 토출량은 150L/min이다.

② 펌프의 효율은 55%이다.

③ 펌프와 전동기가 직결로 연결되어 있고 직결계수는 1.1이다.

○ 계산과정 :

○ 답 :

 ○ 계산과정 : 토출압력(전양정)=0.7+0.2=0.9MPa=90m

$$P=\frac{0.163\times0.15\times90}{0.55}\times1.1=4.401\fallingdotseq4.4\text{kW}$$

○ 답 : 4.4kW

 (1) **충압펌프**의 **토출압력**(전양정)

=자연압+0.2MPa 이상

=70m+0.2MPa 이상

=0.7MPa+0.2MPa 이상

=0.9MPa 이상

=90m 이상

- **자연압** : **펌프중심**에서 **최고층 헤드**까지의 높이를 압력으로 환산한 값
- 10m=0.1MPa

(2) **모터동력**(전동력)

$$P=\frac{0.163QH}{\eta}K$$

여기서, $P$ : 전동력(용량)[kW]

$Q$ : 토출량(유량)[$m^3$/min]

$H$ : 전양정[m]

$K$ : 전달계수

$\eta$ : 효율

**전동력** $P$는

$$P=\frac{0.163\,QH}{\eta}K=\frac{0.163\times150\text{L/min}\times90\text{m}}{0.55}\times1.1=\frac{0.163\times0.15\text{m}^3\text{/min}\times90\text{m}}{0.55}\times1.1=4.401\fallingdotseq4.4\text{kW}$$

# 5 포소화설비

☆☆

## 문제 211

포소화설비에 사용되는 알코올포 소화약제의 종류 3가지를 쓰고 설명하시오. (6점)

○

○

○

정답 ① 금속비누형 알코올포
② 고분자겔형 알코올포
③ 불화단백형 알코올포

해설 (1) 포소화설비의 종류

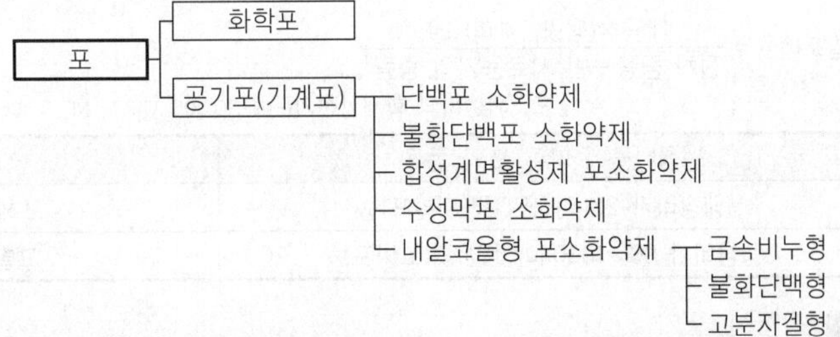


(2) 알코올포 소화약제의 종류

| 종 류 | 설 명 |
|---|---|
| 금속비누형 | ① 단백질의 분해물에 **지방산 금속염**을 첨가한 것<br>② 단백질의 가수분해물에 **금속비누**와 **탄화수소계 계면활성제**를 첨가한 것 |
| 고분자겔형<br>(고분자겔 생성형) | ① 탄화수소계 계면활성제에 **고분자겔 생성물**을 첨가한 것 또는 합성계면활성제에 **수용성의 고분자물**을 첨가한 것<br>② 불소계 계면활성제에 **고분자겔 생성물**을 첨가한 것 |
| 불화단백형 | 단백질 분해물에 **불소계 계면활성제**를 첨가한 것 |

용어

**알코올형 포소화약제**(소화약제의 형식승인 및 제품검사의 기술기준 제2조)
단백질 가수분해물이나 합성계면활성제 중에 지방산금속염이나 타계통의 합성계면활성제 또는 고분자겔 생성물 등을 첨가한 포소화약제로서 「위험물안전관리법 시행령」〔별표 1〕의 위험물 중 알코올류, 에테르류, 에스테르류, 케톤류, 알데히드류, 아민류, 니트릴류 및 유기산 등(이하 "알코올류" 등이라 한다) 수용성 용제의 소화에 사용하는 약제

☆

## 문제 212

**포소화설비에서 고발포와 저발포의 구분은 발포배율(팽창비)로 한다. 다음 물음에 답하시오. (6점)**

(가) 발포배율(팽창비)식을 쓰시오. (2점)

(나) 저발포의 팽창비 범위를 쓰시오. (2점)

(다) 고발포의 팽창비 범위를 쓰시오. (2점)

(가) 팽창비 $= \dfrac{\text{발포 후 포의 체적}}{\text{발포 전 포수용액의 체적}}$

(나) 6배 이상 20배 이하

(다) 80배 이상 1000배 미만

해설 발포배율(팽창비)

(가) 팽창비 $= \dfrac{\text{방출된 포의 체적[L]}}{\text{방출 전 포수용액의 체적[L]}}$

(나) 팽창비 $= \dfrac{\text{최종 발생된 포체적}}{\text{원래 포수용액의 체적}}$

(다) 발포배율 $= \dfrac{\text{내용적(용량, 부피)[L]}}{\text{전체 중량} - \text{빈 시료용기의 중량}}$

| 포소화설비의 화재안전기준(NFPC 105 제12조, NFTC 105 2.9.1) |

| 팽창비율에 따른 포의 종류 | 포방출구의 종류 |
|---|---|
| 팽창비가 20 이하인 것(저발포) | 포헤드, 압축공기포헤드 |
| 팽창비가 80~1000 미만인 것(고발포) | 고발포용 고정포방출구 |

**팽창비**

| 저발포 | 고발포 |
|---|---|
| 20배 이하 | • 제1종 기계포 : 80~250배 미만<br>• 제2종 기계포 : 250~500배 미만<br>• 제3종 기계포 : 500~1000배 미만 |

☆☆

## 문제 213

**포소화설비에서 6%형 단백포 소화약제의 원액 300L를 취해서 포를 방출시켰더니 발포율이 16배로 되었다. 다음 각 물음에 답하시오. (7점)**

(가) 방출된 포의 체적[$m^3$]은? (4점)

○ 계산과정 :

○ 답 :

(나) 포의 팽창비율에 따른 다음 표를 완성하시오. (3점)

| 팽창비율에 따른 포의 종류 | 포방출구의 종류 |
|---|---|
| 팽창비가 ( ① ) 이하인 것(저발포) | 포헤드, 압축공기포헤드 |
| 팽창비가 ( ② ) 이상 ( ③ ) 미만인 것(고발포) | 고발포용 고정포방출구 |

(가) ○ 계산과정 : $x=\dfrac{300\times1}{0.06}=5000\text{L}$

포체적$=5000\times16=80000\text{L}=80\text{m}^3$

○ 답 : $80\text{m}^3$

(나) ① 20

② 80

③ 1000

해설 (가) **포원액**이 **6%**이고 포수용액은 100%이므로

┌ 포원액 300L → 6%
└ 포수용액 $x$[L] → 100%이므로

$300 : 0.06 = x : 1$

$x=\dfrac{300\times1}{0.06}=5000\text{L}$

발포배율(팽창비)$=\dfrac{\text{방출된 포의 체적[L]}}{\text{방출 전 포수용액의 체적[L]}}$ 에서

방출된 포의 체적[L]=방출 전 포수용액의 체적[L]×발포배율(팽창비)

$=5000\text{L}\times16\text{배}=80000\text{L}=80\text{m}^3$

- 포원액(6%)+물(94%)=포수용액(100%)
- 팽창비$=\dfrac{\text{방출된 포의 체적[L]}}{\text{방출 전 포수용액의 체적[L]}}$

  발포배율$=\dfrac{\text{내용적(용량, 부피)[L]}}{\text{전체 중량}-\text{빈 시료용기의 중량}}$
- $1000\text{L}=1\text{m}^3$이므로 $80000\text{L}=80\text{m}^3$

(나) 포소화설비의 화재안전기준(NFPC 105 제12조, NFTC 105 2.9.1)

| 팽창비율에 따른 포의 종류 | 포방출구의 종류 |
|---|---|
| 팽창비가 20 이하인 것(저발포) | 포헤드, 압축공기포헤드 |
| 팽창비가 80~1000 미만인 것(고발포) | 고발포용 고정포방출구 |

비교

**팽창비**

| 저발포 | 고발포 |
|---|---|
| 20배 이하 | • 제1종 기계포 : 80~250배 미만<br>• 제2종 기계포 : 250~500배 미만<br>• 제3종 기계포 : 500~1000배 미만 |

중요

| 저발포용 소화약제(3%, 6%형) | 고발포용 소화약제(1%, 1.5%, 2%형) |
|---|---|
| ① 단백포 소화약제<br>② 수성막포 소화약제<br>③ 내알코올형 포소화약제<br>④ 불화단백 포소화약제<br>⑤ 합성계면활성제 포소화약제 | 합성계면활성제 포소화약제 |

☆☆☆

## 문제 214

포소화약제 저장조 내의 포소화약제를 보충하려고 한다. 그림을 보고 조작순서대로 보기에서 번호를 올바르게 나열하시오. (5점)

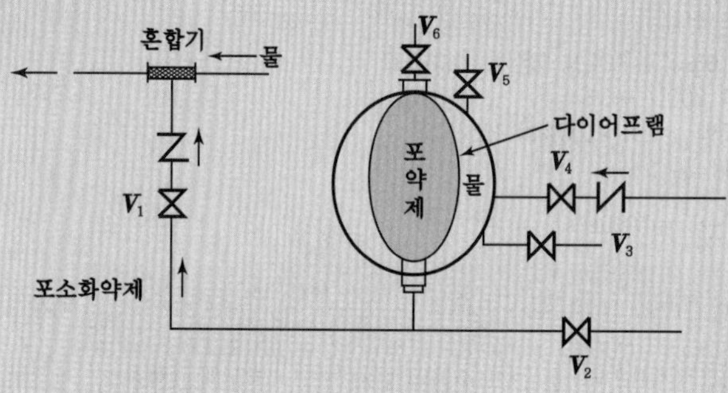


▌다이어프램 내장 저장조▐

〔보기〕

① $V_1$, $V_4$를 폐쇄시킨다.
② $V_6$를 개방한다.
③ $V_2$를 개방하여 포소화약제를 주입시킨다.
④ 본 소화설비용 펌프를 기동한다.
⑤ $V_1$을 개방한다.
⑥ $V_3$, $V_5$를 개방하여 저장탱크 내의 물을 배수한다.
⑦ $V_2$에 포소화약제 송액장치(주입장치)를 접속시킨다.
⑧ 포소화약제가 보충되었을 때 $V_2$, $V_3$를 폐쇄한다.
⑨ $V_4$를 개방하면서 저장탱크 내를 가압하여 $V_5$, $V_6$로부터 공기를 뺀 후 $V_5$, $V_6$를 폐쇄하여 소화펌프를 정지시킨다.

**정답** ① - ⑥ - ② - ⑦ - ③ - ⑧ - ④ - ⑨ - ⑤

**해설** 포소화약제 보충 조작순서

① $V_1$, $V_4$를 **폐쇄**시킨다.
⑥ $V_3$, $V_5$를 개방하여 저장탱크 내의 물을 **배수**한다.
② $V_6$를 **개방**한다.
⑦ $V_2$에 포소화약제 송액장치(주입장치)를 **접속**시킨다.
③ $V_2$를 개방하여 포소화약제를 **주입**(송액)시킨다.
⑧ 포소화약제가 보충되었을 때 $V_2$, $V_3$를 **폐쇄**한다.
④ 본 소화설비용 **펌프**를 **기동**한다.
⑨ $V_4$를 개방하면서 저장탱크 내를 가압하여 $V_5$, $V_6$로부터 공기를 뺀 후 $V_5$, $V_6$를 폐쇄하여 소화**펌프**를 **정지**시킨다.
⑤ $V_1$을 **개방**한다.

비교

**압력챔버**의 **공기교체 요령**

(1) 동력제어반(MCC)에서 주펌프 및 충압펌프의 **선택스위치**를 **'수동'** 또는 **'정지'** 위치로 한다.
(2) **압력챔버개폐밸브**($V_1$)를 잠근다.
(3) **배수밸브**($V_2$) 및 **안전밸브**($V_3$)를 **개방**하여 **물**을 **배수**한다.
(4) 안전밸브에 의해서 탱크 내에 **공기**가 **유입**되면, **안전밸브**를 **잠근 후 배수밸브**를 **폐쇄**한다.
(5) **압력챔버개폐밸브**를 서서히 **개방**하고, 동력제어반에서 주펌프 및 충압펌프의 선택스위치를 **'자동'** 위치로 한다.

☆☆☆

## 문제 215

**포소화설비에서 포소화약제 보충시 주의사항에 대하여 쓰시오. (10점)**

정답 ① 포소화약제를 보충할 경우는 저장 포소화약제의 종별, 형식, 제조업자 및 성능 등을 확인하고 동일한 포소화약제를 사용하지 않으면 안 된다.
② 보충작업을 할 경우는 탱크 하부에서 포소화약제를 발포하지 않도록 서서히 송액한다.
③ 탱크 내의 공기를 충분히 배기한다.
④ 다시 가압할 경우는 다이어프램을 파손시키지 않게 서서히 가압하도록 주의한다.

해설 포소화약제 보충시 주의사항
(1) 포소화약제를 보충할 경우는 저장 포소화약제의 종별, 형식, 제조업자 및 성능 등을 확인하고 동일한 포소화약제를 사용하지 않으면 안 된다.
(2) 보충작업을 할 경우는 탱크 하부에서 포소화약제를 발포하지 않도록 서서히 송액한다.
(3) 탱크 내의 공기를 충분히 **배기**한다.
(4) 다시 가압할 경우는 다이어프램을 파손시키지 않게 서서히 가압하도록 주의한다.

☆☆☆

## 문제 216

**다음 그림은 포소화설비의 약제혼합장치 중 펌프 프로포셔너에 대한 설명도이다. 그림을 보고 다음 물음에 답하시오. (6점)**

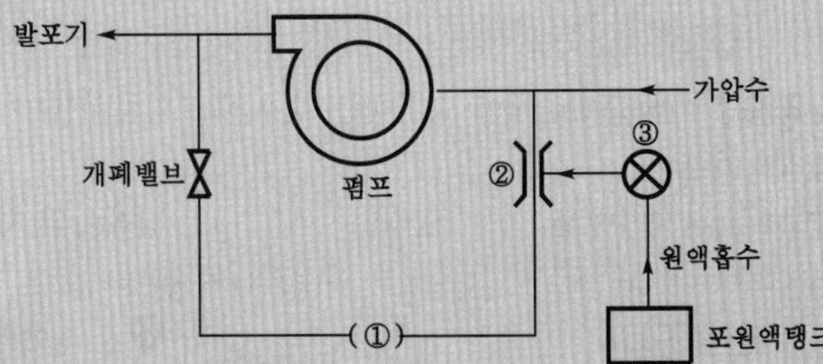


(가) 바이패스배관에 표시된 ①번의 (   ) 안에 유체의 흐르는 방향을 화살표로 표시하시오. (2점)
(나) ②번 기구의 명칭은 무엇인가? (2점)
(다) ③번 기구의 명칭은 무엇인가? (2점)

정답 (가) →
(나) 혼합기
(다) 농도조정밸브

해설 (가)~(다) **펌프 프로포셔너방식**(펌프혼합방식)
펌프의 토출관과 흡입관 사이의 배관 도중에 설치한 흡입기에 펌프에서 토출된 물의 일부를 보내고 **농도조정**

**밸브**에서 조정된 포소화약제의 필요량을 포소화약제 탱크에서 펌프 흡입측으로 보내어 이를 혼합하는 방식으로 이 방식은 펌프 내로 포수용액이 유입되므로 펌프는 **포소화설비 전용**의 것으로 하여야 한다.
순환과정을 화살표로 나타내면 다음과 같다.

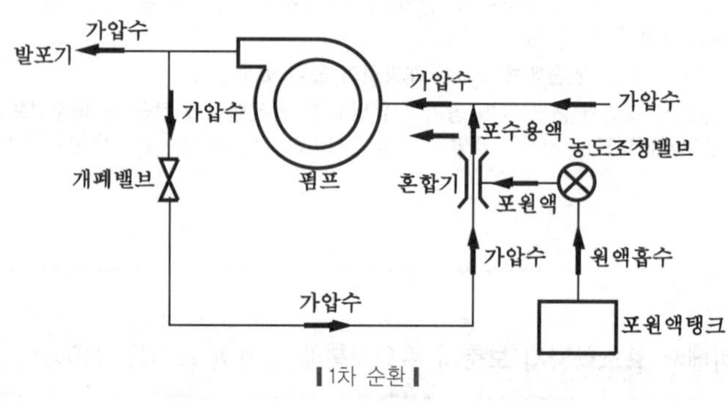


❙1차 순환❙

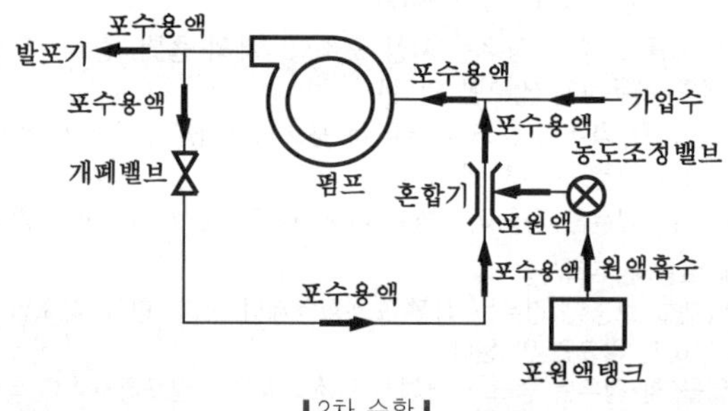


❙2차 순환❙

- **혼합기**(eductor) : '**흡입기**'라고도 부른다.
- **농도조정밸브**(metering valve) : '**계량밸브**'라고도 부른다.

★★★

## 문제 217

**그림은 포소화설비의 혼합장치 계통도이다. 다음 각 물음에 답하시오. (20점)**

㈎ 혼합방식의 종류를 쓰시오. (5점)

㈏ 기호(Ⓐ, Ⓑ, Ⓒ, ……)를 계통도의 적절한 위치에 삽입하여 상세 계통도를 작성하시오. (5점)

㈐ 일정 혼합비의 포수용액을 포방출구에 송액하는 경우의 조작순서를 쓰시오. (단, ㈏항의 계통도 기호를 이용할 것) (5점)

㈑ 이 혼합방식으로 펌프의 양수량을 결정하는 경우 특히 다른 방식과의 차이점을 설명하시오. (5점)

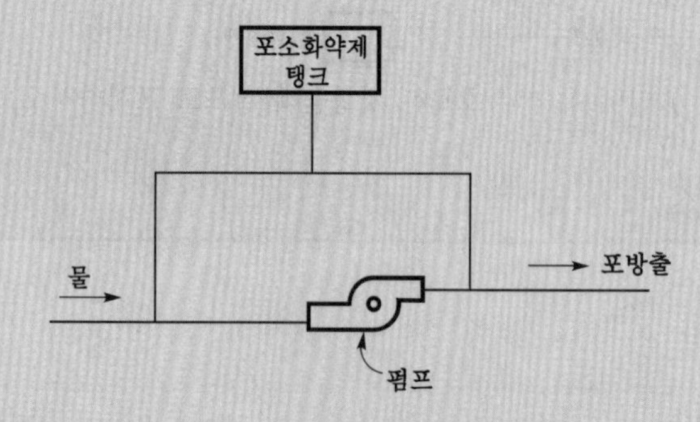


〔범례〕

Ⓐ ⊗ : 조절밸브
Ⓑ : 흡입기
Ⓒ : 토출밸브
Ⓓ : 분기밸브
Ⓔ : 포소화약제밸브
Ⓕ : 토출체크밸브
Ⓖ : 포소화약제 체크밸브
Ⓗ : 연성계
Ⓘ : 압력계

정답 (가) 펌프 프로포셔너방식

(나)

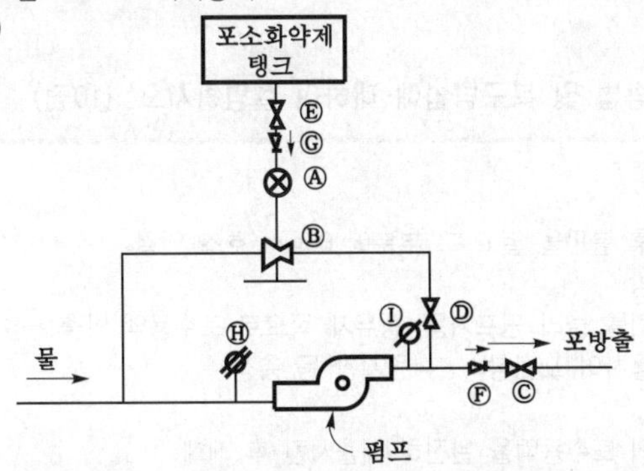


(다) 펌프를 통해 물이 흡입되면 Ⓗ와 Ⓘ를 통해 펌프 흡입측과 토출측의 압력을 측정하고, 펌프에서 토출된 물의 일부를 Ⓓ를 통해 보내고 Ⓔ와 Ⓖ를 거쳐서 유입된 포소화약제를 Ⓐ에서 조정하여 Ⓑ로 보내면 Ⓑ 포소화약제와 물을 혼합한 포수용액을 펌프 흡입측으로 보내면 Ⓕ와 Ⓒ를 거쳐서 일정 혼합비의 포수용액을 포방출구에 송액한다.

(라) 다른 방식은 펌프에서 토출된 물이 혼합기 등을 거쳐 모두 포방출구로 송액되지만, 이 방식은 물의 일부가 바이패스배관을 통해 다시 펌프 흡입측으로 유입된 후 포방출구로 송액된다.

해설 (가) 펌프에서 토출된 물의 일부를 되돌리는 **바이패스배관**이 있으므로 **펌프 프로포셔너방식**(pump proportioner type)이다.

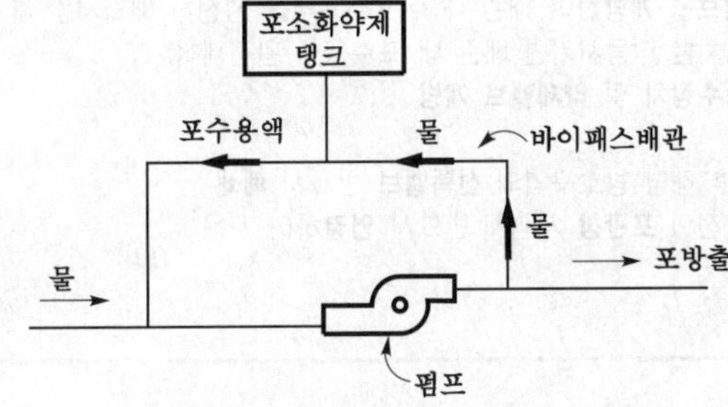


(나) 반드시 〔범례〕의 **심벌**(symbol)을 이용하여 답하며 심벌 옆에 **기호**를 꼭 쓸 것

(다) 〔단서〕의 〔조건〕에 의해 반드시 **기호**를 이용하여 답하여야 한다.

(라) **펌프 프로포셔너방식**(펌프혼합방식)은 펌프에서 토출된 물의 일부가 바이패스(bypass)배관을 통해 다시 펌프 흡입측으로 유입된 후 포방출구로 송액되므로 **소용량**의 **저장탱크용**으로 적합하며 **구조**가 비교적 **간단**하다.

중요

**포소화약제 혼합장치**의 **특징**

| 혼합방식 | 특 징 |
|---|---|
| 펌프 프로포셔너방식<br>(pump proportioner type) | ① 펌프는 포소화설비 전용의 것일 것<br>② 구조가 비교적 간단하다.<br>③ **소용량**의 **저장탱크용**으로 적당하다. |
| 라인 프로포셔너방식<br>(line proportioner type) | ① **구조**가 가장 **간단**하다.<br>② 압력강하의 우려가 있다. |
| 프레져 프로포셔너방식<br>(pressure proportioner type) | ① 방호대상물 가까이에 포원액탱크를 분산배치할 수 있다.<br>② 배관을 **소화전 · 살수배관**과 **겸용**할 수 있다.<br>③ 포원액탱크의 압력용기 사용에 따른 **설치비**가 **고가**이다. |
| 프레져사이드 프로포셔너방식<br>(pressure side proportioner type) | ① 고가의 포원액탱크 압력용기 사용이 불필요하다.<br>② **대용량**의 포소화설비에 적합하다.<br>③ 포원액탱크를 적재하는 **화학소방차**에 적합하다. |
| 압축공기포 믹싱챔버방식 | ① 포수용액에 공기를 강제로 주입시켜 **원거리 방수** 가능<br>② 물 사용량을 줄여 **수손피해 최소화** |

☆

## 문제 218

포소화설비 중 고정포방출설비의 점검방법 및 복구방법에 대하여 설명하시오. (10점)

정답 ① 점검방법
㉠ 고정포방출구의 점검구 개방 후 봉판을 열고 그 부분에 65mm 호스 연결
㉡ 해당 방호구역의 선택밸브 개방
㉢ 감시제어반에서 수동기동스위치를 눌러 펌프기동, 방유제 쪽으로 포수용액 방출
㉣ 포채집기 및 포콘테이너를 사용하여 포팽창비·환원시간 등 측정
② 복구방법
㉠ 배액밸브를 개방하여 배관 내의 포수용액을 완전히 배출시킨 후 폐쇄
㉡ 가압송수장치 및 약제밸브 개방

해설 **포소화설비**의 **고정포방출설비**

(1) **점검방법**(시험방법)
① 고정포방출구의 **점검구 개방** 후 봉판을 열고 그 부분에 **65mm 호스 연결**
② 해당 방호구역의 **선택밸브 개방**
③ 감시제어반에서 수동기동스위치를 눌러 **펌프기동**, 방유제 쪽으로 **포수용액 방출**
④ 포채집기 및 포콘테이너를 사용하여 **포팽창비·환원시간** 등 측정

(2) **복구방법**
① **배액밸브**를 **개방**하여 배관 내의 포수용액을 완전히 배출시킨 후 폐쇄(포원액 탱크의 약제밸브 폐쇄 후 가압송수장치를 작동시키면 배관 내 포수용액 완전세척)
② **가압송수장치** 및 **약제밸브 개방**

(3) **유의사항**
① 시험 후 해당 방호구역의 **선택밸브** 반드시 **폐쇄**
② 포소화전의 **포관창** 시험시 반드시 **연결**하여 사용

☆☆☆

## 문제 219

포소화설비 중 포헤드 및 포워터 스프링클러설비의 작동점검방법을 순차적으로 설명하시오. (10점)

정답 ① 2차측의 제어밸브 폐쇄
② 포원액 탱크의 약제밸브 폐쇄
③ 일제개방밸브는 다음 3가지 중 1가지를 채택하여 작동
㉠ 감지기 작동방식인 경우 수동기동스위치를 누르면 일제개방밸브 작동
㉡ 수동개방밸브를 개방하면 일제개방밸브 작동
㉢ 감시제어반에서 감지기의 동작시험에 의해 일제개방밸브 작동
④ 일제개방밸브 작동표시등·화재표시등이 점등되고 경보가 울린다.

해설 **포소화설비 포헤드 및 포워터 스프링클러설비**

(1) 점검방법(시험방법)
① **2차측**의 **제어밸브 폐쇄**
② **포원액 탱크**의 **약제밸브 폐쇄**
③ 일제개방밸브는 다음 3가지 중 1가지를 채택하여 작동시킨다.
㉠ 감지기 작동방식인 경우 **수동기동스위치**를 누르면 일제개방밸브 작동
㉡ **수동개방밸브**를 개방하면 일제개방밸브 작동
㉢ 감시제어반에서 **감지기**의 **동작시험**에 의해 일제개방밸브 작동
④ 일제개방밸브 **작동표시등·화재표시등**이 점등되고 경보가 울린다.

(2) **복구방법**

① 일제개방밸브의 **1차측 제어밸브** 폐쇄

② 감지기를 작동시켰으면 감시제어반의 **복구스위치**를 눌러 복구

③ 수동기동스위치를 누른 경우 수동기동스위치를 원상태로 복구

④ 일제개방밸브의 **1차측 제어밸브**를 서서히 개방하여 **일제개방밸브**의 **작동유무**를 확인하고, **2차측 제어밸브**를 **개방**하고 **배수밸브 폐쇄**

⑤ **배액밸브**를 **개방**하여 배관 내의 포수용액을 완전히 배출시킨 후 폐쇄(포원액 탱크의 약제밸브 폐쇄 후 가압송수장치를 작동시키면 배관 내 포수용액 완전세척)

☆

## 문제 220

「포소화설비의 화재안전기준」에 의거하여 차고 및 주차장에 호스릴포소화설비를 설치할 수 있는 조건 2가지를 쓰시오. (4점)

○

○

정답 ① 완전 개방된 옥상주차장 또는 고가 밑의 주차장 등으로서 주된 벽이 없고 기둥뿐이거나 주위가 위해방지용 철주 등으로 둘러싸인 부분

② 지상 1층으로서 방화구획되거나 지붕이 없는 부분

해설 **포소화설비**의 **화재안전기준**(NFPC 105 제4조, NFTC 105 2.1)

| **차**고·주차장의 부분에는 **호**스릴포소화설비 또는 포소화전설비를 설치할 수 있는 조건 | 항공기격납고의 호스릴포소화설비의 설치조건 |
|---|---|
| ① **완**전개방된 옥상주차장 또는 **고**가 밑의 주차장(주된 벽이 없고 기둥뿐이거나 주위가 위해방지용 철주 등으로 둘러싸인 부분)<br>② **지상 1층**으로서 지붕이 없는 차고·주차장<br>기억법 차호완고1 | 항공기격납고 바닥면적의 합계가 **1000m²** 이상이고 항공기의 격납위치가 한정되어 있는 경우에는 그 한정된 장소 외의 부분 |

## 문제 221

「포소화설비의 화재안전기준」에 의거하여 포소화설비 기동장치에 설치하는 자동경보장치의 설치기준 3가지를 쓰시오. (6점)

○

○

○

정답 ① 방사구역마다 일제개방밸브와 그 일제개방밸브의 작동 여부를 발신하는 발신부를 설치할 것. 이 경우 각 일제개방밸브에 설치되는 발신부 대신 1개층에 1개의 유수검지장치 설치 가능

② 상시 사람이 근무하고 있는 장소에 수신기를 설치하되, 수신기에는 폐쇄형 스프링클러헤드의 개방 또는 감지기의 작동여부를 알 수 있는 표시장치 설치

③ 하나의 소방대상물에 2 이상의 수신기를 설치하는 경우에는 수신기가 설치된 장소 상호간에 동시 통화가 가능한 설비를 할 것

해설 **포소화설비**의 **기동장치**에 **설치하는 자동경보장치**의 **설치기준**[포소화설비의 화재안전기준(NFPC 105 제11조 제③항, NFTC 105 2.8.3)]

(1) **방사구역**마다 일제개방밸브와 그 일제개방밸브의 작동 여부를 발신하는 **발**신부를 설치할 것. 이 경우 각 일제개방밸브에 설치되는 발신부 대신 **1개층**에 **1개**의 **유수검지장치**를 설치할 수 있다.

(2) 상시 사람이 근무하고 있는 장소에 **수신기**를 설치하되, 수신기에는 **폐쇄형 스프링클러헤드**의 개방 또는 감지기의 작동여부를 알 수 있는 **표시장치**를 설치할 것

(3) 하나의 소방대상물에 **2 이상**의 수신기를 설치하는 경우에는 수신기가 설치된 장소 상호간에 **동시 통화**가 가능한 설비를 할 것

기억법 방발 수동포자

★★

## 문제 222

「포소화설비의 화재안전기준」에 의거하여 포소화설비의 약제혼합방식 5가지를 쓰시오. (5점)

○
○
○
○
○

정답 ① 펌프 프로포셔너방식
② 라인 프로포셔너방식
③ 프레져 프로포셔너방식
④ 프레져사이드 프로포셔너방식
⑤ 압축공기포 믹싱챔버방식

해설 **포소화약제**의 **혼합장치**[포소화설비의 화재안전기준(NFPC 105 제3·9조 / NFTC 105 1.7, 2.6.1)]

(1) **펌프 프로포셔너방식**(펌프혼합방식) : 펌프의 토출관과 흡입관 사이의 배관 도중에 설치한 흡입기에 펌프에서 토출된 물의 일부를 보내고 **농도조정밸브**에서 조정된 포소화약제의 필요량을 포소화약제탱크에서 펌프흡입측으로 보내어 이를 혼합하는 방식으로 **Pump proportioner type**과 **Suction proportioner type**이 있다.

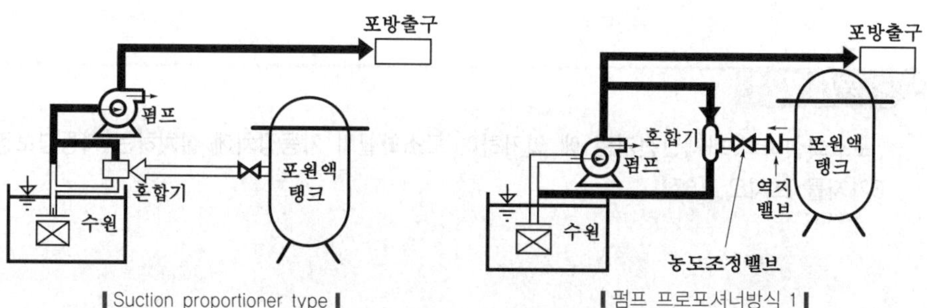


▎Suction proportioner type ▎　▎펌프 프로포셔너방식 1 ▎

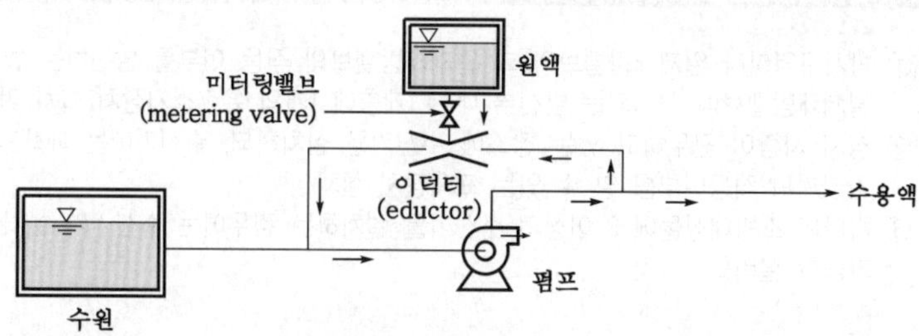


▎펌프 프로포셔너방식 2 ▎

(2) **라인 프로포셔너방식**(관로혼합방식) : 펌프와 발포기의 중간에 설치된 **벤투리관**의 벤투리작용에 의하여 포소화약제를 흡입·혼합하는 방식

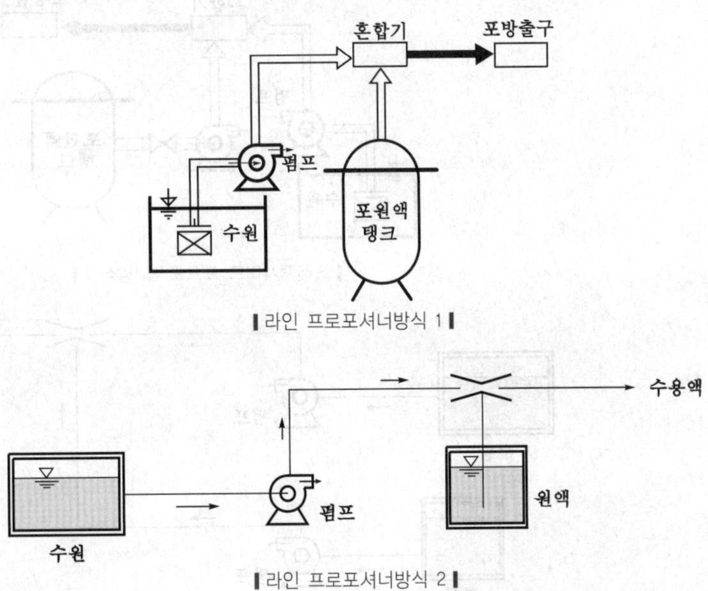


▎라인 프로포셔너방식 1▎

▎라인 프로포셔너방식 2▎

(3) **프레져 프로포셔너방식**(차압혼합방식) : 펌프와 발포기의 중간에 설치된 **벤투리관**의 벤투리작용과 **펌프가압수**의 포소화약제 저장탱크에 대한 압력에 의하여 포소화약제를 흡입·혼합하는 방식으로 **압송식**과 **압입식**이 있다.

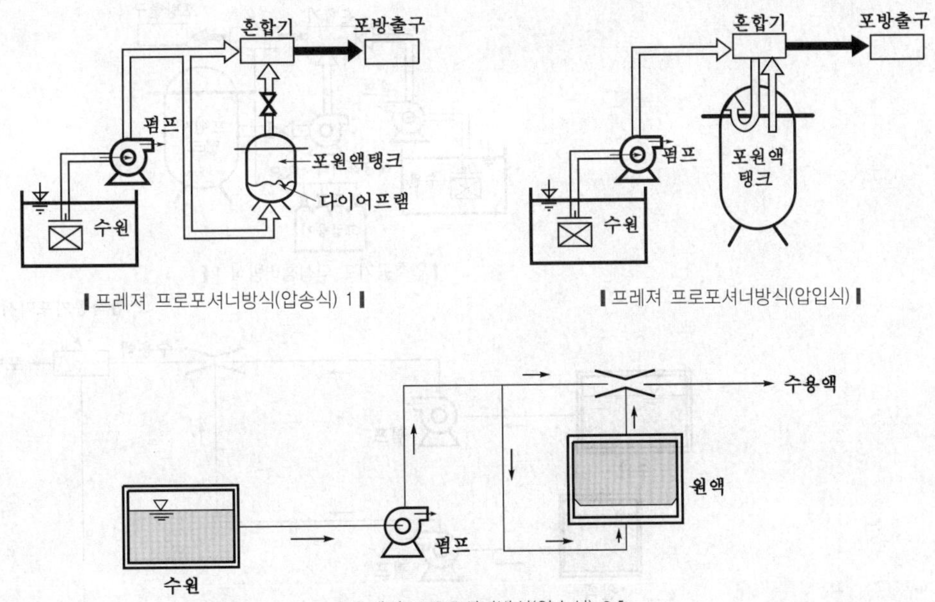


▎프레져 프로포셔너방식(압송식) 1▎

▎프레져 프로포셔너방식(압입식)▎

▎프레져 프로포셔너방식(압송식) 2▎

⑷ **프레져사이드 프로포셔너방식**(압입혼합방식) : 펌프의 토출관에 **압입기**를 설치하여 포소화약제 **압입용 펌프**로 포소화약제를 압입시켜 혼합하는 방식

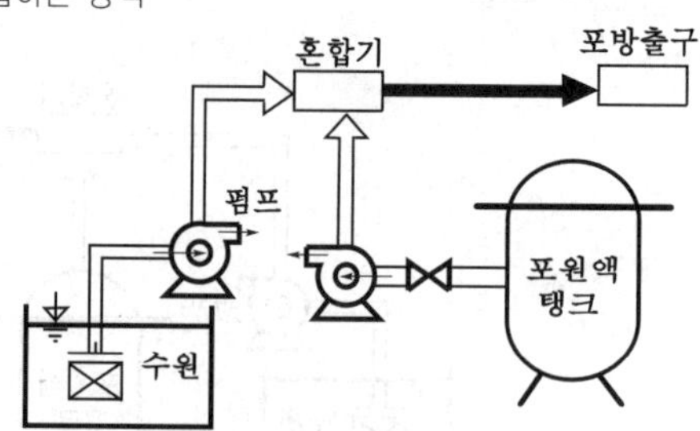


▌프레져사이드 프로포셔너방식 1▐

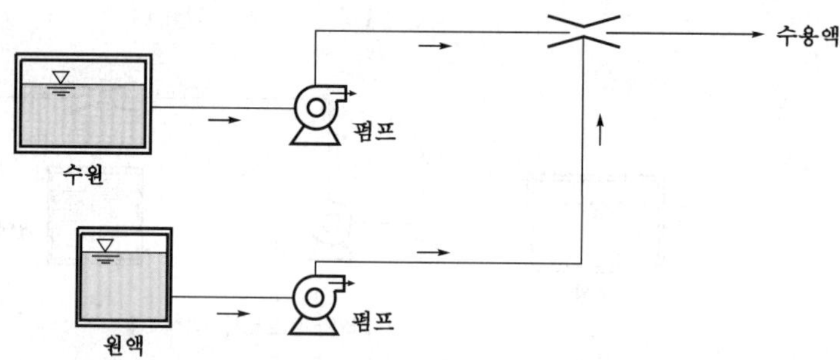


▌프레져사이드 프로포셔너방식 2▐

⑸ **압축공기포 믹싱챔버방식** : **압축공기** 또는 **압축질소**를 일정비율로 포수용액에 **강제 주입** 혼합하는 방식

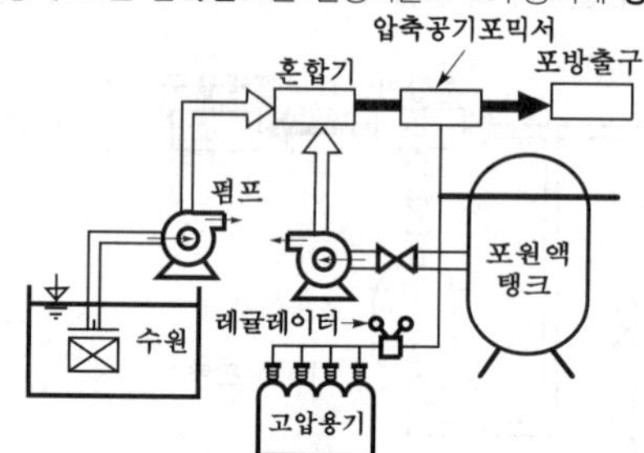


▌압축공기포 믹싱챔버방식 1▐

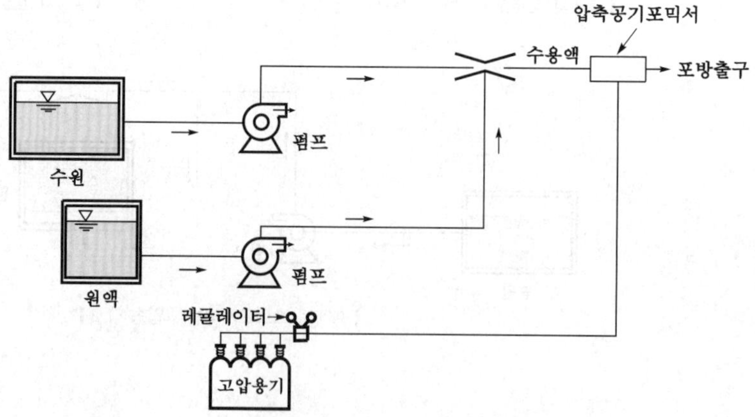


▌압축공기포 믹싱챔버방식 2▐

기억법 펌프사라압(**펌프사랑압**)



소방시설의 점검실무행정 종합문제 600제

☆☆
문제 223

「포소화설비의 화재안전기준」에 의거하여 포소화설비 혼합장치의 종류 5가지를 쓰고 설명하시오. (10점)

○
○
○
○
○

정답 ① 펌프 프로포셔너방식 : 펌프의 토출관과 흡입관 사이의 배관 도중에 설치한 흡입기에 펌프에서 토출된 물의 일부를 보내고 농도조정밸브에서 조정된 포소화약제의 필요량을 포소화약제탱크에서 펌프흡입측으로 보내어 이를 혼합하는 방식
② 라인 프로포셔너방식 : 펌프와 발포기의 중간에 설치된 벤투리관의 벤투리작용에 의하여 포소화약제를 흡입·혼합하는 방식
③ 프레져 프로포셔너방식 : 펌프와 발포기의 중간에 설치된 벤투리관의 벤투리작용과 펌프가압수의 포소화약제 저장탱크에 대한 압력에 의하여 포소화약제를 흡입·혼합하는 방식
④ 프레져사이드 프로포셔너방식 : 펌프의 토출관에 압입기를 설치하여 포소화약제 압입용 펌프로 포소화약제를 압입시켜 혼합하는 방식
⑤ 압축공기포 믹싱챔버방식 : 압축공기 또는 압축질소를 일정비율로 포수용액에 강제 주입·혼합하는 방식

해설 문제 222 참조

문제 224

소방시설 자체점검사항 등에 관한 고시 중 소방시설외관점검표에 의한 (간이)스프링클러설비, 물분무소화설비, 미분무소화설비, 포소화설비의 배관의 외관점검내용 4가지를 쓰시오. (4점)

○
○
○
○

정답 ① 급수배관 개폐밸브 설치(개폐표시형, 흡입측 버터플라이 제외) 적정 여부
② 준비작동식 유수검지장치 및 일제개방밸브 2차측 배관 부대설비 설치 적정
③ 유수검지장치 시험장치 설치 적정(설치위치, 배관구경, 개폐밸브 및 개방형 헤드, 물받이통 및 배수관) 여부
④ 다른 설비의 배관과의 구분상태 적정 여부

해설 **(간이)스프링클러설비, 물분무소화설비, 미분무소화설비, 포소화설비**의 **외관점검**(소방시설 자체점검사항 등에 관한 고시 〔서식 6〕 소방시설외관점검표 중 3호)

| 구 분 | 점검내용 |
|---|---|
| 수원 | ① 주된수원의 **유효수량** 적정 여부(겸용설비 포함)<br>② **보조수원**(옥상)의 유효수량 적정 여부<br>③ **수조 표시** 설치상태 적정 여부 |
| 저장탱크<br>(포소화설비) | 포소화약제 **저장량**의 적정 여부 |
| 가압송수장치 | 펌프 흡입측 **연성계**·**진공계** 및 토출측 **압력계** 등 부속장치의 변형·손상 유무 |
| 유수검지장치 | 유수검지장치실 설치 적정(**실내** 또는 **구획**, **출입문 크기**, **표지**) 여부 |

| | |
|---|---|
| 배관 | ① 급수배관 개폐밸브 설치(**개폐표시형, 흡입측 버터플라이** 제외) 적정 여부<br>② **준비작동식** 유수검지장치 및 **일제개방밸브** 2차측 배관 부대설비 설치 적정<br>③ 유수검지장치 시험장치 설치 적정(설치위치, 배관구경, 개폐밸브 및 개방형 헤드, 물받이통 및 배수관) 여부<br>④ 다른 설비의 배관과의 **구분**상태 적정 여부 |
| 기동장치 | **수동조작함**(설치높이, 표시등) 설치 적정 여부 |
| 제어밸브 등 (물분무소화설비) | 제어밸브 **설치위치** 적정 및 표지 설치 여부 |
| 배수설비 (물분무소화설비가 설치된 차고 · 주차장) | 배수설비(배수구, 기름분리장치 등) **설치** 적정 여부 |
| 헤드 | 헤드의 **변형 · 손상** 유무 및 살수장애 여부 |
| 호스릴방식 (미분무소화설비, 포소화설비) | **소화약제저장용기** 근처 및 호스릴함 위치표시등 정상 점등 및 표지 설치 여부 |
| 송수구 | 송수구 설치장소 적정 여부(소방차가 쉽게 접근할 수 있는 장소) |
| 제어반 | 펌프별 **자동 · 수동 전환스위치 정상**위치에 있는지 여부 |

비교

**이산화탄소, 할론소화설비, 할로겐화합물 및 불활성기체 소화설비, 분말소화설비**의 **외관점검**(소방시설 자체점검사항 등에 관한 고시 [서식 6] 소방시설외관점검표 중 4호)

| 구 분 | 점검내용 |
|---|---|
| 저장용기 | ① **설치장소** 적정 및 관리 여부<br>② 저장용기 설치장소 표지 설치 여부<br>③ **소화약제 저장량** 적정 여부 |
| 기동장치 | 기동장치 설치 적정(출입구 부근 등, 높이 보호장치, 표지 전원표시등) 여부 |
| 배관 등 | 배관의 **변형 · 손상** 유무 |
| 분사헤드 | 분사헤드의 변형 · 손상 유무 |
| 호스릴방식 | 소화약제저장용기의 **위치표시등** 정상 점등 및 표지 설치 여부 |
| 안전시설 등 (이산화탄소 소화설비) | ① 방호구역 출입구 부근 잘 보이는 장소에 소화약제방출 **위험경고표지** 부착 여부<br>② 방호구역 출입구 외부 인근에 **공기호흡기** 설치 여부 |

☆☆ 문제 225

**포소화설비 가압송수장치 중 펌프방식의 작동점검항목에 대하여 4가지를 쓰시오. (4점)**

ㅇ

ㅇ

ㅇ

ㅇ

정답 ① 성능시험배관을 통한 펌프성능시험 적정 여부
② 펌프 흡입측 연성계·진공계 및 토출측 압력계 등 부속장치의 변형·손상 유무
③ 내연기관방식의 펌프 설치 적정(정상기동(기동장치 및 제어반) 여부, 축전지상태, 연료량) 여부
④ 가압송수장치의 "포소화설비펌프" 표지 설치 여부 또는 다른 소화설비와 겸용시 겸용 설비 이름 표시 부착 여부

해설 **소방시설 자체점검사항 등에 관한 고시 〔별지 제4호 서식〕**
**포소화설비의 작동점검**

| 구 분 | | 점검항목 |
|---|---|---|
| 수원 | | 수원의 유효수량 적정 여부(겸용 설비 포함) |
| 수조 | | ① 수위계 설치 또는 수위 확인 가능 여부<br>② "**포소화설비용 수조**" 표지 설치 여부 및 설치상태 |
| 가압송수장치 | 펌프방식 | ① 성능시험배관을 통한 펌프성능시험 적정 여부<br>② 펌프 흡입측 **연성계·진공계** 및 **토출측 압력계** 등 부속장치의 변형·손상 유무<br>③ 내연기관방식의 펌프 설치 적정(정상기동(기동장치 및 제어반) 여부, 축전지상태, 연료량) 여부<br>④ 가압송수장치의 "**포소화설비펌프**" 표지 설치 여부 또는 다른 소화설비와 겸용시 겸용 설비 이름 표시 부착 여부 |
| | 고가수조방식 | **수위계·배수관·급수관·오버플로관·맨홀** 등 부속장치의 변형·손상 유무 |
| | 압력수조방식 | **수위계·급수관·급기관·압력계·안전장치·공기압축기** 등 부속장치의 변형·손상 유무 |
| | 가압수조방식 | **수위계·급수관·배수관·급기관·압력계** 등 부속장치의 변형·손상 유무 |
| 배관 등 | | ① 급수배관 개폐밸브 설치(개폐표시형, 흡입측 버터플라이 제외) 적정 여부<br>② 급수배관 개폐밸브 **작동표시스위치** 설치 적정(제어반 표시 및 경보, 스위치 동작 및 도통시험, 전기배선 종류) 여부 |
| 송수구 | | ① **설치장소** 적정 여부<br>② 송수압력범위 표시 표지 설치 여부<br>③ 송수구 **마개** 설치 여부 |
| 저장탱크 | | 포소화약제 저장량의 적정 여부 |
| 개방밸브 | | ① 자동개방밸브 설치 및 화재감지장치의 작동에 따라 자동으로 개방되는지 여부<br>② 수동식 개방밸브 적정 설치 및 작동 여부 |
| 기동장치 | 수동식 기동장치 | ① 직접·원격조작 가압송수장치·**수동식 개방밸브**·소화약제 혼합장치 기동 여부<br>② 기동장치 조작부 및 호스접결구 인근 "**기동장치의 조작부**" 및 "**접결구**" 표지 설치 여부 |
| | 자동식 기동장치 | **화재감지기** 또는 폐쇄형 스프링클러헤드의 개방과 연동하여 가압송수장치·일제개방밸브 및 포소화약제 혼합장치 기동 여부 |
| | 자동경보장치 | ① 방사구역마다 **발신부**(또는 층별 유수검지장치) 설치 여부<br>② 수신기는 설치장소 및 헤드 개방·감지기 작동 표시장치 설치 여부 |
| 포헤드 및 고정포방출구 | 포헤드 | ① 헤드의 **변형·손상** 유무<br>② 헤드**수량** 및 **위치** 적정 여부<br>③ 헤드 살수장애 여부 |
| | 호스릴 포소화설비 및 포소화전설비 | ① 방수구와 호스릴함 또는 호스함 사이의 거리 적정 여부<br>② 호스릴함 또는 호스함 설치높이, 표지 및 위치표시등 설치 여부 |
| | 전역방출방식의 고발포용 고정포방출구 | ① 개구부 자동폐쇄장치 설치 여부<br>② 고정포방출구 설치위치(높이) 적정 여부 |
| 전원 | | ① 자가발전설비인 경우 연료적정량 보유 여부<br>② 자가발전설비인 경우 「전기사업법」에 따른 정기점검 결과 확인 |
| 제어반 | 감시제어반 | ① 펌프 작동 여부 확인**표시등** 및 **음향경보장치** 정상작동 여부<br>② 펌프별 자동·수동 전환스위치 정상작동 여부<br>③ 각 확인회로별 **도통시험** 및 **작동시험** 정상작동 여부<br>④ 예비전원 확보 유무 및 시험 적합 여부 |
| | 동력제어반 | 앞면은 **적색**으로 하고, "**포소화설비용 동력제어반**" 표지 설치 여부 |
| 비고 | | ※ 특정소방대상물의 위치·구조·용도 및 소방시설의 상황 등이 이 표의 항목대로 기재하기 곤란하거나 이 표에서 누락된 사항을 기재한다. |

★★★

## 문제 226

소방시설 종합점검표에서 포소화설비의 저장탱크 점검항목 4가지를 쓰시오. (14점)

○

○

○

○

**정답** ① 포약제 변질 여부
② 액면계 또는 계량봉 설치상태 및 저장량 적정 여부
③ 그라스게이지 설치 여부(가압식이 아닌 경우)
④ 포소화약제 저장량의 적정 여부

**해설** **소방시설 자체점검사항 등에 관한 고시 〔별지 제4호 서식〕**
**포소화설비 종합점검**

| 구 분 | | 점검항목 |
|---|---|---|
| 종류 및 적응성 | | ● 특정소방대상물별 포소화설비 종류 및 적응성 적정 여부 |
| 수원 | | 수원의 **유효수량** 적정 여부(겸용 설비 포함) |
| 수조 | | ❶ **동결방지조치** 상태 적정 여부<br>② 수위계 설치 또는 수위 확인 가능 여부<br>❸ 수조 외측 **고정사다리** 설치 여부(바닥보다 낮은 경우 제외)<br>❹ 실내 설치시 **조명설비** 설치 여부<br>⑤ **"포소화설비용 수조"** 표지 설치 여부 및 설치상태<br>❻ 다른 소화설비와 **겸용**시 겸용 설비의 이름 표시한 표지 설치 여부<br>❼ **수조-수직배관** 접속부분 **"포소화설비용 배관"** 표지 설치 여부 |
| 가압송수장치 | 펌프방식 | ❶ **동결방지조치** 상태 적정 여부<br>② **성능시험배관**을 통한 펌프성능시험 적정 여부<br>❸ 다른 소화설비와 겸용인 경우 펌프성능 확보 가능 여부<br>④ 펌프 흡입측 **연성계·진공계** 및 **토출측 압력계** 등 부속장치의 변형·손상 유무<br>❺ 기동장치 적정 설치 및 기동압력 설정 적정 여부<br>❻ 물올림장치 설치 적정(전용 여부, 유효수량, 배관구경, 자동급수) 여부<br>❼ **충압펌프** 설치 적정(토출압력, 정격토출량) 여부<br>⑧ 내연기관방식의 펌프 설치 적정(정상기동(기동장치 및 제어반) 여부, 축전지상태, 연료량) 여부<br>⑨ 가압송수장치의 **"포소화설비펌프"** 표지 설치 여부 또는 다른 소화설비와 겸용시 겸용 설비 이름 표시 부착 여부 |
| | 고가수조방식 | **수위계·배수관·급수관·오버플로관·맨홀** 등 부속장치의 변형·손상 유무 |
| | 압력수조방식 | ❶ 압력수조의 압력 적정 여부<br>② **수위계·급수관·급기관·압력계·안전장치·공기압축기** 등 부속장치의 변형·손상 유무 |
| | 가압수조방식 | ❶ 가압수조 및 가압원 설치장소의 방화구획 여부<br>② **수위계·급수관·배수관·급기관·압력계** 등 부속장치의 변형·손상 유무 |
| 배관 등 | | ❶ **송액관 기울기** 및 **배액밸브** 설치 적정 여부<br>❷ 펌프의 흡입측 배관 **여과장치**의 상태 확인<br>❸ 성능시험배관 설치(개폐밸브, 유량조절밸브, 유량측정장치) 적정 여부<br>❹ **순환배관** 설치(설치위치·배관구경, 릴리프밸브 개방압력) 적정 여부<br>❺ **동결방지조치** 상태 적정 여부<br>⑥ 급수배관 개폐밸브 설치(개폐표시형, 흡입측 버터플라이 제외) 적정 여부<br>⑦ 급수배관 개폐밸브 작동표시스위치 설치 적정(제어반 표시 및 경보, 스위치 동작 및 도통시험, 전기배선 종류) 여부<br>❽ 다른 설비의 배관과의 구분 상태 적정 여부 |

| 구분 | | 점검항목 |
|---|---|---|
| 송수구 | | ① 설치장소 적정 여부<br>❷ 연결배관에 개폐밸브를 설치한 경우 개폐상태 확인 및 조작가능 여부<br>❸ 송수구 설치높이 및 구경 적정 여부<br>④ 송수압력범위 표시 표지 설치 여부<br>❺ 송수구 설치개수 적정 여부<br>❻ **자동배수밸브**(또는 배수공)·**체크밸브** 설치 여부 및 설치상태 적정 여부<br>⑦ 송수구 **마개** 설치 여부 |
| 저장탱크 | | ❶ **포약제 변질** 여부<br>❷ **액면계** 또는 **계량봉** 설치상태 및 저장량 적정 여부<br>❸ **그라스게이지** 설치 여부(가압식이 아닌 경우)<br>④ 포소화약제 저장량의 적정 여부 |
| 개방밸브 | | ① **자동개방밸브** 설치 및 **화재감지장치**의 작동에 따라 자동으로 개방되는지 여부<br>② 수동식 개방밸브 적정 설치 및 작동 여부 |
| 기동장치 | 수동식 기동장치 | ① **직접·원격조작 가압송수장치**·수동식 개방밸브·소화약제 혼합장치 기동 여부<br>❷ 기동장치 조작부의 **접근성 확보**, **설치높이**, **보호장치** 설치 적정 여부<br>③ 기동장치 조작부 및 호스접결구 인근 **"기동장치의 조작부"** 및 **"접결구"** 표지 설치 여부<br>❹ 수동식 기동장치 **설치개수** 적정 여부 |
| | 자동식 기동장치 | ① **화재감지기** 또는 **폐쇄형 스프링클러헤드**의 개방과 연동하여 가압송수장치·일제개방밸브 및 포소화약제 혼합장치 기동 여부<br>❷ **폐쇄형 스프링클러헤드** 설치 적정 여부<br>❸ **화재감지기** 및 **발신기** 설치 적정 여부<br>❹ **동결 우려** 장소 자동식 기동장치 자동화재탐지설비 연동 여부 |
| | 자동경보장치 | ① 방사구역마다 발신부(또는 층별 유수검지장치) 설치 여부<br>② 수신기는 설치장소 및 헤드 개방·감지기 작동 표시장치 설치 여부<br>❸ **2 이상 수신기** 설치시 수신기 간 상호 동시 통화 가능 여부 |
| 포헤드 및 고정포방출구 | 포헤드 | ① 헤드의 변형·손상 유무<br>② 헤드수량 및 위치 적정 여부<br>③ 헤드 살수장애 여부 |
| | 호스릴 포소화설비 및 포소화전설비 | ① 방수구와 호스릴함 또는 호스함 사이의 거리 적정 여부<br>② **호스릴함** 또는 **호스함 설치높이**, 표지 및 위치표시등 설치 여부<br>❸ 방수구 설치 및 호스릴·호스 길이 적정 여부 |
| | 전역방출방식의 고발포용 고정포방출구 | ① **개구부 자동폐쇄장치** 설치 여부<br>❷ 방호구역의 **관포체적**에 대한 포수용액 방출량 적정 여부<br>❸ 고정포방출구 **설치개수** 적정 여부<br>④ 고정포방출구 **설치위치**(높이) 적정 여부 |
| | 국소방출방식의 고발포용 고정방출구 | ❶ 방호대상물 범위 설정 적정 여부<br>❷ 방호대상물별 방호면적에 대한 포수용액 방출량 적정 여부 |
| 전원 | | ❶ 대상물 수전방식에 따른 **상용전원** 적정 여부<br>❷ 비상전원 설치장소 적정 및 관리 여부<br>③ 자가발전설비인 경우 **연료적정량** 보유 여부<br>④ 자가발전설비인 경우 「전기사업법」에 따른 **정기점검** 결과 확인 |
| 제어반 | | ● 겸용 감시·동력 제어반 성능 적정 여부(겸용으로 설치된 경우) |
| | 감시제어반 | ① 펌프 작동 여부 확인**표시등** 및 **음향경보장치** 정상작동 여부<br>② 펌프별 **자동·수동 전환스위치** 정상작동 여부<br>❸ 펌프별 수동기동 및 수동중단 기능 정상작동 여부<br>❹ 상용전원 및 비상전원 공급 확인 가능 여부(비상전원 있는 경우)<br>❺ 수조·물올림수조 저수위**표시등** 및 **음향경보장치** 정상작동 여부<br>⑥ 각 확인회로별 **도통시험** 및 **작동시험** 정상작동 여부<br>⑦ 예비전원 확보 유무 및 시험 적합 여부<br>❽ 감시제어반 전용실 적정 설치 및 관리 여부<br>❾ 기계·기구 또는 시설 등 제어 및 감시설비 외 설치 여부 |

| 제어반 | 동력제어반 | 앞면은 **적색**으로 하고, **"포소화설비용 동력제어반"** 표지 설치 여부 |
|---|---|---|
| | 발전기제어반 | ● 소방전원보존형 발전기는 이를 식별할 수 있는 표지 설치 여부 |
| 비고 | ※ 특정소방대상물의 위치·구조·용도 및 소방시설의 상황 등이 이 표의 항목대로 기재하기 곤란하거나 이 표에서 누락된 사항을 기재한다. | |

※ "●"는 종합점검의 경우에만 해당

☆

### 문제 227

**포소화설비의 고정포방출구 시험방법에 대하여 설명하시오. (10점)**

정답 ① 고정포방출구 상부에 곡관을 붙이고 곡관에 슈트를 설치하여 포수용액을 방사하여 수집통에 수집·방사량·포의 팽창비 등 측정
② 수직배관의 스트레이너 출구측에 압력계를 설치하여 유입압력 측정
③ 하나의 탱크에 2개 이상의 방출구가 설치된 경우 동시에 방출하고 수집통은 1개소만 설치
④ 위의 시험방법이 곤란한 경우, 송액관 수직배관 중 플렉시블 조인트 및 스트레이너 상부에 노즐을 접속·방수하여 방수압 측정

해설 **포소화설비 고정포방출구**의 **시험방법 점검요령**

(1) 고정포방출구 상부에 곡관을 붙이고 곡관에 슈트를 설치하여 **포수용액**을 **방사**하여 수집통에 **수집·방사량·포**의 **팽창비** 등 **측정**
(2) 수직배관의 스트레이너 출구측에 **압력계**를 설치하여 **유입압력 측정**
(3) 하나의 탱크에 2개 이상의 방출구가 설치된 경우 동시에 방출하고 **수집통**은 **1개소**만 설치
(4) 위의 시험방법이 곤란한 경우, 송액관 수직배관 중 플렉시블 조인트 및 스트레이너 상부에 노즐을 접속·방수하여 **방수압** 측정

☆☆

### 문제 228

**포소화설비의 점검기구 4가지를 쓰시오. (단, 모든 소방시설을 포함할 것) (8점)**

○
○
○
○

정답 ① 헤드결합렌치
② 방수압력측정계
③ 절연저항계
④ 전류전압측정계

해설 **포소화설비**의 **점검기구 사용법**

| 소방시설 | 장 비 |
|---|---|
| • 스프링클러설비<br>• 포소화설비 | • 헤드결합렌치<br>• 방수압력측정계<br>• 절연저항계(절연저항측정기)<br>• 전류전압측정계 |

(1) **헤드결합렌치**

| 구 분 | 설 명 |
|---|---|
| 용도 | 포소화설비의 **헤드**를 **설치**하거나 **배관**에서 분리하는 데 **사용**하는 기구 |
| 주의사항 | ① 헤드의 나사부분이 손상되지 않도록 한다.<br>② 감열부 또는 반사판에 무리한 힘이 가하지 않도록 한다. |

(2) **방수압력 측정계**(pitot gauge)

| 구 분 | 설 명 |
|---|---|
| 용도 | 포소화설비의 **방수압력** 및 **방수량 측정**기구 |
| 사용법 | ① 측정하고자 하는 층의 포소화전 방수구를 모두 개방시켜 놓는다.<br>② 노즐선단에 노즐구경의 $\frac{1}{2}$ 떨어진 지점에서 노즐선단과 수평되게 방수압력 측정계를 설치하여 눈금을 읽는다.<br>③ 방수량은 다음 공식에 대입한다.<br>$Q=0.653D^2\sqrt{10P}$<br>여기서, $Q$ : 방수량[L/min], $D$ : 노즐구경[mm], $P$ : 방수압력[MPa] |

(3) **절연저항계**(megger)

<table>
<tr><th>구 분</th><th colspan="2">설 명</th></tr>
<tr><td rowspan="6">용도</td><td colspan="2">절연저항 측정기구</td></tr>
<tr><td>사용전압</td><td>절연저항값</td></tr>
<tr><td>150V 이하</td><td>0.1MΩ 이상</td></tr>
<tr><td>150V 초과 300V 이하</td><td>0.2MΩ 이상</td></tr>
<tr><td>300V 초과 400V 미만</td><td>0.3MΩ 이상</td></tr>
<tr><td>400V 이상</td><td>0.4MΩ 이상</td></tr>
<tr><td>사용법</td><td colspan="2">① 절연저항계의 접지단자 및 라인단자에 리드선 접속<br>② 내장 전지시험 및 0점 조정<br>③ 접지단자는 접지측에, 라인단자는 라인측에 접속<br>④ 스위치를 눌러 절연저항값 읽음</td></tr>
<tr><td>주의사항</td><td colspan="2">저압선로는 500V용, 고압선로는 1000V 또는 2000V용 절연저항계 사용</td></tr>
</table>

(4) **전류전압 측정계**

<table>
<tr><th colspan="2">구 분</th><th>설 명</th></tr>
<tr><td colspan="2">용도</td><td>약전류 회로의 전압 · 전류 · 저항 측정기구</td></tr>
<tr><td rowspan="3">사용법</td><td>교류전류 측정</td><td>① 레인지 스위치를 전류의 최대눈금에 맞춘다.<br>② 전선 중 1선만 코어의 중앙부에 삽입한다.<br>③ 레인지 스위치를 한단씩 내려서 읽기 쉬운 곳을 찾는다.<br>④ 육안으로 읽기 어려운 곳에서 측정하는 경우는 미터락(meter lock)을 고정시킨다.</td></tr>
<tr><td>교류전압 · 직류전압 측정</td><td>① 레인지 스위치를 교류전압 또는 직류전압의 최대눈금에 맞춘다.<br>② 리드선을 공통단자와 Volt 측정단자에 삽입시킨다.<br>③ 두 리드선을 측정부에 접촉시킨다.<br>④ 레인지 스위치를 한단씩 내려서 읽기 쉬운 곳을 찾는다.<br>⑤ 육안으로 읽기 어려운 곳에서 측정하는 경우는 미터락(meter lock)을 고정시킨다.</td></tr>
<tr><td>저항 측정</td><td>① 레인지 스위치를 Ω의 최대눈금에 맞춘다.<br>② 리드선을 공통단자와 Ω측정단자에 삽입시킨다.<br>③ 두 리드선을 측정부에 접촉시킨다.<br>④ 레인지 스위치를 한단씩 내려서 읽기 쉬운 곳을 찾는다.<br>⑤ 육안으로 읽기 어려운 곳에서 측정하는 경우는 미터락(meter lock)을 고정시킨다.</td></tr>
</table>

☆☆

## 문제 229

포소화설비에서 수조의 종합점검항목 7가지를 쓰시오. (7점)

○
○
○
○
○
○
○

정답 ① 동결방지조치 상태 적정 여부
② 수위계 설치 또는 수위 확인 가능 여부
③ 수조 외측 고정사다리 설치 여부(바닥보다 낮은 경우 제외)
④ 실내 설치시 조명설비 설치 여부
⑤ "포소화설비용 수조" 표지 설치 여부 및 설치상태
⑥ 다른 소화설비와 겸용시 겸용 설비의 이름 표시한 표지 설치 여부
⑦ 수조-수직배관 접속부분 "포소화설비용 배관" 표지 설치 여부

해설 **문제 226 참조**

☆☆

## 문제 230

포소화설비에서 송수구의 종합점검항목 7가지를 쓰시오. (7점)

○
○
○
○
○
○
○

정답 ① 설치장소 적정 여부
② 연결배관에 개폐밸브를 설치한 경우 개폐상태 확인 및 조작 가능 여부
③ 송수구 설치높이 및 구경 적정 여부
④ 송수압력범위 표시 표지 설치 여부
⑤ 송수구 설치개수 적정 여부
⑥ 자동배수밸브(또는 배수공)·체크밸브 설치 여부 및 설치상태 적정 여부
⑦ 송수구 마개 설치 여부

해설 **문제 226 참조**

# 6 물분무소화설비 · 미분무소화설비

☆☆☆
## 문제 231

물분무소화설비의 소화효과를 4가지만 쓰시오. (4점)
○
○
○
○

정답 ① 질식효과
② 냉각효과
③ 유화효과
④ 희석효과

해설 **물분무소화설비**의 **소화효과**

| 소화효과 | 설 명 |
|---|---|
| 질식효과 | 공기 중의 산소농도를 **16%**(10~15%) 이하로 희박하게 하는 방법 |
| 냉각효과 | **점화원**을 **냉각**시키는 방법 |
| 유화효과 | 유류표면에 **유화층**의 막을 형성시켜 공기의 접촉을 막는 방법 |
| 희석효과 | 고체 · 기체 · 액체에서 나오는 **분해가스**나 **증기**의 **농도**를 낮추어 연소를 중지시키는 방법 |

중요

**주된 소화효과**

| 소화설비 | 소화효과 |
|---|---|
| • 포소화설비<br>• 분말소화설비<br>• 이산화탄소 소화설비 | 질식소화 |
| • 물분무소화설비 | 냉각소화 |
| • 할론소화설비 | 화학소화(부촉매효과) |

☆☆

## 문제 232

「물분무소화설비의 화재안전기준」에 의거하여 물분무소화설비에 대한 다음의 물음에 답하시오. (6점)
(가) 제어밸브의 설치위치 (2점)
(나) 자동식 기동장치의 기동방식 2가지 (2점)
○
○
(다) 송수구의 설치위치 (2점)

정답 (가) 바닥으로부터 0.8m 이상 1.5m 이하
(나) ① 화재감지기의 작동방식
② 폐쇄형 스프링클러헤드의 개방방식
(다) 지면으로부터 0.5m 이상 1m 이하

해설 (가) **제어밸브**의 **설치위치**[물분무소화설비의 화재안전기준(NFPC 104 제9조, NFTC 104 2.6.1.1)]
바닥으로부터 **0.8~1.5m** 이하의 위치에 설치한다.

▎소방기계시설의 설치높이▎

| 0.5~1m 이하 | 0.8~1.5m 이하 | 1.5m 이하 |
|---|---|---|
| ① **연**결송수관설비의 송수구[연결송수관설비의 화재안전기준(NFPC 502 제4조, NFTC 502 2.1.1.2)]<br>② **연**결살수설비의 송수구[연결살수설비의 화재안전기준(NFPC 503 제4조, NFTC 503 2.1.1.5)]<br>③ **소**화**용**수설비의 채수구[소화수조 및 저수조의 화재안전기준(NFPC 402 제4조, NFTC 402 2.1.3.2.2)]<br>기억법 **연소용 51(연소용 오일은 잘 탄다.)** | ① **제**어밸브(일제개방밸브 · 개폐표시형 밸브 · 수동조작부)[스프링클러설비의 화재안전기준(NFPC 103 제15조, NFTC 103 2.12.2.2)]<br>② **유**수검지장치[스프링클러설비의 화재안전기준(NFPC 103 제6조, NFTC 103 2.3.1.4)]<br>기억법 **제유 85(제가 유일하게 팔았어요.)** | ① **옥내**소화전설비의 방수구[옥내소화전설비의 화재안전기준(NFPC 102 제7조, NFTC 102 2.4.2.2)]<br>② **호**스릴함[포소화설비의 화재안전기준(NFPC 105 제12조, NFTC 105 2.9.3.4)]<br>③ **소**화기구[소화기구 및 자동소화장치의 화재안전기준(NFPC 101 제4조, NFTC 101 2.1.1.6)]<br>기억법 **옥내호스 5(옥내에서 호스하시오.)** |

(나) **물분무소화설비 · 포소화설비 자동식 기동장치**의 **기동방식**
① 화재감지기 작동방식
② 폐쇄형 스프링클러헤드 개방방식

중요

**물분무소화설비**의 **소화효과**

| 소화효과 | 설 명 |
|---|---|
| 질식효과 | 공기 중의 산소농도를 **16%**(10~15%) 이하로 희박하게 하는 방법 |
| 냉각효과 | **점화원**을 **냉각**시키는 방법 |
| 유화효과 | 유류표면에 **유화층**의 막을 형성시켜 공기의 접촉을 막는 방법 |
| 희석효과 | 고체 · 기체 · 액체에서 나오는 **분해가스**나 **증기**의 **농도**를 낮추어 연소를 중지시키는 방법 |

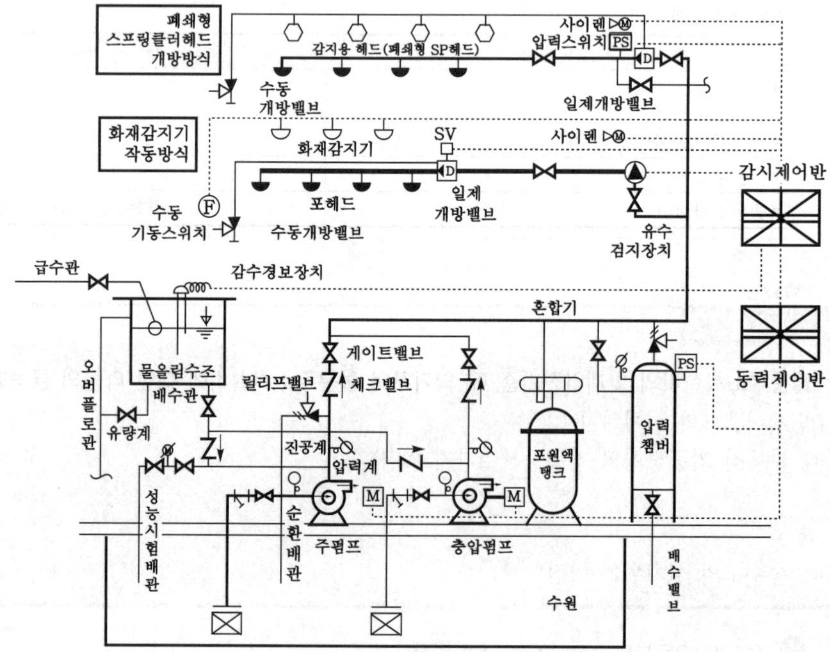


▎포소화설비의 자동식 기동장치의 기동방식▎

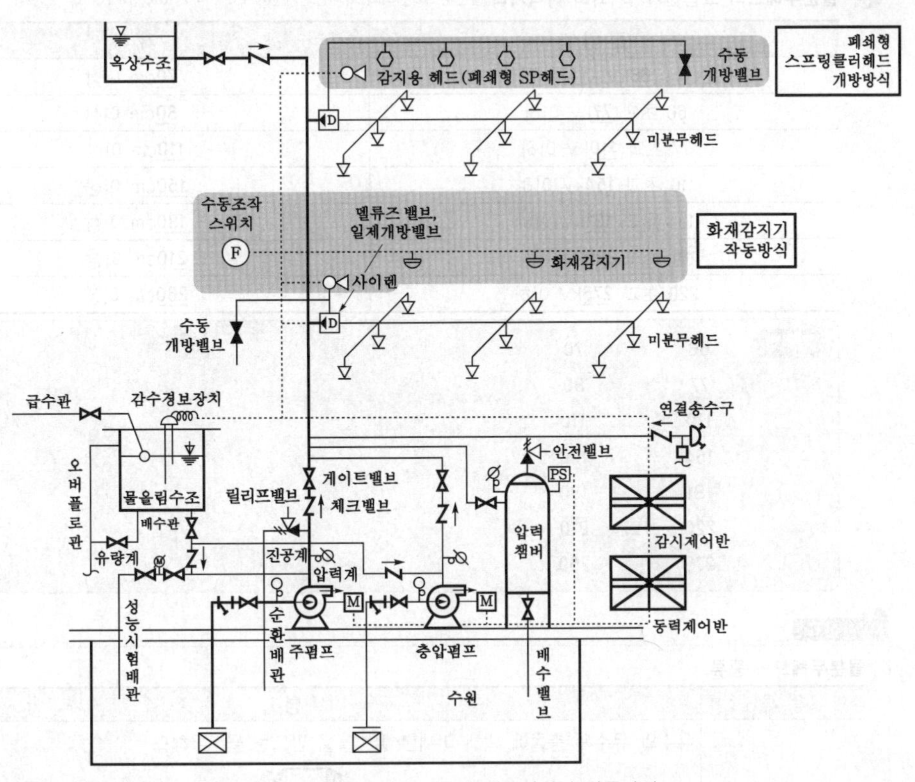


▮물분무소화설비의 자동식 기동장치의 기동방식▮

☆

## 문제 233

「물분무소화설비의 화재안전기준」에 의거하여 고압의 전기기기가 있을 경우 물분무헤드와 전기기기의 이격기준인 다음의 표를 완성하시오. (7점)

| 전압[kV] | 거리[cm] |
|---|---|
| 66 이하 | ( ① ) |
| 66 초과 77 이하 | ( ② ) |
| 77 초과 110 이하 | ( ③ ) |
| 110 초과 154 이하 | ( ④ ) |
| 154 초과 181 이하 | ( ⑤ ) |
| 181 초과 220 이하 | ( ⑥ ) |
| 220 초과 275 이하 | ( ⑦ ) |

정답
① 70 이상 ② 80 이상
③ 110 이상 ④ 150 이상
⑤ 180 이상 ⑥ 210 이상
⑦ 260 이상

해설 **물분무헤드**의 고압전기기기와의 **이격거리**[물분무소화설비의 화재안전기준(NFPC 104 제10조, NFTC 104 2.7.2)]

| 전 압 | 거 리 |
|---|---|
| **66**kV 이하 | **70**cm 이상 |
| 66 초과 **77**kV 이하 | **80**cm 이상 |
| 77 초과 **110**kV 이하 | **110**cm 이상 |
| 110 초과 **154**kV 이하 | **150**cm 이상 |
| 154 초과 **181**kV 이하 | **180**cm 이상 |
| 181 초과 **220**kV 이하 | **210**cm 이상 |
| 220 초과 **275**kV 이하 | **260**cm 이상 |

기억법

| | |
|---|---|
| 66 | 70 |
| 77 | 80 |
| 110 | 110 |
| 154 | 150 |
| 181 | 180 |
| 220 | 210 |
| 275 | 260 |

참고

**물분무헤드**의 **종류**

| 종 류 | 설 명 |
|---|---|
| **충**돌형 | 유수와 유수의 충돌에 의해 미세한 물방울을 만드는 물분무헤드<br>▮충돌형▮ |
| **분**사형 | 소구경의 오리피스로부터 고압으로 분사하여 미세한 물방울을 만드는 물분무헤드<br>▮분사형▮ |
| **선**회류형 | 선회류에 의해 확산방출하든가 선회류와 직선류의 충돌에 의해 확산방출하여 미세한 물방울로 만드는 물분무헤드<br>▮선회류형▮ |

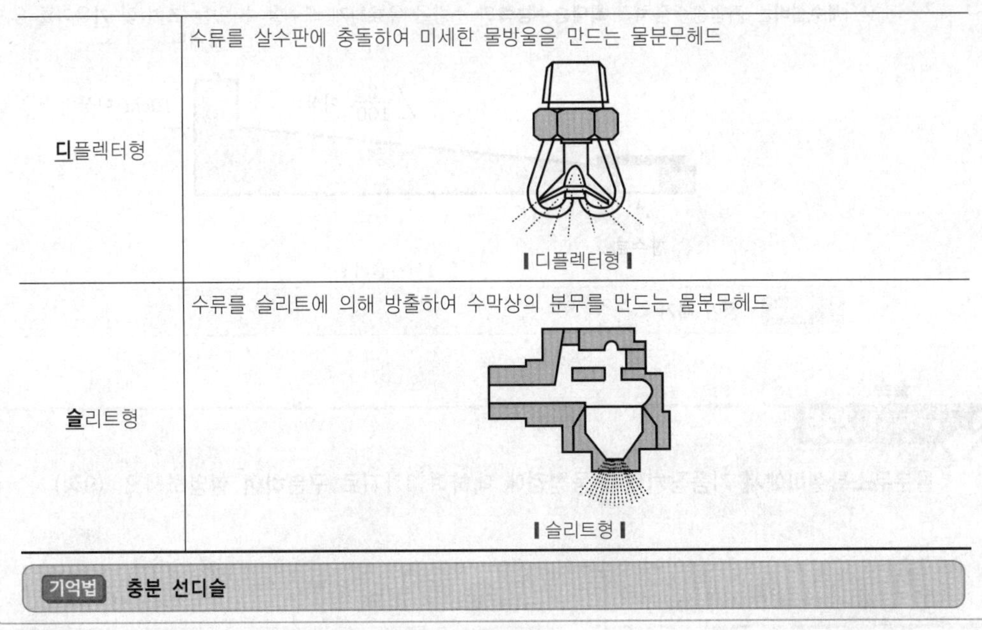

| | |
|---|---|
| <u>디</u>플렉터형 | 수류를 살수판에 충돌하여 미세한 물방울을 만드는 물분무헤드<br>▌디플렉터형▐ |
| <u>슬</u>리트형 | 수류를 슬리트에 의해 방출하여 수막상의 분무를 만드는 물분무헤드<br>▌슬리트형▐ |

**기억법** **충분 선디슬**

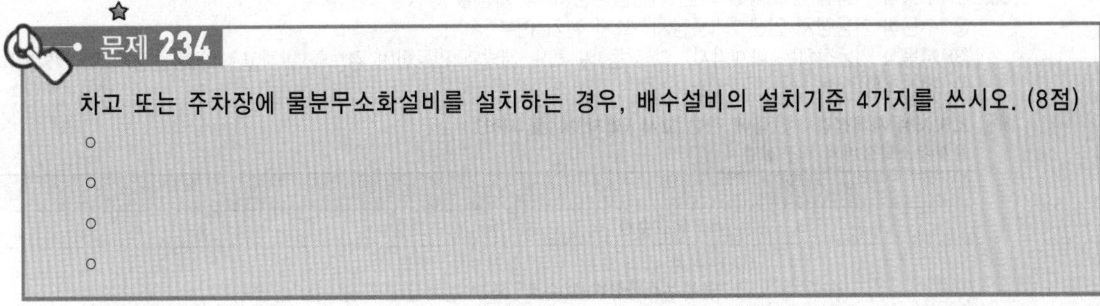

☆ 문제 234

**차고 또는 주차장에 물분무소화설비를 설치하는 경우, 배수설비의 설치기준 4가지를 쓰시오. (8점)**

○

○

○

○

**정답** ① 차량 주차장소 : 적당한 곳에 높이 10cm 이상의 경계턱으로 배수구 설치

② 차량 주차바닥 : 배수구를 향하여 $\frac{2}{100}$ 이상의 기울기를 유지

③ 배수구 : 새어 나온 기름을 모아 소화할 수 있도록 길이 40m 이하마다 집수관, 소화피트 등 기름분리장치 설치

④ 배수설비 : 가압송수장치의 최대송수능력의 수량을 유효하게 배수할 수 있는 크기 및 기울기

**해설** **물분무소화설비**의 **배수설비**[물분무소화설비의 화재안전기준(NFPC 104 제11조, NFTC 104 2.8.1)]

(1) **차량**이 주차하는 장소의 적당한 곳에 높이 **10cm** 이상의 **<u>경</u>**계턱으로 배수구를 설치한다.

(2) **배수구**에는 새어 나온 기름을 모아 소화할 수 있도록 길이 **40m** 이하마다 집수관·소화피트 등 **<u>기</u>름분리장치**를 설치한다.

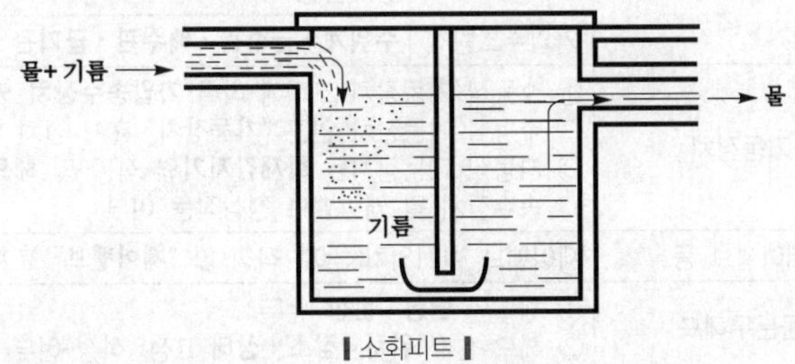


▌소화피트▐

(3) 차량이 주차하는 **바닥**은 **<u>배</u>**수구를 향하여 $\frac{2}{100}$ 이상의 기울기를 유지한다.

(4) **배수설비**는 가압송수장치의 **최대송수능력**의 수량을 유효하게 배수할 수 있는 크기 및 **기**울기를 유지한다.

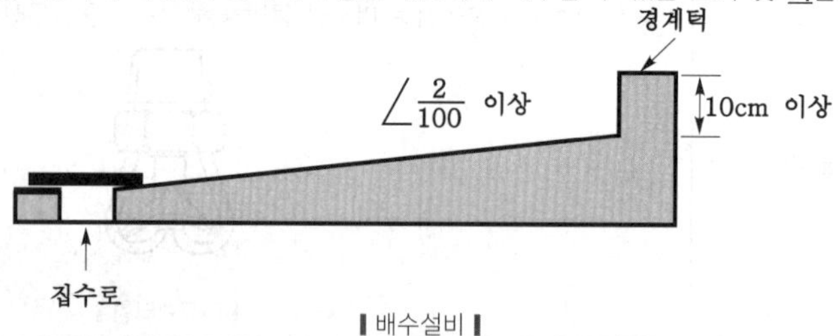


▎배수설비▕

기억법 **경기 배기**

☆☆

# 문제 235

물분무소화설비에서 기동장치의 작동점검에 대하여 3가지로 구분하여 설명하시오. (9점)

○

○

○

정답 ① 수동식 기동장치 조작에 따른 가압송수장치 및 개방밸브 정상작동 여부
② 수동식 기동장치 인근 "기동장치" 표지 설치 여부
③ 자동식 기동장치는 화재감지기의 작동 및 헤드 개방과 연동하여 경보를 발하고, 가압송수장치 및 개방밸브 정상작동 여부

해설 **소방시설 자체점검사항 등에 관한 고시 〔별지 제4호 서식〕**
**물분무소화설비의 작동점검**

| 구 분 | | 점검항목 |
|---|---|---|
| 수원 | | 수원의 **유효수량** 적정 여부(겸용 설비 포함) |
| 수조 | | ① 수위계 설치 또는 수위 확인 가능 여부<br>② "**물분무소화설비용 수조**" 표지 설치상태 적정 여부 |
| 가압송수장치 | 펌프방식 | ① **성능시험배관**을 통한 펌프성능시험 적정 여부<br>② 펌프 흡입측 **연성계 · 진공계** 및 토출측 **압력계** 등 부속장치의 변형 · 손상 유무<br>③ **내연기관방식**의 펌프 설치 적정(정상기동(기동장치 및 제어반) 여부, 축전지상태, 연료량) 여부<br>④ 가압송수장치의 "**물분무소화설비펌프**" 표지 설치 여부 또는 다른 소화설비와 겸용시 겸용 설비 이름 표시 부착 여부 |
| | 고가수조방식 | **수위계 · 배수관 · 급수관 · 오버플로관 · 맨홀** 등 부속장치의 변형 · 손상 유무 |
| | 압력수조방식 | **수위계 · 급수관 · 급기관 · 압력계 · 안전장치 · 공기압축기** 등 부속장치의 변형 · 손상 유무 |
| | 가압수조방식 | **수위계 · 급수관 · 배수관 · 급기관 · 압력계** 등 부속장치의 변형 · 손상 유무 |
| 기동장치 | | ① 수동식 기동장치 조작에 따른 **가압송수장치** 및 **개방밸브** 정상작동 여부<br>② 수동식 기동장치 인근 "**기동장치**" 표지 설치 여부<br>③ 자동식 기동장치는 **화재감지기**의 작동 및 **헤드 개방**과 **연동**하여 **경보**를 발하고, 가압송수장치 및 개방밸브 정상작동 여부 |
| 제어밸브 등 | | 제어밸브 설치위치(높이) 적정 및 "**제어밸브**" 표지 설치 여부 |
| 물분무헤드 | | ① 헤드의 **변형 · 손상** 유무<br>② 헤드 설치 **위치 · 장소 · 상태**(고정) 적정 여부 |
| 배관 등 | | **급수배관 개폐밸브** 설치(개폐표시형, 흡입측 버터플라이 제외) 및 **작동표시스위치** 적정(제어반 표시 및 경보, 스위치 동작 및 도통시험) 여부 |

<table>
<tr><td>송수구</td><td colspan="2">① 설치장소 적정 여부<br>② 송수압력범위 표시 표지 설치 여부<br>③ 송수구 마개 설치 여부</td></tr>
<tr><td rowspan="2">제어반</td><td>감시제어반</td><td>① 펌프 작동 여부 확인표시등 및 음향경보장치 정상작동 여부<br>② 펌프별 자동 · 수동 전환스위치 정상작동 여부<br>③ 각 확인회로별 도통시험 및 작동시험 정상작동 여부<br>④ 예비전원 확보 유무 및 시험 적합 여부</td></tr>
<tr><td>동력제어반</td><td>앞면은 적색으로 하고, "물분무소화설비용 동력제어반" 표지 설치 여부</td></tr>
<tr><td>전원</td><td colspan="2">① 자가발전설비인 경우 연료적정량 보유 여부<br>② 자가발전설비인 경우 「전기사업법」에 따른 정기점검 결과 확인</td></tr>
<tr><td>비고</td><td colspan="2">※ 특정소방대상물의 위치 · 구조 · 용도 및 소방시설의 상황 등이 이 표의 항목대로 기재하기 곤란하거나 이 표에서 누락된 사항을 기재한다.</td></tr>
</table>

☆☆

문제 236

물분무소화설비에서 가압송수장치의 압력수조방식 종합점검항목 2가지를 쓰시오. (2점)

○

○

정답 ① 압력수조의 압력 적정 여부
② 수위계 · 급수관 · 급기관 · 압력계 · 안전장치 · 공기압축기 등 부속장치의 변형 · 손상 유무

해설 **소방시설 자체점검사항 등에 관한 고시 〔별지 제4호 서식〕**
**물분무소화설비의 종합점검**

<table>
<tr><th colspan="2">구 분</th><th>점검항목</th></tr>
<tr><td colspan="2">수원</td><td>수원의 유효수량 적정 여부(겸용 설비 포함)</td></tr>
<tr><td colspan="2">수조</td><td>❶ 동결방지조치 상태 적정 여부<br>② 수위계 설치 또는 수위 확인 가능 여부<br>❸ 수조 외측 고정사다리 설치 여부(바닥보다 낮은 경우 제외)<br>❹ 실내 설치시 조명설비 설치 여부<br>⑤ "물분무소화설비용 수조" 표지 설치상태 적정 여부<br>❻ 다른 소화설비와 겸용시 겸용 설비의 이름 표시한 표지 설치 여부<br>❼ 수조-수직배관 접속부분 "물분무소화설비용 배관" 표지 설치 여부</td></tr>
<tr><td>가압송수장치</td><td>펌프방식</td><td>❶ 동결방지조치 상태 적정 여부<br>② 성능시험배관을 통한 펌프성능시험 적정 여부<br>❸ 다른 소화설비와 겸용인 경우 펌프성능 확보 가능 여부<br>④ 펌프 흡입측 연성계 · 진공계 및 토출측 압력계 등 부속장치의 변형 · 손상 유무<br>❺ 기동장치 적정 설치 및 기동압력 설정 적정 여부<br>❻ 물올림장치 설치 적정(전용 여부, 유효수량, 배관구경, 자동급수) 여부<br>❼ 충압펌프 설치 적정(토출압력, 정격토출량) 여부<br>⑧ 내연기관방식의 펌프 설치 적정(정상기동(기동장치 및 제어반) 여부, 축전지상태, 연료량) 여부<br>⑨ 가압송수장치의 "물분무소화설비펌프" 표지 설치 여부 또는 다른 소화설비와 겸용시 겸용 설비 이름 표시 부착 여부</td></tr>
</table>

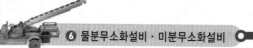

| | | |
|---|---|---|
| 가압송수장치 | 고가수조방식 | **수위계 · 배수관 · 급수관 · 오버플로관 · 맨홀** 등 부속장치의 변형 · 손상 유무 |
| | 압력수조방식 | ❶ 압력수조의 압력 적정 여부<br>② **수위계 · 급수관 · 급기관 · 압력계 · 안전장치 · 공기압축기** 등 부속장치의 변형 · 손상 유무 |
| | 가압수조방식 | ❶ 가압수조 및 가압원 설치장소의 방화구획 여부<br>② **수위계 · 급수관 · 배수관 · 급기관 · 압력계** 등 부속장치의 변형 · 손상 유무 |
| 기동장치 | | ① 수동식 기동장치 조작에 따른 **가압송수장치** 및 **개방밸브** 정상작동 여부<br>② 수동식 기동장치 인근 **"기동장치"** 표지 설치 여부<br>③ 자동식 기동장치는 **화재감지기**의 **작동** 및 **헤드 개방**과 연동하여 경보를 발하고, 가압송수장치 및 개방밸브 정상작동 여부 |
| 제어밸브 등 | | ① 제어밸브 설치위치(높이) 적정 및 **"제어밸브"** 표지 설치 여부<br>❷ 자동개방밸브 및 수동식 개방밸브 **설치위치**(높이) 적정 여부<br>❸ 자동개방밸브 및 수동식 개방밸브 **시험장치** 설치 여부 |
| 물분무헤드 | | ① 헤드의 **변형 · 손상** 유무<br>② 헤드 설치 **위치 · 장소 · 상태**(고정) 적정 여부<br>❸ **전기절연** 확보 위한 전기기기와 헤드 간 거리 적정 여부 |
| 배관 등 | | ❶ 펌프의 흡입측 배관 **여과장치**의 상태 확인<br>❷ **성능시험배관** 설치(개폐밸브, 유량조절밸브, 유량측정장치) 적정 여부<br>❸ **순환배관** 설치(설치위치 · 배관구경, 릴리프밸브 개방압력) 적정 여부<br>❹ 동결방지조치 상태 적정 여부<br>⑤ 급수배관 개폐밸브 설치(개폐표시형, 흡입측 버터플라이 제외) 및 작동표시스위치 적정(제어반 표시 및 경보, 스위치 동작 및 도통시험) 여부<br>❻ 다른 설비의 배관과의 구분 상태 적정 여부 |
| 송수구 | | ① 설치장소 적정 여부<br>❷ 연결배관에 개폐밸브를 설치한 경우 개폐상태 확인 및 조작 가능 여부<br>❸ **송수구 설치높이** 및 구경 적정 여부<br>④ 송수압력범위 표시 표지 설치 여부<br>❺ 송수구 설치개수 적정 여부<br>❻ **자동배수밸브**(또는 배수공) · **체크밸브** 설치 여부 및 설치상태 적정 여부<br>⑦ 송수구 **마개** 설치 여부 |
| 배수설비<br>(차고 · 주차장의 경우) | | ● 배수설비(**배수구**, **기름분리장치** 등) 설치 적정 여부 |
| 제어반 | | ● 겸용 감시 · 동력 제어반 성능 적정 여부(겸용으로 설치된 경우) |
| | 감시제어반 | ① 펌프 작동 여부 확인**표시등** 및 **음향경보장치** 정상작동 여부<br>② 펌프별 **자동 · 수동 전환스위치** 정상작동 여부<br>❸ 펌프별 **수동기동** 및 수동중단 기능 정상작동 여부<br>❹ 상용전원 및 비상전원 공급 확인 가능 여부(비상전원 있는 경우)<br>❺ 수조 · 물올림수조 저수위**표시등** 및 **음향경보장치** 정상작동 여부<br>⑥ 각 확인회로별 **도통시험** 및 **작동시험** 정상작동 여부<br>⑦ 예비전원 확보 유무 및 시험 적합 여부<br>❽ 감시제어반 전용실 적정 설치 및 관리 여부<br>❾ 기계 · 기구 또는 시설 등 제어 및 감시설비 외 설치 여부 |
| | 동력제어반 | 앞면은 **적색**으로 하고, **"물분무소화설비용 동력제어반"** 표지 설치 여부 |
| | 발전기제어반 | ● 소방전원보존형 발전기는 이를 식별할 수 있는 표지 설치 여부 |
| 전원 | | ❶ 대상물 수전방식에 따른 상용전원 적정 여부<br>❷ 비상전원 설치장소 적정 및 관리 여부<br>③ 자가발전설비인 경우 **연료적정량** 보유 여부<br>④ 자가발전설비인 경우 「전기사업법」에 따른 **정기점검** 결과 확인 |
| 물분무헤드의 제외 | | ● 헤드 설치 제외 적정 여부(설치 제외된 경우) |
| 비고 | | ※ 특정소방대상물의 위치 · 구조 · 용도 및 소방시설의 상황 등이 이 표의 항목대로 기재하기 곤란하거나 이 표에서 누락된 사항을 기재한다. |

※ "●"는 종합점검의 경우에만 해당

☆☆☆

## 문제 237

물분무소화설비에서 수조의 종합점검항목 7가지를 쓰시오. (7점)

○

○

○

○

○

○

○

정답 ① 동결방지조치 상태 적정 여부
② 수위계 설치 또는 수위 확인 가능 여부
③ 수조 외측 고정사다리 설치 여부(바닥보다 낮은 경우 제외)
④ 실내 설치시 조명설비 설치 여부
⑤ "물분무소화설비용 수조" 표지 설치상태 적정 여부
⑥ 다른 소화설비와 겸용시 겸용 설비의 이름 표시한 표지 설치 여부
⑦ 수조-수직배관 접속부분 "물분무소화설비용 배관" 표지 설치 여부

해설 **문제 236 참조**

☆☆☆

## 문제 238

물분무소화설비에서 가압송수장치의 펌프방식 종합점검항목 9가지를 쓰시오. (12점)

○

○

○

○

○

○

○

○

○

정답 ① 동결방지조치 상태 적정 여부
② 성능시험배관을 통한 펌프성능시험 적정 여부
③ 다른 소화설비와 겸용인 경우 펌프성능 확보 가능 여부
④ 펌프 흡입측 연성계·진공계 및 토출측 압력계 등 부속장치의 변형·손상 유무
⑤ 기동장치 적정 설치 및 기동압력 설정 적정 여부
⑥ 물올림장치 설치 적정(전용 여부, 유효수량, 배관구경, 자동급수) 여부
⑦ 충압펌프 설치 적정(토출압력, 정격토출량) 여부
⑧ 내연기관방식의 펌프 설치 적정(정상기동(기동장치 및 제어반) 여부, 축전지상태, 연료량) 여부
⑨ 가압송수장치의 "물분무소화설비 펌프" 표지 설치 여부 또는 다른 소화설비와 겸용시 겸용 설비 이름 표시 부착 여부

해설 **문제 236 참조**

☆

### 문제 239

물분무소화설비에서 제어밸브의 종합점검항목 3가지를 쓰시오. (3점)

○

○

○

정답 ① 제어밸브 설치위치(높이) 적정 및 “제어밸브” 표지 설치 여부
② 자동개방밸브 및 수동식 개방밸브 설치위치(높이) 적정 여부
③ 자동개방밸브 및 수동식 개방밸브 시험장치 설치 여부

해설 **문제 236 참조**

☆☆

### 문제 240

물분무소화설비에서 배관 등의 종합점검항목 6가지를 쓰시오. (6점)

○

○

○

○

○

○

정답 ① 펌프의 흡입측 배관 여과장치의 상태 확인
② 성능시험배관 설치(개폐밸브, 유량조절밸브, 유량측정장치) 적정 여부
③ 순환배관 설치(설치위치·배관구경, 릴리프밸브 개방압력) 적정 여부
④ 동결방지조치 상태 적정 여부
⑤ 급수배관 개폐밸브 설치(개폐표시형, 흡입측 버터플라이 제외) 및 작동표시스위치 적정(제어반 표시 및 경보, 스위치 동작 및 도통시험) 여부
⑥ 다른 설비의 배관과의 구분 상태 적정 여부

해설 **문제 236 참조**

### 문제 241

「미분무소화설비의 화재안전기준」에 의거하여 미분무소화설비의 폐쇄형 미분무헤드의 표시온도가 79℃일 때 설치장소의 평상시 최고주위온도[℃]를 구하시오. (5점)

○ 계산과정 :

○ 답 :

정답 ○ 계산과정 : 0.9×79－27.3=43.8℃
○ 답 : 43.8℃

해설 **폐쇄형 미분무헤드**의 **표시온도**[미분무소화설비의 화재안전기준(NFPC 104A 제13조, NFTC 104A 2.10.4)]

$$T_a = 0.9T_m - 27.3℃$$

여기서, $T_a$ : 최고주위온도[℃]

$T_m$ : 헤드의 표시온도[℃]

최고주위온도 $T_a$는

$T_a = 0.9T_m - 27.3℃ = 0.9 \times 79 - 27.3 = 43.8℃$

비교

**폐쇄형 스프링클러헤드**의 **표시온도**[스프링클러설비의 화재안전기준(NFPC 103 제10조, NFTC 103 2.7.6)]

| 설치장소의 최고주위온도 | 표시온도 |
|---|---|
| **39**℃ 미만 | **79**℃ 미만 |
| 39~**64**℃ 미만 | 79~**121**℃ 미만 |
| 64~**106**℃ 미만 | 121~**162**℃ 미만 |
| 106℃ 이상 | 162℃ 이상 |

기억법
39 79
64 121
106 162

☆☆☆

## 문제 242

「미분무소화설비의 화재안전기준」에서 일반설계도서 작성시 설계도서에 필수적으로 명확히 설명되어야 하는 것 7가지를 쓰시오. (7점)

○
○
○
○
○
○
○

정답 ① 건물사용자 특성
② 사용자의 수와 장소
③ 실 크기
④ 가구와 실내 내용물
⑤ 연소 가능한 물질들과 그 특성 및 발화원
⑥ 환기조건
⑦ 최초 발화물과 발화물의 위치

해설 **설계도서 작성기준**[미분무소화설비의 화재안전기준(NFPC 104A 제4조, NFTC 104A 2.1.1)]

(1) 공통사항

설계도서는 건축물에서 발생 가능한 상황을 선정하되, 건축물의 특성에 따라 아래 (2)의 설계도서 유형 중 ①의 일반설계도서와 ②부터 ⑦까지의 특별설계도서 중 1개 이상을 작성한다.

(2) 설계도서 유형

| 설계도서 유형 | 설 명 |
|---|---|
| 일반설계도서 | ① 건물용도, 사용자 중심의 일반적인 화재를 가상한다.<br>② 설계도서에는 다음 사항이 필수적으로 명확히 설명되어야 한다.<br>㉠ 건물사용자 특성<br>㉡ **사용자**의 **수**와 **장소**<br>㉢ **실 크기**<br>㉣ 가구와 실내 내용물<br>㉤ 연소 가능한 물질들과 그 특성 및 발화원<br>㉥ **환기조건**<br>㉦ 최초 발화물과 발화물의 위치<br>③ 설계자가 필요한 경우 기타 설계도서에 필요한 사항을 추가할 수 있다. |
| 특별설계도서 1 | ① **내부 문**들이 **개방**되어 있는 상황에서 피난로에 화재가 발생하여 급격한 화재연소가 이루어지는 상황을 가상한다.<br>② 화재시 가능한 **피난방법**의 **수**에 중심을 두고 작성한다. |
| 특별설계도서 2 | ① **사람**이 **상주**하지 **않는 실**에서 화재가 발생하지만, 잠재적으로 많은 재실자에게 위험이 되는 상황을 가상한다.<br>② 건축물 내의 재실자가 없는 곳에서 화재가 발생하여 **많은 재실자**가 있는 공간으로 **연소 확대**되는 상황에 중심을 두고 작성한다. |
| 특별설계도서 3 | ① **많은 사람**들이 **있는 실**에 **인접**한 **벽**이나 덕트 공간 등에서 화재가 발생한 상황을 가상한다.<br>② **화재감지기**가 **없는 곳**이나 **자동**으로 작동하는 **소화설비**가 **없는 장소**에서 화재가 발생하여 많은 재실자가 있는 곳으로의 연소 확대가 가능한 상황에 중심을 두고 작성한다. |
| 특별설계도서 4 | ① **많은 거주자**가 있는 **아주 인접한 장소** 중 소방시설의 작동범위에 들어가지 않는 장소에서 아주 천천히 성장하는 화재를 가상한다.<br>② **작은 화재**에서 시작하지만 큰 **대형화재**를 일으킬 수 있는 화재에 중심을 두고 작성한다. |
| 특별설계도서 5 | ① 건축물의 일반적인 사용 특성과 관련, **화재하중**이 **가장 큰 장소**에서 발생한 아주 심각한 화재를 가상한다.<br>② **재실자**가 있는 공간에서 **급격하게 연소 확대**되는 **화재**를 중심으로 작성한다. |
| 특별설계도서 6 | ① **외부**에서 발생하여 **본 건물**로 **화재**가 **확대**되는 경우를 가상한다.<br>② **본 건물**에서 **떨어진 장소**에서 화재가 발생하여 본 건물로 화재가 확대되거나 피난로를 막거나 거주가 불가능한 조건을 만드는 화재에 중심을 두고 작성한다. |

# 7 이산화탄소 소화설비

☆

## 문제 243

그림은 이산화탄소 소화설비의 계통도이다. 그림을 참고하여 다음 각 물음에 답하시오. (20점)

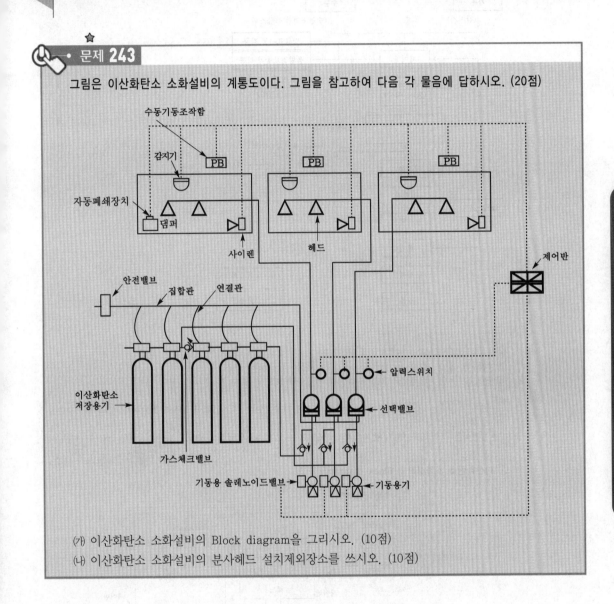

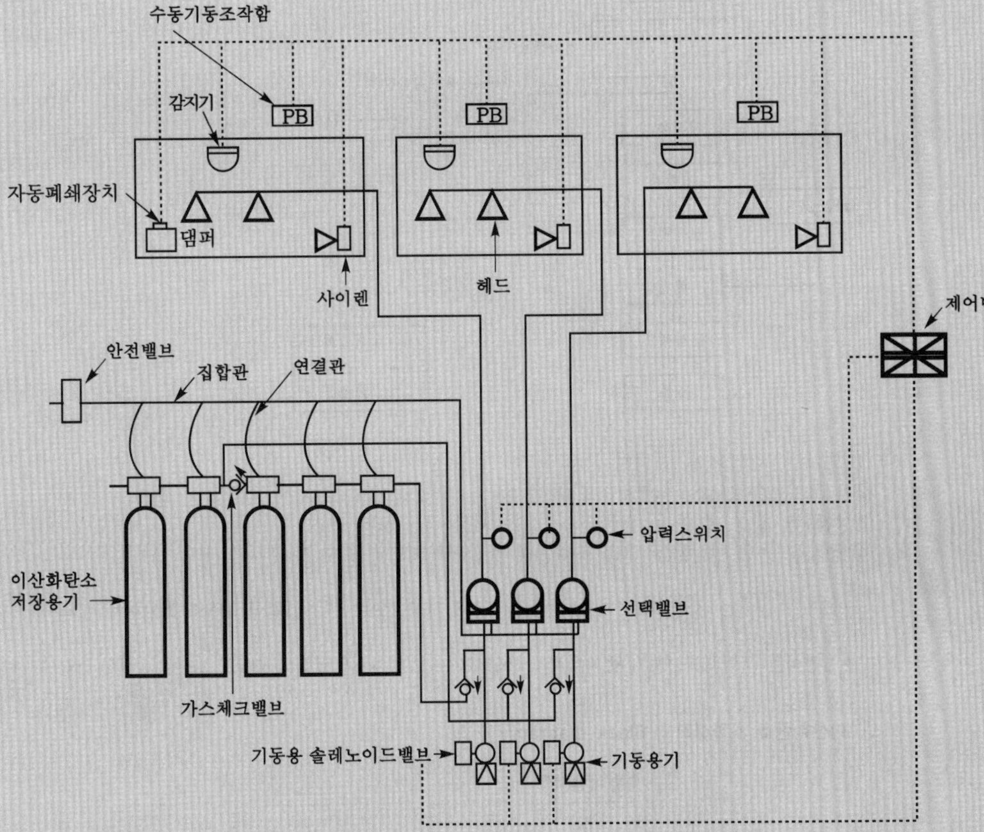

(가) 이산화탄소 소화설비의 Block diagram을 그리시오. (10점)

(나) 이산화탄소 소화설비의 분사헤드 설치제외장소를 쓰시오. (10점)

정답 (가)

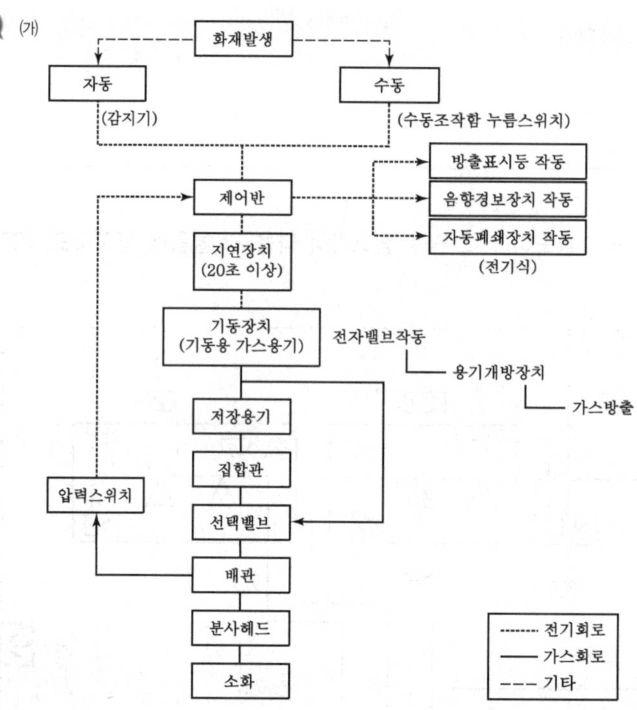


(나) ① 방재실, 제어실 등 사람이 상시 근무하는 장소
② 니트로셀룰로오스, 셀룰로이드 제품 등 자기연소성 물질을 저장, 취급하는 장소
③ 나트륨, 칼륨, 칼슘 등 활성금속물질을 저장·취급하는 장소
④ 전시장 등의 관람을 위하여 다수인이 출입·통행하는 통로 및 전시실 등

해설 (가)

- 문제의 그림은 자동폐쇄장치의 작동방식이 **전기식**이므로 가스압력식 자동폐쇄장치는 표시하지 않도록 주의하라.
- **전기식**은 자동폐쇄장치가 **전기회로**에 연결되어 있고, **가스압력식**은 자동폐쇄장치가 **가스회로**에 연결되어 있다.

① **이산화탄소 소화설비**의 Block diagram(전기식)

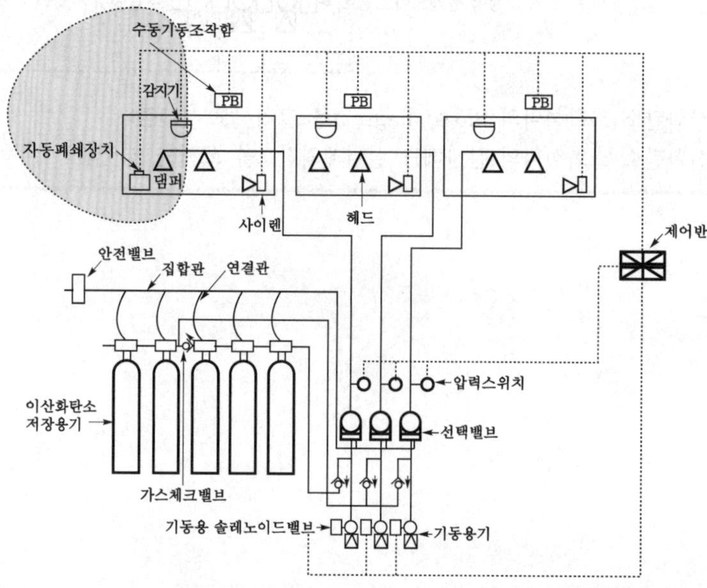

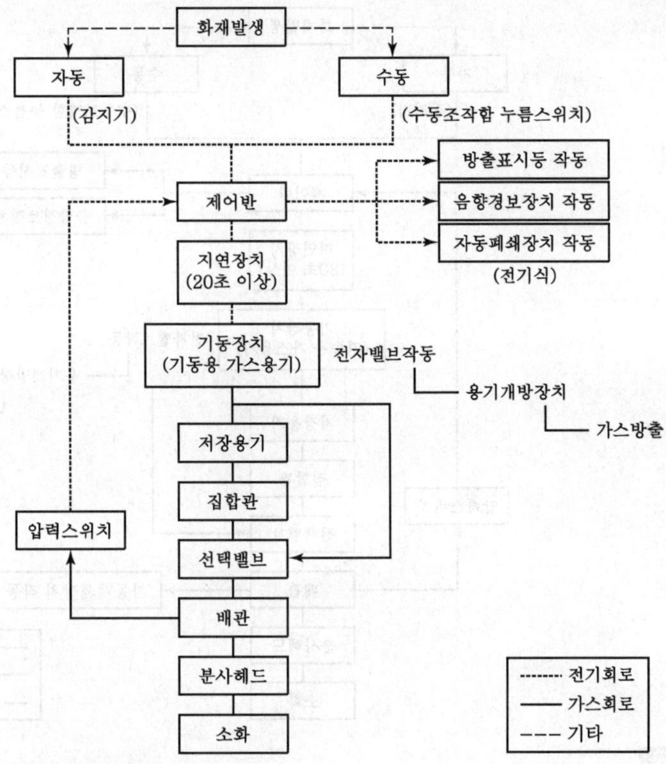


② **이산화탄소 소화설비**의 Block diagram(가스압력식)

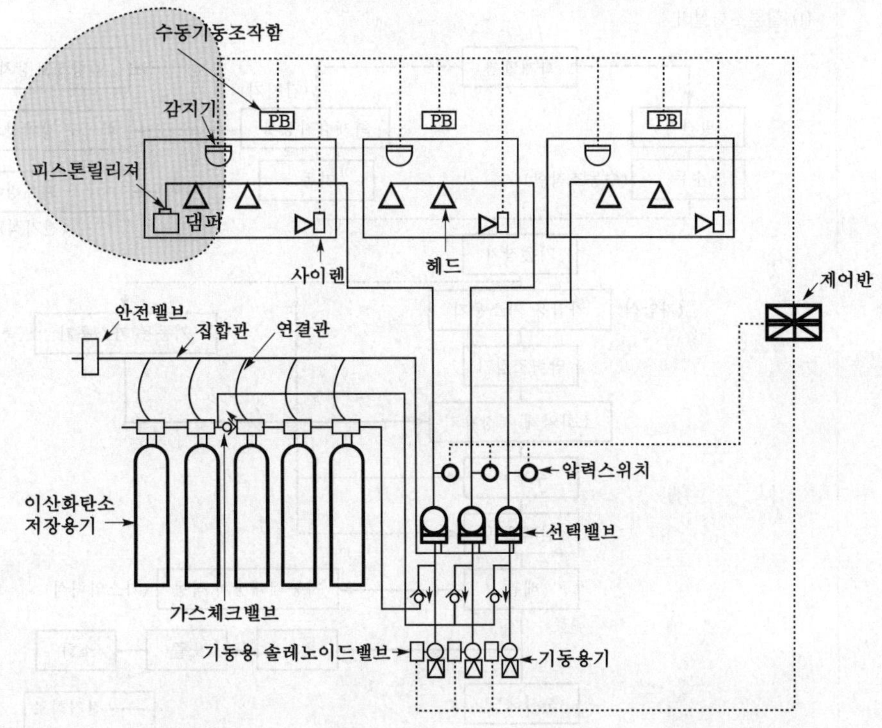

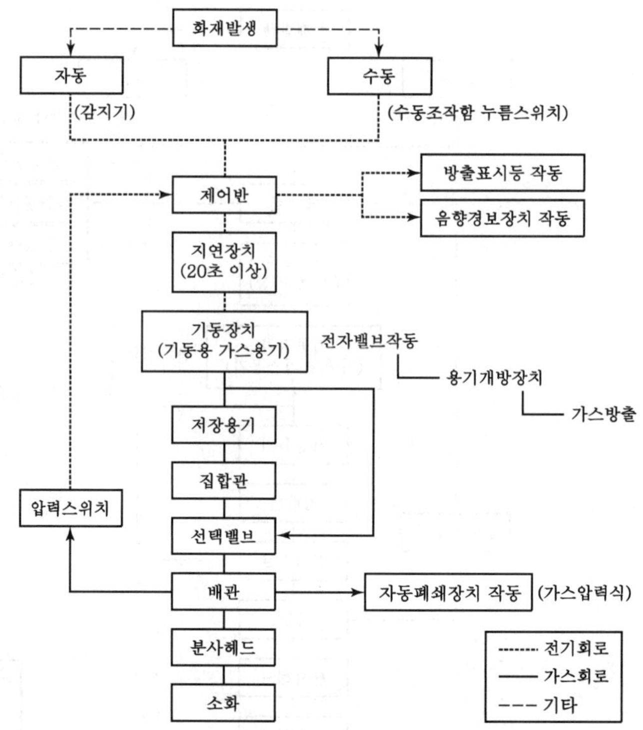


비교

Block diagram(블록 다이어그램)

(1) 할론소화설비

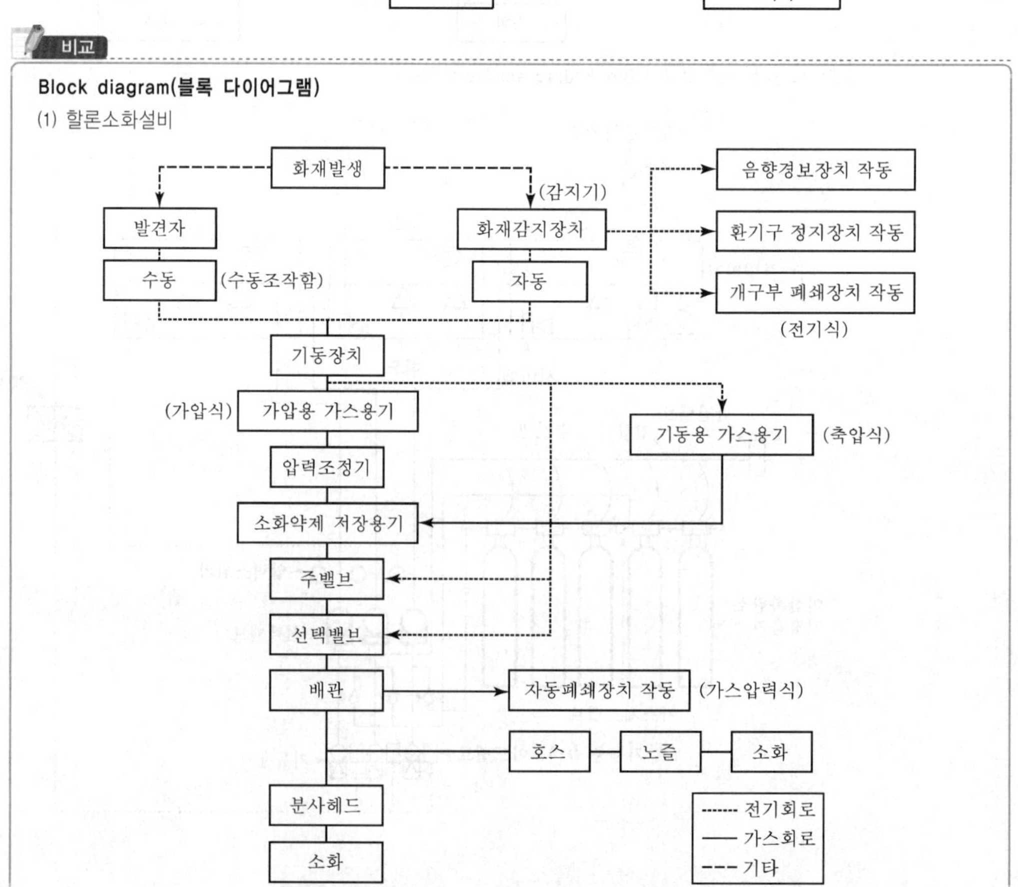

(2) 분말소화설비

화재발생 → (수동) 화재발견 → 수동조작함(누름스위치) → 기동장치
화재발생 → (자동) 감지기 → 제어반 → 기동장치
기동장치 → 가압용 가스용기 → 개구부 폐쇄
가압용 가스용기 → 압력조정기 → 분말용기 → 정압작동장치 → 주밸브
분말용기 → 주밸브 → 선택밸브
기동장치 → 선택밸브
선택밸브 → 배관 → 분사헤드 → 소화

(나) **이산화탄소 소화설비**의 **분사헤드 설치제외장소**[이산화탄소 소화설비의 화재안전기준(NFPC 106 제11조, NFTC 106 2.8.1)]

① **방재실, 제어실** 등 사람이 상시 근무하는 장소
② **니트로셀룰로오스, 셀룰로이드 제품** 등 자기연소성 물질을 저장, 취급하는 장소
③ **나트륨, 칼륨, 칼슘** 등 활성금속물질을 저장·취급하는 장소
④ **전시장** 등의 관람을 위하여 다수인이 출입·**통**행하는 통로 및 **전**시실 등

기억법 **방니나전 통전이**

비교

**헤드**의 **설치제외장소**

(1) **물분무소화설비**의 **물분무헤드 설치제외장소**[물분무소화설비의 화재안전기준(NFPC 104 제15조, NFTC 104 2.12.1)]

① **물**에 심하게 **반응**하는 **물질** 또는 물과 반응하여 위험한 물질을 생성하는 물질을 저장 또는 취급하는 장소
② **고온**의 **물질** 및 **증류범위**가 **넓어** 끓어 넘치는 위험이 있는 물질을 저장 또는 취급하는 장소
③ 운전시에 표면의 온도가 **260℃ 이상**으로 되는 등 직접 분무를 하는 경우 그 부분에 손상을 입힐 우려가 있는 **기**계장치 등이 있는 장소

기억법 **물고기 26(물고기 이륙)**

(2) **스프링클러설비**의 **스프링클러헤드 설치제외장소**[스프링클러설비의 화재안전기준(NFPC 103 제15조, NFTC 103 2.12.1)]

① **계단실**(특별피난계단의 부속실 포함)·**경사로**·**승강기**의 **승강로**·**비상용 승강기의 승강장**·**파이프덕트** 및 **덕트피트**(파이프·덕트를 통과시키기 위한 구획된 구멍에 한함)·**목욕실**·**수영장**(관람석 부분 제외)·**화장실**·직접 외기에 개방되어 있는 복도·기타 이와 유사한 장소
② **통신기기실**·**전자기기실**·기타 이와 유사한 장소
③ **발전실**·**변전실**·**변압기**·기타 이와 유사한 전기설비가 설치되어 있는 장소
④ **병**원의 **수술실**·**응급처치실**·기타 이와 유사한 장소
⑤ 천장과 반자 양쪽이 **불연재료**로 되어 있는 경우로서 그 사이의 거리 및 구조가 다음에 해당하는 부분
 ㉠ 천장과 반자 사이의 거리가 **2m 미만**인 부분
 ㉡ 천장과 반자 사이의 벽이 불연재료이고 천장과 반자 사이의 거리가 **2m 이상**으로서 그 사이에 가연물이 존재하지 않는 부분
⑥ 천장·반자 중 **한쪽**이 **불연재료**로 되어 있고 천장과 반자 사이의 거리가 **1m 미만**인 부분
⑦ 천장 및 반자가 **불연재료 외**의 것으로 되어 있고 천장과 반자 사이의 거리가 **0.5m 미만**인 부분
⑧ **펌프실**·**물탱크실**·**엘리베이터 권상기실**, 그 밖의 이와 비슷한 장소
⑨ **현관** 또는 **로비** 등으로서 바닥으로부터 높이가 **20m 이상**인 장소
⑩ 영하의 **냉**장창고의 **냉장실** 또는 냉동창고의 **냉동실**
⑪ **고온**의 **노**가 설치된 장소 또는 **물**과 **격렬**하게 **반응**하는 **물품**의 저장 또는 취급장소

⑫ **불**연재료로 된 특정소방대상물 또는 그 부분으로서 다음에 해당하는 장소
㉠ **정수장 · 오물처리장**, 그 밖의 이와 비슷한 장소
㉡ **펄프공장**의 **작업장 · 음료수공장**의 **세정** 또는 **충전**하는 **작업장**, 그 밖의 이와 비슷한 장소
㉢ **불**연성의 **금속 · 석재** 등의 **가공공장**으로서 가연성 물질을 저장 또는 취급하지 않는 장소
㉣ 가연성 물질이 존재하지 않는 「건축물의 에너지절약 설계기준」에 따른 방풍실

기억법 **정오불펄음(정오불포럼)**

⑬ 실내에 설치된 테니스장 · 게이트볼장 · 정구장 또는 이와 비슷한 장소로서 실내바닥 · 벽 · 천장이 불연재료 또는 준불연재료로 구성되어 있고 가연물이 존재하지 않는 장소로서 관람석이 없는 운동시설(지하층 제외)

기억법 **계통발병 2105 펌현아 고냉불스**

## 문제 244

**가스계 소화설비의 가스압력식 기동방식 점검시 오동작으로 가스방출이 일어날 수 있다. 약제방출을 방지하기 위한 대책 7가지를 쓰시오. (7점)**

○
○
○
○
○
○
○

정답 ① 기동용기에 부착된 전자개방밸브에 안전핀을 삽입할 것
② 기동용기에 부착된 전자개방밸브를 기동용기와 분리할 것
③ 제어반 또는 수신반에서 연동정지스위치를 동작시킬 것
④ 저장용기에 부착된 용기개방밸브를 저장용기와 분리하고, 용기개방밸브에 캡을 씌울 것
⑤ 기동용 가스관을 기동용기와 분리할 것
⑥ 기동용 가스관을 저장용기와 분리할 것
⑦ 제어반의 전원스위치 차단 및 예비전원을 차단할 것

해설 **가스압력식 가스계 소화설비**의 **약제방출방지대책**
(1) 기동용기에 부착된 전자개방배브에 **안전핀**을 삽입할 것
(2) 기동용기에 부착된 전자개방밸브를 **기동용기**와 **분리**할 것
(3) 제어반 또는 수신반에서 **연동정지스위치**를 동작시킬 것
(4) 저장용기에 부착된 **용기개방밸브**를 **저장용기**와 분리하고, 용기개방밸브에 캡을 씌울 것
(5) 기동용 가스관을 **기동용기**와 분리할 것
(6) 기동용 가스관을 **저장용기**와 분리할 것
(7) 제어반의 **전원스위치** 차단 및 **예비전원**을 차단할 것

중요

**기동장치**의 **작동방식**에 **따른 종류**
(1) **전기식**
기동용기함이 없고 기동용기함 대신 **선택밸브 솔레노이드**와 **저장용기밸브 솔레노이드**가 부설되어 있어 **자동기동장치**에의 경우 감지기의 화재감지기에 의해, **수동기동장치**의 경우 수동기동스위치를 누르면 전기적 신호에 의하여 선택밸브 솔레노이드가 선택밸브를 개방시키고, 저장용기밸브 솔레노이드가 저장용기밸브를 개방시켜서 약제를 방출하는 방식

① 회로도

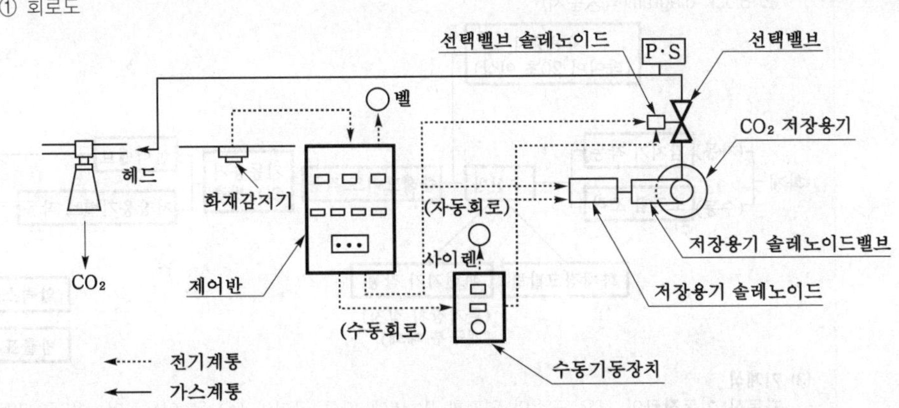


❙ 전기식 ❙

② Block diagram(작동순서)

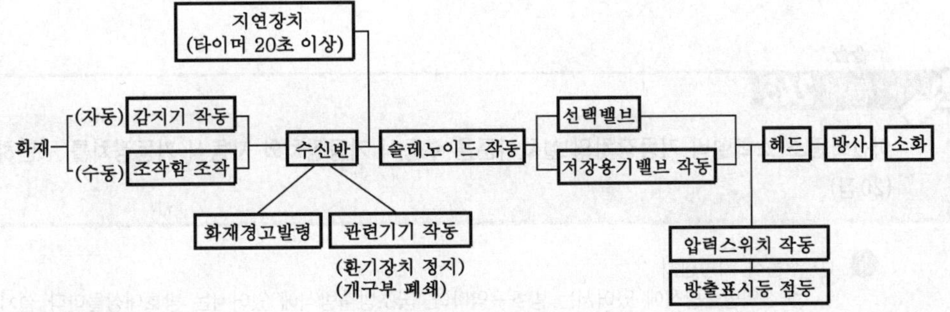


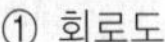

(2) **가스압력식**

**기동용기함**이 **있으며** 기동용기밸브에 **기동용 솔레노이드**가 부착되어 있어 **자동기동장치**의 경우 감지기의 동작에 의해, **수동기동장치**의 경우 수동조작함의 기동스위치의 조작에 의해 기동용기밸브의 기동용 솔레노이드가 작동, 기동용기밸브를 개방시키면 기동용기 내의 기동용 가스가 방출되면서 방출된 가스는 선택밸브의 피스톤으로 흘러 들어가 가스압력에 의해서 선택밸브의 걸쇠를 해제시켜 선택밸브를 개방하고, 다시 피스톤 릴리져로부터 분기되는 동관을 따라 저장용기밸브를 기동용 가스압력에 의하여 개방함에 따라 저장용기 내에 저장된 가스가 방호구역의 분사헤드에서 방사되는 방식

① 회로도

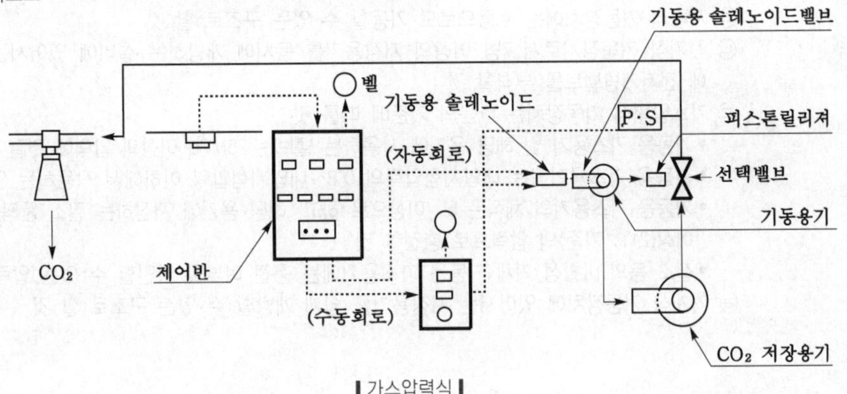


❙ 가스압력식 ❙

② Block diagram(작동순서)

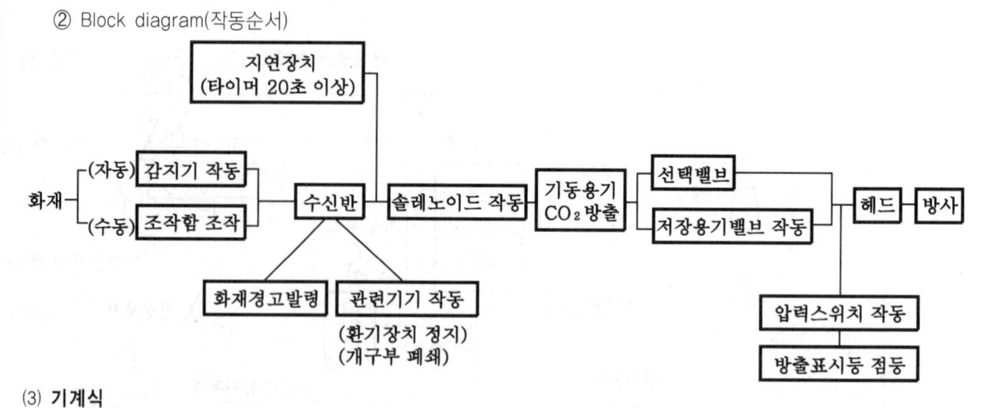


(3) **기계식**

**자동식 기동장치**의 경우 금속의 열팽창 및 열에 따른 공기의 팽창을 이용하여 설비를 기동하는 방식 등이 있으며, **수동식 기동장치**의 경우 용기의 배출밸브에 레버 또는 와이어를 설치하여 기계적으로 조작하는 방식 등이 있으며 오늘날 거의 사용하지 않는 방식

★★

## 문제 245

이산화탄소 소화설비 기동장치의 설치기준을 수동식 기동장치와 자동식 기동장치를 구분하여 쓰시오. (20점)

정답 ① 수동식 기동장치

㉠ 전역방출방식에 있어서는 방호구역마다, 국소방출방식에 있어서는 방호대상물마다 설치할 것

㉡ 해당 방호구역의 출입구부분 등 조작을 하는 자가 쉽게 피난할 수 있는 장소에 설치할 것

㉢ 기동장치의 조작부는 바닥으로부터 높이 0.8~1.5m 이하의 위치에 설치하고, 보호판 등에 따른 보호장치를 설치할 것

㉣ 기동장치 인근의 보기 쉬운 곳에 "이산화탄소 소화설비 수동식 기동장치"라는 표지를 할 것

㉤ 전기를 사용하는 기동장치에는 전원표시등을 설치할 것

㉥ 기동장치의 방출용 스위치는 음향경보장치와 연동하여 조작될 수 있는 것으로 할 것

② 자동식 기동장치

㉠ 자동식 기동장치에는 수동으로도 기동할 수 있는 구조로 할 것

㉡ 전기식 기동장치로서 7병 이상의 저장용기를 동시에 개방하는 설비에 있어서는 2병 이상의 저장용기에 전자개방밸브를 부착할 것

㉢ 가스압력식 기동장치는 다음의 기준에 따를 것

- 기동용 가스용기 및 해당 용기에 사용하는 밸브는 25MPa 이상의 압력에 견딜 수 있는 것으로 할 것
- 기동용 가스용기에는 내압시험압력의 0.8~내압시험압력 이하에서 작동하는 안전장치를 설치할 것
- 기동용 가스용기의 체적은 5L 이상으로 하고, 해당 용기에 저장하는 질소 등의 비활성 기체는 6.0MPa 이상(21℃ 기준)의 압력으로 충전할 것
- 질소 등의 비활성 기체 기동용 가스용기에는 충전 여부를 확인할 수 있는 압력게이지를 설치할 것

㉣ 기계식 기동장치에 있어서는 저장용기를 쉽게 개방할 수 있는 구조로 할 것

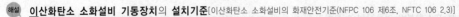

해설 **이산화탄소 소화설비 기동장치**의 **설치기준**[이산화탄소 소화설비의 화재안전기준(NFPC 106 제6조, NFTC 106 2.3)]

| 수동식 기동장치 | 자동식 기동장치 |
|---|---|
| ① **전역방출방식**에 있어서는 **방호구역**마다, **국소방출방식**에 있어서는 **방호대상물**마다 설치할 것<br>② 해당 방호구역의 출입구부분 등 조작을 하는 자가 쉽게 피난할 수 있는 장소에 설치할 것<br>③ 기동장치의 조작부는 바닥으로부터 높이 **0.8~1.5m 이하**의 위치에 설치하고, 보호판 등에 따른 보호장치를 설치할 것<br>④ 기동장치 인근의 보기 쉬운 곳에 **"이산화탄소 소화설비 수동식 기동장치"**라는 표지를 할 것<br>⑤ 전기를 사용하는 수동식 기동장치에는 **전원표시등**을 설치할 것<br>⑥ 기동장치의 방출용 스위치는 음향경보장치와 연동하여 조작될 수 있는 것으로 할 것 | ① **자동식 기동장치**에는 **수동**으로도 기동할 수 있는 구조로 할 것<br>② **전기식 기동장치**로서 **7병 이상**의 저장용기를 동시에 개방하는 설비에 있어서는 **2병 이상**의 저장용기에 **전자개방밸브**를 부착할 것<br>③ **가**스압력식 기동장치는 다음의 기준에 따를 것<br>㉠ **기**동용 가스용기 및 해당 용기에 사용하는 밸브는 **25MPa 이상**의 압력에 견딜 수 있는 것으로 할 것<br>㉡ 기동용 가스용기에는 **내**압시험압력의 **0.8~내압시험압력** 이하에서 작동하는 **안**전장치를 설치할 것<br>㉢ 기동용 가스용기의 **체**적은 **5L** 이상으로 하고, 해당 용기에 저장하는 **질소** 등의 비활성 기체는 6.0MPa 이상(21℃ 기준)의 압력으로 충전할 것<br>㉣ 질소 등의 비활성 기체 기동용 가스용기에는 충전 여부를 확인할 수 있는 **압력게이지**를 설치할 것<br>④ 기계식 기동장치에 있어서는 저장용기를 쉽게 개방할 수 있는 구조로 할 것<br><br>기억법 **이수전가 기내 안체 5** |

중요

**기동장치**의 **설치기준**

(1) **물분무소화설비**의 **기동장치**의 **설치기준**[물분무소화설비의 화재안전기준(NFPC 104 제8조, NFTC 104 2.5)]

| 수동식 기동장치 | 자동식 기동장치 |
|---|---|
| ① 직접조작 또는 원격조작에 따라 각각의 **가압송수장치** 및 **수동식 개방밸브** 또는 가압송수장치 및 **자동개방밸브**를 개방할 수 있도록 설치할 것<br>② 기동장치의 가까운 곳의 보기 쉬운 곳에 **"기동장치"**라고 표시한 표지를 할 것 | **화재감지기**의 작동 또는 **폐쇄형 스프링클러헤드**의 개방과 연동하여 경보를 발하고, 가압송수장치 및 자동개방밸브를 기동할 수 있는 것으로 할 것(단, **자동화재탐지설비**의 **수신기**가 설치되어 있는 장소에 **상시 사람**이 **근무**하고 있고, 화재시 물분무소화설비를 즉시 작동시킬 수 있는 경우는 제외) |

(2) **할로겐화합물 및 불활성기체 소화설비 기동장치**의 **설치기준**[할로겐화합물 및 불활성기체 소화설비의 화재안전기준(NFPC 107A 제8조, NFTC 107A 2.5)]

| 수동식 기동장치 | 자동식 기동장치 |
|---|---|
| ① **방호구역**마다 설치할 것<br>② 해당 방호구역의 **출입구부분** 등 조작을 하는 자가 쉽게 피난할 수 있는 장소에 설치할 것<br>③ 기동장치의 조작부는 바닥으로부터 **0.8~1.5m** 이하의 위치에 설치하고, 보호판 등에 따른 **보호장치**를 설치할 것<br>④ 기동장치 인근의 보기 쉬운 곳에 **"할로겐화합물 및 불활성기체 소화설비 수동식 기동장치"**라는 표지를 할 것<br>⑤ 전기를 사용하는 기동장치에는 **전원표시등**을 설치할 것<br>⑥ 기동장치의 방출용 스위치는 **음향경보장치**와 **연동**하여 조작될 수 있는 것으로 할 것<br>⑦ **50N 이하**의 힘을 가하여 기동할 수 있는 구조로 설치 | ① 자동식 기동장치에는 수동식 기동장치를 함께 설치할 것<br>② 전기식 기동장치로서 7병 이상의 저장용기를 동시에 개방하는 설비는 2병 이상의 저장용기에 전자개방밸브를 부착할 것<br>③ 가스압력식 기동장치는 다음의 기준에 따를 것<br>㉠ 기동용 가스용기 및 해당 용기에 사용하는 밸브는 25MPa 이상의 압력에 견딜 수 있는 것으로 할 것<br>㉡ 기동용 가스용기에는 내압시험압력의 0.8배부터 내압시험압력 이하에서 작동하는 안전장치를 설치할 것<br>㉢ 기동용 가스용기의 체적은 5L 이상으로 하고, 해당 용기에 저장하는 질소 등의 비활성 기체는 6.0MPa 이상(21℃ 기준)의 압력으로 충전할 것(단, 기동용 가스용기의 체적을 **1L** 이상으로 하고, 해당 용기에 저장하는 이산화탄소의 양은 **0.6kg** 이상으로 하며, 충전비는 **1.5~1.9** 이하의 기동용 가스용기로 할 수 있음)<br>㉣ 질소 등의 비활성 기체 기동용 가스용기에는 충전 여부를 확인할 수 있는 압력게이지를 설치할 것<br>④ 기계식 기동장치는 저장용기를 쉽게 개방할 수 있는 구조로 할 것 |

(3) **포소화설비 기동장치**의 **설치기준**[포소화설비의 화재안전기준(NFPC 105 제11조, NFTC 105 2.8)]

| 수동식 기동장치 | 자동식 기동장치 |
|---|---|
| ① **직**접조작 또는 원격조작에 따라 **가압송수장치**·**수동식 개방밸브** 및 **소화약제 혼합장치**를 기동할 수 있는 것으로 할 것<br>② **2 이상**의 방사구역을 가진 포소화설비에는 방사구역을 선택할 수 있는 구조로 할 것<br>③ **기**동장치의 조작부는 화재시 쉽게 접근할 수 있는 곳에 설치하되, 바닥으로부터 **0.8~1.5m** 이하의 위치에 설치하고, 유효한 보호장치를 설치할 것<br>④ **기**동장치의 조작부 및 호스접결구에는 가까운 곳의 보기 쉬운 곳에 각각 "**기동장치의 조작부**" 및 "**접결구**"라고 표시한 **표**지를 설치할 것<br>⑤ **차고** 또는 **주차장**에 설치하는 포소화설비의 수동식 기동장치는 방사구역마다 **1개 이상** 설치할 것<br>⑥ **항공기 격납고**에 설치하는 포소화설비의 수동식 기동장치는 각 방사구역마다 **2개 이상**을 설치하되, 그 중 1개는 각 방사구역으로부터 **가장 가까운 곳** 또는 **조작**에 **편리한 장소**에 설치하고, **1개**는 화재감지수신기를 설치한 **감시실** 등에 설치할 것<br>기억법 **포직2 기표차항** | ① **폐쇄형 스프링클러헤드**를 사용하는 경우에는 다음에 따를 것<br>㉠ 표시**온**도가 **79℃ 미만**인 것을 사용하고, 1개의 스프링클러헤드의 경계면적은 **20m²** 이하로 할 것<br>㉡ 부착면의 높이는 **바**닥으로부터 **5m 이하**로 하고, 화재를 유효하게 감지할 수 있도록 할 것<br>㉢ 하나의 감지장치 경계구역은 하나의 **층**이 되도록 할 것<br>기억법 **포온7 2바5층**<br>② **화재감지기**를 사용하는 경우에는 다음에 따를 것<br>㉠ 화재감지기는 자동화재탐지설비의 화재안전기준에 따라 설치할 것<br>㉡ 화재감지기 회로에는 다음 기준에 따른 **발신기**를 설치할 것<br>• 조작이 **쉬운 장소**에 설치하고, 스위치는 바닥으로부터 **0.8~1.5m** 이하의 높이에 설치할 것<br>• 특정소방대상물의 층마다 설치하되, 해당 특정소방대상물의 각 부분으로부터 **수평거리**가 **25m** 이하가 되도록 할 것. 다만, **복도** 또는 **별도**로 구획된 실로서 **보행거리**가 **40m** 이상일 경우에는 추가로 설치하여야 한다.<br>• 발신기의 위치를 표시하는 **표시등**은 **함의 상부**에 설치하되, 그 불빛은 부착면으로부터 **15°** 이상의 범위 안에서 부착지점으로부터 **10m** 이내의 어느 곳에서도 쉽게 식별할 수 있는 적색등으로 할 것<br>㉢ 동결의 우려가 있는 장소의 포소화설비의 자동식 기동장치는 **자동화재탐지설비**와 연동으로 할 것 |

☆

## 문제 246

**「이산화탄소 소화설비의 화재안전기준」에 의거하여 화재시 현저하게 연기가 찰 우려가 없는 장소로서 호스릴 이산화탄소 소화설비를 설치할 수 있는 장소 2가지를 쓰시오. (5점)**

○

○

정답 ① 지상 1층 및 피난층에 있는 부분으로서 지상에서 수동 또는 원격조작에 따라 개방할 수 있는 개구부의 유효면적의 합계가 바닥면적의 15% 이상이 되는 부분

② 전기설비가 설치되어 있는 부분 또는 다량의 화기를 사용하는 부분(당해 설비의 주위 5m 이내의 부분을 포함한다)의 바닥면적이 당해 설비가 설치되어 있는 구획의 바닥면적의 $\frac{1}{5}$ 미만이 되는 부분

해설 화재시 현저하게 연기가 찰 우려가 없는 장소로서 호스릴 이산화탄소 소화설비의 설치장소[이산화탄소 소화설비의 화재안전기준(NFPC 106 제10조 제③항, NFTC 106 2.7.3)]

(1) 지상 1층 및 피난층에 있는 부분으로서 지상에서 **수동 또는 원격조작**에 따라 개방할 수 있는 개구부의 유효면적의 합계가 바닥면적의 **15%** 이상이 되는 부분

(2) 전기설비가 설치되어 있는 부분 또는 다량의 화기를 사용하는 부분(해당 설비의 주위 **5m 이내**의 부분 포함)의 바닥면적이 해당 설비가 설치되어 있는 구획의 바닥면적의 $\frac{1}{5}$ **미만**이 되는 부분

☆

## 문제 247

이산화탄소 소화약제가 오작동으로 방출되었다. 방출시 미치는 영향에 대하여 농도별(1%, 2%, 3%, 4%, 6%, 8%, 10%, 20%)로 설명하시오. (8점)

정답

| 농 도 | 영 향 |
|---|---|
| 1% | 공중위생상의 상한선이다. |
| 2% | 수 시간의 흡입으로는 증상이 없다. |
| 3% | 호흡수가 증가되기 시작한다. |
| 4% | 두부에 압박감이 느껴진다. |
| 6% | 호흡수가 현저하게 증가한다. |
| 8% | 호흡이 곤란해진다. |
| 10% | 2~3분 동안에 의식을 상실한다. |
| 20% | 사망한다. |

해설 **소화약제**의 **농도별 영향**

(1) **이산화탄소 소화약제**

| 농 도 | 영 향 | 처 치 |
|---|---|---|
| 1% | 공중위생상의 상한선이다. | • **무해** |
| 2% | 수 시간의 흡입으로는 증상이 없다. | • **무해** |
| 3% | 호흡수가 증가되기 시작한다. | • 장시간 흡입하면 좋지 않으므로 환기 필요 |
| 4% | 두부에 압박감이 느껴진다. | • 빨리 **신선한 공기**를 마실 것 |
| 6% | 호흡수가 현저하게 증가한다. | • 빨리 **신선한 공기**를 마실 것 |
| 8% | 호흡이 곤란해진다. | • 빨리 **신선한 공기**를 마실 것 |
| 10% | 2~3분 동안에 의식을 상실한다. | • **30분 이내**에 밖으로 이동시켜 **인공호흡 실시**<br>• **의사치료** |
| 20% | 사망한다. | • 즉시 밖으로 이동시켜 **인공호흡** 실시<br>• **의사치료** |

(2) **할론 1301 소화약제**

| 농 도 | 영 향 |
|---|---|
| 6% | • 현기증<br>• 맥박수 증가<br>• 가벼운 지각 이상<br>• 심전도는 변화 없음 |
| 9% | • 불쾌한 현기증<br>• **맥박수** 증가<br>• 심전도는 변화 없음 |
| 10% | • 가벼운 현기증과 지각 이상<br>• **혈압**이 내려간다.<br>• 심전도 파고가 낮아진다. |
| 12~15% | • **심한 현기증**과 지각 이상<br>• 심전도 파고가 낮아진다. |

★★★

## 문제 248

이산화탄소 소화설비에서 자동폐쇄장치의 종류 2가지를 쓰고 설명하시오. (10점)

○

○

정답 ① 모터식 댐퍼릴리져 : 해당 구역의 화재감지기 또는 선택밸브 2차측의 압력스위치와 연동하여 감지기의 작동과 동시에 또는 가스방출에 의해 압력스위치가 동작되면 댐퍼에 의해 개구부를 폐쇄시키는 장치

② 피스톤릴리져 : 가스의 방출에 따라 가스의 누설이 발생될 수 있는 급배기댐퍼나 자동개폐문 등에 설치하여 가스의 방출과 동시에 자동적으로 개구부를 폐쇄시키기 위한 장치

해설 **자동폐쇄장치**의 **점검내용**

| 모터식 댐퍼릴리져 (motor type damper releaser) | 피스톤릴리져 (piston releaser) |
|---|---|
| 해당 구역의 **화재감지기** 또는 **선택밸브 2차측**의 **압력스위치**와 연동하여 **감지기**의 작동과 동시에 또는 가스방출에 의해 압력스위치가 동작되면 댐퍼에 의해 **개구부**를 **폐쇄**시키는 장치 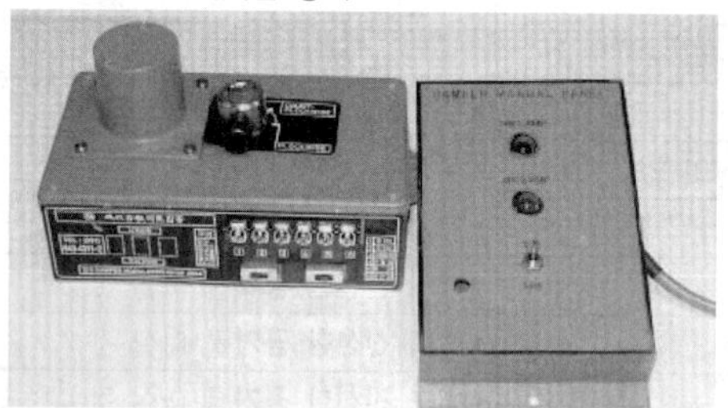 ▌모터식 댐퍼릴리져▐ | **가스**의 **방출**에 따라 가스의 누설이 발생될 수 있는 급배기댐퍼나 자동개폐문 등에 설치하여 가스의 방출과 동시에 자동적으로 **개구부**를 **폐쇄**시키기 위한 장치 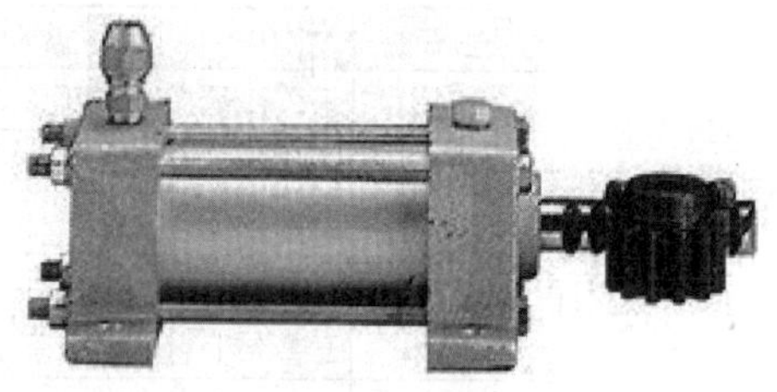 ▌피스톤릴리져▐ |

중요

**자동폐쇄장치**의 **점검내용**

| 전기식 | 가스압력식 |
|---|---|
| ① 수동식 기동장치를 조작하여 모든 **자동폐쇄장치**의 작동이 확실히 되는지 지연장치의 작동시한 범위 내에 폐쇄상태로 되는지 확인<br>② 출입구에 설치된 셔터 등에 피난 가능한 별도의 출입구가 없는 경우에는 방출용 누름스위치 조작 후 **20초** 이상, 설계 설정치 범위 내에서 폐쇄 완료되는 지연장치 등이 설치되고 셔터 폐쇄 후에 **소화약제**가 **방출**되는 구조로 되어 있을 것 | ① **시험용 가스**를 사용하여 **자동폐쇄장치**의 폐쇄상태에 이상이 없는지 확인<br>② 조작동관 · 자동폐쇄장치 등으로부터 **가스누설 여부** · 자동폐쇄장치의 복귀가 가압시의 압력제거로 자동적으로 행해지는 것은 그 복귀상태에 이상이 없는지 확인<br>※ 유의사항 : **질소가스** 또는 **공기** 사용시 약 3MPa로 가압할 것 |

★★

문제 249

이산화탄소 소화설비의 제어반에서 수동으로 기동스위치를 조작하였으나 기동용기가 개방되지 않았다. 기동용기가 개방되지 않은 이유에 대해 전기적 원인 7가지를 쓰시오. (단, 제어반의 회로기판은 정상이다.) (7점)

○
○
○
○
○
○
○

정답 ① 제어반의 공급전원 차단
② 기동스위치 접점 불량
③ 기동용 시한계전기(타이머) 불량
④ 제어반에서 기동용 솔레노이드에 연결된 배선의 단선
⑤ 제어반에서 기동용 솔레노이드에 연결된 배선의 오접속
⑥ 기동용 솔레노이드의 코일 단선
⑦ 기동용 솔레노이드의 절연 파괴

해설 기동스위치 조작에 의한 **기동용기 미개방 원인**
(1) 제어반의 **공급전원 차단**
(2) **기동스위치**의 **접점 불량**
(3) **기동용 시한계전기(타이머)**의 **불량**
(4) 제어반에서 **기동용 솔레노이드**에 연결된 **배선**의 **단선**
(5) 제어반에서 **기동용 솔레노이드**에 연결된 **배선**의 **오접속**
(6) **기동용 솔레노이드**의 **코일 단선**
(7) **기동용 솔레노이드**의 **절연 파괴**

비교

**시험용 푸시버튼스위치** 조작에 의한 **누전경보기**의 **미작동 원인**
(1) **접속단자**의 **접속 불량**
(2) **푸시버튼스위치**의 **접촉 불량**
(3) **회로**의 **단선**
(4) **수신부 자체**의 **고장**
(5) 수신부 전원퓨즈 단선

☆

### 문제 250

화재발생시 고압식 이산화탄소 소화설비의 작동순서도를 작도하시오. (단, 가스압력식이며 압력스위치, 방출표시등, 자동폐쇄장치가 설치되어 있는 경우이다.) (15점)

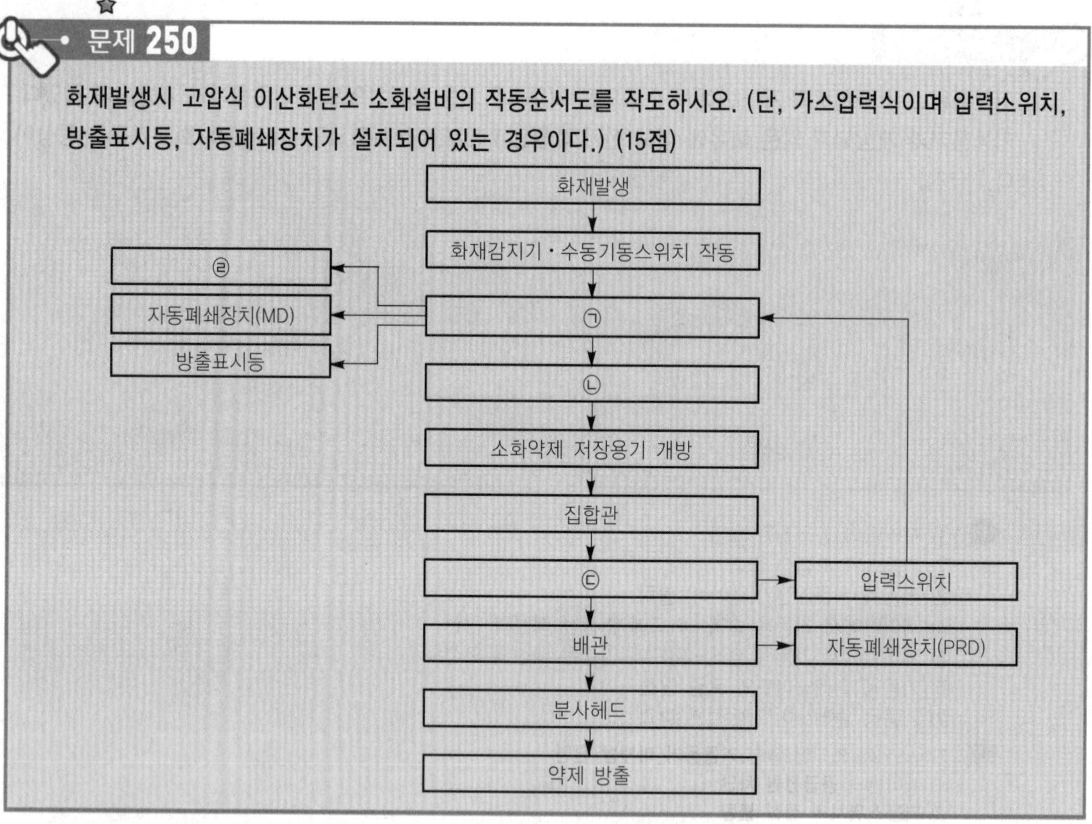


정답

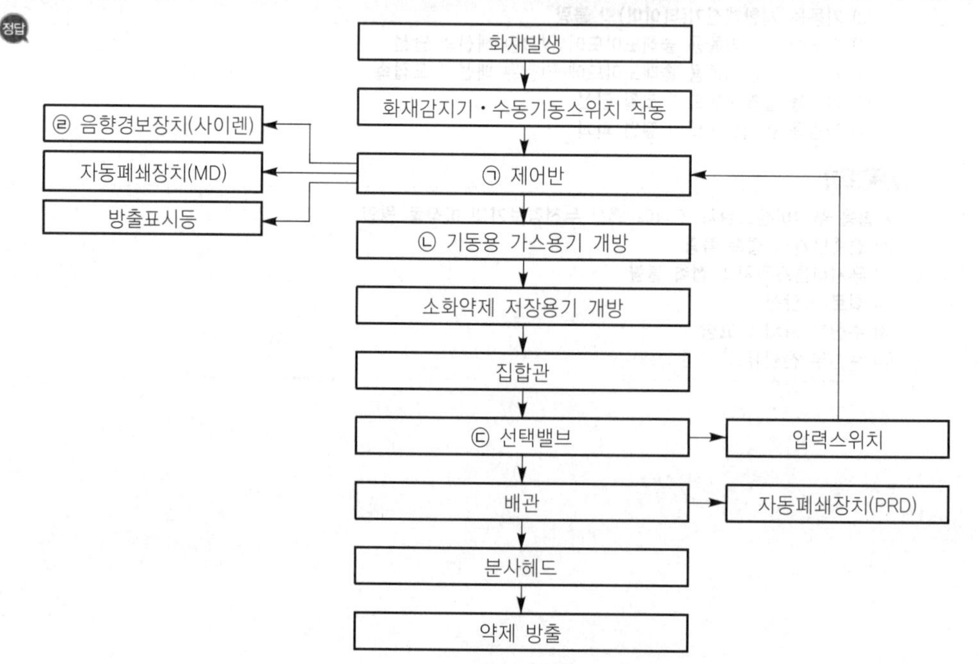

해설 (1) 이산화탄소 소화설비의 작동순서(**모터식 댐퍼릴리져**(개구부 폐쇄용 전동댐퍼) 적용방식)

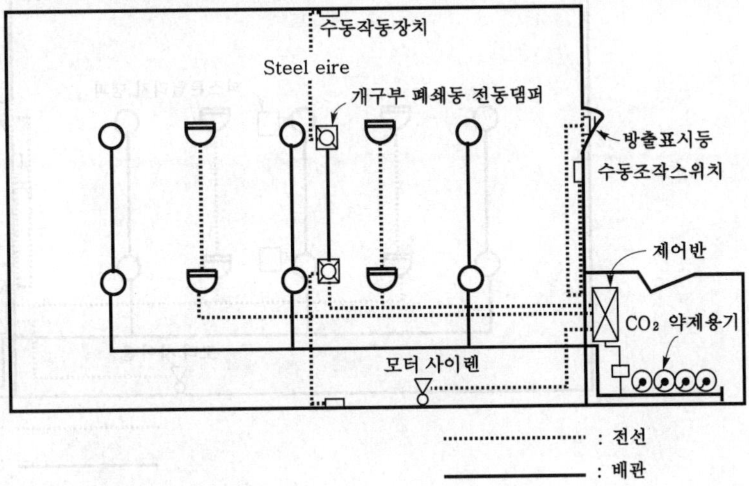

수동작동장치
Steel eire
개구부 폐쇄동 전동댐퍼
방출표시등
수동조작스위치
제어반
$CO_2$ 약제용기
모터 사이렌

········ : 전선
———— : 배관

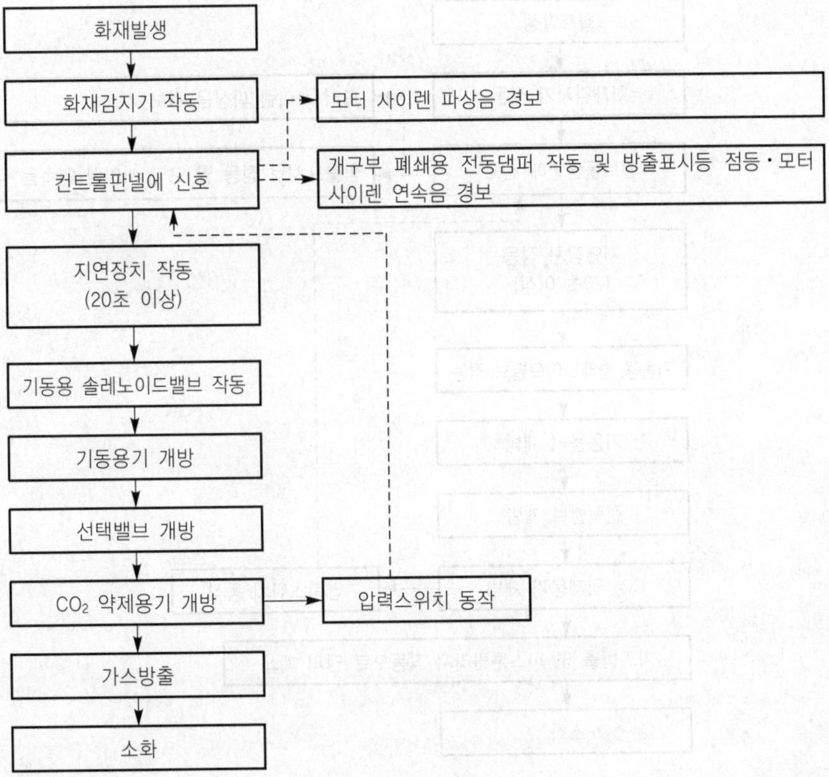

1. 화재발생
2. 화재감지기 작동 → 모터 사이렌 파상음 경보
3. 컨트롤판넬에 신호 → 개구부 폐쇄용 전동댐퍼 작동 및 방출표시등 점등 · 모터 사이렌 연속음 경보
4. 지연장치 작동 (20초 이상)
5. 기동용 솔레노이드밸브 작동
6. 기동용기 개방
7. 선택밸브 개방
8. $CO_2$ 약제용기 개방 → 압력스위치 동작 → (컨트롤판넬에 신호)
9. 가스방출
10. 소화

(2) 이산화탄소 소화설비의 적용방식(**피스톤릴리져** 적용방식)

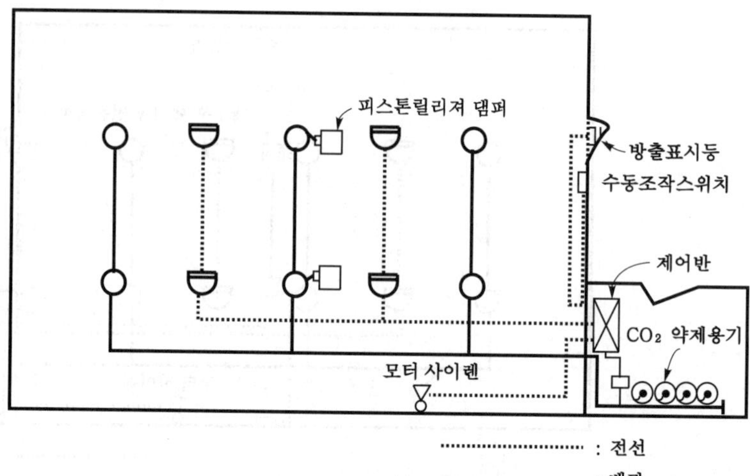


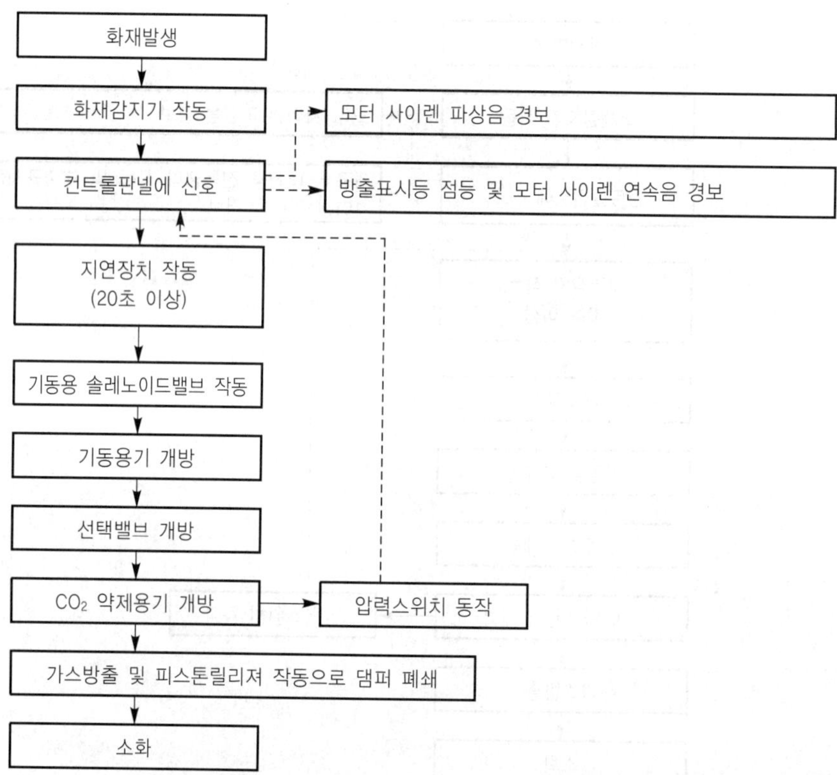

☆

## 문제 251

이산화탄소 소화설비 점검 중 소화약제의 방출 없이 기동장치의 작동시험을 행하는 방법(동작 및 복구)에 대하여 쓰시오. (15점)

정답 ① 동작
㉠ 제어반의 "기동정지"스위치 조작
㉡ 제어반 내의 타이머 설정시간 확인(20초 이상)
㉢ 기동용기에 부착된 전자개방밸브에 안전핀을 삽입한 후 기동용기와 분리
㉣ 전자개방밸브에서 안전핀 제거
㉤ 제어반의 "기동정지"스위치 복구(정상상태 유지)
㉥ 다음의 방법으로 기동장치(전자개방밸브)의 시험
- 방호구역 내의 A, B회로 동시 작동
- 수동조작함의 누름스위치의 조작
- 제어반에서 해당 구역의 화재작동시험(동작시험)으로 A, B회로를 동작

㉦ 음향장치의 작동과 설정시간 후 전자개방밸브의 동작을 확인(파괴침의 튀어나옴을 확인)

② 복구
㉠ 제어반의 "복구"스위치를 조작
㉡ 제어반이 정상적으로 복구되었는지 1분 동안 확인한다(감지기 미복구로 인한 사고방지).
㉢ 제어반의 "기동정지"스위치를 조작한다.
㉣ 안전핀을 이용하여 전자개방밸브를 복구시킨다(복구시 소리가 나므로 확인한다).
㉤ 제어반의 "기동정지"스위치를 정상위치로 하여 전자개방밸브의 미동작이 확인되면 "기동정지"스위치를 다시 조작한다(결합시 사고방지).
㉥ 전자개방밸브에 안전핀을 삽입하여 기동용기와 접속한다.
㉦ 제어반의 정상상태를 확인 후 "기동정지"스위치를 복구한다.
㉧ 전자개방밸브에서 안전핀 제거

해설 (1) 동작
① 제어반의 **"기동정지"**스위치 조작
② 제어반 내의 **타이머** 설정시간 확인(20초 이상)
③ 기동용기에 부착된 전자개방밸브에 **안전핀**을 **삽입**한 후 기동용기와 분리
④ 전자개방밸브에서 **안전핀 제거**
⑤ 제어반의 **"기동정지"**스위치 복구(정상상태 유지)
⑥ 다음의 방법으로 기동장치(전자개방밸브)의 시험
㉠ 방호구역 내의 **A, B회로 동시 작동**
㉡ 수동조작함의 **누름스위치**의 조작
㉢ 제어반에서 해당 구역의 화재작동시험(동작시험)으로 A, B회로를 동작
⑦ 음향장치의 작동과 설정시간 후 전자개방밸브의 동작을 확인(파괴침의 튀어나옴을 확인)

(2) 복구
① 제어반의 **"복구"**스위치를 조작
② 제어반이 정상적으로 복구되었는지 **1분** 동안 확인한다(감지기 미복구로 인한 사고방지).
③ 제어반의 **"기동정지"**스위치를 조작한다.
④ 안전핀을 이용하여 전자개방밸브를 복구시킨다(복구시 소리가 나므로 확인한다).
⑤ 제어반의 **"기동정지"**스위치를 정상위치로 하여 전자개방밸브의 미동작이 확인되면 **"기동정지"**스위치를 다시 조작한다(결합시 사고방지).
⑥ 전자개방밸브에 **안전핀**을 **삽입**하여 **기동용기**와 **접속**한다.
⑦ 제어반의 정상상태를 확인 후 **"기동정지"**스위치를 복구한다.
⑧ 전자개방밸브에서 **안전핀 제거**

## 문제 252

다음은 저압식 이산화탄소 소화설비의 계통도이다. 다음 물음에 답하시오. (30점)

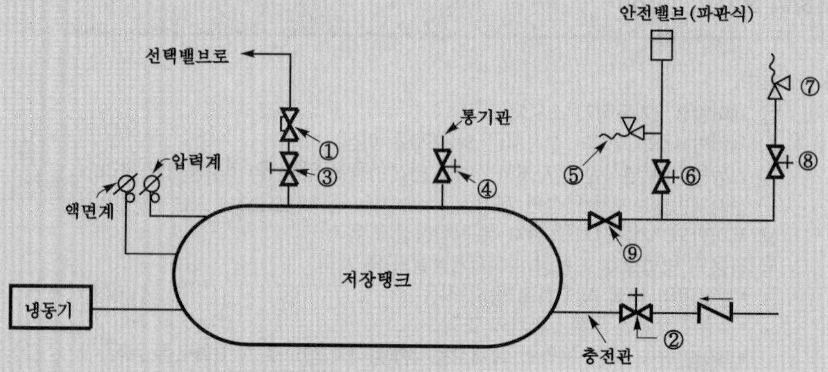


(가) 항상 닫혀 있는 밸브의 번호를 열거하시오. (10점)

(나) 항상 열려 있는 밸브의 번호를 열거하시오. (10점)

(다) ①~⑨번 밸브의 명칭 및 기능을 쓰시오. (10점)

(가) ①, ②, ④, ⑤, ⑦

(나) ③, ⑥, ⑧, ⑨

(다) ① 원밸브(방출 주밸브) : 평상시 폐쇄되어 있다가 기동용 가스의 압력에 의해 개방된다. 감지기 동작에 의해 개방되어 저장탱크 내의 약제를 선택밸브로 방출한다.

② 개폐밸브(충전용 밸브) : 평상시 폐쇄되어 있다가 이산화탄소 충전이 필요한 경우 개방하여 저장탱크에 이산화탄소를 공급한다. 이산화탄소 소화약제 충전시 개방, 충전 후 폐쇄된다.

③ 수동개폐밸브 : 평상시 개방되어 있다가 헤드교체 및 원밸브 점검 등의 경우에만 폐쇄한다.

④ 개폐밸브(압력 릴리프 배기밸브) : 평상시 폐쇄되어 있다가 저장탱크의 운반 또는 장기간 방치 등의 경우에 개방하여 잔류하고 있는 이산화탄소를 배출시키고 저장탱크 내에 공기의 유통을 원활하게 하여 저장탱크를 안전하게 운반 또는 보관하게 한다. 탱크의 과압을 대기로 방출, 밸브 설정압력 초과시 개방, 미만시 폐쇄된다.

⑤ 브리더밸브(breather valve) : 평상시 폐쇄되어 있다가 저장탱크에 고압이 유발되면 안전밸브(파판식)보다 먼저 작동하여 저장탱크를 보호한다. 탱크 내압과 안전장치(파판식) 작동압력 사이에서 소량씩 방출(다이어프램식)한다.

⑥ 수동개폐밸브 : 평상시 개방되어 있다가 브리더밸브 및 안전밸브(파판식) 교체 등의 경우에만 폐쇄한다.

⑦ 안전밸브 : 평상시 폐쇄되어 저장탱크에 고압이 유발되면 개방되어 저장탱크를 보호한다.

⑧ 수동개폐밸브 : 평상시 개방되어 있다가 안전밸브의 점검, 교체 등의 경우에만 폐쇄한다.

⑨ 게이트밸브 : 평상시 개방되어 있다가 개폐밸브 · 안전밸브(파판식) · 안전밸브 점검, 교체 등의 경우에만 폐쇄한다.

해설 (1) **원밸브**(방출 주밸브) : 평상시 **폐쇄**되어 있다가 기동용 가스의 압력에 의해 개방된다. 감지기 동작에 의해 개방되어 저장탱크 내의 약제를 선택밸브로 방출한다.

(2) **개폐밸브**(충전용 밸브) : 평상시 **폐쇄**되어 있다가 이산화탄소 충전이 필요한 경우 개방하여 저장탱크에 이산화탄소를 공급한다. 이산화탄소 소화약제 충전시 개방, 충전 후 폐쇄된다.

(3) **수동개폐밸브** : 평상시 **개방**되어 있다가 헤드교체 및 원밸브 점검 등의 경우에만 폐쇄한다.

(4) **개폐밸브**(압력릴리프 배기밸브) : 평상시 **폐쇄**되어 있다가 저장탱크의 운반 또는 장기간 방치 등의 경우에 개방하여 잔류하고 있는 이산화탄소를 배출시키고 저장탱크 내에 공기의 유통을 원활하게 하여 저장탱크를 안전하게 운반 또는 보관하게 한다. 탱크의 과압을 대기로 방출, 밸브 설정압력 초과시 개방, 미만시 폐쇄된다.
(5) **브리더밸브**(breather valve) : 평상시 **폐쇄**되어 있다가 저장탱크에 고압이 유발되면 안전밸브(파판식)보다 먼저 작동하여 저장탱크를 보호한다. 탱크 내압과 안전장치(파판식) 작동압력 사이에서 소량씩 방출(다이어프램식)한다.
(6) **수동개폐밸브** : 평상시 **개방**되어 있다가 브리더밸브 및 안전밸브(파판식) 교체 등의 경우에만 폐쇄한다.
(7) **안전밸브** : 평상시 **폐쇄**되어 저장탱크에 고압이 유발되면 개방되어 저장탱크를 보호한다.
(8) **수동개폐밸브** : 평상시 **개방**되어 있다가 안전밸브의 점검, 교체 등의 경우에만 폐쇄한다.
(9) **게이트밸브** : 평상시 **개방**되어 있다가 개폐밸브·안전밸브(파판식)·안전밸브 점검, 교체 등의 경우에만 폐쇄한다.

• 문제에서 **'상시'**의 의미는 **'항상'**의 뜻이 아니고 **'평상시'**라는 의미이다.

비교

**충전관**에 **체크밸브가 없는 경우**

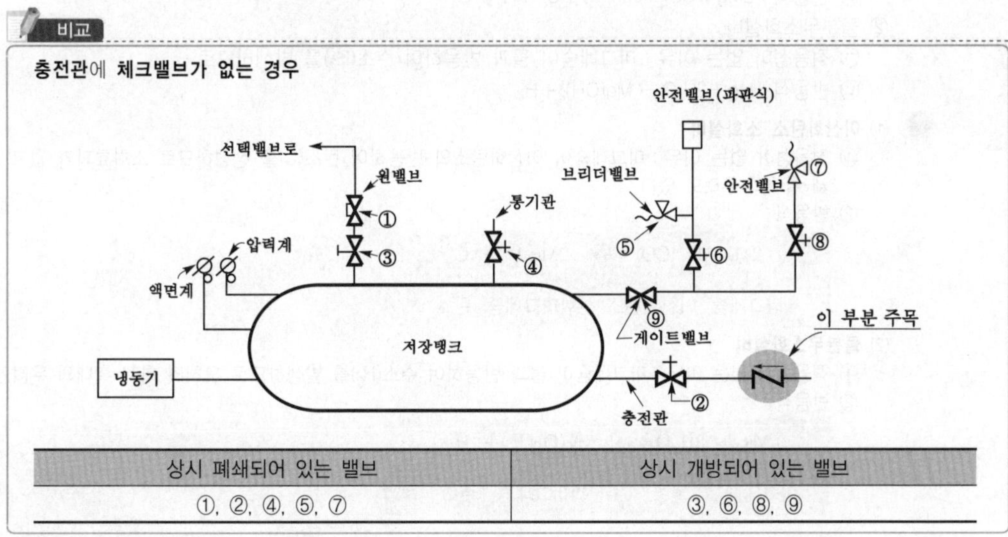


| 상시 폐쇄되어 있는 밸브 | 상시 개방되어 있는 밸브 |
|---|---|
| ①, ②, ④, ⑤, ⑦ | ③, ⑥, ⑧, ⑨ |

참고

**저압식 이산화탄소 소화설비**의 **동작설명**

(1) **액면계**와 **압력계**를 통해 이산화탄소의 저장량 및 저장탱크의 압력을 확인한다.
(2) 저장탱크의 온도상승시 **냉동기**(자동냉동장치)가 작동하여 탱크 내부의 온도가 -18℃, 압력이 **2.1MPa** 정도를 항상 유지하도록 한다.
(3) 탱크 내의 압력이 2.3MPa 이상 높아지거나 **1.9MPa** 이하로 내려가면 **압력경보장치**가 작동하여 이상상태를 알려준다.
(4) 탱크 내의 압력이 **2.4MPa**를 초과하면 **브리다밸브**와 **안전밸브**가 개방되고 **2.5MPa**를 초과하면 **안전밸브**(파판식)가 개방되어 탱크 및 배관 등이 이상고압에 의해 파열되는 것을 방지한다.
(5) 화재가 발생하여 기동용 가스의 압력에 의해 원밸브가 개방되면 분사헤드를 통해 이산화탄소가 방사되어 소화하게 된다.

※ **안전밸브**(파판식) : 저장탱크 내에 아주 높은 고압이 유발되면 안전밸브 내의 봉판이 파열되어 이상고압을 급속히 배출시키는 안전밸브로 스프링식, 추식, 지렛대식 등의 일반안전밸브보다 훨씬 빨리 이상고압을 배출시킨다.

☆

**문제 253**

**금속마그네슘 화재에 대하여 다음 소화설비가 적응성이 없는 이유를 기술하고, 반응식을 쓰시오. (4점)**

○ 이산화탄소 소화설비 :

○ 물분무소화설비 :

정답 ① 이산화탄소 소화설비

㉠ 적응성이 없는 이유 : 마그네슘이 이산화탄소와 반응하여 탄소(C)를 생성하므로

㉡ 반응식 : $2Mg+CO_2 \rightarrow 2MgO+C$

② 물분무소화설비

㉠ 적응성이 없는 이유 : 마그네슘이 물과 반응하여 수소($H_2$)를 발생하므로

㉡ 반응식 : $Mg+2H_2O \rightarrow Mg(OH)_2+H_2$

해설 (1) **이산화탄소 소화설비**

① 적응성이 없는 이유 : 마그네슘이 이산화탄소와 반응하여 탄소(C)를 생성하므로 소화효과가 없고 오히려 화재 확대의 우려도 있다.

② 반응식

$$2Mg + CO_2 \rightarrow 2MgO + C$$

| $2Mg$ | $CO_2$ | $2MgO$ | $C$ |
|---|---|---|---|
| ↑ | ↑ | ↑ | ↑ |
| 마그네슘 | 이산화탄소 | 산화마그네슘 | 탄소 |

(2) **물분무소화설비**

① 적응성이 없는 이유 : 마그네슘이 물과 반응하여 수소($H_2$)를 발생하므로 오히려 화재 확대의 우려가 있다.

② 반응식

$$Mg + 2H_2O \rightarrow Mg(OH)_2 + H_2$$

| $Mg$ | $2H_2O$ | $Mg(OH)_2$ | $H_2$ |
|---|---|---|---|
| ↑ | ↑ | ↑ | ↑ |
| 마그네슘 | 물 | 수산화마그네슘 | 수소 |

☆

**문제 254**

**Soaking time에 대하여 설명하시오. (5점)**

정답 심부화재의 경우에 할론을 고농도로 장시간 방사하면 화재의 심부에 침투하여 소화가 가능한데, 이때의 시간, 즉 할론을 방사한 시간의 길이를 말한다.

해설 **침투시간**(쇼킹타임, **soaking time**)

(1) 할론소화약제는 부촉매효과에 따른 **연쇄반응**을 **억제**하는 소화약제로서 **심부화재**에는 **적응성**이 **없다.** 그러나 심부화재의 경우에도 할론을 **고농도**로 **장시간** 방사하면 화재의 심부에 침투하여 소화가 가능한데, 이때의 시간, 즉 **할론**을 **방사**한 **시간**의 **길이**를 **침투시간**이라 한다.

(2) 할론소화약제는 저농도(**5~10%**) 소화약제로서 초기에 소화가 가능한 **표면화재**에 주로 사용한다.

(3) **침투시간**(soaking time)은 **가연물**의 **종류**와 **적재상태**에 따라 다르며 일반적으로 약 **10분** 정도이다.

☆ 문제 255

이산화탄소 소화설비에서 감지기의 작동부터 약제방출까지의 작동순서를 설명하시오. (10점)

정답

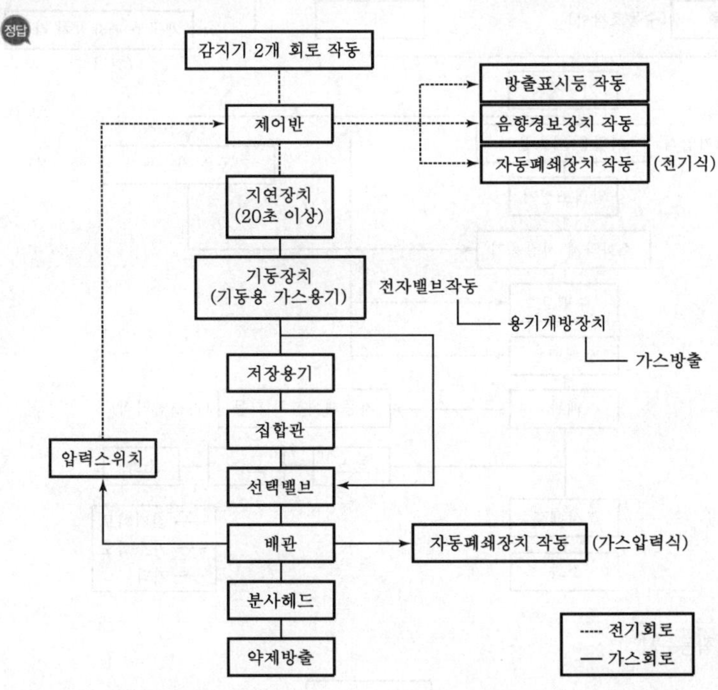


해설 **소화설비의 작동순서**(block diagram)

(1) 이산화탄소 소화설비의 작동순서

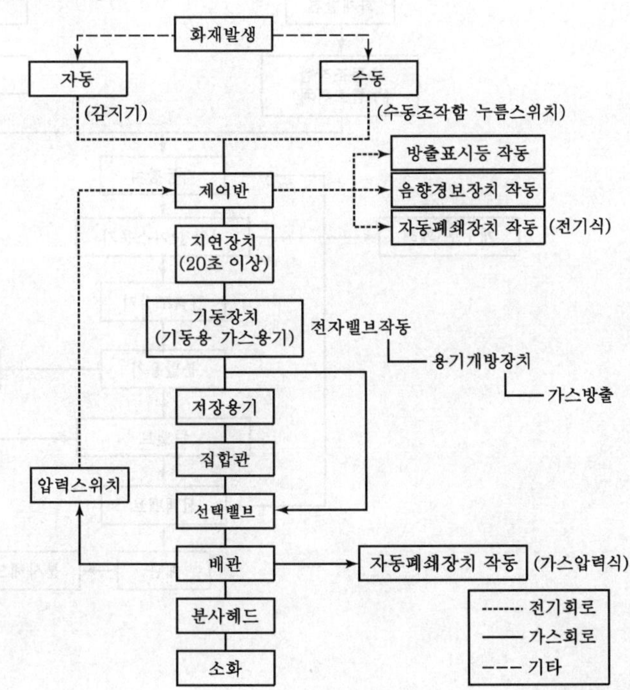

(2) 할론소화설비의 작동순서

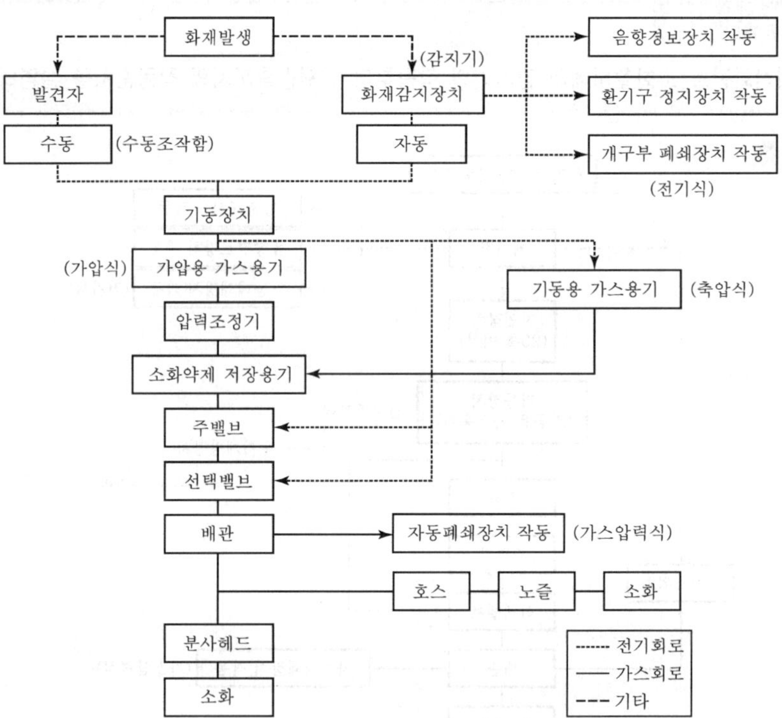


(3) 분말소화설비의 작동순서

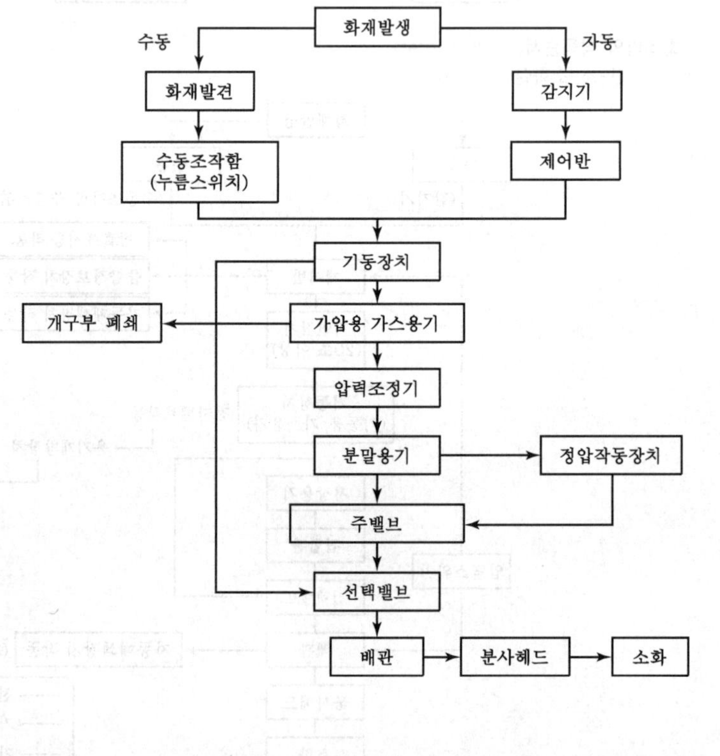

☆ 문제 256

선택밸브 등을 이용하여 전기실 등을 방호하는 이산화탄소 소화설비(연기감지기와 가스압력식 기동장치를 채용한 자동기동방식)의 각종 전기적, 기계적 구성기기의 작동순서를 연기감지기(감지기 A, B)의 작동부터 분사헤드에서의 약제방출에 이르기까지 순차적으로 기술하시오. (단, 종합수신반과의 연동은 고려하지 않으며 감지기 A, B 중 감지기 A가 먼저 작동하고 전자사이렌의 기동은 하나의 감지기 작동 후 이루어진다.) (10점)

정답

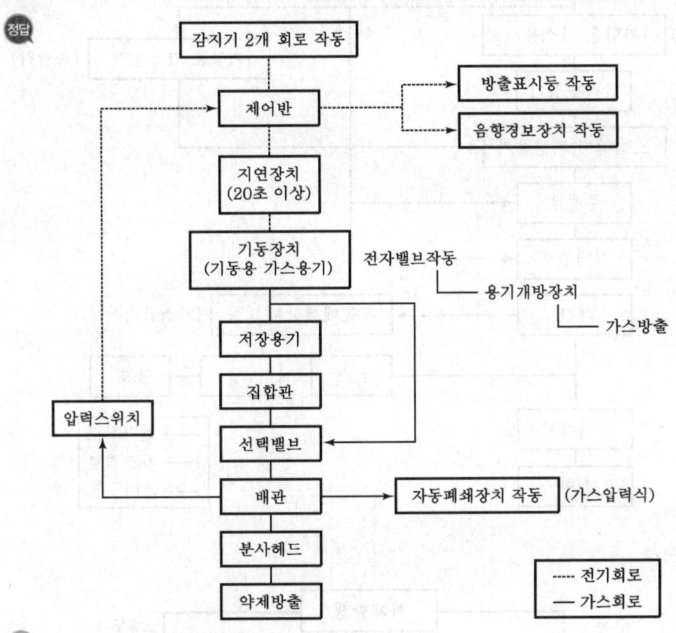


해설 **소화설비**의 **작동순서**(block diagram)

(1) 이산화탄소 소화설비의 작동순서

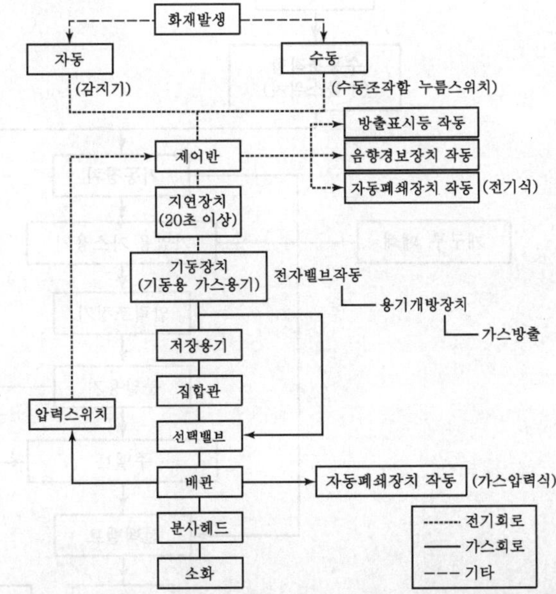


※ 위의 작동순서를 보고 문제의 요구사항에 따라 적절하게 수정하면 된다.

(2) 할론소화설비의 작동순서

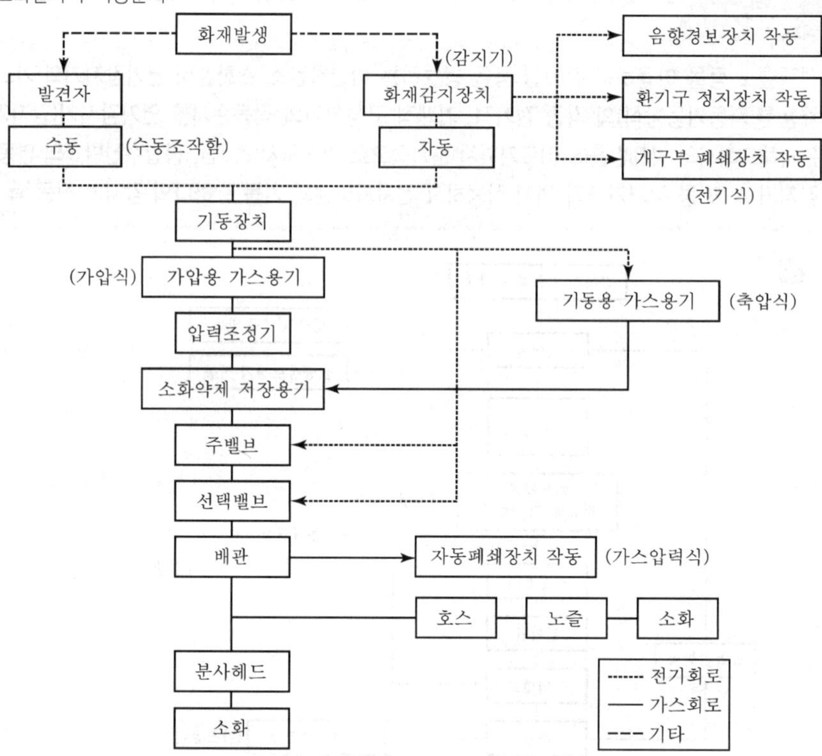


(3) 분말소화설비의 작동순서

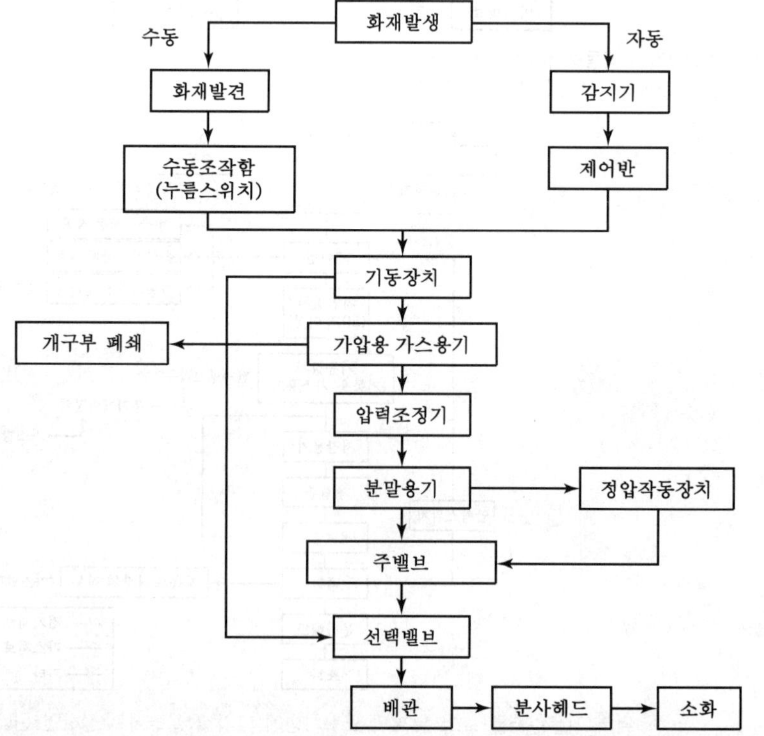

☆

## 문제 257

A구역(저장용기 3병), B구역(저장용기 5병, 242m$^3$), C구역(저장용기 3병)에 전역방출방식의 고압식 이산화탄소 소화설비를 설치하려고 한다. (단, 제어반은 저장용기실 내에 설치되어 있고 체크밸브의 표시는 ─⊘로 하고, 저장용기 개방방식은 가스가압식이다. 또한 저장용기의 내용적은 68L 용기 1본당 충전량은 45kg이다.) 저장용기실의 계통도를 그리시오. (단, 배관구경 및 케이블구경은 무시한다.) (25점)

정답

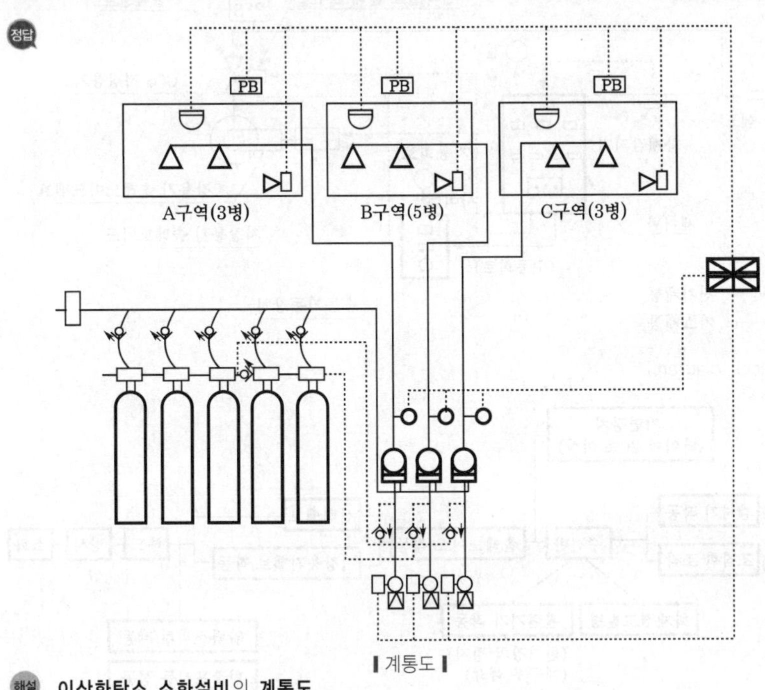


▌계통도▐

해설 **이산화탄소 소화설비**의 **계통도**

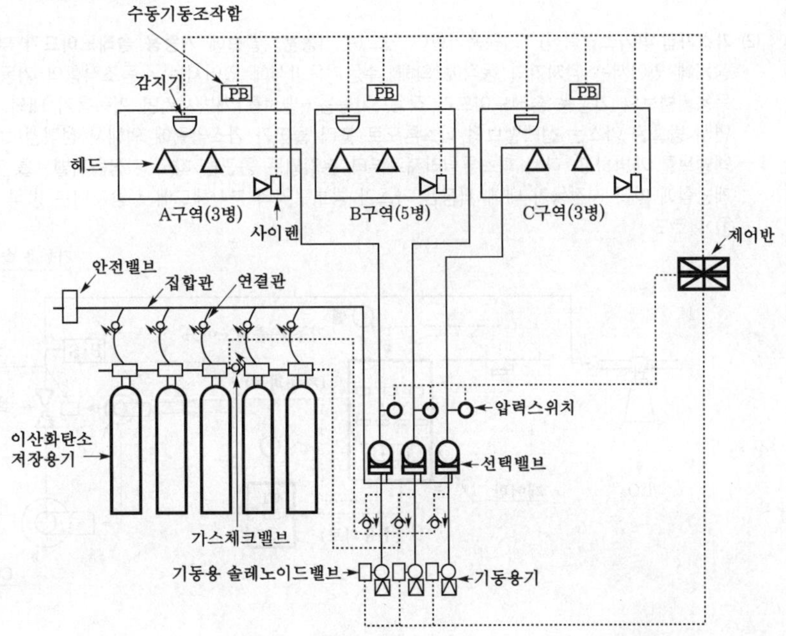

중요

**이산화탄소 소화설비**의 **기동장치**의 **작동방식**에 **따른 종류**

(1) **전기식**(전기개방식) : 기동용기함이 생략되고 기동용기함 대신 **선택밸브 솔레노이드**와 **저장용기밸브 솔레노이드**가 부설되어 있어 자동기동장치에 있어서는 감지기의 화재감지기에 의하여, 수동기동장치에 있어서는 수동기동버튼인 누름단추를 누르면 전기적 신호에 의하여 선택밸브 솔레노이드가 선택밸브를 개방시키고, 저장용기밸브 솔레노이드가 저장용기밸브를 개방시켜서 약제를 방출하는 방식

① 회로도

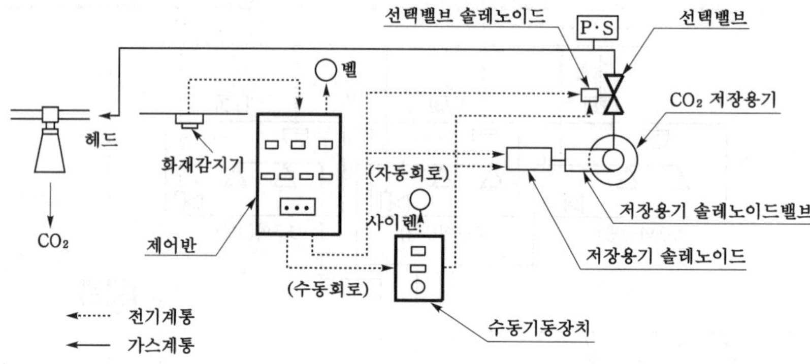


② 작동순서(block diagram)

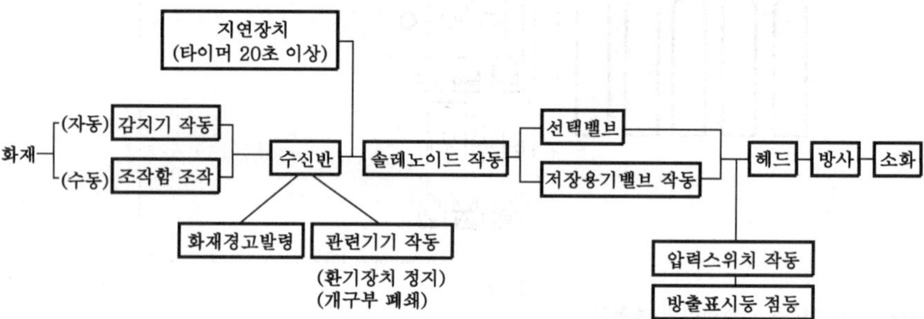


(2) **가스가압식**(가스압력식) : 기동용기함이 있으며 기동용기밸브에 **기동용 솔레노이드**가 부착되어 있어 자동기동장치에 있어서는 감지기의 동작에 의해, 수동기동방식에 있어서는 수동조작함의 기동버튼조작에 의하여 기동용기밸브의 기동용 솔레노이드가 작동, 기동용기밸브를 개방시키면 기동용기 내의 기동용 가스가 방출되면서 방출된 가스는 선택밸브의 피스톤으로 흘러 들어가 가스압력에 의해서 선택밸브의 걸쇠를 해제시켜 선택밸브를 개방하고, 다시 피스톤릴리져로부터 분기되는 동관을 따라 저장용기밸브를 기동가스압력에 의하여 개방함에 따라 저장용기 내에 저장된 가스가 방호구역의 분사헤드에서 방사되는 방식

① 회로도

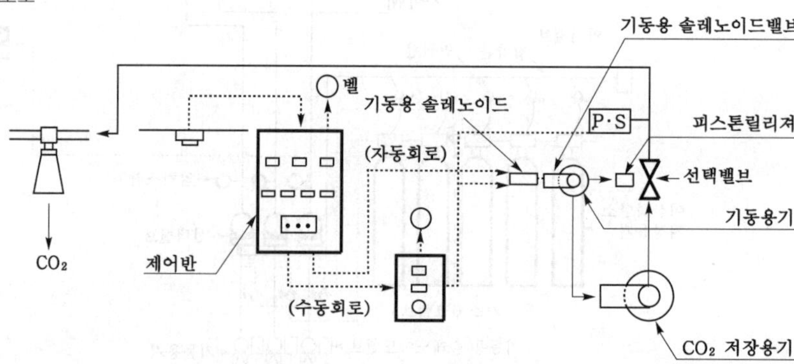

② 작동순서(block diagram)

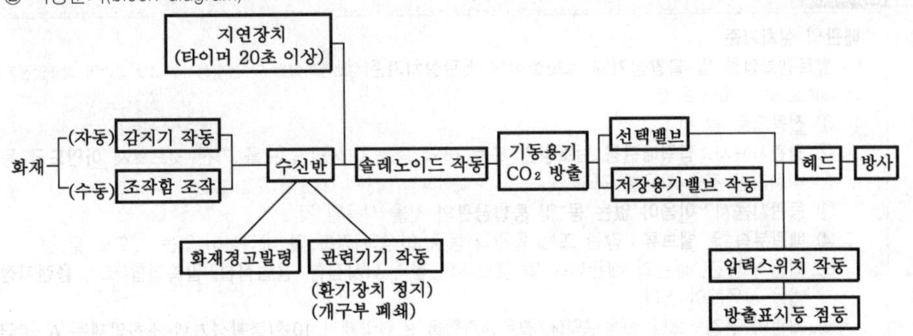


(3) **기계식** : 수동식 기동장치의 경우에는 용기의 배출밸브에 레버 또는 와이어를 설치하여 기계적으로 조작하는 방식 등이 있으며, 자동식 기동장치의 경우 금속의 열팽창 및 열에 따른 공기의 팽창을 이용하여 설비를 기동하는 방식 등이 있으며 기계식은 오늘날 거의 사용하지 않는 설비방식이다.

☆ 문제 258

**이산화탄소 소화설비 재료사용기준과 이음이 없는 배관의 기준에 대하여 기술하시오. (20점)**

정답 ① 재료사용기준

㉠ 강관사용시 : 압력배관용 탄소강관 중 스케줄 80(저압식은 스케줄 40) 이상의 것 또는 이와 동등 이상의 강도를 가진 것으로 아연도금 등으로 방식처리된 것을 사용할 것(단, 호칭구경 20mm 이하는 스케줄 40 이상)

㉡ 동관사용시 : 이음이 없는 동 및 동합금관으로서 고압식은 16.5MPa 이상, 저압식은 3.75MPa 이상의 압력에 견딜 수 있는 것을 사용할 것

② 이음이 없는 배관기준

㉠ 고압식(개폐밸브 또는 선택밸브) : 2차측 배관부속은 2.0MPa의 압력에 견딜 수 있는 것을 사용하여야 하며, 1차측 배관부속은 4.0MPa의 압력에 견딜 수 있는 것을 사용할 것

㉡ 저압식(개폐밸브 또는 선택밸브) : 2차측 배관부속은 2.0MPa의 압력에 견딜 수 있을 것

해설 (1) **이산화탄소 소화설비**의 **재료사용기준**

| 관의 종류 | 재료사용기준 |
|---|---|
| 강관사용 | **압력배관용 탄소강관** 중 **스케줄 80**(**저압식**은 **스케줄 40**) 이상의 것 또는 이와 동등 이상의 강도를 가진 것으로 **아연도금** 등으로 방식처리된 것을 사용할 것(단, 호칭구경 **20mm 이하**는 **스케줄 40** 이상) |
| 동관사용 | 이음이 없는 동 및 동합금관으로서 **고압식**은 **16.5MPa** 이상, **저압식**은 **3.75MPa** 이상의 압력에 견딜 수 있는 것을 사용할 것 |

(2) **이산화탄소 소화설비**의 **이음이 없는 배관기준**

| 관의 종류 | 재료사용기준 |
|---|---|
| **고압식**<br>(개폐밸브 또는 선택밸브) | 2차측 배관부속은 **2.0MPa**의 압력에 견딜 수 있는 것을 사용하여야 하며, **1차측 배관부속**은 **4.0MPa**의 압력에 견딜 수 있는 것을 사용할 것 |
| **저압식**<br>(개폐밸브 또는 선택밸브) | 2차측 배관부속은 **2.0MPa**의 압력에 견딜 수 있을 것 |

중요

**배관**의 **설치기준**

(1) **할로겐화합물 및 불활성기체 소화설비**의 **배관설치기준**[할로겐화합물 및 불활성기체 소화설비의 화재안전기준(NFPC 107A 제10조, NFTC 107A 2.7.1)]

① **전용**으로 할 것
② **강관**사용시 : **압력배관용 탄소강관** 또는 이와 동등 이상의 강도를 가진 것으로서 **아연도금** 등에 따라 방식처리된 것을 사용할 것
③ **동관**사용시 : **이음이 없는 동** 및 **동합금관**의 것을 사용할 것
④ **배관부속** 및 **밸브류** : 강관 또는 동관과 동등 이상의 강도 및 내식성이 있는 것으로 할 것
⑤ 배관과 배관, 배관과 배관부속 및 밸브류의 **접**속 **나사접합**, **용접접합**, **압축접합** 또는 **플랜지접합** 등의 방법을 사용해야 한다.
⑥ 배관의 **구**경 : 해당 방호구역에 할로겐화합물 소화약제가 **10초**(**불활성기체 소화약제**는 **A·C급 화재 2분**, **B급 화재 1분**) 이내에 방호구역 각 부분에 최소설계농도의 **95% 이상** 해당하는 약제량이 방출되도록 해야 한다.

기억법 **할전 강압아 동이동 부밸 접구**

(2) **분말소화설비**의 **배관설치시 주의사항**[분말소화설비의 화재안전기준(NFPC 108 제9조, NFTC 108 2.6.1)]

① **전용**으로 할 것
② **강관**사용시 : **아**연도금에 따른 배관용 탄소강관(단, 축압식 중 20℃에서 압력 **2.5~4.2MPa** 이하인 것은 압력배관용 탄소강관 중 이음이 없는 스케줄 **40** 이상 또는 아연도금으로 방식처리된 것)
③ **동관**사용시 : 고정압력 또는 최고사용압력의 **1.5배** 이상의 압력에 견딜 것
④ **밸브류** : **개폐위치** 또는 **개폐방향**을 표시한 것
⑤ **배관**의 **관부속** 및 **밸브류** : 배관과 동등 이상의 강도 및 내식성이 있는 것

기억법 **분전강아4 동15 밸부밸**

(3) **할론소화설비**의 **배관설치기준**[할론소화설비의 화재안전기준(NFPC 107 제8조, NFTC 107 2.5.1)]

① **전용**으로 할 것
② **강관**사용시 : **압력배관용 탄소강관** 중 **스케줄 80**(**저압식**은 **스케줄 40**) 이상의 것 또는 이와 동등 이상의 강도를 가진 것으로서 아연도금 등에 따라 방식처리된 것을 사용할 것
③ **동관**사용시 : 이음이 없는 동 및 동합금관의 것으로서 **고압식**은 **16.5MPa** 이상, **저압식**은 **3.75MPa** 이상의 압력에 견딜 수 있는 것을 사용할 것
④ **배관부속** 및 **밸브류** : 강관 또는 동관과 동등 이상의 강도 및 내식성이 있는 것으로 할 것

기억법 **할전 강압8 동고 165 375 부밸**

☆

문제 259

「이산화탄소 소화설비의 화재안전기준」에서 소화약제 저장용기의 설치기준 5가지를 쓰시오. (5점)

○
○
○
○
○

정답 ① 충전비 : 고압식은 1.5~1.9 이하, 저압식은 1.1~1.4 이하
② 봉판 설치 : 내압시험압력의 0.64~0.8배까지의 압력에서 작동하는 안전밸브와 내압시험압력의 0.8배~내압시험압력에서 작동하는 봉판 설치(저압식 저장용기)
③ 압력경보장치 설치 : 액면계 및 압력계와 2.3MPa 이상 1.9MPa 이하의 압력에서 작동하는 압력경보장치 설치(저압식 저장용기)

④ 자동냉동장치 설치 : 용기 내부의 온도가 −18℃ 이하에서 2.1MPa의 압력을 유지할 수 있는 자동냉동장치 설치(저압식 저장용기)
⑤ 고압식은 25MPa 이상, 저압식은 3.5MPa 이상의 내압시험압력에 합격한 것으로 할 것

해설 **저장용기 설치기준**

(1) **이산화탄소 소화약제**의 **저장용기 설치기준**[이산화탄소 소화설비의 화재안전기준(NFPC 106 제4조 제②항, NFTC 106 2.1.2)]

① 충전비 : 고압식은 **1.5~1.9 이하**, 저압식은 **1.1~1.4 이하**
② 봉판 설치 : 내압시험압력의 **0.64~0.8배**까지의 압력에서 작동하는 안전밸브와 **내압시험압력의 0.8배~내압시험압력**에서 작동하는 것(저압식 저장용기)
③ 압력경보장치 설치 : 액면계 및 압력계와 **2.3MPa 이상 1.9MPa 이하**의 압력에서 작동하는 것(저압식 저장용기)
④ 자동냉동장치 설치 : 용기 내부의 온도가 **−18℃** 이하에서 **2.1MPa**의 압력을 유지할 수 있는 것(저압식 저장용기)
⑥ **고압식**은 **25MPa** 이상, **저압식**은 **3.5MPa** 이상의 내압시험압력에 합격한 것으로 할 것

(2) **할론소화약제**의 **저장용기 설치기준**[할론소화설비의 화재안전기준(NFPC 107 제4조 제②항, NFTC 107 2.1.2)]

① 축압식 저장용기의 압력 : 온도 20℃에서 **할론 1211**을 저장하는 것은 **1.1MPa** 또는 **2.5MPa**, **할론 1301**을 저장하는 것은 **2.5MPa** 또는 **4.2MPa**이 되도록 **질소가스**로 축압할 것
② 충전비 : **할론 2402**를 저장하는 것 중 **가압식** 저장용기는 **0.51~0.67 미만**, **축압식** 저장용기는 **0.67~2.75 이하**, **할론 1211**은 **0.7~1.4 이하**, **할론 1301**은 **0.9~1.6 이하**로 할 것
③ 동일 집합관에 접속되는 용기의 소화약제 충전량 : 동일 충전비의 것이어야 할 것

기억법

| 1211 | 1125 | 1301 | 2542 |
|---|---|---|---|
| 2402 | 가5167 | 67275 | |
| 1211 | 0714 | 1301 | 0916 |

(3) **할로겐화합물 및 불활성기체 소화약제 저장용기**의 **적합기준**[할로겐화합물 및 불활성기체 소화설비의 화재안전기준(NFPC 107A 제6조 제②항, NFTC 107A 2.3.2)

① **약**제명 · 저장용기의 **자**체중량과 **총**중량 · **충**전일시 · 충전압력 및 약제의 체적 표시
② 동일 **집**합관에 접속되는 저장용기 : **동일한 내용적**을 가진 것으로 **충전량** 및 **충전압력**이 같도록 할 것
③ 저장용기에 **충**전량 및 충전압력을 **확**인할 수 있는 장치를 하는 경우에는 해당 소화약제에 적합한 구조로 할 것
④ 저장용기의 **약제량 손실**이 **5%**를 초과하거나 **압력손실**이 **10%**를 초과할 경우에는 재충전하거나 저장용기를 교체할 것(단, **불활성기체 소화약제** 저장용기의 경우에는 **압력손실**이 **5%**를 초과할 경우 재충전하거나 저장용기 교체)

기억법 약자총충 집동내 확충 량5(양호)

☆

## 문제 260

「이산화탄소 소화설비의 화재안전기준」에서 분사헤드의 설치제외장소 4가지를 쓰시오. (4점)

○
○
○
○

정답 ① 방재실 · 제어실 등 사람이 상시 근무하는 장소
② 니트로셀룰로오스 · 셀룰로이드 제품 등 자기연소성 물질을 저장 · 취급하는 장소
③ 나트륨 · 칼륨 · 칼슘 등 활성금속물질을 저장 · 취급하는 장소
④ 전시장 등의 관람을 위하여 다수인이 출입 · 통행하는 통로 및 전시실 등

해설 **설치제외장소**

(1) **이산화탄소 소화설비**의 **분사헤드 설치제외장소**[이산화탄소 소화설비의 화재안전기준(NFPC 106 제11조, NFTC 106 2.8.1)]

① **방재실, 제어실** 등 사람이 상시 근무하는 장소
② **니트로셀룰로오스, 셀룰로이드 제품** 등 자기연소성 물질을 저장, 취급하는 장소
③ **나트륨, 칼륨, 칼슘** 등 활성금속물질을 저장·취급하는 장소
④ **전시장** 등의 관람을 위하여 다수인이 출입·**통**행하는 통로 및 **전**시실 등

기억법 방니나전 통전이

(2) **할로겐화합물 및 불활성기체 소화설비**의 **설치제외장소**[할로겐화합물 및 불활성기체 소화설비의 화재안전기준(NFPC 107A 제5조, NFTC 107A 2.2.1)

① 사람이 **상**주하는 곳으로서 최대허용**설**계농도를 초과하는 장소
② **제3류 위험물** 및 **제5류 위험물**을 저장·보관·사용하는 장소(단, 소화성능이 인정되는 위험물 제외)

기억법 상설35할제

(3) **물분무소화설비**의 **설치제외장소**[물분무소화설비의 화재안전기준(NFPC 104 제15조, NFTC 104 2.12.1)]

① **물**과 **심하게 반응하는 물질** 또는 물과 반응하여 위험한 물질을 생성하는 물질을 저장 또는 취급하는 장소
② **고온물질** 및 증류범위가 넓어 끓어넘치는 위험이 있는 물질을 저장 또는 취급하는 장소
③ 운전시에 표면의 온도가 **260℃** 이상으로 되는 등 직접 분무를 하는 경우 그 부분에 손상을 입힐 우려가 있는 **기**계장치 등이 있는 장소

기억법 물고기 26(**이륙**)

(4) **스프링클러헤드**의 **설치제외장소**[스프링클러설비의 화재안전기준(NFPC 103 제15조, NFTC 103 2.12)]

① **계**단실(특별피난계단의 부속실 포함), 경사로, 승강기의 승강로, 비상용 승강기의 승강장·파이프덕트 및 덕트피트(파이프·덕트를 통과시키기 위한 구획된 구멍에 한함), 목욕실, 수영장(관람석 제외), 화장실, 직접 외기에 개방되어 있는 복도, 기타 이와 유사한 장소
② **통신기기실·전자기기실**, 기타 이와 유사한 장소
③ **발전실·변전실·변압기**, 기타 이와 유사한 전기설비가 설치되어 있는 장소
④ **병**원의 **수술실·응급처치실**, 기타 이와 유사한 장소
⑤ 천장과 반자 양쪽이 **불연재료**로 되어 있는 경우로서 그 사이의 거리 및 구조가 다음에 해당하는 부분
㉠ 천장과 반자 사이의 거리가 **2m** 미만인 부분
㉡ 천장과 반자 사이의 **벽**이 **불연재료**이고 천장과 반자 사이의 거리가 **2m** 이상으로서 그 사이에 **가연물**이 **존재**하지 **않는 부분**
⑥ 천장·반자 중 한쪽이 **불연재료**로 되어 있고, 천장과 반자 사이의 거리가 **1m** 미만인 부분
⑦ 천장 및 반자가 **불연재료 외**의 것으로 되어 있고, 천장과 반자 사이의 거리가 **0.5m** 미만인 경우
⑧ **펌프실·물탱크실**·엘리베이터 권상기실, 그 밖의 이와 비슷한 장소
⑨ **현관·로비** 등으로서 바닥에서 높이가 **20m** 이상인 장소
⑩ 영하의 **냉**장창고의 **냉장실** 또는 냉동창고의 **냉동실**
⑪ **고**온의 노가 설치된 장소 또는 물과 격렬하게 반응하는 물품의 저장 또는 취급장소
⑫ **불**연재료로 된 특정소방대상물 또는 그 부분으로서 다음에 해당하는 장소
㉠ **정수장·오물처리장**, 그 밖의 이와 비슷한 장소
㉡ **펄프공장**의 작업장·**음료수공장**의 세정 또는 충전하는 작업장, 그 밖의 이와 비슷한 장소
㉢ **불**연성의 금속·석재 등의 가공공장으로서 가연성 물질을 저장 또는 취급하지 않는 장소
㉣ 가연성 물질이 존재하지 않는 「건축물의 에너지절약 설계기준」에 따른 방풍실

기억법 정오불펄음(**정오불포럼**)

⑬ 실내에 설치된 **테니스장·게이트볼장·정구장** 또는 이와 비슷한 장소로서 실내 바닥·벽·천장이 **불연재료** 또는 **준불연재료**로 구성되어 있고 가연물이 존재하지 않는 장소로서 **관람석**이 **없는 운동시설**(지하층 제외)

기억법 계통발병 2105 펌현 고냉불스

소방시설의 점검실무행정 종합문제 600제

## 문제 261

「이산화탄소 소화설비의 화재안전기준」에 따라 이산화탄소 소화설비의 설치장소에 대한 안전시설 설치 기준 2가지를 쓰시오. (2점)

○

○

정답 ① 소화약제 방출시 방호구역 내와 부근에 가스방출시 영향을 미칠 수 있는 장소에 시각경보장치를 설치하여 소화약제가 방출되었음을 알도록 할 것

② 방호구역의 출입구 부근 잘 보이는 장소에 약제방출에 따른 위험경고표지를 부착할 것

해설 **이산화탄소 소화설비**의 **안전시설 설치기준**[이산화탄소 소화설비의 화재안전기준(NFPC 106 제19조, NFTC 106 2.16)]

(1) 소화약제 방출시 방호구역 내와 부근에 가스방출시 영향을 미칠 수 있는 장소에 **시각경보장치**를 설치하여 소화약제가 방출되었음을 알도록 할 것

(2) 방호구역의 출입구 부근 잘 보이는 장소에 약제방출에 따른 **위험경고표지**를 부착할 것

## 문제 262

「이산화탄소 소화설비의 화재안전기준」에 의거하여 이산화탄소 소화설비의 비상스위치 작동점검순서를 쓰시오. (4점)

정답 ① 수동조작함 기동스위치 조작 또는 감지기 A·B 동작

② 타이머 동작확인

③ 비상스위치 누름

④ 타이머 정지확인

⑤ 비상스위치 누름해제시 타이머 재작동확인

해설 **이산화탄소 소화설비**의 **비상스위치 작동점검순서**

(1) 수동조작함 **기동스위치** 조작 또는 **감지기 A·B** 동작

(2) **타이머 동작**확인

(3) **비상스위치** 누름

(4) **타이머 정지**확인

(5) 비상스위치 누름해제시 **타이머 재작동**확인

참고

**비상스위치**(방출지연비상스위치, 방출지연스위치)

| 구 분 | 설 명 |
|---|---|
| 설치위치 | 수동식 기동장치의 부근 |
| 기능 | • 자동복귀형 스위치로서 수동식 기동장치의 타이머를 순간정지시키는 기능의 스위치<br>• 소화약제의 방출지연<br>∥비상스위치∥ |
| 비상스위치가 설치되는 소화설비 | • 이산화탄소 소화설비(NFPC 106 제6조, NFTC 106 2.3.1)<br>• 할론소화설비(NFPC 107 제6조, NFTC 107 2.3.1)<br>• 할로겐화합물 및 불활성기체 소화설비(NFPC 107A 제8조, NFTC 107A 2.5.1)<br>• 분말소화설비(NFPC 108 제7조, NFTC 108 2.4.1) |

## ☆ 문제 263

이산화탄소 소화설비에서 제어반의 작동점검 3가지를 쓰시오. (3점)

○

○

○

**정답**
① 수동기동장치 또는 감지기 신호 수신시 음향경보장치 작동기능 정상 여부
② 소화약제 방출·지연 및 기타 제어기능 적정 여부
③ 전원표시등 설치 및 정상 점등 여부

**해설** **소방시설 자체점검사항 등에 관한 고시 〔별지 제4호 서식〕**
**이산화탄소 소화설비의 작동점검**

| 구 분 | | 점검항목 |
|---|---|---|
| 저장용기 | | ① 저장용기 **설치장소** 표지 설치 여부<br>② 저장용기 개방밸브 자동·수동 개방 및 안전장치 부착 여부 |
| | 저압식 | **자동냉동장치**의 기능 |
| 소화약제 | | 소화약제 저장량 적정 여부 |
| 기동장치 | | 방호구역별 출입구 부근 소화약제 방출표시등 설치 및 정상작동 여부 |
| | 수동식 기동장치 | ① 기동장치 부근에 **비상스위치** 설치 여부<br>② 기동장치 설치 적정(출입구 부근 등, 높이, 보호장치, 표지, 전원표시등) 여부<br>③ **방출용 스위치** 음향경보장치 연동 여부 |
| | 자동식 기동장치 | ① **감지기** 작동과의 연동 및 수동기동 가능 여부<br>② 기동용 가스용기의 **용적**, **충전압력** 적정 여부(가스압력식 기동장치의 경우) |
| 제어반 및 화재표시반 | | ① 설치장소 적정 및 관리 여부<br>② **회로도** 및 **취급설명서** 비치 여부 |
| | 제어반 | ① 수동기동장치 또는 감지기 신호 수신시 음향경보장치 작동기능 정상 여부<br>② 소화약제 **방출·지연** 및 기타 제어기능 적정 여부<br>③ **전원표시등** 설치 및 정상 점등 여부 |
| | 화재표시반 | ① 방호구역별 표시등(음향경보장치 조작, 감지기 작동), 경보기 설치 및 작동 여부<br>② **수동식 기동장치 작동표시 표시등** 설치 및 정상작동 여부<br>③ 소화약제 방출표시등 설치 및 정상작동 여부 |
| 배관 등 | | 배관의 **변형·손상** 유무 |
| 분사헤드 | 전역방출방식 | 분사헤드의 **변형·손상** 유무 |
| | 국소방출방식 | 분사헤드의 **변형·손상** 유무 |
| | 호스릴방식 | 소화약제 저장용기의 위치표시등 정상 점등 및 표지 설치 여부 |
| 화재감지기 | | **방호구역별** 화재감지기 감지에 의한 기동장치 작동 여부 |
| 음향경보장치 | | ① 기동장치 조작시(수동식-방출용 스위치, 자동식-화재감지기) 경보 여부<br>② 약제 방사 개시(또는 방출압력스위치 작동) 후 경보 적정 여부 |
| 자동폐쇄장치 | | ① **환기장치** 자동정지 기능 적정 여부<br>② 개구부 및 통기구 자동폐쇄장치 설치장소 및 기능 적합 여부 |
| 비상전원 | | ① 자가발전설비인 경우 **연료적정량** 보유 여부<br>② 자가발전설비인 경우 「전기사업법」에 따른 **정기점검** 결과 확인 |
| 안전시설 등 | | ① 소화약제 방출알림 시각경보장치 설치기준 적합 및 정상작동 여부<br>② 방호구역 출입구 부근 잘 보이는 장소에 소화약제 방출 **위험경고표지** 부착 여부<br>③ 방호구역 출입구 외부 인근에 **공기호흡기** 설치 여부 |
| 비고 | | ※ 특정소방대상물의 위치·구조·용도 및 소방시설의 상황 등이 이 표의 항목대로 기재하기 곤란하거나 이 표에서 누락된 사항을 기재한다. |

## 문제 264

이산화탄소 소화설비의 작동점검표상에 있는 자동폐쇄장치의 점검항목 2가지를 쓰시오. (2점)

○

○

**정답** ① 환기장치 자동정지 기능 적정 여부
② 개구부 및 통기구 자동폐쇄장치 설치장소 및 기능 적합 여부

**해설** **문제 263 참조**

## 문제 265

이산화탄소 소화설비에서 기동장치의 종합점검항목을 수동식 기동장치와 자동식 기동장치를 구분하여 쓰시오. (10점)

**정답** ① 수동식 기동장치
㉠ 기동장치 부근에 비상스위치 설치 여부
㉡ 방호구역별 또는 방호대상별 기동장치 설치 여부
㉢ 기동장치 설치 적정(출입구 부근 등, 높이, 보호장치, 표지, 전원표시등) 여부
㉣ 방출용 스위치 음향경보장치 연동 여부
② 자동식 기동장치
㉠ 감지기 작동과의 연동 및 수동기동 가능 여부
㉡ 저장용기 수량에 따른 전자개방밸브 수량 적정 여부(전기식 기동장치의 경우)
㉢ 기동용 가스용기의 용적, 충전압력 적정 여부(가스압력식 기동장치의 경우)
㉣ 기동용 가스용기의 안전장치, 압력게이지 설치 여부(가스압력식 기동장치의 경우)
㉤ 저장용기 개방구조 적정 여부(기계식 기동장치의 경우)

**해설** **소방시설 자체점검사항 등에 관한 고시 〔별지 제4호 서식〕**
**이산화탄소 소화설비의 종합점검**

| 구 분 | | 점검항목 |
|---|---|---|
| 저장용기 | | ❶ 설치장소 **적정** 및 **관리** 여부<br>② 저장용기 **설치장소** 표지 설치 여부<br>❸ 저장용기 **설치간격** 적정 여부<br>④ 저장용기 **개방밸브** 자동·수동 개방 및 안전장치 부착 여부<br>❺ 저장용기와 **집합관** 연결배관상 체크밸브 설치 여부<br>❻ 저장용기와 **선택밸브**(또는 개폐밸브) 사이 안전장치 설치 여부 |
| 저장용기 | 저압식 | ❶ **안전밸브** 및 **봉판** 설치 적정(작동 압력) 여부<br>❷ **액면계·압력계** 설치 여부 및 **압력강하경보장치** 작동 압력 적정 여부<br>③ **자동냉동장치**의 기능 |
| 소화약제 | | 소화약제 저장량 적정 여부 |
| 기동장치 | | 방호구역별 출입구 부근 소화약제 방출표시등 설치 및 정상작동 여부 |
| 기동장치 | 수동식 기동장치 | ① 기동장치 부근에 **비상스위치** 설치 여부<br>❷ **방호구역별** 또는 **방호대상별** 기동장치 설치 여부<br>③ 기동장치 설치 적정(출입구 부근 등, 높이, 보호장치, 표지, 전원표시등) 여부<br>④ 방출용 스위치 음향경보장치 연동 여부 |
| 기동장치 | 자동식 기동장치 | ① **감지기** 작동과의 연동 및 수동기동 가능 여부<br>❷ 저장용기 수량에 따른 전자개방밸브 수량 적정 여부(전기식 기동장치의 경우)<br>③ 기동용 가스용기의 **용적**, **충전압력** 적정 여부(가스압력식 기동장치의 경우)<br>❹ 기동용 가스용기의 **안전장치**, **압력게이지** 설치 여부(가스압력식 기동장치의 경우)<br>❺ 저장용기 개방구조 적정 여부(기계식 기동장치의 경우) |

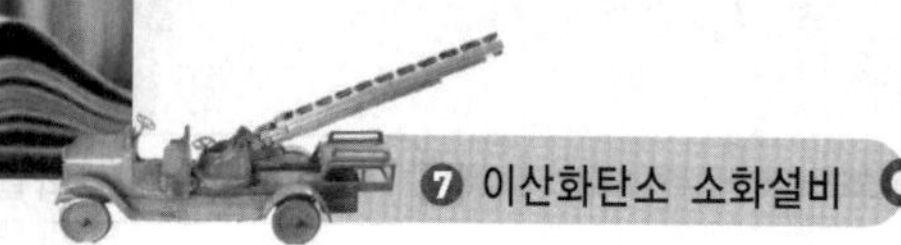





<table>
<tr><td rowspan="3">제어반 및<br>화재표시반</td><td colspan="2">① 설치장소 **적정** 및 관리 여부<br>② **회로도** 및 **취급설명서** 비치 여부<br>❸ **수동잠금밸브** 개폐 여부 확인표시등 설치 여부</td></tr>
<tr><td>제어반</td><td>① **수동기동장치** 또는 **감지기** 신호 수신시 음향경보장치 작동기능 정상 여부<br>② 소화약제 **방출 · 지연** 및 기타 제어기능 적정 여부<br>③ **전원표시등** 설치 및 정상 점등 여부</td></tr>
<tr><td>화재표시반</td><td>① 방호구역별 **표시등**(음향경보장치 조작, 감지기 작동), 경보기 설치 및 작동 여부<br>② 수동식 기동장치 작동표시표시등 설치 및 정상작동 여부<br>③ 소화약제 방출표시등 설치 및 정상작동 여부<br>❹ **자동식 기동장치** 자동 · 수동 절환 및 절환표시등 설치 및 정상작동 여부</td></tr>
<tr><td>배관 등</td><td colspan="2">① 배관의 **변형 · 손상** 유무<br>❷ **수동잠금밸브** 설치위치 적정 여부</td></tr>
<tr><td>선택밸브</td><td colspan="2">● 선택밸브 설치기준 적합 여부</td></tr>
<tr><td rowspan="3">분사헤드</td><td>전역방출방식</td><td>① 분사헤드의 **변형 · 손상** 유무<br>❷ 분사헤드의 설치위치 적정 여부</td></tr>
<tr><td>국소방출방식</td><td>① 분사헤드의 **변형 · 손상** 유무<br>❷ 분사헤드의 설치장소 적정 여부</td></tr>
<tr><td>호스릴방식</td><td>❶ 방호대상물 각 부분으로부터 **호스접결구**까지 수평거리 적정 여부<br>② 소화약제 저장용기의 위치표시등 정상 점등 및 표지 설치 여부<br>❸ 호스릴소화설비 설치장소 적정 여부</td></tr>
<tr><td>화재감지기</td><td colspan="2">① **방호구역별** 화재감지기 감지에 의한 기동장치 작동 여부<br>❷ **교차회로**(또는 NFPC 203 제7조 제①항, NFTC 203 2.4.1 단서 감지기) 설치 여부<br>❸ 화재감지기별 **유효바닥면적** 적정 여부</td></tr>
<tr><td rowspan="2">음향경보장치</td><td colspan="2">① **기동장치** 조작시(수동식-방출용 스위치, 자동식-화재감지기) 경보 여부<br>② 약제 방사 개시(또는 방출압력스위치 작동) 후 경보 적정 여부<br>❸ **방호구역** 또는 **방호대상물** 구획 안에서 유효한 경보 가능 여부</td></tr>
<tr><td>방송에 따른<br>경보장치</td><td>❶ **증폭기** 재생장치의 설치장소 적정 여부<br>❷ 방호구역 · 방호대상물에서 **확성기** 간 수평거리 적정 여부<br>❸ 제어반 **복구스위치** 조작시 경보 지속 여부</td></tr>
<tr><td>자동폐쇄장치</td><td colspan="2">① **환기장치** 자동정지기능 적정 여부<br>② **개구부** 및 **통기구** 자동폐쇄장치 설치장소 및 기능 적합 여부<br>❸ 자동폐쇄장치 복구장치 설치기준 적합 및 위치표지 적합 여부</td></tr>
<tr><td>비상전원</td><td colspan="2">❶ 설치장소 적정 및 관리 여부<br>② 자가발전설비인 경우 **연료적정량** 보유 여부<br>③ 자가발전설비인 경우 「전기사업법」에 따른 **정기점검** 결과 확인</td></tr>
<tr><td>배출설비</td><td colspan="2">● 배출설비 **설치상태** 및 **관리** 여부</td></tr>
<tr><td>과압배출구</td><td colspan="2">● 과압배출구 **설치상태** 및 **관리** 여부</td></tr>
<tr><td>안전시설 등</td><td colspan="2">① 소화약제 방출알림 **시각경보장치** 설치기준 적합 및 정상작동 여부<br>② 방호구역 출입구 부근 잘 보이는 장소에 소화약제 방출 **위험경고표지** 부착 여부<br>③ 방호구역 출입구 외부 인근에 **공기호흡기** 설치 여부</td></tr>
<tr><td>비고</td><td colspan="2">※ 특정소방대상물의 위치 · 구조 · 용도 및 소방시설의 상황 등이 이 표의 항목대로 기재하기 곤란하거나 이 표에서 누락된 사항을 기재한다.</td></tr>
</table>

※ "●"는 종합점검의 경우에만 해당

☆☆☆

**문제 266**

소방시설 종합점검표에서 이산화탄소 소화설비의 제어반 및 화재표시등을 방식에 따라 구분하여 점검항목 10가지를 쓰시오. (10점)

○
○
○
○
○
○
○
○
○
○

정답 ① 설치장소 적정 및 관리 여부
② 회로도 및 취급설명서 비치 여부
③ 수동잠금밸브 개폐 여부 확인표시등 설치 여부
④ 제어반
㉠ 수동기동장치 또는 감지기 신호 수신시 음향경보장치 작동기능 정상 여부
㉡ 소화약제 방출·지연 및 기타 제어기능 적정 여부
㉢ 전원표시등 설치 및 정상 점등 여부
⑤ 화재표시반
㉠ 방호구역별 표시등(음향경보장치 조작, 감지기 작동), 경보기 설치 및 작동 여부
㉡ 수동식 기동장치 작동표시표시등 설치 및 정상작동 여부
㉢ 소화약제 방출표시등 설치 및 정상작동 여부
㉣ 자동식 기동장치 자동·수동 절환 및 절환표시등 설치 및 정상작동 여부

해설 **문제 265 참조**

☆

**문제 267**

이산화탄소 소화설비의 종합점검시 비상전원에 대한 점검항목 중 3가지를 쓰시오. (3점)

○
○
○

정답 ① 설치장소 적정 및 관리 여부
② 자가발전설비인 경우 연료적정량 보유 여부
③ 자가발전설비인 경우 「전기사업법」에 따른 정기점검 결과 확인

해설 **문제 265 참조**

# 8 할론소화설비

**문제 268**

**주차장에 할론소화설비(Halon 1301)를 설치하였다. 자유유출(free efflux)상태에서 방호구역체적당 소화약제량이 적합한지 확인하려고 할 때, 자유유출상태에 대해서 설명하시오. (4점)**

정답 방호구역에 할론, IG계열 할로겐화합물 및 불활성기체 소화약제와 같은 불활성기체를 고압으로 다량 방출하여 농도를 낮추어 소화할 때 방호구역 내에는 창문, 문 등의 틈새에 의해 소화약제가 누출되는 상태

해설 무유출상태 vs 자유유출상태

| 무유출(no efflux)상태 | 자유유출(free efflux)상태 |
|---|---|
| 방호구역에 할론, 이산화탄소, IG계열 소화약제와 같은 불활성 가스를 고압으로 다량 방출하여 농도를 낮추어 소화해도 방호구역 내에 창문, 문 등의 틈새에 의해서 소화약제가 **전혀 누출되지 않는다**고 가정한 상태 | 방호구역에 할론, 이산화탄소, IG계열 소화약제와 같은 불활성 가스를 고압으로 다량 방출하여 농도를 낮추어 소화할 때 방호구역 내에는 창문, 문 등의 틈새에 의해 소화약제가 **누출된다**고 가정한 상태 |

**문제 269**

**「할론소화설비의 화재안전기준」에 의거하여 배관으로 강관을 사용할 경우 배관기준을 쓰시오. (3점)**

정답 압력배관용 탄소강관 중 스케줄 80(저압식은 스케줄 40) 이상의 것 또는 이와 동등 이상의 강도를 가진 것으로서 아연도금 등에 의하여 방식처리된 것

해설 **할론소화설비**의 **배관 설치기준**[할론소화설비의 화재안전기준(NFPC 107 제8조, NFTC 107 2.5.1)]

(1) **전용**으로 할 것
(2) **강관** 사용시 : **압력배관용 탄소강관** 중 **스케줄 80**(**저압식**은 **스케줄 40**) 이상의 것 또는 이와 동등 이상의 강도를 가진 것으로서 아연도금 등에 따라 방식처리된 것을 사용할 것
(3) **동관** 사용시 : 이음이 없는 동 및 동합금관의 것으로서 **고압식**은 **16.5MPa** 이상, **저압식**은 **3.75MPa** 이상의 압력에 견딜 수 있는 것을 사용할 것
(4) **배관부속** 및 **밸브류** : 강관 또는 동관과 동등 이상의 **강도** 및 **내식성**이 있는 것으로 할 것

기억법 **할전 강압8 동고165 375 부밸**

**중요**

**배관**의 **설치기준**

(1) **할로겐화합물 및 불활성기체 소화설비**의 **배관 설치기준**[할로겐화합물 및 불활성기체 소화설비의 화재안전기준(NFPC 107A 제10조, NFTC 107A 2.7.1)]

① **전용**으로 할 것
② **강관** 사용시 : **압력배관용 탄소강관** 또는 이와 동등 이상의 강도를 가진 것으로서 **아연도금** 등에 따라 방식처리된 것을 사용할 것
③ **동관** 사용시 : **이음이 없는 동** 및 **동합금관**의 것을 사용할 것
④ **배관부속** 및 **밸브류** : 강관 또는 동관과 동등 이상의 **강도** 및 **내식성**이 있는 것으로 할 것
⑤ 배관과 배관, 배관과 배관부속 및 밸브류의 **접**속 : **나사접합, 용접접합, 압축접합** 또는 **플랜지접합** 등의 방법을 사용해야 한다.

⑥ 배관의 **구**경 : 해당 방호구역에 할로겐화합물 소화약제가 **10초**(**불활성기체 소화약제는 A·C급 화재 2분, B급 화재 1분**) 이내에 방호구역 각 부분에 최소설계농도의 **95% 이상** 해당하는 약제량이 방출되도록 해야 한다.

기억법 할전 강압아 동이동 부밸 접구

(2) **분말소화설비**의 **배관 설치시 주의사항**[분말소화설비의 화재안전기준(NFPC 108 제9조, NFTC 108 2.6.1)]

① **전용**으로 할 것
② **강관** 사용시 : **아**연도금에 따른 배관용 탄소강관(단, 축압식 중 20℃에서 압력 **2.5~4.2MPa** 이하인 것은 압력배관용 탄소강관 중 이음이 없는 스케줄 **40** 이상 또는 아연도금으로 방식처리된 것)
③ **동관** 사용시 : 고정압력 또는 최고사용압력의 **1.5배** 이상의 압력에 견딜 것
④ **밸브류** : **개폐위치** 또는 **개폐방향**을 표시한 것
⑤ **배관**의 **관부**속 및 **밸브류** : 배관과 동등 이상의 **강도** 및 **내식성**이 있는 것

기억법 분전강아4 동15 밸부밸

• 배관 설치시 주의사항=배관의 설치기준

(3) **이산화탄소 소화설비**의 **배관 설치기준**[이산화탄소 소화설비의 화재안전기준(NFPC 106 제8조, NFTC 106 2.5.1)]

① **전용**으로 할 것
② **강관** 사용시 : **압력배관용 탄소강관** 중 **스케줄 80**(**저압식**은 **스케줄 40**) 이상의 것 또는 이와 동등 이상의 강도를 가진 것으로 **아연도금** 등으로 방식처리된 것을 사용할 것(단, 호칭구경 **20mm 이하**는 **스케줄** 40 이상)
③ **동관** 사용시 : 이음이 없는 동 및 동합금관으로서 **고압식**은 **16.5MPa** 이상, **저압식**은 **3.75MPa** 이상의 압력에 견딜 수 있는 것을 사용할 것
④ **고압식**(**개**폐밸브 또는 **선**택밸브의 **2**차측 배관부속) : **2MPa**의 압력에 견딜 수 있는 것을 사용해야 하며, **1차측 배관부속**은 **4MPa**의 압력에 견딜 수 있는 것을 사용할 것
⑤ **저압식**(개폐밸브 또는 선택밸브의 **2**차측 배관부속) : **2MPa**의 압력에 견딜 수 있을 것

기억법 이전 강압84 동고165 375 고개선224 저22

☆☆☆

문제 270

할론소화설비의 점검기구에 대하여 2가지를 쓰시오. (4점)

○

○

정답 ① 검량계
② 기동관누설시험기

해설 **할론소화설비**의 **점검기구 사용법**

| 소방시설 | 장 비 | 규 격 |
|---|---|---|
| • 이산화탄소 소화설비<br>• 분말소화설비<br>• 할론소화설비<br>• 할로겐화합물 및 불활성기체 소화설비 | • 검량계<br>• 기동관누설시험기 | – |

(1) **검량계**

| 구 분 | 설 명 |
|---|---|
| 용도 | 가스계 용기의 **약제중량**을 측정하는 기구(원칙적으로는 **액화가스레벨미터** 사용) |
| 사용법 | 약제는 검량계에 올려놓고 약제중량을 측정한다. |

(2) **기동관누설시험기**

| 구 분 | 설 명 |
|---|---|
| 용도 | 가스계 소화설비의 기동용 동관 부분의 **누설**을 **시험**하기 위한 기구 |
| 사용법 | ① 호스에 부착된 밸브를 잠그고 **압력조정기 연결부**에 **호스 연결**<br>② **호스 끝**을 **기동관**에 견고히 **연결**<br>③ 용기에 부착된 밸브를 서서히 연다.<br>④ 게이지 압력을 **1MPa** 미만으로 조정하고 압력조정기의 레버를 서서히 조인다.<br>⑤ 본 용기와 연결된 차단밸브가 모두 폐쇄되어 있는지 확인<br>⑥ 호스 끝에 부착된 밸브를 서서히 열어 압력이 **0.5MPa**이 되게 한다.<br>⑦ 거품액을 붓에 묻혀 기동관의 각 부분에 칠을 하여 누설 여부 확인<br>⑧ 확인이 끝나면 용기밸브를 먼저 잠그고 호스밸브를 잠근 후 **연결부**를 **분리**시킨다. |

☆☆

## 문제 271

**할론소화설비의 저장용기에 저장되어 있는 할론소화약제의 양을 측정하는 방법 5가지를 쓰시오. (5점)**

○

○

○

○

○

정답 ① 중량측정법
② 액위측정법
③ 비파괴검사법
④ 비중측정법
⑤ 압력측정법(검압법)

해설 **할론소화설비**의 **약제량 측정방법**

| 측정방법 | 설 명 |
|---|---|
| 중량측정법 | ① 약제가 들어있는 가스용기의 **총중량**을 측정한 후 용기에 표시된 중량과 비교하여 **기재중량**과 **계량중량**의 차가 **10%** 이상 감소되는지 확인하는 방법<br>② 중량계를 사용하여 저장용기의 총중량을 측정한 후 총중량에서 용기밸브와 용기의 무게를 감한 중량이 저장용기 속의 약제량이 된다. 중량측정법은 측정시간이 많이 소요되나, 약제량의 측정이 정확하다. |
| 액위측정법 | ① 액면계(액화가스레벨미터)를 사용하여 저장용기 속 약제의 액면 높이를 측정한 후 액면의 높이를 이용하여 저장용기 속의 약제량을 계산하는 방법. 액위측정법은 측정시간이 적게 소요되나, 약제량의 측정이 부정확하다.<br>② 저장용기의 내외부에 설치하여 용기 내부 **액면**의 **높이**를 측정함으로써 약제량을 확인하는 방법 |
| 비파괴검사법 | 제품을 **깨뜨리지 않고 결함**의 유무를 **검사** 또는 시험하는 방법 |
| 비중측정법 | 물질의 질량과 그 물질과의 동일 체적의 **표준물질**의 **질량**의 **비**를 측정하는 방법 |
| 압력측정법(검압법) | **검압계**를 사용해서 약제량을 측정하는 방법 |

## 문제 272

할론소화설비의 저장용기에 저장되어 있는 할론소화약제의 양을 측정하는 방법 중 중량측정법과 액위측정법에 대하여 간단히 설명하시오. (6점)

○ 중량측정법 :

○ 액위측정법 :

 ① 중량측정법 : 약제가 들어있는 가스용기의 총 중량을 측정한 후 용기에 표시된 중량과 비교하여 기재중량과 계량중량의 차를 측정하는 방법

② 액위측정법 : 저장용기의 내외부에 설치하여 용기 내부 액면의 높이를 측정함으로써 약제량을 확인하는 방법

해설 **문제 271 참조**

## 문제 273

다음 그림은 할론소화설비 기동용 연기감지기의 회로를 잘못 결선한 그림이다. 잘못 결선된 부분을 바로잡아 옳은 결선도를 그리고 잘못 결선한 이유를 설명하시오. (단, 종단저항은 제어반 내에 설치된 것으로 본다.) (6점)

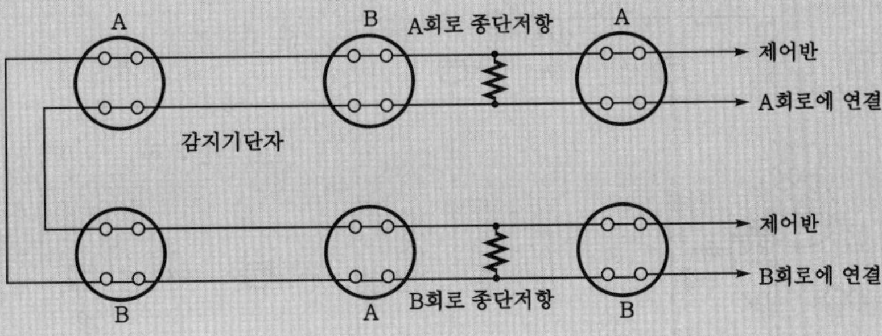

 ① 정정결선도

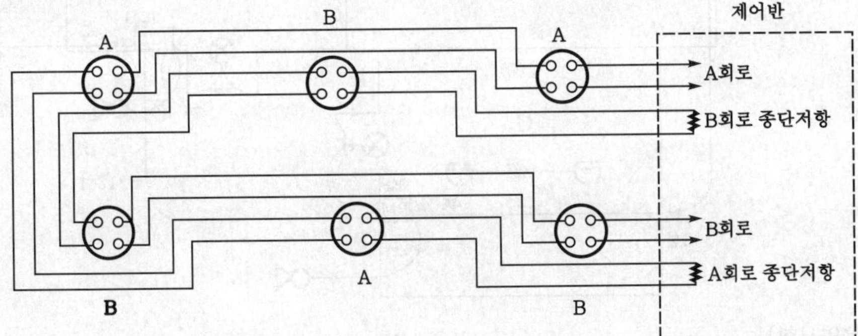


② 잘못 결선한 이유

㉠ 회로의 종단저항이 회로도통시험을 할 수 있는 위치에 설치되지 않았으며 이를 제어반 내에 설치한다.

㉡ 기동용 연기감지기는 A회로와 B회로를 구분하여 교차회로방식으로 하여야 한다.

참고

**교차회로방식**

| | |
|---|---|
| 정 의 | 하나의 담당구역 내에 **2 이상**의 **감지기회로**를 설치하고 인접한 **2 이상**의 **감지기회로**가 **동시**에 감지되는 때에 설비가 작동하는 방식 |
| 적용 설비 | ① **분말**소화설비<br>② **할론**소화설비<br>③ **이산화탄소** 소화설비<br>④ **준비작동식** 스프링클러설비<br>⑤ **일제살수식** 스프링클러설비<br>⑥ **부압식** 스프링클러설비<br>⑦ **할로겐화합물 및 불활성기체** 소화설비<br>기억법 분할이 준일부할 |

☆☆

## 문제 274

도면은 어느 방호대상물의 할론설비 부대전기설비를 설계한 도면이다. 잘못 설계된 점을 4가지만 지적하여 그 이유를 설명하시오. (9점)

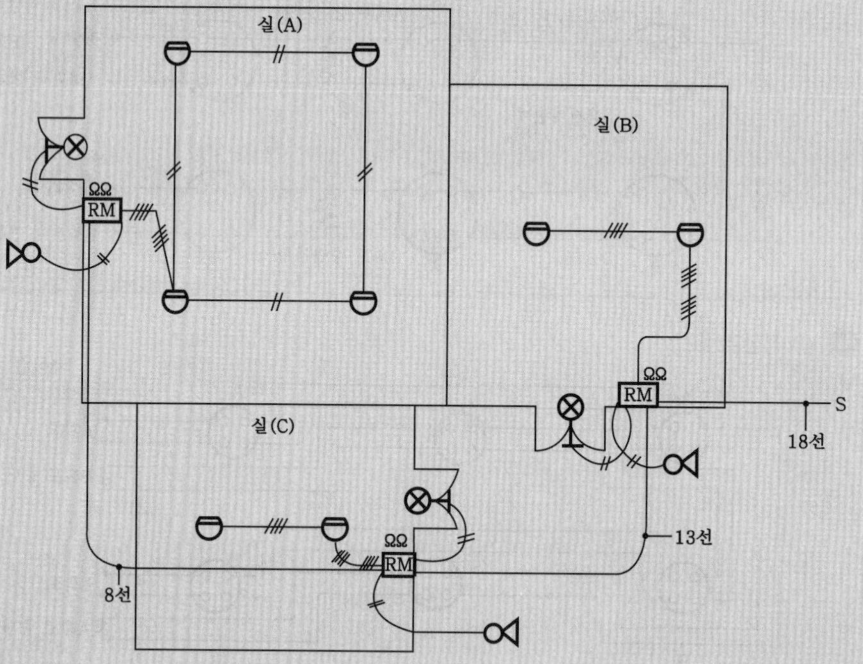


〔유의사항〕

① 심벌의 범례

ΩΩ RM : 할론수동조작함(종단저항 2개 내장)

⊗ : 할론방출표시등

② 전선관의 규격은 표기하지 않았으므로 지적대상에서 제외한다.

③ 할론수동조작함과 할론컨트롤판넬의 입선 가닥수는 한 구역당 (+, −)전원 2선, 수동조작 1선, 감지기선로 2선, 사이렌 1선, 할론방출표시등 1선, 방출지연 1선으로 연결 사용한다.
④ 기술적으로 동작불능 또는 오동작이 되거나 관련 기준에 맞지 않거나 잘못 설계되어 인명피해가 우려되는 것들을 지적하도록 한다.

○
○
○
○

정답
① 할론수동조작함이 실내에 설치되어 있다(화재시 유효한 조작을 위하여 실외에 설치되어야 한다).
② 사이렌이 실외에 설치되어 있다(실내에 있는 인명을 대피시키기 위하여 실내에 설치되어야 한다).
③ 할론방출표시등이 실내의 출입구 부근에 설치되어 있다(외부인의 출입을 금지시키기 위하여 실외의 출입구 위에 설치되어야 한다).
④ 실(A)의 감지기 상호간 배선 가닥수가 2가닥으로 되어 있다(할론설비의 감지기 배선은 교차회로방식으로 배선 가닥수는 4가닥(지구, 공통 각 2가닥)으로 되어야 한다).

해설 (1) **올바른 설계도면**

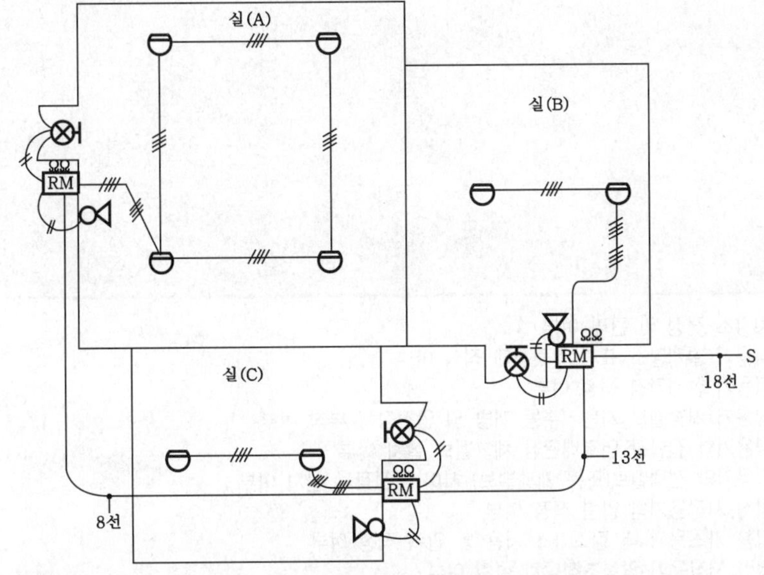


(2) **계통도**

| 기 호 | 내 역 | 용 도 |
|---|---|---|
| ① | HFIX 2.5−8 | 전원 ⊕·⊖, 방출지연스위치, 감지기 A·B, 수동조작, 방출표시등, 사이렌 |
| ② | HFIX 2.5−13 | 전원 ⊕·⊖, 방출지연스위치, (감지기 A·B, 수동조작, 방출표시등, 사이렌)×2 |
| ③ | HFIX 2.5−18 | 전원 ⊕·⊖, 방출지연스위치, (감지기 A·B, 수동조작, 방출표시등, 사이렌)×3 |

(3) **할론소화설비**에 사용하는 **부속장치**

| 구 분 | 사이렌 | 방출표시등(벽붙이형) | 수동조작함 |
|---|---|---|---|
| 심벌 | | | RM |
| 설치위치 | 실내 | 실외의 출입구 위 | 실외의 출입구 부근 |
| 설치목적 | 음향으로 경보를 알려 **실내**에 있는 **인명**을 **대피**시킨다. | 소화약제의 방출을 알려 **외부인**의 **출입**을 **금지**시킨다. | 수동으로 **창문**을 **폐쇄**시키고 **약제방출신호**를 보내 화재를 진화시킨다. |

(4) **교차회로방식**

① 정의 : 하나의 담당구역 내에 2 이상의 감지기회로를 설치하고 인접한 **2 이상**의 **감지기회로**가 동시에 감지되는 때에 설비가 작동하는 방식

② 적용설비
- **분**말소화설비
- **할**론소화설비
- **이**산화탄소 소화설비
- **준**비작동식 스프링클러설비
- **일**제살수식 스프링클러설비
- **부**압식 스프링클러설비
- **할**로겐화합물 및 불활성기체 소화설비

기억법 분할이 준일부할

☆☆

**문제 275**

할론소화설비에서 저장용기의 종합점검항목 9가지를 쓰시오. (9점)
- ○
- ○
- ○
- ○
- ○
- ○
- ○
- ○
- ○

정답
① 설치장소 적정 및 관리 여부
② 저장용기 설치장소 표지 설치상태 적정 여부
③ 저장용기 설치간격 적정 여부
④ 저장용기 개방밸브 자동·수동 개방 및 안전장치 부착 여부
⑤ 저장용기와 집합관 연결배관상 체크밸브 설치 여부
⑥ 저장용기와 선택밸브(또는 개폐밸브) 사이 안전장치 설치 여부
⑦ 축압식 저장용기의 압력 적정 여부
⑧ 가압용 가스용기 내 질소가스 사용 및 압력 적정 여부
⑨ 가압식 저장용기 압력조정장치 설치 여부

해설 **소방시설 자체점검사항 등에 관한 고시 〔별지 제4호 서식〕**
**할론소화설비의 종합점검**

| 구 분 | 점검항목 |
|---|---|
| 저장용기 | ❶ 설치장소 **적정** 및 **관리** 여부<br>② 저장용기 **설치장소 표지** 설치상태 적정 여부<br>❸ 저장용기 **설치간격** 적정 여부<br>④ 저장용기 개방밸브 **자동·수동 개방** 및 **안전장치** 부착 여부<br>❺ 저장용기와 **집합관** 연결배관상 **체크밸브** 설치 여부<br>❻ 저장용기와 **선택밸브**(또는 개폐밸브) 사이 안전장치 설치 여부<br>⑦ **축압식** 저장용기의 압력 적정 여부<br>❽ **가압용** 가스용기 내 **질소가스** 사용 및 압력 적정 여부<br>❾ **가압식** 저장용기 **압력조정장치** 설치 여부 |

| 항목 | 구분 | 점검항목 |
|---|---|---|
| 소화약제 | | 소화약제 **저장량** 적정 여부 |
| 기동장치 | | 방호구역별 출입구 부근 소화약제 방출표시등 설치 및 정상작동 여부 |
| | 수동식 기동장치 | ① 기동장치 부근에 **비상스위치** 설치 여부<br>❷ 방호구역별 또는 방호대상별 기동장치 설치 여부<br>③ 기동장치 설치상태 적정(출입구 부근 등, 높이, 보호장치, 표지, 전원표시등) 여부<br>④ 방출용 스위치 **음향경보장치** 연동 여부 |
| | 자동식 기동장치 | ① **감지기** 작동과의 연동 및 수동기동 가능 여부<br>❷ 저장용기 수량에 따른 전자개방밸브 수량 적정 여부(전기식 기동장치의 경우)<br>③ 기동용 가스용기의 **용적**, **충전압력** 적정 여부(가스압력식 기동장치의 경우)<br>❹ 기동용 가스용기의 **안전장치**, **압력게이지** 설치 여부(가스압력식 기동장치의 경우)<br>❺ 저장용기 개방구조 적정 여부(기계식 기동장치의 경우) |
| 제어반 및 화재표시반 | | ① 설치장소 적정 및 관리 여부<br>② **회로도** 및 **취급설명서** 비치 여부 |
| | 제어반 | ① 수동기동장치 또는 감지기 신호 수신시 음향경보장치 작동기능 정상 여부<br>② 소화약제 **방출 · 지연** 및 기타 제어기능 적정 여부<br>③ 전원표시등 설치 및 정상 점등 여부 |
| | 화재표시반 | ① 방호구역별 표시등(음향경보장치 조작, 감지기 작동), 경보기 설치 및 작동 여부<br>② 수동식 기동장치 작동표시**표시등** 설치 및 정상작동 여부<br>③ 소화약제 방출표시등 설치 및 정상작동 여부<br>❹ 자동식 기동장치 **자동 · 수동 절환** 및 **절환표시등** 설치 및 정상작동 여부 |
| 배관 등 | | 배관의 **변형 · 손상** 유무 |
| 선택밸브 | | ● 선택밸브 설치기준 적합 여부 |
| 분사헤드 | 전역방출방식 | ① 분사헤드의 **변형 · 손상** 유무<br>❷ 분사헤드의 설치위치 적정 여부 |
| | 국소방출방식 | ① 분사헤드의 **변형 · 손상** 유무<br>❷ 분사헤드의 설치장소 적정 여부 |
| | 호스릴방식 | ❶ 방호대상물 각 부분으로부터 호스접결구까지 **수평거리** 적정 여부<br>② 소화약제 저장용기의 **위치표시등** 정상 점등 및 표지 설치상태 적정 여부<br>❸ 호스릴소화설비 설치장소 적정 여부 |
| 화재감지기 | | ① 방호구역별 화재감지기 감지에 의한 **기동장치 작동** 여부<br>❷ **교차회로**(또는 NFPC 203 제7조 제①항, NFTC 203 2.4.1 단서 감지기) 설치 여부<br>❸ 화재감지기별 **유효바닥면적** 적정 여부 |
| 음향경보장치 | | ① 기동장치 조작시(수동식-방출용 스위치, 자동식-화재감지기) 경보 여부<br>② 약제 방사 개시(또는 방출압력스위치 작동) 후 경보 적정 여부<br>❸ **방호구역** 또는 **방호대상물** 구획 안에서 유효한 경보 가능 여부 |
| | 방송에 따른 경보장치 | ❶ **증폭기** 재생장치의 설치장소 적정 여부<br>❷ 방호구역 · 방호대상물에서 **확성기** 간 수평거리 적정 여부<br>❸ 제어반 **복구스위치** 조작시 경보 지속 여부 |
| 자동폐쇄장치 | | ① **환기장치** 자동정지 기능 적정 여부<br>② **개구부** 및 **통기구 자동폐쇄장치** 설치장소 및 기능 적합 여부<br>❸ 자동폐쇄장치 복구장치 및 위치표지 설치상태 적정 여부 |
| 비상전원 | | ❶ 설치장소 적정 및 관리 여부<br>② 자가발전설비인 경우 연료적정량 보유 여부<br>③ 자가발전설비인 경우 「전기사업법」에 따른 정기점검 결과 확인 |
| 비고 | | ※ 특정소방대상물의 위치 · 구조 · 용도 및 소방시설의 상황 등이 이 표의 항목대로 기재하기 곤란하거나 이 표에서 누락된 사항을 기재한다. |

※ "●"는 종합점검의 경우에만 해당

★

## 문제 276

할론소화설비에서 수동식 기동장치의 종합점검항목 4가지를 쓰시오. (4점)

○

○

○

○

정답 ① 기동장치 부근에 비상스위치 설치 여부
② 방호구역별 또는 방호대상별 기동장치 설치 여부
③ 기동장치 설치상태 적정(출입구 부근 등, 높이, 보호장치, 표지, 전원표시등) 여부
④ 방출용 스위치 음향경보장치 연동 여부

해설 **문제 275 참조**

★★

## 문제 277

할론소화설비에서 자동식 기동장치의 종합점검항목 5가지를 쓰시오. (5점)

○

○

○

○

○

정답 ① 감지기 작동과의 연동 및 수동기동 가능 여부
② 저장용기 수량에 따른 전자개방밸브 수량 적정 여부(전기식 기동장치의 경우)
③ 기동용 가스용기의 용적, 충전압력 적정 여부(가스압력식 기동장치의 경우)
④ 기동용 가스용기의 안전장치, 압력게이지 설치 여부(가스압력식 기동장치의 경우)
⑤ 저장용기 개방구조 적정 여부(기계식 기동장치의 경우)

해설 **문제 275 참조**

★★★

## 문제 278

할론소화설비에서 제어반 및 화재표시등의 종합점검항목을 방식에 따라 구분하여 9가지를 쓰시오. (9점)

○

○

○

○

○

○

○

○

○

정답 ① 설치장소 적정 및 관리 여부
② 회로도 및 취급설명서 비치 여부
③ 제어반
㉠ 수동기동장치 또는 감지기 신호 수신시 음향경보장치 작동기능 정상 여부
㉡ 소화약제 방출·지연 및 기타 제어기능 적정 여부
㉢ 전원표시등 설치 및 정상 점등 여부
④ 화재표시반
㉠ 방호구역별 표시등(음향경보장치 조작, 감지기 작동), 경보기 설치 및 작동 여부
㉡ 수동식 기동장치 작동표시표시등 설치 및 정상작동 여부
㉢ 소화약제 방출표시등 설치 및 정상작동 여부
㉣ 자동식 기동장치 자동·수동 절환 및 절환표시등 설치 및 정상작동 여부

해설 **문제 275 참조**

# 9 할로겐화합물 및 불활성기체 소화설비



☆☆☆

## 문제 279

할로겐화합물 및 불활성기체 소화설비의 점검장비 2가지를 쓰시오. (4점)

○

○

정답 ① 검량계
② 기동관누설시험기

해설 **할로겐화합물 및 불활성기체 소화설비**의 **점검기구 사용법**

| 소방시설 | 장비(점검기구명) | 규 격 |
|---|---|---|
| • 이산화탄소 소화설비<br>• 분말소화설비<br>• 할론소화설비<br>• 할로겐화합물 및 불활성기체 소화설비 | • 검량계<br>• 기동관누설시험기 | – |

(1) **검량계**

| 구 분 | 설 명 |
|---|---|
| 용도 | 가스계 용기의 **약제중량**을 측정하는 기구(원칙적으로는 **액화가스레벨미터** 사용) |
| 사용법 | 약제는 검량계에 올려놓고 약제중량을 측정한다. |

(2) **기동관누설시험기**

| 구 분 | 설 명 |
|---|---|
| 용도 | 가스계 소화설비의 기동용 동관 부분의 **누설**을 **시험**하기 위한 기구 |
| 사용법 | ① 호스에 부착된 밸브를 잠그고 **압력조정기 연결부**에 **호스 연결**<br>② **호스 끝**을 **기동관**에 견고히 **연결**<br>③ 용기에 부착된 밸브를 서서히 연다.<br>④ 게이지 압력을 **1MPa** 미만으로 조정하고 압력조정기의 레버를 서서히 조인다.<br>⑤ 본 용기와 연결된 차단밸브가 모두 폐쇄되어 있는지 확인<br>⑥ 호스 끝에 부착된 밸브를 서서히 열어 압력이 **0.5MPa**이 되게 한다.<br>⑦ 거품액을 붓에 묻혀 기동관의 각 부분에 칠을 하여 누설 여부 확인<br>⑧ 확인이 끝나면 용기밸브를 먼저 잠그고 호스밸브를 잠근 후 **연결부**를 **분리**시킨다. |

☆

## 문제 280

소화약제의 특성을 나타내는 용어 중 ODP와 GWP에 대하여 쓰시오. (6점)

정답

| ODP(오존파괴지수) | GWP(지구온난화지수) |
|---|---|
| 어떤 물질의 오존파괴능력을 상대적으로 나타내는 지표<br>$ODP = \frac{\text{어떤 물질 1kg이 파괴하는 오존량}}{\text{CFC 11의 1kg이 파괴하는 오존량}}$ | 지구온난화에 기여하는 정도를 나타내는 지표<br>$GWP = \frac{\text{어떤 물질 1kg이 기여하는 온난화 정도}}{CO_2\text{의 1kg이 기여하는 온난화 정도}}$ |

해설 ODP와 GWP

| 구 분 | 오존파괴지수 (ODP ; Ozone Depletion Potential) | 지구온난화지수 (GWP ; Grobal Warming Potential) |
|---|---|---|
| 정 의 | 어떤 물질의 오존파괴능력을 상대적으로 나타내는 지표로 기준물질인 CFC **11($CFCl_3$)**의 **ODP**를 **1**로 하여 다음과 같이 구한다.<br>$ODP = \frac{\text{어떤 물질 1kg이 파괴하는 오존량}}{\text{CFC 11의 1kg이 파괴하는 오존량}}$ | 지구온난화에 기여하는 정도를 나타내는 지표로 **$CO_2$**의 **GWP**를 **1**로 하여 다음과 같이 구한다.<br>$GWP = \frac{\text{어떤 물질 1kg이 기여하는 온난화 정도}}{CO_2\text{의 1kg이 기여하는 온난화 정도}}$ |
| 비 고 | 오존파괴지수가 **작을수록 좋은 소화약제**이다. | 지구온난화지수가 **작을수록 좋은 소화약제**이다. |

중요

**독성**

(1) **TLV**(Threshold Limit Values, **허용한계농도**) : 독성물질의 섭취량과 인간에 대한 그 반응 정도를 나타내는 관계에서 손상을 입히지 않는 농도 중 가장 큰 값

| TLV 농도표시법 | 정 의 |
|---|---|
| TLV-TWA(시간가중 평균농도) | 매일 일하는 근로자가 하루에 8시간씩 근무할 경우 근로자에게 노출되어도 아무런 영향을 주지 않는 최고평균농도 |
| TLV-STEL(단시간 노출허용농도) | 단시간 동안 노출되어도 유해한 증상이 나타나지 않는 최고허용농도 |
| TLV-C(최고허용한계농도) | 단 한순간이라도 초과하지 않아야 하는 농도 |

(2) **$LD_{50}$**(Lethal Dose, **반수치사량**) : 실험쥐의 50%를 사망시킬 수 있는 물질의 양
(3) **$LC_{50}$**(Lethal Concentration, **반수치사농도**) : 실험쥐의 50%를 사망시킬 수 있는 물질의 농도
(4) **ALC**(Approximate Lethal Concentration, **치사농도**) : 실험쥐의 50%를 15분 이내에 사망시킬 수 있는 허용농도
(5) **NOAEL**(No Observed Adverse Effect Level) : 심장의 역반응(심장장애현상)이 나타나지 않는 **최고농도**
(6) **LOAEL**(Lowest Observed Adverse Effect Level) : 심장의 역반응(심장장애현상)이 나타나는 **최저농도**

☆

## 문제 281

**할로겐화합물 및 불활성기체 소화설비에 대한 다음의 물음에 답하시오. (6점)**

○ LOAEL의 정의 :

○ NOAEL의 정의 :

정답 ① LOAEL : 농도를 감소시킬 때 악영향을 감지할 수 있는 최소농도
② NOAEL : 농도를 증가시킬 때 아무런 악영향도 감지할 수 없는 최대농도(최대허용설계농도)

해설 **LOAEL과 NOAEL**

| LOAEL (Lowest Observed Adverse Effect Level) | NOAEL (No Observed Adverse Effect Level) |
|---|---|
| ① 인간의 심장에 영향을 주지 않는 **최소농도**<br>② 신체에 악영향을 감지할 수 있는 최소농도, 즉 심장에 독성을 미칠 수 있는 **최소농도**<br>③ 생물체의 성장기능, 신진대사 등에 영향을 주는 최소량으로 **인체**에 미치는 독성 **최소농도**<br>④ 이것보다 설계농도가 높은 소화약제는 사람이 없거나 **30초** 이내에 대피할 수 있는 장소에서만 사용할 수 있음<br>⑤ 농도를 감소시킬 때 악영향을 감지할 수 있는 최소농도 | ① 인간의 심장에 영향을 주지 않는 **최대농도**<br>② 약제방출 후 신체에 아무런 악영향도 감지할 수 없는 최대농도, 즉 심장에 독성을 미치지 않는 **최대농도**<br>③ 농도를 증가시킬 때 아무런 악영향도 감지할 수 없는 최대농도(최대허용설계농도) |

중요

**NOAEL**

할로겐화합물 및 불활성기체 소화약제 최대허용설계농도[할로겐화합물 및 불활성기체 소화설비의 화재안전기준(NFTC 107A 2.4.2)]

| 소화약제 | 최대허용설계농도[%] |
|---|---|
| FIC-13I1 | 0.3 |
| HCFC-124 | 1.0 |
| FK-5-1-12 | 10 |
| HCFC BLEND A | |
| HFC-227ea | 10.5 |
| HFC-125 | 11.5 |
| HFC-236fa | 12.5 |
| HFC-23 | 30 |
| FC-3-1-10 | 40 |
| IG-01 | 43 |
| IG-100 | |
| IG-541 | |
| IG-55 | |

## 문제 282

「할로겐화합물 및 불활성기체 소화설비의 화재안전기준」에 의거하여 다음의 용어 정의를 설명하시오. (6점)

ㅇ할로겐화합물 및 불활성기체 소화약제 :
ㅇ할로겐화합물 소화약제 :
ㅇ불활성기체 소화약제 :

정답 ① 할로겐화합물 및 불활성기체 소화약제 : 할로겐화합물(할론 1301, 할론 2402, 할론 1211은 제외) 및 불활성기체로서 전기적으로 비전도성이며 휘발성이 있거나 증발 후 잔여물을 남기지 않는 소화약제
② 할로겐화합물 소화약제 : 불소, 염소, 브롬 또는 요오드 중 하나 이상의 원소를 포함하고 있는 유기화합물을 기본성분으로 하는 소화약제
③ 불활성기체 소화약제 : 헬륨, 네온, 아르곤 또는 질소가스 중 하나 이상의 원소를 기본성분으로 하는 소화약제

해설 **할로겐화합물 및 불활성기체 소화설비**의 **화재안전기준**(NFPC 107A 제3조, NFTC 107A 1.7)

| 할로겐화합물 및 불활성기체 소화약제 | 할로겐화합물 소화약제 | 불활성기체 소화약제 |
|---|---|---|
| 할로겐화합물(**할론 1301, 할론 2402, 할론 1211** 제외) 및 **불활성기체**로서 전기적으로 **비전도성**이며 휘발성이 있거나 증발 후 잔여물을 남기지 않는 소화약제 | **불소, 염소, 브롬** 또는 **요오드** 중 하나 이상의 원소를 포함하고 있는 유기화합물을 기본성분으로 하는 소화약제 | **헬륨, 네온, 아르곤** 또는 **질소가스** 중 하나 이상의 원소를 기본성분으로 하는 소화약제 |

☆
### 문제 283

「할로겐화합물 및 불활성기체 소화설비의 화재안전기준」에 의거하여 할로겐화합물 소화약제의 종류 9가지에 대하여 쓰시오. (18점)

| | | |
|---|---|---|
| ○ | ○ | ○ |
| ○ | ○ | ○ |
| ○ | ○ | ○ |

정답 ① 퍼플루오로부탄(FC-3-1-10)
② 하이드로클로로플루오로카본혼화제(HCFC BLEND A)
③ 클로로테트라플루오로에탄(HCFC-124)
④ 펜타플루오로에탄(HFC-125)
⑤ 헵타플루오로프로판(HFC-227ea)
⑥ 트리플루오로메탄(HFC-23)
⑦ 헥사플루오로프로판(HFC-236fa)
⑧ 트리플루오로이오다이드(FIC-13I1)
⑨ 도데카플루오로-2-메틸펜탄-3-원(FK-5-1-12)

해설 **할로겐화합물 및 불활성기체 소화설비**의 **화재안전기준**(NFPC 107A 제4조, NFTC 107A 2.1.1)

| 소화약제 | 화학식 |
|---|---|
| 퍼플루오로부탄(이하 "**FC-3-1-10**"이라 한다)<br>기억법 FC31(FC 서울의 3.1절) | $C_4F_{10}$ |
| 하이드로클로로플루오로카본혼화제(이하 "**HCFC BLEND A**"라 한다) | HCFC-123($CHCl_2CF_3$) : **4.75**%<br>HCFC-22($CHClF_2$) : **82**%<br>HCFC-124($CHClFCF_3$) : **9.5**%<br>$C_{10}H_{16}$ : **3.75**%<br>기억법 475 82 95 375 (**사시오 빨리** 그래서 **구어 삼**키**시오**!) |
| 클로로테트라플루오로에탄(이하 "**HCFC-124**"라 한다) | $CHClFCF_3$ |
| 펜타플루오로에탄(이하 "**HFC-125**"라 한다)<br>기억법 125(**이리온**) | $CHF_2CF_3$ |
| 헵타플루오로프로판(이하 "**HFC-227ea**"라 한다)<br>기억법 227e(**둘둘치**킨**이** 맛있다) | $CF_3CHFCF_3$ |
| 트리플루오로메탄(이하 "**HFC-23**"이라 한다) | $CHF_3$ |
| 헥사플루오로프로판(이하 "**HFC-236fa**"라 한다) | $CF_3CH_2CF_3$ |
| 트리플루오로이오다이드(이하 "**FIC-13I1**"이라 한다) | $CF_3I$ |
| 불연성·불활성기체 혼합가스(이하 "**IG-01**"이라 한다) | Ar |
| 불연성·불활성기체 혼합가스(이하 "**IG-100**"이라 한다) | $N_2$ |
| 불연성·불활성기체 혼합가스(이하 "**IG-541**"이라 한다) | $N_2$ : **52**%, **Ar** : **40**%, $CO_2$ : **8**%<br>기억법 NACO(**내코**) 52408 |
| 불연성·불활성기체 혼합가스(이하 "**IG-55**"이라 한다) | $N_2$ : 50%, Ar : 50% |
| 도데카플루오로-2-메틸펜탄-3-원(이하 "**FK-5-1-12**"이라 한다) | $CF_3CF_2C(O)CF(CF_3)_2$ |

★ 문제 284

「할로겐화합물 및 불활성기체 소화설비의 화재안전기준」에 의거하여 방출시간의 정의에 대하여 쓰시오. (4점)

정답 방호구역의 각 부분에 최소설계농도의 95% 이상 해당하는 약제량이 방출하는 데 필요한 시간

해설 **방출시간**[할로겐화합물 및 불활성기체 소화설비의 화재안전기준(NFPC 107A 제10조 제③항, NFTC 107A 2.7.3)]

| 구 분 | 설 명 |
|---|---|
| 정의 | 방호구역의 각 부분에 최소설계농도의 **95%** 이상 해당하는 약제량이 방출하는 데 필요한 시간 |
| 방출시간 | • 할로겐화합물 소화약제 : 10초 이내<br>• 불활성기체 소화약제 : A・C급 화재 2분, B급 화재 1분 이내 |

★ 문제 285

「할로겐화합물 및 불활성기체 소화설비의 화재안전기준」에 의거하여 할로겐화합물 소화약제 방출시간을 10초로 제한한 이유 4가지에 대하여 쓰시오. (8점)

○

○

○

○

정답 ① 배관 내에서 액체와 증기의 균질 흐름을 위한 유속의 확보
② 구획 내에서 액체와 공기의 혼합을 위해 노즐을 통한 높은 유량의 확보
③ 열분해 생성물 형성의 최소화
④ 직・간접 화재 손상의 최소화

해설 할로겐화합물 소화설비는 가급적 짧은 시간에 소화약제를 방출하여 소화를 하여야 소화약제 반응에 따른 유해물질의 발생을 최소화할 수 있다. 이러한 이유로 과거 할로겐화합물 소화약제의 방출시간을 30초 이하에서 **10초 이하**로 단축한 것이다. 그러므로 궁극적으로 방출시간을 10초로 제한하는 이유는 소화약제 반응에 따른 유해물질의 발생을 최소화하기 위함이다.
또한, 방출시간을 10초 이하로 제한한 이유를 세부적으로 살펴보면
(1) 배관 내에서 액체와 증기의 **균질 흐름**을 위한 **유속**의 **확보**
(2) 구획 내에서 **액체**와 **공기**의 **혼합**을 위해 노즐을 통한 높은 유량의 확보
(3) **열분해 생성물** 형성의 **최소화**
(4) 직・간접 **화재 손상**의 **최소화**

★ 문제 286

「할로겐화합물 및 불활성기체 소화설비의 화재안전기준」에 의거하여 할로겐화합물 및 불활성기체 소화설비를 설치해서는 안 되는 장소 2곳을 쓰시오. (4점)

○

○

정답 ① 사람이 상주하는 곳으로서 최대허용설계농도를 초과하는 장소
② 제3류 위험물 및 제5류 위험물을 저장·보관·사용하는 장소(단, 소화성능이 인정되는 위험물 제외)

해설 **할로겐화합물 및 불활성기체 소화설비**의 **설치제외장소**[할로겐화합물 및 불활성기체 소화설비의 화재안전기준(NFPC 107A 제5조, NFTC 107A 2.2.1)]
(1) 사람이 **상**주하는 곳으로서 최대허용**설**계농도를 초과하는 장소
(2) **제3류 위험물** 및 **제5류 위험물**을 저장·보관·사용하는 장소(단, 소화성능이 인정되는 위험물 제외)

기억법 상설35할제

• [단서]의 '**소화성능이 인정되는 위험물 제외**'라는 말도 반드시 쓰도록 하자!

### 아하! 그렇구나 설치제외장소

(1) **물분무소화설비**의 **설치제외장소** [물분무소화설비의 화재안전기준(NFPC 104 제15조, NFTC 104 2.12.1)]

① **물**과 **심하게 반응하는 물질** 또는 물과 반응하여 위험한 물질을 생성하는 물질을 저장 또는 취급하는 장소
② **고온물질** 및 증류범위가 넓어 끓어넘치는 위험이 있는 물질을 저장 또는 취급하는 장소
③ 운전시에 표면의 온도가 **260℃** 이상으로 되는 등 직접 분무를 하는 경우 그 부분에 손상을 입힐 우려가 있는 **기**계장치 등이 있는 장소

기억법 물고기 26(물고기 이륙)

(2) **이산화탄소 소화설비**의 **분사헤드 설치제외장소** [이산화탄소 소화설비의 화재안전기준(NFPC 106 제11조, NFTC 106 2.8.1)]

① **방재실, 제어실** 등 사람이 상시 근무하는 장소
② **니트로셀룰로오스, 셀룰로이드 제품** 등 자기연소성 물질을 저장, 취급하는 장소
③ **나트륨, 칼륨, 칼슘** 등 활성금속물질을 저장, 취급하는 장소
④ **전시장** 등의 관람을 위하여 다수인이 출입·**통**행하는 통로 및 **전**시실 등

기억법 방니나전 통전이

(3) **스프링클러헤드**의 **설치제외장소** [스프링클러설비의 화재안전기준(NFPC 103 제15조, NFTC 103 2.12)]

① **계**단실(특별피난계단의 부속실 포함)·경사로·승강기의 승강로·비상용 승강기의 승강장·파이프덕트 및 덕트피트(파이프·덕트를 통과시키기 위한 구획된 구멍에 한함)·목욕실·수영장(관람석 제외)·화장실·직접 외기에 개방되어 있는 복도, 기타 이와 유사한 장소
② **통신기기실·전자기기실**, 기타 이와 유사한 장소
③ **발전실·변전실·변압기**, 기타 이와 유사한 전기설비가 설치되어 있는 장소
④ **병**원의 **수술실·응급처치실**, 기타 이와 유사한 장소
⑤ 천장과 반자 양쪽이 **불연재료**로 되어 있는 경우로서 그 사이의 거리 및 구조가 다음에 해당하는 부분
㉠ 천장과 반자 사이의 거리가 **2m** 미만인 부분
㉡ 천장과 반자 사이의 **벽**이 **불연재료**이고 천장과 반자 사이의 거리가 **2m** 이상으로서 그 사이에 **가연물**이 **존재**하지 **않는 부분**
⑥ 천장·반자 중 한쪽이 **불연재료**로 되어 있고, 천장과 반자 사이의 거리가 **1m** 미만인 부분
⑦ 천장 및 반자가 **불연재료 외**의 것으로 되어 있고, 천장과 반자 사이의 거리가 **0.5m** 미만인 경우
⑧ **펌프실·물탱크실**, 엘리베이터 권상기실, 그 밖의 이와 비슷한 장소
⑨ **현관·로비** 등으로서 바닥에서 높이가 **20m** 이상인 장소
⑩ 영하의 **냉**장창고의 **냉장실** 또는 냉동창고의 **냉동실**
⑪ **고**온이 노가 설치된 장소 또는 물과 격렬하게 반응하는 물품의 저장 또는 취급장소
⑫ **불**연재료로 된 특정소방대상물 또는 그 부분으로서 다음에 해당하는 장소

㉠ **정수장 · 오물처리장**, 그 밖의 이와 비슷한 장소
㉡ **펄프공장**의 작업장 · **음료수공장**의 세정 또는 충전하는 작업장, 그 밖의 이와 비슷한 장소
㉢ **불**연성의 금속 · 석재 등의 가공공장으로서 가연성 물질을 저장 또는 취급하지 않는 장소
㉣ 가연성 물질이 존재하지 않는 「건축물의 에너지절약 설계기준」에 따른 방풍실

기억법 정오불펄음(정오불포럼)

⑬ 실내에 설치된 **테니스장 · 게이트볼장 · 정구장** 또는 이와 비슷한 장소로서 실내 바닥 · 벽 · 천장이 **불연재료** 또는 **준불연재료**로 구성되어 있고 가연물이 존재하지 않는 장소로서 관람석이 없는 운동시설(지하층 제외)

기억법 계통발병 2105 펌현아 고냉불스

☆

## 문제 287

「할로겐화합물 및 불활성기체 소화설비의 화재안전기준」에 의거하여 저장용기의 재충전 또는 교체기준을 쓰시오. (4점)

○ 할로겐화합물 소화약제 :
○ 불활성기체 소화약제 :

정답 ① 할로겐화합물 소화약제 : 저장용기의 약제량 손실이 5%를 초과하거나 압력손실이 10%를 초과할 경우
② 불활성기체 소화약제 : 저장용기의 압력손실이 5%를 초과할 경우

해설 **할로겐화합물 및 불활성기체 소화설비**의 **저장용기**의 **재충전** 또는 **교체기준**[할로겐화합물 및 불활성기체 소화설비의 화재안전기준(NFPC 107A 제6조, NFTC 107A 2.3.2.5)]

| 할로겐화합물 소화약제 | 불활성기체 소화약제 |
|---|---|
| 저장용기의 **약제량 손실**이 **5%**를 초과하거나 **압력손실**이 **10%**를 초과할 경우에는 재충전하거나 저장용기를 교체할 것 | 저장용기의 **압력손실**이 **5%**를 초과할 경우 재충전하거나 저장용기를 교체할 것 |

중요

**할로겐화합물 및 불활성기체 소화설비**의 **저장용기 표시사항**[할로겐화합물 및 불활성기체 소화설비의 화재안전기준(NFPC 107A 제6조, NFTC 107A 2.3.2.2)]

(1) 약제명
(2) 저장용기의 자체중량과 총중량
(3) 충전일시
(4) 충전압력
(5) 약제의 체적

☆

## 문제 288

「할로겐화합물 및 불활성기체 소화설비의 화재안전기준」에서 요구하는 저장용기 교체기준을 쓰시오. (2점)

정답 저장용기의 약제량손실이 5%를 초과하거나 압력손실이 10%를 초과할 경우(단, 불활성기체 소화약제 저장용기의 경우에는 압력손실이 5%를 초과할 경우 재충전하거나 저장용기 교체)

해설 **할로겐화합물 및 불활성기체 소화약제**의 **저장용기 적합기준**[할로겐화합물 및 불활성기체 소화설비의 화재안전기준(NFPC 107A 제6조 제②항 / NFTC 107A 2.3.2.2~2.3.2.5)]

(1) 저장용기는 약제명·저장용기의 자체중량과 총중량·충전일시·충전압력 및 약제의 체적을 표시할 것
(2) 동일 집합관에 접속되는 저장용기는 **동일한 내용적**을 가진 것으로 **충전량** 및 **충전압력**이 같도록 할 것
(3) 저장용기에 충전량 및 충전압력을 확인할 수 있는 장치를 하는 경우에는 해당 소화약제에 적합한 구조로 할 것
(4) 저장용기의 **약제량손실**이 **5%**를 초과하거나 **압력손실**이 **10%**를 초과할 경우에는 재충전하거나 저장용기를 교체할 것(단, **불활성기체 소화약제** 저장용기의 경우에는 **압력손실**이 **5%**를 초과할 경우 재충전하거나 저장용기 교체)

☆

## 문제 289

「할로겐화합물 및 불활성기체 소화설비의 화재안전기준」에 따른 배관의 구경 선정기준을 쓰시오. (2점)

정답 해당 방호구역에 할로겐화합물 소화약제는 10초 이내(불활성기체 소화약제는 A·C급 화재 2분, B급 화재 1분 이내)에 방호구역 각 부분에 최소설계농도의 95% 이상 해당하는 약제량이 방출되도록 할 것

해설 **배관**의 **구경**

| 할로겐화합물 및 불활성기체 소화설비의 화재안전기준 (NFPC 107A 제10조, NFTC 107A 2.7.3) | 이산화탄소 소화설비의 화재안전기준 (NFPC 106 제8조, NFTC 106 2.5.2) |
|---|---|
| 해당 방호구역에 **할로겐화합물** 소화약제는 **10초** 이내(**불활성기체** 소화약제는 A·C급 화재 2분, **B급** 화재 **1분** 이내)에 방호구역 각 부분에 최소설계농도의 **95%** 이상 해당하는 약제량이 방출되도록 할 것 | 이산화탄소의 소요량이 다음의 기준에 따른 시간 내에 방사될 수 있는 것으로 할 것<br>① **전역방출식**에 있어서 **가연성 액체** 또는 **가연성 가스** 등 **표면화재** 방호대상물의 경우에는 **1분**<br>② **전역방출방식**에 있어서 **종이, 목재, 석탄, 섬유류, 합성수지류** 등 **심부화재** 방호대상물의 경우에는 **7분**, 이 경우 설계농도가 **2분** 이내에 **30%**에 도달하여야 한다.<br>③ **국소방출방식**의 경우에는 **30초** |

☆

## 문제 290

「할로겐화합물 및 불활성기체 소화설비의 화재안전기준」에 의거하여 자동폐쇄장치의 설치기준 3가지를 쓰시오. (3점)

○
○
○

정답 ① 할로겐화합물 및 불활성기체 소화약제가 방사되기 전에 환기장치 등이 정지될 수 있도록 할 것-환기장치 등을 설치한 것
② 할로겐화합물 및 불활성기체 소화약제가 방사되기 전에 개구부 및 통기구를 폐쇄할 수 있도록 할 것-개구부가 있거나 천장으로부터 1m 이상의 아랫부분 또는 바닥으로부터 해당층의 높이의 $\frac{2}{3}$ 이내의 부분에 통기구가 있어 할로겐화합물 및 불활성기체 소화약제의 유출에 따라 소화효과를 감소시킬 우려가 있는 것
③ 방호구역 또는 방호대상물이 있는 구획의 밖에서 복구할 수 있는 구조로 하고, 그 위치를 표시하는 표지를 할 것

해설 **할로겐화합물 및 불활성기체 소화설비**의 **자동폐쇄장치**의 **설치기준**[할로겐화합물 및 불활성기체 소화설비의 화재안전기준(NFPC 107A 제15조, NFTC 107A 2.12.1)]

(1) **환기장치** 등을 설치한 것은 소화약제가 방출되기 전에 해당 **환기장치** 등이 정지될 수 있도록 할 것
(2) **개**구부가 있거나 천장으로부터 **1m 이상**의 아랫부분 또는 바닥으로부터 해당층의 높이의 $\frac{2}{3}$ **이내**의 부분에 **통**기구가 있어 할로겐화합물 및 불활성기체 소화약제의 유출에 따라 소화효과를 감소시킬 우려가 있는 것에 있어서는 할로겐화합물 및 불활성기체 소화약제가 방사되기 전에 해당 **개구부** 및 **통기구**를 폐쇄할 수 있도록 할 것

(3) 자동폐쇄장치는 방호구역 또는 방호대상물이 있는 구획의 밖에서 **복**구할 수 있는 **구**조로 하고, 그 위치를 **표**시하는 표지를 할 것

기억법 환개통 복구표

- **이산화탄소 소화설비 · 할론소화설비 · 할로겐화합물 및 불활성기체 소화설비**의 자동폐쇄장치의 설치기준은 모두 위와 동일하다.

## 문제 291

「할로겐화합물 및 불활성기체 소화설비의 화재안전기준」에 의거하여 과압배출구 설치장소를 쓰시오. (6점)

정답 할로겐화합물 및 불활성기체 소화설비가 설치된 방호구역

해설 **할로겐화합물 및 불활성기체 소화설비**의 **과압배출구**의 **설치장소**[할로겐화합물 및 불활성기체 소화설비의 화재안전기준(NFPC 107A 제17조, NFTC 107A 2.14.1)]

할로겐화합물 및 불활성기체 소화설비가 설치된 방호구역에는 소화약제가 방출시 과압으로 인한 구조물 등의 손상을 방지하기 위하여 과압배출구를 설치해야 한다.

## 문제 292

「할로겐화합물 및 불활성기체 소화설비의 화재안전기준」에 의거하여 할로겐화합물 소화약제 저장용기의 가스량 점검방법 및 판정방법을 쓰시오. (10점)

정답 ① 산정방법 : 액면계(액화가스레벨미터)를 사용하여 행하는 방법

② 점검방법

㉠ 액면계의 전원스위치를 넣고 전압을 체크한다.

㉡ 용기는 통상의 상태 그대로 하고 액면계 프로브와 방사선원 간에 용기를 끼워 넣듯이 삽입한다.

㉢ 액면계의 검출부를 조심하여 상하방향으로 이동시켜 메타지침의 흔들림이 크게 다른 부분을 발견하여 그 위치가 용기의 바닥에서 얼마만큼의 높이인가를 측정한다.

㉣ 액면의 높이와 약제량과의 환산은 전용의 환산척을 이용한다.

③ 판정방법 : 저장용기의 약제량 손실이 5%를 초과하거나 압력손실이 10%를 초과할 경우에는 재충전하거나 저장용기를 교체할 것

해설 **할로겐화합물 소화약제 저장용기**의 **가스량 산정(점검)방법**[할로겐화합물 및 불활성기체 소화설비의 화재안전기준(NFPC 107A 제6조 제②항, NFTC 107A 2.3.2)]

(1) **산정방법** : 액면계(액화가스레벨미터)를 사용하여 행하는 방법

(2) **점검방법**

① **액면계**의 전원스위치를 넣고 전압을 체크한다.

② 용기는 통상의 상태 그대로 하고 **액면계 프로브**와 **방사선원** 간에 용기를 끼워 넣듯이 삽입한다.

③ 액면계의 검출부를 조심하여 상하방향으로 이동시켜 메타지침의 흔들림이 크게 다른 부분을 발견하여 그 위치가 용기의 바닥에서 얼마만큼의 높이인가를 측정한다.

④ **액면**의 **높이**와 **약제량**과의 환산은 전용의 환산척을 이용한다.

(3) **판정방법** : 저장용기의 약제량 손실이 5%를 초과하거나 압력손실이 **10%**를 초과할 경우에는 재충전하거나 저장용기를 교체할 것

중요

**할로겐화합물 및 불활성기체 소화설비**의 **화재안전기준**(NFPC 107A 제6조 제②항 제3호, NFTC 107A 2.3.2.5)

저장용기의 약제량 손실이 5%를 초과하거나 압력손실이 **10%**를 초과할 경우에는 재충전하거나 저장용기를 교체할 것. 다만, 불활성기체 소화약제 저장용기의 경우에는 압력손실이 **5%**를 초과할 경우 재충전하거나 저장용기를 교체해야 한다.

☆ 문제 293

「할로겐화합물 및 불활성기체 소화설비의 화재안전기준」에 의거하여 다음을 쓰시오. (6점)
○ 최대허용설계농도가 가장 높은 약제 :
○ 최대허용설계농도가 가장 낮은 약제 :

정답 ① IG-01, IG-100, IG-541, IG-55
② FIC-13I1

해설 **할로겐화합물 및 불활성기체 소화약제**의 **최대허용설계농도**[할로겐화합물 및 불활성기체 소화설비의 화재안전기술기준(NFTC 107A 2.4.2)]

| 소화약제 | 최대허용설계농도[%] |
|---|---|
| FIC-13I1 | 0.3 |
| HCFC-124 | 1.0 |
| HCFC BLEND A<br>FK-5-1-12 | 10 |
| HFC-**227e**a<br>기억법 227e(**둘둘치**킨**이** 맛있다.) | 10.5 |
| HFC-**125**<br>기억법 125(**이리온**) | 11.5 |
| HFC-236fa | 12.5 |
| HFC-23 | 30 |
| **FC**-**3**-**1**-10<br>기억법 FC31(**FC** 서울의 **3.1**절) | 40 |
| IG-01, IG-100, IG-541, IG-55 | 43 |

• FIC-1311이 아님에 주의할 것. FIC-13I(알파벳 **'아이'**)1임을 알라!

비교

**이산화탄소 소화설비**의 **가연성 액체** 또는 **가연성 가스**의 **소화**에 **필요한 설계농도**

| 방호대상물 | 설계농도[%] |
|---|---|
| **부**탄(Butane)<br>**메**탄(Methane) | **34** |
| **프**로판(Propane)<br>**이**소부탄(Iso Butane) | **36** |
| **사**이클로프로판(Syclo Propane)<br>**석**탄가스, 천연가스(Coal, Natural gas) | **37** |
| **에**탄(Ethane) | **40** |
| **에틸**렌(Ethylene) | **49** |
| **산**화에틸렌(Ethylene Oxide) | **53** |
| **일**산화탄소(Carbon Monoxide) | **64** |
| **아**세틸렌(Acetylene) | **66** |
| **수**소(Hydrogen) | **75** |

기억법 부메34, 프이36, 사석37, 에40, 에틸49, 산53, 일64, 아66, 수75

용어

**이론농도**와 **설계농도**

| 이론농도 | 설계농도 |
|---|---|
| 실험이나 공인된 자료 등을 통하여 이론적으로 구한 소화농도 | 이론농도에 일정량의 여유분을 더한 값 |

• 설계농도[%]=소화농도[%]×안전계수(A·C급 1.2, B급 1.3)

★

## 문제 294

「할로겐화합물 및 불활성기체 소화설비의 화재안전기준」에 의거하여 불활성기체 소화약제 저장용기의 가스량 점검방법 및 판정방법을 쓰시오. (10점)

정답 ① 산정방법 : 압력측정방법
② 점검방법 : 용기밸브의 고압용 게이지를 확인하여 저장용기 내부의 압력을 측정
③ 판정방법 : 압력손실이 5%를 초과할 경우 재충전하거나 저장용기를 교체할 것

해설 **불활성기체 소화약제 저장용기**의 **가스량 산정(점검)방법**[할로겐화합물 및 불활성기체 소화설비의 화재안전기준(NFPC 107A 제6조 제②항, NFTC 107A 2.3.2.5)]
(1) **산정방법** : 압력측정방법
(2) **점검방법** : 용기밸브의 **고압용 게이지**를 확인하여 **저장용기 내부**의 **압력**을 **측정**
(3) **판정방법** : 압력손실이 **5%**를 초과할 경우 **재충전**하거나 **저장용기**를 **교체**할 것

★★

## 문제 295

가스계 소화설비의 이너젠가스 저장용기, 이산화탄소 저장용기, 이산화탄소 소화설비 기동용 가스용기의 가스량 산정(점검)방법에 대하여 쓰시오. (20점)

정답 ① 이너젠가스 저장용기
㉠ 산정방법 : 압력측정방법
㉡ 점검방법 : 용기밸브의 고압용 게이지를 확인하여 저장용기 내부의 압력을 측정
㉢ 판정방법 : 압력손실이 5%를 초과할 경우 재충전하거나 저장용기를 교체할 것
② 이산화탄소 저장용기
㉠ 산정방법 : 액면계(액화가스레벨미터)를 사용하여 행하는 방법
㉡ 점검방법
• 액면계의 전원스위치를 넣고 전압을 체크한다.
• 용기는 통상의 상태 그대로 하고 액면계 프로브와 방사선원 간에 용기를 끼워 넣듯이 삽입한다.
• 액면계의 검출부를 조심하여 상하방향으로 이동시켜 메타지침의 흔들림이 크게 다른 부분을 발견하여 그 위치가 용기의 바닥에서 얼마만큼의 높이인가를 측정한다.
• 액면의 높이와 약제량과의 환산은 전용의 환산척을 이용한다.
㉢ 판정방법 : 약제량의 측정결과를 중량표와 비교하여 그 차이가 5% 이하일 것
③ 이산화탄소 소화설비 기동용 가스용기
㉠ 산정방법 : 간평식 측정기를 사용하여 행하는 방법
㉡ 점검순서
• 용기밸브에 설치되어 있는 용기밸브 개방장치, 조작관 등을 떼어낸다.
• 간평식 측정기를 이용하여 기동용기의 중량을 측정한다.
• 약제량은 측정값에서 용기밸브 및 용기의 중량을 뺀 값이다.
㉢ 판정방법 : 내용적 5L 이상, 충전압력 6MPa 이상(21℃ 기준)

해설 (1) **이너젠가스 저장용기**의 **가스량 산정(점검)방법**(NFPC 107A 제6조 제②항, NFTC 107A 2.3.2.5)

① **산정방법** : 압력측정방법

② **점검방법** : 용기밸브의 **고압용 게이지**를 확인하여 **저장용기 내부**의 **압력**을 **측정**

③ **판정방법** : 압력손실이 **5%**를 초과할 경우 **재충전**하거나 **저장용기**를 **교체**할 것

(2) **이산화탄소 저장용기**의 **가스량 산정(점검)방법**(소방시설 자체점검사항 등에 관한 고시 〔별지 4〕)

① **산정방법** : 액면계(액화가스레벨미터)를 사용하여 행하는 방법

② **점검방법**

㉠ **액면계**의 전원스위치를 넣고 전압을 체크한다.

㉡ 용기는 통상의 상태 그대로 하고 **액면계 프로브**와 **방사선원** 간에 용기를 끼워 넣듯이 삽입한다.

㉢ 액면계의 검출부를 조심하여 상하방향으로 이동시켜 메타지침의 흔들림이 크게 다른 부분을 발견하여 그 위치가 용기의 바닥에서 얼마만큼의 높이인가를 측정한다.

㉣ **액면**의 **높이**와 **약제량**과의 환산은 전용의 환산척을 이용한다.

③ **판정방법** : 약제량의 측정결과를 중량표와 비교하여 그 차이가 **5% 이하**일 것

(3) **이산화탄소 소화설비 기동용 가스용기**의 **가스량 산정(점검)방법**

① **산정방법** : **간평식 측정기**를 사용하여 행하는 방법

② **점검순서**

㉠ 용기밸브에 설치되어 있는 **용기밸브 개방장치**, **조작관** 등을 떼어낸다.

㉡ 간평식 측정기를 이용하여 **기동용기**의 **중량**을 측정한다.

㉢ 약제량은 측정값에서 **용기밸브** 및 **용기**의 **중량**을 **뺀 값**이다.

③ **판정방법** : 내용적 **5L** 이상, 충전압력 **6MPa** 이상(21℃ 기준)

중요

**이너젠(Inergen) 할로겐화합물 및 불활성기체 소화약제**의 **점검**

(1) **점검준비**

① 점검실시 전에 도면상의 설비의 **기능·구조·성능** 사전 파악

② 점검개시에 앞서 **관계자**와 점검의 **범위·내용·시간** 등에 관하여 충분히 협의

③ 점검 중에는 해당 소화설비를 사용할 수 없게 되므로 **자동화재탐지설비** 등으로 화재감시 조치

(2) **이너젠 저장용기 점검**

① **방호구역 외**의 장소로서 방호구역을 통하지 않고 출입이 가능한 장소인지 확인

② 온도계를 비치하고 주위온도가 **55℃** 이하인지 확인

③ 저장용기, 부속품 등의 부식 및 변형 여부 확인

④ 용기밸브의 개방장치의 용기밸브 본체에 정확히 부착되어 있으며 이너젠 기동관의 연결접속부분의 이상 유무 확인

⑤ **안전핀**의 부착, 봉인 여부 확인

(3) **기동용기함 점검**

① 기동용기함 내 부품의 부착상태, 변형, 손상 등의 여부 확인

② 기동용기함 표면에 방호구역명 및 취급방법을 표시한 설명판의 유무 확인

(4) **선택밸브 점검**

① 변형, 손상 등이 없고 밸브 본체와 이너젠 기동관과의 접속부는 **스패너**, **파이프렌치** 등으로 나사 등의 조임 확인

② 수동 기동레버에 **안전핀**의 **장착** 및 **봉인**이 되어 있는지 확인

③ 선택밸브에 **방호구역명**의 표시 여부 확인

④ **80A 이하**의 제품일 경우 **복귀 손잡이**(reset knob)가 정상상태로 복구되어 있는지 확인하며, **100A 이상**의 제품일 경우 닫힌 상태로 복구되어 있는지 확인

(5) **수동조작함 점검**

① 높이 **0.8~1.5m** 사이에 고정되고 외면의 적색도장 여부 확인

② **방호구역**의 **출입구 부근**에 위치하는 지와 장애물의 유무 확인

③ 전면부의 봉인유무 확인

(6) **경보 및 제어장치 점검**

① 경보장치인 **사이렌** 및 **방출표시등**의 변형, 손상, 탈락 및 배선접속 이상 등 확인

② 이너젠 제어반의 지연장치, 전원표시, 구역표시, 방출표시, **자동/수동 선택스위치**와 **표시등**의 기능이상 유무 확인

(7) **배관 및 분사헤드 점검**

① 관과 관부속 또는 기기접속부의 **나사조임**, **볼트** 및 **너트**의 **풀림**, **탈락 여부** 및 흔들림이 없도록 견고히 고정되어 있는지 등을 확인

② 분사헤드에 **오리피스**의 **규격**이 표시되어 있는지와 방출시 장애가 될 수 있는 물체가 근처에 있는지 확인

☆

## 문제 296

할로겐화합물 및 불활성기체 소화설비의 종합점검표상에 있는 저장용기의 점검항목 5가지를 쓰시오. (12점)

○
○
○
○
○

정답 ① 설치장소 적정 및 관리 여부
② 저장용기 설치장소 표지 설치 여부
③ 저장용기 설치간격 적정 여부
④ 저장용기 개방밸브 자동·수동 개방 및 안전장치 부착 여부
⑤ 저장용기와 집합관 연결배관상 체크밸브 설치 여부

해설 **소방시설 자체점검사항 등에 관한 고시 〔별지 제4호 서식〕**
**할로겐화합물 및 불활성기체 소화설비 종합점검**
(1) 설치장소 적정 및 관리 여부
(2) 저장용기 설치장소 표지 설치 여부
(3) 저장용기 설치간격 적정 여부
(4) 저장용기 개방밸브 자동·수동 개방 및 안전장치 부착 여부
(5) 저장용기와 집합관 연결배관상 체크밸브 설치 여부

☆

## 문제 297

할로겐화합물 및 불활성기체 소화설비에서 분사헤드의 종합점검표상의 점검항목을 쓰시오. (4점)

정답 ① 분사헤드의 변형·손상 유무
② 분사헤드의 설치높이 적정 여부

해설 **소방시설 자체점검사항 등에 관한 고시 〔별지 제4호 서식〕**
**할로겐화합물 및 불활성기체 소화설비의 종합점검**

| 구 분 | | 점검항목 |
|---|---|---|
| 저장용기 | | ❶ 설치장소 적정 및 관리 여부<br>② 저장용기 설치장소 표지 설치 여부<br>❸ 저장용기 설치간격 적정 여부<br>④ 저장용기 개방밸브 자동·수동 개방 및 안전장치 부착 여부<br>❺ 저장용기와 집합관 연결배관상 **체크밸브** 설치 여부 |
| 소화약제 | | 소화약제 저장량 적정 여부 |
| 기동장치 | 방호구역별 출입구 부근 소화약제 방출표시등 설치 및 정상작동 여부 | |
| | 수동식 기동장치 | ① 기동장치 부근에 비상스위치 설치 여부<br>❷ **방호구역별** 또는 **방호대상별** 기동장치 설치 여부<br>③ 기동장치 설치 적정(출입구 부근 등, 높이, 보호장치, 표지, 전원표시등) 여부<br>④ 방출용 스위치 **음향경보장치** 연동 여부 |

| | | |
|---|---|---|
| 기동장치 | 자동식 기동장치 | ① 감지기 작동과의 연동 및 수동기동 가능 여부<br>❷ 저장용기 수량에 따른 전자개방밸브 수량 적정 여부(전기식 기동장치의 경우)<br>③ 기동용 가스용기의 **용적**, **충전압력** 적정 여부(가스압력식 기동장치의 경우)<br>❹ 기동용 가스용기의 **안전장치**, **압력게이지** 설치 여부(가스압력식 기동장치의 경우)<br>❺ 저장용기 개방구조 적정 여부(기계식 기동장치의 경우) |
| 제어반 및 화재표시반 | ① 설치장소 적정 및 관리 여부<br>② **회로도** 및 **취급설명서** 비치 여부 | |
| | 제어반 | ① 수동기동장치 또는 감지기 신호 수신시 음향경보장치 작동기능 정상 여부<br>② 소화약제 방출 · 지연 및 기타 제어기능 적정 여부<br>③ 전원표시등 설치 및 정상 점등 여부 |
| | 화재표시반 | ① 방호구역별 표시등(음향경보장치 조작, 감지기 작동), 경보기 설치 및 작동 여부<br>② 수동식 기동장치 작동표시표시등 설치 및 정상작동 여부<br>③ 소화약제 방출표시등 설치 및 정상작동 여부<br>❹ 자동식 기동장치 자동 · 수동 절환 및 절환표시등 설치 및 정상작동 여부 |
| 배관 등 | 배관의 **변형 · 손상** 유무 | |
| 선택밸브 | 선택밸브 설치기준 적합 여부 | |
| 분사헤드 | ① 분사헤드의 **변형 · 손상** 유무<br>❷ 분사헤드의 설치높이 적정 여부 | |
| 화재감지기 | ① 방호구역별 화재감지기 감지에 의한 기동장치 작동 여부<br>❷ 교차회로(또는 NFPC 203 제7조 제①항, NFTC 203 2.4.1 단서 감지기) 설치 여부<br>❸ 화재감지기별 유효바닥면적 적정 여부 | |
| 음향경보장치 | ① 기동장치 조작시(수동식-방출용 스위치, 자동식-화재감지기) 경보 여부<br>② 약제 방사 개시(또는 방출압력스위치 작동) 후 경보 적정 여부<br>❸ 방호구역 또는 방호대상물 구획 안에서 유효한 경보 가능 여부 | |
| | 방송에 따른 경보장치 | ❶ 증폭기 재생장치의 설치장소 적정 여부<br>❷ 방호구역 · 방호대상물에서 확성기 간 수평거리 적정 여부<br>❸ 제어반 복구스위치 조작시 경보 지속 여부 |
| 자동폐쇄장치 | 화재표시반 | ① **환기장치** 자동정지 기능 적정 여부<br>② 개구부 및 통기구 자동폐쇄장치 설치장소 및 기능 적합 여부<br>❸ 자동폐쇄장치 복구장치 설치기준 적합 및 위치표지 적합 여부 |
| 비상전원 | ❶ 설치장소 적정 및 관리 여부<br>② 자가발전설비인 경우 연료적정량 보유 여부<br>③ 자가발전설비인 경우 「전기사업법」에 따른 정기점검 결과 확인 | |
| 과압배출구 | ● 과압배출구 설치상태 및 관리 여부 | |
| 비고 | ※ 특정소방대상물의 위치 · 구조 · 용도 및 소방시설의 상황 등이 이 표의 항목대로 기재하기 곤란하거나 이 표에서 누락된 사항을 기재한다. | |

※ "●"는 종합점검의 경우에만 해당

☆☆☆

문제 298

**다음 각 설비에 대한 점검항목을 소방시설 종합점검표의 내용에 따라 답하시오. (40점)**

(가) 옥내소화전설비에서 "수조" 점검항목 7가지를 쓰시오. (10점)

○
○
○
○
○
○
○



소방시설의 점검실무행정 종합문제 600제

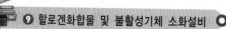

(나) 스프링클러설비에서 "가압송수장치"의 펌프방식 중 점검항목 5가지를 쓰시오. (10점)

○

○

○

○

○

(다) 할로겐화합물 및 불활성기체 소화설비에서 "저장용기" 점검항목 5가지를 쓰시오. (10점)

○

○

○

○

○

(라) 지하 3층, 지상 11층, 연면적 5000m$^2$인 경우 화재층이 다음과 같을 때 경보되는 층을 모두 쓰시오. (10점)

① 지하 2층 :

② 지상 1층 :

③ 지상 2층 :

정답 (가) ① 동결방지조치 상태 적정 여부

② 수위계 설치상태 적정 또는 수위 확인 가능 여부

③ 수조 외측 고정사다리 설치상태 적정 여부(바닥보다 낮은 경우 제외)

④ 실내 설치시 조명설비 설치상태 적정 여부

⑤ "옥내소화전설비용 수조" 표지 설치상태 적정 여부

⑥ 다른 소화설비와 겸용시 겸용 설비의 이름 표시한 표지 설치상태 적정 여부

⑦ 수조-수직배관 접속부분 "옥내소화전설비용 배관" 표지 설치상태 적정 여부

(나) ① 동결방지조치 상태 적정 여부

② 성능시험배관을 통한 펌프성능시험 적정 여부

③ 다른 소화설비와 겸용인 경우 펌프성능 확보 가능 여부

④ 펌프 흡입측 연성계·진공계 및 토출측 압력계 등 부속장치의 변형·손상 유무

⑤ 기동장치 적정 설치 및 기동압력 설정 적정 여부

(다) ① 설치장소 적정 및 관리 여부

② 저장용기 설치장소 표지 설치 여부

③ 저장용기 설치간격 적정 여부

④ 저장용기 개방밸브 자동·수동 개방 및 안전장치 부착 여부

⑤ 저장용기와 집합관 연결배관상 체크밸브 설치 여부

(라) ① 지하 1층, 지하 2층, 지하 3층

② 지상 1층, 지상 2~5층, 지하 1층, 지하 2층, 지하 3층

③ 지상 2층, 지상 3~6층

해설 (가) **옥내소화전설비**의 **종합점검**(소방시설 자체점검사항 등에 관한 고시 〔별지 제4호 서식〕)

| 구 분 | | 점검항목 |
|---|---|---|
| 수원 | | ① 주된 수원의 **유효수량** 적정 여부(겸용 설비 포함)<br>② 보조수원(**옥상**)의 유효수량 적정 여부 |
| 수조 | | ❶ 동결방지조치 상태 적정 여부<br>② **수위계** 설치상태 적정 또는 수위 확인 가능 여부<br>❸ 수조 외측 고정사다리 설치상태 적정 여부(바닥보다 낮은 경우 제외)<br>❹ 실내 설치시 조명설비 설치상태 적정 여부<br>⑤ **"옥내소화전설비용 수조"** 표지 설치상태 적정 여부<br>❻ 다른 소화설비와 겸용시 겸용 설비의 이름 표시한 표지 설치상태 적정 여부<br>❼ 수조-수직배관 접속부분 **"옥내소화전설비용 배관"** 표지 설치상태 적정 여부 |
| 가압송수장치 | 펌프방식 | ❶ 동결방지조치 상태 적정 여부<br>② 옥내소화전 방수량 및 방수압력 적정 여부<br>❸ 감압장치 설치 여부(방수압력 **0.7MPa** 초과 조건)<br>④ 성능시험배관을 통한 펌프성능시험 적정 여부<br>❺ 다른 소화설비와 겸용인 경우 펌프성능 확보 가능 여부<br>⑥ 펌프 흡입측 **연성계 · 진공계** 및 **토출측 압력계** 등 부속장치의 변형 · 손상 유무<br>❼ 기동장치 적정 설치 및 기동압력 설정 적정 여부<br>⑧ 기동스위치 설치 적정 여부(ON/OFF 방식)<br>❾ 주펌프와 동등 이상 펌프 추가 설치 여부<br>❿ 물올림장치 설치 적정(전용 여부, 유효수량, 배관구경, 자동급수) 여부<br>⓫ 충압펌프 설치 적정(토출압력, 정격토출량) 여부<br>⑫ 내연기관방식의 펌프 설치 적정(정상기동(기동장치 및 제어반) 여부, 축전지상태, 연료량) 여부<br>⑬ 가압송수장치의 **"옥내소화전펌프"** 표지 설치 여부 또는 다른 소화설비와 겸용시 겸용 설비 이름 표시 부착 여부 |
| | 고가수조방식 | **수위계 · 배수관 · 급수관 · 오버플로관 · 맨홀** 등 부속장치의 변형 · 손상 유무 |
| | 압력수조방식 | ❶ 압력수조의 압력 적정 여부<br>② **수위계 · 급수관 · 급기관 · 압력계 · 안전장치 · 공기압축기** 등 부속장치의 변형 · 손상 유무 |
| | 가압수조방식 | ❶ 가압수조 및 가압원 설치장소의 방화구획 여부<br>② **수위계 · 급수관 · 배수관 · 급기관 · 압력계** 등 부속장치의 변형 · 손상 유무 |
| 송수구 | | ① 설치장소 적정 여부<br>❷ 연결배관에 **개폐밸브**를 설치한 경우 개폐상태 확인 및 조작가능 여부<br>❸ **송수구** 설치높이 및 구경 적정 여부<br>❹ **자동배수밸브**(또는 배수공) · **체크밸브** 설치 여부 및 설치상태 적정 여부<br>⑤ 송수구 **마개** 설치 여부 |
| 배관 등 | | ❶ 펌프의 흡입측 배관 여과장치의 상태 확인<br>❷ 성능시험배관 설치(개폐밸브, 유량조절밸브, 유량측정장치) 적정 여부<br>❸ 순환배관 설치(설치위치 · 배관구경, 릴리프밸브 개방압력) 적정 여부<br>❹ **동결방지조치** 상태 적정 여부<br>⑤ 급수배관 개폐밸브 설치(개폐표시형, 흡입측 버터플라이 제외) 적정 여부<br>❻ 다른 설비의 배관과의 구분 상태 적정 여부 |
| 함 및 방수구 등 | | ① 함 개방 용이성 및 장애물 설치 여부 등 사용 편의성 적정 여부<br>② 위치 · 기동 표시등 적정 설치 및 정상 점등 여부<br>③ "**소화전**" 표시 및 사용요령(외국어 병기) 기재 표지판 설치상태 적정 여부<br>❹ **대형 공간**(기둥 또는 벽이 없는 구조) 소화전함 설치 적정 여부<br>❺ 방수구 설치 적정 여부<br>⑥ 함 내 **소방호스** 및 **관창** 비치 적정 여부<br>⑦ 호스의 **접결상태**, **구경**, **방수압력** 적정 여부<br>❽ 호스릴방식 노즐 개폐장치 사용 용이 여부 |

| | | |
|---|---|---|
| 전원 | ❶ 대상물 수전방식에 따른 상용전원 적정 여부<br>❷ 비상전원 설치장소 적정 및 관리 여부<br>③ 자가발전설비인 경우 연료적정량 보유 여부<br>④ 자가발전설비인 경우 「전기사업법」에 따른 정기점검 결과 확인 | |
| 제어반 | ● 겸용 감시·동력 제어반 성능 적정 여부(겸용으로 설치된 경우) | |
| | 감시제어반 | ① 펌프 작동 여부 확인표시등 및 음향경보장치 정상작동 여부<br>② 펌프별 자동·수동 전환스위치 정상작동 여부<br>❸ 펌프별 수동기동 및 수동중단 기능 정상작동 여부<br>❹ 상용전원 및 비상전원 공급 확인 가능 여부(비상전원 있는 경우)<br>❺ 수조·물올림수조 저수위표시등 및 음향경보장치 정상작동 여부<br>⑥ 각 확인회로별 도통시험 및 작동시험 정상작동 여부<br>⑦ 예비전원 확보 유무 및 시험 적합 여부<br>❽ 감시제어반 전용실 적정 설치 및 관리 여부<br>❾ 기계·기구 또는 시설 등 제어 및 감시설비 외 설치 여부 |
| | 동력제어반 | 앞면은 **적색**으로 하고, **"옥내소화전설비용 동력제어반"** 표지 설치 여부 |
| | 발전기제어반 | ● 소방전원보존형 발전기는 이를 식별할 수 있는 표지 설치 여부 |
| 비고 | ※ 특정소방대상물의 위치·구조·용도 및 소방시설의 상황 등이 이 표의 항목대로 기재하기 곤란하거나 이 표에서 누락된 사항을 기재한다. | |

※ "●"는 종합점검의 경우에만 해당

(나) **스프링클러설비**의 **종합점검**(소방시설 자체점검사항 등에 관한 고시 〔별지 제4호 서식〕)

| 구 분 | | 점검항목 |
|---|---|---|
| 수원 | | ① 주된 수원의 유효수량 적정 여부(겸용 설비 포함)<br>② 보조수원(**옥상**)의 유효수량 적정 여부 |
| 수조 | | ❶ 동결방지조치 상태 적정 여부<br>② **수위계** 설치 또는 수위 확인 가능 여부<br>❸ 수조 외측 고정사다리 설치 여부(바닥보다 낮은 경우 제외)<br>❹ 실내 설치시 조명설비 설치 여부<br>⑤ **"스프링클러설비용 수조"** 표지 설치 여부 및 설치상태<br>❻ 다른 소화설비와 겸용시 겸용 설비의 이름 표시한 표지 설치 여부<br>❼ 수조-수직배관 접속부분 **"스프링클러설비용 배관"** 표지 설치 여부 |
| 가압송수장치 | 펌프방식 | ❶ 동결방지조치 상태 적정 여부<br>② 성능시험배관을 통한 펌프성능시험 적정 여부<br>❸ 다른 소화설비와 겸용인 경우 펌프성능 확보 가능 여부<br>④ 펌프 흡입측 **연성계·진공계** 및 **토출측 압력계** 등 부속장치의 변형·손상 유무<br>❺ 기동장치 적정 설치 및 기동압력 설정 적정 여부<br>❻ 물올림장치 설치 적정(전용 여부, 유효수량, 배관구경, 자동급수) 여부<br>❼ 충압펌프 설치 적정(토출압력, 정격토출량) 여부<br>⑧ 내연기관방식의 펌프 설치 적정(정상기동(기동장치 및 제어반) 여부, 축전지상태, 연료량) 여부<br>⑨ 가압송수장치의 **"스프링클러펌프"** 표지 설치 여부 또는 다른 소화설비와 겸용시 겸용 설비 이름 표시 부착 여부 |
| | 고가수조방식 | **수위계·배수관·급수관·오버플로관·맨홀** 등 부속장치의 변형·손상 유무 |
| | 압력수조방식 | ❶ 압력수조의 압력 적정 여부<br>② **수위계·급수관·급기관·압력계·안전장치·공기압축기** 등 부속장치의 변형·손상 유무 |
| | 가압수조방식 | ❶ **가압수조** 및 **가압원** 설치장소의 방화구획 여부<br>② **수위계·급수관·배수관·급기관·압력계** 등 부속장치의 변형·손상 유무 |

| | |
|---|---|
| 폐쇄형 스프링클러설비 방호구역 및 유수검지장치 | ❶ 방호구역 적정 여부<br>❷ 유수검지장치 설치 적정(수량, 접근·점검 편의성, 높이) 여부<br>③ 유수검지장치실 설치 적정(실내 또는 구획, 출입문 크기, 표지) 여부<br>❹ **자연낙차**에 의한 유수압력과 유수검지장치의 유수검지압력 적정 여부<br>❺ 조기반응형 헤드 적합 유수검지장치 설치 여부 |
| 개방형 스프링클러설비 방수구역 및 일제개방밸브 | ❶ 방수구역 적정 여부<br>❷ 방수구역별 일제개방밸브 설치 여부<br>❸ 하나의 방수구역을 담당하는 헤드 개수 적정 여부<br>④ 일제개방밸브실 설치 적정(실내(구획), 높이, 출입문, 표지) 여부 |
| 배관 | ❶ 펌프의 흡입측 배관 여과장치의 상태 확인<br>❷ 성능시험배관 설치(개폐밸브, 유량조절밸브, 유량측정장치) 적정 여부<br>❸ 순환배관 설치(설치위치·배관구경, 릴리프밸브 개방압력) 적정 여부<br>❹ **동결방지조치** 상태 적정 여부<br>⑤ 급수배관 개폐밸브 설치(개폐표시형, 흡입측 버터플라이 제외) 및 작동표시스위치 적정(제어반 표시 및 경보, 스위치 동작 및 도통시험) 여부<br>⑥ 준비작동식 유수검지장치 및 일제개방밸브 2차측 배관 부대설비 설치 적정(개폐표시형 밸브, 수직배수배관, 개폐밸브, 자동배수장치, 압력스위치 설치 및 감시제어반 개방 확인) 여부<br>⑦ 유수검지장치 시험장치 설치 적정(설치위치, 배관구경, 개폐밸브 및 개방형 헤드, 물받이 통 및 배수관) 여부<br>❽ **주차장**에 설치된 스프링클러방식 적정(습식 외의 방식) 여부<br>❾ 다른 설비의 배관과의 구분 상태 적정 여부 |
| 음향장치 및 기동장치 | ① 유수검지에 따른 음향장치 작동 가능 여부(습식·건식의 경우)<br>② 감지기 작동에 따라 음향장치 작동 여부(준비작동식 및 일제개방밸브의 경우)<br>❸ 음향장치 설치 담당구역 및 수평거리 적정 여부<br>❹ 주음향장치 **수신기 내부** 또는 **직근** 설치 여부<br>❺ **우선경보방식**에 따른 경보 적정 여부<br>⑥ 음향장치(경종 등) **변형·손상** 확인 및 정상작동(음량 포함) 여부<br>**펌프작동**: ① 유수검지장치의 발신이나 기동용 수압개폐장치의 작동에 따른 펌프 기동 확인(습식·건식의 경우) ② 화재감지기의 감지나 기동용 수압개폐장치의 작동에 따른 펌프 기동 확인(준비작동식 및 일제개방밸브의 경우)<br>**준비작동식 유수검지장치 또는 일제개발밸브 작동**: ① 담당구역 내 화재감지기 동작(수동기동 포함)에 따라 개방 및 작동 여부 ② 수동조작함(설치높이, 표시등) 설치 적정 여부 |
| 헤드 | ① 헤드의 **변형·손상** 유무<br>② 헤드 **설치 위치·장소·상태**(고정) 적정 여부<br>③ 헤드 **살수장애** 여부<br>❹ **무대부** 또는 **연소 우려 있는 개구부** 개방형 헤드 설치 여부<br>❺ 조기반응형 헤드 설치 여부(의무설치장소의 경우)<br>❻ **경사진 천장**의 경우 스프링클러헤드의 배치상태<br>❼ 연소할 우려가 있는 개구부 헤드 설치 적정 여부<br>❽ 습식·부압식 스프링클러 외의 설비 상향식 헤드 설치 여부<br>❾ **측벽형** 헤드 설치 적정 여부<br>❿ 감열부에 영향을 받을 우려가 있는 헤드의 **차폐판** 설치 여부 |
| 송수구 | ① 설치장소 적정 여부<br>❷ 연결배관에 개폐밸브를 설치한 경우 개폐상태 확인 및 조작 가능 여부<br>❸ 송수구 설치**높이** 및 **구경** 적정 여부<br>④ 송수압력범위 표시 표지 설치 여부<br>❺ 송수구 설치개수 적정 여부(폐쇄형 스프링클러설비의 경우)<br>❻ **자동배수밸브**(또는 배수공)·**체크밸브** 설치 여부 및 설치상태 적정 여부<br>⑦ 송수구 **마개** 설치 여부 |

| | | |
|---|---|---|
| 전원 | ❶ 대상물 수전방식에 따른 **상용전원** 적정 여부<br>❷ 비상전원 설치장소 적정 및 관리 여부<br>③ 자가발전설비인 경우 **연료적정량** 보유 여부<br>④ 자가발전설비인 경우 「전기사업법」에 따른 정기점검 결과 확인 | |
| 제어반 | ● 겸용 감시·동력 제어반 성능 적정 여부(겸용으로 설치된 경우) | |
| | 감시제어반 | ① 펌프 작동 여부 확인표시등 및 음향경보장치 정상작동 여부<br>② 펌프별 자동·수동 전환스위치 정상작동 여부<br>❸ 펌프별 수동기동 및 수동중단 기능 정상작동 여부<br>❹ 상용전원 및 비상전원 공급 확인 가능 여부(비상전원 있는 경우)<br>❺ 수조·물올림수조 저수위표시등 및 음향경보장치 정상작동 여부<br>⑥ 각 확인회로별 도통시험 및 작동시험 정상작동 여부<br>⑦ 예비전원 확보 유무 및 시험 적합 여부<br>❽ 감시제어반 전용실 적정 설치 및 관리 여부<br>❾ 기계·기구 또는 시설 등 제어 및 감시설비 외 설치 여부<br>⑩ 유수검지장치·일제개방밸브 작동시 표시 및 경보 정상작동 여부<br>⑪ 일제개방밸브 수동조작스위치 설치 여부<br>⓬ 일제개방밸브 사용설비 화재감지기 회로별 화재표시 적정 여부<br>⓭ 감시제어반과 수신기 간 상호 연동 여부(별도로 설치된 경우) |
| | 동력제어반 | 앞면은 **적색**으로 하고, **"스프링클러설비용 동력제어반"** 표지 설치 여부 |
| | 발전기제어반 | ● 소방전원보존형 발전기는 이를 식별할 수 있는 표지 설치 여부 |
| 헤드 설치제외 | ❶ 헤드 설치 제외 적정 여부(설치 제외된 경우)<br>❷ 드렌처설비 설치 적정 여부 | |
| 비고 | ※ 특정소방대상물의 위치·구조·용도 및 소방시설의 상황 등이 이 표의 항목대로 기재하기 곤란하거나 이 표에서 누락된 사항을 기재한다. | |

※ "●"는 종합점검의 경우에만 해당

(다) **할로겐화합물 및 불활성기체 소화설비**의 **종합점검**(소방시설 자체점검사항 등에 관한 고시 〔별지 제4호 서식〕)

| 구 분 | 점검항목 | |
|---|---|---|
| 저장용기 | ❶ 설치장소 적정 및 관리 여부<br>② 저장용기 설치장소 표지 설치 여부<br>❸ 저장용기 설치간격 적정 여부<br>④ 저장용기 개방밸브 자동·수동 개방 및 안전장치 부착 여부<br>❺ 저장용기와 집합관 연결배관상 **체크밸브** 설치 여부 | |
| 소화약제 | 소화약제 저장량 적정 여부 | |
| 기동장치 | 방호구역별 출입구 부근 소화약제 방출표시등 설치 및 정상작동 여부 | |
| | 수동식 기동장치 | ① 기동장치 부근에 비상스위치 설치 여부<br>❷ **방호구역별** 또는 **방호대상별** 기동장치 설치 여부<br>③ 기동장치 설치 적정(출입구 부근 등, 높이, 보호장치, 표지, 전원표시등) 여부<br>④ 방출용 스위치 **음향경보장치** 연동 여부 |
| | 자동식 기동장치 | ① 감지기 작동과의 연동 및 수동기동 가능 여부<br>❷ 저장용기 수량에 따른 전자개방밸브 수량 적정 여부(전기식 기동장치의 경우)<br>③ 기동용 가스용기의 **용적**, **충전압력** 적정 여부(가스압력식 기동장치의 경우)<br>❹ 기동용 가스용기의 **안전장치**, **압력게이지** 설치 여부(가스압력식 기동장치의 경우)<br>❺ 저장용기 개방구조 적정 여부(기계식 기동장치의 경우) |

<table>
<tr><td rowspan="3">제어반 및<br>화재표시반</td><td colspan="2">① 설치장소 적정 및 관리 여부<br>② 회로도 및 취급설명서 비치 여부</td></tr>
<tr><td>제어반</td><td>① 수동기동장치 또는 감지기 신호 수신시 음향경보장치 작동기능 정상 여부<br>② 소화약제 방출·지연 및 기타 제어기능 적정 여부<br>③ 전원표시등 설치 및 정상 점등 여부</td></tr>
<tr><td>화재표시반</td><td>① 방호구역별 표시등(음향경보장치 조작, 감지기 작동), 경보기 설치 및 작동 여부<br>② 수동식 기동장치 작동표시표시등 설치 및 정상작동 여부<br>③ 소화약제 방출표시등 설치 및 정상작동 여부<br>❹ 자동식 기동장치 자동·수동 절환 및 절환표시등 설치 및 정상작동 여부</td></tr>
<tr><td>배관 등</td><td colspan="2">배관의 변형·손상 유무</td></tr>
<tr><td>선택밸브</td><td colspan="2">선택밸브 설치기준 적합 여부</td></tr>
<tr><td>분사헤드</td><td colspan="2">① 분사헤드의 변형·손상 유무<br>❷ 분사헤드의 설치높이 적정 여부</td></tr>
<tr><td>화재감지기</td><td colspan="2">① 방호구역별 화재감지기 감지에 의한 기동장치 작동 여부<br>❷ 교차회로(또는 NFPC 203 제7조 제①항, NFTC 203 2.4.1 단서 감지기) 설치 여부<br>❸ 화재감지기별 유효바닥면적 적정 여부</td></tr>
<tr><td rowspan="2">음향경보장치</td><td colspan="2">① 기동장치 조작시(수동식-방출용 스위치, 자동식-화재감지기) 경보 여부<br>② 약제 방사 개시(또는 방출압력스위치 작동) 후 경보 적정 여부<br>❸ 방호구역 또는 방호대상물 구획 안에서 유효한 경보 가능 여부</td></tr>
<tr><td>방송에 따른<br>경보장치</td><td>❶ 증폭기 재생장치의 설치장소 적정 여부<br>❷ 방호구역·방호대상물에서 확성기 간 수평거리 적정 여부<br>❸ 제어반 복구스위치 조작시 경보 지속 여부</td></tr>
<tr><td>자동폐쇄장치</td><td>화재표시반</td><td>① 환기장치 자동정지 기능 적정 여부<br>② 개구부 및 통기구 자동폐쇄장치 설치장소 및 기능 적합 여부<br>❸ 자동폐쇄장치 복구장치 설치기준 적합 및 위치표지 적합 여부</td></tr>
<tr><td>비상전원</td><td colspan="2">❶ 설치장소 적정 및 관리 여부<br>② 자가발전설비인 경우 연료적정량 보유 여부<br>③ 자가발전설비인 경우 「전기사업법」에 따른 정기점검 결과 확인</td></tr>
<tr><td>과압배출구</td><td colspan="2">● 과압배출구 설치상태 및 관리 여부</td></tr>
<tr><td>비고</td><td colspan="2">※ 특정소방대상물의 위치·구조·용도 및 소방시설의 상황 등이 이 표의 항목대로 기재하기 곤란하거나 이 표에서 누락된 사항을 기재한다.</td></tr>
</table>

※ "●"는 종합점검의 경우에만 해당

(라) **지상 11층 이상**이므로 **발화층** 및 **직상 4개층 우선경보방식 적용**

<table>
<tr><th rowspan="2">발화층</th><th colspan="2">경보층</th></tr>
<tr><th>11층(공동주택은 16층) 미만</th><th>11층(공동주택은 16층) 이상</th></tr>
<tr><td>2층 이상 발화</td><td rowspan="3">전층 일제경보</td><td>• 발화층<br>• 직상 4개층</td></tr>
<tr><td>1층 발화</td><td>• 발화층<br>• 직상 4개층<br>• 지하층</td></tr>
<tr><td>지하층 발화</td><td>• 발화층<br>• 직상층<br>• 기타의 지하층</td></tr>
</table>

기억법 21 4개층

중요

**발화층** 및 **직상 4개층 우선경보방식**

11층(공동주택 16층) 이상인 특정소방대상물

# 10 분말소화설비

☆

**문제 299**

물분무등소화설비 중 분말소화설비의 5가지 장점을 기술하시오. (10점)

○
○
○
○
○

정답 ① 소화성능이 우수하고 인체에 무해하다.
② 전기절연성이 우수하여 전기화재에도 적합하다.
③ 소화약제의 수명이 반영구적이어서 경제성이 높다.
④ 타소화약제와 병용사용이 가능하다.
⑤ 표면화재 및 심부화재에 모두 적합하다.

해설 (1) **분말소화설비**의 **장단점**

| 장 점 | 단 점 |
|---|---|
| ① **소화성능**이 **우수**하고 인체에 무해하다.<br>② 전기절연성이 우수하여 **전기화재**에도 적합하다.<br>③ 소화약제의 수명이 반영구적이어서 **경제성**이 높다.<br>④ **타소화약제**와 **병용사용**이 가능하다.<br>⑤ **표면화재** 및 **심부화재**에 모두 적합하다. | ① 별도의 **가압원**이 필요하다.<br>② 소화 후 **잔유물**이 남는다. |

(2) **이산화탄소 소화설비**의 **장단점**

| 장 점 | 단 점 |
|---|---|
| ① 화재진화 후 **깨끗**하다.<br>② **심부화재**에 적합하다.<br>③ **증거보존**이 **양호**하여 화재원인조사가 쉽다.<br>④ 피연소물에 피해가 적다.<br>⑤ 전기절연성이 우수하여 **전기화재**에도 적합하다. | ① 방사시 **동결**의 **우려**가 있다.<br>② 방사시 **소음**이 **크다**.<br>③ **질식**의 **우려**가 있다. |

(3) **스프링클러설비**의 **장단점**

| 장 점 | 단 점 |
|---|---|
| ① **초기화재**에 적합하다.<br>② 소화제가 물이므로 값이 싸서 **경제적**이다.<br>③ 감지부의 구조가 기계적이므로 오동작 염려가 적다.<br>④ 시설의 **수명**이 **반영구적**이다.<br>⑤ **조작**이 **간편**하며 안전하다.<br>⑥ **완전자동**으로 사람이 없는 경우라도 자동적으로 화재를 감지하여 소화 및 경보를 해준다. | ① **초기시설비**가 많이 든다.<br>② **시공**이 타시설보다 **복잡**하다.<br>③ **물**로 인한 **피해**가 **크다**. |

중요

**포소화설비**의 **특징(장점)**
(1) **옥외소화**에도 소화효력을 충분히 발휘한다.
(2) 포화 내화성이 커서 **대규모 화재소화**에도 효과가 크다.
(3) **재연소**가 예상되는 화재에도 **적응성**이 있다.
(4) **인접**되는 **방호대상물**에 **연소방지책**으로 적합하다.
(5) 소화제는 **인체**에 **무해**하다.

☆☆
## 문제 300

분말소화설비의 점검기구(장비) 2가지를 쓰시오. (4점)

○

○

정답 ① 검량계
② 기동관누설시험기

해설 **분말소화설비**의 **점검기구 사용법**

| 소방시설 | 장비(점검기구명) | 규 격 |
|---|---|---|
| • 이산화탄소 소화설비<br>• 분말소화설비<br>• 할론소화설비<br>• 할로겐화합물 및 불활성기체 소화설비 | • 검량계<br>• 기동관누설시험기 | – |

(1) **검량계**

| 구 분 | 설 명 |
|---|---|
| 용도 | 가스계 용기의 **약제중량**을 측정하는 기구(원칙적으로는 **액화가스레벨미터** 사용) |
| 사용법 | 약제는 검량계에 올려놓고 약제중량을 측정한다. |

(2) **기동관누설시험기**

| 구 분 | 설 명 |
|---|---|
| 용도 | 가스계 소화설비의 기동용 동관부분의 **누설**을 **시험**하기 위한 기구 |
| 사용법 | ① 호스에 부착된 밸브를 잠그고 **압력조정기 연결부**에 **호스 연결**<br>② **호스 끝**을 **기동관**에 견고히 연결<br>③ 용기에 부착된 밸브를 서서히 연다.<br>④ 게이지 압력을 **1MPa** 미만으로 조정하고 압력조정기의 레버를 서서히 조인다.<br>⑤ 본 용기와 연결된 차단밸브가 모두 폐쇄되어 있는지 확인<br>⑥ 호스 끝에 부착된 밸브를 서서히 열어 압력이 **0.5MPa**이 되게 한다.<br>⑦ 거품액을 붓에 묻혀 기동관의 각 부분에 칠을 하여 누설 여부 확인<br>⑧ 확인이 끝나면 용기밸브를 먼저 잠그고 호스밸브를 잠근 후 **연결부**를 **분리**시킨다. |

☆
## 문제 301

제3류 위험물(자연발화성 물질 및 금수성 물질)에 해당되는 알킬알루미늄(alkyl aluminium) 저장 및 취급시설에 설치하는 고정식 분말소화설비(fixed dry chemical extinguishing systems)에 대해 계통도(piping & instrument diagram)를 작성하시오. (10점)

정답

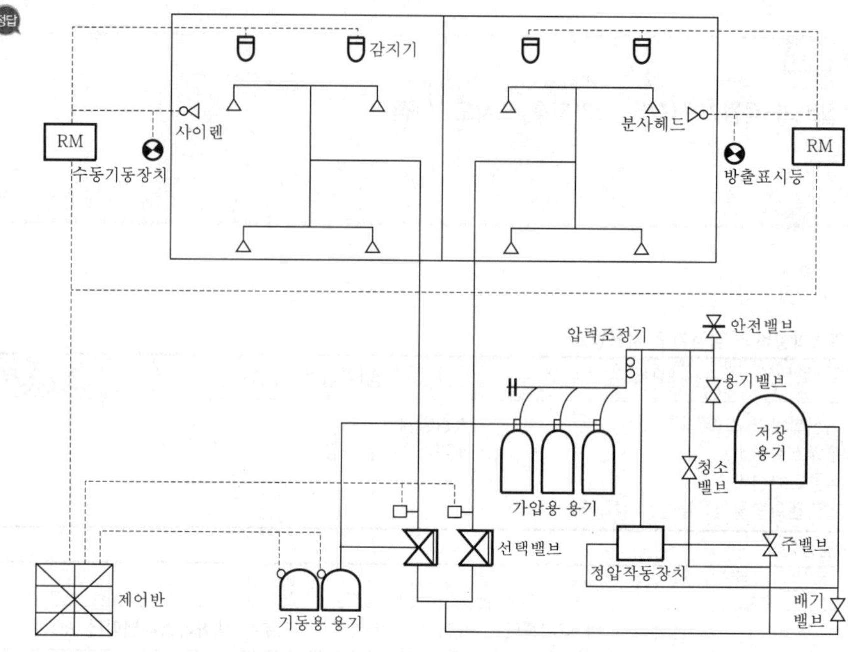


해설 비교

**다른 분말소화설비 계통도**

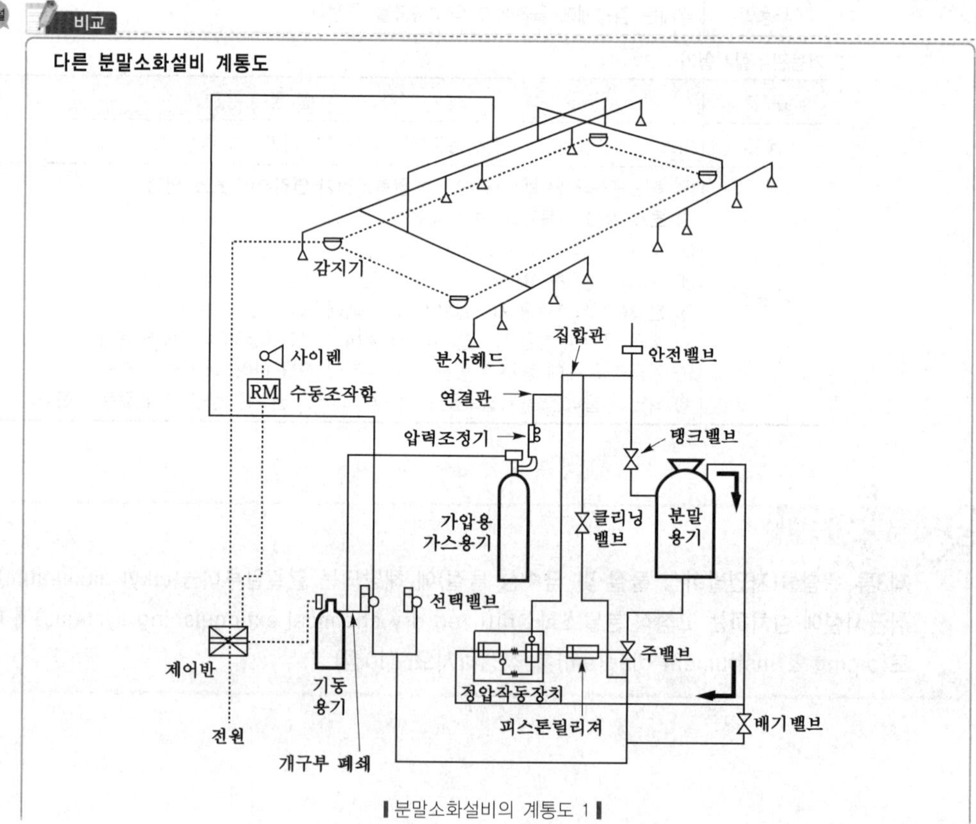


▌분말소화설비의 계통도 1▐

방호구역
선택밸브
PS
정압작동장치
PG
분말약제탱크
주밸브
배기밸브
클리닝밸브
제어반

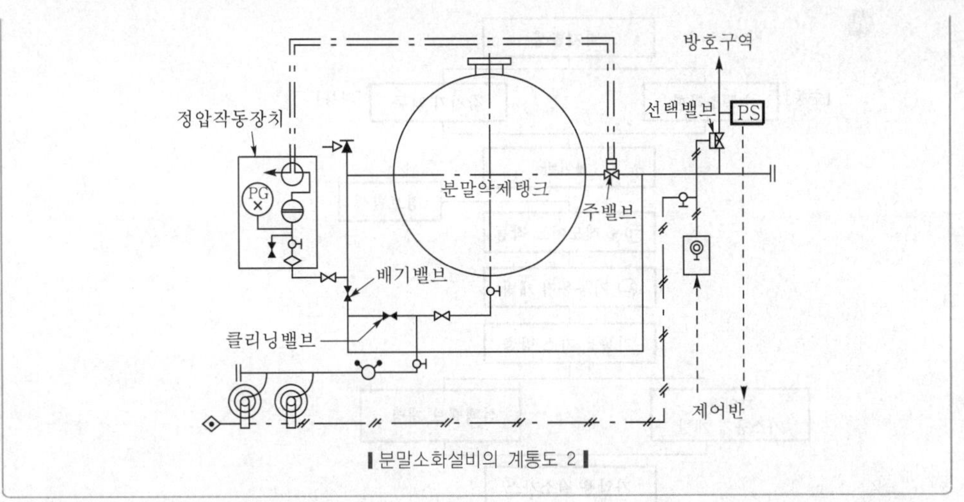

▌분말소화설비의 계통도 2▐

☆ 문제 302

분말소화설비의 작동순서를 블록다이어그램으로 완성하시오. (4점)

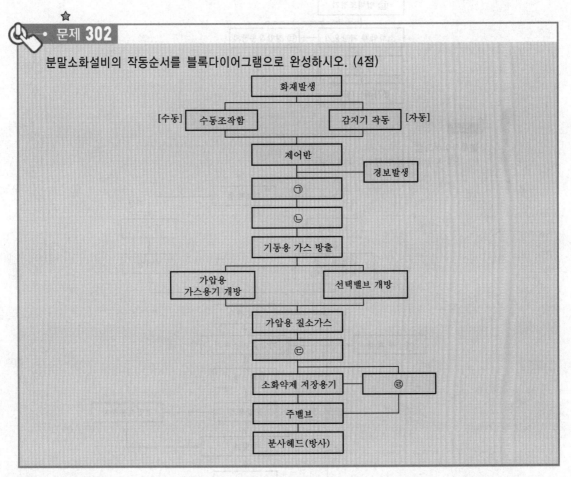

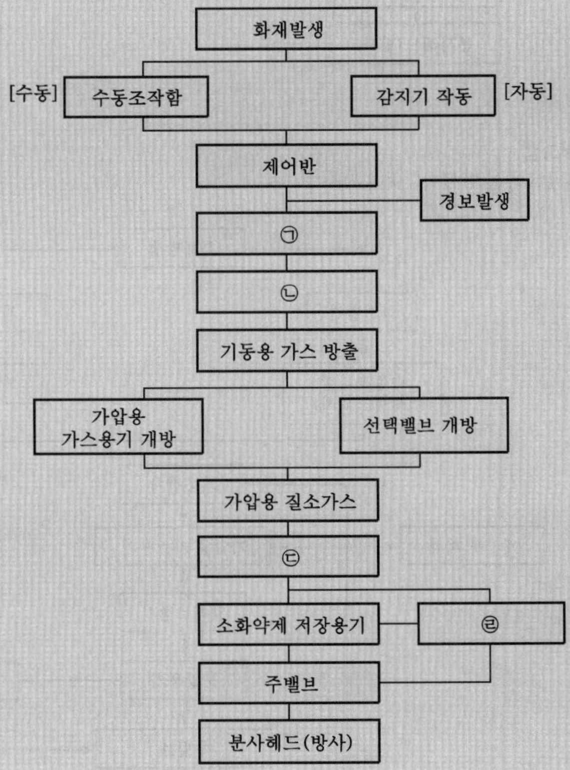

화재발생
[수동]
수동조작함
감지기 작동
[자동]
제어반
경보발생
㉠
㉡
기동용 가스 방출
가압용
가스용기 개방
선택밸브 개방
가압용 질소가스
㉢
소화약제 저장용기
㉣
주밸브
분사헤드(방사)

정답

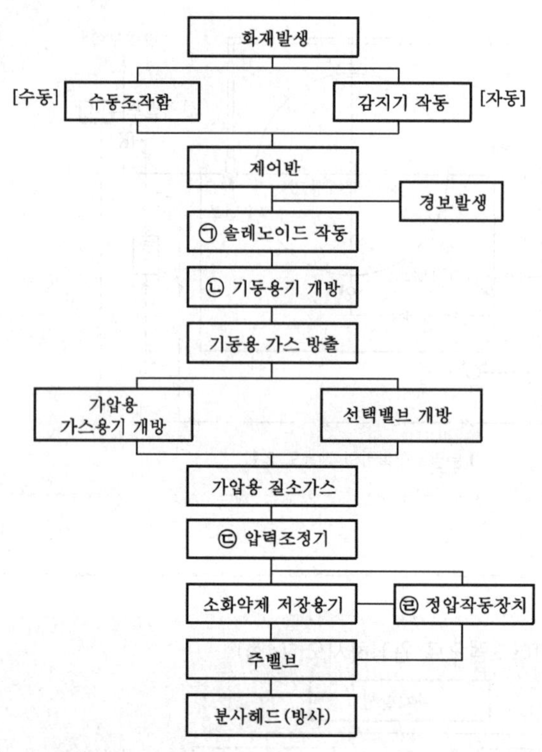


해설

비교

**블록다이어그램**

(1) 다른 분말소화설비 블록다이어그램

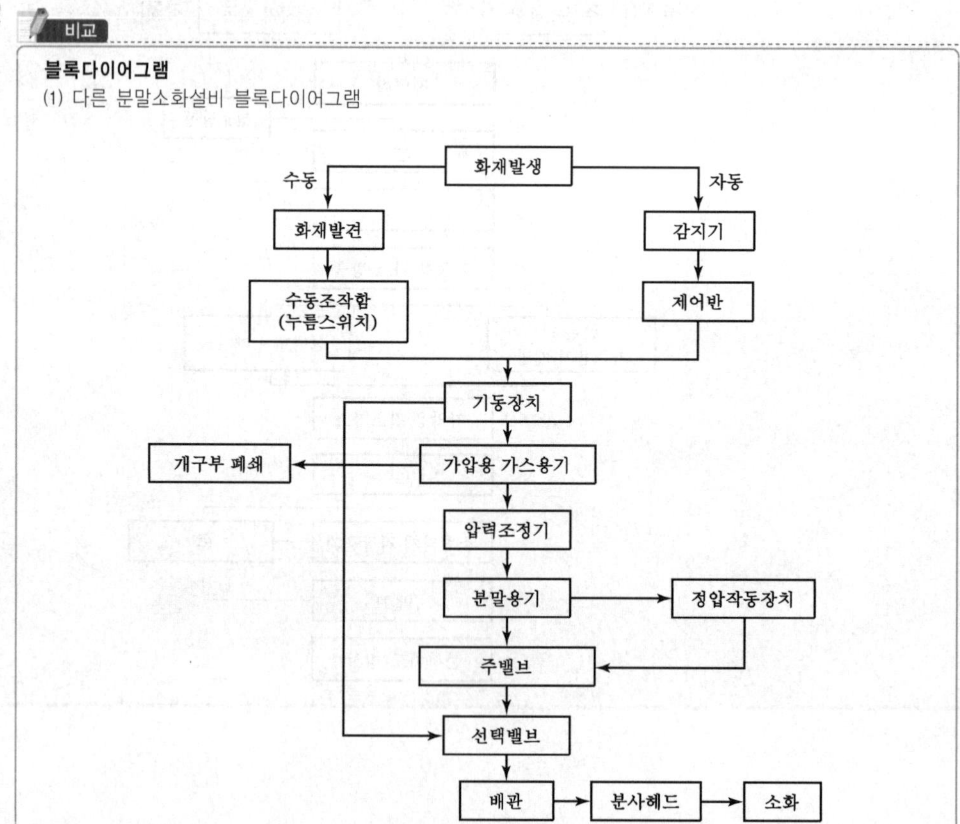

(2) 이산화탄소 소화설비 블록다이어그램

화재발생
자동 (감지기)
수동 (수동조작함 누름스위치)
제어반
방출표시등 작동
음향경보장치 작동
자동폐쇄장치 작동 (전기식)
지연장치 (20초 이상)
기동장치 (기동용 가스용기)
전자밸브작동
용기개방장치
가스방출
저장용기
집합관
압력스위치
선택밸브
배관
자동폐쇄장치 작동 (가스압력식)
분사헤드
소화

······ 전기회로
—— 가스회로
- - - 기타

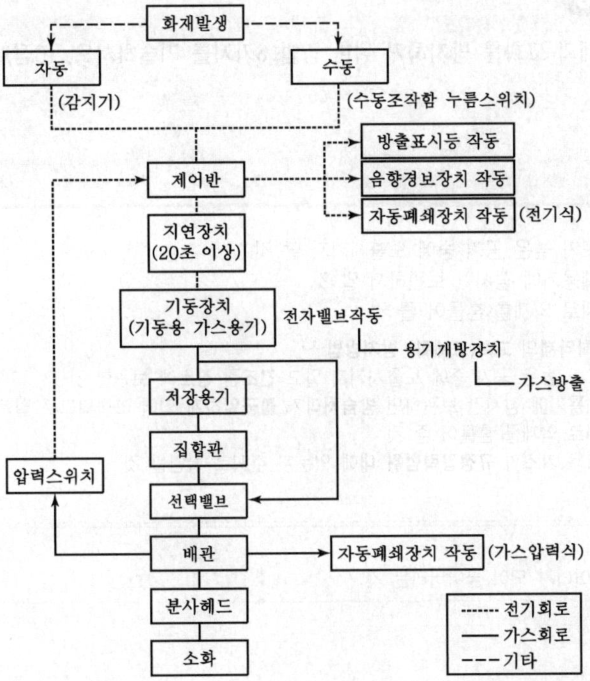

(3) 할론소화설비 블록다이어그램

화재발생
발견자
수동 (수동조작함)
(감지기)
화재감지장치
자동
음향경보장치 작동
환기구 정지장치 작동
개구부 폐쇄장치 작동
(전기식)
기동장치
(가압식) 가압용 가스용기
기동용 가스용기 (축압식)
압력조정기
소화약제 저장용기
주밸브
선택밸브
배관
자동폐쇄장치 작동 (가스압력식)
호스
노즐
소화
분사헤드
소화

······ 전기회로
—— 가스회로
- - - 기타

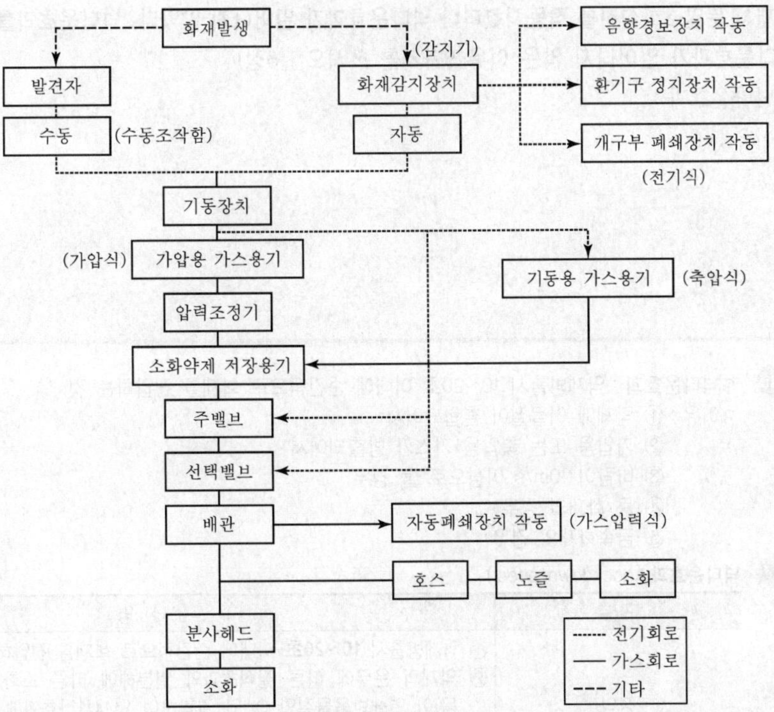

☆☆☆

## 문제 303

분말소화약제의 고화를 방지하기 위한 방법 3가지를 기술하시오. (6점)

○

○

○

정답 ① 습도가 높은 공기 중에 노출시키지 말 것
② 밀폐용기에 장시간 보관하지 말 것
③ 수시로 약제를 흔들어 줄 것

해설 **분말소화약제**의 **고화(고체화) 방지방법**

(1) 습도가 높은 공기 중에 노출시키지 말고 **건조**한 **장소**에 보관할 것
(2) 밀폐용기에 장시간 보관하면 **방습처리**가 **불균일**하게 되어 고화되므로 밀폐용기에 장시간 보관을 피할 것
(3) 수시로 약제를 흔들어 줄 것
(4) 가압용 가스가 **규정압력범위 내**에 있는지 수시로 확인할 것

용어

**고화**
분말이 덩어리가 되어 굳어버리는 것

☆☆

## 문제 304

화재시 분말소화설비를 작동시켰더니 넉다운효과가 일어나지 않았다. 넉다운효과를 간단하게 설명하고 넉다운효과가 일어나지 않은 이유 5가지를 쓰시오. (5점)

○넉다운효과 :

○이유 : ①
②
③
④
⑤

정답 ○넉다운효과 : 약제방출시 10~20초 이내에 순간적으로 화재를 진압하는 것
○이유 : ① 약제에 이물질이 혼합되어서
② 가압용 또는 축압용 가스가 방출되어서
③ 바람이 10m/s 이상으로 불 경우
④ 큰 화재의 경우
⑤ 금속화재의 경우

해설 **넉다운효과**(knockdown effect)

| 구 분 | 설 명 |
|---|---|
| 정의 | ① 약제방출시 **10~20초** 이내에 순간적으로 화재를 진압하는 것<br>② 약제의 운무에 따른 질식효과와 열분해에 따른 소화약제의 이온(K, Na, $NH_3$ 등)이 연쇄반응물질인 OH와 결합하여 연쇄차단효과에 의해 **순간적**으로 **소화**하는 것<br>③ **정해진 시간**에 **정해진 약제량**으로 소화하는 것. 즉, 재발화가 일어나지 않는 것 |

| 넉다운효과가 일어나지 않는 이유 | ① 약제에 **이물질**이 혼합되어서<br>② **가압용** 또는 **축압용 가스**가 **방출**되어서<br>③ 바람이 **10m/s 이상**으로 불 경우<br>④ **큰 화재**의 경우<br>⑤ **금속화재**의 경우 |
|---|---|

☆

 문제 305

분말소화설비의 구성부품인 정압작동장치와 Cleaning 장치에 대하여 간단히 설명하시오. (6점)

○ 정압작동장치 :

○ Cleaning 장치 :

정답 ① 정압작동장치 : 저장용기의 내부압력이 설정압력이 되었을 때 주밸브를 개방시키는 장치

② Cleaning 장치 : 저장용기 및 배관 내의 잔류 소화약제 처리

해설 (1) **정압작동장치** : 약제저장용기 내의 내부압력이 설정압력이 되었을 때 주밸브를 개방시키는 장치로서 정압작동장치의 설치위치는 그림과 같다.

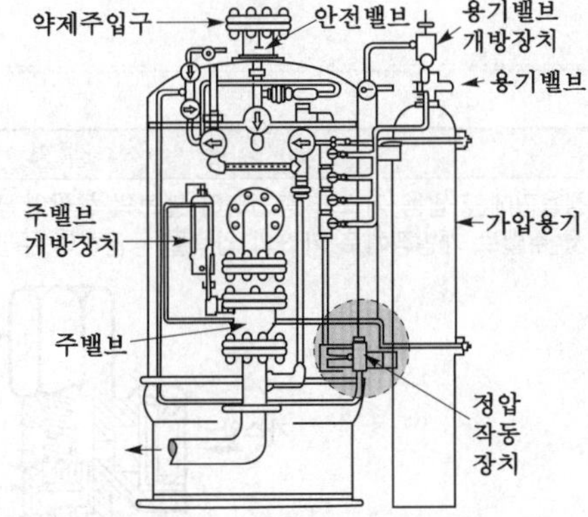


(2) **클리닝 장치**(cleaning 장치, 청소장치) : 약제 분사 후 저장용기 및 배관 내의 잔류 소화약제를 처리하는 장치

- **'배관 내의 잔류 소화약제 처리'**라고 하면 틀릴 수도 있다. 정확히 **'저장용기 및 배관 내의 잔류 소화약제 처리'**라고 답하자!
- **'클리닝 장치'**와 **'클리닝 밸브'**는 좀 다르다.

☆

문제 306

분말소화설비의 정압작동장치에 대한 기능(역할) 및 종류(3가지)를 쓰시오. (6점)

(가) 기능(역할) (3점)

(나) 종류(3가지) (3점)

○

○

○

정답 (가) 기능(역할) : 저장용기 내부의 압력이 일정압력이 되었을 때, 주밸브를 개방시키는 장치
(나) 종류 : ① 압력스위치식
② 시한릴레이식
③ 기계식

해설 (1) **정압작동장치** : 약제저장용기 내의 내부압력이 설정압력이 되었을 때 주밸브를 개방시키는 장치로서 정압작동장치의 설치위치는 다음 그림과 같다.

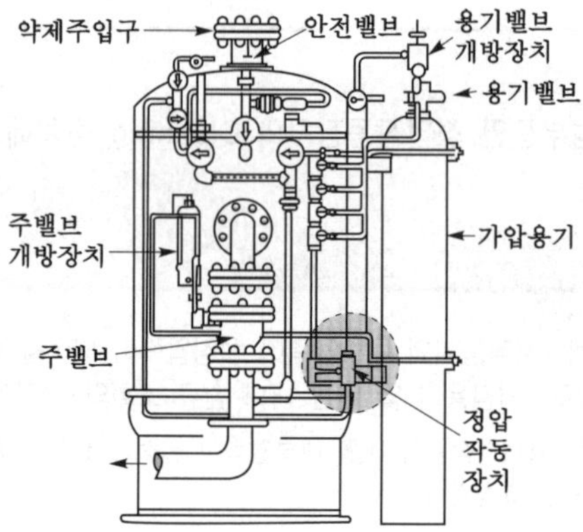


중요

**정압작동장치**의 **종류**

| 종 류 | 설 명 |
|---|---|
| 봉판식 | 저장용기에 가압용 가스가 충전되어 밸브의 **봉판**이 작동압력에 도달되면 밸브의 봉판이 개방되면서 주밸브 개방장치로 가스의 압력을 공급하여 주밸브를 개방시키는 방식<br>캡<br>패킹<br>가스압<br>봉판지지대<br>봉판<br>오리피스<br>❙봉판식❙ |
| 기계식 | 저장용기 내의 압력이 작동압력에 도달되면 **밸브**가 작동되어 **정압작동레버**가 이동하면서 주밸브를 개방시키는 방식<br>작동압 조정스프링<br>밸브<br>실린더<br>정압작동레버<br>도관접속부<br>❙기계식❙ |

| | |
|---|---|
| 스프링식 | 저장용기 내의 압력이 가압용 가스의 압력에 의하여 충압되어 작동압력 이상에 도달되면 **스프링**이 상부로 밀려 **밸브캡**이 열리면서 주밸브를 개방시키는 방식 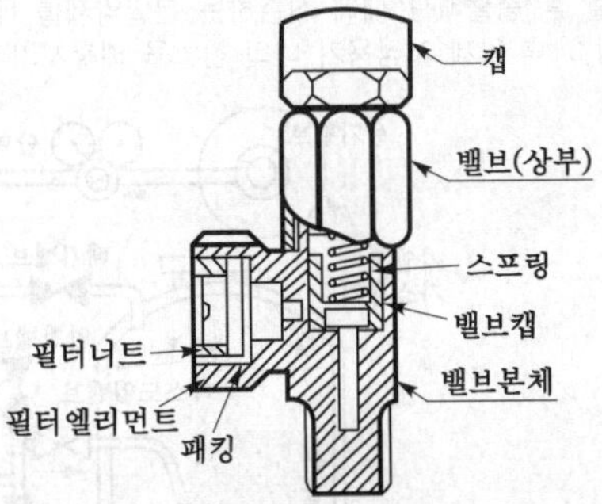<br><br>∥스프링식∥ |
| 압력스위치식 | 가압용 가스가 저장용기 내에 가압되어 **압력스위치**가 동작되면 **솔레노이드밸브**가 동작되어 주밸브를 개방시키는 방식 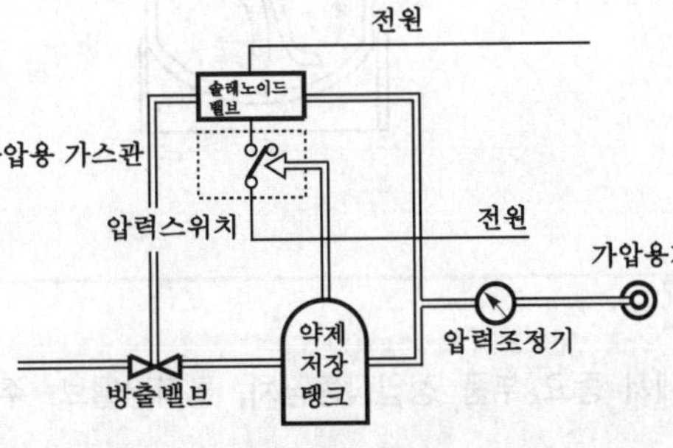<br><br>∥압력스위치식∥ |
| 시한릴레이식 | 저장용기의 내압이 방출에 필요한 압력에 도달되는 시간을 미리 결정하여 **한시계전기**를 이 시간에 맞추어 놓고 기동과 동시에 한시계전기가 동작되면 일정시간 후 **릴레이**의 접점에 의해 솔레노이드밸브가 동작되어 주밸브를 개방시키는 방식 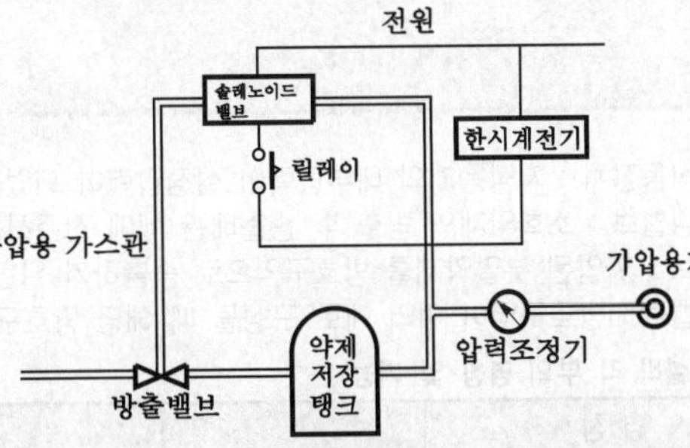<br><br>∥시한릴레이식∥ |

(2) **클리닝 장치**(cleaning 장치, 청소장치) : 약제 분사 후 저장용기 및 배관 내의 잔류 소화약제를 처리하는 장치

- '**배관 내의 잔류 소화약제 처리**'라고 하면 틀릴 수도 있다. 정확히 '**저장용기 및 배관 내의 잔류 소화약제 처리**'라고 답하자!
- '**클리닝 장치**'와 '**클리닝 밸브**'는 좀 다르다.

비교

**클리닝밸브**(cleaning valve)
소화약제의 방출 후 송출배관 내에 잔존하는 분말약제를 배출시키는 배관청소용으로 사용되며, **배기밸브**(drain valve)는 약제방출 후 약제 저장용기 내의 잔압을 배출시키기 위한 것이다.

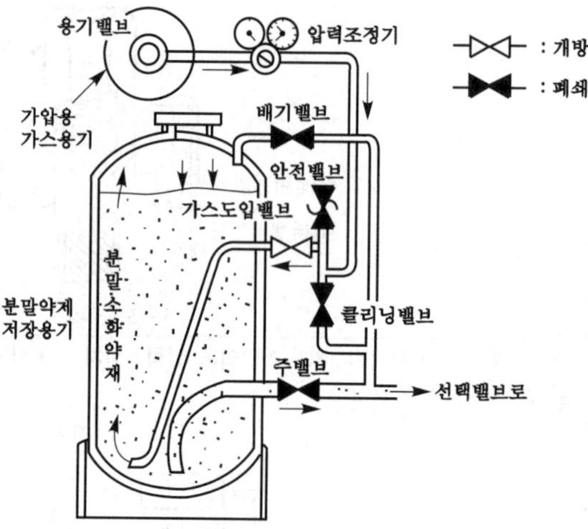

## 문제 307

분말소화설비에서 중요 부품 정압작동장치, 클리닝밸브, 주밸브, 선택밸브의 기능에 대하여 설명하시오. (8점)

○ 정압작동장치 :
○ 클리닝밸브 :
○ 주밸브 :
○ 선택밸브 :

정답 ① 정압작동장치 : 저장용기의 내부압력이 설정압력이 되었을 때 주밸브 개방
② 클리닝밸브 : 소화약제의 방출 후 송출배관 내에 잔존하는 분말약제를 배출시키는 밸브
③ 주밸브 : 가압된 분말약제를 방호구역으로 송출하기 위한 밸브
④ 선택밸브 : 방호구역이 여러 개로 구성될 때 해당 방호구역에 선택적으로 소화약제를 방출하기 위한 밸브

해설 **분말소화설비 각 부**의 **명칭 및 기능**

| 명 칭 | 기 능 |
|---|---|
| **배기밸브** | 약제방출 후 저장용기 내의 **잔압**을 **배출**시키기 위한 밸브 |
| **정압작동장치** | 저장용기의 내부압력이 설정압력이 되었을 때 주밸브 개방 |
| **클리닝밸브** | 소화약제의 방출 후 송출배관 내에 **잔존**하는 **분말약제**를 **배출**시키는 밸브 |
| **주밸브** | 가압된 **분말약제**를 방호구역으로 **송출**하기 위한 **밸브** |
| **선택밸브** | 방호구역이 여러 개로 구성될 때 해당 방호구역에 **선택적**으로 **소화약제**를 **방출**하기 위한 밸브 |
| **안전밸브** | 분말용기에 과도한 압력이 걸렸을 때 **과압**을 **방출**시켜 주기 위한 밸브 |

참고

**분말소화설비 계통도**

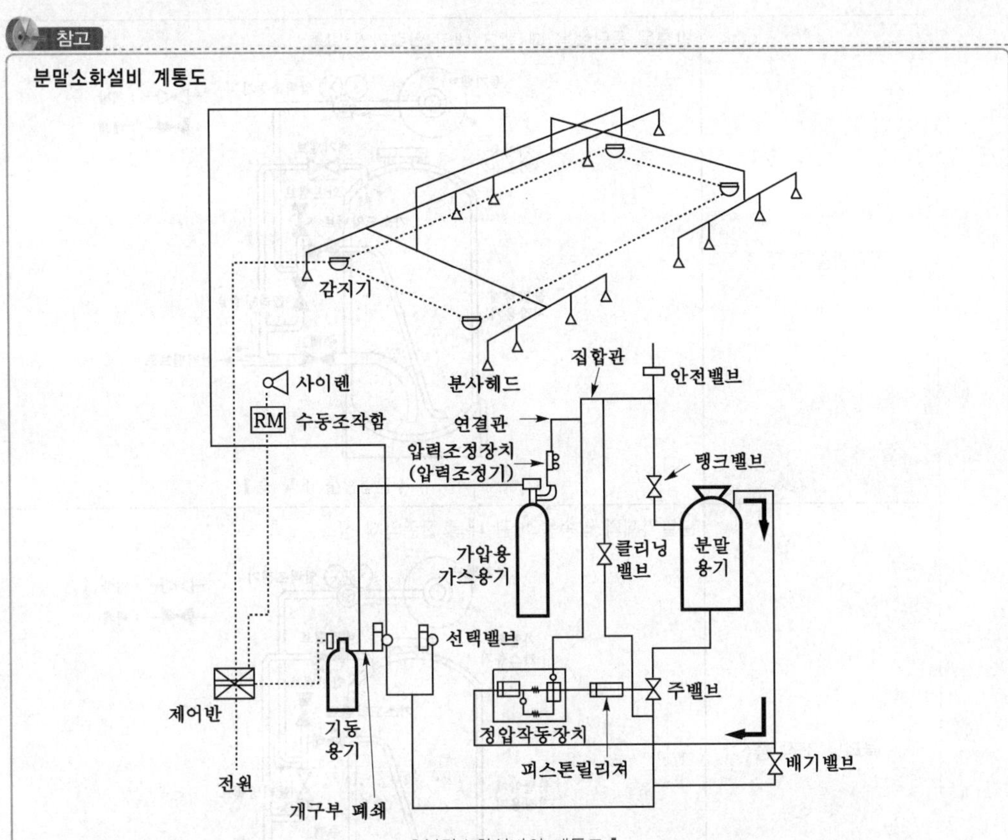


▌분말소화설비의 계통도▐

중요

**클리닝 장치**(청소장치)

| 구 분 | 설 명 |
|---|---|
| 분말소화약제 압송 중 | 소화약제 탱크의 내부를 청소하여 약제를 충전하기 위한 것<br>▌분말소화약제 압송 중▐ |

| | |
|---|---|
| 잔압방출 조작 중 | 방출을 중단했을 때 탱크 내의 압력가스 방출 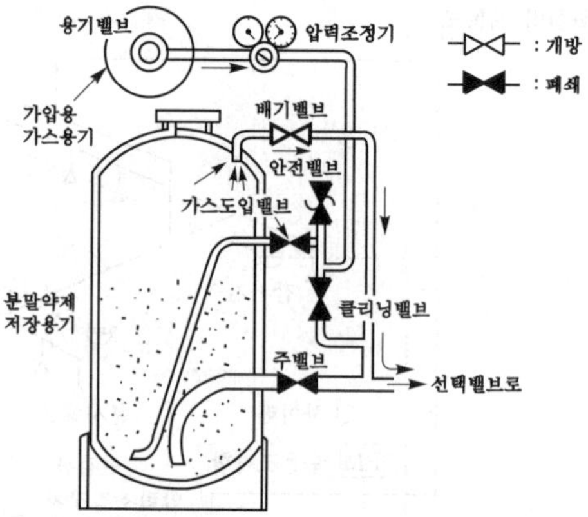<br>▌잔압방출 조작 중▐ |
| 클리닝 조작 중 | 분말약제의 압송용 배관 내의 잔존약제 청소 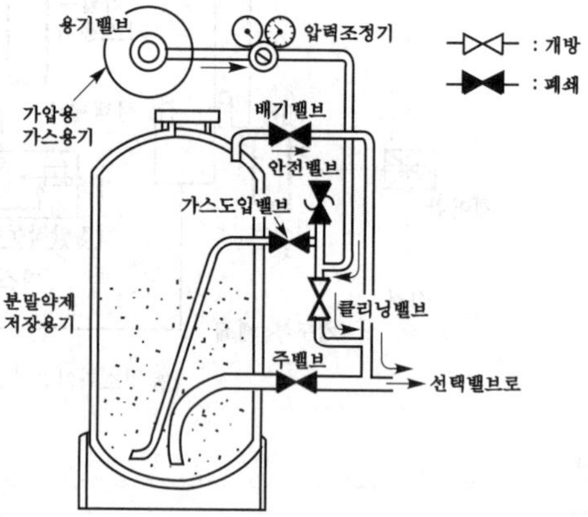<br>▌클리닝 조작 중▐ |

☆

문제 **308**

분말소화설비에는 여러 가지 장치들이 사용된다. 다음 장치의 기능을 설명하시오. (5점)

○ 배기밸브 :

○ 정압작동장치 :

○ 클리닝밸브 :

○ 주밸브 :

○ 선택밸브 :

○ 안전밸브 :

정답 ① 배기밸브 : 약제방출 후 저장용기 내의 잔압을 배출시키기 위한 밸브
② 정압작동장치 : 저장용기의 내부압력이 설정압력이 되었을 때 주밸브 개방
③ 클리닝밸브 : 소화약제의 방출 후 송출배관 내에 잔존하는 분말약제를 배출시키는 밸브
④ 주밸브 : 가압된 분말약제를 방호구역으로 송출하기 위한 밸브
⑤ 선택밸브 : 방호구역이 여러 개로 구성될 때 해당 방호구역에 선택적으로 소화약제를 방출하기 위한 밸브
⑥ 안전밸브 : 분말용기에 과도한 압력이 걸렸을 때 과압을 방출시켜 주기 위한 밸브

해설 **분말소화설비 각 부**의 **명칭 및 기능**

| 명 칭 | 기 능 |
|---|---|
| **배기밸브** | 약제방출 후 저장용기 내의 **잔압**을 **배출**시키기 위한 밸브 |
| **정압작동장치** | 저장용기의 내부압력이 설정압력이 되었을 때 주밸브 개방 |
| **클리닝밸브** | 소화약제의 방출 후 송출배관 내에 **잔존**하는 **분말약제**를 **배출**시키는 밸브 |
| **주밸브** | 가압된 **분말약제**를 방호구역으로 **송출**하기 위한 **밸브** |
| **선택밸브** | 방호구역이 여러 개로 구성될 때 해당 방호구역에 **선택적**으로 **소화약제**를 **방출**하기 위한 밸브 |
| **안전밸브** | 분말용기에 과도한 압력이 걸렸을 때 **과압**을 **방출**시켜 주기 위한 밸브 |

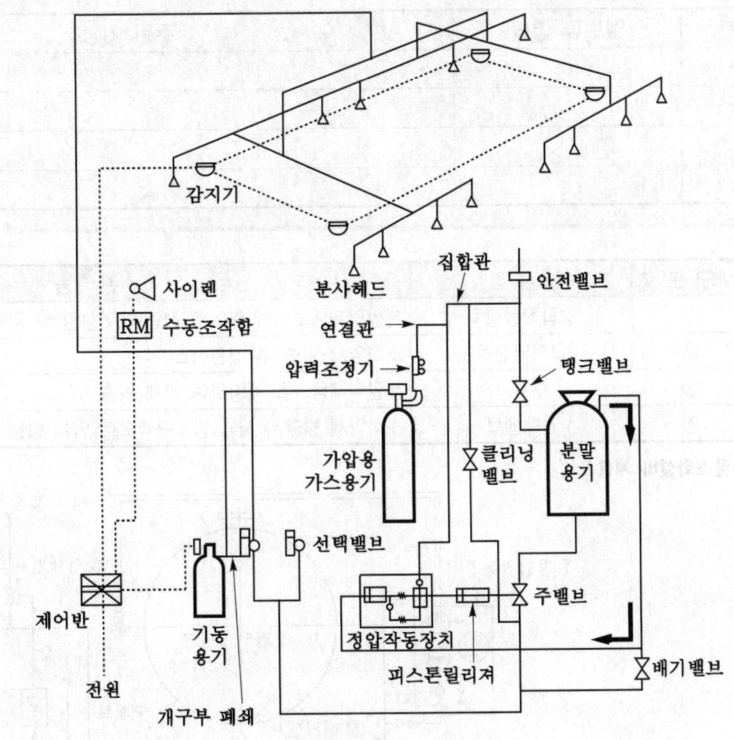


**| 분말소화설비의 계통도 |**

☆☆

## 문제 309

다음 도면은 분말소화설비(dry chemical system)의 기본설계 계통도이다. 도식에 표기된 항목 ①, ②, ③, ④의 장치 및 밸브류의 명칭과 주된 기능을 설명하시오. (8점)

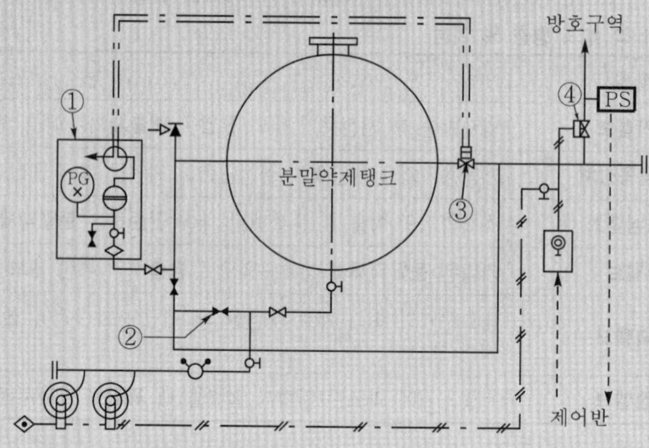


| 구 분 | 밸브류 명칭 | 주된 기능 |
|---|---|---|
| ① | | |
| ② | | |
| ③ | | |
| ④ | | |

정답

| 구 분 | 밸브류 명칭 | 주된 기능 |
|---|---|---|
| ① | 정압작동장치 | 분말약제탱크의 압력이 일정압력 이상일 때 주밸브 개방 |
| ② | 클리닝밸브 | 소화약제 방출 후 배관청소 |
| ③ | 주밸브 | 분말약제탱크를 개방하여 약제 방출 |
| ④ | 선택밸브 | 소화약제 방출시 해당 방호구역으로 약제 방출 |

해설 **분말소화설비 계통도**

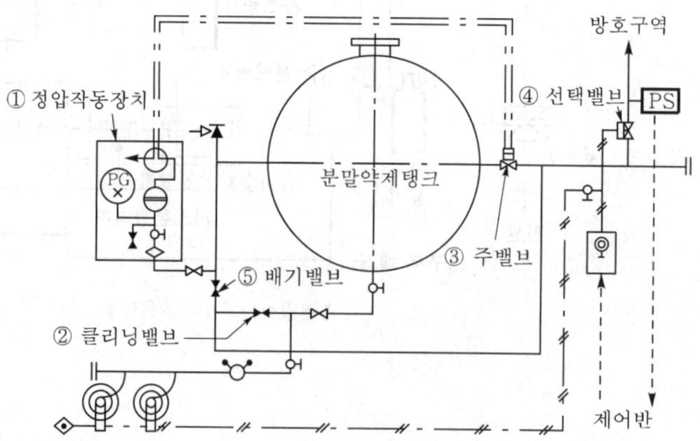

| 구 분 | 밸브류 명칭 | 주된 기능 |
|---|---|---|
| ① | 정압작동장치 | ① 분말약제탱크의 압력이 **일정압력** 이상일 때 **주밸브 개방**<br>② 분말은 자체의 증기압이 없기 때문에 감지기 작동시 가압용 가스가 약제탱크 내로 들어가서 혼합되어 일정압력 이상이 되었을 경우 이를 정압작동장치가 검지하여 주밸브를 개방시켜 준다. |
| ② | 클리닝밸브 | 소화약제 방출 후 **배관청소** |
| ③ | 주밸브 | 분말약제탱크를 개방하여 **약제 방출** |
| ④ | 선택밸브 | 소화약제 방출시 **해당 방호구역**으로 **약제 방출** |
| ⑤ | 배기밸브 | 소화약제 방출 후 **잔류가스** 또는 **약제 배출** |

중요

**다른 분말소화설비 계통도**

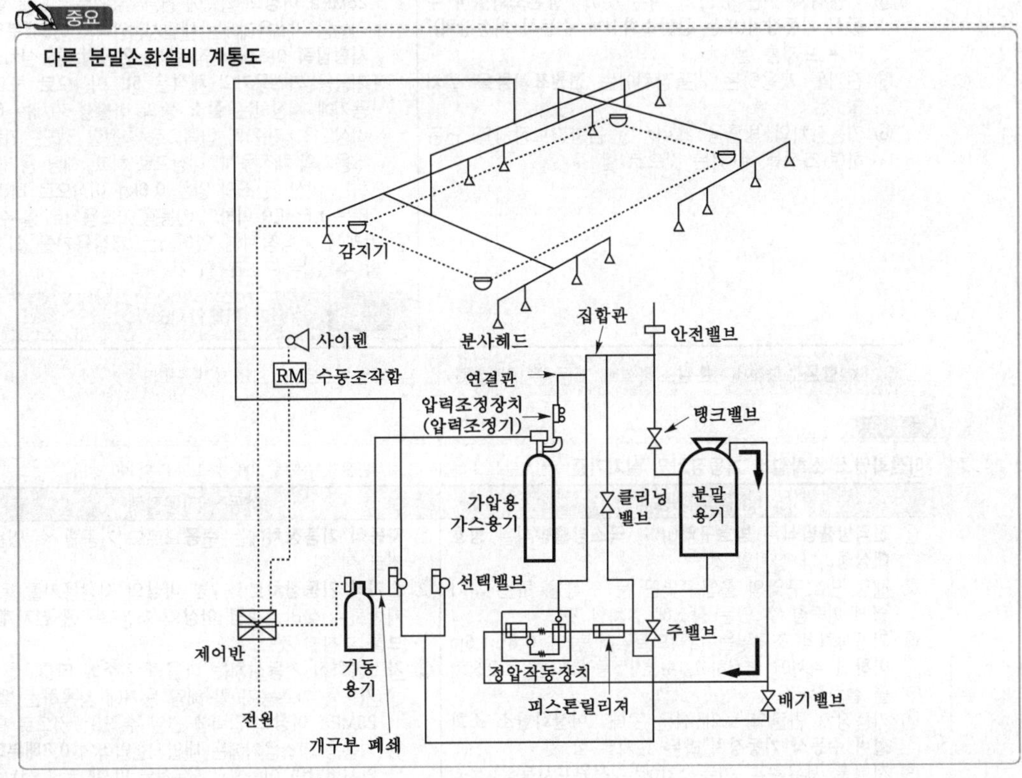


☆ 문제 310

「분말소화설비의 화재안전기준」에 의거하여 분말소화설비의 자동식 기동장치에서 가스압력식 기동장치의 설치기준 3가지를 쓰시오. (3점)

○

○

○

정답 ① 기동용 가스용기 및 해당 용기에 사용하는 밸브는 25MPa 이상의 압력에 견딜 수 있는 것으로 할 것
② 기동용 가스용기에는 내압시험압력의 0.8~내압시험압력 이하에서 작동하는 안전장치를 설치할 것
③ 기동용 가스용기의 체적은 5L 이상으로 하고, 해당 용기에 저장하는 질소 등의 비활성 기체는 6.0MPa 이상(21℃ 기준)의 압력으로 충전할 것(단, 기동용 가스용기의 체적을 1L 이상으로 하고, 해당 용기에 저장하는 이산화탄소의 양은 0.6kg 이상으로 하며, 충전비는 1.5~1.9 이하의 기동용 가스용기로 할 수 있음)

해설 **할론소화설비 · 분말소화설비 기동장치**의 **설치기준**[할론소화설비의 화재안전기준(NFPC 107 제6조, NFTC 107 2.3) / 분말소화설비의 화재안전기준(NFPC 108 제7조, NFTC 108 2.4)]

| 수동식 기동장치 | 자동식 기동장치 |
|---|---|
| ① **전역방출방식**은 **방호구역**마다, **국소방출방식**은 **방호대상물**마다 설치할 것<br>② 해당 방호구역의 출입구부근 등 조작을 하는 자가 쉽게 피난할 수 있는 장소에 설치할 것<br>③ 기동장치의 조작부는 바닥으로부터 높이 **0.8~1.5m 이하**의 위치에 설치하고, 보호판 등에 따른 보호장치를 설치할 것<br>④ 기동장치 인근의 보기 쉬운 곳에 **"할론소화설비 수동식 기동장치(또는 분말소화설비 수동식 기동장치)"**라는 표지를 할 것<br>⑤ 전기를 사용하는 기동장치에는 **전원표시등**을 설치할 것<br>⑥ 기동장치의 방출용 스위치는 음향경보장치와 연동하여 조작될 수 있는 것으로 할 것 | ① **자동식 기동장치**에는 **수동**으로도 기동할 수 있는 구조로 할 것<br>② **전기식 기동장치**로서 **7병 이상**의 저장용기를 동시에 개방하는 설비는 **2병 이상**의 저장용기에 **전자개방밸브**를 부착할 것<br>③ 가스압력식 기동장치는 다음의 기준에 따를 것<br>• **기**동용 가스용기 및 해당 용기에 사용하는 밸브는 **25MPa 이상**의 압력에 견딜 수 있는 것으로 할 것<br>• 기동용 가스용기에는 **내**압시험압력의 **0.8배부터 내압시험압력** 이하에서 작동하는 **안**전장치를 설치할 것<br>• 기동용 가스용기의 **체적**은 **5L** 이상으로 하고, 해당 용기에 저장하는 **질소** 등의 비활성 기체는 **6.0MPa** 이상(21℃ 기준)의 압력으로 충전할 것(단, 기동용 가스용기의 체적을 1L 이상으로 하고, 해당 용기에 저장하는 이산화탄소의 양은 **0.6kg** 이상으로 하며, 충전비는 **1.5~1.9 이하**의 기동용 가스용기로 할 수 있음)<br>④ 기계식 기동장치에 있어서는 저장용기를 쉽게 개방할 수 있는 구조로 할 것<br>기억법 **수전가 기내안체5** |

※ **할론**소화설비 · **분말**소화설비 기동장치의 설치기준은 **동일**하므로 암기하기가 쉽다.

비교

**이산화탄소 소화설비 기동장치**의 **설치기준**[이산화탄소 소화설비의 화재안전기준(NFPC 106 제6조, NFTC 106 2.3)]

| 수동식 기동장치 | 자동식 기동장치 |
|---|---|
| ① **전역방출방식**은 **방호구역**마다, **국소방출방식**은 **방호대상물**마다 설치할 것<br>② 해당 방호구역의 출입구부근 등 조작을 하는 자가 쉽게 피난할 수 있는 장소에 설치할 것<br>③ 기동장치의 조작부는 바닥으로부터 높이 **0.8~1.5m 이하**의 위치에 설치하고, 보호판 등에 따른 보호장치를 설치할 것<br>④ 기동장치 인근의 보기 쉬운 곳에 **"이산화탄소 소화설비 수동식 기동장치"**라는 표지를 할 것<br>⑤ 전기를 사용하는 기동장치에는 **전원표시등**을 설치할 것<br>⑥ 기동장치의 방출용 스위치는 음향경보장치와 연동하여 조작될 수 있는 것으로 할 것 | ① **자동식 기동장치**에는 **수동**으로도 기동할 수 있는 구조로 할 것<br>② **전기식 기동장치**로서 **7병 이상**의 저장용기를 동시에 개방하는 설비는 **2병 이상**의 저장용기에 **전자개방밸브**를 부착할 것<br>③ 가스압력식 기동장치는 다음의 기준에 따를 것<br>㉠ **기**동용 가스용기 및 해당 용기에 사용하는 밸브는 **25MPa 이상**의 압력에 견딜 수 있는 것으로 할 것<br>㉡ 기동용 가스용기에는 **내**압시험압력의 **0.8배부터 내압시험압력** 이하에서 작동하는 **안**전장치를 설치할 것<br>㉢ 기동용 가스용기의 **체**적은 **5L** 이상으로 하고, 해당 용기에 저장하는 **질소** 등의 비활성 기체는 **6.0MPa** 이상(21℃ 기준)의 압력으로 충전할 것<br>㉣ 질소 등의 비활성 기체 기동용 가스용기에는 충전 여부를 확인할 수 있는 **압력게이지**를 설치할 것<br>④ 기계식 기동장치는 저장용기를 쉽게 개방할 수 있는 구조로 할 것<br>기억법 **이수전가 기내안체5** |

## 문제 311

「분말소화설비의 화재안전기준」에 의거하여 분말소화설비의 배관설치시 주의사항을 기술하시오. (5점)

정답 ① 전용으로 할 것
② 강관사용시 : 아연도금에 따른 배관용 탄소강관(단, 축압식 중 20℃에서 압력 2.5~4.2MPa 이하인 것은 압력배관용 탄소강관 중 이음이 없는 스케줄 40 이상 또는 아연도금으로 방식처리된 것)
③ 동관사용시 : 고정압력 또는 최고사용압력의 1.5배 이상의 압력에 견딜 것
④ 밸브류 : 개폐위치 또는 개폐방향을 표시한 것
⑤ 배관의 관부속 및 밸브류 : 배관과 동등 이상의 강도 및 내식성이 있는 것

해설 **분말소화설비**의 **배관설치시 주의사항**[분말소화설비의 화재안전기준(NFPC 108 제9조, NFTC 108 2.6.1)]
(1) **전용**으로 할 것
(2) **강관**사용시 : **아**연도금에 따른 배관용 탄소강관(단, 축압식 중 20℃에서 압력 **2.5~4.2MPa** 이하인 것은 압력배관용 탄소강관 중 이음이 없는 스케줄 **40** 이상 또는 아연도금으로 방식처리된 것)
(3) **동관**사용시 : 고정압력 또는 최고사용압력의 **1.5배** 이상의 압력에 견딜 것
(4) **밸브류** : **개폐위치** 또는 **개폐방향**을 표시한 것
(5) **배관**의 **관부속** 및 **밸브류** : 배관과 동등 이상의 강도 및 내식성이 있는 것

기억법 **분전강아4 동15 밸부밸**

• 배관 설치시 주의사항=배관의 설치기준

중요

**배관**의 **설치기준**
(1) **할로겐화합물 및 불활성기체 소화설비**의 **배관설치기준**[할로겐화합물 및 불활성기체 소화설비의 화재안전기준(NFPC 107A 제10조, NFTC 107A 2.7.1)]
① **전용**으로 할 것
② **강관**사용시 : **압력배관용 탄소강관** 또는 이와 동등 이상의 강도를 가진 것으로서 **아연도금** 등에 따라 방식처리된 것을 사용할 것
③ **동관**사용시 : **이음이 없는 동** 및 **동합금관**의 것을 사용할 것
④ **배관부속** 및 **밸브류** : 강관 또는 동관과 동등 이상의 강도 및 내식성이 있는 것으로 할 것
⑤ 배관과 배관, 배관과 배관부속 및 밸브류의 **접**속 : **나사접합**, **용접접합**, **압축접합** 또는 **플랜지접합** 등의 방법을 사용해야 한다.
⑥ 배관의 **구**경 : 해당 방호구역에 할로겐화합물 소화약제가 **10초**(**불활성기체 소화약제**는 A·C급 화재 **2분**, B급 화재 **1분**) 이내에 방호구역 각 부분에 최소설계농도의 **95% 이상** 해당하는 약제량이 방출되도록 해야 한다.

기억법 **할전 강압아 동이동 부밸 접구**

(2) **할론소화설비**의 **배관설치기준**[할론소화설비의 화재안전기준(NFPC 107 제8조, NFTC 107 2.5.1)]
① **전용**으로 할 것
② **강관**사용시 : **압력배관용 탄소강관** 중 **스케줄 80**(**저압식**은 **스케줄 40**) 이상의 것 또는 이와 동등 이상의 강도를 가진 것으로서 아연도금 등에 따라 방식처리된 것을 사용할 것
③ **동관**사용시 : 이음이 없는 동 및 동합금관의 것으로서 **고압식**은 **16.5**MPa 이상, **저압식**은 **3.75**MPa 이상의 압력에 견딜 수 있는 것을 사용할 것
④ **배관부속** 및 **밸브류** : 강관 또는 동관과 동등 이상의 강도 및 내식성이 있는 것으로 할 것

기억법 **할전 강압8 동고165 375 부밸**

(3) **이산화탄소 소화설비**의 **배관설치기준**[이산화탄소 소화설비의 화재안전기준(NFPC 106 제8조, NFTC 106 2.5.1)]
① **전용**으로 할 것
② **강관**사용시 : **압력배관용 탄소강관** 중 **스케줄 80**(**저압식**은 **스케줄 40**) 이상의 것 또는 이와 동등 이상의 강도를 가진 것으로 **아연도금** 등으로 방식처리된 것을 사용할 것(단, 호칭구경 **20mm 이하**는 **스케줄 40** 이상)
③ **동관**사용시 : 이음이 없는 동 및 동합금관으로서 **고압식**은 **16.5**MPa 이상, **저압식**은 **3.75**MPa 이상의 압력에 견딜 수 있는 것을 사용할 것
④ **고압식**(**개**폐밸브 또는 **선**택밸브의 **2**차측 배관부속) : **2.0MPa**의 압력에 견딜 수 있는 것을 사용해야 하며, **1차측 배관부속**은 **4.0MPa**의 압력에 견딜 수 있는 것을 사용할 것
⑤ **저압식**(개폐밸브 또는 선택밸브의 **2**차측 배관부속) : **2.0MPa**의 압력에 견딜 수 있을 것

기억법 **이전 강압84 동고165 375 고개선224 저22**

☆☆☆

## 문제 312

분말소화설비에서 저장용기의 종합점검항목 9가지를 기술하시오. (9점)

○
○
○
○
○
○
○
○
○

정답 ① 설치장소 적정 및 관리 여부
② 저장용기 설치장소 표지 설치 여부
③ 저장용기 설치간격 적정 여부
④ 저장용기 개방밸브 자동·수동 개방 및 안전장치 부착 여부
⑤ 저장용기와 집합관 연결배관상 체크밸브 설치 여부
⑥ 저장용기 안전밸브 설치 적정 여부
⑦ 저장용기 정압작동장치 설치 적정 여부
⑧ 저장용기 청소장치 설치 적정 여부
⑨ 저장용기 지시압력계 설치 및 충전압력 적정 여부(축압식의 경우)

해설 **소방시설 자체점검사항 등에 관한 고시 〔별지 제4호 서식〕**
**분말소화설비의 종합점검**

| 구 분 | | 점검항목 |
|---|---|---|
| 저장용기 | | ❶ 설치장소 적정 및 관리 여부<br>② 저장용기 설치장소 표지 설치 여부<br>❸ 저장용기 설치간격 적정 여부<br>④ 저장용기 개방밸브 자동·수동 개방 및 안전장치 부착 여부<br>❺ 저장용기와 집합관 연결배관상 **체크밸브** 설치 여부<br>❻ 저장용기 **안전밸브** 설치 적정 여부<br>❼ 저장용기 **정압작동장치** 설치 적정 여부<br>❽ 저장용기 **청소장치** 설치 적정 여부<br>⑨ 저장용기 **지시압력계** 설치 및 **충전압력** 적정 여부(축압식의 경우) |
| 가압용 가스용기 | | ① 가압용 가스용기 저장용기 접속 여부<br>② 가압용 가스용기 전자개방밸브 부착 적정 여부<br>③ 가압용 가스용기 압력조정기 설치 적정 여부<br>④ 가압용 또는 축압용 가스 종류 및 가스량 적정 여부<br>❺ 배관청소용 가스 별도 용기 저장 여부 |
| 소화약제 | | 소화약제 저장량 적정 여부 |
| 기동장치 | | 방호구역별 출입구 부근 소화약제 방출표시등 설치 및 정상작동 여부 |
| | 수동식 기동장치 | ① 기동장치 부근에 비상스위치 설치 여부<br>❷ **방호구역별** 또는 **방호대상별** 기동장치 설치 여부<br>③ 기동장치 설치 적정(출입구 부근 등, 높이, 보호장치, 표지, 전원표시등) 여부<br>④ 방출용 스위치 **음향경보장치** 연동 여부 |
| | 자동식 기동장치 | ① 감지기 작동과의 연동 및 수동기동 가능 여부<br>❷ 저장용기 수량에 따른 전자개방밸브 수량 적정 여부(전기식 기동장치의 경우)<br>③ 기동용 가스용기의 **용적**, **충전압력** 적정 여부(가스압력식 기동장치의 경우)<br>❹ 기동용 가스용기의 **안전장치**, **압력게이지** 설치 여부(가스압력식 기동장치의 경우)<br>❺ 저장용기 개방구조 적정 여부(기계식 기동장치의 경우) |

<table>
<tr><td rowspan="3">제어반 및<br>화재표시반</td><td colspan="2">① 설치장소 적정 및 관리 여부<br>② 회로도 및 취급설명서 비치 여부</td></tr>
<tr><td>제어반</td><td>① 수동기동장치 또는 감지기 신호 수신시 음향경보장치 작동기능 정상 여부<br>② 소화약제 방출·지연 및 기타 제어 기능 적정 여부<br>③ 전원표시등 설치 및 정상 점등 여부</td></tr>
<tr><td>화재표시반</td><td>① 방호구역별 표시등(음향경보장치 조작, 감지기 작동), 경보기 설치 및 작동 여부<br>② 수동식 기동장치 작동표시표시등 설치 및 정상작동 여부<br>③ 소화약제 방출표시등 설치 및 정상작동 여부<br>❹ 자동식 기동장치 자동·수동 절환 및 절환표시등 설치 및 정상작동 여부</td></tr>
<tr><td>배관 등</td><td colspan="2">배관의 변형·손상 유무</td></tr>
<tr><td>선택밸브</td><td colspan="2">선택밸브 설치기준 적합 여부</td></tr>
<tr><td rowspan="3">분사헤드</td><td>전역방출방식</td><td>① 분사헤드의 변형·손상 유무<br>❷ 분사헤드의 설치위치 적정 여부</td></tr>
<tr><td>국소방출방식</td><td>① 분사헤드의 변형·손상 유무<br>❷ 분사헤드의 설치장소 적정 여부</td></tr>
<tr><td>호스릴방식</td><td>❶ 방호대상물 각 부분으로부터 호스접결구까지 수평거리 적정 여부<br>② 소화약제저장용기의 위치표시등 정상 점등 및 표지 설치 여부<br>❸ 호스릴소화설비 설치장소 적정 여부</td></tr>
<tr><td>화재감지기</td><td colspan="2">① 방호구역별 화재감지기 감지에 의한 기동장치 작동 여부<br>❷ 교차회로(또는 NFPC 203 제7조 제①항, NFTC 203 2.4.1 단서 감지기) 설치 여부<br>❸ 화재감지기별 유효바닥면적 적정 여부</td></tr>
<tr><td rowspan="2">음향경보장치</td><td colspan="2">① 기동장치 조작시(수동식-방출용 스위치, 자동식-화재감지기) 경보 여부<br>② 약제 방사 개시(또는 방출압력스위치 작동) 후 1분 이상 경보 여부<br>❸ 방호구역 또는 방호대상물 구획 안에서 유효한 경보 가능 여부</td></tr>
<tr><td>방송에 따른<br>경보장치</td><td>❶ 증폭기 재생장치의 설치장소 적정 여부<br>❷ 방호구역·방호대상물에서 확성기 간 수평거리 적정 여부<br>❸ 제어반 복구스위치 조작시 경보 지속 여부</td></tr>
<tr><td>비상전원</td><td colspan="2">❶ 설치장소 적정 및 관리 여부<br>② 자가발전설비인 경우 연료적정량 보유 여부<br>③ 자가발전설비인 경우 「전기사업법」에 따른 정기점검 결과 확인</td></tr>
<tr><td>비고</td><td colspan="2">※ 특정소방대상물의 위치·구조·용도 및 소방시설의 상황 등이 이 표의 항목대로 기재하기 곤란하거나 이 표에서 누락된 사항을 기재한다.</td></tr>
</table>

※ "●"는 종합점검의 경우에만 해당

☆☆☆

## 문제 313

**분말소화설비에서 소화약제의 종합점검항목 1가지를 쓰시오. (4점)**

○

정답 소화약제 저장량 적정 여부

해설 **문제 312 참조**

☆☆

## 문제 314

분말소화설비에서 수동식 기동장치의 종합점검항목 4가지를 쓰시오. (10점)

○

○

○

○

정답 ① 기동장치 부근에 비상스위치 설치 여부
② 방호구역별 또는 방호대상별 기동장치 설치 여부
③ 기동장치 설치 적정(출입구 부근 등, 높이, 보호장치, 표지, 전원표시등) 여부
④ 방출용 스위치 음향경보장치 연동 여부

해설 **문제 312 참조**

☆☆

## 문제 315

분말소화설비에서 자동식 기동장치의 종합점검항목 5가지를 기술하시오. (10점)

○

○

○

○

○

정답 ① 감지기 작동과의 연동 및 수동기동 가능 여부
② 저장용기 수량에 따른 전자개방밸브 수량 적정 여부(전기식 기동장치의 경우)
③ 기동용 가스용기의 용적, 충전압력 적정 여부(가스압력식 기동장치의 경우)
④ 기동용 가스용기의 안전장치, 압력게이지 설치 여부(가스압력식 기동장치의 경우)
⑤ 저장용기 개방구조 적정 여부(기계식 기동장치의 경우)

해설 **문제 312 참조**

☆☆

## 문제 316

분말소화설비에서 분사헤드의 종합점검항목을 방식별로 구분하여 기술하시오. (10점)

정답 ① 전역방출방식
㉠ 분사헤드의 변형·손상 유무
㉡ 분사헤드의 설치위치 적정 여부
② 국소방출방식
㉠ 분사헤드의 변형·손상 유무
㉡ 분사헤드의 설치장소 적정 여부
③ 호스릴방식
㉠ 방호대상물 각 부분으로부터 호스접결구까지 수평거리 적정 여부
㉡ 소화약제저장용기의 위치표시등 정상 점등 및 표지 설치 여부
㉢ 호스릴소화설비 설치장소 적정 여부

해설 **문제 312 참조**

# 11 피난기구 · 인명구조기구

## 문제 317

「피난기구의 화재안전기준」에 의거하여 지상 10층(판매시설)인 소방대상물의 5층에 피난기구를 설치하고자 한다. 필요한 피난기구의 최소수량을 산출하시오. (단, 바닥면적은 2000m$^2$이며, 주요구조부는 내화구조이고, 특별피난계단이 2개소 설치되어 있다.) (2점)

○ 계산과정 :

○ 답 :

○ 계산과정 : 설치개수 $= \dfrac{2000}{800}$

$= 2.5 ≒ 3$개

$\dfrac{1}{2}$로 감소개수 $= \dfrac{3개}{2}$

$= 1.5 ≒ 2$개

○ 답 : 2개

피난기구의 화재안전기준(NFPC 301 제5조 제②항 제1호 및 제7조 제①항/ NFTC 301 2.1.2.1, 2.3.1)

(1) 피난기구의 설치개수 : **층**마다 설치하되, **숙박시설 · 노유자시설** 및 **의료시설**로 사용되는 층에 있어서는 그 층의 바닥면적 **500m$^2$**마다, **위락시설 · 문화집회** 및 **운동시설 · 판매시설**로 사용되는 층 또는 복합용도의 층(하나의 층이 「소방시설 설치 및 관리에 관한 법률 시행령」〔별표 2〕 제1호 나목 내지 라목 또는 제4호 또는 제8호 내지 제18호 중 2 이상의 용도로 사용되는 층을 말한다)에 있어서는 그 층의 바닥면적이 **800m$^2$**마다, 계단실형 **아파트**에 있어서는 **각 세대**마다, 그 밖의 용도의 층에 있어서는 그 층의 바닥면적 **1000m$^2$**마다 1개 이상 설치할 것

| 설치조건 | 설치대상 |
|---|---|
| 바닥면적 500m$^2$마다 | ① 숙박시설<br>② 노유자시설<br>③ 의료시설 |
| 바닥면적 800m$^2$마다 → | ① 위락시설<br>② 문화집회 및 운동시설<br>③ 판매시설<br>④ 복합용도의 층 |
| 바닥면적 1000m$^2$마다 | 그 밖의 용도 |
| 각 세대마다 | 아파트 등 |

피난기구 설치개수 $= \dfrac{2000\text{m}^2}{800\text{m}^2}$

$= 2.5 ≒ 3$개

- 2000m$^2$ : 〔단서〕에서 주어진 값
- 800m$^2$ : 판매시설이므로 위 표에서 800m$^2$

소방시설의 점검실무행정 종합문제 600제

비교

**단독경보형 감지기**의 **설치대상**(소방시설 설치 및 관리에 관한 법률 시행령 [별표 4])

| 연면적 | 설치대상 |
|---|---|
| $400m^2$ 미만 | • 유치원 |
| $2000m^2$ 미만 | • 교육연구시설 · 수련시설 내에 있는 **합숙소** 또는 **기숙사** |
| 모두 적용 | • 100명 미만 수련시설(숙박시설이 있는 것) · 연립주택 · 다세대주택(연동형) |

(2) 피난기구를 $\frac{1}{2}$로 감소시킬 수 있는 경우(소수점 이하의 수는 1로 한다)

① 주요구조부가 **내화구조**로 되어 있을 것
② **직**통계단인 **피난계단** 또는 **특별피난계단**이 **2 이상** 설치되어 있을 것

∴ 피난기구 $\frac{1}{2}$로 감소개수$=\frac{3개}{2}=1.5 ≒ 2$개(절상)

기억법 $\frac{1}{2}$내직

- [단서 조건]에 의해 $\frac{1}{2}$ 감소기준에 해당
- 소수점 이하의 수를 1로 하라는 것은 '**소수점 이하를 절상하라**'는 의미임

용어

**절상**
'**무조건 올린다**'는 의미

☆ 문제 318

**「피난기구의 화재안전기준」에 따라 승강식 피난기 및 하향식 피난구용 내림식 사다리의 설치기준 중 ①~⑤에 해당되는 내용을 쓰시오. (5점)**

승강식 피난기 및 하향식 피난구용 내림식 사다리는 다음에 적합하게 설치할 것
(가) ①
(나) ②
(다) ③
(라) ④
(마) ⑤
(바) 하강구 내측에는 기구의 연결금속구 등이 없어야 하며 전개된 피난기구는 하강구 수평투영면적 공간 내의 범위를 침범하지 않는 구조이어야 할 것. 단, 직경 60cm 크기의 범위를 벗어난 경우이거나, 직하층의 바닥면으로부터 높이 50cm 이하의 범위는 제외한다.
(사) 대피실 내에는 비상조명등을 설치할 것
(아) 대피실에는 층의 위치표시와 피난기구 사용설명서 및 주의사항 표지판을 부착할 것
(자) 사용시 기울거나 흔들리지 않도록 설치할 것
(차) 승강식 피난기는 한국소방산업기술원 또는 「소방시설 설치 및 관리에 관한 법률」 제46조 제①항에 따라 성능시험기관으로 지정받은 기관에서 그 성능을 검증받은 것으로 설치할 것

정답 ① 승강식 피난기 및 하향식 피난구용 내림식 사다리는 설치경로가 설치층에서 피난층까지 연계될 수 있는 구조로 설치할 것(단, 건축물의 구조 및 설치 여건상 불가피한 경우는 제외)
② 대피실의 면적은 $2m^2$(2세대 이상일 경우에는 $3m^2$) 이상으로 하고, 「건축법 시행령」 제46조 제④항의 규정에 적합하여야 하며 하강구(개구부) 규격은 직경 60cm 이상일 것(단, 외기와 개방된 장소는 제외)
③ 대피실의 출입문은 60분+방화문 또는 60분 방화문으로 설치하고, 피난방향에서 식별할 수 있는 위치에 '대피실' 표지판을 부착할 것(단, 외기와 개방된 장소는 제외)
④ 착지점과 하강구는 상호 수평거리 15cm 이상의 간격을 둘 것
⑤ 대피실 출입문이 개방되거나 피난기구 작동시 해당층 및 직하층 거실에 설치된 표시등 및 경보장치가 작동되고, 감시제어반에서는 피난기구의 작동을 확인할 수 있어야 할 것

해설 승강식 피난기 및 하향식 피난구용 내림식 사다리의 설치기준[피난기구의 화재안전기준(NFPC 301 제5조 제③항, NFTC 301 2.1.3.9)]
(1) 승강식 피난기 및 하향식 피난구용 내림식 사다리는 설치경로가 설치층에서 **피난층**까지 연계될 수 있는 구조로 설치할 것(단, 건축물의 구조 및 설치 여건상 불가피한 경우는 제외)
(2) 대피실의 면적은 **$2m^2$(2세대 이상**일 경우에는 **$3m^2$**) 이상으로 하고, 「건축법 시행령」 제46조 제④항의 규정에 적합하여야 하며 하강구(개구부) 규격은 직경 **60cm** 이상일 것(단, 외기와 개방된 장소는 제외)
(3) 하강구 내측에는 기구의 **연결금속구** 등이 없어야 하며 전개된 피난기구는 하강구 수평투영면적 공간 내의 범위를 침범하지 않는 구조이어야 할 것(단, 직경 **60cm** 크기의 범위를 벗어난 경우이거나, 직하층의 바닥면으로부터 높이 **50cm** 이하의 범위는 제외)
(4) 대피실의 출입문은 **60분+방화문 또는 60분 방화문**으로 설치하고, 피난방향에서 식별할 수 있는 위치에 **'대피실'** 표지판을 부착할 것(단, 외기와 개방된 장소는 제외)
(5) 착지점과 하강구는 상호 **수평거리 15cm** 이상의 간격을 둘 것
(6) 대피실 내에는 **비상조명등**을 설치할 것
(7) 대피실에는 **층**의 **위치표시**와 **피난기구 사용설명서** 및 **주의사항 표지판**을 부착할 것
(8) 대피실 출입문이 개방되거나, 피난기구 작동시 해당층 및 직하층 거실에 설치된 **표시등** 및 **경보장치**가 작동되고, **감시제어반**에서는 피난기구의 작동을 확인할 수 있어야 할 것
(9) 사용시 기울거나 흔들리지 않도록 설치할 것
(10) 승강식 피난기는 한국소방산업기술원 또는 법 제46조 제①항에 따라 성능시험기관으로 지정받은 기관에서 그 성능을 검증받은 것으로 설치할 것

## 문제 319

**「피난기구의 화재안전기준」에서 '피난기구는 계단 · 피난구, 기타 피난시설로부터 적당한 거리에 있는 안전한 구조로 된 피난 또는 소화활동상 유효한 개구부에 고정하여 설치하거나 필요한 때에 신속하고 유효하게 설치할 수 있는 상태에 둘 것'이라고 규정하고 있다. 여기에서 밑줄 친 유효한 개구부에 대하여 설명하시오. (2점)**

정답 가로 0.5m 이상 세로 1m 이상인 것. 개구부 하단이 바닥에서 1.2m 이상이면 발판 등을 설치하고, 밀폐된 창문은 쉽게 파괴할 수 있는 파괴장치를 비치

해설 피난기구의 화재안전기준(NFPC 301 제5조 제③항 제1호, NFTC 301 2.1.3.1)
피난기구는 **계단 · 피난구**, 기타 피난시설로부터 적당한 거리에 있는 안전한 구조로 된 피난 또는 소화활동상 유효한 **개구부**(**가로 0.5m** 이상 **세로 1m** 이상인 것. 이 경우 개구부 하단이 바닥에서 **1.2m** 이상이면 발판 등을 설치하여야 하고, 밀폐된 창문은 쉽게 파괴할 수 있는 **파괴장치**를 비치할 것)에 **고정**하여 설치하거나 필요한 때에 신속하고 유효하게 설치할 수 있는 상태에 둘 것

## 문제 320

**「피난기구의 화재안전기준」에 의거하여 4층 이상의 층에 피난사다리(하향식 피난구용 내림식 사다리는 제외)를 설치하는 경우 기준을 쓰시오. (2점)**

정답 금속성 고정사다리를 설치하고, 당해 고정사다리에는 쉽게 피난할 수 있는 구조의 노대를 설치할 것

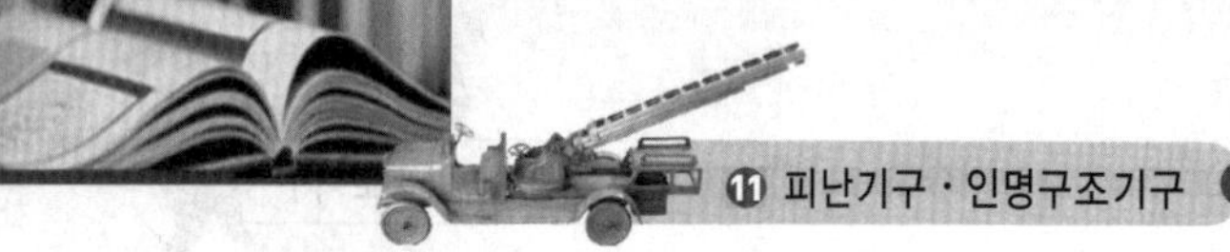



해설 피난기구의 화재안전기준(NFPC 301 제5조 제③항 제4호, NFTC 301 2.1.3.4)
**4층 이상**의 층에 피난사다리(**하향식 피난구용 내림식 사다리는 제외**)를 설치하는 경우에는 **금속성 고정사다리**를 설치하고, 당해 고정사다리에는 쉽게 피난할 수 있는 구조의 **노대**를 설치할 것

☆ 문제 321

「피난기구의 화재안전기준」에 의거하여 지상 10층(업무시설)인 소방대상물의 3층에 피난기구를 설치하고자 한다. 적응성이 있는 피난기구 8가지를 쓰시오. (4점)

○　　　　○
○　　　　○
○　　　　○
○　　　　○

정답
① 미끄럼대　　② 피난사다리
③ 구조대　　④ 완강기
⑤ 피난교　　⑥ 피난용 트랩
⑦ 다수인 피난장비　　⑧ 승강식 피난기

해설 **소방대상물**의 **설치장소별 피난기구**의 **적응성**[피난기구의 화재안전기술기준(NFTC 301 2.1.1)]

| 층 별<br>설치 장소별 | 1층 | 2층 | 3층 | 4층 이상 10층 이하 |
|---|---|---|---|---|
| 노유자시설 | • 미끄럼대<br>• 구조대<br>• 피난교<br>• 다수인 피난장비<br>• 승강식 피난기 | • 미끄럼대<br>• 구조대<br>• 피난교<br>• 다수인 피난장비<br>• 승강식 피난기 | • 미끄럼대<br>• 구조대<br>• 피난교<br>• 다수인 피난장비<br>• 승강식 피난기 | • 구조대[1]<br>• 피난교<br>• 다수인 피난장비<br>• 승강식 피난기 |
| 의료시설 · 입원실이 있는 의원 · 접골원 · 조산원 | – | – | • 미끄럼대<br>• 구조대<br>• 피난교<br>• 피난용 트랩<br>• 다수인 피난장비<br>• 승강식 피난기 | • 구조대<br>• 피난교<br>• 피난용 트랩<br>• 다수인 피난장비<br>• 승강식 피난기 |
| 영업장의 위치가 4층 이하인 다중이용업소 | – | • 미끄럼대<br>• 피난사다리<br>• 구조대<br>• 완강기<br>• 다수인 피난장비<br>• 승강식 피난기 | • 미끄럼대<br>• 피난사다리<br>• 구조대<br>• 완강기<br>• 다수인 피난장비<br>• 승강식 피난기 | • 미끄럼대<br>• 피난사다리<br>• 구조대<br>• 완강기<br>• 다수인 피난장비<br>• 승강식 피난기 |
| 그 밖의 것 | – | – | • 미끄럼대<br>• 피난사다리<br>• 구조대<br>• 완강기<br>• 피난교<br>• 피난용 트랩<br>• 간이완강기[2]<br>• 공기안전매트[2]<br>• 다수인 피난장비<br>• 승강식 피난기 | • 피난사다리<br>• 구조대<br>• 완강기<br>• 피난교<br>• 간이완강기[2]<br>• 공기안전매트[2]<br>• 다수인 피난장비<br>• 승강식 피난기 |

[비고] 1. **구조대**의 적응성은 장애인관련시설로서 주된 사용자 중 스스로 피난이 불가한 자가 있는 경우 추가로 설치하는 경우에 한한다.
2. 간이완강기의 적응성은 **숙박시설**의 **3층 이상**에 있는 **객실**에, **공기안전매트**의 적응성은 **공동주택**에 한한다.

중요

**피난기구**의 **적응성**

| 간이완강기 | 공기안전매트 |
|---|---|
| **숙박시설**의 **3층** 이상에 있는 객실 | 공동주택 |

☆

## 문제 322

「피난기구의 화재안전기준」〔별표 1〕에 의거하여 소방대상물의 설치장소별 피난기구의 적응성에 대한 다음의 표를 완성하시오. (단, 해당 없는 칸은 비워둘 것) (18점)

| 층별 / 설치 장소별 구분 | 1층 | 2층 | 3층 | 4층 이상 10층 이하 |
|---|---|---|---|---|
| 노유자시설 | | | | |
| 의료시설 · 근린생활시설 중 입원실이 있는 의원 · 접골원 · 조산원 | | | | |

정답

| 층별 / 설치 장소별 구분 | 1층 | 2층 | 3층 | 4층 이상 10층 이하 |
|---|---|---|---|---|
| 노유자시설 | • 미끄럼대<br>• 구조대<br>• 피난교<br>• 다수인 피난장비<br>• 승강식 피난기 | • 미끄럼대<br>• 구조대<br>• 피난교<br>• 다수인 피난장비<br>• 승강식 피난기 | • 미끄럼대<br>• 구조대<br>• 피난교<br>• 다수인 피난장비<br>• 승강식 피난기 | • 구조대<br>• 피난교<br>• 다수인 피난장비<br>• 승강식 피난기 |
| 의료시설 · 입원실이 있는 의원 · 접골원 · 조산원 | 설치하지 않아도 됨 | 설치하지 않아도 됨 | • 미끄럼대<br>• 구조대<br>• 피난교<br>• 피난용 트랩<br>• 다수인 피난장비<br>• 승강식 피난기 | • 구조대<br>• 피난교<br>• 피난용 트랩<br>• 다수인 피난장비<br>• 승강식 피난기 |

해설 **문제 321 참조**

☆☆

## 문제 323

피난기구 · 인명구조기구의 작동점검에 관한 피난기구 공통사항 4가지를 쓰시오. (20점)

○
○
○
○

정답 ① 피난에 유효한 개구부 확보(크기, 높이에 따른 발판, 창문 파괴장치) 및 관리상태
② 피난기구의 부착위치 및 부착방법 적정 여부
③ 피난기구(지지대 포함)의 변형 · 손상 또는 부식이 있는지 여부
④ 피난기구의 위치표시 표지 및 사용방법 표지 부착 적정 여부

해설 **소방시설 자체점검사항 등에 관한 고시 〔별지 제4호 서식〕**
**피난기구 · 인명구조기구의 작동점검**

| 구 분 | 점검항목 |
|---|---|
| 피난기구 공통사항 | ① 피난에 유효한 **개구부 확보**(크기, 높이에 따른 발판, 창문 파괴장치) 및 관리상태<br>② 피난기구의 부착위치 및 부착방법 적정 여부<br>③ 피난기구(지지대 포함)의 **변형 · 손상** 또는 **부식**이 있는지 여부<br>④ 피난기구의 위치표시 표지 및 사용방법 표지 부착 적정 여부 |
| 인명구조기구 | ① 설치장소 적정(화재시 반출 용이성) 여부<br>② **"인명구조기구"** 표시 및 사용방법 표지 설치 적정 여부<br>③ 인명구조기구의 **변형** 또는 **손상**이 있는지 여부 |
| 비고 | ※ 특정소방대상물의 위치 · 구조 · 용도 및 소방시설의 상황 등이 이 표의 항목대로 기재하기 곤란하거나 이 표에서 누락된 사항을 기재한다. |

## 문제 324

인명구조기구에서 작동점검의 점검항목에 대하여 쓰시오. (5점)

정답 ① 설치장소 적정(화재시 반출 용이성) 여부
② "인명구조기구" 표시 및 사용방법 표지 설치 적정 여부
③ 인명구조기구의 변형 또는 손상이 있는지 여부

해설 **문제 323 참조**

## 문제 325

피난기구 · 인명구조기구의 종합점검에 관한 피난기구 공통사항 7가지를 쓰시오. (7점)

○
○
○
○
○
○
○

정답 ① 대상물 용도별 · 층별 · 바닥면적별 피난기구 종류 및 설치개수 적정 여부
② 피난에 유효한 개구부 확보(크기, 높이에 따른 발판, 창문 파괴장치) 및 관리상태
③ 개구부 위치 적정(동일직선상이 아닌 위치) 여부
④ 피난기구의 부착위치 및 부착방법 적정 여부
⑤ 피난기구(지지대 포함)의 변형 · 손상 또는 부식이 있는지 여부
⑥ 피난기구의 위치표시 표지 및 사용방법 표지 부착 적정 여부
⑦ 피난기구의 설치제외 및 설치감소 적합 여부

해설 **소방시설 자체점검사항 등에 관한 고시 〔별지 제4호 서식〕**
**피난기구 · 인명구조기구의 종합점검**

| 구 분 | 점검항목 |
|---|---|
| 피난기구 공통사항 | ❶ 대상물 **용도별 · 층별 · 바닥면적별** 피난기구 종류 및 설치개수 적정 여부<br>② 피난에 유효한 **개구부 확보**(크기, 높이에 따른 발판, 창문 파괴장치) 및 관리상태<br>❸ 개구부 **위치** 적정(동일직선상이 아닌 위치) 여부<br>④ 피난기구의 부착위치 및 부착방법 적정 여부<br>⑤ 피난기구(지지대 포함)의 **변형 · 손상** 또는 **부식**이 있는지 여부<br>⑥ 피난기구의 위치표시 표지 및 사용방법 표지 부착 적정 여부<br>❼ 피난기구의 설치제외 및 설치감소 적합 여부 |
| 공기안전매트 · 피난사다리 · (간이)완강기 · 미끄럼대 · 구조대 | ❶ 공기안전매트 설치 여부<br>❷ 공기안전매트 설치 공간 확보 여부<br>❸ 피난사다리(**4층 이상**의 층)의 구조(**금속성** 고정사다리) 및 **노대** 설치 여부<br>❹ (간이)완강기의 구조(로프 손상 방지) 및 길이 적정 여부<br>❺ 숙박시설의 **객실**마다 완강기(**1개**) 또는 간이완강기(**2개 이상**) 추가 설치 여부<br>❻ 미끄럼대의 **구조** 적정 여부<br>❼ 구조대의 **길이** 적정 여부 |
| 다수인 피난장비 | ❶ 설치장소 적정(피난 용이, 안전하게 하강, 피난층의 충분한 착지 공간) 여부<br>❷ 보관실 설치 적정(건물 외측 돌출, 빗물 · 먼지 등으로부터 장비 보호) 여부<br>❸ 보관실 **외측문** 개방 및 **탑승기** 자동전개 여부<br>❹ 보관실 문 오작동 방지조치 및 문 개방시 경보설비 연동(경보) 여부 |
| 승강식 피난기 · 하향식 피난구용 내림식 사다리 | ❶ 대피실 출입문 **갑종방화문**(60분+방화문 또는 60분 방화문) 설치 및 표지 부착 여부<br>❷ 대피실 표지(층별 위치표시, 피난기구 사용설명서 및 주의사항) 부착 여부<br>❸ 대피실 출입문 개방 및 피난기구 작동시 표시등 · 경보장치 작동 적정 여부 및 감시제어반 피난기구 작동 확인 가능 여부<br>❹ 대피실 **면적** 및 **하강구** 규격 적정 여부<br>❺ 하강구 내측 연결금속구 존재 및 피난기구 전개시 장애발생 여부<br>❻ 대피실 내부 비상조명등 설치 여부 |
| 인명구조기구 | ① 설치장소 적정(화재시 반출 용이성) 여부<br>② **"인명구조기구"** 표시 및 사용방법 표지 설치 적정 여부<br>③ 인명구조기구의 **변형** 또는 **손상**이 있는지 여부<br>❹ 대상물 용도별 · 장소별 설치 인명구조기구 종류 및 설치개수 적정 여부 |
| 비고 | ※ 특정소방대상물의 위치 · 구조 · 용도 및 소방시설의 상황 등이 이 표의 항목대로 기재하기 곤란하거나 이 표에서 누락된 사항을 기재한다. |

※ "●"는 종합점검의 경우에만 해당

☆☆
**문제 326**

인명구조기구에서 종합점검항목 4가지를 쓰시오. (4점)

○

○

○

○

정답 ① 설치장소 적정(화재시 반출 용이성) 여부
② "인명구조기구" 표시 및 사용방법 표지 설치 적정 여부
③ 인명구조기구의 변형 또는 손상이 있는지 여부
④ 대상물 용도별 · 장소별 설치 인명구조기구 종류 및 설치개수 적정 여부

해설 **문제 325 참조**

# 12 제연설비

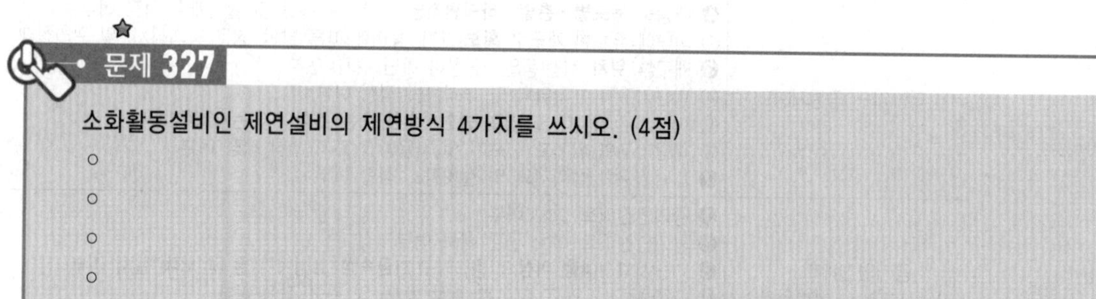

☆ 문제 327

소화활동설비인 제연설비의 제연방식 4가지를 쓰시오. (4점)

○

○

○

○

정답 ① 밀폐제연방식
② 자연제연방식
③ 스모크타워제연방식
④ 기계제연방식

해설 **제연방식**의 **종류**

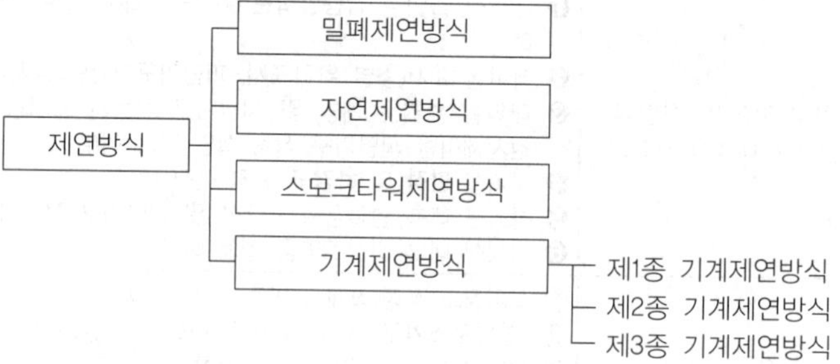


(1) **밀폐제연방식**
개밀폐도가 많은 벽이나 문으로서 화재가 발생하였을 때 밀폐하여 연기의 유출 및 공기 등의 유입을 차단시켜 제연하는 방식

(2) **자연제연방식**
개구부를 통하여 연기를 자연적으로 배출하는 방식

(3) **스모크타워제연방식**
**루프모니터**를 설치하여 제연하는 방식으로 **고층빌딩**에 적당하다.

(4) **기계제연방식**
① **제1종** 기계제연방식 : **송풍기**와 **배연기**(배풍기)를 설치하여 급기와 배기를 하는 방식으로 **장치**가 **복잡**하다.
② **제2종** 기계제연방식 : **송풍기**만 설치하여 급기와 배기를 하는 방식으로 **역류**의 우려가 있다.
③ **제3종** 기계제연방식 : **배연기**(배풍기)만 설치하여 급기와 배기를 하는 방식으로 가장 많이 사용한다.

참고

**거실제연설비**의 **종류**

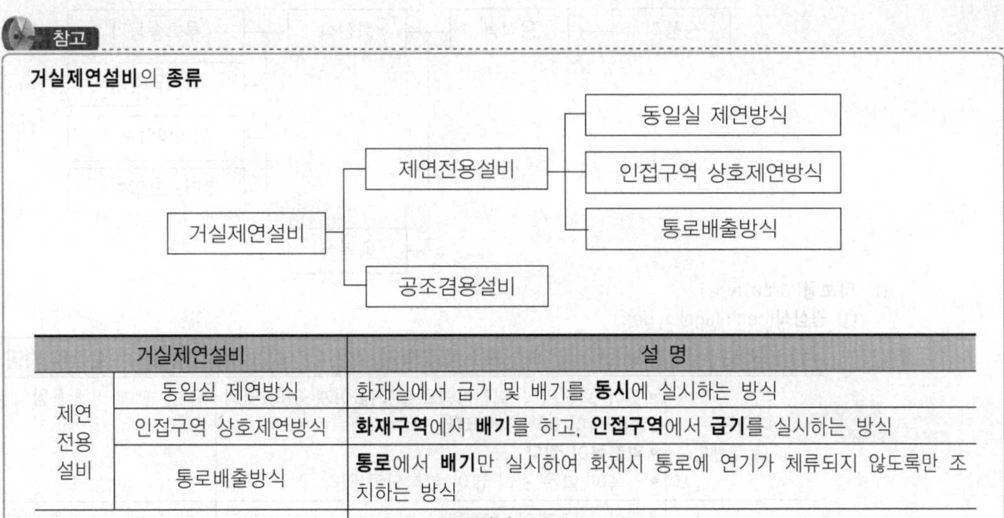


| 거실제연설비 | | 설 명 |
|---|---|---|
| 제연 전용 설비 | 동일실 제연방식 | 화재실에서 급기 및 배기를 **동시**에 실시하는 방식 |
| | 인접구역 상호제연방식 | **화재구역**에서 **배기**를 하고, **인접구역**에서 **급기**를 실시하는 방식 |
| | 통로배출방식 | **통로**에서 **배기**만 실시하여 화재시 통로에 연기가 체류되지 않도록만 조치하는 방식 |
| 공조겸용설비 | | 평소에는 **공조설비**로 운행하다가 화재시 해당구역 감지기의 동작신호에 따라 제연설비로 변환되는 방식 |

☆

## 문제 328

제연설비에서 일반적으로 사용하는 송풍기의 명칭과 특징을 기술하시오. (5점)

정답 ① 종류 : 다익팬
② 특징
㉠ 깃이 회전자의 회전방향으로 기울어져 있다.
㉡ 깃폭이 넓은 깃이 많이 부착되어 있다.
㉢ 다른 팬에 비해 풍량이 가장 크다.

해설 송풍기의 종류 : 터보형과 용적형으로 나눌 수 있다.

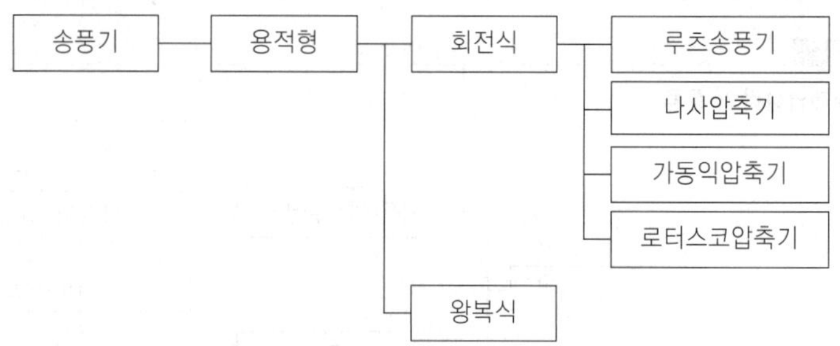


(1) **터보형**(turbo type)

① **원심식**(centrifugal type)

| 구 분 | 구조상의 특징 | 성능상의 특징 |
|---|---|---|
| 다익팬<br>(시로코팬) | • 깃이 회전자의 회전방향으로 기울어져 있다(깃의 설치각이 **90°**보다 **크다**).<br>• **익현장**이 **짧다**.<br>• 깃폭이 넓은 것이 많이 부착되어 있다. | • 다른 팬에 비해 **풍량**이 **가장 크다**. |
| 반경류팬 | • 깃이 회전자의 회전축에 대하여 수직이다(깃의 설치각이 **90°**이다).<br>• 다익팬에 비하여 **익현장**이 **길다**.<br>• 다익팬에 비하여 **깃폭**이 **짧다**.<br>• **깃수**가 다른 팬에 비해 **가장 적다**. | • 다익팬에 비해 외형이 약간 크지만 **효율**은 다액팬보다 **좋다**. |
| 터보팬 | • 깃이 회전자의 회전방향 뒤쪽으로 기울어져 있다(깃의 설치각이 **90°**보다 **작다**).<br>• 일반적으로 **익현장 · 깃폭**이 **반경류팬**과 같다.<br>• **깃수**는 다익팬과 반경류팬의 **중간** 정도이다. | • 다른 팬에 비해 **외형**이 **가장 크지만 효율**은 **가장 좋다**. |
| 한계부하팬 | • 깃의 형태가 **S자**인 **회전자**를 가지고 있다.<br>• 케이싱의 흡입구에 **프로펠러형**의 **안내깃**이 고정되어 있다. | • 설계점 이상 풍량이 **증가**하여도 **축동력**이 **증가**하지 **않는다**. |
| 익형팬 | • **익형**의 깃을 가지고 있다. | • 설계점 이상 풍량이 증가하여도 **축동력**이 **증가**하지 **않는다**.<br>• 값이 비싸지만 **효율**이 **좋다**.<br>• **소음**이 **작다**. |

② 축류식(propeller type) : 축류식은 일반적으로 **저압**이고, **다량**의 **풍량**을 요구하는 경우에 적합하다.

| 구 분 | 구조상의 특징 | 성능상의 특징 |
|---|---|---|
| 프로펠러팬 | **풍도**가 **없다**. | • 원심식에 비해 **소음**이 **크다**.<br>• 설계점 이외의 풍량에서 **효율**이 **급격히 떨어진다**. |
| 축류팬 | 풍도가 있는 형태와 정익이 있는 형태의 2종류가 있다. | |

(2) **용적형**(positive displacement type)

① 회전식(rotary type)

| 구 분 | 구조상의 특징 | 성능상의 특징 |
|---|---|---|
| 루츠송풍기 | • **두축식**이다.<br>• **소음**이 **크다**. | • **소형 경량**이다.<br>• **설치면적**이 **작다**.<br>• 회전수가 일정한 경우 유량은 압력비에 관계없이 거의 일정하다. |
| 나사압축기 | • **두축식**이다. | |
| 가동익압축기 | • **편심식**이다. | |
| 로터스코압축기 | • **편심식**이다. | |

② 왕복식(reciprocating type)

| 구 분 | 구조상의 특징 | 성능상의 특징 |
|---|---|---|
| 왕복식 | 실린더 내에서 **피스톤**을 **왕복운동**시킴으로써 공기 또는 기체를 압축하는 형태이다. | 압력범위가 크므로 **압축기**로서 가장 널리 사용된다. |

중요

**댐퍼**의 **분류**

(1) **기능상**에 따른 분류

| 구 분 | 정 의 | 외 형 |
|---|---|---|
| **방화댐퍼** (Fire Damper ; **FD**) | 화재시 발생하는 연기를 연기감지기의 감지 또는 퓨즈메탈의 용융과 함께 작동하여 연소를 방지하는 댐퍼 | |
| **방연댐퍼** (Smoke Damper ; **SD**) | 연기를 연기감지기가 감지하였을 때 이와 연동하여 자동으로 폐쇄되는 댐퍼 | |
| **풍량조절댐퍼** (Volume control Damper ; **VD**) | **에너지 절약**을 위하여 덕트 내의 배출량을 조절하기 위한 댐퍼 | |

(2) **구조상**에 따른 분류

| 구 분 | 정 의 | 외 형 |
|---|---|---|
| **솔레노이드댐퍼** (solenoid damper) | 솔레노이드에 의해 누르게핀을 이동시킴으로써 작동되는 것으로 **개구부면적**이 **작은 곳**에 설치한다. **소비전력**이 **작다.** | 솔레노이드 / 댐퍼 |
| **모터댐퍼** (motored damper) | 모터에 의해 누르게핀을 이동시킴으로써 작동되는 것으로 **개구부면적**이 **큰 곳**에 설치한다. **소비전력**이 **크다.** | 댐퍼 / 모터 |
| **퓨즈댐퍼** (fusible link type damper) | 덕트 내의 온도가 **70℃** 이상이 되면 퓨즈메탈의 용융과 함께 작동하여 자체 폐쇄용 스프링의 힘에 의하여 댐퍼가 폐쇄된다. | 댐퍼 / 퓨즈 |

☆

### 문제 329

「제연설비의 화재안전기준」에 의거하여 제연설비 설치장소에 대한 제연구역구획 설정기준 5가지를 쓰시오. (5점)

○

○

○

○

○

정답 ① 하나의 제연구역의 면적은 $1000m^2$ 이내로 할 것
② 거실과 통로(복도 포함)는 각각 제연구획할 것
③ 통로상의 제연구역은 보행중심선의 길이가 60m를 초과하지 않을 것
④ 하나의 제연구역은 직경 60m 원 내에 들어갈 수 있을 것
⑤ 하나의 제연구역은 2개 이상 층에 미치지 아니하도록 할 것(단, 층의 구분이 불분명한 부분은 그 부분을 다른 부분과 별로도 제연구획할 것)

해설 **제연구역**의 **구획 설정기준**[제연설비의 화재안전기준(NFPC 501 제4조, NFTC 501 2.1.1)]
(1) 하나의 제연구역의 **면**적은 **$1000m^2$** 이내로 한다.
(2) 거실과 통로(복도 포함)는 **각**각 **제연구획**한다.
(3) **통**로상의 제연구역은 보행중심선의 **길이**가 **60m**를 초과하지 않아야 한다.
(4) 하나의 제연구역은 직경 **60m 원** 내에 들어갈 수 있도록 한다.
(5) 하나의 제연구역은 **2개** 이상의 **층**에 미치지 않도록 한다(단, 층의 구분이 불분명한 부분은 다른 부분과 별도로 제연구획할 것).

기억법 층면 각제 원통길이

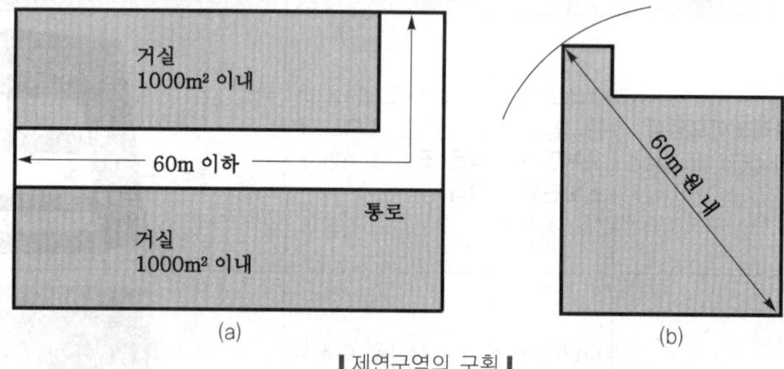


▌제연구역의 구획▐

☆

### 문제 330

제연설비의 설치장소 및 제연구획의 설치기준에 관하여 각각 쓰시오. (8점)

○설치장소에 대한 구획기준 :

○제연구획의 설치기준 :

정답 ① ㉠ 하나의 제연구역의 면적은 $1000m^2$ 이내로 할 것
㉡ 거실과 통로(복도 포함)는 각각 제연구획할 것
㉢ 통로상의 제연구역은 보행중심선의 길이가 60m를 초과하지 않을 것
㉣ 하나의 제연구역은 직경 60m 원 내에 들어갈 수 있을 것
㉤ 하나의 제연구역은 2개 이상 층에 미치지 않도록 할 것(단, 층의 구분이 불분명한 부분은 그 부분을 다른 부분과 별도로 제연구획할 것)

② ㉠ 재질은 내화재료, 불연재료 또는 제연경계벽으로 성능을 인정받은 것으로서 화재시 쉽게 변형·파괴되지 아니하고 연기가 누설되지 않는 기밀성 있는 재료로 할 것
㉡ 제연경계는 제연경계의 폭이 0.6m 이상이고, 수직거리는 2m 이내이어야 한다(단, 구조상 불가피한 경우는 2m를 초과 가능).
㉢ 제연경계벽은 배연시 기류에 따라 그 하단이 쉽게 흔들리지 않고, 가동식의 경우에는 급속히 하강하여 인명에 위해를 주지 않는 구조일 것

해설 (1) **제**연설비의 설치장소에 대한 제연구획기준[제연설비의 화재안전기준(NFPC 501 제4조, NFTC 501 2.1.1)]

① 하나의 제연구역의 **면**적은 **$1000m^2$** 이내로 할 것
② 거실과 통로(복도를 포함한다)는 **각**각 **제연구획**할 것
③ **통**로상의 제연구역은 보행중심선의 **길이**가 **60m**를 초과하지 않을 것
④ 하나의 제연구역은 직경 **60m 원** 내에 들어갈 수 있을 것
⑤ 하나의 제연구역은 **2개 이상 층**에 미치지 않도록 할 것(단, 층의 구분이 불분명한 부분은 그 부분을 다른 부분과 별도로 제연구획할 것)

**기억법** 층면 각제 원통길이

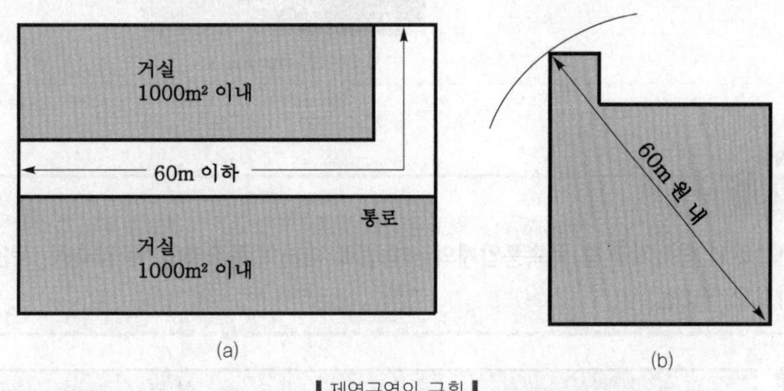


▍제연구역의 구획▍

(2) **제연설비**의 **제연구획** 설치기준[제연설비의 화재안전기준(NFPC 501 제4조, NFTC 501 2.1.2)]

① 재질은 **내화재료, 불연재료** 또는 제연경계벽으로 성능을 인정받은 것으로서 화재시 쉽게 변형·파괴되지 아니하고 연기가 누설되지 않는 기밀성 있는 재료로 할 것
② 제연경계는 제연경계의 폭이 **0.6m 이상**이고, 수직거리는 **2m 이내**일 것(단, 구조상 불가피한 경우는 2m 가능)

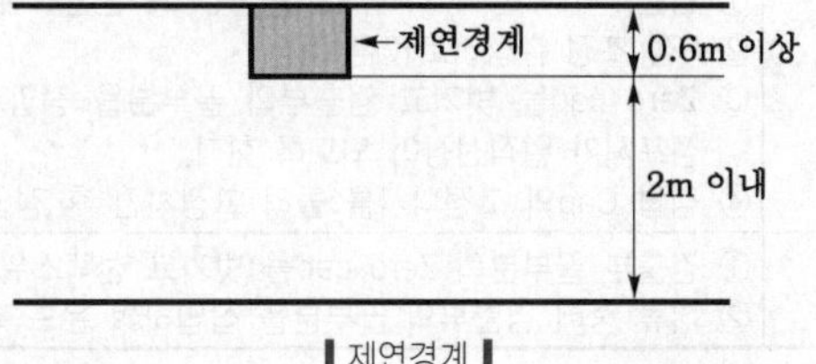


▍제연경계▍

③ 제연경계벽은 배연시 **기류**에 따라 그 하단이 쉽게 흔들리지 않고, **가동식**의 경우에는 **급속**히 **하강**하여 인명에 위해를 주지 않는 구조일 것

★

## 문제 331

「제연설비의 화재안전기준」에 의거하여 송풍기와 전동기의 연결방법에 대한 설치기준을 쓰시오. (3점)

정답 배출기의 전동기부분과 배풍기부분은 분리하여 설치하여야 하며, 배풍기부분은 내열처리할 것

해설 **제연설비 배출기**의 **설치기준**[제연설비의 화재안전기준(NFPC 501 제9조, NFTC 501 2.6.1)]

(1) 배출기와 배출풍도의 접속부분에 사용하는 **캔버스**는 **내열성(석면재료 제외)**이 있는 것으로 할 것
(2) 배출기의 **전동기부분**과 **배풍기부분**은 **분리**하여 설치해야 하며, **배풍기부분**은 유효한 **내열처리**를 할 것

중요

**캔버스**

**덕트**와 **덕트** 사이에 끼워 넣는 석면을 제외한 **불연재료**로서 **진동** 등이 직접 덕트에 전달되지 않도록 하기 위한 것

▎캔버스(canvas)▎

★★★

## 문제 332

제연설비의 점검기구 중 풍속풍압계의 사용법에 대하여 풍속측정, 풍압측정, 풍온측정으로 구분하여 설명하시오. (10점)

정답

| 구 분 | 설 명 |
|---|---|
| 풍속측정 | ① 검출부 끝부분에 Zero cap을 씌우고 선택스위치를 저속(LS)의 위치에 놓는다(이때 미터의 바늘이 서서히 0점으로 이동).<br>② 약 1분 후에 0점 조정 손잡이로 0점 조정<br>③ 검출부의 Zero cap을 벗기고 점표시가 바람방향과 직각이 되도록 하여 풍속 측정 |
| 풍압측정 | ① 검출부 끝부분에 Zero cap을 씌우고 전환스위치를 정압(SP)의 위치에 놓는다.<br>② 0점 조정 손잡이로 0점 조정<br>③ Zero cap을 벗기고 검출부의 끝부분을 정압 Cap에 꽂고 검출부의 점표시와 정압 Cap의 점표시가 일직선상이 되도록 한다.<br>④ 정압 Cap의 고정나사를 돌려 고정시킨 후 정압 측정 |
| 풍온측정 | ① 검출부 끝부분의 Zero cap을 벗기고 선택스위치를 온도(TEMP)의 위치에 놓는다.<br>② 기류 중에 검출부의 끝부분을 삽입하여 온도 측정 |

해설 **제연설비**의 **점검기구 사용법**

| 소방시설 | 장비(점검기구명) | 규 격 |
|---|---|---|
| • 제연설비 | • 풍속풍압계<br>• 폐쇄력 측정기<br>• 차압계(압력차측정기) | – |

(1) **풍속풍압계**(anemometer)

| 구 분 | | 설 명 |
|---|---|---|
| 용도 | | 제연설비의 **풍속 · 풍압 · 풍온 측정**기구 |
| 사용법 | 풍속측정 | ① 검출부 끝부분에 **Zero cap**을 **씌우고 선택스위치**를 **저속**(LS)의 위치에 놓는다(이때 미터의 바늘이 서서히 0점으로 이동한다).<br>② 약 **1분** 후에 0점 조정 손잡이로 **0점 조정**을 한다.<br>③ 검출부의 **Zero cap**을 **벗기고** 점표시가 바람방향과 직각이 되도록 하여 **풍속**을 **측정**한다. |
| | 풍압측정 | ① 검출부 끝부분에 **Zero cap**을 **씌우고** 전환스위치를 **정압**(SP)의 위치에 놓는다.<br>② 0점 조정 손잡이로 **0점 조정**을 한다.<br>③ **Zero cap**을 **벗기고** 검출부의 끝부분을 정압 Cap에 꽂고 검출부의 점표시와 정압 Cap의 점표시가 일직선상이 되도록 한다.<br>④ 정압 Cap의 고정나사를 돌려 고정시킨 후 **정압**을 **측정**한다. |
| | 풍온측정 | ① 검출부 끝부분의 **Zero cap**을 **벗기고** 선택스위치를 **온도**(TEMP)의 위치에 놓는다.<br>② 기류 중에 검출부의 끝부분을 삽입하여 **온도**를 **측정**한다. |

(2) **폐쇄력 측정기**

| 구 분 | 설 명 |
|---|---|
| 용도 | 제연설비에서 **제연구역**의 **출입문** 및 **복도**와 **거실** 사이의 **출입문**의 **폐쇄력** 측정기구 |
| 사용법 | ① ON/OFF 스위치를 눌러 **전원**을 켠다.<br>② 영점버튼을 눌러 **영점**으로 맞춘다.<br>③ **일반인지센서** 또는 **Hook 어댑터**를 출입문에 대거나 걸고 **폐쇄력**을 측정한다(이때 제연설비는 미작동 상태일 것).<br>④ 측정 후 ON/OFF 스위치를 눌러 **전원**을 끈다. |

(3) **차압계**

| 구 분 | 설 명 |
|---|---|
| 용도 | 제연설비에서 **제연구역**과 **옥내**와의 **차압측정**기구 |
| 사용법 | ① ON/OFF 스위치를 눌러 **전원**을 켠다.<br>② Zero를 눌러 **영점**으로 맞춘다.<br>③ 압력호스를 통해 차압을 측정한다(HOLD를 누르면 측정값이 변하지 않는다).<br>④ 측정 후 ON/OFF를 눌러 **전원**을 끈다. |

★★

## 문제 333

**제연설비의 점검기구 중 폐쇄력 측정기의 용도 및 사용법에 대하여 쓰시오. (10점)**

정답

| 구 분 | 설 명 |
|---|---|
| 용도 | 제연구역의 출입문 및 복도와 거실 사이의 출입문의 폐쇄력 측정 |
| 사용법 | ① ON/OFF 스위치를 눌러 전원을 켠다.<br>② 영점버튼을 눌러 영점으로 맞춘다.<br>③ 일반인지센서 또는 Hook 어댑터를 출입문에 대거나 걸고 폐쇄력을 측정한다(이때 제연설비는 미작동 상태).<br>④ 측정 후 ON/OFF 스위치를 눌러 전원을 끈다. |

해설 **문제 332 참조**

☆☆
## 문제 334

제연설비의 점검기구 중 차압계의 사용법에 대하여 쓰시오. (8점)

정답 ① ON/OFF 스위치를 눌러 전원을 켠다.
② Zero를 눌러 영점으로 맞춘다.
③ 압력호스를 통해 차압을 측정한다(HOLD를 누르면 측정값이 변하지 않는다).
④ 측정 후 ON/OFF를 눌러 전원을 끈다.

해설 **문제 332 참조**

☆☆
## 문제 335

제연설비의 작동점검에 따른 점검항목을 큰틀에서 5가지 쓰시오. (5점)

○
○
○
○
○

정답 ① 배출구
② 유입구
③ 배출기
④ 비상전원
⑤ 기동

해설 **소방시설 자체점검사항 등에 관한 고시 〔별지 제4호 서식〕**
**제연설비의 작동점검**

| 구 분 | 점검항목 |
|---|---|
| 배출구 | 배출구 **변형·훼손** 여부 |
| 유입구 | ① 공기유입구 설치 위치 적정 여부<br>② 공기유입구 **변형·훼손** 여부 |
| 배출기 | ① 배출기 회전이 원활하며 회전방향 정상 여부<br>② **변형·훼손** 등이 없고 **V-벨트** 기능 정상 여부<br>③ 본체의 **방청**, **보존상태** 및 **캔버스** 부식 여부 |
| 비상전원 | ① 자가발전설비인 경우 연료적정량 보유 여부<br>② 자가발전설비인 경우 「전기사업법」에 따른 정기점검 결과 확인 |
| 기동 | ① 가동식의 **벽·제연경계벽·댐퍼** 및 **배출기** 정상작동(화재감지기 연동) 여부<br>② 예상제연구역 및 제어반에서 가동식의 **벽·제연경계벽·댐퍼** 및 **배출기** 수동기동 가능 여부<br>③ 제어반 각종 **스위치류** 및 **표시장치**(작동표시등 등) 기능의 이상 여부 |
| 비고 | ※ 특정소방대상물의 위치·구조·용도 및 소방시설의 상황 등이 이 표의 항목대로 기재하기 곤란하거나 이 표에서 누락된 사항을 기재한다. |

비교

**특별피난계단**의 **계단실 및 부속실 제연설비**의 **작동점검**(소방시설 자체점검사항 등에 관한 고시 [별지 제4호 서식])

| 구 분 | 점검항목 |
|---|---|
| 수직풍도에 따른 배출 | ① 배출댐퍼 설치(개폐 여부 확인 기능, 화재감지기 동작에 따른 개방) 적정 여부<br>② 배출용 송풍기가 설치된 경우 화재감지기 연동기능 적정 여부 |
| 급기구 | 급기댐퍼 설치상태(화재감지기 동작에 따른 개방) 적정 여부 |
| 송풍기 | ① 설치장소 적정(화재영향, 접근·점검 용이성) 여부<br>② 화재감지기 동작 및 수동조작에 따라 작동하는지 여부 |
| 외기취입구 | 설치위치(오염공기 유입방지, 배기구 등으로부터 이격거리) 적정 여부 |
| 제연구역의 출입문 | 폐쇄상태 유지 또는 화재시 자동폐쇄 구조 여부 |
| 수동기동장치 | ① 기동장치 설치(위치, 전원표시등 등) 적정 여부<br>② 수동기동장치(옥내 수동발신기 포함) 조작시 관련 장치 정상작동 여부 |
| 제어반 | ① 비상용 축전지의 정상 여부<br>② 제어반 감시 및 원격조작기능 적정 여부 |
| 비상전원 | ① 자가발전설비인 경우 연료적정량 보유 여부<br>② 자가발전설비인 경우 「전기사업법」에 따른 정기점검 결과 확인 |
| 비고 | ※ 특정소방대상물의 위치·구조·용도 및 소방시설의 상황 등이 이 표의 항목대로 기재하기 곤란하거나 이 표에서 누락된 사항을 기재한다. |

☆☆

## 문제 336

제연설비에서 배출기의 작동점검 3가지를 설명하시오. (3점)

○

○

○

정답 ① 배출기 회전이 원활하며 회전방향 정상 여부
② 변형·훼손 등이 없고 V-벨트 기능 정상 여부
③ 본체의 방청, 보존상태 및 캔버스 부식 여부

해설 **문제 335 참조**

☆☆☆

## 문제 337

제연설비에서 제연구역의 구획방식 적정 여부에 해당하는 종합점검항목을 2가지 쓰시오. (2점)

○

○

정답 ① 제연경계의 폭, 수직거리 적정 설치 여부
② 제연경계벽은 가동시 급속하게 하강되지 아니하는 구조

해설 **소방시설 자체점검사항 등에 관한 고시 〔별지 제4호 서식〕**
**제연설비의 종합점검**

| 구 분 | 점검항목 |
|---|---|
| 제연구역의 구획 | ● 제연구역의 구획 방식 적정 여부<br>– 제연경계의 **폭**, **수직거리** 적정 설치 여부<br>– 제연경계벽은 가동시 **급속**하게 **하강**되지 **아니**하는 구조 |
| 배출구 | ❶ 배출구 설치위치(수평거리) 적정 여부<br>② 배출구 **변형 · 훼손** 여부 |
| 유입구 | ① 공기유입구 설치위치 적정 여부<br>② 공기유입구 **변형 · 훼손** 여부<br>❸ 옥외에 면하는 **배출구** 및 **공기유입구** 설치 적정 여부 |
| 배출기 | ❶ 배출기와 배출풍도 사이 **캔버스** 내열성 확보 여부<br>② 배출기 회전이 원활하며 회전방향 정상 여부<br>③ **변형 · 훼손** 등이 없고 **V-벨트** 기능 정상 여부<br>④ 본체의 **방청**, **보존상태** 및 **캔버스** 부식 여부<br>❺ 배풍기 내열성 단열재 단열처리 여부 |
| 비상전원 | ❶ 비상전원 설치장소 적정 및 관리 여부<br>② 자가발전설비인 경우 연료적정량 보유 여부<br>③ 자가발전설비인 경우 「전기사업법」에 따른 정기점검 결과 확인 |
| 기동 | ① 가동식의 **벽 · 제연경계벽 · 댐퍼** 및 **배출기** 정상작동(화재감지기 연동) 여부<br>② 예상제연구역 및 제어반에서 가동식의 **벽 · 제연경계벽 · 댐퍼** 및 **배출기** 수동기동 가능 여부<br>③ 제어반 각종 **스위치류** 및 **표시장치**(작동표시등 등) 기능의 이상 여부 |
| 비고 | ※ 특정소방대상물의 위치 · 구조 · 용도 및 소방시설의 상황 등이 이 표의 항목대로 기재하기 곤란하거나 이 표에서 누락된 사항을 기재한다. |

※ "●"는 종합점검의 경우에만 해당

비교

**특별피난계단**의 **계단실 및 부속실**의 **제연설비 종합점검**(소방시설 자체점검사항 등에 관한 고시 〔별지 제4호 서식〕)

| 구 분 | 점검항목 |
|---|---|
| 과압방지조치 | ● **자동차압 · 과압조절형** 댐퍼(또는 **플랩댐퍼**)를 사용한 경우 성능 적정 여부 |
| 수직풍도에 따른 배출 | ① 배출댐퍼 설치(개폐 여부 확인 기능, 화재감지기 동작에 따른 개방) 적정 여부<br>② 배출용 송풍기가 설치된 경우 화재감지기 연동 기능 적정 여부 |
| 급기구 | 급기댐퍼 설치상태(화재감지기 동작에 따른 개방) 적정 여부 |
| 송풍기 | ① 설치장소 적정(화재영향, 접근 · 점검 용이성) 여부<br>② 화재감지기 동작 및 수동조작에 따라 작동하는지 여부<br>❸ 송풍기와 연결되는 **캔버스** 내열성 확보 여부 |
| 외기취입구 | ① 설치위치(오염공기 유입방지, 배기구 등으로부터 이격거리) 적정 여부<br>❷ 설치구조(빗물 · 이물질 유입방지, 옥외의 풍속과 풍향에 영향) 적정 여부 |
| 제연구역의 출입문 | ① 폐쇄상태 유지 또는 화재시 자동폐쇄 구조 여부<br>❷ 자동폐쇄장치 **폐쇄력** 적정 여부 |
| 수동기동장치 | ① 기동장치 설치(위치, 전원표시등 등) 적정 여부<br>② 수동기동장치(옥내 수동발신기 포함) 조작시 관련 장치 정상작동 여부 |
| 제어반 | ① 비상용 축전지의 정상 여부<br>② 제어반 감시 및 원격조작 기능 적정 여부 |
| 비상전원 | ❶ 비상전원 설치장소 적정 및 관리 여부<br>② 자가발전설비인 경우 연료적정량 보유 여부<br>③ 자가발전설비인 경우 「전기사업법」에 따른 정기점검 결과 확인 |
| 비고 | ※ 특정소방대상물의 위치 · 구조 · 용도 및 소방시설의 상황 등이 이 표의 항목대로 기재하기 곤란하거나 이 표에서 누락된 사항을 기재한다. |

※ "●"는 종합점검의 경우에만 해당

☆☆☆

## 문제 338

제연설비에서 배출기의 종합점검항목 5가지를 쓰시오. (5점)

○
○
○
○
○

정답 ① 배출기와 배출풍도 사이 캔버스 내열성 확보 여부
② 배출기 회전이 원활하며 회전방향 정상 여부
③ 변형·훼손 등이 없고 V-벨트 기능 정상 여부
④ 본체의 방청, 보존상태 및 캔버스 부식 여부
⑤ 배풍기 내열성 단열재 단열처리 여부

해설 **문제 337 참조**

☆

## 문제 339

소방시설 종합점검에서 제연설비의 비상전원 점검항목 3가지를 쓰시오. (3점)

○
○
○

정답 ① 비상전원 설치장소 적정 및 관리 여부
② 자가발전설비인 경우 연료적정량 보유 여부
③ 자가발전설비인 경우 「전기사업법」에 따른 정기점검 결과 확인

해설 **문제 337 참조**

# 13 특별피난계단의 계단실 및 부속실의 제연설비

## 문제 340

「특별피난계단의 계단실 및 부속실 제연설비의 화재안전기준」에 의거하여 제연방식의 기준 3가지를 쓰시오. (6점)

○

○

○

정답 ① 제연구역에 옥외의 신선한 공기를 공급하여 제연구역의 기압을 제연구역 이외의 옥내보다 높게 하되 차압을 유지하게 함으로써 옥내로부터 제연구역 내로 연기가 침투하지 못하도록 할 것
② 피난을 위하여 제연구역의 출입문이 일시적으로 개방되는 경우 방연풍속을 유지하도록 옥외의 공기를 제연구역 내로 보충 공급하도록 할 것
③ 출입문이 닫히는 경우 제연구역의 과압을 방지할 수 있는 유효한 조치를 하여 차압을 유지할 것

해설 **특별피난계단**의 **계단실** 및 **부속실 제연설비**의 **제연방식 기준**[특별피난계단의 계단실 및 부속실 제연설비의 화재안전기준(NFPC 501A 제4조, NFTC 501A 2.1.1)]

(1) 제연구역에 옥외의 신선한 공기를 공급하여 제연구역의 기압을 **제연구역 이외**의 **옥내**보다 높게 하되 **차압**을 유지하게 함으로써 옥내로부터 제연구역 내로 연기가 침투하지 못하도록 할 것
(2) 피난을 위하여 제연구역의 출입문이 일시적으로 개방되는 경우 **방연풍속**을 유지하도록 옥외의 공기를 제연구역 내로 보충 공급하도록 할 것
(3) 출입문이 닫히는 경우 제연구역의 **과압**을 **방지**할 수 있는 유효한 조치를 하여 **차압**을 유지할 것

기억법 차압부과 방풍

용어

**차압**
일정한 기압의 차이

중요

**제연설비**의 **제연방식 기준**[제연설비의 화재안전기준(NFPC 501 제5조, NFTC 501 2.2)]

(1) 예상제연구역에 대하여는 화재시 **연기배출**과 **동시**에 **공기유입**이 될 수 있게 하고, 배출구역이 거실일 경우에는 **통로**에 동시에 공기가 유입될 수 있도록 할 것
(2) 통로와 인접하고 있는 거실의 바닥면적이 **50m² 미만**으로 구획(거실과 통로와의 구획이 아닌 제연경계에 따른 구획은 제외)되고 그 거실에 통로가 인접하여 있는 경우에는 화재시 그 거실에서 직접 배출하지 아니하고 인접한 통로의 배출로 갈음할 수 있다. (단, 그 거실이 다른 거실의 피난을 위한 경유거실인 경우에는 그 거실에서 직접 배출)
(3) 통로의 주요구조부가 **내화구조**이며 마감이 **불연재료** 또는 **난연재료**로 처리되고, 통로 내부에 가연성 물질이 없는 경우에 그 통로는 예상제연구역으로 간주하지 않을 수 있다. (단, 화재발생시 연기의 유입이 우려되는 통로 제외)

## ☆ 문제 341

「특별피난계단의 계단실 및 부속실 제연설비의 화재안전기준」에 의거하여 제연구역의 선정기준 3가지를 쓰시오. (12점)

○

○

○

정답 ① 계단실 및 그 부속실을 동시에 제연하는 것
② 부속실만을 단독으로 제연하는 것
③ 계단실을 단독 제연하는 것

해설 **특별피난계단**의 **계단실** 및 **부속실 제연설비**의 **제연구역 선정기준**[특별피난계단의 계단실 및 부속실 제연설비의 화재안전기준(NFPC 501A 제5조, NFTC 501A 2.2.1)]

(1) **계단실** 및 그 **부속실**을 동시에 제연하는 것
(2) **부**속실만을 단독으로 제연하는 것
(3) **계단실**을 단독 제연하는 것
(4) **비상용 승강기 승강장**을 단독 제연하는 것

기억법 특계부 부계승

 중요

**방연풍속**의 **기준**[특별피난계단의 계단실 및 부속실 제연설비의 화재안전기준(NFPC 501A 제10조, NFTC 501A 2.7.1)]

| 제연구역 | | 방연풍속 |
|---|---|---|
| 계단실 및 그 부속실을 동시에 제연하는 것 또는 계단실만 단독으로 제연하는 것 | | **0.5m/s** 이상 |
| 부속실만 단독으로 제연하는 것 또는 비상용 승강기와 승강장만 단독으로 제연하는 것 | 부속실 또는 승강장이 면하는 옥내가 거실인 경우 | **0.7m/s** 이상 |
| | 부속실 또는 승강장이 면하는 옥내가 복도로서 그 구조가 방화구조(내화시간이 30분 이상인 구조를 포함)인 것 | **0.5m/s** 이상 |

## ☆ 문제 342

「특별피난계단의 계단실 및 부속실 제연설비의 화재안전기준」에 의거하여 특별피난계단의 계단실 및 부속실 제연설비의 제연구역에 대한 급기기준 4가지를 쓰시오. (8점)

○

○

○

○

정답 ① 부속실을 제연하는 경우 : 동일 수직선상의 모든 부속실은 하나의 전용 수직풍도를 통해 동시 급기
② 계단실 및 부속실을 동시에 제연하는 경우 : 계단실에 대하여는 그 부속실의 수직풍도를 통해 급기 가능
③ 계단실만 제연하는 경우 : 전용 수직풍도를 설치하거나 계단실에 급기풍도 또는 급기송풍기를 직접 연결하여 급기하는 방식으로 할 것
④ 하나의 수직풍도마다 전용의 송풍기로 급기

해설 **특별피난계단**의 **계단실 및 부속실 제연설비**의 **제연구역**에 **대한 급기기준**[특별피난계단의 계단실 및 부속실 제연설비의 화재안전기준(NFPC 501A 제16조, NFTC 501A 2.13.1)]

(1) **부속실**을 제연하는 경우 : 동일 수직선상의 모든 부속실은 하나의 **전용 수직풍도**를 통해 **동시**에 **급기**
(2) **계단실** 및 **부속실**을 **동시**에 **제연**하는 경우 : 계단실에 대하여는 그 **부속실**의 **수직풍도**를 통해 **급기** 가능
(3) **계단실**만 제연하는 경우 : **전용 수직풍도**를 설치하거나 **계단실**에 **급기풍도** 또는 **급기송풍기**를 **직접 연결**하여 급기하는 방식으로 할 것
(4) 하나의 **수**직풍도마다 **전용**의 **송풍기**로 급기
(5) 비상용 승강기의 승강장만을 제연하는 경우 : 비상용 승강기의 승강로를 급기풍도로 사용 가능

기억법 **특부계 부계수**

비교

**제연구역**에 **설치하는 급기구 댐퍼설치**의 **적합기준**[특별피난계단의 계단실 및 부속실 제연설비의 화재안전기준(NFPC 501A 제17조, NFTC 501A 2.14.1.3)]

(1) 급기댐퍼는 두께 **1.5mm** 이상의 **강판** 또는 이와 동등 이상의 강도가 있는 것으로 설치해야 하며, **비내식성 재료**의 경우에는 **부식방지조치**를 할 것
(2) 자동차압급기댐퍼를 설치하는 경우 **차압범위**의 **수동설정기능**과 설정범위의 차압이 유지되도록 **개구율**을 **자동조절**하는 기능이 있을 것
(3) 자동차압급기댐퍼는 옥내와 면하는 개방된 출입문이 완전히 닫히기 전에 개구율을 자동감소시켜 과압을 방지하는 기능이 있을 것
(4) 자동차압급기댐퍼는 **주위 온도** 및 **습도**의 변화에 의해 기능이 영향을 받지 않는 구조일 것
(5) 자동차압급기댐퍼는 「자동차압급기댐퍼의 성능인증 및 제품검사의 기술기준」에 적합한 것으로 설치할 것
(6) 자동차압급기댐퍼가 아닌 댐퍼는 **개구율**을 **수동**으로 **조절**할 수 있는 구조로 할 것
(7) 옥내에 설치된 **화재감지기**에 따라 모든 제연구역의 댐퍼가 개방되도록 할 것(단, 둘 이상의 특정소방대상물이 지하에 설치된 **주차장**으로 연결되어 있는 경우에는 주차장에서 하나의 특정소방대상물의 제연구역으로 들어가는 입구에 설치된 제연용 연기감지기의 작동에 따라 특정소방대상물의 해당 수직품도에 연결된 모든 제연구역의 댐퍼가 개방되도록 할 것)

☆
## 문제 343

「특별피난계단의 계단실 및 부속실 제연설비의 화재안전기준」에 의거하여 특별피난계단의 계단실 및 부속실 제연설비의 급기송풍기의 설치기준 4가지를 쓰시오. (8점)

○
○
○
○

정답 ① 송풍기의 송풍능력은 송풍기가 담당하는 제연구역에 대한 급기량의 1.15배 이상으로 할 것(단, 풍도에서의 누설을 실측하여 조정하는 경우는 제외)
② 송풍기에는 풍량조절장치를 설치하여 풍량조절을 할 수 있도록 할 것
③ 송풍기는 풍량을 실측할 수 있는 유효한 조치를 할 것
④ 송풍기는 인접장소의 화재로부터 영향을 받지 않고 접근 및 점검이 용이한 장소에 설치할 것

해설 **특별피난계단**의 **계단실** 및 **부속실 제연설비**의 **급기송풍기 설치기준**[특별피난계단의 계단실 및 부속실 제연설비의 화재안전기준(NFPC 501A 제19조, NFTC 501A 2.16.1)]

(1) 송풍기의 송풍능력은 송풍기가 담당하는 제연구역에 대한 급기량의 **1.15배 이상**으로 할 것(단, 풍도에서의 누설을 실측하여 조정하는 경우는 제외)



소방시설의 점검실무행정 **종합문제 600제**

(2) 송풍기에는 풍량조절장치를 설치하여 풍량조절을 할 수 있도록 할 것
(3) 송풍기에는 풍량을 실측할 수 있는 유효한 조치를 할 것
(4) 송풍기는 인접장소의 화재로부터 영향을 받지 않고 접근 및 점검이 용이한 장소에 설치할 것
(5) 송풍기는 옥내의 **화재감지기**의 동작에 따라 작동하도록 할 것
(6) 송풍기와 연결되는 **캔버스**는 **내열성(석면재료 제외)**이 있는 것으로 할 것

중요

**특별피난계단**의 **계단실** 및 **부속실 제연설비**의 **제연구역 선정기준**[특별피난계단의 계단실 및 부속실 제연설비의 화재안전기준(NFPC 501A 제5조, NFTC 501A 2.2.1)]

(1) **계단실** 및 그 **부속실**을 동시에 제연하는 것
(2) **부**속실만을 단독으로 제연하는 것
(3) **계단실**을 단독제연하는 것
(4) **비상용 승강기**의 **승강장**을 단독제연하는 것

기억법 특계부 부계승

☆

## 문제 344

「특별피난계단의 계단실 및 부속실 제연설비의 화재안전기준」에 의거하여 특별피난계단의 계단실 및 부속실 제연설비에서 옥내의 출입문(방화구조의 복도가 있는 경우로서 복도와 거실 사이의 출입문)에 대한 구조기준을 쓰시오. (2점)

정답 ① 출입문은 언제나 닫힌 상태를 유지하거나 자동폐쇄장치에 의해 자동으로 닫히는 구조로 할 것
② 거실 쪽으로 열리는 구조의 출입문에 자동폐쇄장치를 설치하는 경우에는 출입문의 개방시 유입공기의 압력에도 불구하고 출입문을 용이하게 닫을 수 있는 충분한 폐쇄력이 있는 것으로 할 것

해설 **특별피난계단**의 **계단실** 및 **부속실 제연설비 옥내**의 **출입문**(방화구조의 복도가 있는 경우로서 복도와 거실 사이의 출입문)에 대한 구조기준[특별피난계단의 계단실 및 부속실 제연설비의 화재안전기준(NFPC 501A 제21조 제②항, NFTC 501A 2.18.2)]

(1) 출입문은 **언제나 닫힌 상태**를 유지하거나 자동폐쇄장치에 의해 **자동**으로 **닫히는 구조**로 할 것
(2) 거실 쪽으로 열리는 구조의 출입문에 자동폐쇄장치를 설치하는 경우에는 출입문의 개방시 유입공기의 압력에도 불구하고 출입문을 용이하게 닫을 수 있는 충분한 폐쇄력이 있는 것으로 할 것

비교

특별피난계단의 계단실 및 부속실 제연설비 **제연구역**의 **출입문** 기준[특별피난계단의 계단실 및 부속실 제연설비의 화재안전기준(NFPC 501A 제21조 제①항, NFTC 501A 2.18.1)]

(1) 제연구역의 출입문(창문을 포함)은 **언제나 닫힌 상태**를 유지하거나 자동폐쇄장치에 의해 **자동**으로 **닫히는 구조**로 할 것(단, **아파트**인 경우 제연구역과 계단실 사이의 출입문은 자동폐쇄장치에 의하여 자동으로 닫히는 구조로 할 것)
(2) 제연구역의 출입문에 설치하는 자동폐쇄장치는 제연구역의 기압에도 불구하고 출입문을 용이하게 닫을 수 있는 충분한 폐쇄력이 있을 것
(3) 제연구역의 출입문 등에 자동폐쇄장치를 사용하는 경우에는 「자동폐쇄장치의 성능인증 및 제품검사의 기술기준」에 적합한 것으로 설치할 것)

☆ 문제 345

「특별피난계단의 계단실 및 부속실 제연설비의 화재안전기준」에 의거하여 조건을 이용하여 부속실과 거리 사이의 차압〔Pa〕을 구하고 국가화재안전기준에서 정하는 최소차압과의 차이를 구하시오. (단, 계산과정을 쓰고 최종답은 반올림하여 소수점 2째자리까지 구할 것) (16점)

〔조건〕

① 제연설비 작동 전 거실에서 부속실로 통하는 출입문 개방에 필요한 힘 $F_1$=50N이다.
② 제연설비 작동상태에서 거실에서 부속실로 통하는 출입문 개방에 필요한 힘 $F_2$=90N이다.
③ 출입문 폭($W$)=0.9m, 높이($h$)=2m이다.
④ 손잡이는 출입문 끝에 있다고 가정한다.
⑤ 스프링클러설비는 설치되어 있지 않다.

○ 계산과정 :
○ 답 :

정답 ○ 계산과정 : $F_P = 90 - 50 = 40\text{N}$

$$\Delta P = \frac{40 \times 2(0.9 - 0)}{1 \times 0.9 \times 1.8} = 44.444 ≒ 44.44\text{Pa}$$

$44.44 - 40 = 4.44\text{Pa}$

○ 답 : 4.44Pa

해설 **문 개방**에 필요한 전체 **힘**

$$F = F_{dc} + F_P,\ \ F_P = \frac{K_d W A \Delta P}{2(W-d)}$$

여기서, $F$ : 문 개방에 필요한 전체 힘(제연설비 작동상태에서 거실에서 부속실로 통하는 출입문 개방에 필요한 힘)〔N〕
$F_{dc}$ : 자동폐쇄장치나 경첩 등을 극복할 수 있는 힘(제연설비 작동 전 거실에서 부속실로 통하는 출입문 개방에 필요한 힘)〔N〕
$F_P$ : 차압에 의해 문에 미치는 힘〔N〕
$K_d$ : 상수(SI 단위 : 1)
$W$ : 문의 폭〔m〕
$A$ : 문의 면적〔$m^2$〕
$\Delta P$ : 차압〔Pa〕
$d$ : 문 손잡이에서 문의 가장자리까지의 거리〔m〕

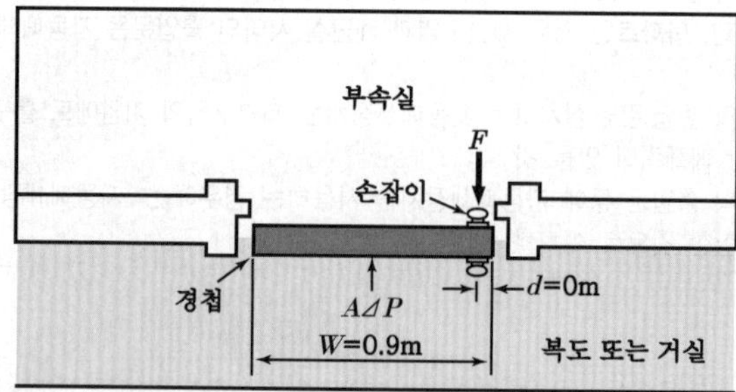


(1) 차압에 의해 **문**에 미치는 **힘** $F_P$는

$F_P = F - F_{dc} = 90\text{N} - 50\text{N} = 40\text{N}$

(2) **문**의 **면적** $A$는

$A = Wh = 0.9\text{m} \times 2\text{m} = 1.8\text{m}^2$

(3) **차압** $\Delta P = \dfrac{F_P \cdot 2(W-d)}{K_d WA}$

$= \dfrac{40\text{N} \times 2(0.9\text{m} - 0\text{m})}{1 \times 0.9\text{m} \times 1.8\text{m}^2}$

$= 44.444 \fallingdotseq 44.44\text{Pa}$

(4) 화재안전기준에서 정하는 최소차압은 **40Pa**(옥내에 스프링클러가 설치된 경우 **12.5Pa**)이므로
**최소차압**과의 **차이**$= 44.44\text{Pa} - 40\text{Pa} = 4.44\text{Pa}$

- $K_d = 1$(m, m$^2$, N이 SI 단위이므로 '1'을 적용한다. ft, ft$^2$, lb 단위를 사용하였다면 $K_d = 5.2$이다.
- $F_{dc}$ : **'도어체크의 저항력'**이라고도 부른다.
- $d = 0\text{m}$(〔조건 ④〕에서 손잡이가 출입문 끝에 설치되어 있으므로 0m)
- 40Pa＝화재안전기준에서 정하는 최소차압(〔조건 ⑤〕에서 스프링클러설비가 설치되어 있지 않으므로 **NFPC 501A 제6조, NFTC 501A 2.3.1**에 의해 **40Pa**을 적용한다. 스프링클러설비가 설치되어 있다면 **12.5Pa** 적용)

**예제 급기가압에 따른 62Pa의 차압이 걸려 있는 실의 문의 크기가 1m×2m일 때 문개방에 필요한 힘〔N〕은? (단, 자동폐쇄장치나 경첩 등을 극복할 수 있는 힘은 44N이고, 문의 손잡이는 문 가장자리에서 10cm 위치에 있다.)**

해설 **문 개방**에 필요한 **전체 힘**

$$F = F_{dc} + F_P, \quad F_P = \frac{K_d WA\Delta P}{2(W-d)}$$

여기서, $F$ : 문 개방에 필요한 전체 힘〔N〕
$F_{dc}$ : 자동폐쇄장치나 경첩 등을 극복할 수 있는 힘〔N〕
$F_P$ : 차압에 의해 문에 미치는 힘〔N〕
$K_d$ : 상수(SI 단위 : 1)
$W$ : 문의 폭〔m〕
$A$ : 문의 면적〔m$^2$〕
$\Delta P$ : 차압〔Pa〕
$d$ : 문 손잡이에서 문의 가장자리까지의 거리〔m〕

$$F = F_{dc} + \frac{K_d WA\Delta P}{2(W-d)}$$

**문 개방**에 필요한 **힘** $F$는

$$F = F_{dc} + \frac{K_d WA\Delta P}{2(W-d)}$$

$$= 44\text{N} + \frac{1 \times 1\text{m} \times (1 \times 2)\text{m}^2 \times 62\text{Pa}}{2(1\text{m} - 10\text{cm})} = 44\text{N} + \frac{1 \times 1\text{m} \times 2\text{m}^2 \times 62\text{Pa}}{2(1\text{m} - 0.1\text{m})} \fallingdotseq 112.9\text{N}$$

비교

**문**의 **상하단부 압력차**

$$\Delta P = 3460\left(\frac{1}{T_o} - \frac{1}{T_i}\right) \cdot H$$

여기서, $\Delta P$ : 문의 상하단부 압력차〔Pa〕
$T_o$ : 외부온도(대기온도)〔K〕
$T_i$ : 내부온도(화재실온도)〔K〕
$H$ : 중성대에서 상단부까지의 높이〔m〕

**예제** 문의 상단부와 하단부의 누설면적이 동일하다고 할 때 중성대에서 상단부까지의 높이가 1.49m인 문의 상단부와 하단부의 압력차〔Pa〕는? (단, 화재실의 온도는 600℃, 외부온도는 25℃이다.)

해설 **문**의 **상하단부 압력차**

$$\Delta P = 3460\left(\frac{1}{T_o} - \frac{1}{T_i}\right) \cdot H$$

여기서, $\Delta P$ : 문의 상하단부 압력차〔Pa〕
$T_o$ : 외부온도(대기온도)〔K〕
$T_i$ : 내부온도(화재실온도)〔K〕
$H$ : 중성대에서 상단부까지의 높이〔m〕

**문**의 **상하단부 압력차** $\Delta P$는

$$\Delta P = 3460\left(\frac{1}{T_o} - \frac{1}{T_i}\right) \cdot H = 3460\left(\frac{1}{(273+25)\text{K}} - \frac{1}{(273+600)\text{K}}\right) \times 1.49\text{m}$$
$$= 11.39\text{Pa}$$

## ☆ 문제 346

「특별피난계단의 계단실 및 부속실 제연설비의 화재안전기준」에 의거하여 급기송풍기의 설치기준 6가지를 쓰시오. (12점)

○
○
○
○
○
○

정답 ① 송풍기의 송풍능력은 송풍기가 담당하는 제연구역에 대한 급기량의 1.15배 이상으로 할 것
② 송풍기의 배출측에는 풍량조절용 댐퍼 등을 설치하여 풍량조절을 할 수 있도록 할 것
③ 송풍기의 배출측에는 풍량을 실측할 수 있는 유효한 조치를 할 것
④ 송풍기는 인접장소의 화재로부터 영향을 받지 않고 접근이 용이한 장소에 설치할 것
⑤ 송풍기는 옥내의 화재감지기의 동작에 따라 작동하도록 할 것
⑥ 송풍기와 연결되는 캔버스는 내열성이 있는 것으로 할 것

해설 특별피난계단의 계단실 및 부속실 제연설비의 화재안전기준(NFPC 501A 제19조, NFTC 501A 2.16.1)
**급기송풍기**의 **적합기준**
(1) 송풍기의 송풍능력은 송풍기가 담당하는 제연구역에 대한 급기량의 **1.15배 이상**으로 할 것(단, 풍도에서의 누설을 실측하여 조정하는 경우 제외)
(2) 송풍기에는 **풍**량조절장치를 설치하여 풍량조절을 할 수 있도록 할 것
(3) 송풍기에는 풍량을 **실**측할 수 있는 유효한 조치를 할 것
(4) 송풍기는 **인**접장소의 화재로부터 영향을 받지 않고 접근 및 점검이 용이한 장소에 설치할 것
(5) 송풍기는 옥내의 **화재감지기**의 동작에 따라 작동하도록 할 것
(6) 송풍기와 연결되는 **캔버스**는 **내열성**(**석면재료**를 **제외**한다)이 있는 것으로 할 것

**기억법** 급송 115 풍실인 캔감

☆
## 문제 347

「특별피난계단의 계단실 및 부속실 제연설비의 화재안전기준」에 의거하여 배출댐퍼 및 개폐기의 직근과 제연구역에는 전용의 수동기동장치를 설치하여야 한다. 수동기동장치에 의하여 작동되는 장치 4가지를 쓰시오. (8점)

○

○

○

○

**정답** ① 전층의 제연구역에 설치된 급기댐퍼의 개방
② 당해 층의 배출댐퍼 또는 개폐기의 개방
③ 급기송풍기 및 유입공기의 배출용 송풍기의 작동
④ 개방·고정된 모든 출입문의 개폐장치의 작동

**해설** 배출댐퍼 및 개폐기의 직근과 제연구역에 전용 수동기동장치의 설치기준[특별피난계단의 계단실 및 부속실 제연설비의 화재안전기준(NFPC 501A 제22조 제①항, NFTC 501 2.19.1)]

(1) 전층의 제연구역에 설치된 급기댐퍼의 개방
(2) 당해 층의 배출댐퍼 또는 개폐기의 개방
(3) 급기송풍기 및 유입공기의 배출용 송풍기(설치한 경우에 한한다)의 작동
(4) 개방·고정된 모든 출입문(제연구역과 옥내 사이의 출입문에 한한다)의 개폐장치의 작동

☆
## 문제 348

「특별피난계단의 계단실 및 부속실 제연설비의 화재안전기준」에 의거하여 특별피난계단의 계단실 및 부속실제연설비 제어반이 보유하여야 할 기능 5가지를 쓰시오. (10점)

○

○

○

○

○

**정답** ① 급기용 댐퍼의 개폐에 대한 감시 및 원격조작기능
② 배출댐퍼 또는 개폐기의 작동 여부에 대한 감시 및 원격조작기능
③ 제연구역의 출입문의 일시적인 고정개방 및 작동에 대한 감시 및 원격조작기능
④ 수동기동장치의 작동 여부에 대한 감시기능
⑤ 감시선로의 단선에 대한 감시기능

**해설** **특별피난계단**의 **계단실** 및 **부속실 제연설비 제어반**의 **보유기능**[특별피난계단의 계단실 및 부속실 제연설비의 화재안전기준(NFPC 501A 제23조, NFTC 501A 2.20.1.2)]

(1) **급기용 댐퍼**의 개폐에 대한 감시 및 **원격조작기능**
(2) **배출댐퍼** 또는 개폐기의 작동 여부에 대한 **감시** 및 **원격조작기능**
(3) 급기송풍기와 유입공기의 **배출용 송풍기**(설치한 경우)의 작동 여부에 대한 **감시** 및 **원격조작기능**
(4) 제연구역의 **출**입문의 일시적인 **고정개방** 및 **작동**에 대한 **감시** 및 **원격조작기능**
(5) **수동기동장치**의 **작동 여부**에 대한 **감시기능**
(6) 급기구 개구율의 **자**동조절장치(설치한 경우)의 작동 여부에 대한 감시기(단, 급기구에 차압표시계를 고정부착한 자동차압급기댐퍼를 설치하고 당해 제어반에도 차압표시계를 설치한 경우 제외)

(7) **감시선로**의 **단**선에 대한 **감시기능**
(8) 예비전원이 확보되고 예비전원의 적합 여부를 시험할 수 있어야 할 것

기억법 **특급배송 출감원 수감단자**

## 문제 349

**특별피난계단의 계단실 및 부속실 제연설비의 화재안전성능기준(NFPC 501A)상 제연설비의 시험기준 4가지를 쓰시오. (16점)**

○
○
○
○

정답 ① 제연구역의 모든 출입문 등의 크기와 열리는 방향이 설계시와 동일한지 여부를 확인할 것
② 제연구역의 출입문 및 복도와 거실(옥내가 복도와 거실로 되어 있는 경우에 한함) 사이의 출입문마다 제연설비가 작동하고 있지 아니한 상태에서 그 폐쇄력을 측정할 것
③ 층별로 화재감지기(수동기동장치를 포함)를 동작시켜 제연설비가 작동하는지 여부를 확인할 것(단, 둘 이상의 특정소방대상물이 지하에 설치된 주차장으로 연결되어 있는 경우에는 특정소방대상물의 화재감지기 및 주차장에서 하나의 특정소방대상물의 제연구역으로 들어가는 입구에 설치된 제연용 연기감지기의 작동에 따라 해당 특정소방대상물의 수직풍도에 연결된 모든 제연구역의 댐퍼가 개방되도록 하거나 해당 특정소방대상물을 포함한 둘 이상의 특정소방대상물의 모든 제연구역의 댐퍼가 개방되도록 하고 비상전원을 작동시켜 급기 및 배기용 송풍기의 성능이 정상인지 확인할 것)
④ 위 ③의 기준에 따라 제연설비가 작동하는 경우 방연풍속, 차압 및 출입문의 개방력과 자동닫힘 등이 적합한지 여부를 확인하는 시험을 실시할 것

해설 **제연설비**의 **시험기준**[특별피난계단의 계단실 및 부속실 제연설비의 화재안전기준(NFPC 501A 제25조, NFTC 501A 2.22)]
(1) 제연구역의 모든 출입문 등의 크기와 열리는 방향이 설계시와 동일한지 여부를 확인할 것
(2) 제연구역의 **출입문** 및 **복도**와 **거실**(옥내가 복도와 거실로 되어 있는 경우에 한함) 사이의 출입문마다 제연설비가 작동하고 있지 아니한 상태에서 그 **폐쇄력**을 측정할 것
(3) 층별로 화재감지기(수동기동장치를 포함)를 동작시켜 제연설비가 작동하는지 여부를 확인할 것(단, 둘 이상의 특정소방대상물이 지하에 설치된 주차장으로 연결되어 있는 경우에는 특정소방대상물의 화재감지기 및 주차장에서 하나의 특정소방대상물의 제연구역으로 들어가는 입구에 설치된 제연용 연기감지기의 작동에 따라 해당 특정소방대상물의 수직풍도에 연결된 모든 제연구역의 댐퍼가 개방되도록 하거나 해당 특정소방대상물을 포함한 둘 이상의 특정소방대상물의 모든 제연구역의 댐퍼가 개방되도록 하고 비상전원을 작동시켜 급기 및 배기용 송풍기의 성능이 정상인지 확인할 것)
(4) 위 (3)의 기준에 따라 제연설비가 작동하는 경우 **방연풍속**, **차압** 및 출입문의 **개방력**과 **자동닫힘** 등이 적합한지 여부를 확인하는 시험을 실시할 것

☆☆☆

### 문제 350

전실(특별피난계단 또는 비상용 승강기의 승강장) 제연설비의 점검방법 7가지를 쓰시오. (14점)

○
○
○
○
○
○
○

정답 ① 옥내감지기 작동 또는 수동기동스위치 작동
② 화재경보발생 및 댐퍼개방 확인
③ 송풍기가 작동하여 계단실 및 부속실에 공기가 유입되는지 확인
④ 전실 내의 차압 측정
⑤ 출입문을 개방한 후 계단실 및 부속실의 방연풍속 측정
⑥ 전실 내에서 과압발생시 과압배출장치 작동 여부 확인
⑦ 수동기동스위치를 작동한 경우 스위치 복구

해설 **전실**(특별피난계단 또는 비상용 승강기의 승강장) **제연설비**의 **점검방법**
(1) **옥내감지기** 작동 또는 **수동기동스위치** 작동
(2) **화재경보발생** 및 **댐퍼개방** 확인
(3) 송풍기가 작동하여 계단실 및 부속실에 **공기**가 **유입**되는지 확인
(4) 전실 내의 **차압** 측정
(5) **출입문**을 **개방**한 후 계단실 및 부속실의 **방연풍속** 측정
(6) 전실 내에서 과압발생시 **과압배출장치** 작동 여부 확인
(7) **수동기동스위치**를 작동한 경우 스위치 **복구**

☆

### 문제 351

특별피난계단의 계단실 및 부속실 제연설비의 점검 중 방연풍속의 측정방법 및 판정기준에 대하여 쓰시오. (16점)

○측정방법 :
○판정기준 :

정답 ① 측정방법
㉠ 송풍기에서 가장 먼 층을 기준으로 제연구역 1개층(20층 초과시 연속되는 2개층) 제연구역과 옥내 간의 측정을 원칙으로 하며 필요시 그 이상으로 할 수 있다.
㉡ 방연풍속은 최소 10점 이상 균등 분할하여 측정하며, 측정시 각 측정점에 대해 제연구역을 기준으로 기류가 유입(-) 또는 배출(+) 상태를 측정지에 기록한다.
㉢ 유입공기 배출장치(있는 경우)는 방연풍속을 측정하는 층만 개방한다.
㉣ 직통계단식 공동주택은 방화문 개방층의 제연구역과 연결된 세대와 면하는 외기문을 개방할 수 있다.

소방시설의 점검실무행정 종합문제 600제

② 판정기준

| 제연구역 | | 방연풍속 |
|---|---|---|
| 계단실 및 그 부속실을 동시에 제연하는 것 또는 계단실만 단독으로 제연하는 것 | | 0.5m/s 이상 |
| 부속실만 단독으로 제연하는 것 또는 비상용 승강기의 승강장만 단독으로 제연하는 것 | 부속실 또는 승강장이 면하는 옥내가 거실인 경우 | 0.7m/s 이상 |
| | 부속실 또는 승강장이 면하는 옥내가 복도로서 그 구조가 방화구조(내화시간이 30분 이상인 구조를 포함한다)인 것 | 0.5m/s 이상 |

해설 부속실 제연설비의 점검 중 방연풍속의 측정방법 및 판정기준

(1) **특별피난계단의 계단실 및 부속실의 제연설비 성능시험조사표**(소방시설 자체점검사항 등에 관한 고시 〔별지 제5호 서식〕)

① **방연풍속 측정방법**

㉠ **송**풍기에서 가장 먼 층을 기준으로 제연구역 **1개층**(20층 초과시 연속되는 **2개층**) **제연구역**과 **옥내** 간의 측정을 원칙으로 하며 필요시 그 이상으로 할 수 있다.

㉡ 방연풍속은 최소 **10점** 이상 **균등 분할**하여 측정하며, 측정시 각 측정점에 대해 제연구역을 기준으로 **기류**가 유입(−) 또는 배출(+) 상태를 측정지에 기록한다.

㉢ **유**입공기 **배**출장치(있는 경우)는 **방연풍속**을 측정하는 층만 개방한다.

㉣ **직**통계단식 **공**동주택은 방화문 개방층의 제연구역과 연결된 세대와 면하는 외기문을 개방할 수 있다.

기억법 방송제옥 10균 유배 직공

② **비개방층 차압 측정방법**

㉠ 비개방층 차압은 **"방연풍속"**의 시험조건에서 방화문이 열린 층의 직상 및 직하층을 기준층으로 하여 **5개층** 마다 1개소 측정을 원칙으로 하며 필요시 그 이상으로 할 수 있다.

㉡ **20개층**까지는 **1개층**만 개방하여 측정한다.

㉢ **21개층**부터는 **2개층**를 개방하여 측정하고, 1개층만 개방하여 추가로 측정한다.

기억법 비방5 201 212

③ **유입공기 배출량 측정방법**

㉠ **기**계배출식은 **송**풍기에서 가장 먼 층의 유입공기 배출**댐**퍼를 개방하여 측정하는 것을 원칙으로 한다.

㉡ 기타 방식은 **설**계조건에 따라 적정한 위치의 유입공기 배출**구**를 개방하여 측정하는 것을 원칙으로 한다.

기억법 유기송댐 설구

④ **송풍기 풍량 측정방법**

㉠ **"방연풍속"**의 시험조건에서 송풍기 풍량은 **피**토관 또는 기타 풍량측정장치를 사용하고, 송풍기 전동기의 전**류**, 전**압**을 측정한다.

㉡ 이때 전류 및 전압 측정값은 **동**력제어반에 표시되는 수치를 기록할 수 있다.

기억법 송방피류압동

(2) 판정기준[특별피난계단의 계단실 및 부속실 제연설비의 화재안전기준(NFPC 501A 제10조, NFTC 501A 2.7.1)]

방연풍속은 제연구역의 선정방식에 따라 다음 표의 기준에 따라야 한다.

| 제연구역 | | 방연풍속 |
|---|---|---|
| 계단실 및 그 부속실을 동시에 제연하는 것 또는 계단실만 단독으로 제연하는 것 | | **0.5m/s** 이상 |
| 부속실만 단독으로 제연하는 것 또는 비상용 승강기의 승강장만 단독으로 제연하는 것 | 부속실 또는 승강장이 면하는 옥내가 거실인 경우 | **0.7m/s** 이상 |
| | 부속실 또는 승강장이 면하는 옥내가 복도로서 그 구조가 방화구조(내화시간이 30분 이상인 구조를 포함한다)인 것 | **0.5m/s** 이상 |

## 문제 352

특별피난계단의 계단실 및 부속실 제연설비에서 전층의 출입문이 닫힌 상태에서 차압 부족의 원인 6가지를 쓰시오. (6점)

○
○
○
○
○
○

정답 ① 급기송풍기의 풍량 부족
② 급기송풍기 배출측 풍량조절댐퍼 많이 닫힘
③ 급기풍도에서의 누설
④ 급기댐퍼의 개구율 부족
⑤ 자동차압과압조절형 댐퍼의 차압조절기능 고장
⑥ 출입문과 바닥 사이의 틈새 과다

해설 전층의 출입문이 닫힌 상태에서 차압 **부족**의 원인
(1) 급기송풍기의 **풍량 부족**
(2) 급기송풍기 배출측 풍량조절댐퍼 많이 닫힘
(3) 급기풍도에서의 누설
(4) 급기댐퍼의 **개구율 부족**
(5) 자동차압과압조절형 댐퍼의 **차압조절기능** 고장
(6) 출입문과 바닥 사이의 **틈새 과다**

중요

(1) 전층의 출입문이 닫힌 상태에서 차압 **과다**의 원인
① 급기송풍기의 **풍량 과다**
② 급기송풍기 배출측 풍량조절댐퍼 **많이 열림**
③ 급기댐퍼의 **개구율 과다**
④ 자동차압과압조절형 댐퍼의 **차압조절기능** 고장
⑤ 출입문과 바닥 사이 **완전 밀폐**

(2) 방연풍속 부족의 원인
① 급기송풍기의 **풍량 부족**
② 급기송풍기 배출측 풍량조절댐퍼 많이 닫힘
③ 급기풍도에서의 누설
④ 급기댐퍼의 **개구율 부족**
⑤ 자동차압과압조절형 댐퍼의 **차압조절기능** 고장
⑥ 화재층 외의 다른 층 출입문 개방

## 문제 353

특별피난계단의 계단실 및 부속실의 제연설비에서 제연구역의 작동점검항목 및 점검내용에 대하여 제연구역의 출입문을 쓰시오. (2점)

정답 폐쇄상태 유지 또는 화재시 자동폐쇄 구조 여부

해설 **소방시설 자체점검사항 등에 관한 고시 〔별지 제4호 서식〕**
**특별피난계단의 계단실 및 부속실의 제연설비 작동점검**

| 구 분 | 점검항목 |
|---|---|
| 수직풍도에 따른 배출 | ① 배출댐퍼 설치(개폐 여부 확인 기능, 화재감지기 동작에 따른 개방) 적정 여부<br>② 배출용 송풍기가 설치된 경우 화재감지기 연동기능 적정 여부 |
| 급기구 | 급기댐퍼 설치상태(화재감지기 동작에 따른 개방) 적정 여부 |
| 송풍기 | ① 설치장소 적정(화재영향, 접근·점검 용이성) 여부<br>② 화재감지기 동작 및 수동조작에 따라 작동하는지 여부 |
| 외기취입구 | 설치위치(오염공기 유입방지, 배기구 등으로부터 이격거리) 적정 여부 |
| 제연구역의 출입문 | 폐쇄상태 유지 또는 화재시 자동폐쇄 구조 여부 |
| 수동기동장치 | ① 기동장치 설치(위치, 전원표시등 등) 적정 여부<br>② 수동기동장치(옥내 수동발신기 포함) 조작시 관련 장치 정상작동 여부 |
| 제어반 | ① 비상용 축전지의 정상 여부<br>② 제어반 감시 및 원격조작 기능 적정 여부 |
| 비상전원 | ① 자가발전설비인 경우 연료적정량 보유 여부<br>② 자가발전설비인 경우 「전기사업법」에 따른 정기점검 결과 확인 |
| 비고 | ※ 특정소방대상물의 위치·구조·용도 및 소방시설의 상황 등이 이 표의 항목대로 기재하기 곤란하거나 이 표에서 누락된 사항을 기재한다. |

## 문제 354

특별피난계단의 계단실 및 부속실의 제연설비에서 수동기동장치의 작동점검내용에 대하여 2가지를 쓰시오. (2점)

○

○

정답 ① 기동장치 설치(위치, 전원표시등 등) 적정 여부
② 수동기동장치(옥내 수동발신기 포함) 조작시 관련 장치 정상작동 여부

해설 **문제 353 참조**

☆☆

## 문제 355

특별피난계단의 계단실 및 부속실의 제연설비에서 제어반의 작동점검내용에 대하여 2가지를 쓰시오. (2점)

○

○

정답 ① 비상용 축전지의 정상 여부

② 제어반 감시 및 원격조작 기능 적정 여부

해설 **문제 353 참조**

☆

## 문제 356

특별피난계단의 계단실 및 부속실의 제연설비에서 송풍기의 종합점검항목 3가지를 쓰시오. (3점)

○

○

○

정답 ① 설치장소 적정(화재영향, 접근·점검 용이성) 여부

② 화재감지기 동작 및 수동조작에 따라 작동하는지 여부

③ 송풍기와 연결되는 캔버스 내열성 확보 여부

해설 **특별피난계단**의 **계단실 및 부속실**의 **제연설비 종합점검**(소방시설 자체점검사항 등에 관한 고시 〔별지 제4호 서식〕)

| 구 분 | 점검항목 |
|---|---|
| 과압방지조치 | ● **자동차압·과압조절형** 댐퍼(또는 **플랩댐퍼**)를 사용한 경우 성능 적정 여부 |
| 수직풍도에 따른 배출 | ① 배출댐퍼 설치(개폐 여부 확인 기능, 화재감지기 동작에 따른 개방) 적정 여부<br>② 배출용 송풍기가 설치된 경우 화재감지기 연동 기능 적정 여부 |
| 급기구 | 급기댐퍼 설치상태(화재감지기 동작에 따른 개방) 적정 여부 |
| 송풍기 | ① 설치장소 적정(화재영향, 접근·점검 용이성) 여부<br>② 화재감지기 동작 및 수동조작에 따라 작동하는지 여부<br>❸ 송풍기와 연결되는 **캔버스** 내열성 확보 여부 |
| 외기취입구 | ① 설치위치(오염공기 유입방지, 배기구 등으로부터 이격거리) 적정 여부<br>❷ 설치구조(빗물·이물질 유입방지, 옥외의 풍속과 풍향에 영향) 적정 여부 |
| 제연구역의 출입문 | ① 폐쇄상태 유지 또는 화재시 자동폐쇄 구조 여부<br>❷ 자동폐쇄장치 **폐쇄력** 적정 여부 |
| 수동기동장치 | ① 기동장치 설치(위치, 전원표시등 등) 적정 여부<br>② 수동기동장치(옥내 수동발신기 포함) 조작시 관련 장치 정상작동 여부 |
| 제어반 | ① 비상용 축전지의 정상 여부<br>② 제어반 감시 및 원격조작 기능 적정 여부 |
| 비상전원 | ❶ 비상전원 설치장소 적정 및 관리 여부<br>② 자가발전설비인 경우 연료적정량 보유 여부<br>③ 자가발전설비인 경우 「전기사업법」에 따른 정기점검 결과 확인 |
| 비고 | ※ 특정소방대상물의 위치·구조·용도 및 소방시설의 상황 등이 이 표의 항목대로 기재하기 곤란하거나 이 표에서 누락된 사항을 기재한다. |

※ "●"는 종합점검의 경우에만 해당

☆

## 문제 357

**특별피난계단의 계단실 및 부속실의 제연설비 중 제연구역의 출입문(2가지) 및 수동기동장치(2가지)에 대한 종합점검표상의 점검항목에 대하여 쓰시오. (14점)**

(가) 제연구역의 출입문 (7점)
  ○
  ○
(나) 수동기동장치 (7점)
  ○
  ○

정답 (가) ① 폐쇄상태 유지 또는 화재시 자동폐쇄 구조 여부
  ② 자동폐쇄장치 폐쇄력 적정 여부
(나) ① 기동장치 설치(위치, 전원표시등 등) 적정 여부
  ② 수동기동장치(옥내 수동발신기 포함) 조작시 관련 장치 정상작동 여부

해설 **문제 356 참조**

# 14 지하구에 설치하는 소방시설 · 연결살수설비

☆

문제 358

「지하구의 화재안전기준」에 관하여 다음 물음에 답하시오. (5점)

(가) 분기구와 환기구의 용어 정의를 각각 쓰시오. (2점)

(나) 방화벽의 용어 정의와 설치기준을 각각 쓰시오. (3점)

정답 (가) ① 분기구 : 전기, 통신, 상하수도, 난방 등의 공급시설의 일부를 분기하기 위하여 지하구의 단면 또는 형태를 변화시키는 부분

② 환기구 : 지하구의 온도, 습도의 조절 및 유해가스를 배출하기 위해 설치되는 것으로 자연환기구와 강제환기구로 구분

(나) ① 정의 : 화재시 발생한 열, 연기 등의 확산을 방지하기 위하여 설치하는 벽

② 설치기준

㉠ 내화구조로서 홀로 설 수 있는 구조일 것

㉡ 방화벽의 출입문은 60분+방화문 또는 60분 방화문으로 설치할 것

㉢ 방화벽을 관통하는 케이블·전선 등에는 국토교통부 고시(건축자재 등 품질인정 및 관리기준)에 따라 내화채움구조로 마감할 것

㉣ 방화벽은 분기구 및 국사·변전소 등의 건축물과 지하구가 연결되는 부위(건축물로부터 20m 이내)에 설치할 것

㉤ 자동폐쇄장치를 사용하는 경우에는 「자동폐쇄장치의 성능인증 및 제품검사의 기술기준」에 적합한 것으로 설치할 것

해설 (가) 용어 정의[지하구의 화재안전기준(NFPC 605 제3조, NFTC 605 1.7)]

| 용 어 | 정 의 |
|---|---|
| 제어반 | 설비, 장치 등의 조작과 확인을 위해 **제어용 계기류**, **스위치** 등을 금속제 외함에 수납한 것 |
| 분전반 | **분기개폐기·분기과전류차단기**, 그 밖에 **배선용 기기** 및 배선을 금속제 외함에 수납한 것 |
| 방화벽 | 화재시 발생한 열, 연기 등의 확산을 방지하기 위하여 설치하는 벽 |
| 분기구 | 전기, 통신, 상하수도, 난방 등의 공급시설의 일부를 분기하기 위하여 지하구의 단면 또는 형태를 변화시키는 부분 |
| 환기구 | 지하구의 온도, 습도의 조절 및 유해가스를 배출하기 위해 설치되는 것으로 **자연환기구**와 **강제환기구**로 구분 |
| 작업구 | 지하구의 유지관리를 위하여 자재, 기계기구의 반·출입 및 작업자의 출입을 위하여 만들어진 출입구 |
| 케이블 접속부 | 케이블이 지하구 내에 포설되면서 발생하는 직선접속부분을 전용의 접속재로 접속한 부분 |
| 특고압 케이블 | 사용전압이 **7000V**를 초과하는 전로에 사용하는 케이블 |

(나) 방화벽의 정의 및 설치기준[지하구의 화재안전기준(NFPC 605 제9조, NFTC 605 2.6.1)]

① 방화벽의 정의 : 화재시 발생한 열, 연기 등의 확산을 방지하기 위하여 설치하는 벽

② 방화벽의 설치기준

㉠ 내화구조로서 홀로 설 수 있는 구조일 것

㉡ 방화벽의 출입문은 60분+방화문 또는 60분 방화문으로 설치할 것

㉢ 방화벽을 관통하는 케이블·전선 등에는 국토교통부 고시(건축자재 등 품질인정 및 관리기준)에 따라 내화채움구조로 마감할 것

㉣ 방화벽은 분기구 및 국사·변전소 등의 건축물과 지하구가 연결되는 부위(건축물로부터 20m 이내)에 설치할 것

㉤ 자동폐쇄장치를 사용하는 경우에는 「자동폐쇄장치의 성능인증 및 제품검사의 기술기준」에 적합한 것으로 설치할 것

☆ **문제 359**

**연소방지설비에 대한 다음의 내용 중 (  ) 안에 알맞은 답을 쓰시오. (6점)**

ㅇ 헤드 간의 수평거리는 연소방지설비 전용 헤드의 경우에는 ( ① ) 이하, 개방형 스프링클러헤드의 경우에는 ( ② ) 이하로 할 것

ㅇ ( ③ )의 출입이 가능한 환기구 · 작업구마다 지하구의 양쪽 방향으로 살수헤드를 설정하되, 한쪽 방향의 살수구역의 길이는 ( ④ ) 이상으로 할 것. 단, ( ⑤ ) 사이의 간격이 ( ⑥ )를 초과할 경우에는 ( ⑥ ) 이내마다 살수구역을 설정하되, 지하구의 구조를 고려하여 방화벽을 설치한 경우에는 그렇지 않다.

정답 ① 2m ② 1.5m ③ 소방대원
④ 3m ⑤ 환기구 ⑥ 700m

해설 **연소방지설비의 헤드 설치기준**[지하구의 화재안전기준(NFPC 605 제8조, NFTC 605 2.4.2)]

(1) **천장** 또는 **벽면**에 설치할 것
(2) 헤드 간의 수평거리는 **연소방지설비 전용 헤드**의 경우에는 **2m 이하**, **개방형 스프링클러헤드**의 경우에는 **1.5m 이하**로 할 것
(3) 소방대원의 출입이 가능한 **환**기구 · 작업구마다 지하구의 양쪽 방향으로 살수헤드를 설정하되, 한쪽 방향의 살수구역의 길이는 3m 이상으로 할 것. 단, 환기구 사이의 간격이 700m를 초과할 경우에는 700m 이내마다 살수구역을 설정하되, 지하구의 구조를 고려하여 방화벽을 설치한 경우에는 그렇지 않다.
(4) 연소방지설비 전용 헤드를 설치할 경우에는 「소화설비용 헤드의 성능인증 및 제품검사 기술기준」에 적합한 **'살수헤드'**를 설치할 것

기억법 **천거 연환**

☆ **문제 360**

**「지하구의 화재안전기준」에서 정하는 연소방지설비의 헤드 설치기준 4가지를 쓰시오. (3점)**

ㅇ
ㅇ
ㅇ
ㅇ

정답 ① 천장 또는 벽면에 설치할 것
② 헤드 간의 수평거리는 연소방지설비 전용 헤드의 경우에는 2m 이하, 개방형 스프링클러헤드의 경우에는 1.5m 이하로 할 것
③ 소방대원의 출입이 가능한 환기구 · 작업구마다 지하구의 양쪽 방향으로 살수헤드를 설정하되, 한쪽 방향의 살수구역의 길이는 3m 이상으로 할 것. 단, 환기구 사이의 간격이 700m를 초과할 경우에는 700m 이내마다 살수구역을 설정하되, 지하구의 구조를 고려하여 방화벽을 설치한 경우에는 그렇지 않다.
④ 연소방지설비 전용 헤드를 설치할 경우에는 「소화설비용 헤드의 성능인증 및 제품검사 기술기준」에 적합한 살수헤드를 설치할 것

해설 연소방지설비의 헤드 설치기준[지하구의 화재안전기준(NFPC 605 제8조, NFTC 605 2.4.2)]

(1) **천장** 또는 **벽면**에 설치할 것
(2) 헤드 간의 수평거리는 **연소방지설비 전용 헤드**의 경우에는 **2m 이하**, **개방형 스프링클러헤드**의 경우에는 **1.5m 이하**로 할 것
(3) 소방대원의 출입이 가능한 환기구 · 작업구마다 지하구의 양쪽 방향으로 살수헤드를 설정하되, 한쪽 방향의 살수구역의 길이는 3m 이상으로 할 것. 단, 환기구 사이의 간격이 700m를 초과할 경우에는 700m 이내마다 살수구역을 설정하되, 지하구의 구조를 고려하여 방화벽을 설치한 경우에는 그렇지 않다.

(4) 연소방지설비 전용 헤드를 설치할 경우에는 「소화설비용 헤드의 성능인증 및 제품검사 기술기준」에 적합한 '**살수헤드**'를 설치할 것

**유사문제** **전력통신 배선 전용 지하구(폭 2.5m, 높이 2m, 환기구 사이의 간격 1000m)에 연소방지설비를 설치하고자 한다. 다음 각 물음에 답하시오. (5점)**

(가) 살수구역은 최소 몇 개를 설치하여야 하는지 구하시오.
 ○계산과정 :
 ○답 :

(나) 1개 구역에 설치되는 연소방지설비 전용 헤드의 최소 적용수량을 구하시오.
 ○계산과정 :
 ○답 :

(다) 1개 구역의 연소방지설비 전용 헤드 전체 수량에 적합한 최소 배관구경은 얼마인지 쓰시오. (단, 수평주행배관은 제외한다.)
 ○

**정답** (가) ○계산과정 : $\frac{1000}{700}-1=0.42 ≒ 1$개
 ○답 : 1개

(나) ○계산과정 : $S=2\times2\times\cos45°=2.828\text{m}$

벽면개수 $N_1=\frac{2}{2.828}=0.7 ≒ 1$개, $N_1'=1\times2=2$개

천장면개수 $N_2=\frac{2.5}{2.828}=0.88 ≒ 1$개

길이방향개수 $N_3=\frac{3}{2.828}=1.06 ≒ 2$개

벽면 살수구역헤드수 $=2\times2\times1=4$개

천장 살수구역헤드수 $=1\times2\times1=2$개

 ○답 : 2개

(다) 40mm

**해설** **연소방지설비**

이 설비는 **700m 이하**마다 헤드를 설치하여 **지하구**의 화재를 진압하는 것이 목적이 아니고 **화재확산**을 **막는 것**을 주목적으로 한다.

(가) 살수구역수

$$\text{살수구역수}=\frac{\text{환기구 사이의 간격 [m]}}{700\text{m}}-1(\text{절상}) \quad =\frac{1000\text{m}}{700\text{m}}-1=0.42 ≒ 1\text{개}$$

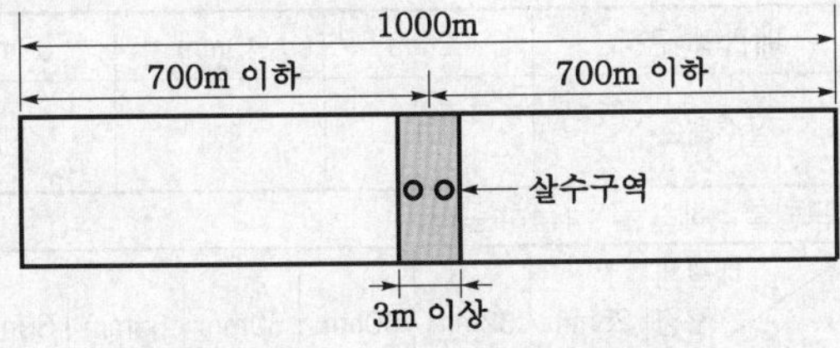


▮살수구역 및 살수헤드의 설치위치▮

- 살수구역은 환기구 사이의 간격으로 **700m** 이하마다 또는 환기구 등을 기준으로 **1개** 이상 설치하되, 하나의 살수구역의 길이는 **3m** 이상으로 할 것
- 살수구역수는 폭과 높이는 적용할 필요 없이 지하구의 길이만 적용하면 됨

소방시설의 점검실무행정 종합문제 600제

(나) 연소방지설비 전용 헤드 살수헤드수

- $h$(높이) : 2m
- $W$(폭) : 2.5m
- $L$(살수구역길이) : 3m(NFPC 605 제8조 제②항 제3호, NFTC 605 2.4.2.3)
- $r$(헤드 간 수평거리) : 연소방지설비 전용 헤드 2m 또는 개방형 스프링클러헤드 1.5m(NFPC 605 제8조 제②항 제2호, NFTC 605 2.4.2.2)

$S = 2 \times r \times \cos\theta$(일반적으로 정방향이므로 $\theta = 45°$)

$= 2 \times 2\text{m} \times \cos 45° = 2.828\text{m}$

벽면개수 $N_1 = \frac{h}{S}$(절상)$= \frac{2\text{m}}{2.828\text{m}} = 0.7 ≒ 1$개(절상)

$N_1{}' = N_1 \times 2$(벽면이 양쪽이므로)$= 1$개$\times 2 = 2$개

천장면개수 $N_2 = \frac{W}{S}$(절상)$= \frac{2.5\text{m}}{2.828\text{m}} = 0.88 ≒ 1$개(절상)

길이방향개수 $N_3 = \frac{L}{S}$(절상)$= \frac{3\text{m}}{2.828\text{m}} = 1.06 ≒ 2$개(절상)

벽면 살수구역헤드수 =벽면개수×길이방향개수×살수구역수

$= 2$개$\times 2$개$\times 1 = 4$개

천장 살수구역헤드수 =천장면개수×길이방향개수×살수구역수

$= 1$개$\times 2$개$\times 1 = 2$개

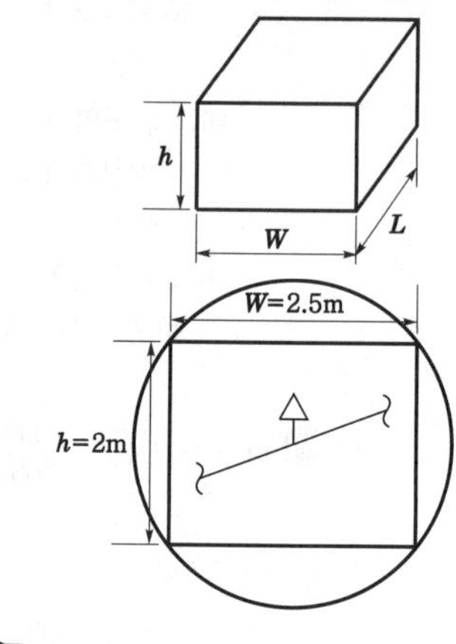


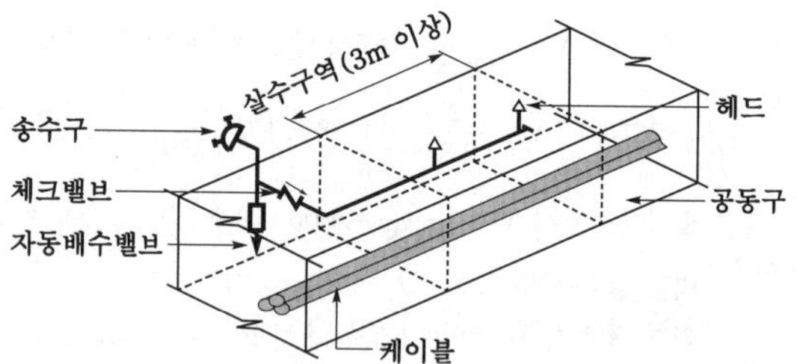


- 지하구의 화재안전기준(NFPC 605 제8조)에 의해 벽면 살수구역헤드수와 천장 살수구역헤드수를 구한 다음 **둘 중 작은 값**을 선정하면 됨
  - 지하구의 화재안전기준(NFPC 605 제8조, NFTC 605 2.4.2)
    제7조 연소방지설비의 헤드
    1. 천장 또는 벽면에 설치할 것

(다) 살수헤드수가 **2개**이므로 배관의 구경은 **40mm**를 사용하여야 한다.

- **연소방지설비**의 **배관구경**[지하구의 화재안전기준(NFPC 605 제8조, NFTC 605 2.4.1.3.1)]
  - 연소방지설비 전용 헤드를 사용하는 경우

| 배관의 구경 | 32mm | 40mm | 50mm | 65mm | 80mm |
|---|---|---|---|---|---|
| 살수헤드수 | 1개 | 2개 | 3개 | 4개 또는 5개 | 6개 이상 |

  - 스프링클러헤드를 사용하는 경우

| 구 분 \ 배관의 구경 | 25mm | 32mm | 40mm | 50mm | 65mm | 80mm | 90mm | 100mm | 125mm | 150mm |
|---|---|---|---|---|---|---|---|---|---|---|
| 폐쇄형 헤드수 | 2개 | 3개 | 5개 | 10개 | 30개 | 60개 | 80개 | 100개 | 160개 | 161개 이상 |
| 개방형 헤드수 | 1개 | 2개 | 5개 | 8개 | 15개 | 27개 | 40개 | 55개 | 90개 | 91개 이상 |

☆

## 문제 361

「지하구의 화재안전기준」에서 소화기구 및 자동소화장치의 설치기준 5가지를 쓰시오. (5점)

○
○
○
○
○

**정답** ① 소화기의 능력단위는 A급 화재는 개당 3단위 이상, B급 화재는 개당 5단위 이상 및 C급 화재에 적응성이 있는 것으로 할 것
② 소화기 한 대의 총 중량은 사용 및 운반의 편리성을 고려하여 7kg 이하로 할 것
③ 소화기는 사람이 출입할 수 있는 출입구(환기구, 작업구 포함) 부근에 5개 이상 설치할 것
④ 소화기는 바닥면으로부터 1.5m 이하의 높이에 설치할 것
⑤ 소화기의 상부에 소화기라고 표시한 조명식 또는 반사식의 표지판을 부착하여 사용자가 쉽게 인지할 수 있도록 할 것

**해설** **소화기구 및 자동소화장치의 설치기준**[지하구의 화재안전기준(NFPC 605 제5조, NFTC 605 2.1.1)]
(1) 소화기의 능력단위는 **A급 화재**는 개당 **3단위 이상**, **B급 화재**는 개당 **5단위 이상** 및 **C급 화재**에 **적응성이 있는 것**으로 할 것
(2) 소화기 한 대의 총 중량은 사용 및 운반의 편리성을 고려하여 **7kg 이하**로 할 것
(3) 소화기는 사람이 출입할 수 있는 출입구(환기구, 작업구 포함) 부근에 **5개 이상** 설치할 것
(4) 소화기는 바닥면으로부터 **1.5m 이하**의 높이에 설치할 것
(5) 소화기의 상부에 **"소화기"**라고 표시한 조명식 또는 반사식의 표지판을 부착하여 사용자가 쉽게 인지할 수 있도록 할 것

☆

## 문제 362

「지하구의 화재안전기준」에서 자동화재탐지설비 감지기의 설치기준 4가지를 쓰시오. (4점)

○
○
○
○

**정답** ① 「자동화재탐지설비 및 시각경보장치의 화재안전기준」 NFPC 203 제7조 제①항 각 호, NFTC 203 2.4.1(1)부터 2.4.1(8)의 감지기 중 먼지·습기 등의 영향을 받지 않고 발화지점(1m 단위)과 온도를 확인할 수 있는 것을 설치할 것
② 지하구 천장의 중심부에 설치하되 감지기와 천장 중심부 하단과의 수직거리는 30cm 이내로 할 것. 단, 형식승인내용에 설치방법이 규정되어 있거나, 중앙기술심의위원회의 심의를 거쳐 제조사 시방서에 따른 설치방법이 지하구화재에 적합하다고 인정되는 경우에는 형식승인내용 또는 심의결과에 의한 제조사 시방서에 따라 설치할 수 있다.
③ 발화지점이 지하구의 실제거리와 일치하도록 수신기 등에 표시할 것
④ 공동구 내부에 상수도용 또는 냉·난방용 설비만 존재하는 부분은 감지기를 설치하지 않을 수 있다.

**해설** **자동화재탐지설비 감지기의 설치기준**[지하구의 화재안전기준(NFPC 605 제6조, NFTC 605 2.2.1)]
(1) 「자동화재탐지설비 및 시각경보장치의 화재안전기준」 NFPC 203 제7조 제①항 각 호, NFTC 203 2.4.1(1)부터 2.4.1(8)의 감지기 중 먼지·습기 등의 영향을 받지 않고 발화지점(1m 단위)과 온도를 확인할 수 있는 것을 설치할 것
(2) 지하구 천장의 중심부에 설치하되 감지기와 천장 중심부 하단과의 수직거리는 **30cm 이내**로 할 것. 단, 형식승인내용에 설치방법이 규정되어 있거나, 중앙기술심의위원회의 심의를 거쳐 제조사 시방서에 따른 설치방법이 지하구화재에 적합하다고 인정되는 경우에는 형식승인내용 또는 심의결과에 의한 제조사 시방서에 따라 설치할 수 있다.
(3) 발화지점이 지하구의 실제거리와 일치하도록 수신기 등에 표시할 것
(4) 공동구 내부에 상수도용 또는 냉·난방용 설비만 존재하는 부분은 감지기를 설치하지 않을 수 있다.

★

문제 362-1

「지하구의 화재안전기준」에서 통합감시시설의 설치기준 3가지를 쓰시오. (3점)

○

○

○

정답 ① 소방관서와 지하구의 통제실 간에 화재 등 소방활동과 관련된 정보를 상시 교환할 수 있는 정보통신망을 구축할 것

② ①의 정보통신망(무선통신망 포함)은 광케이블 또는 이와 유사한 성능을 가진 선로일 것

③ 수신기는 지하구의 통제실에 설치하되 화재신호, 경보, 발화지점 등 수신기에 표시되는 정보가 〔별표 1〕에 적합한 방식으로 119상황실이 있는 관할 소방관서의 정보통신장치에 표시되도록 할 것

해설 **통합감시시설**의 **설치기준**[지하구의 화재안전기준(NFPC 605 제12조, NFTC 605 2.8.1)]

(1) 소방관서와 지하구의 통제실 간에 화재 등 소방활동과 관련된 정보를 상시 교환할 수 있는 정보통신망을 구축할 것

(2) (1)의 정보통신망(무선통신망 포함)은 광케이블 또는 이와 유사한 성능을 가진 선로일 것

(3) 수신기는 지하구의 통제실에 설치하되 화재신호, 경보, 발화지점 등 수신기에 표시되는 정보가 표 2.8.1.3에 적합한 방식으로 119상황실이 있는 관할 소방관서의 정보통신장치에 표시되도록 할 것

★

문제 363

연소방지설비의 작동점검항목에 대하여 쓰시오. (10점)

정답

| 구 분 | 점검항목 |
|---|---|
| 배관 | 급수배관 개폐밸브 적정(개폐표시형) 설치 및 관리상태 적합 여부 |
| 방수헤드 | ① 헤드의 변형 · 손상 유무<br>② 헤드 살수장애 여부<br>③ 헤드 상호간 거리 적정 여부 |
| 송수구 | ① 설치장소 적정 여부<br>② 송수구 1m 이내 살수구역 안내표지 설치상태 적정 여부<br>③ 설치높이 적정 여부<br>④ 송수구 마개 설치상태 적정 여부 |

해설 **소방시설 자체점검사항 등에 관한 고시 〔별지 제4호 서식〕**

**연소방지설비의 작동점검**

| 구 분 | 점검항목 |
|---|---|
| 배관 | 급수배관 개폐밸브 적정(개폐표시형) 설치 및 관리상태 적합 여부 |
| 방수헤드 | ① 헤드의 **변형 · 손상** 유무<br>② 헤드 **살수장애** 여부<br>③ 헤드 상호간 거리 적정 여부 |
| 송수구 | ① 설치장소 적정 여부<br>② 송수구 **1m** 이내 살수구역 안내표지 설치상태 적정 여부<br>③ 설치높이 적정 여부<br>④ 송수구 **마개** 설치상태 적정 여부 |
| 비고 | ※ 특정소방대상물의 위치 · 구조 · 용도 및 소방시설의 상황 등이 이 표의 항목대로 기재하기 곤란하거나 이 표에서 누락된 사항을 기재한다. |

☆☆

## 문제 364

연소방지설비에서 송수구의 종합점검항목 7가지를 쓰시오. (7점)

○
○
○
○
○
○
○

**정답** ① 설치장소 적정 여부
② 송수구 구경(65mm) 및 형태(쌍구형) 적정 여부
③ 송수구 1m 이내 살수구역 안내표지 설치상태 적정 여부
④ 설치높이 적정 여부
⑤ 자동배수밸브 설치상태 적정 여부
⑥ 연결배관에 개폐밸브를 설치한 경우 개폐상태 확인 및 조작 가능 여부
⑦ 송수구 마개 설치상태 적정 여부

**해설** **소방시설 자체점검사항 등에 관한 고시 〔별지 제4호 서식〕**
**연소방지설비의 종합점검**

| 구 분 | 점검항목 |
|---|---|
| 배관 | ① 급수배관 개폐밸브 적정(개폐표시형) 설치 및 관리상태 적합 여부<br>❷ 다른 설비의 배관과의 구분 상태 적정 여부 |
| 방수헤드 | ① 헤드의 **변형 · 손상** 유무<br>② 헤드 **살수장애** 여부<br>③ 헤드 상호간 거리 적정 여부<br>❹ 살수구역 설정 적정 여부 |
| 송수구 | ① 설치장소 적정 여부<br>❷ 송수구 구경(**65mm**) 및 형태(**쌍구형**) 적정 여부<br>③ 송수구 **1m** 이내 살수구역 안내표지 설치상태 적정 여부<br>④ 설치높이 적정 여부<br>❺ 자동배수밸브 설치상태 적정 여부<br>❻ 연결배관에 개폐밸브를 설치한 경우 개폐상태 확인 및 조작 가능 여부<br>⑦ 송수구 **마개** 설치상태 적정 여부 |
| 방화벽 | ❶ **방화문** 관리상태 및 정상기능 적정 여부<br>❷ 관통부위 내화성 **화재차단제** 마감 여부 |
| 비고 | ※ 특정소방대상물의 위치 · 구조 · 용도 및 소방시설의 상황 등이 이 표의 항목대로 기재하기 곤란하거나 이 표에서 누락된 사항을 기재한다. |

※ "●"는 종합점검의 경우에만 해당

☆☆

## 문제 365

연소방지설비에서 배관의 종합점검항목 2가지를 쓰시오. (2점)

○
○

**정답** ① 급수배관 개폐밸브 적정(개폐표시형) 설치 및 관리상태 적합 여부
② 다른 설비의 배관과의 구분 상태 적정 여부

**해설** **문제 364 참조**



소방시설의 점검실무행정 종합문제 600제

☆

## 문제 366

「연결살수설비의 화재안전기준」에 의거하여 다음은 연결살수설비 전용헤드를 사용하는 경우 배관의 구경 설치기준이다. 알맞은 답을 쓰시오. (10점)

| 하나의 배관에 부착하는 살수헤드의 개수 | 1개 | 2개 | 3개 | 4개 또는 5개 | 6~10개 이하 |
|---|---|---|---|---|---|
| 배관의 구경(mm) | | | | | |

정답

| 하나의 배관에 부착하는 살수헤드의 개수 | 1개 | 2개 | 3개 | 4개 또는 5개 | 6~10개 이하 |
|---|---|---|---|---|---|
| 배관의 구경(mm) | 32 | 40 | 50 | 65 | 80 |

해설 (1) 스프링클러설비의 화재안전기준(NFPC 103 [별표 1], NFTC 103 2.5.3.3)

| 구 분 \ 급수관의 구경 | 25mm | 32mm | 40mm | 50mm | 65mm | 80mm | 90mm | 100mm | 125mm | 150mm |
|---|---|---|---|---|---|---|---|---|---|---|
| 폐쇄형 헤드수 | 2개 | 3개 | 5개 | 10개 | 30개 | 60개 | 80개 | 100개 | 160개 | 161개 이상 |
| 개방형 헤드수 | 1개 | 2개 | 5개 | 8개 | 15개 | 27개 | 40개 | 55개 | 90개 | 91개 이상 |

※ 폐쇄형 스프링클러헤드 : 최대면적 3000m$^2$ 이하

(2) 연결살수설비의 화재안전기준(NFPC 503 제5조, NFTC 503 2.2.3.1)

| 배관의 구경 | 32mm | 40mm | 50mm | 65mm | 80mm |
|---|---|---|---|---|---|
| 살수헤드의 개수 | 1개 | 2개 | 3개 | 4개 또는 5개 | 6~10개 이하 |

(3) 옥내소화전설비

| 배관의 구경 | 40mm | 50mm | 65mm | 80mm | 100mm |
|---|---|---|---|---|---|
| 방수량 | 130L/min | 260L/min | 390L/min | 520L/min | 650L/min |
| 소화전수 | 1개 | 2개 | 3개 | 4개 | 5개 |

☆☆

## 문제 367

연결살수설비의 송수구 종합점검항목 11가지를 쓰시오. (11점)

○
○
○
○
○
○
○
○
○
○
○

**정답** ① 설치장소 적정 여부
② 송수구 구경(65mm) 및 형태(쌍구형) 적정 여부
③ 송수구역별 호스접결구 설치 여부(개방형 헤드의 경우)
④ 설치높이 적정 여부
⑤ 송수구에서 주배관상 연결배관 개폐밸브 설치 여부
⑥ "연결살수설비송수구" 표지 및 송수구역 일람표 설치 여부
⑦ 송수구 마개 설치 여부
⑧ 송수구의 변형 또는 손상 여부
⑨ 자동배수밸브 및 체크밸브 설치순서 적정 여부
⑩ 자동배수밸브 설치상태 적정 여부
⑪ 1개 송수구역 설치 살수헤드 수량 적정 여부(개방형 헤드의 경우)

**해설** **소방시설 자체점검사항 등에 관한 고시 〔별지 제4호 서식〕**
**연결살수설비의 종합점검**

| 구 분 | 점검항목 |
|---|---|
| 송수구 | ① 설치장소 적정 여부<br>② 송수구 구경(**65mm**) 및 형태(**쌍구형**) 적정 여부<br>③ 송수구역별 호스접결구 설치 여부(개방형 헤드의 경우)<br>④ 설치높이 적정 여부<br>❺ 송수구에서 주배관상 연결배관 개폐밸브 설치 여부<br>⑥ **"연결살수설비송수구"** 표지 및 송수구역 일람표 설치 여부<br>⑦ 송수구 **마개** 설치 여부<br>⑧ 송수구의 **변형** 또는 **손상** 여부<br>❾ **자동배수밸브** 및 **체크밸브** 설치순서 적정 여부<br>⑩ 자동배수밸브 설치상태 적정 여부<br>⓫ 1개 송수구역 설치 살수헤드 수량 적정 여부(개방형 헤드의 경우) |
| 선택밸브 | ① 선택밸브 적정 설치 및 정상작동 여부<br>② 선택밸브 부근 송수구역 **일람표** 설치 여부 |
| 배관 등 | ① 급수배관 개폐밸브 설치 적정(개폐표시형, 흡입측 버터플라이 제외) 여부<br>❷ **동결방지조치** 상태 적정 여부(습식의 경우)<br>❸ 주배관과 타 설비 배관 및 수조 접속 적정 여부(폐쇄형 헤드의 경우)<br>④ 시험장치 설치 적정 여부(폐쇄형 헤드의 경우)<br>❺ 다른 설비의 배관과의 구분 상태 적정 여부 |
| 헤드 | ① 헤드의 **변형 · 손상** 유무<br>② 헤드 설치 **위치 · 장소 · 상태**(고정) 적정 여부<br>③ 헤드 살수장애 여부 |
| 비고 | ※ 특정소방대상물의 위치 · 구조 · 용도 및 소방시설의 상황 등이 이 표의 항목대로 기재하기 곤란하거나 이 표에서 누락된 사항을 기재한다. |

※ "●"는 종합점검의 경우에만 해당

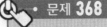

☆☆ 문제 368

연결살수설비의 헤드 종합점검항목 3가지를 쓰시오. (3점)
○
○
○

**정답** ① 헤드의 변형 · 손상 유무
② 헤드 설치 위치 · 장소 · 상태(고정) 적정 여부
③ 헤드 살수장애 여부

**해설** **문제 367 참조**

# 15 연결송수관설비

문제 369

소방시설관리사가 종합점검 중에 연결송수관설비 가압송수장치를 기동하여 연결송수관용 방수구에서 피토게이지로 측정한 방수압력이 72.54psi일 때 방수량[$m^3$/min]을 계산하시오. (단, 계산과정을 쓰고, 답은 소수점 3째자리에서 반올림하여 2째자리까지 구하시오.) (5점)

○ 계산과정 :

○ 답 :

정답 ○ 계산과정 : ① 노즐선단에서의 방수량

$$\frac{72.54}{14.7} \times 0.101325 \fallingdotseq 0.5\text{MPa}$$

$$Q = 0.653 \times 19^2 \times \sqrt{10 \times 0.5}$$

$$= 527.115\text{L/min} = 0.527115\text{m}^3/\text{min} \fallingdotseq 0.53\text{m}^3/\text{min}$$

② 방수구에서의 방수량

$$\frac{72.54}{14.7} \times 10.332 \fallingdotseq 50.985\text{m}$$

$$V = \sqrt{2 \times 9.8 \times 50.985} \fallingdotseq 31.6118\text{m/s}$$

$$Q = \frac{\pi \times 0.065^2}{4} \times 31.6118$$

$$\fallingdotseq 0.104\text{m}^3/\text{s} = (0.104 \times 60)\text{m}^3/\text{min} = 6.24\text{m}^3/\text{min}$$

○ 답 : ① 노즐선단에서의 방수량 : 0.53$m^3$/min

② 방수구에서의 방수량 : 6.24$m^3$/min

해설 (1) **노즐선단에서의 방수량**

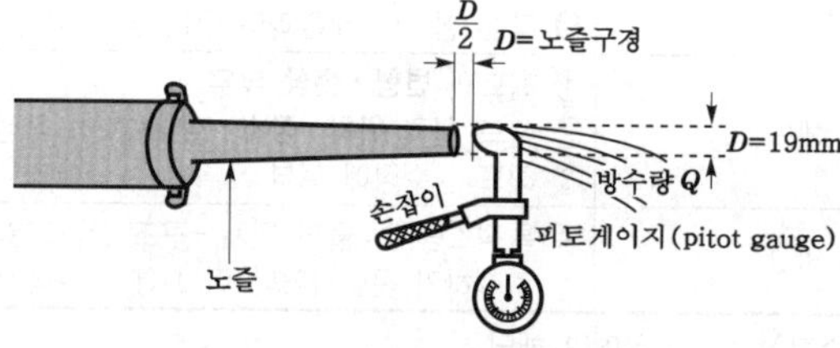


▌노즐선단에서의 방수량 측정▐

① **단위변환**

**표준대기압**

1atm=760mmHg=1.0332$kg_f/cm^2$
=10.332$mH_2O$[mAq]
=14.7psi[$lb_f/in^2$]
=101.325kPa[$kN/m^2$]
=1013mbar

14.7psi=101.325kPa=0.101325MPa

$$P = 72.54\text{psi} = \frac{72.54\text{psi}}{14.7\text{psi}} \times 0.101325\text{MPa} \fallingdotseq 0.5\text{MPa}$$

② **노즐선단에서**의 **방수량**

$$Q = 0.653D^2\sqrt{10P}$$

여기서, $Q$ : 방수량[L/min]
$D$ : 관의 내경[mm]
$P$ : 동압[MPa]

노즐선단에서의 방수량 $Q = 0.653D^2\sqrt{10P}$
$= 0.653 \times (19\text{mm})^2 \times \sqrt{10 \times 0.5\text{MPa}}$
$= 527.115\text{L/min}$
$= 0.527115\text{m}^3/\text{min}$
$\fallingdotseq 0.53\text{m}^3/\text{min}$

- $D$ : 문제에서 **연결송수관설비**이므로 노즐구경은 **19mm**(일반적으로 옥외소화전설비와 같이 연결송수관설비도 노즐구경은 19mm)
- 노즐선단에서의 방수량은 노즐의 흐름계수를 고려한 식 $Q = 0.653D^2\sqrt{10P}$를 적용해야 한다.

(2) **방수구에서**의 **방수량**

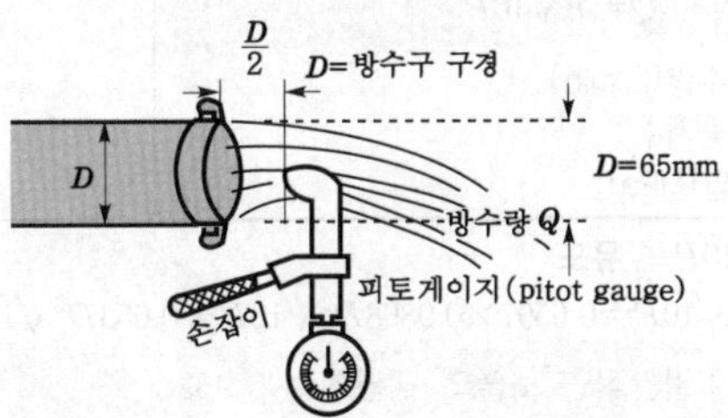


① **단위변환**

10.332mH₂O=14.7psi

$$h = 72.54\text{psi} = \frac{72.54\text{psi}}{14.7\text{psi}} \times 10.332\text{m} \fallingdotseq 50.985\text{m}$$

② **방수구**에서의 **방수량**

$$Q = AV = \frac{\pi D^2}{4}V, \quad V = \sqrt{2gh}$$

여기서, $Q$ : 방수량[m³/min]
$A$ : 단면적[m²]
$V$ : 유속[m/s]
$D$ : 내경[m]
$g$ : 중력가속도(9.8m/s²)
$h$ : 수두[m]

유속 $V = \sqrt{2gh} = \sqrt{2 \times 9.8\text{m/s}^2 \times 50.985\text{m}} \fallingdotseq 31.6118\text{m/s}$

방수구에서의 방수량 $Q = \frac{\pi D^2}{4}V = \frac{\pi \times (0.065\text{m})^2}{4} \times 31.6118\text{m/s}$
$\fallingdotseq 0.104\text{m}^3/\text{s} = (0.104 \times 60)\text{m}^3/\text{min} = 6.24\text{m}^3/\text{min}$

- $D$(0.065m) : NFPC 502 제6조, NFTC 502 2.3.1.5에 의해 방수구는 연결송수관설비의 전용 방수구 또는 옥내소화전 방수구로서 구경 **65mm**의 것으로 설치할 것(65mm=0.065m)
- 1min=60s, 1s=$\frac{1}{60}$min이므로 $0.104\text{m}^3/\text{s} = 0.104\text{m}^3 \Big/ \frac{1}{60}\text{min} = (0.104 \times 60)\text{m}^3/\text{min}$
- 이 문제는 피토게이지로 측정한 방수압력 72.54psi가 노즐선단에서 측정한 방수압력인지, 방수구에서 측정한 방수압력인지 명확하지 않으므로 이때에는 두 가지를 함께 답하도록 한다(단, 피토게이지는 노즐선단에서 측정하는 것이 원칙임).

중요

(1) **방수량**을 **구하는 식**

| 노즐선단·헤드의 방수량 | 방수구 등 노즐선단을 제외한 방수량 |
|---|---|
| $Q=0.653D^2\sqrt{10P}$<br>여기서, $Q$ : 방수량[L/min]<br>$D$ : 관의 내경[mm]<br>$P$ : 동압[MPa]<br>$Q=0.6597CD^2\sqrt{10P}$<br>여기서, $Q$ : 방수량[L/min]<br>$C$ : 노즐의 흐름계수<br>$D$ : 관의 내경[mm]<br>$P$ : 동압[MPa]<br>$Q=K\sqrt{10P}$<br>여기서, $Q$ : 방수량[L/min]<br>$K$ : 방출계수<br>$P$ : 동압[MPa] | $Q=AV=\frac{\pi D^2}{4}V$<br>여기서, $Q$ : 방수량[$m^3$/min]<br>$A$ : 단면적[$m^2$]<br>$V$ : 유속[m/s]<br>$D$ : 내경[m]<br>$V=\sqrt{2gh}$<br>여기서, $V$ : 유속[m/s]<br>$g$ : 중력가속도(9.8m/$s^2$)<br>$h$ : 수두[m] |

(2) $Q=0.653D^2\sqrt{10P}$의 **유도**

$Q=0.6597CD^2\sqrt{10P}=0.6597\times0.9898D^2\sqrt{10P}\fallingdotseq0.653D^2\sqrt{10P}$

- $C$(0.9898) : 일반적인 노즐의 흐름계수 0.9898
- $Q=0.653D^2\sqrt{10P}$ 식은 노즐의 흐름계수 0.9898이 이미 반영된 식임

## 문제 370

「국가화재안전기준」에 의거하여 송수구 가까운 곳의 보기 쉬운 곳에 송수압력범위를 표시한 표지를 설치하여야 되는 소방시설 중 화재안전기준상 규정하고 있는 소화설비의 종류 4가지를 쓰시오. (2점)

○
○
○
○

정답 ① 스프링클러설비
② 물분무소화설비
③ 포소화설비
④ 연결송수관설비

해설 송수구 가까운 곳의 보기 쉬운 곳에 **송수압력범위**를 표시한 표지를 설치하여야 되는 소방시설

(1) **스프링클러설비**[스프링클러설비의 화재안전기준(NFPC 103 제11조, NFTC 103 2.8.1.4)]
(2) **화재조기진압용 스프링클러설비**[화재조기진압용 스프링클러설비의 화재안전기준(NFPC 103B 제13조, NFTC 103B 2.10.1.4)]
(3) **물분무소화설비**[물분무소화설비의 화재안전기준(NFPC 104 제7조, NFTC 104 2.4.1.4)]
(4) **포소화설비**[포소화설비의 화재안전기준(NFPC 105 제7조, NFTC 105 2.4.14.4)]
(5) **연결송수관설비**[연결송수관설비의 화재안전기준(NFPC 502 제4조, NFTC 502 2.1.1.6)]

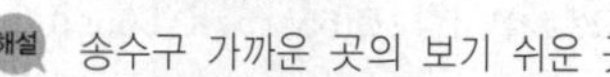

기억법 스조 물포송

- 위의 5가지 중 4가지를 쓰면 된다.

☆ 문제 371

「연결송수관설비의 화재안전기준」에 의거하여 연결송수관설비의 송수구 설치기준 중 급수개폐밸브 작동표시스위치의 설치기준을 쓰시오. (6점)

정답 ① 급수개폐밸브가 잠길 경우 탬퍼스위치의 동작으로 인하여 감시제어반 또는 수신기에 표시되어야 하며 경보음을 발할 것
② 탬퍼스위치는 감시제어반 또는 수신기에서 동작의 유무확인과 동작시험, 도통시험을 할 수 있을 것
③ 급수개폐밸브의 작동표시스위치에 사용되는 전기배선은 내화전선 또는 내열전선으로 설치할 것

해설 **스프링클러설비, 간이스프링클러설비, 화재조기진압용 스프링클러설비, 물분무소화설비, 미분무소화설비, 포소화설비, 연결송수관설비**, 급수개폐밸브 작동표시스위치의 설치기준(NFPC 103 제8조 제⑯항, NFTC 103 2.5.16 / NFPC 103A 제8조 제⑭항, NFTC 103A 2.5.14 / NFPC 103B 제8조 제⑮항, NFTC 103B 2.5.15 / NFPC 104 제6조 제⑩항, NFTC 104 2.3.10 / NFPC 104A 제11조 제⑪항, NFTC 104A 2.8.11 / NFPC 105 제7조 제⑪항, NFTC 105 2.4.12)
(1) 급수개폐밸브가 잠길 경우 탬퍼스위치의 동작으로 인하여 **감시제어반** 또는 **수신기**에 표시되어야 하며 **경보음**을 발할 것
(2) 탬퍼스위치는 감시제어반 또는 수신기에서 **동작**의 **유무확인**과 **동작시험**, **도통시험**을 할 수 있을 것
(3) 급수개폐밸브의 작동표시스위치에 사용되는 전기배선은 **내화전선** 또는 **내열전선**으로 설치할 것

☆ 문제 372

연결송수관설비에서 송수구의 작동점검내용 6가지를 쓰시오. (6점)
○
○
○
○
○
○

정답 ① 설치장소 적정 여부
② 지면으로부터 설치높이 적정 여부
③ 급수개폐밸브가 설치된 경우 설치상태 적정 및 정상 기능 여부
④ 수직배관별 1개 이상 송수구 설치 여부
⑤ "연결송수관설비송수구" 표지 및 송수압력범위 표지 적정 설치 여부
⑥ 송수구 마개 설치 여부

해설 **소방시설 자체점검사항 등에 관한 고시 〔별지 제4호 서식〕**
**연결송수관설비의 작동점검**

| 구 분 | 점검항목 |
|---|---|
| 송수구 | ① 설치장소 적정 여부<br>② 지면으로부터 설치높이 적정 여부<br>③ 급수개폐밸브가 설치된 경우 설치상태 적정 및 정상 기능 여부<br>④ 수직배관별 **1개** 이상 송수구 설치 여부<br>⑤ "**연결송수관설비송수구**" 표지 및 송수압력범위 표지 적정 설치 여부<br>⑥ 송수구 **마개** 설치 여부 |
| 방수구 | ① 방수구 형태 및 구경 적정 여부<br>② 위치표시(표시등, 축광식 표지) 적정 여부<br>③ 개폐기능 설치 여부 및 상태 적정(닫힌 상태) 여부 |
| 방수기구함 | ① **호스** 및 **관창** 비치 적정 여부<br>② "**방수기구함**" 표지 설치상태 적정 여부 |

| | |
|---|---|
| 가압송수장치 | ① 펌프 토출량 및 양정 적정 여부<br>② 방수구 개방시 자동기동 여부<br>③ 수동기동스위치 설치상태 적정 및 수동스위치 조작에 따른 기동 여부<br>④ 가압송수장치 **"연결송수관펌프"** 표지 설치 여부<br>⑤ 자가발전설비인 경우 연료적정량 보유 여부<br>⑥ 자가발전설비인 경우 「전기사업법」에 따른 정기점검 결과 확인 |
| 비고 | ※ 특정소방대상물의 위치·구조·용도 및 소방시설의 상황 등이 이 표의 항목대로 기재하기 곤란하거나 이 표에서 누락된 사항을 기재한다. |

☆

## 문제 373

연결송수관설비에서 방수구의 종합점검항목 4가지를 쓰시오. (4점)

○
○
○
○

**정답** ① 설치기준(층, 개수, 위치, 높이) 적정 여부
② 방수구 형태 및 구경 적정 여부
③ 위치표시(표시등, 축광식 표지) 적정 여부
④ 개폐기능 설치 여부 및 상태 적정(닫힌 상태) 여부

**해설** **소방시설 자체점검사항 등에 관한 고시 〔별지 제4호 서식〕**
**연결송수관설비의 종합점검**

| 구 분 | 점검항목 |
|---|---|
| 송수구 | ① 설치장소 적정 여부<br>② 지면으로부터 설치높이 적정 여부<br>③ 급수개폐밸브가 설치된 경우 설치상태 적정 및 정상 기능 여부<br>④ 수직배관별 **1개** 이상 송수구 설치 여부<br>⑤ **"연결송수관설비송수구"** 표지 및 송수압력범위 표지 적정 설치 여부<br>⑥ 송수구 **마개** 설치 여부 |
| 배관 등 | ❶ 겸용 급수배관 적정 여부<br>❷ 다른 설비의 배관과의 구분 상태 적정 여부 |
| 방수구 | ❶ 설치기준(층, 개수, 위치, 높이) 적정 여부<br>② 방수구 형태 및 구경 적정 여부<br>③ 위치표시(표시등, 축광식 표지) 적정 여부<br>④ 개폐기능 설치 여부 및 상태 적정(닫힌 상태) 여부 |
| 방수기구함 | ❶ 설치기준(층, 위치) 적정 여부<br>② **호스** 및 **관창** 비치 적정 여부<br>③ **"방수기구함"** 표지 설치상태 적정 여부 |
| 가압송수장치 | ❶ 가압송수장치 설치장소 기준 적합 여부<br>❷ 펌프 흡입측 **연성계·진공계** 및 **토출측 압력계** 설치 여부<br>❸ **성능시험배관** 및 **순환배관** 설치 적정 여부<br>④ 펌프 토출량 및 양정 적정 여부<br>⑤ 방수구 개방시 자동기동 여부<br>⑥ 수동기동스위치 설치상태 적정 및 수동스위치 조작에 따른 기동 여부<br>⑦ 가압송수장치 **"연결송수관펌프"** 표지 설치 여부<br>❽ 비상전원 설치장소 적정 및 관리 여부<br>⑨ 자가발전설비인 경우 연료적정량 보유 여부<br>⑩ 자가발전설비인 경우 「전기사업법」에 따른 정기점검 결과 확인 |
| 비고 | ※ 특정소방대상물의 위치·구조·용도 및 소방시설의 상황 등이 이 표의 항목대로 기재하기 곤란하거나 이 표에서 누락된 사항을 기재한다. |

※ "●"는 종합점검의 경우에만 해당

☆☆

## 문제 374

연결송수관설비에서 배관 등의 종합점검항목 2가지를 쓰시오. (2점)

○

○

정답 ① 겸용 급수배관 적정 여부
② 다른 설비의 배관과의 구분상태 적정 여부

해설 **문제 373 참조**

☆☆

## 문제 375

연결송수관설비에서 방수기구함의 종합점검항목 3가지를 쓰시오. (6점)

○

○

○

정답 ① 설치기준(층, 위치) 적정 여부
② 호스 및 관창 비치 적정 여부
③ "방수기구함" 표지 설치상태 적정 여부

해설 **문제 373 참조**

☆☆

## 문제 376

연결송수관설비에서 가압송수장치의 종합점검항목 10가지를 쓰시오. (12점)

○

○

○

○

○

○

○

○

○

○

정답 ① 가압송수장치 설치장소 기준 적합 여부
② 펌프 흡입측 연성계·진공계 및 토출측 압력계 설치 여부
③ 성능시험배관 및 순환배관 설치 적정 여부
④ 펌프 토출량 및 양정 적정 여부
⑤ 방수구 개방시 자동기동 여부
⑥ 수동기동스위치 설치상태 적정 및 수동스위치 조작에 따른 기동 여부
⑦ 가압송수장치 "연결송수관펌프" 표지 설치 여부
⑧ 비상전원 설치장소 적정 및 관리 여부
⑨ 자가발전설비인 경우 연료적정량 보유 여부
⑩ 자가발전설비인 경우 「전기사업법」에 따른 정기점검 결과 확인

해설 **문제 373 참조**

# 16 소화용수설비

☆☆

문제 377

**소방용수시설에 있어서 수원의 기준과 소화용수설비의 수원의 종합점검항목을 쓰시오. (20점)**

정답 ① 소방용수시설의 수원의 기준

㉠ 공통기준

- 주거지역·상업지역 및 공업지역에 설치하는 경우 : 특정소방대상물과의 수평거리를 100m 이하가 되도록 할 것
- 기타 지역에 설치하는 경우 : 특정소방대상물과의 수평거리를 140m 이하가 되도록 할 것

㉡ 소방용수시설별 설치기준

- 소화전의 설치기준 : 상수도와 연결하여 지하식 또는 지상식의 구조로 하고, 소방용 호스와 연결하는 소화전의 연결금속구의 구경은 65mm로 할 것
- 급수탑의 설치기준 : 급수배관의 구경은 100mm 이상으로 하고, 개폐밸브는 지상에서 1.5~1.7m 이하의 위치에 설치하도록 할 것
- 저수조의 설치기준
  - 지면으로부터의 낙차가 4.5m 이하일 것
  - 흡수부분의 수심이 0.5m 이상일 것
  - 소방펌프자동차가 쉽게 접근할 수 있도록 할 것
  - 흡수에 지장이 없도록 토사 및 쓰레기 등을 제거할 수 있는 설비를 갖출 것
  - 흡수관의 투입구가 사각형의 경우에는 한 변의 길이가 60cm 이상, 원형의 경우에는 지름이 60cm 이상일 것
  - 저수조에 물을 공급하는 방법은 상수도에 연결하여 자동으로 급수되는 구조일 것

② 소화용수설비의 수원의 종합점검항목 : 수원의 유효수량 적정 여부

해설 (1) **소방용수시설**의 **설치기준**(기본법 규칙 [별표 3])

① **공통기준**

㉠ **주거지역·상업지역** 및 **공업지역**에 설치하는 경우 : 소방대상물과의 수평거리를 **100m** 이하가 되도록 할 것

㉡ 기타 지역에 설치하는 경우 : 소방대상물과의 수평거리를 **140m** 이하가 되도록 할 것

② **소방용수시설**별 **설치기준**

㉠

| 소화전의 설치기준 | 급수탑의 설치기준 |
|---|---|
| 상수도와 연결하여 지하식 또는 지상식의 구조로 하고, 소방용 호스와 연결하는 소화전의 연결금속구의 구경은 **65mm**로 할 것 | 급수배관의 구경은 **100mm** 이상으로 하고, 개폐밸브는 지상에서 **1.5~1.7m** 이하의 위치에 설치하도록 할 것 |

㉡ **저**수조의 설치기준

- 지면으로부터의 **낙**차가 **4.5m** 이하일 것
- 흡수부분의 **수**심이 **0.5m** 이상일 것
- 소방펌프자동차가 **쉽**게 접근할 수 있도록 할 것
- 흡수에 지장이 없도록 토사 및 쓰레기 등을 **제**거할 수 있는 설비를 갖출 것
- 흡수관의 **투**입구가 사각형의 경우에는 한 변의 길이가 **60cm** 이상, 원형의 경우에는 지름이 **60cm** 이상일 것
- 저수조에 물을 공급하는 방법은 상수도에 연결하여 **자**동으로 **급**수되는 구조일 것

기억법 **저낙수 쉽제 투자급**

(2) **소화용수설비**의 **종합점검**(소방시설 자체점검사항 등에 관한 고시 〔별지 제4호 서식〕)

| 구 분 | | 점검항목 |
|---|---|---|
| 소화수조 및 저수조 | 수원 | 수원의 유효수량 적정 여부 |
| | 흡수관투입구 | ① 소방차 접근 용이성 적정 여부<br>❷ **크기** 및 **수량** 적정 여부<br>③ "**흡수관투입구**" 표지 설치 여부 |
| | 채수구 | ① 소방차 접근 용이성 적정 여부<br>❷ **결합금속구** 구경 적정 여부<br>❸ **채수구** 수량 적정 여부<br>④ 개폐밸브의 조작 용이성 여부 |
| | 가압송수장치 | ① 기동스위치 **채수구** 직근 설치 여부 및 정상작동 여부<br>② "**소화용수설비펌프**" 표지 설치상태 적정 여부<br>❸ 동결방지조치 상태 적정 여부<br>❹ 토출측 **압력계**, 흡입측 **연성계** 또는 **진공계** 설치 여부<br>⑤ 성능시험배관 적정 설치 및 정상작동 여부<br>⑥ 순환배관 설치 적정 여부<br>❼ 물올림장치 설치 적정(전용 여부, 유효수량, 배관구경, 자동급수) 여부<br>⑧ 내연기관방식의 펌프 설치 적정(제어반 기동, 채수구 원격조작, 기동표시등 설치, 축전지 설비) 여부 |
| 상수도 소화용수설비 | | ① 소화전 위치 적정 여부<br>② 소화전 관리상태(변형·손상 등) 및 방수 원활 여부 |
| 비고 | | ※ 특정소방대상물의 위치·구조·용도 및 소방시설의 상황 등이 이 표의 항목대로 기재하기 곤란하거나 이 표에서 누락된 사항을 기재한다. |

※ "●"는 종합점검의 경우에만 해당

☆☆

## 문제 378

소화용수설비 중 소화수조 및 저수조의 채수구 작동점검에 대하여 2가지를 쓰시오. (2점)

○

○

정답 ① 소방차 접근 용이성 적정 여부
② 개폐밸브의 조작 용이성 여부

해설 **소방시설 자체점검사항 등에 관한 고시 〔별지 제4호 서식〕**
**소화용수설비의 작동점검**

| 구 분 | | 점검항목 |
|---|---|---|
| 소화수조 및 저수조 | 수원 | 수원의 유효수량 적정 여부 |
| | 흡수관투입구 | ① 소방차 접근 용이성 적정 여부<br>② "**흡수관투입구**" 표지 설치 여부 |
| | 채수구 | ① 소방차 접근 용이성 적정 여부<br>② 개폐밸브의 조작 용이성 여부 |
| | 가압송수장치 | ① 기동스위치 **채수구** 직근 설치 여부 및 정상작동 여부<br>② "**소화용수설비펌프**" 표지 설치상태 적정 여부<br>③ 성능시험배관 적정 설치 및 정상작동 여부<br>④ 순환배관 설치 적정 여부<br>⑤ 물올림장치 설치 적정(전용 여부, 유효수량, 배관구경, 자동급수) 여부<br>⑥ 내연기관방식의 펌프 설치 적정(제어반 기동, 채수구 원격조작, 기동표시등 설치, 축전지 설비) 여부 |
| 상수도 소화용수설비 | | ① 소화전 위치 적정 여부<br>② 소화전 관리상태(변형·손상 등) 및 방수 원활 여부 |
| 비고 | | ※ 특정소방대상물의 위치·구조·용도 및 소방시설의 상황 등이 이 표의 항목대로 기재하기 곤란하거나 이 표에서 누락된 사항을 기재한다. |

☆☆
### 문제 379

소화용수설비 중 소화수조 및 저수조 가압송수장치의 종합점검항목을 6가지를 쓰시오. (6점)

○
○
○
○
○
○

정답 ① 기동스위치 채수구 직근 설치 여부 및 정상작동 여부
② "소화용수설비펌프" 표지 설치상태 적정 여부
③ 동결방지조치 상태 적정 여부
④ 토출측 압력계, 흡입측 연성계 또는 진공계 설치 여부
⑤ 성능시험배관 적정 설치 및 정상작동 여부
⑥ 순환배관 설치 적정 여부

해설 문제 377 참조

☆☆

### 문제 380

소화용수설비에서 상수도 소화용수설비의 종합점검항목 2가지를 쓰시오. (6점)

○
○

정답 ① 소화전 위치 적정 여부
② 소화전 관리상태(변형·손상 등) 및 방수 원활 여부

해설 문제 377 참조

# 17 건축물의 방화 및 피난시설

☆☆

## 문제 381

건축물의 벽의 내화구조기준에 대하여 벽과 비내력벽을 구분하여 쓰시오. (15점)

정답

| 내화구분 | 기 준 |
|---|---|
| 모든 벽 | ① 철근콘크리트조 또는 철골철근콘크리트조로서 두께가 10cm 이상인 것<br>② 골구를 철골조로 하고 그 양면을 두께 4cm 이상의 철망 모르타르로 덮은 것<br>③ 두께 5cm 이상의 콘크리트블록·벽돌 또는 석재로 덮은 것<br>④ 석조로서 철재에 덮은 콘크리트블록의 두께가 5cm 이상인 것<br>⑤ 벽돌조로서 두께가 19cm 이상인 것<br>⑥ 고온·고압의 증기로 양생된 경량기포 콘크리트판넬 또는 경량기포 콘크리트블록조로서 두께가 10cm 이상인 것 |
| 외벽 중 비내력벽 | ① 철근콘크리트조 또는 철골철근콘크리트조로서 두께가 7cm 이상인 것<br>② 골구를 철골조로 하고 그 양면을 두께 3cm 이상의 철망 모르타르로 덮은 것<br>③ 두께 4cm 이상의 콘크리트블록·벽돌 또는 석재로 덮은 것<br>④ 철재로 보강된 콘크리트블록조·벽돌조 또는 석조로서 철재에 덮은 콘크리트블록 등의 두께가 4cm 이상인 것<br>⑤ 무근콘크리트조·콘크리트블록조·벽돌조 또는 석조로서 그 두께가 7cm 이상인 것 |

해설 **건축물의 피난·방화구조 등의 기준에 관한 규칙 제3조**
**내화구조의 기준**

| 내화구분 | | 기 준 |
|---|---|---|
| 벽 | 모든 벽 | ① 철근콘크리트조 또는 **철**골철근**콘**크리트조로서 두께가 **10cm** 이상인 것<br>② 골구를 **철골**조로 하고 그 양면을 두께 **4cm** 이상의 **철망** 모르타르로 덮은 것<br>③ 두께 **5cm** 이상의 콘크리트**블록**·벽돌 또는 석재로 덮은 것<br>④ **석**조로서 철재에 덮은 콘크리트블록의 두께가 **5cm** 이상인 것<br>⑤ **벽**돌조로서 두께가 **19cm** 이상인 것<br>⑥ 고온·고압의 증기로 양생된 **경량**기포 콘크리트판넬 또는 경량기포 콘크리트블록조로서 두께가 **10cm** 이상인 것<br>기억법 **철콘10, 철골4철망, 5블록, 5석(보석), 19벽, 10경량** |
| | 외벽 중 비내력벽 | ① 철근콘크리트조 또는 철골철근콘크리트조로서 두께가 **7cm** 이상인 것<br>② 골구를 철골조로 하고 그 양면을 두께 **3cm** 이상의 철망 모르타르로 덮은 것<br>③ 두께 **4cm** 이상의 콘크리트블록·벽돌 또는 석재로 덮은 것<br>④ 철재로 보강된 콘크리트블록조·벽돌조 또는 석조로서 철재에 덮은 콘크리트블록 등의 두께가 4cm 이상인 것<br>⑤ 무근콘크리트조·콘크리트블록조·벽돌조 또는 석조로서 그 두께가 **7cm** 이상인 것 |
| 기둥 (작은 지름이 25cm 이상인 것) | | ① 철근콘크리트조 또는 철골철근콘크리트조<br>② 철골을 두께 **6cm** 이상의 철망 모르타르로 덮은 것<br>③ 두께 **7cm** 이상의 콘크리트블록·벽돌 또는 석재로 덮은 것<br>④ 철골을 두께 **5cm** 이상의 콘크리트로 덮은 것 |
| 바닥 | | ① 철근콘크리트조 또는 철골철근콘크리트조로서 두께가 **10cm** 이상인 것<br>② 철재로 보강된 콘크리트블록조·벽돌조 또는 석조로서 철재에 덮은 콘크리트블록 등의 두께가 **5cm** 이상인 것<br>③ 철재의 양면을 두께 **5cm** 이상의 철망 모르타르 또는 콘크리트로 덮은 것 |
| 보 (지붕틀 포함) | | ① 철근콘크리트조 또는 철골철근콘크리트조<br>② 철골을 두께 **6cm** 이상의 철망 모르타르로 덮은 것<br>③ 두께 **5cm** 이상의 콘크리트로 덮은 것<br>④ 철골조의 지붕틀로서 바로 아래에 반자가 없거나 **불연재료**로 된 반자가 있는 것 |
| 지붕 | | ① 철근콘크리트조 또는 철골철근콘크리트조<br>② 철재로 보강된 콘크리트블록조·벽돌조 또는 석조<br>③ 철재로 보강된 유리블록 또는 망입유리로 된 것 |
| 계단 | | ① 철근콘크리트조 또는 철골철근콘크리트조<br>② 무근콘크리트조·콘크리트블록조·벽돌조 또는 석조<br>③ 철재로 보강된 콘크리트블록조·벽돌조 또는 석조<br>④ 철골조 |

☆☆☆

## 문제 382

건축물의 방화구조기준에 대하여 4가지를 쓰시오. (10점)

○

○

○

○

**정답**

| 구조내용 | 기 준 |
|---|---|
| • 철망 모르타르 바르기 | 바름두께가 2cm 이상인 것 |
| • 석고판 위에 시멘트 모르타르 또는 회반죽을 바른 것<br>• 시멘트 모르타르 위에 타일을 붙인 것 | 두께의 합계가 2.5cm 이상인 것 |
| • 심벽에 흙으로 맞벽치기 한 것 | 그대로 모두 인정됨 |

**해설** **건축물의 피난·방화구조 등의 기준에 관한 규칙 제4조**
**방화구조의 기준**

| 구조내용 | 기 준 |
|---|---|
| • **철망** 모르타르 바르기 | 바름두께가 **2**cm 이상인 것 |
| • **석**고판 위에 **시**멘트 모르타르 또는 **회**반죽을 바른 것<br>• **시**멘트 모르타르 위에 **타**일을 붙인 것 | 두께의 합계가 **2.5**cm 이상인 것 |
| • **심**벽에 흙으로 맞벽치기 한 것 | 그대로 모두 인정됨 |
| • 한국산업표준이 정하는 바에 따라 시험한 결과 방화 2급 이상에 해당하는 것 | – |

기억법 **방철망2, 석시회25시타, 심**

☆

## 문제 383

「건축물의 피난·방화구조 등의 기준에 관한 규칙」에 의거하여 초고층 건축물에는 피난층 또는 지상으로 통하는 직통계단과 직접 연결되는 피난안전구역(초고층 건축물의 피난·안전을 위하여 지상층으로부터 최대 30개 층마다 설치하는 대피공간)을 설치하여야 한다. 피난안전구역의 구조 및 설비에 대한 기준 6가지를 쓰시오. (12점)

○

○

○

○

○

○

**정답**
① 피난안전구역의 바로 아래층 및 위층은 단열재를 설치할 것
② 피난안전구역의 내부마감재료는 불연재료로 설치할 것
③ 건축물의 내부에서 피난안전구역으로 통하는 계단은 특별피난계단의 구조로 설치할 것
④ 비상용 승강기는 피난안전구역에서 승하차할 수 있는 구조로 설치할 것
⑤ 피난안전구역에는 식수공급을 위한 급수전을 1개소 이상 설치하고 예비전원에 의한 조명설비를 설치할 것
⑥ 관리사무소 또는 방재센터 등과 긴급연락이 가능한 경보 및 통신시설을 설치할 것

해설 **건축물의 피난·방화구조 등의 기준에 관한 규칙 제8조의 2 제③항**
**피난안전구역의 구조 및 설비의 적합기준**

(1) 피난안전구역의 바로 아래층 및 위층은 「녹색건축물 조성 지원법」 제15조 제①항에 적합한 **단열재**를 설치할 것. 이 경우 아래층은 최상층에 있는 거실의 반자 또는 지붕기준을 준용하고, 위층은 최하층에 있는 거실의 바닥기준을 준용할 것
(2) 피난안전구역의 내부마감재료는 **불연재료**로 설치할 것
(3) 건축물의 내부에서 피난안전구역으로 통하는 계단은 **특별피난계단**의 구조로 설치할 것
(4) 비상용 승강기는 피난안전구역에서 **승하차**할 수 있는 구조로 설치할 것
(5) 피난안전구역에는 식수공급을 위한 **급수전**을 **1개소** 이상 설치하고 예비전원에 의한 조명설비를 설치할 것
(6) 관리사무소 또는 방재센터 등과 긴급연락이 가능한 **경보** 및 **통신시설**을 설치할 것
(7) 〔별표 1의 2〕에서 정하는 기준에 따라 산정한 **면적** 이상일 것
(8) 피난안전구역의 높이는 **2.1m** 이상일 것
(9) 「건축물의 설비기준 등에 관한 규칙」 제14조에 따른 **배연설비**를 설치할 것
(10) 그 밖에 소방청장이 정하는 소방 등 **재난관리**를 위한 설비를 갖출 것

용어

**피난안전구역**(건축법 시행령 제34조 제③항)
건축물의 피난·안전을 위하여 건축물 중간층에 설치하는 대피공간

☆☆

### 문제 384

**방화구획의 설치기준에 대하여 다음 각 물음에 답하시오. (30점)**

(가) 층면적단위의 구획기준으로서 10층 이하의 층은 바닥면적 몇 $m^2$ 이내마다 구획하여야 하는가? (단, 자동식 소화설비를 설치한 경우와 그렇지 않은 경우를 구분하여 설명할 것) (10점)
(나) 층면적단위의 구획기준으로서 자동식 소화설비가 설치된 11층 이상의 층은 바닥면적 몇 $m^2$ 이내마다 구획하여야 하는가? (단, 벽 및 반자의 실내에 접하는 부분의 마감을 불연재료로 사용한 경우와 그렇지 않은 경우를 구분하여 설명할 것) (10점)
(다) 층단위의 구획기준을 쓰시오. (5점)
(라) 용도단위의 구획기준을 쓰시오. (5점)

정답 (가) ① 자동식 소화설비를 설치한 경우 : 3000$m^2$ 이내
② 그렇지 않은 경우 : 1000$m^2$ 이내
(나) ① 불연재료로 사용한 경우 : 1500$m^2$ 이내
② 그렇지 않은 경우 : 600$m^2$ 이내
(다) 매 층마다 구획할 것
(라) 필로티나 그 밖에 이와 비슷한 구조(벽면적의 2분의 1 이상이 그 층의 바닥면에서 위층 바닥 아래면까지 공간으로 된 것만 해당)의 부분을 주차장으로 사용하는 경우 그 부분은 건축물의 다른 부분과 구획할 것

해설 **건축물의 피난·방화구조 등의 기준에 관한 규칙 제14조**
**방화구획의 설치기준**

| 구획종류 | 구획단위 | |
|---|---|---|
| 층면적단위 | 10층 이하의 층 | • 바닥면적 1000$m^2$(자동식 소화설비 설치시 3000$m^2$) 이내마다 |
| | 11층 이상의 층 | • 바닥면적 200$m^2$(자동식 소화설비 설치시 600$m^2$) 이내마다<br>• 실내마감을 불연재료로 한 경우 바닥면적 500$m^2$(자동식 소화설비 설치시 1500$m^2$) 이내마다 |
| 층단위 | 매 층마다 구획할 것(단, 지하 1층에서 지상으로 직접 연결하는 경사로 부위는 제외) | |
| 용도단위 | 필로티나 그 밖에 이와 비슷한 구조(벽면적의 2분의 1 이상이 그 층의 바닥면에서 위층 바닥 아래면까지 공간으로 된 것만 해당)의 부분을 주차장으로 사용하는 경우 그 부분은 건축물의 다른 부분과 구획할 것 | |

기억법 101000, 11200

☆
**문제 385**

「건축물의 피난·방화구조 등의 기준에 관한 규칙」에 의거하여 환기·난방 또는 냉방시설의 풍도가 방화구획을 관통하는 경우에는 그 관통부분 또는 이에 근접한 부분에 방화댐퍼를 설치하여야 한다. 방화댐퍼의 설치기준 2가지에 대하여 쓰시오. (단, 반도체공장 건축물로서 방화구획을 관통하는 풍도의 주위에 스프링클러헤드를 설치하는 경우는 제외한다.) (10점)

○

○

정답 ① 화재로 인한 연기 또는 불꽃을 감지하여 자동적으로 닫히는 구조로 할 것(단, 주방 등 연기가 항상 발생하는 부분에는 온도를 감지하여 자동적으로 닫히는 구조로 할 수 있다)
② 국토교통부장관이 정하여 고시하는 비차열 성능 및 방연성능 등의 기준에 적합할 것

해설 **건축물의 피난·방화구조 등의 기준에 관한 규칙 제14조**
**방화댐퍼의 설치기준 4가지**
(1) 화재로 인한 연기 또는 불꽃을 감지하여 **자동적**으로 닫히는 구조로 할 것(단, 주방 등 연기가 항상 발생하는 부분에는 온도를 감지하여 자동적으로 닫히는 구조로 할 수 있다)
(2) 국토교통부장관이 정하여 고시하는 **비차열** 성능 및 방연성능 등의 기준에 적합할 것

☆
**문제 386**

「건축물의 피난·방화구조 등의 기준에 관한 규칙」에 의거하여 4층 이상의 아파트에 설치하는 하향식 피난구의 구조에 대한 기준 6가지를 쓰시오. (10점)

○

○

○

○

○

○

정답 ① 피난구의 덮개는 품질시험을 실시한 결과 비차열 1시간 이상의 내화성능을 가져야 하며, 피난구의 유효개구부 규격은 직경 60cm 이상일 것
② 상층·하층 간 피난구의 수평거리는 15cm 이상 떨어져 있을 것
③ 아래층에서는 바로 위층의 피난구를 열 수 없는 구조일 것
④ 사다리는 바로 아래층의 바닥면으로부터 50cm 이하까지 내려오는 길이로 할 것
⑤ 덮개가 개방될 경우에는 건축물관리시스템 등을 통하여 경보음이 울리는 구조일 것
⑥ 피난구가 있는 곳에는 예비전원에 의한 조명설비를 설치할 것

해설 **건축물의 피난·방화구조 등의 기준에 관한 규칙 제14조 제④항**
**하향식 피난구의 구조기준**
하향식 피난구(덮개, 사다리, 승강식 피난기 및 경보시스템 포함)의 구조는 다음의 기준에 적합하게 설치해야 한다.
(1) 피난구의 덮개는 품질시험을 실시한 결과 비차열 **1시간** 이상의 내화성능을 가져야 하며, 피난구의 유효개구부 규격은 직경 60cm 이상일 것
(2) 상층·하층 간 피난구의 수평거리는 **15cm** 이상 떨어져 있을 것
(3) 아래층에서는 바로 위층의 피난구를 열 수 없는 구조일 것
(4) 사다리는 바로 아래층의 바닥면으로부터 50cm 이하까지 내려오는 길이로 할 것
(5) 덮개가 개방될 경우에는 건축물관리시스템 등을 통하여 경보음이 울리는 구조일 것
(6) 피난구가 있는 곳에는 예비전원에 의한 조명설비를 설치할 것

☆

## 문제 387

「건축물의 피난 · 방화구조 등의 기준에 관한 규칙」에 의거하여 건축물에 설치하는 복도의 유효너비에 대한 다음의 표를 완성하시오. (6점)

| 구 분 | 양옆에 거실이 있는 복도 | 기타의 복도 |
|---|---|---|
| 유치원, 초등학교, 중학교, 고등학교 | | |
| 공동주택, 오피스텔 | | |
| 당해 층 거실의 바닥면적의 합계가 $200m^2$ 이상인 경우 | | |

정답

| 구 분 | 양옆에 거실이 있는 복도 | 기타의 복도 |
|---|---|---|
| 유치원, 초등학교, 중학교, 고등학교 | 2.4m 이상 | 1.8m 이상 |
| 공동주택, 오피스텔 | 1.8m 이상 | 1.2m 이상 |
| 당해 층 거실의 바닥면적의 합계가 $200m^2$ 이상인 경우 | 1.5m 이상<br>(의료시설의 복도 1.8m 이상) | 1.2m 이상 |

해설 **건축물의 피난 · 방화구조 등의 기준에 관한 규칙 제15조의 2**
**건축물에 설치하는 복도의 유효너비**

| 구 분 | 양옆에 거실이 있는 복도 | 기타의 복도 |
|---|---|---|
| 유치원, 초등학교, 중학교, 고등학교 | **2.4m** 이상 | **1.8m** 이상 |
| 공동주택, 오피스텔 | **1.8m** 이상 | **1.2m** 이상 |
| 당해 층 거실의 바닥면적의 합계가 $200m^2$ 이상인 경우 | **1.5m** 이상<br>(의료시설의 복도 **1.8m** 이상) | **1.2m** 이상 |

☆

## 문제 388

「건축물의 피난 · 방화구조 등의 기준에 관한 규칙」에 의거하여 방화벽의 설치기준 3가지를 쓰시오. (8점)

○
○
○

정답 ① 내화구조로서 홀로 설 수 있는 구조일 것
② 방화벽의 양쪽 끝과 윗쪽 끝을 건축물의 외벽면 및 지붕면으로부터 0.5m 이상 튀어나오게 할 것
③ 방화벽에 설치하는 출입문의 너비 및 높이는 각각 2.5m 이하로 하고, 해당 출입문에는 60분+방화문 또는 60분 방화문을 설치할 것

해설 **건축물의 피난 · 방화구조 등의 기준에 관한 규칙 제21조**
**건축물에 설치하는 방화벽의 적합기준**
(1) 내화구조로서 홀로 설 수 있는 구조일 것
(2) 방화벽의 양쪽 끝과 윗쪽 끝을 건축물의 외벽면 및 지붕면으로부터 0.5m 이상 튀어나오게 할 것
(3) 방화벽에 설치하는 출입문의 너비 및 높이는 각각 2.5m 이하로 하고, 해당 출입문에는 60분+방화문 또는 60분 방화문을 설치할 것

## 문제 389

「건축법 시행령」에 의거하여 비상용 승강기의 설치기준 2가지를 쓰시오. (10점)

○

○

정답 ① 높이 31m를 넘는 각 층의 바닥면적 중 최대바닥면적이 1500m$^2$ 이하인 건축물 : 1대 이상
② 높이 31m를 넘는 각 층의 바닥면적 중 최대바닥면적이 1500m$^2$를 넘는 건축물 : 1대에 1500m$^2$를 넘는 3000m$^2$ 이내마다 1대씩 더한 대수 이상

해설 **건축법 시행령 제90조**
**비상용 승강기의 설치기준**
(1) 높이 31m를 넘는 각 층의 바닥면적 중 최대바닥면적이 **1500m$^2$ 이하**인 건축물 : **1대** 이상
(2) 높이 31m를 넘는 각 층의 바닥면적 중 최대바닥면적이 **1500m$^2$**를 **넘는** 건축물 : 1대에 1500m$^2$를 넘는 **3000m$^2$** 이내마다 1대씩 더한 대수 이상
(3) **2대** 이상의 비상용 승강기를 설치하는 경우에는 화재가 났을 때 소화에 지장이 없도록 일정한 간격을 두고 설치
(4) 건축물에 설치하는 비상용 승강기의 구조 등에 관하여 필요한 사항은 **국토교통부령**으로 정한다.

## 문제 390

「건축법 시행령」에 대한 배연설비의 설치장소 및 설치대상을 쓰시오. (10점)

○ 설치장소 :

○ 설치대상 :

정답 ① 설치장소 : 거실(피난층 제외)
② 대상 및 규정 : 6층 이상의 건축물로서 제2종 근린생활시설 중 공연장, 종교집회장, 인터넷컴퓨터게임시설 제공업소 및 다중생활시설(공연장, 종교집회장 및 인터넷컴퓨터게임시설 제공업소는 해당 용도로 쓰는 바닥면적의 합계가 각각 300m$^2$ 이상인 경우만 해당), 문화 및 집회시설, 종교시설, 판매시설, 운수시설, 의료시설(요양병원 및 정신병원 제외), 교육연구시설 중 연구소·노유자시설 중 아동관련시설·노인복지시설(노인요양시설 제외)·수련시설 중 유스호스텔, 운동시설, 업무시설, 숙박시설, 위락시설, 관광휴게시설, 장례시설

해설 **배연설비**
(1) **설치대상**(건축법 시행령 제51조, 건축물의 설비기준 등에 관한 규칙 제14조)

| 설치장소 | 대상 및 규정 |
|---|---|
| 거실(피난층 제외) | **6층 이상**의 건축물로서 제2종 근린생활시설 중 공연장, 종교집회장, 인터넷컴퓨터게임시설 제공업소 및 다중생활시설(공연장, 종교집회장 및 인터넷컴퓨터게임시설 제공업소는 해당 용도로 쓰는 바닥면적의 합계가 각각 300m$^2$ 이상인 경우만 해당), 문화 및 집회시설, 종교시설, 판매시설, 운수시설, 의료시설(요양병원 및 정신병원 제외), 교육연구시설 중 연구소, 노유자시설 중 아동관련시설·노인복지시설(노인요양시설 제외), 수련시설 중 유스호스텔, 운동시설, 업무시설, 숙박시설, 위락시설, 관광휴게시설, 장례시설 |

(2) **설치기준**

| 구 분 | | 내 용 |
|---|---|---|
| 6층 이상 건축물의 거실 | 배연구 개수 | • 방화구획마다 **1개소** 이상 설치<br>• 배연창의 상변과 천장 또는 반자로부터 수직거리가 **0.9m** 이내일 것(단, 반자 높이가 바닥으로부터 3m 이상인 경우 배연창의 하변이 바닥으로부터 **2.1m** 이상의 위치에 놓이도록 설치) |
| | 배연구 구조 | • **열·연기감지기**에 의해 자동으로 열 수 있는 구조(**수동개폐** 가능한 것)<br>• **예비전원**에 의해 열 수 있도록 할 것 |

☆ 문제 391

「건축물의 설비기준 등에 관한 규칙」에서 규정하고 있는 특별피난계단 및 비상용 승강기의 승강장에 설치하는 배연설비의 구조에 대한 기준 7가지를 쓰시오. (12점)

○
○
○
○
○
○
○

정답 ① 배연구 및 배연풍도는 불연재료로 하고, 화재가 발생한 경우 원활하게 배연시킬 수 있는 규모로서 외기 또는 평상시에 사용하지 아니하는 굴뚝에 연결할 것
② 배연구에 설치하는 수동개방장치 또는 자동개방장치(열감지기 또는 연기감지기에 의한 것)는 손으로도 열고 닫을 수 있도록 할 것
③ 배연구는 평상시에는 닫힌 상태를 유지하고, 연 경우에는 배연에 의한 기류로 인하여 닫히지 아니하도록 할 것
④ 배연구가 외기에 접하지 아니하는 경우에는 배연기를 설치할 것
⑤ 배연기는 배연구의 열림에 따라 자동적으로 작동하고, 충분한 공기배출 또는 가압능력이 있을 것
⑥ 배연기에는 예비전원을 설치할 것
⑦ 공기유입방식을 급기가압방식 또는 급·배기방식으로 하는 경우에는 위 ① 내지 ⑥의 규정에도 불구하고 소방관계법령의 규정에 적합하게 할 것

해설 **건축물의 설비기준 등에 관한 규칙 제14조**
**특별피난계단 및 비상용 승강기의 승강장에 설치하는 배연설비의 구조에 대한 기준**
(1) 배연구 및 배연풍도는 불연재료로 하고, 화재가 발생한 경우 원활하게 배연시킬 수 있는 규모로서 외기 또는 평상시에 사용하지 아니하는 굴뚝에 연결할 것
(2) 배연구에 설치하는 **수동개방장치** 또는 **자동개방장치**(열감지기 또는 연기감지기에 의한 것)는 손으로도 열고 닫을 수 있도록 할 것
(3) 배연구는 평상시에는 닫힌 상태를 유지하고, 연 경우에는 배연에 의한 기류로 인하여 닫히지 아니하도록 할 것
(4) 배연구가 외기에 접하지 아니하는 경우에는 **배연기**를 설치할 것
(5) 배연기는 배연구의 열림에 따라 자동적으로 작동하고, 충분한 **공기배출** 또는 가압능력이 있을 것
(6) 배연기에는 **예비전원**을 설치할 것
(7) 공기유입방식을 급기가압방식 또는 급·배기방식으로 하는 경우에는 **위 ①에서 ⑥**의 규정에도 불구하고 소방관계법령의 규정에 적합하게 할 것

☆ 문제 392

「건축물의 설비기준 등에 관한 규칙」에서 규정하고 있는 배연설비의 설치기준 5가지를 쓰시오. (8점)

○
○
○
○
○

정답 ① 건축물에 방화구획이 설치된 경우에는 그 구획마다 1개소 이상의 배연창을 설치하되, 배연창의 상변과 천장 또는 반자로부터 수직거리가 0.9m 이내일 것(단, 반자높이가 바닥으로부터 3m 이상인 경우에는 배연창의 하변이 바닥으로부터 2.1m 이상의 위치에 놓이도록 설치)

② 배연창의 유효면적은 산정기준에 의하여 산정된 면적이 $1m^2$ 이상으로서 그 면적의 합계가 당해 건축물의 바닥면적 방화구획이 설치된 경우에는 그 구획된 부분의 바닥면적의 $\frac{1}{100}$ 이상일 것. 이 경우 바닥면적의 산정에 있어서 거실 바닥면적의 $\frac{1}{20}$ 이상으로 환기창을 설치한 거실의 면적은 이에 산입하지 아니한다.

③ 배연구는 연기감지기 또는 열감지기에 의하여 자동으로 열 수 있는 구조로 하되, 손으로도 열고 닫을 수 있도록 할 것

④ 배연구는 예비전원에 의하여 열 수 있도록 할 것

⑤ 기계식 배연설비를 하는 경우에는 소방관계법령의 규정에 적합하도록 할 것

해설 **건축물의 설비기준 등에 관한 규칙 제14조**
**배연설비의 설치기준**

(1) 건축물에 방화구획이 설치된 경우에는 그 구획마다 1개소 이상의 배연창을 설치하되, 배연창의 상변과 천장 또는 반자로부터 수직거리가 **0.9m** 이내일 것(단, 반자높이가 바닥으로부터 3m 이상인 경우에는 배연창의 하변이 바닥으로부터 **2.1m** 이상의 위치에 놓이도록 설치)

(2) 배연창의 유효면적은 산정기준에 의하여 산정된 면적이 $\mathbf{1m^2}$ 이상으로서 그 면적의 합계가 당해 건축물의 바닥면적 방화구획이 설치된 경우에는 그 구획된 부분의 바닥면적의 $\frac{1}{100}$ 이상일 것. 이 경우 바닥면적의 산정에 있어서 거실 바닥면적의 $\frac{1}{20}$ 이상으로 환기창을 설치한 거실의 면적은 이에 산입하지 아니한다.

(3) 배연구는 **연기감지기** 또는 **열감지기**에 의하여 자동으로 열 수 있는 구조로 하되, 손으로도 열고 닫을 수 있도록 할 것

(4) 배연구는 **예비전원**에 의하여 열 수 있도록 할 것

(5) **기계식 배연설비**를 하는 경우에는 소방관계법령의 규정에 적합하도록 할 것

★

## 문제 393

**「건축물의 설비기준 등에 관한 규칙」에 의거한 낙뢰의 우려가 있는 건축물 또는 높이 20m 이상의 건축물에는 피뢰설비를 설치하여야 한다. 피뢰설비의 기준에 대한 다음 (  ) 안에 들어갈 내용을 쓰시오. (12점)**

○ 피뢰설비는 한국산업표준이 정하는 피뢰레벨 등급에 적합한 피뢰설비일 것. 단, 위험물저장 및 처리시설에 설치하는 피뢰설비는 한국산업표준이 정하는 ( ① ) 이상이어야 한다.

○ 돌침은 건축물의 맨 윗부분으로부터 ( ② ) 이상 돌출시켜 설치하되, 「건축물의 구조기준 등에 관한 규칙」 제9조에 따른 설계하중에 견딜 수 있는 구조일 것

○ 피뢰설비의 재료는 최소 단면적이 피복이 없는 동선을 기준으로 수뢰부, 인하도선 및 접지극은 ( ③ ) 이상이거나 이와 동등 이상의 성능을 갖출 것

○ 피뢰설비의 인하도선을 대신하여 철골조의 철골구조물과 철근콘크리트조의 철근구조체 등을 사용하는 경우에는 전기적 연속성이 보장될 것. 이 경우 전기적 연속성이 있다고 판단되기 위하여는 건축물 금속구조체의 최상단부와 지표레벨 사이의 전기저항이 ( ④ ) 이하이어야 한다.

○ 측면 낙뢰를 방지하기 위하여 높이가 60m를 초과하는 건축물 등에는 지면에서 건축물 높이의 ( ⑤ )가 되는 지점부터 최상단 부분까지의 측면에 수뢰부를 설치하여야 하며, 지표레벨에서 최상단부의 높이가 150m를 초과하는 건축물은 ( ⑥ ) 지점부터 최상단 부분까지의 측면에 수뢰부를 설치할 것

정답 ① 피뢰시스템 레벨 Ⅱ ② 25cm ③ $50mm^2$ ④ 0.2Ω ⑤ $\frac{4}{5}$ ⑥ 120m

해설 **건축물의 설비기준 등에 관한 규칙 제20조**
**피뢰설비의 적합기준**

「건축법 시행령」 제87조 제②항에 따라 낙뢰의 우려가 있는 건축물, 높이 **20m** 이상의 건축물 또는 「건축법 시행령」 제118조 제①항에 따른 공작물로서 높이 20m 이상의 공작물(건축물에 「건축법 시행령」 제118조 제①항에 따른 공작물을 설치하여 그 전체 높이가 20m 이상인 것을 포함한다)에는 다음의 기준에 적합하게 피뢰설비를 설치하여야 한다.

(1) 피뢰설비는 한국산업표준이 정하는 피뢰레벨 등급에 적합한 피뢰설비일 것. 단, 위험물저장 및 처리시설에 설치하는 피뢰설비는 한국산업표준이 정하는 **피뢰시스템 레벨 Ⅱ** 이상이어야 한다.
(2) 돌침은 건축물의 맨 윗부분으로부터 **25cm** 이상 돌출시켜 설치하되, 「건축물의 구조기준 등에 관한 규칙」 제9조에 따른 설계하중에 견딜 수 있는 구조일 것
(3) 피뢰설비의 재료는 최소 단면적이 피복이 없는 동선을 기준으로 **수뢰부**, **인하도선** 및 **접지극**은 **50mm²** 이상이거나 이와 동등 이상의 성능을 갖출 것
(4) 피뢰설비의 인하도선을 대신하여 철골조의 철골구조물과 철근콘크리트조의 철근구조체 등을 사용하는 경우에는 전기적 연속성이 보장될 것. 이 경우 전기적 연속성이 있다고 판단되기 위하여는 건축물 금속구조체의 최상단부와 지표레벨 사이의 전기저항이 **0.2**Ω 이하이어야 한다.
(5) 측면 낙뢰를 방지하기 위하여 높이가 **60m**를 초과하는 건축물 등에는 지면에서 건축물 높이의 $\frac{4}{5}$가 되는 지점부터 최상단 부분까지의 측면에 수뢰부를 설치하여야 하며, 지표레벨에서 최상단부의 높이가 **150m**를 초과하는 건축물은 **120m** 지점부터 최상단 부분까지의 측면에 수뢰부를 설치할 것. 단, 건축물의 외벽이 금속부재로 마감되고, 금속부재 상호간에 위 (4) 후단에 적합한 전기적 연속성이 보장되며 피뢰시스템 레벨 등급에 적합하게 설치하여 인하도선에 연결한 경우에는 측면 수뢰부가 설치된 것으로 본다.
(6) **접지**는 환경오염을 일으킬 수 있는 시공방법이나 화학첨가물 등을 사용하지 아니할 것
(7) 급수·급탕·난방·가스 등을 공급하기 위하여 건축물에 설치하는 금속배관 및 금속재 설비는 **전위**가 균등하게 이루어지도록 전기적으로 접속할 것
(8) 전기설비의 접지계통과 건축물의 피뢰설비 및 통신설비 등의 접지극을 공용하는 통합접지공사를 하는 경우에는 낙뢰 등으로 인한 과전압으로부터 전기설비 등을 보호하기 위하여 한국산업표준에 적합한 **서지보호장치**(SPD)를 설치할 것
(9) 그 밖에 피뢰설비와 관련된 사항은 한국산업표준에 적합하게 설치할 것

문제 394

**「건축법 시행령」에 의거하여 공동주택 중 아파트로서 4층 이상인 층의 각 세대가 2개 이상의 직통계단을 사용할 수 없는 경우에는 발코니에 인접 세대와 공동으로 또는 각 세대별로 대피공간을 하나 이상 설치하여야 하는데 대피공간의 요건 4가지를 쓰시오. (4점)**

○
○
○
○

정답 ① 대피공간은 바깥의 공기와 접할 것
② 대피공간은 실내의 다른 부분과 방화구획으로 구획될 것
③ 대피공간의 바닥면적은 인접 세대와 공동으로 설치하는 경우에는 3m² 이상, 각 세대별로 설치하는 경우에는 2m² 이상일 것
④ 국토교통부장관이 정하는 기준에 적합할 것

해설 **건축법 시행령 제46조 제④항**
**대피공간의 요건**

(1) 대피공간은 바깥의 공기와 접할 것
(2) 대피공간은 실내의 다른 부분과 방화구획으로 구획될 것
(3) 대피공간의 바닥면적은 인접 세대와 공동으로 설치하는 경우에는 3m² 이상, 각 세대별로 설치하는 경우에는 2m² 이상일 것
(4) 국토교통부장관이 정하는 기준에 적합할 것

## 문제 395

「건축법 시행령」에 의거하여 방화구획의 기준을 적용하지 아니하거나 그 사용에 지장이 없는 범위에서 완화하여 적용할 수 있는 건축물의 부분 7가지를 쓰시오. (14점)

○
○
○
○
○
○
○

정답 ① 문화 및 집회시설(동식물원 제외), 종교시설, 운동시설 또는 장례시설의 용도로 쓰는 거실로서 시선 및 활동공간의 확보를 위하여 불가피한 부분

② 물품의 제조·가공 및 운반(보관 제외) 등에 필요한 고정식 대형기기 또는 설비의 설치를 위하여 불가피한 부분(단, 지하층인 경우에는 지하층의 외벽 한쪽 면$\left(\text{지하층의 바닥면에서 지상층 바닥 아래면까지의 외벽면적 중 } \frac{1}{4} \text{ 이상이 되는 면}\right)$ 전체가 건물 밖으로 개방되어 보행과 자동차의 진입·출입이 가능한 경우에 한정)

③ 계단실·복도 또는 승강기의 승강장 및 승강로로서 그 건축물의 다른 부분과 방화구획으로 구획된 부분(단, 해당 부분에 위치하는 설비배관 등이 바닥을 관통하는 부분은 제외)

④ 건축물의 최상층 또는 피난층으로서 대규모 회의장·강당·스카이라운지·로비 또는 피난안전구역 등의 용도로 쓰는 부분으로서 그 용도로 사용하기 위하여 불가피한 부분

⑤ 복층형 공동주택의 세대별 층간 바닥부분

⑥ 주요구조부가 내화구조 또는 불연재료로 된 주차장

⑦ 단독주택, 동물 및 식물 관련 시설 또는 국방·군사시설 중 군사시설(집회, 체육, 창고 등의 용도로 사용되는 시설만 해당)로 쓰는 건축물

해설 **건축법 시행령 제46조**

**방화구획 대상건축물에 방화구획을 적용하지 않거나 그 사용에 지장이 없는 범위에서 방화구획을 완화하여 적용할 수 있는 경우**

(1) **문화 및 집회시설**(동식물원 제외), **종교시설**, **운동시설** 또는 **장례시설**의 용도로 쓰는 거실로서 시선 및 활동공간의 확보를 위하여 불가피한 부분

(2) 물품의 **제조·가공** 및 **운반**(보관 제외) 등에 필요한 **고정식 대형기기** 또는 **설비**의 설치를 위하여 불가피한 부분$\left(\text{단, 지하층인 경우에는 지하층의 외벽 한쪽 면(지하층의 바닥면에서 지상층 바닥 아래면까지의 외벽면적 중 } \frac{1}{4} \text{ 이상이 되는 면}\right)$ 전체가 건물 밖으로 개방되어 보행과 자동차의 진입·출입이 가능한 경우에 한정]

(3) **계단실·복도** 또는 **승강기**의 **승강장** 및 **승강로**로서 그 건축물의 다른 부분과 방화구획으로 구획된 부분(단, 해당 부분에 위치하는 설비배관 등이 바닥을 관통하는 부분은 제외)

(4) 건축물의 최상층 또는 피난층으로서 **대규모 회의장·강당·스카이라운지·로비** 또는 **피난안전구역** 등의 용도로 쓰는 부분으로서 그 용도로 사용하기 위하여 불가피한 부분

(5) **복층형 공동주택**의 세대별 층간 바닥부분

(6) 주요구조부가 **내화구조** 또는 **불연재료**로 된 **주차장**

(7) **단독주택**, **동물 및 식물 관련 시설** 또는 국방·군사시설 중 **군사시설**(집회, 체육, 창고 등의 용도로 사용되는 시설만 해당)로 쓰는 건축물

(8) 건축물의 1층과 2층의 일부를 동일한 용도로 사용하며 그 건축물의 다른 부분과 방화구획으로 구획된 부분(바닥면적의 합계가 $500m^2$ 이하인 경우로 한정)

☆

**문제 396**

**「건축법 시행령」에 의거하여 4층 이상인 아파트의 발코니에 특정 구조를 설치한 경우, 대피공간을 설치하지 아니할 수 있다. 대피공간을 설치하지 않을 수 있는 경우 3가지를 쓰시오. (6점)**

○

○

○

정답 ① 인접 세대와의 경계벽이 파괴하기 쉬운 경량구조 등인 경우
② 경계벽에 피난구를 설치한 경우
③ 발코니의 바닥에 국토교통부령으로 정하는 하향식 피난구를 설치한 경우

해설 **건축법 시행령 제46조 제⑤항**
**대피공간을 설치하지 않을 수 있는 경우**
아파트의 **4층** 이상인 층에서 발코니에 다음의 어느 하나에 해당하는 구조 또는 시설을 설치한 경우에는 대피공간을 설치하지 않을 수 있다.
(1) 인접 세대와의 경계벽이 파괴하기 쉬운 **경량구조** 등인 경우
(2) **경계벽**에 **피난구**를 설치한 경우
(3) 발코니의 바닥에 국토교통부령으로 정하는 **하향식 피난구**를 설치한 경우
(4) 국토교통부장관이 제④항에 따른 대피공간과 동일하거나 그 이상의 성능이 있다고 인정하여 고시하는 구조 또는 시설을 갖춘 경우

☆

**문제 397**

**「건축법 시행령」 제51조에서 규정하고 있는 배연설비의 설치대상을 6층 이상인 건축물과 그렇지 아니한 건축물을 구분하여 쓰시오. (10점)**

(가) 6층 이상인 건축물 (5점)

(나) 층수 관계없이 모두 설치해야 하는 건축물 (5점)

정답 (가) 6층 이상인 건축물 : 6층 이상인 건축물로서 다음의 어느 하나에 해당되는 용도로 쓰는 건축물
① 제2종 근린생활시설 중 공연장, 종교집회장, 인터넷컴퓨터게임시설 제공업소 및 다중생활시설(공연장, 종교집회장 및 인터넷컴퓨터게임시설 제공업소는 해당 용도로 쓰는 바닥면적의 합계가 각각 300m$^2$ 이상인 경우만 해당)
② 문화 및 집회시설
③ 종교시설
④ 판매시설
⑤ 운수시설
⑥ 의료시설(요양병원 및 정신병원은 제외)
⑦ 교육연구시설 중 연구소
⑧ 노유자시설 중 아동관련시설, 노인복지시설(노인요양시설은 제외)
⑨ 수련시설 중 유스호스텔
⑩ 운동시설
⑪ 업무시설
⑫ 숙박시설
⑬ 위락시설
⑭ 관광휴게시설
⑮ 장례식장

(나) 층수 관계없이 모두 설치해야 하는 건축물
① 의료시설 중 요양병원 및 정신병원
② 노유자시설 중 노인요양시설·장애인 거주시설 및 장애인 의료재활시설
③ 제1종 근린생활시설 중 산후조리원

해설 **건축법 시행령 제51조**
**건축물의 거실에 배연설비를 해야 하는 경우**

(1) 거실의 채광 등 6층 이상인 건축물
  ① 제2종 근린생활시설 중 공연장, 종교집회장, 인터넷컴퓨터게임시설 제공업소 및 다중생활시설(공연장, 종교집회장 및 인터넷컴퓨터게임시설 제공업소는 해당 용도로 쓰는 바닥면적의 합계가 각각 300m² 이상인 경우만 해당)
  ② 문화 및 집회시설
  ③ **종교**시설
  ④ **판매**시설
  ⑤ **운수**시설
  ⑥ 의료시설(요양병원 및 정신병원은 제외)
  ⑦ 교육연구시설 중 **연구소**
  ⑧ 노유자시설 중 **아동관련시설, 노인복지시설**(노인요양시설은 제외)
  ⑨ 수련시설 중 **유스호스텔**
  ⑩ 운동시설
  ⑪ 업무시설
  ⑫ 숙박시설
  ⑬ 위락시설
  ⑭ 관광휴게시설
  ⑮ 장례식장

(2) 다음에 해당하는 용도로 쓰는 건축물이 층수 관계없이 모두 설치해야 하는 건축물
  ① 의료시설 중 요양병원 및 정신병원
  ② 노유자시설 중 노인요양시설 · 장애인 거주시설 및 장애인 의료재활시설
  ③ 제1종 근린생활시설 중 산후조리원

**문제 398**

**「건축물의 피난 · 방화구조 등의 기준에 관한 규칙」에 의거하여 하향식 피난구의 구조기준에 대한 다음 내용 중 (  ) 안에 들어갈 내용을 쓰시오. (8점)**

○ 피난구의 덮개(덮개와 사다리, 승강식 피난기 또는 경보시스템이 일체형으로 구성된 경우에는 그 사다리, 승강식 피난기 또는 경보시스템을 포함한다)는 품질시험을 실시한 결과 ( ① ) 1시간 이상의 내화성능을 가져야 하며, 피난구의 유효개구부 규격은 직경 ( ② )cm 이상일 것
○ 상층 · 하층간 피난구의 수평거리는 ( ③ )cm 이상 떨어져 있을 것
○ 사다리는 바로 아래층의 바닥면으로부터 ( ④ )cm 이하까지 내려오는 길이로 할 것

정답 ① 비차열
② 60
③ 15
④ 50

해설 **건축물의 피난 · 방화구조 등의 기준에 관한 규칙 제14조 제④항**
**하향식 피난구의 구조기준**

(1) 피난구의 덮개(덮개와 사다리, 승강식 피난기 또는 경보시스템이 일체형으로 구성된 경우에는 그 사다리, 승강식 피난기 또는 경보시스템을 포함한다)는 품질시험을 실시한 결과 **비차열** 1시간 이상의 내화성능을 가져야 하며, 피난구의 유효개구부 규격은 직경 **60cm** 이상일 것
(2) 상층 · 하층간 피난구의 수평거리는 **15cm** 이상 떨어져 있을 것
(3) 아래층에서는 바로 위층의 피난구를 열 수 없는 구조일 것
(4) 사다리는 바로 아래층의 바닥면으로부터 **50cm** 이하까지 내려오는 길이로 할 것
(5) 덮개가 개방될 경우에는 건축물관리시스템 등을 통하여 경보음을 울리는 구조일 것
(6) 피난구가 있는 곳에는 예비전원에 의한 조명설비를 설치할 것

# 18 기타 설비(기계분야)

☆

## 문제 399

관 내에서 발생하는 여러 가지 현상 중 공동현상(cavitation)에 대하여 기술하시오. (15점)

정답 공동현상(cavitation)

| 구분 | 내용 |
|---|---|
| 개 요 | 펌프의 흡입측 배관 내의 물의 정압이 기존의 증기압보다 낮아져서 기포가 발생되어 물이 흡입되지 않는 현상 |
| 발생현상 | ① 소음과 진동발생<br>② 관 부식<br>③ 임펠러의 손상<br>④ 펌프의 성능저하 |
| 발생원인 | ① 펌프의 흡입수두가 클 때<br>② 펌프의 마찰손실이 클 때<br>③ 펌프의 임펠러속도가 클 때<br>④ 펌프의 설치위치가 수원보다 높을 때<br>⑤ 관 내의 수온이 높을 때<br>⑥ 관 내의 물의 정압이 그때의 증기압보다 낮을 때<br>⑦ 흡입관의 구경이 작을 때<br>⑧ 흡입거리가 길 때<br>⑨ 유량이 증가하여 펌프물이 과속으로 흐를 때 |
| 방지대책 | ① 펌프의 흡입수두를 작게 한다.<br>② 펌프의 마찰손실을 작게 한다.<br>③ 펌프의 임펠러속도를 작게 한다.<br>④ 펌프의 설치위치를 수원보다 낮게 한다.<br>⑤ 양흡입펌프를 사용한다.<br>⑥ 관 내의 물의 정압을 그때의 증기압보다 높게 한다.<br>⑦ 흡입관의 구경을 크게 한다.<br>⑧ 펌프를 2개 이상 설치한다. |

해설 **관 내에서 발생하는 현상**

(1) **공동현상**(cavitation)

| 구분 | 내용 |
|---|---|
| 개 요 | • 펌프의 흡입측 배관 내의 물의 정압이 기존의 증기압보다 낮아져서 기포가 발생되어 물이 흡입되지 않는 현상 |
| 발생현상 | • **소**음과 **진**동발생<br>• 관 **부**식<br>• **임펠러**의 **손상**(수차의 날개를 해친다)<br>• 펌프의 **성**능저하<br>기억법 **소진 부임성공** |
| 발생원인 | • 펌프의 흡입수두가 클 때(소화펌프의 흡입고가 클 때)<br>• 펌프의 마찰손실이 클 때<br>• 펌프의 임펠러속도가 클 때<br>• 펌프의 설치위치가 수원보다 높을 때<br>• 관 내의 수온이 높을 때(물의 온도가 높을 때)<br>• 관 내의 물의 **정**압이 그때의 증기압보다 **낮**을 때<br>• 흡입관의 **구**경이 **작**을 때<br>• 흡입**거**리가 **길** 때<br>• 유량이 증가하여 펌프물이 과속으로 흐를 때<br>기억법 **정낮 구작 거길공** |

| | |
|---|---|
| 방지대책 | • 펌프의 흡입수두를 작게 한다.<br>• 펌프의 마찰손실을 작게 한다.<br>• 펌프의 **임펠러속도**(회전수)를 작게 한다.<br>• 펌프의 설치위치를 수원보다 낮게 한다.<br>• 양흡입펌프를 사용한다(펌프의 흡입측을 가압한다).<br>• 관 내의 물의 정압을 그때의 증기압보다 높게 한다.<br>• 흡입관의 구경을 크게 한다.<br>• 펌프를 2개 이상 설치한다. |

(2) **수격작용**(water hammering)

| | |
|---|---|
| 개 요 | • 배관 속의 물흐름을 급히 차단하였을 때 동압이 정압으로 전환되면서 일어나는 쇼크(shock)현상<br>• 배관 내를 흐르는 유체의 유속을 급격하게 변화시키므로 압력이 상승 또는 하강하여 **관로**의 **벽면**을 **치는 현상** |
| 발생원인 | • 펌프가 갑자기 정지할 때<br>• 급히 밸브를 개폐할 때<br>• 정상운전시 유체의 압력변동이 생길 때 |
| 방지대책 | • 관의 관경(직경)을 크게 한다.<br>• 관 내의 유속을 낮게 한다(관로에서 일부 고압수를 방출한다).<br>• 조압수조(surge tank)를 관선에 설치한다.<br>• **플라이휠**(fly wheel)을 설치한다.<br>• 펌프 송출구(토출측) 가까이에 밸브를 설치한다.<br>• 에어챔버(air chamber)를 설치한다. |

(3) **맥동현상**(surging)

| | |
|---|---|
| 개 요 | • 유량이 단속적으로 변하여 펌프 입출구에 설치된 **진공계 · 압력계**가 흔들리고 **진동**과 **소음**이 일어나며 펌프의 **토출유량**이 **변하는 현상** |
| 발생원인 | • 배관 중에 **수조**가 있을 때<br>• 배관 중에 **기체상태**의 부분이 있을 때<br>• **유량조절밸브**가 배관 중 수조의 위치 **후방**에 있을 때<br>• 펌프의 특성곡선이 **산모양**이고 운전점이 그 **정상부**일 때 |
| 방지대책 | • 배관 중에 불필요한 수조를 없앤다.<br>• 배관 내의 기체(공기)를 제거한다.<br>• 유량조절밸브를 배관 중 수조의 전방에 설치한다.<br>• 운전점을 고려하여 적합한 펌프를 선정한다.<br>• 풍량 또는 토출량을 줄인다. |

(4) **에어 바인딩**(air binding)＝에어 바운드(air bound)

| | |
|---|---|
| 개 요 | • 펌프 내에 공기가 차있으면 공기의 밀도는 물의 밀도보다 작으므로 수두를 감소시켜 송액이 되지 않는 현상 |
| 발생원인 | • 펌프 내에 공기가 차있을 때 |
| 방지대책 | • 펌프 작동 전 **공기**를 **제거**한다.<br>• **자동공기제거펌프**(self-priming pump)를 사용한다. |

☆☆☆

## 문제 400

관 내에서 발생하는 캐비테이션(cavitation)의 발생원인과 방지대책을 각각 3가지씩 쓰시오. (6점)

(가) 발생원인 (3점)

○

○

○

(나) 방지대책 (3점)

○

○

○

정답 (가) ① 펌프의 흡입수두가 클 때
② 펌프의 마찰손실이 클 때
③ 펌프의 임펠러속도가 클 때

(나) ① 펌프의 흡입수두를 작게 한다.
② 펌프의 마찰손실을 작게 한다.
③ 펌프의 임펠러속도를 작게 한다.

해설 **문제 399 참조**

☆☆☆

## 문제 401

소화펌프 기동시 일어날 수 있는 맥동현상(surging)의 방지대책을 5가지 쓰시오. (5점)

○

○

○

○

○

정답 ① 배관 중에 불필요한 수조 제거
② 배관 내의 공기(기체)를 제거
③ 유량조절밸브를 배관 중 수조의 전방에 설치
④ 운전점을 고려하여 적합한 펌프 선정
⑤ 풍량 또는 토출량을 줄임

해설 **문제 399 참조**

☆

## 문제 402

소방펌프의 수온상승방지장치 3가지를 쓰고 설명하시오. (10점)

○

○

○

정답 ① 릴리프밸브 설치 : 체절압력 미만에서 개방되고 최고사용압력의 125~140%에서 작동할 것
② 오리피스 설치 : 정격토출유량의 2~3%가 흐르도록 탭조절
③ 서미스터 설치 : 수온이 30℃ 이상 되면 순환배관상의 리모트밸브가 작동하여 물올림수조로 물을 배수한다.

해설 **수온상승방지장치** : 체절운전시 **수온**의 **상승**을 방지하기 위한 **순환배관**은 펌프의 토출측 체크밸브 이전에서 분기시켜 **20mm** 이상의 배관으로 설치한다.

(1) **릴리프밸브**(relief valve)의 설치 : 체절압력 미만에서 개방되고 최고사용압력의 **125~140%**에서 작동할 것
(2) **오리피스**(orifice)의 설치 : 정격토출유량의 **2~3%**가 흐르도록 탭(tap)을 조절한다.
(3) **서미스터**(thermistor)의 설치 : 수온이 **30℃ 이상** 되면 순환배관에 설치된 **리모트밸브**(remote valve)가 작동하여 물올림수조로 물을 배수한다.

중요

**릴리프밸브**와 **안전밸브**

| 구 분 | 릴리프밸브 | 안전밸브 |
|---|---|---|
| 적응유체 | **액 체** | **기 체**<br>기억법 기안(기안 올리기) |
| 개방형태 | 설정압력 초과시 **서서히 개방** | 설정압력 초과시 **순간적**으로 완전 **개방** |
| 작동압력 조정 | 조작자가 작동압력 **조정 가능** | 조작자가 작동압력 **조정불가** |
| 구조 |  |  |
| 설치 예 | <br>▌펌프 주위▐ | <br>▌안전밸브 주위▐ |

☆ 문제 403

**정격토출량 800Lpm, 정격토출양정 80m인 표준수직 원심펌프의 성능특성곡선을 그리고, 체절점, 설계점, 150% 유량점을 구하시오. (10점)**

정답

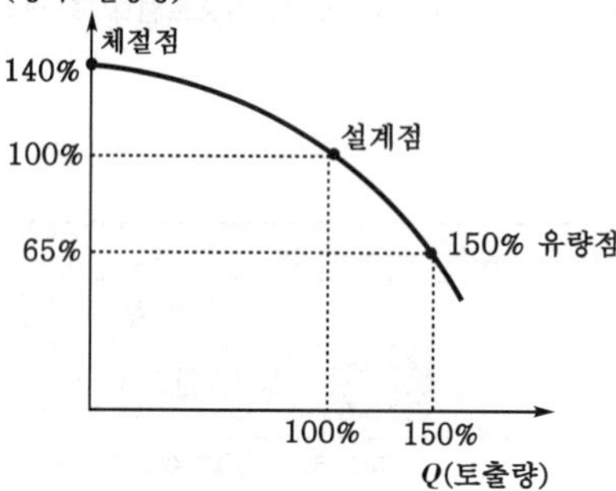


① 체절점 : 80m×1.4=112m 이하

② 설계점 : 80m×1.0=80m

③ 150% 유량점 : 80m×0.65=52m 이상

해설 **펌프**의 **성능** : 체절운전시 정격토출압력의 **140%**를 초과하지 아니하고, 정격토출량의 **150%**로 운전시 정격토출압력의 **65%** 이상이어야 한다.

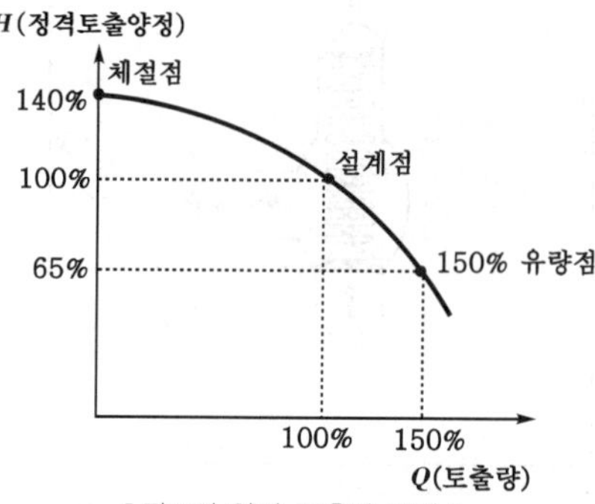


▌펌프의 양정-토출량 곡선▐

(1) **체절점 :** 정격토출양정×1.4=80m×1.4=112m 이하

- 정격토출압력(양정)의 **140%**를 **초과**하지 아니하여야 하므로 정격토출양정에 **1.4**를 곱하면 된다.
- 140%를 초과하지 아니하여야 하므로 **'이하'**라는 말을 반드시 쓸 것

(2) **설계점 :** 정격토출양정×1.0=80m×1.0=80m

- 펌프의 성능곡선에서 설계점은 **정격토출양정**의 **100%** 또는 **정격토출량**의 **100%**이다.
- 설계점은 **'이상'**, **'이하'**라는 말을 쓰지 않는다.

(3) **150% 유량점**(운전점) : 정격토출양정×0.65=80m×0.65=52m 이상

- 정격토출량의 150%로 운전시 정격토출압력(양정)의 65% 이상이어야 하므로 정격토출양정에 **0.65**를 곱하면 된다.
- 65% 이상이어야 하고 **'이상'**이라는 말을 반드시 쓸 것

중요

**체절운전, 체절압력, 체절양정**

(1) **체절운전** : **펌프**의 **성능시험**을 목적으로 펌프토출측의 개폐밸브를 닫은 상태에서 펌프를 운전하는 것

(2) **체절압력** : 체절운전시 릴리프밸브가 압력수를 방출할 때의 압력계상 압력으로 정격토출압력의 140% 이하

(3) **체절양정** : 펌프의 토출측 밸브가 모두 막힌 상태, 즉 유량이 0인 상태에서의 양정

☆

## 문제 404

배관의 외기온도변화나 충격 등에 따른 손상방지용 신축이음의 종류 5가지를 쓰시오. (5점)

○
○
○
○
○

정답 ① 벨로스형 이음
② 슬리브형 이음
③ 루프형 이음
④ 스위블형 이음
⑤ 볼조인트

해설 **신축이음**(expansion joint)의 **종류 :** 배관이 열응력 등에 의해 신축하는 것이 원인이 되어 파괴되는 것을 방지하기 위하여 사용하는 이음이다. 종류로는 **벨로스형 이음, 슬리브형 이음, 루프형 이음, 스위블형 이음, 볼조인트**의 5종류가 있다.

(1) **벨로스형**(bellows type)
① 벨로스는 관의 신축에 따라 슬리브와 함께 신축하며, 슬라이드 사이에서 유체가 새는 것을 방지한다. 벨로스가 관 내 유체의 누설을 방지한다.
② **특징**
㉠ **자체응력** 및 **누설**이 **없다**.
㉡ 설치공간이 작아도 된다.
㉢ **고압배관**에는 **부적합**하다.

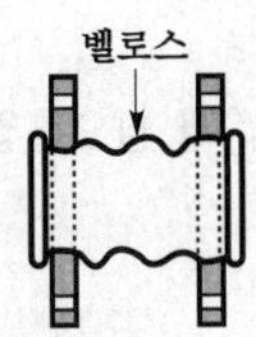


❙벨로스형 이음❙

(2) **슬리브형**(sleeve type)
① 이음 본체와 슬리브 파이프로 되어 있으며, 관의 팽창이나 수축은 본체 속을 슬라이드하는 슬리브 파이프에 의해 흡수된다. 슬리브와 본체 사이에 **패킹(packing)**을 넣어 온수 또는 증기가 새는 것을 막는다.
② **특징**
㉠ **신축성**이 크다.
㉡ **설치공간**이 루프형에 비해 적다.
㉢ 장기간 사용시 패킹의 마모로 누수의 원인이 된다.

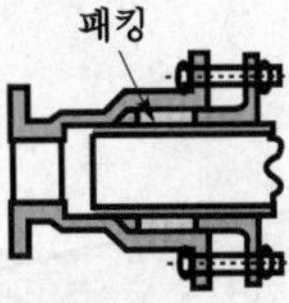


❙슬리브형 이음❙

(3) **루프형**(loop type)
① 관을 곡관으로 만들어 배관의 신축을 흡수한다.
② **특징**
㉠ 고장이 적다.
㉡ **내구성**이 좋고 **구조**가 **간단**하다.
㉢ **고온 · 고압**에 적합하다.
㉣ 신축에 따른 자체 응력이 발생한다.

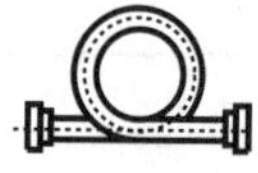
❙루프형 이음❙

(4) **스위블형**(swivel type)

① 2개 이상의 엘보를 연결하여 한쪽이 팽창하면 비틀림이 일어나 팽창을 흡수한다. 주로 **증기** 및 **온수배관**에 사용된다.

② **특징**

㉠ **설치비**가 저렴하고 **쉽게 조립**이 가능하다.

㉡ 굴곡부분에서 압력강하를 일으킨다.

㉢ 신축성이 큰 배관에는 누설의 우려가 있다.

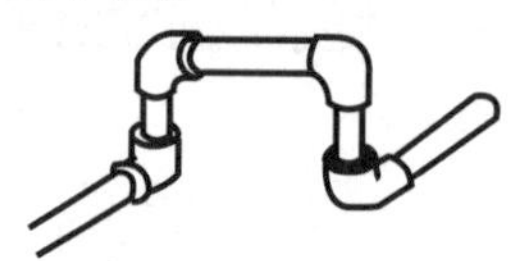
❙스위블형 이음❙

(5) **볼조인트**(ball joint) : 축방향 휨과 굽힘부분에 작용하는 회전력을 동시에 처리할 수 있으므로 **고온**의 **온수배관** 등에 널리 사용된다.

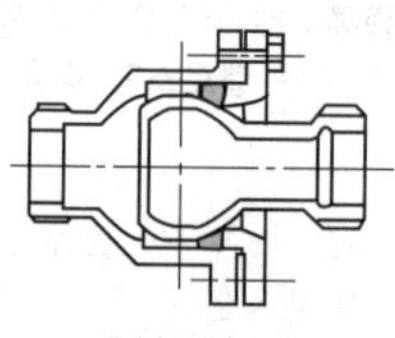
❙볼조인트❙

문제 405

**소화펌프에서 유효흡입양정($NPSH_{av}$)과 필요흡입양정($NPSH_{re}$)의 개념을 쓰고 그 관계를 그래프로 설명하시오. (15점)**

○ 유효흡입양정($NPSH_{av}$) :

○ 필요흡입양정($NPSH_{re}$) :

○ 그래프 :

정답

① 유효흡입양정($NPSH_{av}$) : 펌프 설치과정에서 펌프 그 자체와는 무관하게 흡입측 배관의 설치위치, 액체온도 등에 따라 결정되는 양정

② 필요흡입양정($NPSH_{re}$) : 펌프 그 자체가 캐비테이션을 일으키지 않고 정상운전되기 위하여 필요로 하는 흡입양정

③ 그래프

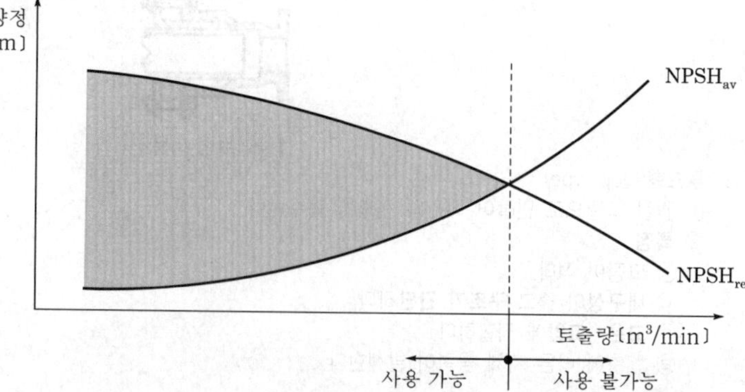

| NPSH$_{av}$(Available Net Positive Suction Head, 유효흡입양정) | NPSH$_{re}$(Required Net Positive Suction Head, 필요흡입양정) |
|---|---|
| ① 흡입전양정에서 포화증기압을 뺀 값<br>② 펌프 설치과정에 있어서 펌프흡입측에 가해지는 수두압에서 흡입액의 온도에 해당되는 포화증기압을 뺀 값<br>③ 펌프의 중심으로 유입되는 액체의 절대압력<br>④ 펌프 설치과정에서 펌프 그 자체와는 무관하게 흡입측 배관의 설치위치, 액체온도 등에 따라 결정되는 양정 | ① 캐비테이션을 방지하기 위해 펌프 흡입측 내부에 필요한 최소압력<br>② 펌프 제작사에 의해 결정되는 값<br>③ 펌프에서 임펠러 입구까지 유입된 액체는 임펠러에서 가압되기 직전에 일시적인 압력강하가 발생되는데 이에 해당하는 양정<br>④ 펌프 그 자체가 캐비테이션을 일으키지 않고 정상운전되기 위하여 필요로 하는 흡입양정 |

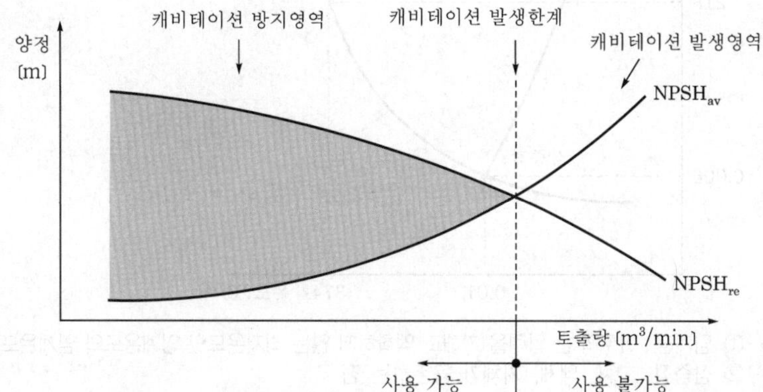


☆

## 문제 406

복합건축물에 설치된 스프링클러설비의 주펌프를 2대로 병렬운전할 경우 장점 2가지를 쓰시오. (4점)

○

○

정답 ① 펌프운전을 순차적으로 하여 시스템 운용이 안정적
② 1대의 펌프가 고장나도 나머지 1대로 정상운전 가능

해설 주펌프 2대 병렬운전시 장점
(1) 펌프**운전**을 **순차적**으로 하여 시스템 운용이 안정적
(2) 1대의 펌프가 **고장**나도 나머지 1대로 **정상운전** 가능
(3) 펌프의 **수명** 연장
(4) 유량이 분배되어 **배관**의 **마찰손실** 감소

중요

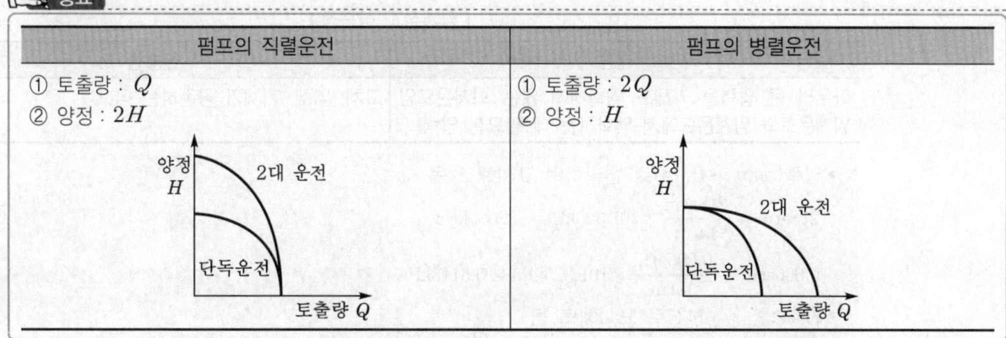

| 펌프의 직렬운전 | 펌프의 병렬운전 |
|---|---|
| ① 토출량 : $Q$<br>② 양정 : $2H$ | ① 토출량 : $2Q$<br>② 양정 : $H$ |

☆

문제 407

**물의 압력-온도상태도(pressure-temperature diagram)를 작도하고, 상태도에 임계점과 삼중점을 표시하고 각각을 설명하시오. (4점)**

정답

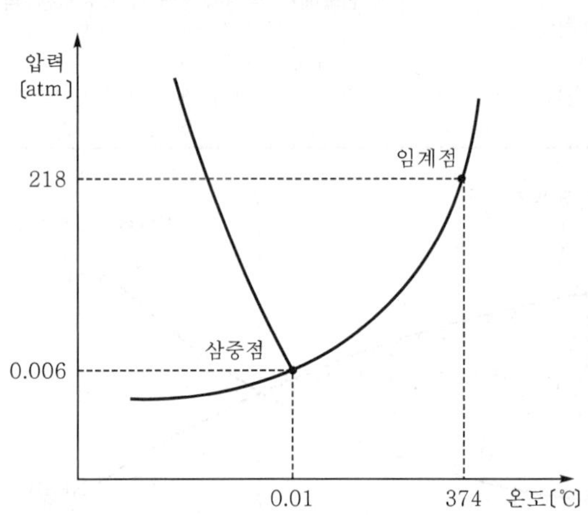


① 임계점 : 아무리 큰 압력을 가해도 액화하지 않는 최저온도인 임계온도와 임계온도에서 액화하는 데 필요한 압력
② 삼중점 : 고체, 액체, 기체가 공존하는 점

해설 물의 압력-온도상태도

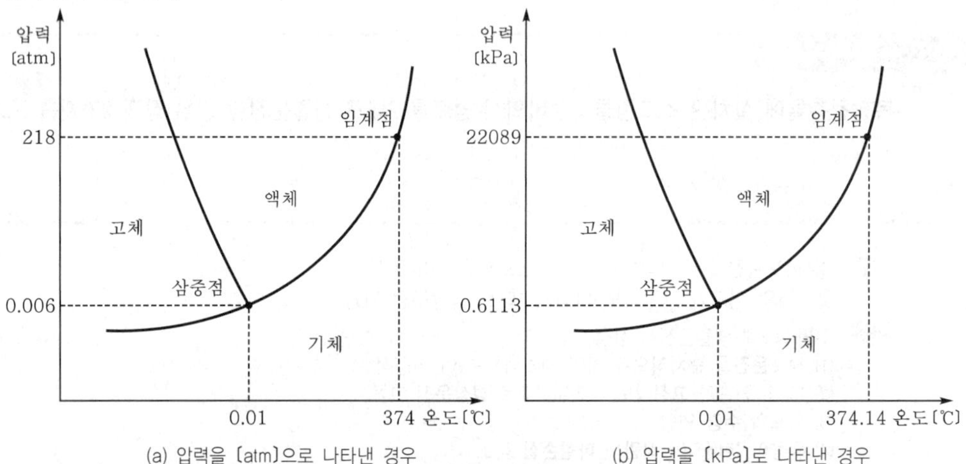


(a) 압력을 [atm]으로 나타낸 경우　　(b) 압력을 [kPa]로 나타낸 경우

▮옳은 답▮

▮임계점과 삼중점▮

| 임계점 | 삼중점 |
|---|---|
| 아무리 큰 압력을 가해도 액화하지 않는 최저온도인 임계온도와 임계온도에서 액화하는 데 필요한 압력 | 고체, 액체, 기체가 공존하는 점 |

- 압력[atm] → [kPa]로 변환하여 표시해도 됨

$$218\text{atm} = \frac{218\text{atm}}{1\text{atm}} \times 101.325\text{kPa} \fallingdotseq 22089\text{kPa}$$

$$0.006\text{atm} = \frac{0.006\text{atm}}{1\text{atm}} \times 101.325\text{kPa} \fallingdotseq 0.6113\text{kPa}$$

- 374℃를 374.14℃로 표시해도 됨

비교

이산화탄소의 압력－온도상태도

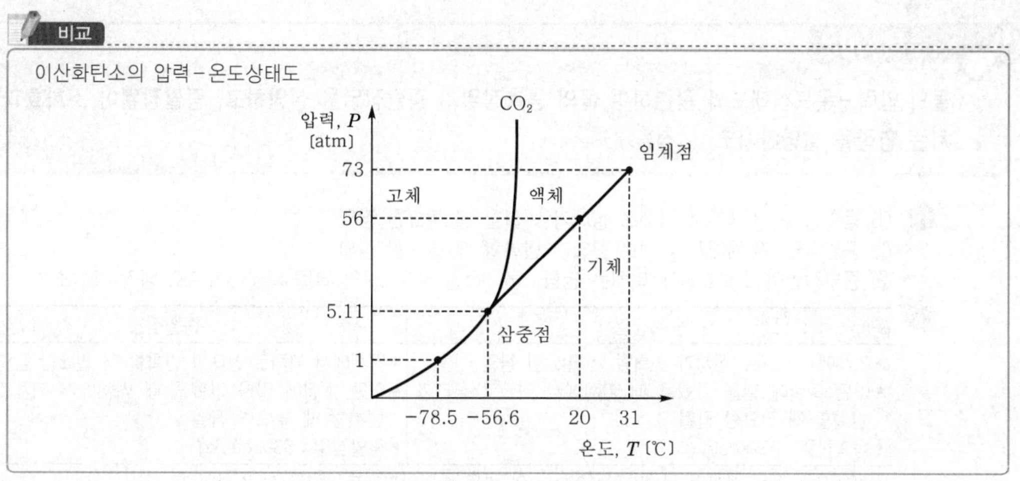

## 문제 408

물의 압력－온도상태도와 관련하여 상태도에 비등(ebullition)현상과 공동(cavitation)현상을 작도하고 설명하시오. (4점)

정답

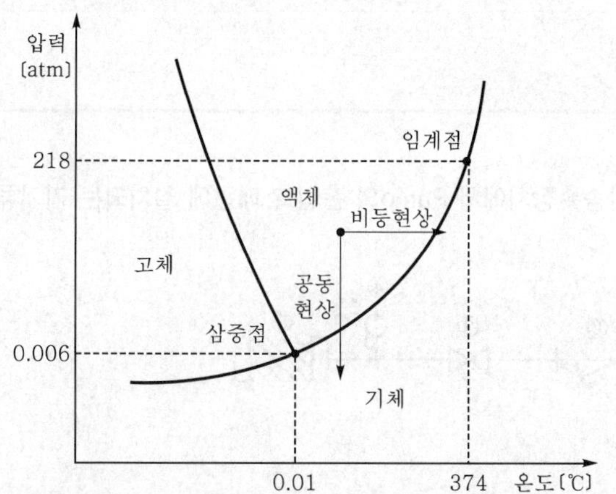


① 비등현상 : 온도가 상승하여 기포가 발생하는 현상
② 공동현상 : 압력이 감소하여 기포가 발생하는 현상

해설

| 비등현상 | 공동현상 |
|---|---|
| • 온도가 상승하여 기포가 발생하는 현상<br>• 일정한 압력하에서 액체의 온도가 일정 온도에 도달한 후 액체표면에 증발 외에 액체 안에 증기기포가 발생하는 기화현상 | • 압력이 감소하여 기포가 발생하는 현상<br>• 액체의 압력이 포화증기압 이하로 낮아져서 액체 내에 기포가 발생하는 현상 |

## 문제 409

물의 압력-온도상태도와 관련하여 물의 응축잠열과 증발잠열을 설명하고, 증발잠열이 소화효과에 미치는 영향을 설명하시오. (4점)

정답 ① 응축잠열 : 기체에서 액체로 상태가 변화할 때 필요한 잠열
② 증발잠열 : 액체에서 기체로 상태가 변화할 때 필요한 잠열
③ 증발잠열이 소화효과에 미치는 영향 : 물 1kg당 539kcal의 열을 빼앗아가므로 냉각시켜 소화

해설

| 응축잠열 | 증발잠열 |
|---|---|
| • 기체에서 액체로 상태가 변화할 때 필요한 잠열<br>• 어떤 물질에 열을 가했을 때 기체에서 액체로 상태가 변화할 때 필요한 잠열<br>• 응축잠열 : 539kcal/kg | • 액체에서 기체로 상태가 변화할 때 필요한 잠열<br>• 어떤 물질에 열을 가했을 때 액체에서 기체로 상태가 변화할 때 필요한 잠열<br>• 증발잠열 : 539kcal/kg |
| • 화재시에 물을 뿌리면 물 1kg당 539kcal의 열을 빼앗아가므로 냉각시켜 소화한다.<br>• 응축잠열과 증발잠열의 값은 539kcal/kg으로 동일하다. | |

중요

**물**이 **소화작업**에 **사용되는 이유**

(1) 가격이 싸다.
(2) 쉽게 구할 수 있다.
(3) 열흡수가 매우 크다.
(4) 사용방법이 비교적 간단하다.

## 문제 410

후드밸브(foot valve)가 설치되는 가압송수장치에서 Pump의 흡입측 배관에 설치되는 기기류의 명칭을 쓰고 그 목적을 설명하시오. (5점)

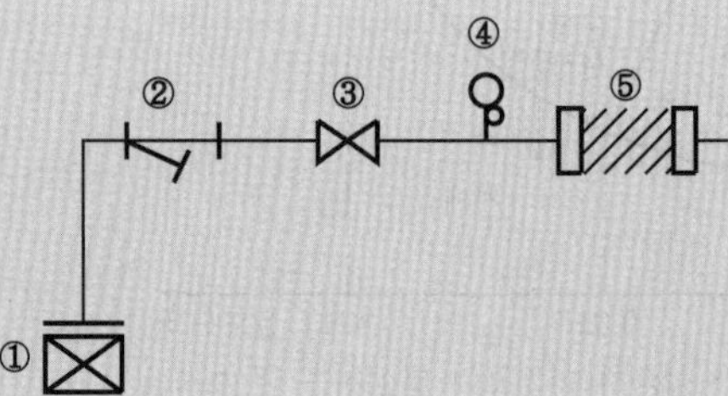


정답 ① 후드밸브 : 여과기능, 체크밸브기능
② Y형 스트레이너 : 여과기능
③ 개폐표시형 밸브 : 후드밸브, 흡입배관, 수리 및 교체시 배관 내 물차단
④ 연성계(진공계) : 펌프의 흡입압력 측정
⑤ 플렉시블 조인트 : 펌프 또는 배관의 진동 흡수

해설 (1) **후드밸브(foot valve)** : 이물질을 걸러내는 **여과기능**을 하며, 흡입측 배관 내의 물이 수원으로 다시 내려가지 않도록 역류방지작용인 **체크밸브 기능**을 한다.

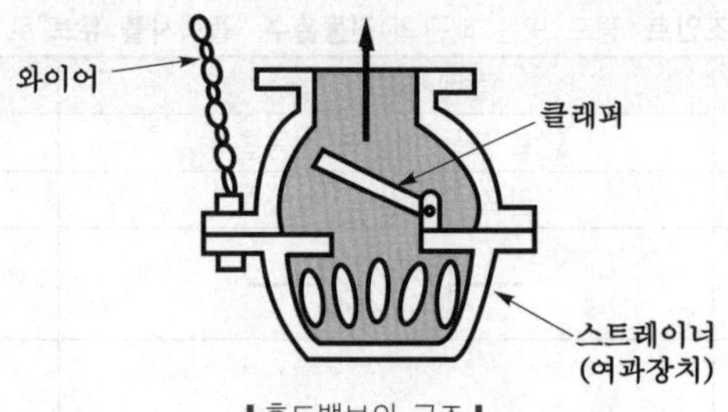

▌후드밸브의 구조▐

(2) **Y형 스트레이너**(Y type strainer) : 배관 내에 혼합된 모래, 흙 등의 불순물을 제거하는 **여과기능**을 한다.

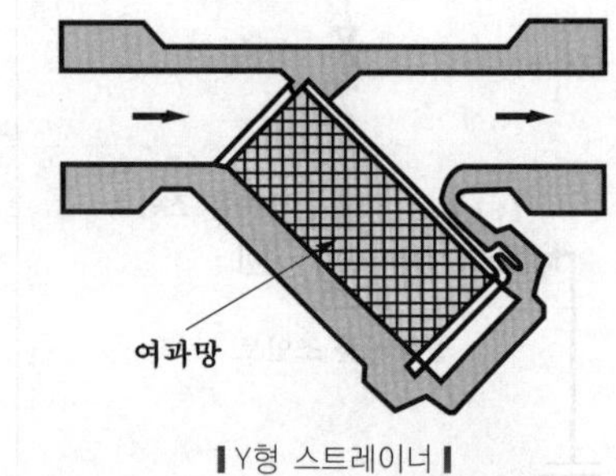

▌Y형 스트레이너▐

(3) **개폐표시형 밸브** : 후드밸브, 흡입배관, 수리 또는 교체시 **배관 내 물차단**

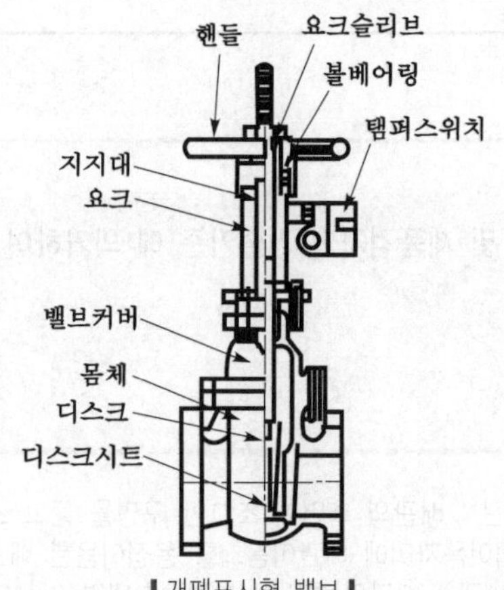

▌개폐표시형 밸브▐

(4) **연성계**(진공계) : 펌프의 **흡입압력**을 측정한다.

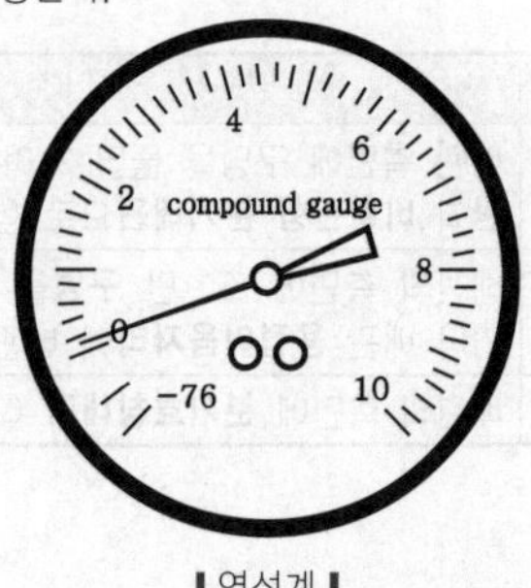

▌연성계▐

(5) **플렉시블 조인트** : 펌프 또는 배관의 **진동흡수** **"플렉시블 튜브"**로 답하지 않도록 거듭 주의!!

| 구 분 | 플렉시블 조인트 | 플렉시블 튜브 |
|---|---|---|
| 용도 | 펌프 또는 배관의 진동흡수 | 구부러짐이 많은 배관에 사용 |
| 설치장소 | 펌프의 흡입측·토출측 | 저장용기~집합관 설비 |
| 도시기호 | | |
| 설치 예 | 플렉시블 조인트<br>M<br>플렉시블 조인트<br>후드밸브 | 집합관<br>플렉시블 튜브<br>안전밸브<br>용기밸브<br>저장용기 |

★

**문제 411**

「분기배관의 성능인증 및 제품검사의 기술기준」에 의거하여 확관형 분기배관 및 비확관형 분기배관의 정의를 쓰시오. (4점)

○ 확관형 분기배관 :

○ 비확관형 분기배관 :

정답 ① 확관형 분기배관 : 배관의 측면에 조그만 구멍을 뚫고 소성가공으로 확관시켜 배관 용접이음자리를 만들거나 배관 용접이음자리에 배관이음쇠를 용접이음한 배관

② 비확관형 분기배관 : 배관의 측면에 분기호칭내경 이상의 구멍을 뚫고 배관이음쇠를 용접이음한 배관

해설 **분기배관의 성능인증 및 제품검사의 기술기준 제2조**

**용어의 정의**

| 용 어 | 정 의 |
|---|---|
| 분기배관 | 배관 측면에 구멍을 뚫어 2 이상의 관로가 생기도록 가공한 배관으로서 **확관형 분기배관**과 **비확관형 분기배관**으로 함 |
| 확관형 분기배관 | 배관의 측면에 조그만 **구멍**을 뚫고 **소성가공**으로 **확관**시켜 배관 **용접이음자리**를 만들거나 배관 **용접이음자리**에 배관이음쇠를 용접이음한 배관(일명 **"돌출형 T분기관"**) |
| 비확관형 분기배관 | 배관의 측면에 **분기호칭내경** 이상의 **구멍**을 뚫고 **배관이음쇠**를 **용접이음**한 배관 |

## 문제 412

「분기배관의 성능인증 및 제품검사의 기술기준」에 의거하여 분기배관의 분기간격을 산정하고자 한다. 분기되는 배관의 호칭지름이 25mm일 경우 계산식에 의한 배관의 끝단으로부터 분기관까지의 간격과 배관의 끝단면으로부터 분기관 외측면까지의 최단거리와 하나의 분기관에서 인접한 분기관까지의 외측 사이거리를 구하시오. (6점)

(가) 배관의 끝단면으로부터 분기관 외측면까지의 최단거리〔mm〕 (3점)

(나) 하나의 분기관에서 인접한 분기관까지의 외측 사이거리〔mm〕 (3점)

정답 (가) 배관의 끝단면으로부터 분기관 외측면까지의 최단거리〔mm〕

○ 계산과정 : $S_1 = -0.0004D^2 + 1.1561D + 39.498$

$= -0.0004 \times 25^2 + 1.1561 \times 25 + 39.498$

$= 68.15\text{mm}$

○ 답 : 68.15mm

(나) 하나의 분기관에서 인접한 분기관까지의 외측 사이거리〔mm〕

○ 계산과정 : $S_2 = -0.001D^2 + 0.8013D + 29.655$

$= -0.001 \times 25^2 + 0.8013 \times 25 + 29.655$

$= 49.062$

$\fallingdotseq 49.06\text{mm}$

○ 답 : 49.06mm

해설 (가) 배관의 끝단면으로부터 분기관 외측면까지의 최단거리〔mm〕

$S_1 = -0.0004D^2 + 1.1561D + 39.498$

$= -0.0004 \times (25\text{mm})^2 + 1.1561 \times 25\text{mm} + 39.498$

$= \mathbf{68.15mm}$

(나) 하나의 분기관에서 인접한 분기관까지의 외측 사이거리〔mm〕

$S_2 = -0.001D^2 + 0.8013D + 29.655$

$= -0.001 \times (25\text{mm})^2 + 0.8013 \times 25\text{mm} + 29.655$

$= 49.062 \fallingdotseq \mathbf{49.06mm}$

**〈분기배관의 성능인증 및 제품검사의 기술기준 제3조 제②항〉**

분기배관의 분기간격은 분기되는 배관의 호칭지름의 1.5배 이상이거나 다음의 식으로 계산되는 최단거리 이상이 되도록 하여야 한다. 단, 실수요자의 요청서가 제출되는 경우에는 설계제작도면의 분기간격으로 할 수 있다.

- 배관의 끝단(배관의 끝단으로 갈수록 지름이 줄어드는 배관의 경우에는 지름이 줄어들기 시작하는 부분)으로부터 분기관까지의 간격

$$S_1 = -0.0004D^2 + 1.1561D + 39.498$$

여기서, $S_1$ : 배관의 끝단면(배관 끝단으로 갈수록 지름이 줄어드는 배관의 경우에는 지름이 줄어들기 시작하는 부분)으로부터 분기관 외측면까지의 최단거리〔mm〕

$D$ : 분기되는 배관의 호칭지름〔mm〕

- 분기관 사이의 간격 또는 배관 끝단으로 갈수록 지름이 줄어드는 배관(이하 **"리듀서(Reducer)형 배관"**이라 한다)으로부터 분기관까지의 간격

$$S_2 = -0.001D^2 + 0.8013D + 29.655$$

여기서, $S_2$ : 하나의 분기관에서 인접한 분기관까지의 외측 사이거리 또는 리듀서형 배관의 끝단면으로부터 분기관 외측면까지의 최단거리〔mm〕

$D$ : 분기되는 배관의 호칭지름〔mm〕

소방시설의 점검실무행정 종합문제 600제

☆

## 문제 413

「분기배관의 성능인증 및 제품검사의 기술기준」에 의거하여 분기배관의 용접이음에 대한 기준 3가지를 쓰시오. (6점)

○
○
○

정답 ① 용재는 완전 용입되어야 하며, 언더컷이나 오버랩 등의 결함이 없을 것
② 용접비드는 균일하여야 하고 슬래그, 스패터 등이 없을 것
③ 용접이음의 영향 등으로 분기배관에 휨 등의 결함이 없을 것

해설 **분기배관의 성능인증 및 제품검사의 기술기준 제3조 제④항**
**분기배관 용접이음의 적합기준**
(1) 용재는 **완전 용입**되어야 하며, **언더컷**이나 **오버랩** 등의 결함이 없어야 한다.
(2) 용접비드는 **균일**하여야 하고 **슬래그, 스패터** 등이 없어야 한다.
(3) 용접이음의 영향 등으로 분기배관에 **휨** 등의 결함이 없어야 한다.

☆

## 문제 414

「분기배관의 성능인증 및 제품검사의 기술기준」에 의거하여 분기배관에는 금속제 또는 은박지 명판 등을 사용하여 보기 쉬운 부위에 잘 지워지지 아니하도록 특정 표시를 하여야 한다. 표시사항 5가지를 쓰시오. (15점)

○
○
○
○
○

정답 ① 성능인증번호 및 모델명
② 제조자 또는 상호
③ 치수 및 호칭
④ 제조년도, 제조번호 또는 로트번호
⑤ 설치방법

해설 **분기배관의 성능인증 및 제품검사의 기술기준 제12조**
**표시사항**
분기배관에는 다음의 사항을 금속제 또는 은박지 명판 등을 사용하여 보기 쉬운 부위에 잘 지워지지 아니하도록 표시하여야 한다. 단, (6) 내지 (7)의 경우에는 포장 또는 취급설명서 등에 표시할 수 있다.
(1) **성능인증번호** 및 **모델명**
(2) **제조자** 또는 **상호**
(3) **치수** 및 **호칭**(분기관 직근에 치수와 호칭이 별도로 마킹되어 있는 때에는 생략 가능)
(4) **제조연도**, **제조번호** 또는 **로트번호**
(5) **스케줄번호**(해당되는 배관에 한함), 배관재질 또는 KS 규격명
(6) 설치방법(용접이음부를 베벨엔드로 가공하지 아니한 경우에는 반드시 **"그루브 모양을 KS B 0052(용접기호)의 ✔모양이 되도록 가공한 후 용접이음할 것"** 등의 내용을 포함시킬 것)
(7) **품질보증내용** 및 취급시 주의사항 등

## 문제 415

소방시설관리사가 지상 53층인 건축물의 점검과정에서 설계도면상 자동화재탐지설비의 통신 및 신호배선방식의 적합성 판단을 위해 「고층건축물의 화재안전기준」에서 확인해야 할 배선관련사항을 모두 쓰시오. (2점)

정답 50층 이상인 건축물에 설치하는 통신·신호배선은 이중배선을 설치하도록 하고 단선시에도 고장표시가 되며 정상작동할 수 있는 성능을 갖도록 설비하여야 한다.
① 수신기와 수신기 사이의 통신배선
② 수신기와 중계기 사이의 신호배선
③ 수신기와 감지기 사이의 신호배선

해설 **고층건축물**의 **자동화재탐지설비**[고층건축물의 화재안전기준(NFPC 604 제8조, NFTC 604 2.4)]

| 구 분 | 설 명 |
|---|---|
| 감지기 | 아날로그방식의 감지기로서 **감지기**의 **작동** 및 **설치지점**을 수신기에서 확인할 수 있는 것으로 설치해야 한다(단, **공동주택**의 경우에는 감지기별로 작동 및 설치지점을 수신기에서 확인할 수 있는 **아날로그방식 외의 감지기**로 설치할 수 있다). |
| 음향장치 | 다음 기준에 따라 경보를 발할 수 있도록 하여야 한다.<br>① **2층 이상**의 층에서 발화한 때에는 **발화층** 및 그 **직상 4개층**에 경보를 발할 것<br>② **1층**에서 발화한 때에는 **발화층**·그 **직상 4개층** 및 **지하층**에 경보를 발할 것<br>③ **지하층**에서 발화한 때에는 **발화층**·그 **직상층** 및 **기타**의 **지하층**에 경보를 발할 것 |
| 50층 이상인 건축물에 설치하는 통신·신호배선 | **이중배선**을 설치하도록 하고 **단선**시에도 **고장표시**가 되며 정상작동할 수 있는 성능을 갖도록 설비해야 한다.<br>① **수신기**와 **수신기** 사이의 **통신배선**<br>② **수신기**와 **중계기** 사이의 **신호배선**<br>③ **수신기**와 **감지기** 사이의 **신호배선** |
| 축전지설비 또는 전기저장장치 | 자동화재탐지설비에는 그 설비에 대한 **감시상태**를 **60분**간 지속한 후 유효하게 **30분** 이상 **경보**할 수 있는 비상전원으로서 **축전지설비**(수신기에 내장하는 경우 포함) 또는 **전기저장장치**(외부 전기에너지를 저장해 두었다가 필요한 때 전기를 공급하는 장치)를 설치해야 한다(단, **상용전원**이 **축전지설비**인 경우는 제외). |

## 문제 416

피난안전구역에 설치하는 소방시설 중 제연설비 및 휴대용 비상조명등의 설치기준을 「고층건축물의 화재안전기준」에 따라 각각 쓰시오. (6점)

정답

| 구 분 | 설치기준 |
|---|---|
| 제연설비 | 피난안전구역과 비제연구역간의 차압은 50Pa(옥내에 스프링클러설비가 설치된 경우 12.5Pa) 이상으로 해야 한다(단, 피난안전구역의 한쪽 면 이상이 외기에 개방된 구조의 경우에는 설치제외 가능). |

| | |
|---|---|
| 휴대용 비상조명등 | ① 휴대용 비상조명등의 설치기준<br>㉠ 초고층 건축물에 설치된 피난안전구역 : 피난안전구역 위층의 재실자수(「건축물의 피난·방화구조 등의 기준에 관한 규칙」 〔별표 1의 2〕에 따라 산정된 재실자수)의 $\frac{1}{10}$ 이상<br>㉡ 지하연계복합건축물에 설치된 피난안전구역 : 피난안전구역이 설치된 층의 수용인원(〔별표 7〕에 따라 산정된 수용인원)의 $\frac{1}{10}$ 이상<br>② 건전지 및 충전식 건전지의 용량은 40분 이상 유효하게 사용할 수 있는 것으로 한다(단, 피난안전구역이 50층 이상에 설치되어 있을 경우의 용량은 60분 이상으로 할 것). |

해설 **피난안전구역**에 **설치**하는 **소방시설 설치기준**[고층건축물의 화재안전기준(NFPC 604 제10조, NFTC 604 2.6.1)]

| 구 분 | 설치기준 |
|---|---|
| 제연설비 | 피난안전구역과 비제연구역간의 차압은 **50Pa**(옥내에 스프링클러설비가 설치된 경우 **12.5Pa**) 이상으로 해야 한다(단, 피난안전구역의 한쪽 면 이상이 외기에 개방된 구조의 경우에는 설치 제외 가능). |
| 피난유도선 | 피난유도선은 다음의 기준에 따라 설치하여야 한다.<br>**〈피난유도선의 설치기준〉**<br>① 피난안전구역이 설치된 층의 계단실 출입구에서 피난안전구역 주출입구 또는 비상구까지 설치할 것<br>② 계단실에 설치하는 경우 계단 및 계단참에 설치할 것<br>③ 피난유도표시부의 너비는 최소 **25mm** 이상으로 설치할 것<br>④ 광원점등방식(전류에 의하여 빛을 내는 방식)으로 설치하되, **60분** 이상 유효하게 작동할 것 |
| 비상조명등 | 피난안전구역의 비상조명등은 상시 조명이 소등된 상태에서 그 비상조명등이 점등되는 경우 각 부분의 바닥에서 조도는 **10 lx** 이상이 될 수 있도록 설치할 것 |
| 휴대용 비상조명등 | ① 피난안전구역의 휴대용 비상조명등을 다음의 기준에 따라 설치해야 한다.<br>**〈휴대용 비상조명등의 설치기준〉**<br>㉠ 초고층 건축물에 설치된 피난안전구역 : 피난안전구역 위층의 재실자수(「건축물의 피난·방화구조 등의 기준에 관한 규칙」 〔별표 1의 2〕에 따라 산정된 재실자수)의 $\frac{1}{10}$ 이상<br>㉡ 지하연계 복합건축물에 설치된 피난안전구역 : 피난안전구역이 설치된 층의 수용인원(〔별표 7〕에 따라 산정된 수용인원)의 $\frac{1}{10}$ 이상<br>② 건전지 및 충전식 건전지의 용량은 **40분** 이상 유효하게 사용할 수 있는 것으로 한다(단, 피난안전구역이 **50층** 이상에 설치되어 있을 경우의 용량은 **60분** 이상으로 할 것). |
| 인명구조기구 | ① 방열복, 인공소생기를 각 **2개** 이상 비치할 것<br>② **45분** 이상 사용할 수 있는 성능의 공기호흡기(보조마스크를 포함)를 2개 이상 비치하여야 한다(단, 피난안전구역이 50층 이상에 설치되어 있을 경우에는 동일한 성능의 예비용기를 **10개** 이상 비치할 것).<br>③ 화재시 쉽게 반출할 수 있는 곳에 비치할 것<br>④ 인명구조기구가 설치된 장소의 보기 쉬운 곳에 **"인명구조기구"**라는 표지판 등을 설치할 것 |

☆

## 문제 417

**「소방시설의 내진설계기준」에 따른 수평 직선배관의 종방향 흔들림 방지 버팀대에 대한 설치기준 6가지를 쓰시오. (6점)**

○
○
○
○
○
○

정답 ① 배관구경에 관계없이 모든 수평주행배관·교차배관 및 옥내소화전설비의 수평배관에 설치하여야 한다. 단, 옥내소화전설비의 수직배관에서 분기된 구경 50mm 이하의 수평배관에 설치되는 소화전함이 1개인 경우에는 종방향 흔들림 방지 버팀대를 설치하지 않을 수 있다.
② 종방향 흔들림 방지 버팀대의 설계하중은 설치된 위치의 좌우 12m를 포함한 24m 이내의 배관에 작용하는 수평지진하중으로 영향구역 내의 수평주행배관, 교차배관 하중을 포함하여 산정하며, 가지배관의 하중은 제외한다.
③ 수평주행배관 및 교차배관에 설치된 종방향 흔들림 방지 버팀대의 간격은 중심선을 기준으로 24m를 넘지 않아야 한다.
④ 마지막 흔들림 방지 버팀대와 배관 단부 사이의 거리는 12m를 초과하지 않아야 한다.
⑤ 영향구역 내에 상쇄배관이 설치되어 있는 경우 배관 길이는 그 상쇄배관 길이를 합산하여 산정한다.
⑥ 종방향 흔들림 방지 버팀대가 설치된 지점으로부터 600mm 이내에 그 배관이 방향전환되어 설치된 경우 그 종방향 흔들림 방지 버팀대는 인접 배관의 횡방향 흔들림 방지 버팀대로 사용할 수 있으며, 배관의 구경이 다른 경우에는 구경이 큰 배관에 설치하여야 한다.

해설 **소방시설의 내진설계기준 제10조**
**수평직선배관 흔들림 방지 버팀대**

| 횡방향 흔들림 방지 버팀대의 설치기준 | 종방향 흔들림 방지 버팀대의 설치기준 |
|---|---|
| ① 배관구경에 관계없이 모든 수평주행배관·교차배관 및 옥내소화전설비의 수평배관에 설치하여야 하고, 가지배관 및 기타 배관에는 구경 **65mm 이상**인 배관에 설치하여야 한다. 단, 옥내소화전설비의 수직배관에서 분기된 구경 **50mm 이하**의 수평배관에 설치되는 소화전함이 1개인 경우에는 횡방향 흔들림 방지 버팀대를 설치하지 않을 수 있다.<br>② 횡방향 흔들림 방지 버팀대의 설계하중은 설치된 위치의 좌우 6m를 포함한 **12m 이내**의 배관에 작용하는 **횡방향 수평지진하중**으로 영향구역 내의 수평주행배관, 교차배관, 가지배관의 하중을 포함하여 산정한다.<br>③ 흔들림 방지 버팀대의 간격은 중심선을 기준으로 최대간격이 **12m**를 초과하지 않아야 한다.<br>④ 마지막 흔들림 방지 버팀대와 배관 단부 사이의 거리는 **1.8m**를 초과하지 않아야 한다.<br>⑤ 영향구역 내에 상쇄배관이 설치되어 있는 경우 배관의 길이는 그 상쇄배관 길이를 합산하여 산정한다.<br>⑥ 횡방향 흔들림 방지 버팀대가 설치된 지점으로부터 **600mm 이내**에 그 배관이 방향전환되어 설치된 경우 그 횡방향 흔들림 방지 버팀대는 인접배관의 종방향 흔들림 방지 버팀대로 사용할 수 있으며, 배관의 구경이 다른 경우에는 구경이 큰 배관에 설치하여야 한다.<br>⑦ 가지배관의 구경이 **65mm 이상**일 경우 다음의 기준에 따라 설치한다.<br>㉠ 가지배관의 구경이 **65mm 이상**인 배관의 길이가 **3.7m 이상**인 경우에 횡방향 흔들림 방지 버팀대를 제9조 제①항에 따라 설치한다.<br>㉡ 가지배관의 구경이 **65mm 이상**인 배관의 길이가 **3.7m 미만**인 경우에는 횡방향 흔들림 방지 버팀대를 설치하지 않을 수 있다.<br>⑧ 횡방향 흔들림 방지 버팀대의 수평지진하중은 〔별표 2〕에 따른 영향구역의 최대허용하중 이하로 적용하여야 한다.<br>⑨ 교차배관 및 수평주행배관에 설치되는 행가가 다음의 기준을 모두 만족하는 경우 횡방향 흔들림 방지 버팀대를 설치하지 않을 수 있다.<br>㉠ 건축물 구조부재 고정점으로부터 배관 상단까지의 거리가 **150mm 이내**일 것<br>㉡ 배관에 설치된 모든 행가의 **75% 이상**이 ㉠의 기준을 만족할 것 | ① 배관구경에 관계없이 모든 수평주행배관·교차배관 및 옥내소화전설비의 수평배관에 설치하여야 한다. 단, 옥내소화전설비의 수직배관에서 분기된 구경 **50mm 이하**의 수평배관에 설치되는 소화전함이 1개인 경우에는 종방향 흔들림 방지 버팀대를 설치하지 않을 수 있다.<br>② 종방향 흔들림 방지 버팀대의 설계하중은 설치된 위치의 **좌우 12m**를 포함한 **24m 이내**의 배관에 작용하는 수평지진하중으로 영향구역 내의 수평주행배관, 교차배관 하중을 포함하여 산정하며, 가지배관의 하중은 제외한다.<br>③ 수평주행배관 및 교차배관에 설치된 종방향 흔들림 방지 버팀대의 간격은 중심선을 기준으로 **24m**를 넘지 않아야 한다.<br>④ 마지막 흔들림 방지 버팀대와 배관 단부 사이의 거리는 **12m**를 초과하지 않아야 한다.<br>⑤ 영향구역 내에 상쇄배관이 설치되어 있는 경우 배관 길이는 그 상쇄배관 길이를 합산하여 산정한다.<br>⑥ 종방향 흔들림 방지 버팀대가 설치된 지점으로부터 600mm 이내에 그 배관이 방향전환되어 설치된 경우 그 종방향 흔들림 방지 버팀대는 인접 배관의 횡방향 흔들림 방지 버팀대로 사용할 수 있으며, 배관의 구경이 다른 경우에는 구경이 큰 배관에 설치하여야 한다. |

| | |
|---|---|
| ⓒ 교차배관 및 수평주행배관에 연속하여 설치된 행가는 ㉠의 기준을 연속하여 초과하지 않을 것<br>ⓔ 지진계수(Cp) 값이 **0.5 이하**일 것<br>ⓜ 수평주행배관의 구경은 **150mm 이하**이고, 교차배관의 구경은 **100mm 이하**일 것<br>ⓗ 행가는 「스프링클러설비의 화재안전기준」 제8조 제⑬항에 따라 설치할 것 | |

중요

**소방시설**의 **내진설계대상**(소방시설 설치 및 관리에 관한 법률 시행령 제8조)

(1) 옥**내**소화전설비
(2) **스**프링클러설비
(3) **물**분무등소화설비

기억법 스물내(**스물네**살)

☆☆

## 문제 418

**피난·방화시설의 종합점검 2가지를 쓰시오. (8점)**

○

○

정답 ① 방화문 및 방화셔터의 관리상태(폐쇄·훼손·변경) 및 정상기능 적정 여부
② 비상구 및 피난통로 확보 적정 여부(피난·방화시설 주변 장애물 적치 포함)

해설 **소방시설 자체점검사항 등에 관한 고시 〔별지 제4호 서식〕**
**기타사항의 종합점검**

| 구 분 | 점검항목 |
|---|---|
| 피난·방화시설 | ① **방화문** 및 **방화셔터**의 관리상태(폐쇄·훼손·변경) 및 정상기능 적정 여부<br>❷ **비상구** 및 **피난통로** 확보 적정 여부(피난·방화시설 주변 장애물 적치 포함) |
| 방염 | ❶ 선처리 방염대상물품의 적합 여부(방염성능시험성적서 및 합격표시 확인)<br>❷ 후처리 방염대상물품의 적합 여부(방염성능검사결과 확인) |
| 비고 | ※ 방염성능시험성적서, 합격표시 및 방염성능검사결과의 확인이 불가한 경우 비고에 기재한다. |

※ "●"는 종합점검의 경우에만 해당

소방시설의 점검실무행정 종합문제 600제

CHAPTER

# 03 소방전기시설의 점검

## 1 자동화재탐지설비

☆☆☆

문제 419

자동화재탐지설비에 사용되는 P형 수신기 기능시험의 종류를 9가지 쓰시오. (9점)

○ ○ ○
○ ○ ○
○ ○ ○

정답 ① 화재표시 작동시험 ② 회로도통시험 ③ 공통선시험
④ 동시작동시험 ⑤ 회로저항시험 ⑥ 예비전원시험
⑦ 저전압시험 ⑧ 비상전원시험 ⑨ 지구음향장치 작동시험

해설 **P형 수신기**의 **시험**(성능시험)

| 시험 종류 | 시험방법(작동시험방법) | 가부판정기준(확인사항) |
|---|---|---|
| **화재표시 작동시험** | ① 회로**선**택스위치로서 실행하는 시험 : 동작시험스위치를 눌러서 스위치 주의등의 점등을 확인한 후 회로선택스위치를 차례로 회전시켜 **1회로**마다 화재시의 작동시험을 행할 것<br>② **감**지기 또는 **발**신기의 작동시험과 함께 행하는 방법 : 감지기 또는 발신기를 차례로 작동시켜 경계구역과 지구표시등과의 접속상태를 확인할 것<br>기억법 **화표선발감** | ① 각 **릴레이**(relay)의 작동<br>② **화재표시등, 지구표시등** 그 밖의 표시장치의 점등(램프의 단선도 함께 확인할 것)<br>③ **음향장치** 작동 확인<br>④ **감지기회로** 또는 **부속기기회로**와의 연결접속이 정상일 것 |
| **회로도통시험** | **목적** : **감지기회로**의 **단선**의 **유무**와 기기 등의 접속상황을 확인<br>① **도**통시험스위치를 누른다.<br>② 회로**선**택스위치를 차례로 회전시킨다.<br>③ 각 회선별로 **전**압계의 전압을 확인한다(단, 발광다이오드로 그 정상유무를 표시하는 것은 발광다이오드의 점등유무를 확인한다).<br>④ **종**단저항 등의 접속상황을 조사한다.<br>기억법 **도단도선전종** | 각 회선의 **전압계**의 **지시치** 또는 발광다이오드(LED)의 점등유무 상황이 정상일 것 |
| **공통선시험** (단, 7회선 이하는 제외) | **목적** : 공통선이 담당하고 있는 **경**계구역의 적정 여부 확인<br>① 수신기 내 접속단자의 회로**공**통선을 1선 제거한다.<br>② 회로도통시험의 예에 따라 **도**통시험스위치를 누르고, 회로선택스위치를 차례로 회전시킨다.<br>③ **전**압계 또는 **발**광다이오드를 확인하여 **'단선'**을 지시한 경계구역의 회선수를 조사한다.<br>기억법 **공경공도 전발선** | 공통선이 담당하고 있는 경계구역수가 **7 이하**일 것 |

| | | |
|---|---|---|
| <u>예</u>비전원시험 | **목적** : 상용전원 및 비상전원이 사고 등으로 정전된 경우, 자동적으로 예비전원으로 절환되며, 또한 정전복구시에 자동적으로 상용전원으로 절환되는지의 여부 확인<br>① **<u>예</u>**비전원스위치를 누른다.<br>② **<u>전</u>**압계의 지시치가 지정치의 범위 내에 있을 것(단, 발광다이오드로 그 정상유무를 표시하는 것은 발광다이오드의 정상 점등유무를 확인한다)<br>③ **<u>교</u>**류전원을 개로(상용전원을 차단)하고 **<u>자</u>**동절환릴레이의 작동상황을 조사한다.<br>기억법 **예예전교자** | ① 예비전원의 **전압**<br>② 예비전원의 **용량**<br>③ 예비전원의 **절환상황**<br>④ 예비전원의 **복구작동**이 정상일 것 |
| <u>동</u>시작동시험<br>(단, 1회선은 제외) | **목적** : 감지기회로가 동시에 수회선 작동하더라도 수신기의 기능에 이상이 없는가의 여부 확인<br>① **<u>주</u>**전원에 의해 행한다.<br>② 각 회선의 화재작동을 복구시키는 일이 없이 **<u>5</u>회선**(5회선 미만은 전회선)을 동시에 작동시킨다.<br>③ ②의 경우 주음향장치 및 지구음향장치를 작동시킨다.<br>④ 부수신기와 표시기를 함께 하는 것에 있어서는 이 모두를 작동상태로 하고 행한다.<br>기억법 **동주5** | 각 회선을 동시 작동시켰을 때<br>① **수신기**의 이상유무<br>② **부수신기**의 이상유무<br>③ **표시장치**의 이상유무<br>④ **음향장치**의 이상유무<br>⑤ **화재**시 **작동**을 정확하게 계속하는 것일 것 |
| <u>지</u>구음향장치 작동시험 | **목적** : 화재신호와 연동하여 음향장치의 정상작동 여부 확인<br>① 임의의 **감지기** 및 **발신기** 등을 작동시킨다. | ① 감지기를 작동시켰을 때 수신기에 연결된 해당 지구음향장치가 작동하고 **음량**이 **정상**적이어야 한다.<br>② 음량은 음향장치의 중심에서 **1m** 떨어진 위치에서 **90dB** 이상일 것 |
| 회로<u>저</u>항시험 | **목적** : 감지기회로의 **1회선**의 선로저항치가 수신기의 기능에 이상을 가져오는지의 여부를 다음에 따라 확인할 것<br>① 저항계 또는 테스터(tester)를 사용하여 감지기회로의 공통선과 표시선(회로선) 사이의 전로에 대해 측정한다.<br>② 항상 개로식인 것에 있어서는 회로의 말단을 도통상태로 하여 측정한다. | 하나의 감지기회로의 합성저항치는 **50Ω** 이하로 할 것 |
| <u>저</u>전압시험 | **목적** : 교류전원전압을 정격전압의 80% 전압으로 가하여 동작에 이상이 없는지를 확인할 것<br>① 자동화재탐지설비용 전압시험기 또는 가변저항기 등을 사용하여 교류전원전압을 정격전압의 **80%**의 전압으로 실시한다.<br>② 축전지설비인 경우에는 축전지의 단자를 절환하여 정격전압의 **80%**의 전압으로 실시한다.<br>③ **화재표시작동시험**에 준하여 실시한다. | **화재신호**를 **정상**적으로 수신할 수 있을 것 |
| <u>비</u>상전원시험 | **목적** : 상용전원이 정전되었을 때 자동적으로 비상전원(비상전원수전설비 제외)으로 절환되는지의 여부를 다음에 따라 확인할 것<br>① 비상전원으로 **축전지설비**를 사용하는 것에 대해 행한다.<br>② 충전용 전원을 개로의 상태로 하고 **전압계**의 지시치가 적정한가를 확인한다(단, **발광다이오드**로 그 정상유무를 표시하는 것은 발광다이오드의 정상 점등유무를 확인한다).<br>③ 화재표시작동시험에 준하여 시험한 경우, **전압계**의 지시치가 정격전압의 **80%** 이상임을 확인한다(단, **발광다이오드**로 그 정상유무를 표시하는 것은 발광다이오드의 정상 점등유무를 확인한다). | 비상전원의 전압, 용량, 절환상황, 복구작동이 정상이어야 할 것 |

기억법 **도표공동 예저비지**

☆☆☆

## 문제 420

자동화재탐지설비에서 수신기의 공통선시험을 실시하는 목적을 쓰시오. (3점)

정답 공통선이 담당하고 있는 경계구역의 적정 여부 확인

해설

| 구 분 | 공통선시험 | 예비전원시험 |
|---|---|---|
| 목적 | 공통선이 담당하고 있는 경계구역의 적정 여부를 확인하기 위하여 | 상용전원 및 비상전원 정전시 자동적으로 예비전원으로 절환되며, 정전복구시에 자동적으로 상용전원으로 절환되는지의 여부를 확인하기 위하여 |
| 시험방법 | ① 수신기 내 접속단자의 **공통선**을 **1선 제거**<br>② 회로도통시험의 예에 따라 **회로선택스위치**를 차례로 **회전**<br>③ 전압계 또는 LED를 확인하여 **"단선"**을 지시한 경계구역의 **회선수**를 **조**사 | ① 예비전원스위치 ON<br>② **전압계**의 지시치가 지정치의 범위 내에 있을 것<br>③ 교류전원을 개로하고 **자동절환릴레이**의 작동상황을 조사 |
| 판정기준 | 공통선이 담당하고 있는 **경계구역수**가 **7 이하**일 것 | ① 예비전원의 **전압**이 정상일 것<br>② 예비전원의 **용량**이 정상일 것<br>③ 예비전원의 **절환**이 정상일 것<br>④ 예비전원의 **복구**가 정상일 것 |

참고

**공통선시험**
예전에는 **시험용 계기(전압계)**로 **"단선"**을 지시한 경계구역의 회선수를 조사했으나 요즘에는 **전압계** 또는 **LED**(발광다이오드)로 **"단선"**을 지시한 경계구역의 회선수를 조사한다.

☆

## 문제 421

자동화재탐지설비에 대한 P형 수신기의 기능시험 중 저전압시험의 목적, 시험방법 및 가부판정기준에 대하여 기술하시오. (5점)

정답 ① 목적 : 교류전원전압을 정격전압의 80% 전압으로 가하여 동작에 이상이 없는지를 확인할 것
② 시험방법
㉠ 자동화재탐지설비용 전압시험기 또는 가변저항기 등을 사용하여 교류전원전압을 정격전압의 **80%**의 전압으로 실시한다.
㉡ 축전지설비인 경우에는 축전지의 단자를 절환하여 정격전압의 **80%**의 전압으로 실시한다.
㉢ **화재표시작동시험**에 준하여 실시한다.
③ 가부판정기준 : **화재신호**를 **정상**적으로 수신할 수 있을 것

해설 **문제 419 참조**

☆

## 문제 422

자동화재탐지설비에서 수신기의 화재표시작동시험을 실시할 때 확인사항 3가지를 쓰시오. (6점)

○

○

○

정답 ① 릴레이의 작동
② 음향장치의 작동
③ 화재표시등, 지구표시등 등의 표시장치 점등

• '**확인사항**'이란 '**가부판정기준**'을 쓰라는 말이다.

해설 **문제 419 참조**

## 문제 423

**자동화재탐지설비에서 P형 수신기 점검시 다음 시험의 양부판정기준을 쓰시오. (6점)**
(가) 공통선시험 양부판정기준 (2점)
(나) 회로저항시험 양부판정기준 (2점)
(다) 지구음향장치 작동시험 양부판정기준 (2점)

정답 (가) 공통선이 담당하고 있는 경계구역수가 7 이하일 것
(나) 하나의 감지기회로의 합성저항치는 50Ω 이하로 할 것
(다) 지구음향장치가 작동하고 음량이 정상일 것

해설 **문제 419 참조**

• 가부판정기준 = 양부판정기준

## 문제 424

**자동화재탐지설비 P형 수신기의 화재표시작동시험, 회로도통시험, 공통선시험, 동시작동시험, 저전압시험의 작동시험방법과 가부판정기준을 설명하시오. (10점)**

정답

| 시험종류 | 시험방법 | 가부판정의 기준 |
|---|---|---|
| 화재표시 작동시험 | ① 회로선택스위치로서 실행하는 시험 : 동작시험스위치를 눌러서 스위치 주의등의 점등을 확인한 후 회로선택스위치를 차례로 회전시켜 1회로마다 화재시의 작동시험을 행할 것<br>② 감지기 또는 발신기의 작동시험과 함께 행하는 방법 : 감지기 또는 발신기를 차례로 작동시켜 경계구역과 지구표시등과의 접속상태를 확인할 것 | ① 각 릴레이(relay)의 작동<br>② 화재표시등, 지구표시등 그 밖의 표시장치의 점등(램프의 단선도 함께 확인할 것)<br>③ 음향장치 작동 확인<br>④ 감지기회로 또는 부속기기회로와의 연결접속이 정상일 것 |
| 회로도통 시험 | 목적 : 감지기회로의 단선의 유무와 기기 등의 접속상황을 확인<br>① 도통시험스위치를 누른다.<br>② 회로선택스위치를 차례로 회전시킨다.<br>③ 각 회선별로 전압계의 전압을 확인한다(단, 발광다이오드로 그 정상유무를 표시하는 것은 발광다이오드의 점등유무를 확인한다).<br>④ 종단저항 등의 접속상황을 조사한다. | 각 회선의 전압계의 지시치 또는 발광다이오드(LED)의 점등유무 상황이 정상일 것 |
| 공통선시험 (단, 7회선 이하는 제외) | 목적 : 공통선이 담당하고 있는 경계구역의 적정 여부 확인<br>① 수신기 내 접속단자의 회로공통선을 1선 제거한다.<br>② 회로도통시험의 예에 따라 도통시험스위치를 누르고, 회로선택스위치를 차례로 회전시킨다.<br>③ 전압계 또는 발광다이오드를 확인하여 '단선'을 지시한 경계구역의 회선수를 조사한다. | 공통선이 담당하고 있는 경계구역수가 7 이하일 것 |

| | | |
|---|---|---|
| 동시작동시험<br>(단, 1회선은 제외) | 목적 : 감지기회로가 동시에 수회선 작동하더라도 수신기의 기능에 이상이 없는가의 여부 확인<br>① 주전원에 의해 행한다.<br>② 각 회선의 화재작동을 복구시키는 일이 없이 5회선(5회선 미만은 전회선)을 동시에 작동시킨다.<br>③ ②의 경우 주음향장치 및 지구음향장치를 작동시킨다.<br>④ 부수신기와 표시기를 함께 하는 것에 있어서는 이 모두를 작동상태로 하고 행한다. | 각 회선을 동시 작동시켰을 때<br>① 수신기의 이상유무<br>② 부수신기의 이상유무<br>③ 표시장치의 이상유무<br>④ 음향장치의 이상유무<br>⑤ 화재시 작동을 정확하게 계속하는 것일 것 |
| 저전압시험 | 목적 : 교류전원전압을 정격전압의 80% 전압으로 가하여 동작에 이상이 없는지를 확인할 것<br>① 자동화재탐지설비용 전압시험기 또는 가변저항기 등을 사용하여 교류전원전압을 정격전압의 80%의 전압으로 실시한다.<br>② 축전지설비인 경우에는 축전지의 단자를 절환하여 정격전압의 80%의 전압으로 실시한다.<br>③ 화재표시작동시험에 준하여 실시한다. | 화재신호를 정상적으로 수신할 수 있을 것 |

**해설** 문제 419 참조

☆☆☆ **문제 425**

**자동화재탐지설비 수신기의 지구음향장치 작동시험, 저전압시험, 비상전원시험의 작동시험방법과 가부판정기준에 대하여 설명하시오. (10점)**

**정답**

| 시험종류 | 시험방법 | 가부판정의 기준 |
|---|---|---|
| 지구음향장치 작동시험 | 목적 : 화재신호와 연동하여 음향장치의 정상작동 여부 확인<br>① 임의의 감지기 및 발신기 등을 작동시킨다. | ① 감지기를 작동시켰을 때 수신기에 연결된 해당 지구음향장치가 작동하고 음량이 정상적이어야 한다.<br>② 음량은 음향장치의 중심에서 1m 떨어진 위치에서 90dB 이상일 것 |
| 저전압시험 | 목적 : 교류전원전압을 정격전압의 80% 전압으로 가하여 동작에 이상이 없는지를 확인할 것<br>① 자동화재탐지설비용 전압시험기 또는 가변저항기 등을 사용하여 교류전원전압을 정격전압의 80%의 전압으로 실시한다.<br>② 축전지설비인 경우에는 축전지의 단자를 절환하여 정격전압의 80%의 전압으로 실시한다.<br>③ 화재표시작동시험에 준하여 실시한다. | 화재신호를 정상적으로 수신할 수 있을 것 |
| 비상전원시험 | 목적 : 상용전원이 정전되었을 때 자동적으로 비상전원(비상전원수전설비 제외)으로 절환되는지의 여부를 다음에 따라 확인할 것<br>① 비상전원으로 축전지설비를 사용하는 것에 대해 행한다.<br>② 충전용 전원을 개로의 상태로 하고 전압계의 지시치가 적정한가를 확인한다(단, 발광다이오드로 그 정상유무를 표시하는 것은 발광다이오드의 정상 점등유무를 확인한다).<br>③ 화재표시작동시험에 준하여 시험한 경우, 전압계의 지시치가 정격전압의 80% 이상임을 확인한다(단, 발광다이오드로 그 정상유무를 표시하는 것은 발광다이오드의 정상 점등유무를 확인한다). | 비상전원의 전압, 용량, 절환상황, 복구작동이 정상이어야 할 것 |

**해설** 문제 419 참조

☆

## 문제 426

**자동화재탐지설비에서 도통시험을 원활하게 하기 위하여 상시개로식의 배선에는 그 회로의 끝부분에 무엇을 설치하여야 하는지 쓰시오. (2점)**

 정답 종단저항

해설 (1) **종단저항**과 **송배선방식**

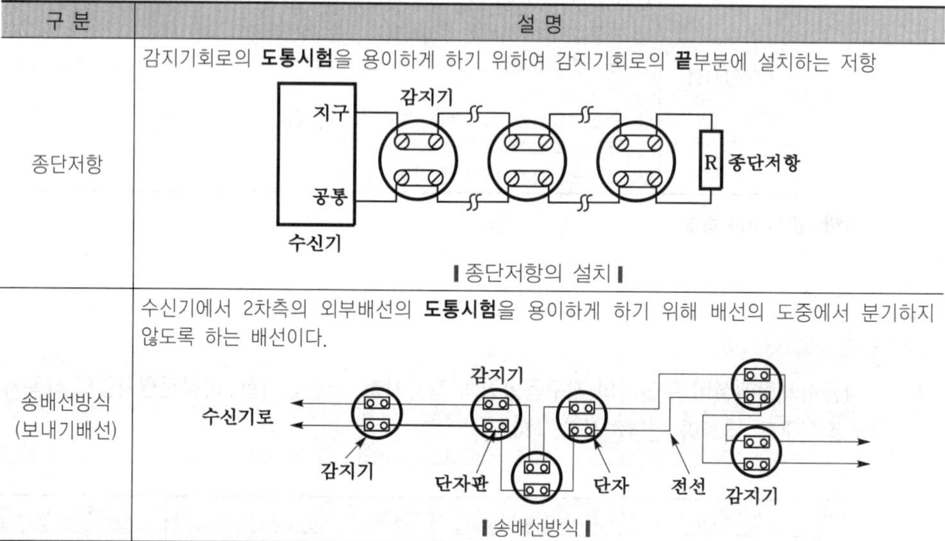


| 구 분 | 설 명 |
|---|---|
| 종단저항 | 감지기회로의 **도통시험**을 용이하게 하기 위하여 감지기회로의 **끝**부분에 설치하는 저항<br>▮종단저항의 설치▮ |
| 송배선방식<br>(보내기배선) | 수신기에서 2차측의 외부배선의 **도통시험**을 용이하게 하기 위해 배선의 도중에서 분기하지 않도록 하는 배선이다.<br>▮송배선방식▮ |

(2) **감**지기회로의 **종단저항 설치기준**[자동화재탐지설비 및 시각경보장치의 화재안전기준(NFPC 203 제11조, NFTC 203 2.8.1.3)]

① **점검** 및 **관리**가 쉬운 장소에 설치할 것

② **전**용함 설치시 바닥으로부터 **1.5m** 이내의 높이에 설치할 것

③ 감지기회로의 **끝부분**에 설치하며, **종단감지기**에 설치할 경우에는 구별이 쉽도록 해당 감지기의 기판 및 감지기 외부 등에 별도의 표시를 할 것

기억법 감점전

☆

## 문제 427

**자동화재탐지설비의 P형 수신기에서 회로도통시험을 한 결과 정상신호가 나타나지 않았을 경우, 그 원인을 5가지 쓰시오. (단, 수신기의 자체 고장은 없다.) (5점)**

○

○

○

○

○

 정답

① 감지기회로의 단선

② 감지기회로의 단락

③ 감지기의 고장

④ 종단저항의 접속 불량

⑤ 종단저항의 누락

해설 **회로도통시험**시 정상신호가 나타나지 않았을 경우의 원인
(1) 감지기회로의 **단선**
(2) 감지기회로의 **단락**
(3) 감지기의 고장
(4) 종단저항의 **접속 불량**
(5) 종단저항의 **누락**

중요

**회로도통시험**

| 구 분 | 설 명 |
|---|---|
| 시험방법 | **감지기회로**의 **단선**의 **유무**와 기기 등의 접속상황을 확인하기 위해서 다음과 같은 시험을 행할 것<br>① 도통시험스위치를 누른다.<br>② 회로선택스위치를 차례로 회전시킨다.<br>③ 각 회선별로 전압계의 전압을 확인한다(단, 발광다이오드로 그 정상유무를 표시하는 것은 발광다이오드의 점등유무를 확인한다).<br>④ 종단저항 등의 접속상황을 조사한다. |
| 가부판정의 기준 | 각 회선의 **전압계**의 **지시치** 또는 발광다이오드(LED)의 점등유무 상황이 정상일 것 |

• 회로도통시험

| 구 분 | 정상상태 | 단선상태 | 단락상태 |
|---|---|---|---|
| 전압계 | 4~8V | 0V | 22~26V |
| 도통시험확인등 | 정상확인등 점등(녹색) | 단선확인등 점등(적색) | 정상확인등 점등(녹색) |

도통시험확인등으로는 단락상태를 확인해주지 못한다. 왜냐하면 정상상태와 동일하게 **녹색**으로 표시되기 때문이다.

☆☆☆

### 문제 428

**자동화재탐지설비의 P형 수신기 전면에 있는 스위치 주의등에 대한 각 물음에 답하시오. (4점)**
(가) 도통시험스위치 조작시 스위치 주의등 점등여부 (2점)
(나) 예비전원스위치 조작시 스위치 주의등 점등여부 (2점)

정답 (가) 점등
(나) 소등

해설 **스위치 주의등**

| **스위치 주의등**이 **점멸**(점등)되는 경우 | **스위치 주의등이 점멸**(점등)**하지 않는 경우** |
|---|---|
| ① 지구경종 정지스위치 ON시(조작시)<br>② 주경종 정지스위치 ON시(조작시)<br>③ 자동복구스위치 ON시(조작시)<br>④ 도통시험스위치 ON시(조작시)<br>⑤ 동작시험스위치 ON시(조작시) | ① 복구스위치 ON시(조작시)<br>② 예비전원스위치 ON시(조작시) |

• (나) "**소등=미점등=점등되지 않음**" 모두 정답!

☆☆☆

## 문제 429

어느 건물의 자동화재탐지설비의 수신기를 보니 스위치 주의등이 점멸하고 있었다. 어떤 경우에 점멸하는지 그 원인을 2가지 쓰시오. (2점)

○

○

정답 ① 지구경종 정지스위치 ON시
② 주경종 정지스위치 ON시

해설 **문제 428 참조**

☆

## 문제 430

자동화재탐지설비에서 감지기와 수신기의 기능상 문제로 인한 비화재보 중요 원인 3가지를 쓰시오. (6점)

○

○

○

정답 ① 수신기 릴레이의 오동작
② 전자파에 의한 감지기 오동작
③ 먼지, 분진 등에 의한 감지기 오동작

해설
- 기능상 문제로 인한 비화재보 중요 원인을 물어보았으므로 위와 같이 답하여야 한다. **인위적 요인, 기능상 요인, 환경적 요인, 설치상 요인** 등은 답이 될 수 없다.

비교

**비화재보**가 **발생**하는 **원인**
(1) **표시회로**의 절연 불량
(2) **감지기**의 기능 불량
(3) **수신기**의 기능 불량
(4) 감지기가 설치되어 있는 장소의 **온도변화**가 **급격**한 것에 의한 것

☆☆

## 문제 431

P형 수신기가 고장이라고 가정할 때 고장증상 5가지를 나열하고 이에 대한 예상원인 및 점검방법을 기술하시오. (10점)

○

○

○

○

○

| 고장증상 | 예상원인 | 점검방법 |
|---|---|---|
| ① 지구경종 동작 불능 | 퓨즈 단선 | 점검 및 교체 |
| | 릴레이의 점검 불량 | 지구릴레이 동작 확인 및 점검 |
| | 외부 경종선 쇼트 | 테스터로 단자저항점검(0Ω) |
| ② 주경종 고장 | 지구경종 점검방법과 동일 | |
| ③ 릴레이의 소음 발생 | 정류 다이오드 1개 불량으로 인한 정류전압 이상 | 정류 다이오드 출력단자전압 확인(18V 이하) |
| | 릴레이 열화 | 릴레이 코일 양단전압 확인(22V 이상) |
| ④ 전화통화 불량 | 송수화기 잭 접속 불량 | 플러그 재삽입 후 회전시켜 접속 확인 |
| | 송수화기 불량 | 송수화기를 테스트로 저항치 점검 |
| ⑤ 전화부저 동작 불능 | 송수화기 잭 접속 불량 | 플러그 재삽입 후 회전시켜 접속 확인 |

해설 **P형 수신기**의 **고장진단**

| 고장증상 | | 예상원인 | 점검방법 |
|---|---|---|---|
| ① 상용전원감시등 소등 | | 정전 | 상용전원 확인 |
| | | 퓨즈 단선 | 전원스위치 끄고 퓨즈 교체 |
| | | 입력전원전원선 불량 | 외부 전원선 점검 |
| | | 전원회로부 훼손 | 트랜스 2차측 24V AC 및 다이오드 출력 24V DC 확인 |
| ② 예비전원감시등 점등 (축전지 감시등 점등) | | 퓨즈 단선 | 확인교체 |
| | | 충전 불량 | 충전전압 확인 |
| | | • 배터리 소켓 접속 불량<br>• 장기간 정전으로 인한 배터리의 완전방전 | 배터리 감시표시등의 점등 확인 소켓단자 확인 |
| ③ 지구표시등의 소등 | | ※ 지구 및 주경종을 정지시키고 회로를 동작시켜 지구회로가 동작하는지 확인 | |
| | | 램프 단선 | 램프교체 |
| | | 지구표시부 퓨즈 단선 | 확인교체 |
| | | 회로 퓨즈 단선 | 퓨즈 점검교체 |
| | | 전원표시부 퓨즈 단선 | 전압계 지침 확인 |
| ④ 지구표시등의 계속 점등 | 복구되지 않을 때 복구스위치를 누르면 OFF, 다시 누르면 ON | 회로선 합선, 감지기나 수동발신기의 지속동작 | 감지기선로 점검, 릴레이 동작점검 |
| | 복구는 되나 다시 동작 | 감지의 불량 | 현장의 감지기 오동작 확인, 교체 |
| ⑤ 화재표시등의 고장 | | 지구표시등의 점검방법과 동일 | |
| ⑥ 지구경종 동작 불능 | | 퓨즈 단선 | 점검 및 교체 |
| | | 릴레이의 점검 불량 | 지구릴레이 동작 확인 및 점검 |
| | | 외부 경종선 쇼트 | 테스터로 단자저항점검(0Ω) |
| ⑦ 지구경종 동작 불능 | 지구표시등 점등 | ④에 의해 조치 | |
| | 지구표시등 미점등 | 릴레이의 접점 쇼트 | 릴레이 동작 점검 및 교체 |
| ⑧ 주경종 고장 | | 지구경종 점검방법과 동일 | |
| ⑨ 릴레이의 소음 발생 | | 정류 다이오드 1개 불량으로 인한 정류전압 이상 | 정류 다이오드 출력단자전압 확인(18V 이하) |
| | | 릴레이 열화 | 릴레이 코일 양단전압 확인(22V 이상) |

| | | |
|---|---|---|
| ⑩ 전화통화 불량 | 송수화기 잭 접속 불량 | 플러그 재삽입 후 회전시켜 접속 확인 |
| | 송수화기 불량 | 송수화기를 테스트로 저항치 점검($R$×1에서 50~100) |
| ⑪ 전화부저 동작 불능 | 송수화기 잭 접속 불량 | 플러그 재삽입 후 회전시켜 접속확인 |

☆

## 문제 432

**자동화재탐지설비에 사용되는 공기관식 차동식 분포형 감지기의 3정수시험 중 접점수고(간격)시험시 수고치가 다음에 해당하는 경우에 각각 나타나는 현상을 쓰시오. (6점)**

○ 비정상적인 경우 :

○ 낮은 경우 :

○ 높은 경우 :

정답 ① 감지기 미작동
② 비화재보
③ 지연동작

해설 **접점수고시험**
감지기의 접점수고치가 적정치를 보유하고 있는지를 확인하기 위한 시험

▌수고치▐

| 비정상적인 경우 | 낮은 경우 | 높은 경우 |
|---|---|---|
| 감지기가 작동되지 않는다. | 감지기가 예민하게 되어 비화재보의 원인이 된다. | 감지기의 감도가 저하되어 지연동작의 원인이 된다. |

중요

**3정수시험**
차동식 분포형 공기관식 감지기는 감도기준 설정이 가열시험으로는 어렵기 때문에 온도시험에 의하지 않고 이론시험으로 대신하는 것으로 **리크저항시험**, **등가용량시험**, **접점수고시험**이 있다.

▌3정수시험▐

| 리크저항시험 | 등가용량시험 | 접점수고시험 |
|---|---|---|
| 리크저항 측정 | 다이어프램의 기능 측정 | 접점의 간격 측정 |

☆☆

## 문제 433

**공기관식 감지기 시험방법에 대한 설명 중 ㉠와 ㉡에 알맞은 내용을 답란에 쓰시오. (4점)**

① 검출부의 시험공 또는 공기관의 한쪽 끝에 ( ㉠ )을(를) 접속하고 시험코크 등을 유동시험 위치에 맞춘 후 다른 끝에 ( ㉡ )을(를) 접속시킨다.
② ( ㉡ )(으)로 공기를 주입하고 ( ㉠ ) 수위를 눈금의 0점으로부터 100mm 상승시켜 수위를 정지시킨다.
③ 시험코크 등에 의해 송기구를 개방하여 상승수위의 1/2까지 내려가는 시간(유통시간)을 측정한다.

○ 답란 :

| ㉠ | ㉡ |
|---|---|
| | |

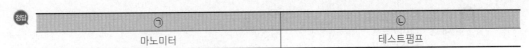

정답

| ㉠ | ㉡ |
|---|---|
| 마노미터 | 테스트펌프 |

해설 (1) **차동식 분포형 공기관식 감지기**의 **유통시험**

공기관에 공기를 유입시켜 **공**기관의 **누설, 찌그러짐, 막힘** 등의 유무 및 공기관의 **길이**를 확인하는 시험이다.

기억법 **공길누찌**

① 검출부의 시험공 또는 공기관의 한쪽 끝에 **마노미터**를, 다른 한쪽 끝에 **테스트펌프**를 접속한다.
② **테스트펌프**로 공기를 주입하고 **마노미터**의 수위를 **100mm**까지 상승시켜 수위를 정지시킨다(정지하지 않으면 공기관에 누설이 있는 것이다).
③ 시험코크를 이동시켜 송기구를 열고 수위가 **50mm**까지 내려가는 시간(**유통시간**)을 측정하여 공기관의 길이를 산출한다.

※ 공기관의 두께는 **0.3mm** 이상, 외경은 **1.9mm** 이상이며, 공기관의 길이는 **20~100m** 이하이어야 한다.

(2) **공기관식 차동식 분포형 감지기**의 **접점수고시험시 검출부**의 **공기관에 접속하는 기기**

① 마노미터
② 테스트펌프

- 마노미터(manometer)=마노메타
- 테스트펌프(test pump)=공기주입기=공기주입시험기
- ㉠와 ㉡의 답이 서로 바뀌면 틀린다. 공기를 주입하는 것은 **테스트펌프**이고 수위 상승을 확인하는 것은 **마노미터**이기 때문이다.

☆☆

**문제 434**

자동화재탐지설비에 사용되는 공기관식 차동식 분포형 감지기의 시험에 관한 그림이다. 다음 각 물음에 답하시오. (12점)

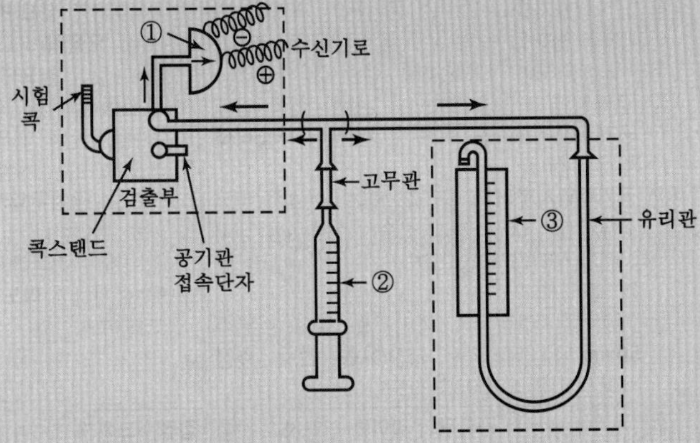


(가) 어떤 시험을 하기 위한 것인지 쓰시오. (2점)
(나) 그림에 표시된 ①~③의 명칭을 쓰시오. (3점)
①:
②:
③:
(다) 이 시험에서의 양부판정기준을 쓰시오. (3점)
(라) 위 물음 (다)에서 기준치보다 낮을 경우나 높을 경우에 일어나는 현상을 쓰시오. (4점)
○낮을 경우 :
○높을 경우 :

정답 (가) 접점수고시험
(나) ① : 다이어프램
② : 테스트펌프
③ : 마노미터
(다) 접점수고치가 각 검출부의 지정값 범위 내에 있는지 확인
(라) ① 낮을 경우 : 오동작
② 높을 경우 : 지연동작

- (가) 구성도가 **유통시험**도 되고 **접점수고시험**도 되기 때문에 '**유통시험**'이라고 써도 맞다고 생각할 수 있지만 그건 잘못된 생각이다. (라)에서 기준치보다 낮을 경우, 높을 경우의 문구가 있으므로 반드시 **접점수고시험**으로 답해야 한다.

(1) **구성도**

| 유통시험 · 접점수고시험 | 펌프시험 · 작동계속시험 |
|---|---|

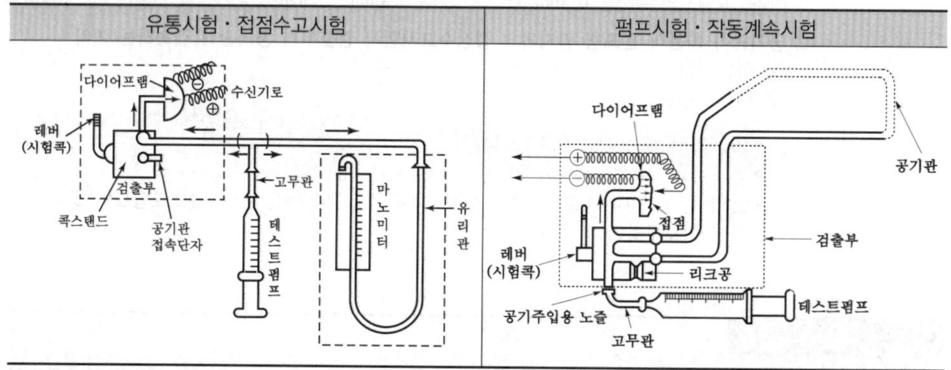


(2) **시험방법 · 양부판정기준**

| 구 분 | 유통시험 | 접점수고시험 |
|---|---|---|
| 시험방법 | 공기관에 공기를 유입시켜 공기관이 새거나, 깨어지거나, 줄어듦 등의 유무 및 공기관의 길이를 확인하기 위하여 다음에 따라 행할 것<br>① 검출부의 시험공 또는 공기관의 한쪽 끝에 **공기주입시험기**를, 다른 한쪽 끝에 **마노미터**를 접속한다.<br>② **공기주입시험기**로 공기를 불어넣어 마노미터의 수위를 100mm까지 상승시켜 수위를 정지시킨다(정지하지 않으면 공기관에 누설이 있는 것이다).<br>③ 시험콕을 이동시켜 송기구를 열고 수위가 **50mm**까지 내려가는 시간(**유통시간**)을 측정하여 공기관의 길이를 산출한다. | 접점수고치가 **낮으면**(기준치 이하) 감도가 **예민**하게 되어 **오동작**(비화재보)의 원인이 되기도 하며, 접점수고값이 **높으면**(기준치 이상) 감도가 **저하**하여 **지연동작**의 원인이 되므로 적정치를 보유하고 있는가를 확인하기 위하여 다음에 따라 행한다.<br>① 시험콕 또는 스위치를 접점수고시험 위치로 조정하고 **공기주입시험기**에서 미량의 공기를 서서히 주입한다.<br>② 감지기의 접점이 폐쇄되었을 때에 공기의 주입을 중지하고 **마노미터**의 수위를 읽어서 접점수고를 측정한다. |
| 양부판정기준 | 유통시간에 의해서 **공기관**의 **길이**를 산출하고 산출된 공기관의 길이가 하나의 검출의 **최대공기관 길이 이내**일 것 | **접점수고치**가 각 검출부에 지정되어 있는 값의 범위 내에 있을 것 |
| 주의사항 | 공기주입을 서서히 하며 **지정량 이상** 가하지 않도록 할 것 | – |

비교

**유통시험**과 **접점수고시험**의 구성도를 다음과 같이 구분하여 그릴 수도 있다.

| 유통시험 | 접점수고시험 |
|---|---|

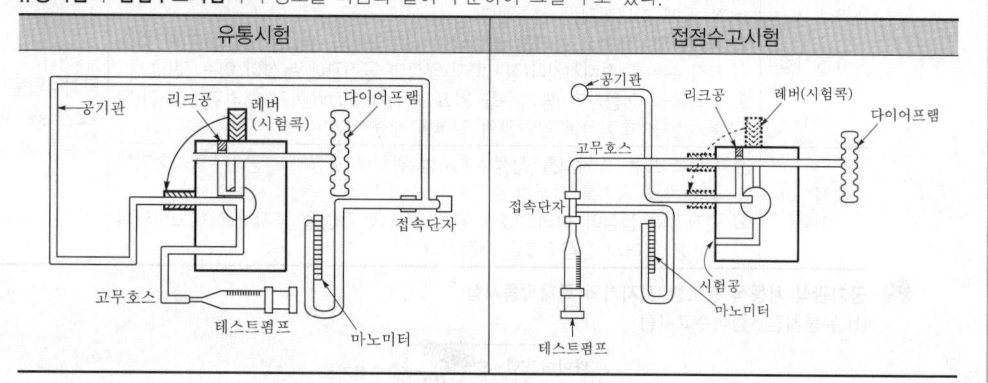


중요

**공기관식 차동식 분포형 감지기**의 **시험 종류**

(1) 화재작동시험(펌프시험)
(2) 작동계속시험
(3) 유통시험
(4) 접점수고시험(다이어프램시험)
(5) 리크시험(리크저항시험)

☆☆

**문제 435**

다음 그림을 참고하여 공기주입시험기의 시험방법 2가지와 측정시 주의사항을 각각 기술하시오. (10점)

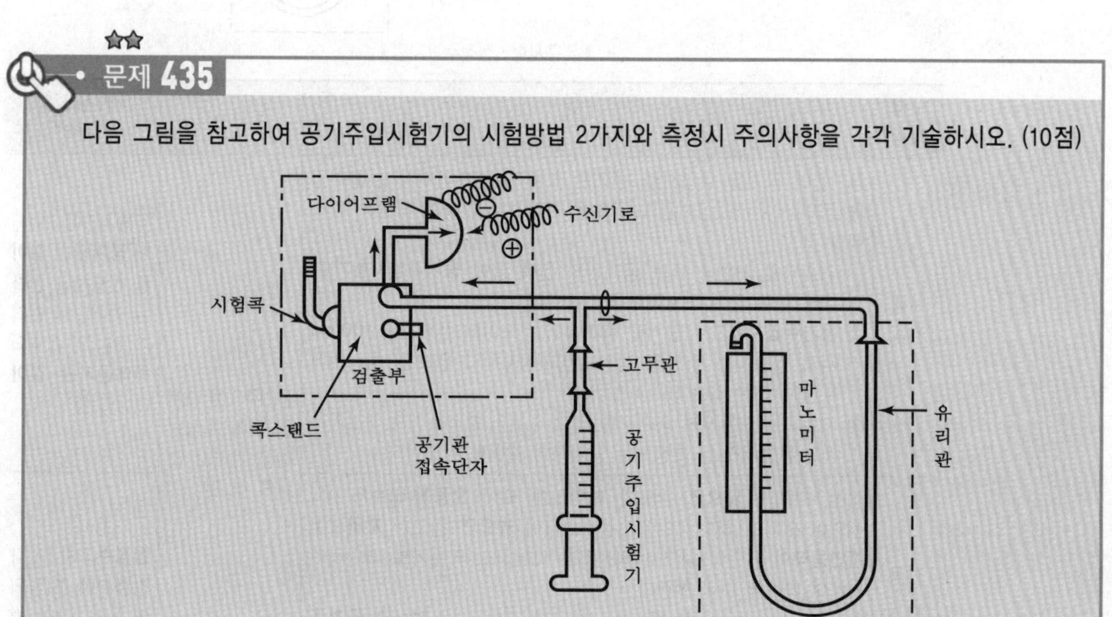




소방시설의 점검실무행정 종합문제 600제

정답

| 시험종류 | 시험방법 | 주의사항 |
|---|---|---|
| 유통시험 | ① 검출부의 시험공 또는 공기관의 한쪽 끝에 공기주입시험기를, 다른 한쪽 끝에 마노미터를 접속한다.<br>② 공기주입시험기로 공기를 불어넣어 마노미터의 수위를 100mm까지 상승시켜 수위를 정지시킨다(정지하지 않으면 공기관에 누설이 있는 것이다).<br>③ 시험콕을 이동시켜 송기구를 열고 수위가 50mm까지 내려가는 시간(유통시간)을 측정하여 공기관의 길이를 산출한다. | 공기주입을 서서히 하며 지정량 이상 가하지 않도록 할 것 |
| 접점수고 시험 | ① 시험콕 또는 스위치를 접점수고시험 위치로 조정하고 공기주입시험기에서 미량의 공기를 서서히 주입한다.<br>② 감지기의 접점이 폐쇄되었을 때에 공기의 주입을 중지하고 마노미터의 수위를 읽어서 접점수고를 측정한다. | |

해설 **공기관식 차동식 분포형 감지기**의 **화재작동시험**

(1) 유통시험 · 접점수고시험

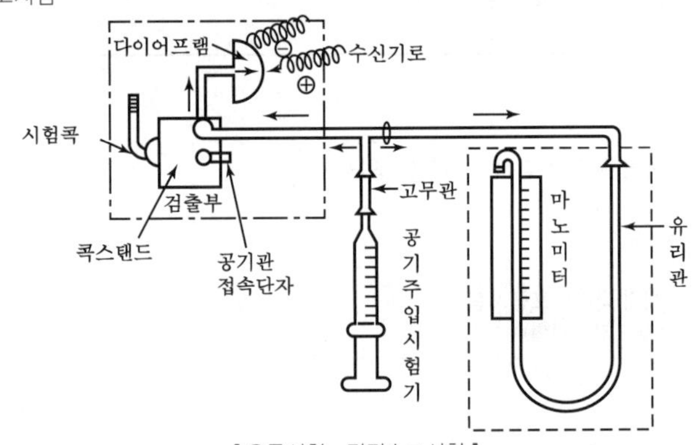


▌유통시험 · 접점수고시험▐

| 시험 종류 | 시험방법 | 주의사항 | 가부판정의 기준 |
|---|---|---|---|
| 유통 시험 | 공기관에 공기를 유입시켜, 공기관이 새거나, 깨어지거나, 줄어들음 등의 유무 및 공기관의 길이를 확인하기 위하여 다음에 따라 행할 것<br>① 검출부의 시험공 또는 공기관의 한쪽 끝에 **공기주입시험기**를, 다른 한쪽 끝에 **마노미터**를 접속한다.<br>② **공기주입시험기**로 공기를 불어넣어 마노미터의 수위를 **100mm**까지 상승시켜 수위를 정지시킨다(정지하지 않으면 공기관에 누설이 있는 것이다).<br>③ 시험콕을 이동시켜 송기구를 열고 수위가 50mm까지 내려가는 시간(**유통시간**)을 측정하여 공기관의 길이를 산출한다. | 공기주입을 서서히 하며 지정량 이상 가하지 않도록 할 것 | 유통시간에 의해서 **공기관**의 **길이**를 산출하고 산출된 공기관의 길이가 하나의 검출의 **최대공기관 길이** 이내일 것 |
| 접점 수고 시험 | 접점수고치가 **낮으면** 감도가 **예민**하게 되어 **오동작**(비화재보)의 원인이 되기도 하며, 또한 접점수고값이 **높으면** 감도가 **저하**하여 **지연동작**의 원인이 되므로 적정치를 보유하고 있는가를 확인하기 위하여 다음에 따라 행한다.<br>① 시험콕 또는 스위치를 접점수고시험 위치로 조정하고 **공기주입시험기**에서 미량의 공기를 서서히 주입한다.<br>② 감지기의 접점이 폐쇄되었을 때에 공기의 주입을 중지하고 **마노미터**의 수위를 읽어서 접점수고를 측정한다. | | **접점수고치**가 각 검출부에 지정되어 있는 값의 범위 내에 있을 것 |

(2) 펌프시험·작동계속시험

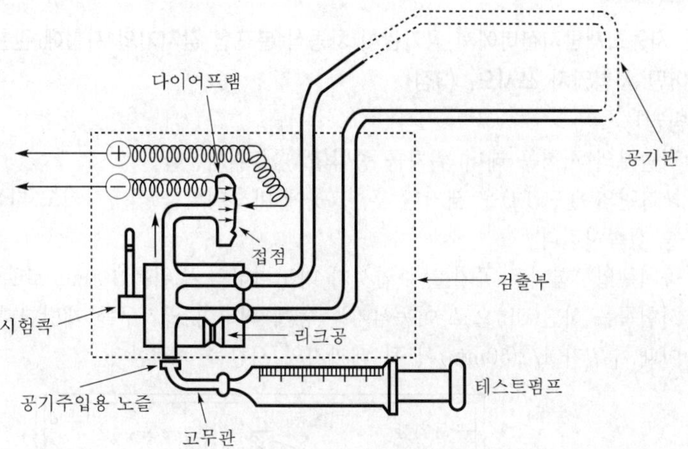


▍펌프시험·작동계속시험▐

| 시험종류 | 시험방법 | 가부판정의 기준 | 주의사항 |
|---|---|---|---|
| 펌프 시험 | 감지기의 작동공기압(공기팽창압)에 상당하는 공기량을 **공기주입시험기**(test pump)에 의해 불어넣어 작동할 때까지의 시간이 지정치인가를 확인하기 위하여 다음에 따라 행할 것<br>① 검출부의 시험공에 **공기주입시험기**를 접속하고 시험콕(cock) 또는 스위치를 작동시험위치로 조정한다.<br>② 각 검출부에 명시되어 있는 공기량을 공기관에 송입한다. | 공기송입 후 감지기의 접점이 작동할 때까지의 시간이 각 검출부에 지정되어 있는 시간의 범위 내에 있을 것 | ① 송입하는 공기량은 감지기 또는 검출부의 종별 또는 공기관의 길이가 다르므로 지정량 이상의 공기를 송입하지 않도록(다이어프램 손상방지)에 유의할 것<br>② 시험콕 또는 스위치를 작동시험위치로 조정하여 송입한 공기가 **리크저항**을 통과하지 않는 구조의 것에 있어서는 지정치의 공기량을 송입한 직후 신속하게 시험콕 또는 스위치를 **정위치**로 **복귀**시킬 것 |
| 작동 계속 시험 | 펌프시험에 의해서 **감지기**가 **작동**을 **개시**한 때부터 작동을 **정지**할 때까지의 시간을 측정하여 감지기의 작동의 계속이 정상인가를 확인한다. | 감지기의 **작동계속시간**이 각 검출부에 지정되어 있는 시간의 범위 내에 있을 것 | |

중요

**주의! 또 주의!**

문제에서 주어진 그림은 **유통시험**과 **접점수고시험**에 관한 것으로 여기서는 유통시험과 접점수고시험에 관해서만 기술하고, **펌프시험**과 **작동계속시험**에 대해서는 기술하지 않도록 주의하라. 펌프시험과 작동계속시험에 대해서도 답을 할 경우 틀리게 되는 것이다.

☆

## 문제 436

**그림은 자동화재탐지설비에서 공기관식 차동식 분포형 감지기의 시험에 관한 것이다. 시험방법을 참고하여 어떤 시험인지 쓰시오. (3점)**

〔시험방법〕

① 검출부의 시험콕 레버 위치를 중앙(PA)에 위치한다.
② 공기관의 일단(P1)을 제거한 후, 그곳에 마노미터를 접속시키고 다른 한쪽에 공기주입시험기를 접속시킨다.
③ 공기주입시험기로 공기를 주입시켜 마노미터의 수위를 100mm로 유지시킨다.
④ 시험콕을 하단(DL)으로 이동시키는 등에 의하여 급기구를 개방한다.
⑤ 이때 수위가 1/2(50mm)이 될 때까지의 시간을 측정한다.

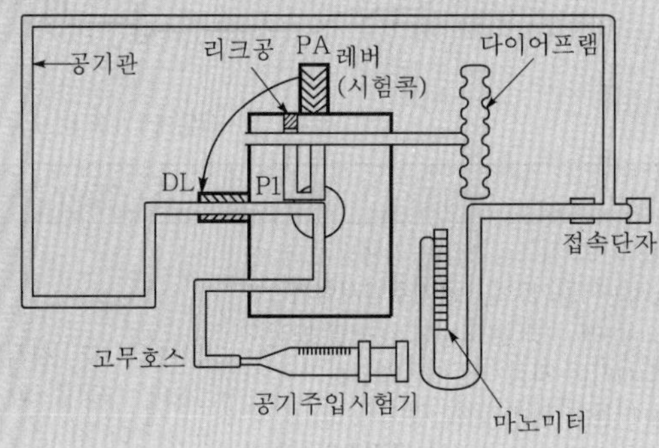

 유통시험

 **시험방법**

| 유통시험 | 접점수고시험 |
|---|---|
| 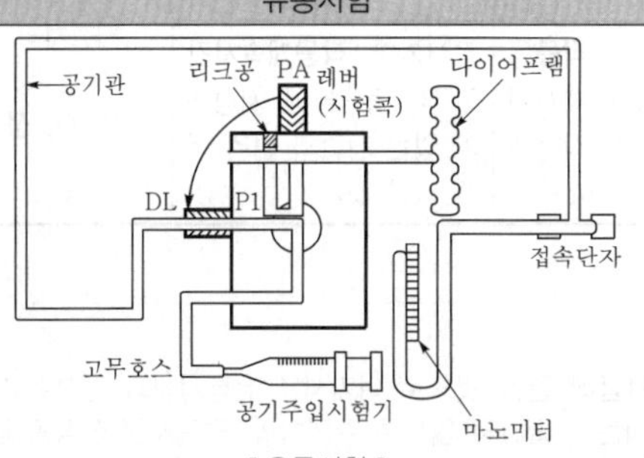 ▌유통시험▐ • 검출부의 시험콕 레버 위치를 중앙(PA)에 위치한다. • 공기관의 일단(P1)을 제거한 후, 그곳에 마노미터를 접속시키고 다른 한쪽에 공기주입시험기를 접속시킨다. • 공기주입시험기로 공기를 주입시켜 마노미터의 수위를 100mm로 유지시킨다. • 시험콕을 하단(DL)으로 이동시키는 등에 의하여 급기구를 개방한다. • 이때 수위가 1/2(50mm)이 될 때까지의 시간을 측정한다. | 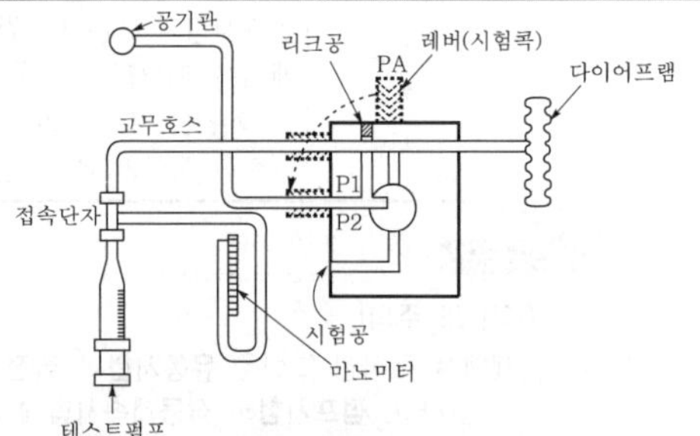 ▌접점수고시험▐ • 공기관의 일단(P1)을 제거한 후, 그곳에 마노미터와 공기주입시험기를 접속한다. • 검출부의 시험용 레버를 접점수고 위치(DL)로 돌린다. • 공기주입시험기로 미량의 공기를 서서히 주입한다. • 감지기의 접점이 붙는 순간 공기주입을 멈추고, 마노미터의 수위를 읽어 접점수고치를 측정한다. |

• 공기주입시험기=테스트펌프

☆ **문제 437**

**자동화재탐지설비에 대한 차동식 분포형 공기관식 감지기의 점검 중 화재작동시험(공기주입시험)의 시험방법에 대하여 쓰시오. (7점)**

정답 ① 검출부의 시험구멍에 공기주입시험기 접속
② 시험코크를 조작해서 시험위치(중단) 조정
③ 검출부에 표시되어 있는 공기량을 공기관에 투입
④ 공기를 투입하고 나서 작동하기까지의 시간 측정
⑤ 측정이 끝나면 코크레버를 평상시 상태인 상단에 위치
⑥ 검출부의 시험구멍에서 공기주입시험기 분리
⑦ 수신기 복구

해설 화재작동시험(공기주입시험)의 시험방법

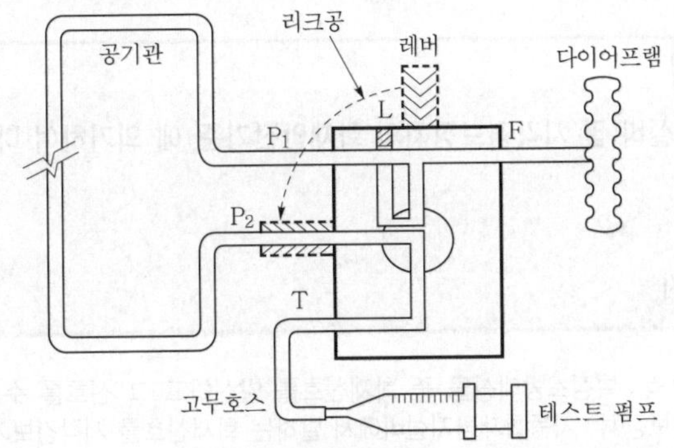


┃화재작동시험┃

(1) 시험목적 : 화재시 공기관식 감지기가 작동되는 공기압에 해당하는 공기량을 테스트 펌프를 이용하여 공기관에 주입하여 인위적으로 검출부를 작동시켜 작동시간이 정상인지 여부를 시험하는 것

(2) 시험방법
① 검출부의 시험구멍에 **공기주입시험기 접속**
② **시험코크**를 조작해서 시험위치(중단) 조정
③ 검출부에 표시되어 있는 공기량을 **공기관**에 투입
④ 공기를 투입하고 나서 작동하기까지의 시간 측정
⑤ 측정이 끝나면 **코크레버**를 평상시 상태인 상단에 위치
⑥ 검출부의 시험구멍에서 **공기주입시험기 분리**
⑦ 수신기 복구

☆ **문제 438**

**자동화재탐지설비에 대한 화재작동시험(공기주입시험) 결과 작동개시 시간이 기준치 이상일 경우, 그 원인을 5가지만 쓰시오. (5점)**

○
○
○
○
○

**정답** ① 리크저항값이 규정치보다 작다.
② 접점수고값이 규정치보다 높다.
③ 공기관의 누설
④ 공기관의 길이가 너무 길다.
⑤ 공기관 접점의 접촉 불량

**해설** **시험결과**

▍화재작동시험(공기주입시험) 작동개시 시간의 점검결과 불량원인▍

| 작동시간이 늦은 경우(기준치 이상, 시간 초과) | 작동시간이 빠른 경우(기준치 미만, 시간 미달) |
|---|---|
| ① 리크저항값이 규정치보다 작다(누설 용이).<br>② 접점수고값이 규정치보다 높다.<br>③ 주입한 공기량에 비해 공기관의 길이가 너무 길다.<br>④ 공기관에 작은 구멍이 있다(공기관 누설).<br>⑤ 검출부 접점의 접촉이 불량하다. | ① 리크저항값이 규정치보다 크다(누설 지연).<br>② 접점수고값이 규정치보다 낮다.<br>③ 주입한 공기량에 비해 공기관의 길이가 짧다. |

## 문제 439

「자동화재탐지설비 및 시각경보장치의 화재안전기준」에 의거하여 다음의 용어에 대한 정의를 쓰시오. (4점)

○ 경계구역 :
○ 시각경보장치 :

**정답** ① 경계구역 : 특정소방대상물 중 화재신호를 발신하고 그 신호를 수신 및 유효하게 제어할 수 있는 구역
② 시각경보장치 : 자동화재탐지설비에서 발하는 화재신호를 시각경보기에 전달하여 청각장애인에게 점멸형태의 시각경보를 하는 것

**해설** **자동화재탐지설비** 및 **시각경보장치**의 화재안전기준(NFPC 203 제3조, NFTC 203 1.7)

| 용 어 | 정 의 |
|---|---|
| 경계구역 | 특정소방대상물 중 **화재신호**를 **발신**하고 그 **신호**를 **수신** 및 유효하게 **제어**할 수 있는 구역 |
| 수신기 | 감지기나 발신기에서 **화재신호**를 **직접 수신**하거나 중계기를 통하여 수신하여 **화재**의 **발생**을 **표시** 및 **경보**하여 주는 장치 |
| 중계기 | 감지기·발신기 또는 전기적 접점 등의 작동에 따른 **신호**를 받아 이를 수신기에 **전송**하는 장치 |
| 감지기 | 화재시 발생하는 열, 연기, 불꽃 또는 연소생성물을 자동적으로 **감지**하여 **수신기**에 화재신호 등을 **발신**하는 장치 |
| 발신기 | 수동누름버튼 등의 작동으로 화재신호를 수신기에 **발신**하는 장치 |
| 시각경보장치 | **자동화재탐지설비**에서 발하는 화재신호를 시각경보기에 전달하여 **청각장애인**에게 **점멸형태**의 **시각경보**를 하는 것 |
| 거실 | **거주·집무·작업·집회·오락** 그 밖에 이와 유사한 목적을 위하여 사용하는 실 |

☆

## 문제 440

「자동화재탐지설비 및 시각경보장치의 화재안전기준」에 의거하여 경계구역의 설정기준 3가지를 쓰시오. (4점)

○
○
○

정답 ① 하나의 경계구역이 2개 이상의 건축물에 미치지 않을 것
② 하나의 경계구역이 2개 이상의 층에 미치지 않을 것(단, $500m^2$ 이하의 범위 안에서는 2개의 층을 하나의 경계구역으로 할 수 있다)
③ 하나의 경계구역의 면적은 $600m^2$ 이하로 하고 한 변의 길이는 50m 이하로 할 것(단, 해당 특정소방대상물의 주된 출입구에서 그 내부 전체가 보이는 것에 있어서는 한 변의 길이가 50m의 범위 내에서 $1000m^2$ 이하로 할 수 있다)

해설 **자동화재탐지설비**의 **경계구역 설정기준**[자동화재탐지설비 및 시각경보장치의 화재안전기준(NFPC 203 제4조, NFTC 203 2.1.1)]
(1) 하나의 경계구역이 **2개** 이상의 **건축물**에 미치지 않을 것
(2) 하나의 경계구역이 **2개** 이상의 **층**에 미치지 않을 것(단, **500m²** 이하의 범위 안에서는 2개의 층을 하나의 경계구역으로 할 수 있다)
(3) 하나의 경계구역의 면적은 **600m²** 이하로 하고 한 변의 길이는 **50m** 이하로 할 것(단, 해당 특정소방대상물의 주된 출입구에서 그 내부 전체가 보이는 것에 있어서는 한 변의 길이가 **50m**의 **범위** 내에서 **1000m²** 이하로 할 수 있다)

☆

## 문제 441

「자동화재탐지설비 및 시각경보장치의 화재안전기준」에 의거하여 바닥으로부터 8m 이상 15m 미만의 높이에 설치할 수 있는 감지기 5가지를 쓰시오. (5점)

○
○
○
○
○

정답 ① 차동식 분포형
② 이온화식 1종 또는 2종
③ 광전식(스포트형, 분리형, 공기흡입형) 1종 또는 2종
④ 연기복합형
⑤ 불꽃감지기

해설 **자동화재탐지설비** 및 **시각경보장치**의 **화재안전기준**(NFPC 203 제7조, NFTC 203 2.4.1)

| 부착높이 | 감지기의 종류 |
|---|---|
| **4**m **미**만 | • 차동식(스포트형, 분포형)<br>• 보상식 스포트형<br>• 정온식(스포트형, 감지선형)<br>→ **열**감지기<br>• 이온화식 또는 광전식(스포트형, 분리형, 공기흡입형) : **연**기감지기<br>• 열복합형<br>• 연기복합형<br>• 열연기복합형<br>→ **복**합형 감지기<br>• **불**꽃감지기<br>기억법 열연불복 4미 |
| 4~**8**m **미**만 | • 차동식(스포트형, 분포형)<br>• 보상식 스포트형<br>• **정**온식(스포트형, 감지선형) **특**종 또는 **1**종<br>→ **열**감지기<br>• **이**온화식 **1**종 또는 **2**종<br>• **광**전식(스포트형, 분리형, 공기흡입형) 1종 또는 2종<br>→ 연기감지기<br>• 열복합형<br>• 연기복합형<br>• 열연기복합형<br>→ **복**합형 감지기<br>• **불**꽃감지기<br>기억법 8미열 정특1 이광12 복불 |
| 8~**15**m 미만 | • 차동식 **분**포형<br>• **이**온화식 **1**종 또는 **2**종<br>• **광**전식(스포트형, 분리형, 공기흡입형) 1종 또는 2종<br>• **연**기**복**합형<br>• **불**꽃감지기<br>기억법 15분 이광12 연복불 |
| 15~**20**m 미만 | • **이**온화식 1종<br>• **광**전식(스포트형, 분리형, 공기흡입형) 1종<br>• **연**기**복**합형<br>• **불**꽃감지기<br>기억법 이광불연복2 |
| 20m 이상 | • **불**꽃감지기<br>• **광**전식(분리형, 공기흡입형) 중 **아**날로그방식<br>기억법 불광아 |

[비고] 1. 감지기별 부착높이 등에 대하여 별도로 형식승인을 받은 경우에는 그 성능인정범위 내에서 사용할 수 있다.
2. 부착높이 **20m** 이상에 설치되는 광전식 중 아날로그방식의 감지기는 공칭감지농도 하한값이 감광률 **5%/m** 미만인 것으로 한다.

☆

## 문제 442

「자동화재탐지설비 및 시각경보장치의 화재안전기준」에 의거하여 공기관식 차동식 분포형 감지기의 설치기준을 5가지만 쓰시오. (10점)

○
○
○
○
○

정답 ① 공기관의 노출부분은 감지구역마다 20m 이상이 되도록 할 것
② 공기관은 도중에서 분기하지 않도록 할 것
③ 하나의 검출부분에 접속하는 공기관의 길이는 100m 이하로 할 것
④ 검출부는 5° 이상 경사되지 않도록 부착할 것
⑤ 검출부는 바닥으로부터 0.8m 이상 1.5m 이하의 위치에 설치할 것

해설 **공기관식 차동식 분포형 감지기**의 **설치기준**[자동화재탐지설비 및 시각경보장치의 화재안전기준(NFPC 203 제7조 제③항 제7호, NFTC 203 2.4.3.7)]

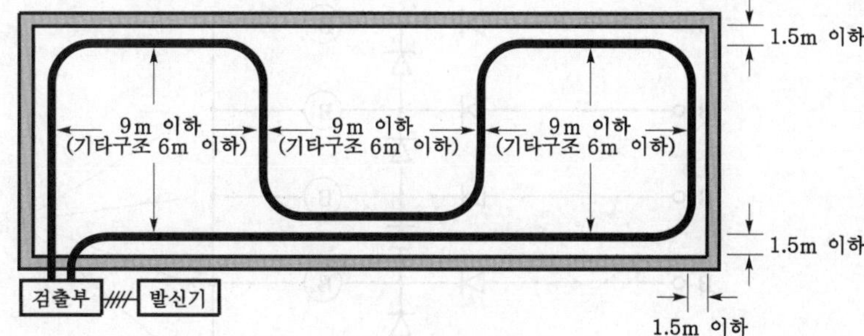


(1) 공기관의 노출부분은 감지구역마다 **20m** 이상이 되도록 할 것(**길**이)
(2) 공기관과 감지구역의 각 변과의 **수평거리**는 **1.5m** 이하가 되도록 하고, 공기관 **상**호간의 거리는 **6m**(주요구조부를 내화구조로 한 특정소방대상물 또는 그 부분에 있어서는 **9m**) 이하가 되도록 할 것
(3) 공기관은 도중에서 **분기**하지 않도록 할 것
(4) 하나의 검출부분에 접속하는 공기관의 길이는 **100m** 이하로 할 것
(5) **검**출부는 **5°** 이상 경사되지 않도록 부착할 것
(6) 검출부는 바닥으로부터 **0.8m~1.5m 이하**의 위치에 설치할 것

길거리 상검분

☆☆

## 문제 443

「자동화재탐지설비 및 시각경보장치의 화재안전기준」에 의거하여 다음 그림에 다이오드(diode) 4개를 추가하여 발화층 및 직상 4개층 우선경보방식의 배선을 완성하시오. (5점)

정답

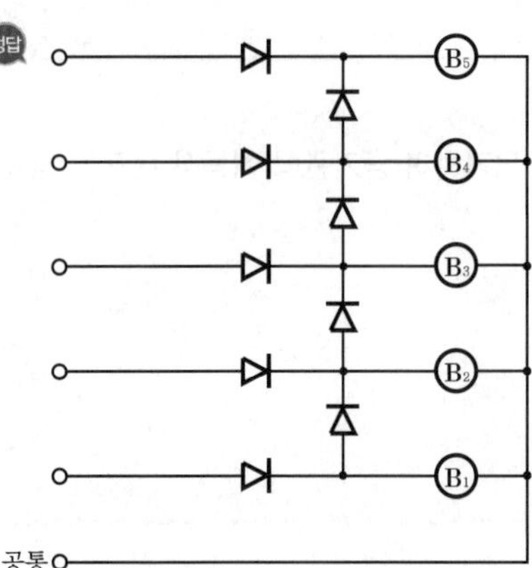


해설 (1) **발화층 및 직상 4개층 우선경보방식**(지상층의 경우)

- 공통선(⊖)이 있으므로 공통선까지 반드시 연결해야 한다. 다이오드 4개만 연결하고 공통선을 연결하지 않으면 틀린다. 주의!
- 공통선 부분에 접점(•)을 반드시 찍는 것도 잊지 말 것!
- 다이오드 표시를 ─▷|─ 로 표시할지, ─▶|─ 로 표시할지 고민할 필요는 없다. 문제에서 ─▷|─ 로 일부가 그려져 있으므로 ─▷|─ 로 그리면 된다.

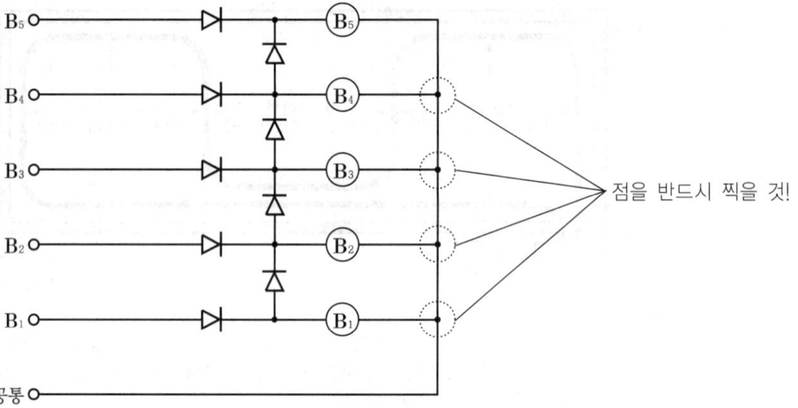


(2) **발화층** 및 **직상 4개층 우선경보방식**(지하층과 지상층이 있는 경우)
우선경보방식이라 할지라도 지하층은 매우 위험하여 모든 지하층에 경보하여야 하므로 다음과 같이 배선하여야 한다.

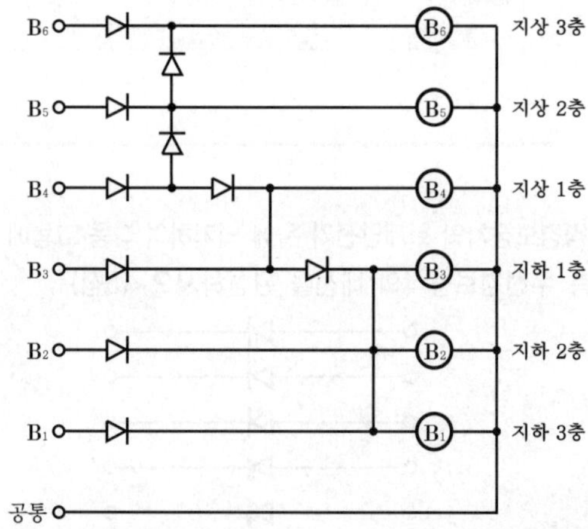

**용어**

**발화층 및 직상 4개층 우선경보방식**과 **다이오드**

| 발화층 및 직상 4개층 우선경보방식 | 다이오드(Diode) |
|---|---|
| 화재시 안전하고 신속한 인명의 대피를 위하여 화재가 발생한 층과 인근 층부터 우선하여 별도로 경보하는 방식 | 2개의 단자를 갖는 단방향성 전자소자 |

☆

## 문제 444

지하 3층, 지상 11층의 건물에 표와 같이 화재가 발생했을 경우 우선적으로 경보하여야 하는 층을 표시하시오. (단, 경보표시는 ●를 사용한다.) (6점)

| 11층 | | | | | | |
|---|---|---|---|---|---|---|
| 7층 | | | | | | |
| 6층 | | | | | | |
| 5층 | | | | | | |
| 4층 | | | | | | |
| 3층 | 화재(●) | | | | | |
| 2층 | | 화재(●) | | | | |
| 1층 | | | 화재(●) | | | |
| 지하 1층 | | | | 화재(●) | | |
| 지하 2층 | | | | | 화재(●) | |
| 지하 3층 | | | | | | 화재(●) |

정답

| 11층 | | | | | | |
|---|---|---|---|---|---|---|
| 7층 | ● | | | | | |
| 6층 | ● | ● | | | | |
| 5층 | ● | ● | ● | | | |
| 4층 | ● | ● | ● | | | |
| 3층 | 화재(●) | ● | ● | | | |
| 2층 | | 화재(●) | ● | | | |
| 1층 | | | 화재(●) | ● | | |
| 지하 1층 | | | ● | 화재(●) | ● | ● |
| 지하 2층 | | | ● | ● | 화재(●) | ● |
| 지하 3층 | | | ● | ● | ● | 화재(●) |

해설 **자동화재탐지설비의 음향장치 설치기준**[자동화재탐지설비 및 시각경보장치의 화재안전기준(NFPC 203 제8조, NFTC 203 2.5.1.2)]

(1) 주음향장치는 수신기의 내부 또는 그 직근에 설치할 것

(2) **11층**(공동주택 **16층**) **이상**인 특정소방대상물

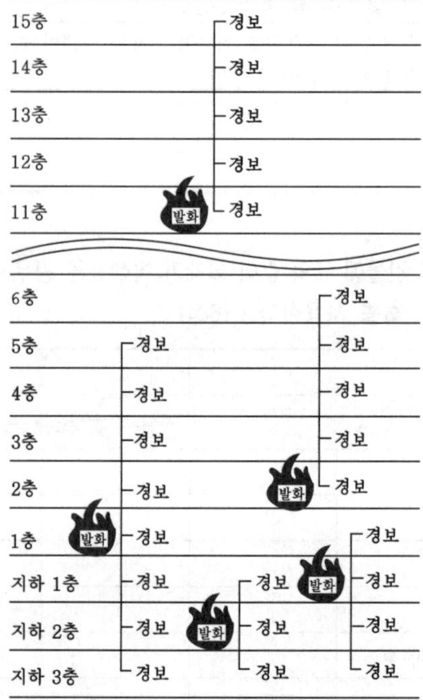


▮발화층 및 직상 4개층 우선경보방식▮

| 발화층 | 경보층 | |
|---|---|---|
| | 11층(공동주택 16층) 미만 | 11층(공동주택 16층) 이상 |
| **2층** 이상 발화 | 전층 일제경보 | • 발화층<br>• 직상 4개층 |
| **1층** 발화 | | • 발화층<br>• 직상 4개층<br>• 지하층 |
| **지하층** 발화 | | • 발화층<br>• 직상층<br>• 기타의 지하층 |

☆

문제 445

다음 ( ) 안에 들어갈 내용을 쓰시오. (3점)

「자동화재탐지설비 및 시각경보장치의 화재안전기준」상 전원회로의 전로와 대지 사이 및 배선 상호간의 절연저항은 「전기사업법」 제67조에 따른 전기설비기술기준이 정하는 바에 의하고, 감지기회로 및 부속회로의 전로와 대지 사이 및 배선 상호간의 절연저항은 ( ① )경계구역마다 직류 ( ② )V의 절연저항측정기를 사용하여 측정한 절연저항이 ( ③ )MΩ 이상이 되도록 해야 한다.

①:

②:

③:

**정답** ① : 1
② : 250
③ : 0.1

**해설** **자동화재탐지설비** 및 **시각경보장치**의 화재안전기준(NFPC 203 제11조, NFTC 203 2.8.1.5)
전원회로의 전로와 대지 사이 및 배선 상호간의 절연저항은 「전기사업법」 제67조에 따른 전기설비기술기준이 정하는 바에 의하고, 감지기회로 및 부속회로의 전로와 대지 사이 및 배선 상호간의 절연저항은 1경계구역마다 **직류 250V**의 **절연저항측정기**를 사용하여 측정한 절연저항이 **0.1MΩ** 이상이 되도록 할 것

▌절연저항시험▐

| 절연저항계 | 절연저항 | 대 상 |
|---|---|---|
| 직류 250V | 0.1MΩ 이상 | • 1경계구역의 절연저항 |
| 직류 500V | 5MΩ 이상 | • 누전경보기<br>• 가스누설경보기<br>• 수신기<br>• 자동화재속보설비<br>• 비상경보설비<br>• 유도등(교류입력측과 외함 간 포함)<br>• 비상조명등(교류입력측과 외함 간 포함) |
| | 20MΩ 이상 | • 경종<br>• 발신기<br>• 중계기<br>• 비상콘센트<br>• 기기의 절연된 선로 간<br>• 기기의 충전부와 비충전부 간<br>• 기기의 교류입력측과 외함 간(유도등 · 비상조명등 제외) |
| | 50MΩ 이상 | • 감지기(정온식 감지선형 감지기 제외)<br>• 가스누설경보기(10회로 이상)<br>• 수신기(10회로 이상) |
| | 1000MΩ 이상 | • 정온식 감지선형 감지기 |

☆

## 문제 446

「자동화재탐지설비 및 시각경보장치의 화재안전기준」에 의거하여 자동화재탐지설비에서 절연저항 측정시 감지기회로 및 부속회로의 전로와 대지 사이 및 배선 상호간의 절연저항에 대한 기준을 쓰시오. (5점)

**정답** 감지기회로 및 부속회로의 전로와 대지 사이 및 배선 상호간의 절연저항은 1경계구역마다 직류 250V의 절연저항측정기를 사용하여 측정하였을 때 0.1MΩ 이상이 되어야 한다.

**해설** **자동화재탐지설비** 및 **시각경보장치**의 화재안전기준(NFPC 203 제11조 제5호, NFTC 203 2.8.1.5)
전원회로의 전로와 대지 사이 및 배선 상호간의 절연저항은 「전기사업법」 제67조에 따른 전기설비기술기준이 정하는 바에 의하고, 감지기회로 및 부속회로의 전로와 대지 사이 및 배선 상호간의 절연저항은 1경계구역마다 **직류 250V**의 **절연저항측정기**를 사용하여 측정한 절연저항이 **0.1MΩ** 이상이 되도록 할 것

☆ 문제 447

「자동화재탐지설비 및 시각경보장치의 화재안전기준」에 의거하여 자동화재탐지설비의 감지기 설치제외장소 8가지에 대하여 쓰시오. (8점)

○

○

○

○

○

○

○

○

정답 ① 천장 또는 반자의 높이가 20m 이상인 장소
② 헛간 등 외부와 기류가 통하는 장소로서 감지기에 따라 화재발생을 유효하게 감지할 수 없는 장소
③ 부식성 가스가 체류하고 있는 장소
④ 고온도 및 저온도로서 감지기의 기능이 정지되기 쉽거나 감지기의 유지·관리가 어려운 장소
⑤ 목욕실·욕조나 샤워시설이 있는 화장실, 기타 이와 유사한 장소
⑥ 파이프덕트 등 그 밖의 이와 비슷한 것으로서 2개층마다 방화구획된 것이나 수평단면적이 $5m^2$ 이하인 것
⑦ 먼지, 가루 또는 수증기가 다량으로 체류하는 장소 또는 주방 등 평상시 연기가 발생하는 장소(연기감지기에 한한다)
⑧ 프레스공장·주조공장 등 화재발생의 위험이 적은 장소로서 감지기의 유지·관리가 어려운 장소

해설 **자동화재탐지설비**의 **감지기 설치제외장소**[자동화재탐지설비 및 시각경보장치의 화재안전기준(NFPC 203 제7조 제⑤항, NFTC 203 2.4.5)]
(1) **천**장 또는 반자의 높이가 **20m** 이상인 장소(단, 제①항 〔단서〕의 감지기로서 부착높이에 따라 적응성이 있는 장소는 제외한다)
(2) **헛간** 등 외부와 기류가 통하는 장소로서 감지기에 따라 화재발생을 유효하게 감지할 수 없는 장소
(3) **부식성 가스**가 체류하고 있는 장소
(4) **고온도** 및 **저온도**로서 감지기의 기능이 정지되기 쉽거나 감지기의 유지·관리가 어려운 장소
(5) **목욕실·욕조**나 **샤워시설**이 있는 **화장실**, 기타 이와 유사한 장소
(6) **파이프덕트** 등 그 밖의 이와 비슷한 것으로서 **2개층**마다 방화구획된 것이나 수평단면적이 **$5m^2$** 이하인 것
(7) **먼**지, 가루 또는 수증기가 다량으로 체류하는 장소 또는 주방 등 평상시 연기가 발생하는 장소(연기감지기에 한한다)
(8) **프레스공장·주조공장** 등 화재발생의 위험이 적은 장소로서 감지기의 유지·관리가 어려운 장소

기억법 천간부고 목파먼 프주(퍼주다)

☆

## 문제 448

「자동화재탐지설비 및 시각경보장치의 화재안전기준」에 의거하여 먼지 또는 미분 등이 다량으로 체류하는 장소에 화재감지기를 설치할 때 주의사항 4가지를 쓰시오. (10점)

○

○

○

○

**정답**
① 불꽃감지기에 따라 감시가 곤란한 장소는 적응성이 있는 열감지기를 설치할 것
② 차동식 분포형 감지기를 설치하는 경우에는 검출부에 먼지, 미분 등이 침입하지 않도록 조치할 것
③ 차동식 스포트형 감지기 또는 보상식 스포트형 감지기를 설치하는 경우에는 검출부에 먼지, 미분 등이 침입하지 않도록 조치할 것
④ 섬유, 목재 가공공장 등 화재확대가 급속하게 진행될 우려가 있는 장소에 설치하는 경우 정온식 감지기는 특종으로 설치할 것. 공칭작동온도 75℃ 이하, 열아날로그식 스포트형 감지기는 화재표시 설정은 80℃ 이하가 되도록 할 것

**해설** **자동화재탐지설비** 및 **시각경보장치**의 화재안전기술기준[NFTC 203 2.4.6(1)]

▌설치장소별 감지기 적응성(연기감지기를 설치할 수 없는 경우 적용)▐

| 설치장소 | | 적응열감지기 | | | | | | | | | 불꽃감지기 | 비 고 |
|---|---|---|---|---|---|---|---|---|---|---|---|---|
| 환경상태 | 적응장소 | 차동식 스포트형 | | 차동식 분포형 | | 보상식 스포트형 | | 정온식 | | 열아날로그식 | | |
| | | 1종 | 2종 | 1종 | 2종 | 1종 | 2종 | 특종 | 1종 | | | |
| **먼**지 또는 미분 등이 다량으로 체류하는 장소 | 쓰레기장, 하역장, 도장실, 섬유·목재·석재 등 가공공장 | ○ | ○ | ○ | ○ | ○ | ○ | ○ | × | ○ | ○ | ① **불**꽃감지기에 따라 감시가 곤란한 장소는 적응성이 있는 **열감지기**를 설치할 것<br>② **차동식 분포형 감지기**를 설치하는 경우에는 검출부에 **먼**지, 미분 등이 침입하지 않도록 조치할 것<br>③ **차동식 스포트형 감지기** 또는 **보상식 스포트형 감지기**를 설치하는 경우에는 검출부에 **먼**지, 미분 등이 침입하지 않도록 조치할 것<br>④ **섬**유, 목재 가공공장 등 화재확대가 급속하게 진행될 우려가 있는 장소에 설치하는 경우 **정온식 감지기**는 **특종**으로 설치할 것. 공칭작동온도 **75℃** 이하, 열아날로그식 스포트형 감지기는 화재표시 설정은 **80℃** 이하가 되도록 할 것<br>기억법 **먼불열 분차스보먼 섬정특** |

☆☆

## 문제 449

「수신기 형식승인 및 제품검사의 기술기준」에 의거한 P형 10회로 수신기에 대한 절연저항시험 및 절연내력시험의 방법과 그 기준을 설명하시오. (단, 정격전압이 100V라고 한다.) (6점)

○ 절연저항시험 :

○ 절연내력시험 :

정답 ① 절연저항시험

| 절연저항계 | 절연저항 | 측정방법 |
|---|---|---|
| 직류 500V | 5MΩ 이상 | • 수신기의 절연된 충전부와 외함간 |
| | 20MΩ 이상 | • 교류 입력측과 외함간<br>• 절연된 선로간 |

② 절연내력시험 : 1000V의 실효전압으로 1분 이상 견딜 것

해설

• 절연내력시험 : 정격전압이 100V라고 주어졌으므로 정격전압별로 모두 답하면 틀리고 **'1000V의 실효전압으로 1분 이상 견딜 것'**이 정답이다. 만약 정격전압이 주어지지 않았다면 정격전압별로 다음과 같이 모두 답하는 것이 맞다.

▌절연내력시험(정격전압이 주어지지 않은 경우)▐

| 정격전압 | 가하는 전압 | 측정방법 |
|---|---|---|
| 60V 이하 | 500V의 실효전압 | 1분 이상 견딜 것 |
| 60V 초과 150V 이하 | 1000V의 실효전압 | |
| 150V 초과 | (정격전압×2)+1000V의 실효전압 | |

• 절연내력시험의 방법과 기준을 물어보았으므로 **'1000V의 실효전압'**이라고만 쓰면 틀린다.

### 중요

**P형 10회로 수신기**(수신기 형식승인 및 제품검사의 기술기준 제19~20조)

| 절연저항시험 | 절연내력시험 |
|---|---|
| ① 수신기의 절연된 충전부와 외함간의 절연저항은 **직류 500V**의 절연저항계로 측정한 값이 **5MΩ**(교류입력측과 외함간에는 **20MΩ**) 이상이어야 한다.<br>② 절연된 선로간의 절연저항은 **직류 500V**의 절연저항계로 측정한 값이 **20MΩ** 이상이어야 한다. | 60Hz의 정현파에 가까운 실효전압 **500V**(정격전압이 60V를 초과하고 150V 이하인 것은 **1000V**, 정격전압이 150V를 초과하는 것은 그 **정격전압**에 **2**를 곱하여 1000을 더한 값)의 교류전압을 가하는 시험에서 **1분**간 견디는 것이어야 한다. |

### 비교

**비상콘센트설비**의 화재안전기준(NFPC 504 제4조 제⑥항, NFTC 504 2.1.6)

(1) 절연저항시험

| 절연저항계 | 절연저항 | 측정방법 |
|---|---|---|
| 직류 500V | 20MΩ 이상 | 전원부와 외함 사이 |

(2) 절연내력시험

| 정격전압 | 가하는 전압 | 측정방법 |
|---|---|---|
| 150V 이하 | 1000V의 실효전압 | **1분** 이상 견딜 것 |
| 150V 이상 | (정격전압×2)+1000V의 실효전압 | |



소방시설의 점검실무행정 종합문제 600제

용어

**절연저항시험**과 **절연내력시험**

| 절연저항시험 | 절연내력시험 |
|---|---|
| 전원부와 외함 등의 절연이 얼마나 잘 되어 있는가를 확인하는 시험 | 평상시보다 높은 전압을 인가하여 절연이 파괴되는지의 여부를 확인하는 시험 |

## 문제 450

소방용품의 품질관리 등에 관한 업무세칙에 따라 자동화재탐지설비용 수신기 형식승인의 중요한 변경사항 5가지를 쓰시오. (5점)

○

○

○

○

○

정답 ① 회로
② 축전지 또는 축전지의 충전장치
③ 부품의 기능·재질·구조 또는 형상
④ 주전원의 종류(회로전압이 동일한 경우에 한한다)
⑤ 외함의 재질 또는 구조

해설 (1) **형식승인의 중요한 사항의 변경**(소방용품의 품질관리 등에 관한 업무세칙 〔별표 6〕)

| 소방용품의 종별 | 변경사항 |
|---|---|
| 소화기 | ① 본체 용기의 용량(용량의 **10%** 이내의 증감에 한함)<br>② 능력단위의 표시(수치가 증가하는 것에 한함)<br>③ 가압용 가스용기의 가스중량 및 용량<br>④ **지시압력계**(경미한 사항의 변경 범위에 해당되지 아니하는 재질, 구조 및 나사 등 성능에 영향이 있는 부분의 변경에 한함)<br>⑤ 본체 용기 내부의 **내식방법** 및 **재료**<br>⑥ 본체 용기의 **접합방법**<br>⑦ 주된 기능(성능·강도·내식·내열·내압 및 방사 등을 말한다)에 영향이 있는 부품(본체 용기를 제외한다)의 형상·재질 및 구조(변경으로 인하여 기능이 저하될 우려가 있는 경우에 한함)<br>⑧ 소화시험 **연료**의 종류<br>⑨ 소화약제의 **점도**, **비중**, **수소이온농도**의 신청치 |
| 주거용 주방자동소화장치 | ① 본체 용기의 용량(용량의 **10%** 이내의 증감에 한함)<br>② **지시압력계**(경미한 사항의 변경 범위에 해당되지 아니하는 재질, 구조 및 나사 등 성능에 영향이 있는 부분의 변경에 한함)<br>③ 본체 용기 내부의 **내식방법** 및 **재료**<br>④ 본체 용기의 **접합방법**<br>⑤ 가압용 가스용기의 **가스중량** 및 **용량**<br>⑥ 감지부 및 탐지부의 기능에 영향이 있는 부분의 **재질**, **형상** 또는 **구조**<br>⑦ **작동장치** 및 **가스차단장치**의 구조<br>⑧ **회로**<br>⑨ 주된 기능(성능·강도·내식·내열·내압 및 방사 등을 말한다)에 영향이 있는 부품(본체 용기 제외)의 형상·재질 및 구조(변경으로 인하여 기능이 저하될 우려가 있는 경우에 한함)<br>⑩ 소화시험 **연료**의 종류<br>⑪ 소화약제의 **점도**, **비중**, **수소이온농도**의 신청치 |

| | |
|---|---|
| 소화약제(설비용) | ① 소화시험 **연료**의 종류<br>② **점도**, **비중**, **수소이온농도**의 신청치 |
| 간이소화용구<br>(투척용 소화용구,<br>에어로졸식 소화용구),<br>자동확산소화기 | ① 본체 용기의 용량(용량의 **10%** 이내의 증감에 한함)<br>② 가압용 가스의 **가스중량** 및 **용량**<br>③ **방사** 또는 **분사기구**<br>④ 본체 용기의 **접합방법**<br>⑤ 본체 **용기 외**의 **부품**(내식 및 내압에 관계가 있는 것에 한함)의 **재질** 및 **구조**<br>⑥ **지시압력계**(경미한 사항의 변경 범위에 해당되지 아니하는 재질, 구조 및 나사 등 성능에 영향이 있는 부분의 변경에 한함)<br>⑦ 적응화재의 증가<br>⑧ 주된 기능(성능·강도·내식·내열·내압 및 방사 등을 말한다)에 영향이 있는 부품(본체 용기를 제외한다)의 형상·재질 및 구조(변경으로 인하여 기능이 저하될 우려가 있는 경우에 한함) |
| 가스자동소화장치,<br>분말자동소화장치,<br>고체에어로졸 자동소화장치 | ① 본체 용기의 용량(용량의 **10%** 이내의 증감에 한함)<br>② 본체 용기 내부의 **내식방법** 및 **재료**<br>③ 본체 용기의 **접합방법**<br>④ 가압용 가스용기의 **가스중량** 및 **용량**<br>⑤ 감지부의 기능에 영향이 있는 부분의 **재질**, **형상** 또는 **구조**<br>⑥ **작동장치**<br>⑦ **회로**<br>⑧ 주된 기능(성능·강도·내식·내열·내압 및 방사 등을 말한다)에 영향이 있는 부품(본체 용기를 제외한다)의 형상·재질 및 구조(변경으로 인하여 기능이 저하될 우려가 있는 경우에 한함)<br>⑨ 소화시험 **연료**의 종류<br>⑩ 소화약제의 **점도**, **비중**, **수소이온농도**의 신청치 |
| 방염제 | **방염처리대상물**의 **변경** |
| 감지기 | ① 기능에 영향이 있는 부분의 **재질구조** 또는 **형상**<br>② **회로**<br>③ 접점 또는 접점에 상당하는 부분의 최대사용전압 또는 최대사용전류<br>④ 주된 기능에 영향이 있는 부속장치<br>⑤ 검출기 외함의 재질 또는 구조 |
| 발신기 및 경종 | ① **회로**<br>② 부품의 기능·재질·구조 또는 형상<br>③ 주된 기능에 영향이 있는 부속장치<br>④ 외함의 구조(옥내형 제외) 또는 재질 |
| 중계기 | ① **회로**<br>② 축전지 또는 축전지의 충전장치<br>③ 부품의 기능·재질·구조 또는 형상<br>④ 주된 기능에 영향이 있는 부속장치<br>⑤ 외함의 재질 또는 구조 |
| **수신기** ⟶ | ① **회로**<br>② **축전지** 또는 축전지의 **충전장치**<br>③ 부품의 **기능·재질·구조** 또는 **형상**<br>④ **주전원**의 종류(회로전압이 동일한 경우에 한함)<br>⑤ **외함**의 재질 또는 구조 |
| 캐비닛형 자동소화장치 | ① **회로**<br>② **지시압력계**(경미한 사항의 변경 범위에 해당되지 아니하는 재질, 구조 및 나사 등 성능에 영향이 있는 부분의 변경에 한함)<br>③ **주전원**의 종류(회로전압이 동일한 경우에 한함)<br>④ **작동장치**의 구조<br>⑤ 주된 기능(성능·강도·내식·내열·내압 및 방사 등)에 영향이 있는 부품(본체 용기 제외)의 **형상·재질** 및 **구조**(변경으로 인하여 기능이 저하될 우려가 있는 경우에 한함) |

| | | |
|---|---|---|
| 누전경보기 | 변류기 | ① 경계전로의 **정격전압 · 정격전류** 및 **정격주파수**<br>② **설계출력전압**<br>③ 재질, 구조 또는 형상 |
| | 수신부 | ① **회로**<br>② **공칭작동전류치**<br>③ 주된 기능에 영향이 있는 부속장치<br>④ 외함의 재질 또는 구조<br>⑤ 변류기의 외장 또는 내장<br>⑥ **감도조정장치**<br>⑦ 부품의 기능 · 재질 · 구조 또는 형상<br>⑧ 차단기구의 정격전압, 정격전류 또는 정격감도전류 |
| 유수제어밸브 | 일제개방밸브 | ① 주요 부품의 기능 · 구조 또는 재료<br>② 제어원의 수치<br>③ **최대유량**<br>④ **사용압력범위**<br>⑤ 주된 기능에 영향이 있는 부분의 재료 · 구조 · 형상 또는 치수<br>⑥ **압력손실값** |
| | 유수검지장치 | ① 주요 부품의 기능 · 구조 또는 재료<br>② **사용압력범위**<br>③ 주된 기능에 영향이 있는 부분의 재료 · 구조 · 형상 또는 치수<br>④ **압력손실값** |
| 기동용 수압개폐장치 | | ① 주요 부품의 기능 · 구조 또는 재료<br>② **사용압력범위**(**압력챔버**), 호칭압력(**기동용 압력스위치**)<br>③ 주된 기능에 영향이 있는 부분의 재료 · 구조 또는 형상 |
| 가스누설경보기 | | ① **회로**<br>② **축전지** 또는 **축전지**의 **충전장치**<br>③ 부품의 기능 · 재질 · 구조 또는 형상<br>④ 주전원의 종류(회로전압이 동일한 경우에 한함)<br>⑤ 외함의 재질 또는 구조 |
| 유도등 및 비상조명등 | | ① **회로**<br>② **표시면**의 재질<br>③ 축전지 또는 축전지의 충전장치<br>④ 부품의 기능 · 재질 · 구조 또는 형상<br>⑤ 주된 기능에 영향이 있는 부속장치<br>⑥ 외함의 재질 또는 구조 |
| 피난사다리 | | ① **종봉** 또는 **횡봉**의 간격<br>② 수납부의 재료 또는 구조<br>③ 상부지점의 안전장치<br>④ **축제방지장치**의 재료 또는 구조<br>⑤ **돌자**의 재료 또는 구조<br>⑥ 내림금속구의 재료 또는 구조<br>⑦ **접힘**, **미끄럼방지장치** 등의 재질 또는 구조 · 형상<br>⑧ 기능에 영향이 있는 부분의 재료 · 구조 · 형상 또는 치수<br>⑨ **종봉**의 **수**(고정식에 한함)<br>⑩ 종봉과 횡봉의 **결합방법** |
| 완강기 및 간이완강기 | | ① **속도조절기**의 재료<br>② **벨트** 및 **훅크**의 재료, 구조 및 형상<br>③ 본체의 형상 및 구조<br>④ **로프**의 재료 및 형상<br>⑤ 주된 기능에 영향이 있는 부속장치의 재료 · 형상 및 치수 |
| 완강기지지대 | | ① **지지대**의 종류<br>② 본체의 형상 및 구조<br>③ 주된 기능(재료 · 강도 · 충격)에 영향이 있는 부속장치의 재료 · 형상 및 치수 |

| | |
|---|---|
| 구조대 | ① **포지**, **로프** 또는 **벨트**의 재료<br>② 구조변경<br>③ 입구틀, 지지틀, 고정틀의 재료·구조 또는 형상<br>④ 주된 기능에 영향이 있는 부속장치의 재료·형상 및 치수 |
| 스프링클러헤드 | ① 오리피스 부분의 형상<br>② 디플렉터의 형상 및 재료<br>③ 레버의 재료 또는 형상<br>④ **프레임**의 재료<br>⑤ 설계하중<br>⑥ **표시온도**<br>⑦ **가스킷**의 재료 및 형상<br>⑧ 주된 기능에 영향이 있는 부속장치의 재료·형상 및 치수<br>⑨ **유리벌브**의 재료 또는 형상 |
| 가스관선택밸브 | ① 주요 부품의 기능·구조 또는 재료<br>② **사용압력범위**<br>③ 주된 기능에 영향이 있는 부분의 재료·구조 또는 형상 |
| 소방호스 | ① **내장고무** 또는 **피복고무**의 재료<br>② **재킷**의 조직 및 원사수<br>③ **호스장착부**의 구조<br>④ **패킹**의 재료 |
| 공기호흡기 | ① **면체, 공급밸브, 배기밸브, 감압밸브, 경보기, 급기호스** 등의 구조·형상 또는 재료<br>② **안면렌즈**의 재료<br>③ 용기의 용량 및 중량<br>④ 주된 기능에 영향이 있는 부속장치 |
| 공기호흡기의 충전기 | ① **전동기** 또는 **엔진, 동력전달장치, 필터, 냉각장치, 압력스위치, 제어기기, 언로더, 안전밸브, 배수장치, 유수분리기, 압력유지밸브** 등의 구조·형상 또는 재료<br>② 주된 기능(내압·본체 강도·충전소요시간·충전압력·내구성·실린더헤드 등의 온도·안전밸브·소음·공기질)에 영향이 있는 부속장치 |
| 관창·송수구·소화전 | ① 주요부품의 재료<br>② **사용압력범위**<br>③ **플랜지** 및 **배수구**의 구조<br>④ **패킹**의 재료<br>⑤ 주된 기능에 영향이 있는 부분의 재료·구조 또는 형상·치수 |

(2) **형식승인**의 **경미한 사항**의 **변경**(소방용품의 품질관리 등에 관한 업무세칙 [별표 7])

| 소방용품의 종별 | 변경사항 |
|---|---|
| 공통 | ① 표시사항(변경된 것에 한함)<br>② **한국산업규격, 일본공업규격** 및 **미국기계공업규격** 등 공인된 규격의 부품 또는 이와 동등 이상인 것 |
| 소화기 | ① 내식도장의 색<br>② **방청가공법** 또는 **재료**(소화약제에 접촉하지 아니하는 것에 한함)<br>③ 본체 용기 판 두께의 증가(내압, 내식에 영향을 미치지 아니하는 것에 한함)<br>④ **여과망**의 재질<br>⑤ **액면표시법**(재질·형상 및 적합방법 등)<br>⑥ **지지장치**<br>⑦ 소화기 가압용 가스용기의 형상·치수 및 충전비(기준 가스량이 변경되지 아니하는 것에 한함)<br>⑧ **압력조정기**<br>⑨ **지시압력계**(압력검출부의 재질이 동일계열이 제품 및 표시사항 등 성능에 영향을 미치지 아니하는 부분의 변경으로 형식승인기준에 의한 공인기관의 시험성적서를 첨부한 경우에 한함) 및 동 보호장치<br>⑩ 부속장치의 추가(기능에 영향을 미치지 아니하는 것에 한함) |

| | |
|---|---|
| 소화기 | ⑪ **안전장치**(자동차용 제외)<br>⑫ 주된 기능(성능 · 강도 · 내식 · 내열 및 내압 등을 말한다)에 영향을 미치지 아니하는 부품(본체 용기는 제외)의 재질 · 형상 및 구조(변경으로 인하여 기능이 저하될 우려가 없는 경우에 한함)<br>⑬ **사용온도범위**의 **축소**<br>⑭ **소화능력단위**의 **감소**<br>⑮ **소화시험 대상연료**의 **감소** |
| 주거용 주방자동소화장치 | ① **방청가공법** 또는 **재료**<br>② 부품의 **취부방법**<br>③ 「전기용품안전관리법」에 의한 안전인증품 또는 한국산업규격표시품 등으로 동일정격의 부품<br>④ **복귀방법**<br>⑤ 각종 판 **두께**의 증가<br>⑥ **지지장치** 등<br>⑦ 주된 기능(성능 · 강도 · 내식 · 내열 및 내압 등을 말한다)에 영향을 미치지 아니하는 부품(본체 용기는 제외한다)의 재질 · 형상 및 구조(변경으로 인하여 기능이 저하될 우려가 없는 경우에 한함)<br>⑧ 지시압력계(압력검출부의 재질이 동일계열인 제품 또는 표시사항 등 성능에 영향을 미치지 아니하는 부분의 변경으로 성능인증기준에 의한 공인기관의 시험성적서를 첨부한 경우에 한함) 및 그 보호장치<br>⑨ **내식도장**의 색<br>⑩ **방호면적**의 **축소**<br>⑪ 가압용 가스용기의 **형상 · 치수** 및 **충전비**(기준 가스량이 변경되지 아니한 것에 한함)<br>⑫ 동일정격의 예비전원용 **축전지**(성능인증기준에 의한 공인시험기관의 시험성적서를 첨부한 경우에 한함)<br>⑬ 소화시험대상 **연료**의 감소 |
| 소화약제(설비용) | ① 소화시험대상 **연료**의 감소<br>② **소화농도**의 **증가** |
| 간이소화용구<br>(투척용 소화용구,<br>에어로졸식 소화용구),<br>자동확산소화기,<br>가스자동소화장치,<br>분말자동소화장치,<br>고체에어로졸 자동소화장치 | ① **내식도장**의 **색**<br>② **방청가공법** 또는 **재료**<br>③ 본체 용기 판 두께의 증가(내압 · 내식에 영향을 미치지 아니하는 것에 한함)<br>④ **지지장치**<br>⑤ **지시압력계**(압력검출부의 재질이 동일계열인 제품 또는 표시사항 등 성능에 영향을 미치지 아니하는 부분의 변경으로 성능인증기준에 의한 공인기관의 시험성적서를 첨부한 경우에 한함) 및 동 보호장치<br>⑥ **외면도장**의 **색**<br>⑦ 부속장치의 추가(주된 기능에 영향을 미치지 아니하는 것에 한함)<br>⑧ 노즐의 재질변경(기능에 영향을 미치지 아니하는 것에 한함)<br>⑨ **밸브**의 **보호조치방법**<br>⑩ 주된 기능(성능 · 강도 · 내식 · 내열 및 내압 등을 말한다)에 영향을 미치지 아니하는 부품(본체 용기는 제외)의 재질, 형상 및 구조(변경으로 인하여 기능이 저하될 우려가 없는 경우에 한함) |
| 방염제 | ① **용기**<br>② **부속품**의 **추가** |
| 감지기 | ① **외함**의 **재질**(이미 승인된 경우 또는 기능에 영향을 미치지 아니하는 것에 한함)<br>② **접점**의 **형상**(이미 승인된 경우에 한함)<br>③ 기판의 **구조** 또는 **재질**(이미 승인된 경우 또는 기능에 영향을 미치지 아니하는 것에 한함)<br>④ 동일 정격 · 형식의 부품제조자(이미 승인된 경우에 한함)<br>⑤ 「전기용품안전관리법」 제5조의 규정에 의한 안전인증품 또는 한국산업규격표시품으로 동일정격의 부품 |

| | |
|---|---|
| 감지기 | ⑥ 주된 기능에 영향을 미치지 아니하는 부속장치<br>⑦ **접점간격 조정나사**<br>⑧ **반도체**는 **공업통신용** 또는 이와 동등 이상인 것<br>⑨ 기능에 영향을 미치지 아니하는 부분의 기능·재질·구조 또는 형상 |
| 발신기, 중계기, 수신기, 경종, 누전경보기, 가스누설경보기, 유도등, 비상조명등 | ① **외함**의 **재질**(이미 승인된 경우 또는 기능에 영향을 미치지 아니하는 것에 한함)<br>② 동일 정격·형식의 부품제조자(이미 승인된 경우 또는 기능에 영향을 미치지 아니하는 것에 한함)<br>③ 단자의 **구조** 또는 **재질**<br>④ **부품**의 **취부방법**<br>⑤ 「전기용품안전관리법」 제5조의 규정에 의한 안전인증품 또는 한국산업규격표시품으로 동일정격의 부품<br>⑥ **반도체**는 **공업통신용** 또는 이와 동등 이상인 것<br>⑦ 주된 기능에 영향을 미치지 아니하는 부속장치의 추가<br>⑧ 동일정격의 예비전원용 축전지(이미 승인된 것에 한함)<br>⑨ **충진재료**(**변류기**에 한함)<br>⑩ 2차측 전선의 인출방법(변류기에 한함)<br>⑪ **복귀방법**(누전경보기 수신부에 한함)<br>⑫ 유도등 표시면의 **재질**(이미 승인된 경우 또는 기술원이 발행한 시험성적서를 제출하여 기준에 적합하다고 인정되는 경우에 한함) |
| 캐비닛형 자동소화장치 | ① 주된 기능에 영향을 미치지 아니하는 부속장치의 추가<br>② **사용온도범위**의 **축소**<br>③ 외함의 형상·구조 및 재질<br>④ 주된 기능(성능·강도·내식·내열 및 내압 등을 말한다)에 영향을 미치지 아니하는 부품의 형상·재질 및 구조(변경으로 인하여 기능이 저하될 우려가 없는 경우에 한함)<br>⑤ 단자의 구조 또는 재질<br>⑥ 부품의 취부방법<br>⑦ 동일정격의 예비전원용 축전지(성능인증기준에 의한 공인시험기관의 시험성적서를 첨부한 경우에 한함)<br>⑧ 「전기용품안전관리법」에 의한 안전인증품 또는 한국산업규격표시품으로서 동일정격의 부품<br>⑨ **반도체**는 **공업통신용** 또는 이와 동등 이상인 것<br>⑩ **복귀방법**<br>⑪ **지시압력계**(압력검출부의 재질이 동일계열인 제품 또는 표시사항 등 성능에 영향을 미치지 아니하는 부분의 변경으로 성능인증기준에 의한 공인기관의 시험성적서를 첨부한 경우에 한함) 및 그 보호장치 |
| 피난사다리 | ① **공통**<br>횡봉의 미끄러짐 방지의 형상<br>② **고정식 사다리**에 있어서 건물에 고정하기 위하여 사다리에 부가하는 부착금속구의 형상<br>③ **올림식 사다리** 하부지점의 미끄러짐 방지의 구조<br>④ **내림식 사다리**<br>㉠ 수납용 밴드의 구조 또는 재질<br>㉡ 와이어 또는 체인의 길이<br>⑤ 주된 기능에 지장이 없는 부품<br>⑥ **길이**의 **단축**(변경으로 인하여 성능이 저하될 우려가 없는 경우에 한함) |
| 구조대 | ① 주된 기능에 영향을 미치지 아니하는 부품의 재료 또는 구조<br>② 지지틀 도장의 방법<br>③ **포지하부 고정장치**의 구조<br>④ 봉목 및 결합부의 상태 |
| 완강기지지대 | ① **볼트, 와셔** 등의 재료 또는 형상<br>② 성능 및 기능에 지장이 없는 부품의 재료 또는 형상 |

<table>
<tr><td colspan="2">완강기 및 간이완강기</td><td>① 조속기<br>㉠ 커버의 재질 또는 형상<br>㉡ 커버봉인의 재료 또는 형상<br>㉢ 와셔의 재료 또는 형상<br>② 조속기의 연결부<br>㉠ 후크·양단의 모서리부에 위해방지 또는 강도 유지를 위한 적당한 보호조치<br>㉡ 연결부용 볼트구멍의 모서리부에 위해방지 또는 강도 유지를 위한 적당한 보호조치<br>㉢ 연결부 판 두께(크게 하는 경우에 한함)<br>③ 로프<br>㉠ 길이의 단축(변경으로 인하여 성능이 저하될 우려가 없는 경우에 한하다)<br>㉡ 말단봉인부의 재질 또는 형상<br>㉢ 리일의 재료 또는 형상<br>④ 로프와 연결금속구의 연결부 둥근고리의 봉직경(크게 하는 경우에 한함)<br>⑤ 벨트<br>㉠ 길·두께 또는 폭을 크게 한다.<br>㉡ 조정고리의 재료 또는 형상<br>⑥ 성능 및 기능에 지장이 없는 부품<br>⑦ 후크의 구조 및 형상(변경으로 인하여 성능이 저하될 우려가 없는 경우에 한함)</td></tr>
<tr><td colspan="2">스프링클러헤드</td><td>① 캡의 재료·형상<br>② 표시(표시온도의 수치는 제외)<br>③ 장식가공, 내식가공 및 도금가공<br>④ 녹방지<br>⑤ 주된 기능에 영향을 미치지 아니하는 부품의 형상·치수 및 치수공차</td></tr>
<tr><td rowspan="2">유수제어밸브</td><td>유수검지장치</td><td>① 내식가공<br>② 표면처리<br>③ 치수공차<br>④ 주된 기능에 영향을 미치지 아니하는 부품의 형상·치수<br>⑤ 패킹의 재료<br>⑥ 본체(본체에 조립된 부품을 포함) 외의 구성부품(당해 형식의 형식변경으로 승인된 부품에 한함)</td></tr>
<tr><td>일제개방밸브</td><td>① 내식가공<br>② 표면처리<br>③ 치수공차<br>④ 주된 기능에 영향을 미치지 아니하는 부품의 형상·치수<br>⑤ 패킹의 재료</td></tr>
<tr><td colspan="2">기동용 수압개폐장치</td><td>① 내식가공 및 표면처리<br>② 치수공차<br>③ 주된 기능에 영향을 미치지 아니하는 부품의 재료·구조 또는 형상</td></tr>
<tr><td colspan="2">가스관선택밸브</td><td>① 치수공차<br>② 주된 기능에 영향을 미치지 아니하는 부품의 재료·구조 또는 형상</td></tr>
<tr><td colspan="2">소방호스</td><td>① 종색선<br>② 고무내장호스<br>㉠ 부속부품의 추가<br>㉡ 고무색<br>③ 재킷의 색</td></tr>
<tr><td colspan="2">공기호흡기</td><td>① 압력지시계, 등지개 등의 구조·형상 또는 재료<br>② 주된 기능에 영향을 미치지 아니하는 부품의 형상·구조 또는 재료</td></tr>
<tr><td colspan="2">공기호흡기의 충전기</td><td>① 커버, 볼트, 와셔의 재료 또는 형상<br>② 모서리부의 위해 방지 또는 강도 유지를 위한 적당한 보호조치<br>③ 압력계 등의 구조·형상 또는 재료<br>④ 성능 및 기능에 지장이 없는 부품</td></tr>
<tr><td colspan="2">관창·송수구·소화전</td><td>① 표면처리 및 도장의 방법<br>② 보호캡(마개)의 재료 또는 형상<br>③ 주된 기능에 영향을 미치지 아니하는 부품의 형상·치수</td></tr>
</table>

☆☆

## 문제 451

「감지기의 형식승인 및 제품검사의 기술기준」에 의거하여 정온식 감지선형 감지기는 외피에 공칭작동온도를 색상으로 나타내고 있다. 색상별 공칭작동온도를 쓰시오. (6점)

○ 백색 :

○ 청색 :

○ 적색 :

**정답** ① 백색 : 80℃ 이하
② 청색 : 80~120℃ 이하
③ 적색 : 120℃ 이상

**해설** **정온식 감지선형 감지기**의 **공칭작동온도**의 **색상**(감지기의 형식승인 및 제품검사의 기술기준 제37조)

| 온 도 | 색 상 |
|---|---|
| 80℃ 이하 | **백색** |
| 80℃ **이상**~120℃ 이하 | **청색** |
| 120℃ **이상** | **적색** |

• 이 문제는 '**감지기의 형식승인 및 제품검사기술기준 제37조**'에 있는 사항으로 원칙적으로는 온도의 중복을 피하기 위해 다음과 같이 80℃ 초과, 120℃ 초과 등으로 답을 하는 것도 틀리다고는 볼 수 없지만 기준에 명시한 대로 80℃ 이상, 120℃ 이상으로 답을 하는 것이 더 옳다. (악법도 법이다!)

☆

## 문제 452

차동식 스포트형 감지기가 열을 감지하는 방식 중에 반도체를 이용하는 방식이 있다. 여기에는 부특성 서미스터(thermistor)라는 소자를 이용하는데 이 소자의 어떤 원리를 이용한 것인지 쓰시오. (3점)

 온도 상승에 따라 저항값이 감소하는 원리

**해설** **서미스터**

(1) **부특성 서미스터 vs 정특성 서미스터**

| 부(-)특성 서미스터(NTC) | 정(+)특성 서미스터(PTC) |
|---|---|
| 온도 상승에 따라 저항값이 **감**소하는 원리<br>기억법 N감(안감) | 온도 상승에 따라 저항값이 증가하는 원리 |

(2) **부특성 서미스터**

① 열을 감지하는 **감열 저항체** 소자이다.
② 온도 상승에 따라 저항값이 **감소**한다(**저**항값은 **온**도에 **반**비례).
③ 구성은 **망간, 코발트, 니켈, 철** 등을 혼합한 것이다.
④ 화학적으로는 **금속산화물**에 해당된다.

기억법 서저온반

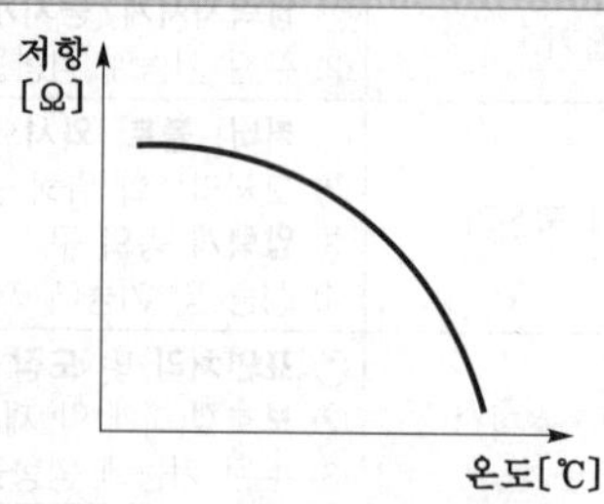


▌서미스터의 온도-저항곡선▐

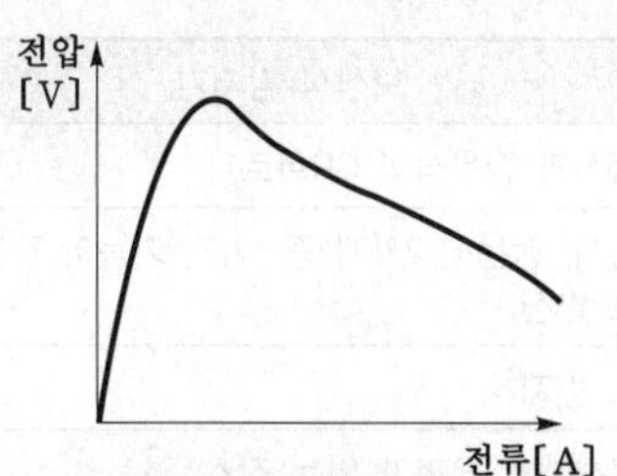


▎서미스터의 전압-전류특성▎

(3) **서미스터**의 **종류**

| 소 자 | 설 명 |
|---|---|
| <u>N</u>TC | 화재시 온도 상승으로 인해 저항값이 **감소**하는 반도체소자<br>기억법 N감(<u>인감</u>) |
| PTC | 온도 상승으로 인해 저항값이 **증가**하는 반도체소자 |
| CTR | 특정 온도에서 저항값이 **급격히 감소**하는 반도체소자 |

☆

## 문제 453

「감지기의 형식승인 및 제품검사의 기술기준」에서 정하는 감지기의 진동시험 중 감지기에 전원이 인가된 상태에서 주파수 범위와 가속도 진폭의 시험기준을 쓰시오. (4점)

○주파수 범위 :

○가속도 진폭 :

정답 ① 주파수 범위 : 10~150Hz

② 가속도 진폭 : $5m/s^2$

해설 **감지기의 형식승인 및 제품검사의 기술기준 제29조**

**감지기의 진동시험**

| 구 분 | 전원이 인가된 상태 | 전원을 인가하지 아니한 상태 |
|---|---|---|
| 주파수 범위 | **10~150Hz** | 10~150Hz |
| 가속도 진폭 | **$5m/s^2$** | **$10m/s^2$** |
| 축수 | 3 | 3 |
| 스위프 속도 | 1옥타브/min | 1옥타브/min |
| 스위프 사이클수 | **축당 1** | **축당 20** |

☆

## 문제 454

보상식과 열복합형 감지기를 상호 비교하는 다음 항목을 채우시오. (8점)

| 구 분 | 보상식 감지기 | 열복합형 감지기 |
|---|---|---|
| 동작방식 | | |
| 신호출력 | | |
| 목적 | | |
| 적응성 | | |

정답

| 구 분 | 보상식 감지기 | 열복합형 감지기 |
|---|---|---|
| 동작방식 | 차동식과 정온식의 OR회로 | 차동식과 정온식의 AND회로 |
| 신호출력 | 차동식, 정온식 2가지 중 1가지 기능이 작동하면 신호 발신 | 차동식, 정온식 2가지 기능 동시 작동시 신호 발신 |
| 목적 | 실보 방지 | 비화재보 방지 |
| 적응성 | 심부화재의 우려가 있는 장소 | 지하층·무창층으로서 환기가 잘되지 않는 장소 |

해설

| 구 분 | 보상식 감지기 | 열복합형 감지기 |
|---|---|---|
| 동작방식 | 차동식과 정온식의 **OR회로** | 차동식과 정온식의 **AND회로** |
| 신호출력 | 차동식, 정온식 2가지 중 **1가지** 기능이 작동하면 신호 발신 | 차동식, 정온식 **2가지** 기능 **동시 작동**시 신호 발신 |
| 목적 | **실보**방지 | **비화재보**방지 |
| 적응성 | **심부화재**의 우려가 있는 장소 | ① **지하층·무창층**으로서 환기가 잘되지 않는 장소<br>② 실내면적 **40m²** 미만인 장소<br>③ 감지기의 부착면과 실내바닥과의 거리가 **2.3m** 이하인 곳으로서 일시적으로 발생한 열·연기 또는 먼지 등으로 인하여 화재신호를 발신할 우려가 있는 장소 |

용어

| 실 보 | 비화재보 |
|---|---|
| 화재가 발생했는데 감지기가 **작동**하지 **않는 것** | 화재가 발생하지 않았는데 감지기가 **작동**하는 것 |

참고

(1) **감지기**

| 종 류 | 설 명 |
|---|---|
| 다신호식 감지기 | 일정 시간 간격을 두고 각각 다른 **2개 이상**의 **화재신호**를 발한다. |
| 아날로그식 감지기 | 주위의 온도 또는 연기의 양의 변화에 따른 화재정보신호값을 출력하는 방식의 감지기 |

(2) **복합형 감지기**

| 종 류 | 설 명 |
|---|---|
| 열복합형 감지기 | **차동식+정온식**의 성능이 있는 것으로 두 가지 기능이 동시에 작동되면 신호를 발한다. |
| 연기복합형 감지기 | **이온화식+광전식**의 성능이 있는 것으로 두 가지 기능이 동시에 작동되면 신호를 발한다. |
| 열연복합형 감지기 | **열감지기+연기감지기**의 성능이 있는 것으로 두 가지 기능이 동시에 작동되면 신호를 발한다. |
| 불꽃복합형 감지기 | **불꽃자외선식+불꽃적외선식**의 성능이 있는 것으로 두 가지 기능이 동시에 작동되면 신호를 발한다. |

(3) **일반 감지기**

| 종 류 | 설 명 |
|---|---|
| 차동식 스포트형 감지기 | 주위온도가 일정 상승률 이상될 때 작동하는 것으로 **일국소에서의 열효과**에 의하여 작동하는 것 |
| 정온식 스포트형 감지기 | 일국소의 주위온도가 일정 온도 이상될 때 작동하는 것으로 **외관이 전선이 아닌 것** |
| 보상식 스포트형 감지기 | **차동식 스포트형+정온식 스포트형의 성능을 겸**한 것으로 둘 중 한 기능이 작동되면 신호를 발하는 것 |

☆☆

### 문제 455

**초고층빌딩이나 대단지 아파트 등에 사용되는 R형 수신기용 신호선으로 사용하는 쉴드선에 대하여 다음 각 물음에 답하시오. (6점)**

(가) 신호선을 쉴드선으로 사용하는 이유를 쓰시오. (2점)
(나) 신호선을 서로 꼬아서 사용하는 이유를 쓰시오. (2점)
(다) 쉴드선을 접지하는 이유를 쓰시오. (2점)

정답 (가) 전자파의 방해 방지
(나) 자계를 서로 상쇄시키기 위해
(다) 유도전파를 대지로 흘려보내기 위해

해설
- (가) **'전파 방해 방지'**라고 써도 맞다.
- (나) **'자계 상쇄 목적'**이라고 써도 맞다.
- 쉴드선=실드선

**쉴드선**(shield wire)[자동화재탐지설비 및 시각경보장치의 화재안전기준(NFPC 203 제11조, NFTC 203 2.8.1.2.1)]

| 구 분 | 설 명 |
|---|---|
| 사용처 | **아날로그식, 다신호식 감지기**나 **R형 수신기용**으로 사용하는 배선 |
| 사용목적 | **전자파 방해**를 **방지**하기 위하여 |
| 서로 꼬아서 사용하는 이유 | **자계**를 서로 **상쇄**시키도록 하기 위하여<br>2선을 서로 꼬아서 사용<br>▮쉴드선의 내부▮ |
| 접지이유 | **유도전파**가 발생하는 경우 이 전파를 **대지**로 흘려보내기 위하여 |
| 종류 | ① **내열성 케이블(H-CVV-SB)** : 비닐절연 비닐시즈 내열성 제어용 케이블<br>② **난연성 케이블(FR-CVV-SB)** : 비닐절연 비닐시즈 난연성 제어용 케이블 |
| 광케이블의 경우 | **전자파 방해**를 받지 않고 **내열성능**이 있는 경우 사용 가능 |

☆☆
**문제 456**

자동화재탐지설비에서 그림과 같은 공기관식 차동식 분포형 감지기의 설치도면을 보고 다음 각 물음에 답하시오. (7점)

(단, ○하나의 공기관의 총 길이는 52m이다.
　　○전체의 경계구역을 1경계구역으로 한다.
　　○본 건물은 내화구조이다.)

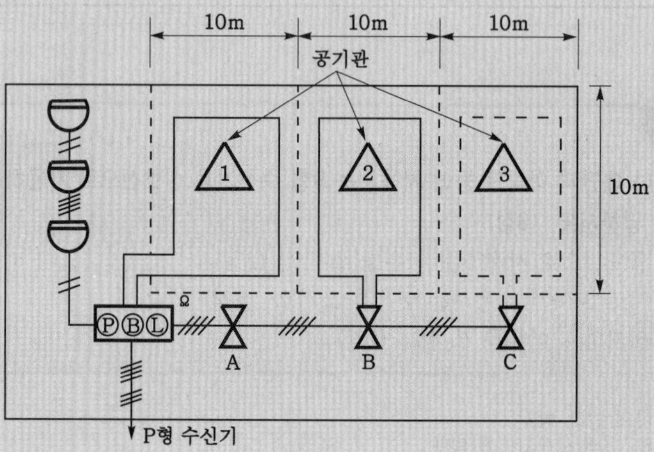


(가) 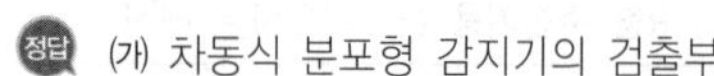의 명칭은 무엇인가? (2점)

(나) 공기관의 설치와 배선의 가닥수 표시가 잘못된 부분이 있다. 잘못된 부분을 수정하여 전체 도면을 올바르게 작성하시오. (3점)

(다) △3의 공기관 표시는 어느 경우에 하는 것인가? (2점)

**정답** (가) 차동식 분포형 감지기의 검출부

(나)

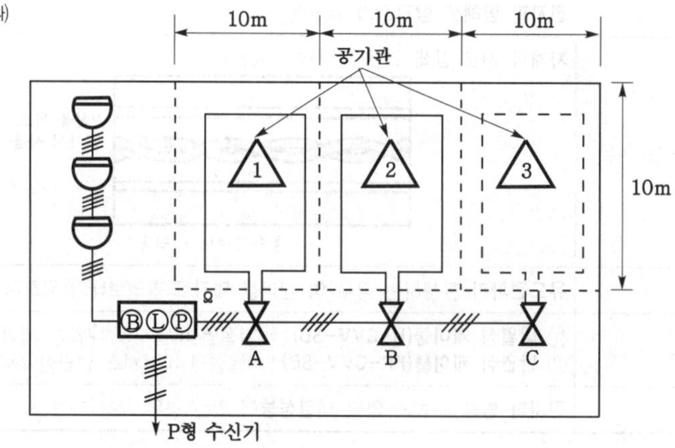


(다) 가건물 및 천장 안에 시설하는 경우

해설 (가), (다) **자동화재검지설비**(자동화재탐지설비)

| 명 칭 | 그림기호 | 비 고 |
|---|---|---|
| 차동식 분포형 감지기의 검출부 | ⧗ | • 가건물 및 천장 안에 시설하는 경우 : ⧖(점선) |
| 감지선 | —◉— | • 감지선과 전선의 접속점 : ——●——<br>• 가건물 및 천장 안에 시설하는 경우 : ---◉---<br>• 관통위치 : —○—○— |
| 공기관 | ——— | • 가건물 및 천장 안에 시설하는 경우 : --------<br>• 관통위치 : —○—○— |
| 열전대 | —▬— | • 가건물 및 천장 안에 시설하는 경우 : —▭— |
| 열반도체 | (○○) | – |

(나) 감지기회로의 배선은 **송배선식**으로 종단저항이 발신기세트에 설치되어 있으므로 모두 **4가닥**이 된다.

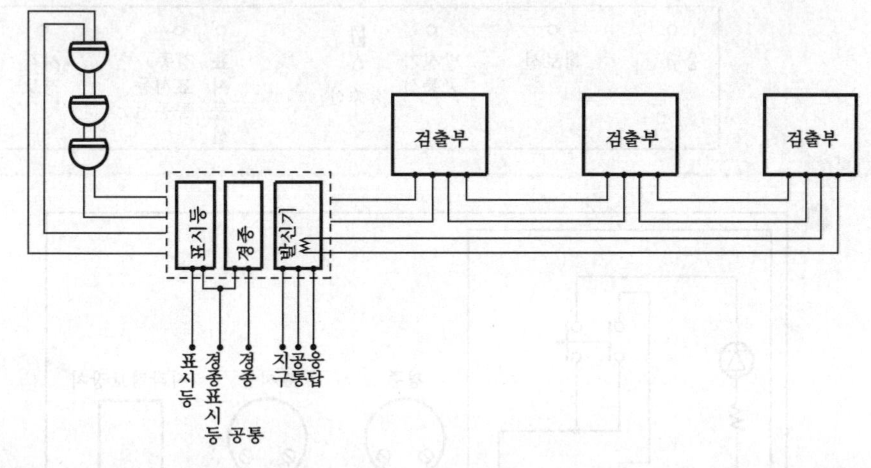


용어

| 송배선식 | 교차회로방식 |
|---|---|
| **감지기회로**의 **도통시험**을 용이하게 하기 위해 배선의 도중에서 분기하지 않는 방식 | 하나의 방호구역 내에 **2 이상**의 **감지기회로**를 설치하고 **2 이상**의 **감지기회로**가 동시에 감지되는 때에 설비가 작동되도록 하는 방식 |

★★★

## 문제 457

다음 도면은 자동화재탐지설비에서 시각경보장치를 추가한 P형 수신기와 P형 발신기간의 미완성 결선도이다. 결선도를 완성하시오. (6점)

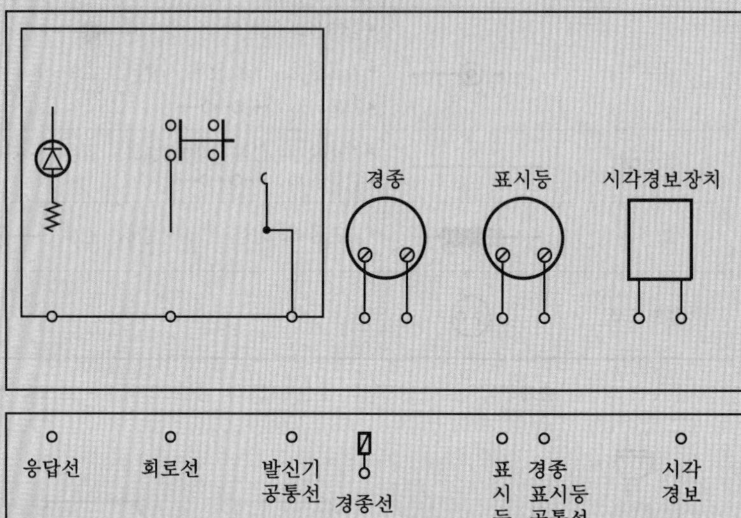


정답

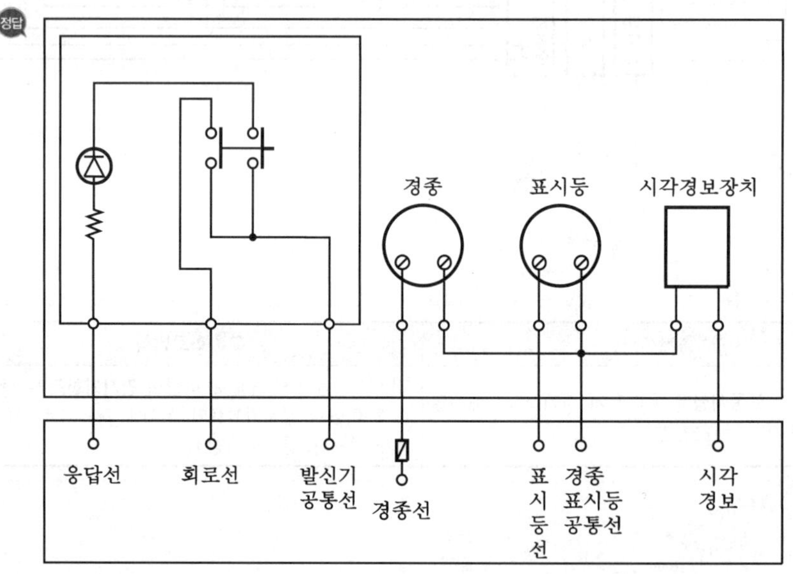




소방시설의 점검실무행정 종합문제 600제

해설 **시각경보장치**는 한 선은 **시각경보**에, 다른 한 선은 **경종표시등공통선**에 결선하면 된다. 다음과 같이 결선해도 옳다.

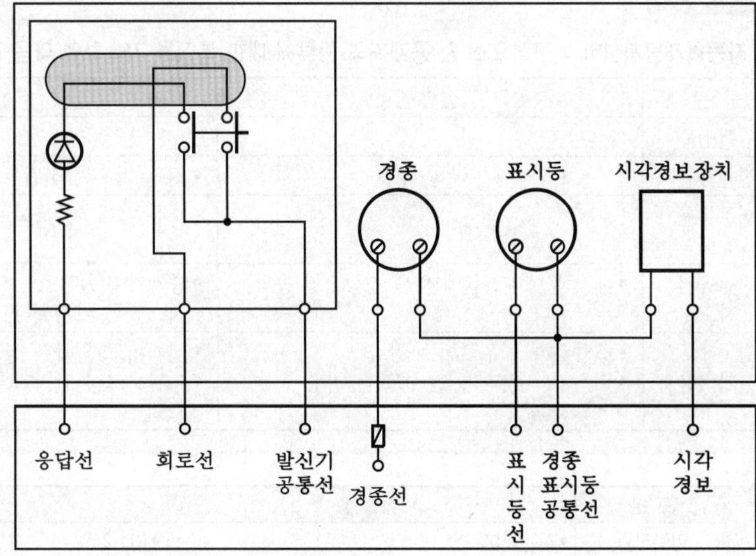


▮옳은 결선 1▮

또한, **발광다이오드**의 **방향**이 **반대**로 연결되었다면 다음과 같이 결선하여야 한다.

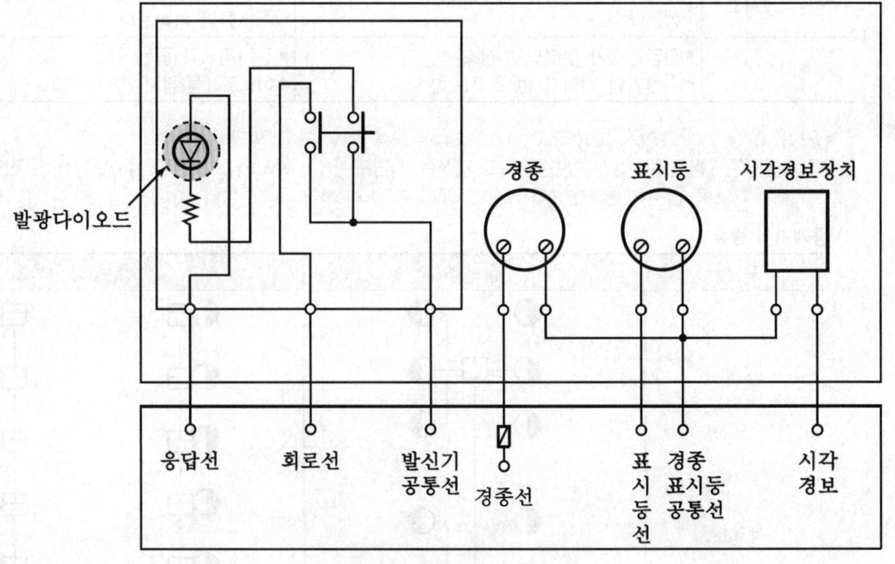


▮옳은 결선 2▮

☆☆

## 문제 458

R형 자동화재탐지설비의 구성요소 중 중계기의 종류에 대한 특징을 기술하여 다음 표를 완성하시오. (4점)

| 구 분 | 집합형 | 분산형 |
|---|---|---|
| 입력전원 | | |
| 전원공급 | | • 전원 및 비상전원은 수신기를 이용한다. |
| 회로수용능력 | | • 소용량(대부분 5회로 미만) |
| 전원공급 사고 | • 내장된 예비전원에 의해 정상적인 동작을 수행한다. | • 중계기 전원선로의 사고시 해당 계통 전체 시스템이 마비된다. |
| 설치적용 | • 전압강하가 우려되는 장소<br>• 수신기와 거리가 먼 초고층 빌딩 | • 전기피트가 좁은 장소<br>• 아날로그식 감지기를 객실별로 설치하는 호텔 |

정답

| 구 분 | 집합형 | 분산형 |
|---|---|---|
| 입력전원 | • AC 220V | • DC 24V |
| 전원공급 | • 전원 및 비상전원은 외부전원을 이용한다. | • 전원 및 비상전원은 수신기를 이용한다. |
| 회로수용능력 | • 대용량(대부분 30~40회로) | • 소용량(대부분 5회로 미만) |
| 전원공급사고 | • 내장된 예비전원에 의해 정상적인 동작을 수행한다. | • 중계기 전원선로의 사고시 해당 계통 전체 시스템이 마비된다. |
| 설치적용 | • 전압강하가 우려되는 장소<br>• 수신기와 거리가 먼 초고층 빌딩 | • 전기피트가 좁은 장소<br>• 아날로그식 감지기를 객실별로 설치하는 호텔 |

해설

- 입력전원은 AC 220V=교류 220V, DC 24V=직류 24V 모두 정답!!
- 입력전원은 외부전원, 수신기전원이라고 답하는 사람도 있다. 하지만 외부전원, 수신기전원은 **전원공급방식**에 해당되므로 입력전원에는 AC 220V, DC 24V라고 쓰는 것이 정답!

(1) **중계기**의 **종류**

| 구 분 | 집합형 | 분산형 |
|---|---|---|
| 계통도 | ▎R형 수신기(집합형) ▎ | ▎R형 수신기(분산형) ▎ |
| 입력전원 | • **AC 220V** | • **DC 24V** |
| 전원공급 | • 전원 및 비상전원은 **외부전원** 이용 | • 전원 및 비상전원은 **수신기**전원(수신기) 이용 |
| 정류장치 | • 있음 | • 없음 |

| 전원공급사고 | | • 내장된 예비전원에 의해 정상적인 동작 수행 | • 중계기 전원선로 사고시 해당 계통 전체 시스템 마비 |
|---|---|---|---|
| 외형 크기 | | • **대형** | • **소형** |
| 회로수용능력 (회로수) | | • **대용량(대부분 30~40회로)** | • 소용량(대부분 **5회로 미만**) |
| 설치방식 | | • 전기피트(pit) 등에 설치 | • 발신기함에 내장하거나 별도의 중계기 격납함에 설치 |
| 적용대상 | | • 전압강하가 우려되는 대규모 장소<br>• 수신기와 거리가 먼 초고층 건축물 | • 대단위 아파트단지<br>• 전기피트(pit)가 없는 장소<br>• 객실별로 아날로그감지기를 설치한 호텔 |
| 설치 비용 | 중계기 가격 | • **적게** 소요 | • **많이** 소요 |
| | 배관·배선 비용 | • **많이** 소요 | • **적게** 소요 |

(2) **중계기**의 **설치장소**

| 구 분 | 집합형 | 분산형 |
|---|---|---|
| 설치장소 | • EPS실(전력시스템실) 전용 | • **소화전함** 및 단독 **발신기세트** 내부<br>• 댐퍼 수동조작함 내부 및 조작스위치함 내부<br>• 스프링클러 접속박스 내 및 SVP 판넬 내부<br>• 셔터, 배연창, 제연스크린, 연동제어기 내부<br>• **할론 패키지** 또는 판넬 내부<br>• 방화문 중계기는 근접 댐퍼 수동조작함 내부 |

비교

**자동화재탐지설비**의 **중계기 설치기준**[자동화재탐지설비 및 시각경보장치의 화재안전기준(NFPC 203 제6조, NFTC 203 2.3.1)]

(1) 수신기에서 직접 감지기회로의 **도통시험**을 하지 않는 것에 있어서는 **수신기**와 **감지기** 사이에 설치할 것

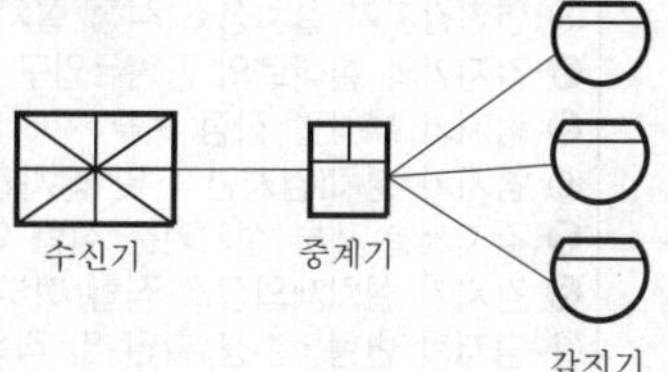


▌일반적인 중계기의 설치▐

(2) **조**작 및 점검에 편리하고 화재 및 침수 등의 재해로 인한 피해를 받을 우려가 없는 장소에 설치할 것

(3) 수신기에 따라 감시되지 않는 배선을 통하여 전력을 공급받는 것에 있어서는 **전원입력측**의 배선에 **과전류차단기**를 설치하고 해당 전원의 정전이 즉시 수신기에 표시되는 것으로 하며, **상용전원** 및 **예비전원**의 시험을 할 수 있도록 할 것

기억법 자중도 조입과

☆

## 문제 459

자동화재탐지설비 수신기의 종합점검항목 중 5가지를 쓰시오. (5점)

○

○

○

○

○

정답 ① 수신기 설치장소 적정(관리 용이) 여부
② 조작스위치의 높이는 적정하며 정상위치에 있는지 여부
③ 개별 경계구역 표시가능 회선수 확보 여부
④ 축적기능 보유 여부(환기·면적·높이 조건 해당할 경우)
⑤ 경계구역 일람도 비치 여부

해설 **소방시설 자체점검사항 등에 관한 고시 〔별지 제4호 서식〕**
**자동화재탐지설비·시각경보장치의 종합점검**

| 구 분 | 점검항목 |
|---|---|
| 경계구역 | ❶ 경계구역 구분 적정 여부<br>❷ 감지기를 공유하는 경우 스프링클러·물분무소화·제연설비 경계구역 일치 여부 |
| 수신기 | ① 수신기 설치장소 적정(관리 용이) 여부<br>② 조작스위치의 높이는 적정하며 정상위치에 있는지 여부<br>❸ 개별 경계구역 표시 가능 회선수 확보 여부<br>❹ 축적기능 보유 여부(환기·면적·높이 조건 해당할 경우)<br>⑤ 경계구역 일람도 비치 여부<br>⑥ 수신기 음향기구의 음량·음색 구별 가능 여부<br>❼ 감지기·중계기·발신기 작동 경계구역 표시 여부(종합방재반 연동 포함)<br>❽ 1개 경계구역 1개 표시등 또는 문자 표시 여부<br>❾ 하나의 대상물에 수신기가 2 이상 설치된 경우 상호 연동되는지 여부<br>⑩ 수신기 기록장치 데이터 발생 표시시간과 표준시간 일치 여부 |
| 중계기 | ❶ 중계기 설치위치 적정 여부(수신기에서 감지기회로 도통시험하지 않는 경우)<br>❷ 설치장소(조작·점검 편의성, 화재·침수 피해 우려) 적정 여부<br>❸ 전원입력측 배선상 과전류차단기 설치 여부<br>❹ 중계기 전원 정전시 수신기 표시 여부<br>❺ 상용전원 및 예비전원 시험 적정 여부 |
| 감지기 | ❶ 부착 높이 및 장소별 감지기 종류 적정 여부<br>❷ 특정 장소(환기불량, 면적협소, 저층고)에 적응성이 있는 감지기 설치 여부<br>③ 연기감지기 설치장소 적정 설치 여부<br>❹ 감지기와 실내로의 공기유입구 간 이격거리 적정 여부<br>❺ 감지기 부착면 적정 여부<br>⑥ 감지기 설치(감지면적 및 배치거리) 적정 여부<br>❼ 감지기별 세부 설치기준 적합 여부<br>❽ 감지기 설치제외장소 적합 여부<br>⑨ 감지기 변형·손상 확인 및 작동시험 적합 여부 |
| 음향장치 | ① 주음향장치 및 지구음향장치 설치 적정 여부<br>② 음향장치(경종 등) 변형·손상 확인 및 정상작동(음량 포함) 여부<br>❸ 우선경보 기능 정상작동 여부 |
| 시각경보장치 | ① 시각경보장치 설치장소 및 높이 적정 여부<br>② 시각경보장치 변형·손상 확인 및 정상작동 여부 |
| 발신기 | ① 발신기 설치 장소, 위치(수평거리) 및 높이 적정 여부<br>② 발신기 변형·손상 확인 및 정상작동 여부<br>③ 위치표시등 변형·손상 확인 및 정상 점등 여부 |
| 전원 | ① 상용전원 적정 여부<br>② 예비전원 성능 적정 및 상용전원 차단시 예비전원 자동전환 여부 |
| 배선 | ❶ 종단저항 설치 장소, 위치 및 높이 적정 여부<br>❷ 종단저항 표지 부착 여부(종단감지기에 설치할 경우)<br>③ 수신기 도통시험 회로 정상 여부<br>❹ 감지기회로 송배선식 적용 여부<br>❺ 1개 공통선 접속 경계구역 수량 적정 여부(P형 또는 GP형의 경우) |
| 비고 | ※ 특정소방대상물의 위치·구조·용도 및 소방시설의 상황 등이 이 표의 항목대로 기재하기 곤란하거나 이 표에서 누락된 사항을 기재한다. |

※ "●"는 종합점검의 경우에만 해당

## 문제 460

자동화재탐지설비 음향장치의 종합점검표상의 점검항목 3가지를 쓰시오. (3점)

○
○
○

정답 ① 주음향장치 및 지구음향장치 설치 적정 여부
② 음향장치(경종 등) 변형·손상 확인 및 정상작동(음량 포함) 여부
③ 우선경보 기능 정상작동 여부

해설 **문제 459 참조**

## 문제 461

자동화재탐지설비 경계구역의 종합점검항목 2가지를 쓰시오. (2점)

○
○

정답 ① 경계구역 구분 적정 여부
② 감지기를 공유하는 경우 스프링클러·물분무소화·제연설비 경계구역 일치 여부

해설 **문제 459 참조**

## 문제 462

자동화재탐지설비 중계기의 종합점검항목 5가지를 쓰시오. (5점)

○
○
○
○
○

정답 ① 중계기 설치위치 적정 여부(수신기에서 감지기회로 도통시험하지 않는 경우)
② 설치장소(조작·점검 편의성, 화재·침수 피해 우려) 적정 여부
③ 전원입력측 배선상 과전류차단기 설치 여부
④ 중계기 전원 정전시 수신기 표시 여부
⑤ 상용전원 및 예비전원 시험 적정 여부

해설 **문제 459 참조**

★

## 문제 463

자동화재탐지설비 감지기의 종합점검항목 9가지를 쓰시오.

○

○

○

○

○

○

○

○

○

정답 ① 부착 높이 및 장소별 감지기 종류 적정 여부
② 특정 장소(환기불량, 면적협소, 저층고)에 적응성이 있는 감지기 설치 여부
③ 연기감지기 설치장소 적정 설치 여부
④ 감지기와 실내로의 공기유입구 간 이격거리 적정 여부
⑤ 감지기 부착면 적정 여부
⑥ 감지기 설치(감지면적 및 배치거리) 적정 여부
⑦ 감지기별 세부 설치기준 적합 여부
⑧ 감지기 설치제외장소 적합 여부
⑨ 감지기 변형·손상 확인 및 작동시험 적합 여부

해설 **문제 459 참조**

★★

## 문제 464

자동화재탐지설비에서 R형 복합형 수신기 점검 중 1계통에 있는 전체 중계기의 통신램프가 점멸되지 않을 경우 발생원인과 확인절차를 각각 쓰시오. (6점)

정답

| 발생원인 | 확인절차 |
|---|---|
| 수신기 자체 불량 | 수신기 통신카드 점검 |
| 중계기 자체 불량 | 중계기 교체 |
| 수신기에서 첫 번째로 연결되는 중계기의 통신선로 단선 | 수신기에서 첫 번째로 연결되는 중계기의 통신선로 점검 |
| 수신기에서 첫 번째로 연결되는 중계기의 통신선로 오접속 | 수신기에서 첫 번째로 연결되는 중계기의 통신선로 단자 확인 |

해설

| 발생원인 | 확인절차 | 세부사항 |
|---|---|---|
| 수신기 자체 불량 | 수신기 통신카드 점검 | ① 카드단자의 접촉불량일 경우 **다시 꽂음**<br>② 통신카드 불량일 경우 **교체** |
| 중계기 자체 불량 | 중계기 교체 | – |
| 수신기에서 첫 번째로 연결되는 중계기의 통신선로 단선 | 수신기에서 첫 번째로 연결되는 중계기의 통신선로 점검 | **단선**시 **선로보수** |
| 수신기에서 첫 번째로 연결되는 중계기의 통신선로 오접속 | 수신기에서 첫 번째로 연결되는 중계기의 통신선로 단자 확인 | (+), (−) 단자를 **정상 연결** |

☆☆
### 문제 465

「감지기의 형식승인 및 제품검사의 기술기준」에 의거하여 아날로그방식 감지기에 관하여 다음 물음에 답하시오. (9점)

(가) 감지기의 동작특성에 대하여 설명하시오. (3점)
(나) 감지기의 시공방법에 대하여 설명하시오. (3점)
(다) 수신반 회로수 산정에 대하여 설명하시오. (3점)

정답 (가) 주위의 온도 또는 연기량의 변화에 따른 화재정보신호값을 출력하는 방식의 감지기
(나) 공칭감지온도범위 및 공칭감지농도범위에 적합한 장소에 설치할 것(단, 이 기준에서 정하지 않는 설치방법에 대하여는 형식승인 사항이나 제조사의 시방서에 따라 설치할 수 있다)
(다) 다중통신방식으로 고유번호를 부여하여 송·수신하므로 감지기 1개를 1회로로 보기 때문에 감지기 수만큼 수신반 회로수를 산정한다.

해설 (가) **감지기의 형식승인** 및 **제품검사**의 **기술기준 제4조**

| 구 분 | 특 성 |
|---|---|
| 다신호식 | 1개의 감지기 내에 서로 다른 종별 또는 감도 등의 기능을 갖춘 것으로서 일정시간 간격을 두고 각각 다른 2개 이상의 화재신호를 발하는 감지기 |
| 방폭형 | 폭발성가스가 용기 내부에서 폭발하였을 때 용기가 그 압력에 견디거나 또는 외부의 폭발성가스에 인화될 우려가 없도록 만들어진 형태의 감지기 |
| 방수형 | 그 구조가 방수구조로 되어 있는 감지기 |
| 재용형 | 다시 사용할 수 있는 성능을 가진 감지기 |
| 축적형 | 일정농도 이상의 연기가 일정시간(공칭축적시간) 연속하는 것을 전기적으로 검출하므로서 작동하는 감지기(단, 단순히 작동시간만을 지연시키는 것 제외) |
| 아날로그식 | 주위의 온도 또는 연기량의 변화에 따른 화재정보신호값을 출력하는 방식의 감지기 |
| 연동식 | 단독경보형 감지기가 작동할 때 화재를 경보하며 유·무선으로 주위의 다른 감지기에 신호를 발신하고 신호를 수신한 감지기도 화재를 경보하며 다른 감지기에 신호를 발신하는 방식의 것 |
| 무선식 | 전파에 의해 신호를 송·수신하는 방식의 것 |

(나) **감지기의 시공방법**[자동화재탐지설비 및 시각경보장치의 화재안전기준(NFPC 203 제7조 제③항 제14호, NFTC 203 2.4.3.14)]

| 아날로그방식의 감지기 | 다신호방식의 감지기 |
|---|---|
| **공칭감지온도범위** 및 **공칭감지농도범위**에 적합한 장소에 설치할 것(단, 이 기준에 정하지 않는 설치방법에 대하여는 형식승인 사항이나 제조사의 시방서에 따라 설치할 수 있다) | **화재신호**를 **발신**하는 **감도**에 적합한 장소에 설치할 것(단, 이 기준에 정하지 않는 설치방법에 대하여는 형식승인 사항이나 제조사의 시방서에 따라 설치할 수 있다) |

(다) 수신반 회로수 산정
아날로그방식 감지기는 다중통신방식으로 고유번호를 부여하여 송·수신하므로 감지기 1개를 1회로로 볼 수 있다. 따라서 수신반 회로수는 감지기수와 일치하므로 감지기수만큼 수신반 회로수를 산정한다.

☆☆
### 문제 466

자동화재탐지설비의 감지기 설치기준에서 다음 물음에 답하시오. (7점)

(가) 설치장소별 감지기 적응성(연기감지기를 설치할 수 없는 경우 적용)에서 설치장소의 환경상태가 "물방울이 발생하는 장소"에 설치할 수 있는 감지기의 종류별 설치조건을 쓰시오. (3점)
(나) 설치장소별 감지기 적응성(연기감지기를 설치할 수 없는 경우 적용)에서 설치장소의 환경상태가 "부식성 가스가 발생할 우려가 있는 장소"에 설치할 수 있는 감지기의 종류별 설치조건을 쓰시오. (4점)

**정답** (가) ① 보상식 스포트형 감지기, 정온식 감지기 또는 열아날로그식 스포트형 감지기를 설치하는 경우에는 방수형으로 설치할 것
② 보상식 스포트형 감지기는 급격한 온도변화가 없는 장소에 한하여 설치할 것
③ 불꽃감지기를 설치하는 경우에는 방수형으로 설치할 것

(나) ① 차동식 분포형 감지기를 설치하는 경우에는 감지부가 피복되어 있고 검출부가 부식성 가스에 영향을 받지 않는 것 또는 검출부에 부식성 가스가 침입하지 않도록 조치할 것
② 보상식 스포트형 감지기, 정온식 감지기 또는 열아날로그식 스포트형 감지기를 설치하는 경우에는 부식성 가스의 성상에 반응하지 않는 내산형 또는 내알칼리형으로 설치할 것
③ 정온식 감지기를 설치하는 경우에는 특종으로 설치할 것

**해설** (가), (나) **설치장소별 감지기 적응성**(연기감지기를 설치할 수 없는 경우 적용)[자동화재탐지설비 및 시각경보장치의 화재안전기술기준(NFTC 203 표 2.4.6(1))]

| 설치장소 | | 적응열감지기 | | | | | | | | | 불꽃감지기 | 비 고 |
|---|---|---|---|---|---|---|---|---|---|---|---|---|
| 환경상태 | 적응장소 | 차동식 스포트형 | | 차동식 분포형 | | 보상식 스포트형 | | 정온식 | | 열아날로그식 | | |
| | | 1종 | 2종 | 1종 | 2종 | 1종 | 2종 | 특종 | 1종 | | | |
| **먼**지 또는 미분 등이 다량으로 체류하는 장소 | 쓰레기장, 하역장, 도장실, 섬유·목재·석재 등 가공공장 | ○ | ○ | ○ | ○ | ○ | ○ | ○ | × | ○ | ○ | ① **불**꽃감지기에 따라 감시가 곤란한 장소는 적응성이 있는 **열감지기**를 설치할 것<br>② **차동식 분포형 감지기**를 설치하는 경우에는 검출부에 **먼**지, 미분 등이 침입하지 않도록 조치할 것<br>③ **차동식 스포트형 감지기** 또는 **보상식 스포트형 감지기**를 설치하는 경우에는 검출부에 **먼**지, 미분 등이 침입하지 않도록 조치할 것<br>④ **섬**유, 목재 가공공장 등 화재확대가 급속하게 진행될 우려가 있는 장소에 설치하는 경우 **정온식 감지기**는 **특종**으로 설치할 것. 공칭작동온도 **75℃** 이하, 열아날로그식 스포트형 감지기는 화재표시 설정은 **80℃** 이하가 되도록 할 것<br>**기억법** **먼불열 분차스보먼 섬정특** |
| 수증기가 다량으로 머무는 장소 | 증기세정실, 탕비실, 소독실 등 | × | × | × | ○ | × | ○ | ○ | ○ | ○ | ○ | ① 차동식 분포형 감지기 또는 보상식 스포트형 감지기는 급격한 온도변화가 없는 장소에 한하여 사용할 것<br>② 차동식 분포형 감지기를 설치하는 경우에는 검출부에 수증기가 침입하지 않도록 조치할 것<br>③ 보상식 스포트형 감지기, 정온식 감지기 또는 열아날로그식 감지기를 설치하는 경우에는 방수형으로 설치할 것<br>④ 불꽃감지기를 설치할 경우 방수형으로 할 것 |

| | | | | | | | | | | | | |
|---|---|---|---|---|---|---|---|---|---|---|---|---|
| **부식성 가스가 발생할 우려가 있는 장소** | 도금공장, 축전지실, 오수처리장 등 | × | × | ○ | ○ | ○ | ○ | ○ | × | ○ | ○ | ① **차**동식 분포형 감지기를 설치하는 경우에는 감지부가 피복되어 있고 검출부가 부식성 가스에 영향을 받지 않는 것 또는 검출부에 부식성 가스가 침입하지 않도록 조치할 것<br>② **보**상식 스포트형 감지기, 정온식 감지기 또는 열아날로그식 스포트형 감지기를 설치하는 경우에는 부식성 가스의 성상에 반응하지 않는 내산형 또는 내알칼리형으로 설치할 것<br>③ **정**온식 감지기를 설치하는 경우에는 특종으로 설치할 것<br>기억법 **정차보** |
| 주방, 기타 평상시에 연기가 체류하는 장소 | 주방, 조리실, 용접작업장 등 | × | × | × | × | × | × | ○ | ○ | ○ | ○ | ① 주방, 조리실 등 습도가 많은 장소에는 방수형 감지기를 설치할 것<br>② 불꽃감지기는 UV/IR형을 설치할 것 |
| 현저하게 고온으로 되는 장소 | 건조실, 살균실, 보일러실, 주조실, 영사실, 스튜디오 | × | × | × | × | × | × | ○ | ○ | ○ | × | – |
| 배기가스가 다량으로 체류하는 장소 | 주차장, 차고, 화물취급소 차로, 자가발전실, 트럭터미널, 엔진시험실 | ○ | ○ | ○ | ○ | ○ | ○ | × | × | ○ | ○ | ① 불꽃감지기에 따라 감시가 곤란한 장소는 적응성이 있는 열감지기를 설치할 것<br>② 열아날로그식 스포트형 감지기는 화재표시 설정이 60℃ 이하가 바람직하다. |
| 연기가 다량으로 유입할 우려가 있는 장소 | 음식물배급실, 주방전실, 주방 내 식품저장실, 음식물운반용 엘리베이터, 주방 주변의 복도 및 통로, 식당 등 | ○ | ○ | ○ | ○ | ○ | ○ | ○ | ○ | ○ | × | ① 고체연료 등 가연물이 수납되어 있는 음식물배급실, 주방전실에 설치하는 정온식 감지기는 특종으로 설치할 것<br>② 주방 주변의 복도 및 통로, 식당 등에는 정온식 감지기를 설치하지 말 것<br>③ 위의 ①, ②의 장소에 열아날로그식 스포트형 감지기를 설치하는 경우에는 화재표시 설정을 60℃ 이하로 할 것 |
| **물방울이 발생하는 장소** | 스레트 또는 철판으로 설치한 지붕창고·공장, 패키지형 냉각기전용수납실, 밀폐된 지하창고, 냉동실 주변 등 | × | × | ○ | ○ | ○ | ○ | ○ | ○ | ○ | ○ | ① 보상식 스포트형 감지기, 정온식 감지기 또는 열아날로그식 스포트형 감지기를 설치하는 경우에는 방수형으로 설치할 것<br>② 보상식 스포트형 감지기는 급격한 온도변화가 없는 장소에 한하여 설치할 것<br>③ 불꽃감지기를 설치하는 경우에는 방수형으로 설치할 것 |

| | | | | | | | | | | | | |
|---|---|---|---|---|---|---|---|---|---|---|---|---|
| 불을 사용하는 설비로서 불꽃이 노출되는 장소 | 유리공장, 용선로가 있는 장소, 용접실, 주방, 작업장, 주방, 주조실 등 | × | × | × | × | × | × | ○ | ○ | ○ | × | – |

(주) 1. "○"는 당해 설치장소에 적응하는 것을 표시, "×"는 당해 설치장소에 적응하지 않는 것을 표시
2. 차동식 스포트형, 차동식 분포형 및 보상식 스포트형 1종은 감도가 예민하기 때문에 비화재보 발생은 2종에 비해 불리한 조건이라는 것을 유의할 것
3. 차동식 분포형 3종 및 정온식 2종은 소화설비와 연동하는 경우에 한해서 사용할 것
4. 다신호식 감지기는 그 감지기가 가지고 있는 종별, 공칭작동온도별로 따르지 말고 상기 표에 따른 적응성이 있는 감지기로 할 것



☆☆

## 문제 467

「자동화재탐지설비 및 시각경보장치의 화재안전기준」에 의거하여 취침·숙박·입원 등 이와 유사한 용도로 사용되는 거실에 설치하여야 하는 연기감지기 설치대상 특정소방대상물 5가지를 쓰시오. (5점)

○
○
○
○
○

정답 ① 공동주택·오피스텔·숙박시설·노유자시설·수련시설
② 교육연구시설 중 합숙소
③ 의료시설, 근린생활시설 중 입원실이 있는 의원·조산원
④ 교정 및 군사시설
⑤ 근린생활시설 중 고시원

해설 취침·숙박·입원 등 이와 유사한 용도로 사용되는 거실에 설치하여야 하는 연기감지기 설치대상 특정소방대상물
[자동화재탐지설비 및 시각경보장치의 화재안전기준(NFPC 203 제7조, NFTC 203 2.4.2.5)]

(1) **공**동주택·**오**피스텔·**숙**박시설·**노**유자시설·**수**련시설
(2) 교육연구시설 중 **합숙소**
(3) 의료시설, 근린생활시설 중 **입원실**이 있는 **의원**·**조산원**
(4) **교**정 및 **군**사시설
(5) 근린생활시설 중 **고시원**

기억법 공오숙노수 합의조 교군고

☆☆

## 문제 468

자동화재탐지설비에서 R형 수신기에 대한 절연내력시험의 전압과 그 기준을 설명하시오. (단, 정격전압이 220V라고 한다.) (6점)

○계산과정 :
○답 :

 ○ 계산과정 : 220×2+1000=1440V
○ 답 : 1440V의 실효전압으로 1분 이상 견딜 것

- 절연내력시험 : 정격전압이 220V라고 주어졌으므로 정격전압별로 모두 답하면 틀리고 **'1440V의 실효전압으로 1분 이상 견딜 것'**이 정답이다. 만약 정격전압이 주어지지 않았다면 정격전압별로 다음과 같이 모두 답하는 것이 맞다.

‖ 절연내력시험(정격전압이 주어지지 않은 경우) ‖

| 정격전압 | 가하는 전압 | 측정방법 |
|---|---|---|
| 60V 이하 | 500V의 실효전압 | 1분 이상 견딜 것 |
| 60V 초과 150V 이하 | 1000V의 실효전압 | |
| 150V 초과 | (정격전압×2)+1000V의 실효전압 | |

- 절연내력시험의 방법과 기준을 물어보았으므로 **'1440V의 실효전압'**이라고만 쓰면 틀린다.

**중요**

**수신기**의 **절연내력시험**(수신기 형식승인 및 제품검사의 기술기준 제20조)
60Hz의 정현파에 가까운 실효전압 **500V**(정격전압이 60V를 초과하고 150V 이하인 것은 **1000V**, 정격전압이 150V를 초과하는 것은 그 **정격전압**에 **2**를 곱하여 1000을 더한 값)의 교류전압을 가하는 시험에서 **1분**간 견디는 것이어야 한다.

**비교**

**비상콘센트설비**의 **화재안전기준**(NFPC 504 제4조, NFTC 504 2.1.6)
(1) 절연저항시험

| 절연저항계 | 절연저항 | 측정방법 |
|---|---|---|
| 직류 500V | 20MΩ 이상 | 전원부와 외함 사이 |

(2) 절연내력시험

| 정격전압 | 가하는 전압 | 측정방법 |
|---|---|---|
| 150V 이하 | 1000V의 실효전압 | **1분** 이상 견딜 것 |
| 150V 이상 | (정격전압×2)+1000V의 실효전압 | |

**용어**

**절연저항시험**과 **절연내력시험**

| 절연저항시험 | 절연내력시험 |
|---|---|
| ① 전원부와 외함 등의 **절연**이 얼마나 잘 되어 있는가를 확인하는 시험<br>② 전원부와 외함 등에 **누전**이 얼마나 되고 있는지를 확인하는 시험 | ① 평상시보다 **높은 전압**을 인가하여 절연이 파괴되는지의 여부를 확인하는 시험<br>② 정격치 이상의 **고전압**을 인가하여 절연물이 어느 정도의 전압에 견딜 수 있는지를 확인하는 시험 |

☆☆

## 문제 469

자동화재탐지설비에서 P형 수신기 시험방법 중 지구음향장치 가부판정기준 2가지를 쓰시오. (4점)
○
○

정답 ① 감지기를 작동시켰을 때 수신기에 연결된 해당 지구음향장치가 작동하고 음량이 정상일 것
② 음량은 음향장치의 중심에서 1m 떨어진 위치에서 90dB 이상일 것

해설 **P형 수신기**의 **시험**(성능시험)

| 시험 종류 | 시험방법(작동시험방법) | 가부판정기준(확인사항) |
|---|---|---|
| **화재표시 작동시험** | ① 회로**선**택스위치로서 실행하는 시험 : 동작시험스위치를 눌러서 스위치 주의등의 점등을 확인한 후 회로선택스위치를 차례로 회전시켜 **1회로**마다 화재시의 작동시험을 행할 것<br>② **감**지기 또는 **발**신기의 작동시험과 함께 행하는 방법 : 감지기 또는 발신기를 차례로 작동시켜 경계구역과 지구표시등과의 접속상태를 확인할 것<br>기억법 **화표선발감** | ① 각 **릴레이**(relay)의 작동<br>② **화재표시등, 지구표시등** 그 밖의 표시장치의 점등(램프의 단선도 함께 확인할 것)<br>③ **음향장치** 작동 확인<br>④ **감지기회로** 또는 **부속기기회로**와의 연결접속이 정상일 것 |
| **회로도통시험** | **목적** : **감지기회로**의 **단선**의 **유무**와 기기 등의 접속상황을 확인<br>① **도**통시험스위치를 누른다.<br>② 회로**선**택스위치를 차례로 회전시킨다.<br>③ 각 회선별로 **전**압계의 전압을 확인한다(단, 발광다이오드로 그 정상유무를 표시하는 것은 발광다이오드의 점등유무를 확인한다).<br>④ **종**단저항 등의 접속상황을 조사한다.<br>기억법 **도단도선전종** | 각 회선의 **전압계**의 **지시치** 또는 발광다이오드(LED)의 점등유무 상황이 정상일 것 |
| **공통선시험**<br>(단, 7회선 이하는 제외) | **목적** : 공통선이 담당하고 있는 **경**계구역의 적정 여부 확인<br>① 수신기 내 접속단자의 회로**공**통선을 1선 제거한다.<br>② 회로도통시험의 예에 따라 **도**통시험스위치를 누르고, 회로선택스위치를 차례로 회전시킨다.<br>③ **전**압계 또는 **발**광다이오드를 확인하여 **'단선'**을 지시한 경계구역의 회선수를 조사한다.<br>기억법 **공경공도 전발선** | 공통선이 담당하고 있는 경계구역수가 **7 이하**일 것 |
| **예비전원시험** | **목적** : 상용전원 및 비상전원이 사고 등으로 정전된 경우, 자동적으로 예비전원으로 절환되며, 또한 정전복구시에 자동적으로 상용전원으로 절환되는지의 여부 확인<br>① **예**비전원스위치를 누른다.<br>② **전**압계의 지시치가 지정치의 범위 내에 있을 것(단, 발광다이오드로 그 정상유무를 표시하는 것은 발광다이오드의 정상 점등유무를 확인한다)<br>③ **교**류전원을 개로(상용전원을 차단)하고 **자**동절환릴레이의 작동상황을 조사한다.<br>기억법 **예예전교자** | ① 예비전원의 **전압**<br>② 예비전원의 **용량**<br>③ 예비전원의 **절환상황**<br>④ 예비전원의 **복구작동**이 정상일 것 |
| **동시작동시험**<br>(단, 1회선은 제외) | **목적** : 감지기회로가 동시에 수회선 작동하더라도 수신기의 기능에 이상이 없는가의 여부 확인<br>① **주**전원에 의해 행한다.<br>② 각 회선의 화재작동을 복구시키는 일이 없이 **5회선**(5회선 미만은 전회선)을 동시에 작동시킨다.<br>③ ②의 경우 주음향장치 및 지구음향장치를 작동시킨다.<br>④ 부수신기와 표시기를 함께 하는 것에 있어서는 이 모두를 작동상태로 하고 행한다.<br>기억법 **동주5** | 각 회선을 동시 작동시켰을 때<br>① **수신기**의 이상유무<br>② **부수신기**의 이상유무<br>③ **표시장치**의 이상유무<br>④ **음향장치**의 이상유무<br>⑤ **화재**시 **작동**을 정확하게 계속하는 것일 것 |
| **지구음향장치 작동시험** | **목적** : 화재신호와 연동하여 음향장치의 정상작동 여부 확인<br>① 임의의 **감지기** 및 **발신기** 등을 작동시킨다. | ① 감지기를 작동시켰을 때 수신기에 연결된 해당 지구음향장치가 작동하고 **음량**이 **정상**적이어야 한다.<br>② 음량은 음향장치의 중심에서 **1m** 떨어진 위치에서 **90dB** 이상일 것 |

| | | |
|---|---|---|
| **회로저항시험** | **목적** : 감지기회로의 **1회선**의 선로저항치가 수신기의 기능에 이상을 가져오는지의 여부를 다음에 따라 확인할 것<br>① 저항계 또는 테스터(tester)를 사용하여 감지기회로의 공통선과 표시선(회로선) 사이의 전로에 대해 측정한다.<br>② 항상 개로식인 것에 있어서는 회로의 말단을 도통상태로 하여 측정한다. | 하나의 감지기회로의 합성저항치는 **50Ω** 이하로 할 것 |
| **저전압시험** | **목적** : 교류전원전압을 정격전압의 80% 전압으로 가하여 동작에 이상이 없는지를 확인할 것<br>① 자동화재탐지설비용 전압시험기 또는 가변저항기 등을 사용하여 교류전원전압을 정격전압의 **80%**의 전압으로 실시한다.<br>② 축전지설비인 경우에는 축전지의 단자를 절환하여 정격전압의 **80%**의 전압으로 실시한다.<br>③ **화재표시작동시험**에 준하여 실시한다. | **화재신호**를 **정상**적으로 수신할 수 있을 것 |
| **비상전원시험** | **목적** : 상용전원이 정전되었을 때 자동적으로 비상전원(비상전원수전설비 제외)으로 절환되는지의 여부를 다음에 따라 확인할 것<br>① 비상전원으로 **축전지설비**를 사용하는 것에 대해 행한다.<br>② 충전용 전원을 개로의 상태로 하고 **전압계**의 지시치가 적정한가를 확인한다(단, **발광다이오드**로 그 정상유무를 표시하는 것은 발광다이오드의 정상 점등유무를 확인한다).<br>③ 화재표시작동시험에 준하여 시험한 경우, **전압계**의 지시치가 정격전압의 **80%** 이상임을 확인한다(단, **발광다이오드**로 그 정상유무를 표시하는 것은 발광다이오드의 정상 점등유무를 확인한다). | 비상전원의 전압, 용량, 절환상황, 복구작동이 정상이어야 할 것 |

기억법 도표공동 예저비지

★★

## 문제 470

**정온식 감지선형 감지기는 외피에 공칭작동온도를 색상으로 표시하여야 한다. 표시하여야 하는 색상 3가지를 쓰시오. (5점)**

○

○

○

정답 ① 백색
② 청색
③ 적색

해설 **정온식 감지선형 감지기**의 **공칭작동온도**의 **색상**(감지기의 형식승인 및 제품검사의 기술기준 제37조)

| 온 도 | 색 상 |
|---|---|
| 80℃ 이하 | **백색** |
| 80℃ **이상**~120℃ 이하 | **청색** |
| 120℃ **이상** | **적색** |

★★

## 문제 471

**공기관식 감지기 시험방법에 대한 설명 중 ①와 ②에 알맞은 내용을 답란에 쓰시오. (4점)**

ㅇ검출부의 시험공 또는 공기관의 한쪽 끝에 ( ① )을(를) 접속하고 시험코크 등을 유동시험 위치에 맞춘 후 다른 끝에 ( ② )을(를) 접속시킨다.
ㅇ( ② )(으)로 공기를 주입하고 ( ① ) 수위를 눈금의 0점으로부터 100mm 상승시켜 수위를 정지시킨다.
ㅇ시험코크 등에 의해 송기구를 개방하여 상승수위의 $\frac{1}{2}$ 까지 내려가는 시간(유통시간)을 측정한다.

ㅇ답란 :

| ① | ② |
|---|---|
| | |

| ① | ② |
|---|---|
| 마노미터 | 테스트펌프 |

해설 (1) **차동식 분포형 공기관식 감지기**의 **유통시험**

공기관에 공기를 유입시켜 **공**기관의 **누설**, **찌그러짐**, **막힘** 등의 유무 및 공기관의 **길이**를 확인하는 시험이다.

기억법 **공길누찌**

① 검출부의 시험공 또는 공기관의 한쪽 끝에 **마노미터**를, 다른 한쪽 끝에 **테스트펌프**를 접속한다.
② **테스트펌프**로 공기를 주입하고 **마노미터**의 수위를 **100mm**까지 상승시켜 수위를 정지시킨다(정지하지 않으면 공기관에 누설이 있는 것이다).
③ 시험코크를 이동시켜 송기구를 열고 수위가 **50mm**까지 내려가는 시간(**유통시간**)을 측정하여 공기관의 길이를 산출한다.

※ 공기관의 두께는 **0.3mm** 이상, 외경은 **1.9mm** 이상이며, 공기관의 길이는 **20~100m** 이하이어야 한다.

(2) **공기관식 차동식 분포형 감지기**의 **접점수고시험시 검출부**의 **공기관에 접속하는 기기**

① 마노미터
② 테스트펌프

- 마노미터(manometer)=마노메타
- 테스트펌프(test pump)=공기주입기=공기주입시험기
- ①과 ②의 답이 서로 바뀌면 틀린다. 공기를 주입하는 것은 **테스트펌프**이고 수위 상승을 확인하는 것은 **마노미터**이기 때문이다.

★

## 문제 472

**공기관식 차동식 분포형 감지기의 3정수시험 중 접점수고(간격)시험시 수고치가 다음에 해당하는 경우에 각각 나타나는 현상을 쓰시오. (6점)**

ㅇ비정상적인 경우 :
ㅇ낮은 경우 :
ㅇ높은 경우 :

정답 ① 감지기 미작동
② 비화재보
③ 지연동작

해설 **접점수고시험**

감지기의 접점수고치가 적정치를 보유하고 있는지를 확인하기 위한 시험

▌수고치▐

| 비정상적인 경우 | 낮은 경우 | 높은 경우 |
|---|---|---|
| 감지기가 작동되지 않는다. | 감지기가 예민하게 되어 비화재보의 원인이 된다. | 감지기의 감도가 저하되어 지연동작의 원인이 된다. |

중요

**3정수시험**

차동식 분포형 공기관식 감지기는 감도기준 설정이 가열시험으로는 어렵기 때문에 온도시험에 의하지 않고 이론시험으로 대신하는 것으로 **리크저항시험**, **등가용량시험**, **접점수고시험**이 있다.

▌3정수시험▐

| 리크저항시험 | 등가용량시험 | 접점수고시험 |
|---|---|---|
| 리크저항 측정 | 다이어프램의 기능 측정 | 접점의 간격 측정 |

☆☆☆

## 문제 473

**지상 35층, 지하 5층 연면적 7000m²의 특정소방대상물에 자동화재탐지설비의 음향장치를 설치하고자 한다. 다음 각 물음에 답하시오. (6점)**

○ 11층에서 발화한 경우 경보를 발하여야 하는 층 :

○ 1층 발화한 경우 경보를 발하여야 하는 층 :

○ 지하 1층에서 발화한 경우 경보를 발하여야 하는 층 :

정답 ① 11층 발화 : 11층, 12~15층

② 1층 발화 : 1층, 2~5층, 지하 1~5층

③ 지하 1층 발화 : 지하 1층, 1층, 지하 2~5층

해설 **자동화재탐지설비**의 **발화층 및 직상 4개층 우선경보방식 적용대상물**[자동화재탐지설비 및 시각경보장치의 화재안전기준(NFPC 203 제8조, NFTC 203 2.5.1.2)]

**11층**(공동주택 **16층**) 이상의 특정소방대상물의 경보

▌자동화재탐지설비의 음향장치 경보▐

| 발화층 | 경보층 | |
|---|---|---|
| | 11층(공동주택 16층) 미만 | 11층(공동주택 16층) 이상 |
| 2층 이상 발화 | 전층 일제경보 | • 발화층<br>• 직상 4개층 |
| 1층 발화 | | • 발화층<br>• 직상 4개층<br>• 지하층 |
| 지하층 발화 | | • 발화층<br>• 직상층<br>• 기타의 지하층 |

- 11층 발화 : **11층**(발화층), **12~15층**(직상 4개층)
- 1층 발화 : **1층**(발화층), **2~5층**(직상 4개층), **지하 1~5층**(지하층)
- 지하 1층 발화 : **지하 1층**(발화층), **1층**(직상층), **지하 2~5층**(기타의 지하층)

참고

**화재적응성**

| 제1종 분말 | 제3종 분말 |
|---|---|
| **식용유** 및 **지방질유**의 화재에 적합 | **차고·주차장**에 적합 |

문제 474

자동화재탐지설비의 음향장치에 대한 구조 및 성능기준을 2가지만 쓰시오. (4점)

○

○

정답 ① 정격전압의 80% 전압에서 음향을 발할 것
② 음량은 1m 떨어진 곳에서 90dB 이상일 것

해설 **음향장치**에 대한 **구조** 및 **성능기준**

| • 스프링클러설비<br>• 간이스프링클러설비<br>• 화재조기진압용 스프링클러설비 | 자동화재탐지설비 |
|---|---|
| ① 정격전압의 **80%** 전압에서 음향을 발할 것<br>② 음량은 **1m** 떨어진 곳에서 **90dB** 이상일 것 | ① **정격전압**의 **80%** 전압에서 음향을 발할 것<br>② **음량**은 **1m** 떨어진 곳에서 **90dB** 이상일 것<br>③ **감지기 · 발신기**의 작동과 **연동**하여 작동할 것 |

문제 475

연기감지기에서 광전식 스포트형 감지기의 구조 및 동작원리에 대하여 기술하시오. (단, 구조는 산란광식이다.) (10점)

정답

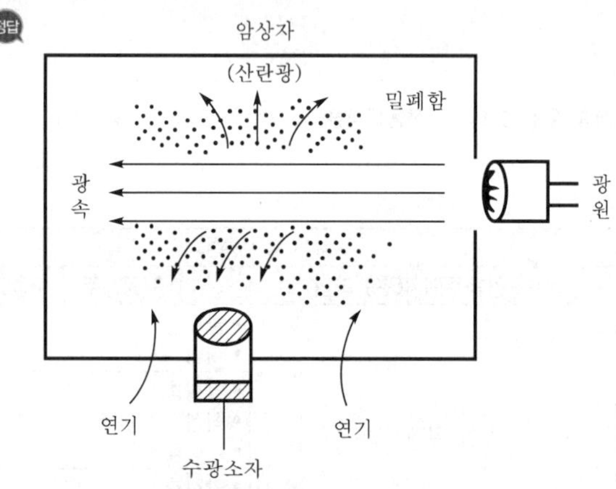


① 감지기의 암상자 내에 연기유입
② 연기에 의해 광속의 광반사가 일어남
③ 광전소자의 입사광량 증대
④ 광전소자의 저항변화
⑤ 수신기에 화재신호 발신

**해설** **연기감지기**의 **구조** 및 **동작원리**

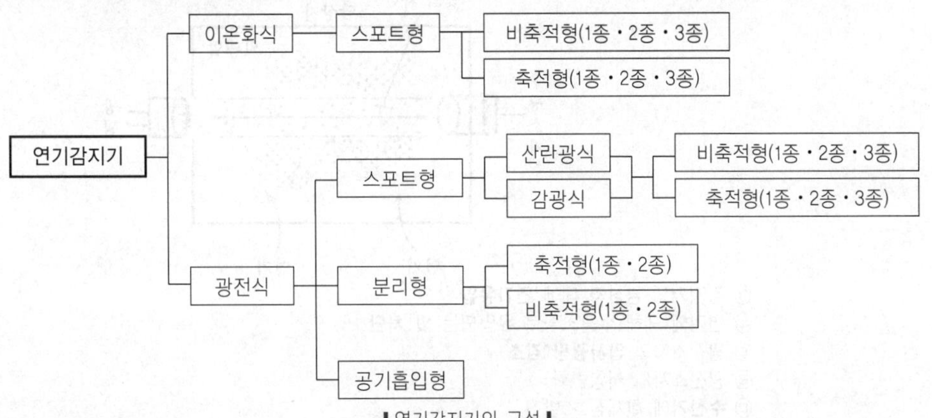


‖ 연기감지기의 구성 ‖

(1) **이온화식 감지기**

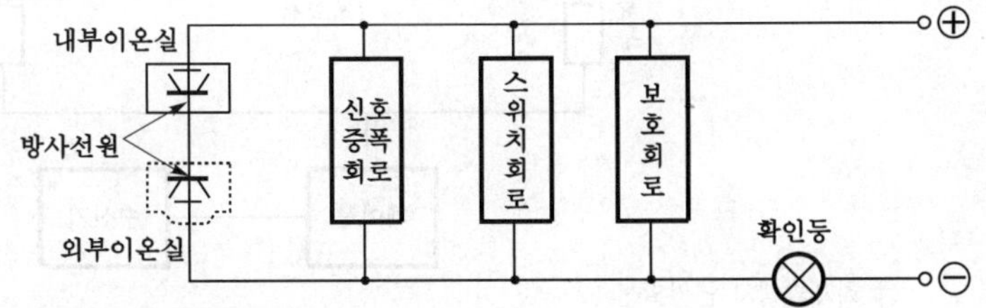


① 화재시 감지기 내로 **연기입자 침입**
② **외부이온실**의 이온전류흐름이 저항을 받아 **내부이온실**과 균형 깨짐
③ 균형상태의 파괴가 **전압불균형**의 형태로 **전계효과 트랜지스터**에 전달되어 증폭
④ **스위칭회로**에 신호가 전달되어 감지기 동작
⑤ **수신기**에 화재신호 발신

(2) **광전식 감지기**

① **광전식 스포트형 감지기**(산란광식)

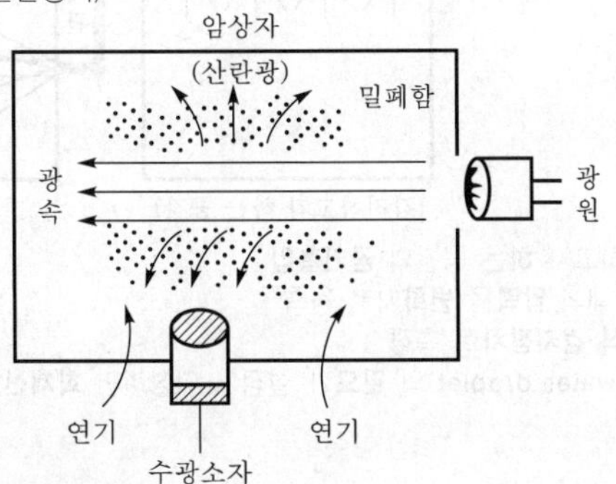


㉠ 감지기의 암상자 내에 **연기유입**
㉡ 연기에 의해 광속의 **광반사**가 일어남
㉢ 광전소자의 **입사광량 증대**
㉣ 광전소자의 저항변화
㉤ **수신기**에 화재신호 발신

② **광전식 스포트형 감지기**(감광식)

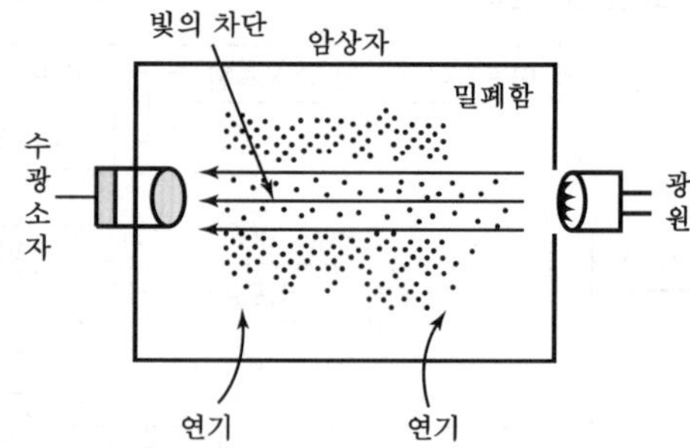


㉠ 감지기의 암상자 내에 **연기유입**
㉡ 연기에 의해 수광소자로 유입되는 **빛 차단**
㉢ 광전소자의 **입사광량 감소**
㉣ 광전소자의 저항변화
㉤ **수신기**에 화재신호 발신

③ **광전식 분리형 감지기**

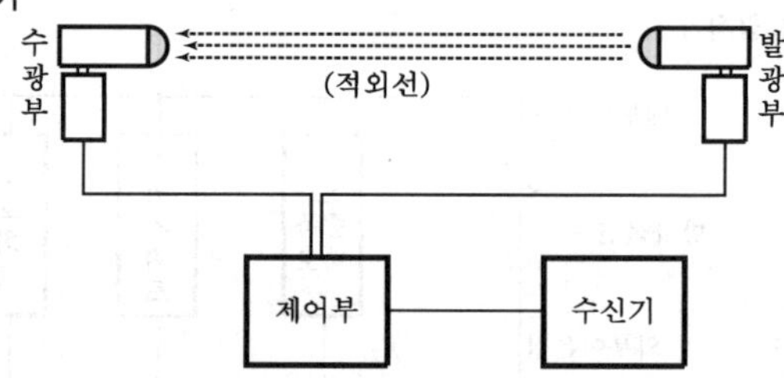


㉠ 화재발생시 연기확산
㉡ 연기에 의해 수광부로 유입되는 **적외선**의 **진로방해**
㉢ 수광부의 **수광량 감소**
㉣ **제어부**에서 검출
㉤ **수신기**에 화재신호 발생

④ **광전식 공기흡입형 감지기**

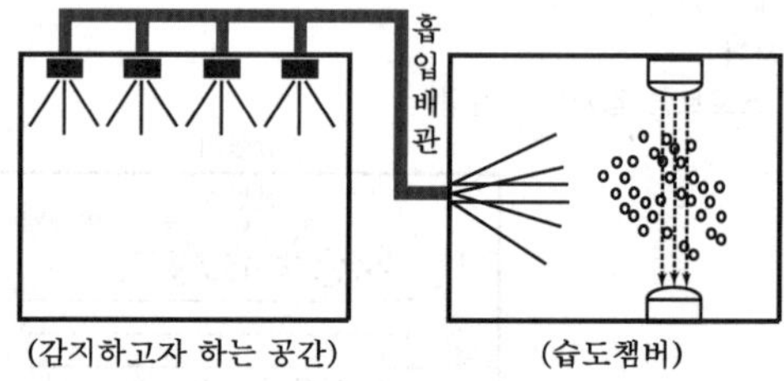


㉠ 감지하고자 하는 공간의 **공기흡입**
㉡ 챔버 내의 **압력**을 **변화**시켜 응축
㉢ **광전식 검지장치**로 측정
㉣ **수적(water droplet)**의 **밀도**가 설정치 이상이면 **화재신호** 발신

☆☆

**문제 476**

**자동화재탐지설비에서 다중전송방식(multiplex system)의 특징을 설명하시오. (5점)**

정답 ① 선로수가 적어 경제적이다.
② 선로길이를 길게 할 수 있다.
③ 증설 또는 이설이 비교적 쉽다.
④ 화재발생지구를 선명하게 숫자로 표시할 수 있다.
⑤ 신호의 전달이 확실하다.

해설 **다중전송방식**은 **R형 수신기**를 뜻하는 것으로 R형 수신기의 특징은 다음과 같다.

(1) **선로수**가 적어 경제적이다.
(2) **선로길이**를 길게 할 수 있다.
(3) **증설** 또는 **이설**이 비교적 쉽다.
(4) **화재발생지구**를 선명하게 **숫**자로 표시할 수 있다.
(5) **신호**의 **전달**이 확실하다.

기억법 수길이 숫신(수신)

중요

**P형 수신기**와 **R형 수신기**의 **비교**

| 구 분 | P형 수신기 | R형 수신기 |
|---|---|---|
| 설 명 | 감지기 또는 발신기로부터 발하여지는 신호를 **직접** 또는 **중계기**를 통하여 **공통신호**로서 수신하여 화재의 발생을 해당 특정소방대상물의 **관계인**에게 경보하여 주는 것 | 감지기 또는 발신기로부터 발하여지는 신호를 **직접** 또는 **중계기**를 통하여 **고유신호**로서 수신하여 화재의 발생을 해당 특정소방대상물의 **관계인**에게 경보하여 주는 것 |
| 일반적인 시스템의 구성 | P형 수신기 | 중계기<br>R형 수신기 |
| 신호전송방식 | 1 : 1 접점방식 | 다중전송방식 |
| 신호의 종류 | 공통신호 | 고유신호 |
| 화재표시기구 | 램프(lamp) | 액정표시장치(LCD) |
| 자기진단기능 | 없다. | 있다. |
| 선로수 | 많이 필요하다. | 적게 필요하다. |
| 기기비용 | 적게 소요 | 많이 소요 |
| 배관배선공사 | 선로수가 많이 소요되므로 복잡하다. | 선로수가 적게 소요되므로 간단하다. |
| 유지관리 | 선로수가 많고 수신기에 자기진단기능이 없으므로 어렵다. | 선로수가 적고 자기진단기능에 의해 고장발생을 자동으로 경보·표시하므로 쉽다. |
| 수신반가격 | 기능이 단순하므로 가격이 싸다. | 효율적인 감지·제어를 위해 여러 기능이 추가되어 있어서 가격이 비싸다. |
| 화재표시방식 | 창구식, 지도식 | 창구식, 지도식, CRT식, 디지털식 |
| 설치대상 | 10층 이하의 소규모 건축물 | 대단위공장, APT, 빌딩 |
| 경제성 | 비용 1 2 3 4 / 1 2 3 4 면적 | 비용 1 2 3 4 / 1 2 3 4 면적 |

☆☆

## 문제 477

「자동화재탐지설비 및 시각경보장치의 화재안전기준」에 의거하여 중계기의 설치기준을 쓰시오. (6점)

정답 ① 수신기에서 직접 감지기회로의 도통시험을 하지 않는 것에 있어서는 수신기와 감지기 사이에 설치할 것
② 조작 및 점검에 편리하고 화재 및 침수 등의 재해로 인한 피해를 받을 우려가 없는 장소에 설치할 것
③ 수신기에 따라 감시되지 않는 배선을 통하여 전력을 공급받는 것에 있어서는 전원입력측의 배선에 과전류차단기를 설치하고 해당 전원의 정전이 즉시 수신기에 표시되는 것으로 하며, 상용전원 및 예비전원의 시험을 할 수 있도록 할 것

해설 **자**동화재탐지설비의 **중**계기 설치기준[자동화재탐지설비 및 시각경보장치의 화재안전기준(NFPC 203 제6조, NFTC 203 2.3.1)]

(1) 수신기에서 직접 감지기회로의 **도통시험**을 하지 않는 것에 있어서는 **수신기**와 **감지기** 사이에 설치할 것

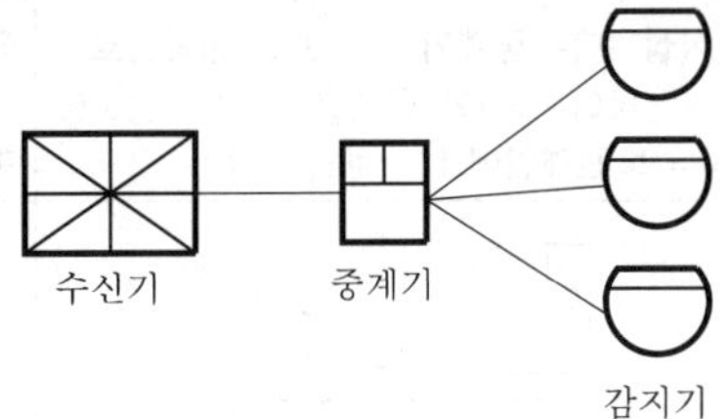


▌일반적인 중계기의 설치▐

(2) **조**작 및 점검에 편리하고 화재 및 침수 등의 재해로 인한 피해를 받을 우려가 없는 장소에 설치할 것
(3) 수신기에 따라 감시되지 않는 배선을 통하여 전력을 공급받는 것에 있어서는 **전원입력측**의 배선에 **과전류차단기**를 설치하고 해당 전원의 정전이 즉시 수신기에 표시되는 것으로 하며, **상용전원** 및 **예비전원**의 시험을 할 수 있도록 할 것

기억법 자중도 조입과

중요

**중계기**의 **종류**

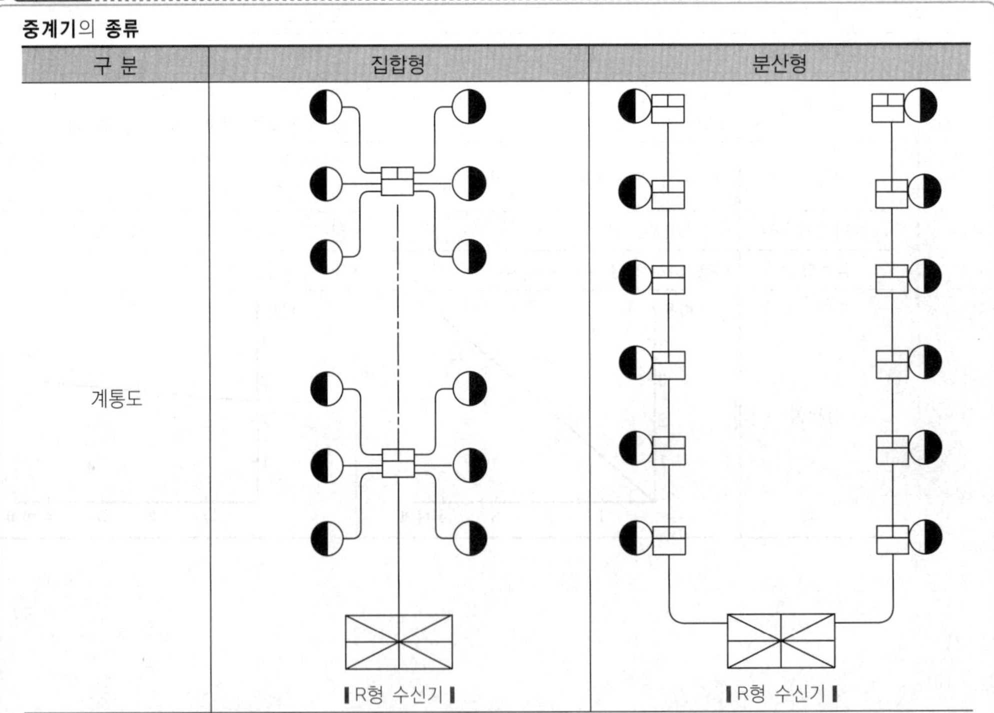

| 구 분 | 집합형 | 분산형 |
|---|---|---|
| 계통도 | ▌R형 수신기▐ | ▌R형 수신기▐ |

| 입력전원 | 외부전원(AC 220V) | 수신기전원(DC 24V) |
|---|---|---|
| 정류장치 | 있음 | 없음 |
| 전원공급사고 | 내장된 예비전원에 의해 정상적인 동작 수행 | 중계기 전원선로사고시 해당 계통 전체 시스템 마비 |
| 외형 크기 | **대형** | **소형** |
| 회로수 | 대용량(**30~40회로**) | 소용량(**5회로 미만**) |
| 설치장소 | 전기피트(pit) 등에 설치 | 발신기함에 내장하거나 별도의 중계기 격납함에 설치 |
| 적용대상 | ① 전압강하가 우려되는 대규모 건축물<br>② 수신기와 거리가 먼 초고층 건축물 | ① 대단위 아파트단지<br>② 전기피트(pit)가 없는 건축물<br>③ 객실별로 아날로그감지기를 설치한 호텔 |
| 설치비용 – 중계기가격 | **적게** 소요 | **많이** 소요 |
| 설치비용 – 배관·배선 비용 | **많이** 소요 | **적게** 소요 |

☆☆ 문제 478

**자동화재탐지설비에서 대용량회로를 기준으로 할 때 P형과 R형 수신기를 설명하고 그 차이점을 비교하시오. (10점)**

정답

| 구 분 | P형 수신기 | R형 수신기 |
|---|---|---|
| 설 명 | 감지기 또는 발신기로부터 발하여지는 신호를 직접 또는 중계기를 통하여 공통신호로서 수신하여 화재의 발생을 해당 특정소방대상물의 관계인에게 경보하여 주는 것 | 감지기 또는 발신기로부터 발하여지는 신호를 직접 또는 중계기를 통하여 고유신호로서 수신하여 화재의 발생을 해당 특정소방대상물의 관계인에게 경보하여 주는 것 |
| 일반적인 시스템의 구성 | P형 수신기 | 중계기<br>R형 수신기 |
| 신호전송방식 | 1 : 1 접점방식 | 다중전송방식 |
| 신호의 종류 | 공통신호 | 고유신호 |
| 화재표시기구 | 램프(lamp) | 액정표시장치(LCD) |
| 자기진단기능 | 없다. | 있다. |
| 선로수 | 많이 필요하다. | 적게 필요하다. |
| 기기비용 | 적게 소요 | 많이 소요 |
| 배관배선공사 | 선로수가 많이 소요되므로 복잡하다. | 선로수가 적게 소요되므로 간단하다. |
| 유지관리 | 선로수가 많고 수신기에 자기진단기능이 없으므로 어렵다. | 선로수가 적고 자기진단기능에 의해 고장발생을 자동으로 경보·표시하므로 쉽다. |
| 수신반가격 | 기능이 단순하므로 가격이 싸다. | 효율적인 감지·제어를 위해 여러 기능이 추가되어 있어서 가격이 비싸다. |
| 화재표시방식 | 창구식, 지도식 | 창구식, 지도식, CRT식, 디지털식 |

해설 **P형 수신기**와 **R형 수신기**의 비교

| 구 분 | P형 수신기 | R형 수신기 |
|---|---|---|
| 설 명 | 감지기 또는 발신기로부터 발하여지는 신호를 **직접** 또는 **중계기**를 통하여 **공통신호**로서 수신하여 화재의 발생을 해당 특정소방대상물의 **관계인**에게 경보하여 주는 것 | 감지기 또는 발신기로부터 발하여지는 신호를 **직접** 또는 **중계기**를 통하여 **고유신호**로서 수신하여 화재의 발생을 해당 특정소방대상물의 **관계인**에게 경보하여 주는 것 |
| 일반적인 시스템의 구성 | P형 수신기 | 중계기<br>R형 수신기 |
| 신호전송방식 | 1 : 1 접점방식 | 다중전송방식 |
| 신호의 종류 | 공통신호 | 고유신호 |
| 화재표시기구 | 램프(lamp) | 액정표시장치(LCD) |
| 자기진단기능 | **없다.** | **있다.** |
| 선로수 | 많이 필요하다. | 적게 필요하다. |
| 기기비용 | **적게 소요** | **많이 소요** |
| 배관배선공사 | 선로수가 많이 소요되므로 복잡하다. | 선로수가 적게 소요되므로 간단하다. |
| 유지관리 | 선로수가 많고 수신기에 자기진단기능이 없으므로 어렵다. | 선로수가 적고 자기진단기능에 의해 고장발생을 자동으로 경보·표시하므로 쉽다. |
| 수신반가격 | 기능이 단순하므로 가격이 싸다. | 효율적인 감지·제어를 위해 여러 기능이 추가되어 있어서 가격이 비싸다. |
| 화재표시방식 | 창구식, 지도식 | 창구식, 지도식, CRT식, 디지털식 |
| 설치대상 | **10층 이하**의 소규모 건축물 | **대단위공장**, APT, 빌딩 |
| 경제성 | 비용 / 1 2 3 4 / 1 2 3 4 면적 | 비용 / 1 2 3 4 / 1 2 3 4 면적 |

중요

**다중전송방식(R형 수신기)**의 **특징**

(1) **선로수**가 적어 경제적이다.
(2) **선로길이**를 **길**게 할 수 있다.
(3) **증설** 또는 **이설**이 비교적 쉽다.
(4) **화재발생지구**를 선명하게 **숫**자로 표시할 수 있다.
(5) **신호**의 **전달**이 확실하다.

기억법 수길이 숫신(수신)

☆☆

## 문제 479

**자동화재탐지설비의 배선에 대한 다음 각 물음에 답하시오. (10점)**
(가) 감지기회로를 송배선식으로 하고, 종단저항을 설치하는 이유는 무엇인가? (3점)
(나) 내화배선으로 시공해야 할 부분은 어느 부분인지 쓰시오. (2점)
(다) 내화배선의 공사방법에 대하여 설명하시오. (5점)

정답 (가) 감지기회로의 도통시험을 용이하게 하기 위하여
(나) 전원회로의 배선
(다)

| 사용전선의 종류 | 공사방법 |
|---|---|
| ① 450/750V 저독성 난연 가교 폴리올레핀 절연전선<br>② 0.6/1kV 가교 폴리에틸렌 절연 저독성 난연 폴리올레핀 시스 전력 케이블<br>③ 6/10kV 가교 폴리에틸렌 절연 저독성 난연 폴리올레핀 시스 전력용 케이블<br>④ 가교 폴리에틸렌 절연 비닐시스 트레이용 난연 전력 케이블<br>⑤ 0.6/1kV EP 고무절연 클로로프렌 시스 케이블<br>⑥ 300/500V 내열성 실리콘 고무절연전선(180℃)<br>⑦ 내열성 에틸렌-비닐 아세테이트 고무절연 케이블<br>⑧ 버스덕트(bus duct)<br>⑨ 기타 「전기용품 및 생활용품 안전관리법」 및 「전기설비기술기준」에 따라 동등 이상의 내화성능이 있다고 주무부장관이 인정하는 것 | ① **금**속관공사<br>② **2**종 금속제 **가**요전선관공사<br>③ **합**성수지관공사<br>• 내화구조로 된 벽 또는 바닥 등에 벽 또는 바닥의 표면으로부터 **25**mm 이상의 깊이로 매설할 것<br>기억법 금2가합25<br>• 적용 제외<br>- 배선을 **내**화성능을 갖는 배선**전**용실 또는 배선용 **샤**프트 · **피**트 · **덕**트 등에 설치하는 경우<br>- 배선전용실 또는 배선용 샤프트 · 피트 · 덕트 등에 **다**른 설비의 배선이 있는 경우에는 이로부터 **15**cm 이상 떨어지게 하거나 소화설비의 배선과 이웃한 다른 설비의 배선 사이에 배선지름의 **1.5배** 이상의 높이의 **불연성 격벽**을 설치하는 경우<br>기억법 내전 샤피덕 다15 |
| 내화전선 | 케이블공사 |

해설 (가) 자동화재탐지설비의 감지기회로의 배선은 **도통시험**을 용이하게 하기 위하여 **송배선방식**으로 하여야 하며, 감지기의 단자는 발신기의 **지구선**과 **공통선** 단자에 연결되어야 한다. 또한 감지기회로의 끝부분에는 상시개로식(常時開路式)의 회로를 연결하기 위하여 **종단저항**(terminal resistance)을 설치한다. 일반적으로 종단저항은 **10kΩ** 정도를 사용한다.

‖ 종단저항(10kΩ) ‖

중요

**종단저항 · 송배선식 · 교차회로방식 · 토너먼트방식**

(1) **종단저항**

| 구 분 | 종단저항 |
|---|---|
| 정 의 | 감지기회로의 **도통시험**을 용이하게 하기 위하여 감지기회로의 **끝**부분에 설치하는 저항 |
| 적용설비 | ① 자동화재탐지설비<br>② 제연설비<br>③ 분말소화설비<br>④ 할론소화설비<br>⑤ 이산화탄소 소화설비<br>⑥ 준비작동식 스프링클러설비<br>⑦ 일제살수식 스프링클러설비<br>⑧ 할로겐화합물 및 불활성기체 소화설비<br>⑨ 포소화설비<br>⑩ 물분무소화설비 |
| 설치 예 | 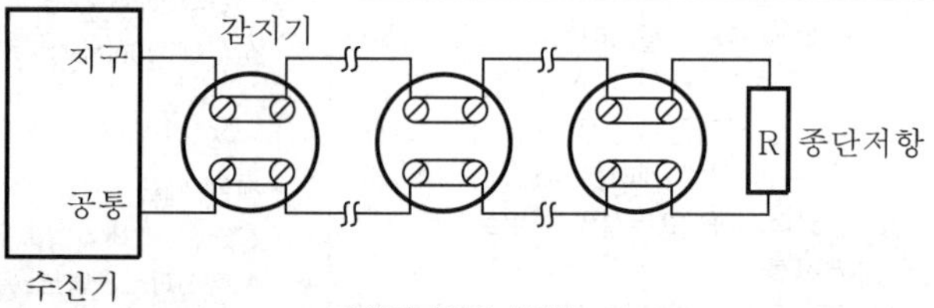 감지기 / 지구 / 공통 / 수신기 / R 종단저항<br>▌종단저항의 설치▐ |

(2) **송배선식**(보내기배선)

| 구 분 | 송배선식(보내기배선) |
|---|---|
| 정 의 | 감지기회로의 **도통시험**을 용이하게 하기 위해 배선의 도중에서 분기하지 않는 배선방식 |
| 적용설비 | ① 자동화재탐지설비<br>② 제연설비 |
| 설치 예 | 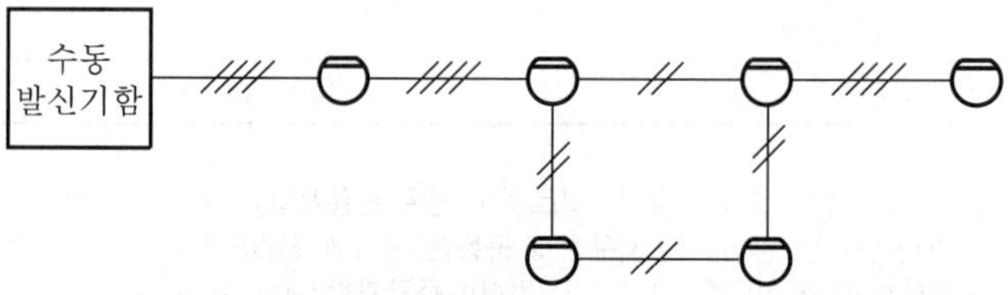 수동 발신기함<br>▌송배선식▐ |

(3) **교차회로방식**

| 구 분 | 교차회로방식 |
|---|---|
| 정 의 | 하나의 담당구역 내에 **2 이상**의 화재감지기 회로를 설치하고 인접한 2 이상의 **화재감지기**가 동시에 감지되는 때에 설비가 개방 · 작동하는 방식 |
| 적용설비 | ① **분**말소화설비<br>② **할**론소화설비<br>③ **이**산화탄소 소화설비<br>④ **준**비작동식 스프링클러설비<br>⑤ **일**제살수식 스프링클러설비<br>⑥ **부**압식 스프링클러설비<br>⑦ **할**로겐화합물 및 불활성기체 소화설비<br>기억법 **분할이 준일부할** |

| | |
|---|---|
| 설치 예 | 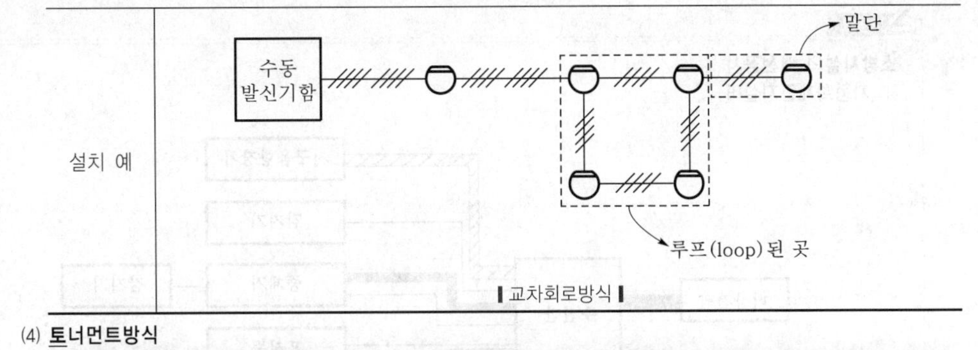 <br>▌교차회로방식▐ |

(4) **토너먼트방식**

| 구 분 | 토너먼트방식 |
|---|---|
| 정 의 | **가스계 소화설비**에 작용하는 방식으로 용기로부터 노즐까지의 마찰손실을 일정하게 유지하기 위하여 'H'자 형태로 배관하는 방식<br>**기억법** **가토**(일본장수 **가토**) |
| 적용설비 | ① 분말소화설비<br>② 이산화탄소 소화설비<br>③ 할론소화설비<br>④ 할로겐화합물 및 불활성기체 소화설비 |
| 설치 예 | **분말헤드**<br>▌토너먼트방식▐ |

(나) **자동화재탐지설비**의 **배선공사**[자동화재탐지설비 및 시각경보장치의 화재안전기준(NFPC 203 제11조, NFTC 203 2.8.1)]

| 배선공사 | 적용구간 |
|---|---|
| 내화배선 | 전원회로의 배선 |
| 내화배선 또는 내열배선 | 그 밖의 배선 |
| 일반배선 | **감지기 상호간** 또는 **감지기**로부터 **수신기**에 이르는 **감지기회로**의 배선 |

소방시설의 점검실무행정 종합문제 600제

중요

**소방시설**의 **배선공사**

(1) **자동화재탐지설비**

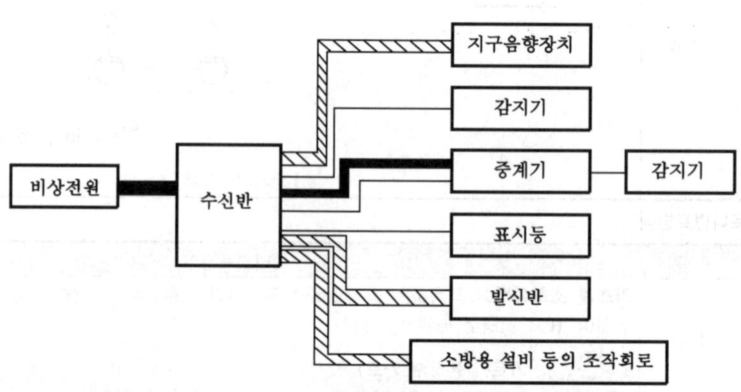


① 중계기의 비상전원회로

② 발신기를 다른 소방용 설비 등의 기동장치와 겸용할 경우 발신기 상부 표시등의 회로는 비상전원에 연결된 **내열배선**으로 한다.

(2) **비상벨 · 자동식 사이렌**

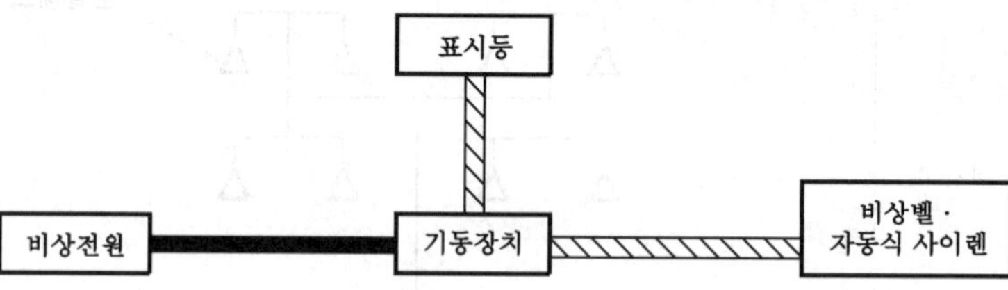


(3) **방송설비**

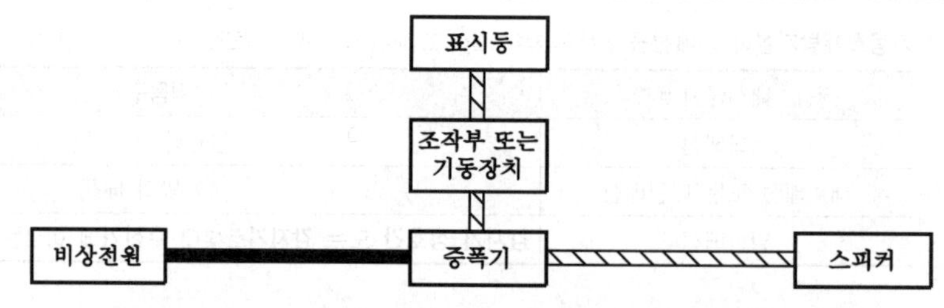


(4) **유도등**

(5) **비상조명등설비**

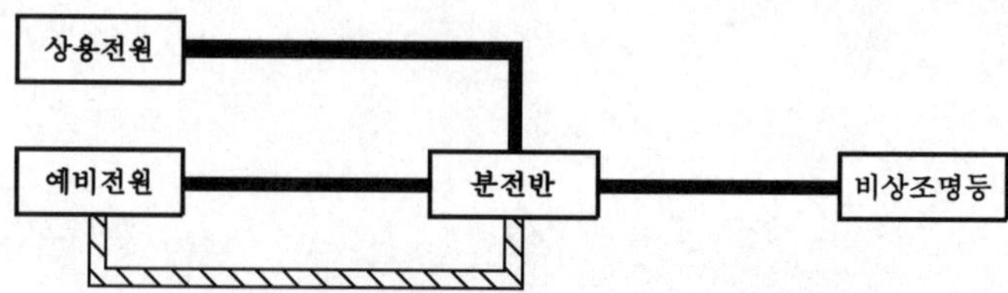

⑹ 비상콘센트설비

⑺ 무선통신보조설비

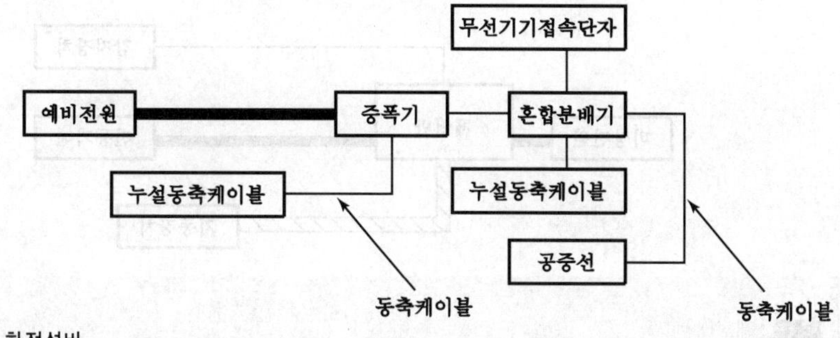


⑻ 옥내소화전설비

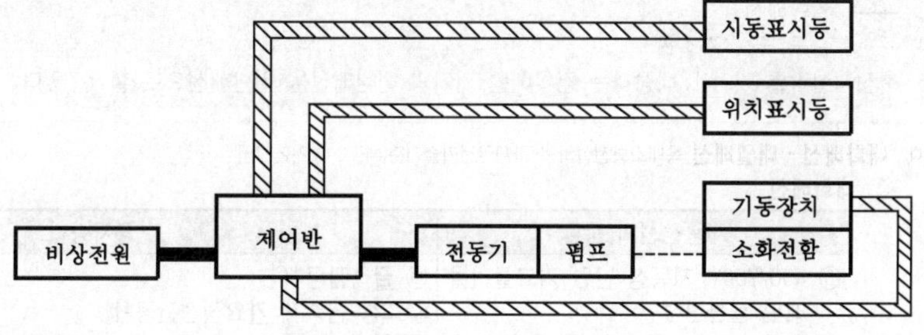


⑼ 스프링클러설비 · 물분무소화설비 · 포소화설비

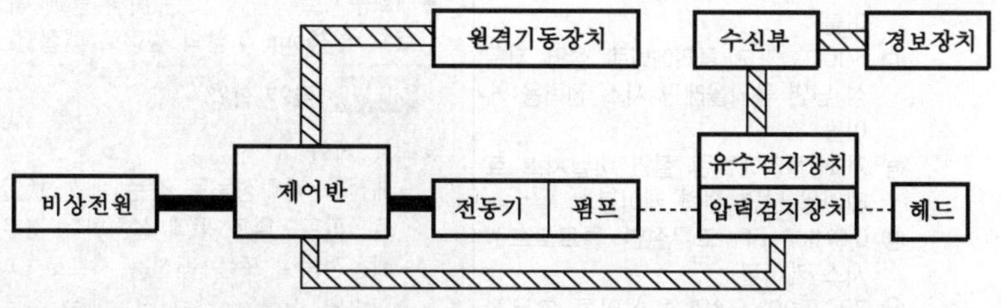


⑽ 이산화탄소 소화설비 · 할론소화설비 · 분말소화설비

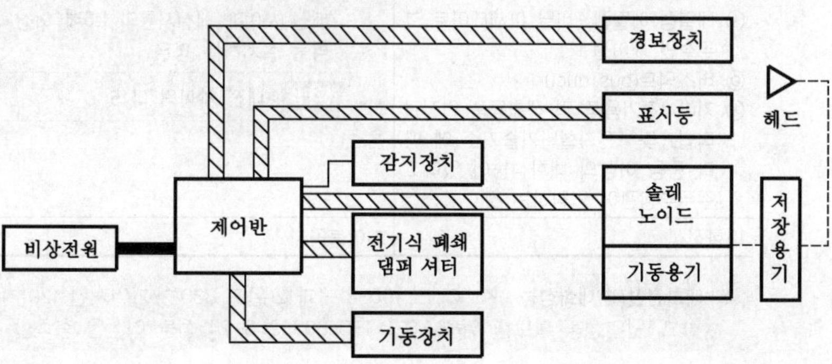

(11) 옥외소화전설비

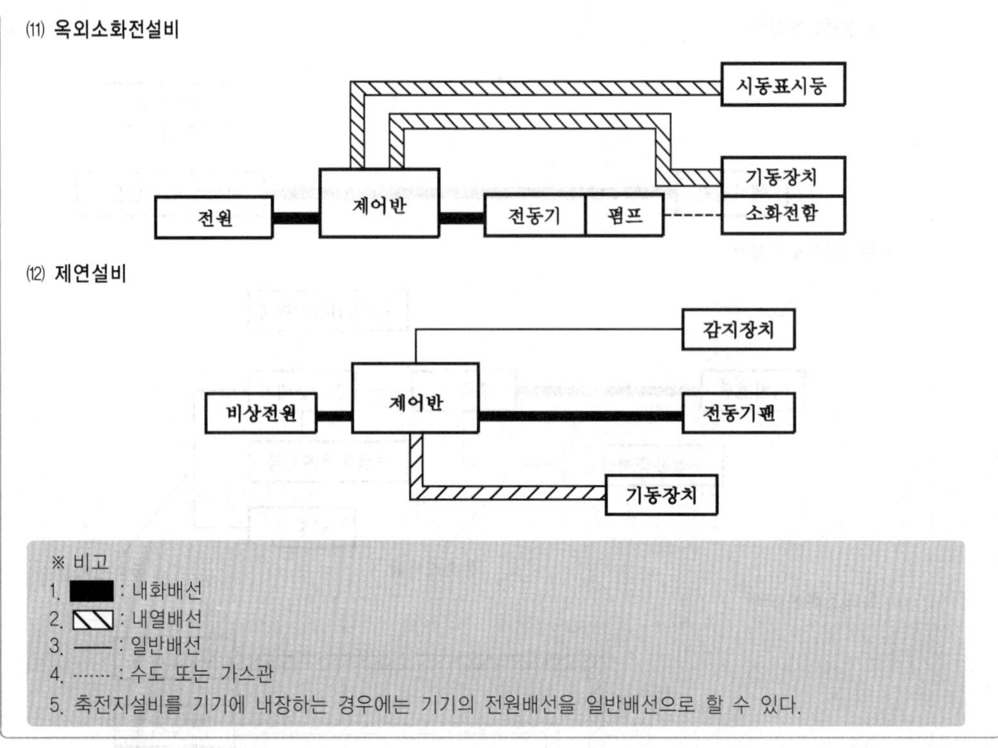


(12) 제연설비



※ 비고
1. ▬ : 내화배선
2. ▧ : 내열배선
3. ── : 일반배선
4. ······ : 수도 또는 가스관
5. 축전지설비를 기기에 내장하는 경우에는 기기의 전원배선을 일반배선으로 할 수 있다.

(다) **내화배선·내열배선**[옥내소화전설비의 화재안전기술기준(NFTC 102 2.7.2)]

① **내화배선**

| 사용전선의 종류 | 공사방법 |
|---|---|
| ㉠ 450/750V 저독성 난연 가교폴리올레핀 절연전선<br>㉡ 0.6/1kV 가교 폴리에틸렌 절연 저독성 난연 폴리올레핀 시스 전력 케이블<br>㉢ 6/10kV 가교 폴리에틸렌 절연 저독성 난연 폴리올레핀 시스 전력용 케이블<br>㉣ 가교 폴리에틸렌 절연 비닐시스 트레이용 난연 전력 케이블<br>㉤ 0.6/1kV EP 고무절연 클로로프렌 시스 케이블<br>㉥ 300/500V 내열성 실리콘 고무절연전선(180℃)<br>㉦ 내열성 에틸렌-비닐 아세테이트 고무절연 케이블<br>㉧ 버스덕트(bus duct)<br>㉨ 기타 「전기용품 및 생활용품 안전관리법」 및 「전기설비기술기준」에 따라 동등 이상의 내화성능이 있다고 주무부장관이 인정하는 것 | ㉠ **금**속관공사<br>㉡ **2**종 금속제 **가**요전선관공사<br>㉢ **합**성수지관공사<br>• 내화구조로 된 벽 또는 바닥 등에 벽 또는 바닥의 표면으로부터 **25mm** 이상의 깊이로 매설할 것<br>기억법 금2가합25<br>• 적용 제외<br>- 배선을 **내**화성능을 갖는 배선**전**용실 또는 배선용 **샤**프트·**피**트·**덕**트 등에 설치하는 경우<br>- 배선전용실 또는 배선용 샤프트·피트·덕트 등에 **다**른 설비의 배선이 있는 경우에는 이로부터 **15cm** 이상 떨어지게 하거나 소화설비의 배선과 이웃한 다른 설비의 배선 사이에 배선지름의 **1.5배** 이상의 높이의 **불연성 격벽**을 설치하는 경우<br>기억법 내전 샤피덕 다15 |
| 내화전선 | 케이블공사 |

※ **내화전선**의 **내화성능** : KS C IEC 60331-1과 2(온도 830℃/가열시간 120분) 표준 이상을 충족하고, 난연성능 확보를 위해 KS C IEC 60332-3-24 성능 이상을 충족할 것

② **내열배선**

| 사용전선의 종류 | 공사방법 |
|---|---|
| ㉠ 450/750V 저독성 난연 가교폴리올레핀 절연전선<br>㉡ 0.6/1kV 가교 폴리에틸렌 절연 저독성 난연 폴리올레핀 시스 전력케이블<br>㉢ 6/10kV 가교 폴리에틸렌 절연 저독성 난연 폴리올레핀 시스 전력용 케이블<br>㉣ 가교 폴리에틸렌 절연 비닐시스 트레이용 난연 전력 케이블<br>㉤ 0.6/1kV EP 고무절연 클로로프렌 시스 케이블<br>㉥ 300/500V 내열성 실리콘 고무절연전선(180℃)<br>㉦ 내열성 에틸렌-비닐 아세테이트 고무절연 케이블<br>㉧ 버스덕트(bus duct)<br>㉨ 기타 「전기용품 및 생활용품 안전관리법」 및 「전기설비기술기준」에 따라 동등 이상의 내열성능이 있다고 주무부장관이 인정하는 것 | ㉠ **금**속관공사<br>㉡ 금속제 **가**요전선관공사<br>㉢ 금속**덕**트공사<br>㉣ **케**이블공사(불연성 덕트에 설치하는 경우)<br>**기억법** 금가덕케<br>• 적용 제외<br>- 배선을 **내**화성능을 갖는 배선**전**용실 또는 배선용 **샤**프트 · **피**트 · **덕**트 등에 설치하는 경우<br>- 배선전용실 또는 배선용 샤프트 · 피트 · 덕트 등에 **다**른 설비의 배선이 있는 경우에는 이로부터 **15cm** 이상 떨어지게 하거나 소화설비의 배선과 이웃한 다른 설비의 배선 사이에 배선지름(배선의 지름이 다른 경우에는 가장 큰 것 기준)의 **1.5배** 이상의 높이의 **불연성 격벽**을 설치하는 경우<br>**기억법** 내전 샤피덕 다15 |
| 내화전선 | 케이블공사 |

**중요**

**소방용 케이블**과 **다른 용도**의 **케이블**을 **배선전용실**에 **함께 배선할 경우**

(1) 소방용 케이블을 내화성능을 갖는 배선전용실 등의 내부에 소방용이 아닌 케이블과 함께 노출하여 배선할 때 소방용 케이블과 다른 용도의 케이블간의 피복과 피복간의 이격거리는 15cm 이상이어야 한다.

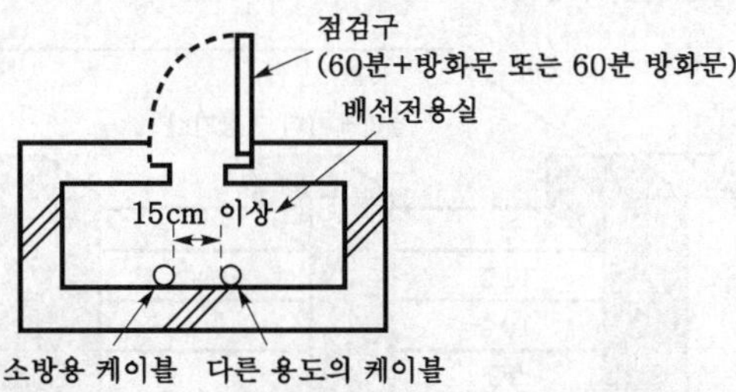


(2) 불연성 격벽을 설치한 경우에 격벽의 높이는 굵은 케이블 지름의 1.5배 이상이어야 한다.

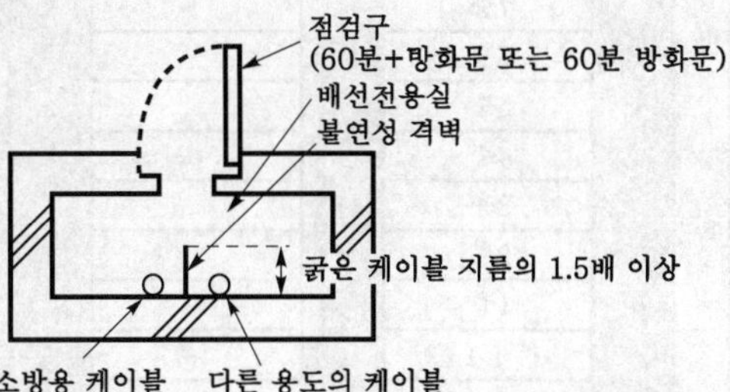

## 문제 480

「자동화재탐지설비 및 시각경보장치의 화재안전기준」에 의거하여 다음 (  ) 안을 채우시오. (6점)

> 자동화재탐지설비에는 그 설비에 대한 감시상태를 ( ① )분간 지속한 후 유효하게 ( ② )분 이상 경보할 수 있는 비상전원으로서 ( ③ ) 또는 ( ④ )를 설치해야 한다. 다만, ( ⑤ )이 ( ⑥ )인 경우 또는 건전지를 주전원으로 사용하는 무선식 설비인 경우에는 그렇지 않다.

**정답** ① 60 ② 10
③ 축전지설비 ④ 전기저장장치
⑤ 상용전원 ⑥ 축전지설비

**해설** **자동화재탐지설비**의 **전원**[자동화재탐지설비 및 시각경보장치의 화재안전기준(NFPC 203 제10조, NFTC 203 2.7.1)]

(1) 자동화재탐지설비의 **상용전원**은 다음의 기준에 따라 설치해야 한다.
  ① 상용전원은 전기가 정상적으로 공급되는 **축전지**, **전기저장장치**(외부에너지를 저장해두었다가 필요한 때 전기를 공급하는 장치) 또는 **교류전압**의 **옥내간선**으로 하고, 전원까지의 배선은 **전용**으로 할 것
  ② 개폐기에는 **"자동화재탐지설비용"**이라고 표시한 표지를 할 것

(2) 자동화재탐지설비에는 그 설비에 대한 감시상태를 **60분**간 지속한 후 유효하게 **10분** 이상 경보할 수 있는 비상전원으로서 **축전지설비**(수신기에 내장하는 경우를 포함) 또는 **전기저장장치**(외부에너지를 저장해두었다가 필요한 때 전기를 공급하는 장치)를 설치해야 한다(단, **상용전원**이 **축전지설비**인 경우 또는 건전지를 주전원으로 사용하는 무선식 설비인 경우에는 제외).

## 문제 481

그림과 같은 지하 2층, 지상 11층 건물에 자동화재탐지설비를 설치하고자 한다. 「자동화재탐지설비 및 시각경보장치의 화재안전기준」에 의거하여 지상 1층에서 화재가 감지될 경우 우선적으로 경보를 발하여야 할 층에 대하여 쓰시오. (10점)

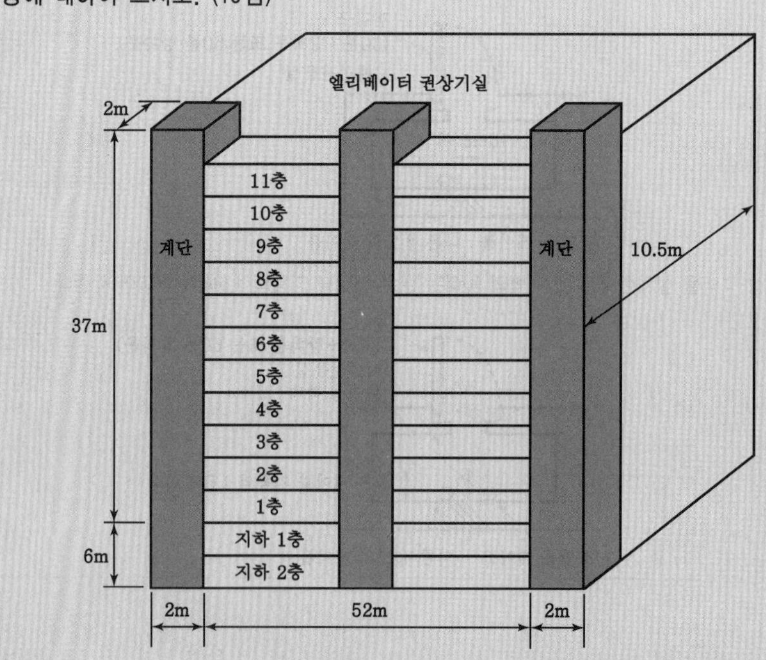

정답 지상 1층, 지상 2~5층, 지하 1~2층

해설 **지상 11층 이상**이므로 **발화층** 및 **직상 4개층 우선경보방식 적용**[자동화재탐지설비 및 시각경보장치의 화재안전기준(NFPC 203 제8조, NFTC 203 2.5.1.2)]

| 발화층 | 경보층 | |
|---|---|---|
| | 11층(공동주택은 16층) 미만 | 11층(공동주택은 16층) 이상 |
| 2층 이상 발화 | 전층 일제경보 | • 발화층<br>• 직상 **4개층** |
| 1층 발화 | | • 발화층<br>• 직상 4개층<br>• 지하층 |
| 지하층 발화 | | • 발화층<br>• 직상층<br>• 기타의 지하층 |

기억법 21 4개층

중요

**발화층** 및 **직상 4개층 우선경보방식**
11층(공동주택 16층) 이상인 특정소방대상물

☆

## 문제 482

「자동화재탐지설비의 화재안전기준」을 참고하여 다음 각 물음에 답하시오. (14점)

(가) 지하층·무창층 등으로서 환기가 잘되지 아니하거나 실내면적이 $40m^2$ 미만인 장소, 감지기의 부착면과 실내바닥과의 거리가 2.3m 이하인 곳에 설치가 가능한 적응성 있는 감지기 8가지를 쓰시오. (8점)

○
○
○
○
○
○
○
○

(나) 위의 장소에서 적응성 있는 감지기를 제외한 일반감지기를 설치할 수 있는 조건 3가지를 쓰시오. (6점)

○
○
○

정답 (가) ① 불꽃감지기
② 정온식 감지선형 감지기
③ 분포형 감지기
④ 복합형 감지기
⑤ 광전식 분리형 감지기
⑥ 아날로그방식의 감지기
⑦ 다신호방식의 감지기
⑧ 축적방식의 감지기

(나) ① 교차회로방식에 사용되는 감지기
② 급속한 연소확대가 우려되는 장소에 사용되는 감지기
③ 축적기능이 있는 수신기에 연결하여 사용하는 감지기

해설 (가) **지하층·무창층** 등으로서 **환**기가 잘되지 아니하거나 실내**면**적이 **40m² 미만**인 장소, 감지기의 **부**착면과 실내바닥과의 거리가 **2.3m 이하**인 곳으로서 일시적으로 발생한 열·연기 또는 먼지 등으로 인하여 화재신호를 발신할 우려가 있는 장소의 적응감지기[자동화재탐지설비 및 시각경보장치의 화재안전기준(NFPC 203 제7조, NFTC 203 2.4.1)]
① **불**꽃감지기
② **정**온식 **감**지선형 감지기
③ **분**포형 감지기
④ **복**합형 감지기
⑤ **광**전식 분리형 감지기
⑥ **아**날로그방식의 감지기
⑦ **다**신호방식의 감지기
⑧ **축**적방식의 감지기

기억법 **환면부23 불정감 복분 광아다축**

(나) **축적기능**이 **없는 감지기**(일반감지기)의 설치[자동화재탐지설비 및 시각경보장치의 화재안전기준(NFPC 203 제7조 제③항, NFTC 203 2.4.3)]
① **교차회로방식**에 사용되는 **감**지기
② **급속**한 **연소확대**가 우려되는 장소에 사용되는 감지기
③ **축적기능**이 있는 **수신기**에 연결하여 사용하는 감지기

기억법 **교감수축연급**

비교

**축적형 수신기**의 **설치**[자동화재탐지설비 및 시각경보장치의 화재안전기준(NFPC 203 제5조 제②항, NFTC 203 2.2.2)]
(1) **지하층·무창층**으로 환기가 잘되지 않는 장소
(2) 실내면적이 **40m² 미만**인 장소
(3) 감지기의 부착면과 실내바닥의 사이가 **2.3m 이하**인 장소

☆

## 문제 483

**「자동화재탐지설비 및 시각경보장치의 화재안전기준」에 의거하여 R형 자동화재탐지설비의 신호전송선로에 트위스트 실드선을 사용하는 이유, 트위스트 선로의 종류와 원리를 설명하시오. (8점)**

정답 ① 트위스트 실드선을 사용하는 이유 : 전자파 방해를 방지하기 위하여
② 트위스트 선로의 종류
㉠ 비닐절연 비닐시스 난연성 제어용 케이블(FR-CVV-SB)
㉡ 비닐절연 비닐시스 내열성 제어용 케이블(H-CVV-SB)
㉢ 제어용 가교 폴리에틸렌 절연 비닐외장 케이블(CVV-SB)
㉣ 소방신호 제어용 비닐절연 비닐시스 차폐케이블(STP)
③ 트위스트 선로의 원리 : 신호선 2가닥을 서로 꼬아서 자계를 서로 상쇄시키는 원리

해설 (1) **실드선(shield wire)**[자동화재탐지설비 및 시각경보장치의 화재안전기준(NFPC 203 제11조, NFTC 203 2.8.1.2.1)]

| 구 분 | 설 명 |
|---|---|
| 사용감지기 | ① **아날로그식 감지기**<br>② **다신호식 감지기**<br>③ **R형 수신기용 감지기** |
| 실드선 사용이유 | **전자파 방해**를 **방지**하기 위하여 |
| 트위스트 선로의 원리 | **자계**를 서로 **상쇄**시키는 원리<br>2선을 서로 꼬아서 사용<br>▮실드선의 내부▮ |
| 트위스트 선로의 종류 | ① 비닐절연 비닐시스 난연성 제어용 케이블(FR-CVV-SB)<br>② 비닐절연 비닐시스 내열성 제어용 케이블(H-CVV-SB)<br>③ 제어용 가교 폴리에틸렌 절연 비닐외장 케이블(CVV-SB)<br>④ 소방신호 제어용 비닐절연 비닐시스 차폐케이블(STP) |

참고

**실드선**의 **단면** 및 **외형**

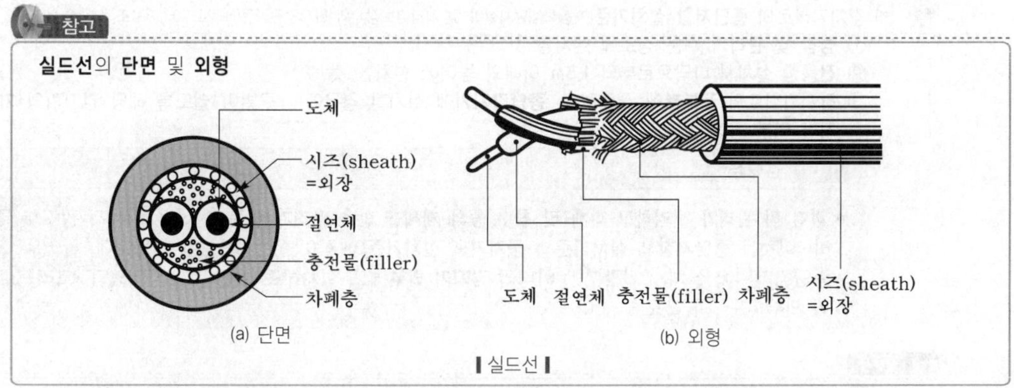


▮실드선▮

(2) **R형 수신기**의 **통신방식**

| 구 분 | 설 명 |
|---|---|
| 변조방식 | **PCM(Pulse Code Modulation)방식** : 데이터를 전송하기 위해서 모든 정보를 **0**과 **1**의 디지털데이터로 변환하여 **8비트**의 펄스로 변환시켜 통신선로를 이용하여 송수신하는 방식 |
| 전송방식 | **시분할(time division)방식** : 좁은 시간 간격으로 펄스를 분할하고 다시 각 중계기별로 **펄스위치**를 어긋나게 하여 분할된 펄스를 각 중계기별로 송수신하는 방식 |
| 신호(제어)방식 | **번지지정(polling addressing)방식** : 수신기와 수많은 중계기간의 통신에서 **중계기 호출신호**에 따라 데이터의 중복을 피하고 해당하는 중계기를 호출하여 데이터를 주고받는 방식 |

☆

## 문제 484

「자동화재탐지설비 및 시각경보장치의 화재안전기준」에 의거하여 감지기회로의 도통시험과 관련하여 다음의 각 물음에 답하시오. (4점)

(가) 종단저항 설치기준 3가지를 쓰시오. (2점)

ㅇ

ㅇ

ㅇ

(나) 회로도통시험을 전압계를 사용하여 시험시 측정결과에 대한 가부판정기준을 쓰시오. (2점)

**정답** (가) ① 점검 및 관리가 쉬운 장소에 설치할 것
② 전용함을 설치하는 경우 그 설치높이는 바닥으로부터 1.5m 이내로 할 것
③ 감지기회로의 끝부분에 설치하며, 종단감지기에 설치할 경우에는 구별이 쉽도록 해당 감지기의 기판 및 감지기 외부 등에 별도의 표시를 할 것

(나) ① 정상상태 : 4~8V
② 단선상태 : 0V
③ 단락상태 : 22~26V

**해설** (가) 감지기회로의 **종단저항 설치기준**[자동화재탐지설비 및 시각경보장치의 화재안전기준(NFPC 203 제11조, NFTC 203 2.8.1.3)]
① **점검** 및 **관리**가 쉬운 장소에 설치할 것
② **전**용함 설치시 바닥으로부터 **1.5m** 이내의 높이에 설치할 것
③ **감**지기회로의 **끝부분**에 설치하며, **종단감지기**에 설치할 경우에는 구별이 쉽도록 해당 감지기의 **기판** 및 **감지기 외부** 등에 별도의 표시를 할 것

기억법 감전점

- '**점검 및 관리가 편리하고 화재 및 침수 등의 재해를 받을 우려가 없는 장소**'라고 쓰지 않도록 주의하라! 이것은 **종단저항**의 **설치기준**과 **중계기**의 **설치기준**이 섞여 있는 이상한 내용이다.
- 종단감지기에 설치시 **기판**뿐만 아니라 **감지기 외부**에도 설치하도록 법이 개정되었다. 그러므로 **감지기 외부**에도 꼭! 쓰도록 한다.

**용어**

(1) **종단저항** : 감지기회로의 **도통시험**을 용이하게 하기 위하여 감지기회로의 **끝**부분에 설치하는 저항

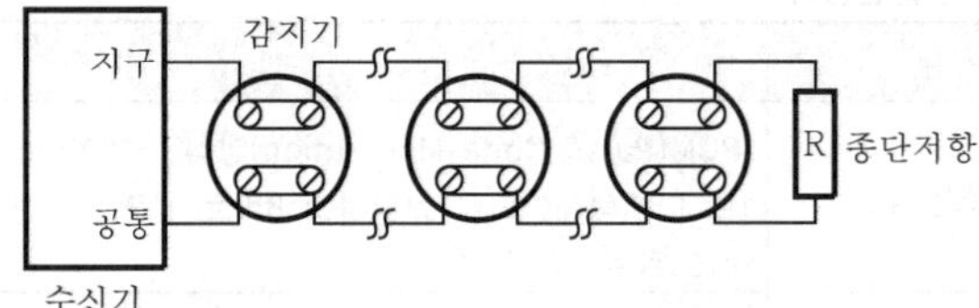


▌종단저항의 설치▐

(2) **송배선방식**(보내기배선) : 수신기에서 2차측의 외부배선의 **도통시험**을 용이하게 하기 위해 배선의 도중에서 분기하지 않도록 하는 배선이다.

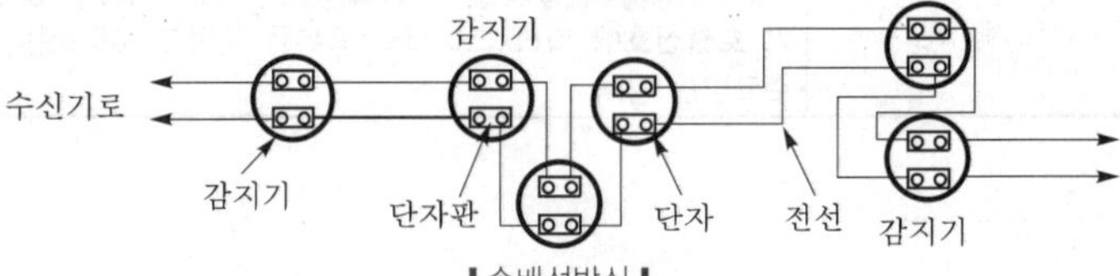


▌송배선방식▐

(나) **P형 수신기**의 **시험**(성능시험)

| 시험 종류 | 시험방법(작동시험방법) | 가부판정기준(확인사항) |
|---|---|---|
| **화재표시 작동시험** | ① 회로**선**택스위치로서 실행하는 시험 : 동작시험스위치를 눌러서 스위치 주의등의 점등을 확인한 후 회로선택스위치를 차례로 회전시켜 **1회로**마다 화재시의 작동시험을 행할 것<br>② **감**지기 또는 **발**신기의 작동시험과 함께 행하는 방법 : 감지기 또는 발신기를 차례로 작동시켜 경계구역과 지구표시등과의 접속상태를 확인할 것<br>기억법 **화표선발감** | ① 각 **릴레이**(relay)의 작동<br>② **화재표시등, 지구표시등** 그 밖의 표시장치의 점등(램프의 단선도 함께 확인할 것)<br>③ **음향장치** 작동 확인<br>④ **감지기회로** 또는 **부속기기회로**와의 연결접속이 정상일 것 |
| **회로도통 시험** | **목적** : **감지기회로**의 **단선**의 **유무**와 기기 등의 접속상황을 확인<br>① **도**통시험스위치를 누른다.<br>② 회로**선**택스위치를 차례로 회전시킨다.<br>③ 각 회선별로 **전**압계의 전압을 확인한다(단, 발광다이오드로 그 정상유무를 표시하는 것은 발광다이오드의 점등유무를 확인한다).<br>④ **종**단저항 등의 접속상황을 조사한다.<br>기억법 **도단도선전종** | 각 회선의 **전압계**의 **지시치** 또는 발광다이오드(LED)의 점등유무 상황이 정상일 것 |
| **공통선시험** (단, 7회선 이하는 제외) | **목적** : 공통선이 담당하고 있는 **경**계구역의 적정 여부 확인<br>① 수신기 내 접속단자의 회로**공**통선을 1선 제거한다.<br>② 회로도통시험의 예에 따라 **도**통시험스위치를 누르고, 회로선택스위치를 차례로 회전시킨다.<br>③ **전**압계 또는 **발**광다이오드를 확인하여 **'단선'**을 지시한 경계구역의 회선수를 조사한다.<br>기억법 **공경공도 전발선** | 공통선이 담당하고 있는 경계구역수가 **7 이하**일 것 |
| **예비전원 시험** | **목적** : 상용전원 및 비상전원이 사고 등으로 정전된 경우, 자동적으로 예비전원으로 절환되며, 또한 정전복구시에 자동적으로 상용전원으로 절환되는지의 여부 확인<br>① **예**비전원스위치를 누른다.<br>② **전**압계의 지시치가 지정치의 범위 내에 있을 것(단, 발광다이오드로 그 정상유무를 표시하는 것은 발광다이오드의 정상 점등유무를 확인한다)<br>③ **교**류전원을 개로(상용전원을 차단)하고 **자**동절환릴레이의 작동상황을 조사한다.<br>기억법 **예예전교자** | ① 예비전원의 **전압**<br>② 예비전원의 **용량**<br>③ 예비전원의 **절환상황**<br>④ 예비전원의 **복구작동**이 정상일 것 |
| **동시작동 시험** (단, 1회선은 제외) | **목적** : 감지기회로가 동시에 수회선 작동하더라도 수신기의 기능에 이상이 없는가의 여부 확인<br>① **주**전원에 의해 행한다.<br>② 각 회선의 화재작동을 복구시키는 일이 없이 **5회선**(5회선 미만은 전회선)을 동시에 작동시킨다.<br>③ ②의 경우 주음향장치 및 지구음향장치를 작동시킨다.<br>④ 부수신기와 표시기를 함께 하는 것에 있어서는 이 모두를 작동상태로 하고 행한다.<br>기억법 **동주5** | 각 회선을 동시 작동시켰을 때<br>① **수신기**의 이상유무<br>② **부수신기**의 이상유무<br>③ **표시장치**의 이상유무<br>④ **음향장치**의 이상유무<br>⑤ **화재**시 **작동**을 정확하게 계속하는 것일 것 |
| **지구음향 장치 작동시험** | **목적** : 화재신호와 연동하여 음향장치의 정상작동 여부 확인<br>① 임의의 **감지기** 및 **발신기** 등을 작동시킨다. | ① 감지기를 작동시켰을 때 수신기에 연결된 해당 지구음향장치가 작동하고 **음량**이 **정상**적이어야 한다.<br>② 음량은 음향장치의 중심에서 **1m** 떨어진 위치에서 **90dB** 이상일 것 |

| | | |
|---|---|---|
| 회로저항 시험 | **목적** : 감지기회로의 **1회선**의 선로저항치가 수신기의 기능에 이상을 가져오는지의 여부를 다음에 따라 확인할 것<br>① 저항계 또는 테스터(tester)를 사용하여 감지기회로의 공통선과 표시선(회로선) 사이의 전로에 대해 측정한다.<br>② 항상 개로식인 것에 있어서는 회로의 말단을 도통상태로 하여 측정한다. | 하나의 감지기회로의 합성저항치는 **50Ω** 이하로 할 것 |
| 저전압 시험 | **목적** : 교류전원전압을 정격전압의 80% 전압으로 가하여 동작에 이상이 없는지를 확인할 것<br>① 자동화재탐지설비용 전압시험기 또는 가변저항기 등을 사용하여 교류전원전압을 정격전압의 **80%**의 전압으로 실시한다.<br>② 축전지설비인 경우에는 축전지의 단자를 절환하여 정격전압의 **80%**의 전압으로 실시한다.<br>③ **화재표시작동시험**에 준하여 실시한다. | **화재신호**를 **정상**적으로 수신할 수 있을 것 |
| 비상전원 시험 | **목적** : 상용전원이 정전되었을 때 자동적으로 비상전원(비상전원수전설비 제외)으로 절환되는지의 여부를 다음에 따라 확인할 것<br>① 비상전원으로 **축전지설비**를 사용하는 것에 대해 행한다.<br>② 충전용 전원을 개로의 상태로 하고 **전압계**의 지시치가 적정한가를 확인한다(단, **발광다이오드**로 그 정상유무를 표시하는 것은 발광다이오드의 정상 점등유무를 확인한다).<br>③ 화재표시작동시험에 준하여 시험한 경우, **전압계**의 지시치가 정격전압의 **80%** 이상임을 확인한다(단, **발광다이오드**로 그 정상유무를 표시하는 것은 발광다이오드의 정상 점등유무를 확인한다). | 비상전원의 전압, 용량, 절환상황, 복구작동이 정상이어야 할 것 |

기억법 도표공동 예저비지

소방시설의 점검실무행정 종합문제 600제

**문제 485**

**자동화재탐지설비에서 다음 조건을 참조하여 실온이 18℃일 때, 1종 정온식 감지기의 최소작동시간〔s〕을 계산과정을 쓰고 구하시오. (10점)**

〔조건〕

① 감지기의 공칭작동온도는 80℃이고, 작동시험온도는 100℃이다.

② 실온이 0℃ 및 0℃ 이외에서 감지기 작동시간의 소수점 이하는 절상하여 계산한다.

○ 계산과정 :

○ 답 :

정답

○ 계산과정 : $\dfrac{41 \times \log_{10}\left(1+\dfrac{80-18}{20}\right)}{\log_{10}\left(1+\dfrac{80}{20}\right)} = 35.9 \fallingdotseq 36\text{s}$

○ 답 : 36s

해설 작동시험(감지기의 형식승인 및 제품검사의 기술기준 제16조 제①항 제1호)

**| 정온식 감지기의 작동시간[s] |**

| 종 별 | 실 온 | |
|---|---|---|
| | 0℃ | 0℃ 이외 |
| 특 종 | 40초 이하 | 실온일 때 작동시간공식 $t=\dfrac{t_0\log_{10}\left(1+\dfrac{\theta-\theta_r}{\delta}\right)}{\log_{10}\left(1+\dfrac{\theta}{\delta}\right)}$ |
| 1종 ⟶ | 40초 초과 120초 이하 | |
| 2종 | 120초 초과 300초 이하 | |

여기서, $t$ : 실온이 0℃ 이외인 경우의 작동시간[s]

$t_0$ : 실온이 0℃인 경우의 작동시간[s]

$\theta$ : 공칭작동온도[℃]

$\theta_r$ : 실온[℃]

$\delta$ : 공칭작동온도와 작동시험온도와의 차[℃]

$$t=\frac{t_0\log_{10}\left(1+\dfrac{\theta-\theta_r}{\delta}\right)}{\log_{10}\left(1+\dfrac{\theta}{\delta}\right)}=\frac{41\text{s}\times\log_{10}\left(1+\dfrac{80℃-18℃}{20℃}\right)}{\log_{10}\left(1+\dfrac{80℃}{20℃}\right)}=35.9\fallingdotseq 36\text{s}\,(\text{절상})$$

- 36s : [조건 ②]에 의해 **소수점** 이하는 **절상**
- $t_0$(41s) : 문제에서 1종이므로 40초 초과 120초 이하이고 **최소작동시간**을 구하라고 하였으므로 40초 초과인 41초를 적용해야 함(최대작동시간을 구하라고 하였다면 120초 적용)
- $\theta$(80℃) : [조건 ①]에서 주어진 값
- $\theta_r$(18℃) : 문제에서 주어진 값
- $\delta$(20℃) : [조건 ①]에서 (100－80)℃＝20℃

비교

불꽃감지기의 감도시험(작동시험)(감지기의 형식승인 및 제품검사의 기술기준 제19조의 2 제②항 제1호)
감지기의 구분 및 시야각에 따른 유효감지거리에 대응하는 $L$ 및 $d$의 값은 다음 표와 같이 정해진 경우 감지기로부터 $L$[m] 떨어진 장소에서 1변의 길이가 $d$[cm]인 정사각형 통에 $n$－헵탄을 연소시킬 때 30초 이내에 화재신호를 발신하여야 한다.

| 구 분 | $L$ | $d$ |
|---|---|---|
| 옥내형 또는 옥내·외형 | 유효감지거리의 1.2배의 값 | 33cm |
| 도로형 | 유효감지거리의 1.4배의 값 | 70cm |

예제 **도로형 불꽃감지기의 유효감지거리가 15m이다. 불꽃감지기의 감도를 확인하기 위해 작동시험을 하고자 할 때 감지기로부터 몇 m 떨어진 장소에서 측정하여 정사각형 통은 몇 m²의 어떤 재료를 사용하여 몇 초 이내에 화재발신을 하여야 하는가?**

해설

| 구 분 | $L$ | $d$ |
|---|---|---|
| 옥내형 또는 옥내·외형 | 유효감지거리의 1.2배의 값 | 33cm |
| 도로형 ⟶ | 유효감지거리의 1.4배의 값 ⟶ | 70cm |

도로형 불꽃감지기＝유효감지거리×1.4배＝15m×1.4배＝21m

정사각형 통의 면적＝1변의 길이×1변의 길이＝0.7m×0.7m＝0.49m²

- 70cm＝0.7m(100cm＝1m)

∴ 21m, 0.49m², $n$－헵탄, 30초

☆

## 문제 486

「자동화재탐지설비 및 시각경보장치의 화재안전기준」에 따른 정온식 감지선형 감지기 설치기준이다. (　　) 안의 내용을 차례대로 쓰시오. (4점)

감지기와 감지구역의 각 부분과의 수평거리가 내화구조의 경우 1종 ( ① ) 이하, 2종 ( ② ) 이하로 할 것. 기타구조의 경우 1종 ( ③ ) 이하, 2종 ( ④ ) 이하로 할 것

**정답** ① 4.5m
② 3m
③ 3m
④ 1m

**해설** **정온식 감지선형 감지기**의 **설치기준**[자동화재탐지설비 및 시각경보장치의 화재안전기준(NFPC 203 제7조 제③항 제12호, NFTC 203 2.4.3.12)]

(1) **보**조선이나 고정금구를 사용하여 감지선이 늘어지지 않도록 설치할 것
(2) **단**자부와 마감고정금구와의 설치간격은 **10cm** 이내로 설치할 것
(3) 감지선형 감지기의 **굴**곡반경은 **5cm** 이상으로 할 것
(4) 감지기와 감지구역의 각 부분과의 수평**거**리가 내화구조의 경우 **1종 4.5m** 이하, **2종 3m** 이하로 할 것. 기타구조의 경우 **1종 3m** 이하, **2종 1m** 이하로 할 것

| 종 별 / 수평거리 | 1종 | | 2종 | |
|---|---|---|---|---|
| | 내화구조 | 기타구조 | 내화구조 | 기타구조 |
| 감지기와 감지구역의 각 부분과의 수평거리 | **4.5m** 이하 | 3m 이하 | 3m 이하 | 1m 이하 |

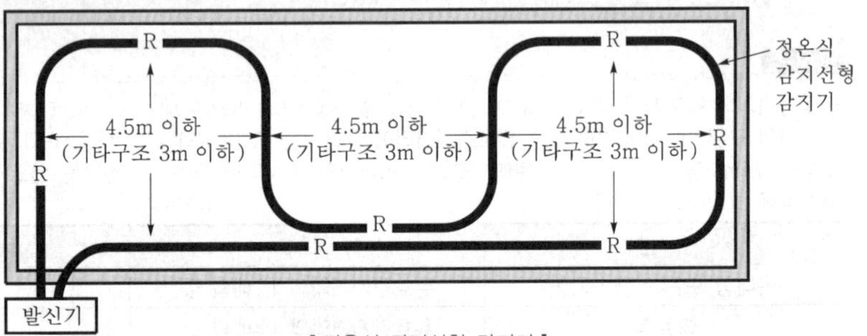


▎정온식 감지선형 감지기▎

(5) **케**이블트레이에 감지기를 설치하는 경우에는 **케이블트레이 받침대**에 마감금구를 사용하여 설치할 것
(6) 지하구나 **창고**의 **천장** 등에 지지물이 적당하지 않은 장소에서는 **보조선**을 설치하고 그 보조선에 설치할 것
(7) **분**전반 내부에 설치하는 경우 접착제를 이용하여 돌기를 바닥에 고정시키고 그곳에 감지기를 설치할 것
(8) 그 밖의 설치방법은 형식승인내용에 따르며 형식승인사항이 아닌 것은 제조사의 **시**방(示方)서에 따라 설치할 것

**기억법** 정감 보단굴거 케분시

# 2 자동화재속보설비 및 통합감시시설

☆☆

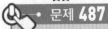

**문제 487**

자동화재속보설비의 작동점검항목 3가지를 쓰시오. (3점)

○

○

○

정답 ① 상용전원 공급 및 전원표시등 정상 점등 여부
② 조작스위치 높이 적정 여부
③ 자동화재탐지설비 연동 및 화재신호 소방관서 전달 여부

해설 **소방시설 자체점검사항 등에 관한 고시 〔별지 제4호 서식〕**
**자동화재속보설비 및 통합감시시설의 작동점검**

| 구 분 | 점검항목 |
|---|---|
| 자동화재속보설비 | ① 상용전원 공급 및 전원표시등 정상 점등 여부<br>② 조작스위치 높이 적정 여부<br>③ **자동화재탐지설비** 연동 및 화재신호 **소방관서** 전달 여부 |
| 통합감시시설 | 수신기 간 **원격제어** 및 **정보공유** 정상작동 여부 |
| 비고 | ※ 특정소방대상물의 위치·구조·용도 및 소방시설의 상황 등이 이 표의 항목대로 기재하기 곤란하거나 이 표에서 누락된 사항을 기재한다. |

☆☆

**문제 488**

통합감시시설의 종합점검항목을 3가지 쓰시오. (3점)

○

○

○

정답 ① 주·보조 수신기 설치 적정 여부
② 수신기 간 원격제어 및 정보공유 정상작동 여부
③ 예비선로 구축 여부

해설 **소방시설 자체점검사항 등에 관한 고시 〔별지 제4호 서식〕**
**자동화재속보설비 및 통합감시시설의 종합점검**

| 구 분 | 점검항목 |
|---|---|
| 자동화재속보설비 | ① 상용전원 공급 및 전원표시등 정상 점등 여부<br>② 조작스위치 높이 적정 여부<br>③ **자동화재탐지설비** 연동 및 화재신호 **소방관서** 전달 여부 |
| 통합감시시설 | ❶ 주·보조 수신기 설치 적정 여부<br>② 수신기 간 **원격제어** 및 **정보공유** 정상작동 여부<br>❸ **예비선로** 구축 여부 |
| 비고 | ※ 특정소방대상물의 위치·구조·용도 및 소방시설의 상황 등이 이 표의 항목대로 기재하기 곤란하거나 이 표에서 누락된 사항을 기재한다. |

※ "●"는 종합점검의 경우에만 해당

# 3 비상경보설비 및 단독경보형 감지기와 비상방송설비

☆☆☆

## 문제 489

비상경보설비의 작동점검항목 및 점검내용을 8가지 쓰시오. (8점)

○
○
○
○
○
○
○
○

정답
① 수신기 설치장소 적정(관리 용이) 및 스위치 정상위치 여부
② 수신기 상용전원 공급 및 전원표시등 정상 점등 여부
③ 예비전원(축전지)상태 적정 여부(상시 충전, 상용전원 차단시 자동절환)
④ 지구음향장치 설치기준 적합 여부
⑤ 음향장치(경종 등) 변형·손상 확인 및 정상작동(음량 포함) 여부
⑥ 발신기 설치 장소, 위치(수평거리) 및 높이 적정 여부
⑦ 발신기 변형·손상 확인 및 정상작동 여부
⑧ 위치표시등 변형·손상 확인 및 정상 점등 여부

해설 **소방시설 자체점검사항 등에 관한 고시 〔별지 제4호 서식〕**
**비상경보설비 및 단독경보형 감지기의 작동점검**

| 구 분 | 점검항목 |
|---|---|
| 비상경보설비 | ① 수신기 설치장소 적정(관리 용이) 및 스위치 정상위치 여부<br>② 수신기 상용전원 공급 및 전원표시등 정상 점등 여부<br>③ 예비전원(축전지)상태 적정 여부(상시 충전, 상용전원 차단시 자동절환)<br>④ **지구음향장치** 설치기준 적합 여부<br>⑤ 음향장치(경종 등) **변형·손상** 확인 및 정상작동(음량 포함) 여부<br>⑥ 발신기 설치 **장소**, **위치**(수평거리) 및 **높이** 적정 여부<br>⑦ 발신기 **변형·손상** 확인 및 정상작동 여부<br>⑧ 위치표시등 변형·손상 확인 및 정상 점등 여부 |
| 단독경보형 감지기 | ① 설치위치(각 실, 바닥면적 기준 추가 설치, 최상층 계단실) 적정 여부<br>② 감지기의 **변형** 또는 **손상**이 있는지 여부<br>③ 정상적인 감시상태를 유지하고 있는지 여부(시험작동 포함) |
| 비고 | ※ 특정소방대상물의 위치·구조·용도 및 소방시설의 상황 등이 이 표의 항목대로 기재하기 곤란하거나 이 표에서 누락된 사항을 기재한다. |

☆☆
## 문제 490

비상방송설비의 작동점검(음향장치, 전원)에 대하여 쓰시오. (2점)

정답

| 구 분 | 점검항목 |
|---|---|
| 음향장치 | 자동화재탐지설비 작동과 연동하여 정상작동 가능 여부 |
| 전원 | 상용전원 적정 여부 |

해설 **소방시설 자체점검사항 등에 관한 고시 〔별지 제4호 서식〕**
**비상방송설비의 작동점검**

| 구 분 | 점검항목 |
|---|---|
| 음향장치 | **자동화재탐지설비** 작동과 연동하여 정상작동 가능 여부 |
| 전원 | 상용전원 적정 여부 |
| 비고 | ※ 특정소방대상물의 위치·구조·용도 및 소방시설의 상황 등이 이 표의 항목대로 기재하기 곤란하거나 이 표에서 누락된 사항을 기재한다. |

☆☆☆
## 문제 491

비상방송설비 음향장치의 종합점검항목 11가지를 쓰시오. (11점)

○
○
○
○
○
○
○
○
○
○
○

정답 ① 확성기 음성입력 적정 여부
② 확성기 설치 적정(층마다 설치, 수평거리, 유효하게 경보) 여부
③ 조작부 조작스위치 높이 적정 여부
④ 조작부상 설비 작동층 또는 작동구역 표시 여부
⑤ 증폭기 및 조작부 설치장소 적정 여부
⑥ 우선경보방식 적용 적정 여부
⑦ 겸용 설비 성능 적정(화재시 다른 설비 차단) 여부
⑧ 다른 전기회로에 의한 유도장애 발생 여부
⑨ 2 이상 조작부 설치시 상호 동시통화 및 전 구역 방송 가능 여부
⑩ 화재신호 수신 후 방송개시 소요시간 적정 여부
⑪ 자동화재탐지설비 작동과 연동하여 정상작동 가능 여부

해설 **소방시설 자체점검사항 등에 관한 고시 〔별지 제4호 서식〕**
**비상방송설비 종합점검**

| 구 분 | 점검항목 |
|---|---|
| 음향장치 | ❶ 확성기 **음성입력** 적정 여부<br>❷ 확성기 설치 적정(층마다 설치, 수평거리, 유효하게 경보) 여부<br>❸ 조작부 **조작스위치** 높이 적정 여부<br>❹ 조작부상 설비 **작동층** 또는 **작동구역** 표시 여부<br>❺ **증폭기** 및 **조작부** 설치장소 적정 여부<br>❻ **우선경보방식** 적용 적정 여부<br>❼ 겸용 설비 성능 적정(화재시 다른 설비 차단) 여부<br>❽ 다른 전기회로에 의한 유도장애 발생 여부<br>❾ 2 이상 조작부 설치시 상호 **동시통화** 및 전 구역 방송 가능 여부<br>❿ 화재신호 수신 후 방송개시 소요시간 적정 여부<br>⑪ **자동화재탐지설비** 작동과 연동하여 정상작동 가능 여부 |
| 배선 등 | ❶ 음량조절기를 설치한 경우 **3선식** 배선 여부<br>❷ 하나의 층에 **단락**, **단선**시 다른 층의 화재통보 적부 |
| 전원 | ① 상용전원 적정 여부<br>❷ 예비전원 성능 적정 및 상용전원 차단시 예비전원 자동전환 여부 |
| 비고 | ※ 특정소방대상물의 위치·구조·용도 및 소방시설의 상황 등이 이 표의 항목대로 기재하기 곤란하거나 이 표에서 누락된 사항을 기재한다. |

※ "●"는 종합점검의 경우에만 해당

☆☆
## 문제 492

비상방송설비 전원의 종합점검항목 2가지를 쓰시오. (2점)
○
○

정답 ① 상용전원 적정 여부
② 예비전원 성능 적정 및 상용전원 차단시 예비전원 자동전환 여부

해설 **문제 491 참조**

☆☆
## 문제 493

비상경보설비의 종합점검항목 8가지를 쓰시오. (8점)
○
○
○
○
○
○
○
○

정답 ① 수신기 설치장소 적정(관리 용이) 및 스위치 정상위치 여부
② 수신기 상용전원 공급 및 전원표시등 정상 점등 여부
③ 예비전원(축전지) 상태 적정 여부(상시 충전, 상용전원 차단시 자동절환)
④ 지구음향장치 설치기준 적합 여부
⑤ 음향장치(경종 등) 변형·손상 확인 및 정상작동(음량 포함) 여부
⑥ 발신기 설치 장소, 위치(수평거리) 및 높이 적정 여부
⑦ 발신기 변형·손상 확인 및 정상작동 여부
⑧ 위치표시등 변형·손상 확인 및 정상 점등 여부

해설 **소방시설 자체점검사항 등에 관한 고시 〔별지 제4호 서식〕**
**비상경보설비 및 단독경보형 감지기의 종합점검**

| 구 분 | 점검항목 |
|---|---|
| 비상경보설비 | ① 수신기 **설치장소** 적정(관리 용이) 및 스위치 정상위치 여부<br>② 수신기 **상용전원** 공급 및 전원표시등 정상 점등 여부<br>③ **예비전원**(축전지) 상태 적정 여부(상시 충전, 상용전원 차단시 자동절환)<br>④ **지구음향장치** 설치기준 적합 여부<br>⑤ 음향장치(경종 등) **변형·손상** 확인 및 정상작동(음량 포함) 여부<br>⑥ 발신기 **설치 장소**, 위치(수평거리) 및 **높이** 적정 여부<br>⑦ 발신기 **변형·손상** 확인 및 정상작동 여부<br>⑧ 위치표시등 변형·손상 확인 및 정상 점등 여부 |
| 단독경보형 감지기 | ① **설치위치**(각 실, 바닥면적 기준 추가 설치, 최상층 계단실) 적정 여부<br>② 감지기의 **변형** 또는 **손상**이 있는지 여부<br>③ 정상적인 **감시상태**를 유지하고 있는지 여부(시험작동 포함) |
| 비고 | ※ 특정소방대상물의 위치·구조·용도 및 소방시설의 상황 등이 이 표의 항목대로 기재하기 곤란하거나 이 표에서 누락된 사항을 기재한다. |

• 비상경보설비 및 단독경보형 감지기의 작동점검과 종합점검은 동일하다.

☆ 문제 494

단독경보형 감지기의 종합점검항목 3가지를 쓰시오. (3점)
○
○
○

정답 ① 설치위치(각 실, 바닥면적 기준 추가 설치, 최상층 계단실) 적정 여부
② 감지기의 변형 또는 손상이 있는지 여부
③ 정상적인 감시상태를 유지하고 있는지 여부(시험작동 포함)

해설 **문제 493 참조**

☆☆

## 문제 495

「비상경보설비 및 단독경보형 감지기의 화재안전기준에 의거하여 다음 표와 같이 구획된 3개의 실에 단독경보형 감지기를 설치하고자 한다. 각 실에 필요한 최소설치수량과 그 근거를 설명하시오. (6점)

| 실 | A실 | B실 | C실 |
|---|---|---|---|
| 바닥면적$(m^2)$ | $28m^2$ | $150m^2$ | $350m^2$ |

(가) 설치수량 (3점)
- ○ A실 :
- ○ B실 :
- ○ C실 :

(나) 근거 (3점)

정답 (가) 설치수량

① A실 : $\frac{28m^2}{150m^2} ≒ 0.1866 ≒ 1$개

② B실 : $\frac{150m^2}{150m^2} = 1$개

③ C실 : $\frac{350m^2}{150m^2} ≒ 2.333 ≒ 3$개

(나) 근거 : 각 실마다 설치하되, 바닥면적 $150m^2$를 초과하는 경우에는 $150m^2$마다 1개 이상 설치하여야 하므로

해설 **단독경보형 감지기 설치기준**[비상경보설비 및 단독경보형 감지기의 화재안전기준(NFPC 201 제5조, NFTC 201 2.2.1)]

- 각 **실**(이웃하는 실내의 바닥면적이 각각 **$30m^2$** 미만이고 벽체 상부의 전부 또는 일부가 개방되어 이웃하는 실내와 공기가 상호유통되는 경우에는 이를 1개의 실로 본다)마다 설치하되, 바닥면적이 **$150m^2$**를 초과하는 경우에는 **$150m^2$**마다 1개 이상 설치
- 최상층의 계단실 **천장**(외기가 상통하는 계단실의 경우를 제외)에 설치
- 건전지를 주전원으로 사용하는 단독경보형 감지기는 정상적인 작동상태를 유지할 수 있도록 주기적으로 건전지 **교**환
- 상용전원을 주전원으로 사용하는 단독경보형 감지기의 2차 전지는 소방시설법 제40조(소방용품의 성능인증)에 따라 제품검사에 합격한 것 사용

**기억법** **실천교단**

위에서 단독경보형 감지기는 **$150m^2$**마다 **1개** 이상 설치하므로

(1) A실 : $\frac{28m^2}{150m^2} ≒ 0.1866 ≒ 1$개(절상)

(2) B실 : $\frac{150m^2}{150m^2} = 1$개

(3) C실 : $\frac{350m^2}{150m^2} ≒ 2.333 ≒ 3$개(절상)

# 4 누전경보기

☆☆☆

## 문제 496

누전경보기의 시험종류 3가지를 쓰고 설명하시오. (6점)

○

○

○

정답

| 시험종류 | 설 명 |
|---|---|
| 동작시험 | 스위치를 시험위치에 두고 회로시험스위치로 각 구역을 선택하여 누전시와 같은 작동이 행하여지는지 확인 |
| 도통시험 | 스위치를 시험위치에 두고 회로시험스위치로 각 구역을 선택하여 변류기와의 접속이상 유무 점검(이상시 도통감시등 점등) |
| 누설전류 측정시험 | 평상시 누설되어지고 있는 누전량을 점검할 때 사용(이 스위치를 누르고 회로시험스위치 해당 구역을 선택하면 누전되고 있는 전류량이 누설전류표시부에 나타남) |

해설 **누전경보기**의 **시험**

| 시험종류 | 설 명 |
|---|---|
| 동작시험 | 스위치를 시험위치에 두고 회로시험스위치로 각 구역을 선택하여 **누전시**와 **같은 작동**이 행하여지는지를 확인한다. |
| 도통시험 | 스위치를 시험위치에 두고 회로시험스위치로 각 구역을 선택하여 **변류기**와의 **접속**이상 유무를 점검한다. 이상시에는 **도통감시등**이 점등된다. |
| 누설전류 측정시험 | 평상시 누설되어지고 있는 **누전량**을 **점검**할 때 사용한다. 이 스위치를 누르고 회로시험스위치 해당 구역을 선택하면 누전되고 있는 전류량이 누설전류표시부에 숫자로 나타난다. |

☆

## 문제 497

「누전경보기의 화재안전기준에서 정하는 누전경보기의 수신부 설치장소를 쓰시오. (3점)

정답 옥내의 점검에 편리한 장소

해설 (1) **누전경보기**의 **수신부**[누전경보기의 화재안전기준(NFPC 205 제5조, NFTC 205 2.2)]

| 수신부의 설치장소 | 수신부의 설치제외장소 |
|---|---|
| 옥내의 점검에 편리한 장소 | ① **습**도가 높은 장소<br>② **온**도의 변화가 급격한 장소<br>③ **화**약류제조·저장·취급장소<br>④ **대전류회로**·**고주파 발생회로** 등의 영향을 받을 우려가 있는 장소<br>⑤ **가**연성의 증기·먼지·가스·**부**식성의 증기·가스 다량 체류장소<br>기억법 **온습누가대화**(**온**도·**습**도가 높으면 **누가 대화**하냐?) |

(2) **자동화재탐지설비**의 **감지기**의 **설치제외장소**[자동화재탐지설비 및 시각경보장치의 화재안전기준(NFPC 203 제7조, NFTC 203 2.4.5)]

① **천**장 또는 반자의 높이가 **20m** 이상인 장소(단, 감지기의 부착높이에 따라 적응성이 있는 장소 제외)
② **헛간** 등 외부와 기류가 통하는 장소로서 감지기에 따라 **화재발생**을 유효하게 감지할 수 없는 장소
③ **부식성 가스**가 체류하는 장소
④ **고온도** 및 **저온도**로서 감지기의 기능이 정지되기 쉽거나 감지기의 유지관리가 어려운 장소
⑤ **목욕실·욕조**나 **샤워시설**이 있는 **화장실**, 기타 이와 유사한 장소
⑥ **파이프덕트** 등 그 밖의 이와 비슷한 것으로서 2개층마다 방화구획된 것이나 수평단면적이 **5m²** 이하인 것

⑦ **먼**지·가루 또는 **수증기**가 다량으로 체류하는 장소 또는 주방 등 평상시에 연기가 발생하는 장소(단, 연기 감지기만 적용)

⑧ **프**레스공장·**주**조공장 화재발생의 위험이 적은 장소로서 감지기의 유지관리가 어려운 장소

기억법 **천간부고 목파먼 프주**

☆

**문제 498**

「누전경보기의 화재안전기준」에서 정하는 누전경보기의 수신부 설치가 제외되는 장소 5곳을 쓰시오. (5점)

○

○

○

○

○

정답 ① 습도가 높은 장소
② 온도의 변화가 급격한 장소
③ 화약류 제조·저장·취급장소
④ 대전류회로·고주파 발생회로 등의 영향을 받을 우려가 있는 장소
⑤ 가연성의 증기·먼지·가스·부식성의 증기·가스 다량 체류장소

해설 **문제 497 참조**

☆☆☆

**문제 499**

도면은 누전경보기의 설치 회로도이다. 이 회로를 보고 다음 각 물음에 답하시오. (단, 도면의 잘못된 부분은 모두 정상회로로 수정한 것으로 가정하고 답할 것) (20점)

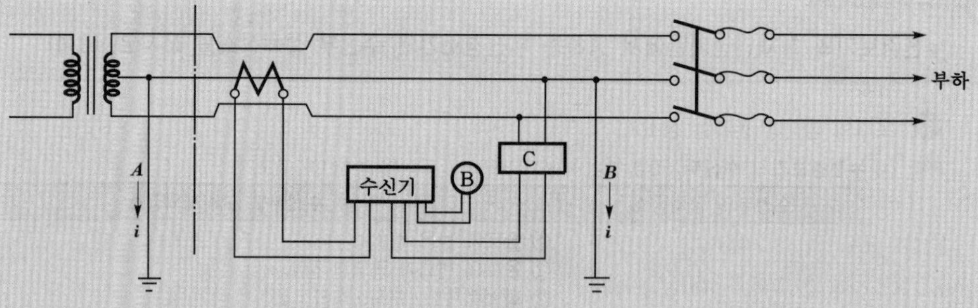


(가) 회로에서 틀린 부분을 3가지만 지적하여 바른 방법을 설명하시오. (3점)

○

○

○

(나) A의 접지선에 접지하여야 할 접지의 종류는 무엇이며, 이 접지용 접지도체의 공칭단면적은 몇 $mm^2$ 이상의 연동선을 사용하여야 하는가? (4점)

○ 접지종류 :

○ 공칭단면적 :

(다) 회로에서의 수신기는 경계전로의 전류가 몇 〔A〕 초과의 것이어야 하는가? (2점)

(라) 회로의 음향장치에서 음량은 장치의 중심으로부터 1m 떨어진 위치에서 몇 〔dB〕 이상이 되어야 하는가? (2점)

(마) 회로에서 C 에 사용하는 과전류차단기의 용량은 몇 〔A〕 이하이어야 하는가? (2점)

(바) 회로의 음향장치는 정격전압의 몇 〔%〕 전압에서 음향을 발할 수 있어야 하는가? (2점)

(사) 회로에서 변류기의 절연저항을 측정하였을 경우 절연저항값은 몇 〔MΩ〕 이상이어야 하는가? (단, 1차 코일 또는 2차 코일과 외부 금속부와의 사이로 차단기의 개폐부에 DC 500V메거 사용) (3점)

(아) 누전경보기의 공칭작동전류치는 몇 〔mA〕 이하이어야 하는가? (2점)

정답 (가) ① ㉠ 틀린 곳 : 단상 3선식 변압기 2차측의 전로 중 영상변류기가 1선만 관통시켜 설치되어 있다.
㉡ 정정방법 : 3선을 모두 영상변류기에 관통시킨다.
② ㉠ 틀린 곳 : 변압기 중성점 접지선이 각각 영상변류기의 전원측(A)과 부하측(B)에 설치되어 있다.
㉡ 정정방법 : 변압기 중성점 접지선은 영상변류기의 전원측(A)에 설치한다.
③ ㉠ 틀린 곳 : 개폐기(차단기) 2차측 중성선에 퓨즈가 설치되어 있다.
㉡ 정정방법 : 개폐기(차단기) 2차측 중성선은 동선 등으로 직결하여야 한다.

(나) ○ 접지종류 : 변압기 중성점 접지
○ 공칭단면적 : 16mm² 이상

(다) 60A 초과

(라) 70dB 이상

(마) 15A 이하

(바) 80%

(사) 5MΩ 이상

(아) 200mA 이하

해설 (가) **올바른 회로**

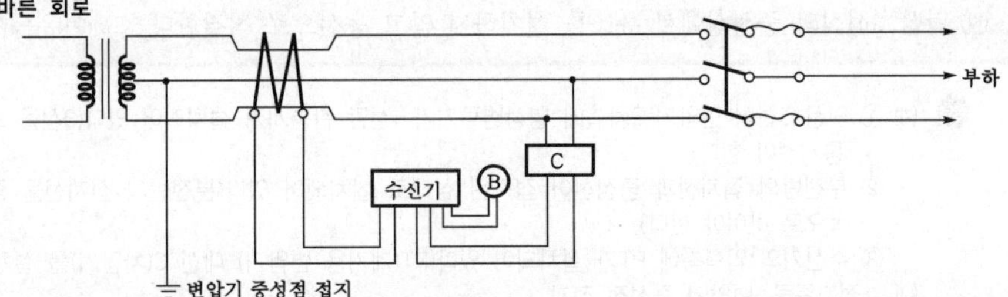


(나) **접지시스템**(한국전기설비규정 140)

| 접지대상 | 접지시스템 구분 | 접지도체의 단면적 및 종류 |
|---|---|---|
| 특고압·고압설비 | • 계통접지 : TN, TT, IT 계통<br>• 보호접지 : 등전위본딩 등<br>• 피뢰시스템 접지 | 6mm² 이상 연동선 |
| 일반적인 경우 | | 구리 6mm²(철제 50mm²) 이상 |
| 변압기 | • 변압기 중성점 접지 | 16mm² 이상 연동선 |

① 계통접지 : 전력계통의 이상현상에 대비하여 대지와 계통을 연결하는 것
② 보호접지 : 감전보호를 목적으로 기기의 한 점 이상을 접지하는 것
③ 피뢰시스템 접지 : 뇌격전류를 안전하게 대지로 방류하기 위해 접지하는 것

(다)

| 정격전류 | 누전경보기의 종별 |
|---|---|
| 60A 초과 | 1급 |
| 60A 이하 | 1급 또는 2급 |

(라) 음향장치의 음량은 **1m** 떨어진 지점에서 **70dB** 이상이어야 한다.

(마) 과전류차단기의 용량은 **15A** 이하, 배선용 차단기의 용량은 **20A** 이하이어야 한다.

(바) 음향장치는 정격전압의 **80%** 전압에서 음향을 발할 수 있어야 한다.

(사) 변류기의 절연저항은 **직류 500V 절연저항계**로 측정하여 **5MΩ** 이상이어야 한다.

(아) 공칭작동전류치는 **200mA** 이하, 감도조정장치의 조정범위의 최대치는 **1A**이어야 한다.

☆☆☆

**문제 500**

그림은 단상 3선식 전기회로에 누전경보기를 설치한 예이다. 이 그림을 보고 다음 각 물음에 답하시오. (10점)

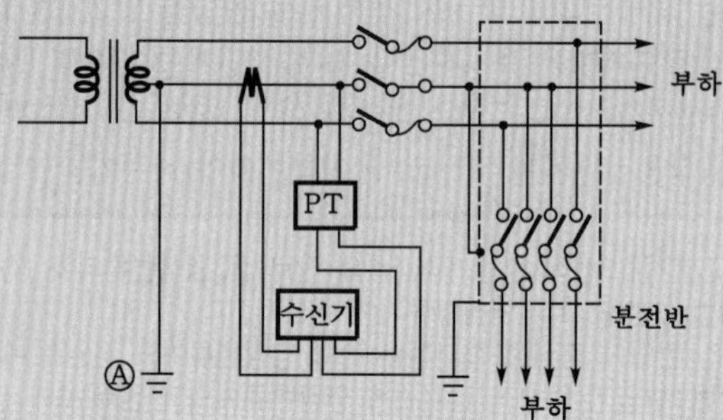


(가) 그림에서 잘못 도해된 부분을 3가지만 지적하고 잘못된 사유를 설명하시오. (3점)

○

○

○

(나) 그림에서 Ⓐ의 접지선에 접지하여야 할 접지의 종류는 무엇이며, 이 접지용 접지도체의 공칭단면적은 몇 $mm^2$ 이상의 연동선을 사용하여야 하는가? (4점)

○ 접지종류 :

○ 공칭단면적 :

(다) 단상 3선식의 중성선에서 퓨즈를 설치하지 않고 동선으로 직결한다. 그 이유를 밝히시오. (3점)

**정답** (가) ① 단상 3선식 변압기 2차측에 영상변류기가 1선만 관통시켜 설치되어 있다(3선을 모두 영상변류기에 관통시켜야 한다).

② 분전반의 접지선과 중성선이 접속된 상태로 설치되어 있다(분전반의 접지선을 중성선과 절취하고 단독으로 하여야 한다).

③ 수신기의 입력측에 PT가 설치되어 있다(PT(계기용 변압기) 대신 C(차단기)를 설치하여야 한다).

(나) ○ 접지종류 : 변압기 중성점 접지

○ 공칭단면적 : $16mm^2$ 이상

(다) 중성선 단선시 부하에 이상전압이 걸려 기기의 소손 우려가 있다.

**해설** (가) **올바른 누전경보기**의 **설치**

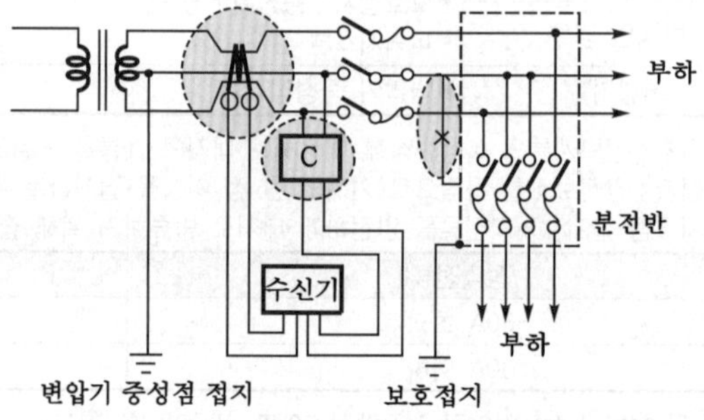


C : 개폐기 및 15A 이하의 과전류차단기(배선용 차단기의 경우 20A 이하)

(나) **접지시스템**(한국전기설비규정 140)

| 접지대상 | 접지시스템 구분 | 접지도체의 단면적 및 종류 |
|---|---|---|
| 특고압·고압설비 | • 계통접지 : TN, TT, IT 계통<br>• 보호접지 : 등전위본딩 등<br>• 피뢰시스템 접지 | **6mm²** 이상 연동선 |
| 일반적인 경우 | | 구리 **6mm²**(철제 **50mm²**) 이상 |
| 변압기 | • 변압기 중성점 접지 | **16mm²** 이상 연동선 |

① **계통접지** : 전력계통의 이상현상에 대비하여 대지와 계통을 연결하는 것
② **보호접지** : 감전보호를 목적으로 기기의 한 점 이상을 접지하는 것
③ **피뢰시스템 접지** : 뇌격전류를 안전하게 대지로 방류하기 위해 접지하는 것

(다) 단상 3선식 배선의 중성선에는 퓨즈를 설치하지 않고 반드시 **동선**(銅線)으로 직결하여야 하는데, 그 이유는 만약 중성선에 퓨즈를 설치하여 단선되었을 경우 부하에 **이상전압**(abnormal voltage)이 걸려 **기기**의 **소손** 우려가 있다.

참고

| 명 칭 | 약 호 | 기 능 | 그림 기호 |
|---|---|---|---|
| **변류기**<br>(current transformer) | CT | 일반전류 검출 | |
| **영상변류기**<br>(zero phase sequence current transformer) | ZCT | 누설전류 검출 | |
| **누전차단기**<br>(earth leakage breaker) | ELB | 누설전류 차단 | E |
| **배선용 차단기**<br>(molded case circuit breaker) | MCCB | 과전류 차단 | B |

☆☆

## 문제 501

다음은 3상 3선식 교류회로에서 누전경보를 위한 영상변류기(ZCT)에서의 누설전류를 검출하는 원리를 나타낸 그림이다. 정상상태시 선전류와 선전류의 벡터합 및 누전시 선전류의 벡터합을 계산하는 식을 구하시오. (8점)

(가) 정상상태시 (4점)

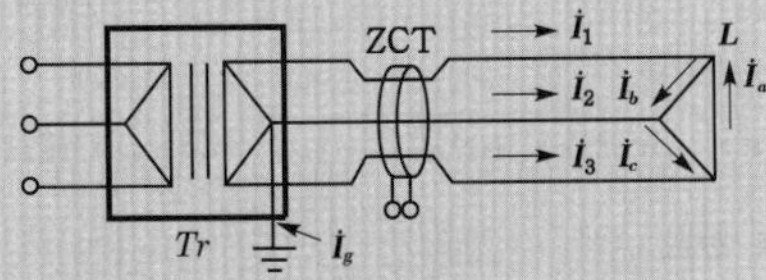


○ 선전류 $\dot{I}_1$ :
○ 선전류 $\dot{I}_2$ :
○ 선전류 $\dot{I}_3$ :
○ 선전류의 벡터합 :

(나) 누전시 (4점)

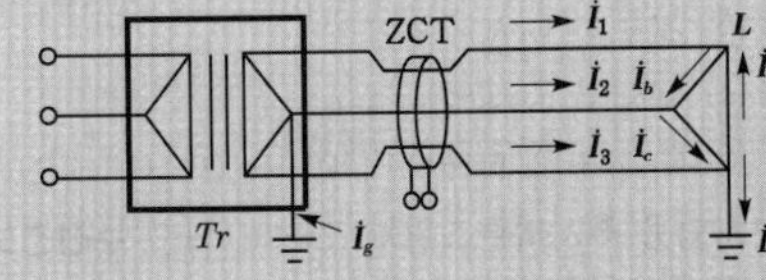


○ 선전류 $\dot{I}_1$ :
○ 선전류 $\dot{I}_2$ :
○ 선전류 $\dot{I}_3$ :
○ 선전류의 벡터합 :

정답 (가) 정상상태시

① 선전류 $\dot{I}_1 = \dot{I}_b - \dot{I}_a$
② 선전류 $\dot{I}_2 = \dot{I}_c - \dot{I}_b$
③ 선전류 $\dot{I}_3 = \dot{I}_a - \dot{I}_c$
④ 선전류의 벡터합 $= \dot{I}_1 + \dot{I}_2 + \dot{I}_3 = \dot{I}_b - \dot{I}_a + \dot{I}_c - \dot{I}_b + \dot{I}_a - \dot{I}_c = 0$

소방시설의 점검실무행정 종합문제 600제

(나) 누전시

① 선전류 $\dot{I}_1 = \dot{I}_b - \dot{I}_a$

② 선전류 $\dot{I}_2 = \dot{I}_c - \dot{I}_b$

③ 선전류 $\dot{I}_3 = \dot{I}_a - \dot{I}_c + \dot{I}_g$

④ 선전류의 벡터합 $= \dot{I}_1 + \dot{I}_2 + \dot{I}_3 = \dot{I}_b - \dot{I}_a + \dot{I}_c - \dot{I}_b + \dot{I}_a - \dot{I}_c + \dot{I}_g = \dot{I}_g$

해설 전류의 흐름이 **같은 방향**은 "+", **반대방향**은 "−"로 표시하면 다음과 같이 된다.

(가) **정상상태시**

① 선전류 $\dot{I}_1 = \dot{I}_b - \dot{I}_a$

② 선전류 $\dot{I}_2 = \dot{I}_c - \dot{I}_b$

③ 선전류 $\dot{I}_3 = \dot{I}_a - \dot{I}_c$

④ 선전류의 벡터합 $= \dot{I}_1 + \dot{I}_2 + \dot{I}_3 = \dot{I}_b - \dot{I}_a + \dot{I}_c - \dot{I}_b + \dot{I}_a - \dot{I}_c = 0$

(나) **누전시**

① 선전류 $\dot{I}_1 = \dot{I}_b - \dot{I}_a$

② 선전류 $\dot{I}_2 = \dot{I}_c - \dot{I}_b$

③ 선전류 $\dot{I}_3 = \dot{I}_a - \dot{I}_c + \dot{I}_g$

④ 선전류의 벡터합 $= \dot{I}_1 + \dot{I}_2 + \dot{I}_3 = \dot{I}_b - \dot{I}_a + \dot{I}_c - \dot{I}_b + \dot{I}_a - \dot{I}_c + \dot{I}_g = \dot{I}_g$

※ 벡터합이므로 $\dot{I}_1$, $\dot{I}_2$, $\dot{I}_3$, $\dot{I}_a$, $\dot{I}_b$, $\dot{I}_c$, $\dot{I}_g$ 기호 위에 반드시 '·'를 찍어야 한다.

☆

## 문제 502

누전경보기의 시험용 푸시버튼을 눌렀을 때 누전경보기가 미작동하는 원인 5가지를 쓰시오. (5점)

○

○

○

○

○

정답 ① 시험용 푸시버튼 접속단자의 접속 불량

② 시험용 푸시버튼스위치의 접촉 불량

③ 회로의 단선

④ 수신부 자체의 고장

⑤ 수신부 전원퓨즈 단선

해설 **시험용 푸시버튼스위치** 조작에 의한 **누전경보기**의 **미작동 원인**

(1) **접속단자**의 **접속 불량**

(2) **푸시버튼스위치**의 **접촉 불량**

(3) **회로**의 **단선**

(4) **수신부 자체**의 **고장**

(5) 수신부 전원퓨즈 단선

☆☆

## 문제 503

누전경보기의 점검기구 중 누전계의 용도 및 사용법에 대하여 설명하시오. (10점)

정답

| 구 분 | 설 명 |
|---|---|
| 용도 | 전기선로의 누설전류 및 일반전류 측정 |
| 사용법 | ① 영점 조정나사로 0점 조정<br>② 배터리의 이상유무 확인<br>③ 전류조정스위치를 〔mA〕로 선택<br>④ 전류인지집게를 열어 측정대상 관통<br>⑤ 지시값 읽음 |

해설 **누전경보기**의 **점검기구 사용법**

| 소방시설 | 장비(점검기구명) | 규 격 |
|---|---|---|
| 누전경보기 | 누전계 | 누전전류 측정용 |

▮누전계▮

| 구 분 | 설 명 |
|---|---|
| 용도 | 전기선로의 **누설전류** 및 **일반전류** 측정기구 |
| 사용법 | ① 영점 조정나사로 **0점 조정**<br>② **배터리**의 이상유무 확인<br>③ **전류조정스위치**를 〔mA〕로 선택<br>④ **전류인지집게**를 열어 측정대상을 **관통**시킴<br>⑤ 지시값을 읽음 |
| 주의사항 | **600V** 이상의 고압에서는 사용하지 않는다. |

☆☆

### 문제 504

누전경보기에서 수신부의 작동점검항목 3가지를 쓰시오. (3점)

○

○

○

정답 ① 상용전원 공급 및 전원표시등 정상 점등 여부
② 수신부의 성능 및 누전경보 시험 적정 여부
③ 음향장치 설치장소(상시 사람이 근무) 및 음량·음색 적정 여부

해설 **소방시설 자체점검사항 등에 관한 고시 〔별지 제4호 서식〕**
**누전경보기의 작동점검**

| 구 분 | 점검항목 |
|---|---|
| 수신부 | ① **상용전원** 공급 및 **전원표시등** 정상 점등 여부<br>② 수신부의 성능 및 누전경보 시험 적정 여부<br>③ 음향장치 설치장소(상시 사람이 근무) 및 **음량·음색** 적정 여부 |
| 비고 | ※ 특정소방대상물의 위치·구조·용도 및 소방시설의 상황 등이 이 표의 항목대로 기재하기 곤란하거나 이 표에서 누락된 사항을 기재한다. |

☆☆

문제 505

누전경보기에서 수신부의 종합점검항목을 4가지 쓰시오. (4점)

○

○

○

○

정답 ① 상용전원 공급 및 전원표시등 정상 점등 여부
② 가연성 증기, 먼지 등 체류 우려 장소의 경우 차단기구 설치 여부
③ 수신부의 성능 및 누전경보 시험 적정 여부
④ 음향장치 설치장소(상시 사람이 근무) 및 음량·음색 적정 여부

해설 **소방시설 자체점검사항 등에 관한 고시 〔별지 제4호 서식〕**
**누전경보기의 종합점검**

| 구 분 | 점검항목 |
|---|---|
| 설치방법 | ❶ **정격전류**에 따른 설치형태 적정 여부<br>❷ 변류기 설치 위치 및 형태 적정 여부 |
| 수신부 | ① **상용전원** 공급 및 **전원표시등** 정상 점등 여부<br>❷ 가연성 증기, 먼지 등 **체류** 우려 장소의 경우 **차단기구** 설치 여부<br>③ 수신부의 성능 및 누전경보 시험 적정 여부<br>④ 음향장치 설치장소(상시 사람이 근무) 및 **음량·음색** 적정 여부 |
| 전원 | ❶ 분전반으로부터 **전용 회로** 구성 여부<br>❷ **개폐기** 및 **과전류차단기** 설치 여부<br>❸ 다른 차단기에 의한 전원차단 여부(전원을 분기할 경우) |
| 비고 | ※ 특정소방대상물의 위치·구조·용도 및 소방시설의 상황 등이 이 표의 항목대로 기재하기 곤란하거나 이 표에서 누락된 사항을 기재한다. |

※ "●"는 종합점검의 경우에만 해당

☆☆

문제 506

누전경보기에서 전원의 종합점검항목 3가지를 쓰시오. (3점)

○

○

○

정답 ① 분전반으로부터 전용 회로 구성 여부
② 개폐기 및 과전류차단기 설치 여부
③ 다른 차단기에 의한 전원차단 여부(전원을 분기할 경우)

해설 **문제 505 참조**

# 5 가스누설경보기

☆☆☆

## 문제 507

가스누설경보기에서 수신부의 작동점검항목을 3가지 기술하시오. (3점)

○
○
○

정답 ① 수신부 설치장소 적정 여부
② 상용전원 공급 및 전원표시등 정상 점등 여부
③ 음향장치의 음량·음색·음압 적정 여부

해설 **소방시설 자체점검사항 등에 관한 고시 〔별지 제4호 서식〕**
**가스누설경보기의 작동점검 및 종합점검**

| 구 분 | 점검항목 |
|---|---|
| 수신부 | ① 수신부 설치장소 적정 여부<br>② 상용전원 공급 및 전원표시등 정상 점등 여부<br>③ 음향장치의 **음량·음색·음압** 적정 여부 |
| 탐지부 | ① 탐지부의 **설치방법** 및 **설치상태** 적정 여부<br>② 탐지부의 정상작동 여부 |
| 차단기구 | ① 차단기구는 **가스 주배관**에 견고히 부착되어 있는지 여부<br>② **시험장치**에 의한 가스차단밸브의 정상 개폐 여부 |
| 비고 | ※ 특정소방대상물의 위치·구조·용도 및 소방시설의 상황 등이 이 표의 항목대로 기재하기 곤란하거나 이 표에서 누락된 사항을 기재한다. |

☆

## 문제 508

가스누설경보기에서 탐지부의 경계상황 설치위치에 대한 작동점검 내용을 2가지로 구분하여 기술하시오. (4점)

○
○

정답 ① 탐지부의 설치방법 및 설치상태 적정 여부
② 탐지부의 정상작동 여부

해설 **문제 507 참조**

☆

## 문제 509

가스누설경보기에서 차단기구의 작동점검항목을 기술하시오. (4점)

정답 ① 차단기구는 가스 주배관에 견고히 부착되어 있는지 여부
② 시험장치에 의한 가스차단밸브의 정상 개폐 여부

해설 **문제 507 참조**

☆☆

## 문제 510

**가스누설경보기에서 수신부의 종합점검항목을 3가지 쓰시오. (4점)**

○

○

○

정답 ① 수신부 설치장소 적정 여부
② 상용전원 공급 및 전원표시등 정상 점등 여부
③ 음향장치의 음량·음색·음압 적정 여부

해설 **문제 507 참조**

# 6 유도등 · 유도표지

☆

## 문제 511

유도등에 대한 다음 각 물음에 답하시오. (10점)

(가) 통로유도등의 종류를 3가지 쓰시오. (3점)
- ○
- ○
- ○

(나) 피난구유도등의 표시면과 피난목적이 아닌 안내표시면이 구분되어 함께 설치된 유도등의 명칭은 무엇인지 쓰시오. (3점)

(다) 피난구유도등과 복도통로유도등의 바탕색과 문자색은 무엇인지 쓰시오. (4점)

① 피난구유도등
㉠ 바탕색 :
㉡ 문자색 :

② 복도통로유도등
㉠ 바탕색 :
㉡ 문자색 :

정답 (가) ① 복도통로유도등
② 거실통로유도등
③ 계단통로유도등

(나) 복합표시형 피난구유도등

(다) ① 피난구유도등
㉠ 바탕색 : 녹색
㉡ 문자색 : 백색
② 복도통로유도등
㉠ 바탕색 : 백색
㉡ 문자색 : 녹색

해설 (가) **복도통로유도등**의 **종류** 및 **설치기준**[유도등 및 유도표지의 화재안전기준(NFPC 303 제6조, NFTC 303 2.3.1)]

| 구 분 | 복도통로유도등 | 거실통로유도등 | 계단통로유도등 |
|---|---|---|---|
| 설치장소 | **복도** | **거실**의 **통로** | **계단** |
| 설치방법 | 구부러진 모퉁이 및 보행거리 **20m**마다 | 구부러진 모퉁이 및 보행거리 **20m**마다 | 각 층의 **경사로참** 또는 **계단참**마다 |
| 설치높이 | 바닥으로부터 높이 **1m 이하** | 바닥으로부터 높이 **1.5m 이상** | 바닥으로부터 높이 **1m 이하** |

(나) **유도등**의 **형식승인 및 제품검사**의 **기술기준 제2조**

| 용 어 | 설 명 |
|---|---|
| 유도등 | 화재시에 긴급대피를 안내하기 위하여 사용되는 등으로서 정상상태에서는 상용전원에 의하여 켜지고, 상용전원이 정전되는 경우에는 비상전원으로 **자동전환**되어 켜지는 등 |
| 피난구유도등 | 피난구 또는 피난경로로 사용되는 출입구가 있다는 것을 표시하는 **녹색등화**의 유도등 |
| 통로유도등 | **피난통로**를 **안내**하기 위한 유도등 |

| 복도통로유도등 | 피난통로가 되는 복도에 설치하는 통로유도등으로서 **피난구**의 **방향**을 명시하는 것 |
|---|---|
| 거실통로유도등 | **집무, 작업, 집회, 오락** 그 밖에 이와 유사한 목적을 위하여 계속적으로 사용하는 거실, 주차장 등 개방된 복도에 설치하는 유도등으로 피난의 방향을 명시하는 것 |
| 계단통로유도등 | 피난통로가 되는 계단이나 경사로에 설치하는 통로유도등으로 바닥면 및 디딤 바닥면을 비추는 것 |
| 객석유도등 | 객석의 **통로, 바닥** 또는 **벽**에 설치하는 유도등 |
| 광속표준전압 | 비상전원으로 유도등을 켜는 데 필요한 예비전원의 단자전압 |
| 표시면 | 유도등에 있어서 피난구나 피난방향을 안내하기 위한 문자 또는 부호 등이 표시된 면 |
| 조사면 | 유도등에 있어서 **표시면** 외 **조명**에 사용되는 면 |
| 방폭형 | **폭발성 가스**가 용기 내부에서 폭발하였을 때 용기가 그 압력에 견디거나 또는 외부의 폭발성 가스에 인화될 우려가 없도록 만들어진 형태의 제품 |
| 방수형 | 그 구조가 **방수구조**로 되어 있는 것 |
| 복합표시형 피난구유도등 | 피난구유도등의 **표시면**과 피난목적이 아닌 **안내표시면**이 구분되어 함께 설치된 유도등 |
| 단일표시형 | 한 가지 형상의 표시만으로 피난유도표시를 구현하는 방식 |
| 동영상표시형 | 동영상 형태로 피난유도표시를 구현하는 방식 |
| 단일 · 동영상 연계표시형 | 단일표시형과 동영상표시형의 두 가지 방식을 연계하여 피난유도표시를 구현하는 방식 |
| 투광식 | 광원의 빛이 통과하는 투과면에 피난유도표시 형상을 인쇄하는 방식 |
| 패널식 | 영상표시소자(LED, LCD 및 PDP 등)를 이용하여 피난유도표시 형상을 영상으로 구현하는 방식 |

- **"복합식 유도등"**으로 답을 할 수 있는데 명칭을 쓰라고 하는 문제에서는 **"복합표시형 피난구유도등"**이라고 정확히 답을 해야 한다. 단순히 **"복합식 유도등"**이라고 답을 하면 틀린다.

(다) **표시면**의 **색상**(유도등의 형식승인 및 제품검사의 기술기준 제9조 제②항)

| 통로유도등 | 피난구유도등 |
|---|---|
| **백색바탕**에 **녹색문자** | **녹색바탕**에 **백색문자** |

- 복도통로유도등 · 거실통로유도등 · 계단통로유도등은 통로유도등의 종류로서 모두 **백색바탕**에 **녹색문자**를 사용하도록 되어 있다. **"복도통로유도등"**이라고 질문해서 혹시 다른 색상이 아닐까 고민하지 말라!

☆

## 문제 512

**「유도등 및 유도표지의 화재안전기준」에 의거하여 거실통로유도등의 설치기준 3가지를 쓰시오. (6점)**
- ○
- ○
- ○

정답 ① 거실의 통로에 설치할 것
② 구부러진 모퉁이 및 보행거리 20m마다 설치할 것
③ 바닥으로부터 높이 1.5m 이상의 위치에 설치할 것

해설 **거실통로유도등**의 **설치기준**[유도등 및 유도표지의 화재안전기준(NFPC 303 제6조 제①항 제2호, NFTC 303 2.3.1.2)]
(1) **거실**의 **통로**에 설치할 것. 다만, 거실의 통로가 **벽체** 등으로 **구획**된 경우에는 **복도통로유도등**을 설치할 것
(2) 구부러진 **모**퉁이 및 **보행거리 20m**마다 설치할 것
(3) 바닥으로부터 **높**이 **1.5m** 이상의 위치에 설치할 것. 다만, **거실통로**에 **기둥**이 설치된 경우에는 기둥부분의 바닥으로부터 높이 **1.5m 이하**의 위치에 설치할 수 있다.

기억법 거통 모거높

**중요**

유도등 및 유도표지[유도등 및 유도표지의 화재안전기준(NFPC 303 제6조, NFTC 303 2.3.1)]

| 구 분 | 복도통로유도등 | 거실통로유도등 | 계단통로유도등 |
|---|---|---|---|
| 설치장소 | **복도** | **거실**의 **통로** | **계단** |
| 설치방법 | 구부러진 모퉁이 및 보행거리 **20m**마다 | 구부러진 모퉁이 및 보행거리 **20m**마다 | 각 층의 **경사로참** 또는 **계단참**마다 |
| 설치높이 | 바닥으로부터 높이 **1m 이하** | 바닥으로부터 높이 **1.5m 이상** | 바닥으로부터 높이 **1m 이하** |

☆

**문제 513**

**피난유도선은 햇빛이나 전등불에 따라 축광하거나 전류에 따라 빛을 발하는 유도체로서, 어두운 상태에서 피난을 유도할 수 있도록 띠형태로 설치되는 피난유도시설이다. 축광방식의 피난유도선의 설치기준 5가지를 쓰시오. (10점)**

○

○

○

○

○

**정답** ① 구획된 각 실로부터 주출입구 또는 비상구까지 설치
② 바닥으로부터 높이 50cm 이하의 위치 또는 바닥면에 설치
③ 피난유도 표시부는 50cm 이내의 간격으로 연속되도록 설치
④ 부착대에 의하여 견고하게 설치
⑤ 외광 또는 조명장치에 의하여 상시 조명이 제공되거나 비상조명등에 의한 조명이 제공되도록 설치

**해설** **유도등 및 유도표지**의 **화재안전기준**(NFPC 303 제9조, NFTC 303 2.6)

| 축광방식의 피난유도선 설치기준 | 광원점등방식의 피난유도선 설치기준 |
|---|---|
| ① 구획된 각 실로부터 **주출입구** 또는 **비상구**까지 설치<br>② 바닥으로부터 높이 **50cm 이하**의 위치 또는 바닥면에 설치<br>③ 피난유도 표시부는 **50cm 이내**의 간격으로 연속되도록 설치<br>④ 부착대에 의하여 견고하게 설치<br>⑤ 외광 또는 조명장치에 의하여 상시 조명이 제공되거나 비상조명등에 의한 조명이 제공되도록 설치 | ① 구획된 각 실로부터 **주출입구** 또는 **비상구**까지 설치<br>② 피난유도 표시부는 바닥으로부터 높이 **1m 이하**의 위치 또는 **바닥면**에 설치<br>③ 피난유도 표시부는 **50cm 이내**의 간격으로 연속되도록 설치하되 실내장식물 등으로 설치가 곤란할 경우 **1m** 이내로 설치<br>④ 수신기로부터의 **화재신호** 및 **수동조작**에 의하여 광원이 점등되도록 설치<br>⑤ 비상전원이 **상시 충전상태**를 유지하도록 설치<br>⑥ 바닥에 설치되는 피난유도 표시부는 **매립**하는 방식을 사용<br>⑦ 피난유도 제어부는 조작 및 관리가 용이하도록 바닥으로부터 **0.8~1.5m** 이하의 높이에 설치 |

중요

**피난유도선**의 **방식**

| 축광방식 | 광원점등방식 |
|---|---|
| **햇빛**이나 **전등불**에 따라 **축광**하는 방식으로 유사시 어두운 상태에서 피난유도 | **전류**에 따라 **빛**을 발하는 방식으로 유사시 어두운 상태에서 피난유도 |

▮피난유도선▮

☆☆

**문제 514**

「유도등 및 유도표지의 화재안전기준」에 의거하여 유도등에 대한 다음 각 물음에 대하여 간단히 설명하시오. (14점)

(가) 유도등의 평상시 상태에 대한 설명과 예외규정 (5점)

(나) 비상전원 감시램프가 점등되었을 경우의 원인 (4점)

(다) 3선식 배선에 따라 상시 충전되는 유도등의 전기회로에 점멸기를 설치하는 구조일 때 점등되어야 하는 경우 (5점)

정답 (가) ① 유도등의 평상시 상태 : 전기회로에 점멸기를 설치하지 않고 항상 점등상태를 유지할 것
② 예외규정
㉠ 특정소방대상물 또는 그 부분에 사람이 없는 경우
㉡ 3선식 배선에 의해 상시 충전되는 구조로서 다음의 장소
• 외부의 빛에 의해 피난구 또는 피난방향을 쉽게 식별할 수 있는 장소
• 공연장, 암실 등으로서 어두워야 할 필요가 있는 장소
• 특정소방대상물의 관계인 또는 종사원이 주로 사용하는 장소

(나) ① 축전지의 접촉불량
② 비상전원용 퓨즈의 단선
③ 축전지의 불량
④ 축전지의 누락

(다) ① 자동화재탐지설비의 감지기 또는 발신기가 작동되는 때
② 비상경보설비의 발신기가 작동되는 때
③ 상용전원이 정전되거나 전원선이 단선되는 때
④ 방재업무를 통제하는 곳 또는 전기실의 배전반에서 수동적으로 점등하는 때
⑤ 자동소화설비가 작동되는 때

해설 유도등 및 유도표지의 화재안전기준(NFPC 303 제10조 제③항 제2호, NFTC 303 2.7.3.2)

(가) ① **유도등**의 **평상시 상태** : 전기회로에 점멸기를 설치하지 않고 **항상 점등상태**를 유지할 것
② **예외규정**(유도등을 항상 점등상태로 유지하지 않아도 되는 경우)
㉠ 특정소방대상물 또는 그 부분에 사람이 없는 경우
㉡ 3선식 배선에 의해 상시 **충**전되는 구조로서 다음의 장소
• **외**부의 빛에 의해 **피난구** 또는 **피난방향**을 쉽게 식별할 수 있는 장소
• **공연장**, **암실** 등으로서 어두워야 할 필요가 있는 장소
• 특정소방대상물의 **관계인** 또는 **종사원**이 주로 사용하는 장소

기억법 **외충관공**(**외**부**충**격을 받아도 **관공**서는 끄덕없음)

(나) 유도등에는 **비상전원 감시램프**가 있어서 축전지의 이상유무를 확인할 수 있는데 **충전**이 **완료**되면 비상전원 감시램프는 **소등상태**가 정상이며 점등상태일 때는 다음의 원인이 있다.
① **축전지**의 **접촉불량**
② **비상전원용 퓨즈**의 **단선**

③ **축전지**의 **불량**
④ **축전지**의 **누락**

기억법 **누축접퓨**

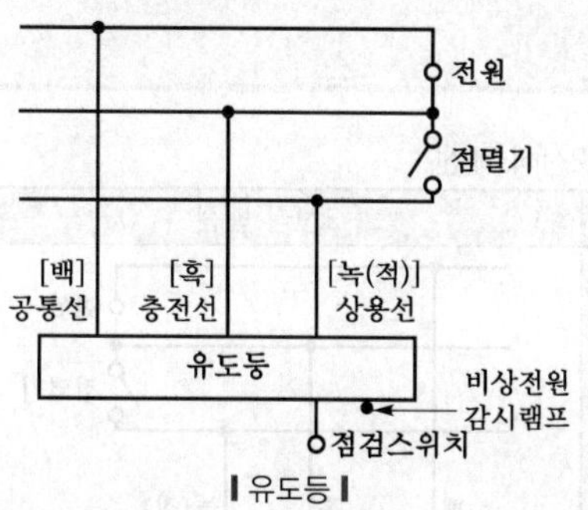

▮유도등▮

(다) **유**도등 **3선식 배선시 점멸기**를 설치할 경우 **점등**되어야 하는 경우
① **자동화재탐지설비**의 **감지기** 또는 **발신기**가 작동되는 때

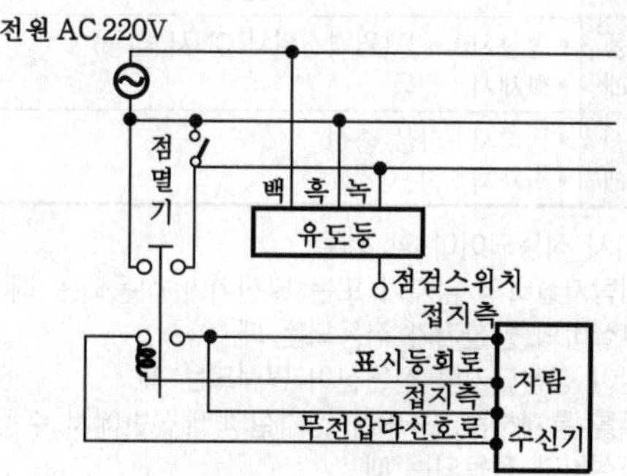

▮자동화재탐지설비와 연동▮

② **비상경보설비**의 **발신기**가 작동되는 때
③ **상용전원**이 **정전**되거나 **전원선**이 **단선**되는 때
④ **방재업무**를 **통제**하는 곳 또는 전기실의 배전반에서 **수동**으로 **점등**하는 때

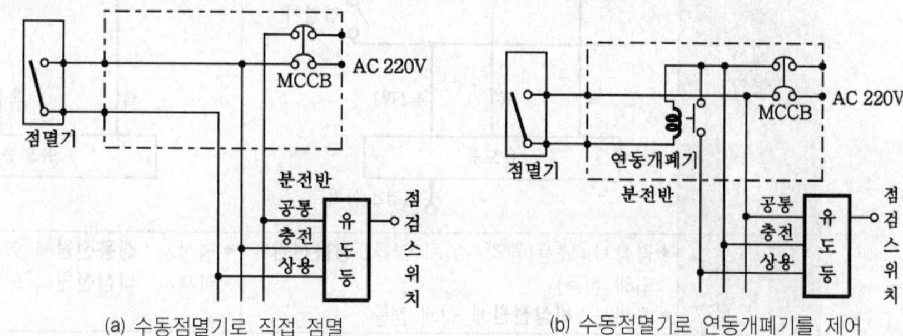

(a) 수동점멸기로 직접 점멸
(b) 수동점멸기로 연동개폐기를 제어
▮유도등의 원격점멸▮

⑤ **자동소화설비**가 작동되는 때

기억법 **탐경 상방자유**

★★★

## 문제 515

**유도등의 3선식 배선과 2선식 배선을 간단하게 설명하고 점멸기를 설치할 때 점등되어야 할 경우를 기술하시오. (5점)**

정답 ① 3선식 배선과 2선식 배선

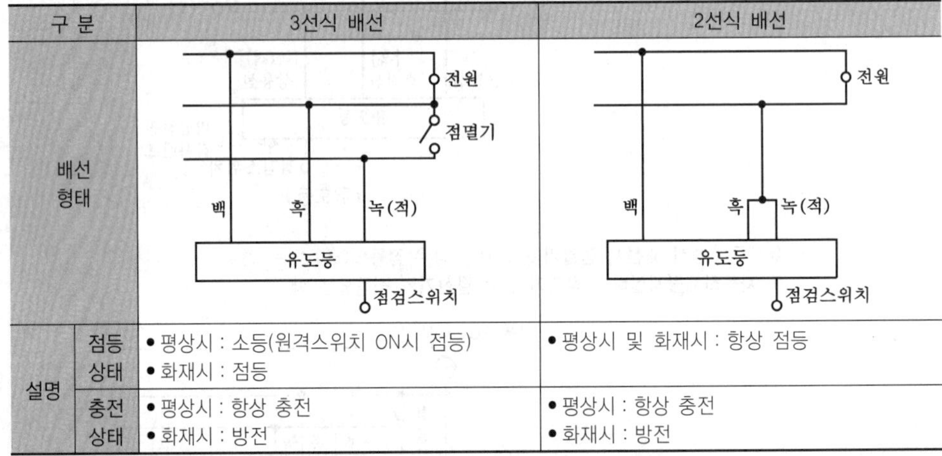

| 구 분 | | 3선식 배선 | 2선식 배선 |
|---|---|---|---|
| 배선 형태 | | 전원, 점멸기, 백, 흑, 녹(적), 유도등, 점검스위치 | 전원, 백, 흑, 녹(적), 유도등, 점검스위치 |
| 설명 | 점등 상태 | • 평상시 : 소등(원격스위치 ON시 점등)<br>• 화재시 : 점등 | • 평상시 및 화재시 : 항상 점등 |
| | 충전 상태 | • 평상시 : 항상 충전<br>• 화재시 : 방전 | • 평상시 : 항상 충전<br>• 화재시 : 방전 |

② 점멸기 설치시 점등되어야 할 경우

㉠ 자동화재탐지설비의 감지기 또는 발신기가 작동되는 때

㉡ 비상경보설비의 발신기가 작동되는 때

㉢ 상용전원이 정전되거나 전원선이 단선되는 때

㉣ 방재업무를 통제하는 곳 또는 전기실의 배전반에서 수동적으로 점등하는 때

㉤ 자동소화설비가 작동되는 때

해설 (1) **3선식 배선**과 **2선식 배선**

| 구 분 | | 3선식 배선 | 2선식 배선 |
|---|---|---|---|
| 배선 형태 | | 전원, 점멸기, 백, 흑, 녹(적), 유도등, 점검스위치 | 전원, 백, 흑, 녹(적), 유도등, 점검스위치 |
| 설명 | 점등 상태 | • 평상시 : 소등(원격스위치 ON시 **상용전원**에 의해 점등)<br>• 화재시 : **비상전원**에 의해 점등 | • 평상시 : **상용전원**에 의해 점등<br>• 화재시 : **비상전원**에 의해 점등 |
| | 충전 상태 | • 평상시 : 원격스위치 ON, OFF와 관계없이 항상 충전<br>• 화재시 : 원격스위치 ON, OFF와 관계없이 충전되지 않고 방전 | • 평상시 : 항상 충전<br>• 화재시 : 충전되지 않고 방전 |
| 장점 | | • 평상시에는 유도등을 소등시켜 놓을 수 있으므로 **절전효과**가 있다. | • **배선**이 **절약**된다. |
| 단점 | | • **배선**이 **많이 소요**된다. | • 평상시에는 유도등이 점등상태에 있으므로 **전기소모**가 많다. |

중요

**유도등**의 **비상전원 절환시 60분 이상 점등되어야 할 경우**[유도등 및 유도표지의 화재안전기준(NFPC 303 제10조 제②항, NFTC 303 2.7.2.2)]
(1) **11층** 이상(지하층 제외)
(2) 지하층 · 무창층으로서 **도매시장 · 소매시장 · 여객자동차터미널 · 지하역사 · 지하상가**

(2) **점멸기 설치시 점등**되어야 할 경우
문제 517 참조

중요

**유도등**을 **항상 점등상태**로 **유지하지 않아도 되는 경우**[유도등 및 유도표지의 화재안전기준(NFPC 303 제10조 제③항 제2호, NFTC 303 2.7.3.2)]
(1) 특정소방대상물 또는 그 부분에 **사람**이 **없는 경우**
(2) **외부**의 **빛**에 의해 피난구 또는 피난방향을 쉽게 식별할 수 있는 장소
(3) **공연장, 암실** 등으로서 어두워야 할 필요가 있는 장소
(4) 특정소방대상물의 **관계인** 또는 **종사원**이 주로 사용하는 장소
→ (2)~(4): **3선식 배선**에 의해 **상시 충전**되는 **구조**

기억법 **외충관공**(**외**부**충**격을 받아도 **관공**서는 끄떡없음)

★★★

## 문제 516

**피난구유도등의 2선식 배선방식과 3선식 배선방식의 미완성 결선도를 완성하고, 배선방식의 차이점을 2가지만 쓰시오. (8점)**

(가) 미완성 결선도 (4점)

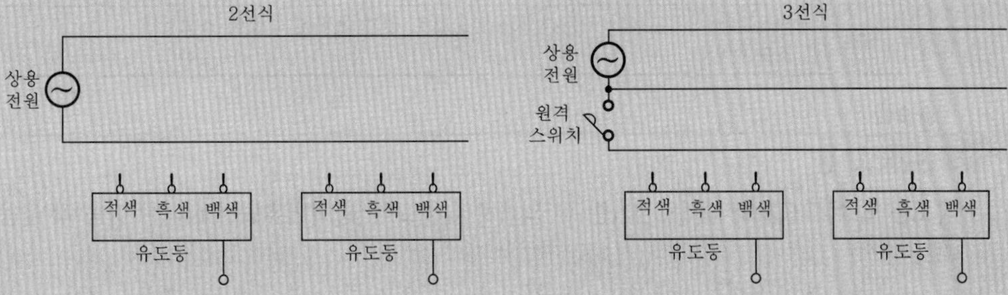


(나) 배선방식의 차이점 (4점)

| 구 분 | 2선식 | 3선식 |
|---|---|---|
| 점등상태 | | |
| 충전상태 | | |

정답 (가)

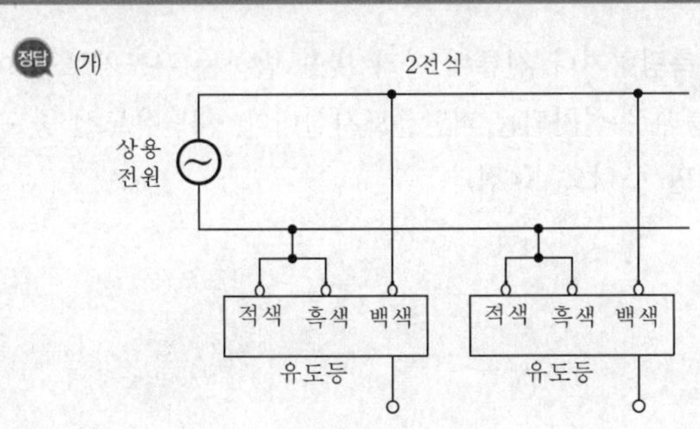


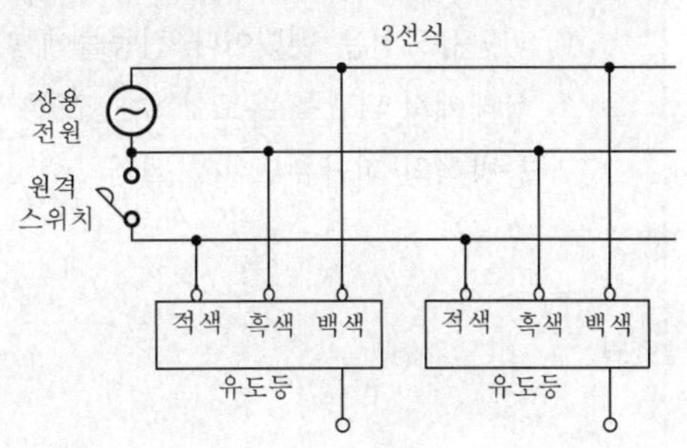




소방시설의 점검실무행정 종합문제 600제

(나)

| 구 분 | 2선식 | 3선식 |
|---|---|---|
| 점등상태 | • 평상시 및 화재시 : 항상 점등 | • 평상시 : 소등(원격스위치 ON시 점등)<br>• 화재시 : 점등 |
| 충전상태 | • 평상시 : 항상 충전<br>• 화재시 : 방전 | • 평상시 : 항상 충전<br>• 화재시 : 방전 |

해설 **2선식 배선**과 **3선식 배선**

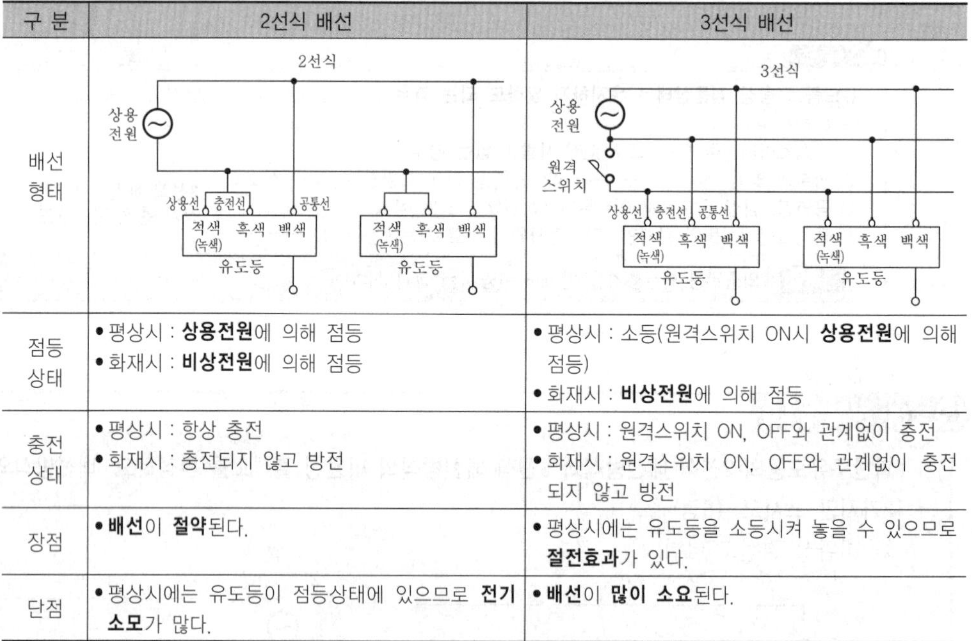

| 구 분 | 2선식 배선 | 3선식 배선 |
|---|---|---|
| 배선형태 | 2선식 / 상용전원 / 상용선 충전선 공통선 / 적색(녹색) 흑색 백색 / 유도등 | 3선식 / 상용전원 / 원격스위치 / 상용선 충전선 공통선 / 적색(녹색) 흑색 백색 / 유도등 |
| 점등상태 | • 평상시 : **상용전원**에 의해 점등<br>• 화재시 : **비상전원**에 의해 점등 | • 평상시 : 소등(원격스위치 ON시 **상용전원**에 의해 점등)<br>• 화재시 : **비상전원**에 의해 점등 |
| 충전상태 | • 평상시 : 항상 충전<br>• 화재시 : 충전되지 않고 방전 | • 평상시 : 원격스위치 ON, OFF와 관계없이 충전<br>• 화재시 : 원격스위치 ON, OFF와 관계없이 충전되지 않고 방전 |
| 장점 | • **배선**이 **절약**된다. | • 평상시에는 유도등을 소등시켜 놓을 수 있으므로 **절전효과**가 있다. |
| 단점 | • 평상시에는 유도등이 점등상태에 있으므로 **전기소모**가 많다. | • **배선**이 **많이 소요**된다. |

☆☆☆

## 문제 517

**「유도등 및 유도표지의 화재안전기준」에 의거하여 유도등 및 피난유도선에 대한 다음 각 물음에 답하시오. (8점)**

(가) 3선식 유도등의 전기회로에 점멸기를 설치하는 경우 어떠한 때에 반드시 점등되어야 하는지 4가지만 쓰시오. (4점)

○

○

○

○

(나) 피난유도선은 햇빛이나 전등불에 따라 축광하거나 전류에 따라 빛을 발하는 유도체로서 어두운 상태에서 피난을 유도할 수 있도록 띠 형태로 설치되는 피난유도시설이다. 피난유도선 중 광원점등방식의 피난유도선의 설치기준 4가지만 쓰시오. (4점)

○

○

○

○

정답 (가) ① 자동화재탐지설비의 감지기 또는 발신기가 작동되는 때
② 비상경보설비의 발신기가 작동되는 때
③ 상용전원이 정전되거나 전원선이 단선되는 때
④ 자동소화설비가 작동되는 때
(나) ① 구획된 각 실로부터 주출입구 또는 비상구까지 설치
② 피난유도 표시부는 바닥으로부터 높이 1m 이하의 위치 또는 바닥면에 설치
③ 수신기로부터의 화재신호 및 수동조작에 의하여 광원이 점등되도록 설치
④ 비상전원이 상시 충전상태를 유지하도록 설치

해설 (가) **점멸기 설치시 자동점등**되어야 할 경우[유도등 및 유도표지의 화재안전기준(NFPC 303 제10조 제④항, NFTC 303 2.7.4)]
① **자동화재탐지설비**의 **감지기** 또는 **발신기**가 작동되는 때

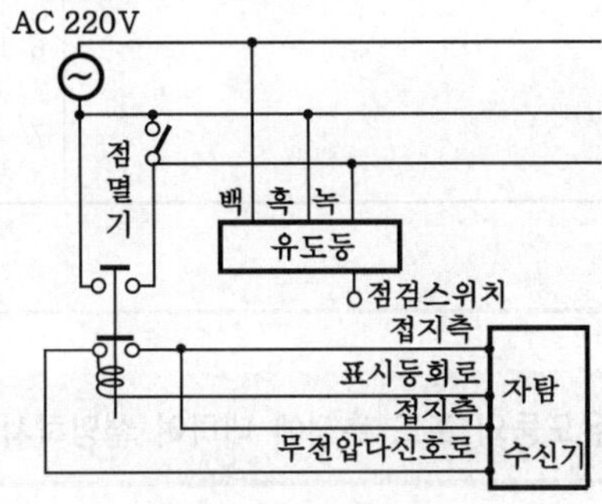


▌자동화재탐지설비와 연동 ▌

② **비상경보설비**의 **발신기**가 작동되는 때
③ **상용전원**이 **정전**되거나 **전원선**이 **단선**되는 때
④ **방재업무**를 **통제**하는 곳 또는 전기실의 배전반에서 **수동**으로 **점등**하는 때

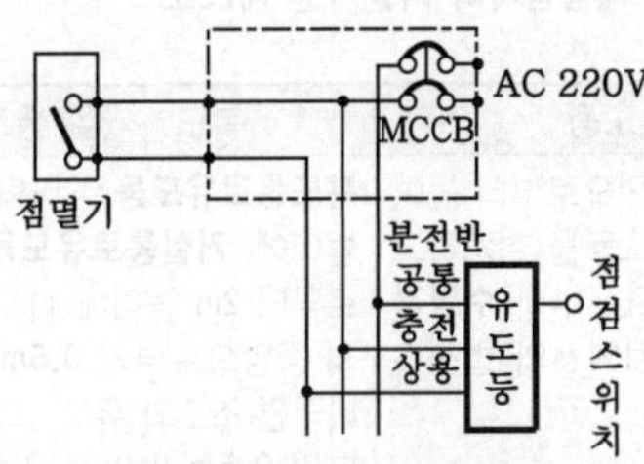


(a) 수동점멸기로 직접 점멸

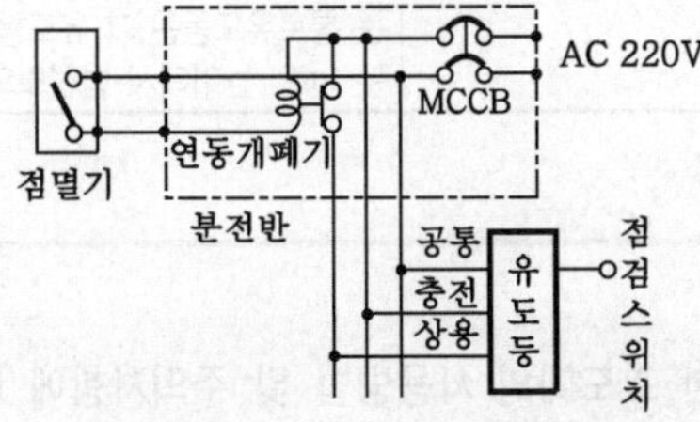


(b) 수동점멸기로 연동개폐기를 제어

▌유도등의 원격점멸 ▌

⑤ **자동소화설비**가 작동되는 때

중요

**유도등**을 **항상 점등상태**로 **유지하지 않아도 되는 경우**[유도등 및 유도표지의 화재안전기준(NFPC 303 제10조 제③항 제2호, NFTC 303 2.7.3.2)]
(1) 특정소방대상물 또는 그 부분에 **사람**이 **없는 경우**
(2) **외부**의 빛에 의해 피난구 또는 피난방향을 쉽게 식별할 수 있는 장소
(3) **공연장, 암실** 등으로서 어두워야 할 필요가 있는 장소
(4) 특정소방대상물의 **관계인** 또는 **종사원**이 주로 사용하는 장소

(2)~(4): **3선식 배선**에 의해 **상시 충전**되는 **구조**

(나) **피난유도선 설치기준**[유도등 및 유도표지의 화재안전기준(NFPC 303 제9조, NFTC 303 2.6)]

| 축광방식의 피난유도선 | 광원점등방식의 피난유도선 |
|---|---|
| ① 구획된 각 실로부터 **주출입구** 또는 **비상구**까지 설치<br>② 바닥으로부터 높이 **50cm 이하**의 위치 또는 바닥면에 설치<br>③ 피난유도 표시부는 **50cm 이내**의 간격으로 연속되도록 설치<br>④ 부착대에 의하여 견고하게 설치<br>⑤ **외광** 또는 **조명장치**에 의하여 상시 조명이 제공되거나 비상조명등에 의한 조명이 제공되도록 설치 | ① 구획된 각 실로부터 **주출입구** 또는 **비상구**까지 설치<br>② 피난유도 표시부는 바닥으로부터 높이 **1m 이하**의 위치 또는 바닥면에 설치<br>③ 피난유도 표시부는 **50cm 이내**의 간격으로 연속되도록 설치하되 실내장식물 등으로 설치가 곤란할 경우 **1m 이내**로 설치<br>④ 수신기로부터의 **화재신호** 및 **수동조작**에 의하여 광원이 점등되도록 설치<br>⑤ 비상전원이 **상시 충전상태**를 유지하도록 설치<br>⑥ 바닥에 설치되는 피난유도 표시부는 **매립**하는 방식을 사용<br>⑦ 피난유도 제어부는 조작 및 관리가 용이하도록 바닥으로부터 **0.8~1.5m** 이하의 높이에 설치 |

## 문제 518

**계단통로유도등, 객석유도등의 조도 측정에 대하여 설명하시오. (6점)**

정답 ① 계단통로유도등 : 바닥면 또는 디딤바닥면으로부터 높이 2.5m의 위치에 그 유도등을 설치하고 그 유도등의 바로 밑으로부터 수평거리로 10m 떨어진 위치에서의 법선조도가 0.5lx 이상
② 객석유도등 : 통로 바닥의 중심선에서 측정하여 0.2lx 이상

해설 **유도등의 형식승인 및 제품검사의 기술기준 제23조**
**유도등의 조도 측정**

| 계단통로유도등 | 복도 · 거실 통로유도등 | 객석유도등 |
|---|---|---|
| 바닥면 또는 디딤바닥면으로부터 높이 **2.5m**의 위치에 그 유도등을 설치하고 그 유도등의 바로 밑으로부터 **수평거리**로 **10m** 떨어진 위치에서의 법선조도가 **0.5lx** 이상 | **복도통로유도등**은 바닥면으로부터 **1m** 높이에, **거실통로유도등**은 바닥면적으로부터 **2m** 높이에 설치하고 그 유도등의 중앙으로부터 **0.5m** 떨어진 위치의 바닥면 조도와 유도등의 전면 중앙으로부터 **0.5m** 떨어진 위치의 조도가 **1lx** 이상이어야 한다(단, 바닥면에 설치하는 통로유도등은 그 유도등의 바로 윗부분 **1m**의 높이에서 법선조도가 **1lx** 이상). | 바닥면 또는 디딤바닥면에서 높이 0.5m의 위치에 설치하고 그 유도등의 바로 밑에서 0.3m 떨어진 위치에서의 수평조도가 0.2lx 이상 |

## 문제 519

**유도등을 점검하기 위한 조도계의 사용방법 및 주의사항에 대하여 기술하시오. (8점)**

정답

| 구 분 | 설 명 |
|---|---|
| 사용법 | ① 조도계의 전원스위치 ON<br>② 빛이 노출되지 않은 상태에서 지시눈금이 '0'의 위치인지 확인<br>③ 적정한 측정단위를 레인지(range)로 선택<br>④ 감광부분을 측정장소에 놓고 읽음 |
| 주의사항 | ① 빛의 강도를 모를 경우 레인지(range)를 최대로 놓는다.<br>② 감광부분은 직사광선 등 고도한 광도에 노출되지 않도록 한다.<br>③ 습기가 적은 곳에 보관한다.<br>④ 진동이 없고, 직사광선을 쬐지 않는 곳에 보관한다. |

**해설** **소방시설 설치 및 관리에 관한 법률 시행규칙 〔별표 3〕**
**유도등의 점검장비 사용법**

| 소방시설 | 장 비 | 규 격 |
|---|---|---|
| • 통로유도등<br>• 비상조명등 | • 조도계(밝기측정기) | • 최소눈금이 **0.1lx** 이하인 것 |

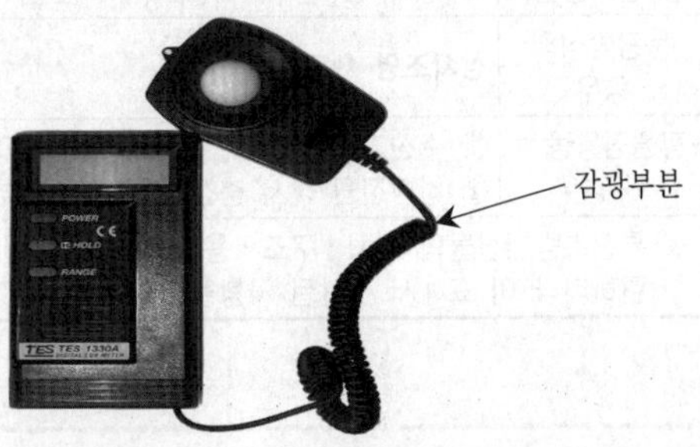


▮조도계▮

| 구 분 | 설 명 |
|---|---|
| 용도 | 유도등 및 비상조명등의 **조도측정**기구 |
| 사용법 | ① 조도계의 **전원스위치** ON<br>② 빛이 노출되지 않은 상태에서 지시눈금이 '**0**'의 위치인지 확인<br>③ 적정한 **측정단위**를 레인지(range)로 **선택**<br>④ 감광부분을 측정장소에 놓고 **읽음** |
| 주의사항 | ① 빛의 강도를 모를 경우 레인지(range)를 **최대**로 놓는다.<br>② 감광부분은 **직사광선** 등 고도한 광도에 노출되지 않도록 한다.<br>③ 습기가 적은 곳에 보관한다.<br>④ 진동이 없고, 직사광선을 쬐지 않는 곳에 보관한다. |

★★★

## 문제 520

유도등의 작동점검항목 4가지를 기술하시오. (4점)

○
○
○
○

**정답** ① 유도등의 변형 및 손상 여부
② 상시(3선식의 경우 점검스위치 작동시) 점등 여부
③ 시각장애(규정된 높이, 적정위치, 장애물 등으로 인한 시각장애 유무) 여부
④ 비상전원 성능 적정 및 상용전원 차단시 예비전원 자동전환 여부

**해설** **소방시설 자체점검사항 등에 관한 고시 〔별지 제4호 서식〕**
**유도등 및 유도표지의 작동점검**

| 구 분 | 점검항목 |
|---|---|
| 유도등 | ① 유도등의 변형 및 손상 여부<br>② 상시(**3선식**의 경우 점검스위치 작동시) 점등 여부<br>③ 시각장애(규정된 높이, 적정위치, 장애물 등으로 인한 시각장애 유무) 여부<br>④ 비상전원 성능 적정 및 상용전원 차단시 예비전원 자동전환 여부 |

<table>
<tr><td>유도표지</td><td colspan="2">① 유도표지의 변형 및 손상 여부<br>② 설치상태(유사 등화광고물 · 게시물 존재, 쉽게 떨어지지 않는 방식) 적정 여부<br>③ 외광 · 조명장치로 상시 조명 제공 또는 비상조명등 설치 여부<br>④ 설치방법(위치 및 높이) 적정 여부</td></tr>
<tr><td rowspan="3">피난유도선</td><td colspan="2">① 피난유도선의 변형 및 손상 여부<br>② 설치방법(위치 · 높이 및 간격) 적정 여부</td></tr>
<tr><td>축광방식의 경우</td><td>상시조명 제공 여부</td></tr>
<tr><td>광원점등방식의 경우</td><td>① 수신기 화재신호 및 수동조작에 의한 광원점등 여부<br>② 비상전원 상시 충전상태 유지 여부</td></tr>
<tr><td>비고</td><td colspan="2">※ 특정소방대상물의 위치 · 구조 · 용도 및 소방시설의 상황 등이 이 표의 항목대로 기재하기 곤란하거나 이 표에서 누락된 사항을 기재한다.</td></tr>
</table>

☆☆

## 문제 521

유도등의 유도표지 작동점검항목 4가지를 쓰시오. (4점)

○
○
○
○

정답 ① 유도표지의 변형 및 손상 여부
② 설치상태(유사 등화광고물 · 게시물 존재, 쉽게 떨어지지 않는 방식) 적정 여부
③ 외광 · 조명장치로 상시 조명 제공 또는 비상조명등 설치 여부
④ 설치방법(위치 및 높이) 적정 여부

해설 **문제 520 참조**

☆☆

## 문제 522

유도등의 종합점검항목을 7가지 쓰시오. (7점)

○
○
○
○
○
○
○

정답 ① 유도등의 변형 및 손상 여부
② 상시(3선식의 경우 점검스위치 작동시) 점등 여부
③ 시각장애(규정된 높이, 적정위치, 장애물 등으로 인한 시각장애 유무) 여부
④ 비상전원 성능 적정 및 상용전원 차단시 예비전원 자동전환 여부
⑤ 설치장소(위치) 적정 여부
⑥ 설치높이 적정 여부
⑦ 객석유도등의 설치개수 적정 여부

해설 **소방시설 자체점검사항 등에 관한 고시 〔별지 제4호 서식〕**
**유도등 및 유도표지의 종합점검**

<table>
<tr><th>구 분</th><th colspan="2">점검항목</th></tr>
<tr><td>유도등</td><td colspan="2">① 유도등의 변형 및 손상 여부<br>② 상시(3선식의 경우 점검스위치 작동시) 점등 여부<br>③ 시각장애(규정된 높이, 적정위치, 장애물 등으로 인한 시각장애 유무) 여부<br>④ 비상전원 성능 적정 및 상용전원 차단시 예비전원 자동전환 여부<br>❺ 설치장소(위치) 적정 여부<br>❻ 설치높이 적정 여부<br>❼ 객석유도등의 설치개수 적정 여부</td></tr>
<tr><td>유도표지</td><td colspan="2">① 유도표지의 변형 및 손상 여부<br>② 설치상태(유사 등화광고물 · 게시물 존재, 쉽게 떨어지지 않는 방식) 적정 여부<br>③ 외광 · 조명장치로 상시 조명 제공 또는 비상조명등 설치 여부<br>④ 설치방법(위치 및 높이) 적정 여부</td></tr>
<tr><td rowspan="3">피난유도선</td><td colspan="2">① 피난유도선의 변형 및 손상 여부<br>② 설치방법(위치 · 높이 및 간격) 적정 여부</td></tr>
<tr><td>축광방식의 경우</td><td>❶ 부착대에 견고하게 설치 여부<br>② 상시조명 제공 여부</td></tr>
<tr><td>광원점등방식의 경우</td><td>① 수신기 화재신호 및 수동조작에 의한 광원점등 여부<br>② 비상전원 상시 충전상태 유지 여부<br>❸ 바닥에 설치되는 경우 매립방식 설치 여부<br>❹ 제어부 설치위치 적정 여부</td></tr>
<tr><td>비고</td><td colspan="2">※ 특정소방대상물의 위치 · 구조 · 용도 및 소방시설의 상황 등이 이 표의 항목대로 기재하기 곤란하거나 이 표에서 누락된 사항을 기재한다.</td></tr>
</table>

※ "●"는 종합점검의 경우에만 해당

☆

## 문제 523

유도표지의 종합점검항목을 4가지 쓰시오. (8점)

○
○
○
○

정답 ① 유도표지의 변형 및 손상 여부
② 설치상태(유사 등화광고물 · 게시물 존재, 쉽게 떨어지지 않는 방식) 적정 여부
③ 외광 · 조명장치로 상시 조명 제공 또는 비상조명등 설치 여부
④ 설치방법(위치 및 높이) 적정 여부

해설 **문제 522 참조**

### 문제 524

20W, 중형 피난구유도등 10개가 AC 220V 상용전원에 2선식 배선으로 연결되어 점등되어 있다. 소방점검을 위해 점검스위치를 눌렀을 때 전원으로부터 공급되는 전류〔A〕를 구하시오. (단, 유도등의 역률은 0.5이며, 유도등 배터리의 충전전류는 3A이며, 점검스위치를 눌러도 배터리의 충전은 계속되고 있는 상태이다.) (3점)

정답 3A

해설
- 2선식 배선상태에서 점검스위치를 누르면 **배터리 전원**으로만 **점등**되고, 배터리에 충전은 계속되고 있으므로 공급전류는 배터리 충전전류 **3A**이다.

### 문제 525

「유도등 및 유도표지의 화재안전기준」에 의거하여 피난층에 이르는 부분의 유도등은 60분 이상 유효하게 작동시킬 수 있는 용량으로 비상전원을 설치하여야 하는 특정소방대상물 2가지를 쓰시오. (2점)

○

○

정답 ① 11층 이상(지하층 제외)
② 지하층 또는 무창층으로서 용도가 도매시장 · 소매시장 · 여객자동차터미널 · 지하역사 · 지하상가

해설 **유도등** 및 **비상조명등**의 **60분 이상** 작동용량 **비상전원** 설치대상[유도등 및 유도표지의 화재안전기준(NFPC 303 제10조 제②항, NFTC 303 2.7.2.2) / 비상조명등의 화재안전기준(NFPC 304 제4조 제①항 제5호, NFTC 304 2.1.1.5)]

(1) **11층** 이상(지하층 제외)
(2) **지하층 · 무창층**으로서 **도매시장 · 소매시장 · 여객자동차터미널 · 지하역사 · 지하상가**

기억법 도소여지 1160

### 문제 526

「유도등 및 유도표지의 화재안전기준」에 의거하여 복도통로유도등에 관한 설치기준 4가지를 쓰시오. (4점)

○

○

○

○

정답 ① 복도에 설치하되 피난구유도등이 설치된 출입구의 맞은편 복도에는 입체형으로 설치하거나 바닥에 설치할 것
② 구부러진 모퉁이 및 통로유도등을 기점으로 보행거리 20m마다 설치할 것
③ 바닥으로부터 높이 1m 이하의 위치에 설치할 것(단, 지하층 또는 무창층의 용도가 도매시장 · 소매시장 · 여객자동차터미널 · 지하역사 또는 지하상가인 경우에는 복도 · 통로 중앙부분의 바닥에 설치)
④ 바닥에 설치하는 통로유도등은 하중에 따라 파괴되지 않는 강도의 것으로 할 것

**통로유도등**의 **설치기준**[유도등 및 유도표지의 화재안전기준(NFPC 303 제6조, NFTC 303 2.3.1)]

| **복**도통로유도등의 설치기준 | **거**실통로유도등의 설치기준 | **계**단통로유도등의 설치기준 |
|---|---|---|
| ① **복도**에 설치하되 피난구유도등이 설치된 출입구의 맞은편 복도에는 입체형으로 설치하거나 바닥에 설치할 것<br>② 구부러진 **모**퉁이 및 통로유도등을 기점으로 **보행거리 20m**마다 설치할 것<br>③ 바닥으로부터 **높**이 **1m** 이하의 위치에 설치할 것(단, **지하층** 또는 **무창층**의 용도가 **도매시장 · 소매시장 · 여객자동차터미널 · 지하역사** 또는 **지하상가**인 경우에는 복도 · 통로 중앙부분의 바닥에 설치)<br>④ **바**닥에 설치하는 통로유도등은 하중에 따라 파괴되지 않는 강도의 것으로 할 것<br>기억법 복복 모거높바 | ① **거실**의 **통로**에 설치할 것(단, 거실의 통로가 **벽체** 등으로 **구획**된 경우에는 **복도통로유도등** 설치)<br>② 구부러진 **모**퉁이 및 **보행거리 20m**마다 설치할 것<br>③ 바닥으로부터 **높**이 **1.5m** 이상의 위치에 설치할 것(단, **거실통로**에 **기둥**이 설치된 경우에는 기둥부분의 바닥으로부터 높이 **1.5m 이하**의 위치에 설치)<br>기억법 거통 모거높 | ① **각 층**의 **경사로참** 또는 **계단참**마다 설치할 것(단, 1개층에 경사로참 또는 계단참이 2 이상 있는 경우에는 2개의 계단참마다 설치할 것)<br>② 바닥으로부터 높이 **1m** 이하의 위치에 설치할 것<br>기억법 계경계1 |

# 7 비상조명등 · 휴대용 비상조명등

문제 527

「비상조명등의 화재안전기준」 및 「유도등의 형식승인 및 제품검사의 기술기준」에 의거하여 비상조명등 및 유도등은 적정한 조도를 유지하여야 하는데, 다음에 대하여 법으로 정한 조도기준에 대하여 기술하시오. (10점)

- ㅇ 비상조명등 :
- ㅇ 계단통로유도등 :
- ㅇ 복도통로유도등 :
- ㅇ 거실통로유도등 :
- ㅇ 객석유도등 :

정답 ① 비상조명등이 설치된 장소의 각 부분의 바닥에서 1lx 이상이 되도록 할 것
② 바닥면 또는 디딤바닥면으로부터 높이 2.5m의 위치에 그 유도등을 설치하고 그 유도등의 바로 밑으로부터 수평거리로 10m 떨어진 위치에서의 법선조도가 0.5lx 이상
③ 바닥면으로부터 1m 높이에 설치하고 그 유도등의 중앙으로부터 0.5m 떨어진 위치의 바닥면 조도와 유도등의 전면 중앙으로부터 0.5m 떨어진 위치의 조도가 1lx 이상이어야 한다. 단, 바닥면에 설치하는 통로유도등은 그 유도등의 바로 윗부분 1m의 높이에서 법선조도가 1lx 이상
④ 바닥면으로부터 2m 높이에 설치하고 그 유도등의 중앙으로부터 0.5m 떨어진 위치의 바닥면 조도와 유도등의 전면 중앙으로부터 0.5m 떨어진 위치의 조도가 1lx 이상이어야 한다. 단, 바닥면에 설치하는 통로유도등은 그 유도등의 바로 윗부분 1m의 높이에서 법선조도가 1lx 이상
⑤ 바닥면 또는 디딤바닥면에서 높이 0.5m의 위치에 설치하고 그 유도등의 바로 밑에서 0.3m 떨어진 위치에서의 수평조도가 0.2lx 이상

해설 **비상조명등**의 **조도기준**[비상조명등의 화재안전기준(NFPC 304 제4조 제①항 제2호, NFTC 304 2.1.1.2)]
조도는 비상조명등이 설치된 장소의 각 부분의 바닥에서 **1lx** 이상이 되도록 할 것

| **계단통로유도등**<br>(유도등의 형식승인 및 제품검사의 기술기준 제23조 제1호) | **복도통로유도등**<br>(유도등의 형식승인 및 제품검사의 기술기준 제23조 제2호) | **거실통로유도등**<br>(유도등의 형식승인 및 제품검사의 기술기준 제23조 제2호) | **객석유도등**<br>(유도등의 형식승인 및 제품검사의 기술기준 제23조 제3호) |
|---|---|---|---|
| 계단통로유도등은 바닥면 또는 디딤바닥면으로부터 높이 **2.5m**의 위치에 그 유도등을 설치하고 그 유도등의 바로 밑으로부터 수평거리로 **10m** 떨어진 위치에서의 법선조도가 **0.5lx** 이상이어야 한다. | 복도통로유도등은 바닥면으로부터 **1m** 높이에 설치하고 그 유도등의 중앙으로부터 **0.5m** 떨어진 위치(〔그림 1〕 또는 〔그림 2〕에서 정하는 위치)의 바닥면 조도와 유도등의 전면 중앙으로부터 **0.5m** 떨어진 위치의 조도가 **1lx** 이상이어야 한다(단, 바닥면에 설치하는 통로유도등은 그 유도등의 바로 윗부분 **1m**의 높이에서 법선조도가 **1lx** 이상이어야 한다). | 거실통로유도등은 바닥면으로부터 **2m** 높이에 설치하고 그 유도등의 중앙으로부터 **0.5m** 떨어진 위치(〔그림 1〕 또는 〔그림 2〕에서 정하는 위치)의 바닥면 조도와 유도등의 전면 중앙으로부터 **0.5m** 떨어진 위치의 조도가 **1lx** 이상이어야 한다(단, 바닥면에 설치하는 통로유도등은 그 유도등의 바로 윗부분 **1m**의 높이에서 법선조도가 **1lx** 이상이어야 한다). | 객석유도등은 바닥면 또는 디딤바닥면에서 높이 **0.5m**의 위치에 설치하고 그 유도등의 바로 밑에서 **0.3m** 떨어진 위치에서의 수평조도가 **0.2lx** 이상이어야 한다. |

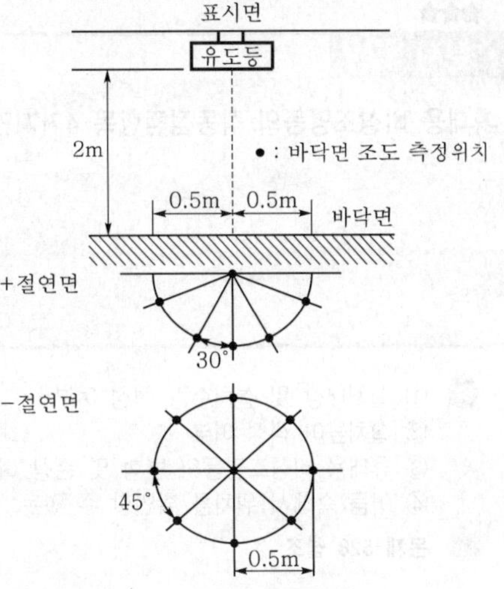


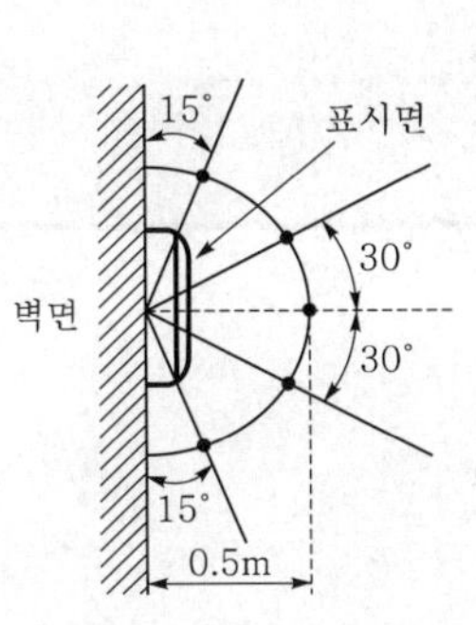


‖〔그림 1〕 복도통로유도등‖ ‖〔그림 2〕 거실통로유도등‖

☆☆
## 문제 528

비상조명등의 작동점검에 대하여 4가지를 쓰시오. (4점)

○
○
○
○

정답 ① 설치위치(거실, 지상에 이르는 복도·계단, 그 밖의 통로) 적정 여부
② 비상조명등 변형·손상 확인 및 정상 점등 여부
③ 예비전원 내장형의 경우 점검스위치 설치 및 정상작동 여부
④ 비상전원 성능 적정 및 상용전원 차단시 예비전원 자동전환 여부

해설 **소방시설 자체점검사항 등에 관한 고시 〔별지 제4호 서식〕**
**비상조명등의 작동점검**
(1) **설치위치**(거실, 지상에 이르는 복도·계단, 그 밖의 통로) 적정 여부
(2) 비상조명등 **변형·손상** 확인 및 정상 점등 여부
(3) **예비전원 내장형**의 경우 **점검스위치** 설치 및 정상작동 여부
(4) 비상전원 성능 적정 및 **상용전원 차단**시 **예비전원 자동전환** 여부

비교

**휴대용 비상조명등**의 **작동점검·종합점검**(소방시설 자체점검사항 등에 관한 고시 〔별지 제4호 서식〕)
(1) **설치대상** 및 **설치수량** 적정 여부
(2) 설치높이 적정 여부
(3) 휴대용 비상조명등의 **변형** 및 **손상** 여부
(4) **어둠** 속에서 위치를 확인할 수 있는 구조인지 여부
(5) 사용시 **자동**으로 점등되는지 여부
(6) **건전지**를 사용하는 경우 유효한 **방전 방지조치**가 되어 있는지 여부
(7) **충전식** 배터리의 경우에는 **상시 충전**되도록 되어 있는지의 여부

☆☆☆

## 문제 529

휴대용 비상조명등의 작동점검항목 4가지만 쓰시오. (4점)

○

○

○

○

정답 ① 설치대상 및 설치수량 적정 여부
② 설치높이 적정 여부
③ 휴대용 비상조명등의 변형 및 손상 여부
④ 어둠 속에서 위치를 확인할 수 있는 구조인지 여부

해설 **문제 528 참조**

☆☆

## 문제 530

비상조명등의 종합점검항목 6가지 쓰시오. (6점)

○

○

○

○

○

○

정답 ① 설치위치(거실, 지상에 이르는 복도·계단, 그 밖의 통로) 적정 여부
② 비상조명등 변형·손상 확인 및 정상 점등 여부
③ 조도 적정 여부
④ 예비전원 내장형의 경우 점검스위치 설치 및 정상작동 여부
⑤ 비상전원 종류 및 설치장소 기준 적합 여부
⑥ 비상전원 성능 적정 및 상용전원 차단시 예비전원 자동전환 여부

해설 **소방시설 자체점검사항 등에 관한 고시 〔별지 제4호 서식〕**
**비상조명등 및 휴대용 비상조명등의 종합점검**

| 구 분 | 점검항목 |
|---|---|
| 비상조명등 | ① **설치위치**(거실, 지상에 이르는 복도·계단, 그 밖의 통로) 적정 여부<br>② 비상조명등 **변형·손상** 확인 및 정상 점등 여부<br>❸ **조도** 적정 여부<br>④ **예비전원 내장형**의 경우 **점검스위치** 설치 및 정상작동 여부<br>❺ 비상전원 **종류** 및 **설치장소** 기준 적합 여부<br>⑥ 비상전원 성능 적정 및 **상용전원 차단시 예비전원 자동전환** 여부 |
| 휴대용 비상조명등 | ① 설치대상 및 설치수량 적정 여부<br>② 설치높이 적정 여부<br>③ 휴대용 비상조명등의 **변형** 및 **손상** 여부<br>④ 어둠 속에서 위치를 확인할 수 있는 구조인지 여부<br>⑤ 사용시 자동으로 점등되는지 여부<br>⑥ 건전지를 사용하는 경우 유효한 방전 방지조치가 되어 있는지 여부<br>⑦ 충전식 배터리의 경우에는 상시 충전되도록 되어 있는지의 여부 |

| | |
|---|---|
| 비고 | ※ 특정소방대상물의 위치·구조·용도 및 소방시설의 상황 등이 이 표의 항목대로 기재하기 곤란하거나 이 표에서 누락된 사항을 기재한다. |

※ "●"는 종합점검의 경우에만 해당

☆☆

## 문제 531

휴대용 비상조명등의 종합점검항목을 7가지 쓰시오. (7점)

○

○

○

○

○

○

○

정답 ① 설치대상 및 설치수량 적정 여부
② 설치높이 적정 여부
③ 휴대용 비상조명등의 변형 및 손상 여부
④ 어둠 속에서 위치를 확인할 수 있는 구조인지 여부
⑤ 사용시 자동으로 점등되는지 여부
⑥ 건전지를 사용하는 경우 유효한 방전 방지조치가 되어 있는지 여부
⑦ 충전식 배터리의 경우에는 상시 충전되도록 되어 있는지의 여부

해설 **문제 530 참조**

# 8 비상콘센트설비

☆

## 문제 532

「비상콘센트설비의 화재안전기준」에 의한 비상콘센트설비에서 저압, 고압, 특고압의 정의에 대하여 쓰시오. (6점)

○ 저압 :
○ 고압 :
○ 특고압 :

정답 ① 저압 : 직류 1.5kV 이하, 교류 1kV 이하인 것
② 고압 : 저압의 범위를 초과하고, 7kV 이하인 것
③ 특고압 : 7kV를 초과하는 것

해설 **비상콘센트설비**의 **화재안전기술기준**(NFTC 504 1.7)

| 용 어 | 정 의 |
|---|---|
| 저압 | 직류 **1.5kV** 이하, 교류 **1kV** 이하인 것 |
| 고압 | 저압의 범위를 초과하고, **7kV** 이하인 것 |
| 특고압 | **7kV**를 초과하는 것 |

☆☆

## 문제 533

비상콘센트설비의 상용전원회로의 배선은 다음의 경우에 어디에서 분기하여 전용배선으로 하는지를 설명하시오. (4점)

○ 저압수전인 경우 :
○ 특고압수전 또는 고압수전인 경우 :

정답 ① 인입개폐기 직후에서
② 전력용 변압기 2차측의 주차단기 1차측 또는 2차측에서

해설 **비상콘센트설비**의 **상용전원회로**의 **배선**[비상콘센트설비의 화재안전기준(NFPC 504 제4조, NFTC 504 2.1.1.1)]

(1) **저압수전**인 경우에는 **인입개폐기**의 **직후**에서 분기하여 **전용배선**으로 하여야 한다.

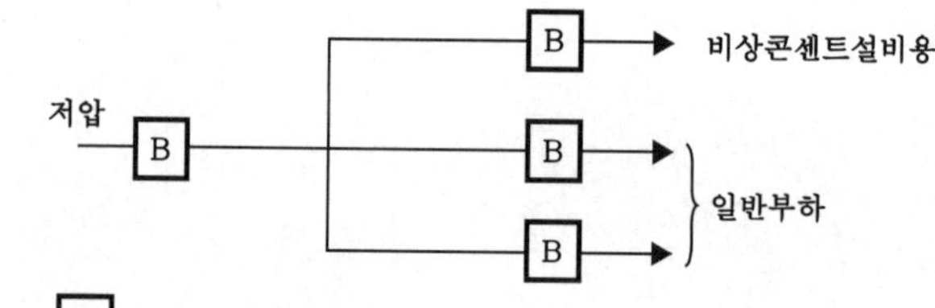


(2) **특고압수전** 또는 **고압수전**인 경우에는 전력용 변압기 2차측의 **주차단기 1차측** 또는 **2차측**에서 분기하여 **전용배선**으로 하여야 한다.

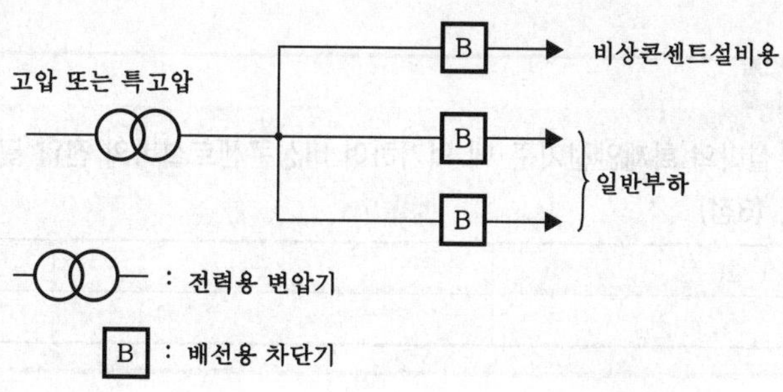


☆☆

## 문제 534

**「비상콘센트설비의 화재안전기준」에 의거하여 비상콘센트설비의 설치기준에 관한 다음 빈 칸을 완성하시오. (5점)**

○ 전원회로는 각 층에 있어서 ( ① )되도록 설치할 것. 다만, 설치하여야 할 층의 비상콘센트가 1개인 때에는 하나의 회로로 할 수 있다.

○ 전원회로는 ( ② )에서 전용회로로 할 것. 다만, 다른 설비의 회로의 사고에 따른 영향을 받지 않도록 되어 있는 것에 있어서는 그러하지 아니하다.

○ 콘센트마다 ( ③ )를 설치하여야 하며, ( ④ )가 노출되지 않도록 할 것

○ 하나의 전용회로에 설치하는 비상콘센트는 ( ⑤ ) 이하로 할 것

정답 ① 2 이상
② 주배전반
③ 배선용 차단기
④ 충전부
⑤ 10개

해설 **비상콘센트설비**의 설치기준[비상콘센트설비의 화재안전기준(NFPC 504 제4조, NFTC 504 2.1)]

| 구 분 | 전 압 | 공급용량 | 플러그접속기 |
|---|---|---|---|
| 단상교류 | 220V | 1.5kVA 이상 | 접지형 2극 |

(1) 하나의 전용회로에 설치하는 비상콘센트는 **10개** 이하로 할 것(전선의 용량은 최대 **3개**)

| 설치하는 비상콘센트 수량 | 전선의 용량산정시 적용하는 비상콘센트 수량 | 전선의 용량 |
|---|---|---|
| 1 | 1개 이상 | 1.5kVA 이상 |
| 2 | 2개 이상 | 3.0kVA 이상 |
| 3~10 | 3개 이상 | 4.5kVA 이상 |

(2) 전원회로는 각 층에 있어서 **2 이상**이 되도록 설치할 것(단, 설치하여야 할 층의 콘센트가 **1개**인 때에는 하나의 회로로 할 수 있다)
(3) 플러그접속기의 칼받이 접지극에는 **접지공사**를 하여야 한다.
(4) 풀박스는 **1.6mm** 이상의 철판을 사용할 것
(5) 절연저항은 **전원부**와 **외함** 사이를 **직류 500V 절연저항계**로 측정하여 **20MΩ** 이상일 것
(6) 전원으로부터 각 층의 비상콘센트에 분기되는 경우에는 **분기배선용 차단기**를 보호함 안에 설치할 것
(7) 바닥으로부터 **0.8~1.5m** 이하의 높이에 설치할 것
(8) 전원회로는 **주배전반**에서 **전용회로**로 하며, 배선의 종류는 **내화배선**이어야 한다.
(9) 콘센트마다 **배선용 차단기**를 설치하며, **충전부**가 노출되지 않도록 할 것

☆

## 문제 535

「비상콘센트설비의 화재안전기준」에 의거하여 비상콘센트설비의 전압 및 공급용량에 대한 다음의 표를 완성하시오. (3점)

| 회 로 | 전 압 | 공급용량 |
|---|---|---|
| | | |

| 회 로 | 전 압 | 공급용량 |
|---|---|---|
| 단상교류 | 220V | 1.5kVA 이상 |

해설 **문제 534 참조**

☆

## 문제 536

「비상콘센트설비의 화재안전기준」에 의거한 비상콘센트설비의 전원부와 외함 사이의 절연저항의 측정방법 및 절연내력의 시험방법에 대하여 설명하고 그 적합한 기준은 무엇인지를 설명하시오. (6점)

○ 절연저항의 측정방법 :

○ 절연내력의 시험방법 :

정답 ① 절연저항의 측정방법 : 직류 500V 절연저항계로 측정하여 20MΩ 이상

② 절연내력의 시험방법

㉠ 정격전압 150V 이하 : 1000V의 실효전압을 가하여 1분 이상 견딜 것

㉡ 정격전압 150V 이상 : 정격전압에 2를 곱하여 1000을 더한 실효값을 가하여 1분 이상 견딜 것

해설 비상콘센트설비의 전원부와 외함 사이의 절연저항 및 절연내력 적합기준[비상콘센트설비의 화재안전기준(NFPC 504 제4조 제⑥항, NFTC 504 2.1.6)]

(1) 절연저항은 전원부와 외함 사이를 **500V 절연저항계**로 측정할 때 **20MΩ** 이상일 것

(2) 절연내력은 전원부와 외함 사이에 정격전압이 **150V 이하**인 경우에는 **1000V**의 실효전압을, 정격전압이 **150V** 이상인 경우에는 그 정격전압에 **2**를 **곱하여 1000**을 **더한 실효전압**을 가하는 시험에서 **1분** 이상 견디는 것으로 할 것

☆☆☆

## 문제 537

「비상콘센트설비의 화재안전기준」에 의거하여 비상콘센트설비 중 연면적 2000m² 이상 7층 건물에 사용하는 비상전원에 대한 다음 각 물음에 답하시오. (4점)

(가) 어떤 전원설비를 사용하여야 하는지 2가지만 쓰시오. (2점)

○

○

(나) 비상콘센트설비의 전원부와 외함 사이의 절연저항의 측정방법에 대하여 쓰시오. (2점)

정답 (가) ① 자가발전설비

② 비상전원수전설비

(나) 직류 500V 절연저항계로 측정하여 20MΩ 이상

해설 (가) **각 설비**의 **비상전원 종류** 및 **용량**

| 설 비 | 비상전원 | 비상전원용량 |
|---|---|---|
| • 자동화재**탐**지설비 | • **축**전지설비<br>• 전기저장장치 | • **10분** 이상(30층 미만)<br>• **30분** 이상(30층 이상) |
| • 비상**방**송설비 | • 축전지설비<br>• 전기저장장치 | |
| • 비상**경**보설비 | • 축전지설비<br>• 전기저장장치 | • **10분** 이상 |
| • **유**도등 | • 축전지설비 | • **20분** 이상<br>※ 예외규정 : **60분** 이상<br>(1) **11층** 이상(지하층 제외)<br>(2) 지하층 · 무창층으로서 **도매시장 · 소매시장 · 여객자동차터미널 · 지하철역사 · 지하상가** |
| • **무**선통신보조설비 | 명시하지 않음 | • **30분** 이상<br>기억법 **탐경유방무축** |
| • 비상콘센트설비 | • 자가발전설비<br>• 축전지설비<br>• 비상전원수전설비<br>• 전기저장장치 | • **20분** 이상 |
| • **스**프링클러설비<br>• **미**분무소화설비 | • **자**가발전설비<br>• **축**전지설비<br>• **전**기저장장치<br>• 비상전원**수**전설비(차고 · 주차장으로서 스프링클러설비(또는 미분무소화설비)가 설치된 부분의 바닥면적 합계가 1000m² 미만인 경우) | • **20분** 이상(30층 미만)<br>• **40분** 이상(30~49층 이하)<br>• **60분** 이상(50층 이상)<br>기억법 **스미자 수전축** |
| • 포소화설비 | • 자가발전설비<br>• 축전지설비<br>• 전기저장장치<br>• 비상전원수전설비<br>– 호스릴포소화설비 또는 포소화전만을 설치한 차고 · 주차장<br>– 포헤드설비 또는 고정포방출설비가 설치된 부분의 바닥면적(스프링클러설비가 설치된 차고 · 주차장의 바닥면적 포함)의 합계가 1000m² 미만인 것 | • **20분** 이상 |
| • **간**이스프링클러설비 | • 비상전원**수**전설비 | • **10분**(숙박시설 바닥면적 합계 300~600m² 미만, 근린생활시설 바닥면적 합계 1000m² 이상, 복합건축물 연면적 1000m² 이상은 **20분**) 이상<br>기억법 **간수** |
| • 옥내소화전설비<br>• 연결송수관설비<br>• 특별피난계단의 계단실 및 부속실 제연설비 | • 자가발전설비<br>• 축전지설비<br>• 전기저장장치 | • **20분** 이상(30층 미만)<br>• **40분** 이상(30~49층 이하)<br>• **60분** 이상(50층 이상) |
| • 제연설비<br>• 분말소화설비<br>• 이산화탄소 소화설비<br>• 물분무소화설비<br>• 할론소화설비<br>• 할로겐화합물 및 불활성기체 소화설비<br>• 화재조기진압용 스프링클러설비 | • 자가발전설비<br>• 축전지설비<br>• 전기저장장치 | • **20분** 이상 |

| | | |
|---|---|---|
| • 비상조명등 | • 자가발전설비<br>• 축전지설비<br>• 전기저장장치 | • **20분** 이상<br>※ 예외규정 : **60분** 이상<br>(1) **11층** 이상(지하층 제외)<br>(2) 지하층 · 무창층으로서 **도매시장 · 소매시장 · 여객자동차터미널 · 지하철역사 · 지하상가** |
| • 시각경보장치 | • 축전지설비<br>• 전기저장장치 | 명시하지 않음 |

(나) **절연저항시험**(절대! 절대! 중요)

| 절연저항계 | 절연저항 | 대 상 |
|---|---|---|
| 직류 250V | 0.1MΩ 이상 | • 1경계구역의 절연저항 |
| 직류 500V | 5MΩ 이상 | • 누전경보기<br>• 가스누설경보기<br>• 수신기<br>• 자동화재속보설비<br>• 비상경보설비<br>• 유도등(교류입력측과 외함 간 포함)<br>• 비상조명등(교류입력측과 외함 간 포함) |
| | 20MΩ 이상 | • 경종<br>• 발신기<br>• 중계기<br>• 비상콘센트<br>• 기기의 절연된 선로 간<br>• 기기의 충전부와 비충전부 간<br>• 기기의 교류입력측과 외함 간(유도등 · 비상조명등 제외) |
| | 50MΩ 이상 | • 감지기(정온식 감지선형 감지기 제외)<br>• 가스누설경보기(10회로 이상)<br>• 수신기(10회로 이상) |
| | 1000MΩ 이상 | • 정온식 감지선형 감지기 |

☆☆☆

## 문제 538

**11층 건물의 비상콘센트설비에 종합점검을 실시하려고 한다. 「비상콘센트설비의 화재안전기준」에 의하여 다음 각 물음에 답하시오. (18점)**

(가) 원칙적으로 설치하여야 할 비상전원의 종류 2가지를 쓰시오. (4점)

○

○

(나) 전원회로의 공급용량 종류를 쓰시오. (2점)

(다) 11층에 비상콘센트를 5개 설치하였다. 전원회로의 최소회로수는? (3점)

(라) 비상콘센트의 바닥으로부터 설치높이는 몇 m 이상 몇 m 이하이어야 하는가? (3점)

(마) 비상콘센트 보호함의 설치기준 3가지를 쓰시오. (6점)

○

○

○

정답 (가) ① 자가발전설비
② 비상전원수전설비

(나) 단상교류 : 1.5kVA 이상

(다) 단상교류 5회로
(라) 0.8m 이상 1.5m 이하
(마) ① 쉽게 개폐할 수 있는 문 설치
② 표면에 '비상콘센트'라고 표시
③ 상부에 적색표시등 설치(단, 보호함을 옥내소화전함 등과 함께 설치하는 경우 옥내소화전함 등의 표시등과 겸용 가능)

해설 (가) **문제 537 참조**

(나) **비상콘센트설비**의 **전원 및 콘센트 등**의 **설치기준**[비상콘센트설비의 화재안전기준(NFPC 504 제4조, NFTC 504 2.1)]

| 구 분 | 전 압 | 공급용량 | 플러그접속기 |
|---|---|---|---|
| 단상교류 | 220V | 1.5kVA 이상 | 접지형 2극 |

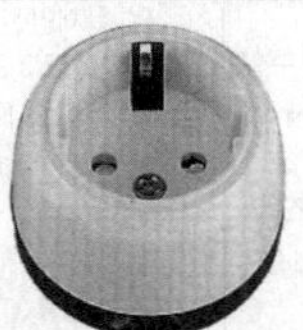
▮ 접지형 2극 플러그접속기 ▮

① 하나의 전용회로에 설치하는 비상콘센트는 **10개** 이하로 할 것(전선의 용량은 최대 **3개**)

| 설치하는 비상콘센트 수량 | 전선의 용량산정시 적용하는 비상콘센트 수량 | 전선의 용량 |
|---|---|---|
| 1 | 1개 이상 | 1.5kVA 이상 |
| 2 | 2개 이상 | 3.0kVA 이상 |
| 3~10 | 3개 이상 | 4.5kVA 이상 |

② 전원회로는 각 층에 있어서 **2 이상**이 되도록 설치할 것(단, 설치하여야 할 층의 콘센트가 **1개**인 때에는 하나의 회로로 할 수 있다)
③ 플러그접속기의 칼받이 접지극에는 **접지공사**를 하여야 한다.
④ 풀박스는 **1.6mm** 이상의 철판을 사용할 것
⑤ 절연저항은 **전원부**와 **외함** 사이를 **직류 500V 절연저항계**로 측정하여 **20MΩ** 이상일 것
⑥ 전원으로부터 각 층의 비상콘센트에 분기되는 경우에는 **분기배선용 차단기**를 보호함 안에 설치할 것
⑦ 바닥으로부터 **0.8~1.5m** 이하의 높이에 설치할 것
⑧ 전원회로는 주배전반에서 **전용회로**로 하며, 배선의 종류는 **내화배선**이어야 한다.
⑨ 콘센트마다 배선용 차단기를 설치하며, 충전부가 노출되지 않도록 할 것

※ **풀박스**(pull box) : 배관이 긴 곳 또는 굴곡부분이 많은 곳에서 시공을 용이하게 하기 위하여 배선 도중에 사용하여 전선을 끌어들이기 위한 박스

용어

**비상콘센트설비**(emergency consent system)
화재시 소화활동 등에 필요한 전원을 전용회선으로 공급하는 설비

(다)
※ 비상콘센트는 **11층 이상**에 설치하며, 문제에서는 11층에 비상콘센트가 **5개** 설치되어 있으므로 이처럼 한 개의 층에 비상콘센트가 여러 개 설치되어 있을 경우에는 비상콘센트마다 별도의 회로로 구성하여야 하므로 **단상교류 5회로**가 필요하다.

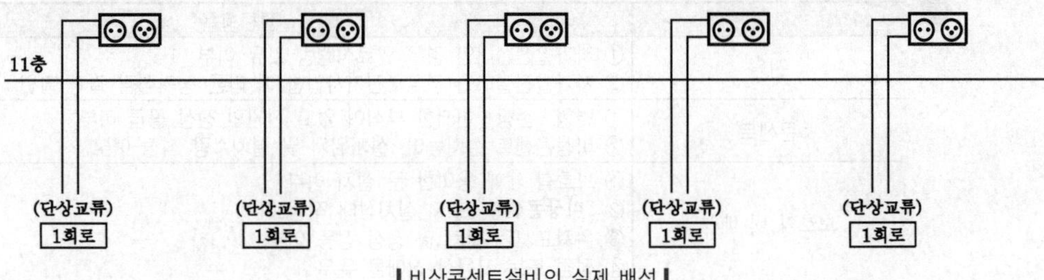

▮ 비상콘센트설비의 실제 배선 ▮

(라) **설치높이**

| 설 비 | 설치높이 |
|---|---|
| 기타 설비 | 0.8~1.5m 이하 |
| 시각경보장치 | 2~2.5m 이하 |

중요

**소방기계시설**의 **설치높이**

| 0.5~1m 이하 | 0.8~1.5m 이하 | 1.5m 이하 |
|---|---|---|
| ① **연**결송수관설비의 송수구[연결송수관설비의 화재안전기준(NFPC 502 제4조, NFTC 502 2.1.1.2)]<br>② **연**결살수설비의 송수구[연결살수설비의 화재안전기준(NFPC 503 제4조, NFTC 503 2.1.1.5)]<br>③ **소**화**용**수설비의 채수구[소화수조 및 저수조의 화재안전기준(NFPC 402 제4조, NFTC 402 2.1.3.2.2)]<br>기억법 **연소용 51(연소용 오일은 잘 탄다.)** | ① **제**어밸브(일제개방밸브·개폐표시형 밸브·수동조작부)[스프링클러설비의 화재안전기준(NFPC 103 제15조, NFTC 103 2.12.2.2)]<br>② **유**수검지장치[스프링클러설비의 화재안전기준(NFPC 103 제6조, NFTC 103 2.3.1.4)]<br>기억법 **제유 85(제가 유일하게 팔았어요.)** | ① **옥내**소화전설비의 방수구[옥내소화전설비의 화재안전기준(NFPC 102 제7조, NFTC 102 2.4.2.2)]<br>② **호**스릴함[포소화설비의 화재안전기준(NFPC 105 제12조, NFTC 105 2.9.3.4)]<br>③ **소**화기구[소화기구 및 자동소화장치의 화재안전기준(NFPC 101 제4조, NFTC 101 2.1.1.6)]<br>기억법 **옥내호소 5(옥내에서 호소하시오.)** |

(마) **비상콘센트 보호함**의 **설치기준**[비상콘센트설비의 화재안전기준(NFPC 504 제5조, NFTC 504 2.2.1)]

① 보호함에는 쉽게 **개**폐할 수 있는 문을 설치할 것
② 비상콘센트의 보호함 표면에 "**비상콘센트**"라고 표시한 **표**지를 할 것
③ 비상콘센트의 보호함 **상부**에 **적색**의 **표시등**을 설치할 것(단, 비상콘센트의 보호함을 **옥내소화전함** 등과 접속하여 설치하는 경우에는 **옥내소화전함** 등의 표시등과 겸용할 수 있다).

기억법 **개표적 콘보**

▌비상콘센트 보호함▌

☆☆
## 문제 539

**비상콘센트설비의 작동점검항목을 3가지로 구분하여 기술하시오. (6점)**
○
○
○

정답

| 구 분 | 점검항목 |
|---|---|
| 전원 | ① 자가발전설비인 경우 연료적정량 보유 여부<br>② 자가발전설비인 경우 「전기사업법」에 따른 정기점검 결과 확인 |
| 콘센트 | ① 변형·손상·현저한 부식이 없고 전원의 정상 공급 여부<br>② 비상콘센트 설치높이, 설치위치 및 설치수량 적정 여부 |
| 보호함 및 배선 | ① 보호함 개폐 용이한 문 설치 여부<br>② "**비상콘센트**" 표지 설치상태 적정 여부<br>③ 위치표시등 설치 및 정상 점등 여부<br>④ 점검 또는 사용상 장애물 유무 |

해설 **소방시설 자체점검사항 등에 관한 고시 〔별지 제4호 서식〕**
**비상콘센트설비의 작동점검**

| 구 분 | 점검항목 |
|---|---|
| 전원 | ① 자가발전설비인 경우 연료적정량 보유 여부<br>② 자가발전설비인 경우 「전기사업법」에 따른 **정기점검** 결과 확인 |
| 콘센트 | ① **변형·손상**·현저한 **부식**이 없고 **전원**의 정상 공급 여부<br>② 비상콘센트 설치**높이**, 설치**위치** 및 설치**수량** 적정 여부 |
| 보호함 및 배선 | ① 보호함 개폐 용이한 **문** 설치 여부<br>② "**비상콘센트**" 표지 설치상태 적정 여부<br>③ **위치표시등** 설치 및 정상 점등 여부<br>④ **점검** 또는 사용상 **장애물** 유무 |
| 비고 | ※ 특정소방대상물의 위치·구조·용도 및 소방시설의 상황 등이 이 표의 항목대로 기재하기 곤란하거나 이 표에서 누락된 사항을 기재한다. |

☆☆

## 문제 540

비상콘센트설비에서 전원의 종합점검항목을 4가지 쓰시오. (4점)

○
○
○
○

정답 ① 상용전원 적정 여부
② 비상전원 설치장소 적정 및 관리 여부
③ 자가발전설비인 경우 연료적정량 보유 여부
④ 자가발전설비인 경우 「전기사업법」에 따른 정기점검 결과 확인

해설 **소방시설 자체점검사항 등에 관한 고시 〔별지 제4호 서식〕**
**비상콘센트설비의 종합점검**

| 구 분 | 점검항목 |
|---|---|
| 전원 | ❶ 상용전원 적정 여부<br>❷ 비상전원 설치장소 적정 및 관리 여부<br>③ 자가발전설비인 경우 연료적정량 보유 여부<br>④ 자가발전설비인 경우 「전기사업법」에 따른 정기점검 결과 확인 |
| 전원회로 | ❶ 전원회로방식(**단상**교류 220V) 및 공급용량(1.5kVA 이상) 적정 여부<br>❷ 전원회로 설치개수(각 층에 **2 이상**) 적정 여부<br>❸ 전용 전원회로 사용 여부<br>❹ 1개 전용회로에 설치되는 비상콘센트 수량 적정(**10개 이하**) 여부<br>❺ 보호함 내부에 **분기배선용 차단기** 설치 여부 |
| 콘센트 | ① **변형·손상**·현저한 **부식**이 없고 전원의 정상 공급 여부<br>❷ 콘센트별 배선용 차단기 설치 및 충전부 노출 방지 여부<br>③ 비상콘센트 설치**높이**, 설치**위치** 및 설치**수량** 적정 여부 |
| 보호함 및 배선 | ① 보호함 개폐 용이한 **문** 설치 여부<br>② "**비상콘센트**" 표지 설치상태 적정 여부<br>③ **위치표시등** 설치 및 정상 점등 여부<br>④ **점검** 또는 사용상 **장애물** 유무 |
| 비고 | ※ 특정소방대상물의 위치·구조·용도 및 소방시설의 상황 등이 이 표의 항목대로 기재하기 곤란하거나 이 표에서 누락된 사항을 기재한다. |

※ "●"는 종합점검의 경우에만 해당

★★★

## 문제 541

비상콘센트설비에서 콘센트의 종합점검항목을 3가지 쓰시오. (3점)

○

○

○

정답 ① 변형・손상・현저한 부식이 없고 전원의 정상 공급 여부
② 콘센트별 배선용 차단기 설치 및 충전부 노출 방지 여부
③ 비상콘센트 설치높이, 설치위치 및 설치수량 적정 여부

해설 **문제 540 참조**

★★

## 문제 542

비상콘센트설비에서 보호함 및 배선의 종합점검항목을 4가지 쓰시오. (4점)

○

○

○

○

정답 ① 보호함 개폐 용이한 문 설치 여부
② "비상콘센트" 표지 설치상태 적정 여부
③ 위치표시등 설치 및 정상 점등 여부
④ 점검 또는 사용상 장애물 유무

해설 **문제 540 참조**

# 9 무선통신보조설비

☆ 문제 543

무선통신보조설비의 방식 중 3가지에 대해 간략하게 설명하시오. (6점)

○

○

○

정답 ① 누설동축케이블 방식 : 동축케이블과 누설동축케이블을 조합한 것
② 안테나방식 : 동축케이블과 안테나를 조합한 것
③ 누설동축케이블과 안테나의 혼합방식 : 누설동축케이블방식과 안테나방식을 혼합한 것

해설 **무선통신보조설비**의 **종류**(방식)

(1) **누설동축케이블방식**

| 구 분 | 설 명 |
|---|---|
| 뜻 | 동축케이블과 누설동축케이블을 조합한 것 |
| 특징 | ① 터널, 지하철역 등 폭이 좁고 긴 지하가나 건물 내부에 적합<br>② **전파**를 **균일**하고 **광범위**하게 방사<br>③ 케이블 외부에 노출되므로 **유지보수 용이** |
| 계통도<br>(개념도) | 접속단자함 / 분배기 / ECX 동축케이블 / 커넥터 / LCX 누설동축케이블 / 종단저항<br>▮누설동축케이블방식▮ |

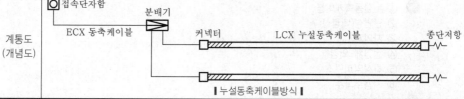

(2) **안테나방식**

| 구 분 | 설 명 |
|---|---|
| 뜻 | 동축케이블과 안테나를 조합한 것 |
| 특징 | ① 장애물이 적은 대강당이나 극장 등에 적합<br>② 말단에서는 전파의 강도가 떨어져서 통화의 어려움이 있음<br>③ 누설동축케이블방식보다 **경제적**<br>④ 케이블을 반자 내에 은폐할 수 있으므로 **화재**의 **영향**이 적고 **미관**을 해치지 않음 |
| 계통도<br>(개념도) | 접속단자함 / 분배기 / ECX 동축케이블 / ECX 동축케이블 / 안테나 / 안테나<br>▮안테나방식▮ |

(3) **누설동축케이블**과 **안테나**의 **혼합방식**

| 구 분 | 설 명 |
|---|---|
| 뜻 | 누설동축케이블방식과 안테나방식을 혼합한 것 |
| 계통도<br>(개념도) | 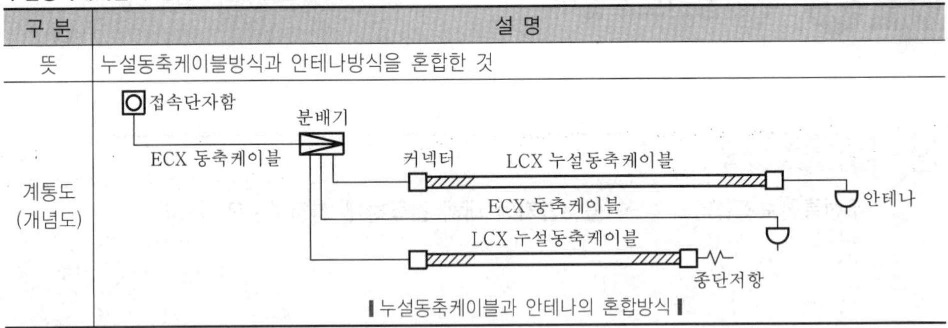<br>▮누설동축케이블과 안테나의 혼합방식▮ |

☆

문제 544

무선통신보조설비의 누설동축케이블의 기호를 보기에서 찾아쓰시오. (6점)

LCX - FR - SS - 20 D - 14 6
① ② ③ ④ ⑤ ⑥ ⑦

〔보기〕 누설동축케이블, 난연성(내열성), 자기지지, 절연체 외경, 특성임피던스, 사용주파수

예) ⑦ 결합손실 표시

정답
① 누설동축케이블
② 난연성(내열성)
③ 자기지지
④ 절연체 외경
⑤ 특성임피던스
⑥ 사용주파수

해설 **누설동축케이블**

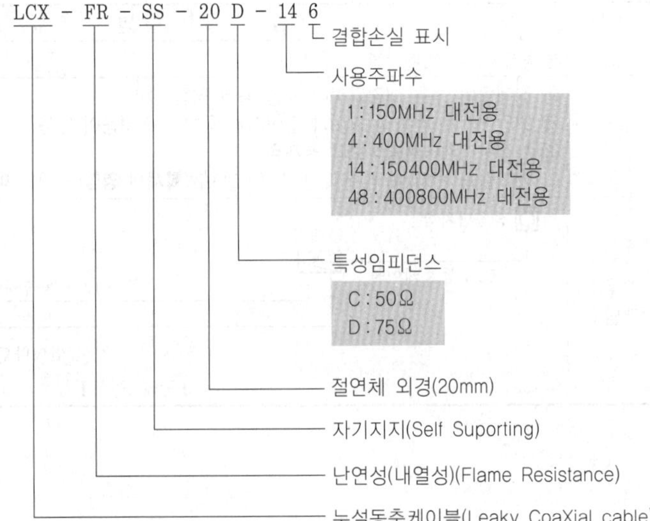

중요

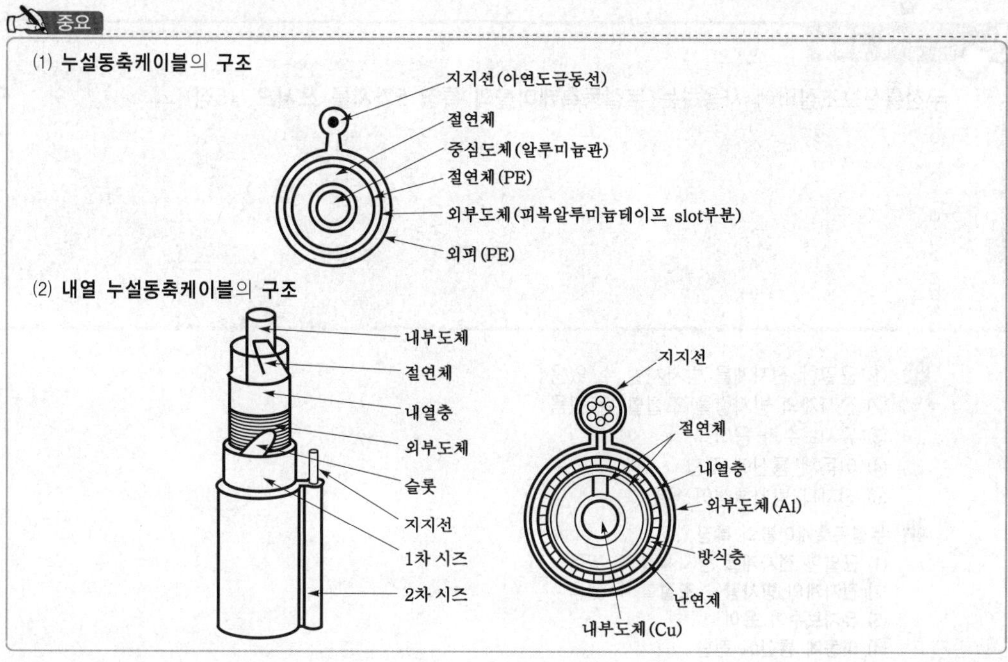




☆

## 문제 545

무선통신보조설비에서 전력을 최대로 전달하기 위하여 적용하는 Grading에 대하여 설명하시오. (6점)

정답 케이블의 전송손실에 의한 수신레벨의 저하폭을 적게 하기 위하여 결합손실이 다른 누설동축케이블을 단계적으로 접속하는 것

해설 **Grading**

(1) 케이블의 전송손실에 의한 **수신레벨**의 **저하폭**을 적게 하기 위하여 결합손실이 **다른** 누설동축케이블을 **단계적**으로 접속하는 것
(2) 동축케이블 신호는 케이블을 따라 전파되면서 전송거리에 따라 신호가 약해지는데 이러한 손실에 대한 보상이 필요하다. 누설동축케이블은 중계기나 증폭기를 설치하는 대신 신호레벨이 낮은 곳에 결합손실이 작은 케이블을 접속하여 원하는 전송거리를 얻을 수 있는데 이러한 신호레벨을 평준화하는 것
(3) 누설동축케이블의 전송레벨을 케이블을 따라 전파되어 가면서 점차적으로 감소한다. 만일 결합손실이 같은 누설동축케이블을 사용한다면 수신레벨도 전송레벨과 같이 케이블을 따라 전파되어 가면서 점차적으로 감소한다.
(4) 누설동축케이블의 전체 부분에서 어느 정도 일정한 **수신레벨**이 **유지**되도록 하는 것
(5) 수신레벨이 **높은 곳**에는 **결합손실이 큰 케이블**을 사용하고, 수신레벨이 **낮은 곳**에는 **결합손실이 작은 케이블**을 사용할 것

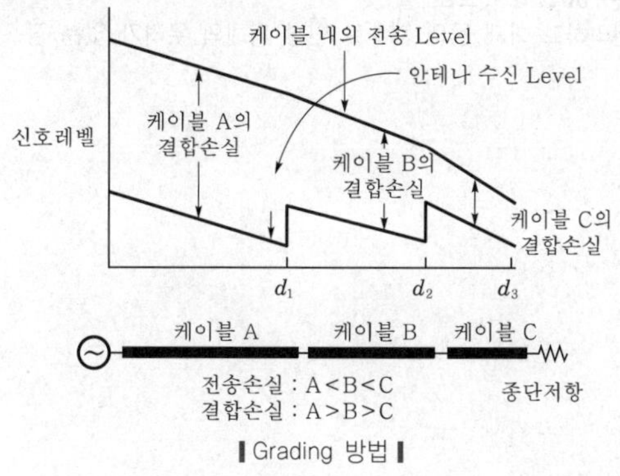


❙Grading 방법❙

☆ 문제 546

무선통신보조설비에 사용하는 누설동축케이블의 특징 5가지를 쓰시오. (5점)

○

○

○

○

○

정답 ① 균일한 전자계를 방사시킬 수 있음
② 전자계의 방사량을 조절할 수 있음
③ 유지보수가 용이
④ 이동체 통신에 적합
⑤ 전자파 방사특성이 우수

해설 **누설동축케이블**의 **특징**
(1) **균일**한 **전자계**를 방사시킬 수 있음
(2) **전자계**의 **방사량**을 **조절**할 수 있음
(3) **유지보수**가 **용이**
(4) **이동체 통신**에 적합
(5) **전자파 방사특성**이 **우수**

☆ 문제 547

「무선통신보조설비의 화재안전기준」에 의거하여 분배기, 분파기 및 혼합기의 설치기준 3가지를 쓰시오. (6점)

○

○

○

정답 ① 먼지·습기 및 부식 등에 따라 기능에 이상을 가져오지 않도록 할 것
② 임피던스는 50Ω의 것으로 할 것
③ 점검에 편리하고 화재 등의 재해로 인한 피해의 우려가 없는 장소에 설치할 것

해설 **분배기, 분파기 및 혼합기 등**의 **설치기준**[무선통신보조설비의 화재안전기준(NFPC 505 제7조, NFTC 505 2.4.1)]
(1) **먼지·습기** 및 **부식** 등에 따라 기능에 이상을 가져오지 않도록 할 것
(2) 임피던스는 **50**Ω의 것으로 할 것
(3) 점검에 편리하고 화재 등의 재해로 인한 피해의 우려가 없는 장소에 설치할 것

☆

문제 548

「무선통신보조설비의 화재안전기준」에 의거하여 옥외안테나의 설치기준 4가지를 쓰시오. (10점)
○
○
○
○

정답 ① 건축물, 지하가, 터널 또는 공동구의 출입구(「건축법 시행령」 제39조에 따른 출구 또는 이와 유사한 출입구) 및 출입구 인근에서 통신이 가능한 장소에 설치할 것
② 다른 용도로 사용되는 안테나로 인한 통신장애가 발생하지 않도록 설치할 것
③ 옥외안테나는 견고하게 설치하며 파손의 우려가 없는 곳에 설치하고 그 가까운 곳의 보기 쉬운 곳에 "무선통신보조설비 안테나"라는 표시와 함께 통신가능거리를 표시한 표지를 설치할 것
④ 수신기가 설치된 장소 등 사람이 상시 근무하는 장소에는 옥외안테나의 위치가 모두 표시된 옥외안테나 위치표시도를 비치할 것

해설 **옥외안테나**의 **설치기준**[무선통신보조설비의 화재안전기준(NFPC 505 제6조, NFTC 505 2.3)]
(1) **건축물**, **지하가**, **터널** 또는 **공동구**의 **출입구**(「건축법 시행령」 제39조에 따른 출구 또는 이와 유사한 출입구) 및 출입구 인근에서 통신이 가능한 장소에 설치할 것
(2) 다른 용도로 사용되는 **안테나**로 인한 **통신장애**가 발생하지 않도록 설치할 것
(3) **옥외안테나**는 견고하게 설치하며 파손의 우려가 없는 곳에 설치하고 그 가까운 곳의 보기 쉬운 곳에 "**무선통신보조설비 안테나**"라는 표시와 함께 통신가능거리를 표시한 표지를 설치할 것
(4) 수신기가 설치된 장소 등 사람이 상시 근무하는 장소에는 **옥외안테나**의 위치가 모두 표시된 옥외안테나 위치표시도를 비치할 것

☆

문제 549

무선통신보조설비의 점검기구 2가지를 쓰시오. (4점)
○
○

정답 ① 무선기
② 전류전압측정계

해설 **소방시설 설치 및 관리에 관한 법률 시행규칙 [별표 3]**
**무선통신보조설비의 점검기구 사용법**

| 소방시설 | 장비(점검기구명) | 규 격 |
|---|---|---|
| 무선통신보조설비 | 무선기 | 통화시험용 |

**▌무선기▐**

| 구 분 | | 설 명 |
|---|---|---|
| 용도 | | 무선통신보조설비의 **통화시험용** 기구 |
| 사용법 | 송신 | ① 채널선택버튼을 **원하는 채널**로 **변경**<br>② **PTT**를 **누르고** 입에서 **마이크**를 2.5~5cm 가량 떼어 말할 것<br>③ 송신이 끝나면 **PTT**를 **놓을 것** |
| | 수신 | ① 기기의 **전원 ON**<br>② 음량 조절<br>③ 원하는 **채널**로 **조정**<br>④ 수신이 되면 조절된 음량 크기로 수신이 됨 |

☆

## 문제 550

무선통신보조설비의 점검기구 중 무선기의 사용법을 송신할 때와 수신할 때를 구분하여 설명하시오. (6점)

정답

| 구 분 | 설 명 |
|---|---|
| 송신 | ① 채널선택버튼을 원하는 채널로 변경<br>② PTT를 누르고 입에서 마이크를 2.5~5cm 가량 떼어 말할 것<br>③ 송신이 끝나면 PTT를 놓을 것 |
| 수신 | ① 기기의 전원 ON<br>② 음량 조절<br>③ 원하는 채널로 조정<br>④ 수신이 되면 조절된 음량 크기로 수신이 됨 |

해설 **문제 549 참조**

☆

## 문제 551

무선통신보조설비에서 분배기·분파기 혼합기의 종합점검내용을 2가지 쓰시오. (2점)

○

○

정답 ① 먼지·습기·부식 등에 의한 기능 이상 여부
② 설치장소 적정 및 관리 여부

해설 **소방시설 자체점검사항 등에 관한 고시 〔별지 제4호 서식〕**
**무선통신보조설비의 종합점검**
(1) 먼지·습기·부식 등에 의한 기능 이상 여부
(2) 설치장소 적정 및 관리 여부

☆☆☆

## 문제 552

무선통신보조설비에서 증폭기 및 무선중계기의 종합점검항목을 3가지만 쓰시오. (3점)

○

○

○

정답 ① 상용전원 적정 여부
② 전원표시등 및 전압계 설치상태 적정 여부
③ 증폭기 비상전원 부착 상태 및 용량 적정 여부

해설 **소방시설 자체점검사항 등에 관한 고시 〔별지 제4호 서식〕**
**무선통신보조설비의 종합점검**

| 구 분 | 점검항목 |
|---|---|
| 누설동축케이블 등 | ① **피난** 및 **통행** 지장 여부(노출하여 설치한 경우)<br>❷ **케이블** 구성 적정(누설동축케이블+안테나 또는 동축케이블+안테나) 여부<br>❸ **지지금구** 변형·손상 여부<br>❹ **누설동축케이블** 및 **안테나** 설치 적정 및 변형·손상 여부<br>❺ 누설동축케이블 말단 **'무반사 종단저항'** 설치 여부 |
| 무선기기 접속단자, 옥외안테나 | ① **설치장소**(소방활동 용이성, 상시 근무장소) 적정 여부<br>❷ 단자 설치**높이** 적정 여부<br>❸ 지상 접속**단자** 설치거리 적정 여부<br>❹ 접속단자 **보호함** 구조 적정 여부<br>⑤ 접속단자 보호함 **"무선기기 접속단자"** 표지 설치 여부<br>⑥ 옥외안테나 통신장애 발생 여부<br>⑦ 안테나 설치 적정(견고함, 파손우려) 여부<br>⑧ 옥외안테나에 **"무선기기보조설비 안테나"** 표지 설치 여부<br>⑨ 옥외안테나 통신가능거리 표지 설치 여부<br>⑩ 수신기 설치장소 등에 옥외안테나 위치표시도 비치 여부 |
| 분배기, 분파기, 혼합기 | ❶ **먼지, 습기, 부식** 등에 의한 기능 이상 여부<br>❷ 설치장소 적정 및 관리 여부 |
| 증폭기 및 무선중계기 | ❶ 상용전원 적정 여부<br>② **전원표시등** 및 **전압계** 설치상태 적정 여부<br>❸ 증폭기 비상전원 부착 상태 및 용량 적정 여부<br>④ **적합성** 평가결과 임의 변경 여부 |
| 기능점검 | ● 무선통신 가능 여부 |
| 비고 | ※ 특정소방대상물의 위치·구조·용도 및 소방시설의 상황 등이 이 표의 항목대로 기재하기 곤란하거나 이 표에서 누락된 사항을 기재한다. |

※ "●"는 종합점검의 경우에만 해당

## 문제 553

「무선통신보조설비의 화재안전기준」에 의거하여 무선통신보조설비를 설치하지 아니할 수 있는 경우의 특정소방대상물의 조건을 쓰시오. (4점)

정답 지하층으로서 특정소방대상물의 바닥부분 2면 이상이 지표면과 동일하거나 지표면으로부터의 깊이가 1m 이하인 경우의 해당층

해설 **무선통신보조설비**의 **설치제외장소**[무선통신보조설비의 화재안전기준(NFPC 505 제4조, NFTC 505 2.1.1)]
**지하층**으로서 **특**정소방대상물의 바닥부분 **2면** 이상이 지표면과 동일하거나 지표면으로부터의 깊이가 **1m** 이하인 경우에는 해당층에 한해 무선통신보조설비를 설치하지 아니할 수 있다.

기억법 무지특2(**무지**한 사람이 **특이**하게 생겼다.)

비교

(1) **피난구유도등**의 **설치제외장소**[유도등 및 유도표지의 화재안전기준(NFPC 303 제11조, NFTC 303 2.8.1)]
① 바닥면적이 **1000**$m^2$ 미만인 층으로서 옥내로부터 **직**접 지상으로 통하는 출입구(외부의 식별이 용이한 경우)
② 대각선 길이가 15m 이내인 구획된 실의 출입구
③ 거실 각 부분으로부터 하나의 출입구에 이르는 보행거리가 **2**0m 이하이고 비상**조**명등과 유도**표**지가 설치된 거실의 출입구

④ **출**입구가 **3** 이상 있는 거실로서 그 거실 각 부분으로부터 하나의 출입구에 이르는 **보**행거리가 **3**0m 이하인 경우에는 주된 출입구 **2개소** 외의 유도표지가 부착된 출입구(단, **공**연장 · **집**회장 · **관**람장 · **전**시장 · **판**매시설 · **운**수시설 · **숙**박시설 · **노**유자시설 · **의**료시설 · **장**례식장의 경우 제외)

기억법 1000직섭 2조표 출3보3 2개소 집공장의 노숙판 운관전

(2) **비상조명등**의 **설치제외장소**[비상조명등의 화재안전기준(NFPC 304 제5조, NFTC 304 2.2.1)]
① **거실**의 각 부분으로부터 하나의 출입구에 이르는 **보행거리**가 **15m** 이내인 부분
② **의원** · **경기장** · **공동주택** · **의료시설** · **학교**의 **거실**

기억법 공주학교의 의경

(3) **휴대용 비상조명등**의 **설치제외장소**[비상조명등의 화재안전기준(NFPC 304 제5조, NFTC 304 2.2.2)]
지상 1층 또는 **피난층**으로서 복도 · 통로 또는 창문 등의 개구부를 통하여 피난이 용이한 경우 또는 숙박시설로서 복도에 비상조명등을 설치한 경우

(4) **옥내소화전 방수구**의 **설치제외장소**[옥내소화전설비의 화재안전기준(NFPC 102 제11조, NFTC 102 2.8.1)]
① **냉**장창고 중 온도가 영하인 **냉장실** 또는 냉동창고의 **냉동실**
② **고온**의 **노**가 설치된 장소 또는 **물**과 격렬하게 **반응**하는 **물품**의 저장 또는 취급장소
③ **발전소** · **변전소** 등으로서 전기시설이 설치된 장소
④ **식물원** · **수족관** · **목욕실** · **수영장**(관람석 부분을 제외한다) 또는 그 밖의 이와 비슷한 장소
⑤ **야외음악당** · **야외극장** 또는 그 밖의 이와 비슷한 장소

기억법 내냉방 야식 고발

(5) **화재조기진압용 스프링클러설비**의 **설치제외물품**[화재조기진압용 스프링클러설비의 화재안전기준(NFPC 103B 제17조, NFTC 103B 2.14)]
① **제4류 위험물**
② **타이어**, **두루마리 종이** 및 **섬유류**, **섬유제품** 등 연소시 화염의 속도가 빠르고 방사된 물이 하부에까지 도달하지 못하는 것

기억법 조제 4류 타종섬

(6) **물분무소화설비**의 **물분무헤드 설치제외장소**[물분무소화설비의 화재안전기준(NFPC 104 제15조, NFTC 104 2.12.1)]
① **물**에 심하게 **반응**하는 **물질** 또는 물과 반응하여 위험한 물질을 생성하는 물질을 저장 또는 취급하는 장소
② **고온**의 **물질** 및 **증류범위**가 **넓어** 끓어 넘치는 위험이 있는 물질을 저장 또는 취급하는 장소
③ 운전시에 표면의 온도가 **260℃ 이상**으로 되는 등 직접 분무를 하는 경우 그 부분에 손상을 입힐 우려가 있는 **기**계장치 등이 있는 장소

기억법 물고기 26(물고기 이륙)

(7) **이산화탄소 소화설비**의 **분사헤드 설치제외장소**[이산화탄소 소화설비의 화재안전기준(NFPC 106 제11조, NFTC 106 2.8.1)]
① **방재실** · **제어실** 등 사람이 상시 근무하는 장소
② **니트로셀룰로오스** · **셀룰로이드 제품** 등 자기연소성 물질을 저장 · 취급하는 장소
③ **나트륨** · **칼륨** · **칼슘** 등 활성 금속물질을 저장 · 취급하는 장소
④ **전시장** 등의 관람을 위하여 다수인이 출입 · **통**행하는 통로 및 **전**시실 등

기억법 방니나전 통전이

(8) **할로겐화합물** 및 **불활성기체 소화설비**의 **설치제외장소**[할로겐화합물 및 불활성기체 소화설비의 화재안전기준(NFPC 107A 제5조, NFTC 107A 2.2.1)]
① 사람이 **상**주하는 곳으로서 **최대허용설계농도**를 **초과**하는 장소
② 「위험물안전관리법 시행령」 〔별표 1〕의 **제3류 위험물** 및 **제5류 위험물**을 저장 · 보관 · 사용하는 장소(단, 소화성능이 인정되는 위험물은 제외)

기억법 상설 35할제

(9) **제연설비**의 **배출구** · **공기유입구**의 **설치** 및 **배출량 산정**에서 **제외**하는 **장소**[제연설비의 화재안전기준(NFPC 501 제12조, NFTC 501 2.9.1)]
**화장실** · **목욕실** · **주차장** · **발코니**를 설치한 **숙박시설**(**가**족호텔 및 **휴**양콘도미니엄에 한한다)의 객실과 사람이 상주하지 아니하는 **기**계실 · **전**기실 · **공**조실 · **50m² 미만**의 **창고** 등으로 사용되는 부분

기억법 화목 발주 숙가휴 기전공 50창



소방시설의 점검실무행정 종합문제 600제

☆☆

## 문제 554

「무선통신보조설비의 화재안전기준」에 따른 증폭기 및 무선중계기의 설치기준을 4가지만 쓰시오. (8점)

○
○
○
○

**정답** ① 상용전원은 전기가 정상적으로 공급되는 축전지설비, 전기저장장치 또는 교류전압 옥내간선으로 하고 전원까지의 배선은 전용으로 할 것
② 증폭기의 전면에는 주회로전원의 정상 여부를 표시할 수 있는 표시등 및 전압계를 설치할 것
③ 증폭기에는 비상전원이 부착된 것으로 하고 해당 비상전원 용량은 무선통신보조설비를 유효하게 30분 이상 작동시킬 수 있는 것으로 할 것
④ 증폭기 및 무선중계기를 설치하는 경우에는 「전파법」에 따른 적합성평가를 받은 제품으로 설치하고 임의로 변경하지 않도록 할 것

**해설** **무선통신보조설비**의 **증폭기 및 무선중계기**의 **설치기준**[무선통신보조설비의 화재안전기준(NFPC 505 제8조, NFTC 505 2.5)]

(1) 상용전원은 전기가 정상적으로 공급되는 **축전지설비**, 전기저장장치(외부 전기에너지를 저장해 두었다가 필요한 때 전기를 공급하는 장치) 또는 **교류전압 옥내간선**으로 하고 전원까지의 배선은 전용으로 할 것
(2) 증폭기의 **전**면에는 주회로전원의 정상 여부를 표시할 수 있는 **표시등** 및 **전압계**를 설치할 것
(3) 증폭기에는 **비상전원**이 부착된 것으로 하고 해당 비상전원 용량은 무선통신보조설비를 유효하게 **30분** 이상 작동시킬 수 있는 것으로 할 것
(4) **증폭기** 및 **무선중계기**를 설치하는 경우에는 「전파법」 제58조의 2에 따른 적합성평가를 받은 제품으로 설치하고 임의로 변경하지 않도록 할 것
(5) 디지털방식의 무전기를 사용하는 데 지장이 없도록 설치할 것

**기억법** 증무전 무비축교 표전

# 10 도로터널

### 문제 555

「도로터널의 화재안전기준」에 의거하여 도로터널에 자동화재탐지설비를 설치할 경우 설치 가능한 화재 감지기 3가지를 쓰시오. (3점)

○

○

○

정답 ① 차동식 분포형 감지기
② 정온식 감지선형 감지기(아날로그식)
③ 중앙기술심의위원회의 심의를 거쳐 터널화재에 적응성이 있다고 인정된 감지기

해설 **설치 가능한 화재감지기** : **터널에 설치할 수 있는 감지기의 종류**[도로터널의 화재안전기준(NFPC 603 제9조, NFTC 603 2.5.1)]
(1) **차동식 분포형 감지기**
(2) **정온식 감지선형 감지기(아**날로그식)
(3) **중앙기술심의위원회**의 심의를 거쳐 터널화재에 적응성이 있다고 인정된 감지기

기억법 터분감아중

비교

(1) **지하층 · 무창층** 등으로서 **환**기가 잘되지 아니하거나 실내**면**적이 **40m² 미만**인 장소, 감지기의 **부**착면과 실내 바닥과의 거리가 **2.3m 이하**인 곳으로서 일시적으로 발생한 열 · 연기 또는 먼지 등으로 인하여 화재신호를 발신할 우려가 있는 장소의 적응감지기[자동화재탐지설비 및 시각경보장치의 화재안전기준(NFPC 203 제7조, NFTC 203 2.4.1)]
① **불**꽃감지기
② **정**온식 **감**지선형 감지기
③ **분**포형 감지기
④ **복**합형 감지기
⑤ **광**전식 분리형 감지기
⑥ **아**날로그방식의 감지기
⑦ **다**신호방식의 감지기
⑧ **축**적방식의 감지기

기억법 환면부23 불정감 복분 광아다축

(2) **특수한 장소**에 **설치하는 감지기**[자동화재탐지설비 및 시각경보장치의 화재안전기준(NFPC 203 제7조, NFTC 203 2.4.4)]

| 장 소 | 적응감지기 |
|---|---|
| • **화**학공장<br>• **격**납고<br>• **제**련소<br>기억법 화격제 불분(**불분**명) | • 광전식 **분**리형 감지기<br>• **불**꽃감지기 |
| • **전**산실<br>• **반**도체공장<br>기억법 전반공 | • 광전식 **공**기흡입형 감지기 |

## 문제 556

「도로터널의 화재안전기준」에 의거하여 도로터널에 설치하는 옥내소화전 및 연결송수관설비의 노즐선단에서의 법적 방수압력〔MPa〕 및 방수량〔L/min〕을 쓰시오. (6점)

○ 법적 방수압력 :

○ 법적 방수량 :

정답 ① 법적 방수압력 : 0.35MPa 이상

② 법적 방수량 : 190L/min 이상

해설 **도로터널**의 **방수압력 · 방수량**[도로터널의 화재안전기준(NFPC 603 제6 · 12조 / NFTC 603 2.2.1.3, 2.8.1.1)]

| 구 분 | 옥내소화전설비 | 연결송수관설비 |
|---|---|---|
| 방수압력 | **0.35MPa** 이상 | **0.35MPa** 이상 |
| 방수량 | **190L/min** 이상 | **400L/min** 이상 |

## 문제 557

「도로터널의 화재안전기준」에 의거하여 편도 4차로의 일방향 터널에서 터널 양쪽의 측벽 하단에 도로면으로부터 높이 0.8m, 폭 1.2m의 유지보수 통로가 있을 경우 도로면을 기준으로 한 발신기 설치높이를 쓰시오. (2점)

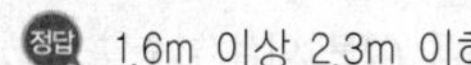

정답 1.6m 이상 2.3m 이하

해설 도로면에서 유지보수 통로의 높이 0.8m가 있고 발신기에는 바닥면으로부터 **0.8~1.5m** 이하에 설치하므로 유지보수 통로의 높이 0.8m를 각각 더하면 (0.8~1.5)m+0.8m=1.6~2.3m이다.

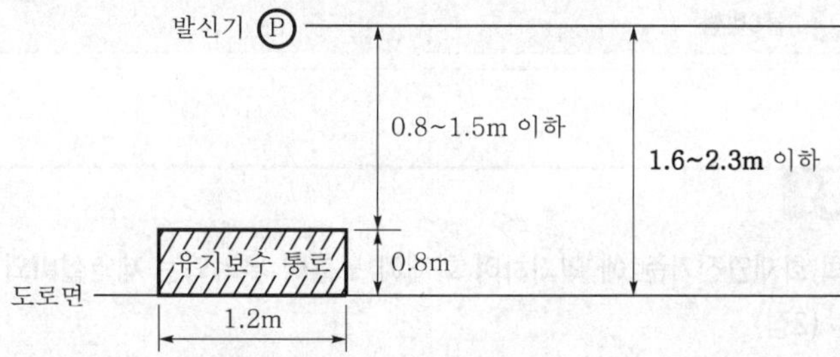

## 문제 558

「도로터널의 화재안전기준」에 의거하여 비상경보설비에 대한 설치기준 6가지를 쓰시오. (6점)

○

○

○

○

○

○

정답 ① 발신기는 주행차로 한쪽 측벽에 50m 이내의 간격으로 설치하며, 편도 2차선 이상의 양방향 터널이나 4차로 이상의 일방향 터널의 경우에는 양쪽의 측벽에 각각 50m 이내의 간격으로 엇갈리게 설치
② 발신기는 바닥면으로부터 0.8~1.5m 이하의 높이에 설치
③ 음향장치는 발신기 설치위치와 동일하게 설치할 것(단, 비상방송설비의 화재안전기준에 적합하게 설치된 방송설비를 비상경보설비와 연동하여 작동하도록 설치한 경우에는 비상경보설비의 지구음향장치 미설치 가능)
④ 음량장치의 음량은 부착된 음향장치의 중심으로부터 1m 떨어진 위치에서 90dB 이상이 되도록 할 것
⑤ 음향장치는 터널 내부 전체에 동시에 경보를 발하도록 설치
⑥ 시각경보기는 주행차로 한쪽 측벽에 50m 이내의 간격으로 비상경보설비 상부 직근에 설치하고, 전체 시각경보기는 동기방식에 의해 작동될 수 있도록 할 것

해설 **도로터널**의 **비상경보설비 설치기준**[도로터널의 화재안전기준(NFPC 603 제8조, NFTC 603 2.4)]

(1) 발신기는 주행차로 한쪽 측벽에 **50m** 이내의 간격으로 설치하며, **편도 2차선** 이상의 **양방향 터널**이나 **4차로** 이상의 **일방향 터널**의 경우에는 **양쪽**의 측벽에 각각 **50m** 이내의 간격으로 엇갈리게 설치할 것
(2) 발신기는 바닥면으로부터 **0.8~1.5m** 이하의 높이에 설치할 것
(3) **음**향장치는 발신기 설치위치와 동일하게 설치할 것(단, 비상방송설비의 화재안전기술기준에 적합하게 설치된 방송설비를 비상경보설비와 연동하여 작동하도록 설치한 경우에는 비상경보설비의 지구음향장치 설치제외)
(4) 음량장치의 음량은 부착된 음향장치의 중심으로부터 **1m** 떨어진 위치에서 **90dB** 이상이 되도록 할 것
(5) 음향장치는 터널 내부 전체에 **동시**에 **경보**를 발하도록 설치할 것
(6) **시**각경보기는 주행차로 **한쪽** 측벽에 **50m** 이내의 간격으로 비상경보설비 **상부** 직근에 설치하고, 전체 시각경보기는 동기방식에 의해 작동될 수 있도록 할 것

기억법 50 08 90 음동경시(경시대회)

중요

추가로 나올만한 문제

**도로터널**의 **물분무소화설비 설치기준**[도로터널의 화재안전기준(NFPC 603 제7조, NFTC 603 2.3)]

(1) 물분무헤드는 도로면에 $1m^2$당 **6L/min** 이상의 수량을 균일하게 방수할 수 있도록 할 것
(2) 물분무설비의 하나의 **방**수구역은 **25m** 이상으로 하며, **3개** 방수구역을 동시에 **40분** 이상 방수할 수 있는 수량을 확보할 것
(3) 물분무설비의 **비**상전원은 물분무소화설비를 유효하게 **40분** 이상 작동할 수 있어야 할 것

기억법 물6비방

☆

## 문제 559

「도로터널의 화재안전기준」에 의거하여 화재에 노출이 우려되는 제연설비와 전원공급선의 운전 유지조건을 쓰시오. (2점)

정답 250℃의 온도에서 60분 이상 운전상태를 유지할 수 있도록 할 것

해설 **도로터널**의 **제연설비 설치기준**[도로터널의 화재안전기준(NFPC 603 제11조, NFTC 603 2.7.2)]

(1) **종**류환기방식의 경우 제트팬의 소손을 고려하여 **예비용 제트팬**을 설치하도록 할 것
(2) **횡**류환기방식(또는 반횡류환기방식) 및 대배기구방식의 배연용 팬은 덕트의 길이에 따라서 노출온도가 달라질 수 있으므로 수치해석 등을 통해서 **내열온도** 등을 검토한 후에 적용하도록 할 것
(3) 대배기구의 개폐용 전동모터는 **정**전 등 전원이 차단되는 경우에도 조작상태를 유지할 수 있도록 할 것
(4) 화재에 노출이 우려되는 제연설비와 전원공급선 및 제트팬 사이의 전원공급장치 등은 **250℃**의 온도에서 **60분** 이상 운전상태를 유지할 수 있도록 할 것

기억법 제종예횡내 정256

중요

**도로터널**의 제연설비 설계사양[도로터널의 화재안전기준(NFPC 603 제11조 제①항, NFTC 603 2.7.1)]

(1) 설계화재강도 **20MW**를 기준으로 하고, 이때 연기발생률은 **80m³/s**로 하며, 배출량은 발생된 연기와 혼합된 공기를 충분히 배출할 수 있는 용량 이상을 확보할 것

(2) 화재강도가 설계화재강도보다 높을 것으로 예상될 경우 위험도분석을 통하여 설계화재강도를 설정하도록 할 것

☆

## 문제 560

**「도로터널의 화재안전기준」에 의거하여 제연설비의 기동은 자동 또는 수동으로 기동될 수 있도록 하여야 한다. 이 경우 제연설비가 기동되는 조건 3가지를 쓰시오. (3점)**

○

○

○

**정답**
① 화재감지기가 동작되는 경우
② 발신기의 스위치 조작 또는 자동소화설비의 기동장치를 동작시키는 경우
③ 화재수신기 또는 감시제어반의 수동조작스위치를 동작시키는 경우

**해설** **도로터널 제연설비**의 **자동** 또는 **수동 기동방법**[도로터널의 화재안전기준(NFPC 603 제11조 제③항, NFTC 603 2.7.3)]

(1) **화재감지기**가 동작되는 경우
(2) **발신기**의 **스위치 조작** 또는 **자동소화설비**의 **기동장치**를 동작시키는 경우
(3) **화재수신기** 또는 **감시제어반**의 **수동조작스위치**를 동작하는 경우

기억법 자수감발수

# 11 기타 설비(전기분야)

☆☆☆

## 문제 561

다음은 소방시설용 비상전원수전설비로서 고압 또는 특고압으로 수전하는 도면이다. 다음 각 물음에 답하시오. (8점)

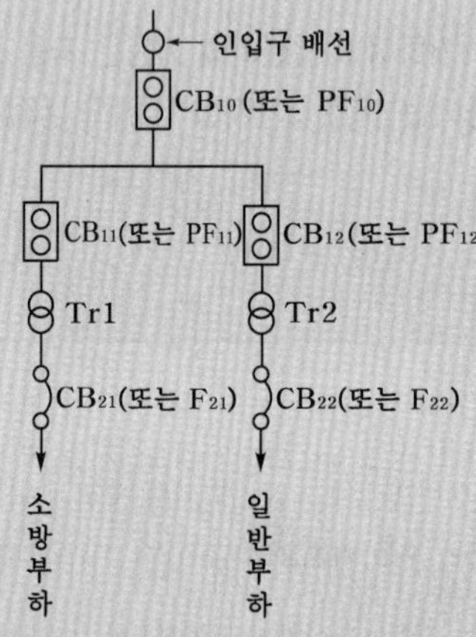


(가) 다음 약호의 명칭을 쓰시오. (4점)

| 약 호 | 명 칭 |
|---|---|
| CB | |
| PF | |
| F | |
| Tr | |

(나) 일반회로의 과부하 또는 단락사고시에 $CB_{10}$(또는 $PF_{10}$)이 어떤 기기보다 먼저 차단되어서는 안 되는지 쓰시오. (2점)

(다) $CB_{11}$(또는 $PF_{11}$)은 어느 것과 동등 이상의 차단용량이어야 하는지 쓰시오. (2점)

정답 (가)

| 약 호 | 명 칭 |
|---|---|
| CB | 전력차단기 |
| PF | 전력퓨즈(고압 또는 특고압용) |
| F | 퓨즈(저압용) |
| Tr | 전력용 변압기 |

(나) $CB_{12}$(또는 $PF_{12}$) 및 $CB_{22}$(또는 $F_{22}$)

(다) $CB_{12}$(또는 $PF_{12}$)

해설 **고압** 또는 **특고압 수전**의 **경우**

**전용의 전력용 변압기에서 소방부하에 전원을 공급하는 경우**

인입구 배선
$CB_{10}$ (또는 $PF_{10}$)
$CB_{11}$(또는 $PF_{11}$)
$CB_{12}$(또는 $PF_{12}$)
$Tr_1$
$Tr_2$
$CB_{21}$(또는 $F_{21}$)
$CB_{22}$(또는 $F_{22}$)
소방부하
일반부하

(주) 1. 일반회로의 과부하 또는 단락사고시에 $CB_{10}$(또는 $PF_{10}$)이 $CB_{12}$(또는 $PF_{12}$) 및 $CB_{22}$(또는 $F_{22}$)보다 먼저 차단되어서는 아니 된다.
2. $CB_{11}$(또는 $PF_{11}$)은 $CB_{12}$(또는 $PF_{12}$)와 동등 이상의 차단용량일 것

| 약 호 | 명 칭 |
|---|---|
| CB | 전력차단기 |
| PF | 전력퓨즈(고압 또는 특고압용) |
| F | 퓨즈(저압용) |
| Tr | 전력용 변압기 |

**공용의 전력용 변압기에서 소방부하에 전원을 공급하는 경우**

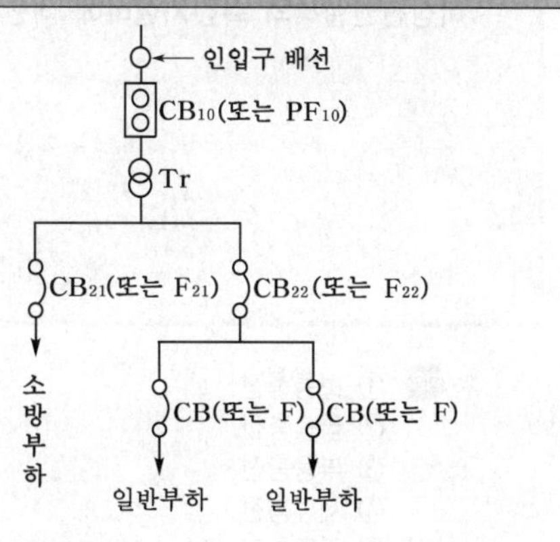


(주) 1. 일반회로의 과부하 또는 단락사고시에 $CB_{10}$(또는 $PF_{10}$)이 $CB_{22}$(또는 $F_{22}$) 및 CB(또는 F)보다 먼저 차단되어서는 아니 된다.
2. $CB_{21}$(또는 $F_{21}$)은 $CB_{22}$(또는 $F_{22}$)와 동등 이상의 차단용량일 것

| 약 호 | 명 칭 |
|---|---|
| CB | 전력차단기 |
| PF | 전력퓨즈(고압 또는 특고압용) |
| F | 퓨즈(저압용) |
| Tr | 전력용 변압기 |

비교

**저압수전**의 **경우**

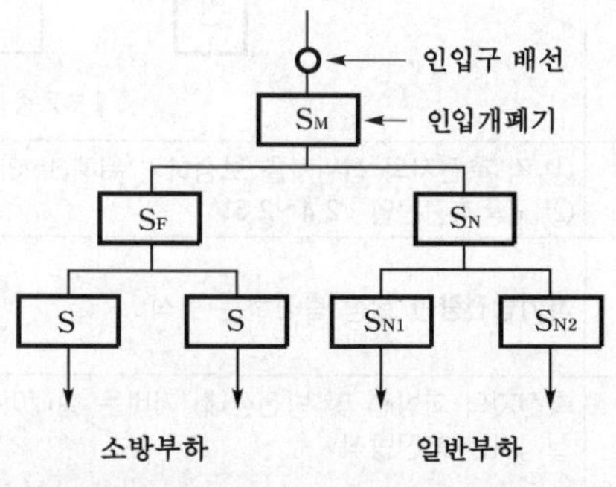


(주) 1. 일반회로의 과부하 또는 단락사고시 $S_M$이 $S_N$, $S_{N1}$ 및 $S_{N2}$보다 먼저 차단되어서는 아니 된다.
2. $S_F$는 $S_N$과 동등 이상의 차단용량일 것

| 약 호 | 명 칭 |
|---|---|
| S | 저압용 개폐기 및 과전류차단기 |

☆

## 문제 562

비상전원설비의 축전지설비에 대한 다음의 물음에 답하시오. 충전방식의 종류 5가지를 쓰시오. (5점)

○
○
○
○
○

정답 ① 보통충전
② 급속충전
③ 부동충전
④ 세류충전
⑤ 균등충전

해설 **충전방식**

| 충전방식 | 설 명 |
|---|---|
| **보통충전방식** | 필요할 때마다 표준시간율로 충전하는 방식 |
| **급속충전방식** | 보통 충전전류의 **2배**의 **전류**로 충전하는 방식 |
| **부동충전방식** | ① 전지의 자기방전을 보충함과 동시에 상용부하에 대한 전력공급은 충전기가 부담하되, 부담하기 어려운 일시적인 대전류부하는 축전지가 부담하도록 하는 방식으로 **가장 많이 사용**된다.<br>② 축전지와 부하를 충전기(정류기)에 병렬로 접속하여 충전과 방전을 동시에 행하는 방식이다.<br>③ 표준부동전압 : **2.15~2.17V** 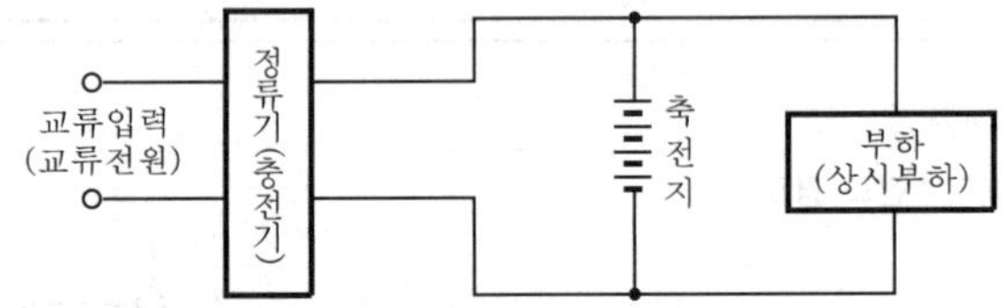<br><br>▎부동충전방식▎ |
| **균등충전방식** | ① 각 축전지의 전위차를 보정하기 위해 1~3개월마다 10~12시간 1회 충전하는 방식이다.<br>② 균등충전전압 : **2.4~2.5V** |
| **세류충전**<br>(트리클충전)<br>**방식** | **자기방전량**만 항상 **충전**하는 방식 |
| **회복충전방식** | 축전지의 과방전 및 방전상태, 가벼운 설페이션현상 등이 생겼을 때 기능 회복을 위하여 실시하는 충전방식<br>• **설페이션**(sulfation) : 충전이 부족할 때 축전지의 극판에 백색 황색연이 생기는 현상 |

중요

| 부동충전방식 | 회복충전방식 | 설페이션(sulfation)현상 |
|---|---|---|
| **축전지**와 **부하**를 **충전기**에 **병렬**로 접속하여 사용하는 충전방식으로 축전지의 자기방전에 대한 충전과 사용부하(직류부하)에 대한 전원공급은 충전기가 부담하고, 충전기가 부담하기 어려운 일시적인 대전류 부하는 축전지가 공급하는 방식<br>(그림: 교류입력 – 충전기 – 축전지 – 부하) | 정전류 충전법에 의하여 약한 전류로 **40~50시간** 충전시킨 후 방전시키고, 다시 충전시킨 후 방전시킨다. 이와 같은 동작을 여러 번 반복하게 되면 본래의 출력용량을 회복하게 되는 방식 | 배터리를 방전상태로 장시간 방치해 두었을 때, 두 극판 표면에는 **유백색**의 **결정**(부도체의 황산납)이 생기는 현상 |

☆

## 문제 563

비상전원설비의 축전지설비에서 연축전지와 알칼리축전지에 대한 다음의 표를 완성하시오. (4점)

| 구 분 | 연축전지 | 알칼리축전지 |
|---|---|---|
| 공칭전압 | | |
| 공칭용량 | | |

정답

| 구 분 | 연축전지 | 알칼리축전지 |
|---|---|---|
| 공칭전압 | 2.0V/cell | 1.2V/cell |
| 공칭용량 | 10Ah | 5Ah |

해설 **연축전지**와 **알칼리축전지**의 비교

| 구 분 | 연축전지 | 알칼리축전지 |
|---|---|---|
| 공칭전압 | 2.0V/cell | 1.2V/cell |
| 기전력 | 2.05~2.08V/cell | 1.32V/cell |
| 공칭용량 | 10Ah | 5Ah |
| 기계적 강도 | 약하다 | 강하다 |
| 과충방전에 의한 전기적 강도 | 약하다 | 강하다 |
| 충전시간 | 길다 | 짧다 |
| 종류 | 클래드식, 페이스트식 | 소결식, 포켓식 |
| 수명 | 5~15년 | 15~20년 |

중요

- **공칭전압**의 **단위**는 〔V〕로도 나타낼 수 있지만 좀더 정확히 표현하자면 〔**V/cell**〕이다.

☆☆

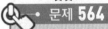

## 문제 564

비상용 전원설비로 축전지설비를 하고자 한다. 연축전지의 고장과 불량현상이 다음과 같을 때 그 추정 원인은 무엇 때문이겠는가? (8점)

| 고 장 | 불량현상 | 추정원인 |
|---|---|---|
| 초기고장 | 전 셀의 전압불균형이 크고, 비중이 낮다. | ① |
| | 단전지 전압의 비중 저하, 전압계 역전 | ② |
| 우발고장 | 전해액 변색, 충전하지 않고 방치 중에도 다량으로 가스 발생 | ③ |
| | 전해액의 감소가 빠르다. | ④ |

 ① 과방전
② 극성 반대 충전
③ 불순물 혼입
④ 과충전

해설

| 고 장 | 불량현상 | 추정원인 |
|---|---|---|
| 초기고장 | 전 셀의 전압불균형이 크고, 비중이 낮다. | • 고온의 장소에서 장기간 방치하여 **과방전**하였을 때<br>• 충전 부족 |
| | 단전지 전압의 비중 저하, 전압계 역전 | • 극성 반대 충전<br>• 역접속 |
| 우발고장 | 전해액 변색, 충전하지 않고 방치 중에도 다량으로 가스 발생 | • 불순물 혼입 |
| | 전해액의 감소가 빠르다. | • 과충전<br>• 실온이 높다. |

참고

| 축전지의 과충전 원인 | 축전지의 충전 불량원인 | 축전지의 설페이션 원인 |
|---|---|---|
| ① 충전전압이 높을 때<br>② 전해액의 비중이 높을 때<br>③ 전해액의 온도가 높을 때 | ① 극판에 **설페이션현상**이 발생하였을 때<br>② 축전지를 장기간 **방치**하였을 때<br>③ 충전회로가 **접지**되었을 때 | ① **과방전**하였을 때<br>② 극판이 노출되어 있을 때<br>③ **극판**이 **단락**되었을 때<br>④ 불충분한 **충방전**을 **반복**하였을 때<br>⑤ 전해액의 비중이 너무 높거나 낮을 때 |

☆
## 문제 565

연축전지의 고장과 불량현상이 다음과 같을 때 그 추정원인을 쓰시오. (8점)

| 고 장 | 불량현상 | 추정원인 |
|---|---|---|
| 초기고장 | 전체 셀 전압의 불균형이 크고, 비중이 낮다. | ① |
| | 단전지 전압의 비중 저하, 전압계의 역전 | ② |
| 우발고장 | 어떤 셀만의 전압, 비중이 극히 낮다. | ③ |
| | 전압은 정상인데 전체 셀의 비중이 높다. | ④ |

정답 ① 과방전
② 극성 반대 충전
③ 국부단락
④ 액면 저하

해설 (1) **연축전지**의 **고장**과 **불량현상**

| 불량현상 | | 추정원인 |
|---|---|---|
| 초기 고장 | 전체 셀 전압의 불균형이 크고, 비중이 낮다. | •고온의 장소에서 장기간 방치하여 과방전하였을 때<br>•충전 부족 |
| | 단전지 전압의 비중 저하, 전압계의 역전 | •극성 반대 충전<br>•역접속 |
| 우발 고장 | 전체 셀 전압의 불균형이 크고, 비중이 낮다. | •부동충전 전압이 낮다.<br>•균등충전 부족<br>•방전 후의 회복충전 부족 |
| | 어떤 셀만의 전압, 비중이 극히 낮다. | •국부단락 |
| | 전압은 정상인데 전체 셀의 비중이 높다. | •액면 저하<br>•유지 보수시 묽은 황산의 혼입 |
| | •충전 중 비중이 낮고 전압은 높다.<br>•방전 중 전압은 낮고 용량이 저하된다. | •방전상태에서 장기간 방치<br>•충전 부족상태에서 장기간 사용<br>•극판 노출<br>•불순물 혼입 |
| | 전해액의 변색, 충전하지 않고 방치 중에도 다량으로 가스 발생 | •불순물 혼입 |
| | 전해액의 감소가 빠르다. | •과충전<br>•실온이 높다. |
| | 축전지의 현저한 온도 상승 또는 소손 | •과충전<br>•충전장치의 고장<br>•액면 저하로 인한 극판의 노출<br>•교류전류의 유입이 크다. |

(2) **보수율**(용량 저하율)
축전지의 **용량 저하를 고려**하여 축전지의 용량산정시 **여유**를 주는 **계수** 또는 부하를 만족하는 용량을 감정하기 위한 계수

(3) **축전지 용량 계산시 고려사항**
① 부하의 크기와 성질
② 예상정전시간
③ 순시 최대방전전류의 크기
④ 제어 케이블에 따른 전압강하
⑤ 경년 변화에 따른 용량의 감소
⑥ 온도 변화에 따른 용량 보정

소방시설의 점검실무행정 종합문제 600제

☆

## 문제 566

35층 건축물에 다음과 같은 소방시설을 설치하고자 한다. 국가화재안전기준에 의거하여 각 소방시설에 해당하는 비상전원의 종류 및 비상전원의 용량을 쓰시오. (20점)

| 소방시설 | 비상전원 | 비상전원의 용량 |
|---|---|---|
| 자동화재탐지설비 | ① | ⑮ |
| 비상방송설비 | ② | |
| 비상경보설비 | ③ | 10분 이상 |
| 유도등 | ④ | ⑯<br>(예외기준 제외) |
| 무선통신보조설비 | ⑤ | ⑰ |
| 비상콘센트설비 | ⑥ | ⑱ |
| 스프링클러설비<br>(차고·주차장으로서 스프링클러설비가 설치된 부분의 바닥면적 합계가 1000m$^2$ 미만인 경우는 제외한다) | ⑦<br>(비상전원수전설비 외의 것을 쓸 것) | 40분 이상 |
| 간이스프링클러설비 | ⑧ | ⑲<br>(근린생활시설로서 바닥면적 합계 1000m$^2$ 이상의 경우) |
| 옥내소화전설비 | ⑨ | 40분 이상 |
| 제연설비 | ⑩ | 20분 이상 |
| 연결송수관설비 | ⑪ | ⑳ |
| 분말소화설비 | ⑫ | 20분 이상 |
| 이산화탄소·<br>할로겐화합물 및 불활성기체 소화설비 | ⑬ | |
| 화재조기진압용 스프링클러설비 | ⑭ | |

정답

| 소방시설 | 비상전원 | 비상전원의 용량 |
|---|---|---|
| 자동화재탐지설비 | ① 축전지, 전기저장장치 | ⑮ 30분 이상 |
| 비상방송설비 | ② 축전지, 전기저장장치 | |
| 비상경보설비 | ③ 축전지, 전기저장장치 | 10분 이상 |
| 유도등 | ④ 축전지 | ⑯ 60분 이상 |
| 무선통신보조설비 | ⑤ 명시하지 않음 | ⑰ 30분 이상 |
| 비상콘센트설비 | ⑥ 자가발전설비, 비상전원수전설비,<br>전기저장장치, 축전지설비 | ⑱ 20분 이상 |
| 스프링클러설비<br>(차고·주차장으로서 스프링클러설비가 설치된 부분의 바닥면적 합계가 1000m$^2$ 미만인 경우는 제외한다) | ⑦ 자가발전설비, 축전지설비, 전기저장장치 | 40분 이상 |
| 간이스프링클러설비 | ⑧ 비상전원수전설비 | ⑲ 20분 이상 |
| 옥내소화전설비 | ⑨ 자가발전설비, 축전지설비, 전기저장장치 | 40분 이상 |
| 제연설비 | ⑩ 자가발전설비, 축전지설비, 전기저장장치 | 20분 이상 |

| 연결송수관설비 | ⑪ 자가발전설비, 축전지설비, 전기저장장치 | ⑳ 40분 이상 |
|---|---|---|
| 분말소화설비 | ⑫ 자가발전설비, 축전지설비, 전기저장장치 | 20분 이상 |
| 이산화탄소 · 할로겐화합물 및 불활성기체 소화설비 | ⑬ 자가발전설비, 축전지설비, 전기저장장치 | |
| 화재조기진압용 스프링클러설비 | ⑭ 자가발전설비, 축전지설비, 전기저장장치 | |

해설 **각 설비**의 **비상전원 종류** 및 **용량**

| 설 비 | 비상전원 | 비상전원용량 |
|---|---|---|
| • 자동화재**탐**지설비 | • **축**전지설비<br>• 전기저장장치 | • **10분** 이상(30층 미만)<br>• **30분** 이상(30층 이상) |
| • 비상**방**송설비 | • 축전지설비<br>• 전기저장장치 | |
| • 비상**경**보설비 | • 축전지설비<br>• 전기저장장치 | • **10분** 이상 |
| • **유**도등 | • 축전지설비 | • **20분** 이상<br>※ 예외규정 : **60분** 이상<br>(1) **11층** 이상(지하층 제외)<br>(2) 지하층 · 무창층으로서 **도매시장 · 소매시장 · 여객자동차터미널 · 지하철역사 · 지하상가** |
| • **무**선통신보조설비 | 명시하지 않음 | • **30분** 이상<br>기억법 **탐경유방무축** |
| • 비상콘센트설비 | • 자가발전설비<br>• 축전지설비<br>• 비상전원수전설비<br>• 전기저장장치 | • **20분** 이상 |
| • **스**프링클러설비<br>• **미**분무소화설비 | • **자**가발전설비<br>• **축**전지설비<br>• **전**기저장장치<br>• 비상전원**수**전설비(차고 · 주차장으로서 스프링클러설비(또는 미분무소화설비)가 설치된 부분의 바닥면적 합계가 1000m² 미만인 경우) | • **20분** 이상(30층 미만)<br>• **40분** 이상(30~49층 이하)<br>• **60분** 이상(50층 이상)<br>기억법 **스미자 수전축** |
| • 포소화설비 | • 자가발전설비<br>• 축전지설비<br>• 전기저장장치<br>• 비상전원수전설비<br>– 호스릴포소화설비 또는 포소화전만을 설치한 차고 · 주차장<br>– 포헤드설비 또는 고정포방출설비가 설치된 부분의 바닥면적(스프링클러설비가 설치된 차고 · 주차장의 바닥면적 포함)의 합계가 1000m² 미만인 것 | • **20분** 이상 |
| • **간**이스프링클러설비 | • 비상전원**수**전설비 | • **10분**(숙박시설 바닥면적 합계 300~600m² 미만, 근린생활시설 바닥면적 합계 1000m² 이상, 복합건축물 연면적 1000m² 이상은 **20분**) 이상<br>기억법 **간수** |
| • 옥내소화전설비<br>• 연결송수관설비<br>• 특별피난계단의 계단실 및 부속실 제연설비 | • 자가발전설비<br>• 축전지설비<br>• 전기저장장치 | • **20분** 이상(30층 미만)<br>• **40분** 이상(30~49층 이하)<br>• **60분** 이상(50층 이상) |

| | | |
|---|---|---|
| • 제연설비<br>• 분말소화설비<br>• 이산화탄소 소화설비<br>• 물분무소화설비<br>• 할론소화설비<br>• 할로겐화합물 및 불활성기체 소화설비<br>• 화재조기진압용 스프링클러설비 | • 자가발전설비<br>• 축전지설비<br>• 전기저장장치 | • **20분** 이상 |
| • 비상조명등 | • 자가발전설비<br>• 축전지설비<br>• 전기저장장치 | • **20분** 이상<br>※ 예외규정 : **60분** 이상<br>(1) **11층** 이상(지하층 제외)<br>(2) 지하층 · 무창층으로서 **도매시장 · 소매시장 · 여객자동차터미널 · 지하철역사 · 지하상가** |
| • 시각경보장치 | • 축전지설비<br>• 전기저장장치 | 명시하지 않음 |

## 문제 567

트래킹(tracking)현상에 대해 3가지로 설명하시오. (6점)

○

○

○

정답 ① 전기제품 등에서 충전전극간의 절연물 표면에 어떤 원인(경년 변화, 먼지, 기타 오염물질 부착, 습기, 수분의 영향)으로 탄화 도전로가 형성되어 결국은 지락, 단락으로 발전하여 발화하는 현상

② 전기절연재료의 절연성능의 열화현상

③ 화재원인조사시 전기기계기구에 의해 나타난 경우

해설 **트래킹(tracking)현상**

| 구 분 | 설 명 |
|---|---|
| 정의 | ① 전기제품 등에서 **충전전극간**의 절연물 표면에 어떤 원인(경년 변화, 먼지, 기타 오염물질 부착, 습기, 수분의 영향)으로 **탄화 도전로**가 형성되어 결국은 지락, 단락으로 발전하여 발화하는 현상<br>② 전기절연재료의 절연성능의 **열화**현상<br>③ 화재원인조사시 **전기기계기구**에 의해 나타남 |
| 진행과정 | ① 표면의 오염에 의한 **도전로**의 형성<br>② 도전로의 **분단**과 미소발광 **방전**이 발생<br>③ 방전에 의한 표면의 **탄화개시** 및 **트랙**(track)의 형성<br>④ **단락** 또는 **지락**으로 진행 |

## 문제 568

접지시스템에 대한 다음 표를 완성하시오. (단, 한국전기설비규정에 따를 것) (8점)

| 접지대상 | 접지시스템 구분 | 접지시스템 시설종류 | 접지도체의 단면적 및 종류 |
|---|---|---|---|
| 특고압·고압설비 | ○<br>○ | ○<br>○<br>○ | |
| 일반적인 경우 | ○ | | |
| 변압기 | ○ | | |

정답

| 접지대상 | 접지시스템 구분 | 접지시스템 시설종류 | 접지도체의 단면적 및 종류 |
|---|---|---|---|
| 특고압·고압설비 | ○ 계통접지<br>○ 보호접지 | ○ 단독접지<br>○ 공통접지<br>○ 통합접지 | $6mm^2$ 이상 연동선 |
| 일반적인 경우 | ○ 피뢰시스템 접지 | | 구리 $6mm^2$(철제 $50mm^2$) 이상 |
| 변압기 | ○ 변압기 중성점 접지 | | $16mm^2$ 이상 연동선 |

해설 **접지시스템**(한국전기설비규정 140)

| 접지대상 | 접지시스템 구분 | 접지시스템 시설종류 | 접지도체의 단면적 및 종류 |
|---|---|---|---|
| 특고압·고압설비 | • **계통접지** : 전력계통의 이상 현상에 대비하여 대지와 계통을 연결하는 것 | • 단독접지<br>• 공통접지<br>• 통합접지 | **$6mm^2$** 이상 **연동선** |
| 일반적인 경우 | • **보호접지** : 감전보호를 목적으로 기기의 한 점 이상을 접지하는 것<br>• **피뢰시스템 접지** : 뇌격전류를 안전하게 대지로 방류하기 위해 접지하는 것 | | 구리 **$6mm^2$**(철제 **$50mm^2$**) 이상 |
| 변압기 | • **변압기 중성점 접지** | | **$16mm^2$** 이상 **연동선** |

## 문제 569

다음의 기호는 폭발성 가스로부터의 위험을 방지하기 위한 방폭구조의 표시를 나타낸 것이다. 기호가 의미하는 내용을 쓰시오. (6점)

d – 2 – G4

○ d :
○ 2 :
○ G4 :

정답 ① d : 내압방폭구조
② 2 : 폭발등급 1·2의 가스 및 증기에 적용
③ G4 : G1·G2·G3·G4의 가스 및 증기에 적용

해설 (1) **방폭구조**의 **종류**

| 종 류 | 기 호 | 설 명 |
|---|---|---|
| **내압(耐壓)방폭구조** | d | 폭발성 가스가 용기 내부에서 폭발하였을 때 용기가 그 **압력**에 견디거나 또는 외부의 폭발성 가스에 인화될 우려가 없도록 한 구조 |
| **내압(内壓)방폭구조** | p | 용기 내부에 **질소** 등의 **보호용 가스**를 **충전**하여 외부에서 폭발성 가스가 침입하지 못하도록 한 구조 |
| **안전증방폭구조** | e | 기기의 정상운전 중에 폭발성 가스에 의해 점화원이 될 수 있는 전기불꽃 또는 고온이 되어서는 안 될 부분에 **기계적, 전기적**으로 특히 **안전도**를 **증가**시킨 구조 |
| **유입방폭구조** | o | 전기불꽃, 아크 또는 고온이 발생하는 부분을 **기름** 속에 넣어 폭발성 가스에 의해 인화가 되지 않도록 한 구조 |
| **본질안전방폭구조** | i | 폭발성 가스가 **단선**, **단락**, **지락** 등에 의해 발생하는 전기불꽃, 아크 또는 고온에 의하여 점화되지 않는 것이 확인된 구조 |
| **특수방폭구조** | s | 위에서 설명한 구조 이외의 방폭구조로서 폭발성 가스에 의해 점화되지 않는 것이 시험 등에 의하여 확인된 구조 |

(2) 폭발등급 및 발화도

| 폭발등급 \ 발화도 | G1 | G2 | G3 | G4 | G5 |
|---|---|---|---|---|---|
| 1 | • 아세톤<br>• 암모니아<br>• 일산화탄소<br>• 에탄<br>• 초산<br>• 초산에틸<br>• 톨루엔<br>• 프로판<br>• 벤젠<br>• 메탄올<br>• 메탄 | • 에탄올<br>• 초산이소아밀<br>• 이소부탄<br>• 부탄 | • 가솔린<br>• 헥산 | • 아세트알데히드<br>• 에틸에테르<br>• 부틸에테르 | 없음 |
| 2 | • 석탄가스 | • 에틸렌<br>• 에틸렌옥시드 | • 이소프렌 | 없음 | 없음 |
| 3 | • 수성가스<br>• 수소 | • 아세틸렌 | 없음 | 없음 | • 이황화탄소 |

d－2－G4

① 내압(耐壓)방폭구조로서 폭발등급 1·2 및 발화도 G1·G2·G3·G4의 가스 및 증기에 적용이 가능하다.
② 위 표에서 ☐ 표시된 범위의 가스에 적용이 가능하며 **수성가스, 수소, 아세틸렌, 이황화탄소**에는 사용할 수 없다.

## 문제 570

소방펌프 동력제어반의 점검시 화재신호가 정상출력되었음에도 동력제어반의 전로기구 및 관리상태 이상으로 소방펌프의 자동기동이 되지 않을 수 있는 주요원인 5가지를 쓰시오. (5점)

○
○
○
○
○

정답
① 배선용 차단기 OFF
② 동력제어반 내의 퓨즈 파손
③ 과부하계전기 동작
④ 전자접촉기 접점불량
⑤ 타이머의 접점불량

해설 동력제어반 점검시 소방펌프가 자동기동이 되지 않을 수 있는 주요원인

| 주요원인 | 비 고 |
|---|---|
| 배선용 차단기 OFF | ① 배선용 차단기가 OFF되어 있는 경우<br>② 배선용 차단기의 전원이 공급되지 않는 경우 |
| 동력제어반 내의 퓨즈 단선 | ① 동력제어반 내의 보조회로보호용 퓨즈가 단선된 경우<br>② 동력제어반 내의 보조회로보호용 배선용 차단기가 OFF되어 있는 경우 |
| 과부하보호용 계전기 동작 | 과부하보호용 **열동계전기**(THR) 또는 **전자식 과부하계전기**(EOCR)가 동작된 경우 |
| 전자접촉기 접점불량 | ① 전자접촉기의 **주접점**이 불량한 경우<br>② 전자접촉기의 **보조접점**이 불량한 경우<br>③ 전자접촉기의 **코일**이 **불량**한 경우 |
| 타이머의 접점불량 | ① 타이머의 접점이 불량한 경우<br>② 타이머의 코일이 불량한 경우 |

중요

**동력제어반 내부**

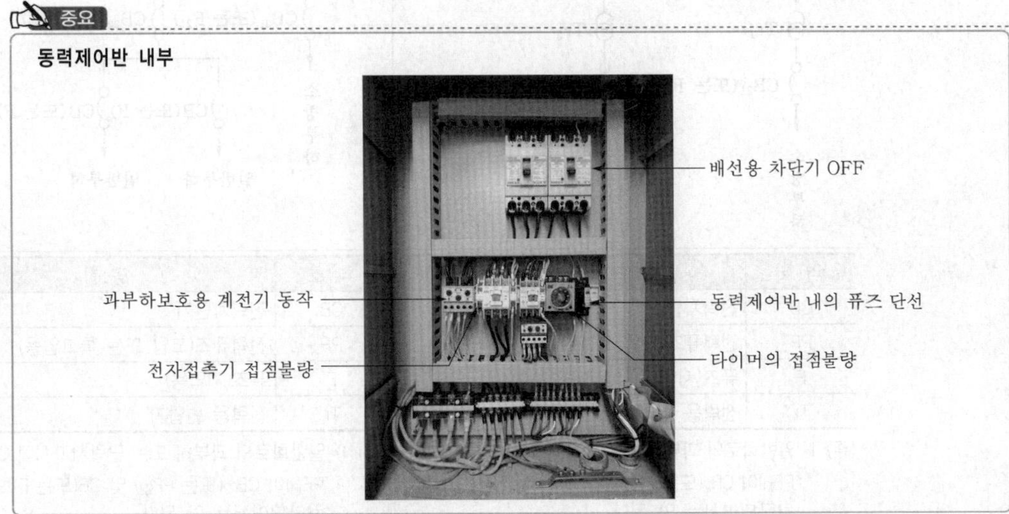

★

## 문제 571

「소방시설용 비상전원수전설비의 화재안전기준」에 따른 옥내소화전, 스프링클러설비 상용전원회로(저압수전)의 계통도를 도해하시오. (10점)

정답

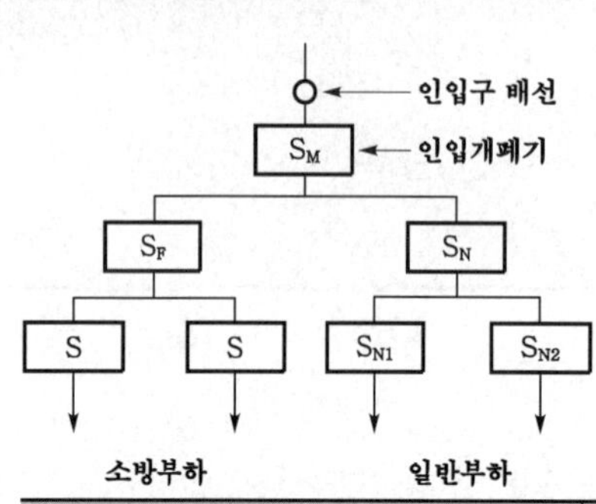


| 약 호 | 명 칭 |
|---|---|
| S | 저압용 개폐기 및 과전류차단기 |

(주) 1. 일반회로의 과부하 또는 단락사고시 $S_M$이 $S_N$, $S_{N1}$ 및 $S_{N2}$보다 먼저 차단되어서는 아니 된다.
2. $S_F$는 $S_N$과 동등 이상의 차단용량일 것

해설 **계통도**[소방시설용 비상전원수전설비의 화재안전기준(NFPC 602 〔별표 1〕, NFTC 602 2.2.1.5)]

(1) **고압** 또는 **특고압 수전**의 경우

| 전용의 전력용 변압기에서 소방부하에 전원을 공급하는 경우 | 공용의 전력용 변압기에서 소방부하에 전원을 공급하는 경우 |
|---|---|

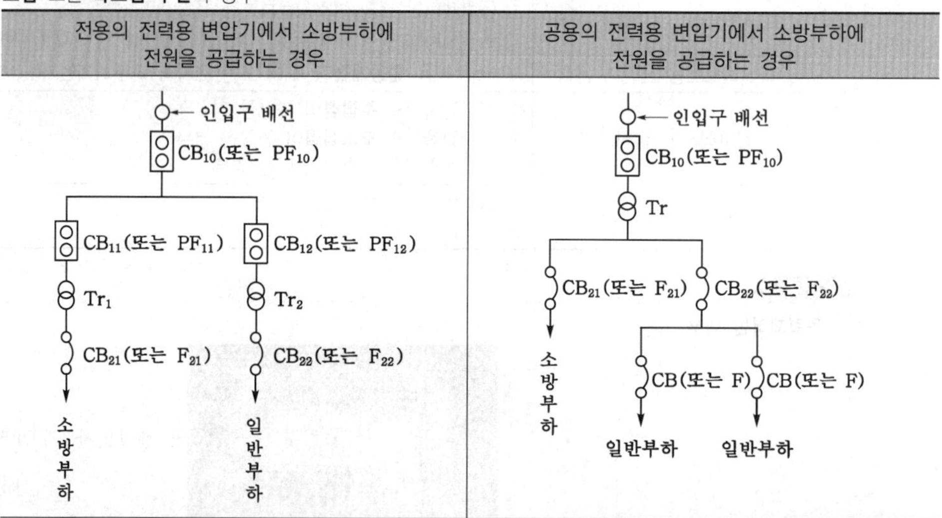


| 약 호 | 명 칭 |
|---|---|
| CB | 전력차단기 |
| PF | 전력퓨즈(고압 또는 특고압용) |
| F | 퓨즈(저압용) |
| Tr | 전력용 변압기 |

(주) 1. 일반회로의 과부하 또는 단락사고시에 $CB_{10}$(또는 $PF_{10}$)이 $CB_{12}$(또는 $PF_{12}$) 및 $CB_{22}$(또는 $F_{22}$)보다 먼저 차단되어서는 안 된다.
2. $CB_{11}$(또는 $PF_{11}$)은 $CB_{12}$(또는 $PF_{12}$)와 동등 이상의 차단용량일 것

| 약 호 | 명 칭 |
|---|---|
| CB | 전력차단기 |
| PF | 전력퓨즈(고압 또는 특고압용) |
| F | 퓨즈(저압용) |
| Tr | 전력용 변압기 |

(주) 1. 일반회로의 과부하 또는 단락사고시에 $CB_{10}$(또는 $PF_{10}$)이 $CB_{22}$(또는 $PF_{22}$) 및 CB(또는 F)보다 먼저 차단되어서는 안 된다.
2. $CB_{21}$(또는 $PF_{21}$)은 $CB_{22}$(또는 $PF_{22}$)와 동등 이상의 차단용량일 것

(2) **저압수전**의 **경우**[소방시설용 비상전원수전설비의 화재안전기준(NFPC 602 〔별표 2〕, NFTC 602 2.3.1.3.3)]

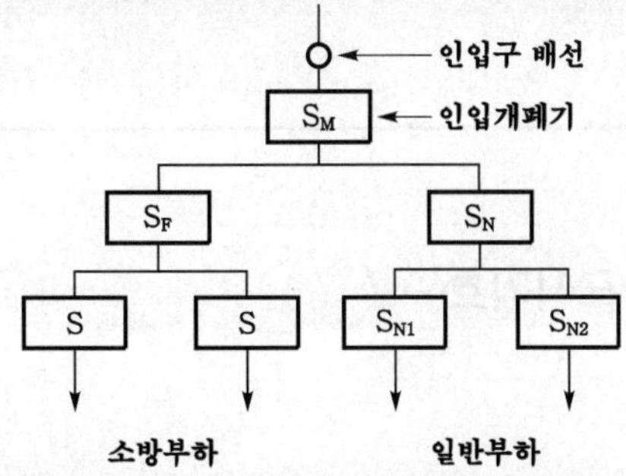


| 약 호 | 명 칭 |
|---|---|
| S | 저압용 개폐기 및 과전류차단기 |

(주) 1. 일반회로의 과부하 또는 단락사고시 $S_M$이 $S_N$, $S_{N1}$ 및 $S_{N2}$보다 먼저 차단되어서는 안 된다.
2. $S_F$는 $S_N$과 동등 이상의 차단용량일 것

CHAPTER

# 04 도시기호

## 1 소방시설 도시기호

☆☆☆

**문제 572**

**다음의 사항을 도시기호로 표시하시오. (10점)**

(가) 경보설비의 중계기 (2점)
(나) 포말소화전 (2점)
(다) 이산화탄소의 저장용기 (2점)
(라) 물분무헤드(평면도) (2점)
(마) 자동방화문의 폐쇄장치 (2점)

정답

(가)  

(나) 

(다) 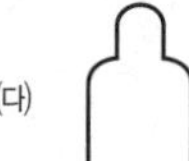

(라) 

(마) 

해설 **소방시설 자체점검사항 등에 관한 고시 〔별표〕**

▮소방시설 도시기호▮

| 분 류 | 명 칭 | 도시기호 | 분 류 | 명 칭 | 도시기호 |
|---|---|---|---|---|---|
| 배관 | 일반배관 | ──────── | 관이음쇠 | 플랜지 | ───┤ ├─── |
| | 옥내·외소화전 | ─── H ─── | | 유니온 | ───┤│├─── |
| | 스프링클러 | ─── SP ─── | | 플러그 | ───<───┤ |
| | 물분무 | ─── WS ─── | | 90° 엘보 | |
| | 포소화 | ─── F ─── | | 45° 엘보 | |
| | 배수관 | ─── D ─── | | 티 | |
| | 전선관 입상 | | | 크로스 | |
| | 전선관 입하 | | | 맹플랜지 | ───┤│ |
| | 전선관 통과 | | | 캡 | ───] |

| 분류 | 명칭 | 도시기호 | 분류 | 명칭 | 도시기호 |
|---|---|---|---|---|---|
| 헤드류 | 스프링클러헤드폐쇄형 상향식(평면도) | | 헤드류 | 감지헤드(평면도) | |
| | 스프링클러헤드폐쇄형 하향식(평면도) | | | 감지헤드(입면도) | |
| | 스프링클러헤드개방형 상향식(평면도) | | | 할로겐화합물 및 불활성기체 소화약제 방출헤드(평면도) | |
| | 스프링클러헤드개방형 하향식(평면도) | | | 할로겐화합물 및 불활성기체 소화약제 방출헤드(입면도) | |
| | 스프링클러헤드폐쇄형 상향식(계통도) | | 밸브류 | 체크밸브 | |
| | 스프링클러헤드폐쇄형 하향식(입면도) | | | 가스체크밸브 | |
| | 스프링클러헤드폐쇄형 상·하향식(입면도) | | | 게이트밸브(상시개방) | |
| | 스프링클러헤드상향형(입면도) | | | 게이트밸브(상시폐쇄) | |
| | 스프링클러헤드하향형(입면도) | | | 선택밸브 | |
| | 분말·탄산가스·할로겐헤드 | | | 조작밸브(일반) | |
| | 연결살수헤드 | | | 조작밸브(전자식) | |
| | 물분무헤드(평면도) | | | 조작밸브(가스식) | |
| | 물분무헤드(입면도) | | | 경보밸브(습식) | |
| | 드렌처헤드(평면도) | | | 경보밸브(건식) | |
| | 드렌처헤드(입면도) | | | 프리액션밸브 | P |
| | 포헤드(입면도) | | | 경보델류지밸브 | D |
| | 포헤드(평면도) | | | 프리액션밸브 수동조작함 | SVP |
| | | | | 플렉시블 조인트 | |

| 구분 | 명칭 | 도시기호 | 구분 | 명칭 | 도시기호 |
|---|---|---|---|---|---|
| 밸브류 | 솔레노이드밸브 |  | 소화전 | 옥내소화전함 |  |
| | 모터밸브 |  | | 옥내소화전 방수용 기구 병설 |  |
| | 릴리프밸브 (이산화탄소용) |  | | 옥외소화전 |  |
| | 릴리프밸브 (일반) |  | | 포말소화전 |  |
| | | | | 송수구 | |
| | 동체크밸브 | | | 방수구 | |
| | 앵글밸브 | | 스트레이너 | Y형 | |
| | 풋밸브 | | | U형 | |
| | 볼밸브 | | 저장탱크류 | 고가수조 (물올림장치) | |
| | 배수밸브 | | | 압력챔버 | |
| | 자동배수밸브 | | | | |
| | 여과망 |  | | 포말원액탱크 |  ❙수직❙ ❙수평❙ |
| | 자동밸브 |  | 리듀서 | 원심리듀서 | 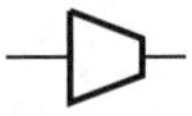 |
| | 감압밸브 |  | | 편심리듀서 | 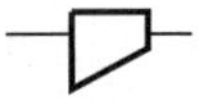 |
| | 공기조절밸브 |  | 혼합장치류 | 프레져 프로포셔너 | 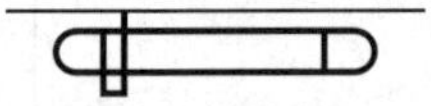 |
| 계기류 | 압력계 |  | | 라인프로포셔너 | 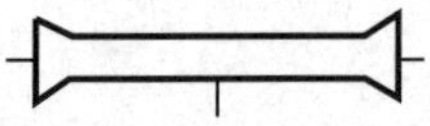 |
| | 연성계 |  | | 프레져사이드 프로포셔너 | 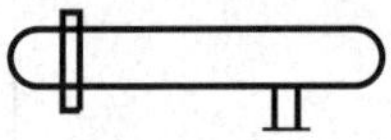 |
| | 유량계 |  | | 기타 |  |

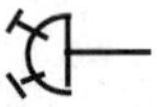

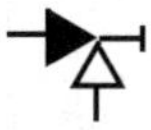

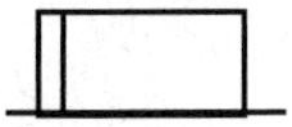

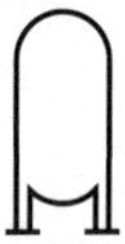

| 분류 | 명칭 | 도시기호 |
|---|---|---|
| 펌프류 | 일반펌프 |  |
| | 펌프모터(수평) | 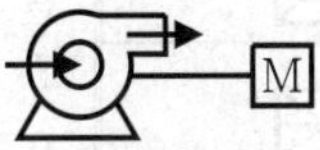 M |
| | 펌프모터(수직) |  M |
| 저장용기류 | 분말약제 저장용기 |  P.D |
| | 저장용기 |  |
| 경보설비기기류 | 차동식 스포트형 감지기 | |
| | 보상식 스포트형 감지기 | |
| | 정온식 스포트형 감지기 | |
| | 연기감지기 |  S |
| | 감지선 |  |
| | 공기관 |  |
| | 열전대 | |
| | 열반도체 | |
| | 차동식 분포형 감지기의 검출기 |  |
| | 발신기세트 단독형 |  P B L |
| | 발신기세트 옥내소화전 내장형 |  PBL |

| 분류 | 명칭 | 도시기호 |
|---|---|---|
| 경보설비기기류 | 경계구역번호 |  |
| | 비상용 누름버튼 | F |
| | 비상전화기 | ET |
| | 비상벨 | B |
| | 사이렌 | 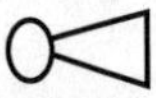 |
| | 모터사이렌 | 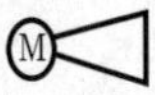 M |
| | 전자사이렌 | 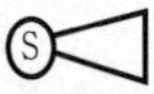 S |
| | 조작장치 | EP |
| | 증폭기 | AMP |
| | 기동누름버튼 | E |
| | 이온화식 감지기 (스포트형) |  $S_I$ |
| | 광전식 연기감지기 (아날로그) |  $S_A$ |
| | 광전식 연기감지기 (스포트형) |  $S_P$ |
| | 감지기간선, HIV 1.2mm×4(22C) | 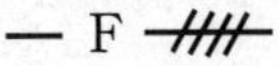 — F ////— |
| | 감지기간선, HIV 1.2mm×8(22C) | 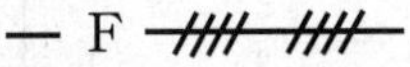 — F ////— ////— |
| | 유도등간선, HIV 2.0mm×3(22C) | — EX — |
| | 경보부저 | BZ |
| | 제어반 |  |
| | 표시반 |  |
| | 회로시험기 |  |

| 구분 | | 명칭 | 도시기호 |
|---|---|---|---|
| 경보설비기기류 | | 화재경보벨 | B |
| | | 시각경보기(스트로브) |  |
| | | 수신기 | 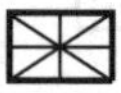 |
| | | 부수신기 | 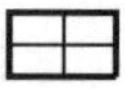 |
| | | 중계기 | |
| | | 표시등 |  |
| | | 피난구유도등 |  |
| | | 통로유도등 |  |
| | | 표시판 |  |
| | | 보조전원 | TR |
| | | 종단저항 |  |
| 제연설비 | | 수동식 제어 |  |
| | | 천장용 배풍기 |  |
| | | 벽부착용 배풍기 |  |
| | 배풍기 | 일반배풍기 |  |
| | | 관로배풍기 |  |
| | 댐퍼 | 화재 댐퍼 |  |
| | | 연기 댐퍼 |  |
| | | 화재 · 연기 댐퍼 |  |
| | | 접지 |  |
| | | 접지저항 측정용 단자 |  |

| 구분 | 명칭 | 도시기호 |
|---|---|---|
| 스위치류 | 압력스위치 | PS |
| | 탬퍼스위치 | TS |
| 방연 · 방화문 | 연기감지기(전용) | S |
| | 열감지기(전용) |  |
| | 자동폐쇄장치 | ER |
| | 연동제어기 | 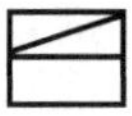 |
| | 배연창 기동모터 | M |
| | 배연창 수동조작함 |  |
| 피뢰침 | 피뢰부(평면도) |  |
| | 피뢰부(입면도) |  |
| | 피뢰도선 및 지붕 위 도체 |  |
| 소화기류 | ABC 소화기 | 소 |
| | 자동확산소화기 | 자 |
| | 자동식 소화기 |  소 |
| | 이산화탄소 소화기 | C |
| | 할로겐화합물 소화기(할론소화기) |  |

| 구분 | 명칭 | 도시기호 | 구분 | 명칭 | 도시기호 |
|---|---|---|---|---|---|
| 기타 | 안테나 | | 기타 | 전동기구동 | M |
| | 스피커 | | | 엔진구동 | E |
| | 연기방연벽 | | | 배관행거 | |
| | 화재방화벽 | | | 기압계 | |
| | 화재 및 연기방벽 | | | 배기구 | |
| | 비상콘센트 | | | 바닥은폐선 | |
| | 비상분전반 | | | 노출배선 | |
| | 가스계 소화설비의 수동조작함 | RM | | 소화가스패키지 | PAC |

☆☆☆

## 문제 573

관부속류 배관방식 등에 관한 다음의 「소방시설 자체점검사항 등에 관한 고시」〔별표〕에 관한 도시기호 명칭을 쓰시오. (6점)

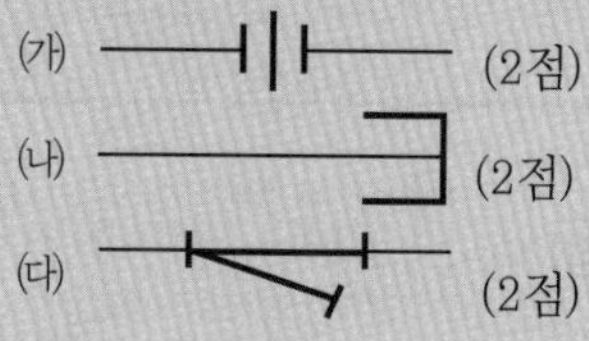


(2점)
(2점)
(2점)

정답 (가) 유니온
(나) 캡
(다) Y형 스트레이너

해설 **문제 572 참조**

☆☆

## 문제 574

다음은 소방시설의 도시기호이다. 그 명칭을 기재하시오. (12점)

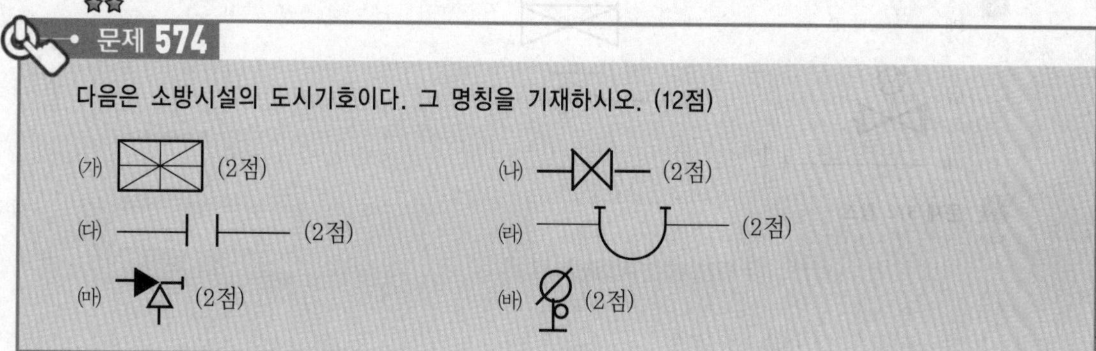

정답 (가) 수신기
(나) 게이트밸브(상시 개방)
(다) 플랜지
(라) U형 스트레이너
(마) 앵글밸브
(바) 압력계

해설 문제 572 참조

☆☆

## 문제 575

답란은 소방용품이나 장치 등의 명칭이다. 설계도면상에 표시하는 기호를 「소방시설 자체점검사항 등에 관한 고시」〔별표〕에 의하여 도시하시오. (8점)

(가) 편심리듀셔 (2점)
(나) 맹플랜지 (2점)
(다) 앵글밸브 (2점)
(라) 안전밸브(릴리프밸브) (2점)

정답

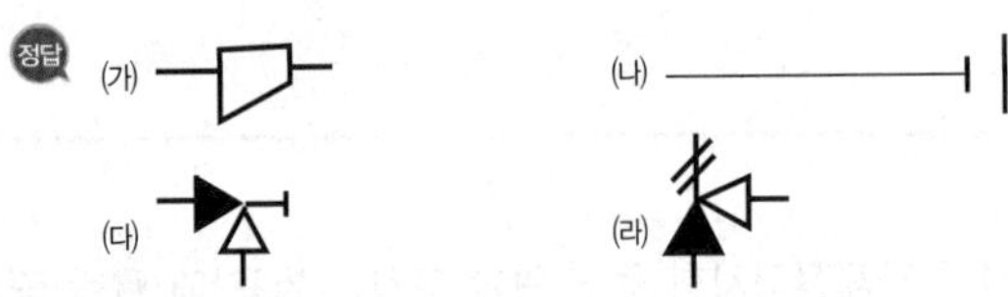



해설 문제 572 참조

☆

## 문제 576

다음은 소방시설 도시기호의 명칭이다. 올바르게 도시하시오. (10점)

(가) 배수관 (2점)
(나) 선택밸브 (2점)
(다) 모터밸브 (2점)
(라) 가스체크밸브 (2점)
(마) 맹플랜지 (2점)

정답

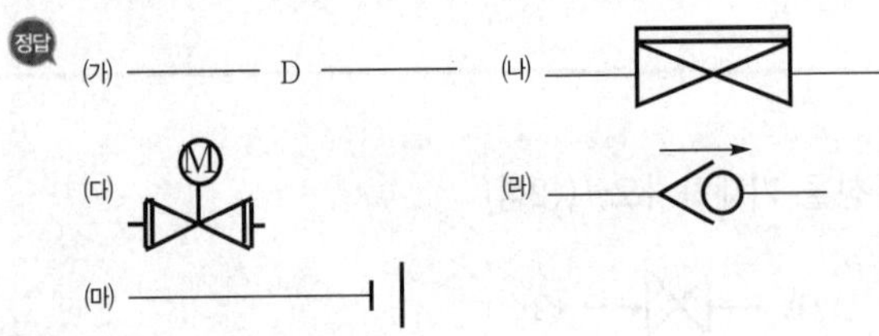



해설 문제 572 참조

## 문제 577

다음의 소방시설 도시기호의 명칭을 적으시오. (10점)

(가) —⊘— (2점)

(나) ◈ (2점)

(다) (∞) (2점)

(라) ⊠ (2점)

(마) ⧓ (2점)

정답 (가) 드렌처헤드(평면도)
(나) 릴리프밸브(이산화탄소용)
(다) 열반도체
(라) 시각경보기(스트로브)
(마) 비상분전반

해설 **문제 572 참조**

## 2 옥내배선용 그림기호

☆☆

### 문제 578

옥내배선용 그림기호(KSC 0301)에 의거하여 다음과 같은 조건을 참고하여 배선도로 나타내시오. (3점)

〔조건〕

① 배선 : 바닥은폐배선

② 전력선 : 3가닥, 가교폴리에틸렌 절연비닐 시스케이블 25〔$mm^2$〕

③ 접지선 : 1가닥, 접지용 비닐전선 6〔$mm^2$〕

④ 전선관 : 후강 전선관 36〔mm〕

**정답** — ///— — — —/— —

CV25　　GV6(36)

**해설** (1) **전선**의 **종류**

| 약 호 | 명 칭 | 최고허용온도 |
|---|---|---|
| OW | 옥외용 비닐절연전선 | 60℃ |
| DV | 인입용 비닐절연전선 | |
| HFIX | 450/750V 저독성 난연 가교폴리올레핀 절연전선 | 90℃ |
| CV | 가교폴리에틸렌 절연비닐 외장(시스)케이블 | |
| MI | 미네랄 인슐레이션 케이블 | |
| IH | 하이퍼론 절연전선 | 95℃ |
| FP | 내화케이블 | – |
| HP | 내열전선 | |
| GV | 접지용 비닐전선 | |
| E | 접지선 | |

**중요**

**배선도**가 나타내는 **의미**

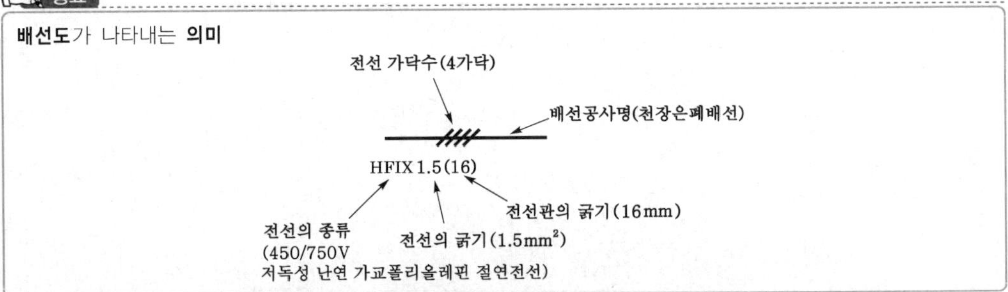


(2) **옥내배선용 그림기호**(KSC 0301 : 1990) 2015 확인

| 명 칭 | 그림기호 | 적 요 |
|---|---|---|
| 천장은폐배선 | ——— | • 천장 속의 배선을 구별하는 경우 : —·—·—·— |
| 바닥은폐배선 | — — — — | – |
| 노출배선 | ·············· | • 바닥면 노출배선을 구별하는 경우 : —··—··— |

• 하나의 배선에 여러 종류의 전선을 사용할 경우 전선관 표기는 한 곳에만 하면 된다.

CV25(36) GV6(36)

❙잘못된 표기❙

• 전선의 위치가 좌우 바뀌어도 된다.

GV6 CV25(36)

❙올바른 표기❙

중요

**옥내배선용 그림기호**(KSC 0301 : 1990) 2015 확인

(1) 배선

① **일반 배선**(배관 · 덕트 · 금속선 홈통 등을 포함)

| 명 칭 | 그림기호 | 적 요 |
|---|---|---|
| 천장은폐배선<br>바닥은폐배선<br>노출배선 | ———<br>— — —<br>- - - - - - - - | ① 천장은폐배선 중 **천장 속의 배선을 구별하는 경우**는 천장 속의 배선에 —·—·—·— 를 사용하여도 좋다.<br>② 노출배선 중 **바닥면 노출배선을 구별하는 경우**는 바닥면 노출배선에 —··—··— 를 사용하여도 좋다.<br>③ 전선의 종류를 표시할 필요가 있는 경우는 기호를 기입한다.<br>• 600V 비닐절연전선 : **IV**<br>• 600V 2종 비닐절연전선 : **HIV**<br>• 가교 폴리에틸렌 절연 비닐시스 케이블 : **CV**<br>• 600V 비닐절연 비닐시스 케이블(평형) : **VVF**<br>• 내화 케이블 : **FP**<br>• 내열전선 : **HP**<br>• 통신용 PVC 옥내선 : **TIV**<br>④ 절연전선의 굵기 및 전선수는 다음과 같이 기입한다. 단위가 명백한 경우는 단위를 생략하여도 좋다.<br>1.6 2 $2mm^2$ 8<br>숫자 방기의 보기 : 1.6×5 5.5×1<br>다만, 시방서 등에 전선의 굵기 및 전선수가 명백한 경우는 기입하지 않아도 좋다.<br>⑤ 케이블의 굵기 및 선심수(또는 쌍수)는 다음과 같이 기입하고 필요에 따라 전압을 기입한다.<br>• 1.6mm 3심인 경우 : 1.6−3C<br>• 0.5mm 100쌍인 경우 : 0.5−100P<br>다만, 시방서 등에 케이블의 굵기 및 선심수가 명백한 경우는 기입하지 않아도 좋다.<br>⑥ 전선의 접속점은 다음에 따른다.<br>⑦ 배관은 다음과 같이 표시한다.<br>1.6(19) 강제 전선관인 경우<br>1.6(VE16) 경질 비닐전선관인 경우<br>1.6($F_2$17) 2종 금속제 가요전선관인 경우<br>1.6(PF16) 합성수지제 가요관인 경우 |

| | | |
|---|---|---|
| 천장은폐배선<br>바닥은폐배선<br>노출배선 | ────<br>─ ─ ─<br>-------- | (19) 전선이 들어 있지 않은 경우<br>다만, 시방서 등에 명백한 경우는 기입하지 않아도 좋다.<br>⑧ 플로어덕트의 표시는 다음과 같다.<br>(F7) (FC6)<br>정크션박스를 표시하는 경우는 다음과 같다.<br>⑨ 금속덕트를 표시하는 경우는 다음과 같다.<br>MD<br>⑩ 금속선 홈통의 표시는 다음과 같다.<br>1종 $MM_1$ 2종 $MM_2$<br>⑪ 라이팅 덕트의 표시는 다음과 같다.<br>LD LD<br>□는 피드인 박스를 표시한다.<br>필요에 따라 전압, 극수, 용량을 기입한다.<br>LD 125V 2P 15A<br>⑫ 접지선의 표시는 다음과 같다.<br>E2.0<br>⑬ 접지선과 배선을 동일관 내에 넣는 경우는 다음과 같다.<br>2.0(25) E2.0<br>다만, 접지선의 표시 E가 명백한 경우는 기입하지 않아도 좋다.<br>⑭ 케이블의 방화구획 관통부는 다음과 같이 표시한다.<br>⑮ 정원등 등에 사용하는 지중매설배선은 다음과 같다.<br>⑯ 옥외배선은 옥내배선의 그림 기호를 준용한다.<br>⑰ 구별을 필요로 하지 않는 경우는 실선만으로 표시하여도 좋다.<br>⑱ 건축도의 선과 명확히 구별한다. |
| 상승<br>인하<br>소통 | | ① 동일 층의 상승, 인하는 특별히 표시하지 않는다.<br>② 관, 선 등의 굵기를 명기한다. 단, 명백한 경우는 기입하지 않아도 좋다.<br>③ 필요에 따라 공사 종별을 방기한다.<br>④ **케이블의 방화구획 관통부**는 다음과 같이 표시한다.<br>• 상승 :<br>• 인하 :<br>• 소통 : |
| 풀박스 및 접속상자 | ⊠ | ① 재료의 종류, 치수를 표시한다.<br>② 박스의 대소 및 모양에 따라 표시한다. |
| VVF용 조인트 박스 | | **단자붙이임을 표시하는 경우**는 t를 방기한다.<br>t |
| 접지단자 | | **의료용**인 것은 H를 방기한다. |
| 접지센터 | EC | |

| | | |
|---|---|---|
| 접지극 | | 필요에 따라 재료의 종류, 크기, 필요한 접지저항치 등을 표기한다. |
| 수전점 | | 인입구에 이것을 적용하여도 좋다. |
| 점검구 | | – |

② 버스덕트

| 명 칭 | 그림기호 | 적 요 |
|---|---|---|
| 버스덕트 | | ① 필요에 따라 다음 사항을 표시한다.<br>• 피드버스덕트 : FBD<br>플러그인 버스덕트 : PBD<br>트롤리 버스덕트 : TBD<br>• 방수형인 경우 : WP<br>• 전기방식, 정격전압, 정격전류<br>FBD3$\phi$ 3W 300V 600A<br>② 익스팬션을 표시하는 경우는 다음과 같다.<br>③ 오프셋을 표시하는 경우는 다음과 같다.<br>④ 탭붙이를 표시하는 경우는 다음과 같다.<br>⑤ 상승, 인하를 표시하는 경우는 다음과 같다.<br>상승 , 인하<br>⑥ 필요에 따라 정격전류에 의해 나비를 바꾸어 표시하여도 좋다. |

③ 합성수지선 홈통

| 명 칭 | 그림기호 | 적 요 |
|---|---|---|
| 합성수지선 홈통 | | ① 필요에 따라 전선의 종류, 굵기, 가닥수, 선 홈통의 크기 등을 기입한다.<br>IV 16×4(PR35×18)<br>전선이 들어 있지 않은 경우<br>(PR35×18)<br>② 회선수를 다음과 같이 표시하여도 좋다.<br>2회선인 경우<br>③ 그림기호 는 PR 로 표시하여도 좋다.<br>④ 조인트박스를 표시하는 경우는 다음과 같다.<br>J<br>⑤ 콘센트를 표시하는 경우는 다음과 같다.<br>II<br>⑥ 점멸기를 표시하는 경우는 다음과 같다.<br>●<br>⑦ 걸림 로제트를 표시하는 경우는 다음과 같다. |

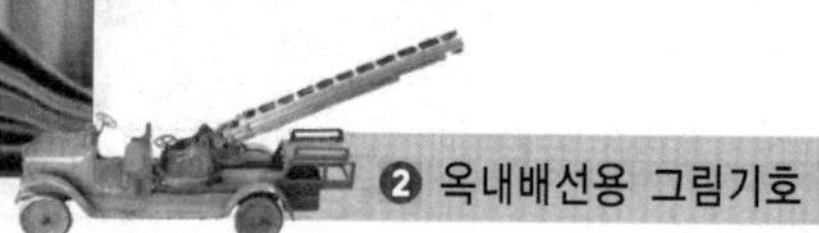



④ 증설 : 동일 도면에서 증설, 기설을 표시하는 경우 증설은 굵은 선, 기설은 가는 선 또는 점선으로 한다. 또한 증설은 적색, 기설은 흑색 또는 청색으로 하여도 좋다.

⑤ 철거 : 철거인 경우 ×를 붙인다.

─×─×─×─⊗─×─×─×─

(2) 기기

| 명 칭 | 그림기호 | 적 요 |
|---|---|---|
| 전동기 | Ⓜ | 필요에 따라 전기방식, 전압, 용량을 방기한다.<br>Ⓜ $3\phi$ 200V 3.7kW |
| 콘덴서 | (콘덴서 기호) | 전동기의 적요를 준용한다. |
| 전열기 | Ⓗ | 전동기의 적요를 준용한다. |
| 환기팬<br>(선풍기를 포함) | ∞ | 필요에 따라 종류 및 크기를 방기한다. |
| 룸에어컨 | RC | ① 옥외 유닛에는 0을, 옥내 유닛에는 1을 방기한다.<br>$\text{RC}_0$ $\text{RC}_1$<br>② 필요에 따라 전동기, 전열기의 전기방식, 전압, 용량 등을 방기한다. |
| 소형 변압기 | Ⓣ | ① 필요에 따라 용량, 2차 전압을 방기한다.<br>② 필요에 따라 벨변압기는 B, 리모컨변압기는 R, 네온변압기는 N, 형광등용 안정기는 F, HID등(고효율 방전등)용 안정기는 H를 방기한다.<br>$Ⓣ_B$ $Ⓣ_R$ $Ⓣ_N$ $Ⓣ_F$ $Ⓣ_H$<br>③ 형광등용 안정기 및 HID등용 안정기로서 기구에 넣는 것은 표시하지 않는다. |
| 정류장치 | (정류장치 기호) | 필요에 따라 종류, 용량, 전압 등을 방기한다. |
| 축전기 | (축전기 기호) | 필요에 따라 종류, 용량, 전압 등을 방기한다. |
| 발전기 | Ⓖ | 전동기의 적요를 준용한다. |

(3) 전등기구 및 전력설비

① 조명기구

| 명 칭 | 그림기호 | 적 요 |
|---|---|---|
| 일반용 조명,<br>백열등,<br>HID등 | ○ | ① 벽붙이는 벽 옆을 칠한다.<br>◐<br>② 기구 종류를 표시하는 경우는 ○ 안이나 또는 방기로 글자명, 숫자 등의 문자기호를 기입하고 도면의 비고 등에 표시한다.<br>㉯ $○_{나}$ ① $○_1$ Ⓐ $○_A$ 등<br>같은 방에 같은 기구를 여러 개 시설하는 경우는 통합하여 문자기호와 기구수를 기입하여도 좋다.<br>③ 위 ②에 따르기 어려운 경우는 다음에 따른다.<br>• 걸림 로제트만 ( )<br>• 펜던트 ⊖ |

| 명칭 | | 그림기호 | 적요 |
|---|---|---|---|
| 일반용 조명, 백열등, HID등 | | ○ | • 실링, 직접 부착 (CL)<br>• 샹들리에 (CH)<br>• 매입 기구 (DL) (◎로 하여도 좋다)<br>④ 용량을 표시하는 경우는 와트수[W]×램프수로 표시한다.<br>〔보기〕 100 200×3<br>⑤ 옥외등은 ◎로 하여도 좋다.<br>⑥ HID등의 종류를 표시하는 경우는 용량 앞에 다음 기호를 붙인다.<br>• 수은등 : H<br>• 메탈 핼라이드등 : M<br>• 나트륨등 : N<br>〔보기〕 H 400 |
| 형광등 | | ▭○▭ | ① 그림기호 ▭○▭는 ▭⊖▭로 표시하여도 좋다.<br>② 벽붙이는 벽 옆을 칠한다.<br>• 가로붙이인 경우<br>• 세로붙이인 경우<br>③ 기구 종류를 표시하는 경우는 ○ 안이나 또는 방기로 글자명, 숫자 등의 문자기호를 기입하고 도면의 비고 등에 표시한다.<br>(나) ○나 ① ○1 (A) ○A 등<br>같은 방에 같은 기구를 여러 개 시설하는 경우는 통합하여 문자기호와 기구수를 기입하여도 좋다. 또한, 여기에 따르기 어려운 경우는 일반용 조명 백열등, HID등의 적용 '③'을 준용한다.<br>④ 용량을 표시하는 경우는 램프의 크기(형)×램프수로 표시한다. 또, 용량 앞에 F를 붙인다.<br>〔보기〕 F 40, F 40×2<br>⑤ 용량 외에 기구수를 표시하는 경우는 램프의 크기(형)×램프수-기구수로 표시한다.<br>〔보기〕 F 40-2, F 40×2-3<br>⑥ 기구 내 배선의 연결 방법을 표시하는 경우는 다음과 같다.<br>F 40-2 F 40-3<br>⑦ 기구의 대소 및 모양에 따라 표시하여도 좋다. |
| 비상용 조명 (건축 기준법에 따르는 것) | 백열등 | ● | ① 일반용 조명 백열등의 적요를 준용한다. 다만, 기구의 종류를 표시하는 경우는 방기한다.<br>② **일반용 조명 형광등에 조립하는 경우**는 다음과 같다. |
| | 형광등 | ■○■ | ① 일반용 조명 백열등의 적요를 준용한다. 다만, 기구의 종류를 표시하는 경우는 방기한다.<br>② **계단에 설치하는 통로유도등과 겸용**인 것은 ■⊗■로 한다. |

| | | | |
|---|---|---|---|
| 유도등<br>(소방법에<br>따르는 것) | 백열등 | | ① 일반용 조명 백열등의 적요를 준용한다. 다만, 기구의 종류를 표시하는 경우는 표기한다.<br>② **객석유도등**인 경우는 필요에 따라 S를 방기한다.<br>S |
| | 형광등 | | ① 일반용 조명 백열등의 적요를 준용한다.<br>② 기구의 종류를 표시하는 경우는 방기한다.<br>중<br>③ **통로유도등**인 경우는 필요에 따라 화살표를 기입한다.<br>④ **계단에 설치하는 비상용 조명과 겸용**인 것은 로 한다. |
| 불멸 또는<br>비상용 등<br>(건축법<br>기준법,<br>소방법에<br>따르지<br>않는 것) | 백열등 | ⊗ | ① **벽붙이**는 벽 옆을 칠한다.<br>② 일반용 조명 백열등의 적요를 준용한다. 다만, 기구의 종류를 표시하는 경우는 방기한다. |
| | 형광등 | | ① **벽붙이**는 벽 옆을 칠한다.<br>② 일반용 조명 형광등의 적요를 준용한다. 다만, 기구의 종류를 표시하는 경우는 방기한다. |

② 콘센트

| 명 칭 | 그림기호 | 적 요 |
|---|---|---|
| 콘센트 | | ① 그림기호는 벽붙이를 표시하고 옆 벽을 칠한다.<br>② 그림기호 는 로 표시하여도 좋다.<br>③ **천장**에 **부착**하는 경우는 다음과 같다.<br>④ **바닥**에 **부착**하는 경우는 다음과 같다.<br>⑤ 용량의 표시방법은 다음과 같다.<br>• 15A는 방기하지 않는다.<br>• 20A 이상은 암페어수를 방기한다.<br>20A<br>⑥ 2구 이상인 경우는 구수를 방기한다.<br>2<br>⑦ 3극 이상인 것은 극수를 방기한다.<br>3P<br>⑧ 종류를 표시하는 경우는 다음과 같다.<br>• 빠짐 방지형 LK<br>• 걸림형 T<br>• 접지극붙이 E<br>• 접지단자붙이 ET<br>• 누전차단기붙이 EL |

| | | |
|---|---|---|
| 콘센트 | ⦿ | ⑨ 방수형은 WP를 방기한다.<br>⦿WP<br>⑩ 방폭형은 EX를 방기한다.<br>⦿EX<br>⑪ 타이머붙이, 덮개붙이 등 특수한 것은 방기한다.<br>⑫ 의료용은 H를 방기한다.<br>⦿H<br>⑬ 전원 종별을 명확히 하고 싶은 경우는 그 뜻을 방기한다. |
| 비상콘센트<br>(소방법에 따르는 것) | ⊙⊙ | – |

③ 점멸기

| 명 칭 | 그림기호 | 적 요 |
|---|---|---|
| 점멸기 | ● | ① 용량의 표시 방법은 다음과 같다.<br>• 10A는 방기하지 않는다.<br>• 15A 이상은 전류치를 방기한다.<br>●15A<br>② 극수의 표시방법은 다음과 같다.<br>• 단극은 방기하지 않는다.<br>• 2극 또는 3로, 4로는 각각 2P 또는 3, 4의 숫자를 방기한다.<br>●2P ●3<br>③ **플라스틱**은 P를 방기한다.<br>●P<br>④ **파일럿 램프**를 내장하는 것은 L을 방기한다.<br>●L<br>⑤ **따로 놓여진 파일럿 램프**는 ○로 표시한다.<br>○●<br>⑥ **방수형**은 WP를 방기한다.<br>●WP<br>⑦ **방폭형**은 EX를 방기한다.<br>●EX<br>⑧ **타이머붙이**는 T를 방기한다.<br>●T<br>⑨ 지동형, 덮개붙이 등 특수한 것은 방기한다.<br>⑩ 옥외등 등에 사용하는 자동점멸기는 A 및 용량을 방기한다.<br>●A(3A) |
| 조광기 | ↗● | 용량을 표시하는 경우는 방기한다.<br>↗● 15A |
| 리모컨스위치 | ●R | ① 파일럿 램프붙이는 ○을 병기한다.<br>○● R<br>② 리모컨스위치임이 명백한 경우는 R을 생략하여도 좋다. |
| 실렉터스위치 | ⊗ | ① **점멸회로수**를 방기한다.<br>⊗9<br>② **파일럿 램프붙이**는 L을 방기한다.<br>⊗9L |

| | | |
|---|---|---|
| 리모컨릴레이 | ▲ | 리모컨릴레이를 집합하여 부착하는 경우는 [▲▲▲]를 사용하고 릴레이수를 방기한다.<br>[▲▲▲]10 |

④ 개폐기 및 계기

| 명 칭 | 그림기호 | 적 요 |
|---|---|---|
| 개폐기 | [S] | ① 상자들이인 경우는 상자의 재질 등을 방기한다.<br>② 극수, 정격전류, 퓨즈정격전류 등을 방기한다.<br>[S] 2P 300A f 15A<br>③ 전류계붙이는 (S)를 사용하고 전류계의 정격전류를 방기한다.<br>(S) 2P 30A f 15A A 5 |
| 배선용 차단기 | [B] | ① 상자들이인 경우는 상자의 재질 등을 방기한다.<br>② 극수, 프레임의 크기, 정격전류 등을 방기한다.<br>[B] 3P 225AF 150A<br>③ **모터브레이커**를 표시하는 경우는 [B]를 사용한다.<br>④ [B]를 [S]MCB로서 표시하여도 좋다. |
| 누전차단기 | [E] | ① 상자들이인 경우는 상자의 재질 등을 방기한다.<br>② 과전류 소자붙이는 극수, 프레임의 크기, 정격전류, 정격감도전류 등, 과전류 소자 없음은 극수, 정격전류, 정격감도전류 등을 방기한다.<br>• 과전류 소자붙이<br>[E] 2P 30AF 15A 30mA<br>• 과전류 소자 없음<br>[E] 2P 15A 30mA<br>③ **과전류 소자붙이**는 [BE]를 사용하여도 좋다.<br>④ [E]를 [S]ELB로 표시하여도 좋다. |
| 전자개폐기용 누름버튼 | ⊙B | 텀블러형 등인 경우도 이것을 사용한다. 파일럿 램프붙이인 경우는 L을 방기한다. |
| 압력스위치 | ⊙P | – |
| 플로트스위치 | ⊙F | – |
| 플로트리스 스위치 전극 | ⊙LF | 전극수를 방기한다.<br>⊙LF 3 |
| 타임스위치 | [TS] | – |
| 전력량계 | (Wh) | ① 필요에 따라 전기 방식, 전압, 전류 등을 방기한다.<br>② 그림기호 (Wh)는 (WH)로 표시하여도 좋다. |
| 전력량계(상자들이 또는 후드붙이) | [Wh] | ① 전력량계의 적요를 준용한다.<br>② 집합 계기상자에 넣는 경우는 전력량계의 수를 방기한다.<br>[Wh] 12 |

| 변류기(상자들이) | CT | 필요에 따라 전류를 방기한다. |
|---|---|---|
| 전류제한기 | Ⓛ | ① 필요에 따라 전류를 방기한다.<br>② 상자들이인 경우는 그 뜻을 방기한다. |
| 누전경보기 | $\bigcirc_G$ | 필요에 따라 종류를 방기한다. |
| 누전화재경보기<br>(소방법에 따르는 것) | $\bigcirc_F$ | 필요에 따라 급별을 방기한다. |
| 지진감지기 | (EQ) | 필요에 따라 작동특성을 방기한다.<br>(EQ) 100~170 cm/s² (EQ) 100~170 Gal |

⑤ 배전반 · 분전반 · 제어반

| 명 칭 | 그림기호 | 적 요 |
|---|---|---|
| 배전반, 분전반 및 제어반 | ▭ | ① 종류를 구별하는 경우는 다음과 같다.<br>• 배전반 ⊠<br>• 분전반 ◪<br>• 제어반 ⧓<br>② 직류용은 그 뜻을 방기한다.<br>③ 재해방지 전원회로용 배전반 등인 경우는 2중 틀로 하고, 필요에 따라 종별을 방기한다.<br>⊠ 1종 ◪ 2종 |

(4) 통신 및 신호

① 전화

| 명 칭 | 그림 기호 | 적 요 |
|---|---|---|
| 내선전화기 | Ⓣ | 버튼전화기를 구별하는 경우는 BT를 방기한다.<br>Ⓣ BT |
| 가입전화기 | Ⓣ | – |
| 공중전화기 | (PT) | – |
| 팩시밀리 | MF | – |
| 전환기 | ⍜ | 양쪽을 끊는 전환기인 경우는 다음과 같다.<br>⍜ |
| 보안기 | ⧈ | 집합 보안기의 경우는 다음과 같이 표시하고 개수(실장/용량)을 방기한다.<br>⧈ $\frac{3}{5}$ |
| 단자반 | ⊟ | ① 대수(실장/용량)를 방기한다.<br>⊟ $\frac{30P}{40P}$<br>② 전환 이외의 단자반에도 이것을 적용한다.<br>③ 중간 단자반, 주단자반, 국선용 단자반을 구별하는 경우는 다음과 같다. |

| 단자반 | (그림기호) | • 중간 단자반 (그림기호)<br>• 주단자반 (그림기호)<br>• 국선용 단자반 (그림기호) |
|---|---|---|
| 본배선반 | MDF | – |
| 교환기 | 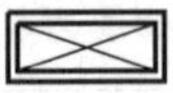 (그림기호) | – |
| 버튼전환주장치 | 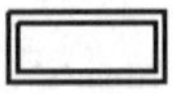 (그림기호) | 형식을 기입한다.<br>206 |
| 전화용 아우트렛 | (그림기호) | ① **벽붙이**는 벽 옆을 칠한다.<br>② **바닥에 설치하는 경우**는 다음에 따라도 좋다.  |

② 경보 · 호출 · 표시장치

| 명 칭 | 그림기호 | 적 요 |
|---|---|---|
| 누름버튼 | (그림기호) | ① **벽붙이**는 벽 옆을 칠한다.<br>② 2개 이상인 경우는 버튼수를 방기한다.<br>3<br>③ 간호부 호출용은 (그림기호)N 또는 N로 한다.<br>④ 복귀용은 다음에 따른다. |
| 손잡이 누름버튼 | (그림기호) | 간호부 호출용은 (그림기호)N 또는 Ⓝ로 한다. |
| 벨 |  (그림기호) | 경보용, 시보용을 구별하는 경우는 다음과 같다.<br>• 경보용  A<br>• 시보용  T |
| 버저 |  (그림기호) | 경보용, 시보용을 구별하는 경우는 다음과 같다.<br>• 경보용  A<br>• 시보용  T |
| 차임 | (그림기호) | – |
| 경보수신반 |  (그림기호) | – |
| 간호부 호출용 수신반 | N C | 창수를 방기한다.<br>N C 10 |
| 표시기(반) | 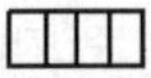 (그림기호) | 창수를 방기한다. 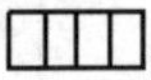<br>10 |

| | | |
|---|---|---|
| 표시스위치<br>(발신기) | | 표시스위치반은 다음에 따라 표시하고 스위치를 방기한다.<br> 10 |
| 표시등 | | **벽붙이**는 벽 옆을 칠한다. |

③ 전기시계설비

| 명 칭 | 그림기호 | 적 요 |
|---|---|---|
| 자시계 | | ① 모양, 종류 등을 표시하는 경우는 그 뜻을 방기한다.<br>② 아웃렛만인 경우는 로 한다.<br>③ 스피커붙이 자시계는 다음과 같이 표시한다.  |
| 시보자시계 | | 자시계의 적요를 준용한다. |
| 부시계 |  | 시계감시반에 부시계를 조립한 경우는  로 한다. |

④ 확성장치 및 인터폰

| 명 칭 | 그림기호 | 적 요 |
|---|---|---|
| 스피커 | | ① **벽붙이**는 벽 옆을 칠한다.<br>② 모양, 종류를 표시하는 경우는 그 뜻을 방기한다.<br>③ **소방용 설비** 등에 사용하는 것은 필요에 따라 F를 방기한다.<br>④ **아웃렛만인 경우**는 다음과 같다.<br>⑤ **방향**을 표시하는 경우는 다음과 같다. <br>⑥ **폰형 스피커**를 구별하는 경우는 다음과 같다. |
| 잭 | J | 종별을 표시할 때는 방기한다.<br>• 마이크로폰용 잭 $J_M$<br>• 스피커용 잭 $J_S$ |
| 감쇠기 | | – |
| 라디오 안테나 |  R | – |
| 전화기용 인터폰(부) |  t | – |
| 전화기용 인터폰(자) | t | – |
| 스피커형 인터폰(부) |  | – |
| 스피커형 인터폰(자) |  | 간호부 호출용으로 사용하는 경우는 N을 방기한다.<br>N |

| 증폭기 | AMP | **소방용 설비** 등에 사용하는 것은 필요에 따라 F를 방기한다. |
|---|---|---|
| 원격조작기 | RM | |

⑤ 텔레비전

| 명 칭 | 그림기호 | 적 요 |
|---|---|---|
| 텔레비전 안테나 | [symbol] | 필요에 따라 VHF, UHF, 소자수 등을 방기한다. |
| 혼합, 분파기 | [symbol] | – |
| 증폭기 | [symbol] | – |
| 4분기기 | [symbol] | – |
| 2분기기 | [symbol] | – |
| 4분배기 | [symbol] | – |
| 2분배기 | [symbol] | – |
| 직렬 유닛 1단자형 (75Ω) | [symbol] | ① 분기단자 300Ω형인 경우는 [symbol]로 한다.<br>② 종단 저항붙이인 경우는 R을 방기한다.<br>[symbol]R |
| 직렬 유닛 2단자형 (75Ω, 300Ω) | [symbol] | ① 분기단자 75Ω 2단자인 경우는 [symbol]로 한다.<br>② 종단 저항붙이인 경우는 R을 방기한다.<br>[symbol]R |
| 벽면단자 | [symbol] | – |
| 기기수용상자 | [symbol] | – |

(5) 방화

① 자동화재검지설비

| 명 칭 | 그림기호 | 적 요 |
|---|---|---|
| 차동식 스포트형 감지기 | [symbol] | 필요에 따라 종별을 방기한다. |
| 보상식 스포트형 감지기 | [symbol] | |
| 정온식 스포트형 감지기 | [symbol] | ① 필요에 따라 종별을 방기한다.<br>② **방수**인 것은 [symbol]로 한다.<br>③ **내산**인 것은 [symbol]로 한다.<br>④ **내알칼리**인 것은 [symbol]로 한다.<br>⑤ **방폭**인 것은 **EX**를 방기한다. |
| 연기감지기 | S | ① 필요에 따라 종별을 방기한다.<br>② **점검박스붙이**인 경우는 [symbol]로 한다.<br>③ **매입**인 것은 [symbol]로 한다. |

| 명칭 | 그림기호 | 적요 |
|---|---|---|
| 감지선 | —◉— | ① 필요에 따라 종별을 방기한다.<br>② **감지선과 전선의 접속점**은 ——●——로 한다.<br>③ **가건물 및 천장 안에 시설할 경우**는 - - ◉ - - -로 한다.<br>④ **관통위치**는 —O—O—로 한다. |
| 공기관 | ━━━ | ① 배선용 그림기호보다 굵게 한다.<br>② **가건물 및 천장 안에 시설할 경우**는 ▬▬▬▬▬▬▬로 한다.<br>③ **관통위치**는 ━O━O━로 한다. |
| 열전대 | —■— | 가건물 및 천장 안에 시설할 경우는 —□—로 한다. |
| 열반도체 | ⦾ | – |
| 차동식 분포형 감지기의 검출부 | ⧖ | 필요에 따라 종별을 방기한다. |
| P형 발신기 | Ⓟ | ① **옥외용**인 것은 Ⓟ로 한다.<br>② **방폭**인 것은 **EX**를 방기한다. |
| 회로시험기 | ◙ | – |
| 경보벨 | Ⓑ | ① **방수용**인 것은 Ⓑ로 한다.<br>② **방폭**인 것은 **EX**를 방기한다. |
| 수신기 | ⊠ | 다른 설비의 기능을 갖는 경우는 필요에 따라 해당 설비의 그림기호를 방기한다.<br>• 가스누설경보설비와 일체인 것<br>• 가스누설경보설비 및 방배연 연동과 일체인 것 |
| 부수신기(표시기) | ⊞ | – |
| 중계기 | ⊟ | – |
| 표시등 | ◐ | – |
| 표지판 | ◺ | – |
| 보조전원 | TR | – |
| 이보기 | R | 필요에 따라 해당 설비의 기호를 방기한다.<br>• 경비회사 등 기기 : G • 비상방송 : E<br>• 소화장치 : X • 소화전 : H<br>• 방화문, 배연 등 : D • 기타 : F |
| 차동 스포트 시험기 | T | 필요에 따라 개수를 방기한다. |
| 종단저항기 | Ω | ◡Ω Ⓟ Ω ⧖Ω |
| 기기수용상자 | ▭ | – |
| 경계구역경계선 | ━ ▪ ━ | 배선의 그림기호보다 굵게 한다. |
| 경계구역번호 | ◯ | ① ◯ 안에 경계구역번호를 넣는다.<br>② 필요에 따라 ⊖로 하고 **상부**에 **필요 사항**, **하부**에 **경계구역번호**를 넣는다.<br>(계단) (샤프트) |

② 비상경보설비

| 명 칭 | 그림기호 | 적 요 |
|---|---|---|
| 기동장치 | Ⓕ | ① **방수용**인 것은 (F)로 한다.<br>② **방폭**인 것은 **EX**를 방기한다. |
| 비상전화기 | (ET) | 필요에 따라 번호를 방기한다. |
| 경보벨 | Ⓑ | - |
| 경보사이렌 | ○◁ | - |
| 경보구역경계선 | ━ ‐ ‐ ━ | 자동화재경보설비의 경계구역경계선의 적요를 준용한다. |
| 경보구역번호 | △ | △ 안에 경보구역번호를 넣는다. |

③ 소화설비

| 명 칭 | 그림기호 | 적 요 |
|---|---|---|
| 기동 버튼 | Ⓔ | **가스계 소화설비**는 G, **수계 소화설비**는 W를 방기한다. |
| 경보벨 | Ⓑ | 자동화재경보설비의 경보벨 적요를 준용한다. |
| 경보버저 | (BZ) | |
| 사이렌 | ○◁ | |
| 제어반 | ⊠ | - |
| 표시반 | ⊞ | 필요에 따라 **창수**를 방기한다.<br>⊞3 |
| 표시등 | ◐ | **시동표시등과 겸용**인 것은 ◎로 한다. |

④ 방화댐퍼, 방화문 등의 제어기기

| 명 칭 | 그림기호 | 적 요 |
|---|---|---|
| 연기감지기<br>(전용인 것) | Ⓢ | ① 필요에 따라 종별을 방기한다.<br>② 매입인 것은 (S)로 한다. |
| 열감지기<br>(전용인 것) | ⊖ | 필요에 따라 종류, 종별을 방기한다. |
| 자동폐쇄장치 | (ER) | 용도를 표시하는 경우는 다음 기호를 방기한다.<br>• 방화문용 : D<br>• 방화셔터용 : S<br>• 연기방지수직벽용 : W<br>• 방화댐퍼용 : SD |
| 연동제어기 | ⊿ | **조작부**를 가진 것은 ⊿로 한다. |
| 동작구역번호 | ◇ | ◇ 안에 동작구역번호를 넣는다. |

⑤ 가스누설경보관계설비

| 명 칭 | 그림기호 | 적 요 |
|---|---|---|
| 검지기 | G | ① **벽걸이형**인 것에서는 G로 한다.<br>② **분리형의 검지부**는 G로 한다.<br>③ **버저, 램프를 내장하고 있는 것**은 필요에 따라 그 뜻을 방기한다.<br>G L  G LB |
| 검지구역경보장치 | BZ | 자동화재경보설비의 경보벨 적요를 준용한다. |
| 음성경보장치 | | (4)의 ④ 스피커의 적요를 준용한다. |
| 수신기 | | – |
| 중계기 | | ① 복수개로 일체인 것은 개수를 방기한다.<br>×3<br>② 가스누설표시등의 중계기에는 L로 한다. |
| 표시등 | | – |
| 경계구역경계선 | | – |
| 경계구역번호 | △ | △ 안에 경계구역번호를 넣는다. |

⑥ 무선통신보조설비

| 명 칭 | 그림기호 | 적 요 |
|---|---|---|
| 누설동축케이블 | | ① 일반 배선용 그림기호보다 굵게 한다.<br>② **천장에 은폐하는 경우**는 ━━ ▪ ━━를 사용하여도 좋다.<br>③ 필요에 따라 종별, 형식, 사용 길이 등을 기입한다.<br>LC×500 100m<br>④ **내열형**인 것은 필요에 따라 H를 기입한다.<br>H−LC×200 50m |
| 안테나 | | ① 필요에 따라 종별, 형식 등을 기입한다.<br>② **내열형**인 것은 필요에 따라 H를 방기한다. |
| 혼합기 | | 주파수가 다른 경우는 다음과 같다.<br>U/V  U/U  V/V |
| 분배기 | | ① 분배수에 따른 그림기호로 한다.<br>4분기기<br>② 필요에 따라 종별 등을 방기한다. |
| 분기기 | | 필요에 따라 분기수에 따른 그림기호로 한다.<br>2분기기 |
| 종단저항기 | | – |

| | | |
|---|---|---|
| 무선기접속단자 | ◎ | 필요에 따라 **소방용** F, **경찰용** P, **자위용** G를 방기한다.<br>◎F |
| 커넥터 | ─◫ | 필요에 따라 생략할 수 있다. |
| 분파기<br>(필터를 포함) | F | – |

⑦ 피뢰설비

| 명 칭 | 그림기호 | 적 요 |
|---|---|---|
| 돌침부 | | 평면도용 |
| | | 입면도용 |
| 피뢰도선 및<br>지붕 위 도체 | ──── | ① 필요에 따라 재료의 종류, 크기 등을 방기한다.<br>② 접속점은 다음과 같다. |
| 접지저항 측정용<br>단자 | ⊗ | 접지용 단자상자에 넣는 경우는 다음과 같다.<br>⊠ |

☆☆☆

**문제 579**

**옥내배선용 그림기호(KSC 0301)에 의거하여 어떤 도면에서 그림과 같이 되어 있을 때 이 배선표시가 의미하는 내용을 다음에 의하여 답하시오. (12점)**

──////──
HFIX 1.5 (16)

(가) 배선공사는 어떻게 하여야 하는가? (2점)

(나) 배선공사의 종류를 구체적으로 답하고, 그 관의 굵기를 쓰시오. (4점)

○ 배관공사의 종류 :

○ 관의 굵기 :

(다) 전선의 종류, 굵기 및 그 가닥수는? (단, 전선의 종류는 우리말로 답하도록 하시오.) (6점)

○ 전선의 종류 :

○ 전선의 굵기 :

○ 전선가닥수 :

정답 (가) 천장은폐배선

(나) ① 배관공사의 종류 : 후강전선관공사

② 관의 굵기 : 16mm

(다) ① 전선의 종류 : 450/750V 저독성 난연 가교폴리올레핀 절연전선

② 전선의 굵기 : 1.5mm$^2$

③ 전선가닥수 : 4가닥

해설 (가)~(다)

**배선도**가 나타내는 **의미**

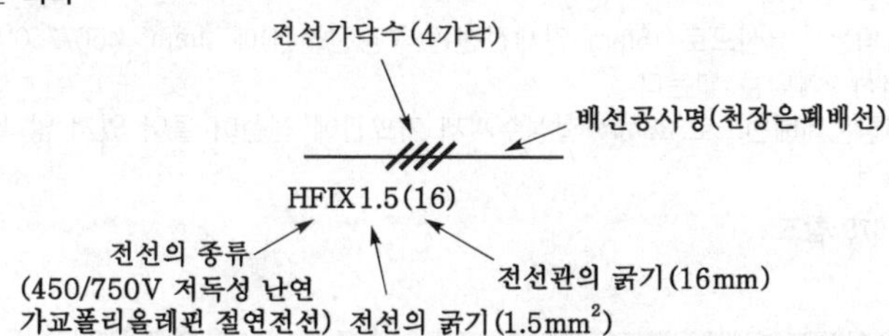


참고

(1) 옥내배선용 그림기호(KSC 0301:1990) 2015 확인

| 명 칭 | 그림기호 | 비 고 |
|---|---|---|
| 천장은폐배선 | ──── | • 천장 속의 배선을 구별하는 경우 : ─ · ─ · ─ |
| 바닥은폐배선 | ─ ─ ─ | – |
| 노출배선 | ------------ | • 바닥면 노출배선을 구별하는 경우 : ─··─··─ |
| 정크션박스 | ----⊙---- | – |
| 금속덕트 | MD | – |
| 케이블의 방화구획 관통부 | ─(H)─ | – |
| 철거 | ×××⊗××× | – |

(2) **배관**의 **표시방법**

① 강제전선관의 경우 : // 2.5(19)

② 경질 비닐전선관인 경우 : // 2.5(VE16)

③ 2종 금속제 가요전선관인 경우 : // 2.5($F_2$ 17)

④ 합성수지제 가요관인 경우 : // 2.5(PF16)

⑤ 전선이 들어 있지 않은 경우 : ─C─ (19)

☆☆

## 문제 580

옥내배선용 그림기호(KSC 0301)에 의거하여 옥내배선에 사용되는 다음 심벌의 의미를 설명하시오. (단, 영문약호는 우리말로 표현하여 설명할 것) (8점)

(가) ──///── HFIX1.5(VE 16) (2점)

(나) ─ ─//─ ─ ─ HFIX4(16) (2점)

(다) ──C── (PF 28) (2점)

(라) ×××⊗××× (2점)

정답 (가) 천장은폐배선으로 16mm 경질비닐전선관에 1.5mm² 450/750V 저독성 난연 가교폴리올레핀 절연전선 4가닥을 넣는다.
(나) 바닥은폐배선으로 16mm 강제전선관(후강전선관)에 4mm² 450/750V 저독성 난연 가교폴리올레핀 절연전선 2가닥을 넣는다.
(다) 천장은폐배선으로 28mm 합성수지제 가요관에 전선이 들어 있지 않다.
(라) 철거

해설 **문제 578 참조**

## 문제 581

**옥내배선용 그림기호(KSC 0301)에 의거하여 다음은 화재경보설비의 수신기 심벌이다. 서로를 구별하여 명칭을 쓰도록 하시오. (6점)**

(가) ⊞ (2점)
(나) ⊠ (2점)
(다) ⊠◺ (2점)

정답 (가) 부수신기
(나) 수신기
(다) 가스누설경보기와 일체인 수신기

해설 **옥내배선용 그림기호**(KSC 0301 : 1990) 2015 확인

| 명 칭 | 그림기호 | 적 요 |
|---|---|---|
| 수신기 | ⊠ | • 가스누설경보설비와 일체인 것 : ⊠◺<br>• 가스누설경보설비 및 방배연 연동과 일체인 것 : ⊠◺▱ |
| 부수신기(표시기) | ⊞ | – |
| 제어반 | ⊠ | – |
| 표시반 | ▤ | • 창이 3개인 표시반 : ▤3 |
| 연동제어기 | ▱ | • 조작부를 가진 연동 제어기 : ▱ |

## 문제 582

**옥내배선용 그림기호(KSC 0301)에 의거하여 옥내배선에 사용되는 일반배선용 다음 심벌의 명칭을 쓰시오. (6점)**

(가) ———— (2점)
(나) — — — — (2점)
(다) ················ (2점)

정답 (가) 천장은폐배선
(나) 바닥은폐배선
(다) 노출배선

해설 **옥내배선용 그림기호**(KSC 0301 : 1990) 2015 확인

| 명 칭 | 그림기호 | 적 요 |
|---|---|---|
| 천장은폐배선 | ———— | • 천장 속의 배선을 구별하는 경우 —··—··— |
| 바닥은폐배선 | — — — — | – |
| 노출배선 | ················ | • 바닥면 노출배선을 구별하는 경우 —···—···— |

☆☆☆

## 문제 583

옥내배선용 그림기호(KSC 0301)에 의거하여 다음은 자동화재탐지설비의 심벌이다. 명칭을 쓰시오. (8점)

(가) (2점) (나)  (2점) (다)  S (2점) (라) 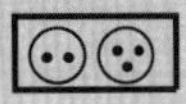 (2점)

정답 (가) 중계기
(나) 표시등
(다) 객석유도등
(라) 비상콘센트

해설 **문제 578 참조**

☆☆☆

## 문제 584

옥내배선용 그림기호(KSC 0301)에 의거하여 그림과 같은 심벌은 무엇을 나타내는지 쓰시오. (단, "(나)"와 "(다)"는 구분을 명확히 할 것) (10점)

(가)  (2점) (나)  (2점) (다)  (2점) (라)  (2점) (마)  (2점)

정답 (가) 비상콘센트
(나) 유도등(백열등)
(다) 유도등(형광등)
(라) 표시등
(마) 스피커

해설 **문제 578 참조**

☆

## 문제 585

옥내배선용 그림기호(KSC 0301)에 의거하여 다음 심벌의 명칭을 쓰시오. (8점)

(가)  (2점) (나)  S (2점) (다)  P-10 (2점) (라) 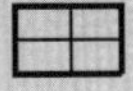 (2점)

정답 (가) 유도등
(나) 객석유도등
(다) 수신기(P형 10회로용)
(라) 부수신기(표시기)

해설 **문제 578 참조**

• 문제 (다)에서 **P-10** : P형 10회로용을 의미하므로 반드시 "**P형 10회로용**"이라고 표시하여야 한다.

★★

## 문제 586

옥내배선용 그림기호(KSC 0301)에 의거하여 다음은 자동화재탐지설비의 심벌이다. 심벌의 명칭을 쓰시오. (8점)

(가) —◉— (2점)

(나) ◡ (2점)

(다) ⊟ (2점)

(라) Ⓑ (2점)

정답 (가) 감지선
(나) 정온식 스포트형 감지기
(다) 중계기
(라) 경보벨

해설 **문제 578 참조**

## 문제 587

옥내배선용 그림기호(KSC 0301)에 의거하여 후강전선관 배관에서 콘크리트슬래브에 허용되는 전선관의 두께는 일반적으로 몇 mm가 적당한지 쓰시오. (3점)

정답 1.2mm 이상

해설 **후강전선관**의 **두께**

| 기 타 | 콘크리트 매설시 |
|---|---|
| **1mm** 이상 | **1.2mm** 이상 |

★

## 문제 588

옥내배선용 그림기호(KSC 0301)에 의거하여 옥내배선도에 ——///—— HFIX4.0(22) 로 표시된 경우 이 배선도가 나타내는 의미를 모두 쓰시오. (4점)

정답 천장은폐배선으로 22mm 후강전선관에 4mm² 450/750V 저독성 난연 가교폴리올레핀 절연전선 3가닥을 넣는다.

해설

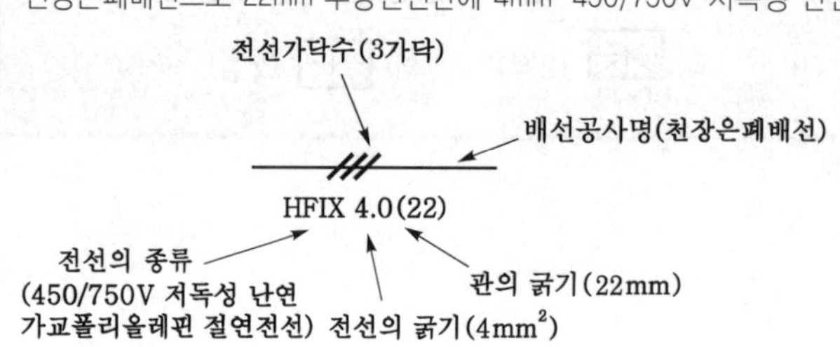

☆☆☆

### 문제 589

옥내배선용 그림기호(KSC 0301)에 의거하여 다음 그림기호에 해당하는 명칭을 쓰시오. (6점)

(가) 중 (2점)

(나) (2점)

(다) (2점)

정답 (가) 중형유도등(형광등)
(나) 통로유도등(형광등)
(다) 계단에 설치하는 비상용 조명과 겸용인 유도등(형광등)

해설 **옥내배선용 그림기호**(KSC 0301 : 1990) 2015 확인

| 명 칭 | | 그림기호 | 적 요 |
|---|---|---|---|
| 비상조명등 | 백열등 | | • 일반용 조명형광등에 조립하는 경우 : |
| | 형광등 | | • 계단에 설치하는 통로유도등과 겸용 : |
| 유도등 | 백열등 | | • 객석유도등 : S |
| | 형광등 | | • 중형 : 중<br>• 통로유도등 :<br>• 계단에 설치하는 비상용 조명과 겸용 : |

☆☆

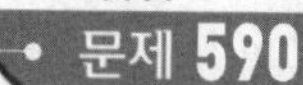

### 문제 590

옥내배선용 그림기호(KSC 0301)에 의거하여 다음에 해당하는 명칭의 심벌을 도시하시오. (8점)

(가) 비상콘센트 (2점)
(나) 감지선 (2점)
(다) 천장은폐배선 (2점)
(라) 보상식 스포트형 감지기 (2점)

정답

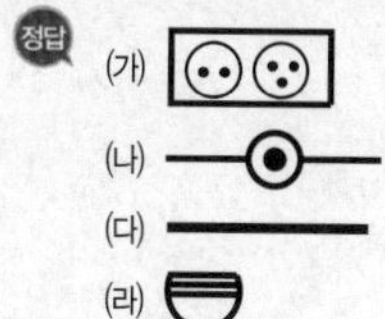

해설 **옥내배선용 그림기호**(KSC 0301 : 1990) 2015 확인

| 명 칭 | 그림기호 | 적 요 |
|---|---|---|
| **비상콘센트** | | – |
| **감지선** | | • 감지선과 전선의 접속점 : <br>• 가건물 및 천장 안에 시설할 경우 : <br>• 관통위치 : |
| 공기관 | | • 가건물 및 천장 안에 시설할 경우 : <br>• 관통위치 : |
| 열전대 | | • 가건물 및 천장 안에 시설할 경우 : |
| 열반도체 | | – |
| 차동식 분포형 감지기의 검출부 | | – |
| **천장은폐배선** | | • 천장 속의 배선을 구별하는 경우 : |
| 바닥은폐배선 | | – |
| 노출배선 | | • 바닥면 노출배선을 구별하는 경우 : |
| 차동식 스포트형 감지기 | | – |
| **보상식 스포트형 감지기** | | – |
| 정온식 스포트형 감지기 | | • 방수형 : <br>• 내산형 : <br>• 내알칼리형 : <br>• 방폭형 : EX |
| 연기감지기 | S | • 점검박스 붙이형 : S<br>• 매입형 : S |

☆☆☆

**문제 591**

옥내배선용 그림기호(KSC 0301)에 의거하여 옥내배선에 사용되는 다음 심벌의 명칭을 쓰시오. (10점)

(가) S (2점)

(나) (2점)

(다) (2점)

(라) (2점)

(마) (2점)

정답 (가) 전자사이렌
(나) 보상식 스포트형 감지기
(다) 감지선
(라) 열전대
(마) 제어반

해설 **옥내배선용 그림기호**(KSC 0301 : 1990) 2015 확인

| 명 칭 | 그림기호 | 기 호 |
|---|---|---|
| 사이렌 |  | • 모터사이렌 : <br>• 전자사이렌 : |
| 차동식 스포트형 감지기 |  | – |
| 보상식 스포트형 감지기 |  | – |
| 정온식 스포트형 감지기 |  | • 방수형 : <br>• 내산형 : <br>• 내알칼리형 : <br>• 방폭형 : |
| 연기감지기 |  | • 점검박스 붙이형 : <br>• 매입형 : |
| 감지선 |  | • 감지선과 전선의 접속점 : <br>• 가건물 및 천장 안에 시설할 경우 : <br>• 관통위치 : |
| 공기관 |  | • 가건물 및 천장 안에 시설할 경우 : <br>• 관통위치 : |
| 열전대 |  | • 가건물 및 천장 안에 시설할 경우 : |
| 열반도체 |  | – |
| 차동식 분포형 감지기의 검출부 |  | – |
| 수신기 |  | • 가스누설경보설비와 일체인 것 : <br>• 가스누설경보설비 및 방배연 연동과 일체인 것 : |
| 부수신기(표시기) |  | – |
| 중계기 |  | – |
| 제어반 |  | – |
| 표시반 |  | • 창이 3개인 표시반 : |

☆

## 문제 592

옥내배선용 그림기호(KSC 0301)에 의거하여 자동화재탐지설비의 그림기호에 맞는 명칭을 쓰시오. (6점)

(가) (그림기호) (2점)　(나) (그림기호) (2점)　(다) (그림기호) (2점)

정답 (가) 부수신기(표시기)
(나) 수신기(가스누설경보설비와 일체)
(다) 수신기(가스누설경보설비 및 방배연 연동과 일체)

해설 **옥내배선용 그림기호**(KSC 0301 : 1990) 2015 확인

| 명 칭 | 그림기호 | 기 호 |
|---|---|---|
| 수신기 | (그림기호) | • 가스누설경보설비와 일체인 것 : (그림기호)<br>• 가스누설경보설비 및 방배연 연동과 일체인 것 : (그림기호) |
| 부수신기(표시기) | (그림기호) | – |

☆

## 문제 593

옥내배선용 그림기호(KSC 0301)에 의거하여 자동화재탐지설비의 다음 그림기호의 의미와 어떤 종류의 감지기인지 명칭을 쓰시오. (4점)

(가) (계단/15) (2점)

(나) (그림기호) (2점)

정답 (가) 경계구역번호가 15인 계단
(나) 정온식 스포트형 감지기(방수형)

해설 **옥내배선용 그림기호**(KSC 0301 : 1990) 2015 확인

| 명 칭 | 그림기호 | 적 요 |
|---|---|---|
| 경계구역경계선 | ─── ‒ ─── | – |
| 경계구역번호 | ○ | • (1) : 경계구역번호가 1<br>• (계단/7) : 경계구역번호가 7인 계단 |
| 차동식 스포트형 감지기 | (그림기호) | – |
| 보상식 스포트형 감지기 | (그림기호) | – |
| 정온식 스포트형 감지기 | (그림기호) | • 방수형 : (그림기호)<br>• 내산형 : (그림기호)<br>• 내알칼리형 : (그림기호)<br>• 방폭형 : $\bigcup_{EX}$ |
| 연기감지기 | S | • 이온화식 스포트형 : $S_I$<br>• 광전식 스포트형 : $S_P$<br>• 광전식 아날로그식 : $S_A$ |

## 문제 594

옥내배선용 그림기호(KSC 0301)에 의거하여 소방설비의 그림기호에 맞는 명칭을 쓰시오. (10점)

(가) ◐ (2점)　(나) [RM] (2점)　(다) Ⓜ◁ (2점)

(라) ⊖ (2점)　(마) [S] (2점)

정답 (가) 방출표시등
(나) 수동조작함
(다) 모터사이렌
(라) 차동식 스포트형 감지기
(마) 연기감지기

해설 **옥내배선용 그림기호**(KSC 0301 : 1990) 2015 확인

| 명 칭 | 그림기호 | 적 요 |
|---|---|---|
| 방출표시등 | ⊗ 또는 ◐ | • 벽붙이형 : ├─⊗ |
| 수동조작함 | [RM] | • 소방설비용 : $RM_F$ |
| 사이렌 | ○◁ | • 모터사이렌 : Ⓜ◁<br>• 전자사이렌 : Ⓢ◁ |
| 차동식 스포트형 감지기 | ⊖ | • 예전기호 : (D) |
| 보상식 스포트형 감지기 | ⊜ | – |
| 정온식 스포트형 감지기 | ◡ | • 방수형 : <br>• 내산형 : <br>• 내알칼리형 : <br>• 방폭형 : $D_{EX}$ |
| 연기감지기 | [S] | • 점검박스 붙이형 : [S]<br>• 매입형 : [S] |

## 문제 595

옥내배선용 그림기호(KSC 0301)에 의거하여 준비작동식 스프링클러설비의 그림기호에 맞는 명칭을 쓰시오. (6점)

(가) ⊠ (2점)　(나) ○↗ (2점)　(다) [SVP] (2점)

정답 (가) 감시제어반(수신반)
(나) 상승
(다) 슈퍼비조리판넬



소방시설의 점검실무행정 종합문제 600제

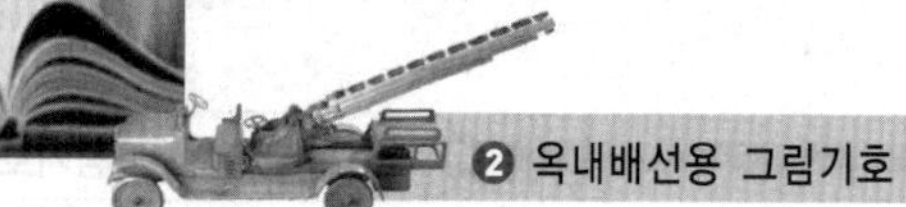



해설 **옥내배선용 그림기호**(KSC 0301 : 1990) 2015 확인

| 명 칭 | 그림기호 | 적 요 |
|---|---|---|
| 천장은폐배선 | ───── | • 천장 속의 배선을 구별하는 경우 : ─·─·─·─ |
| 바닥은폐배선 | ─ ─ ─ ─ | – |
| 노출배선 | ………………… | • 바닥면 노출배선을 구별하는 경우 : ─··─··─ |
| 상승 | ○↗ | • 케이블의 방화구획 관통부 : ◎↗ |
| 인하 | ↙○ | • 케이블의 방화구획 관통부 : ↙◎ |
| 소통 | ↙○↗ | • 케이블의 방화구획 관통부 : ↙◎↗ |
| 수신기 | ⊠ | • 가스누설경보설비와 일체인 것 : ⊠⧄<br>• 가스누설경보설비 및 방배연 연동과 일체인 것 : ⊠⧄⧄<br>• P형 10회로용 수신기 : ⊠ P-10<br>※ 원칙적으로 감시제어반(수신반)에 대한 옥내배선기호는 없지만 일반적으로 감시제어반(수신반)의 그림기호는 수신기와 함께 사용한다. |
| 부수신기(표시기) | ⊟ | – |
| 슈퍼비조리판넬 | SVP | – |
| 경보밸브(습식) | ─▲─ | – |
| 경보밸브(건식) | ─△─ | – |
| 프리액션밸브 | ─Ⓟ─ | – |
| 경보델류지밸브 | ◀D | – |

☆ **문제 596**

**옥내배선용 그림기호(KSC 0301)에 의거하여 자동화재탐지설비의 연기감지기를 매입형 및 점검박스 붙이형인 것으로 사용할 경우 그림기호를 그리시오. (4점)**

(가) 매입형 (2점)

(나) 점검박스 붙이형 (2점)

정답

(가) 매입형 : 

(나) 점검박스 붙이형 : 

해설 **옥내배선용 그림기호**(KSC 0301 : 1990) 2015 확인

| 명 칭 | 그림기호 | 적 요 |
|---|---|---|
| 연기감지기 | [S] | • 점검박스 붙이형 : [S]<br>• 매입형 : [S] |
| 정온식 스포트형 감지기 | ◡ | • 방수형 :<br>• 내산형 :<br>• 내알칼리형 :<br>• 방폭형 : $_{EX}$ |
| 차동식 스포트형 감지기 | | – |
| 보상식 스포트형 감지기 | | – |

☆

## 문제 597

옥내배선용 그림기호(KSC 0301)에 의거하여 다음 표시된 그림기호의 명칭을 쓰시오. (12점)

(가) ◐ (2점)　　(나) [RM] (2점)

(다) (2점)　　(라) (2점)

(마) [S] (2점)　　(바) ⧗ (2점)

정답 (가) 방출표시등
(나) 수동조작함
(다) 사이렌
(라) 차동식 스포트형 감지기
(마) 연기감지기
(바) 차동식 분포형 감지기의 검출부

해설 **옥내배선용 그림기호**(KSC 0301 : 1990) 2015 확인

| 명 칭 | 그림기호 | 적 요 |
|---|---|---|
| 방출표시등 | ⊗ 또는 ◐ | • 벽붙이형 : ├⊗ |
| 수동조작함 | [RM] | • 소방설비용 : $[RM]_F$ |
| 사이렌 | | • 모터사이렌 : (M)<br>• 전자사이렌 : (S) |
| 차동식 스포트형 감지기 | | – |
| 보상식 스포트형 감지기 | | – |

| | | |
|---|---|---|
| 정온식 스포트형 감지기 | | • 방수형 :<br>• 내산형 :<br>• 내알칼리형 :<br>• 방폭형 : EX |
| 연기감지기 | S | • 점검박스 붙이형 : S<br>• 매입형 : S |
| 차동식 분포형 감지기의 검출부 | | – |

• 차동식 분포형 감지기의 검출부의 심벌은 원칙적으로 이지만 공기관의 접속부분에는 차동식 분포형 감지기의 검출부가 설치되므로 본 문제에서는 을 차동식 분포형 감지기의 검출부로 보아야 한다.

★

### 문제 598

옥내배선용 그림기호(KSC 0301)에 의거하여 자동화재탐지설비의 정온식 스포트형 감지기의 그림기호에 맞는 세부 명칭을 쓰시오. (8점)

(가) (2점)　　(나) (2점)

(다) (2점)　　(라) EX (2점)

정답 (가) 방수형
(나) 내산형
(다) 내알칼리형
(라) 방폭형

해설 **문제 578 참조**

### 문제 599

옥내배선용 그림기호(KSC 0301)에 의거하여 자동화재탐지설비의 그림기호에 맞는 명칭을 쓰시오. (10점)

(가) S (2점)　　(나) Ⓟ Ⓑ Ⓛ (2점)

(다) (2점)　　(라) (2점)

(마) (2점)

정답 (가) 연기감지기
(나) 발신기세트
(다) 차동식 스포트형 감지기
(라) 정온식 스포트형 감지기
(마) 수신기

해설 **옥내배선용 그림기호**(KSC 0301 : 1990) 2015 확인

| 명 칭 | 그림기호 | 적 요 |
|---|---|---|
| 차동식 스포트형 감지기 | (기호) | – |
| 보상식 스포트형 감지기 | (기호) | – |
| 정온식 스포트형 감지기 | (기호) | • 방수형 :<br>• 내산형 :<br>• 내알칼리형 :<br>• 방폭형 : EX |
| 연기감지기 | S | • 점검박스 붙이형 : S<br>• 매입형 : S |
| 발신기세트 단독형 | ⓅⒷⓁ | • **수동발신기함** 또는 **발신기세트**라고도 부른다. |
| 수신기 | (기호) | • 가스누설경보설비와 일체인 것 :<br>• 가스누설경보설비 및 방배연 연동과 일체인 것 : |
| 부수신기(표시기) | (기호) | – |

☆☆ 문제 600

옥내배선용 그림기호(KSC 0301)에 의거하여 소방시설의 도면에 사용하는 다음 심벌의 명칭을 쓰시오. (10점)

(가) (2점)

(나) Ⓔ (2점)

(다) (2점)

(라) (2점)

(마) S (2점)

정답 (가) 사이렌
(나) 기동버튼
(다) 정온식 스포트형 감지기
(라) 차동식 스포트형 감지기
(마) 연기감지기

해설 • (나) '**기동누름버튼**'으로 답하지 않도록 하라! 심벌의 명칭은 정확하게 '**기동버튼**'이라고 답해야 한다.

중요

**옥내배선용 그림기호**(KSC 0301 : 1990) 2015 확인

| 명 칭 | 그림기호 | 기 호 |
|---|---|---|
| 사이렌 | (그림기호) | – |
| 모터사이렌 | (M) | – |
| 전자사이렌 | (S) | – |
| 기동장치 | (F) | • 방수용 : (F)<br>• 방폭형 : (F)EX |
| 비상전화기 | (ET) | – |
| 기동버튼 | (E) | • 가스계 소화설비 : (E)G<br>• 수계 소화설비 : (E)W |
| 차동식 스포트형 감지기 | (그림기호) | – |
| 보상식 스포트형 감지기 | (그림기호) | – |
| 정온식 스포트형 감지기 | (그림기호) | • 방수형 : (그림기호)<br>• 내산형 : (그림기호)<br>• 내알칼리형 : (그림기호)<br>• 방폭형 : (그림기호)EX |
| 연기감지기 | [S] | • 이온화식 스포트형 : [S]I<br>• 광전식 스포트형 : [S]P<br>• 광전식 아날로그식 : [S]A |

# 시 간

생각하는 시간을 가져라
사고는 힘의 근원이다.
놀 수 있는 시간을 가져라
놀이는 변함 없는 젊음의 비결이다.
책 읽을 수 있는 시간을 가져라
독서는 지혜의 원천이다.
기도할 수 있는 시간을 가져라
기도는 역경을 당했을 때 극복하는 길이 된다.
사랑할 수 있는 시간을 가져라
사랑한다는 것은 삶을 가치 있게 만드는 것이다.
우정을 나눌 수 있는 시간을 가져라
우정은 생활의 향기를 더해 준다.
웃을 수 있는 시간을 가져라
웃음은 영혼의 음악이다.
줄 수 있는 시간을 가져라
일 년 중 어느 날이고 간에 시간은 잠깐 사이에 지나간다.

•김형모의 「짧은 얘기 긴 생각 그리고 시」 중에서•

MEMO

# No.1

## 공하성 교수의 노하우와 함께 소방자격시험 완전정복
## VISION 연속판매 1위! 한 번에 합격시켜 주는 명품교재!

**소방시설 관리사 1차**

[ 소방시설관리사 1차 ]

[ 29년 과년도 | 소방시설관리사 1차 ]

**소방시설 관리사 2차**

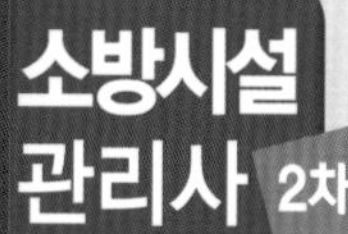

[ 소방시설관리사 2차 소방시설의 점검실무행정 ]

[ 소방시설관리사 2차 소방시설의 설계 및 시공 ]

### 공하성 교수의 수상 및 TV 방송 출연 경력

The 5th International Integrated Conference & Concert on Convergence, IICCC 2019 in conjunction with ICCPND 2019, 최우수논문상 (Best Paper Award) 수상

The 8th O2O International Symposium on Advanced and Applied Convergence, ISAAC 2020, 최우수논문상 (Best Paper Award) 수상

The 10th International Symposium on Advanced and Applied Convergence, ISAAC 2022, 최우수논문상 (Best Paper Award) 수상

The 9th International Joint Conference on Convergence, IJCC & ICAI 2023, 최우수논문상 (Best Paper Award) 수상

- KBS 〈아침뉴스〉 초·중·고등학생 소방안전교육(2014.05.02.)
- KBS 〈추적60분〉 세월호참사 1주기 안전기획(2015.04.18.)
- KBS 〈생생정보〉 긴급차량 길터주기(2016.03.08.)
- KBS 〈취재파일K〉 지진대피훈련(2016.04.24.)
- KBS 〈취재파일K〉 지진대응시스템의 문제점과 대책(2016.09.25.)
- KBS 〈9시뉴스〉 생활 속 지진대비 재난배낭(2016.09.30.)
- KBS 〈생방송 아침이 좋다〉 휴대용 가스레인지 안전 관련(2017.09.27.)
- KBS 〈9시뉴스〉 태풍으로 인한 피해대책(2019.09.05.)
- KBS 〈9시뉴스〉 산업용 방진 마스크의 차단효과(2020.03.03.)
- KBS 〈9시뉴스〉 집트랙·집라인 안전대책(2021.11.09.)
- KBS 〈9시뉴스〉 재선충감염목의 산불화재위험성(2023.01.30.)

- MBC 〈파워매거진〉 스프링클러설비의 유용성(2015.01.23.)
- MBC 〈생방송 오늘아침〉 전기밥솥의 화재위험성(2016.03.01.)
- MBC 〈경제매거진M〉 캠핑장 안전(2016.10.29.)
- MBC 〈생방송 오늘아침〉 기름화재 주의사항과 진압방법(2017.01.17.)
- MBC 〈9시뉴스〉 119구급대원 응급실 이송(2018.12.06.)
- MBC 〈생방송 오늘아침〉 주방용 주거자동소화장치의 위험성(2019.10.02.)
- MBC 〈뉴스데스크〉 우레탄폼의 위험성(2020.07.21.)
- MBC 〈뉴스데스크〉 터널화재 예방책(2021.11.05.)
- MBC 〈생방송 오늘아침〉 구룡마을 전열기구 화재위험성(2023.01.31.)

- SBS 〈8시뉴스〉 단독경보형 감지기 유지관리(2016.01.30.)
- SBS 〈영재발굴단〉 건물붕괴 시 드론의 역할(2016.05.04.)
- SBS 〈모닝와이드〉 인천지하철 안전(2017.05.01.)
- SBS 〈모닝와이드〉 중국 웨이하이 스쿨버스 화재(2017.06.05.)
- SBS 〈8시뉴스〉 런던 아파트 화재(2017.06.14.)
- SBS 〈8시뉴스〉 소방헬기 용도 외 사용 관련(2017.09.28.)
- SBS 〈8시뉴스〉 소방관 면책조항 관련(2017.10.19.)
- SBS 〈모닝와이드〉 주점화재의 대책(2018.06.20.)
- SBS 〈8시뉴스〉 5인승 이상 차량용 소화기 비치(2018.08.15.)
- SBS 〈8시뉴스〉 서울 아현동 지하통신구 화재(2018.11.24.)
- SBS 〈8시뉴스〉 자동심장충격기의 관리실태(2019.08.15.)
- SBS 〈8시뉴스〉 고드름의 위험성(2023.01.25.)

- YTN 〈뉴스속보〉 밀양화재 관련(2018.01.26.)
- YTN 〈YTN 24〉 고양저유소 화재(2018.10.07.)
- YTN 〈뉴스속보〉 고양저유소 화재(2018.10.10.)
- YTN 〈뉴스속보〉 고시원 화재대책(2018.11.09.)
- YTN 〈더뉴스〉 서울고시원 화재(2018.11.09.)
- YTN 〈뉴스속보〉 태풍에 의한 산사태 위험성(2020.09.06.)
- YTN 〈뉴스속보〉 산사태 대피요령(2021.09.16.)
- YTN 〈뉴스속보〉 현대아울렛화재의 후속조치(2023.01.02.) 외 다수

God loves you
and has a wonderful plan for you.

BM Book Multimedia Group

성안당은 선진화된 출판 및 영상교육 시스템을 구축하고
항상 연구하는 자세로 독자 앞에 다가갑니다.

정가 : 76,000원

ISBN 978-89-315-2868-8

http://www.cyber.co.kr

New 2024

VISION 연속 판매1위

공하성

당신도 이번에 반드시 합격합니다!

무료강의

최근 1개년 기출문제에 한함

100% 상세한 해설

# 600제 소방시설관리사 2차

## [ 소방시설의 점검실무행정 ]

## Ⅱ 과년도 출제문제

우석대학교 소방방재학과 교수 공하성

스마트폰 카메라로 QR코드를 찍어보세요!

Q&A

http://pf.kakao.com/_iCdixj

Daum cafe.daum.net/firepass

NAVER cafe.naver.com/fireleader

BM (주)도서출판 성안당

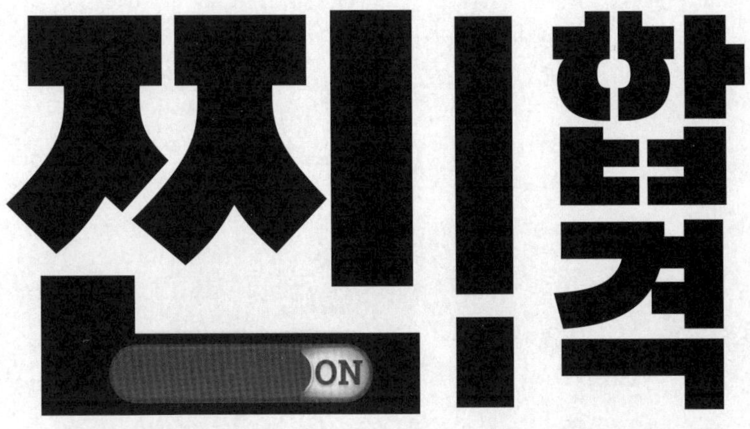


당신도 이번에 반드시 합격합니다!

100% 상세한 해설

# 600제 소방시설관리사 2차

## [ 소방시설의 점검실무행정 ]

## II 과년도 출제문제

우석대학교 소방방재학과 교수 공하성

BM (주)도서출판 성안당

## ■ 도서 A/S 안내

성안당에서 발행하는 모든 도서는 저자와 출판사, 그리고 독자가 함께 만들어 나갑니다.

좋은 책을 펴내기 위해 많은 노력을 기울이고 있습니다. 혹시라도 내용상의 오류나 오탈자 등이 발견되면 "좋은 책은 나라의 보배"로서 우리 모두가 함께 만들어 간다는 마음으로 연락주시기 바랍니다. 수정 보완하여 더 나은 책이 되도록 최선을 다하겠습니다.

성안당은 늘 독자 여러분들의 소중한 의견을 기다리고 있습니다. 좋은 의견을 보내주시는 분께는 성안당 쇼핑몰의 포인트(3,000포인트)를 적립해 드립니다.

잘못 만들어진 책이나 부록 등이 파손된 경우에는 교환해 드립니다.

저자 문의 : http://pf.kakao.com/_iCdixj
Daum cafe.daum.net/firepass
NAVER cafe.naver.com/fireleader

본서 기획자 e-mail : coh@cyber.co.kr(최옥현)

홈페이지 : http://www.cyber.co.kr 전화 : 031) 950-6300

# 소방시설의 점검실무행정

## 제1장 소방시설의 자체점검제도

| 항목 | 비율 |
|---|---|
| 1. 자체점검의 점검 구분 | 11.8% (12점) |

## 제2장 소방시설점검

| 항목 | 비율 |
|---|---|
| 1. 모든 소방시설, 2. 소화기구 | 0.1% (0.5점) |
| 3. 옥내소화전설비 | 12.5% (12점) |
| 4. 옥외소화전설비 | 1.1% (1점) |
| 5. 스프링클러설비 · 간이스프링클러설비 | 17.5% (17점) |
| 6. 포소화설비 | 1.1% (1점) |
| 7. 물분무소화설비 · 미분무소화설비 | 0.1% (0.5점) |
| 8. 이산화탄소 소화설비 | 8.7% (9점) |
| 9. 할론소화설비 | 0.1% (0.5점) |
| 10. 할로겐화합물 및 불활성기체 소화설비 | 7.4% (7점) |
| 11. 분말소화설비 | 0.1% (0.5점) |
| 12. 피난기구 · 인명구조기구 | 2.4% (2점) |
| 13. 제연설비 | 2.4% (2점) |
| 14. 특별피난계단의 계단실 및 부속실의 제연설비 | 2.5% (2점) |
| 15. 연소방지설비 · 연결살수설비 | 1.1% (1점) |
| 16. 연결송수관설비 | 0.1% (0.5점) |
| 17. 소화용수설비 | 2.5% (2점) |
| 18. 건축물의 방화 및 피난시설 | 3.7% (3점) |
| 19. 자동화재 탐지설비 | 12.5% (12점) |
| 20. 통합감시시설 | 0.1% (0.5점) |
| 21. 비상경보설비 및 비상방송설비 | 0.1% (0.5점) |
| 22. 누전경보기 | 1.1% (1점) |
| 23. 가스누설경보기 | 0.1% (0.5점) |
| 24. 유도등 · 유도표지 | 5% (5점) |
| 25. 비상조명등 · 휴대용 비상조명등 | 0.1% (0.5점) |
| 26. 비상콘센트설비 | 5% (5점) |
| 27. 무선통신보조설비 | 0.1% (0.5점) |
| 28. 기타 설비 | 0.1% (0.5점) |

## 제3장 도시기호

| 항목 | 비율 |
|---|---|
| 1. 도시기호 | 0.6% (0.5점) |

# CONTENTS

## 과년도 출제문제

과년도 출제문제

# 소방시설의 점검실무행정

| | | | | |
|---|---|---|---|---|
| 제23회 | 2023. | 9. | 16. | 시행 |
| 제22회 | 2022. | 9. | 24. | 시행 |
| 제21회 | 2021. | 9. | 18. | 시행 |
| 제20회 | 2020. | 9. | 26. | 시행 |
| 제19회 | 2019. | 9. | 21. | 시행 |
| 제18회 | 2018. | 10. | 13. | 시행 |
| 제17회 | 2017. | 9. | 23. | 시행 |
| 제16회 | 2016. | 9. | 24. | 시행 |
| 제15회 | 2015. | 9. | 5. | 시행 |
| 제14회 | 2014. | 5. | 17. | 시행 |
| 제13회 | 2013. | 5. | 11. | 시행 |
| 제12회 | 2011. | 8. | 21. | 시행 |
| 제11회 | 2010. | 9. | 5. | 시행 |
| 제10회 | 2008. | 9. | 28. | 시행 |
| 제09회 | 2006. | 7. | 2. | 시행 |
| 제08회 | 2005. | 7. | 3. | 시행 |
| 제07회 | 2004. | 10. | 31. | 시행 |
| 제06회 | 2002. | 11. | 3. | 시행 |
| 제05회 | 2000. | 10. | 15. | 시행 |
| 제04회 | 1998. | 9. | 20. | 시행 |
| 제03회 | 1996. | 3. | 31. | 시행 |
| 제02회 | 1995. | 3. | 19. | 시행 |
| 제01회 | 1993. | 5. | 23. | 시행 |

# 2023년도 제23회 소방시설관리사 2차 국가자격시험

| 교 시 | 시 간 | 시험과목 |
|---|---|---|
| 1교시 | 90분 | 소방시설의 점검실무행정 |

| 수험번호 | | 성 명 | |
|---|---|---|---|

## 【 수험자 유의사항 】

1. **시험문제지 표지**와 시험문제지의 **총면수, 문제번호 일련순서, 인쇄상태** 등을 확인하시고, 문제지 표지에 수험번호와 성명을 기재하시기 바랍니다.

2. 수험자 인적사항 및 답안지 등 작성은 **반드시 검정색 필기구만을 계속 사용**하여야 합니다. (**그 외 연필류, 유색필기구, 2가지 이상 색 혼합사용 등으로 작성한 답항은 0점 처리**됩니다.)

3. 문제번호 순서에 관계없이 답안 작성이 가능하나, **반드시 문제번호 및 문제를 기재**(긴 경우 요약기재 가능)하고 해당 답안을 기재하여야 합니다.

4. **답안 정정시에는 정정할 부분을 두 줄(=)로 긋고 수정할 내용을 다시 기재**합니다.

5. 답안작성은 **시험시행일** 현재 시행되는 법령 등을 적용하시기 바랍니다.

6. **감독위원의 지시에 불응하거나 시험시간 종료 후 답안지를 제출하지 않을 경우** 불이익이 발생할 수 있음을 알려드립니다.

7. 시험문제지는 시험 종료 후 가져가시기 바랍니다.

# 2023. 9. 16. 시행



☆☆☆

## 문제 01

다음 물음에 답하시오. (40점)

물음 1) 소방시설 폐쇄·차단시 행동요령 등에 관한 고시상 소방시설의 점검·정비를 위하여 소방시설이 폐쇄·차단된 이후 수신기 등으로 화재신호가 수신되거나 화재상황을 인지한 경우 특정소방대상물의 관계인의 행동요령 5가지를 쓰시오. (5점)

○

○

○

○

○

물음 2) 화재안전성능기준(NFPC) 및 화재안전기술기준(NFTC)에 대하여 다음 물음에 답하시오. (16점)

(1) 소화기구 및 자동소화장치의 화재안전기술기준(NFTC 101)상 용어의 정의에서 정한 자동확산소화기의 종류 3가지를 설명하시오. (6점)

○

○

○

(2) 유도등 및 유도표지의 화재안전성능기준(NFPC 303)상 유도등 및 유도표지를 설치하지 않을 수 있는 경우 4가지를 쓰시오. (4점)

○

○

○

○

(3) 전기저장시설의 화재안전기술기준(NFTC 607)에 대하여 다음 물음에 답하시오. (6점)

① 전기저장장치의 설치장소에 대하여 쓰시오. (2점)

② 배출설비 설치기준 4가지를 쓰시오. (4점)

○

○

○

○

물음 3) 소방시설 자체점검사항 등에 관한 고시에 대하여 다음 물음에 답하시오. (12점)

(1) 평가기관은 배치신고시 오기로 인한 수정사항이 발생한 경우 점검인력 배치상황 신고사항을 수정해야 한다. 다만, 평가기관이 배치기준 적합 여부 확인결과 부적합인 경우에 관할 소방서의 담당자 승인 후에 평가기관이 수정할 수 있는 사항을 모두 쓰시오. (8점)

(2) 소방청장, 소방본부장 또는 소방서장이 부실점검을 방지하고 점검품질을 향상시키기 위하여 표본조사를 실시하여야 하는 특정소방대상물 대상 4가지를 쓰시오. (4점)

○

○

○

○

물음 4) 소방시설 등(작동점검 · 종합점검) 점검표에 대하여 다음 물음에 답하시오. (7점)

(1) 소방시설 등(작동점검 · 종합점검) 점검표의 작성 및 유의사항 2가지를 쓰시오. (2점)

○

○

(2) 연결살수설비점검표에서 송수구 점검항목 중 종합점검의 경우에만 해당하는 점검항목 3가지와 배관 등 점검항목 중 작동점검에 해당하는 점검항목 2가지를 쓰시오. (5점) 01회 10점

① 송수구 종합점검항목 3가지

○

○

○

② 배관 등 작동점검항목 2가지

○

○

물음 1) 소방시설 폐쇄 · 차단시 행동요령 등에 관한 고시상 소방시설의 점검 · 정비를 위하여 소방시설이 폐쇄 · 차단된 이후 수신기 등으로 화재신호가 수신되거나 화재상황을 인지한 경우 특정소방대상물의 관계인의 행동요령 5가지를 쓰시오. (5점)

○

○

○

○

○

정답 ① 폐쇄 · 차단되어 있는 모든 소방시설(수신기, 스프링클러밸브 등)을 정상상태로 복구

② 즉시 소방관서(119)에 신고하고, 재실자를 대피시키는 등 적절한 조치

③ 화재신호가 발신된 장소로 이동하여 화재 여부 확인

④ 화재로 확인된 경우는 초기소화, 상황전파 등의 조치

⑤ 화재가 아닌 것으로 확인된 경우는 재실자에게 관련 사실을 안내하고, 수신기에서 화재경보 복구 후 비화재보방지를 위해 적절한 조치

해설 **소방시설**의 **점검 · 정비**를 위하여 **소방시설**이 **폐쇄 · 차단**된 이후 **수신기 등**으로 **화재신호**가 **수신**되거나 **화재상황**을 **인지한 경우 특정소방대상물의 관계인**의 **행동요령**(소방시설 폐쇄 · 차단시 행동요령 등에 관한 고시 제3조)

(1) 폐쇄 · 차단되어 있는 **모든 소방시설**(수신기, 스프링클러밸브 등)을 **정상상태**로 **복구**한다.
(2) 즉시 **소방관서**(119)에 **신고**하고, **재실자**를 **대피**시키는 등 적절한 조치를 취한다.
(3) **화재신호**가 **발신**된 **장소**로 **이동**하여 화재 여부를 확인한다.
(4) 화재로 확인된 경우에는 **초기소화**, **상황전파** 등의 조치를 취한다.
(5) 화재가 아닌 것으로 확인된 경우에는 **재실자**에게 관련 사실을 **안내**하고, **수신기**에서 **화재경보 복구** 후 **비화재보방지**를 위해 적절한 **조치**를 취한다.

물음 2) 화재안전성능기준(NFPC) 및 화재안전기술기준(NFTC)에 대하여 다음 물음에 답하시오. (16점)

(1) 소화기구 및 자동소화장치의 화재안전기술기준(NFTC 101)상 용어의 정의에서 정한 자동확산소화기의 종류 3가지를 설명하시오. (6점)
○
○
○

정답 ① 일반화재용 자동확산소화기 : 보일러실, 건조실, 세탁소, 대량화기취급소 등에 설치되는 자동확산소화기
② 주방화재용 자동확산소화기 : 음식점, 다중이용업소, 호텔, 기숙사, 의료시설, 업무시설, 공장 등의 주방에 설치되는 자동확산소화기
③ 전기설비용 자동확산소화기 : 변전실, 송전실, 변압기실, 배전반실, 제어반, 분전반 등에 설치되는 자동확산소화기

해설 **자동확산소화기**의 **종류**(NFPC 101 제3조, NFTC 101 1.7.1.3)

자동확산소화기 : 화재를 감지하여 자동으로 소화약제를 방출 확산시켜 **국소**적으로 **소화**하는 소화기

| 일반화재용 자동확산소화기 | 주방화재용 자동확산소화기 | 전기설비용 자동확산소화기 |
|---|---|---|
| **보일러실**, **건조실**, **세탁소**, **대량화기취급소** 등에 설치되는 자동확산소화기 | **음식점**, **다중이용업소**, **호텔**, **기숙사**, **의료시설**, **업무시설**, **공장** 등의 **주방**에 설치되는 자동확산소화기 | **변전실**, **송전실**, **변압기실**, **배전반실**, **제어반**, **분전반** 등에 설치되는 자동확산소화기 |

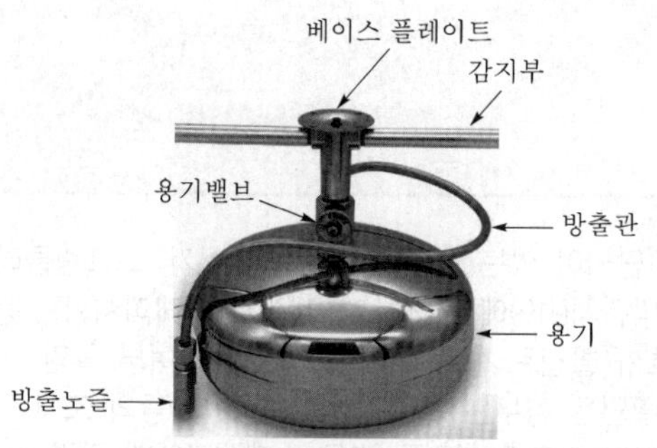


▌주방화재용 자동확산소화기▐

(2) 유도등 및 유도표지의 화재안전성능기준(NFPC 303)상 유도등 및 유도표지를 설치하지 않을 수 있는 경우 4가지를 쓰시오. (4점)
- ○
- ○
- ○
- ○

정답 ① 피난구유도등 설치제외 : 바닥면적이 1000m² 미만인 층으로서 옥내로부터 직접 지상으로 통하는 출입구 또는 거실 각 부분으로부터 쉽게 도달할 수 있는 출입구 등의 경우
② 통로유도등 설치제외 : 구부러지지 않은 복도 또는 통로로서 그 길이가 30m 미만인 복도 또는 통로 등의 경우
③ 객석유도등 설치제외 : 주간에만 사용하는 장소로서 채광이 충분한 객석 등의 경우
④ 유도표지 설치제외 : 유도등이 적합하게 설치된 출입구·복도·계단 및 통로 등의 경우

해설 **유도등** 및 **유도표지**의 **설치제외장소**(NFPC 303 제11조)

| 피난구유도등 설치제외 | 통로유도등 설치제외 | 객석유도등 설치제외 | 유도표지 설치제외 |
|---|---|---|---|
| 바닥면적이 **1000m²** 미만인 층으로서 **옥내**로부터 직접 지상으로 통하는 **출입구** 또는 거실 각 부분으로부터 쉽게 도달할 수 있는 **출입구** 등의 경우 | 구부러지지 않은 복도 또는 통로로서 그 길이가 **30m** 미만인 **복도** 또는 **통로** 등의 경우 | **주간**에만 사용하는 장소로서 **채광**이 충분한 **객석** 등의 경우 | **유도등**이 **적합**하게 **설치**된 **출입구·복도·계단** 및 **통로** 등의 경우 |

비교

(1) **피난구유도등**의 **설치제외장소**(NFPC 303 제11조, NFTC 303 2.8.1)
① 바닥면적이 **1000**m² 미만인 층으로서 옥내로부터 **직**접 지상으로 통하는 출입구(외부의 식별이 용이한 경우)
② 대각선의 길이가 15m 이내인 구획된 실의 출입구
③ 거실 각 부분으로부터 하나의 출입구에 이르는 보행거리가 **2**0m 이하이고 비상**조**명등과 유도**표**지가 설치된 거실의 출입구
④ **출**입구가 **3** 이상 있는 거실로서 그 거실 각 부분으로부터 하나의 출입구에 이르는 **보**행거리가 **3**0m 이하인 경우에는 주된 출입구 **2개소** 외의 유도표지가 부착된 출입구(단, **공**연장·**집**회장·**관**람장·**전**시장·**판**매시설·**운**수시설·**숙**박시설·**노**유자시설·**의**료시설·**장**례식장의 경우 제외)

기억법 **1000직 2조표 출3보3 2개소 집공장의 노숙판 운관전**

(2) **통로유도등**의 **설치제외장소**(NFPC 303 제11조, NFTC 303 2.8.1)
① 구부러지지 아니한 복도 또는 통로로서 길이가 **30m** 미만인 복도 또는 통로
② 복도 또는 통로로서 보행거리가 **20m** 미만이고 그 복도 또는 통로와 연결된 출입구 또는 그 부속실의 출입구에 **피난구유도등**이 설치된 복도 또는 통로

23회

(3) **객석유도등**의 **설치제외장소**(NFPC 303 제11조, NFTC 303 2.8.1)

① 주간에만 사용하는 장소로서 **채광**이 충분한 객석

② 거실 등의 각 부분으로부터 하나의 거실 출입구에 이르는 **보행거리**가 **20m** 이하인 객석의 통로로서 그 통로에 통로유도등이 설치된 객석

(4) **비상조명등**의 **설치제외장소**(NFPC 304 제5조, NFTC 304 2.2.1)

① **거실**의 각 부분으로부터 하나의 출입구에 이르는 **보행거리**가 **15m** 이내인 부분

② **의원 · 경기장 · 공동주택 · 의료시설 · 학교**의 **거실**

**기억법** 공주학교의 의경

(5) **휴대용 비상조명등**의 **설치제외장소**(NFPC 304 제5조, NFTC 304 2.2.2)

지상 1층 또는 **피난층**으로서 복도 · 통로 또는 창문 등의 개구부를 통하여 피난이 용이한 경우 또는 숙박시설로서 복도에 비상조명등을 설치한 경우

(6) **옥내소화전 방수구**의 **설치제외장소**(NFPC 102 제11조, NFTC 102 2.8.1) (설계 11. 8. 문1, 10점)

① **냉**장창고 중 온도가 영하인 **냉장실** 또는 냉동창고의 **냉동실**

② **고온**의 **노**가 설치된 장소 또는 **물**과 격렬하게 **반응**하는 **물품**의 저장 또는 취급장소

③ **발전소 · 변전소** 등으로서 전기시설이 설치된 장소

④ **식물원 · 수족관 · 목욕실 · 수영장**(관람석 부분을 제외한다) 또는 그 밖의 이와 비슷한 장소

⑤ **야외음악당 · 야외극장** 또는 그 밖의 이와 비슷한 장소

**기억법** 내냉방 야식 고발

(7) **화재조기진압용 스프링클러설비**의 **설치제외물품**(NFPC 103B 제17조, NFTC 103B 2.14)

① **제4류** 위험물

② **타이어, 두루마리 종이** 및 **섬유류, 섬유제품** 등 연소시 화염의 속도가 빠르고 방사된 물이 하부에까지 도달하지 못하는 것

**기억법** 조제 4류 타종섬

(8) **물분무소화설비**의 **물분무헤드 설치제외장소**(NFPC 104 제15조, NFTC 104 2.12)

① **물**에 심하게 **반응**하는 **물질** 또는 물과 반응하여 위험한 물질을 생성하는 물질을 저장 또는 취급하는 장소

② **고온**의 **물질** 및 **증류범위**가 **넓어** 끓어 넘치는 위험이 있는 물질을 저장 또는 취급하는 장소

③ 운전시에 표면의 온도가 **260℃ 이상**으로 되는 등 직접 분무를 하는 경우 그 부분에 손상을 입힐 우려가 있는 **기**계장치 등이 있는 장소

**기억법** 물고기 26(물고기 이륙)

(9) **이산화탄소 소화설비**의 **분사헤드 설치제외장소**(NFPC 106 제11조, NFTC 106 2.6.1) (설계 13. 5. 문1, 4점)

① **방재실 · 제어실** 등 사람이 상시 근무하는 장소

② **니트로셀룰로오스 · 셀룰로이드제품** 등 자기연소성 물질을 저장 · 취급하는 장소

③ **나트륨 · 칼륨 · 칼슘** 등 활성 금속물질을 저장 · 취급하는 장소

④ **전시장** 등의 관람을 위하여 다수인이 출입 · **통**행하는 통로 및 **전**시실 등

**기억법** 방니나전 통전이

(10) **할로겐화합물** 및 **불활성기체 소화설비**의 **설치제외장소**(NFPC 107A 제5조, NFTC 107A 2.2.1)

① 사람이 **상**주하는 곳으로서 **최대허용설계농도**를 **초과**하는 장소

② 「위험물안전관리법 시행령」 〔별표 1〕의 **제3류 위험물** 및 **제5류 위험물**을 저장 · 보관 · 사용하는 장소(단, 소화성능이 인정되는 위험물은 제외)

**기억법** 상설 35할제

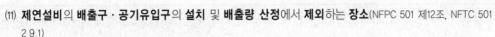

(11) **제연설비**의 **배출구·공기유입구**의 **설치** 및 **배출량 산정**에서 **제외**하는 **장소**(NFPC 501 제12조, NFTC 501 2.9.1)
**화장실·목욕실·주차장·발코니**를 설치한 **숙박시설**(가족호텔 및 휴양콘도미니엄에 한한다)의 객실과 사람이 상주하지 않는 기계실·전기실·공조실·**50m² 미만**의 **창고** 등으로 사용되는 부분



(3) 전기저장시설의 화재안전기술기준(NFTC 607)에 대하여 다음 물음에 답하시오. (6점)
① 전기저장장치의 설치장소에 대하여 쓰시오. (2점)
② 배출설비 설치기준 4가지를 쓰시오. (4점)
○
○
○
○

정답 ① 관할 소방대의 원활한 소방활동을 위해 지면으로부터 지상 22m(전기저장장치가 설치된 전용 건축물의 최상부 끝단까지의 높이) 이내, 지하 9m(전기저장장치가 설치된 바닥면까지의 깊이) 이내
② ㉠ 배풍기·배출덕트·후드 등을 이용하여 강제적으로 배출
㉡ 바닥면적 1m²에 시간당 18m³(18m³/m²·h) 이상의 용량을 배출할 것
㉢ 화재감지기의 감지에 따라 작동
㉣ 옥외와 면하는 벽체에 설치

해설 (1) **전기저장장치**의 **설치장소**(NFPC 607 제11조, NFTC 607 2.7.1)
관할 **소방대**의 원활한 **소방활동**을 위해 지면으로부터 **지상 22m**(전기저장장치가 설치된 전용 건축물의 최상부 끝단까지의 높이) 이내, **지하 9m**(전기저장장치가 설치된 바닥면까지의 깊이) 이내로 설치

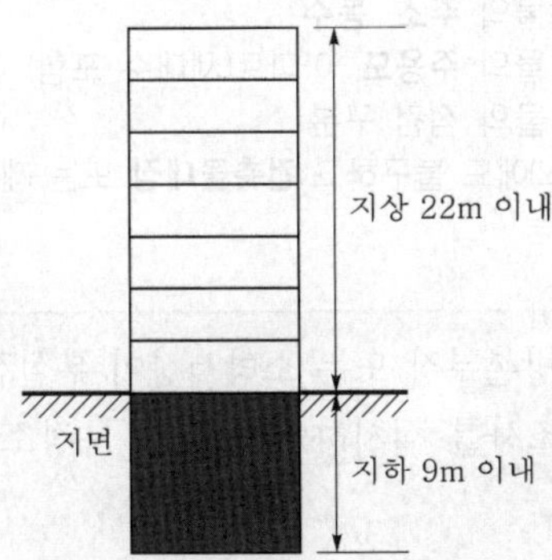

▮전기저장장치 설치장소▮

기억법 지상22 지하9(지상 둘둘 지하 구멍)

(2) **배출설비 설치기준**(NFPC 607 제10조, NFTC 607 2.6.1)
① **배풍기·배출덕트·후드** 등을 이용하여 강제적으로 배출할 것
② 바닥면적 1m²에 시간당 18m³(18m³/m²·h) 이상의 용량을 배출할 것
③ 화재**감지기**의 감지에 따라 작동할 것
④ 옥외와 면하는 **벽체**에 설치할 것

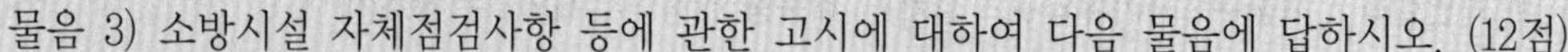



물음 3) 소방시설 자체점검사항 등에 관한 고시에 대하여 다음 물음에 답하시오. (12점)

(1) 평가기관은 배치신고시 오기로 인한 수정사항이 발생한 경우 점검인력 배치상황 신고사항을 수정해야 한다. 다만, 평가기관이 배치기준 적합 여부 확인결과 부적합인 경우에 관할 소방서의 담당자 승인 후에 평가기관이 수정할 수 있는 사항을 모두 쓰시오. (8점)

정답 ① 소방시설의 설비 유무
② 점검인력, 점검일자
③ 점검대상물의 추가 · 삭제
④ 건축물대장에 기재된 내용으로 확인할 수 없는 사항
㉠ 점검대상물의 주소, 동수
㉡ 점검대상물의 주용도, 아파트(세대수 포함) 여부, 연면적 수정
㉢ 점검대상물의 점검 구분

해설 **점검인력 배치상황 신고사항 수정**(소방시설 자체점검사항 등에 관한 고시 제3조)
**관리업자** 또는 **평가기관**은 배치신고시 오기로 인한 수정사항이 발생한 경우 다음의 기준에 따라 수정이력이 남도록 전산망을 통해 수정

(1) 공통기준
① 배치신고 기간 내에는 **관리업자**가 **직접 수정**(단, 평가기관이 배치기준 적합 여부 확인결과 **부적합**인 경우에는 아래 (2)에 따라 수정)
② **배치신고 기간**을 **초과**한 경우에는 아래 (2)에 따라 수정

(2) 관할 소방서의 담당자 승인 후에 평가기관이 수정할 수 있는 사항
① 소방시설의 설비 유무
② **점검인력**, **점검일자**
③ 점검대상물의 추가 · 삭제
④ 건축물대장에 기재된 내용으로 확인할 수 없는 사항
㉠ 점검대상물의 **주소**, **동수**
㉡ 점검대상물의 **주용도**, 아파트(세대수 포함) 여부, 연면적 수정
㉢ 점검대상물의 점검 구분

(3) **평가기관**은 위 (2)에도 불구하고 **건축물대장** 또는 제출된 서류 등에 기재된 내용으로 확인이 가능한 경우는 수정 가능

(2) 소방청장, 소방본부장 또는 소방서장이 부실점검을 방지하고 점검품질을 향상시키기 위하여 표본조사를 실시하여야 하는 특정소방대상물 대상 4가지를 쓰시오. (4점)
○
○
○
○

정답 ① 점검인력 배치상황 확인결과 점검인력 배치기준 등을 부적정하게 신고한 대상
② 표준자체점검비 대비 현저하게 낮은 가격으로 용역계약을 체결하고 자체점검을 실시하여 부실점검이 의심되는 대상
③ 특정소방대상물 관계인이 자체점검한 대상
④ 그 밖에 소방청장, 소방본부장 또는 소방서장이 필요하다고 인정한 대상

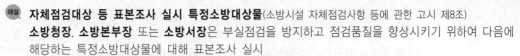

 **자체점검대상 등 표본조사 실시 특정소방대상물**(소방시설 자체점검사항 등에 관한 고시 제8조)

**소방청장**, **소방본부장** 또는 **소방서장**은 부실점검을 방지하고 점검품질을 향상시키기 위하여 다음에 해당하는 특정소방대상물에 대해 표본조사 실시

(1) 점검인력 배치상황 확인결과 **점검인력 배치기준** 등을 **부적정**하게 **신고**한 대상

(2) 표준자체점검비 대비 현저하게 **낮은 가격**으로 **용역계약**을 체결하고 자체점검을 실시하여 **부실점검**이 의심되는 대상

(3) 특정소방대상물 **관계인**이 **자체점검**한 대상

(4) 그 밖에 **소방청장**, **소방본부장** 또는 **소방서장**이 필요하다고 인정한 대상

물음 4) 소방시설 등(작동점검 · 종합점검) 점검표에 대하여 다음 물음에 답하시오. (7점)

(1) 소방시설 등(작동점검 · 종합점검) 점검표의 작성 및 유의사항 2가지를 쓰시오. (2점)

○

○

정답 ① 소방시설 등(작동, 종합) 점검결과보고서의 '각 설비별 점검결과'에는 본 서식의 점검번호 기재

② 자체점검결과(보고서 및 점검표)를 2년간 보관

해설 **소방시설 등(작동점검 · 종합점검) 작성** 및 **유의사항**(소방시설 자체점검사항 등에 관한 고시 〔별지 제4호〕)

(1) 소방시설 등(작동, 종합) 점검결과보고서의 '**각 설비별 점검결과**'에는 본 서식의 **점검번호 기재**

(2) 자체점검결과(**보고서** 및 **점검표**)를 **2년**간 **보관**

중요

(1) **소방시설 등 자체점검**의 **점검대상**, **점검자**의 **자격**, **점검횟수** 및 **시기**(소방시설법 시행규칙 〔별표 3〕)

| 점검구분 | 정 의 | 점검대상 | 점검자의 자격(주된 인력) | 점검횟수 및 점검시기 |
|---|---|---|---|---|
| 작동점검 | 소방시설 등을 인위적으로 조작하여 정상적으로 작동하는지를 점검하는 것 | ① 간이스프링클러설비 · 자동화재탐지설비 | • 관계인<br>• 소방안전관리자로 선임된 소방시설관리사 또는 소방기술사<br>• 소방시설관리업에 등록된 기술인력 중 소방시설관리사 또는 「소방시설공사업법 시행규칙」에 따른 특급 점검자 | 작동점검은 **연 1회** 이상 실시하며, 종합점검대상은 종합점검을 받은 달부터 **6개월**이 되는 달에 실시 |
| | | ② ①에 해당하지 아니하는 특정소방대상물 | • 소방시설관리업에 등록된 기술인력 중 소방시설관리사<br>• 소방안전관리자로 선임된 소방시설관리사 또는 소방기술사 | |
| | | ③ 작동점검 제외대상<br>• 특정소방대상물 중 소방안전관리자를 선임하지 않는 대상<br>• 위험물제조소 등<br>• 특급 소방안전관리대상물 | | |

23회

| | | | | |
|---|---|---|---|---|
| 종합점검 | 소방시설 등의 작동점검을 포함하여 소방시설 등의 설비별 주요 구성 부품의 구조기준이 화재안전기준과 「건축법」 등 관련 법령에서 정하는 기준에 적합한지 여부를 점검하는 것<br>(1) 최초 점검 : 특정소방대상물의 소방시설이 새로 설치되는 경우 건축물을 사용할 수 있게 된 날부터 60일 이내에 점검하는 것<br>(2) 그 밖의 종합점검 : 최초점검을 제외한 종합점검 | ④ 소방시설 등이 신설된 경우에 해당하는 특정소방대상물<br>⑤ **스프링클러설비**가 설치된 특정소방대상물<br>⑥ **물분무등소화설비**(호스릴방식의 물분무등소화설비만을 설치한 경우는 제외)가 설치된 연면적 **5000m²** 이상인 특정소방대상물(위험물 제조소 등 제외)<br>⑦ 다중이용업의 영업장이 설치된 특정소방대상물로서 연면적이 **2000m²** 이상인 것<br>⑧ **제연설비**가 설치된 터널<br>⑨ **공공기관** 중 연면적(터널 · 지하구의 경우 그 길이와 평균폭을 곱하여 계산된 값)이 **1000m²** 이상인 것으로서 **옥내소화전설비** 또는 **자동화재탐지설비**가 설치된 것(단, 소방대가 근무하는 공공기관 제외) | • 소방시설관리업에 등록된 기술인력 중 **소방시설관리사**<br>• 소방안전관리자로 선임된 **소방시설관리사** 또는 **소방기술사** | 〈점검횟수〉<br>㉠ 연 1회 이상(특급 소방안전관리대상물은 반기에 1회 이상) 실시<br>㉡ ㉠에도 불구하고 소방본부장 또는 소방서장은 소방청장이 소방안전관리가 우수하다고 인정한 특정소방대상물에 대해서는 3년의 범위에서 소방청장이 고시하거나 정한 기간 동안 종합점검을 면제할 수 있다(단, 면제기간 중 화재가 발생한 경우는 제외).<br>〈점검시기〉<br>㉠ ④에 해당하는 특정소방대상물은 건축물을 사용할 수 있게 된 날부터 60일 이내 실시<br>㉡ ㉠을 제외한 특정소방대상물은 건축물의 사용승인일이 속하는 달에 실시(단, 학교의 경우 해당 건축물의 사용승인일이 1월에서 6월 사이에 있는 경우에는 6월 30일까지 실시할 수 있다.)<br>㉢ 건축물 사용승인일 이후 ⑥에 따라 종합점검대상에 해당하게 된 경우에는 그 다음 해부터 실시<br>㉣ 하나의 대지경계선 안에 2개 이상의 자체점검대상 건축물 등이 있는 경우 그 건축물 중 사용승인일이 가장 빠른 연도의 건축물의 사용승인일을 기준으로 점검할 수 있다. |

(2) 작동점검 및 종합점검은 건축물 사용승인 후 그 다음 해부터 실시

(3) 점검결과 : **2년**간 보관 **물음 4) (1)**

(2) 연결살수설비점검표에서 송수구 점검항목 중 종합점검의 경우에만 해당하는 점검항목 3가지와 배관 등 점검항목 중 작동점검에 해당하는 점검항목 2가지를 쓰시오. (5점) 01회 10점

① 송수구 종합점검항목 3가지

- ○
- ○
- ○

② 배관 등 작동점검항목 2가지

- ○
- ○

정답 ① ㉠ 송수구에서 주배관상 연결배관 개폐밸브 설치 여부
㉡ 자동배수밸브 및 체크밸브 설치순서 적정 여부
㉢ 1개 송수구역 설치 살수헤드 수량 적정 여부(개방형 헤드의 경우)
② ㉠ 급수배관 개폐밸브 설치 적정(개폐표시형, 흡입측 버터플라이 제외) 여부
㉡ 시험장치 설치 적정 여부(폐쇄형 헤드의 경우)

해설 (1) **연결살수설비**의 **작동점검**(소방시설 자체점검사항 등에 관한 고시 〔별지 제4호 서식〕)

| 구 분 | 점검항목 |
|---|---|
| 송수구 | ① 설치장소 적정 여부<br>② 송수구 구경(**65mm**) 및 형태(**쌍구형**) 적정 여부<br>③ 송수구역별 호스접결구 설치 여부(**개방형 헤드**의 경우)<br>④ 설치높이 적정 여부<br>⑤ **"연결살수설비송수구"** 표지 및 송수구역 일람표 설치 여부<br>⑥ 송수구 **마개** 설치 여부<br>⑦ 송수구의 **변형** 또는 **손상** 여부<br>⑧ 자동배수밸브 설치상태 적정 여부 |
| 선택밸브 | ① 선택밸브 적정 설치 및 정상작동 여부<br>② 선택밸브 부근 송수구역 **일람표** 설치 여부 |
| 배관 등 | ① 급수배관 개폐밸브 설치 적정(개폐표시형, 흡입측 버터플라이 제외) 여부<br>② 시험장치 설치 적정 여부(**폐쇄형 헤드**의 경우) |
| 헤드 | ① 헤드의 **변형 · 손상** 유무<br>② 헤드 설치 **위치 · 장소 · 상태**(고정) 적정 여부<br>③ 헤드 살수장애 여부 |
| 비고 | ※ 특정소방대상물의 위치 · 구조 · 용도 및 소방시설의 상황 등이 이 표의 항목대로 기재하기 곤란하거나 이 표에서 누락된 사항 기재 |

(2) **연결살수설비**의 **종합점검**(소방시설 자체점검사항 등에 관한 고시 〔별지 제4호 서식〕)

| 구 분 | 점검항목 |
|---|---|
| 송수구 | ① 설치장소 적정 여부<br>② 송수구 구경(65mm) 및 형태(**쌍구형**) 적정 여부<br>③ 송수구역별 호스접결구 설치 여부(**개방형 헤드**의 경우)<br>④ 설치높이 적정 여부<br>❺ 송수구에서 주배관상 연결배관 개폐밸브 설치 여부<br>⑥ "**연결살수설비송수구**" 표지 및 송수구역 일람표 설치 여부<br>⑦ 송수구 **마개** 설치 여부<br>⑧ 송수구의 **변형** 또는 **손상** 여부<br>❾ **자동배수밸브** 및 **체크밸브** 설치순서 적정 여부<br>⑩ 자동배수밸브 설치상태 적정 여부<br>⓫ 1개 송수구역 설치 살수헤드 수량 적정 여부(**개방형 헤드**의 경우) |
| 선택밸브 | ① 선택밸브 적정 설치 및 정상작동 여부<br>② 선택밸브 부근 송수구역 **일람표** 설치 여부 |
| 배관 등 | ① 급수배관 개폐밸브 설치 적정(개폐표시형, 흡입측 버터플라이 제외) 여부<br>❷ **동결방지조치** 상태 적정 여부(**습식**의 경우)<br>❸ 주배관과 타설비배관 및 수조접속 적정 여부(**폐쇄형 헤드**의 경우)<br>④ 시험장치 설치 적정 여부(**폐쇄형 헤드**의 경우)<br>❺ 다른 설비의 배관과의 구분상태 적정 여부 |
| 헤드 | ① 헤드의 **변형 · 손상** 유무<br>② 헤드 설치 **위치 · 장소 · 상태**(고정) 적정 여부<br>③ 헤드 살수장애 여부 |
| 비고 | ※ 특정소방대상물의 위치 · 구조 · 용도 및 소방시설의 상황 등이 이 표의 항목대로 기재하기 곤란하거나 이 표에서 누락된 사항 기재 |

※ "●"는 **종합점검**의 경우에만 해당

**문제 02**

다음 물음에 답하시오. (30점)

물음 1) 소방시설 자체점검사항 등에 관한 고시상 소방시설 성능시험조사표에 대하여 다음 물음에 답하시오. (19점)

(1) 스프링클러설비 성능시험조사표의 성능 및 점검항목 중 수압시험 점검항목 3가지를 쓰시오. (3점)

○

○

○

(2) 다음은 스프링클러설비 성능시험조사표의 성능 및 점검항목 중 수압시험방법을 기술한 것이다. (  )에 들어갈 내용을 쓰시오. (4점)

> 수압시험은 ( ㉠ )MPa의 압력으로 ( ㉡ )시간 이상 시험하고자 하는 배관의 가장 낮은 부분에서 가압하되, 배관과 배관 · 배관부속류 · 밸브류 · 각종 장치 및 기구의 접속부분에서 누수현상이 없어야 한다. 이 경우 상용수압이 ( ㉢ )MPa 이상인 부분에 있어서의 압력은 그 상용수압에 ( ㉣ )MPa을 더한 값으로 한다.

(3) 도로터널 성능시험조사표의 성능 및 점검항목 중 제연설비 점검항목 7가지만 쓰시오. (7점)

○
○
○
○
○
○
○

(4) 스프링클러설비 성능시험조사표의 성능 및 점검항목 중 감시제어반의 전용실(중앙제어실 내에 감시제어반 설치시 제외) 점검항목 5가지를 쓰시오. (5점)

○
○
○
○
○

물음 2) 소방시설 설치 및 관리에 관한 법령상 소방시설 등의 자체점검 결과의 조치 등에 대하여 다음 물음에 답하시오. (6점)

(1) 자체점검 결과의 조치 중 중대위반사항에 해당하는 경우 4가지를 쓰시오. (4점)

○
○
○
○

(2) 다음은 자체점검 결과 공개에 관한 내용이다. (　)에 들어갈 내용을 쓰시오. (2점)

> ○ 소방본부장 또는 소방서장은 법 제24조 제2항에 따라 자체점검 결과를 공개하는 경우 ( ㉠ )일 이상 법 제48조에 따른 전산시스템 또는 인터넷 홈페이지 등을 통해 공개해야 한다.
>
> ○ 소방본부장 또는 소방서장은 이의신청을 받은 날부터 ( ㉡ )일 이내에 심사 · 결정하여 그 결과를 지체없이 신청인에게 알려야 한다.

물음 3) 차동식 분포형 공기관식 감지기의 화재작동시험(공기주입시험)을 했을 경우 동작시간이 느린 경우(기준치 이상)의 원인 5가지를 쓰시오. (5점) 19회 3점

○

○

○

○

○

물음 1) 소방시설 자체점검사항 등에 관한 고시상 소방시설 성능시험조사표에 대하여 다음 물음에 답하시오. (19점)

(1) 스프링클러설비 성능시험조사표의 성능 및 점검항목 중 수압시험 점검항목 3가지를 쓰시오. (3점)

○

○

○

정답 ① 가압송수장치 및 부속장치(밸브류, 배관, 배관부속류, 압력챔버)의 수압시펌(접속상태에서 실시) 결과

② 옥외연결송수구 연결배관의 수압시험 결과

③ 입상배관 및 가지배관의 수압시험 결과

해설 **스프링클러설비**의 **성능시험조사표**(소방시설 자체점검사항 등에 관한 고시 〔별지 제5호 서식〕)

| 구 분 | 점검항목(NFPC 103) |
|---|---|
| 수원<br>(제4조) | ① 주된 수원의 **유효수량** 적정 여부(겸용 설비 포함)<br>② **보조수원**(옥상수원)의 유효수량 적정 여부<br>③ **보조수원**(옥상) **설치제외** 사항 적정 여부 |
| 수조<br>(제4조) | ① 점검 **편의성** 확보 여부<br>② **동결방지조치** 여부 또는 동결 우려 없는 장소 설치 여부<br>③ **수위계** 설치 또는 수위 확인 가능 여부<br>④ 수조 외측 **고정사다리** 설치 여부(바닥보다 낮은 경우 제외)<br>⑤ 실내 설치시 **조명설비** 설치 및 적정 조도 확보 여부<br>⑥ 수조의 밑부분 **청소용 배수밸브** 또는 배수관 설치 여부<br>⑦ "**스프링클러설비용 수조**" 표지 설치 여부 및 설치상태<br>⑧ 다른 소화설비와 겸용시 겸용 설비의 이름 표시한 표지 설치 여부<br>⑨ 수조-수직배관 접속부분 "**스프링클러설비용 배관**" 표지 설치 여부<br>⑩ 다른 설비와 겸용의 경우 **후드밸브**, **흡수구**, **급수구**의 설치위치 |

<table>
<tr><td rowspan="4">가압송수장치<br>(제5조)</td><td>펌프<br>방식</td><td>① 주펌프를 전동기방식으로 설치 여부<br>② 펌프 설치환경 적정 여부(접근 · 점검 편의성, 화재 · 침수 등 피해 우려)<br>③ 동결방지조치 여부 또는 동결 우려 없는 장소 설치 여부<br>④ 가압송수장치 정격토출압력 적정 여부<br>⑤ 가압송수장치 송수량 적정 여부<br>⑥ 펌프 정격토출량 적정 여부(겸용 설비 포함)<br>⑦ 다른 소화설비와 겸용 펌프성능 확보 가능 여부<br>⑧ 펌프 흡입측 연성계 · 진공계 및 토출측 압력계 설치위치 적정 여부<br>⑨ 주펌프측에 성능시험배관 및 순환배관 설치 여부(충압펌프 제외)<br>⑩ 기동용 수압개폐장치 설치 적정 여부<br>㉠ 충압펌프 설치 적정(토출압력, 정격토출량) 여부<br>㉡ 압력챔버 용적 적정 여부 및 기동압력 설정 적정 여부<br>⑪ 물올림장치 설치 여부 : 전용탱크, 유효수량, 배관구경, 자동급수 적정 설치 여부<br>⑫ 내연기관방식 기동장치 설치 여부 또는 원격조작(적색등) 가능 여부<br>㉠ 제어반에 내연기관 자동기동 및 수동기동 가능 여부<br>㉡ 상시 충전 축전지설비 설치 여부<br>㉢ 연료탱크 용량 및 연료량 적정 운전 가능 여부<br>⑬ 가압송수장치의 "스프링클러펌프" 표지 설치 여부 또는 가압송수장치를 다른 소화설비와 겸용시 겸용 설비 이름 표시 부착 여부<br>⑭ 가압송수장치의 자동정지 불가능 여부(충압펌프 제외)</td></tr>
<tr><td>고가수조<br>방식</td><td>① 자연낙차수두 적정 여부<br>② 부속장치(수위계 · 배수관 · 급수관 · 오버플로관 · 맨홀) 설치 여부</td></tr>
<tr><td>압력수조<br>방식</td><td>① 압력수조의 압력 적정 여부<br>② 부속장치(수위계 · 배수관 · 급수관 · 급기관 · 맨홀 · 압력계 · 안전장치 · 자동식 공기압축기) 설치 여부</td></tr>
<tr><td>가압수조<br>방식</td><td>① 방수량 및 방수압 적정(20분 이상 유지) 여부<br>② 가압수조 및 가압원 설치장소의 방화구획 여부<br>③ 가압송수장치의 성능인증 적합 여부</td></tr>
<tr><td>폐쇄형<br>스프링클러설비<br>방호구역 및<br>유수검지장치<br>(제6조)</td><td colspan="2">① 방호구역의 바닥면적 적정 여부 : 격자형 배관방식 채택의 적정 여부<br>② 유수검지장치 설치 적정(수량, 접근 · 점검 편의성, 높이) 여부<br>③ 방호구역 선정 적정(1개층 1개) 여부 : 헤드 10개 이하, 복층형 구조 공동주택 3개층 이내 방호구역 설치<br>④ 유수검지장치실 설치 적정(실내 또는 구획, 출입문 크기, 표지) 여부<br>⑤ 헤드 공급수 유수검지장치 통과 여부<br>⑥ 자연낙차방식일 때 유수검지장치 설치높이 적정 여부<br>⑦ 조기반응형 스프링클러설비 설치시 습식 유수검지장치 또는 부압식 스프링클러설비 설치 여부</td></tr>
<tr><td>개방형<br>스프링클러설비<br>방수구역 및<br>일제개방밸브<br>(제7조)</td><td colspan="2">① 방수구역 선정 적정(1개층 1개 방수구역) 여부<br>② 방수구역별 일제개방밸브 설치 여부<br>③ 하나의 방수구역을 담당하는 헤드개수 적정 여부<br>④ 주차장에 설치된 스프링클러방식 적정(습식 외의 방식) 여부<br>⑤ 일제개방밸브실 설치 적정(실내 또는 구획, 높이, 출입문 크기, 표지) 여부</td></tr>
<tr><td>배관(제8조)</td><td colspan="2">① 배관과 배관이음쇠의 재질, 인증품 사용, 설치방식 등 적정 여부<br>② 소방용 합성수지배관 성능인증 적합 여부 및 설치 적정 여부<br>③ 겸용 급수배관성능 적정 여부(자동송수 차단 등)<br>④ 급수배관 개폐밸브 설치 적정(개폐표시형, 흡입측 버터플라이 제외) 여부</td></tr>
</table>

<table>
<tr><td>배관(제8조)</td><td colspan="2">⑤ 배관구경 적정(수리계산방식의 경우 유속 제한기준 포함) 여부<br>⑥ 흡입측 배관의 공기고임 방지 구조 및 여과장치 설치 여부<br>⑦ 각 펌프흡입측 배관수조로부터 별도 설치 여부(수조가 펌프보다 낮음)<br>⑧ 연결송수관설비와 겸용시 배관구경 설치 적정 여부<br>⑨ 펌프성능시험 배관 설치 및 성능<br>㉠ 설치위치(배관, 개폐밸브, 유량조절밸브) 적정 여부<br>㉡ 유량측정장치 설치위치<br>㉢ 유량측정장치 측정 성능 적정 여부<br>⑩ 순환배관 설치 적정(위치, 구경, 릴리프밸브 개방압력) 여부<br>⑪ 동결방지조치 여부 또는 동결 우려 없는 장소 설치 여부<br>⑫ 보온재성능(난연재 이상) 적정 여부<br>⑬ 가지배관 배열방식 적정 여부(토너먼트방식 제외)<br>⑭ 가지배관에 설치되는 헤드수량의 적정 여부<br>⑮ 신축배관 성능인증 적합 및 설치길이 적정 여부<br>⑯ 교차배관 설치위치 적정 여부 및 최소 구경 충족 여부<br>⑰ 청소구 설치 적정(설치위치, 나사식 개폐밸브 및 나사보호용 캡 설치) 여부<br>⑱ 하향식 헤드 가지배관 분기 적정 여부<br>⑲ 준비작동식 유수검지장치 및 일제개방밸브 2차측 배관 부대설비<br>㉠ 수직배수배관 연결 및 개폐밸브 설치 적정 여부<br>㉡ 자동배수장치 및 압력스위치 설치 적정 여부<br>㉢ 압력스위치 수신부에서 개방 여부 확인 가능 여부<br>⑳ 습식 · 건식 유수검지장치 및 부압식 스프링클러설비 시험장치<br>㉠ 유수검지장치에서 가장 먼 가지배관 끝에 설치 여부<br>㉡ 시험장치 배관구경 적정 여부<br>㉢ 시험장치 개폐밸브 및 개방형 헤드 설치 적정 여부<br>㉣ 시험 중 방사된 물이 바닥에 흘러내리지 않는 구조로 설치 여부<br>㉑ 가지배관 행가 설치간격 적정 여부<br>㉒ 교차배관 행가 설치간격 적정 여부<br>㉓ 수평주행배관 행가 설치간격 직정 여부<br>㉔ 수직배수배관 최소 구경 충족 여부<br>㉕ 주차장 스프링클러설비방식 적정 여부<br>㉖ 급수배관 개폐밸브 작동표시스위치 설치<br>㉠ 급수개폐밸브 잠금상태 감시제어반 또는 수신기 표시, 경보 가능 여부<br>㉡ 탬퍼스위치 감시제어반 또는 수신기에서 동작 유무 확인 가능 여부<br>㉢ 탬퍼스위치 배선 동작시험, 도통시험 가능 여부<br>㉣ 급수개폐밸브 작동표시스위치 전기배선 적정 설치 여부<br>㉗ 배관 수평 설치 여부(습식 · 부압식), 배수밸브 설치 적정 여부<br>㉘ 배관 기울기 적정 여부(습식 · 부압식), 배수밸브 설치 적정 여부<br>㉙ 다른 설비배관과의 구분방식 적정 여부(보온재 적색 & 배관구분 설치)<br>㉚ 분기배관 성능인증제품 설치 여부</td></tr>
<tr><td rowspan="2">음향장치 및 기동장치 (제9조)</td><td colspan="2">① 습식 · 건식 유수검지장치 사용 설비 헤드 개방시 음향장치 작동 여부<br>② 준비작동식 유수검지장치 또는 일제개방밸브 화재감지기 감지에 따라 음향장치 작동 여부<br>③ 음향장치 설치 담당구역 및 수평거리 적정 여부<br>④ 음향장치의 종류, 음색, 성능 적정 여부<br>⑤ 주음향장치 수신기 내부 또는 직근 설치 여부<br>⑥ 경보방식에 따른 경보 적정 여부</td></tr>
<tr><td>펌프 작동</td><td>① 습식 · 건식 스프링클러설비 펌프의 작동 적정 여부(유수검지장치 발신, 기동용 수압개폐장치 작동 또는 혼용에 의한 작동)<br>② 준비작동식 · 일제살수식 스프링클러설비 펌프의 작동 적정 여부(화재감지기의 화재감지, 기동용 수압개폐장치 작동 또는 혼용에 의한 작동)</td></tr>
</table>

<table>
<tr><td rowspan="1">음향장치 및 기동장치 (제9조)</td><td>준비작동식 유수검지 장치 또는 일제개방 밸브 작동</td><td>① 담당구역 내 화재감지기 동작에 따라 개방 및 작동 여부<br>② 화재감지기 교차회로방식 설치 여부<br>③ 화재감지기 담당 바닥면적의 적정 여부<br>④ 수동기동에 따라서 개방 및 작동 여부<br>⑤ 화재감지기 회로의 발신기 설치<br>㉠ 설치장소 및 설치높이 적정 여부<br>㉡ 층마다 설치 및 설치거리 적정 여부<br>㉢ 표시등 설치위치, 식별 가능 적색등 적정 설치 여부</td></tr>
<tr><td rowspan="2">헤드(제10조)</td><td colspan="2">① 헤드 부착 위치 · 장소 · 상태(고정) 적정 여부<br>② 천장과 반자 사이 헤드 설치시 적정 설치 여부<br>③ 폭 1.2m 초과 덕트, 선반, 기타 이와 유사한 부분 헤드 설치 적정 여부<br>④ 랙크식 창고 헤드 설치높이 적정 여부<br>⑤ 헤드 수평거리 적정 여부<br>⑥ 수리계산에 따른 헤드 적정 설치 여부<br>⑦ 무대부 또는 연소 우려 있는 개구부 개방형 헤드 설치 여부<br>⑧ 조기반응형 헤드 설치장소 적정 여부(의무설치대상)<br>⑨ 개방형 스프링클러헤드 적정 설치 여부(의무설치대상)<br>⑩ 폐쇄형 헤드 표시온도에 따른 설치장소 적정 여부<br>⑪ 헤드의 반사판 중심과 보의 수평거리 적정 여부</td></tr>
<tr><td>설치방법</td><td>① 헤드 살수장애 여부<br>② 헤드 살수반경 및 벽과의 공간 확보 여부<br>③ 헤드와 부착면과의 적정 설치 여부(30cm 이하)<br>④ 헤드 반사판 부착면과 평행 설치 여부<br>⑤ 천장의 기울기가 $\frac{1}{10}$을 초과하는 경우<br>㉠ 가지관을 천장마루와 평행하게 설치 여부<br>㉡ 천장 최상부 헤드 설치시 적정 설치 여부<br>㉢ 가지배관, 헤드, 반사판 설치 적정 여부<br>⑥ 연소할 우려가 있는 개구부<br>㉠ 헤드 상하좌우 설치간격의 적정 여부<br>㉡ 헤드와 개구부 내측면과 거리 적정 여부<br>㉢ 헤드 상호간 간격의 적정 여부<br>⑦ 습식 · 부압식 스프링클러 외의 설비 상향식 헤드 설치 여부<br>⑧ 측벽형 헤드 설치 적정 여부<br>⑨ 감열부에 영향을 받을 우려가 있는 헤드의 차폐판 설치 여부</td></tr>
<tr><td>송수구(제11조)</td><td colspan="2">① 설치장소 적정 여부(소방차 쉽게 접근, 잘 보이는 곳 설치 등)<br>② 개폐밸브 설치장소 적정 여부<br>③ 송수구 구경 및 형태(쌍구형) 적정 여부<br>④ 송수압력범위 표시 표지 적정 설치 여부<br>⑤ 송수구 설치개수 적정 여부(폐쇄형 스프링클러설비의 경우)<br>⑥ 지면으로부터 설치높이 적정 여부<br>⑦ 자동배수밸브(또는 배수공) · 체크밸브 설치 여부 및 설치상태 적정 여부<br>⑧ 송수구 마개 설치 여부<br>⑨ 겸용 송수구 성능 적정 여부<br>⑩ 소방시설별 송수구 적정 구분 표시 여부</td></tr>
<tr><td>전원(제12조)</td><td colspan="2">대상물 수전방식에 따른 상용전원회로 배선 적정 여부</td></tr>
<tr><td rowspan="2">제어반 (제13조)</td><td>공통사항</td><td>① 감시제어반과 동력제어반 구분 설치 여부<br>② 제어반 설치장소(화재 · 침수 피해 방지) 적정 여부<br>③ 제어반 설비 전용 설치 여부(제어에 지장 없는 경우 제외)<br>④ 겸용 감시 · 동력 제어반 성능 적정 여부(겸용으로 설치된 경우)</td></tr>
<tr><td>감시 제어반</td><td>① 펌프 작동 여부 확인표시등 및 음향경보장치 정상작동 여부<br>② 펌프별 자동 · 수동 전환스위치 정상작동 여부<br>③ 펌프별 수동기동 및 수동중단 기능 정상작동 여부</td></tr>
</table>

<table>
<tr>
<td rowspan="3">제어반(제13조)</td>
<td>감시<br>제어반</td>
<td>④ 상용전원 및 비상전원 공급 확인 가능 여부(비상전원 있는 경우)<br>⑤ 수조 · 물올림수조 저수위표시등 및 음향경보장치 정상작동 여부<br>⑥ 각 확인회로별 도통시험 및 작동시험 정상작동 여부<br>⑦ 예비전원 확보 유무 및 적합 여부 시험 가능 여부<br>⑧ 전용실(중앙제어실 내에 감시제어반 설치시 제외)<br>㉠ 다른 부분과 방화구획 적정 여부<br>㉡ 설치위치(층) 적정 여부<br>㉢ 비상조명등 및 급 · 배기설비 설치 적정 여부<br>㉣ 무선기기 접속단자 설치 적정 여부<br>㉤ 바닥면적 적정 확보 여부<br>⑨ 기계 · 기구 또는 시설 등 제어 및 감시설비 외 설치 여부<br>⑩ 유수검지장치 · 일제개방밸브 작동시 표시 및 경보 정상작동 여부<br>⑪ 일제개방밸브 수동조작스위치 설치 여부<br>⑫ 일제개방밸브 사용설비 화재감지기 회로별 화재표시 적정 여부<br>⑬ 도통시험 및 작동시험<br>㉠ 기동용 수압개폐장치의 압력스위치 회로 작동 여부<br>㉡ 수조 및 물올림수조의 저수위감시회로 작동 여부<br>㉢ 유수검지장치 또는 일제개방밸브의 압력스위치 회로 작동 여부<br>㉣ 일제개방밸브를 사용하는 설비의 화재감지기 회로 작동 여부<br>㉤ 개폐밸브 폐쇄상태 확인회로 작동 여부<br>⑭ 감시제어반과 수신기 간 상호 연동 여부(별도로 설치된 경우)</td>
</tr>
<tr>
<td>동력<br>제어반</td>
<td>① “스프링클러설비용 동력제어반” 표지 설치 여부<br>② 외함의 색상(적색), 재료, 두께, 강도 및 내열성 적정 여부</td>
</tr>
<tr>
<td>자가발전<br>설비<br>제어반의<br>제어장치</td>
<td>① 비영리 공인기관의 시험 필한 장치 설치 여부<br>② 소방전원보존형 발전기 제어장치 설치 및 표시 적정 여부</td>
</tr>
<tr>
<td>배선 등(제14조)</td>
<td colspan="2">① 비상전원회로 사용전선 및 배선공사 방법 적정 여부<br>② 그 밖의 전기회로의 사용전선 및 배선공사방법 적정 여부<br>③ 과전류차단기 및 개폐기 “스프링클러설비용” 표지 설치 여부<br>④ 전기배선 접속단자 “스프링클러설비단자” 표지 설치 여부<br>⑤ 전기배선 양단 타설비와 식별 용이성 확보 여부</td>
</tr>
<tr>
<td rowspan="2">헤드 설치 제외<br>(제15조)</td>
<td colspan="2">헤드 설치 제외 적정 여부(설치 제외된 경우)</td>
</tr>
<tr>
<td>드렌처<br>헤드</td>
<td>① 드렌처설비헤드 수량, 위치의 적정 여부<br>② 제어밸브 설치위치의 적정 여부<br>③ 수원량 적정 확보 여부<br>④ 방수압력, 방수량의 적정 여부<br>⑤ 가압송수장치 설치위치, 장소의 적정 여부</td>
</tr>
<tr>
<td>별도 첨부</td>
<td colspan="2">① 비상전원설비 성능시험조사표<br>② 형식승인용품 및 성능인증용품 사용내역</td>
</tr>
<tr>
<td>수압시험<br>물음 1) (1) (2)</td>
<td colspan="2">① 가압송수장치 및 부속장치(밸브류 · 배관 · 배관부속류 · 압력챔버)의 수압시험(접속상태에서 실시) 결과<br>② 옥외연결송수구 연결배관의 수압시험 결과<br>③ 입상배관 및 가지배관의 수압시험 결과<br>• 수압시험은 1.4MPa의 압력으로 2시간 이상 시험하고자 하는 배관의 가장 낮은 부분에서 가압하되, 배관과 배관 · 배관부속류 · 밸브류 · 각종 장치 및 기구의 접속부분에서 누수현상이 없어야 한다. 이 경우 상용수압이 1.05MPa 이상인 부분에 있어서의 압력은 그 상용수압에 0.35MPa을 더한 값</td>
</tr>
<tr>
<td>비고</td>
<td colspan="2">※ 특정소방대상물의 위치 · 구조 · 용도 및 소방시설의 상황 등이 이 표의 항목대로 기재하기 곤란하거나 이 표에서 누락된 사항을 기재한다.</td>
</tr>
</table>

(2) 다음은 스프링클러설비 성능시험조사표의 성능 및 점검항목 중 수압시험방법을 기술한 것이다. (　　)에 들어갈 내용을 쓰시오. (4점)

> 수압시험은 ( ㉠ )MPa의 압력으로 ( ㉡ )시간 이상 시험하고자 하는 배관의 가장 낮은 부분에서 가압하되, 배관과 배관 · 배관부속류 · 밸브류 · 각종 장치 및 기구의 접속부분에서 누수현상이 없어야 한다. 이 경우 상용수압이 ( ㉢ )MPa 이상인 부분에 있어서의 압력은 그 상용수압에 ( ㉣ )MPa을 더한 값으로 한다.

정답 수압시험은 (㉠ 1.4)MPa의 압력으로 (㉡ 2)시간 이상 시험하고자 하는 배관의 가장 낮은 부분에서 가압하되, 배관과 배관 · 배관부속류 · 밸브류 · 각종 장치 및 기구의 접속부분에서 누수현상이 없어야 한다. 이 경우 상용수압이 (㉢ 1.05)MPa 이상인 부분에 있어서의 압력은 그 상용수압에 (㉣ 0.35)MPa을 더한 값으로 한다.

해설 **바로 위 물음 1) (1) 참조**

(3) 도로터널 성능시험조사표의 성능 및 점검항목 중 제연설비 점검항목 7가지만 쓰시오. (7점)

- ○
- ○
- ○
- ○
- ○
- ○
- ○

정답 ① 설계 적정(설계화재강도, 연기발생률 및 배출용량) 여부
② 위험도분석을 통한 설계화재강도 설정 적정 여부(화재강도가 설계화재강도보다 높을 것으로 예상될 경우)
③ 예비용 제트팬 설치 여부(종류환기방식의 경우)
④ 배연용 팬의 내열성 적정 여부((반)횡류환기방식 및 대배기구방식의 경우)
⑤ 개폐용 전동모터의 정전 등 전원차단시 조작상태 적정 여부(대배기구방식의 경우)
⑥ 제연설비 기동방식(자동 및 수동) 적정 여부
⑦ 제연설비 비상전원용량 적정 여부

해설 **도로터널 성능시험조사표**(소방시설 지체점검사항 등에 관한 고시 〔별지 제5호 서식〕)

| 번 호 | 점검항목(NFPC 603) |
|---|---|
| 소화기<br>(제4조) | ① **설치수량**(능력단위), **설치위치** 및 적응성 적정 여부<br>② 개별 **소화기 총중량** 적정(**7kg** 이하) 여부<br>③ **설치높이** 적정 여부<br>④ **표시판 부착** 적정 여부<br>⑤ 수동식 분말소화기 **내용연수** 적정 여부 |

| | |
|---|---|
| 옥내소화전 설비 (제5조) | ① **소화전함**과 **방수구** 설치간격 및 방법 적정 여부<br>② 수원의 **저수량** 적정 여부<br>③ 가압송수장치의 **방수압** 및 **방수량** 적정 여부<br>④ **예비펌프 설치** 여부 및 **용량** 적정 여부(**펌프방식**의 경우)<br>⑤ **방수구 구경**, 형태 및 설치높이 적정 여부<br>⑥ **소화전함** 내 **설치** 및 **비치품목** 적정(방수구 1개, **15m** 이상 **호스 3본** 이상, 방수노즐) 여부<br>⑦ **비상전원용량** 적정 여부 |
| 물분무 소화설비 (제5조의 2) | ① **물분무헤드**의 방수량 적정 여부<br>② **방수구역 설정** 및 수원의 **저수량** 적정 여부<br>③ **비상전원용량** 적정 여부 |
| 비상경보 설비 (제6조) | ① **발신기 설치간격**, **방법**, **높이** 적정 여부<br>② **음향장치**의 **설치위치**, **음량** 및 **경보방식** 적정 여부<br>③ **시각경보기**의 **설치위치**, **방법**, **작동방식** 적정 여부 |
| 자동화재 탐지설비 (제7조) | ① **감지기 종류** 및 **설치방법** 적정 여부<br>② **경계구역 길이** 적정 여부(감지기와 다른 소방시설 등이 연동되는 경우 포함)<br>③ **발신기 설치간격**, **방법**, **높이** 적정 여부<br>④ **음향장치**의 **설치위치**, **음량** 및 **경보방식** 적정 여부<br>⑤ **시각경보기**의 **설치위치**, **방법**, **작동방식** 적정 여부 |
| 비상조명등 (제8조) | ① **터널 안 차도** 및 **보도**의 바닥면과 그 외 지점에서의 **조도** 적정 여부<br>② 비상전원 **자동전환 여부** 및 **용량** 적정 여부<br>③ **내장형 예비전원** 상태 및 상용전원 공급에 의한 상시 충전상태 적정 여부 |
| 제연설비 (제9조) 물음 1) (3) | ① 설계 적정(**설계화재강도**, **연기발생률** 및 **배출용량**) 여부<br>② **위험도분석**을 통한 설계화재강도 설정 적정 여부(화재강도가 설계화재강도보다 높을 것으로 예상될 경우)<br>③ **예비용 제트팬** 설치 여부(**종류환기방식**의 경우)<br>④ **배연용 팬**의 **내열성** 적정 여부(**(반)횡류환기방식** 및 **대배기구방식**의 경우)<br>⑤ **개폐용 전동모터**의 정전 등 **전원차단**시 조작상태 적정 여부(**대배기구방식**의 경우)<br>⑥ 화재에 노출 우려가 있는 **제연설비**, **전원공급선** 및 **전원공급장치** 등의 **250℃** 온도에서 **60분 이상** 운전 가능 여부<br>⑦ 제연설비 **기동방식**(자동 및 수동) 적정 여부<br>⑧ 제연설비 **비상전원용량** 적정 여부 |
| 연결송수관 설비 (제10조) | ① **방수압력** 및 **방수량**의 적정 여부<br>② **방수구** 및 **방수기구함** 설치위치 적정 여부<br>③ 방수구함 설치 및 비치품목 적정 여부(**15m** 이상 **호스 3본** 이상, 방수노즐) |
| 무선통신 보조설비 (제11조) | ① **무선기기 접속단자**의 설치위치 적정 여부<br>② **라디오 재방송설비**와 무선통신보조설비 **겸용** 여부(라디오 재방송설비가 설치된 **터널**의 경우) |
| 비상콘센트 설비 (제12조) | ① **전원회로방식** 및 **공급용량** 적정 여부<br>② **전용 전원회로** 사용 여부<br>③ 콘센트별 **배선용 차단기** 설치, 차단기 규격(KS) 적정 및 **충전부 노출방지** 여부<br>④ 콘센트 **설치위치** 및 **설치높이** 적정 여부 |

(4) 스프링클러설비 성능시험조사표의 성능 및 점검항목 중 감시제어반의 전용실(중앙제어실 내에 감시제어반 설치시 제외) 점검항목 5가지를 쓰시오. (5점)
○
○
○
○
○

정답 ① 다른 부분과 방화구획 적정 여부
② 설치위치(층) 적정 여부
③ 비상조명등 및 급·배기설비 설치 적정 여부
④ 무선기기 접속단자 설치 적정 여부
⑤ 바닥면적 적정 확보 여부

해설 **스프링클러설비**의 **성능시험조사표**(소방시설 자체점검사항 등에 관한 고시 〔별지 제5호 서식〕)

| 구 분 | | 점검항목(NFPC 103) |
|---|---|---|
| 수원<br>(제4조) | | ① 주된 수원의 **유효수량** 적정 여부(겸용 설비 포함)<br>② **보조수원**(옥상수원)의 유효수량 적정 여부<br>③ **보조수원**(옥상) **설치제외** 사항 적정 여부 |
| 수조<br>(제4조) | | ① 점검 **편의성** 확보 여부<br>② **동결방지조치** 여부 또는 동결 우려 없는 장소 설치 여부<br>③ **수위계** 설치 또는 수위 확인 가능 여부<br>④ 수조 외측 **고정사다리** 설치 여부(바닥보다 낮은 경우 제외)<br>⑤ 실내 설치시 **조명설비** 설치 및 적정 조도 확보 여부<br>⑥ 수조의 밑부분 **청소용 배수밸브** 또는 배수관 설치 여부<br>⑦ **"스프링클러설비용 수조"** 표지 설치 여부 및 설치상태<br>⑧ 다른 소화설비와 겸용시 겸용 설비의 이름 표시한 표지 설치 여부<br>⑨ 수조-수직배관 접속부분 **"스프링클러설비용 배관"** 표지 설치 여부<br>⑩ 다른 설비와 겸용의 경우 **후드밸브**, **흡수구**, **급수구**의 설치위치 |
| 가압송수장치<br>(제5조) | 펌프<br>방식 | ① 주펌프를 **전동기방식**으로 설치 여부<br>② 펌프 설치환경 적정 여부(접근·점검 편의성, 화재·침수 등 피해 우려)<br>③ **동결방지조치** 여부 또는 동결 우려 없는 장소 설치 여부<br>④ 가압송수장치 **정격토출압력** 적정 여부<br>⑤ 가압송수장치 **송수량** 적정 여부<br>⑥ 펌프 **정격토출량** 적정 여부(겸용 설비 포함)<br>⑦ 다른 소화설비와 겸용 펌프성능 확보 가능 여부<br>⑧ 펌프 흡입측 **연성계**·**진공계** 및 토출측 **압력계** 설치위치 적정 여부<br>⑨ 주펌프측에 **성능시험배관** 및 **순환배관** 설치 여부(충압펌프 제외)<br>⑩ 기동용 수압개폐장치 설치 적정 여부<br>㉠ **충압펌프** 설치 적정(토출압력, 정격토출량) 여부<br>㉡ **압력챔버** 용적 적정 여부 및 기동압력 설정 적정 여부<br>⑪ **물올림장치** 설치 여부 : 전용탱크, 유효수량, 배관구경, 자동급수 적정 설치 여부<br>⑫ 내연기관방식 기동장치 설치 여부 또는 원격조작(적색등) 가능 여부<br>㉠ 제어반에 **내연기관** 자동기동 및 수동기동 가능 여부<br>㉡ 상시 충전 **축전지설비** 설치 여부<br>㉢ **연료탱크 용량** 및 연료량 적정 운전 가능 여부 |

<table>
<tr><td rowspan="4">가압송수장치<br>(제5조)</td><td>펌프<br>방식</td><td>⑬ 가압송수장치의 "스프링클러펌프" 표지 설치 여부 또는 가압송수장치를 다른 소화설비와 겸용시 겸용 설비 이름 표시 부착 여부<br>⑭ 가압송수장치의 자동정지 불가능 여부(충압펌프 제외)</td></tr>
<tr><td>고가<br>수조<br>방식</td><td>① 자연낙차수두 적정 여부<br>② 부속장치(수위계 · 배수관 · 급수관 · 오버플로관 · 맨홀) 설치 여부</td></tr>
<tr><td>압력<br>수조<br>방식</td><td>① 압력수조의 압력 적정 여부<br>② 부속장치(수위계 · 배수관 · 급수관 · 급기관 · 맨홀 · 압력계 · 안전장치 · 자동식 공기압축기) 설치 여부</td></tr>
<tr><td>가압<br>수조<br>방식</td><td>① 방수량 및 방수압 적정(20분 이상 유지) 여부<br>② 가압수조 및 가압원 설치장소의 방화구획 여부<br>③ 가압송수장치의 성능인증 적합 여부</td></tr>
<tr><td>폐쇄형<br>스프링클러설비<br>방호구역 및<br>유수검지장치<br>(제6조)</td><td colspan="2">① 방호구역의 바닥면적 적정 여부 : 격자형 배관방식 채택의 적정 여부<br>② 유수검지장치 설치 적정(수량, 접근 · 점검 편의성, 높이) 여부<br>③ 방호구역 선정 적정(1개층 1개) 여부 : 헤드 10개 이하, 복층형 구조 공동주택 3개층 이내 방호구역 설치<br>④ 유수검지장치실 설치 적정(실내 또는 구획, 출입문 크기, 표지) 여부<br>⑤ 헤드 공급수 유수검지장치 통과 여부<br>⑥ 자연낙차방식일 때 유수검지장치 설치높이 적정 여부<br>⑦ 조기반응형 스프링클러설비 설치시 습식 유수검지장치 또는 부압식 스프링클러설비 설치 여부</td></tr>
<tr><td>개방형<br>스프링클러설비<br>방수구역 및<br>일제개방밸브<br>(제7조)</td><td colspan="2">① 방수구역 선정 적정(1개층 1개 방수구역) 여부<br>② 방수구역별 일제개방밸브 설치 여부<br>③ 하나의 방수구역을 담당하는 헤드개수 적정 여부<br>④ 주차장에 설치된 스프링클러방식 적정(습식 외의 방식) 여부<br>⑤ 일제개방밸브실 설치 적정(실내 또는 구획, 높이, 출입문 크기, 표지) 여부</td></tr>
<tr><td>배관(제8조)</td><td colspan="2">① 배관과 배관이음쇠의 재질, 인증품 사용, 설치방식 등 적정 여부<br>② 소방용 합성수지배관 성능인증 적합 여부 및 설치 적정 여부<br>③ 겸용 급수배관성능 적정 여부(자동송수 차단 등)<br>④ 급수배관 개폐밸브 설치 적정(개폐표시형, 흡입측 버터플라이 제외) 여부<br>⑤ 배관구경 적정(수리계산방식의 경우 유속 제한기준 포함) 여부<br>⑥ 흡입측 배관의 공기고임 방지 구조 및 여과장치 설치 여부<br>⑦ 각 펌프흡입측 배관수조로부터 별도 설치 여부(수조가 펌프보다 낮음)<br>⑧ 연결송수관설비와 겸용시 배관구경 설치 적정 여부<br>⑨ 펌프성능시험 배관 설치 및 성능<br>㉠ 설치위치(배관, 개폐밸브, 유량조절밸브) 적정 여부<br>㉡ 유량측정장치 설치위치<br>㉢ 유량측정장치 측정 성능 적정 여부<br>⑩ 순환배관 설치 적정(위치, 구경, 릴리프밸브 개방압력) 여부<br>⑪ 동결방지조치 여부 또는 동결 우려 없는 장소 설치 여부<br>⑫ 보온재성능(난연재 이상) 적정 여부<br>⑬ 가지배관 배열방식 적정 여부(토너먼트방식 제외)<br>⑭ 가지배관에 설치되는 헤드수량의 적정 여부<br>⑮ 신축배관 성능인증 적합 및 설치길이 적정 여부<br>⑯ 교차배관 설치위치 적정 여부 및 최소 구경 충족 여부</td></tr>
</table>

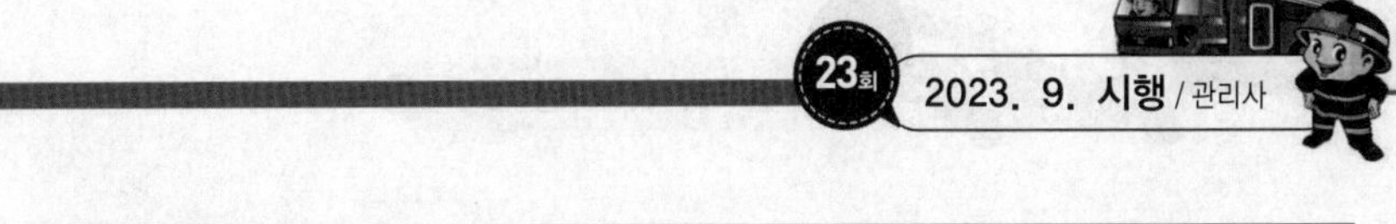




<table>
<tr><td>배관(제8조)</td><td colspan="2">⑰ 청소구 설치 적정(설치위치, 나사식 개폐밸브 및 나사보호용 캡 설치) 여부<br>⑱ 하향식 헤드 가지배관 분기 적정 여부<br>⑲ 준비작동식 유수검지장치 및 일제개방밸브 2차측 배관 부대설비<br>㉠ 수직배수배관 연결 및 개폐밸브 설치 적정 여부<br>㉡ 자동배수장치 및 압력스위치 설치 적정 여부<br>㉢ 압력스위치 수신부에서 개방 여부 확인 가능 여부<br>⑳ 습식 · 건식 유수검지장치 및 부압식 스프링클러설비 시험장치<br>㉠ 유수검지장치에서 가장 먼 가지배관 끝에 설치 여부<br>㉡ 시험장치 배관구경 적정 여부<br>㉢ 시험장치 개폐밸브 및 개방형 헤드 설치 적정 여부<br>㉣ 시험 중 방사된 물이 바닥에 흘러내리지 않는 구조로 설치 여부<br>㉑ 가지배관 행가 설치간격 적정 여부<br>㉒ 교차배관 행가 설치간격 적정 여부<br>㉓ 수평주행배관 행가 설치간격 적정 여부<br>㉔ 수직배수배관 최소 구경 충족 여부<br>㉕ 주차장 스프링클러설비방식 적정 여부<br>㉖ 급수배관 개폐밸브 작동표시스위치 설치<br>㉠ 급수개폐밸브 잠금상태 감시제어반 또는 수신기 표시, 경보 가능 여부<br>㉡ 탬퍼스위치 감시제어반 또는 수신기에서 동작 유무 확인 가능 여부<br>㉢ 탬퍼스위치 배선 동작시험, 도통시험 가능 여부<br>㉣ 급수개폐밸브 작동표시스위치 전기배선 적정 설치 여부<br>㉗ 배관 수평 설치 여부(습식 · 부압식), 배수밸브 설치 적정 여부<br>㉘ 배관 기울기 적정 여부(습식 · 부압식), 배수밸브 설치 적정 여부<br>㉙ 다른 설비배관과의 구분방식 적정 여부(보온재 적색 & 배관구분 설치)<br>㉚ 분기배관 성능인증제품 설치 여부</td></tr>
<tr><td rowspan="3">음향장치 및 기동장치(제9조)</td><td colspan="2">① 습식 · 건식 유수검지장치 사용 설비 헤드 개방시 음향장치 작동 여부<br>② 준비작동식 유수검지장치 또는 일제개방밸브 화재감지기 감지에 따라 음향장치 작동 여부<br>③ 음향장치 설치 담당구역 및 수평거리 적정 여부<br>④ 음향장치의 종류, 음색, 성능 적정 여부<br>⑤ 주음향장치 수신기 내부 또는 직근 설치 여부<br>⑥ 경보방식에 따른 경보 적정 여부</td></tr>
<tr><td>펌프 작동</td><td>① 습식 · 건식 스프링클러설비 펌프의 작동 적정 여부(유수검지장치 발신, 기동용 수압개폐장치 작동 또는 혼용에 의한 작동)<br>② 준비작동식 · 일제살수식 스프링클러설비 펌프의 작동 적정 여부(화재감지기의 화재감지, 기동용 수압개폐장치 작동 또는 혼용에 의한 작동)</td></tr>
<tr><td>준비작동식 유수검지 장치 또는 일제개방 밸브 작동</td><td>① 담당구역 내 화재감지기 동작에 따라 개방 및 작동 여부<br>② 화재감지기 교차회로방식 설치 여부<br>③ 화재감지기 담당 바닥면적의 적정 여부<br>④ 수동기동에 따라서 개방 및 작동 여부<br>⑤ 화재감지기 회로의 발신기 설치<br>㉠ 설치장소 및 설치높이 적정 여부<br>㉡ 층마다 설치 및 설치거리 적정 여부<br>㉢ 표시등 설치위치, 식별 가능 적색등 적정 설치 여부</td></tr>
</table>

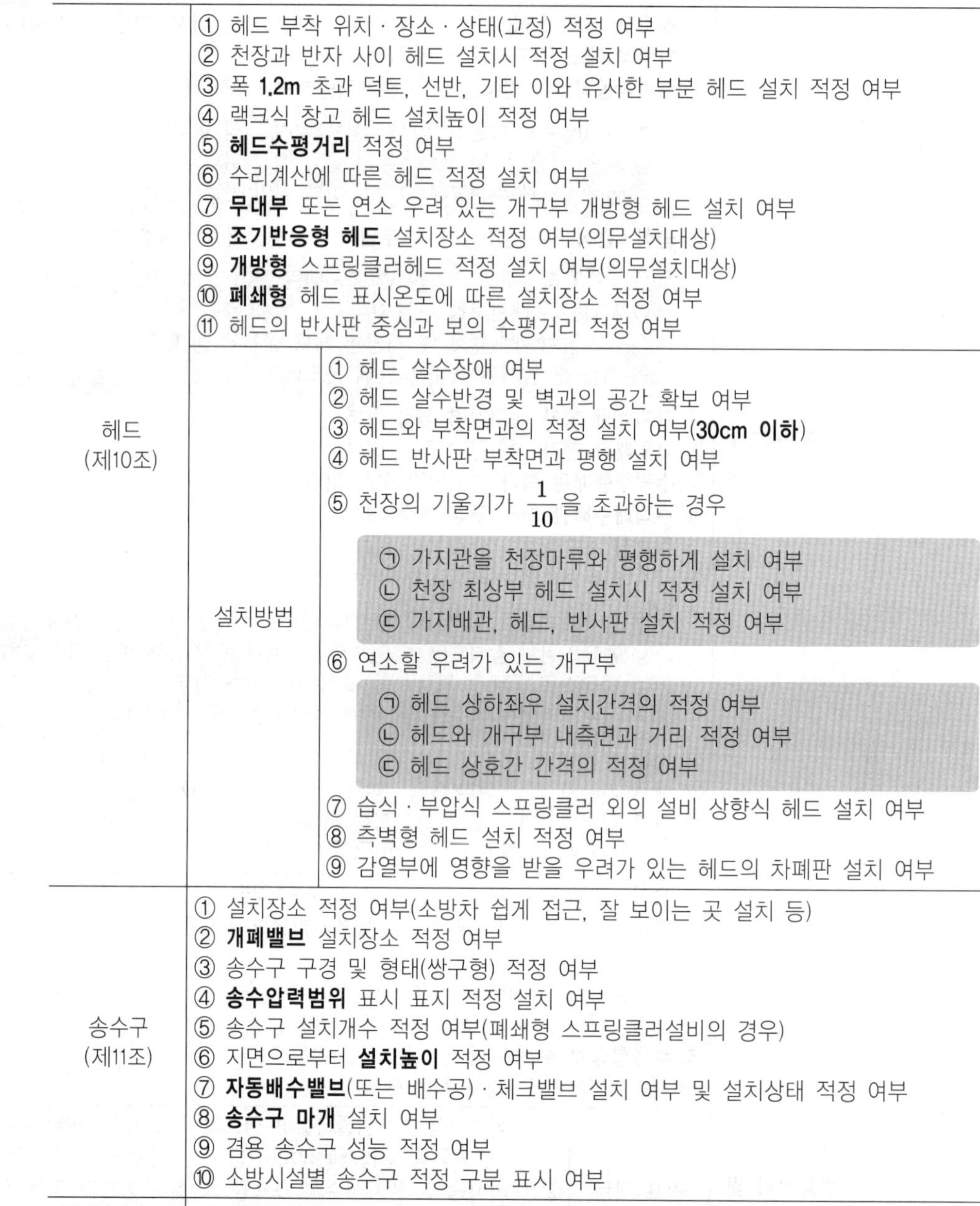

<table>
<tr><td rowspan="2">헤드<br>(제10조)</td><td colspan="2">① 헤드 부착 위치 · 장소 · 상태(고정) 적정 여부<br>② 천장과 반자 사이 헤드 설치시 적정 설치 여부<br>③ 폭 1.2m 초과 덕트, 선반, 기타 이와 유사한 부분 헤드 설치 적정 여부<br>④ 랙크식 창고 헤드 설치높이 적정 여부<br>⑤ 헤드수평거리 적정 여부<br>⑥ 수리계산에 따른 헤드 적정 설치 여부<br>⑦ 무대부 또는 연소 우려 있는 개구부 개방형 헤드 설치 여부<br>⑧ 조기반응형 헤드 설치장소 적정 여부(의무설치대상)<br>⑨ 개방형 스프링클러헤드 적정 설치 여부(의무설치대상)<br>⑩ 폐쇄형 헤드 표시온도에 따른 설치장소 적정 여부<br>⑪ 헤드의 반사판 중심과 보의 수평거리 적정 여부</td></tr>
<tr><td>설치방법</td><td>① 헤드 살수장애 여부<br>② 헤드 살수반경 및 벽과의 공간 확보 여부<br>③ 헤드와 부착면과의 적정 설치 여부(30cm 이하)<br>④ 헤드 반사판 부착면과 평행 설치 여부<br>⑤ 천장의 기울기가 $\frac{1}{10}$을 초과하는 경우<br>㉠ 가지관을 천장마루와 평행하게 설치 여부<br>㉡ 천장 최상부 헤드 설치시 적정 설치 여부<br>㉢ 가지배관, 헤드, 반사판 설치 적정 여부<br>⑥ 연소할 우려가 있는 개구부<br>㉠ 헤드 상하좌우 설치간격의 적정 여부<br>㉡ 헤드와 개구부 내측면과 거리 적정 여부<br>㉢ 헤드 상호간 간격의 적정 여부<br>⑦ 습식 · 부압식 스프링클러 외의 설비 상향식 헤드 설치 여부<br>⑧ 측벽형 헤드 설치 적정 여부<br>⑨ 감열부에 영향을 받을 우려가 있는 헤드의 차폐판 설치 여부</td></tr>
<tr><td>송수구<br>(제11조)</td><td colspan="2">① 설치장소 적정 여부(소방차 쉽게 접근, 잘 보이는 곳 설치 등)<br>② 개폐밸브 설치장소 적정 여부<br>③ 송수구 구경 및 형태(쌍구형) 적정 여부<br>④ 송수압력범위 표시 표지 적정 설치 여부<br>⑤ 송수구 설치개수 적정 여부(폐쇄형 스프링클러설비의 경우)<br>⑥ 지면으로부터 설치높이 적정 여부<br>⑦ 자동배수밸브(또는 배수공) · 체크밸브 설치 여부 및 설치상태 적정 여부<br>⑧ 송수구 마개 설치 여부<br>⑨ 겸용 송수구 성능 적정 여부<br>⑩ 소방시설별 송수구 적정 구분 표시 여부</td></tr>
<tr><td>전원(제12조)</td><td colspan="2">대상물 수전방식에 따른 상용전원회로 배선 적정 여부</td></tr>
<tr><td rowspan="2">제어반<br>(제13조)</td><td>공통사항</td><td>① 감시제어반과 동력제어반 구분 설치 여부<br>② 제어반 설치장소(화재 · 침수 피해 방지) 적정 여부<br>③ 제어반설비 전용 설치 여부(제어에 지장 없는 경우 제외)<br>④ 겸용 감시 · 동력 제어반 성능 적정 여부(겸용으로 설치된 경우)</td></tr>
<tr><td>감시<br>제어반</td><td>① 펌프 작동 여부 확인표시등 및 음향경보장치 정상작동 여부<br>② 펌프별 자동 · 수동 전환스위치 정상작동 여부<br>③ 펌프별 수동기동 및 수동중단기능 정상작동 여부<br>④ 상용전원 및 비상전원 공급 확인 가능 여부(비상전원 있는 경우)<br>⑤ 수조 · 물올림수조 저수위표시등 및 음향경보장치 정상작동 여부<br>⑥ 각 확인회로별 도통시험 및 작동시험 정상작동 여부</td></tr>
</table>

| | | |
|---|---|---|
| 제어반<br>(제13조) | 감시<br>제어반<br>물음 1) (4) | ⑦ 예비전원 확보 유무 및 적합 여부 시험 가능 여부<br>⑧ 전용실(중앙제어실 내에 감시제어반 설치시 제외)<br>㉠ 다른 부분과 방화구획 적정 여부<br>㉡ 설치위치(층) 적정 여부<br>㉢ 비상조명등 및 급 · 배기설비 설치 적정 여부<br>㉣ 무선기기 접속단자 설치 적정 여부<br>㉤ 바닥면적 적정 확보 여부<br>⑨ 기계 · 기구 또는 시설 등 제어 및 감시설비 외 설치 여부<br>⑩ **유수검지장치** · 일제개방밸브 작동시 표시 및 경보 정상작동 여부<br>⑪ 일제개방밸브 수동조작스위치 설치 여부<br>⑫ 일제개방밸브 사용설비 화재감지기 회로별 화재표시 적정 여부<br>⑬ **도통시험** 및 **작동시험**<br>㉠ 기동용 수압개폐장치의 압력스위치 회로 작동 여부<br>㉡ 수조 및 물올림수조의 저수위감시회로 작동 여부<br>㉢ 유수검지장치 또는 일제개방밸브의 압력스위치 회로 작동 여부<br>㉣ 일제개방밸브를 사용하는 설비의 화재감지기 회로 작동 여부<br>㉤ 개폐밸브 폐쇄상태 확인회로 작동 여부<br>⑭ 감시제어반과 수신기 간 상호 연동 여부(별도로 설치된 경우) |
| | 동력<br>제어반 | ① **"스프링클러설비용 동력제어반"** 표지 설치 여부<br>② 외함의 색상(**적색**), 재료, 두께, 강도 및 내열성 적정 여부 |
| | 자가발전설비<br>제어반의<br>제어장치 | ① 비영리 공인기관의 시험 필한 장치 설치 여부<br>② **소방전원보존형 발전기** 제어장치 설치 및 표시 적정 여부 |
| 배선 등<br>(제14조) | | ① 비상전원회로 사용전선 및 배선공사방법 적정 여부<br>② 그 밖의 전기회로의 사용전선 및 배선공사방법 적정 여부<br>③ 과전류차단기 및 개폐기 **"스프링클러설비용"** 표지 설치 여부<br>④ 전기배선 접속단자 **"스프링클러설비단자"** 표지 설치 여부<br>⑤ 전기배선 양단 타설비와 식별 용이성 확보 여부 |
| 헤드 설치<br>제외<br>(제15조) | | 헤드 설치 제외 적정 여부(설치 제외된 경우) |
| | 드렌처<br>헤드 | ① 드렌처설비헤드 수량, 위치의 적정 여부<br>② **제어밸브** 설치위치의 적정 여부<br>③ **수원량** 적정 확보 여부<br>④ **방수압력**, **방수량**의 적정 여부<br>⑤ 가압송수장치 설치위치, 장소의 적정 여부 |
| 별도 첨부 | | ① 비상전원설비 성능시험조사표<br>② 형식승인용품 및 성능인증용품 사용내역 |
| 수압시험 | | ① 가압송수장치 및 부속장치(밸브류 · 배관 · 배관부속류 · 압력챔버)의 수압시험(접속상태에서 실시) 결과<br>② **옥외연결송수구** 연결배관의 **수압시험** 결과<br>③ **입상배관** 및 **가지배관**의 **수압시험** 결과<br>• 수압시험은 **1.4MPa**의 압력으로 **2시간** 이상 시험하고자 하는 배관의 가장 낮은 부분에서 가압하되, 배관과 배관 · 배관부속류 · 밸브류 · 각종 장치 및 기구의 접속부분에서 누수현상이 없어야 한다. 이 경우 상용수압이 **1.05MPa** 이상인 부분에 있어서의 압력은 그 상용수압에 **0.35MPa**을 더한 값 |
| 비고 | | ※ 특정소방대상물의 위치 · 구조 · 용도 및 소방시설의 상황 등이 이 표의 항목대로 기재하기 곤란하거나 이 표에서 누락된 사항을 기재한다. |

물음 2) 소방시설 설치 및 관리에 관한 법령상 소방시설 등의 자체점검 결과의 조치 등에 대하여 다음 물음에 답하시오. (6점)

(1) 자체점검 결과의 조치 중 중대위반사항에 해당하는 경우 4가지를 쓰시오. (4점)

○

○

○

○

정답 ① 소화펌프(가압송수장치 포함), 동력 · 감시제어반 또는 소방시설용 전원(비상전원 포함)의 고장으로 소방시설이 작동되지 않는 경우
② 화재수신기의 고장으로 화재경보음이 자동으로 울리지 않거나 화재수신기와 연동된 소방시설의 작동이 불가능한 경우
③ 소화배관 등이 폐쇄 · 차단되어 소화수 또는 소화약제가 자동방출되지 않는 경우
④ 방화문 또는 자동방화셔터가 훼손되거나 철거되어 본래의 기능을 못하는 경우

해설 **소화펌프 고장** 등 **대통령령**으로 정하는 **중대위반사항**(소방시설법 시행령 제34조)

(1) **소화펌프**(가압송수장치 포함), **동력 · 감시제어반** 또는 **소방시설용 전원**(비상전원 포함)의 고장으로 소방시설이 작동되지 않는 경우
(2) 화재**수신기**의 **고장**으로 화재**경보음**이 **자동**으로 울리지 않거나 화재**수신기**와 **연동**된 **소방시설**의 **작동**이 불가능한 경우
(3) **소화배관** 등이 **폐쇄 · 차단**되어 **소화수** 또는 **소화약제**가 **자동**방출되지 않는 경우
(4) **방화문** 또는 **자동방화셔터**가 **훼손**되거나 **철거**되어 본래의 기능을 못하는 경우

(2) 다음은 자체점검 결과 공개에 관한 내용이다. (　)에 들어갈 내용을 쓰시오. (2점)

○ 소방본부장 또는 소방서장은 법 제24조 제2항에 따라 자체점검 결과를 공개하는 경우 ( ㉠ )일 이상 법 제48조에 따른 전산시스템 또는 인터넷 홈페이지 등을 통해 공개해야 한다.
○ 소방본부장 또는 소방서장은 이의신청을 받은 날부터 ( ㉡ )일 이내에 심사 · 결정하여 그 결과를 지체없이 신청인에게 알려야 한다.

정답 ㉠ 30 ㉡ 10

해설 **자체점검 결과 공개**(소방시설법 시행령 제36조)

(1) **소방본부장** 또는 **소방서장**은 자체점검 결과를 공개하는 경우 **30일** 이상 **전산시스템** 또는 인터넷 **홈페이지** 등을 통해 공개해야 한다. **물음 2) (2)**
(2) **소방본부장** 또는 **소방서장**은 자체점검 결과를 공개하려는 경우 공개**기간**, 공개**내용** 및 공개**방법**을 해당 특정소방대상물의 **관계인**에게 미리 알려야 한다.
(3) 특정소방대상물의 **관계인**은 공개내용 등을 통보받은 날부터 **10일 이내**에 관할 **소방본부장** 또는 **소방서장**에게 이의신청을 할 수 있다.
(4) **소방본부장** 또는 **소방서장**은 이의신청을 받은 날부터 **10일 이내**에 심사 · 결정하여 그 결과를 **지체없이 신청인**에게 알려야 한다. **물음 2) (2)**
(5) 자체점검 결과의 공개가 **제3자**의 **법익**을 **침해**하는 경우에는 제3자와 관련된 사실을 **제외**하고 공개해야 한다.

물음 3) 차동식 분포형 공기관식 감지기의 화재작동시험(공기주입시험)을 했을 경우 동작시간이 느린 경우(기준치 이상)의 원인 5가지를 쓰시오. (5점) 19회 3점

○

○

○

○

○

정답 ① 리크저항값이 기준치보다 작다.
② 접점수고값이 기준치보다 크다.
③ 주입한 공기량에 비해 공기관의 길이가 길다.
④ 공기관에 작은 구멍이 있다.
⑤ 검출부 접점의 접촉이 불량하다.

해설 **공기관식 차동식 분포형 감지기**의 **화재작동시험(공기주입시험) 작동시간**의 **점검결과 불량원인**

| 작동시간이 늦은 경우(시간 초과) | 작동시간이 빠른 경우(시간 미달) |
|---|---|
| ① 리크저항값이 기준치보다 작다. (누설 용이)<br>② 접점수고값이 기준치보다 크다.<br>③ 주입한 공기량에 비해 공기관의 길이가 길다.<br>④ 공기관에 작은 구멍이 있다.<br>⑤ 검출부 접점의 접촉이 불량하다. | ① 리크저항값이 기준치보다 크다. (누설지연)<br>② 접점수고값이 기준치보다 작다.<br>③ 주입한 공기량에 비해 공기관의 길이가 짧다. |

비교

(1) **공기관식 차동식 분포형 감지기**의 **접점수고시험**의 **점검결과 불량원인**

| 접점수고값이 높은 경우 | 접점수고값이 낮은 경우 |
|---|---|
| 늦게 동작하게 되므로 **실보**의 우려가 있다. | 빨리 동작하므로 **비화재보**의 우려가 있다. |

(2) **공기관식 차동식 분포형 감지기**의 **리크저항시험 점검결과 불량원인**

| 리크저항값이 작은 경우 | 리크저항값이 큰 경우 |
|---|---|
| 내부의 공기압이 누설되어 둔감해지므로 **실보**의 원인 | 내부의 공기압이 쉽게 누설되지 않아 온도변화에 민감해지므로 **비화재보**의 **원인**이 된다. |

(3) **공기관식 차동식 분포형 감지기 작동계속시간**의 **점검결과 불량원인**

| **작동개시시간**이 허용범위보다 **늦게 되는 경우**<br>(감지기의 동작이 늦어짐, 기준치 이상, 작동계속시간이 긴 경우) | **작동개시시간**이 허용범위보다 **빨리되는 경우**<br>(감지기의 동작이 빨라짐, 기준치 미만, 작동계속시간이 짧은 경우) |
|---|---|
| ① 리크저항값이 기준치보다 크다.<br>② 접점수고값이 기준치보다 작다. | ① 리크저항값이 기준치보다 작다.<br>② 접점수고값이 기준치보다 크다.<br>③ 공기관 누설 |

23회

☆☆ 문제 03

다음 물음에 답하시오. (30점)

물음 1) 소방시설 등(작동점검 · 종합점검) 점검표상 분말소화설비점검표의 저장용기 점검항목 중 종합점검의 경우에만 해당하는 점검항목 6가지를 쓰시오. (6점) 21회 5점

○

○

○

○

○

○

물음 2) 지하구의 화재안전성능기준(NFPC 605)상 방화벽 설치기준 5가지를 쓰시오. (5점) 18회 3점

○

○

○

○

○

물음 3) 화재조기진압용 스프링클러설비에서 수리학적으로 가장 먼 가지배관 4개에 각각 4개의 스프링클러헤드가 하향식으로 설치되어 있다. 이 경우 스프링클러헤드가 동시에 개방되었을 때 헤드선단의 최소방사압력 0.28MPa, $K$[L/min · $MPa^{1/2}$]=320일 때 수원의 양[$m^3$]을 구하시오. (단, 소수점 셋째자리에서 반올림하여 소수점 둘째자리까지 구하시오.) (5점)

○ 계산과정 :

○ 답 :

물음 4) 화재안전기술기준(NFTC)에 대하여 다음 물음에 답하시오. (9점)

(1) 포소화설비의 화재안전기술기준(NFTC 105)상 다음 용어의 정의를 쓰시오. (5점)

① 펌프 프로포셔너방식 (1점)

② 라인 프로포셔너방식 (1점)

③ 프레져 프로포셔너방식 (1점)

④ 프레져사이드 프로포셔너방식 (1점)

⑤ 압축공기포 믹싱챔버방식 (1점)

(2) 고층건축물의 화재안전기술기준(NFTC 604)상 초고층 및 지하연계 복합건축물 재난관리에 관한 특별법 시행령에 따른 피난안전구역에 설치하는 소방시설 중 인명구조기구의 설치기준 4가지를 쓰시오. (4점) 18회 6점

○

○

○

○

물음 5) 특별피난계단의 계단실 및 부속실 제연설비의 화재안전성능기준(NFPC 501A)상 제연설비의 시험기준 4가지를 쓰시오. (5점) 18회 8점

○
○
○
○

물음 1) 소방시설 등(작동점검 · 종합점검) 점검표상 분말소화설비점검표의 저장용기 점검항목 중 종합점검의 경우에만 해당하는 점검항목 6가지를 쓰시오. (6점) 21회 5점

○
○
○
○
○
○

정답 ① 설치장소 적정 및 관리 여부
② 저장용기 설치간격 적정 여부
③ 저장용기와 집합관 연결배관상 체크밸브 설치 여부
④ 저장용기 안전밸브 설치 적정 여부
⑤ 저장용기 정압작동장치 설치 적정 여부
⑥ 저장용기 청소장치 설치 적정 여부

해설 **분말소화설비**의 **종합점검**(소방시설 자체점검사항 등에 관한 고시 〔별지 제3호 서식〕)

| 구 분 | 점검항목 |
|---|---|
| 저장용기 | ❶ 설치장소 적정 및 관리 여부<br>② 저장용기 설치장소 표지 설치 여부<br>❸ 저장용기 설치간격 적정 여부<br>④ 저장용기 개방밸브 자동·수동 개방 및 안전장치 부착 여부<br>❺ 저장용기와 집합관 연결배관상 **체크밸브** 설치 여부<br>❻ 저장용기 **안전밸브** 설치 적정 여부<br>❼ 저장용기 **정압작동장치** 설치 적정 여부<br>❽ 저장용기 **청소장치** 설치 적정 여부<br>⑨ 저장용기 **지시압력계** 설치 및 **충전압력** 적정 여부(축압식의 경우) |
| 가압용 가스용기 | ① 가압용 가스용기 저장용기 접속 여부<br>② 가압용 가스용기 전자개방밸브 부착 적정 여부<br>③ 가압용 가스용기 압력조정기 설치 적정 여부<br>④ 가압용 또는 축압용 가스 종류 및 가스량 적정 여부<br>❺ 배관청소용 가스 별도 용기 저장 여부 |

<table>
<tr><td>소화약제</td><td colspan="2">소화약제 저장량 적정 여부</td></tr>
<tr><td rowspan="3">기동장치</td><td colspan="2">방호구역별 출입구 부근 소화약제 방출표시등 설치 및 정상작동 여부</td></tr>
<tr><td>수동식 기동장치</td><td>① 기동장치 부근에 비상스위치 설치 여부<br>❷ 방호구역별 또는 방호대상별 기동장치 설치 여부<br>③ 기동장치 설치 적정(출입구 부근 등, 높이, 보호장치, 표지, 전원표시등) 여부<br>④ 방출용 스위치 음향경보장치 연동 여부</td></tr>
<tr><td>자동식 기동장치</td><td>① 감지기 작동과의 연동 및 수동기동 가능 여부<br>❷ 저장용기 수량에 따른 전자개방밸브 수량 적정 여부(전기식 기동장치의 경우)<br>③ 기동용 가스용기의 용적, 충전압력 적정 여부(가스압력식 기동장치의 경우)<br>❹ 기동용 가스용기의 안전장치, 압력게이지 설치 여부(가스압력식 기동장치의 경우)<br>❺ 저장용기 개방구조 적정 여부(기계식 기동장치의 경우)</td></tr>
<tr><td rowspan="3">제어반 및 화재표시반</td><td colspan="2">① 설치장소 적정 및 관리 여부<br>② 회로도 및 취급설명서 비치 여부</td></tr>
<tr><td>제어반</td><td>① 수동기동장치 또는 감지기 신호 수신시 음향경보장치 작동기능 정상 여부<br>② 소화약제 방출·지연 및 기타 제어 기능 적정 여부<br>③ 전원표시등 설치 및 정상 점등 여부</td></tr>
<tr><td>화재표시반</td><td>① 방호구역별 표시등(음향경보장치 조작, 감지기 작동), 경보기 설치 및 작동 여부<br>② 수동식 기동장치 작동표시표시등 설치 및 정상작동 여부<br>③ 소화약제 방출표시등 설치 및 정상작동 여부<br>❹ 자동식 기동장치 자동·수동 절환 및 절환표시등 설치 및 정상작동 여부</td></tr>
<tr><td>배관 등</td><td colspan="2">배관의 변형·손상 유무</td></tr>
<tr><td>선택밸브</td><td colspan="2">선택밸브 설치기준 적합 여부</td></tr>
<tr><td rowspan="3">분사헤드</td><td>전역방출방식</td><td>① 분사헤드의 변형·손상 유무<br>❷ 분사헤드의 설치위치 적정 여부</td></tr>
<tr><td>국소방출방식</td><td>① 분사헤드의 변형·손상 유무<br>❷ 분사헤드의 설치장소 적정 여부</td></tr>
<tr><td>호스릴방식</td><td>❶ 방호대상물 각 부분으로부터 호스접결구까지 수평거리 적정 여부<br>② 소화약제저장용기의 위치표시등 정상 점등 및 표지 설치 여부<br>❸ 호스릴소화설비 설치장소 적정 여부</td></tr>
<tr><td>화재감지기</td><td colspan="2">① 방호구역별 화재감지기 감지에 의한 기동장치 작동 여부<br>❷ 교차회로(또는 NFPC 203 제7조 제①항, NFTC 203 2.4.1 단서 감지기) 설치 여부<br>❸ 화재감지기별 유효바닥면적 적정 여부</td></tr>
</table>

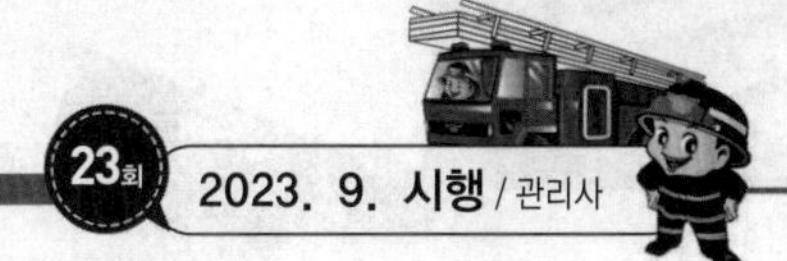



| | | |
|---|---|---|
| 음향경보장치 | ① 기동장치 조작시(수동식-방출용 스위치, 자동식-화재감지기) 경보 여부<br>② 약제 방사 개시(또는 방출압력스위치 작동) 후 **1분** 이상 경보 여부<br>❸ 방호구역 또는 방호대상물 구획 안에서 유효한 경보 가능 여부 | |
| | 방송에 따른 경보장치 | ❶ **증폭기** 재생장치의 설치장소 적정 여부<br>❷ 방호구역·방호대상물에서 **확성기** 간 수평거리 적정 여부<br>❸ 제어반 복구스위치 조작시 경보 지속 여부 |
| 비상전원 | ❶ 설치장소 적정 및 관리 여부<br>② 자가발전설비인 경우 연료적정량 보유 여부<br>③ 자가발전설비인 경우 「전기사업법」에 따른 정기점검 결과 확인 | |
| 비고 | ※ 특정소방대상물의 위치·구조·용도 및 소방시설의 상황 등이 이 표의 항목대로 기재하기 곤란하거나 이 표에서 누락된 사항을 기재한다. | |

※ "●"는 **종합점검**의 경우에만 해당

물음 2) 지하구의 화재안전성능기준(NFPC 605)상 방화벽 설치기준 5가지를 쓰시오. (5점)

18회 3점

○

○

○

○

○

정답 ① 내화구조로서 홀로 설 수 있는 구조
② 방화벽의 출입문 : 「건축법 시행령」에 따른 방화문으로서 60분+방화문 또는 60분 방화문으로 설치하고, 항상 닫힌상태를 유지하거나 자동폐쇄장치에 의하여 화재신호를 받으면 자동으로 닫히는 구조
③ 방화벽을 관통하는 케이블·전선 등에는 국토교통부 고시(내화구조의 인정 및 관리기준)에 따라 내화충전구조로 마감
④ 방화벽은 분기구 및 국사·변전소 등의 건축물과 지하구가 연결되는 부위(건축물로부터 20m 이내)에 설치
⑤ 자동폐쇄장치를 사용하는 경우에는 「자동폐쇄장치의 성능인증 및 제품검사의 기술기준」에 적합한 것으로 설치

해설 **방화벽 설치기준**(NFPC 605 제10조, NFTC 605 2.6)
(1) **내화구조**로서 홀로 설 수 있는 구조일 것
(2) 방화벽의 출입문은 「건축법 시행령」 제64조에 따른 방화문으로서 **60분+방화문** 또는 **60분 방화문**으로 설치하고, 항상 닫힌상태를 유지하거나 자동폐쇄장치에 의하여 화재신호를 받으면 자동으로 닫히는 구조로 해야 한다.
(3) 방화벽을 관통하는 케이블·전선 등에는 국토교통부 고시(내화구조의 인정 및 관리기준)에 따라 **내화충전구조**로 마감할 것
(4) 방화벽은 분기구 및 국사·변전소 등의 건축물과 지하구가 연결되는 부위(건축물로부터 **20m 이내**)에 설치할 것

(5) 자동폐쇄장치를 사용하는 경우에는 「자동폐쇄장치의 성능인증 및 제품검사의 기술기준」에 적합한 것으로 설치할 것

비교

**방화구획**의 **설치기준**(건축물의 피난 · 방화구조 등의 기준에 관한 규칙 제14조)

| 구획종류 | 구획단위 | |
|---|---|---|
| 층면적 단위 | **10**층 이하의 층 | • 바닥면적 **1000**$m^2$(자동식 소화설비 설치시 **3000**$m^2$) 이내마다 |
| | **11**층 이상의 층 | • 바닥면적 **200**$m^2$(자동식 소화설비 설치시 **600**$m^2$) 이내마다<br>• 실내마감을 불연재료로 한 경우 바닥면적 **500**$m^2$(자동식 소화설비 설치시 **1500**$m^2$) 이내마다 |
| 층단위 | 매 층마다 구획할 것(단, 지하 1층에서 지상으로 직접 연결하는 경사로 부위는 제외) | |
| 용도단위 | **필로티**나 그 밖에 이와 비슷한 구조(벽면적의 $\frac{1}{2}$ 이상이 그 층의 바닥면에서 위층 바닥 아래면까지 공간으로 된 것만 해당)의 부분을 주차장으로 사용하는 경우 그 부분은 건축물의 다른 부분과 구획할 것 | |

기억법 **101000, 11200**

물음 3) 화재조기진압용 스프링클러설비에서 수리학적으로 가장 먼 가지배관 4개에 각각 4개의 스프링클러헤드가 하향식으로 설치되어 있다. 이 경우 스프링클러헤드가 동시에 개방되었을 때 헤드선단의 최소방사압력 0.28MPa, $K$[L/min · $MPa^{1/2}$]=320일 때 수원의 양[$m^3$]을 구하시오. (단, 소수점 셋째자리에서 반올림하여 소수점 둘째자리까지 구하시오.) (5점)
○ 계산과정 :
○ 답 :

정답 ○ 계산과정 : $Q = 12 \times 60 \times 320\sqrt{10 \times 0.28} = 385532.94 = 385.53294 ≒ 385.53\text{m}^3$
○ 답 : $385.53\text{m}^3$

해설 **화재조기진압용 스프링클러설비**의 **수원**의 **양**(NFPC 103B 제5조, NFTC 103B 2.2)

$$Q = 12 \times 60 \times K\sqrt{10P}$$

여기서, $Q$ : 수원의 양[L]
$K$ : 상수[L/min · $MPa^{1/2}$]
$P$ : 헤드선단의 압력[MPa]

• 화재조기진압용 스프링클러설비의 수원은 수리학적으로 가장 먼 **가지배관 3개**에 각각 **4개**의 **스프링클러헤드**가 동시에 개방되었을 때 헤드선단의 압력이 기준값 이상으로 **60분**간 방사할 수 있는 양일 것

수원의 양 $Q$는

$$Q = 12 \times 60 \times K\sqrt{10P} = 12 \times 60 \times 320\text{L/min} \cdot \text{MPa}^{1/2}\sqrt{10 \times 0.28\text{MPa}}$$
$$= 385532.94\text{L}$$
$$= 385.53294\text{m}^3 (1000\text{L} = 1\text{m}^3)$$
$$\fallingdotseq 385.53\text{m}^3$$

물음 4) 화재안전기술기준(NFTC)에 대하여 다음 물음에 답하시오. (9점)

(1) 포소화설비의 화재안전기술기준(NFTC 105)상 다음 용어의 정의를 쓰시오. (5점)

① 펌프 프로포셔너방식 (1점)
② 라인 프로포셔너방식 (1점)
③ 프레져 프로포셔너방식 (1점)
④ 프레져사이드 프로포셔너방식 (1점)
⑤ 압축공기포 믹싱챔버방식 (1점)

정답 ① 펌프 프로포셔너방식(펌프혼합방식) : 펌프의 토출관과 흡입관 사이의 배관 도중에 설치한 흡입기에 펌프에서 토출된 물의 일부를 보내고 농도조정밸브에서 조정된 포소화약제의 필요량을 포소화약제탱크에서 펌프 흡입측으로 보내어 이를 혼합하는 방식

② 라인 프로포셔너방식(관로혼합방식)
㉠ 펌프와 발포기의 중간에 설치된 벤투리관의 벤투리작용에 의하여 포소화약제를 흡입·혼합하는 방식
㉡ 급수관의 배관 도중에 포소화약제 흡입기를 설치하여 그 흡입관에서 소화약제를 흡입하여 혼합하는 방식

③ 프레져 프로포셔너방식(차압혼합방식) : 펌프와 발포기의 중간에 설치된 벤투리관의 벤투리작용과 펌프가압수의 포소화약제 저장탱크에 대한 압력에 의하여 포소화약제를 흡입·혼합하는 방식

④ 프레져사이드 프로포셔너방식(압입혼합방식) : 펌프의 토출관에 압입기를 설치하여 포소화약제 압입용 펌프로 포소화약제를 압입시켜 혼합하는 방식

⑤ 압축공기포 믹싱챔버방식 : 압축공기 또는 압축질소를 일정비율로 포수용액에 강제 주입 혼합하는 방식

해설 **포소화약제**의 **혼합장치**(NFPC 105 제3·9조 / NFTC 105 1.7, 2.6)

(1) **펌프 프로포셔너방식**(펌프혼합방식)

펌프의 토출관과 흡입관 사이의 배관 도중에 설치한 흡입기에 펌프에서 토출된 물의 일부를 보내고 **농도조정밸브**에서 조정된 포소화약제의 필요량을 포소화약제탱크에서 펌프 흡입측으로 보내어 이를 혼합하는 방식

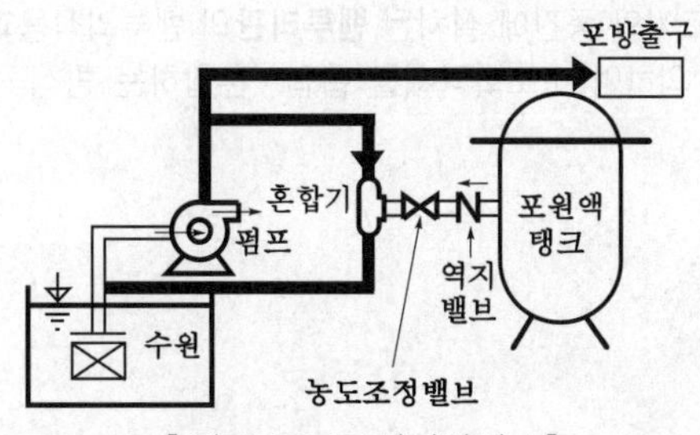


▎펌프 프로포셔너방식 1▎

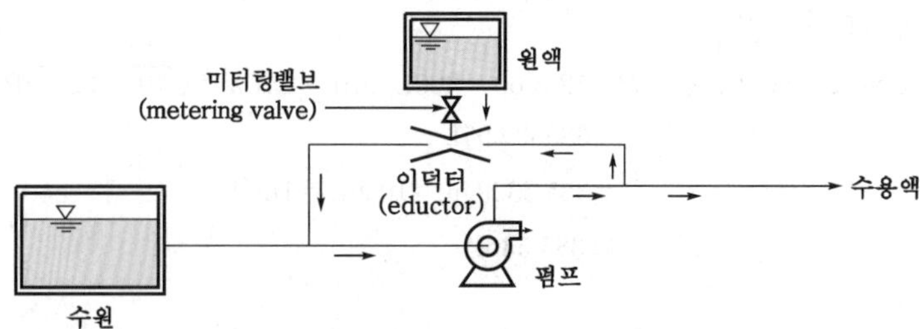


▌펌프 프로포셔너방식 2▐

- 혼합기=흡입기=이덕터(eductor)
- 농도조정밸브=미터링밸브(metering valve)

(2) **라인 프로포셔너방식**(관로혼합방식)

① 펌프와 발포기의 중간에 설치된 **벤투리관**의 벤투리작용에 의하여 포소화약제를 흡입 · 혼합하는 방식

② 급수관의 배관 도중에 포소화약제 **흡입기**를 설치하여 그 흡입관에서 소화약제를 흡입하여 혼합하는 방식

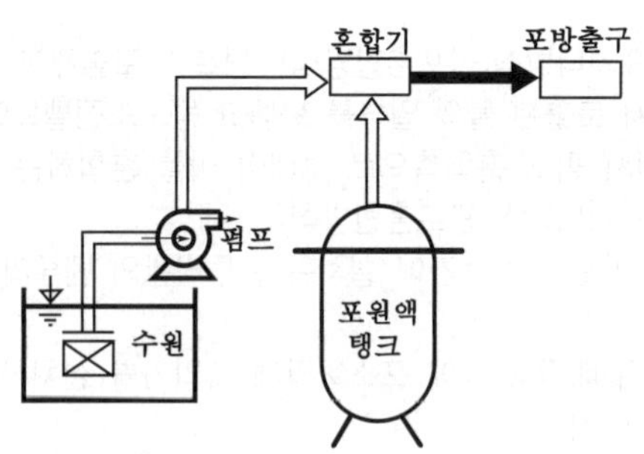


▌라인 프로포셔너방식 1▐

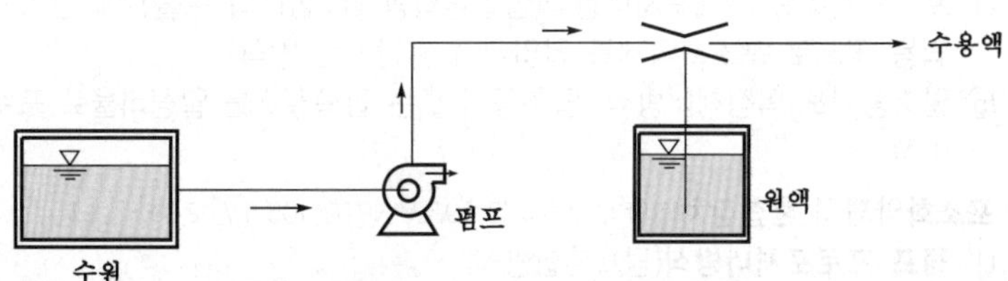


▌라인 프로포셔너방식 2▐

(3) **프레져 프로포셔너방식**(차압혼합방식)

펌프와 발포기의 중간에 설치된 **벤투리관**의 벤투리작용과 **펌프가압수**의 포소화약제 저장탱크에 대한 압력에 의하여 포소화약제를 흡입 · 혼합하는 방식

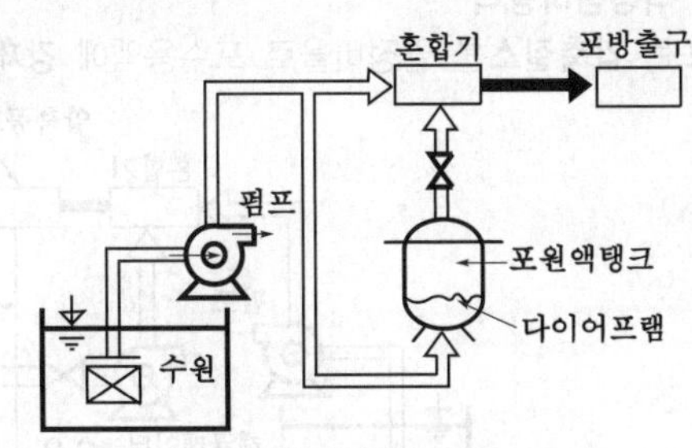


▮프레져 프로포셔너방식 1▮

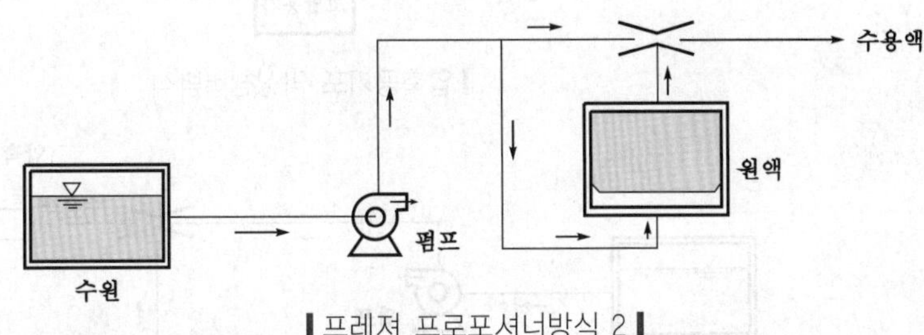


▮프레져 프로포셔너방식 2▮

(4) **프레져사이드 프로포셔너방식**(압입혼합방식)

펌프의 토출관에 **압입기**를 설치하여 포소화약제 **압입용 펌프**로 포소화약제를 압입시켜 혼합하는 방식

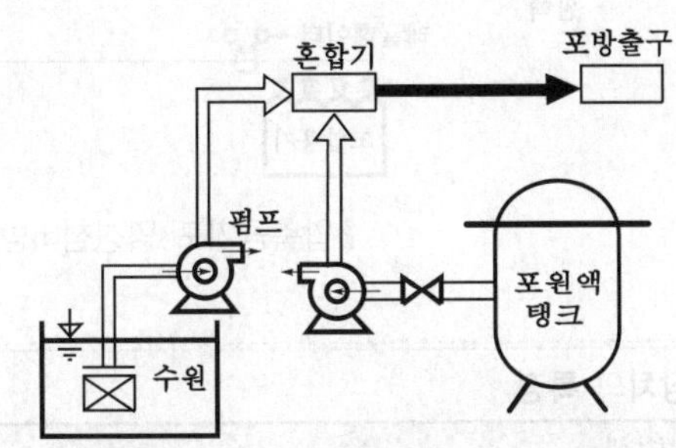


▮프레져사이드 프로포셔너방식 1▮

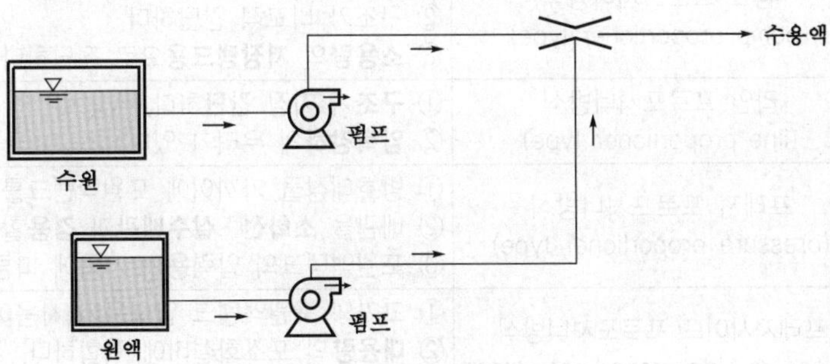


▮프레져사이드 프로포셔너방식 2▮

(5) **압축공기포 믹싱챔버방식**

**압축공기** 또는 **압축질소**를 일정비율로 포수용액에 **강제 주입** 혼합하는 방식

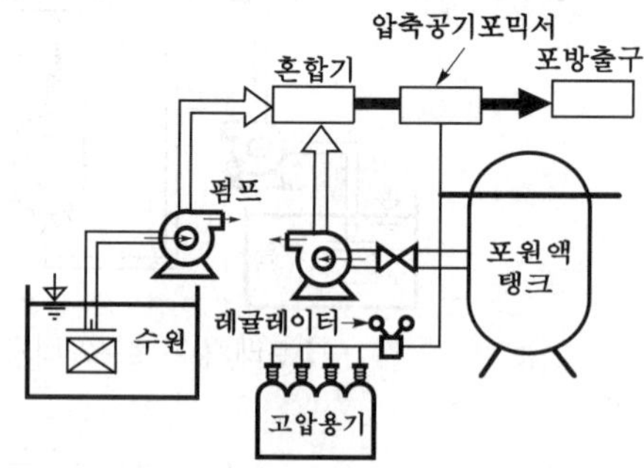


▌압축공기포 믹싱챔버방식 1▐

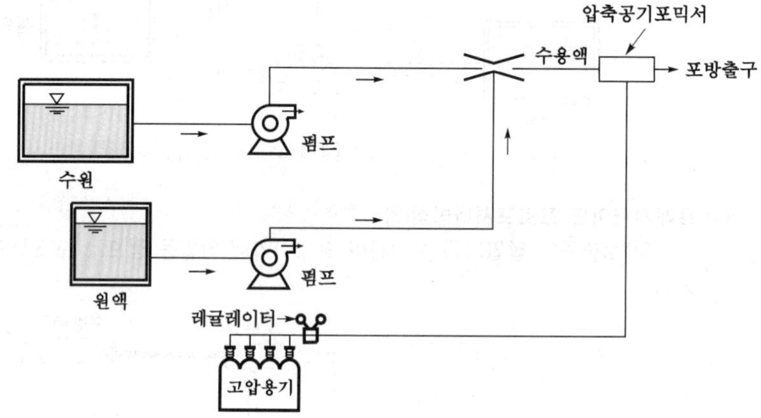


▌압축공기포 믹싱챔버방식 2▐

참고

**포소화약제 혼합장치**의 **특징**

| 혼합방식 | 특 징 |
|---|---|
| 펌프 프로포셔너방식<br>(pump proportioner type) | ① 펌프는 포소화설비 전용의 것일 것<br>② 구조가 비교적 간단하다.<br>③ **소용량**의 **저장탱크용**으로 적당하다. |
| 라인 프로포셔너방식<br>(line proportioner type) | ① **구조**가 가장 **간단**하다.<br>② **압력강하**의 우려가 있다. |
| 프레져 프로포셔너방식<br>(pressure proportioner type) | ① 방호대상물 가까이에 포원액탱크를 분산배치할 수 있다.<br>② 배관을 **소화전 · 살수배관**과 **겸용**할 수 있다.<br>③ 포원액탱크의 압력용기 사용에 따른 **설치비**가 **고가**이다. |
| 프레져사이드 프로포셔너방식<br>(pressure side proportioner type) | ① 고가의 포원액탱크 압력용기 사용이 불필요하다.<br>② **대용량**의 포소화설비에 적합하다.<br>③ 포원액탱크를 적재하는 **화학소방차**에 적합하다. |
| 압축공기포 믹싱챔버방식 | ① 포수용액에 공기를 강제로 주입시켜 **원거리 방수** 가능<br>② 물 사용량을 줄여 **수손피해**를 **최소화** |

(2) 고층건축물의 화재안전기술기준(NFTC 604)상 초고층 및 지하연계 복합건축물 재난관리에 관한 특별법 시행령에 따른 피난안전구역에 설치하는 소방시설 중 인명구조기구의 설치기준 4가지를 쓰시오. (4점) 18회 6점

○

○

○

○

정답 ① 방열복, 인공소생기를 각 2개 이상 비치할 것

② 45분 이상 사용할 수 있는 성능의 공기호흡기(보조마스크를 포함)를 2개 이상 비치해야 한다. (단, 피난안전구역이 50층 이상에 설치되어 있을 경우에는 동일한 성능의 예비용기를 10개 이상 비치할 것)

③ 화재시 쉽게 반출할 수 있는 곳에 비치할 것

④ 인명구조기구가 설치된 장소의 보기 쉬운 곳에 "인명구조기구"라는 표지판 등을 설치할 것

해설 **피난안전구역**에 **설치**하는 **소방시설 설치기준**(NFPC 604 제10조, NFTC 604 2.6.1)

| 구 분 | 설치기준 |
|---|---|
| 제연설비 | 피난안전구역과 비제연구역 간의 차압은 **50Pa**(옥내에 스프링클러설비가 설치된 경우 **12.5Pa**) 이상으로 해야 한다. (단, 피난안전구역의 한쪽 면 이상이 외기에 개방된 구조의 경우에는 설치제외 가능) |
| 피난유도선 | **〈피난유도선의 설치기준〉**<br>① 피난안전구역이 설치된 층의 계단실 출입구에서 피난안전구역 주출입구 또는 비상구까지 설치할 것<br>② 계단실에 설치하는 경우 계단 및 계단참에 설치할 것<br>③ 피난유도표시부의 너비는 최소 **25mm** 이상으로 설치할 것<br>④ 광원점등방식(전류에 의하여 빛을 내는 방식)으로 설치하되, **60분** 이상 유효하게 작동할 것 |
| 비상조명등 | 피난안전구역의 비상조명등은 상시 조명이 소등된 상태에서 그 비상조명등이 점등되는 경우 각 부분의 바닥에서 조도는 **10 lx** 이상이 될 수 있도록 설치할 것 |
| 휴대용 비상조명등 | ① 피난안전구역의 휴대용 비상조명등의 설치기준<br>㉠ 초고층 건축물에 설치된 피난안전구역 : 피난안전구역 위층의 재실자수(「건축물의 피난 · 방화구조 등의 기준에 관한 규칙」 〔별표 1의 2〕에 따라 산정된 재실자 수)의 $\frac{1}{10}$ 이상<br>㉡ 지하연계 복합건축물에 설치된 피난안전구역 : 피난안전구역이 설치된 층의 수용인원(〔별표 7〕에 따라 산정된 수용인원)의 $\frac{1}{10}$ 이상<br>② 건전지 및 충전식 건전지의 용량은 **40분** 이상 유효하게 사용할 수 있는 것으로 한다. (단, 피난안전구역이 **50층** 이상에 설치되어 있을 경우의 용량은 **60분** 이상으로 할 것) |

| | |
|---|---|
| 인명구조기구<br>물음 4) (2) | ① 방열복, 인공소생기를 각 **2개** 이상 비치할 것<br>② **45분** 이상 사용할 수 있는 성능의 공기호흡기(보조마스크를 포함)를 2개 이상 비치해야 한다. (단, 피난안전구역이 50층 이상에 설치되어 있을 경우에는 동일한 성능의 예비용기를 **10개** 이상 비치할 것)<br>③ 화재시 쉽게 반출할 수 있는 곳에 비치할 것<br>④ 인명구조기구가 설치된 장소의 보기 쉬운 곳에 "**인명구조기구**"라는 표지판 등을 설치할 것 |

물음 5) 특별피난계단의 계단실 및 부속실 제연설비의 화재안전성능기준(NFPC 501A)상 제연설비의 시험기준 4가지를 쓰시오. (5점) 18회 8점

○

○

○

○

정답 ① 제연구역의 모든 출입문 등의 크기와 열리는 방향이 설계시와 동일한지 여부를 확인할 것

② 제연구역의 출입문 및 복도와 거실(옥내가 복도와 거실로 되어 있는 경우에 한함) 사이의 출입문마다 제연설비가 작동하고 있지 아니한 상태에서 그 폐쇄력을 측정할 것

③ 층별로 화재감지기(수동기동장치를 포함)를 동작시켜 제연설비가 작동하는지 여부를 확인할 것(단, 둘 이상의 특정소방대상물이 지하에 설치된 주차장으로 연결되어 있는 경우에는 특정소방대상물의 화재감지기 및 주차장에서 하나의 특정소방대상물의 제연구역으로 들어가는 입구에 설치된 제연용 연기감시기의 작동에 따라 해당 특징소빙대싱물의 수직풍도에 연결된 모든 제연구역의 댐퍼가 개방되도록 하거나 해당 특정소방대상물을 포함한 둘 이상의 특정소방대상물의 모든 제연구역의 댐퍼가 개방되도록 하고 비상전원을 작동시켜 급기 및 배기용 송풍기의 성능이 정상인지 확인할 것)

④ 위 ③의 기준에 따라 제연설비가 작동하는 경우 방연풍속, 차압 및 출입문의 개방력과 자동닫힘 등이 적합한지 여부를 확인하는 시험을 실시할 것

해설 **제연설비**의 **시험기준**(NFPC 501A 제25조)

(1) 제연구역의 모든 출입문 등의 크기와 열리는 방향이 설계시와 동일한지 여부를 확인할 것

(2) 제연구역의 **출입문** 및 **복도**와 **거실**(옥내가 복도와 거실로 되어 있는 경우에 한함) 사이의 출입문마다 제연설비가 작동하고 있지 아니한 상태에서 그 **폐쇄력**을 측정할 것

(3) 층별로 화재감지기(수동기동장치를 포함)를 동작시켜 제연설비가 작동하는지 여부를 확인할 것(단, 둘 이상의 특정소방대상물이 지하에 설치된 주차장으로 연결되어 있는 경우에는 특정소방대상물의 화재감지기 및 주차장에서 하나의 특정소방대상물의 제연구역으로 들어가는 입구에 설치된 제연용 연기감지기의 작동에 따라 해당 특정소방대상물의 수직풍도에 연결된 모든 제연구역의 댐퍼가 개방되도록 하거나 해당 특정소방대상물을 포함한 둘 이상의 특정소방대상물의 모든 제연구역의 댐퍼가 개방되도록 하고 비상전원을 작동시켜 급기 및 배기용 송풍기의 성능이 정상인지 확인할 것)

(4) 위 (3)의 기준에 따라 제연설비가 작동하는 경우 **방연풍속**, **차압** 및 출입문의 **개방력**과 **자동닫힘** 등이 적합한지 여부를 확인하는 시험을 실시할 것

**제연설비**의 **시험**, **측정** 및 **조정 등**의 **기준**(NFPC 501A 제25조, NFTC 501A 2.22)

(1) 제연설비는 설계목적에 적합한지 사전에 검토하고 건물의 모든 부분(건축설비 포함)을 완성하는 시점부터 시험 등(확인, 측정 및 조정 포함)을 해야 한다.

(2) 제연설비 시험 등의 실시기준

① 제연구역의 모든 출입문 등의 크기와 열리는 방향이 설계시와 동일한지 여부를 확인하고, 동일하지 아니한 경우 급기량과 보충량 등을 다시 산출하여 조정 가능 여부 또는 재설계 · 개수의 여부를 결정할 것

② 위 ①의 기준에 따른 확인결과 출입문 등이 설계시와 동일한 경우에는 출입문마다 그 바닥 사이의 틈새가 평균적으로 균일한지 여부를 확인하고, 큰 편차가 있는 출입문 등에 대하여는 그 바닥의 마감을 재시공하거나, 출입문 등에 **불연재료**를 사용하여 틈새를 조정할 것

③ 제연구역의 **출입문** 및 **복도**와 **거실**(옥내가 복도와 거실로 되어 있는 경우에 한함) 사이의 출입문마다 제연설비가 작동하고 있지 아니한 상태에서 그 **폐쇄력**(단위 : $kg_f$ 또는 N)을 측정할 것

④ 옥내의 층별로 **화재감지기**(수동기동장치를 포함)를 동작시켜 제연설비가 작동하는지 여부를 확인할 것(단, 둘 이상의 특정소방대상물이 지하에 설치된 주차장으로 연결되어 있는 경우에는 주차장에서 하나의 특정소방대상물의 제연구역으로 들어가는 입구에 설치된 제연용 연기감지기의 작동에 따라 특정소방대상물의 해당 수직풍도에 연결된 모든 제연구역의 댐퍼가 개방되도록 하고 비상전원을 작동시켜 급기 및 배기용 송풍기의 성능이 정상인지 확인할 것)

⑤ 위 ④의 기준에 따라 제연설비가 작동하는 경우 다음의 기준에 따른 시험 등을 실시할 것

㉠ 부속실과 면하는 옥내 및 계단실의 출입문을 동시 개방할 경우, 유입공기의 풍속이 NFTC 501A 2.7에 따른 방연풍속에 적합한지 여부를 확인하고, 적합하지 아니한 경우에는 급기구의 개구율과 송풍기의 **풍량조절댐퍼** 등을 조정하여 적합하게 할 것. 이 경우 유입공기의 풍속은 출입문의 개방에 따른 개구부를 대칭적으로 균등분할하는 **10** 이상의 지점에서 측정하는 풍속의 평균치로 할 것

㉡ 위 ㉠의 기준에 따른 시험 등의 과정에서 출입문을 개방하지 않는 제연구역의 실제 차압이 NFTC 501A 2.3.3의 기준에 적합한지 여부를 출입문 등에 **차압측정공**을 설치하고 이를 통하여 차압측정기구로 실측하여 확인 · 조정할 것

㉢ 제연구역의 출입문이 모두 닫혀 있는 상태에서 제연설비를 가동시킨 후 출입문의 개방에 필요한 힘을 측정하여 NFTC 501A 2.3.2에 따른 개방력에 적합한지 여부를 확인하고, 적합하지 아니한 경우에는 급기구의 **개구율 조정** 및 **플랩댐퍼**(설치하는 경우에 한함)와 **풍량조절용 댐퍼** 등의 조정에 따라 적합하도록 조치할 것

㉣ 위 ㉠의 기준에 따른 시험 등의 과정에서 부속실의 개방된 출입문이 자동으로 완전히 닫히는지 여부를 확인하고, 닫힌상태를 유지할 수 있도록 조정할 것

자신감은 위대한 과업을 달성하기 위한 첫번째 요건이다.

- Samuel Johnson -

# 2022년도 제22회 소방시설관리사 2차 국가자격시험

| 교 시 | 시 간 | 시험과목 |
|---|---|---|
| 1교시 | 90분 | 소방시설의 점검실무행정 |

| 수험번호 | | 성 명 | |
|---|---|---|---|

【 수험자 유의사항 】

1. **시험문제지 표지**와 시험문제지의 **총면수**, **문제번호 일련순서**, **인쇄상태** 등을 확인하시고, 문제지 표지에 수험번호와 성명을 기재하시기 바랍니다.

2. 수험자 인적사항 및 답안지 등 작성은 **반드시 검정색 필기구만을 계속 사용**하여야 합니다. (**그 외 연필류, 유색필기구, 2가지 이상 색 혼합사용 등으로 작성한 답항은 0점 처리**됩니다.)

3. 문제번호 순서에 관계없이 답안 작성이 가능하나, **반드시 문제번호 및 문제를 기재**(긴 경우 요약기재 가능)하고 해당 답안을 기재하여야 합니다.

4. **답안 정정시에는 정정할 부분을 두 줄(=)로 긋고 수정할 내용을 다시 기재**합니다.

5. 답안작성은 **시험시행일** 현재 시행되는 법령 등을 적용하시기 바랍니다.

6. **감독위원의 지시에 불응하거나 시험시간 종료 후 답안지를 제출하지 않을 경우** 불이익이 발생할 수 있음을 알려드립니다.

7. 시험문제지는 시험 종료 후 가져가시기 바랍니다.

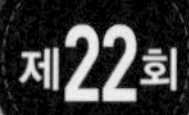

# 2022. 9. 24. 시행

☆☆☆

## 문제 01



다음 물음에 답하시오. (40점)

물음 1) 누전경보기의 화재안전기준에서 누전경보기의 설치방법에 대하여 쓰시오. (7점)

물음 2) 누전경보기에 대한 종합점검표에서 수신부의 점검항목 4가지와 전원의 점검항목 3가지를 쓰시오. (7점)

(1) 수신부의 점검항목 (4점)

○

○

○

○

(2) 전원의 점검항목 (3점)

○

○

○

물음 3) 소방시설 설치 및 관리에 관한 법령에 따라 무선통신보조설비를 설치하여야 하는 특정소방대상물(위험물 저장 및 처리 시설 중 가스시설은 제외한다.) 5가지를 쓰시오. (5점)

○

○

○

○

○

물음 4) 소방시설 자체점검사항 등에 관한 고시에서 무선통신보조설비 종합점검표의 누설동축케이블 등의 점검항목 5가지와 증폭기 및 무선중계기의 점검항목 3가지를 쓰시오. (8점)

14회 12점

(1) 누설동축케이블 등의 점검항목 (5점)

○

○

○

○

○

(2) 증폭기 및 무선중계기의 점검항목 (3점)

○

○

○

물음 5) 소방시설 자체점검사항 등에 관한 고시에서 소방시설외관점검표의 자동화재탐지설비, 자동화재속보설비, 비상경보설비의 점검내용 5가지를 쓰시오. (6점)

○

○

○

○

○

물음 6) 소방시설 자체점검사항 등에 관한 고시에서 이산화탄소 소화설비의 종합점검표상 수동식 기동장치의 점검항목 4가지와 안전시설 등의 점검항목 3가지를 쓰시오. (7점)

(1) 수동식 기동장치의 점검항목 (4점)

○

○

○

○

(2) 안전시설 등의 점검항목 (3점)

○

○

○



물음 1) 누전경보기의 화재안전기준에서 누전경보기의 설치방법에 대하여 쓰시오. (7점)

정답 ① 경계전로의 정격전류가 60A를 초과하는 전로에 있어서는 1급 누전경보기를, 60A 이하의 전로에 있어서는 1급 또는 2급 누전경보기를 설치할 것(단, 정격전류가 60A를 초과하는 경계전로가 분기되어 각 분기회로의 정격전류가 60A 이하로 되는 경우 당해 분기회로마다 2급 누전경보기를 설치한 때에는 당해 경계전로에 1급 누전경보기를 설치한 것으로 본다.)

② 변류기는 특정소방대상물의 형태, 인입선의 시설방법 등에 따라 옥외인입선의 제1지점의 부하측 또는 제2종 접지선측의 점검이 쉬운 위치에 설치할 것(단, 인입선의 형태 또는 특정소방대상물의 구조상 부득이한 경우에는 인입구에 근접한 옥내에 설치 가능)

③ 변류기를 옥외의 전로에 설치하는 경우에는 옥외형으로 설치

해설 **누전경보기**의 **설치방법**(NFPC 205 제4조, NFTC 205 2.1.1)

(1) 경계전로의 정격전류가 **60A**를 **초과**하는 전로에 있어서는 **1급 누전경보기**를, **60A 이하**의 전로에 있어서는 **1급** 또는 **2급 누전경보기**를 설치할 것. 단, 정격전류가 60A를 초과하는 경계전로가 분기되어 각 분기회로의 정격전류가 60A 이하로 되는 경우 당해 분기회로마다 2급 누전경보기를 설치한 때에는 당해 경계전로에 **1급 누전경보기**를 설치한 것으로 본다.

(2) 변류기는 특정소방대상물의 형태, 인입선의 시설방법 등에 따라 옥외인입선의 **제1지점**의 **부하측** 또는 **제2종 접지선측**의 점검이 쉬운 위치에 설치할 것. 단, 인입선의 형태 또는 특정소방대상물의 구조상 부득이한 경우에는 **인입구**에 **근접한 옥내**에 설치할 것

(3) 변류기를 옥외의 전로에 설치하는 경우에는 **옥외형**으로 설치할 것

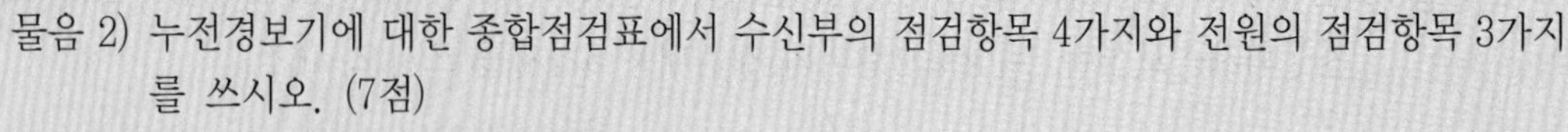



물음 2) 누전경보기에 대한 종합점검표에서 수신부의 점검항목 4가지와 전원의 점검항목 3가지를 쓰시오. (7점)

(1) 수신부의 점검항목 (4점)

- ○
- ○
- ○
- ○

정답 ① 상용전원 공급 및 전원표시등 정상 점등 여부
② 가연성 증기, 먼지 등 체류 우려 장소의 경우 차단기구 설치 여부
③ 수신부의 성능 및 누전경보 시험 적정 여부
④ 음향장치 설치장소(상시 사람이 근무) 및 음량·음색 적정 여부

(2) 전원의 점검항목 (3점)

- ○
- ○
- ○

정답 ① 분전반으로부터 전용 회로 구성 여부
② 개폐기 및 과전류차단기 설치 여부
③ 다른 차단기에 의한 전원차단 여부(전원을 분기할 경우)

해설 **누전경보기**의 **종합점검**(소방시설 자체점검사항 등에 관한 고시 〔별지 제4호 서식〕)

| 구 분 | 점검항목 |
|---|---|
| 설치방법 | ❶ **정격전류**에 따른 설치형태 적정 여부<br>❷ 변류기 설치 위치 및 형태 적정 여부 |
| 수신부<br>물음 2) (1) | ① **상용전원** 공급 및 **전원표시등** 정상 점등 여부<br>❷ 가연성 증기, 먼지 등 **체류** 우려 장소의 경우 **차단기구** 설치 여부<br>③ 수신부의 성능 및 누전경보 시험 적정 여부<br>④ 음향장치 설치장소(상시 사람이 근무) 및 **음량·음색** 적정 여부 |
| 전원<br>물음 2) (2) | ❶ 분전반으로부터 **전용 회로** 구성 여부<br>❷ **개폐기** 및 **과전류차단기** 설치 여부<br>❸ 다른 차단기에 의한 전원차단 여부(전원을 분기할 경우) |
| 비고 | ※ 특정소방대상물의 위치·구조·용도 및 소방시설의 상황 등이 이 표의 항목대로 기재하기 곤란하거나 이 표에서 누락된 사항을 기재한다. |

※ "●"는 종합점검의 경우에만 해당

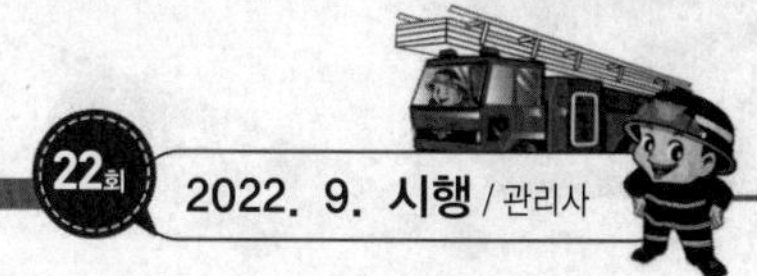



물음 3) 소방시설 설치 및 관리에 관한 법령에 따라 무선통신보조설비를 설치하여야 하는 특정소방대상물(위험물 저장 및 처리 시설 중 가스시설은 제외한다.) 5가지를 쓰시오. (5점)

○
○
○
○
○

정답 ① 지하가(터널 제외)로서 연면적 1000m² 이상
② 지하층의 바닥면적의 합계가 3000m² 이상인 것 또는 지하층의 층수가 3층 이상이고 지하층의 바닥면적의 합계가 1000m² 이상인 것은 지하층의 모든 층
③ 터널로서 길이가 500m 이상
④ 공동구
⑤ 30층 이상인 것으로서 16층 이상 부분의 모든 층

해설 **무선통신보조설비**를 **설치**해야 하는 **특정소방대상물**(위험물 저장 및 처리 시설 중 가스시설 제외)(소방시설법 시행령 〔별표 4〕)
(1) 지하가(터널 제외)로서 연면적 **1000m²** 이상인 것
(2) 지하층의 바닥면적의 합계가 **3000m²** 이상인 것 또는 지하층의 층수가 3층 이상이고 지하층의 바닥면적의 합계가 **1000m²** 이상인 것은 지하층의 모든 층
(3) **터널**로서 길이가 **500m** 이상인 것
(4) **공동구**
(5) **30층** 이상인 것으로서 16층 이상 부분의 모든 층

물음 4) 소방시설 자체점검사항 등에 관한 고시에서 무선통신보조설비 종합점검표의 누설동축케이블 등의 점검항목 5가지와 증폭기 및 무선중계기의 점검항목 3가지를 쓰시오. (8점) 14회 12점

(1) 누설동축케이블 등의 점검항목 (5점)
○
○
○
○
○

정답 ① 피난 및 통행 지장 여부(노출하여 설치한 경우)
② 케이블 구성 적정(누설동축케이블+안테나 또는 동축케이블+안테나) 여부
③ 지지금구 변형 · 손상 여부
④ 누설동축케이블 및 안테나 설치 적정 및 변형 · 손상 여부
⑤ 누설동축케이블 말단 '무반사 종단저항' 설치 여부

(2) 증폭기 및 무선중계기의 점검항목 (3점)
○
○
○



정답 ① 상용전원 적정 여부
② 전원표시등 및 전압계 설치상태 적정 여부
③ 적합성 평가 결과 임의 변경 여부

해설 **무선통신보조설비**의 **종합점검**(소방시설 자체점검사항 등에 관한 고시 〔별지 제3호 서식〕)

| 구 분 | 점검항목 |
|---|---|
| 누설동축케이블 등<br>물음 4) (1) | ① **피난** 및 **통행** 지장 여부(노출하여 설치한 경우)<br>❷ **케이블** 구성 적정(누설동축케이블+안테나 또는 동축케이블+안테나) 여부<br>❸ **지지금구** 변형 · 손상 여부<br>❹ **누설동축케이블** 및 **안테나** 설치 적정 및 변형 · 손상 여부<br>❺ 누설동축케이블 **말단 '무반사 종단저항'** 설치 여부 |
| 무선기기 접속단자, 옥외안테나 | ① 설치장소(소방활동 용이성, 상시 근무장소) 적정 여부<br>❷ 단자 설치**높이** 적정 여부<br>❸ 지상 접속**단자** 설치거리 적정 여부<br>❹ **접속단자 보호함** 구조 적정 여부<br>⑤ **접속단자 보호함 "무선기기 접속단자"** 표지 설치 여부<br>⑥ 옥외안테나 **통신장애** 발생 여부<br>⑦ 안테나 설치 적정(견고함, 파손 우려) 여부<br>⑧ 옥외안테나에 **"무선통신보조설비 안테나"** 표지 설치 여부<br>⑨ 옥외안테나 **통신가능거리** 표지 설치 여부<br>⑩ 수신기 설치장소 등에 **옥외안테나 위치표시도** 비치 여부 |
| 분배기, 분파기, 혼합기 | ❶ **먼지**, **습기**, **부식** 등에 의한 기능 이상 여부<br>❷ 설치장소 적정 및 관리 여부 |
| 증폭기 및 무선중계기<br>물음 4) (2) | ❶ 상용전원 적정 여부<br>② **전원표시등** 및 **전압계** 설치상태 적정 여부<br>❸ 증폭기 비상전원 부착상태 및 용량 적정 여부<br>④ 적합성 평가결과 임의 변경 여부 |
| 기능점검 | ● 무선통신 가능 여부 |
| 비고 | ※ 특정소방대상물의 **위치 · 구조 · 용도** 및 **소방시설**의 **상황** 등이 이 표의 항목대로 기재하기 곤란하거나 이 표에서 누락된 사항을 기재한다. |

※ "●"는 종합점검의 경우에만 해당

물음 5) 소방시설 자체점검사항 등에 관한 고시에서 소방시설외관점검표의 자동화재탐지설비, 자동화재속보설비, 비상경보설비의 점검내용 5가지를 쓰시오. (6점)
○
○
○
○
○

정답

| 구 성 | 점검내용 |
|---|---|
| 수신기 | ① 설치장소 적정 및 스위치 정상 위치 여부<br>② 상용전원 공급 및 전원표시등 정상 점등 여부<br>③ 예비전원(축전지) 상태 적정 여부 |
| 감지기 | ④ 감지기의 변형 또는 손상이 있는지 여부(단독경보형 감지기 포함) |
| 음향장치 | ⑤ 음향장치(경종 등) 변형 · 손상 여부 |



해설 **자동화재탐지설비, 비상경보설비, 시각경보기, 비상방송설비, 자동화재속보설비**의 **외관점검**(소방시설 자체점검사항 등에 관한 고시 〔별지 제6호 서식〕)

| 구 성 | 점검내용 |
|---|---|
| 수신기 | • **설치장소** 적정 및 **스위치** 정상 위치 여부<br>• **상용전원** 공급 및 전원표시등 정상 점등 여부<br>• **예비전원**(축전지) 상태 적정 여부 |
| 감지기 | • 감지기의 **변형** 또는 **손상**이 있는지 여부(단독경보형 감지기 포함) |
| 음향장치 | • 음향장치(경종 등) **변형** · **손상** 여부 |
| 시각경보장치 | • 시각경보장치 **변형** · **손상** 여부 |
| 발신기 | • 발신기 **변형** · **손상** 여부<br>• **위치표시등** 변형 · 손상 및 정상 점등 여부 |
| 비상방송설비 | • **확성기** 설치 적정(층마다 설치, 수평거리) 여부<br>• 조작부상 설비 **작동층** 또는 **작동구역** 표시 여부 |
| 자동화재속보설비 | • **상용전원** 공급 및 **전원표시등** 정상 점등 여부 |

물음 6) 소방시설 자체점검사항 등에 관한 고시에서 이산화탄소 소화설비의 종합점검표상 수동식 기동장치의 점검항목 4가지와 안전시설 등의 점검항목 3가지를 쓰시오. (7점)

(1) 수동식 기동장치의 점검항목 (4점)

○
○
○
○

정답 ① 기동장치 부근에 비상스위치 설치 여부
② 방호구역별 또는 방호대상별 기동장치 설치 여부
③ 기동장치 설치 적정(출입구 부근 등, 높이, 보호장치, 표지, 전원표시등) 여부
④ 방출용 스위치 음향경보장치 연동 여부

(2) 안전시설 등의 점검항목 (3점)

○
○
○

정답 ① 소화약제 방출알림 시각경보장치 설치기준 적합 및 정상작동 여부
② 방호구역 출입구 부근 잘 보이는 장소에 소화약제 방출 위험경고표지 부착 여부
③ 방호구역 출입구 외부 인근에 공기호흡기 설치 여부

해설 **이산화탄소 소화설비**의 **종합점검**(소방시설 자체점검사항 등에 관한 고시 〔별지 제3호 서식〕)

| 구 분 | | 점검항목 |
|---|---|---|
| 저장용기 | | ❶ **설치장소** 적정 및 관리 여부<br>② 저장용기 **설치장소** 표지 설치 여부<br>❸ 저장용기 **설치간격** 적정 여부<br>④ 저장용기 **개방밸브** 자동·수동 개방 및 안전장치 부착 여부<br>❺ 저장용기와 **집합관** 연결배관상 체크밸브 설치 여부<br>❻ 저장용기와 **선택밸브**(또는 개폐밸브) 사이 안전장치 설치 여부 |
| | 저압식 | ❶ **안전밸브** 및 **봉판** 설치 적정(작동 압력) 여부<br>❷ **액면계·압력계** 설치 여부 및 **압력강하경보장치** 작동 압력 적정 여부<br>③ **자동냉동장치**의 기능 |
| 소화약제 | | 소화약제 **저장량** 적정 여부 |
| 기동장치 | | 방호구역별 출입구 부근 소화약제 방출표시등 설치 및 정상작동 여부 |
| | 수동식 기동장치 물음 6) (1) | ① 기동장치 부근에 **비상스위치** 설치 여부<br>❷ **방호구역별** 또는 **방호대상별** 기동장치 설치 여부<br>③ 기동장치 설치 적정(출입구 부근 등, 높이, 보호장치, 표지, 전원표시등) 여부<br>④ 방출용 스위치 음향경보장치 연동 여부 |
| | 자동식 기동장치 | ① **감지기** 작동과의 **연동** 및 수동기동 가능 여부<br>❷ **저장용기** 수량에 따른 **전자개방밸브** 수량 적정 여부(전기식 기동장치의 경우)<br>③ 기동용 가스용기의 **용적**, **충전압력** 적정 여부(가스압력식 기동장치의 경우)<br>❹ 기동용 가스용기의 **안전장치**, **압력게이지** 설치 여부(가스압력식 기동장치의 경우)<br>❺ 저장용기 **개방구조** 적정 여부(**기계식** 기동장치의 경우) |
| 제어반 및 화재 표시반 | | ① 설치장소 적정 및 관리 여부<br>② **회로도** 및 **취급설명서** 비치 여부<br>❸ 수동잠금밸브 개폐 여부 확인표시등 설치 여부 |
| | 제어반 | ① **수동기동장치** 또는 **감지기** 신호 수신시 음향경보장치 작동기능 정상 여부<br>② **소화약제** 방출·지연 및 기타 제어기능 적정 여부<br>③ **전원표시등** 설치 및 정상 점등 여부 |
| | 화재 표시반 | ① 방호구역별 **표시등**(음향경보장치 조작, 감지기 작동), 경보기 설치 및 작동 여부<br>② **수동식** 기동장치 작동표시표시등 설치 및 정상작동 여부<br>③ 소화약제 **방출표시등** 설치 및 정상작동 여부<br>❹ **자동식** 기동장치 자동·수동 절환 및 절환표시등 설치 및 정상작동 여부 |

| 구분 | | 점검항목 |
|---|---|---|
| 배관 등 | | ① 배관의 **변형 · 손상** 유무<br>❷ **수동잠금밸브** 설치위치 적정 여부 |
| 선택밸브 | | ● 선택밸브 설치기준 적합 여부 |
| 분사헤드 | 전역 방출방식 | ① 분사헤드의 **변형 · 손상** 유무<br>❷ 분사헤드의 설치위치 적정 여부 |
| | 국소 방출방식 | ① 분사헤드의 **변형 · 손상** 유무<br>❷ 분사헤드의 설치장소 적정 여부 |
| | 호스릴방식 | ❶ 방호대상물 각 부분으로부터 호스접결구까지 **수평거리** 적정 여부<br>② 소화약제 저장용기의 **위치표시등** 정상 점등 및 표지 설치 여부<br>❸ 호스릴소화설비 **설치장소** 적정 여부 |
| 화재감지기 | | ① 방호구역별 화재감지기 감지에 의한 기동장치 작동 여부<br>❷ **교차회로**(또는 NFPC 203 제7조 제①항, NFTC 203 2.4.1 단서 감지기) 설치 여부<br>❸ 화재감지기별 **유효바닥면적** 적정 여부 |
| 음향 경보장치 | | ① 기동장치 조작시(수동식-방출용 스위치, 자동식-화재감지기) 경보 여부<br>② 약제 방사 개시(또는 방출압력스위치 작동) 후 경보 적정 여부<br>❸ **방호구역** 또는 **방호대상물** 구획 안에서 유효한 경보 가능 여부 |
| | 방송에 따른 경보장치 | ❶ **증폭기** 재생장치의 설치장소 적정 여부<br>❷ 방호구역 · 방호대상물에서 **확성기** 간 수평거리 적정 여부<br>❸ 제어반 복구스위치 조작시 경보 지속 여부 |
| 자동 폐쇄장치 | | ① **환기장치** 자동정지기능 적정 여부<br>② **개구부** 및 **통기구** 자동폐쇄장치 설치장소 및 기능 적합 여부<br>❸ 자동폐쇄장치 복구장치 설치기준 적합 및 위치표지 적합 여부 |
| 비상전원 | | ❶ **설치장소** 적정 및 관리 여부<br>② **자가발전설비**인 경우 **연료적정량** 보유 여부<br>③ 자가발전설비인 경우 「전기사업법」에 따른 정기점검 결과 확인 |
| 배출설비 | | ● 배출설비 **설치상태** 및 관리 여부 |
| 과압배출구 | | ● 과압배출구 **설치상태** 및 관리 여부 |
| 안전 시설 등<br>물음 6) (2) | | ① 소화약제 **방출알림 시각경보장치** 설치기준 적합 및 정상작동 여부<br>② 방호구역 출입구 부근 잘 보이는 장소에 소화약제 방출 **위험경고표지** 부착 여부<br>③ 방호구역 출입구 외부 인근에 **공기호흡기** 설치 여부 |
| 비고 | | ※ 특정소방대상물의 위치 · 구조 · 용도 및 소방시설의 상황 등이 이 표의 항목대로 기재하기 곤란하거나 이 표에서 누락된 사항을 기재한다. |

※ "●"는 종합점검의 경우에만 해당

22회

★★★

## 문제 02

다음 물음에 답하시오. (30점)

물음 1) 소방시설 설치 및 관리에 관한 법령상 종합점검의 대상인 특정소방대상물을 나열한 것이다. (　　)에 들어갈 내용을 쓰시오. (5점)

> ○( ① )가 설치된 특정소방대상물
> ○( ② )[호스릴(Hose Reel)방식의 ( ② )만을 설치한 경우는 제외한다.]가 설치된 연면적 5000$m^2$ 이상인 특정소방대상물(위험물제조소 등은 제외한다.)
> ○「다중이용업소의 안전관리에 관한 특별법 시행령」 제2조 제1호 나목, 같은 조 제2호(비디오물소극장업은 제외한다.) · 제6호 · 제7호 · 제7호의 2 및 제7호의 5의 다중이용업의 영업장이 설치된 특정소방대상물로서 연면적이 2000$m^2$ 이상인 것
> ○( ③ )가 설치된 터널
> ○「공공기관의 소방안전관리에 관한 규정」 제2조에 따른 공공기관 중 연면적(터널 · 지하구의 경우 그 길이와 평균폭을 곱하여 계산된 값을 말한다.)이 1000$m^2$ 이상인 것으로서 ( ④ ) 또는 ( ⑤ )가 설치된 것. 다만, 「소방기본법」 제2조 제5호에 따른 소방대가 근무하는 공공기관은 제외한다.

물음 2) 아래 조건을 참고하여 다음 물음에 답하시오. (11점)

> 〔조건〕
> ㉮ 용도 : 복합건축물(1류 가감계수 : 1.2)
> ㉯ 연면적 : 450000$m^2$(아파트, 의료시설, 판매시설, 업무시설)
> 　- 아파트 400세대(아파트용 주차장 및 부속용도 면적 합계 : 180000$m^2$)
> 　- 의료시설, 판매시설, 업무시설 및 부속용도 면적 : 270000$m^2$
> ㉰ 스프링클러설비, 이산화탄소 소화설비, 제연설비 설치됨
> ㉱ 점검인력 1단위+보조인력 2인

(1) 소방시설 설치 및 관리에 관한 법령상 위 특정소방대상물에 대해 일반 소방시설관리업자가 종합점검을 실시할 경우 점검면적과 적정한 최소점검일수를 계산하시오. (8점)

(2) 소방시설 설치 및 관리에 관한 법령상 소방시설관리업자가 위 특정소방대상물의 종합점검을 실시한 후 부착해야 하는 점검기록표의 기재사항 7가지 중 3가지(대상물명은 제외)만 쓰시오. (3점)

○

○

○

물음 3) 소방시설 설치 및 관리에 관한 법령상 소방시설 등의 자체점검의 횟수 및 시기, 점검결과보고서의 제출기한 등에 관한 내용이다. (    )에 들어갈 내용을 쓰시오. (7점)

> ○ 본 문항의 특정소방대상물은 연면적 1500m$^2$의 종합점검대상이며, 공공기관, 특급소방안전관리대상물, 종합점검 면제대상물이 아니다.
> ○ 위 특정소방대상물의 관계인은 종합점검과 작동점검을 각각 연 ( ① ) 이상 실시해야 하고, 관계인이 종합점검 및 작동점검을 실시한 경우 ( ② ) 이내에 소방본부장 또는 소방서장에게 점검결과보고서를 제출해야 하며, 그 점검결과를 ( ③ )간 자체보관해야 한다.
> ○ 소방시설관리업자가 점검을 실시한 경우, 점검이 끝난 날부터 ( ④ ) 이내에 점검인력배치 상황을 포함한 소방시설 등에 대한 자체점검실적을 평가기관에 통보하여야 한다.
> ○ 소방본부장 또는 소방서장은 소방시설이 화재안전기준에 따라 설치 또는 유지·관리되어 있지 아니할 때에는 조치명령을 내릴 수 있다. 조치명령을 받은 관계인이 조치명령의 연기를 신청하려면 조치명령의 이행기간 만료 ( ⑤ ) 전까지 연기신청서를 소방본부장 또는 소방서장에게 제출하여야 한다.
> ○ 위 특정소방대상물의 사용승인일이 2014년 5월 27일인 경우 특별한 사정이 없는 한 2022년에는 종합점검을 ( ⑥ )까지 실시해야 하고, 작동점검을 ( ⑦ )까지 실시해야 한다.

물음 4) 소방시설 설치 및 관리에 관한 법령상 소방청장이 소방시설관리사의 자격을 취소하거나 1년 이내의 기간을 정하여 자격의 정지를 명할 수 있는 사유 7가지를 쓰시오. (7점)

○

○

○

○

○

○

○

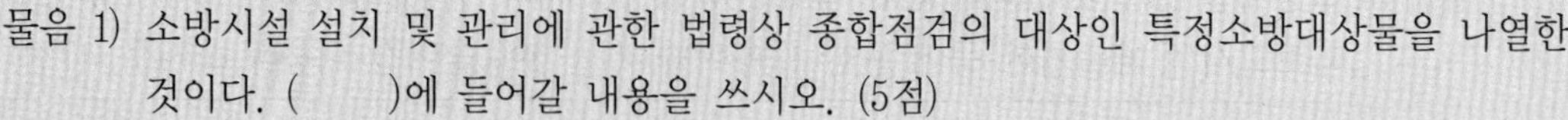



물음 1) 소방시설 설치 및 관리에 관한 법령상 종합점검의 대상인 특정소방대상물을 나열한 것이다. (   )에 들어갈 내용을 쓰시오. (5점)

> ○( ① )가 설치된 특정소방대상물
> ○( ② )[호스릴(Hose Reel)방식의 ( ② )만을 설치한 경우는 제외한다.]가 설치된 연면적 5000m² 이상인 특정소방대상물(위험물제조소 등은 제외한다.)
> ○「다중이용업소의 안전관리에 관한 특별법 시행령」 제2조 제1호 나목, 같은 조 제2호(비디오물소극장업은 제외한다.) · 제6호 · 제7호 · 제7호의 2 및 제7호의 5의 다중이용업의 영업장이 설치된 특정소방대상물로서 연면적이 2000m² 이상인 것
> ○( ③ )가 설치된 터널
> ○「공공기관의 소방안전관리에 관한 규정」 제2조에 따른 공공기관 중 연면적(터널 · 지하구의 경우 그 길이와 평균폭을 곱하여 계산된 값을 말한다.)이 1000m² 이상인 것으로서 ( ④ ) 또는 ( ⑤ )가 설치된 것. 다만, 「소방기본법」 제2조 제5호에 따른 소방대가 근무하는 공공기관은 제외한다.

정답 ① 스프링클러설비
② 물분무등소화설비
③ 제연설비
④ 옥내소화전설비
⑤ 자동화재탐지설비

해설 • ④, ⑤는 답이 서로 바뀌어도 된다. 둘다 맞다.

(1) **소방시설 등 자체점검**의 **점검대상**, **점검자**의 **자격**, **점검횟수** 및 **시기**(소방시설법 시행규칙 〔별표 3〕)

| 점검구분 | 정 의 | 점검대상 | 점검자의 자격(주된 인력) | 점검횟수 및 점검시기 |
|---|---|---|---|---|
| 작동점검 | 소방시설 등을 인위적으로 조작하여 정상적으로 작동하는지를 점검하는 것 | ① 간이스프링클러설비 · 자동화재탐지설비 | • 관계인<br>• 소방안전관리자로 선임된 소방시설관리사 또는 소방기술사<br>• 소방시설관리업에 등록된 기술인력 중 소방시설관리사 또는 「소방시설공사업법 시행규칙」에 따른 특급 점검자 | 작동점검은 **연 1회** 이상 실시하며, 종합점검대상은 종합점검을 받은 달부터 **6개월**이 되는 달에 실시 |
| | | ② ①에 해당하지 아니하는 특정소방대상물 | • 소방시설관리업에 등록된 기술인력 중 소방시설관리사<br>• 소방안전관리자로 선임된 소방시설관리사 또는 소방기술사 | |
| | | ③ 작동점검 제외대상<br>• 특정소방대상물 중 소방안전관리자를 선임하지 않는 대상<br>• 위험물제조소 등<br>• 특급 소방안전관리대상물 | | |

| | | | | |
|---|---|---|---|---|
| 종합<br>점검 | 소방시설 등의 작동점검을 포함하여 소방시설 등의 설비별 주요 구성 부품의 구조기준이 화재안전기준과 「건축법」 등 관련 법령에서 정하는 기준에 적합한지 여부를 점검하는 것<br>(1) 최초 점검 : 특정소방대상물의 소방시설이 새로 설치되는 경우 건축물을 사용할 수 있게 된 날부터 60일 이내에 점검하는 것<br>(2) 그 밖의 종합점검 : 최초점검을 제외한 종합점검 | ④ 소방시설 등이 신설된 경우에 해당하는 특정소방대상물<br>⑤ **보기 ①** **스프링클러설비**가 설치된 특정소방대상물<br>⑥ **보기 ②** **물분무등소화설비**(호스릴방식의 물분무등소화설비만을 설치한 경우는 제외)가 설치된 연면적 **5000m²** 이상인 특정소방대상물(위험물제조소 등 제외)<br>⑦ 다중이용업의 영업장이 설치된 특정소방대상물로서 연면적이 **2000m²** 이상인 것<br>⑧ **보기 ③** **제연설비**가 설치된 터널<br>⑨ **보기 ④ ⑤** **공공기관** 중 연면적(터널 · 지하구의 경우 그 길이와 평균폭을 곱하여 계산된 값)이 **1000m²** 이상인 것으로서 **옥내소화전설비** 또는 **자동화재탐지설비**가 설치된 것(단, 소방대가 근무하는 공공기관 제외) | • 소방시설관리업에 등록된 기술인력 중 **소방시설관리사**<br>• 소방안전관리자로 선임된 **소방시설관리사** 또는 **소방기술사** | 〈점검횟수〉<br>㉠ 연 1회 이상(특급 소방안전관리대상물은 반기에 1회 이상) 실시<br>㉡ ㉠에도 불구하고 소방본부장 또는 소방서장은 소방청장이 소방안전관리가 우수하다고 인정한 특정소방대상물에 대해서는 3년의 범위에서 소방청장이 고시하거나 정한 기간 동안 종합점검을 면제할 수 있다(단, 면제기간 중 화재가 발생한 경우는 제외).<br>〈점검시기〉<br>㉠ ④에 해당하는 특정소방대상물은 건축물을 사용할 수 있게 된 날부터 60일 이내 실시<br>㉡ ㉠을 제외한 특정소방대상물은 건축물의 사용승인일이 속하는 달에 실시(단, 학교의 경우 해당 건축물의 사용승인일이 1월에서 6월 사이에 있는 경우에는 6월 30일까지 실시할 수 있다.)<br>㉢ 건축물 사용승인일 이후 ⑥에 따라 종합점검대상에 해당하게 된 경우에는 그 다음 해부터 실시<br>㉣ 하나의 대지경계선 안에 2개 이상의 자체점검대상 건축물 등이 있는 경우 그 건축물 중 사용승인일이 가장 빠른 연도의 건축물의 사용승인일을 기준으로 점검할 수 있다. |

(2) 작동점검 및 종합점검은 건축물 사용승인 후 그 다음 해부터 실시

(3) 점검결과 : **2년**간 보관

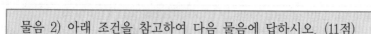

물음 2) 아래 조건을 참고하여 다음 물음에 답하시오. (11점)

〔조건〕
㉮ 용도 : 복합건축물(1류 가감계수 : 1.2)
㉯ 연면적 : $450000m^2$(아파트, 의료시설, 판매시설, 업무시설)
- 아파트 400세대(아파트용 주차장 및 부속용도 면적 합계 : $180000m^2$)
- 의료시설, 판매시설, 업무시설 및 부속용도 면적 : $270000m^2$
㉰ 스프링클러설비, 이산화탄소 소화설비, 제연설비 설치됨
㉱ 점검인력 1단위+보조인력 2인

(1) 소방시설 설치 및 관리에 관한 법령상 위 특정소방대상물에 대해 일반 소방시설관리업자가 종합점검을 실시할 경우 점검면적과 적정한 최소점검일수를 계산하시오. (8점)

정답 ① 점검면적
○ 계산과정 : 점검세대수 $= 400-(400\times0)=400$세대
$400\times33.3+270000\times1.2-(270000\times1.2\times0)=337320m^2$
○ 답 : $337320m^2$

② 최소점검일수
○ 계산과정 : $\dfrac{337320}{10000+(3000\times2)}=21.08 \fallingdotseq 22$일
○ 답 : 22일

해설 (1) **점검면적**

점검면적=점검세대수×점검계수+실제 점검면적×가감계수−(실제 점검면적×가감계수×설비계수의 합)

여기서, 점검면적[$m^2$]
점검세대수=실제 점검세대수−(실제 점검세대수×설비계수의 합)
점검계수 : 종합점검(33.3), 작동점검(34.3)
실제 점검면적 : 연면적[$m^2$]
가감계수 : 대상용도
설비계수의 합 : 미설치된 소화설비 설비계수의 합(모두 설치되었으면 0)[스프링클러설비 미설치(0.1), 제연설비 미설치(0.1), 물분무등소화설비 미설치(0.15)]

① 점검세대수=실제 점검세대수−(실제 점검세대수×설비계수의 합)
=400세대−(400세대×0)=400세대

- 400세대 : 〔조건 ㉯〕에서 주어진 값
- 0 : 〔조건 ㉰〕 스프링클러설비, 이산화탄소 소화설비(물분무등소화설비), 제연설비 모두 설치되어 있으므로 설비계수의 합은 0

비교

**설비계수의 합**
스프링클러설비, 이산화탄소 소화설비(물분무등소화설비)가 미설치되어 있을 때, 설비계수의 합
설비계수의 합=스프링클러설비(**0.1**)+물분무등소화설비(**0.15**)=**0.25**

중요

**물분무등소화설비**
(1) **분**말소화설비
(2) **포**소화설비
(3) **할**론소화설비
(4) **이**산화탄소 소화설비
(5) **할**로겐화합물 및 불활성기체 소화설비
(6) **강**화액소화설비
(7) **미**분무소화설비
(8) 물분무소화설비
(9) **고**체에어로졸 소화설비

기억법 **분포할이 할강미고**

② 점검면적=점검세대수× 점검계수+ 실제 점검면적× 가감계수−(실제 점검면적× 가감계수× 설비계수의 합)
=400세대×33.3+270000$m^2$×1.2−(270000$m^2$×1.2×0)=**337320$m^2$**

- 400세대 : 바로 위에서 구한 값
- 33.3 : 문제에서 일반 소방시설관리업 종합점검이므로 바로 아래 표에서 적용

**▌자체점검계수**(소방시설법 시행규칙 〔별표 4〕 제8호, 구 소방시설법 시행규칙 〔별표 2〕 제6호)▐

| 일반 소방시설관리업 | | 전문 소방시설관리업 | |
|---|---|---|---|
| 작동점검 | 종합점검 | 작동점검 | 종합점검 |
| 34.3 | 33.3 | 40 | 32 |

- 270000$m^2$ : 〔조건 ㉯〕에서 주어진 값
- 1.2 : 〔조건 ㉮〕에서 주어진 값
- 0 : 〔조건 ㉰〕 스프링클러설비, 이산화탄소 소화설비(물분무등소화설비), 제연설비 모두 설치되어 있으므로 설비계수의 합은 0
- 가감계수가 주어지지 않는 경우 아래 표를 암기하여 적용!

▌일반 소방시설관리업 가감계수(구 소방시설법 시행규칙 〔별표 2〕)▐

| 구 분 | 대상용도 | 가감계수 |
|---|---|---|
| **1**류 | **노**유자시설, **숙**박시설, **위**락시설, 의료시설(**정**신보건의료기관), **수**련시설, 복합건축물(1류에 속하는 시설이 있는 경우)<br>기억법 **노숙 1위 수정** | 1.2 |
| **2**류 | **문**화 및 집회시설, **종**교시설, **의**료시설(정신보건시설 제외), **교**정 및 군사시설(군사시설 제외), **지**하가, **복**합건축물(1류에 속하는 시설이 있는 경우), **발**전시설, **판**매시설<br>기억법 **교문발 2지(이지=쉽다.) 의복 종판(장판)** | 1.1 |
| **3**류 | **근**린생활시설, **운**동시설, **업**무시설, **방**송통신시설, **운**수시설<br>기억법 **방업(방염) 운운근3(근생=근린생활)** | 1.0 |
| **4**류 | **공**장, **위**험물 저장 및 처리시설, **창**고시설<br>기억법 **창공위4(창공위 사랑)** | 0.9 |
| **5**류 | **공**동주택(**아**파트 **제**외), **교**육연구시설, **항**공기 및 자동차 관련 시설, **동물** 및 식물 관련시설, 자원순환 관련시설, **군**사시설, **묘지** 관련시설, **관광**휴게시설, 장례식장, **지**하구, **문**화재<br>기억법 **5교 공아제 동물 묘지관광 항문지군** | 0.8 |

**| 전문 소방시설관리업 가감계수(소방시설법 시행규칙 [별표 4]) |**

| 구 분 | 대상용도 | 가감계수 |
|---|---|---|
| 1류 | 문화 및 집회시설, 종교시설, 판매시설, 의료시설, 노유자시설, 수련시설, 숙박시설, 위락시설, 창고시설, 교정시설, 발전시설, 지하가, 복합건축물<br>기억법 **교문발 1지(일지매) 의복종판(장판) 노숙수창위** | 1.1 |
| 2류 | 공동주택, 근린생활시설, 운수시설, 교육연구시설, 운동시설, 업무시설, 방송통신시설, 공장, 항공기 및 자동차 관련 시설, 군사시설, 관광휴게시설, 장례시설, 지하구<br>기억법 **공교 방항군(반항군) 관장지(관광지) 운업근(운수업근무)** | 1.0 |
| 3류 | 위험물 저장 및 처리시설, 문화재, 동물 및 식물 관련 시설, 자원순환 관련 시설, 묘지 관련 시설<br>기억법 **위문 동자묘** | 0.9 |

• 설비계수

| 구 분 | 설비계수 | |
|---|---|---|
| | 일반 소방시설관리업 | 전문 소방시설관리업 |
| 스프링클러설비 미설치 | 0.1 | 0.1 |
| 제연설비 미설치 | 0.1 | 0.1 |
| 물분무등소화설비 미설치 | 0.15 | 0.1(호스릴방식 제외) |

(2) **최소점검일수**

$$최소점검일수 = \frac{점검면적}{점검한도면적} = \frac{점검면적}{점검인력 + 보조인력}$$

$$= \frac{337320\text{m}^2}{10000\text{m}^2 + (3000\text{m}^2 \times 2인)} = \frac{337320\text{m}^2}{16000\text{m}^2} = 21.08 ≒ 22일(절상)$$

• $337320\text{m}^2$ : 바로 위에서 구한 값
• $10000\text{m}^2$ : 문제에서 일반 소방시설관리업(종합점검)이므로 아래 표에서 적용
• $3000\text{m}^2$ : 문제에서 일반 소방시설관리업(종합점검)이므로 아래 표에서 적용
• 점검한도면적

| 구 분 | 일반 소방시설관리업 | | 전문 소방시설관리업 | |
|---|---|---|---|---|
| | 작동점검 | 종합점검 | 작동점검 | 종합점검 |
| 점검인력 | $12000\text{m}^2$ (소규모 $3500\text{m}^2$) | $10000\text{m}^2$ | $10000\text{m}^2$ | $8000\text{m}^2$ |
| 보조인력 | $3500\text{m}^2$/1인 | $3000\text{m}^2$/1인 | $2500\text{m}^2$/1인 | $2000\text{m}^2$/1인 |

• 2인 : [조건 ㉣]에서 주어진 값

비교문제

아래 조건을 참고하여 다음 물음에 답하시오.

[조건]
㉮ 용도 : 복합건축물(1류 가감계수 : 1.1)
㉯ 연면적 : $450000\text{m}^2$(아파트, 의료시설, 판매시설, 업무시설)
 – 아파트 400세대(아파트용 주차장 및 부속용도 면적 합계 : $180000\text{m}^2$)
 – 의료시설, 판매시설, 업무시설 및 부속용도 면적 : $270000\text{m}^2$
㉰ 스프링클러설비, 이산화탄소 소화설비, 제연설비 설치됨
㉱ 점검인력 1단위+보조인력 2인

소방시설 설치 및 관리에 관한 법령상 위 특정소방대상물에 대해 **전문** 소방시설관리업자가 종합점검을 실시할 경우 점검면적과 적정한 최소점검일수를 계산하시오.

 ① 점검면적

○ 계산과정 : 점검세대수 $= 400 - (400 \times 0) = 400$ 세대

$$400 \times 32 + 270000 \times 1.1 - (270000 \times 1.1 \times 0) = 309800\text{m}^2$$

○ 답 : $309800\text{m}^2$

② 최소점검일수

○ 계산과정 : $\dfrac{309800}{8000 + (2000 \times 2)} = 25.81 \fallingdotseq 26$ 일

○ 답 : 26일

 (1) 점검면적

점검면적＝점검세대수×점검계수＋실제 점검면적×가감계수－(실제 점검면적×가감계수 ×설비계수의 합)

여기서, 점검면적[$\text{m}^2$]

점검세대수＝실제 점검세대수－(실제 점검세대수×설비계수의 합)

점검계수 : 종합점검(32), 작동점검(40)

실제 점검면적 : 연면적[$\text{m}^2$]

가감계수 : 대상용도

설비계수의 합 : 미설치된 소화설비 설비계수의 합[스프링클러설비 미설치(0.1), 제연설비 미설치(0.1), 물분무등소화설비 미설치(0.1)]

점검세대수＝실제 점검세대수－(실제 점검세대수×설비계수의 합)

＝400세대－(400세대×0)＝400세대

- 400세대 : [조건 ㉯]에서 주어진 값
- 0 : [조건 ㉰] 스프링클러설비, 이산화탄소 소화설비(물분무등소화설비), 제연설비 모두 설치되어 있으므로 설비계수의 합은 0

비교

**설비계수의 합**

스프링클러설비, 이산화탄소 소화설비(물분무등소화설비)가 미설치되어 있을 때, 설비계수의 합

설비계수의 합＝스프링클러설비(**0.1**)＋물분무등소화설비(**0.1**)＝**0.2**

**물분무등소화설비**

(1) **분**말소화설비
(2) **포**소화설비
(3) **할**론소화설비
(4) **이**산화탄소 소화설비
(5) **할**로겐화합물 및 불활성기체 소화설비
(6) **강**화액소화설비
(7) **미**분무소화설비
(8) 물분무소화설비
(9) **고**체에어로졸 소화설비

기억법 **분포할이 할강미고**

점검면적＝점검세대수×점검계수＋실제 점검면적×가감계수－(실제 점검면적×가감계수×설비계수의 합)

$=400$세대$\times 32+270000\text{m}^2\times 1.1-(270000\text{m}^2\times 1.1\times 0)=309800\text{m}^2$

- 400세대 : 바로 위에서 구한 값
- 32 : 문제에서 전문 소방시설관리업 종합점검이므로 아래 표에서 적용

**▌자체점검계수**(소방시설법 시행규칙 〔별표 4〕 제8호, 구 소방시설법 시행규칙 〔별표 2〕 제6호)▐

| 일반 소방시설관리업 | | 전문 소방시설관리업 | |
|---|---|---|---|
| 작동점검 | 종합점검 | 작동점검 | 종합점검 |
| 34.3 | 33.3 | 40 | 32 |

- 270000m² : 〔조건 ㉯〕에서 주어진 값
- 1.1 : 〔조건 ㉮〕에서 주어진 값
- 0 : 위에서 구한 값
- 가감계수가 주어지지 않는 경우 아래 표를 암기하여 적용!

▌전문 소방시설관리업 가감계수(소방시설법 시행규칙 〔별표 4〕)▐

| 구 분 | 대상용도 | 가감계수 |
|---|---|---|
| 1류 | 문화 및 집회시설, 종교시설, 판매시설, 의료시설, 노유자시설, 수련시설, 숙박시설, 위락시설, 창고시설, 교정시설, 발전시설, 지하가, 복합건축물<br>기억법 **교문발 1지(일지매) 의복종판(장판) 노숙수창위** | 1.1 |
| 2류 | 공동주택, 근린생활시설, 운수시설, 교육연구시설, 운동시설, 업무시설, 방송통신시설, 공장, 항공기 및 자동차 관련 시설, 군사시설, 관광휴게시설, 장례시설, 지하구<br>기억법 **공교 방항군(반항군) 관장지(관광지) 운업근(운수업근무)** | 1.0 |
| 3류 | 위험물 저장 및 처리시설, 문화재, 동물 및 식물 관련 시설, 자원순환 관련 시설, 묘지 관련 시설<br>기억법 **위문 동자묘** | 0.9 |

(2) 최소점검일수

$$\text{최소점검일수}=\frac{\text{점검면적}}{\text{점검한도면적}}=\frac{\text{점검면적}}{\text{점검인력}+\text{보조인력}}$$

$$=\frac{309800\text{m}^2}{8000\text{m}^2+(2000\text{m}^2\times 2\text{인})}=\frac{309800\text{m}^2}{12000\text{m}^2}=25.81\fallingdotseq 26\text{일(절상)}$$

- 309800m² : 바로 위에서 구한 값
- 8000m² : 문제에서 전문 소방시설관리업(종합점검)이므로 아래 표에서 적용
- 2000m² : 문제에서 전문 소방시설관리업(종합점검)이므로 아래 표에서 적용
- 점검한도면적

| 구 분 | 일반 소방시설관리업 | | 전문 소방시설관리업 | |
|---|---|---|---|---|
| | 작동점검 | 종합점검 | 작동점검 | 종합점검 |
| 점검인력 | 12000m²<br>(소규모 3500m²) | 10000m² | 10000m² | 8000m² |
| 보조인력 | 3500m²/1인 | 3000m²/1인 | 2500m²/1인 | 2000m²/1인 |

- 2인 : 〔조건 ㉱〕에서 주어진 값

(2) 소방시설 설치 및 관리에 관한 법령상 소방시설관리업자가 위 특정소방대상물의 종합점검을 실시한 후 부착해야 하는 점검기록표의 기재사항 7가지 중 3가지(대상물명은 제외)만 쓰시오. (3점)

○

○

○



정답 ① 점검구분
② 점검자
③ 점검기간

해설 **소방시설 등 자체점검기록표**(소방시설법 시행규칙 〔별표 5〕)

(1) **점검기록표**의 **기재사항**

① 대상**물**명
② **주**소
③ 점검**구**분
④ 점검**자**
⑤ 점검**기**간
⑥ **불**량사항
⑦ **정**비기간

기억법 **물주 구자기 불정**

**소방시설등 자체점검기록표**

•대상물명 :
•주　　소 :
•점검구분 : [ ] 작동점검 [ ] 종합점검
•점 검 자 :
•점검기간 : 년 월 일 ～ 년 월 일
•불량사항 : [ ] 소화설비 [ ] 경보설비 [ ] 피난구조설비
[ ] 소화용수설비 [ ] 소화활동설비 [ ] 기타설비 [ ] 없음
•정비기간 : 년 월 일 ～ 년 월 일

년 월 일

「소방시설 설치 및 관리에 관한 법률」 제24조제1항 및 같은 법 시행규칙 제25조에 따라 소방시설등 자체점검결과를 게시합니다.

▌소방시설 자체점검기록표▐

(2) **점검기록표**의 **규격**

| 구 분 | 설 명 |
|---|---|
| 규격 | A4용지(가로 297mm×세로 210mm) |
| 재질 | 아트지(스티커) 또는 종이 |
| 테두리 | • 외측 : **파랑색**(RGB 65, 143, 222)<br>• 내측 : **하늘색**(RGB 193, 214, 237) |
| 글씨체<br>(색상) | • 소방시설 점검기록표 : HY헤드라인M, 45포인트(파랑색)<br>• 본문제목 : 윤고딕230, 20포인트(파랑색)<br>• 본문내용 : 윤고딕230, 20포인트(검정색)<br>• 하단내용 : 윤고딕240, 20포인트(법명 : 파랑색, 그 외 : 검정색) |

물음 3) 소방시설 설치 및 관리에 관한 법령상 소방시설 등의 자체점검의 횟수 및 시기, 점검결과보고서의 제출기한 등에 관한 내용이다. (    )에 들어갈 내용을 쓰시오. (7점)

- 본 문항의 특정소방대상물은 연면적 $1500m^2$의 종합점검대상이며, 공공기관, 특급소방안전관리대상물, 종합점검 면제대상물이 아니다.
- 위 특정소방대상물의 관계인은 종합점검과 작동점검을 각각 연 ( ① ) 이상 실시해야 하고, 관계인이 종합점검 및 작동점검을 실시한 경우 ( ② ) 이내에 소방본부장 또는 소방서장에게 점검결과보고서를 제출해야 하며, 그 점검결과를 ( ③ )간 자체보관해야 한다.
- 소방시설관리업자가 점검을 실시한 경우, 점검이 끝난 날부터 ( ④ ) 이내에 점검인력배치 상황을 포함한 소방시설 등에 대한 자체점검실적을 평가기관에 통보하여야 한다.
- 소방본부장 또는 소방서장은 소방시설이 화재안전기준에 따라 설치 또는 유지 · 관리되어 있지 아니할 때에는 조치명령을 내릴 수 있다. 조치명령을 받은 관계인이 조치명령의 연기를 신청하려면 조치명령의 이행기간 만료 ( ⑤ ) 전까지 연기신청서를 소방본부장 또는 소방서장에게 제출하여야 한다.
- 위 특정소방대상물의 사용승인일이 2014년 5월 27일인 경우 특별한 사정이 없는 한 2022년에는 종합점검을 ( ⑥ )까지 실시해야 하고, 작동점검을 ( ⑦ )까지 실시해야 한다.

정답 ① 1회
② 7일
③ 2년
④ 5일
⑤ 3일
⑥ 5월 31일
⑦ 11월 30일

해설 **소방시설 등**의 **자체점검**(소방시설법 시행규칙 제20 · 23 · 24조 〔별표 3〕)

(1) 본 문항의 특정소방대상물은 연면적 **$1500m^2$**의 종합점검대상이며, 공공기관, 특급소방안전관리대상물, 종합점검 면제대상물이 아니다.

(2) 위 특정소방대상물의 관계인은 종합점검과 작동점검을 각각 연 **1회** 이상 실시해야 하고, 관계인이 종합점검 및 작동점검을 실시한 경우 **7일** 이내에 소방본부장 또는 소방서장에게 점검결과보고서를 제출해야 하며, 그 점검결과를 **2년**간 자체보관해야 한다.

(3) 소방시설관리업자가 점검을 실시한 경우, 점검이 끝난 날부터 **5일** 이내에 점검인력배치 상황을 포함한 소방시설 등에 대한 자체점검실적을 평가기관에 통보하여야 한다.

(4) 소방본부장 또는 소방서장은 소방시설이 화재안전기준에 따라 설치 또는 유지 · 관리되어 있지 아니할 때에는 조치명령을 내릴 수 있다. 조치명령을 받은 관계인이 조치명령의 연기를 신청하려면 조치명령의 이행기간 만료 **3일** 전까지 연기신청서를 **소방본부장** 또는 **소방서장**에게 제출하여야 한다.

(5) 위 특정소방대상물의 사용승인일이 2014년 5월 27일인 경우 특별한 사정이 없는 한 2022년에는 종합점검을 **5월 31일**까지 실시해야 하고, 작동점검을 **11월 30일**까지 실시해야 한다.

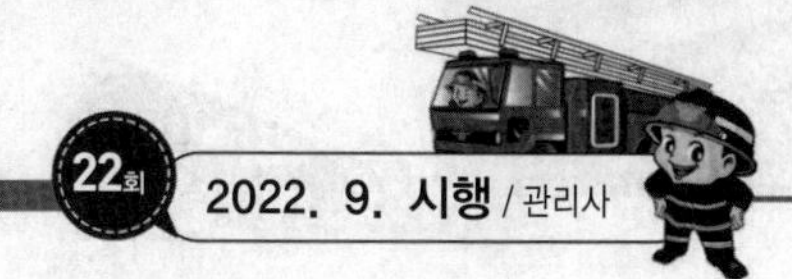



물음 4) 소방시설 설치 및 관리에 관한 법령상 소방청장이 소방시설관리사의 자격을 취소하거나 1년 이내의 기간을 정하여 자격의 정지를 명할 수 있는 사유 7가지를 쓰시오. (7점)
○
○
○
○
○
○
○

정답 ① 거짓이나 그 밖의 부정한 방법으로 시험에 합격한 경우
② 대행인력의 배치기준 · 자격 · 방법 등 준수사항을 지키지 아니한 경우
③ 점검을 하지 아니하거나 거짓으로 한 경우
④ 소방시설관리사증을 다른 사람에게 빌려준 경우
⑤ 동시에 둘 이상의 업체에 취업한 경우
⑥ 성실하게 자체점검업무를 수행하지 아니한 경우
⑦ 자격결격사유에 해당하게 된 경우

해설 **소방시설관리사 자격**의 **취소 · 정지 사유**(소방시설법 제28조)
(1) **거짓**이나 그 밖의 **부정한 방법**으로 시험에 합격한 경우
(2) **대행인력**의 **배치기준 · 자격 · 방법** 등 준수사항을 지키지 아니한 경우
(3) 점검을 하지 아니하거나 **거짓**으로 한 경우
(4) **소방시설관리사증**을 다른 사람에게 **빌려준** 경우(소방시설관리자증 대여)
(5) 동시에 **둘 이상**의 **업체**에 **취업**한 경우
(6) 성실하게 **자체점검업무**를 수행하지 아니한 경우
(7) **자격결격사유**에 해당하게 된 경우

비교

**소방시설관리업 등록**의 **취소 · 정지 사유**(소방시설법 제35조)
(1) **거짓**이나 그 밖의 부정한 방법으로 등록을 한 경우
(2) **점검**을 하지 아니하거나 **거짓**으로 한 경우
(3) **등록기준**에 **미달**하게 된 경우
(4) **등록결격사유**에 해당하게 된 경우(단, 임원 중에 등록결격사유에 해당하는 법인으로서 결격사유에 해당하게 된 날부터 **2개월 이내**에 그 임원을 결격사유가 없는 임원으로 바꾸어 선임한 경우는 제외)
(5) **등록증** 또는 **등록수첩**을 **빌려준** 경우
(6) **점검능력평가**를 받지 아니하고 **자체점검**을 한 경우

☆☆☆

## 문제 03

다음 물음에 답하시오. (30점)

물음 1) 소방시설 설치 및 관리에 관한 법령상 소방시설별 점검장비이다. (　　)에 들어갈 내용을 쓰시오. (단, 종합점검의 경우임) (5점) 19회 3점 03회 10점 01회 10점

| 소방시설 | 장 비 |
|---|---|
| • 스프링클러설비<br>• 포소화설비 | • (　　①　　) |
| • 이산화탄소 소화설비<br>• 분말소화설비<br>• 할론소화설비<br>• 할로겐화합물 및 불활성기체 소화설비 | • (　　②　　)<br>• (　　③　　)<br>• 그 밖에 소화약제의 저장량을 측정할 수 있는 점검기구 |
| • 자동화재탐지설비<br>• 시각경보기 | • 열감지기시험기<br>• 연(煙)감지기시험기<br>• (　　④　　)<br>• (　　⑤　　)<br>• 음량계 |

물음 2) 소방시설 자체점검사항 등에 관한 고시에서 비상조명등 및 휴대용 비상조명등 점검표상의 휴대용 비상조명등의 점검항목 7가지를 쓰시오. (7점)

○

○

○

○

○

○

○

물음 3) 옥내소화전설비의 화재안전기준에서 가압송수장치의 압력수조에 설치해야 하는 것을 5가지만 쓰시오. (5점)

○

○

○

○

○

물음 4) 소방시설 자체점검사항 등에 관한 고시에서 비상경보설비 및 단독경보형 감지기 점검표상의 비상경보설비의 점검항목 8가지를 쓰시오. (8점)

○

○

○
○
○
○
○
○

물음 5) 가스누설경보기의 화재안전기준에서 분리형 경보기의 탐지부 및 단독형 경보기 설치 제외장소 5가지를 쓰시오. (5점)

○
○
○
○
○

물음 1) 소방시설 설치 및 관리에 관한 법령상 소방시설별 점검장비이다. (　　)에 들어갈 내용을 쓰시오. (단, 종합점검의 경우임) 19회 3점 03회 10점 01회 10점

| 소방시설 | 장 비 |
|---|---|
| • 스프링클러설비<br>• 포소화설비 | • (　　①　　) |
| • 이산화탄소 소화설비<br>• 분말소화설비<br>• 할론소화설비<br>• 할로겐화합물 및 불활성기체 소화설비 | • (　　②　　)<br>• (　　③　　)<br>• 그 밖에 소화약제의 저장량을 측정할 수 있는 점검기구 |
| • 자동화재탐지설비<br>• 시각경보기 | • 열감지기시험기<br>• 연(煙)감지기시험기<br>• (　　④　　)<br>• (　　⑤　　)<br>• 음량계 |

정답 ① 헤드결합렌치
② 검량계
③ 기동관누설시험기
④ 공기주입시험기
⑤ 감지기시험기 연결폴대

해설
• ②, ③은 답이 서로 바뀌어도 정답!
• ④, ⑤는 답이 서로 바뀌어도 정답!

**소방시설별 점검장비**(소방시설법 시행규칙 〔별표 3〕)

| 소방시설 | 장 비 | 규 격 |
|---|---|---|
| • **모든 소방시설** | • 방수압력측정계<br>• 절연저항계(절연저항측정기)<br>• 전류전압측정계 | – |
| • **소화기구** | • 저울 | – |
| • **옥내소화전설비**<br>• **옥외소화전설비** | • 소화전밸브압력계 | – |
| • **스프링클러설비**<br>• **포소화설비** | • 헤드결합렌치 | – |
| • **이산화탄소 소화설비**<br>• **분말소화설비**<br>• **할론소화설비**<br>• **할로겐화합물 및 불활성기체 소화설비** | • 검량계<br>• 기동관누설시험기 | – |
| • **자동화재탐지설비**<br>• **시각경보기** | • 열감지기시험기<br>• 연감지기시험기<br>• 공기주입시험기<br>• 감지기시험기 연결폴대<br>• 음량계<br>기억법 **열연공감음** | – |
| • **누전경보기** | • 누전계 | 누전전류 측정용 |
| • **무선통신보조설비** | • 무선기 | 통화시험용 |
| • **제연설비** | • 풍속풍압계<br>• 폐쇄력측정기<br>• 차압계(압력차측정기) | – |
| • **통로유도등**<br>• **비상조명등** | • 조도계(밝기측정기) | 최소눈금이 **0.1 lx** 이하인 것 |

기억법 **모장옥스소이자누 무제통**

[비고] 1. 신축·증축·개축·재축·이전·용도변경 또는 대수선 등으로 소방시설이 새로 설치된 경우에는 해당 특정소방대상물의 소방시설 전체에 대하여 실시
2. 작동점검 및 종합점검(최초 점검 제외)은 건축물 사용승인 후 그 **다음 해**부터 실시
3. 특정소방대상물이 증축·용도변경 또는 대수선 등으로 사용승인일이 달라지는 경우 사용승인일이 빠른 날을 기준으로 자체점검 실시

물음 2) 소방시설 자체점검사항 등에 관한 고시에서 비상조명등 및 휴대용 비상조명등 점검표상의 휴대용 비상조명등의 점검항목 7가지를 쓰시오. (7점)

○
○
○
○
○
○
○

정답 ① 설치대상 및 설치수량 적정 여부
② 설치높이 적정 여부
③ 휴대용 비상조명등의 변형 및 손상 여부
④ 어둠 속에서 위치를 확인할 수 있는 구조인지 여부
⑤ 사용시 자동으로 점등되는지 여부
⑥ 건전지를 사용하는 경우 유효한 방전 방지조치가 되어 있는지 여부
⑦ 충전식 배터리의 경우에는 상시 충전되도록 되어 있는지의 여부

해설 **비상조명등** 및 **휴대용 비상조명등**의 **종합점검**(소방시설 자체점검사항 등에 관한 고시 〔별지 제3호 서식〕)

| 구 분 | 점검항목 |
|---|---|
| 비상조명등 | ① **설치위치**(거실, 지상에 이르는 복도 · 계단, 그 밖의 통로) 적정 여부<br>② 비상조명등 **변형 · 손상** 확인 및 정상 점등 여부<br>❸ **조도** 적정 여부<br>④ **예비전원 내장형**의 경우 **점검스위치** 설치 및 정상작동 여부<br>❺ 비상전원 **종류** 및 **설치장소** 기준 적합 여부<br>⑥ 비상전원 성능 적정 및 **상용전원 차단시 예비전원 자동전환** 여부 |
| 휴대용 비상조명등 | ① **설치대상** 및 설치수량 적정 여부<br>② **설치높이** 적정 여부<br>③ 휴대용 비상조명등의 **변형** 및 **손상** 여부<br>④ **어둠** 속에서 위치를 확인할 수 있는 구조인지 여부<br>⑤ 사용시 **자동**으로 점등되는지 여부<br>⑥ 건전지를 사용하는 경우 유효한 방전 방지조치가 되어 있는지 여부<br>⑦ **충전식** 배터리의 경우에는 **상시 충전**되도록 되어 있는지의 여부 |
| 비고 | ※ 특정소방대상물의 위치 · 구조 · 용도 및 소방시설의 상황 등이 이 표의 항목대로 기재하기 곤란하거나 이 표에서 누락된 사항을 기재한다. |

※ "●"는 종합점검의 경우에만 해당

물음 3) 옥내소화전설비의 화재안전기준에서 가압송수장치의 압력수조에 설치해야 하는 것을 5가지만 쓰시오. (5점)
○
○
○
○
○

정답 ① 수위계
② 배수관
③ 급수관
④ 맨홀
⑤ 급기관

해설 **고가수조 · 압력수조**에 **설치해야 하는 것**(NFPC 102 제5조, NFTC 102 2.2.2.2, 2.2.3.2)

| **고**가수조에 필요한 설비 | **압**력수조에 필요한 설비 |
|---|---|
| ① 수위계<br>② 배수관<br>③ 급수관<br>④ 맨홀<br>⑤ **오**버플로어관<br>기억법 **고오(Go!)** | ① 수위계<br>② 배수관<br>③ 급수관<br>④ 맨홀<br>⑤ 급**기**관<br>⑥ **압**력계<br>⑦ **안**전장치<br>⑧ **자**동식 공기압축기<br>기억법 **기압안자(기아자동차)** |

물음 4) 소방시설 자체점검사항 등에 관한 고시에서 비상경보설비 및 단독경보형 감지기 점검표상의 비상경보설비의 점검항목 8가지를 쓰시오. (8점)
○
○
○
○
○
○
○
○

정답 ① 수신기 설치장소 적정(관리 용이) 및 스위치 정상위치 여부
② 수신기 상용전원 공급 및 전원표시등 정상 점등 여부
③ 예비전원(축전지)상태 적정 여부(상시 충전, 상용전원 차단시 자동절환)

④ 지구음향장치 설치기준 적합 여부
⑤ 음향장치(경종 등) 변형 · 손상 확인 및 정상작동(음량 포함) 여부
⑥ 발신기 설치 장소, 위치(수평거리) 및 높이 적정 여부
⑦ 발신기 변형 · 손상 확인 및 정상작동 여부
⑧ 위치표시등 변형 · 손상 확인 및 정상 점등 여부

해설 **비상경보설비** 및 **단독경보형 감지기**의 **작동점검**(소방시설 자체점검사항 등에 관한 고시 〔별지 제3호 서식〕)

| 구 분 | 점검항목 |
|---|---|
| 비상경보설비 | ① 수신기 **설치장소** 적정(관리 용이) 및 스위치 정상위치 여부<br>② 수신기 **상용전원** 공급 및 전원표시등 정상 점등 여부<br>③ **예비전원**(축전지)상태 적정 여부(상시 충전, 상용전원 차단시 자동절환)<br>④ **지구음향장치** 설치기준 적합 여부<br>⑤ 음향장치(경종 등) **변형 · 손상** 확인 및 정상작동(음량 포함) 여부<br>⑥ 발신기 설치 **장소**, **위치**(수평거리) 및 **높이** 적정 여부<br>⑦ 발신기 **변형 · 손상** 확인 및 정상작동 여부<br>⑧ 위치표시등 변형 · 손상 확인 및 정상 점등 여부 |
| 단독경보형 감지기 | ① **설치위치**(각 실, 바닥면적 기준 추가 설치, 최상층 계단실) 적정 여부<br>② 감지기의 **변형** 또는 **손상**이 있는지 여부<br>③ 정상적인 **감시상태**를 유지하고 있는지 여부(시험작동 포함) |
| 비고 | ※ 특정소방대상물의 위치 · 구조 · 용도 및 소방시설의 상황 등이 이 표의 항목대로 기재하기 곤란하거나 이 표에서 누락된 사항을 기재한다. |

물음 5) 가스누설경보기의 화재안전기준에서 분리형 경보기의 탐지부 및 단독형 경보기 설치제외장소 5가지를 쓰시오. (5점)
○
○
○
○
○

정답 ① 출입구 부근 등으로서 외부의 기류가 통하는 곳
② 환기구 등 공기가 들어오는 곳으로부터 1.5m 이내인 곳
③ 연소기의 폐가스에 접촉하기 쉬운 곳
④ 가구 · 보 · 설비 등에 가려져 누설가스의 유통이 원활하지 못한 곳
⑤ 수증기 또는 기름 섞인 연기 등이 직접 접촉될 우려가 있는 곳

해설 **가스누설경보기 탐지부** 및 **단독형 경보기 설치제외장소**(NFPC 206 제6조, NFTC 206 2.3.1)
(1) 출입구 부근 등으로서 **외부**의 **기류**가 통하는 곳
(2) 환기구 등 공기가 들어오는 곳으로부터 **1.5m** 이내인 곳
(3) **연소기**의 **폐가스**에 접촉하기 쉬운 곳
(4) **가구 · 보 · 설비** 등에 가려져 누설가스의 유통이 원활하지 못한 곳
(5) **수증기** 또는 **기름** 섞인 연기 등이 직접 접촉될 우려가 있는 곳

비교

| 누전경보기 수신부의 설치장소 (NFPC 205 제5조, NFTC 205 2.2.1) | 누전경보기의 수신부 설치제외장소 (NFPC 205 제5조, NFTC 205 2.2.2) |
|---|---|
| 옥내의 점검이 편리한 건조한 장소 | ① **온**도변화가 급격한 장소<br>② **습**도가 높은 장소<br>③ **가**연성의 증기, 가스 등 또는 **부식성**의 증기, 가스 등의 다량 체류장소<br>④ **대전류회로, 고주파발생회로** 등의 영향을 받을 우려가 있는 장소<br>⑤ **화**약류 제조, 저장, 취급 장소<br>기억법 **온습누가대화(온도 · 습도가 높으면 누가 대화하냐?)** |

중요

(1) **감지기**의 **설치제외장소**(NFPC 203 제7조 제⑤항, NFTC 203 2.4.5)
① 천장 또는 반자의 높이가 **20m** 이상인 장소(단, 감지기의 부착높이에 따라 적응성이 있는 장소 제외)
② **헛간** 등 외부와 기류가 통하는 장소로서 감지기에 의하여 **화재발생**을 유효하게 감지할 수 없는 장소
③ **목욕실 · 욕조나 샤워시설이 있는 화장실,** 기타 이와 유사한 장소
④ **부식성** 가스가 체류하고 있는 장소
⑤ **프레스공장 · 주조공장** 등 화재발생의 위험이 적은 장소로서 감지기의 유지관리가 어려운 장소
⑥ **고온도** 및 **저온도**로서 감지기의 기능이 정지되기 쉽거나 감지기의 **유지관리**가 어려운 장소
⑦ **파이프덕트** 등 그 밖의 이와 비슷한 것으로서 **2개**층마다 방화구획된 것이나 수평단면적이 **5m²** 이하인 것
⑧ **먼지 · 가루** 또는 **수증기**가 다량으로 체류하는 장소 또는 **주방** 등 평상시에 연기가 발생하는 장소(**연기감지기**만 적용)

기억법 **감제헛목 부프주고**

(2) **피난구유도등의 설치제외장소**(NFPC 303 제11조 제①항, NFTC 303 2.8.1)
① 옥내에서 직접 지상으로 통하는 출입구(바닥면적 **1000m²** 미만 층)
② **대각선 길이**가 **15m** 이내인 구획된 실의 출입구
③ 비상조명등 · 유도표지가 설치된 거실 출입구(거실 각 부분에서 출입구까지의 **보행거리 20m** 이하)
④ 출입구가 **3 이상**인 거실(거실 각 부분에서 출입구까지의 **보행거리 30m** 이하는 주된 출입구 **2개 외**의 출입구)

(3) **통로유도등의 설치제외장소**(NFPC 303 제11조 제②항, NFTC 303 2.8.2)
① 길이 **30m** 미만의 복도 · 통로(구부러지지 않은 복도 · 통로)
② 보행거리 **20m** 미만의 복도 · 통로(출입구에 **피난구유도등**이 설치된 복도 · 통로)

(4) **객석유도등의 설치제외장소**(NFPC 303 제11조 제③항, NFTC 303 2.8.3)
① **채광**이 충분한 객석(**주간**에만 사용)
② **통**로유도등이 설치된 객석(거실 각 부분에서 거실 출입구까지의 **보행거리 20m** 이하)

기억법 **채객보통(채소는 객관적으로 보통이다.)**

(5) **비상조명등의 설치제외장소**(NFPC 304 제5조 제①항, NFTC 304 2.2.1)
① 거실 각 부분에서 출입구까지의 **보행거리 15m** 이내
② **공동주택 · 경기장 · 의원** · 의료시설 · **학교 거실**

(6) **휴대용 비상조명등의 설치제외장소**(NFPC 304 제5조 제②항, NFTC 304 2.2.2)
① 복도 · 통로 · 창문 등을 통해 **피**난이 용이한 경우(**지상 1층 · 피난층**)
② **숙박시설**로서 복도에 비상조명등을 설치한 경우

기억법 **휴피(휴지로 피 닦아!)**

(7) **제연설비**의 **설치제외장소**(NFPC 501 제12조, NFTC 501 2.9.1)
제연설비를 설치하여야 할 특정소방대상물 중 **화장실 · 목욕실 · 주차장 · 발코니**를 설치한 **숙박시설**(가족호텔 및 휴양콘도미니엄에 한함)의 객실과 사람이 상주하지 아니하는 기계실 · 전기실 · 공조실 · **50m² 미만**의 **창고** 등으로 사용되는 부분에 대하여는 배출구 · 공기유입구의 설치 및 배출량 산정에서 이를 제외한다.

(8) **이산화탄소 소화설비**의 **분사헤드 설치제외장소**(NFPC 106 제11조, NFTC 106 2.8.1)
① **방재실, 제어실** 등 사람이 상시 근무하는 장소
② **니트로셀룰로오스, 셀룰로이드 제품** 등 자기연소성 물질을 저장, 취급하는 장소
③ **나트륨, 칼륨, 칼슘** 등 활성금속물질을 저장 · 취급하는 장소
④ **전시장** 등의 관람을 위하여 다수인이 출입 · 통행하는 통로 및 전시실 등

기억법 방니나전 통전이

(9) **할로겐화합물 및 불활성기체 소화설비**의 **설치제외장소**(NFPC 107A 제5조, NFTC 107A 2.2.1)
① 사람이 상주하는 곳으로서 최대 허용설계농도를 초과하는 장소
② **제3류 위험물** 및 **제5류 위험물**을 저장 · 보관 · 사용하는 장소(단, 소화성능이 인정되는 위험물 제외)

기억법 상설35할제

(10) **물분무소화설비**의 **설치제외장소**(NFPC 104 제15조, NFTC 104 2.12.1)
① **물**과 **심하게 반응하는 물질** 또는 물과 반응하여 위험한 물질을 생성하는 물질을 저장 또는 취급하는 장소
② **고온물질** 및 증류 범위가 넓어 끓어 넘치는 위험이 있는 물질을 저장 또는 취급하는 장소
③ 운전시에 표면의 온도가 **260℃** 이상으로 되는 등 직접 분무를 하는 경우 그 부분에 손상을 입힐 우려가 있는 기계장치 등이 있는 장소

기억법 물고기 26(이륙)

(11) **옥내소화전 방수구**의 **설치제외장소**(NFPC 102 제11조, NFTC 102 2.8.1)
① 냉장창고 중 온도가 영하인 **냉장실** 또는 냉동창고의 **냉동실**
② 고온의 노가 설치된 장소 또는 물과 격렬하게 반응하는 물품의 저장 또는 취급장소
③ **발전소 · 변전소** 등으로서 전기시설이 설치된 장소
④ **식물원 · 수족관 · 목욕실 · 수영장**(관람석 제외) 또는 그 밖의 이와 비슷한 장소
⑤ **야외음악당 · 야외극장** 또는 그 밖의 이와 비슷한 장소

기억법 내방냉고 발식야

(12) **피난기구**의 **설치제외장소**(NFPC 301 제6조, NFTC 301 2.2.1)
① **갓복도식 아파트** 또는 **발코니** 등을 통하여 인접세대로 피난할 수 있는 구조로 되어 있는 **아파트**
② 주요구조부가 **내화구조**로서 거실의 각 부분으로 직접 복도로 피난할 수 있는 **학교**(강의실 용도로 사용되는 층에 한함)
③ **무인공장** 또는 **자동창고**로서 사람의 출입이 금지된 장소(관리를 위하여 일시적으로 출입하는 장소 포함)

할 수 있다!

반드시 해낸다!

- H. S. Kong -

# 2021년도 제21회 소방시설관리사 2차 국가자격시험

| 교시 | 시간 | 시험과목 |
|---|---|---|
| **1교시** | **90분** | **소방시설의 점검실무행정** |

| 수험번호 | | 성 명 | |
|---|---|---|---|

## 【 수험자 유의사항 】

1. **시험문제지 표지**와 시험문제지의 **총면수, 문제번호 일련순서, 인쇄상태** 등을 확인하시고, 문제지 표지에 수험번호와 성명을 기재하시기 바랍니다.

2. 수험자 인적사항 및 답안지 등 작성은 **반드시 검정색 필기구만을 계속 사용**하여야 합니다. (**그 외 연필류, 유색필기구, 2가지 이상 색 혼합사용 등으로 작성한 답항은 0점 처리**됩니다.)

3. 문제번호 순서에 관계없이 답안 작성이 가능하나, **반드시 문제번호 및 문제를 기재**(긴 경우 요약기재 가능)하고 해당 답안을 기재하여야 합니다.

4. **답안 정정시에는 정정할 부분을 두 줄(=)로 긋고 수정할 내용을 다시 기재**합니다.

5. 답안작성은 **시험시행일** 현재 시행되는 법령 등을 적용하시기 바랍니다.

6. **감독위원의 지시에 불응하거나 시험시간 종료 후 답안지를 제출하지 않을 경우** 불이익이 발생할 수 있음을 알려드립니다.

7. 시험문제지는 시험 종료 후 가져가시기 바랍니다.

# 2021. 9. 18. 시행

☆☆☆

## 문제 01

다음 물음에 답하시오. (40점)



물음 1) 비상경보설비 및 단독경보형 감지기의 화재안전기준에서 발신기의 설치기준이다. (    )에 들어갈 내용을 쓰시오. (5점)

> ○ 조작이 쉬운 장소에 설치하고, 조작스위치는 바닥으로부터 0.8m 이상 1.5m 이하의 높이에 설치할 것
> ○ 특정소방대상물의 층마다 설치하되, 해당 특정소방대상물의 각 부분으로부터 하나의 발신기까지의 ( ① )가 25m 이하가 되도록 할 것. 다만, 복도 또는 별도로 구획된 실로서 ( ② )가 40m 이상일 경우에는 추가로 설치하여야 한다.
> ○ 발신기의 위치표시등은 ( ③ )에 설치하되, 그 불빛은 부착면으로부터 ( ④ ) 이상의 범위 안에서 부착지점으로부터 10m 이내의 어느 곳에서도 쉽게 식별할 수 있는 ( ⑤ )으로 할 것

물음 2) 옥내소화전설비의 화재안전기준에서 소방용 합성수지배관의 성능인증 및 제품검사의 기술기준에 적합한 소방용 합성수지배관을 설치할 수 있는 경우 3가지를 쓰시오. (6점)

○

○

○

물음 3) 옥내소화전설비의 방수압력 점검시 노즐방수압력이 절대압력으로 2760mmHg일 경우 방수량[$m^3$/s]과 노즐에서의 유속[m/s]을 구하시오. (단, 유량계수는 0.99, 옥내소화전 노즐구경은 1.3cm이다.) (10점)

물음 4) 소방시설 자체점검사항 등에 관한 고시의 소방시설외관점검표에 대하여 다음 물음에 답하시오. (7점)

(1) 소화기의 점검내용 5가지를 쓰시오. (3점)

○

○

○

○

○

(2) 스프링클러설비의 점검내용 6가지를 쓰시오. (4점)

○

○

○

○

○

○

물음 5) 건축물의 소방점검 중 다음과 같은 사항이 발생하였다. 이에 대한 원인과 조치방법을 각각 3가지씩 쓰시오. (12점)

(1) 아날로그감지기 통신선로의 단선표시등 점등 (6점)

| ① 원인 | ② 조치방법 |
|---|---|
| ○ | ○ |
| ○ | ○ |
| ○ | ○ |

(2) 습식 스프링클러설비의 충압펌프의 잦은 기동과 정지(단, 충압펌프는 자동정지, 기동용 수압개폐장치는 압력챔버방식이다.) (6점) 09회 10점

| ① 원인 | ② 조치방법 |
|---|---|
| ○ | ○ |
| ○ | ○ |
| ○ | ○ |



물음 1) 비상경보설비 및 단독경보형 감지기의 화재안전기준에서 발신기의 설치기준이다. (   )에 들어갈 내용을 쓰시오. (5점)

- 조작이 쉬운 장소에 설치하고, 조작스위치는 바닥으로부터 0.8m 이상 1.5m 이하의 높이에 설치할 것
- 특정소방대상물의 층마다 설치하되, 해당 특정소방대상물의 각 부분으로부터 하나의 발신기까지의 ( ① )가 25m 이하가 되도록 할 것. 다만, 복도 또는 별도로 구획된 실로서 ( ② )가 40m 이상일 경우에는 추가로 설치하여야 한다.
- 발신기의 위치표시등은 ( ③ )에 설치하되, 그 불빛은 부착면으로부터 ( ④ ) 이상의 범위 안에서 부착지점으로부터 10m 이내의 어느 곳에서도 쉽게 식별할 수 있는 ( ⑤ )으로 할 것

① 수평거리
② 보행거리
③ 함의 상부
④ 15°
⑤ 적색등

해설 **비상경보설비**의 **발신기 설치기준**(NFPC 201 제4조, NFTC 201 2.1.5)

(1) 조작이 **쉬운 장소**에 설치하고, **조작스위치**는 바닥으로부터 **0.8m 이상 1.5m 이하**의 높이에 설치할 것

(2) 특정소방대상물의 **층**마다 설치하되, 해당 층의 각 부분으로부터 하나의 발신기까지의 **수평거리**가 **25m** 이하가 되도록 할 것. 다만, 복도 또는 별도로 구획된 실로서 **보행거리**가 **40m** 이상일 경우에는 추가로 설치해야 한다.

(3) 발신기의 **위치표시등**은 **함**의 **상부**에 설치하되, 그 불빛은 부착면으로부터 **15°** 이상의 범위 안에서 부착지점으로부터 **10m** 이내의 어느 곳에서도 쉽게 식별할 수 있는 **적색등**으로 할 것

비교

**표시등**과 **발신기표시등**의 **식별**

| ① **옥내소화전설비**의 표시등(NFPC 102 제7조 제③항, NFTC 102 2.4.3)<br>② **옥외소화전설비**의 표시등(NFPC 109 제7조 제④항, NFTC 109 2.4.4)<br>③ **연결송수관설비**의 표시등(NFPC 502 제6조, NFTC 502 2.3.1.6.1) | ① **자동화재탐지설비**의 발신기표시등(NFPC 203 제9조 제②항, NFTC 203 2.6)<br>② **스프링클러설비**의 화재감지기회로의 발신기표시등(NFPC 103 제9조 제③항, NFTC 103 2.6.3.5.3)<br>③ **미분무소화설비**의 화재감지기회로의 발신기표시등(NFPC 104A 제12조 제①항, NFTC 104A 2.9.1.8.3)<br>④ **포소화설비**의 화재감지기회로의 발신기표시등(NFPC 105 제11조 제②항, NFTC 105 2.8.2.2.2)<br>⑤ **비상경보설비**의 화재감지기회로의 발신기표시등(NFPC 201 제4조 제⑤항, NFTC 201 2.1.5.3) |
|---|---|
| 부착면과 **15° 이하**의 각도로도 발산되어야 하며 주위의 밝기가 **0 lx**인 장소에서 측정하여 **10m** 떨어진 위치에서 켜진 등이 확실히 식별될 것 | 부착면으로부터 **15° 이상**의 범위 안에서 **10m** 거리에서 식별 |
| 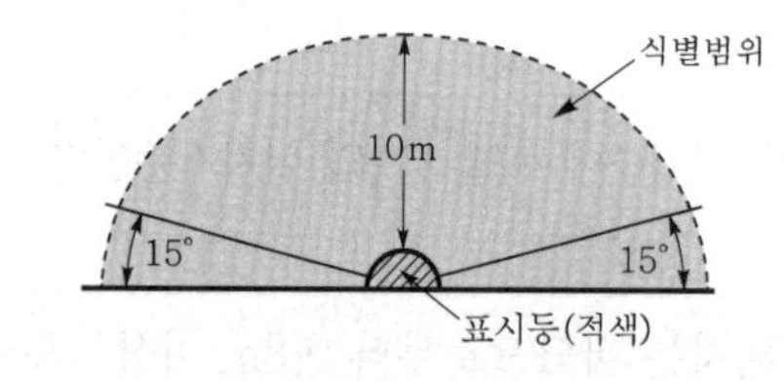<br>▌표시등의 식별범위▐ | 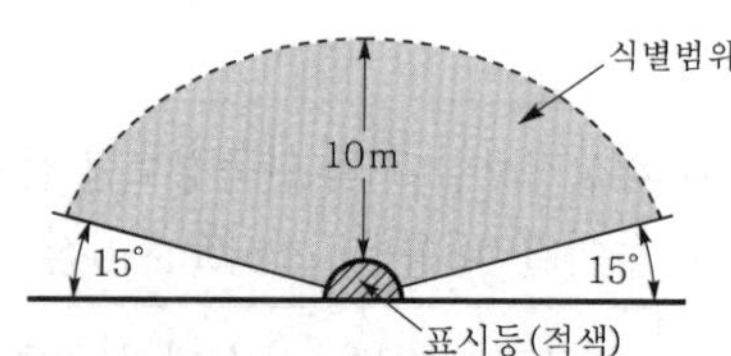<br>▌발신기표시등의 식별범위▐ |

물음 2) 옥내소화전설비의 화재안전기준에서 소방용 합성수지배관의 성능인증 및 제품검사의 기술기준에 적합한 소방용 합성수지배관을 설치할 수 있는 경우 3가지를 쓰시오. (6점)

○

○

○

정답 ① 배관을 지하에 매설하는 경우
② 다른 부분과 내화구조로 구획된 덕트 또는 피트의 내부에 설치하는 경우
③ 천장(상층이 있는 경우에는 상층바닥의 하단을 포함)과 반자를 불연재료 또는 준불연재료로 설치하고 소화배관 내부에 항상 소화수가 채워진 상태로 설치하는 경우

해설 「**소방용 합성수지배관**의 **성능인증** 및 **제품검사**의 **기술기준**」에 **적합한 소방용 합성수지배관**으로 **설치할 수 있는 경우**(NFPC 102 제6조 제②항, NFTC 102 2.3.2)
(1) 배관을 **지하**에 **매설**하는 경우
(2) 다른 부분과 **내화구조**로 구획된 **덕트** 또는 **피트**의 내부에 설치하는 경우
(3) **천장**(상층이 있는 경우에는 상층바닥의 하단 포함)과 **반자**를 **불연재료** 또는 **준불연재료**로 설치하고 소화배관 내부에 항상 소화수가 채워진 상태로 설치하는 경우

기억법 **지하 내화 천장**



비교

**급수배관**을 **제품검사**에 **합격한 소방용 합성수지배관**으로 **설치할 수 있는 경우**(NFPC 102 제6조 제②항, NFTC 102 2.3.2 / NFPC 109 제6조 제④항, NFTC 109 2.3.4 / NFPC 103A 제8조 제②항, NFTC 103A 2.5.2 / NFPC 103B 제8조 제③항, NFTC 103B 2.5.3 / NFPC 104 제6조 제②항, NFTC 104 2.3.2 / NFPC 105 제7조 제②항, NFTC 105 2.4.2 / NFPC 103 제8조 제②항, NFTC 103 2.5.2 / NFPC 502 제5조 제③항, NFTC 502 2.2.3 / NFPC 503 제5조 제②항, NFTC 503 2.2.2)
(1) 배관을 **지하**에 **매설**하는 경우
(2) 다른 부분과 **내화구조**로 구획된 덕트 또는 피트의 내부에 설치하는 경우
(3) 천장(상층이 있는 경우에는 상층바닥의 하단을 포함)과 반자를 **불연재료** 또는 **준불연재료**로 설치하고 **소화배관 내부에 항상 소화수가 채워진 상태로 설치하는 경우**

물음 3) 옥내소화전설비의 방수압력 점검시 노즐방수압력이 절대압력으로 2760mmHg일 경우 방수량[$m^3/s$]과 노즐에서의 유속[m/s]을 구하시오. (단, 유량계수는 0.99, 옥내소화전 노즐구경은 1.3cm이다.) (10점)

정답 ① 방수량
○ 계산과정 : $2760-760=2000\text{mmHg}$

$$\frac{2000}{760}\times 0.101325=0.266644\text{MPa}$$

$$Q=0.6597\times 0.99\times 13^2\times \sqrt{10\times 0.266644}$$

$$=180.232\text{L/min}=0.180232\text{m}^3/60\text{s} ≒ 0.003\text{m}^3/\text{s}$$

○ 답 : $0.003\text{m}^3/\text{s}$

② 유속
○ 계산과정 : $\frac{2000}{760}\times 10.332 ≒ 27.189\text{m}$

$$V=\sqrt{2\times 9.8\times 27.189}=23.084 ≒ 23.08\text{m/s}$$

○ 답 : 23.08m/s

해설 (1) **기 호**

- $P$ : 2760mmHg
  - **절대압**

    - 절대압=대기압+게이지압(계기압)
    - 절대압=대기압-진공압

    기억법 **절대게, 절대-진(절대마진)**

    게이지압=절대압-대기압
    =2760mmHg-760mmHg
    =2000mmHg
  - **표준대기압**

    1atm=760mmHg=1.0332kg$_f$/cm$^2$
    =10.332mH$_2$O(mAq)=10.332m
    =14.7psi(lb$_f$/in$^2$)
    =101.325kPa(kN/m$^2$)=0.101325MPa
    =1013mbar

    $$2000\text{mmHg}=\frac{2000\text{mmHg}}{760\text{mmHg}}\times 0.101325\text{MPa}=0.266644\text{MPa}$$

    $$2000\text{mmHg}=\frac{2000\text{mmHg}}{760\text{mmHg}}\times 10.332\text{m}\fallingdotseq 27.189\text{m}$$
- $Q$ : ?
- $V$ : ?
- $C$ : 0.99
- $D$ : 1.3cm=13mm(1cm=10mm)=0.013m(1000mm=1m)

(2) **방수량**

$$Q=0.653D^2\sqrt{10P}\quad \text{또는}\quad Q=0.6597CD^2\sqrt{10P}$$

여기서, $Q$ : 방수량[L/min]
$C$ : 노즐의 흐름계수
$D$ : 노즐구경[mm]
$P$ : 방수압(게이지압)[MPa]

**방수량** $Q$는

$$Q=0.6597CD^2\sqrt{10P}=0.6597\times 0.99\times (13\text{mm})^2\times\sqrt{10\times 0.266644\text{MPa}}=180.232\text{L/min}$$
$$=0.180232\text{m}^3/\text{min}=0.180232\text{m}^3/60\text{s}\fallingdotseq 3\times 10^{-3}\text{m}^3/\text{s}=0.003\text{m}^3/\text{s}$$

- 노즐구경[mm] 및 방수압[MPa]의 단위에 주의하라!

(3) **토리첼리**의 **식**(Torricelli's theorem)

$$V=C\sqrt{2gH}$$

여기서, $V$ : 유속[m/s]
$C$ : 속도계수
$g$ : 중력가속도(9.8m/s$^2$)
$H$ : 높이[m]

유속 $V$는

$$V=\sqrt{2gH}=\sqrt{2\times 9.8\text{m/s}^2\times 27.189\text{m}}=23.084\fallingdotseq 23.08\text{m/s}$$

- $C$는 주어지지 않았으므로 무시

방수량 별해

$$Q = CAV = C\left(\frac{\pi D^2}{4}\right)V$$

여기서, $Q$ : 유량[$m^3/s$]
$C$ : 노즐의 흐름계수(유량계수)
$A$ : 단면적[$m^2$]
$V$ : 유속[m/s]
$D$ : 구경(내경)[m]

유량 $Q$는

$$Q = C\left(\frac{\pi D^2}{4}\right)V = 0.99 \times \left(\frac{\pi \times (0.013\text{m})^2}{4}\right) \times 23.08\text{m/s} \fallingdotseq 3 \times 10^{-3}\text{m}^3/\text{s} = 0.003\text{m}^3/\text{s}$$



중요

**방수량 공식 유도과정**

| $Q = 10.99\,D^2\sqrt{10P}$ | $Q = 0.653\,D^2\sqrt{10P}$ |
|---|---|
| 여기서, $Q$ : 방수량[$m^3/s$]<br>$D$ : 노즐구경[m]<br>$P$ : 방사압력(게이지압)[MPa] | 여기서, $Q$ : 방수량[L/min]<br>$D$ : 노즐구경[mm]<br>$P$ : 방사압력(게이지압)[MPa] |

$$Q = AV$$ 에서

노즐의 흐름계수(유량계수) $C$를 고려하면

$$Q = CAV$$

여기서, $Q$: 유량[$m^3/s$]
$C$: 노즐의 흐름계수(일반적으로 0.99 적용)
$A$: 단면적[$m^2$]
$V$: 유속[m/s]

$$A = \frac{\pi}{4}D^2$$

여기서, $A$: 단면적[$m^2$]
$D$: 내경[m]

$$V = \sqrt{2gH}$$

여기서, $V$: 유속[m/s]
$g$: 중력가속도(9.8$m/s^2$)
$H$: 높이[m]

$$H = \frac{P}{\gamma}$$

여기서, $H$: 높이[m]
$P$: 압력[$kg/m^2$]
$\gamma$: 비중량(물의 비중량 1000$kg/m^3$)

$$Q = CAV = C\left(\frac{\pi D^2}{4}\right)(\sqrt{2gH}) = C\left(\frac{\pi D^2}{4}\right)\left(\sqrt{2g\frac{P}{\gamma}}\right)$$

$$= 0.99 \times \frac{\pi D^2}{4} \times \sqrt{2 \times 9.8\text{m/s}^2 \times \frac{P[\text{kg/m}^2]}{1000\text{kg/m}^3}}$$

$$= 0.99 \times \frac{\pi D^2}{4} \times \sqrt{2 \times (9.8 \times 10^2\text{cm/s}^2) \times \frac{P[\text{kg}]/10^4\text{cm}^2}{1000\text{kg}/10^6\text{cm}^3}}$$

$$= 0.99 \times \frac{\pi D^2}{4} \times \sqrt{2 \times 9.8 \times \frac{P}{1000} \times 10^4}$$

$= 10.8856D^2\sqrt{P}$ ← $P$의 단위 : kg/cm²

$= 10.8856D^2\sqrt{10P}$ ← $P$의 단위 : MPa

$\fallingdotseq 10.99D^2\sqrt{10P}$

$Q$의 단위 m³/s → L/min, $D$의 단위 m → mm로 환산하면

$$Q = 10.8856 \times \frac{1000 \times 60}{10^6} D^2\sqrt{P}$$

$\fallingdotseq 0.653D^2\sqrt{P}$ ← $P$의 단위 : kg/cm²

$\fallingdotseq 0.653D^2\sqrt{10P}$ ← $P$의 단위 : MPa

- $1\text{m}^3 = 1000\text{L}$, $1\text{min} = 60\text{s}$이다.
- $1\text{m} = 1000\text{mm}$이므로 $1\text{m}^2 = 1000000\text{mm}^2 = 10^6\text{mm}^2$이다.

물음 4) 소방시설 자체점검사항 등에 관한 고시의 소방시설외관점검표에 대하여 다음 물음에 답하시오. (7점)

(1) 소화기의 점검내용 5가지를 쓰시오. (3점)

○
○
○
○
○

정답 ① 구획된 거실(바닥면적 33m² 이상)마다 소화기 설치 여부
② 소화기 표지 설치 여부
③ 소화기의 변형 · 손상 또는 부식이 있는지 여부
④ 지시압력계(녹색범위)의 적정 여부
⑤ 수동식 분말소화기 내용연수(10년) 적정 여부

해설 **소화기(간이소화용구 포함) 외관점검**(소방시설 자체점검사항 등에 관한 고시 〔별지 제6호 서식〕)

(1) **거**주자 등이 손십게 사용할 수 있는 장소에 설치되어 있는지 여부
(2) **구**획된 거실(바닥면적 **33m²** 이상)마다 소화기 설치 여부
(3) 소화기 **표**지 설치 여부
(4) 소화기의 **변**형 · 손상 또는 부식이 있는지 여부
(5) **지**시압력계(**녹색**범위)의 적정 여부
(6) **수**동식 분말소화기 내용연수(**10년**) 적정 여부

기억법 **거구표 변지수**

비교

**소화기구** 및 **자동소화장치**의 **작동점검 · 종합점검**(소방시설 자체점검사항 등에 관한 고시 〔별지 제4호 서식〕)

▌소화기구(소화기, 자동확산소화기, 간이소화용구)▐

| 작동점검 | 종합점검 |
|---|---|
| ① 거주자 등이 손쉽게 사용할 수 있는 장소에 설치되어 있는지 여부<br>② 설치높이 적합 여부<br>③ 배치거리(보행거리 **소형 20m** 이내, **대형 30m** 이내) 적합 여부<br>④ 구획된 거실(바닥면적 $33m^2$ 이상)마다 소화기 설치 여부<br>⑤ 소화기 표지 설치상태 적정 여부<br>⑥ 소화기의 **변형 · 손상** 또는 **부식** 등 외관의 이상 여부<br>⑦ 지시압력계(**녹색**범위)의 적정 여부<br>⑧ 수동식 분말소화기 내용연수(**10년**) 적정 여부 | ① 거주자 등이 손쉽게 사용할 수 있는 장소에 설치되어 있는지 여부<br>② 설치높이 적합 여부<br>③ 배치거리(보행거리 **소형 20m** 이내, **대형 30m** 이내) 적합 여부<br>④ 구획된 거실(바닥면적 $33m^2$ 이상)마다 소화기 설치 여부<br>⑤ 소화기 표지 설치상태 적정 여부<br>⑥ 소화기의 **변형 · 손상** 또는 **부식** 등 외관의 이상 여부<br>⑦ 지시압력계(**녹색**범위)의 적정 여부<br>⑧ 수동식 분말소화기 내용연수(**10년**) 적정 여부<br>❾ 설치수량 적정 여부<br>❿ 적응성 있는 소화약제 사용 여부 |

※ "●"는 종합점검의 경우에만 해당

(2) 스프링클러설비의 점검내용 6가지를 쓰시오. (4점)

○

○

○

○

○

○

정답

| 구 분 | 점검내용 |
|---|---|
| 수원 | ① 주된 수원의 유효수량 적정 여부(겸용설비 포함)<br>② 보조수원(옥상)의 유효수량 적정 여부<br>③ 수조 표시 설치상태 적정 여부 |
| 가압송수장치 | ④ 펌프흡입측 연성계 · 진공계 및 토출측 압력계 등 부속장치의 변형 · 손상 유무 |
| 헤드 | ⑤ 헤드의 변형 · 손상 유무 및 살수장애 여부 |
| 송수구 | ⑥ 송수구 설치장소 적정 여부(소방차가 쉽게 접근할 수 있는 장소) |

해설 **스프링클러설비**의 **외관점검**(소방시설 자체점검사항 등에 관한 고시 〔별지 제6호 서식〕)

| 구 분 | 점검내용 |
|---|---|
| 수원 | ① 주된 수원의 **유효수량** 적정 여부(겸용설비 포함)<br>② **보조수원(옥상)**의 유효수량 적정 여부<br>③ **수조 표시** 설치상태 적정 여부 |

| 가압송수장치 | 펌프흡입측 **연성계 · 진공계** 및 토출측 **압력계** 등 부속장치의 변형 · 손상 유무 |
|---|---|
| 유수검지장치 | 유수검지장치실 설치 적정(실내 또는 구획, 출입문 크기, 표지) 여부 |
| 배관 | ① **급수배관** 개폐밸프 설치(개폐표시형, 흡입측 버터플라이 제외) 적정 여부<br>② **준비작동식** 유수검지장치 및 **일제개방밸브** 2차측 배관 부대설비 설치 적정<br>③ 유수검지장치 **시험장치** 설치 적정(설치위치, 배관구경, 개폐밸브 및 개방형 헤드, 물받이통 및 배수관) 여부<br>④ 다른 설비의 배관과의 구분상태 적정 여부 |
| 기동장치 | **수동조작함**(설치높이, 표시등) 설치 적정 여부 |
| 헤드 | 헤드의 **변형 · 손상** 유무 및 살수장애 여부 |
| 송수구 | 송수구 **설치장소** 적정 여부(소방차가 쉽게 접근할 수 있는 장소) |
| 제어반 | 펌프별 **자동 · 수동 전환스위치**가 정상위치에 있는지 여부 |



비교

**스프링클러설비**의 **작동점검 · 종합점검**(소방시설 자체점검사항 등에 관한 고시 〔별지 제4호 서식〕)

(1) **스프링클러설비**의 **작동점검**

| 구 분 | | 점검항목 |
|---|---|---|
| 수원 | | ① 주된 수원의 유효수량 적정 여부(겸용 설비 포함)<br>② 보조수원(**옥상**)의 유효수량 적정 여부 |
| 수조 | | ① **수위계** 설치 또는 수위 확인 가능 여부<br>② "**스프링클러설비용 수조**" 표지 설치 여부 및 설치상태 |
| 가압송수장치 | 펌프방식 | ① 성능시험배관을 통한 펌프성능시험 적정 여부<br>② 펌프흡입측 **연성계 · 진공계** 및 **토출측 압력계** 등 부속장치의 변형 · 손상 유무<br>③ 내연기관방식의 펌프 설치 적정[정상기동(기동장치 및 제어반) 여부, 축전지상태, 연료량] 여부<br>④ 가압송수장치의 "**스프링클러펌프**" 표지 설치 여부 또는 다른 소화설비와 겸용시 겸용 설비 이름 표시 부착 여부 |
| | 고가수조방식 | **수위계 · 배수관 · 급수관 · 오버플로관 · 맨홀** 등 부속장치의 변형 · 손상 유무 |
| | 압력수조방식 | **수위계 · 급수관 · 급기관 · 압력계 · 안전장치 · 공기압축기** 등 부속장치의 변형 · 손상 유무 |
| | 가압수조방식 | **수위계 · 급수관 · 배수관 · 급기관 · 압력계** 등 부속장치의 변형 · 손상 유무 |
| 폐쇄형 스프링클러설비 방호구역 및 유수검지장치 | | 유수검지장치실 **설치 적정**(실내 또는 구획, 출입문 크기, 표지) 여부 |
| 개방형 스프링클러설비 방수구역 및 일제개방밸브 | | 일제개방밸브실 **설치 적정**(실내(구획), 높이, 출입문, 표지) 여부 |

| 구분 | | 점검항목 |
|---|---|---|
| 배관 | | ① **급수배관** 개폐밸브 설치(개폐표시형, 흡입측 버터플라이 제외) 및 작동표시스위치 적정(제어반 표시 및 경보, 스위치 동작 및 도통시험) 여부<br>② **준비작동식** 유수검지장치 및 **일제개방밸브** 2차측 배관 부대설비 설치 적정(개폐표시형 밸브, 수직배수배관, 개폐밸브, 자동배수장치, 압력스위치 설치 및 감시제어반 개방 확인) 여부<br>③ 유수검지장치 **시험장치** 설치 적정(설치위치, 배관구경, 개폐밸브 및 개방형 헤드, 물받이통 및 배수관) 여부 |
| 음향장치 및 기동장치 | | ① 유수검지에 따른 **음향장치** 작동 가능 여부(습식 · 건식의 경우)<br>② **감지기** 작동에 따라 음향장치 작동 여부(준비작동식 및 일제개방밸브의 경우)<br>③ 음향장치(경종 등) **변형 · 손상** 확인 및 정상작동(음량 포함) 여부 |
| | 펌프 작동 | ① 유수검지장치의 발신이나 기동용 수압개폐장치의 작동에 따른 펌프 기동 확인(습식 · 건식의 경우)<br>② 화재감지기의 감지나 기동용 수압개폐장치의 작동에 따른 펌프 기동 확인(준비작동식 및 일제개방밸브의 경우) |
| | 준비작동식 유수검지장치 또는 일제개방밸브 작동 | ① 담당구역 내 화재감지기 동작(수동기동 포함)에 따라 개방 및 작동 여부<br>② 수동조작함(설치높이, 표시등) 설치 적정 여부 |
| 헤드 | | ① 헤드의 **변형 · 손상** 유무<br>② 헤드 **설치 위치 · 장소 · 상태**(고정) 적정 여부<br>③ 헤드 살수장애 여부 |
| 송수구 | | ① 설치장소 적정 여부<br>② 송수압력범위 표시 표지 설치 여부<br>③ 송수구 **마개** 설치 여부 |
| 전원 | | ① 자가발전설비인 경우 **연료적정량** 보유 여부<br>② 자가발전설비인 경우 「전기사업법」에 따른 정기점검 결과 확인 |
| 제어반 | 감시제어반 | ① **펌프 작동** 여부 **확인표시등** 및 **음향경보장치** 정상작동 여부<br>② 펌프별 **자동 · 수동 전환스위치** 정상작동 여부<br>③ 각 확인회로별 **도통시험** 및 **작동시험** 정상작동 여부<br>④ **예비전원** 확보 유무 및 시험 적합 여부<br>⑤ 유수검지장치 · 일제개방밸브 작동시 표시 및 경보 정상작동 여부<br>⑥ 일제개방밸브 **수동조작스위치** 설치 여부 |
| | 동력제어반 | 앞면은 **적색**으로 하고, **"스프링클러설비용 동력제어반"** 표지 설치 여부 |
| 비고 | | ※ 특정소방대상물의 위치 · 구조 · 용도 및 소방시설의 상황 등이 이 표의 항목대로 기재하기 곤란하거나 이 표에서 누락된 사항을 기재한다. |

(2) **스프링클러설비**의 **종합점검**

| 구 분 | | 점검항목 |
|---|---|---|
| 수원 | | ① 주된 수원의 유효수량 적정 여부(겸용 설비 포함)<br>② 보조수원(**옥상**)의 유효수량 적정 여부 |
| 수조 | | ❶ 동결방지조치 상태 적정 여부<br>② **수위계** 설치 또는 수위 확인 가능 여부<br>❸ 수조 외측 고정사다리 설치 여부(바닥보다 낮은 경우 제외)<br>❹ 실내 설치시 조명설비 설치 여부<br>⑤ **"스프링클러설비용 수조"** 표지 설치 여부 및 설치상태<br>❻ 다른 소화설비와 겸용시 겸용 설비의 이름 표시한 표지 설치 여부<br>❼ 수조-수직배관 접속부분 **"스프링클러설비용 배관"** 표지 설치 여부 |
| 가압송수장치 | 펌프방식 | ❶ **동결방지조치** 상태 적정 여부<br>② **성능시험배관**을 통한 펌프성능시험 적정 여부<br>❸ 다른 소화설비와 겸용인 경우 펌프성능 확보 가능 여부<br>④ 펌프흡입측 **연성계 · 진공계** 및 **토출측 압력계** 등 부속장치의 변형 · 손상 유무<br>❺ 기동장치 적정 설치 및 기동압력 설정 적정 여부<br>❻ **물올림장치** 설치 적정(전용 여부, 유효수량, 배관구경, 자동급수) 여부<br>❼ **충압펌프** 설치 적정(토출압력, 정격토출량) 여부<br>⑧ 내연기관방식의 펌프 설치 적정[정상기동(기동장치 및 제어반) 여부, 축전지상태, 연료량] 여부<br>⑨ 가압송수장치의 **"스프링클러펌프"** 표지 설치 여부 또는 다른 소화설비와 겸용시 겸용 설비 이름 표시 부착 여부 |
| | 고가수조방식 | **수위계 · 배수관 · 급수관 · 오버플로관 · 맨홀** 등 부속장치의 변형 · 손상 유무 |
| | 압력수조방식 | ❶ 압력수조의 압력 적정 여부<br>② **수위계 · 급수관 · 급기관 · 압력계 · 안전장치 · 공기압축기** 등 부속장치의 변형 · 손상 유무 |
| | 가압수조방식 | ❶ **가압수조** 및 **가압원** 설치장소의 방화구획 여부<br>② **수위계 · 급수관 · 배수관 · 급기관 · 압력계** 등 부속장치의 변형 · 손상 유무 |
| 폐쇄형 스프링클러설비 방호구역 및 유수검지장치 | | ❶ **방호구역** 적정 여부<br>❷ **유수검지장치** 설치 적정(수량, 접근 · 점검 편의성, 높이) 여부<br>③ 유수검지장치실 설치 적정(실내 또는 구획, 출입문 크기, 표지) 여부<br>❹ **자연낙차**에 의한 유수압력과 유수검지장치의 유수검지압력 적정 여부<br>❺ **조기반응형 헤드** 적합 유수검지장치 설치 여부 |
| 개방형 스프링클러설비 방수구역 및 일제개방밸브 | | ❶ 방수구역 적정 여부<br>❷ 방수구역별 **일제개방밸브** 설치 여부<br>❸ 하나의 방수구역을 담당하는 헤드 개수 적정 여부<br>④ 일제개방밸브실 설치 적정(실내(구획), 높이, 출입문, 표지) 여부 |

| | | |
|---|---|---|
| 배관 | | ❶ 펌프의 흡입측 배관 여과장치의 상태 확인<br>❷ 성능시험배관 설치(개폐밸브, 유량조절밸브, 유량측정장치) 적정 여부<br>❸ 순환배관 설치(설치위치 · 배관구경, 릴리프밸브 개방압력) 적정 여부<br>❹ **동결방지조치** 상태 적정 여부<br>⑤ 급수배관 개폐밸브 설치(개폐표시형, 흡입측 버터플라이 제외) 및 작동표시스위치 적정(제어반 표시 및 경보, 스위치 동작 및 도통시험) 여부<br>⑥ 준비작동식 유수검지장치 및 일제개방밸브 2차측 배관 부대설비 설치 적정(개폐표시형 밸브, 수직배수배관, 개폐밸브, 자동배수장치, 압력스위치 설치 및 감시제어반 개방 확인) 여부<br>⑦ 유수검지장치 시험장치 설치 적정(설치위치, 배관구경, 개폐밸브 및 개방형 헤드, 물받이통 및 배수관) 여부<br>❽ **주차장**에 설치된 스프링클러방식 적정(습식 외의 방식) 여부<br>❾ 다른 설비의 배관과의 구분 상태 적정 여부 |
| 음향장치 및 기동장치 | | ① 유수검지에 따른 음향장치 작동 가능 여부(습식 · 건식의 경우)<br>② 감지기 작동에 따라 음향장치 작동 여부(준비작동식 및 일제개방밸브의 경우)<br>❸ 음향장치 설치 담당구역 및 수평거리 적정 여부<br>❹ 주음향장치 **수신기 내부** 또는 **직근** 설치 여부<br>❺ **우선경보방식**에 따른 경보 적정 여부<br>⑥ 음향장치(경종 등) **변형 · 손상** 확인 및 정상작동(음량 포함) 여부 |
| | 펌프 작동 | ① 유수검지장치의 발신이나 기동용 수압개폐장치의 작동에 따른 펌프 기동 확인(습식 · 건식의 경우)<br>② 화재감지기의 감지나 기동용 수압개폐장치의 작동에 따른 펌프 기동 확인(준비작동식 및 일제개방밸브의 경우) |
| | 준비작동식 유수검지장치 또는 일제개방밸브 작동 | ① 담당구역 내 화재감지기 동작(수동기동 포함)에 따라 개방 및 작동 여부<br>② 수동조작함(설치높이, 표시등) 설치 적정 여부 |
| 헤드 | | ① 헤드의 **변형 · 손상** 유무<br>② 헤드 **설치 위치 · 장소 · 상태**(고정) 적정 여부<br>③ 헤드 살수장애 여부<br>❹ **무대부** 또는 **연소 우려 있는 개구부** 개방형 헤드 설치 여부<br>❺ 조기반응형 헤드 설치 여부(의무설치장소의 경우)<br>❻ **경사진 천장**의 경우 스프링클러헤드의 배치상태<br>❼ 연소할 우려가 있는 개구부 헤드 설치 적정 여부<br>❽ 습식 · 부압식 스프링클러 외의 설비 상향식 헤드 설치 여부<br>❾ **측벽형** 헤드 설치 적정 여부<br>❿ 감열부에 영향을 받을 우려가 있는 헤드의 **차폐판** 설치 여부 |
| 송수구 | | ① 설치장소 적정 여부<br>❷ 연결배관에 개폐밸브를 설치한 경우 개폐상태 확인 및 조작 가능 여부<br>❸ 송수구 설치**높이** 및 **구경** 적정 여부<br>④ 송수압력범위 표시 표지 설치 여부<br>❺ 송수구 설치개수 적정 여부(폐쇄형 스프링클러설비의 경우)<br>❻ **자동배수밸브**(또는 배수공) · **체크밸브** 설치 여부 및 설치상태 적정 여부<br>⑦ 송수구 **마개** 설치 여부 |

| 구분 | | 내용 |
|---|---|---|
| 전원 | | ❶ 대상물 수전방식에 따른 **상용전원** 적정 여부<br>❷ 비상전원 설치장소 적정 및 관리 여부<br>③ 자가발전설비인 경우 **연료적정량** 보유 여부<br>④ 자가발전설비인 경우 「전기사업법」에 따른 정기점검 결과 확인 |
| 제어반 | | ● 겸용 감시 · 동력 제어반 성능 적정 여부(겸용으로 설치된 경우) |
| | 감시제어반 | ① 펌프 작동 여부 확인표시등 및 음향경보장치 정상작동 여부<br>② 펌프별 자동 · 수동 전환스위치 정상작동 여부<br>❸ 펌프별 수동기동 및 수동중단 기능 정상작동 여부<br>❹ 상용전원 및 비상전원 공급 확인 가능 여부(비상전원이 있는 경우)<br>❺ 수조 · 물올림수조 저수위표시등 및 음향경보장치 정상작동 여부<br>⑥ 각 확인회로별 도통시험 및 작동시험 정상작동 여부<br>⑦ 예비전원 확보 유무 및 시험 적합 여부<br>❽ 감시제어반 전용실 적정 설치 및 관리 여부<br>❾ 기계 · 기구 또는 시설 등 제어 및 감시설비 외 설치 여부<br>⑩ 유수검지장치 · 일제개방밸브 작동시 표시 및 경보 정상작동 여부<br>⑪ 일제개방밸브 수동조작스위치 설치 여부<br>⓬ 일제개방밸브 사용설비 화재감지기회로별 화재표시 적정 여부<br>⓭ 감시제어반과 수신기 간 상호 연동 여부(별도로 설치된 경우) |
| | 동력제어반 | 앞면은 **적색**으로 하고, **"스프링클러설비용 동력제어반"** 표지 설치 여부 |
| | 발전기제어반 | ● 소방전원보존형 발전기는 이를 식별할 수 있는 표지 설치 여부 |
| 헤드 설치 제외 | | ❶ 헤드 설치 제외 적정 여부(설치 제외된 경우)<br>❷ 드렌처설비 설치 적정 여부 |
| 비고 | | ※ 특정소방대상물의 위치 · 구조 · 용도 및 소방시설의 상황 등이 이 표의 항목대로 기재하기 곤란하거나 이 표에서 누락된 사항을 기재한다. |

※ "●"는 종합점검의 경우에만 해당

물음 5) 건축물의 소방점검 중 다음과 같은 사항이 발생하였다. 이에 대한 원인과 조치방법을 각각 3가지씩 쓰시오. (12점)

(1) 아날로그감지기 통신선로의 단선표시등 점등 (6점)

① 원인
- ○
- ○
- ○

② 조치방법
- ○
- ○
- ○

정답

| 원 인 | 조치방법 |
|---|---|
| ① 아날로그감지기 통신선로 단선<br>② 아날로그감지기 불량<br>③ R형 수신기의 통신기판 불량 | ① 아날로그감지기 통신선로 수리<br>② 아날로그감지기 교체<br>③ R형 수신기 통신기판 교체 또는 수리 |

해설 **아날로그감지기 통신선로 단선표시등 점등원인** 및 **조치방법**

| 원 인 | 조치방법 |
|---|---|
| ① 아날로그감지기 통신선로 단선<br>② 아날로그감지기 불량<br>③ R형 수신기의 통신기판 불량<br>④ 아날로그감지기 주소 불일치<br>⑤ 아날로그감지기 통신선로 극성 바뀜<br>⑥ 아날로그감지기 통신선로 노이즈 발생 | ① 아날로그감지기 통신선로 수리<br>② 아날로그감지기 교체<br>③ R형 수신기 통신기판 교체 또는 수리<br>④ 아날로그감지기 주소 동일하게 설정<br>⑤ 극성(+, −)에 맞게 재결선<br>⑥ 통신선로 노이즈 발생 원인 제거 |

21회

(2) 습식 스프링클러설비의 충압펌프의 잦은 기동과 정지(단, 충압펌프는 자동정지, 기동용 수압개폐장치는 압력챔버방식이다.) (6점) 09회 10점

① 원인
○
○
○

② 조치방법
○
○
○

정답

| 원 인 | 조치방법 |
|---|---|
| ① 펌프토출측 배관의 체크밸브 누수<br>② 펌프토출측 배관의 개폐표시형 밸브 누수<br>③ 압력챔버의 배수밸브 누수 | ① 체크밸브 교체 또는 수리<br>② 개폐표시형 밸브 교체 또는 수리<br>③ 배수밸브 교체 또는 수리 |

해설 **충압펌프**의 **잦은 기동**과 **정지 원인** 및 **조치방법**

| 원 인 | 조치방법 |
|---|---|
| ① 펌프토출측 배관의 **체크밸브** 누수<br>② 펌프토출측 배관의 **개폐표시형 밸브** 누수<br>③ 압력챔버의 **배수밸브** 누수<br>④ **스프링클러헤드**의 누수 | ① 체크밸브 **교체** 또는 **수리**<br>② 개폐표시형 밸브 **교체** 또는 **수리**<br>③ 배수밸브 **교체** 또는 **수리**<br>④ 스프링클러헤드 **교체** 또는 **수리** |

비교

**펌프**가 **기동하지 않는 경우**의 **원인** 및 **조치방법**

| 원 인 | 조치방법 |
|---|---|
| ① **펌프**의 고장<br>② **상용전원** 및 비상전원의 고장<br>③ 압력챔버의 **압력스위치** 고장<br>④ 주배관과 압력챔버 사이의 **밸브 폐쇄**<br>⑤ **동력제어반**의 기동스위치가 **정지위치**에 있을 때<br>⑥ **감시제어반**의 기동스위치가 **정지위치**에 있을 때 | ① 펌프 **교체** 또는 **수리**<br>② 상용전원 및 비상전원 **수리**<br>③ 압력스위치 **교체** 또는 **수리**<br>④ **밸브 개방**<br>⑤ 동력제어반 기동스위치를 **자동** 또는 **수동위치**로 전환<br>⑥ 감시제어반 기동스위치를 **자동** 또는 **수동위치**로 전환 |

아하! 그렇구나 **물이 나오지 않는 경우의 원인 및 이유**

① ┌ 원인 : **후드밸브**의 막힘
└ 이유 : 펌프흡입측 배관에 물이 유입되지 못하므로

② ┌ 원인 : **Y형 스트레이너**의 막힘
└ 이유 : Y형 스트레이너 2차측에 물이 공급되지 못하므로

③ ┌ 원인 : **펌프토출측**의 **체크밸브** 막힘
└ 이유 : 펌프토출측의 체크밸브 2차측에 물이 공급되지 못하므로

④ ┌ 원인 : **펌프토출측**의 **게이트밸브** 폐쇄
└ 이유 : 펌프토출측의 게이트밸브 2차측에 물이 공급되지 못하므로

⑤ ┌ 원인 : **압력챔버** 내의 **압력스위치** 고장
└ 이유 : 펌프가 기동되지 않으므로

⑥ ┌ 원인 : **알람체크밸브** 개방 불가
└ 이유 : 알람체크밸브 2차측에 물이 공급되지 못하므로

⑦ ┌ 원인 : **알람체크밸브 1차측 게이트밸브** 폐쇄
└ 이유 : 알람체크밸브 1차측 게이트밸브 2차측에 물이 공급되지 못하므로



★★★

## 문제 02

**다음 물음에 답하시오. (30점)**

물음 1) 소방시설 자체점검사항 등에 관한 고시의 소방시설 등(작동, 종합) 점검표에 대하여 다음 물음에 답하시오. (10점)

(1) 제연설비 배출기의 점검항목 5가지를 쓰시오. (5점) 13회 10점

○

○

○

○

○

(2) 분말소화설비 가압용 가스용기의 점검항목 5가지를 쓰시오. (5점)

○

○

○

○

○

물음 2) 건축물의 피난·방화구조 등의 기준에 관한 규칙에 대하여 다음 물음에 답하시오. (10점)

(1) 건축물의 바깥쪽에 설치하는 피난계단의 구조기준 4가지를 쓰시오. (4점)

○

○

○

○

(2) 하향식 피난구(덮개, 사다리, 경보시스템을 포함한다.) 구조기준 6가지를 쓰시오. (6점)

○

○

○

○

○

○

물음 3) 비상조명등의 화재안전기준 설치기준에 관한 내용 중 일부이다. (　　)에 들어갈 내용을 쓰시오. (5점)

> 비상전원은 비상조명등을 20분 이상 유효하게 작동시킬 수 있는 용량으로 할 것. 다만, 다음 각 목의 특정소방대상물의 경우에는 그 부분에서 피난층에 이르는 부분의 비상조명등을 60분 이상 유효하게 작동시킬 수 있는 용량으로 하여야 한다.
> ○ 지하층을 제외한 층수가 11층 이상의 층
> ○ 지하층 또는 무창층으로서 용도가 ( ① )·( ② )·( ③ )·( ④ ) 또는 ( ⑤ )

물음 4) 유도등 및 유도표지의 화재안전기준에서 공연장 등 어두워야 할 필요가 있는 장소에 3선식 배선으로 상시 충전되는 유도등의 전기회로에 점멸기를 설치하는 경우, 점등되어야 하는 때에 해당하는 것 5가지를 쓰시오. (5점) 08회 10점

○

○

○

○

○

물음 1) 소방시설 자체점검사항 등에 관한 고시의 소방시설 등(작동, 종합) 점검표에 대하여 다음 물음에 답하시오. (10점)

(1) 제연설비 배출기의 점검항목 5가지를 쓰시오. (5점) 13회 10점

○

○

○

○

○

정답 ① 배출기와 배출풍도 사이 캔버스 내열성 확보 여부
② 배출기 회전이 원활하며 회전방향 정상 여부
③ 변형 · 훼손 등이 없고 V-벨트 기능 정상 여부
④ 본체의 방청, 보존상태 및 캔버스 부식 여부
⑤ 배풍기 내열성 단열재 단열처리 여부

해설 **제연설비**와 **특별피난계단**의 **계단실** 및 **부속실**의 **제연설비 종합점검**

**제연설비**의 **종합점검**(소방시설 자체점검사항 등에 관한 고시 〔별지 제3호 서식〕)

| 구 분 | 점검항목 |
|---|---|
| 제연구역의 구획 | ● 제연구역의 구획 방식 적정 여부<br>– 제연경계의 **폭**, **수직거리** 적정 설치 여부<br>– 제연경계벽은 가동시 **급속**하게 **하강**되지 **아니**하는 구조 |
| 배출구 | ❶ 배출구 설치위치(수평거리) 적정 여부<br>② 배출구 **변형 · 훼손** 여부 |
| 유입구 | ① 공기유입구 설치위치 적정 여부<br>② 공기유입구 **변형 · 훼손** 여부<br>❸ 옥외에 면하는 **배출구** 및 **공기유입구** 설치 적정 여부 |
| 배출기 | ❶ 배출기와 배출풍도 사이 **캔버스** 내열성 확보 여부<br>② 배출기 회전이 원활하며 회전방향 정상 여부<br>③ **변형 · 훼손** 등이 없고 **V-벨트** 기능 정상 여부<br>④ 본체의 **방청**, **보존상태** 및 **캔버스** 부식 여부<br>❺ 배풍기 내열성 단열재 단열처리 여부 |
| 비상전원 | ❶ 비상전원 설치장소 적정 및 관리 여부<br>② 자가발전설비인 경우 연료적정량 보유 여부<br>③ 자가발전설비인 경우 「전기사업법」에 따른 정기점검 결과 확인 |
| 기동 | ① 가동식의 **벽 · 제연경계벽 · 댐퍼** 및 **배출기** 정상작동(화재감지기 연동) 여부<br>② 예상제연구역 및 제어반에서 가동식의 **벽 · 제연경계벽 · 댐퍼** 및 **배출기** 수동기동 가능 여부<br>③ 제어반 각종 **스위치류** 및 **표시장치**(작동표시등 등) 기능의 이상 여부 |
| 비고 | ※ 특정소방대상물의 위치 · 구조 · 용도 및 소방시설의 상황 등이 이 표의 항목대로 기재하기 곤란하거나 이 표에서 누락된 사항을 기재한다. |

※ "●"는 종합점검의 경우에만 해당

비교

**특별피난계단**의 **계단실** 및 **부속실**의 **제연설비 종합점검**(소방시설 자체점검사항 등에 관한 고시 〔별지 제3호 서식〕)

| 구 분 | 점검항목 |
|---|---|
| 과압방지조치 | ● **자동차압 · 과압조절형** 댐퍼(또는 **플랩댐퍼**)를 사용한 경우 성능 적정 여부 |
| 수직풍도에 따른 배출 | ① 배출댐퍼 설치(개폐 여부 확인 기능, 화재감지기 동작에 따른 개방) 적정 여부<br>② 배출용 송풍기가 설치된 경우 화재감지기 연동 기능 적정 여부 |
| 급기구 | 급기댐퍼 설치상태(화재감지기 동작에 따른 개방) 적정 여부 |
| 송풍기 | ① 설치장소 적정(화재영향, 접근 · 점검 용이성) 여부<br>② 화재감지기 동작 및 수동조작에 따라 작동하는지 여부<br>❸ 송풍기와 연결되는 **캔버스** 내열성 확보 여부 |
| 외기취입구 | ① 설치위치(오염공기 유입방지, 배기구 등으로부터 이격거리) 적정 여부<br>❷ 설치구조(빗물 · 이물질 유입방지, 옥외의 풍속과 풍향에 영향) 적정 여부 |
| 제연구역의 출입문 | ① **폐쇄상태** 유지 또는 화재시 자동폐쇄 구조 여부<br>❷ 자동폐쇄장치 **폐쇄력** 적정 여부 |
| 수동기동장치 | ① 기동장치 설치(위치, 전원표시등 등) 적정 여부<br>② 수동기동장치(옥내 수동발신기 포함) 조작시 관련 장치 정상작동 여부 |
| 제어반 | ① 비상용 축전지의 정상 여부<br>② 제어반 감시 및 원격조작 기능 적정 여부 |
| 비상전원 | ❶ 비상전원 **설치장소** 적정 및 관리 여부<br>② **자가발전설비**인 경우 연료적정량 보유 여부<br>③ 자가발전설비인 경우 「전기사업법」에 따른 정기점검 결과 확인 |

| 비고 | ※ 특정소방대상물의 위치·구조·용도 및 소방시설의 상황 등이 이 표의 항목대로 기재하기 곤란하거나 이 표에서 누락된 사항을 기재한다. |
|---|---|

※ "●"는 종합점검의 경우에만 해당

(2) 분말소화설비 가압용 가스용기의 점검항목 5가지를 쓰시오. (5점)

○
○
○
○
○

정답 ① 가압용 가스용기 저장용기 접속 여부
② 가압용 가스용기 전자개방밸브 부착 적정 여부
③ 가압용 가스용기 압력조정기 설치 적정 여부
④ 가압용 또는 축압용 가스 종류 및 가스량 적정 여부
⑤ 배관청소용 가스 별도 용기 저장 여부

해설 **분말소화설비**의 **종합점검**(소방시설 자체점검사항 등에 관한 고시 [별지 제3호 서식])

| 구 분 | | 점검항목 |
|---|---|---|
| 저장용기 | | ❶ 설치장소 적정 및 관리 여부<br>② 저장용기 설치장소 표지 설치 여부<br>❸ 저장용기 설치간격 적정 여부<br>④ 저장용기 개방밸브 자동·수동 개방 및 안전장치 부착 여부<br>❺ 저장용기와 집합관 연결배관상 **체크밸브** 설치 여부<br>❻ 저장용기 **안전밸브** 설치 적정 여부<br>❼ 저장용기 **정압작동장치** 설치 적정 여부<br>❽ 저장용기 **청소장치** 설치 적정 여부<br>⑨ 저장용기 **지시압력계** 설치 및 **충전압력** 적정 여부(축압식의 경우) |
| 가압용 가스용기 | | ① 가압용 가스용기 저장용기 접속 여부<br>② 가압용 가스용기 전자개방밸브 부착 적정 여부<br>③ 가압용 가스용기 압력조정기 설치 적정 여부<br>④ 가압용 또는 축압용 가스 종류 및 가스량 적정 여부<br>❺ 배관청소용 가스 별도 용기 저장 여부 |
| 소화약제 | | 소화약제 저장량 적정 여부 |
| 기동장치 | | 방호구역별 출입구 부근 소화약제 방출표시등 설치 및 정상작동 여부 |
| | 수동식 기동장치 | ① 기동장치 부근에 비상스위치 설치 여부<br>❷ **방호구역별** 또는 **방호대상별** 기동장치 설치 여부<br>③ 기동장치 설치 적정(출입구 부근 등, 높이, 보호장치, 표지, 전원표시등) 여부<br>④ 방출용 스위치 **음향경보장치** 연동 여부 |
| | 자동식 기동장치 | ① 감지기 작동과의 연동 및 수동기동 가능 여부<br>❷ 저장용기 수량에 따른 전자개방밸브 수량 적정 여부(전기식 기동장치의 경우)<br>③ 기동용 가스용기의 **용적**, **충전압력** 적정 여부(가스압력식 기동장치의 경우)<br>❹ 기동용 가스용기의 **안전장치**, **압력게이지** 설치 여부(가스압력식 기동장치의 경우)<br>❺ 저장용기 개방구조 적정 여부(기계식 기동장치의 경우) |

<table>
<tr><td rowspan="3">제어반 및<br>화재표시반</td><td colspan="2">① 설치장소 적정 및 관리 여부<br>② 회로도 및 취급설명서 비치 여부</td></tr>
<tr><td>제어반</td><td>① 수동기동장치 또는 감지기 신호 수신시 음향경보장치 작동 기능 정상 여부<br>② 소화약제 방출·지연 및 기타 제어 기능 적정 여부<br>③ 전원표시등 설치 및 정상 점등 여부</td></tr>
<tr><td>화재표시반</td><td>① 방호구역별 표시등(음향경보장치 조작, 감지기 작동), 경보기 설치 및 작동 여부<br>② 수동식 기동장치 작동표시표시등 설치 및 정상작동 여부<br>③ 소화약제 방출표시등 설치 및 정상작동 여부<br>❹ 자동식 기동장치 자동·수동 절환 및 절환표시등 설치 및 정상작동 여부</td></tr>
<tr><td>배관 등</td><td colspan="2">배관의 변형·손상 유무</td></tr>
<tr><td>선택밸브</td><td colspan="2">선택밸브 설치기준 적합 여부</td></tr>
<tr><td rowspan="3">분사헤드</td><td>전역방출방식</td><td>① 분사헤드의 변형·손상 유무<br>❷ 분사헤드의 설치위치 적정 여부</td></tr>
<tr><td>국소방출방식</td><td>① 분사헤드의 변형·손상 유무<br>❷ 분사헤드의 설치장소 적정 여부</td></tr>
<tr><td>호스릴방식</td><td>❶ 방호대상물 각 부분으로부터 호스접결구까지 수평거리 적정 여부<br>② 소화약제저장용기의 위치표시등 정상 점등 및 표지 설치 여부<br>❸ 호스릴소화설비 설치장소 적정 여부</td></tr>
<tr><td>화재감지기</td><td colspan="2">① 방호구역별 화재감지기 감지에 의한 기동장치 작동 여부<br>❷ 교차회로(또는 NFPC 203 제7조 제①항, NFTC 203 2.4.1 단서 감지기) 설치 여부<br>❸ 화재감지기별 유효바닥면적 적정 여부</td></tr>
<tr><td rowspan="2">음향경보장치</td><td colspan="2">① 기동장치 조작시(수동식-방출용 스위치, 자동식-화재감지기) 경보 여부<br>② 약제 방사 개시(또는 방출압력스위치 작동) 후 1분 이상 경보 여부<br>❸ 방호구역 또는 방호대상물 구획 안에서 유효한 경보 가능 여부</td></tr>
<tr><td>방송에 따른<br>경보장치</td><td>❶ 증폭기 재생장치의 설치장소 적정 여부<br>❷ 방호구역·방호대상물에서 확성기 간 수평거리 적정 여부<br>❸ 제어반 복구스위치 조작시 경보 지속 여부</td></tr>
<tr><td>비상전원</td><td colspan="2">❶ 설치장소 적정 및 관리 여부<br>② 자가발전설비인 경우 연료적정량 보유 여부<br>③ 자가발전설비인 경우 「전기사업법」에 따른 정기점검 결과 확인</td></tr>
<tr><td>비고</td><td colspan="2">※ 특정소방대상물의 위치·구조·용도 및 소방시설의 상황 등이 이 표의 항목대로 기재하기 곤란하거나 이 표에서 누락된 사항을 기재한다.</td></tr>
</table>

※ "●"는 종합점검의 경우에만 해당

물음 2) 건축물의 피난 · 방화구조 등의 기준에 관한 규칙에 대하여 다음 물음에 답하시오. (10점)

(1) 건축물의 바깥쪽에 설치하는 피난계단의 구조기준 4가지를 쓰시오. (4점)

ㅇ

ㅇ

ㅇ

ㅇ

정답 ① 계단은 그 계단으로 통하는 출입구 외의 창문 등(망이 들어 있는 유리의 붙박이창으로서 그 면적이 각각 $1m^2$ 이하인 것 제외)으로부터 2m 이상의 거리를 두고 설치할 것

② 건축물의 내부에서 계단으로 통하는 출입구에는 60분+방화문 또는 60분 방화문을 설치할 것

③ 계단의 유효너비는 0.9m 이상으로 할 것

④ 계단은 내화구조로 하고 지상까지 직접 연결되도록 할 것

해설 **피난계단**의 **구조**(건축물방화구조규칙 제9조)

| **건축물**의 **내부**에 **설치**하는 **피난계단**의 **구조** | **건축물**의 **바깥쪽**에 **설치**하는 **피난계단**의 **구조** |
|---|---|
| ① 계단실은 창문 · 출입구 기타 개구부(**"창문 등"**)를 제외한 당해 건축물의 다른 부분과 **내화구조**의 벽으로 구획할 것<br>② 계단실의 실내에 접하는 부분(바닥 및 반자 등 실내에 면한 모든 부분)의 마감(마감을 위한 바탕 포함)은 **불연재료**로 할 것<br>③ 계단실에는 **예비전원**에 의한 **조명설비**를 할 것<br>④ 계단실의 바깥쪽과 접하는 창문 등(망이 들어 있는 유리의 붙박이창으로서 그 면적이 각각 **$1m^2$** 이하인 것 제외)은 당해 건축물의 다른 부분에 설치하는 창문 등으로부터 **2m 이상**의 거리를 두고 설치할 것<br>⑤ 건축물의 내부와 접하는 계단실의 창문 등(출입구 제외)은 망이 들어 있는 유리의 붙박이창으로서 그 면적을 각각 **$1m^2$ 이하**로 할 것<br>⑥ 건축물의 내부에서 계단실로 통하는 출입구의 유효너비는 **0.9m 이상**으로 하고, 그 출입구에는 피난의 방향으로 열 수 있는 것으로서 언제나 닫힌상태를 유지하거나 화재로 인한 연기 또는 불꽃을 감지하여 자동적으로 닫히는 구조로 된 **60분+방화문** 또는 **60분 방화문**을 설치할 것(단, 연기 또는 불꽃을 감지하여 자동적으로 닫히는 구조로 할 수 없는 경우에는 온도를 감지하여 자동적으로 닫히는 구조 가능)<br>⑦ 계단은 **내화구조**로 하고 피난층 또는 지상까지 직접 연결되도록 할 것 | ① 계단은 그 계단으로 통하는 출입구 외의 창문 등(망이 들어 있는 유리의 붙박이창으로서 그 면적이 각각 **$1m^2$ 이하**인 것 제외)으로부터 **2m 이상**의 거리를 두고 설치할 것<br>② 건축물의 내부에서 계단으로 통하는 출입구에는 **60분+방화문** 또는 **60분 방화문**을 설치할 것<br>③ 계단의 유효너비는 **0.9m 이상**으로 할 것<br>④ 계단은 **내화구조**로 하고 지상까지 직접 연결되도록 할 것 |

(2) 하향식 피난구(덮개, 사다리, 경보시스템을 포함한다.) 구조기준 6가지를 쓰시오. (6점)
○
○
○
○
○
○



정답 ① 피난구의 덮개 : 품질시험을 실시한 결과 비차열 1시간 이상의 내화성능을 가져야 하며, 피난구의 유효개구부 규격은 직경 60cm 이상일 것
② 상층 · 하층 간 피난구의 수평거리는 15cm 이상 떨어져 있을 것
③ 아래층에서는 바로 위층의 피난구를 열 수 없는 구조일 것
④ 사다리 : 바로 아래층의 바닥면으로부터 50cm 이하까지 내려오는 길이로 할 것
⑤ 덮개가 개방될 경우에는 건축물관리시스템 등을 통하여 경보음이 울리는 구조일 것
⑥ 피난구가 있는 곳에는 예비전원에 의한 조명설비를 설치할 것

해설 **하향식 피난구**의 **구조기준**(하향식 피난구(덮개, 사다리, 경보시스템 포함)의 구조 적합기준)(건축물방화구조규칙 제14조 제④항)
(1) 피난구의 덮개는 품질시험을 실시한 결과 **비차열 1시간** 이상의 내화성능을 가져야 하며, 피난구의 유효개구부 규격은 직경 **60cm** 이상일 것
(2) 상층 · 하층 간 피난구의 수평거리는 **15cm** 이상 떨어져 있을 것
(3) 아래층에서는 바로 위층의 피난구를 열 수 없는 구조일 것
(4) 사다리는 바로 아래층의 바닥면으로부터 **50cm 이하**까지 내려오는 길이로 할 것
(5) 덮개가 개방될 경우에는 **건축물관리시스템** 등을 통하여 **경보음**이 울리는 구조일 것
(6) 피난구가 있는 곳에는 **예비전원**에 의한 **조명설비**를 설치할 것

물음 3) 비상조명등의 화재안전기준 설치기준에 관한 내용 중 일부이다. (　　)에 들어갈 내용을 쓰시오. (5점)

비상전원은 비상조명등을 20분 이상 유효하게 작동시킬 수 있는 용량으로 할 것. 다만, 다음 각 목의 특정소방대상물의 경우에는 그 부분에서 피난층에 이르는 부분의 비상조명등을 60분 이상 유효하게 작동시킬 수 있는 용량으로 하여야 한다.
○ 지하층을 제외한 층수가 11층 이상의 층
○ 지하층 또는 무창층으로서 용도가 ( ① ) · ( ② ) · ( ③ ) · ( ④ ) 또는 ( ⑤ )

정답 ① 도매시장
② 소매시장
③ 여객자동차터미널
④ 지하역사
⑤ 지하상가

해설 **비상조명등**의 **예비전원**과 **비상전원 설치기준**(NFPC 304 제4조, NFTC 304 2.1.1.5)
비상조명등을 **20분** 이상 유효하게 작동시킬 수 있는 용량으로 할 것(단, 다음의 특정소방대상물의 경우에는 그 부분에서 피난층에 이르는 부분의 비상조명등을 **60**분 이상 유효하게 작동시킬 수 있는 용량으로 할 것)

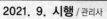

(1) 지하층을 제외한 층수가 **11**층 이상의 층
(2) 지하층 또는 무창층으로서 용도가 **도**매시장 · **소**매시장 · **여**객자동차터미널 · **지**하역사 또는 지하상가

기억법 **도소여지 11 60**

비교

**유도등**의 **비상전원 설치기준**(NFPC 303 제10조, NFTC 303 2.7.2)
유도등을 **20분** 이상 유효하게 작동시킬 수 있는 용량으로 할 것(단, 다음의 특정소방대상물의 경우에는 그 부분에서 피난층에 이르는 부분의 유도등을 **60**분 이상 유효하게 작동시킬 수 있는 용량으로 해야 한다.)
(1) 지하층을 제외한 층수가 **11**층 이상의 층
(2) 지하층 또는 무창층으로서 용도가 **도**매시장 · **소**매시장 · **여**객자동차터미널 · **지**하역사 또는 지하상가

기억법 **도소여지 11 60**



물음 4) 유도등 및 유도표지의 화재안전기준에서 공연장 등 어두워야 할 필요가 있는 장소에 3선식 배선으로 상시 충전되는 유도등의 전기회로에 점멸기를 설치하는 경우, 점등되어야 하는 때에 해당하는 것 5가지를 쓰시오. (5점) 08회 10점
○
○
○
○
○

정답 ① 자동화재탐지설비의 감지기 또는 발신기가 작동되는 때
② 비상경보설비의 발신기가 작동되는 때
③ 상용전원이 정전되거나 전원선이 단선되는 때
④ 방재업무를 통제하는 곳 또는 전기실의 배전반에서 수동적으로 점등하는 때
⑤ 자동소화설비가 작동되는 때

해설 **유도등 3선식 배선시 점멸기**를 설치할 경우 **점등**되어야 하는 경우
(1) **자동화재탐지설비**의 **감지기** 또는 **발신기**가 작동되는 때

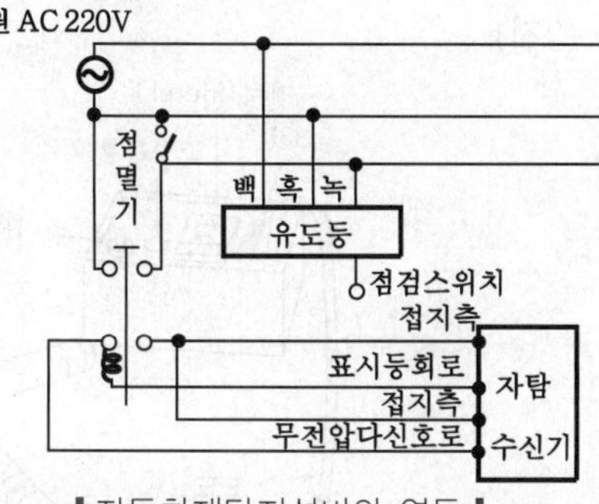

▎자동화재탐지설비와 연동 ▎

(2) **비상경보설비**의 **발신기**가 작동되는 때
(3) **상용전원**이 **정전**되거나 **전원선**이 **단선**되는 때
(4) **방재업무**를 **통제**하는 곳 또는 전기실의 배전반에서 **수동**으로 **점등**하는 때

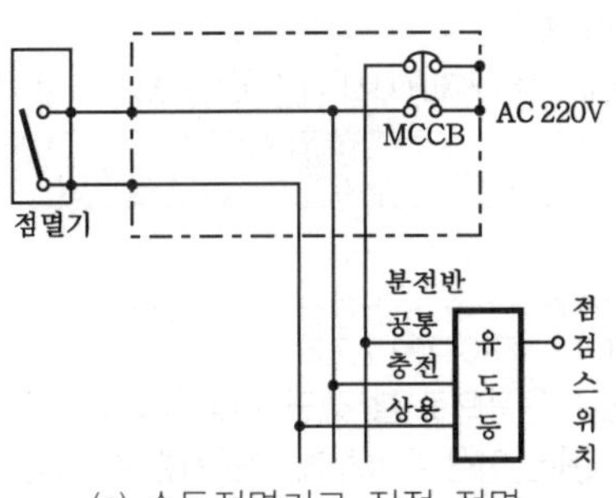

(a) 수동점멸기로 직접 점멸

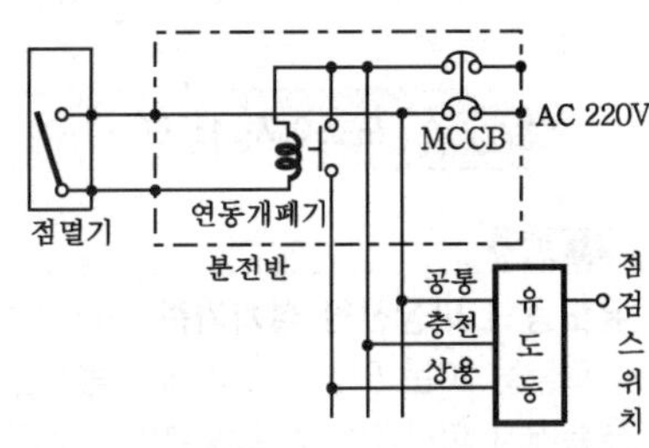

(b) 수동점멸기로 연동개폐기를 제어

▎유도등의 원격점멸▎



(5) **자동소화설비**가 작동되는 때

기억법 **탐경상방자유**

비교

**유도등**을 **항상 점등상태**로 **유지하지 않아도 되는 경우**
(1) 특정소방대상물 또는 그 부분에 사람이 없는 경우
(2) 3선식 배선에 의해 상시 **충**전되는 구조로서 다음의 장소
① **외**부의 빛에 의해 **피난구** 또는 **피난방향**을 쉽게 식별할 수 있는 장소
② **공연장**, **암실** 등으로서 어두워야 할 필요가 있는 장소
③ 특정소방대상물의 **관계인** 또는 **종사원**이 주로 사용하는 장소

기억법 **외충관공(외부충격을 받아도 관공서는 끄덕없음)**

☆☆☆
## 문제 03

**다음 물음에 답하시오. (30점)**

물음 1) 할론 1301 소화설비 약제저장용기의 저장량을 측정하려고 한다. 다음 물음에 답하시오. (12점)

(1) 액위측정법을 설명하시오. (3점)

(2) 아래 그림의 레벨메터(Level meter) 구성부품 중 각 부품(①~③)의 명칭을 쓰시오. (3점)

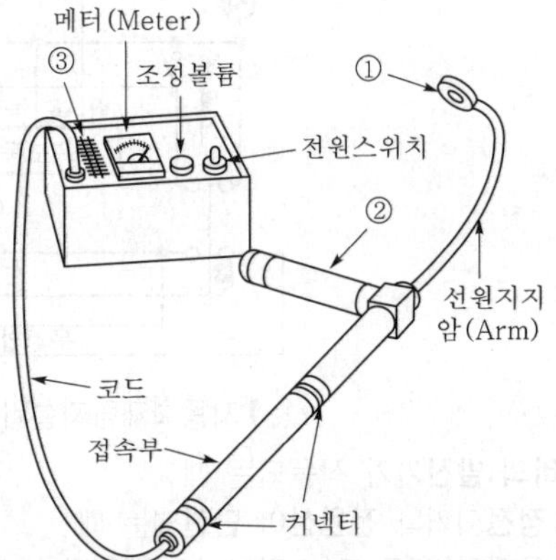

(3) 레벨메터(Level meter) 사용시 주의사항 6가지를 쓰시오. (6점)

○

○

○

○

○

○

물음 2) 자동소화장치에 대하여 다음 물음에 답하시오. (5점)

(1) 소화기구 및 자동소화장치의 화재안전기준에서 가스용 주방자동소화장치를 사용하는 경우 탐지부 설치위치를 쓰시오. (2점)

(2) 소방시설 자체점검사항 등에 관한 고시의 소방시설 등(작동, 종합) 점검표에서 상업용 주방자동소화장치의 점검항목을 쓰시오. (3점)

물음 3) 준비작동식 스프링클러설비 전기계통도(R형 수신기)이다. 최소배선수 및 회로 명칭을 각각 쓰시오. (4점)

| 구 분 | 전선의 굵기 | 최소배선수 및 회로 명칭 |
|---|---|---|
| ① | 1.5mm$^2$ | ( ㉠ ) |
| ② | 2.5mm$^2$ | ( ㉡ ) |
| ③ | 2.5mm$^2$ | ( ㉢ ) |
| ④ | 2.5mm$^2$ | ( ㉣ ) |

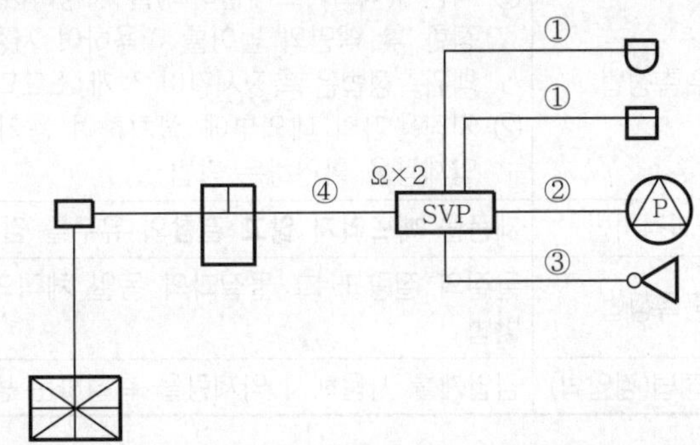


물음 4) 특별피난계단의 부속실(전실) 제연설비에 대하여 다음 물음에 답하시오. (9점)

(1) 소방시설 자체점검사항 등에 관한 고시의 소방시설 성능시험조사표에서 부속실 제연설비의 "차압 등" 점검항목 4가지를 쓰시오. (4점)

○

○

○

○

(2) 전층이 닫힌상태에서 차압이 과다한 원인 3가지를 쓰시오. (2점)

○

○

○

(3) 방연풍속이 부족한 원인 3가지를 쓰시오. (3점)

○

○

○

물음 1) 할론 1301 소화설비 약제저장용기의 저장량을 측정하려고 한다. 다음 물음에 답하시오. (12점)

(1) 액위측정법을 설명하시오. (3점)



정답 저장용기의 내외부에 설치하여 용기 내부 액면의 높이를 측정함으로써 약제량을 확인하는 방법

해설 **할론소화설비**의 **약제량 측정방법**

| 측정방법 | 설 명 |
|---|---|
| 중량측정법 | ① 약제가 들어있는 가스용기의 **총중량**을 측정한 후 용기에 표시된 중량과 비교하여 **기재중량**과 **계량중량**의 차가 **10%** 이상 감소되는지 확인하는 방법<br>② 중량계를 사용하여 저장용기의 총중량을 측정한 후 총중량에서 용기밸브와 용기의 무게를 감한 중량이 저장용기 속의 약제량이 된다. 중량측정법은 측정시간이 많이 소요되나, 약제량의 측정이 정확하다. |
| 액위측정법 | ① 액면계(액화가스레벨미터)를 사용하여 저장용기 속 약제의 액면 높이를 측정한 후 액면의 높이를 이용하여 저장용기 속의 약제량을 계산하는 방법. 액위측정법은 측정시간이 적게 소요되나, 약제량의 측정이 부정확하다.<br>② 저장용기의 내외부에 설치하여 용기 내부 **액면**의 **높이**를 측정함으로써 약제량을 확인하는 방법 |
| 비파괴검사법 | 제품을 **깨뜨리지 않고 결함**의 유무를 **검사** 또는 시험하는 방법 |
| 비중측정법 | 물질의 질량과 그 물질과의 동일 체적의 **표준물질**의 **질량**의 **비**를 측정하는 방법 |
| 압력측정법(검압법) | 검압계를 사용해서 약제량을 측정하는 방법 |

중요

**전용환산기**를 **이용한 약제저장량**

$$W = AH\rho_l + A(L-H)\rho_g$$

여기서, $W$ : 저장량[g]

$A$ : 저장용기의 단면적[cm$^2$]

$H$ : 측정된 액면의 높이[cm]

$L$ : 저장용기의 길이[cm]

$\rho_l$ : 액체상태의 밀도[g/cm$^3$]

$\rho_g$ : 기체상태의 밀도[g/cm$^3$]

(2) 아래 그림의 레벨메터(Level meter) 구성부품 중 각 부품(①~③)의 명칭을 쓰시오. (3점)

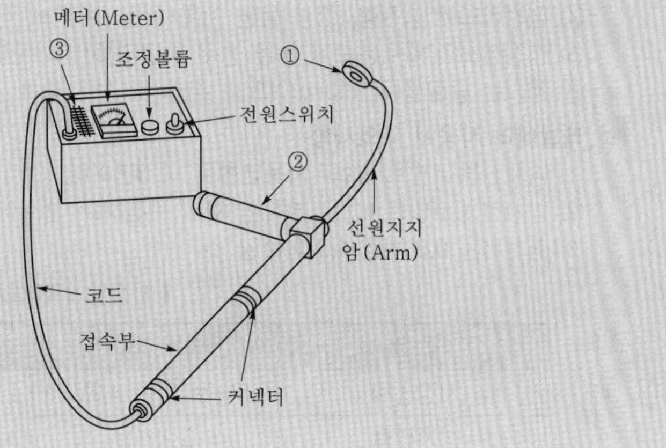


정답 ① 방사선원
② 탐침
③ 온도계

해설 **레벨메터 구성**

② **'프로브(Probe)'**라고 써도 정답!

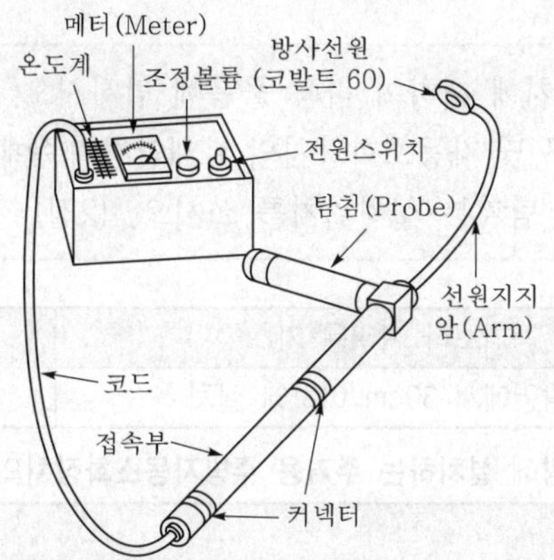


(3) 레벨메터(Level meter) 사용시 주의사항 6가지를 쓰시오. (6점)

○
○
○
○
○
○

정답 ① 방사선원(코발트 60)의 사용연한은 약 3년이다.
② 방사선원(코발트 60)은 부착한 채로 관리하고, 분실에 유의할 것
③ 충전비는 0.9 이상 1.6 이하일 것
④ 점검카드에 충전량, 중량 등을 기록해 둘 것
⑤ 측정장소의 주위온도가 높을 경우 액면의 판별이 곤란하므로 주의할 것
⑥ 용기는 중량물(약 150kg)이므로 취급 및 전도 등에 주의할 것

해설 **레벨메터 사용시 주의사항**
(1) 방사선원(코발트 60)의 **사용연한**은 약 **3년**이다.
(2) 방사선원(코발트 60)은 **부착**한 채로 관리하고, 분실에 유의할 것
(3) 충전비는 **0.9 이상 1.6 이하**일 것



▌저장용기의 설치기준▐

| 구 분 | | 할론 1301 | 할론 1211 | 할론 2402 |
|---|---|---|---|---|
| 저장압력 | | 2.5MPa 또는 4.2MPa | 1.1MPa 또는 2.5MPa | – |
| 방사압력 | | 0.9MPa | 0.2MPa | 0.1MPa |
| 충전비 | 가압식 | 0.9~1.6 이하 | 0.7~1.4 이하 | 0.51~0.67 미만 |
| | 축압식 | | | 0.67~2.75 이하 |

(4) 점검카드에 **충전량**, **중량** 등을 기록해 둘 것
(5) 측정장소의 **주위온도**가 높을 경우 액면의 판별이 곤란하므로 주의할 것
(6) 용기는 **중량물**(약 150kg)이므로 취급에 주의하고 전도 등에 유의할 것

물음 2) 자동소화장치에 대하여 다음 물음에 답하시오. (5점)
(1) 소화기구 및 자동소화장치의 화재안전기준에서 가스용 주방자동소화장치를 사용하는 경우 탐지부 설치위치를 쓰시오. (2점)

정답

| 공기보다 가벼운 가스 | 공기보다 무거운 가스 |
|---|---|
| 천장면에서 30cm 이하에 설치 | 바닥면에서 30cm 이하에 설치 |

해설 **아파트**의 **주방**에 **설치하는 주거용 주방자동소화장치**의 **설치기준**(NFPC 101 제4조, NFTC 101 2.1.2.1.4)

| 구 분 | 설 명 |
|---|---|
| 소화약제 방출구 | **환기구**의 **청소부분**과 **분리**되어 있어야 하며, 형식승인 받은 **유효설치높이** 및 **방호면적**에 따라 설치할 것 |
| 감지부 | 형식승인된 **유효**한 **높이** 및 **위치**에 설치할 것 |
| 차단장치<br>(전기 또는 가스) | **상시 확인** 및 **점검**이 가능하도록 설치할 것 |
| 탐지부 | 수신부와 분리하여 설치<br>공기보다 가벼운 가스: **천장면**에서 **30cm** 이하에 설치<br>공기보다 무거운 가스: **바닥면**에서 **30cm** 이하에 설치 |
| 수신부 | 주위의 **열기류** 또는 **습기** 등과 주위온도에 영향을 받지 아니하고 사용자가 상시 볼 수 있는 장소에 설치할 것 |

(2) 소방시설 자체점검사항 등에 관한 고시의 소방시설 등(작동, 종합) 점검표에서 상업용 주방자동소화장치의 점검항목을 쓰시오. (3점)

정답 ① 소화약제의 지시압력 적정 및 외관의 이상 여부
② 후드 및 덕트의 감지부와 분사헤드의 설치상태 적정 여부
③ 수동기동장치의 설치상태 적정 여부

해설 **소화기구 및 자동소화장치 점검표**

| 주거용 주방자동소화장치의 작동점검 | 상업용 주방자동소화장치의 작동점검 | 캐비닛형 자동소화장치의 작동점검 | 가스 · 분말 · 고체에어로졸 자동소화장치의 작동점검 |
|---|---|---|---|
| ① **수신부**의 **설치상태** 적정 및 정상(예비전원, 음향장치 등) 작동 여부<br>② **소화약제**의 **지시압력** 적정 및 외관의 이상 여부<br>③ **소화약제 방출구**의 설치상태 적정 및 **외관**의 이상 여부<br>④ **감지부** 설치상태 적정 여부<br>⑤ **탐지부** 설치상태 적정 여부<br>⑥ **차단장치** 설치상태 적정 및 정상 작동 여부 | ① **소화약제**의 지시압력 적정 및 외관의 이상 여부<br>② **후드** 및 덕트에 감지부와 분사헤드의 설치상태 적정 여부<br>③ 수동기동장치의 설치상태 적정 여부 | ① **분사헤드**의 설치상태 적합 여부<br>② 화재**감지기** 설치상태 적합 여부 및 정상 작동 여부<br>③ **개구부** 및 **통기구** 설치시 자동폐쇄장치 설치 여부 | ① **수신부**의 정상(예비전원, 음향장치 등) 작동 여부<br>② **소화약제**의 지시압력 적정 및 외관의 이상 여부<br>③ **감지부**(또는 화재감지기) 설치상태 적정 및 정상 작동 여부 |

물음 3) 준비작동식 스프링클러설비 전기계통도(R형 수신기)이다. 최소배선수 및 회로 명칭을 각각 쓰시오. (4점)

| 구 분 | 전선의 굵기 | 최소배선수 및 회로 명칭 |
|---|---|---|
| ① | $1.5mm^2$ | ( ㉠ ) |
| ② | $2.5mm^2$ | ( ㉡ ) |
| ③ | $2.5mm^2$ | ( ㉢ ) |
| ④ | $2.5mm^2$ | ( ㉣ ) |

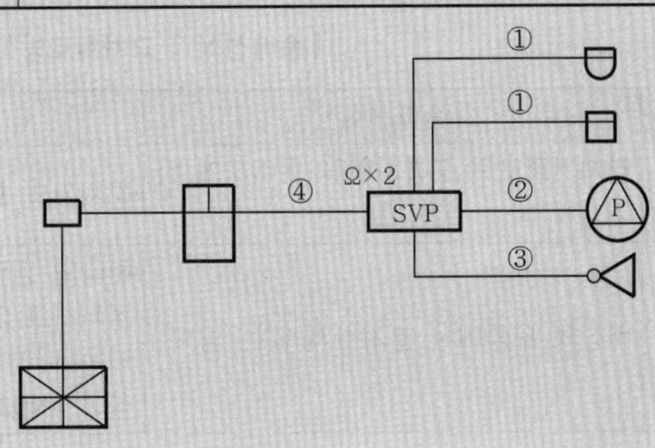

| 구 분 | 전선의 굵기 | 최소배선수 및 회로 명칭 |
|---|---|---|
| ① | $1.5mm^2$ | 4가닥 : 지구선 2, 공통선 2 |
| ② | $2.5mm^2$ | 4가닥 : 솔레노이드밸브, 압력스위치, 탬퍼스위치, 공통선 |
| ③ | $2.5mm^2$ | 2가닥 : 사이렌 2 |
| ④ | $2.5mm^2$ | 8가닥 : 전원 ⊕ · ⊖, 사이렌, 감지기 A · B, 솔레노이드밸브, 압력스위치, 탬퍼스위치 |

해설

- 기호 ② : 6가닥도 답이 될 수 있지만 요즘에는 주로 4가닥으로 배선하니 **4가닥**이 보다 확실한 답이다. 최소가닥수라는 말이 없어도 6가닥으로 답을 하면 틀리게 채점될 수도 있다.
- 솔레노이드밸브=밸브기동=SV(Solenoid Valve)
- 압력스위치=밸브개방확인=PS(Pressure Switch)
- 탬퍼스위치=밸브주의=TS(Tamper Switch)
- 기호 ④ : 자동화재탐지설비에서 전화선이 없어졌으므로 준비작동식 스프링클러설비도 최소 전선수는 '**전화선**'이 없는 것이 맞다.

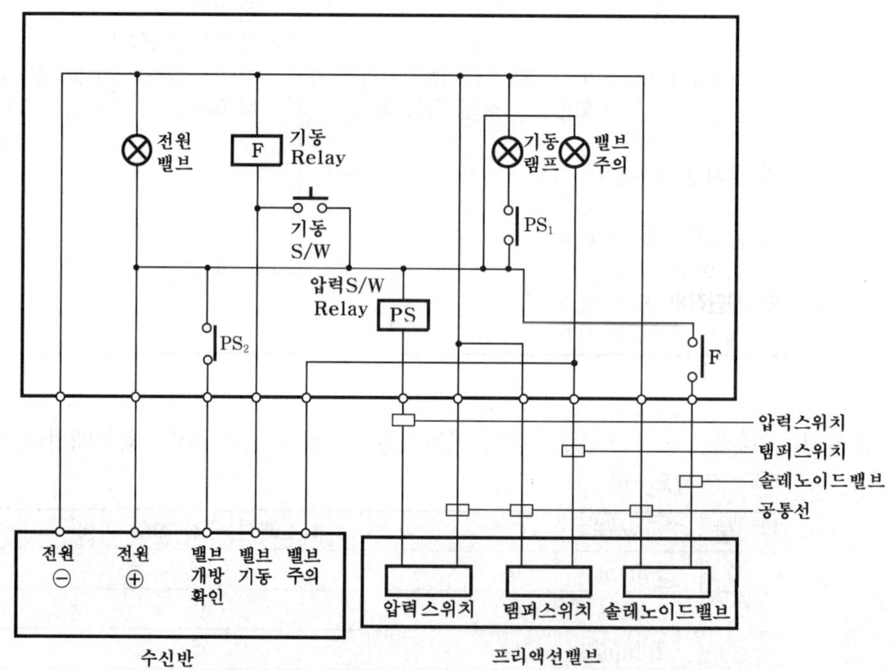


▍슈퍼비조리판넬~프리액션밸브 가닥수(4가닥인 경우)▍

▍**송배선식**과 **교차회로방식**▍

| 구 분 | 송배선식 | 교차회로방식 |
|---|---|---|
| 목적 | **감지기회로**의 **도통시험**을 용이하게 하기 위하여 | 감지기의 **오동작** 방지 |
| 원리 | 배선의 도중에서 분기하지 않는 방식 | 하나의 담당구역 내에 **2 이상**의 **감지기회로**를 설치하고 **2 이상**의 **감지기회로**가 **동시**에 **감지**되는 때에 설비가 작동하는 방식으로 회로방식이 **AND회로**에 해당된다. |

<table>
<tr><td>적용<br>설비</td><td>• 자동화재탐지설비<br>• 제연설비</td><td>• 분말소화설비<br>• 할론소화설비<br>• 이산화탄소 소화설비<br>• 준비작동식 스프링클러설비<br>• 일제살수식 스프링클러설비<br>• 할로겐화합물 및 불활성기체 소화설비<br>• 부압식 스프링클러설비<br>기억법 분할이 준일할부</td></tr>
<tr><td>가닥수<br>산정</td><td>종단저항을 수동발신기함 내에 설치하는 경우 루프(loop)된 곳은 2가닥, 기타 4가닥이 된다.<br>수동발신기함 / 루프(loop)<br>▎송배선식 ▎</td><td>말단과 루프(loop)된 곳은 4가닥, 기타 8가닥이 된다.<br>수동발신기함 / 말단 / 루프(loop)<br>▎교차회로방식 ▎</td></tr>
</table>

물음 4) 특별피난계단의 부속실(전실) 제연설비에 대하여 다음 물음에 답하시오. (9점)

(1) 소방시설 자체점검사항 등에 관한 고시의 소방시설 성능시험조사표에서 부속실 제연설비의 "차압 등" 점검항목 4가지를 쓰시오. (4점)

○

○

○

○

정답 ① 제연구역과 옥내 사이 최소차압 적정 여부
② 제연설비 가동시 출입문 개방력 적정 여부
③ 비개방층 최소차압 적정 여부
④ 부속실과 계단실 차압 적정 여부(계단실과 부속실 동시 제연의 경우)

해설 **특별피난계단**의 **부속실(전실) 제연설비 소방시설 성능점검조사표 〔별지 제5호 서식〕**

| 구 분 | 점검항목 |
|---|---|
| 제연구역의 선정 | 제연구역 선정 적정 여부 |
| 차압 등<br>물음 4) (1) | • 제연구역과 옥내 사이의 최소차압 적정 여부<br>• **제연설비** 가동시 출입문 개방력 적정 여부<br>• **비개방층** 최소차압 적정 여부<br>• 부속실과 계단실 차압 적정 여부(계단실과 부속실 동시 제연의 경우) |

| 급기량 등 | • 급기량 적정 여부<br>• **누설량** 및 **보충량** 산정 적정 여부 | |
|---|---|---|
| 방연풍속 | 방연풍속의 적정 여부 | |
| 과압방지조치 | • 과압방지조치 **적정** 여부<br>• 과압방지장치 **자동압력**조정성능 확보 여부<br>• **자동차압 · 과압조절형** 댐퍼성능 적정 여부(자동차압 · 과압조절형 댐퍼를 사용한 경우) | |
| 누설틈새의 면적 등 | 제연구역의 출입문 등의 크기 및 개방방식이 설계시와 동일 여부 | |
| 유입공기의 배출 | 수직풍도에 따른 배출 | 배출구에 따른 배출 |
| | • 수직풍도 **내화구조** 적합 여부<br>• 수직풍도 **내부면** 재질 적정 여부<br>• 수직풍도 관통부 배출댐퍼 설치상태 적정(재질, 개폐 여부 확인 가능, 작동상태 · 기밀상태 점검, 이 · 탈착구조, 감지기 동작에 따른 개방구조, 내부단면적, 돌출구조) 여부<br>• 배출용 송풍기 **설치상태** 적정(내열성능, 풍량, 감지기 연동) 여부(기계배출식의 경우)<br>• 상부 말단구조 적정(빗물 유입방지, 옥외풍압영향 방지조치) 여부 | • 개폐기 설치상태 적정(빗물 유입방지, 옥외방향 개방 및 옥외풍압에 의한 자동폐쇄) 여부<br>• 개폐기 개구면적 산정 적정 여부 |

(2) 전층이 닫힌상태에서 차압이 과다한 원인 3가지를 쓰시오. (2점)

○

○

○

정답 ① 급기송풍기의 풍량 과다
② 급기댐퍼의 개구율 과다
③ 출입문과 바닥 사이의 틈새 밀실

해설

| 전층의 출입문이 닫힌상태에서 차압 **과다**의 원인 | 전층의 출입문이 닫힌상태에서 차압 **부족**의 원인 |
|---|---|
| ① 급기송풍기의 **풍량 과다**<br>② 급기송풍기 배출측 풍량조절댐퍼 **많이 열림**<br>③ 급기댐퍼의 **개구율 과다**<br>④ 자동차압과압조절형 댐퍼의 **차압조절기능** 고장<br>⑤ 출입문과 바닥 사이의 **틈새 밀실** | ① 급기송풍기의 **풍량 부족**<br>② 급기송풍기 배출측 풍량조절댐퍼 많이 닫힘<br>③ 급기풍도에서의 누설<br>④ 급기댐퍼의 **개구율 부족**<br>⑤ 자동차압과압조절형 댐퍼의 **차압조절기능** 고장<br>⑥ 출입문과 바닥 사이의 **틈새 과다** |

(3) 방연풍속이 부족한 원인 3가지를 쓰시오. (3점)

○

○

○

정답 ① 급기송풍기의 풍량 부족
② 급기풍도에서의 누설
③ 급기댐퍼의 개구율 부족

해설 **방연풍속 부족**의 **원인**

(1) 급기송풍기의 **풍량** 부족
(2) 급기송풍기 배출측 **풍량조절댐퍼** 많이 닫힘
(3) 급기풍도에서의 **누설**
(4) 급기댐퍼의 **개구율 부족**
(5) **자동차압과압조절형 댐퍼**의 차압조절기능 **고장**
(6) 화재층 외의 다른 층 **출입문 개방**

## 눈 마사지는 이렇게

① 마사지 전 눈 주위 긴장된 근육을 풀어주기 위해 간단한 눈 주위 스트레칭(눈을 크게 뜨거나 감는 등)을 한다.
② 엄지손가락을 제외한 나머지 손가락을 펴서 눈썹 끝부터 눈 바로 아래 부분까지 가볍게 댄다.
③ 눈을 감고 눈꺼풀이 당긴다는 느낌이 들 정도로 30초간 잡아 당긴다.
④ 눈꼬리 바로 위 손가락이 쑥 들어가는 부분(관자놀이)에 세 손가락으로 지그시 누른 후 시계 반대방향으로 30회 돌려준다.
⑤ 마사지 후 눈을 감은 뒤 두 손을 가볍게 말아 쥐고 아래에서 위로 피아노 건반을 누르듯 두드려준다. 10초 동안 3회 반복

도움말 : 고대안암병원 김효명 교수, 누네병원 최재호 원장

# 2020년도 제20회 소방시설관리사 2차 국가자격시험

| 교시 | 시간 | 시험과목 |
|---|---|---|
| **1교시** | **90분** | **소방시설의 점검실무행정** |

| 수험번호 | | 성 명 | |
|---|---|---|---|

**【 수험자 유의사항 】**

1. **시험문제지 표지**와 시험문제지의 **총면수, 문제번호 일련순서, 인쇄상태** 등을 확인하시고, 문제지 표지에 수험번호와 성명을 기재하시기 바랍니다.

2. 수험자 인적사항 및 답안지 등 작성은 **반드시 검정색 필기구만을 계속 사용**하여야 합니다. (**그 외 연필류, 유색필기구, 2가지 이상 색 혼합사용 등으로 작성한 답항은 0점 처리**됩니다.)

3. 문제번호 순서에 관계없이 답안 작성이 가능하나, **반드시 문제번호 및 문제를 기재**(긴 경우 요약기재 가능)하고 해당 답안을 기재하여야 합니다.

4. **답안 정정시에는 정정할 부분을 두 줄(=)로 긋고 수정할 내용을 다시 기재**합니다.

5. 답안작성은 **시험시행일** 현재 시행되는 법령 등을 적용하시기 바랍니다.

6. **감독위원의 지시에 불응하거나 시험시간 종료 후 답안지를 제출하지 않을 경우** 불이익이 발생할 수 있음을 알려드립니다.

7. 시험문제지는 시험 종료 후 가져가시기 바랍니다.

# 2020. 9. 26. 시행

문제 01

**다음 물음에 답하시오. (40점)**

물음 1) 복합건축물에 관한 다음 물음에 답하시오. (20점)

〔조건〕
㉮ 건축물의 개요 : 철근콘크리트조 지하 2층~지상 8층, 바닥면적 200m$^2$, 연면적 2000m$^2$, 1개동
㉯ 지하 1~2층 : 주차장
㉰ 1(피난층)~3층 : 근린생활시설(소매점)
㉱ 4~8층 : 공동주택(아파트 등), 각 층에 주방(LNG 사용) 설치
㉲ 층고 3m, 무창층 및 복도식 구조 없음. 계단 1개 설치
㉳ 소화기구, 유도등·유도표지는 제외하고 소방시설을 산출하되, 법정 용어를 사용할 것
㉴ 소방시설 설치 및 관리에 관한 법령상 특정소방대상물의 소방시설 설치의 면제기준을 적용할 것
㉵ 주어진 조건 외에는 고려하지 않는다.

(1) 소방시설 설치 및 관리에 관한 법령상 설치되어야 하는 소방시설의 종류 6가지를 쓰시오. (단, 물분무등소화설비 및 연결송수관설비는 제외함) (6점)

○
○
○
○
○
○

(2) 연결송수관설비의 화재안전기준상 연결송수관설비 방수구의 설치 제외가 가능한 층과 제외기준을 위의 조건을 적용하여 각각 쓰시오. (3점)

(3) 2층을 노인의료복지시설(노인요양시설)로 구조변경 없이 용도변경하려고 한다. 다음에 답하시오. (4점)

① 소방시설 설치 및 관리에 관한 법령상 2층에 추가로 설치되어야 하는 소방시설의 종류를 쓰시오.

② 화재의 예방 및 안전관리에 관한 법령상 불꽃을 사용하는 용접·용단기구로서 용접 또는 용단 작업장에서 지켜야 하는 사항을 쓰시오. (단, 「산업안전보건법」 제38조의 적용을 받는 사업장은 제외함) 15회

(4) 2층에 일반음식점영업(영업장 사용면적 100m²)을 하고자 한다. 다음에 답하시오. (7점)

① 다중이용업소의 안전관리에 관한 특별법령상 영업장의 비상구에 부속실을 설치하는 경우 부속실 입구의 문과 부속실에서 건물 외부로 나가는 문(난간높이 1m)에 설치하여야 하는 추락 등의 방지를 위한 시설을 각각 쓰시오.

② 다중이용업소의 안전관리에 관한 특별법령상 안전시설 등 세부점검표의 점검사항 중 피난설비 작동점검 및 외관점검에 관한 확인사항 4가지를 쓰시오.

○

○

○

○

물음 2) 다음 물음에 답하시오. (20점)

(1) 특별피난계단의 계단실 및 부속실 제연설비의 화재안전기준상 방연풍속 측정방법, 측정결과 부적합시 조치방법을 각각 쓰시오. (4점)

(2) 특별피난계단의 계단실 및 부속실 제연설비의 성능시험조사표에서 송풍기 풍량측정의 일반사항 중 측정점에 대하여 쓰고, 풍속·풍량 계산식을 각각 쓰시오. (8점)

(3) 수신기의 기록장치에 저장하여야 하는 데이터는 다음과 같다. (  )에 들어갈 내용을 순서에 관계없이 쓰시오. (4점)

| |
|---|
| ○ ( ① )<br>○ ( ② )<br>○ 수신기와 외부배선(지구음향장치용의 배선, 확인장치용의 배선 및 전화장치용의 배선을 제외한다.)과의 단선상태<br>○ ( ③ )<br>○ 수신기의 주경종스위치, 지구경종스위치, 복구스위치 등 기준 「수신기 형식승인 및 제품검사의 기술기준」 제11조(수신기의 제어기능)를 조작하기 위한 스위치의 정지상태<br>○ ( ④ )<br>○ 「수신기 형식승인 및 제품검사의 기술기준」 제15조의 2 제2항에 해당하는 신호(무선식 감지기·무선식 중계기·무선식 발신기와 접속되는 경우에 한함)<br>○ 「수신기 형식승인 및 제품검사의 기술기준」 제15조의 2 제3항에 의한 확인신호를 수신하지 못한 내역(무선식 감지기·무선식 중계기·무선식 발신기와 접속되는 경우에 한함) |

(4) 미분무소화설비의 화재안전기준상 '미분무'의 정의를 쓰고, 미분무소화설비의 사용압력에 따른 저압, 중압 및 고압의 압력〔MPa〕범위를 각각 쓰시오. (4점)

물음 1) 복합건축물에 관한 다음 물음에 답하시오. (20점)

〔조건〕
㉮ 건축물의 개요 : 철근콘크리트조 지하 2층~지상 8층, 바닥면적 $200m^2$, 연면적 $2000m^2$, 1개동
㉯ 지하 1~2층 : 주차장
㉰ 1(피난층)~3층 : 근린생활시설(소매점)
㉱ 4~8층 : 공동주택(아파트 등), 각 층에 주방(LNG 사용) 설치
㉲ 층고 3m, 무창층 및 복도식 구조 없음. 계단 1개 설치
㉳ 소화기구, 유도등·유도표지는 제외하고 소방시설을 산출하되, 법정 용어를 사용할 것
㉴ 소방시설 설치 및 관리에 관한 법령상 특정소방대상물의 소방시설 설치의 면제기준을 적용할 것
㉵ 주어진 조건 외에는 고려하지 않는다.

(1) 소방시설 설치 및 관리에 관한 법령상 설치되어야 하는 소방시설의 종류 6가지를 쓰시오. (단, 물분무등소화설비 및 연결송수관설비는 제외함) (6점)
○
○
○
○
○
○



정답 ① 주거용 주방자동소화장치
② 옥내소화전설비
③ 스프링클러설비
④ 자동화재탐지설비
⑤ 시각경보기
⑥ 피난기구

해설 **소방시설 면제기준** (소방시설법 시행령 〔별표 5〕)

| 면제대상 | 대체설비 |
|---|---|
| 스프링클러설비 | • **물분무등소화설비** |
| 물분무등소화설비 | • **스프링클러설비** |
| 간이스프링클러설비 | • 스프링클러설비<br>• **물분무소화설비**<br>• **미분무소화설비** |
| 비상**경**보설비 또는<br>**단**독경보형 감지기 | • **자동화재탐지설비**<br>• 화재알림설비<br>기억법 **탐경단** |
| 비상**경**보설비 | • **2개 이상 단독경보형 감지기 연동**<br>기억법 **경단2** |

| | |
|---|---|
| 비상방송설비 | • 자동화재탐지설비<br>• 비상경보설비 |
| 비상조명등 | • 피난구유도등<br>• 통로유도등 |
| 누전경보기 | • 아크경보기<br>• 지락차단장치 |
| 무선통신보조설비 | • 이동통신 구내 중계기 선로설비<br>• 무선중계기 |
| 상수도소화용수설비 | • 각 부분으로부터 **수평거리 140m** 이내에 공공의 소방을 위한 소화전 |
| 연결살수설비 | • 스프링클러설비<br>• 간이스프링클러설비<br>• 물분무소화설비<br>• 미분무소화설비 |
| 제연설비 | • **공기조화설비** |
| 연소방지설비 | • 스프링클러설비<br>• 물분무소화설비<br>• 미분무소화설비 |
| 연결송수관설비 | • 옥내소화전설비<br>• 스프링클러설비<br>• 간이스프링클러설비<br>• 연결살수설비 |
| 자동화재탐지설비 | • 자동화재탐지설비의 기능을 가진 화재알림설비, 스프링클러설비<br>• 물분무등소화설비 |
| 옥내소화전설비 | • 옥외소화전설비<br>• 미분무소화설비(호스릴방식) |
| 옥외소화전설비 | • 상수도소화용수설비(문화재인 목조건축물) |
| 자동소화장치 | • 물분무등소화설비 |

**주거용 주방자동소화장치**

• 〔조건 ㉣〕에 아파트 등이므로 주거용 주방자동소화장치 설치대상

**▌주거용 주방자동소화장치의 설치대상**(소방시설법 시행령 〔별표 4〕) **▌**

| 종 류 | 설치대상 |
|---|---|
| 주거용 주방자동소화장치 | • **아파트** 등<br>• **오피스텔** |

세부사항

**자동소화장치**를 설치해야 하는 **특정소방대상물**(소방시설법 시행령 〔별표 4〕)

| 종 류 | 설치대상 |
|---|---|
| ① **주거용 주방자동소화장치**를 설치해야 하는 것 | • **아파트 등** 및 **오피스텔**의 모든 층 |
| ② **상업용 주방자동소화장치**를 설치해야 하는 것 | • 판매시설 중 **대규모점포**에 입점해 있는 **일반음식점**<br>• **집단급식소** |
| ③ **캐비닛형 자동소화장치**, **가스자동소화장치**, **분말자동소화장치**, **고체에어로졸 자동소화장치**를 설치해야 하는 것 | • **화재안전기준**에서 정하는 장소 |

**옥내소화전설비**

- 〔조건 ㉮·㉰〕에 의해 근린생활시설로 연면적 $2000m^2$이므로 $1500m^2$ 이상이 되어 옥내소화전설비 설치대상

**▌옥내소화전설비의 설치대상**(소방시설법 시행령 〔별표 4〕)**▐**

| 설치대상 | 조 건 |
|---|---|
| ① 차고·주차장 | • **$200m^2$** 이상 |
| ② **근린생활시설**<br>③ 업무시설(금융업소·사무소) | • 연면적 **$1500m^2$** 이상 |
| ④ 문화 및 집회시설, 운동시설<br>⑤ 종교시설 | • 연면적 **$3000m^2$** 이상 |
| ⑥ 특수가연물 저장·취급 | • 지정수량 **750배** 이상 |
| ⑦ 지하가 중 터널길이 | • **1000m** 이상 |

세부사항

**옥내소화전설비**를 설치해야 하는 **특정소방대상물**(위험물 저장 및 처리시설 중 가스시설, 지하구 및 방재실 등에서 스프링클러설비 또는 물분무등소화설비를 원격으로 조정할 수 있는 업무시설 중 무인변전소 제외)
(소방시설법 시행령 〔별표 4〕)

(1) 연면적 **$3000m^2$** 이상(터널 제외)이거나 지하층·무창층(축사 제외) 또는 층수가 **4층** 이상인 것 중 바닥면적이 **$600m^2$** 이상인 층이 있는 것은 모든 층
(2) 지하가 중 터널로서 다음에 해당하는 터널
  ① 길이가 **1000m** 이상인 **터널**
  ② 예상교통량, 경사도 등 터널의 특성을 고려하여 **행정안전부령**으로 정하는 터널
(3) (1)에 해당하지 않는 **근린생활시설**, 판매시설, 운수시설, 의료시설, 노유자시설, **업무시설**, 숙박시설, 위락시설, 공장, 창고시설, 항공기 및 자동차 관련 시설, 교정 및 군사시설 중 국방·군사시설, 방송통신시설, 발전시설, 장례시설 또는 복합건축물로서 연면적 **$1500m^2$ 이상**이거나 지하층·무창층 또는 층수가 **4층** 이상인 층 중 바닥면적이 **$300m^2$** 이상인 층이 있는 것은 **모든 층**
(4) 건축물의 옥상에 설치된 차고 또는 주차장으로서 차고 또는 주차의 용도로 사용되는 부분의 면적이 **$200m^2$** 이상인 것
(5) (1) 및 (3)에 해당하지 않는 **공장** 또는 **창고시설**로서 지정수량의 **750배** 이상의 특수가연물을 저장·취급하는 것

**스프링클러설비**

- 〔조건 ㉮〕에 의해 지상 8층으로 층수가 6층 이상이므로 스프링클러설비 설치대상

**▌스프링클러설비의 설치대상**(소방시설법 시행령 〔별표 4〕)**▐**

| 설치대상 | 조 건 |
|---|---|
| ① 문화 및 집회시설, 운동시설<br>② 종교시설 | • 수용인원 : **100명** 이상<br>• 영화상영관 : 지하층·무창층 **$500m^2$**(기타 **$1000m^2$**) 이상<br>• 무대부<br>– 지하층·무창층·**4층** 이상 **$300m^2$** 이상<br>– 1~3층 **$500m^2$** 이상 |
| ③ 판매시설<br>④ 운수시설<br>⑤ 물류터미널 | • 수용인원 : **500명** 이상<br>• 바닥면적 합계 : **$5000m^2$** 이상 |

| | |
|---|---|
| ⑥ 조산원 및 산후조리원<br>⑦ 노유자시설<br>⑧ 정신의료기관<br>⑨ 수련시설(숙박시설이 있는 것)<br>⑩ 숙박시설<br>⑪ 종합병원, 병원, 치과병원, 한방병원 및 요양병원 | • 바닥면적 합계 **600m²** 이상 |
| ⑫ 지하층 · 무창층 · **4층** 이상 | • 바닥면적 **1000m²** 이상 |
| ⑬ **지하가**(터널 제외) | • 연면적 **1000m²** 이상 |
| ⑭ **10m** 초과 랙크식 창고 | • 연면적 **1500m²** 이상 |
| ⑮ 복합건축물<br>⑯ 기숙사 | • 연면적 **5000m²** 이상 : 전층 |
| ⑰ **6층** 이상 | • 전층 |
| ⑱ 보일러실 · 연결통로 | • 전부 |
| ⑲ 특수가연물 저장 · 취급 | • 지정수량 **1000배** 이상 |

세부사항

**스프링클러설비**를 설치해야 하는 **특정소방대상물**(위험물 저장 및 처리시설 중 가스시설 또는 지하구는 제외)(소방시설법 시행령 〔별표 4〕)

(1) 문화 및 집회시설(동식물원 제외), 종교시설(주요구조부가 목조인 것 제외), 운동시설(물놀이형 시설 및 바닥이 불연재료이고 관람석이 없는 운동시설 제외)로서 다음에 해당하는 경우에는 모든 층
① 수용인원이 **100명** 이상인 것
② 영화상영관의 용도로 쓰이는 층의 바닥면적이 **지하층** 또는 **무창층**인 경우에는 **500m²** 이상, 그 밖의 층의 경우에는 **1000m²** 이상인 것
③ **무대부**가 **지하층 · 무창층** 또는 **4층** 이상의 층에 있는 경우에는 무대부의 면적이 **300m²** 이상인 것
④ 무대부가 ③ 외의 층에 있는 경우에는 무대부의 면적이 **500m²** 이상인 것

(2) 판매시설, 운수시설 및 창고시설(물류터미널에 한정)로서 바닥면적의 합계가 **5000m²** 이상이거나 수용인원이 **500명** 이상인 경우에는 모든 층

(3) **6층** 이상인 특정소방대상물의 경우에는 모든 층(단, 다음에 해당하는 경우는 제외)
① 주택 관련 법령에 따라 기존의 아파트 등을 리모델링하는 경우로서 건축물의 연면적 및 층높이가 변경되지 않는 경우. 이 경우 해당 아파트 등의 사용검사 당시의 소방시설의 설치에 관한 대통령령 또는 화재안전기준 적용
② 스프링클러설비가 없는 기존의 특정소방대상물을 용도변경하는 경우(단, (1) · (2) · (4) · (5) 및 (8)부터 (12)까지의 규정에 해당하는 특정소방대상물로 용도변경하는 경우에는 해당 규정에 따라 스프링클러설비를 설치)

(4) 다음에 해당하는 용도로 사용되는 시설의 바닥면적의 합계가 600m² 이상인 것은 모든 층
① 근린생활시설 중 조산원 및 산후조리원
② 의료시설 중 정신의료기관
③ 의료시설 중 종합병원, 병원, 치과병원, 한방병원 및 요양병원
④ 노유자시설
⑤ 숙박이 가능한 수련시설
⑥ 숙박시설

(5) 창고시설(물류터미널 제외)로서 바닥면적 합계가 **5000m²** 이상인 경우에는 모든 층

(6) 랙크식 창고(rack warehouse) : 랙크(물건을 수납할 수 있는 선반이나 이와 비슷한 것)를 갖춘 것으로서 천장 또는 반자(반자가 없는 경우에는 지붕의 옥내에 면하는 부분)의 높이가 10m를 초과하고, 랙크가 설치된 층의 바닥면적의 합계가 1500m² 이상인 경우에는 모든 층

(7) 특정소방대상물의 지하층 · 무창층(축사 제외) 또는 층수가 **4층** 이상인 층으로서 바닥면적이 **1000m²** 이상인 층
(8) **공장** 또는 **창고시설**로서 다음에 해당하는 시설
① 「화재의 예방 및 안전관리에 관한 법률 시행령」 〔별표 2〕에서 정하는 수량의 **1000배** 이상의 특수가연물을 저장 · 취급하는 시설
② 「원자력안전법 시행령」에 따른 **중 · 저준위방사성폐기물**의 저장시설 중 소화수를 수집 · 처리하는 설비가 있는 저장시설
(9) 지붕 또는 외벽이 **불연재료**가 아니거나 **내화구조**가 아닌 공장 또는 창고시설로서 다음에 해당하는 것
① 창고시설(물류터미널에 한정) 중 (2)에 해당하지 않는 것으로서 바닥면적의 합계가 **2500m²** 이상이거나 수용인원이 **250명** 이상인 것
② 창고시설(물류터미널 제외) 중 (5)에 해당하지 않는 것으로서 바닥면적의 합계가 **2500m²** 이상인 것
③ 랙크식 창고시설 중 (6)에 해당하지 않는 것으로서 바닥면적의 합계가 **750m²** 이상인 것
④ 공장 또는 창고시설 중 (7)에 해당하지 않는 것으로서 지하층 · 무창층 또는 층수가 **4층** 이상인 것 중 바닥면적이 **500m²** 이상인 것
⑤ 공장 또는 창고시설 중 (8)의 ①에 해당하지 않는 것으로서 「화재의 예방 및 안전관리에 관한 법률 시행령」 〔별표 2〕에서 정하는 수량의 **500배** 이상의 특수가연물을 저장 · 취급하는 시설
(10) **지하가**(터널 제외)로서 연면적 1000m² 이상인 것
(11) 발전시설 중 전기저장시설
(12) **기숙사**(교육연구시설 · 수련시설 내에 있는 학생 수용을 위한 것) 또는 복합건축물로서 연면적 **5000m²** 이상인 경우에는 모든 층
(13) 교정 및 군사시설 중 다음에 해당하는 경우에는 해당 장소
① **보호감호소**, **교도소**, **구치소** 및 그 지소, **보호관찰소**, **갱생보호시설**, **치료감호시설**, **소년원** 및 **소년분류심사원**의 수용거실
② **보호시설**(외국인보호소의 경우에는 보호대상자의 생활공간으로 한정)로 사용하는 부분(단, 보호시설이 임차건물에 있는 경우는 제외)
③ **유치장**
(14) (1)부터 (13)까지의 특정소방대상물에 부속된 **보일러실** 또는 **연결통로**

**자동화재탐지설비**

• 〔조건 ㉮ · ㉰〕에 의해 **근린생활시설**로서 연면적 **2000m²**로 연면적 **600m²** 이상이 되어 자동화재탐지설비 설치대상

**| 자동화재탐지설비의 설치대상**(소방시설법 시행령 〔별표 4〕) **|**

| 설치대상 | 조 건 |
|---|---|
| ① 정신의료기관 · 의료재활시설 | • 창살설치 : 바닥면적 **300m²** 미만<br>• 기타 : 바닥면적 **300m²** 이상 |
| ② 노유자시설 | • 연면적 **400m²** 이상 |
| ③ **근**린생활시설 · **위**락시설<br>④ **의**료시설(정신의료기관 또는 요양병원 제외)<br>⑤ **복**합건축물 · 장례시설 | • 연면적 **600m²** 이상 |
| ⑥ 목욕장 · 문화 및 집회시설, 운동시설<br>⑦ 종교시설<br>⑧ 방송통신시설 · 관광휴게시설<br>⑨ 업무시설 · 판매시설<br>⑩ 항공기 및 자동차 관련 시설 · 공장 · 창고시설<br>⑪ 지하가(터널 제외) · 운수시설 · 발전시설 · 위험물 저장 및 처리시설<br>⑫ 교정 및 군사시설 중 국방 · 군사시설 | • 연면적 **1000m²** 이상 |

| | |
|---|---|
| ⑬ **교**육연구시설 · **동**식물 관련 시설<br>⑭ **자**원순환 관련 시설 · **교**정 및 군사시설(국방 · 군사시설 제외)<br>⑮ **수**련시설(숙박시설이 있는 것 제외)<br>⑯ 묘지 관련 시설 | • 연면적 **2**000m$^2$ 이상 |
| ⑰ 터널 | • 길이 **1000m** 이상 |
| ⑱ 지하구<br>⑲ 노유자생활시설<br>⑳ 공동주택<br>㉑ 숙박시설<br>㉒ **6층** 이상인 건축물<br>㉓ 조산원 및 산후조리원<br>㉔ 요양병원(의료재활시설 제외) | • 전부 |
| ㉕ 특수가연물 저장 · 취급 | • 지정수량 **500배** 이상 |
| ㉖ 수련시설(숙박시설이 있는 것) | • 수용인원 **100명** 이상 |
| ㉗ 전통시장 | • 전부 |
| ㉘ 발전시설 | • 전기저장시설 |

기억법 **근위의복 6, 교동자교수 2**



세부사항

**자동화재탐지설비**를 설치해야 하는 **특정소방대상물**(소방시설법 시행령 〔별표 4〕)

(1) 공동주택 중 아파트 등 기숙사 및 숙박시설의 경우에는 모든 층
(2) 층수가 6층 이상인 건축물의 경우에는 모든 층
(3) **근린생활시설**(목욕장 제외), 의료시설(정신의료기관 또는 요양병원 제외), 위락시설, 장례시설 및 복합건축물로서 연면적 **600m$^2$** 이상인 것
(4) 근린생활시설 중 **목욕장**, **문화** 및 **집회시설**, **종교시설**, 판매시설, 운수시설, 운동시설, 업무시설, 공장, 창고시설, 위험물 저장 및 처리시설, 항공기 및 자동차 관련 시설, 교정 및 군사시설 중 국방 · 군사시설, 방송통신시설, 발전시설, 관광휴게시설, 지하가(터널 제외)로서 연면적 **1000m$^2$** 이상인 것
(5) **교육연구시설**(교육시설 내에 있는 기숙사 및 합숙소 포함), 수련시설(수련시설 내에 있는 기숙사 및 합숙소를 포함하며, 숙박시설이 있는 수련시설은 제외), 동물 및 식물 관련 시설(기둥과 지붕만으로 구성되어 외부와 기류가 통하는 장소는 제외), 자원순환 관련 시설, 교정 및 군사시설(국방 · 군사시설 제외) 또는 묘지 관련 시설로서 연면적 **2000m$^2$** 이상인 것
(6) **지하구**
(7) 지하가 중 **터널**로서 길이가 **1000m** 이상인 것
(8) 노유자생활시설
(9) (8)에 해당하지 않는 노유자시설로서 연면적 **400m$^2$** 이상인 **노유자시설** 및 **숙박시설**이 있는 수련시설로서 수용인원 **100명** 이상인 것
(10) (4)에 해당하지 않는 **공장** 및 **창고시설**로서 「소방기본법 시행령」 〔별표 2〕에서 정하는 수량의 **500배** 이상의 특수가연물을 저장 · 취급하는 것
(11) 의료시설 중 정신의료기관 또는 요양병원으로서 다음에 해당하는 시설
① **요양병원**(의료재활시설 제외)
② **정신의료기관** 또는 **의료재활시설**로 사용되는 바닥면적의 합계가 **300m$^2$ 이상**인 시설
③ **정신의료기관** 또는 **의료재활시설**로 사용되는 바닥면적의 합계가 **300m$^2$ 미만**이고, 창살(철재 · 플라스틱 또는 목재 등으로 사람의 탈출 등을 막기 위하여 설치한 것을 말하며, 화재시 자동으로 열리는 구조로 되어 있는 창살은 제외)이 설치된 시설
(12) 판매시설 중 **전통시장**
(13) (3)에 해당하지 않는 근린생활시설 중 조산원 및 산후조리원
(14) (4)에 해당하지 않는 공장 및 창고시설로서 「화재의 예방 및 안전관리에 관한 법률 시행령」 [별표 2]에서 정하는 수량의 500배 이상의 특수가연물을 저장 · 취급하는 것
(15) (4)에 해당하지 않는 발전시설 중 전기저장시설

**시각경보기**

• 〔조건 ㉰〕에 의해 근린생활시설이므로 시각경보기 설치대상

**▍시각경보기의 설치대상**(소방시설법 시행령 〔별표 4〕) **▍**

| 설치대상 | 조 건 |
|---|---|
| ① 근린생활시설 · 문화 및 집회시설 · 종교시설<br>② 판매시설 · 운수시설 · 운동시설<br>③ 물류터미널<br>④ 의료시설 · 노유자시설 · 업무시설 · 숙박시설 · 발전시설 · 장례시설<br>⑤ 도서관 · 방송국<br>⑥ 지하상가 | 전부 |

세부사항

**시각경보기**를 설치해야 하는 **특정소방대상물**(소방시설법 시행령 〔별표 4〕)
(1) 근린생활시설, 문화 및 집회시설, 종교시설, 판매시설, 운수시설, 의료시설, 노유자시설
(2) 운동시설, 업무시설, 숙박시설, 위락시설, 창고시설 중 물류터미널, 발전시설 및 장례시설
(3) 교육연구시설 중 **도서관**, 방송통신시설 중 **방송국**
(4) 지하가 중 **지하상가**

**피난기구**

• 〔조건 ㉮ · ㉱〕에 의해 지하 2층~지상 8층이므로 지하 1 · 2층 및 지상 3~8층이 피난기구 설치대상

**▍피난기구의 설치대상**(소방시설법 시행령 〔별표 4〕) **▍**

| 설치대상 | 비 고 |
|---|---|
| ① 일반적으로 지하층<br>② 지상 3~10층 | 일반적인 경우 |

세부사항

**피난기구**를 설치해야 하는 **특정소방대상물**(소방시설법 시행령 〔별표 5〕)
피난기구는 특정소방대상물의 모든 층에 화재안전기준에 적합한 것으로 설치해야 한다(단, 피난층, 지상 1 · 2층(노유자시설 중 피난층이 아닌 지상 1층과 피난층이 아닌 지상 2층은 제외) 및 층수가 11층 이상인 층과 위험물 저장 및 처리시설 중 가스시설, 지하가 중 터널 또는 지하구의 경우 제외).

**소화기구**

• 〔조건 ㉮〕에 의해 연면적 2000m$^2$로 연면적 33m$^2$ 이상이므로 소화기구 설치대상이지만, 〔조건 ㉳〕에 의해 생략

**▍소화기구의 설치대상**(소방시설법 시행령 〔별표 4〕) **▍**

| 종 류 | 설치대상 | |
|---|---|---|
| 소화기 | • 연면적 **33m$^2$** 이상<br>• 가스시설<br>• 발전시설 중 전기저장시설 | • 문화재<br>• 터널<br>• 지하구 |

세부사항

**소화기구**를 설치해야 하는 **특정소방대상물**(소방시설법 시행령 〔별표 4〕)
(1) 연면적 **33m²** 이상인 것(단, 노유자시설의 경우에는 투척용 소화용구 등을 화재안전기준에 따라 산정된 소화기 수량의 $\frac{1}{2}$ 이상으로 설치 가능)
(2) (1)에 해당하지 않는 시설로서 가스시설, 발전시설 중 전기저장시설 및 문화재
(3) 터널
(4) 지하구

**물분무등소화설비**

• 〔조건 ㉮ · ㉯〕에 의해 **주차장**으로 바닥면적 **200m²**이므로 물분무등소화설비 설치대상이지만 〔단서〕에 의해 제외

▌**물분무등소화설비**의 **설치대상**(소방시설법 시행령 〔별표 4〕) ▌

| 설치대상 | 조 건 |
|---|---|
| ① 차고 · 주차장(50세대 미만 연립주택 및 다세대주택 제외) | • 바닥면적 합계 **200m²** 이상 |
| ② 전기실 · 발전실 · 변전실<br>③ 축전지실 · 통신기기실 · 전산실 | • 바닥면적 **300m²** 이상 |
| ④ 주차용 건축물 | • 연면적 **800m²** 이상 |
| ⑤ 기계식 주차장치 | • **20대** 이상 |
| ⑥ 항공기격납고 | • 전부(규모에 관계없이 설치) |
| ⑦ 중 · 저준위 방사성 폐기물의 저장시설(소화수를 수집 · 처리하는 설비 미설치) | • 이산화탄소 소화설비, 할론소화설비, 할로겐화합물 및 불활성기체 소화설비 설치 |
| ⑧ 지하가 중 터널 | • 예상교통량, 경사도 등 터널의 특성을 고려하여 행정안전부령으로 정하는 터널 |
| ⑨ 지정문화재 | • 소방청장이 문화재청장과 협의하여 정하는 것 또는 적응소화설비 |

세부사항

**물분무등소화설비**를 설치해야 하는 **특정소방대상물**(위험물 저장 및 처리시설 중 가스시설 또는 지하구는 제외)(소방시설법 시행령 〔별표 4〕)
(1) 항공기 및 자동차 관련 시설 중 **항공기격납고**
(2) 차고, 주차용 건축물 또는 철골 조립식 주차시설. 이 경우 연면적 **800m²** 이상인 것만 해당한다.
(3) 건축물의 내부에 설치된 차고 · **주차장**으로서 차고 또는 주차의 용도로 사용되는 면적이 **200m² 이상**인 경우 해당 부분(50세대 미만 연립주택 및 다세대주택은 제외)
(4) 기계장치에 의한 주차시설을 이용하여 **20대** 이상의 **차량**을 주차할 수 있는 것
(5) 특정소방대상물에 설치된 **전기실 · 발전실 · 변전실**(가연성 절연유를 사용하지 않는 변압기 · 전류차단기 등의 전기기기와 가연성 피복을 사용하지 않은 전선 및 케이블만을 설치한 전기실 · 발전실 및 변전실은 제외) · **축전지실 · 통신기기실** 또는 **전산실**, 그 밖에 이와 비슷한 것으로서 바닥면적이 **300m²** 이상인 것(하나의 방화구획 내에 둘 이상의 실이 설치되어 있는 경우에는 이를 하나의 실로 보아 바닥면적 산정). 단, 내화구조로 된 공정제어실 내에 설치된 주조정실로서 양압시설이 설치되고 전기기기에 **220V** 이하인 저전압이 사용되며 종업원이 24시간 상주하는 곳 제외
(6) 소화수를 수집 · 처리하는 설비가 설치되어 있지 않은 **중 · 저준위방사성 폐기물**의 저장시설(단, 이 경우에는 **이산화탄소 소화설비**, **할론소화설비** 또는 할로겐화합물 및 불활성기체 소화설비를 설치)
(7) 지하가 중 예상교통량, 경사도 등 터널의 특성을 고려하여 **행정안전부령**으로 정하는 터널(단, 이 경우에는 물분무소화설비 설치)
(8) 「문화재보호법」에 따른 **지정문화재** 중 소방청장이 문화재청장과 협의하여 정하는 것

### 비상경보설비

- 〔조건 ㉮〕에 의해 연면적 2000m$^2$로 연면적 400m$^2$ 이상이므로 비상경보설비 설치대상이지만 **자동화재탐지설비**를 설치하였으므로 「소방시설법 시행령」〔별표 5〕에 의해 비상경보설비 면제

**▮비상경보설비**의 **설치대상**(소방시설법 시행령 〔별표 4〕)▮

| 종 류 | 설치대상 |
|---|---|
| ① 지하층 · 무창층 | • 바닥면적 **150m$^2$**(공연장 **100m$^2$**) 이상 |
| ② 전부 | • 연면적 합계 **400m$^2$** 이상 |
| ③ 지하가 중 터널 | • 길이 **500m** 이상 |
| ④ 옥내작업장 | • **50명** 이상 작업 |

세부사항

**비상경보설비**를 설치해야 할 **특정소방대상물**(모래 · 석재 등 불연재료 공장 및 창고시설, 위험물 저장 및 처리 시설 중 가스시설, 사람이 거주하지 않거나 벽이 없는 축사 등 동물 및 식물 관련 시설 및 지하구는 제외) (소방시설법 시행령 〔별표 4〕)

(1) 연면적 400m$^2$ 이상인 것은 모든 층
(2) 지하층 또는 무창층의 바닥면적이 150m$^2$(공연장의 경우 100m$^2$) 이상인 것은 모든 층
(3) 지하가 중 터널로서 길이가 500m 이상인 것
(4) 50명 이상의 근로자가 작업하는 옥내 작업장

### 유도등 · 유도표지

- 〔조건 ㉰〕에 의해 근린생활시설이므로 특정소방대상물에 해당되어 유도등 · 유도표지를 설치해야 하지만 〔조건 ㉳〕에 의해 제외

**▮유도등 · 유도표지**의 **설치대상**(소방시설법 시행령 〔별표 4〕)▮

| 설치대상 | 조 건 |
|---|---|
| 특정소방대상물 | • 터널 제외<br>• **축사**로서 가축을 직접 가두어 사육하는 부분 제외 |

세부사항

**유도등 · 유도표지**를 설치해야 할 **특정소방대상물**(소방시설법 시행령 〔별표 4〕)

(1) 피난구유도등, 통로유도등 및 유도표지의 설치대상(〔별표 2〕의 특정소방대상물(단, 다음에 해당하는 경우 제외))
  ① 지하가 중 **터널**
  ② 동물 및 식물 관련 시설 중 축사로서 가축을 직접 가두어 사육하는 부분
(2) 객석유도등의 설치대상
  ① **유흥주점영업시설**(「식품위생법 시행령」의 유흥주점영업 중 손님이 춤을 출 수 있는 무대가 설치된 카바레, 나이트클럽 또는 그 밖에 이와 비슷한 영업시설만 해당)
  ② 문화 및 집회시설
  ③ 종교시설
  ④ 운동시설

**연결살수설비**

- 〔조건 ㉮〕에 의해 지하층 바닥면적 합계는 지하 1·2층을 합산하면 400m²로 지하층 바닥면적 합계 150m² 이상이 되어 연결살수설비 설치대상이지만 **스프링클러설비**를 설치하였으므로 「소방시설법 시행령」 〔별표 5〕에 의해 연결살수설비 면제

**▌연결살수설비**의 **설치대상**(소방시설법 시행령 〔별표 4〕)**▌**

| 설치대상 | 조 건 |
|---|---|
| ① 지하층 | • 바닥면적 합계 **150m²**(학교 **700m²**) 이상 |
| ② 판매시설<br>③ 운수시설<br>④ 물류터미널 | • 바닥면적 합계 **1000m²** 이상 |
| ⑤ 가스시설 | • **30t** 이상 탱크시설 |
| ⑥ 전부 | • 연결통로 |

세부사항

**연결살수설비**를 설치해야 하는 **특정소방대상물**(지하구 제외)(소방시설법 시행령 〔별표 4〕)
(1) **판매시설**, **운수시설**, 창고시설 중 **물류터미널**로서 해당 용도로 사용되는 부분의 바닥면적의 합계가 **1000m²** 이상인 것
(2) **지하층**(피난층으로 주된 출입구가 도로와 접한 경우 제외)으로서 바닥면적의 합계가 **150m²** 이상인 것(단, 「주택법 시행령」에 따른 국민주택규모 이하인 아파트 등의 지하층(대피시설로 사용하는 것만 해당)과 교육연구시설 중 **학교**의 **지하층**의 경우에는 **700m²** 이상인 것으로 한다.
(3) 가스시설 중 지상에 노출된 탱크의 용량이 **30톤** 이상인 탱크시설
(4) (1) 및 (2)의 특정소방대상물에 부속된 **연결통로**

**연결송수관설비**

- 〔조건 ㉮〕에 의해 지하 2층~지상 8층으로 **지하층**을 **포함**하는 층수가 **10층**이므로 지하층을 포함하는 층수가 7층 이상이 되어 연결송수관설비 설치대상이지만, 〔단서〕에 의해 연결송수관설비를 제외하라고도 하였고, 옥내소화전설비 또는 스프링클러설비를 설치하였으므로 「소방시설법 시행령」 〔별표 5〕에 의해 연결송수관설비 면제

**▌연결송수관설비**의 **설치대상**(소방시설법 시행령 〔별표 4〕)**▌**

| 설치대상 | 조 건 |
|---|---|
| 전부 | • **5층** 이상으로서 연면적 **6000m²** 이상<br>• **7층** 이상<br>• **지하 3층** 이상이고 바닥면적 **1000m²** 이상 |
| 지하가 중 터널 | • 길이 **1000m** 이상 |

세부사항

**연결송수관설비**를 설치해야 하는 **특정소방대상물**(위험물 저장 및 처리시설 중 가스시설 또는 지하구 제외)(소방시설법 시행령 〔별표 4〕)
(1) 층수가 **5층** 이상으로서 연면적 **6000m²** 이상인 것
(2) (1)에 해당하지 않는 특정소방대상물로서 **지하층**을 **포함**하는 층수가 **7층** 이상인 것
(3) (1) 및 (2)에 해당하지 않는 특정소방대상물로서 지하층의 층수가 **3층** 이상이고 지하층의 바닥면적의 합계가 **1000m²** 이상인 것
(4) 지하가 중 터널로서 길이가 **1000m** 이상인 것

(2) 연결송수관설비의 화재안전기준상 연결송수관설비 방수구의 설치 제외가 가능한 층과 제외기준을 위의 조건을 적용하여 각각 쓰시오. (3점)

정답 ① 방수구 제외 가능한 층 : 지하 1층, 지하 2층, 1층
② 제외기준
㉠ 소방차의 접근이 가능하고 소방대원이 소방차로부터 각 부분에 쉽게 도달할 수 있는 피난층
㉡ 송수구가 부설된 옥내소화전을 설치한 특정소방대상물(집회장, 관람장, 백화점, 도매시장, 소매시장, 판매시설, 공장, 창고시설 또는 지하가 제외)로서 지하층의 층수가 2 이하인 특정소방대상물의 지하층

해설
- 방수구 제외 가능한 층
  - [조건 ㉮]에 의해 지하 2층까지 있으므로 이 건물을 옥내소화전설비가 설치되어 있으며, 지하층의 층수가 2층 이하이므로 지하 1·2층은 설치제외
  - [조건 ㉰]에 의해 1층이 피난층이므로 1층은 설치제외
- 제외기준
  - [조건 ㉰]에 의해 1층 및 2층은 근린생활시설로 아파트가 아니므로 아파트의 1층 및 2층은 제외기준에 해당되지 않음
  - 물음 1)의 (1)에 의해 옥내소화전설비가 설치되고, [조건 ㉮]에 의해 지상 8층 건물로서 4층 이하가 아니므로 지하층을 제외한 층수가 4층 이하이고 연면적이 6000m$^2$ 미만인 특정소방대상물의 지상층은 제외기준에 해당되지 않음
- 소매시장 vs 소매점

| 소매시장 | 소매점 |
|---|---|
| 판매시설 | 근린생활시설 |

세부사항

**연결송수관설비 방수구**의 **설치기준**(NFPC 502 제6조, NFTC 502 2.3.1)
연결송수관설비의 방수구는 그 특정소방대상물의 **층**마다 설치할 것(단, 다음에 해당하는 층에는 설치제외 가능)
(1) **아파트**의 **1층** 및 **2층** ← 1·2층은 아파트가 아니므로 [조건 ㉰]에 의해 제외
(2) 소방차의 접근이 가능하고 소방대원이 소방차로부터 각 부분에 쉽게 도달할 수 있는 **피난층**
(3) 송수구가 부설된 옥내소화전을 설치한 특정소방대상물(**집회장·관람장·백화점·도매시장·소매시장·판매시설·공장·창고시설** 또는 **지하가 제외**)로서 다음에 해당하는 층
① 지하층을 제외한 층수가 **4층 이하**이고 연면적이 **6000m$^2$ 미만**인 특정소방대상물의 **지상층** ← 지상 8층으로 4층 이하가 아니므로 제외
② **지하층**의 층수가 **2 이하**인 특정소방대상물의 **지하층**

(3) 2층을 노인의료복지시설(노인요양시설)로 구조변경 없이 용도변경하려고 한다. 다음에 답하시오. (4점)
① 소방시설 설치 및 관리에 관한 법령상 2층에 추가로 설치되어야 하는 소방시설의 종류를 쓰시오.
② 화재의 예방 및 안전관리에 관한 법령상 불꽃을 사용하는 용접·용단기구로서 용접 또는 용단 작업장에서 지켜야 하는 사항을 쓰시오. (단, 「산업안전보건법」 제38조의 적용을 받는 사업장은 제외함) 15회

정답 ① ㉠ 자동화재속보설비
㉡ 피난기구
② ㉠ 용접 또는 용단 작업장 주변 반경 5m 이내에 소화기를 갖추어 둘 것
㉡ 용접 또는 용단 작업장 주변 반경 10m 이내에는 가연물을 쌓아두거나 놓아두지 말 것(단, 가연물의 제거가 곤란하여 방화포 등으로 방호조치를 한 경우는 제외)

해설 (1)
- 노인의료복지시설은 노유자생활시설에 해당되므로 면적에 관계없이 모두 자동화재속보설비 설치대상
- 이 건물은 피난층이 아닌 **지상 2층**인 **노인의료복지시설**로서 **노유자시설**에 해당되므로 피난기구 설치대상

**| 자동화재속보설비의 설치대상**(소방시설법 시행령 〔별표 4〕) **|**

| 설치대상 | 조 건 |
|---|---|
| • 수련시설(숙박시설이 있는 것)<br>• 노유자시설(노유자생활시설 제외)<br>• 정신병원 및 의료재활시설 | 바닥면적 5$00m^2$ 이상 |
| • 목조건축물 | 국보 · 보물 |
| • 노유자생활시설 | 전부 |
| • 전통시장 | 전부 |

기억법 **5수노속**

세부사항

**자동화재속보설비**를 설치해야 하는 **특정소방대상물**(단, 방재실 등 화재수신기가 설치된 장소에 24시간 화재를 감시할 수 있는 사람이 근무하고 있는 경우에는 자동화재속보설비 설치 제외 가능)(소방시설법 시행령 〔별표 4〕)
(1) **노유자생활시설**
(2) 노유자시설로서 바닥면적이 **500$m^2$** 이상인 층이 있는 것
(3) 수련시설(숙박시설이 있는 건축물만 해당)로서 바닥면적이 **500$m^2$** 이상인 층이 있는 것
(4) **보물** 또는 **국보**로 지정된 **목조건축물**
(5) 근린생활시설 중 다음의 어느 하나에 해당하는 시설
① 의원, 치과의원 및 한의원으로서 입원실이 있는 시설
② 조산원 및 산후조리원
(6) 다음의 의료시설
① 종합병원, 병원, 치과병원, 한방병원 및 요양병원(의료재활시설 제외)
② 정신병원 및 의료재활시설로 사용되는 바닥면적의 합계가 **500$m^2$** 이상인 층이 있는 것
(7) 판매시설 중 **전통시장**

정의

**노유자생활시설**(소방시설법 시행령 제7조 제①항 제7호)
(1) 다음의 노인관련시설
① 노인주거복지시설 · 노인의료복지시설 및 재가노인복지시설
② 학대피해노인 전용쉼터
(2) **아동복지시설**(아동상담소, 아동전용시설 및 지역아동센터 제외)
(3) **장애인 거주시설**
(4) 정신질환자 관련 시설(공동생활가정을 제외한 재활훈련시설과 종합시설 중 **24시간** 주거를 제공하지 않는 시설 제외)
(5) 노숙인 관련 시설 중 노숙인자활시설, 노숙인재활시설 및 노숙인요양시설
(6) 결핵환자나 한센인이 **24시간** 생활하는 노유자시설

(①②~(6): **단독주택** 또는 **공동주택**에 설치되는 시설은 **제외**)

**▌피난기구의 설치대상**(소방시설법 시행령 〔별표 4〕)▐

| 설치대상 | 조 건 |
|---|---|
| 노유자시설 | • 피난층이 아닌 **지상 1층**<br>• 피난층이 아닌 **지상 2층** |

세부사항

**피난기구**의 **설치대상**(소방시설법 시행령 〔별표 4〕)
피난기구는 특정소방대상물의 모든 층에 화재안전기준에 적합한 것으로 설치해야 한다(단, **피난층**, **지상 1층**, **지상 2층**(**노유자시설** 중 **피난층**이 **아닌 지상 1층**과 **피난층**이 **아닌 지상 2층**은 제외) 및 층수가 **11층 이상**인 층과 **위험물 저장** 및 **처리시설** 중 **가스시설**, 지하가 중 **터널** 또는 **지하구**의 경우 제외).

(2) **보일러 등**의 **설비** 또는 **기구 등**의 **위치 · 구조** 및 **관리**와 **화재예방**을 위하여 **불**을 **사용**할 때 지켜야 하는 **사항**(화재예방법 시행령 〔별표 1〕)

| 종 류 | 내 용 |
|---|---|
| 보일러 | ① 가연성 벽 · 바닥 또는 천장과 접촉하는 증기기관 또는 연통의 부분은 규조토 등 난연성 또는 불연성 단열재로 덮어 씌워야 한다.<br>② 경유 · 등유 등 액체연료를 사용하는 경우<br>㉠ 연료탱크는 보일러 본체로부터 수평거리 **1m** 이상의 간격을 두어 설치할 것<br>㉡ 연료탱크에는 화재 등 긴급상황이 발생하는 경우 연료를 차단할 수 있는 개폐밸브를 연료탱크로부터 **0.5m** 이내에 설치할 것<br>㉢ 연료탱크 또는 보일러 등에 연료를 공급하는 배관에는 여과장치를 설치할 것<br>㉣ 사용이 허용된 연료 외의 것을 사용하지 않을 것<br>㉤ 연료탱크가 넘어지지 않도록 받침대를 설치하고, 연료탱크 및 연료탱크 받침대는 불연재료로 할 것<br>③ 기체연료를 사용하는 경우<br>㉠ 보일러를 설치하는 장소에는 환기구를 설치하는 등 가연성 가스가 머무르지 않도록 할 것<br>㉡ 연료를 공급하는 배관은 금속관으로 할 것<br>㉢ 화재 등 긴급시 연료를 차단할 수 있는 개폐밸브를 연료용기 등으로부터 **0.5m** 이내에 설치할 것<br>㉣ 보일러가 설치된 장소에는 가스누설경보기를 설치할 것<br>④ 화목 등 고체연료를 사용하는 경우<br>㉠ 고체연료는 보일러 본체와 수평거리 2m 이상 간격을 두어 보관하거나 불연재료로 된 별도의 구획된 공간에 보관할 것<br>㉡ 연통은 천장으로부터 0.6m 떨어지고, 연통의 배출구는 건물 밖으로 0.6m 이상 나오도록 설치할 것<br>㉢ 연통의 배출구는 보일러 본체보다 2m 이상 높게 설치할 것<br>㉣ 연통이 관통되는 벽면, 지붕 등은 불연재료로 처리할 것<br>㉤ 연통재질은 불연재료로 사용하고 연결부에 청소구를 설치할 것<br>⑤ 보일러 본체와 벽 · 천장 사이의 거리는 **0.6m** 이상 되도록 할 것<br>⑥ 보일러를 실내에 설치하는 경우에는 **콘크리트바닥** 또는 **금속 외**의 **불연재료**로 된 바닥 위에 설치 |

| | |
|---|---|
| 난로 | ① 연통은 천장으로부터 **0.6m** 이상 떨어지고, 연통의 배출구는 건물 밖으로 **0.6m** 이상 나오게 설치해야 한다.<br>② 가연성 벽 · 바닥 또는 천장과 접촉하는 연통의 부분은 **규조토** 등 **난연성 또는 불연성**의 **단열재**로 덮어 씌워야 한다.<br>③ 이동식 난로는 다음의 장소에서 사용해서는 안된다(단, 난로가 쓰러지지 않도록 받침대를 두어 고정시키거나 쓰러지는 경우 즉시 소화되고 연료의 누출을 차단할 수 있는 장치가 부착된 경우 제외).<br>㉠ 다중이용업<br>㉡ 학원<br>㉢ 독서실<br>㉣ 숙박업 · 목욕장업 · 세탁업의 영업장<br>㉤ 종합병원 · 병원 · 치과병원 · 한방병원 · 요양병원 · 정신병원 · 의원 · 치과의원 · 한의원 및 조산원<br>㉥ 식품접객업의 영업장<br>㉦ 영화상영관<br>㉧ 공연장<br>㉨ 박물관 및 미술관<br>㉩ 상점가<br>㉪ 가설건축물<br>㉫ 역 · 터미널 |
| 건조설비 | ① 건조설비와 벽 · 천장 사이의 거리는 **0.5m** 이상 되도록 할 것<br>② 건조물품이 열원과 직접 접촉하지 않도록 할 것<br>③ 실내에 설치하는 경우에 **벽** · **천장** 또는 **바닥**은 **불연재료**로 할 것 |
| 불꽃을 사용하는 → 용접 · 용단 기구 | 용접 또는 용단 작업장에서는 다음의 사항을 지켜야 한다(단, 「산업안전보건법」의 적용을 받는 사업장의 경우는 제외).<br>① 용접 또는 용단 작업장 주변 반경 5m 이내에 소화기를 갖추어 둘 것<br>② 용접 또는 용단 작업장 주변 반경 10m 이내에는 가연물을 쌓아두거나 놓아두지 말 것(단, 가연물의 제거가 곤란하여 방화포 등으로 방호조치를 한 경우는 제외) |
| 가스 · 전기시설 | ① 가스시설의 경우 「고압가스 안전관리법」, 「도시가스사업법」 및 「액화석유가스의 안전관리 및 사업법」에서 정하는 바에 따른다.<br>② 전기시설의 경우 「전기사업법」 및 「전기안전관리법」에서 정하는 바에 따른다. |
| 노 · 화덕 설비 | ① 실내에 설치하는 경우에는 **흙바닥** 또는 **금속 외**의 **불연재료**로 된 바닥에 설치<br>② 노 또는 화덕을 설치하는 장소의 벽 · 천장은 **불연재료**로 된 것이어야 한다.<br>③ 노 또는 화덕의 주위에는 녹는 물질이 확산되지 않도록 높이 **0.1m** 이상의 턱 설치<br>④ 시간당 열량이 **30만kcal** 이상인 노를 설치하는 경우 다음의 사항을 지켜야 한다.<br>㉠ 주요구조부는 **불연재료**로 할 것<br>㉡ 창문과 출입구는 **60분+방화문 또는 60분 방화문**으로 설치할 것<br>㉢ 노 주위에는 1m 이상의 공간을 확보할 것 |
| 음식조리를 위하여 설치하는 설비 | 일반음식점 주방에서 조리를 위하여 불을 사용하는 설비를 설치하는 경우에는 다음의 사항을 지켜야 한다.<br>① 주방설비에 부속된 배기덕트는 **0.5mm** 이상의 **아연도금강판** 또는 이와 같거나 그 이상의 내식성 불연재료로 설치할 것<br>② 주방시설에는 동물 또는 식물의 기름을 제거할 수 있는 **필터** 등을 설치할 것<br>③ 열을 발생하는 조리기구는 반자 또는 선반으로부터 **0.6m** 이상 떨어지게 할 것<br>④ 열을 발생하는 조리기구로부터 **0.15m** 이내의 거리에 있는 가연성 주요구조부는 **단열성**이 있는 **불연재료**로 덮어 씌울 것 |

(4) 2층에 일반음식점영업(영업장 사용면적 100m$^2$)을 하고자 한다. 다음에 답하시오. (7점)

① 다중이용업소의 안전관리에 관한 특별법령상 영업장의 비상구에 부속실을 설치하는 경우 부속실 입구의 문과 부속실에서 건물 외부로 나가는 문(난간높이 1m)에 설치하여야 하는 추락 등의 방지를 위한 시설을 각각 쓰시오.

② 다중이용업소의 안전관리에 관한 특별법령상 안전시설 등 세부점검표의 점검사항 중 피난설비 작동점검 및 외관점검에 관한 확인사항 4가지를 쓰시오.

○
○
○
○

정답 ① ㉠ 발코니 및 부속실 입구의 문을 개방하면 경보음이 울리도록 경보음 발생장치를 설치하고, 추락위험을 알리는 표지를 문(부속실의 경우 외부로 나가는 문도 포함)에 부착할 것

㉡ 부속실에서 건물 외부로 나가는 문 안쪽에는 기둥·바닥·벽 등의 견고한 부분에 탈착이 가능한 쇠사슬 또는 안전로프 등을 바닥에서부터 120cm 이상의 높이에 가로로 설치할 것

② 피난설비 작동점검 및 외관점검
㉠ 유도등·유도표지 등 부착상태 및 점등상태 확인
㉡ 구획된 실마다 휴대용 비상조명등 비치 여부
㉢ 화재신호시 피난유도선 점등상태 확인
㉣ 피난기구(완강기, 피난사다리 등) 설치상태 확인



해설 (1)

- 문제에서 난간높이가 1m이므로 답란에 '**단, 120cm 이상의 난간이 설치된 경우에는 쇠사슬 또는 안전로프 등 설치제외 가능**'은 안 쓰는 것이 옳다.

**▌안전시설 등의 설치·유지기준**(다중이용업규칙 [별표 2])**▌**

| 안전시설 등 종류 | | 설치·유지기준 |
|---|---|---|
| 주된 출입구 및 비상구 (비상구 등) | 1) 공통기준 | ① 설치위치 : 비상구는 영업장(2개 이상의 층이 있는 경우에는 각각의 층별 영업장) 주된 출입구의 반대방향에 설치하되, 주된 출입구 중심선으로부터의 수평거리가 영업장의 가장 긴 대각선 길이, 가로 또는 세로 길이 중 가장 긴 길이의 $\frac{1}{2}$ 이상 떨어진 위치에 설치할 것(단, 건물구조로 인하여 주된 출입구의 반대방향에 설치할 수 없는 경우에는 주된 출입구 중심선으로부터의 수평거리가 영업장의 가장 긴 대각선 길이, 가로 또는 세로 길이 중 가장 긴 길이의 $\frac{1}{2}$ 이상 떨어진 위치에 설치 가능)<br>② 비상구 등 규격 : 가로 **75cm** 이상, 세로 **150cm** 이상(문틀을 제외한 가로길이 및 세로길이)으로 할 것<br>③ 구조<br>㉠ 비상구 등은 구획된 실 또는 천장으로 통하는 구조가 아닌 것으로 할 것(단, 영업장 바닥에서 천장까지 불연재료로 구획된 부속실(전실), 모자보건법 제2조 제10호에 따른 산후조리원에 설치하는 방풍실 또는 녹색건축물 조성지원법에 따라 설계된 방풍구조는 제외) |

| | | |
|---|---|---|
| 주된<br>출입구<br>및<br>비상구<br>(비상<br>구 등) | 1) 공통기준 | ㉡ 비상구 등은 다른 영업장 또는 다른 용도의 시설(주차장은 제외)을 경유하는 구조가 아닌 것이어야 하고, 층별 영업장은 다른 영업장 또는 다른 용도의 시설과 **불연재료 · 준불연재료**로 된 차단벽이나 칸막이로 분리되도록 할 것(단, 다음 ⓐ부터 ⓒ까지의 경우에는 분리 또는 구획하는 별도의 차단벽이나 칸막이 등 설치 제외 가능<br>ⓐ 둘 이상의 영업소가 주방 외에 객실부분을 공동으로 사용하는 등의 구조인 경우<br>ⓑ 「식품위생법 시행규칙」 〔별표 14〕 제8호 가목 5) 다)에 해당되는 경우<br>ⓒ 「다중이용업소의 안전관리에 관한 특별법 시행령」 제9조에 따른 안전시설 등을 갖춘 경우로서 실내에 설치한 유원시설업의 허가 면적 내에 「관광진흥법 시행규칙」 〔별표 1의 2〕 제1호 가목에 따라 청소년게임제공업 또는 인터넷컴퓨터게임시설제공업이 설치된 경우<br>④ 문이 열리는 방향 : 피난방향으로 열리는 구조로 할 것(단, 주된 출입구의 문이 「건축법 시행령」에 따른 피난계단 또는 특별피난계단의 설치기준에 따라 설치해야 하는 문이 아니거나 같은 법 시행령 제46조에 따라 설치되는 방화구획이 아닌 곳에 위치한 주된 출입구가 다음의 기준을 충족하는 경우에는 자동문[미서기(슬라이딩)문을 말함]을 설치할 수 있다.)<br>㉠ **화재감지기**와 **연동**하여 **개방**되는 구조<br>㉡ **정전시 자동**으로 **개방**되는 구조<br>㉢ **정전시 수동**으로 **개방**되는 구조<br>⑤ 문의 재질 : 주요구조부(영업장의 벽, 천장 및 바닥을 말함)가 내화구조인 경우 비상구와 주된 출입구의 문은 방화문으로 설치할 것(단, 다음에 해당하는 경우에는 불연재료로 설치 가능)<br>㉠ 주요구조부가 **내화구조가 아닌** 경우<br>㉡ 건물의 구조상 **비상구** 또는 주된 출입구의 문이 **지표면**과 접하는 경우로서 화재의 연소확대 우려가 없는 경우<br>㉢ **비상구** 등의 문이 「건축법 시행령」에 따른 **피난계단** 또는 **특별피난계단**의 설치기준에 따라 설치해야 하는 문이 아니거나 같은 법 시행령에 따라 설치되는 방화구획이 아닌 곳에 위치한 경우 |
| | 2) 복층구조 영업장(각각 다른 **2개** 이상의 층을 내부계단 또는 통로가 설치되어 하나의 층의 내부에서 다른 층으로 출입할 수 있도록 되어 있는 구조의 영업장)의 기준 | ① 각 층마다 영업장 외부의 계단 등으로 피난할 수 있는 **비상구**를 설치할 것<br>② 비상구 등의 문은 1)의 ⑤에 따른 재질로 설치할 것<br>③ 비상구 등의 문이 열리는 방향은 실내에서 외부로 열리는 구조로 할 것<br>④ 영업장의 위치 및 구조가 다음에 해당하는 경우에는 위 ①에도 불구하고 그 영업장으로 사용하는 어느 하나의 층에 비상구를 설치할 것<br>㉠ 건축물 **주요구조부**를 **훼손**하는 경우<br>㉡ **옹벽** 또는 **외벽**이 유리로 설치된 경우 등 |

<table>
<tr><td rowspan="1">비상구</td><td>3) 영업장의 위치가 4층 이하(지하층인 경우 제외)인 경우의 기준</td><td>① 피난시에 유효한 발코니(활하중 5kN/m² 이상, 가로 75cm 이상, 세로 150cm 이상, 면적 1.12m² 이상, 난간의 높이 100cm 이상) 또는 부속실(불연재료로 바닥에서 천장까지 구획된 실로서 가로 75cm 이상, 세로 150cm 이상, 면적 1.12m² 이상인 것)을 설치하고, 그 장소에 적합한 피난기구를 설치할 것<br>② 부속실을 설치하는 경우 부속실 입구의 문과 건물 외부로 나가는 문의 규격은 1)의 ②에 따른 비상구 규격으로 할 것(단, 120cm 이상의 난간이 있는 경우에는 발판 등을 설치하고 건축물 외부로 나가는 문의 규격과 재질을 가로 75cm 이상, 세로 100cm 이상의 창호로 설치 가능)<br>③ 추락 등의 방지를 위하여 다음 사항을 갖추도록 할 것<br>㉠ 발코니 및 부속실 입구의 문을 개방하면 경보음이 울리도록 경보음 발생장치를 설치하고, 추락위험을 알리는 표지를 문(부속실의 경우 외부로 나가는 문도 포함)에 부착할 것<br>㉡ 부속실에서 건물 외부로 나가는 문 안쪽에는 기둥·바닥·벽 등의 견고한 부분에 탈착이 가능한 쇠사슬 또는 안전로프 등을 바닥에서부터 120cm 이상의 높이에 가로로 설치할 것(단, 120cm 이상의 난간이 설치된 경우에는 쇠사슬 또는 안전로프 등 설치제외 가능)</td></tr>
</table>

(2) **안전시설 등 세부점검표**(다중이용업규칙 〔별지 제10호 서식〕)

| 구 분 | 설 명 |
|---|---|
| 점검대상 | ① 대상명<br>② 전화번호<br>③ 소재지<br>④ 주용도<br>⑤ 건물구조<br>⑥ 대표자<br>⑦ 소방안전관리자 |
| 점검사항 | ① **소화기** 또는 **자동확산소화기**의 외관점검<br>㉠ 구획된 실마다 설치되어 있는지 확인<br>㉡ 약제 응고상태 및 압력게이지 지시침 확인<br>② **간이스프링클러설비** 작동점검<br>㉠ 시험밸브 개방시 펌프기동, 음향경보 확인<br>㉡ 헤드의 누수·변형·손상·장애 등 확인<br>③ **경보설비** 작동점검<br>㉠ 비상벨설비의 누름스위치, 표시등, 수신기 확인<br>㉡ 자동화재탐지설비의 감지기, 발신기, 수신기 확인<br>㉢ 가스누설경보기 정상작동 여부 확인<br>④ **피난설비** 작동점검 및 외관점검<br>㉠ 유도등·유도표지 등 부착상태 및 점등상태 확인<br>㉡ 구획된 실마다 휴대용 비상조명등 비치 여부<br>㉢ 화재신호시 피난유도선 점등상태 확인<br>㉣ 피난기구(완강기, 피난사다리 등) 설치상태 확인<br>⑤ 비상구 관리상태 확인<br>㉠ 비상구 폐쇄·훼손, 주변 물건 적치 등 관리상태<br>㉡ 구조변형, 금속표면 부식·균열, 용접부·접합부 손상 등 확인(건축물 외벽에 발코니 형태의 비상구를 설치한 경우만 해당)<br>⑥ 영업장 내부 피난통로 관리상태 확인<br>영업장 내부 피난통로상 물건 적치 등 관리상태<br>⑦ 창문(고시원) 관리상태 확인<br>⑧ **영상음향차단장치** 작동점검<br>경보설비와 연동 및 수동작동 여부 점검(화재신호시 영상음향차단 되는지 확인) |

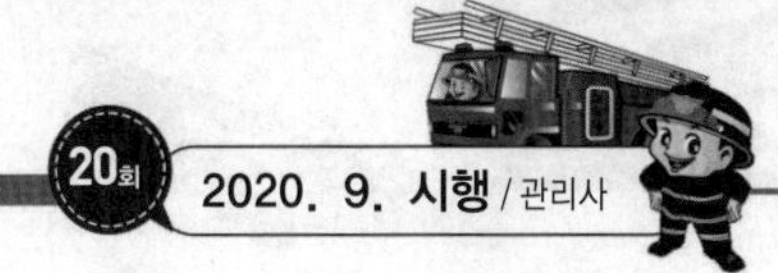



| | |
|---|---|
| 점검사항 | ⑨ **누전차단기** 작동 여부 확인<br>⑩ **피난안내도** 설치위치 확인<br>⑪ **피난안내영상물** 상영 여부 확인<br>⑫ 실내장식물 · 내부구획 재료 교체 여부 확인<br>㉠ 커튼, 카펫 등 방염선처리제품 사용 여부<br>㉡ 합판 · 목재 방염성능 확보 여부<br>㉢ 내부구획재료 불연재료 사용 여부<br>⑬ 방염 소파 · 의자 사용 여부 확인<br>⑭ 안전시설 등 세부점검표 분기별 작성 및 **1년간** 보관 여부<br>⑮ 화재배상책임보험 가입 여부 및 계약기간 확인 |

물음 2) 다음 물음에 답하시오. (20점)

(1) 특별피난계단의 계단실 및 부속실 제연설비의 화재안전기준상 방연풍속 측정방법, 측정결과 부적합시 조치방법을 각각 쓰시오. (4점)

정답 ① 측정방법

㉠ 송풍기에서 가장 먼 층을 기준으로 제연구역 1개층(20층 초과시 연속되는 2개층) 제연구역과 옥내 간의 측정을 원칙으로 하며 필요시 그 이상 가능

㉡ 방연풍속은 최소 10점 이상 균등 분할하여 측정하며, 측정시 각 측정점에 대해 제연구역을 기준으로 기류가 유입(−) 또는 배출(+) 상태를 측정지에 기록

㉢ 유입공기 배출장치(있는 경우)는 방연풍속을 측정하는 층만 개방

㉣ 직통계단식 공동주택은 방화문 개방층의 제연구역과 연결된 세대와 면하는 외기문 개방 가능

② 측정결과 부적합시 조치방법

㉠ 급기구의 개구율 조정

㉡ 송풍기의 풍량조절댐퍼를 조정하여 적합하게 할 것

해설 **부속실 제연설비**의 **점검** 중 **방연풍속**의 **측정방법** 및 **판정기준**(소방시설 자체점검사항 등에 관한 고시 〔별지 제5호 서식〕)

(1) **특별피난계단**의 **계단실** 및 **부속실**의 **제연설비 성능시험조사표**

① **방연풍속 측정방법**

㉠ **송**풍기에서 가장 먼 층을 기준으로 제연구역 **1개층**(20층 초과시 연속되는 **2개층**) **제연구역**과 **옥내** 간의 측정을 원칙으로 하며 필요시 그 이상으로 할 수 있다.

㉡ 방연풍속은 최소 **10점** 이상 **균등 분할**하여 측정하며, 측정시 각 측정점에 대해 제연구역을 기준으로 **기류**가 유입(−) 또는 배출(+) 상태를 측정지에 기록한다.

㉢ **유**입공기 **배**출장치(있는 경우)는 **방연풍속**을 측정하는 층만 개방한다.

㉣ **직**통계단식 **공**동주택은 방화문 개방층의 제연구역과 연결된 세대와 면하는 외기문을 개방할 수 있다.

기억법 **방송제옥 10균 유배 직공**

② **비개방층 차압 측정방법**

㉠ 비개방층 차압은 "**방연풍속**"의 시험조건에서 방화문이 열린 층의 직상 및 직하층을 기준층으로 하여 **5개층**마다 1개소 측정을 원칙으로 하며 필요시 그 이상으로 할 수 있다.

㉡ **20개층**까지는 **1개층**만 개방하여 측정한다.

㉢ **21개층**부터는 **2개층**을 개방하여 측정하고, 1개층만 개방하여 추가로 측정한다.

기억법 **비방5 201 212**

③ **유입공기 배출량 측정방법**

㉠ **기**계배출식은 **송**풍기에서 가장 먼 층의 유입공기 배출**댐**퍼를 개방하여 측정하는 것을 원칙으로 한다.

㉡ 기타 방식은 설계조건에 따라 적정한 위치의 유입공기 배출구를 개방하여 측정하는 것을 원칙으로 한다.

기억법 **유기송댐 설구**

④ **송풍기 풍량 측정방법**

㉠ "**방연풍속**"의 시험조건에서 송풍기 풍량은 피토관 또는 기타 풍량측정장치를 사용하고, 송풍기 전동기의 전류, 전압을 측정한다.

㉡ 이때 전류 및 전압 측정값은 동력제어반에 표시되는 수치를 기록할 수 있다.

기억법 **송방피전류압동**

(2) **측정결과 부적합시 조치방법**(NFPC 501A 제25조, NFTC 501A 2.22.2.5.1)

급기구의 **개구율**과 송풍기의 **풍량조절댐퍼** 등을 조정하여 적합하게 할 것. 이 경우 유입공기의 풍속은 출입문의 개방에 따른 개구부를 대칭적으로 균등 분할하는 **10 이상**의 지점에서 측정하는 풍속의 **평균치**로 할 것

(3) **판정기준**(NFPC 501A 제10조, NFTC 501A 2.7.1)

방연풍속은 제연구역의 선정방식에 따라 다음의 기준에 따를 것

| 제연구역 | | 방연풍속 |
|---|---|---|
| 계단실 및 그 부속실을 동시에 제연하는 것 또는 계단실만 단독으로 제연하는 것 | | **0.5m/s** 이상 |
| 부속실만 단독으로 제연하는 것 또는 비상용 승강기의 승강장만 단독으로 제연하는 것 | 부속실 또는 승강장이 면하는 옥내가 거실인 경우 | **0.7m/s** 이상 |
| | 부속실 또는 승강장이 면하는 옥내가 복도로서 그 구조가 방화구조(내화시간이 30분 이상인 구조를 포함)인 것 | **0.5m/s** 이상 |

비교

**또 다른 측정방법**

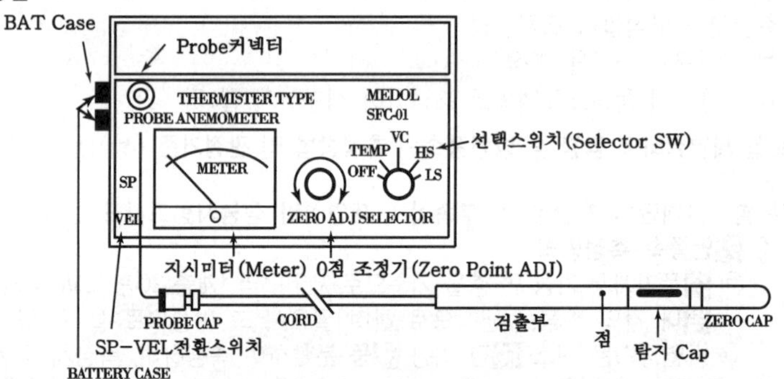


‖ 풍압풍속계(Anemometer) ‖

| 구 분 | | 설 명 |
|---|---|---|
| 용도 | | 제연설비의 **풍속·풍압·풍온** 측정기구 |
| 사용법 | 풍속 측정 | ① 검출부 끝부분에 Zero Cap을 **씌우고 선택스위치**를 **저속**(LS)의 위치에 놓는다(이때 미터의 바늘이 서서히 0점으로 이동한다.).<br>② 약 1분 후에 **0점** 조정 손잡이로 **0점 조정**을 한다.<br>③ 검출부의 Zero Cap을 **벗기고** 점 표시가 바람방향과 직각이 되도록 하여 **풍속**을 **측정**한다. |
| | 풍압 측정 | ① 검출부 끝부분에 Zero Cap을 **씌우고** 전환스위치를 **정압**(SP)의 위치에 놓는다.<br>② 0점 조정 손잡이로 **0점 조정**을 한다.<br>③ Zero Cap을 **벗기고** 검출부의 끝부분을 정압 Cap에 꽂고 검출부의 점 표시와 정압 Cap의 점 표시가 일직선상이 되도록 한다.<br>④ 정압 Cap의 고정나사를 돌려 고정시킨 후 **정압**을 **측정**한다. |
| | 풍온 측정 | ① 검출부 끝부분의 Zero Cap을 **벗기고** 선택스위치를 **온도**(TEMP)의 위치에 놓는다.<br>② 기류 중에 검출부의 끝부분을 삽입하여 **온도**를 **측정**한다. |

(2) 특별피난계단의 계단실 및 부속실 제연설비의 성능시험조사표에서 송풍기 풍량측정의 일반사항 중 측정점에 대하여 쓰고, 풍속·풍량 계산식을 각각 쓰시오. (8점)

정답 ① 풍량 측정점은 덕트 내의 풍속, 시공상태, 현장 여건 등을 고려하여 송풍기의 흡입측 또는 토출측 덕트에서 정상류가 형성되는 위치를 선정한다. 일반적으로 엘보 등 방향전환지점 기준 하류쪽은 덕트직경(장방형 덕트의 경우 상당지름)의 7.5배 이상, 상류쪽은 2.5배 이상 지점에서 측정하여야 하며, 직관길이가 미달되는 경우 최적위치를 선정하여 측정하고 측정기록지에 기록한다.

② 피토관 측정시의 풍속 계산

$V = 1.29\sqrt{P_v}$

여기서, $V$ : 풍속[m/s], $P_v$ : 동압[Pa]

③ 풍량 계산

$Q = 3600\,VA$

여기서, $Q$ : 풍량[$m^3$/h], $V$ : 평균풍속[m/s], $A$ : 덕트의 단면적[$m^2$]

해설 **특별피난계단**의 **계단실** 및 **부속실**의 **제연설비 성능시험조사표**(소방시설 자체점검사항 등에 관한 고시 [별지 제5호 서식])

(1) 일반사항

① 풍량 측정점은 덕트 내의 풍속, 시공상태, 현장 여건 등을 고려하여 송풍기의 흡입측 또는 토출측 덕트에서 정상류가 형성되는 위치를 선정한다. 일반적으로 엘보 등 방향전환지점 기준 하류쪽은 덕트직경(장방형 덕트의 경우 상당지름)의 **7.5배** 이상, 상류쪽은 **2.5배** 이상 지점에서 측정하여야 하며, 직관길이가 미달하는 경우 최적위치를 선정하여 측정하고 측정기록지에 기록

② 피토관 측정시 **풍속** 계산

$V = 1.29\sqrt{P_v}$

여기서, $V$ : 풍속[m/s], $P_v$ : 동압[Pa]

③ **풍량** 계산

$Q = 3600\,VA$

여기서, $Q$ : 풍량[$m^3$/h], $V$ : 평균풍속[m/s], $A$ : 덕트의 단면적[$m^2$]

(2) 송풍기 풍량 측정위치는 측정자가 쉽게 접근할 수 있고 안전하게 측정할 수 있도록 조치

(3) 동일면적 분할법 사례

| 원형 덕트 또는 송풍기 흡입구 피토관 이송 측정점(동일 면적 분할법) | 장방형 덕트 피토관 이송 측정점 (동일 면적 분할법) |
|---|---|
| 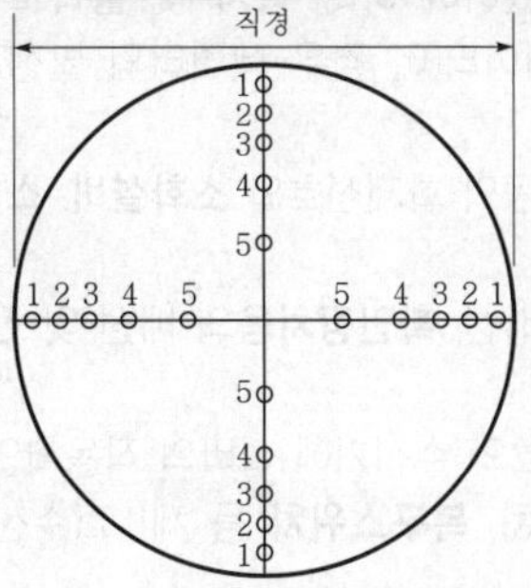 직경<br>1 2 3 4 5 5 4 3 2 1 | 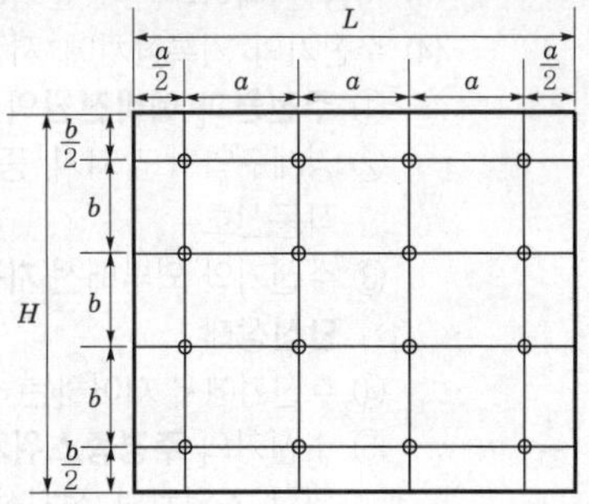 $L$<br>$\frac{a}{2}$ $a$ $a$ $a$ $\frac{a}{2}$<br>$H$<br>$\frac{b}{2}$ $b$ $b$ $b$ $\frac{b}{2}$ |
| • 300mm 이상인 경우 총 20개 지점 측정<br>• 측정점 위치 | • 최소 16점이며 64점 이상을 넘지 않도록 한다.<br>• 64점 이하 측정시 $a$, $b$의 간격은 150mm 이하일 것<br>• $L$=1100일 경우 1100/150=7.33, 측정점은 8개소 $a$=1100/8=137.5mm |

| 측정점1 | 측정점2 | 측정점3 | 측정점4 | 측정점5 |
|---|---|---|---|---|
| 0.0257$D$ | 0.0817$D$ | 0.1465$D$ | 0.2262$D$ | 0.3419$D$ |

여기서, $D$ : 원형 덕트의 직경

(3) 수신기의 기록장치에 저장하여야 하는 데이터는 다음과 같다. (  )에 들어갈 내용을 순서에 관계없이 쓰시오. (4점)

- ( ① )
- ( ② )
- 수신기와 외부배선(지구음향장치용의 배선, 확인장치용의 배선 및 전화장치용의 배선을 제외한다.)과의 단선상태
- ( ③ )
- 수신기의 주경종스위치, 지구경종스위치, 복구스위치 등 기준 「수신기 형식승인 및 제품검사의 기술기준」 제11조(수신기의 제어기능)를 조작하기 위한 스위치의 정지상태
- ( ④ )
- 「수신기 형식승인 및 제품검사의 기술기준」 제15조의 2 제2항에 해당하는 신호(무선식 감지기·무선식 중계기·무선식 발신기와 접속되는 경우에 한함)
- 「수신기 형식승인 및 제품검사의 기술기준」 제15조의 2 제3항에 의한 확인신호를 수신하지 못한 내역(무선식 감지기·무선식 중계기·무선식 발신기와 접속되는 경우에 한함)

정답 ① 주전원과 예비전원의 ON/OFF 상태
② 경계구역의 감지기, 중계기 및 발신기 등의 화재신호와 소화설비, 소화활동설비, 소화용수설비의 작동신호
③ 수신기에서 제어하는 설비로의 출력신호와 수신기에 설비의 작동확인표시가 있는 경우 확인신호
④ 가스누설신호(단, 가스누설신호표시가 있는 경우에 한함)

해설 **수신기**의 **기록장치 적합기준**(수신기 형식승인 및 제품검사의 기술기준 제17조의 2)

(1) 기록장치는 **999개** 이상의 데이터를 저장할 수 있어야 하며, 용량이 초과할 경우 가장 오래된 데이터부터 자동으로 삭제한다.
(2) 수신기는 임의로 데이터의 **수정**이나 **삭제**를 **방지**할 수 있는 기능이 있어야 한다.
(3) 저장된 데이터는 수신기에서 확인할 수 있어야 하며, **복사** 및 **출력**도 가능하여야 한다.
(4) 수신기의 기록장치에 저장하여야 하는 데이터(이 경우 데이터의 발생시각을 표시할 것)
① **주전원**과 **예비전원**의 ON/OFF 상태
② 경계구역의 감지기, 중계기 및 발신기 등의 화재신호와 **소화설비**, **소화활동설비**, **소화용수설비**의 작동신호
③ 수신기와 외부배선(**지구음향장치용**의 배선, **확인장치용**의 배선 및 **전화장치용**의 배선 제외)과의 **단선**상태
④ 수신기에서 제어하는 설비로의 출력신호와 수신기에 설비의 작동확인표시가 있는 경우 확인신호
⑤ 수신기의 **주경종스위치**, **지구경종스위치**, **복구스위치** 등 제11조(수신기의 제어기능)를 조작하기 위한 스위치의 정지상태
⑥ 가스누설신호(단, 가스누설신호표시가 있는 경우에 한함)
⑦ 제15조의 2 제2항에 해당하는 신호(무선식 **감지기** · 무선식 **중계기** · 무선식 **발신기**와 접속되는 경우에 한함)
⑧ 제15조의 2 제3항에 의한 확인신호를 수신하지 못한 내역(무선식 **감지기** · 무선식 **중계기** · 무선식 **발신기**와 접속되는 경우에 한함)

(4) 미분무소화설비의 화재안전기준상 '미분무'의 정의를 쓰고, 미분무소화설비의 사용압력에 따른 저압, 중압 및 고압의 압력[MPa]범위를 각각 쓰시오. (4점)

정답 ① 정의 : 물만을 사용하여 소화하는 방식으로 최소설계압력에서 헤드로부터 방출되는 물입자 중 99%의 누적체적분포가 400$\mu$m 이하로 분무되고, ABC급 화재에 적응성을 갖는 것

② 사용압력에 따른 범위

㉠ 저압 미분무소화설비 : 최고사용압력이 1.2MPa 이하인 미분무소화설비

㉡ 중압 미분무소화설비 : 사용압력이 1.2MPa을 초과하고 3.5MPa 이하인 미분무소화설비

㉢ 고압 미분무소화설비 : 최저사용압력이 3.5MPa을 초과하는 미분무소화설비

해설 **미분무소화설비**(NFPC 104A 제3조, NFTC 104A 1.7)

| 용 어 | 정 의 |
|---|---|
| 미분무 | 물만을 사용하여 소화하는 방식으로 최소설계압력에서 헤드로부터 방출되는 물입자 중 **99%**의 누적체적분포가 **400$\mu$m** 이하로 분무되고 **ABC급 화재**에 적응성을 갖는 것 |
| 저압 미분무소화설비 | 최고사용압력이 **1.2MPa 이하**인 미분무소화설비 |
| 중압 미분무소화설비 | 사용압력이 **1.2MPa**을 **초과**하고 **3.5MPa 이하**인 미분무소화설비 |
| 고압 미분무소화설비 | 최저사용압력이 **3.5MPa**을 **초과**하는 미분무소화설비 |
| 미분무소화설비 | 가압된 물이 헤드 통과 후 **미세한 입자**로 **분무**됨으로써 소화성능을 가지는 설비를 말하며, **소화력**을 **증가**시키기 위해 **강화액** 등을 첨가할 수 있다. |
| 미분무헤드 | 하나 이상의 오리피스를 가지고 미분무소화설비에 사용되는 헤드 |
| 개방형 미분무헤드 | 감열체 없이 방수구가 항상 열려져 있는 헤드 |
| 폐쇄형 미분무헤드 | 정상상태에서 방수구를 막고 있는 감열체가 일정온도에서 **자동**적으로 **파괴 · 용융** 또는 **이탈**됨으로써 방수구가 개방되는 헤드 |
| 폐쇄형 미분무소화설비 | 배관 내에 항상 **물** 또는 **공기** 등이 가압되어 있다가 화재로 인한 열로 폐쇄형 미분무헤드가 개방되면서 소화수를 방출하는 방식의 미분무소화설비 |
| 개방형 미분무소화설비 | **화재감지기**의 신호를 받아 **가압송수장치**를 **동작**시켜 미분무수를 방출하는 방식의 미분무소화설비 |

☆☆

문제 02

다음 물음에 답하시오. (30점)

물음 1) 소방시설 설치 및 관리에 관한 법령상 소방시설 등의 자체점검시 일반 소방시설관리업의 점검인력 배치기준에 관한 다음 물음에 답하시오. (15점) 13회

(1) 다음 ( )에 들어갈 내용을 쓰시오. (9점)

| 대상용도 | 가감계수 |
|---|---|
| 공동주택(아파트 제외), ( ① ), 항공기 및 자동차 관련 시설, 동물 및 식물 관련 시설, 자원순환 관련 시설, 군사시설, 묘지 관련 시설, 관광휴게시설, 장례식장, 지하구, 문화재 | ( ⑦ ) |
| 문화 및 집회시설, ( ② ), 의료시설(정신보건시설 제외), 교정 및 군사시설(군사시설 제외), 지하가, 복합건축물(1류에 속하는 시설이 있는 경우 제외), 발전시설, ( ③ ) | 1.1 |

| 공장, 위험물 저장 및 처리시설, 창고시설 | 0.9 |
|---|---|
| 근린생활시설, 운동시설, 업무시설, 방송통신시설, ( ④ ) | ( ⑧ ) |
| 노유자시설, ( ⑤ ), 위락시설, 의료시설(정신보건의료기관), 수련시설, ( ⑥ )(1류에 속하는 시설이 있는 경우) | ( ⑨ ) |

(2) 소방시설 설치 및 관리에 관한 법령상 소방시설의 자체점검시 인력배치기준에 따라 지하구의 길이가 800m, 4차로인 터널의 길이가 1000m일 때, 다음에 답하시오. (6점)

① 지하구의 실제점검면적$[m^2]$을 구하시오.

○ 계산과정 :

○ 답 :

② 한쪽 측벽에 소방시설이 설치되어 있는 터널의 실제점검면적$[m^2]$을 구하시오.

○ 계산과정 :

○ 답 :

③ 한쪽 측벽에 소방시설이 설치되어 있지 않는 터널의 실제점검면적$[m^2]$을 구하시오.

○ 계산과정 :

○ 답 :



물음 2) 소방시설 자체점검사항 등에 관한 고시에 관한 다음 물음에 답하시오. (9점)

(1) 통합감시시설 종합점검시 점검항목을 쓰시오. (5점)

(2) 제연설비 종합점검시 배출구 점검항목을 쓰시오. (4점)

물음 3) 자동화재탐지설비 및 시각경보장치의 화재안전기준상 감지기에 관한 다음 물음에 답하시오. (6점)

(1) 연기감지기를 설치할 수 없는 경우, 건조실·살균실·보일러실·주조실·영사실·스튜디오에 설치할 수 있는 적응열감지기 3가지를 쓰시오. (3점) 12회

○

○

○

(2) 감지기회로의 도통시험을 위한 종단저항의 기준 3가지를 쓰시오. (3점)

○

○

○

물음 1) 소방시설 설치 및 관리에 관한 법령상 소방시설 등의 자체점검시 일반 소방시설관리업의 점검인력 배치기준에 관한 다음 물음에 답하시오. (15점) 13회

(1) 다음 (   )에 들어갈 내용을 쓰시오. (9점)

| 대상용도 | 가감계수 |
|---|---|
| 공동주택(아파트 제외), ( ① ), 항공기 및 자동차 관련 시설, 동물 및 식물 관련 시설, 자원순환 관련 시설, 군사시설, 묘지 관련 시설, 관광휴게시설, 장례식장, 지하구, 문화재 | ( ⑦ ) |

| | |
|---|---|
| 문화 및 집회시설, ( ② ), 의료시설(정신보건시설 제외), 교정 및 군사시설(군사시설 제외), 지하가, 복합건축물(1류에 속하는 시설이 있는 경우 제외), 발전시설, ( ③ ) | 1.1 |
| 공장, 위험물 저장 및 처리시설, 창고시설 | 0.9 |
| 근린생활시설, 운동시설, 업무시설, 방송통신시설, ( ④ ) | ( ⑧ ) |
| 노유자시설, ( ⑤ ), 위락시설, 의료시설(정신보건의료기관), 수련시설, ( ⑥ )(1류에 속하는 시설이 있는 경우) | ( ⑨ ) |

정답 ① 교육연구시설 ② 종교시설
③ 판매시설 ④ 운수시설
⑤ 숙박시설 ⑥ 복합건축물
⑦ 0.8 ⑧ 1.0
⑨ 1.2

해설 **소방시설 등**의 **자체점검시 일반 소방시설관리업**의 **점검인력 배치기준**(구 소방시설법 시행규칙 [별표 2])

(1) 소방시설관리사 **1명**과 보조기술인력 **2명**을 점검인력 1단위로 하되, 점검인력 1단위에 **2명**(같은 건축물을 점검할 때에는 **4명**) 이내의 보조인력을 추가 가능

(2) 점검한도 면적 : **10000m²**

(3) 점검인력 1단위에 보조인력을 1명씩 추가할 때마다 **3000m²** 점검한도 면적에 더한다.

(4) 관리업자가 하루 동안 점검한 면적은 실제점검면적에 다음의 기준을 적용하여 계산한 면적(점검면적)으로 하되, 점검면적은 점검한도 면적을 초과 금지

| 구 분 | 대상용도 | 가감계수 |
|---|---|---|
| 1류 | 노유자시설, 숙박시설, 위락시설, 의료시설(정신보건의료기관), 수련시설, 복합건축물(1류에 속하는 시설이 있는 경우)<br>기억법 **노숙 1위 수정복** | 1.2 |
| 2류 | 문화 및 집회시설, 종교시설, 의료시설(정신보건시설 제외), 교정 및 군사시설(군사시설 제외), 지하가, 복합건축물(1류에 속하는 시설이 있는 경우 제외), 발전시설, 판매시설<br>기억법 **교문발 2지(이지=쉽다) 의복 종판지(장판지)** | 1.1 |
| 3류 | 근린생활시설, 운동시설, 업무시설, 방송통신시설, 운수시설<br>기억법 **방업(방염) 운운근3(근생=근린생활)** | 1.0 |
| 4류 | 공장, 위험물 저장 및 처리시설, 창고시설<br>기억법 **창공위4(창공위 사랑)** | 0.9 |
| 5류 | 공동주택(아파트 제외), 교육연구시설, 항공기 및 자동차 관련 시설, 동물 및 식물 관련 시설, 자원순환 관련 시설, 군사시설, 묘지 관련 시설, 관광휴게시설, 장례식장, 지하구, 문화재<br>기억법 **자교 공아제 동물 묘지관광 항문지군** | 0.8 |

㈜ 실제 점검면적에 위 표의 가감계수를 곱한다.

비교

**소방시설 등**의 **자체점검시 전문 소방시설관리업**의 **점검인력 배치기준**(소방시설법 시행규칙 [별표 4])

(1) 소방시설관리사 또는 특급 점검자 **1명**과 보조기술인력 **2명**을 점검인력 1단위로 하되, 점검인력 1단위에 **2명**(같은 건축물을 점검할 때에는 **4명**) 이내의 보조기술인력을 추가 가능

(2) 소방안전관리자로 선임된 소방시설관리사 및 소방기술사가 점검하는 경우의 1단위
 ㉠ 소방시설관리사 또는 소방기술사 1명
 ㉡ 보조기술인력 2명(2명 이내의 보조기술인력 추가가능)
 ㉢ 보조기술인력은 관계인 또는 소방안전관리보조자

(3) 관계인 또는 소방안전관리자가 점검하는 경우의 1단위
 ㉠ 관계인 또는 소방안전관리자 1명
 ㉡ 보조기술인력 2명
 ㉢ 보조기술인력은 관리자, 점유자 또는 소방안전관리보조자

(4) 점검한도면적

| 작동점검 | 종합점검 |
|---|---|
| 10000m$^2$ | 8000m$^2$ |
| 보조기술인력 1명당 2500m$^2$씩 추가 | 보조기술인력 1명당 20000m$^2$씩 추가 |

(5) 점검인력 하루 배치기준 : 5개 특정소방대상물(단, 2개 이상 특정소방대상물을 2일 이상 연속하여 점검하는 경우 배치기한 초과 금지)

(6) 관리업자가 하루 동안 점검한 면적은 실제 점검면적에 다음의 기준을 적용하여 계산한 면적(점검면적)으로 하되, 점검면적은 점검한도면적을 초과 금지. 실제 점검면적에 다음의 가감계수를 곱한다.

| 구 분 | 대상용도 | 가감계수 |
|---|---|---|
| 1류 | 문화 및 집회시설, 종교시설, 판매시설, 의료시설, 노유자시설, 수련시설, 숙박시설, 위락시설, 창고시설, 교정시설, 발전시설, 지하가, 복합건축물<br>기억법 **교문발 1지(일지매) 의복종판(장판) 노숙수창위** | 1.1 |
| 2류 | 공동주택, 근린생활시설, 운수시설, 교육연구시설, 운동시설, 업무시설, 방송통신시설, 공장, 항공기 및 자동차 관련 시설, 군사시설, 관광휴게시설, 장례시설, 지하구<br>기억법 **공교 방항군(반항군) 관장지(관광지) 운업근(운수업 근무)** | 1.0 |
| 3류 | 위험물 저장 및 처리시설, 문화재, 동물 및 식물 관련 시설, 자원순환 관련 시설, 묘지 관련 시설<br>기억법 **위문 동자묘** | 0.9 |

(2) 소방시설 설치 및 관리에 관한 법령상 소방시설의 자체점검시 인력배치기준에 따라 지하구의 길이가 800m, 4차로인 터널의 길이가 1000m일 때, 다음에 답하시오. (6점)

① 지하구의 실제점검면적〔$m^2$〕을 구하시오.
- ○ 계산과정 :
- ○ 답 :

② 한쪽 측벽에 소방시설이 설치되어 있는 터널의 실제점검면적〔$m^2$〕을 구하시오.
- ○ 계산과정 :
- ○ 답 :

③ 한쪽 측벽에 소방시설이 설치되어 있지 않는 터널의 실제점검면적〔$m^2$〕을 구하시오.
- ○ 계산과정 :
- ○ 답 :



정답 ① ○ 계산과정 : $800 \times 1.8 = 1440m^2$
○ 답 : $1440m^2$
② ○ 계산과정 : $1000 \times 3.5 = 3500m^2$
○ 답 : $3500m^2$
③ ○ 계산과정 : $1000 \times 7 = 7000m^2$
○ 답 : $7000m^2$

해설 **실제점검면적**(소방시설법 시행규칙 〔별표 4〕)

| 구 분 | | 실제점검면적〔$m^2$〕 |
|---|---|---|
| 지하구 | | 실제점검면적=지하구 길이×1.8m |
| 터널 | • 3차로 이하<br>• 한쪽 측벽에 소방시설이 설치되어 있는 4차로 이상 터널 | 실제점검면적=터널길이×3.5m |
| | • 4차로 이상 | 실제점검면적=터널길이×7m |

관리업자 등이 하루 동안 점검한 면적은 실제 점검면적(지하구는 그 길이에 폭의 길이 **1.8m**를 곱하여 계산된 값을 말하며, 터널은 3차로 이하인 경우에는 그 길이에 폭의 길이 **3.5m**를 곱하고, 4차로 이상인 경우에는 그 길이에 폭의 길이 **7m**를 곱한 값을 말한다. 단, 한쪽 측벽에 소방시설이 설치된 4차로 이상인 터널의 경우는 그 길이와 폭의 길이 **3.5m**를 곱한 값을 말한다.)으로 하되, 점검면적은 점검한도 면적 초과 금지

물음 2) 소방시설 자체점검사항 등에 관한 고시에 관한 다음 물음에 답하시오. (9점)

(1) 통합감시시설 종합점검시 점검항목을 쓰시오. (5점)

정답 ① 주 · 보조 수신기 설치 적정 여부
② 수신기 간 원격제어 및 정보공유 정상작동 여부
③ 예비선로 구축 여부

해설 **자동화재속보설비 및 통합감시시설**의 **종합점검**(소방시설 자체점검사항 등에 관한 고시 〔별지 제4호 서식〕)

| 구 분 | 점검항목 |
|---|---|
| 자동화재속보설비 | ① **상용전원** 공급 및 **전원표시등** 정상 점등 여부<br>② 조작스위치 **높이** 적정 여부<br>③ **자동화재탐지설비 연동** 및 화재신호 **소방관서** 전달 여부 |
| 통합감시시설 | ❶ **주·보조 수신기** 설치 적정 여부<br>② 수신기 간 **원격제어** 및 **정보공유** 정상작동 여부<br>❸ **예비선로** 구축 여부 |
| 비고 | ※ 특정소방대상물의 **위치·구조·용도** 및 **소방시설**의 **상황** 등이 이 표의 항목대로 기재하기 곤란하거나 이 표에서 누락된 사항을 기재한다. |

※ "●"는 종합점검의 경우에만 해당

(2) 제연설비 종합점검시 배출구 점검항목을 쓰시오. (4점)

20회

정답 ① 배출구 설치위치(수평거리) 적정 여부
② 배출구 변형·훼손 여부

해설 **제연설비**의 **종합점검**(소방시설 자체점검사항 등에 관한 고시 〔별지 제4호 서식〕)

| 구 분 | 점검항목 |
|---|---|
| 제연구역의 구획 | ● 제연구역의 구획 방식 적정 여부<br>- 제연경계의 **폭**, **수직거리** 적정 설치 여부<br>- 제연경계벽은 가동시 **급속**하게 **하강**되지 **아니**하는 구조 |
| 배출구 | ❶ 배출구 설치위치(수평거리) 적정 여부<br>② 배출구 **변형·훼손** 여부 |
| 유입구 | ① 공기유입구 설치위치 적정 여부<br>② 공기유입구 **변형·훼손** 여부<br>❸ 옥외에 면하는 **배출구** 및 **공기유입구** 설치 적정 여부 |
| 배출기 | ❶ 배출기와 배출풍도 사이 **캔버스** 내열성 확보 여부<br>② 배출기 회전이 원활하며 회전방향 정상 여부<br>③ **변형·훼손** 등이 없고 **V-벨트** 기능 정상 여부<br>④ 본체의 **방청**, **보존상태** 및 **캔버스** 부식 여부<br>❺ 배풍기 내열성 단열재 단열처리 여부 |
| 비상전원 | ❶ 비상전원 설치장소 적정 및 관리 여부<br>② 자가발전설비인 경우 연료적정량 보유 여부<br>③ 자가발전설비인 경우 「전기사업법」에 따른 정기점검 결과 확인 |
| 기동 | ① 가동식의 **벽·제연경계벽·댐퍼** 및 **배출기** 정상작동(화재감지기 연동) 여부<br>② 예상제연구역 및 제어반에서 가동식의 **벽·제연경계벽·댐퍼** 및 **배출기** 수동기동 가능 여부<br>③ 제어반 각종 **스위치류** 및 **표시장치**(작동표시등 등) 기능의 이상 여부 |
| 비고 | ※ 특정소방대상물의 **위치·구조·용도** 및 **소방시설**의 **상황** 등이 이 표의 항목대로 기재하기 곤란하거나 이 표에서 누락된 사항을 기재한다. |

※ "●"는 종합점검의 경우에만 해당

비교

**특별피난계단**의 **계단실** 및 **부속실**의 **제연설비 종합점검**(소방시설 자체점검사항 등에 관한 고시 〔별지 제4호 서식〕)

| 구 분 | 점검항목 |
|---|---|
| 과압방지조치 | ● **자동차압 · 과압조절형 댐퍼**(또는 **플랩댐퍼**)를 사용한 경우 성능 적정 여부 |
| 수직풍도에 따른 배출 | ① 배출댐퍼 설치(개폐 여부 확인 기능, 화재감지기 동작에 따른 개방) 적정 여부<br>② 배출용 송풍기가 설치된 경우 화재감지기 연동 기능 적정 여부 |
| 급기구 | 급기댐퍼 설치상태(화재감지기 동작에 따른 개방) 적정 여부 |
| 송풍기 | ① 설치장소 적정(화재영향, 접근 · 점검 용이성) 여부<br>② 화재감지기 동작 및 수동조작에 따라 작동하는지 여부<br>❸ 송풍기와 연결되는 캔버스 내열성 확보 여부 |
| 외기취입구 | ① 설치위치(**오염공기 유입방지**, **배기구** 등으로부터 이격거리) 적정 여부<br>❷ 설치구조(빗물 · 이물질 유입방지, 옥외의 풍속과 풍향에 영향) 적정 여부 |
| 제연구역의 출입문 | ① 폐쇄상태 유지 또는 화재시 자동폐쇄 구조 여부<br>❷ 자동폐쇄장치 **폐쇄력** 적정 여부 |
| 수동기동장치 | ① 기동장치 설치(위치, 전원표시등 등) 적정 여부<br>② **수동기동장치**(옥내 수동발신기 포함) 조작시 관련 장치 정상작동 여부 |
| 제어반 | ① 비상용 축전지의 정상 여부<br>② 제어반 감시 및 원격조작 기능 적정 여부 |
| 비상전원 | ❶ 비상전원 설치장소 적정 및 관리 여부<br>② 자가발전설비인 경우 연료 적정량 보유 여부<br>③ 자가발전설비인 경우 「전기사업법」에 따른 정기점검 결과 확인 |
| 비고 | ※ 특정소방대상물의 **위치 · 구조 · 용도** 및 **소방시설**의 **상황** 등이 이 표의 항목대로 기재하기 곤란하거나 이 표에서 누락된 사항을 기재한다. |

※ "●"는 종합점검의 경우에만 해당

물음 3) 자동화재탐지설비 및 시각경보장치의 화재안전기준상 감지기에 관한 다음 물음에 답하시오. (6점)

(1) 연기감지기를 설치할 수 없는 경우, 건조실 · 살균실 · 보일러실 · 주조실 · 영사실 · 스튜디오에 설치할 수 있는 적응열감지기 3가지를 쓰시오. (3점) 12회

○
○
○

정답 ① 정온식 특종
② 정온식 1종
③ 열아날로그식

해설 (1) **설치장소별 감지기 적응성**(연기감지기를 설치할 수 없는 경우 적용) (NFTC 203 2.4.6(1))

| 설치장소 | | 적응열감지기 | | | | | | | | | 불꽃감지기 |
|---|---|---|---|---|---|---|---|---|---|---|---|
| 환경상태 | 적응장소 | 차동식 스포트형 | | 차동식 분포형 | | 보상식 스포트형 | | 정온식 | | 열아날로그식 | |
| | | 1종 | 2종 | 1종 | 2종 | 1종 | 2종 | 특종 | 1종 | | |
| 먼지 또는 미분 등이 다량으로 체류하는 장소 | • 쓰레기장, 하역장<br>• 도장실<br>• 섬유·목재·석재 등 가공공장 | ○ | ○ | ○ | ○ | ○ | ○ | ○ | × | ○ | ○ |

[비고] 1. **불꽃감지기**에 따라 감시가 곤란한 장소는 적응성이 있는 **열감지기** 설치
2. 차동식 분포형 감지기를 설치하는 경우에는 검출부에 먼지, 미분 등이 침입하지 않도록 조치
3. 차동식 스포트형 감지기 또는 보상식 스포트형 감지기를 설치하는 경우에는 검출부에 먼지, 미분 등이 침입하지 않도록 조치
4. **섬유, 목재 가공공장** 등 화재확대가 급속하게 진행될 우려가 있는 장소에 설치하는 경우 **정온식 감지기**는 **특종**으로 설치할 것. 공칭작동온도 **75℃** 이하, **열아날로그식 스포트형 감지기**는 화재표시 설정을 **80℃** 이하가 되도록 할 것

| 설치장소 | | 적응열감지기 | | | | | | | | | 불꽃감지기 |
|---|---|---|---|---|---|---|---|---|---|---|---|
| 환경상태 | 적응장소 | 차동식 스포트형 | | 차동식 분포형 | | 보상식 스포트형 | | 정온식 | | 열아날로그식 | |
| | | 1종 | 2종 | 1종 | 2종 | 1종 | 2종 | 특종 | 1종 | | |
| 수증기가 다량으로 머무는 장소 | • 증기세정실<br>• 탕비실<br>• 소독실 등 | × | × | × | ○ | × | ○ | ○ | ○ | ○ | ○ |

[비고] 1. **차동식 분포형 감지기** 또는 **보상식 스포트형 감지기**는 **급격한 온도변화**가 없는 장소에 한하여 사용할 것
2. **차동식 분포형 감지기**를 설치하는 경우에는 검출부에 수증기가 침입하지 않도록 조치할 것
3. 보상식 스포트형 감지기, 정온식 감지기 또는 열아날로그식 감지기를 설치하는 경우에는 **방수형**으로 설치할 것
4. 불꽃감지기를 설치할 경우 **방수형**으로 할 것

| 설치장소 | | 적응열감지기 | | | | | | | | | 불꽃감지기 |
|---|---|---|---|---|---|---|---|---|---|---|---|
| 환경상태 | 적응장소 | 차동식 스포트형 | | 차동식 분포형 | | 보상식 스포트형 | | 정온식 | | 열아날로그식 | |
| | | 1종 | 2종 | 1종 | 2종 | 1종 | 2종 | 특종 | 1종 | | |
| 부식성 가스가 발생할 우려가 있는 장소 | • 도금공장<br>• 축전지실<br>• 오수처리장 등 | × | × | ○ | ○ | ○ | ○ | ○ | × | ○ | ○ |

20회

[비고] 1. **차동식 분포형 감지기**를 설치하는 경우에는 감지부가 피복되어 있고 검출부가 부식성 가스의 영향을 받지 않는 것 또는 검출부에 부식성 가스가 침입하지 않도록 조치할 것

2. **보상식 스포트형 감지기**, **정온식 감지기** 또는 **열아날로그식 스포트형 감지기**를 설치하는 경우에는 부식성 가스의 성상에 반응하지 않는 **내산형** 또는 **내알칼리형**으로 설치할 것

3. **정온식 감지기**를 설치하는 경우에는 **특종**으로 설치할 것

| 설치장소 | | 적응열감지기 | | | | | | | | | 불꽃감지기 |
|---|---|---|---|---|---|---|---|---|---|---|---|
| 환경상태 | 적응장소 | 차동식 스포트형 | | 차동식 분포형 | | 보상식 스포트형 | | 정온식 | | 열아날로그식 | |
| | | 1종 | 2종 | 1종 | 2종 | 1종 | 2종 | 특종 | 1종 | | |
| 주방, 기타 평상시에 연기가 체류하는 장소 | • 주방<br>• 조리실<br>• 용접작업장 등 | × | × | × | × | × | × | ○ | ○ | ○ | ○ |
| 현저하게 고온으로 되는 장소 | • 건조실<br>• 살균실<br>• 보일러실<br>• 주조실<br>• 영사실<br>• 스튜디오 | × | × | × | × | × | × | ○ | ○ | ○ | × |

[비고] 1. **주방**, **조리실** 등 습도가 많은 장소에는 **방수형** 감지기를 설치할 것

2. **불꽃감지기**는 **UV/IR형**을 설치할 것

| 설치장소 | | 적응열감지기 | | | | | | | | | 불꽃감지기 |
|---|---|---|---|---|---|---|---|---|---|---|---|
| 환경상태 | 적응장소 | 차동식 스포트형 | | 차동식 분포형 | | 보상식 스포트형 | | 정온식 | | 열아날로그식 | |
| | | 1종 | 2종 | 1종 | 2종 | 1종 | 2종 | 특종 | 1종 | | |
| 배기가스가 다량으로 체류하는 장소 | • 주차장<br>• 차고<br>• 화물취급소 차로<br>• 자가발전실<br>• 트럭 터미널<br>• 엔진시험실 | ○ | ○ | ○ | ○ | ○ | ○ | × | × | ○ | ○ |

[비고] 1. **불꽃감지기**에 따라 감시가 곤란한 장소는 적응성이 있는 **열감지기**를 설치할 것

2. **열아날로그식 스포트형 감지기**는 화재표시 설정이 **60℃** 이하가 바람직함

| 설치장소 | | 적응열감지기 | | | | | | | | | 불꽃감지기 |
|---|---|---|---|---|---|---|---|---|---|---|---|
| 환경상태 | 적응장소 | 차동식 스포트형 | | 차동식 분포형 | | 보상식 스포트형 | | 정온식 | | 열아날로그식 | |
| | | 1종 | 2종 | 1종 | 2종 | 1종 | 2종 | 특종 | 1종 | | |
| 연기가 다량으로 유입할 우려가 있는 장소 | • 음식물배급실<br>• 주방전실<br>• 주방 내 식품저장실<br>• 음식물운반용 엘리베이터<br>• 주방 주변의 복도 및 통로<br>• 식당 등 | ○ | ○ | ○ | ○ | ○ | ○ | ○ | ○ | ○ | × |

[비고] 1. 고체연료 등 가연물이 수납되어 있는 **음식물배급실**, **주방전실**에 설치하는 **정온식 감지기**는 **특종**으로 설치할 것
2. **주방 주변**의 복도 및 통로, 식당 등에는 **정온식 감지기**를 설치하지 **말 것**
3. 제1호 및 제2호의 장소에 **열아날로그식 스포트형 감지기**를 설치하는 경우에는 화재표시 설정을 **60℃** 이하로 할 것



| 설치장소 | | 적응열감지기 | | | | | | | | | 불꽃감지기 |
|---|---|---|---|---|---|---|---|---|---|---|---|
| 환경상태 | 적응장소 | 차동식 스포트형 | | 차동식 분포형 | | 보상식 스포트형 | | 정온식 | | 열아날로그식 | |
| | | 1종 | 2종 | 1종 | 2종 | 1종 | 2종 | 특종 | 1종 | | |
| 물방울이 발생하는 장소 | • 슬레트 또는 철판으로 설치한 지붕 창고·공장<br>• 패키지형 냉각기전용 수납실<br>• 밀폐된 지하창고<br>• 냉동실 주변 등 | × | × | ○ | ○ | ○ | ○ | ○ | ○ | ○ | ○ |
| 불을 사용하는 설비로서 불꽃이 노출되는 장소 | • 유리공장<br>• 용선로가 있는 장소<br>• 용접실<br>• 주방<br>• 작업장<br>• 주조실 등 | × | × | × | × | × | × | ○ | ○ | ○ | × |

[비고] 1. **보상식 스포트형 감지기**, **정온식 감지기** 또는 **열아날로그식 스포트형 감지기**를 설정하는 경우에는 방수형으로 설치할 것
2. 보상식 스포트형 감지기는 급격한 온도변화가 없는 장소에 한하여 설치할 것
3. **불꽃감지기**를 설치하는 경우에는 **방수형**으로 설치할 것

(주) 1. "○"는 해당 설치장소에 적응하는 것을 표시, "×"는 해당 설치장소에 적응하지 않는 것을 표시
2. 차동식 스포트형, 차동식 분포형 및 보상식 스포트형 1종은 감도가 예민하기 때문에 비화재보 발생은 2종에 비해 불리한 조건이라는 것을 유의할 것
3. **차동식 분포형 3종** 및 **정온식 2종**은 **소화설비**와 **연동**하는 경우에 한해서 사용할 것

(2) **설치장소별 감지기 적응성**(NFTC 203 2.4.6(2))

| 설치장소 | | 적응열감지기 | | | | | 적응연기감지기 | | | | | | 불꽃감지기 |
|---|---|---|---|---|---|---|---|---|---|---|---|---|---|
| 환경상태 | 적응장소 | 차동식 스포트형 | 차동식 분포형 | 보상식 스포트형 | 정온식 | 열아날로그식 | 이온화식 스포트형 | 광전식 스포트형 | 이온아날로그식 스포트형 | 광전아날로그식 스포트형 | 광전식 분리형 | 광전아날로그식 분리형 | |
| ① 흡연에 의해 연기가 체류하며 환기가 되지 않는 장소 | 회의실, 응접실, 휴게실, 노래연습실, 오락실, 다방, 음식점, 대합실, 카바레 등의 객실, 집회장, 연회장 등 | ○ | ○ | ○ | | | | ◎ | | ◎ | ○ | ○ | |
| ② 취침시설로 사용하는 장소 | 호텔 객실, 여관, 수면실 등 | | | | | | ◎ | ◎ | ◎ | ◎ | ○ | ○ | |
| ③ 연기 이외의 미분이 떠다니는 장소 | 복도, 통로 등 | | | | | | ◎ | ◎ | ◎ | ◎ | ○ | ○ | ○ |
| ④ 바람의 영향을 받기 쉬운 장소 | 로비, 교회, 관람장, 옥탑에 있는 기계실 | | ○ | | | | | ◎ | | ◎ | ○ | ○ | ○ |
| ⑤ 연기가 멀리 이동해서 감지기에 도달하는 장소 | 계단, 경사로 | | | | | | | ○ | | ○ | ○ | ○ | |
| ⑥ 훈소화재의 우려가 있는 장소 | 전화기기실, 통신기기실, 전산실, 기계제어실 | | | | | | | ○ | | ○ | ○ | ○ | |
| ⑦ 넓은 공간으로 천장이 높아 열 및 연기가 확산하는 장소 | 체육관, 항공기 격납고, 높은 천장의 창고·공장, 관람석 상부 등 감지기 부착높이가 8m 이상의 장소 | | ○ | | | | | | | | ○ | ○ | ○ |

기억법 **흡취미바 멀훈넓 차불꽃 광분 광이아**

[비고] ⑤에서 **광전식 스포트형 감지기** 또는 **광전아날로그식 스포트형 감지기**를 설치하는 경우에는 해당 감지기회로에 **축적기능**을 **갖지 않는 것**으로 할 것

(주) 1. "○"는 해당 설치장소에 적응하는 것을 표시
2. "◎"는 해당 설치장소에 **연기감지기**를 설치하는 경우에는 해당 감지회로에 **축적기능**을 갖는 것을 표시
3. 차동식 스포트형, 차동식 분포형, 보상식 스포트형 및 연기식(축적기능이 없는 것). 1종은 감도가 예민하기 때문에 비화재보 발생은 2종에 비해 불리한 조건이라는 것을 유의하여 따를 것
4. **차동식 분포형 3종** 및 **정온식 2종**은 **소화설비**와 **연동**하는 경우에 한해서 사용할 것
5. **광전식 분리형 감지기**는 평상시 연기가 발생하는 장소 또는 공간이 협소한 경우에는 적응성이 없음
6. 넓은 공간으로 천장이 높아 열 및 연기가 확산하는 장소로서 차동식 분포형 또는 광전식 분리형 2종을 설치하는 경우에는 제조사의 사양에 따를 것
7. 다신호식 감지기는 그 감지기가 가지고 있는 종별, 공칭작동온도별로 따르고 표에 따른 적응성이 있는 감지기로 할 것

20회

(2) 감지기회로의 도통시험을 위한 종단저항의 기준 3가지를 쓰시오. (3점)
○
○
○

정답 ① 점검 및 관리가 쉬운 장소에 설치할 것
② 전용함을 설치하는 경우 그 설치높이는 바닥으로부터 1.5m 이내로 할 것
③ 감지기회로의 끝부분에 설치하며, 종단감지기에 설치할 경우에는 구별이 쉽도록 해당 감지기의 기판 및 감지기 외부 등에 별도의 표시를 할 것

해설 **감지기회로**의 **종단저항 설치기준**(NFPC 203 제11조, NFTC 203 2.8.1.3)
(1) **점검** 및 **관리**가 쉬운 장소에 설치할 것
(2) **전**용함 설치시 바닥으로부터 **1.5m** 이내의 높이에 설치할 것
(3) **감**지기회로의 **끝부분**에 설치하며, **종단감지기**에 설치할 경우에는 구별이 쉽도록 해당 감지기의 **기판** 및 **감지기 외부** 등에 별도의 표시를 할 것

기억법 **감전점**

- **'점검 및 관리가 편리하고 화재 및 침수 등의 재해를 받을 우려가 없는 장소'**라고 쓰지 않도록 주의하라! 이것은 **종단저항**의 **설치기준**과 **중계기**의 **설치기준**이 섞여 있는 이상한 내용이다.
- 종단감지기에 설치시 **기판**뿐만 아니라 **감지기 외부**에도 설치하도록 법이 개정되었다. 그러므로 **감지기 외부**를 꼭! 쓰도록 한다.

용어

(1) **종단저항** : 감지기회로의 **도통시험**을 용이하게 하기 위하여 감지기회로의 **끝**부분에 설치하는 저항

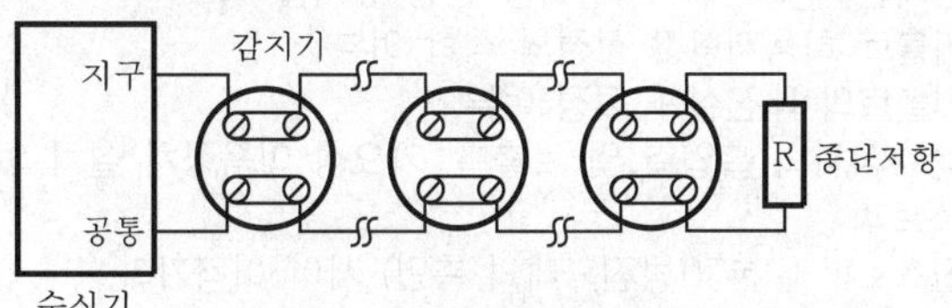


▌종단저항의 설치▐

(2) **송배선방식**(보내기배선) : 수신기에서 2차측의 외부배선의 **도통시험**을 용이하게 하기 위해 배선의 도중에서 분기하지 않도록 하는 배선이다.

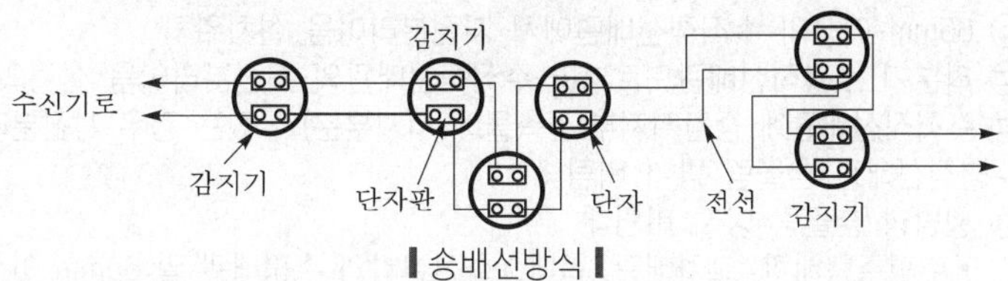


▌송배선방식▐

20회

☆☆

문제 03

다음 물음에 답하시오. (30점)

물음 1) 「소방시설 자체점검사항 등에 관한 고시」에서 규정하고 있는 조사표에 관한 사항이다. 다음 물음에 답하시오. (16점)

(1) 내진설비 성능시험조사표 중 가압송수장치, 지진분리이음, 수평직선배관 흔들림 방지 버팀대의 점검항목을 각각 쓰시오. (10점)

(2) 미분무소화설비 성능시험조사표의 성능 및 점검항목 중 "설계도서 등"의 점검항목을 쓰시오. (6점)

물음 2) 다중이용업소의 안전관리에 관한 특별법령상 다중이용업소의 비상구 공통기준 중 비상구 구조, 문이 열리는 방향, 문의 재질에 대하여 규정된 사항을 각각 쓰시오. (10점)

물음 3) 옥내소화전설비의 화재안전기준상 배선에 사용되는 전선의 종류 및 공사방법에 관한 사항 중 내화전선의 내화성능을 설명하시오. (4점)

물음 1) 「소방시설 자체점검사항 등에 관한 고시」에서 규정하고 있는 조사표에 관한 사항이다. 다음 물음에 답하시오. (16점)

(1) 내진설비 성능시험조사표 중 가압송수장치, 지진분리이음, 수평직선배관 흔들림 방지 버팀대의 점검항목을 각각 쓰시오. (10점)

정답 ① 가압송수장치
㉠ 앵커볼트
- 수평지진하중과 수직작용하중 산정의 적합 여부
- 앵커볼트 허용저항값 산정의 적합 여부
- 앵커볼트의 내진설계 적정 여부

㉡ 가압송수장치의 흡입측 및 토출측 : 가요성 이음장치 설치 여부
㉢ 내진스토퍼
- 내진스토퍼와 본체(방진가대의 측면) 사이 이격거리
- 내진스토퍼의 허용하중 적정 여부
- 방진장치와 겸용인 경우 내진스토퍼의 적합 여부

② 지진분리이음
㉠ 지진분리이음 설치위치 적정 여부
㉡ 65mm 이상의 수직직선배관에서 지진분리이음 설치위치
㉢ 티분기 수평직선배관으로부터 수직직선배관의 지진분리이음 설치의 적합 여부
㉣ 수직직선배관에 중간지지부(건축물에 지지부분)가 있는 경우 지진분리이음 설치위치 적정 여부

③ 수평직선배관 흔들림 방지 버팀대
㉠ 횡방향 흔들림 방지 버팀대
- 수평주행배관, 교차배관, 옥내소화전설비의 수평배관 및 65mm 이상의 가지배관 및 기타배관에 설치 여부
- 횡방향 흔들림 방지 버팀대 설계하중 산정의 적합 여부
- 횡방향 흔들림 방지 버팀대의 간격 12m 초과 여부
- 마지막 흔들림 방지 버팀대와 배관 단부 사이의 거리가 1.8m 초과 여부
- 옵셋길이를 합산하여 배관길이 산정 여부
- 인접배관의 횡방향 흔들림 방지 버팀대로 역할을 하는 흔들림 방지 버팀대의 경우, 설치된 종방향 흔들림 방지 버팀대가 배관이 방향 전환된 지점으로부터 600mm 이내 설치되어 있는지 여부
- 65mm 이상인 가지배관의 길이가 3.7m 이상인 경우 횡방향 흔들림 방지 버팀대 적정 설치 여부
- 65mm 이상인 가지배관의 길이가 3.7m 미만인 경우 횡방향 흔들림 방지 버팀대 미설치 여부 및 가지배관 수평지진하중 산정의 적합 여부
- 횡방향 흔들림 방지 버팀대 미설치에 해당되는 행가의 적정 여부

㉡ 종방향 흔들림 방지 버팀대
- 수평주행배관, 교차배관, 옥내소화전설비의 수평배관에 설치 여부
- 종방향 흔들림 방지 버팀대 설계하중 산정의 적합 여부
- 종방향 흔들림 방지 버팀대의 간격 24m 초과 여부
- 마지막 흔들림 방지 버팀대와 배관 단부 사이의 거리가 12m 초과 여부
- 옵셋길이를 합산하여 배관길이 산정 여부
- 횡방향 흔들림 방지 버팀대 설치지점으로부터 600mm 이내 배관이 방향 전환된 경우, 횡방향 흔들림 방지 버팀대의 종방향 흔들림 방지 버팀대로 사용 적합 여부

해설 **내진설비 성능시험조사표**(소방시설 자체점검사항 등에 관한 고시 〔별지 제5호 서식〕)

| 구 분 | | 점검항목 |
|---|---|---|
| 수원 | 수조 | ① 수조의 기초, 본체, 연결부분의 구조안전성 검토 여부<br>② 건축물의 구조부재에 고정 여부<br>③ 수조와 연결 소화배관에 **가요성 이음장치** 설치 여부 |
| 가압송수장치 | 앵커볼트 | ① 수평지진하중과 **수직작용하중** 산정의 적합 여부<br>② 앵커볼트 허용저항값 산정의 적합 여부<br>③ 앵커볼트의 **내진설계** 적정 여부 |
| | 가압송수장치의 흡입측 및 토출측 | 가요성 이음장치 설치 여부 |

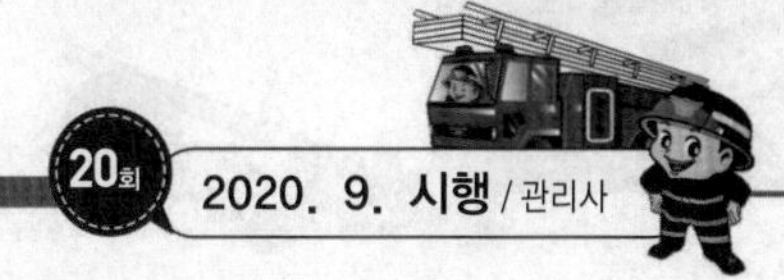

| | | |
|---|---|---|
| 가압송수장치 | 내진스토퍼 | ① 내진스토퍼와 본체(방진가대의 측면) 사이 이격거리<br>② 내진스토퍼의 허용하중 적정 여부<br>③ 방진장치와 겸용인 경우 내진스토퍼의 적합 여부 |
| 배관 | 배관의 내진설계 | ① 배관 지진분리이음 또는 지진분리장치 사용 여부 및 이격거리 유지 여부<br>② 지진분리장치 설치위치 적합 여부<br>③ 흔들림 방지 버팀대 설치 여부<br>④ 버팀대와 고정장치의 소화설비 동작 및 살수 방해 여부<br>⑤ 배관의 수평지진하중 산정의 적합 여부 |
| | 관통부의 배관 이격거리 유지 여부 | ① 배관의 적정 이격거리 확보 여부<br>② 배관 이격거리 미확보시 배관 관통부재 재질과 지진분리이음 설치 확인 |
| | 배관의 정착 | ① 소방배관과 연결된 타설비배관을 포함한 수평지진하중 산정의 적합 여부<br>② 소방시설 배관의 정착물에 따른 취약부분의 수평지진하중 1.5배 산정의 적합 여부 |
| 지진분리이음 | | ① 지진분리이음 설치위치 적정 여부<br>② **65mm** 이상의 수직직선배관에서 지진분리이음 설치위치<br>③ 티분기 수평직선배관으로부터 수직직선배관의 지진분리이음 설치의 적합 여부<br>④ 수직직선배관에 중간지지부(건축물에 지지부분)가 있는 경우 지진분리이음 설치위치 적정 여부 |
| 지진분리장치 | | ① 지진분리장치 설치위치 적정 여부<br>② 건축물 지진분리이음구간 변위량 흡수 여부<br>③ 지진분리장치의 전후단 **1.8m 이내**에 4방향 흔들림 방지 버팀대 설치 여부<br>④ 흔들림 방지 버팀대의 지진분리장치 자체에 설치되지 않았는지 여부 |
| 흔들림 방지 버팀대 | | ① 흔들림 방지 버팀대 설치상태 및 횡방향 및 종방향의 수평지진하중에 견디는지 여부<br>② 흔들림 방지 버팀대가 부착된 건축 구조부재가 소화배관에 의해 추가된 지진하중을 견딜 수 있는지 여부<br>③ 흔들림 방지 버팀대의 지지대 세장비가 **300** 초과 여부<br>④ 4방향 흔들림 방지 버팀대의 종방향, 횡방향 흔들림 방지 버팀대 할 가능 여부<br>⑤ 하나의 수평직선배관에 최소 **2개**의 횡방향 흔들림 방지 버팀대와 1개의 종방향 흔들림 방지 버팀대 설치 여부<br>⑥ 옵셋 외의 길이 **3.7m 미만** 배관에 횡방향 흔들림 방지 버팀대 1개 설치 여부와 종방향 흔들림 방지 버팀대의 인접 배관 횡방향 흔들림 방지 버팀대로 지지 여부<br>⑦ 소화펌프 흡입측의 경우, 흡입측 수평직선배관 및 수직직선배관의 수평지진하중을 계산하여 흔들림 방지 버팀대 설치 여부<br>⑧ 소화펌프 토출측의 경우, 토출측 수평직선배관 및 수직직선배관의 수평지진하중을 계산하여 각각의 흔들림 방지 버팀대 설치 여부 |
| 수평직선배관 흔들림 방지 버팀대 | 횡방향 흔들림 방지 버팀대 | ① 수평주행배관, 교차배관, 옥내소화전설비의 수평배관 및 65mm 이상의 가지배관 및 기타배관에 설치 여부<br>② 횡방향 흔들림 방지 버팀대 설계하중 산정의 적합 여부<br>③ 횡방향 흔들림 방지 버팀대의 간격 **12m 초과** 여부<br>④ 마지막 흔들림 방지 버팀대와 배관 단부 사이의 거리가 1.8m 초과 여부 |

| | | |
|---|---|---|
| 수평직선배관 흔들림 방지 버팀대 | 횡방향 흔들림 방지 버팀대 | ⑤ 옵셋길이를 합산하여 배관길이 산정 여부<br>⑥ 인접배관의 횡방향 흔들림 방지 버팀대로 역할을 하는 흔들림 방지 버팀대의 경우, 설치된 종방향 흔들림 방지 버팀대가 배관이 방향 전환된 지점으로부터 **600mm 이내** 설치되어 있는지 여부<br>⑦ **65mm 이상**인 가지배관의 길이가 **3.7m 이상**인 경우 횡방향 흔들림 방지 버팀대 적정 설치 여부<br>⑧ **65mm 이상**인 가지배관의 길이가 **3.7m 미만**인 경우 횡방향 흔들림 방지 버팀대 미설치 여부 및 가지배관 수평지진하중 산정의 적합 여부<br>⑨ 횡방향 흔들림 방지 버팀대 미설치에 해당되는 행가의 적정 여부 |
| | 종방향 흔들림 방지 버팀대 | ① 수평주행배관, 교차배관, 옥내소화전설비의 수평배관에 설치 여부<br>② 종방향 흔들림 방지 버팀대 설계하중 산정의 적합 여부<br>③ 종방향 흔들림 방지 버팀대의 간격 **24m 초과** 여부<br>④ 마지막 흔들림 방지 버팀대와 배관 단부 사이의 거리가 **12m 초과** 여부<br>⑤ 옵셋길이를 합산하여 배관길이 산정 여부<br>⑥ 횡방향 흔들림 방지 버팀대 설치지점으로부터 **600mm 이내** 배관이 방향 전환된 경우, 횡방향 흔들림 방지 버팀대의 종방향 흔들림 방지 버팀대로 사용 적합 여부 |
| 수직직선배관 흔들림 방지 버팀대 | ① 길이 1m를 초과하는 수직직선배관의 최상부에 4방향 흔들림 방지 버팀대 설치 여부<br>② 수직직선배관 최상부의 4방향 흔들림 방지 버팀대가 수평배관에 부착된 경우 수직직선배관의 중심선으로부터 **0.6m 이내** 설치 및 흔들림 방지 버팀대의 하중이 수직 및 수평방향의 배관을 모두 포함하는지 여부<br>③ 4방향 흔들림 방지 버팀대 간격 **8m 초과** 여부<br>④ 소화전함에 위아래 설치되는 **65mm 이상**의 수직직선배관 길이에 따른 4방향 흔들림 방지 버팀대 설치 및 말단 고정장치 설치 여부<br>⑤ 수직직선배관에 4방향 흔들림 방지 버팀대 설치시 수평방향으로 분기된 수평직선배관의 흔들림 방지 버팀대 설치 적정 여부<br>⑥ 수직직선배관이 다층건물의 중간층 관통시 4방향 흔들림 방지 버팀대 설치 적정 여부 | |
| 흔들림 방지 버팀대 고정장치 | 흔들림 방지 버팀대 고정장치에 작용하는 수평지진하중이 허용하중을 초과하는지 여부 | |
| 헤드 | 가지배관 고정장치 | ① 가지배관 간격에 따른 가지배관 고정장치 설치 적합 여부<br>② 와이어 타입 고정장치가 행가로부터 **600mm 이내**에 위치 여부 및 와이어 고정점에 가장 가까운 행가는 가지배관의 상방향 움직임을 지지할 수 있는 유형인지 여부<br>③ 수직 및 수평으로 과도한 움직임이 없도록 고정 여부<br>④ 환봉 타입 가지배관 고정장치가 행가로부터 **150mm 이내**에 설치 여부<br>⑤ 환봉 타입 가지배관 고정장치의 지지대가 세장비 **400 초과** 여부 및 지지대가 세장비 **400**을 **초과**하는 경우 양쪽 방향으로 두 개의 지지대를 설치했는지 여부<br>⑥ 가지배관 고정장치의 지지대가 수직으로부터 **45° 이상**의 각도로 설치 여부 및 최소 정격하중이 **1960N 이상** 여부<br>⑦ 가지배관 고정장치 설치 제외에 해당되는 행가의 설치조건 적정 여부 |

| | |
|---|---|
| 제어반 등 | ① 제어반 수평지진하중 계산의 적합 여부 및 앵커볼트 설치의 적합 여부<br>② 제어반 제품의 하중이 **450N 이하**이고 내력벽 또는 기둥에 설치하는 경우, 직경 8mm 이상의 고정용 볼트로 4개소 이상 고정 여부<br>③ 건축물의 구조부재인 내력벽, 바닥 또는 기둥 등에 고정 여부 및 바닥에 설치하는 경우 지진하중에 의한 전도방지 여부<br>④ 제어반 등이 지진 발생시 기능유지 여부 |
| 유수검지장치 | 유수검지장치가 설치된 경우 지진 발생시 기능을 상실하지 않고, 연결부위가 파손되지 않도록 조치 여부 |
| 소화전함 | ① 지진시 파손 및 변형 발생 및 개폐에 장애 발생 여부<br>② 건축물의 구조부재인 내력벽, 바닥 또는 기둥 등에 고정 여부 및 바닥에 설치하는 경우 지진하중에 의한 전도방지 여부<br>③ 소화전함 수평지진하중 계산의 적합성, 앵커볼트 설치의 적합 여부<br>④ 소화전함이 제품의 하중이 450N 이하이고 내력벽 또는 기둥에 설치하는 경우, 직경 8mm 이상의 고정용 볼트로 4개소 이상 고정 여부 |
| 비상전원 | ① 비상전원 수평지진하중 계산의 적합성, 앵커볼트 설치의 적합 여부<br>② 비상전원 지진발생시 전도되지 않도록 설치 여부 |
| 가스계 및 분말설비 | 소화설비의 제어반은 제14조의 기준에 따라 설치 여부 |



(2) 미분무소화설비 성능시험조사표의 성능 및 점검항목 중 "설계도서 등"의 점검항목을 쓰시오. (6점)

정답 ① 설계도서 구분 작성 여부(일반설계도서와 특별설계도서)
② 설계도서 작성시 고려사항 적정 여부(점화원 형태, 초기 점화연료의 유형, 화재위치, 개구부 초기 상태 및 시간에 따른 변화상태, 공조조화설비 형태, 시공유형 및 내장재유형)
③ 특별설계도서 위험도 설정 적정 여부
④ 성능시험기관 검증 여부

해설 **미분무소화설비 성능시험조사표**(소방시설 자체점검사항 등에 관한 고시 〔별지 제5호 서식〕)

| 구 분 | 점검항목(NFPC 104A, NFTC 104A) |
|---|---|
| 설계도서 작성<br>(제4조) | ① 설계도서 구분 작성 여부(일반설계도서와 특별설계도서)<br>② 설계도서 작성시 고려사항 적정 여부(점화원 형태, 초기 점화연료의 유형, 화재위치, 개구부 초기 상태 및 시간에 따른 변화상태, 공조조화설비 형태, 시공유형 및 내장재유형)<br>③ 특별설계도서 위험도 설정 적정 여부 |
| 설계도서 작성<br>(제5조) | 성능시험기관 검증 여부 |
| 수원(제6조) | ① 저수조 수원 필터(또는 스트레이너) 통과 여부<br>② 주배관 유입측 **필터**(또는 **스트레이너**) 설치 여부<br>③ **필터**(또는 **스트레이너**) 메쉬 크기 적정 여부<br>④ 수원의 유효수량 적정 여부<br>⑤ 첨가제의 양 산정 적정 여부(첨가제를 사용한 경우) |

| 구분 | | 내용 |
|---|---|---|
| 수조(제7조) | | ① 수조의 재료 적정 여부<br>② 수조 용접방식 적정 여부(**용접찌꺼기** 잔류 여부 포함)<br>③ 전용 수조 사용 여부<br>④ 동결방지조치 여부 또는 동결 우려 없는 장소 설치 여부<br>⑤ 수위계 설치 또는 수위확인 가능 여부<br>⑥ 수조외측 고정사다리 설치 여부(바닥보다 낮은 경우 제외)<br>⑦ 실내설치시 조명설비 설치 여부<br>⑧ 수조의 밑부분 **청소용 배수밸브** 또는 **배수관** 설치 여부<br>⑨ "**미분무설비용 수조**" 표지 설치 여부 및 설치 상태<br>⑩ 수조-수직배관 접속부분 "**미분무설비용 배관**" 표지 설치 여부 |
| 가압송수장치(제8조) | 펌프방식 | ① 펌프 설치환경 적정 여부(접근 · 점검 편의성, 화재 · 침수 등 피해 우려)<br>② 동결방지조치 여부 또는 동결 우려 없는 장소 설치 여부<br>③ 펌프 전용설치 여부<br>④ 펌프 토출측 **압력계** 설치위치 적정 여부<br>⑤ 펌프측에 성능시험배관 설치 여부<br>⑥ 방사량 적정 여부<br>⑦ 내연기관 방식 기동장치 또는 원격조작 가능 여부 : 상시 충전 축전지설비 설치 및 내연기관 연료확보 여부<br>⑧ 가압송수장치에 "**미분무펌프**" 또는 "**호스릴방식 미분무펌프**" 표지 설치 여부<br>⑨ 가압송수장치의 자동정지 불가능 여부 |
| | 압력수조방식 | ① 압력수조 재질 적정 여부<br>② 수조 용접방식 적정 여부(용접찌꺼기 잔류 여부 포함)<br>③ 펌프 설치환경 적정 여부(접근 · 점검 편의성 확보, 화재 · 침수 등 피해 우려)<br>④ 동결방지조치 여부 또는 동결 우려 없는 장소 설치 여부<br>⑤ 전용 압력수조 사용 여부<br>⑥ 부속장치(**수위계 · 배수관 · 급수관 · 급기관 · 맨홀 · 압력계 · 안전장치 · 자동식 공기압축기**) 설치 여부<br>⑦ 압력수조 토출측 압력계 설치 및 적정 범위 여부<br>⑧ 작동장치 구조 및 기능 적정 여부 |
| | 가압수조방식 | ① 방수량 및 방수압 적정(설계방수시간 유지) 여부<br>② 가압수조 및 가압원 설치장소의 방화구획 여부<br>③ 가압송수장치의 성능인증 적합 여부<br>④ 전용 가압수조 사용 여부 |
| 폐쇄형 미분무소화설비 방호구역(제9조) | | ① 방호구역 바닥면적 산정 적정 여부<br>② 방호구역 2개층 적용 여부 |
| 개방형 미분무소화설비 방수구역(제10조) | | ① 방수구역 2개층 적용 여부<br>② 방수구역 당 헤드 설치개수 적정 여부<br>③ 동시 방수 필요한 방수구역의 방수구역 설정 적정 여부(**터널**, **지하구**, **지하가** 등) |
| 배관 등(제11조) | | ① 배관 재질 적정 여부<br>② 배관 용접방식 적정 여부(용접찌꺼기 잔류 여부 포함)<br>③ 급수배관 전용 및 개폐표시형 밸브(**버터플라이밸브 외의 밸브**)설치 여부 |

<table>
<tr><td rowspan="2">배관 등<br>(제11조)</td><td colspan="2">④ 펌프 성능시험배관 설치 및 성능<br>㉠ 설치위치(배관, 개폐밸브, 유량조절밸브) 적정 여부<br>㉡ 유량측정장치 설치위치<br>㉢ 유량측정장치 측정성능 적정 여부<br>⑤ 동결방지조치 여부 또는 동결 우려 없는 장소 설치 여부<br>⑥ 교차배관 설치위치 및 청소구 설치 적정(설치위치, 나사식 개폐밸브 및 나사 보호용 캡 설치) 여부<br>⑦ 시험장치 설치 적정(설치위치, 배관구경, 개방형 헤드, 물받이통 및 배수관) 여부<br>⑧ 가지배관 행가 설치간격 적정 여부<br>⑨ 교차배관 행가 설치간격 적정 여부<br>⑩ 수평주행배관 행가 설치간격 적정 여부<br>⑪ 수직배수배관 최소구경 충족 여부<br>⑫ 주차장의 미분무소화설비 습식 외의 방식으로 설치 여부<br>⑬ 급수배관 개폐밸브 작동표시스위치 설치<br>㉠ 탬퍼스위치 감시제어반 또는 수신기에서 동작유무 확인 가능 여부<br>㉡ 탬퍼스위치 배선 동작시험, 도통시험 가능 여부<br>㉢ 급수개폐밸브 작동표시스위치 전기배선 적정 설치 여부<br>⑭ 배관기울기 적정 여부(배수밸브 설치 포함)<br>⑮ 다른 설비 배관과의 구분방식 적정 여부(보온재 적색 & 배관구분 설치)</td></tr>
<tr><td>호스릴방식</td><td>① 호스접결구 수평거리 적정 여부<br>② 소화약제 저장용기 개방밸브 수동개폐 가능 여부<br>③ 표시등 및 표지 설치 여부<br>④ 호스릴함 성능인증품 설치 여부<br>⑤ 함 개방 용이성 및 장애물 설치 여부 등 사용 편의성 적정 여부<br>⑥ 위치 · 기동 표시등 설치 적정(설치위치, 성능인증 적합 여부) 여부<br>⑦ “호스릴” 표시 및 사용 요령(외국어 병기) 기재 표지판 설치 여부<br>⑧ 대형 공간(기둥 또는 벽이 없는 구조)의 함 위치표지를 표시등 또는 축광도료 등으로 상시 확인 가능토록 설치 여부<br>⑨ 방수구 설치(각 층, 수평거리 25m 이내, 높이 1.5m 이내) 적정 여부<br>⑩ 호스의 접결상태, 구경, 방수거리 적정 여부<br>⑪ 호스릴방식 노즐 개폐장치 사용 용이 여부</td></tr>
<tr><td>음향장치 및<br>기동장치<br>(제12조)</td><td colspan="2">① 폐쇄형 헤드 개방시 음향장치 작동 여부<br>② 개방형 미분무설비 감지기 작동(교차회로의 경우 1개 회로 작동시) 음향장치 작동 여부<br>③ 음향장치 적정 설치 및 수평거리 적정 여부<br>④ 음향장치의 종류, 음색, 성능 적정 여부<br>⑤ 주음향장치 수신기 내부 또는 직근 설치 여부<br>⑥ 경보방식에 따른 경보 적정 여부<br>⑦ 발신기(설치높이, 설치거리, 표시등) 설치 적정 여부</td></tr>
<tr><td>헤드(제13조)</td><td colspan="2">① 헤드 부착면 적정 여부 및 설계도서 일치(수평거리 등) 여부<br>② 조기반응형 헤드 설치 여부<br>③ 폐쇄형 헤드 표시온도 적정 여부<br>④ 헤드 살수장애 여부<br>⑤ 헤드 성능인증 적합 여부</td></tr>
<tr><td>전원(제14조)</td><td colspan="2">대상물 수전방식에 따른 상용전원회로 배선 적정 여부</td></tr>
<tr><td>제어반(제15조)</td><td>공통사항</td><td>① 감시제어반과 동력제어반 구분 설치 여부<br>② 제어반 설치장소(화재 · 침수 피해 방지) 적정 여부<br>③ 제어반 설비전용 설치 여부(제어에 지장 없는 경우 제외)</td></tr>
</table>

| | | |
|---|---|---|
| 제어반(제15조) | 감시제어반 | ① 펌프 작동 여부 확인 표시등 및 음향경보장치 정상작동 여부<br>② 펌프별 자동 · 수동 전환스위치 정상작동 여부<br>③ 펌프별 수동기동 및 수동중단 기능 정상작동 여부<br>④ 상용전원 및 비상전원 공급 확인 가능 여부(비상전원이 있는 경우)<br>⑤ 수조 저수위 표시등 및 음향경보장치 정상작동 여부<br>⑥ 예비전원 확보 유무 및 적합 여부 시험 가능 여부<br>⑦ 전용실(중앙제어실 내에 감시제어반 설치시 제외)<br>㉠ 다른 부분과 방화구획 적정 여부<br>㉡ 설치위치(층) 적정 여부<br>㉢ 무선기기 접속단자 설치 적정 여부<br>㉣ 바닥면적 적정 확보 여부<br>⑧ 기계 · 기구 또는 시설 등 제어 및 감시 설비 외 설치 여부<br>⑨ 도통시험 및 작동시험<br>㉠ 수조의 저수위 감시 회로 작동 여부<br>㉡ 개방식 미분무소화설비의 화재감지기 회로 작동 여부<br>㉢ 개폐밸브 폐쇄상태 확인 회로 작동 여부<br>⑩ 감시제어반과 수신기 간 상호 연동 여부(별도로 설치된 경우) |
| | 동력제어반 | ① **"미분무소화설비용 동력제어반"** 표지 설치 여부<br>② 외함의 색상(적색), 재료, 두께, 강도 및 내열성 적정 여부 |
| 자가발전설비 제어반의 제어장치 | | ① 비영리 공인기관의 시험필한 장치 설치 여부<br>② **소방전원보존형** 발전기 제어장치 설치 적정 여부 |
| 배선(제16조) | | ① 비상전원회로 사용전선 및 배선공사 방법 적정 여부<br>② 그 밖의 전기회로의 사용전선 및 배선공사 방법 적정 여부<br>③ 과전류차단기 및 개폐기 **"미분무소화설비용"** 표지 설치 여부<br>④ 전기배선 접속단자 **"미분무소화설비단자"** 표지 설치 여부<br>⑤ 전기배선 양단 타설비와 식별 용이성 확보 여부 |
| 별도 첨부 | | ① 비상전원 설치 및 적정 설치 여부<br>② 형식승인용품 및 성능인증용품 사용내역 |

물음 2) 다중이용업소의 안전관리에 관한 특별법령상 다중이용업소의 주된 출입구 및 비상구(비상구 등) 공통기준 중 구조, 문이 열리는 방향, 문의 재질에 대하여 규정된 사항을 각각 쓰시오. (10점)

정답 ① 구조

㉠ 비상구 등은 구획된 실 또는 천장으로 통하는 구조가 아닌 것으로 할 것(단, 영업장 바닥에서 천장까지 불연재료로 구획된 부속실(전실), 모자보건법 제2조 제10호에 따른 산후조리원에 설치하는 방풍실 또는 녹색건축물 조성지원법에 따라 설계된 방풍구조는 제외)

㉡ 비상구 등은 다른 영업장 또는 다른 용도의 시설(주차장은 제외)을 경유하는 구조가 아닌 것이어야 하고, 층별 영업장은 다른 영업장 또는 다른 용도의 시설과 불연재료 · 준불연재료로 된 차단벽이나 칸막이로 분리되도록 할 것(단, 다음 ⓐ부터 ⓒ까지의 경우에는 분리 또는 구획하는 별도의 차단벽이나 칸막이 등 설치 제외 가능)

ⓐ 둘 이상의 영업소가 주방 외에 객실부분을 공동으로 사용하는 등의 구조인 경우

ⓑ 「식품위생법 시행규칙」 〔별표 14〕 제8호 가목 5) 다)에 해당되는 경우

ⓒ 「다중이용업소의 안전관리에 관한 특별법 시행령」 제9조에 따른 안전시설 등을 갖춘 경우로서 실내에 설치한 유원시설업의 허가 면적 내에 「관광진흥법 시행규칙」 〔별표 1〕의 2 제1호 가목에 따라 청소년게임제공업 또는 인터넷컴퓨터게임시설제공업이 설치된 경우

② 문이 열리는 방향 : 피난방향으로 열리는 구조로 할 것(단, 주된 출입구의 문이 「건축법 시행령」 제35조에 따른 피난계단 또는 특별피난계단의 설치기준에 따라 설치해야 하는 문이 아니거나 같

은 법 시행령 제46조에 따라 설치되는 방화구획이 아닌 곳에 위치한 주된 출입구가 다음의 기준을 충족하는 경우에는 자동문[미서기(슬라이딩)문을 말함]으로 설치할 수 있음)

㉠ 화재감지기와 연동하여 개방되는 구조

㉡ 정전시 자동으로 개방되는 구조

㉢ 정전시 수동으로 개방되는 구조

③ 문의 재질 : 주요구조부(영업장의 벽, 천장 및 바닥을 말함)가 내화구조인 경우 비상구와 주된 출입구의 문은 방화문으로 설치할 것(단, 다음에 해당하는 경우에는 불연재료로 설치 가능)

㉠ 주요구조부가 내화구조가 아닌 경우

㉡ 건물의 구조상 비상구 또는 주된 출입구의 문이 지표면과 접하는 경우로서 화재의 연소 확대 우려가 없는 경우

㉢ 비상구 등의 문이 「건축법 시행령」 제35조에 따른 피난계단 또는 특별피난계단의 설치기준에 따라 설치해야 하는 문이 아니거나 같은 법 시행령 제46조에 따라 설치되는 방화구획이 아닌 곳에 위치한 경우

해설 **안전시설 등**의 **설치 · 유지기준**(다중이용업규칙 〔별표 2〕)

| 안전시설 등 종류 | | 설치 · 유지기준 |
|---|---|---|
| 주된 출입구 및 비상구 (비상구 등) | 1) 공통기준 | ① 설치위치 : 비상구는 영업장(2개 이상의 층이 있는 경우에는 각각의 층별 영업장) 주된 출입구의 반대방향에 설치하되, 주된 출입구 중심선으로부터의 수평거리가 영업장의 가장 긴 대각선 길이, 가로 또는 세로 길이 중 가장 긴 길이의 $\frac{1}{2}$ 이상 떨어진 위치에 설치할 것(단, 건물구조로 인하여 주된 출입구의 반대방향에 설치할 수 없는 경우에는 주된 출입구 중심선으로부터의 수평거리가 영업장의 가장 긴 대각선 길이, 가로 또는 세로 길이 중 가장 긴 길이의 $\frac{1}{2}$ 이상 떨어진 위치에 설치 가능)<br>② 비상구 등 규격 : 가로 **75cm** 이상, 세로 **150cm** 이상(문틀을 제외한 가로길이 및 세로길이)으로 할 것<br>③ **구조**<br>㉠ 비상구 등은 구획된 실 또는 천장으로 통하는 구조가 아닌 것으로 할 것(단, 영업장 바닥에서 천장까지 불연재료로 구획된 부속실(전실), 모자보건법 제2조 제10호에 따른 산후조리원에 설치하는 방풍실 또는 녹색건축물 조성지원법에 따라 설계된 방풍구조는 제외)<br>㉡ 비상구 등은 다른 영업장 또는 다른 용도의 시설(주차장은 제외)을 경유하는 구조가 아닌 것이어야 하고, 층별 영업장은 다른 영업장 또는 다른 용도의 시설과 **불연재료 · 준불연재료**로 된 차단벽이나 칸막이로 분리되도록 할 것(단, 다음 ⓐ부터 ⓒ까지의 경우에는 분리 또는 구획하는 별도의 차단벽이나 칸막이 등 설치 제외 가능<br>ⓐ 둘 이상의 영업소가 주방 외에 객실부분을 공동으로 사용하는 등의 구조인 경우<br>ⓑ 「식품위생법 시행규칙」 〔별표 14〕 제8호 가목 5) 다)에 해당되는 경우<br>ⓒ 「다중이용업소의 안전관리에 관한 특별법 시행령」 제9조에 따른 안전시설 등을 갖춘 경우로서 실내에 설치한 유원시설업의 허가 면적 내에 「관광진흥법 시행규칙」 〔별표 1의 2〕 제1호 가목에 따라 청소년게임제공업 또는 인터넷컴퓨터게임시설제공업이 설치된 경우<br>④ **문이 열리는 방향** : 피난방향으로 열리는 구조로 할 것(단, 주된 출입구의 문이 「건축법 시행령」에 따른 피난계단 또는 특별피난계단의 설치기준에 따라 설치해야 하는 문이 아니거나 같은 법 시행령 제46조에 따라 설치되는 방화구획이 아닌 곳에 위치한 주된 출입구가 다음의 기준을 충족하는 경우에는 자동문[미서기(슬라이딩)문을 말함]을 설치할 수 있다.) |

<table>
<tr><td rowspan="3">주된 출입구 및 비상구(비상구 등)</td><td>1) 공통기준</td><td>㉠ 화재감지기와 연동하여 개방되는 구조<br>㉡ 정전시 자동으로 개방되는 구조<br>㉢ 정전시 수동으로 개방되는 구조<br>⑤ 문의 재질 : 주요구조부(영업장의 벽, 천장 및 바닥을 말함)가 내화구조인 경우 비상구와 주된 출입구의 문은 방화문으로 설치할 것(단, 다음에 해당하는 경우에는 불연재료로 설치 가능)<br>㉠ 주요구조부가 내화구조가 아닌 경우<br>㉡ 건물의 구조상 비상구 또는 주된 출입구의 문이 지표면과 접하는 경우로서 화재의 연소확대 우려가 없는 경우<br>㉢ 비상구 등의 문이 「건축법 시행령」에 따른 피난계단 또는 특별피난계단의 설치기준에 따라 설치해야 하는 문이 아니거나 같은 법 시행령에 따라 설치되는 방화구획이 아닌 곳에 위치한 경우</td></tr>
<tr><td>2) 복층구조 영업장(각각 다른 2개 이상의 층을 내부계단 또는 통로가 설치되어 하나의 층의 내부에서 다른 층으로 출입할 수 있도록 되어 있는 구조의 영업장)의 기준</td><td>① 각 층마다 영업장 외부의 계단 등으로 피난할 수 있는 비상구를 설치할 것<br>② 비상구 등의 문은 1)의 ⑤에 따른 재질로 설치할 것<br>③ 비상구 등의 문이 열리는 방향은 실내에서 외부로 열리는 구조로 할 것<br>④ 영업장의 위치 및 구조가 다음에 해당하는 경우에는 위 ①에도 불구하고 그 영업장으로 사용하는 어느 하나의 층에 비상구를 설치할 것<br>㉠ 건축물 주요구조부를 훼손하는 경우<br>㉡ 옹벽 또는 외벽이 유리로 설치된 경우 등</td></tr>
<tr><td>3) 영업장의 위치가 4층 이하(지하층인 경우 제외)인 경우의 기준</td><td>① 피난시에 유효한 발코니(활하중 5kN/m$^2$ 이상, 가로 75cm 이상, 세로 150cm 이상, 면적 1.12m$^2$ 이상, 난간의 높이 100cm 이상) 또는 부속실(불연재료로 바닥에서 천장까지 구획된 실로서 가로 75cm 이상, 세로 150cm 이상, 면적 1.12m$^2$ 이상인 것)을 설치하고, 그 장소에 적합한 피난기구를 설치할 것<br>② 부속실을 설치하는 경우 부속실 입구의 문과 건물 외부로 나가는 문의 규격은 1)의 ②에 따른 비상구 규격으로 할 것(단, 120cm 이상의 난간이 있는 경우에는 발판 등을 설치하고 건축물 외부로 나가는 문의 규격과 재질을 가로 75cm 이상, 세로 100cm 이상의 창호로 설치가능)<br>③ 추락 등의 방지를 위하여 다음 사항을 갖추도록 할 것<br>㉠ 발코니 및 부속실 입구의 문을 개방하면 경보음이 울리도록 경보음 발생장치를 설치하고, 추락위험을 알리는 표지를 문(부속실의 경우 외부로 나가는 문도 포함)에 부착할 것<br>㉡ 부속실에서 건물 외부로 나가는 문 안쪽에는 기둥・바닥・벽 등의 견고한 부분에 탈착이 가능한 쇠사슬 또는 안전로프 등을 바닥에서부터 120cm 이상의 높이에 가로로 설치할 것(단, 120cm 이상의 난간이 설치된 경우에는 쇠사슬 또는 안전로프 등 설치제외 가능)</td></tr>
</table>

물음 3) 옥내소화전설비의 화재안전기준상 배선에 사용되는 전선의 종류 및 공사방법에 관한 사항 중 내화전선의 내화성능을 설명하시오. (4점)

정답 KS C IEC 66331-1과 2(온도 830℃/가열시간 120분) 표준 이상을 충족하고, 난연성능 확보를 위해 KS C IEC 60332-3-24 성능 이상을 충족할 것

 (1) **내화배선**(NFTC 102 2.7.2)

| 사용전선의 종류 | 공사방법 |
|---|---|
| ① 450/750V 저독성 난연 가교폴리올레핀 절연전선<br>② 0.6/1kV 가교 폴리에틸렌 절연 저독성 난연 폴리올레핀 시스 전력 케이블<br>③ 6/10kV 가교 폴리에틸렌 절연 저독성 난연 폴리올레핀 시스 전력용 케이블<br>④ 가교 폴리에틸렌 절연 비닐시스 트레이용 난연 전력 케이블<br>⑤ 0.6/1kV EP 고무절연 클로로프렌 시스 케이블<br>⑥ 300/500V 내열성 실리콘 고무 절연전선(180℃)<br>⑦ 내열성 에틸렌-비닐 아세테이트 고무절연 케이블<br>⑧ 버스덕트(bus duct)<br>⑨ 기타 「전기용품 및 생활용품 안전관리법」 및 「전기설비기술기준」에 따라 동등 이상의 내화성능이 있다고 주무부장관이 인정하는 것 | ① **금**속관공사<br>② **2**종 금속제 **가**요전선관공사<br>③ **합**성수지관공사<br>• 내화구조로 된 벽 또는 바닥 등에 벽 또는 바닥의 표면으로부터 **25**mm 이상의 깊이로 매설할 것<br>기억법 **금2가합25**<br>• 적용 제외<br>- 배선을 **내**화성능을 갖는 배선**전**용실 또는 배선용 **샤**프트·**피**트·**덕**트 등에 설치하는 경우<br>- 배선전용실 또는 배선용 샤프트·피트·덕트 등에 **다**른 설비의 배선이 있는 경우에는 이로부터 **15**cm 이상 떨어지게 하거나 소화설비의 배선과 이웃한 다른 설비의 배선 사이에 배선지름의 **1.5배** 이상의 높이의 **불연성 격벽**을 설치하는 경우<br>기억법 **내전 샤피덕 다15** |
| 내화전선 | 케이블공사 |

※ **내화전선**의 **내화성능** : KS C IEC 60331-1과 2(온도 830℃/가열시간 120분) 표준 이상을 충족하고, 난연성능 확보를 위해 KS C IEC 60332-3-24 성능 이상을 충족할 것

(2) **내열배선**(NFTC 102 2.7.2)

| 사용전선의 종류 | 공사방법 |
|---|---|
| ① 450/750V 저독성 난연 가교폴리올레핀 절연전선<br>② 0.6/1kV 가교 폴리에틸렌 절연 저독성 난연 폴리올레핀 시스 전력 케이블<br>③ 6/10kV 가교 폴리에틸렌 절연 저독성 난연 폴리올레핀 시스 전력용 케이블<br>④ 가교 폴리에틸렌 절연 비닐시스 트레이용 난연 전력 케이블<br>⑤ 0.6/1kV EP 고무절연 클로로프렌 시스 케이블<br>⑥ 300/500V 내열성 실리콘 고무절연전선(180℃)<br>⑦ 내열성 에틸렌-비닐 아세테이트 고무절연 케이블<br>⑧ 버스덕트(bus duct)<br>⑨ 기타 「전기용품 및 생활용품 안전관리법」 및 「전기설비기술기준」에 따라 동등 이상의 내열성능이 있다고 주무부장관이 인정하는 것 | ① **금**속관공사<br>② 금속제 **가**요전선관공사<br>③ 금속**덕**트공사<br>④ **케**이블공사(불연성 덕트에 설치하는 경우)<br>기억법 **금가덕케**<br>• 적용 제외<br>- 배선을 **내**화성능을 갖는 배선**전**용실 또는 배선용 **샤**프트·**피**트·**덕**트 등에 설치하는 경우<br>- 배선전용실 또는 배선용 샤프트·피트·덕트 등에 **다**른 설비의 배선이 있는 경우에는 이로부터 **15**cm 이상 떨어지게 하거나 소화설비의 배선과 이웃한 다른 설비의 배선 사이에 배선지름(배선의 지름이 다른 경우에는 가장 큰 것 기준)의 **1.5배** 이상의 높이의 **불연성 격벽**을 설치하는 경우<br>기억법 **내전 샤피덕 다15** |
| 내화전선 | 케이블공사 |

20회

## 당신의 변화를 위한 10가지 조언

1. 남과 경쟁하지 말고 자기자신과 경쟁하라.
2. 자기자신을 깔보지 말고 격려하라.
3. 당신에게는 장점과 단점이 있음을 알라.
   (단점은 인정하고 고쳐 나가라.)
4. 과거의 잘못은 관대히 용서하라.
5. 자신의 외모, 가정, 성격 등을 포용하도록 노력하라.
6. 자신을 끊임없이 개선시켜라.
7. 당신은 지금 매우 중대한 어떤 계획에 참여하고 있다고 생각하라.(그 책임의식은 당신을 변화시킨다.)
8. 당신은 꼭 성공한다고 믿으라.
9. 끊임없이 정직하라.
10. 주위에 내 도움이 필요한 이들을 돕도록 하라.
    (자신의 중요성을 다시 느끼게 할 것이다.)

•김형모의 「마음의 고통을 돕기 위한 10가지 충고」 중에서•

# 2019년도 제19회 소방시설관리사 2차 국가자격시험

| 교 시 | 시 간 | 시험과목 |
|---|---|---|
| 1교시 | 90분 | 소방시설의 점검실무행정 |

| 수험번호 | | 성 명 | |
|---|---|---|---|

## 【 수험자 유의사항 】

1. **시험문제지 표지**와 시험문제지의 **총면수, 문제번호 일련순서, 인쇄상태** 등을 확인하시고, 문제지 표지에 수험번호와 성명을 기재하시기 바랍니다.

2. 수험자 인적사항 및 답안지 등 작성은 **반드시 검정색 필기구만을 계속 사용**하여야 합니다. (**그 외 연필류, 유색필기구, 2가지 이상 색 혼합사용 등으로 작성한 답항은 0점 처리**됩니다.)

3. 문제번호 순서에 관계없이 답안 작성이 가능하나, **반드시 문제번호 및 문제를 기재**(긴 경우 요약기재 가능)하고 해당 답안을 기재하여야 합니다.

4. **답안 정정시에는 정정할 부분을 두 줄(=)로 긋고 수정할 내용을 다시 기재**합니다.

5. 답안작성은 **시험시행일** 현재 시행되는 법령 등을 적용하시기 바랍니다.

6. **감독위원의 지시에 불응하거나 시험시간 종료 후 답안지를 제출하지 않을 경우** 불이익이 발생할 수 있음을 알려드립니다.

7. 시험문제지는 시험 종료 후 가져가시기 바랍니다.

# 제19회 2019. 9. 21. 시행

## 문제 01

**다음 물음에 답하시오. (40점)**

물음 1) 공동주택(아파트)에 설치된 옥내소화전설비에 대해 작동점검을 실시하려고 한다. 가압송수장치 중 펌프방식의 작동점검 6가지를 쓰시오. (5점)

○
○
○
○
○
○

물음 2) 공동주택(아파트) 지하주차장에 설치되어 있는 준비작동식 스프링클러설비에 대해 작동점검을 실시하려고 한다. 다음 물음에 관하여 각각 쓰시오. (단, 작동점검을 위해 사전조치사항으로 2차측 개폐밸브는 폐쇄하였다.) (9점)

(1) 준비작동식 밸브(프리액션밸브)를 작동시키는 방법에 관하여 모두 쓰시오. (4점)

(2) 작동점검 후 복구절차이다. (  )에 들어갈 내용을 쓰시오. (5점)

| |
|---|
| ○ 펌프를 정지시키기 위해 1차측 개폐밸브 폐쇄 |
| ○ 수신기의 복구스위치를 눌러 경보를 정지, 화재표시등을 끈다. |
| ○ (  ①  ) |
| ○ (  ②  ) |
| ○ 급수밸브(세팅밸브)를 개방하여 급수 |
| ○ (  ③  ) |
| ○ (  ④  ) |
| ○ (  ⑤  ) |
| ○ 펌프를 수동으로 정지한 경우 수신반을 자동으로 놓는다. (복구완료) |

물음 3) 이산화탄소 소화설비의 종합점검시 '자동식 기동장치'에 대한 점검항목 중 5가지를 쓰시오. (5점)

○
○
○
○
○

물음 4) 소방대상물의 주요구조부가 내화구조인 장소에 공기관식 차동식 분포형 감지기가 설치되어 있다. 다음 물음에 답하시오. (13점)

(1) 공기관식 차동식 분포형 감지기의 설치기준에 관하여 쓰시오. (6점)

(2) 공기관식 차동식 분포형 감지기의 작동계속시험 방법에 관하여 (　)에 들어갈 내용을 쓰시오. (4점)

○ 검출부의 시험구멍에 ( ① )을/를 접속한다.
○ 시험코크를 조작해서 ( ② )에 놓는다.
○ 검출부에 표시된 공기량을 ( ③ )에 투입한다.
○ 공기를 투입한 후 ( ④ )을/를 측정한다.

(3) 작동계속시험 결과 작동지속시간이 기준치 미만으로 측정되었다. 이러한 결과가 나타나는 경우의 조건 3가지를 쓰시오. (3점)

○

○

○

물음 5) 자동화재탐지설비에 대한 작동점검을 실시하고자 한다. 다음 물음에 답하시오. (8점)

(1) 수신기에 관한 점검항목이다. (　)에 들어갈 내용을 쓰시오. (4점)

○ 수신기 설치장소 적정(관리 용이) 여부
○ ( ① )
○ 경계구역 일람도 비치 여부
○ ( ② )
○ 수신기 기록장치 데이터 발생 표시시간과 표준시간 일치 여부

(2) 수신기에서 예비전원감시등이 점등상태일 경우 예상원인과 점검방법이다. (　)에 들어갈 내용을 쓰시오. (4점)

| 예상원인 | 조치 및 점검방법 |
|---|---|
| 퓨즈 단선 | ( ② ) |
| 충전 불량 | ( ③ ) |
| ( ① ) | ( ④ ) |
| 배터리 완전방전 | |

물음 1) 공동주택(아파트)에 설치된 옥내소화전설비에 대해 작동점검을 실시하려고 한다. 가압송수장치 중 펌프방식의 작동점검 6가지를 쓰시오. (5점)

○

○

○

○

○

○

정답 ① 옥내소화전 방수량 및 방수압력 적정 여부
② 성능시험배관을 통한 펌프성능시험 적정 여부
③ 펌프흡입측 연성계·진공계 및 토출측 압력계 등 부속장치의 변형·손상 유무
④ 기동스위치 설치 적정 여부(ON/OFF 방식)
⑤ 내연기관방식의 펌프 설치 적정(정상기동(기동장치 및 제어반) 여부, 축전지상태, 연료량) 여부
⑥ 가압송수장치의 "옥내소화전펌프" 표지 설치 여부 또는 다른 소화설비와 겸용시 겸용 설비 이름 표시 부착 여부

해설 **옥내소화전설비의 작동점검**(소방시설 자체점검사항 등에 관한 고시 〔별지 제4호 서식〕)

| 구 분 | 점검항목 | |
|---|---|---|
| 수원 | ① 주된 수원의 유효수량 적정 여부(겸용 설비 포함)<br>② 보조수원(옥상)의 유효수량 적정 여부 | |
| 수조 | ① 수위계 설치상태 적정 또는 수위 확인 가능 여부<br>② "**옥내소화전설비용 수조**" 표지 설치상태 적정 여부 | |
| 가압송수장치 | 펌프방식 | ① 옥내소화전 방수량 및 방수압력 적정 여부<br>② 성능시험배관을 통한 펌프성능시험 적정 여부<br>③ 펌프흡입측 연성계·진공계 및 토출측 압력계 등 부속장치의 변형·손상 유무<br>④ 기동스위치 설치 적정 여부(ON/OFF 방식)<br>⑤ 내연기관방식의 펌프 설치 적정(정상기동(기동장치 및 제어반) 여부, 축전지상태, 연료량) 여부<br>⑥ 가압송수장치의 "**옥내소화전펌프**" 표지 설치 여부 또는 다른 소화설비와 겸용시 겸용 설비 이름 표시 부착 여부 |
| | 고가수조방식 | 수위계·배수관·급수관·오버플로관·맨홀 등 부속장치의 변형·손상 유무 |
| | 압력수조방식 | 수위계·급수관·급기관·압력계·안전장치·공기압축기 등 부속장치의 변형·손상 유무 |
| | 가압수조방식 | 수위계·급수관·배수관·급기관·압력계 등 부속장치의 변형·손상 유무 |
| 송수구 | ① 설치장소 적정 여부<br>② 송수구 마개 설치 여부 | |
| 배관 등 | 급수배관 개폐밸브 설치(개폐표시형, 흡입측 버터플라이 제외) 적정 여부 | |
| 함 및 방수구 등 | ① 함 개방 용이성 및 장애물 설치 여부 등 사용 편의성 적정 여부<br>② 위치·기동 표시등 적정 설치 및 정상 점등 여부<br>③ "**소화전**" 표시 및 사용요령(외국어 병기) 기재 표지판 설치상태 적정 여부<br>④ 함 내 소방호스 및 관창 비치 적정 여부<br>⑤ 호스의 접결상태, 구경, 방수압력 적정 여부 | |
| 전원 | ① 자가발전설비인 경우 연료적정량 보유 여부<br>② 자가발전설비인 경우 「전기사업법」에 따른 정기점검 결과 확인 | |
| 제어반 | 감시제어반 | ① 펌프 작동 여부 확인표시등 및 음향경보장치 정상작동 여부<br>② 펌프별 자동·수동 전환스위치 정상작동 여부<br>③ 각 확인회로별 도통시험 및 작동시험 정상작동 여부<br>④ 예비전원 확보 유무 및 시험 적합 여부 |
| | 동력제어반 | 앞면은 적색으로 하고, "**옥내소화전설비용 동력제어반**" 표지 설치 여부 |
| 비고 | ※ 특정소방대상물의 위치·구조·용도 및 소방시설의 상황 등이 이 표의 항목대로 기재하기 곤란하거나 이 표에서 누락된 사항을 기재한다. | |

물음 2) 공동주택(아파트) 지하주차장에 설치되어 있는 준비작동식 스프링클러설비에 대해 작동점검을 실시하려고 한다. 다음 물음에 관하여 각각 쓰시오. (단, 작동점검을 위해 사전조치사항으로 2차측 개폐밸브는 폐쇄하였다.) (9점)

(1) 준비작동식 밸브(프리액션밸브)를 작동시키는 방법에 관하여 모두 쓰시오. (4점)

(2) 작동점검 후 복구절차이다. (　)에 들어갈 내용을 쓰시오. (5점)

○ 펌프를 정지시키기 위해 1차측 개폐밸브 폐쇄
○ 수신기의 복구스위치를 눌러 경보를 정지, 화재표시등을 끈다.
○ ( ① )
○ ( ② )
○ 급수밸브(세팅밸브)를 개방하여 급수
○ ( ③ )
○ ( ④ )
○ ( ⑤ )
○ 펌프를 수동으로 정지한 경우 수신반을 자동으로 놓는다. (복구완료)



정답 (1) ① 수신반에서 솔레노이드밸브 개방
② 준비작동밸브의 긴급해제밸브(수동기동밸브)를 작동한다.
③ 슈퍼비조리판넬의 기동스위치를 누른다.
④ A · B 회로가 다른 두 개의 감지기를 동시에 작동한다.

(2) ○ 펌프를 정지시키기 위해 1차측 개폐밸브 폐쇄
○ 수신기의 복구스위치를 눌러 경보를 정지, 화재표시등을 끈다.
○ ① 배수밸브를 개방하여 배수를 실시한다.
○ ② 클래퍼 복구레버를 아래로 당겨 클래퍼를 안착시킨 다음 솔레노이드밸브(자석식일 경우 자동복구)를 수동복구한다.
○ 급수밸브(세팅밸브)를 개방하여 급수
○ ③ 세팅밸브 개방으로 1차측 압력계의 압력상승을 확인한 후 1차측 개폐밸브를 일부 개방한다.
○ ④ 배수밸브 또는 2차측 배관으로 누수가 없고 2차측 압력게이지의 눈금이 "0"이면 정상 세팅상태임을 확인한다.
○ ⑤ 1차측 개폐밸브와 2차측 개폐밸브를 완전히 개방하여 탬퍼스위치가 복구되는지 확인 후 배수밸브와 세팅밸브를 폐쇄한다.
○ 펌프를 수동으로 정지한 경우 수신반을 자동으로 놓는다. (복구완료)

해설 (1) **스프링클러설비 작동방법**

| 구 분 | 작동방법 |
|---|---|
| 습식 스프링클러설비 | ① **유수검지장치**의 **배수밸브** 개방<br>② **말단시험밸브** 개방<br>③ 유수검지장치 작동여부 및 경보발령 여부 |
| 준비작동식 스프링클러설비 | ※ 준비작동밸브의 2차측 주밸브를 잠그고 실시할 것<br>① 수신반에서 솔레노이드밸브 개방<br>② 준비작동밸브의 긴급해제밸브(수동기동밸브) 작동<br>③ 슈퍼비조리판넬의 기동스위치 ON<br>④ A · B 회로가 다른 두 개의 감지기를 동시에 작동 |

| | |
|---|---|
| 일제살수식 스프링클러설비 | ※ 일제개방밸브의 2차측 주밸브를 잠그고 실시할 것<br>① 수동기동함의 누름버튼을 눌러서 동작<br>② 수신반에서 해당 감지회로를 복수로 동작<br>③ 일제개방밸브로부터 배관을 연장시켜 설치된 수동개방밸브를 개방하여 동작 |
| 건식 스프링클러설비 | ※ 건식 밸브의 2차측 주밸브를 잠그고 실시<br>① 시험밸브 개방<br>② 시험밸브의 개방으로 압력스위치의 동작 및 경보장치의 작동 확인<br>※ 작동상태 점검 후 시설을 반드시 복원 조치할 것 |
| 부압식 스프링클러설비 | ※ 2차측 주밸브를 잠그고 실시할 것<br>① 수신반에서 솔레노이드밸브를 개방한다.<br>② 준비작동밸브의 긴급해제밸브(수동기동밸브)를 작동한다.<br>③ 슈퍼비조리판넬의 기동스위치를 ON한다.<br>④ A · B 회로가 다른 두 개의 감지기를 동시에 작동한다.<br>⑤ 진공펌프의 작동상태 및 적정 부압상태를 확인한다. |

(2) 준비작동식 스프링클러설비의 작동점검 복구절차(단, 작동점검을 위해 사전조치사항으로 2차측 개폐밸브 폐쇄)

① **펌프**를 **정지**시키기 위해 1차측 개폐밸브 폐쇄
② 수신기의 **복구스위치**를 눌러 경보를 정지, 화재표시등을 끈다.
③ **배수밸브**를 개방하여 배수를 실시한다. (주펌프가 지속 기동상태일 경우 감시제어반 또는 동력제어반(MCC)에서 펌프를 수동정지한다.)
④ 클래퍼식인 경우 : **클래퍼 복구레버**를 아래로 당겨 클래퍼를 안착시킨(다이어프램식의 경우 제외) 다음 **솔레노이드밸브**(자석일 경우 자동복구)를 **수동복구**한다. (전동밸브식의 경우)
⑤ **급수밸브**(세팅밸브)를 **개방**하여 급수
⑥ 세팅밸브 개방으로 1차측 압력계의 압력상승을 확인한 후 1차측 **개폐밸브**를 **일부 개방**한다.
⑦ 배수밸브 또는 2차측 배관으로 **누수**가 없고, **2차측 압력게이지**의 눈금이 "0"이면, 정상 세팅상태임을 확인한다.
⑧ **1차측 개폐밸브**와 **2차측 개폐밸브**를 **완전**히 **개방**하여 **탬퍼스위치**가 복구되는지 확인 후 **배수밸브**와 **세팅밸브**를 **폐쇄**한다. (일부 세팅밸브를 상시 개방하는 밸브는 제외)
⑨ 펌프를 수동으로 정지한 경우 **수신반**을 **자동**으로 놓는다. (복구완료)

물음 3) 이산화탄소 소화설비의 종합점검시 '자동식 기동장치'에 대한 점검항목 중 5가지를 쓰시오. (5점)

○
○
○
○
○

**정답** ① 감지기 작동과의 연동 및 수동기동 가능 여부
② 저장용기 수량에 따른 전자개방밸브 수량 적정 여부(전기식 기동장치의 경우)
③ 기동용 가스용기의 용적, 충전압력 적정 여부(가스압력식 기동장치의 경우)
④ 기동용 가스용기의 안전장치, 압력게이지 설치 여부(가스압력식 기동장치의 경우)
⑤ 저장용기 개방구조 적정 여부(기계식 기동장치의 경우)

**해설** **이산화탄소 소화설비**의 **종합점검**(소방시설 자체점검사항 등에 관한 고시 〔별지 제4호 서식〕)

<table>
<tr><th>구 분</th><th colspan="2">점검항목</th></tr>
<tr><td rowspan="2">저장용기</td><td colspan="2">❶ 설치장소 적정 및 관리 여부<br>② 저장용기 설치장소 표지 설치 여부<br>❸ 저장용기 설치간격 적정 여부<br>④ 저장용기 개방밸브 자동·수동 개방 및 안전장치 부착 여부<br>❺ 저장용기와 집합관 연결배관상 체크밸브 설치 여부<br>❻ 저장용기와 선택밸브(또는 개폐밸브) 사이 안전장치 설치 여부</td></tr>
<tr><td>저압식</td><td>❶ 안전밸브 및 봉판 설치 적정(작동 압력) 여부<br>❷ 액면계·압력계 설치 여부 및 압력강하경보장치 작동 압력 적정 여부<br>③ 자동냉동장치의 기능</td></tr>
<tr><td>소화약제</td><td colspan="2">소화약제 저장량 적정 여부</td></tr>
<tr><td rowspan="3">기동장치</td><td colspan="2">방호구역별 출입구 부근 소화약제 방출표시등 설치 및 정상작동 여부</td></tr>
<tr><td>수동식 기동장치</td><td>① 기동장치 부근에 비상스위치 설치 여부<br>❷ 방호구역별 또는 방호대상별 기동장치 설치 여부<br>③ 기동장치 설치 적정(출입구 부근 등, 높이, 보호장치, 표지, 전원표시등) 여부<br>④ 방출용 스위치 음향경보장치 연동 여부</td></tr>
<tr><td>자동식 기동장치</td><td>① 감지기 작동과의 연동 및 수동기동 가능 여부<br>❷ 저장용기 수량에 따른 전자개방밸브 수량 적정 여부(전기식 기동장치의 경우)<br>③ 기동용 가스용기의 용적, 충전압력 적정 여부(가스압력식 기동장치의 경우)<br>❹ 기동용 가스용기의 안전장치, 압력게이지 설치 여부(가스압력식 기동장치의 경우)<br>❺ 저장용기 개방구조 적정 여부(기계식 기동장치의 경우)</td></tr>
<tr><td rowspan="3">제어반 및 화재표시반</td><td colspan="2">① 설치장소 적정 및 관리 여부<br>② 회로도 및 취급설명서 비치 여부<br>❸ 수동잠금밸브 개폐 여부 확인표시등 설치 여부</td></tr>
<tr><td>제어반</td><td>① 수동기동장치 또는 감지기 신호 수신시 음향경보장치 작동기능 정상 여부<br>② 소화약제 방출·지연 및 기타 제어기능 적정 여부<br>③ 전원표시등 설치 및 정상 점등 여부</td></tr>
<tr><td>화재표시반</td><td>① 방호구역별 표시등(음향경보장치 조작, 감지기 작동), 경보기 설치 및 작동 여부<br>② 수동식 기동장치 작동표시표시등 설치 및 정상작동 여부<br>③ 소화약제 방출표시등 설치 및 정상작동 여부<br>❹ 자동식 기동장치 자동·수동 절환 및 절환표시등 설치 및 정상작동 여부</td></tr>
</table>

<table>
<tr><td>배관 등</td><td colspan="2">① 배관의 변형 · 손상 유무<br>❷ 수동잠금밸브 설치위치 적정 여부</td></tr>
<tr><td>선택밸브</td><td colspan="2">● 선택밸브 설치기준 적합 여부</td></tr>
<tr><td rowspan="3">분사헤드</td><td>전역방출방식</td><td>① 분사헤드의 변형 · 손상 유무<br>❷ 분사헤드의 설치위치 적정 여부</td></tr>
<tr><td>국소방출방식</td><td>① 분사헤드의 변형 · 손상 유무<br>❷ 분사헤드의 설치장소 적정 여부</td></tr>
<tr><td>호스릴방식</td><td>❶ 방호대상물 각 부분으로부터 호스접결구까지 수평거리 적정 여부<br>② 소화약제 저장용기의 위치표시등 정상 점등 및 표지 설치 여부<br>❸ 호스릴소화설비 설치장소 적정 여부</td></tr>
<tr><td>화재감지기</td><td colspan="2">① 방호구역별 화재감지기 감지에 의한 기동장치 작동 여부<br>❷ 교차회로(또는 NFPC 203 제7조 제1항, NFTC 203 2.4.1 단서 감지기) 설치 여부<br>❸ 화재감지기별 유효바닥면적 적정 여부</td></tr>
<tr><td rowspan="2">음향경보장치</td><td colspan="2">① 기동장치 조작시(수동식-방출용 스위치, 자동식-화재감지기) 경보 여부<br>② 약제 방사 개시(또는 방출압력스위치 작동) 후 경보 적정 여부<br>❸ 방호구역 또는 방호대상물 구획 안에서 유효한 경보 가능 여부</td></tr>
<tr><td>방송에 따른 경보장치</td><td>❶ 증폭기 재생장치의 설치장소 적정 여부<br>❷ 방호구역 · 방호대상물에서 확성기 간 수평거리 적정 여부<br>❸ 제어반 복구스위치 조작시 경보 지속 여부</td></tr>
<tr><td>자동폐쇄장치</td><td colspan="2">① 환기장치 자동정지기능 적정 여부<br>② 개구부 및 통기구 자동폐쇄장치 설치장소 및 기능 적합 여부<br>❸ 자동폐쇄장치 복구장치 설치기준 적합 및 위치표지 적합 여부</td></tr>
<tr><td>비상전원</td><td colspan="2">❶ 설치장소 적정 및 관리 여부<br>② 자가발전설비인 경우 연료적정량 보유 여부<br>③ 자가발전설비인 경우 「전기사업법」에 따른 정기점검 결과 확인</td></tr>
<tr><td>배출설비</td><td colspan="2">● 배출설비 설치상태 및 관리 여부</td></tr>
<tr><td>과압배출구</td><td colspan="2">● 과압배출구 설치상태 및 관리 여부</td></tr>
<tr><td>안전시설 등</td><td colspan="2">① 소화약제 방출알림 시각경보장치 설치기준 적합 및 정상작동 여부<br>② 방호구역 출입구 부근 잘 보이는 장소에 소화약제 방출 위험경고표지 부착 여부<br>③ 방호구역 출입구 외부 인근에 공기호흡기 설치 여부</td></tr>
<tr><td>비고</td><td colspan="2">※ 특정소방대상물의 위치 · 구조 · 용도 및 소방시설의 상황 등이 이 표의 항목대로 기재하기 곤란하거나 이 표에서 누락된 사항을 기재한다.</td></tr>
</table>

※ "●"는 종합점검의 경우에만 해당

물음 4) 소방대상물의 주요구조부가 내화구조인 장소에 공기관식 차동식 분포형 감지기가 설치되어 있다. 다음 물음에 답하시오. (13점)

(1) 공기관식 차동식 분포형 감지기의 설치기준에 관하여 쓰시오. (6점)

(2) 공기관식 차동식 분포형 감지기의 작동계속시험 방법에 관하여 (　)에 들어갈 내용을 쓰시오. (4점)

| ○ 검출부의 시험구멍에 ( ① )을/를 접속한다.<br>○ 시험코크를 조작해서 ( ② )에 놓는다.<br>○ 검출부에 표시된 공기량을 ( ③ )에 투입한다.<br>○ 공기를 투입한 후 ( ④ )을/를 측정한다. |
|---|

(3) 작동계속시험 결과 작동지속시간이 기준치 미만으로 측정되었다. 이러한 결과가 나타나는 경우의 조건 3가지를 쓰시오. (3점)

○

○

○



정답 (1) ① 공기관의 노출부분은 감지구역마다 20m 이상이 되도록 할 것

② 공기관과 감지구역의 각 변과의 수평거리는 1.5m 이하가 되도록 하고 공기관 상호간의 거리는 6m(주요구조부를 내화구조로 한 특정소방대상물 또는 그 부분에 있어서는 9m 이하) 이하가 되도록 할 것

③ 공기관은 도중에서 분기하지 않도록 할 것

④ 하나의 검출부분에 접속하는 공기관의 길이는 100m 이하로 할 것

⑤ 검출부는 5도 이상 경사가 되지 않도록 부착할 것

⑥ 검출부는 바닥으로부터 0.8m 이상 1.5m 이하의 위치에 설치할 것

(2) ① 공기주입시험기

② P · A 위치

③ 공기관

④ 감지기의 접점이 붙을 때부터 접점이 분리될 때까지의 시간

(3) ① 리크저항치가 기준치보다 작다. (누설이 쉽다.)

② 접점수고값이 기준치보다 높다.

③ 공기관의 누설이 있다.

해설 (1) **공기관식 차동식 분포형 감지기**의 설치기준(NFPC 203 제7조 제③항, NFTC 203 2.4.3.7)

① 공기관의 노출부분은 감지구역마다 **20m** 이상이 되도록 할 것(**길**이)

② 공기관과 감지구역의 각 변과의 **수평거리**는 **1.5m** 이하가 되도록 하고, 공기관 **상**호간의 거리는 **6m**(주요구조부를 내화구조로 한 특정소방대상물 또는 그 부분에 있어서는 **9m**) 이하가 되도록 할 것

③ 공기관은 도중에서 **분기**하지 않도록 할 것

④ 하나의 검출부분에 접속하는 공기관의 길이는 **100m** 이하로 할 것

⑤ **검**출부는 **5°** 이상 경사되지 않도록 부착할 것

⑥ 검출부는 바닥으로부터 **0.8~1.5m 이하**의 위치에 설치할 것

**기억법** 길거리 상검분

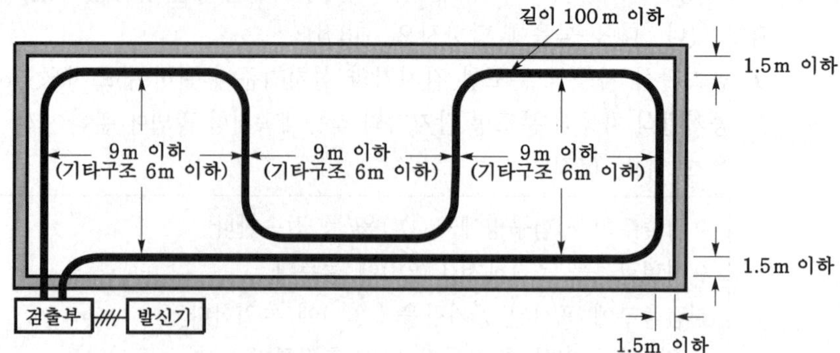


▌공기관식 차동식 분포형 감지기의 설치▐

**비교**

**정온식 감지선형 감지기**의 설치기준(NFPC 203 제7조 제③항, NFTC 203 2.4.3.12)

(1) 보조선이나 고정금구를 사용하여 감지선이 늘어지지 않도록 설치할 것
(2) 단자부와 마감고정금구와의 설치간격은 **10cm** 이내로 설치할 것
(3) 감지선형 감지기의 굴곡반경은 **5cm** 이상으로 할 것
(4) 감지기와 감지구역의 각 부분과의 수평거리가 내화구조의 경우 **1종 4.5m** 이하, **2종 3m** 이하로 할 것. 기타구조의 경우 **1종 3m** 이하, **2종 1m** 이하로 할 것

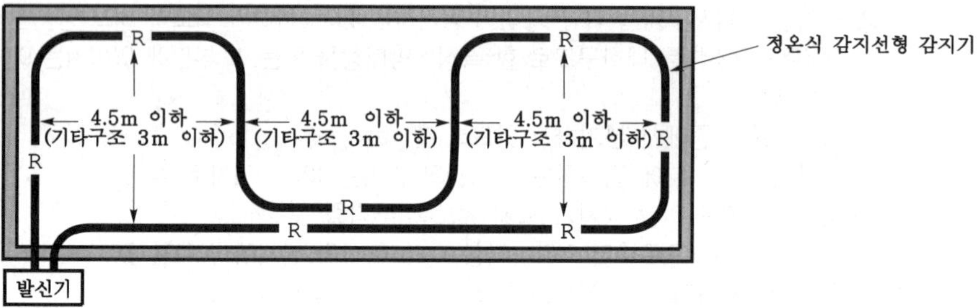


▌정온식 감지선형 감지기▐

(5) 케이블트레이에 감지기를 설치하는 경우에는 **케이블트레이 받침대**에 마감금구를 사용하여 설치할 것
(6) 지하구나 **창고**의 **천장** 등에 지지물이 적당하지 않는 장소에서는 **보조선**을 설치하고 그 보조선에 설치할 것
(7) 분전반 내부에 설치하는 경우 접착제를 이용하여 돌기를 바닥에 고정시키고 그곳에 감지기를 설치할 것
(8) 그 밖의 설치방법은 형식승인 내용에 따르며 형식승인 사항이 아닌 것은 제조사의 시방서에 따라 설치할 것

**기억법** 정감 보단굴거 케분시

(2) 공기관식 차동식 분포형 감지기의 작동계속시험

① 검출부의 시험구멍에 (**공기주입시험기**)을/를 접속한다.
② 시험코크를 조작해서 (**P · A 위치**)에 놓는다.
③ 검출부에 표시된 공기량을 (**공기관**)에 투입한다.
④ 공기를 투입한 후 (**감지기의 접점이 붙을 때부터 접점이 분리될 때까지의 시간**)을/를 측정한다.

② P · A 위치=시험위치 P · A=작동시험위치 P · A

| P | A |
|---|---|
| "**화재작동시험**" 의미 | "**유통시험**" 의미 |

④ 감지기의 접점이 붙을 때부터 접점이 분리될 때까지의 시간=투입한 공기가 자연적으로 리크공을 통하여 누설되어 접점이 해제될 때까지의 시간측정

중요

**공기관식 차동식 분포형 감지기**의 **화재작동시험**

(1) **유통시험 · 접점수고시험**

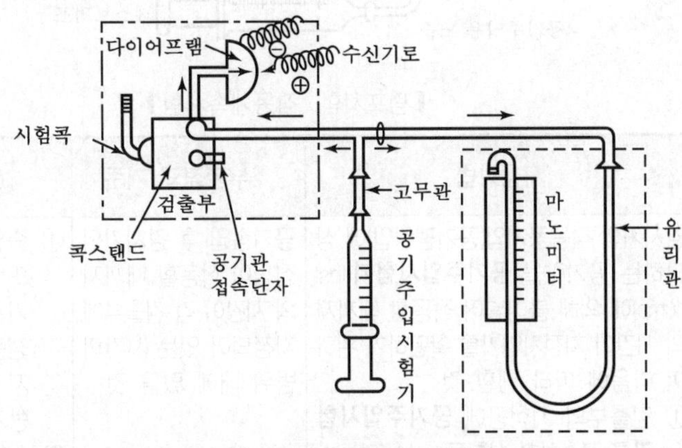


▌유통시험 · 접점수고시험 ▌

| 시험 종류 | 시험방법 | 주의사항 | 가부판정의 기준 |
|---|---|---|---|
| 유통 시험 | 공기관에 공기를 유입시켜, 공기관이 새거나, 깨지거나, 줄어들음 등의 유무 및 공기관의 길이를 확인하기 위하여 다음에 따라 행할 것<br>① 검출부의 시험공 또는 공기관의 한쪽 끝에 **공기주입시험기**를, 다른 한쪽 끝에 **마노미터**를 접속한다.<br>② **공기주입시험기**로 공기를 불어넣어 마노미터의 수위를 100mm까지 상승시켜 수위를 정지시킨다. (정지하지 않으면 공기관에 누설이 있는 것이다.)<br>③ 시험콕을 이동시켜 송기구를 열고 수위가 50mm까지 내려가는 시간(**유통시간**)을 측정하여 공기관의 길이를 산출한다. | 공기주입을 서서히 하며 **지정량 이상** 가하지 않도록 할 것 | 유통시간에 의해서 **공기관**의 **길이**를 산출하고 산출된 공기관의 길이가 하나의 검출의 **최대공기관 길이 이내**일 것 |
| 접점 수고 시험 | 접점수고치가 **낮으면** 감도가 **예민**하게 되어 **오동작**(비화재보)의 원인이 되기도 하며, 또한 접점수고값이 **높으면** 감도가 **저하**하여 **지연동작**의 원인이 되므로 적정치를 보유하고 있는가를 확인하기 위하여 다음에 따라 행한다.<br>① 시험콕 또는 스위치를 접점수고시험 위치로 조정하고 **공기주입시험기**에서 미량의 공기를 서서히 주입한다.<br>② 감지기의 접점이 폐쇄되었을 때에 공기의 주입을 중지하고 **마노미터**의 수위를 읽어서 접점수고를 측정한다. | – | **접점수고치**가 각 검출부에 지정되어 있는 값의 범위 내에 있을 것 |

19회

(2) **펌프시험 · 작동계속시험**

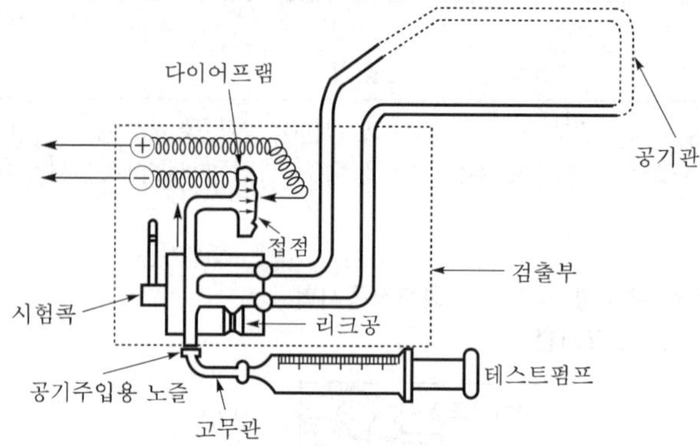


▌펌프시험 · 작동계속시험▐

| 시험 종류 | 시험방법 | 가부판정의 기준 | 주의사항 |
|---|---|---|---|
| 펌프시험 | 감지기의 작동공기압(공기팽창압)에 상당하는 공기량을 **공기주입시험기**(test pump)에 의해 불어넣어 작동할 때까지의 시간이 지정치인가를 확인하기 위하여 다음에 따라 행할 것<br>① 검출부의 시험공에 **공기주입시험기**를 접속하고 시험콕(cock) 또는 스위치를 작동시험위치로 조정한다.<br>② 각 검출부에 명시되어 있는 공기량을 공기관에 송입한다. | 공기송입 후 감지기의 접점이 작동할 때까지의 시간이 각 검출부에 지정되어 있는 시간의 범위 내에 있을 것 | ① 송입하는 공기량은 감지기 또는 검출부의 종별 또는 공기관의 길이가 다르므로 지정량 이상의 공기를 송입하지 않도록(다이어프램 손상방지)에 유의할 것<br>② 시험콕 또는 스위치를 작동시험위치로 조정하여 송입한 공기가 **리크저항**을 통과하지 않는 구조의 것에 있어서는 지정치의 공기량을 송입한 직후 신속하게 시험콕 또는 스위치를 **정위치**로 **복귀**시킬 것 |
| 작동계속시험 | 펌프시험에 의해서 **감지기**가 **작동**을 **개시**한 때부터 작동을 **정지**할 때까지의 시간을 측정하여 감지기의 작동이 계속 정상인가를 확인한다. | 감지기의 **작동계속시간**이 각 검출부에 지정되어 있는 시간의 범위 내에 있을 것 | |

(3) 기준치 미만인 경우(작동계속시간이 짧은 경우)
① 리크저항값이 기준치보다 작다. (누설이 쉽다.)
② 접점수고값이 기준치보다 크다.
③ 공기관 누설

▌공기관식 차동식 분포형 감지기 작동계속시간의 점검결과 불량원인▐

| **작동개시시간**이 허용범위보다 **늦게 되는 경우**<br>(감지기의 동작이 늦어짐, 기준치 이상, 작동계속시간이 긴 경우) | **작동개시시간**이 허용범위보다 **빨리 되는 경우**<br>(감지기의 동작이 빨라짐, 기준치 미만, 작동계속시간이 짧은 경우) |
|---|---|
| ① 리크저항값이 기준치보다 크다.<br>② 접점수고값이 기준치보다 작다. | ① 리크저항값이 기준치보다 작다.<br>② 접점수고값이 기준치보다 크다.<br>③ 공기관 누설 |

비교

(1) 공기관식 차동식 분포형 감지기의 화재작동시험(공기주입시험) 작동시간의 점검결과 불량원인

| 작동시간이 늦은 경우(시간 초과) | 작동시간이 빠른 경우(시간 미달) |
|---|---|
| ① 리크저항값이 기준치보다 작다. (누설 용이)<br>② 접점수고값이 기준치보다 크다.<br>③ 주입한 공기량에 비해 공기관의 길이가 길다.<br>④ 공기관에 작은 구멍이 있다.<br>⑤ 검출부 접점의 접촉이 불량하다. | ① 리크저항값이 기준치보다 크다. (누설 지연)<br>② 접점수고값이 기준치보다 작다.<br>③ 주입한 공기량에 비해 공기관의 길이가 짧다. |

(2) 공기관식 차동식 분포형 감지기의 접점수고시험의 점검결과 불량원인

| 접점수고값이 높은 경우 | 접점수고값이 낮은 경우 |
|---|---|
| 늦게 동작하게 되므로 **실보**의 우려가 있다. | 빨리 동작하므로 **비화재보**의 우려가 있다. |

(3) 공기관식 차동식 분포형 감지기의 리크저항시험 점검결과 불량원인

| 리크저항값이 작은 경우 | 리크저항값이 큰 경우 |
|---|---|
| 내부의 공기압이 누설되어 둔감해지므로 **실보**의 원인 | 내부의 공기압이 쉽게 누설되지 않아 온도변화에 민감해지므로 **비화재보**의 **원인**이 된다. |

19회

물음 5) 자동화재탐지설비에 대한 작동점검을 실시하고자 한다. 다음 물음에 답하시오. (8점)

(1) 수신기에 관한 점검항목이다. (　)에 들어갈 내용을 쓰시오. (4점)

○ 수신기 설치장소 적정(관리 용이) 여부
○ ( ① )
○ 경계구역 일람도 비치 여부
○ ( ② )
○ 수신기 기록장치 데이터 발생 표시시간과 표준시간 일치 여부

(2) 수신기에서 예비전원감시등이 점등상태일 경우 예상원인과 점검방법이다. (　)에 들어갈 내용을 쓰시오. (4점)

| 예상원인 | 조치 및 점검방법 |
|---|---|
| 퓨즈 단선 | ( ② ) |
| 충전 불량 | ( ③ ) |
| ( ① ) | ( ④ ) |
| 배터리 완전방전 | |

정답 (1) ① 조작스위치의 높이는 적정하며 정상위치에 있는지 여부
② 수신기 음향기구의 음량·음색 구별 가능 여부

(2)

| 예상원인 | 조치 및 점검방법 |
|---|---|
| 퓨즈 단선 | ② 확인교체 |
| 충전 불량 | ③ 충전전압 확인 |
| ① 배터리 소켓 접속 불량 | ④ 배터리 감시표시등의 점등 확인, 소켓단자 확인 |
| 배터리 완전방전 | |

해설 (1) **자동화재탐지설비 및 시각경보장치의 작동점검**(소방시설 자체점검사항 등에 관한 고시 〔별지 제4호 서식〕)

| 구 분 | 점검항목 |
|---|---|
| 수신기 | ① 수신기 설치장소 적정(관리 용이) 여부<br>② 조작스위치의 높이는 적정하며 정상 위치에 있는지 여부<br>③ **경계구역 일람도** 비치 여부<br>④ 수신기 음향기구의 **음량·음색** 구별 가능 여부<br>⑤ 수신기 기록장치 데이터 발생 표시시간과 표준시간 일치 여부 |
| 감지기 | ① 연기감지기 설치장소 적정 설치 여부<br>② 감지기 설치(감지면적 및 배치거리) 적정 여부<br>③ 감지기 **변형·손상** 확인 및 작동시험 적합 여부 |
| 음향장치 | ① **주음향장치** 및 **지구음향장치** 설치 적정 여부<br>② **음향장치**(경종 등) **변형·손상** 확인 및 정상작동(음량 포함) 여부 |
| 시각경보장치 | ① 시각경보장치 설치 장소 및 높이 적정 여부<br>② 시각경보장치 **변형·손상** 확인 및 정상작동 여부 |
| 발신기 | ① 발신기 설치 **장소**, **위치**(수평거리) 및 **높이** 적정 여부<br>② 발신기 **변형·손상** 확인 및 정상작동 여부<br>③ 위치표시등 **변형·손상** 확인 및 정상 점등 여부 |
| 전원 | ① 상용전원 적정 여부<br>② 예비전원 성능 적정 및 상용전원 차단시 예비전원 자동전환 여부 |
| 배선 | 수신기 **도통시험** 회로 정상 여부 |
| 비고 | ※ 특정소방대상물의 위치·구조·용도 및 소방시설의 상황 등이 이 표의 항목대로 기재하기 곤란하거나 이 표에서 누락된 사항을 기재한다. |

(2) **P형 수신기**의 **고장진단**

| 고장증상 | 예상원인 | 점검방법 |
|---|---|---|
| ① 상용전원감시등 소등 | 정전 | 상용전원 확인 |
| | 퓨즈 단선 | 전원스위치 끄고 퓨즈 교체 |
| | 입력전원전원선 불량 | 외부 전원선 점검 |
| | 전원회로부 훼손 | 트랜스 2차측 24V AC 및 다이오드 출력 24V DC 확인 |
| ② 예비전원감시등 점등<br>(축전지 감시등 점등) | 퓨즈 단선 | 확인교체 |
| | 충전 불량 | 충전전압 확인 |
| | • 배터리 소켓 접속 불량<br>• 장기간 정전으로 인한 배터리의 완전방전 | 배터리 감시표시등의 점등 확인 소켓 단자 확인 |

| 구분 | | 원인 | 조치 |
|---|---|---|---|
| ③ 지구표시등의 소등 | | ※ 지구 및 주경종을 정지시키고 회로를 동작시켜 지구회로가 동작하는지 확인 | |
| | | 램프 단선 | 램프교체 |
| | | 지구표시부 퓨즈 단선 | 확인교체 |
| | | 회로 퓨즈 단선 | 퓨즈 점검교체 |
| | | 전원표시부 퓨즈 단선 | 전압계 지침 확인 |
| ④ 지구표시등의 계속 점등 | 복구되지 않을 때 복구스위치를 누르면 OFF, 다시 누르면 ON | 회로선 합선, 감지기나 수동발신기의 지속동작 | 감지기선로 점검, 릴레이 동작점검 |
| | 복구는 되나 다시 동작 | 감지의 불량 | 현장의 감지기 오동작 확인, 교체 |
| ⑤ 화재표시등의 고장 | | 지구표시등의 점검방법과 동일 | |
| ⑥ 지구경종 동작 불능 | | 퓨즈 단선 | 점검 및 교체 |
| | | 릴레이의 점검 불량 | 지구릴레이 동작 확인 및 점검 |
| | | 외부 경종선 쇼트 | 테스터로 단자저항점검(0Ω) |
| ⑦ 지구경종 동작 불능 | 지구표시등 점등 | ④에 의해 조치 | |
| | 지구표시등 미점등 | 릴레이의 접점 쇼트 | 릴레이 동작 점검 및 교체 |
| ⑧ 주경종 고장 | | 지구경종 점검방법과 동일 | |
| ⑨ 릴레이의 소음 발생 | | 정류 다이오드 1개 불량으로 인한 정류전압 이상 | 정류 다이오드 출력단자전압 확인(18V 이하) |
| | | 릴레이 열화 | 릴레이 코일 양단전압 확인(22V 이상) |
| ⑩ 전화통화 불량 | | 송수화기 잭 접속 불량 | 플러그 재삽입 후 회전시켜 접속 확인 |
| | | 송수화기 불량 | 송수화기를 테스트로 저항치 점검($R$×1에서 50~100) |
| ⑪ 전화부저 동작 불능 | | 송수화기 잭 접속 불량 | 플러그 재삽입 후 회전시켜 접속확인 |

★★★

## 문제 02

다음 물음에 답하시오. (30점)

물음 1) 「소방시설 설치 및 관리에 관한 법령」에 따른 특정소방대상물의 관계인이 특정소방대상물에 설치·관리해야 하는 소방시설의 종류에서 다음 물음에 답하시오. (13점)

(1) 단독경보형 감지기를 설치해야 하는 특정소방대상물에 관하여 쓰시오. (6점)

(2) 시각경보기를 설치해야 하는 특정소방대상물에 관하여 쓰시오. (4점)

(3) 자동화재탐지설비와 시각경보기 점검에 필요한 점검장비에 관하여 쓰시오. (3점)

물음 2) 화재안전기준 및 다음 〔조건〕에 따라 물음에 답하시오. (6점)

〔조건〕

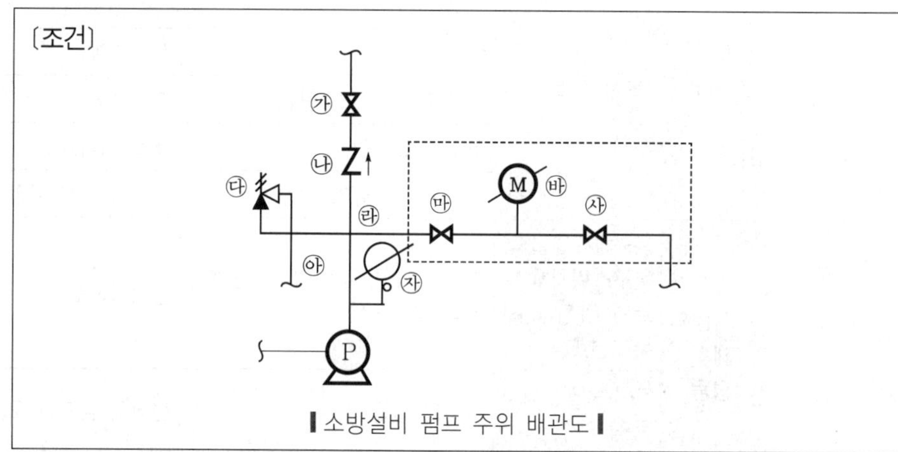


▌소방설비 펌프 주위 배관도▐

(1) (　)에 들어갈 내용을 쓰시오. (2점)

| 기 호 | 소방시설 도시기호 | 명칭 및 기능 |
|---|---|---|
| ㉯ | | ① 명칭 :<br>② 기능 : |
| ㉰ | | ① 명칭 :<br>② 기능 : |

(2) 점선 부분의 설치기준 2가지를 쓰시오. (2점)

○

○

(3) 펌프성능시험 방법을 (　)에 순서대로 쓰시오. (2점)

〔보기〕

| | | |
|---|---|---|
| 1. 주펌프 기동 | 2. 주펌프 정지 | 3. ㉮ 폐쇄 |
| 4. ㉰ 개방 | 5. ㉲ 개방 | 6. ㉳ 확인 |
| 7. ㉴ 개방 | 8. ㉵ 확인 | 9. ㉶ 확인 |

① 체절운전시 : 3 - (　) - (　) - (　) - (　) - (　) (1점)

② 정격운전시 : 3 - (　) - (　) - (　) - (　) - (　) - (　) (1점)

물음 3) 소방시설관리사 시험의 응시자격에 소방안전관리자 자격을 가진 사람은 최소 몇 년 이상의 실무경력이 필요한지 각각 쓰시오. (3점)

○특급 소방안전관리자로 (　)년 이상 근무한 실무경력이 있는 사람
○1급 소방안전관리자로 (　)년 이상 근무한 실무경력이 있는 사람
○3급 소방안전관리자로 (　)년 이상 근무한 실무경력이 있는 사람

물음 4) 제연설비의 설치장소 및 제연구획의 설치기준에 관하여 각각 쓰시오. (8점)

(1) 설치장소에 대한 구획기준 (5점)

(2) 제연구획의 설치기준 (3점)

물음 1) 「소방시설 설치 및 관리에 관한 법령」에 따른 특정소방대상물의 관계인이 특정소방대상물에 설치·관리해야 하는 소방시설의 종류에서 다음 물음에 답하시오. (13점)
(1) 단독경보형 감지기를 설치해야 하는 특정소방대상물에 관하여 쓰시오. (6점)
(2) 시각경보기를 설치해야 하는 특정소방대상물에 관하여 쓰시오. (4점)
(3) 자동화재탐지설비와 시각경보기 점검에 필요한 점검장비에 관하여 쓰시오. (3점)

정답 (1) ① 교육연구시설 또는 수련시설 내에 있는 합숙소 또는 기숙사로서 연면적 2000m$^2$ 미만인 것
② 숙박시설이 있는 수련시설로서 수용인원 100명 미만인 것
③ 연면적 400m$^2$ 미만의 유치원
④ 연립주택·다세대주택(연동형)
(2) ① 근린생활시설, 문화 및 집회시설, 종교시설, 판매시설, 운수시설, 의료시설, 노유자시설
② 운동시설, 업무시설, 숙박시설, 위락시설, 창고시설 중 물류터미널, 발전시설 및 장례시설
③ 교육연구시설 중 도서관, 방송통신시설 중 방송국
④ 지하가 중 지하상가
(3) ① 열감지기시험기
② 연감지기시험기
③ 공기주입시험기
④ 감지기시험기 연결막대
⑤ 음량계

해설 (1) **단독경보형 감지기**의 **설치대상**(소방시설법 시행령 [별표 4])

| 연면적 | 설치대상 |
|---|---|
| 400m$^2$ 미만 | • 유치원 |
| 2000m$^2$ 미만 | • 교육연구시설 또는 수련시설 내에 있는 **합숙소** 또는 **기숙사** |
| 모두 적용 | • **100명** 미만 수련시설(숙박시설이 있는 것)<br>• 연립주택·다세대주택(연동형) |

비교

**단**독경보형 감지기의 설치기준(NFPC 201 제5조, NFTC 201 2.2.1)
(1) 각 **실**(이웃하는 실내의 바닥면적이 각각 **30m$^2$** 미만이고 벽체의 상부의 전부 또는 일부가 개방되어 이웃하는 실내와 공기가 상호 유통되는 경우에는 이를 1개의 실로 본다)마다 설치하되, 바닥면적이 **150m$^2$**를 초과하는 경우에는 **150m$^2$**마다 1개 이상 설치할 것
(2) 최상층의 계단실 **천장**(외기가 상통하는 계단실의 경우 제외)에 설치할 것
(3) 건전지를 주전원으로 사용하는 단독경보형 감지기는 정상적인 작동상태를 유지할 수 있도록 주기적으로 건전지를 **교**환할 것
(4) 상용전원을 주전원으로 사용하는 단독경보형 감지기의 2차 전지는 소방시설법 제40조(소방용품의 성능인증)에 따라 제품검사에 합격한 것을 사용할 것

기억법 **실천교단**

(2) **시각경보기**를 **설치**해야 하는 **특정소방대상물**(소방시설법 시행령 [별표 4])
① **근**린생활시설, **문**화 및 집회시설, **종**교시설, **판**매시설, **운**수시설, **의**료시설, **노**유자시설
② **운**동시설, **업**무시설, **숙**박시설, 위락시설, 창고시설 중 물류터미널, **발**전시설 및 **장**례시설
③ 교육연구시설(**도**서관), 방송통신시설(**방**송국)
④ 지하가(**지**하상가)

기억법 **시근문종판 운의노**
**장발 숙업운**
**도방지**

(3) ① **소방시설관리업**의 **업종별 등록기준** 및 **영업범위**(소방시설법 시행령 〔별표 9〕)

| 기술인력 등 / 업종별 | 기술인력 | 영업범위 |
|---|---|---|
| 전문 소방시설 관리업 | ① 주된 기술인력<br>㉠ 소방시설관리사 자격을 취득한 후 소방 관련 실무경력이 **5년** 이상인 사람 1명 이상<br>㉡ 소방시설관리사 자격을 취득한 후 소방 관련 실무경력이 **3년** 이상인 사람 1명 이상<br>② 보조기술인력<br>㉠ 고급 점검자 : **2명** 이상<br>㉡ 중급 점검자 : **2명** 이상<br>㉢ 초급 점검자 : **2명** 이상 | 모든 특정소방대상물 |
| 일반 소방시설 관리업 | ① 주된 기술인력 : 소방시설관리사 자격을 취득 후 소방 관련 실무경력이 **1년** 이상인 사람<br>② 보조기술인력<br>㉠ 중급 점검자 : **1명** 이상<br>㉡ 초급 점검자 : **1명** 이상 | 1급, 2급, 3급 소방안전관리 대상물 |

〔비고〕 1. 소방 관련 실무경력 : 소방기술과 관련된 경력

2. 보조기술인력의 종류별 자격 : 소방기술과 관련된 자격·학력 및 경력을 가진 사람 중에서 행정안전부령으로 정한다.

② **소방시설별 점검장비**(소방시설법 시행규칙 〔별표 3〕)

| 소방시설 | 장 비 | 규 격 |
|---|---|---|
| • **모든 소방시설** | • 방수압력측정계<br>• 절연저항계(절연저항측정기)<br>• 전류전압측정계 | − |
| • **소화기구** | • 저울 | − |
| • **옥내소화전설비**<br>• **옥외소화전설비** | • 소화전밸브압력계 | − |
| • **스프링클러설비**<br>• **포소화설비** | • 헤드결합렌치 | − |
| • **이산화탄소 소화설비**<br>• **분말소화설비**<br>• **할론소화설비**<br>• **할로겐화합물 및 불활성기체 소화설비** | • 검량계<br>• 기동관누설시험기 | − |
| • **자동화재탐지설비**<br>• **시각경보기** | • 열감지기시험기<br>• 연감지기시험기<br>• 공기주입시험기<br>• 감지기시험기 연결막대<br>• 음량계<br>기억법 **열연공감음** | − |
| • **누전경보기** | • 누전계 | 누전전류 측정용 |
| • **무선통신보조설비** | • 무선기 | 통화시험용 |

| • 제연설비 | • 풍속풍압계<br>• 폐쇄력측정기<br>• 차압계(압력차측정기) | – |
|---|---|---|
| • 통로유도등<br>• 비상조명등 | • 조도계(밝기측정기) | 최소눈금이 0.1㏓ 이하인 것 |

**기억법** 모장옥스소이자누 무제통

물음 2) 화재안전기준 및 다음 〔조건〕에 따라 물음에 답하시오. (6점)

〔조건〕

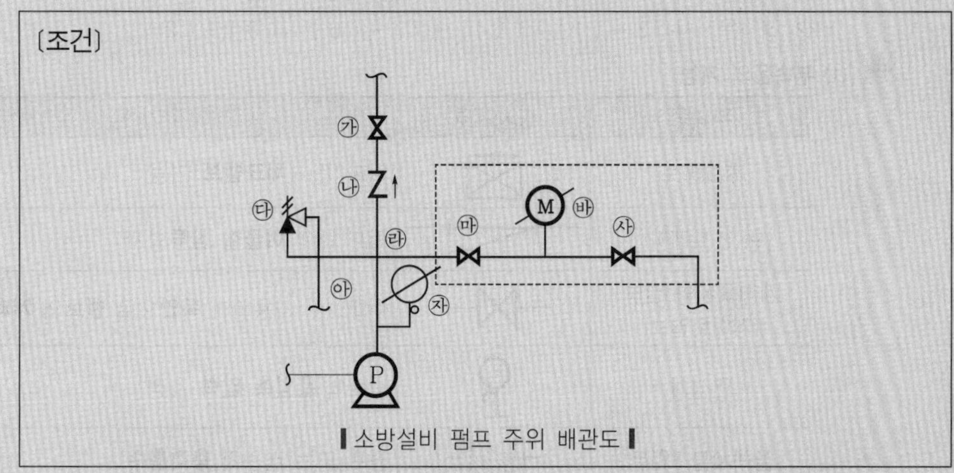


▌소방설비 펌프 주위 배관도▐

(1) ( )에 들어갈 내용을 쓰시오. (2점)

| 기 호 | 소방시설 도시기호 | 명칭 및 기능 |
|---|---|---|
| ㉯ | | ① 명칭 :<br>② 기능 : |
| ㉰ | | ① 명칭 :<br>② 기능 : |

(2) 점선 부분의 설치기준 2가지를 쓰시오. (2점)

○

○

(3) 펌프성능시험 방법을 ( )에 순서대로 쓰시오. (2점)

〔보기〕

| | | |
|---|---|---|
| 1. 주펌프 기동 | 2. 주펌프 정지 | 3. ㉮ 폐쇄 |
| 4. ㉰ 개방 | 5. ㉲ 개방 | 6. ㉳ 확인 |
| 7. ㉴ 개방 | 8. ㉵ 확인 | 9. ㉶ 확인 |

① 체절운전시 : 3 – ( ) – ( ) – ( ) – ( ) – ( ) (1점)

② 정격운전시 : 3 – ( ) – ( ) – ( ) – ( ) – ( ) – ( ) (1점)

정답 (1)

| 기 호 | 소방시설 도시기호 | 명칭 및 기능 |
|---|---|---|
| ㉯ | | ① 명칭 : 체크밸브<br>② 기능 : 역류방지 |
| ㉰ | | ① 명칭 : 릴리프밸브<br>② 기능 : 체절압력 미만에서 개방 |

(2) ① 성능시험배관 : 펌프의 토출측에 설치된 개폐밸브 이전에서 분기하여 직선으로 설치하고, 유량측정장치를 기준으로 전단 직관부에 개폐밸브를, 후단 직관부에는 유량조절밸브를 설치할 것
② 유량측정장치 : 펌프의 정격토출량의 175% 이상 측정할 수 있는 성능이 있을 것

(3) ① 체절운전시 : 3 − ( 1 ) − ( 9 ) − ( 4 ) − ( 8 ) − ( 2 )
② 정격운전시 : 3 − ( 1 ) − ( 5 ) − ( 7 ) − ( 6 ) − ( 9 ) − ( 2 )

해설 (1) **부속품**의 **기능**

| 부속품 | 도시기호 | 기 능 |
|---|---|---|
| 후드밸브 | | 여과기능 · **체크밸브** 기능 |
| Y형 스트레이너 | | 펌프 내의 **이물질 침투**방지 |
| 개폐표시형 밸브<br>(게이트밸브) | | 주밸브로 사용되며 **육안**으로 **밸브**의 **개폐**확인 |
| 연성계 | | 펌프의 **흡입측 압력** 측정 |
| 플렉시블조인트 | | 펌프 또는 배관의 **충격흡수** |
| 주펌프<br>(펌프모터(수평)) | M | 소화수에 유속과 압력부여 |
| 압력계 | | 펌프의 **토출측 압력** 측정 |
| 유량계 | M | **성능시험**시 펌프의 **유량** 측정 |
| 성능시험배관 | M | **주펌프**의 **성능 적합여부**확인 |
| 체크밸브 | | **역류**방지 |
| 물올림수조 | − | 물올림장치의 **전용탱크** |
| 순환배관 | | **체질운전시 수온상승**방지 |
| 릴리프밸브 | | **체질압력 미만**에서 개방 |

| 감수경보장치 | – | 물올림수조의 **물부족 감시** |
|---|---|---|
| 자동급수밸브 | – | 물올림수조의 **물 자동공급** |
| 볼탭 | – | 물올림수조의 물의 **양 감지** |
| 급수관 | – | 물올림수조의 **물공급** 배관 |
| 오버플로관 | – | 물올림수조에 물이 넘칠 경우 **물배출** |
| 배수관 | – | 물올림수조의 **청소시 물**을 배출하는 관 |
| 물올림관 | – | **흡수관**에 **물**을 **공급**하기 위한 관 |

(2) **펌프**의 **성능시험배관** 적합기준(NFPC 103 제8조 제⑥항, NFTC 103 2.5.6)

| 구 분 | 설 명 |
|---|---|
| 성능시험배관 | 펌프의 토출측에 설치된 **개폐밸브 이전**에서 분기하여 직선으로 설치하고, 유량측정장치를 기준으로 **전단 직관부**에 **개폐밸브**를, **후단 직관부**에는 **유량조절밸브**를 설치할 것 |
| 유량측정장치 | 펌프의 정격토출량의 **175% 이상** 측정할 수 있는 성능이 있을 것 |

(3) **펌프**의 **성능시험방법**(가압송수장치의 성능시험방법)

| 구 분 | 설 명 |
|---|---|
| 체절운전시 | 3(주밸브 폐쇄) – 1(주펌프 기동) – 9(압력계 확인) – 4(릴리프밸브 개방) – 8(순환배관 방출) – 2(주펌프 정지) |
| 정격운전시 | 3(주밸브 폐쇄) – 1(주펌프 기동) – 5(개폐밸브 개방) – 7(유량조절밸브 개방) –6(유량계 확인) – 9(압력계 확인) – 2(주펌프 정지) |

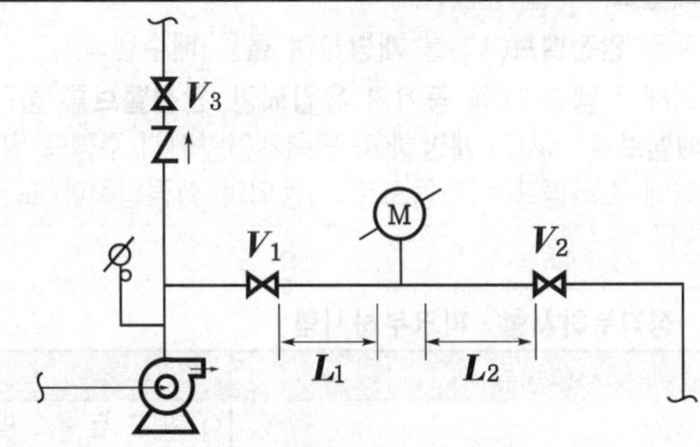


▌펌프의 성능시험▐

여기서, $V_1$ : 개폐밸브
$V_2$ : 유량조절밸브
$V_3$ : 개폐표시형 밸브
$L_1$ : **상류측** 직관부 구경의 **8배** 이상
$L_2$ : **하류측** 직관부 구경의 **5배** 이상

① **주배관**의 **개폐밸브**($V_3$)를 잠근다. 보기 3
② 제어반에서 **충압펌프**의 **기동**을 **중지**시킨다.
③ 압력챔버의 **배수밸브**를 열어 **주펌프**가 **기동**되면 잠근다. (제어반에서 수동으로 주펌프를 기동시킨다.) 보기 1
④ **성능시험배관상**에 있는 **개폐밸브**($V_1$)를 **개방**한다. 보기 5

⑤ 성능시험배관의 **유량조절밸브**( $V_2$ )를 **서서히 개방**하여 유량계를 통과하는 유량이 정격토출유량이 되도록 **조정**한다. 정격토출유량이 되었을 때 펌프토출측 압력계를 읽어 정격토출압력 이상인지 확인한다. **보기 7**

⑥ 성능시험배관의 **유량조절밸브**를 **조금 더 개방**하여 유량계를 통과하는 유량이 **정격토출유량**의 **150%**가 되도록 조정한다. 이때 펌프토출측 압력계의 확인된 압력은 정격토출압력의 **65%** 이상이어야 한다. **보기 6·9**

⑦ 성능시험배관상에 있는 **유량계**를 확인하여 **펌프**의 **성능**을 **측정**한다.

⑧ 성능시험 측정 후 배관상 **개폐밸브**를 잠근 후 **주밸브**를 연다. 배관 내 일정압력 이상이 되면 주펌프가 자동정지한다. **보기 2**

⑨ 제어반에서 **충압펌프기동중지**를 **해제**한다.

비교

**압력챔버**의 **공기교체(충전) 요령**

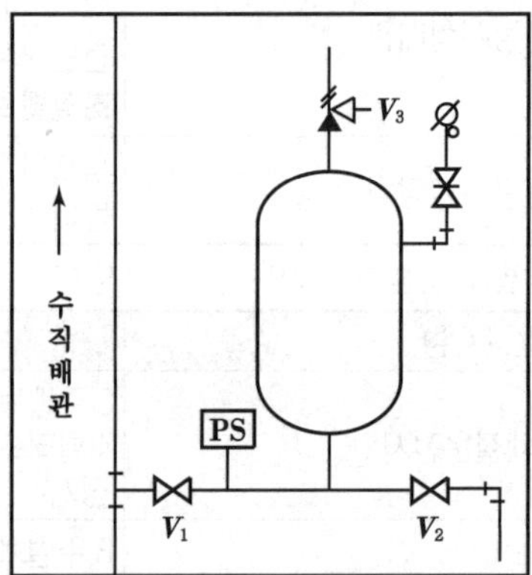


(1) 동력제어반(MCC)에서 주펌프 및 충압펌프의 **선택스위치**를 '**수동**' 또는 '**정지**' 위치로 한다.
(2) **압력챔버 개폐밸브**( $V_1$ )를 잠근다.
(3) **배수밸브**( $V_2$ ) 및 **안전밸브**( $V_3$ )를 **개방**하여 **물**을 **배수**한다.
(4) 안전밸브에 의해서 탱크 내에 **공기**가 **유입**되면, **안전밸브**를 잠근 후 **배수밸브**를 **폐쇄**한다.
(5) **압력챔버 개폐밸브**를 서서히 **개방**하고, 동력제어반에서 주펌프 및 충압펌프의 선택스위치를 '**자동**' 위치로 한다. (이때 소화펌프는 자동으로 기동되며 설정압력에 도달되면 자동정지한다.)

중요

(1) **무부하시험 · 정격부하시험 · 피크부하시험**

| 시험종류 | 설 명 |
|---|---|
| **무부하시험**(체절운전시험) | ① 펌프 토출측 밸브와 성능시험배관의 개폐밸브, **유량조절밸브**를 잠근 상태에서 **펌프**를 **기동**한다.<br>② 압력계의 지시치가 정격토출압력의 **140% 이하**인지를 확인한다. |
| **정격부하시험** | ① 펌프를 기동한 상태에서 **유량조절밸브**를 서서히 개방하여 유량계를 통과하는 유량이 정격토출유량이 되도록 조정한다.<br>② 압력계의 지시치가 **정격토출압력** 이상이 되는지를 확인한다. |
| **피크부하시험**(최대운전시험) | ① 유량조절밸브를 조금 더 개방하여 유량계를 통과하는 유량이 정격토출유량의 **150%**가 되도록 조정한다.<br>② 압력계의 지시치가 정격토출압력의 **65% 이상**인지를 확인한다. |

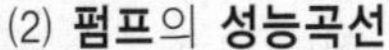

(2) **펌프**의 **성능곡선**

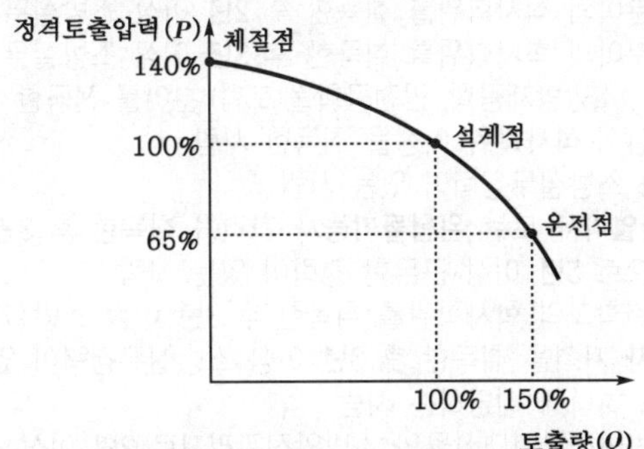


(a) 정격토출압력-토출량의 관계

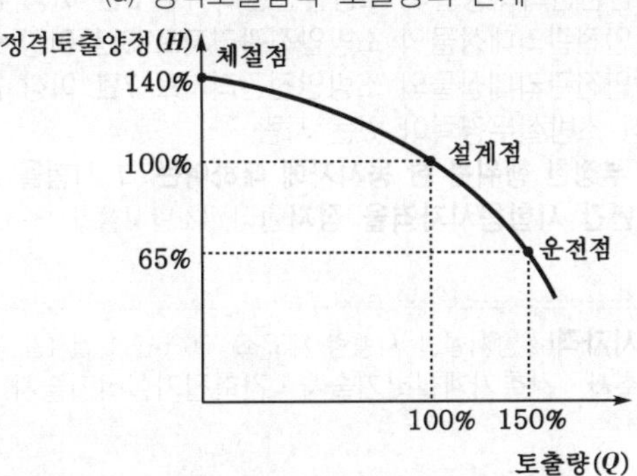


(b) 정격토출양정-토출량의 관계

▌펌프의 성능곡선▐

• 운전점=150% 유량점



물음 3) 소방시설관리사 시험의 응시자격에 소방안전관리자 자격을 가진 사람은 최소 몇 년 이상의 실무경력이 필요한지 각각 쓰시오. (3점)

○ 특급 소방안전관리자로 (　 )년 이상 근무한 실무경력이 있는 사람
○ 1급 소방안전관리자로 (　 )년 이상 근무한 실무경력이 있는 사람
○ 3급 소방안전관리자로 (　 )년 이상 근무한 실무경력이 있는 사람

정답 ① 특급 소방안전관리자로 ( 2 )년 이상 근무한 실무경력이 있는 사람
② 1급 소방안전관리자로 ( 3 )년 이상 근무한 실무경력이 있는 사람
③ 3급 소방안전관리자로 ( 7 )년 이상 근무한 실무경력이 있는 사람

해설 **응시자격**(소방시설법 시행령 제27조 : 2026년 12월 1일 이전 응시자격)

(1) **소방기술사**·위험물기능장·건축사·건축기계설비기술사·건축전기설비기술사 또는 공조냉동기계기술사 자격취득자

(2) **소방설비기사** 자격을 취득한 후 **2년** 이상 소방청장이 정하여 고시하는 소방에 관한 실무경력(이하 **"소방실무경력"**이라 함)이 있는 사람

(3) **소방설비산업기사** 자격을 취득한 후 **3년** 이상 소방실무경력이 있는 사람

(4) 「국가과학기술 경쟁력 강화를 위한 이공계지원 특별법」 제2조 제1호에 따른 이공계(이하 **"이공계"**라 함) 분야를 전공한 사람으로서 다음의 어느 하나에 해당하는 사람

① 이공계 분야의 박사학위를 취득한 사람
② 이공계 분야의 석사학위를 취득한 후 **2년** 이상 소방실무경력이 있는 사람
③ 이공계 분야의 학사학위를 취득한 후 **3년** 이상 소방실무경력이 있는 사람

(5) 소방안전공학(소방방재공학, 안전공학을 포함) 분야를 전공한 후 다음의 어느 하나에 해당하는 사람
① 해당 분야의 **석사학위** 이상을 취득한 사람
② **2년** 이상 소방실무경력이 있는 사람

(6) **위험물산업기사** 또는 **위험물기능사** 자격을 취득한 후 **3년** 이상 소방실무경력이 있는 사람
(7) **소방공무원**으로 **5년** 이상 근무한 경력이 있는 사람
(8) 소방안전관련학과의 학사학위를 취득한 후 3년 이상 소방실무경력이 있는 사람
(9) **산업안전기사** 자격을 취득한 후 **3년** 이상 소방실무경력이 있는 사람
(10) 다음의 어느 하나에 해당하는 사람
① **특급** 소방안전관리대상물의 소방안전관리자로 **2년** 이상 근무한 실무경력이 있는 사람
② **1급** 소방안전관리대상물의 소방안전관리자로 **3년** 이상 근무한 실무경력이 있는 사람
③ **2급** 소방안전관리대상물의 소방안전관리자로 **5년** 이상 근무한 실무경력이 있는 사람
④ **3급** 소방안전관리대상물의 소방안전관리자로 **7년** 이상 근무한 실무경력이 있는 사람
⑤ **10년** 이상 소방실무경력이 있는 사람
※ **시험에서 부정한 행위를 한 응시자에 대하여는** 그 시험을 정지 또는 무효로 하고, 그 처분이 있은 날부터 **2년간 시험응시자격을 정지**한다. (소방시설법 제26조)

비교

**소방시설관리사 응시자격**(소방시설법 시행령 제37조 : 2026년 12월 1일 이후 응시자격)
(1) 소방기술사 · 건축사 · 건축기계설비기술사 · 건축전기설비기술사 또는 공조냉동기계기술사
(2) 위험물기능장
(3) 소방설비기사
(4) **이공계** 분야의 **박사**학위
(5) 소방청장이 정하여 고시하는 소방안전 관련 분야의 **석사** 이상
(6) 소방설비산업기사 또는 소방공무원 등 소방청장이 정하여 고시하는 사람 중 소방에 관한 **실무경력**(자격 취득 후의 실무경력으로 한정) **3년** 이상

19회

물음 4) 제연설비의 설치장소 및 제연구획의 설치기준에 관하여 각각 쓰시오. (8점)
(1) 설치장소에 대한 구획기준 (5점)
(2) 제연구획의 설치기준 (3점)

정답 (1) ① 하나의 제연구역의 면적은 1000m$^2$ 이내로 할 것
② 거실과 통로(복도 포함)는 각각 제연구획할 것
③ 통로상의 제연구역은 보행중심선의 길이가 60m를 초과하지 않을 것
④ 하나의 제연구역은 직경 60m 원 내에 들어갈 수 있을 것
⑤ 하나의 제연구역은 2개 이상 층에 미치지 않도록 할 것(단, 층의 구분이 불분명한 부분은 그 부분을 다른 부분과 별도로 제연구획할 것)

(2) ① 재질은 내화재료, 불연재료 또는 제연경계벽으로 성능을 인정받은 것으로서 화재시 쉽게 변형 · 파괴되지 아니하고 연기가 누설되지 않는 기밀성 있는 재료로 할 것
② 제연경계는 제연경계의 폭이 0.6m 이상이고, 수직거리는 2m 이내이어야 한다. (단, 구조상 불가피한 경우는 2m를 초과 가능)
③ 제연경계벽은 배연시 기류에 따라 그 하단이 쉽게 흔들리지 않고, 가동식의 경우에는 급속히 하강하여 인명에 위해를 주지 않는 구조일 것

해설 (1) **제**연설비의 설치장소에 대한 제연구획기준(NFPC 501 제4조, NFTC 501 2.1.1)
① 하나의 제연구역의 **면**적은 **1000m$^2$** 이내로 할 것

② 거실과 통로(복도를 포함한다)는 각각 **제연구획**할 것
③ **통**로상의 제연구역은 보행중심선의 **길이**가 **60m**를 초과하지 않을 것
④ 하나의 제연구역은 직경 **60m** **원** 내에 들어갈 수 있을 것
⑤ 하나의 제연구역은 **2개 이상** **층**에 미치지 않도록 할 것(단, 층의 구분이 불분명한 부분은 그 부분을 다른 부분과 별도로 제연구획할 것)

기억법 **층면제 원통길이**

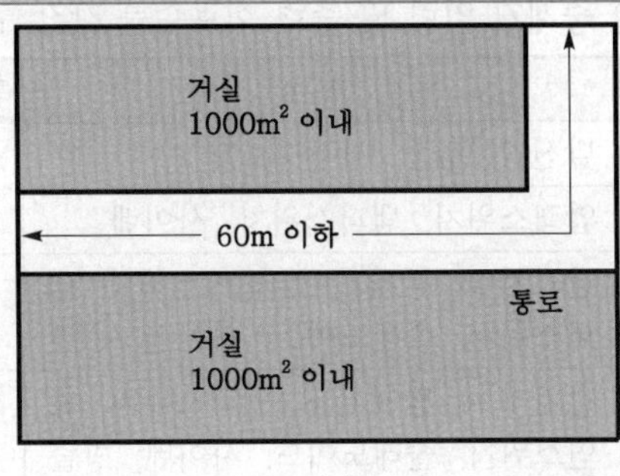

(a)

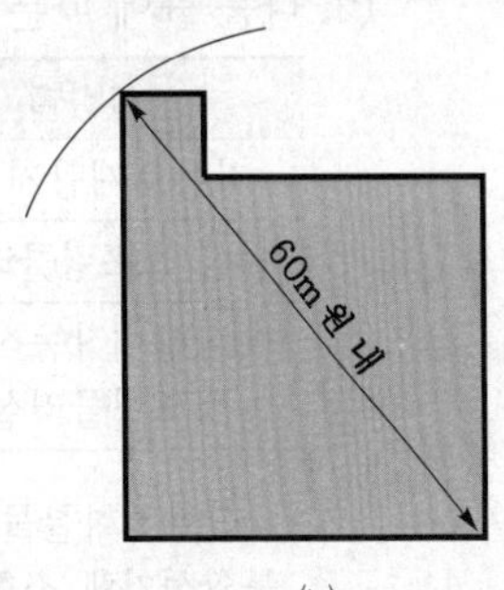

(b)

▌제연구역의 구획▐

(2) **제연설비**의 **제연구획** 설치기준(NFPC 501 제4조, NFTC 501 2.1.2)
① 재질은 **내화재료, 불연재료** 또는 제연경계벽으로 성능을 인정받은 것으로서 화재시 쉽게 변형·파괴되지 아니하고 연기가 누설되지 않는 기밀성 있는 재료로 할 것
② 제연경계는 제연경계의 폭이 **0.6m 이상**이고, 수직거리는 **2m 이내**일 것(단, 구조상 불가피한 경우는 2m 초과 가능)

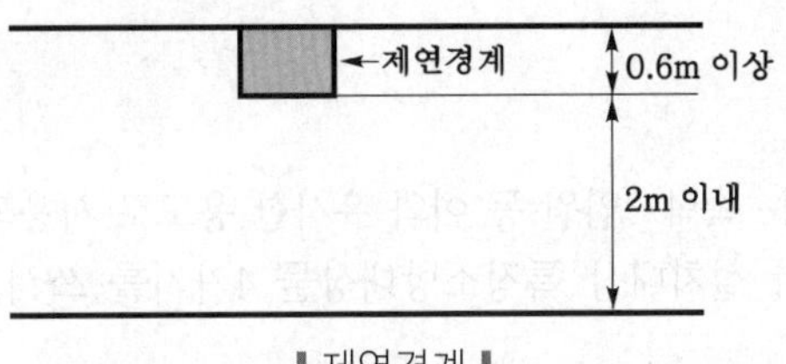


▌제연경계▐

③ 제연경계벽은 배연시 **기류**에 따라 그 하단이 쉽게 흔들리지 않고, **가동식**의 경우에는 **급속**히 **하강**하여 인명에 위해를 주지 않는 구조일 것

**문제 03**

다음 물음에 답하시오. (30점)

물음 1) 이산화탄소 소화설비에 관하여 다음 물음에 답하시오. (8점)

(1) 이산화탄소 소화설비의 비상스위치 작동점검 순서를 쓰시오. (4점)

(2) 분사헤드의 오리피스구경 등에 관하여 (　　)에 들어갈 내용을 쓰시오. (4점)

| 구 분 | 기 준 |
|---|---|
| 표시내용 | ( ① ) |
| 분사헤드의 개수 | ( ② ) |
| 방출률 및 방출압력 | ( ③ ) |
| 오리피스의 면적 | ( ④ ) |

19회

물음 2) 자동화재탐지설비에 관하여 다음 물음에 답하시오. (17점)

(1) 중계기 설치기준 3가지를 쓰시오. (3점)

○

○

○

(2) 다음 표에 따른 설비별 중계기 입력 및 출력 회로수를 각각 구분하여 쓰시오. (4점)

| 설비별 | 회 로 | 입력(감시) | 출력(제어) |
|---|---|---|---|
| 자동화재탐지설비 | 발신기, 경종, 시각경보기 | ① | ① |
| 습식 스프링클러설비 | 압력스위치, 탬퍼스위치, 사이렌 | ② | ② |
| 준비작동식 스프링클러설비 | 감지기 A, 감지기 B, 압력스위치, 탬퍼스위치, 솔레노이드, 사이렌 | ③ | ③ |
| 할로겐화합물 및 불활성기체 소화설비 | 감지기 A, 감지기 B, 압력스위치, 지연스위치, 솔레노이드, 사이렌, 방출표시등 | ④ | ④ |

(3) 광전식 분리형 감지기 설치기준 6가지를 쓰시오. (6점)

○

○

○

○

○

○

(4) 취침 · 숙박 · 입원 등 이와 유사한 용도로 사용되는 거실에 설치하여야 하는 연기감지기 설치대상 특정소방대상물 4가지를 쓰시오. (4점)

○

○

○

○

물음 3) 지하구의 화재안전기준에서 정하는 헤드의 설치기준 3가지를 쓰시오. (3점)

○

○

○

물음 4) 간이스프링클러설비의 간이헤드에 관한 것이다. (  )에 들어갈 내용을 쓰시오. (2점)

> 간이헤드의 작동온도는 실내의 최대 주위천장온도가 0℃ 이상 38℃ 이하인 경우 공칭작동온도가 ( ① )의 것을 사용하고, 39℃ 이상 66℃ 이하인 경우에는 공칭작동온도가 ( ② )의 것을 사용한다.

물음 1) 이산화탄소 소화설비에 관하여 다음 물음에 답하시오. (8점)

(1) 이산화탄소 소화설비의 비상스위치 작동점검 순서를 쓰시오. (4점)

(2) 분사헤드의 오리피스구경 등에 관하여 (　)에 들어갈 내용을 쓰시오. (4점)

| 구 분 | 기 준 |
|---|---|
| 표시내용 | ( ① ) |
| 분사헤드의 개수 | ( ② ) |
| 방출률 및 방출압력 | ( ③ ) |
| 오리피스의 면적 | ( ④ ) |

정답 (1) ① 수동조작함 기동스위치 조작 또는 감지기 A · B 동작
② 타이머 동작확인
③ 비상스위치 누름
④ 타이머 정지확인
⑤ 비상스위치 누름해제시 타이머 재작동확인

(2)

| 구 분 | 기 준 |
|---|---|
| 표시내용 | ① 오리피스 크기, 제조일자, 제조업체 |
| 분사헤드의 개수 | ② 방호구역에 방사시간이 충족되도록 설치 |
| 방출률 및 방출압력 | ③ 제조업체에서 정한 값 |
| 오리피스의 면적 | ④ 분사헤드가 연결되는 배관구경면적의 70% 이하가 되도록 할 것 |

해설 **이산화탄소 소화설비**의 **비상스위치 작동점검순서**

(1) 수동조작함 **기동스위치** 조작 또는 **감지기 A · B** 동작
(2) **타이머 동작**확인
(3) **비상스위치** 누름
(4) **타이머 정지**확인
(5) 비상스위치 누름해제시 **타이머 재작동**확인

참고

**비상스위치**(방출지연비상스위치, 방출지연스위치)

| 구 분 | 설 명 |
|---|---|
| 설치위치 | 수동식 기동장치의 부근 |
| 기능 | • 자동복귀형 스위치로서 수동식 기동장치의 타이머를 순간정지시키는 기능의 스위치<br>• 소화약제의 방출지연<br>▌비상스위치 ▌ |
| 비상스위치가 설치되는 소화설비 | • 이산화탄소 소화설비(NFPC 106 제6조, NFTC 106 2.3.1)<br>• 할론소화설비(NFPC 107 제6조, NFTC 107 2.3.1)<br>• 할로겐화합물 및 불활성기체 소화설비(NFPC 107A 제8조, NFTC 107A 2.5.1)<br>• 분말소화설비(NFPC 108 제7조, NFTC 108 2.4.1) |

(2) ① **이산화탄소 소화설비**의 **분사헤드**의 **오리피스구경** 등의 적합기준(NFPC 106 제10조, NFTC 106 2.7.5), **할론소화설비**의 **분사헤드**의 **오리피스구경**, **방출률**, **크기** 등의 적합기준(NFPC 107 제10조, NFTC 107 2.7.5)

㉠ 분사헤드에는 부식방지조치를 해야 하며 **오리피스**의 크기, 제조일자, 제조업체가 표시되도록 할 것

㉡ 분사헤드의 개수는 방호구역에 방사시간이 충족되도록 설치할 것

㉢ 분사헤드의 방출률 및 방출압력은 **제조업체**에서 **정한 값**으로 할 것

㉣ 분사헤드의 오리피스의 면적은 분사헤드가 연결되는 배관구경면적의 **70%** 이하가 되도록 할 것

② **할로겐화합물 및 불활성기체 소화설비**의 **분사헤드** 기준(NFPC 107A 제12조, NFTC 107A 2.9.1)

㉠ 분사헤드의 설치높이는 방호구역의 바닥으로부터 최소 **0.2m 이상** 최대 **3.7m 이하**로 해야 하며 천장높이가 3.7m 초과할 경우에는 추가로 다른 열의 분사헤드르 설치할 것(단, 분사헤드의 성능인정 범위 내에서 설치하는 경우는 제외)

㉡ 분사헤드의 개수는 방호구역에 NFPC 107A 제10조 제3항, NFTC 107A 2.7.3이 충족되도록 설치할 것

㉢ 분사헤드에는 부식방지조치를 해야 하며 **오리피스**의 **크기**, **제조일자**, **제조업체**가 표시되도록 할 것

물음 2) 자동화재탐지설비에 관하여 다음 물음에 답하시오. (17점)

(1) 중계기 설치기준 3가지를 쓰시오. (3점)

○
○
○

(2) 다음 표에 따른 설비별 중계기 입력 및 출력 회로수를 각각 구분하여 쓰시오. (4점)

| 설비별 | 회 로 | 입력(감시) | 출력(제어) |
|---|---|---|---|
| 자동화재탐지설비 | 발신기, 경종, 시각경보기 | ① | ① |
| 습식 스프링클러설비 | 압력스위치, 탬퍼스위치, 사이렌 | ② | ② |
| 준비작동식 스프링클러설비 | 감지기 A, 감지기 B, 압력스위치, 탬퍼스위치, 솔레노이드, 사이렌 | ③ | ③ |
| 할로겐화합물 및 불활성기체 소화설비 | 감지기 A, 감지기 B, 압력스위치, 지연스위치, 솔레노이드, 사이렌, 방출표시등 | ④ | ④ |

(3) 광전식 분리형 감지기 설치기준 6가지를 쓰시오. (6점)

○
○
○
○
○
○

(4) 취침 · 숙박 · 입원 등 이와 유사한 용도로 사용되는 거실에 설치하여야 하는 연기감지기 설치대상 특정소방대상물 4가지를 쓰시오. (4점)

○
○
○
○

19회

정답 (1) ① 수신기에서 직접 감지기회로의 도통시험을 하지 않는 것에 있어서는 수신기와 감지기 사이에 설치할 것

② 조작 및 점검에 편리하고 화재 및 침수 등의 재해로 인한 피해를 받을 우려가 없는 장소에 설치할 것

③ 수신기에 따라 감시되지 않는 배선을 통하여 전력을 공급받는 것에 있어서는 전원입력측의 배선에 과전류차단기를 설치하고 해당 전원의 정전이 즉시 수신기에 표시되는 것으로 하며, 상용전원 및 예비전원의 시험을 할 수 있도록 할 것

(2)

| 설비별 | 회 로 | 입력(감시) | 출력(제어) |
|---|---|---|---|
| 자동화재탐지설비 | 발신기, 경종, 시각경보기 | ① 1 | ① 2 |
| 습식 스프링클러설비 | 압력스위치, 탬퍼스위치, 사이렌 | ② 2 | ② 1 |
| 준비작동식 스프링클러설비 | 감지기 A, 감지기 B, 압력스위치, 탬퍼스위치, 솔레노이드, 사이렌 | ③ 4 | ③ 2 |
| 할로겐화합물 및 불활성기체 소화설비 | 감지기 A, 감지기 B, 압력스위치, 지연스위치, 솔레노이드, 사이렌, 방출표시등 | ④ 4 | ④ 3 |

(3) ① 감지기의 수광면은 햇빛을 직접 받지 않도록 설치할 것

② 광축(송광면과 수광면의 중심을 연결한 선)은 나란한 벽으로부터 0.6m 이상 이격하여 설치할 것

③ 감지기의 송광부와 수광부는 설치된 뒷벽으로부터 1m 이내 위치에 설치할 것

④ 광축의 높이는 천장 등(천장의 실내에 면한 부분 또는 상층의 바닥하부면을 말함) 높이의 80% 이상일 것

⑤ 감지기의 광축의 길이는 공칭감시거리 범위 이내일 것

⑥ 그 밖의 설치기준은 형식승인 내용에 따르며 형식승인 사항이 아닌 것은 제조사의 시방서에 따라 설치할 것

(4) ① 공동주택·오피스텔·숙박시설·노유자시설·수련시설

② 합숙소

③ 의료시설, 근린생활시설 중 입원실이 있는 의원·조산원

④ 교정 및 군사시설

해설 (1) **자**동화재탐지설비의 **중**계기 설치기준(NFPC 203 제6조, NFTC 203 2.3.1)

① 수신기에서 직접 감지기회로의 **도통시험**을 하지 않는 것에 있어서는 **수신기**와 **감지기** 사이에 설치할 것

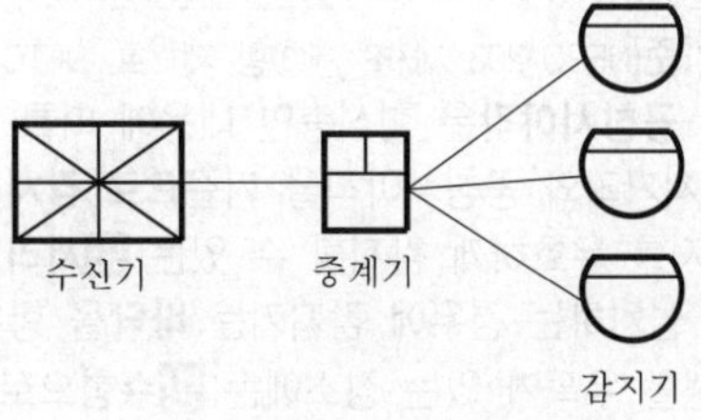


▮일반적인 중계기의 설치▮

② **조**작 및 점검에 편리하고 화재 및 침수 등의 재해로 인한 피해를 받을 우려가 없는 장소에 설치할 것

③ 수신기에 따라 감시되지 않는 배선을 통하여 전력을 공급받는 것에 있어서는 **전원입력측**의 배선에 **과전류차단기**를 설치하고 해당 전원의 정전이 즉시 수신기에 표시되는 것으로 하며, **상용전원** 및 **예비전원**의 시험을 할 수 있도록 할 것

기억법 **자중도 조입과**

(2)

| 설비별 | 입력(감시)회로 | 출력(제어)회로 |
|---|---|---|
| 자동화재탐지설비 | ① 발신기(**1회로**) | ① 경종, 시각경보기(**2회로**) |
| 습식 스프링클러설비 | ② 압력스위치, 탬퍼스위치(**2회로**) | ② 사이렌(**1회로**) |
| 준비작동식 스프링클러설비 | ③ 감지기 A, 감지기 B, 압력스위치, 지연스위치(**4회로**) | ③ 솔레노이드, 사이렌(**2회로**) |
| 할로겐화합물 및 불활성기체 소화설비 | ④ 감지기 A, 감지기 B, 압력스위치, 지연스위치(**4회로**) | ④ 솔레노이드, 사이렌, 방출표시등(**3회로**) |

(3) **광전식 분리형 감지기**의 **설치기준**(NFPC 203 제7조 제③항 제15호, NFTC 203 2.4.3.15)

① 감지기의 송광부와 수광부는 설치된 뒷벽으로부터 **1m 이내** 위치에 설치
② 감지기의 광축의 길이는 **공칭감시거리** 범위 이내
③ 광축의 높이는 천장 등 높이의 **80% 이상**
④ 광축은 나란한 벽으로부터 **0.6m 이상** 이격하여 설치
⑤ 감지기의 수광면은 **햇빛**을 직접 받지 않도록 설치
⑥ 그 밖의 설치기준은 형식승인 내용에 따르며 형식승인 사항이 아닌 것은 제조사의 시방서에 따라 설치

기억법 **광분수 벽높(노) 길공**

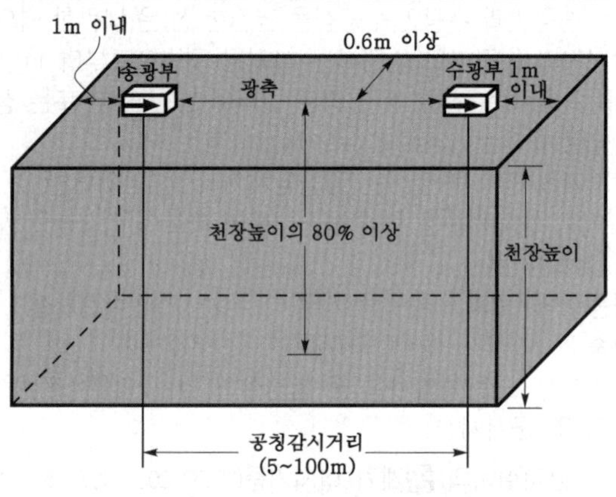


▌광전식 분리형 감지기의 설치▐

비교

**불꽃감지기**의 **설치기준**(NFPC 203 제7조 제③항 제13호, NFTC 203 2.4.3.13)

(1) **공칭감시거리** 및 **공칭시야각**은 형식승인 내용에 따를 것
(2) 감지기는 공칭감시거리와 공칭시야각을 기준으로 **감시구역**이 **모두 포용**될 수 있도록 설치
(3) 감지기는 화재감지를 유효하게 감지할 수 있는 **모서리** 또는 **벽** 등에 설치
(4) 감지기를 **천장**에 설치하는 경우에 감지기는 **바닥**을 향하여 설치
(5) **수분**이 많이 발생할 우려가 있는 장소에는 **방수형**으로 설치
(6) 그 밖의 설치기준은 형식승인 내용에 따르며 형식승인 사항이 아닌 것은 **제조사**의 **시방서**에 따라 설치

기억법 **불공감 모수방**

(4) 취침·숙박·입원 등 이와 유사한 용도로 사용되는 거실에 설치하여야 하는 연기감지기 설치대상 특정소방대상물(NFPC 203 제7조 제②항 제5호, NFTC 203 2.4.2.5)

① 공동주택·오피스텔·숙박시설·노유자시설·수련시설
② 교육연구시설 중 **합숙소**
③ 의료시설, 근린생활시설 중 **입원실**이 있는 **의원·조산원**
④ 교정 및 군사시설

19회

⑤ 근린생활시설 중 **고시원**

**기억법** **공오숙노수 합의조 교군고**

물음 3) 지하구의 화재안전기준에서 정하는 헤드의 설치기준 3가지를 쓰시오. (3점)
○
○
○

**정답** ① 천장 또는 벽면에 설치할 것
② 헤드 간의 수평거리는 연소방지설비 전용 헤드의 경우에는 2m 이하, 개방형 스프링클러헤드의 경우에는 1.5m 이하로 할 것
③ 연소방지설비 전용 헤드를 설치할 경우에는 「소화설비용 헤드의 성능인증 및 제품검사 기술기준」에 적합한 살수헤드를 설치할 것

**해설** 연소**방**지설비의 헤드 설치기준(NFPC 605 제8조, NFTC 605 2.4.2)
(1) **천장** 또는 **벽면**에 설치할 것
(2) 헤드 간의 수평**거**리는 **연소방지설비 전용 헤드**의 경우에는 **2m 이하, 개방형 스프링클러헤드**의 경우에는 **1.5m 이하**로 할 것
(3) 소방대원의 출입이 가능한 환기구 · 작업구마다 지하구의 양쪽 방향으로 살수헤드를 설정하되, 한쪽 방향의 살수구역의 길이는 3m 이상으로 할 것. 단, 환기구 사이의 간격이 700m를 초과할 경우에는 700m 이내마다 살수구역을 설정하되, 지하구의 구조를 고려하여 방화벽을 설치한 경우에는 그렇지 않다.
(4) 연소방지설비 전용 헤드를 설치할 경우에는 「소화설비용 헤드의 성능인증 및 제품검사 기술기준」에 적합한 '**살수헤드**'를 설치할 것

**기억법** **천거 연방**

물음 4) 간이스프링클러설비의 간이헤드에 관한 것이다. (　)에 들어갈 내용을 쓰시오. (2점)

> 간이헤드의 작동온도는 실내의 최대 주위천장온도가 0℃ 이상 38℃ 이하인 경우 공칭작동온도가 ( ① )의 것을 사용하고, 39℃ 이상 66℃ 이하인 경우에는 공칭작동온도가 ( ② )의 것을 사용한다.

**정답** ① 57℃에서 77℃
② 79℃에서 109℃

**해설** **간이스프링클러설비**에서 **간이헤드**의 **적합기준**(NFPC 103A 제9조, NFTC 103A 2.6.1.2)
간이헤드의 작동온도는 실내의 최대 주위천장온도가 **0~38℃** 이하인 경우 공칭작동온도가 <u>57℃에서 77℃</u>의 것을 사용하고, **39~66℃** 이하인 경우에는 공칭작동온도가 <u>79℃에서 109℃</u>의 것을 사용할 것

19회

**| 간이헤드의 작동온도 |**

| 최대 주위천장온도 | 공칭작동온도 |
|---|---|
| 0~38℃ | 57~77℃ |
| 39~66℃ | 79~109℃ |

기억법 038 → 5777
3966 → 79109

비교

(1) 스프링클러설비에서 폐쇄형 스프링클러헤드의 표시온도기준(NFPC 103 제10조, NFTC 103 2.7.6), 연결살수설비에서 폐쇄형 스프링클러헤드의 표시온도기준(NFPC 503 제6조, NFTC 503 2.3.3.1)

**폐쇄형 스프링클러헤드**는 그 설치장소의 평상시 최고주위온도에 따라 다음 표에 따른 표시온도의 것으로 설치할 것. 다만, 높이가 **4m 이상**인 **공장**에 설치하는 스프링클러헤드는 그 설치장소의 평상시 최고주위온도에 관계없이 표시온도 **121℃ 이상**의 것으로 할 수 있다.

| 설치장소의 최고주위온도 | 표시온도 |
|---|---|
| 39℃ 미만 | 79℃ 미만 |
| 39℃ 이상 64℃ 미만 | 79℃ 이상 121℃ 미만 |
| 64℃ 이상 106℃ 미만 | 121℃ 이상 162℃ 미만 |
| 106℃ 이상 | 162℃ 이상 |

기억법
39 79
64 121
106 162

(2) **미분무소화설비**에서 **폐쇄형 미분무헤드 표시온도기준**(NFPC 104A 제13조, NFTC 104A 2.10.4) (13, 5점)

폐쇄형 미분무헤드는 그 설치장소의 평상시 최고주위온도에 따라 다음 식에 따른 표시온도의 것으로 설치해야 한다.

$$T_a = 0.9\,T_m - 27.3℃$$

여기서, $T_a$ : 최고주위온도

$T_m$ : 헤드의 표시온도

(3) 가스식, 분말식, 고체에어로졸식 자동소화장치의 표시온도기준(NFPC 101 제4조, NFTC 101 2.1.2.4.3)

감지부는 형식승인된 유효설치범위 내에 설치해야 하며 설치장소의 평상시 최고주위온도에 따라 다음 표에 따른 표시온도의 것으로 설치할 것. 다만, 열감지선의 감지부는 형식승인 받은 최고주위온도범위 내에 설치하여야 한다.

| 설치장소의 최고주위온도 | 표시온도 |
|---|---|
| 39℃ 미만 | 79℃ 미만 |
| 39℃ 이상 64℃ 미만 | 79℃ 이상 121℃ 미만 |
| 64℃ 이상 106℃ 미만 | 121℃ 이상 162℃ 미만 |
| 106℃ 이상 | 162℃ 이상 |

기억법
39 79
64 121
106 162

# 2018년도 제18회 소방시설관리사 2차 국가자격시험

| 교 시 | 시 간 | 시험과목 |
|---|---|---|
| 1교시 | 90분 | 소방시설의 점검실무행정 |

| 수험번호 | | 성 명 | |
|---|---|---|---|

## 【 수험자 유의사항 】

1. **시험문제지 표지**와 시험문제지의 **총면수, 문제번호 일련순서, 인쇄상태** 등을 확인하시고, 문제지 표지에 수험번호와 성명을 기재하시기 바랍니다.

2. 수험자 인적사항 및 답안지 등 작성은 **반드시 검정색 필기구만을 계속 사용**하여야 합니다. (**그 외 연필류, 유색필기구, 2가지 이상 색 혼합사용 등으로 작성한 답항은 0점 처리**됩니다.)

3. 문제번호 순서에 관계없이 답안 작성이 가능하나, **반드시 문제번호 및 문제를 기재**(긴 경우 요약기재 가능)하고 해당 답안을 기재하여야 합니다.

4. **답안 정정시에는 정정할 부분을 두 줄(=)로 긋고 수정할 내용을 다시 기재**합니다.

5. 답안작성은 **시험시행일** 현재 시행되는 법령 등을 적용하시기 바랍니다.

6. **감독위원의 지시에 불응하거나 시험시간 종료 후 답안지를 제출하지 않을 경우** 불이익이 발생할 수 있음을 알려드립니다.

7. 시험문제지는 시험 종료 후 가져가시기 바랍니다.

# 2018. 10. 13. 시행

다음 물음에 답하시오. (40점)

물음 1) R형 복합형 수신기 화재표시 및 제어기능(스프링클러설비)의 조작 · 시험시 표시창에 표시되어야 하는 성능시험항목에 대하여 세부확인사항 5가지를 각각 쓰시오. (10점)

(1) 화재표시창 (5점)

○

○

○

○

○

(2) 제어표시창 (5점)

○

○

○

○

○

18회

물음 2) R형 복합형 수신기 점검 중 1계통에 있는 전체 중계기의 통신램프가 점멸되지 않을 경우 발생원인과 확인절차를 각각 쓰시오. (6점)

물음 3) 소방펌프 동력제어반의 점검시 화재신호가 정상출력되었음에도 동력제어반의 전로기구 및 관리상태 이상으로 소방펌프의 자동기동이 되지 않을 수 있는 주요원인 5가지를 쓰시오. (5점)

○

○

○

○

○

물음 4) 소방펌프용 농형 유도전동기에서 Y결선과 △결선의 피상전력이 $P_a = \sqrt{3}\,VI$[VA]으로 동일함을 전류, 전압을 이용하여 증명하시오. (5점)

물음 5) 아날로그방식 감지기에 관하여 다음 물음에 답하시오. (9점)

(1) 감지기의 동작특성에 대하여 설명하시오. (3점)

(2) 감지기의 시공방법에 대하여 설명하시오. (3점)

(3) 수신반 회로수 산정에 대하여 설명하시오. (3점)

물음 6) 중계기 점검 중 감지기가 정상동작하여도 중계기가 신호입력을 못 받을 때의 확인절차를 쓰시오. (5점)

물음 1) R형 복합형 수신기 화재표시 및 제어기능(스프링클러설비)의 조작 · 시험시 표시창에 표시되어야 하는 성능시험항목에 대하여 세부확인사항 5가지를 각각 쓰시오. (10점)

(1) 화재표시창 (5점)

ㅇ

ㅇ

ㅇ

ㅇ

ㅇ

(2) 제어표시창 (5점)

ㅇ

ㅇ

ㅇ

ㅇ

ㅇ

정답 (1) 화재표시창

① 화재신호를 수신하는 경우 적색의 화재표시등에 의하여 화재발생의 자동표시기능
② 지구표시장치에 의하여 화재가 발생한 해당 경계구역의 자동표시기능
③ 주음향장치 동작확인 표시기능
④ 지구음향장치 동작확인 표시기능
⑤ 주음향장치는 스위치에 의하여 주음향장치의 울림이 정지된 상태에서도 새로운 경계구역의 화재신호를 수신하는 경우에는 자동적으로 주음향장치의 울림정지기능을 해제하고 주음향장치가 울림을 확인할 수 있을 것

(2) 제어표시창

① 각 유수검지장치, 일제개방밸브 및 펌프의 작동여부를 확인할 수 있는 표시기능이 있을 것
② 수원 또는 물올림수조의 저수위 감시표시기능이 있을 것
③ 일제개방밸브를 개방시킬 수 있는 스위치를 설치할 것
④ 각 펌프를 수동으로 작동 또는 중단시킬 수 있는 스위치를 설치할 것
⑤ 일제개방밸브를 사용하는 설비의 화재감지를 화재감지기에 의하는 경우에는 경계회로별로 화재표시를 할 수 있을 것

해설 (1) **수신기의 화재표시**(수신기 형식승인 및 제품검사의 기술기준 제12조)

① 수신기는 화재신호를 수신하는 경우 적색의 화재표시등에 의하여 화재의 발생을 자동적으로 표시
② 지구표시장치에 의하여 화재가 발생한 해당 경계구역을 자동적으로 표시
③ 주음향장치 및 지구음향장치가 울리도록 되어야 함
④ 주음향장치는 스위치에 의하여 주음향장치의 울림이 정지된 상태에서도 새로운 경계구역 화재신호를 수신하는 경우에는 자동적으로 주음향장치의 울림정지기능을 해제하고 주음향장치가 울려야 한다. 단, 다음에 정하는 것은 설치하지 않을 수 있다.

- P형 및 P형 복합식의 수신기로서 접속되는 회선수가 1인 것은 화재표시등 및 지구표시장치

(2) **수신기(스프링클러설비)의 제어기능**(수신기 형식승인 및 제품검사의 기술기준 제11조)

① 각 유수검지장치, 일제개방밸브 및 펌프의 작동여부를 확인할 수 있는 표시기능이 있어야 한다.
② 수원 또는 물올림수조의 저수위 감시표시기능이 있어야 한다.
③ 일제개방밸브를 개방시킬 수 있는 스위치를 설치하여야 한다.

④ 각 펌프를 수동으로 작동 또는 중단시킬 수 있는 스위치를 설치하여야 한다.
⑤ 일제개방밸브를 사용하는 설비의 화재감지를 화재감지기에 의하는 경우에는 경계회로별로 화재 표시를 할 수 있어야 한다.

물음 2) R형 복합형 수신기 점검 중 1계통에 있는 전체 중계기의 통신램프가 점멸되지 않을 경우 발생원인과 확인절차를 각각 쓰시오. (6점)

정답

| 발생원인 | 확인절차 |
|---|---|
| 수신기 자체 불량 | 수신기 통신카드 점검 |
| 중계기 자체 불량 | 중계기 교체 |
| 수신기에서 첫 번째로 연결되는 중계기의 통신선로 단선 | 수신기에서 첫 번째로 연결되는 중계기의 통신선로 점검 |
| 수신기에서 첫 번째로 연결되는 중계기의 통신선로 오접속 | 수신기에서 첫 번째로 연결되는 중계기의 통신선로 단자 확인 |

해설

| 발생원인 | 확인절차 | 세부사항 |
|---|---|---|
| 수신기 자체 불량 | 수신기 통신카드 점검 | ① 카드단자의 접촉불량일 경우 **다시 꽂음**<br>② 통신카드 불량일 경우 **교체** |
| 중계기 자체 불량 | 중계기 교체 | − |
| 수신기에서 첫 번째로 연결되는 중계기의 통신선로 단선 | 수신기에서 첫 번째로 연결되는 중계기의 통신선로 점검 | **단선**시 **선로보수** |
| 수신기에서 첫 번째로 연결되는 중계기의 통신선로 오접속 | 수신기에서 첫 번째로 연결되는 중계기의 통신선로 단자 확인 | (+), (−) 단자를 **정상 연결** |

18회

물음 3) 소방펌프 동력제어반의 점검시 화재신호가 정상출력되었음에도 동력제어반의 전로기구 및 관리상태 이상으로 소방펌프의 자동기동이 되지 않을 수 있는 주요원인 5가지를 쓰시오. (5점)
○
○
○
○
○

정답 ① 배선용 차단기 OFF
② 동력제어반 내의 퓨즈 파손
③ 과부하계전기 동작
④ 전자접촉기 접점불량
⑤ 타이머의 접점불량

해설 동력제어반 점검시 소방펌프가 자동기동이 되지 않을 수 있는 주요원인

| 주요원인 | 비 고 |
|---|---|
| 배선용 차단기 OFF | ① 배선용 차단기가 OFF되어 있는 경우<br>② 배선용 차단기의 전원이 공급되지 않는 경우 |
| 동력제어반 내의 퓨즈 단선 | ① 동력제어반 내의 보조회로보호용 퓨즈가 단선된 경우<br>② 동력제어반 내의 보조회로보호용 배선용 차단기가 OFF되어 있는 경우 |
| 과부하보호용 계전기 동작 | 과부하보호용 **열동계전기**(THR) 또는 **전자식 과부하계전기**(EOCR)가 동작된 경우 |
| 전자접촉기 접점불량 | ① 전자접촉기의 **주접점**이 불량한 경우<br>② 전자접촉기의 **보조접점**이 불량한 경우<br>③ 전자접촉기의 **코일**이 **불량**한 경우 |
| 타이머의 접점불량 | ① 타이머의 접점이 불량한 경우<br>② 타이머의 코일이 불량한 경우 |

중요

**동력제어반 내부**

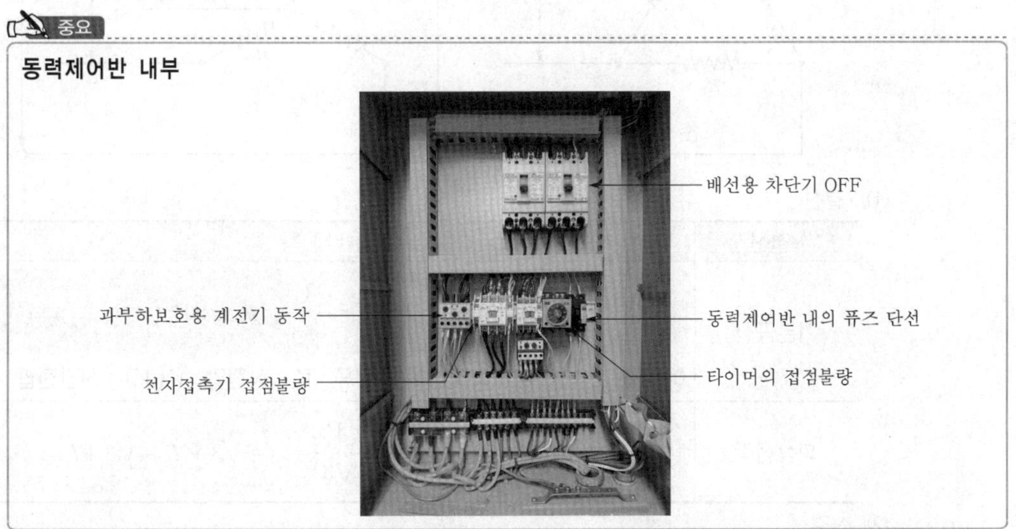


물음 4) 소방펌프용 농형 유도전동기에서 Y결선과 △ 결선의 피상전력이 $P_a = \sqrt{3}\, VI$[VA]으로 동일함을 전류, 전압을 이용하여 증명하시오. (5점)

정답 (1) Y결선

| Y결선 | 내 용 |
|---|---|
| 기본공식 | $I_p = I_l,\ V_p = \dfrac{V_l}{\sqrt{3}},\ P_a = 3V_pI_p$<br>여기서, $I_p$ : 상전류, $I_l$ : 선간전류, $V_p$ : 상전압, $V_l$ : 선간전압 |
| 피상전력 | $P_a = 3V_pI_p = 3 \times \dfrac{V_l}{\sqrt{3}} \times I_l = \sqrt{3}\, V_l I_l$ |

(2) △결선

| △결선 | 내 용 |
|---|---|
| 기본공식 | $V_p = V_l,\ I_p = \dfrac{I_l}{\sqrt{3}},\ P_a = 3V_pI_p$<br>여기서, $I_p$ : 상전류, $I_l$ : 선간전류, $V_p$ : 상전압, $V_l$ : 선간전압 |
| 피상전력 | $P_a = 3V_pI_p = 3 \times V_l \times \dfrac{I_l}{\sqrt{3}} = \sqrt{3}\,V_lI_l$ |

해설 소방펌프는 3상이므로 3상 전력식을 적용

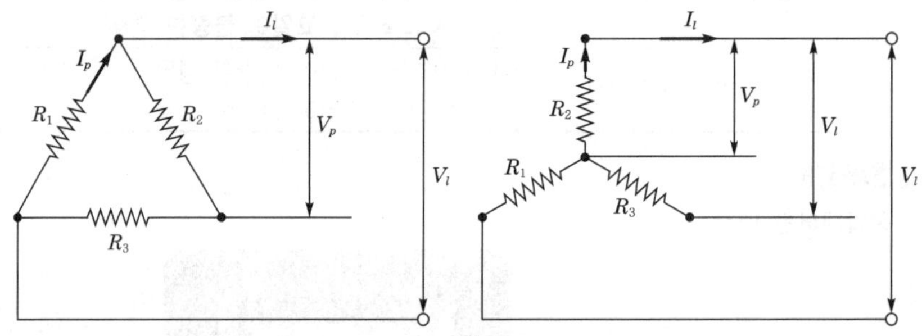


(1) Y결선

| Y결선 | 내 용 |
|---|---|
| 기본공식 | $I_p = I_l,\ V_p = \dfrac{V_l}{\sqrt{3}},\ P_a = 3V_pI_p$<br>여기서, $I_p$ : 상전류, $I_l(I)$ : 선간전류, $V_p$ : 상전압, $V_l(V)$ : 선간전압 |
| 피상전력 | $P_a = 3V_pI_p = 3 \times \dfrac{V_l}{\sqrt{3}} \times I_l = \sqrt{3}\,V_lI_l = \sqrt{3}\,VI$ |

(2) △결선

| △결선 | 내 용 |
|---|---|
| 기본공식 | $V_p = V_l,\ I_p = \dfrac{I_l}{\sqrt{3}},\ P_a = 3V_pI_p$<br>여기서, $I_p$ : 상전류, $I_l(I)$ : 선간전류, $V_p$ : 상전압, $V_l(V)$ : 선간전압 |
| 피상전력 | $P_a = 3V_pI_p = 3 \times V_l \times \dfrac{I_l}{\sqrt{3}} = \sqrt{3}\,V_lI_l = \sqrt{3}\,VI$ |

- 선간전압, 선전류는 첨자를 붙이지 않을 수 있으므로 $V_l = V,\ I_l = I$이 된다.

중요

**단상전력**과 **3상 전력**

| 단상전력 | 3상 전력 |
|---|---|
| ① **유효전력**(평균전력, 소비전력)<br>$P = VI\cos\theta = I^2 R$[W]<br>② **무효전력**<br>$P_r = VI\sin\theta = I^2 X$[Var]<br>여기서, $X$ : 리액턴스[Ω]<br>③ **피상전력**<br>$P_a = VI = \sqrt{P^2 + P_r^{\,2}} = I^2 Z$[VA]<br>여기서, $P$ : 유효전력[W]<br>$P_r$ : 무효전력[Var]<br>$P_a$ : 피상전력[VA]<br>$V$ : 전압[V]<br>$I$ : 전류[A]<br>$R$ : 저항[Ω]<br>$\sin\theta$ : 무효율<br>$\cos\theta$ : 역률<br>$Z$ : 임피던스[Ω] | ① **유효전력**<br>$P = 3V_p I_p \cos\theta = \sqrt{3}\, V_l I_l \cos\theta$<br>$= 3I_p^{\,2} R$[W]<br>② **무효전력**<br>$P_r = 3V_p I_p \sin\theta = \sqrt{3}\, V_l I_l \sin\theta$<br>$= 3I_p^{\,2} X$[Var]<br>③ **피상전력**<br>$P_a = 3V_p I_p = \sqrt{3}\, V_l I_l = \sqrt{P^2 + P_r^{\,2}}$<br>$= 3I_p^{\,2} Z$[VA]<br>여기서, $V_p$ : 상전압[V]<br>$I_p$ : 상전류[A]<br>$V_l$ : 선간전압[V]<br>$I_l$ : 선전류[A]<br>• $R = Z\cos\theta$, $X = Z\sin\theta$ |

물음 5) 아날로그방식 감지기에 관하여 다음 물음에 답하시오. (9점)

(1) 감지기의 동작특성에 대하여 설명하시오. (3점)

(2) 감지기의 시공방법에 대하여 설명하시오. (3점)

(3) 수신반 회로수 산정에 대하여 설명하시오. (3점)

정답 (1) 주위의 온도 또는 연기량의 변화에 따른 화재정보신호값을 출력하는 방식의 감지기

(2) 공칭감지온도범위 및 공칭감지농도범위에 적합한 장소에 설치할 것(단, 이 기준에서 정하지 않는 설치방법에 대하여는 형식승인 사항이나 제조사의 시방서에 따라 설치할 수 있다.)

(3) 다중통신방식으로 고유번호를 부여하여 송 · 수신하므로 감지기 1개를 1회로로 보기 때문에 감지기 수만큼 수신반 회로수를 산정한다.

해설 (1) 감지기의 형식승인 및 제품검사의 기술기준 제4조

| 구 분 | 특 성 |
|---|---|
| 다신호식 | 1개의 감지기 내에 서로 다른 종별 또는 감도 등의 기능을 갖춘 것으로서 일정시간 간격을 두고 각각 다른 2개 이상의 화재신호를 발하는 감지기 |
| 방폭형 | 폭발성가스가 용기 내부에서 폭발하였을 때 용기가 그 압력에 견디거나 또는 외부의 폭발성가스에 인화될 우려가 없도록 만들어진 형태의 감지기 |
| 방수형 | 그 구조가 방수구조로 되어 있는 감지기 |
| 재용형 | 다시 사용할 수 있는 성능을 가진 감지기 |
| 축적형 | 일정농도 이상의 연기가 일정시간(공칭축적시간) 연속하는 것을 전기적으로 검출하므로서 작동하는 감지기(단, 단순히 작동시간만을 지연시키는 것 제외) |
| 아날로그식 | 주위의 온도 또는 연기량의 변화에 따른 화재정보신호값을 출력하는 방식의 감지기 |
| 연동식 | 단독경보형 감지기가 작동할 때 화재를 경보하며 유·무선으로 주위의 다른 감지기에 신호를 발신하고 신호를 수신한 감지기도 화재를 경보하며 다른 감지기에 신호를 발신하는 방식의 것 |
| 무선식 | 전파에 의해 신호를 송·수신하는 방식의 것 |

(2) **감지기의 시공방법**(NFPC 203 제7조 제③항 제14호, NFTC 203 2.4.3.14)

| 아날로그방식의 감지기 | 다신호방식의 감지기 |
|---|---|
| **공칭감지온도범위** 및 **공칭감지농도범위**에 적합한 장소에 설치할 것(단, 이 기준에서 정하지 않는 설치방법에 대하여는 형식승인 사항이나 제조사의 시방서에 따라 설치할 수 있다.) | **화재신호**를 **발신**하는 **감도**에 적합한 장소에 설치할 것(단, 이 기준에서 정하지 않는 설치방법에 대하여는 형식승인 사항이나 제조사의 시방서에 따라 설치할 수 있다.) |

(3) 수신반 회로수 산정 : 아날로그방식 감지기는 다중통신방식으로 고유번호를 부여하여 송·수신하므로 감지기 1개를 1회로로 볼 수 있다. 따라서 수신반 회로수는 감지기수와 일치하므로 감지기수만큼 수신반 회로수를 산정한다.

18회

물음 6) 중계기 점검 중 감지기가 정상동작하여도 중계기가 신호입력을 못 받을 때의 확인절차를 쓰시오. (5점)

정답 (1) 감지기에서 중계기간의 통신선로상태 점검 → 배선의 단선, 단락 및 오접속여부를 확인하여 조치
(2) 중계기 자체 불량 점검 → 입력단자에 24V 미인가 또는 입력단자를 단락시켜 통신 LED 미점멸시 중계기 교체

해설 중계기가 신호입력을 못 받을 때 확인절차

| 확인절차 | 조치사항 |
|---|---|
| 감지기에서 중계기간의 통신선로 점검 | ① 선로의 단선 및 단락시 선로보수<br>② (+), (−) 오접속여부를 확인하여 정상접속 |
| 중계기 자체 불량 점검 | 입력단자에 24V 미인가 또는 입력단자를 단락시켜 통신 LED 미점멸시 중계기 교체 |

중요

**중계기의 배선도**

① 통신단자
㉠ 평상시 : 27V
㉡ 화재시 : 27V

② 전원단자
㉠ 평상시 : 24V±10%
㉡ 화재시 : 24V±10%

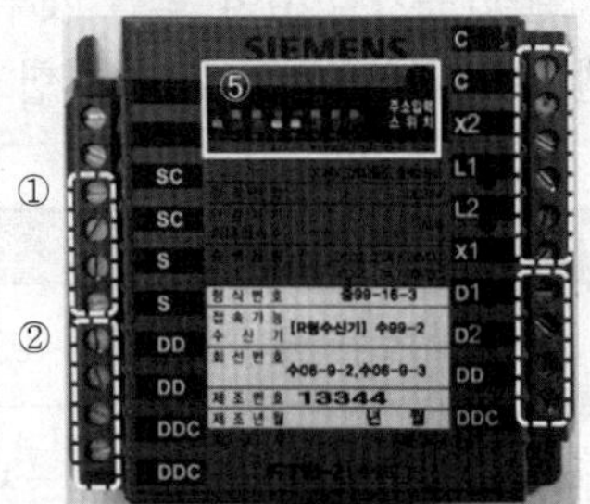


③ 입력단자
㉠ 평상시 : 24V
㉡ 화재시 : 4V 이하

④ 출력단자
㉠ 평상시 : 0V
㉡ 화재시 : 24V

⑤ 통신 LED 및 딥스위치
㉠ 통신 LED : 수신기와 중계기간 통신 중일 때 점멸(점멸이 안되고 있으면 이상상태)
㉡ 딥스위치 : 해당 중계기 고유번호 입력스위치(기계적인 방법)

| DIP | 1 | 2 | 3 | 4 | 5 | 6 | 7 | 8 |
|---|---|---|---|---|---|---|---|---|
| 번호 | 1 | 2 | 4 | 8 | 16 | 32 | 64 | – |

고유번호 32+16+4+2=54

★★★

문제 02

**다음 물음에 답하시오. (30점)**

물음 1) 물계통 소화설비의 관부속[90도 엘보, 티(분류)] 및 밸브류(볼밸브, 게이트밸브, 체크밸브, 앵글밸브) 상당 직관장(등가길이)이 작은 것부터 순서대로 도시기호를 그리시오. (단, 상당 직관장 배관경은 65mm이고 동일 시험조건이다.) (8점)

물음 2) 소방시설 자체점검사항 등에 관한 고시 중 소방시설외관점검표에 의한 (간이)스프링클러설비, 물분무소화설비, 미분무소화설비, 포소화설비의 배관의 외관 점검내용 4가지를 쓰시오. (4점)

○

○

○

○

물음 3) 고시원업(구획된 실(室) 안에 학습자가 공부할 수 있는 시설을 갖추고 숙박 또는 숙식을 제공하는 형태의 영업)의 영업장에 설치된 간이스프링클러설비에 대하여 작동점검표에 의한 점검내용과 종합점검표에 의한 점검내용을 모두 쓰시오. (10점)

물음 4) 하나의 특정소방대상물에 특별피난계단의 계단실 및 부속실 제연설비를 화재안전기준에 의하여 설치한 경우 "시험, 측정 및 조정 등"에 관한 "제연설비시험 등의 실시기준"을 모두 쓰시오. (8점)

18회

물음 1) 물계통 소화설비의 관부속[90도 엘보, 티(분류)] 및 밸브류(볼밸브, 게이트밸브, 체크밸브, 앵글밸브) 상당 직관장(등가길이)이 작은 것부터 순서대로 도시기호를 그리시오. (단, 상당 직관장 배관경은 65mm이고 동일 시험조건이다.) (8점)

정답

| 명 칭 | 도시기호 | 명 칭 | 도시기호 |
|---|---|---|---|
| 게이트밸브 |  | 90도 엘보 |  |
| 티(분류) | 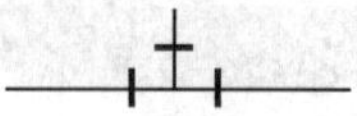 | 체크밸브 |  |
| 앵글밸브 | 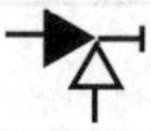 | 볼밸브 |  |

해설 **옥내소화전설비의 화재안전기준 해설서**(ASHRAE Handbook 위생설비용, 국내 대부분 소방 분야에서 사용)

| 명 칭 | 상당관 길이 | 도시기호 | 명 칭 | 상당관 길이 | 도시기호 |
|---|---|---|---|---|---|
| 게이트밸브 | **0.48m** |  | 90도 엘보 | **2.4m** | 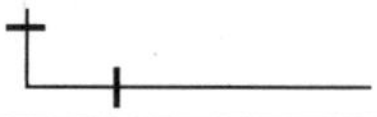 |
| 티(분류) | **3.6m** | 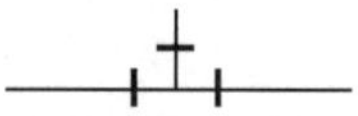 | 체크밸브 | **4.6m** | 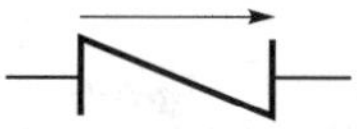 |
| 앵글밸브 | **10.2m** | 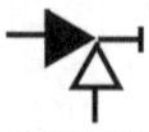 | 볼밸브 | **19.5m** |  |

▍관부속 및 밸브의 상당 직관장▍

(단위 : m)

| 관경 | 90° 엘보 | 45° 엘보 | 분류티 | 직류티 | 게이트밸브 | 볼밸브 | 앵글밸브 | 체크밸브 |
|---|---|---|---|---|---|---|---|---|
| 15mm | 0.60 | 0.36 | 0.90 | 0.18 | 0.12 | 4.5 | 2.4 | 1.2 |
| 25mm | 0.90 | 0.54 | 1.50 | 0.27 | 0.18 | 7.5 | 4.5 | 2.0 |
| 32mm | 1.20 | 0.72 | 1.80 | 0.36 | 0.24 | 10.5 | 5.4 | 2.5 |
| 40mm | 1.50 | 0.90 | 2.10 | 0.45 | 0.30 | 13.5 | 6.5 | 3.1 |
| 50mm | 2.10 | 01.20 | 3.00 | 0.62 | 0.39 | 16.5 | 8.4 | 4.0 |
| 65mm | 2.40 | 1.50 | 3.60 | 0.75 | 0.48 | 19.5 | 10.2 | 4.6 |
| 80mm | 3.00 | 1.80 | 4.50 | 0.90 | 0.63 | 24.0 | 12.0 | 5.7 |
| 100mm | 4.20 | 2.40 | 6.30 | 1.20 | 0.81 | 37.5 | 16.5 | 7.6 |
| 125mm | 5.10 | 3.00 | 7.50 | 1.50 | 0.99 | 42.0 | 10.0 | 10.0 |
| 150mm | 6.00 | 3.60 | 9.00 | 1.80 | 1.20 | 49.5 | 24.0 | 12.0 |

용어

(1) **등가길이** : 관이음쇠와 같은 크기의 손실수두를 갖는 직관의 길이

- **관이음쇠**(pipe fitting)=관부속품

(2) **등가길이**와 **같은 의미**

① 상당관 길이
② 상당 길이
③ 직관장 길이
④ 상당 직관장

물음 2) 소방시설 자체점검사항 등에 관한 고시 중 소방시설외관점검표에 의한 (간이)스프링클러설비, 물분무소화설비, 미분무소화설비, 포소화설비의 배관의 외관 점검내용 4가지를 쓰시오. (4점)
○
○
○
○

정답 (1) 급수배관 개폐밸브 설치(개폐표시형, 흡입측 버터플라이 제외) 적정 여부
(2) 준비작동식 유수검지장치 및 일제개방밸브 2차측 배관 부대설비 설치 적정
(3) 유수검지장치 시험장치 설치 적정(설치 위치, 배관구경, 개폐밸브 및 개방형 헤드, 물받이통 및 배수관) 여부
(4) 다른 설비의 배관과의 구분 상태 적정 여부

해설 **(간이)스프링클러설비, 물분무소화설비, 미분무소화설비, 포소화설비**의 **외관점검**(소방시설 자체점검사항 등에 관한 고시 〔서식 6〕 소방시설외관점검표 중 3호)

| 구 분 | 점검내용 |
|---|---|
| 수원 | ① 주된수원의 유효수량 적정 여부(겸용설비 포함)<br>② 보조수원(옥상)의 유효수량 적정 여부<br>③ 수조 표시 설치상태 적정 여부 |
| 저장탱크<br>(포소화설비) | 포소화약제 저장량의 적정 여부 |
| 가압송수장치 | 펌프 흡입측 연성계 · 진공계 및 토출측 압력계 등 부송장치의 변형 · 손상 유무 |
| 유수검지장치 | 유수검지장치실 설치 적정(실내 또는 구획, 출입문 크기, 표지) 여부 |
| 배관 | ① 급수배관 개폐밸브 설치(개폐표시형, 흡입측 버터플라이 제외) 적정 여부<br>② 준비작동식 유수검지장치 및 일제개방밸브 2차측 배관 부대설비 설치 적정<br>③ 유수검지장치 시험장치 설치 적정(설치 위치, 배관구경, 개폐밸브 및 개방형 헤드, 물받이통 및 배수관) 여부<br>④ 다른 설비의 배관과의 구분 상태 적정 여부 |
| 기동장치 | 수동조작함(설치높이, 표시등) 설치 적정 여부 |
| 제어밸브 등<br>(물분무소화설비) | 제어밸브 설치 위치 적정 및 표지 설치 여부 |
| 배수설비<br>(물분무소화설비가 설치된<br>차고 · 주차장) | 배수설비(배수구, 기름분리장치 등) 설치 적정 여부 |
| 헤드 | 헤드의 변형 · 손상 유무 및 살수장애 여부 |
| 호스릴방식<br>(미분무소화설비, 포소화설비) | 소화약제저장용기 근처 및 호스릴함 위치표시등 정상 점등 및 표지 설치 여부 |
| 송수구 | 송수구 설치장소 적정 여부(소방차가 쉽게 접근할 수 있는 장소) |
| 제어반 | 펌프별 자동 · 수동 전환스위치 정상위치에 있는지 여부 |

비교

**이산화탄소, 할론소화설비, 할로겐화합물 및 불활성기체 소화설비, 분말소화설비**의 **외관점검**(소방시설 자체점검사항 등에 관한 고시 〔서식 6〕 소방시설외관점검표 중 4호)

| 구 분 | 점검내용 |
|---|---|
| 저장용기 | ① 설치장소 적정 및 관리 여부<br>② 저장용기 설치장소 표지 설치 여부<br>③ 소화약제 저장량 적정 여부 |
| 기동장치 | 기동장치 설치 적정(출입구 부근 등, 높이 보호장치, 표지 전원표시등) 여부 |
| 배관 등 | 배관의 변형 · 손상 유무 |
| 분사헤드 | 분사헤드의 변형 · 손상 유무 |
| 호스릴방식 | 소화약제저장용기의 위치표시등 정상 점등 및 표지 설치 여부 |
| 안전시설 등 (이산화탄소 소화설비) | ① 방호구역 출입구 부근 잘 보이는 장소에 소화약제 방출 위험경고표지 부착 여부<br>② 방호구역 출입구 외부 인근에 공기호흡기 설치 여부 |

물음 3) 고시원업(구획된 실(室) 안에 학습자가 공부할 수 있는 시설을 갖추고 숙박 또는 숙식을 제공하는 형태의 영업)의 영업장에 설치된 간이스프링클러설비에 대하여 작동점검표에 의한 점검내용과 종합점검표에 의한 점검내용을 모두 쓰시오. (10점)



정답 (1) 작동점검
① 수원의 양 적정 여부
② 가압송수장치의 정상작동 여부
③ 배관 및 밸브의 파손, 변형 및 잠김 여부
④ 상용전원 및 비상전원의 이상 여부

(2) 종합점검
① 수원의 양 적정 여부
② 가압송수장치의 정상작동 여부
③ 배관 및 밸브의 파손, 변형 및 잠김 여부
④ 상용전원 및 비상전원의 이상 여부
⑤ 유수검지장치의 정상작동 여부
⑥ 헤드의 적정 설치 여부(미설치, 살수장애, 도색 등)
⑦ 송수구 결합부의 이상 여부
⑧ 시험밸브 개방시 펌프기동 및 음향경보 여부

해설 (1) 간이스프링클러설비의 작동점검[다중이용업소 작동점검(소방시설 자체점검사항 등에 관한 고시 〔별지 제4호 서식〕)]
① 수원의 양 적정 여부
② 가압송수장치의 정상작동 여부
③ 배관 및 밸브의 파손, 변형 및 잠김 여부
④ 상용전원 및 비상전원의 이상 여부

(2) 간이스프링클러설비의 종합점검[다중이용업소 종합점검(소방시설 자체점검사항 등에 관한 고시 〔별지 제4호 서식〕)]

① 수원의 양 적정 여부
② 가압송수장치의 정상작동 여부
③ 배관 및 밸브의 파손, 변형 및 잠김 여부
④ 상용전원 및 비상전원의 이상 여부
❺ 유수검지장치의 정상작동 여부
❻ 헤드의 적정 설치 여부(미설치, 살수장애, 도색 등)
❼ 송수구 결합부의 이상 여부
❽ 시험밸브 개방시 펌프기동 및 음향경보 여부
※ "●"는 종합점검의 경우에만 해당

물음 4) 하나의 특정소방대상물에 특별피난계단의 계단실 및 부속실 제연설비를 화재안전기술기준(NFTC 501A)에 의하여 설치한 경우 "시험, 측정 및 조정 등"에 관한 "제연설비시험 등의 실시기준"을 모두 쓰시오. (8점)

정답 (1) 제연설비는 설계목적에 적합한지 사전에 검토하고 건물의 모든 부분(건축설비 포함)을 완성하는 시점부터 시험 등(확인, 측정 및 조정 포함)을 할 것
(2) 제연설비의 시험 등의 실시기준
① 제연구역의 모든 출입문 등의 크기와 열리는 방향이 설계시와 동일한지 여부를 확인하고, 동일하지 아니한 경우 급기량과 보충량 등을 다시 산출하여 조정 가능여부 또는 재설계 · 개수의 여부 결정
② 위 ①의 기준에 따른 확인결과 출입문 등이 설계시와 동일한 경우에는 출입문마다 그 바닥 사이의 틈새가 평균적으로 균일한지 여부를 확인하고, 큰 편차가 있는 출입문 등에 대하여는 그 바닥의 마감을 재시공하거나, 출입문 등에 불연재료를 사용하여 틈새 조정
③ 제연구역의 출입문 및 복도와 거실(옥내가 복도와 거실로 되어 있는 경우에 한함) 사이의 출입문마다 제연설비가 작동하고 있지 아니한 상태에서 그 폐쇄력 측정
④ 옥내의 층별로 화재감지기(수동기동장치 포함)를 동작시켜 제연설비가 작동하는지 여부 확인(단, 둘 이상의 특정소방대상물이 지하에 설치된 주차장으로 연결되어 있는 경우에는 주차장에서 하나의 특정소방대상물의 제연구역으로 들어가는 입구에 설치된 제연용 연기감지기의 작동에 따라 특정소방대상물의 해당 수직풍도에 연결된 모든 제연구역의 댐퍼가 개방되도록 하고 비상전원을 작동시켜 급기 및 배기용 송풍기의 성능이 정상인지 확인)
⑤ 위 ④의 기준에 따라 제연설비가 작동하는 경우 시험 등의 실시기준
㉠ 부속실과 면하는 옥내 및 계단실의 출입문을 동시에 개방할 경우, 유입공기의 풍속이 NFTC 501A 2.7의 규정에 따른 방연풍속에 적합한지 여부를 확인하고, 적합하지 아니한 경우에는 급기구의 개구율과 송풍기의 풍량조절댐퍼 등을 조정하여 적합하게 할 것. 이 경우 유입공기의 풍속은 출입문의 개방에 따른 개구부를 대칭적으로 균등분할하는 10 이상의 지점에서 측정하는 평균치로 할 것
㉡ 위 ㉠의 기준에 따른 시험 등의 과정에서 출입문을 개방하지 않는 제연구역의 실제 차압이 NFTC 501A 2.3.3의 기준에 적합한지 여부를 출입문 등에 차압측정공을 설치하고 이를 통하여 차압측정기구로 실측하여 확인 · 조정
㉢ 제연구역의 출입문이 모두 닫혀 있는 상태에서 제연설비를 가동시킨 후 출입문의 개방에 필요한 힘을 측정하여 NFTC 501A 2.3.2의 규정에 따른 개방력에 적합한지 여부를 확인하고, 적합하지 아니한 경우에는 급기구의 개구율 조정 및 플랩댐퍼(설치하는 경우에 한함)와 풍량조절용댐퍼 등의 조정에 따라 적합하도록 조치
㉣ 위 ㉠의 기준에 따른 시험 등의 과정에서 부속실의 개방된 출입문이 자동으로 완전히 닫히는 여부를 확인하고, 닫힌상태를 유지할 수 있도록 조정

18회

해설 시험, 측정 및 조정 등(NFPC 501A 제25조, NFTC 501A 2.22)

(1) 제연설비는 설계목적에 적합한지 사전에 검토하고 건물의 모든 부분(건축설비를 포함)을 완성하는 시점부터 시험 등(확인, 측정 및 조정을 포함)을 해야 한다.

(2) 제연설비의 시험 등은 다음의 기준에 따라 실시해야 한다.

① 제연구역의 모든 출입문 등의 크기와 열리는 방향이 설계시와 동일한지 여부를 확인하고, 동일하지 아니한 경우 급기량과 보충량 등을 다시 산출하여 조정 가능여부 또는 재설계 · 개수의 여부를 결정할 것

② 위 ①의 기준에 따른 확인결과 출입문 등이 설계시와 동일한 경우에는 출입문마다 그 바닥 사이의 틈새가 평균적으로 균일한지 여부를 확인하고, 큰 편차가 있는 출입문 등에 대하여는 그 바닥의 마감을 재시공하거나, 출입문 등에 **불연재료**를 사용하여 틈새를 조정할 것

③ 제연구역의 출입문 및 복도와 거실(옥내가 복도와 거실로 되어 있는 경우에 한함) 사이의 출입문마다 제연설비가 작동하고 있지 아니한 상태에서 그 폐쇄력(단위 : $kg_f$ 또는 N)을 측정할 것

④ 옥내의 층별로 **화재감지기**(수동기동장치를 포함)를 동작시켜 제연설비가 작동하는지 여부를 확인할 것(단, 둘 이상의 특정소방대상물이 지하에 설치된 주차장으로 연결되어 있는 경우에는 주차장에서 하나의 특정소방대상물의 제연구역으로 들어가는 입구에 설치된 제연용 연기감지기의 작동에 따라 특정소방대상물의 해당 수직풍도에 연결된 모든 제연구역의 댐퍼가 개방되도록 하고 비상전원을 작동시켜 급기 및 배기용 송풍기의 성능이 정상인지 확인할 것)

⑤ 위 ④의 기준에 따라 제연설비가 작동하는 경우 다음의 기준에 따른 시험 등을 실시할 것

㉠ 부속실과 면하는 옥내 및 계단실의 출입문을 동시 개방할 경우, 유입공기의 풍속이 NFTC 501A 2.7에 따른 방연풍속에 적합한지 여부를 확인하고, 적합하지 아니한 경우에는 급기구의 개구율과 송풍기의 **풍량조절댐퍼** 등을 조정하여 적합하게 할 것. 이 경우 유입공기의 풍속은 출입문의 개방에 따른 개구부를 대칭적으로 균등분할하는 **10** 이상의 지점에서 측정하는 풍속의 평균치로 할 것

㉡ 위 ㉠의 기준에 따른 시험 등의 과정에서 출입문을 개방하지 않는 제연구역의 실제 차압이 NFTC 501A 2.3.3의 기준에 적합한지 여부를 출입문 등에 차압측정공을 설치하고 이를 통하여 차압측정기구로 실측하여 확인 · 조정할 것

㉢ 제연구역의 출입문이 모두 닫혀 있는 상태에서 제연설비를 가동시킨 후 출입문의 개방에 필요한 힘을 측정하여 NFTC 501A 2.3.2에 따른 개방력에 적합한지 여부를 확인하고, 적합하지 아니한 경우에는 급기구의 개구율 조정 및 플랩댐퍼(설치하는 경우에 한한다)와 풍량조절용댐퍼 등의 조정에 따라 적합하도록 조치할 것

㉣ 위 ㉠의 기준에 따른 시험 등의 과정에서 부속실의 개방된 출입문이 자동으로 완전히 닫히는지 여부를 확인하고, 닫힌상태를 유지할 수 있도록 조정할 것



☆☆

## 문제 03

다음 물음에 답하시오. (30점)

물음 1) 피난안전구역에 설치하는 소방시설 중 제연설비 및 휴대용 비상조명등의 설치기준을 고층 건축물의 화재안전기준에 따라 각각 쓰시오. (6점)

물음 2) 지하구의 화재안전기준에 관하여 다음 물음에 답하시오. (5점)

(1) 분기구와 환기구의 용어 정의를 각각 쓰시오. (2점)

(2) 방화벽의 용어 정의와 설치기준을 각각 쓰시오. (3점)

물음 3) 「소방시설 설치 및 관리에 관한 법률 시행령」 제11조에 근거한 인명구조기구 중 공기호흡기를 설치해야 할 특정소방대상물과 인명구조기구의 설치기준을 각각 쓰시오. (7점)

물음 4) 다음 물음에 답하시오. (12점)

(1) LCX 케이블(LCX-FR-SS-42D-146)의 표시사항을 빈칸에 각각 쓰시오. (5점)

| 표 시 | 설 명 |
|---|---|
| LCX | 누설동축케이블 |
| FR | 난연성(내열성) |
| SS | ① |
| 42 | ② |
| D | ③ |
| 14 | ④ |
| 6 | ⑤ |

(2) 「위험물안전관리법 시행규칙」에 따른 제5류 위험물에 적응성 있는 대형 · 소형 소화기의 종류를 모두 쓰시오. (7점)

물음 1) 피난안전구역에 설치하는 소방시설 중 제연설비 및 휴대용 비상조명등의 설치기준을 고층 건축물의 화재안전기준에 따라 각각 쓰시오. (6점)

정답

| 구 분 | 설치기준 |
|---|---|
| 제연설비 | 피난안전구역과 비제연구역간의 차압은 50Pa(옥내에 스프링클러설비가 설치된 경우 12.5Pa) 이상으로 해야 한다. (단, 피난안전구역의 한쪽 면 이상이 외기에 개방된 구조의 경우에는 설치제외 가능) |
| 휴대용 비상조명등 | ① 휴대용 비상조명등의 설치기준<br>㉠ 초고층 건축물에 설치된 피난안전구역 : 피난안전구역 위층의 재실자수(「건축물의 피난 · 방화구조 등의 기준에 관한 규칙」 〔별표 1의 2〕에 따라 산정된 재실자수)의 $\frac{1}{10}$ 이상<br>㉡ 지하연계복합건축물에 설치된 피난안전구역 : 피난안전구역이 설치된 층의 수용인원(〔별표 7〕에 따라 산정된 수용인원)의 $\frac{1}{10}$ 이상<br>② 건전지 및 충전식 건전지의 용량은 40분 이상 유효하게 사용할 수 있는 것으로 한다. (단, 피난안전구역이 50층 이상에 설치되어 있을 경우의 용량은 60분 이상으로 할 것) |

해설 **피난안전구역**에 **설치**하는 **소방시설 설치기준**(NFPC 604 제10조, NFTC 604 2.6.1)

| 구 분 | 설치기준 |
|---|---|
| 제연설비 | 피난안전구역과 비제연구역간의 차압은 **50Pa**(옥내에 스프링클러설비가 설치된 경우 **12.5Pa**) 이상으로 해야 한다. (단, 피난안전구역의 한쪽 면 이상이 외기에 개방된 구조의 경우에는 설치제외 가능) |
| 피난유도선 | 피난유도선은 다음의 기준에 따라 설치해야 한다.<br>**〈피난유도선의 설치기준〉**<br>① 피난안전구역이 설치된 층의 계단실 출입구에서 피난안전구역 주출입구 또는 비상구까지 설치할 것<br>② 계단실에 설치하는 경우 계단 및 계단참에 설치할 것<br>③ 피난유도표시부의 너비는 최소 **25mm** 이상으로 설치할 것<br>④ 광원점등방식(전류에 의하여 빛을 내는 방식)으로 설치하되, **60분** 이상 유효하게 작동할 것 |
| 비상조명등 | 피난안전구역의 비상조명등은 상시 조명이 소등된 상태에서 그 비상조명등이 점등되는 경우 각 부분의 바닥에서 조도는 **10 lx** 이상이 될 수 있도록 설치할 것 |
| 휴대용 비상조명등 | ① 피난안전구역의 휴대용 비상조명등을 다음의 기준에 따라 설치해야 한다.<br>**〈휴대용 비상조명등의 설치기준〉**<br>㉠ 초고층 건축물에 설치된 피난안전구역 : 피난안전구역 위층의 재실자수(「건축물의 피난·방화구조 등의 기준에 관한 규칙」 〔별표 1의 2〕에 따라 산정된 재실자수)의 $\frac{1}{10}$ 이상<br>㉡ 지하연계 복합건축물에 설치된 피난안전구역 : 피난안전구역이 설치된 층의 수용인원(〔별표 7〕에 따라 산정된 수용인원)의 $\frac{1}{10}$ 이상<br>② 건전지 및 충전식 건전지의 용량은 **40분** 이상 유효하게 사용할 수 있는 것으로 한다. (단, 피난안전구역이 **50층** 이상에 설치되어 있을 경우의 용량은 **60분** 이상으로 할 것) |
| 인명구조기구 | ① 방열복, 인공소생기를 각 **2개** 이상 비치할 것<br>② **45분** 이상 사용할 수 있는 성능의 공기호흡기(보조마스크를 포함)를 2개 이상 비치해야 한다. (단, 피난안전구역이 50층 이상에 설치되어 있을 경우에는 동일한 성능의 예비용기를 **10개** 이상 비치할 것)<br>③ 화재시 쉽게 반출할 수 있는 곳에 비치할 것<br>④ 인명구조기구가 설치된 장소의 보기 쉬운 곳에 "**인명구조기구**"라는 표지판 등을 설치할 것 |

물음 2) 지하구의 화재안전기준에 관하여 다음 물음에 답하시오. (5점)

(1) 분기구와 환기구의 용어 정의를 각각 쓰시오. (2점)

(2) 방화벽의 용어 정의와 설치기준을 각각 쓰시오. (3점)

정답 (1) ① 분기구 : 전기, 통신, 상하수도, 난방 등의 공급시설의 일부를 분기하기 위하여 지하구의 단면 또는 형태를 변화시키는 부분
② 환기구 : 지하구의 온도, 습도의 조절 및 유해가스를 배출하기 위해 설치되는 것으로 자연환기구와 강제환기구로 구분

(2) ① 정의 : 화재시 발생한 열, 연기 등의 확산을 방지하기 위하여 설치하는 벽
② 설치기준
㉠ 내화구조로서 홀로 설 수 있는 구조일 것
㉡ 방화벽의 출입문은 60분+방화문 또는 60분 방화문으로 설치할 것
㉢ 방화벽을 관통하는 케이블 · 전선 등에는 국토교통부 고시(건축자재 등 품질인정 및 관리기준)에 따라 내화채움구조로 마감할 것
㉣ 방화벽은 분기구 및 국사 · 변전소 등의 건축물과 지하구가 연결되는 부위(건축물로부터 20m 이내)에 설치할 것
㉤ 자동폐쇄장치를 사용하는 경우에는 「자동폐쇄장치의 성능인증 및 제품검사의 기술기준」에 적합한 것으로 설치할 것

해설 (1) 용어 정의(NFPC 605 제3조, NFTC 605 1.7)

| 용 어 | 정 의 |
|---|---|
| 제어반 | 설비, 장치 등의 조작과 확인을 위해 **제어용 계기류, 스위치** 등을 금속제 외함에 수납한 것 |
| 분전반 | **분기개폐기 · 분기과전류차단기**, 그 밖에 **배선용 기기** 및 배선을 금속제 외함에 수납한 것 |
| 방화벽 | 화재시 발생한 열, 연기 등의 확산을 방지하기 위하여 설치하는 벽 |
| 분기구 | 전기, 통신, 상하수도, 난방 등의 공급시설의 일부를 분기하기 위하여 지하구의 단면 또는 형태를 변화시키는 부분 |
| 환기구 | 지하구의 온도, 습도의 조절 및 유해가스를 배출하기 위해 설치되는 것으로 **자연환기구**와 **강제환기구**로 구분 |
| 작업구 | 지하구의 유지관리를 위하여 자재, 기계기구의 반 · 출입 및 작업자의 출입을 위하여 만들어진 출입구 |
| 케이블 접속부 | 케이블이 지하구 내에 포설되면서 발생하는 직선접속부분을 전용의 접속재로 접속한 부분 |
| 특고압 케이블 | 사용전압이 **7000V**를 초과하는 전로에 사용하는 케이블 |

(2) 방화벽의 정의 및 설치기준(NFPC 605 제10조, NFTC 605 2.6.1)
① 방화벽의 정의 : 화재시 발생한 열, 연기 등의 확산을 방지하기 위하여 설치하는 벽
② 방화벽의 설치기준
㉠ 내화구조로서 홀로 설 수 있는 구조일 것
㉡ 방화벽의 출입문은 60분+방화문 또는 60분 방화문으로 설치할 것
㉢ 방화벽을 관통하는 케이블 · 전선 등에는 국토교통부 고시(건축자재 등 품질인정 및 관리기준)에 따라 내화채움구조로 마감할 것
㉣ 방화벽은 분기구 및 국사 · 변전소 등의 건축물과 지하구가 연결되는 부위(건축물로부터 20m 이내)에 설치할 것
㉤ 자동폐쇄장치를 사용하는 경우에는 「자동폐쇄장치의 성능인증 및 제품검사의 기술기준」에 적합한 것으로 설치할 것

물음 3) 「소방시설 설치 및 관리에 관한 법률 시행령」 제11조에 근거한 인명구조기구 중 공기호흡기를 설치해야 할 특정소방대상물과 인명구조기구의 설치기준을 각각 쓰시오. (7점)

정답 (1) 공기호흡기를 설치하여야 하는 특정소방대상물
① 수용인원 100명 이상인 문화 및 집회시설 중 영화상영관
② 판매시설 중 대규모점포
③ 운수시설 중 지하역사
④ 지하가 중 지하상가
⑤ 물분무등소화설비를 설치하는 특정소방대상물 및 화재안전기준에 따라 이산화탄소 소화설비(호스릴 이산화탄소 소화설비 제외)를 설치해야 하는 특정소방대상물

(2) 인명구조기구의 설치기준
① 특정소방대상물의 용도 및 장소별로 설치하여야 할 인명구조기구는 〔별표 1〕에 따라 설치
② 화재시 쉽게 반출·사용할 수 있는 장소에 비치
③ 인명구조기구가 설치된 가까운 장소의 보기 쉬운 곳에 "인명구조기구"라는 축광식 표지와 그 사용방법을 표시한 표지를 부착하되, 축광식 표지는 소방청장이 고시한 「축광표지의 성능인증 및 제품검사의 기술기준」에 적합한 것으로 할 것
④ 방열복은 소방청장이 고시한 「소방용 방열복의 성능인증 및 제품검사의 기술기준」에 적합한 것으로 설치
⑤ 방화복(안전모, 보호장갑 및 안전화 포함)은 「소방장비관리법」 제10조 제2항 및 「표준규격을 정해야 하는 소방장비의 종류 고시」 제2조 제1항 제4호에 따른 표준규격에 적합한 것으로 설치

해설 (1) 특정소방대상물의 관계인 특정소방대상물에 설치·관리해야 하는 소방시설의 종류(소방시설법 시행령 〔별표 4〕)

〈공기호흡기를 설치해야 하는 특정소방대상물〉
① 수용인원 100명 이상인 문화 및 집회시설 중 영화상영관
② 판매시설 중 대규모점포
③ 운수시설 중 지하역사
④ 지하가 중 지하상가
⑤ 물분무등소화설비를 설치하는 특정소방대상물 및 화재안전기준에 따라 이산화탄소 소화설비(호스릴 이산화탄소 소화설비 제외)를 설치해야 하는 특정소방대상물

**기억법** **공수1영 대지물**

(2) 인명구조기구의 설치기준(NFPC 302 제4조, NFTC 302 2.1.1)
① 특정소방대상물의 용도 및 장소별로 설치하여야 할 인명구조기구는 2.1.1.1에 따라 설치
② 화재시 쉽게 반출·사용할 수 있는 장소에 비치
③ 인명구조기구가 설치된 가까운 장소의 보기 쉬운 곳에 "**인명구조기구**"라는 축광식 표지와 그 사용방법을 표시한 표지를 부착하되, 축광식 표지는 소방청장이 고시한 「축광표지의 성능인증 및 제품검사의 기술기준」에 적합한 것으로 할 것
④ 방열복은 소방청장이 고시한 「소방용 방열복의 성능인증 및 제품검사의 기술기준」에 적합한 것으로 설치
⑤ 방화복(안전모, 보호장갑 및 안전화 포함)은 「소방장비관리법」 제10조 제2항 및 「표준규격을 정해야 하는 소방장비의 종류 고시」 제2조 제1항 제4호에 따른 표준규격에 적합한 것으로 설치

▌특정소방대상물의 용도 및 장소별로 설치해야 할 인명구조기구▐

| 특정소방대상물 | 인명구조기구의 종류 | 설치수량 |
|---|---|---|
| • 지하층을 포함하는 층수가 **7층** 이상인 관광호텔 및 **5층** 이상인 병원 | • 방열복 또는 방화복(안전모, 보호장갑 및 안전화 포함)<br>• 공기호흡기<br>• 인공소생기 | • 각 **2개** 이상 비치할 것. 단, 병원의 경우에는 인공소생기를 설치하지 않을 수 있다. |
| • 문화 및 집회시설 중 수용인원 **100명** 이상의 영화상영관<br>• 판매시설 중 대규모 점포<br>• 운수시설 중 지하역사<br>• 지하가 중 지하상가 | • 공기호흡기 | • **층**마다 **2개** 이상 비치할 것. 단, 각 층마다 갖추어 두어야 할 공기호흡기 중 일부를 직원이 상주하는 인근 사무실에 갖추어 둘 수 있다. |
| • 물분무등소화설비 중 이산화탄소 소화설비를 설치하여야 하는 특정소방대상물 | • 공기호흡기 | • 이산화탄소 소화설비가 설치된 장소의 출입구 외부 인근에 **1대** 이상 비치할 것 |

물음 4) 다음 물음에 답하시오. (12점)

(1) LCX 케이블(LCX-FR-SS-42D-146)의 표시사항을 빈칸에 각각 쓰시오. (5점)

| 표 시 | 설 명 |
|---|---|
| LCX | 누설동축케이블 |
| FR | 난연성(내열성) |
| SS | ① |
| 42 | ② |
| D | ③ |
| 14 | ④ |
| 6 | ⑤ |

(2) 「위험물안전관리법 시행규칙」에 따른 제5류 위험물에 적응성 있는 대형 · 소형 소화기의 종류를 모두 쓰시오. (7점)

(1) ① 자기지지
② 절연체 외경(42mm)
③ 특성임피던스(75Ω)
④ 사용주파수(150~400MHz 대전용)
⑤ 결합손실(6dB)

(2) ① 봉상수소화기
② 무상수소화기
③ 봉상강화액 소화기
④ 무상강화액 소화기
⑤ 포소화기

해설 (1)

| 표 시 | 설 명 |
|---|---|
| LCX | 누설동축케이블 |
| FR | 난연성(내열성) |
| SS | ① 자기지지 |
| 42 | ② 절연체 외경(42mm) |
| D | ③ 특성임피던스(75Ω) |
| 14 | ④ 사용주파수(150~400MHz 대전용)<br>• 대전용=대역전용<br>㉠ 1 : 150MHz 대전용<br>㉡ 4 : 400MHz 대전용<br>㉢ 8 : 800MHz 대전용 |
| 6 | ⑤ 결합손실(6dB) |

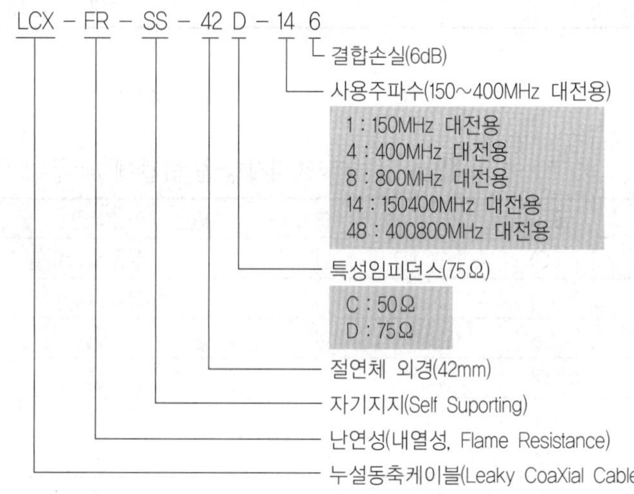


▌누설동축케이블▌

중요

(1) **누설동축케이블**의 **구조**

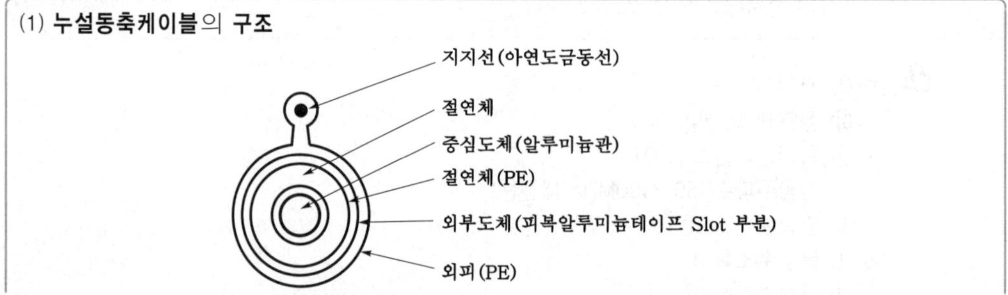

(2) **내열 누설동축케이블**의 **구조**

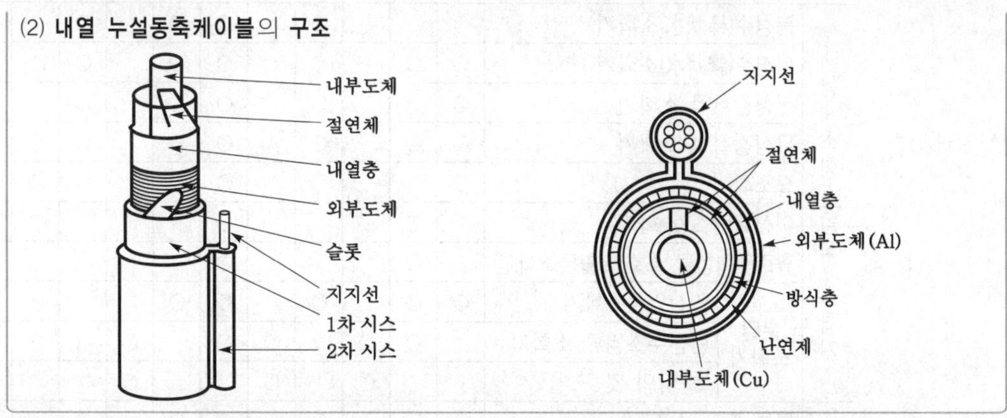


비교

**실드선**의 **단면** 및 **외형**

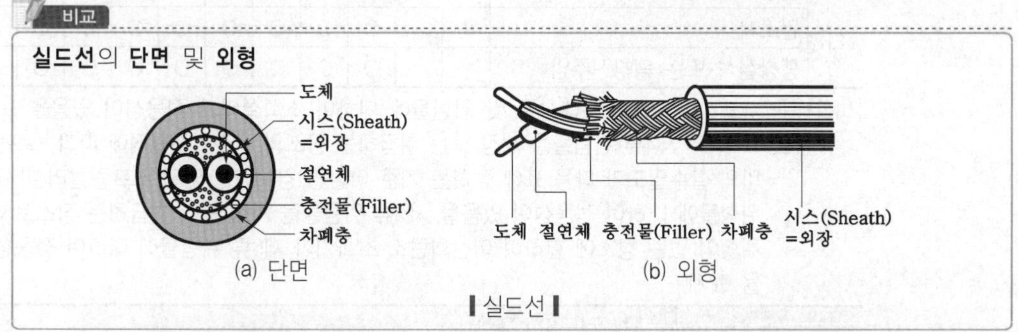

(a) 단면 (b) 외형

▌실드선▐

(2) 소화설비의 적응성(위험물규칙 [별표 17])

| 소화설비의 구분 \ 대상물 구분 | | | 건축물·그 밖의 공작물 | 전기설비 | 제1류 위험물: 알칼리금속과산화물 등 | 제1류 위험물: 그 밖의 것 | 제2류 위험물: 철분·금속분·마그네슘 등 | 제2류 위험물: 인화성고체 | 제2류 위험물: 그 밖의 것 | 제3류 위험물: 금수성물품 | 제3류 위험물: 그 밖의 것 | 제4류 위험물 | 제5류 위험물 | 제6류 위험물 |
|---|---|---|---|---|---|---|---|---|---|---|---|---|---|---|
| 옥내소화전 또는 옥외소화전설비 | | | ○ | | | ○ | | ○ | ○ | | ○ | | ○ | ○ |
| 스프링클러설비 | | | ○ | | | ○ | | ○ | ○ | | ○ | △ | ○ | ○ |
| 물분무등소화설비 | 물분무소화설비 | | ○ | ○ | | ○ | | ○ | ○ | | ○ | ○ | ○ | ○ |
| 물분무등소화설비 | 포소화설비 | | ○ | | | ○ | | ○ | ○ | | ○ | ○ | ○ | ○ |
| 물분무등소화설비 | 불활성가스 소화설비 | | | ○ | | | | ○ | | | | ○ | | |
| 물분무등소화설비 | 할론소화설비 | | | ○ | | | | ○ | | | | ○ | | |
| 물분무등소화설비 | 분말소화설비 | 인산염류 등 | ○ | ○ | | ○ | | ○ | ○ | | | ○ | | ○ |
| 물분무등소화설비 | 분말소화설비 | 탄산수소염류 등 | | ○ | ○ | | ○ | ○ | | ○ | | ○ | | |
| 물분무등소화설비 | 분말소화설비 | 그 밖의 것 | | | ○ | | ○ | | | ○ | | | | |

| | | | | | | | | | | | | | | |
|---|---|---|---|---|---|---|---|---|---|---|---|---|---|---|
| 대형·소형수동식 소화기 | 봉상수(棒狀水)소화기 | | ○ | | | ○ | | ○ | ○ | | ○ | | ○ | ○ |
| | 무상수(霧狀水)소화기 | | ○ | ○ | | ○ | | ○ | ○ | | ○ | | ○ | ○ |
| | 봉상강화액 소화기 | | ○ | | | ○ | | ○ | ○ | | ○ | | ○ | ○ |
| | 무상강화액 소화기 | | ○ | ○ | | ○ | | ○ | ○ | | ○ | ○ | ○ | ○ |
| | 포소화기 | | ○ | | | ○ | | ○ | ○ | | ○ | ○ | ○ | ○ |
| | 이산화탄소 소화기 | | | ○ | | | | ○ | | | | ○ | | △ |
| | 할로겐화합물 소화기(할론소화기) | | | ○ | | | | ○ | | | | ○ | | |
| | 분말 소화기 | 인산염류소화기 | ○ | ○ | | ○ | | ○ | ○ | | | ○ | | ○ |
| | | 탄산수소염류 소화기 | | ○ | ○ | | ○ | ○ | | ○ | | ○ | | |
| | | 그 밖의 것 | | | ○ | | ○ | | | ○ | | | | |
| 기타 | 물통 또는 수조 | | ○ | | | ○ | | ○ | ○ | | ○ | | ○ | ○ |
| | 건조사 | | | | ○ | ○ | ○ | ○ | ○ | ○ | ○ | ○ | ○ | ○ |
| | 팽창질석 또는 팽창진주암 | | | | ○ | ○ | ○ | ○ | ○ | ○ | ○ | ○ | ○ | ○ |

[비고] 1. ○표시 : 당해 소방대상물 및 위험물에 대하여 소화설비가 적응성이 있음을 표시

2. △표시 : 제4류 위험물을 저장 또는 취급하는 장소의 살수기준면적에 따라 스프링클러설비의 살수밀도가 다음 표에 정하는 기준 이상인 경우에는 당해 스프링클러설비가 제4류 위험물에 대하여 적응성이 있음을, 제6류 위험물을 저장 또는 취급하는 장소로서 폭발의 위험이 없는 장소에 한하여 이산화탄소 소화기가 제6류 위험물에 대하여 적응성이 있음을 표시

| 살수기준면적($m^2$) | 방사밀도(L/$m^2$분) | | 비 고 |
|---|---|---|---|
| | 인화점 38℃ 미만 | 인화점 38℃ 이상 | |
| 279 미만 | 16.3 이상 | 12.2 이상 | 살수기준면적은 내화구조의 벽 및 바닥으로 구획된 하나의 실의 바닥면적을 말하고, 하나의 실의 바닥면적이 465$m^2$ 이상인 경우의 살수기준면적은 465$m^2$로 한다. 단, 위험물의 취급을 주된 작업내용으로 하지 아니하고 소량의 위험물을 취급하는 설비 또는 부분이 넓게 분산되어 있는 경우에는 방사밀도는 8.2L/$m^2$분 이상, 살수기준면적은 279$m^2$ 이상으로 할 수 있다. |
| 279~372 미만 | 15.5 이상 | 11.8 이상 | |
| 372~465 미만 | 13.9 이상 | 9.8 이상 | |
| 465 이상 | 12.2 이상 | 8.1 이상 | |

[비고] 1. 인산염류 등은 인산염류, 황산염류 그 밖에 방염성이 있는 약제를 말한다.

2. 탄산수소염류 등은 탄산수소염류 및 탄산수소염류와 요소의 반응생성물을 말한다.

3. 알칼리금속과산화물 등은 알칼리금속의 과산화물 및 알칼리금속의 과산화물을 함유한 것을 말한다.

4. 철분·금속분·마그네슘 등은 철분·금속분·마그네슘과 철분·금속분 또는 마그네슘을 함유한 것을 말한다.

# 2017년도 제17회 소방시설관리사 2차 국가자격시험

| 교 시 | 시 간 | 시험과목 |
| --- | --- | --- |
| 1교시 | 90분 | 소방시설의 점검실무행정 |

| 수험번호 | | 성 명 | |
| --- | --- | --- | --- |

## 【 수험자 유의사항 】

1. **시험문제지 표지**와 시험문제지의 **총면수, 문제번호 일련순서, 인쇄상태** 등을 확인하시고, 문제지 표지에 수험번호와 성명을 기재하시기 바랍니다.

2. 수험자 인적사항 및 답안지 등 작성은 **반드시 검정색 필기구만을 계속 사용**하여야 합니다. (**그 외 연필류, 유색필기구, 2가지 이상색 혼합사용 등으로 작성한 답항은 0점 처리**됩니다.)

3. 문제번호 순서에 관계없이 답안 작성이 가능하나, **반드시 문제번호 및 문제를 기재**(긴 경우 요약기재 가능)하고 해당 답안을 기재하여야 합니다.

4. **답안 정정시에는 정정할 부분을 두 줄(=)로 긋고 수정할 내용을 다시 기재**합니다.

5. 답안작성은 **시험시행일** 현재 시행되는 법령 등을 적용하시기 바랍니다.

6. **감독위원의 지시에 불응하거나 시험시간 종료 후 답안지를 제출하지 않을 경우** 불이익이 발생할 수 있음을 알려드립니다.

7. 시험문제지는 시험 종료 후 가져가시기 바랍니다.

제17회

# 2017. 9. 23. 시행

☆☆☆

## 문제 01

**다음 각 물음에 답하시오. (40점)**

(1) 자동화재탐지설비의 감지기 설치기준에서 다음 물음에 답하시오. (7점)

① 설치장소별 감지기 적응성(연기감지기를 설치할 수 없는 경우 적용)에서 설치장소의 환경상태가 "물방울이 발생하는 장소"에 설치할 수 있는 감지기의 종류별 설치조건을 쓰시오. (3점)

② 설치장소별 감지기 적응성(연기감지기를 설치할 수 없는 경우 적용)에서 설치장소의 환경상태가 "부식성 가스가 발생할 우려가 있는 장소"에 설치할 수 있는 감지기의 종류별 설치조건을 쓰시오. (4점)

(2) 다음 국가화재안전기준에 대하여 각 물음에 답하시오. (5점)

① 무선통신보조설비를 설치하지 아니할 수 있는 경우의 특정소방대상물의 조건을 쓰시오. (2점)

② 분말소화설비의 자동식 기동장치에서 가스압력식 기동장치의 설치기준 3가지를 쓰시오. (3점)

(3) 「소방용품의 품질관리 등에 관한 규칙」에서 성능인증을 받아야 하는 대상의 종류 중 "그 밖에 소방청장이 고시하는 소방용품"에 대하여 (　)에 적합한 품명을 쓰시오. (6점)

| | | |
|---|---|---|
| ① 분기배관 | ② 시각경보장치 | ③ 자동폐쇄장치 |
| ④ 피난유도선 | ⑤ 방열복 | ⑥ 방염제품 |
| ⑦ 다수인 피난장비 | ⑧ 승강식 피난기 | ⑨ 미분무헤드 |
| ⑩ 압축공기포헤드 | ⑪ 플랩댐퍼 | ⑫ 비상문 자동개폐장치 |
| ⑬ 포소화약제혼합장치 | ⑭ ( A ) | ⑮ ( B ) |
| ⑯ ( C ) | ⑰ ( D ) | ⑱ ( E ) |
| ⑲ ( F ) | ⑳ 가스계소화설비용 수동식 기동장치 | |
| ㉑ 휴대용 비상조명등 | ㉒ 소방전원공급장치 | ㉓ 호스릴이산화탄소소화장치 |
| ㉔ 과압배출구 | ㉕ 흔들림 방지 버팀대 | ㉖ 소방용 수격흡수기 |
| ㉗ 소방용 행가 | ㉘ 간이형 수신기 | ㉙ 방화포 |
| ㉚ 간이소화장치 | ㉛ 유량측정장치 | ㉜ 배출댐퍼 |
| ㉝ 송수구 | | |

(4) 다음 빈칸에 소방시설 도시기호를 그리고 그 기능을 설명하시오. (6점)

| 명 칭 | 도시기호 | 기 능 |
|---|---|---|
| 시각경보기 | A | 시각경보기는 소리를 듣지 못하는 청각장애인을 위하여 화재나 피난 등 긴급한 상태를 볼 수 있도록 알리는 기능을 한다. |
| 기압계 | B | E |
| 방화문 연동제어기 | C | F |
| 포헤드(입면도) | D | 포소화설비가 화재 등으로 작동되어 포소화약제가 방호구역에 방출될 때 포헤드에서 공기와 혼합하면서 포를 발포한다. |

17회

(5) 특정소방대상물 가운데 대통령령으로 정하는 "소방시설을 설치하지 않을 수 있는 특정소방대상물과 그에 따른 소방시설의 범위"를 다음 빈칸에 각각 쓰시오. (4점)

| 구 분 | 특정소방대상물 | 소방시설 |
|---|---|---|
| 화재안전기준을 적용하기 어려운 특정소방대상물 | A | B |
| | C | D |

(6) 다음 조건을 참조하여 물음에 답하시오. (단, 다음 조건에서 제시하지 않은 사항은 고려하지 않는다.) (12점)

〔조건〕

㉮ 최근에 준공한 내화구조의 건축물로서 소방대상물의 용도는 복합건축물이며, 지하 3층, 지상 11층으로 1개층의 바닥면적은 1000$m^2$이다.

㉯ 지하 3층부터 지하 2층까지 주차장, 지하 1층은 판매시설, 지상 1층부터 11층까지는 업무시설이다.

㉰ 소방대상물의 각 층별 높이는 5.0m이다.

㉱ 물탱크는 지하 3층 기계실에 설치되어 있고, 소화펌프 흡입구보다 높으며, 기계실과 물탱크실은 별도로 구획되어 있다.

㉲ 옥상에는 옥상수조가 설치되어 있다.

㉳ 펌프의 기동을 위해 기동용 수압개폐장치가 설치되어 있다.

㉴ 한 개층에 설치된 스프링클러헤드수는 160개이고 지하 1층부터 지하 11층까지 모두 하향식 헤드만 설치되어 있다.

㉵ 스프링클러설비 적용현황

- 지하 3층, 지하 1층~지상 11층은 습식 스프링클러설비(알람밸브)방식이다.
- 지하 2층은 준비작동식 스프링클러설비 방식이다.

㉶ 옥내소화전은 층별로 5개가 설치되어 있다.

㉷ 소화 주펌프의 명판을 확인한 결과 정격양정은 105m이다.

㉸ 체절양정은 정격양정의 130%이다.

㉹ 소화펌프 및 소화배관은 스프링클러설비와 옥내소화전설비를 겸용으로 사용한다.

㉺ 지하 1층과 지상 11층은 콘크리트슬래브(천장) 하단에 가연성 단열재(100mm)로 시공되었다.

㉻ 반자의 재질

- 지상 1층, 11층은 준불연재료이다.
- 지하 1층, 지상 2~10층은 불연재료이다.

반자와 콘크리트슬래브(천장) 하단까지의 거리는 다음과 같다.(주차장 제외)

- 지하 1층은 2.2m, 지상 1층은 1.9m이며 그 외의 층은 모두 0.7m이다.

① 상기 건축물의 점검과정에서 소화수원의 적정여부를 확인하고자 한다. 모든 수원용량(저수조 및 옥상수조)을 구하시오. (2점)
② 스프링클러헤드의 설치상태를 점검한 결과, 일부 층에서 천장과 반자 사이에 스프링클러헤드가 누락된 것이 확인되었다. 지하주차장을 제외한 층 중 천장과 반자 사이에 스프링클러헤드를 화재안전기준에 적합하게 설치해야 하는 층과 스프링클러가 설치되어야 하는 이유를 쓰시오. (4점)
③ 무부하시험, 정격부하시험 및 최대부하시험 방법을 설명하고 실제 성능시험을 실시하여 그 값을 토대로 펌프성능시험곡선을 작성하시오. (6점)

(1) 자동화재탐지설비의 감지기 설치기준에서 다음 물음에 답하시오. (7점)
① 설치장소별 감지기 적응성(연기감지기를 설치할 수 없는 경우 적용)에서 설치장소의 환경상태가 "물방울이 발생하는 장소"에 설치할 수 있는 감지기의 종류별 설치조건을 쓰시오. (3점)
② 설치장소별 감지기 적응성(연기감지기를 설치할 수 없는 경우 적용)에서 설치장소의 환경상태가 "부식성 가스가 발생할 우려가 있는 장소"에 설치할 수 있는 감지기의 종류별 설치조건을 쓰시오. (4점)

정답 ① ㉠ 보상식 스포트형 감지기, 정온식 감지기 또는 열아날로그식 스포트형 감지기를 설치하는 경우에는 방수형으로 설치할 것
㉡ 보상식 스포트형 감지기는 급격한 온도변화가 없는 장소에 한하여 설치할 것
㉢ 불꽃감지기를 설치하는 경우에는 방수형으로 설치할 것
② ㉠ 차동식 분포형 감지기를 설치하는 경우에는 감지부가 피복되어 있고 검출부가 부식성 가스에 영향을 받지 않는 것 또는 검출부에 부식성 가스가 침입하지 않도록 조치할 것
㉡ 보상식 스포트형 감지기, 정온식 감지기 또는 열아날로그식 스포트형 감지기를 설치하는 경우에는 부식성 가스의 성상에 반응하지 않는 내산형 또는 내알칼리형으로 설치할 것
㉢ 정온식 감지기를 설치하는 경우에는 특종으로 설치할 것



해설 ① **설치장소별 감지기 적응성**(연기감지기를 설치할 수 없는 경우 적용)[NFTC 203 2.4.6(1)]

| 설치장소 | | 적응열감지기 | | | | | | | | | 불꽃감지기 | 비 고 |
|---|---|---|---|---|---|---|---|---|---|---|---|---|
| 환경상태 | 적응장소 | 차동식 스포트형 | | 차동식 분포형 | | 보상식 스포트형 | | 정온식 | | 열아날로그식 | | |
| | | 1종 | 2종 | 1종 | 2종 | 1종 | 2종 | 특종 | 1종 | | | |
| 배기가스가 다량으로 체류하는 장소 | 주차장, 차고, 화물취급소 차로, 자가발전실, 트럭터미널, 엔진 시험실 | ○ | ○ | ○ | ○ | ○ | ○ | × | × | ○ | ○ | ㉠ 불꽃감지기에 따라 감시가 곤란한 장소는 적응성이 있는 열감지기를 설치할 것<br>㉡ 열아날로그식 스포트형 감지기는 화재표시 설정이 60℃ 이하가 바람직하다. |

| | | | | | | | | | | | | |
|---|---|---|---|---|---|---|---|---|---|---|---|---|
| 연기가 다량으로 유입할 우려가 있는 장소 | 음식물배급실, 주방전실, 주방 내 식품저장실, 음식물운반용 엘리베이터, 주방 주변의 복도 및 통로, 식당 등 | ○ | ○ | ○ | ○ | ○ | ○ | ○ | ○ | ○ | × | ㉠ 고체연료 등 가연물이 수납되어 있는 음식물배급실, 주방전실에 설치하는 정온식 감지기는 특종으로 설치할 것<br>㉡ 주방 주변의 복도 및 통로, 식당 등에는 정온식 감지기를 설치하지 말 것<br>㉢ 위의 ㉠, ㉡의 장소에 열아날로그식 스포트형 감지기를 설치하는 경우에는 화재표시 설정을 60℃ 이하로 할 것 |
| 물방울이 발생하는 장소 | 스레트 또는 철판으로 설치한 지붕창고·공장, 패키지형 냉각기전용수납실, 밀폐된 지하창고, 냉동실 주변 등 | × | × | ○ | ○ | ○ | ○ | ○ | ○ | ○ | ○ | ㉠ 보상식 스포트형 감지기, 정온식 감지기 또는 열아날로그식 스포트형 감지기를 설치하는 경우에는 방수형으로 설치할 것<br>㉡ 보상식 스포트형 감지기는 급격한 온도변화가 없는 장소에 한하여 설치할 것<br>㉢ 불꽃감지기를 설치하는 경우에는 방수형으로 설치할 것 |
| 불을 사용하는 설비로서 불꽃이 노출되는 장소 | 유리공장, 용선로가 있는 장소, 용접실, 주방, 작업장, 주방, 주조실 등 | × | × | × | × | × | × | ○ | ○ | ○ | × | - |

(주) 1. "○"는 당해 설치장소에 적응하는 것을 표시, "×"는 당해 설치장소에 적응하지 않는 것을 표시
2. 차동식 스포트형, 차동식 분포형 및 보상식 스포트형 1종은 감도가 예민하기 때문에 비화재보 발생은 2종에 비해 불리한 조건이라는 것을 유의할 것
3. 차동식 분포형 3종 및 정온식 2종은 소화설비와 연동하는 경우에 한해서 사용할 것
4. 다신호식 감지기는 그 감지기가 가지고 있는 종별, 공칭작동온도별로 따르지 말고 상기 표에 따른 적응성이 있는 감지기로 할 것

② **설치장소별 감지기 적응성**(연기감지기를 설치할 수 없는 경우 적용)[NFTC 203 2.4.6(1)]

| 설치장소 | | 적응열감지기 | | | | | | | | | 불꽃감지기 | 비 고 |
|---|---|---|---|---|---|---|---|---|---|---|---|---|
| 환경상태 | 적응장소 | 차동식 스포트형 | | 차동식 분포형 | | 보상식 스포트형 | | 정온식 | | 열아날로그식 | | |
| | | 1종 | 2종 | 1종 | 2종 | 1종 | 2종 | 특종 | 1종 | | | |
| 먼지 또는 미분 등이 다량으로 체류하는 장소 | 쓰레기장, 하역장, 도장실, 섬유·목재·석재 등 가공공장 | ○ | ○ | ○ | ○ | ○ | ○ | ○ | × | ○ | ○ | ㉠ 불꽃감지기에 따라 감시가 곤란한 장소는 적응성이 있는 **열감지기**를 설치할 것<br>㉡ **차동식 분포형 감지기**를 설치하는 경우에는 검출부에 먼지, 미분 등이 침입하지 않도록 조치할 것<br>㉢ **차동식 스포트형 감지기** 또는 **보상식 스포트형 감지기**를 설치하는 경우에는 검출부에 먼지, 미분 등이 침입하지 않도록 조치할 것<br>㉣ 섬유, 목재 가공공장 등 화재확대가 급속하게 진행될 우려가 있는 장소에 설치하는 경우 **정온식 감지기**는 **특종**으로 설치할 것. 공칭작동온도 **75℃** 이하, 열아날로그식 스포트형 감지기는 화재표시 설정은 **80℃** 이하가 되도록 할 것<br>기억법 **먼불열 분차스보먼 섬정특** |
| 수증기가 다량으로 머무는 장소 | 증기세정실, 탕비실, 소독실 등 | × | × | × | ○ | × | ○ | ○ | ○ | ○ | ○ | ㉠ 차동식 분포형 감지기 또는 보상식 스포트형 감지기는 급격한 온도변화가 없는 장소에 한하여 사용할 것<br>㉡ 차동식 분포형 감지기를 설치하는 경우에는 검출부에 수증기가 침입하지 않도록 조치할 것<br>㉢ 보상식 스포트형 감지기, 정온식 감지기 또는 열아날로그식 감지기를 설치하는 경우에는 방수형으로 설치할 것<br>㉣ 불꽃감지기를 설치할 경우 방수형으로 할 것 |

| | | | | | | | | | | | | |
|---|---|---|---|---|---|---|---|---|---|---|---|---|
| 부식성 가스가 발생할 우려가 있는 장소 | 도금공장, 축전지실, 오수처리장 등 | × | × | ○ | ○ | ○ | ○ | ○ | × | ○ | ○ | ㉠ **차**동식 분포형 감지기를 설치하는 경우에는 감지부가 피복되어 있고 검출부가 부식성 가스에 영향을 받지 않는 것 또는 검출부에 부식성 가스가 침입하지 않도록 조치할 것<br>㉡ **보**상식 스포트형 감지기, 정온식 감지기 또는 열아날로그식 스포트형 감지기를 설치하는 경우에는 부식성 가스의 성상에 반응하지 않는 내산형 또는 내알칼리형으로 설치할 것<br>㉢ **정**온식 감지기를 설치하는 경우에는 특종으로 설치할 것<br>기억법 **정차보** |
| 주방, 기타 평상시에 연기가 체류하는 장소 | 주방, 조리실, 용접작업장 등 | × | × | × | × | × | × | ○ | ○ | ○ | ○ | ㉠ 주방, 조리실 등 습도가 많은 장소에는 방수형 감지기를 설치할 것<br>㉡ 불꽃감지기는 UV/IR형을 설치할 것 |
| 현저하게 고온으로 되는 장소 | 건조실, 살균실, 보일러실, 주조실, 영사실, 스튜디오 | × | × | × | × | × | × | ○ | ○ | ○ | × | – |

(2) 다음 국가화재안전기준에 대하여 각 물음에 답하시오. (5점)

① 무선통신보조설비를 설치하지 아니할 수 있는 경우의 특정소방대상물의 조건을 쓰시오. (2점)

② 분말소화설비의 자동식 기동장치에서 가스압력식 기동장치의 설치기준 3가지를 쓰시오. (3점)

정답 ① 지하층으로서 특정소방대상물의 바닥부분 2면 이상이 지표면과 동일하거나 지표면으로부터의 깊이가 1m 이하인 경우의 해당층

② ㉠ 기동용 가스용기 및 해당 용기에 사용하는 밸브는 25MPa 이상의 압력에 견딜 수 있는 것으로 할 것
㉡ 기동용 가스용기에는 내압시험압력의 0.8~내압시험압력 이하에서 작동하는 안전장치를 설치할 것
㉢ 기동용 가스용기의 체적은 5L 이상으로 하고, 해당 용기에 저장하는 질소 등의 비활성기체는 6.0MPa 이상(21℃ 기준)의 압력으로 충전할 것(단, 기동용 가스용기의 체적을 1L 이상으로 하고, 해당 용기에 저장하는 이산화탄소의 양은 0.6kg 이상으로 하며, 충전비는 1.5 이상 1.9 이하의 기동용 가스용기로 할 수 있다.)

해설 ① **무선통신보조설비**의 **설치제외장소**(NFPC 505 제4조, NFTC 505 2.1.1)
**지하층**으로서 **특**정소방대상물의 바닥부분 **2면** 이상이 지표면과 동일하거나 지표면으로부터의 깊이가 **1m** 이하인 경우에는 해당층에 한해 무선통신보조설비를 설치하지 아니할 수 있다.

기억법 **무지특2(무지한 사람이 특이하게 생겼다.)**

비교

(1) **피난구유도등**의 **설치제외장소**(NFPC 303 제11조, NFTC 303 2.8.1)
① 바닥면적이 **1000**$m^2$ 미만인 층으로서 옥내로부터 **직**접 지상으로 통하는 출입구(외부의 식별이 용이한 경우)
② 대각선의 길이가 15m 이내인 구획된 실의 출입구
③ 거실 각 부분으로부터 하나의 출입구에 이르는 보행거리가 **2**0m 이하이고 비상**조**명등과 유도**표**지가 설치된 거실의 출입구
④ **출**입구가 **3** 이상 있는 거실로서 그 거실 각 부분으로부터 하나의 출입구에 이르는 **보**행거리가 **3**0m 이하인 경우에는 주된 출입구 **2개소** 외의 유도표지가 부착된 출입구(단, **공**연장 · **집**회장 · **관**람장 · **전**시장 · **판**매시설 · **운**수시설 · **숙**박시설 · **노**유자시설 · **의**료시설 · **장**례식장의 경우 제외)

**기억법** **1000직 2조표 출3보3 2개소 집공장의 노숙판 운관전**

(2) **비상조명등**의 **설치제외장소**(NFPC 304 제5조, NFTC 304 2.2.1)
① **거실**의 각 부분으로부터 하나의 출입구에 이르는 **보행거리**가 **15m** 이내인 부분
② **의원** · **경기장** · **공동주택** · **의료시설** · **학교**의 **거실**

**기억법** **공주학교의 의경**

(3) **휴대용 비상조명등**의 **설치제외장소**(NFPC 304 제5조, NFTC 304 2.2.2)
지상 1층 또는 **피난층**으로서 복도 · 통로 또는 창문 등의 개구부를 통하여 피난이 용이한 경우 또는 숙박시설로서 복도에 비상조명등을 설치한 경우

(4) **옥내소화전 방수구**의 **설치제외장소**(NFPC 102 제11조, NFTC 102 2.8.1) (설계 11. 8. 문1, 10점)
① **냉**장창고 중 온도가 영하인 **냉장실** 또는 냉동창고의 **냉동실**
② **고온**의 **노**가 설치된 장소 또는 **물**과 격렬하게 **반응**하는 **물품**의 저장 또는 취급장소
③ **발전소** · **변전소** 등으로서 전기시설이 설치된 장소
④ **식물원** · **수족관** · **목욕실** · **수영장**(관람석 부분을 제외한다) 또는 그 밖의 이와 비슷한 장소
⑤ **야외음악당** · **야외극장** 또는 그 밖의 이와 비슷한 장소

**기억법** **내냉방 야식 고발**

(5) **화재조기진압용 스프링클러설비**의 **설치제외물품**(NFPC 103B 제17조, NFTC 103B 2.14)
① **제4류 위험물**
② **타이어**, **두루마리 종이** 및 **섬유류**, **섬유제품** 등 연소시 화염의 속도가 빠르고 방사된 물이 하부에까지 도달하지 못하는 것

**기억법** **조제 4류 타종섬**

(6) **물분무소화설비**의 **물분무헤드 설치제외장소**(NFPC 104 제15조, NFTC 104 2.12)
① **물**에 심하게 **반응**하는 **물질** 또는 물과 반응하여 위험한 물질을 생성하는 물질을 저장 또는 취급하는 장소
② **고온**의 **물질** 및 **증류범위**가 **넓어** 끓어 넘치는 위험이 있는 물질을 저장 또는 취급하는 장소
③ 운전시에 표면의 온도가 **260℃ 이상**으로 되는 등 직접 분무를 하는 경우 그 부분에 손상을 입힐 우려가 있는 **기**계장치 등이 있는 장소

**기억법** **물고기 26(물고기 이륙)**

(7) **이산화탄소 소화설비**의 **분사헤드 설치제외장소**(NFPC 106 제11조, NFTC 106 2.6.1) (설계 13. 5. 문1, 4점)

① **방재실 · 제어실** 등 사람이 상시 근무하는 장소
② **니트로셀룰로오스 · 셀룰로이드제품** 등 자기연소성 물질을 저장 · 취급하는 장소
③ **나트륨 · 칼륨 · 칼슘** 등 활성 금속물질을 저장 · 취급하는 장소
④ **전시장** 등의 관람을 위하여 다수인이 출입 · 통행하는 통로 및 전시실 등

기억법 **방니나전 통전이**

(8) **할로겐화합물** 및 **불활성기체 소화설비**의 **설치제외장소**(NFPC 107A 제5조, NFTC 107A 2.2.1)

① 사람이 상주하는 곳으로서 **최대허용설계농도**를 **초과**하는 장소
② 「위험물안전관리법 시행령」〔별표 1〕의 **제3류 위험물** 및 **제5류 위험물**을 저장 · 보관 · 사용하는 장소(단, 소화성능이 인정되는 위험물은 제외)

기억법 **상설 35할제**

(9) **제연설비**의 **배출구 · 공기유입구**의 **설치** 및 **배출량 산정**에서 **제외**하는 **장소**(NFPC 501 제12조, NFTC 501 2.9.1)
**화장실 · 목욕실 · 주차장 · 발코니**를 설치한 **숙박시설**(가족호텔 및 휴양콘도미니엄에 한한다)의 객실과 사람이 상주하지 않는 기계실 · 전기실 · 공조실 · **50m² 미만**의 **창고** 등으로 사용되는 부분

② **할론소화설비 · 분말소화설비 기동장치**의 **설치기준**(NFPC 107 제6조, NFTC 107 2.3 / NFPC 108 제7조, NFTC 108 2.4)

| 수동식 기동장치 | 자동식 기동장치 |
|---|---|
| ㉠ **전역방출방식**에 있어서는 **방호구역**마다, **국소방출방식**에 있어서는 **방호대상물**마다 설치할 것<br>㉡ 해당 방호구역의 출입구부분 등 조작을 하는 자가 쉽게 피난할 수 있는 장소에 설치할 것<br>㉢ 기동장치의 조작부는 바닥으로부터 높이 **0.8~1.5m 이하**의 위치에 설치하고, 보호판 등에 따른 보호장치를 설치할 것<br>㉣ 기동장치 인근의 보기 쉬운 곳에 **"할론소화설비 수동식 기동장치(또는 분말소화설비 수동식 기동장치)"**라고 표시한 표지를 할 것<br>㉤ 전기를 사용하는 기동장치에는 **전원표시등**을 설치할 것<br>㉥ 기동장치의 방출용 스위치는 음향경보장치와 연동하여 조작될 수 있는 것으로 할 것 | ㉠ **자동식 기동장치**에는 **수동**으로도 기동할 수 있는 구조로 할 것<br>㉡ **전기식 기동장치**로서 **7병 이상**의 저장용기를 동시에 개방하는 설비에 있어서는 **2병 이상**의 저장용기에 **전자개방밸브**를 부착할 것<br>㉢ **가**스압력식 기동장치는 다음의 기준에 따를 것<br>• **기**동용 가스용기 및 해당 용기에 사용하는 밸브는 **25MPa 이상**의 압력에 견딜 수 있는 것으로 할 것<br>• 기동용 가스용기에는 **내**압시험압력의 **0.8~내압시험압력** 이하에서 작동하는 **안**전장치를 설치할 것<br>• 기동용 가스용기의 체적은 5L 이상으로 하고, 해당 용기에 저장하는 질소 등의 비활성기체는 **6.0MPa** 이상(21℃ 기준)의 압력으로 충전할 것(단, 기동용 가스용기의 체적을 1L 이상으로 하고, 해당 용기에 저장하는 이산화탄소의 양은 **0.6kg** 이상으로 하며, 충전비는 **1.5~1.9 이하**의 기동용 가스용기로 할 수 있음.)<br>㉣ 기계식 기동장치에 있어서는 저장용기를 쉽게 개방할 수 있는 구조로 할 것<br>기억법 **수전가 기내안** |

※ **할론**소화설비 · **분말**소화설비 기동장치의 설치기준은 **동일**하므로 암기하기가 쉽다.

17회

비교

**이**산화탄소 소화설비 기동장치의 **설치기준**(NFPC 106 제6조, NFTC 106 2.3)

| 수동식 기동장치 | 자동식 기동장치 |
|---|---|
| ① **전역방출방식**에 있어서는 **방호구역**마다, **국소방출방식**에 있어서는 **방호대상물**마다 설치할 것<br>② 해당 방호구역의 출입구부분 등 조작을 하는 자가 쉽게 피난할 수 있는 장소에 설치할 것<br>③ 기동장치의 조작부는 바닥으로부터 높이 **0.8~1.5m 이하**의 위치에 설치하고, 보호판 등에 따른 보호장치를 설치할 것<br>④ 기동장치 인근의 보기 쉬운 곳에 **"이산화탄소 소화설비 수동식 기동장치"**라는 표지를 할 것<br>⑤ 전기를 사용하는 기동장치에는 **전원표시등**을 설치할 것<br>⑥ 기동장치의 방출용 스위치는 음향경보장치와 연동하여 조작될 수 있는 것으로 할 것 | ① **자동식 기동장치**에는 **수**동으로도 기동할 수 있는 구조로 할 것<br>② **전기식 기동장치**로서 **7병 이상**의 저장용기를 동시에 개방하는 설비에 있어서는 **2병 이상**의 저장용기에 **전자개방밸브**를 부착할 것<br>③ **가**스압력식 기동장치는 다음의 기준에 따를 것<br>㉠ **기**동용 가스용기 및 해당 용기에 사용하는 밸브는 **25MPa 이상**의 압력에 견딜 수 있는 것으로 할 것<br>㉡ 기동용 가스용기에는 **내**압시험압력의 **0.8~내압시험압력** 이하에서 작동하는 **안**전장치를 설치할 것<br>㉢ 기동용 가스용기의 **체**적은 **5L** 이상으로 하고, 해당 용기에 저장하는 **질소** 등의 비활성기체는 **6.0MPa** 이상(21℃ 기준)의 압력으로 충전할 것<br>㉣ 질소 등의 비활성기체 기동용 가스용기에는 충전여부를 확인할 수 있는 **압력게이지**를 설치할 것<br>④ 기계식 기동장치는 저장용기를 쉽게 개방할 수 있는 구조로 할 것<br>기억법 **이수전가 기내 안체5** |

(3) 「소방용품의 품질관리 등에 관한 규칙」에서 성능인증을 받아야 하는 대상의 종류 중 "그 밖에 소방청장이 고시하는 소방용품"에 대하여 (　　)에 적합한 품명을 쓰시오. (6점)

| | | |
|---|---|---|
| ① 분기배관 | ② 시각경보장치 | ③ 자동폐쇄장치 |
| ④ 피난유도선 | ⑤ 방열복 | ⑥ 방염제품 |
| ⑦ 다수인 피난장비 | ⑧ 승강식 피난기 | ⑨ 미분무헤드 |
| ⑩ 압축공기포헤드 | ⑪ 플랩댐퍼 | ⑫ 비상문 자동개폐장치 |
| ⑬ 포소화약제혼합장치 | ⑭ ( A ) | ⑮ ( B ) |
| ⑯ ( C ) | ⑰ ( D ) | ⑱ ( E ) |
| ⑲ ( F ) | ⑳ 가스계소화설비용 수동식 기동장치 | |
| ㉑ 휴대용 비상조명등 | ㉒ 소방전원공급장치 | ㉓ 호스릴이산화탄소소화장치 |
| ㉔ 과압배출구 | ㉕ 흔들림 방지 버팀대 | ㉖ 소방용 수격흡수기 |
| ㉗ 소방용 행가 | ㉘ 간이형 수신기 | ㉙ 방화포 |
| ㉚ 간이소화장치 | ㉛ 유량측정장치 | ㉜ 배출댐퍼 |
| ㉝ 송수구 | | |

정답 A : 가스계소화설비 설계프로그램
B : 자동차압급기댐퍼

C : 가압수조식 가압송수장치
D : 캐비닛형 간이스프링클러설비
E : 상업용 주방자동소화장치
F : 압축공기포혼합장치

해설 **그 밖에 소방청장이 고시하는 소방용품**(성능인증의 대상이 되는 소방용품의 품목에 관한 고시 제2조)

(1) 분기배관
(2) 포소화약제혼합장치
(3) A. 가스계소화설비 설계프로그램
(4) 시각경보장치
(5) B. 자동차압급기댐퍼
(6) 자동폐쇄장치
(7) C. 가압수조식 가압송수장치
(8) 피난유도선
(9) 방염제품
(10) 다수인 피난장비
(11) D. 캐비닛형 간이스프링클러설비
(12) 승강식 피난기
(13) 미분무헤드
(14) 방열복
(15) E. 상업용 주방자동소화장치
(16) 압축공기포헤드
(17) F. 압축공기포혼합장치
(18) 플랩댐퍼
(19) 비상문 자동개폐장치
(20) 가스계소화설비용 수동식 기동장치
(21) 휴대용 비상조명등
(22) 소방전원공급장치
(23) 호스릴 이산화탄소소화장치
(24) 과압배출구
(25) 흔들림 방지 버팀대
(26) 소방용 수격흡수기
(27) 소방용 행가
(28) 간이형 수신기
(29) 방화포
(30) 간이소화장치
(31) 유량측정장치
(32) 배출댐퍼
(33) 송수구

중요

**성능인증 대상 소방용품**(소방용품의 품질관리 등에 관한 규칙 〔별표 7〕)

(1) 축광표지
(2) 예비전원
(3) 비상콘센트설비
(4) 표시등
(5) 소화전함
(6) 스프링클러설비 신축배관(가지관과 스프링클러헤드를 연결하는 플렉시블 파이프)
(7) 소방용 전선(내화전선 및 내열전선)
(8) 탐지부
(9) 지시압력계
(10) 공기안전매트
(11) 소방용 밸브(개폐표시형 밸브, 릴리프밸브, 풋밸브)
(12) 소방용 스트레이너
(13) 소방용 압력스위치
(14) 소방용 합성수지배관
(15) 비상경보설비의 축전지
(16) 자동화재속보설비의 속보기
(17) 소화설비용 헤드(물분무헤드, 분말헤드, 포헤드, 살수헤드)
(18) 방수구
(19) 소화기가압용 가스용기
(20) 소방용 흡수관
(21) 그 밖에 소방청장이 고시하는 소방용품

(4) 다음 빈칸에 소방시설 도시기호를 그리고 그 기능을 설명하시오. (6점)

| 명 칭 | 도시기호 | 기 능 |
|---|---|---|
| 시각경보기 | A | 시각경보기는 소리를 듣지 못하는 청각장애인을 위하여 화재나 피난 등 긴급한 상태를 볼 수 있도록 알리는 기능을 한다. |
| 기압계 | B | E |
| 방화문 연동제어기 | C | F |
| 포헤드(입면도) | D | 포소화설비가 화재 등으로 작동되어 포소화약제가 방호구역에 방출될 때 포헤드에서 공기와 혼합하면서 포를 발포한다. |

정답 A :  B :

C : 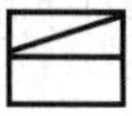 D :

E : 대기의 압력을 측정하는 계측기

F : 감지기 감지 및 수동조작에 의해 개방되어 있던 방화문의 고정장치를 해제시켜 방화문을 자동으로 폐쇄시켜 주는 장치

해설 **소방시설 도시기호**

| 명 칭 | 도시기호 | 기 능 |
|---|---|---|
| 시각경보기 |  | 시각경보기는 소리를 듣지 못하는 **청각장애인**을 위하여 화재나 피난 등 긴급한 상태를 볼 수 있도록 알리는 기능을 한다. |
| 기압계 |  | **대기**의 **압력**을 측정하는 계측기 |
| 압력계 |  | **대기압 이상**의 압력을 측정하는 계측기 |
| 연성계 |  | **대기압 이상**의 **압력**과 **대기압 이하**의 **압력**을 측정할 수 있는 계측기 |
| 방화문 연동제어기 | 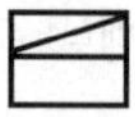 | **감지기** 감지 및 **수동조작**에 의해 개방되어 있던 방화문의 **고정장치**를 **해제**시켜 방화문을 **자동**으로 **폐쇄**시켜 주는 장치 |
| 포헤드(평면도) |  | 포소화설비가 화재 등으로 작동되어 포소화약제가 방호구역에 방출될 때 **포헤드**에서 **공기**와 **혼합**하면서 **포**를 **발포**한다. |

중요

**소방시설 도시기호**(소방시설 자체점검사항 등에 관한 고시 〔별표〕)

| 분 류 | 명 칭 | | 도시기호 | 분 류 | 명 칭 | 도시기호 |
|---|---|---|---|---|---|---|
| 배관 | 일반배관 | | ——— | 헤드류 | 스프링클러헤드개방형 상향식(평면도) | |
| | 옥내 · 외소화전 | | —— H —— | | | |
| | 스프링클러 | | —— SP —— | | 스프링클러헤드개방형 하향식(평면도) | |
| | 물분무 | | —— WS —— | | | |
| | 포소화 | | —— F —— | | 스프링클러헤드폐쇄형 상향식(계통도) | |
| | 배수관 | | —— D —— | | 스프링클러헤드폐쇄형 하향식(입면도) | |
| | 전선관 | 입상 | | | 스프링클러헤드폐쇄형 상 · 하향식(입면도) | |
| | | 입하 | | | 스프링클러헤드상향형 (입면도) | |
| | | 통과 | | | 스프링클러헤드하향형 (입면도) | |
| 관이음쇠 | 플랜지 | | | | 분말 · 탄산가스 · 할로겐헤드 | |
| | 유니온 | | | | 연결살수헤드 | |
| | 플러그 | | | | 물분무헤드 (평면도) | |
| | 90° 엘보 | | | | 물분무헤드 (입면도) | |
| | 45° 엘보 | | | | 드렌처헤드 (평면도) | |
| | 티 | | | | 드렌처헤드 (입면도) | |
| | 크로스 | | | | **포헤드(입면도)** | |
| | 맹플랜지 | | | | 포헤드(평면도) | |
| | 캡 | | | | | |
| 헤드류 | 스프링클러헤드폐쇄형 상향식(평면도) | | | | | |
| | 스프링클러헤드폐쇄형 하향식(평면도) | | | | | |

| 분 류 | 명 칭 | 도시기호 |
|---|---|---|
| 헤드류 | 감지헤드(평면도) |  |
| | 감지헤드(입면도) | 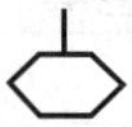 |
| | 할로겐화합물 및 불활성기체 소화약제 방출헤드(평면도) |  |
| | 할로겐화합물 및 불활성기체 소화약제 방출헤드(입면도) | |
| 밸브류 | 체크밸브 | 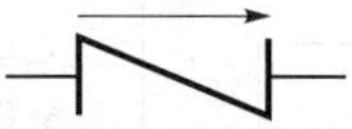 |
| | 가스체크밸브 |  |
| | 게이트밸브(상시개방) |  |
| | 게이트밸브(상시폐쇄) |  |
| | 선택밸브 |  |
| | 조작밸브(일반) |  |
| | 조작밸브(전자식) | 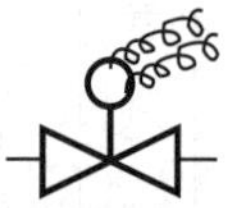 |
| | 조작밸브(가스식) |  |
| | 경보밸브(습식) |  |
| | 경보밸브(건식) |  |
| | 프리액션밸브 |  P |
| | 경보델류지밸브 |  D |
| | 프리액션밸브 수동조작함 |  SVP |
| | 플렉시블조인트 |  |

| 분 류 | 명 칭 | 도시기호 |
|---|---|---|
| 밸브류 | 솔레노이드밸브 |  S |
| | 모터밸브 |  M |
| | 릴리프밸브(이산화탄소용) |  |
| | 릴리프밸브(일반) |  |
| | 동체크밸브 |  |
| | 앵글밸브 | 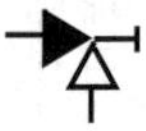 |
| | 풋밸브 |  |
| | 볼밸브 |  |
| | 배수밸브 |  |
| | 자동배수밸브 |  |
| | 여과망 |  |
| | 자동밸브 |  G |
| | 감압밸브 | 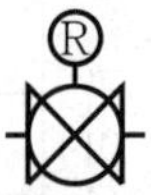 R |
| | 공기조절밸브 |  |
| 계기류 | 압력계 |  |
| | 연성계 |  |
| | 유량계 |  M |

17회

| 분 류 | 명 칭 | 도시기호 | 분 류 | 명 칭 | 도시기호 |
|---|---|---|---|---|---|
| 소화전 | 옥내소화전함 | | 펌프류 | 일반펌프 | |
| | 옥내소화전 방수용 기구 병설 | | | 펌프모터(수평) |  M |
| | 옥외소화전 | H | | 펌프모터(수직) |  M |
| | 포말소화전 | F | 저장용기류 | 분말약제 저장용기 |  P.D |
| | 송수구 | | | 저장용기 |  |
| | 방수구 | | 경보설비기기류 | 차동식 스포트형 감지기 | |
| 스트레이너 | Y형 | | | 보상식 스포트형 감지기 | |
| | U형 | | | 정온식 스포트형 감지기 | |
| 저장탱크류 | 고가수조 (물올림장치) | | | 연기감지기 |  S |
| | 압력챔버 | | | 감지선 |  |
| | 포말원액탱크 | 〔수직〕 〔수평〕 | | 공기관 | |
| 리듀서 | 원심리듀서 | | | 열전대 | |
| | 편심리듀서 | | | 열반도체 |  |
| 혼합장치류 | 프레져 프로포셔너 | | | 차동식 분포형 감지기의 검출기 |  |
| | 라인프로포셔너 | | | 발신기세트 단독형 |  P B L |
| | 프레져사이드 프로포셔너 | | | 발신기세트 옥내소화전 내장형 |  PBL |
| | 기타 | P | | | |

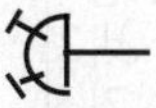

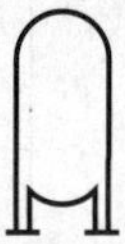

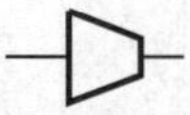

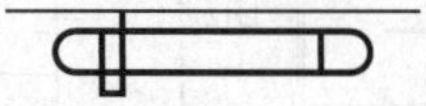

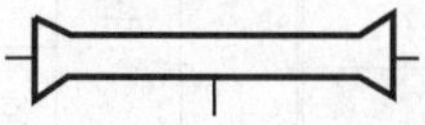

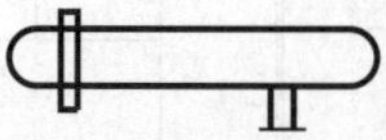

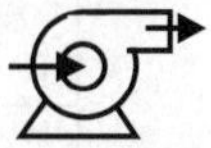

| 분 류 | 명 칭 | 도시기호 |
|---|---|---|
| 경보설비기기류 | 경계구역번호 | △ |
| | 비상용 누름버튼 | Ⓕ |
| | 비상전화기 | ET |
| | 비상벨 | B |
| | 사이렌 | |
| | 모터사이렌 | M |
| | 전자사이렌 | S |
| | 조작장치 | EP |
| | 증폭기 | AMP |
| | 기동누름버튼 | E |
| | 이온화식 감지기(스포트형) | S I |
| | 광전식 연기감지기(아날로그) | S A |
| | 광전식 연기감지기(스포트형) | S P |
| | 감지기간선, HIV 1.2mm×4(22C) | — F —///— |
| | 감지기간선, HIV 1.2mm×8(22C) | — F —//// ////— |
| | 유도등간선, HIV 2.0mm×3(22C) | — EX — |
| | 경보부저 | BZ |
| | 제어반 | |
| | 표시반 | |
| | 회로시험기 | ⊙ |

| 분 류 | | 명 칭 | 도시기호 |
|---|---|---|---|
| 경보설비기기류 | | 화재경보벨 | B |
| | | 시각경보기(스트로브) | |
| | | 수신기 | |
| | | 부수신기 | |
| | | 중계기 | |
| | | 표시등 | |
| | | 피난구유도등 | |
| | | 통로유도등 | → |
| | | 표시판 | |
| | | 보조전원 | TR |
| | | 종단저항 | Ω |
| 제연설비 | | 수동식 제어 | □ |
| | | 천장용 배풍기 | |
| | | 벽부착용 배풍기 | |
| | 배풍기 | 일반배풍기 | |
| | | 관로배풍기 | |
| | 댐퍼 | 화재댐퍼 | |
| | | 연기댐퍼 | |
| | | 화재·연기댐퍼 | |
| | | 접지 | ⏚ |
| | | 접지저항 측정용 단자 | ⊗ |

| 분 류 | 명 칭 | 도시기호 |
|---|---|---|
| 스위치류 | 압력스위치 | PS |
| | 탬퍼스위치 | TS |
| 방연·방화문 | 연기감지기(전용) | S |
| | 열감지기(전용) | |
| | 자동폐쇄장치 | ER |
| | 연동제어기 | |
| | 배연창 기동모터 | M |
| | 배연창 수동조작함 | |
| 피뢰침 | 피뢰부(평면도) | |
| | 피뢰부(입면도) | |
| | 피뢰도선 및 지붕 위 도체 | |
| 소화기류 | ABC 소화기 | 소 |
| | 자동확산소화기 | 자 |
| | 자동식 소화기 | 소 |
| | 이산화탄소 소화기 | C |
| | 할로겐화합물 소화기(할론소화기) | |

| 분 류 | 명 칭 | 도시기호 |
|---|---|---|
| 기타 | 안테나 | |
| | 스피커 | |
| | 연기방연벽 | |
| | 화재방화벽 | |
| | 화재 및 연기방벽 | |
| | 비상콘센트 | |
| | 비상분전반 | |
| | 가스계소화설비의 수동조작함 | RM |
| | 전동기구동 | M |
| | 엔진구동 | E |
| | 배관행거 | |
| | 기압계 | |
| | 배기구 | |
| | 바닥은폐선 | |
| | 노출배선 | |
| | 소화가스패키지 | PAC |

(5) 특정소방대상물 가운데 대통령령으로 정하는 "소방시설을 설치하지 않을 수 있는 특정소방대상물과 그에 따른 소방시설의 범위"를 다음 빈칸에 각각 쓰시오. (4점)

| 구 분 | 특정소방대상물 | 소방시설 |
|---|---|---|
| 화재안전기준을 적용하기 어려운 특정소방대상물 | A | B |
| | C | D |

정답 A : 펄프공장의 작업장, 음료수공장의 세정 또는 충전을 하는 작업장, 그 밖에 이와 비슷한 용도로 사용하는 것

B : 스프링클러설비, 상수도소화용수설비 및 연결살수설비

C : 정수장, 수영장, 목욕장, 농예 · 축산 · 어류양식용 시설, 그 밖에 이와 비슷한 용도로 사용되는 것

D : 자동화재탐지설비, 상수도소화용수설비 및 연결살수설비

해설 **소방시설을 설치하지 않을 수 있는 특정소방대상물 및 소방시설의 범위**(소방시설법 시행령 〔별표 6〕)

| 구 분 | 특정소방대상물 | 소방시설 |
|---|---|---|
| 화재위험도가 낮은 특정소방대상물 | 석재, 불연성 금속, 불연성 건축재료 등의 가공공장 · 기계조립공장 또는 불연성 물품을 저장하는 창고 | ① 옥외소화전설비<br>② 연결살수설비 |
| 화재안전기준을 적용하기 어려운 특정소방대상물 | **펄**프공장의 작업장, **음**료수공장의 세정 또는 **충**전을 하는 작업장, 그 밖에 이와 비슷한 용도로 사용하는 것 | ① **스**프링클러설비<br>② **상**수도소화용수설비<br>③ **연**결살수설비<br>기억법 **펄음충 스상연** |
| | **정**수장, **수**영장, **목**욕장, **농**예 · **축**산 · **어**류양식용 시설, 그 밖에 이와 비슷한 용도로 사용되는 것 | ① **자**동화재탐지설비<br>② **상**수도소화용수설비<br>③ **연**결살수설비<br>기억법 **정수목농축어 자상연** |
| 화재안전기준을 달리 적용해야 하는 특수한 용도 또는 구조를 가진 특정소방대상물 | 원자력발전소, 중 · 저준위 방사성폐기물의 저장시설 | ① 연결송수관설비<br>② 연결살수설비 |
| 「위험물안전관리법」에 따른 자체소방대가 설치된 특정소방대상물 | 자체소방대가 설치된 위험물제조소등에 부속된 사무실 | ① 옥내소화전설비<br>② 소화용수설비<br>③ 연결살수설비<br>④ 연결송수관설비 |

17회

(6) 다음 조건을 참조하여 물음에 답하시오. (단, 다음 조건에서 제시하지 않은 사항은 고려하지 않는다.) (12점)

〔조건〕

㉮ 최근에 준공한 내화구조의 건축물로서 소방대상물의 용도는 복합건축물이며, 지하 3층, 지상 11층으로 1개층의 바닥면적은 1000m$^2$이다.

㉯ 지하 3층부터 지하 2층까지 주차장, 지하 1층은 판매시설, 지상 1층부터 11층까지는 업무시설이다.

㉰ 소방대상물의 각 층별 높이는 5.0m이다.

㉱ 물탱크는 지하 3층 기계실에 설치되어 있고, 소화펌프흡입구보다 높으며, 기계실과 물탱크실은 별도로 구획되어 있다.

㉲ 옥상에는 옥상수조가 설치되어 있다.

㉳ 펌프의 기동을 위해 기동용 수압개폐장치가 설치되어 있다.

㉴ 한 개층에 설치된 스프링클러헤드수는 160개이고 지하 1층부터 지하 11층까지 모두 하향식 헤드만 설치되어 있다.

㉵ 스프링클러설비 적용현황
- 지하 3층, 지하 1층~지상 11층은 습식 스프링클러설비(알람밸브) 방식이다.
- 지하 2층은 준비작동식 스프링클러설비 방식이다.

㉶ 옥내소화전은 층별로 5개가 설치되어 있다.

㉷ 소화 주펌프의 명판을 확인한 결과 정격양정은 105m이다.

㉸ 체절양정은 정격양정의 130%이다.

㉹ 소화펌프 및 소화배관은 스프링클러설비와 옥내소화전설비를 겸용으로 사용한다.

㉺ 지하 1층과 지상 11층은 콘크리트슬래브(천장) 하단에 가연성 단열재(100mm)로 시공되었다.

㉻ 반자의 재질
- 지상 1층, 11층은 준불연재료이다.
- 지하 1층, 지상 2~10층은 불연재료이다.

반자와 콘크리트슬래브(천장) 하단까지의 거리는 다음과 같다.(주차장 제외)
- 지하 1층은 2.2m, 지상 1층은 1.9m이며 그 외의 층은 모두 0.7m이다.

① 상기 건축물의 점검과정에서 소화수원의 적정여부를 확인하고자 한다. 모든 수원용량(저수조 및 옥상수조)을 구하시오. (2점)

② 스프링클러헤드의 설치상태를 점검한 결과, 일부 층에서 천장과 반자 사이에 스프링클러헤드가 누락된 것이 확인되었다. 지하주차장을 제외한 층 중 천장과 반자 사이에 스프링클러헤드를 화재안전기준에 적합하게 설치해야 하는 층과 스프링클러가 설치되어야 하는 이유를 쓰시오. (4점)

③ 무부하시험, 정격부하시험 및 최대부하시험 방법을 설명하고 실제 성능시험을 실시하여 그 값을 토대로 펌프성능시험곡선을 작성하시오. (6점)

**정답** ① ㉠ 계산과정 : 저수조 수원량 $Q=1.6\times30+2.6\times2=53.2\text{m}^3$

옥상수조 수원량 $Q=1.6\times30\times\dfrac{1}{3}+2.6\times2\times\dfrac{1}{3}=17.733 ≒ 17.73\text{m}^3$

㉡ 답 : 저수조 수원량 : 53.2m³

옥상수조 수원량 : 17.73m³

② ㉠ 설치해야 하는 층 : 지하 1층, 지상 1층, 지상 11층

㉡ 설치되어야 하는 이유

- 지하 1층 : 반자는 불연재료, 천장은 가연성 단열재, 천장과 반자 사이의 거리는 2.2m로 스프링클러헤드 제외대상에 해당하지 않음
- 지상 1층 : 반자는 준불연재료, 천장은 콘크리트슬래브(불연재료), 천장과 반자 사이의 거리는 1.9m로 스프링클러헤드 제외대상에 해당하지 않음
- 지상 11층 : 반자는 준불연재료, 천장은 가연성 단열재, 천장과 반자 사이의 거리는 0.7m로 스프링클러헤드 제외대상에 해당하지 않음

③ ㉠ 무부하시험

- 펌프토출측 개폐밸브 및 성능시험배관의 개폐밸브, 유량조절밸브를 잠근 상태에서 펌프를 기동한다.
- 압력계의 지시치가 정격토출압력의 140% 이하인지를 확인한다.

㉡ 정격부하시험

- 펌프를 기동한 상태에서 성능시험배관의 개폐밸브를 완전개방하고 유량조절밸브를 서서히 개방하여 유량계를 통과하는 유량이 정격토출유량이 되도록 조정한다.
- 압력계의 지시치가 정격토출압력 이상이 되는지를 확인한다.

㉢ 최대부하시험

- 유량조절밸브를 조금 더 개방하여 유량계를 통과하는 유량이 정격토출유량의 150%가 되도록 조정한다.
- 압력계의 지시치가 정격토출압력의 65% 이상인지를 확인한다.

㉣ 펌프성능시험곡선

| 구 분 | 토출량[L/min] | 양정[m] |
|---|---|---|
| 무부하시험 | 0L/min | 105×1.3=136.5m |
| 정격부하시험 | 30×80+2×130=2660L/min | 105m |
| 최대부하시험 | 2660×1.5=3990L/min | 105×0.65=68.25m |

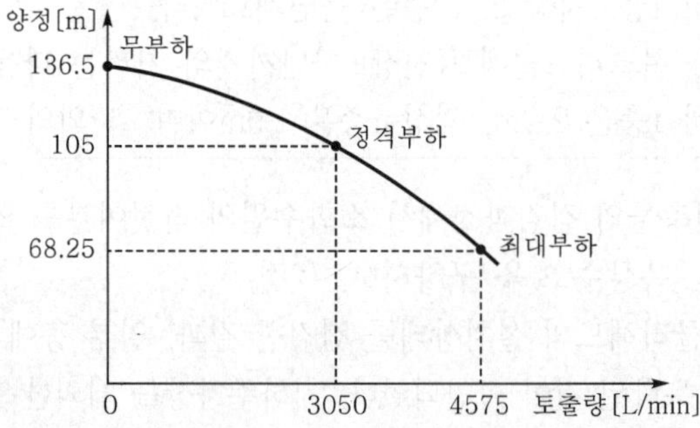


**해설** (1) 하나의 펌프에 두 개의 설비가 함께 연결된 경우

| 구 분 | 적 용 |
|---|---|
| 펌프의 전양정 | 두 설비의 전양정 중 **큰 값** |
| 펌프의 유량(토출량) | 두 설비의 유량(토출량)을 **더한 값** |
| 수원의 저수량 | 두 설비의 저수량을 **더한 값** |

**저수조 수원의 양**

① **스프링클러설비**의 **수원**의 **양**

| 특정소방대상물 | | 폐쇄형 헤드의 기준개수 |
|---|---|---|
| 지하가 · 지하역사 | | 30 |
| 11층 이상 → | | 30 |
| 10층 이하 | 공장(특수가연물) | 30 |
| 10층 이하 | 판매시설(백화점 등), 복합건축물(판매시설이 설치된 것) | 30 |
| 10층 이하 | 근린생활시설, 운수시설 | 20 |
| 10층 이하 | 8m 이상 | 20 |
| 10층 이하 | 8m 미만 | 10 |
| 공동주택(아파트 등) | | 10(각 동이 주차장으로 연결된 경우 30) |

$Q=1.6N$ (30층 미만)
$Q=3.2N$ (30~49층 이하)
$Q=4.8N$ (50층 이상)

여기서, $Q$ : 수원의 저수량[m³]
$N$ : 폐쇄형 헤드의 기준개수(설치개수가 기준개수보다 적으면 그 설치개수)

**수원**의 **저수량** $Q_1=1.6N=1.6\times30=$ **48m³**

• [조건 ㉮]에서 **30층 미만**이고 **지상 11층**이므로 폐쇄형 헤드의 기준개수는 **30개**

② **옥내소화전설비**의 **수원**의 **양**

$Q=2.6N$ (30층 미만)
$Q=5.2N$ (30~49층 이하)
$Q=7.8N$ (50층 이상)

여기서, $Q$ : 수원의 저수량[m³]
$N$ : 가장 많은 층의 소화전개수(30층 미만 : **최대 2개**, 30층 이상 : **최대 5개**)

**수원**의 **저수량** $Q_2=2.6N=2.6\times2=$ **5.2m³**

• [조건 ㉶]에 의해 옥내소화전은 **5개**이지만 $N$=2(최대 2개)

$\therefore\ Q=Q_1+Q_2=48\text{m}^3+5.2\text{m}^3=$ **53.2m³**

**옥상수조 수원의 양**

① **스프링클러설비**의 **수원**의 **양**

$Q'=1.6N\times\frac{1}{3}$ (30층 미만)

$Q'=3.2N\times\frac{1}{3}$ (30~49층 이하)

$Q'=4.8N\times\frac{1}{3}$ (50층 이상)

여기서, $Q'$ : 옥상수조 수원의 양[m³]
$N$ : 폐쇄형 헤드의 기준개수(설치개수가 기준개수보다 적으면 그 설치개수)

**옥상수조 수원**의 **양** $Q_1'=1.6N\times\frac{1}{3}=1.6\times30\times\frac{1}{3}=16\text{m}^3$

• [조건 ㉮]에서 **30층 미만**이고 **지상 11층**이므로 폐쇄형 헤드의 기준개수는 **30개**

② **옥내소화전설비**의 **수원**의 **양**

$Q' = 2.6N \times \frac{1}{3}$(30층 미만)

$Q' = 5.2N \times \frac{1}{3}$(30~49층 이하)

$Q' = 7.8N \times \frac{1}{3}$(50층 이상)

여기서, $Q'$ : 옥상수조 수원의 양[m³]

$N$ : 가장 많은 층의 소화전개수(30층 미만 : **최대 2개**, 30층 이상 : **최대 5개**)

옥상수조 수원의 양 $Q_2' = 2.6N \times \frac{1}{3} = 2.6 \times 2 \times \frac{1}{3} = 1.733\text{m}^3$

- [조건 ㉮]에 의해 옥내소화전은 **5개**이지만 $N$=2(최대 2개)

$Q' = Q_1' + Q_2' = 16\text{m}^3 + 1.733\text{m}^3 = 17.733 \fallingdotseq \mathbf{17.73m^3}$

(2)

| 층 | 천 장 | | 반자 재질 | 반자-천장 하단까지의 거리 | 설치이유 |
|---|---|---|---|---|---|
| | 재 질 | 천장하단 | | | |
| 지하 1층 | 불연재료 [조건 ㉶] | 가연성 단열재 두께 100mm [조건 ㉶] | 불연재료 [조건 ㉻] | 2.2m [조건 ㉻] | 천장·반자 중 **한쪽**이 **불연재료**로 되어 있고 천장과 반자 사이의 거리가 **1m 이상**인 부분으로 **스프링클러헤드**를 **설치**하여야 함 |
| | ∴ 가연재료 | | | | |
| 지상 1층 | 불연재료 [조건 ㉶] | – | 준불연재료 [조건 ㉻] | 1.9m [조건 ㉻] | 천장·반자 중 **한쪽**이 **불연재료**로 되어 있고 천장과 반자 사이의 거리가 **1m 이상**인 부분으로 **스프링클러헤드**를 **설치**하여야 함 |
| | ∴ 불연재료 | | | | |
| 지상 2~10층 | 불연재료 [조건 ㉶] | – | 불연재료 [조건 ㉻] | 0.7m [조건 ㉻] | 천장과 반자 **양쪽**이 **불연재료**로 되어 있고 천장과 반자 사이의 거리가 **2m 미만**인 부분으로 **스프링클러헤드**를 **제외**할 수 있음 |
| | ∴ 불연재료 | | | | |
| 지상 11층 | 불연재료 [조건 ㉶] | 가연성 단열재 두께 100mm [조건 ㉶] | 준불연재료 [조건 ㉻] | 0.7m [조건 ㉻] | 천장 및 반자가 **불연재료 외**의 것으로 되어 있고 천장과 반자 사이의 거리가 **0.5m 이상**인 부분으로 **스프링클러헤드**를 **설치**하여야 함 |
| | ∴ 가연재료 | | | | |

① [조건 ㉶]의 내용으로 비추어 보아 **지하 1층~지상 11층**까지의 천장은 모두 **콘크리트슬래브(불연재료)**로 되어 있다는 것을 알 수 있다. 여기에 추가로 **지하 1층**과 **지상 11층**에만 **가연성 단열재**(가연재료)를 시공한 형태이다.

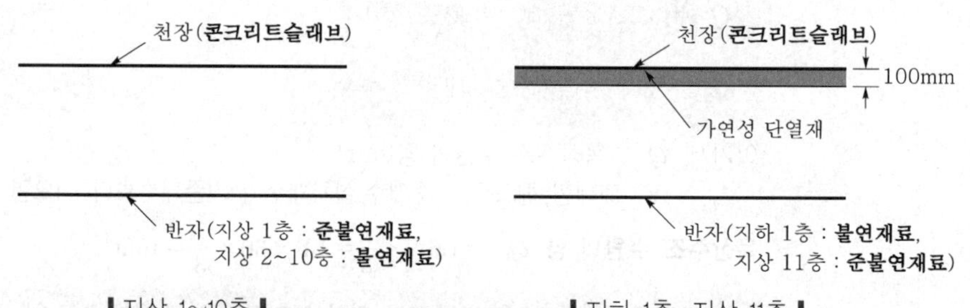


▌지상 1~10층▐　　▌지하 1층, 지상 11층▐


17회

② **스프링클러설비**의 **스프링클러헤드 설치제외장소**(NFPC 103 제15조, NFTC 103 2.12.1)

㉠ **계단실**(특별피난계단의 부속실 포함)·**경사로**·**승강기**의 **승강로**·**비상용 승강기**의 **승강장**·**파이프덕트** 및 **덕트피트**(파이프·덕트를 통과시키기 위한 구획된 구멍에 한함)·**목욕실**·**수영장**(관람석부분 제외)·**화장실**·직접 외기에 개방되어 있는 복도·기타 이와 유사한 장소

㉡ **통신기기실**·**전자기기실**·기타 이와 유사한 장소

㉢ **발전실**·**변전실**·**변압기**·기타 이와 유사한 전기설비가 설치되어 있는 장소

㉣ **병**원의 **수술실**·**응급처치실**·기타 이와 유사한 장소

㉤ 천장과 반자 양쪽이 **불연재료**로 되어 있는 경우로서 그 사이의 거리 및 구조가 다음의 어느 하나에 해당하는 부분

• 천장과 반자 사이의 거리가 **2m 미만**인 부분

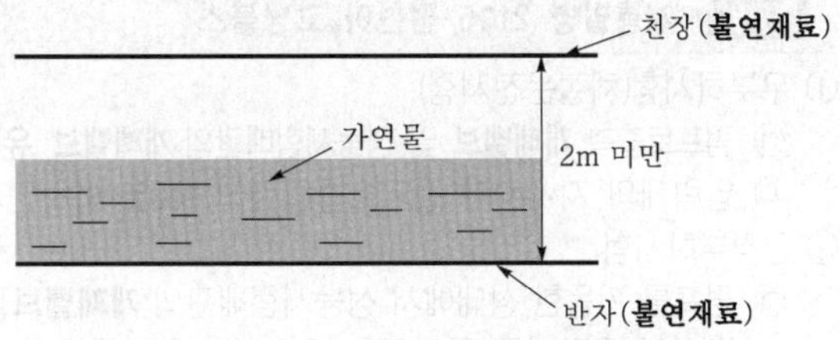


▌천장－반자 사이 2m 미만▐

• 천장과 반자 사이의 벽이 **불연재료**이고 천장과 반자 사이의 거리가 **2m 이상**으로서 그 사이에 가연물이 존재하지 않는 부분

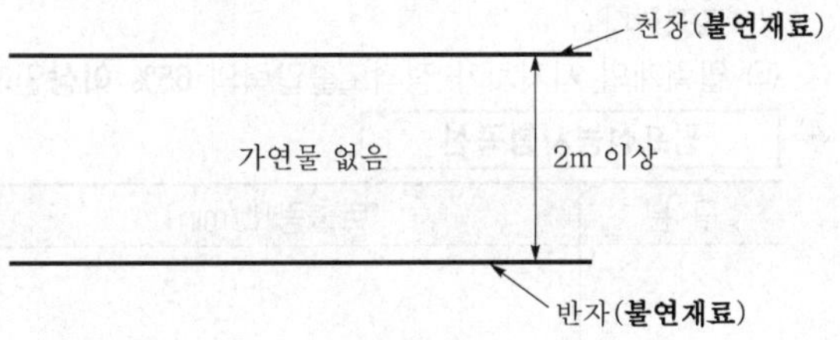


▌천장－반자 사이 2m 이상▐

㉥ 천장·반자 중 **한쪽**이 **불연재료**로 되어 있고 천장과 반자 사이의 거리가 **1m 미만**인 부분

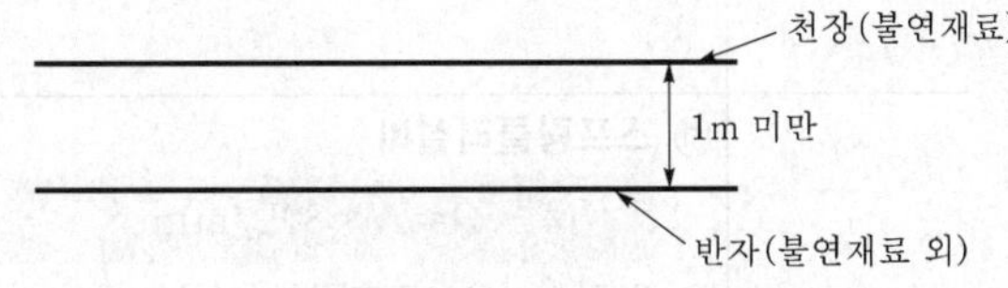


▌천장－반자 사이 1m 미만▐

㉦ 천장 및 반자가 **불연재료 외**의 것으로 되어 있고 천장과 반자 사이의 거리가 **0.5m 미만**인 부분

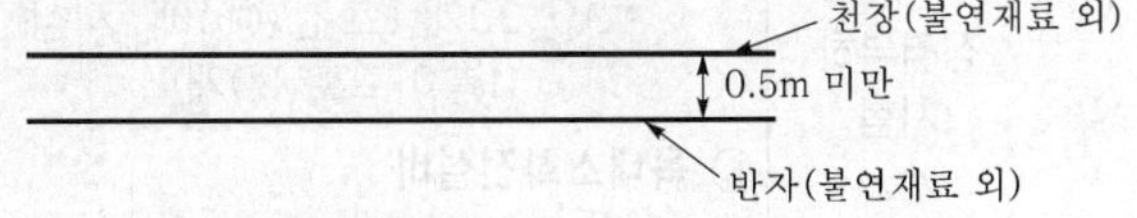


▌천장－반자 사이 0.5m 미만▐

㉧ **펌프실**·**물탱크실 엘리베이터 권상기실** 그 밖의 이와 비슷한 장소

㉨ **현관** 또는 **로비 등**으로서 바닥으로부터 높이가 **20m 이상**인 장소

㉩ **영하**의 **냉**장창고의 **냉장실** 또는 냉동창고의 **냉동실**

㉪ **고온**의 **노**가 설치된 장소 또는 **물**과 **격렬**하게 **반응**하는 **물품**의 저장 또는 취급장소

ⓔ 불연재료로 된 특정소방대상물 또는 그 부분으로서 다음의 어느 하나에 해당하는 장소
- **정수장 · 오물처리장**, 그 밖의 이와 비슷한 장소
- **펄프공장**의 **작업장 · 음료수공장**의 **세정** 또는 **충전**하는 **작업장**, 그 밖의 이와 비슷한 장소
- 불연성의 **금속 · 석재** 등의 **가공공장**으로서 가연성 물질을 저장 또는 취급하지 않는 장소
- 가연성 물질이 존재하지 않는 「건축물의 에너지절약 설계기준」에 따른 방풍실

기억법 **정오불펄음(정오불포럼)**

ⓕ 실내에 설치된 **테니스장 · 게이트볼장 · 정구장** 또는 이와 비슷한 장소로서 실내 바닥 · 벽 · 천장이 **불연재료** 또는 **준불연재료**로 구성되어 있고 가연물이 존재하지 않는 장소로서 **관람석**이 **없는 운동시설**(지하층 제외)

기억법 **계통발병 2105 펌현아 고냉불스**

(3) ① 무부하시험(체절운전시험)
㉠ 펌프토출측 **개폐밸브** 및 성능시험배관의 **개폐밸브**, **유량조절밸브**를 잠근 상태에서 펌프를 기동한다.
㉡ 압력계의 지시치가 정격토출압력의 **140% 이하**인지를 확인한다.

② 정격부하시험
㉠ 펌프를 기동한 상태에서 성능시험배관의 **개폐밸브**를 **완전개방**하고 **유량조절밸브**를 **서서히 개방**하여 유량계를 통과하는 유량이 정격토출유량이 되도록 조정한다.
㉡ 압력계의 지시치가 **정격토출압력** 이상이 되는지를 확인한다.

③ 최대부하시험(피크부하시험, 최대운전시험, 과부하운전시험)
㉠ **유량조절밸브**를 조금 더 개방하여 유량계를 통과하는 유량이 정격토출유량의 **150%**가 되도록 조정한다.
㉡ 압력계의 지시치가 정격토출압력의 **65% 이상**인지를 확인한다.

④ **펌프성능시험곡선**

| 구 분 | 토출량[L/min] | 양정[m] |
|---|---|---|
| 무부하시험 | 0L/min | 무부하시의 양정<br>=정격부하시의 양정×체절양정<br>=105m×1.3=136.5m<br>• [조건 ㉮]에서 체절양정은 정격양정의 130%이므로 1.3을 곱함 |
| 정격부하시험 | ㉠ **스프링클러설비**<br>$Q=N\times 80\text{L/min}$<br>여기서, $Q$ : 토출량[L/min]<br>$N$ : 폐쇄형 헤드의 기준개수(설치개수가 기준개수보다 작으면 그 설치개수)<br>• $N$ : 30개([조건 ㉴]에 지상 11층이므로 30개)<br>㉡ **옥내소화전설비**<br>$Q=N\times 130\text{L/min}$<br>여기서, $Q$ : 토출량[L/min]<br>$N$ : 가장 많은 층의 소화전 개수(30층 미만 : **최대 2개**, 30층 이상 : **최대 5개**) | 정격부하시의 양정<br>=105m([조건 ㉷]에서 주어진 값) |

| | | |
|---|---|---|
| 정격부하 시험 | • $N$ : 2개([조건 ㉮]에서 5개이지만 최대 2개)<br>㉢ **정격토출유량**<br>$Q=N\times 80\text{L/min}$<br>$+N\times 130\text{L/min}$<br>$=30\times 80\text{L/min}+2\times 130\text{L/min}$<br>$=2660\text{L/min}$ | 정격부하시의 양정<br>=105m([조건 ㉮]에서 주어진 값) |
| 최대부하 시험 | 최대부하시의 토출량<br>=정격토출유량×1.5<br>=2660L/min×1.5<br>=3990L/min<br>• 최대부하시험은 정격토출유량의 150%가 되도록 조정해야 하므로 1.5를 곱함 | 최대부하시의 양정<br>=정격부하시의 양정×0.65<br>=105m×0.65=68.25m<br>• 최대부하시의 양정은 정격토출압력 또는 정격토출양정의 65% 이상이어야 하므로 0.65를 곱함 |

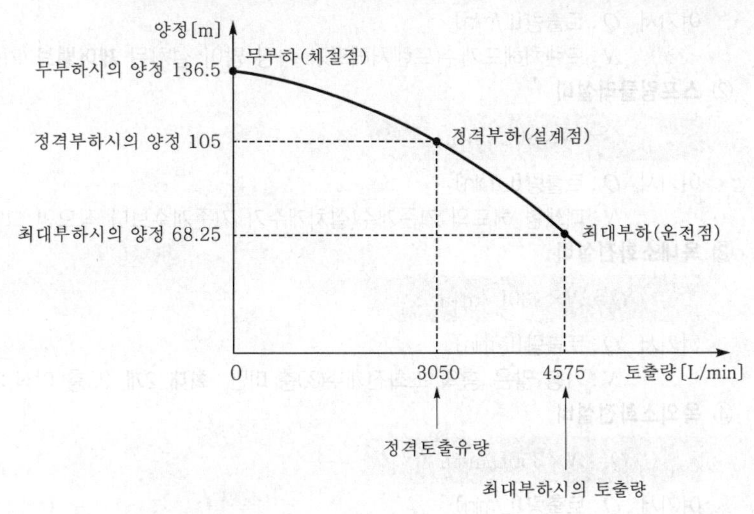


중요

(1) **펌프**의 **성능곡선**

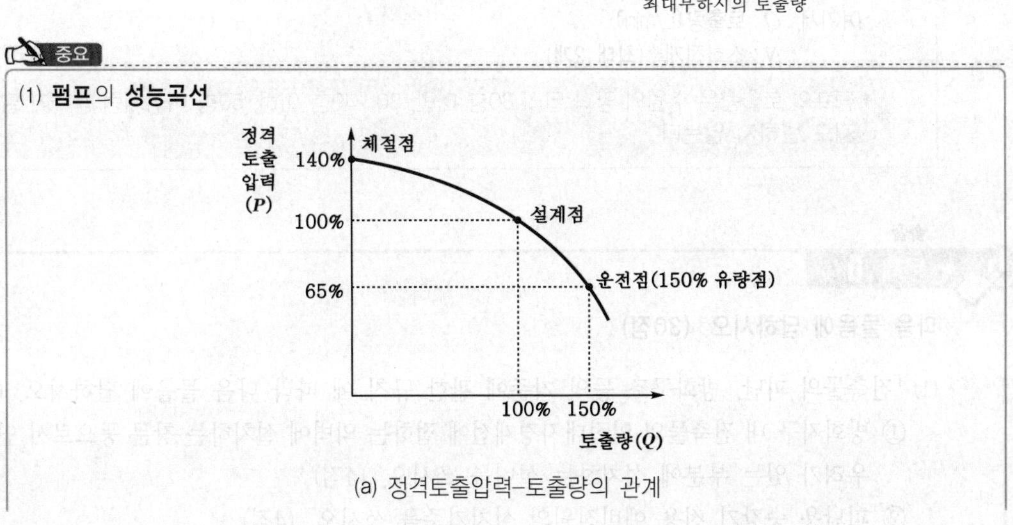


(a) 정격토출압력-토출량의 관계

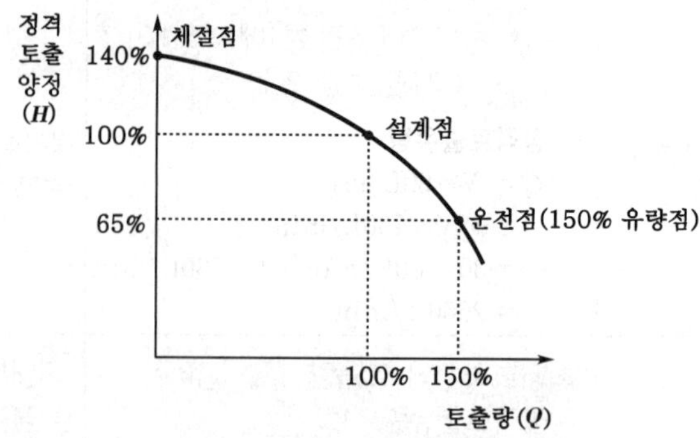


(b) 정격토출양정-토출량의 관계

▌펌프의 성능곡선▌

(2) **펌프**의 **토출량**(방수량)

① **드렌처설비**

$$Q = N \times 80\text{L/min}$$

여기서, $Q$ : 토출량[L/min]

$N$ : 드렌처헤드개수(드렌처헤드가 가장 많이 설치된 **제어밸브** 기준)

② **스프링클러설비**

$$Q = N \times 80\text{L/min}$$

여기서, $Q$ : 토출량[L/min]

$N$ : 폐쇄형 헤드의 기준개수(설치개수가 기준개수보다 작으면 그 설치개수)

③ **옥내소화전설비**

$$Q = N \times 130\text{L/min}$$

여기서, $Q$ : 토출량[L/min]

$N$ : 가장 많은 층의 소화전개수(30층 미만 : **최대 2개**, 30층 이상 : **최대 5개**)

④ **옥외소화전설비**

$$Q = N \times 350\text{L/min}$$

여기서, $Q$ : 토출량[L/min]

$N$ : 소화전개수(**최대 2개**)

• 펌프의 토출량은 수원의 양과 달리 30층 미만, 30~49층 이하, 50층 이상처럼 층수가 달라져도 변하지 않는다.

☆☆

문제 02

다음 물음에 답하시오. (30점)

(1) 「건축물의 피난, 방화구조 등의 기준에 관한 규칙」에 따라 다음 물음에 답하시오. (8점)

① 방화지구 내 건축물의 인접대지경계선에 접하는 외벽에 설치하는 창문 등으로서 연소할 우려가 있는 부분에 설치하는 설비를 쓰시오. (4점)

② 피난용 승강기 전용 예비전원의 설치기준을 쓰시오. (4점)

(2) 소방시설관리사가 종합점검 과정에서 해당 건축물 내 다중이용업소수가 지난해보다 크게 증가하여 이에 대한 화재위험평가를 해야 한다고 판단하였다. 「다중이용업소의 안전관리에 관한 특별법」에 따라 다중이용업소에 대한 화재위험평가를 해야 하는 경우를 쓰시오. (3점)

(3) 방화구획 대상건축물에 방화구획을 적용하지 아니하거나 그 사용에 지장이 없는 범위에서 방화구획을 완화하여 적용할 수 있는 경우 7가지를 쓰시오. (7점)

○

○

○

○

○

○

○

(4) 제연 TAB(Testing Adjusting Balancing)과정에서 소방시설관리사가 제연설비 작동 중에 거실에서 부속실로 통하는 출입문 개방에 필요한 힘을 구하려고 한다. 다음 조건을 보고 물음에 답하시오. (단, 계산과정을 쓰고, 답은 소수점 3째자리에서 반올림하여 2째자리까지 구하시오.) (7점)

〔조건〕
㉮ 지하 2층, 지상 20층 공동주택
㉯ 부속실과 거실 사이의 차압은 50Pa
㉰ 제연설비 작동 전 거실에서 부속실로 통하는 출입문 개방에 필요한 힘은 60N
㉱ 출입문 높이 2.1m, 폭은 1.1m
㉲ 문의 손잡이에서 문의 모서리까지의 거리 0.1m
㉳ $K_d$= 상수(1.0)

① 제연설비 작동 중에 거실에서 부속실로 통하는 출입문 개방에 필요한 힘〔N〕을 구하시오. (5점) (설계 08. 9. 문2)

② 국가화재안전기준의 제연설비가 작동되었을 경우 출입문의 개방에 필요한 최대 힘〔N〕과 ①에서 구한 거실에서 부속실로 통하는 출입문 개방에 필요한 힘〔N〕의 차이를 구하시오. (2점)

(5) 소방시설관리사가 종합점검 중에 연결송수관설비 가압송수장치를 기동하여 연결송수관용 방수구에서 피토게이지로 측정한 방수압력이 72.54psi일 때 방수량〔$m^3$/min〕을 계산하시오. (단, 계산과정을 쓰고, 답은 소수점 3째자리에서 반올림하여 2째자리까지 구하시오.) (5점)

(1)「건축물의 피난, 방화구조 등의 기준에 관한 규칙」에 따라 다음 물음에 답하시오. (8점)

① 방화지구 내 건축물의 인접대지경계선에 접하는 외벽에 설치하는 창문 등으로서 연소할 우려가 있는 부분에 설치하는 설비를 쓰시오. (4점)

② 피난용 승강기 전용 예비전원의 설치기준을 쓰시오. (4점)

정답 ① ㉠ 60분+방화문 또는 60분 방화문

㉡ 소방법령이 정하는 기준에 적합하게 창문 등에 설치하는 드렌처

㉢ 당해 창문 등과 연소할 우려가 있는 다른 건축물의 부분을 차단하는 내화구조나 불연재료로 된 벽·담장 기타 이와 유사한 방화설비

㉣ 환기구멍에 설치하는 불연재료로 된 방화커버 또는 그물눈이 2mm 이하인 금속망

② ㉠ 정전시 피난용 승강기, 기계실, 승강장 및 폐쇄회로 텔레비전 등의 설비를 작동할 수 있는 별도의 예비전원설비를 설치할 것

㉡ 예비전원은 초고층 건축물의 경우에는 2시간 이상, 준초고층 건축물의 경우에는 1시간 이상 작동이 가능한 용량일 것

㉢ 상용전원과 예비전원의 공급을 자동 또는 수동으로 전환이 가능한 설비를 갖출 것

㉣ 전선관 및 배선은 고온에 견딜 수 있는 내열성 자재를 사용하고, 방수조치를 할 것

해설 ① **방화지구 내 건축물의 인접대지경계선에 접하는 외벽에 설치하는 창문 등으로서 연소할 우려가 있는 부분에 필요한 설비**(건축물방화구조규칙 제23조)

㉠ **60분+방화문 또는 60분 방화문**

㉡ 소방법령이 정하는 기준에 적합하게 **창문** 등에 설치하는 **드렌처**

㉢ 당해 창문 등과 연소할 우려가 있는 다른 건축물의 부분을 차단하는 **내화구조**나 **불연재료**로 된 벽·담장 기타 이와 유사한 **방화설비**

㉣ 환기구멍에 설치하는 **불연재료**로 된 방화커버 또는 그물눈이 **2mm** 이하인 **금속망**

② **건축물의 피난·방화구조 등의 기준에 관한 규칙 제30조**

㉠ **피난용 승강기 전용 예비전원**

- 정전시 피난용 승강기, 기계실, 승강장 및 폐쇄회로 텔레비전 등의 설비를 작동할 수 있는 **별도**의 **예비전원설비**를 설치할 것
- 예비전원은 **초고층 건축물**의 경우에는 **2시간** 이상, **준초고층 건축물**의 경우에는 **1시간** 이상 작동이 가능한 용량일 것
- 상용전원과 예비전원의 공급을 **자동** 또는 **수동**으로 전환이 가능한 설비를 갖출 것
- 전선관 및 배선은 고온에 견딜 수 있는 **내열성 자재**를 사용하고, **방수조치**를 할 것

㉡ **피난용 승강기 승강장**의 **구조**

- 승강장의 출입구를 제외한 부분은 해당 건축물의 다른 부분과 **내화구조**의 **바닥** 및 **벽**으로 구획할 것
- 승강장은 각 층의 내부와 연결될 수 있도록 하되, 그 출입구에는 **60분+방화문** 또는 **60분 방화문**을 설치할 것. 이 경우 방화문은 **언제나 닫힌상태**를 유지할 수 있는 구조이어야 한다.
- 실내에 접하는 부분(바닥 및 반자 등 실내에 면한 모든 부분을 말함)의 마감(마감을 위한 바탕을 포함)은 **불연재료**로 할 것
- 「건축물의 설비기준 등에 관한 규칙」에 따른 **배연설비**를 설치할 것(단, 「소방시설 설치 및 관리에 관한 법률 시행령」〔별표 5〕에 따른 제연설비를 설치한 경우에는 **배연설비**를 **설치**제외 가능)

㉢ **피난용 승강기 승강로**의 **구조**

- 승강로는 해당 건축물의 다른 부분과 **내화구조**로 구획할 것
- 승강로 상부에 「건축물의 설비기준 등에 관한 규칙」에 따른 **배연설비**를 설치할 것

17회

㉣ **피난용 승강기 기계실**의 **구조**
- 출입구를 제외한 부분은 해당 건축물의 다른 부분과 **내화구조**의 **바닥** 및 **벽**으로 구획할 것
- 출입구에는 **60분+방화문** 또는 **60분 방화문**을 설치할 것

(2) 소방시설관리사가 종합점검 과정에서 해당 건축물 내 다중이용업소수가 지난해보다 크게 증가하여 이에 대한 화재위험평가를 해야 한다고 판단하였다. 「다중이용업소의 안전관리에 관한 특별법」에 따라 다중이용업소에 대한 화재위험평가를 해야 하는 경우를 쓰시오. (3점)

정답 ① 2000$m^2$ 지역 안에 다중이용업소가 50개 이상 밀집하여 있는 경우
② 5층 이상인 건축물로서 다중이용업소가 10개 이상 있는 경우
③ 하나의 건축물에 다중이용업소로 사용하는 영업장 바닥면적의 합계가 1000$m^2$ 이상인 경우

해설 **다중이용업소에 대한 화재위험평가를 할 수 있는 경우**(다중이용업소법 제15조)
① **2000$m^2$** 지역 안에 다중이용업소가 **50개** 이상 밀집하여 있는 경우
② **5층** 이상인 건축물로서 다중이용업소가 **10개** 이상 있는 경우
③ 하나의 건축물에 다중이용업소로 사용하는 영업장 바닥면적의 합계가 **1000$m^2$** 이상인 경우

(3) 방화구획 대상건축물에 방화구획을 적용하지 않거나 그 사용에 지장이 없는 범위에서 방화구획을 완화하여 적용할 수 있는 경우 7가지를 쓰시오. (7점)
○
○
○
○
○
○
○

정답 ① 문화 및 집회시설(동식물원 제외), 종교시설, 운동시설 또는 장례시설의 용도로 쓰는 거실로서 시선 및 활동공간의 확보를 위하여 불가피한 부분
② 물품의 제조·가공 및 운반(보관 제외) 등에 필요한 고정식 대형기기 또는 설비의 설치를 위하여 불가피한 부분(단, 지하층인 경우에는 지하층의 외벽 한쪽 면(지하층의 바닥면에서 지상층 바닥 아래면까지의 외벽면적 중 $\frac{1}{4}$ 이상이 되는 면) 전체가 건물 밖으로 개방되어 보행과 자동차의 진입·출입이 가능한 경우에 한정)
③ 계단실·복도 또는 승강기의 승강장 및 승강로으로서 그 건축물의 다른 부분과 방화구획으로 구획된 부분(단, 해당 부분에 위치하는 설비배관 등이 바닥을 관통하는 부분은 제외)
④ 건축물의 최상층 또는 피난층으로서 대규모 회의장·강당·스카이라운지·로비 또는 피난안전구역 등의 용도로 쓰는 부분으로서 그 용도로 사용하기 위하여 불가피한 부분
⑤ 복층형 공동주택의 세대별 층간 바닥부분
⑥ 주요구조부가 내화구조 또는 불연재료로 된 주차장
⑦ 단독주택, 동물 및 식물 관련 시설 또는 국방·군사시설 중 군사시설(집회, 체육, 창고 등의 용도로 사용되는 시설만 해당)로 쓰는 건축물

17회

해설 **방화구획 대상건축물에 방화구획을 적용하지 않거나 그 사용에 지장이 없는 범위에서 방화구획을 완화하여 적용할 수 있는 경우**(건축령 제46조)

① **문화 및 집회시설**(동식물원 제외), **종교시설**, **운동시설** 또는 **장례시설**의 용도로 쓰는 거실로서 시선 및 활동공간의 확보를 위하여 불가피한 부분

② 물품의 **제조 · 가공** 및 **운반**(보관 제외) 등에 필요한 **고정식 대형기기** 또는 **설비**의 설치를 위하여 불가피한 부분[단, 지하층인 경우에는 지하층의 외벽 한쪽 면(지하층의 바닥면에서 지상층 바닥 아래면까지의 외벽면적 중 $\frac{1}{4}$ 이상이 되는 면) 전체가 건물 밖으로 개방되어 보행과 자동차의 진입 · 출입이 가능한 경우에 한정]

③ **계단실 · 복도** 또는 **승강기**의 **승강장** 및 **승강로**로서 그 건축물의 다른 부분과 방화구획으로 구획된 부분(단, 해당부분에 위치하는 설비배관 등이 바닥을 관통하는 부분은 제외)

④ 건축물의 최상층 또는 피난층으로서 **대규모 회의장 · 강당 · 스카이라운지 · 로비** 또는 **피난안전구역** 등의 용도로 쓰는 부분으로서 그 용도로 사용하기 위하여 불가피한 부분

⑤ **복층형 공동주택**의 세대별 층간 바닥부분

⑥ 주요구조부가 **내화구조** 또는 **불연재료**로 된 **주차장**

⑦ **단독주택**, **동물 및 식물 관련 시설** 또는 국방 · 군사시설 중 **군사시설**(집회, 체육, 창고 등의 용도로 사용되는 시설만 해당)로 쓰는 건축물

⑧ 건축물의 1층과 2층의 일부를 동일한 용도로 사용하며 그 건축물의 다른 부분과 방화구획으로 구획된 부분(바닥면적의 합계가 500m$^2$ 이하인 경우로 한정)

(4) 제연 TAB(Testing Adjusting Balancing)과정에서 소방시설관리사가 제연설비 작동 중에 거실에서 부속실로 통하는 출입문 개방에 필요한 힘을 구하려고 한다. 다음 조건을 보고 물음에 답하시오. (단, 계산과정을 쓰고, 답은 소수점 3째자리에서 반올림하여 2째자리까지 구하시오.) (7점)

〔조건〕
㉮ 지하 2층, 지상 20층 공동주택
㉯ 부속실과 거실 사이의 차압은 50Pa
㉰ 제연설비 작동 전 거실에서 부속실로 통하는 출입문 개방에 필요한 힘은 60N
㉱ 출입문 높이 2.1m, 폭은 1.1m
㉲ 문의 손잡이에서 문의 모서리까지의 거리 0.1m
㉳ $K_d$= 상수(1.0)

① 제연설비 작동 중에 거실에서 부속실로 통하는 출입문 개방에 필요한 힘〔N〕을 구하시오. (5점) (설계 08. 9. 문2)

② 국가화재안전기준의 제연설비가 작동되었을 경우 출입문의 개방에 필요한 최대 힘〔N〕과 ①에서 구한 거실에서 부속실로 통하는 출입문 개방에 필요한 힘〔N〕의 차이를 구하시오. (2점)

정답 ① ○ 계산과정 : $60+\dfrac{1\times1.1\times(2.1\times1.1)\times50}{2(1.1-0.1)}=123.525 \fallingdotseq 123.53\text{N}$

○ 답 : 123.53N

② ○ 계산과정 : $123.53-110=13.53\text{N}$

○ 답 : 13.53N

해설 ① ㉠ **기호**

- $F_{dc}$ : **60N**([조건 ㉰]에서 주어진 값)
- $K_d$ : **1**([조건 ㉳]에서 주어진 값)
- $W$ : **1.1m**([조건 ㉱]에서 주어진 값)
- $A$ : **(2.1×1.1)m²**([조건 ㉱]에서 주어진 값)
- $\Delta P$ : **50Pa**([조건 ㉯]에서 주어진 값)
- $d$ : **0.1m**([조건 ㉲]에서 주어진 값)

㉡ **문 개방**에 필요한 전체 **힘**

$$F=F_{dc}+F_P,\ F_P=\frac{K_d WA\Delta P}{2(W-d)}$$

여기서, $F$ : 문 개방에 필요한 전체 힘(제연설비 작동상태에서 거실에서 부속실로 통하는 출입문 개방에 필요한 힘)[N]

$F_{dc}$ : 자동폐쇄장치나 경첩 등을 극복할 수 있는 힘(제연설비 작동 전 거실에서 부속실로 통하는 출입문 개방에 필요한 힘)[N]

$F_P$ : 차압에 의해 문에 미치는 힘[N]

$K_d$ : 상수

$W$ : 문의 폭[m]

$A$ : 문의 면적[m²]

$\Delta P$ : 차압[Pa]

$d$ : 문의 손잡이에서 문의 가장자리(모서리)까지의 거리[m]

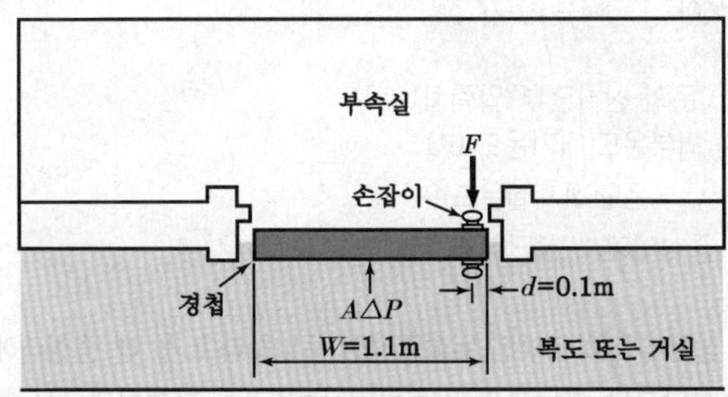


출입문 개방에 필요한 전체 힘 $F=F_{dc}+\dfrac{K_d WA\Delta P}{2(W-d)}$

$$=60\text{N}+\frac{1\times1.1\text{m}\times(2.1\times1.1)\text{m}^2\times50\text{Pa}}{2(1.1-0.1)\text{m}}$$

$$=123.525 \fallingdotseq 123.53\text{N}$$

**예제** 급기가압에 따른 62Pa의 차압이 걸려 있는 실의 문의 크기가 1m×2m일 때 문 개방에 필요한 힘〔N〕은? (단, 자동폐쇄장치나 경첩 등을 극복할 수 있는 힘은 44N이고, 문의 손잡이는 문 가장자리에서 10cm 위치에 있다.)

해설 **문 개방**에 필요한 **전체 힘**

$$F = F_{dc} + F_P,\ F_P = \frac{K_d W A \Delta P}{2(W-d)}$$

여기서, $F$ : 문 개방에 필요한 전체 힘〔N〕
$F_{dc}$ : 자동폐쇄장치나 경첩 등을 극복할 수 있는 힘〔N〕
$F_P$ : 차압에 의해 문에 미치는 힘〔N〕
$K_d$ : 상수(SI단위 : 1), $W$ : 문의 폭〔m〕
$A$ : 문의 면적〔$m^2$〕, $\Delta P$ : 차압〔Pa〕
$d$ : 문의 손잡이에서 문의 가장자리까지의 거리〔m〕

$$F = F_{dc} + \frac{K_d W A \Delta P}{2(W-d)}$$

**문 개방**에 필요한 전체 **힘** $F$는

$$F = F_{dc} + \frac{K_d W A \Delta P}{2(W-d)}$$
$$= 44\text{N} + \frac{1 \times 1\text{m} \times (1 \times 2)\text{m}^2 \times 62\text{Pa}}{2(1\text{m} - 10\text{cm})} = 44\text{N} + \frac{1 \times 1\text{m} \times 2\text{m}^2 \times 62\text{Pa}}{2(1\text{m} - 0.1\text{m})} \fallingdotseq 112.9\text{N}$$

비교

**문**의 **상하단부 압력차**

$$\Delta P = 3460\left(\frac{1}{T_o} - \frac{1}{T_i}\right) \cdot H$$

여기서, $\Delta P$ : 문의 상하단부 압력차〔Pa〕
$T_o$ : 외부온도(대기온도)〔K〕
$T_i$ : 내부온도(화재실온도)〔K〕
$H$ : 중성대에서 상단부까지의 높이〔m〕

**예제** 문의 상단부와 하단부의 누설면적이 동일하다고 할 때 중성대에서 상단부까지의 높이가 1.49m인 문의 상단부와 하단부의 압력차[Pa]는? (단, 화재실의 온도는 600℃, 외부온도는 25℃이다.)

해설 문의 **상하단부 압력차**

$$\Delta P = 3460\left(\frac{1}{T_o} - \frac{1}{T_i}\right) \cdot H$$

여기서, $\Delta P$ : 문의 상하단부 압력차〔Pa〕, $T_o$ : 외부온도(대기온도)〔K〕
$T_i$ : 내부온도(화재실온도)〔K〕, $H$ : 중성대에서 상단부까지의 높이〔m〕

문의 **상하단부 압력차** $\Delta P$는

$$\Delta P = 3460\left(\frac{1}{T_o} - \frac{1}{T_i}\right) \cdot H = 3460\left(\frac{1}{(273+25)\text{K}} - \frac{1}{(273+600)\text{K}}\right) \times 1.49\text{m} = 11.39\text{Pa}$$

17회

② **출입문 개방에 필요한 힘의 차이**[N]
=출입문의 개방에 필요한 전체 힘[N]−출입문의 개방에 필요한 최대 힘[N]
$=123.53\text{N}-110\text{N}=13.53\text{N}$

- 출입문의 개방에 필요한 전체 힘 : **123.53N**(①에서 구한 값)
- 출입문의 개방에 필요한 최대 힘 : **110N**(NFPC 501A 제6조, NFTC 501A 2.3.2)

중요

**차압 등**(NFPC 501A 제6조, NFTC 501A 2.3)
(1) 제연구역과 옥내와의 사이에 유지해야 하는 최소차압은 **40Pa**(옥내에 **스프링클러설비**가 설치된 경우에는 **12.5Pa**) **이상**으로 할 것
(2) 제연설비가 가동되었을 경우 출입문의 개방에 필요한 힘은 **110N 이하**로 할 것
(3) 출입문이 일시적으로 개방되는 경우 개방되지 않는 제연구역과 옥내와의 차압은 (1)의 기준에 따른 차압의 **70% 이상**이어야 한다.
(4) 계단실과 부속실을 동시에 제연하는 경우 부속실의 기압은 계단실과 같게 하거나 계단실의 기압보다 낮게 할 경우에는 부속실과 계단실의 압력차이는 **5Pa 이하**가 되도록 할 것

(5) 소방시설관리사가 종합점검 중에 연결송수관설비 가압송수장치를 기동하여 연결송수관용 방수구에서 피토게이지로 측정한 방수압력이 72.54psi일 때 방수량[$\text{m}^3$/min]을 계산하시오. (단, 계산과정을 쓰고, 답은 소수점 3째자리에서 반올림하여 2째자리까지 구하시오.) (5점)

정답 ○ 계산과정 : ① 노즐선단에서의 방수량

$$\frac{72.54}{14.7}\times 0.101325 \fallingdotseq 0.5\text{MPa}$$

$$Q=0.653\times 19^2\times\sqrt{10\times 0.5}$$

$$=527.115\text{L/min}=0.527115\text{m}^3/\text{min}\fallingdotseq 0.53\text{m}^3/\text{min}$$

② 방수구에서의 방수량

$$\frac{72.54}{14.7}\times 10.332 \fallingdotseq 50.985\text{m}$$

$$V=\sqrt{2\times 9.8\times 50.985}\fallingdotseq 31.6118\text{m/s}$$

$$Q=\frac{\pi\times 0.065^2}{4}\times 31.6118$$

$$\fallingdotseq 0.104\text{m}^3/\text{s}=(0.104\times 60)\text{m}^3/\text{min}=6.24\text{m}^3/\text{min}$$

○ 답 : ① 노즐선단에서의 방수량 : 0.53$\text{m}^3$/min
② 방수구에서의 방수량 : 6.24$\text{m}^3$/min

해설 **노즐선단에서의 방수량**

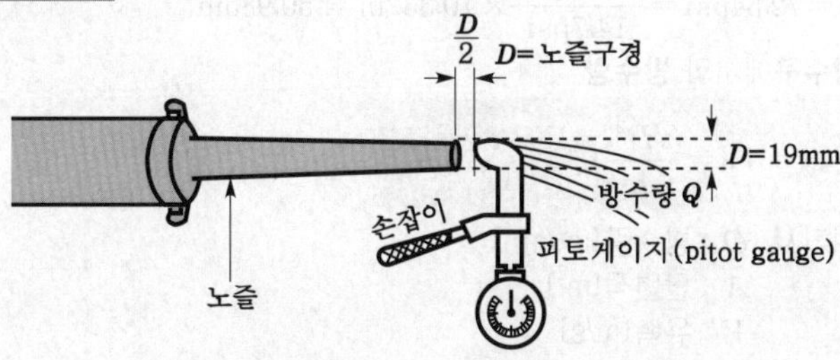


▌노즐선단에서의 방수량 측정▐

17회

① **단위변환**

**표준대기압**

$1atm = 760mmHg = 1.0332kg_f/cm^2$
$= 10.332mH_2O$ [mAq]
$= 14.7psi$ [$lb_f/in^2$]
$= 101.325kPa$ [$kN/m^2$]
$= 1013mbar$

14.7psi = 101.325kPa = 0.101325MPa

$$P = 72.54psi = \frac{72.54psi}{14.7psi} \times 0.101325MPa ≒ 0.5MPa$$

② **노즐선단에서의 방수량**

$$Q = 0.653D^2\sqrt{10P}$$

여기서, $Q$ : 방수량[L/min]
$D$ : 관의 내경[mm]
$P$ : 동압[MPa]

노즐선단에서의 방수량 $Q = 0.653D^2\sqrt{10P}$
$= 0.653 \times (19mm)^2 \times \sqrt{10 \times 0.5MPa}$
$= 527.115L/min$
$= 0.527115m^3/min$
$≒ 0.53m^3/min$

- $D$ : 문제에서 **연결송수관설비**이므로 노즐구경은 **19mm**(일반적으로 옥외소화전설비와 같이 연결송수관설비도 노즐구경은 19mm)
- 노즐선단에서의 방수량은 노즐의 흐름계수를 고려한 식 $Q = 0.653D^2\sqrt{10P}$ 를 적용해야 한다.

**방수구에서의 방수량**

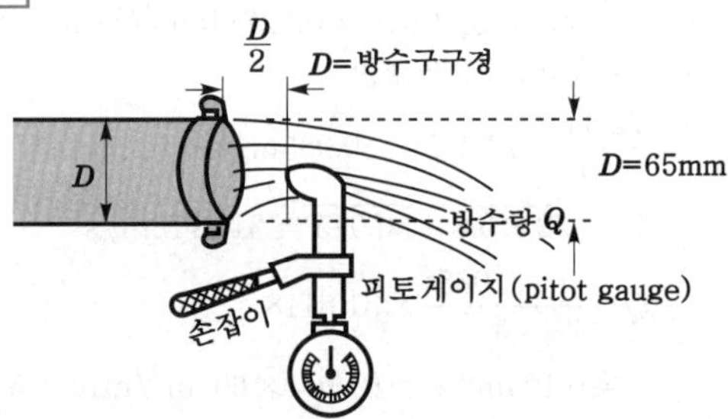


① **단위변환**

$10.332mH_2O = 14.7psi$

$$h = 72.54psi = \frac{72.54psi}{14.7psi} \times 10.332m ≒ 50.985m$$

② **방수구**에서의 **방수량**

$$Q = AV = \frac{\pi D^2}{4}V, \ V = \sqrt{2gh}$$

여기서, $Q$ : 방수량[$m^3/min$]
$A$ : 단면적[$m^2$]
$V$ : 유속[m/s]
$D$ : 내경[m]
$g$ : 중력가속도($9.8m/s^2$), $h$ : 수두[m]

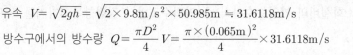

유속 $V=\sqrt{2gh}=\sqrt{2\times 9.8\text{m/s}^2\times 50.985\text{m}}\fallingdotseq 31.6118\text{m/s}$

방수구에서의 방수량 $Q=\dfrac{\pi D^2}{4}V=\dfrac{\pi\times(0.065\text{m})^2}{4}\times 31.6118\text{m/s}$

$\fallingdotseq 0.104\text{m}^3/\text{s}=(0.104\times 60)\text{m}^3/\text{min}=6.24\text{m}^3/\text{min}$

- $D$(0.065m) : NFPC 502 제6조, NFTC 502 2.3.1.5에 의해 방수구는 연결송수관설비의 전용 방수구 또는 옥내소화전 방수구로서 구경 **65mm**의 것으로 설치할 것(65mm=0.065m)
- 1min=60s, 1s= $\dfrac{1}{60}$ min이므로 0.104m³/s=0.104m³ / $\dfrac{1}{60}$ min=(0.104×60)m³/min
- 이 문제는 피토게이지로 측정한 방수압력 72.54psi가 노즐선단에서 측정한 방수압력인지, 방수구에서 측정한 방수압력인지 명확하지 않으므로 이때에는 두 가지를 함께 답하도록 한다. (단, 피토게이지는 노즐선단에서 측정하는 것이 원칙임)

중요

(1) **방수량을 구하는 식**

| 노즐선단·헤드의 방수량 | 방수구 등 노즐선단을 제외한 방수량 |
|---|---|
| $Q=0.653D^2\sqrt{10P}$<br>여기서, $Q$ : 방수량(L/min)<br>$D$ : 관의 내경(mm)<br>$P$ : 동압(MPa)<br>$Q=0.6597CD^2\sqrt{10P}$<br>여기서, $Q$ : 방수량(L/min)<br>$C$ : 노즐의 흐름계수<br>$D$ : 관의 내경(mm)<br>$P$ : 동압(MPa)<br>$Q=K\sqrt{10P}$<br>여기서, $Q$ : 방수량(L/min)<br>$K$ : 방출계수<br>$P$ : 동압(MPa) | $Q=AV=\dfrac{\pi D^2}{4}V$<br>여기서, $Q$ : 방수량(m³/s)<br>$A$ : 단면적(m²)<br>$V$ : 유속(m/s)<br>$D$ : 내경(m)<br>$V=\sqrt{2gh}$<br>여기서, $V$ : 유속(m/s)<br>$g$ : 중력가속도(9.8m/s²)<br>$h$ : 수두(m) |

(2) $Q=0.653D^2\sqrt{10P}$ 의 **유도**

$Q=0.6597CD^2\sqrt{10P}=0.6597\times 0.9898D^2\sqrt{10P}\fallingdotseq 0.653D^2\sqrt{10P}$

- $C$(0.9898) : 일반적인 노즐의 흐름계수 0.9898
- $Q=0.653D^2\sqrt{10P}$ 식은 노즐의 흐름계수 0.9898이 이미 반영된 식임

☆☆☆

문제 03

**다음 물음에 답하시오. (30점)**

(1) 종합점검표에 관하여 다음 물음에 답하시오. (12점)

① 화재조기진압용 스프링클러설비의 설치금지 장소를 쓰시오. (2점)

○

② 미분무소화설비의 가압송수장치 중 압력수조방식 점검항목 4가지를 쓰시오. (4점)

○

○

○

○

③ 피난기구 및 인명구조기구의 공통사항을 제외한 승강식 피난기, 하향식 피난구용 내림식 사다리 점검항목을 모두 쓰시오. (6점)

(2) 소방시설관리사가 지상 53층인 건축물의 점검과정에서 설계도면상 자동화재탐지설비의 통신 및 신호배선방식의 적합성 판단을 위해 「고층건축물의 화재안전기준」에서 확인해야 할 배선관련 사항을 모두 쓰시오. (2점)

(3) 화재의 예방 및 안전관리에 관한 법령상 특수가연물의 저장 및 취급기준을 쓰시오. (3점)

(4) 포소화약제 저장탱크 내 약제를 보충하고자 한다. 다음 그림을 보고 그 조작순서를 쓰시오. (단, 모든 설비는 정상상태로 유지되어 있다.) (6점)

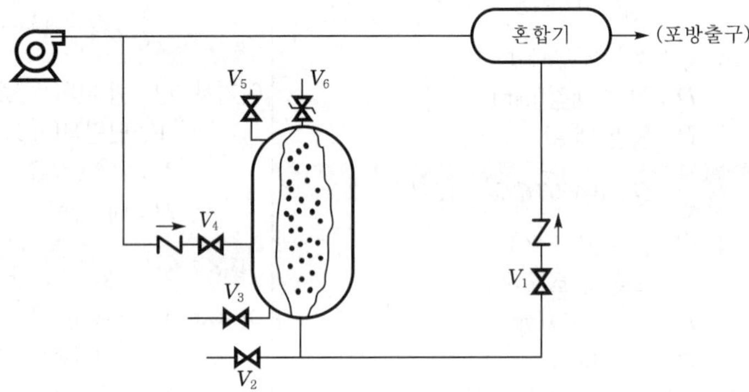


(5) 할로겐화합물 및 불활성기체 소화설비 점검과정에서 점검자의 실수로 감지기 A, B가 동시에 작동하여 소화약제가 방출되기 전에 해당 방호구역 앞에서 점검자가 즉시 적절한 조치를 취하여 약제방출을 방지했다. 다음 물음에 답하시오. (단, 여기서 약제방출 지연시간은 30초이며, 제3자의 개입은 없었다.) (3점)

① 조치를 취한 장치의 명칭 및 설치위치 (2점)

② 조치를 취한 장치의 기능 (1점)

(6) 지하 3층, 지상 5층 복합건축물의 소방안전관리자가 소방시설을 설치 · 관리하는 과정에서 고의로 제어반에서 화재발생시 소화펌프 및 제연설비가 자동으로 작동되지 않도록 조작하여 실제 화재가 발생했을 때 소화설비와 제연설비가 작동하지 않았다. 다음 물음에 답하시오. (단, 이 사고는 「소방시설 설치 및 관리에 관한 법률」 제12조 제3항을 위반하여 동법 제56조의 벌칙을 적용받았다.) (4점)

① 위 사례에서 소방안전관리자의 위반사항과 그에 따른 벌칙을 쓰시오. (2점)

② 위 사례에서 화재로 인해 사람이 상해를 입은 경우, 소방안전관리자가 받게 될 벌칙을 쓰시오. (2점)

(1) 종합점검표에 관하여 다음 물음에 답하시오. (12점)

① 화재조기진압용 스프링클러설비의 설치금지 장소를 쓰시오. (2점)

ㅇ

② 미분무소화설비의 가압송수장치 중 압력수조방식 점검항목 4가지를 쓰시오. (4점)

ㅇ

ㅇ

ㅇ

ㅇ

③ 피난기구 및 인명구조기구의 공통사항을 제외한 승강식 피난기, 하향식 피난구용 내림식 사다리 점검항목을 모두 쓰시오. (6점)

정답 ① 제4류 위험물 등이 보관된 장소

② ㉠ 동결방지조치 상태 적정 여부
㉡ 전용 압력수조 사용 여부
㉢ 압력수조의 압력 적정 여부
㉣ 작동장치 구조 및 기능 적정 여부

③ ㉠ 대피실 출입문 갑종방화문(60분+방화문 또는 60분 방화문) 설치 및 표지 부착 여부
㉡ 대피실 표지(층별 위치표시, 피난기구 사용설명서 및 주의사항) 부착 여부
㉢ 대피실 출입문 개방 및 피난기구 작동시 표시등・경보장치 작동 적정 여부 및 감시제어반 피난기구 작동 확인 가능 여부
㉣ 대피실 면적 및 하강구 규격 적정 여부
㉤ 하강구 내측 연결금속구 존재 및 피난기구 전개시 장애발생 여부
㉥ 대피실 내부 비상조명등 설치 여부

해설 ① **화재조기진압용 스프링클러설비**의 **종합점검**(소방시설 자체점검사항 등에 관한 고시 〔별지 제4호 서식〕)

17회

| 구 분 | 점검항목 |
| --- | --- |
| 설치장소의 구조 | ● 설비 설치장소의 **구조**(층고, 내화구조, 방화구획, 천장 기울기, 천장 자재 돌출부 길이, 보 간격, 선반 물 침투구조) 적합 여부 |
| 수원 | ① 주된 수원의 유효수량 적정 여부(겸용 설비 포함)<br>② 보조수원(**옥상**)의 유효수량 적정 여부 |
| 수조 | ❶ 동결방지조치 상태 적정 여부<br>② 수위계 설치 또는 수위 확인 가능 여부<br>❸ 수조 외측 고정사다리 설치 여부(바닥보다 낮은 경우 제외)<br>❹ 실내 설치시 조명설비 설치 여부<br>⑤ **"화재조기진압용 스프링클러설비용 수조"** 표지 설치 여부 및 설치상태<br>❻ 다른 소화설비와 겸용시 겸용 설비의 이름 표시한 표지 설치 여부<br>❼ **수조-수직배관** 접속부분 **"화재조기진압용 스프링클러설비용 배관"** 표지 설치 여부 |

| | | |
|---|---|---|
| 가압송수장치 | 펌프방식 | ❶ **동결방지조치** 상태 적정 여부<br>② 성능시험배관을 통한 펌프성능시험 적정 여부<br>❸ 다른 소화설비와 겸용인 경우 펌프성능 확보 가능 여부<br>④ 펌프 흡입측 **연성계 · 진공계** 및 **토출측 압력계** 등 부속장치의 변형 · 손상 유무<br>❺ 기동장치 적정 설치 및 기동압력 설정 적정 여부<br>❻ 물올림장치 설치 적정(전용 여부, 유효수량, 배관구경, 자동급수) 여부<br>❼ 충압펌프 설치 적정(토출압력, 정격토출량) 여부<br>⑧ 내연기관방식의 펌프 설치 적정(정상기동(기동장치 및 제어반) 여부, 축전지상태, 연료량) 여부<br>⑨ 가압송수장치의 **"화재조기진압용 스프링클러펌프"** 표지 설치 여부 또는 다른 소화설비와 겸용시 겸용 설비 이름 표시 부착 여부 |
| | 고가수조방식 | **수위계 · 배수관 · 급수관 · 오버플로관 · 맨홀** 등 부속장치의 변형 · 손상 유무 |
| | 압력수조방식 | ❶ 압력수조의 압력 적정 여부<br>② **수위계 · 급수관 · 급기관 · 압력계 · 안전장치 · 공기압축기** 등 부속장치의 변형 · 손상 유무 |
| | 가압수조방식 | ❶ 가압수조 및 가압원 설치장소의 방화구획 여부<br>② **수위계 · 급수관 · 배수관 · 급기관 · 압력계** 등 부속장치의 변형 · 손상 유무 |
| 방호구역 및 유수검지장치 | | ❶ 방호구역 적정 여부<br>❷ 유수검지장치 설치 적정(수량, 접근 · 점검 편의성, 높이) 여부<br>③ 유수검지장치실 설치 적정(실내 또는 구획, 출입문 크기, 표지) 여부<br>❹ **자연낙차**에 의한 유수압력과 유수검지장치의 유수검지압력 적정 여부 |
| 배관 | | ❶ 펌프의 흡입측 배관 여과장치의 상태 확인<br>❷ 성능시험배관 설치(개폐밸브, 유량조절밸브, 유량측정장치) 적정 여부<br>❸ 순환배관 설치(설치위치 · 배관구경, 릴리프밸브 개방압력) 적정 여부<br>❹ **동결방지조치** 상태 적정 여부<br>⑤ 급수배관 개폐밸브 설치(개폐표시형, 흡입측 버터플라이 제외) 및 작동표시스위치 적정(제어반 표시 및 경보, 스위치 동작 및 도통시험) 여부<br>⑥ 유수검지장치 시험장치 설치 적정(설치위치, 배관구경, 개폐밸브 및 개방형 헤드, 물받이통 및 배수관) 여부<br>❼ 다른 설비의 배관과의 구분 상태 적정 여부 |
| 음향장치 및 기동장치 | | ① 유수검지에 따른 **음향장치** 작동 가능 여부<br>❷ 음향장치 설치 담당구역 및 수평거리 적정 여부<br>❸ 주 음향장치 **수신기 내부** 또는 **직근** 설치 여부<br>❹ **우선경보방식**에 따른 경보 적정 여부<br>⑤ 음향장치(경종 등) **변형 · 손상** 확인 및 정상작동(음량 포함) 여부 |

| 음향장치 및 기동장치 | 펌프 작동 | 유수검지장치의 발신이나 기동용 수압개폐장치의 작동에 따른 펌프 기동 확인 |
|---|---|---|
| 헤드 | ① 헤드의 **변형 · 손상** 유무<br>② 헤드 **설치 위치 · 장소 · 상태**(고정) 적정 여부<br>③ 헤드 살수장애 여부<br>❹ 감열부에 영향을 받을 우려가 있는 헤드의 **차폐판** 설치 여부 | |
| 저장물의 간격 및 환기구 | ❶ 저장물품 **배치간격** 적정 여부<br>❷ 환기구 설치상태 적정 여부 | |
| 송수구 | ① 설치장소 적정 여부<br>❷ 연결배관에 개폐밸브를 설치한 경우 개폐상태 확인 및 조작가능 여부<br>❸ 송수구 설치높이 및 구경 적정 여부<br>④ 송수압력범위 표시 표지 설치 여부<br>❺ 송수구 설치 개수 적정 여부<br>❻ **자동배수밸브**(또는 배수공) · **체크밸브** 설치 여부 및 설치상태 적정 여부<br>⑦ 송수구 **마개** 설치 여부 | |
| 전원 | ❶ 대상물 수전방식에 따른 상용전원 적정 여부<br>❷ 비상전원 설치장소 적정 및 관리 여부<br>③ 자가발전설비인 경우 연료적정량 보유 여부<br>④ 자가발전설비인 경우 「전기사업법」에 따른 정기점검 결과 확인 | |
| 제어반 | ● 겸용 감시 · 동력 제어반 성능 적정 여부(겸용으로 설치된 경우) | |
| | 감시제어반 | ① 펌프 작동 여부 확인표시등 및 음향경보장치 정상작동 여부<br>② 펌프별 자동 · 수동 전환스위치 정상작동 여부<br>❸ 펌프별 수동기동 및 수동중단 기능 정상작동 여부<br>❹ 상용전원 및 비상전원 공급 확인 가능 여부(비상전원 있는 경우)<br>❺ 수조 · 물올림수조 저수위표시등 및 음향경보장치 정상작동 여부<br>⑥ 각 확인회로별 도통시험 및 작동시험 정상작동 여부<br>⑦ 예비전원 확보 유무 및 시험 적합 여부<br>❽ 감시제어반 전용실 적정 설치 및 관리 여부<br>❾ 기계 · 기구 또는 시설 등 제어 및 감시설비 외 설치 여부<br>⑩ 유수검지장치 작동시 표시 및 경보 정상작동 여부<br>⑪ 감시제어반과 수신기 간 상호 연동 여부(별도로 설치된 경우) |
| | 동력제어반 | 앞면은 **적색**으로 하고, **"화재조기진압용 스프링클러설비용 동력제어반"** 표지 설치 여부 |
| | 발전기제어반 | ● 소방전원보존형 발전기는 이를 식별할 수 있는 표지 설치 여부 |
| 설치금지 장소 | ● 설치가 금지된 장소(**제4류 위험물** 등이 보관된 장소) 설치 여부 | |
| 비고 | ※ 특정소방대상물의 위치 · 구조 · 용도 및 소방시설의 상황 등이 이 표의 항목대로 기재하기 곤란하거나 이 표에서 누락된 사항을 기재한다. | |

※ "●"는 종합점검의 경우에만 해당

중요

**설치제외장소**

(1) **이산화탄소 소화설비**의 **분사헤드 설치제외장소**(NFPC 106 제11조, NFTC 106 2.8.1)
① **방재실, 제어실** 등 사람이 상시 근무하는 장소
② **니트로셀룰로오스, 셀룰로이드제품** 등 자기연소성 물질을 저장·취급하는 장소
③ **나트륨, 칼륨, 칼슘** 등 활성 금속물질을 저장·취급하는 장소
④ **전시장** 등의 관람을 위하여 다수인이 출입·통행하는 통로 및 전시실 등

기억법 방니나전 통전이

(2) **할로겐화합물 및 불활성기체 소화설비**의 **설치제외장소**(NFPC 107A 제5조, NFTC 107A 2.2.1)
① 사람이 상주하는 곳으로서 최대허용설계농도를 초과하는 장소
② **제3류 위험물** 및 **제5류 위험물**을 저장·보관·사용하는 장소(단, 소화성능이 인정되는 위험물 제외)

기억법 상설35할제

(3) **물분무소화설비**의 **설치제외장소**(NFPC 104 제15조, NFTC 104 2.12.1)
① **물과 심하게 반응하는 물질** 또는 물과 반응하여 위험한 물질을 생성하는 물질을 저장 또는 취급하는 장소
② **고온물질** 및 증류범위가 넓어 끓어 넘치는 위험이 있는 물질을 저장 또는 취급하는 장소
③ 운전시에 표면의 온도가 **260℃** 이상으로 되는 등 직접 분무를 하는 경우 그 부분에 손상을 입힐 우려가 있는 기계장치 등이 있는 장소

기억법 물고기 26(이륙)

(4) **스프링클러헤드**의 **설치제외장소**(NFPC 103 제15조, NFTC 103 2.12.1)
① 계단실(특별피난계단의 부속실 포함), 경사로, 승강기의 승강로, 비상용 승강기의 승강장·파이프 덕트 및 덕트피트(파이프·덕트를 통과시키기 위한 구획된 구멍에 한함), 목욕실, 수영장(관람석 제외), 화장실, 직접 외기에 개방되어 있는 복도, 기타 이와 유사한 장소
② **통신기기실·전자기기실**, 기타 이와 유사한 장소
③ **발전실·변전실·변압기**, 기타 이와 유사한 전기설비가 설치되어 있는 장소
④ 병원의 **수술실·응급처치실**, 기타 이와 유사한 장소
⑤ 천장과 반자 양쪽이 **불연재료**로 되어 있는 경우로서 그 사이의 거리 및 구조가 다음에 해당하는 부분
㉠ 천장과 반자 사이의 거리가 **2m** 미만인 부분
㉡ 천장과 반자 사이의 **벽**이 **불연재료**이고 천장과 반자 사이의 거리가 **2m** 이상으로서 그 사이에 **가연물**이 **존재**하지 **않는 부분**
⑥ 천장·반자 중 한쪽이 **불연재료**로 되어 있고, 천장과 반자 사이의 거리가 **1m** 미만인 부분
⑦ 천장 및 반자가 **불연재료 외**의 것으로 되어 있고, 천장과 반자 사이의 거리가 **0.5m** 미만인 경우
⑧ **펌프실·물탱크실, 엘리베이터 권상기실**, 그 밖의 이와 비슷한 장소
⑨ **현관·로비** 등으로서 바닥에서 높이가 **20m** 이상인 장소
⑩ 영하의 냉장창고의 **냉장실** 또는 냉동창고의 **냉동실**
⑪ 고온의 노가 설치된 장소 또는 물과 격렬하게 반응하는 물품의 저장 또는 취급장소
⑫ 불연재료로 된 특정소방대상물 또는 그 부분으로서 다음에 해당하는 장소
㉠ **정수장·오물처리장**, 그 밖의 이와 비슷한 장소
㉡ **펄프공장**의 작업장·**음료수공장**의 세정 또는 충전하는 작업장, 그 밖의 이와 비슷한 장소
㉢ 불연성의 금속·석재 등의 가공공장으로서 가연성 물질을 저장 또는 취급하지 않는 장소
㉣ 가연성 물질이 존재하지 않는 「건축물의 에너지절약 설계기준」에 따른 방풍실

기억법 정오불펄음(정오불포럼)

⑬ **실내에** 설치된 **테니스장**, **게이트볼장**, **정구장** 또는 이와 비슷한 장소로서 실내 바닥, 벽, 천장이 **불연재료** 또는 **준불연재료**로 구성되어 있고 가연물이 존재하지 않는 장소로서 **관람석이 없는 운동시설**(지하층 제외)

기억법 계통발병 2105 펌현아 고냉불스

17회

② **미분무소화설비**의 **가압송수장치 종합점검**(소방시설 자체점검사항 등에 관한 고시 〔별지 4〕)

| 구 분 | 점검항목 |
|---|---|
| 펌프방식 | ❶ **동결방지조치** 상태 적정 여부<br>❷ 전용 펌프 사용 여부<br>③ 펌프 토출측 압력계 등 부속장치의 변형·손상 유무<br>④ 성능시험배관을 통한 펌프성능시험 적정 여부<br>⑤ 내연기관방식의 펌프 설치 적정(정상기동(기동장치 및 제어반) 여부, 축전지상태, 연료량) 여부<br>⑥ 가압송수장치의 **"미분무펌프"** 등 표지 설치 여부 |
| 압력수조방식 | ① **동결방지조치** 상태 적정 여부<br>❷ 전용 압력수조 사용 여부<br>③ 압력수조의 압력 적정 여부<br>④ **수위계·급수관·급기관·압력계·안전장치·공기압축기** 등 부속장치의 변형·손상 유무<br>⑤ 압력수조 토출측 압력계 설치 및 적정 범위 여부<br>⑥ 작동장치 구조 및 기능 적정 여부 |
| 가압수조방식 | ❶ 전용 가압수조 사용 여부<br>❷ 가압수조 및 가압원 설치장소의 방화구획 여부<br>③ **수위계·급수관·배수관·급기관·압력계** 등 구성품의 변형·손상 유무 |
| 비고 | ※ 특정소방대상물의 **위치·구조·용도** 및 **소방시설**의 **상황** 등이 이 표의 항목대로 기재하기 곤란하거나 이 표에서 누락된 사항을 기재한다. |

※ "●"는 종합점검의 경우에만 해당

중요

**미분무소화설비**의 **제어반 종합점검**(소방시설 자체점검사항 등에 관한 고시 〔별지 제4호 서식〕)

| 구 분 | 점검항목 |
|---|---|
| 감시제어반 | ① 펌프 작동 여부 확인**표시등** 및 **음향경보장치** 정상작동 여부<br>② 펌프별 자동·수동 전환스위치 정상작동 여부<br>❸ 펌프별 수동기동 및 수동중단 기능 정상작동 여부<br>❹ 상용전원 및 비상전원 공급 확인 가능 여부(비상전원 있는 경우)<br>❺ 수조·물올림수조 저수위**표시등** 및 **음향경보장치** 정상작동 여부<br>⑥ 각 확인회로별 **도통시험** 및 **작동시험** 정상작동 여부<br>⑦ 예비전원 확보 유무 및 시험 적합 여부<br>❽ 감시제어반 전용실 적정 설치 및 관리 여부<br>❾ 기계·기구 또는 시설 등 제어 및 감시설비 외 설치 여부<br>⑩ 감시제어반과 수신기 간 상호 연동 여부(별도로 설치된 경우) |
| 동력제어반 | 앞면은 **적색**으로 하고, **"미분무소화설비용 동력제어반"** 표지 설치 여부 |
| 발전기제어반 | ● 소방전원보존형 발전기는 이를 식별할 수 있는 표지 설치 여부 |
| 비고 | ※ 특정소방대상물의 **위치·구조·용도** 및 **소방시설**의 **상황** 등이 이 표의 항목대로 기재하기 곤란하거나 이 표에서 누락된 사항을 기재한다. |

※ "●"는 종합점검의 경우에만 해당

③ **피난기구** 및 **인명구조기구**의 **종합점검**(소방시설 자체점검사항 등에 관한 고시 〔별지 제4호 서식〕)

| 구 분 | 점검항목 |
|---|---|
| 피난기구 공통사항 | ❶ 대상물 **용도별 · 층별 · 바닥면적별** 피난기구 종류 및 설치개수 적정 여부<br>② 피난에 유효한 **개구부 확보**(크기, 높이에 따른 발판, 창문 파괴장치) 및 관리상태<br>❸ 개구부 **위치** 적정(동일직선상이 아닌 위치) 여부<br>④ 피난기구의 부착위치 및 부착방법 적정 여부<br>⑤ 피난기구(지지대 포함)의 **변형 · 손상** 또는 **부식**이 있는지 여부<br>⑥ 피난기구의 위치표시 표지 및 사용방법 표지 부착 적정 여부<br>⑦ 피난기구의 설치제외 및 설치감소 적합 여부 |
| 공기안전매트 · 피난사다리 · (간이)완강기 · 미끄럼대 · 구조대 | ❶ 공기안전매트 설치 여부<br>❷ 공기안전매트 설치 공간 확보 여부<br>❸ 피난사다리(**4층 이상**의 층)의 구조(**금속성** 고정사다리) 및 **노대** 설치 여부<br>❹ (간이)완강기의 구조(로프 손상 방지) 및 길이 적정 여부<br>❺ 숙박시설의 **객실**마다 완강기(**1개**) 또는 간이완강기(**2개 이상**) 추가 설치 여부<br>❻ 미끄럼대의 **구조** 적정 여부<br>❼ 구조대의 **길이** 적정 여부 |
| 다수인 피난장비 | ❶ 설치장소 적정(피난 용이, 안전하게 하강, 피난층의 충분한 착지 공간) 여부<br>❷ 보관실 설치 적정(건물 외측 돌출, 빗물 · 먼지 등으로부터 장비 보호) 여부<br>❸ 보관실 **외측문** 개방 및 **탑승기** 자동전개 여부<br>❹ 보관실 문 오작동 방지조치 및 문 개방시 경보설비 연동(경보) 여부 |
| 승강식 피난기 · 하향식 피난구용 내림식 사다리 | ❶ 대피실 출입문 **갑종방화문**(**60분+방화문 또는 60분 방화문**) 설치 및 표지 부착 여부<br>❷ 대피실 표지(층별 위치표시, 피난기구 사용설명서 및 주의사항) 부착 여부<br>❸ 대피실 출입문 개방 및 피난기구 작동시 표시등 · 경보장치 작동 적정 여부 및 감시제어반 피난기구 작동 확인 가능 여부<br>❹ 대피실 **면적** 및 **하강구** 규격 적정 여부<br>❺ 하강구 내측 연결금속구 존재 및 피난기구 전개시 장애발생 여부<br>❻ 대피실 내부 비상조명등 설치 여부 |
| 인명구조기구 | ① 설치장소 적정(화재시 반출 용이성) 여부<br>② **"인명구조기구"** 표시 및 사용방법 표지 설치 적정 여부<br>③ 인명구조기구의 **변형** 또는 **손상**이 있는지 여부<br>❹ 대상물 용도별 · 장소별 설치 인명구조기구 종류 및 설치개수 적정 여부 |
| 비고 | ※ 특정소방대상물의 위치 · 구조 · 용도 및 소방시설의 상황 등이 이 표의 항목대로 기재하기 곤란하거나 이 표에서 누락된 사항을 기재한다. |

※ "●"는 종합점검의 경우에만 해당

(2) 소방시설관리사가 지상 53층인 건축물의 점검과정에서 설계도면상 자동화재탐지설비의 통신 및 신호배선방식의 적합성 판단을 위해 「고층건축물의 화재안전기준」에서 확인해야 할 배선 관련사항을 모두 쓰시오. (2점)

정답 50층 이상인 건축물에 설치하는 통신 · 신호배선은 이중배선을 설치하도록 하고 단선시에도 고장표시가 되며 정상작동할 수 있는 성능을 갖도록 설비해야 한다.

① 수신기와 수신기 사이의 통신배선
② 수신기와 중계기 사이의 신호배선
③ 수신기와 감지기 사이의 신호배선

해설 **고층건축물**의 **자동화재탐지설비**(NFPC 604 제8조, NFTC 604 2.4)

| 구 분 | 설 명 |
|---|---|
| 감지기 | 아날로그방식의 감지기로서 **감지기**의 **작동** 및 **설치지점**을 수신기에서 확인할 수 있는 것으로 설치해야 한다. (단, **공동주택**의 경우에는 감지기별로 작동 및 설치지점을 수신기에서 확인할 수 있는 **아날로그방식 외의 감지기**로 설치할 수 있다.) |
| 음향장치 | 다음 기준에 따라 경보를 발할 수 있도록 해야 한다.<br>① **2층 이상**의 층에서 발화한 때에는 **발화층** 및 그 **직상 4개층**에 경보를 발할 것<br>② **1층**에서 발화한 때에는 **발화층** · 그 **직상 4개층** 및 **지하층**에 경보를 발할 것<br>③ **지하층**에서 발화한 때에는 **발화층** · 그 **직상층** 및 **기타**의 **지하층**에 경보를 발할 것 |
| 50층 이상인 건축물에 설치하는 통신 · 신호배선 | **이중배선**을 설치하도록 하고 **단선**시에도 **고장표시**가 되며 정상작동할 수 있는 성능을 갖도록 설비해야 한다.<br>① **수신기**와 **수신기** 사이의 **통신배선**<br>② **수신기**와 **중계기** 사이의 **신호배선**<br>③ **수신기**와 **감지기** 사이의 **신호배선** |
| 축전지설비 또는 전기저장장치 | 자동화재탐지설비에는 그 설비에 대한 **감시상태**를 **60분**간 지속한 후 유효하게 **30분** 이상 **경보**할 수 있는 비상전원으로서 **축전지설비**(수신기에 내장하는 경우 포함) 또는 **전기저장장치**(외부 전기에너지를 저장해 두었다가 필요한 때 전기를 공급하는 장치)를 설치해야 한다. (단, **상용전원**이 **축전지설비**인 경우는 제외) |

(3) 화재의 예방 및 안전관리에 관한 법령상 특수가연물의 저장 및 취급기준을 쓰시오. (3점)

정답 ① 특수가연물을 저장 또는 취급하는 장소에는 품명 · 최대저장수량, 단위부피당 질량 또는 단위체적당 질량, 관리책임자 성명 · 직책, 연락처 및 화기취급의 금지표시가 포함된 특수가연물 표지를 설치할 것

② 다음 기준에 따라 쌓아 저장할 것(단, 석탄 · 목탄류를 발전용으로 저장하는 경우는 제외)

㉠ 품명별로 구분하여 쌓을 것

㉡ 쌓는 높이는 10m 이하가 되도록 하고, 쌓는 부분의 바닥면적은 $50m^2$(석탄 · 목탄류의 경우에는 $200m^2$) 이하가 되도록 할 것[단, 살수설비를 설치하거나, 방사능력범위에 해당 특수가연물이 포함되도록 대형 수동식 소화기를 설치하는 경우에는 쌓는 높이를 15m 이하, 쌓는 부분의 바닥면적을 $200m^2$(석탄 · 목탄류의 경우에는 $300m^2$) 이하로 할 수 있다.]

㉢ 실외에 쌓아 저장하는 경우 쌓는 부분이 대지경계선, 도로 및 인접 건축물과 최소 6m 이상 간격을 둘 것. 다만, 쌓는 높이보다 0.9m 이상 높은 「건축물 시행령」 제2조 제7호에 따른 내화구조 벽체를 설치한 경우는 그렇지 않다.

㉣ 실내에 쌓아 저장하는 경우 주요구조부는 내화구조이면서 불연재료여야 하고, 다른 종류의 특수가연물과 같은 공간에 보관하지 않을 것. 다만, 내화구조의 벽으로 분리하는 경우는 그렇지 않다.

㉤ 쌓는 부분 바닥면적의 사이는 실내의 경우 1.2m 또는 쌓는 높이의 $\frac{1}{2}$ 중 큰 값 이상으로 간격을 두어야 하며, 실외의 경우 3m 또는 쌓는 높이 중 큰 값 이상으로 간격을 둘 것

해설 **특수가연물**의 **저장** 및 **취급기준**(화재예방법 시행령 〔별표 3〕)

① 특수가연물을 저장 또는 취급하는 장소에는 **품명** · 최대저장수량, 단위부피당 질량 또는 단위체적당 질량, 관리책임자 성명 · 직책, 연락처 및 **화기취급**의 금지표시가 포함된 특수가연물 표지를 설치할 것

② 다음 기준에 따라 쌓아 저장할 것(단, **석탄 · 목탄류**를 **발전용**으로 저장하는 경우는 제외)

㉠ **품명별**로 구분하여 쌓을 것

㉡ 쌓는 높이는 **10m** 이하가 되도록 하고, 쌓는 부분의 바닥면적은 **50m²**(**석탄 · 목탄류**의 경우에는 **200m²**) 이하가 되도록 할 것[단, **살수설비**를 설치하거나, 방사능력범위에 해당 특수가연물이 포함되도록 **대형 수동식 소화기**를 설치하는 경우에는 쌓는 높이를 **15m** 이하, 쌓는 부분의 바닥면적을 **200m²**(**석탄 · 목탄류**의 경우에는 **300m²**) 이하로 할 수 있다.]

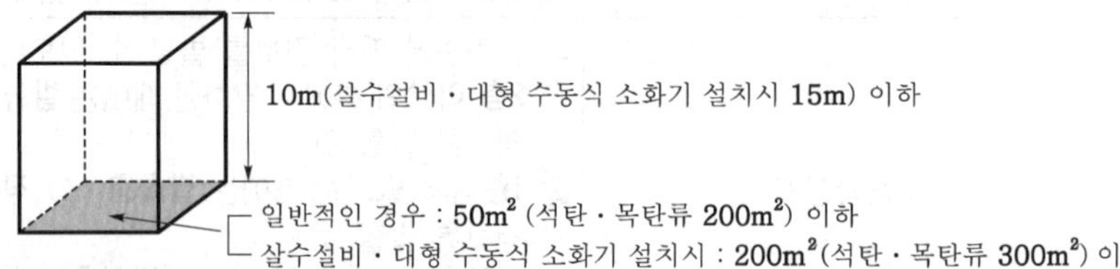


㉢ 실외에 쌓아 저장하는 경우 쌓는 부분이 대지경계선, 도로 및 인접 건축물과 최소 6m 이상 간격을 둘 것. 다만, 쌓는 높이보다 0.9m 이상 높은 「건축물 시행령」 제2조 제7호에 따른 내화구조 벽체를 설치한 경우는 그렇지 않다.

㉣ 실내에 쌓아 저장하는 경우 주요구조부는 내화구조이면서 불연재료여야 하고, 다른 종류의 특수가연물과 같은 공간에 보관하지 않을 것. 다만, 내화구조의 벽으로 분리하는 경우는 그렇지 않다.

㉤ 쌓는 부분 바닥면적의 사이는 실내의 경우 1.2m 또는 쌓는 높이의 $\frac{1}{2}$ 중 큰 값 이상으로 간격을 두어야 하며, 실외의 경우 3m 또는 쌓는 높이 중 큰 값 이상으로 간격을 둘 것

(4) 포소화약제 저장탱크 내 약제를 보충하고자 한다. 다음 그림을 보고 그 조작순서를 쓰시오. (단, 모든 설비는 정상상태로 유지되어 있다.) (6점)

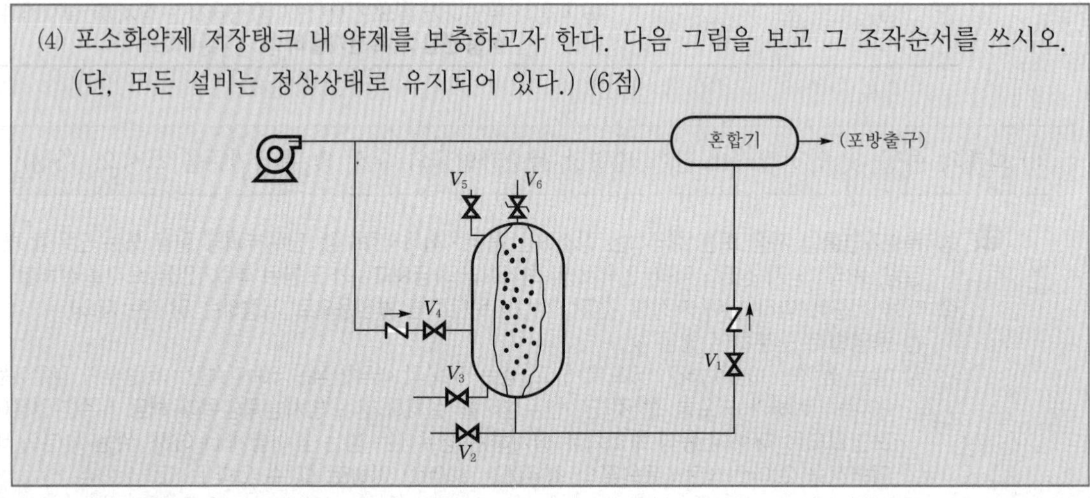

정답 ① $V_1$, $V_4$를 폐쇄한다.

② $V_3$, $V_5$를 개방하여 저장탱크 내의 물을 배수한다.

③ $V_6$를 개방한다.

④ $V_2$에 송액펌프를 접속한다.

⑤ $V_2$를 개방하고 서서히 포소화약제를 주입시킨다.

⑥ 포소화약제가 보충되었으면 $V_2$, $V_3$를 폐쇄한다.

⑦ 소화펌프를 기동한다.

⑧ $V_4$를 서서히 개방하면서 저장탱크 내를 가압하여 $V_5$, $V_6$을 통해 공기를 뺀 후 $V_5$, $V_6$를 폐쇄하고 소화펌프를 정지한다.

⑨ $V_1$를 개방한다.

해설 **포소화약제 저장탱크**의 **약제보충순서**

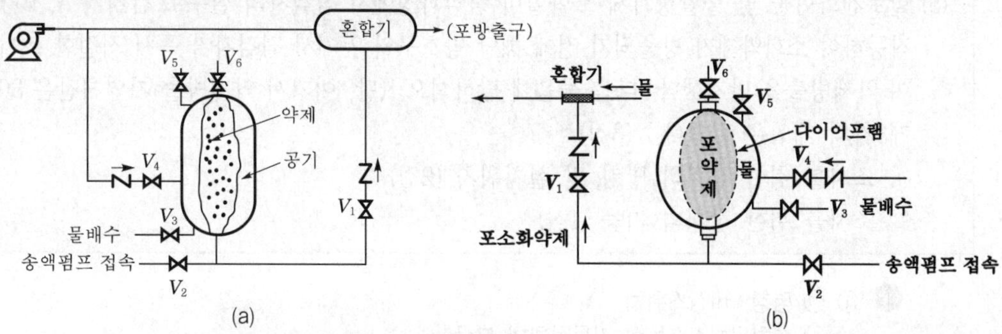


▌포소화약제 저장탱크의 약제보충▐

① $V_1$, $V_4$ **밸브**를 **폐쇄**한다.
② $V_3$, $V_5$ **밸브**를 **개방**하여 저장탱크 내의 물을 **배수**한다.
③ $V_6$ **밸브**를 **개방**한다.
④ $V_2$ **밸브**에 **송액펌프**를 접속한다.
⑤ $V_2$ **밸브**를 **개방**하고 서서히 포소화약제를 **주입**시킨다.
⑥ 포소화약제가 보충되었으면 $V_2$, $V_3$ **밸브**를 **폐쇄**한다.
⑦ **소화펌프**를 **기동**한다.
⑧ $V_4$ **밸브**를 **서서히 개방**하면서 저장탱크 내를 가압하여 $V_5$, $V_6$밸브를 통해 공기를 뺀 후 $V_5$, $V_6$ **밸브**를 **폐쇄**하고 소화펌프를 정지한다.
⑨ $V_1$ **밸브**를 **개방**한다.

비교

**압력챔버(탱크)**의 **공기 교체**를 하기 위한 **조작과정**

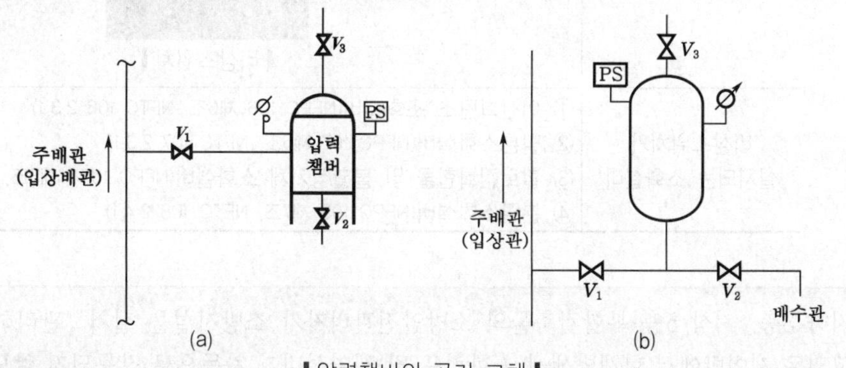


▌압력챔버의 공기 교체▐

(1) 동력제어반(MCC)에서 주펌프 및 충압펌프의 **선택스위치**를 '수동' 또는 '**정지**' 위치로 전환
(2) $V_1$ **밸브 폐쇄**
(3) $V_2$, $V_3$ **밸브**를 **개방**하여 압력챔버 내의 **물배수**
(4) $V_3$ **밸브**를 통해 신선한 **공기**가 유입되면 $V_2$, $V_3$ **밸브 폐쇄**
(5) 제어반에서 펌프선택스위치 '**자동**'으로 전환
(6) $V_1$ **밸브**를 **개방**하면 펌프가 기동되면서 **압력챔버 가압**
(7) 압력챔버의 압력스위치에 의해 **펌프 정지**

(5) 할로겐화합물 및 불활성기체 소화설비 점검과정에서 점검자의 실수로 감지기 A, B가 동시에 작동하여 소화약제가 방출되기 전에 해당 방호구역 앞에서 점검자가 즉시 적절한 조치를 취하여 약제방출을 방지했다. 다음 물음에 답하시오. (단, 여기서 약제방출 지연시간은 30초이며, 제3자의 개입은 없었다.) (3점)

① 조치를 취한 장치의 명칭 및 설치위치 (2점)

② 조치를 취한 장치의 기능 (1점)

정답 ① ㉠ 명칭 : 비상스위치

㉡ 설치위치 : 수동식 기동장치의 부근

② 자동복귀형 스위치로서 소화약제의 방출을 지연시키는 기능을 가지는 스위치

해설 **비상스위치**(방출지연 비상스위치, 방출지연스위치)

| 구 분 | 설 명 |
|---|---|
| 설치위치 | 수동식 기동장치의 부근 |
| 기능 | ① 자동복귀형 스위치로서 수동식 기동장치의 타이머를 순간정지시키는 기능의 스위치<br>② 소화약제의 방출지연<br>SYSTEM ABORT<br>▌비상스위치▐ |
| 비상스위치가 설치되는 소화설비 | ① 이산화탄소 소화설비(NFPC 106 제6조, NFTC 106 2.3.1)<br>② 할론소화설비(NFPC 107 제6조, NFTC 107 2.3.1)<br>③ 할로겐화합물 및 불활성기체 소화설비(NFPC 107A 제8조, NFTC 107A 2.5.1)<br>④ 분말소화설비(NFPC 108 제7조, NFTC 108 2.4.1) |

(6) 지하 3층, 지상 5층 복합건축물의 소방안전관리자가 소방시설을 설치 · 관리하는 과정에서 고의로 제어반에서 화재발생시 소화펌프 및 제연설비가 자동으로 작동되지 않도록 조작하여 실제 화재가 발생했을 때 소화설비와 제연설비가 작동하지 않았다. 다음 물음에 답하시오. (단, 이 사고는 「소방시설 설치 및 관리에 관한 법률」 제12조 제3항을 위반하여 동법 제56의 벌칙을 적용받았다.) (4점)

① 위 사례에서 소방안전관리자의 위반사항과 그에 따른 벌칙을 쓰시오. (2점)

② 위 사례에서 화재로 인해 사람이 상해를 입은 경우, 소방안전관리자가 받게 될 벌칙을 쓰시오. (2점)

정답 ① ㉠ 위반사항 : 소방시설의 기능과 성능에 지장을 줄 수 있는 폐쇄(잠금 포함) · 차단 등의 행위
㉡ 벌칙 : 5년 이하의 징역 또는 5천만원 이하의 벌금
② 7년 이하의 징역 또는 7천만원 이하의 벌금

해설 ① **위반사항**(소방시설법 제12조 제3항) : 특정소방대상물의 **관계인**은 소방시설을 설치 · 관리하는 경우 화재시 소방시설의 기능과 성능에 지장을 줄 수 있는 **폐쇄**(잠금 포함) · **차단** 등의 행위를 하여서는 아니 된다. (단, 소방시설의 **점검 · 정비**를 위한 폐쇄 · 차단은 할 수 있다.)
② **벌칙**(소방시설법 제56조)

| 5년 이하의 징역 또는 5000만원 이하의 벌금 | 7년 이하의 징역 또는 7000만원 이하의 벌금 | 10년 이하의 징역 또는 1억원 이하의 벌금 |
|---|---|---|
| 소방시설에 **폐쇄 · 차단** 등의 행위를 한 자 | 소방시설에 **폐쇄 · 차단** 등의 행위를 하여 사람을 **상해**에 이르게 한 자 | 소방시설에 **폐쇄 · 차단** 등의 행위를 하여 사람을 **사망**에 이르게 한 자 |

## 홍삼 잘 먹는법

① 86도 이하로 달여야 건강성분인 사포닌이 잘 흡수된다.
② 두달 이상 장복해야 가시적인 효과가 나타난다.
③ 식사 여부와 관계없이 어느 때나 섭취할 수 있다.
④ 공복에 먹으면 흡수가 빠르다.
⑤ 공복에 먹은 뒤 위에 부담이 느껴지면 식후에 섭취한다.
⑥ 복용 초기 명현 반응(약을 이기지 못해 생기는 반응)이나 알레르기가 나타날 수 있으나 곧바로 회복되므로 크게 걱정하지 않아도 된다.
⑦ 복용 후 2주 이상 명현 반응이나 이상 증세가 지속되면 전문가와 상의한다.

자료=경희의료원 한방병원 동서협진과 · 영동세브란스병원비뇨기과

# 2016년도 제16회 소방시설관리사 2차 국가자격시험

| 교 시 | 시 간 | 시험과목 | |
|---|---|---|---|
| 1교시 | 90분 | 소방시설의 점검실무행정 | |
| 수험번호 | | 성 명 | |

## 【수험자 유의사항】

1. **시험문제지 표지**와 시험문제지의 **총면수, 문제번호 일련순서, 인쇄상태** 등을 확인하시고, 문제지 표지에 수험번호와 성명을 기재하시기 바랍니다.

2. 수험자 인적사항 및 답안지 등 작성은 **반드시 검정색 필기구만을 계속 사용**하여야 합니다. (**그 외 연필류, 유색필기구, 2가지 이상 색 혼합사용 등으로 작성한 답항은 0점 처리**됩니다.)

3. 문제번호 순서에 관계없이 답안 작성이 가능하나, **반드시 문제번호 및 문제를 기재**(긴 경우 요약기재 가능)하고 해당 답안을 기재하여야 합니다.

4. **답안 정정시에는 정정할 부분을 두 줄(=)로 긋고 수정할 내용을 다시 기재**합니다.

5. 답안작성은 **시험시행일** 현재 시행되는 법령 등을 적용하시기 바랍니다.

6. **감독위원의 지시에 불응하거나 시험시간 종료 후 답안지를 제출하지 않을 경우** 불이익이 발생할 수 있음을 알려드립니다.

7. 시험문제지는 시험 종료 후 가져가시기 바랍니다.

제16회

# 2016. 9. 24. 시행

★★ 문제 01

다음 물음에 답하시오. (40점)

(1) 펌프를 작동시키는 압력챔버방식에서 압력챔버 공기 교체방법을 쓰시오. (14점)

(2) 특정소방대상물의 관계인이 특정소방대상물에 설치 · 관리해야 하는 소방시설의 종류 중 제연설비에 대하여 다음 물음에 답하시오. (15점)

① 「소방시설 설치 및 관리에 관한 법령」에 따라 "제연설비를 설치해야 하는 특정소방대상물" 6가지를 쓰시오. (6점)

○

○

○

○

○

○

② 「소방시설 설치 및 관리에 관한 법령」에 따라 "제연설비를 면제할 수 있는 기준"을 쓰시오. (6점)

③ 「제연설비의 화재안전기준」에 따라 "제연설비를 설치하여야 할 특정소방대상물 중 배출구 · 공기유입구의 설치 및 배출량 산정에서 이를 제외할 수 있는 부분(장소)"을 쓰시오. (3점)

(3) 다음은 종합점검표에 관한 사항이다. 각 물음에 답하시오. (11점)

① 다중이용업소의 종합점검시 "가스누설경보기"의 점검항목을 쓰시오. (5점)

○

② 할로겐화합물 및 불활성기체 소화설비의 "자동폐쇄장치(화재표시반)" 점검항목 3가지를 쓰시오. (3점)

○

○

○

③ 제연설비의 "기동" 점검항목 3가지를 쓰시오. (3점)

○

○

○

(1) 펌프를 작동시키는 압력챔버방식에서 압력챔버 공기 교체방법을 쓰시오. (14점)

정답 ① 제어반에서 주펌프 · 충압펌프 선택스위치 '**수동**' 전환
② 급수밸브 $V_1$밸브 폐쇄
③ 압력챔버 하부 배수밸브 $V_2$ 및 상부 안전밸브 $V_3$밸브를 개방하여 압력챔버 내의 물 배수
④ $V_3$밸브를 통해 신선한 공기가 유입되면 $V_2$, $V_3$밸브 폐쇄
⑤ 제어반에서 주펌프 · 충압펌프 선택스위치 '**자동**' 전환
⑥ $V_1$밸브를 개방하면 펌프가 기동되면서 압력챔버 가압
⑦ 압력챔버의 압력스위치에 의해 펌프 정지

해설 **압력챔버**(기동용 수압개폐장치)의 **역할**

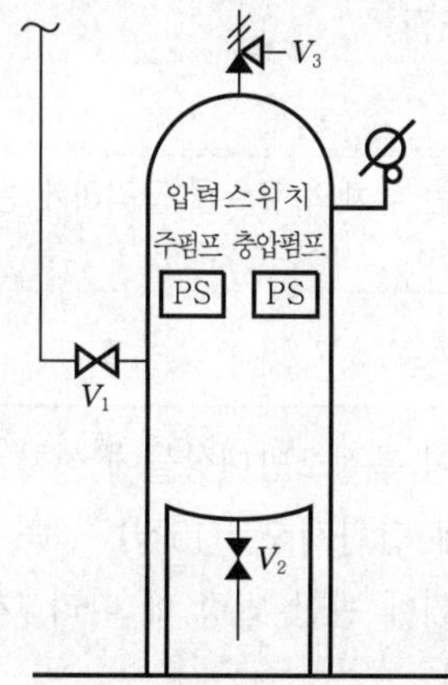


① 펌프의 게이트밸브(gate valve) 2차측에 연결되어 배관 내의 압력이 감소하면 압력스위치가 작동되어 **충압펌프**(jockey pump) 또는 **주펌프**를 **작동**시킨다.

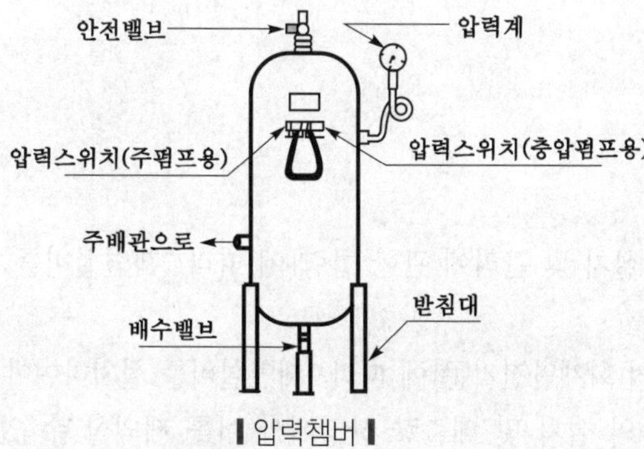


❙ 압력챔버 ❙

② 배관 내에서 수격작용(water hammering) 발생시 수격작용에 따른 압력이 압력챔버 내로 전달되면 압력챔버 내의 물이 상승하면서 공기(압축성 유체)를 압축시키므로 압력을 흡수하여 **수격작용**을 **방지**하는 역할을 한다.

16회

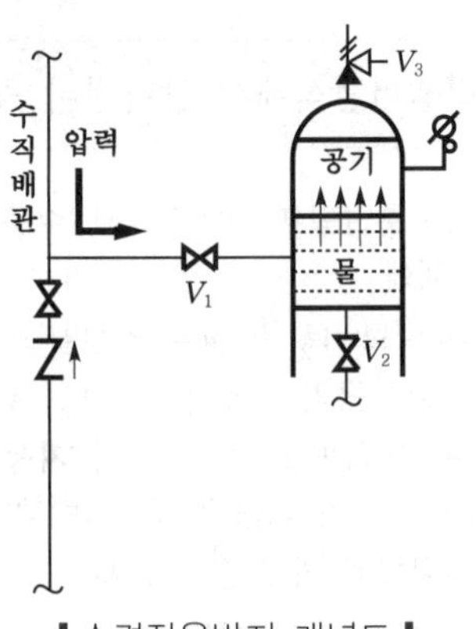


▌수격작용방지 개념도▐

- 입상관=수직배관

용어

**수격작용** : 배관 내를 흐르는 유체의 유속을 급격하게 변화시키므로 압력이 상승 또는 하강하여 관로의 벽면을 치는 현상

(2) 특정소방대상물의 관계인이 특정소방대상물에 설치 · 관리해야 하는 소방시설의 종류 중 제연설비에 대하여 다음 물음에 답하시오. (15점)

① 「소방시설 설치 및 관리에 관한 법령」에 따라 "제연설비를 설치해야 하는 특정소방대상물" 6가지를 쓰시오. (6점)

○
○
○
○
○
○

② 「소방시설 설치 및 관리에 관한 법령」에 따라 "제연설비를 면제할 수 있는 기준"을 쓰시오. (6점)

③ 「제연설비의 화재안전기준」에 따라 "제연설비를 설치하여야 할 특정소방대상물 중 배출구 · 공기유입구의 설치 및 배출량 산정에서 이를 제외할 수 있는 부분(장소)"을 쓰시오. (3점)

정답 ① ㉠ 문화 및 집회시설, 종교시설, 운동시설로서 무대부의 바닥면적이 200m$^2$ 이상 또는 영화상영관으로서 수용인원 100명 이상인 것

㉡ 지하층이나 무창층에 설치된 근린생활시설, 판매시설, 운수시설, 숙박시설, 위락시설, 의료시설, 노유자시설 또는 창고시설(물류터미널만 해당)로서 해당 용도로 사용되는 바닥면적의 합계가 1000m$^2$ 이상인 층

㉢ 운수시설 중 시외버스정류장, 철도 및 도시철도시설, 공항시설 및 항만시설의 대기실 또는 휴게시설로서 지하층 또는 무창층의 바닥면적이 1000m$^2$ 이상인 것

16회

㉣ 지하가(터널 제외)로서 연면적 1000m$^2$ 이상인 것
㉤ 지하가 중 예상교통량, 경사도 등 터널의 특성을 고려하여 행정안전부령으로 정하는 터널
㉥ 특정소방대상물(갓복도형 아파트 등은 제외)에 부설된 특별피난계단, 비상용 승강기의 승강장 또는 피난용 승강기의 승강장

② ㉠ 특정소방대상물(갓복도형 아파트 등은 제외)에 부설된 특별피난계단, 비상용 승강기의 승강장 또는 피난용 승강기의 승강장은 제외
- 공기조화설비를 화재안전기준의 제연설비기준에 적합하게 설치하고 공기조화설비가 화재시 제연설비기능으로 자동전환되는 구조로 설치되어 있는 경우
- 직접 외부 공기와 통하는 배출구의 면적의 합계가 해당 제연구역[제연경계(제연설비의 일부인 천장 포함)에 의하여 구획된 건축물 내의 공간을 말한다] 바닥면적의 $\frac{1}{100}$ 이상이고, 배출구부터 각 부분까지의 수평거리가 30m 이내이며, 공기유입구가 화재안전기준에 적합하게(외부 공기를 직접 자연 유입할 경우에 유입구의 크기는 배출구의 크기 이상) 설치되어 있는 경우

㉡ 특정소방대상물(갓복도형 아파트 등은 제외)에 부설된 특별피난계단, 비상용 승강기의 승강장 또는 피난용 승강기의 승강장 중 노대와 연결된 특별피난계단, 노대가 설치된 비상용 승강기의 승강장 또는 배연설비가 설치된 피난용 승강기의 승강장

③ 화장실·목욕실·주차장·발코니를 설치한 숙박시설(가족호텔 및 휴양콘도미니엄에 한함)의 객실과 사람이 상주하지 않는 기계실·전기실·공조실·50m$^2$ 미만의 창고 등으로 사용되는 부분

해설 ① **제**연설비를 설치해야 하는 특정소방대상물(소방시설법 시행령 [별표 4] 제5호 가목)

㉠ **문**화 및 집회시설, **종**교시설, **운**동시설로서 무대부의 바닥면적이 **200m$^2$** 이상 또는 문화 및 집회시설 중 **영화상영관**으로서 수용인원 100명 이상인 것
㉡ **지**하층이나 **무**창층에 설치된 근린생활시설, 판매시설, 운수시설, 숙박시설, 위락시설, 의료시설, 노유자시설 또는 창고시설(물류터미널만 해당)로서 해당 용도로 사용되는 바닥면적의 합계가 1000m$^2$ 이상인 층
㉢ 운수시설 중 **시**외버스정류장, **철**도 및 도시철도시설, 공항시설 및 항만시설의 **대**기실 또는 **휴**게시설로서 지하층 또는 무창층의 바닥면적이 1000m$^2$ 이상인 것
㉣ 지하**가**(터널 제외)로서 연면적 1000m$^2$ 이상인 것
㉤ 지하가 중 **예**상교통량, **경**사도 등 터널의 특성을 고려하여 **행정안전부령**으로 정하는 터널
㉥ 특정소방대상물(갓복도형 아파트 등은 제외)에 부설된 **특별피난계단**, **비상용 승강기**의 **승강장** 또는 피난용 승강기의 승강장

**기억법** **제문종운 지무 시철대휴가 예경 특비승**

② **제**연설비의 **면**제기준(소방시설법 시행령 [별표 5] 제17호)

㉠ 특정소방대상물(갓복도형 아파트 등은 제외)에 부설된 특별피난계단, 비상용 승강기의 승강장 또는 피난용 승강기의 승강장은 제외
- **공**기**조**화설비를 화재안전기준의 제연설비기준에 적합하게 설치하고 **공기조화설비**가 화재시 제연설비기능으로 **자동전환**되는 구조로 설치되어 있는 경우
- **직**접 외부 공기와 통하는 **배출**구의 면적의 합계가 해당 제연구역[제연경계(제연설비의 일부인 천장 포함)에 의하여 구획된 건축물 내의 공간을 말한다] 바닥면적의 $\frac{1}{100}$ 이상이고, 배출구부터 각 부분까지의 **수평**거리가 **30m** 이내이며, 공기유입구가 화재안전기준에 적합하게(외부 공기를 직접 자연 유입할 경우에 유입구의 크기는 배출구의 크기 이상) 설치되어 있는 경우

㉡ 특정소방대상물(갓복도형 아파트 등은 제외)에 부설된 특별피난계단, 비상용 승강기의 승강장 또는 피난용 승강기의 승강장 중 **노대**와 연결된 **특별피난계단**, **노대**가 설치된 비상용 승강기의 **승강장** 또는 피난용 승강기의 승강장

**기억법** **제면 공조 자동 직배출 백수평 30 노특노승**

③ 제연설비를 설치해야 할 특정소방대상물 중 배출구·공기유입구의 설치 및 배출량 산정에서 이를 제외할 수 있는 부분(장소)(NFPC 501 제12조, NFTC 501 2.9.1)
제연설비를 설치해야 할 특정소방대상물 중 **화장실·목욕실·주차장·발코니**를 설치한 **숙박시설**(**가**족호텔 및 **휴**양콘도미니엄에 한함)의 객실과 사람이 상주하지 않는 **기**계실·**전**기실·**공**조실·**50m² 미만**의 **창**고 등으로 사용되는 부분에 대하여는 배출구·공기유입구의 설치 및 배출량 산정에서 이를 제외한다.

기억법 **화목 발주 숙가휴 기전공 50창**

(3) 다음은 종합점검표에 관한 사항이다. 각 물음에 답하시오. (11점)
① 다중이용업소의 종합점검시 "가스누설경보기"의 점검항목을 쓰시오. (5점)
○
② 할로겐화합물 및 불활성기체 소화설비의 "자동폐쇄장치(화재표시반)" 점검항목 3가지를 쓰시오. (3점)
○
○
○
③ 제연설비의 "기동" 점검항목 3가지를 쓰시오. (3점)
○
○
○

정답 ① 주방 또는 난방시설이 설치된 장소에 설치 및 정상작동 여부
② ㉠ 환기장치 자동정지 기능 적정 여부
㉡ 개구부 및 통기구 자동폐쇄장치 설치 장소 및 기능 적합 여부
㉢ 자동폐쇄장치 복구장치 설치기준 적합 및 위치표지 적합 여부
③ ㉠ 가동식의 벽·제연경계벽·댐퍼 및 배출기 정상작동(화재감지기 연동) 여부
㉡ 예상제연구역 및 제어반에서 가동식의 벽·제연경계벽·댐퍼 및 배출기 수동기동 가능 여부
㉢ 제어반 각종 스위치류 및 표시장치(작동표시등 등) 기능의 이상 여부

해설 ① 다중이용업소 종합점검(소방시설 자체점검사항 등에 관한 고시 〔별지 제4호 서식〕)

| 구 분 | | 점검항목 |
|---|---|---|
| 소화설비 | 소화기구(소화기, 자동확산소화기) | ① 설치수량(구획된 실 등) 및 설치거리(보행거리) 적정 여부<br>② 설치장소(손쉬운 사용) 및 설치높이 적정 여부<br>③ 소화기 표지 설치상태 적정 여부<br>④ **외형**의 이상 또는 사용상 장애 여부<br>⑤ 수동식 분말소화기 내용연수 적정 여부 |
| | 간이스프링클러설비 | ① 수원의 양 적정 여부<br>② 가압송수장치의 정상작동 여부<br>③ 배관 및 밸브의 **파손**, **변형** 및 **잠김** 여부<br>④ 상용전원 및 비상전원의 이상 여부<br>❺ 유수검지장치의 정상작동 여부<br>❻ 헤드의 적정 설치 여부(미설치, 살수장애, 도색 등)<br>❼ **송수구** 결합부의 이상 여부<br>❽ 시험밸브 개방시 펌프기동 및 음향 경보 여부 |

| | | |
|---|---|---|
| 경보설비 | 비상벨 · 자동화재탐지설비 | ① 구획된 실마다 감지기(발신기), 음향장치 설치 및 정상작동 여부<br>② 전용 수신기가 설치된 경우 주수신기와 상호 연동되는지 여부<br>③ 수신기 예비전원(축전지)상태 적정 여부(상시 충전, 상용전원 차단시 자동절환) |
| | 가스누설경보기 | ● **주방** 또는 **난방시설**이 설치된 장소에 설치 및 정상작동 여부 |
| 피난구조설비 | 피난기구 | ❶ 피난기구 **종류** 및 **설치개수** 적정 여부<br>② 피난기구의 부착**위치** 및 부착**방법** 적정 여부<br>③ 피난기구(지지대 포함)의 **변형 · 손상** 또는 **부식**이 있는지 여부<br>④ 피난기구의 위치표시 표지 및 사용방법 표지 부착 적정 여부<br>❺ 피난에 유효한 **개구부** 확보(크기, 높이에 따른 발판, 창문 파괴장치) 및 관리상태 |
| | 피난유도선 | ① 피난유도선의 **변형** 및 **손상** 여부<br>❷ 정상 점등(화재 신호와 연동 포함) 여부 |
| | 유도등 | ① 상시(**3선식**의 경우 점검스위치 작동시) 점등 여부<br>② 시각장애(규정된 높이, 적정위치, 장애물 등으로 인한 시각장애 유무) 여부<br>③ 비상전원 성능 적정 및 상용전원 차단시 예비전원 자동전환 여부 |
| | 유도표지 | ① 설치상태(유사 등화광고물 · 게시물 존재, 쉽게 떨어지지 않는 방식) 적정 여부<br>② **외광 · 조명장치**로 상시 조명 제공 또는 비상조명등 설치 여부 |
| | 비상조명등 | ① 설치위치의 적정 여부<br>❷ 예비전원 내장형의 경우 점검스위치 설치 및 정상작동 여부 |
| | 휴대용 비상조명등 | ① 영업장 안의 구획된 실마다 잘 보이는 곳에 **1개** 이상 설치 여부<br>❷ 설치높이 및 표지의 적합 여부<br>❸ 사용시 자동으로 점등되는지 여부 |
| 비상구 | | ① 피난동선에 물건을 쌓아두거나 장애물 설치 여부<br>② **피난구**, **발코니** 또는 **부속실**의 훼손 여부<br>③ **방화문 · 방화셔터**의 관리 및 작동상태 |
| 영업장 내부 피난통로 · 영상음향차단장치 · 누전차단기 · 창문 | | ① 영업장 내부 피난통로 관리상태 적합 여부<br>❷ **영상음향차단장치** 설치 및 정상작동 여부<br>❸ **누전차단기** 설치 및 정상작동 여부<br>④ 영업장 **창문** 관리상태 적합 여부 |
| 피난안내도 · 피난안내 영상물 | | 피난안내도의 정상 부착 및 피난안내영상물 상영 여부 |
| 방염 | | ❶ 선처리 방염대상물품의 적합 여부(방염성능시험성적서 및 합격표시 확인)<br>❷ 후처리 방염대상물품의 적합 여부(방염성능검사결과 확인) |
| 비고 | | ※ 방염성능시험성적서, 합격표시 및 방염성능검사결과의 확인이 불가한 경우 비고에 기재한다. |

※ "●"는 종합점검의 경우에만 해당

② 할로겐화합물 및 불활성기체 소화설비, 자동폐쇄장치(화재표시반)의 종합점검(소방시설 자체점검사항 등에 관한 고시 〔별지 제4호 서식〕)
   ㉠ 환기장치 자동정지 기능 적정 여부
   ㉡ 개구부 및 통기구 자동폐쇄장치 설치 장소 및 기능 적합 여부
   ㉢ 자동폐쇄장치 복구장치 설치기준 적합 및 위치표지 적합 여부
③ 제연설비 기동의 종합점검(소방시설 자체점검사항 등에 관한 고시 〔별지 제4호 서식〕)
   ㉠ 가동식의 벽·제연경계벽·댐퍼 및 배출기 정상작동(화재감지기 연동) 여부
   ㉡ 예상제연구역 및 제어반에서 가동식의 벽·제연경계벽·댐퍼 및 배출기 수동기동 가능 여부
   ㉢ 제어반 각종 스위치류 및 표시장치(작동표시등 등) 기능의 이상 여부

비교

(1) **특별피난계단**의 계단실 및 부속실의 제연설비 **수동기동장치**의 **종합점검**(소방시설 자체점검사항 등에 관한 고시 〔별지 제4호 서식〕)
   ① 기동장치 설치(위치, 전원표시등 등) 적정 여부
   ② 수동기동장치(옥내 수동발신기 포함) 조작시 관련 장치 정상작동 여부

(2) **할로겐화합물 및 불활성기체 소화설비 및 할론소화설비 기동장치**의 **종합점검**(소방시설 자체점검사항 등에 관한 고시 〔별지 제4호 서식〕)

| 구 분 | | 점검항목 |
|---|---|---|
| 기동장치 | | 방호구역별 출입구 부근 소화약제 방출표시등 설치 및 정상작동 여부 |
| | 수동식 기동장치 | ① 기동장치 부근에 비상스위치 설치 여부<br>❷ 방호구역별 또는 방호대상별 기동장치 설치 여부<br>③ 기동장치 설치(상태) 적정(출입구 부근 등, 높이, 보호장치, 표지, 전원표시등) 여부<br>④ 방출용 스위치 음향경보장치 연동 여부 |
| | 자동식 기동장치 | ① 감지기 작동과의 연동 및 수동기동 가능 여부<br>❷ 저장용기 수량에 따른 전자개방밸브 수량 적정 여부(전기식 기동장치의 경우)<br>③ 기동용 가스용기의 용적, 충전압력 적정 여부(가스압력식 기동장치의 경우)<br>❹ 기동용 가스용기의 안전장치, 압력게이지 설치 여부(가스압력식 기동장치의 경우)<br>❺ 저장용기 개방구조 적정 여부(기계식 기동장치의 경우) |

※ "●"는 종합점검의 경우에만 해당

☆

문제 02

다음 물음에 답하시오. (30점)

(1) 소방시설관리사가 건물의 소방펌프를 점검한 결과 에어락(air lock) 현상이라고 판단하였다. 에어락 현상이라고 판단한 이유와 적절한 대책 5가지를 쓰시오. (8점)
   ① 이유 :
   ② 대책 :
   ○
   ○
   ○
   ○
   ○

(2) 특별피난계단의 계단실 및 부속실의 제연설비 점검항목 중 방연풍속과 유입공기 배출량 측정방법을 각각 쓰시오. (12점)

(3) 소화설비에 사용하는 밸브류에 관하여 다음의 명칭에 맞는 도시기호를 표시하고 그 기능을 쓰시오. (10점)

| 명 칭 | 도시기호 | 기 능 |
|---|---|---|
| (가) 가스체크밸브 | | |
| (나) 앵글밸브 | | |
| (다) 후드(foot)밸브 | | |
| (라) 자동배수밸브 | | |
| (마) 감압밸브 | | |

(1) 소방시설관리사가 건물의 소방펌프를 점검한 결과 에어락(air lock) 현상이라고 판단하였다. 에어락 현상이라고 판단한 이유와 적절한 대책 5가지를 쓰시오. (8점)

① 이유 :

② 대책 :

○

○

○

○

○

정답 ① 에어락 현상이라고 판단한 이유 : 펌프가 작동 중일 때 대기 중 공기가 펌프로 인입되어 펌프토출측 압력계 눈금이 상승하지 않았기 때문

② 적절한 대책

㉠ 펌프흡입측 개폐표시형 밸브가 잠겼을 때 개방

㉡ 펌프흡입측 배관으로 공기가 유입시 배관 및 관부속 연결부분 조임

㉢ 펌프흡입측 스트레이너가 막혔을 때 청소

㉣ 수조 청소로 인한 공기유입시 공기배출

㉤ 유효흡입양정 부족시 유효흡입양정 조사 후 조치

해설 **에어락(air lock) 현상**

| 구 분 | 설 명 |
|---|---|
| 정 의 | 배관 내부에 **공기고임**이 발생하여 물이 흐를 수 없거나 **흐름**이 **지연**되는 현상 |
| 에어락 현상이라고 판단한 이유 | 펌프가 작동 중일 때 대기 중 **공기**가 **펌프**로 **인입**되어 펌프토출측의 **압력계 눈금**이 상승하지 않으면 에어락 현상이라고 판단할 수 있다. |
| 적절한 대책 | ① 펌프흡입측 **개폐표시형 밸브**가 잠겼을 때 개방<br>② 펌프흡입측 배관으로 공기가 유입시 **배관** 및 **관부속 연결부분 조임**<br>③ 펌프흡입측 **스트레이너**가 막혔을 때 **청소**<br>④ **수조 청소**로 인한 공기유입시 **공기배출**<br>⑤ 유효흡입양정 부족시 **유효흡입양정 조사** 후 조치 |

16회

(2) 특별피난계단의 계단실 및 부속실의 제연설비 점검항목 중 방연풍속과 유입공기 배출량 측정 방법을 각각 쓰시오. (12점)

정답 ① 방연풍속 측정방법
㉠ 송풍기에서 가장 먼 층을 기준으로 제연구역 1개층(20층 초과시 연속되는 2개층) 제연구역과 옥내 간의 측정을 원칙으로 하며 필요시 그 이상으로 할 수 있다.
㉡ 방연풍속은 최소 10점 이상 균등 분할하여 측정하며, 측정시 각 측정점에 대해 제연구역을 기준으로 기류가 유입(−) 또는 배출(+) 상태를 측정지에 기록한다.
㉢ 유입공기 배출장치(있는 경우)는 방연풍속을 측정하는 층만 개방한다.
㉣ 직통계단식 공동주택은 방화문 개방층의 제연구역과 연결된 세대와 면하는 외기문을 개방할 수 있다.

② 유입공기 배출량 측정방법
㉠ 기계배출식은 송풍기에서 가장 먼 층의 유입공기 배출댐퍼를 개방하여 측정하는 것을 원칙으로 한다.
㉡ 기타 방식은 설계조건에 따라 적정한 위치의 유입공기 배출구를 개방하여 측정하는 것을 원칙으로 한다.

해설 **특별피난계단의 계단실 및 부속실의 제연설비 성능시험조사표**(소방시설 자체점검사항 등에 관한 고시 〔별지 제5호 서식〕)

① **방연풍속 측정방법**
㉠ **송**풍기에서 가장 먼 층을 기준으로 제연구역 **1개층**(20층 초과시 연속되는 **2개층**) **제연구역**과 **옥내** 간의 측정을 원칙으로 하며 필요시 그 이상으로 할 수 있다.
㉡ 방연풍속은 최소 **10점** 이상 **균등 분할**하여 측정하며, 측정시 각 측정점에 대해 제연구역을 기준으로 **기류**가 유입(−) 또는 배출(+) 상태를 측정지에 기록한다.
㉢ **유**입공기 **배**출장치(있는 경우)는 **방연풍속**을 측정하는 층만 개방한다.
㉣ **직**통계단식 **공**동주택은 방화문 개방층의 제연구역과 연결된 세대와 면하는 외기문을 개방할 수 있다.

기억법 **방송제옥 10균 유배 직공**

② **비개방층 차압 측정방법**
㉠ 비개방층 차압은 "**방연풍속**"의 시험 조건에서 방화문이 열린 층의 직상 및 직하층을 기준층으로 하여 **5개층**마다 1개소 측정을 원칙으로 하며 필요시 그 이상으로 할 수 있다.
㉡ **20개층**까지는 **1개소**만 개방하여 측정한다.
㉢ **21개층**부터는 **2개소**를 개방하여 측정하고, 1개층만 개방하여 추가로 측정한다.

기억법 **비방5 201 212**

③ **유입공기 배출량 측정방법**
㉠ **기**계배출식은 **송**풍기에서 가장 먼 층의 유입공기 배출**댐**퍼를 개방하여 측정하는 것을 원칙으로 한다.
㉡ 기타 방식은 **설**계조건에 따라 적정한 위치의 유입공기 배출**구**를 개방하여 측정하는 것을 원칙으로 한다.

기억법 **유기송댐 설구**

④ **송풍기 풍량 측정방법**
㉠ "**방연풍속**"의 시험 조건에서 송풍기 풍량은 **피**토관 또는 기타 풍량측정장치를 사용하고, 송풍기 **전**동기의 전**류**, 전**압**을 측정한다.
㉡ 이때 전류 및 전압 측정값은 **동**력제어반에 표시되는 수치를 기록할 수 있다.

기억법 **송방피전류압동**

16회

(3) 소화설비에 사용하는 밸브류에 관하여 다음의 명칭에 맞는 도시기호를 표시하고 그 기능을 쓰시오. (10점)

| 명 칭 | 도시기호 | 기 능 |
|---|---|---|
| (가) 가스체크밸브 | | |
| (나) 앵글밸브 | | |
| (다) 후드(foot)밸브 | | |
| (라) 자동배수밸브 | | |
| (마) 감압밸브 | | |

정답

| 명 칭 | 도시기호 | 기 능 |
|---|---|---|
| (가) 가스체크밸브 | | 가스를 한 방향으로만 흐르게 하여 역류방지 |
| (나) 앵글밸브 | | 관내 유체의 흐름방향 변경 |
| (다) 후드(foot)밸브 | | 체크밸브기능과 여과기능 |
| (라) 자동배수밸브 | | 배관 내의 물을 자동으로 배수시켜 동파 방지 |
| (마) 감압밸브 | R | 유체의 높은 압력을 낮추어 일정하게 유지 |

해설 **도시기호**

| 명 칭 | 도시기호 | 기 능 | 사 진 |
|---|---|---|---|
| 가스체크밸브 | | ① 가스를 한 방향으로만 흐르게 하여 **역류방지**<br>② 기동용기의 **역류방지** 및 저장용기의 **작동수량 조절** | |
| 앵글밸브 | | ① 관내 유체의 **흐름방향 변경**<br>② 유체의 흐름을 **직각방향**으로 **변환**시키거나 교차배관 끝에 설치하여 **청소구용**으로 사용 | |
| 후드(foot)밸브 | | ① **체크밸브기능**과 **여과기능**<br>② 원심펌프의 **흡입관** 아래에 설치하여 펌프가 기동할 때 **흡입관**을 **만수**상태로 만들어 주기 위한 밸브 | |
| 자동배수밸브 | | ① 배관 내의 물을 **자동**으로 **배수**시켜 **동파 방지**<br>② 연결송수구와 체크밸브 사이에 설치하여 압력이 없을 때 개방되어 **잔류수** 또는 **역류**된 **물**을 **자동 배수**시켜 **동파 방지** | |

16회

| | | | |
|---|---|---|---|
| 감압밸브 | 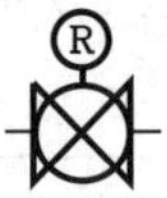 | ① 유체의 **높은 압력**을 **낮추어** 일정하게 유지<br>② 유체의 압력이 높을 때 **압력**을 **낮추어** 배관 및 시스템 보호 |  |
| 스트레이너 |  | 배관 내의 **이물질 제거**(여과)기능 |  |
| 릴리프밸브 (일반) |  | 물올림장치의 **순환배관**에 설치하는 **안전밸브** |  |
| 원심리듀서 | 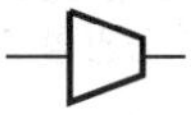 | **관경**이 **서로 다른 두 관**을 **연결**하는 경우에 사용되는 관부속품 |  |
| 체크밸브 |  | 유량이 **흐름 반대**로 흐를 수 있는 것을 **방지**하기 위해서 설치하는 밸브 |  |
| 게이트밸브 (상시개방) |  | 배관 도중에 설치하여 **유체**의 **흐름**을 완전히 **차단** 또는 **조정**하는 밸브 |  |
| 90° 엘보 | 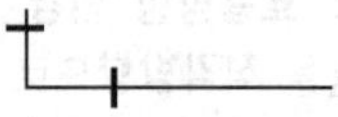 | **90°**로 각진 부분의 배관연결용 관이음쇠 |  |
| 연성계 |  | **대기압 이상**의 **압력**과 **이하**의 **압력**을 측정할 수 있는 압력계 |  |

16회

☆☆ 문제 03

다음 물음에 답하시오. (30점)

(1) 복도통로유도등과 계단통로유도등의 설치목적과 각 조도기준을 쓰시오. (8점)

(2) 화재시 감지기가 동작하지 않고 화재 발견자가 화재구역에 있는 발신기를 눌렀을 경우, 자동화재탐지설비 수신기에서 발신기 동작상황 및 화재구역을 확인하는 방법을 쓰시오. (3점)

(3) P형 수신기(10회로 미만)에 대한 절연저항시험과 절연내력시험을 실시하였다. (9점)

① 수신기의 절연저항시험방법(측정개소, 계측기, 측정값)을 쓰시오. (3점)

② 수신기의 절연내력시험방법을 쓰시오. (3점)

③ 절연저항시험과 절연내력시험의 목적을 각각 쓰시오. (3점)

(4) P형 수신기에 연결된 지구경종이 작동되지 않는 경우 그 원인 5가지를 쓰시오. (10점)

ㅇ

ㅇ

ㅇ

ㅇ

ㅇ

(1) 복도통로유도등과 계단통로유도등의 설치목적과 각 조도기준을 쓰시오. (8점)

정답 ① 설치목적

㉠ 복도통로유도등 : 피난통로가 되는 복도에 설치하는 통로유도등으로서 피난구의 방향을 명시하는 것

㉡ 계단통로유도등 : 피난통로가 되는 계단이나 경사로에 설치하는 통로유도등으로 바닥면 및 디딤바닥면을 비추는 것

② 조도기준 : 비상전원의 성능에 따라 유효점등시간 동안 등을 켠 후 주위조도가 0 lx인 상태에서 다음과 같은 방법으로 측정한다.

㉠ 복도통로유도등 : 바닥면에서 1m 높이에 설치하고 그 유도등의 중앙으로부터 0.5m 떨어진 위치의 바닥면 조도와 유도등의 전면 중앙으로부터 0.5m 떨어진 위치의 조도가 1 lx 이상일 것 (단, 바닥면에 설치하는 통로유도등은 그 유도등의 바로 윗부분 1m의 높이에서 법선조도가 1 lx 이상일 것)

㉡ 계단통로유도등 : 바닥면 또는 디딤바닥면에서 높이 2.5m의 위치에 유도등을 설치하고 유도등의 바로 밑으로부터 수평거리로 10m 떨어진 위치에서의 법선조도가 0.5 lx 이상일 것

해설 ① **설치목적**(NFPC 303 제3조, NFTC 303 1.7)

| 용 어 | 정의(설치목적) |
|---|---|
| 유도등 | 화재시에 **피난**을 **유도**하기 위한 등으로서 정상상태에서는 **상용전원**에 따라 켜지고 상용전원이 정전되는 경우에는 **비상전원**으로 자동전환되어 켜지는 등 |
| 피난구유도등 | **피난구** 또는 **피난경로**로 사용되는 **출입구**를 표시하여 피난을 유도하는 등 |
| 통로유도등 | **피난통로**를 **안내**하기 위한 유도등으로 **복도통로유도등**, **거실통로유도등**, **계단통로유도등** |

16회

| | |
|---|---|
| 복도통로유도등 | 피난통로가 되는 복도에 설치하는 통로유도등으로서 피난구의 방향을 명시하는 것 |
| 거실통로유도등 | **거주**, **집무**, **작업**, **집회**, **오락** 그 밖에 이와 유사한 목적을 위하여 계속적으로 사용하는 **거실**, **주차장** 등 **개방**된 **통로**에 설치하는 유도등으로 피난의 방향을 명시하는 것 |
| 계단통로유도등 | 피난통로가 되는 **계단**이나 **경사로**에 설치하는 통로유도등으로 **바닥면** 및 **디딤바닥면**을 비추는 것 |
| 객석유도등 | 객석의 **통로**, **바닥** 또는 **벽**에 설치하는 유도등 |
| 피난구유도표지 | 피난구 또는 피난경로로 사용되는 출입구를 표시하여 피난을 유도하는 표지 |
| 통로유도표지 | 피난통로가 되는 복도, 계단 등에 설치하는 것으로서 피난구의 방향을 표시하는 유도표지 |
| 피난유도선 | 햇빛이나 전등불에 따라 **축광**(축광방식)하거나 전류에 따라 빛을 발하는(광원점등방식) 유도체로서 어두운 상태에서 **피난**을 **유도**할 수 있도록 띠형태로 설치되는 피난유도시설 |

② **조도기준**(유도등의 형식승인 및 제품검사의 기술기준 제23조)

통로유도등 및 객석유도등은 비상전원의 성능에 따라 **유효점등시간** 동안 등을 켠 후 주위조도가 0 lx인 상태에서 다음과 같은 방법으로 측정하는 경우, 그 조도는 각각 다음에 적합하여야 한다.

㉠ **계단통로유도등**은 바닥면 또는 디딤바닥면으로부터 높이 **2.5m**의 위치에 그 유도등을 설치하고 그 유도등의 바로 밑으로부터 수평거리로 **10m** 떨어진 위치에서의 법선조도가 **0.5 lx** 이상이어야 한다.

㉡ **복도통로유도등**은 바닥면으로부터 **1m** 높이에, **거실통로유도등**은 바닥면으로부터 **2m** 높이에 설치하고 그 유도등의 중앙으로부터 **0.5m** 떨어진 위치(〔그림 1〕 또는 〔그림 2〕에서 정하는 위치)의 바닥면 조도와 유도등의 전면 중앙으로부터 **0.5m** 떨어진 위치의 조도가 **1 lx** 이상이어야 한다. (단, 바닥면에 설치하는 통로유도등은 그 유도등의 바로 윗부분 **1m**의 높이에서 법선조도가 **1 lx** 이상이어야 한다.)

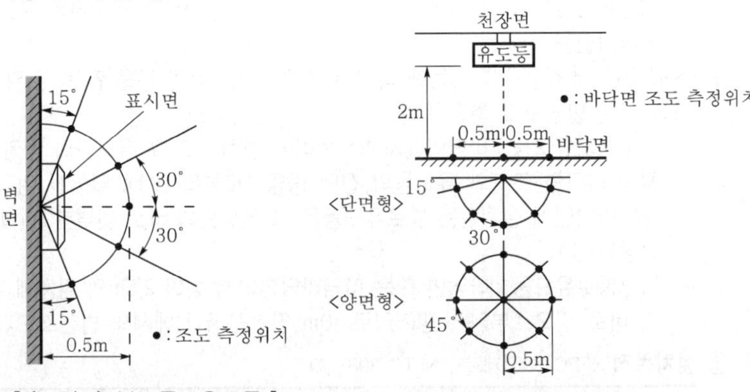


▌〔그림 1〕 복도통로유도등▐ ▌〔그림 2〕 거실통로유도등▐

③ **객석유도등**은 바닥면 또는 디딤바닥면에서 높이 **0.5m**의 위치에 설치하고 그 유도등의 바로 밑에서 **0.3m** 떨어진 위치에서의 수평조도가 **0.2 lx** 이상이어야 한다.

비교

**비상조명등**의 **조도기준**

| 장 소 | 조도기준 |
|---|---|
| 일반적인 경우<br>(NFPC 304 제4조, NFTC 304 2.1.1.2) | 비상조명등이 설치된 장소의 각 부분의 바닥에서 **1 lx** 이상이 되도록 할 것 |
| 고층건축물의 피난안전구역<br>(NFTC 604 2.6.1) | 피난안전구역의 비상조명등은 상시 조명이 **소등**된 상태에서 그 비상조명등이 점등되는 경우 각 부분의 바닥에서 조도는 **10 lx** 이상이 될 수 있도록 설치할 것 |
| 도로터널<br>(NFPC 603 제10조, NFTC 605 2.6.1.1) | 상시 조명이 소등된 상태에서 비상조명등이 점등되는 경우 터널 안의 **차도** 및 **보도**의 **바닥면**의 조도는 **10 lx** 이상, 그 외 **모든 지점**의 조도는 **1 lx** 이상이 될 수 있도록 설치할 것 |

(2) 화재시 감지기가 동작하지 않고 화재 발견자가 화재구역에 있는 발신기를 눌렀을 경우, 자동화재탐지설비 수신기에서 발신기 동작상황 및 화재구역을 확인하는 방법을 쓰시오. (3점)

정답 ① 수신기에서 발신기 동작상황
㉠ 수신기 화재표시등, 지구표시등 및 발신기 응답램프 점등
㉡ 주경종 및 지구경종 경보
② 화재구역을 확인하는 방법
㉠ P형 수신기 : 점등된 지구표시등 확인 후 경계구역일람도로 화재구역 확인
㉡ R형 수신기 : 표시창에 표시된 사항을 보거나 컨트롤 데스크 화면을 보고 화재구역 확인

해설 ① 수신기에서 발신기 동작상황
㉠ 수신기 **화재표시등**, **지구표시등** 및 발신기 **응답램프** 점등
㉡ **주경종** 및 **지구경종** 경보
② 화재구역을 확인하는 방법
㉠ P형 수신기 : 점등된 **지구표시등** 확인 후 **경계구역일람도**로 화재구역 확인
㉡ R형 수신기 : **표시창**에 표시된 사항을 보거나 **컨트롤 데스크 화면**을 보고 화재구역 확인

- 화재표시등=화재등
- 지구표시등=지구등
- 응답램프=응답등
- 주경종=주음향장치
- 지구경종=지구음향장치

16회

(3) P형 수신기(10회로 미만)에 대한 절연저항시험과 절연내력시험을 실시하였다. (9점)
① 수신기의 절연저항시험방법(측정개소, 계측기, 측정값)을 쓰시오. (3점)
② 수신기의 절연내력시험방법을 쓰시오. (3점)
③ 절연저항시험과 절연내력시험의 목적을 각각 쓰시오. (3점)

정답 ① ㉠ 수신기의 절연된 충전부와 외함 간 : 직류 500V의 절연저항계로 측정한 값이 5MΩ(교류입력측과 외함 간에는 20MΩ) 이상일 것

㉡ 절연된 선로 간 : 직류 500V의 절연저항계로 측정한 값이 20MΩ 이상일 것

② 60Hz의 정현파에 가까운 실효전압 500V(정격전압이 60V를 초과하고 150V 이하인 것은 1000V, 정격전압이 150V를 초과하는 것은 그 정격전압에 2를 곱하여 1000을 더한 값)의 교류전압을 가하는 시험에서 1분간 견디는 것이어야 한다.

③ ㉠ 절연저항시험 : 전원부와 외함 등의 절연이 얼마나 잘 되어 있는가를 확인하는 시험

㉡ 절연내력시험 : 평상시보다 높은 전압을 인가하여 절연이 파괴되는지의 여부를 확인하는 시험

해설 ① **수신기**의 **절연저항시험**(수신기 형식승인 및 제품검사의 기술기준 제19조)

| 측정개소 | P형 수신기(10회로 미만) | P형 수신기(10회로 이상) |
|---|---|---|
| 수신기의 절연된 충전부와 외함 간 | **직류 500V**의 절연저항계로 측정한 값이 **5M**Ω(교류입력측과 외함 간에는 **20M**Ω) 이상일 것 | **직류 500V**의 절연저항계로 측정한 값이 **1회선당 50M**Ω(교류입력측과 외함 간에는 **20M**Ω) 이상일 것 |
| 절연된 선로 간 | **직류 500V**의 절연저항계로 측정한 값이 **20M**Ω일 것 | **직류 500V**의 절연저항계로 측정한 값이 **20M**Ω일 것 |

② **수신기**의 **절연내력시험**(수신기 형식승인 및 제품검사의 기술기준 제20조) : 절연저항 시험부위의 절연내력은 60Hz의 정현파에 가까운 실효전압 **500V**(정격전압이 60V를 초과하고 150V 이하인 것은 **1000V**, 정격전압이 150V를 초과하는 것은 그 **정격전압**에 **2**를 곱하여 1000을 더한 값)의 교류전압을 가하는 시험에 **1분**간 견디는 것이어야 한다.

‖ 수신기의 절연내력시험 ‖

| 구 분 | 150V 이하 | 150V 초과 |
|---|---|---|
| 실효전압(시험전압) | **1000V** | **(정격전압×2)+1000V**<br>예 정격전압이 220V인 경우 (220×2)+1000=1440V |
| 견디는 시간 | **1분** | **1분** |

③ **절연저항시험**과 **절연내력시험**

| 절연저항시험 | 절연내력시험 |
|---|---|
| ㉠ 전원부와 외함 등의 **절연**이 얼마나 잘 되어 있는가를 확인하는 시험<br>㉡ 전원부와 외함 등에 **누전**이 얼마나 되고 있는지를 확인하는 시험 | ㉠ 평상시보다 **높은 전압**을 인가하여 절연이 파괴되는 지의 여부를 확인하는 시험<br>㉡ 정격치 이상의 **고전압**을 인가하여 절연물이 어느 정도의 전압에 견딜 수 있는지를 확인하는 시험 |



(4) P형 수신기에 연결된 지구경종이 작동되지 않는 경우 그 원인 5가지를 쓰시오. (10점)

○

○

○

○

○

정답 ① 지구경종정지 스위치 ON
② 지구경종정지 스위치의 고장
③ 수신기 내 지구릴레이의 고장
④ 수신기 내 경종 퓨즈 단선
⑤ 지구경종 자체 불량

해설 **지구경종**이 **작동**하지 **않는 경우**
① 지구경종정지 스위치 ON
② 지구경종정지 스위치의 고장
③ 수신기 내 지구 릴레이의 고장
④ 수신기 내 경종 퓨즈 단선
⑤ 수신기 내 기판 불량
⑥ 지구경종 자체 불량
⑦ 지구경종 선로 단선

## 기억전략법

읽었을 때 10% 기억

들었을 때 20% 기억

보았을 때 30% 기억

보고 들었을 때 50% 기억

친구(동료)와 이야기를 통해 70% 기억

**누군가를 가르쳤을 때 95% 기억**

# 2015년도 제15회 소방시설관리사 2차 국가자격시험

| 교 시 | 시 간 | 시험과목 |
|---|---|---|
| **1교시** | **90분** | **소방시설의 점검실무행정** |

| 수험번호 | | 성 명 | |
|---|---|---|---|

## 【 수험자 유의사항 】

1. **시험문제지 표지**와 시험문제지의 **총면수, 문제번호 일련순서, 인쇄상태** 등을 확인하시고, 문제지 표지에 수험번호와 성명을 기재하시기 바랍니다.

2. 수험자 인적사항 및 답안지 등 작성은 **반드시 검정색 필기구만을 계속 사용**하여야 합니다. (**그 외 연필류, 유색필기구, 2가지 이상 색 혼합사용 등으로 작성한 답항은 0점 처리**됩니다.)

3. 문제번호 순서에 관계없이 답안 작성이 가능하나, **반드시 문제번호 및 문제를 기재**(긴 경우 요약기재 가능)하고 해당 답안을 기재하여야 합니다.

4. **답안 정정시에는 정정할 부분을 두 줄(=)로 긋고 수정할 내용을 다시 기재**합니다.

5. 답안작성은 **시험시행일** 현재 시행되는 법령 등을 적용하시기 바랍니다.

6. **감독위원의 지시에 불응하거나 시험시간 종료 후 답안지를 제출하지 않을 경우** 불이익이 발생할 수 있음을 알려드립니다.

7. 시험문제지는 시험 종료 후 가져가시기 바랍니다.

# 2015. 9. 5. 시행

★★★

문제 01

다음 각 물음에 답하시오. (40점)

(1) 「기존 다중이용업소 건축물의 구조상 비상구를 설치할 수 없는 경우에 관한 고시」에서 규정한 기존 다중이용업소 건축물의 구조상 비상구를 설치할 수 없는 경우를 쓰시오. (15점)

(2) 「화재의 예방 및 안전관리에 관한 법률 시행령」 제5조 관련 "보일러 등의 설비 또는 기구 등의 위치 · 구조 및 관리와 화재예방을 위하여 불을 사용할 때 지켜야 하는 사항" 중 보일러 사용시 지켜야 하는 사항에 대해 12가지를 쓰시오. (12점)

(3) 「소방시설 설치 및 관리에 관한 법률 시행령」의 임시소방시설과 기능 및 성능이 유사한 소방시설로서 임시소방시설을 설치한 것으로 보는 소방시설을 세 부분으로 나누어서 쓰시오. (6점)

(4) 「다중이용업소의 안전관리에 관한 특별법」을 참고하여 다음 각 물음에 답하시오. (7점)

① 밀폐구조의 영업장에 대한 정의를 쓰시오. (1점)

② 밀폐구조의 영업장에 대한 요건을 쓰시오. (6점)

(1) 「기존 다중이용업소 건축물의 구조상 비상구를 설치할 수 없는 경우에 관한 고시」에서 규정한 기존 다중이용업소 건축물의 구조상 비상구를 설치할 수 없는 경우를 쓰시오. (15점)

정답 ① 비상구 설치를 위하여 건축법 규정의 주요구조부를 관통하여야 하는 경우

② 비상구를 설치하여야 하는 영업장이 인접건축물과의 이격거리가 100cm 이하인 경우

③ 다음의 어느 하나에 해당하는 경우

㉠ 비상구 설치를 위하여 당해 영업장 또는 다른 영업장의 공조설비, 냉 · 난방설비, 수도설비 등 고정설비를 철거 또는 이전하여야 하는 등 그 설비의 기능과 성능에 지장을 초래하는 경우

㉡ 비상구 설치를 위하여 인접건물 또는 다른 사람 소유의 대지경계선을 침범하는 등 재산권 분쟁의 우려가 있는 경우

㉢ 영업장이 도시미관지구에 위치하여 비상구를 설치하는 경우 건축물 미관을 훼손한다고 인정되는 경우

㉣ 당해 영업장으로 사용부분의 바닥면적 합계가 $33m^2$ 이하인 경우

④ 기타 관할 소방서장이 현장여건 등을 고려하여 비상구를 설치할 수 없다고 인정하는 경우

해설 **기존 다중이용업소 건축물의 구조상 비상구를 설치할 수 없는 경우에 관한 고시 제2조**

① 비상구 설치를 위하여 **건축법** 규정의 주요구조부를 관통하여야 하는 경우

② 비상구를 설치하여야 하는 영업장이 인접건축물과의 이격거리가 **100cm** 이하인 경우

③ 다음의 어느 하나에 해당하는 경우

㉠ 비상구 설치를 위하여 당해 영업장 또는 다른 영업장의 **공조설비, 냉 · 난방설비, 수도설비** 등 고정설비를 철거 또는 이전하여야 하는 등 그 설비의 기능과 성능에 지장을 초래하는 경우

ⓛ 비상구 설치를 위하여 **인접건물** 또는 다른 사람 소유의 **대지경계선**을 침범하는 등 **재산권 분쟁**의 우려가 있는 경우

ⓒ 영업장이 **도시미관지구**에 위치하여 비상구를 설치하는 경우 건축물 미관을 훼손한다고 인정되는 경우

ⓔ 당해 영업장으로 사용부분의 바닥면적 합계가 **$33m^2$** 이하인 경우

④ 기타 관할 소방서장이 **현장여건** 등을 고려하여 비상구를 설치할 수 없다고 인정하는 경우

용어

| 구 분 | 설 명 |
|---|---|
| 주요구조부 | **내력벽, 기둥, 바닥, 보, 지붕틀 및 주계단**을 말한다. (단, 사이 기둥, 최하층 바닥, 작은 보, 차양, 옥외 계단, 그 밖에 이와 유사한 것으로 건축물의 구조상 중요하지 아니한 부분 제외) |
| 이격거리 | 건축물 외벽과 외벽 사이의 거리 |

(2) 「화재의 예방 및 안전관리에 관한 법률 시행령」 제5조 관련 “보일러 등의 설비 또는 기구 등의 위치 · 구조 및 관리와 화재예방을 위하여 불을 사용할 때 지켜야 하는 사항” 중 보일러 사용시 지켜야 하는 사항에 대해 12가지를 쓰시오. (12점)

정답 ① 가연성 벽 · 바닥 또는 천장과 접촉하는 증기기관 또는 연통의 부분은 규조토 등 난연성 또는 불연성 단열재로 덮어 씌워야 한다.

② 경유 · 등유 등 액체연료를 사용하는 경우

㉠ 연료탱크는 보일러 본체로부터 수평거리 1m 이상의 간격을 두어 설치

ⓛ 연료탱크에는 화재 등 긴급상황이 발생하는 경우 연료를 차단할 수 있는 개폐밸브를 연료탱크로부터 0.5m 이내에 설치

ⓒ 연료탱크 또는 보일러 등에 연료를 공급하는 배관에는 여과장치를 설치

ⓔ 사용이 허용된 연료 외의 것을 사용하지 않을 것

ⓜ 연료탱크가 넘어지지 않도록 받침대를 설치하고, 연료탱크 및 연료탱크 받침대는 불연재료로 할 것

③ 기체연료를 사용하는 경우

㉠ 보일러를 설치하는 장소에는 환기구를 설치하는 등 가연성가스가 머무르지 않도록 할 것

ⓛ 연료를 공급하는 배관은 금속관으로 할 것

ⓒ 화재 등 긴급시 연료를 차단할 수 있는 개폐밸브를 연료용기 등으로부터 0.5m 이내에 설치

ⓔ 보일러가 설치된 장소에는 가스누설경보기 설치

④ 화목 등 고체연료를 사용하는 경우

㉠ 고체연료는 보일러 본체와 수평거리 2m 이상 간격을 두어 보관하거나 불연재료로 된 별도의 구획된 공간에 보관할 것

ⓛ 연통은 천장으로부터 0.6m 떨어지고, 연통의 배출구는 건물 밖으로 0.6m 이상 나오도록 설치할 것

ⓒ 연통의 배출구는 보일러 본체보다 2m 이상 높게 설치할 것

ⓔ 연통이 관통되는 벽면, 지붕 등은 불연재료로 처리할 것

ⓜ 연통재질은 불연재료로 사용하고 연결부에 청소구를 설치할 것

⑤ 보일러 본체와 벽 · 천장 사이의 거리는 0.6m 이상 되도록 할 것

⑥ 보일러를 실내에 설치하는 경우에는 콘크리트바닥 또는 금속 외의 불연재료로 된 바닥 위에 설치

해설 **보일러 등**의 **설비** 또는 **기구 등**의 **위치 · 구조** 및 **관리**와 **화재예방**을 위하여 **불**을 **사용**할 때 지켜야 하는 **사항**(화재예방법 시행령 〔별표 1〕)

| 종 류 | 내 용 |
|---|---|
| 보일러 | ① 가연성 벽 · 바닥 또는 천장과 접촉하는 증기기관 또는 연통의 부분은 규조토 등 난연성 또는 불연성 단열재로 덮어 씌워야 한다.<br>② 경유 · 등유 등 액체연료를 사용하는 경우<br>㉠ 연료탱크는 보일러 본체로부터 수평거리 **1m** 이상의 간격을 두어 설치할 것<br>㉡ 연료탱크에는 화재 등 긴급상황이 발생하는 경우 연료를 차단할 수 있는 개폐밸브를 연료탱크로부터 **0.5m** 이내에 설치할 것<br>㉢ 연료탱크 또는 보일러 등에 연료를 공급하는 배관에는 여과장치를 설치할 것<br>㉣ 사용이 허용된 연료 외의 것을 사용하지 않을 것<br>㉤ 연료탱크가 넘어지지 않도록 받침대를 설치하고, 연료탱크 및 연료탱크 받침대는 불연재료로 할 것<br>③ 기체연료를 사용하는 경우<br>㉠ 보일러를 설치하는 장소에는 환기구를 설치하는 등 가연성 가스가 머무르지 않도록 할 것<br>㉡ 연료를 공급하는 배관은 금속관으로 할 것<br>㉢ 화재 등 긴급시 연료를 차단할 수 있는 개폐밸브를 연료용기 등으로부터 **0.5m** 이내에 설치할 것<br>㉣ 보일러가 설치된 장소에는 가스누설경보기를 설치할 것<br>④ 화목 등 고체연료를 사용하는 경우<br>㉠ 고체연료는 보일러 본체와 수평거리 2m 이상 간격을 두어 보관하거나 불연재료로 된 별도의 구획된 공간에 보관할 것<br>㉡ 연통은 천장으로부터 0.6m 떨어지고, 연통의 배출구는 건물 밖으로 0.6m 이상 나오도록 설치할 것<br>㉢ 연통의 배출구는 보일러 본체보다 2m 이상 높게 설치할 것<br>㉣ 연통이 관통되는 벽면, 지붕 등은 불연재료로 처리할 것<br>㉤ 연통재질은 불연재료로 사용하고 연결부에 청소구를 설치할 것<br>⑤ 보일러 본체와 벽 · 천장 사이의 거리는 **0.6m** 이상 되도록 할 것<br>⑥ 보일러를 실내에 설치하는 경우에는 **콘크리트바닥** 또는 **금속 외**의 **불연재료**로 된 바닥 위에 설치 |
| 난로 | ① 연통은 천장으로부터 **0.6m** 이상 떨어지고, 연통의 배출구는 건물 밖으로 **0.6m** 이상 나오게 설치해야 한다.<br>② 가연성 벽 · 바닥 또는 천장과 접촉하는 연통의 부분은 **규조토** 등 **난연성 또는 불연성**의 **단열재**로 덮어 씌워야 한다.<br>③ 이동식 난로는 다음의 장소에서 사용해서는 안된다(단, 난로가 쓰러지지 않도록 받침대를 두어 고정시키거나 쓰러지는 경우 즉시 소화되고 연료의 누출을 차단할 수 있는 장치가 부착된 경우 제외).<br>㉠ 다중이용업<br>㉡ 학원<br>㉢ 독서실<br>㉣ 숙박업 · 목욕장업 · 세탁업의 영업장<br>㉤ 종합병원 · 병원 · 치과병원 · 한방병원 · 요양병원 · 정신병원 · 의원 · 치과의원 · 한의원 및 조산원<br>㉥ 식품접객업의 영업장<br>㉦ 영화상영관<br>㉧ 공연장<br>㉨ 박물관 및 미술관<br>㉩ 상점가<br>㉪ 가설건축물<br>㉫ 역 · 터미널 |

| | |
|---|---|
| 건조설비 | ① 건조설비와 벽·천장 사이의 거리는 **0.5m** 이상 되도록 할 것<br>② 건조물품이 열원과 직접 접촉하지 않도록 할 것<br>③ 실내에 설치하는 경우에 **벽·천장** 또는 **바닥**은 **불연재료**로 할 것 |
| 불꽃을 사용하는 용접·용단 기구 | 용접 또는 용단 작업장에서는 다음의 사항을 지켜야 한다(단, 「산업안전보건법」의 적용을 받는 사업장의 경우는 제외).<br>① 용접 또는 용단 작업장 주변 반경 5m 이내에 소화기를 갖추어 둘 것<br>② 용접 또는 용단 작업장 주변 반경 10m 이내에는 가연물을 쌓아두거나 놓아두지 말 것(단, 가연물의 제거가 곤란하여 방화포 등으로 방호조치를 한 경우는 제외) |
| 가스·전기시설 | ① 가스시설의 경우 「고압가스 안전관리법」, 「도시가스사업법」 및 「액화석유가스의 안전관리 및 사업법」에서 정하는 바에 따른다.<br>② 전기시설의 경우 「전기사업법」 및 「전기안전관리법」에서 정하는 바에 따른다. |
| 노·화덕설비 | ① 실내에 설치하는 경우에는 **흙바닥** 또는 **금속 외**의 **불연재료**로 된 바닥에 설치<br>② 노 또는 화덕을 설치하는 장소의 벽·천장은 **불연재료**로 된 것이어야 한다.<br>③ 노 또는 화덕의 주위에는 녹는 물질이 확산되지 않도록 높이 **0.1m** 이상의 턱 설치<br>④ 시간당 열량이 **30만kcal** 이상인 노를 설치하는 경우 다음의 사항을 지켜야 한다.<br>㉠ 주요구조부는 **불연재료**로 할 것<br>㉡ 창문과 출입구는 **60분+방화문 또는 60분 방화문**으로 설치할 것<br>㉢ 노 주위에는 1m 이상의 공간을 확보할 것 |
| 음식조리를 위하여 설치하는 설비 | 일반음식점 주방에서 조리를 위하여 불을 사용하는 설비를 설치하는 경우에는 다음의 사항을 지켜야 한다.<br>① 주방설비에 부속된 배기덕트는 **0.5mm** 이상의 **아연도금강판** 또는 이와 같거나 그 이상의 내식성 불연재료로 설치할 것<br>② 주방시설에는 동물 또는 식물의 기름을 제거할 수 있는 **필터** 등을 설치할 것<br>③ 열을 발생하는 조리기구는 반자 또는 선반으로부터 **0.6m** 이상 떨어지게 할 것<br>④ 열을 발생하는 조리기구로부터 **0.15m** 이내의 거리에 있는 가연성 주요구조부는 **단열성**이 있는 **불연재료**로 덮어 씌울 것 |

(3) 「소방시설 설치 및 관리에 관한 법률 시행령」의 임시소방시설과 기능 및 성능이 유사한 소방시설로서 임시소방시설을 설치한 것으로 보는 소방시설을 세 부분으로 나누어서 쓰시오. (6점)

정답 ① 간이소화장치를 설치한 것으로 보는 소방시설 : 옥내소화전 또는 소방청장이 정하여 고시하는 기준에 맞는 소화기(연결송수관설비의 방수구 인근에 설치한 경우로 한정)
② 비상경보장치를 설치한 것으로 보는 소방시설 : 비상방송설비 또는 자동화재탐지설비
③ 간이피난유도선을 설치한 것으로 보는 소방시설 : 피난유도선, 피난구유도등, 통로유도등 또는 비상조명등

해설 **소방시설법 시행령 〔별표 8〕**

① **임시소방시설**의 **종류**

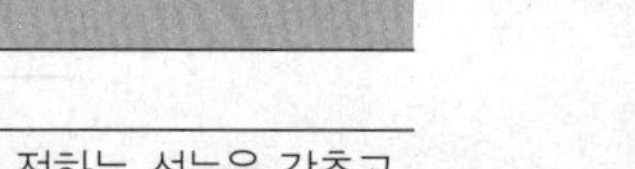
15회

| 종 류 | 세부사항 |
|---|---|
| 소화기 | – |
| 간이소화장치 | 물을 방사하여 화재를 진화할 수 있는 장치로서 **소방청장**이 정하는 성능을 갖추고 있을 것 |
| 비상경보장치 | 화재가 발생한 경우 **주변**에 있는 **작업자**에게 **화재사실**을 알릴 수 있는 장치로서 **소방청장**이 정하는 성능을 갖추고 있을 것 |

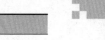

| | |
|---|---|
| 가스누설경보기 | 가연성 가스가 누설되거나 발생된 경우 이를 탐지하여 경보하는 장치로서 법 제37조에 따른 형식승인 및 제품검사를 받은 것 |
| 간이피난유도선 | 화재가 발생할 경우 **피난구 방향**을 안내할 수 있는 장치로서 **소방청장**이 정하는 성능을 갖추고 있을 것 |
| 비상조명등 | 화재가 발생한 경우 안전하고 원활한 피난활동을 할 수 있도록 자동 점등되는 조명장치로서 소방청장이 정하는 성능을 갖추고 있을 것 |
| 방화포 | 용접·용단 등의 작업시 발생하는 불티로부터 가연물이 점화되는 것을 방지해주는 천 또는 불연성 물품으로서 소방청장이 정하는 성능을 갖추고 있을 것 |

② **임시소방시설**을 **설치**해야 하는 **공사**의 **종류**와 **규모**

| 종 류 | 세부사항 |
|---|---|
| 소화기 | 법 제6조 제1항에 따라 소방본부장 또는 소방서장의 동의를 받아야 하는 특정소방대상물의 신축·증축·개축·재축·이전·용도변경 또는 대수선 등을 위한 공사 중 법 제15조 제1항에 따른 화재위험작업의 현장(이하 이 표에서 "**화재위험작업현장**"이라 한다)에 설치한다. |
| 간이소화장치 | 다음의 어느 하나에 해당하는 공사의 화재위험작업현장에 설치<br>① 연면적 **3000m$^2$** 이상<br>② 해당층의 바닥면적이 **600m$^2$** 이상인 지하층, 무창층 및 4층 이상의 층 |
| 비상경보장치 | 다음의 어느 하나에 해당하는 공사의 화재위험작업현장에 설치<br>① 연면적 **400m$^2$** 이상<br>② 해당층의 바닥면적이 **150m$^2$** 이상인 지하층 또는 무창층 |
| 가스누설경보기 | 바닥면적이 **150m$^2$** 이상인 지하층 또는 무창층의 화재위험작업현장에 설치한다. |
| 간이피난유도선 | 바닥면적이 **150m$^2$** 이상인 지하층 또는 무창층의 화재위험작업현장에 설치한다. |
| 비상조명등 | 바닥면적이 **150m$^2$** 이상인 지하층 또는 무창층의 화재위험작업현장에 설치한다. |
| 방화포 | 용접·용단 작업이 진행되는 화재위험작업현장에 설치한다. |

③ **임시소방시설**과 **기능** 및 **성능**이 **유사**한 **소방시설**로서 **임시소방시설**을 **설치**한 것으로 보는 **소방시설**

| 종 류 | 세부사항 |
|---|---|
| 간이소화장치를 설치한 것으로 보는 소방시설 | ① 옥내소화전<br>② 소방청장이 정하여 고시하는 기준에 맞는 소화기(연결송수관설비의 방수구 인근에 설치한 경우로 한정) |
| 비상경보장치를 설치한 것으로 보는 소방시설 | ① 비상방송설비<br>② 자동화재탐지설비 |
| 간이피난유도선을 설치한 것으로 보는 소방시설 | ① 피난유도선<br>② 피난구유도등<br>③ 통로유도등<br>④ 비상조명등 |

15회

(4) 「다중이용업소의 안전관리에 관한 특별법」을 참고하여 다음 각 물음에 답하시오. (7점)
① 밀폐구조의 영업장에 대한 정의를 쓰시오. (1점)

정답 지상층에 있는 다중이용업소의 영업장 중 채광 · 환기 · 통풍 및 피난 등이 용이하지 못한 구조로 되어 있으면서 대통령령으로 정하는 기준에 해당하는 영업장

해설 **다중이용업소의 안전관리에 관한 특별법 제2조**

| 용 어 | 정 의 |
|---|---|
| 다중이용업 | **불특정 다수인**이 이용하는 영업 중 화재 등 재난 발생시 생명 · 신체 · 재산상의 피해가 발생할 우려가 높은 것으로서 **대통령령**으로 정하는 영업 |
| 안전시설 등 | **소방시설, 비상구, 영업장 내부 피난통로**, 그 밖의 안전시설로서 **대통령령**으로 정하는 것 |
| 실내장식물 | 건축물 내부의 **천장** 또는 **벽**에 설치하는 것으로서 **대통령령**으로 정하는 것 |
| 화재위험평가 | **다중이용업소**가 밀집한 지역 또는 건축물에 대하여 화재발생 가능성과 화재로 인한 불특정 다수인의 **생명 · 신체 · 재산상**의 **피해** 및 주변에 미치는 **영향**을 **예측 · 분석**하고 이에 대한 대책을 마련하는 것 |
| 밀폐구조의 영업장 | **지상층**에 있는 다중이용업소의 영업장 중 **채광 · 환기 · 통풍** 및 **피난** 등이 용이하지 못한 구조로 되어 있으면서 **대통령령**으로 정하는 기준에 해당하는 영업장 |
| 영업장의 내부구획 | 다중이용업소의 영업장 내부를 이용객들이 사용할 수 있도록 **벽** 또는 **칸막이** 등을 사용하여 구획된 실을 만드는 것 |

용어

**다중이용업소** : 다중이용업의 영업소

② 밀폐구조의 영업장에 대한 요건을 쓰시오. (6점)

정답 다음의 요건을 모두 갖춘 개구부의 면적의 합계가 영업장으로 사용하는 바닥면적의 $\frac{1}{30}$ 이하가 되는 것

① 크기는 지름 50cm 이상의 원이 통과할 수 있을 것
② 해당층의 바닥면으로부터 개구부 밑부분까지의 높이가 1.2m 이내일 것
③ 도로 또는 차량이 진입할 수 있는 빈터를 향할 것
④ 화재시 건축물로부터 쉽게 피난할 수 있도록 창살이나 그 밖의 장애물이 설치되지 않을 것
⑤ 내부 또는 외부에서 쉽게 부수거나 열 수 있을 것

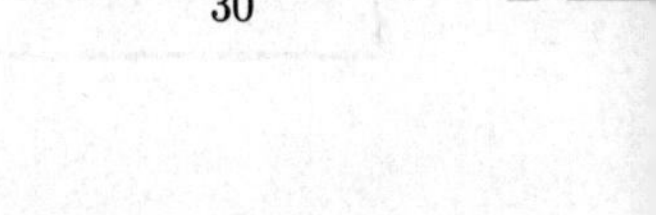


해설 **밀폐구조의 영업장 요건**(다중이용업령 제3조의 2, 소방시설법 시행령 제2조)

다음의 요건을 모두 갖춘 개구부의 면적의 합계가 영업장으로 사용하는 바닥면적의 $\frac{1}{30}$ 이하가 되는 것

① 크기는 지름 **50cm** 이상의 원이 통과할 수 있을 것
② 해당층의 바닥면으로부터 개구부 밑부분까지의 높이가 **1.2m** 이내일 것
③ **도로** 또는 **차량**이 진입할 수 있는 빈터를 향할 것
④ 화재시 건축물로부터 쉽게 피난할 수 있도록 **창살**이나 그 밖의 **장애물**이 설치되지 않을 것
⑤ 내부 또는 외부에서 **쉽게 부수거나** 열 수 있을 것

★★★

## 문제 02

다음 각 물음에 답하시오. (30점)

(1) 소방시설 종합점검표에서 기타사항의 피난 · 방화시설 점검항목 2가지를 쓰시오. (8점)

○

○

(2) 자동화재탐지설비 및 시각경보장치의 작동점검표에서 수신기의 점검항목 5가지를 쓰시오. (10점)

○

○

○

○

○

(3) 다음 명칭에 대한 소방시설 도시기호를 그리시오. (4점)

| 명 칭 | 도시기호 |
|---|---|
| 릴리프밸브(일반) | |
| 회로시험기 | |
| 연결살수헤드 | |
| 화재댐퍼 | |

(4) 이산화탄소 소화설비 종합점검표에서 공통사항을 포함한 제어반 및 화재표시반의 점검항목 10가지를 쓰시오. (8점)

○

○

○

○

○

○

○

○

○

○

(1) 소방시설 종합점검표에서 기타사항의 피난 · 방화시설 점검항목 2가지를 쓰시오. (8점)

○

○

정답 ① 방화문 및 방화셔터의 관리상태(폐쇄 · 훼손 · 변경) 및 정상기능 적정 여부
② 비상구 및 피난통로 확보 적정 여부(피난 · 방화시설 주변 장애물 적치 포함)

해설 **기타사항의 종합점검**(소방시설 자체점검사항 등에 관한 고시 〔별지 제4호 서식〕)

| 구 분 | 점검항목 |
|---|---|
| 피난 · 방화시설 | ① **방화문** 및 **방화셔터**의 관리상태(폐쇄 · 훼손 · 변경) 및 정상기능 적정 여부<br>❷ **비상구** 및 **피난통로** 확보 적정 여부(피난 · 방화시설 주변 장애물 적치 포함) |
| 방염 | ❶ 선처리 방염대상물품의 적합 여부(방염성능시험성적서 및 합격표시 확인)<br>❷ 후처리 방염대상물품의 적합 여부(방염성능검사결과 확인) |
| 비고 | ※ 방염성능시험성적서, 합격표시 및 방염성능검사결과의 확인이 불가한 경우 비고에 기재한다. |

※ "●"는 종합점검의 경우에만 해당

(2) 자동화재탐지설비 및 시각경보장치의 작동점검표에서 수신기의 점검항목 5가지를 쓰시오. (10점)

○

○

○

○

○

정답 ① 수신기 설치장소 적정(관리 용이) 여부
② 조작스위치의 높이는 적정하며 정상 위치에 있는지 여부
③ 경계구역 일람도 비치 여부
④ 수신기 음향기구의 음량 · 음색 구별 가능 여부
⑤ 수신기 기록장치 데이터발생 표시시간과 표준시간 일치 여부

해설 **자동화재탐지설비 및 시각경보장치의 작동점검**(소방시설 자체점검사항 등에 관한 고시 〔별지 제4호 서식〕)

| 구 분 | 점검항목 |
|---|---|
| 수신기 | ① 수신기 설치장소 적정(관리 용이) 여부<br>② 조작스위치의 높이는 적정하며 정상 위치에 있는지 여부<br>③ **경계구역 일람도** 비치 여부<br>④ 수신기 음향기구의 **음량 · 음색** 구별 가능 여부<br>⑤ 수신기 기록장치 데이터발생 표시시간과 표준시간 일치 여부 |
| 감지기 | ① 연기감지기 설치장소 적정 설치 여부<br>② 감지기 설치(감지면적 및 배치거리) 적정 여부<br>③ 감지기 **변형 · 손상** 확인 및 작동시험 적합 여부 |

| | |
|---|---|
| 음향장치 | ① **주음향장치** 및 **지구음향장치** 설치 적정 여부<br>② **음향장치**(경종 등) **변형 · 손상** 확인 및 정상작동(음량 포함) 여부 |
| 시각경보장치 | ① 시각경보장치 설치 장소 및 높이 적정 여부<br>② 시각경보장치 **변형 · 손상** 확인 및 정상작동 여부 |
| 발신기 | ① 발신기 설치 **장소**, **위치**(수평거리) 및 **높이** 적정 여부<br>② 발신기 **변형 · 손상** 확인 및 정상작동 여부<br>③ 위치표시등 **변형 · 손상** 확인 및 정상 점등 여부 |
| 전원 | ① 상용전원 적정 여부<br>② 예비전원 성능 적정 및 상용전원 차단시 예비전원 자동전환 여부 |
| 배선 | 수신기 **도통시험** 회로 정상 여부 |
| 비고 | ※ 특정소방대상물의 위치 · 구조 · 용도 및 소방시설의 상황 등이 이 표의 항목대로 기재하기 곤란하거나 이 표에서 누락된 사항을 기재한다. |

(3) 다음 명칭에 대한 소방시설 도시기호를 그리시오. (4점)

| 명 칭 | 도시기호 |
|---|---|
| 릴리프밸브(일반) | |
| 회로시험기 | |
| 연결살수헤드 | |
| 화재댐퍼 | |

정답

| 명 칭 | 도시기호 |
|---|---|
| 릴리프밸브(일반) | |
| 회로시험기 | |
| 연결살수헤드 | |
| 화재댐퍼 | |

해설 **소방시설 자체점검사항 등에 관한 고시 〔별표〕**

① **밸브류**

| 명 칭 | 도시기호 | 비 고 |
|---|---|---|
| 체크밸브 | | – |
| 가스체크밸브 | | – |

| | | |
|---|---|---|
| 게이트밸브(상시개방) | | – |
| 게이트밸브(상시폐쇄) | | – |
| 선택밸브 | | – |
| 조작밸브(일반) | | – |
| 조작밸브(전자식) | | – |
| 조작밸브(가스식) | | – |
| 경보밸브(습식) | | – |
| 경보밸브(건식) | | – |
| 프리액션밸브 | P | 'Pre-action(프리액션)'의 약자 |
| 경보델류지밸브 | D | 'Deluge(델류지)'의 약자 |
| 프리액션밸브 수동조작함 | SVP | 'Supervisory Panel(슈퍼비조리 판넬)'의 약자 |
| 플렉시블조인트 | | 펌프 또는 배관의 충격흡수 |
| 솔레노이드밸브 | S | '전자밸브' 또는 '전자개방밸브'라고도 부른다. |
| 모터밸브 | M | 'Motor(모터)'의 약자 |
| 릴리프밸브(이산화탄소용) | | – |
| 릴리프밸브(일반) | | – |
| 동체크밸브 | | – |
| 앵글밸브 | | – |
| FOOT밸브 | | – |
| 볼밸브 | | – |

| 배수밸브 | (도시기호) | – |
|---|---|---|
| 자동배수밸브 | (도시기호) | – |
| 여과망 | (도시기호) | – |
| 자동밸브 | Ⓖ | – |
| 감압밸브 | Ⓡ | 'Reducer(감압)'의 약자 |
| 공기조절밸브 | (도시기호) | – |

② **경보기기류**

| 명 칭 | 도시기호 | 비 고 |
|---|---|---|
| 차동식 스포트형 감지기 | (도시기호) | – |
| 보상식 스포트형 감지기 | (도시기호) | – |
| 정온식 스포트형 감지기 | (도시기호) | – |
| 연기감지기 | S | 'Smoke(연기)'의 약자 |
| 감지선 | (도시기호) | – |
| 공기관 | (도시기호) | – |
| 열전대 | (도시기호) | – |
| 열반도체 | (도시기호) | – |
| 차동식 분포형 감지기의 검출기 | (도시기호) | 옥내배선기호에서는 **'차동식 분포형 감지기의 검출부'**라고 부름 |
| 발신기세트 단독형 | P B L | – |
| 발신기세트 옥내소화전 내장형 | PBL | – |
| 경계구역번호 | (도시기호) | 옥내배선기호에서는 **'경보구역번호'**라 부름 |
| 비상용 누름버튼 | F | 옥내배선 기호에서는 'Ⓕ'로 도시하고 **'기동장치'**라고 부름 |

| | | |
|---|---|---|
| 비상전화기 | ET | – |
| 비상벨 | B | 옥내배선기호에서는 **'경보벨'** 이라 부름 |
| 사이렌 | | 옥내배선기호에서는 **'경보사이렌'**이라 부름 |
| 모터사이렌 | M | 'Motor(모터)'의 약자 |
| 전자사이렌 | S | 'Sound'의 약자 |
| 조작장치 | EP | – |
| 증폭기 | AMP | 'Amplifier(증폭기)'의 약자 |
| 기동누름버튼 | E | 옥내배선기호에서는 'Ⓔ'로 도시하고 **'기동버튼'**이라 부름 |
| 이온화식 감지기(스포트형) | $S_I$ | – |
| 광전식 연기감지기 (아날로그) | $S_A$ | – |
| 광전식 연기감지기 (스포트형) | $S_P$ | – |
| 감지기간선, HIV 1.2mm×4(22C) | — F //// | 'Fire(화재)'의 약자 |
| 감지기간선, HIV 1.2mm×8(22C) | — F //// //// | 'Fire(화재)'의 약자 |
| 유도등간선, HIV 2.0mm×3(22C) | — EX — | 'EXIT(출구)'의 약자 |
| 경보부저 | BZ | 'BUZZER(부저)'의 약자 |
| 제어반 | | – |
| 표시반 | | – |
| 회로시험기 → | | – |
| 화재경보벨 | B | 'Bell(벨)'의 약자 |
| 시각경보기(스트로브) | | – |
| 수신기 | | – |

15회

| 부수신기 | | – |
|---|---|---|
| 중계기 | | – |
| 표시등 | | – |
| 피난구유도등 | | – |
| 통로유도등 | | – |
| 표시판 | | – |
| 보조전원 | TR | – |
| 종단저항 | Ω | – |

③ **헤드류**

| 명 칭 | 도시기호 | 비 고 |
|---|---|---|
| 드렌처헤드(평면도) | | – |
| 드렌처헤드(입면도) | | – |
| 포헤드(입면도) | | – |
| 포헤드(평면도) | | – |
| 감지헤드(평면도) | | – |
| 감지헤드(입면도) | | – |
| 할로겐화합물 및 불활성기체 소화약제 방출헤드(평면도) | | – |
| 할로겐화합물 및 불활성기체 소화약제 방출헤드(입면도) | | – |
| 스프링클러헤드 폐쇄형 상향식(평면도) | | – |
| 스프링클러헤드 폐쇄형 하향식(평면도) | | – |
| 스프링클러헤드 개방형 상향식(평면도) | | – |
| 스프링클러헤드 개방형 하향식(평면도) | | – |
| 스프링클러헤드 폐쇄형 상향식(계통도) | | – |

| | | |
|---|---|---|
| 스프링클러헤드 폐쇄형 하향식(입면도) | | – |
| 스프링클러헤드 폐쇄형 상 · 하향식(입면도) | | – |
| 스프링클러헤드 상향형(입면도) | | – |
| 스프링클러헤드 하향형(입면도) | | – |
| 분말 · 탄산가스 · 할로겐헤드 | ▌평면도▐ ▌입면도▐ | – |
| 연결살수헤드 → | | – |
| 물분무헤드(평면도) | | – |
| 물분무헤드(입면도) | | – |

④ **제연설비**

| 명 칭 | | 도시기호 | 비 고 |
|---|---|---|---|
| 수동식제어 | | | – |
| 천장용 배풍기 | | | – |
| 벽부착용 배풍기 | | | – |
| 배풍기 | 일반 배풍기 | | – |
| | 관로 배풍기 | | – |
| 댐 퍼 | 화재댐퍼 → | | – |
| | 연기댐퍼 | | – |
| | 화재 · 연기댐퍼 | | – |

(4) 이산화탄소 소화설비 종합점검표에서 공통사항을 포함한 제어반 및 화재표시반의 점검항목 10가지를 쓰시오. (8점)
○
○
○
○
○
○
○
○
○
○

정답 ① 설치장소 적정 및 관리 여부
② 회로도 및 취급설명서 비치 여부
③ 수동잠금밸브 개폐 여부 확인표시등 설치 여부
④ 수동기동장치 또는 감지기 신호 수신시 음향경보장치 작동 기능 정상 여부
⑤ 소화약제 방출·지연 및 기타 제어 기능 적정 여부
⑥ 전원표시등 설치 및 정상 점등 여부
⑦ 방호구역별 표시등(음향경보장치 조작, 감지기 작동), 경보기 설치 및 작동 여부
⑧ 수동식 기동장치 작동표시표시등 설치 및 정상작동 여부
⑨ 소화약제 방출표시등 설치 및 정상작동 여부
⑩ 자동식 기동장치 자동·수동 절환 및 절환표시등 설치 및 정상작동 여부

해설 **이산화탄소 소화설비**의 **종합점검**(소방시설 자체점검사항 등에 관한 고시 〔별지 제4호 서식〕)

| 구 분 | 점검항목 | |
|---|---|---|
| 저장용기 | ❶ 설치장소 적정 및 관리 여부<br>② 저장용기 설치장소 표지 설치 여부<br>❸ 저장용기 설치간격 적정 여부<br>④ 저장용기 개방밸브 자동·수동 개방 및 안전장치 부착 여부<br>❺ 저장용기와 집합관 연결배관상 체크밸브 설치 여부<br>❻ 저장용기와 선택밸브(또는 개폐밸브) 사이 안전장치 설치 여부 | |
| | 저압식 | ❶ 안전밸브 및 봉판 설치 적정(작동 압력) 여부<br>❷ 액면계·압력계 설치 여부 및 압력강하경보장치 작동 압력 적정 여부<br>③ 자동냉동장치의 기능 |
| 소화약제 | 소화약제 저장량 적정 여부 | |
| 기동장치 | 방호구역별 출입구 부근 소화약제 방출표시등 설치 및 정상작동 여부 | |
| | 수동식 기동장치 | ① 기동장치 부근에 비상스위치 설치 여부<br>❷ 방호구역별 또는 방호대상별 기동장치 설치 여부<br>③ 기동장치 설치 적정(출입구 부근 등, 높이, 보호장치, 표지, 전원표시등) 여부<br>④ 방출용 스위치 음향경보장치 연동 여부 |
| | 자동식 기동장치 | ① 감지기 작동과의 연동 및 수동기동 가능 여부<br>❷ 저장용기 수량에 따른 전자개방밸브 수량 적정 여부(전기식 기동장치의 경우)<br>③ 기동용 가스용기의 용적, 충전압력 적정 여부(가스압력식 기동장치의 경우)<br>❹ 기동용 가스용기의 안전장치, 압력게이지 설치 여부(가스압력식 기동장치의 경우)<br>❺ 저장용기 개방구조 적정 여부(기계식 기동장치의 경우) |

<table>
<tr><td rowspan="3">제어반 및<br>화재표시반</td><td colspan="2">① 설치장소 적정 및 관리 여부<br>② 회로도 및 취급설명서 비치 여부<br>❸ 수동잠금밸브 개폐 여부 확인표시등 설치 여부</td></tr>
<tr><td>제어반</td><td>① 수동기동장치 또는 감지기 신호 수신시 음향경보장치 작동기능 정상 여부<br>② 소화약제 방출·지연 및 기타 제어기능 적정 여부<br>③ 전원표시등 설치 및 정상 점등 여부</td></tr>
<tr><td>화재표시반</td><td>① 방호구역별 표시등(음향경보장치 조작, 감지기 작동), 경보기 설치 및 작동 여부<br>② 수동식 기동장치 작동표시표시등 설치 및 정상작동 여부<br>③ 소화약제 방출표시등 설치 및 정상작동 여부<br>❹ 자동식 기동장치 자동·수동 절환 및 절환표시등 설치 및 정상작동 여부</td></tr>
<tr><td>배관 등</td><td colspan="2">① 배관의 변형·손상 유무<br>❷ 수동잠금밸브 설치위치 적정 여부</td></tr>
<tr><td>선택밸브</td><td colspan="2">● 선택밸브 설치기준 적합 여부</td></tr>
<tr><td rowspan="3">분사헤드</td><td>전역방출방식</td><td>① 분사헤드의 변형·손상 유무<br>❷ 분사헤드의 설치위치 적정 여부</td></tr>
<tr><td>국소방출방식</td><td>① 분사헤드의 변형·손상 유무<br>❷ 분사헤드의 설치장소 적정 여부</td></tr>
<tr><td>호스릴방식</td><td>❶ 방호대상물 각 부분으로부터 호스접결구까지 수평거리 적정 여부<br>② 소화약제 저장용기의 위치표시등 정상 점등 및 표지 설치 여부<br>❸ 호스릴소화설비 설치장소 적정 여부</td></tr>
<tr><td>화재감지기</td><td colspan="2">① 방호구역별 화재감지기 감지에 의한 기동장치 작동 여부<br>❷ 교차회로(또는 NFPC 203 제7조 제1항, NFTC 203 2.4.1 단서 감지기) 설치 여부<br>❸ 화재감지기별 유효바닥면적 적정 여부</td></tr>
<tr><td rowspan="2">음향경보장치</td><td colspan="2">① 기동장치 조작시(수동식-방출용 스위치, 자동식-화재감지기) 경보 여부<br>② 약제 방사 개시(또는 방출압력스위치 작동) 후 경보 적정 여부<br>❸ 방호구역 또는 방호대상물 구획 안에서 유효한 경보 가능 여부</td></tr>
<tr><td>방송에 따른<br>경보장치</td><td>❶ 증폭기 재생장치의 설치장소 적정 여부<br>❷ 방호구역·방호대상물에서 확성기 간 수평거리 적정 여부<br>❸ 제어반 복구스위치 조작시 경보 지속 여부</td></tr>
<tr><td>자동폐쇄장치</td><td colspan="2">① 환기장치 자동정지기능 적정 여부<br>② 개구부 및 통기구 자동폐쇄장치 설치장소 및 기능 적합 여부<br>❸ 자동폐쇄장치 복구장치 설치기준 적합 및 위치표지 적합 여부</td></tr>
<tr><td>비상전원</td><td colspan="2">❶ 설치장소 적정 및 관리 여부<br>② 자가발전설비인 경우 연료적정량 보유 여부<br>③ 자가발전설비인 경우 「전기사업법」에 따른 정기점검 결과 확인</td></tr>
<tr><td>배출설비</td><td colspan="2">● 배출설비 설치상태 및 관리 여부</td></tr>
<tr><td>과압배출구</td><td colspan="2">● 과압배출구 설치상태 및 관리 여부</td></tr>
<tr><td>안전시설 등</td><td colspan="2">① 소화약제 방출알림 시각경보장치 설치기준 적합 및 정상작동 여부<br>② 방호구역 출입구 부근 잘 보이는 장소에 소화약제 방출 위험경고표지 부착 여부<br>③ 방호구역 출입구 외부 인근에 공기호흡기 설치 여부</td></tr>
<tr><td>비고</td><td colspan="2">※ 특정소방대상물의 위치·구조·용도 및 소방시설의 상황 등이 이 표의 항목대로 기재하기 곤란하거나 이 표에서 누락된 사항을 기재한다.</td></tr>
</table>

※ "●"는 종합점검의 경우에만 해당

문제 03

다음 각 물음에 답하시오. (30점)

(1) 「소방시설 설치 및 관리에 관한 법률 시행규칙」〔별표 8〕에서 규정하는 행정처분 일반기준에 대하여 쓰시오. (15점)

(2) 「자동화재탐지설비 및 시각경보장치의 화재안전기준」에서 규정한 연기감지기를 설치할 수 없는 장소 중 도금공장 또는 축전지실과 같이 부식성가스의 발생우려가 있는 장소에 감지기 설치시 유의사항 3가지를 쓰시오. (5점)

○

○

○

(3) 「피난기구의 화재안전기준」 피난기구 설치의 감소기준을 쓰시오. (10점)

(1) 「소방시설 설치 및 관리에 관한 법률 시행규칙」〔별표 8〕에서 규정하는 행정처분 일반기준에 대하여 쓰시오. (15점)

정답 (1) 위반행위가 둘 이상이면 그 중 무거운 처분기준(무거운 처분기준이 동일한 경우에는 그 중 하나의 처분기준)에 따른다. 다만, 둘 이상의 처분기준이 모두 영업정지이거나 사용정지인 경우에는 각 처분기준을 합산한 기간을 넘지 않는 범위에서 무거운 처분기준에 각각 나머지 처분기준의 $\frac{1}{2}$ 범위에서 가중한다.

(2) 영업정지 또는 사용정지 처분기간 중 영업정지 또는 사용정지에 해당하는 위반사항이 있는 경우에는 종전의 처분기간 만료일의 다음 날부터 새로운 위반사항에 따른 영업정지 또는 사용정지의 행정처분을 한다.

(3) 위반행위의 횟수에 따른 행정처분의 기준은 최근 1년간 같은 위반행위로 행정처분을 받은 경우에 적용한다. 이 경우 적용일은 위반행위에 대한 행정처분일과 그 처분 후에 한 위반행위가 다시 적발된 날을 기준으로 한다.

(4) (3)에 따라 가중된 부과처분을 하는 경우 가중처분의 적용 차수는 그 위반행위 전 부과처분 차수[(3)에 따른 기간 내에 행정처분이 둘 이상 있었던 경우에는 높은 차수]의 다음 차수로 한다.

(5) 처분권자는 위반행위의 동기·내용·횟수 및 위반 정도 등 다음에 해당하는 사유를 고려하여 그 처분을 가중하거나 감경할 수 있다. 이 경우 그 처분이 영업정지 또는 자격정지인 경우에는 그 처분기준의 $\frac{1}{2}$ 범위에서 가중하거나 감경할 수 있고, 등록취소 또는 자격취소인 경우에는 등록취소 또는 자격취소 전 차수의 행정처분이 영업정지 또는 자격정지이면 그 처분기준의 2배 이하의 영업정지 또는 자격정지로 감경(등록취소 또는 자격취소된 경우는 제외)할 수 있다.

① 가중 사유
㉠ 위반행위가 사소한 부주의나 오류가 아닌 고의나 중대한 과실에 의한 것으로 인정되는 경우
㉡ 위반의 내용·정도가 중대하여 관계인에게 미치는 피해가 크다고 인정되는 경우

② 감경 사유
㉠ 위반행위가 사소한 부주의나 오류 등 과실로 인한 것으로 인정되는 경우
㉡ 위반의 내용·정도가 경미하여 관계인에게 미치는 피해가 적다고 인정되는 경우
㉢ 위반 행위자가 처음 해당 위반행위를 한 경우로서 5년 이상 소방시설관리사의 업무, 소방시설관리업 등을 모범적으로 해 온 사실이 인정되는 경우
㉣ 그 밖에 다음의 경미한 위반사항에 해당되는 경우
- 스프링클러설비 헤드가 살수반경에 미치지 못하는 경우
- 자동화재탐지설비 감지기 2개 이하가 설치되지 않은 경우

15회

- 유도등이 일시적으로 점등되지 않는 경우
- 유도표지가 정해진 위치에 붙어 있지 않은 경우

(6) 처분권자는 고의 또는 중과실이 없는 위반행위자가 「소상공인기본법」에 따른 소상공인인 경우에는 다음의 사항을 고려하여 개별기준에 따른 처분을 감경할 수 있다. 이 경우 그 처분이 영업정지인 경우에는 그 처분기준의 $\frac{70}{100}$ 범위에서 감경할 수 있고, 그 처분이 등록취소(등록취소된 경우는 제외)인 경우에는 3개월의 영업정지 처분으로 감경할 수 있다. 다만, (5)에 따른 감경과 중복하여 적용하지 않는다.

① 해당 행정처분으로 위반행위자가 더 이상 영업을 영위하기 어렵다고 객관적으로 인정되는지 여부
② 경제위기 등으로 위반행위자가 속한 시장 · 산업 여건이 현저하게 변동되거나 지속적으로 악화된 상태인지 여부

해설 **소방시설관리사** 및 **소방시설관리업**의 **등록취소 · 영업정지** 등의 **행정처분 일반기준**(소방시설법 시행규칙 [별표 8])

(1) **위반행위가 둘 이상**이면 그 중 **무거운 처분기준**(무거운 처분기준이 동일한 경우에는 그 중 하나의 처분기준)에 따른다. 다만, 둘 이상의 처분기준이 모두 영업정지이거나 사용정지인 경우에는 각 처분기준을 합산한 기간을 넘지 않는 범위에서 무거운 처분기준에 각각 나머지 처분기준의 $\frac{1}{2}$ 범위에서 가중한다.

(2) **영업정지 또는 사용정지 처분기간** 중 영업정지 또는 사용정지에 해당하는 위반사항이 있는 경우에는 종전의 처분기간 만료일의 다음 날부터 새로운 위반사항에 따른 영업정지 또는 사용정지의 행정처분을 한다.

(3) **위반행위의 횟수**에 따른 행정처분의 기준은 **최근 1년간 같은 위반행위**로 행정처분을 받은 경우에 적용한다. 이 경우 적용일은 위반행위에 대한 행정처분일과 그 처분 후에 한 위반행위가 다시 적발된 날을 기준으로 한다.

(4) (3)에 따라 가중된 부과처분을 하는 경우 가중처분의 적용 차수는 그 위반행위 전 부과처분 차수[(3)에 따른 기간 내에 행정처분이 둘 이상 있었던 경우에는 높은 차수]의 다음 차수로 한다.

(5) 처분권자는 위반행위의 동기 · 내용 · 횟수 및 위반 정도 등 다음에 해당하는 사유를 고려하여 그 처분을 가중하거나 감경할 수 있다. 이 경우 그 처분이 영업정지 또는 자격정지인 경우에는 그 처분기준의 $\frac{1}{2}$의 범위에서 가중하거나 감경할 수 있고, 등록취소 또는 자격취소인 경우에는 등록취소 또는 자격취소 전 차수의 행정처분이 영업정지 또는 자격정지이면 그 처분기준의 2배 이하의 영업정지 또는 자격정지로 감경(등록취소 또는 자격취소된 경우는 제외)할 수 있다.

① 가중 사유
㉠ 위반행위가 사소한 부주의나 오류가 아닌 **고의나 중대한 과실**에 의한 것으로 인정되는 경우
㉡ 위반의 내용 · 정도가 중대하여 **관계인에게 미치는 피해가 크다고 인정**되는 경우

② 감경 사유
㉠ 위반행위가 **사소한 부주의나 오류** 등 과실로 인한 것으로 인정되는 경우
㉡ 위반의 내용 · 정도가 **경미**하여 관계인에게 미치는 피해가 적다고 인정되는 경우
㉢ **위반 행위자가 처음 해당 위반행위를 한 경우**로서 **5년 이상** 소방시설관리사의 업무, 소방시설관리업 등을 모범적으로 해 온 사실이 인정되는 경우
㉣ 그 밖에 다음의 경미한 위반사항에 해당되는 경우

- 스프링클러설비 헤드가 살수반경에 미치지 못하는 경우
- 자동화재탐지설비 감지기 **2개 이하**가 설치되지 않은 경우
- 유도등이 일시적으로 점등되지 않는 경우
- 유도표지가 정해진 위치에 붙어 있지 않은 경우

(6) 처분권자는 고의 또는 중과실이 없는 위반행위자가 「소상공인기본법」에 따른 소상공인인 경우에는 다음의 사항을 고려하여 개별기준에 따른 처분을 감경할 수 있다. 이 경우 그 처분이 영업정지인 경우에는 그 처분기준의 $\frac{70}{100}$ 범위에서 감경할 수 있고, 그 처분이 **등록취소**(등록취소된 경우는 제외)인 경우에는 **3개월**의 영업정지 처분으로 감경할 수 있다. 다만, (5)에 따른 감경과 중복하여 적용하지 않는다.

① 해당 행정처분으로 위반행위자가 더 이상 영업을 영위하기 어렵다고 객관적으로 인정되는지 여부
② 경제위기 등으로 위반행위자가 속한 시장 · 산업 여건이 현저하게 변동되거나 지속적으로 악화된 상태인지 여부

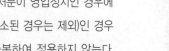

(2) 「자동화재탐지설비 및 시각경보장치의 화재안전기준」에서 규정한 연기감지기를 설치할 수 없는 장소 중 도금공장 또는 축전지실과 같이 부식성가스의 발생우려가 있는 장소에 감지기 설치시 유의사항 3가지를 쓰시오. (5점) (11. 8. 문1)

정답 ① 차동식 분포형 감지기를 설치하는 경우 : 감지부가 피복되어 있고 검출부가 부식성가스에 영향을 받지 않는 것 또한 검출부에 부식성가스가 침입하지 않도록 조치
② 보상식 스포트형 감지기, 정온식 감지기 또는 열아날로그식 스포트형 감지기를 설치하는 경우 : 부식성가스의 성상에 반응하지 않는 내산형 또는 내알칼리형 설치
③ 정온식 감지기를 설치하는 경우 : 특종 설치

해설 ① **설치장소별 감지기 적응성**(연기감지기를 설치할 수 없는 경우 적용) [NFTC 203 2.4.6(1)]

| 설치장소 | | 유의사항(확인사항) |
|---|---|---|
| 환경상태 | 적응장소 | |
| 먼지 또는 미분 등이 다량으로 체류하는 장소 | 쓰레기장, 하역장, 도장실, 섬유·목재·석재 등 가공공장 | ㉠ 불꽃감지기에 따라 감시가 곤란한 장소 : 적응성이 있는 열감지기를 설치할 것<br>㉡ **차동식 분포형 감지기**를 설치하는 경우 : 검출부에 먼지, 미분 등이 침입하지 않도록 조치할 것<br>㉢ **차동식 스포트형 감지기** 또는 **보상식 스포트형 감지기**를 설치하는 경우 : 검출부에 먼지, 미분 등이 침입하지 않도록 조치할 것<br>㉣ 섬유, 목재가공 공장 등 화재확대가 급속하게 진행될 우려가 있는 장소에 설치하는 경우 : **정온식 감지기**는 **특종**으로 설치할 것. 공칭작동온도 75℃ 이하, 열아날로그식 스포트형 감지기는 화재표시 설정은 80℃ 이하가 되도록 할 것<br>기억법 **먼불열 분차스보먼 섬정특** |
| 수증기가 다량으로 머무는 장소 | 증기세정실, 탕비실, 소독실 등 | ㉠ 차동식 분포형 감지기 또는 보상식 스포트형 감지기는 급격한 온도변화가 없는 장소에 한하여 사용할 것<br>㉡ 차동식 분포형 감지기를 설치하는 경우 : 검출부에 수증기가 침입하지 않도록 조치할 것<br>㉢ 보상식 스포트형 감지기, 정온식 감지기 또는 열아날로그식 감지기를 설치하는 경우 : 방수형으로 설치할 것<br>㉣ 불꽃감지기를 설치할 경우 : 방수형으로 할 것 |
| 부식성가스가 발생할 우려가 있는 장소 | 도금공장, 축전지실, 오수처리장 등 | ㉠ 차동식 분포형 감지기를 설치하는 경우 : 감지부가 피복되어 있고 검출부가 부식성가스에 영향을 받지 않는 것 또는 검출부에 부식성가스가 침입하지 않도록 조치할 것<br>㉡ 보상식 스포트형 감지기, 정온식 감지기 또는 열아날로그식 스포트형 감지기를 설치하는 경우 : 부식성가스의 성상에 반응하지 않는 내산형 또는 내알칼리형으로 설치할 것<br>㉢ 정온식 감지기를 설치하는 경우 : 특종으로 설치할 것<br>기억법 **정차보** |

| | | |
|---|---|---|
| 주방, 기타 평상시에 연기가 체류하는 장소 | 주방, 조리실, 용접작업장 등 | ㉠ 주방, 조리실 등 습도가 많은 장소 : 방수형 감지기를 설치할 것<br>㉡ 불꽃감지기는 UV/IR형을 설치할 것 |
| 배기가스가 다량으로 체류하는 장소 | 주차장, 차고, 화물취급소 차로, 자가발전실, 트럭터미널, 엔진시험실 | ㉠ 불꽃감지기에 따라 감시가 곤란한 장소 : 적응성이 있는 열감지기를 설치할 것<br>㉡ 열아날로그식 스포트형 감지기는 화재표시 설정이 **60℃** 이하가 바람직하다. |
| 연기가 다량으로 유입할 우려가 있는 장소 | 음식물배급실, 주방전실, 주방내 식품저장실, 음식물운반용 엘리베이터, 주방 주변의 복도 및 통로, 식당 등 | ㉠ 고체연료 등 가연물이 수납되어 있는 음식물배급실, 주방전실에 설치하는 정온식 감지기는 특종으로 설치할 것<br>㉡ 주방 주변의 복도 및 통로, 식당 등에는 정온식 감지기를 설치하지 말 것<br>㉢ 위 ㉠, ㉡의 장소에 열아날로그식 스포트형 감지기를 설치하는 경우 : 화재표시 설정을 **60℃** 이하로 할 것 |
| 물방울이 발생하는 장소 | 스레트 또는 철판으로 설치한 지붕창고 · 공장, 패키지형 냉각기 전용수납실, 밀폐된 지하창고, 냉동실 주변 등 | ㉠ 보상식 스포트형 감지기, 정온식 감지기 또는 열아날로그식 스포트형 감지기를 설치하는 경우 : 방수형으로 설치할 것<br>㉡ 보상식 스포트형 감지기는 급격한 온도변화가 없는 장소에 한하여 설치할 것<br>㉢ 불꽃감지기를 설치하는 경우 : 방수형으로 설치할 것 |

② **설치장소별 감지기적응성**[NFTC 203 2.4.6(2)]

| 설치장소 | | 비 고 |
|---|---|---|
| 환경상태 | 적응장소 | |
| 연기가 멀리 이동해서 감지기에 도달하는 장소 | 계단, 경사로 | **광전식 스포트형 감지기** 또는 **광전아날로그식 스포트형 감지기**를 설치하는 경우 : 당해 감지기회로에 축적기능을 갖지 않는 것으로 할 것 |

(3) 「피난기구의 화재안전기준」 피난기구 설치의 감소기준을 쓰시오. (10점)

정답 ① 피난기구를 설치하여야 할 소방대상물 중 다음 기준에 적합한 층에는 피난기구의 $\frac{1}{2}$을 감소할 수 있다. (단, 피난기구의 수에 있어서 소수점 이하의 수는 1로 한다.)

㉠ 주요구조부가 내화구조로 되어 있을 것

㉡ 직통계단인 피난계단 또는 특별피난계단이 2 이상 설치되어 있을 것

② 피난기구를 설치해야 할 소방대상물 중에서 주요구조부가 내화구조이고 다음 기준에 적합한 건널 복도가 설치되어 있는 층에는 피난기구의 수에서 해당 건널 복도의 수의 2배의 수를 뺀 수로 한다.

㉠ 내화구조 또는 철골조로 되어 있을 것

㉡ 건널 복도 양단의 출입구에 자동폐쇄장치를 한 60분+방화문 또는 60분 방화문(방화셔터 제외)이 설치되어 있을 것

㉢ 피난 · 통행 또는 운반의 전용 용도일 것

③ 피난기구를 설치하여야 할 소방대상물 중 다음 기준에 적합한 노대가 설치된 거실의 바닥면적은 피난기구 설치개수 산정을 위한 바닥면적에서 이를 제외
㉠ 노대를 포함한 소방대상물의 주요구조부가 내화구조일 것
㉡ 노대가 거실의 외기에 면하는 부분에 피난상 유효하게 설치되어 있어야 할 것
㉢ 노대가 소방사다리차가 쉽게 통행할 수 있는 도로 또는 공지에 면하여 설치되어 있거나, 또는 거실부분과 방화구획되어 있거나 또는 노대에 지상으로 통하는 계단 그 밖의 피난기구가 설치되어 있어야 할 것

해설 **피난기구설치**의 **감소기준**(NFPC 301 제7조, NFTC 301 2.3)

① 피난기구를 설치해야 할 소방대상물 중 다음의 기준에 적합한 층에는 피난기구의 $\frac{1}{2}$을 **감소**할 수 있다. 단, 피난기구의 수에 있어서 소수점 이하의 수는 1로 한다.
㉠ 주요구조부가 **내화구조**로 되어 있을 것
㉡ **직**통계단인 **피난계단** 또는 **특별피난계단**이 **2 이상** 설치되어 있을 것
② 피난기구를 설치해야 할 소방대상물 중 주요구조부가 내화구조이고 다음의 기준에 적합한 **건**널 복도가 설치되어 있는 층에는 피난기구의 수에서 해당 건널 복도의 수의 **2배**의 수를 **뺀 수**로 한다.
㉠ **내화구조** 또는 **철골조**로 되어 있을 것
㉡ 건널 복도 양단의 출입구에 자동폐쇄장치를 한 **60분+방화문** 또는 **60분 방화문**(방화셔터 제외)이 설치되어 있을 것
㉢ **피난·통행** 또는 **운반**의 전용용도일 것
③ 피난기구를 설치하여야 할 소방대상물 중 다음에 기준에 적합한 **노**대가 설치된 거실의 바닥면적은 피난기구의 설치개수 산정을 위한 바닥면적에서 제외
㉠ 노대를 포함한 소방대상물의 주요구조부가 **내화구조**일 것
㉡ 노대가 거실의 **외**기에 면하는 부분에 피난상 유효하게 설치되어 있어야 할 것
㉢ 노대가 소방**사**다리차가 쉽게 통행할 수 있는 도로 또는 공지에 면하여 설치되어 있거나, 또는 거실부분과 방화구획되어 있거나 또는 노대에 지상으로 통하는 계단 그 밖의 피난기구가 설치되어 있어야 할 것

기억법 **$\frac{1}{2}$ 내직 건내철통 노내외사**

60분+방화문 또는 60분 방화문
노대
불박이창
60분+방화문,
60분 방화문
또는 30분 방화문

▌노대를 설치한 경우▐

# 2014년도 제14회 소방시설관리사 2차 국가자격시험

| 교 시 | 시 간 | 시험과목 |
|---|---|---|
| 1교시 | 90분 | 소방시설의 점검실무행정 |

| 수험번호 | | 성 명 | |
|---|---|---|---|

## 【수험자 유의사항】

1. **시험문제지 표지**와 시험문제지의 **총면수, 문제번호 일련순서, 인쇄상태** 등을 확인하시고, 문제지 표지에 수험번호와 성명을 기재하시기 바랍니다.

2. 수험자 인적사항 및 답안지 등 작성은 **반드시 검정색 필기구만을 계속 사용**하여야 합니다. (**그 외 연필류, 유색필기구, 2가지 이상색 혼합사용 등으로 작성한 답항은 0점 처리**됩니다.)

3. 문제번호 순서에 관계없이 답안 작성이 가능하나, **반드시 문제번호 및 문제를 기재**(긴 경우 요약기재 가능)하고 해당 답안을 기재하여야 합니다.

4. **답안 정정시에는 정정할 부분을 두 줄(=)로 긋고 수정할 내용을 다시 기재**합니다.

5. 답안작성은 **시험시행일** 현재 시행되는 법령 등을 적용하시기 바랍니다.

6. **감독위원의 지시에 불응하거나 시험시간 종료 후 답안지를 제출하지 않을 경우** 불이익이 발생할 수 있음을 알려드립니다.

7. 시험문제지는 시험 종료 후 가져가시기 바랍니다.

# 2014. 5. 17. 시행

★★★ 문제 01

다음 각 물음에 답하시오. (40점)

(가) 일시적으로 발생한 열·연기 또는 먼지 등으로 인하여 화재신호를 발신할 우려가 있는 장소에 설치 장소별 적응성 있는 감지기를 설치하기 위한 환경상태 구분 장소 7가지를 쓰시오. (7점)

(나) 정온식 감지선형 감지기의 설치기준 8가지를 쓰시오. (16점) (11. 8. 문1 비교)

(다) 호스릴 이산화탄소 소화설비의 설치기준 5가지를 쓰시오. (10점)

(라) 옥외소화전설비의 화재안전기준에서 옥외소화전설비에 표시해야 할 표지의 명칭과 설치위치 7가지를 쓰시오. (7점)

정답 (가) ① 흡연에 의해 연기가 체류하며 환기가 되지 않는 장소
② 취침시설로 사용하는 장소
③ 연기 이외의 미분이 떠다니는 장소
④ 바람에 영향을 받기 쉬운 장소
⑤ 연기가 멀리 이동해서 감지기에 도달하는 장소
⑥ 훈소화재의 우려가 있는 장소
⑦ 넓은 공간으로 천장이 높아 열 및 연기가 확산하는 장소

(나) ① 감지기와 감지구역의 각 부분과의 수평거리

| 1종 | | 2종 | |
|---|---|---|---|
| 내화구조 | 기타구조 | 내화구조 | 기타구조 |
| 4.5m 이하 | 3m 이하 | 3m 이하 | 1m 이하 |

② 감지선형 감지기의 굴곡반경 : 5cm 이상
③ 단자부와 마감 고정금구와의 설치간격 : 10cm 이내
④ 보조선이나 고정금구를 사용하여 감지선이 늘어지지 않도록 설치할 것
⑤ 케이블트레이에 감지기를 설치하는 경우에는 케이블트레이 받침대에 마감금구를 사용하여 설치할 것
⑥ 지하구나 창고의 천장 등에 지지물이 적당하지 않는 장소에서는 보조선을 설치하고 그 보조선에 설치할 것
⑦ 분전반 내부에 설치하는 경우 접착제를 이용하여 돌기를 바닥에 고정시키고 그곳에 감지기를 설치할 것
⑧ 그 밖의 설치방법은 형식승인 내용에 따르며 형식승인 사항이 아닌 것은 제조사의 시방서에 따라 설치할 것

(다) ① 방호대상물의 각 부분으로부터 하나의 호스접결구까지의 수평거리가 15m 이하가 되도록 할 것
② 소화약제 저장용기는 호스릴을 설치하는 장소마다 설치할 것
③ 노즐은 20℃에서 하나의 노즐마다 60kg/min 이상의 소화약제를 방사할 수 있는 것으로 할 것
④ 소화약제 저장용기의 개방밸브는 호스의 설치장소에서 수동으로 개폐할 수 있는 것으로 할 것

⑤ 소화약제 저장용기의 가장 가까운 곳의 보기 쉬운 곳에 적색의 표시등을 설치하고, 호스릴 이산화탄소 소화설비가 있다는 뜻을 표시한 표지를 할 것

(라) ① 수조의 외측의 보기 쉬운 곳에 **"옥외소화전설비용 수조"**라고 표시한 표지를 할 것. 이 경우 그 수조를 다른 설비와 겸용하는 때에는 그 겸용되는 설비의 이름을 표시한 표지를 함께할 것

② 소화설비용 흡수배관 또는 소화설비의 수직배관과 수조의 접속부분에는 **"옥외소화전설비용 배관"**이라고 표시한 표지를 할 것(단, 수조와 가까운 장소에 소화설비용 펌프가 설치되고 해당 펌프에 규정에 따른 표지를 설치한 때는 제외)

③ 가압송수장치에는 **"옥외소화전펌프"**라고 표시한 표지를 할 것. 이 경우 그 가압송수장치를 다른 설비와 겸용하는 때에는 그 겸용되는 설비의 이름을 표시한 표지를 함께할 것

④ 옥외소화전설비의 함에는 그 표면에 **"옥외소화전"**이라는 표시를 해야 한다.

⑤ 가압송수장치의 기동을 표시하는 표시등은 옥외소화전함의 상부 또는 그 직근에 설치하되 적색등으로 할 것(단, 자체소방대를 구성하여 운영하는 경우 가압송수장치의 기동표시등 설치 제외 가능)

⑥ 동력제어반 앞면은 적색으로 하고 **"옥외소화전설비용 동력제어반"**이라고 표시한 표지를 설치할 것

⑦ 옥외소화전설비의 과전류차단기 및 개폐기에는 **"옥외소화전설비용"**이라고 표시한 표지를 해야 한다.

해설 (가) **일시적으로 발생한 열 · 연기 또는 먼지 등으로 인하여 화재신호를 발신할 우려가 있는 장소에 설치장소별 적응성 있는 감지기를 설치하기 위한 경우**[NFTC 203 2.4.6(2)]

| 설치장소 | |
|---|---|
| **환경상태** | **적응장소** |
| 흡연에 의해 연기가 체류하며 환기가 되지 않는 장소 | • 회의실 • 응접실<br>• 휴게실 • 노래연습실<br>• 오락실 • 다방<br>• 음식점 • 대합실<br>• 카바레 등의 객실 • 집회장<br>• 연회장 |
| 취침시설로 사용하는 장소 | • 호텔객실 • 여관<br>• 수면실 |
| 연기 이외의 미분이 떠다니는 장소 | • 복도 • 통로 |
| 바람에 영향을 받기 쉬운 장소 | • 로비 • 교회<br>• 관람장 • 옥탑에 있는 기계실 |
| 연기가 멀리 이동해서 감지기에 도달하는 장소 | • 계단 • 경사로 |
| 훈소화재의 우려가 있는 장소 | • 전화기기실 • 통신기기실<br>• 전산실 • 기계제어실 |
| 넓은 공간으로 천장이 높아 열 및 연기가 확산하는 장소 | • 체육관<br>• 항공기격납고<br>• 높은 천장의 창고 · 공장<br>• 관람석 상부 등 감지기 부착높이가 8m 이상의 장소 |

기억법 **흡취미바 멀훈넓일**

14회

비교

**일시적으로 발생한 열 · 연기 또는 먼지 등으로 인하여 화재신호를 발신할 우려가 있는 장소에 설치장소별 적응성 있는 감지기를 설치할 수 없는 경우**[NFTC 203 2.4.6(1)]

| 설치장소 | |
|---|---|
| 환경상태 | 적응장소 |
| 먼지 또는 미분 등이 다량으로 체류하는 장소 | • 쓰레기장 • 하역장<br>• 도장실<br>• 섬유 · 목재 · 석재 등 가공공장 |
| 수증기가 다량으로 머무는 장소 | • 증기세정실 • 탕비실<br>• 소독실 |
| 부식성 가스가 발생할 우려가 있는 장소 | • 도금공장 • 축전지실<br>• 오수처리장 |
| 주방, 기타 평상시에 연기가 체류하는 장소 | • 주방 • 조리실<br>• 용접작업장 |
| 현저하게 고온으로 되는 장소 | • 건조실 • 살균실<br>• 보일러실<br>• 주조실 • 영사실<br>• 스튜디오 |
| 배기가스가 다량으로 체류하는 장소 | • 주차장 • 차고<br>• 화물취급소 차로<br>• 자가발전실 • 트럭 터미널<br>• 엔진시험실 |
| 연기가 다량으로 유입할 우려가 있는 장소 | • 음식물배급실<br>• 주방전실<br>• 주방 내 식품저장실<br>• 음식물운반용 엘리베이터<br>• 주방 주변의 복도 및 통로<br>• 식당 |
| 물방울이 발생하는 장소 | • 슬레트 또는 철판으로 설치한 지붕 창고 · 공장<br>• 패키지형 냉각기전용 수납실<br>• 밀폐된 지하창고<br>• 냉동실 주변 |
| 불을 사용하는 설비로서 불꽃이 노출되는 장소 | • 유리공장 • 용선로가 있는 장소<br>• 용접실<br>• 주방 • 작업장<br>• 주조실 |

(나) **정온식 감지선형 감지기**의 **설치기준**(NFPC 203 제7조 제③항 제12호, NFTC 203 2.4.3.12)

① 감지기와 감지구역의 각 부분과의 수평거리

| 1종 | | 2종 | |
|---|---|---|---|
| 내화구조 | 기타구조 | 내화구조 | 기타구조 |
| 4.5m 이하 | 3m 이하 | 3m 이하 | 1m 이하 |

기억법 1내4기3, 2내3기1

② 감지선형 감지기의 **굴**곡반경 : **5cm** 이상
③ **단**자부와 마감 고정금구와의 설치간격 : **1**0cm 이내
④ **보**조선이나 **고**정금구를 사용하여 감지선이 늘어지지 않도록 설치할 것
⑤ **케**이블트레이에 감지기를 설치하는 경우에는 **케이블트레이 받침대**에 **마감금구**를 사용하여 설치할 것
⑥ 지하구나 **창고**의 **천장** 등에 지지물이 적당하지 않는 장소에서는 **보조선**을 설치하고 그 보조선에 설치할 것
⑦ **분**전반 내부에 설치하는 경우 **접착제**를 이용하여 **돌기**를 바닥에 고정시키고 그곳에 감지기를 설치할 것
⑧ 그 밖의 설치방법은 형식승인 내용에 따르며 형식승인 사항이 아닌 것은 **제조사**의 **시방서**에 따라 설치할 것

**기억법** **굴5 단1 보고케창 분접**

**비교**

(1) **불꽃감지기**의 **설치기준**(NFPC 203 제7조 제③항 제13호, NFTC 203 2.4.3.13)
① **공칭감시거리** 및 **공칭시야각**은 형식승인 내용에 따를 것
② **감**지기는 공칭감시거리와 공칭시야각을 기준으로 **감시구역**이 **모두 포용**될 수 있도록 설치
③ 감지기는 화재감지를 유효하게 감지할 수 있는 **모서리** 또는 **벽** 등에 설치
④ 감지기를 **천장**에 설치하는 경우에 감지기는 **바닥**을 향하여 설치
⑤ **수분**이 많이 발생할 우려가 있는 장소에는 **방수형**으로 설치
⑥ 그 밖의 설치기준은 형식승인 내용에 따르며 형식승인 사항이 아닌 것은 **제조사**의 **시방서**에 따라 설치

**기억법** **불공감 모수방**

(2) **광전식 분리형 감지기**의 **설치기준**(NFPC 203 제7조 제③항 제15호, NFTC 203 2.4.3.15)
① 감지기의 송광부와 **수**광부는 설치된 뒷벽으로부터 **1m 이내** 위치에 설치
② 감지기의 광축의 **길**이는 **공칭감시거리** 범위 이내
③ 광축의 높이는 천장 등 **높**이의 **80% 이상**
④ 광축은 나란한 **벽**으로부터 **0.6m 이상** 이격하여 설치
⑤ 감지기의 수광면은 **햇빛**을 직접 받지 않도록 설치
⑥ 그 밖의 설치기준은 형식승인 내용에 따르며 형식승인 사항이 아닌 것은 제조사의 시방서에 따라 설치

**기억법** **광분수 벽높(노) 길공**

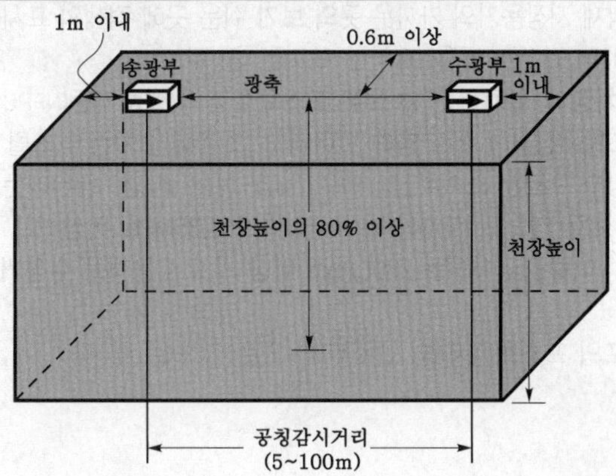

(다) **호스릴 이산화탄소 소화설비의 설치기준**(NFPC 106 제10조, NFTC 106 2.7.4)

① 방호대상물의 각 부분으로부터 하나의 호스접결구까지의 **수평거리가 15m** 이하가 되도록 할 것
② 소화약제 저장용기는 **호스릴**을 설치하는 장소마다 설치할 것
③ 노즐은 20℃에서 하나의 노즐마다 **60kg/min** 이상의 소화약제를 방사할 수 있는 것으로 할 것
④ 소화약제 저장용기의 개방밸브는 호스의 설치장소에서 **수동**으로 **개폐**할 수 있는 것으로 할 것
⑤ 소화약제 저장용기의 가장 가까운 곳의 보기 쉬운 곳에 적색의 표시등을 설치하고, 호스릴 이산화탄소 소화설비가 있다는 뜻을 표시한 표지를 할 것

기억법 **호이수15 저노2060 개수가표**

비교

(1) **호스릴 분말소화설비**의 **설치기준**(NFPC 108 제11조, NFTC 108 2.8.4)

① 방호대상물의 각 부분으로부터 하나의 호스접결구까지의 **수평거리**가 **15m** 이하가 되도록 할 것
② 소화약제 저장용기의 개방밸브는 호스릴의 설치장소에서 수동으로 개폐할 수 있는 것으로 할 것
③ 소화약제 저장용기는 **호스릴**을 설치하는 장소마다 설치할 것
④ 노즐은 하나의 노즐마다 1분당 다음 표에 따른 소화약제를 방출할 수 있는 것으로 할 것

| 소화약제의 종별 | 소화약제의 양 |
|---|---|
| 제1종 분말 | 45kg/min |
| 제2종 분말 또는 제3종 분말 | 27kg/min |
| 제4종 분말 | 18kg/min |

⑤ 저장용기에는 그 가까운 곳의 보기 쉬운 곳에 적색의 표시등을 설치하고, 호스릴방식의 분말소화설비가 있다는 뜻을 표시한 표지를 할 것

(2) **호스릴 할론소화설비**의 **설치기준**(NFPC 107 제10조, NFTC107 2.7.4)

① 방호대상물의 각 부분으로부터 하나의 호스접결구까지의 **수평거리**가 **20m** 이하가 되도록 할 것
② 소화약제 저장용기의 개방밸브는 호스릴의 설치장소에서 수동으로 개폐할 수 있는 것으로 할 것
③ 소화약제 저장용기는 **호스릴**을 설치하는 장소마다 설치할 것
④ 노즐은 20℃에서 하나의 노즐마다 1분당 다음 표에 따른 소화약제를 방출할 수 있는 것으로 할 것

| 소화약제의 종별 | 소화약제의 양 |
|---|---|
| 할론 2402 | 45kg/min |
| 할론 1211 | 40kg/min |
| 할론 1301 | 35kg/min |

⑤ 소화약제 저장용기의 가까운 곳의 보기 쉬운 곳에 적색의 표시등을 설치하고, 호스릴방식의 할론소화설비가 있다는 뜻을 표시한 표지를 할 것

(3) **차고 · 주차장에 설치하는 호스릴 포소화설비**의 **설치기준**(NFPC 105 제12조, NFTC 105 2.9.3)

① 특정소방대상물의 어느 층에 있어서도 그 층에 설치된 호스릴 포방수구 또는 포소화전방수구(호스릴포방수구 또는 포소화전방수구가 5개 이상 설치된 경우에는 **5개**)를 동시에 사용할 경우 각 이동식 포노즐 선단의 포수용액 방사압력이 **0.35MPa 이상**이고 **300L/min 이상**(1개층의 바닥면적이 **200m$^2$ 이하**인 경우에는 **230L/min 이상**)의 포수용액을 **수평거리 15m 이상**으로 방사할 수 있도록 할 것
② **저발포**의 포소화약제를 사용할 수 있는 것으로 할 것

③ 호스릴 또는 호스를 호스릴포방수구 또는 포소화전방수구로 분리하여 비치하는 때에는 그로부터 3m 이내의 거리에 **호스릴함** 또는 **호스함**을 설치할 것
④ 호스릴함 또는 호스함은 바닥으로부터 높이 **1.5m** 이하의 위치에 설치하고 그 표면에는 **"포호스릴함(또는 포소화전함)"**이라고 표시한 표지와 **적색**의 **위치표시등**을 설치할 것
⑤ 방호대상물의 각 부분으로부터 하나의 호스릴포방수구까지의 **수평거리**는 **15m** 이하(**포소화전방수구**의 경우에는 **25m 이하**)가 되도록 하고 호스릴 또는 호스의 길이는 방호대상물의 각 부분에 포가 유효하게 뿌려질 수 있도록 할 것

(라) **옥외소화전설비 표지의 명칭과 설치위치**(NFPC 109 / NFTC 109 2.1.4.7, 2.1.4.8, 2.2.1.13, 2.4.3, 2.4.4.2, 2.6.4.1, 2.7.3, 2.7.4)

① 수조의 외측의 보기 쉬운 곳에 **"옥외소화전설비용 수조"**라고 표시한 표지를 할 것. 이 경우 그 수조를 다른 설비와 겸용하는 때에는 그 겸용되는 설비의 이름을 표시한 표지를 함께할 것
② 소화설비용 흡수배관 또는 소화설비의 **수직배관**과 수조의 **접속부분**에는 **"옥외소화전설비용 배관"**이라고 표시한 표지를 할 것(단, 수조와 가까운 장소에 소화설비용 펌프가 설치되고 해당 펌프에 규정에 따른 표지를 설치한 때는 제외)
③ 가압송수장치에는 **"옥외소화전펌프"**라고 표시한 표지를 할 것. 이 경우 그 가압송수장치를 다른 설비와 겸용하는 때에는 그 겸용되는 설비의 이름을 표시한 표지를 함께할 것
④ 옥외소화전설비의 함에는 그 표면에 **"옥외소화전"**이라는 표시를 해야 한다.
⑤ 가압송수장치의 기동을 표시하는 표시등은 옥외소화전함의 상부 또는 그 직근에 설치하되 적색등으로 할 것(단, 자체소방대를 구성하여 운영하는 경우 가압송수장치의 기동표시등 설치 제외 가능)
⑥ 동력제어반 앞면은 **적색**으로 하고 **"옥외소화전설비용 동력제어반"**이라고 표시한 표지를 설치할 것
⑦ 옥외소화전설비의 **과전류차단기** 및 **개폐기**에는 **"옥외소화전설비용"**이라고 표시한 표지를 해야 한다.
⑧ 옥외소화전설비용 전기배선의 양단 및 접속단자에는 **"옥외소화전단자"**라고 표시한 표지를 부착한다.

비교

**옥내소화전설비 표지**의 **명칭**과 **설치위치**(NFPC 102 / NFTC 102 2.1.6.7, 2.1.6.8, 2.2.1.15, 2.4.4, 2.4.5, 2.6.4, 2.7.3, 2.7.4)

(1) 수조 외측의 보기 쉬운 곳에 **"옥내소화전소화설비용 수조"**라고 표시한 표지를 할 것. 이 경우 그 수조를 다른 설비와 겸용하는 때에는 그 겸용되는 설비의 이름을 표시한 표지를 함께 해야 한다.
(2) 소화설비용 펌프의 흡수배관 또는 소화설비의 **수직배관**과 수조의 **접속부분**에는 **"옥내소화전소화설비용 배관"**이라고 표시한 표지를 할 것(단, 수조와 가까운 장소에 소화설비용 펌프가 설치되고 해당 펌프에 규정에 따른 표지를 설치한 때는 제외)
(3) 가압송수장치에는 **"옥내소화전소화펌프"**라고 표시한 표지를 할 것. 이 경우 그 가압송수장치를 다른 설비와 겸용하는 때에는 그 겸용되는 설비의 이름을 표시한 표지를 함께 해야 한다.
(4) 옥내소화전설비의 함에는 그 표면에 **"소화전"**이라는 표시를 해야 한다.
(5) 옥내소화전설비의 함에는 함 가까이 보기 쉬운 곳에 그 사용요령을 기재한 표지판을 붙여야 하며, 표지판을 함의 문에 붙이는 경우에는 문의 내부 및 외부 모두에 붙여야 한다. 이 경우, 사용요령은 외국어와 시각적인 그림을 포함하여 작성해야 한다.
(6) 동력제어반 앞면은 **적색**으로 하고 **"옥내소화전소화설비용 동력제어반"**이라고 표시한 표지를 설치할 것
(7) 옥내소화전설비의 과전류차단기 및 개폐기에는 **"옥내소화전설비용 과전류차단기 또는 개폐기"**라고 표시한 표지를 해야 한다.
(8) 옥내소화전설비용 전기배선의 양단 및 접속단자에는 **"옥내소화전설비단자"**라고 표시한 표지를 부착할 것

☆☆☆ 문제 02

다음 각 물음에 답하시오. (30점)

(가) 무선통신보조설비 종합점검표에서 분배기, 분파기, 혼합기의 점검항목 2가지를 쓰시오. (2점)

(나) 무선통신보조설비 종합점검표에서 누설동축케이블 등의 점검항목 5가지를 쓰시오. (12점)

(다) 예상제연구역의 바닥면적이 $400m^2$ 미만인 예상제연구역(통로인 예상제연구역 제외)에 대한 배출구의 설치기준 2가지를 쓰시오. (4점)

(라) 제연설비 작동점검표에서 배출기의 점검항목 3가지를 쓰시오. (12점)

정답 (가) ① 먼지, 습기, 부식 등에 의한 기능 이상 여부
② 설치장소 적정 및 관리 여부

(나) ① 피난 및 통행 지장 여부(노출하여 설치한 경우)
② 케이블 구성 적정(누설동축케이블 + 안테나 또는 동축케이블 + 안테나) 여부
③ 지지금구 변형·손상 여부
④ 누설동축케이블 및 안테나 설치 적정 및 변형·손상 여부
⑤ 누설동축케이블 말단 '무반사 종단저항' 설치 여부

(다) ① 예상제연구역이 벽으로 구획되어 있는 경우의 배출구는 천장 또는 반자와 바닥 사이의 중간 윗부분에 설치
② 예상제연구역 중 어느 한 부분이 제연경계로 구획되어 있는 경우에는 천장·반자 또는 이에 가까운 벽의 부분에 설치(단, 배출구를 벽에 설치하는 경우에는 배출구의 하단이 해당 예상제연구역에서 제연경계의 폭이 가장 짧은 제연경계의 하단보다 높이 되도록 할 것)

(라) ① 배출기 회전이 원활하며 회전방향 정상 여부
② 변형·훼손 등이 없고 V-벨트 기능 정상 여부
③ 본체의 방청, 보존상태 및 캔버스 부식 여부

해설 (가), (나) **무선통신보조설비의 종합점검**(소방시설 자체점검사항 등에 관한 고시 〔별지 제4호 서식〕)

| 구 분 | 점검항목 |
|---|---|
| 누설동축케이블 등 | ① **피난** 및 **통행** 지장 여부(노출하여 설치한 경우)<br>❷ 케이블 구성 적정(누설동축케이블+안테나 또는 동축케이블+안테나) 여부<br>❸ **지지금구** 변형·손상 여부<br>❹ 누설동축케이블 및 안테나 설치 적정 및 변형·손상 여부<br>❺ 누설동축케이블 말단 **'무반사 종단저항'** 설치 여부 |
| 무선기기 접속단자, 옥외안테나 | ① 설치장소(소방활동 용이성, 상시 근무장소) 적정 여부<br>❷ 단자 설치높이 적정 여부<br>❸ 지상 접속단자 설치거리 적정 여부<br>❹ 접속단자 보호함 구조 적정 여부<br>⑤ 접속단자 보호함 **'무선기기 접속단자'** 표지 설치 여부<br>⑥ 옥외안테나 통신장애 발생 여부<br>⑦ 안테나 설치 적정(견고함, 파손우려) 여부<br>⑧ 옥외안테나에 **'무선기기보조설비 안테나'** 표지 설치 여부<br>⑨ 옥외안테나 통신 가능거리 표지 설치 여부<br>⑩ 수신기 설치장소 등에 옥외안테나 위치표시도 비치 여부 |

14회

| | |
|---|---|
| 분배기, 분파기, 혼합기 | ❶ **먼지**, **습기**, **부식** 등에 의한 기능 이상 여부<br>❷ 설치장소 적정 및 관리 여부 |
| 증폭기 및 무선중계기 | ❶ 상용전원 적정 여부<br>② **전원표시등** 및 **전압계** 설치상태 적정 여부<br>❸ 증폭기 비상전원 부착 상태 및 용량 적정 여부<br>④ 적합성 평가결과 임의 변경 여부 |
| 기능점검 | ● 무선통신 가능 여부 |
| 비고 | ※ 특정소방대상물의 **위치·구조·용도** 및 **소방시설**의 **상황** 등이 이 표의 항목대로 기재하기 곤란하거나 이 표에서 누락된 사항을 기재한다. |

※ "●"는 종합점검의 경우에만 해당

(다) **바닥면적이 400m² 미만인 예상제연구역(통로 제외)에 대한 배출구의 설치기준**(NFPC 501 제7조, NFTC 501 2.4.1.1)

① 예상제연구역이 벽으로 구획되어 있는 경우의 배출구는 천장 또는 반자와 바닥 사이의 중간 윗부분에 설치할 것

② 예상제연구역 중 어느 한 부분이 제연경계로 구획되어 있는 경우에는 천장·반자 또는 이에 가까운 벽의 부분에 설치할 것(단, 배출구를 벽에 설치하는 경우에는 배출구의 하단이 해당 예상제연구역에서 제연경계의 폭이 가장 짧은 제연경계의 하단보다 높이 되도록 할 것)

비교

**통로인 예상제연구역과 바닥면적이 400m² 이상인 통로 외의 예상제연구역에 대한 배출구의 위치기준**
(NFPC 501 제7조, NFTC 501 2.4.1.2)

(1) 예상제연구역이 벽으로 구획되어 있는 경우의 배출구는 천장·반자 또는 이에 가까운 벽의 부분에 설치할 것(단, 배출구를 벽에 설치한 경우에는 배출구의 하단과 바닥간의 최단거리가 **2m** 이상)

(2) 예상제연구역 중 어느 한 부분이 제연경계로 구획되어 있는 경우에는 천장·반자 또는 이에 가까운 벽의 부분에 설치할 것(단, 배출구를 벽 또는 제연경계에 설치하는 경우에는 배출구의 하단이 해당 예상제연구역에서 제연경계의 폭이 가장 짧은 제연경계의 하단보다 높게 되도록 설치)

(라) **제연설비**의 **작동점검**(소방시설 자체점검사항 등에 관한 고시 〔별지 제4호 서식〕)

| 구 분 | 점검항목 |
|---|---|
| 배출구 | 배출구 **변형·훼손** 여부 |
| 유입구 | ① 공기유입구 설치 위치 적정 여부<br>② 공기유입구 **변형·훼손** 여부 |
| 배출기 | ① 배출기 회전이 원활하며 회전방향 정상 여부<br>② **변형·훼손** 등이 없고 **V-벨트** 기능 정상 여부<br>③ 본체의 **방청**, **보존상태** 및 **캔버스** 부식 여부 |
| 비상전원 | ① 자가발전설비인 경우 연료적정량 보유 여부<br>② 자가발전설비인 경우 「전기사업법」에 따른 정기점검 결과 확인 |
| 기동 | ① 가동식의 **벽·제연경계벽·댐퍼** 및 **배출기** 정상작동(화재감지기 연동) 여부<br>② 예상제연구역 및 제어반에서 가동식의 **벽·제연경계벽·댐퍼** 및 **배출기** 수동기동 가능 여부<br>③ 제어반 각종 **스위치류** 및 **표시장치**(작동표시등 등) 기능의 이상 여부 |
| 비고 | ※ 특정소방대상물의 **위치·구조·용도** 및 **소방시설**의 **상황** 등이 이 표의 항목대로 기재하기 곤란하거나 이 표에서 누락된 사항을 기재한다. |

☆

## 문제 03

다음 각 물음에 답하시오. (30점)

(가) 특정소방대상물 〔별표 2〕의 복합건축물 구분항목에서 하나의 건축물에 둘 이상의 용도로 사용되는 경우에도 복합건축물에 해당되지 않는 경우를 쓰시오. (10점)

(나) 소방청장의 형식승인을 받아야 하는 소방용품 중 소화설비, 경보설비, 피난구조설비를 구성하는 제품 또는 기기를 각각 쓰시오. (10점)

(다) 소방시설용 비상전원수전설비에 대한 것이다. 다음 각 물음에 답하시오.

① 인입선 및 인입구 배선의 시설기준 2가지를 쓰시오. (2점)

② 특고압 또는 고압으로 수전하는 경우 큐비클형 방식의 설치기준 중 환기장치의 설치기준 4가지를 쓰시오. (8점)

**정답** (가) ① 관계 법령에서 주된 용도의 부수시설로서 그 설치를 의무화하고 있는 용도 또는 시설
② 주택법에 따라 주택 안에 부대시설 또는 복리시설이 설치되는 특정소방대상물
③ 건축물의 주된 용도의 기능에 필수적인 용도로서 다음의 어느 하나에 해당하는 용도
㉠ 건축물의 설비, 대피 또는 위생을 위한 용도, 그 밖에 이와 비슷한 용도
㉡ 사무, 작업, 집회, 물품저장 또는 주차를 위한 용도, 그 밖에 이와 비슷한 용도
㉢ 구내식당, 구내세탁소, 구내운동시설 등 종업원후생복리시설(기숙사 제외) 또는 구내소각시설의 용도, 그 밖에 이와 비슷한 용도

(나) ① 소화설비를 구성하는 제품 또는 기기
㉠ 소화기구(소화약제 외의 것을 이용한 간이소화용구 제외)
㉡ 자동소화장치
㉢ 소화설비를 구성하는 소화전, 관창, 소방호스, 스프링클러헤드, 기동용 수압개폐장치, 유수제어밸브 및 가스관 선택밸브
② 경보설비를 구성하는 제품 또는 기기
㉠ 누전경보기 및 가스누설경보기
㉡ 경보설비를 구성하는 발신기, 수신기, 중계기, 감지기 및 음향장치(경종만 해당)
③ 피난구조설비를 구성하는 제품 또는 기기
㉠ 피난사다리, 구조대, 완강기(간이완강기 및 지지대 포함)
㉡ 공기호흡기(충전기 포함)
㉢ 피난구유도등, 통로유도등, 객석유도등 및 예비전원이 내장된 비상조명등

(다) ① ㉠ 인입선은 특정소방대상물에 화재가 발생할 경우에도 화재로 인한 손상을 받지 않도록 설치
㉡ 인입구배선은 옥내소화전설비의 화재안전기준 NFTC 102 2.7.2(1)에 따른 내화배선으로 할 것
② ㉠ 내부의 온도가 상승하지 않도록 환기장치를 할 것
㉡ 자연환기구의 개구부 면적의 합계는 외함의 한 면에 대하여 해당 면적의 $\frac{1}{3}$ 이하로 할 것. 이 경우 하나의 통기구의 크기는 직경 10mm 이상의 둥근 막대가 들어가서는 안 된다.
㉢ 자연환기구에 따라 충분히 환기할 수 없는 경우에는 환기설비를 설치할 것
㉣ 환기구에는 금속망, 방화댐퍼 등으로 방화조치를 하고, 옥외에 설치하는 것은 빗물 등이 들어가지 않도록 할 것

14회

**해설** (가) **하나의 건축물에 둘 이상의 용도로 사용되는 경우에도 복합건축물에 해당되지 않는 경우**(소방시설법 시행령 〔별표 2〕)
① 관계 법령에서 주된 용도의 **부수**시설로서 그 설치를 의무화하고 있는 용도 또는 시설

② 주택법에 따라 **주택** 안에 부대시설 또는 복리시설이 설치되는 특정소방대상물
③ 건물의 주된 용도의 기능에 필수적인 용도로서 다음의 어느 하나에 해당하는 용도
　㉠ 건축물의 **설**비, **대**피 또는 **위**생을 위한 용도, 그 밖에 이와 비슷한 용도
　㉡ **사**무, **작**업, **집**회, **물**품저장 또는 **주**차를 위한 용도, 그 밖에 이와 비슷한 용도
　㉢ **구내**식당, 구내세탁소, 구내운동시설 등 종업원후생복리시설(기숙사 제외) 또는 구내소각시설의 용도, 그 밖에 이와 비슷한 용도

기억법 **주택부수 설대위 구내사작 집물주**

비교

**복합건축물에 해당하는 경우**(소방시설법 시행령 〔별표 2〕)
하나의 건축물이 근린생활시설, 판매시설, 업무시설, 숙박시설 또는 위락시설의 용도와 주택의 용도로 함께 사용되는 것

(나) **소방용품**(소방시설법 시행령 〔별표 3〕)

| 소화설비를 구성하는 제품 또는 기기 | **경**보설비를 구성하는 제품 또는 기기 | 피난구조설비를 구성하는 제품 또는 기기 | 소화용으로 사용하는 제품 또는 기기 |
|---|---|---|---|
| ① **소**화**기**구(소화약제 외의 것을 이용한 간이소화용구는 제외)<br>② 자동소화장치<br>③ 소화설비를 구성하는 **소화전**, **관창**, **소방호스**, **스프링클러헤드**, **기동용 수압개폐장치**, **유수제어밸브** 및 **가스관 선택밸브**<br>기억법 **소기전관 호스유기가** | ① **누**전경보기 및 **가**스누설경보기<br>② 경보설비를 구성하는 **발**신기, **수**신기, **중**계기, **감**지기 및 **음**향장치(**경**종만 해당)<br>기억법 **경누가수발 중감음경** | ① **피**난사다리, **구**조대, **완**강기(간이완강기 및 지지대 포함)<br>② **공**기호흡기(충전기 포함)<br>③ **피**난구유도등, **통**로유도등, **객**석유도등 및 **예**비전원이 내장된 **비**상조명등<br>기억법 **피구완공 피통객예비** | ① 소화약제(상업용 주방자동소화장치 · 캐비닛형 자동소화장치 · 포소화설비 · 이산화탄소소화설비 · 할론소화설비 · 할로겐화합물 및 불활성기체 소화설비 · 분말소화설비 · 강화액소화설비 · 고체에어로졸소화설비만 해당)<br>② 방염제(방염액 · 방염도료 및 방염성 물질을 말한다.) |
| 그 밖에 행정안전부령으로 정하는 소방관련제품 또는 기기 | | | |

중요

(1) **소화기구**(소방시설법 시행령 〔별표 1〕)
① **소**화기
② **간**이소화용구 : **에**어로졸식 소화용구, **투**척용 소화용구, 소공간용 소화용구 및 소화약제 **외**의 것을 이용한 간이소화용구
③ 자동확산소화기

(2) **자동소화장치**
① 주거용 **주**방자동소화장치
② **상**업용 주방자동소화장치
③ **캐**비닛형 자동소화장치
④ **가**스자동소화장치
⑤ **분**말자동소화장치
⑥ **고**체에어로졸 자동소화장치

기억법 **소자간 에투외 고자주캐(줄게) 분가상**

(다) ① **소방시설용 비상전원 수전설비의 인입선 및 인입구 배선의 시설기준**(NFPC 602 제4조, NFTC 602 2.1)

㉠ 인입선은 특정소방대상물에 화재가 발생할 경우에도 화재로 인한 손상을 받지 않도록 설치

㉡ 인입구 배선은 옥내소화전설비의 화재안전기준 NFTC 102 2.7.2(1)에 따른 내화배선으로 할 것

② 소방시설용 비상전원 수전설비의 **특별고압** 또는 **고압**으로 수전하는 경우 **큐**비클형 방식의 설치기준 중 **환**기장치 설치기준(NFPC 602 제5조, NFTC 602 2.2.3.7)

㉠ 내부의 **온도**가 상승하지 않도록 **환기장치**를 할 것

㉡ 자연환기구의 개구부 면적의 **합**계는 외함의 한 면에 대하여 해당 면적의 $\frac{1}{3}$ 이하로 할 것. 이 경우 하나의 통기구의 크기는 직경 **10mm** 이상의 둥근 막대가 들어가서는 안 된다.

㉢ 자연환기구에 따라 **충**분히 **환**기할 수 없는 경우에는 환기설비를 설치할 것

㉣ 환기구에는 **금속망**, **방화댐퍼** 등으로 방화조치를 하고, 옥외에 설치하는 것은 **빗물** 등이 들어가지 않도록 할 것

**기억법** **큐환온 합충환 금방빗**

# 2013년도 제13회 소방시설관리사 2차 국가자격시험

| 교 시 | 시 간 | 시험과목 |
|---|---|---|
| 1교시 | 90분 | 소방시설의 점검실무행정 |

| 수험번호 | | 성 명 | |
|---|---|---|---|

## 【 수험자 유의사항 】

1. **시험문제지 표지**와 시험문제지의 **총면수**, **문제번호 일련순서**, **인쇄상태** 등을 확인하시고, 문제지 표지에 수험번호와 성명을 기재하시기 바랍니다.

2. 수험자 인적사항 및 답안지 등 작성은 **반드시 검정색 필기구만을 계속 사용**하여야 합니다. (**그 외 연필류, 유색필기구, 2가지 이상 색 혼합사용 등으로 작성한 답항은 0점 처리**됩니다.)

3. 문제번호 순서에 관계없이 답안 작성이 가능하나, **반드시 문제번호 및 문제를 기재**(긴 경우 요약기재 가능)하고 해당 답안을 기재하여야 합니다.

4. **답안 정정시에는 정정할 부분을 두 줄(=)로 긋고 수정할 내용을 다시 기재**합니다.

5. 답안작성은 **시험시행일** 현재 시행되는 법령 등을 적용하시기 바랍니다.

6. **감독위원의 지시에 불응하거나 시험시간 종료 후 답안지를 제출하지 않을 경우** 불이익이 발생할 수 있음을 알려드립니다.

7. 시험문제지는 시험 종료 후 가져가시기 바랍니다.

제13회

# 2013. 5. 11. 시행



★★★

## 문제 01

**다음 각 물음에 답하시오. (40점)**

(가) 지하구의 화재안전기준에서 연소방지재는 시험성적서에 명시된 방식으로 시험성적서에 명시된 길이 이상으로 설치하는 부분 4가지를 쓰시오. (10점)

(나) 소방시설의 종합점검사항 중 제연설비의 배출기 점검항목 5가지를 쓰시오. (10점)

(다) 스프링클러설비의 화재안전기준에서 폐쇄형 스프링클러설비의 유수검지장치 설치기준 5가지를 쓰시오. (10점)

(라) 소방시설 설치 및 관리에 관한 법령상 소방시설 등의 자체점검시 일반 소방시설관리업의 점검인력 배치기준을 쓰시오. (10점)

정답 (가) ① 분기구
② 지하구의 인입부 또는 인출부
③ 절연유 순환펌프 등이 설치된 부분
④ 기타 화재발생 위험이 우려되는 부분

(나) ① 배출기와 배출풍도 사이 캔버스 내열성 확보 여부
② 배출기 회전이 원활하며 회전방향 정상 여부
③ 변형·훼손 등이 없고 V-벨트 기능 정상 여부
④ 본체의 방청, 보존상태 및 캔버스 부식 여부
⑤ 배풍기 내열성 단열재 단열처리 여부

(다) ① 하나의 방호구역에는 1개 이상의 유수검지장치를 설치하되, 화재시 접근이 쉽고 점검하기 편리한 장소에 설치
② 유수검지장치를 실내에 설치하거나 보호용철망 등으로 구획하여 바닥으로부터 0.8~1.5m 이하의 위치에 설치하되, 그 실 등에는 가로 0.5m 이상 세로 1m 이상의 개구부로서 그 개구부에는 출입문을 설치하고, 그 출입문 상단에 "유수검지장치실"이라고 표시한 표지 설치[단, 유수검지장치를 기계실(공조용기계실 포함) 안에 설치하는 경우에는 별도의 실 또는 보호용철망을 설치하지 않고 기계실 출입문 상단에 "유수검지장치실"이라고 표시한 표지 설치 가능]
③ 스프링클러헤드에 공급되는 물은 유수검지장치를 지나도록 할 것(단, 송수구를 통하여 공급되는 물은 제외)
④ 자연낙차에 따른 압력수가 흐르는 배관상에 설치된 유수검지장치는 화재시 물의 흐름을 검지할 수 있는 최소한의 압력이 얻어질 수 있도록 수조의 하단으로부터 낙차를 두어 설치
⑤ 조기반응형 스프링클러헤드를 설치하는 경우에는 습식유수검지장치 또는 부압식스프링클러설비 설치

(라) ① 소방시설관리사 1명과 보조기술인력 2명을 점검인력 1단위로 하되, 점검인력 1단위에 2명(같은 건축물을 점검할 때에는 4명) 이내의 보조인력을 추가 가능
② 점검한도 면적 : 10000m$^2$
③ 점검인력 1단위에 보조인력을 1명씩 추가할 때마다 3000m$^2$ 점검한도 면적에 더한다.

④ 관리업자가 하루 동안 점검한 면적은 실제점검면적에 다음의 기준을 적용하여 계산한 면적(점검면적)으로 하되, 점검면적은 점검한도 면적을 초과 금지

㉠ 실제점검면적에 다음의 가감계수를 곱한다.

| 구 분 | 대상용도 | 가감계수 |
|---|---|---|
| 1류 | 노유자시설, 숙박시설, 위락시설, 의료시설(정신보건의료기관), 수련시설, 복합건축물(1류에 속하는 시설이 있는 경우) | 1.2 |
| 2류 | 문화 및 집회시설, 종교시설, 의료시설(정신보건시설 제외), 교정 및 군사시설(군사시설 제외), 지하가, 복합건축물(1류에 속하는 시설이 있는 경우 제외), 발전시설, 판매시설 | 1.1 |
| 3류 | 근린생활시설, 운동시설, 업무시설, 방송통신시설, 운수시설 | 1.0 |
| 4류 | 공장, 위험물 저장 및 처리시설, 창고시설 | 0.9 |
| 5류 | 공동주택(아파트 제외), 교육연구시설, 항공기 및 자동차 관련 시설, 동물 및 식물 관련 시설, 자원순환 관련 시설, 군사시설, 묘지 관련 시설, 관광휴게시설, 장례식장, 지하구, 문화재 | 0.8 |

㉡ 점검한 특정소방대상물이 다음의 어느 하나에 해당할 때에는 다음에 따라 계산된 값을 ㉠에 따라 계산된 값에서 뺀다.

- 스프링클러설비가 설치되지 않은 경우 : ㉠의 계산된 값×0.1
- 제연설비가 설치되지 않은 경우 : ㉠의 계산된 값×0.1
- 물분무등소화설비가 설치되지 않은 경우 : ㉠의 계산된 값×0.15

㉢ 2개 이상의 특정소방대상물을 하루에 점검하는 경우 : 나중에 점검하는 특정소방대상물에 대하여 특정소방대상물 간의 최단 주행거리 5km마다 ㉡에 따라 계산된 값(㉡에 따라 계산된 값이 없을 때에는 ㉠에 따라 계산된 값)에 0.02를 곱한 값을 더한다.

해설 (가) **지하구**의 **화재안전기준**(NFPC 605 제9조, NFTC 605 2.5.1.2)

연소방지재는 다음에 해당하는 부분에 시험성적서에 명시된 방식으로 시험성적서에 명시된 길이 이상으로 설치하되, 연소방지재 간의 설치간격은 350m를 넘지 않도록 해야 한다.

① 분기구
② 지하구의 인입부 또는 인출부
③ 절연유 순환펌프 등이 설치된 부분
④ 기타 화재발생 위험이 우려되는 부분

(나) ① **제연설비**의 **종합점검**(소방시설 자체점검사항 등에 관한 고시 〔별지 제4호 서식〕)

| 구 분 | 점검항목 |
|---|---|
| 제연구역의 구획 | ● 제연구역의 구획 방식 적정 여부<br>– 제연경계의 **폭**, **수직거리** 적정 설치 여부<br>– 제연경계벽은 가동시 **급속**하게 **하강**되지 **아니**하는 구조 |
| 배출구 | ❶ 배출구 설치위치(수평거리) 적정 여부<br>② 배출구 **변형 · 훼손** 여부 |
| 유입구 | ① 공기유입구 설치위치 적정 여부<br>② 공기유입구 **변형 · 훼손** 여부<br>❸ 옥외에 면하는 **배출구** 및 **공기유입구** 설치 적정 여부 |

| | |
|---|---|
| 배출기 | ❶ 배출기와 배출풍도 사이 **캔버스** 내열성 확보 여부<br>② 배출기 회전이 원활하며 회전방향 정상 여부<br>③ **변형 · 훼손** 등이 없고 **V-벨트** 기능 정상 여부<br>④ 본체의 **방청**, **보존상태** 및 **캔버스** 부식 여부<br>❺ 배풍기 내열성 단열재 단열처리 여부 |
| 비상전원 | ❶ 비상전원 설치장소 적정 및 관리 여부<br>② 자가발전설비인 경우 연료적정량 보유 여부<br>③ 자가발전설비인 경우 「전기사업법」에 따른 정기점검 결과 확인 |
| 기동 | ① 가동식의 **벽 · 제연경계벽 · 댐퍼** 및 **배출기** 정상작동(화재감지기 연동) 여부<br>② 예상제연구역 및 제어반에서 가동식의 **벽 · 제연경계벽 · 댐퍼** 및 **배출기** 수동기동 가능 여부<br>③ 제어반 각종 **스위치류** 및 **표시장치**(작동표시등 등) 기능의 이상 여부 |
| 비고 | ※ 특정소방대상물의 위치 · 구조 · 용도 및 소방시설의 상황 등이 이 표의 항목대로 기재하기 곤란하거나 이 표에서 누락된 사항을 기재한다. |

※ "●"는 종합점검의 경우에만 해당

② **특별피난계단**의 **계단실 및 부속실**의 **제연설비 종합점검**(소방시설 자체점검사항 등에 관한 고시 〔별지 제4호 서식〕)

| 구 분 | 점검항목 |
|---|---|
| 과압방지조치 | ● **자동차압 · 과압조절형** 댐퍼(또는 **플랩댐퍼**)를 사용한 경우 성능 적정 여부 |
| 수직풍도에 따른 배출 | ① 배출댐퍼 설치(개폐 여부 확인 기능, 화재감지기 동작에 따른 개방) 적정 여부<br>② 배출용 송풍기가 설치된 경우 화재감지기 연동 기능 적정 여부 |
| 급기구 | 급기댐퍼 설치상태(화재감지기 동작에 따른 개방) 적정 여부 |
| 송풍기 | ① 설치장소 적정(화재영향, 접근 · 점검 용이성) 여부<br>② 화재감지기 동작 및 수동조작에 따라 작동하는지 여부<br>❸ 송풍기와 연결되는 **캔버스** 내열성 확보 여부 |
| 외기취입구 | ① 설치위치(오염공기 유입방지, 배기구 등으로부터 이격거리) 적정 여부<br>❷ 설치구조(빗물 · 이물질 유입방지, 옥외의 풍속과 풍향에 영향) 적정 여부 |
| 제연구역의 출입문 | ① 폐쇄상태 유지 또는 화재시 자동폐쇄 구조 여부<br>❷ 자동폐쇄장치 **폐쇄력** 적정 여부 |
| 수동기동장치 | ① 기동장치 설치(위치, 전원표시등 등) 적정 여부<br>② 수동기동장치(옥내 수동발신기 포함) 조작시 관련 장치 정상작동 여부 |
| 제어반 | ① 비상용 축전지의 정상 여부<br>② 제어반 감시 및 원격조작 기능 적정 여부 |
| 비상전원 | ❶ 비상전원 설치장소 적정 및 관리 여부<br>② 자가발전설비인 경우 연료적정량 보유 여부<br>③ 자가발전설비인 경우 「전기사업법」에 따른 정기점검 결과 확인 |
| 비고 | ※ 특정소방대상물의 위치 · 구조 · 용도 및 소방시설의 상황 등이 이 표의 항목대로 기재하기 곤란하거나 이 표에서 누락된 사항을 기재한다. |

※ "●"는 종합점검의 경우에만 해당

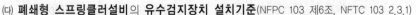

(다) **폐쇄형 스프링클러설비**의 **유수검지장치 설치기준**(NFPC 103 제6조, NFTC 103 2.3.1)

① 하나의 방호구역에는 1개 이상의 **유수검지장치**를 설치하되, 화재시 접근이 쉽고 점검하기 편리한 장소에 설치

② **유수검지장치**를 실내에 설치하거나 보호용철망 등으로 구획하여 바닥으로부터 **0.8~1.5m** 이하의 위치에 설치하되, 그 실 등에는 가로 **0.5m** 이상 세로 **1m** 이상의 개구부로서 그 개구부에는 **출입문**을 설치하고 그 출입문 상단에 **"유수검지장치실"**이라고 표시한 표지를 설치할 것[단, 유수검지장치를 기계실(공조용기계실 포함) 안에 설치하는 경우에는 별도의 실 또는 보호용철망을 설치하지 않고 기계실 출입문 상단에 **"유수검지장치실"**이라고 표시한 표지 설치 가능]

③ 스프링클러헤드에 공급되는 물은 **유수검지장치**를 지나도록 할 것(단, **송수구**를 통하여 공급되는 물은 제외)

④ 자연낙차에 따른 압력수가 흐르는 배관상에 설치된 유수검지장치는 화재시 물의 흐름을 검지할 수 있는 최소한의 압력이 얻어질 수 있도록 수조의 하단으로부터 낙차를 두어 설치

⑤ **조기반응형 스프링클러헤드**를 설치하는 경우에는 **습식유수검지장치** 또는 **부압식스프링클러설비** 설치

비교

**개방형 스프링클러설비의 방수구역 · 일제개방밸브 적합기준**(NFPC 103 제7조, NFTC 103 2.4.1)

(1) 하나의 방수구역은 **2개층**에 미치지 않을 것

(2) **방수구역**마다 일제개방밸브를 설치할 것

(3) 하나의 방수구역을 담당하는 헤드의 개수는 **50개 이하**로 할 것(단, **2개 이상**의 **방수구역**으로 나눌 경우에는 하나의 방수구역을 담당하는 헤드의 개수는 **25개 이상**으로 할 것)

(4) 일제개방밸브의 설치위치는 제6조 제4호의 기준에 따르고, 표지는 **"일제개방밸브실"**이라고 표시할 것

기억법 **250 방수개**

(라) **소방시설 등**의 **자체점검시 일반 소방시설관리업**의 **점검인력 배치기준**(구 소방시설법 시행규칙 [별표 2])

① 소방시설관리사 **1명**과 보조기술인력 **2명**을 점검인력 1단위로 하되, 점검인력 1단위에 **2명**(같은 건축물을 점검할 때에는 **4명**) 이내의 보조인력을 추가 가능

② 점검한도 면적 : **10000m$^2$**

③ 점검인력 1단위에 보조인력을 1명씩 추가할 때마다 **3000m$^2$** 점검한도 면적에 더한다.

④ 관리업자가 하루 동안 점검한 면적은 실제점검면적에 다음의 기준을 적용하여 계산한 면적(점검면적)으로 하되, 점검면적은 점검한도 면적을 초과 금지

㉠ 실제점검면적에 다음의 가감계수를 곱한다.

| 구 분 | 대상용도 | 가감계수 |
|---|---|---|
| 1류 | 노유자시설, 숙박시설, 위락시설, 의료시설(정신보건의료기관), 수련시설, 복합건축물(1류에 속하는 시설이 있는 경우)<br>기억법 **노숙 1위 수정복** | 1.2 |
| 2류 | 문화 및 집회시설, 종교시설, 의료시설(정신보건시설 제외), 교정 및 군사시설(군사시설 제외), 지하가, 복합건축물(1류에 속하는 시설이 있는 경우 제외), 발전시설, 판매시설<br>기억법 **교문발 2지(이지=쉽다) 의복 종판지(장판지)** | 1.1 |
| 3류 | 근린생활시설, 운동시설, 업무시설, 방송통신시설, 운수시설<br>기억법 **방업(방염) 운운근3(근생=근린생활)** | 1.0 |
| 4류 | 공장, 위험물 저장 및 처리시설, 창고시설<br>기억법 **창공위4(창공위 사랑)** | 0.9 |
| 5류 | 공동주택(아파트 제외), 교육연구시설, 항공기 및 자동차 관련 시설, 동물 및 식물 관련 시설, 자원순환 관련 시설, 군사시설, 묘지 관련 시설, 관광휴게시설, 장례식장, 지하구, 문화재<br>기억법 **자교 공아제 동물 묘지관광 항문지군** | 0.8 |

㉡ 점검한 특정소방대상물이 다음의 어느 하나에 해당할 때에는 다음에 따라 계산된 값을 ㉠에 따라 계산된 값에서 뺀다.
- 스프링클러설비가 설치되지 않은 경우 : ㉠의 계산된 값×0.1
- 제연설비가 설치되지 않은 경우 : ㉠의 계산된 값×0.1
- 물분무등소화설비가 설치되지 않은 경우 : ㉠의 계산된 값×0.15

㉢ 2개 이상의 특정소방대상물을 하루에 점검하는 경우 : 나중에 점검하는 특정소방대상물에 대하여 특정소방대상물 간의 최단 주행거리 5km마다 ㉡에 따라 계산된 값(㉡에 따라 계산된 값이 없을 때에는 ㉠에 따라 계산된 값)에 0.02를 곱한 값을 더한다.

중요

**아파트 종합점검 점검인력 배치기준**(구 소방시설법 시행규칙 〔별표 2〕)

(1) 소방시설관리사 **1명**과 보조기술인력 **2명**을 점검인력 1단위로 하되, 점검인력 1단위에 2명(같은 건축물을 점검할 때에는 **4명**) 이내의 보조인력을 추가 가능
(2) 점검한도 세대수 : **300세대**
(3) 점검인력 1단위에 보조인력을 1명씩 추가할 때마다 종합점검의 경우에는 **70세대**씩을 점검한도 세대수에 더한다.
(4) 관리업자가 하루 동안 점검한 세대수는 실제점검세대수에 다음의 기준을 적용하여 계산한 세대수(점검세대수)로 하되, 점검세대수는 점검한도 세대수를 초과 금지
  ① 점검한 아파트가 다음의 어느 하나에 해당할 때에는 다음에 따라 계산된 값을 실제점검세대수에서 뺀다.
    ㉠ 스프링클러설비가 설치되지 않은 경우 : 실제점검세대수×**0.1**
    ㉡ 제연설비가 설치되지 않은 경우 : 실제점검세대수×**0.1**
    ㉢ 물분무등소화설비가 설치되지 않은 경우 : 실제점검세대수×**0.15**
  ② 2개 이상의 아파트를 하루에 점검하는 경우 : 나중에 점검하는 아파트에 대하여 아파트간의 최단 주행거리 5km마다 ①에 따라 계산된 값(①에 따라 계산된 값이 없을 때에는 실제점검세대수)에 0.02를 곱한 값을 더한다.
(5) 아파트와 아파트 외 용도의 건축물을 하루에 점검할 때에는 (1)~(4)에 따라 계산된 값에 **33.3**을 곱한 값을 점검면적으로 보고 점검한도 면적은 **10000m²**, 보조인력 1명 추가시마다 **3000m²**씩을 점검한도 면적에 더한다.
(6) 종합점검과 작동점검을 하루에 점검하는 경우에는 작동점검의 점검면적 또는 점검세대수에 **0.8**을 곱한 값을 종합점검 점검면적 또는 점검세대수로 본다.
(7) 규정에 따라 계산된 값은 **소수점 이하 2째자리**에서 반올림한다.

비교

(1) **소방시설 등**의 **자체점검시 전문 소방시설관리업**의 **점검인력 배치기준**(소방시설법 시행규칙 〔별표 4〕)
  ① 소방시설관리사 또는 특급 점검자 **1명**과 보조기술인력 **2명**을 점검인력 1단위로 하되, 점검인력 1단위에 **2명**(같은 건축물을 점검할 때에는 **4명**) 이내의 보조기술인력을 추가 가능
  ② 소방안전관리자로 선임된 소방시설관리사 및 소방기술사가 점검하는 경우의 1단위
    ㉠ 소방시설관리사 또는 소방기술사 1명
    ㉡ 보조기술인력 2명(2명 이내의 보조기술인력 추가 가능)
    ㉢ 보조기술인력은 관계인 또는 소방안전관리보조자
  ③ 관계인 또는 소방안전관리자가 점검하는 경우의 1단위
    ㉠ 관계인 또는 소방안전관리자 1명
    ㉡ 보조기술인력 2명
    ㉢ 보조기술인력은 관리자, 점유자 또는 소방안전관리보조자
  ④ 점검한도면적

| 작동점검 | 종합점검 |
|---|---|
| 10000m² | 8000m² |
| 보조기술인력 1명당 2500m²씩 추가 | 보조기술인력 1명당 20000m²씩 추가 |

⑤ 점검인력 하루 배치기준 : 5개 특정소방대상물(단, 2개 이상 특정소방대상물을 2일 이상 연속하여 점검하는 경우 배치기한 초과 금지)

⑥ 관리업자가 하루 동안 점검한 면적은 실제 점검면적에 다음의 기준을 적용하여 계산한 면적(점검면적)으로 하되, 점검면적은 점검한도면적을 초과 금지. 실제 점검면적에 다음의 가감계수를 곱한다.

| 구 분 | 대상용도 | 가감계수 |
|---|---|---|
| 1류 | 문화 및 집회시설, 종교시설, 판매시설, 의료시설, 노유자시설, 수련시설, 숙박시설, 위락시설, 창고시설, 교정시설, 발전시설, 지하가, 복합건축물<br>기억법 **교문발 1지(일지매) 의복종판(장판) 노숙수창위** | 1.1 |
| 2류 | 공동주택, 근린생활시설, 운수시설, 교육연구시설, 운동시설, 업무시설, 방송통신시설, 공장, 항공기 및 자동차 관련 시설, 군사시설, 관광휴게시설, 장례시설, 지하구<br>기억법 **공교 방항군(반항군) 관장지(관광지) 운업근(운수업 근무)** | 1.0 |
| 3류 | 위험물 저장 및 처리시설, 문화재, 동물 및 식물 관련 시설, 자원순환 관련 시설, 묘지 관련 시설<br>기억법 **위문 동자묘** | 0.9 |

(2) **아파트 점검인력 배치기준**(소방시설법 시행규칙 [별표 4])

① 소방시설관리사 또는 특급 점검자 **1명**과 보조기술인력 **2명**을 점검인력 1단위로 하되, 점검인력 1단위에 2명(같은 건축물을 점검할 때에는 **4명**) 이내의 보조기술인력 추가 가능

② 점검한도세대수 : **250세대**

③ 점검인력 1단위에 보조기술인력을 1명씩 추가할 때마다 60세대씩을 점검한도세대수에 더한다.

④ 관리업자가 하루 동안 점검한 세대수는 실제 점검세대수에 다음의 기준을 적용하여 계산한 세대수(점검세대수)로 하되, 점검세대수는 점검한도세대수를 초과 금지

㉠ 점검한 아파트가 다음의 어느 하나에 해당할 때에는 다음에 따라 계산된 값을 실제 점검세대수에서 뺀다.

- 스프링클러설비가 설치되지 않은 경우 : 실제 점검세대수×**0.1**
- 제연설비가 설치되지 않은 경우 : 실제 점검세대수×**0.1**
- 물분무등소화설비가 설치되지 않은 경우 : 실제 점검세대수×**0.1**

㉡ 2개 이상의 아파트를 하루에 점검하는 경우 : 아파트 상호간의 좌표 최단 주행거리 5km마다 ㉠에 따라 계산된 값(㉠에 따라 계산된 값이 없을 때에는 실제 점검세대수)에 0.02를 곱한 값을 뺀다.

- 2개 이상의 아파트를 하루에 점검하는 경우의 점검한도세대수=점검한도세대수−(아파트 상호간의 좌표 최단거리 5km마다 점검한도세대수×0.02)

⑤ 아파트와 아파트 외 용도의 건축물을 하루에 점검할 때에는 ①~④에 따라 계산된 값에 종합점검의 경우 **32**, 작동점검의 경우 **40**을 곱한 값을 점검면적으로 본다.

⑥ 종합점검과 작동점검을 하루에 점검하는 경우에는 작동점검의 점검면적 또는 점검세대수에 **0.8**을 곱한 값을 종합점검 점검면적 또는 점검세대수로 본다.

⑦ 규정에 따라 계산된 값은 **소수점 이하 2째자리**에서 반올림한다.

☆☆
문제 02

**초고층 및 지하연계 복합건축물 재난관리에 관한 특별 법령에 따른 다음 각 물음에 답하시오. (30점)**

(가) 초고층 건축물 정의 (3점)
(나) 다음 항목의 피난안전구역 설치기준
① 초고층 건축물 (3점)
② 16층 이상 29층 이하인 지하연계 복합건축물 (3점)
(다) 피난안전구역에 설치하여야 하는 피난구조설비의 종류를 5가지만 쓰시오. (단, 피난안전구역으로 피난을 유도하기 위한 유도등 · 유도표지는 제외한다.) (5점)
○
○
○
○
○
(라) 피난안전구역의 면적산정기준을 쓰시오. (8점)
(마) 95층 건축물에 설치하는 종합방재실의 최소설치개수 및 위치기준을 쓰시오. (8점)

정답 (가) 층수가 50층 이상 또는 높이 200m 이상인 건축물
(나) ① 초고층 건축물 : 피난층 또는 지상으로 통하는 직통계단과 직접 연결되는 피난안전구역(건축물의 피난 · 안전을 위하여 건축물 중간층에 설치하는 대피공간)을 지상층으로부터 최대 30개 층마다 1개소 이상 설치
② 16층 이상 29층 이하인 지하연계 복합건축물 : 지상층별 거주밀도가 1.5명/$m^2$를 초과하는 층은 해당층의 사용형태별 면적의 합의 $\frac{1}{10}$에 해당하는 면적을 피난안전구역으로 설치
(다) ① 방열복
② 공기호흡기(보조마스크 포함)
③ 인공소생기
④ 피난유도선(피난안전구역으로 통하는 직통계단 및 특별피난계단 포함)
⑤ 비상조명등 및 휴대용비상조명등
(라) ① 지하층이 하나의 용도로 사용되는 경우 : 피난안전구역 면적=(수용인원×0.1)×0.28$m^2$
② 지하층이 둘 이상의 용도로 사용되는 경우 : 피난안전구역 면적=(사용형태별 수용인원의 합×0.1)×0.28$m^2$
(마) ① 종합방재실의 개수 : 1개
② 위치기준
㉠ 1층 또는 피난층(단, 초고층 건축물 등에 특별피난계단이 설치되어 있고, 특별피난계단 출입구로부터 5m 이내에 종합방재실을 설치하려는 경우에는 2층 또는 지하 1층에 설치할 수 있으며, 공동주택의 경우에는 관리사무소 내에 설치 가능)
㉡ 비상용 승강장, 피난 전용 승강장 및 특별피난계단으로 이동하기 쉬운 곳
㉢ 재난정보 수집 및 제공, 방재 활동의 거점 역할을 할 수 있는 곳
㉣ 소방대가 쉽게 도달할 수 있는 곳
㉤ 화재 및 침수 등으로 인하여 피해를 입을 우려가 적은 곳

해설 (가) **용어**의 **정의**(초고층재난관리법 제2조)

| 초고층 건축물 | 지하연계 복합건축물 |
|---|---|
| 층수가 50층 이상 또는 높이가 200m 이상인 건축물 | 층수가 11층 이상이거나 1일 수용인원이 5000명 이상인 건축물로서 지하부분이 지하역사 또는 지하도상가와 연결된 건축물로서 건축물 안에 문화 및 집회시설, 판매시설, 운수시설, 업무시설, 숙박시설, 위락시설 중 유원시설업의 시설 또는 대통령령으로 정하는 용도의 시설이 하나 이상 있는 건축물 |

(나) **피난안전구역 설치기준**(초고층재난관리법 시행령 제14조)

| 초고층 건축물 | 16층 이상 29층 이하인 지하연계 복합건축물 |
|---|---|
| 피난층 또는 지상으로 통하는 직통계단과 직접 연결되는 피난안전구역(건축물의 피난 · 안전을 위하여 건축물 중간층에 설치하는 대피공간)을 지상층으로부터 최대 30개 층마다 1개소 이상 설치 | 지상층별 거주밀도가 1.5명/$m^2$을 초과하는 층은 해당층의 사용형태별 면적의 합의 $\frac{1}{10}$에 해당하는 면적을 피난안전구역으로 설치 |

(다) **피난안전구역**에 **설치하여야 하는 설비**(초고층재난관리법 시행령 제14조)

| 피난안전구역의 설치설비 | 종 류 |
|---|---|
| 소화설비 | ① 소화기구(소화기 및 간이소화용구만 해당)<br>② 옥내소화전설비<br>③ 스프링클러설비 |
| 경보설비 | 자동화재탐지설비 |
| 피난구조설비 | ① 방열복<br>② 공기호흡기(보조마스크 포함)<br>③ 인공소생기<br>④ 피난유도선(피난안전구역으로 통하는 직통계단 및 특별피난계단 포함)<br>⑤ 비상조명등 및 휴대용비상조명등<br>⑥ 피난안전구역으로 피난을 유도하기 위한 유도등 · 유도표지 |
| 소화활동설비 | ① 제연설비<br>② 무선통신보조설비 |

기억법 **피안소옥스, 경탐, 방공인선조유, 무제**

(라) 피난안전구역 면적산정기준(초고층재난관리법 시행령 [별표 2])

① 지하층이 하나의 용도로 사용되는 경우 : **피난안전구역 면적=(수용인원×0.1)×0.28$m^2$**

② 지하층이 둘 이상의 용도로 사용되는 경우 : **피난안전구역 면적=(사용형태별 수용인원의 합×0.1)×0.28$m^2$**

비교

**수용인원의 산정기준**(소방시설법 시행령 [별표 7])

(1) 숙박시설이 있는 특정소방대상물

| 특정소방대상물 | | 산정방법 |
|---|---|---|
| 숙박시설 | 침대가 있는 경우 | 해당 특정소방대상물의 종사자수+침대수<br>(2인용 침대는 2인으로 산정) |
| | 침대가 없는 경우 | 해당 특정소방대상물의 종사자수 + $\frac{\text{숙박시설 바닥면적 합계}}{3m^2}$ |

기억법 **침있종없3**

13회

(2) 숙박시설이 없는 특정소방대상물

| 특정소방대상물 | 산정방법 |
|---|---|
| • 강의실 · 교무실 · 상담실 · 실습실 · 휴게실 | 해당 용도로 사용하는 바닥면적 합계 / 1.9m² |
| • 기타 | 해당 용도로 사용하는 바닥면적 합계 / 3m² |
| • 강당<br>• 문화 및 집회시설, 운동시설<br>• 종교시설 | 해당 용도로 사용하는 바닥면적 합계 / 4.6m²<br>(고정식 의자를 설치한 관람석 : 해당 부분의 의자 수로 하고, 긴 의자의 경우에는 의자의 정면너비를 **0.45m**로 나누어 얻은 수) |

기억법 **강19 기3 당46**

[비고] 1. 위 표에서 바닥면적을 산정하는 때는 복도(준불연재료 이상의 것을 사용하여 바닥에서 천장까지 벽으로 구획한 것) · 계단 및 화장실의 바닥면적 제외
2. 계산결과 1 미만의 소수는 **반올림**

(마) **종합방재실**의 **설치기준**(초고층재난관리법 시행규칙 제7조)

① 종합방재실의 개수 : **1개**(단, 100층 이상인 초고층 건축물 등(공동주택 제외)의 관리주체는 종합방재실이 그 기능을 상실하는 경우에 대비하여 종합방재실을 추가로 설치하거나, 관계지역 내 다른 종합방재실에 보조종합재난 관리체제를 구축하여 재난관리 업무가 중단되지 아니하도록 할 것)

② 종합방재실의 위치
㉠ **1층** 또는 **피난층**(단, 초고층 건축물 등에 특별피난계단이 설치되어 있고, 특별피난계단 출입구로부터 **5m** 이내에 종합방재실을 설치하려는 경우에는 2층 또는 지하 1층에 설치할 수 있으며, 공동주택의 경우에는 관리사무소 내에 설치 가능)
㉡ **비상용 승강장**, **피난전용 승강장** 및 **특별피난계단**으로 이동하기 쉬운 곳
㉢ 재난정보 수집 및 제공, 방재 활동의 거점 역할을 할 수 있는 곳
㉣ **소방대**가 쉽게 도달할 수 있는 곳
㉤ **화재** 및 **침수** 등으로 인하여 피해를 입을 우려가 적은 곳

기억법 **종1(종일) 특승(특성) 재대화**

③ 종합방재실의 구조 및 면적
㉠ 다른 부분과 방화구획으로 설치할 것. 단, 다른 제어실 등의 감시를 위하여 두께 **7mm** 이상의 망입유리(두께 **16.3mm** 이상의 접합유리 또는 두께 **28mm** 이상의 복층유리 포함)로 된 **4m²** 미만의 붙박이창을 설치할 수 있다.
㉡ 인력의 대기 및 휴식 등을 위하여 종합방재실과 방화구획된 부속실 설치
㉢ 면적은 **20m²** 이상으로 할 것
㉣ 재난 및 안전관리, 방범 및 보안, 테러예방을 위하여 필요한 시설 · 장비의 설치와 근무인력의 재난 및 안전관리 활동, 재난발생 시 소방대원의 지휘활동에 지장이 없도록 설치
㉤ 출입문에는 **출입제한** 및 **통제장치**를 갖출 것

기억법 **종구다 인20재출(제출)**

④ 종합방재실의 설비 등
㉠ 조명설비(예비전원 포함) 및 급수 · 배수설비
㉡ 상용전원과 예비전원의 공급을 자동 또는 수동으로 전환하는 설비
㉢ 급기 · 배기설비 및 냉 · 난방설비
㉣ 전력공급상황 확인 시스템
㉤ 공기조화 · 냉난방 · 소방 · 승강기 설비의 감시 및 제어시스템
㉥ 자료 저장 시스템

㉦ **지**진계 및 풍향 · 풍속계
㉧ **소**화**장**비 보관함 및 **무**정전 전원공급장치
㉨ **피**난**안**전구역, 피난용 승강기 **승**강장 및 **테**러 등의 감시와 방범보안을 위한 폐쇄회로 텔레비전(CCTV)

**기억법** 조상 급전 공자지 소장무 피안승테 종설



★★★
## 문제 03

다음 물음에 답하시오. (30점)

(가) 위험물 안전관리에 관한 세부기준에서 이산화탄소 소화설비의 배관기준 5가지를 쓰시오. (10점)
○
○
○
○
○

(나) 위험물 안전관리에 관한 세부기준에서 고정식 포소화설비의 포방출구 중 Ⅱ형과 Ⅳ형에 대하여 각각 설명하시오. (10점)

(다) 피난기구의 화재안전기준에서 다수인 피난장비의 적합 설치기준 9가지를 쓰시오. (10점)
○
○
○
○
○
○
○
○
○

**정답** (가) ① 전용으로 할 것
② 강관 : 압력배관용탄소강관 중에서 고압식인 것은 스케줄 80 이상, 저압식인 것은 스케줄 40 이상의 것 또는 이와 동등 이상의 강도를 갖는 것으로서 아연도금 등에 따른 방식처리를 한 것
③ 동관 : 이음매없는 구리 및 구리합금관 또는 이와 동등 이상의 강도를 갖는 것으로서 고압식인 것은 16.5MPa 이상, 저압식인 것은 3.75MPa 이상의 압력에 견딜 수 있는 것
④ 관이음쇠 : 고압식인 것은 16.5MPa 이상, 저압식인 것은 3.75MPa 이상의 압력에 견딜 수 있는 것으로서 적절한 방식처리를 한 것
⑤ 낙차 : 50m 이하

(나) ① Ⅱ형 : 고정지붕구조 또는 부상덮개부착 고정지붕구조의 탱크에 상부포주입법을 이용하는 것으로서 방출된 포가 탱크옆판의 내면을 따라 흘러내려 가면서 액면 아래로 몰입되거나 액면을 뒤섞지 않고 액면상을 덮을 수 있는 반사판 및 탱크 내의 위험물 증기가 외부로 역류되는 것을 저지할 수 있는 구조 · 기구를 갖는 포방출구
② Ⅳ형 : 고정지붕구조의 탱크에 저부포주입법을 이용하는 것으로서 평상시에는 탱크의 액면하의 저부에 설치된 격납통(포를 보내는 것에 의하여 용이하게 이탈되는 캡을 갖는 것 포함)에 수납되어 있는 특수호스 등이 송포관의 말단에 접속되어 있다가 포를 보내는 것에 의하여 특수호스 등이 전개되어 그 선단이 액면까지 도달한 후 포를 방출하는 포방출구

(다) ① 피난에 용이하고 안전하게 하강할 수 있는 장소에 적재하중을 충분히 견딜 수 있도록 건축물의 구조기준 등에 관한 규칙에서 정하는 구조안전의 확인을 받아 견고하게 설치
② 다수인피난장비 보관실은 건물 외측보다 돌출되지 아니하고, 빗물·먼지 등으로부터 장비를 보호할 수 있는 구조
③ 사용시에 보관실 외측 문이 먼저 열리고 탑승기가 외측으로 자동 전개
④ 하강시에 탑승기가 건물 외벽이나 돌출물에 충돌하지 않도록 설치
⑤ 상·하층에 설치할 경우에는 탑승기의 하강경로가 중첩되지 않도록 할 것
⑥ 하강시에는 안전하고 일정한 속도를 유지하도록 하고 전복, 흔들림, 경로이탈 방지를 위한 안전조치를 할 것
⑦ 보관실의 문에는 오작동 방지조치를 하고, 문 개방시에는 해당 특정소방대상물에 설치된 경보설비와 연동하여 유효한 경보음을 발하도록 할 것
⑧ 피난층에는 해당층에 설치된 피난기구가 착지에 지장이 없도록 충분한 공간 확보
⑨ 한국소방산업기술원 또는 성능시험기관으로 지정받은 기관에서 그 성능을 검증받은 것으로 설치

해설 (가) **이산화탄소 소화설비**의 **배관기준**(위험물 안전관리에 관한 세부기준 제134조)
① **전용**으로 할 것
② **강관** : 압력배관용탄소강관 중에서 **고압식**인 것은 스케줄 **80** 이상, **저압식**인 것은 스케줄 **40** 이상의 것 또는 이와 동등 이상의 강도를 갖는 것으로서 아연도금 등에 따른 방식처리를 한 것
③ **동관** : 이음매없는 구리 및 구리합금관 또는 이와 동등 이상의 강도를 갖는 것으로서 **고압식**인 것은 **16.5MPa** 이상, **저압식**인 것은 **3.75MPa** 이상의 압력에 견딜 수 있는 것
④ **관이음쇠** : **고압식**인 것은 **16.5MPa** 이상, **저압식**인 것은 **3.75MPa** 이상의 압력에 견딜 수 있는 것으로서 적절한 방식처리를 한 것
⑤ **낙차** : **50m** 이하

비교

**위험물 안전관리에 관한 세부기준**

(1) **이산화탄소 소화설비**의 **저장용기 설치기준**(위험물 안전관리에 관한 세부기준 제134조)
① **방호구역 외**의 장소에 설치할 것
② **온**도가 **40℃** 이하이고 온도변화가 적은 장소에 설치할 것
③ **직**사일광 및 빗물이 침투할 우려가 적은 장소에 설치할 것
④ 저장용기에는 **안**전장치(용기밸브에 설치되어 있는 것 포함)를 설치할 것
⑤ 저장용기의 외면에 **소화약제**의 **종류**와 **양**, **제조연도** 및 **제조자**를 표시할 것

기억법 **이외 안온직**

(2) **이산화탄소 소화설비**의 **선택밸브기준**(위험물 안전관리에 관한 세부기준 제134조)
① 저장용기를 공용하는 경우에는 **방호구역** 또는 **방호대상물**마다 선택밸브를 설치할 것
② 선택밸브는 **방호구역 외**의 장소에 설치할 것
③ 선택밸브에는 **"선택밸브"**라고 표시하고 선택이 되는 방호구역 또는 방호대상물을 표시할 것
(3) **이산화탄소 소화설비**의 **기동용 가스용기기준**(위험물 안전관리에 관한 세부기준 제134조)
① 기동용 가스용기는 **25MPa** 이상의 압력에 견딜 수 있는 것일 것
② 기동용 가스용기의 내용적은 **1L** 이상으로 하고 해당 용기에 저장하는 이산화탄소의 양은 0.6kg 이상으로 하되 그 충전비는 **1.5** 이상일 것
③ 기동용 가스용기에는 **안전장치** 및 **용기밸브**를 설치할 것
(4) **이산화탄소 소화설비**의 **저압식 저장용기기준**(위험물 안전관리에 관한 세부기준 제134조)
① 저압식 저장용기에는 **액면계** 및 **압력계**를 설치할 것
② 저압식 저장용기에는 **2.3MPa 이상**의 압력 및 **1.9MPa 이하**의 압력에서 작동하는 **압력경보장치**를 설치할 것
③ 저압식 저장용기에는 용기 내부의 온도를 **영하 20℃ 이상 영하 18℃ 이하**로 유지할 수 있는 **자동냉동기**를 설치할 것
④ 저압식 저장용기에는 **파괴판**을 설치할 것
⑤ 저압식 저장용기에는 **방출밸브**를 설치할 것

(나) **포방출구**(위험물 안전관리에 관한 세부기준 제133조)

| 탱크의 종류 | 포방출구 |
|---|---|
| 고정지붕구조(콘루프탱크) | • Ⅰ형 방출구<br>• Ⅱ형 방출구<br>• Ⅲ형 방출구(표면하 주입방식)<br>• Ⅳ형 방출구(반표면하 주입방식) |
| 부상덮개부착 고정지붕구조 | • Ⅱ형 방출구 |
| 부상지붕구조(플루팅루프탱크) | • 특형 방출구 |

| 구 분 | 형 태 |
|---|---|
| **Ⅰ형 방출구**<br>**고**정지붕구조의 탱크에 **상부포주입법**을 이용하는 것으로서 방출된 포가 액면 아래로 몰입되거나 액면을 뒤섞지 않고 액면상을 덮을 수 있는 **통계단** 또는 **미끄럼판** 등의 설비 및 탱크 내의 위험물 증기가 외부로 역류되는 것을 저지할 수 있는 구조·기구를 갖는 포방출구<br>기억법 Ⅰ고상통미 | 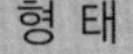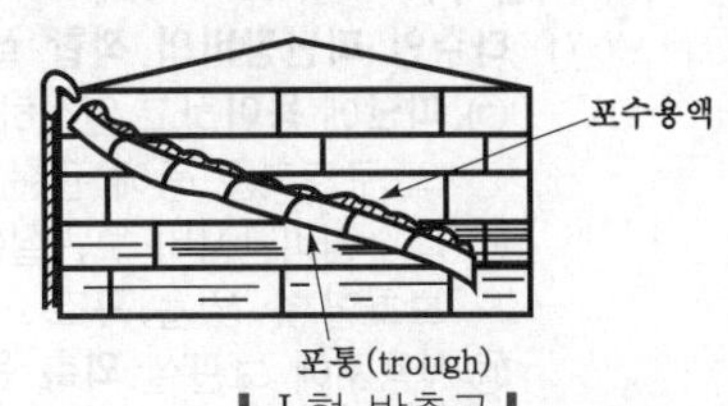<br>▍Ⅰ형 방출구▍ |
| **Ⅱ형 방출구**<br>**고**정지붕구조 또는 **부**상덮개부착 고정지붕구조의 탱크에 **상부포주입법**을 이용하는 것으로서 방출된 포가 탱크옆판의 내면을 따라 흘러내려 가면서 액면 아래로 몰입되거나 액면을 뒤섞지 않고 **액면상**을 덮을 수 있는 반사판 및 탱크 내의 위험물 증기가 외부로 역류되는 것을 저지할 수 있는 구조·기구를 갖는 포방출구<br>기억법 고부Ⅱ상(이상) | 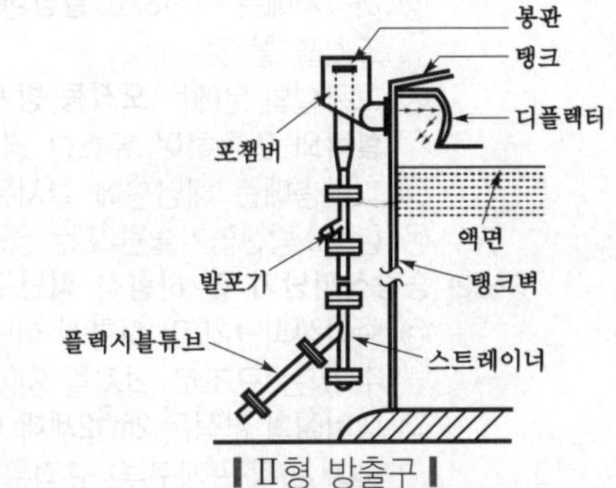<br>▍Ⅱ형 방출구▍ |
| **Ⅲ형 방출구**(표면하 주입식 방출구)<br>**고**정지붕구조의 탱크에 **저부포주입법**을 이용하는 것으로서 **송**포관으로부터 포를 방출하는 포방출구<br>기억법 고Ⅲ저송(3지층) | 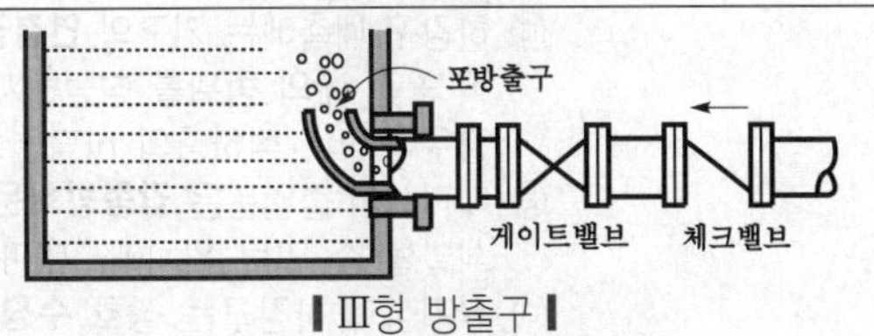<br>▍Ⅲ형 방출구▍ |
| **Ⅳ형 방출구**(반표면하 주입식 방출구)<br>**고**정지붕구조의 탱크에 **저부포주입법**을 이용하는 것으로서 평상시에는 탱크의 액면하의 저부에 설치된 **격납통**(포를 보내는 것에 의하여 용이하게 이탈되는 캡을 갖는 것에 포함)에 수납되어 있는 특수호스 등이 송포관의 말단에 접속되어 있다가 포를 보내는 것에 의하여 특수호스 등이 전개되어 그 선단이 액면까지 도달한 후 포를 방출하는 포방출구<br>기억법 고저격Ⅳ(저격수) | 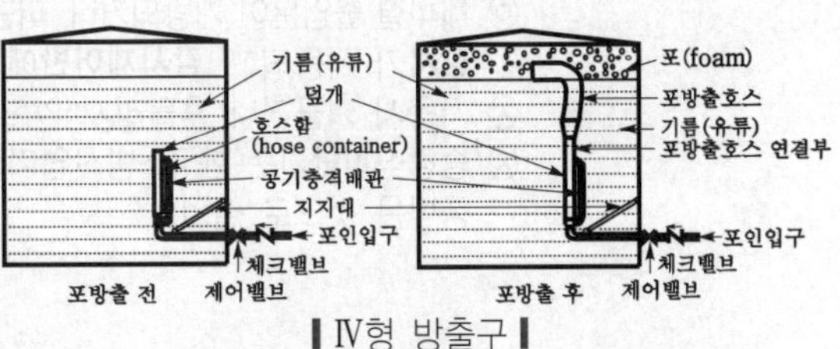<br>▍Ⅳ형 방출구▍ |

| **특형 방출구** | |
|---|---|
| **부**상지붕구조의 탱크에 **상부포주입법**을 이용하는 것으로서 부상지붕의 부상부분상에 높이 **0.9m 이상**의 금속제의 칸막이를 탱크 옆판의 내측으로부터 **1.2m 이상** 이격하여 설치하고 탱크 옆판과 칸막이에 의하여 형성된 환상 부분에 포를 주입하는 것이 가능한 구조의 반사판을 갖는 포방출구<br>기억법 **특부상 0912** | 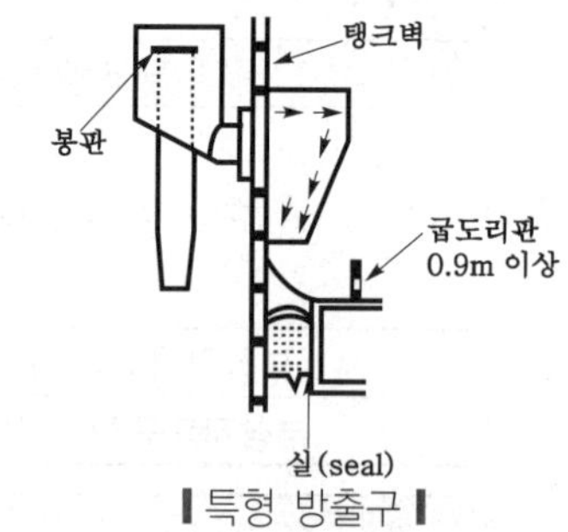<br>▎특형 방출구▎ |

(대) **피난기구**(NFPC 301 제5조, NFTC 301 2.1.3.8, 2.1.3.9)

① **다수인 피난장비의 적합 설치기준**(제8호)

㉠ **피난**에 **용이**하고 안전하게 하강할 수 있는 장소에 적재하중을 충분히 견딜 수 있도록 「건축물의 구조기준 등에 관한 규칙」에서 정하는 구조안전의 확인을 받아 견고하게 설치

㉡ 다수인피난장비 보관실은 건물 외측보다 돌출되지 아니하고, 빗물·먼지 등으로부터 장비를 보호할 수 있는 구조

㉢ 사용시에 보관실 **외측 문**이 먼저 열리고 **탑승기**가 외측으로 **자동 전개**

㉣ 하강시에 탑승기가 건물 외벽이나 돌출물에 충돌하지 않도록 설치

㉤ 상·하층에 설치할 경우에는 탑승기의 **하강경로**가 **중첩되지 않도록** 할 것

㉥ 하강시에는 안전하고 **일정**한 **속도**를 유지하도록 하고 전복, 흔들림, 경로이탈 방지를 위한 안전조치를 할 것

㉦ 보관실의 문에는 **오작동 방지조치**를 하고, 문 개방시에는 해당 특정소방대상물에 설치된 **경보설비**와 연동하여 유효한 경보음을 발하도록 할 것

㉧ 피난층에는 해당층에 설치된 피난기구가 착지에 지장이 없도록 충분한 공간 확보

㉨ 한국소방산업기술원 또는 성능시험기관으로 지정받은 기관에서 그 성능을 검증받은 것으로 설치

② **승강식피난기** 및 **하향식 피난구용 내림식사다리의 적합설치기준**(제9호)

㉠ 승강식피난기 및 하향식 피난구용 내림식사다리는 설치경로가 설치층에서 **피난층**까지 연계될 수 있는 구조로 설치할 것(단, 건축물의 구조 및 설치 여건상 불가피한 경우는 제외)

㉡ 대피실의 면적은 **2m²**(**2세대 이상**일 경우에는 **3m²**) 이상으로 하고, 건축법 시행령에 적합하여야 하며 하강구(개구부) 규격은 직경 **60cm** 이상일 것(단, 외기와 개방된 장소는 제외)

㉢ 하강구 내측에는 기구의 **연결금속구** 등이 없어야 하며 전개된 피난기구는 하강구 수평투영면적 공간 내의 범위를 침범하지 않는 구조이어야 할 것(단, 직경 **60cm** 크기의 범위를 벗어난 경우이거나, 직하층의 바닥면으로부터 높이 **50cm** 이하의 범위는 제외)

㉣ 대피실의 출입문은 **갑종방화문**(**60분+방화문 또는 60분 방화문**)으로 설치하고, 피난방향에서 식별할 수 있는 위치에 **"대피실"** 표지판을 부착할 것(단, 외기와 개방된 장소는 제외)

㉤ 착지점과 하강구는 상호 **수평거리 15cm** 이상의 간격을 둘 것

㉥ 대피실 내에는 **비상조명등** 설치

㉦ 대피실에는 **층**의 **위치표시**와 **피난기구 사용설명서** 및 **주의사항 표지판** 부착

㉧ 대피실 출입문이 개방되거나, 피난기구 작동시 해당층 및 직하층 거실에 설치된 **표시등** 및 **경보장치**가 작동되고, **감시제어반**에서는 피난기구의 작동을 확인할 수 있을 것

㉨ 사용시 기울거나 흔들리지 않도록 설치할 것

㉩ 승강식피난기는 한국소방산업기술원 또는 성능시험기관으로 지정받은 기관에서 그 성능을 검증받은 것으로 설치

# 2011년도 제12회 소방시설관리사 2차 국가자격시험

| 교 시 | 시 간 | 시험과목 |
|---|---|---|
| **1교시** | **90분** | **소방시설의 점검실무행정** |

| 수험번호 | | 성 명 | |
|---|---|---|---|

## 【수험자 유의사항】

1. **시험문제지 표지**와 시험문제지의 **총면수, 문제번호 일련순서, 인쇄상태** 등을 확인하시고, 문제지 표지에 수험번호와 성명을 기재하시기 바랍니다.

2. 수험자 인적사항 및 답안지 등 작성은 **반드시 검정색 필기구만을 계속 사용**하여야 합니다. (**그 외 연필류, 유색필기구, 2가지 이상 색 혼합사용 등으로 작성한 답항은 0점 처리**됩니다.)

3. 문제번호 순서에 관계없이 답안 작성이 가능하나, **반드시 문제번호 및 문제를 기재**(긴 경우 요약기재 가능)하고 해당 답안을 기재하여야 합니다.

4. **답안 정정시에는 정정할 부분을 두 줄(=)로 긋고 수정할 내용을 다시 기재**합니다.

5. 답안작성은 **시험시행일** 현재 시행되는 법령 등을 적용하시기 바랍니다.

6. **감독위원의 지시에 불응하거나 시험시간 종료 후 답안지를 제출하지 않을 경우** 불이익이 발생할 수 있음을 알려드립니다.

7. 시험문제지는 시험 종료 후 가져가시기 바랍니다.

# 2011. 8. 21. 시행

★★ 문제 01

**국가화재안전기준에 대한 다음의 각 물음에 답하시오. (40점)**

(가) 불꽃감지기의 설치기준 5가지를 쓰시오. (10점)

○

○

○

○

○

(나) 광원점등방식의 피난유도선 설치기준 6가지를 쓰시오. (12점)

○

○

○

○

○

○

(다) 자동화재탐지설비의 설치장소별 감지기의 적응성기준에서 연기감지기를 설치할 수 없는 장소의 환경상태가 "먼지 또는 미분 등이 다량으로 체류하는 장소"인 경우 감지기를 설치할 때 확인사항 4가지를 쓰시오. (10점)

○

○

○

○

(라) 피난구유도등의 설치제외장소 4가지를 쓰시오. (8점)

○

○

○

○

정답 (가) ① 공칭감시거리 및 공칭시야각은 형식승인 내용에 따를 것
② 감지기는 공칭감시거리와 공칭시야각을 기준으로 감시구역이 모두 포용될 수 있도록 설치
③ 감지기는 화재감지를 유효하게 감지할 수 있는 모서리 또는 벽 등에 설치
④ 감지기를 천장에 설치하는 경우에는 감지기는 바닥을 향하여 설치
⑤ 수분이 많이 발생할 우려가 있는 장소에는 방수형으로 설치

(나) ① 구획된 각 실로부터 주출입구 또는 비상구까지 설치
② 피난유도 표시부는 바닥으로부터 높이 1m 이하의 위치 또는 바닥면에 설치
③ 수신기로부터의 화재신호 및 수동조작에 의하여 광원이 점등되도록 설치
④ 비상전원이 상시 충전상태를 유지하도록 설치
⑤ 바닥에 설치되는 피난유도 표시부는 매립하는 방식 사용
⑥ 피난유도 제어부는 조작 및 관리가 용이하도록 바닥으로부터 0.8~1.5m 이하의 높이에 설치

(다) ① 불꽃감지기에 따라 감시가 곤란한 장소 : 적응성이 있는 열감지기 설치
② 차동식 분포형 감지기 설치 : 검출부에 먼지, 미분 등이 침입하지 않도록 조치
③ 차동식 스포트형 감지기 또는 보상식 스포트형 감지기 설치 : 검출부에 먼지, 미분 등이 침입하지 않도록 조치
④ 섬유, 목재가공 공장 등 화재확대가 급속하게 진행될 우려가 있는 장소

| 정온식 감지기 | 공칭작동온도 75℃ 이하<br>열아날로그식 스포트형 감지기 |
|---|---|
| 특종 설치 | 화재표시 설정 80℃ 이하 |

(라) ① 바닥면적이 1000m$^2$ 미만인 층으로서 옥내로부터 직접 지상으로 통하는 출입구(외부의 식별이 용이한 경우)
② 대각선의 길이가 15m 이내인 구획된 실의 출입구
③ 거실 각 부분으로부터 하나의 출입구에 이르는 보행거리가 20m 이하이고 비상조명등과 유도표지가 설치된 거실의 출입구
④ 출입구가 3 이상 있는 거실로서 그 거실 각 부분으로부터 하나의 출입구에 이르는 보행거리가 30m 이하인 경우에는 주된 출입구 2개소 외의 유도표지가 부착된 출입구(단, 공연장 · 집회장 · 관람장 · 전시장 · 판매시설 · 운수시설 · 숙박시설 · 노유자시설 · 의료시설 · 장례식장의 경우 제외)

해설 (가) **불꽃감지기**의 **설치기준**(NFPC 203 제7조 제③항 제13호, NFTC 203 2.4.3.13)
① **공칭감시거리** 및 **공칭시야각**은 형식승인 내용에 따를 것
② **감**지기는 공칭감시거리와 공칭시야각을 기준으로 **감시구역**이 **모두 포용**될 수 있도록 설치
③ 감지기는 화재감지를 유효하게 감지할 수 있는 **모서리** 또는 **벽** 등에 설치
④ 감지기를 **천장**에 설치하는 경우에는 감지기는 **바닥**을 향하여 설치
⑤ **수분**이 많이 발생할 우려가 있는 장소에는 **방수형**으로 설치
⑥ 그 밖의 설치기준은 형식승인 내용에 따르며 형식승인 사항이 아닌 것은 **제조사**의 **시방서**에 따라 설치

기억법 **불공감 모수방**

비교

(1) **광전식 분리형 감지기**의 **설치기준**(NFPC 203 제7조 제③항 제15호, NFTC 203 2.4.3.15)
① 감지기의 송광부와 **수**광부는 설치된 뒷벽으로부터 **1m 이내** 위치에 설치
② 감지기의 광축의 **길**이는 **공칭감시거리** 범위 이내
③ 광축의 **높**이는 천장 등 높이의 **80% 이상**
④ 광축은 나란한 **벽**으로부터 **0.6m 이상** 이격하여 설치
⑤ 감지기의 수광면은 **햇빛**을 직접 받지 않도록 설치
⑥ 그 밖의 설치기준은 형식승인 내용에 따르며 형식승인 사항이 아닌 것은 제조사의 시방서에 따라 설치

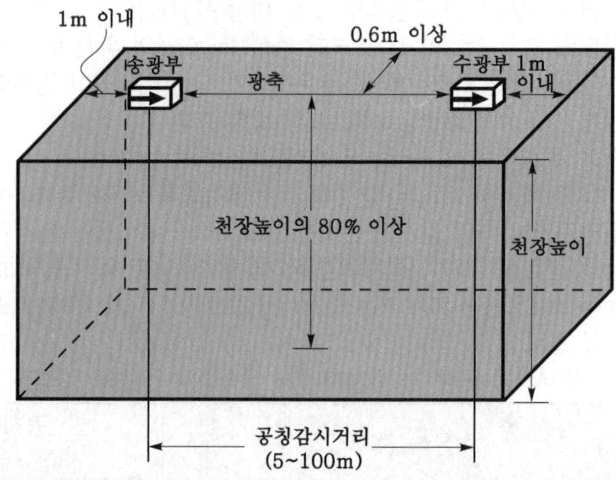


**기억법** 광분수 벽높(노) 길공

(2) **정온식 감지선형 감지기**의 **설치기준**(NFPC 203 제7조 제③항 제12호, NFTC 203 2.4.3.12)

① 감지기와 감지구역의 각 부분과의 수평거리

| 1종 | | 2종 | |
|---|---|---|---|
| 내화구조 | 기타구조 | 내화구조 | 기타구조 |
| 4.5m 이하 | 3m 이하 | 3m 이하 | 1m 이하 |

**기억법** 1내4기3, 2내3기1

② 감지선형 감지기의 굴곡반경 : **5cm** 이상

③ 단자부와 마감 고정금구와의 설치간격 : **10cm** 이내

④ 보조선이나 고정금구를 사용하여 감지선이 늘어지지 않도록 설치할 것

⑤ 케이블트레이에 감지기를 설치하는 경우에는 **케이블트레이 받침대**에 **마감금구**를 사용하여 설치할 것

⑥ 지하구나 **창고**의 **천장** 등에 지지물이 적당하지 않는 장소에서는 **보조선**을 설치하고 그 보조선에 설치할 것

⑦ 분전반 내부에 설치하는 경우 **접착제**를 이용하여 **돌기**를 바닥에 고정시키고 그곳에 감지기를 설치할 것

⑧ 그 밖의 설치방법은 형식승인 내용에 따르며 형식승인 사항이 아닌 것은 **제조사**의 **시방서**에 따라 설치할 것

**기억법** 굴5 단1 보고케창 분접

(나) 광원점등방식의 피난유도선 설치기준(NFPC 303 제9조 제②항, NFTC 303 2.6.2)

① 구획된 각 실로부터 **주출입구** 또는 **비상구**까지 설치

② 피난유도 표시부는 바닥으로부터 높이 **1m 이하**의 위치 또는 바닥면에 설치

③ 피난유도 표시부는 **50cm 이내**의 간격으로 연속되도록 설치하되 실내장식물 등으로 설치가 곤란할 경우 1m 이내로 설치

④ 수신기로부터의 **화재신호** 및 **수동조작**에 의하여 광원이 점등되도록 설치

⑤ 비상전원이 **상시 충전상태**를 유지하도록 설치

⑥ 바닥에 설치되는 피난유도 표시부는 **매립**하는 방식 사용

⑦ 피난유도 제어부는 조작 및 관리가 용이하도록 바닥으로부터 **0.8~1.5m** 이하의 높이에 설치

비교

(1) 축광방식의 피난유도선 설치기준(NFPC 303 제9조 제①항, NFTC 303 2.6.1)

① 구획된 각 실로부터 **주출입구** 또는 **비상구**까지 설치
② 바닥으로부터 높이 **50cm 이하**의 위치 또는 바닥면에 설치
③ 피난유도 표시부는 **50cm 이내**의 간격으로 연속되도록 설치
④ 부착대에 의하여 견고하게 설치
⑤ 외부의 빛 또는 조명장치에 의하여 상시 조명이 제공되거나 비상조명등에 따른 조명이 제공되도록 설치

(2) 다중이용업소에 설치하는 피난유도선 설치 · 유지기준(다중이용업규칙 [별표 2] 제1호 다목2)

| 구 분 | 설치 · 유지기준 |
|---|---|
| 피난유도선 | ① 영업장 내부 피난통로 또는 복도에 「소방시설 설치 및 관리에 관한 법률」에 따라 소방청장이 정하여 고시하는 유도등 및 유도표지의 화재안전기준에 따라 설치할 것<br>② **전류**에 의하여 **빛**을 내는 방식으로 할 것 |

중요

**피난유도선**의 **방식**(NFPC 303 제3조, NFTC 303 1.7)

| 축광방식 | 광원점등방식 |
|---|---|
| **햇빛**이나 **전등불**에 따라 **축광**하는 방식 | **전류**에 따라 **빛**을 발하는 방식 |

▮피난유도선▮

(다) ① **설치장소별 감지기 적응성**(연기감지기를 설치할 수 없는 경우 적용)(NFTC 203 2.4.6(1))

| 설치장소 | | 적응열감지기 | | | | | | | | | 불꽃감지기 |
|---|---|---|---|---|---|---|---|---|---|---|---|
| 환경상태 | 적응장소 | 차동식 스포트형 | | 차동식 분포형 | | 보상식 스포트형 | | 정온식 | | 열아날로그식 | |
| | | 1종 | 2종 | 1종 | 2종 | 1종 | 2종 | 특종 | 1종 | | |
| 먼지 또는 미분 등이 다량으로 체류하는 장소 | • 쓰레기장, 하역장<br>• 도장실<br>• 섬유 · 목재 · 석재 등 가공공장 | ○ | ○ | ○ | ○ | ○ | ○ | ○ | × | ○ | ○ |

[비고] 1. **불꽃감지기**에 따라 감시가 곤란한 장소는 적응성이 있는 **열감지기** 설치
2. 차동식 분포형 감지기를 설치하는 경우에는 검출부에 먼지, 미분 등이 침입하지 않도록 조치
3. 차동식 스포트형 감지기 또는 보상식 스포트형 감지기를 설치하는 경우에는 검출부에 먼지, 미분 등이 침입하지 않도록 조치
4. **섬유, 목재 가공공장** 등 화재확대가 급속하게 진행될 우려가 있는 장소에 설치하는 경우 **정온식 감지기**는 **특종**으로 설치할 것. 공칭작동온도 **75℃** 이하, **열아날로그식 스포트형 감지기**는 화재표시 설정을 **80℃** 이하가 되도록 할 것

| 설치장소 | | 적응열감지기 | | | | | | | | | 불꽃감지기 |
|---|---|---|---|---|---|---|---|---|---|---|---|
| 환경상태 | 적응장소 | 차동식 스포트형 | | 차동식 분포형 | | 보상식 스포트형 | | 정온식 | | 열아날로그식 | |
| | | 1종 | 2종 | 1종 | 2종 | 1종 | 2종 | 특종 | 1종 | | |
| 수증기가 다량으로 머무는 장소 | • 증기세정실<br>• 탕비실<br>• 소독실 등 | × | × | × | ○ | × | ○ | ○ | ○ | ○ | ○ |

[비고] 1. **차동식 분포형 감지기** 또는 **보상식 스포트형 감지기**는 **급격한 온도변화**가 없는 장소에 한하여 사용할 것
2. **차동식 분포형 감지기**를 설치하는 경우에는 검출부에 수증기가 침입하지 않도록 조치할 것
3. 보상식 스포트형 감지기, 정온식 감지기 또는 열아날로그식 감지기를 설치하는 경우에는 **방수형**으로 설치할 것
4. 불꽃감지기를 설치할 경우 **방수형**으로 할 것

| 설치장소 | | 적응열감지기 | | | | | | | | | 불꽃감지기 |
|---|---|---|---|---|---|---|---|---|---|---|---|
| 환경상태 | 적응장소 | 차동식 스포트형 | | 차동식 분포형 | | 보상식 스포트형 | | 정온식 | | 열아날로그식 | |
| | | 1종 | 2종 | 1종 | 2종 | 1종 | 2종 | 특종 | 1종 | | |
| 부식성가스가 발생할 우려가 있는 장소 | • 도금공장<br>• 축전지실<br>• 오수처리장 등 | × | × | ○ | ○ | ○ | ○ | ○ | × | ○ | ○ |

[비고] 1. **차동식 분포형 감지기**를 설치하는 경우에는 감지부가 피복되어 있고 검출부가 부식성가스의 영향을 받지 않는 것 또는 검출부에 부식성가스가 침입하지 않도록 조치할 것
2. **보상식 스포트형 감지기**, **정온식 감지기** 또는 **열아날로그식 스포트형 감지기**를 설치하는 경우에는 부식성가스의 성상에 반응하지 않는 **내산형** 또는 **내알칼리형**으로 설치할 것
3. **정온식 감지기**를 설치하는 경우에는 **특종**으로 설치할 것

| 설치장소 | | 적응열감지기 | | | | | | | | | 불꽃감지기 |
|---|---|---|---|---|---|---|---|---|---|---|---|
| 환경상태 | 적응장소 | 차동식 스포트형 | | 차동식 분포형 | | 보상식 스포트형 | | 정온식 | | 열아날로그식 | |
| | | 1종 | 2종 | 1종 | 2종 | 1종 | 2종 | 특종 | 1종 | | |
| 주방, 기타 평상시에 연기가 체류하는 장소 | • 주방<br>• 조리실<br>• 용접작업장 등 | × | × | × | × | × | × | ○ | ○ | ○ | ○ |
| 현저하게 고온으로 되는 장소 | • 건조실<br>• 살균실<br>• 보일러실<br>• 주조실<br>• 영사실<br>• 스튜디오 | × | × | × | × | × | × | ○ | ○ | ○ | × |

[비고] 1. **주방**, **조리실** 등 습도가 많은 장소에는 **방수형** 감지기를 설치할 것
2. **불꽃감지기**는 **UV/IR형**을 설치할 것

| 설치장소 | | 적응열감지기 | | | | | | | | | 불꽃감지기 |
|---|---|---|---|---|---|---|---|---|---|---|---|
| 환경상태 | 적응장소 | 차동식 스포트형 | | 차동식 분포형 | | 보상식 스포트형 | | 정온식 | | 열아날로그식 | |
| | | 1종 | 2종 | 1종 | 2종 | 1종 | 2종 | 특종 | 1종 | | |
| 배기가스가 다량으로 체류하는 장소 | • 주차장<br>• 차고<br>• 화물취급소 차로<br>• 자가발전실<br>• 트럭 터미널<br>• 엔진시험실 | ○ | ○ | ○ | ○ | ○ | ○ | × | × | ○ | ○ |

[비고] 1. **불꽃감지기**에 따라 감시가 곤란한 장소는 적응성이 있는 **열감지기**를 설치할 것
2. **열아날로그식 스포트형 감지기**는 화재표시 설정이 **60℃** 이하가 바람직함

| 설치장소 | | 적응열감지기 | | | | | | | | | 불꽃감지기 |
|---|---|---|---|---|---|---|---|---|---|---|---|
| 환경상태 | 적응장소 | 차동식 스포트형 | | 차동식 분포형 | | 보상식 스포트형 | | 정온식 | | 열아날로그식 | |
| | | 1종 | 2종 | 1종 | 2종 | 1종 | 2종 | 특종 | 1종 | | |
| 연기가 다량으로 유입할 우려가 있는 장소 | • 음식물배급실<br>• 주방전실<br>• 주방 내 식품저장실<br>• 음식물운반용 엘리베이터<br>• 주방 주변의 복도 및 통로<br>• 식당 등 | ○ | ○ | ○ | ○ | ○ | ○ | ○ | ○ | ○ | × |

[비고] 1. 고체연료 등 가연물이 수납되어 있는 **음식물배급실, 주방전실**에 설치하는 **정온식 감지기**는 **특종**으로 설치할 것
2. **주방주변**의 복도 및 통로, 식당 등에는 **정온식 감지기**를 설치하지 **말 것**
3. 제1호 및 제2호의 장소에 **열아날로그식 스포트형 감지기**를 설치하는 경우에는 화재표시 설정을 **60℃** 이하로 할 것

| 설치장소 | | 적응열감지기 | | | | | | | | | 불꽃감지기 |
|---|---|---|---|---|---|---|---|---|---|---|---|
| 환경상태 | 적응장소 | 차동식 스포트형 | | 차동식 분포형 | | 보상식 스포트형 | | 정온식 | | 열아날로그식 | |
| | | 1종 | 2종 | 1종 | 2종 | 1종 | 2종 | 특종 | 1종 | | |
| 물방울이 발생하는 장소 | • 슬레트 또는 철판으로 설치한 지붕 창고·공장<br>• 패키지형 냉각기전용수납실<br>• 밀폐된 지하창고<br>• 냉동실 주변 등 | × | × | ○ | ○ | ○ | ○ | ○ | ○ | ○ | ○ |

| | | | | | | | | | | | |
|---|---|---|---|---|---|---|---|---|---|---|---|
| 불을 사용하는 설비로서 불꽃이 노출되는 장소 | • 유리공장<br>• 용선로가 있는 장소<br>• 용접실<br>• 주방<br>• 작업장<br>• 주조실 등 | × | × | × | × | × | × | ○ | ○ | ○ | × |

[비고] 1. **보상식 스포트형 감지기**, **정온식 감지기** 또는 **열아날로그식 스포트형 감지기**를 설정하는 경우에는 방수형으로 설치할 것
2. 보상식 스포트형 감지기는 급격한 온도변화가 없는 장소에 한하여 설치할 것
3. **불꽃감지기**를 설치하는 경우에는 **방수형**으로 설치할 것

(주) 1. "○"는 해당 설치장소에 적응하는 것을 표시, "×"는 해당 설치장소에 적응하지 않는 것을 표시
2. 차동식 스포트형, 차동식 분포형 및 보상식 스포트형 1종은 감도가 예민하기 때문에 비화재보발생은 2종에 비해 불리한 조건이라는 것을 유의할 것
3. **차동식 분포형 3종** 및 **정온식 2종**은 **소화설비**와 **연동**하는 경우에 한해서 사용할 것

② **설치장소별 감지기 적응성**(NFTC 203 2.4.6(2))

| 설치장소 | | 적응열감지기 | | | | | 적응연기감지기 | | | | | | 불꽃감지기 |
|---|---|---|---|---|---|---|---|---|---|---|---|---|---|
| 환경상태 | 적응장소 | 차동식 스포트형 | 차동식 분포형 | 보상식 스포트형 | 정온식 | 열아날로그식 | 이온화식 스포트형 | 광전식 스포트형 | 이온아날로그식 스포트형 | 광전아날로그식 스포트형 | 광전식 분리형 | 광전아날로그식 분리형 | |
| ㉠ 흡연에 의해 연기가 체류하며 환기가 되지 않는 장소 | 회의실, 응접실, 휴게실, 노래연습실, 오락실, 다방, 음식점, 대합실, 카바레 등의 객실, 집회장, 연회장 등 | ○ | ○ | ○ | | | | ◎ | | ◎ | ○ | ○ | |
| ㉡ 취침시설로 사용하는 장소 | 호텔 객실, 여관, 수면실 등 | | | | | | ◎ | ◎ | ◎ | ◎ | ○ | ○ | |
| ㉢ 연기 이외의 미분이 떠다니는 장소 | 복도, 통로 등 | | | | | | ◎ | ◎ | ◎ | ◎ | ○ | ○ | ○ |
| ㉣ 바람의 영향을 받기쉬운 장소 | 로비, 교회, 관람장, 옥탑에 있는 기계실 | | ○ | | | | | ◎ | | ◎ | ○ | ○ | ○ |
| ㉤ 연기가 멀리 이동해서 감지기에 도달하는 장소 | 계단, 경사로 | | | | | | | ○ | | ○ | ○ | ○ | |
| ㉥ 훈소화재의 우려가 있는 장소 | 전화기기실, 통신기기실, 전산실, 기계제어실 | | | | | | | ○ | | ○ | ○ | ○ | |

| | | | | | | | | | | | | | |
|---|---|---|---|---|---|---|---|---|---|---|---|---|---|
| ㉦ **넓**은 공간으로 천장이 높아 열 및 연기가 확산하는 장소 | 체육관, 항공기 격납고, 높은 천장의 창고 · 공장, 관람석 상부 등 감지기 부착 높이가 8m 이상의 장소 | | ○ | | | | | | | | ○ | ○ | ○ |

**기억법** **흡취미바 멀훈넓별2 차불꽃 광분 광이아**

[비고] ㉤에서 **광전식 스포트형 감지기** 또는 **광전아날로그식 스포트형 감지기**를 설치하는 경우에는 해당 감지기회로에 **축적기능**을 **갖지 않는 것**으로 할 것

(주) 1. "ㅇ"는 해당 설치장소에 적응하는 것을 표시
2. "◎"는 해당 설치장소에 **연기감지기**를 설치하는 경우에는 해당 감지회로에 **축적기능**을 갖는 것을 표시
3. 차동식 스포트형, 차동식 분포형, 보상식 스포트형 및 연기식(축적기능이 없는 것), 1종은 감도가 예민하기 때문에 비화재보발생은 2종에 비해 불리한 조건이라는 것을 유의하여 따를 것
4. **차동식 분포형 3종** 및 **정온식 2종**은 **소화설비**와 **연동**하는 경우에 한해서 사용할 것
5. **광전식 분리형 감지기**는 평상시 연기가 발생하는 장소 또는 공간이 협소한 경우에는 적응성이 없음
6. 넓은 공간으로 천장이 높아 열 및 연기가 확산하는 장소로서 차동식 분포형 또는 광전식 분리형 2종을 설치하는 경우에는 제조사의 사양에 따를 것
7. 다신호식 감지기는 그 감지기가 가지고 있는 종별, 공칭작동온도별로 따르고 표에 따른 적응성이 있는 감지기로 할 것

㈑ **피난구유도등**의 **설치제외장소**(NFPC 303 제11조, NFTC 303 2.8.1)

① 바닥면적이 **1000**$m^2$ 미만인 층으로서 **옥내**로부터 **직**접 지상으로 통하는 **출입구**(외부의 식별이 용이한 경우)
② 대각선의 길이가 15m 이내인 구획된 실의 출입구
③ 거실 각 부분으로부터 하나의 출입구에 이르는 **보행거리**가 **2**0m 이하이고 **비상조명등**과 **유도표지**가 설치된 거실의 출입구
④ **출**입구가 **3** 이상 있는 거실로서 그 거실 각 부분으로부터 하나의 출입구에 이르는 **보행거리**가 **3**0m 이하인 경우에는 주된 출입구 **2개소** 외의 **유도표지**가 부착된 **출입구**(단, **공연장** · **집회장** · **관람장** · **전시장** · **판매시설** · **운수시설** · **숙박시설** · **노유자시설** · **의료시설** · **장례식장** 제외)

**기억법** **1000직 2조표**
**출3보3 2개소**
**집공장의 노숙운판관전**

**비교**

**피난구유도등**의 **설치장소**(NFPC 303 제5조, NFTC 303 2.2.1)

| 설치장소 | 도 해 |
|---|---|
| **옥내**로부터 직접 지상으로 통하는 출입구 및 그 부속실의 출입구 | 옥외<br>실내 |
| **직**통계단 · 직통계단의 **계단실** 및 그 부속실의 출입구 | 복도<br>계단 |

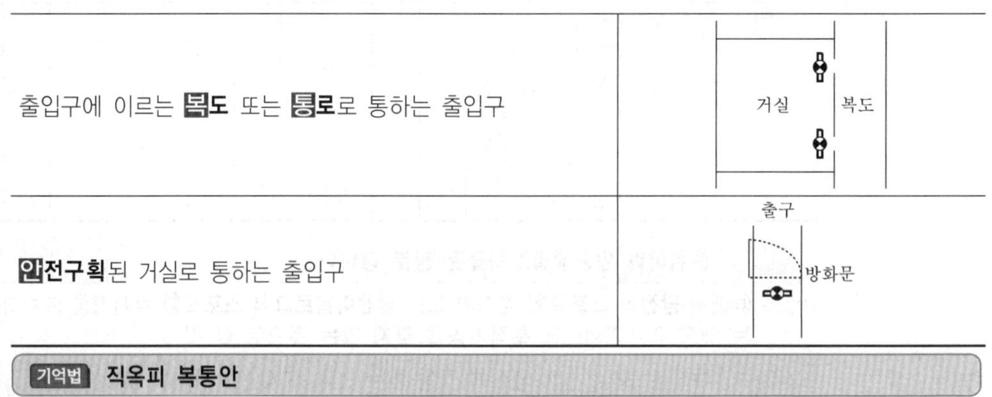

| | |
|---|---|
| 출입구에 이르는 **복도** 또는 **통로**로 통하는 출입구 | 거실 / 복도 |
| **안전구획**된 거실로 통하는 출입구 | 출구 / 방화문 |

**기억법** 직옥피 복통안

중요

**설치제외장소**

(1) **자동화재탐지설비**의 **감지기 설치제외장소**(NFPC 203 제7조 제⑤항, NFTC 203 2.4.5)

① **천**장 또는 반자의 높이 : **20m** 이상(단, 부착높이에 따라 적응성이 있는 장소 제외)

② **헛간** 등 외부와 기류가 통하는 장소로서 감지기에 따라 화재발생을 유효하게 감지할 수 없는 장소

③ **부식성가스**가 체류하고 있는 장소

④ **고온도** 및 **저온도**로서 감지기의 기능이 정지되기 쉽거나 감지기의 유지관리가 어려운 장소

⑤ **목욕실 · 욕조나 샤워시설**이 있는 **화장실** 기타 이와 유사한 장소

⑥ **파이프덕트** 등 **2개층**마다 방화구획된 것이나 수평단면적이 **5m²** 이하

⑦ **먼**지 · 가루 또는 수증기가 다량으로 체류하는 장소 또는 주방 등 평상시에 연기가 발생하는 장소(연기감지기)

⑧ **프레스공장 · 주조공장** 등 화재발생의 위험이 적은 장소로서 감지기의 유지관리가 어려운 장소

**기억법** 천간부고 목파먼 프주

(2) **누전경보기**의 **수신부 설치제외장소**(NFPC 205 제5조, NFTC 205 2.2.2)

① **온**도변화가 급격한 장소

② **습**도가 높은 장소

③ **가**연성의 증기, 가스 등 또는 부식성의 증기, 가스 등의 다량 체류 장소

④ **대전류회로**, **고주파발생회로** 등의 영향을 받을 우려가 있는 장소

⑤ **화**약류 제조, 저장, 취급 장소

**기억법** 온습누가대화(온도 · 습도가 높으면 누가 대화하냐?)

(3) **통로유도등**의 **설치제외장소**(NFPC 303 제11조, NFTC 303 2.8.2)

① 구부러지지 아니한 복도 또는 통로로서 길이가 **30m** 미만인 **복도** 또는 통로

② 복도 또는 통로로서 **보행거리**가 **20m** 미만이고 그 복도 또는 통로와 연결된 출입구 또는 그 부속실의 출입구에 피난구유도등이 설치된 복도 또는 통로

(4) **객석유도등**의 **설치제외장소**(NFPC 303 제11조, NFTC 303 2.8.3)

① **채광**이 충분한 객석(**주간**에만 사용)

② **통**로유도등이 설치된 객석(거실 등의 각 부분으로부터 하나의 거실출입구에 이르는 **보행거리 20m** 이하)

**기억법** 채객보통(채소는 객관적으로 보통이다.)

(5) **비상조명등**의 **설치제외장소**(NFPC 304 제5조, NFTC 304 2.2.1)

① 거실 각 부분에서 출입구까지의 **보행거리 15m** 이내

② **공동주택 · 경기장 · 의원 · 의료시설 · 학교 · 거실**

**기억법** 공주학교의 의경

(6) **휴**대용 비상조명등의 설치제외장소(NFPC 304 제5조, NFTC 304 2.2.2)
① 복도·통로·창문 등의 개구부를 통해 **피**난이 용이한 경우(**지상 1층·피난층**)
② **숙박시설**로서 복도에 **비상조명등**을 설치한 경우

기억법 **휴피**(휴지로 피닦아.)

## 문제 02

★★

**다음의 각 물음에 답하시오. (30점)**

(가) 특정소방대상물에서 종합점검시기 및 면제조건을 각각 쓰시오. (10점)

(나) 다음은 소방시설별 점검장비를 나타내는 표이다. 표가 완성되도록 번호에 맞는 답을 쓰시오. (단, 모든 소방시설에 해당하는 장비는 제외한다.) (10점)

| 소방시설 | 장 비 |
|---|---|
| 소화기구 | ① |
| 스프링클러설비, 포소화설비 | ② |
| 이산화탄소 소화설비, 분말소화설비, 할론소화설비, 할로겐화합물 및 불활성기체 소화설비 | ③ |

(다) 「소방시설 설치 및 관리에 관한 법령」에 따른 숙박시설이 없는 특정소방대상물의 수용인원 산정방법을 쓰시오. (10점)

정답 (가)

| | |
|---|---|
| 점검시기 | ① 소방시설 등이 신설된 경우에 해당하는 특정소방대상물에 해당하는 특정소방대상물은 건축물을 사용할 수 있게 된 날부터 60일 이내 실시<br>② ①을 제외한 특정소방대상물은 건축물의 사용승인일이 속하는 달에 실시(단, 학교의 경우 해당 건축물의 사용승인일이 1월에서 6월 사이에 있는 경우에는 6월 30일까지 실시할 수 있다.)<br>③ 건축물 사용승인일 이후 물분무등소화설비(호스릴방식의 물분무등소화설비만을 설치한 경우는 제외)가 설치된 연면적 5000m$^2$ 이상인 특정소방대상물(위험물제조소 등 제외)에 따라 종합점검대상에 해당하게 된 경우에는 그 다음 해부터 실시<br>④ 하나의 대지경계선 안에 2개 이상의 자체점검대상 건축물 등이 있는 경우 그 건축물 중 사용승인일이 가장 빠른 연도의 건축물의 사용승인일을 기준으로 점검할 수 있다. |
| 면제기준 | 소방본부장 또는 소방서장은 소방청장이 소방안전관리가 우수하다고 인정한 특정소방대상물 : 해당 연도부터 3년 면제(단, 면제기간 중 화재가 발생한 경우 제외) |

(나) ① 저울
② 헤드결합렌치
③ 검량계, 기동관누설시험기

(다)

| 특정소방대상물 | 산정방법 | 비 고 |
|---|---|---|
| • 강의실·교무실·상담실·실습실·휴게실 | $\dfrac{\text{해당 용도로 사용하는 바닥면적 합계}}{1.9\text{m}^2}$ | ① 이 표에서 바닥면적을 산정하는 때는 복도(준불연재료 이상의 것을 사용하여 바닥에서 천장까지 벽으로 구획한 것)·계단 및 화장실의 바닥면적 제외<br>② 계산결과 1 미만의 소수는 반올림 |
| • 기타 | $\dfrac{\text{해당 용도로 사용하는 바닥면적 합계}}{3\text{m}^2}$ | |
| • 강당<br>• 문화 및 집회시설, 운동시설<br>• 종교시설 | $\dfrac{\text{해당 용도로 사용하는 바닥면적 합계}}{4.6\text{m}^2}$<br>(고정식 의자를 설치한 관람석 : 해당 부분의 의자수로 하고, 긴 의자의 경우에는 의자의 정면너비를 **0.45m**로 나누어 얻은 수) | |

해설 (가) **소방시설 등 자체점검의 점검대상, 점검자의 자격, 점검횟수 및 시기**(소방시설법 시행규칙 〔별표 3〕)

| 점검구분 | 정 의 | 점검대상 | 점검자의 자격(주된 인력) | 점검횟수 및 점검시기 |
|---|---|---|---|---|
| 작동점검 | 소방시설 등을 인위적으로 조작하여 정상적으로 작동하는지를 점검하는 것 | ① 간이스프링클러설비·자동화재탐지설비 | • 관계인<br>• 소방안전관리자로 선임된 소방시설관리사 또는 소방기술사<br>• 소방시설관리업에 등록된 기술인력 중 소방시설관리사 또는 「소방시설공사업법 시행규칙」에 따른 특급 점검자 | 작동점검은 **연 1회** 이상 실시하며, 종합점검대상은 종합점검을 받은 달부터 **6개월**이 되는 달에 실시 |
| | | ② ①에 해당하지 아니하는 특정소방대상물 | • 소방시설관리업에 등록된 기술인력 중 소방시설관리사<br>• 소방안전관리자로 선임된 소방시설관리사 또는 소방기술사 | |
| | | ③ 작동점검 제외대상<br>• 특정소방대상물 중 소방안전관리자를 선임하지 않는 대상<br>• 위험물제조소 등<br>• 특급 소방안전관리대상물 | | |
| 종합점검 | 소방시설 등의 작동점검을 포함하여 소방시설 등의 설비별 주요 구성 부품의 구조기준이 화재안전기준과 「건축법」 등 관련 법령에서 정하는 기준에 적합한지 여부를 점검하는 것<br>(1) 최초점검 : 특정소방대상물의 소방시설이 새로 설치되는 경우 건축물을 사용할 수 있게 된 날부터 60일 이내에 점검하는 것<br>(2) 그 밖의 종합점검 : 최초점검을 제외한 종합점검 | ④ 소방시설 등이 신설된 경우에 해당하는 특정소방대상물<br>⑤ **스프링클러설비**가 설치된 특정소방대상물<br>⑥ **물분무등소화설비**(호스릴 방식의 물분무등소화설비만을 설치한 경우는 제외)가 설치된 연면적 **5000m²** 이상인 특정소방대상물(위험물제조소 등 제외)<br>⑦ 다중이용업의 영업장이 설치된 특정소방대상물로서 연면적이 **2000m²** 이상인 것<br>⑧ **제연설비**가 설치된 터널<br>⑨ **공공기관** 중 연면적(터널·지하구의 경우 그 길이와 평균폭을 곱하여 계산된 값)이 **1000m²** 이상인 것으로서 옥내소화전설비 또는 자동화재탐지설비가 설치된 것(단, 소방대가 근무하는 공공기관 제외) | • 소방시설관리업에 등록된 기술인력 중 **소방시설관리사**<br>• 소방안전관리자로 선임된 **소방시설관리사** 또는 **소방기술사** | 〈점검횟수〉<br>㉠ 연 1회 이상(특급 소방안전관리대상물은 반기에 1회 이상) 실시<br>㉡ ㉠에도 불구하고 소방본부장 또는 소방서장은 소방청장이 소방안전관리가 우수하다고 인정한 특정소방대상물에 대해서는 3년의 범위에서 소방청장이 고시하거나 정한 기간 동안 종합점검을 면제할 수 있다(단, 면제기간 중 화재가 발생한 경우는 제외).<br>〈점검시기〉<br>㉠ ④에 해당하는 특정소방대상물은 건축물을 사용할 수 있게 된 날부터 60일 이내 실시<br>㉡ ㉠을 제외한 특정소방대상물은 건축물의 사용승인일이 속하는 달에 실시(단, 학교의 경우 해당 건축물의 사용승인일이 1월에서 6월 사이에 있는 경우에는 6월 30일까지 실시할 수 있다.)<br>㉢ 건축물 사용승인일 이후 ⑥에 따라 종합점검대상에 해당하게 된 경우에는 그 다음 해부터 실시<br>㉣ 하나의 대지경계선 안에 2개 이상의 자체점검대상 건축물 등이 있는 경우 그 건축물 중 사용승인일이 가장 빠른 연도의 건축물의 사용승인일을 기준으로 점검할 수 있다. |

비교

(1) **소방시설등**의 **종합점검시 일반 소방시설관리업**의 **점검인력 배치기준**(구 소방시설법 시행규칙 〔별표 2〕)

① 소방시설관리사 **1명**과 보조기술인력 **2명**을 점검인력 1단위로 하되, 점검인력 1단위에 **2명**(같은 건축물을 점검할 때에는 **4명**) 이내의 보조인력 추가 가능

② 점검한도면적 : **10000m²**

③ 점검인력 1단위에 보조인력을 1명씩 추가할 때마다 **3000m²** 점검한도면적에 더한다.

④ 관리업자가 하루 동안 점검한 면적은 실제점검면적에 다음의 기준을 적용하여 계산한 면적(점검면적)으로 하되, 점검면적은 점검한도면적 초과 금지

㉠ 실제점검면적에 다음의 가감계수를 곱한다.

| 구 분 | 대상용도 | 가감계수 |
|---|---|---|
| 1류 | **노**유자시설, **숙**박시설, **위**락시설, 의료시설(**정**신보건의료기관), **수**련시설, **복**합건축물(1류에 속하는 시설이 있는 경우)<br>기억법 **노숙 1위 수정복** | 1.2 |
| 2류 | **문**화 및 집회시설, **종**교시설, **의**료시설(정신보건시설 제외), **교**정 및 군사시설(군사시설 제외), **지**하가, **복**합건축물(1류에 속하는 시설이 있는 경우 제외), **발**전시설, **판**매시설<br>기억법 **교문발 2지(이지=쉽다) 의복 종판지(장판지)** | 1.1 |
| 3류 | **근**린생활시설, **운**동시설, **업**무시설, **방**송통신시설, **운**수시설<br>기억법 **방업(방염) 운운근3(근생=근린생활)** | 1.0 |
| 4류 | **공**장, **위**험물 저장 및 처리시설, **창**고시설<br>기억법 **창공위4(창공위 사랑)** | 0.9 |
| 5류 | **공**동주택(**아**파트 **제**외), **교**육연구시설, **항**공기 및 자동차 관련 시설, **동물** 및 식물 관련 시설, **자**원순환 관련 시설, **군**사시설, **묘지** 관련 시설, **관광** 휴게시설, 장례식장, **지**하구, **문**화재<br>기억법 **자교 공아제 동물 묘지관광 항문지군** | 0.8 |

㉡ 점검한 특정소방대상물이 다음의 어느 하나에 해당할 때에는 다음에 따라 계산된 값을 ㉠에 따라 계산된 값에서 뺀다.

- 스프링클러설비가 설치되지 않은 경우 : ㉠의 계산된 값×0.1
- 제연설비가 설치되지 않은 경우 : ㉠의 계산된 값×0.1
- 물분무등소화설비가 설치되지 않은 경우 : ㉠의 계산된 값×0.15

㉢ 2개 이상의 특정소방대상물을 하루에 점검하는 경우 : 나중에 점검하는 특정소방대상물에 대하여 특정소방대상물 간의 최단 주행거리 5km마다 ㉡에 따라 계산된 값(㉡에 따라 계산된 값이 없을 때에는 ㉠에 따라 계산된 값)에 0.02를 곱한 값을 더한다.

(2) **아파트 종합점검 점검인력 배치기준**(구 소방시설법 시행규칙 〔별표 2〕)

① 소방시설관리사 1명과 보조기술인력 2명을 점검인력 1단위로 하되, 점검인력 1단위에 2명(같은 건축물을 점검할 때에는 4명) 이내의 보조인력 추가 가능

② 점검한도 세대수 : 300세대

③ 점검인력 1단위에 보조인력을 1명씩 추가할 때마다 종합점검의 경우에는 70세대씩을 점검한도 세대수에 더한다.

④ 관리업자가 하루 동안 점검한 세대수는 실제점검세대수에 다음의 기준을 적용하여 계산한 세대수(점검세대수)로 하되, 점검세대수는 점검한도세대수 초과 금지

㉠ 점검한 아파트가 다음의 어느 하나에 해당할 때에는 다음에 따라 계산된 값을 실제점검세대수에서 뺀다.
- 스프링클러설비가 설치되지 않은 경우 : 실제점검세대수×0.1
- 제연설비가 설치되지 않은 경우 : 실제점검세대수×0.1
- 물분무등소화설비가 설치되지 않은 경우 : 실제점검세대수×0.15

㉡ 2개 이상의 아파트를 하루에 점검하는 경우 : 나중에 점검하는 아파트에 대하여 아파트간의 최단 주행거리 5km마다 ㉠에 따라 계산된 값(㉠에 따라 계산된 값이 없을 때에는 실제점검세대수)에 0.02를 곱한 값을 더한다.

12회

⑤ 아파트와 아파트 외 용도의 건축물을 하루에 점검할 때에는 ①~④에 따라 계산된 값에 33.3을 곱한 값을 점검면적으로 보고 점검한도면적은 10000m$^2$, 보조인력 1명 추가시마다 3000m$^2$씩을 점검한도면적에 더한다.

⑥ 종합점검과 작동점검을 하루에 점검하는 경우에는 작동점검의 점검면적 또는 점검세대수에 0.8을 곱한 값을 종합점검 점검면적 또는 점검세대수로 본다.

⑦ 규정에 따라 계산된 값은 소수점 이하 2째자리에서 반올림한다.

(3) **소방시설 등**의 **자체점검시 전문 소방시설관리업**의 **점검인력 배치기준**(소방시설법 시행규칙 〔별표 4〕)

① 소방시설관리사 또는 특급 점검자 **1명**과 보조기술인력 **2명**을 점검인력 1단위로 하되, 점검인력 1단위에 **2명**(같은 건축물을 점검할 때에는 **4명**) 이내의 보조기술인력 추가 가능

② 소방안전관리자로 선임된 소방시설관리사 및 소방기술사가 점검하는 경우의 1단위
㉠ 소방시설관리사 또는 소방기술사 1명
㉡ 보조기술인력 2명(2명 이내의 보조기술인력 추가 가능)
㉢ 보조기술인력은 관계인 또는 소방안전관리보조자

③ 관계인 또는 소방안전관리자가 점검하는 경우의 1단위
㉠ 관계인 또는 소방안전관리자 1명
㉡ 보조기술인력 2명
㉢ 보조기술인력은 관리자, 점유자 또는 소방안전관리보조자

④ 점검한도면적

| 작동점검 | 종합점검 |
|---|---|
| 10000m$^2$ | 8000m$^2$ |
| 보조기술인력 1명당 2500m$^2$씩 추가 | 보조기술인력 1명당 2000m$^2$씩 추가 |

⑤ 점검인력 하루 배치기준 : 5개 특정소방대상물(단, 2개 이상 특정소방대상물을 2일 이상 연속하여 점검하는 경우 배치기한 초과 금지)

⑥ 관리업자가 하루 동안 점검한 면적은 실제 점검면적에 다음의 기준을 적용하여 계산한 면적(점검면적)으로 하되, 점검면적은 점검한도면적 초과를 금지한다. 실제 점검면적에 다음의 가감계수를 곱한다.

| 구 분 | 대상용도 | 가감계수 |
|---|---|---|
| 1류 | 문화 및 집회시설, 종교시설, 판매시설, 의료시설, 노유자시설, 수련시설, 숙박시설, 위락시설, 창고시설, 교정시설, 발전시설, 지하가, 복합건축물<br>기억법 교문발 1지(일지매) 의복종판(장판) 노숙수창위 | 1.1 |
| 2류 | 공동주택, 근린생활시설, 운수시설, 교육연구시설, 운동시설, 업무시설, 방송통신시설, 공장, 항공기 및 자동차관련시설, 군사시설, 관광휴게시설, 장례시설, 지하구<br>기억법 공교 방항군(반항군) 관장지(관광지) 운업근(운수업 근무) | 1.0 |

| | | |
|---|---|---|
| 3류 | **위**험물 저장 및 처리시설, **문**화재, **동**물 및 식물 관련시설, **자**원순환관련시설, **묘**지관련시설<br>기억법 **위문 동자묘** | 0.9 |

(4) **아파트 점검인력 배치기준**(소방시설법 시행규칙 〔별표 4〕)

① 소방시설관리사 또는 특급 점검자 **1명**과 보조기술인력 **2명**을 점검인력 1단위로 하되, 점검인력 1단위에 2명(같은 건축물을 점검할 때에는 **4명**) 이내의 보조기술인력 추가 가능

② 점검한도세대수 : **250세대**

③ 점검인력 1단위에 보조기술인력을 1명씩 추가할 때마다 60세대씩을 점검한도세대수에 더한다.

④ 관리업자가 하루 동안 점검한 세대수는 실제 점검세대수에 다음의 기준을 적용하여 계산한 세대수(점검세대수)로 하되, 점검세대수는 점검한도세대수 초과 금지

㉠ 점검한 아파트가 다음의 어느 하나에 해당할 때에는 다음에 따라 계산된 값을 실제 점검세대수에서 뺀다.

- 스프링클러설비가 설치되지 않은 경우 : 실제 점검세대수×**0.1**
- 제연설비가 설치되지 않은 경우 : 실제 점검세대수×**0.1**
- 물분무등소화설비가 설치되지 않은 경우 : 실제 점검세대수×**0.1**

㉡ 2개 이상의 아파트를 하루에 점검하는 경우 : 아파트 상호간의 좌표 최단 주행거리 5km마다 ㉠에 따라 계산된 값(㉠에 따라 계산된 값이 없을 때에는 실제 점검세대수)에 0.02를 곱한 값을 뺀다.

- 2개 이상의 아파트를 하루에 점검하는 경우의 점검한도세대수=점검한도세대수−(아파트 상호간의 좌표 최단거리 5km마다 점검한도세대수×0.02)

⑤ 아파트와 아파트 외 용도의 건축물을 하루에 점검할 때에는 ①~④에 따라 계산된 값에 종합점검의 경우 **32**, 작동점검의 경우 **40**을 곱한 값을 점검면적으로 본다.

⑥ 종합점검과 작동점검을 하루에 점검하는 경우에는 작동점검의 점검면적 또는 점검세대수에 **0.8**을 곱한 값을 종합점검 점검면적 또는 점검세대수로 본다.

⑦ 규정에 따라 계산된 값은 **소수점 이하 2째자리**에서 반올림한다.

용어

**점검한도면적** : 점검인력 1단위가 하루동안 점검할 수 있는 특정소방대상물의 연면적

(나) **소방시설별 점검장비**(소방시설법 시행규칙 〔별표 3〕)

| 소방시설 | 장 비 | 규 격 |
|---|---|---|
| • **모**든 소방시설 | • 방수압력측정계<br>• 절연저항계(절연저항측정기)<br>• 전류전압측정계 | – |
| • **소화기구** | • 저울 | – |
| • **옥내소화전설비**<br>• **옥외소화전설비** | • 소화전밸브압력계 | – |
| • **스프링클러설비**<br>• **포소화설비** | • 헤드결합렌치 | – |

| | | |
|---|---|---|
| • 이산화탄소 소화설비<br>• 분말소화설비<br>• 할론소화설비<br>• 할로겐화합물 및 불활성기체 소화설비 | • 검량계, 기동관누설시험기 | – |
| • 자동화재탐지설비<br>• 시각경보기 | • 열감지기시험기<br>• 연감지기시험기<br>• 공기주입시험기<br>• 감지기시험기 연결막대<br>• 음량계 | – |
| • 누전경보기 | • 누전계 | 누전전류 측정용 |
| • 무선통신보조설비 | • 무선기 | 통화시험용 |
| • 제연설비 | • 풍속풍압계<br>• 폐쇄력측정기<br>• 차압계(압력차측정기) | – |
| • 통로유도등<br>• 비상조명등 | • 조도계(밝기측정기) | 최소눈금이 0.1 lx 이하인 것 |

**기억법** 모장옥스소이자누 무제통

[비고] 1. 신축 · 증축 · 개축 · 재축 · 이전 · 용도변경 또는 대수선 등으로 소방시설이 새로 설치된 경우에는 해당 특정소방대상물의 소방시설 전체에 대하여 실시한다.
2. 작동점검 및 종합점검(최초점검은 제외)은 건축물 사용승인 후 그 다음 해부터 실시한다.
3. 특정소방대상물이 증축용도변경 또는 대수선 등으로 사용승인일이 달라지는 경우 사용승인일이 빠른 날을 기준으로 자체점검을 실시한다.

(다) **수용인원의 산정 방법**(소방시설법 시행령 〔별표 7〕)

① 숙박시설이 있는 특정소방대상물

| 특정소방대상물 | | 산정방법 |
|---|---|---|
| 숙박시설 | 침대가 있는 경우 | 해당 특정소방대상물의 종사자수+침대수<br>(2인용 침대는 2인으로 산정) |
| | 침대가 없는 경우 | 해당 특정소방대상물의 종사자수+ $\frac{\text{숙박시설 바닥면적 합계}}{3\text{m}^2}$ |

**기억법** 침있종없3

② 숙박시설이 없는 특정소방대상물

| 특정소방대상물 | 산정방법 |
|---|---|
| • 강의실 · 교무실 · 상담실 · 실습실 · 휴게실 | $\frac{\text{해당 용도로 사용하는 바닥면적 합계}}{1.9\text{m}^2}$ |
| • 기타 | $\frac{\text{해당 용도로 사용하는 바닥면적 합계}}{3\text{m}^2}$ |
| • 강당<br>• 문화 및 집회시설, 운동시설<br>• 종교시설 | $\frac{\text{해당 용도로 사용하는 바닥면적 합계}}{4.6\text{m}^2}$<br>(고정식 의자를 설치한 관람석 : 해당 부분의 의자수로 하고, 긴 의자의 경우에는 의자의 정면너비를 **0.45m**로 나누어 얻은 수) |

**기억법** 강19 기3 당46

[비고] 1. 위 표에서 바닥면적을 산정하는 때는 복도(준불연재료 이상의 것을 사용하여 바닥에서 천장까지 벽으로 구획한 것) · 계단 및 화장실의 바닥면적 제외
2. 계산결과 1 미만의 소수는 **반올림**

☆☆ 문제 03

**스프링클러헤드의 형식승인 및 제품검사 기술기준에 대한 다음의 각 물음에 답하시오. (30점)**

(가) 반응시간지수(RTI)의 계산식을 쓰고 설명하시오. (5점)

ㅇ계산식 :

ㅇ설명 :

(나) 스프링클러 폐쇄형헤드에 반드시 표시하여야 할 사항 5가지를 쓰시오. (5점)

ㅇ

ㅇ

ㅇ

ㅇ

ㅇ

(다) 다음은 스프링클러 폐쇄형헤드의 유리벌브형과 퓨즈블링크형에 대한 표시온도별 색상표시 방법을 나타내는 표이다. 표가 완성되도록 번호에 맞는 답을 쓰시오. (10점)

| 유리벌브형 | | 퓨즈블링크형 | |
|---|---|---|---|
| 표시온도(℃) | 액체의 색별 | 표시온도(℃) | 프레임의 색별 |
| 57℃ | ① | 77℃ 미만 | ⑥ |
| 68℃ | ② | 78℃~120℃ | ⑦ |
| 79℃ | ③ | 121℃~162℃ | ⑧ |
| 141℃ | ④ | 163℃~203℃ | ⑨ |
| 227℃ 이상 | ⑤ | 204℃~259℃ | ⑩ |

(라) 소방시설 자체점검사항 등에 관한 고시에 의하여 다음 명칭의 도시기호를 그리시오. (단, 평면도 기준이다.) (10점)

① 스프링클러헤드 개방형 하향식

② 스프링클러헤드 폐쇄형 하향식

③ 프리액션밸브

④ 경보델류지밸브

⑤ 솔레노이드밸브

정답 (가) ① 계산식 : $RTI=\tau\sqrt{u}$

여기서, $RTI$ : 반응시간지수[m · s]$^{0.5}$

$\tau$ : 감열체의 시간상수[초]

$u$ : 기류속도[m/s]

② 설명 : 기류의 온도 · 속도 및 작동시간에 대하여 스프링클러헤드의 반응을 예상한 지수

(나) ① 종별

② 형식

③ 형식승인번호

④ 제조번호 또는 로트번호

⑤ 제조연도

(다)

| 유리벌브형 | | 퓨즈블링크형 | |
|---|---|---|---|
| 표시온도[℃] | 액체의 색별 | 표시온도[℃] | 프레임의 색별 |
| 57℃ | 오렌지 | 77℃ 미만 | 색 표시 안 함 |
| 68℃ | 빨강 | 78℃~120℃ | 흰색 |
| 79℃ | 노랑 | 121℃~162℃ | 파랑 |
| 141℃ | 파랑 | 163℃~203℃ | 빨강 |
| 227℃ 이상 | 검정 | 204℃~259℃ | 초록 |

(라) ① ②  ③  ④  ⑤ 

해설 (가) 반응시간지수(RTI ; Response Time Index) : 기류의 **온도 · 속도** 및 **작동시간**에 대하여 스프링클러헤드의 반응을 예상한 지수(스프링클러헤드 형식 2)

$$RTI=\tau\sqrt{u}$$

여기서, $RTI$ : 반응시간지수[m · s]$^{0.5}$

$\tau$ : 감열체의 시간상수[초]

$u$ : 기류속도[m/s]

중요

(1) **감열체**의 **시간상수**

$$\tau=\frac{mC}{hA}$$

여기서, $\tau$ : 감열체의 시간상수[초 또는 s]

$m$ : 감열체의 질량[kg]

$C$ : 감열체의 비열[kJ/kg · ℃]

$h$ : 대류 열전달계수[W/m$^2$ · ℃]

$A$ : 감열체의 면적[m$^2$]

(2) **표준형 스프링클러헤드**의 **RTI값**(스프링클러헤드 형식 제13조)

| 구 분 | RTI값 |
|---|---|
| 조기반응 | 50 이하 |
| 특수반응 | 51~80 이하 |
| 표준반응 | 81~350 이하 |

(나) **스프링클러헤드**에 **표시하여야 할 사항**(스프링클러헤드 형식 제12조의 6)

① 종별
② 형식
③ 형식승인번호
④ 제조번호 또는 로트번호
⑤ 제조연도
⑥ 제조업체명 또는 약호
⑦ 표시온도(폐쇄형헤드에 한함)
⑧ 표시온도에 따른 다음 표의 색표시(폐쇄형헤드에 한함)
⑨ 최고주위온도(폐쇄형헤드에 한함)
⑩ 취급상의 주의사항
⑪ 품질보증에 관한 사항(보증기간, 보증내용, A/S방법, 자체검사필증 등)

표시하여야 할 사항

| 구 분 | 표시하여야 할 사항 |
|---|---|
| **기동용 수압개폐장치**<br>(기동용 수압개폐장치 형식 제6조) | ① 종별 및 형식<br>② 형식승인번호<br>③ 제조연월 및 제조번호<br>④ 제조업체 또는 상호<br>⑤ 호칭압력<br>⑥ 사용안내문 설치방법, 취급상 주의사항 등<br>⑦ 품질보증에 관한 사항(보증기간, 보증내용, A/S방법, 자체검사필증 등)<br>⑧ 극성이 있는 단자에는 극성을 표시하는 기호<br>⑨ 정격입력전압(전원을 공급받아 작동하는 방식에 한함)<br>⑩ 예비전원의 종류, 정격용량, 정격전압(예비전원이 내장된 경우에 한함) |
| **유수제어밸브**<br>(유수제어밸브 형식 제6조) | ① 종별 및 형식<br>② 형식승인번호<br>③ 제조연월 및 제조번호<br>④ 제조업체명 또는 상호<br>⑤ 안지름, 호칭압력 및 사용압력범위<br>⑥ 유수 방향의 화살 표시<br>⑦ 설치방향<br>⑧ 2차측에 압력설정이 필요한 것에는 **압력설정값**<br>⑨ 검지유량상수<br>⑩ 습식유수검지장치에 있어서는 최저사용압력에 있어서 **부작동 유량**<br>⑪ 일제개방밸브 개방용 제어부의 사용압력범위(제어동력에 1차측의 압력과 다른 압력을 사용하는 것)<br>⑫ 일제개방밸브 제어동력에 사용하는 유체의 종류(제어동력에 가압수 등 이외에 유체의 압력을 사용하는 것)<br>⑬ 일제개방밸브 제어동력의 종류(제어동력에 압력을 사용하지 아니하는 것)<br>⑭ 설치방법 및 취급상의 주의사항<br>⑮ 품질보증에 관한 사항(보증기간, 보증내용, A/S방법, 자체검사필증 등) |
| **가스관 선택밸브**<br>(가스관 선택밸브 형식 제10조) | ① 선택밸브는 다음 사항을 보기 쉬운 부위에 잘 지워지지 아니하도록 표시하여야 한다. 단, ⓞ부터 ㊅까지는 취급설명서에 표시할 수 있다.<br>㉠ 종별 및 형식<br>㉡ 형식승인번호<br>㉢ 제조연월 및 제조번호<br>㉣ 제조업체명 또는 번호<br>㉤ 호칭<br>㉥ 사용압력범위<br>㉦ 가스의 흐름방향 표시<br>ⓞ 설치방법 및 취급상 주의사항<br>㉨ 정격전압(솔레노이드식 작동장치 및 모터식 작동장치에 한함)<br>㊅ 품질보증에 관한 사항(보증기간, 보증내용, A/S방법, 자체검사필증 등)<br>② 선택밸브 본체와 일체형이 아닌 플랜지는 다음 사항을 플랜지에 별도로 표시한다.<br>㉠ 형식승인번호<br>㉡ 제조번호 |

| | |
|---|---|
| **옥내소화전방수구 · 옥외소화전**<br>(소화전 형식 제8조) | ① 종별(옥외소화전에 한함)<br>② 형식승인번호<br>③ 제조연도<br>④ 제조번호 또는 로트번호<br>⑤ 제조업체명 또는 약호<br>⑥ 호칭<br>⑦ 품질보증에 관한 사항(보증기간, 보증내용, A/S방법, 자체검사필증 등)<br>⑧ 옥외소화전 본체의 원산지 |
| **소화기의 본체용기**<br>(소화기 형식 제38조) | ① 종별 및 형식<br>② 형식승인번호<br>③ 제조연월 및 제조번호<br>④ 제조업체명 또는 상호, 수입업체명(수입품에 한함)<br>⑤ 사용온도범위<br>⑥ 소화능력단위<br>⑦ 충전된 소화약제의 주성분 및 중(용)량<br>⑧ 소화기 가압용가스용기의 가스종류 및 가스량(가압식소화기에 한함)<br>⑨ 총중량<br>⑩ 취급상의 주의사항<br>㉠ **유류화재** 또는 **전기화재**에 사용하여서는 아니되는 소화기는 그 내용<br>㉡ 기타 주의사항<br>⑪ 적응화재별 표시사항은 일반화재용 소화기의 경우 "**A(일반화재용)**", 유류화재용 소화기의 경우에는 "**B(유류화재용)**", 전기화재용 소화기의 경우 "**C(전기화재용)**", 주방화재용 소화기의 경우 "**K(주방화재용)**"으로 표시<br>⑫ 사용방법<br>⑬ 품질보증에 관한 사항(보증기간, 보증내용, A/S 방법, 자체검사필증 등)<br>⑭ 다음의 부품에 대한 원산지<br>㉠ **용기**<br>㉡ **밸브**<br>㉢ **호스**<br>㉣ **소화약제** |
| **관창**<br>(관창 형식 제10조) | ① 형식승인번호<br>② 제조연도<br>③ 제조번호 또는 로트번호<br>④ 제조업체명 또는 상호<br>⑤ 호칭<br>⑥ 품질보증에 관한 사항(보증기간, 보증내용, A/S방법, 자체검사필증 등) |
| **소방호스**<br>(소방호스 형식 제10조) | ① 종별<br>② 형식<br>③ 형식승인번호<br>④ 제조연도 및 제조번호(또는 로트번호)<br>⑤ 제조업체명 또는 상호(호스와 연결금속구에 각각 표시)<br>⑥ 길이<br>⑦ 이중재킷인 것은 "**이중재킷**"<br>⑧ "**옥내소화전용**", "**옥외소화전용**", "**소방자동차용**" 등의 용도<br>⑨ 품질보증에 관한 사항(보증기간, 보증내용, A/S방법, 자체검사필증 등)<br>⑩ **최소곡률반경**(소방용 릴호스에 한함)<br>⑪ 소방호스 호칭 · 나사 호칭(소방호스와 나사호칭이 상이한 경우에 한함) |

| | |
|---|---|
| **완강기 · 간이완강기**<br>(완강기 형식 제10조) | ① 품명 및 형식<br>② 형식승인번호<br>③ 제조연월 및 제조번호<br>④ 제조업체명 또는 상호<br>⑤ 길이<br>⑥ 최대사용하중<br>⑦ 최대사용자수<br>⑧ 사용안내문(설치 및 사용방법, 취급상의 주의사항)<br>⑨ **"본 제품은 1회용임"**(간이완강기에 한함)<br>⑩ 품질보증에 관한 사항(보증기간, 보증내용, A/S방법, 자체검사필증 등) |
| **피난사다리**<br>(피난사다리 형식 제11조) | ① 종별 및 형식<br>② 형식승인번호<br>③ 제조연월 및 제조번호<br>④ 제조업체명 또는 상호<br>⑤ 길이 및 자체중량<br>⑥ 사용안내문(사용방법, 취급상의 주의사항)<br>⑦ 용도(하향식피난구용 내림식사다리에 한하며, **"하향식피난구용"**으로 표시)<br>⑧ 품질보증에 관한 사항(보증기간, 보증내용, A/S방법, 자체검사필증 등) |
| **소화약제의 용기**<br>(소화약제 형식 제13조) | ① 종별 및 형식<br>② 형식승인번호<br>③ 제조연월 및 제조번호<br>④ 제조업체명 또는 상호<br>⑤ 사용할 소화설비의 종류 및 사용용도(고발포용, 저발포용 또는 저발포 · 고발포 겸용을 구분하여 기재할 것)<br>⑥ 주성분<br>⑦ 소화약제중량(또는 용량), 총중량 표시(단, 가스계에는 용기중량, 충전압력 및 용기부피 추가 표시)<br>⑧ 사용농도 및 사용온도(침윤소화약제, 포소화약제에 한함)<br>⑨ 사용방법 및 취급상의 주의사항 등<br>⑩ 소화대상용제(알코올류 등 수용성용제) 명칭(알코올형 포소화약제에 한함)<br>⑪ 품질보증에 관한 사항(보증기간, 보증내용 및 자체검사필증 등)<br>⑫ 소화농도(설비용 가스계소화약제에 한함)<br>⑬ 대용량 포방수포용(공기압축포 포함) 포소화약제임을 알리는 표시(방수포용 포소화약제에 한함)<br>⑭ 소화약제 원산지 |
| **방염제의 용기**<br>(방염제의 형식 제10조) | ① 종별 및 형식<br>② 형식승인번호<br>③ 제조연월 및 로트번호<br>④ 제조업체명 또는 상호<br>⑤ 방염제의 중(용)량<br>⑥ 용도 및 처리방법<br>⑦ 주성분<br>⑧ 취급상의 주의사항<br>⑨ **도후량**(칠한 막의 건조 두께를 말하며, 방염도료에 한함)<br>⑩ **처리면적**(현장 방염처리용에 한함)<br>⑪ 품질처리 보증에 관한 사항(보증기간, 보증내용, 자체검사필증 등)<br>⑫ 방염처리시 합격표시 처리방법(현장방염처리용에 한함) |

| 구분 | 표시사항 |
|---|---|
| **에어로졸식 소화용구**<br>(에어로졸식 소화용구 형식 제15조) | ① 종별 및 형식<br>② 형식승인번호<br>③ 제조연월 및 제조번호<br>④ **제조업체**(수입품에 있어서는 판매자명 또는 상호)<br>⑤ 사용온도 범위<br>⑥ 적응화재(소화용구가 사용되는 그림의 표시를 하여야 하며, 그림표시의 바로 근처에는 **"그림으로 표시하는 화재의 초기진화에 유효합니다."**라는 표기)<br>⑦ 충전된 소화약제의 주성분과 중량 또는 용량<br>⑧ 방사거리 및 방사시간<br>⑨ 총중량, 가압용가스용기의 가스종류 및 가스량(가압식에 한함)<br>⑩ 할로겐화물 소화약제를 사용하는 소화용구에는 다음 사항을 표시하여야 한다.<br>**주의**<br>1. 밀폐된 좁은 실내에서는 사용을 삼가십시오.<br>2. 발생되는 가스는 유독하므로 호흡을 삼가고, 사용 후 즉시 환기하십시오.<br>3. 영유아의 손에 닿지 않도록 보관에 주의하십시오.<br>⑪ 사용 안내문(사용방법, 취급상의 주의사항)<br>⑫ 품질보증에 관한 사항(보증기간, 보증내용, 자체검사필증 등) |
| **주거용 주방자동소화장치**<br>(주거용 주방자동소화장치 형식 제35조) | ① 품명 및 형식(전기식 또는 가스식)<br>② 형식승인번호<br>③ 제조연월 및 제조번호<br>④ 제조업체명 또는 상호, 수입업체명(수입품에 한함)<br>⑤ 공칭작동온도 및 사용온도범위<br>⑥ 공칭방호면적(가로×세로)<br>⑦ 소화약제의 주성분과 중량 또는 용량<br>⑧ 극성이 있는 단자에는 극성을 표시하는 기호<br>⑨ 퓨즈 및 퓨즈홀더 부근에는 정격전류값<br>⑩ 스위치 등 조작부 또는 조정부 부근에는 **"열림"** 및 **"닫힘"** 등의 표시<br>⑪ 취급방법의 개요 및 주의사항<br>⑫ 품질보증에 관한 사항(보증기간, 보증내용, A/S방법, 자체검사필증 등)<br>⑬ 설치방법<br>⑭ **감지부**의 설치개수, 설치위치 및 높이의 범위<br>⑮ **방출구**의 설치개수, 설치 위치 및 높이의 범위<br>⑯ 차단장치(전기 또는 가스)의 설치개수<br>⑰ 탐지부 유 · 무의 표시 및 설치개수<br>⑱ 다음 부품에 대한 원산지<br>㉠ **용기**<br>㉡ **밸브**<br>㉢ **소화약제** |
| **캐비닛형 자동소화장치**<br>(캐비닛형 자동소화장치 형식 제21조) | ① 종별 및 형식<br>② 형식승인번호<br>③ 제조연월 및 제조번호<br>④ 제조업체명 또는 상호<br>⑤ 사용 소화약제의 주성분, 설계농도(소화약제의 표시사항에 명기된 소화농도의 **1.3배** 표시)<br>⑥ 소화약제의 용량 및 중량<br>⑦ **방호체적**(최대설치높이를 **3.7m**로 한 경우의 체적), **방사시간**<br>⑧ 사용온도범위<br>⑨ 극성이 있는 단자에는 극성을 표시하는 기호<br>⑩ 예비전원으로 사용하는 축전지의 종류, 정격용량, 정격전압 및 접속하는 경우의 주의사항 |

| | |
|---|---|
| **캐비닛형 자동소화장치**<br>(캐비닛형 자동소화장치 형식 제21조) | ⑪ 퓨즈 및 퓨즈 홀더 부근에는 정격전류<br>⑫ 스위치 등 조작부 또는 조정부 부근에는 "**열림**" 및 "**닫힘**" 등의 표시<br>⑬ 취급방법의 개요 및 주의사항<br>⑭ 품질보증에 관한 사항(보증기간, 보증내용, A/S방법, 자체검사필증 등) |
| **가스 · 분말식 자동소화장치**<br>(가스 · 분말식 자동소화장치 형식 제26조) | ① 품명 및 형식명<br>② 형식승인번호<br>③ 제조연월 및 제조번호(로트번호)<br>④ 제조업체명(또는 상호) 및 전화번호, 수입업체명(수입품에 한함)<br>⑤ 설계방호체적, 소화등급(소화등급적용 제품에 한함)<br>⑥ 자동소화장치 노즐의 최대방호면적, 최대설치높이<br>⑦ 소화약제 저장용기(지지장치 제외)의 총질량, 소화약제 질량<br>⑧ 감지부 공칭작동온도<br>⑨ 사용온도범위<br>⑩ 방사시간<br>⑪ 소화약제의 주성분<br>⑫ 설치방법 및 취급상의 주의사항<br>⑬ 품질보증에 관한 사항(보증기간, 보증내용 및 A/S방법 등)<br>⑭ 주요부품의 원산지 |
| **자동확산소화기**<br>(자동확산소화기 형식 제22조) | ① 품명 및 형식<br>② 형식승인번호<br>③ 제조연월 및 제조번호<br>④ 제조업체명 또는 상호<br>⑤ 공칭작동온도<br>⑥ 공칭방호면적($L \times L$)<br>⑦ 소화약제의 주성분 및 중(용)량<br>⑧ 총중량<br>⑨ 취급방법의 개요 및 주의사항<br>⑩ 방사시간<br>⑪ 품질보증에 관한 사항(보증기간, 보증내용, A/S방법, 자체검사필증 등)<br>⑫ 용도별 적용화재 및 설치장소 표시<br>⑬ 유효설치높이(주방화재용에 한함) |
| **투척용 소화용구**<br>(투척용 소화용구 형식 제13조) | ① 종별 및 형식<br>② 형식승인번호<br>③ 제조연월 및 제조번호<br>④ 제조업체 또는 상호, 수입업체명(수입품에 한함)<br>⑤ 사용온도범위<br>⑥ 소화능력단위<br>⑦ 소화약제의 주성분 및 중(용)량<br>⑧ 취급상의 주의사항<br>⑨ 품질보증에 관한 사항(보증기간, 보증내용, 자체검사필증 등) |
| **고체에어로졸 발생기**<br>(고체에어로졸 자동소화장치 형식 제36조) | ① 품명 및 형식명<br>② 형식승인번호<br>③ 제조업체명(또는 상호) 및 수입업체명(수입품에 한함)<br>④ 제조연월 및 제조번호(로트번호)<br>⑤ 적응화재별 설계방호체적<br>⑥ 고체에어로졸 발생기의 최대방호면적, 최대설치높이, 최대이격거리<br>⑦ 고체에어로졸 화합물 및 고체에어로졸 발생기(지지장치 제외)의 질량 |

| | |
|---|---|
| **고체에어로졸 발생기**<br>(고체에어로졸 자동소화장치 형식 제36조) | ⑧ 사용온도범위<br>⑨ 인체 및 가연물과의 설치안전거리<br>⑩ 방출시간<br>⑪ 예상사용수명<br>⑫ 고체에어로졸 화합물의 주성분 |
| **수신기**<br>(수신기 형식 제22조) | ① 종별 및 형식<br>② 형식승인번호<br>③ 제조연월 및 제조번호<br>④ 제조업체명 및 상호<br>⑤ 취급방법의 개요 및 주의사항(본 내용을 기재하여 수신기 부근에 매어달아 두는 방식도 가능)<br>⑥ 극성이 있는 단자에는 극성을 표시하는 기호<br>⑦ 방수형 또는 방폭형인 것은 **"방수형"** 또는 **"방폭형"**이라는 문자 별도 표시<br>⑧ 접속가능한 회선수, 회선별 접속 가능한 감지기·탐지부 등의 수량(해당하는 경우에 한함)<br>⑨ 주전원의 정격전압<br>⑩ 예비전원으로 사용하는 축전지의 종류, 정격용량, 정격전압 및 접속하는 경우의 주의사항<br>⑪ 퓨즈 및 퓨즈홀더 부근에는 정격전류<br>⑫ 스위치등 조작부 또는 조정부 부근에는 **"개"** 및 **"폐"** 등의 표시<br>⑬ 출력용량(경종 및 시각경보장치를 접속하는 경우, 각각의 소비전류 및 수량)<br>⑭ 품질보증에 관한 사항(보증기간, 보증내용, A/S방법, 자체검사필증 등)<br>⑮ 접속 가능한 가스누설경보기의 입력신호(해당되는 경우에 한함)<br>⑯ 접속 가능한 중계기의 형식번호(해당되는 경우에 한함)<br>⑰ 접속 가능한 감지기의 형식번호(해당되는 경우에 한함)<br>⑱ 접속 가능한 발신기의 형식번호(해당되는 경우에 한함)<br>⑲ 접속 가능한 경종 형식번호(해당되는 경우에 한함)<br>⑳ 접속 가능한 시각경보장치 성능인증번호(해당되는 경우에 한함)<br>㉑ 감지기 입력부의 감시전류 설계범위(해당되는 경우에 한함) |
| **감지기**<br>(감지기 형식 제37조) | ① 종별 및 형식<br>② 형식승인번호<br>③ 제조연월 및 제조번호<br>④ 제조업체명 또는 상호<br>⑤ 특수하게 취급하여야 할 것은 그 주의사항<br>⑥ 극성이 있는 단자에는 극성을 표시하는 기호<br>⑦ 공칭축적시간(축적형에 한하여 **"지연형(축적형) 수신기에는 설치할 수 없음"** 표시 별도<br>⑧ 차동식 분포형 감지기에는 제1호 내지 제8호에 규정한 사항 외에 공기관식은 최대공기관의 길이와 사용공기관의 안지름 및 바깥지름, 열전대식 및 열반도체식은 감열부의 최대수량 또는 길이<br>⑨ 정온식 기능을 가진 감지기에는 **공칭작동온도**, 보상식 감지기에는 **정온점**, 정온식 감지선형 감지기에는 외피에 다음의 구분에 따른 공칭작동온도의 색상을 표시한다.<br>㉮ 공칭작동온도가 80℃ 이하 : **백색**<br>㉯ 공칭작동온도가 80~120℃ 이하 : **청색**<br>㉰ 공칭작동온도가 120℃ 이상 : **적색**<br>⑩ 방수형인 것은 **"방수형"**이라는 문자 별도표시<br>⑪ 다신호식 기능을 가진 감지기는 해당 감지기가 발하는 화재신호의 수 및 작동원리 구분방법<br>⑫ 설치방법, 취급상의 주의사항<br>⑬ 품질보증에 관한 사항(보증기간, 보증내용, A/S방법, 자체검사필증 등)<br>⑭ 유효감지거리 및 시야각(해당되는 경우) |

| | |
|---|---|
| **감지기**<br>(감지기 형식 제37조) | ⑮ 화재정보신호값 범위(해당되는 경우)<br>⑯ 공칭감지온도의 범위(해당되는 경우)<br>⑰ 공칭감지농도의 범위(해당되는 경우)<br>⑱ 방폭형인 것은 **"방폭형"**이라는 문자별도표시 및 방폭등급<br>⑲ 최대연동개수(연동식에 한함)<br>⑳ 접속 가능한 수신기 형식번호(무선식 감지기에 한함)<br>㉑ 접속 가능한 중계기 형식번호(무선식 감지기에 한함)<br>㉒ 접속 가능한 간이형 수신기 성능인증번호(해당되는 경우에 한함)<br>㉓ 접속 가능한 자동화재속보설비의 속보기 성능인증번호(해당되는 경우에 한함)<br>㉔ 감시상태의 소비전류설계값(해당되는 경우에 한함) |
| **발신기**<br>(발신기 형식 제17조) | ① 종별 및 형식<br>② 형식승인번호<br>③ 제조연월 및 제조번호<br>④ 제조업체명 또는 상호<br>⑤ 특수하게 취급하여야 할 것은 그 주의사항 및 사용온도범위(시험온도범위 기준보다 강화된 온도범위를 사용온도범위로 하고자 하는 경우에 한함)<br>⑥ 접점의 정격용량<br>⑦ 극성이 있는 단자는 극성을 표시하는 기호<br>⑧ **"발신기"**의 표시 및 그 사용방법<br>⑨ 방수형인 것은 **"방수형"**이라는 문자 별도표시<br>⑩ 설치방법, 취급상의 주의사항<br>⑪ 품질보증에 관한 사항(보증기간, 보증내용, A/S방법, 자체검사필증 등)<br>⑫ 방폭형인 것은 **"방폭형"**이라는 문자 별도표시 및 방폭등급<br>⑬ 접속 가능한 수신기 형식번호(무선식 발신기에 한함)<br>⑭ 접속 가능한 중계기 형식번호(무선식 발신기에 한함) |
| **중계기**<br>(중계기 형식 제16조) | ① 종별 및 형식<br>② 형식승인번호<br>③ 제조연월 및 제조번호<br>④ 제조업체명 또는 상호<br>⑤ 취급방법의 개요 및 주의사항(본 내용을 기재하여 중계기 부근에 매어달아 두는 방식도 가능)<br>⑥ 극성이 있는 단자에는 극성을 표시하는 기호<br>⑦ 방수형 또는 방폭형인 것은 **"방수형"** 또는 **"방폭형"**이라는 문자 별도 표시<br>⑧ 접속 가능한 회선수, 회선별 접속 가능한 감지기 · 탐지부 등의 수량(해당하는 경우에 한함)<br>⑨ 주전원의 정격전압<br>⑩ 예비전원으로 사용하는 축전지의 종류 · 정격용량 · 정격전압 및 접속하는 경우의 주의사항<br>⑪ 퓨즈 및 퓨즈홀더 부근에는 정격전류<br>⑫ 스위치 등 조작부 또는 조정부 부근에는 **"개"** 및 **"폐"** 등의 표시<br>⑬ 출력용량(경종을 접속하는 경우 경종의 소비전류 및 수량)<br>⑭ 설치 및 사용방법, 취급상의 주의사항<br>⑮ 품질보증에 관한 사항(보증기간, 보증내용, A/S방법, 자체검사필증 등)<br>⑯ 접속 가능한 수신기의 형식번호<br>⑰ 접속 가능한 감지기의 형식번호(해당되는 경우에 한함)<br>⑱ 접속 가능한 발신기의 형식번호(해당되는 경우에 한함)<br>⑲ 접속 가능한 경종 형식번호(해당되는 경우에 한함)<br>⑳ 접속 가능한 시각경보장치 성능인증번호(해당되는 경우에 한함)<br>㉑ 감지기 입력부의 감시전류 설계범위(해당되는 경우에 한함) |

| | |
|---|---|
| **경종**<br>(경종 형식 제12조) | ① 종별 및 형식<br>② 형식승인번호<br>③ 제조연월 및 제조번호<br>④ 제조업체명 또는 상호<br>⑤ 특수하게 취급하여야 하는 경우에는 그 주의사항 및 사용온도범위(시험온도범위기준보다 강화된 온도범위를 사용온도범위로 하고자 하는 경우에 한함)<br>⑥ 극성이 있는 단자에는 극성을 표시하는 기호<br>⑦ 정격전압 및 정격전류<br>⑧ 방수형 또는 방폭형인 것은 **"방수형"** 또는 **"방폭형"**이라는 문자 별도표시<br>⑨ 설치 및 취급상의 주의사항 등<br>⑩ 품질보증에 관한 사항(보증기간, 보증내용, A/S방법, 자체검사필증 등)<br>⑪ 부품 중 모터의 원산지<br>⑫ 접속 가능한 수신기 형식번호(무선식 경종에 한함)<br>⑬ 접속 가능한 중계기 형식번호(무선식 경종에 한함) |
| **누전경보기**<br>(누전경보기 형식 제38조) | ① 종별 및 형식<br>② 형식승인번호<br>③ 제조연월 및 제조번호<br>④ 제조업체명 또는 상호<br>⑤ 극성이 있는 단자에는 극성을 표시하는 기호<br>⑥ 정격전압 및 정격전류<br>⑦ 방수형인 것은 **"방수형"**이라는 문자 별도표시<br>⑧ 집합형 누전경보기의 수신부에 있어서는 경계전로의 수<br>⑨ 변류기 접속용의 단자판에는 그 용도를 나타내는 기호, 전원용 단자판에는 사용전압의 기호 및 사용전압 그 밖의 단자판에는 그 용도를 나타내는 기호, 사용전압의 기호, 사용전압 및 전류<br>⑩ 수신부에는 접속가능한 변류기의 형식승인번호<br>⑪ 변류기에는 접속가능한 수신부의 형식승인번호<br>⑫ 설치방법 및 취급상의 주의사항<br>⑬ 품질보증에 관한 사항(보증기간, 보증내용, A/S방법, 자체검사필증 등)<br>⑭ 방폭형인 것은 **"방폭형"**이라는 문자 별도표시 및 방폭등급 |
| **가스누설경보기(분리형)**<br>(가스누설경보기 형식 제30조) | ① 수신부에 표시할 사항<br>㉠ 종별 및 형식<br>㉡ 형식승인번호<br>㉢ 제조연월 및 제조번호<br>㉣ 제조업체명 또는 상호[제조원과 판매원(수입원)이 다른 경우 각각 표시]<br>㉤ 취급방법의 개요 및 주의사항<br>㉥ 주전원의 정격전압 및 정격전류<br>㉦ 접속가능한 회선수, 중계기의 최대수, 접속가능한 중계기의 형식승인번호 및 탐지부의 고유번호<br>㉧ 예비전원이 설치된 것은 축전지의 종류, 정격용량, 정격전압 및 접속하는 경우의 주의사항<br>㉨ 지연형인 것은 표준지연시간<br>② 탐지부에 표시할 사항<br>㉠ 탐지대상가스 및 사용온도범위<br>㉡ 사용장소 또는 용도<br>㉢ 탐지소자의 종류(탐지부가 방폭구조인 경우에는 **"방폭형"**이라는 문자 및 방폭등급 표기)<br>㉣ 형식승인번호 탐지부의 고유번호<br>③ 단자판에는 단자기호<br>④ 방수형인 것은 **"방수형"**이라는 문자 별도표시<br>⑤ 스위치 등 조작부 또는 조정부에는 **"개"** 및 **"폐"** 등의 표시와 사용방법<br>⑥ 퓨즈 및 퓨즈홀더 부근에는 정격전류<br>⑦ 설치방법 및 사용상의 주의사항<br>⑧ 방폭형인 것은 **"방폭형"**이라는 문자 별도표시 및 방폭등급<br>⑨ 권장사용기한(단독형가스누설경보기 및 탐지부에 한함) |

| | |
|---|---|
| **유도등**<br>(유도등 형식 제25조) | ① 종별 및 형식<br>② 형식승인번호<br>③ 제조연월, 제조번호<br>④ 제조업체명 또는 상호<br>⑤ **유효점등기간**<br>⑥ 비상전원으로 사용하는 예비전원의 종류, 정격용량 또는 정격정전용량, 정격전압<br>⑦ 그 밖의 주의사항<br>⑧ 퓨즈 및 퓨즈홀더 부근에는 정격전류<br>⑨ 품질보증에 관한 사항(보증기간, 보증내용, A/S방법, 자체검사필증 등)<br>⑩ **소비전력** |
| **비상조명등**<br>(비상조명등 형식 제20조) | ① 종별 및 형식<br>② 형식승인번호<br>③ 제조연월 및 제조번호<br>④ 제조업체명 또는 상호<br>⑤ 정격전압<br>⑥ 정격입력전류, 정격입력전력<br>⑦ 비상전원으로 사용하는 축전지의 종류, 정격용량, 정격전압<br>⑧ 적합한 광원의 종류와 크기<br>⑨ **설계광속표준전압** 및 **설계광속비**<br>⑩ 배광번호 및 해당 배광번호표<br>⑪ 그 밖의 주의사항<br>⑫ 퓨즈 및 퓨즈홀더 부근에는 정격전류<br>⑬ 방수형인 것은 **"방수형"**이라는 문자 별도표시<br>⑭ **유효점등시간**(설계치)<br>⑮ 품질보증에 관한 사항(보증기간, 보증내용, A/S방법, 자체검사필증 등)<br>⑯ 방폭형인 것은 **"방폭형"**이라는 문자 별도표시 및 방폭등급 |

(다) **폐쇄형헤드**의 **색별표시방법**(스프링클러헤드 형식 제12조의 6)

| 유리벌브형 | | 퓨즈블링크형 | |
|---|---|---|---|
| 표시온도[℃] | 액체의 색별 | 표시온도[℃] | 프레임의 색별 |
| 57℃ | **오렌지** | 77℃ 미만 | 색 표시 안 함 |
| 68℃ | **빨강** | 78~120℃ | **흰색** |
| 79℃ | **노랑** | 121~162℃ | **파랑** |
| 93℃ | **초록** | 163~203℃ | **빨강** |
| 141℃ | **파랑** | 204~259℃ | **초록** |
| 182℃ | **연한 자주** | 260~319℃ | **오렌지** |
| 227℃ 이상 | **검정** | 320℃ 이상 | **검정** |

비교

**정온식 감지선형 감지기의 외피 색상표시**(감지기 형식 제37조)

| 공칭작동온도 | 색 상 |
|---|---|
| 80℃ 이하 | **백색** |
| 80~120℃ 이하 | **청색** |
| 120℃ 이상 | **적색** |

(라) **소방시설 도시기호**(소방시설 자체점검사항 등에 관한 고시 〔별표〕)

| 분 류 | 명 칭 | | 도시기호 |
|---|---|---|---|
| 배관 | 일반배관 | | |
| | 옥내·외소화전 | | H |
| | 스프링클러 | | SP |
| | 물분무 | | WS |
| | 포소화 | | F |
| | 배수관 | | D |
| | 전선관 | 입상 | |
| | | 입하 | |
| | | 통과 | |
| 관이음쇠 | 플랜지 | | |
| | 유니온 | | |
| | 플러그 | | |
| | 90° 엘보 | | |
| | 45° 엘보 | | |
| | 티 | | |
| | 크로스 | | |
| | 맹플랜지 | | |
| | 캡 | | |
| 헤드류 | 스프링클러헤드폐쇄형 상향식(평면도) | | |
| | 스프링클러헤드폐쇄형 하향식(평면도) | | |
| | 스프링클러헤드개방형 상향식(평면도) | | |

| 분 류 | 명 칭 | 도시기호 |
|---|---|---|
| 헤드류 | 스프링클러헤드개방형 하향식(평면도) | |
| | 스프링클러헤드폐쇄형 상향식(계통도) | |
| | 스프링클러헤드폐쇄형 하향식(입면도) | |
| | 스프링클러헤드폐쇄형 상·하향식(입면도) | |
| | 스프링클러헤드상향형 (입면도) | |
| | 스프링클러헤드하향형 (입면도) | |
| | 분말·탄산가스·할로겐헤드 | |
| | 연결살수헤드 | |
| | 물분무헤드 (평면도) | |
| | 물분무헤드 (입면도) | |
| | 드렌처헤드 (평면도) | |
| | 드렌처헤드 (입면도) | |
| | 포헤드(입면도) | |
| | 포헤드(평면도) | |
| | 감지헤드(평면도) | |
| | 감지헤드(입면도) | |
| | 할로겐화합물 및 불활성기체 소화약제 방출헤드(평면도) | |
| | 할로겐화합물 및 불활성기체 소화약제 방출헤드(입면도) | |

| 분 류 | 명 칭 | 도시기호 |
|---|---|---|
| 밸브류 | 체크밸브 | |
| | 가스체크밸브 | |
| | 게이트밸브(상시개방) | |
| | 게이트밸브(상시폐쇄) | |
| | 선택밸브 | |
| | 조작밸브(일반) | |
| | 조작밸브(전자식) | |
| | 조작밸브(가스식) | |
| | 경보밸브(습식) | |
| | 경보밸브(건식) | |
| | 프리액션밸브 | P |
| | 경보델류지밸브 | D |
| | 프리액션밸브 수동조작함 | SVP |
| | 플렉시블조인트 | |
| | 솔레노이드밸브 | S |
| | 모터밸브 | M |
| | 릴리프밸브(이산화탄소용) | |
| | 릴리프밸브(일반) | |
| | 동체크밸브 | |

| 분 류 | 명 칭 | 도시기호 |
|---|---|---|
| 밸브류 | 앵글밸브 | |
| | 풋밸브 | |
| | 볼밸브 | |
| | 배수밸브 | |
| | 자동배수밸브 | |
| | 여과망 | |
| | 자동밸브 | G |
| | 감압밸브 | R |
| | 공기조절밸브 | |
| 계기류 | 압력계 | |
| | 연성계 | |
| | 유량계 | M |
| 소화전 | 옥내소화전함 | |
| | 옥내소화전 방수용 기구 병설 | |
| | 옥외소화전 | H |
| | 포말소화전 | F |
| | 송수구 | |
| | 방수구 | |

| 분 류 | 명 칭 | 도시기호 | 분 류 | 명 칭 | 도시기호 |
|---|---|---|---|---|---|
| 스트레이너 | Y형 | | 경보설비기기류 | 차동식 스포트형 감지기 | |
| | U형 | | | 보상식 스포트형 감지기 | |
| 저장탱크류 | 고가수조 (물올림장치) | | | 정온식 스포트형 감지기 | |
| | 압력챔버 | | | 연기감지기 | S |
| | 포말원액탱크 | 수직 수평 | | 감지선 | |
| | | | | 공기관 | |
| | | | | 열전대 | |
| 리듀서 | 원심리듀서 | | | 열반도체 | |
| | | | | 차동식 분포형 감지기의 검출기 | |
| | 편심리듀서 | | | 발신기세트 단독형 | P B L |
| 혼합장치류 | 프레져 프로포셔너 | | | 발신기세트 옥내소화전 내장형 | PBL |
| | 라인프로포셔너 | | | 경계구역번호 | |
| | 프레져사이드 프로포셔너 | | | 비상용 누름버튼 | F |
| | 기타 | P | | 비상전화기 | ET |
| 펌프류 | 일반펌프 | | | 비상벨 | B |
| | 펌프모터(수평) | M | | 사이렌 | |
| | 펌프모터(수직) | M | | 모터사이렌 | M |
| | | | | 전자사이렌 | S |
| 저장용기류 | 분말약제 저장용기 | P.D | | 조작장치 | EP |
| | | | | 증폭기 | AMP |
| | 저장용기 | | | 기동누름버튼 | E |

| 분류 | 명칭 | 도시기호 |
|---|---|---|
| 경보설비기기류 | 이온화식 감지기(스포트형) | $S_I$ |
| | 광전식 연기감지기(아날로그) | $S_A$ |
| | 광전식 연기감지기(스포트형) | $S_P$ |
| | 감지기간선, HIV 1.2mm×4(22C) | — F //// |
| | 감지기간선, HIV 1.2mm×8(22C) | — F //// //// |
| | 유도등간선, HIV 2.0mm×3(22C) | — EX — |
| | 경보부저 | BZ |
| | 제어반 | |
| | 표시반 | |
| | 회로시험기 | |
| | 화재경보벨 | B |
| | 시각경보기(스트로브) | |
| | 수신기 | |
| | 부수신기 | |
| | 중계기 | |
| | 표시등 | |
| | 피난구유도등 | |
| | 통로유도등 | |
| | 표시판 | |
| | 보조전원 | TR |

| 분류 | | 명칭 | 도시기호 |
|---|---|---|---|
| 제연설비 | | 종단저항 | Ω |
| | | 수동식 제어 | |
| | | 천장용 배풍기 | |
| | | 벽부착용 배풍기 | |
| | 배풍기 | 일반배풍기 | |
| | | 관로배풍기 | |
| | 댐퍼 | 화재댐퍼 | |
| | | 연기댐퍼 | |
| | | 화재·연기댐퍼 | |
| | | 접지 | |
| | | 접지저항 측정용 단자 | |
| 스위치류 | | 압력스위치 | PS |
| | | 탬퍼스위치 | TS |
| 방연·방화문 | | 연기감지기(전용) | S |
| | | 열감지기(전용) | |
| | | 자동폐쇄장치 | ER |
| | | 연동제어기 | |
| | | 배연창 기동모터 | M |
| | | 배연창 수동조작함 | |

12회

| 분 류 | 명 칭 | 도시기호 |
|---|---|---|
| 피뢰침 | 피뢰부(평면도) | |
| | 피뢰부(입면도) | |
| | 피뢰도선 및 지붕 위 도체 | |
| 소화기류 | ABC 소화기 | 소 |
| | 자동확산소화기 | 자 |
| | 자동식 소화기 | 소 |
| | 이산화탄소 소화기 | C |
| | 할로겐화합물 소화기(할론소화기) | |
| 기타 | 안테나 | |
| | 스피커 | |
| | 연기방연벽 | |

| 분 류 | 명 칭 | 도시기호 |
|---|---|---|
| 기타 | 화재방화벽 | |
| | 화재 및 연기방벽 | |
| | 비상콘센트 | |
| | 비상분전반 | |
| | 가스계소화설비의 수동조작함 | RM |
| | 전동기구동 | M |
| | 엔진구동 | E |
| | 배관행거 | |
| | 기압계 | |
| | 배기구 | |
| | 바닥은폐선 | |
| | 노출배선 | |
| | 소화가스패키지 | PAC |

# 2010년도 제11회 소방시설관리사 2차 국가자격시험

| 교시 | 시간 | 시험과목 |
|---|---|---|
| **1교시** | **90분** | **소방시설의 점검실무행정** |

| 수험번호 | | 성 명 | |
|---|---|---|---|

## 【수험자 유의사항】

1. **시험문제지 표지**와 시험문제지의 **총면수, 문제번호 일련순서, 인쇄상태** 등을 확인하시고, 문제지 표지에 수험번호와 성명을 기재하시기 바랍니다.

2. 수험자 인적사항 및 답안지 등 작성은 **반드시 검정색 필기구만을 계속 사용**하여야 합니다. (**그 외 연필류, 유색필기구, 2가지 이상색 혼합사용 등으로 작성한 답항은 0점 처리**됩니다.)

3. 문제번호 순서에 관계없이 답안 작성이 가능하나, **반드시 문제번호 및 문제를 기재**(긴 경우 요약기재 가능)하고 해당 답안을 기재하여야 합니다.

4. **답안 정정시에는 정정할 부분을 두 줄(=)로 긋고 수정할 내용을 다시 기재**합니다.

5. 답안작성은 **시험시행일** 현재 시행되는 법령 등을 적용하시기 바랍니다.

6. **감독위원의 지시에 불응하거나 시험시간 종료 후 답안지를 제출하지 않을 경우** 불이익이 발생할 수 있음을 알려드립니다.

7. 시험문제지는 시험 종료 후 가져가시기 바랍니다.

# 2010. 9. 5. 시행



☆☆

## 문제 01

다음 각 물음에 답하시오. (30점)

(가) 스프링클러설비의 화재안전기준에서 정하는 감시제어반의 설치기준 중 도통시험 및 작동시험을 하여야 하는 확인회로 5가지를 쓰시오. (10점)

○
○
○
○
○

(나) 소방시설 종합점검표에서 자동화재탐지설비의 시각경보장치 점검항목 2가지를 쓰시오. (10점)

○
○

(다) 소방시설 종합점검표에서 할로겐화합물 및 불활성기체 소화설비의 수동식 기동장치 점검항목 4가지를 쓰시오. (10점)

○
○
○
○

정답 (가) ① 기동용 수압개폐장치의 압력스위치회로
② 수조 또는 물올림수조의 저수위감시회로
③ 유수검지장치 또는 일제개방밸브의 압력스위치회로
④ 일제개방밸브를 사용하는 설비의 화재감지기회로
⑤ 급수배관에 설치되어 있는 개폐밸브의 폐쇄상태확인회로
(나) ① 시각경보장치 설치 장소 및 높이 적정 여부
② 시각경보장치 변형·손상 확인 및 정상작동 여부
(다) ① 기동장치 부근에 비상스위치 설치 여부
② 방호구역별 또는 방호대상별 기동장치 설치 여부
③ 기동장치 설치 적정(출입구 부근 등, 높이, 보호장치, 표지, 전원표시등) 여부
④ 방출용 스위치 음향경보장치 연동 여부

해설 (가) **감시제어반**에서 **도통시험** 및 **작동시험**을 할 수 있어야 하는 회로(NFPC 103 제13조 제③항 제6호, NFTC 103 2.10.3.8)

| 스프링클러설비 | 화재조기진압용 스프링클러설비 | 옥외소화전설비 · 물분무소화설비 | 옥내소화전설비 · 포소화설비 |
|---|---|---|---|
| ① 기동용 수압개폐장치의 **압력스위치회로**<br>② 수조 또는 물올림수조의 **저수위감시회로**<br>③ **유수검지장치** 또는 **일제개방밸브**의 **압력스위치회로**<br>④ 일제개방밸브를 사용하는 설비의 **화재감지기회로**<br>⑤ 급수배관에 설치되어 있는 **개폐밸브**의 **폐쇄상태확인회로**<br>기억법 **기스유수일급** | ① **기동용 수압개폐장치의 압력스위치회로**<br>② **수조 또는 물올림수조의 저수위감시회로**<br>③ **유수검지장치** 또는 **압력스위치회로**<br>④ 급수배관에 설치되어 있는 **개폐밸브**의 **폐쇄상태확인회로**<br>기억법 **조기수유급** | ① **기동용 수압개폐장치의 압력스위치회로**<br>② **수조** 또는 **물올림수조**의 **저수위감시회로**<br>기억법 **옥물수기** | ① **기동용 수압개폐장치의 압력스위치회로**<br>② **수조** 또는 **물올림수조**의 **저수위감시회로**<br>③ 급수배관에 설치되어 있는 **개폐밸브**의 **폐쇄상태확인회로**<br>기억법 **옥포기수급** |

• '수조 또는 물올림수조의 저수위감시회로'를 '수조 또는 물올림수조의 감시회로'라고 써도 틀린 답은 아니다.

(나) **자동화재탐지설비 및 시각경보장치**의 **종합점검**(소방시설 자체점검사항 등에 관한 고시 〔별지 제4호 서식〕)

| 구 분 | 점검항목 |
|---|---|
| 경계구역 | ❶ 경계구역 구분 적정 여부<br>❷ 감지기를 공유하는 경우 **스프링클러 · 물분무소화 · 제연설비** 경계구역 일치 여부 |
| 수신기 | ① 수신기 설치장소 적정(관리 용이) 여부<br>② 조작스위치의 높이는 적정하며 정상위치에 있는지 여부<br>❸ 개별 경계구역 표시 가능 **회선수** 확보 여부<br>❹ 축적기능 보유 여부(**환기 · 면적 · 높이** 조건 해당할 경우)<br>⑤ **경계구역 일람도** 비치 여부<br>⑥ 수신기 음향기구의 **음량 · 음색** 구별 가능 여부<br>❼ **감지기 · 중계기 · 발신기** 작동 경계구역 표시 여부(종합방재반 연동 포함)<br>❽ **1개** 경계구역 **1개** 표시등 또는 문자 표시 여부<br>❾ 하나의 대상물에 수신기가 2 이상 설치된 경우 상호 연동되는지 여부<br>⑩ 수신기 기록장치 데이터 발생 표시시간과 표준시간 일치 여부 |
| 중계기 | ❶ **중계기** 설치위치 적정 여부(수신기에서 감지기회로 도통시험하지 않는 경우)<br>❷ 설치장소(조작 · 점검 편의성, 화재 · 침수 피해 우려) 적정 여부<br>❸ 전원입력측 배선상 과전류차단기 설치 여부<br>❹ 중계기 전원 정전시 수신기 표시 여부<br>❺ **상용전원** 및 **예비전원** 시험 적정 여부 |
| 감지기 | ❶ 부착 높이 및 장소별 감지기 종류 적정 여부<br>❷ 특정 장소(환기불량, 면적협소, 저층고)에 적응성이 있는 감지기 설치 여부<br>③ 연기감지기 설치장소 적정 설치 여부<br>❹ 감지기와 실내로의 공기유입구 간 **이격거리** 적정 여부<br>❺ 감지기 부착면 적정 여부 |

| | |
|---|---|
| 감지기 | ⑥ 감지기 설치(감지면적 및 배치거리) 적정 여부<br>❼ 감지기별 세부 설치기준 적합 여부<br>❽ 감지기 설치제외장소 적합 여부<br>⑨ 감지기 **변형·손상** 확인 및 작동시험 적합 여부 |
| 음향장치 | ① **주음향장치** 및 **지구음향장치** 설치 적정 여부<br>② **음향장치**(경종 등) **변형·손상** 확인 및 정상작동(음량 포함) 여부<br>❸ **우선경보** 기능 정상작동 여부 |
| 시각경보장치 | ① 시각경보장치 설치 장소 및 높이 적정 여부<br>② 시각경보장치 **변형·손상** 확인 및 정상작동 여부 |
| 발신기 | ① 발신기 설치 **장소**, **위치**(수평거리) 및 **높이** 적정 여부<br>② 발신기 **변형·손상** 확인 및 정상작동 여부<br>③ 위치표시등 **변형·손상** 확인 및 정상 점등 여부 |
| 전원 | ① 상용전원 적정 여부<br>② 예비전원 성능 적정 및 상용전원 차단시 예비전원 자동전환 여부 |
| 배선 | ❶ 종단저항 **설치 장소**, **위치** 및 **높이** 적정 여부<br>❷ 종단저항 **표지 부착** 여부(종단감지기에 설치할 경우)<br>③ 수신기 **도통시험** 회로 정상 여부<br>❹ 감지기회로 **송배선식** 적용 여부<br>❺ **1개** 공통선 접속 경계구역 수량 적정 여부(**P형** 또는 **GP형**의 경우) |
| 비고 | ※ 특정소방대상물의 위치·구조·용도 및 소방시설의 상황 등이 이 표의 항목대로 기재하기 곤란하거나 이 표에서 누락된 사항을 기재한다. |

※ "●"는 종합점검의 경우에만 해당

(다) **할로겐화합물 및 불활성기체 소화설비**의 **종합점검**(소방시설 자체점검사항 등에 관한 고시 〔별지 제4호 서식〕)

| 구 분 | | 점검항목 |
|---|---|---|
| 저장용기 | | ❶ 설치장소 적정 및 관리 여부<br>② 저장용기 설치장소 표지 설치 여부<br>❸ 저장용기 설치간격 적정 여부<br>④ 저장용기 개방밸브 자동·수동 개방 및 안전장치 부착 여부<br>❺ 저장용기와 집합관 연결배관상 **체크밸브** 설치 여부 |
| 소화약제 | | 소화약제 저장량 적정 여부 |
| 기동장치 | | 방호구역별 출입구 부근 소화약제 방출표시등 설치 및 정상작동 여부 |
| | 수동식 기동장치 | ① 기동장치 부근에 비상스위치 설치 여부<br>❷ **방호구역별** 또는 **방호대상별** 기동장치 설치 여부<br>③ 기동장치 설치 적정(출입구 부근 등, 높이, 보호장치, 표지, 전원표시등) 여부<br>④ 방출용 스위치 **음향경보장치** 연동 여부 |
| | 자동식 기동장치 | ① 감지기 작동과의 연동 및 수동기동 가능 여부<br>❷ 저장용기 수량에 따른 전자개방밸브 수량 적정 여부(전기식 기동장치의 경우)<br>③ 기동용 가스용기의 **용적**, **충전압력** 적정 여부(가스압력식 기동장치의 경우)<br>❹ 기동용 가스용기의 **안전장치**, **압력게이지** 설치 여부(가스압력식 기동장치의 경우)<br>❺ 저장용기 개방구조 적정 여부(기계식 기동장치의 경우) |
| 제어반 및 화재표시반 | | ① 설치장소 적정 및 관리 여부<br>② **회로도** 및 **취급설명서** 비치 여부 |

| 제어반 및 화재표시반 | 제어반 | ① 수동기동장치 또는 감지기 신호 수신시 음향경보장치 작동기능 정상 여부<br>② 소화약제 방출·지연 및 기타 제어기능 적정 여부<br>③ 전원표시등 설치 및 정상 점등 여부 |
|---|---|---|
| | 화재표시반 | ① 방호구역별 표시등(음향경보장치 조작, 감지기 작동), 경보기 설치 및 작동 여부<br>② 수동식 기동장치 작동표시표시등 설치 및 정상작동 여부<br>③ 소화약제 방출표시등 설치 및 정상작동 여부<br>❹ 자동식 기동장치 자동·수동 절환 및 절환표시등 설치 및 정상작동 여부 |
| 배관 등 | 배관의 **변형·손상** 유무 | |
| 선택밸브 | 선택밸브 설치기준 적합 여부 | |
| 분사헤드 | ① 분사헤드의 **변형·손상** 유무<br>❷ 분사헤드의 설치높이 적정 여부 | |
| 화재감지기 | ① 방호구역별 화재감지기 감지에 의한 기동장치 작동 여부<br>❷ 교차회로(또는 NFPC 203 제7조 제①항, NFTC 203 2.4.1 단서 감지기) 설치 여부<br>❸ 화재감지기별 유효바닥면적 적정 여부 | |
| 음향경보장치 | ① 기동장치 조작시(수동식-방출용 스위치, 자동식-화재감지기) 경보 여부<br>② 약제 방사 개시(또는 방출압력스위치 작동) 후 경보 적정 여부<br>❸ 방호구역 또는 방호대상물 구획 안에서 유효한 경보 가능 여부 | |
| | 방송에 따른 경보장치 | ❶ 증폭기 재생장치의 설치장소 적정 여부<br>❷ 방호구역·방호대상물에서 확성기 간 수평거리 적정 여부<br>❸ 제어반 복구스위치 조작시 경보 지속 여부 |
| 자동폐쇄장치 | 화재표시반 | ① **환기장치** 자동정지 기능 적정 여부<br>② 개구부 및 통기구 자동폐쇄장치 설치장소 및 기능 적합 여부<br>❸ 자동폐쇄장치 복구장치 설치기준 적합 및 위치표지 적합 여부 |
| 비상전원 | ❶ 설치장소 적정 및 관리 여부<br>② 자가발전설비인 경우 연료적정량 보유 여부<br>③ 자가발전설비인 경우 「전기사업법」에 따른 정기점검 결과 확인 | |
| 과압배출구 | ● 과압배출구 설치상태 및 관리 여부 | |
| 비고 | ※ 특정소방대상물의 위치·구조·용도 및 소방시설의 상황 등이 이 표의 항목대로 기재하기 곤란하거나 이 표에서 누락된 사항을 기재한다. | |

※ "●"는 종합점검의 경우에만 해당

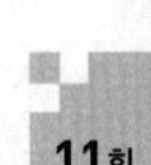

☆☆☆

문제 02

다음 각 물음에 답하시오. (30점)

(가) 소방시설 관리업자가 영업정지에 해당하는 법령을 위반한 경우 위반행위의 동기 등을 고려하여 그 처분기준을 2분의 1까지 경감하여 처분할 수 있다. 경감처분 요건 중 경미한 위반사항에 해당하는 요인을 3가지만 쓰시오. (15점)

○

○

○

(나) 화재안전기준의 변경으로 그 기준이 강화된 경우 기존의 특정소방대상물의 소방시설 등에 대하여 변경 전의 화재안전기준을 적용한다. 그러나 일부 소방시설의 경우에는 화재안전기준의 변경으로 강화된 기준을 적용한다. 강화된 화재안전기준을 적용하는 소방시설을 3가지만 쓰시오. (15점)

○

○

○



정답 (가) ① 스프링클러설비헤드가 살수반경에 미치지 못하는 경우
② 유도등이 일시적으로 점등되지 않는 경우
③ 유도표지가 정해진 위치에 붙어 있지 않은 경우

(나) ① 소화기구
② 비상경보설비
③ 자동화재속보설비

해설 (가) 행정처분기준(소방시설법 시행규칙 [별표 8])

**〈일반기준〉**

① **위반행위가 둘 이상**이면 그중 **무거운 처분기준**(무거운 처분기준이 동일한 경우에는 그중 하나의 처분기준)에 의하되, 2 이상의 처분기준이 모두 영업정지이거나 사용정지인 경우에는 각 처분기준을 합산한 기간을 넘지 않는 범위에서 무거운 처분기준에 각각 나머지 처분기준의 $\frac{1}{2}$ 범위에서 가중한다.

② **영업정지 또는 사용정지** 처분기간 중 영업정지 또는 사용정지에 해당하는 위반사항이 있는 경우에는 종전의 처분기간 만료일의 다음날부터 새로운 위반사항에 따른 영업정지 또는 사용정지의 행정처분을 한다.

③ **위반행위의 횟수**에 따른 행정처분기준은 **최근 1년**간 같은 위반행위로 행정처분을 받은 경우에 적용한다. 이 경우 적용일은 위반사항에 대한 행정처분일과 그 처분 후에 한 위반행위가 **다시 적발된 날을 기준**으로 한다.

④ ③에 따라 가중된 부과처분을 하는 경우 가중처분의 작용차수는 그 위반행위 전 부과처분 차수(③에 따른 기간 내에 행정처분이 둘 이상 있었던 경우에는 높은 차수)의 다음 차수로 한다.

⑤ 처분권자는 위반행위의 동기 · 내용 · 횟수 및 위반 정도 등 다음에 해당하는 사유를 고려하여 그 처분을 가중하거나 감경할 수 있다. 이 경우 그 처분이 영업정지 또는 자격정지인 경우에는 그 처분기준의 $\frac{1}{2}$의 범위에서 가중하거나 감경할 수 있고, 등록취소 또는 자격취소인 경우에는 등록취소 또는 자격취소 전 차수의 행정처분이 영업정지 또는 자격정지이면 그 처분기준의 **2배** 이하의 영업정지 또는 자격정지로 감경할 수 있다.

㉠ 가중사유
- 위반행위가 사소한 부주의나 오류가 아닌 **고의나 중대한 과실**에 의한 것으로 인정되는 경우
- 위반의 내용 · 정도가 중대하여 **관계인에게 미치는 피해가 크다고 인정**되는 경우

㉡ 감경사유
- 위반행위가 **사소한 부주의나 오류** 등 과실로 인한 것으로 인정되는 경우
- 위반의 내용 · 정도가 **경미**하여 관계인에게 미치는 피해가 적다고 인정되는 경우
- **위반 행위자가 처음 해당 위반행위**를 한 경우로서 **5년 이상** 소방시설관리사의 업무, 소방시설관리업 등을 모범적으로 해 온 사실이 인정되는 경우

- 그 밖에 다음의 경미한 위반사항에 해당되는 경우
  - 스프링클러설비헤드가 살수반경에 미치지 못하는 경우
  - 자동화재탐지설비감지기 2개 이하가 설치되지 않은 경우
  - 유도등이 일시적으로 점등되지 않는 경우
  - 유도표지가 정해진 위치에 붙어 있지 않은 경우

(나) **변경강화기준 적용설비**(소방시설법 제13조)

① 소화기구
② 비상경보설비
③ 자동화재탐지설비
④ 자동화재속보설비
⑤ 피난구조설비
⑥ **공동구**, **전력** 및 **통신사업용 지하구**, **노유자시설**, **의료시설**에 설치해야 하는 소방시설 등

| 공동구, 전력 및 통신사업용 지하구 | 노유자시설 | 의료시설 |
|---|---|---|
| ① 소화기<br>② 자동소화장치<br>③ 자동화재탐지설비<br>④ 통합감시시설<br>⑤ 유도등 및 연소방지설비 | ① 간이스프링클러설비<br>② 자동화재탐지설비<br>③ 단독경보형 감지기 | ① 스프링클러설비<br>② 간이스프링클러설비<br>③ 자동화재탐지설비<br>④ 자동화재속보설비 |

기억법 **변소 경속피공**

중요

**대통령령이 정하는 소방시설의 설치제외장소**(소방시설법 제13조)
(1) **화재위험도**가 **낮은 특정소방대상물**
(2) **화재안전기준**을 **적용**하기가 **어려운 특정소방대상물**
(3) 화재안전기준을 다르게 적용하여야 하는 **특수**한 **용도** 또는 **구조**를 가진 **특정소방대상물**
(4) **자체소방대**가 **설치된 특정소방대상물**

☆☆☆

문제 03

**방화구획의 설치기준에 대하여 다음 각 물음에 답하시오. (40점)**

(가) 층면적단위의 구획기준으로서 10층 이하의 층은 바닥면적 몇 $m^2$ 이내마다 구획하여야 하는가? (단, 자동식 소화설비를 설치한 경우와 그렇지 않은 경우를 구분하여 설명할 것) (10점)

(나) 층면적단위의 구획기준으로서 자동식 소화설비가 설치된 11층 이상의 층은 바닥면적 몇 $m^2$ 이내마다 구획하여야 하는가? (단, 벽 및 반자의 실내에 접하는 부분의 마감을 불연재료로 사용한 경우와 그렇지 않은 경우를 구분하여 설명할 것) (10점)

(다) 층단위 및 용도단위 구획기준을 쓰시오. (10점)

(라) 방화구획 등에 설치되는 자동방화셔터가 갖추어야 할 요건 5가지를 쓰시오. (10점)

ㅇ
ㅇ
ㅇ
ㅇ
ㅇ

정답 (가) ① 자동식 소화설비를 설치한 경우 : 3000m² 이내
② 그렇지 않은 경우 : 1000m² 이내
(나) ① 불연재료로 사용한 경우 : 1500m² 이내
② 그렇지 않은 경우 : 600m² 이내
(다) ① 층단위 : 매 층마다 구획할 것(단, 지하 1층에서 지상으로 직접 연결하는 경사로 부위는 제외)
② 용도단위 : 필로티나 그 밖에 이와 비슷한 구조(벽면적의 $\frac{1}{2}$ 이상이 그 층의 바닥면에서 위층 바닥 아래면까지 공간으로 된 것만 해당)의 부분을 주차장으로 사용하는 경우 그 부분은 건축물의 다른 부분과 구획할 것
(라) ① 피난이 가능한 60분+방화문 또는 60분 방화문으로부터 3m 이내에 별도로 설치할 것
② 전동방식이나 수동방식으로 개폐할 수 있을 것
③ 불꽃감지기 또는 연기감지기 중 하나와 열감지기를 설치할 것
④ 불꽃이나 연기를 감지한 경우 일부 폐쇄되는 구조일 것
⑤ 열을 감지한 경우 완전 폐쇄되는 구조일 것

11회

해설 (1) **방화구획**의 **설치기준**(건축물방화구조규칙 제14조)

| 구획종류 | | 구획단위 |
|---|---|---|
| 층면적 단위 | **10**층 이하의 층 | • 바닥면적 **1000**m²(자동식 소화설비 설치시 **3000m²**) 이내마다 |
| | **11**층 이상의 층 | • 바닥면적 **200**m²(자동식 소화설비 설치시 **600m²**) 이내마다<br>• 실내마감을 불연재료로 한 경우 바닥면적 **500m²**(자동식 소화설비 설치시 **1500m²**) 이내마다 |
| 층단위 | 매 층마다 구획할 것(단, 지하 1층에서 지상으로 직접 연결하는 경사로 부위는 제외) | |
| 용도단위 | 필로티나 그 밖에 이와 비슷한 구조(벽면적의 $\frac{1}{2}$ 이상이 그 층의 바닥면에서 위층 바닥 아래면까지 공간으로 된 것만 해당한다.)의 부분을 주차장으로 사용하는 경우 그 부분은 건축물의 다른 부분과 구획할 것 | |

기억법 101000 11200

(2) **자동방화셔터가 갖추어야 할 요건**(건축물방화구조규칙 제14조)
① 피난이 가능한 **60분**+**방화문** 또는 **60분 방화문**으로부터 **3m** 이내에 별도로 설치할 것
② 전동방식이나 **수동**방식으로 개폐할 수 있을 것
③ **불꽃감지기** 또는 **연기감지기** 중 하나와 열감지기를 설치할 것
④ **불꽃**이나 **연기**를 감지한 경우 **일부 폐쇄**되는 구조일 것
⑤ **열**을 감지한 경우 **완전 폐쇄**되는 구조일 것

중요

1. **설치기준**
(1) **방화구조**의 **기준**(건축물방화구조규칙 제4조)

| 구조내용 | 기 준 |
|---|---|
| • **철망** 모르타르 바르기 | 바름두께가 **2**cm 이상인 것 |
| • **석**고판 위에 **시**멘트 모르타르 또는 **회**반죽을 바른 것<br>• **시**멘트 모르타르 위에 **타**일을 붙인 것 | 두께의 합계가 **2.5**cm 이상인 것 |
| • **심**벽에 흙으로 맞벽치기 한 것 | 그대로 모두 인정됨 |
| • 한국산업표준이 정하는 바에 따라 시험한 결과 방화 2급 이상에 해당하는 것 | – |

기억법 방철망2 석시회 25시타 심

(2) **방화벽**의 **기준**(건축령 제57조, 건축물방화구조규칙 제21조)

| 대상 건축물 | 구획단지 | 방화벽의 구조 |
|---|---|---|
| 주요 구조부가 내화구조 또는 불연재료가 아닌 연면적 $1000m^2$ 이상인 건축물 | 연면적 **$1000m^2$** 미만마다 구획 | • 내화구조로서 홀로 설 수 있는 구조일 것<br>• 방화벽의 양쪽 끝과 위쪽 끝을 건축물의 외벽면 및 지붕면으로부터 **0.5m** 이상 튀어나오게 할 것<br>• 방화벽에 설치하는 출입문의 너비 및 높이는 각각 **2.5m** 이하로 하고 이에 **60분+방화문** 또는 **60분 방화문**을 설치할 것 |

(3) **내화구조**의 **기준**(건축물방화구조규칙 제3조)

| 내화구분 | | 기 준 |
|---|---|---|
| 벽 | 모든 벽 | ① 철근콘크리트조 또는 철골철근콘크리트조로서 두께가 10cm 이상인 것<br>② 골구를 철골조로 하고 그 양면을 두께 4cm 이상의 철망 모르타르로 덮은 것<br>③ 두께 5cm 이상의 콘크리트 블록·벽돌 또는 석재로 덮은 것<br>④ 철재로 보강된 콘크리트블록조·벽돌조 또는 석조로서 철재에 덮은 콘크리트 블록의 두께가 5cm 이상인 것<br>⑤ 벽돌조로서 두께가 19cm 이상인 것<br>⑥ 고온·고압의 증기로 양생된 경량기포 콘크리트패널 또는 경량기포 콘크리트블록조로서 두께가 10cm 이상인 것<br>기억법 **철콘10, 철골4철망, 5블록, 5석(보석), 19벽, 10경량** |
| | 외벽 중 비내력벽 | ① 철근콘크리트조 또는 철골철근콘크리트조로서 두께가 **7cm** 이상인 것<br>② 골구를 철골조로 하고 그 양면을 두께 **3cm** 이상의 철망 모르타르로 덮은 것<br>③ 두께 **4cm** 이상의 콘크리트 블록·벽돌 또는 석재로 덮은 것<br>④ 철재로 보강된 콘크리트블록조·벽돌조 또는 석조로서 철재에 덮은 콘크리트블록 등의 두께가 4cm 이상인 것<br>⑤ 무근콘크리트조·콘크리트블록조·벽돌조 또는 석조로서 그 두께가 **7cm** 이상인 것 |
| 기둥 (작은 지름이 25cm 이상인 것) | | ① 철근콘크리트조 또는 철골철근콘크리트조<br>② 철골을 두께 **6cm** 이상의 철망 모르타르로 덮은 것<br>③ 두께 **7cm** 이상의 콘크리트 블록·벽돌 또는 석재로 덮은 것<br>④ 철골을 두께 **5cm** 이상의 콘크리트로 덮은 것 |
| 바닥 | | ① 철근콘크리트조 또는 철골철근콘크리트조로서 두께가 **10cm** 이상인 것<br>② 철재로 보강된 콘크리트블록조·벽돌조 또는 석조로서 철재에 덮은 콘크리트블록 등의 두께가 **5cm** 이상인 것<br>③ 철재의 양면을 두께 **5cm** 이상의 철망 모르타르 또는 콘크리트로 덮은 것 |
| 보 (지붕틀 포함) | | ① 철근콘크리트조 또는 철골철근콘크리트조<br>② 철골을 두께 **6cm** 이상의 철망 모르타르로 덮은 것<br>③ 두께 **5cm** 이상의 콘크리트로 덮은 것<br>④ 철골조의 지붕틀로서 바로 아래에 반자가 없거나 **불연재료**로 된 반자가 있는 것 |
| 지붕 | | ① 철근콘크리트조 또는 철골철근콘크리트조<br>② 철재로 보강된 콘크리트블록조·벽돌조 또는 석조<br>③ 철재로 보강된 유리블록 또는 망입유리로 된 것 |
| 계단 | | ① 철근콘크리트조 또는 철골철근콘크리트조<br>② 무근콘크리트조·콘크리트블록조·벽돌조 또는 석조<br>③ 철재로 보강된 콘크리트블록조·벽돌조 또는 석조<br>④ 철골조 |

(4) **방화문**의 **구분**(건축령 제64조)

| 60분+방화문 | 60분 방화문 | 30분 방화문 |
|---|---|---|
| 연기 및 불꽃을 차단할 수 있는 시간이 60분 이상이고, 열을 차단할 수 있는 시간이 30분 이상인 방화문 | 연기 및 불꽃을 차단할 수 있는 시간이 60분 이상인 방화문 | 연기 및 불꽃을 차단할 수 있는 시간이 30분 이상 60분 미만인 방화문 |

2. **자동방화셔터**

(1) 감지기의 작동이나 연동제어기의 기동스위치를 동작시켰을 경우 방화셔터가 폐쇄되어 화재의 확산을 방지한다.

(2) 수동스위치는 평상시 셔터의 운용과 화재로 인한 동작 후 복구시에 사용하는 스위치로 화재 연동과는 무관한 스위치이다.

(3) 연동제어기용 AC전원 공급선은 별도로 배선 배관한다.

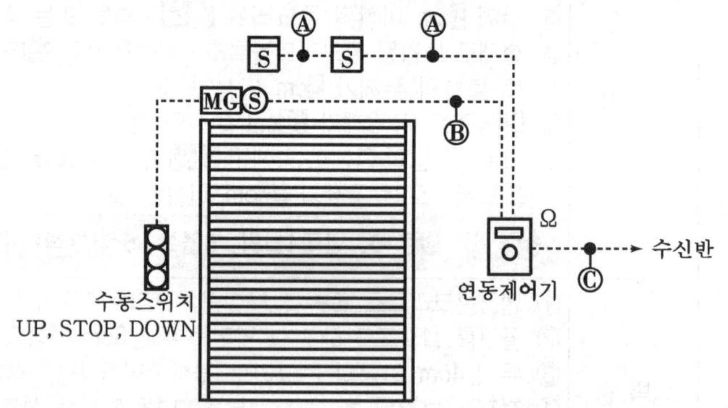


| 기 호 | 구 분 | 배선수 | 배선굵기 | 배선의 용도 |
|---|---|---|---|---|
| Ⓐ | 감지기 ↔ 연동제어기 | 4 | 1.5mm$^2$ | 지구 2, 공통 2 |
| Ⓑ | 폐쇄장치 ↔ 연동제어기 | 3 | 2.5mm$^2$ | 기동, 확인, 공통 |
| Ⓒ | 연동제어기 ↔ 수신반 | 6 | 2.5mm$^2$ | 지구, 공통, 기동 2, 확인 2 |

용어

**셔터, 연동제어기**

| 용 어 | 설 명 |
|---|---|
| 셔터 | 방화구획의 용도로 화재시 연기 및 열을 감지하여 자동 폐쇄되는 것으로서, 공항·체육관 등 넓은 공간에 부득이하게 내화구조로 된 벽을 설치하지 못하는 경우에 사용하는 방화셔터 |
| 연동제어기 | 수동기동장치 또는 감지기에서의 신호를 수신하여 여러 가지 제어기능을 수행하는 것 |

# 2008년도 제10회 소방시설관리사 2차 국가자격시험

| 교 시 | 시 간 | 시험과목 |
| --- | --- | --- |
| 1교시 | 90분 | 소방시설의 점검실무행정 |

| 수험번호 | | 성 명 | |
| --- | --- | --- | --- |

## 【 수험자 유의사항 】

1. **시험문제지 표지**와 시험문제지의 **총면수**, **문제번호 일련순서**, **인쇄 상태** 등을 확인하시고, 문제지 표지에 수험번호와 성명을 기재하시기 바랍니다.

2. 수험자 인적사항 및 답안지 등 작성은 **반드시 검정색 필기구만을 계속 사용**하여야 합니다. (**그 외 연필류, 유색필기구, 2가지 이상 색 혼합사용 등으로 작성한 답항은 0점 처리**됩니다.)

3. 문제번호 순서에 관계없이 답안 작성이 가능하나, **반드시 문제번호 및 문제를 기재**(긴 경우 요약기재 가능)하고 해당 답안을 기재하여야 합니다.

4. **답안 정정시에는 정정할 부분을 두 줄(=)로 긋고 수정할 내용을 다시 기재**합니다.

5. 답안작성은 **시험시행일** 현재 시행되는 법령 등을 적용하시기 바랍니다.

6. **감독위원의 지시에 불응하거나 시험시간 종료 후 답안지를 제출하지 않을 경우** 불이익이 발생할 수 있음을 알려드립니다.

7. 시험문제지는 시험 종료 후 가져가시기 바랍니다.

# 2008. 9. 28. 시행

☆☆

## 문제 01

**다음 각 물음에 답하시오. (40점)**

(가) 다중이용업소에 설치하는 비상구의 설치위치와 비상구의 규격기준에 대하여 설명하시오. (5점)

(나) 종합점검을 받아야 하는 점검대상 3곳을 쓰시오. (5점)
○
○
○

(다) 2 이상의 특정소방대상물이 내화구조로 연결통로로 연결된 경우 다음 각 물음에 답하시오.
① 하나의 특정소방대상물로 보는 조건 중 벽이 없는 통로와 벽이 있는 통로를 구분하여 쓰시오. (10점)
② 위 ① 외에 하나의 특정소방대상물로 볼 수 있는 조건 5가지를 쓰시오. (10점)
③ 별개의 특정소방대상물로 볼 수 있는 조건에 대하여 쓰시오. (10점)



정답 (가) ① 설치위치 : 비상구는 영업장의 주출입구 반대방향에 설치하되, 주출입구 중심선으로부터의 수평거리가 영업장의 가장 긴 대각선 길이, 가로 또는 세로 길이 중 가장 긴 길이의 $\frac{1}{2}$ 이상 떨어진 위치에 설치할 것(단, 건물구조상 불가피한 경우에는 주출입구 중심선으로부터의 수평거리가 영업장의 가장 긴 대각선 길이, 가로 또는 세로 길이 중 가장 긴 길이의 $\frac{1}{2}$ 이상 떨어진 위치에 설치 가능)
② 비상구 규격 : 가로 75cm 이상, 세로 150cm 이상(문틀을 제외한 가로×세로)

(나) ① 스프링클러설비가 설치된 특정소방대상물
② 물분무등소화설비(호스릴방식의 물분무등소화설비만을 설치한 경우는 제외)가 설치된 연면적 5000m$^2$ 이상인 특정소방대상물(위험물제조소 등 제외)
③ 공공기관 중 연면적(터널 · 지하구의 경우 그 길이와 평균폭을 곱하여 계산된 값)이 1000m$^2$ 이상인 것으로서 옥내소화전설비 또는 자동화재탐지설비가 설치된 것

(다) ① ㉠ 벽이 없는 구조로서 그 길이가 6m 이하인 경우
㉡ 벽이 있는 구조$\left(\text{벽높이가 바닥에서 천장높이의 } \frac{1}{2} \text{ 이상인 경우}\right)$로서 그 길이가 10m 이하인 경우
② ㉠ 내화구조가 아닌 연결통로로 연결된 경우
㉡ 컨베이어로 연결되어 플랜트설비의 배관 등으로 연결되어 있는 경우
㉢ 지하보도, 지하상가, 지하가로 연결된 경우
㉣ 자동방화셔터 또는 60분+방화문이 설치되지 않은 피트로 연결된 경우
㉤ 지하구로 연결된 경우
③ ㉠ 화재시 경보설비 또는 자동소화설비의 작동과 연동하여 자동으로 닫히는 자동방화셔터 또는 60분+방화문이 설치된 경우
㉡ 화재시 자동으로 방수되는 방식의 드렌처설비 또는 개방형 스프링클러헤드가 설치된 경우

해설 (가) **다중이용업소**의 주된 **출입구** 및 **비상구**(비상구 등) **설치기준**(다중이용업령 [별표 1의 2], 다중이용업규칙 [별표 2])

| 구 분 | 설치기준 |
|---|---|
| 설치대상 | **〈비상구 설치제외대상〉**<br>① 주출입구 외에 해당 영업장 내부에서 **피난층** 또는 지상으로 통하는 **직통계단**이 주출입구 중심선으로부터의 수평거리로 영업장의 긴 변 길이의 $\frac{1}{2}$ 이상 떨어진 위치에 **별도**로 **설치**된 경우<br>② 피난층에 설치된 영업장(영업장으로 사용하는 바닥면적이 **33m²** 이하인 경우로서 영업장 내부에 구획된 실이 없고 영업장 전체가 개방된 구조의 영업장)으로서 그 영업장의 각 부분으로부터 출입구까지의 **수평거리**가 **10m** 이하인 경우 |
| 설치위치 | 비상구는 영업장의 **주출입구 반대방향**에 설치하되, 주출입구 중심선으로부터의 수평거리가 영업장의 가장 긴 대각선 길이, 가로 또는 세로 길이 중 가장 긴 길이의 $\frac{1}{2}$ 이상 떨어진 위치에 설치할 것 (단, 건물구조상 불가피한 경우에는 주출입구 중심선으로부터의 수평거리가 영업장의 가장 긴 대각선 길이, 가로 또는 세로 길이 중 가장 긴 길이의 $\frac{1}{2}$ 이상 떨어진 위치에 설치 가능) |
| 비상구 규격 | **가로 75cm** 이상, **세로 150cm** 이상(문틀을 제외한 가로×세로) |
| 문의 열림방향 | 피난방향으로 열리는 구조로 할 것. 단, 주된 출입구의 문이 「건축법 시행령」에 따른 피난계단 또는 특별피난계단의 설치기준에 따라 설치해야 하는 문이 아니거나 방화구획이 아닌 곳에 위치한 주된 출입구가 다음의 기준을 충족하는 경우에는 자동문[미서기(슬라이딩)문]으로 설치할 수 있다.<br>① 화재감지기와 연동하여 개방되는 구조<br>② 정전시 자동으로 개방되는 구조<br>③ 정전시 수동으로 개방되는 구조 |
| 문의 재질 | 주요구조부(영업장의 벽, 천장, 바닥)가 내화구조인 경우 비상구 및 주출입구의 문은 **방화문**으로 설치할 것<br>**〈불연재료로 설치할 수 있는 경우〉**<br>① 주요구조부가 **내화구조**가 아닌 경우<br>② 건물의 구조상 비상구 또는 주출입구의 문이 지표면과 접하는 경우로서 화재의 연소확대 우려가 없는 경우<br>③ 피난계단 또는 특별피난계단의 설치기준에 따라 설치해야 하는 문이 아니거나 방화구획이 아닌 곳에 위치한 경우 |

비교

(1) **다중이용업소 복층구조**의 **영업장**의 **비상구 설치기준**(다중이용업규칙 [별표 2])

| 영업장 구조 | 설치기준 | 특례기준 |
|---|---|---|
| 각각 다른 **2개 이상**의 층을 **내부계단** 또는 통로가 설치되어 하나의 층의 내부에서 다른 층으로 출입할 수 있도록 되어 있는 구조 | ① 각 층마다 영업장 외부의 계단 등으로 피난할 수 있는 **비상구**를 설치할 것<br>② 비상구문은 **방화문**의 **구조**로 설치할 것<br>③ 비상구문의 열림방향은 실내에서 **외부**로 **열리는 구조**로 할 것 | **소방본부장** 또는 **소방서장**이 영업장의 위치·구조가 다음에 해당하는 경우에는 그 영업장으로 사용하는 어느 하나의 층에 비상구를 설치할 수 있다.<br>① 건축물의 **주요구조부**를 훼손하는 경우<br>② **옹벽** 또는 **외벽**이 **유리**로 설치된 경우 등 |

(2) **다중이용업소 영업장**의 위치가 **4층**(지하층을 제외) **이하**인 경우 **비상구 설치기준**(다중이용업규칙 [별표 2])
피난시에 유효한 **발코니**(**활하중 5kN/m²** 이상, **가로 75cm** 이상, **세로 150cm** 이상, **면적 1.12m²** 이상, **난간의 높이 100cm** 이상을 설치한 것) 또는 **부속실**(**가로 75cm** 이상, **세로 150cm** 이상, 면적 1.12m² 이상 크기 **불연재료**로 바닥에서 천장까지 구획된 실)을 설치하고, 그 장소에 알맞은 **피난기구**를 설치할 것

중요

**다중이용업규칙 〔별표 2〕**

(1) **다중이용업소 보일러실과 영업장 사이**의 **방화구획** : 보일러실과 영업장 사이의 출입문은 **방화문**으로 설치하고, **개구부**에는 **방화댐퍼** 설치

(2) **다중이용업소 영상음향차단장치 설치 · 유지기준**

| 구 분 | 설 명 |
|---|---|
| 설치대상 | **노래반주기** 등 영상음향장치를 사용하는 영업장 |
| 설치기준 | ① 화재시 자동화재탐지설비의 감지기에 의하여 **자동**으로 음향 및 영상이 정지될 수 있는 구조로 설치하되, **수동**(하나의 스위치로 전체의 음향 및 영상장치를 제어할 수 있는 구조를 말한다)으로도 조작할 수 있도록 설치할 것<br>② 영상음향차단장치의 수동**차**단스위치를 설치하는 경우에는 관계인이 일정하게 거주하거나 일정하게 근무하는 장소에 설치할 것. 이 경우 수동차단스위치와 가장 가까운 곳에 **"영상음향차단스위치"**라는 표지 부착<br>③ 전기로 인한 화재발생 위험을 예방하기 위하여 부하용량에 알맞은 **누전차단기**(과전류차단기 포함) 설치<br>④ 영상음향차단장치의 작동으로 실내등의 전원이 차단되지 않는 구조로 설치할 것<br>기억법 **누영자 수동차**(누가 영자한테 수동차를 주니?) |

(3) **다중이용업소 피난유도선 설치 · 유지기준**

| 구 분 | 설 명 |
|---|---|
| 설치대상 | 영업장 안에 내부 피난통로 또는 복도가 있는 경우에는 **피난유도선**을 설치할 것(단, **유도등 · 유도표지** 또는 **비상조명등**이 설치되어 있거나 유사시 대피가 용이한 구조인 경우 제외) |
| 설치기준 | 피난유도선은 **소방청장**이 정하여 고시하는 유도등 및 유도표지의 화재안전기준에 따라 설치 |

(4) **다중이용업소 영업장 내부 피난통로 설치 · 유지기준**

| 구 분 | 설 명 |
|---|---|
| 설치대상 | **내부**에 **구획된** 실이 있는 **영업장** |
| 설치기준 | 내부 피난통로 폭은 **최소 120cm 이상**으로 하고, 양 옆에 구획된 실이 있는 영업장으로서 구획된 실의 출입문 열리는 방향이 피난통로 방향인 경우에는 150cm 이상으로 설치할 것(단, 구획된 실에서부터 주된 출입구 또는 비상구까지의 내부 피난통로의 구조는 **3번 이상 구부러지는 형태**로 설치 금지) |

(5) **다중이용업소 영업장 창문 설치 · 유지기준**

| 구 분 | 설 명 |
|---|---|
| 설치대상 | **고시원업**의 영업장 |
| 설치기준 | 층별 영업장 내부에는 **가로 50cm** 이상, **세로 50cm** 이상 크기의 창문을 바깥공기와 접하는 부분(구획된 실에 설치하는 것 제외)에 **1개 이상** 설치할 것 |

(6) **다중이용업소 안전시설** 등 **설치**의 **특례기준**

① **소방청장 · 소방본부장** 또는 **소방서장** : 해당 영업장에 대해 화재위험평가를 실시한 결과 화재위험유발지수가 기준미만인 업종에 대해서는 소방시설 · 비상구 또는 그 밖의 안전시설 설치 면제

② **소방본부장** 또는 **소방서장** : 비상구의 크기, 비상구의 설치거리, 간이 스프링클러설비의 배관구경 등 소방청장이 정하여 고시하는 안전시설 등에 대해서는 소방청장이 고시하는 바에 따라 안전시설 등의 설치기준의 일부적용 제외

(나) **소방시설 등 자체점검**의 **점검대상, 점검자의 자격, 점검횟수** 및 **시기**(소방시설법 시행규칙 [별표 3])

<table>
<tr><th>점검<br>구분</th><th>정 의</th><th>점검대상</th><th>점검자의 자격<br>(주된 인력)</th><th>점검횟수 및 점검시기</th></tr>
<tr><td rowspan="3">작동<br>점검</td><td rowspan="3">소방시설 등을 인위적으로 조작하여 정상적으로 작동하는지를 점검하는 것</td><td>① 간이스프링클러설비·자동화재탐지설비</td><td>• 관계인<br>• 소방안전관리자로 선임된 소방시설관리사 또는 소방기술사<br>• 소방시설관리업에 등록된 기술인력 중 소방시설관리사 또는 「소방시설공사업법 시행규칙」에 따른 특급 점검자</td><td rowspan="3">작동점검은 연 1회 이상 실시하며, 종합점검대상은 종합점검을 받은 달부터 6개월이 되는 달에 실시</td></tr>
<tr><td>② ①에 해당하지 아니하는 특정소방대상물</td><td>• 소방시설관리업에 등록된 기술인력 중 소방시설관리사<br>• 소방안전관리자로 선임된 소방시설관리사 또는 소방기술사</td></tr>
<tr><td colspan="2">③ 작동점검 제외대상<br>• 특정소방대상물 중 소방안전관리자를 선임하지 않는 대상<br>• 위험물제조소 등<br>• 특급 소방안전관리대상물</td></tr>
<tr><td>종합<br>점검</td><td>소방시설 등의 작동점검을 포함하여 소방시설 등의 설비별 주요 구성 부품의 구조기준이 화재안전기준과 「건축법」 등 관련 법령에서 정하는 기준에 적합한지 여부를 점검하는 것<br>(1) 최초점검 : 특정소방대상물의 소방시설이 새로 설치되는 경우 건축물을 사용할 수 있게 된 날부터 60일 이내에 점검하는 것<br>(2) 그 밖의 종합점검 : 최초점검을 제외한 종합점검</td><td>④ 소방시설 등이 신설된 경우에 해당하는 특정소방대상물<br>⑤ 스프링클러설비가 설치된 특정소방대상물<br>⑥ 물분무등소화설비(호스릴 방식의 물분무등소화설비만을 설치한 경우는 제외)가 설치된 연면적 5000m² 이상인 특정소방대상물(위험물제조소 등 제외)<br>⑦ 다중이용업의 영업장이 설치된 특정소방대상물로서 연면적이 2000m² 이상인 것<br>⑧ 제연설비가 설치된 터널<br>⑨ 공공기관 중 연면적(터널·지하구의 경우 그 길이와 평균폭을 곱하여 계산된 값)이 1000m² 이상인 것으로서 옥내소화전설비 또는 자동화재탐지설비가 설치된 것(단, 소방대가 근무하는 공공기관 제외)</td><td>• 소방시설관리업에 등록된 기술인력 중 소방시설관리사<br>• 소방안전관리자로 선임된 소방시설관리사 또는 소방기술사</td><td>〈점검횟수〉<br>㉠ 연 1회 이상(특급 소방안전관리대상물은 반기에 1회 이상) 실시<br>㉡ ㉠에도 불구하고 소방본부장 또는 소방서장은 소방청장이 소방안전관리가 우수하다고 인정한 특정소방대상물에 대해서는 3년의 범위에서 소방청장이 고시하거나 정한 기간 동안 종합점검을 면제할 수 있다(단, 면제기간 중 화재가 발생한 경우는 제외).<br>〈점검시기〉<br>㉠ ④에 해당하는 특정소방대상물은 건축물을 사용할 수 있게 된 날부터 60일 이내 실시<br>㉡ ㉠을 제외한 특정소방대상물은 건축물의 사용승인일이 속하는 달에 실시(단, 학교의 경우 해당 건축물의 사용승인일이 1월에서 6월 사이에 있는 경우에는 6월 30일까지 실시할 수 있다.)<br>㉢ 건축물 사용승인일 이후 ⑥에 따라 종합점검대상에 해당하게 된 경우에는 그 다음 해부터 실시<br>㉣ 하나의 대지경계선 안에 2개 이상의 자체점검대상 건축물 등이 있는 경우 그 건축물 중 사용승인일이 가장 빠른 연도의 건축물의 사용승인일을 기준으로 점검할 수 있다.</td></tr>
</table>

(다) **소방시설법 시행령 〔별표 2〕**

① **각각 별개의 특정소방대상물로 보는 경우** : 내화구조로 된 하나의 특정소방대상물이 개구부 및 연소확대 우려가 없는 내화구조의 바닥과 벽으로 구획되어 있는 경우에는 그 구획된 부분

② **하나의 특정소방대상물로 보는 경우** : 2 이상의 특정소방대상물이 다음에 해당하는 구조로 연결통로로 연결된 경우

㉠ 내화구조로 된 연결통로가 다음에 해당하는 경우

- **벽이 없는 구조**로서 그 길이가 **6m** 이하인 경우
- **벽이 있는 구조**로서 그 길이가 **10m** 이하인 경우(단, 벽높이가 바닥에서 천장까지의 높이의 $\frac{1}{2}$ 이상인 경우에는 벽이 있는 구조로 보고, 벽높이가 바닥에서 천장까지의 높이의 $\frac{1}{2}$ 미만인 경우에는 벽이 없는 구조로 본다.)

㉡ 내화구조가 아닌 연결통로로 연결된 경우

㉢ **컨베이어**로 연결되거나 **플랜트설비**의 배관 등으로 연결되어 있는 경우

㉣ **지하보도**, **지하상가**, **지하가**로 연결된 경우

㉤ **자동방화셔터** 또는 **60분+방화문**이 설치되지 않은 **피**트로 연결된 경우

㉥ **지하구**로 연결된 경우

기억법 **하소 내연610, 내아연 컨플 보도상가 구피**

③ **별개의 특정소방대상물로 보는 경우**

㉠ 화재시 경보설비 또는 자동소화설비의 작동과 연동하여 자동으로 닫히는 **자동방화셔터** 또는 **60분+방화문**이 설치된 경우

㉡ 화재시 자동으로 방수되는 방식의 **드렌처설비** 또는 **개방형 스프링클러헤드**가 설치된 경우

④ **해당 지하층의 부분을 지하가로 보는 경우** : 특정소방대상물의 지하층이 지하가와 연결되어 있는 경우(단, 다음 지하가와 연결되는 지하층에 지하층 또는 지하가가 설치된 **자동방화셔터** 또는 **60분+방화문**이 화재시 **경보설비** 또는 **자동소화설비**의 작동과 연동하여 자동으로 닫히는 구조이거나 그 윗 부분에 **드렌처설비**를 설치한 경우 제외)

★★★

**문제 02**

이산화탄소 소화설비에 대하여 다음 각 물음에 답하시오. (30점)

(가) 가스압력식 기동장치가 설치된 이산화탄소 소화설비의 작동시험과 관련하여 물음에 답하시오.

① 작동시험시 가스압력식 기동장치의 전자개방밸브 작동방법 중 4가지만 쓰시오. (8점)

○

○

○

○

② 방호구역 내에 설치된 교차회로감지기를 동시에 작동시킨 후 이산화탄소 소화설비의 정상작동 여부를 판단할 수 있는 확인사항들에 대해 쓰시오. (10점)

(나) 화재안전기준에서 정하는 소화약제 저장용기를 설치하기에 적합한 장소에 대한 기준을 6가지만 쓰시오. (12점)

○

○

○

○

○

○

정답 (가) ① ㉠ 수동조작함의 기동스위치 작동
㉡ 감시제어반에서 솔레노이드밸브의 기동스위치 작동
㉢ 감지기를 2개 회로 이상 작동
㉣ 감시제어반에서 동작시험으로 2개 회로 이상 작동
② ㉠ 해당 방호구역의 사이렌 작동
㉡ 해당 방호구역의 방출표시등 점등 확인
㉢ 수동조작함의 방출표시등 점등 확인
㉣ 감시제어반의 방출표시등 점등 확인
㉤ 감시제어반의 화재표시등, 지구표시등 점등 확인

(나) ① 방호구역 외의 장소에 설치(단, 방호구역 내에 설치할 경우에는 피난 및 조작이 용이하도록 피난구 부근에 설치)
② 온도가 40℃ 이하이고, 온도변화가 작은 곳에 설치
③ 직사광선 및 빗물이 침투할 우려가 없는 곳에 설치
④ 방화문으로 구획된 실에 설치
⑤ 용기의 설치장소에는 해당 용기가 설치된 곳임을 표시하는 표지를 할 것
⑥ 용기간의 간격은 점검에 지장이 없도록 3cm 이상의 간격 유지

해설 (가) ① **이산화탄소 소화설비**의 **전자개방밸브 작동방법**
㉠ **수동조작함**의 **기동스위치** 작동
㉡ **감시제어반**에서 **솔레노이드밸브 기동스위치** 작동
㉢ **감지기를 2개 회로** 이상 작동
㉣ **감시제어반**에서 동작시험으로 **2개 회로** 이상 작동

• 전자개방밸브＝솔레노이드밸브

비교

(1) **포소화설비**의 **일제개방밸브 작동방법**
① 수동기동스위치 작동(감지기 작동방식인 경우)
② 수동개방밸브 개방
③ 감시제어반에서 **감지기**의 **동작시험**

(2) **준비작동식 스프링클러설비**의 **준비작동밸브 작동방법**
① **수동조작함**의 **기동스위치** 작동
② **감시제어반**에서 **솔레노이드밸브 기동스위치** 작동
③ **감지기**를 **2개 회로** 이상 작동
④ **감시제어반**에서 동작시험으로 **2개 회로** 이상 작동
⑤ 준비작동밸브의 **긴급해제밸브** 또는 **전동밸브** 수동개방

② **이산화탄소 소화설비**의 **정상작동 여부 판단 확인사항**
   ㉠ 해당 방호구역의 **사이렌** 작동 확인
   ㉡ 해당 방호구역의 **방출표시등** 점등 확인
   ㉢ 수동조작함의 **방출표시등** 점등 확인
   ㉣ 감시제어반의 **방출표시등** 점등 확인
   ㉤ 감시제어반의 **화재표시등**, **지구표시등** 점등 확인

(나) **이산화탄소 소화약제**의 **저장용기 설치장소**(NFPC 106 제4조, NFTC 106 2.1.1)

① **방호구역 외**의 장소에 설치(단, 방호구역 내에 설치할 경우에는 피난 및 조작이 용이하도록 **피난구 부근**에 설치)
② **온**도가 **40℃ 이하**이고, 온도변화가 작은 곳에 설치
③ **직사광선** 및 **빗물**이 침투할 우려가 없는 곳에 설치
④ **방화문**으로 구획된 실에 설치
⑤ 용기의 설치장소에는 해당 용기가 설치된 곳임을 표시하는 표지를 할 것
⑥ 용기간의 간격은 점검에 지장이 없도록 **3cm 이상**의 간격 유지
⑦ 저장용기와 집합관을 연결하는 연결배관에는 **체크밸브** 설치(단, 저장용기가 하나의 방호구역만을 담당하는 경우는 제외)

기억법 **이외N 방온직**

※ **할론소화약제 · 분말소화약제**의 저장용기 설치장소도 위의 이산화탄소 소화약제의 저장용기 설치장소와 동일하다.

비교

**할로겐화합물 및 불활성기체 소화약제 저장용기**의 **설치장소**(NFPC 107A 제6조, NFTC 107A 2.3.1)

(1) **방호구역 외**의 장소에 설치(단, 방호구역 내에 설치할 경우에는 피난 및 조작이 용이하도록 **피난구 부근**에 설치)
(2) **온**도가 **55℃ 이하**이고 온도의 변화가 작은 곳에 설치
(3) **직사광선** 및 **빗물**이 침투할 우려가 없는 곳에 설치
(4) 저장용기를 **방화구역 외**에 설치한 경우에는 **방화문**으로 구획된 실에 설치
(5) 용기의 설치장소에는 해당 용기가 설치된 곳임을 표시하는 표지를 할 것
(6) 용기간의 간격은 점검에 지장이 없도록 **3cm 이상**의 간격 유지
(7) 저장용기와 집합관을 연결하는 연결배관에는 **체크밸브** 설치(단, 저장 용기가 하나의 방호구역만을 담당하는 경우는 제외)

기억법 **할외온 방3**

☆☆☆ 문제 03

다음 옥내소화전설비에 관한 물음에 답하시오. (30점)

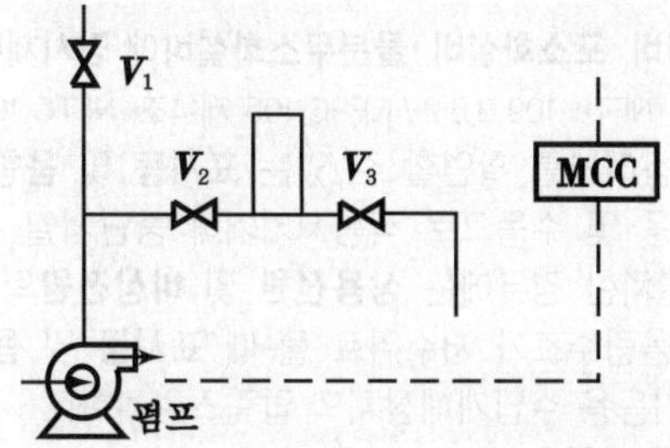


〔조건〕

① 조정시 주펌프의 운전은 수동운전을 원칙으로 한다.
② 릴리프밸브의 작동점은 체절압력의 90%로 한다.
③ 조정 전의 릴리프밸브는 체절압력에서도 개방되지 않은 상태이다.
④ 배관의 안전을 위해 주펌프 2차측의 $V_1$은 폐쇄 후 주펌프를 기동한다.
⑤ 조정 전의 $V_2$, $V_3$는 잠근상태이며 체절압력의 90% 압력의 성능시험배관을 이용하여 만든다.

㈎ 화재안전기준에서 정하는 감시제어반의 기능에 대한 기준을 5가지만 쓰시오. (10점)

○
○
○
○
○

㈏ 위의 그림을 보고 펌프를 운전하여 체절압력을 확인하고 릴리프밸브의 개방압력을 조정하는 방법을 기술하시오. (20점)

정답 ㈎ ① 각 펌프의 작동여부를 확인할 수 있는 표시등 및 음향경보기능이 있을 것
② 각 펌프를 자동 및 수동으로 작동시키거나 중단시킬 수 있을 것
③ 비상전원을 설치한 경우에는 상용전원 및 비상전원의 공급여부를 확인할 수 있을 것
④ 수조 또는 물올림수조가 저수위로 될 때 표시등 및 음향으로 경보할 것
⑤ 예비전원이 확보되고 예비전원의 적합여부를 시험할 수 있을 것

㈏ ① 동력제어반에서 주펌프, 충압펌프의 운전선택스위치를 '수동'으로 한다.
② $V_1$ 밸브 폐쇄
③ $V_2$, $V_3$ 밸브 개방
④ 동력제어반에서 주펌프 '수동' 기동
⑤ $V_3$ 밸브를 서서히 잠그면서 릴리프밸브의 작동점이 체절압력의 90%가 되도록 한다.
⑥ 릴리프밸브의 캡을 열고 조정나사를 반시계방향으로 서서히 돌려서 릴리프밸브 개방
⑦ 주펌프 '수동' 정지

⑧ $V_1$ 밸브 개방 및 $V_2$, $V_3$ 밸브 폐쇄
⑨ 동력제어반에서 충압펌프의 운전선택스위치를 '자동' 위치로 한다.
⑩ 충압펌프가 정지상태로 있거나 기동되었다가 설정압력에 의해 자동정지
⑪ 주펌프의 운전선택스위치를 '자동' 위치로 한다.

해설 (가) **옥내 · 외소화전설비**, **포소화설비**, **물분무소화설비**에 **감시제어반**의 **기능**(NFPC 102 제9조, NFTC 102 2.6.2 / NFPC 109 제9조, NFTC 109 2.6.2 / NFPC 105 제14조, NFTC 105 2.11.2 / NFPC 104 제13조, NFTC 104 2.10.2)
① 각 펌프의 작동여부를 확인할 수 있는 **표시등** 및 **음향경보기능**이 있을 것
② 각 펌프를 자동 및 수동으로 작동시키거나 중단시킬 수 있을 것
③ 비상전원을 설치한 경우에는 **상용전원** 및 **비상전원**의 공급여부를 확인할 수 있을 것
④ 수조 또는 물올림수조가 저수위로 될 때 **표시등** 및 **음향**으로 경보할 것
⑤ 각 확인회로(기동용 수압개폐장치의 압력스위치회로 · 수조 또는 물올림수조의 감시회로)마다 **도통시험** 및 **작동시험**을 할 수 있을 것
⑥ **예비전원**이 확보되고 **예비전원**의 **적합여부**를 시험할 수 있을 것

비교

**스프링클러설비 · 화재조기진압용 스프링클러설비 감시제어반**의 **기능**(NFPC 103 제13조, NFTC 103 2.10.2 / NFPC 103B 제15조, NFTC 103B 2.12.2)
(1) 각 펌프의 작동여부를 확인할 수 있는 **표시등** 및 **음향경보기능**이 있을 것
(2) 각 펌프를 자동 및 수동으로 작동시키거나 중단시킬 수 있을 것
(3) 비상전원을 설치한 경우에는 **상용전원** 및 **비상전원**의 공급여부를 확인할 수 있을 것
(4) 수조 또는 물올림수조가 저수위로 될 때 **표시등** 및 **음향**경보할 것
(5) **예비전원**이 확보되고 **예비전원**의 **적합여부**를 시험할 수 있을 것

(나) **릴리프밸브**의 **개방압력 조정방법**
① 동력제어반에서 주펌프, 충압펌프의 운전선택스위치를 **'수동'**으로 한다.
② $V_1$ 밸브 폐쇄
③ $V_2$, $V_3$ 밸브 개방
④ 동력제어반에서 주펌프 **'수동'** 기동
⑤ $V_3$ 밸브를 서서히 잠그면서 릴리프밸브의 작동점이 체절압력의 90%가 되도록 한다.
⑥ 릴리프밸브의 캡을 열고 조정나사를 반시계방향으로 서서히 돌려서 릴리프밸브 개방
⑦ 주펌프 **'수동'** 정지
⑧ $V_1$ 밸브 개방 및 $V_2$, $V_3$ 밸브 폐쇄
⑨ 동력제어반에서 충압펌프의 운전선택스위치를 **'자동'** 위치로 한다.
⑩ 충압펌프가 정지상태로 있거나 기동되었다가 설정압력에 의해 자동정지
⑪ 주펌프의 운전선택스위치를 **'자동'** 위치로 한다.

비교

(1) **릴리프밸브**의 **점검요령**
① 주배관의 **게이트밸브**를 잠근다.
② **펌프**를 **기동**하여 체절운전한다.
③ 릴리프밸브가 개방될 때 **압력계**를 확인하여 체절압력 미만인지를 확인한다.
(2) **릴리프밸브**의 **압력설정방법**
① 주펌프의 토출측 **개폐표시형밸브**를 잠근다.
② 주펌프를 **수동**으로 **기동**한다.
③ **릴리프밸브**의 **뚜껑**을 **개방**한다.
④ **압력조정나사**를 좌우로 돌려 물이 나오는 시점을 **조정**한다.

(3) **펌프**의 **성능시험방법**(가압송수장치의 성능시험방법)

① **주배관**의 **개폐밸브**를 잠근다.

② 제어반에서 **충압펌프**의 **기동**을 **중지**시킨다.

③ 압력챔버의 **배수밸브**를 열어 **주펌프**가 **기동**되면 잠근다. (제어반에서 수동으로 주펌프를 기동시킨다.)

④ **성능시험배관상**에 있는 **개폐밸브**를 개방한다.

⑤ 성능시험배관의 **유량조절밸브**를 **서서히 개방**하여 유량계를 통과하는 유량이 정격토출유량이 되도록 **조정**한다. 정격토출유량이 되었을 때 펌프토출측 압력계를 읽어 정격토출압력 이상인지 확인한다.

⑥ 성능시험배관의 **유량조절밸브**를 **조금 더 개방**하여 유량계를 통과하는 유량이 **정격토출유량**의 **150%**가 되도록 조정한다. 이때 펌프토출측 압력계의 확인된 압력은 정격토출압력의 **65%** 이상이어야 한다.

⑦ 성능시험배관상에 있는 **유량계**를 확인하여 **펌프**의 **성능**을 **측정**한다.

⑧ **성능시험** 측정 후 배관상 **개폐밸브**를 잠근 후 **주밸브**를 연다.

⑨ 제어반에서 **충압펌프기동중지**를 **해제**한다.

(4) **압력챔버**의 **공기교체**(충전) **요령**

① 동력제어반(MCC)에서 주펌프 및 충압펌프의 **선택스위치**를 '**수동**' 또는 '**정지**' 위치로 한다.

② **압력챔버 개폐밸브**를 잠근다.

③ **배수밸브** 및 **안전밸브**를 **개방**하여 **물**을 **배수**한다.

④ 안전밸브에 의해서 탱크 내에 **공기**가 **유입**되면, **안전밸브**를 **잠근 후 배수밸브**를 **폐쇄**한다.

⑤ **압력챔버 개폐밸브**를 서서히 **개방**하고, 동력제어반에서 주펌프 및 충압펌프의 선택스위치를 '**자동**' 위치로 한다. (이때 소화펌프는 자동으로 기동되며 설정압력에 도달되면 자동정지한다.)

10회

## 면접 · 구술시험 10계명

1. 질문의 핵심을 파악한다.
2. 밝은 표정으로 자신감 있게 답한다.
3. 줄줄 외워 답하기보다 잠깐 생각하고 대답한다.
4. 평이한 문제도 깊이 있게 설명한다.
5. 결론부터 말하고 그 근거를 제시한다.
6. 틀린 답변은 즉시 고친다.
7. 자신이 아는 범위에서 답한다.
8. 정확하고 알아듣기 쉽게 발음한다.
9. 시작할 때와 마칠 때 공손하게 인사한다.
10. 복장과 용모는 단정하게 한다.

# 2006년도 제9회 소방시설관리사 2차 국가자격시험

| 교 시 | 시 간 | 시험과목 | |
|---|---|---|---|
| 1교시 | 90분 | 소방시설의 점검실무행정 | |
| 수험번호 | | 성 명 | |

**【수험자 유의사항】**

1. **시험문제지 표지**와 시험문제지의 **총면수**, **문제번호 일련순서**, **인쇄상태** 등을 확인하시고, 문제지 표지에 수험번호와 성명을 기재하시기 바랍니다.
2. 수험자 인적사항 및 답안지 등 작성은 **반드시 검정색 필기구만을 계속 사용**하여야 합니다. (**그 외 연필류, 유색필기구, 2가지 이상 색 혼합사용 등으로 작성한 답항은 0점 처리**됩니다.)
3. 문제번호 순서에 관계없이 답안 작성이 가능하나, **반드시 문제번호 및 문제를 기재**(긴 경우 요약기재 가능)하고 해당 답안을 기재하여야 합니다.
4. **답안 정정시에는 정정할 부분을 두 줄(=)로 긋고 수정할 내용을 다시 기재**합니다.
5. 답안작성은 **시험시행일** 현재 시행되는 법령 등을 적용하시기 바랍니다.
6. **감독위원의 지시에 불응하거나 시험시간 종료 후 답안지를 제출하지 않을 경우** 불이익이 발생할 수 있음을 알려드립니다.
7. 시험문제지는 시험 종료 후 가져가시기 바랍니다.

# 2006. 7. 2. 시행

★★★

## 문제 01

**다음 물음에 답하시오. (35점)**

(가) 특별피난계단의 계단실 및 부속실 제연설비의 종합점검표에 나와 있는 점검항목 18가지를 기술하시오. (20점)

(나) 다중이용업소에 설치하여야 하는 소방시설 등 및 영업장 내부 피난통로, 그 밖의 안전시설의 종류를 기술하시오. (15점)

정답 (가)

| 구 분 | 점검항목 |
|---|---|
| 과압방지조치 | 자동차압·과압조절형 댐퍼(또는 플랩댐퍼)를 사용한 경우 성능 적정 여부 |
| 수직풍도에 따른 배출 | ① 배출댐퍼 설치(개폐 여부 확인 기능, 화재감지기 동작에 따른 개방) 적정 여부<br>② 배출용 송풍기가 설치된 경우 화재감지기 연동 기능 적정 여부 |
| 급기구 | 급기댐퍼 설치상태(화재감지기 동작에 따른 개방) 적정 여부 |
| 송풍기 | ① 설치장소 적정(화재영향, 접근·점검 용이성) 여부<br>② 화재감지기 동작 및 수동조작에 따라 작동하는지 여부<br>③ 송풍기와 연결되는 캔버스 내열성 확보 여부 |
| 외기취입구 | ① 설치위치(오염공기 유입방지, 배기구 등으로부터 이격거리) 적정 여부<br>② 설치구조(빗물·이물질 유입방지, 옥외의 풍속과 풍향에 영향) 적정 여부 |
| 제연구역의 출입문 | ① 폐쇄상태 유지 또는 화재시 자동폐쇄 구조 여부<br>② 자동폐쇄장치 폐쇄력 적정 여부 |
| 수동기동장치 | ① 기동장치 설치(위치, 전원표시등 등) 적정 여부<br>② 수동기동장치(옥내 수동발신기 포함) 조작시 관련 장치 정상작동 여부 |
| 제어반 | ① 비상용 축전지의 정상 여부<br>② 제어반 감시 및 원격조작 기능 적정 여부 |
| 비상전원 | ① 비상전원 설치장소 적정 및 관리 여부<br>② 자가발전설비인 경우 연료적정량 보유 여부<br>③ 자가발전설비인 경우 「전기사업법」에 따른 정기점검 결과 확인 |

(나)

| 시 설 | 종 류 |
|---|---|
| 소화설비 | • 소화기 • 자동확산소화기<br>• 간이스프링클러설비(캐비닛형 간이스프링클러설비 포함) : 영업장이 지하층에 설치된 것, 밀폐구조의 영업장, 산후조리업 및 고시원업(단, 지상 1층에 있거나 지상과 직접 맞닿아 있는 층에 설치된 영업장 제외), 권총사격장의 영업장 |
| 피난구조설비 | • 유도등 • 유도표지<br>• 비상조명등 • 휴대용비상조명등<br>• 피난유도선(단, 영업장 내부 피난통로 또는 복도가 있는 영업장에만 설치) • 피난기구 |

| | |
|---|---|
| 경보설비 | • 비상벨설비 또는 자동화재탐지설비(단, 노래반주기 등 영상음향장치를 사용하는 영업장에는 자동화재탐지설비 설치)<br>• 가스누설경보기(단, 가스시설을 사용하는 주방이나 난방시설이 있는 영업장에만 설치) |
| 방화시설 | • 비상구 |
| 그 밖의 안전시설 | • 영상음향 차단장치(단, 노래반주기 등 영상음향장치를 사용하는 영업장에만 설치)<br>• 창문(단, 고시원업의 영업장에만 설치)<br>• 누전차단기 |
| 영업장 내부피난통로 | • 구획된 실이 있는 영업장에만 설치 |

해설 (가) **특별피난계단**의 **계단실** 및 **부속실**의 **제연설비 종합점검**(소방시설 자체점검사항 등에 관한 고시 〔별지 제4호 서식〕)

| 구 분 | 점검항목 |
|---|---|
| 과압방지조치 | ● **자동차압 · 과압조절형** 댐퍼(또는 **플랩댐퍼**)를 사용한 경우 성능 적정 여부 |
| 수직풍도에 따른 배출 | ① 배출댐퍼 설치(개폐 여부 확인 기능, 화재감지기 동작에 따른 개방) 적정 여부<br>② 배출용 송풍기가 설치된 경우 화재감지기 연동 기능 적정 여부 |
| 급기구 | 급기댐퍼 설치상태(화재감지기 동작에 따른 개방) 적정 여부 |
| 송풍기 | ① 설치장소 적정(화재영향, 접근 · 점검 용이성) 여부<br>② 화재감지기 동작 및 수동조작에 따라 작동하는지 여부<br>❸ 송풍기와 연결되는 **캔버스** 내열성 확보 여부 |
| 외기취입구 | ① 설치위치(오염공기 유입방지, 배기구 등으로부터 이격거리) 적정 여부<br>❷ 설치구조(빗물 · 이물질 유입방지, 옥외의 풍속과 풍향에 영향) 적정 여부 |
| 제연구역의 출입문 | ① 폐쇄상태 유지 또는 화재시 자동폐쇄 구조 여부<br>❷ 자동폐쇄장치 **폐쇄력** 적정 여부 |
| 수동기동장치 | ① 기동장치 설치(위치, 전원표시등 등) 적정 여부<br>② 수동기동장치(옥내 수동발신기 포함) 조작시 관련 장치 정상작동 여부 |
| 제어반 | ① 비상용 축전지의 정상 여부<br>② 제어반 감시 및 원격조작 기능 적정 여부 |
| 비상전원 | ❶ 비상전원 설치장소 적정 및 관리 여부<br>② 자가발전설비인 경우 연료적정량 보유 여부<br>③ 자가발전설비인 경우 「전기사업법」에 따른 정기점검 결과 확인 |
| 비고 | ※ 특정소방대상물의 위치 · 구조 · 용도 및 소방시설의 상황 등이 이 표의 항목대로 기재하기 곤란하거나 이 표에서 누락된 사항을 기재한다. |

※ "●"는 종합점검의 경우에만 해당

**아하! 그렇구나** **특별피난계단의 계단실 및 부속실의 제연설비 작동점검**(소방시설 자체점검사항 등에 관한 고시 〔별지 제4호 서식〕)

| 구 분 | 점검항목 |
|---|---|
| 수직풍도에 따른 배출 | ① 배출댐퍼 설치(개폐 여부 확인 기능, 화재감지기 동작에 따른 개방) 적정 여부<br>② 배출용 송풍기가 설치된 경우 화재감지기 연동기능 적정 여부 |

| | |
|---|---|
| 급기구 | 급기댐퍼 설치상태(화재감지기 동작에 따른 개방) 적정 여부 |
| 송풍기 | ① 설치장소 적정(화재영향, 접근·점검 용이성) 여부<br>② 화재감지기 동작 및 수동조작에 따라 작동하는지 여부 |
| 외기취입구 | 설치위치(오염공기 유입방지, 배기구 등으로부터 이격거리) 적정 여부 |
| 제연구역의 출입문 | 폐쇄상태 유지 또는 화재시 자동폐쇄 구조 여부 |
| 수동기동장치 | ① 기동장치 설치(위치, 전원표시등 등) 적정 여부<br>② 수동기동장치(옥내 수동발신기 포함) 조작시 관련 장치 정상작동 여부 |
| 제어반 | ① 비상용 축전지의 정상 여부<br>② 제어반 감시 및 원격조작기능 적정 여부 |
| 비상전원 | ① 자가발전설비인 경우 연료적정량 보유 여부<br>② 자가발전설비인 경우 「전기사업법」에 따른 정기점검 결과 확인 |
| 비고 | ※ 특정소방대상물의 위치·구조·용도 및 소방시설의 상황 등이 이 표의 항목대로 기재하기 곤란하거나 이 표에서 누락된 사항을 기재한다. |

(나) **다중이용업소**에 설치하는 **안전시설** 등(다중이용업령 [별표 1의 2])

| 시 설 | 종 류 |
|---|---|
| 소화설비 | • 소화기<br>• 자동확산소화기<br>• 간이스프링클러설비(**캐비닛형 간이스프링클러설비** 포함) : 영업장이 지하층에 설치된 것, 밀폐구조의 영업장, 산후조리업 및 고시원업(단, 지상 1층에 있거나 지상과 직접 맞닿아 있는 층에 설치된 영업장 제외), 권총사격장의 영업장 |
| 피난구조설비 | • 유도등<br>• 유도표지<br>• 비상조명등<br>• 휴대용비상조명등<br>• 피난유도선(단, 영업장 내부 피난통로 또는 복도가 있는 영업장에만 설치)<br>• 피난기구 |
| 경보설비 | • 비상벨설비 또는 자동화재탐지설비(단, 노래반주기 등 영상음향장치를 사용하는 영업장에는 자동화재탐지설비 설치)<br>• 가스누설경보기(단, 가스시설을 사용하는 주방이나 난방시설이 있는 영업장에만 설치) |
| 방화시설 | • **비상구** |
| 그 밖의 안전시설 | • 영상음향 차단장치(단, 노래반주기 등 영상음향장치를 사용하는 영업장에만 설치)<br>• 창문(단, 고시원의 영업장에만 설치)<br>• 누전차단기 |
| 영업장 내부피난통로 | • 구획된 실이 있는 영업장에만 설치 |

아하! 그렇구나 **용어의 정의**

| 용 어 | 설 명 |
|---|---|
| 영상음향 차단장치 | 영상모니터에 화상 및 음반재생장치가 되어 있어 영화 · 음악감상 등을 할 수 있거나 화상장치나 음반장치 중 한 가지 기능만 가능할 수 있도록 설치한 시설을 차단하는 스위치 |
| 피난유도선 | 햇빛이나 전등불에 따라 축광하거나 전류에 따라 빛을 발하는 유도체로서 유사시 어두운 상태에서 피난을 유도할 수 있는 시설 |
| 비상구 | 주된 출입구 외에 화재발생 등 비상시 영업장의 내부로부터 지상 · 옥상 또는 그 밖의 안전한 곳으로 피난할 수 있도록 **직통계단 · 피난계단 · 옥외계단** 또는 **발코니**에 **연결**된 **출입구** |
| 구획된 실 | 영업장 내부에 이용객 등이 사용할 수 있는 공간을 **벽** 또는 **칸막이** 등으로 **구획한 공간**(단, 영업장 내부를 벽 또는 칸막이 등으로 구획한 공간이 없는 경우에는 영업장 내부 전체 공간을 하나의 구획된 실로 봄) |

☆☆☆ 문제 02

**그림은 공기관식 차동식 분포형 감지기의 펌프시험을 위한 계통도이다. 다음 각 물음에 답하시오. (25점)**

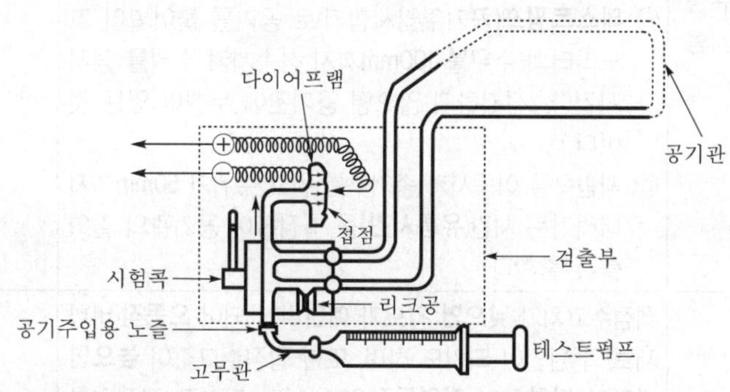


(가) 작동시험방법에 대하여 설명하시오. (5점)

(나) 작동시험결과 예상되는 비정상적인 경우 2가지와 원인에 대하여 쓰시오. (20점)

정답 (가) ① 검출부의 시험공에 **테스트펌프**를 접속하고 시험콕 또는 스위치를 작동시험위치로 조정한다.
② 각 검출부에 명시되어 있는 공기량을 공기관에 송입한다.

(나)

| **작동개시시간**이 허용범위보다 **늦게 되는 경우** | **작동개시시간이** 허용범위보다 **빨리 되는 경우** |
|---|---|
| ① 감지기의 **리크저항**이 **기준치 이하**일 때<br>② 검출부 내의 **다이어프램**이 부식되어 표면에 구멍이 발생하였을 때 | ① 감지기의 **리크저항**이 **기준치 이상**일 때<br>② 검출부 내의 **리크구멍**이 이물질 등에 의해 막히게 되었을 때 |

해설 (가) **공기관식 차동식 분포형 감지기의 화재작동시험**

① **유통시험 · 접점수고시험**

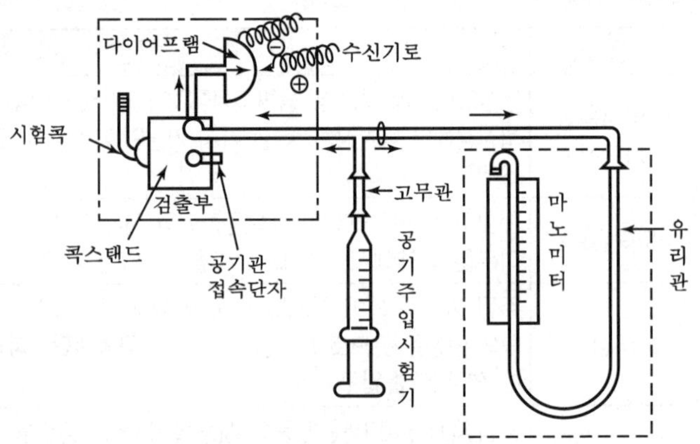


▌유통시험 · 접점수고시험▐

| 시험종류 | 시험방법 | 주의사항 | 가부판정의 기준 |
|---|---|---|---|
| 유통시험 | 공기관에 공기를 유입시켜, 공기관이 새거나, 깨지거나, 줄어들음 등의 유무 및 공기관의 길이를 확인하기 위하여 다음에 따라 행할 것<br>㉠ 검출부의 시험공 또는 공기관의 한쪽 끝에 **테스트펌프**(공기주입시험기)를, 다른 한쪽 끝에 **마노미터**를 접속한다.<br>㉡ **테스트펌프**(공기주입시험기)로 공기를 불어넣어 마노미터의 수위를 **100mm**까지 상승시켜 수위를 정지시킨다. (정지하지 않으면 공기관에 누설이 있는 것이다.)<br>㉢ 시험콕을 이동시켜 송기구를 열고 수위가 **50mm**까지 내려가는 시간(**유통시간**)을 측정하여 공기관의 길이를 산출한다. | 공기주입을 서서히 하며 **지정량 이상** 가하지 않도록 할 것 | 유통시간에 의해서 **공기관**의 **길이**를 산출하고 산출된 공기관의 길이가 하나의 검출의 **최대공기관 길이 이내**일 것 |
| 접점수고시험 | 접점수고치가 **낮으면** 감도가 **예민**하게 되어 **오동작**(비화재보)의 원인이 되기도 하며, 또한 접점수고값이 **높으면** 감도가 **저하**하여 **지연동작**의 원인이 되므로 적정치를 보유하고 있는가를 확인하기 위하여 다음에 따라 행한다.<br>㉠ 시험콕 또는 스위치를 접점수고시험 위치로 조정하고 **테스트펌프**(공기주입시험기)에서 미량의 공기를 서서히 주입한다.<br>㉡ 감지기의 접점이 폐쇄되었을 때에 공기의 주입을 중지하고 **마노미터**의 수위를 읽어서 접점수고를 측정한다. | – | **접점수고치**가 각 검출부에 지정되어 있는 값의 범위 내에 있을 것 |

② **펌프시험 · 작동계속시험**

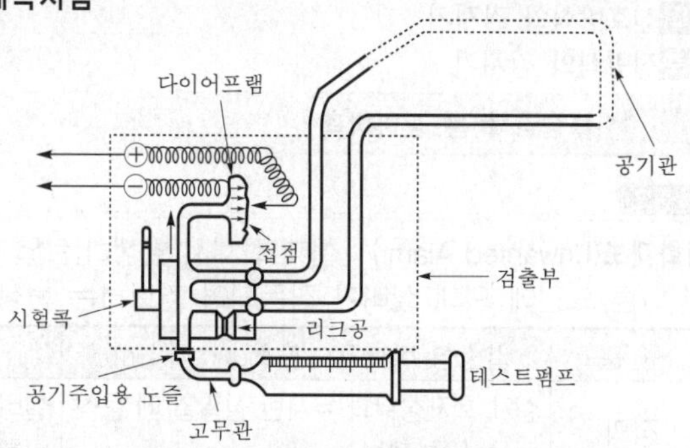


▎펌프시험 · 작동계속시험 ▎

| 시험 종류 | 시험방법 | 가부판정의 기준 | 주의사항 |
|---|---|---|---|
| 펌프 시험 | 감지기의 작동공기압(공기팽창압)에 상당하는 공기량을 **테스트펌프**(공기주입시험기, test pump)에 의해 불어넣어 작동할 때까지의 시간이 지정치인가를 확인하기 위하여 다음에 따라 행할 것<br>㉠ 검출부의 시험공에 **테스트펌프**(공기주입시험기)를 접속하고 시험콕(cock) 또는 스위치를 작동시험위치로 조정한다.<br>㉡ 각 검출부에 명시되어 있는 공기량을 공기관에 송입한다. | 공기송입 후 감지기의 접점이 작동할 때까지의 시간이 각 검출부에 지정되어 있는 시간의 범위 내에 있을 것 | ㉠ 송입하는 공기량은 감지기 또는 검출부의 종별 또는 공기관의 길이가 다르므로 지정량 이상의 공기를 송입하지 않도록(다이어프램 손상방지)에 유의할 것<br>㉡ 시험콕 또는 스위치를 작동시험위치로 조정하여 송입한 공기가 **리크저항**을 통과하지 않는 구조의 것에 있어서는 지정치의 공기량을 송입한 직후 신속하게 시험콕 또는 스위치를 **정위치**로 **복귀**시 킬 것 |
| 작동 계속 시험 | 펌프시험에 의해서 **감지기**가 **작동**을 **개시**한 때부터 작동을 **정지**할 때까지의 시간을 측정하여 감지기의 작동의 계속이 정상인가를 확인한다. | 감지기의 **작동계속시간**이 각 검출부에 지정되어 있는 시간의 범위 내에 있을 것 | |

(나) **공기관식 차동식 분포형 감지기**

| **작동개시시간**이 허용범위보다 **늦게 되는 경우**(감지기의 동작이 늦어진다.) | **작동개시시간**이 허용범위보다 **빨리 되는 경우**(감지기의 동작이 빨라진다.) |
|---|---|
| ① 감지기의 **리크저항**(leak resistance)이 **기준치 이하**일 때<br>② 검출부 내의 **다이어프램**이 부식되어 표면에 구멍(leak)이 발생하였을 때 | ① 감지기의 **리크저항**(leak resistance)이 **기준치 이상**일 때<br>② 검출부 내의 **리크구멍**이 이물질 등에 의해 막히게 되었을 때 |

**아하! 그렇구나** 일과성 비화재보(Nuisance Alarm)시 적응성 감지기

① **불**꽃감지기
② **정**온식 **감**지선형 감지기
③ **분**포형 감지기
④ **복**합형 감지기
⑤ **광**전식 분리형 감지기
⑥ **아**날로그방식의 감지기

⑦ **다**신호방식의 감지기
⑧ **축**적방식의 감지기

기억법 **불정감 복분 광아다축**

중요

**비화재보(Unwanted Alarm)** : 실제 화재시 발생하는 열 · 연기 · 불꽃 등 연소생성물이 아닌 다른 요인에 의해 설비가 작동되어 경보하는 현상

| 구 분 | 일관성 비화재보(Nuisance Alarm) | False Alarm |
|---|---|---|
| 정의 | 실제 화재상황과 유사한 상황일 때 동작하는 비화재보 | 설비자체의 결함이나 오조작 등에 따른 비화재보 |
| 종류 또는 상황 | ① **보일러**의 **열**에 따른 동작<br>② **난로**의 **열**에 따른 동작<br>③ **수증기**에 따른 동작<br>④ **조리**시 **연기**에 따른 동작 | ① 설비자체의 **기능**적 결함<br>② 설비의 **유지관리** 불량<br>③ 실수나 **고의**적인 행위 |

비교

**자동화재 탐지설비의 점검사항**

| 비화재보가 생기는 경우 | 동작하지 않는 경우 |
|---|---|
| ① **표시회로**의 **절연불량**<br>② **감지기**의 **기능불량**<br>③ **감지기**가 설치되어 있는 장소의 급격한 **온도변화**에 따른 감지기 동작<br>④ **수신기**의 **기능불량** | ① **전원**의 고장(예비전원 포함)<br>② **전기회로**의 접촉불량 및 단선<br>③ 릴레이 · 감지기 등의 접점불량<br>④ 감지기의 기능불량 |

☆☆☆

## 문제 03

수계소화설비에 대한 사항이다. 조건을 참조하여 다음 각 물음에 답하시오. (40점)

〔조건〕
① 수조의 수위보다 펌프가 높게 설치되어 있다.
② 배관은 실선으로 배선은 점선으로 작성하여야 한다.

(가) 펌프흡입측과 토출측의 주위배관의 계통도를 그리고 부속품별로 기능을 설명하시오. (20점)
(나) 작동시험 후 충압펌프가 5분마다 기동 및 정지를 반복한다. 그 원인으로 생각되는 사항 2가지를 쓰시오. (10점)
(다) 방수시험을 하였으나 펌프가 기동하지 않았다. 원인으로 생각되는 사항 5가지를 쓰시오. (10점)

정답 (가)

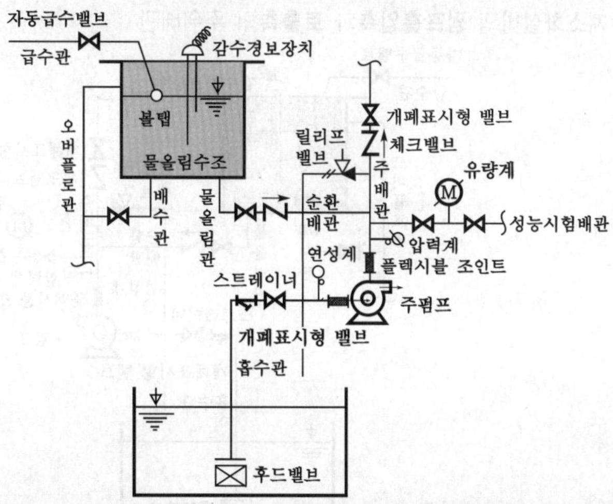


| 부속품 | 기 능 |
|---|---|
| 후드밸브 | 여과기능 · 체크밸브 기능 |
| 스트레이너 | 펌프 내의 이물질 침투 방지 |
| 개폐표시형 밸브 | 주밸브로 사용되며 육안으로 밸브의 개폐확인 |
| 연성계 | 펌프의 흡입측 압력 측정 |
| 플렉시블조인트 | 펌프 또는 배관의 충격흡수 |
| 주펌프 | 소화수에 유속과 압력부여 |
| 압력계 | 펌프의 토출측 압력 측정 |
| 유량계 | 성능시험시 펌프의 유량 측정 |
| 성능시험배관 | 주펌프의 성능 적합여부 확인 |
| 체크밸브 | 역류방지 |
| 물올림수조 | 물올림장치의 전용탱크 |
| 순환배관 | 체절운전시 수온상승 방지 |
| 릴리프밸브 | 체절압력 미만에서 개방 |
| 감수경보장치 | 물올림수조의 물부족 감시 |
| 자동급수밸브 | 물올림수조의 물 자동공급 |
| 볼탭 | 물올림수조의 물의 양 감지 |
| 급수관 | 물올림수조의 물 공급배관 |
| 오버플로관 | 물올림수조에 물이 넘칠 경우 물배출 |
| 배수관 | 물올림수조의 청소시 물을 배출하는 관 |
| 물올림관 | 흡수관에 물을 공급하기 위한 관 |

(나) ① 펌프토출측 배관의 체크밸브 누수
② 압력챔버의 배수밸브 누수

(다) ① 펌프의 고장
② 상용전원 및 비상전원의 고장
③ 압력챔버의 압력스위치 고장
④ 주배관과 압력챔버 사이의 밸브 폐쇄
⑤ 동력제어반의 자동스위치가 정지위치에 있을 때

해설 (가) **수계소화설비**의 **펌프흡입측**과 **토출측**의 주위배관

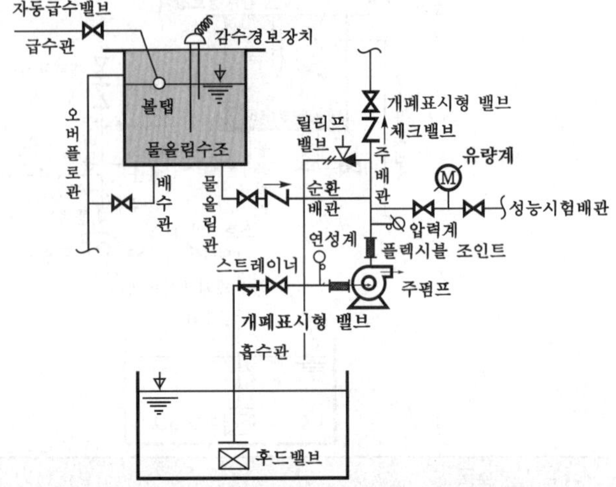


| 부속품 | 기 능 |
|---|---|
| 후드밸브 | **여과**기능 · **체크밸브** 기능 |
| 스트레이너 | 펌프 내의 **이물질 침투** 방지 |
| 개폐표시형 밸브 | 주밸브로 사용되며 **육안**으로 **밸브**의 **개폐**확인 |
| 연성계 | 펌프의 **흡입측 압력** 측정 |
| 플렉시블조인트 | 펌프 또는 배관의 **충격흡수** |
| 주펌프 | 소화수에 유속과 압력부여 |
| 압력계 | 펌프의 **토출측 압력** 측정 |
| 유량계 | **성능시험**시 펌프의 **유량** 측정 |
| 성능시험배관 | **주펌프**의 **성능 적합여부** 확인 |
| 체크밸브 | **역류**방지 |
| 물올림수조 | 물올림장치의 **전용탱크** |
| 순환배관 | **체절운전시 수온상승** 방지 |
| 릴리프밸브 | **체절압력 미만**에서 개방 |
| 감수경보장치 | 물올림수조의 **물부족 감시** |
| 자동급수밸브 | 물올림수조의 **물 자동공급** |
| 볼탭 | 물올림수조의 **물**의 **양 감지** |
| 급수관 | 물올림수조의 **물 공급**배관 |
| 오버플로관 | 물올림수조에 물이 넘칠 경우 **물배출** |
| 배수관 | 물올림수조의 **청소**시 **물**을 배출하는 관 |
| 물올림관 | **흡수관**에 **물**을 **공급**하기 위한 관 |

## 아하! 그렇구나 수조의 수위보다 펌프가 낮게 설치되는 경우=정압흡입방식

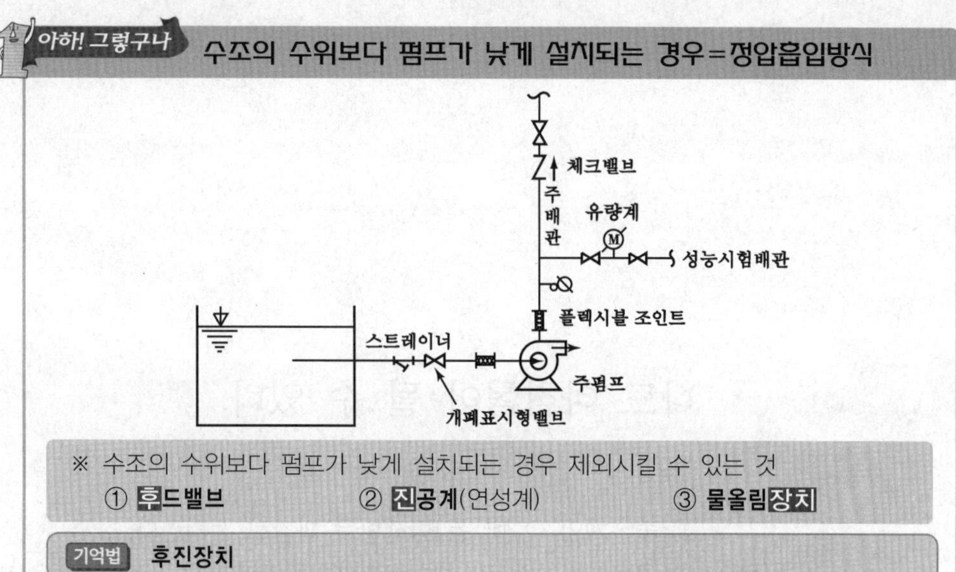


※ 수조의 수위보다 펌프가 낮게 설치되는 경우 제외시킬 수 있는 것

① **후드밸브** ② **진공계**(연성계) ③ **물올림장치**

기억법 **후진장치**

(나) **충압펌프** 기동정지반복 **원인**

① 펌프토출측 배관의 **체크밸브** 누수
② 펌프토출측 배관의 **개폐표시형밸브** 누수
③ 압력챔버의 **배수밸브** 누수
④ 소화전, 헤드 등의 **살수장치** 누수

(다) **펌프**가 **기동**하지 **않는** 경우의 **원인**

① **펌프**의 고장
② **상용전원** 및 비상전원의 고장
③ 압력챔버의 **압력스위치** 고장
④ 주배관과 압력챔버 사이의 **밸브** 폐쇄
⑤ **동력제어반**의 기동스위치가 **정지위치**에 있을 때
⑥ **감시제어반**의 기동스위치가 **정지위치**에 있을 때

## 아하! 그렇구나 물이 나오지 않는 경우의 원인 및 이유

① ┌ 원인 : **후드밸브**의 막힘
 └ 이유 : 펌프흡입측 배관에 물이 유입되지 못하므로

② ┌ 원인 : **Y형 스트레이너**의 막힘
 └ 이유 : Y형 스트레이너 2차측에 물이 공급되지 못하므로

③ ┌ 원인 : **펌프토출측**의 **체크밸브** 막힘
 └ 이유 : 펌프토출측의 체크밸브 2차측에 물이 공급되지 못하므로

④ ┌ 원인 : **펌프토출측**의 **게이트밸브** 폐쇄
 └ 이유 : 펌프토출측의 게이트밸브 2차측에 물이 공급되지 못하므로

⑤ ┌ 원인 : **압력챔버**내의 **압력스위치** 고장
 └ 이유 : 펌프가 기동되지 않으므로

⑥ ┌ 원인 : **알람체크밸브** 개방 불가
 └ 이유 : 알람체크밸브 2차측에 물이 공급되지 못하므로

⑦ ┌ 원인 : **알람체크밸브 1차측 게이트밸브** 폐쇄
 └ 이유 : 알람체크밸브 1차측 게이트밸브 2차측에 물이 공급되지 못하므로

09회

## 나도 아침형이 될 수 있다

① 술 · 게임 · 도박 등 밤생활을 과감히 정리한다.
② 불가피한 경우를 제외하곤 업무 집중력을 높여 잔업을 만들지 않는다.
③ 육체적인 활동이나 운동을 통해 기분 좋은 피로를 유도한다.
④ 짝수 시간으로 수면을 취해 잠의 효율성을 높인다.
⑤ 야식을 삼가는 대신 따끈한 우유 한 잔으로 숙면을 돕는다.
⑥ 저녁엔 정서적으로 안정감을 주는 독서나 음악감상을 한다.
⑦ 늦게 자는 경우에도 아침엔 반드시 같은 시간에 일어난다.
⑧ 하루를 정리하는 시간을 갖는다.
⑨ 낮에 피곤할 때는 30분 이내로 잠시 눈을 붙인다.

# 2005년도 제8회 소방시설관리사 2차 국가자격시험

| 교 시 | 시 간 | 시험과목 |
|---|---|---|
| 1교시 | 90분 | 소방시설의 점검실무행정 |

| 수험번호 | | 성 명 | |
|---|---|---|---|

## 【 수험자 유의사항 】

1. **시험문제지 표지**와 시험문제지의 **총면수**, **문제번호 일련순서**, **인쇄 상태** 등을 확인하시고, 문제지 표지에 수험번호와 성명을 기재하시기 바랍니다.

2. 수험자 인적사항 및 답안지 등 작성은 **반드시 검정색 필기구만을 계속 사용**하여야 합니다. (**그 외 연필류, 유색필기구, 2가지 이상 색 혼합사용 등으로 작성한 답항은 0점 처리**됩니다.)

3. 문제번호 순서에 관계없이 답안 작성이 가능하나, **반드시 문제번호 및 문제를 기재**(긴 경우 요약기재 가능)하고 해당 답안을 기재하여야 합니다.

4. **답안 정정시에는 정정할 부분을 두 줄(=)로 긋고 수정할 내용을 다시 기재**합니다.

5. 답안작성은 **시험시행일** 현재 시행되는 법령 등을 적용하시기 바랍니다.

6. **감독위원의 지시에 불응하거나 시험시간 종료 후 답안지를 제출하지 않을 경우** 불이익이 발생할 수 있음을 알려드립니다.

7. 시험문제지는 시험 종료 후 가져가시기 바랍니다.

# 2005. 7. 3. 시행

☆☆☆

## 문제 01

**다음 각 설비에 대한 점검항목을 소방시설 종합점검표의 내용에 따라 답하시오. (40점)**

(가) 옥내소화전설비에서 “수조” 점검항목 중 7가지를 기술하시오. (10점)

(나) 스프링클러설비에서 “가압송수장치” 중 펌프방식의 점검항목 중 9가지를 기술하시오. (10점)

(다) 할로겐화합물 및 불활성기체 소화설비에서 “저장용기” 점검항목 중 5가지를 기술하시오. (10점)

(라) 지하 3층, 지상 11층, 연면적 5000m$^2$인 경우 화재층이 다음과 같을 때 우선적으로 경보되는 층을 모두 쓰시오. (10점)

① 지하 2층 :

② 지상 1층 :

③ 지상 2층 :

정답 (가) ① 동결방지조치 상태 적정 여부
② 수위계 설치상태 적정 또는 수위 확인 가능 여부
③ 수조 외측 고정사다리 설치상태 적정 여부(바닥보다 낮은 경우 제외)
④ 실내 설치시 조명설비 설치상태 적정 여부
⑤ “옥내소화전설비용 수조” 표지 설치상태 적정 여부
⑥ 다른 소화설비와 겸용시 겸용 설비의 이름 표시한 표지 설치상태 적정 여부
⑦ 수조-수직배관 접속부분 “옥내소화전설비용 배관” 표지 설치상태 적정 여부

(나) ① 동결방지조치 상태 적정 여부
② 성능시험배관을 통한 펌프성능시험 적정 여부
③ 다른 소화설비와 겸용인 경우 펌프성능 확보 가능 여부
④ 펌프 흡입측 연성계·진공계 및 토출측 압력계 등 부속장치의 변형·손상 유무
⑤ 기동장치 적정 설치 및 기동압력 설정 적정 여부
⑥ 물올림장치 설치 적정(전용 여부, 유효수량, 배관구경, 자동급수) 여부
⑦ 충압펌프 설치 적정(토출압력, 정격토출량) 여부
⑧ 내연기관방식의 펌프 설치 적정(정상기동(기동장치 및 제어반) 여부, 축전지상태, 연료량) 여부
⑨ 가압송수장치의 “스프링클러펌프” 표지 설치 여부 또는 다른 소화설비와 겸용시 겸용 설비 이름 표시 부착 여부

(다) ① 설치장소 적정 및 관리 여부
② 저장용기 설치장소 표지 설치 여부
③ 저장용기 설치간격 적정 여부
④ 저장용기 개방밸브 자동·수동 개방 및 안전장치 부착 여부
⑤ 저장용기와 집합관 연결배관상 체크밸브 설치 여부

(라) ① 지하 1층, 지하 2층, 지하 3층
② 지상 1층, 지상 2~5층, 지하 1층, 지하 2층, 지하 3층
③ 지상 2층, 지상 3~6층

해설 (가) **옥내소화전설비**의 **종합점검**(소방시설 자체점검사항 등에 관한 고시 〔별지 제4호 서식〕)

| 구 분 | | 점검항목 |
|---|---|---|
| 수원 | | ① 주된 수원의 **유효수량** 적정 여부(겸용 설비 포함)<br>② 보조수원(**옥상**)의 유효수량 적정 여부 |
| 수조 | | ❶ 동결방지조치 상태 적정 여부<br>② **수위계** 설치상태 적정 또는 수위 확인 가능 여부<br>❸ 수조 외측 고정사다리 설치상태 적정 여부(바닥보다 낮은 경우 제외)<br>❹ 실내 설치시 조명설비 설치상태 적정 여부<br>⑤ **"옥내소화전설비용 수조"** 표지 설치상태 적정 여부<br>❻ 다른 소화설비와 겸용시 겸용 설비의 이름 표시한 표지 설치상태 적정 여부<br>❼ 수조-수직배관 접속부분 **"옥내소화전설비용 배관"** 표지 설치상태 적정 여부 |
| 가압송수장치 | 펌프방식 | ❶ 동결방지조치 상태 적정 여부<br>② 옥내소화전 방수량 및 방수압력 적정 여부<br>❸ 감압장치 설치 여부(방수압력 **0.7MPa** 초과 조건)<br>④ 성능시험배관을 통한 펌프성능시험 적정 여부<br>❺ 다른 소화설비와 겸용인 경우 펌프성능 확보 가능 여부<br>⑥ 펌프 흡입측 **연성계ㆍ진공계** 및 **토출측 압력계** 등 부속장치의 변형ㆍ손상 유무<br>❼ 기동장치 적정 설치 및 기동압력 설정 적정 여부<br>⑧ 기동스위치 설치 적정 여부(ON/OFF 방식)<br>❾ 주펌프와 동등 이상 펌프 추가 설치 여부<br>❿ 물올림장치 설치 적정(전용 여부, 유효수량, 배관구경, 자동급수) 여부<br>⓫ 충압펌프 설치 적정(토출압력, 정격토출량) 여부<br>⑫ 내연기관방식의 펌프 설치 적정(정상기동(기동장치 및 제어반) 여부, 축전지상태, 연료량) 여부<br>⑬ 가압송수장치의 **"옥내소화전펌프"** 표지 설치 여부 또는 다른 소화설비와 겸용시 겸용 설비 이름 표시 부착 여부 |
| | 고가수조방식 | **수위계ㆍ배수관ㆍ급수관ㆍ오버플로관ㆍ맨홀** 등 부속장치의 변형ㆍ손상 유무 |
| | 압력수조방식 | ❶ 압력수조의 압력 적정 여부<br>② **수위계ㆍ급수관ㆍ급기관ㆍ압력계ㆍ안전장치ㆍ공기압축기** 등 부속장치의 변형ㆍ손상 유무 |
| | 가압수조방식 | ❶ 가압수조 및 가압원 설치장소의 방화구획 여부<br>② **수위계ㆍ급수관ㆍ배수관ㆍ급기관ㆍ압력계** 등 부속장치의 변형ㆍ손상 유무 |
| 송수구 | | ① 설치장소 적정 여부<br>❷ 연결배관에 **개폐밸브**를 설치한 경우 개폐상태 확인 및 조작가능 여부<br>❸ **송수구** 설치높이 및 구경 적정 여부<br>❹ **자동배수밸브**(또는 배수공)ㆍ**체크밸브** 설치 여부 및 설치상태 적정 여부<br>⑤ 송수구 **마개** 설치 여부 |
| 배관 등 | | ❶ 펌프의 흡입측 배관 여과장치의 상태 확인<br>❷ 성능시험배관 설치(개폐밸브, 유량조절밸브, 유량측정장치) 적정 여부<br>❸ 순환배관 설치(설치위치ㆍ배관구경, 릴리프밸브 개방압력) 적정 여부<br>❹ **동결방지조치** 상태 적정 여부<br>⑤ 급수배관 개폐밸브 설치(개폐표시형, 흡입측 버터플라이 제외) 적정 여부<br>❻ 다른 설비의 배관과의 구분 상태 적정 여부 |

<table>
<tr><td>함 및 방수구 등</td><td colspan="2">① 함 개방 용이성 및 장애물 설치 여부 등 사용 편의성 적정 여부<br>② 위치・기동 표시등 적정 설치 및 정상 점등 여부<br>③ “소화전” 표시 및 사용요령(외국어 병기) 기재 표지판 설치상태 적정 여부<br>❹ 대형 공간(기둥 또는 벽이 없는 구조) 소화전함 설치 적정 여부<br>❺ 방수구 설치 적정 여부<br>⑥ 함 내 소방호스 및 관창 비치 적정 여부<br>⑦ 호스의 접결상태, 구경, 방수압력 적정 여부<br>❽ 호스릴방식 노즐 개폐장치 사용 용이 여부</td></tr>
<tr><td>전원</td><td colspan="2">❶ 대상물 수전방식에 따른 상용전원 적정 여부<br>❷ 비상전원 설치장소 적정 및 관리 여부<br>③ 자가발전설비인 경우 연료적정량 보유 여부<br>④ 자가발전설비인 경우 「전기사업법」에 따른 정기점검 결과 확인</td></tr>
<tr><td rowspan="4">제어반</td><td colspan="2">● 겸용 감시・동력 제어반 성능 적정 여부(겸용으로 설치된 경우)</td></tr>
<tr><td>감시제어반</td><td>① 펌프 작동 여부 확인표시등 및 음향경보장치 정상작동 여부<br>② 펌프별 자동・수동 전환스위치 정상작동 여부<br>❸ 펌프별 수동기동 및 수동중단 기능 정상작동 여부<br>❹ 상용전원 및 비상전원 공급 확인 가능 여부(비상전원 있는 경우)<br>❺ 수조・물올림수조 저수위표시등 및 음향경보장치 정상작동 여부<br>⑥ 각 확인회로별 도통시험 및 작동시험 정상작동 여부<br>⑦ 예비전원 확보 유무 및 시험 적합 여부<br>❽ 감시제어반 전용실 적정 설치 및 관리 여부<br>❾ 기계・기구 또는 시설 등 제어 및 감시설비 외 설치 여부</td></tr>
<tr><td>동력제어반</td><td>앞면은 적색으로 하고, “옥내소화전설비용 동력제어반” 표지 설치 여부</td></tr>
<tr><td>발전기제어반</td><td>● 소방전원보존형 발전기는 이를 식별할 수 있는 표지 설치 여부</td></tr>
<tr><td>비고</td><td colspan="2">※ 특정소방대상물의 위치・구조・용도 및 소방시설의 상황 등이 이 표의 항목대로 기재하기 곤란하거나 이 표에서 누락된 사항을 기재한다.</td></tr>
</table>

※ “●”는 종합점검의 경우에만 해당

(나) **스프링클러설비**

① **스프링클러설비**의 **종합점검**(소방시설 자체점검사항 등에 관한 고시 [별지 제4호 서식])

| 구 분 | 점검항목 |
|---|---|
| 수원 | ① 주된 수원의 유효수량 적정 여부(겸용 설비 포함)<br>② 보조수원(**옥상**)의 유효수량 적정 여부 |
| 수조 | ❶ 동결방지조치 상태 적정 여부<br>② **수위계** 설치 또는 수위 확인 가능 여부<br>❸ 수조 외측 고정사다리 설치 여부(바닥보다 낮은 경우 제외)<br>❹ 실내 설치시 조명설비 설치 여부<br>⑤ **“스프링클러설비용 수조”** 표지 설치 여부 및 설치상태<br>❻ 다른 소화설비와 겸용시 겸용 설비의 이름 표시한 표지 설치 여부<br>❼ 수조-수직배관 접속부분 **“스프링클러설비용 배관”** 표지 설치 여부 |

| | | |
|---|---|---|
| 가압송수장치 | 펌프방식 | ❶ 동결방지조치 상태 적정 여부<br>② 성능시험배관을 통한 펌프성능시험 적정 여부<br>❸ 다른 소화설비와 겸용인 경우 펌프성능 확보 가능 여부<br>④ 펌프 흡입측 **연성계 · 진공계** 및 **토출측 압력계** 등 부속장치의 변형 · 손상 유무<br>❺ 기동장치 적정 설치 및 기동압력 설정 적정 여부<br>❻ 물올림장치 설치 적정(전용 여부, 유효수량, 배관구경, 자동급수) 여부<br>❼ 충압펌프 설치 적정(토출압력, 정격토출량) 여부<br>⑧ 내연기관방식의 펌프 설치 적정(정상기동(기동장치 및 제어반) 여부, 축전지상태, 연료량) 여부<br>⑨ 가압송수장치의 **"스프링클러펌프"** 표지 설치 여부 또는 다른 소화설비와 겸용시 겸용 설비 이름 표시 부착 여부 |
| | 고가수조방식 | **수위계 · 배수관 · 급수관 · 오버플로관 · 맨홀** 등 부속장치의 변형 · 손상 유무 |
| | 압력수조방식 | ❶ 압력수조의 압력 적정 여부<br>② **수위계 · 급수관 · 급기관 · 압력계 · 안전장치 · 공기압축기** 등 부속장치의 변형 · 손상 유무 |
| | 가압수조방식 | ❶ **가압수조** 및 **가압원** 설치장소의 방화구획 여부<br>② **수위계 · 급수관 · 배수관 · 급기관 · 압력계** 등 부속장치의 변형 · 손상 유무 |
| 폐쇄형 스프링클러설비 방호구역 및 유수검지장치 | | ❶ 방호구역 적정 여부<br>❷ 유수검지장치 설치 적정(수량, 접근 · 점검 편의성, 높이) 여부<br>③ 유수검지장치실 설치 적정(실내 또는 구획, 출입문 크기, 표지) 여부<br>❹ **자연낙차**에 의한 유수압력과 유수검지장치의 유수검지압력 적정 여부<br>❺ 조기반응형 헤드 적합 유수검지장치 설치 여부 |
| 개방형 스프링클러설비 방수구역 및 일제개방밸브 | | ❶ 방수구역 적정 여부<br>❷ 방수구역별 일제개방밸브 설치 여부<br>❸ 하나의 방수구역을 담당하는 헤드 개수 적정 여부<br>④ 일제개방밸브실 설치 적정(실내(구획), 높이, 출입문, 표지) 여부 |
| 배관 | | ❶ 펌프의 흡입측 배관 여과장치의 상태 확인<br>❷ 성능시험배관 설치(개폐밸브, 유량조절밸브, 유량측정장치) 적정 여부<br>❸ 순환배관 설치(설치위치 · 배관구경, 릴리프밸브 개방압력) 적정 여부<br>❹ **동결방지조치** 상태 적정 여부<br>⑤ 급수배관 개폐밸브 설치(개폐표시형, 흡입측 버터플라이 제외) 및 작동표시스위치 적정(제어반 표시 및 경보, 스위치 동작 및 도통시험) 여부<br>⑥ 준비작동식 유수검지장치 및 일제개방밸브 2차측 배관 부대설비 설치 적정(개폐표시형 밸브, 수직배수배관, 개폐밸브, 자동배수장치, 압력스위치 설치 및 감시제어반 개방 확인) 여부<br>⑦ 유수검지장치 시험장치 설치 적정(설치위치, 배관구경, 개폐밸브 및 개방형 헤드, 물받이통 및 배수관) 여부<br>❽ **주차장**에 설치된 스프링클러방식 적정(습식 외의 방식) 여부<br>❾ 다른 설비의 배관과의 구분 상태 적정 여부 |

<table>
<tr><td rowspan="3">음향장치 및 기동장치</td><td colspan="2">① 유수검지에 따른 음향장치 작동 가능 여부(습식·건식의 경우)<br>② 감지기 작동에 따라 음향장치 작동 여부(준비작동식 및 일제개방밸브의 경우)<br>❸ 음향장치 설치 담당구역 및 수평거리 적정 여부<br>❹ 주음향장치 수신기 내부 또는 직근 설치 여부<br>❺ 우선경보방식에 따른 경보 적정 여부<br>⑥ 음향장치(경종 등) 변형·손상 확인 및 정상작동(음량 포함) 여부</td></tr>
<tr><td>펌프 작동</td><td>① 유수검지장치의 발신이나 기동용 수압개폐장치의 작동에 따른 펌프 기동 확인(습식·건식의 경우)<br>② 화재감지기의 감지나 기동용 수압개폐장치의 작동에 따른 펌프 기동 확인(준비작동식 및 일제개방밸브의 경우)</td></tr>
<tr><td>준비작동식 유수검지장치 또는 일제개방밸브 작동</td><td>① 담당구역 내 화재감지기 동작(수동기동 포함)에 따라 개방 및 작동 여부<br>② 수동조작함(설치높이, 표시등) 설치 적정 여부</td></tr>
<tr><td>헤드</td><td colspan="2">① 헤드의 변형·손상 유무<br>② 헤드 설치 위치·장소·상태(고정) 적정 여부<br>③ 헤드 살수장애 여부<br>❹ 무대부 또는 연소 우려 있는 개구부 개방형 헤드 설치 여부<br>❺ 조기반응형 헤드 설치 여부(의무설치장소의 경우)<br>❻ 경사진 천장의 경우 스프링클러헤드의 배치상태<br>❼ 연소할 우려가 있는 개구부 헤드 설치 적정 여부<br>❽ 습식·부압식 스프링클러 외의 설비 상향식 헤드 설치 여부<br>❾ 측벽형 헤드 설치 적정 여부<br>❿ 감열부에 영향을 받을 우려가 있는 헤드의 차폐판 설치 여부</td></tr>
<tr><td>송수구</td><td colspan="2">① 설치장소 적정 여부<br>❷ 연결배관에 개폐밸브를 설치한 경우 개폐상태 확인 및 조작 가능 여부<br>❸ 송수구 설치높이 및 구경 적정 여부<br>④ 송수압력범위 표시 표지 설치 여부<br>❺ 송수구 설치개수 적정 여부(폐쇄형 스프링클러설비의 경우)<br>❻ 자동배수밸브(또는 배수공)·체크밸브 설치 여부 및 설치상태 적정 여부<br>⑦ 송수구 마개 설치 여부</td></tr>
<tr><td>전원</td><td colspan="2">❶ 대상물 수전방식에 따른 상용전원 적정 여부<br>❷ 비상전원 설치장소 적정 및 관리 여부<br>③ 자가발전설비인 경우 연료적정량 보유 여부<br>④ 자가발전설비인 경우 「전기사업법」에 따른 정기점검 결과 확인</td></tr>
<tr><td rowspan="2">제어반</td><td colspan="2">● 겸용 감시·동력 제어반 성능 적정 여부(겸용으로 설치된 경우)</td></tr>
<tr><td>감시제어반</td><td>① 펌프 작동 여부 확인표시등 및 음향경보장치 정상작동 여부<br>② 펌프별 자동·수동 전환스위치 정상작동 여부<br>❸ 펌프별 수동기동 및 수동중단 기능 정상작동 여부<br>❹ 상용전원 및 비상전원 공급 확인 가능 여부(비상전원 있는 경우)</td></tr>
</table>

| | | |
|---|---|---|
| 제어반 | 감시제어반 | ❺ 수조 · 물올림수조 저수위표시등 및 음향경보장치 정상작동 여부<br>⑥ 각 확인회로별 도통시험 및 작동시험 정상작동 여부<br>⑦ 예비전원 확보 유무 및 시험 적합 여부<br>❽ 감시제어반 전용실 적정 설치 및 관리 여부<br>❾ 기계 · 기구 또는 시설 등 제어 및 감시설비 외 설치 여부<br>⑩ 유수검지장치 · 일제개방밸브 작동시 표시 및 경보 정상작동 여부<br>⑪ 일제개방밸브 수동조작스위치 설치 여부<br>⓬ 일제개방밸브 사용설비 화재감지기 회로별 화재표시 적정 여부<br>⓭ 감시제어반과 수신기 간 상호 연동 여부(별도로 설치된 경우) |
| | 동력제어반 | 앞면은 적색으로 하고, **"스프링클러설비용 동력제어반"** 표지 설치 여부 |
| | 발전기제어반 | ● 소방전원보존형 발전기는 이를 식별할 수 있는 표지 설치 여부 |
| 헤드 설치제외 | | ❶ 헤드 설치 제외 적정 여부(설치 제외된 경우)<br>❷ 드렌처설비 설치 적정 여부 |
| 비고 | | ※ 특정소방대상물의 위치 · 구조 · 용도 및 소방시설의 상황 등이 이 표의 항목대로 기재하기 곤란하거나 이 표에서 누락된 사항을 기재한다. |

※ "●"는 종합점검의 경우에만 해당

② **스프링클러설비**의 **작동점검**(소방시설 자체점검사항 등에 관한 고시 〔별지 제4호 서식〕)

| 구 분 | | 점검항목 |
|---|---|---|
| 수원 | | ① 주된 수원의 유효수량 적정 여부(겸용 설비 포함)<br>② 보조수원(**옥상**)의 유효수량 적정 여부 |
| 수조 | | ① **수위계** 설치 또는 수위 확인 가능 여부<br>② **"스프링클러설비용 수조"** 표지 설치 여부 및 설치상태 |
| 가압송수장치 | 펌프방식 | ① 성능시험배관을 통한 펌프성능시험 적정 여부<br>② 펌프 흡입측 **연성계 · 진공계** 및 **토출측 압력계** 등 부속장치의 변형 · 손상 유무<br>③ 내연기관방식의 펌프 설치 적정(정상기동(기동장치 및 제어반) 여부, 축전지상태, 연료량) 여부<br>④ 가압송수장치의 **"스프링클러펌프"** 표지 설치 여부 또는 다른 소화설비와 겸용시 겸용 설비 이름 표시 부착 여부 |
| | 고가수조방식 | **수위계 · 배수관 · 급수관 · 오버플로관 · 맨홀** 등 부속장치의 변형 · 손상 유무 |
| | 압력수조방식 | **수위계 · 급수관 · 급기관 · 압력계 · 안전장치 · 공기압축기** 등 부속장치의 변형 · 손상 유무 |
| | 가압수조방식 | **수위계 · 급수관 · 배수관 · 급기관 · 압력계** 등 부속장치의 변형 · 손상 유무 |

<table>
<tr><td>폐쇄형<br>스프링클러설비<br>방호구역 및<br>유수검지장치</td><td colspan="2">유수검지장치실 설치 적정(실내 또는 구획, 출입문 크기, 표지) 여부</td></tr>
<tr><td>개방형<br>스프링클러설비<br>방수구역 및<br>일제개방밸브</td><td colspan="2">일제개방밸브실 설치 적정(실내(구획), 높이, 출입문, 표지) 여부</td></tr>
<tr><td>배관</td><td colspan="2">① 급수배관 개폐밸브 설치(개폐표시형, 흡입측 버터플라이 제외) 및 작동표시 스위치 적정(제어반 표시 및 경보, 스위치 동작 및 도통시험) 여부<br>② 준비작동식 유수검지장치 및 일제개방밸브 2차측 배관 부대설비 설치 적정(개폐표시형 밸브, 수직배수배관, 개폐밸브, 자동배수장치, 압력스위치 설치 및 감시제어반 개방 확인) 여부<br>③ 유수검지장치 시험장치 설치 적정(설치위치, 배관구경, 개폐밸브 및 개방형 헤드, 물받이통 및 배수관) 여부</td></tr>
<tr><td rowspan="3">음향장치 및<br>기동장치</td><td colspan="2">① 유수검지에 따른 음향장치 작동 가능 여부(습식·건식의 경우)<br>② 감지기 작동에 따라 음향장치 작동 여부(준비작동식 및 일제개방밸브의 경우)<br>③ 음향장치(경종 등) 변형·손상 확인 및 정상작동(음량 포함) 여부</td></tr>
<tr><td>펌프 작동</td><td>① 유수검지장치의 발신이나 기동용 수압개폐장치의 작동에 따른 펌프 기동 확인(습식·건식의 경우)<br>② 화재감지기의 감지나 기동용 수압개폐장치의 작동에 따른 펌프 기동 확인(준비작동식 및 일제개방밸브의 경우)</td></tr>
<tr><td>준비작동식<br>유수검지장치<br>또는<br>일제개방밸브<br>작동</td><td>① 담당구역 내 화재감지기 동작(수동기동 포함)에 따라 개방 및 작동 여부<br>② 수동조작함(설치높이, 표시등) 설치 적정 여부</td></tr>
<tr><td colspan="2">헤드</td><td>① 헤드의 변형·손상 유무<br>② 헤드 설치 위치·장소·상태(고정) 적정 여부<br>③ 헤드 살수장애 여부</td></tr>
<tr><td colspan="2">송수구</td><td>① 설치장소 적정 여부<br>② 송수압력범위 표시 표지 설치 여부<br>③ 송수구 마개 설치 여부</td></tr>
<tr><td colspan="2">전원</td><td>① 자가발전설비인 경우 연료적정량 보유 여부<br>② 자가발전설비인 경우 「전기사업법」에 따른 정기점검 결과 확인</td></tr>
<tr><td>제어반</td><td>감시제어반</td><td>① 펌프 작동 여부 확인표시등 및 음향경보장치 정상작동 여부<br>② 펌프별 자동·수동 전환스위치 정상작동 여부<br>③ 각 확인회로별 도통시험 및 작동시험 정상작동 여부<br>④ 예비전원 확보 유무 및 시험 적합 여부<br>⑤ 유수검지장치·일제개방밸브 작동시 표시 및 경보 정상작동 여부<br>⑥ 일제개방밸브 수동조작스위치 설치 여부</td></tr>
</table>

| | | |
|---|---|---|
| 제어반 | 동력제어반 | 앞면은 **적색**으로 하고, **"스프링클러설비용 동력제어반"** 표지 설치 여부 |
| 비고 | | ※ 특정소방대상물의 위치·구조·용도 및 소방시설의 상황 등이 이 표의 항목대로 기재하기 곤란하거나 이 표에서 누락된 사항을 기재한다. |

(다) **할로겐화합물 및 불활성기체 소화설비**

① **할로겐화합물 및 불활성기체 소화설비**의 **종합점검**(소방시설 자체점검사항 등에 관한 고시 〔별지 제4호 서식〕)

| 구 분 | | 점검항목 |
|---|---|---|
| 저장용기 | | ❶ 설치장소 적정 및 관리 여부<br>② 저장용기 설치장소 표지 설치 여부<br>❸ 저장용기 설치간격 적정 여부<br>④ 저장용기 개방밸브 자동·수동 개방 및 안전장치 부착 여부<br>❺ 저장용기와 집합관 연결배관상 **체크밸브** 설치 여부 |
| 소화약제 | | 소화약제 저장량 적정 여부 |
| 기동장치 | | 방호구역별 출입구 부근 소화약제 방출표시등 설치 및 정상작동 여부 |
| | 수동식 기동장치 | ① 기동장치 부근에 비상스위치 설치 여부<br>❷ **방호구역별** 또는 **방호대상별** 기동장치 설치 여부<br>③ 기동장치 설치 적정(출입구 부근 등, 높이, 보호장치, 표지, 전원표시등) 여부<br>④ 방출용 스위치 음향경보장치 연동 여부 |
| | 자동식 기동장치 | ① 감지기 작동과의 연동 및 수동기동 가능 여부<br>❷ 저장용기 수량에 따른 전자개방밸브 수량 적정 여부(전기식 기동장치의 경우)<br>③ 기동용 가스용기의 **용적**, **충전압력** 적정 여부(가스압력식 기동장치의 경우)<br>❹ 기동용 가스용기의 **안전장치**, **압력게이지** 설치 여부(가스압력식 기동장치의 경우)<br>❺ 저장용기 개방구조 적정 여부(기계식 기동장치의 경우) |
| 제어반 및 화재표시반 | | ① 설치장소 적정 및 관리 여부<br>② **회로도** 및 **취급설명서** 비치 여부 |
| | 제어반 | ① 수동기동장치 또는 감지기 신호 수신시 음향경보장치 작동기능 정상 여부<br>② 소화약제 방출·지연 및 기타 제어기능 적정 여부<br>③ 전원표시등 설치 및 정상 점등 여부 |
| | 화재표시반 | ① 방호구역별 표시등(음향경보장치 조작, 감지기 작동), 경보기 설치 및 작동 여부<br>② 수동식 기동장치 작동표시표시등 설치 및 정상작동 여부<br>③ 소화약제 방출표시등 설치 및 정상작동 여부<br>❹ 자동식 기동장치 자동·수동 절환 및 절환표시등 설치 및 정상작동 여부 |

08회

<table>
<tr><td>배관 등</td><td colspan="2">배관의 변형 · 손상 유무</td></tr>
<tr><td>선택밸브</td><td colspan="2">선택밸브 설치기준 적합 여부</td></tr>
<tr><td>분사헤드</td><td colspan="2">① 분사헤드의 변형 · 손상 유무<br>❷ 분사헤드의 설치높이 적정 여부</td></tr>
<tr><td>화재감지기</td><td colspan="2">① 방호구역별 화재감지기 감지에 의한 기동장치 작동 여부<br>❷ 교차회로(또는 NFPC 203 제7조 제①항, NFTC 203 2.4.1 단서 감지기) 설치 여부<br>❸ 화재감지기별 유효바닥면적 적정 여부</td></tr>
<tr><td rowspan="2">음향경보장치</td><td colspan="2">① 기동장치 조작시(수동식-방출용 스위치, 자동식-화재감지기) 경보 여부<br>② 약제 방사 개시(또는 방출압력스위치 작동) 후 경보 적정 여부<br>❸ 방호구역 또는 방호대상물 구획 안에서 유효한 경보 가능 여부</td></tr>
<tr><td>방송에 따른 경보장치</td><td>❶ 증폭기 재생장치의 설치장소 적정 여부<br>❷ 방호구역 · 방호대상물에서 확성기 간 수평거리 적정 여부<br>❸ 제어반 복구스위치 조작시 경보 지속 여부</td></tr>
<tr><td>자동폐쇄장치</td><td>화재표시반</td><td>① 환기장치 자동정지 기능 적정 여부<br>② 개구부 및 통기구 자동폐쇄장치 설치장소 및 기능 적합 여부<br>❸ 자동폐쇄장치 복구장치 설치기준 적합 및 위치표지 적합 여부</td></tr>
<tr><td>비상전원</td><td colspan="2">❶ 설치장소 적정 및 관리 여부<br>② 자가발전설비인 경우 연료적정량 보유 여부<br>③ 자가발전설비인 경우 「전기사업법」에 따른 정기점검 결과 확인</td></tr>
<tr><td>과압배출구</td><td colspan="2">● 과압배출구 설치상태 및 관리 여부</td></tr>
<tr><td>비고</td><td colspan="2">※ 특정소방대상물의 위치 · 구조 · 용도 및 소방시설의 상황 등이 이 표의 항목대로 기재하기 곤란하거나 이 표에서 누락된 사항을 기재한다.</td></tr>
</table>

※ "●"는 종합점검의 경우에만 해당

② **할로겐화합물 및 불활성기체 소화설비**의 **작동점검**(소방시설 자체점검사항 등에 관한 고시 〔별지 제4호 서식〕)

<table>
<tr><th>구 분</th><th colspan="2">점검항목</th></tr>
<tr><td>저장용기</td><td colspan="2">① 저장용기 설치장소 표지 설치 여부<br>② 저장용기 개방밸브 자동 · 수동 개방 및 안전장치 부착 여부</td></tr>
<tr><td>소화약제</td><td colspan="2">소화약제 저장량 적정 여부</td></tr>
<tr><td rowspan="3">기동장치</td><td colspan="2">방호구역별 출입구 부근 소화약제 방출표시등 설치 및 정상작동 여부</td></tr>
<tr><td>수동식 기동장치</td><td>① 기동장치 부근에 비상스위치 설치 여부<br>② 기동장치 설치 적정(출입구 부근 등, 높이, 보호장치, 표지, 전원표시등) 여부<br>③ 방출용 스위치 음향경보장치 연동 여부</td></tr>
<tr><td>자동식 기동장치</td><td>① 감지기 작동과의 연동 및 수동기동 가능 여부<br>② 기동용 가스용기의 용적, 충전압력 적정 여부(가스압력식 기동장치의 경우)</td></tr>
</table>

| 구분 | | 점검내용 |
|---|---|---|
| 제어반 및 화재표시반 | ① 설치장소 적정 및 관리 여부<br>② **회로도** 및 **취급설명서** 비치 여부 | |
| | 제어반 | ① 수동기동장치 또는 감지기 신호 수신시 음향경보장치 작동 기능 정상 여부<br>② 소화약제 방출·지연 및 기타 제어 기능 적정 여부<br>③ 전원표시등 설치 및 정상 점등 여부 |
| | 화재표시반 | ① 방호구역별 표시등(음향경보장치 조작, 감지기 작동), 경보기 설치 및 작동 여부<br>② 수동식 기동장치 작동표시표시등 설치 및 정상작동 여부<br>③ 소화약제 방출표시등 설치 및 정상작동 여부 |
| 배관 등 | 배관의 **변형·손상** 유무 | |
| 선택밸브 | 선택밸브 설치기준 적합 여부 | |
| 분사헤드 | 분사헤드의 **변형·손상** 유무 | |
| 화재감지기 | 방호구역별 화재감지기 감지에 의한 기동장치 작동 여부 | |
| 음향경보장치 | ① 기동장치 조작시(수동식-방출용 스위치, 자동식-화재감지기) 경보 여부<br>② 약제 방사 개시(또는 방출압력스위치 작동) 후 경보 적정 여부 | |
| 자동폐쇄장치 | 화재표시반 | ① **환기장치** 자동정지 기능 적정 여부<br>② 개구부 및 통기구 자동폐쇄장치 설치장소 및 기능 적합 여부 |
| 비상전원 | ① 자가발전설비인 경우 연료적정량 보유 여부<br>② 자가발전설비인 경우 「전기사업법」에 따른 정기점검 결과 확인 | |
| 비고 | ※ 특정소방대상물의 위치·구조·용도 및 소방시설의 상황 등이 이 표의 항목대로 기재하기 곤란하거나 이 표에서 누락된 사항을 기재한다. | |

(라) **지상 11층 이상**이므로 **발화층** 및 **직상 4개층 우선경보방식 적용**

| 발화층 | 경보층 | |
|---|---|---|
| | 11층(공동주택은 16층) 미만 | 11층(공동주택은 16층) 이상 |
| 2층 이상 발화 | 전층 일제경보 | • 발화층<br>• 직상 4개층 |
| 1층 발화 | | • 발화층<br>• 직상 4개층<br>• 지하층 |
| 지하층 발화 | | • 발화층<br>• 직상층<br>• 기타의 지하층 |

기억법 **21 4개층**

중요

**발화층 및 직상 4개층 우선경보방식**

11층(공동주택 16층) 이상인 특정소방대상물

☆☆
### 문제 02

**방화구획의 설치기준에 대하여 다음 각 물음에 답하시오. (30점)**

(가) 층면적단위의 구획기준으로서 10층 이하의 층은 바닥면적 몇 $m^2$ 이내마다 구획하여야 하는가? (단, 자동식 소화설비를 설치한 경우와 그렇지 않은 경우를 구분하여 설명할 것)

(나) 층면적단위의 구획기준으로서 자동식 소화설비가 설치된 11층 이상의 층은 바닥면적 몇 $m^2$ 이내마다 구획하여야 하는가? (단, 벽 및 반자의 실내에 접하는 부분의 마감을 불연재료로 사용한 경우와 그렇지 않은 경우를 구분하여 설명할 것)

(다) 층단위의 구획기준을 쓰시오.

(라) 용도단위의 구획기준을 쓰시오.

정답 (가) ① 자동식 소화설비를 설치한 경우 : 3000$m^2$ 이내
② 그렇지 않은 경우 : 1000$m^2$ 이내

(나) ① 불연재료로 사용한 경우 : 1500$m^2$ 이내
② 그렇지 않은 경우 : 600$m^2$ 이내

(다) 매 층마다 구획할 것(단, 지하 1층에서 지상으로 직접 연결하는 경사로 부위는 제외)

(라) 필로티나 그 밖에 이와 비슷한 구조(벽면적의 2분의 1 이상이 그 층의 바닥면에서 위층 바닥 아래면까지 공간으로 된 것만 해당한다.)의 부분을 주차장으로 사용하는 경우 그 부분은 건축물의 다른 부분과 구획할 것

해설 **방화구획**의 **설치기준**(건축물방화구조규칙 제14조)

| 구획종류 | 구획단위 | |
|---|---|---|
| 층면적 단위 | 10층 이하의 층 | • 바닥면적 **1000$m^2$**(자동식 소화설비 설치시 **3000$m^2$**) 이내마다 |
| | 11층 이상의 층 | • 바닥면적 **200$m^2$**(자동식 소화설비 설치시 **600$m^2$**) 이내마다<br>• 실내마감을 불연재료로 한 경우 바닥면적 **500$m^2$**(자동식 소화설비 설치시 **1500$m^2$**) 이내마다 |
| 층단위 | 매 층마다 구획할 것(단, 지하 1층에서 지상으로 직접 연결하는 경사로 부위는 제외) | |
| 용도단위 | 필로티나 그 밖에 이와 비슷한 구조(벽면적의 2분의 1 이상이 그 층의 바닥면에서 위층 바닥 아래면까지 공간으로 된 것만 해당한다.)의 부분을 주차장으로 사용하는 경우 그 부분은 건축물의 다른 부분과 구획할 것 | |

기억법 **101000 11200**

중요

**설치기준**

(1) **방화구조**의 **기준**(건축물방화구조규칙 제4조)

| 구조내용 | 기 준 |
|---|---|
| • 철망 모르타르 바르기 | 바름두께가 **2cm** 이상인 것 |
| • 석고판 위에 시멘트 모르타르 또는 회반죽을 바른 것<br>• 시멘트 모르타르 위에 타일을 붙인 것 | 두께의 합계가 **2.5cm** 이상인 것 |
| • 심벽에 흙으로 맞벽치기 한 것 | 그대로 모두 인정됨 |
| • 한국산업표준에 정하는 바에 따라 시험한 결과 방화 2급 이상에 해당하는 것 | – |

기억법 **방철망2 석시회 25시타 심**

(2) **방화벽**의 **기준**(건축령 제57조, 건축물방화구조규칙 제21조)

| 대상 건축물 | 구획단지 | 방화벽의 구조 |
|---|---|---|
| 주요 구조부가 내화구조 또는 불연재료가 아닌 연면적 1000m² 이상인 건축물 | 연면적 **1000m²** 미만마다 구획 | • 내화구조로서 홀로 설 수 있는 구조일 것<br>• 방화벽의 양쪽 끝과 위쪽 끝을 건축물의 외벽면 및 지붕면으로부터 **0.5m** 이상 튀어나오게 할 것<br>• 방화벽에 설치하는 출입문의 너비 및 높이는 각각 **2.5m** 이하로 하고 이에 **60분+방화문** 또는 **60분 방화문**을 설치할 것 |

(3) **내화구조**의 **기준**(건축물방화구조규칙 제3조)

| 내화구분 | | 기 준 |
|---|---|---|
| 벽 | 모든 벽 | ① 철근콘크리트조 또는 **철**골철근**콘**크리트조로서 두께가 **10cm** 이상인 것<br>② 골구를 **철골**조로 하고 그 양면을 두께 **4cm** 이상의 **철망** 모르타르로 덮은 것<br>③ 두께 **5cm** 이상의 콘크리트 **블록** · 벽돌 또는 석재로 덮은 것<br>④ 철재로 보강된 콘크리트블록조 · 벽돌조 또는 **석**조로서 철재에 덮은 콘크리트 블록의 두께가 **5cm** 이상인 것<br>⑤ **벽**돌조로서 두께가 **19cm** 이상인 것<br>⑥ 고온 · 고압의 증기로 양생된 **경량**기포 콘크리트패널 또는 경량기포 콘크리트 블록조로서 두께가 **10cm** 이상인 것<br>기억법 **철콘10, 철골4철망, 5블록, 5석(보석), 19벽, 10경량** |
| 벽 | 외벽 중 비내력벽 | ① 철근콘크리트조 또는 철골철근콘크리트조로서 두께가 **7cm** 이상인 것<br>② 골구를 철골조로 하고 그 양면을 두께 **3cm** 이상의 철망 모르타르로 덮은 것<br>③ 두께 **4cm** 이상의 콘크리트 블록 · 벽돌 또는 석재로 덮은 것<br>④ 철재로 보강된 콘크리트블록조 · 벽돌조 또는 석조로서 철재에 덮은 콘크리트 블록 등의 두께가 4cm 이상인 것<br>⑤ 무근콘크리트조 · 콘크리트블록조 · 벽돌조 또는 석조로서 그 두께가 **7cm** 이상인 것 |
| 기둥 (작은 지름이 25cm 이상인 것) | | ① 철근콘크리트조 또는 철골철근콘크리트조<br>② 철골을 두께 **6cm** 이상의 철망 모르타르로 덮은 것<br>③ 두께 **7cm** 이상의 콘크리트 블록 · 벽돌 또는 석재로 덮은 것<br>④ 철골을 두께 **5cm** 이상의 콘크리트로 덮은 것 |
| 바닥 | | ① 철근콘크리트조 또는 철골철근콘크리트조로서 두께가 **10cm** 이상인 것<br>② 철재로 보강된 콘크리트블록조 · 벽돌조 또는 석조로서 철재에 덮은 콘크리트 블록 등의 두께가 **5cm** 이상인 것<br>③ 철재의 양면을 두께 **5cm** 이상의 철망 모르타르 또는 콘크리트로 덮은 것 |
| 보 (지붕틀 포함) | | ① 철근콘크리트조 또는 철골철근콘크리트조<br>② 철골을 두께 **6cm** 이상의 철망 모르타르로 덮은 것<br>③ 두께 **5cm** 이상의 콘크리트로 덮은 것<br>④ 철골조의 지붕틀로서 바로 아래에 반자가 없거나 **불연재료**로 된 반자가 있는 것 |
| 지붕 | | ① 철근콘크리트조 또는 철골철근콘크리트조<br>② 철재로 보강된 콘크리트블록조 · 벽돌조 또는 석조<br>③ 철재로 보강된 유리블록 또는 망입유리로 된 것 |
| 계단 | | ① 철근콘크리트조 또는 철골철근콘크리트조<br>② 무근콘크리트조 · 콘크리트블록조 · 벽돌조 또는 석조<br>③ 철재로 보강된 콘크리트블록조 · 벽돌조 또는 석조<br>④ 철골조 |

08회

(4) **방화문**의 **구분**(건축령 제64조)

| 60분+방화문 | 60분 방화문 | 30분 방화문 |
|---|---|---|
| 연기 및 불꽃을 차단할 수 있는 시간이 60분 이상이고, 열을 차단할 수 있는 시간이 30분 이상인 방화문 | 연기 및 불꽃을 차단할 수 있는 시간이 60분 이상인 방화문 | 연기 및 불꽃을 차단할 수 있는 시간이 30분 이상 60분 미만인 방화문 |

## 문제 03

**유도등에 대한 다음 각 물음에 대하여 간단히 설명하시오. (30점)**

(가) 유도등의 평상시 상태에 대한 설명과 예외규정

(나) 비상전원 감시램프가 점등되었을 경우의 원인

(다) 3선식배선에 따라 상시 충전되는 유도등의 전기회로에 점멸기를 설치하는 구조일 때 점등되어야 하는 경우

정답 (가) ① 유도등의 평상시 상태 : 전기회로에 점멸기를 설치하지 않고 항상 점등상태를 유지할 것
② 예외규정
㉠ 특정소방대상물 또는 그 부분에 사람이 없는 경우
㉡ 3선식배선에 의해 상시 충전되는 구조로서 다음의 장소
- 외부의 빛에 의해 피난구 또는 피난방향을 쉽게 식별할 수 있는 장소
- 공연장, 암실 등으로서 어두워야 할 필요가 있는 장소
- 특정소방대상물의 관계인 또는 종사원이 주로 사용하는 장소

(나) ① 축전지의 접촉불량
② 비상전원용 퓨즈의 단선
③ 축전지의 불량
④ 축전지의 누락

(다) ① 자동화재탐지설비의 감지기 또는 발신기가 작동되는 때
② 비상경보설비의 발신기가 작동되는 때
③ 상용전원이 정전되거나 전원선이 단선되는 때
④ 방재업무를 통제하는 곳 또는 전기실의 배전반에서 수동적으로 점등하는 때
⑤ 자동소화설비가 작동되는 때

해설 (가) ① **유도등**의 **평상시 상태** : 전기회로에 점멸기를 설치하지 않고 **항상 점등상태**를 유지할 것
② **예외규정**(유도등을 항상 점등상태로 유지하지 않아도 되는 경우)
㉠ 특정소방대상물 또는 그 부분에 사람이 없는 경우
㉡ 3선식배선에 의해 상시 **충**전되는 구조로서 다음의 장소
- **외**부의 빛에 의해 **피난구** 또는 **피난방향**을 쉽게 식별할 수 있는 장소
- **공연장**, **암실** 등으로서 어두워야 할 필요가 있는 장소
- 특정소방대상물의 **관계인** 또는 **종사원**이 주로 사용하는 장소

기억법 **외충관공**(외부충격을 받아도 관공서는 끄떡없음)



08회

중요

**3선식배선과 2선식배선**

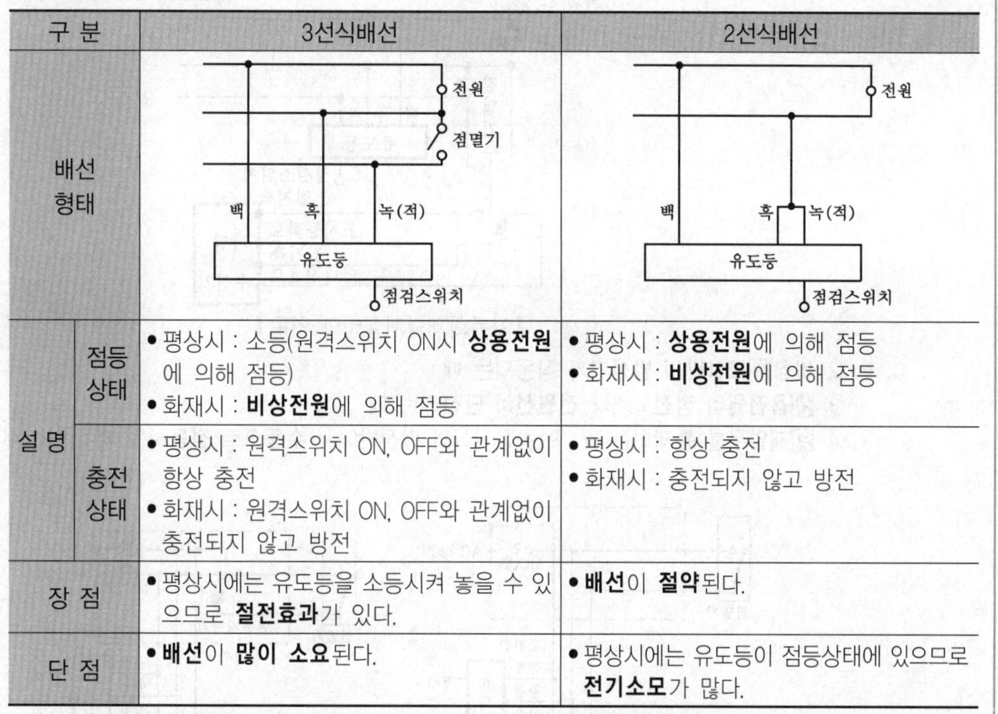

| 구 분 | | 3선식배선 | 2선식배선 |
|---|---|---|---|
| 배선형태 | | 전원 / 점멸기 / 백 / 흑 / 녹(적) / 유도등 / 점검스위치 | 전원 / 백 / 흑 / 녹(적) / 유도등 / 점검스위치 |
| 설 명 | 점등상태 | • 평상시 : 소등(원격스위치 ON시 **상용전원**에 의해 점등)<br>• 화재시 : **비상전원**에 의해 점등 | • 평상시 : **상용전원**에 의해 점등<br>• 화재시 : **비상전원**에 의해 점등 |
| | 충전상태 | • 평상시 : 원격스위치 ON, OFF와 관계없이 항상 충전<br>• 화재시 : 원격스위치 ON, OFF와 관계없이 충전되지 않고 방전 | • 평상시 : 항상 충전<br>• 화재시 : 충전되지 않고 방전 |
| 장 점 | | • 평상시에는 유도등을 소등시켜 놓을 수 있으므로 **절전효과**가 있다. | • **배선**이 **절약**된다. |
| 단 점 | | • **배선**이 **많이 소요**된다. | • 평상시에는 유도등이 점등상태에 있으므로 **전기소모**가 많다. |

(나) 유도등에는 **비상전원 감시램프**가 있어서 축전지의 이상유무를 확인할 수 있는데 **충전**이 **완료**되면 비상전원 감시램프는 **소등상태**가 정상이며 점등상태일 때는 다음과 같은 원인이 있다.

① **축전지**의 **접촉불량**
② **비상전원용 퓨즈**의 **단선**
③ **축전지**의 **불량**
④ **축전지**의 **누락**

기억법 **누축접퓨**

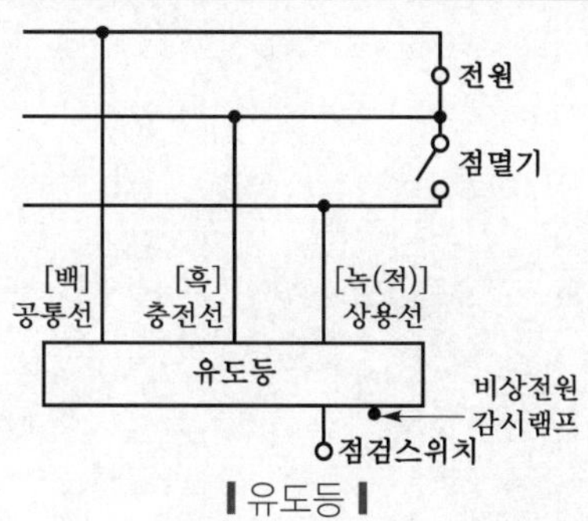


▌유도등▐

(다) **유도등 3선식 배선시 점멸기**를 설치할 경우 **점등**되어야 하는 경우

① **자동화재탐지설비**의 **감지기** 또는 **발신기**가 작동되는 때

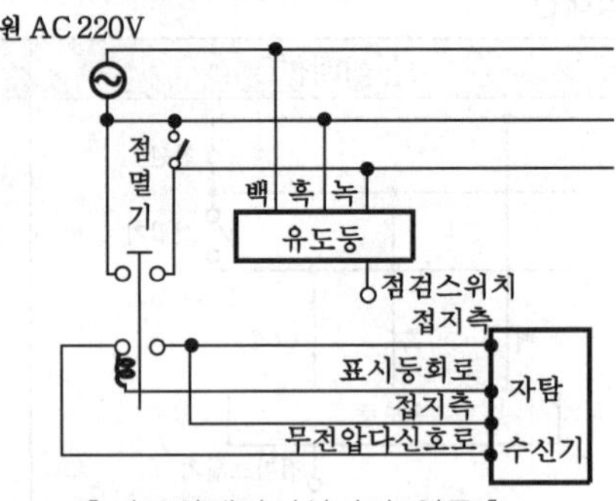


▌자동화재탐지설비와 연동▐

② **비상경보설비**의 **발신기**가 작동되는 때

③ **상용전원**이 **정전**되거나 **전원선**이 **단선**되는 때

④ **방재업무**를 **통제**하는 곳 또는 전기실의 배전반에서 **수동**으로 **점등**하는 때

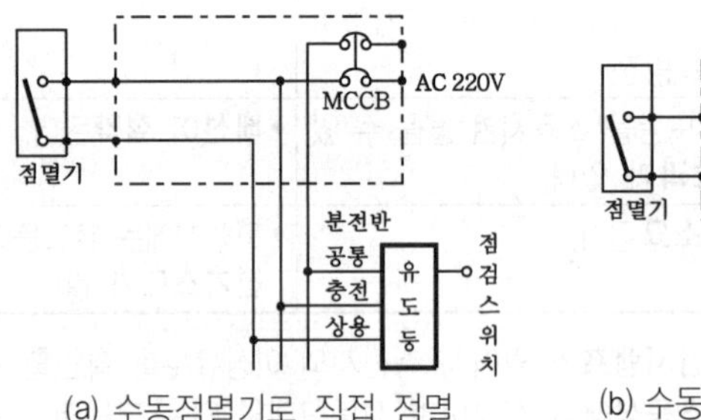


(a) 수동점멸기로 직접 점멸

(b) 수동점멸기로 연동개폐기를 제어

▌유도등의 원격점멸▐

⑤ **자동소화설비**가 작동되는 때

기억법 **탐경상방자유**

# 2004년도 제7회 소방시설관리사 2차 국가자격시험

| 교시 | 시간 | 시험과목 |
|---|---|---|
| 1교시 | 90분 | 소방시설의 점검실무행정 |

| 수험번호 | | 성 명 | |
|---|---|---|---|

【 수험자 유의사항 】

1. **시험문제지 표지**와 시험문제지의 **총면수**, **문제번호 일련순서**, **인쇄상태** 등을 확인하시고, 문제지 표지에 수험번호와 성명을 기재하시기 바랍니다.
2. 수험자 인적사항 및 답안지 등 작성은 **반드시 검정색 필기구만을 계속 사용**하여야 합니다. (**그 외 연필류, 유색필기구, 2가지 이상 색 혼합사용 등으로 작성한 답항은 0점 처리**됩니다.)
3. 문제번호 순서에 관계없이 답안 작성이 가능하나, **반드시 문제번호 및 문제를 기재**(긴 경우 요약기재 가능)하고 해당 답안을 기재하여야 합니다.
4. **답안 정정시에는 정정할 부분을 두 줄(=)로 긋고 수정할 내용을 다시 기재**합니다.
5. 답안작성은 **시험시행일** 현재 시행되는 법령 등을 적용하시기 바랍니다.
6. **감독위원의 지시에 불응하거나 시험시간 종료 후 답안지를 제출하지 않을 경우** 불이익이 발생할 수 있음을 알려드립니다.
7. 시험문제지는 시험 종료 후 가져가시기 바랍니다.

# 2004. 10. 31. 시행

★★★

## 문제 01

**소방시설 등의 자체점검에 있어서 작동점검과 종합점검의 대상, 점검자의 자격, 점검횟수 및 시기를 기술하시오. (30점)**

정답

| 점검구분 | 정 의 | 점검대상 | 점검자의 자격 (주된 인력) | 점검횟수 및 점검시기 |
|---|---|---|---|---|
| 작동점검 | 소방시설 등을 인위적으로 조작하여 정상적으로 작동하는지를 점검하는 것 | ① 간이스프링클러설비·자동화재탐지설비 | • 관계인<br>• 소방안전관리자로 선임된 소방시설관리사 또는 소방기술사<br>• 소방시설관리업에 등록된 기술인력 중 소방시설관리사 또는 「소방시설공사업법 시행규칙」에 따른 특급 점검자 | 작동점검은 **연 1회** 이상 실시하며, 종합점검대상은 종합점검을 받은 달부터 **6개월**이 되는 달에 실시 |
| | | ② ①에 해당하지 아니하는 특정소방대상물 | • 소방시설관리업에 등록된 기술인력 중 소방시설관리사<br>• 소방안전관리자로 선임된 소방시설관리사 또는 소방기술사 | |
| | | ③ 작동점검 제외대상<br>• 특정소방대상물 중 소방안전관리자를 선임하지 않는 대상<br>• 위험물제조소 등<br>• 특급 소방안전관리대상물 | | |
| 종합점검 | 소방시설 등의 작동점검을 포함하여 소방시설 등의 설비별 주요 구성 부품의 구조기준이 화재안전기준과 「건축법」 등 관련 법령에서 정하는 기준에 적합한지 여부를 점검하는 것<br>(1) 최초점검 : 특정소방대상물의 소방시설이 새로 설치되는 경우 건축물을 사용할 수 있게 된 날부터 60일 이내에 점검하는 것<br>(2) 그 밖의 종합점검 : 최초점검을 제외한 종합점검 | ④ 소방시설 등이 신설된 경우에 해당하는 특정소방대상물<br>⑤ **스프링클러설비**가 설치된 특정소방대상물<br>⑥ **물분무등소화설비**(호스릴 방식의 물분무등소화설비만을 설치한 경우는 제외)가 설치된 연면적 **5000m²** 이상인 특정소방대상물(위험물제조소 등 제외)<br>⑦ 다중이용업의 영업장이 설치된 특정소방대상물로서 연면적이 **2000m²** 이상인 것<br>⑧ **제연설비**가 설치된 터널<br>⑨ **공공기관** 중 연면적(터널·지하구의 경우 그 길이와 평균폭을 곱하여 계산된 값)이 **1000m²** 이상인 것으로서 옥내소화전설비 또는 자동화재탐지설비가 설치된 것(단, 소방대가 근무하는 공공기관 제외) | • 소방시설관리업에 등록된 기술인력 중 **소방시설관리사**<br>• 소방안전관리자로 선임된 **소방시설관리사** 또는 **소방기술사** | 〈점검횟수〉<br>㉠ 연 1회 이상(특급 소방안전관리대상물은 반기에 1회 이상) 실시<br>㉡ ㉠에도 불구하고 소방본부장 또는 소방서장은 소방청장이 소방안전관리가 우수하다고 인정한 특정소방대상물에 대해서는 3년의 범위에서 소방청장이 고시하거나 정한 기간 동안 종합점검을 면제할 수 있다(단, 면제기간 중 화재가 발생한 경우는 제외).<br>〈점검시기〉<br>㉠ ④에 해당하는 특정소방대상물은 건축물을 사용할 수 있게 된 날부터 60일 이내 실시<br>㉡ ㉠을 제외한 특정소방대상물은 건축물의 사용승인일이 속하는 달에 실시(단, 학교의 경우 해당 건축물의 사용승인일이 1월에서 6월 사이에 있는 경우에는 6월 30일까지 실시할 수 있다.)<br>㉢ 건축물 사용승인일 이후 ⑥에 따라 종합점검대상에 해당하게 된 경우에는 그 다음 해부터 실시<br>㉣ 하나의 대지경계선 안에 2개 이상의 자체점검대상 건축물 등이 있는 경우 그 건축물 중 사용승인일이 가장 빠른 연도의 건축물의 사용승인일을 기준으로 점검할 수 있다. |

해설 **소방시설법 시행규칙 제23조, 〔별표 3〕**

(1) **소방시설 등**의 **자체점검**

| 구 분 | 제출기간 | 제출처 |
|---|---|---|
| 관리업자 또는 소방안전관리자로 선임된 소방시설관리사·소방기술사 | 10일 이내 | 관계인 |
| 관계인 | 15일 이내 | 소방본부장·소방서장 |

(2) **소방시설 등 자체점검**의 **점검대상, 점검자**의 **자격, 점검횟수** 및 **시기**

| 점검구분 | 정 의 | 점검대상 | 점검자의 자격(주된 인력) | 점검횟수 및 점검시기 |
|---|---|---|---|---|
| 작동점검 | 소방시설 등을 인위적으로 조작하여 정상적으로 작동하는지를 점검하는 것 | ① 간이스프링클러설비·자동화재탐지설비 | • 관계인<br>• 소방안전관리자로 선임된 소방시설관리사 또는 소방기술사<br>• 소방시설관리업에 등록된 기술인력 중 소방시설관리사 또는 「소방시설공사업법 시행규칙」에 따른 특급 점검자 | 작동점검은 **연 1회** 이상 실시하며, 종합점검대상은 종합점검을 받은 달부터 **6개월**이 되는 달에 실시 |
| | | ② ①에 해당하지 아니하는 특정소방대상물 | • 소방시설관리업에 등록된 기술인력 중 소방시설관리사<br>• 소방안전관리자로 선임된 소방시설관리사 또는 소방기술사 | |
| | | ③ 작동점검 제외대상<br>• 특정소방대상물 중 소방안전관리자를 선임하지 않는 대상<br>• 위험물제조소 등<br>• 특급 소방안전관리대상물 | | |
| 종합점검 | 소방시설 등의 작동점검을 포함하여 소방시설 등의 설비별 주요 구성 부품의 구조기준이 화재안전기준과 「건축법」 등 관련 법령에서 정하는 기준에 적합한지 여부를 점검하는 것<br>(1) 최초점검 : 특정소방대상물의 소방시설이 새로 설치되는 경우 건축물을 사용할 수 있게 된 날부터 60일 이내에 점검하는 것<br>(2) 그 밖의 종합점검 : 최초점검을 제외한 종합점검 | ④ 소방시설 등이 신설된 경우에 해당하는 특정소방대상물<br>⑤ **스프링클러설비**가 설치된 특정소방대상물<br>⑥ **물분무등소화설비**(호스릴 방식의 물분무등소화설비만을 설치한 경우는 제외)가 설치된 연면적 **$5000m^2$** 이상인 특정소방대상물(위험물제조소 등 제외)<br>⑦ 다중이용업의 영업장이 설치된 특정소방대상물로서 연면적이 **$2000m^2$** 이상인 것<br>⑧ **제연설비**가 설치된 터널<br>⑨ **공공기관** 중 연면적(터널·지하구의 경우 그 길이와 평균폭을 곱하여 계산된 값)이 **$1000m^2$** 이상인 것으로서 옥내소화전설비 또는 자동화재탐지설비가 설치된 것(단, 소방대가 근무하는 공공기관 제외) | • 소방시설관리업에 등록된 기술인력 중 **소방시설관리사**<br>• 소방안전관리자로 선임된 **소방시설관리사** 또는 **소방기술사** | 〈점검횟수〉<br>㉠ 연 1회 이상(특급 소방안전관리대상물은 반기에 1회 이상) 실시<br>㉡ ㉠에도 불구하고 소방본부장 또는 소방서장은 소방청장이 소방안전관리가 우수하다고 인정한 특정소방대상물에 대해서는 3년의 범위에서 소방청장이 고시하거나 정한 기간 동안 종합점검을 면제할 수 있다(단, 면제기간 중 화재가 발생한 경우는 제외).<br>〈점검시기〉<br>㉠ ④에 해당하는 특정소방대상물은 건축물을 사용할 수 있게 된 날부터 60일 이내 실시<br>㉡ ㉠을 제외한 특정소방대상물은 건축물의 사용승인일이 속하는 달에 실시(단, 학교의 경우 해당 건축물의 사용승인일이 1월에서 6월 사이에 있는 경우에는 6월 30일까지 실시할 수 있다.)<br>㉢ 건축물 사용승인일 이후 ⑥에 따라 종합점검대상에 해당하게 된 경우에는 그 다음 해부터 실시<br>㉣ 하나의 대지경계선 안에 2개 이상의 자체점검대상 건축물 등이 있는 경우 그 건축물 중 사용승인일이 가장 빠른 연도의 건축물의 사용승인일을 기준으로 점검할 수 있다. |

(3) 작동점검 및 종합점검은 건축물 사용승인 후 그 다음 해부터 실시

(4) 점검결과 : **2년**간 보관

☆☆

**문제 02**

**스프링클러설비 중 준비작동밸브의 작동점검방법을 순차적으로 설명하시오. 특히 준비작동밸브의 작동방법, 복구방법에 관하여는 구체적으로 기술하시오. (단, 준비작동밸브의 1, 2차 배관 양쪽에 개폐밸브가 모두 설치된 것으로 가정한다.) (30점)**

정답 ① 점검방법

㉠ 2차측 제어밸브 폐쇄

㉡ 배수밸브를 돌려 개방

㉢ 준비작동밸브는 다음 3가지 중 1가지를 채택하여 작동

- 슈퍼비조리판넬의 기동스위치를 누르면 솔레노이드밸브가 개방되어 준비작동밸브 작동
- 수동개방밸브를 개방하면 준비작동밸브 작동
- 교차회로방식의 A · B 감지기를 감시제어반에서 작동시키면 솔레노이드밸브가 개방되어 준비작동밸브 작동

㉣ 경보장치가 작동하여 알람이 울린다.

㉤ 펌프가 작동하여 배수밸브를 통해 방수

㉥ 감시제어반의 화재표시등 및 슈퍼비조리판넬의 밸브개방 표시등 점등

㉦ 준비작동밸브의 작동 없이 알람시험밸브의 개방만으로 압력스위치의 이상유무 확인가능

② 복구방법

㉠ 감지기를 작동시켰으면 감시제어반의 복구스위치를 눌러 복구

㉡ 수동개방밸브를 작동시켰으면 수동개방밸브 폐쇄

㉢ 1차측 제어밸브를 폐쇄하여 배수밸브를 통해 가압수 완전배수

㉣ 배수완료 후 세팅밸브를 개방하고 1차측 압력계를 확인하여 압력이 걸리는지 확인

㉤ 1차측 제어밸브를 서서히 개방하여 준비작동밸브의 작동유무를 확인하고, 1차측 압력계의 압력이 규정압이 되는지를 확인

㉥ 2차측 제어밸브 개방

③ 유의사항

㉠ 준비작동밸브는 2차측이 대기압상태로 유지되므로 배수밸브를 정기적으로 개방하여 배수 및 대기압 상태를 점검

㉡ 정기적으로 알람시험밸브를 개방하여 경보발신시험을 한다.

㉢ 2차측 설비점검을 위하여 1차측 제어밸브를 폐쇄하고 공기누설 시험장치를 통하여 공기나 질소가스를 주입하고 2차측 압력계를 통하여 배관 내 압력강하 점검

해설 **준비작동식밸브**(Pre-action valve)의 **작동점검방법**

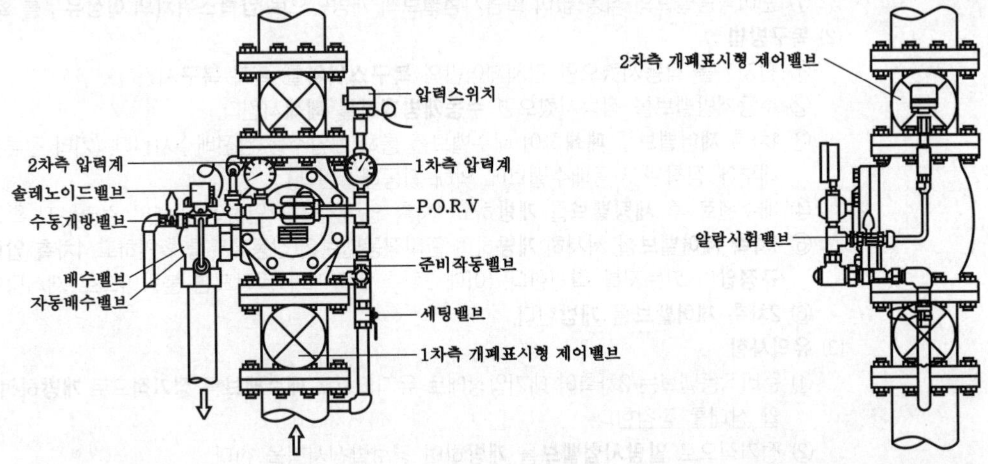


| 명 칭 | 상 태 |
|---|---|
| 준비작동밸브 | 평상시 **폐쇄** |
| 배수밸브 | 평상시 **폐쇄** |
| P.O.R.V | |
| 알람시험밸브 | 평상시 **폐쇄** |
| 수동개방밸브 | 평상시 **폐쇄** |
| 솔레노이드밸브 | 평상시 **폐쇄** |
| 1차측 압력계 | – |
| 2차측 압력계 | – |
| 압력스위치 | – |
| 세팅밸브 | – |
| 자동배수밸브 | 배수밸브 내부에 장착 |
| 1차측 개폐표시형 제어밸브 | 평상시 **개방** |
| 2차측 개폐표시형 제어밸브 | 평상시 **개방** |

※ **P.O.R.V**(Pressure Operated Relief Valve) : 전자밸브 또는 긴급해제밸브의 개방으로 작동된 준비작동밸브가 1차측 공급수의 압력으로 인해 **자동**으로 **복구**되는 것을 **방지**하기 위한 밸브

(1) **점검방법**

① **2차측 제어밸브**를 **폐쇄**한다.

② **배수밸브**를 돌려 **개방**한다.

③ 준비작동밸브는 다음 3가지 중 1가지를 채택하여 작동시킨다.

- 슈퍼비조리판넬의 **기동스위치**를 누르면 솔레노이드밸브가 개방되어 준비작동밸브가 작동된다.
- **수동개방밸브**를 **개방**하면 준비작동밸브가 작동된다.
- **교차회로방식**의 A · B **감지기**를 감시제어반에서 작동시키면 솔레노이드밸브가 개방되어 준비작동밸브가 작동된다.

④ **경보장치**가 **작동**하여 알람이 울린다.

⑤ **펌프**가 **작동**하여 배수밸브를 통해 방수된다.

⑥ 감시제어반의 **화재표시등** 및 슈퍼비조리판넬의 **밸브개방표시등**이 점등된다.
⑦ 준비작동밸브의 작동 없이 알람시험밸브의 개방만으로 **압력스위치**의 **이상유무**를 **확인**할 수 있다.

(2) **복구방법**

① 감지기를 작동시켰으면 감시제어반의 **복구스위치**를 눌러 **복구**시킨다.
② 수동개방밸브를 작동시켰으면 **수동개방밸브**를 **폐쇄**시킨다.
③ **1차측 제어밸브**를 **폐쇄**하여 배수밸브를 통해 가압수를 완전배수시킨다. (기타 잔류수는 배수밸브 내부에 장착된 자동배수밸브에 의해 자동배수된다.)
④ 배수완료 후 **세팅밸브**를 **개방**하고 1차측 압력계를 확인하여 압력이 걸리는지 확인한다.
⑤ **1차측 제어밸브**를 서서히 **개방**하여 준비작동밸브의 작동유무를 확인하고, **1차측 압력계**의 압력이 **규정압**이 되는지를 확인한다. (이때 2차측 압력계가 동작되면 불량이므로 재세팅한다.)
⑥ **2차측 제어밸브**를 **개방**한다.

(3) **유의사항**

① 준비작동밸브는 2차측이 대기압상태로 유지되므로 **배수밸브**를 **정기적**으로 **개방**하여 배수 및 대기압 상태를 점검한다.
② 정기적으로 **알람시험밸브**를 **개방**하여 경보발신시험을 한다.
③ 2차측 설비점검을 위하여 1차측 제어밸브를 폐쇄하고 공기누설 시험장치를 통하여 공기나 질소가스를 주입하고 2차측 압력계를 통하여 배관 내 **압력강하**를 **점검**한다.

**준비작동밸브(SDV)형의 작동시험**

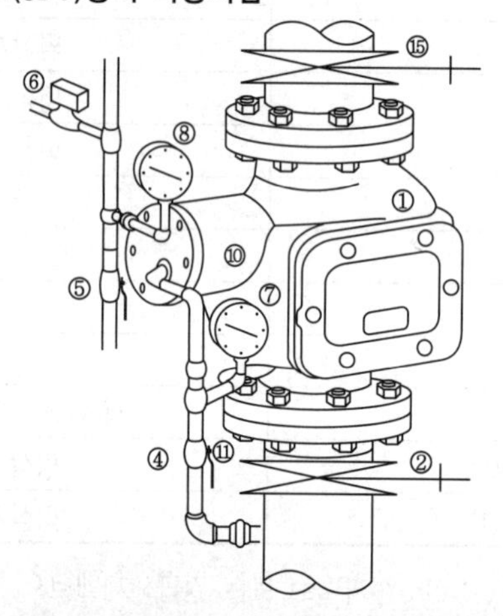


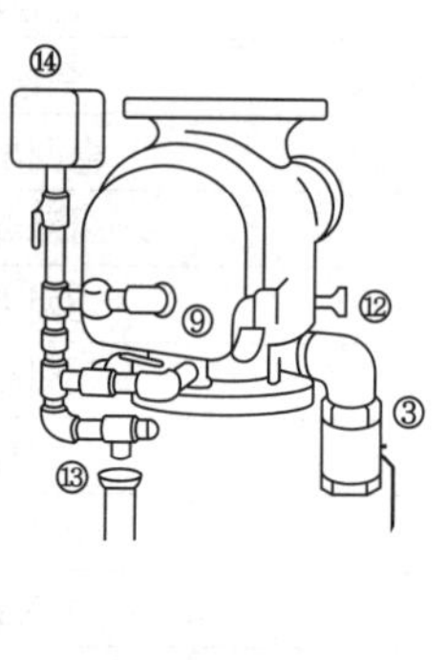


| 기 호 | 명 칭 | 기 호 | 명 칭 |
|---|---|---|---|
| ① | 준비작동밸브 본체 | ⑨ | 경보시험밸브 |
| ② | 1차측 제어밸브(개폐표시형) | ⑩ | 중간챔버 |
| ③ | 드레인밸브 | ⑪ | 체크밸브 |
| ④ | 볼밸브(중간챔버 급수용) | ⑫ | 복구레버(밸브후면) |
| ⑤ | 수동기동밸브 | ⑬ | 자동배수밸브 |
| ⑥ | 전자밸브 | ⑭ | 압력스위치 |
| ⑦ | 압력계(1차측) | ⑮ | 2차측 제어밸브(개폐표시형) |
| ⑧ | 압력계(중간챔버용) | | |

| 작동순서 | 작동후 조치(배수 및 복구) | 경보장치 작동시험 방법 |
|---|---|---|
| • 2차측 제어밸브⑮ 폐쇄<br>• 감지기 1개 회로 작동 : 경보장치 동작<br>• 감지기 2개 회로 작동 : 전자밸브⑥ 동작<br>• 중간챔버⑩ 압력저하로 클래퍼 개방<br>• 2차측 제어밸브까지 송수<br>• 경보장치 동작<br>• 펌프자동기동 및 압력 유지상태 확인 | **〈배수〉**<br>• 1차측 제어밸브② 및 볼밸브④ 폐쇄<br>• 드레인밸브③ 및 수동기동밸브⑤를 개방하여 배수<br>• 제어반 복구 및 펌프정지 확인<br>**〈복구〉**<br>• 복구레버⑫를 반시계방향으로 돌려 클래퍼 폐쇄<br>• 드레인밸브③ 및 수동기동밸브⑤ 폐쇄<br>• 볼밸브④를 개방하여 중간챔버⑩에 급수하고 압력계⑧ 확인<br>• 1차측 제어밸브② 서서히 개방<br>• 볼밸브④ 폐쇄<br>• 감시제어반의 스위치상태 확인<br>• 2차측 제어밸브⑮ 서서히 개방 | • 2차측 제어밸브⑮ 폐쇄<br>• 경보시험밸브⑨를 개방하여 압력스위치 작동 : 경보장치 동작<br>• 경보시험밸브⑨ 폐쇄<br>• 자동배수밸브⑬은 개방하여 2차측 물 완전배수<br>• 감시제어반의 스위치상태 확인<br>• 2차측 제어밸브⑮ 서서히 개방 |

★★★

## 문제 03

**11층 건물의 비상콘센트설비에 종합점검을 실시하려고 한다. 비상콘센트설비의 화재안전기준에 의하여 다음 각 물음에 답하시오. (40점)**

(가) 원칙적으로 설치하여야 할 비상전원의 종류 2가지를 쓰시오.
(나) 전원회로의 공급용량 종류를 쓰시오.
(다) 11층에 비상콘센트를 5개 설치하였다. 전원회로의 최소회로수는?
(라) 비상콘센트의 바닥으로부터 설치높이는 몇 m 이상 몇 m 이하이어야 하는가?
(마) 비상콘센트 보호함의 설치기준 3가지를 쓰시오.

정답 (가) ① 자가발전설비
② 비상전원수전설비
(나) 단상교류 : 1.5kVA 이상
(다) 단상교류 5회로
(라) 0.8m 이상 1.5m 이하
(마) ① 쉽게 개폐할 수 있는 문 설치
② 표면에 '**비상콘센트**'라고 표시
③ 상부에 적색표시등 설치(단, 보호함을 옥내소화전함 등과 함께 설치하는 경우 옥내소화전함 등의 표시등과 겸용가능)

해설 (가) **각 설비**의 **비상전원 종류** 및 **용량**

| 설 비 | 비상전원 | 비상전원용량 |
|---|---|---|
| • 자동화재**탐**지설비 | • **축**전지설비<br>• 전기저장장치 | • **10분** 이상(30층 미만)<br>• **30분** 이상(30층 이상) |
| • 비상**방**송설비 | • 축전지설비<br>• 전기저장장치 | |

| | | |
|---|---|---|
| • 비상**경**보설비 | • 축전지설비<br>• 전기저장장치 | • **10분** 이상 |
| • **유**도등 | • 축전지설비 | • **20분** 이상<br>※ 예외규정 : **60분** 이상<br>(1) **11층** 이상(지하층 제외)<br>(2) 지하층 · 무창층으로서 **도매시장 · 소매시장 · 여객자동차터미널 · 지하철역사 · 지하상가** |
| • **무**선통신보조설비 | 명시하지 않음 | • **30분** 이상<br>기억법 **탐경유방무축** |
| • 비상콘센트설비 | • 자가발전설비<br>• 축전지설비<br>• 비상전원수전설비<br>• 전기저장장치 | • **20분** 이상 |
| • **스**프링클러설비<br>• **미**분무소화설비 | • **자**가발전설비<br>• **축**전지설비<br>• **전**기저장장치<br>• 비상전원**수**전설비(차고 · 주차장으로서 스프링클러설비(또는 미분무소화설비)가 설치된 부분의 바닥면적 합계가 1000m$^2$ 미만인 경우) | • **20분** 이상(30층 미만)<br>• **40분** 이상(30~49층 이하)<br>• **60분** 이상(50층 이상)<br>기억법 **스미자 수전축** |
| • 포소화설비 | • 자가발전설비<br>• 축전지설비<br>• 전기저장장치<br>• 비상전원수전설비<br>– 호스릴포소화설비 또는 포소화전만을 설치한 차고 · 주차장<br>– 포헤드설비 또는 고정포방출설비가 설치된 부분의 바닥면적(스프링클러설비가 설치된 차고 · 주차장의 바닥면적 포함)의 합계가 1000m$^2$ 미만인 것 | • **20분** 이상 |
| • **간**이스프링클러설비 | • 비상전원**수**전설비 | • **10분**(숙박시설 바닥면적 합계 300~600m$^2$ 미만, 근린생활시설 바닥면적 합계 1000m$^2$ 이상, 복합건축물 연면적 1000m$^2$ 이상은 **20분**) 이상<br>기억법 **간수** |
| • 옥내소화전설비<br>• 연결송수관설비<br>• 특별피난계단의 계단실 및 부속실 제연설비 | • 자가발전설비<br>• 축전지설비<br>• 전기저장장치 | • **20분** 이상(30층 미만)<br>• **40분** 이상(30~49층 이하)<br>• **60분** 이상(50층 이상) |
| • 제연설비<br>• 분말소화설비<br>• 이산화탄소 소화설비<br>• 물분무소화설비<br>• 할론소화설비<br>• 할로겐화합물 및 불활성기체 소화설비<br>• 화재조기진압용 스프링클러설비 | • 자가발전설비<br>• 축전지설비<br>• 전기저장장치 | • **20분** 이상 |

| | | |
|---|---|---|
| • 비상조명등 | • 자가발전설비<br>• 축전지설비<br>• 전기저장장치 | • **20분** 이상<br>※ 예외규정 : **60분** 이상<br>(1) **11층** 이상(지하층 제외)<br>(2) 지하층 · 무창층으로서 **도매시장 · 소매시장 · 여객자동차터미널 · 지하철역사 · 지하상가** |
| • 시각경보장치 | • 축전지설비<br>• 전기저장장치 | 명시하지 않음 |

(나) **비상콘센트설비**

| 구 분 | 전 압 | 공급용량 | 플러그접속기 |
|---|---|---|---|
| 단상교류 | 220V | 1.5kVA 이상 | 접지형 2극 |

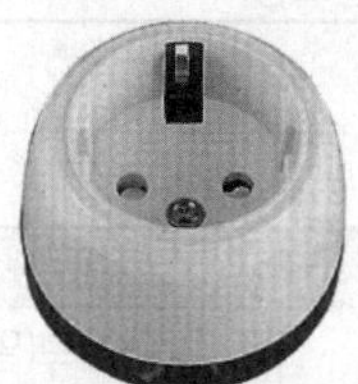

▌접지형 2극 플러그접속기▐

① 하나의 전용회로에 설치하는 비상콘센트는 **10개** 이하로 할 것(전선의 용량은 최대 **3개**)

| 설치하는 비상콘센트 수량 | 전선의 용량산정시 적용하는 비상콘센트 수량 | 전선의 용량 |
|---|---|---|
| 1 | 1개 이상 | 1.5kVA 이상 |
| 2 | 2개 이상 | 3.0kVA 이상 |
| 3~10 | 3개 이상 | 4.5kVA 이상 |

② 전원회로는 각 층에 있어서 **2 이상**이 되도록 설치할 것(단, 설치하여야 할 층의 콘센트가 **1개**인 때에는 하나의 회로로 할 수 있다.)
③ 플러그접속기의 칼받이 접지극에는 **접지공사**를 하여야 한다.
④ 풀박스는 **1.6mm** 이상의 철판을 사용할 것
⑤ 절연저항은 **전원부**와 **외함** 사이를 **직류 500V 절연저항계**로 측정하여 **20MΩ** 이상일 것
⑥ 전원으로부터 각 층의 비상콘센트에 분기되는 경우에는 **분기배선용 차단기**를 보호함 안에 설치할 것
⑦ 바닥으로부터 **0.8~1.5m** 이하의 높이에 설치할 것
⑧ 전원회로는 주배전반에서 **전용회로**로 하며, 배선의 종류는 **내화배선**이어야 한다.
⑨ 콘센트마다 **배선용 차단기**를 설치하며, **충전부**가 노출되지 않도록 할 것

※ **풀박스**(pull box) : 배관이 긴 곳 또는 굴곡부분이 많은 곳에서 시공을 용이하게 하기 위하여 배선도중에 사용하여 전선을 끌어들이기 위한 박스

용어

**비상콘센트설비**(emergency consent system) : 화재시 소화활동 등에 필요한 전원을 전용회선으로 공급하는 설비

(다)

※ 비상콘센트는 **11층 이상**에 설치하며, 문제에서는 11층에 비상콘센트가 **5개** 설치되어 있으므로 이처럼 한 개의 층에 비상콘센트가 여러 개 설치되어 있을 경우에는 비상콘센트마다 별도의 회로로 구성하여야 하므로 **단상교류 5회로**가 필요하다.

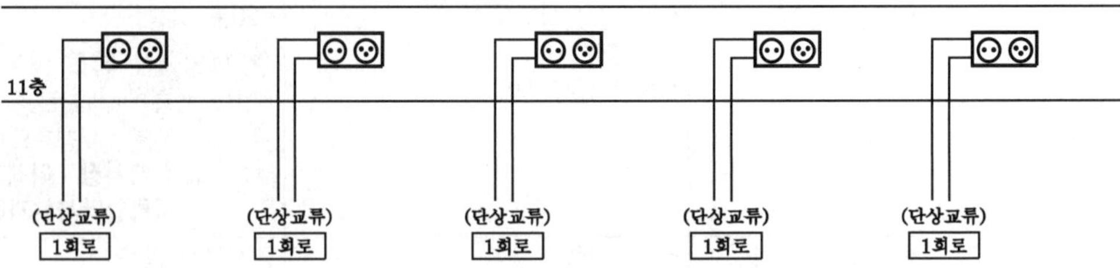


❙ 비상콘센트설비의 실제 배선 ❙

(라) **설치높이**

| 설 비 | 설치높이 |
|---|---|
| 기타설비 | 0.8~1.5m 이하 |
| 시각경보장치 | 2~2.5m 이하 |

중요

**설치높이**

| 0.5~1m 이하 | 0.8~1.5m 이하 | 1.5m 이하 |
|---|---|---|
| ① **연**결송수관설비의 송수구<br>② **연**결살수설비의 송수구<br>③ **소**화**용**수설비의 채수구 | ① **제**어밸브(일제개방밸브 · 개폐표시형 밸브 · 수동조작부)<br>② **유**수검지장치 | ① **옥내**소화전설비의 방수구<br>② **호**스릴함<br>③ **소**화기 |
| 기억법 **연소용 51(연소용 오일은 잘 탄다.)** | 기억법 **제유 85(제가 유일하게 팔았어요.)** | 기억법 **옥내호소 5(옥내에서 호소하시오.)** |

(마) **비상콘센트 보호함**의 **설치기준**(NFPC 504 제5조, NFTC 504 2.2.1)

① 보호함에는 쉽게 **개**폐할 수 있는 **문**을 설치할 것

② 비상콘센트의 보호함 표면에 **"비상콘센트"**라고 표시한 **표**지를 할 것

③ 비상콘센트의 보호함 **상부**에 **적**색의 **표시등**을 설치할 것(단, 비상콘센트의 보호함을 **옥내소화전함** 등과 접속하여 설치하는 경우에는 옥내소화전함 등의 표시등과 겸용할 수 있다.)

기억법 **개표적**

❙ 비상콘센트 보호함 ❙

07회

# 2002년도 제6회 소방시설관리사 2차 국가자격시험

| 교 시 | 시 간 | 시험과목 |
|---|---|---|
| 1교시 | 90분 | 소방시설의 점검실무행정 |

| 수험번호 | | 성 명 | |
|---|---|---|---|

## 【 수험자 유의사항 】

1. **시험문제지 표지**와 시험문제지의 **총면수, 문제번호 일련순서, 인쇄상태** 등을 확인하시고, 문제지 표지에 수험번호와 성명을 기재하시기 바랍니다.

2. 수험자 인적사항 및 답안지 등 작성은 **반드시 검정색 필기구만을 계속 사용**하여야 합니다. (**그 외 연필류, 유색필기구, 2가지 이상색 혼합사용 등으로 작성한 답항은 0점 처리**됩니다.)

3. 문제번호 순서에 관계없이 답안 작성이 가능하나, **반드시 문제번호 및 문제를 기재**(긴 경우 요약기재 가능)하고 해당 답안을 기재하여야 합니다.

4. **답안 정정시에는 정정할 부분을 두 줄(=)로 긋고 수정할 내용을 다시 기재**합니다.

5. 답안작성은 **시험시행일** 현재 시행되는 법령 등을 적용하시기 바랍니다.

6. **감독위원의 지시에 불응하거나 시험시간 종료 후 답안지를 제출하지 않을 경우** 불이익이 발생할 수 있음을 알려드립니다.

7. 시험문제지는 시험 종료 후 가져가시기 바랍니다.

# 2002. 11. 3. 시행

## 문제 01

**소방용수시설에 있어서 수원의 기준과 소화용수설비의 수원의 종합점검항목을 기술하시오. (20점)**

정답 (1) 소방용수시설의 수원의 기준

① 공통기준

㉠ 주거지역·상업지역 및 공업지역에 설치하는 경우 : 소방대상물과의 수평거리를 100m 이하가 되도록 할 것

㉡ 기타 지역에 설치하는 경우 : 소방대상물과의 수평거리를 140m 이하가 되도록 할 것

② 소방용수시설별 설치기준

㉠ 소화전의 설치기준 : 상수도와 연결하여 지하식 또는 지상식의 구조로 하고, 소방용 호스와 연결하는 소화전의 연결금속구의 구경은 65mm로 할 것

㉡ 급수탑의 설치기준 : 급수배관의 구경은 100mm 이상으로 하고, 개폐밸브는 지상에서 1.5~1.7m 이하의 위치에 설치하도록 할 것

㉢ 저수조의 설치기준

- 지면으로부터의 낙차가 4.5m 이하일 것
- 흡수부분의 수심이 0.5m 이상일 것
- 소방펌프자동차가 쉽게 접근할 수 있도록 할 것
- 흡수에 지장이 없도록 토사 및 쓰레기 등을 제거할 수 있는 설비를 갖출 것
- 흡수관의 투입구가 사각형의 경우에는 한 변의 길이가 60cm 이상, 원형의 경우에는 지름이 60cm 이상일 것
- 저수조에 물을 공급하는 방법은 상수도에 연결하여 자동으로 급수되는 구조일 것

(2) 소화용수설비의 수원의 종합점검항목 : 수원의 유효수량 적정 여부

해설 (1) **소방용수시설**의 **수원**의 **기준**(기본법 규칙 [별표 3])

① **공통기준**

㉠ **주거지역·상업지역** 및 **공업지역**에 설치하는 경우 : 소방대상물과의 수평거리를 **100m** 이하가 되도록 할 것

㉡ 기타 지역에 설치하는 경우 : 소방대상물과의 수평거리를 **140m** 이하가 되도록 할 것

② **소방용수시설**별 **설치기준**

| 소화전의 설치기준 | 급수탑의 설치기준 |
|---|---|
| 상수도와 연결하여 지하식 또는 지상식의 구조로 하고, 소방용 호스와 연결하는 소화전의 연결금속구의 구경은 **65mm**로 할 것 | 급수배관의 구경은 **100mm** 이상으로 하고, 개폐밸브는 지상에서 **1.5~1.7m** 이하의 위치에 설치하도록 할 것 |

㉢ **저**수조의 설치기준

- 지면으로부터의 **낙**차가 **4.5m** 이하일 것
- 흡수부분의 **수**심이 **0.5m** 이상일 것
- 소방펌프자동차가 **쉽**게 접근할 수 있도록 할 것
- 흡수에 지장이 없도록 토사 및 쓰레기 등을 **제**거할 수 있는 설비를 갖출 것
- 흡수관의 **투**입구가 사각형의 경우에는 한 변의 길이가 **60cm** 이상, 원형의 경우에는 지름이 **60cm** 이상일 것
- 저수조에 물을 공급하는 방법은 상수도에 연결하여 **자**동으로 **급**수되는 구조일 것

기억법 **저낙수 쉽제 투자급**

(2) **소화용수설비**의 **종합점검**(소방시설 자체점검사항 등에 관한 고시 〔별지 제4호 서식〕)

| 구 분 | | 점검항목 |
|---|---|---|
| 소화수조 및 저수조 | 수원 | 수원의 유효수량 적정 여부 |
| | 흡수관투입구 | ① 소방차 접근 용이성 적정 여부<br>❷ **크기** 및 **수량** 적정 여부<br>③ **"흡수관투입구"** 표지 설치 여부 |
| | 채수구 | ① 소방차 접근 용이성 적정 여부<br>❷ **결합금속구** 구경 적정 여부<br>❸ **채수구** 수량 적정 여부<br>④ 개폐밸브의 조작 용이성 여부 |
| | 가압송수장치 | ① 기동스위치 **채수구** 직근 설치 여부 및 정상작동 여부<br>② **"소화용수설비펌프"** 표지 설치상태 적정 여부<br>❸ 동결방지조치 상태 적정 여부<br>❹ 토출측 **압력계**, 흡입측 **연성계** 또는 **진공계** 설치 여부<br>⑤ 성능시험배관 적정 설치 및 정상작동 여부<br>⑥ 순환배관 설치 적정 여부<br>❼ 물올림장치 설치 적정(전용 여부, 유효수량, 배관구경, 자동급수) 여부<br>⑧ 내연기관방식의 펌프 설치 적정(제어반 기동, 채수구 원격조작, 기동표시등 설치, 축전지 설비) 여부 |
| 상수도 소화용수설비 | | ① 소화전 위치 적정 여부<br>② 소화전 관리상태(변형·손상 등) 및 방수 원활 여부 |
| 비고 | | ※ 특정소방대상물의 위치·구조·용도 및 소방시설의 상황 등이 이 표의 항목대로 기재하기 곤란하거나 이 표에서 누락된 사항을 기재한다. |

※ "●"는 종합점검의 경우에만 해당

비교

**소화용수설비의 작동점검**(소방시설 자체점검사항 등에 관한 고시 〔별지 제4호 서식〕)

| 구 분 | | 점검항목 |
|---|---|---|
| 소화수조 및 저수조 | 수원 | 수원의 유효수량 적정 여부 |
| | 흡수관투입구 | ① 소방차 접근 용이성 적정 여부<br>② **"흡수관투입구"** 표지 설치 여부 |
| | 채수구 | ① 소방차 접근 용이성 적정 여부<br>② 개폐밸브의 조작 용이성 여부 |
| | 가압송수장치 | ① 기동스위치 **채수구** 직근 설치 여부 및 정상작동 여부<br>② **"소화용수설비펌프"** 표지 설치상태 적정 여부<br>③ 성능시험배관 적정 설치 및 정상작동 여부<br>④ 순환배관 설치 적정 여부<br>⑤ 물올림장치 설치 적정(전용 여부, 유효수량, 배관구경, 자동급수) 여부<br>⑥ 내연기관방식의 펌프 설치 적정(제어반 기동, 채수구 원격조작, 기동표시등 설치, 축전지 설비) 여부 |
| 상수도 소화용수설비 | | ① 소화전 위치 적정 여부<br>② 소화전 관리상태(변형·손상 등) 및 방수 원활 여부 |
| 비고 | | ※ 특정소방대상물의 위치·구조·용도 및 소방시설의 상황 등이 이 표의 항목대로 기재하기 곤란하거나 이 표에서 누락된 사항을 기재한다. |

☆☆

**문제 02**

**가스계 소화설비의 이너젠가스 저장용기, 이산화탄소 저장용기, 이산화탄소 소화설비 기동용 가스용기의 가스량 산정(점검)방법에 대하여 기술하시오. (20점)**

정답 ① 이너젠가스 저장용기
㉠ 산정방법 : 압력측정방법
㉡ 점검방법 : 용기밸브의 고압용게이지를 확인하여 저장용기 내부의 압력을 측정
㉢ 판정방법 : 압력손실이 5%를 초과할 경우 재충전하거나 저장용기를 교체할 것

② 이산화탄소 저장용기
㉠ 산정방법 : 액면계(액화가스레벨메타)를 사용하여 행하는 방법
㉡ 점검방법
- 액면계의 전원스위치를 넣고 전압을 체크한다.
- 용기는 통상의 상태 그대로 하고 액면계 프로브와 방사선원간에 용기를 끼워 넣듯이 삽입한다.
- 액면계의 검출부를 조심하여 상하방향으로 이동시켜 메타지침의 흔들림이 크게 다른 부분을 발견하여 그 위치가 용기의 바닥에서 얼마만큼의 높이인가를 측정한다.
- 액면의 높이와 약제량과의 환산은 전용의 환산척을 이용한다.

㉢ 판정방법 : 약제량의 측정결과를 중량표와 비교하여 그 차이가 5% 이하일 것

③ 이산화탄소 소화설비 기동용 가스용기
㉠ 산정방법 : 간평식 측정기를 사용하여 행하는 방법
㉡ 점검순서
- 용기밸브에 설치되어 있는 용기밸브 개방장치, 조작관 등을 떼어낸다.
- 간평식 측정기를 이용하여 기동용기의 중량을 측정한다.
- 약제량은 측정값에서 용기밸브 및 용기의 중량을 뺀 값이다.

㉢ 판정방법 : 내용적 5L 이상, 충전압력 6MPa 이상(21℃ 기준)

해설 ① **이너젠가스 저장용기**의 **가스량 산정**(점검)**방법**
㉠ **산정방법** : 압력측정방법
㉡ **점검방법** : 용기밸브의 **고압용게이지**를 확인하여 **저장용기 내부**의 **압력**을 **측정**
㉢ **판정방법** : 압력손실이 **5%**를 초과할 경우 **재충전**하거나 **저장용기**를 **교체**할 것

② **이산화탄소 저장용기**의 **가스량 산정**(점검)**방법**
㉠ **산정방법** : 액면계(액화가스레벨메타)를 사용하여 행하는 방법
㉡ **점검방법**
- **액면계**의 전원스위치를 넣고 전압을 체크한다.
- 용기는 통상의 상태 그대로 하고 **액면계 프로브**와 **방사선원간**에 용기를 끼워 넣듯이 삽입한다.
- 액면계의 검출부를 조심하여 상하방향으로 이동시켜 메타지침의 흔들림이 크게 다른 부분을 발견하여 그 위치가 용기의 바닥에서 얼마만큼의 높이인가를 측정한다.
- **액면**의 **높이**와 **약제량**과의 환산은 전용의 환산척을 이용한다.

㉢ **판정방법** : 약제량의 측정결과를 중량표와 비교하여 그 차이가 **5% 이하**일 것

③ **이산화탄소 소화설비 기동용 가스용기**의 **가스량 산정**(점검)**방법**
㉠ **산정방법** : **간평식 측정기**를 사용하여 행하는 방법
㉡ **점검순서**
- 용기밸브에 설치되어 있는 **용기밸브 개방장치**, **조작관** 등을 떼어낸다.
- 간평식 측정기를 이용하여 **기동용기**의 **중량**을 측정한다.
- 약제량은 측정값에서 **용기밸브** 및 **용기**의 **중량**을 **뺀 값**이다.

㉢ **판정방법** : 내용적 **5L** 이상, 충전압력 **6MPa** 이상(21℃ 기준)

중요

**이너젠(Inergen) 할로겐화합물 및 불활성기체 소화약제의 점검**

(1) **점검준비**
① 점검실시 전에 도면상의 설비의 **기능 · 구조 · 성능** 사전 파악
② 점검개시에 앞서 **관계자**와 점검의 **범위 · 내용 · 시간** 등에 관하여 충분히 협의
③ 점검 중에는 해당 소화설비를 사용할 수 없게 되므로 **자동화재탐지설비** 등으로 화재감시 조치

(2) **이너젠 저장용기 점검**
① **방호구역 외**의 장소로서 방호구역을 통하지 않고 출입이 가능한 장소인지 확인
② 온도계를 비치하고 주위온도가 **55℃** 이하인지 확인
③ 저장용기, 부속품 등의 부식 및 변형여부 확인
④ 용기밸브의 개방장치의 용기밸브 본체에 정확히 부착되어 있으며 이너젠 기동관의 연결접속부분의 이상유무 확인
⑤ **안전핀**의 부착, 봉인여부 확인

(3) **기동용기함 점검**
① 기동용기함 내 부품의 부착상태, 변형, 손상 등의 여부 확인
② 기동용기함 표면에 방호구역명 및 취급방법을 표시한 설명판의 유무 확인

(4) **선택밸브 점검**
① 변형, 손상 등이 없고 밸브본체와 이너젠 기동관과의 접속부는 **스패너**, **파이프렌치** 등으로 나사 등의 조임 확인
② 수동 기동레버에 **안전핀**의 **장착** 및 **봉인**이 되어 있는지 확인
③ 선택밸브에 **방호구역명**의 표시여부 확인
④ **80A 이하**의 제품일 경우 **복귀손잡이**(Reset Knob)가 정상상태로 복구되어 있는지 확인하며, **100A 이상**의 제품일 경우 닫힌상태로 복구되어 있는지 확인

(5) **수동조작함 점검**
① 높이 **0.8~1.5m** 사이에 고정되고 외면의 적색도장 여부 확인
② **방호구역**의 **출입구 부근**에 위치하는 지와 장애물의 유무 확인
③ 전면부의 봉인유무 확인

(6) **경보 및 제어장치 점검**
① 경보장치인 **사이렌** 및 **방출표시등**의 변형, 손상, 탈락 및 배선접속 이상 등 확인
② 이너젠 제어반의 지연장치, 전원표시, 구역표시, 방출표시, **자동 · 수동 선택스위치**와 **표시등**의 기능이상 유무 확인

(7) **배관 및 분사헤드 점검**
① 관과 관부속 또는 기기접속부의 **나사조임**, **볼트** 및 **너트**의 **풀림**, **탈락여부** 및 흔들림이 없도록 견고히 고정되어 있는지 등을 확인
② 분사헤드에 **오리피스**의 **규격**이 표시되어 있는지와 방출시 장애가 될 수 있는 물체가 근처에 있는지 확인

이산화탄소 소화설비 기동장치의 설치기준을 기술하시오. (20점)

정답 ① 수동식 기동장치
㉠ 전역방출방식에 있어서는 방호구역마다, 국소방출방식에 있어서는 방호대상물마다 설치할 것
㉡ 해당 방호구역의 출입구부근 등 조작을 하는 자가 쉽게 피난할 수 있는 장소에 설치할 것
㉢ 기동장치의 조작부는 바닥으로부터 높이 0.8~1.5m 이하의 위치에 설치하고, 보호판 등에 따른 보호장치를 설치할 것

㉣ 기동장치 인근의 보기 쉬운 곳에 "이산화탄소 소화설비 수동식 기동장치"라고 표시한 표지를 할 것
㉤ 전기를 사용하는 기동장치에는 전원표시등을 설치할 것
㉥ 기동장치의 방출용 스위치는 음향경보장치와 연동하여 조작될 수 있는 것으로 할 것

② 자동식 기동장치
㉠ 자동식 기동장치에는 수동으로도 기동할 수 있는 구조로 할 것
㉡ 전기식 기동장치로서 7병 이상의 저장용기를 동시에 개방하는 설비에 있어서는 2병 이상의 저장용기에 전자개방밸브를 부착할 것
㉢ 가스압력식 기동장치는 다음의 기준에 따를 것
- 기동용 가스용기 및 해당 용기에 사용하는 밸브는 25MPa 이상의 압력에 견딜 수 있는 것으로 할 것
- 기동용 가스용기에는 내압시험압력의 0.8~내압시험압력 이하에서 작동하는 안전장치를 설치할 것
- 기동용 가스용기의 용적은 5L 이상으로 하고, 해당 용기에 저장하는 질소 등의 비활성 기체는 6.0MPa 이상(21℃ 기준)의 압력으로 충전할 것
- 질소 등의 비활성기체 기동용 가스용기에는 충전여부를 확인할 수 있는 압력게이지를 설치할 것

㉣ 기계식 기동장치는 저장용기를 쉽게 개방할 수 있는 구조로 할 것

해설 **이산화탄소 소화설비 기동장치**의 **설치기준**(NFPC 106 제6조, NFTC 106 2.3)

| 수동식 기동장치 | 자동식 기동장치 |
|---|---|
| ① **전역방출방식**에 있어서는 **방호구역**마다, **국소방출방식**에 있어서는 **방호대상물**마다 설치할 것<br>② 해당 방호구역의 출입구부근 등 조작을 하는 자가 쉽게 피난할 수 있는 장소에 설치할 것<br>③ 기동장치의 조작부는 바닥으로부터 높이 **0.8~1.5m 이하**의 위치에 설치하고, 보호판 등에 따른 보호장치를 설치할 것<br>④ 기동장치 인근의 보기 쉬운 곳에 "**이산화탄소 소화설비 수동식 기동장치**"라고 표시한 표지를 할 것<br>⑤ 전기를 사용하는 기동장치에는 **전원표시등**을 설치할 것<br>⑥ 기동장치의 방출용 스위치는 음향경보장치와 연동하여 조작될 수 있는 것으로 할 것 | ① **자동식 기동장치**에는 **수동**으로도 기동할 수 있는 구조로 할 것<br>② **전기식 기동장치**로서 **7병 이상**의 저장용기를 동시에 개방하는 설비에 있어서는 **2병 이상**의 저장용기에 **전자개방밸브**를 부착할 것<br>③ **가**스압력식 기동장치는 다음의 기준에 따를 것<br>㉠ **기**동용 가스용기 및 해당 용기에 사용하는 밸브는 **25MPa 이상**의 압력에 견딜 수 있는 것으로 할 것<br>㉡ 기동용 가스용기에는 **내**압시험압력의 **0.8~내압시험압력** 이하에서 작동하는 **안**전장치를 설치할 것<br>㉢ 기동용 가스용기의 **용**적은 **5L** 이상으로 하고, 해당 용기에 저장하는 **질소** 등의 비활성 기체는 **6.0MPa** 이상(21℃ 기준)의 압력으로 충전할 것<br>㉣ 질소 등의 비활성기체 기동용 가스용기에는 충전여부를 확인할 수 있는 **압력게이지**를 설치할 것<br>④ 기계식 기동장치는 저장용기를 쉽게 개방할 수 있는 구조로 할 것<br>기억법 **수전가 기내 안용** |

중요

기동장치의 설치기준

(1) **물분무소화설비**의 **기동장치**의 **설치기준**(NFPC 104 제8조, NFTC 104 2.5)

| 수동식 기동장치 | 자동식 기동장치 |
|---|---|
| ① 직접 조작 또는 원격조작에 따라 각각의 **가압송수장치** 및 **수동식 개방밸브** 또는 **가압송수장치** 및 **자동개방밸브**를 개방할 수 있도록 설치할 것<br>② 기동장치의 가까운 곳의 보기 쉬운 곳에 "**기동장치**"라고 표시한 표지를 할 것 | **화재감지기**의 작동 또는 **폐쇄형 스프링클러헤드**의 개방과 연동하여 경보를 발하고, 가압송수장치 및 자동개방밸브를 기동할 수 있는 것으로 할 것(단, **자동화재탐지설비**의 **수신기**가 설치되어 있는 장소에 **상시 사람**이 **근무**하고 있고, 화재 시 물분무소화설비를 즉시 작동시킬 수 있는 경우는 제외) |

(2) **할로겐화합물 및 불활성기체 소화설비 기동장치**의 **설치기준**(NFPC 107A 제8조, NFTC 107A 2.5)

| 수동식 기동장치 | 자동식 기동장치 |
|---|---|
| ① **방호구역**마다 설치할 것<br>② 해당 방호구역의 **출입구부근** 등 조작을 하는 자가 쉽게 피난할 수 있는 장소에 설치할 것<br>③ 기동장치의 조작부는 바닥으로부터 **0.8~1.5m 이하**의 위치에 설치하고, 보호판 등에 따른 **보호장치**를 설치할 것<br>④ 기동장치 인근의 보기 쉬운 곳에 "**할로겐화합물 및 불활성기체 소화설비 수동식 기동장치**"라는 표지를 할 것<br>⑤ 전기를 사용하는 기동장치에는 **전원표시등**을 설치할 것<br>⑥ 기동장치의 방출용스위치는 **음향경보장치**와 **연동**하여 조작될 수 있는 것으로 할 것<br>⑦ **50N 이하**의 힘을 가하여 기동할 수 있는 구조로 설치 | ① 자동식 기동장치에는 수동식 기동장치를 함께 설치할 것<br>② 전기식 기동장치로서 7병 이상의 저장용기를 동시에 개방하는 설비는 2병 이상의 저장용기에 전자개방밸브를 부착할 것<br>③ 가스압력식 기동장치는 다음의 기준에 따를 것<br>㉠ 기동용 가스용기 및 해당 용기에 사용하는 밸브는 25MPa 이상의 압력에 견딜 수 있는 것으로 할 것<br>㉡ 기동용 가스용기에는 내압시험압력의 0.8배부터 내압시험압력 이하에서 작동하는 안전장치를 설치할 것<br>㉢ 기동용 가스용기의 체적은 5L 이상으로 하고, 해당 용기에 저장하는 질소 등의 비활성기체는 6.0MPa 이상(21℃ 기준)의 압력으로 충전할 것(단, 기동용 가스용기의 체적을 **1L** 이상으로 하고, 해당 용기에 저장하는 이산화탄소의 양은 **0.6kg** 이상으로 하며, 충전비는 **1.5~1.9** 이하의 기동용 가스용기로 할 수 있음)<br>㉣ 질소 등의 비활성기체 기동용 가스용기에는 충전 여부를 확인할 수 있는 압력게이지를 설치할 것<br>④ 기계식 기동장치는 저장용기를 쉽게 개방할 수 있는 구조로 할 것 |

(3) **포소화설비 기동장치**의 **설치기준**(NFPC 105 제11조, NFTC 105 2.8)

| 수동식 기동장치 | 자동식 기동장치 |
|---|---|
| ① **직**접조작 또는 원격조작에 따라 **가압송수장치 · 수동식 개방밸브** 및 **소화약제혼합장치**를 기동할 수 있는 것으로 할 것<br>② **2 이상**의 방사구역을 가진 포소화설비에는 방사구역을 선택할 수 있는 구조로 할 것<br>③ **기동**장치의 조작부는 화재시 쉽게 접근할 수 있는 곳에 설치하되, 바닥으로부터 **0.8~1.5m** 이하의 위치에 설치하고, 유효한 보호장치를 설치할 것<br>④ **기**동장치의 조작부 및 호스접결구에는 가까운 곳의 보기 쉬운 곳에 각각 **"기동장치의 조작부"** 및 **"접결구"**라고 표시한 **표**지를 설치할 것<br>⑤ **차고** 또는 **주차장**에 설치하는 포소화설비의 수동식 기동장치는 방사구역마다 **1개** 이상 설치할 것<br>⑥ **항공기 격납고**에 설치하는 포소화설비의 수동식 기동장치는 각 방사구역마다 **2개** 이상을 설치하되, 그 중 1개는 각 방사구역으로부터 **가장 가까운 곳** 또는 **조작**에 **편리한 장소**에 설치하고, **1개**는 화재감지기의 수신기를 설치한 **감시실** 등에 설치할 것<br>기억법 **포직2기표차항** | ① **폐쇄형 스프링클러헤드**를 사용하는 경우에는 다음에 따를 것<br>㉠ **표**시**온**도가 **79℃ 미만**인 것을 사용하고, 1개의 스프링클러헤드의 경계면적은 **20m$^2$ 이하**로 할 것<br>㉡ 부착면의 높이는 **바**닥으로부터 **5m 이하**로 하고, 화재를 유효하게 감지할 수 있도록 할 것<br>㉢ 하나의 감지장치 경계구역은 하나의 **층**이 되도록 할 것<br>기억법 **표온72바5층**<br>② **화재감지기**를 사용하는 경우에는 다음에 따를 것<br>㉠ 화재감지기는 자동화재탐지설비의 화재안전기준에 따라 설치할 것<br>㉡ 화재감지기 회로에는 다음 기준에 따른 **발신기**를 설치할 것<br>• 조작이 **쉬운 장소**에 설치하고, 스위치는 바닥으로부터 **0.8~1.5m** 이하의 높이에 설치할 것<br>• 특정소방대상물의 **층**마다 설치하되, 해당 특정소방대상물의 각 부분으로부터 **수평거리가 25m** 이하가 되도록 할 것. 단, **복도** 또는 **별도**로 구획된 실로서 **보행거리**가 **40m** 이상일 경우에는 추가로 설치하여야 한다.<br>• 발신기의 위치를 표시하는 **표시등**은 **함**의 **상부**에 설치하되, 그 불빛은 부착면으로부터 **15°** 이상의 범위 안에서 부착지점으로부터 **10m** 이내의 어느 곳에서도 쉽게 식별할 수 있는 **적색등**으로 할 것<br>③ 동결의 우려가 있는 장소의 포소화설비의 자동식 기동장치는 **자동화재탐지설비**와 연동으로 할 것 |



☆☆☆

**문제 04**

**준비작동식밸브의 작동방법 3가지와 이의 복구방법을 기술하시오. (20점)**

정답 (1) 작동방법

① 슈퍼비조리판넬의 기동스위치를 누르면 솔레노이드밸브가 개방되어 준비작동밸브 작동

② 수동개방밸브를 개방하면 준비작동밸브 작동

③ 교차회로방식의 A · B 감지기를 감시제어반에서 작동시키면 솔레노이드밸브가 개방되어 준비작동밸브 작동

(2) 복구방법
① 감지기를 작동시켰으면 수신반의 복구스위치를 눌러 복구
② 수동개방밸브를 작동시켰으면 수동개방밸브 폐쇄
③ 1차측 제어밸브를 폐쇄하여 배수밸브를 통해 가압수 완전배수
④ 배수완료 후 세팅밸브를 개방하고 1차측 압력계를 확인하여 압력이 걸리는지 확인
⑤ 1차측 제어밸브를 서서히 개방하여 준비작동밸브의 작동유무를 확인하고, 1차측 압력계의 압력이 규정압이 되는지를 확인
⑥ 2차측 제어밸브 개방

해설 (1) **준비작동밸브**의 **작동방법**
① **슈퍼비조리판넬**의 **기동스위치**를 누르면 솔레노이드밸브가 개방되어 준비작동밸브 작동
② 감시제어반에서 **솔레노이드밸브** 기동스위치 작동
③ **수동개방밸브**를 **개방**하면 준비작동밸브 작동
④ **교차회로방식**의 A · B **감지기**를 감시제어반에서 작동시키면 솔레노이드밸브가 개방되어 준비작동밸브 작동
⑤ **교차회로방식**의 A · B **감지기** 작동

- 준비작동밸브=준비작동식밸브=프리액션밸브(Preaction valve)
- 수동개방밸브=긴급해제밸브

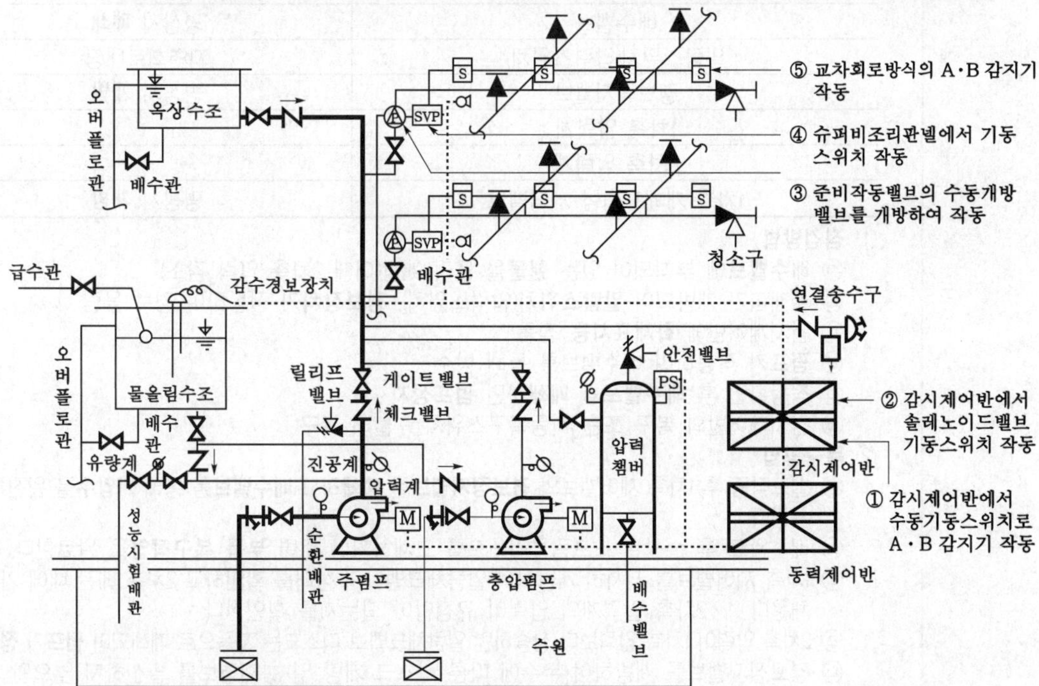


(2) **준비작동식밸브**의 **복구방법**
① 감지기를 작동시켰으면 감시제어반의 **복구스위치**를 눌러 **복구**
② 수동개방밸브를 작동시켰으면 **수동개방밸브 폐쇄**
③ 1차측 제어밸브를 폐쇄하여 **배수밸브**를 통해 **가압수 완전배수**(기타 잔류수는 배수밸브 내부에 장착된 **자동배수밸브**에 의해 **자동배수**된다.)
④ 배수완료 후 **세팅밸브**를 **개방**하고 **1차측 압력계**를 **확인**하여 압력이 걸리는지 확인
⑤ **1차측 제어밸브**를 서서히 개방하여 준비작동밸브의 작동유무를 확인하고, 1차측 압력계의 압력이 규정압이 되는지 확인(이때 2차측 압력계가 동작되면 불량이므로 재세팅)
⑥ **2차측 제어밸브 개방**

중요

**밸브의 작동점검방법**

(1) 알람체크밸브(습식밸브)

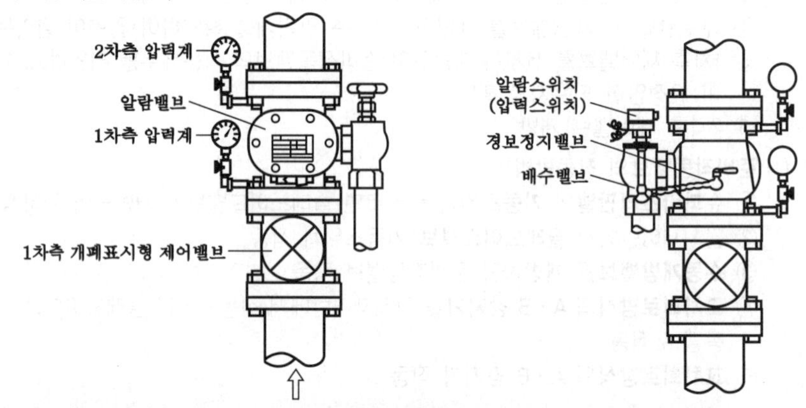


| 명 칭 | 상 태 |
|---|---|
| 알람밸브 | 평상시 **폐쇄** |
| 배수밸브 | 평상시 **폐쇄** |
| 알람스위치(압력스위치) | 지연회로내장 |
| 경보정지밸브 | 평상시 **개방** |
| 1차측 압력계 | – |
| 2차측 압력계 | – |
| 1차측 개폐표시형 제어밸브 | 평상시 **개방** |

① **점검방법**

㉠ **배수밸브**에 부착되어 있는 **핸들**을 돌려 개방(이때 2차측 압력 감소)

㉡ 클래퍼가 개방되어 **알람스위치**(압력스위치), **경보장치**가 작동하여 경보 울림

㉢ 감시제어반에 **화재표시등** 점등

㉣ **펌프**가 **작동**하여 배수밸브를 통해 방수

㉤ 작동확인 후 **배수밸브**를 **폐쇄**하면 **펌프정지**

㉥ 감시제어반의 복구 또는 자동복구스위치를 눌러 **복구**

② **복구방법**

㉠ 밸브작동 후 1차측 제어밸브와 **경보정지밸브**를 **폐쇄**하고 **배수밸브**를 통해 **가압수**를 완전히 **배수**시킨다.

㉡ 배수완료 후 손상된 스프링클러헤드를 교체하거나 주변 **부품 복구작업**을 완료한다.

㉢ 1차측 제어밸브를 서서히 개방하여 알람체크밸브의 상태를 확인하고 2차측 배관 내에 가압수를 채운다. 1·2차측 압력계의 압력이 규정압이 되는지를 확인한다.

㉣ 2차측 압력이 1차측 압력보다 상승하면 알람체크밸브 디스크는 자동으로 폐쇄되며 **펌프**가 **정지**된다.

㉤ 경보정지밸브를 개방하여 누수에 따른 디스크 개방 및 화재경보를 발신하지 않으면 **세팅**이 **완료**된다.

③ **유의사항**

㉠ 알람체크밸브는 2차측 배관 내의 물을 가압 유지하는 습식밸브이므로 동절기에 **동파방지**를 위한 **보온공사**의 병행 및 동파방지를 위한 주의가 필요하다.

㉡ 이 물질에 따른 세팅 불량시

- 1차측 **개폐표시형밸브**와 **경보정지밸브**를 **폐쇄**하고 배수밸브를 완전개방하여 이물질을 **방수**시킨다.
- 외부의 덮개 및 플러그를 풀고 **이물질**을 **제거**한 후 **복구**시킨다.

㉢ **리타딩챔버**는 경보라인을 청결하게 유지하도록 정기적으로 이물질 **청소** 및 **점검**을 한다.

(2) **준비작동식밸브**(Pre-action valve)

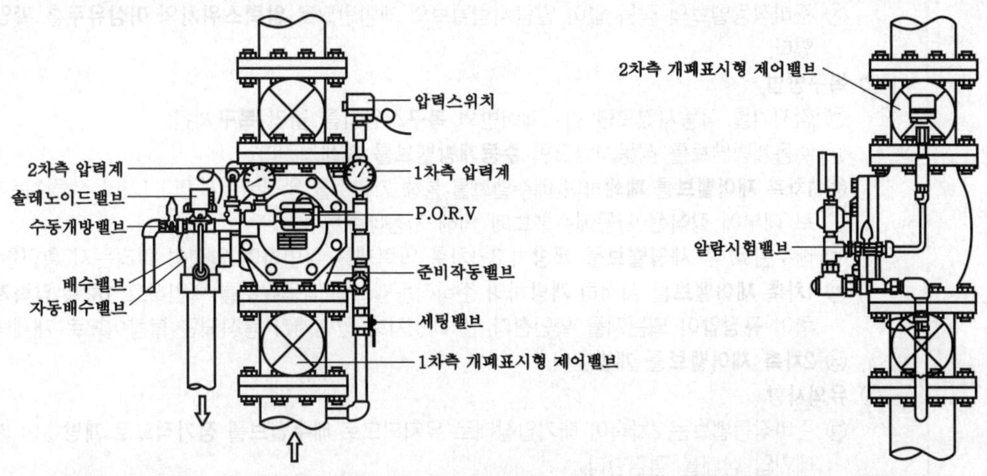


| 명 칭 | 상 태 |
|---|---|
| 준비작동밸브 | 평상시 **폐쇄** |
| 배수밸브 | 평상시 **폐쇄** |
| P.O.R.V | – |
| 알람시험밸브 | 평상시 **폐쇄** |
| 수동개방밸브 | 평상시 **폐쇄** |
| 솔레노이드밸브 | 평상시 **폐쇄** |
| 1차측 압력계 | – |
| 2차측 압력계 | – |
| 압력스위치 | – |
| 세팅밸브 | – |
| 자동배수밸브 | 배수밸브 내부에 장착 |
| 1차측 개폐표시형 제어밸브 | 평상시 **개방** |
| 2차측 개폐표시형 제어밸브 | 평상시 **개방** |

※ **P.O.R.V**(Pressure Operated Relief Valve) : 전자밸브 또는 긴급해제밸브의 개방으로 작동된 준비작동밸브가 1차측 공급수의 압력으로 인해 **자동**으로 **복구**되는 것을 **방지**하기 위한 밸브

① **점검방법**

㉠ **2차측 제어밸브**를 **폐쇄**한다.

㉡ **배수밸브**를 돌려 **개방**한다.

㉢ 준비작동밸브는 다음 3가지 중 1가지를 채택하여 작동시킨다.

- 슈퍼비조리판넬의 **기동스위치**를 누르면 솔레노이드밸브가 개방되어 준비작동밸브가 작동된다.
- **수동개방밸브**를 **개방**하면 준비작동밸브가 작동된다.
- **교차회로방식**의 A · B **감지기**를 감시제어반에서 작동시키면 솔레노이드밸브가 개방되어 준비작동밸브가 작동된다.

㉣ **경보장치**가 **작동**하여 알람이 울린다.

㉤ **펌프**가 **작동**하여 배수밸브를 통해 방수된다.

ⓑ 감시제어반의 **화재표시등** 및 슈퍼비조리판넬의 **밸브개방 표시등**이 점등된다.
ⓢ 준비작동밸브의 작동 없이 알람시험밸브의 개방만으로 **압력스위치**의 **이상유무**를 **확인**할 수 있다.

② **복구방법**

㉠ 감지기를 작동시켰으면 감시제어반의 **복구스위치**를 눌러 **복구**시킨다.
㉡ 수동개방밸브를 작동시켰으면 **수동개방밸브**를 **폐쇄**시킨다.
㉢ **1차측 제어밸브**를 **폐쇄**하여 배수밸브를 통해 가압수를 완전배수시킨다. (기타 잔류수는 배수밸브 내부에 장착된 자동배수밸브에 의해 자동배수된다.)
㉣ 배수완료 후 **세팅밸브**를 **개방**하고 1차측 압력계를 확인하여 압력이 걸리는지 확인한다.
㉤ **1차측 제어밸브**를 서서히 **개방**하여 준비작동밸브의 작동유무를 확인하고, **1차측 압력계**의 압력이 **규정압**이 되는지를 확인한다. (이때 2차측 압력계가 동작되면 불량이므로 재세팅한다.)
ⓑ **2차측 제어밸브**를 **개방**한다.

③ **유의사항**

㉠ 준비작동밸브는 2차측이 대기압상태로 유지되므로 **배수밸브**를 **정기적**으로 **개방**하여 배수 및 대기압 상태를 점검한다.
㉡ 정기적으로 **알람시험밸브**를 **개방**하여 경보발신시험을 한다.
㉢ 2차측 설비점검을 위하여 1차측 제어밸브를 폐쇄하고 공기누설 시험장치를 통하여 공기나 질소가스를 주입하고 2차측 압력계를 통하여 배관 내 **압력강하**를 **점검**한다.

(3) **건식밸브**(Dry pipe valve)

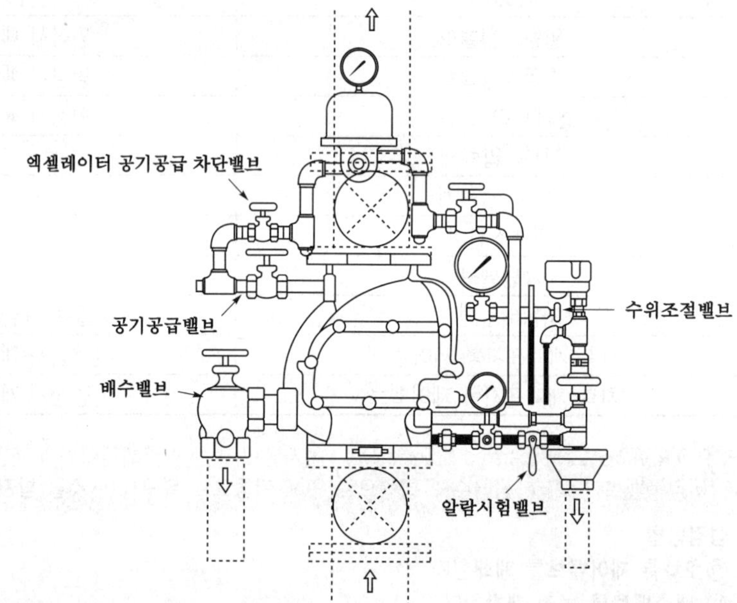


| 밸브명칭 | 밸브기능 | 평상시 유지상태 |
|---|---|---|
| **엑셀레이터 공기공급 차단밸브** | 2차측 배관 내가 공기로 충압될 때까지 엑셀레이터로의 공기유입을 차단시켜주는 밸브 | **개방** |
| **공기공급밸브** | 공기압축기로부터 공급되어지는 공기의 유입을 제어하는 밸브 | **개방** |
| **배수밸브** | 건식밸브 작동 후 2차측으로 방출된 물을 배수시켜 주는 밸브 | **폐쇄** |
| **수위조절밸브** | 초기 세팅을 위해 2차측에 보충수를 채우고 그 수위를 확인하는 밸브 | **폐쇄** |
| **알람시험밸브** | 정상적인 밸브의 작동없이 화재경보를 시험하는 밸브 | **폐쇄** |

① **작동방법(시험방법)**

㉠ 2차측 **제어밸브 폐쇄**

㉡ 엑셀레이터 공기공급차단밸브 · 공기공급밸브 **개방상태** 및 배수밸브 · 수위조절밸브 · 알람시험밸브 **폐쇄상태**인지 확인

㉢ 수위조절밸브 **개방**-이때 2차측 배관의 공기압력 저하로 급속개방장치가 작동하여 클래퍼 개방

㉣ **펌프**의 **자동기동** 확인

㉤ 감시제어반의 **밸브개방표시등** 점등확인

㉥ 해당 방호구역의 경보확인

㉦ 시험완료 후 정상상태로 **복구**

② **시험종류**

㉠ 알람스위치시험 : 정상 운전상태에서 **알람시험밸브**를 **개방**한다. 이때 1차측 소화용수가 흘러나와 알람스위치를 작동하게 한다.

㉡ 건식밸브시험 : 설비 전체를 시험하고자 할 때에는 **2차측 배관 말단시험밸브**를 **개방**하여 실시하고, 밸브만을 시험하고자 한다면 2차측 개폐표시형밸브를 닫고 **수위조절밸브**를 **개방**한다. 이때 엑셀레이터가 작동하여 건식밸브를 작동하게 한다.

③ **복구방법**(클래퍼 복구절차)

㉠ 화재진압이나 작동시험이 끝난 후 **엑셀레이터 급 · 배기밸브**를 잠근다. 경보를 멈추고자 하면 경보정지밸브를 닫으면 된다.

㉡ 1차측 개폐표시형밸브를 잠근 다음, **배수밸브**를 **개방**한다.

㉢ 배수밸브와 **볼드립체크밸브**로부터 배수가 완전히 끝나면, 건식밸브의 볼트와 너트를 풀어낸다.

㉣ 건식밸브의 덮개를 밸브로부터 떼어내고, 시트링이나 내부에 이상유무를 검사하고, 시트면을 부드러운 헝겊 등으로 깨끗이 닦아낸다. 만약, 이물질이 있으면 이물질을 제거한다.

㉤ 클래퍼를 살짝들고, 래치의 앞부분을 밑으로 누른 다음, 시트링에 가볍게 올려놓는다. 서로 접촉이 잘 되었는지 약간씩 흔들어서 확인한다.

㉥ 덮개를 몸체에 취부하고 볼트와 너트를 적절한 공구를 이용하여 골고루 조인다.

㉦ **배기플러그**를 **개방**하여 압력이 "0"이 되게 한다.

㉧ 각 부위의 배수 및 건조가 완료되면 파손된 헤드를 교체하고 재세팅하면 된다.

④ **유의사항**

㉠ 정상적인 설비라고 하면, **2.8bar**(0.285MPa) 공기압에서 24시간 동안 유지시 **0.1bar**(0.01MPa) 이상의 압력손실이 있는 것은 시정되어야 한다. (NFPA 13, 8-2.3)

㉡ 밸브의 압력손실 여부는 **주간** 단위로 **1회 이상 점검**한다. (단, 수시로 공기압축기가 작동하면, 배관의 누설여부를 확인할 것)

※ **엑셀레이터**(Accellerator)

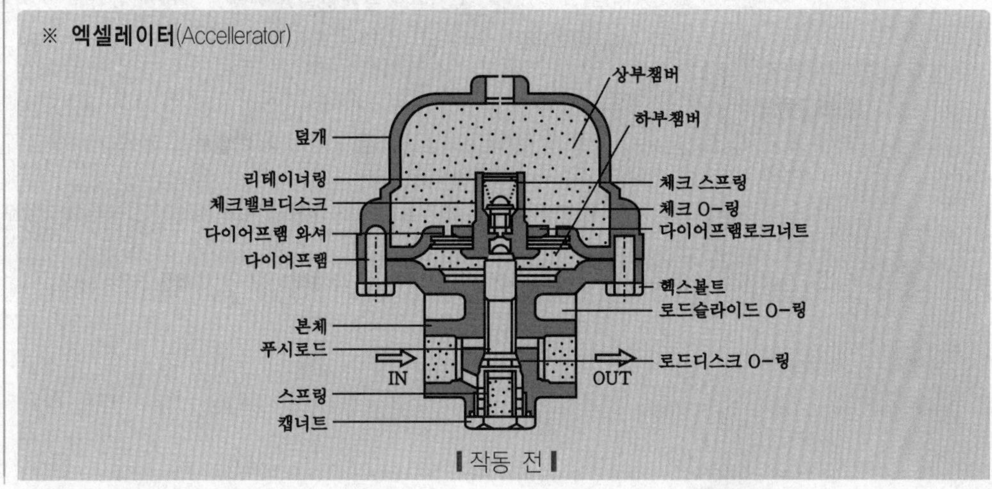


▌작동 전▐

06회

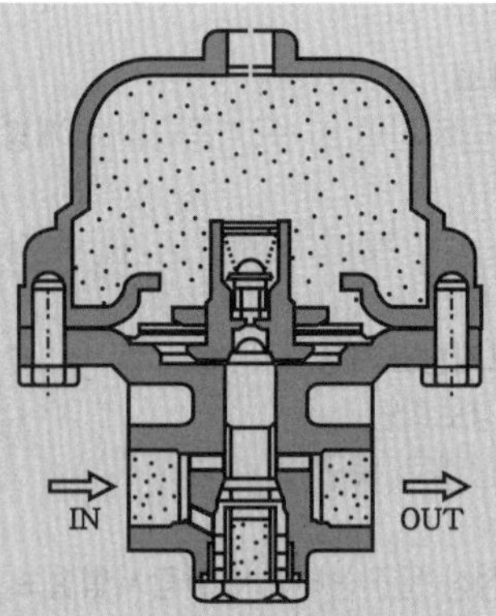


▌작동 후▌

(1) **초기작동 준비절차**

① 건식밸브의 엑셀레이터 급기밸브를 통하여 입구배관으로 **공기압**이 **공급**된다.

② 공급되어진 공기압은 하부챔버를 통해 **중간챔버**에 채워진다.

③ 중간챔버에 공급되어진 공기는 다이어프램을 위로 살짝 밀며 체크밸브디스크를 위로 밀고 상수챔버에 채워진다. 이때 **공기**가 **공급**된다.

④ 상부챔버에 채워진 공기는 공기압력계에 나타나며, 채워진 공기압은 중간챔버와 균형을 이루어 **건식밸브 스프링클러설비**를 정상적으로 운전할 수 있도록 해준다.

(2) **건식밸브 2차측 스프링클러헤드 개방시 작동절차**

① 건식밸브 스프링클러설비의 2차측 스프링클러헤드 개방으로 설비 내 **공기압력**은 급격히 감소하게 된다. [엑셀레이터는 정격압력이 10~80psi/min(0.07~0.56MPa/min) 사이에서 떨어지는 동안 **30초** 내에 건식밸브의 작동에 영향을 주어야 한다.]

② 설비배관 내 급격한 공기압력의 감소는 중간챔버에 채워진 **공기압**을 **감소**하게 하며, 또한 상부챔버의 공기가 중간챔버에 공급되어지나, 체크밸브디스크로부터 흐름을 강하게 제한받는다.

③ 계속적인 공기압력의 감소는 상부챔버로부터 중간챔버에 공급되어지는 공기의 양보다 매우 크게 되어 상부챔버와 중간챔버의 압력의 균형이 깨어져 밑으로 강하게 누르게 된다.

④ 다이어프램으로 전달된 힘은 푸시로드를 아래로 향하게 하여 하부챔버를 개방하게 된다.

⑤ 개방되어진 하부챔버를 통해 설비배관 내 공기가 일제히 흐르게 되고, 건식밸브의 **중간챔버**로 **공기압**을 **공급**한다.

⑥ 건식밸브의 중간챔버로 공급되어진 공기압은 **클래퍼**를 급격하게 **개방**한다. 이때 가압소화용수가 방수되어 설비 내로 흘러 들어가고, 개방된 헤드로부터 소화용수를 살수하여 소화작용을 한다.

(3) **복구방법**

① 소화작용이 끝나면, 제일 먼저 엑셀레이터의 **급·배기 개폐밸브**를 **폐쇄**하여 물로 인한 엑셀레이터의 피해를 줄여야 하며 캡너트를 개방하여 배수시킨다.

② 드레인플러그를 통해 배수가 끝나면 **배기플러그**를 **개방**하여 엑셀레이터 상부의 게이지가 "0"이 되게 한다.

③ 건식밸브 작동준비절차 및 세팅절차에 의하여 **엑셀레이터**를 **재세팅**하면 된다.

★★★ 문제 05

**자동화재탐지설비 P형 수신기의 화재작동시험, 회로도통시험, 공통선시험, 동시작동시험, 저전압시험의 작동시험방법과 가부판정기준을 설명하시오. (20점)**

정답

| 시험종류 | 시험방법 | 가부판정의 기준 |
|---|---|---|
| 화재표시 작동시험 | ① 회로선택스위치로서 실행하는 시험 : 동작시험스위치를 눌러서 스위치 주의등의 점등을 확인한 후 회로선택스위치를 차례로 회전시켜 1회로마다 화재시의 작동시험을 행할 것<br>② 감지기 또는 발신기의 작동시험과 함께 행하는 방법 : 감지기 또는 발신기를 차례로 작동시켜 경계구역과 지구표시등과의 접속상태를 확인할 것 | 각 릴레이(relay)의 작동, 화재표시등, 지구표시등 그 밖의 표시장치의 점등(램프의 단선도 함께 확인할 것), 음향장치 작동확인, 감지기회로 또는 부속기기회로와의 연결접속이 정상일 것 |
| 회로도통시험 | ① 도통시험스위치를 누른다.<br>② 회로선택스위치를 차례로 회전시킨다.<br>③ 각 회선별로 전압계의 전압을 확인한다. (단, 발광다이오드로 그 정상유무를 표시하는 것은 발광다이오드의 점등유무를 확인한다.)<br>④ 종단저항 등의 접속상황을 조사한다. | 각 회선의 전압계의 지시치 또는 발광다이오드(LED)의 점등유무 상황이 정상일 것 |
| 공통선시험 (단, 7회선 이하는 제외) | ① 수신기 내 접속단자의 회로공통선을 1선 제거한다.<br>② 회로도통시험의 예에 따라 도통시험스위치를 누르고, 회로선택스위치를 차례로 회전시킨다.<br>③ 전압계 또는 발광다이오드를 확인하여 「단선」을 지시한 경계구역의 회선수를 조사한다. | 공통선이 담당하고 있는 경계구역수가 7 이하일 것 |
| 동시작동시험 (단, 1회선은 제외) | 감지기가 동시에 수회선 작동하더라도 수신기의 기능에 이상이 없는가의 여부를 다음에 따라 확인할 것<br>① 주전원에 의해 행한다.<br>② 각 회선의 화재작동을 복구시키는 일이 없이 5회선(5회선 미만은 전회선)을 동시에 작동시킨다.<br>③ ②의 경우 주음향장치 및 지구음향장치를 작동시킨다.<br>④ 부수신기와 표시기를 함께 하는 것에 있어서는 이 모두를 작동상태로 하고 행한다. | 각 회선을 동시작동시켰을 때 수신기, 부수신기, 표시기, 음향장치 등의 기능에 이상이 없고, 또한 화재시 작동을 정확하게 계속하는 것일 것 |
| 저전압시험 | ① 자동화재탐지설비용 전압시험기 또는 가변저항기 등을 사용하여 교류전원 전압을 정격전압의 80%의 전압으로 실시한다.<br>② 축전지설비인 경우에는 축전지의 단자를 절환하여 정격전압의 80%의 전압으로 실시한다.<br>③ 화재표시작동시험에 준하여 실시한다. | 화재신호를 정상적으로 수신할 수 있는 것일 것 |

해설

| 시험종류 | 시험방법 | 가부판정의 기준 |
|---|---|---|
| **화**재**표**시 작동시험 | ① 회로**선**택스위치로서 실행하는 시험: 동작시험스위치를 눌러서 스위치 주의등의 점등을 확인한 후 회로선택스위치를 차례로 회전시켜 **1회로**마다 화재시의 작동시험을 행할 것<br>② **감**지기 또는 **발**신기의 작동시험과 함께 행하는 방법: 감지기 또는 발신기를 차례로 작동시켜 경계구역과 지구표시등과의 접속상태를 확인할 것<br>기억법 **화표선감발** | 각 **릴레이**(relay)의 작동, **화재표시등, 지구표시**등 그 밖의 표시장치의 점등(램프의 단선도 함께 확인할 것), **음향장치** 작동확인, **감지기회로** 또는 **부속기기회로**와의 연결접속이 정상일 것 |
| 회로**도**통 시험 | **감지기회로**의 **단선**의 **유무**와 기기 등의 접속상황을 확인하기 위해서 다음과 같은 시험을 행할 것<br>① **도**통시험스위치를 누른다.<br>② 회로**선**택스위치를 차례로 회전시킨다.<br>③ 각 회선별로 **전**압계의 전압을 확인한다. (단, 발광다이오드로 그 정상유무를 표시하는 것은 발광다이오드의 점등유무를 확인한다.)<br>④ **종**단저항 등의 접속상황을 조사한다.<br>기억법 **도단도선전종** | 각 회선의 **전압계**의 **지시치** 또는 발광다이오드(LED)의 점등유무 상황이 정상일 것 |
| **공**통선시험 (단, 7회선 이하는 제외) | 공통선이 담당하고 있는 **경**계구역의 적정여부를 다음에 따라 확인할 것<br>① 수신기 내 접속단자의 회로**공**통선을 1선 제거한다.<br>② 회로도통시험의 예에 따라 **도**통시험스위치를 누르고, 회로선택스위치를 차례로 회전시킨다.<br>③ **전**압계 또는 **발**광다이오드를 확인하여 「**단선**」을 지시한 경계구역의 회선수를 조사한다.<br>기억법 **공경공도 전발선** | 공통선이 담당하고 있는 경계구역수가 **7 이하**일 것 |
| **예**비전원 시험 | 상용전원 및 비상전원이 사고 등으로 정전된 경우, 자동적으로 예비전원으로 절환되며, 또한 정전복구시에 자동적으로 상용전원으로 절환되는지의 여부를 다음에 따라 확인할 것<br>① **예**비전원스위치를 누른다.<br>② **전**압계의 지시치가 지정치의 범위 내에 있을 것(단, 발광다이오드로 그 정상유무를 표시하는 것은 발광다이오드의 정상 점등유무를 확인한다.)<br>③ **교**류전원을 개로(상용전원 차단)하고 **자**동절환릴레이의 작동상황을 조사한다.<br>기억법 **예예전교자** | 예비전원의 **전압, 용량, 절환상황** 및 **복구작동**이 정상일 것 |

| | | |
|---|---|---|
| **동**시작동 시험 (단, 1회선은 제외) | 감지기가 동시에 수회선 작동하더라도 수신기의 기능에 이상이 없는가의 여부를 다음에 따라 확인할 것<br>① **주**전원에 의해 행한다.<br>② 각 회선의 화재작동을 복구시키는 일이 없이 **5회선**(5회선 미만은 전회선)을 동시에 작동시킨다.<br>③ ②의 경우 주음향장치 및 지구음향장치를 작동시킨다.<br>④ 부수신기와 표시기를 함께 하는 것에 있어서는 이 모두를 작동상태로 하고 행한다.<br>기억법 **동주5** | 각 회선을 동시작동시켰을 때 수신기, 부수신기, 표시기, 음향장치 등의 기능에 이상이 없고, 또한 **화재**시 **작동**을 정확하게 계속하는 것일 것 |
| 회로저항 시험 | 감지기회로의 1회선의 선로 저항치가 수신기의 기능에 이상을 가져오는지의 여부를 다음에 따라 확인할 것<br>① 저항계 또는 테스트(tester)를 사용하여 감지기회로의 공통선과 표시선(회로선) 사이의 전로에 대해 측정한다.<br>② 항상 개로식인 것에 있어서는 회로의 말단을 도통상태로 하여 측정한다. | 하나의 감지기회로의 합성 저항치는 **50Ω 이하**로 할 것 |
| 저전압시험 | ① 자동화재탐지설비용 전압시험기 또는 가변저항기 등을 사용하여 교류전원 전압을 정격전압의 **80%**의 전압으로 실시한다.<br>② 축전지설비인 경우에는 축전지의 단자를 절환하여 정격전압의 **80%**의 전압으로 실시한다.<br>③ **화재표시 작동시험**에 준하여 실시한다. | **화재신호**를 **정상**적으로 **수신**할 수 있는 것일 것 |
| 지구음향 장치의 작동시험 | 감지기의 작동과 연동하여 해당 지구음향장치가 정상적으로 작동하는지의 여부를 다음에 따라 확인한다.<br>① 임의의 **감지기** 및 **발신기** 등을 작동시킨다. | ① 감지기를 작동시켰을 때 수신기에 연결된 해당 지구음향장치가 작동하고 **음량**이 **정상적**이어야 한다.<br>② 음량은 음향장치의 중심에서 1m 떨어진 위치에서 90dB 이상일 것 |
| 비상전원시험 | 상용전원이 정전되었을 때 자동적으로 비상전원(비상전원 수전설비 제외)으로 절환되는지의 여부를 다음에 따라 확인할 것<br>① 비상전원으로 **축전지설비**를 사용하는 것에 대해 행한다.<br>② 충전용전원을 개로의 상태로 하고 **전압계**의 지시치가 적정한가를 확인한다. (단, 발광다이오드로 그 정상유무를 표시하는 것은 발광다이오드의 정상 점등유무를 확인한다.)<br>③ 화재표시작동시험에 준하여 시험한 경우, **전압계**의 지시치가 정격전압의 **80%** 이상임을 확인한다. (단, **발광다이오드**로 그 정상유무를 표시하는 것은 발광다이오드의 정상 점등유무를 확인한다.) | 비상전원의 전압, 용량, 절환상황, 복구작동이 정상이어야 할 것 |

## 발건강에 좋은 신발 고르기

1 신발을 신은 뒤 엄지손가락을 엄지발가락 끝에 놓고 눌러본다. (엄지손가락으로 가볍게 약간 눌려지는 것이 적당)
2 신발을 신어본 뒤 볼이 조이지 않는지 확인한다. (신발의 볼이 여유가 있어야 발이 편하다)
3 신발 구입은 저녁 무렵에 한다. (발은 아침 기상시 가장 작고 저녁 무렵에는 0.5~1cm 커지기 때문)
4 선 상태에서 신발을 신어본다. (서면 의자에 앉았을 때보다 발길이가 1cm까지 커지기 때문
5 양 발 중 큰 발의 크기에 따라 맞춘다.
6 신발 모양보다 기능에 초점을 맞춘다.
7 외국인 평균치에 맞춘 신발을 살 때는 발등 높이·발너비를 잘 살핀다. (한국인은 발등이 높고 발너비가 상대적으로 넓다)
8 앞쪽이 뾰족하고 굽이 3cm 이상인 하이힐은 가능한 한 피한다.
9 통굽·뽀빠이 구두는 피한다. (보행이 불안해지고 보행시 척추·뇌에 충격)

자료 : 을지병원 족부클리닝

# 2000년도 제5회 소방시설관리사 2차 국가자격시험

| 교시 | 시간 | 시험과목 |
|---|---|---|
| 1교시 | 90분 | 소방시설의 점검실무행정 |

| 수험번호 | | 성 명 | |
|---|---|---|---|

## 【 수험자 유의사항 】

1. **시험문제지 표지**와 시험문제지의 **총면수, 문제번호 일련순서, 인쇄상태** 등을 확인하시고, 문제지 표지에 수험번호와 성명을 기재하시기 바랍니다.

2. 수험자 인적사항 및 답안지 등 작성은 **반드시 검정색 필기구만을 계속 사용**하여야 합니다. (**그 외 연필류, 유색필기구, 2가지 이상색 혼합사용 등으로 작성한 답항은 0점 처리**됩니다.)

3. 문제번호 순서에 관계없이 답안 작성이 가능하나, **반드시 문제번호 및 문제를 기재**(긴 경우 요약기재 가능)하고 해당 답안을 기재하여야 합니다.

4. **답안 정정시에는 정정할 부분을 두 줄(=)로 긋고 수정할 내용을 다시 기재**합니다.

5. 답안작성은 **시험시행일** 현재 시행되는 법령 등을 적용하시기 바랍니다.

6. **감독위원의 지시에 불응하거나 시험시간 종료 후 답안지를 제출하지 않을 경우** 불이익이 발생할 수 있음을 알려드립니다.

7. 시험문제지는 시험 종료 후 가져가시기 바랍니다.

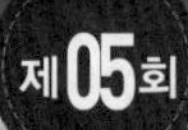

# 제05회 2000. 10. 15. 시행

☆☆ 문제 01

**피난기구·인명구조기구의 종합점검에 관한 피난기구 공통사항 7가지를 쓰시오. (10점)**

정답 ① 대상물 용도별·층별·바닥면적별 피난기구 종류 및 설치개수 적정 여부
② 피난에 유효한 개구부 확보(크기, 높이에 따른 발판, 창문 파괴장치) 및 관리상태
③ 개구부 위치 적정(동일직선상이 아닌 위치) 여부
④ 피난기구의 부착위치 및 부착방법 적정 여부
⑤ 피난기구(지지대 포함)의 변형·손상 또는 부식이 있는지 여부
⑥ 피난기구의 위치표시 표지 및 사용방법 표지 부착 적정 여부
⑦ 피난기구의 설치제외 및 설치감소 적합 여부

해설 **소방시설 자체점검사항 등에 관한 고시 〔별지 제4호 서식〕**
**피난기구·인명구조기구의 종합점검**

| 구 분 | 점검항목 |
|---|---|
| 피난기구 공통사항 | ❶ 대상물 **용도별·층별·바닥면적별** 피난기구 종류 및 설치개수 적정 여부<br>② 피난에 유효한 **개구부 확보**(크기, 높이에 따른 발판, 창문 파괴장치) 및 관리상태<br>❸ 개구부 **위치** 적정(동일직선상이 아닌 위치) 여부<br>④ 피난기구의 부착위치 및 부착방법 적정 여부<br>⑤ 피난기구(지지대 포함)의 **변형·손상** 또는 **부식**이 있는지 여부<br>⑥ 피난기구의 위치표시 표지 및 사용방법 표지 부착 적정 여부<br>❼ 피난기구의 설치제외 및 설치감소 적합 여부 |
| 공기안전매트·피난사다리·(간이)완강기·미끄럼대·구조대 | ❶ 공기안전매트 설치 여부<br>❷ 공기안전매트 설치 공간 확보 여부<br>❸ 피난사다리(**4층 이상**의 층)의 구조(**금속성** 고정사다리) 및 **노대** 설치 여부<br>❹ (간이)완강기의 구조(로프 손상 방지) 및 길이 적정 여부<br>❺ 숙박시설의 **객실**마다 완강기(**1개**) 또는 간이완강기(**2개 이상**) 추가 설치 여부<br>❻ 미끄럼대의 **구조** 적정 여부<br>❼ 구조대의 **길이** 적정 여부 |
| 다수인 피난장비 | ❶ 설치장소 적정(피난 용이, 안전하게 하강, 피난층의 충분한 착지 공간) 여부<br>❷ 보관실 설치 적정(건물 외측 돌출, 빗물·먼지 등으로부터 장비 보호) 여부<br>❸ 보관실 **외측문** 개방 및 **탑승기** 자동전개 여부<br>❹ 보관실 문 오작동 방지조치 및 문 개방시 경보설비 연동(경보) 여부 |
| 승강식 피난기·하향식 피난구용 내림식 사다리 | ❶ 대피실 출입문 **갑종방화문(60분+방화문 또는 60분 방화문**) 설치 및 표지 부착 여부<br>❷ 대피실 표지(층별 위치표시, 피난기구 사용설명서 및 주의사항) 부착 여부<br>❸ 대피실 출입문 개방 및 피난기구 작동시 표시등·경보장치 작동 적정 여부 및 감시제어반 피난기구 작동 확인 가능 여부<br>❹ 대피실 **면적** 및 **하강구** 규격 적정 여부<br>❺ 하강구 내측 연결금속구 존재 및 피난기구 전개시 장애발생 여부<br>❻ 대피실 내부 비상조명등 설치 여부 |

| | |
|---|---|
| 인명구조기구 | ① 설치장소 적정(화재시 반출 용이성) 여부<br>② **"인명구조기구"** 표시 및 사용방법 표지 설치 적정 여부<br>③ 인명구조기구의 **변형** 또는 **손상**이 있는지 여부<br>❹ 대상물 용도별 · 장소별 설치 인명구조기구 종류 및 설치개수 적정 여부 |
| 비고 | ※ 특정소방대상물의 위치 · 구조 · 용도 및 소방시설의 상황 등이 이 표의 항목대로 기재하기 곤란하거나 이 표에서 누락된 사항을 기재한다. |

※ "●"는 종합점검의 경우에만 해당

중요

**피난기구 · 인명구조기구**의 **작동점검**(소방시설 자체점검사항 등에 관한 고시 〔별지 제4호 서식〕)

| 구 분 | 점검항목 |
|---|---|
| 피난기구 공통사항 | ① 피난에 유효한 **개구부 확보**(크기, 높이에 따른 발판, 창문 파괴장치) 및 관리상태<br>② 피난기구의 부착위치 및 부착방법 적정 여부<br>③ 피난기구(지지대 포함)의 **변형 · 손상** 또는 **부식**이 있는지 여부<br>④ 피난기구의 위치표시 표지 및 사용방법 표지 부착 적정 여부 |
| 인명구조기구 | ① 설치장소 적정(화재시 반출 용이성) 여부<br>② **"인명구조기구"** 표시 및 사용방법 표지 설치 적정 여부<br>③ 인명구조기구의 **변형** 또는 **손상**이 있는지 여부 |
| 비고 | ※ 특정소방대상물의 위치 · 구조 · 용도 및 소방시설의 상황 등이 이 표의 항목대로 기재하기 곤란하거나 이 표에서 누락된 사항을 기재한다. |

☆☆

**문제 02**

**제연설비의 작동점검에 따른 점검항목을 큰틀에서 5가지 쓰시오. (9점)**

정답
① 배출구
② 유입구
③ 배출기
④ 비상전원
⑤ 기동

해설 **소방시설 자체점검사항 등에 관한 고시 〔별지 제4호 서식〕**

**제연설비의 작동점검**

| 구 분 | 점검항목 |
|---|---|
| 배출구 | 배출구 **변형 · 훼손** 여부 |
| 유입구 | ① 공기유입구 설치 위치 적정 여부<br>② 공기유입구 **변형 · 훼손** 여부 |

| | |
|---|---|
| 배출기 | ① 배출기 회전이 원활하며 회전방향 정상 여부<br>② **변형 · 훼손** 등이 없고 **V-벨트** 기능 정상 여부<br>③ 본체의 **방청**, **보존상태** 및 **캔버스** 부식 여부 |
| 비상전원 | ① 자가발전설비인 경우 연료적정량 보유 여부<br>② 자가발전설비인 경우 「전기사업법」에 따른 정기점검 결과 확인 |
| 기동 | ① 가동식의 **벽 · 제연경계벽 · 댐퍼** 및 **배출기** 정상작동(화재감지기 연동) 여부<br>② 예상제연구역 및 제어반에서 가동식의 **벽 · 제연경계벽 · 댐퍼** 및 **배출기** 수동기동 가능 여부<br>③ 제어반 각종 **스위치류** 및 **표시장치**(작동표시등 등) 기능의 이상 여부 |
| 비고 | ※ 특정소방대상물의 위치 · 구조 · 용도 및 소방시설의 상황 등이 이 표의 항목대로 기재하기 곤란하거나 이 표에서 누락된 사항을 기재한다. |

비교

**특별피난계단**의 **계단실 및 부속실 제연설비**의 **작동점검**(소방시설 자체점검사항 등에 관한 고시 〔별지 제4호 서식〕)

| 구 분 | 점검항목 |
|---|---|
| 수직풍도에 따른 배출 | ① 배출댐퍼 설치(개폐 여부 확인 기능, 화재감지기 동작에 따른 개방) 적정 여부<br>② 배출용 송풍기가 설치된 경우 화재감지기 연동기능 적정 여부 |
| 급기구 | 급기댐퍼 설치상태(화재감지기 동작에 따른 개방) 적정 여부 |
| 송풍기 | ① 설치장소 적정(화재영향, 접근 · 점검 용이성) 여부<br>② 화재감지기 동작 및 수동조작에 따라 작동하는지 여부 |
| 외기취입구 | 설치위치(오염공기 유입방지, 배기구 등으로부터 이격거리) 적정 여부 |
| 제연구역의 출입문 | 폐쇄상태 유지 또는 화재시 자동폐쇄 구조 여부 |
| 수동기동장치 | ① 기동장치 설치(위치, 전원표시등 등) 적정 여부<br>② 수동기동장치(옥내 수동발신기 포함) 조작시 관련 장치 정상작동 여부 |
| 제어반 | ① 비상용 축전지의 정상 여부<br>② 제어반 감시 및 원격조작기능 적정 여부 |
| 비상전원 | ① 자가발전설비인 경우 연료적정량 보유 여부<br>② 자가발전설비인 경우 「전기사업법」에 따른 정기점검 결과 확인 |
| 비고 | ※ 특정소방대상물의 위치 · 구조 · 용도 및 소방시설의 상황 등이 이 표의 항목대로 기재하기 곤란하거나 이 표에서 누락된 사항을 기재한다. |

05회

## 문제 03

**이산화탄소 소화약제가 오작동으로 방출되었다. 방출시 미치는 영향에 대하여 농도별로 설명하시오. (20점)**

정답

| 농 도 | 영 향 |
|---|---|
| 1% | 공중위생상의 상한선이다. |
| 2% | 수 시간의 흡입으로는 증상이 없다. |
| 3% | 호흡수가 증가되기 시작한다. |
| 4% | 두부에 압박감이 느껴진다. |
| 6% | 호흡수가 현저하게 증가한다. |
| 8% | 호흡이 곤란해진다. |
| 10% | 2~3분 동안에 의식을 상실한다. |
| 20% | 사망한다. |

해설 **소화약제의 농도별 영향**

**① 이산화탄소 소화약제**

| 농 도 | 영 향 | 처 치 |
|---|---|---|
| 1% | 공중위생상의 상한선이다. | • **무해** |
| 2% | 수 시간의 흡입으로는 증상이 없다. | • **무해** |
| 3% | 호흡수가 증가되기 시작한다. | • 장시간 흡입하면 좋지 않으므로 환기필요 |
| 4% | 두부에 압박감이 느껴진다. | • 빨리 **신선한 공기**를 마실 것 |
| 6% | 호흡수가 현저하게 증가한다. | • 빨리 **신선한 공기**를 마실 것 |
| 8% | 호흡이 곤란해진다. | • 빨리 **신선한 공기**를 마실 것 |
| 10% | 2~3분 동안에 의식을 상실한다. | • **30분 이내**에 밖으로 이동시켜 **인공호흡** 실시<br>• **의사치료** |
| 20% | 사망한다. | • 즉시 밖으로 이동시켜 **인공호흡** 실시<br>• **의사치료** |

**② 할론 1301 소화약제**

| 농 도 | 영 향 |
|---|---|
| 6% | • 현기증<br>• 맥박수 증가<br>• 가벼운 지각 이상<br>• 심전도는 변화 없음 |
| 9% | • 불쾌한 현기증<br>• **맥박수** 증가<br>• 심전도는 변화 없음 |
| 10% | • 가벼운 현기증과 지각 이상<br>• **혈압**이 내려간다.<br>• 심전도 파고가 낮아진다. |
| 12~15% | • **심한 현기증**과 지각 이상<br>• 심전도 파고가 낮아진다. |

05회

☆☆☆

문제 04

소화펌프의 성능시험방법 중 무부하, 정격부하, 피크부하 시험방법에 대하여 설명하고 펌프의 성능곡선을 그리시오. (20점)

정답 ① 무부하시험(체절운전시험)

㉠ 펌프토출측 밸브와 성능시험배관의 개폐밸브, 유량조절밸브를 잠근상태에서 펌프를 기동한다.

㉡ 압력계의 지시치가 정격토출압력의 140% 이하인지를 확인한다.

② 정격부하시험

㉠ 펌프를 기동한 상태에서 유량조절밸브를 서서히 개방하여 유량계를 통과하는 유량이 정격토출유량이 되도록 조정한다.

㉡ 압력계의 지시치가 정격토출압력 이상이 되는지를 확인한다.

③ 피크부하시험(최대 운전시험)

㉠ 유량조절밸브를 조금 더 개방하여 유량계를 통과하는 유량이 정격토출유량의 150%가 되도록 조정한다.

㉡ 압력계의 지시치가 정격토출압력의 65% 이상인지를 확인한다.

④ 펌프의 성능곡선

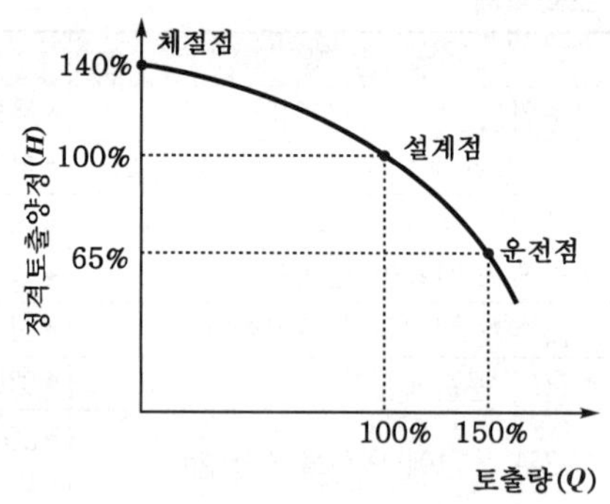


해설 ① **무부하시험**(체절운전시험)

㉠ 펌프토출측 밸브와 성능시험배관의 개폐밸브, **유량조절밸브**를 잠근상태에서 **펌프**를 **기동**한다.

㉡ 압력계의 지시치가 정격토출압력의 **140% 이하**인지를 확인한다.

중요

**체절운전, 체절압력, 체절양정**

| 체절운전 | 체절압력 | 체절양정 |
|---|---|---|
| **펌프의 성능시험**을 목적으로 펌프 토출측의 개폐밸브를 닫은상태에서 펌프를 운전하는 것 | 체절운전시 릴리프밸브가 압력수를 방출할 때의 압력계상 압력으로 정격토출압력의 **140% 이하** | 펌프의 토출측 밸브가 모두 막힌 상태, 즉 유량이 0인 상태에서의 양정 |

② **정격부하시험**

㉠ 펌프를 기동한 상태에서 **유량조절밸브**를 서서히 개방하여 유량계를 통과하는 유량이 정격토출유량이 되도록 조정한다.

㉡ 압력계의 지시치가 **정격토출압력** 이상이 되는지를 확인한다.

③ **피크부하시험**(최대 운전시험)

㉠ 유량조절밸브를 조금 더 개방하여 유량계를 통과하는 유량이 정격토출유량의 **150%**가 되도록 조정한다.

㉡ 압력계의 지시치가 정격토출압력의 **65% 이상**인지를 확인한다.

④ **펌프의 성능곡선**

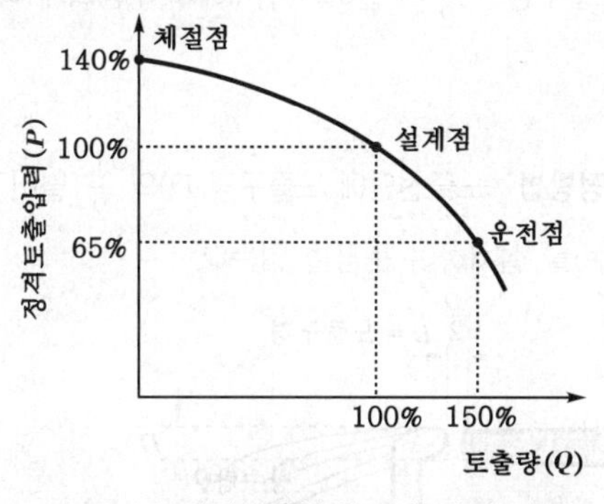


(a) 정격토출압력-토출량의 관계

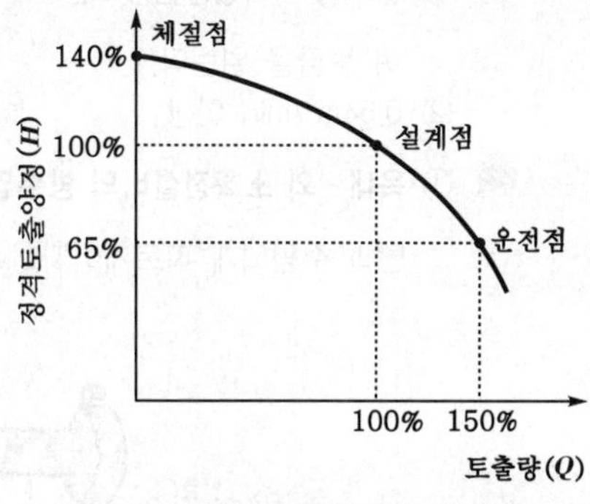


(b) 정격토출양정-토출량의 관계

▌펌프의 성능곡선▐

- 운전점=150% 유량점

중요

(1) **펌프의 성능시험 방법**

① **주배관**의 **개폐밸브**를 **잠근다**.
② 제어반에서 **충압펌프**의 **기동**을 **중지**시킨다.
③ 압력챔버의 **배수밸브**를 열어 **주펌프**가 **기동**되면 잠근다. (제어반에서 수동으로 주펌프를 기동시킨다.)
④ **성능시험배관상**에 있는 **개폐밸브**를 **개방**한다.
⑤ 성능시험배관의 **유량조절밸브**를 **서서히 개방**하여 유량계를 통과하는 유량이 정격토출유량이 되도록 **조정**한다. 정격토출유량이 되었을 때 펌프토출측 압력계를 읽어 정격토출압력 이상인지 확인한다.
⑥ 성능시험배관의 **유량조절밸브**를 **조금 더 개방**하여 유량계를 통과하는 유량이 **정격토출유량**의 **150%**가 되도록 조정한다. 이때 펌프토출측 압력계의 확인된 압력은 정격토출압력의 **65%** 이상이어야 한다.
⑦ 성능시험배관상에 있는 **유량계**를 확인하여 **펌프**의 **성능**을 측정한다.
⑧ **성능시험** 측정 후 배관상 **개폐밸브**를 잠근 후 **주밸브**를 연다.
⑨ 제어반에서 **충압펌프기동중지**를 **해제**한다.

(2) **압력챔버의 공기교체 요령**

① 동력제어반(MCC)에서 주펌프 및 충압펌프의 **선택스위치**를 '**수동**' 또는 '**정지**' 위치로 한다.
② **압력챔버 개폐밸브**를 잠근다.
③ **배수밸브** 및 **안전밸브**를 **개방**하여 **물**을 **배수**한다.
④ 안전밸브에 의해서 탱크 내에 **공기**가 **유입**되면, **안전밸브**를 **잠근 후 배수밸브**를 **폐쇄**한다.
⑤ 압력챔버 개폐밸브를 서서히 개방하고, 동력제어반에서 주펌프 및 충압펌프의 선택스위치를 '**자동**' 위치로 한다. (이때 소화펌프는 자동으로 기동되며 설정압력에 도달되면 자동정지한다.)



☆ 문제 05

**옥내 · 외 소화전설비의 방사노즐과 분무노즐 방수시의 방수압력 측정방법에 대하여 쓰고, 옥외 소화전설비의 방수압력이 75.42PSI일 경우 방수량은 몇 $m^3$/min인지 구하시오. (20점)**

정답 ① 방수압력 측정방법 : 노즐선단에서 노즐구경의 $\frac{1}{2}$배 떨어진 위치에서 수평되게 피토게이지를 설치하여 눈금을 읽는다.

② $0.54m^3/min$ 이상

해설 ① **옥내 · 외 소화전설비의 방수압력 측정방법** : 노즐선단에 노즐구경($D$)의 $\frac{1}{2}$ 떨어진 지점에서 노즐선단과 수평되게 피토게이지(pitot gauge)를 설치하여 눈금을 읽는다.

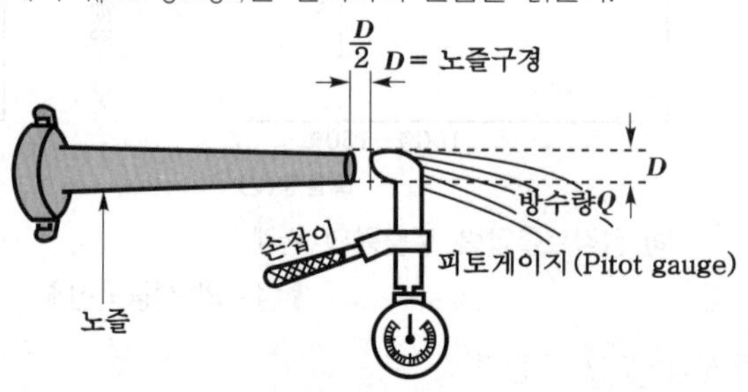


┃방수압 측정┃

중요

**방수량 측정방법**

노즐선단에 노즐구경($D$)의 $\frac{1}{2}$ 떨어진 지점에서 노즐선단과 수평되게 피토게이지를 설치하여 눈금을 읽은 후 $Q=0.653D^2\sqrt{10P}$ 공식에 대입한다.

② 14.7PSI=0.101325MPa 이므로

$$75.42\text{PSI}=\frac{75.42\text{PSI}}{14.7\text{PSI}}\times0.101325\text{MPa}=0.519\text{MPa}\fallingdotseq0.52\text{MPa}$$

※ **표준대기압**

$1atm=760mmHg=1.0332kg_f/cm^2$
$=10.332mH_2O(mAq)$
$=14.7PSI(lb_f/in^2)$
$=101.325kPa(kN/m^2)$
$=1013mbar$

$$Q=0.653D^2\sqrt{10P}$$

여기서, $Q$ : 토출량(방수량)〔L/min〕
$D$ : 노즐구경〔mm〕
$P$ : 방사압력〔MPa〕

**옥외소화전설비**의 **방수량** $Q$는

$$Q=0.653D^2\sqrt{10P}$$
$$=0.653\times(19\text{mm})^2\times\sqrt{10\times0.52\text{MPa}}$$
$$=537.553\fallingdotseq537.55\text{L/min}$$
$$=0.5375\text{m}^3/\text{min}$$
$$\fallingdotseq0.54\text{m}^3/\text{min}$$ 이상

※ **노즐구경 · 방수구경**

| 구 분 | 옥내소화전설비 | 옥외소화전설비 |
|---|---|---|
| 노즐구경 | 13mm | 19mm |
| 방수구경 | 40mm | 65mm |

중요

**토출량(방수량) · 방수압**

(1) **공식**

| $Q=10.99\,CD^2\sqrt{10P}$ | $Q=0.653\,D^2\sqrt{10P}$ | $Q=K\sqrt{10P}$ |
|---|---|---|
| 여기서, $Q$ : 토출량[m³/s]<br>$C$ : 노즐의 흐름계수<br>$D$ : 구경[m]<br>$P$ : 방사압력[MPa] | 여기서, $Q$ : 토출량[L/min]<br>$D$ : 구경[m]<br>$P$ : 방사압력[MPa] | 여기서, $Q$ : 토출량[L/min]<br>$K$ : 방출계수<br>$P$ : 방사압력[MPa] |

(2) **방수량 공식 유도과정**

$$Q=AV$$

에서

노즐의 흐름계수 $C$를 고려하면

$$Q=CAV$$

여기서, $Q$ : 유량[m³/s]
$C$ : 노즐의 흐름계수(일반적으로 0.99 적용)
$A$ : 단면적[m²]
$V$ : 유속[m/s]

$$A=\frac{\pi}{4}D^2$$

여기서, $A$ : 단면적[m²]
$D$ : 내경[m]

$$V=\sqrt{2gH}$$

여기서, $V$ : 유속[m/s]
$g$ : 중력가속도(9.8m/s²)
$H$ : 높이[m]

$$H=\frac{P}{\gamma}$$

여기서, $H$ : 높이[m]
$P$ : 압력[kg/m²]
$\gamma$ : 비중량(물의 비중량 1000kg/m³)

$$Q=CAV$$
$$=C\left(\frac{\pi D^2}{4}\right)(\sqrt{2gH}\,)$$
$$=C\left(\frac{\pi D^2}{4}\right)\left(\sqrt{2g\frac{P}{\gamma}}\right)$$
$$=0.99\times\frac{\pi D^2}{4}\times\sqrt{2\times 9.8\mathrm{m/s^2}\times\frac{P[\mathrm{kg/m^2}]}{1000\mathrm{kg/m^3}}}$$

05회

$$= 0.99 \times \frac{\pi D^2}{4} \times \sqrt{2 \times (9.8 \times 10^2 \text{cm/s}^2) \times \frac{P\,[\text{kg}/10^4\text{cm}^2]}{1000\text{kg}/10^6\text{cm}^3}}$$

$P$의 단위 kg/cm² → MPa로 환산하면

$$= 0.99 \times \frac{\pi D^2}{4} \times \sqrt{2 \times 9.8 \times \frac{10P}{1000} \times 10^4}$$

$$= 10.8856 D^2 \sqrt{10P}$$

$$≒ 10.99 C D^2 \sqrt{10P}$$

$Q$의 단위 m³/s → L/min, $D$의 단위 m → mm로 환산하면

$$Q = 10.8856 \times \frac{1000 \times 60}{10^6} D^2 \sqrt{10P}$$

$$≒ 0.653 D^2 \sqrt{10P}$$

- 1m³=1000L, 1min=60s이다.
- 1m=1000mm이므로 1m²=1000000mm²=10⁶mm²이다.

# 1998년도 제4회 소방시설관리사 2차 국가자격시험

| 교 시 | 시 간 | 시험과목 |
| --- | --- | --- |
| 1교시 | 90분 | 소방시설의 점검실무행정 |

| 수험번호 | | 성 명 | |
| --- | --- | --- | --- |

【수험자 유의사항】

1. **시험문제지 표지**와 시험문제지의 **총면수, 문제번호 일련순서, 인쇄상태** 등을 확인하시고, 문제지 표지에 수험번호와 성명을 기재하시기 바랍니다.

2. 수험자 인적사항 및 답안지 등 작성은 **반드시 검정색 필기구만을 계속 사용**하여야 합니다. (**그 외 연필류, 유색필기구, 2가지 이상 색 혼합사용 등으로 작성한 답항은 0점 처리**됩니다.)

3. 문제번호 순서에 관계없이 답안 작성이 가능하나, **반드시 문제번호 및 문제를 기재**(긴 경우 요약기재 가능)하고 해당 답안을 기재하여야 합니다.

4. **답안 정정시에는 정정할 부분을 두 줄(=)로 긋고 수정할 내용을 다시 기재**합니다.

5. 답안작성은 **시험시행일** 현재 시행되는 법령 등을 적용하시기 바랍니다.

6. **감독위원의 지시에 불응하거나 시험시간 종료 후 답안지를 제출하지 않을 경우** 불이익이 발생할 수 있음을 알려드립니다.

7. 시험문제지는 시험 종료 후 가져가시기 바랍니다.

# 제04회 1998. 9. 20. 시행

☆☆

## 문제 01

비상콘센트설비의 종합점검항목 16가지를 기술하시오. (20점)

**정답**

| 구 분 | 점검항목 |
|---|---|
| 전원 | ① 상용전원 적정 여부<br>② 비상전원 설치장소 적정 및 관리 여부<br>③ 자가발전설비인 경우 연료적정량 보유 여부<br>④ 자가발전설비인 경우 「전기사업법」에 따른 정기점검 결과 확인 |
| 전원회로 | ① 전원회로방식(단상교류 220V) 및 공급용량(1.5kVA 이상) 적정 여부<br>② 전원회로 설치개수(각 층에 2 이상) 적정 여부<br>③ 전용 전원회로 사용 여부<br>④ 1개 전용회로에 설치되는 비상콘센트 수량 적정(10개 이하) 여부<br>⑤ 보호함 내부에 분기배선용 차단기 설치 여부 |
| 콘센트 | ① 변형·손상·현저한 부식이 없고 전원의 정상 공급 여부<br>② 콘센트별 배선용 차단기 설치 및 충전부 노출 방지 여부<br>③ 비상콘센트 설치높이, 설치위치 및 설치수량 적정 여부 |
| 보호함 및 배선 | ① 보호함 개폐 용이한 문 설치 여부<br>② **"비상콘센트"** 표지 설치상태 적정 여부<br>③ 위치표시등 설치 및 정상 점등 여부<br>④ 점검 또는 사용상 장애물 유무 |

**해설** **비상콘센트설비**의 **종합점검**(소방시설 자체점검사항 등에 관한 고시 〔별지 제4호 서식〕)

| 구 분 | 점검항목 |
|---|---|
| 전원 | ❶ 상용전원 적정 여부<br>❷ 비상전원 설치장소 적정 및 관리 여부<br>③ 자가발전설비인 경우 연료적정량 보유 여부<br>④ 자가발전설비인 경우 「전기사업법」에 따른 정기점검 결과 확인 |
| 전원회로 | ❶ 전원회로 방식(단상교류 220V) 및 공급용량(1.5kVA 이상) 적정 여부<br>❷ 전원회로 설치개수(각 층에 2 이상) 적정 여부<br>❸ 전용 전원회로 사용 여부<br>❹ 1개 전용회로에 설치되는 비상콘센트 수량 적정(10개 이하) 여부<br>❺ 보호함 내부에 분기배선용 차단기 설치 여부 |
| 콘센트 | ① 변형·손상·현저한 부식이 없고 전원의 정상 공급 여부<br>❷ 콘센트별 배선용 차단기 설치 및 충전부 노출 방지 여부<br>③ 비상콘센트 설치높이, 설치위치 및 설치수량 적정 여부 |
| 보호함 및 배선 | ① 보호함 개폐용이한 문 설치 여부<br>② **"비상콘센트"** 표지 설치상태 적정 여부<br>③ 위치표시등 설치 및 정상 점등 여부<br>④ 점검 또는 사용상 장애물 유무 |
| 비고 | ※ 특정소방대상물의 위치·구조·용도 및 소방시설의 상황 등이 이 표의 항목대로 기재하기 곤란하거나 이 표에서 누락된 사항을 기재한다. |

※ "●"는 종합점검의 경우에만 해당

비교

**비상콘센트설비**의 **작동점검**(소방시설 자체점검사항 등에 관한 고시 〔별지 제4호 서식〕)

| 구 분 | 점검항목 |
|---|---|
| 전원 | ① 자가발전설비인 경우 연료적정량 보유 여부<br>② 자가발전설비인 경우 「전기사업법」에 따른 **정기점검** 결과 확인 |
| 콘센트 | ① **변형**·손상·현저한 부식이 없고 **전원**의 정상 공급 여부<br>② 비상콘센트 설치**높이**, 설치**위치** 및 설치**수량** 적정 여부 |
| 보호함 및 배선 | ① 보호함 개폐 용이한 문 설치 여부<br>② **"비상콘센트"** 표지 설치상태 적정 여부<br>③ **위치표시등** 설치 및 정상 점등 여부<br>④ **점검** 또는 사용상 **장애물** 유무 |
| 비고 | ※ 특정소방대상물의 위치·구조·용도 및 소방시설의 상황 등이 이 표의 항목대로 기재하기 곤란하거나 이 표에서 누락된 사항을 기재한다. |

참고

**비상콘센트 보호함**의 **시설기준**

(1) 보호함에는 쉽게 **개**폐할 수 있는 **문**을 설치하여야 한다.
(2) 비상콘센트의 보호함 표면에 **"비상콘센트"**라고 표시한 **표**지를 하여야 한다.
(3) 비상콘센트의 보호함 **상부**에 **적색**의 **표시등**을 설치하여야 한다. (단, 비상콘센트의 보호함을 **옥내소화전함** 등과 접속하여 설치하는 경우에는 옥내소화전함 등의 표시등과 겸용할 수 있다.)

기억법 **개표적**

▎비상콘센트 보호함▎

## ☆ 문제 02

**가스계 소화설비의 가스압력식 기동방식 점검시 오동작으로 가스방출이 일어날 수 있다. 약제방출을 방지하기 위한 대책을 기술하시오. (10점)**

정답
① 기동용기에 부착된 전자개방밸브에 안전핀을 삽입할 것
② 기동용기에 부착된 전자개방밸브를 기동용기와 분리할 것
③ 제어반 또는 수신반에서 연동정지스위치를 동작시킬 것
④ 저장용기에 부착된 용기개방밸브를 저장용기와 분리할 것
⑤ 기동용 가스관을 기동용기와 분리할 것
⑥ 기동용 가스관을 저장용기와 분리할 것
⑦ 제어반의 전원스위치 차단 및 예비전원을 차단할 것

해설 **가스압력식 가스계 소화설비**의 **약제방출방지대책**

① 기동용기에 부착된 전자개방배브에 **안전핀**을 삽입할 것
② 기동용기에 부착된 전자개방밸브를 **기동용기**와 **분리**할 것
③ 제어반 또는 수신반에서 **연동정지스위치**를 동작시킬 것
④ 저장용기에 부착된 **용기개방밸브**를 **저장용기**와 분리하고, 용기개방밸브에 캡을 씌워둘 것
⑤ 기동용 가스관을 **기동용기**와 분리할 것
⑥ 기동용 가스관을 **저장용기**와 분리할 것
⑦ 제어반의 **전원스위치** 차단 및 **예비전원**을 차단할 것

중요

**기동장치의 작동방식에 따른 종류**

(1) **전기식** : 기동용기함이 없고 기동용기함 대신 **선택밸브 솔레노이드**와 **저장용기밸브 솔레노이드**가 부설되어 있어 **자동기동장치**에의 경우 감지기의 화재감지기에 의해, **수동기동장치**의 경우 수동기동 스위치를 누르면 전기적 신호에 의하여 선택밸브 솔레노이드가 선택밸브를 개방시키고, 저장용기밸브 솔레노이드가 저장용기밸브를 개방시켜서 약제를 방출하는 방식

① 회로도

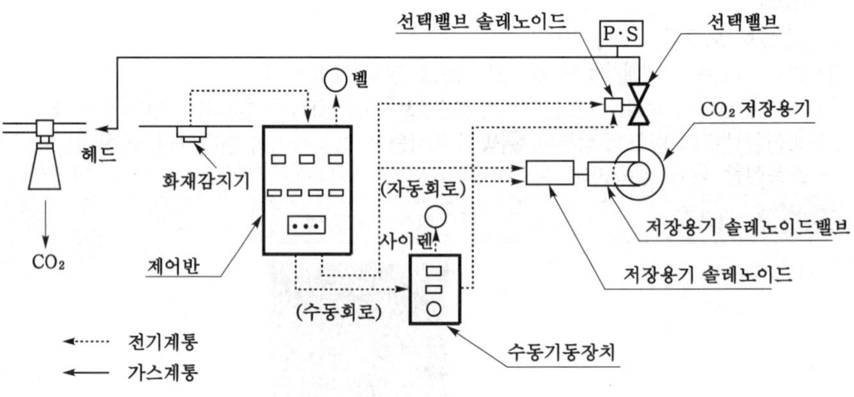


▎전기식▎

② Block diagram(작동순서)

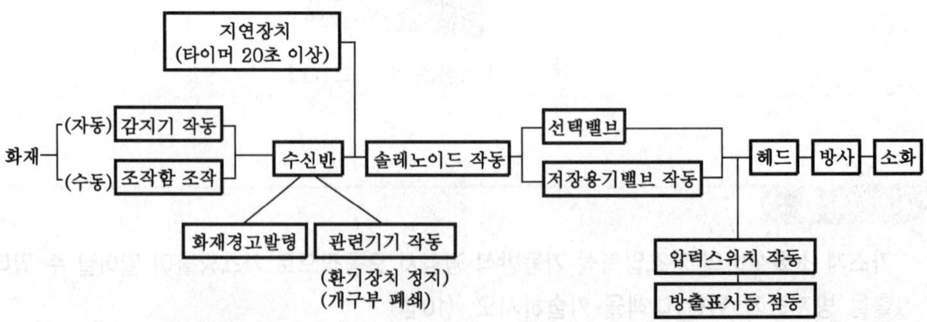


(2) **가스압력식** : **기동용기함이 있으며** 기동용기밸브에 **기동용 솔레노이드**가 부착되어 있어 **자동기동장치**의 경우 감지기의 동작에 의해, **수동기동장치**의 경우 수동조작함의 기동스위치의 조작에 의해 기동용기밸브의 기동용 솔레노이드가 작동, 기동용기밸브를 개방시키면 기동용기 내의 기동용 가스가 방출되면서 방출된 가스는 선택밸브의 피스톤으로 흘러 들어가 가스압력에 의해서 선택밸브의 걸쇠를 해제시켜 선택밸브를 개방하고, 다시 피스톤릴리져로부터 분기되는 동관을 따라 저장용기밸브를 기동용가스 압력에 의하여 개방함에 따라 저장용기 내에 저장된 가스가 방호구역의 분사헤드에서 방사되는 방식

① 회로도

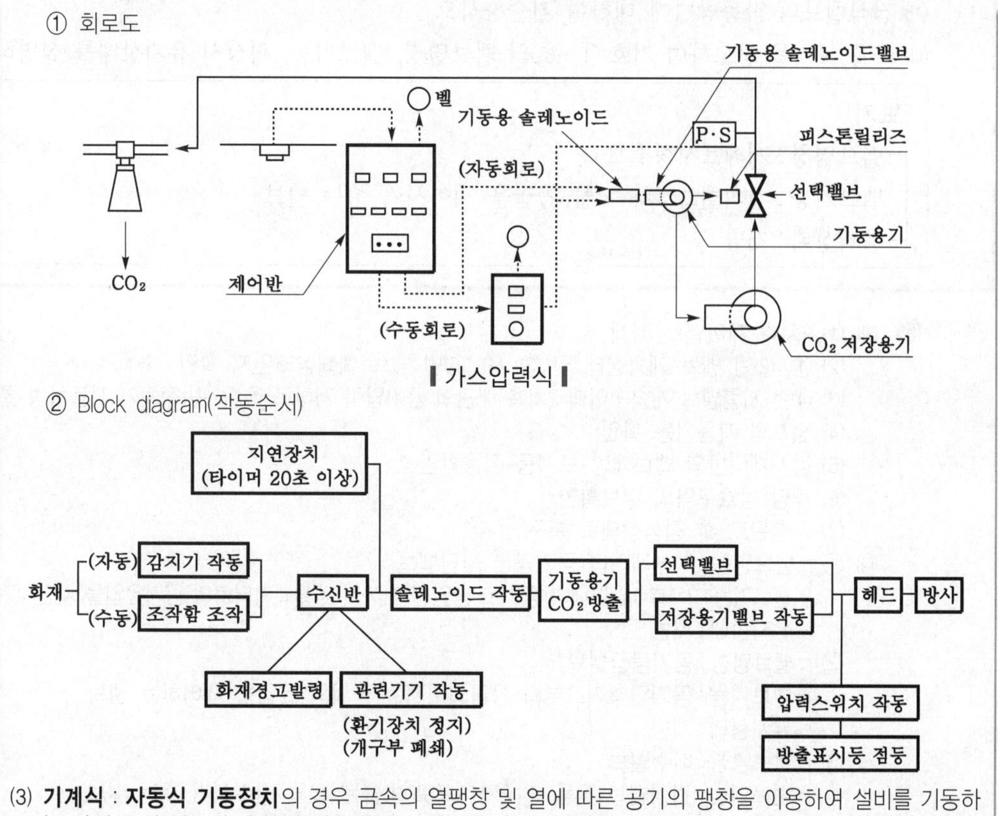


▌가스압력식▐

② Block diagram(작동순서)

(3) **기계식** : **자동식 기동장치**의 경우 금속의 열팽창 및 열에 따른 공기의 팽창을 이용하여 설비를 기동하는 방식 등이 있으며, **수동식 기동장치**의 경우 용기의 배출밸브에 레버 또는 와이어를 설치하여 기계적으로 조작하는 방식 등이 있으며 오늘날 거의 사용하지 않는 방식

☆☆☆

## 문제 03

건식밸브의 도면을 보고 다음 각 물음에 답하시오. (20점)

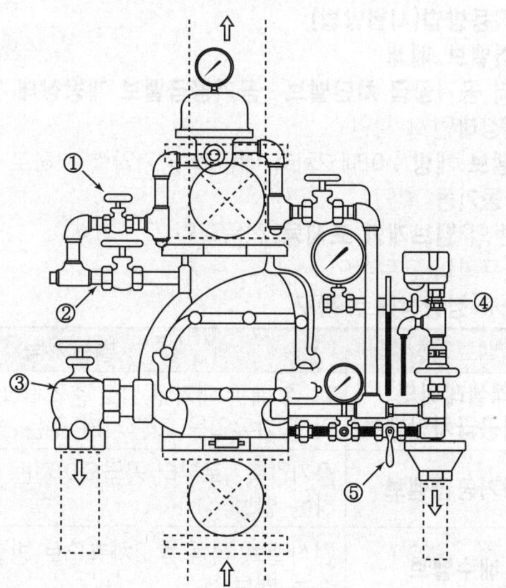

(가) 건식밸브의 작동방법에 대하여 기술하시오.

(나) 다음 보기를 참고하여 기호 ①~⑤의 밸브명칭, 밸브기능, 평상시 유지상태를 설명하시오.

〔보기〕
- 밸브명칭 : 개폐표시형밸브
- 밸브기능 : 건식밸브 1차측 물 공급을 제어시켜 주는 밸브
- 유지상태 : 개방

정답 (가) (1) 2차측 제어밸브 폐쇄
(2) ①, ②번 밸브 개방상태 및 ③, ④, ⑤번 밸브 폐쇄상태인지 확인
(3) ④번 시험밸브 개방 : 이때 2차측 배관의 공기압력 저하로 급속개방장치가 작동하여 클래퍼 개방
(4) 펌프의 자동기동 확인
(5) 감시제어반의 밸브개방 표시등 점등확인
(6) 해당 방호구역의 경보확인
(7) 시험완료 후 정상상태로 복구

(나) ①
- 밸브명칭 : 엑셀레이터 공기공급 차단밸브
- 밸브기능 : 2차측 배관 내가 공기로 충압될 때까지 엑셀레이터로의 공기유입을 차단시켜주는 밸브
- 유지상태 : 개방

②
- 밸브명칭 : 공기공급밸브
- 밸브기능 : 공기압축기로부터 공급되어지는 공기의 유입을 제어하는 밸브
- 유지상태 : 개방

③
- 밸브명칭 : 배수밸브
- 밸브기능 : 건식밸브 작동 후 2차측으로 방출된 물을 배수시켜 주는 밸브
- 유지상태 : 폐쇄

④
- 밸브명칭 : 수위조절밸브
- 밸브기능 : 초기세팅을 위해 2차측에 보충수를 채우고 그 수위를 확인하는 방법
- 유지상태 : 폐쇄

⑤
- 밸브명칭 : 알람시험밸브
- 밸브기능 : 정상적인 밸브의 작동없이 화재경보를 시험하는 밸브
- 유지상태 : 폐쇄

해설 (가) **건식밸브의 작동방법(시험방법)**
① 2차측 **제어밸브 폐쇄**
② **엑셀레이터 공기공급 차단밸브 · 공기공급밸브 개방상태** 및 **배수밸브 · 수위조절밸브 · 알람시험밸브 폐쇄상태**인지 확인
③ **수위조절밸브 개방** : 이때 2차측 배관의 공기압력 저하로 급속개방장치가 작동하여 클래퍼 개방
④ 펌프의 **자동기동** 확인
⑤ 감시제어반의 **밸브개방 표시등** 점등확인
⑥ 해당 방호구역의 경보확인
⑦ 시험완료 후 **정상상태**로 **복구**

(나)

| 기 호 | 밸브명칭 | 밸브기능 | 평상시 유지상태 |
|---|---|---|---|
| ① | **엑셀레이터 공기공급차단밸브** | 2차측 배관 내가 공기로 충압될 때까지 엑셀레이터로의 공기유입을 차단시켜 주는 밸브 | **개방** |
| ② | **공기공급밸브** | 공기압축기로부터 공급되어지는 공기의 유입을 제어하는 밸브 | **개방** |
| ③ | **배수밸브** | 건식밸브 작동 후 2차측으로 방출된 물을 배수시켜 주는 밸브 | **폐쇄** |

| ④ | **수위조절밸브** | 초기세팅을 위해 2차측에 보충수를 채우고 그 수위를 확인하는 밸브 | **폐쇄** |
|---|---|---|---|
| ⑤ | **알람시험밸브** | 정상적인 밸브의 작동없이 화재경보를 시험하는 밸브 | **폐쇄** |

중요

**밸브의 작동점검방법**

(1) 알람체크밸브(습식밸브)

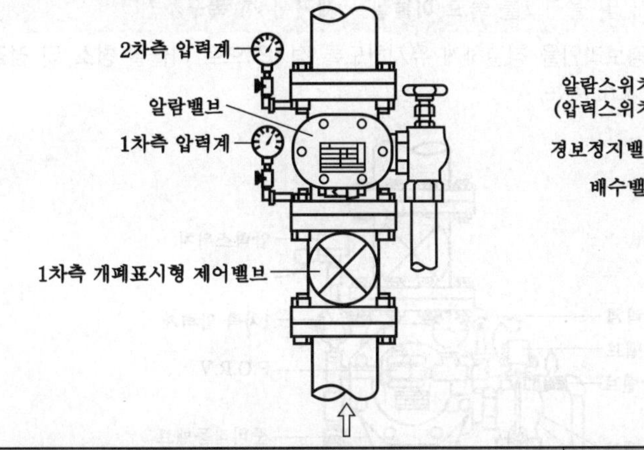


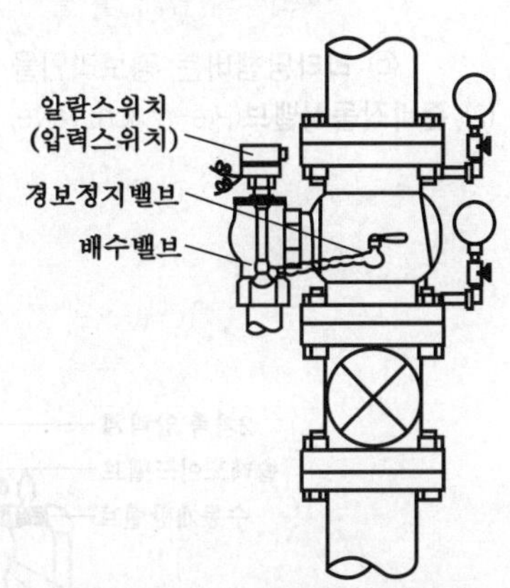


| 명 칭 | 상 태 |
|---|---|
| 알람밸브 | 평상시 **폐쇄** |
| 배수밸브 | 평상시 **폐쇄** |
| 알람스위치(압력스위치) | 지연회로내장 |
| 경보정지밸브 | 평상시 개방 |
| 1차측 압력계 | – |
| 2차측 압력계 | – |
| 1차측 개폐표시형 제어밸브 | 평상시 **개방** |

① **점검방법**

㉠ **배수밸브**에 부착되어 있는 **핸들**을 돌려 개방(이때 2차측 압력 감소)

㉡ 클래퍼가 개방되어 **알람스위치**(압력스위치), **경보장치**가 작동하여 경보 울림

㉢ 감시제어반에 **화재표시등** 점등

㉣ **펌프**가 **작동**하여 배수밸브를 통해 방수

㉤ 작동확인 후 **배수밸브**를 **폐쇄**하면 **펌프정지**

㉥ 감시제어반의 복구 또는 자동복구스위치를 눌러 **복구**

② **복구방법**

㉠ 밸브작동 후 1차측 제어밸브와 **경보정지밸브**를 **폐쇄**하고 **배수밸브**를 통해 **가압수**를 완전히 **배수**시킨다.

㉡ 배수완료 후 손상된 스프링클러헤드를 교체하거나 **주변 부품 복구작업**을 완료한다.

㉢ 1차측 제어밸브를 서서히 개방하여 알람체크밸브의 상태를 확인하고 2차측 배관 내에 가압수를 채운다. 1차 · 2차측 압력계의 압력이 규정압이 되는지를 확인한다.

㉣ 2차측 압력이 1차측 압력보다 상승하면 알람체크밸브 디스크는 자동으로 폐쇄되며 **펌프**가 **정지**된다.

㉤ 경보정지밸브를 개방하여 누수에 따른 디스크 개방 및 화재경보를 발신하지 않으면 **세팅**이 **완료**된다.

③ **유의사항**

㉠ 알람체크밸브는 2차측 배관 내의 물을 가압 유지하는 습식밸브이므로 동절기에 **동파방지**를 위한 **보온공사**의 병행 및 동파방지를 위한 주의가 필요하다.

㉡ 이 물질에 따른 세팅 불량시

- 1차측 **개폐표시형밸브**와 **경보정지밸브**를 **폐쇄**하고 배수밸브를 완전개방하여 이물질을 **방수**시킨다.
- 외부의 덮개 및 플러그를 풀고 **이물질**을 **제거**한 후 **복구**시킨다.

㉢ **리타딩챔버**는 경보라인을 청결하게 유지하도록 정기적으로 이물질 **청소** 및 **점검**을 한다.

(2) **준비작동식밸브**(Pre–action valve)

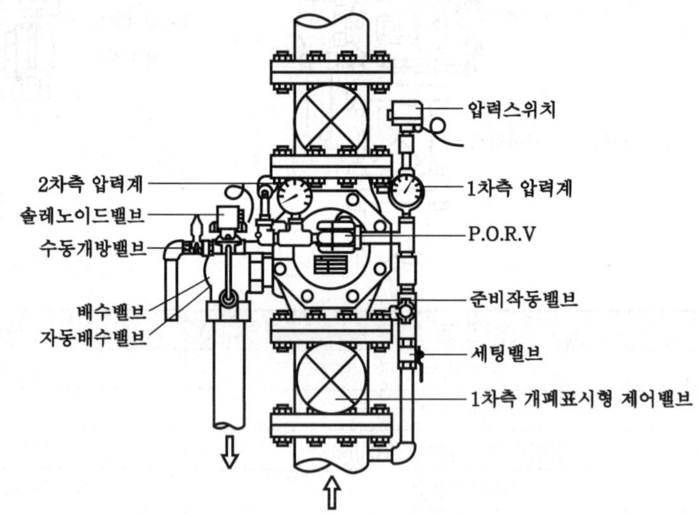


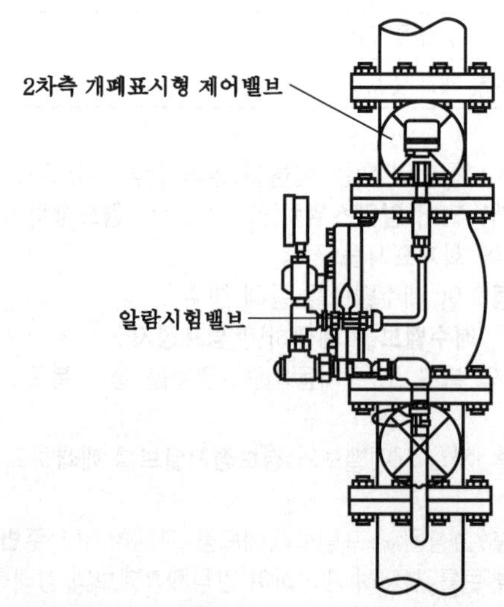


| 명 칭 | 상 태 |
|---|---|
| 준비작동밸브 | 평상시 **폐쇄** |
| 배수밸브 | 평상시 **폐쇄** |

| P.O.R.V | – |
|---|---|
| 알람시험밸브 | 평상시 **폐쇄** |
| 수동개방밸브 | 평상시 **폐쇄** |
| 솔레노이드밸브 | 평상시 **폐쇄** |
| 1차측 압력계 | – |
| 2차측 압력계 | – |
| 압력스위치 | – |
| 세팅밸브 | – |
| 자동배수밸브 | 배수밸브 내부에 장착 |
| 1차측 개폐표시형 제어밸브 | 평상시 **개방** |
| 2차측 개폐표시형 제어밸브 | 평상시 **개방** |

※ **P.O.R.V**(Pressure Operated Relief Valve) : 전자밸브 또는 긴급해제밸브의 개방으로 작동된 준비작동밸브가 1차측 공급수의 압력으로 인해 **자동**으로 **복구**되는 것을 **방지**하기 위한 밸브

① **점검방법**

㉠ **2차측 제어밸브**를 **폐쇄**한다.
㉡ **배수밸브**를 돌려 **개방**한다.
㉢ 준비작동밸브는 다음 3가지 중 1가지를 채택하여 작동시킨다.

- 슈퍼비조리판넬의 **기동스위치**를 누르면 솔레노이드밸브가 개방되어 준비작동밸브가 작동된다.
- **수동개방밸브**를 **개방**하면 준비작동밸브가 작동된다.
- **교차회로방식**의 A · B **감지기**를 감시제어반에서 작동시키면 솔레노이드밸브가 개방되어 준비작동밸브가 작동된다.

㉣ **경보장치**가 **작동**하여 알람이 울린다.
㉤ **펌프**가 **작동**하여 배수밸브를 통해 방수된다.
㉥ 감시제어반의 **화재표시등** 및 슈퍼비조리판넬의 **밸브개방 표시등**이 점등된다.
㉦ 준비작동밸브의 작동 없이 알람시험밸브의 개방만으로 **압력스위치**의 **이상유무**를 **확인**할 수 있다.

② **복구방법**

㉠ 감지기를 작동시켰으면 감시제어반의 **복구스위치**를 눌러 **복구**시킨다.
㉡ 수동개방밸브를 작동시켰으면 **수동개방밸브**를 **폐쇄**시킨다.
㉢ **1차측 제어밸브**를 **폐쇄**하여 배수밸브를 통해 가압수를 완전배수시킨다. (기타 잔류수는 배수밸브 내부에 장착된 자동배수밸브에 의해 자동배수된다.)
㉣ 배수완료 후 **세팅밸브**를 **개방**하고 1차측 압력계를 확인하여 압력이 걸리는지 확인한다.
㉤ **1차측 제어밸브**를 서서히 **개방**하여 준비작동밸브의 작동유무를 확인하고, **1차측 압력계**의 압력이 **규정압**이 되는지를 확인한다. (이때 2차측 압력계가 동작되면 불량이므로 재세팅한다.)
㉥ **2차측 제어밸브**를 **개방**한다.

③ **유의사항**

㉠ 준비작동밸브는 2차측이 대기압상태로 유지되므로 **배수밸브**를 **정기적**으로 **개방**하여 배수 및 대기압 상태를 점검한다.
㉡ 정기적으로 **알람시험밸브**를 **개방**하여 경보발신시험을 한다.
㉢ 2차측 설비점검을 위하여 1차측 제어밸브를 폐쇄하고 공기누설 시험장치를 통하여 공기나 질소가스를 주입하고 2차측 압력계를 통하여 배관 내 **압력강하**를 **점검**한다.

(3) **건식밸브**(Dry pipe valve)

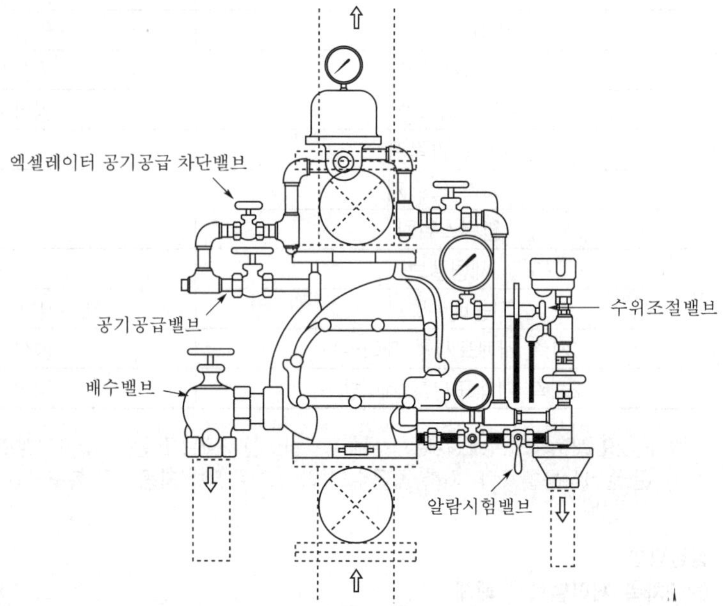


| 밸브명칭 | 밸브기능 | 평상시 유지상태 |
|---|---|---|
| **엑셀레이터 공기공급 차단밸브** | 2차측 배관 내가 공기로 충압될 때까지 엑셀레이터로의 공기유입을 차단시켜주는 밸브 | **개방** |
| **공기공급밸브** | 공기압축기로부터 공급되어지는 공기의 유입을 제어하는 밸브 | **개방** |
| **배수밸브** | 건식밸브 작동 후 2차측으로 방출된 물을 배수시켜 주는 밸브 | **폐쇄** |
| **수위조절밸브** | 초기 세팅을 위해 2차측에 보충수를 채우고 그 수위를 확인하는 밸브 | **폐쇄** |
| **알람시험밸브** | 정상적인 밸브의 작동없이 화재경보를 시험하는 밸브 | **폐쇄** |

① **작동방법(시험방법)**

㉠ 2차측 **제어밸브 폐쇄**

㉡ 엑셀레이터 공기공급차단밸브 · 공기공급밸브 **개방상태** 및 배수밸브 · 수위조절밸브 · 알람시험밸브 **폐쇄상태**인지 확인

㉢ 수위조절밸브 **개방** : 이때 2차측 배관의 공기압력 저하로 급속개방장치가 작동하여 클래퍼 개방

㉣ **펌프**의 **자동기동** 확인

㉤ 감시제어반의 **밸브개방표시등** 점등확인

㉥ 해당 방호구역의 경보확인

㉦ 시험완료 후 정상상태로 **복구**

② **시험종류**

㉠ 알람스위치시험 : 정상 운전상태에서 **알람시험밸브**를 **개방**한다. 이때 1차측 소화용수가 흘러나와 알람스위치를 작동하게 한다.

㉡ 건식밸브시험 : 설비 전체를 시험하고자 할 때에는 **2차측 배관 말단시험밸브**를 **개방**하여 실시하고, 밸브만을 시험하고자 한다면 2차측 개폐표시형밸브를 닫고 **수위조절밸브**를 **개방**한다. 이때 엑셀레이터가 작동하여 건식밸브를 작동하게 한다.

③ **복구방법**(클래퍼 복구절차)

㉠ 화재진압이나 작동시험이 끝난 후 **엑셀레이터 급 · 배기밸브**를 잠근다. 경보를 멈추고자 하면 경보정지밸브를 닫으면 된다.

㉡ 1차측 개폐표시형밸브를 잠근 다음, **배수밸브**를 **개방**한다.

㉢ 배수밸브와 **볼드립체크밸브**로부터 배수가 완전히 끝나면, 건식밸브의 볼트와 너트를 풀어낸다.

㉣ 건식밸브의 덮개를 밸브로부터 떼어내고, 시트링이나 내부에 이상유무를 검사하고, 시트면을 부드러운 헝겊 등으로 깨끗이 닦아낸다. 만약, 이물질이 있으면 이물질을 제거한다.

㉤ 클래퍼를 살짝들고, 래치의 앞부분을 밑으로 누른 다음, 시트링에 가볍게 올려놓는다. 서로 접촉이 잘 되었는지 약간씩 흔들어서 확인한다.

㉥ 덮개를 몸체에 취부하고 볼트와 너트를 적절한 공구를 이용하여 골고루 조인다.

㉦ **배기플러그**를 **개방**하여 압력이 "0"이 되게 한다.

㉧ 각 부위의 배수 및 건조가 완료되면 파손된 헤드를 교체하고 재세팅하면 된다.

④ **유의사항**

㉠ 정상적인 설비라고 하면, **2.8bar**(0.285MPa) 공기압에서 24시간 동안 유지시 **0.1bar**(0.01MPa) 이상의 압력손실이 있는 것은 시정되어야 한다. (NFPA 13, 8-2.3)

㉡ 밸브의 압력손실 여부는 **주간** 단위로 **1회 이상 점검**한다. (단, 수시로 공기압축기가 작동하면, 배관의 누설여부를 확인할 것)

※ **엑셀레이터**(Accellerator)

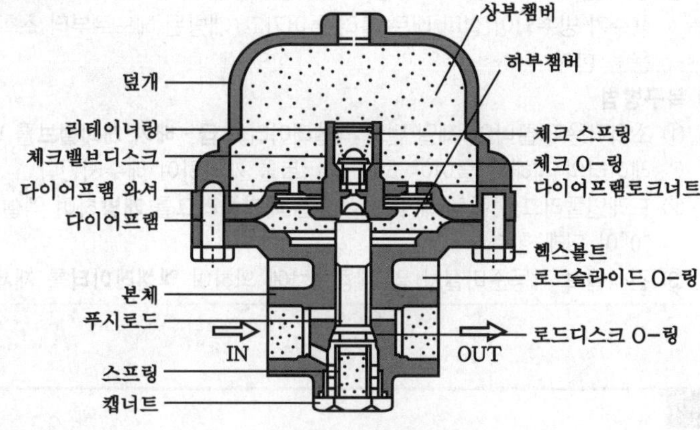


▌작동 전▐

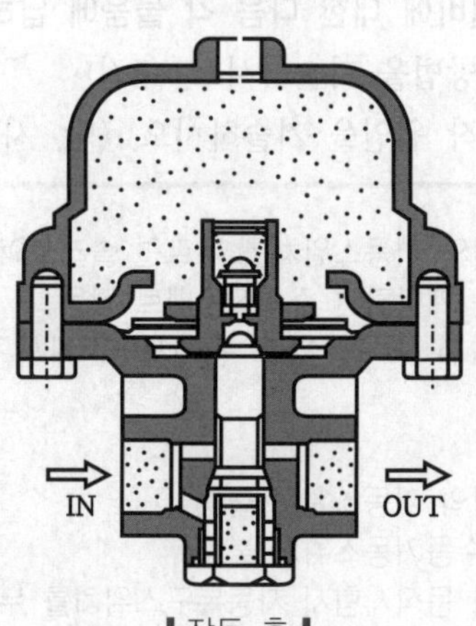


▌작동 후▐

(1) **초기작동 준비절차**

① 건식밸브의 엑셀레이터 급기밸브를 통하여 입구배관으로 **공기압**이 **공급**된다.

② 공급되어진 공기압은 하부챔버를 통해 **중간챔버**에 채워진다.

③ 중간챔버에 공급되어진 공기는 다이어프램을 위로 살짝 밀며 체크밸브디스크를 위로 밀고 상수챔버에 채워진다. 이때 **공기**가 **공급**된다.

④ 상부챔버에 채워진 공기는 **공기압력계**에 나타나며, 채워진 공기압은 중간챔버와 균형을 이루어 **건식밸브 스프링클러설비**를 정상적으로 운전할 수 있도록 하여준다.

(2) **건식밸브 2차측 스프링클러헤드 개방시 작동절차**

① 건식밸브 스프링클러설비의 2차측 스프링클러헤드 개방으로 설비 내 **공기압력**은 급격히 감소하게 된다. [엑셀레이터는 정격압력이 10~80psi/min(0.07~0.56MPa/min) 사이에서 떨어지는 동안 **30초** 내에 건식밸브의 작동에 영향을 주어야 한다.]

② 설비배관 내 급격한 공기압력의 감소는 중간챔버에 채워진 **공기압**을 **감소**하게 하며, 또한 상부챔버의 공기가 중간챔버에 공급되어지나, 체크밸브디스크로부터 흐름을 강하게 제한받는다.

③ 계속적인 공기압력의 감소는 상부챔버로부터 중간챔버에 공급되어지는 공기의 양보다 매우 크게 되어 상부챔버와 중간챔버의 압력의 균형이 깨어져 밑으로 강하게 누르게 된다.

④ 다이어프램으로 전달된 힘은 푸시로드를 아래로 향하게 하여 하부챔버를 개방하게 된다.

⑤ 개방되어진 하부챔버를 통해 설비배관 내 공기가 일제히 흐르게 되고, 건식밸브의 **중간챔버**로 **공기압**을 **공급**한다.

⑥ 건식밸브의 중간챔버로 공급되어진 공기압은 **클래퍼**를 급격하게 **개방**한다. 이때 가압소화용수가 방수되어 설비 내로 흘러 들어가고, 개방된 헤드로부터 소화용수를 살수하여 소화작용을 한다.

(3) **복구방법**

① 소화작용이 끝나면, 제일 먼저 엑셀레이터의 **급·배기 개폐밸브**를 **폐쇄**하여 물로 인한 엑셀레이터의 피해를 줄여야 하며 캡너트를 개방하여 배수시킨다.

② 드레인플러그를 통해 배수가 끝나면 **배기플러그**를 **개방**하여 엑셀레이터 상부의 게이지가 "0"이 되게 한다.

③ 건식밸브 작동준비절차 및 세팅절차에 의하여 **엑셀레이터**를 **재세팅**하면 된다.

☆☆ 문제 04

**준비작동식 스프링클러설비에 대한 다음 각 물음에 답하시오. (10점)**

(가) 준비작동밸브의 작동방법을 기술하시오. (5점)

(나) 준비작동밸브의 오동작 원인을 기술하시오. (단, 사람에 따른 것도 포함할 것) (5점)

정답 (가) ① 슈퍼비조리판넬의 기동스위치를 누르면 솔레노이드밸브가 개방되어 준비작동밸브 작동

② 수동개방밸브를 개방하면 준비작동밸브 작동

③ 교차회로방식의 A·B 감지기를 감시제어반에서 작동시키면 솔레노이드밸브가 개방되어 준비작동밸브 작동

(나) ① 감지기의 불량

② 슈퍼비조리판넬의 기동스위치 불량

③ 감시제어반의 수동기동스위치 불량

④ 감시제어반에서 동작시험시 자동복구스위치를 누르지 않고 회로선택스위치를 작동시킨 경우

⑤ 솔레노이드밸브의 고장

해설 (가) **준비작동밸브**의 **작동방법**

① 슈퍼비조리판넬의 **기동스위치**를 누르면 솔레노이드밸브가 개방되어 준비작동밸브 작동
② **수동개방밸브**를 개방하면 준비작동밸브 작동
③ **교차회로방식**의 A · B **감지기**를 감시제어반에서 작동시키면 솔레노이드밸브가 개방되어 준비작동밸브 작동

> • 준비작동밸브=준비작동식밸브=프리액션밸브(Preaction valve)
> • 수동개방밸브=긴급해제밸브

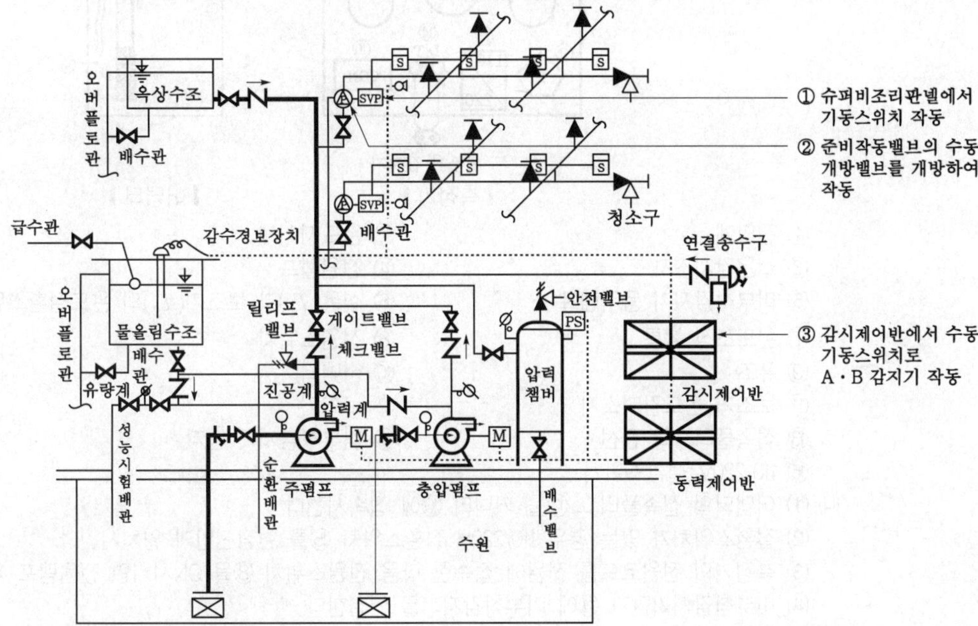


(나) **준비작동밸브**의 **오동작 원인**

① **감지기**의 불량
② 슈퍼비조리판넬의 **기동스위치** 불량
③ 감시제어반의 **수동기동스위치** 불량
④ 감시제어반에서 **동작시험**시 **자동복구스위치**를 누르지 않고 회로선택스위치를 작동시킨 경우
⑤ **솔레노이드밸브**의 고장

☆☆ 문제 05

**국내에서 널리 사용되는 열감지기시험기(SL-H-119형)에 대한 다음 각 물음에 답하시오. (40점)**

(가) 미부착감지기와 열감지기시험기의 접속방법을 도시하시오. (10점)
(나) 미부착감지기의 시험방법을 설명하시오. (10점)
(다) 미부착감지기의 가부판정의 기준에 대하여 설명하시오. (10점)
(라) 미부착감지기의 작동시험시 주의사항에 대하여 설명하시오. (10점)

정답 (가) 접속방법

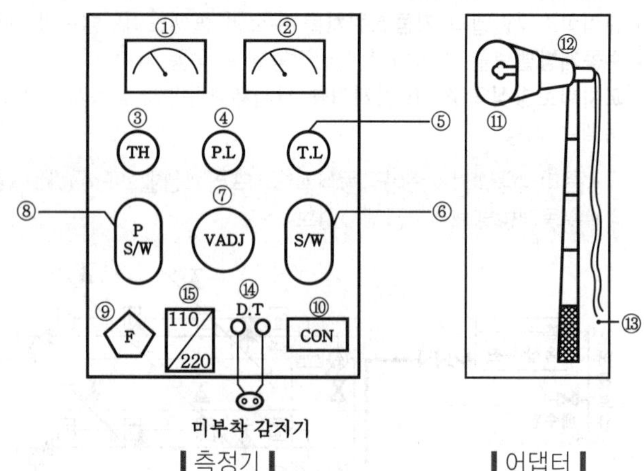


▍측정기 ▍ ▍어댑터 ▍

| | |
|---|---|
| ① 전압계 | ② 온도지시계 |
| ③ 실온감지소자 | ④ 전원램프 |
| ⑤ 미부착감지기 동작램프 | ⑥ 실온($T_1$)과 보조기($T_2$)의 온도절환스위치 |
| ⑦ 온도조정 볼륨 | ⑧ 전원스위치 |
| ⑨ 퓨즈 | ⑩ 커넥터 |
| ⑪ 보조기 온도감지소자 | ⑫ 보조기 |
| ⑬ 접속플러그와 전선 | ⑭ 미부착감지기 단자 |
| ⑮ 110/220V 절환스위치 | |

(나) (1) 어댑터의 접속플러그 ⑬을 커넥터 ⑩에 접속시킨다.
(2) 절환스위치가 있는 경우 110/220V 절환스위치 ⑮를 현장전압과 일치시킨다.
(3) 측정기의 전원코드를 전원에 접속한 다음 전원스위치 ⑧을 ON시키면 전원램프 ④가 점등된다.
(4) 미부착감지기단자 ⑭에 미부착감지기를 연결한다.
(5) 실온($T_1$)과 보조기($T_2$)의 온도절환스위치 ⑥을 $T_1$으로 놓고 실온을 측정한다.
(6) $T_2$로 돌려서 보조기 ⑫의 온도가 필요한 온도에 이르도록 온도조정 볼륨 ⑦을 이용하여 히터의 강약을 조절한다. 이때 전압계의 지시치는 50~60V가 되도록하여 서서히 가열한다.
(7) 감지기 동작시 미부착감지기 동작램프 ⑤가 점등된다.

(다)

| 형 식 | 종 별 | 가열온도 | 작동시간 |
|---|---|---|---|
| 차동식 | 1종 | 실온+20℃ | 30초 이내 |
| | 2종 | 실온+30℃ | 30초 이내 |
| | 3종 | 실온+45℃ | 60초 이내 |
| 보상식 | 특종 | 실온+25℃ | 30초 이내 |
| | 1종 | 실온+40℃ | 30초 이내 |
| | 2종 | 실온+60℃ | 60초 이내 |
| 정온식 | 특종 | 공칭작동온도+15℃ | 120초 이내 |
| | 1종 | 공칭작동온도+15℃ | 121~480초 이내 |
| | 2종 | 공칭작동온도+15℃ | 481~720초 이내 |

(라) ① 전원전압과 측정기의 전압이 일치하지 않으면 오동작이나 기기의 파손우려가 있다.
② 작동시간표에 표시된 수치 이상의 고열로 급격히 가열하면 감지기의 다이어프램이 손상될 우려가 있다.
③ 가열시험 후 어댑터는 완전히 냉각시킨 후 수납상자에 넣는다.

## 스포트형 감지기

| 시험형태 | 가열시험 |
|---|---|
| 시험기 | SL-H-119형 열감지기 시험기 |

(가) **미부착감지기**와 **열감지기시험기**의 **접속방법**

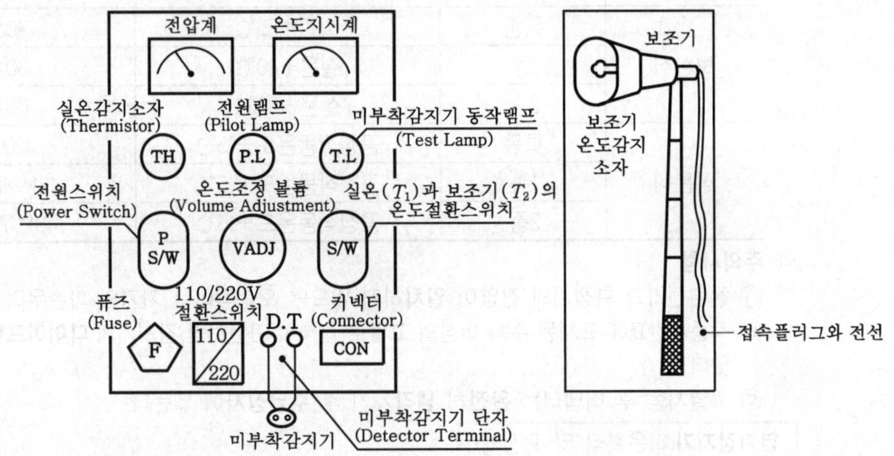


▍측정기 ▍ ▍어댑터(adapter) ▍

(나) **미부착감지기**의 **시험방법**

① 어댑터의 접속플러그를 **커넥터**에 **접속**시킨다.
② 절환스위치가 있는 경우 110/220V **절환스위치**를 현장전압과 일치시킨다. 일반적으로 220V이므로 220V로 절환하면 된다.
③ 측정기의 전원코드를 전원에 접속한 다음 전원스위치를 ON시키면 **전원램프**가 **점등**된다.
④ 미부착감지기 단자에 **미부착감지기**를 **연결**한다.
⑤ 실온($T_1$)과 보조기($T_2$)의 온도절환스위치를 $T_1$으로 놓고 **실온**을 **측정**한다.
⑥ $T_2$로 돌려서 보조기의 온도가 필요한 온도에 이르도록 온도조정 볼륨을 이용하여 **히터**(heater)의 **강약**을 조절한다. 이때 전압계의 지시치는 50~60V가 되도록 하여 서서히 가열한다.
⑦ 감지기 동작시 **미부착감지기 동작램프**가 **점등**된다.

**부착감지기의 시험방법**

(1) 어댑터의 **접속플러그**를 커넥터에 접속시킨다.
(2) 절환스위치가 있는 경우 110/220V **절환스위치**를 **현장전압**과 **일치**시킨다. 일반적으로 220V이므로 220V로 절환하면 된다.
(3) 측정기의 전원코드를 전원에 접속한 다음 전원스위치를 ON시키면 **전원램프**가 **점등**된다.
(4) 실온($T_1$)과 보조기($T_2$)의 온도절환스위치를 $T_1$으로 놓고 실온을 측정한다.
(5) $T_2$로 돌려서 보조기의 온도가 필요한 온도에 이르도록 온도조정 볼륨을 이용하여 **히터**(heater)의 **강약**을 **조절**한다. 이때 전압계의 지시치는 **50~60V**가 되도록하여 서서히 가열한다.
(6) 일정온도가 되면 **보조기**로 감지기를 덮어 씌운 후 **동작유무**와 **동작시간**을 측정한다.

(다) **가부판정**의 **기준**

감지기의 작동시간이 다음 표에 나타내는 **수치 이내**로 할 것

▌감지기의 작동시간▐

| 형 식 | 종 별 | 가열온도 | 작동시간 |
|---|---|---|---|
| 차동식 | 1종 | 실온+20℃ | 30초 이내 |
| | 2종 | 실온+30℃ | 30초 이내 |
| | 3종 | 실온+45℃ | 60초 이내 |
| 보상식 | 특종 | 실온+25℃ | 30초 이내 |
| | 1종 | 실온+40℃ | 30초 이내 |
| | 2종 | 실온+60℃ | 60초 이내 |
| 정온식 | 특종 | 공칭작동온도+15℃ | 120초 이내 |
| | 1종 | 공칭작동온도+15℃ | 121~480초 이내 |
| | 2종 | 공칭작동온도+15℃ | 481~720초 이내 |

(라) **주의사항**

㉠ 전원전압과 측정기의 **전압**이 **일치**하지 않으면 오동작이나 기기의 파손우려가 있다.

㉡ 작동시간표에 표시된 수치 이상의 **고열**로 급격히 가열하면 감지기의 **다이어프램**이 **손상**될 우려가 있다.

㉢ 가열시험 후 어댑터는 **완전**히 **냉각**시킨 후 **수납상자**에 넣는다.

**연기감지기**(이온화식 및 광전식)

| 시험형태 | 가연시험 |
|---|---|
| 시험기 | SL－H－119형 연기감지기 시험기 |

(가) **미부착감지기**와 **연기감지기시험기**의 **접속방법**

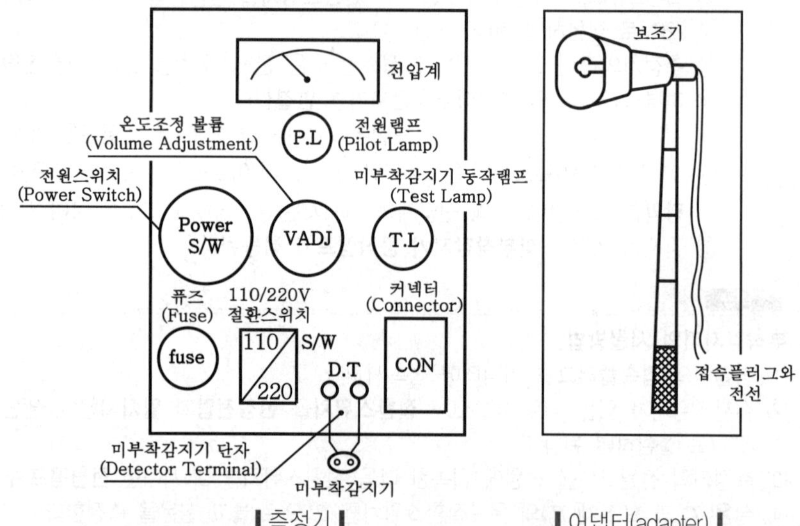


▌측정기▐ ▌어댑터(adapter)▐

(나) **미부착감지기**의 **시험방법**

① 어댑터의 **접속플러그**를 **커넥터**에 **접속**시킨다.

② 절환스위치가 있는 경우 **110/220V 절환스위치**를 현장전압과 일치시킨다. 일반적으로 **220V**이므로 **220V**로 절환하면 된다.

③ 측정기의 전원코드를 전원에 접속한 다음 전원스위치를 **ON**시키면 **전원램프**가 **점등**된다.

④ 미부착감지기 단자에 **미부착감지기**를 **연결**한다.

⑤ 온도조정 볼륨을 이용하여 **히터**(heater)의 **강약**을 **조절**한다. 이때 전압계의 지시치는 **50~60V**가 되도록 하여 서서히 가열한다.

⑥ 가연시험기로 시험하고자 하는 감지기의 규격에 맞도록 시험기를 가열하고 다음 표에 의하여 **발연재료**(향)를 적정하게 넣는다.

▌발연재료에 따른 연기의 농도▐

| 수 량 | 종 류 | 농 도 |
|---|---|---|
| 향 1개피의 연소 | 1종 | 5% |
| 향 2개피의 연소 | 2종 | 10% |
| 향 4개피의 연소 | 3종 | 20% |

⑦ 감지기 동작시 **미부착감지기 동작램프**가 **점등**된다.

비교

**부착감지기의 시험방법**

(1) 어댑터의 **접속플러그**를 **커넥터**에 **접속**시킨다.
(2) 절환스위치가 있는 경우 **110/220V 절환스위치**를 현장전압과 일치시킨다. 일반적으로 **220V**이므로 **220V**로 절환하면 된다.
(3) 측정기의 전원코드를 전원에 접속한 다음 전원스위치를 **ON**시키면 **전원램프**가 **점등**된다.
(4) 온도조정 볼륨을 이용하여 **히터**(heater)의 **강약**을 **조절**한다. 이때 전압계의 지시치는 **50~60V**가 되도록하여 서서히 가열한다.
(5) 가연시험기로 시험하고자 하는 감지기의 규격에 맞도록 시험기를 가열하고 다음 표에 의하여 **발연재료**(향)를 적정하게 넣는다.

▌발연재료에 따른 연기의 농도▐

| 수 량 | 종 류 | 농 도 |
|---|---|---|
| 향 1개피의 연소 | 1종 | 5% |
| 향 2개피의 연소 | 2종 | 10% |
| 향 4개피의 연소 | 3종 | 20% |

(6) 발연하기 시작하면 감지기에 갖다 대고 감지기가 **동작**하기까지의 **시간**을 측정한다.

(다) **가부판정**의 **기준**

감지기의 작동시간이 다음 표에 나타내는 수치 이내로 할 것

▌감지기의 작동시간▐

| 형 식 / 종별(농도) | 비축적형 | | 축적형 | |
|---|---|---|---|---|
| | 이온화식 | 광전식 | 이온화식 | 광전식 |
| 1종(5%) | 30초 이내 | 30초 이내 | 60초 이내 | 60초 이내 |
| 2종(10%) | 60초 이내 | 60초 이내 | 90초 이내 | 90초 이내 |
| 3종(20%) | 60초 이내 | 60초 이내 | 90초 이내 | 90초 이내 |

(라) **주의사항**

① 전원전압과 측정기의 **전압**이 **일치**하지 않으면 오동작이나 기기의 파손우려가 있다.
② 부착면이 **기류**의 **영향**을 받지 않도록 적당한 **방호조치**를 취해야 한다.
③ 고온 또는 저온의 장소(15~30℃ 범위)에 설치되어 있는 감지기는 떼어내어 상온값으로 회복시킨 후 측정한다.
④ 측정값이 감도전압의 기준값 이상으로 된 감지기는 **방사능**의 **노출위험**이 있으므로 제조회사로 반송하고 현장에서는 절대 분해하지 않는다.

# 당신의 활동지수는?

**요령 : 번호별 점수를 합산해 맨 아래쪽 판정표로 확인**

1. 얼마나 걷나(하루 기준)
•빠른걸음(시속 6km)으로 걷는 시간은?
10분 : 50점
20분 : 100점
30분 : 150점
10분 추가 때마다 50점씩 추가
•느린걸음(시속 3km)으로 걷는 시간은?
10분 : 30점
20분 : 60점
10분 추가 때마다 30점씩 추가

**2. 집에서 뭘 하나**
•집안청소·요리·못질 등
10분 : 30점
20분 : 60점
10분 추가 때마다 30점 추가
•정원 가꾸기
10분 : 50점
20분 : 100점
10분 추가 때마다 50점 추가
•힘이 많이 드는 집안일(장작패기·삽질·곡괭이질 등)
10분 : 60점
20분 : 120점
10분 추가 때마다 60점 추가

**3. 어떻게 움직이나**
•조깅
10분 : 100점
20분 : 200점
10분 추가 때마다 100점 추가
•자전거 타기
10분 : 50점
20분 : 100점
10분 추가 때마다 50점 추가

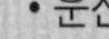
•운전
10분 : 15점
20분 : 30점
10분 추가 때마다 15점 추가

4. 2층 이상 올라가야 할 경우
•승강기를 탄다 : −100점
•승강기냐 계단이냐 고민한다 : −50점
•계단을 이용한다 : +50점

**5. 운동유형별**
•골프(캐디 없이)·수영 : 30분당 150점
•테니스·댄스·농구·롤러 스케이트 : 30분당 180점
•축구·복싱·격투기 : 30분당 250점

**6. 직장 또는 학교에서 돌아와 컴퓨터나 TV 앞에 앉아 있는 시간은?**
•1시간 이하 : 0점
•1~3시간 이하 : −50점
•3시간 이상 : −250점

**7. 여가시간은**
•쇼핑한다
10분 : 25점
20분 : 50점
10분 추가 때마다 25점씩 추가
•사랑을 한다.
10분 : 45점
20분 : 90점
10분 추가 때마다 45점씩 추가

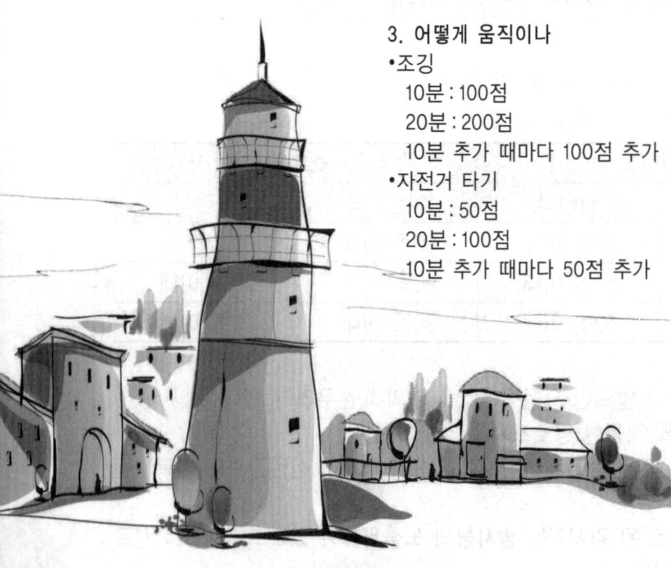

**판정표**
- 150점 이하 : 정말 움직이지 않는 사람. 건강에 참으로 문제가 많을 것이다.
- 150~1000점 : 그럭저럭 활동적인 사람. 그럭저럭 건강할 것이다.
- 1000점 이상 : 매우 활동적인 사람. 건강이 매우 좋을 것이다.

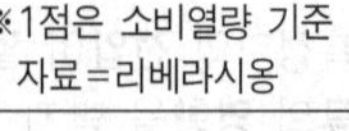
※1점은 소비열량 기준 1cal에 해당
자료=리베라시옹

# 1996년도 제3회 소방시설관리사 2차 국가자격시험

| 교시 | 시간 | 시험과목 |
|---|---|---|
| 1교시 | 90분 | 소방시설의 점검실무행정 |

| 수험번호 | | 성 명 | |
|---|---|---|---|

## 【수험자 유의사항】

1. **시험문제지 표지**와 시험문제지의 **총면수**, **문제번호 일련순서**, **인쇄상태** 등을 확인하시고, 문제지 표지에 수험번호와 성명을 기재하시기 바랍니다.

2. 수험자 인적사항 및 답안지 등 작성은 **반드시 검정색 필기구만을 계속 사용**하여야 합니다. (**그 외 연필류, 유색필기구, 2가지 이상 색 혼합사용 등으로 작성한 답항은 0점 처리**됩니다.)

3. 문제번호 순서에 관계없이 답안 작성이 가능하나, **반드시 문제번호 및 문제를 기재**(긴 경우 요약기재 가능)하고 해당 답안을 기재하여야 합니다.

4. **답안 정정시에는 정정할 부분을 두 줄(=)로 긋고 수정할 내용을 다시 기재**합니다.

5. 답안작성은 **시험시행일** 현재 시행되는 법령 등을 적용하시기 바랍니다.

6. **감독위원의 지시에 불응하거나 시험시간 종료 후 답안지를 제출하지 않을 경우** 불이익이 발생할 수 있음을 알려드립니다.

7. 시험문제지는 시험 종료 후 가져가시기 바랍니다.

# 1996. 3. 31. 시행



## 문제 01

그림은 이산화탄소 소화설비의 계통도이다. 그림을 참고하여 다음 각 물음에 답하시오. (20점)

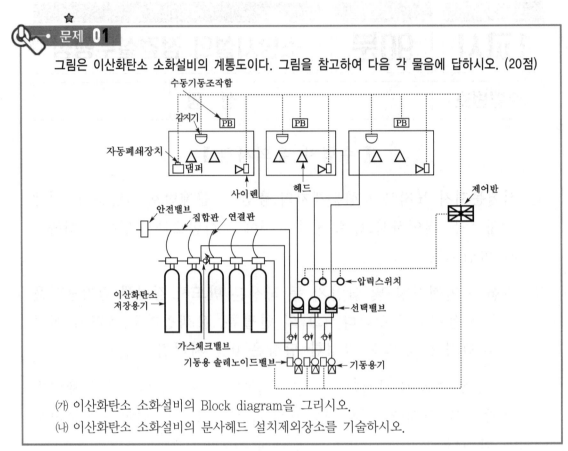

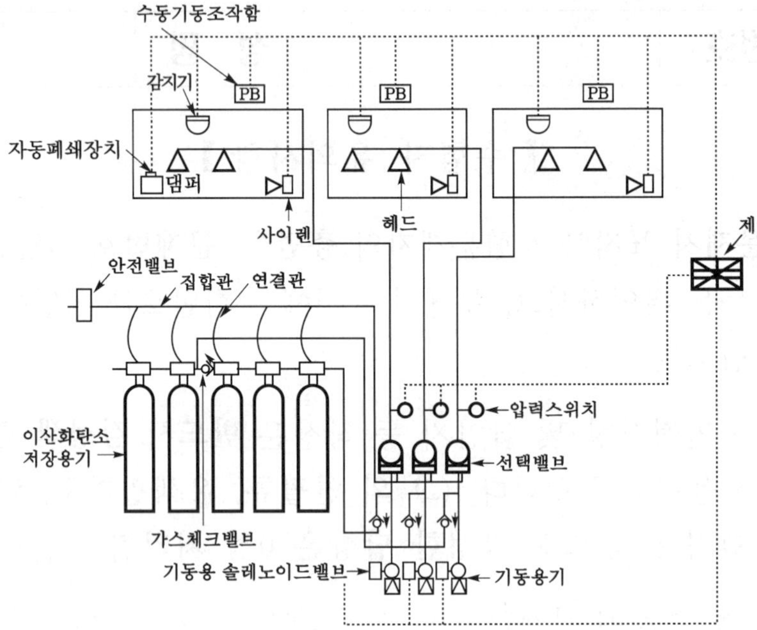

(가) 이산화탄소 소화설비의 Block diagram을 그리시오.

(나) 이산화탄소 소화설비의 분사헤드 설치제외장소를 기술하시오.

정답 (가)

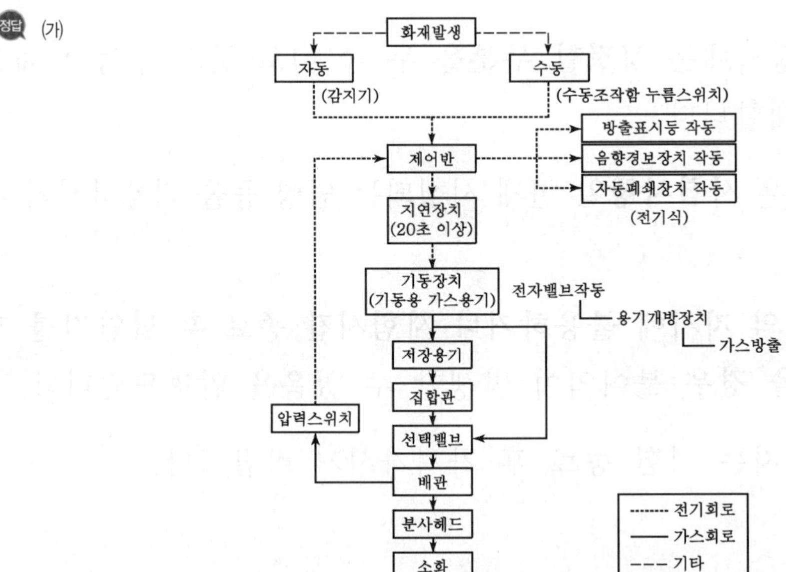

(나) ① 방재실, 제어실 등 사람이 상시 근무하는 장소
② 니트로셀룰로오스, 셀룰로이드 제품 등 자기연소성 물질을 저장, 취급하는 장소
③ 나트륨, 칼륨, 칼슘 등 활성금속물질을 저장, 취급하는 장소
④ 전시장 등의 관람을 위하여 다수인이 출입·통행하는 통로 및 전시실 등

해설 (가)

- 문제의 그림은 자동폐쇄장치의 작동방식이 **전기식**이므로 **가스압력식 자동폐쇄장치**는 표시하지 않도록 주의하라.
- **전기식**은 자동폐쇄장치가 **전기회로**에 연결되어 있고, **가스압력식**은 자동폐쇄장치가 **가스회로**에 연결되어 있다.

① **이산화탄소 소화설비**의 Block diagram(전기식)

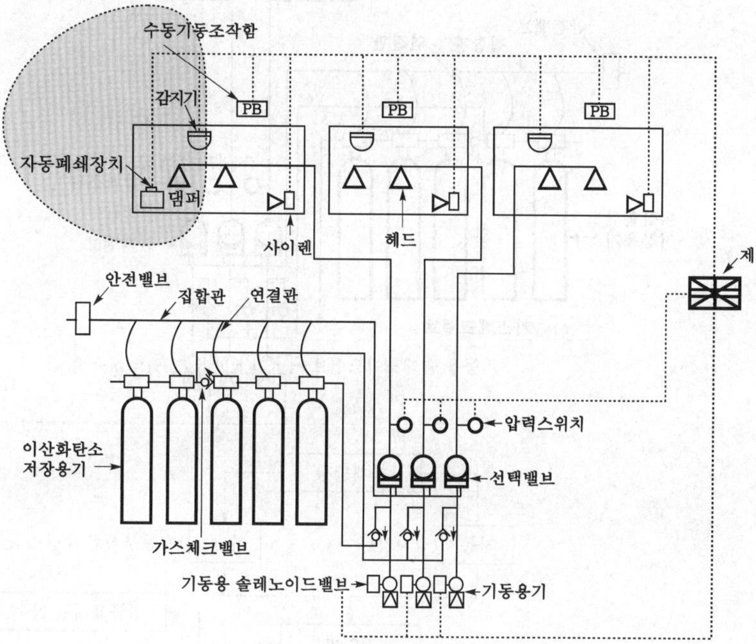

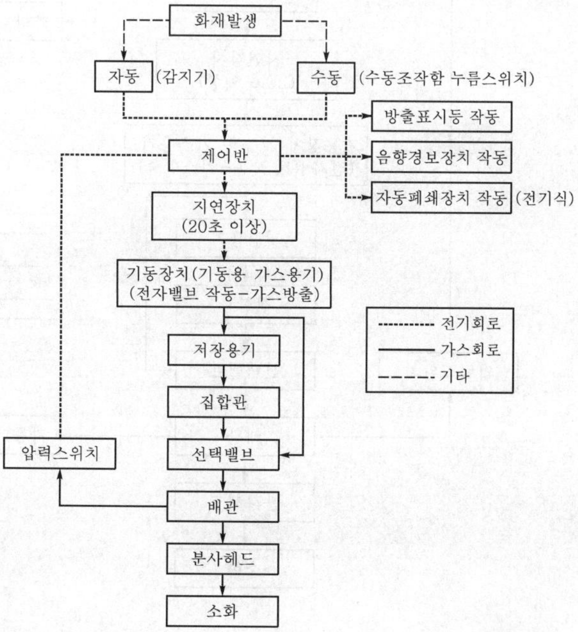

② **이산화탄소 소화설비**의 Block diagram(가스압력식)

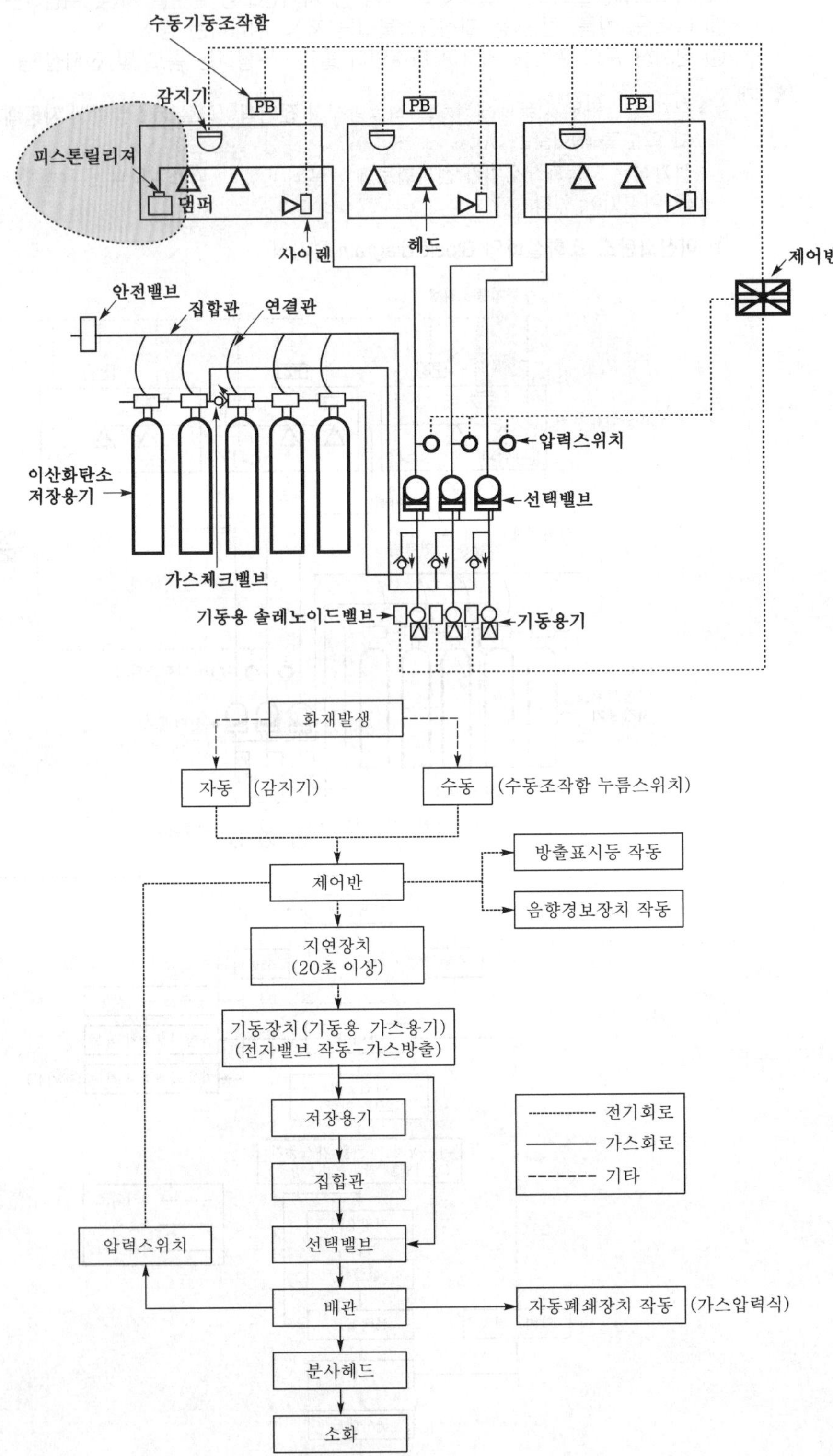

※ 자동폐쇄장치의 종류

| 피스톤릴리져(piston releaser) | 모터식 댐퍼릴리져(motor type damper releaser) |
|---|---|
| 가스압력식에 사용 : 가스의 방출에 따라 가스의 누설이 발생될 수 있는 급배기댐퍼나 자동개폐문 등에 설치하여 가스의 방출과 동시에 자동적으로 개구부를 차단시키기 위한 장치 | 전기식에 사용 : 해당 구역의 화재감지기 또는 선택밸브 2차측의 압력스위치와 연동하여 감지기의 작동과 동시에 또는 가스방출에 의해 압력스위치가 동작되면 댐퍼에 의해 개구부를 폐쇄시키는 장치 |
| ▌피스톤릴리져▐ | ▌모터식 댐퍼릴리져▐ |

중요

Block diagram(블록 다이어그램)

(1) 할론소화설비(전기식)

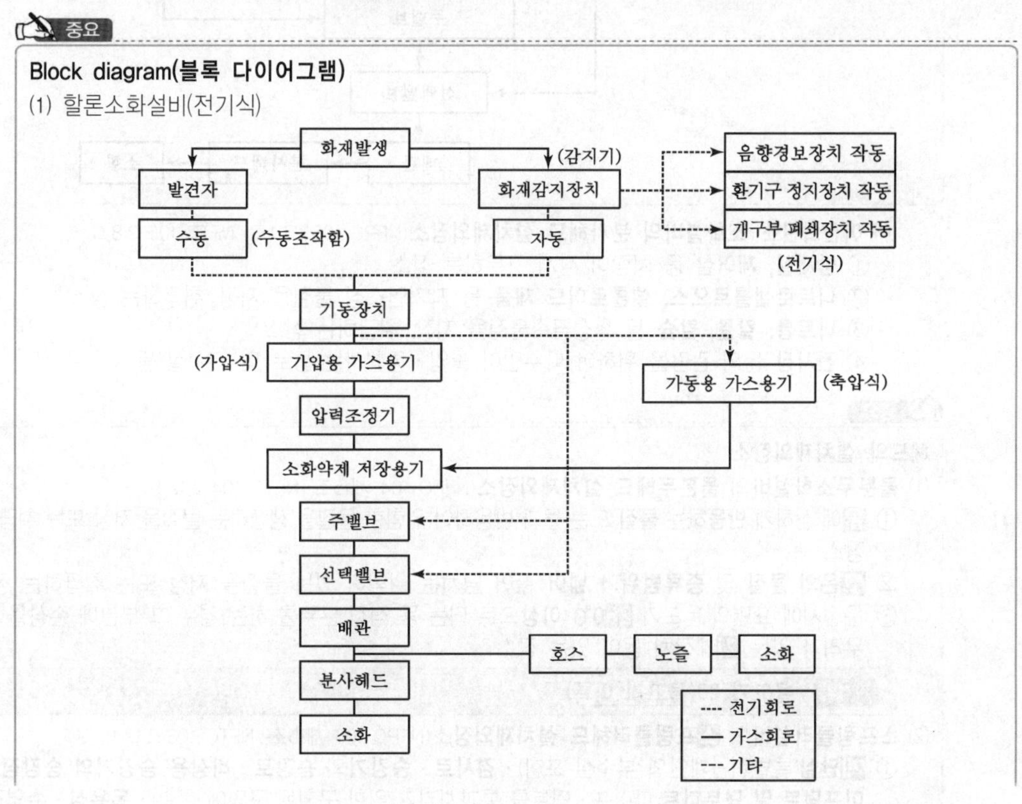

(2) 분말소화설비

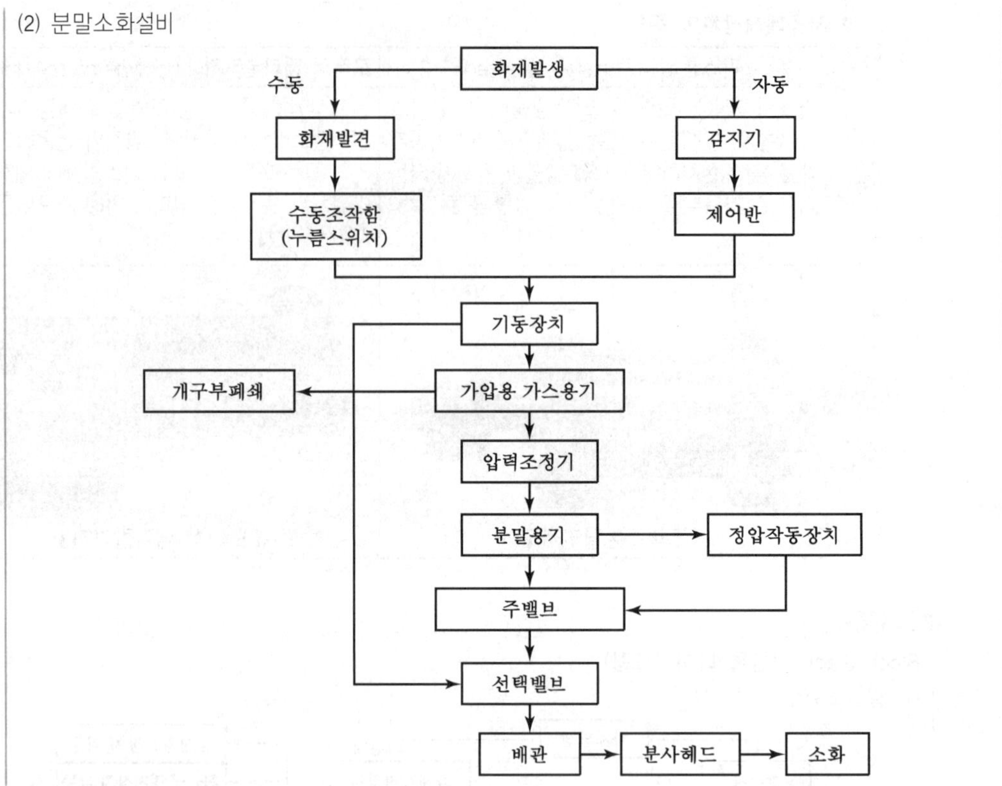


(나) **이산화탄소 소화설비의 분사헤드 설치제외장소**(NFPC 106 제11조, NFTC 106 2.8.1)

① **방재실, 제어실** 등 사람이 상시 근무하는 장소

② **니트로셀룰로오스, 셀룰로이드 제품** 등 자기연소성 물질을 저장, 취급하는 장소

③ **나트륨, 칼륨, 칼슘** 등 활성금속물질을 저장, 취급하는 장소

④ **전시장** 등의 관람을 위하여 다수인이 출입·통행하는 통로 및 전시실 등

중요

**헤드의 설치제외장소**

(1) **물분무소화설비**의 **물분무헤드 설치제외장소**(NFPC 104 제15조, NFTC 104 2.12.1)

① **물**에 심하게 **반응**하는 **물질** 또는 물과 반응하여 위험한 물질을 생성하는 물질을 저장 또는 취급하는 장소

② **고온**의 **물질** 및 **증류범위**가 **넓어** 끓어 넘치는 위험이 있는 물질을 저장 또는 취급하는 장소

③ 운전시에 표면의 온도가 **260℃ 이상**으로 되는 등 직접 분무를 하는 경우 그 부분에 손상을 입힐 우려가 있는 **기**계장치 등이 있는 장소

기억법 **물고기 26(물고기 이륙)**

(2) **스프링클러설비**의 **스프링클러헤드 설치제외장소**(NFPC 103 제15조, NFTC 103 2.12.1)

① **계단실**(특별피난계단의 부속실 포함)·**경사로·승강기**의 **승강로·비상용 승강기의 승강장·파이프덕트 및 덕트피트**(파이프·덕트를 통과시키기 위한 구획된 구멍에 한함)·**목욕실·수영장**(관람석부분 제외)·**화장실**·직접 외기에 개방되어 있는 복도·기타 이와 유사한 장소

② **통신기기실·전자기기실**·기타 이와 유사한 장소

③ **발전실·변전실·변압기**·기타 이와 유사한 전기설비가 설치되어 있는 장소

④ **병**원의 **수술실·응급처치실**·기타 이와 유사한 장소

⑤ 천장과 반자 양쪽이 **불연재료**로 되어 있는 경우로서 그 사이의 거리 및 구조가 다음에 해당하는 부분

㉠ 천장과 반자 사이의 거리가 **2m 미만**인 부분
㉡ 천장과 반자 사이의 벽이 불연재료이고 천장과 반자 사이의 거리가 **2m 이상**으로서 그 사이에 가연물이 존재하지 않는 부분

⑥ 천장 · 반자 중 **한쪽**이 **불연재료**로 되어 있고 천장과 반자 사이의 거리가 **1m 미만**인 부분
⑦ 천장 및 반자가 **불연재료 외**의 것으로 되어 있고 천장과 반자 사이의 거리가 **0.5m 미만**인 부분
⑧ **펌프실 · 물탱크실 · 엘리베이터 권상기실**, 그 밖의 이와 비슷한 장소
⑨ **현관** 또는 **로비** 등으로서 바닥으로부터 높이가 **20m 이상**인 장소
⑩ **영하**의 **냉**장창고의 **냉장실** 또는 냉동창고의 **냉동실**
⑪ **고온**의 **노**가 설치된 장소 또는 **물**과 **격렬**하게 **반응**하는 **물품**의 저장 또는 취급 장소
⑫ **불**연재료로 된 특정소방대상물 또는 그 부분으로서 다음에 해당하는 장소

㉠ **정수장 · 오물처리장**, 그 밖의 이와 비슷한 장소
㉡ **펄프공장**의 **작업장 · 음료수공장**의 **세정** 또는 **충전**하는 **작업장**, 그 밖의 이와 비슷한 장소
㉢ **불**연성의 **금속 · 석재** 등의 **가공공장**으로서 가연성 물질을 저장 또는 취급하지 않는 장소
㉣ 가연성 물질이 존재하지 않는 「건축물의 에너지절약 설계기준」에 따른 방풍실

기억법 **정오불펄음(정오불포럼)**

⑬ 실내에 설치된 테니스장 · 게이트볼장 · 정구장 또는 이와 비슷한 장소로서 실내바닥 · 벽 · 천장이 불연재료 또는 준불연재료로 구성되어 있고 가연물이 존재하지 않는 장소로서 관람석이 없는 운동시설(지하층은 제외)

기억법 **계통발병 2105 펌현아 고냉불스**

☆☆☆

## 문제 02

**시험장치를 이용한 습식 스프링클러설비의 동작시험 순서를 설명하고, 작동시 주요점검사항을 기술하시오. (20점)**

(1) 동작시험 순서
① 말단시험밸브 개방
② 알람체크밸브 개방
③ 유수검지장치의 압력스위치 작동
④ 사이렌 경보
⑤ 감시제어반에 화재표시등 점등
⑥ 기동용 수압개폐장치의 압력스위치 작동
⑦ 주펌프 및 충압펌프의 작동
⑧ 감시제어반에 기동표시등 점등
⑨ 말단시험밸브 폐쇄
⑩ 규정방수압에서 펌프 자동정지
⑪ 모든 장치의 정상여부 확인

(2) 작동시 주요점검사항
① 유수검지장치의 압력스위치 작동여부 확인
② 방호구역 내의 경보발령 확인
③ 감시제어반에 화재표시등 점등 확인
④ 기동용 수압개폐장치의 압력스위치 작동여부 확인
⑤ 주펌프 및 충압펌프의 작동여부 확인
⑥ 감시제어반에 기동표시등 점등 확인
⑦ 규정방수압(0.1~1.2MPa) 및 규정방수량(80L/min 이상) 확인

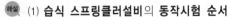

해설 (1) **습식 스프링클러설비**의 **동작시험 순서**

① **말단시험밸브** 개방
② **알람체크밸브** 개방
③ 유수검지장치의 압력스위치 작동
④ **사이렌** 경보
⑤ 감시제어반에 **화재표시**등 점등
⑥ **기동용 수압개폐장치**의 압력스위치 작동
⑦ **주펌프** 및 **충압펌프**의 작동
⑧ 감시제어반에 기동표시등 점등
⑨ 말단시험밸브 폐쇄
⑩ 규정방수압에서 펌프 자동정지
⑪ 모든 장치의 정상여부 확인

(2) **습식 스프링클러설비**의 **작동시 주요점검사항**

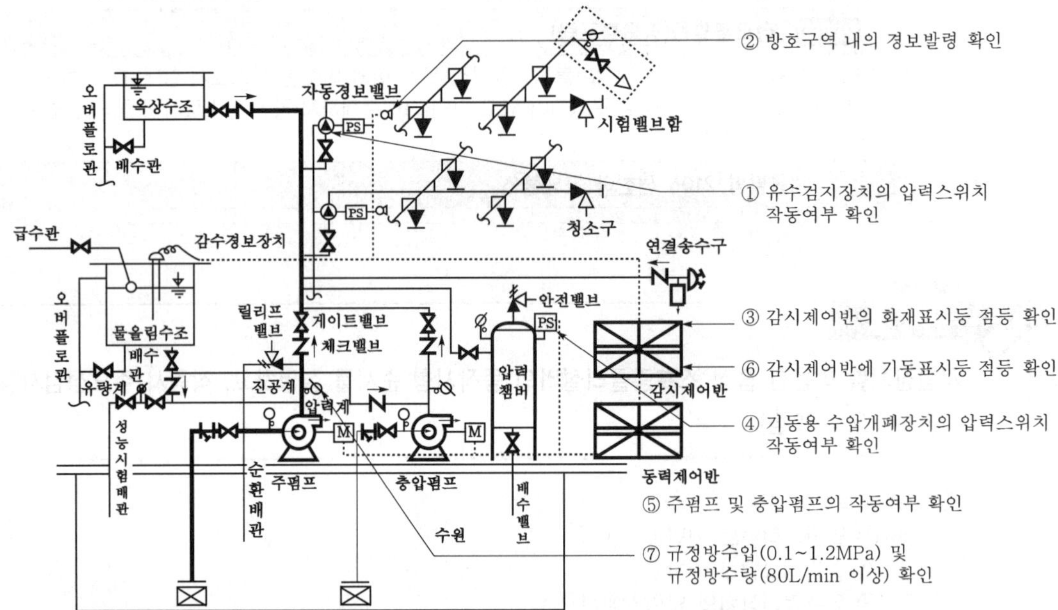


중요

**시험장치**

(1) **시험장치**(말단시험밸브함)의 **설치기준**(NFPC 103 제8조 제12항, NFTC 103 2.5.12)

**습식 유수검지장치** 또는 **건식 유수검지장치**를 사용하는 스프링클러설비와 부압식 스프링클러설비에는 동장치를 시험할 수 있는 시험장치를 다음의 기준에 따라 설치해야 한다.

① 습식 스프링클러설비 및 부압식 스프링클러설비에 있어서는 유수검지장치 2차측 배관에 연결하여 설치하고 건식 스프링클러설비인 경우 유수검지장치에서 가장 먼 거리에 위치한 가지배관의 끝으로부터 연결하여 설치할 것. 유수검지장치 2차측 설비의 내용적이 **2840L**를 초과하는 건식 스프링클러설비의 경우 시험장치 개폐밸브를 완전 개방 후 **1분 이내**에 물이 방사되어야 한다.

② 시험장치 배관의 구경은 **25mm** 이상으로 하고, 그 끝에 **개폐밸브** 및 **개방형 헤드** 또는 스프링클러헤드와 동등한 방수성능을 가진 오리피스를 설치할 것. 이 경우 개방형 헤드는 **반사판** 및 **프레임**을 **제거**한 **오리피스**만으로 설치할 수 있다.

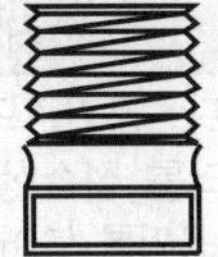

▮개방형 헤드(반사판 및 프레임 제거)▮

③ 시험배관의 끝에는 **물받이통** 및 **배수관**을 설치하여 시험 중 방사된 물이 바닥에 흘러내리지 않도록 할 것(단, **목욕실 · 화장실** 또는 그 밖의 곳으로서 배수처리가 쉬운 장소에 시험배관을 설치한 경우는 제외)

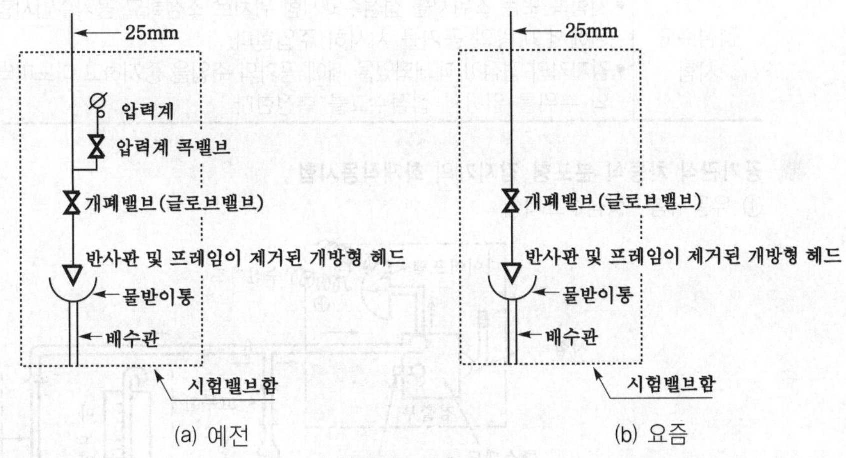


(a) 예전 (b) 요즘

▮시험밸브함▮

(2) **시험장치**(말단시험밸브함)의 **기능**

① 말단시험밸브를 개방하여 **규정방수압** 및 **규정방수량** 확인

② 말단시험밸브를 개방하여 **유수검지장치** 및 **펌프**의 작동확인

(3) **시험장치의 설치제외설비**(NFPC 103 제8조 제12항, NFTC 103 2.5.12)

① **준비작동식** 스프링클러설비

② **일제살수식** 스프링클러설비

문제 03

다음 그림을 참고하여 공기주입시험기의 시험방법과 측정시 주의사항을 기술하시오. (10점)

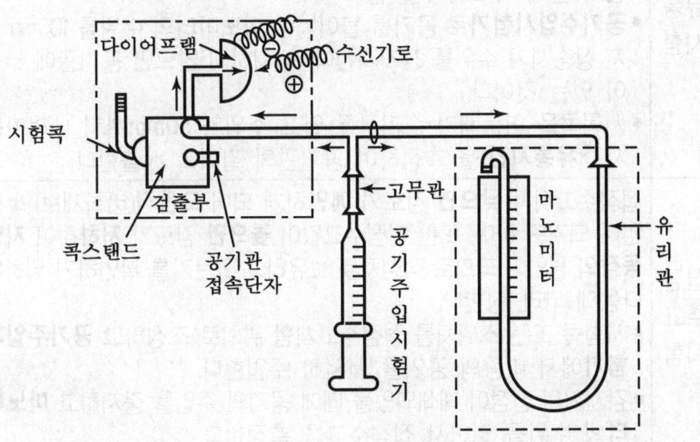

정답

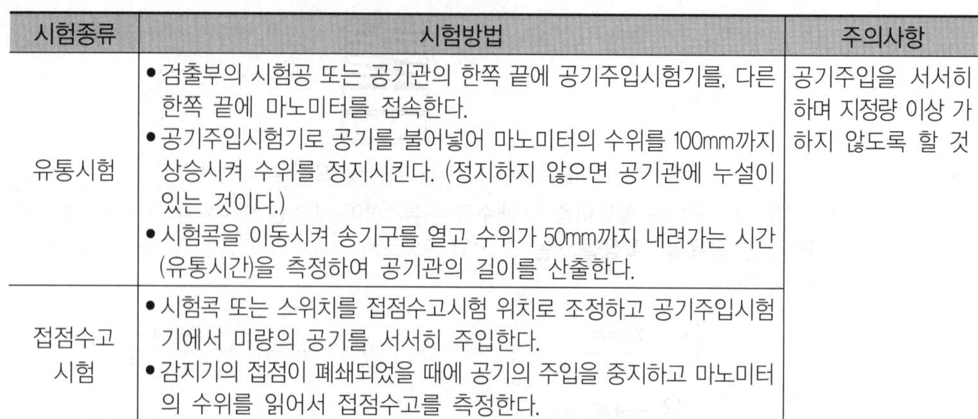

| 시험종류 | 시험방법 | 주의사항 |
|---|---|---|
| 유통시험 | • 검출부의 시험공 또는 공기관의 한쪽 끝에 공기주입시험기를, 다른 한쪽 끝에 마노미터를 접속한다.<br>• 공기주입시험기로 공기를 불어넣어 마노미터의 수위를 100mm까지 상승시켜 수위를 정지시킨다. (정지하지 않으면 공기관에 누설이 있는 것이다.)<br>• 시험콕을 이동시켜 송기구를 열고 수위가 50mm까지 내려가는 시간(유통시간)을 측정하여 공기관의 길이를 산출한다. | 공기주입을 서서히 하며 지정량 이상 가하지 않도록 할 것 |
| 접점수고 시험 | • 시험콕 또는 스위치를 접점수고시험 위치로 조정하고 공기주입시험기에서 미량의 공기를 서서히 주입한다.<br>• 감지기의 접점이 폐쇄되었을 때에 공기의 주입을 중지하고 마노미터의 수위를 읽어서 접점수고를 측정한다. | |

해설 **공기관식 차동식 분포형 감지기**의 **화재작동시험**

① 유통시험 · 접점수고시험

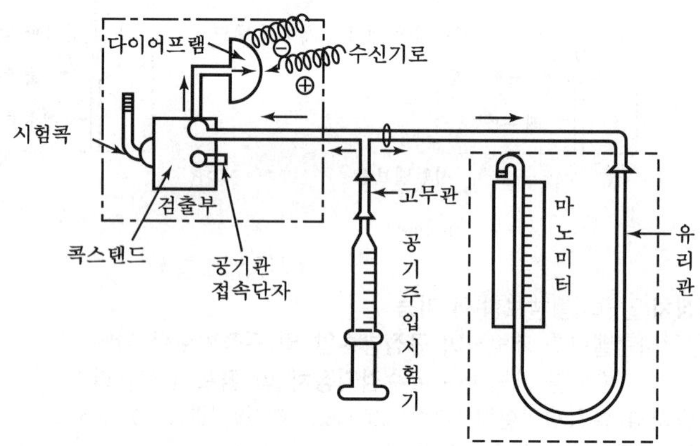


▍유통시험 · 접점수고시험 ▍

| 시험종류 | 시험방법 | 주의사항 | 가부판정의 기준 |
|---|---|---|---|
| 유통시험 | 공기관에 공기를 유입시켜, 공기관이 새거나, 깨어지거나, 줄어들음 등의 유무 및 공기관의 길이를 확인하기 위하여 다음에 따라 행할 것<br>• 검출부의 시험공 또는 공기관의 한쪽 끝에 **공기주입시험기**를, 다른 한쪽 끝에 **마노미터**를 접속한다.<br>• **공기주입시험기**로 공기를 불어넣어 마노미터의 수위를 100mm까지 상승시켜 수위를 정지시킨다.(정지하지 않으면 공기관에 누설이 있는 것이다.)<br>• 시험콕을 이동시켜 송기구를 열고 수위가 **50mm**까지 내려가는 시간(**유통시간**)을 측정하여 공기관의 길이를 산출한다. | 공기주입을 서서히 하며 **지정량 이상** 가하지 않도록 할 것 | 유통시간에 의해서 **공기관**의 **길이**를 산출하고 산출된 공기관의 길이가 하나의 검출의 **최대공기관 길이 이내**일 것 |
| 접점수고시험 | 접점수고치가 **낮으면** 감도가 **예민**하게 되어 **오동작**(비화재보)의 원인이 되기도 하며, 또한 접점수고값이 **높으면** 감도가 **저하**하여 **지연동작**의 원인이 되므로 적정치를 보유하고 있는가를 확인하기 위하여 다음에 따라 행한다.<br>• 시험콕 또는 스위치를 접점수고시험 위치로 조정하고 **공기주입시험기**에서 미량의 공기를 서서히 주입한다.<br>• 감지기의 접점이 폐쇄되었을 때에 공기의 주입을 중지하고 **마노미터**의 수위를 읽어서 접점수고를 측정한다. | – | **접점수고치**가 각 검출부에 지정되어 있는 값의 범위 내에 있을 것 |

② 펌프시험 · 작동계속시험

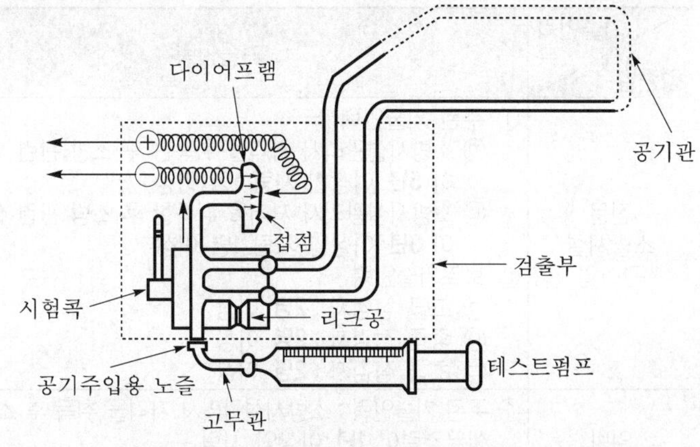


▌펌프시험 · 작동계속시험▐

| 시험종류 | 시험방법 | 가부판정의 기준 | 주의사항 |
|---|---|---|---|
| 펌프 시험 | 감지기의 작동공기압(공기팽창압)에 상당하는 공기량을 **공기주입시험기**(test pump)에 의해 불어넣어 작동할 때까지의 시간이 지정치인가를 확인하기 위하여 다음에 따라 행할 것<br>• 검출부의 시험공에 **공기주입시험기**를 접속하고 시험콕(cock) 또는 스위치를 작동시험위치로 조정한다.<br>• 각 검출부에 명시되어 있는 공기량을 공기관에 송입한다. | 공기송입 후 감지기의 접점이 작동할 때까지의 시간이 각 검출부에 지정되어 있는 시간의 범위 내에 있을 것 | • 송입하는 공기량은 감지기 또는 검출부의 종별 또는 공기관의 길이가 다르므로 지정량 이상의 공기를 송입하지 않도록(다이어프램 손상방지)에 유의할 것<br>• 시험콕 또는 스위치를 작동시험위치로 조정하여 송입한 공기가 **리크저항**을 통과하지 않는 구조의 것에 있어서는 지정치의 공기량을 송입한 직후 신속하게 시험콕 또는 스위치를 **정위치**로 **복귀**시킬 것 |
| 작동 계속 시험 | 펌프시험에 의해서 **감지기**가 **작동**을 **개시**한 때부터 작동을 **정지**할 때까지의 시간을 측정하여 감지기의 작동의 계속이 정상인가를 확인한다. | 감지기의 **작동계속시간**이 각 검출부에 지정되어 있는 시간의 범위 내에 있을 것 | |

중요

**주의! 또 주의!**

문제에서 주어진 그림은 **유통시험**과 **접점수고시험**에 관한 것으로 여기서는 유통시험과 접점수고시험에 관해서만 기술하고, **펌프시험**과 **작동계속시험**에 대해서는 기술하지 않도록 주의하라. 펌프시험과 작동계속시험에 대해서도 답을 할 경우 틀리게 되는 것이다.

☆

## 문제 04

**옥외소화전설비의 소방시설별 점검장비를 기술하시오. (단, 모든 소방시설을 포함할 것) (10점)**

정답 ① 소화전밸브압력계
② 방수압력측정계
③ 절연저항계(절연저항측정기)
④ 전류전압측정계

해설 (1) **소방시설관리업의 업종별 등록기준 및 영업범위**(소방시설법 시행령 〔별표 9〕)

| 기술인력 등 / 업종별 | 기술인력 | 영업범위 |
|---|---|---|
| 전문 소방시설 관리업 | ① 주된 기술인력<br>㉠ 소방시설관리사 자격을 취득한 후 소방 관련 실무경력이 **5년** 이상인 사람 1명 이상<br>㉡ 소방시설관리사 자격을 취득한 후 소방 관련 실무경력이 **3년** 이상인 사람 1명 이상<br>② 보조기술인력<br>㉠ 고급 점검자 : **2명** 이상<br>㉡ 중급 점검자 : **2명** 이상<br>㉢ 초급 점검자 : **2명** 이상 | 모든 특정소방대상물 |
| 일반 소방시설 관리업 | ① 주된 기술인력 : 소방시설관리사 자격을 취득 후 소방 관련 실무경력이 **1년** 이상인 사람<br>② 보조기술인력<br>㉠ 중급 점검자 : **1명** 이상<br>㉡ 초급 점검자 : **1명** 이상 | 1급, 2급, 3급 소방안전관리 대상물 |

〔비고〕 1. 소방 관련 실무경력 : 소방기술과 관련된 경력
2. 보조기술인력의 종류별 자격 : 소방기술과 관련된 자격·학력 및 경력을 가진 사람 중에서 행정안전부령으로 정한다.

(2) **소방시설별 점검장비**(소방시설법 시행규칙 〔별표 3〕)

| 소방시설 | 장 비 | 규 격 |
|---|---|---|
| • **모든 소방시설** | • 방수압력측정계<br>• 절연저항계(절연저항측정기)<br>• 전류전압측정계 | – |
| • **소화기구** | • 저울 | – |
| • **옥내소화전설비**<br>• **옥외소화전설비** | • 소화전밸브압력계 | – |
| • **스프링클러설비**<br>• **포소화설비** | • 헤드결합렌치 | – |
| • **이산화탄소 소화설비**<br>• **분말소화설비**<br>• **할론소화설비**<br>• **할로겐화합물 및 불활성기체 소화설비** | • 검량계<br>• 기동관누설시험기 | – |
| • **자동화재탐지설비**<br>• **시각경보기** | • 열감지기시험기<br>• 연감지기시험기<br>• 공기주입시험기<br>• 감지기시험기 연결막대<br>• 음량계<br>기억법 **열연공감음** | – |
| • **누전경보기** | • 누전계 | 누전전류 측정용 |
| • **무선통신보조설비** | • 무선기 | 통화시험용 |
| • **제연설비** | • 풍속풍압계<br>• 폐쇄력측정기<br>• 차압계(압력차측정기) | – |
| • **통로유도등**<br>• **비상조명등** | • 조도계(밝기측정기) | 최소눈금이 0.1lx 이하인 것 |

기억법 **모장옥스소이자누 무제통**

☆☆☆
문제 05

가압송수장치의 성능시험방법에 대하여 기술하시오. (20점)

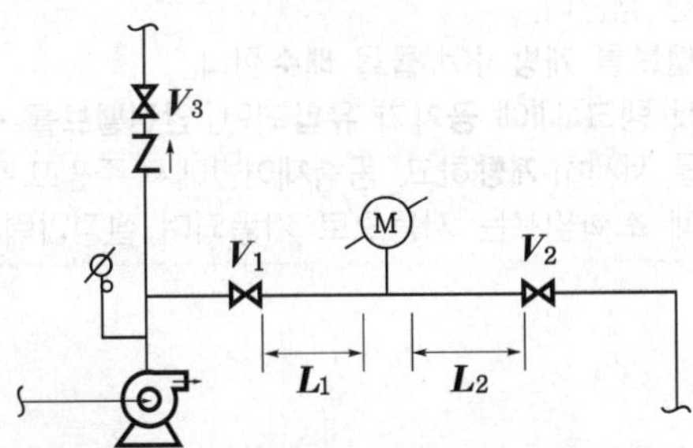


여기서, $V_1$ : 개폐밸브(측정시 개방)
$V_2$ : 유량조절밸브(평상시 개방)
$V_3$ : 개폐표시형밸브
$L_1$ : 상류측 직관부 구경의 8배 이상
$L_2$ : 하류측 직관부 구경의 5배 이상

정답
① 주배관의 개폐밸브($V_3$)를 잠근다.
② 제어반에서 충압펌프의 기동을 중지시킨다.
③ 압력챔버의 배수밸브를 열어 주펌프가 기동되면 잠근다.
④ 성능시험배관상에 있는 개폐밸브($V_1$)를 개방한다.
⑤ 성능시험배관의 유량조절밸브($V_2$)를 서서히 개방하여 유량계를 통과하는 유량이 정격토출유량이 되도록 조정한다. 정격토출유량이 되었을 때 펌프토출측 압력계를 읽어 정격토출압력 이상인지 확인한다.
⑥ 성능시험배관의 유량조절밸브를 조금 더 개방하여 유량계를 통과하는 유량이 정격토출유량의 150%가 되도록 조정한다. 이때 펌프토출측 압력계의 확인된 압력은 정격토출압력의 65% 이상이어야 한다.
⑦ 성능시험배관상에 있는 유량계를 확인하여 펌프의 성능을 측정한다.
⑧ 성능시험 측정 후 배관상 개폐밸브를 잠근 후 주밸브를 연다.
⑨ 제어반에서 충압펌프기동중지를 해제한다.

해설 **펌프의 성능시험방법**
① **주배관**의 **개폐밸브**($V_3$)를 **잠근다**.
② 제어반에서 **충압펌프**의 **기동**을 **중지**시킨다.
③ 압력챔버의 **배수밸브**를 열어 **주펌프**가 **기동**되면 잠근다. (제어반에서 수동으로 주펌프를 기동시킨다.)
④ **성능시험배관상**에 있는 **개폐밸브**($V_1$)를 **개방**한다.
⑤ 성능시험배관의 **유량조절밸브**($V_2$)를 **서서히 개방**하여 유량계를 통과하는 유량이 정격토출유량이 되도록 **조정**한다. 정격토출유량이 되었을 때 펌프토출측 압력계를 읽어 정격토출압력 이상인지 확인한다.
⑥ 성능시험배관의 **유량조절밸브**를 **조금 더 개방**하여 유량계를 통과하는 유량이 **정격토출유량**의 **150%**가 되도록 조정한다. 이때 펌프토출측 압력계의 확인된 압력은 정격토출압력의 **65%** 이상이어야 한다.
⑦ 성능시험배관상에 있는 **유량계**를 확인하여 **펌프**의 **성능**을 **측정**한다.
⑧ **성능시험** 측정 후 배관상 **개폐밸브**를 잠근 후 **주밸브**를 연다.
⑨ 제어반에서 **충압펌프기동중지**를 **해제**한다.

중요

**압력챔버의 공기교체 요령**

(1) 동력제어반(MCC)에서 주펌프 및 충압펌프의 **선택스위치**를 '**수동**' 또는 '**정지**' 위치로 한다.
(2) **압력챔버개폐밸브**를 잠근다.
(3) **배수밸브** 및 **안전밸브**를 **개방**하여 **물**을 **배수**한다.
(4) 안전밸브에 의해서 탱크 내에 **공기**가 **유입**되면, **안전밸브**를 **잠근 후 배수밸브**를 **폐쇄**한다.
(5) **압력챔버개폐밸브**를 서서히 **개방**하고, 동력제어반에서 주펌프 및 충압펌프의 선택스위치를 '**자동**' 위치로 한다. (이때 소화펌프는 자동으로 기동되며 설정압력에 도달되면 자동정지한다.)

# 1995년도 제2회 소방시설관리사 2차 국가자격시험

| 교시 | 시간 | 시험과목 |
|---|---|---|
| 1교시 | 90분 | 소방시설의 점검실무행정 |

| 수험번호 | | 성 명 | |
|---|---|---|---|

【 수험자 유의사항 】

1. **시험문제지 표지**와 시험문제지의 **총면수**, **문제번호 일련순서**, **인쇄상태** 등을 확인하시고, 문제지 표지에 수험번호와 성명을 기재하시기 바랍니다.
2. 수험자 인적사항 및 답안지 등 작성은 **반드시 검정색 필기구만을 계속 사용**하여야 합니다. (**그 외 연필류, 유색필기구, 2가지 이상 색 혼합사용 등으로 작성한 답항은 0점 처리**됩니다.)
3. 문제번호 순서에 관계없이 답안 작성이 가능하나, **반드시 문제번호 및 문제를 기재**(긴 경우 요약기재 가능)하고 해당 답안을 기재하여야 합니다.
4. **답안 정정시에는 정정할 부분을 두 줄(=)로 긋고 수정할 내용을 다시 기재**합니다.
5. 답안작성은 **시험시행일** 현재 시행되는 법령 등을 적용하시기 바랍니다.
6. **감독위원의 지시에 불응하거나 시험시간 종료 후 답안지를 제출하지 않을 경우** 불이익이 발생할 수 있음을 알려드립니다.
7. 시험문제지는 시험 종료 후 가져가시기 바랍니다.

# 1995. 3. 19. 시행

## 문제 01



소방시설 자체점검자가 소방시설에 대하여 자체점검하였을 때 그 점검결과에 대한 결과보고서(요식절차)를 간기하시오. (10점)

| 구 분 | 제출기간 | 제출처 |
|---|---|---|
| 관리업자 또는 소방안전관리자로 선임된 소방시설관리사·소방기술사 | 10일 이내 | 관계인 |
| 관계인 | 15일 이내 | 소방본부장·소방서장 |

해설 **소방시설 등의 자체점검결과의 조치 등**(소방시설법 시행규칙 제23조)

① 관리업자 또는 소방안전관리자로 선임된 소방시설관리사 및 소방기술사는 자체점검을 실시한 경우에는 그 점검이 끝난 날부터 **10일** 이내에 소방시설 등 자체점검 실시결과 보고서(전자문서로 된 보고서 포함)에 소방청장이 정하여 고시하는 소방시설 등 점검표를 첨부하여 관계인에게 제출해야 한다.

② ①에 따른 자체점검 실시결과 보고서를 제출받거나 스스로 자체점검을 실시한 관계인은 자체점검이 끝난 날부터 **15일** 이내에 소방시설 등 자체점검 실시결과 보고서(전자문서로 된 보고서 포함)에 다음의 서류를 첨부하여 소방본부장 또는 소방서장에게 서면이나 소방청장이 지정하는 전산망을 통하여 보고해야 한다.

㉠ 점검인력 배치확인서(관리업자가 점검한 경우만 해당)

㉡ 소방시설 등의 자체점검 결과 이행계획서

③ ②에 따라 소방본부장 또는 소방서장에게 자체점검 실시결과 보고를 마친 관계인은 소방시설 등 자체점검 실시결과 보고서(소방시설 등 점검표 포함)를 점검이 끝난 날부터 2년간 자체 보관해야 한다.

중요

**소방시설법 시행규칙 제23조, 〔별표 3〕**

(1) **소방시설 등의 자체점검**

| 구 분 | 제출기간 | 제출처 |
|---|---|---|
| 관리업자 또는 소방안전관리자로 선임된 소방시설관리사·소방기술사 | 10일 이내 | 관계인 |
| 관계인 | 15일 이내 | 소방본부장·소방서장 |

(2) **소방시설 등 자체점검의 점검대상, 점검자의 자격, 점검횟수 및 시기**

| 점검구분 | 정 의 | 점검대상 | 점검자의 자격(주된 인력) | 점검횟수 및 점검시기 |
|---|---|---|---|---|
| 작동점검 | 소방시설 등을 인위적으로 조작하여 정상적으로 작동하는지를 점검하는 것 | ① 간이스프링클러설비·자동화재탐지설비 | • 관계인<br>• 소방안전관리자로 선임된 소방시설관리사 또는 소방기술사<br>• 소방시설관리업에 등록된 기술인력 중 소방시설관리사 또는 「소방시설공사업법 시행규칙」에 따른 특급 점검자 | 작동점검은 **연 1회** 이상 실시하며, 종합점검대상은 종합점검을 받은 달부터 **6개월**이 되는 달에 실시 |
| | | ② ①에 해당하지 아니하는 특정소방대상물 | • 소방시설관리업에 등록된 기술인력 중 소방시설관리사<br>• 소방안전관리자로 선임된 소방시설관리사 또는 소방기술사 | |
| | | ③ 작동점검 제외대상<br>• 특정소방대상물 중 소방안전관리자를 선임하지 않는 대상<br>• 위험물제조소 등<br>• 특급 소방안전관리대상물 | | |

| | | | | |
|---|---|---|---|---|
| 종합점검 | 소방시설 등의 작동점검을 포함하여 소방시설 등의 설비별 주요 구성 부품의 구조기준이 화재안전기준과 「건축법」 등 관련 법령에서 정하는 기준에 적합한지 여부를 점검하는 것<br>(1) 최초점검 : 특정소방대상물의 소방시설이 새로 설치되는 경우 건축물을 사용할 수 있게 된 날부터 60일 이내에 점검하는 것<br>(2) 그 밖의 종합점검 : 최초점검을 제외한 종합점검 | ④ 소방시설 등이 신설된 경우에 해당하는 특정소방대상물<br>⑤ **스프링클러설비**가 설치된 특정소방대상물<br>⑥ **물분무등소화설비**(호스릴 방식의 물분무등소화설비만을 설치한 경우는 제외)가 설치된 연면적 **5000m²** 이상인 특정소방대상물(위험물제조소 등 제외)<br>⑦ 다중이용업의 영업장이 설치된 특정소방대상물로서 연면적이 **2000m²** 이상인 것<br>⑧ **제연설비**가 설치된 터널<br>⑨ **공공기관** 중 연면적(터널·지하구의 경우 그 길이와 평균폭을 곱하여 계산된 값)이 **1000m²** 이상인 것으로서 옥내소화전설비 또는 자동화재탐지설비가 설치된 것(단, 소방대가 근무하는 공공기관 제외) | • 소방시설관리업에 등록된 기술인력 중 **소방시설관리사**<br>• 소방안전관리자로 선임된 **소방시설관리사** 또는 **소방기술사** | 〈점검횟수〉<br>㉠ 연 1회 이상(특급 소방안전관리대상물은 반기에 1회 이상) 실시<br>㉡ ㉠에도 불구하고 소방본부장 또는 소방서장은 소방청장이 소방안전관리가 우수하다고 인정한 특정소방대상물에 대해서는 3년의 범위에서 소방청장이 고시하거나 정한 기간 동안 종합점검을 면제할 수 있다(단, 면제기간 중 화재가 발생한 경우는 제외).<br>〈점검시기〉<br>㉠ ④에 해당하는 특정소방대상물은 건축물을 사용할 수 있게 된 날부터 60일 이내 실시<br>㉡ ㉠을 제외한 특정소방대상물은 건축물의 사용승인일이 속하는 달에 실시(단, 학교의 경우 해당 건축물의 사용승인일이 1월에서 6월 사이에 있는 경우에는 6월 30일까지 실시할 수 있다.)<br>㉢ 건축물 사용승인일 이후 ⑥에 따라 종합점검대상에 해당하게 된 경우에는 그 다음 해부터 실시<br>㉣ 하나의 대지경계선 안에 2개 이상의 자체점검대상 건축물 등이 있는 경우 그 건축물 중 사용승인일이 가장 빠른 연도의 건축물의 사용승인일을 기준으로 점검할 수 있다. |

(3) 작동점검 및 종합점검은 건축물 사용승인 후 그 다음 해부터 실시
(4) 점검결과 : **2년**간 보관

★★★ 문제 02

스프링클러 준비작동밸브(SDV)형의 구성명칭은 다음과 같다. 작동순서, 작동 후 조치(배수 및 복구), 경보장치 작동시험방법에 대하여 기술하시오. (20점)

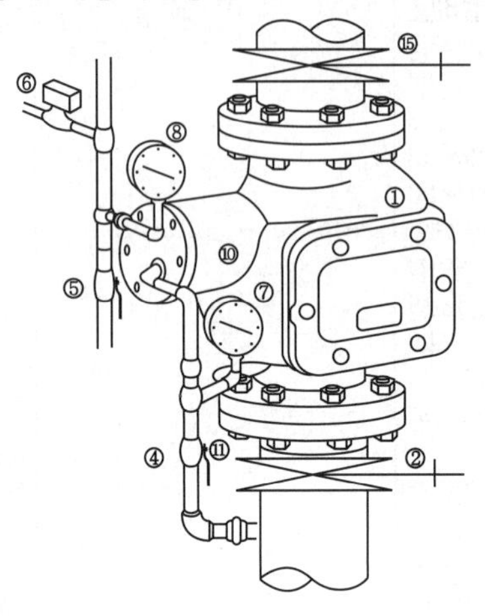


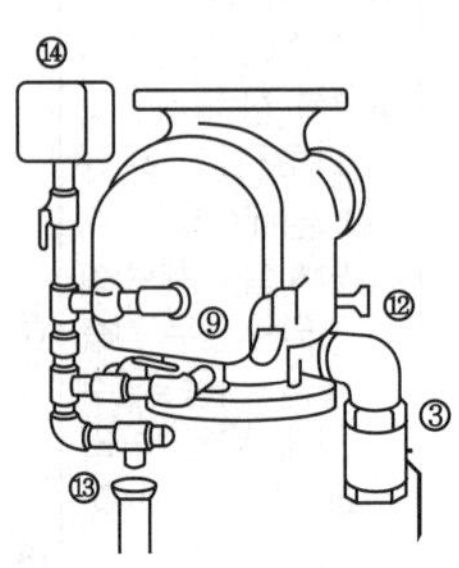


① 준비작동밸브 본체 ② 1차측 제어밸브(개폐표시형)
③ 드레인밸브 ④ 볼밸브(중간챔버급수용)
⑤ 수동기동밸브 ⑥ 전자밸브
⑦ 압력계(1차측) ⑧ 압력계(중간챔버용)
⑨ 경보시험밸브 ⑩ 중간챔버
⑪ 체크밸브 ⑫ 복구레버(밸브후면)
⑬ 자동배수밸브 ⑭ 압력스위치
⑮ 2차측 제어밸브(개폐표시형)

정답

| 작동순서 | 작동 후 조치(배수 및 복구) | 경보장치 작동시험방법 |
|---|---|---|
| • 2차측 제어밸브⑮ 폐쇄<br>• 감지기 1개 회로 작동경보장치 동작<br>• 감지기 2개 회로 작동전자밸브 ⑥ 동작<br>• 중간챔버⑩ 압력저하로 클래퍼 개방<br>• 2차측 제어밸브까지 송수<br>• 경보장치 동작<br>• 펌프자동기동 및 압력유지상태 확인 | **〈배수〉**<br>• 1차측 제어밸브② 및 볼밸브④ 폐쇄<br>• 드레인밸브③ 및 수동기동밸브 ⑤를 개방하여 배수<br>• 제어반 복구 및 펌프정지 확인<br>**〈복구〉**<br>• 복구레버⑫를 반시계방향으로 돌려 클래퍼 폐쇄<br>• 드레인밸브③ 및 수동기동밸브 ⑤ 폐쇄<br>• 볼밸브④를 개방하여 중간챔버 ⑩에 급수하고 압력계⑧ 확인<br>• 1차측 제어밸브② 서서히 개방<br>• 볼밸브④ 폐쇄<br>• 감시제어반의 스위치상태 확인<br>• 2차측 제어밸브⑮ 서서히 개방 | • 2차측 제어밸브⑮ 폐쇄<br>• 경보시험밸브⑨를 개방하여 압력스위치 작동 : 경보장치 동작<br>• 경보시험밸브⑨ 폐쇄<br>• 자동배수밸브⑬을 개방하여 2차측 물 완전배수<br>• 감시제어반의 스위치상태 확인<br>• 2차측 제어밸브⑮ 서서히 개방 |

해설 (1) **준비작동밸브**의 **작동순서**

- 2차측 제어밸브⑮를 폐쇄한다.
- 감지기 1개 회로를 작동시켜 경보장치가 동작하는지 확인한다.
- 감지기 1개 회로를 작동시켜 **전자밸브**(solenoid valve)⑥을 동작시킨다.
- 전자밸브⑥이 동작되면 **준비작동밸브**의 **중간챔버**⑩이 압력이 저하되어 클래퍼(Clapper)가 개방된다.
- 클래퍼가 개방되면 1차측 가압수가 **2차측 제어밸브**까지 송수된다.
- 사이렌으로 경보하므로 **경보장치** 동작을 확인한다.
- **주펌프** 및 **충압펌프**가 자동기동되므로 배관 내에 적정한 압력을 유지하는지 확인한다.

(2) **준비작동밸브**의 **작동 후 조치**(배수 및 복구)

① **〈배수〉**

- **1차측 제어밸브**② 및 **중간챔버 급수용 볼밸브**④를 폐쇄한다.
- **배수밸브**(Drain valve)③ 및 **수동개방밸브**⑤를 개방하여 배수한다.
- 제어반을 복구하고 펌프가 정지되는 것을 확인한다.

② **〈복구〉**

- 밸브후면에 있는 **복구레버**⑫를 반시계방향으로 돌려 **클래퍼**를 **폐쇄**한다. 이때 클래퍼의 폐쇄는 소리로 확인할 수 있다.
- 배수밸브(Drain valve)③ 및 수동개방밸브⑤를 폐쇄한다.
- 중간챔버급수용 볼밸브④를 개방하여 **중간챔버**⑩에 급수하고 압력계⑧의 눈금을 확인한다.
- 1차측 제어밸브②를 서서히 개방한다.
- 중간챔버급수용 볼밸브④를 폐쇄한다.
- 감시제어반(수신반)의 스위치상태 등이 정상인지를 확인한다.
- 2차측 제어밸브⑮를 서서히 개방한다.

(3) **준비작동밸브**의 **경보장치 작동시험방법**

- 2차측 제어밸브⑮를 폐쇄한다.
- 경보시험밸브⑨를 개방하면 압력스위치가 작동한다. 이때 경보장치의 동작을 확인한다.
- 경보확인 후 경보시험밸브⑨를 폐쇄한다.
- 자동배수밸브⑬을 개방하여 2차측 물을 완전히 배수한다.
- **감시제어반**(수신반)의 **스위치상태** 등이 정상인지를 확인한다.
- 2차측 제어밸브⑮를 서서히 개방한다.

중요

**준비작동밸브(FPC)형의 작동순서 · 작동 후 조치 · 경보장치 작동시험방법**

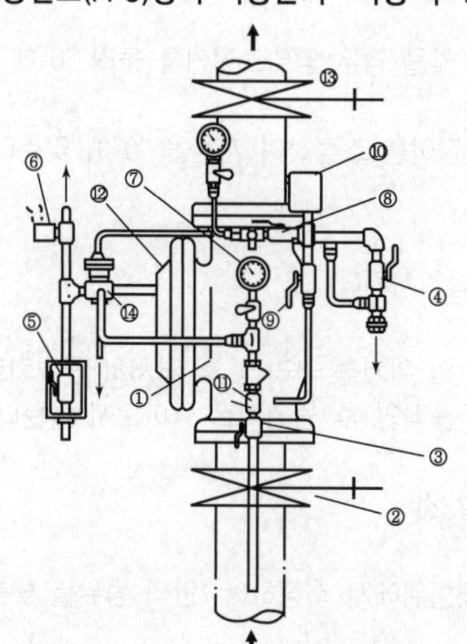


① 준비작동밸브 본체
② 1차측 제어밸브(개폐표시형)
③ 볼밸브(중간챔버급수용)
④ 드레인밸브(2차측 연결)
⑤ 수동기동밸브
⑥ 전자밸브
⑦ 압력계
⑧ 볼밸브
⑨ 경보시험밸브
⑩ 압력스위치
⑪ 체크밸브(본체와 중간챔버급수용 배관과 연결)
⑫ 중간챔버
⑬ 2차측 제어밸브(개폐표시형)
⑭ PORV(Pressure-Operated Relief Valve)

| 작동순서 | 작동 후 조치(배수 및 복구) | 경보장치 작동시험방법 |
|---|---|---|
| • 2차측 제어밸브⑮ 폐쇄<br>• 감지기 1개 회로 작동경보장치 동작<br>• 감지기 2개 회로 작동전자밸브 ⑥ 동작<br>• 중간챔버⑩ 압력저하로 클래퍼 개방<br>• 2차측 제어밸브까지 송수<br>• 경보장치 동작<br>• 펌프자동기동 및 압력유지상태 확인 | **〈배수〉**<br>• 1차측 제어밸브② 및 볼밸브④ 폐쇄<br>• 드레인밸브③ 및 수동기동밸브 ⑤를 개방하여 배수<br>• 제어반 복구 및 펌프정지 확인<br>**〈복구〉**<br>• 복구레버⑫를 반시계방향으로 돌려 클래퍼 폐쇄<br>• 드레인밸브③ 및 수동기동밸브 ⑤ 폐쇄<br>• 볼밸브④를 개방하여 중간챔버 ⑩에 급수하고 압력계⑧ 확인<br>• 1차측 제어밸브② 서서히 개방<br>• 볼밸브④ 폐쇄<br>• 감시제어반의 스위치상태 확인<br>• 2차측 제어밸브⑮ 서서히 개방 | • 2차측 제어밸브⑮ 폐쇄<br>• 경보시험밸브⑨를 개방하여 압력스위치 작동 : 경보장치 동작<br>• 경보시험밸브⑨ 폐쇄<br>• 자동배수밸브⑬을 개방하여 2차측 물 완전배수<br>• 감시제어반의 스위치상태 확인<br>• 2차측 제어밸브⑮ 서서히 개방<br>※ 방호구역의 여건에 따라 수신반의 경보장치를 정지(OFF)상태로 한 후에 작동시험 실시 |

※ **P.O.R.V**(Pressure Operated Relief Valve) : 전자밸브 또는 긴급해제밸브의 개방으로 작동된 준비작동밸브가 1차측 공급수의 압력으로 인해 **자동**으로 **복구**되는 것을 **방지**하기 위한 밸브

☆ 문제 03

**전류전압측정계의 0점 조정방법, 콘덴서의 품질시험방법 및 사용상의 주의사항에 대하여 기술하시오. (20점)**

정답 ① 0점 조정방법
㉠ 미터락(Meter lock)을 푼다.
㉡ 지침이 "0"에 있는지를 확인하고 맞지 않을 경우 영위조정기를 돌려 "0"에 맞춘다.
㉢ 레인지스위치를 〔Ω〕에 맞춘다.
㉣ 두 리드선을 단락시켜 "0"〔Ω〕 ADJ 손잡이를 조정하여 지침을 "0"에 맞춘다.

② 콘덴서의 품질시험방법
㉠ 레인지스위치를 〔Ω〕에 맞춘다.
㉡ 리드선을 공통단자와 〔Ω〕측정단자에 삽입시킨다.
㉢ 리드선을 콘덴서의 양단에 접촉시킨다.
㉣ 정상콘덴서는 지침이 "0" 또는 그 이상의 위치를 가리킨 후 서서히 원위치로 돌아온다.
㉤ 불량콘덴서는 지침이 움직이지 않거나 움직인 후 원위치로 돌아오지 않는다.

③ 사용상 주의사항
㉠ 측정 전 레인지스위치의 위치를 확인할 것
㉡ 저항측정시 반드시 전원을 차단할 것
㉢ 측정범위가 미지수일 때는 눈금의 최대범위에서 측정하여 1단씩 범위를 낮출 것

해설 **전류전압측정계**

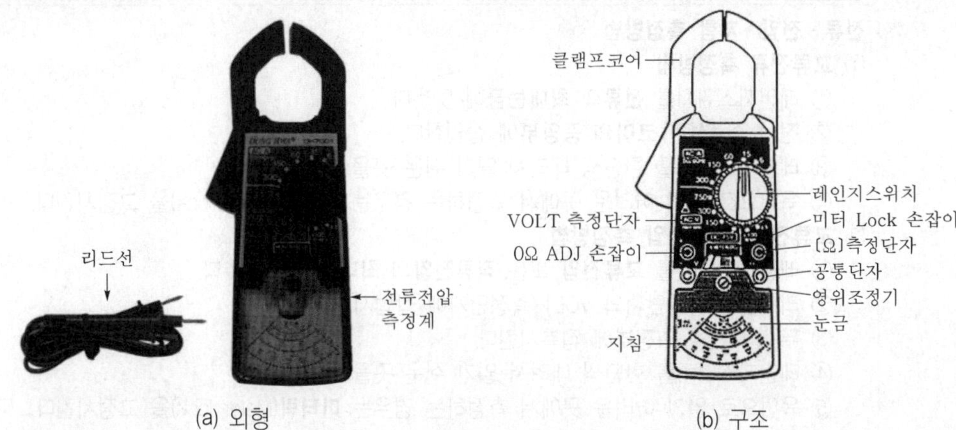


(a) 외형 (b) 구조

▮전류전압측정계▮

① **0점 조정방법**

| | |
|---|---|
| 기본 0점 조정방법 | ㉠ **미터락**(Meter lock)이 고정되어 있으면 풀어준다.<br>㉡ 지침(Pointer)이 "0"에 있는지를 확인하고 맞지 않을 경우 **영위조정기**를 돌려 "0"에 맞춘다. |
| 저항측정시의 0점 조정방법 | ㉠ **레인지스위치**를 〔Ω〕에 맞춘다.<br>㉡ **리드선**을 공통단자와 〔Ω〕단자에 **삽입**시킨다.<br>㉢ **두 리드선**을 **단락**시켜 "0"〔Ω〕 ADJ 손잡이를 조정하여 지침을 "0"에 맞춘다. |

② **콘덴서의 품질시험방법**

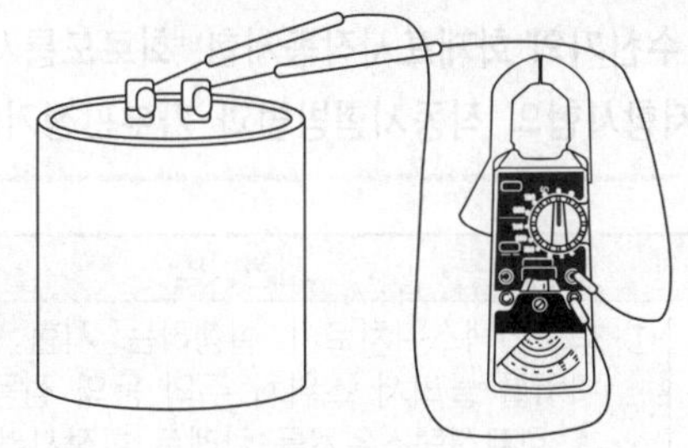

▮콘덴서의 품질시험방법▮

㉠ **레인지스위치**를 〔Ω〕에 맞춘다.
㉡ **리드선**을 공통단자와 〔Ω〕측정단자에 **삽입**시킨다.
㉢ 리드선을 콘덴서의 **양단**에 **접촉**시킨다.

| 상 태 | 지침의 형태 |
|---|---|
| 정상 | 지침이 순간적으로 흔들리다 곧 원래대로 되돌아 온다. |
| 단락 | 지침이 움직인채 그대로 있다. |
| 용량완전소모 | 지침이 전혀 움직이지 않는다. |

③ **사용상 주의사항**

㉠ 측정 전 **레인지스위치**의 **위치**를 **확인**할 것
㉡ **저항측정**시 반드시 **전원**을 **차단**할 것
㉢ 측정범위가 **미**지수일 때는 눈금의 **최대범위**에서 측정하여 한단씩 **범위**를 **낮출 것**

기억법 **콘레저차 미최**

중요

**전류 · 전압 · 저항 측정방법**

(1) **교류전류 측정방법**

① 레인지스위치를 **전류**의 **최대눈금**에 맞춘다.
② 전선 중 **1선**만 **코어**의 **중앙부**에 삽입한다.
③ 레인지스위치를 한단씩 내려서 읽기 쉬운 곳을 찾는다.
④ 육안으로 읽기 어려운 곳에서 측정하는 경우는 **미터락**(Meter lock)을 고정시킨다.

(2) **교류전압 · 직류전압 측정방법**

① 레인지스위치를 **교류전압** 또는 **직류전압**의 **최대눈금**에 맞춘다.
② 리드선을 공통단자와 VOLT 측정단자에 삽입시킨다.
③ 두 리드선을 측정부에 접촉시킨다.
④ 레인지스위치를 한단씩 내려서 읽기 쉬운 곳을 찾는다.
⑤ 육안으로 읽기 어려운 곳에서 측정하는 경우는 **미터락**(Meter lock)을 고정시킨다.

(3) **저항측정방법**

① 레인지스위치를 〔Ω〕의 **최대눈금**에 맞춘다.
② 리드선을 공통단자와 〔Ω〕**측정단자**에 삽입시킨다.
③ 두 리드선을 측정부에 접촉시킨다.
④ 레인지스위치를 한단씩 내려서 읽기 쉬운 곳을 찾는다.
⑤ 육안으로 읽기 어려운 곳에서 측정하는 경우는 **미터락**(Meter lock)을 고정시킨다.

☆☆☆

### 문제 04

**자동화재탐지설비 수신기의 화재표시작동시험, 회로도통시험, 공통선시험, 예비전원시험, 동시작동시험 및 회로저항시험의 작동시험방법과 가부판정기준에 대하여 설명하시오. (30점)**

정답

| 시험종류 | 시험방법 | 가부판정의 기준 |
|---|---|---|
| 화재표시<br>작동시험 | ① 회로선택스위치로서 실행하는 시험 : 동작시험스위치를 눌러서 스위치 주의 등의 점등을 확인한 후 회로선택스위치를 차례로 회전시켜 1회로마다 화재시의 작동시험을 행할 것<br>② 감지기 또는 발신기의 작동시험과 함께 행하는 방법 : 감지기 또는 발신기를 차례로 작동시켜 경계구역과 지구표시등과의 접속상태를 확인할 것 | 각 릴레이(relay)의 작동, 화재표시등, 지구표시등 그 밖의 표시장치의 점등(램프의 단선도 함께 확인할 것), 음향장치 작동확인, 감지기회로 또는 부속기기회로와의 연결접속이 정상일 것 |
| 회로도통<br>시험 | ① 도통시험스위치를 누른다.<br>② 회로선택스위치를 차례로 회전시킨다.<br>③ 각 회선별로 전압계의 전압을 확인한다. (단, 발광다이오드로 그 정상유무를 표시하는 것은 발광다이오드의 점등유무를 확인한다.)<br>④ 종단저항 등의 접속상황을 조사한다. | 각 회선의 전압계의 지시치 또는 발광다이오드(LED)의 점등유무 상황이 정상일 것 |
| 공통선시험<br>(단, 7회선<br>이하는 제외) | ① 수신기 내 접속단자의 회로공통선을 1선 제거한다.<br>② 회로도통시험의 예에 따라 도통시험스위치를 누르고, 회로선택스위치를 차례로 회전시킨다.<br>③ 전압계 또는 발광다이오드를 확인하여 「단선」을 지시한 경계구역의 회선수를 조사한다. | 공통선이 담당하고 있는 경계구역수가 7 이하일 것 |

| | | |
|---|---|---|
| 예비전원 시험 | ① 예비전원스위치를 누른다.<br>② 전압계의 지시치가 지정치의 범위 내에 있을 것(단, 발광다이오드로 그 정상유무를 표시하는 것은 발광다이오드의 정상 점등유무를 확인한다.)<br>③ 교류전원을 개로(상용전원 차단)하고 자동절환릴레이의 작동상황을 조사한다. | 예비전원의 전압, 용량, 절환상황 및 복구작동이 정상일 것 |
| 동시작동 시험 (단, 1회선은 제외) | ① 주전원에 의해 행한다.<br>② 각 회선의 화재작동을 복구시키는 일이 없이 5회선(5회선 미만은 전회선)을 동시에 작동시킨다.<br>③ ②의 경우 주음향장치 및 지구음향장치를 작동시킨다.<br>④ 부수신기와 표시기를 함께 하는 것에 있어서는 이 모두를 작동상태로 하고 행한다. | 각 회선을 동시작동시켰을 때 수신기, 부수신기, 표시기, 음향장치 등의 기능에 이상이 없고, 또한 화재시 작동을 정확하게 계속하는 것일 것 |
| 회로저항 시험 | ① 저항계 또는 테스트를 사용하여 감지기회로의 공통선과 표시선 사이의 전로에 대해 측정한다.<br>② 항상 개로식인 것에 있어서는 회로의 말단을 도통상태로 하여 측정한다. | 하나의 감지기 회로의 합성 저항치는 50Ω 이하로 할 것 |

해설

| 시험종류 | 시험방법 | 가부판정의 기준 |
|---|---|---|
| **화**재**표**시 작동시험 | ① 회로**선**택스위치로서 실행하는 시험 : 동작시험스위치를 눌러서 스위치 주의등의 점등을 확인한 후 회로선택스위치를 차례로 회전시켜 **1회로**마다 화재시의 작동시험을 행할 것<br>② **감**지기 또는 **발**신기의 작동시험과 함께 행하는 방법 : 감지기 또는 발신기를 차례로 작동시켜 경계구역과 지구표시등과의 접속상태를 확인할 것<br>기억법 **화표선감발** | 각 **릴레이**(relay)의 작동, **화재표시등, 지구표시등** 그 밖의 표시장치의 점등(램프의 단선도 함께 확인할 것), **음향장치** 작동확인, **감지기회로** 또는 **부속기기회로**와의 연결접속이 정상일 것 |
| 회로**도**통 시험 | **감지기회로**의 **단선**의 **유무**와 기기 등의 접속상황을 확인하기 위해서 다음과 같은 시험을 행할 것<br>① **도**통시험스위치를 누른다.<br>② 회로**선**택스위치를 차례로 회전시킨다.<br>③ 각 회선별로 **전**압계의 전압을 확인한다. (단, 발광다이오드로 그 정상유무를 표시하는 것은 발광다이오드의 점등유무를 확인한다.)<br>④ **종**단저항 등의 접속상황을 조사한다.<br>기억법 **도단도선전종** | 각 회선의 **전압계**의 **지시치** 또는 발광다이오드(LED)의 점등유무 상황이 정상일 것 |
| **공**통선시험 (단, 7회선 이하는 제외) | 공통선이 담당하고 있는 **경**계구역의 적정여부를 다음에 따라 확인할 것<br>① 수신기 내 접속단자의 회로**공**통선을 1선 제거한다.<br>② 회로도통시험의 예에 따라 **도**통시험스위치를 누르고, 회로선택스위치를 차례로 회전시킨다.<br>③ **전**압계 또는 **발**광다이오드를 확인하여 「**단선**」을 지시한 경계구역의 회선수를 조사한다.<br>기억법 **공경공도 전발선** | 공통선이 담당하고 있는 경계구역수가 **7 이하**일 것 |

| | | |
|---|---|---|
| **예**비전원 시험 | 상용전원 및 비상전원이 사고 등으로 정전된 경우, 자동적으로 예비전원으로 절환되며, 또한 정전복구시에 자동적으로 상용전원으로 절환되는지의 여부를 다음에 따라 확인할 것<br>① **예**비전원스위치를 누른다.<br>② **전**압계의 지시치가 지정치의 범위 내에 있을 것(단, 발광다이오드로 그 정상유무를 표시하는 것은 발광다이오드의 정상 점등유무를 확인한다.)<br>③ **교**류전원을 개로(상용전원 차단)하고 **자**동절환릴레이의 작동상황을 조사한다.<br>기억법 **예예전교자** | 예비전원의 **전압, 용량, 절환상황** 및 **복구작동**이 정상일 것 |
| **동**시작동 시험 (단, 1회선은 제외) | 감지기가 동시에 수회선 작동하더라도 수신기의 기능에 이상이 없는가의 여부를 다음에 따라 확인할 것<br>① **주**전원에 의해 행한다.<br>② 각 회선의 화재작동을 복구시키는 일이 없이 **5회선**(5회선 미만은 전회선)을 동시에 작동시킨다.<br>③ ②의 경우 주음향장치 및 지구음향장치를 작동시킨다.<br>④ 부수신기와 표시기를 함께 하는 것에 있어서는 이 모두를 작동상태로 하고 행한다.<br>기억법 **동주5** | 각 회선을 동시작동시켰을 때 수신기, 부수신기, 표시기, 음향장치 등의 기능에 이상이 없고, 또한 **화재**시 **작동**을 정확하게 계속하는 것일 것 |
| 회로저항 시험 | 감지기회로의 1회선의 선로 저항치가 수신기의 기능에 이상을 가져오는지의 여부를 다음에 따라 확인할 것<br>① 저항계 또는 테스트(tester)를 사용하여 감지기회로의 공통선과 표시선(회로선) 사이의 전로에 대해 측정한다.<br>② 항상 개로식인 것에 있어서는 회로의 말단을 도통상태로 하여 측정한다. | 하나의 감지기 회로의 합성 저항치는 **50Ω 이하**로 할 것 |
| 저전압시험 | ① 자동화재탐지설비용 전압시험기 또는 가변저항기 등을 사용하여 교류전원전압을 정격전압의 **80%**의 전압으로 실시한다.<br>② 축전지설비인 경우에는 축전지의 단자를 절환하여 정격전압의 **80%**의 전압으로 실시한다.<br>③ **화재표시작동시험**에 준하여 실시한다. | **화재신호**를 **정상**적으로 **수신**할 수 있는 것일 것 |
| 지구음향 장치의 작동시험 | 감지기의 작동과 연동하여 해당 지구음향장치가 정상적으로 작동하는지의 여부를 다음에 따라 확인한다.<br>① 임의의 **감지기** 및 **발신기** 등을 **작동**시킨다. | ① 감지기를 작동시켰을 때 수신기에 연결된 해당 지구음향장치가 작동하고 **음량**이 **정상적**이어야 한다.<br>② 음량은 음향장치의 중심에서 1m 떨어진 위치에서 90dB 이상일 것 |

| | | |
|---|---|---|
| 비상전원시험 | 상용전원이 정전되었을 때 자동적으로 비상전원(비상전원 수전설비 제외)으로 절환되는지의 여부를 다음에 따라 확인할 것<br>① 비상전원으로 **축전지설비**를 사용하는 것에 대해 행한다.<br>② 충전용전원을 개로의 상태로 하고 **전압계**의 지시치가 적정한가를 확인한다. (단, **발광다이오드**로 그 정상유무를 표시하는 것은 발광다이오드의 정상 점등유무를 확인한다.)<br>③ 화재표시작동시험에 준하여 시험한 경우, **전압계**의 지시치가 정격전압의 **80%** 이상임을 확인한다. (단, **발광다이오드**로 그 정상유무를 표시하는 것은 발광다이오드의 정상 점등유무를 확인한다.) | 비상전원의 **전압, 용량, 절환상황, 복구작동**이 정상이어야 할 것 |



☆ 문제 05

**옥내소화전설비의 기동용 수압개폐장치를 점검한 결과 압력챔버 내에 공기를 모두 배출하고 물만 가득 채워져 있다. 기동용 수압개폐장치 압력챔버를 재조정하는 방법에 대하여 기술하시오. (20점)**

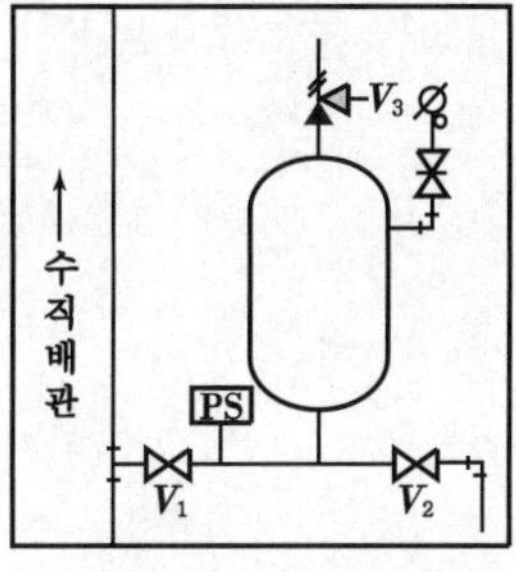


정답 ① 동력제어반에서 주펌프 및 충압펌프의 선택스위치를 '수동' 또는 '정지' 위치로 한다.
② 압력챔버 개폐밸브($V_1$)를 잠근다.
③ 배수밸브($V_2$) 및 안전밸브($V_3$)를 개방하여 물을 배수한다.
④ 안전밸브에 의해서 탱크 내에 공기가 유입되면, 안전밸브를 잠근 후 배수밸브를 폐쇄한다.
⑤ 압력챔버 개폐밸브를 서서히 개방하고, 동력제어반에서 주펌프 및 충압펌프의 선택스위치를 '**자동**' 위치로 한다. (이때 소화펌프는 자동으로 기동되며 설정압력에 도달되면 자동정지한다.)

해설 **압력챔버**의 **공기교체**(충전) **요령**
① 동력제어반(MCC)에서 주펌프 및 충압펌프의 **선택스위치**를 '**수동**' 또는 '**정지**' 위치로 한다.
② **압력챔버 개폐밸브**($V_1$)를 잠근다.
③ **배수밸브**($V_2$) 및 **안전밸브**($V_3$)를 **개방**하여 **물**을 **배수**한다.
④ 안전밸브에 의해서 탱크 내에 **공기**가 **유입**되면, **안전밸브**를 **잠근 후 배수밸브**를 **폐쇄**한다.
⑤ **압력챔버 개폐밸브**를 서서히 **개방**하고, 동력제어반에서 주펌프 및 충압펌프의 선택스위치를 '**자동**' 위치로 한다. (이때 소화펌프는 자동으로 기동되며 설정압력에 도달되면 자동정지한다.)

중요

**펌프의 성능시험 방법**

(1) **주배관**의 **개폐밸브**를 **잠근다**.
(2) 제어반에서 **충압펌프**의 **기동**을 **중지**시킨다.
(3) 압력챔버의 **배수밸브**를 열어 **주펌프**가 **기동**되면 잠근다. (제어반에서 수동으로 주펌프를 기동시킨다.)
(4) **성능시험배관상**에 있는 **개폐밸브**를 **개방**한다.
(5) 성능시험배관의 **유량조절밸브**를 **서서히 개방**하여 유량계를 통과하는 유량이 정격토출유량이 되도록 **조정**한다. 정격토출유량이 되었을 때 펌프토출측 압력계를 읽어 정격토출압력 이상인지 확인한다.
(6) 성능시험배관의 **유량조절밸브**를 **조금 더 개방**하여 유량계를 통과하는 유량이 **정격토출유량**의 **150%**가 되도록 조정한다. 이때 펌프토출측 압력계의 확인된 압력은 정격토출압력의 **65%** 이상이어야 한다.
(7) 성능시험배관상에 있는 **유량계**를 확인하여 **펌프**의 **성능**을 **측정**한다.
(8) **성능시험** 측정 후 배관상 **개폐밸브**를 잠근 후 **주밸브**를 연다.
(9) 제어반에서 **충압펌프 기동중지**를 **해제**한다.

# 1993년도 제1회 소방시설관리사 2차 국가자격시험

| 교 시 | 시 간 | 시험과목 |
|---|---|---|
| 1교시 | 90분 | 소방시설의 점검실무행정 |

| 수험번호 | | 성 명 | |
|---|---|---|---|

**【수험자 유의사항】**

1. **시험문제지 표지**와 시험문제지의 **총면수, 문제번호 일련순서, 인쇄상태** 등을 확인하시고, 문제지 표지에 수험번호와 성명을 기재하시기 바랍니다.

2. 수험자 인적사항 및 답안지 등 작성은 **반드시 검정색 필기구만을 계속 사용**하여야 합니다. (**그 외 연필류, 유색필기구, 2가지 이상 색 혼합사용 등으로 작성한 답항은 0점 처리**됩니다.)

3. 문제번호 순서에 관계없이 답안 작성이 가능하나, **반드시 문제번호 및 문제를 기재**(긴 경우 요약기재 가능)하고 해당 답안을 기재하여야 합니다.

4. **답안 정정시에는 정정할 부분을 두 줄(=)로 긋고 수정할 내용을 다시 기재**합니다.

5. 답안작성은 **시험시행일** 현재 시행되는 법령 등을 적용하시기 바랍니다.

6. **감독위원의 지시에 불응하거나 시험시간 종료 후 답안지를 제출하지 않을 경우** 불이익이 발생할 수 있음을 알려드립니다.

7. 시험문제지는 시험 종료 후 가져가시기 바랍니다.

# 1993. 5. 23. 시행

## 문제 01

연결살수설비의 헤드 종합점검항목 3가지를 기술하시오. (10점)

정답
① 헤드의 변형·손상 유무
② 헤드 설치 위치·장소·상태(고정) 적정 여부
③ 헤드 살수장애 여부



해설 **연결살수설비의 종합점검**(소방시설 자체점검사항 등에 관한 고시 〔별지 제4호 서식〕)

| 구 분 | 점검항목 |
|---|---|
| 송수구 | ① 설치장소 적정 여부<br>② 송수구 구경(**65mm**) 및 형태(**쌍구형**) 적정 여부<br>③ 송수구역별 호스접결구 설치 여부(개방형 헤드의 경우)<br>④ 설치높이 적정 여부<br>❺ 송수구에서 주배관상 연결배관 개폐밸브 설치 여부<br>⑥ **"연결살수설비송수구"** 표지 및 송수구역 일람표 설치 여부<br>⑦ 송수구 **마개** 설치 여부<br>⑧ 송수구의 **변형** 또는 **손상** 여부<br>❾ **자동배수밸브** 및 **체크밸브** 설치순서 적정 여부<br>⑩ 자동배수밸브 설치상태 적정 여부<br>⓫ 1개 송수구역 설치 살수헤드 수량 적정 여부(개방형 헤드의 경우) |
| 선택밸브 | ① 선택밸브 적정 설치 및 정상작동 여부<br>② 선택밸브 부근 송수구역 **일람표** 설치 여부 |
| 배관 등 | ① 급수배관 개폐밸브 설치 적정(개폐표시형, 흡입측 버터플라이 제외) 여부<br>❷ **동결방지조치** 상태 적정 여부(습식의 경우)<br>❸ 주배관과 타 설비 배관 및 수조 접속 적정 여부(폐쇄형 헤드의 경우)<br>④ 시험장치 설치 적정 여부(폐쇄형 헤드의 경우)<br>❺ 다른 설비의 배관과의 구분 상태 적정 여부 |
| 헤드 | ① 헤드의 **변형·손상** 유무<br>② 헤드 설치 **위치·장소·상태**(고정) 적정 여부<br>③ 헤드 살수장애 여부 |
| 비고 | ※ 특정소방대상물의 위치·구조·용도 및 소방시설의 상황 등이 이 표의 항목대로 기재하기 곤란하거나 이 표에서 누락된 사항을 기재한다. |

※ "●"는 종합점검의 경우에만 해당

중요

**연결송수관설비**

(1) **연결송수관설비**의 **종합점검**(소방시설 자체점검사항 등에 관한 고시 〔별지 제4호 서식〕)

| 구 분 | 점검항목 |
|---|---|
| 송수구 | ① 설치장소 적정 여부<br>② 지면으로부터 설치높이 적정 여부<br>③ 급수개폐밸브가 설치된 경우 설치상태 적정 및 정상 기능 여부<br>④ 수직배관별 **1개** 이상 송수구 설치 여부<br>⑤ **"연결송수관설비송수구"** 표지 및 송수압력범위 표지 적정 설치 여부<br>⑥ 송수구 **마개** 설치 여부 |

| | |
|---|---|
| 배관 등 | ❶ 겸용 급수배관 적정 여부<br>❷ 다른 설비의 배관과의 구분 상태 적정 여부 |
| 방수구 | ❶ 설치기준(층, 개수, 위치, 높이) 적정 여부<br>② 방수구 형태 및 구경 적정 여부<br>③ 위치표시(표시등, 축광식 표지) 적정 여부<br>④ 개폐기능 설치 여부 및 상태 적정(닫힌 상태) 여부 |
| 방수기구함 | ❶ 설치기준(층, 위치) 적정 여부<br>② **호스** 및 **관창** 비치 적정 여부<br>③ **"방수기구함"** 표지 설치상태 적정 여부 |
| 가압송수장치 | ❶ 가압송수장치 설치장소 기준 적합 여부<br>❷ 펌프 흡입측 **연성계·진공계** 및 **토출측 압력계** 설치 여부<br>❸ **성능시험배관** 및 **순환배관** 설치 적정 여부<br>④ 펌프 토출량 및 양정 적정 여부<br>⑤ 방수구 개방시 자동기동 여부<br>⑥ 수동기동스위치 설치상태 적정 및 수동스위치 조작에 따른 기동 여부<br>⑦ 가압송수장치 **"연결송수관펌프"** 표지 설치 여부<br>❽ 비상전원 설치장소 적정 및 관리 여부<br>⑨ 자가발전설비인 경우 연료적정량 보유 여부<br>⑩ 자가발전설비인 경우 「전기사업법」에 따른 정기점검 결과 확인 |
| 비고 | ※ 특정소방대상물의 위치·구조·용도 및 소방시설의 상황 등이 이 표의 항목대로 기재하기 곤란하거나 이 표에서 누락된 사항을 기재한다. |

※ "●"는 종합점검의 경우에만 해당

(2) **연결송수관설비**의 **작동점검**(소방시설 자체점검사항 등에 관한 고시 〔별지 제4호 서식〕)

| 구 분 | 점검항목 |
|---|---|
| 송수구 | ① 설치장소 적정 여부<br>② 지면으로부터 설치높이 적정 여부<br>③ 급수개폐밸브가 설치된 경우 설치상태 적정 및 정상 기능 여부<br>④ 수직배관별 **1개** 이상 송수구 설치 여부<br>⑤ **"연결송수관설비송수구"** 표지 및 송수압력범위 표지 적정 설치 여부<br>⑥ 송수구 **마개** 설치 여부 |
| 방수구 | ① 방수구 형태 및 구경 적정 여부<br>② 위치표시(표시등, 축광식 표지) 적정 여부<br>③ 개폐기능 설치 여부 및 상태 적정(닫힌 상태) 여부 |
| 방수기구함 | ① **호스** 및 **관창** 비치 적정 여부<br>② **"방수기구함"** 표지 설치상태 적정 여부 |
| 가압송수장치 | ① 펌프 토출량 및 양정 적정 여부<br>② 방수구 개방시 자동기동 여부<br>③ 수동기동스위치 설치상태 적정 및 수동스위치 조작에 따른 기동 여부<br>④ 가압송수장치 **"연결송수관펌프"** 표지 설치 여부<br>⑤ 자가발전설비인 경우 연료적정량 보유 여부<br>⑥ 자가발전설비인 경우 「전기사업법」에 따른 정기점검 결과 확인 |
| 비고 | ※ 특정소방대상물의 위치·구조·용도 및 소방시설의 상황 등이 이 표의 항목대로 기재하기 곤란하거나 이 표에서 누락된 사항을 기재한다. |

★★★

## 문제 02

**포소화설비에서 수조의 종합점검항목 7가지를 쓰시오. (7점)**

정답 ① 동결방지조치 상태 적정 여부
② 수위계 설치 또는 수위 확인 가능 여부
③ 수조 외측 고정사다리 설치 여부(바닥보다 낮은 경우 제외)
④ 실내 설치시 조명설비 설치 여부
⑤ "포소화설비용 수조" 표지 설치 여부 및 설치상태
⑥ 다른 소화설비와 겸용시 겸용 설비의 이름 표시한 표지 설치 여부
⑦ 수조-수직배관 접속부분 "포소화설비용 배관" 표지 설치 여부

01회

해설 **포소화설비**의 **종합점검**(소방시설 자체점검사항 등에 관한 고시 〔별지 제4호 서식〕)

| 구 분 | | 점검항목 |
|---|---|---|
| 종류 및 적응성 | | ● 특정소방대상물별 포소화설비 종류 및 적응성 적정 여부 |
| 수원 | | 수원의 유효수량 적정 여부(겸용 설비 포함) |
| 수조 | | ❶ 동결방지조치 상태 적정 여부<br>② 수위계 설치 또는 수위 확인 가능 여부<br>❸ 수조 외측 고정사다리 설치 여부(바닥보다 낮은 경우 제외)<br>❹ 실내 설치시 조명설비 설치 여부<br>⑤ **"포소화설비용 수조"** 표지 설치 여부 및 설치상태<br>❻ 다른 소화설비와 겸용시 겸용 설비의 이름 표시한 표지 설치 여부<br>❼ **수조-수직배관** 접속부분 **"포소화설비용 배관"** 표지 설치 여부 |
| 가압송수장치 | 펌프방식 | ❶ 동결방지조치 상태 적정 여부<br>② 성능시험배관을 통한 펌프성능시험 적정 여부<br>❸ 다른 소화설비와 겸용인 경우 펌프성능 확보 가능 여부<br>④ 펌프 흡입측 **연성계·진공계** 및 **토출측 압력계** 등 부속장치의 변형·손상 유무<br>❺ 기동장치 적정 설치 및 기동압력 설정 적정 여부<br>❻ 물올림장치 설치 적정(전용 여부, 유효수량, 배관구경, 자동급수) 여부<br>❼ 충압펌프 설치 적정(토출압력, 정격토출량) 여부<br>⑧ 내연기관방식의 펌프 설치 적정(정상기동(기동장치 및 제어반) 여부, 축전지상태, 연료량) 여부<br>⑨ 가압송수장치의 **"포소화설비펌프"** 표지 설치 여부 또는 다른 소화설비와 겸용시 겸용 설비 이름 표시 부착 여부 |
| | 고가수조방식 | **수위계·배수관·급수관·오버플로관·맨홀** 등 부속장치의 변형·손상 유무 |
| | 압력수조방식 | ❶ 압력수조의 압력 적정 여부<br>② **수위계·급수관·급기관·압력계·안전장치·공기압축기** 등 부속장치의 변형·손상 유무 |
| | 가압수조방식 | ❶ 가압수조 및 가압원 설치장소의 방화구획 여부<br>② **수위계·급수관·배수관·급기관·압력계** 등 부속장치의 변형·손상 유무 |

| | | |
|---|---|---|
| 배관 등 | ❶ **송액관 기울기** 및 **배액밸브** 설치 적정 여부<br>❷ 펌프의 흡입측 배관 여과장치의 상태 확인<br>❸ 성능시험배관 설치(개폐밸브, 유량조절밸브, 유량측정장치) 적정 여부<br>❹ 순환배관 설치(설치위치·배관구경, 릴리프밸브 개방압력) 적정 여부<br>❺ **동결방지조치** 상태 적정 여부<br>⑥ 급수배관 개폐밸브 설치(개폐표시형, 흡입측 버터플라이 제외) 적정 여부<br>⑦ 급수배관 개폐밸브 작동표시스위치 설치 적정(제어반 표시 및 경보, 스위치 동작 및 도통시험, 전기배선 종류) 여부<br>❽ 다른 설비의 배관과의 구분 상태 적정 여부 | |
| 송수구 | ① 설치장소 적정 여부<br>❷ 연결배관에 개폐밸브를 설치한 경우 개폐상태 확인 및 조작가능 여부<br>❸ 송수구 설치높이 및 구경 적정 여부<br>④ 송수압력범위 표시 표지 설치 여부<br>❺ 송수구 설치개수 적정 여부<br>❻ **자동배수밸브**(또는 배수공)·**체크밸브** 설치 여부 및 설치상태 적정 여부<br>⑦ 송수구 **마개** 설치 여부 | |
| 저장탱크 | ❶ **포약제 변질** 여부<br>❷ **액면계** 또는 **계량봉** 설치상태 및 저장량 적정 여부<br>❸ **그라스게이지** 설치 여부(가압식이 아닌 경우)<br>④ 포소화약제 저장량의 적정 여부 | |
| 개방밸브 | ① 자동개방밸브 설치 및 화재감지장치의 작동에 따라 자동으로 개방되는지 여부<br>② 수동식 개방밸브 적정 설치 및 작동 여부 | |
| 기동장치 | 수동식 기동장치 | ① 직접·원격조작 가압송수장치·수동식 개방밸브·소화약제 혼합장치 기동 여부<br>❷ 기동장치 조작부의 **접근성 확보**, **설치높이**, **보호장치** 설치 적정 여부<br>③ 기동장치 조작부 및 호스접결구 인근 "**기동장치의 조작부**" 및 "**접결구**" 표지 설치 여부<br>❹ 수동식 기동장치 설치개수 적정 여부 |
| | 자동식 기동장치 | ① 화재감지기 또는 폐쇄형 스프링클러헤드의 개방과 연동하여 가압송수장치·일제개방밸브 및 포소화약제 혼합장치 기동 여부<br>❷ 폐쇄형 스프링클러헤드 설치 적정 여부<br>❸ 화재감지기 및 발신기 설치 적정 여부<br>❹ 동결 우려 장소 자동식 기동장치 자동화재탐지설비 연동 여부 |
| | 자동경보장치 | ① 방사구역마다 발신부(또는 층별 유수검지장치) 설치 여부<br>② 수신기는 설치장소 및 헤드 개방·감지기 작동 표시장치 설치 여부<br>❸ 2 이상 수신기 설치시 수신기 간 상호 동시 통화 가능 여부 |
| 포헤드 및 고정포방출구 | 포헤드 | ① 헤드의 **변형·손상** 유무<br>② 헤드**수량** 및 **위치** 적정 여부<br>③ 헤드 살수장애 여부 |

| | | |
|---|---|---|
| 포헤드 및 고정포방출구 | 호스릴 포소화설비 및 포소화전설비 | ① 방수구와 호스릴함 또는 호스함 사이의 거리 적정 여부<br>② 호스릴함 또는 호스함 설치높이, 표지 및 위치표시등 설치 여부<br>❸ 방수구 설치 및 호스릴·호스 길이 적정 여부 |
| | 전역방출방식의 고발포용 고정포방출구 | ① 개구부 자동폐쇄장치 설치 여부<br>❷ 방호구역의 관포체적에 대한 포수용액 방출량 적정 여부<br>❸ 고정포방출구 설치개수 적정 여부<br>④ 고정포방출구 설치위치(높이) 적정 여부 |
| | 국소방출방식의 고발포용 고정포방출구 | ❶ 방호대상물 범위 설정 적정 여부<br>❷ 방호대상물별 방호면적에 대한 포수용액 방출량 적정 여부 |
| 전원 | ❶ 대상물 수전방식에 따른 상용전원 적정 여부<br>❷ 비상전원 설치장소 적정 및 관리 여부<br>③ 자가발전설비인 경우 연료적정량 보유 여부<br>④ 자가발전설비인 경우 「전기사업법」에 따른 정기점검 결과 확인 | |
| 제어반 | ● 겸용 감시·동력 제어반 성능 적정 여부(겸용으로 설치된 경우) | |
| | 감시제어반 | ① 펌프 작동 여부 **확인표시등** 및 **음향경보장치** 정상작동 여부<br>② 펌프별 자동·수동 전환스위치 정상작동 여부<br>❸ 펌프별 수동기동 및 수동중단 기능 정상작동 여부<br>❹ 상용전원 및 비상전원 공급 확인 가능 여부(비상전원 있는 경우)<br>❺ 수조·물올림수조 저수위**표시등** 및 **음향경보장치** 정상작동 여부<br>⑥ 각 확인회로별 **도통시험** 및 **작동시험** 정상작동 여부<br>⑦ 예비전원 확보 유무 및 시험 적합 여부<br>❽ 감시제어반 전용실 적정 설치 및 관리 여부<br>❾ 기계·기구 또는 시설 등 제어 및 감시설비 외 설치 여부 |
| | 동력제어반 | 앞면은 **적색**으로 하고, "**포소화설비용 동력제어반**" 표지 설치 여부 |
| | 발전기제어반 | ● 소방전원보존형 발전기는 이를 식별할 수 있는 표지 설치 여부 |
| 비고 | ※ 특정소방대상물의 위치·구조·용도 및 소방시설의 상황 등이 이 표의 항목대로 기재하기 곤란하거나 이 표에서 누락된 사항을 기재한다. | |

※ "●"는 종합점검의 경우에만 해당

중요

**포소화설비의 작동점검**(소방시설 자체점검사항 등에 관한 고시 〔별지 제4호 서식〕)

| 구 분 | | 점검항목 |
|---|---|---|
| 수원 | 수원의 유효수량 적정 여부(겸용 설비 포함) | |
| 수조 | ① 수위계 설치 또는 수위 확인 가능 여부<br>② "**포소화설비용 수조**" 표지 설치 여부 및 설치상태 | |
| 가압송수장치 | 펌프방식 | ① 성능시험배관을 통한 펌프성능시험 적정 여부<br>② 펌프 흡입측 **연성계·진공계** 및 **토출측 압력계** 등 부속장치의 변형·손상 유무<br>③ 내연기관방식의 펌프 설치 적정(정상기동(기동장치 및 제어반) 여부, 축전지상태, 연료량) 여부<br>④ 가압송수장치의 "**포소화설비펌프**" 표지 설치 여부 또는 다른 소화설비와 겸용시 겸용 설비 이름 표시 부착 여부 |

| 가압송수장치 | 고가수조방식 | **수위계 · 배수관 · 급수관 · 오버플로관 · 맨홀** 등 부속장치의 변형 · 손상 유무 |
|---|---|---|
| | 압력수조방식 | **수위계 · 급수관 · 급기관 · 압력계 · 안전장치 · 공기압축기** 등 부속장치의 변형 · 손상 유무 |
| | 가압수조방식 | **수위계 · 급수관 · 배수관 · 급기관 · 압력계** 등 부속장치의 변형 · 손상 유무 |
| 배관 등 | ① 급수배관 개폐밸브 설치(개폐표시형, 흡입측 버터플라이 제외) 적정 여부<br>② 급수배관 개폐밸브 작동표시스위치 설치 적정(제어반 표시 및 경보, 스위치 동작 및 도통시험, 전기배선 종류) 여부 | |
| 송수구 | ① 설치장소 적정 여부<br>② 송수압력범위 표시 표지 설치 여부<br>③ 송수구 **마개** 설치 여부 | |
| 저장탱크 | 포소화약제 저장량의 적정 여부 | |
| 개방밸브 | ① 자동개방밸브 설치 및 화재감지장치의 작동에 따라 자동으로 개방되는지 여부<br>② 수동식 개방밸브 적정 설치 및 작동 여부 | |
| 기동장치 | 수동식 기동장치 | ① 직접 · 원격조작 가압송수장치 · 수동식 개방밸브 · 소화약제 혼합장치 기동 여부<br>② 기동장치 조작부 및 호스접결구 인근 **"기동장치의 조작부"** 및 **"접결구"** 표지 설치 여부 |
| | 자동식 기동장치 | 화재감지기 또는 폐쇄형 스프링클러헤드의 개방과 연동하여 가압송수장치 · 일제개방밸브 및 포소화약제 혼합장치 기동 여부 |
| | 자동경보장치 | ① 방사구역마다 발신부(또는 층별 유수검지장치) 설치 여부<br>② 수신기는 설치장소 및 헤드 개방 · 감지기 작동 표시장치 설치 여부 |
| 포헤드 및 고정포방출구 | 포헤드 | ① 헤드의 **변형 · 손상** 유무<br>② 헤드 **수량** 및 **위치** 적정 여부<br>③ 헤드 살수장애 여부 |
| | 호스릴 포소화설비 및 포소화전설비 | ① 방수구와 호스릴함 또는 호스함 사이의 거리 적정 여부<br>② 호스릴함 또는 호스함 설치높이, 표지 및 위치표시등 설치 여부 |
| | 전역방출방식의 고발포용 고정포방출구 | ① 개구부 자동폐쇄장치 설치 여부<br>② 고정포방출구 설치위치(높이) 적정 여부 |
| 전원 | ① 자가발전설비인 경우 연료적정량 보유 여부<br>② 자가발전설비인 경우 「전기사업법」에 따른 정기점검 결과 확인 | |
| 제어반 | 감시제어반 | ① 펌프 작동 여부 확인**표시등** 및 **음향경보장치** 정상작동 여부<br>② 펌프별 자동 · 수동 전환스위치 정상작동 여부<br>③ 각 확인회로별 **도통시험** 및 **작동시험** 정상작동 여부<br>④ 예비전원 확보 유무 및 시험 적합 여부 |
| | 동력제어반 | 앞면은 **적색**으로 하고, **"포소화설비용 동력제어반"** 표지 설치 여부 |
| 비고 | ※ 특정소방대상물의 위치 · 구조 · 용도 및 소방시설의 상황 등이 이 표의 항목대로 기재하기 곤란하거나 이 표에서 누락된 사항을 기재한다. | |

☆ 문제 03

옥외소화전설비의 소방시설별 점검장비를 기술하시오. (단, 모든 소방시설을 포함할 것) (10점)

정답 ① 소화전밸브압력계
② 방수압력측정계
③ 절연저항계(절연저항측정기)
④ 전류전압측정계

해설 (1) **소방시설관리업의 업종별 등록기준 및 영업범위**(소방시설법 시행령 〔별표 9〕)

| 기술인력 등 / 업종별 | 기술인력 | 영업범위 |
|---|---|---|
| 전문 소방시설 관리업 | ① 주된 기술인력<br>㉠ 소방시설관리사 자격을 취득한 후 소방 관련 실무경력이 **5년** 이상인 사람 1명 이상<br>㉡ 소방시설관리사 자격을 취득한 후 소방 관련 실무경력이 **3년** 이상인 사람 1명 이상<br>② 보조기술인력<br>㉠ 고급 점검자 : **2명** 이상<br>㉡ 중급 점검자 : **2명** 이상<br>㉢ 초급 점검자 : **2명** 이상 | 모든 특정소방대상물 |
| 일반 소방시설 관리업 | ① 주된 기술인력 : 소방시설관리사 자격을 취득 후 소방 관련 실무경력이 **1년** 이상인 사람<br>② 보조기술인력<br>㉠ 중급 점검자 : **1명** 이상<br>㉡ 초급 점검자 : **1명** 이상 | 1급, 2급, 3급 소방안전관리 대상물 |

〔비고〕 1. 소방 관련 실무경력 : 소방기술과 관련된 경력
2. 보조기술인력의 종류별 자격 : 소방기술과 관련된 자격·학력 및 경력을 가진 사람 중에서 행정안전부령으로 정한다.

(2) **소방시설별 점검장비**(소방시설법 시행규칙 〔별표 3〕)

| 소방시설 | 장 비 | 규 격 |
|---|---|---|
| • **모든 소방시설** | • 방수압력측정계<br>• 절연저항계(절연저항측정기)<br>• 전류전압측정계 | – |
| • **소화기구** | • 저울 | – |
| • **옥내소화전설비**<br>• **옥외소화전설비** | • 소화전밸브압력계 | – |
| • **스프링클러설비**<br>• **포소화설비** | • 헤드결합렌치 | – |

| | | |
|---|---|---|
| • **이산화탄소 소화설비**<br>• **분말소화설비**<br>• **할론소화설비**<br>• **할로겐화합물 및 불활성기체 소화설비** | • 검량계<br>• 기동관누설시험기 | – |
| • **자동화재탐지설비**<br>• **시각경보기** | • 열감지기시험기<br>• 연감지기시험기<br>• 공기주입시험기<br>• 감지기시험기 연결막대<br>• 음량계<br>기억법 **열연공감음** | – |
| • **누전경보기** | • 누전계 | 누전전류 측정용 |
| • **무선통신보조설비** | • 무선기 | 통화시험용 |
| • **제연설비** | • 풍속풍압계<br>• 폐쇄력측정기<br>• 차압계(압력차측정기) | – |
| • **통로유도등**<br>• **비상조명등** | • 조도계(밝기측정기) | 최소눈금이 0.1lx 이하인 것 |

기억법 **모장옥스소이자누 무제통**

☆ 문제 04

**소방시설등의 작동점검 실시결과 보고서에 기재하여야 할 사항 6가지를 나열하시오. (10점)**

정답 ① 특정소방대상물의 소재지
② 특정소방대상물의 명칭
③ 특정소방대상물의 용도
④ 점검기간
⑤ 점검자
⑥ 점검인력

해설 **소방시설등 자체점검 실시결과 보고서**(소방시설법 시행규칙 〔별지 제9호 서식〕)

[ ] 작동점검, 종합점검( [ ] 최초점검, [ ] 그 밖의 종합점검)

## 소방시설등 자체점검 실시결과 보고서

※ [ ]에는 해당되는 곳에 √ 표를 합니다.

<table>
<tr><td rowspan="2">특정소방<br>대 상 물</td><td colspan="3">명칭(상호)</td><td colspan="2">대상물 구분(용도)</td></tr>
<tr><td colspan="5">소재지</td></tr>
<tr><td>점검기간</td><td colspan="5">년 월 일 ~ 년 월 일 (총 점검일수 : 일)</td></tr>
<tr><td rowspan="5">점검자</td><td colspan="5">[ ]관계인 (성명 : , 전화번호 : )<br>[ ]소방안전관리자 (성명 : , 전화번호 : )<br>[ ]소방시설관리업자 (업체명 : , 전화번호 : )</td></tr>
<tr><td rowspan="4">전자우편<br>송달 동의</td><td colspan="4">「행정절차법」 제14조에 따라 정보통신망을 이용한 문서 송달에 동의합니다.</td></tr>
<tr><td colspan="4">[ ] 동의함 [ ] 동의하지 않음</td></tr>
<tr><td colspan="4">관계인 (서명 또는 인)</td></tr>
<tr><td colspan="4">전자우편 주소 @</td></tr>
<tr><td rowspan="7">점검인력</td><td>구분</td><td>성명</td><td>자격구분</td><td>자격번호</td><td>점검참여일(기간)</td></tr>
<tr><td>주된 기술인력</td><td></td><td></td><td></td><td></td></tr>
<tr><td>보조 기술인력</td><td></td><td></td><td></td><td></td></tr>
<tr><td>보조 기술인력</td><td></td><td></td><td></td><td></td></tr>
<tr><td>보조 기술인력</td><td></td><td></td><td></td><td></td></tr>
<tr><td>보조 기술인력</td><td></td><td></td><td></td><td></td></tr>
<tr><td>보조 기술인력</td><td></td><td></td><td></td><td></td></tr>
</table>

「소방시설 설치 및 관리에 관한 법률」 제23조 제3항 및 같은 법 시행규칙 제23조 제1항 및 제2항에 따라 위와 같이 소방시설등 자체점검 실시결과 보고서를 제출합니다.

년 월 일

소방시설관리업자 · 소방안전관리자 · 관계인 : (서명 또는 인)

**관계인 · ○○ 소방본부장 · 소방서장** 귀하

## 문제 05

위험물안전관리자(기능사, 취급자)의 선임대상을 제조소, 저장소, 취급소로 구분하여 기술하시오. (15점)

정답

<table>
<tr><th colspan="3">제조소등의 종류 및 규모</th><th>안전관리자의 자격</th></tr>
<tr><td rowspan="2">제조소</td><td colspan="2">① 제4류 위험물만을 취급하는 것으로서 지정수량 5배 이하의 것</td><td>• 위험물기능장<br>• 위험물산업기사<br>• 위험물기능사<br>• 안전관리자교육이수자<br>• 소방공무원경력자</td></tr>
<tr><td colspan="2">② 기타</td><td>• 위험물기능장<br>• 위험물산업기사<br>• 위험물기능사(2년 이상 실무경력)</td></tr>
<tr><td rowspan="12">저장소</td><td rowspan="2">① 옥내저장소</td><td>제4류 위험물만을 저장하는 것으로서 지정수량 5배 이하의 것</td><td rowspan="12">• 위험물기능장<br>• 위험물산업기사<br>• 위험물기능사<br>• 안전관리자교육이수자<br>• 소방공무원경력자</td></tr>
<tr><td>제4류 위험물 중 알코올류 · 제2석유류 · 제3석유류 · 제4석유류 · 동식물유류만을 저장하는 것으로서 지정수량 40배 이하의 것</td></tr>
<tr><td rowspan="2">② 옥외탱크저장소</td><td>제4류 위험물만을 저장하는 것으로서 지정수량 5배 이하의 것</td></tr>
<tr><td>제4류 위험물 중 제2석유류 · 제3석유류 · 제4석유류 · 동식물유류만을 저장하는 것으로서 지정수량 40배 이하의 것</td></tr>
<tr><td rowspan="2">③ 옥내탱크저장소</td><td>제4류 위험물만을 저장하는 것으로서 지정수량 5배 이하의 것</td></tr>
<tr><td>제4류 위험물 중 제2석유류 · 제3석유류 · 제4석유류 · 동식물유류만을 저장하는 것</td></tr>
<tr><td rowspan="2">④ 지하탱크저장소</td><td>제4류 위험물만을 저장하는 것으로서 지정수량 40배 이하의 것</td></tr>
<tr><td>제4류 위험물 중 제1석유류 · 알코올류 · 제2석유류 · 제3석유류 · 제4석유류 · 동식물유류만을 저장하는 것으로서 지정수량 250배 이하의 것</td></tr>
<tr><td colspan="2">⑤ 간이탱크저장소로서 제4류 위험물만을 저장하는 것</td></tr>
<tr><td colspan="2">⑥ 옥외저장소 중 제4류 위험물만을 저장하는 것으로서 지정수량의 40배 이하의 것</td></tr>
<tr><td colspan="2">⑦ 보일러, 버너 그 밖에 이와 유사한 장치에 공급하기 위한 위험물을 저장하는 탱크저장소</td></tr>
<tr><td colspan="2">⑧ 선박주유취급소, 철도주유취급소 또는 항공기주유취급소의 고정주유설비에 공급하기 위한 위험물을 저장하는 탱크저장소로서 지정수량의 250배(제1석유류의 경우에는 지정수량의 100배) 이하의 것</td></tr>
</table>

<table>
<tr><td>저장소</td><td colspan="2">⑨ 기타 저장소</td><td>• 위험물기능장<br>• 위험물산업기사<br>• 위험물기능사(2년 이상 실무경력)</td></tr>
<tr><td rowspan="8">취급소</td><td colspan="2">① 주유취급소</td><td rowspan="7">• 위험물기능장<br>• 위험물산업기사<br>• 위험물기능사<br>• 안전관리자교육이수자<br>• 소방공무원경력자</td></tr>
<tr><td rowspan="2">② 판매 취급소</td><td>제4류 위험물만을 취급하는 것으로서 지정수량 5배 이하의 것</td></tr>
<tr><td>제4류 위험물 중 제1석유류 · 알코올류 · 제2석유류 · 제3석유류 · 제4석유류 · 동식물유류만을 취급하는 것</td></tr>
<tr><td colspan="2">③ 제4류 위험물 중 제1석유류 · 알코올류 · 제2석유류 · 제3석유류 · 제4석유류 · 동식물유류만을 지정수량 50배 이하로 취급하는 일반취급소(제1석유류 · 알코올류의 취급량이 지정수량의 10배 이하)로서 다음의 어느 하나에 해당하는 것<br>㉠ 보일러, 버너 그 밖에 이와 유사한 장치에 의하여 위험물을 소비하는 것<br>㉡ 위험물을 용기 또는 차량에 고정된 탱크에 주입하는 것</td></tr>
<tr><td colspan="2">④ 제4류 위험물만을 취급하는 일반취급소로서 지정수량 10배 이하의 것</td></tr>
<tr><td colspan="2">⑤ 제4류 위험물 중 제2석유류 · 제3석유류 · 제4석유류 · 동식물유류만을 취급하는 일반취급소로서 지정수량 20배 이하의 것</td></tr>
<tr><td colspan="2">⑥ 농어촌 전기공급사업촉진법에 의하여 설치된 자가발전시설용 위험물을 이송하는 이송취급소</td></tr>
<tr><td colspan="2">⑦ 기타 취급소</td><td>• 위험물기능장<br>• 위험물산업기사<br>• 위험물기능사(2년 이상 실무경력)</td></tr>
</table>

해설 **제조소** 등의 종류 및 규모에 따라 선임하여야 하는 **안전관리자**의 자격(위험물령 〔별표 6〕)

<table>
<tr><th colspan="3">제조소등의 종류 및 규모</th><th>안전관리자의 자격</th></tr>
<tr><td rowspan="2">제조소</td><td colspan="2">① 제4류 위험물만을 취급하는 것으로서 지정수량 5배 이하의 것</td><td>• 위험물기능장<br>• 위험물산업기사<br>• 위험물기능사<br>• 안전관리자교육이수자<br>• 소방공무원경력자</td></tr>
<tr><td colspan="2">② 기타</td><td>• 위험물기능장<br>• 위험물산업기사<br>• 위험물기능사(2년 이상 실무경력)</td></tr>
<tr><td rowspan="3">저장소</td><td rowspan="2">① 옥내저장소</td><td>제4류 위험물만을 저장하는 것으로서 지정수량 5배 이하의 것</td><td rowspan="3">• 위험물기능장<br>• 위험물산업기사<br>• 위험물기능사<br>• 안전관리자교육이수자<br>• 소방공무원경력자</td></tr>
<tr><td>제4류 위험물 중 알코올류 · 제2석유류 · 제3석유류 · 제4석유류 · 동식물유류만을 저장하는 것으로서 지정수량 40배 이하의 것</td></tr>
<tr><td>② 옥외탱크 저장소</td><td>제4류 위험물만을 저장하는 것으로서 지정수량 5배 이하의 것. 제4류 위험물 중 제2석유류 · 제3석유류 · 제4석유류 · 동식물유류만을 저장하는 것으로서 지정수량 40배 이하의 것</td></tr>
</table>

| 구분 | 대상 | 세부 | 자격 |
|---|---|---|---|
| 저장소 | ③ 옥내탱크저장소 | 제4류 위험물만을 저장하는 것으로서 지정수량 **5배 이하**의 것 | • 위험물기능장<br>• 위험물산업기사<br>• 위험물기능사<br>• **안전관리자교육이수자**<br>• **소방공무원경력자** |
| | | 제4류 위험물 중 제2석유류 · 제3석유류 · 제4석유류 · 동식물유류만을 저장하는 것 | |
| | ④ 지하탱크저장소 | 제4류 위험물만을 저장하는 것으로서 지정수량 **40배 이하**의 것 | • 위험물기능장<br>• 위험물산업기사<br>• 위험물기능사<br>• **안전관리자교육이수자**<br>• **소방공무원경력자** |
| | | 제4류 위험물 중 제1석유류 · 알코올류 · 제2석유류 · 제3석유류 · 제4석유류 · 동식물유류만을 저장하는 것으로서 지정수량 **250배 이하**의 것 | |
| | ⑤ 간이탱크저장소로서 제4류 위험물만을 저장하는 것 | | |
| | ⑥ 옥외저장소 중 제4류 위험물만을 저장하는 것으로서 지정수량의 **40배 이하**의 것 | | |
| | ⑦ 보일러, 버너 그 밖에 이와 유사한 장치에 공급하기 위한 위험물을 저장하는 탱크저장소 | | |
| | ⑧ 선박주유취급소, 철도주유취급소 또는 항공기주유취급소의 고정주유설비에 공급하기 위한 위험물을 저장하는 탱크저장소로서 지정수량의 **250배**(제1석유류의 경우에는 지정수량의 **100배**) 이하의 것 | | |
| | ⑨ 기타 저장소 | | • 위험물기능장<br>• 위험물산업기사<br>• 위험물기능사(**2년** 이상 실무경력) |
| 취급소 | ① 주유취급소 | | • 위험물기능장<br>• 위험물산업기사<br>• 위험물기능사<br>• **안전관리자교육이수자**<br>• **소방공무원경력자** |
| | ② 판매취급소 | 제4류 위험물만을 취급하는 것으로서 지정수량 **5배 이하**의 것 | |
| | | 제4류 위험물 중 제1석유류 · 알코올류 · 제2석유류 · 제3석유류 · 제4석유류 · 동식물유류만을 취급하는 것 | |
| | ③ 제4류 위험물 중 제1석유류 · 알코올류 · 제2석유류 · 제3석유류 · 제4석유류 · 동식물유류만을 지정수량 **50배 이하**로 취급하는 일반취급소(제1석유류 · 알코올류의 취급량이 지정수량의 10배 이하)로서 다음의 어느 하나에 해당하는 것<br>㉠ 보일러, 버너 그 밖에 이와 유사한 장치에 의하여 위험물을 소비하는 것<br>㉡ 위험물을 용기 또는 차량에 고정된 탱크에 주입하는 것 | | |
| | ④ 제4류 위험물만을 취급하는 일반취급소로서 지정수량 **10배 이하**의 것 | | |
| | ⑤ 제4류 위험물 중 제2석유류 · 제3석유류 · 제4석유류 · 동식물유류만을 취급하는 일반취급소로서 지정수량 **20배 이하**의 것 | | |
| | ⑥ 농어촌 전기공급사업촉진법에 의하여 설치된 자가발전시설에 사용되는 위험물을 취급하는 일반취급소 | | |
| | ⑦ 기타 취급소 | | • 위험물기능장<br>• 위험물산업기사<br>• 위험물기능사(**2년** 이상 실무경력) |

중요

**위험물취급자격자 · 안전관리대행기관**

(1) **위험물취급자격자**의 **자격**(위험물령 〔별표 5〕)

| 위험물취급자격의 구분 | 취급할 수 있는 위험물 |
|---|---|
| ① 국가기술자격법에 따라 **위험물기능장**, **위험물산업기사**, **위험물기능사** 자격을 취득한 사람 | 모든 위험물 |
| ② 안전관리자교육이수자 | 제4류 위험물 |
| ③ 소방공무원경력자(**소방공무원**으로 근무한 경력이 **3년** 이상인 자) | 제4류 위험물 |

(2) **안전관리대행기관**의 **지정기준**(위험물규칙 〔별표 22〕)

| 구분 | 내용 |
|---|---|
| 기술인력 | ① **위험물기능장** 또는 **위험물산업기사 1인** 이상<br>② **위험물산업기사** 또는 **위험물기능사 2인** 이상<br>③ **기계분야** 및 **전기분야**의 **소방설비기사 1인** 이상 |
| 시 설 | **전용사무실** |
| 장 비 | ① 절연저항계(절연저항측정기)<br>② 접지저항측정기(최소눈금 **0.1Ω 이하**)<br>③ 가스농도측정기(탄화수소계 가스의 농도측정이 가능할 것)<br>④ 정전기 전위측정기<br>⑤ 토크렌치<br>⑥ 진동시험기<br>⑦ 표면온도계(−10~300℃)<br>⑧ 두께측정기(1.5~99.9mm)<br>⑨ 안전용구(안전모, 안전화, 손전등, 안전로프 등)<br>⑩ 소화설비점검기구(소화전밸브압력계, 방수압력측정계, 포콜렉터, 헤드렌치, 포콘테이너) |

☆

## 문제 06

**스프링클러설비의 말단시험밸브의 시험작동시 확인될 수 있는 사항 7가지를 기술하시오. (10점)**

정답 ① 유수검지장치의 압력스위치 작동여부 확인
② 방호구역 내의 경보발령 확인
③ 감시제어반에 화재표시등 점등 확인
④ 기동용 수압개폐장치의 압력스위치 작동여부 확인
⑤ 주펌프 및 충압펌프의 작동여부 확인
⑥ 감시제어반에 기동표시등 점등 확인
⑦ 규정방수압(0.1~1.2MPa) 및 규정방수량(80L/min 이상) 확인

해설 **말단시험밸브**의 **시험작동시 확인사항**

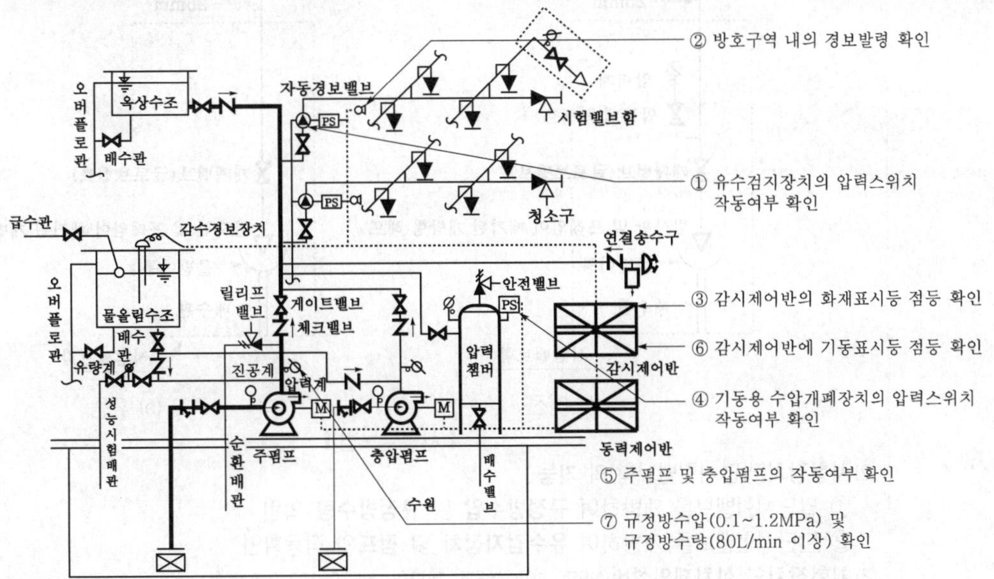


중요

**시험장치**

(1) **시험장치**(말단시험밸브함)의 **설치기준**(NFPC 103 제8조 제12항, NFTC 103 2.5.12)

**습식 유수검지장치** 또는 **건식 유수검지장치**를 사용하는 스프링클러설비와 부압식 스프링클러설비에는 동장치를 시험할 수 있는 시험장치를 다음의 기준에 따라 설치해야 한다.

① 습식 스프링클러설비 및 부압식 스프링클러설비에 있어서는 유수검지장치 2차측 배관에 연결하여 설치하고 건식 스프링클러설비인 경우 유수검지장치에서 가장 먼 거리에 위치한 가지배관의 끝으로부터 연결하여 설치할 것. 유수검지장치 2차측 설비의 내용적이 **2840L**를 초과하는 건식 스프링클러설비의 경우 시험장치 개폐밸브를 완전 개방 후 **1분 이내**에 물이 방사되어야 한다.

② 시험장치 배관의 구경은 **25mm** 이상으로 하고, 그 끝에 **개폐밸브** 및 **개방형 헤드** 또는 스프링클러헤드와 동등한 방수성능을 가진 오리피스를 설치할 것. 이 경우 개방형 헤드는 **반사판** 및 **프레임**을 **제거**한 **오리피스**만으로 설치할 수 있다.

‖ 개방형 헤드(반사판 및 프레임 제거) ‖

③ 시험배관의 끝에는 **물받이통** 및 **배수관**을 설치하여 시험 중 방사된 물이 바닥에 흘러내리지 않도록 할 것(단, **목욕실 · 화장실** 또는 그 밖의 곳으로서 배수처리가 쉬운 장소에 시험배관을 설치한 경우는 제외)

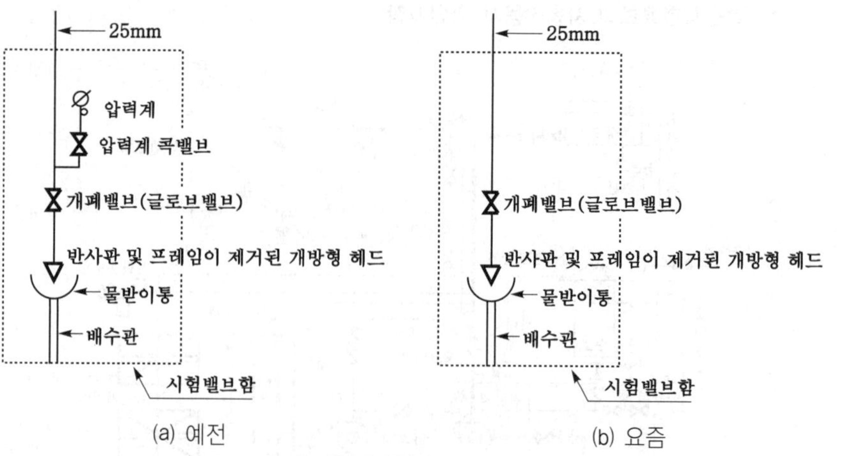


▎시험밸브함▎

(2) **시험장치**(말단시험밸브함)의 **기능**

① 말단시험밸브를 개방하여 **규정방수압** 및 **규정방수량** 확인

② 말단시험밸브를 개방하여 **유수검지장치** 및 **펌프**의 작동확인

(3) **시험장치**의 **설치제외설비**(NFPC 103 제8조 제12항, NFTC 103 2.5.12)

① **준비작동식** 스프링클러설비

② **일제살수식** 스프링클러설비

★★★

**문제 07**

**다음의 사항을 도시기호로 표시하시오. (5점)**

(가) 경보설비의 중계기

(나) 포소화전

(다) 이산화탄소의 저장용기

(라) 물분무헤드(평면도)

(마) 자동방화문의 폐쇄장치

정답 (가) 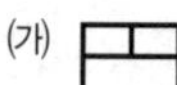

(나) 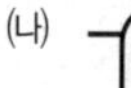


(다)  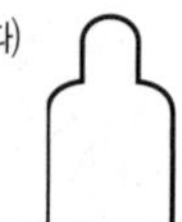

(라) 

(마) 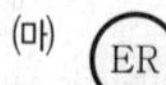


해설 **소방시설 도시기호**

| 명 칭 | 도시기호 | 비 고 |
|---|---|---|
| 일반배관 | ———————— | – |
| 옥내 · 외 소화전 | ——— H ——— | 'Hydrant(소화전)'의 약자 |
| 스프링클러 | ——— SP ——— | 'Sprinkler(스프링클러)'의 약자 |

| 물분무 | | —— WS —— | 'Water Spray(물분무)'의 약자 |
|---|---|---|---|
| 포소화 | | —— F —— | 'Foam(포)'의 약자 |
| 배수관 | | —— D —— | 'Drain(배수)'의 약자 |
| 전선관 | 입상 | | – |
| | 입하 | | – |
| | 통과 | | – |
| 플랜지 | | | – |
| 유니온 | | | – |
| 오리피스 | | | – |
| 곡관 | | | – |
| 90° 엘보 | | | – |
| 45° 엘보 | | | – |
| 티 | | | – |
| 크로스 | | | – |
| 맹플랜지 | | | – |
| 캡 | | | – |
| 플러그 | | | – |
| 나사이음 | | | – |
| 루프이음 | | | – |
| 슬리브이음 | | | – |
| 플렉시블튜브 | | | **구부러짐**이 많은 배관에 사용 |
| 플렉시블조인트 | | | 펌프 또는 **배관**의 **충격흡수** |
| 체크밸브 | | | – |
| 가스체크밸브 | | | – |
| 동체크밸브 | | | – |
| 게이트밸브(상시개방) | | | – |

| 게이트밸브(상시폐쇄) | | – |
|---|---|---|
| 선택밸브 | | – |
| 조작밸브(일반) | | – |
| 조작밸브(전자식) | | – |
| 조작밸브(가스식) | | – |
| 추식 안전밸브 | | – |
| 스프링식 안전밸브 | | – |
| 솔레노이드밸브 | S | **'전자밸브'** 또는 **'전자개방밸브'**라고도 부른다. |
| 모터밸브(전동밸브) | M | 'Motor(모터)'의 약자 |
| 볼밸브 | | – |
| 릴리프밸브(일반) | | – |
| 릴리프밸브(이산화탄소용) | | – |
| 배수밸브 | | – |
| 자동배수밸브 | | – |
| 여과망 | | – |
| 자동밸브 | G | – |
| 감압밸브 | R | – |
| 공기조절밸브 | | – |
| FOOT밸브 | | – |

| | | |
|---|---|---|
| 앵글밸브 | | – |
| 경보밸브(습식) | | – |
| 경보밸브(건식) | | – |
| 경보델류지밸브 | | 'Deluge(델류지)'의 약자 |
| 프리액션밸브 | | 'Pre-action(프리액션)'의 약자 |
| 압력계 | | – |
| 연성계(진공계) | | – |
| 유량계 | | – |
| Y형 스트레이너 | | – |
| U형 스트레이너 | | – |
| 옥내소화전함 | | – |
| 옥내 소화전·방수용 기구 병설 | | 단구형 |
| | | 쌍구형 |
| 옥외소화전 | | – |
| 포말소화전 | | – |
| 프레져프로포셔너 | | – |
| 라인프로포셔너 | | – |
| 프레져사이드 프로포셔너 | | – |
| 기타 | | 펌프프로포셔너 방식 |
| 원심리듀서 | | – |
| 편심리듀서 | | – |

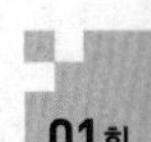

| | | |
|---|---|---|
| 수신기 | | • 가스누설경보설비와 일체인 것:<br>• 가스누설경보설비 및 방배연 연동과 일체인 것:<br>• P형 10회로용 수신기:<br>P-10 |
| 제어반 | | – |
| 풍량조절댐퍼 | VD | 'Volume Damper'의 약자 |
| 방화댐퍼 | FD | 'Fire Damper'의 약자 |
| 방연댐퍼 | SD | 'Smoke Damper'의 약자 |
| 배연구 | | – |
| 배연덕트 | SE | 'Smoke Ejector'의 약자 |
| 피난교 | | – |
| 스프링클러헤드 폐쇄형 상향식(평면도) | | – |
| 스프링클러헤드 폐쇄형 하향식(평면도) | | – |
| 스프링클러헤드 개방형 상향식(평면도) | | – |
| 스프링클러헤드 개방형 하향식(평면도) | | – |
| 스프링클러헤드 폐쇄형 상향식(계통도) | | – |
| 스프링클러헤드 폐쇄형 하향식(입면도) | | – |
| 스프링클러헤드 폐쇄형 상·하향식(입면도) | | – |
| 스프링클러헤드 상향형(입면도) | | – |
| 스프링클러헤드 하향형(입면도) | | – |
| 분말·탄산가스·할로겐헤드 | | – |

| | | |
|---|---|---|
| 연결살수헤드 | | – |
| 물분무헤드(평면도) | | – |
| 물분무헤드(입면도) | | – |
| 드렌처헤드(평면도) | | – |
| 드렌처헤드(입면도) | | – |
| 포헤드(입면도) | | – |
| 포헤드(평면도) | | – |
| 감지헤드(평면도) | | – |
| 감지헤드(입면도) | | – |
| 할로겐화합물 및 불활성기체 소화약제 방출헤드(평면도) | | – |
| 할로겐화합물 및 불활성기체 소화약제 방출헤드(입면도) | | – |
| 프리액션밸브 수동조작함 | SVP | – |
| 송수구 | | – |
| 방수구 | | – |
| 고가수조(물올림장치) | | – |
| 압력챔버 | | – |
| 포말원액탱크 | ❙수직❙ ❙수평❙ | – |
| 일반펌프 | | – |
| 펌프모터(수평) | M | – |
| 펌프모터(수직) | M | – |

| | | |
|---|---|---|
| 분말약제 저장용기 | P.D | – |
| 저장용기 | | – |
| 정온식 스포트형 감지기 | | • 방수형:<br>• 내산형:<br>• 내알칼리형:<br>• 방폭형: EX |
| 차동식 스포트형 감지기 | | – |
| 보상식 스포트형 감지기 | | – |
| 연기감지기 | S | • 점검박스 붙이형: S<br>• 매입형: S |
| 감지선 | | • 감지선과 전선의 접속점:<br>• 가건물 및 천장 안에 시설 할 경우:<br>• 관통위치: |
| 공기관 | | • 가건물 및 천장 안에 시설 할 경우:<br>• 관통위치: |
| 열전대 | | • 가건물 및 천장 안에 시설할 경우: |
| 열반도체 | | – |
| 차동식 분포형 감지기의 검출기 | | – |
| 발신기세트 단독형 | P B L | – |
| 발신기세트 옥내소화전 내장형 | PBL | – |
| 경계구역번호 | | – |
| 비상용 누름버튼 | F | – |
| 비상전화기 | ET | – |

| 비상벨 | B | • 방수형 : B<br>• 방폭형 : $B_{EX}$ |
|---|---|---|
| 사이렌 | | • 모터사이렌 : M<br>• 전자사이렌 : S |
| 조작장치 | EP | – |
| 증폭기 | AMP | • 소방설비용 : AMP F |
| 기동누름버튼 | E | – |
| 이온화식 감지기(스포트형) | $S_I$ | – |
| 광전식 연기감지기(아날로그) | $S_A$ | – |
| 광전식 연기감지기(스포트형) | $S_P$ | – |
| 감지기간선, HIV 1.2mm×4(22C) | — F //// | – |
| 감지기간선, HIV 1.2mm×8(22C) | — F //// //// | – |
| 유도등간선, HIV 2.0mm×3(22C) | — EX — | – |
| 경보부저 | BZ | – |
| 표시반 | | • 창이 3개인 표시반 : 3 |
| 회로시험기 | | – |
| 화재경보벨 | B | – |
| 시각경보기(스트로브) | | – |
| 부수신기 | | – |
| 중계기 | | – |
| 표시등 | | • 시동표시등과 겸용 : |
| 피난구유도등 | | – |
| 통로유도등 | → | – |
| 표시판 | | – |
| 보조전원 | TR | – |

| 종단저항 | | | Ω | – |
|---|---|---|---|---|
| 제연설비 | 수동식제어 | | □ | – |
| | 천장용 배풍기 | | | – |
| | 벽부착용 배풍기 | | | – |
| | 배풍기 | 일반 배풍기 | | – |
| | | 관로 배풍기 | | – |
| | 댐퍼 | 화재댐퍼 | | – |
| | | 연기댐퍼 | | – |
| | | 화재 · 연기 댐퍼 | | – |
| 방연 · 방화문 | 연기감지기(전용) | | S | – |
| | 열감지기(전용) | | | – |
| | 자동폐쇄장치 | | ER | – |
| | 연동제어기 | | | • 조작부를 가진 연동제어기: |
| | 배연창 기동모터 | | M | – |
| | 배연창 수동조작함 | | | – |
| | 압력스위치 | | PS | – |
| | 탬퍼스위치 | | TS | – |
| 피뢰침 | 피뢰부(평면도) | | | – |
| | 피뢰부(입면도) | | | – |
| | 피뢰도선 및 지붕 위 도체 | | | – |
| 접지 | | | | – |
| 접지저항 측정용 단자 | | | | – |

| | | |
|---|---|---|
| ABC 소화기 | (소) | – |
| 자동확산소화기 | (자) | – |
| 자동식소화기 | 소 | – |
| 이산화탄소 소화기 | (C) | – |
| 할로겐화합물 소화기<br>(할론소화기) | | – |
| 스피커 | | – |
| 연기방연벽 | | – |
| 화재방화벽 | ────── | – |
| 화재 및 연기 방벽 | | – |
| 비상콘센트 | | – |
| 비상분전반 | | – |
| 가스계 소화설비의<br>수동조작함 | RM | – |
| 전동기구동 | M | – |
| 엔진구동 | E | – |
| 배관행거 | | – |
| 기압계 | | – |
| 배기구 | | – |
| 바닥은폐선 | — — — — | – |
| 노출배선(소방시설 자체점검 사항 등에 관한 고시) | ────── | – |
| 소화가스패키지 | PAC | – |
| 천장은폐배선 | ────── | • 천장 속의 배선을 구별하는 경우:<br>—·—·—·— |
| 바닥은폐배선 | — — — — | – |
| 노출배선(옥내배선기호) | ………………… | • 바닥면 노출배선을 구별하는 경우:<br>—··—··— |

| 정류장치 | | (symbol) | – |
|---|---|---|---|
| 축전지 | | (symbol) | – |
| 비상조명등 | 백열등 | ● | • 일반용 조명형광등에 조립하는 경우 : (symbol) |
| | 형광등 | (symbol) | • 계단에 설치하는 통로유도등과 겸용 : (symbol) |
| 배전반, 분전반 및 제어반 | | ▭ | • 배전반 : (symbol)<br>• 분전반 : (symbol)<br>• 제어반 : (symbol) |
| 보안기 | | (symbol) | – |
| 누설동축케이블 | | ――― | • 천장에 은폐하는 경우 : ―・― |
| 안테나 | | (symbol) | • 내열형 : (symbol) H |
| 혼합기 | | (symbol) | – |
| 분배기 | | (symbol) | – |
| 분파기(필터포함) | | F | – |
| 무선기 접속단자 | | ◎ | • 소방용 : ◎F<br>• 경찰용 : ◎P<br>• 자위용 : ◎G |



☆

## 문제 08

**화재안전기준에서 정하는 누전경보기의 수신부 설치가 제외되는 장소 5곳을 기술하시오. (10점)**

정답 ① 습도가 높은 장소
② 온도의 변화가 급격한 장소
③ 화약류 제조 · 저장 · 취급장소
④ 대전류회로 · 고주파 발생회로 등의 영향을 받을 우려가 있는 장소
⑤ 가연성의 증기 · 먼지 · 가스 · 부식성의 증기 · 가스 다량 체류장소

해설 ① **누전경보기**의 **수신부**(NFPC 205 제5조, NFTC 205 2.2)

| 수신부의 설치장소 | 수신부의 설치제외장소 |
|---|---|
| 옥내의 점검에 편리한 장소 | ㉠ **습**도가 높은 장소<br>㉡ **온**도의 변화가 급격한 장소<br>㉢ **화**약류 제조 · 저장 · 취급장소<br>㉣ **대전류회로 · 고주파 발생회로** 등의 영향을 받을 우려가 있는 장소<br>㉤ **가**연성의 증기 · 먼지 · 가스 · 부식성의 증기 · 가스 다량 체류장소<br>기억법 **온습누가대화(온도 · 습도가 높으면 누가 대화하냐?)** |

② **자동화재탐지설비의 감지기**의 **설치제외장소**(NFPC 203 제7조, NFTC 203 2.4.5)

㉠ **천**장 또는 반자의 높이가 **20m** 이상인 장소(단, 감지기의 부착높이에 따라 적응성이 있는 장소 제외)

㉡ **헛간** 등 외부와 기류가 통하는 장소로서 감지기에 의하여 **화재발생**을 유효하게 감지할 수 없는 장소

㉢ **부식성**가스가 체류하는 장소

㉣ **고온도** 및 **저온도**로서 감지기의 기능이 정지되기 쉽거나 감지기의 **유지관리**가 어려운 장소

㉤ **목욕실 · 욕조** 또는 **샤워시설**이 있는 **화장실**, 기타 이와 유사한 장소

㉥ **파이프덕트** 등 그 밖의 이와 비슷한 것으로서 **2개층**마다 방화구획된 것이나 수평단면적이 **5m²** 이하인 것

㉦ **먼**지 · 가루 또는 **수증기**가 다량으로 체류하는 장소 또는 주방 등 평상시에 연기가 발생하는 장소(단, **연기감지기**만 적용)

㉧ 삭제 〈2015.1.23〉

㉨ **프**레스공장 · **주**조공장 등 화재발생의 위험이 적은 장소로서 감지기의 유지관리가 어려운 장소

기억법 **천간부고 목파먼 프주**

중요

**누전경보기의 시험**

| 시험종류 | 설 명 |
|---|---|
| **동작시험** | 스위치를 시험위치에 두고 회로시험스위치로 각 구역을 선택하여 **누전시**와 같은 작동이 행하여지는지를 확인한다. |
| **도통시험** | 스위치를 시험위치에 두고 회로시험스위치로 각 구역을 선택하여 **변류기**와의 **접속**이상 유무를 점검한다. 이상시에는 **도통감시등**이 점등된다. |
| **누설전류측정시험** | 평상시 누설되어지고 있는 **누전량**을 **점검**할 때 사용한다. 이 스위치를 누르고 회로시험스위치 해당구역을 선택하면 누전되고 있는 전류량이 누설전류 표시부에 숫자로 나타난다. |

▎누전경보기(수신부)▎

▎누전차단기▎

★★★

**문제 09**

유도등의 3선식배선과 2선식배선을 간단하게 설명하고 점멸기를 설치할 때 점등되어야 할 경우를 기술하시오. (10점)



정답 ① 3선식배선과 2선식배선

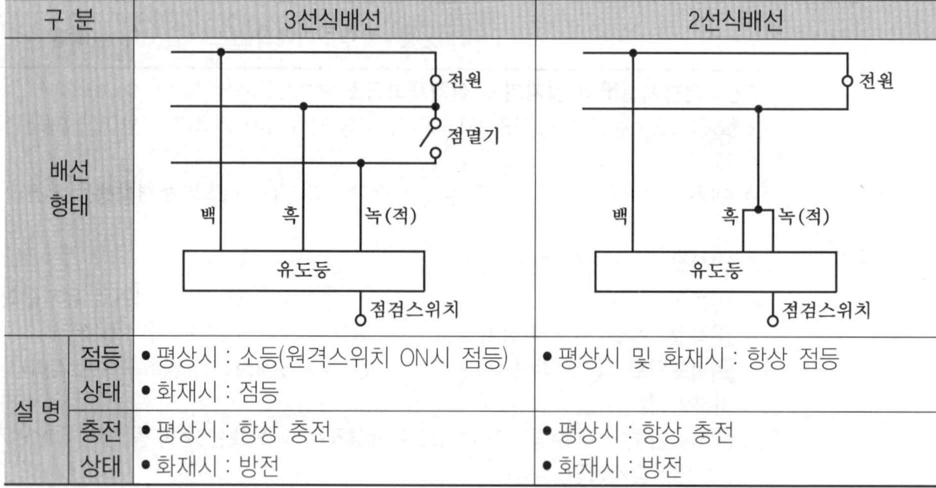


| 구 분 | | 3선식배선 | 2선식배선 |
|---|---|---|---|
| 배선 형태 | | (그림) | (그림) |
| 설 명 | 점등 상태 | • 평상시 : 소등(원격스위치 ON시 점등)<br>• 화재시 : 점등 | • 평상시 및 화재시 : 항상 점등 |
| | 충전 상태 | • 평상시 : 항상 충전<br>• 화재시 : 방전 | • 평상시 : 항상 충전<br>• 화재시 : 방전 |

② 점멸기 설치시 점등되어야 할 경우

㉠ 자동화재탐지설비의 감지기 또는 발신기가 작동되는 때

㉡ 비상경보설비의 발신기가 작동되는 때

㉢ 상용전원이 정전되거나 전원선이 단선되는 때

㉣ 방재업무를 통제하는 곳 또는 전기실의 배전반에서 수동적으로 점등하는 때

㉤ 자동소화설비가 작동되는 때

해설 **유도등 3선식배선**과 **2선식배선**

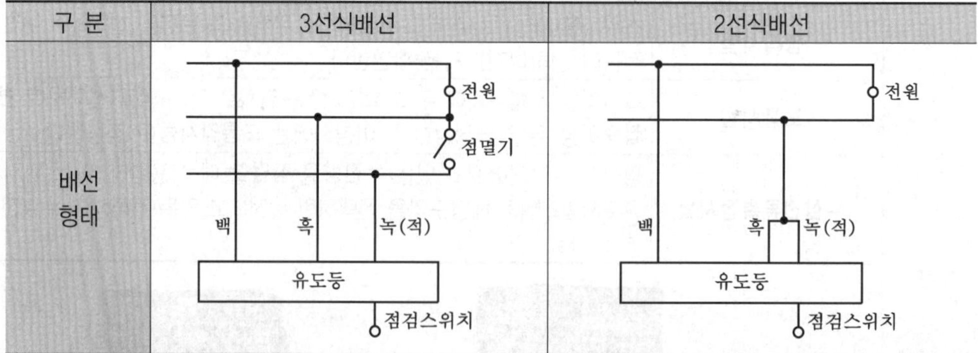


| 구 분 | 3선식배선 | 2선식배선 |
|---|---|---|
| 배선 형태 | (그림) | (그림) |

| 설 명 | 점등상태 | • 평상시 : 소등(원격스위치 ON시 **상용전원**에 의해 점등)<br>• 화재시 : **비상전원**에 의해 점등 | • 평상시 : **상용전원**에 의해 점등<br>• 화재시 : **비상전원**에 의해 점등 |
|---|---|---|---|
| | 충전상태 | • 평상시 : 원격스위치 ON, OFF와 관계없이 항상 충전<br>• 화재시 : 원격스위치 ON, OFF와 관계없이 충전되지 않고 방전 | • 평상시 : 항상 충전<br>• 화재시 : 충전되지 않고 방전 |
| 장 점 | | • 평상시에는 유도등을 소등시켜 놓을 수 있으므로 **절전효과**가 있다. | • **배선**이 **절약**된다. |
| 단 점 | | • **배선**이 **많이 소요**된다. | • 평상시에는 유도등이 점등상태에 있으므로 **전기소모**가 많다. |



중요

**유도등의 비상전원 절환시 60분 이상 점등되어야 할 경우**

(1) **11층** 이상(지하층 제외)
(2) 지하층 · 무창층으로서 **도매시장 · 소매시장 · 여객자동차터미널 · 지하역사 · 지하상가**

① **자동화재탐지설비**의 **감지기** 또는 **발신기**가 작동되는 때

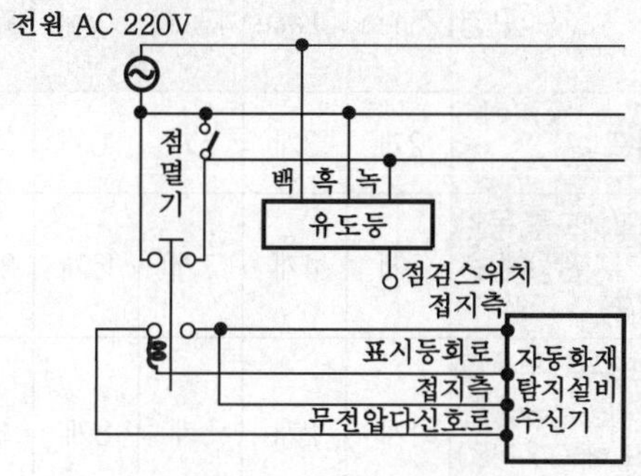


▎자동화재탐지설비와 연동▎

② **비상경보설비**의 **발신기**가 작동되는 때
③ **상용전원**이 **정전**되거나 **전원선**이 **단선**되는 때
④ **방재업무**를 **통제**하는 곳 또는 전기실의 배전반에서 **수동**으로 **점등**하는 때

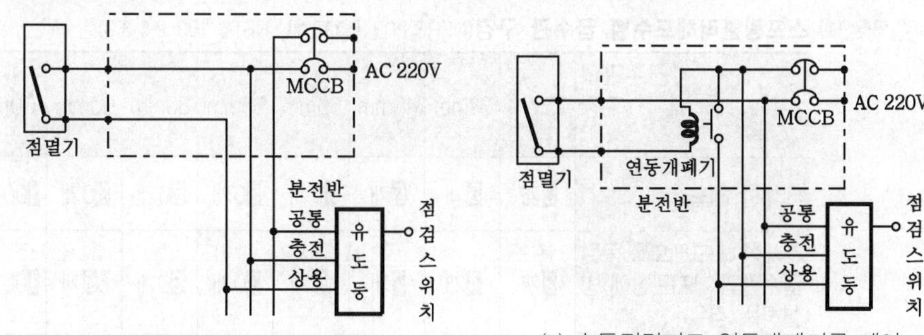


(a) 수동점멸기로 직접 점멸

(b) 수동점멸기로 연동개폐기를 제어

▎유도등의 원격점멸▎

⑤ **자동소화설비**가 작동되는 때

기억법 **탐경상방자유**

중요

**유도등을 항상 점등상태로 유지하지 않아도 되는 경우**

(1) 특정소방대상물 또는 그 부분에 **사람**이 **없는 경우**
(2) **외부**의 **빛**에 의해 피난구 또는 피난방향을 쉽게 식별할 수 있는 장소
(3) **공연장, 암실** 등으로서 어두워야 할 필요가 있는 장소
(4) 특정소방대상물의 **관계인** 또는 **종사원**이 주로 사용하는 장소

(2)~(4): **3선식배선**에 의해 **상시 충전**되는 **구조**

기억법 **외충관공(외부충격을 받아도 관공서는 끄떡없음)**



☆☆☆

## 문제 10

**스프링클러설비헤드의 감열부 유무에 따른 헤드의 설치수와 급수관 구경과의 관계를 도표로 나타내고 설치된 헤드의 작동점검항목을 나열하시오. (10점)**

정답 (1) 스프링클러헤드 수에 따른 급수관 구경

| 구분 \ 급수관의 구경 | 25mm | 32mm | 40mm | 50mm | 65mm | 80mm | 90mm | 100mm | 125mm | 150mm |
|---|---|---|---|---|---|---|---|---|---|---|
| 폐쇄형 헤드 | 2개 | 3개 | 5개 | 10개 | 30개 | 60개 | 80개 | 100개 | 160개 | 161개 이상 |
| 폐쇄형 헤드(헤드를 동일 급수관의 가지관상에 병설하는 경우) | 2개 | 4개 | 7개 | 15개 | 30개 | 60개 | 65개 | 100개 | 160개 | 161개 이상 |
| 폐쇄형 헤드(무대부 · 특수가연물 저장취급장소) 개방형 헤드(헤드개수 30개 이하) | 1개 | 2개 | 5개 | 8개 | 15개 | 27개 | 40개 | 55개 | 90개 | 91개 이상 |

(2) ① 헤드의 변형 · 손상 유무
② 헤드 설치 위치 · 장소 · 상태(고정) 적정 여부
③ 헤드 살수장애 여부

해설 (1) **스프링클러헤드수별 급수관 구경**(NFPC 103 [별표 1], NFTC 103 2.5.3.3)

| 구분 \ 급수관의 구경 | 25mm | 32mm | 40mm | 50mm | 65mm | 80mm | 90mm | 100mm | 125mm | 150mm |
|---|---|---|---|---|---|---|---|---|---|---|
| 폐쇄형 헤드 | 2개 | 3개 | 5개 | 10개 | 30개 | 60개 | 80개 | 100개 | 160개 | 161개 이상 |
| 폐쇄형 헤드(헤드를 동일 급수관의 가지관상에 병설하는 경우) | 2개 | 4개 | 7개 | 15개 | 30개 | 60개 | 65개 | 100개 | 160개 | 161개 이상 |
| 폐쇄형 헤드(**무대부 · 특수가연물** 저장취급장소) 개방형 헤드(헤드개수 **30개** 이하) | 1개 | 2개 | 5개 | 8개 | 15개 | 27개 | 40개 | 55개 | 90개 | 91개 이상 |

| 기억법 | | | | | | | | |
|---|---|---|---|---|---|---|---|---|
| 2 | 3 | 5 | 1 | 3 | 6 | 8 | 1 | 6 |
| 2 | 4 | 7 | 5 | 3 | 6 | 5 | 1 | 6 |
| 1 | 2 | 5 | 8 | 5 | 27 | 4 | 55 | 9 |

(2) **스프링클러설비 등의 점검사항**

① **스프링클러설비**의 **작동점검**(소방시설 자체점검사항 등에 관한 고시 〔별지 제4호 서식〕)

<table>
<tr><th>구 분</th><th colspan="2">점검항목</th></tr>
<tr><td>수원</td><td colspan="2">① 주된 수원의 유효수량 적정 여부(겸용 설비 포함)<br>② 보조수원(옥상)의 유효수량 적정 여부</td></tr>
<tr><td>수조</td><td colspan="2">① 수위계 설치 또는 수위 확인 가능 여부<br>② "스프링클러설비용 수조" 표지 설치 여부 및 설치상태</td></tr>
<tr><td rowspan="4">가압송수장치</td><td>펌프방식</td><td>① 성능시험배관을 통한 펌프성능시험 적정 여부<br>② 펌프 흡입측 연성계 · 진공계 및 토출측 압력계 등 부속장치의 변형 · 손상 유무<br>③ 내연기관방식의 펌프 설치 적정[정상기동(기동장치 및 제어반) 여부, 축전지상태, 연료량] 여부<br>④ 가압송수장치의 "스프링클러펌프" 표지 설치 여부 또는 다른 소화설비와 겸용시 겸용 설비 이름 표시 부착 여부</td></tr>
<tr><td>고가수조방식</td><td>수위계 · 배수관 · 급수관 · 오버플로관 · 맨홀 등 부속장치의 변형 · 손상 유무</td></tr>
<tr><td>압력수조방식</td><td>수위계 · 급수관 · 급기관 · 압력계 · 안전장치 · 공기압축기 등 부속장치의 변형 · 손상 유무</td></tr>
<tr><td>가압수조방식</td><td>수위계 · 급수관 · 배수관 · 급기관 · 압력계 등 부속장치의 변형 · 손상 유무</td></tr>
<tr><td>폐쇄형 스프링클러설비 방호구역 및 유수검지장치</td><td colspan="2">유수검지장치실 설치 적정(실내 또는 구획, 출입문 크기, 표지) 여부</td></tr>
<tr><td>개방형 스프링클러설비 방수구역 및 일제개방밸브</td><td colspan="2">일제개방밸브실 설치 적정(실내(구획), 높이, 출입문, 표지) 여부</td></tr>
<tr><td>배관</td><td colspan="2">① 급수배관 개폐밸브 설치(개폐표시형, 흡입측 버터플라이 제외) 및 작동표시스위치 적정(제어반 표시 및 경보, 스위치 동작 및 도통시험) 여부<br>② 준비작동식 유수검지장치 및 일제개방밸브 2차측 배관 부대설비 설치 적정(개폐표시형 밸브, 수직배수배관, 개폐밸브, 자동배수장치, 압력스위치 설치 및 감시제어반 개방 확인) 여부<br>③ 유수검지장치 시험장치 설치 적정(설치위치, 배관구경, 개폐밸브 및 개방형 헤드, 물받이통 및 배수관) 여부</td></tr>
<tr><td>음향장치 및 기동장치</td><td colspan="2">① 유수검지에 따른 음향장치 작동 가능 여부(습식 · 건식의 경우)<br>② 감지기 작동에 따라 음향장치 작동 여부(준비작동식 및 일제개방밸브의 경우)<br>③ 음향장치(경종 등) 변형 · 손상 확인 및 정상작동(음량 포함) 여부</td></tr>
</table>

| | | |
|---|---|---|
| 음향장치 및 기동장치 | 펌프 작동 | ① 유수검지장치의 발신이나 기동용 수압개폐장치의 작동에 따른 펌프 기동 확인(습식·건식의 경우)<br>② 화재감지기의 감지나 기동용 수압개폐장치의 작동에 따른 펌프 기동 확인(준비작동식 및 일제개방밸브의 경우) |
| | 준비작동식 유수검지장치 또는 일제개방밸브 작동 | ① 담당구역 내 화재감지기 동작(수동기동 포함)에 따라 개방 및 작동 여부<br>② 수동조작함(설치높이, 표시등) 설치 적정 여부 |
| 헤드 | | ① 헤드의 **변형·손상** 유무<br>② 헤드 **설치 위치·장소·상태**(고정) 적정 여부<br>③ 헤드 **살수장애** 여부 |
| 송수구 | | ① 설치장소 적정 여부<br>② 송수압력범위 표시 표지 설치 여부<br>③ 송수구 **마개** 설치 여부 |
| 전원 | | ① 자가발전설비인 경우 **연료적정량** 보유 여부<br>② 자가발전설비인 경우 「전기사업법」에 따른 정기점검 결과 확인 |
| 제어반 | 감시제어반 | ① 펌프 작동 여부 확인표시등 및 음향경보장치 정상작동 여부<br>② 펌프별 자동·수동 전환스위치 정상작동 여부<br>③ 각 확인회로별 도통시험 및 작동시험 정상작동 여부<br>④ 예비전원 확보 유무 및 시험 적합 여부<br>⑤ 유수검지장치·일제개방밸브 작동시 표시 및 경보 정상작동 여부<br>⑥ 일제개방밸브 수동조작스위치 설치 여부 |
| | 동력제어반 | 앞면은 **적색**으로 하고, **"스프링클러설비용 동력제어반"** 표지 설치 여부 |
| 비고 | | ※ 특정소방대상물의 위치·구조·용도 및 소방시설의 상황 등이 이 표의 항목대로 기재하기 곤란하거나 이 표에서 누락된 사항을 기재한다. |

② **스프링클러설비**의 **종합점검**(소방시설 자체점검사항 등에 관한 고시 〔별지 제4호 서식〕)

| 구 분 | 점검항목 |
|---|---|
| 수원 | ① 주된 수원의 유효수량 적정 여부(겸용 설비 포함)<br>② 보조수원(**옥상**)의 유효수량 적정 여부 |
| 수조 | ❶ 동결방지조치 상태 적정 여부<br>② **수위계** 설치 또는 수위 확인 가능 여부<br>❸ 수조 외측 고정사다리 설치 여부(바닥보다 낮은 경우 제외)<br>❹ 실내 설치시 조명설비 설치 여부<br>⑤ **"스프링클러설비용 수조"** 표지 설치 여부 및 설치상태<br>❻ 다른 소화설비와 겸용시 겸용 설비의 이름 표시한 표지 설치 여부<br>❼ 수조-수직배관 접속부분 **"스프링클러설비용 배관"** 표지 설치 여부 |

| | | |
|---|---|---|
| 가압송수장치 | 펌프방식 | ❶ 동결방지조치 상태 적정 여부<br>② 성능시험배관을 통한 펌프성능시험 적정 여부<br>❸ 다른 소화설비와 겸용인 경우 펌프성능 확보 가능 여부<br>④ 펌프 흡입측 **연성계·진공계** 및 **토출측 압력계** 등 부속장치의 변형·손상 유무<br>❺ 기동장치 적정 설치 및 기동압력 설정 적정 여부<br>❻ 물올림장치 설치 적정(전용 여부, 유효수량, 배관구경, 자동급수) 여부<br>❼ 충압펌프 설치 적정(토출압력, 정격토출량) 여부<br>⑧ 내연기관방식의 펌프 설치 적정(정상기동(기동장치 및 제어반) 여부, 축전지상태, 연료량) 여부<br>⑨ 가압송수장치의 **"스프링클러펌프"** 표지 설치 여부 또는 다른 소화설비와 겸용시 겸용 설비 이름 표시 부착 여부 |
| | 고가수조방식 | **수위계·배수관·급수관·오버플로관·맨홀** 등 부속장치의 변형·손상 유무 |
| | 압력수조방식 | ❶ 압력수조의 압력 적정 여부<br>② **수위계·급수관·급기관·압력계·안전장치·공기압축기** 등 부속장치의 변형·손상 유무 |
| | 가압수조방식 | ❶ **가압수조** 및 **가압원** 설치장소의 방화구획 여부<br>② **수위계·급수관·배수관·급기관·압력계** 등 부속장치의 변형·손상 유무 |
| 폐쇄형 스프링클러설비 방호구역 및 유수검지장치 | ❶ 방호구역 적정 여부<br>❷ 유수검지장치 설치 적정(수량, 접근·점검 편의성, 높이) 여부<br>③ 유수검지장치실 설치 적정(실내 또는 구획, 출입문 크기, 표지) 여부<br>❹ **자연낙차**에 의한 유수압력과 유수검지장치의 유수검지압력 적정 여부<br>❺ 조기반응형 헤드 적합 유수검지장치 설치 여부 | |
| 개방형 스프링클러설비 방수구역 및 일제개방밸브 | ❶ 방수구역 적정 여부<br>❷ 방수구역별 일제개방밸브 설치 여부<br>❸ 하나의 방수구역을 담당하는 헤드 개수 적정 여부<br>④ 일제개방밸브실 설치 적정(실내(구획), 높이, 출입문, 표지) 여부 | |
| 배관 | ❶ 펌프의 흡입측 배관 여과장치의 상태 확인<br>❷ 성능시험배관 설치(개폐밸브, 유량조절밸브, 유량측정장치) 적정 여부<br>❸ 순환배관 설치(설치위치·배관구경, 릴리프밸브 개방압력) 적정 여부<br>❹ **동결방지조치** 상태 적정 여부<br>⑤ 급수배관 개폐밸브 설치(개폐표시형, 흡입측 버터플라이 제외) 및 작동표시스위치 적정(제어반 표시 및 경보, 스위치 동작 및 도통시험) 여부<br>⑥ 준비작동식 유수검지장치 및 일제개방밸브 2차측 배관 부대설비 설치 적정(개폐표시형 밸브, 수직배수배관, 개폐밸브, 자동배수장치, 압력스위치 설치 및 감시제어반 개방 확인) 여부<br>⑦ 유수검지장치 시험장치 설치 적정(설치위치, 배관구경, 개폐밸브 및 개방형 헤드, 물받이통 및 배수관) 여부<br>❽ **주차장**에 설치된 스프링클러방식 적정(습식 외의 방식) 여부<br>❾ 다른 설비의 배관과의 구분 상태 적정 여부 | |

<table>
<tr><td rowspan="3">음향장치 및 기동장치</td><td colspan="2">① 유수검지에 따른 음향장치 작동 가능 여부(습식 · 건식의 경우)<br>② 감지기 작동에 따라 음향장치 작동 여부(준비작동식 및 일제개방밸브의 경우)<br>❸ 음향장치 설치 담당구역 및 수평거리 적정 여부<br>❹ 주음향장치 수신기 내부 또는 직근 설치 여부<br>❺ 우선경보방식에 따른 경보 적정 여부<br>⑥ 음향장치(경종 등) 변형 · 손상 확인 및 정상작동(음량 포함) 여부</td></tr>
<tr><td>펌프 작동</td><td>① 유수검지장치의 발신이나 기동용 수압개폐장치의 작동에 따른 펌프 기동 확인(습식 · 건식의 경우)<br>② 화재감지기의 감지나 기동용 수압개폐장치의 작동에 따른 펌프 기동 확인(준비작동식 및 일제개방밸브의 경우)</td></tr>
<tr><td>준비작동식 유수검지장치 또는 일제개방밸브 작동</td><td>① 담당구역 내 화재감지기 동작(수동기동 포함)에 따라 개방 및 작동 여부<br>② 수동조작함(설치높이, 표시등) 설치 적정 여부</td></tr>
<tr><td>헤드</td><td colspan="2">① 헤드의 변형 · 손상 유무<br>② 헤드 설치 위치 · 장소 · 상태(고정) 적정 여부<br>③ 헤드 살수장애 여부<br>❹ 무대부 또는 연소 우려 있는 개구부 개방형 헤드 설치 여부<br>❺ 조기반응형 헤드 설치 여부(의무설치장소의 경우)<br>❻ 경사진 천장의 경우 스프링클러헤드의 배치상태<br>❼ 연소할 우려가 있는 개구부 헤드 설치 적정 여부<br>❽ 습식 · 부압식 스프링클러 외의 설비 상향식 헤드 설치 여부<br>❾ 측벽형 헤드 설치 적정 여부<br>❿ 감열부에 영향을 받을 우려가 있는 헤드의 차폐판 설치 여부</td></tr>
<tr><td>송수구</td><td colspan="2">① 설치장소 적정 여부<br>❷ 연결배관에 개폐밸브를 설치한 경우 개폐상태 확인 및 조작 가능 여부<br>❸ 송수구 설치높이 및 구경 적정 여부<br>④ 송수압력범위 표시 표지 설치 여부<br>❺ 송수구 설치개수 적정 여부(폐쇄형 스프링클러설비의 경우)<br>❻ 자동배수밸브(또는 배수공) · 체크밸브 설치 여부 및 설치상태 적정 여부<br>⑦ 송수구 마개 설치 여부</td></tr>
<tr><td>전원</td><td colspan="2">❶ 대상물 수전방식에 따른 상용전원 적정 여부<br>❷ 비상전원 설치장소 적정 및 관리 여부<br>③ 자가발전설비인 경우 연료적정량 보유 여부<br>④ 자가발전설비인 경우 「전기사업법」에 따른 정기점검 결과 확인</td></tr>
<tr><td rowspan="2">제어반</td><td colspan="2">● 겸용 감시 · 동력 제어반 성능 적정 여부(겸용으로 설치된 경우)</td></tr>
<tr><td>감시제어반</td><td>① 펌프 작동 여부 확인표시등 및 음향경보장치 정상작동 여부<br>② 펌프별 자동 · 수동 전환스위치 정상작동 여부<br>❸ 펌프별 수동기동 및 수동중단 기능 정상작동 여부<br>❹ 상용전원 및 비상전원 공급 확인 가능 여부(비상전원 있는 경우)<br>❺ 수조 · 물올림수조 저수위표시등 및 음향경보장치 정상작동 여부</td></tr>
</table>

| | | |
|---|---|---|
| 제어반 | 감시제어반 | ⑥ 각 확인회로별 도통시험 및 작동시험 정상작동 여부<br>⑦ 예비전원 확보 유무 및 시험 적합 여부<br>❽ 감시제어반 전용실 적정 설치 및 관리 여부<br>❾ 기계·기구 또는 시설 등 제어 및 감시설비 외 설치 여부<br>⑩ 유수검지장치·일제개방밸브 작동시 표시 및 경보 정상작동 여부<br>⑪ 일제개방밸브 수동조작스위치 설치 여부<br>⓬ 일제개방밸브 사용설비 화재감지기 회로별 화재표시 적정 여부<br>⓭ 감시제어반과 수신기 간 상호 연동 여부(별도로 설치된 경우) |
| | 동력제어반 | 앞면은 적색으로 하고, **"스프링클러설비용 동력제어반"** 표지 설치 여부 |
| | 발전기제어반 | ● 소방전원보존형 발전기는 이를 식별할 수 있는 표지 설치 여부 |
| 헤드 설치제외 | ❶ 헤드 설치 제외 **적정** 여부(설치 제외된 경우)<br>❷ 드렌처설비 설치 적정 여부 | |
| 비고 | ※ 특정소방대상물의 위치·구조·용도 및 소방시설의 상황 등이 이 표의 항목대로 기재하기 곤란하거나 이 표에서 누락된 사항을 기재한다. | |

※ "●"는 종합점검의 경우에만 해당

중요

**작동점검 · 종합점검**

| 작동점검 | 종합점검 |
|---|---|
| 소방시설 등을 인위적으로 조작하여 소방시설이 정상적으로 작동하는지를 소방청장이 정하여 고시하는 소방시설 등 작동점검표에 따라 점검하는 것 | 소방시설 등의 작동점검을 포함하여 소방시설 등의 설비별 주요 구성 부품의 구조기준이 화재안전기준과 「건축법」 등 관련 법령에서 정하는 기준에 적합한지 여부를 소방청장이 정하여 고시하는 소방시설 등 종합점검표에 따라 점검하는 것 |

## 좋은 습관 3가지

1. 남보다 먼저 하루를 계획하라.
2. 메모를 생활화하라.
3. 항상 웃고 남을 칭찬하라.

(총 권 중 번째)

# 1교시(과목)

## (20 )년도 ( )시험 답안지

| 과 목 명 | |
|---|---|

### 답안지 작성시 유의사항

| | |
|---|---|
| **가.** 답안지는 **표지, 연습지, 답안내지(16쪽)**로 구성되어 있으며, 교부받는 즉시 쪽 번호 등 정상 여부를 확인하고 연습지를 포함하여 1매라도 분리하거나 훼손해서는 안 됩니다.<br>**나.** 답안지 표지 앞면 빈칸에는 시행년도 · 자격시험명 · 과목명을 정확하게 기재하여야 합니다. | |
| **다. 채점 사항** | 1. 답안지 작성은 반드시 **검정색 필기구만 사용**하여야 합니다.(그 외 연필류, 유색 필기구 등을 사용한 **답항은 채점하지 않으며 0점 처리**됩니다.)<br>2. 수험번호 및 성명은 반드시 연습지 첫 장 좌측 인적사항 기재란에만 작성하여야 하며, **답안지의 인적사항 기재란 외의 부분에 특정인임을 암시하거나** 답안과 관련 없는 특수한 표시를 하는 경우 **답안지 전체를 채점하지 않으며 0점 처리**합니다.<br>3. **계산문제는 반드시 계산과정, 답, 단위를 정확히 기재**하여야 합니다.<br>4. 답안 정정 시에는 두 줄(=)을 긋고 다시 기재하여야 하며, 수정테이프 · 수정액 등을 사용할 경우 채점상의 불이익을 받을 수 있으므로 사용하지 마시기 바랍니다.<br>5. 기 작성한 문항 전체를 삭제하고자 할 경우 반드시 해당 문항의 답안 전체에 명확하게 X표시하시기 바랍니다.**(X표시 한 답안은 채점대상에서 제외)** |
| **라. 일반 사항** | 1. 답안 작성 시 문제번호 순서에 관계없이 답안을 작성하여도 되나, 반드시 문제번호 및 문제를 기재(긴 경우 요약기재 가능)하고 해당 답안을 기재하여야 합니다.<br>2. 각 문제의 답안작성이 끝나면 바로 옆에 **"끝"**이라고 쓰고, 최종 답안작성이 끝나면 줄을 바꾸어 중앙에 **"이하여백"**이라고 써야합니다.<br>3. 수험자는 시험시간이 종료되면 즉시 답안작성을 멈춰야 하며, 종료시간 이후 계속 답안을 작성하거나 감독위원의 답안지 **제출지시에 불응할 때에는 당회 시험을 무효처리**합니다.<br>4. 답안지가 부족할 경우 추가 지급하며, 이 경우 먼저 작성한 답안지의 16쪽 우측 하단 [ ]란에 **"계속"**이라고 쓰고, 답안지 표지의 우측 상단(총 권 중 번째)에는 답안지 **총 권수, 현재 권수**를 기재하여야 합니다.**(예시: 총 2권 중 1번째)** |

# 부정행위 처리규정

다음과 같은 행위를 한 수험자는 부정행위자 응시자격 제한 법률 및 규정 등에 따라 **당회 시험을 정지 또는 무효**로 하며, 그 시험 시행일로부터 **일정 기간 동안 응시자격을 정지**합니다.

1. 시험 중 다른 수험자와 시험과 관련한 대화를 하는 행위
2. 시험문제지 및 답안지를 교환하는 행위
3. 시험 중에 다른 수험자의 문제지 및 답안지를 엿보고 자신의 답안지를 작성하는 행위
4. 다른 수험자를 위하여 답안을 알려주거나 엿보게 하는 행위
5. 시험 중 시험문제 내용을 책상 등에 기재하거나 관련된 물건(메모지 등)을 휴대하여 사용 또는 이를 주고 받는 행위
6. 시험장 내 · 외의 자로부터 도움을 받고 답안지를 작성하는 행위
7. 사전에 시험문제를 알고 시험을 치른 행위
8. 다른 수험자와 성명 또는 수험번호를 바꾸어 제출하는 행위
9. 대리시험을 치르거나 치르게 하는 행위
10. 수험자가 시험시간 중에 통신기기 및 전자기기(휴대용 전화기, 휴대용 개인정보 단말기(PDA), 휴대용 멀티미디어 재생장치(PMP), 휴대용 컴퓨터, 휴대용 카세트, 디지털 카메라, 음성파일 변환기(MP3), 휴대용 게임기, 전자사전, 카메라 펜, 시각표시 이외의 기능이 부착된 시계)를 휴대하거나 사용하는 행위
11. 공인어학성적표 등을 허위로 증빙하는 행위
12. 응시자격을 증빙하는 제출서류 등에 허위사실을 기재한 행위
13. 그 밖에 부정 또는 불공정한 방법으로 시험을 치르는 행위

# [연습지]

※ 연습지에 성명 및 수험번호를 기재하지 마십시오.

※ 연습지에 기재한 사항은 채점하지 않으나 분리하거나 훼손하면 안됩니다.

수험번호

성명

감독확인란

# [연습지]

※ 연습지에 성명 및 수험번호를 기재하지 마십시오.

※ 연습지에 기재한 사항은 채점하지 않으나 분리하거나 훼손하면 안됩니다.

# [연습지]

※ 연습지에 성명 및 수험번호를 기재하지 마십시오.

※ 연습지에 기재한 사항은 채점하지 않으나 분리하거나 훼손하면 안됩니다.

1쪽

한국산업인력공단
HUMAN RESOURCES DEVELOPMENT SERVICE OF KOREA

한국산업인력공단
HUMAN RESOURCES DEVELOPMENT SERVICE OF KOREA

한국산업인력공단
HUMAN RESOURCES DEVELOPMENT SERVICE OF KOREA

한국산업인력공단
HUMAN RESOURCES DEVELOPMENT SERVICE OF KOREA

한국산업인력공단
HUMAN RESOURCES DEVELOPMENT SERVICE OF KOREA

한국산업인력공단
HUMAN RESOURCES DEVELOPMENT SERVICE OF KOREA

한국산업인력공단
HUMAN RESOURCES DEVELOPMENT SERVICE OF KOREA

한국산업인력공단
HUMAN RESOURCES DEVELOPMENT SERVICE OF KOREA

수험생 여러분의 합격을 기원합니다!

※ 여기에 기재한 사항은 채점하지 않으나 분리하거나 훼손하면 안됩니다.

# 책갈피 겸용 해설가리개

※ 독자의 세심한 부분까지 신경 쓴 책갈피 겸용 해설가리개!
절취선을 따라 오린 후 본 지면으로 해설을 가리고 학습하며 실전 감각을 길러보세요!

책갈피 겸용 해설가리개

동영상강좌 성안당 e러닝 bm.cyber.co.kr(031-950-6332) | 예스미디어 www.ymg.kr(010-3182-1190)

★★★
소방분야 1인자
공하성 교수의
차원이 다른 강의!

## 검증된 실력의 저자직강! 절대합격 필수 코스!

**소방설비기사**

- [쌍기사 평생연장반]
  소방설비기사 [전기] X [기계] 패키지
- 필기+실기+과년도 문제풀이 패키지
- 필기 전과목 패키지
- 실기+과년도 문제풀이 패키지

**소방설비산업기사**

- 필기+실기 패키지
- 필기 전과목 패키지
- 실기 전과목 패키지

**소방시설관리사**

- 1차+2차 대비 평생연장반
- 1차 합격 대비반
- 2차 마스터 패키지

※강좌구성은 사정에 따라 변동될 수 있음.

**공하성 교수의 차원이 다른 강의**

- 한 번에 합격시켜 주는 핵심 강의
- 최근 국가화재안전기준 내용 수록
- 언제 어디서나 모바일 스마트러닝

절취선

절취선

책갈피 겸용 해설가리개

동영상강좌 성안당 e러닝 bm.cyber.co.kr(031-950-6332) | 예스미디어 www.ymg.kr(010-3182-1190)

검증된 실력의 저자직강! 절대합격 필수 코스!

소방설비기사
- [쌍기사 평생연장반]
  소방설비기사 [전기] X [기계] 패키지
- 필기+실기+과년도 문제풀이 패키지
- 필기 전과목 패키지
- 실기+과년도 문제풀이 패키지

소방설비산업기사
- 필기+실기 패키지
- 필기 전과목 패키지
- 실기 전과목 패키지

소방시설관리사
- 1차+2차 대비 평생연장반
- 1차 합격 대비반
- 2차 마스터 패키지

공하성 교수의 차원이 다른 강의
- 한 번에 합격시켜 주는 핵심 강의
- 최근 국가화재안전기준 내용 수록
- 언제 어디서나 모바일 스마트러닝

※강좌구성은 사정에 따라 변동될 수 있음.

※ 눈의 피로를 덜어주는 해설가리개입니
한번 사용해보세요.

No.1

공하성 교수의 노하우와 함께 소방자격시험 완전정복

VISION 연속판매 1위! 한 번에 합격시켜 주는 명품교재!

소방시설 관리사 1차

[ 소방시설관리사 1차 ]

[ 29년 과년도 | 소방시설관리사 1차 ]

소방시설 관리사 2차

[ 소방시설관리사 2차 소방시설의 점검실무행정 ]

[ 소방시설관리사 2차 소방시설의 설계 및 시공 ]

공하성 교수의 수상 및 TV 방송 출연 경력

The 5th International Integrated Conference & Concert on Convergence, IICCC 2019 in conjunction with ICCPND 2019, 최우수논문상 (Best Paper Award) 수상

The 8th O2O International Symposium on Advanced and Applied Convergence, ISAAC 2020, 최우수논문상 (Best Paper Award) 수상

The 10th International Symposium on Advanced and Applied Convergence, ISAAC 2022, 최우수논문상 (Best Paper Award) 수상

The 9th International Joint Conference on Convergence, IJCC & ICAI 2023, 최우수논문상 (Best Paper Award) 수상

- KBS 〈아침뉴스〉 초·중·고등학생 소방안전교육(2014.05.02.)
- KBS 〈추적60분〉 세월호참사 1주기 안전기획(2015.04.18.)
- KBS 〈생생정보〉 긴급차량 길터주기(2016.03.08.)
- KBS 〈취재파일K〉 지진대피훈련(2016.04.24.)
- KBS 〈취재파일K〉 지진대응시스템의 문제점과 대책(2016.09.25.)
- KBS 〈9시뉴스〉 생활 속 지진대비 재난배낭(2016.09.30.)
- KBS 〈생방송 아침이 좋다〉 휴대용 가스레인지 안전 관련(2017.09.27.)
- KBS 〈9시뉴스〉 태풍으로 인한 피해대책(2019.09.05.)
- KBS 〈9시뉴스〉 산업용 방진 마스크의 차단효과(2020.03.03.)
- KBS 〈9시뉴스〉 집트랙·집라인 안전대책(2021.11.09.)
- KBS 〈9시뉴스〉 재선충감염목의 산불화재위험성(2023.01.30.)

- MBC 〈파워매거진〉 스프링클러설비의 유용성(2015.01.23.)
- MBC 〈생방송 오늘아침〉 전기밥솥의 화재위험성(2016.03.01.)
- MBC 〈경제매거진M〉 캠핑장 안전(2016.10.29.)
- MBC 〈생방송 오늘아침〉 기름화재 주의사항과 진압방법(2017.01.17.)
- MBC 〈9시뉴스〉 119구급대원 응급실 이송(2018.12.06.)
- MBC 〈생방송 오늘아침〉 주방용 주거자동소화장치의 위험성(2019.10.02.)
- MBC 〈뉴스데스크〉 우레탄폼의 위험성(2020.07.21.)
- MBC 〈뉴스데스크〉 터널화재 예방책(2021.11.05.)
- MBC 〈생방송 오늘아침〉 구룡마을 전열기구 화재위험성(2023.01.31.)

- SBS 〈8시뉴스〉 단독경보형 감지기 유지관리(2016.01.30.)
- SBS 〈영재발굴단〉 건물붕괴 시 드론의 역할(2016.05.04.)
- SBS 〈모닝와이드〉 인천지하철 안전(2017.05.01.)
- SBS 〈모닝와이드〉 중국 웨이하이 스쿨버스 화재(2017.06.05.)
- SBS 〈8시뉴스〉 런던 아파트 화재(2017.06.14.)
- SBS 〈8시뉴스〉 소방헬기 용도 외 사용 관련(2017.09.28.)
- SBS 〈8시뉴스〉 소방관 면책조항 관련(2017.10.19.)
- SBS 〈모닝와이드〉 주점화재의 대책(2018.06.20.)
- SBS 〈8시뉴스〉 5인승 이상 차량용 소화기 비치(2018.08.15.)
- SBS 〈8시뉴스〉 서울 아현동 지하통신구 화재(2018.11.24.)
- SBS 〈8시뉴스〉 자동심장충격기의 관리실태(2019.08.15.)
- SBS 〈8시뉴스〉 고드름의 위험성(2023.01.25.)

- YTN 〈뉴스속보〉 밀양화재 관련(2018.01.26.)
- YTN 〈YTN 24〉 고양저유소 화재(2018.10.07.)
- YTN 〈뉴스속보〉 고양저유소 화재(2018.10.10.)
- YTN 〈뉴스속보〉 고시원 화재대책(2018.11.09.)
- YTN 〈더뉴스〉 서울고시원 화재(2018.11.09.)
- YTN 〈뉴스속보〉 태풍에 의한 산사태 위험성(2020.09.06.)
- YTN 〈뉴스속보〉 산사태 대피요령(2021.09.16.)
- YTN 〈뉴스속보〉 현대아울렛화재의 후속조치(2023.01.02.) 외 다수

God loves you
and has a wonderful plan for you.

BM Book Multimedia Group

성안당은 선진화된 출판 및 영상교육 시스템을 구축하고
항상 연구하는 자세로 독자 앞에 다가갑니다.

정가 : 76,000원

13530

9 788931 528688

ISBN 978-89-315-2868-8

http://www.cyber.co.kr

2024

VISION 연속 판매1위

공하성

당신도 이번에 반드시 합격합니다!

무료강의

최근 1개년 기출문제에 한함

100% 상세한 해설

# 600제 소방시설관리사 2차

## [ 소방시설의 점검실무행정 ]

## Ⅲ 소방시설 등 점검표

우석대학교 소방방재학과 교수 공하성

스마트폰 카메라로 QR코드를 찍어보세요!

Q&A

http://pf.kakao.com/_iCdixj

Daum cafe.daum.net/firepass

NAVER cafe.naver.com/fireleader

BM (주)도서출판 성안당

당신도 이번에 반드시 합격합니다!

100% 상세한 해설

# 600제 소방시설관리사 2차

## [ 소방시설의 점검실무행정 ]

## Ⅲ 소방시설 등 점검표

우석대학교 소방방재학과 교수 공하성

BM (주)도서출판 성안당

## ■ 도서 A/S 안내

성안당에서 발행하는 모든 도서는 저자와 출판사, 그리고 독자가 함께 만들어 나갑니다.

좋은 책을 펴내기 위해 많은 노력을 기울이고 있습니다. 혹시라도 내용상의 오류나 오탈자 등이 발견되면 "좋은 책은 나라의 보배"로서 우리 모두가 함께 만들어 간다는 마음으로 연락주시기 바랍니다. 수정 보완하여 더 나은 책이 되도록 최선을 다하겠습니다.

성안당은 늘 독자 여러분들의 소중한 의견을 기다리고 있습니다. 좋은 의견을 보내주시는 분께는 성안당 쇼핑몰의 포인트(3,000포인트)를 적립해 드립니다.

잘못 만들어진 책이나 부록 등이 파손된 경우에는 교환해 드립니다.

저자 문의 : Ch http://pf.kakao.com/_iCdixj
Daum cafe.daum.net/firepass
NAVER cafe.naver.com/fireleader

본서 기획자 e-mail : coh@cyber.co.kr(최옥현)

홈페이지 : http://www.cyber.co.kr 전화 : 031) 950-6300

# 머리말

*God loves you, and has a wonderful plan for you.*

산업의 급격한 발전과 함께 건축물이 대형화·고층화되고, 각종 석유 화학 제품들의 범람으로 날로 대형화되어 가고 있는 각종 화재는 막대한 재산과 생명을 빼앗아 가고 있습니다.

이를 사전에 예방하고 초기에 진압하기 위해서는 소방에 관한 체계적이고 전문적인 지식을 습득한 Engineer와 자동화·과학화된 System에 의해서만 가능할 것입니다.

이에 전문 Engineer가 되기 위하여 소방시설관리사 및 각종 소방분야시험에 응시하고자 하는 많은 수험생들과 소방공무원·현장 실무자들을 위해 본서를 집필하게 되었습니다.

집필 시 수험생들이 소방시설관리사 시험을 한번에 합격할 수 있도록 최대한 많은 문제를 수록하였습니다.

이 책을 활용한다면 반드시 좋은 결과가 있을 것이라 생각됩니다.

잘못된 부분에 대해서는 발견 즉시 카페(cafe.daum.net/firepass, cafe.naver.com/fireleader)에 올리도록 하겠으며, 새로운 책이 나올 때마다 늘 수정·보완하도록 하겠습니다.

끝으로 이 책에 대한 모든 영광을 그분께 돌려 드립니다.

공하성 올림

# CONTENTS

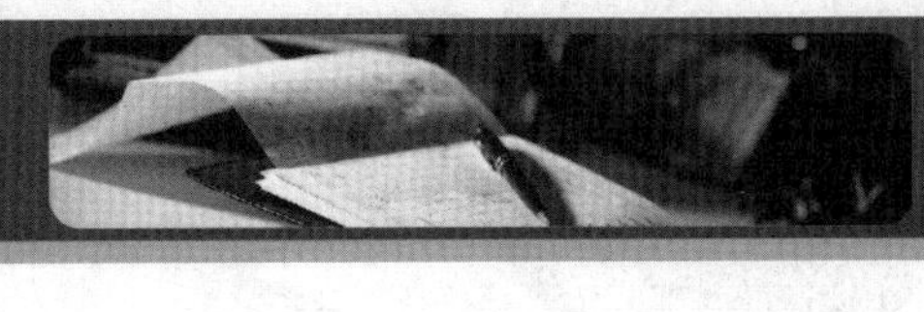

## 01 · 소방시설 등 점검표(기계분야)

# 차 례

## 02 소방시설 등 점검표(전기분야)



## 03 소방시설 등 점검표(기타분야)

# 친밀한 사귐을 위한 10가지 충고

1. 만나면 무슨 일이든 명랑하게 먼저 말을 건네라.
2. 그리고 웃어라.
3. 그 상대방의 이름을 어떤 식으로든지 불러라.
   (사람에게 가장 아름다운 음악은 자기의 이름이다.)
4. 그에게 친절을 베풀라.
5. 당신이 하고 있는 일이 재미있는 것처럼 말하고 행동하라.
   (성실한 삶을 살고 있음을 보여라)
6. 상대방에게 진정한 관심을 가지라.
   (싫어할 사람이 없다.)
7. 상대방만이 갖고 있는 장점을 칭찬하는 사람이 되라.
8. 상대방의 감정을 늘 생각하는 사람이 되라.
9. 내가 할 수 있는 서비스를 늘 신속히 하라.
10. 이 모든 것에 유머와 겸손을 더하라.

•김형모의 「마음의 고통을 돕기 위한 10가지 충고」 중에서

# 소방시설 등 점검표

넌 멋져, 할 수 있어!

CHAPTER

# 01 소방시설 등 점검표(기계분야)

## 1 소화기구 및 자동소화장치

### 1 소화기구 및 자동소화장치의 작동점검

<table>
<tr><th colspan="2">구 분</th><th>점검항목</th></tr>
<tr><td colspan="2">소화기구<br>(소화기,<br>자동확산소화기,<br>간이소화용구)</td><td>① 거주자 등이 손쉽게 사용할 수 있는 장소에 설치되어 있는지 여부<br>② 설치높이 적합 여부<br>③ 배치거리(보행거리 소형 20m 이내, 대형 30m 이내) 적합 여부<br>④ 구획된 거실(바닥면적 33m² 이상)마다 소화기 설치 여부<br>⑤ 소화기 표지 설치상태 적정 여부<br>⑥ 소화기의 변형·손상 또는 부식 등 외관의 이상 여부<br>⑦ 지시압력계(녹색범위)의 적정 여부<br>⑧ 수동식 분말소화기 내용연수(10년) 적정 여부</td></tr>
<tr><td rowspan="4">자동소화장치</td><td>주거용 주방<br>자동소화장치</td><td>① 수신부의 설치상태 적정 및 정상(예비전원, 음향장치 등)작동 여부<br>② 소화약제의 지시압력 적정 및 외관의 이상 여부<br>③ 소화약제 방출구의 설치상태 적정 및 외관의 이상 여부<br>④ 감지부 설치상태 적정 여부<br>⑤ 탐지부 설치상태 적정 여부<br>⑥ 차단장치 설치상태 적정 및 정상작동 여부</td></tr>
<tr><td>상업용 주방<br>자동소화장치</td><td>① 소화약제의 지시압력 적정 및 외관의 이상 여부<br>② 후드 및 덕트에 감지부와 분사헤드의 설치상태 적정 여부<br>③ 수동기동장치의 설치상태 적정 여부</td></tr>
<tr><td>캐비닛형<br>자동소화장치</td><td>① 분사헤드의 설치상태 적합 여부<br>② 화재감지기 설치상태 적합 여부 및 정상작동 여부<br>③ 개구부 및 통기구 설치시 자동폐쇄장치 설치 여부</td></tr>
<tr><td>가스·분말·<br>고체에어로졸<br>자동소화장치</td><td>① 수신부의 정상(예비전원, 음향장치 등) 작동 여부<br>② 소화약제의 지시압력 적정 및 외관의 이상 여부<br>③ 감지부(또는 화재감지기) 설치상태 적정 및 정상작동 여부</td></tr>
<tr><td colspan="2">비고</td><td>※ 특정소방대상물의 위치·구조·용도 및 소방시설의 상황 등이 이 표의 항목대로 기재하기 곤란하거나 이 표에서 누락된 사항을 기재한다.</td></tr>
</table>

### 2 소화기구 및 자동소화장치의 종합점검

<table>
<tr><th>구 분</th><th>점검항목</th></tr>
<tr><td>소화기구<br>(소화기,<br>자동확산소화기,<br>간이소화용구)</td><td>① 거주자 등이 손쉽게 사용할 수 있는 장소에 설치되어 있는지 여부<br>② 설치높이 적합 여부<br>③ 배치거리(보행거리 소형 20m 이내, 대형 30m 이내) 적합 여부<br>④ 구획된 거실(바닥면적 33m² 이상)마다 소화기 설치 여부<br>⑤ 소화기 표지 설치상태 적정 여부<br>⑥ 소화기의 변형·손상 또는 부식 등 외관의 이상 여부<br>⑦ 지시압력계(녹색범위)의 적정 여부<br>⑧ 수동식 분말소화기 내용연수(10년) 적정 여부<br>❾ 설치수량 적정 여부<br>❿ 적응성 있는 소화약제 사용 여부</td></tr>
</table>

| | | |
|---|---|---|
| 자동소화장치 | 주거용 주방 자동소화장치 | ① 수신부의 설치상태 적정 및 정상(예비전원, 음향장치 등)작동 여부<br>② 소화약제의 지시압력 적정 및 외관의 이상 여부<br>③ 소화약제 **방출구**의 설치상태 적정 및 외관의 이상 여부<br>④ **감지부** 설치상태 적정 여부<br>⑤ **탐지부** 설치상태 적정 여부<br>⑥ 차단장치 설치상태 적정 및 정상작동 여부 |
| | 상업용 주방 자동소화장치 | ① 소화약제의 지시압력 적정 및 외관의 이상 여부<br>② **후드** 및 **덕트**에 **감지부**와 **분사헤드**의 설치상태 적정 여부<br>③ 수동기동장치의 설치상태 적정 여부 |
| | 캐비닛형 자동소화장치 | ① **분사헤드**의 설치상태 적합 여부<br>② **화재감지기** 설치상태 적합 여부 및 정상작동 여부<br>③ **개구부** 및 **통기구** 설치시 **자동폐쇄장치** 설치 여부 |
| | 가스·분말·고체에어로졸 자동소화장치 | ① **수신부**의 정상(예비전원, 음향장치 등)작동 여부<br>② 소화약제의 지시압력 적정 및 외관의 이상 여부<br>③ **감지부**(또는 화재감지기) 설치상태 적정 및 정상작동 여부 |
| 비고 | ※ 특정소방대상물의 위치·구조·용도 및 소방시설의 상황 등이 이 표의 항목대로 기재하기 곤란하거나 이 표에서 누락된 사항을 기재한다. | |

※ "●"는 종합점검의 경우에만 해당

## 3 소화기구 및 자동소화장치의 외관점검

| 구 분 | 점검항목 |
|---|---|
| 소화기<br>(간이소화용구 포함) | ① **거주자** 등이 손쉽게 사용할 수 있는 장소에 설치되어 있는지 여부<br>② 구획된 거실(바닥면적 **33m²** 이상)마다 소화기 설치 여부<br>③ 소화기 **표지** 설치 여부<br>④ 소화기의 **변형**·손상 또는 부식이 있는지 여부<br>⑤ 지시압력계(**녹색**범위)의 적정 여부<br>⑥ **수동식** 분말소화기 내용연수(10년) 적정 여부 |
| 자동확산소화기 | ① 견고하게 **고정**되어 있는지 여부<br>② 소화기의 **변형**·손상 또는 부식이 있는지 여부<br>③ 지시압력계(**녹색**범위)의 적정 여부 |
| 자동소화장치 | ① **수신부**가 설치된 경우 수신부 정상(예비전원, 음향장치 등) 여부<br>② **본체 용기**, 방출구, 분사헤드 등의 변형·손상 또는 부식이 있는지 여부<br>③ 소화약제의 **지시압력** 적정 및 외관의 이상 여부<br>④ **감지부**(또는 화재감지기) 및 차단장치 설치상태 적정 여부 |

# 2 옥내소화전설비

## 1 옥내소화전설비의 작동점검

| 구 분 | | 점검항목 |
|---|---|---|
| 수원 | | ① 주된 수원의 **유효수량** 적정 여부(겸용 설비 포함)<br>② 보조수원(**옥상**)의 유효수량 적정 여부 |
| 수조 | | ① 수위계 설치상태 적정 또는 수위 확인 가능 여부<br>② **"옥내소화전설비용 수조"** 표지 설치상태 적정 여부 |
| 가압송수장치 | 펌프방식<br>점검 19회 | ① 옥내소화전 방수량 및 방수압력 적정 여부<br>② 성능시험배관을 통한 펌프성능시험 적정 여부<br>③ 펌프 흡입측 **연성계·진공계** 및 **토출측 압력계** 등 부속장치의 변형·손상 유무<br>④ 기동스위치 설치 적정 여부(ON/OFF 방식)<br>⑤ 내연기관방식의 펌프 설치 적정(정상기동(기동장치 및 제어반) 여부, 축전지상태, 연료량) 여부<br>⑥ 가압송수장치의 **"옥내소화전펌프"** 표지 설치 여부 또는 다른 소화설비와 겸용시 겸용 설비 이름 표시 부착 여부 |
| | 고가수조방식 | **수위계·배수관·급수관·오버플로관·맨홀** 등 부속장치의 변형·손상 유무 |
| | 압력수조방식 | **수위계·급수관·급기관·압력계·안전장치·공기압축기** 등 부속장치의 변형·손상 유무 |
| | 가압수조방식 | **수위계·급수관·배수관·급기관·압력계** 등 부속장치의 변형·손상 유무 |
| 송수구 | | ① 설치장소 적정 여부<br>② 송수구 **마개** 설치 여부 |
| 배관 등 | | 급수배관 개폐밸브 설치(개폐표시형, 흡입측 버터플라이 제외) 적정 여부 |
| 함 및 방수구 등 | | ① 함 개방 용이성 및 장애물 설치 여부 등 사용 편의성 적정 여부<br>② 위치·기동 표시등 적정 설치 및 정상 점등 여부<br>③ **"소화전"** 표시 및 사용요령(외국어 병기) 기재 표지판 설치상태 적정 여부<br>④ 함 내 **소방호스** 및 **관창** 비치 적정 여부<br>⑤ 호스의 **접결상태**, **구경**, **방수압력** 적정 여부 |
| 전원 | | ① 자가발전설비인 경우 연료적정량 보유 여부<br>② 자가발전설비인 경우 「전기사업법」에 따른 정기점검 결과 확인 |
| 제어반 | 감시제어반 | ① 펌프 작동 여부 확인표시등 및 음향경보장치 정상작동 여부<br>② 펌프별 자동·수동 전환스위치 정상작동 여부<br>③ 각 확인회로별 도통시험 및 작동시험 정상작동 여부<br>④ 예비전원 확보 유무 및 시험 적합 여부 |
| | 동력제어반 | 앞면은 **적색**으로 하고, **"옥내소화전설비용 동력제어반"** 표지 설치 여부 |
| 비고 | | ※ 특정소방대상물의 위치·구조·용도 및 소방시설의 상황 등이 이 표의 항목대로 기재하기 곤란하거나 이 표에서 누락된 사항을 기재한다. |

## 2 옥내소화전설비의 종합점검

| 구 분 | | 점검항목 |
|---|---|---|
| 수원 | | ① 주된 수원의 **유효수량** 적정 여부(겸용 설비 포함)<br>② 보조수원(**옥상**)의 유효수량 적정 여부 |
| 수조<br>점검 08회 | | ❶ 동결방지조치 상태 적정 여부<br>② **수위계** 설치상태 적정 또는 수위 확인 가능 여부<br>❸ 수조 외측 고정사다리 설치상태 적정 여부(바닥보다 낮은 경우 제외)<br>❹ 실내 설치시 조명설비 설치상태 적정 여부<br>⑤ **"옥내소화전설비용 수조"** 표지 설치상태 적정 여부<br>❻ 다른 소화설비와 겸용시 겸용 설비의 이름 표시한 표지 설치상태 적정 여부<br>❼ 수조-수직배관 접속부분 **"옥내소화전설비용 배관"** 표지 설치상태 적정 여부 |
| 가압송수장치 | 펌프방식 | ❶ **동결**방지조치 상태 적정 여부<br>② 옥내소화전 방수량 및 방수압력 적정 여부<br>❸ 감압장치 설치 여부(방수압력 **0.7MPa** 초과 조건)<br>④ 성능시험배관을 통한 펌프성능시험 적정 여부<br>❺ 다른 소화설비와 겸용인 경우 펌프성능 확보 가능 여부<br>⑥ 펌프 흡입측 **연성계·진공계** 및 **토출측 압력계** 등 부속장치의 변형·손상 유무<br>❼ 기동장치 적정 설치 및 기동압력 설정 적정 여부<br>⑧ 기동스위치 설치 적정 여부(ON/OFF 방식)<br>❾ 주펌프와 동등 이상 펌프 추가 설치 여부<br>❿ 물올림장치 설치 적정(전용 여부, 유효수량, 배관구경, 자동급수) 여부<br>⓫ 충압펌프 설치 적정(토출압력, 정격토출량) 여부<br>⑫ 내연기관방식의 펌프 설치 적정(정상기동(기동장치 및 제어반) 여부, 축전지상태, 연료량) 여부<br>⑬ 가압송수장치의 **"옥내소화전펌프"** 표지 설치 여부 또는 다른 소화설비와 겸용시 겸용 설비 이름 표시 부착 여부 |
| | 고가수조방식 | **수위계·배수관·급수관·오버플로관·맨홀** 등 부속장치의 변형·손상 유무 |
| | 압력수조방식 | ❶ 압력수조의 압력 적정 여부<br>② **수위계·급수관·급기관·압력계·안전장치·공기압축기** 등 부속장치의 변형·손상 유무 |
| | 가압수조방식 | ❶ 가압수조 및 가압원 설치장소의 방화구획 여부<br>② **수위계·급수관·배수관·급기관·압력계** 등 부속장치의 변형·손상 유무 |
| 송수구 | | ① 설치장소 적정 여부<br>❷ 연결배관에 **개폐밸브**를 설치한 경우 개폐상태 확인 및 조작가능 여부<br>❸ **송수구** 설치높이 및 구경 적정 여부<br>❹ **자동배수밸브**(또는 배수공)·**체크밸브 설치** 여부 및 설치상태 적정 여부<br>⑤ 송수구 **마개** 설치 여부 |
| 배관 등 | | ❶ 펌프의 흡입측 배관 여과장치의 상태 확인<br>❷ 성능시험배관 설치(개폐밸브, 유량조절밸브, 유량측정장치) 적정 여부<br>❸ 순환배관 설치(설치위치·배관구경, 릴리프밸브 개방압력) 적정 여부<br>❹ **동결방지조치** 상태 적정 여부<br>⑤ 급수배관 개폐밸브 설치(개폐표시형, 흡입측 버터플라이 제외) 적정 여부<br>❻ 다른 설비의 배관과의 구분 상태 적정 여부 |

| | | |
|---|---|---|
| 함 및 방수구 등 | ① 함 개방 용이성 및 장애물 설치 여부 등 사용 편의성 적정 여부<br>② 위치·기동 표시등 적정 설치 및 정상 점등 여부<br>③ **"소화전"** 표시 및 사용요령(외국어 병기) 기재 표지판 설치상태 적정 여부<br>❹ **대형 공간**(기둥 또는 벽이 없는 구조) 소화전함 설치 적정 여부<br>❺ 방수구 설치 적정 여부<br>⑥ 함 내 **소방호스** 및 **관창** 비치 적정 여부<br>⑦ 호스의 **접결상태**, **구경**, **방수압력** 적정 여부<br>❽ 호스릴방식 노즐 개폐장치 사용 용이 여부 | |
| 전원 | ❶ 대상물 수전방식에 따른 상용전원 적정 여부<br>❷ 비상전원 설치장소 적정 및 관리 여부<br>③ 자가발전설비인 경우 연료적정량 보유 여부<br>④ 자가발전설비인 경우 「전기사업법」에 따른 정기점검 결과 확인 | |
| 제어반 | ● 겸용 감시·동력 제어반 성능 적정 여부(겸용으로 설치된 경우) | |
| | 감시제어반 | ① 펌프 작동 여부 확인표시등 및 음향경보장치 정상작동 여부<br>② 펌프별 자동·수동 전환스위치 정상작동 여부<br>❸ 펌프별 수동기동 및 수동중단 기능 정상작동 여부<br>❹ 상용전원 및 비상전원 공급 확인 가능 여부(비상전원 있는 경우)<br>❺ 수조·물올림수조 저수위표시등 및 음향경보장치 정상작동 여부<br>⑥ 각 확인회로별 도통시험 및 작동시험 정상작동 여부<br>⑦ 예비전원 확보 유무 및 시험 적합 여부<br>❽ 감시제어반 전용실 적정 설치 및 관리 여부<br>❾ 기계·기구 또는 시설 등 제어 및 감시설비 외 설치 여부 |
| | 동력제어반 | 앞면은 **적색**으로 하고, **"옥내소화전설비용 동력제어반"** 표지 설치 여부 |
| | 발전기제어반 | ● 소방전원보존형 발전기는 이를 식별할 수 있는 표지 설치 여부 |
| 비고 | ※ 특정소방대상물의 위치·구조·용도 및 소방시설의 상황 등이 이 표의 항목대로 기재하기 곤란하거나 이 표에서 누락된 사항을 기재한다. | |

※ "●"는 종합점검의 경우에만 해당

## 3 옥내·외소화전설비의 외관점검

| 구 분 | 점검항목 |
|---|---|
| 수원 | ① 주된 수원의 **유효수량** 적정 여부(겸용설비 포함)<br>② 보조수원(**옥상**)의 유효수량 적정 여부<br>③ **수조 표시** 설치상태 적정 여부 |
| 가압송수장치 | 펌프 **흡입측** 연성계·진공계 및 **토출측** 압력계 등 부속장치의 변형·손상 유무 |
| 송수구 | 송수구 **설치장소** 적정 여부(소방차가 쉽게 접근할 수 있는 장소) |
| 배관 | 급수배관 **개폐밸브** 설치(개폐표시형, 흡입측 버터플라이 제외) 적정 여부 |
| 함 및 방수구 등 | ① 함 **개방** 용이성 및 장애물 설치 여부 등 사용 편의성 적정 여부<br>② **위치표시등** 적정 설치 및 정상 점등 여부<br>③ **소화전 표시** 및 사용요령(외국어 병기) 기재 표지판 설치상태 적정 여부<br>④ 함 내 **소방호스** 및 관창 비치 적정 여부 |
| 제어반 | 펌프별 **자동·수동**전환스위치 위치 적정 여부 |

# 3 옥외소화전설비

## 1 옥외소화전설비의 작동점검

<table>
<tr><th>구 분</th><th colspan="2">점검항목</th></tr>
<tr><td>수원</td><td colspan="2">수원의 유효수량 적정 여부(겸용 설비 포함)</td></tr>
<tr><td>수조</td><td colspan="2">① 수위계 설치 또는 수위 확인 가능 여부<br>② "옥외소화전설비용 수조" 표지 설치 여부 및 설치상태</td></tr>
<tr><td rowspan="4">가압송수장치</td><td>펌프방식</td><td>① 옥외소화전 방수량 및 방수압력 적정 여부<br>② 성능시험배관을 통한 펌프성능시험 적정 여부<br>③ 펌프 흡입측 연성계·진공계 및 토출측 압력계 등 부속장치의 변형·손상 유무<br>④ 기동스위치 설치 적정 여부(ON/OFF 방식)<br>⑤ 내연기관방식의 펌프 설치 적정(정상기동(기동장치 및 제어반) 여부, 축전지상태, 연료량) 여부<br>⑥ 가압송수장치의 "옥외소화전펌프" 표지 설치 여부 또는 다른 소화설비와 겸용시 겸용 설비 이름 표시 부착 여부</td></tr>
<tr><td>고가수조방식</td><td>수위계·배수관·급수관·오버플로관·맨홀 등 부속장치의 변형·손상 유무</td></tr>
<tr><td>압력수조방식</td><td>수위계·급수관·급기관·압력계·안전장치·공기압축기 등 부속장치의 변형·손상 유무</td></tr>
<tr><td>가압수조방식</td><td>수위계·급수관·배수관·급기관·압력계 등 부속장치의 변형·손상 유무</td></tr>
<tr><td>배관 등</td><td colspan="2">① 호스구경 적정 여부<br>② 급수배관 개폐밸브 설치(개폐표시형, 흡입측 버터플라이 제외) 적정 여부</td></tr>
<tr><td>소화전함 등</td><td colspan="2">① 함 개방 용이성 및 장애물 설치 여부 등 사용 편의성 적정 여부<br>② 위치·기동 표시등 적정 설치 및 정상점등 여부<br>③ "옥외소화전" 표시 설치 여부<br>④ 옥외소화전함 내 소방호스, 관창, 옥외소화전 개방장치 비치 여부<br>⑤ 호스의 접결상태, 구경, 방수거리 적정 여부</td></tr>
<tr><td>전원</td><td colspan="2">① 자가발전설비인 경우 연료적정량 보유 여부<br>② 자가발전설비인 경우 「전기사업법」에 따른 정기점검 결과 확인</td></tr>
<tr><td rowspan="2">제어반</td><td>감시제어반</td><td>① 펌프 작동 여부 확인표시등 및 음향경보장치 정상작동 여부<br>② 펌프별 자동·수동 전환스위치 정상작동 여부<br>③ 각 확인회로별 도통시험 및 작동시험 정상작동 여부<br>④ 예비전원 확보 유무 및 시험 적합 여부</td></tr>
<tr><td>동력제어반</td><td>앞면은 적색으로 하고, "옥외소화전설비용 동력제어반" 표지 설치 여부</td></tr>
<tr><td>비고</td><td colspan="2">※ 특정소방대상물의 위치·구조·용도 및 소방시설의 상황 등이 이 표의 항목대로 기재하기 곤란하거나 이 표에서 누락된 사항을 기재한다.</td></tr>
</table>

## 2 옥외소화전설비의 종합점검

| 구 분 | | 점검항목 |
|---|---|---|
| 수원 | | 수원의 유효수량 적정 여부(겸용 설비 포함) |
| 수조 | | ❶ 동결방지조치 상태 적정 여부<br>② **수위계** 설치 또는 수위 확인 가능 여부<br>❸ 수조 외측 고정사다리 설치 여부(바닥보다 낮은 경우 제외)<br>❹ 실내 설치시 조명설비 설치 여부<br>⑤ **"옥외소화전설비용 수조"** 표지 설치 여부 및 설치상태<br>❻ 다른 소화설비와 겸용시 겸용 설비의 이름 표시한 표지 설치 여부<br>❼ 수조-수직배관 접속부분 **"옥외소화전설비용 배관"** 표지 설치 여부 |
| 가압송수장치 | 펌프방식 | ❶ 동결방지조치 상태 적정 여부<br>② 옥외소화전 방수량 및 방수압력 적정 여부<br>❸ 감압장치 설치 여부(방수압력 **0.7MPa** 초과 조건)<br>④ 성능시험배관을 통한 펌프성능시험 적정 여부<br>❺ 다른 소화설비와 겸용인 경우 펌프성능 확보 가능 여부<br>⑥ 펌프 흡입측 **연성계·진공계** 및 **토출측 압력계** 등 부속장치의 변형·손상 유무<br>❼ 기동장치 적정 설치 및 기동압력 설정 적정 여부<br>⑧ 기동스위치 설치 적정 여부(ON/OFF 방식)<br>❾ 물올림장치 설치 적정(전용 여부, 유효수량, 배관구경, 자동급수) 여부<br>❿ 충압펌프 설치 적정(토출압력, 정격토출량) 여부<br>⑪ 내연기관방식의 펌프 설치 적정(정상기동(기동장치 및 제어반) 여부, 축전지상태, 연료량) 여부<br>⑫ 가압송수장치의 **"옥외소화전펌프"** 표지 설치 여부 또는 다른 소화설비와 겸용시 겸용 설비 이름 표시 부착 여부 |
| | 고가수조방식 | **수위계·배수관·급수관·오버플로관·맨홀** 등 부속장치의 변형·손상 유무 |
| | 압력수조방식 | ❶ 압력수조의 압력 적정 여부<br>② **수위계·급수관·급기관·압력계·안전장치·공기압축기** 등 부속장치의 변형·손상 유무 |
| | 가압수조방식 | ❶ 가압수조 및 가압원 설치장소의 방화구획 여부<br>② **수위계·급수관·배수관·급기관·압력계** 등 부속장치의 변형·손상 유무 |
| 배관 등 | | ❶ 호스접결구 높이 및 각 부분으로부터 호스접결구까지의 수평거리 적정 여부<br>② 호스구경 적정 여부<br>❸ 펌프의 흡입측 배관 여과장치의 상태 확인<br>❹ 성능시험배관 설치(개폐밸브, 유량조절밸브, 유량측정장치) 적정 여부<br>❺ 순환배관 설치(설치위치·배관구경, 릴리프밸브 개방압력) 적정 여부<br>❻ **동결방지조치** 상태 적정 여부<br>⑦ 급수배관 개폐밸브 설치(개폐표시형, 흡입측 버터플라이 제외) 적정 여부<br>❽ 다른 설비의 배관과의 구분상태 적정 여부 |
| 소화전함 등 | | ① 함 개방 용이성 및 장애물 설치 여부 등 사용 편의성 적정 여부<br>② 위치·기동 표시등 적정 설치 및 정상점등 여부<br>③ **"옥외소화전"** 표시 설치 여부<br>❹ 소화전함 설치수량 적정 여부<br>⑤ 옥외소화전함 내 **소방호스**, **관창**, **옥외소화전 개방**장치 비치 여부<br>⑥ 호스의 **접결상태**, **구경**, **방수거리** 적정 여부 |
| 전원 | | ❶ 대상물 수전방식에 따른 상용전원 적정 여부<br>❷ 비상전원 설치장소 적정 및 관리 여부<br>③ 자가발전설비인 경우 연료적정량 보유 여부<br>④ 자가발전설비인 경우 「전기사업법」에 따른 정기점검 결과 확인 |

<table>
<tr><td rowspan="4">제어반</td><td colspan="2">● 겸용 감시·동력 제어반 성능 적정 여부(겸용으로 설치된 경우)</td></tr>
<tr><td>감시제어반</td><td>① 펌프 작동 여부 확인표시등 및 음향경보장치 정상작동 여부<br>② 펌프별 자동·수동 전환스위치 정상작동 여부<br>❸ 펌프별 수동기동 및 수동중단 기능 정상작동 여부<br>❹ 상용전원 및 비상전원 공급 확인 가능 여부(비상전원 있는 경우)<br>❺ 수조·물올림수조 저수위표시등 및 음향경보장치 정상작동 여부<br>⑥ 각 확인회로별 도통시험 및 작동시험 정상작동 여부<br>⑦ 예비전원 확보 유무 및 시험 적합 여부<br>❽ 감시제어반 전용실 적정 설치 및 관리 여부<br>❾ 기계·기구 또는 시설 등 제어 및 감시설비 외 설치 여부</td></tr>
<tr><td>동력제어반</td><td>앞면은 적색으로 하고, "옥외소화전설비용 동력제어반" 표지 설치 여부</td></tr>
<tr><td>발전기제어반</td><td>● 소방전원보존형 발전기는 이를 식별할 수 있는 표지 설치 여부</td></tr>
<tr><td>비고</td><td colspan="2">※ 특정소방대상물의 위치·구조·용도 및 소방시설의 상황 등이 이 표의 항목대로 기재하기 곤란하거나 이 표에서 누락된 사항을 기재한다.</td></tr>
</table>

※ "●"는 종합점검의 경우에만 해당

# 4 스프링클러설비

## 1 스프링클러설비의 작동점검

| 구 분 | | 점검항목 |
|---|---|---|
| 수원 | | ① 주된 수원의 유효수량 적정 여부(겸용 설비 포함)<br>② 보조수원(**옥상**)의 유효수량 적정 여부 |
| 수조 | | ① **수위계** 설치 또는 수위 확인 가능 여부<br>② **"스프링클러설비용 수조"** 표지 설치 여부 및 설치상태 |
| 가압송수장치 | 펌프방식 | ① 성능시험배관을 통한 펌프성능시험 적정 여부<br>② 펌프 흡입측 **연성계·진공계** 및 **토출측 압력계** 등 부속장치의 변형·손상 유무<br>③ 내연기관방식의 펌프 설치 적정(정상기동(기동장치 및 제어반) 여부, 축전지상태, 연료량) 여부<br>④ 가압송수장치의 **"스프링클러펌프"** 표지 설치 여부 또는 다른 소화설비와 겸용시 겸용 설비 이름 표시 부착 여부 |
| | 고가수조방식 | **수위계·배수관·급수관·오버플로관·맨홀** 등 부속장치의 변형·손상 유무 |
| | 압력수조방식 | **수위계·급수관·급기관·압력계·안전장치·공기압축기** 등 부속장치의 변형·손상 유무 |
| | 가압수조방식 | **수위계·급수관·배수관·급기관·압력계** 등 부속장치의 변형·손상 유무 |
| 폐쇄형 스프링클러설비 방호구역 및 유수검지장치 | | 유수검지장치실 설치 적정(실내 또는 구획, 출입문 크기, 표지) 여부 |
| 개방형 스프링클러설비 방수구역 및 일제개방밸브 | | 일제개방밸브실 설치 적정(실내(구획), 높이, 출입문, 표지) 여부 |
| 배관 | | ① 급수배관 개폐밸브 설치(개폐표시형, 흡입측 버터플라이 제외) 및 작동표시스위치 적정(제어반 표시 및 경보, 스위치 동작 및 도통시험) 여부<br>② 준비작동식 유수검지장치 및 일제개방밸브 2차측 배관 부대설비 설치 적정(개폐표시형 밸브, 수직배수배관, 개폐밸브, 자동배수장치, 압력스위치 설치 및 감시제어반 개방 확인) 여부<br>③ 유수검지장치 시험장치 설치 적정(설치위치, 배관구경, 개폐밸브 및 개방형 헤드, 물받이 통 및 배수관) 여부 |
| 음향장치 및 기동장치 | | ① 유수검지에 따른 음향장치 작동 가능 여부(습식·건식의 경우)<br>② 감지기 작동에 따라 음향장치 작동 여부(준비작동식 및 일제개방밸브의 경우)<br>③ 음향장치(경종 등) **변형·손상** 확인 및 정상작동(음량 포함) 여부 |
| | 펌프 작동 | ① 유수검지장치의 발신이나 기동용 수압개폐장치의 작동에 따른 펌프 기동 확인(습식·건식의 경우)<br>② 화재감지기의 감지나 기동용 수압개폐장치의 작동에 따른 펌프 기동 확인(준비작동식 및 일제개방밸브의 경우) |
| | 준비작동식 유수검지장치 또는 일제개방밸브 작동 | ① 담당구역 내 화재감지기 동작(수동기동 포함)에 따라 개방 및 작동 여부<br>② 수동조작함(설치높이, 표시등) 설치 적정 여부 |
| 헤드 점검 01회 | | ① 헤드의 **변형·손상** 유무<br>② 헤드 **설치 위치·장소·상태**(고정) 적정 여부<br>③ 헤드 살수장애 여부 |

| 구분 | | 점검항목 |
|---|---|---|
| 송수구 | | ① 설치장소 적정 여부<br>② 송수압력범위 표시 표지 설치 여부<br>③ 송수구 **마개** 설치 여부 |
| 전원 | | ① 자가발전설비인 경우 **연료적정량** 보유 여부<br>② 자가발전설비인 경우 「전기사업법」에 따른 정기점검 결과 확인 |
| 제어반 | 감시제어반 | ① 펌프 작동 여부 확인표시등 및 음향경보장치 정상작동 여부<br>② 펌프별 자동・수동 전환스위치 정상작동 여부<br>③ 각 확인회로별 도통시험 및 작동시험 정상작동 여부<br>④ 예비전원 확보 유무 및 시험 적합 여부<br>⑤ 유수검지장치・일제개방밸브 작동시 표시 및 경보 정상작동 여부<br>⑥ 일제개방밸브 수동조작스위치 설치 여부 |
| | 동력제어반 | 앞면은 **적색**으로 하고, **"스프링클러설비용 동력제어반"** 표지 설치 여부 |
| 비고 | | ※ 특정소방대상물의 위치・구조・용도 및 소방시설의 상황 등이 이 표의 항목대로 기재하기 곤란하거나 이 표에서 누락된 사항을 기재한다. |

## 2 스프링클러설비의 종합점검

| 구 분 | | 점검항목 |
|---|---|---|
| 수원 | | ① 주된 수원의 유효수량 적정 여부(겸용 설비 포함)<br>② 보조수원(**옥상**)의 유효수량 적정 여부 |
| 수조 | | ❶ 동결방지조치 상태 적정 여부<br>② **수위계** 설치 또는 수위 확인 가능 여부<br>❸ 수조 외측 고정사다리 설치 여부(바닥보다 낮은 경우 제외)<br>❹ 실내 설치시 조명설비 설치 여부<br>⑤ **"스프링클러설비용 수조"** 표지 설치 여부 및 설치상태<br>❻ 다른 소화설비와 겸용시 겸용 설비의 이름 표시한 표지 설치 여부<br>❼ 수조-수직배관 접속부분 **"스프링클러설비용 배관"** 표지 설치 여부 |
| 가압송수장치 | 펌프방식<br>점검 08회 | ❶ 동결방지조치 상태 적정 여부<br>② 성능시험배관을 통한 펌프성능시험 적정 여부<br>❸ 다른 소화설비와 겸용인 경우 펌프성능 확보 가능 여부<br>④ 펌프 흡입측 **연성계・진공계** 및 **토출측 압력계** 등 부속장치의 변형・손상 유무<br>❺ 기동장치 적정 설치 및 기동압력 설정 적정 여부<br>❻ 물올림장치 설치 적정(전용 여부, 유효수량, 배관구경, 자동급수) 여부<br>❼ 충압펌프 설치 적정(토출압력, 정격토출량) 여부<br>⑧ 내연기관방식의 펌프 설치 적정(정상기동(기동장치 및 제어반) 여부, 축전지상태, 연료량) 여부<br>⑨ 가압송수장치의 **"스프링클러펌프"** 표지 설치 여부 또는 다른 소화설비와 겸용시 겸용 설비 이름 표시 부착 여부 |
| | 고가수조방식 | **수위계・배수관・급수관・오버플로관・맨홀** 등 부속장치의 변형・손상 유무 |
| | 압력수조방식 | ❶ 압력수조의 압력 적정 여부<br>② **수위계・급수관・급기관・압력계・안전장치・공기압축기** 등 부속장치의 변형・손상 유무 |
| | 가압수조방식 | ❶ **가압수조** 및 **가압원** 설치장소의 방화구획 여부<br>② **수위계・급수관・배수관・급기관・압력계** 등 부속장치의 변형・손상 유무 |

| | |
|---|---|
| 폐쇄형<br>스프링클러설비<br>방호구역 및<br>유수검지장치 | ❶ 방호구역 적정 여부<br>❷ 유수검지장치 설치 적정(수량, 접근·점검 편의성, 높이) 여부<br>③ 유수검지장치실 설치 적정(실내 또는 구획, 출입문 크기, 표지) 여부<br>❹ **자연낙차**에 의한 유수압력과 유수검지장치의 유수검지압력 적정 여부<br>❺ 조기반응형 헤드 적합 유수검지장치 설치 여부 |
| 개방형<br>스프링클러설비<br>방수구역 및<br>일제개방밸브 | ❶ 방수구역 적정 여부<br>❷ 방수구역별 일제개방밸브 설치 여부<br>❸ 하나의 방수구역을 담당하는 헤드 개수 적정 여부<br>④ 일제개방밸브실 설치 적정(실내(구획), 높이, 출입문, 표지) 여부 |
| 배관 | ❶ 펌프의 흡입측 배관 여과장치의 상태 확인<br>❷ 성능시험배관 설치(개폐밸브, 유량조절밸브, 유량측정장치) 적정 여부<br>❸ 순환배관 설치(설치위치·배관구경, 릴리프밸브 개방압력) 적정 여부<br>❹ **동결방지조치** 상태 적정 여부<br>⑤ 급수배관 개폐밸브 설치(개폐표시형, 흡입측 버터플라이 제외) 및 작동표시스위치 적정(제어반 표시 및 경보, 스위치 동작 및 도통시험) 여부<br>⑥ 준비작동식 유수검지장치 및 일제개방밸브 2차측 배관 부대설비 설치 적정(개폐표시형 밸브, 수직배수배관, 개폐밸브, 자동배수장치, 압력스위치 설치 및 감시제어반 개방 확인) 여부<br>⑦ 유수검지장치 시험장치 설치 적정(설치위치, 배관구경, 개폐밸브 및 개방형 헤드, 물받이통 및 배수관) 여부<br>❽ **주차장**에 설치된 스프링클러방식 적정(습식 외의 방식) 여부<br>❾ 다른 설비의 배관과의 구분 상태 적정 여부 |
| 음향장치 및<br>기동장치 | ① 유수검지에 따른 음향장치 작동 가능 여부(습식·건식의 경우)<br>② 감지기 작동에 따라 음향장치 작동 여부(준비작동식 및 일제개방밸브의 경우)<br>❸ 음향장치 설치 담당구역 및 수평거리 적정 여부<br>❹ 주음향장치 **수신기 내부** 또는 **직근** 설치 여부<br>❺ **우선경보방식**에 따른 경보 적정 여부<br>⑥ 음향장치(경종 등) **변형·손상** 확인 및 정상작동(음량 포함) 여부 |
| | 펌프 작동: ① 유수검지장치의 발신이나 기동용 수압개폐장치의 작동에 따른 펌프 기동 확인(습식·건식의 경우)<br>② 화재감지기의 감지나 기동용 수압개폐장치의 작동에 따른 펌프 기동 확인(준비작동식 및 일제개방밸브의 경우) |
| | 준비작동식 유수검지장치 또는 일제개방밸브 작동: ① 담당구역 내 화재감지기 동작(수동기동 포함)에 따라 개방 및 작동 여부<br>② 수동조작함(설치높이, 표시등) 설치 적정 여부 |
| 헤드 | ① 헤드의 **변형·손상** 유무<br>② 헤드 **설치 위치·장소·상태**(고정) 적정 여부<br>③ 헤드 살수장애 여부<br>❹ **무대부** 또는 **연소 우려 있는 개구부** 개방형 헤드 설치 여부<br>❺ 조기반응형 헤드 설치 여부(의무설치장소의 경우)<br>❻ **경사진 천장**의 경우 스프링클러헤드의 배치상태<br>❼ 연소할 우려가 있는 개구부 헤드 설치 적정 여부<br>❽ 습식·부압식 스프링클러 외의 설비 상향식 헤드 설치 여부<br>❾ **측벽형** 헤드 설치 적정 여부<br>❿ 감열부에 영향을 받을 우려가 있는 헤드의 **차폐판** 설치 여부 |
| 송수구 | ① 설치장소 적정 여부<br>❷ 연결배관에 개폐밸브를 설치한 경우 개폐상태 확인 및 조작 가능 여부<br>❸ 송수구 설치**높이** 및 **구경** 적정 여부<br>④ 송수압력범위 표시 표지 설치 여부<br>❺ 송수구 설치개수 적정 여부(폐쇄형 스프링클러설비의 경우)<br>❻ **자동배수밸브**(또는 배수공)·**체크밸브** 설치 여부 및 설치상태 적정 여부<br>⑦ 송수구 **마개** 설치 여부 |

| | | |
|---|---|---|
| 전원 | | ❶ 대상물 수전방식에 따른 **상용전원** 적정 여부<br>❷ 비상전원 설치장소 적정 및 관리 여부<br>③ 자가발전설비인 경우 **연료적정량** 보유 여부<br>④ 자가발전설비인 경우 「전기사업법」에 따른 정기점검 결과 확인 |
| 제어반 | | ● 겸용 감시·동력 제어반 성능 적정 여부(겸용으로 설치된 경우) |
| | 감시제어반 | ① 펌프 작동 여부 확인표시등 및 음향경보장치 정상작동 여부<br>② 펌프별 자동·수동 전환스위치 정상작동 여부<br>❸ 펌프별 수동기동 및 수동중단 기능 정상작동 여부<br>❹ 상용전원 및 비상전원 공급 확인 가능 여부(비상전원 있는 경우)<br>❺ 수조·물올림수조 저수위표시등 및 음향경보장치 정상작동 여부<br>⑥ 각 확인회로별 도통시험 및 작동시험 정상작동 여부<br>⑦ 예비전원 확보 유무 및 시험 적합 여부<br>❽ 감시제어반 전용실 적정 설치 및 관리 여부<br>❾ 기계·기구 또는 시설 등 제어 및 감시설비 외 설치 여부<br>⑩ 유수검지장치·일제개방밸브 작동시 표시 및 경보 정상작동 여부<br>⑪ 일제개방밸브 수동조작스위치 설치 여부<br>⓬ 일제개방밸브 사용설비 화재감지기 회로별 화재표시 적정 여부<br>⓭ 감시제어반과 수신기 간 상호 연동 여부(별도로 설치된 경우) |
| | 동력제어반 | 앞면은 **적색**으로 하고, **"스프링클러설비용 동력제어반"** 표지 설치 여부 |
| | 발전기제어반 | ● 소방전원보존형 발전기는 이를 식별할 수 있는 표지 설치 여부 |
| 헤드 설치 제외 | | ❶ 헤드 설치 제외 적정 여부(설치 제외된 경우)<br>❷ 드렌처설비 설치 적정 여부 |
| 비고 | | ※ 특정소방대상물의 위치·구조·용도 및 소방시설의 상황 등이 이 표의 항목대로 기재하기 곤란하거나 이 표에서 누락된 사항을 기재한다. |

※ "●"는 종합점검의 경우에만 해당

## 3 (간이)스프링클러설비의 외관점검

| 구 분 | 점검항목 |
|---|---|
| 수원 | ① 주된 수원의 **유효수량** 적정 여부(겸용설비 포함)<br>② 보조수원(**옥상**)의 유효수량 적정 여부<br>③ **수조 표시** 설치상태 적정 여부 |
| 가압송수장치 | 펌프 **흡입측** 연성계·진공계 및 **토출측** 압력계 등 부속장치의 변형·손상 유무 |
| 유수검지장치 | 유수검지장치**실** 설치 적정(실내 또는 **구획**, **출입문 크기**, **표지**) 여부 |
| 배관 | ① 급수배관 **개폐밸브** 설치(개폐표시형, 흡입측 버터플라이 제외) 적정 여부<br>② **준비작동식** 유수검지장치 및 **일제개방밸브** 2차측 배관 부대설비 설치 적정<br>③ 유수검지장치 **시험장치** 설치 적정(설치위치, 배관구경, 개폐밸브 및 개방형 헤드, 물받이 통 및 배수관) 여부<br>④ **다른 설비**의 배관과의 구분상태 적정 여부 |
| 기동장치 | **수동조작함**(설치높이, 표시등) 설치 적정 여부 |
| 헤드 | 헤드의 **변형**·손상 유무 및 살수장애 여부 |
| 송수구 | 송수구 **설치장소** 적정 여부(소방차가 쉽게 접근할 수 있는 장소) |
| 제어반 | 펌프별 **자동·수동** 전환스위치 정상위치에 있는지 여부 |

비교

**(간이)스프링클러설비, 물분무소화설비, 미분무소화설비, 포소화설비**의 **외관점검**

| 구 분 | 점검항목 |
|---|---|
| 수원 | ① 주된 수원의 **유효수량** 적정 여부(겸용설비 포함)<br>② 보조수원(**옥상**)의 유효수량 적정 여부<br>③ **수조 표시** 설치상태 적정 여부 |
| 저장탱크<br>(포소화설비) | 포소화약제 **저장량**의 적정 여부 |
| 가압송수장치 | 펌프 **흡입측** 연성계·진공계 및 **토출측** 압력계 등 부속장치의 변형·손상 유무 |
| 유수검지장치 | 유수검지장치**실** 설치 적정(실내 또는 **구획**, **출입문 크기**, **표지**) 여부 |
| 배관 | ① 급수배관 **개폐밸브** 설치(개폐표시형, 흡입측 버터플라이 제외) 적정 여부<br>② **준비작동식** 유수검지장치 및 **일제개방밸브** 2차측 배관 부대설비 설치 적정<br>③ 유수검지장치 **시험장치** 설치 적정(설치위치, 배관구경, 개폐밸브 및 개방형 헤드, 물받이통 및 배수관) 여부<br>④ **다른 설비**의 배관과의 구분상태 적정 여부 |
| 기동장치 | 수동조작함(설치높이, 표시등) 설치 적정 여부 |
| 제어밸브 등<br>(물분무소화설비) | 제어밸브 **설치위치** 적정 및 표지 설치 여부 |
| 배수설비<br>(물분무소화설비가 설치된 차고·주차장) | 배수설비(배수구, 기름분리장치 등) **설치 적정** 여부 |
| 헤드 | 헤드의 **변형**·손상 유무 및 살수장애 여부 |
| 호스릴방식<br>(미분무소화설비, 포소화설비) | 소화약제**저장용기** 근처 및 **호스릴함** 위치표시등 정상 점등 및 표지 설치 여부 |
| 송수구 | 송수구 **설치장소** 적정 여부(소방차가 쉽게 접근할 수 있는 장소) |
| 제어반 | 펌프별 **자동·수동** 전환스위치 정상위치에 있는지 여부 |

# 5 간이스프링클러설비

## 1 간이스프링클러설비의 작동점검

| 구 분 | | 점검항목 |
|---|---|---|
| 수원 | | 수원의 유효수량 적정 여부(겸용 설비 포함) |
| 수조 | | ① 자동급수장치 설치 여부<br>② 수위계 설치 또는 수위 확인 가능 여부<br>③ **"간이스프링클러설비용 수조"** 표지 설치상태 적정 여부 |
| 가압송수장치 | 상수도직결형 | **방수량** 및 **방수압력** 적정 여부 |
| | 펌프방식 | ① 성능시험배관을 통한 펌프성능시험 적정 여부<br>② 펌프 흡입측 **연성계 · 진공계** 및 **토출측 압력계** 등 부속장치의 **변형 · 손상** 유무<br>③ 내연기관방식의 펌프 설치 적정(정상기동(기동장치 및 제어반) 여부, 축전지상태, 연료량) 여부<br>④ 가압송수장치의 **"간이스프링클러펌프"** 표지 설치 여부 또는 다른 소화설비와 겸용시 겸용 설비 이름 표시 부착 여부 |
| | 고가수조방식 | **수위계 · 배수관 · 급수관 · 오버플로관 · 맨홀** 등 부속장치의 변형 · 손상 유무 |
| | 압력수조방식 | **수위계 · 급수관 · 급기관 · 압력계 · 안전장치 · 공기압축기** 등 부속장치의 변형 · 손상 유무 |
| | 가압수조방식 | **수위계 · 급수관 · 배수관 · 급기관 · 압력계** 등 부속장치의 변형 · 손상 유무 |
| 방호구역 및 유수검지장치 | | 유수검지장치실 설치 적정(실내 또는 구획, 출입문 크기, 표지) 여부 |
| 배관 및 밸브 | | ① **상수도직결형** 수도배관 구경 및 유수검지에 따른 다른 배관 자동 송수 차단 여부<br>② 급수배관 개폐밸브 설치(개폐표시형, 흡입측 버터플라이 제외) 및 작동표시스위치 적정(제어반 표시 및 경보, 스위치 동작 및 도통시험) 여부<br>③ 준비작동식 유수검지장치 2차측 배관 부대설비 설치 적정(개폐표시형 밸브, 수직배수배관 · 개폐밸브, 자동배수장치, 압력스위치 설치 및 감시제어반 개방 확인) 여부<br>④ 유수검지장치 시험장치 설치 적정(설치위치, 배관구경, 개폐밸브 및 개방형 헤드, 물받이통 및 배수관) 여부 |
| 음향장치 및 기동장치 | | ① 유수검지에 따른 **음향장치** 작동 가능 여부(습식의 경우)<br>② 음향장치(경종 등) **변형 · 손상** 확인 및 정상작동(음량 포함) 여부 |
| | 펌프 작동 | ① 유수검지장치의 발신이나 기동용 수압개폐장치의 작동에 따른 펌프 기동 확인(습식의 경우)<br>② 화재감지기의 감지나 기동용 수압개폐장치의 작동에 따른 펌프 기동 확인(준비작동식의 경우) |
| | 준비작동식 유수검지장치 작동 | ① 담당구역 내 화재감지기 동작(수동기동 포함)에 따라 개방 및 작동 여부<br>② 수동조작함(설치높이, 표시등) 설치 적정 여부 |
| 간이헤드 | | ① 헤드의 **변형 · 손상** 유무<br>② 헤드 **설치 위치 · 장소 · 상태**(고정) 적정 여부<br>③ 헤드 살수장애 여부 |
| 송수구 | | ① 설치장소 적정 여부<br>② 송수구 **마개** 설치 여부 |

| | | |
|---|---|---|
| 제어반 | 감시제어반 | ① 펌프 작동 여부 확인**표시등** 및 **음향경보장치** 정상작동 여부<br>② 펌프별 자동·수동 전환스위치 정상작동 여부<br>③ 각 확인회로별 **도통시험** 및 **작동시험** 정상작동 여부<br>④ 예비전원 확보 유무 및 시험 적합 여부<br>⑤ 유수검지장치 작동시 표시 및 경보 정상작동 여부 |
| | 동력제어반 | 앞면은 **적색**으로 하고, **"간이스프링클러설비용 동력제어반"** 표지 설치 여부 |
| 전원 | ① 자가발전설비인 경우 연료적정량 보유 여부<br>② 자가발전설비인 경우 「전기사업법」에 따른 정기점검 결과 확인 | |
| 비고 | ※ 특정소방대상물의 위치·구조·용도 및 소방시설의 상황 등이 이 표의 항목대로 기재하기 곤란하거나 이 표에서 누락된 사항을 기재한다. | |

## 2 간이스프링클러설비의 종합점검

| 구 분 | | 점검항목 |
|---|---|---|
| 수원 | | 수원의 유효수량 적정 여부(겸용 설비 포함) |
| 수조 | | ① 자동급수장치 설치 여부<br>❷ 동결방지조치 상태 적정 여부<br>③ 수위계 설치 또는 수위 확인 가능 여부<br>❹ 수조 외측 **고정사다리** 설치 여부(바닥보다 낮은 경우 제외)<br>❺ 실내 설치시 **조명설비** 설치 여부<br>⑥ **"간이스프링클러설비용 수조"** 표지 설치상태 적정 여부<br>❼ 다른 소화설비와 겸용시 겸용 설비의 이름 표시한 표지 설치 여부<br>❽ **수조-수직배관** 접속부분 **"간이스프링클러설비용 배관"** 표지 설치 여부 |
| 가압송수장치 | 상수도직결형 | **방수량** 및 **방수압력** 적정 여부 |
| | 펌프방식 | ❶ **동결방지조치** 상태 적정 여부<br>② 성능시험배관을 통한 펌프성능시험 적정 여부<br>❸ 다른 소화설비와 겸용인 경우 펌프성능 확보 가능 여부<br>④ 펌프 흡입측 **연성계·진공계** 및 **토출측 압력계** 등 부속장치의 **변형·손상** 유무<br>❺ 기동장치 적정 설치 및 기동압력 설정 적정 여부<br>❻ 물올림장치 설치 적정(전용 여부, 유효수량, 배관구경, 자동급수) 여부<br>❼ 충압펌프 설치 적정(토출압력, 정격토출량) 여부<br>⑧ 내연기관방식의 펌프 설치 적정(정상기동(기동장치 및 제어반) 여부, 축전지상태, 연료량) 여부<br>⑨ 가압송수장치의 **"간이스프링클러펌프"** 표지 설치 여부 또는 다른 소화설비와 겸용시 겸용 설비 이름 표시 부착 여부 |
| | 고가수조방식 | **수위계·배수관·급수관·오버플로관·맨홀** 등 부속장치의 변형·손상 유무 |
| | 압력수조방식 | ❶ 압력수조의 압력 적정 여부<br>② **수위계·급수관·급기관·압력계·안전장치·공기압축기** 등 부속장치의 변형·손상 유무 |
| | 가압수조방식 | ❶ 가압수조 및 가압원 설치장소의 방화구획 여부<br>② **수위계·급수관·배수관·급기관·압력계** 등 부속장치의 변형·손상 유무 |
| 방호구역 및 유수검지장치 | | ❶ 방호구역 적정 여부<br>❷ 유수검지장치 설치 적정(수량, 접근·점검 편의성, 높이) 여부<br>③ 유수검지장치실 설치 적정(실내 또는 구획, 출입문 크기, 표지) 여부<br>❹ **자연낙차**에 의한 유수압력과 유수검지장치의 유수검지압력 적정 여부<br>❺ **주차장**에 설치된 간이스프링클러방식 적정(습식 외의 방식) 여부 |

<table>
<tr><td>배관 및 밸브</td><td colspan="2">① 상수도직결형 수도배관 구경 및 유수검지에 따른 다른 배관 자동 송수 차단 여부<br>② 급수배관 개폐밸브 설치(개폐표시형, 흡입측 버터플라이 제외) 및 작동표시스위치 적정(제어반 표시 및 경보, 스위치 동작 및 도통시험) 여부<br>❸ 펌프의 흡입측 배관 여과장치의 상태 확인<br>❹ 성능시험배관 설치(개폐밸브, 유량조절밸브, 유량측정장치) 적정 여부<br>❺ 순환배관 설치(설치위치 · 배관구경, 릴리프밸브 개방압력) 적정 여부<br>❻ 동결방지조치 상태 적정 여부<br>⑦ 준비작동식 유수검지장치 2차측 배관 부대설비 설치 적정(개폐표시형 밸브, 수직배수배관 · 개폐밸브, 자동배수장치, 압력스위치 설치 및 감시제어반 개방 확인) 여부<br>⑧ 유수검지장치 시험장치 설치 적정(설치위치, 배관구경, 개폐밸브 및 개방형 헤드, 물받이통 및 배수관) 여부<br>❾ 간이스프링클러설비 배관 및 밸브 등의 순서의 적정 시공 여부<br>❿ 다른 설비의 배관과의 구분 상태 적정 여부</td></tr>
<tr><td rowspan="3">음향장치 및 기동장치</td><td colspan="2">① 유수검지에 따른 음향장치 작동 가능 여부(습식의 경우)<br>❷ 음향장치 설치 담당구역 및 수평거리 적정 여부<br>❸ 주음향장치 수신기 내부 또는 직근 설치 여부<br>❹ 우선경보방식에 따른 경보 적정 여부<br>⑤ 음향장치(경종 등) 변형 · 손상 확인 및 정상작동(음량 포함) 여부</td></tr>
<tr><td>펌프 작동</td><td>① 유수검지장치의 발신이나 기동용 수압개폐장치의 작동에 따른 펌프 기동 확인(습식의 경우)<br>② 화재감지기의 감지나 기동용 수압개폐장치의 작동에 따른 펌프 기동 확인(준비작동식의 경우)</td></tr>
<tr><td>준비작동식 유수검지장치 작동</td><td>① 담당구역 내 화재감지기 동작(수동기동 포함)에 따라 개방 및 작동 여부<br>② 수동조작함(설치높이, 표시등) 설치 적정 여부</td></tr>
<tr><td>간이헤드</td><td colspan="2">① 헤드의 변형 · 손상 유무<br>② 헤드 설치 위치 · 장소 · 상태(고정) 적정 여부<br>③ 헤드 살수장애 여부<br>❹ 감열부에 영향을 받을 우려가 있는 헤드의 차폐판 설치 여부<br>❺ 헤드 설치 제외 적정 여부(설치 제외된 경우)</td></tr>
<tr><td>송수구</td><td colspan="2">① 설치장소 적정 여부<br>❷ 연결배관에 개폐밸브를 설치한 경우 개폐상태 확인 및 조작 가능 여부<br>❸ 송수구 설치높이 및 구경 적정 여부<br>❹ 자동배수밸브(또는 배수공) · 체크밸브 설치 여부 및 설치상태 적정 여부<br>⑤ 송수구 마개 설치 여부</td></tr>
<tr><td rowspan="4">제어반</td><td colspan="2">● 겸용 감시 · 동력 제어반 성능 적정 여부(겸용으로 설치된 경우)</td></tr>
<tr><td>감시제어반</td><td>① 펌프 작동 여부 확인표시등 및 음향경보장치 정상작동 여부<br>② 펌프별 자동 · 수동 전환스위치 정상작동 여부<br>❸ 펌프별 수동기동 및 수동중단 기능 정상작동 여부<br>❹ 상용전원 및 비상전원 공급 확인 가능 여부(비상전원 있는 경우)<br>❺ 수조 · 물올림수조 저수위표시등 및 음향경보장치 정상작동 여부<br>⑥ 각 확인회로별 도통시험 및 작동시험 정상작동 여부<br>⑦ 예비전원 확보 유무 및 시험 적합 여부<br>❽ 감시제어반 전용실 적정 설치 및 관리 여부<br>❾ 기계 · 기구 또는 시설 등 제어 및 감시설비 외 설치 여부<br>⑩ 유수검지장치 작동시 표시 및 경보 정상작동 여부<br>⓫ 감시제어반과 수신기 간 상호 연동 여부(별도로 설치된 경우)</td></tr>
<tr><td>동력제어반</td><td>앞면은 적색으로 하고, "간이스프링클러설비용 동력제어반" 표지 설치 여부</td></tr>
<tr><td>발전기제어반</td><td>● 소방전원보존형 발전기는 이를 식별할 수 있는 표지 설치 여부</td></tr>
<tr><td>전원</td><td colspan="2">❶ 대상물 수전방식에 따른 상용전원 적정 여부<br>❷ 비상전원 설치장소 적정 및 관리 여부<br>③ 자가발전설비인 경우 연료적정량 보유 여부<br>④ 자가발전설비인 경우 「전기사업법」에 따른 정기점검 결과 확인</td></tr>
<tr><td>비고</td><td colspan="2">※ 특정소방대상물의 위치 · 구조 · 용도 및 소방시설의 상황 등이 이 표의 항목대로 기재하기 곤란하거나 이 표에서 누락된 사항을 기재한다.</td></tr>
</table>

※ "●"는 종합점검의 경우에만 해당

# 6 화재조기진압용 스프링클러설비

## 1 화재조기진압용 스프링클러설비의 작동점검

| 구 분 | | 점검항목 |
|---|---|---|
| 수원 | | ① 주된 수원의 유효수량 적정 여부(겸용 설비 포함)<br>② 보조수원(**옥상**)의 유효수량 적정 여부 |
| 수조 | | ① 수위계 설치 또는 수위 확인 가능 여부<br>② "**화재조기진압용 스프링클러설비용 수조**" 표지 설치 여부 및 설치상태 |
| 가압송수장치 | 펌프방식 | ① 성능시험배관을 통한 펌프성능시험 적정 여부<br>② 펌프 흡입측 **연성계ㆍ진공계** 및 **토출측 압력계** 등 부속장치의 변형ㆍ손상 유무<br>③ 내연기관방식의 펌프 설치 적정(정상기동(기동장치 및 제어반) 여부, 축전지상태, 연료량) 여부<br>④ 가압송수장치의 "**화재조기진압용 스프링클러펌프**" 표지 설치 여부 또는 다른 소화설비와 겸용시 겸용 설비 이름 표시 부착 여부 |
| | 고가수조방식 | **수위계ㆍ배수관ㆍ급수관ㆍ오버플로관ㆍ맨홀** 등 부속장치의 변형ㆍ손상 유무 |
| | 압력수조방식 | **수위계ㆍ급수관ㆍ급기관ㆍ압력계ㆍ안전장치ㆍ공기압축기** 등 부속장치의 변형ㆍ손상 유무 |
| | 가압수조방식 | **수위계ㆍ급수관ㆍ배수관ㆍ급기관ㆍ압력계** 등 부속장치의 변형ㆍ손상 유무 |
| 방호구역 및 유수검지장치 | | 유수검지장치실 설치 적정(실내 또는 구획, 출입문 크기, 표지) 여부 |
| 배관 | | ① 급수배관 개폐밸브 설치(개폐표시형, 흡입측 버터플라이 제외) 및 작동표시스위치 적정(제어반 표시 및 경보, 스위치 동작 및 도통시험) 여부<br>② 유수검지장치 시험장치 설치 적정(설치위치, 배관구경, 개폐밸브 및 개방형 헤드, 물받이 통 및 배수관) 여부 |
| 음향장치 및 기동장치 | | ① 유수검지에 따른 **음향장치** 작동 가능 여부<br>② 음향장치(경종 등) **변형ㆍ손상** 확인 및 정상작동(음량 포함) 여부 |
| | 펌프 작동 | 유수검지장치의 발신이나 기동용 수압개폐장치의 작동에 따른 펌프 기동 확인 |
| 헤드 | | ① 헤드의 **변형ㆍ손상** 유무<br>② 헤드 **설치 위치ㆍ장소ㆍ상태**(고정) 적정 여부<br>③ 헤드 살수장애 여부 |
| 송수구 | | ① 설치장소 적정 여부<br>② 송수압력범위 표시 표지 설치 여부<br>③ 송수구 **마개** 설치 여부 |
| 전원 | | ① 자가발전설비인 경우 연료적정량 보유 여부<br>② 자가발전설비인 경우 「전기사업법」에 따른 정기점검 결과 확인 |
| 제어반 | 감시제어반 | ① 펌프 작동 여부 확인표시등 및 음향경보장치 정상작동 여부<br>② 펌프별 자동ㆍ수동 전환스위치 정상작동 여부<br>③ 각 확인회로별 도통시험 및 작동시험 정상작동 여부<br>④ 예비전원 확보 유무 및 시험 적합 여부<br>⑤ 유수검지장치 작동시 표시 및 경보 정상작동 여부<br>⑥ 감시제어반과 수신기 간 상호 연동 여부(별도로 설치된 경우) |
| | 동력제어반 | 앞면은 **적색**으로 하고, "**화재조기진압용 스프링클러설비용 동력제어반**" 표지 설치 여부 |
| 비고 | | ※ 특정소방대상물의 위치ㆍ구조ㆍ용도 및 소방시설의 상황 등이 이 표의 항목대로 기재하기 곤란하거나 이 표에서 누락된 사항을 기재한다. |

## 2 화재조기진압용 스프링클러설비의 종합점검

| 구 분 | | 점검항목 |
|---|---|---|
| 설치장소의 구조 | | ● 설비 설치장소의 **구조**(층고, 내화구조, 방화구획, 천장 기울기, 천장 자재 돌출부 길이, 보 간격, 선반 물 침투구조) 적합 여부 |
| 수원 | | ① 주된 수원의 유효수량 적정 여부(겸용 설비 포함)<br>② 보조수원(**옥상**)의 유효수량 적정 여부 |
| 수조 | | ❶ 동결방지조치 상태 적정 여부<br>② 수위계 설치 또는 수위 확인 가능 여부<br>❸ 수조 외측 고정사다리 설치 여부(바닥보다 낮은 경우 제외)<br>❹ 실내 설치시 조명설비 설치 여부<br>⑤ **"화재조기진압용 스프링클러설비용 수조"** 표지 설치 여부 및 설치상태<br>❻ 다른 소화설비와 겸용시 겸용 설비의 이름 표시한 표지 설치 여부<br>❼ **수조-수직배관** 접속부분 **"화재조기진압용 스프링클러설비용 배관"** 표지 설치 여부 |
| 가압송수장치 | 펌프방식 | ❶ **동결방지조치** 상태 적정 여부<br>② 성능시험배관을 통한 펌프성능시험 적정 여부<br>❸ 다른 소화설비와 겸용인 경우 펌프성능 확보 가능 여부<br>④ 펌프 흡입측 **연성계·진공계** 및 **토출측 압력계** 등 부속장치의 변형·손상 유무<br>❺ 기동장치 적정 설치 및 기동압력 설정 적정 여부<br>❻ 물올림장치 설치 적정(전용 여부, 유효수량, 배관구경, 자동급수) 여부<br>❼ 충압펌프 설치 적정(토출압력, 정격토출량) 여부<br>⑧ 내연기관방식의 펌프 설치 적정(정상기동(기동장치 및 제어반) 여부, 축전지상태, 연료량) 여부<br>⑨ 가압송수장치의 **"화재조기진압용 스프링클러펌프"** 표지 설치 여부 또는 다른 소화설비와 겸용시 겸용 설비 이름 표시 부착 여부 |
| | 고가수조방식 | **수위계·배수관·급수관·오버플로관·맨홀** 등 부속장치의 변형·손상 유무 |
| | 압력수조방식 | ❶ 압력수조의 압력 적정 여부<br>② **수위계·급수관·급기관·압력계·안전장치·공기압축기** 등 부속장치의 변형·손상 유무 |
| | 가압수조방식 | ❶ 가압수조 및 가압원 설치장소의 방화구획 여부<br>② **수위계·급수관·배수관·급기관·압력계** 등 부속장치의 변형·손상 유무 |
| 방호구역 및 유수검지장치 | | ❶ 방호구역 적정 여부<br>❷ 유수검지장치 설치 적정(수량, 접근·점검 편의성, 높이) 여부<br>③ 유수검지장치실 설치 적정(실내 또는 구획, 출입문 크기, 표지) 여부<br>❹ **자연낙차**에 의한 유수압력과 유수검지장치의 유수검지압력 적정 여부 |
| 배관 | | ❶ 펌프의 흡입측 배관 여과장치의 상태 확인<br>❷ 성능시험배관 설치(개폐밸브, 유량조절밸브, 유량측정장치) 적정 여부<br>❸ 순환배관 설치(설치위치·배관구경, 릴리프밸브 개방압력) 적정 여부<br>❹ **동결방지조치** 상태 적정 여부<br>⑤ 급수배관 개폐밸브 설치(개폐표시형, 흡입측 버터플라이 제외) 및 작동표시스위치 적정(제어반 표시 및 경보, 스위치 동작 및 도통시험) 여부<br>⑥ 유수검지장치 시험장치 설치 적정(설치위치, 배관구경, 개폐밸브 및 개방형 헤드, 물받이 통 및 배수관) 여부<br>❼ 다른 설비의 배관과의 구분 상태 적정 여부 |
| 음향장치 및 기동장치 | | ① 유수검지에 따른 **음향장치** 작동 가능 여부<br>❷ 음향장치 설치 담당구역 및 수평거리 적정 여부<br>❸ 주 음향장치 **수신기 내부** 또는 **직근** 설치 여부<br>❹ **우선경보방식**에 따른 경보 적정 여부<br>⑤ 음향장치(경종 등) **변형·손상** 확인 및 정상작동(음량 포함) 여부 |
| | 펌프 작동 | 유수검지장치의 발신이나 기동용 수압개폐장치의 작동에 따른 펌프 기동 확인 |

<table>
<tr><td>헤드</td><td colspan="2">① 헤드의 변형 · 손상 유무<br>② 헤드 설치 위치 · 장소 · 상태(고정) 적정 여부<br>③ 헤드 살수장애 여부<br>❹ 감열부에 영향을 받을 우려가 있는 헤드의 차폐판 설치 여부</td></tr>
<tr><td>저장물의 간격 및 환기구</td><td colspan="2">❶ 저장물품 배치간격 적정 여부<br>❷ 환기구 설치상태 적정 여부</td></tr>
<tr><td>송수구</td><td colspan="2">① 설치장소 적정 여부<br>❷ 연결배관에 개폐밸브를 설치한 경우 개폐상태 확인 및 조작가능 여부<br>❸ 송수구 설치높이 및 구경 적정 여부<br>④ 송수압력범위 표시 표지 설치 여부<br>❺ 송수구 설치 개수 적정 여부<br>❻ 자동배수밸브(또는 배수공) · 체크밸브 설치 여부 및 설치상태 적정 여부<br>⑦ 송수구 마개 설치 여부</td></tr>
<tr><td>전원</td><td colspan="2">❶ 대상물 수전방식에 따른 상용전원 적정 여부<br>❷ 비상전원 설치장소 적정 및 관리 여부<br>③ 자가발전설비인 경우 연료적정량 보유 여부<br>④ 자가발전설비인 경우 「전기사업법」에 따른 정기점검 결과 확인</td></tr>
<tr><td rowspan="4">제어반</td><td colspan="2">● 겸용 감시 · 동력 제어반 성능 적정 여부(겸용으로 설치된 경우)</td></tr>
<tr><td>감시제어반</td><td>① 펌프 작동 여부 확인표시등 및 음향경보장치 정상작동 여부<br>② 펌프별 자동 · 수동 전환스위치 정상작동 여부<br>❸ 펌프별 수동기동 및 수동중단 기능 정상작동 여부<br>❹ 상용전원 및 비상전원 공급 확인 가능 여부(비상전원 있는 경우)<br>❺ 수조 · 물올림수조 저수위표시등 및 음향경보장치 정상작동 여부<br>⑥ 각 확인회로별 도통시험 및 작동시험 정상작동 여부<br>⑦ 예비전원 확보 유무 및 시험 적합 여부<br>❽ 감시제어반 전용실 적정 설치 및 관리 여부<br>❾ 기계 · 기구 또는 시설 등 제어 및 감시설비 외 설치 여부<br>⑩ 유수검지장치 작동시 표시 및 경보 정상작동 여부<br>⑪ 감시제어반과 수신기 간 상호 연동 여부(별도로 설치된 경우)</td></tr>
<tr><td>동력제어반</td><td>앞면은 적색으로 하고, "화재조기진압용 스프링클러설비용 동력제어반" 표지 설치 여부</td></tr>
<tr><td>발전기제어반</td><td>● 소방전원보존형 발전기는 이를 식별할 수 있는 표지 설치 여부</td></tr>
<tr><td>설치금지 장소</td><td colspan="2">● 설치가 금지된 장소(제4류 위험물 등이 보관된 장소) 설치 여부</td></tr>
<tr><td>비고<br>점검 17회</td><td colspan="2">※ 특정소방대상물의 위치 · 구조 · 용도 및 소방시설의 상황 등이 이 표의 항목대로 기재하기 곤란하거나 이 표에서 누락된 사항을 기재한다.</td></tr>
</table>

※ "●"는 종합점검의 경우에만 해당

# 7 물분무소화설비

## 1 물분무소화설비의 작동점검

<table>
<tr><th>구 분</th><th colspan="2">점검항목</th></tr>
<tr><td>수원</td><td colspan="2">수원의 유효수량 적정 여부(겸용 설비 포함)</td></tr>
<tr><td>수조</td><td colspan="2">① 수위계 설치 또는 수위 확인 가능 여부<br>② "물분무소화설비용 수조" 표지 설치상태 적정 여부</td></tr>
<tr><td rowspan="4">가압송수장치</td><td>펌프방식</td><td>① 성능시험배관을 통한 펌프성능시험 적정 여부<br>② 펌프 흡입측 연성계·진공계 및 토출측 압력계 등 부속장치의 변형·손상 유무<br>③ 내연기관방식의 펌프 설치 적정(정상기동(기동장치 및 제어반) 여부, 축전지상태, 연료량) 여부<br>④ 가압송수장치의 "물분무소화설비펌프" 표지 설치 여부 또는 다른 소화설비와 겸용시 겸용 설비 이름 표시 부착 여부</td></tr>
<tr><td>고가수조방식</td><td>수위계·배수관·급수관·오버플로관·맨홀 등 부속장치의 변형·손상 유무</td></tr>
<tr><td>압력수조방식</td><td>수위계·급수관·급기관·압력계·안전장치·공기압축기 등 부속장치의 변형·손상 유무</td></tr>
<tr><td>가압수조방식</td><td>수위계·급수관·배수관·급기관·압력계 등 부속장치의 변형·손상 유무</td></tr>
<tr><td>기동장치</td><td colspan="2">① 수동식 기동장치 조작에 따른 가압송수장치 및 개방밸브 정상작동 여부<br>② 수동식 기동장치 인근 "기동장치" 표지 설치 여부<br>③ 자동식 기동장치는 화재감지기의 작동 및 헤드 개방과 연동하여 경보를 발하고, 가압송수장치 및 개방밸브 정상작동 여부</td></tr>
<tr><td>제어밸브 등</td><td colspan="2">제어밸브 설치위치(높이) 적정 및 "제어밸브" 표지 설치 여부</td></tr>
<tr><td>물분무헤드</td><td colspan="2">① 헤드의 변형·손상 유무<br>② 헤드 설치 위치·장소·상태(고정) 적정 여부</td></tr>
<tr><td>배관 등</td><td colspan="2">급수배관 개폐밸브 설치(개폐표시형, 흡입측 버터플라이 제외) 및 작동표시스위치 적정(제어반 표시 및 경보, 스위치 동작 및 도통시험) 여부</td></tr>
<tr><td>송수구</td><td colspan="2">① 설치장소 적정 여부<br>② 송수압력범위 표시 표지 설치 여부<br>③ 송수구 마개 설치 여부</td></tr>
<tr><td rowspan="2">제어반</td><td>감시제어반</td><td>① 펌프 작동 여부 확인표시등 및 음향경보장치 정상작동 여부<br>② 펌프별 자동·수동 전환스위치 정상작동 여부<br>③ 각 확인회로별 도통시험 및 작동시험 정상작동 여부<br>④ 예비전원 확보 유무 및 시험 적합 여부</td></tr>
<tr><td>동력제어반</td><td>앞면은 적색으로 하고, "물분무소화설비용 동력제어반" 표지 설치 여부</td></tr>
<tr><td>전원</td><td colspan="2">① 자가발전설비인 경우 연료적정량 보유 여부<br>② 자가발전설비인 경우 「전기사업법」에 따른 정기점검 결과 확인</td></tr>
<tr><td>비고</td><td colspan="2">※ 특정소방대상물의 위치·구조·용도 및 소방시설의 상황 등이 이 표의 항목대로 기재하기 곤란하거나 이 표에서 누락된 사항을 기재한다.</td></tr>
</table>

## 2 물분무소화설비의 종합점검

| 구 분 | | 점검항목 |
|---|---|---|
| 수원 | | 수원의 유효수량 적정 여부(겸용 설비 포함) |
| 수조 | | ❶ 동결방지조치 상태 적정 여부<br>② 수위계 설치 또는 수위 확인 가능 여부<br>❸ 수조 외측 고정사다리 설치 여부(바닥보다 낮은 경우 제외)<br>❹ 실내 설치시 조명설비 설치 여부<br>⑤ **"물분무소화설비용 수조"** 표지 설치상태 적정 여부<br>❻ 다른 소화설비와 겸용시 겸용 설비의 이름 표시한 표지 설치 여부<br>❼ **수조-수직배관** 접속부분 **"물분무소화설비용 배관"** 표지 설치 여부 |
| 가압송수장치 | 펌프방식 | ❶ 동결방지조치 상태 적정 여부<br>② 성능시험배관을 통한 펌프성능시험 적정 여부<br>❸ 다른 소화설비와 겸용인 경우 펌프성능 확보 가능 여부<br>④ 펌프 흡입측 연성계·진공계 및 토출측 압력계 등 부속장치의 변형·손상 유무<br>❺ 기동장치 적정 설치 및 기동압력 설정 적정 여부<br>❻ 물올림장치 설치 적정(전용 여부, 유효수량, 배관구경, 자동급수) 여부<br>❼ 충압펌프 설치 적정(토출압력, 정격토출량) 여부<br>⑧ 내연기관방식의 펌프 설치 적정(정상기동(기동장치 및 제어반) 여부, 축전지상태, 연료량) 여부<br>⑨ 가압송수장치의 **"물분무소화설비펌프"** 표지 설치 여부 또는 다른 소화설비와 겸용시 겸용 설비 이름 표시 부착 여부 |
| | 고가수조방식 | **수위계·배수관·급수관·오버플로관·맨홀** 등 부속장치의 변형·손상 유무 |
| | 압력수조방식 | ❶ 압력수조의 압력 적정 여부<br>② **수위계·급수관·급기관·압력계·안전장치·공기압축기** 등 부속장치의 변형·손상 유무 |
| | 가압수조방식 | ❶ 가압수조 및 가압원 설치장소의 방화구획 여부<br>② **수위계·급수관·배수관·급기관·압력계** 등 부속장치의 변형·손상 유무 |
| 기동장치 | | ① 수동식 기동장치 조작에 따른 가압송수장치 및 개방밸브 정상작동 여부<br>② 수동식 기동장치 인근 **"기동장치"** 표지 설치 여부<br>③ 자동식 기동장치는 화재감지기의 작동 및 헤드 개방과 연동하여 경보를 발하고, 가압송수장치 및 개방밸브 정상작동 여부 |
| 제어밸브 등 | | ① 제어밸브 설치위치(높이) 적정 및 **"제어밸브"** 표지 설치 여부<br>❷ 자동개방밸브 및 수동식 개방밸브 설치위치(높이) 적정 여부<br>❸ 자동개방밸브 및 수동식 개방밸브 시험장치 설치 여부 |
| 물분무헤드 | | ① 헤드의 **변형·손상** 유무<br>② 헤드 설치 **위치·장소·상태**(고정) 적정 여부<br>❸ **전기절연** 확보 위한 전기기기와 헤드 간 거리 적정 여부 |
| 배관 등 | | ❶ 펌프의 흡입측 배관 여과장치의 상태 확인<br>❷ 성능시험배관 설치(개폐밸브, 유량조절밸브, 유량측정장치) 적정 여부<br>❸ 순환배관 설치(설치위치·배관구경, 릴리프밸브 개방압력) 적정 여부<br>❹ **동결방지조치** 상태 적정 여부<br>⑤ 급수배관 개폐밸브 설치(개폐표시형, 흡입측 버터플라이 제외) 및 작동표시스위치 적정(제어반 표시 및 경보, 스위치 동작 및 도통시험) 여부<br>❻ 다른 설비의 배관과의 구분 상태 적정 여부 |
| 송수구 | | ① 설치장소 적정 여부<br>❷ 연결배관에 개폐밸브를 설치한 경우 개폐상태 확인 및 조작 가능 여부<br>❸ 송수구 설치높이 및 구경 적정 여부<br>④ 송수압력범위 표시 표지 설치 여부<br>❺ 송수구 설치개수 적정 여부<br>❻ **자동배수밸브**(또는 배수공)·**체크밸브** 설치 여부 및 설치상태 적정 여부<br>⑦ 송수구 **마개** 설치 여부 |

| | | |
|---|---|---|
| 배수설비<br>(차고·주차장의 경우) | ● 배수설비(배수구, 기름분리장치 등) 설치 적정 여부 | |
| 제어반 | ● 겸용 감시·동력 제어반 성능 적정 여부(겸용으로 설치된 경우) | |
| | 감시제어반 | ① 펌프 작동 여부 확인**표시등** 및 **음향경보장치** 정상작동 여부<br>② 펌프별 자동·수동 전환스위치 정상작동 여부<br>❸ 펌프별 수동기동 및 수동중단 기능 정상작동 여부<br>❹ 상용전원 및 비상전원 공급 확인 가능 여부(비상전원 있는 경우)<br>❺ 수조·물올림수조 저수위**표시등** 및 **음향경보장치** 정상작동 여부<br>⑥ 각 확인회로별 **도통시험** 및 **작동시험** 정상작동 여부<br>⑦ 예비전원 확보 유무 및 시험 적합 여부<br>❽ 감시제어반 전용실 적정 설치 및 관리 여부<br>❾ 기계·기구 또는 시설 등 제어 및 감시설비 외 설치 여부 |
| | 동력제어반 | 앞면은 **적색**으로 하고, **"물분무소화설비용 동력제어반"** 표지 설치 여부 |
| | 발전기제어반 | ● 소방전원보존형 발전기는 이를 식별할 수 있는 표지 설치 여부 |
| 전원 | ❶ 대상물 수전방식에 따른 상용전원 적정 여부<br>❷ 비상전원 설치장소 적정 및 관리 여부<br>③ 자가발전설비인 경우 연료적정량 보유 여부<br>④ 자가발전설비인 경우 「전기사업법」에 따른 정기점검 결과 확인 | |
| 물분무헤드의 제외 | ● 헤드 설치 제외 적정 여부(설치 제외된 경우) | |
| 비고 | ※ 특정소방대상물의 위치·구조·용도 및 소방시설의 상황 등이 이 표의 항목대로 기재하기 곤란하거나 이 표에서 누락된 사항을 기재한다. | |

※ "●"는 종합점검의 경우에만 해당

## 3 물분무소화설비의 외관점검

| 구 분 | 점검항목 |
|---|---|
| 수원 | ① 주된 수원의 **유효수량** 적정 여부(겸용설비 포함)<br>② **보조수원**(옥상)의 유효수량 적정 여부<br>③ **수조 표시** 설치상태 적정 여부 |
| 가압송수장치 | 펌프 흡입측 연성계·진공계 및 토출측 압력계 등 부속장치의 변형·손상 유무 |
| 유수검지장치 | 유수검지장치**실** 설치 적정(실내 또는 **구획**, **출입문 크기**, **표지**) 여부 |
| 배관 | ① **급수배관** 개폐밸브 설치(개폐표시형, 흡입측 버터플라이 제외) 적정 여부<br>② **준비작동식** 유수검지장치 및 **일제개방밸브** 2차측 배관 부대설비 설치 적정<br>③ 유수검지장치 **시험장치** 설치 적정(설치위치, 배관구경, 개폐밸브 및 개방형 헤드, 물받이통 및 배수관) 여부<br>④ **다른 설비**의 배관과의 구분상태 적정 여부 |
| 기동장치 | 수동조작함(설치높이, 표시등) 설치 적정 여부 |
| 제어밸브 등<br>(물분무소화설비) | 제어밸브 **설치위치** 적정 및 표지 설치 여부 |
| 배수설비<br>(물분무소화설비가 설치된 차고·주차장) | 배수설비(배수구, 기름분리장치 등) **설치 적정** 여부 |
| 헤드 | 헤드의 **변형**·손상 유무 및 살수장애 여부 |
| 송수구 | 송수구 **설치장소** 적정 여부(소방차가 쉽게 접근할 수 있는 장소) |
| 제어반 | 펌프별 **자동·수동** 전환스위치 정상위치에 있는지 여부 |

# 8 미분무소화설비

## 1 미분무소화설비의 작동점검

| 구 분 | | 점검항목 |
|---|---|---|
| 수원 | | ① 수원의 **수질** 및 **필터**(또는 스트레이너) 설치 여부<br>② 수원의 유효수량 적정 여부 |
| 수조 | | ① 전용 수조 사용 여부<br>② 수위계 설치 또는 수위 확인 가능 여부<br>③ "**미분무설비용 수조**" 표지 설치상태 적정 여부 |
| 가압송수장치 | 펌프방식 | ① 펌프 토출측 압력계 등 부속장치의 변형·손상 유무<br>② 성능시험배관을 통한 펌프성능시험 적정 여부<br>③ 내연기관방식의 펌프 설치 적정(정상기동(기동장치 및 제어반) 여부, 축전지상태, 연료량) 여부<br>④ 가압송수장치의 "**미분무펌프**" 등 표지 설치 여부 |
| | 압력수조방식 | ① **동결방지조치** 상태 적정 여부<br>② 압력수조의 압력 적정 여부<br>③ **수위계·급수관·급기관·압력계·안전장치·공기압축기** 등 부속장치의 변형·손상 유무<br>④ 압력수조 토출측 압력계 설치 및 적정 범위 여부<br>⑤ 작동장치 구조 및 기능 적정 여부 |
| | 가압수조방식 | **수위계·급수관·배수관·급기관·압력계** 등 구성품의 변형·손상 유무 |
| 폐쇄형 미분무소화설비의 방호구역 및 개방형 미분무소화설비의 방수구역 | | 방호(방수)구역의 설정 기준(바닥면적, 층 등) 적정 여부 |
| 배관 등 | | ① 급수배관 개폐밸브 설치(개폐표시형, 흡입측 버터플라이 제외) 및 작동표시스위치 적정(제어반 표시 및 경보, 스위치 동작 및 도통시험) 여부<br>② 유수검지장치 시험장치 설치 적정(설치위치, 배관구경, 개폐밸브 및 개방형 헤드, 물받이통 및 배수관) 여부 |
| | 호스릴 방식 | 소화약제저장용기의 위치표시등 정상 점등 및 표지 설치 여부 |
| 음향장치 | | ① 유수검지에 따른 **음향장치** 작동 가능 여부<br>② 개방형 미분무설비는 감지기 작동에 따라 음향장치 작동 여부<br>③ 음향장치(경종 등) **변형·손상** 확인 및 정상작동(음량 포함) 여부<br>④ 발신기(설치높이, 설치거리, 표시등) 설치 적정 여부 |
| 헤드 | | ① 헤드 설치 **위치·장소·상태**(고정) 적정 여부<br>② 헤드의 **변형·손상** 유무<br>③ 헤드 살수장애 여부 |
| 전원 | | ① 자가발전설비인 경우 연료적정량 보유 여부<br>② 자가발전설비인 경우 「전기사업법」에 따른 정기점검 결과 확인 |
| 제어반 | 감시제어반 | ① 펌프 작동 여부 확인**표시등** 및 **음향경보장치** 정상작동 여부<br>② 펌프별 자동·수동 전환스위치 정상작동 여부<br>③ 각 확인회로별 **도통시험** 및 **작동시험** 정상작동 여부<br>④ 예비전원 확보 유무 및 시험 적합 여부<br>⑤ 감시제어반과 수신기 간 상호 연동 여부(별도로 설치된 경우) |
| | 동력제어반 | 앞면은 **적색**으로 하고, "**미분무소화설비용 동력제어반**" 표지 설치 여부 |
| 비고 | | ※ 특정소방대상물의 위치·구조·용도 및 소방시설의 상황 등이 이 표의 항목대로 기재하기 곤란하거나 이 표에서 누락된 사항을 기재한다. |

## 2 미분무소화설비의 종합점검

| 구 분 | | 점검항목 |
|---|---|---|
| 수원 | | ① 수원의 **수질** 및 **필터**(또는 스트레이너) 설치 여부<br>❷ 주배관 **유입측 필터**(또는 스트레이너) 설치 여부<br>③ 수원의 유효수량 적정 여부<br>❹ 첨가제의 양 산정 적정 여부(**첨가제**를 사용한 경우) |
| 수조 | | ① 전용 수조 사용 여부<br>❷ 동결방지조치 상태 적정 여부<br>③ 수위계 설치 또는 수위 확인 가능 여부<br>❹ 수조 외측 고정사다리 설치 여부(바닥보다 낮은 경우 제외)<br>❺ 실내 설치시 조명설비 설치 여부<br>⑥ **"미분무설비용 수조"** 표지 설치상태 적정 여부<br>❼ **수조-수직배관** 접속부분 **"미분무설비용 배관"** 표지 설치 여부 |
| 가압송수장치 | 펌프방식 | ❶ 동결방지조치 상태 적정 여부<br>❷ 전용 펌프 사용 여부<br>③ 펌프 토출측 압력계 등 부속장치의 변형·손상 유무<br>④ 성능시험배관을 통한 펌프성능시험 적정 여부<br>⑤ 내연기관방식의 펌프 설치 적정(정상기동(기동장치 및 제어반) 여부, 축전지상태, 연료량) 여부<br>⑥ 가압송수장치의 **"미분무펌프"** 등 표지 설치 여부 |
| | 압력수조방식<br>점검 17회 | ① **동결방지조치** 상태 적정 여부<br>❷ 전용 압력수조 사용 여부<br>③ 압력수조의 압력 적정 여부<br>④ **수위계·급수관·급기관·압력계·안전장치·공기압축기** 등 부속장치의 변형·손상 유무<br>⑤ 압력수조 토출측 압력계 설치 및 적정 범위 여부<br>⑥ 작동장치 구조 및 기능 적정 여부 |
| | 가압수조방식 | ❶ 전용 가압수조 사용 여부<br>❷ 가압수조 및 가압원 설치장소의 방화구획 여부<br>③ **수위계·급수관·배수관·급기관·압력계** 등 구성품의 변형·손상 유무 |
| 폐쇄형 미분무소화설비의 방호구역 및 개방형 미분무소화설비의 방수구역 | | 방호(방수)구역의 설정 기준(바닥면적, 층 등) 적정 여부 |
| 배관 등 | | ① 급수배관 개폐밸브 설치(개폐표시형, 흡입측 버터플라이 제외) 및 작동표시스위치 적정(제어반 표시 및 경보, 스위치 동작 및 도통시험) 여부<br>❷ 성능시험배관 설치(개폐밸브, 유량조절밸브, 유량측정장치) 적정 여부<br>❸ **동결방지조치** 상태 적정 여부<br>④ 유수검지장치 시험장치 설치 적정(설치위치, 배관구경, 개폐밸브 및 개방형 헤드, 물받이통 및 배수관) 여부<br>❺ **주차장**에 설치된 미분무소화설비방식 적정(습식 외의 방식) 여부<br>❻ 다른 설비의 배관과의 구분 상태 적정 여부 |
| | 호스릴 방식 | ❶ 방호대상물 각 부분으로부터 호스접결구까지 수평거리 적정 여부<br>② 소화약제저장용기의 위치표시등 정상 점등 및 표지 설치 여부 |
| 음향장치 | | ① 유수검지에 따른 **음향장치** 작동 가능 여부<br>② 개방형 미분무설비는 감지기 작동에 따라 음향장치 작동 여부<br>❸ 음향장치 설치 담당구역 및 수평거리 적정 여부<br>❹ 주음향장치 **수신기 내부** 또는 **직근** 설치 여부<br>❺ 우선경보방식에 따른 경보 적정 여부<br>⑥ 음향장치(경종 등) **변형·손상** 확인 및 정상작동(음량 포함) 여부<br>⑦ 발신기(설치높이, 설치거리, 표시등) 설치 적정 여부 |
| 헤드 | | ① 헤드 설치 **위치·장소·상태**(고정) 적정 여부<br>② 헤드의 **변형·손상** 유무<br>③ 헤드 살수장애 여부 |

<table>
<tr><td>전원</td><td colspan="2">❶ 대상물 수전방식에 따른 상용전원 적정 여부<br>❷ 비상전원 설치장소 적정 및 관리 여부<br>③ 자가발전설비인 경우 연료적정량 보유 여부<br>④ 자가발전설비인 경우 「전기사업법」에 따른 정기점검 결과 확인</td></tr>
<tr><td rowspan="3">제어반</td><td>감시제어반</td><td>① 펌프 작동 여부 확인표시등 및 음향경보장치 정상작동 여부<br>② 펌프별 자동·수동 전환스위치 정상작동 여부<br>❸ 펌프별 수동기동 및 수동중단 기능 정상작동 여부<br>❹ 상용전원 및 비상전원 공급 확인 가능 여부(비상전원 있는 경우)<br>❺ 수조·물올림수조 저수위표시등 및 음향경보장치 정상작동 여부<br>⑥ 각 확인회로별 도통시험 및 작동시험 정상작동 여부<br>⑦ 예비전원 확보 유무 및 시험 적합 여부<br>❽ 감시제어반 전용실 적정 설치 및 관리 여부<br>❾ 기계·기구 또는 시설 등 제어 및 감시설비 외 설치 여부<br>⑩ 감시제어반과 수신기 간 상호 연동 여부(별도로 설치된 경우)</td></tr>
<tr><td>동력제어반</td><td>앞면은 적색으로 하고, “미분무소화설비용 동력제어반” 표지 설치 여부</td></tr>
<tr><td>발전기제어반</td><td>● 소방전원보존형 발전기는 이를 식별할 수 있는 표지 설치 여부</td></tr>
<tr><td>비고</td><td colspan="2">※ 특정소방대상물의 위치·구조·용도 및 소방시설의 상황 등이 이 표의 항목대로 기재하기 곤란하거나 이 표에서 누락된 사항을 기재한다.</td></tr>
</table>

※ “●”는 종합점검의 경우에만 해당

## 3 미분무소화설비의 외관점검

| 구 분 | 점검항목 |
|---|---|
| 수원 | ① 주된 수원의 **유효수량** 적정 여부(겸용설비 포함)<br>② **보조수원**(옥상)의 유효수량 적정 여부<br>③ **수조 표시** 설치상태 적정 여부 |
| 가압송수장치 | 펌프 **흡입측** 연성계·진공계 및 **토출측** 압력계 등 부속장치의 변형·손상 유무 |
| 유수검지장치 | 유수검지장치**실** 설치 적정(**실내** 또는 **구획**, **출입문 크기**, **표지**) 여부 |
| 배관 | ① 급수배관 **개폐밸브** 설치(개폐표시형, 흡입측 버터플라이 제외) 적정 여부<br>② **준비작동식** 유수검지장치 및 **일제개방밸브** 2차측 배관 부대설비 설치 적정<br>③ 유수검지장치 **시험장치** 설치 적정(설치위치, 배관구경, 개폐밸브 및 개방형 헤드, 물받이통 및 배수관) 여부<br>④ **다른 설비**의 배관과의 구분상태 적정 여부 |
| 기동장치 | **수동조작함**(설치높이, 표시등) 설치 적정 여부 |
| 헤드 | 헤드의 **변형**·손상 유무 및 살수장애 여부 |
| 호스릴방식<br>(미분무소화설비,<br>포소화설비) | 소화약제**저장용기** 근처 및 **호스릴함** 위치표시등 정상 점등 및 표지 설치 여부 |
| 송수구 | 송수구 **설치장소** 적정 여부(소방차가 쉽게 접근할 수 있는 장소) |
| 제어반 | 펌프별 **자동·수동** 전환스위치 정상위치에 있는지 여부 |

# 9 포소화설비

## 1 포소화설비의 작동점검

| 구 분 | | 점검항목 |
|---|---|---|
| 수원 | | 수원의 유효수량 적정 여부(겸용 설비 포함) |
| 수조 | | ① 수위계 설치 또는 수위 확인 가능 여부<br>② "**포소화설비용 수조**" 표지 설치 여부 및 설치상태 |
| 가압송수장치 | 펌프방식 | ① 성능시험배관을 통한 펌프성능시험 적정 여부<br>② 펌프 흡입측 **연성계·진공계** 및 **토출측 압력계** 등 부속장치의 변형·손상 유무<br>③ 내연기관방식의 펌프 설치 적정(정상기동(기동장치 및 제어반) 여부, 축전지상태, 연료량) 여부<br>④ 가압송수장치의 "**포소화설비펌프**" 표지 설치 여부 또는 다른 소화설비와 겸용시 겸용 설비 이름 표시 부착 여부 |
| | 고가수조방식 | **수위계·배수관·급수관·오버플로관·맨홀** 등 부속장치의 변형·손상 유무 |
| | 압력수조방식 | **수위계·급수관·급기관·압력계·안전장치·공기압축기** 등 부속장치의 변형·손상 유무 |
| | 가압수조방식 | **수위계·급수관·배수관·급기관·압력계** 등 부속장치의 변형·손상 유무 |
| 배관 등 | | ① 급수배관 개폐밸브 설치(개폐표시형, 흡입측 버터플라이 제외) 적정 여부<br>② 급수배관 개폐밸브 작동표시스위치 설치 적정(제어반 표시 및 경보, 스위치 동작 및 도통시험, 전기배선 종류) 여부 |
| 송수구 | | ① 설치장소 적정 여부<br>② 송수압력범위 표시 표지 설치 여부<br>③ 송수구 마개 설치 여부 |
| 저장탱크 | | 포소화약제 저장량의 적정 여부 |
| 개방밸브 | | ① 자동개방밸브 설치 및 화재감지장치의 작동에 따라 자동으로 개방되는지 여부<br>② 수동식 개방밸브 적정 설치 및 작동 여부 |
| 기동장치 | 수동식 기동장치 | ① 직접·원격조작 가압송수장치·수동식 개방밸브·소화약제 혼합장치 기동 여부<br>② 기동장치 조작부 및 호스접결구 인근 "**기동장치의 조작부**" 및 "**접결구**" 표지 설치 여부 |
| | 자동식 기동장치 | 화재감지기 또는 폐쇄형 스프링클러헤드의 개방과 연동하여 가압송수장치·일제개방밸브 및 포소화약제 혼합장치 기동 여부 |
| | 자동경보장치 | ① 방사구역마다 발신부(또는 층별 유수검지장치) 설치 여부<br>② 수신기는 설치장소 및 헤드 개방·감지기 작동 표시장치 설치 여부 |
| 포헤드 및 고정포방출구 | 포헤드 | ① 헤드의 **변형·손상** 유무<br>② 헤드**수량** 및 **위치** 적정 여부<br>③ 헤드 살수장애 여부 |
| | 호스릴 포소화설비 및 포소화전설비 | ① 방수구와 호스릴함 또는 호스함 사이의 거리 적정 여부<br>② 호스릴함 또는 호스함 설치높이, 표지 및 위치표시등 설치 여부 |
| | 전역방출방식의 고발포용 고정포방출구 | ① 개구부 자동폐쇄장치 설치 여부<br>② 고정포방출구 설치위치(높이) 적정 여부 |

<table>
<tr><td>전원</td><td colspan="2">① 자가발전설비인 경우 연료적정량 보유 여부<br>② 자가발전설비인 경우 「전기사업법」에 따른 정기점검 결과 확인</td></tr>
<tr><td rowspan="2">제어반</td><td>감시제어반</td><td>① 펌프 작동 여부 확인표시등 및 음향경보장치 정상작동 여부<br>② 펌프별 자동·수동 전환스위치 정상작동 여부<br>③ 각 확인회로별 도통시험 및 작동시험 정상작동 여부<br>④ 예비전원 확보 유무 및 시험 적합 여부</td></tr>
<tr><td>동력제어반</td><td>앞면은 적색으로 하고, "포소화설비용 동력제어반" 표지 설치 여부</td></tr>
<tr><td>비고</td><td colspan="2">※ 특정소방대상물의 위치·구조·용도 및 소방시설의 상황 등이 이 표의 항목대로 기재하기 곤란하거나 이 표에서 누락된 사항을 기재한다.</td></tr>
</table>

## 2 포소화설비의 종합점검

<table>
<tr><th>구 분</th><th colspan="2">점검항목</th></tr>
<tr><td>종류 및 적응성</td><td colspan="2">● 특정소방대상물별 포소화설비 종류 및 적응성 적정 여부</td></tr>
<tr><td>수원</td><td colspan="2">수원의 유효수량 적정 여부(겸용 설비 포함)</td></tr>
<tr><td>수조<br>점검 01회</td><td colspan="2">❶ 동결방지조치 상태 적정 여부<br>② 수위계 설치 또는 수위 확인 가능 여부<br>❸ 수조 외측 고정사다리 설치 여부(바닥보다 낮은 경우 제외)<br>❹ 실내 설치시 조명설비 설치 여부<br>⑤ "포소화설비용 수조" 표지 설치 여부 및 설치상태<br>❻ 다른 소화설비와 겸용시 겸용 설비의 이름 표시한 표지 설치 여부<br>❼ 수조-수직배관 접속부분 "포소화설비용 배관" 표지 설치 여부</td></tr>
<tr><td rowspan="4">가압송수장치</td><td>펌프방식</td><td>❶ 동결방지조치 상태 적정 여부<br>② 성능시험배관을 통한 펌프성능시험 적정 여부<br>❸ 다른 소화설비와 겸용인 경우 펌프성능 확보 가능 여부<br>④ 펌프 흡입측 연성계·진공계 및 토출측 압력계 등 부속장치의 변형·손상 유무<br>❺ 기동장치 적정 설치 및 기동압력 설정 적정 여부<br>❻ 물올림장치 설치 적정(전용 여부, 유효수량, 배관구경, 자동급수) 여부<br>❼ 충압펌프 설치 적정(토출압력, 정격토출량) 여부<br>⑧ 내연기관방식의 펌프 설치 적정(정상기동(기동장치 및 제어반) 여부, 축전지상태, 연료량) 여부<br>⑨ 가압송수장치의 "포소화설비펌프" 표지 설치 여부 또는 다른 소화설비와 겸용시 겸용 설비 이름 표시 부착 여부</td></tr>
<tr><td>고가수조방식</td><td>수위계·배수관·급수관·오버플로관·맨홀 등 부속장치의 변형·손상 유무</td></tr>
<tr><td>압력수조방식</td><td>❶ 압력수조의 압력 적정 여부<br>② 수위계·급수관·급기관·압력계·안전장치·공기압축기 등 부속장치의 변형·손상 유무</td></tr>
<tr><td>가압수조방식</td><td>❶ 가압수조 및 가압원 설치장소의 방화구획 여부<br>② 수위계·급수관·배수관·급기관·압력계 등 부속장치의 변형·손상 유무</td></tr>
<tr><td>배관 등</td><td colspan="2">❶ 송액관 기울기 및 배액밸브 설치 적정 여부<br>❷ 펌프의 흡입측 배관 여과장치의 상태 확인<br>❸ 성능시험배관 설치(개폐밸브, 유량조절밸브, 유량측정장치) 적정 여부<br>❹ 순환배관 설치(설치위치·배관구경, 릴리프밸브 개방압력) 적정 여부<br>❺ 동결방지조치 상태 적정 여부<br>⑥ 급수배관 개폐밸브 설치(개폐표시형, 흡입측 버터플라이 제외) 적정 여부<br>⑦ 급수배관 개폐밸브 작동표시스위치 설치 적정(제어반 표시 및 경보, 스위치 동작 및 도통시험, 전기배선 종류) 여부<br>❽ 다른 설비의 배관과의 구분 상태 적정 여부</td></tr>
</table>

| 구분 | | 점검항목 |
|---|---|---|
| 송수구 | | ① 설치장소 적정 여부<br>❷ 연결배관에 개폐밸브를 설치한 경우 개폐상태 확인 및 조작가능 여부<br>❸ 송수구 설치높이 및 구경 적정 여부<br>④ 송수압력범위 표시 표지 설치 여부<br>❺ 송수구 설치개수 적정 여부<br>❻ **자동배수밸브**(또는 배수공) · **체크밸브** 설치 여부 및 설치상태 적정 여부<br>⑦ 송수구 **마개** 설치 여부 |
| 저장탱크 | | ❶ 포약제 **변질** 여부<br>❷ **액면계** 또는 **계량봉** 설치상태 및 저장량 적정 여부<br>❸ **그라스게이지** 설치 여부(가압식이 아닌 경우)<br>④ 포소화약제 저장량의 적정 여부 |
| 개방밸브 | | ① 자동개방밸브 설치 및 화재감지장치의 작동에 따라 자동으로 개방되는지 여부<br>② 수동식 개방밸브 적정 설치 및 작동 여부 |
| 기동장치 | 수동식 기동장치 | ① 직접 · 원격조작 가압송수장치 · 수동식 개방밸브 · 소화약제 혼합장치 기동 여부<br>❷ 기동장치 조작부의 **접근성 확보**, **설치높이**, **보호장치** 설치 적정 여부<br>③ 기동장치 조작부 및 호스접결구 인근 "**기동장치의 조작부**" 및 "**접결구**" 표지 설치 여부<br>❹ 수동식 기동장치 설치개수 적정 여부 |
| | 자동식 기동장치 | ① 화재감지기 또는 폐쇄형 스프링클러헤드의 개방과 연동하여 가압송수장치 · 일제개방밸브 및 포소화약제 혼합장치 기동 여부<br>❷ 폐쇄형 스프링클러헤드 설치 적정 여부<br>❸ 화재감지기 및 발신기 설치 적정 여부<br>❹ 동결 우려 장소 자동식 기동장치 자동화재탐지설비 연동 여부 |
| | 자동경보장치 | ① 방사구역마다 발신부(또는 층별 유수검지장치) 설치 여부<br>② 수신기는 설치장소 및 헤드 개방 · 감지기 작동 표시장치 설치 여부<br>❸ 2 이상 수신기 설치시 수신기 간 상호 동시 통화 가능 여부 |
| 포헤드 및 고정포방출구 | 포헤드 | ① 헤드의 **변형 · 손상** 유무<br>② 헤드**수량** 및 **위치** 적정 여부<br>③ 헤드 살수장애 여부 |
| | 호스릴 포소화설비 및 포소화전설비 | ① 방수구와 호스릴함 또는 호스함 사이의 거리 적정 여부<br>② 호스릴함 또는 호스함 설치높이, 표지 및 위치표시등 설치 여부<br>❸ 방수구 설치 및 호스릴 · 호스 길이 적정 여부 |
| | 전역방출방식의 고발포용 고정포방출구 | ① 개구부 자동폐쇄장치 설치 여부<br>❷ 방호구역의 관포체적에 대한 포수용액 방출량 적정 여부<br>❸ 고정포방출구 설치개수 적정 여부<br>④ 고정포방출구 설치위치(높이) 적정 여부 |
| | 국소방출방식의 고발포용 고정방출구 | ❶ 방호대상물 범위 설정 적정 여부<br>❷ 방호대상물별 방호면적에 대한 포수용액 방출량 적정 여부 |
| 전원 | | ❶ 대상물 수전방식에 따른 상용전원 적정 여부<br>❷ 비상전원 설치장소 적정 및 관리 여부<br>③ 자가발전설비인 경우 연료적정량 보유 여부<br>④ 자가발전설비인 경우 「전기사업법」에 따른 정기점검 결과 확인 |

| | | |
|---|---|---|
| 제어반 | ● 겸용 감시·동력 제어반 성능 적정 여부(겸용으로 설치된 경우) | |
| | 감시제어반 | ① 펌프 작동 여부 확인**표시등** 및 **음향경보장치** 정상작동 여부<br>② 펌프별 자동·수동 전환스위치 정상작동 여부<br>❸ 펌프별 수동기동 및 수동중단 기능 정상작동 여부<br>❹ 상용전원 및 비상전원 공급 확인 가능 여부(비상전원 있는 경우)<br>❺ 수조·물올림수조 저수위**표시등** 및 **음향경보장치** 정상작동 여부<br>⑥ 각 확인회로별 **도통시험** 및 **작동시험** 정상작동 여부<br>⑦ 예비전원 확보 유무 및 시험 적합 여부<br>❽ 감시제어반 전용실 적정 설치 및 관리 여부<br>❾ 기계·기구 또는 시설 등 제어 및 감시설비 외 설치 여부 |
| | 동력제어반 | 앞면은 **적색**으로 하고, "**포소화설비용 동력제어반**" 표지 설치 여부 |
| | 발전기제어반 | ● 소방전원보존형 발전기는 이를 식별할 수 있는 표지 설치 여부 |
| 비고 | ※ 특정소방대상물의 위치·구조·용도 및 소방시설의 상황 등이 이 표의 항목대로 기재하기 곤란하거나 이 표에서 누락된 사항을 기재한다. | |

※ "●"는 종합점검의 경우에만 해당

## 3 포소화설비의 외관점검

| 구 분 | 점검항목 |
|---|---|
| 수원 | ① **주된 수원**의 유효수량 적정 여부(겸용설비 포함)<br>② **보조수원**(옥상)의 유효수량 적정 여부<br>③ **수조 표시** 설치상태 적정 여부 |
| 저장탱크<br>(포소화설비) | 포소화약제 **저장량**의 적정 여부 |
| 가압송수장치 | 펌프 **흡입측** 연성계·진공계 및 **토출측** 압력계 등 부속장치의 변형·손상 유무 |
| 유수검지장치 | 유수검지장치**실** 설치 적정(**실내** 또는 **구획**, **출입문 크기**, **표지**) 여부 |
| 배관 | ① 급수배관 **개폐밸브** 설치(개폐표시형, 흡입측 버터플라이 제외) 적정 여부<br>② **준비작동식** 유수검지장치 및 **일제개방밸브** 2차측 배관 부대설비 설치 적정<br>③ 유수검지장치 **시험장치** 설치 적정(설치 위치, 배관구경, 개폐밸브 및 개방형 헤드, 물받이통 및 배수관) 여부<br>④ **다른 설비**의 배관과의 구분상태 적정 여부 |
| 기동장치 | **수동조작함**(설치높이, 표시등) 설치 적정 여부 |
| 헤드 | 헤드의 **변형**·손상 유무 및 살수장애 여부 |
| 호스릴방식<br>(미분무소화설비,<br>포소화설비) | 소화약제**저장용기** 근처 및 **호스릴함** 위치표시등 정상 점등 및 표지 설치 여부 |
| 송수구 | 송수구 **설치장소** 적정 여부(소방차가 쉽게 접근할 수 있는 장소) |
| 제어반 | 펌프별 **자동·수동** 전환스위치 정상위치에 있는지 여부 |

# 10 이산화탄소 소화설비

## 1 이산화탄소 소화설비의 작동점검

| 구 분 | | 점검항목 |
|---|---|---|
| 저장용기 | | ① 저장용기 설치장소 표지 설치 여부<br>② 저장용기 개방밸브 자동·수동 개방 및 안전장치 부착 여부 |
| | 저압식 | **자동냉동장치**의 기능 |
| 소화약제 | | 소화약제 저장량 적정 여부 |
| 기동장치 | | 방호구역별 출입구 부근 소화약제 방출표시등 설치 및 정상작동 여부 |
| | 수동식 기동장치 | ① 기동장치 부근에 **비상스위치** 설치 여부<br>② 기동장치 설치 적정(출입구 부근 등, 높이, 보호장치, 표지, 전원표시등) 여부<br>③ 방출용 스위치 음향경보장치 연동 여부 |
| | 자동식 기동장치 | ① 감지기 작동과의 연동 및 수동기동 가능 여부<br>② 기동용 가스용기의 용적, 충전압력 적정 여부(가스압력식 기동장치의 경우) |
| 제어반 및 화재표시반 | | ① 설치장소 적정 및 관리 여부<br>② **회로도** 및 **취급설명서** 비치 여부 |
| | 제어반 | ① 수동기동장치 또는 감지기 신호 수신시 음향경보장치 작동기능 정상 여부<br>② 소화약제 방출·지연 및 기타 제어기능 적정 여부<br>③ 전원표시등 설치 및 정상 점등 여부 |
| | 화재표시반 | ① 방호구역별 표시등(음향경보장치 조작, 감지기 작동), 경보기 설치 및 작동 여부<br>② 수동식 기동장치 작동표시 표시등 설치 및 정상작동 여부<br>③ 소화약제 방출표시등 설치 및 정상작동 여부 |
| 배관 등 | | 배관의 **변형·손상** 유무 |
| 분사헤드 | 전역방출방식 | 분사헤드의 **변형·손상** 유무 |
| | 국소방출방식 | 분사헤드의 **변형·손상** 유무 |
| | 호스릴방식 | 소화약제 저장용기의 위치표시등 정상 점등 및 표지 설치 여부 |
| 화재감지기 | | 방호구역별 화재감지기 감지에 의한 기동장치 작동 여부 |
| 음향경보장치 | | ① 기동장치 조작시(수동식-방출용 스위치, 자동식-화재감지기) 경보 여부<br>② 약제 방사 개시(또는 방출압력스위치 작동) 후 경보 적정 여부 |
| 자동폐쇄장치 | | ① **환기장치** 자동정지 기능 적정 여부<br>② 개구부 및 통기구 자동폐쇄장치 설치장소 및 기능 적합 여부 |
| 비상전원 | | ① 자가발전설비인 경우 연료적정량 보유 여부<br>② 자가발전설비인 경우 「전기사업법」에 따른 정기점검 결과 확인 |
| 안전시설 등 | | ① 소화약제 방출알림 시각경보장치 설치기준 적합 및 정상작동 여부<br>② 방호구역 출입구 부근 잘 보이는 장소에 소화약제 방출 **위험경고표지** 부착 여부<br>③ 방호구역 출입구 외부 인근에 **공기호흡기** 설치 여부 |
| 비고 | | ※ 특정소방대상물의 위치·구조·용도 및 소방시설의 상황 등이 이 표의 항목대로 기재하기 곤란하거나 이 표에서 누락된 사항을 기재한다. |

## 2 이산화탄소 소화설비의 종합점검

| 구 분 | | 점검항목 |
|---|---|---|
| 저장용기 | | ❶ 설치장소 적정 및 관리 여부<br>② 저장용기 설치장소 표지 설치 여부<br>❸ 저장용기 설치간격 적정 여부<br>④ 저장용기 개방밸브 자동·수동 개방 및 안전장치 부착 여부<br>❺ 저장용기와 집합관 연결배관상 체크밸브 설치 여부<br>❻ 저장용기와 선택밸브(또는 개폐밸브) 사이 안전장치 설치 여부 |
| | 저압식 | ❶ **안전밸브** 및 **봉판** 설치 적정(작동 압력) 여부<br>❷ **액면계·압력계** 설치 여부 및 **압력강하경보장치** 작동 압력 적정 여부<br>③ **자동냉동장치**의 기능 |
| 소화약제 | | 소화약제 저장량 적정 여부 |
| 기동장치 | | 방호구역별 출입구 부근 소화약제 방출표시등 설치 및 정상작동 여부 |
| | 수동식 기동장치 | ① 기동장치 부근에 **비상스위치** 설치 여부<br>❷ **방호구역별** 또는 **방호대상별** 기동장치 설치 여부<br>③ 기동장치 설치 적정(출입구 부근 등, 높이, 보호장치, 표지, 전원표시등) 여부<br>④ 방출용 스위치 음향경보장치 연동 여부 |
| | 자동식 기동장치 점검 19회 | ① 감지기 작동과의 연동 및 수동기동 가능 여부<br>❷ 저장용기 수량에 따른 전자개방밸브 수량 적정 여부(전기식 기동장치의 경우)<br>③ 기동용 가스용기의 용적, 충전압력 적정 여부(가스압력식 기동장치의 경우)<br>❹ 기동용 가스용기의 안전장치, 압력게이지 설치 여부(가스압력식 기동장치의 경우)<br>❺ 저장용기 개방구조 적정 여부(기계식 기동장치의 경우) |
| 제어반 및 화재표시반 점검 15회 | | ① 설치장소 적정 및 관리 여부<br>② **회로도** 및 **취급설명서** 비치 여부<br>❸ 수동잠금밸브 개폐 여부 확인표시등 설치 여부 |
| | 제어반 | ① 수동기동장치 또는 감지기 신호 수신시 음향경보장치 작동기능 정상 여부<br>② 소화약제 방출·지연 및 기타 제어기능 적정 여부<br>③ 전원표시등 설치 및 정상 점등 여부 |
| | 화재표시반 | ① 방호구역별 표시등(음향경보장치 조작, 감지기 작동), 경보기 설치 및 작동 여부<br>② 수동식 기동장치 작동표시표시등 설치 및 정상작동 여부<br>③ 소화약제 방출표시등 설치 및 정상작동 여부<br>❹ 자동식 기동장치 자동·수동 절환 및 절환표시등 설치 및 정상작동 여부 |
| 배관 등 | | ① 배관의 **변형·손상** 유무<br>❷ 수동잠금밸브 설치위치 적정 여부 |
| 선택밸브 | | ● 선택밸브 설치기준 적합 여부 |
| 분사헤드 | 전역방출방식 | ① 분사헤드의 **변형·손상** 유무<br>❷ 분사헤드의 설치위치 적정 여부 |
| | 국소방출방식 | ① 분사헤드의 **변형·손상** 유무<br>❷ 분사헤드의 설치장소 적정 여부 |
| | 호스릴방식 | ❶ 방호대상물 각 부분으로부터 호스접결구까지 수평거리 적정 여부<br>② 소화약제 저장용기의 위치표시등 정상 점등 및 표지 설치 여부<br>❸ 호스릴소화설비 설치장소 적정 여부 |
| 화재감지기 | | ① 방호구역별 화재감지기 감지에 의한 기동장치 작동 여부<br>❷ **교차회로**(또는 NFPC 203 제7조 제①항, NFTC 203 2.4.1 단서 감지기) 설치 여부<br>❸ 화재감지기별 유효바닥면적 적정 여부 |
| 음향경보장치 | | ① 기동장치 조작시(수동식-방출용 스위치, 자동식-화재감지기) 경보 여부<br>② 약제 방사 개시(또는 방출압력스위치 작동) 후 경보 적정 여부<br>❸ **방호구역** 또는 **방호대상물** 구획 안에서 유효한 경보 가능 여부 |
| | 방송에 따른 경보장치 | ❶ **증폭기** 재생장치의 설치장소 적정 여부<br>❷ 방호구역·방호대상물에서 **확성기** 간 수평거리 적정 여부<br>❸ 제어반 복구스위치 조작시 경보 지속 여부 |

| | |
|---|---|
| 자동폐쇄장치 | ① **환기장치** 자동정지기능 적정 여부<br>② 개구부 및 통기구 자동폐쇄장치 설치장소 및 기능 적합 여부<br>❸ 자동폐쇄장치 복구장치 설치기준 적합 및 위치표지 적합 여부 |
| 비상전원 | ❶ 설치장소 적정 및 관리 여부<br>② 자가발전설비인 경우 연료적정량 보유 여부<br>③ 자가발전설비인 경우 「전기사업법」에 따른 정기점검 결과 확인 |
| 배출설비 | ● 배출설비 설치상태 및 관리 여부 |
| 과압배출구 | ● 과압배출구 설치상태 및 관리 여부 |
| 안전시설 등 | ① 소화약제 방출알림 시각경보장치 설치기준 적합 및 정상작동 여부<br>② 방호구역 출입구 부근 잘 보이는 장소에 소화약제 방출 **위험경고표지** 부착 여부<br>③ 방호구역 출입구 외부 인근에 **공기호흡기** 설치 여부 |
| 비고 | ※ 특정소방대상물의 위치·구조·용도 및 소방시설의 상황 등이 이 표의 항목대로 기재하기 곤란하거나 이 표에서 누락된 사항을 기재한다. |

※ "●"는 종합점검의 경우에만 해당

## 3 이산화탄소 소화설비의 외관점검

| 구 분 | 점검항목 |
|---|---|
| 저장용기 | ① **설치장소** 적정 및 관리 여부<br>② **저장용기** 설치장소 표지 설치 여부<br>③ 소화약제 **저장량** 적정 여부 |
| 기동장치 | 기동장치 **설치 적정**(출입구 부근 등, 높이 보호장치, 표지 전원표시등) 여부 |
| 배관 등 | 배관의 **변형**·손상 유무 |
| 분사헤드 | 분사헤드의 **변형**·손상 유무 |
| 호스릴방식 | 소화약제**저장용기**의 **위치표시등** 정상 점등 및 표지 설치 여부 |
| 안전시설 등<br>(이산화탄소<br>소화설비) | 방호구역 **출입구 부근** 잘 보이는 장소에 **소화약제** 방출 **위험경고표지** 부착 여부 |
| | 방호구역 **출입구 외부** 인근에 **공기호흡기** 설치 여부 |

비교

**이산화탄소, 할론소화설비, 할로겐화합물 및 불활성기체소화설비, 분말소화설비**의 **외관점검**

| 구 분 | 점검항목 |
|---|---|
| 저장용기 | ① **설치장소** 적정 및 관리 여부<br>② **저장용기** 설치장소 표지 설치 여부<br>③ 소화약제 **저장량** 적정 여부 |
| 기동장치 | 기동장치 **설치 적정**(출입구 부근 등, 높이 보호장치, 표지 전원표시등) 여부 |
| 배관 등 | 배관의 **변형**·손상 유무 |
| 분사헤드 | 분사헤드의 **변형**·손상 유무 |
| 호스릴방식 | 소화약제**저장용기**의 **위치표시등** 정상 점등 및 표지 설치 여부 |
| 안전시설 등<br>(이산화탄소<br>소화설비) | 방호구역 **출입구 부근** 잘 보이는 장소에 소화약제 방출 위험경고표지 부착 여부 |
| | 방호구역 **출입구 외부** 인근에 **공기호흡기** 설치 여부 |

# 11 할론소화설비

## 1 할론소화설비의 작동점검

| 구 분 | | 점검항목 |
|---|---|---|
| 저장용기 | | ① 저장용기 설치장소 표지 설치상태 적정 여부<br>② 저장용기 개방밸브 자동·수동 개방 및 안전장치 부착 여부<br>③ 축압식 저장용기의 압력 적정 여부 |
| 소화약제 | | 소화약제 저장량 적정 여부 |
| 기동장치 | | 방호구역별 출입구 부근 소화약제 방출표시등 설치 및 정상작동 여부 |
| | 수동식 기동장치 | ① 기동장치 부근에 비상스위치 설치 여부<br>② 기동장치 설치상태 적정(출입구 부근 등, 높이, 보호장치, 표지, 전원표시등) 여부<br>③ 방출용 스위치 **음향경보장치** 연동 여부 |
| | 자동식 기동장치 | ① 감지기 작동과의 연동 및 수동기동 가능 여부<br>② 기동용 가스용기의 **용적**, **충전압력** 적정 여부(가스압력식 기동장치의 경우) |
| 제어반 및 화재표시반 | | ① 설치장소 적정 및 관리 여부<br>② **회로도** 및 **취급설명서** 비치 여부 |
| | 제어반 | ① 수동기동장치 또는 감지기 신호 수신시 음향경보장치 작동기능 정상 여부<br>② 소화약제 **방출·지연** 및 기타 제어기능 적정 여부<br>③ 전원표시등 설치 및 정상 점등 여부 |
| | 화재표시반 | ① 방호구역별 표시등(음향경보장치 조작, 감지기 작동), 경보기 설치 및 작동 여부<br>② 수동식 기동장치 작동표시**표시등** 설치 및 정상작동 여부<br>③ 소화약제 방출표시등 설치 및 정상작동 여부 |
| 배관 등 | | 배관의 **변형·손상** 유무 |
| 분사헤드 | 전역방출방식 | 분사헤드의 **변형·손상** 유무 |
| | 국소방출방식 | 분사헤드의 **변형·손상** 유무 |
| | 호스릴방식 | 소화약제 저장용기의 위치표시등 정상 점등 및 표지 설치상태 적정 여부 |
| 화재감지기 | | 방호구역별 화재감지기 감지에 의한 기동장치 작동 여부 |
| 음향경보장치 | | ① 기동장치 조작시(수동식-방출용 스위치, 자동식-화재감지기) 경보 여부<br>② 약제 방사 개시(또는 방출압력스위치 작동) 후 경보 적정 여부 |
| 자동폐쇄장치 | | ① **환기장치** 자동정지 기능 적정 여부<br>② 개구부 및 통기구 자동폐쇄장치 설치장소 및 기능 적합 여부 |
| 비상전원 | | ① 자가발전설비인 경우 연료적정량 보유 여부<br>② 자가발전설비인 경우 「전기사업법」에 따른 정기점검 결과 확인 |
| 비고 | | ※ 특정소방대상물의 위치·구조·용도 및 소방시설의 상황 등이 이 표의 항목대로 기재하기 곤란하거나 이 표에서 누락된 사항을 기재한다. |

## 2 할론소화설비의 종합점검

| 구 분 | | 점검항목 |
|---|---|---|
| 저장용기 | | ❶ 설치장소 적정 및 관리 여부<br>② 저장용기 설치장소 표지 설치상태 적정 여부<br>❸ 저장용기 설치간격 적정 여부<br>④ 저장용기 개방밸브 자동·수동 개방 및 안전장치 부착 여부<br>❺ 저장용기와 집합관 연결배관상 체크밸브 설치 여부<br>❻ 저장용기와 선택밸브(또는 개폐밸브) 사이 안전장치 설치 여부<br>⑦ 축압식 저장용기의 압력 적정 여부<br>❽ 가압용 가스용기 내 **질소가스** 사용 및 압력 적정 여부<br>❾ 가압식 저장용기 **압력조정장치** 설치 여부 |
| 소화약제 | | 소화약제 저장량 적정 여부 |
| 기동장치 | | 방호구역별 출입구 부근 소화약제 방출표시등 설치 및 정상작동 여부 |
| | 수동식 기동장치 | ① 기동장치 부근에 비상스위치 설치 여부<br>❷ 방호구역별 또는 방호대상별 기동장치 설치 여부<br>③ 기동장치 설치상태 적정(출입구 부근 등, 높이, 보호장치, 표지, 전원표시등) 여부<br>④ 방출용 스위치 **음향경보장치** 연동 여부 |
| | 자동식 기동장치 | ① 감지기 작동과의 연동 및 수동기동 가능 여부<br>❷ 저장용기 수량에 따른 전자개방밸브 수량 적정 여부(전기식 기동장치의 경우)<br>③ 기동용 가스용기의 **용적**, **충전압력** 적정 여부(가스압력식 기동장치의 경우)<br>❹ 기동용 가스용기의 **안전장치**, **압력게이지** 설치 여부(가스압력식 기동장치의 경우)<br>❺ 저장용기 개방구조 적정 여부(기계식 기동장치의 경우) |
| 제어반 및 화재표시반 | | ① 설치장소 적정 및 관리 여부<br>② **회로도** 및 **취급설명서** 비치 여부 |
| | 제어반 | ① 수동기동장치 또는 감지기 신호 수신시 음향경보장치 작동기능 정상 여부<br>② 소화약제 **방출·지연** 및 기타 제어기능 적정 여부<br>③ 전원표시등 설치 및 정상 점등 여부 |
| | 화재표시반 | ① 방호구역별 표시등(음향경보장치 조작, 감지기 작동), 경보기 설치 및 작동 여부<br>② 수동식 기동장치 작동표시**표시등** 설치 및 정상작동 여부<br>③ 소화약제 방출표시등 설치 및 정상작동 여부<br>❹ 자동식 기동장치 자동·수동 절환 및 절환표시등 설치 및 정상작동 여부 |
| 배관 등 | | 배관의 **변형·손상** 유무 |
| 선택밸브 | | ● 선택밸브 설치기준 적합 여부 |
| 분사헤드 | 전역방출방식 | ① 분사헤드의 **변형·손상** 유무<br>❷ 분사헤드의 설치위치 적정 여부 |
| | 국소방출방식 | ① 분사헤드의 **변형·손상** 유무<br>❷ 분사헤드의 설치장소 적정 여부 |
| | 호스릴방식 | ❶ 방호대상물 각 부분으로부터 호스접결구까지 수평거리 적정 여부<br>② 소화약제 저장용기의 위치표시등 정상 점등 및 표지 설치상태 적정 여부<br>❸ 호스릴소화설비 설치장소 적정 여부 |
| 화재감지기 | | ① 방호구역별 화재감지기 감지에 의한 기동장치 작동 여부<br>❷ 교차회로(또는 NFPC 203 제7조 제①항, NFTC 203 2.4.1 단서 감지기) 설치 여부<br>❸ 화재감지기별 유효바닥면적 적정 여부 |

<table>
<tr><td rowspan="2">음향경보장치</td><td colspan="2">① 기동장치 조작시(수동식-방출용 스위치, 자동식-화재감지기) 경보 여부<br>② 약제 방사 개시(또는 방출압력스위치 작동) 후 경보 적정 여부<br>❸ 방호구역 또는 방호대상물 구획 안에서 유효한 경보 가능 여부</td></tr>
<tr><td>방송에 따른 경보장치</td><td>❶ 증폭기 재생장치의 설치장소 적정 여부<br>❷ 방호구역 · 방호대상물에서 확성기 간 수평거리 적정 여부<br>❸ 제어반 복구스위치 조작시 경보 지속 여부</td></tr>
<tr><td>자동폐쇄장치</td><td colspan="2">① 환기장치 자동정지 기능 적정 여부<br>② 개구부 및 통기구 자동폐쇄장치 설치장소 및 기능 적합 여부<br>❸ 자동폐쇄장치 복구장치 및 위치표지 설치상태 적정 여부</td></tr>
<tr><td>비상전원</td><td colspan="2">❶ 설치장소 적정 및 관리 여부<br>② 자가발전설비인 경우 연료적정량 보유 여부<br>③ 자가발전설비인 경우 「전기사업법」에 따른 정기점검 결과 확인</td></tr>
<tr><td>비고</td><td colspan="2">※ 특정소방대상물의 위치 · 구조 · 용도 및 소방시설의 상황 등이 이 표의 항목대로 기재하기 곤란하거나 이 표에서 누락된 사항을 기재한다.</td></tr>
</table>

※ "●"는 종합점검의 경우에만 해당

## 3 할론소화설비, 할로겐화합물 및 불활성기체 소화설비, 분말소화설비의 외관점검

| 구 분 | 점검항목 |
|---|---|
| 저장용기 | ① **설치장소** 적정 및 관리 여부<br>② **저장용기** 설치장소 표지 설치 여부<br>③ 소화약제 **저장량** 적정 여부 |
| 기동장치 | 기동장치 **설치 적정**(출입구 부근 등, 높이 보호장치, 표지 전원표시등) 여부 |
| 배관 등 | 배관의 **변형** · 손상 유무 |
| 분사헤드 | 분사헤드의 **변형** · 손상 유무 |
| 호스릴방식 | 소화약제**저장용기**의 **위치표시등** 정상 점등 및 표지 설치 여부 |

# 12 할로겐화합물 및 불활성기체 소화설비

## 1 할로겐화합물 및 불활성기체 소화설비의 작동점검

| 구 분 | | 점검항목 |
|---|---|---|
| 저장용기 | | ① 저장용기 설치장소 표지 설치 여부<br>② 저장용기 개방밸브 자동·수동 개방 및 안전장치 부착 여부 |
| 소화약제 | | 소화약제 저장량 적정 여부 |
| 기동장치 | | 방호구역별 출입구 부근 소화약제 방출표시등 설치 및 정상작동 여부 |
| | 수동식 기동장치 | ① 기동장치 부근에 비상스위치 설치 여부<br>② 기동장치 설치 적정(출입구 부근 등, 높이, 보호장치, 표지, 전원표시등) 여부<br>③ 방출용 스위치 **음향경보장치** 연동 여부 |
| | 자동식 기동장치 | ① 감지기 작동과의 연동 및 수동기동 가능 여부<br>② 기동용 가스용기의 **용적**, **충전압력** 적정 여부(가스압력식 기동장치의 경우) |
| 제어반 및 화재표시반 | | ① 설치장소 적정 및 관리 여부<br>② **회로도** 및 **취급설명서** 비치 여부 |
| | 제어반 | ① 수동기동장치 또는 감지기 신호 수신시 음향경보장치 작동 기능 정상 여부<br>② 소화약제 방출·지연 및 기타 제어 기능 적정 여부<br>③ 전원표시등 설치 및 정상 점등 여부 |
| | 화재표시반 | ① 방호구역별 표시등(음향경보장치 조작, 감지기 작동), 경보기 설치 및 작동 여부<br>② 수동식 기동장치 작동표시표시등 설치 및 정상작동 여부<br>③ 소화약제 방출표시등 설치 및 정상작동 여부 |
| 배관 등 | | 배관의 **변형·손상** 유무 |
| 선택밸브 | | 선택밸브 설치기준 적합 여부 |
| 분사헤드 | | 분사헤드의 **변형·손상** 유무 |
| 화재감지기 | | 방호구역별 화재감지기 감지에 의한 기동장치 작동 여부 |
| 음향경보장치 | | ① 기동장치 조작시(수동식-방출용 스위치, 자동식-화재감지기) 경보 여부<br>② 약제 방사 개시(또는 방출압력스위치 작동) 후 경보 적정 여부 |
| 자동폐쇄장치 | 화재표시반 | ① **환기장치** 자동정지 기능 적정 여부<br>② 개구부 및 통기구 자동폐쇄장치 설치장소 및 기능 적합 여부 |
| 비상전원 | | ① 자가발전설비인 경우 연료적정량 보유 여부<br>② 자가발전설비인 경우 「전기사업법」에 따른 정기점검 결과 확인 |
| 비고 | | ※ 특정소방대상물의 위치·구조·용도 및 소방시설의 상황 등이 이 표의 항목대로 기재하기 곤란하거나 이 표에서 누락된 사항을 기재한다. |

## 2 할로겐화합물 및 불활성기체 소화설비의 종합점검

| 구 분 | 점검항목 |
|---|---|
| 저장용기<br>점검 08회 | ❶ 설치장소 적정 및 관리 여부<br>② 저장용기 설치장소 표지 설치 여부<br>❸ 저장용기 설치간격 적정 여부<br>④ 저장용기 개방밸브 자동·수동 개방 및 안전장치 부착 여부<br>❺ 저장용기와 집합관 연결배관상 **체크밸브** 설치 여부 |

| 구분 | | 점검항목 |
|---|---|---|
| 소화약제 | | 소화약제 저장량 적정 여부 |
| 기동장치 | | 방호구역별 출입구 부근 소화약제 방출표시등 설치 및 정상작동 여부 |
| | 수동식 기동장치 점검 11회 | ① 기동장치 부근에 비상스위치 설치 여부<br>❷ **방호구역별** 또는 **방호대상별** 기동장치 설치 여부<br>③ 기동장치 설치 적정(출입구 부근 등, 높이, 보호장치, 표지, 전원표시등) 여부<br>④ 방출용 스위치 **음향경보장치** 연동 여부 |
| | 자동식 기동장치 | ① 감지기 작동과의 연동 및 수동기동 가능 여부<br>❷ 저장용기 수량에 따른 전자개방밸브 수량 적정 여부(전기식 기동장치의 경우)<br>③ 기동용 가스용기의 **용적**, **충전압력** 적정 여부(가스압력식 기동장치의 경우)<br>❹ 기동용 가스용기의 **안전장치**, **압력게이지** 설치 여부(가스압력식 기동장치의 경우)<br>❺ 저장용기 개방구조 적정 여부(기계식 기동장치의 경우) |
| 제어반 및 화재표시반 | | ① 설치장소 적정 및 관리 여부<br>② **회로도** 및 **취급설명서** 비치 여부 |
| | 제어반 | ① 수동기동장치 또는 감지기 신호 수신시 음향경보장치 작동기능 정상 여부<br>② 소화약제 방출·지연 및 기타 제어기능 적정 여부<br>③ 전원표시등 설치 및 정상 점등 여부 |
| | 화재표시반 | ① 방호구역별 표시등(음향경보장치 조작, 감지기 작동), 경보기 설치 및 작동 여부<br>② 수동식 기동장치 작동표시표시등 설치 및 정상작동 여부<br>③ 소화약제 방출표시등 설치 및 정상작동 여부<br>❹ 자동식 기동장치 자동·수동 절환 및 절환표시등 설치 및 정상작동 여부 |
| 배관 등 | | 배관의 **변형·손상** 유무 |
| 선택밸브 | | 선택밸브 설치기준 적합 여부 |
| 분사헤드 | | ① 분사헤드의 **변형·손상** 유무<br>❷ 분사헤드의 설치높이 적정 여부 |
| 화재감지기 | | ① 방호구역별 화재감지기 감지에 의한 기동장치 작동 여부<br>❷ 교차회로(또는 NFPC 203 제7조 제①항, NFTC 203 2.4.1 단서 감지기) 설치 여부<br>❸ 화재감지기별 유효바닥면적 적정 여부 |
| 음향경보장치 | | ① 기동장치 조작시(수동식-방출용 스위치, 자동식-화재감지기) 경보 여부<br>② 약제 방사 개시(또는 방출압력스위치 작동) 후 경보 적정 여부<br>❸ 방호구역 또는 방호대상물 구획 안에서 유효한 경보 가능 여부 |
| | 방송에 따른 경보장치 | ❶ 증폭기 재생장치의 설치장소 적정 여부<br>❷ 방호구역·방호대상물에서 확성기 간 수평거리 적정 여부<br>❸ 제어반 복구스위치 조작시 경보 지속 여부 |
| 자동폐쇄장치 점검 16회 | 화재표시반 | ① **환기장치** 자동정지 기능 적정 여부<br>② 개구부 및 통기구 자동폐쇄장치 설치장소 및 기능 적합 여부<br>❸ 자동폐쇄장치 복구장치 설치기준 적합 및 위치표지 적합 여부 |
| 비상전원 | | ❶ 설치장소 적정 및 관리 여부<br>② 자가발전설비인 경우 연료적정량 보유 여부<br>③ 자가발전설비인 경우 「전기사업법」에 따른 정기점검 결과 확인 |
| 과압배출구 | | ● 과압배출구 설치상태 및 관리 여부 |
| 비고 | | ※ 특정소방대상물의 위치·구조·용도 및 소방시설의 상황 등이 이 표의 항목대로 기재하기 곤란하거나 이 표에서 누락된 사항을 기재한다. |

※ "●"는 종합점검의 경우에만 해당

# 13 분말소화설비

## 1 분말소화설비의 작동점검

<table>
<tr><th>구 분</th><th colspan="2">점검항목</th></tr>
<tr><td>저장용기</td><td colspan="2">① 저장용기 설치장소 표지 설치 여부<br>② 저장용기 개방밸브 자동·수동 개방 및 안전장치 부착 여부<br>③ 저장용기 지시압력계 설치 및 충전압력 적정 여부(축압식의 경우)</td></tr>
<tr><td>가압용 가스용기</td><td colspan="2">① 가압용 가스용기 저장용기 접속 여부<br>② 가압용 가스용기 전자개방밸브 부착 적정 여부<br>③ 가압용 가스용기 압력조정기 설치 적정 여부<br>④ 가압용 또는 축압용 가스 종류 및 가스량 적정 여부</td></tr>
<tr><td>소화약제</td><td colspan="2">소화약제 저장량 적정 여부</td></tr>
<tr><td rowspan="3">기동장치</td><td colspan="2">방호구역별 출입구 부근 소화약제 방출표시등 설치 및 정상작동 여부</td></tr>
<tr><td>수동식 기동장치</td><td>① 기동장치 부근에 비상스위치 설치 여부<br>② 기동장치 설치 적정(출입구 부근 등, 높이, 보호장치, 표지, 전원표시등) 여부<br>③ 방출용 스위치 음향경보장치 연동 여부</td></tr>
<tr><td>자동식 기동장치</td><td>① 감지기 작동과의 연동 및 수동기동 가능 여부<br>② 기동용 가스용기의 용적, 충전압력 적정 여부(가스압력식 기동장치의 경우)</td></tr>
<tr><td rowspan="3">제어반 및 화재표시반</td><td colspan="2">① 설치장소 적정 및 관리 여부<br>② 회로도 및 취급설명서 비치 여부</td></tr>
<tr><td>제어반</td><td>① 수동기동장치 또는 감지기 신호 수신시 음향경보장치 작동기능 정상 여부<br>② 소화약제 방출·지연 및 기타 제어 기능 적정 여부<br>③ 전원표시등 설치 및 정상 점등 여부</td></tr>
<tr><td>화재표시반</td><td>① 방호구역별 표시등(음향경보장치 조작, 감지기 작동), 경보기 설치 및 작동 여부<br>② 수동식 기동장치 작동표시표시등 설치 및 정상작동 여부<br>③ 소화약제 방출표시등 설치 및 정상작동 여부</td></tr>
<tr><td>배관 등</td><td colspan="2">배관의 변형·손상 유무</td></tr>
<tr><td>선택밸브</td><td colspan="2">선택밸브 설치기준 적합 여부</td></tr>
<tr><td rowspan="3">분사헤드</td><td>전역방출방식</td><td>분사헤드의 변형·손상 유무</td></tr>
<tr><td>국소방출방식</td><td>분사헤드의 변형·손상 유무</td></tr>
<tr><td>호스릴방식</td><td>소화약제저장용기의 위치표시등 정상 점등 및 표지 설치 여부</td></tr>
<tr><td>화재감지기</td><td colspan="2">방호구역별 화재감지기 감지에 의한 기동장치 작동 여부</td></tr>
<tr><td>음향경보장치</td><td colspan="2">① 기동장치 조작시(수동식-방출용 스위치, 자동식-화재감지기) 경보 여부<br>② 약제 방사 개시(또는 방출압력스위치 작동) 후 1분 이상 경보 여부</td></tr>
<tr><td>비상전원</td><td colspan="2">① 자가발전설비인 경우 연료적정량 보유 여부<br>② 자가발전설비인 경우 「전기사업법」에 따른 정기점검 결과 확인</td></tr>
<tr><td>비고</td><td colspan="2">※ 특정소방대상물의 위치·구조·용도 및 소방시설의 상황 등이 이 표의 항목대로 기재하기 곤란하거나 이 표에서 누락된 사항을 기재한다.</td></tr>
</table>

## 2 분말소화설비의 종합점검

<table>
<tr><th>구 분</th><th colspan="2">점검항목</th></tr>
<tr><td>저장용기</td><td colspan="2">❶ 설치장소 적정 및 관리 여부<br>② 저장용기 설치장소 표지 설치 여부<br>❸ 저장용기 설치간격 적정 여부<br>④ 저장용기 개방밸브 자동·수동 개방 및 안전장치 부착 여부<br>❺ 저장용기와 집합관 연결배관상 체크밸브 설치 여부<br>❻ 저장용기 안전밸브 설치 적정 여부<br>❼ 저장용기 정압작동장치 설치 적정 여부<br>❽ 저장용기 청소장치 설치 적정 여부<br>⑨ 저장용기 지시압력계 설치 및 충전압력 적정 여부(축압식의 경우)</td></tr>
<tr><td>가압용 가스용기</td><td colspan="2">① 가압용 가스용기 저장용기 접속 여부<br>② 가압용 가스용기 전자개방밸브 부착 적정 여부<br>③ 가압용 가스용기 압력조정기 설치 적정 여부<br>④ 가압용 또는 축압용 가스 종류 및 가스량 적정 여부<br>❺ 배관청소용 가스 별도 용기 저장 여부</td></tr>
<tr><td>소화약제</td><td colspan="2">소화약제 저장량 적정 여부</td></tr>
<tr><td rowspan="3">기동장치</td><td colspan="2">방호구역별 출입구 부근 소화약제 방출표시등 설치 및 정상작동 여부</td></tr>
<tr><td>수동식 기동장치</td><td>① 기동장치 부근에 비상스위치 설치 여부<br>❷ 방호구역별 또는 방호대상별 기동장치 설치 여부<br>③ 기동장치 설치 적정(출입구 부근 등, 높이, 보호장치, 표지, 전원표시등) 여부<br>④ 방출용 스위치 음향경보장치 연동 여부</td></tr>
<tr><td>자동식 기동장치</td><td>① 감지기 작동과의 연동 및 수동기동 가능 여부<br>❷ 저장용기 수량에 따른 전자개방밸브 수량 적정 여부(전기식 기동장치의 경우)<br>③ 기동용 가스용기의 용적, 충전압력 적정 여부(가스압력식 기동장치의 경우)<br>❹ 기동용 가스용기의 안전장치, 압력게이지 설치 여부(가스압력식 기동장치의 경우)<br>❺ 저장용기 개방구조 적정 여부(기계식 기동장치의 경우)</td></tr>
<tr><td rowspan="3">제어반 및<br>화재표시반</td><td colspan="2">① 설치장소 적정 및 관리 여부<br>② 회로도 및 취급설명서 비치 여부</td></tr>
<tr><td>제어반</td><td>① 수동기동장치 또는 감지기 신호 수신시 음향경보장치 작동기능 정상 여부<br>② 소화약제 방출·지연 및 기타 제어 기능 적정 여부<br>③ 전원표시등 설치 및 정상 점등 여부</td></tr>
<tr><td>화재표시반</td><td>① 방호구역별 표시등(음향경보장치 조작, 감지기 작동), 경보기 설치 및 작동 여부<br>② 수동식 기동장치 작동표시표시등 설치 및 정상작동 여부<br>③ 소화약제 방출표시등 설치 및 정상작동 여부<br>❹ 자동식 기동장치 자동·수동 절환 및 절환표시등 설치 및 정상작동 여부</td></tr>
<tr><td>배관 등</td><td colspan="2">배관의 변형·손상 유무</td></tr>
<tr><td>선택밸브</td><td colspan="2">선택밸브 설치기준 적합 여부</td></tr>
</table>

| | | |
|---|---|---|
| 분사헤드 | 전역방출방식 | ① 분사헤드의 **변형·손상** 유무<br>❷ 분사헤드의 설치위치 적정 여부 |
| | 국소방출방식 | ① 분사헤드의 **변형·손상** 유무<br>❷ 분사헤드의 설치장소 적정 여부 |
| | 호스릴방식 | ❶ 방호대상물 각 부분으로부터 호스접결구까지 수평거리 적정 여부<br>② 소화약제저장용기의 위치표시등 정상 점등 및 표지 설치 여부<br>❸ 호스릴소화설비 설치장소 적정 여부 |
| 화재감지기 | ① 방호구역별 화재감지기 감지에 의한 기동장치 작동 여부<br>❷ 교차회로(또는 NFPC 203 제7조 제①항, NFTC 203 2.4.1 단서 감지기) 설치 여부<br>❸ 화재감지기별 유효바닥면적 적정 여부 | |
| 음향경보장치 | ① 기동장치 조작시(수동식-방출용 스위치, 자동식-화재감지기) 경보 여부<br>② 약제 방사 개시(또는 방출압력스위치 작동) 후 **1분** 이상 경보 여부<br>❸ 방호구역 또는 방호대상물 구획 안에서 유효한 경보 가능 여부 | |
| | 방송에 따른 경보장치 | ❶ **증폭기** 재생장치의 설치장소 적정 여부<br>❷ 방호구역·방호대상물에서 **확성기** 간 수평거리 적정 여부<br>❸ 제어반 복구스위치 조작시 경보 지속 여부 |
| 비상전원 | ❶ 설치장소 적정 및 관리 여부<br>② 자가발전설비인 경우 연료적정량 보유 여부<br>③ 자가발전설비인 경우 「전기사업법」에 따른 정기점검 결과 확인 | |
| 비고 | ※ 특정소방대상물의 위치·구조·용도 및 소방시설의 상황 등이 이 표의 항목대로 기재하기 곤란하거나 이 표에서 누락된 사항을 기재한다. | |

※ "●"는 종합점검의 경우에만 해당

# 14 피난기구 · 인명구조기구

## 1 피난기구 · 인명구조기구의 작동점검

| 구 분 | 점검항목 |
|---|---|
| 피난기구 공통사항<br>점검 05회 | ① 피난에 유효한 **개구부 확보**(크기, 높이에 따른 발판, 창문 파괴장치) 및 관리상태<br>② 피난기구의 부착위치 및 부착방법 적정 여부<br>③ 피난기구(지지대 포함)의 **변형 · 손상** 또는 **부식**이 있는지 여부<br>④ 피난기구의 위치표시 표지 및 사용방법 표지 부착 적정 여부 |
| 인명구조기구 | ① 설치장소 적정(화재시 반출 용이성) 여부<br>② **"인명구조기구"** 표시 및 사용방법 표지 설치 적정 여부<br>③ 인명구조기구의 **변형** 또는 **손상**이 있는지 여부 |
| 비고 | ※ 특정소방대상물의 위치 · 구조 · 용도 및 소방시설의 상황 등이 이 표의 항목대로 기재하기 곤란하거나 이 표에서 누락된 사항을 기재한다. |

## 2 피난기구 · 인명구조기구의 종합점검

| 구 분 | 점검항목 |
|---|---|
| 피난기구 공통사항 | ❶ 대상물 **용도별 · 층별 · 바닥면적별** 피난기구 종류 및 설치개수 적정 여부<br>② 피난에 유효한 **개구부 확보**(크기, 높이에 따른 발판, 창문 파괴장치) 및 관리상태<br>❸ 개구부 **위치** 적정(동일직선상이 아닌 위치) 여부<br>④ 피난기구의 부착위치 및 부착방법 적정 여부<br>⑤ 피난기구(지지대 포함)의 **변형 · 손상** 또는 **부식**이 있는지 여부<br>⑥ 피난기구의 위치표시 표지 및 사용방법 표지 부착 적정 여부<br>❼ 피난기구의 설치제외 및 설치감소 적합 여부 |
| 공기안전매트 · 피난사다리 · (간이)완강기 · 미끄럼대 · 구조대 | ❶ 공기안전매트 설치 여부<br>❷ 공기안전매트 설치 공간 확보 여부<br>❸ 피난사다리(**4층 이상**의 층)의 구조(**금속성** 고정사다리) 및 **노대** 설치 여부<br>❹ (간이)완강기의 구조(로프 손상 방지) 및 길이 적정 여부<br>❺ 숙박시설의 **객실**마다 완강기(**1개**) 또는 간이완강기(**2개 이상**) 추가 설치 여부<br>❻ 미끄럼대의 **구조** 적정 여부<br>❼ 구조대의 **길이** 적정 여부 |
| 다수인 피난장비 | ❶ 설치장소 적정(피난 용이, 안전하게 하강, 피난층의 충분한 착지 공간) 여부<br>❷ 보관실 설치 적정(건물 외측 돌출, 빗물 · 먼지 등으로부터 장비 보호) 여부<br>❸ 보관실 **외측문** 개방 및 **탑승기** 자동전개 여부<br>❹ 보관실 문 오작동 방지조치 및 문 개방시 경보설비 연동(경보) 여부 |
| 승강식 피난기 · 하향식 피난구용 내림식 사다리<br>점검 17회 | ❶ 대피실 출입문 **60분+방화문 또는 60분 방화문** 설치 및 표지 부착 여부<br>❷ 대피실 표지(층별 위치표시, 피난기구 사용설명서 및 주의사항) 부착 여부<br>❸ 대피실 출입문 개방 및 피난기구 작동시 표시등 · 경보장치 작동 적정 여부 및 감시제어반 피난기구 작동 확인 가능 여부<br>❹ 대피실 **면적** 및 **하강구** 규격 적정 여부<br>❺ 하강구 내측 연결금속구 존재 및 피난기구 전개시 장애발생 여부<br>❻ 대피실 내부 비상조명등 설치 여부 |
| 인명구조기구 | ① 설치장소 적정(화재시 반출 용이성) 여부<br>② **"인명구조기구"** 표시 및 사용방법 표지 설치 적정 여부<br>③ 인명구조기구의 **변형** 또는 **손상**이 있는지 여부<br>❹ 대상물 용도별 · 장소별 설치 인명구조기구 종류 및 설치개수 적정 여부 |
| 비고 | ※ 특정소방대상물의 위치 · 구조 · 용도 및 소방시설의 상황 등이 이 표의 항목대로 기재하기 곤란하거나 이 표에서 누락된 사항을 기재한다. |

※ "●"는 종합점검의 경우에만 해당

## 3 피난기구의 외관점검

| 구 분 | 점검항목 |
|---|---|
| 피난기구 | ① 피난에 유효한 **개구부** 확보(크기, 높이에 따른 발판, 창문 파괴장치) 및 관리 상태<br>② 피난기구(지지대 포함)의 **변형 · 손상** 또는 부식이 있는지 여부<br>③ 피난기구의 **위치표시** 표지 및 **사용방법** 표지 부착 적정 여부 |

비교

**피난기구, 유도등(유도표지), 비상조명등 및 휴대용 비상조명등의 외관점검**

| 구 분 | 점검항목 |
|---|---|
| 피난기구 | ① 피난에 유효한 **개구부** 확보(크기, 높이에 따른 발판, 창문 파괴장치) 및 관리 상태<br>② 피난기구(지지대 포함)의 **변형 · 손상** 또는 부식이 있는지 여부<br>③ 피난기구의 **위치표시** 표지 및 **사용방법** 표지 부착 적정 여부 |
| 유도등 | ① 유도등 **상시**(3선식의 경우 점검스위치 작동시) **점등** 여부<br>② 유도등의 **변형** 및 손상 여부<br>③ **장애물** 등으로 인한 시각장애 여부 |
| 유도표지 | ① 유도표지의 **변형** 및 손상 여부<br>② **설치 상태**(쉽게 떨어지지 않는 방식, 장애물 등으로 시각장애 유무) 적정 여부 |
| 비상조명등 | ① 비상조명등 **변형 · 손상** 여부<br>② **예비전원 내장형**의 경우 점검스위치 설치 및 정상 작동 여부 |
| 휴대용 비상조명등 | ① 휴대용 비상조명등의 **변형** 및 손상 여부<br>② 사용 시 **자동**으로 **점등**되는지 여부 |

# 15 제연설비

## 1 제연설비의 작동점검 점검 05회

| 구 분 | 점검항목 |
|---|---|
| 배출구 | 배출구 **변형·훼손** 여부 |
| 유입구 | ① 공기유입구 설치 위치 적정 여부<br>② 공기유입구 **변형·훼손** 여부 |
| 배출기 점검 17회 | ① 배출기 회전이 원활하며 회전방향 정상 여부<br>② **변형·훼손** 등이 없고 **V-벨트** 기능 정상 여부<br>③ 본체의 **방청**, **보존상태** 및 **캔버스** 부식 여부 |
| 비상전원 | ① 자가발전설비인 경우 연료적정량 보유 여부<br>② 자가발전설비인 경우 「전기사업법」에 따른 정기점검 결과 확인 |
| 기동 | ① 가동식의 **벽·제연경계벽·댐퍼** 및 **배출기** 정상작동(화재감지기 연동) 여부<br>② 예상제연구역 및 제어반에서 가동식의 **벽·제연경계벽·댐퍼** 및 **배출기** 수동기동 가능 여부<br>③ 제어반 각종 **스위치류** 및 **표시장치**(작동표시등 등) 기능의 이상 여부 |
| 비고 | ※ 특정소방대상물의 위치·구조·용도 및 소방시설의 상황 등이 이 표의 항목대로 기재하기 곤란하거나 이 표에서 누락된 사항을 기재한다. |

## 2 제연설비의 종합점검

| 구 분 | 점검항목 |
|---|---|
| 제연구역의 구획 | ● 제연구역의 구획 방식 적정 여부<br>- 제연경계의 **폭**, **수직거리** 적정 설치 여부<br>- 제연경계벽은 가동시 **급속**하게 **하강**되지 **아니**하는 구조 |
| 배출구 점검 20회 | ❶ 배출구 설치위치(수평거리) 적정 여부<br>② 배출구 **변형·훼손** 여부 |
| 유입구 | ① 공기유입구 설치위치 적정 여부<br>② 공기유입구 **변형·훼손** 여부<br>❸ 옥외에 면하는 **배출구** 및 **공기유입구** 설치 적정 여부 |
| 배출기 점검 13회 | ❶ 배출기와 배출풍도 사이 **캔버스** 내열성 확보 여부<br>② 배출기 회전이 원활하며 회전방향 정상 여부<br>③ **변형·훼손** 등이 없고 **V-벨트** 기능 정상 여부<br>④ 본체의 **방청**, **보존상태** 및 **캔버스** 부식 여부<br>❺ 배풍기 내열성 단열재 단열처리 여부 |
| 비상전원 | ❶ 비상전원 설치장소 적정 및 관리 여부<br>② 자가발전설비인 경우 연료적정량 보유 여부<br>③ 자가발전설비인 경우 「전기사업법」에 따른 정기점검 결과 확인 |
| 기동 점검 15회 | ① 가동식의 **벽·제연경계벽·댐퍼** 및 **배출기** 정상작동(화재감지기 연동) 여부<br>② 예상제연구역 및 제어반에서 가동식의 **벽·제연경계벽·댐퍼** 및 **배출기** 수동기동 가능 여부<br>③ 제어반 각종 **스위치류** 및 **표시장치**(작동표시등 등) 기능의 이상 여부 |
| 비고 | ※ 특정소방대상물의 위치·구조·용도 및 소방시설의 상황 등이 이 표의 항목대로 기재하기 곤란하거나 이 표에서 누락된 사항을 기재한다. |

※ "●"는 종합점검의 경우에만 해당

## 3 제연설비의 외관점검

| 구 분 | 점검항목 |
|---|---|
| 제연구역의 구획 | **제연경계의 폭**, **수직거리** 적정 설치 여부 |
| 배출구, 유입구 | 배출구, 공기유입구 **변형**·훼손 여부 |
| 기동장치 | **제어반** 각종 **스위치류 표시장치**(작동표시등 등) 정상 여부 |

비교

**제연설비, 특별피난계단**의 **계단실** 및 **부속실 제연설비**의 **외관점검**

| 구 분 | 점검항목 |
|---|---|
| 제연구역의 구획 | **제연경계**의 **폭**, **수직거리** 적정 설치 여부 |
| 배출구, 유입구 | 배출구, 공기유입구 **변형**·훼손 여부 |
| 기동장치 | **제어반** 각종 **스위치류 표시장치**(작동표시등 등) 정상 여부 |
| 외기취입구<br>(특별피난계단의 계단실 및 부속실 제연설비) | ① **설치위치**(오염공기 유입방지, 배기구 등으로부터 이격거리) 적정 여부<br>② **설치구조**(빗물·이물질 유입방지 등) 적정 여부 |
| 제연구역의 출입문<br>(특별피난계단의 계단실 및 부속실 제연설비) | **폐쇄상태** 유지 또는 화재시 **자동폐쇄구조** 여부 |
| 수동기동장치<br>(특별피난계단의 계단실 및 부속실 제연설비) | 기동장치 **설치**(위치, 전원표시등 등) **적정** 여부 |

# 16 특별피난계단의 계단실 및 부속실 제연설비

## 1 특별피난계단의 계단실 및 부속실 제연설비의 작동점검

| 구 분 | 점검항목 |
|---|---|
| 수직풍도에 따른 배출 | ① 배출댐퍼 설치(개폐 여부 확인 기능, 화재감지기 동작에 따른 개방) 적정 여부<br>② 배출용 송풍기가 설치된 경우 화재감지기 연동기능 적정 여부 |
| 급기구 | 급기댐퍼 설치상태(화재감지기 동작에 따른 개방) 적정 여부 |
| 송풍기 | ① 설치장소 적정(화재영향, 접근·점검 용이성) 여부<br>② 화재감지기 동작 및 수동조작에 따라 작동하는지 여부 |
| 외기취입구 | 설치위치(오염공기 유입방지, 배기구 등으로부터 이격거리) 적정 여부 |
| 제연구역의 출입문 | 폐쇄상태 유지 또는 화재시 자동폐쇄 구조 여부 |
| 수동기동장치 | ① 기동장치 설치(위치, 전원표시등 등) 적정 여부<br>② 수동기동장치(옥내 수동발신기 포함) 조작시 관련 장치 정상작동 여부 |
| 제어반 | ① 비상용 축전지의 정상 여부<br>② 제어반 감시 및 원격조작기능 적정 여부 |
| 비상전원 | ① 자가발전설비인 경우 연료적정량 보유 여부<br>② 자가발전설비인 경우 「전기사업법」에 따른 정기점검 결과 확인 |
| 비고 | ※ 특정소방대상물의 위치·구조·용도 및 소방시설의 상황 등이 이 표의 항목대로 기재하기 곤란하거나 이 표에서 누락된 사항을 기재한다. |

## 2 특별피난계단의 계단실 및 부속실 제연설비의 종합점검 점검 09회

| 구 분 | 점검항목 |
|---|---|
| 과압방지조치 | ● **자동차압·과압조절형** 댐퍼(또는 **플랩댐퍼**)를 사용한 경우 성능 적정 여부 |
| 수직풍도에 따른 배출 | ① 배출댐퍼 설치(개폐 여부 확인 기능, 화재감지기 동작에 따른 개방) 적정 여부<br>② 배출용 송풍기가 설치된 경우 화재감지기 연동 기능 적정 여부 |
| 급기구 | 급기댐퍼 설치상태(화재감지기 동작에 따른 개방) 적정 여부 |
| 송풍기 | ① 설치장소 적정(화재영향, 접근·점검 용이성) 여부<br>② 화재감지기 동작 및 수동조작에 따라 작동하는지 여부<br>❸ 송풍기와 연결되는 **캔버스** 내열성 확보 여부 |
| 외기취입구 | ① 설치위치(오염공기 유입방지, 배기구 등으로부터 이격거리) 적정 여부<br>❷ 설치구조(빗물·이물질 유입방지, 옥외의 풍속과 풍향에 영향) 적정 여부 |
| 제연구역의 출입문 | ① 폐쇄상태 유지 또는 화재시 자동폐쇄 구조 여부<br>❷ 자동폐쇄장치 **폐쇄력** 적정 여부 |
| 수동기동장치 | ① 기동장치 설치(위치, 전원표시등 등) 적정 여부<br>② 수동기동장치(옥내 수동발신기 포함) 조작시 관련 장치 정상작동 여부 |
| 제어반 | ① 비상용 축전지의 정상 여부<br>② 제어반 감시 및 원격조작 기능 적정 여부 |
| 비상전원 | ❶ 비상전원 설치장소 적정 및 관리 여부<br>② 자가발전설비인 경우 연료적정량 보유 여부<br>③ 자가발전설비인 경우 「전기사업법」에 따른 정기점검 결과 확인 |
| 비고 | ※ 특정소방대상물의 위치·구조·용도 및 소방시설의 상황 등이 이 표의 항목대로 기재하기 곤란하거나 이 표에서 누락된 사항을 기재한다. |

※ "●"는 종합점검의 경우에만 해당

## 3 특별피난계단의 계단실 및 부속실 제연설비의 외관점검

| 구 분 | 점검항목 |
|---|---|
| 제연구역의 구획 | 제연경계의 **폭**, **수직거리** 적정 설치 여부 |
| 배출구, 유입구 | 배출구, 공기유입구 **변형**·훼손 여부 |
| 기동장치 | **제어반** 각종 **스위치류 표시장치**(작동표시등 등) 정상 여부 |
| 외기취입구<br>(특별피난계단의 계단실 및 부속실 제연설비) | ① **설치위치**(오염공기 유입방지, 배기구 등으로부터 이격거리) 적정 여부<br>② **설치구조**(빗물·이물질 유입방지 등) 적정 여부 |
| 제연구역의 출입문<br>(특별피난계단의 계단실 및 부속실 제연설비) | **폐쇄상태** 유지 또는 화재시 **자동폐쇄구조** 여부 |
| 수동기동장치<br>(특별피난계단의 계단실 및 부속실 제연설비) | 기동장치 **설치**(위치, 전원표시등 등) **적정** 여부 |

# 17 연소방지설비

## 1 연소방지설비의 작동점검

| 구 분 | 점검항목 |
|---|---|
| 배관 | 급수배관 개폐밸브 적정(개폐표시형) 설치 및 관리상태 적합 여부 |
| 방수헤드 | ① 헤드의 **변형·손상** 유무<br>② 헤드 **살수장애** 여부<br>③ 헤드 상호간 거리 적정 여부 |
| 송수구 | ① 설치장소 적정 여부<br>② 송수구 **1m** 이내 살수구역 안내표지 설치상태 적정 여부<br>③ 설치높이 적정 여부<br>④ 송수구 **마개** 설치상태 적정 여부 |
| 비고 | ※ 특정소방대상물의 위치·구조·용도 및 소방시설의 상황 등이 이 표의 항목대로 기재하기 곤란하거나 이 표에서 누락된 사항을 기재한다. |

## 2 연소방지설비의 종합점검

| 구 분 | 점검항목 |
|---|---|
| 배관 | ① 급수배관 개폐밸브 적정(개폐표시형) 설치 및 관리상태 적합 여부<br>❷ 다른 설비의 배관과의 구분 상태 적정 여부 |
| 방수헤드 | ① 헤드의 **변형·손상** 유무<br>② 헤드 **살수장애** 여부<br>③ 헤드 상호간 거리 적정 여부<br>❹ 살수구역 설정 적정 여부 |
| 송수구 | ① 설치장소 적정 여부<br>❷ 송수구 구경(**65mm**) 및 형태(**쌍구형**) 적정 여부<br>③ 송수구 **1m** 이내 살수구역 안내표지 설치상태 적정 여부<br>④ 설치높이 적정 여부<br>❺ 자동배수밸브 설치상태 적정 여부<br>❻ 연결배관에 개폐밸브를 설치한 경우 개폐상태 확인 및 조작 가능 여부<br>⑦ 송수구 **마개** 설치상태 적정 여부 |
| 방화벽 | ❶ **방화문** 관리상태 및 정상기능 적정 여부<br>❷ 관통부위 내화성 **화재차단제** 마감 여부 |
| 비고 | ※ 특정소방대상물의 위치·구조·용도 및 소방시설의 상황 등이 이 표의 항목대로 기재하기 곤란하거나 이 표에서 누락된 사항을 기재한다. |

※ "●"는 종합점검의 경우에만 해당

## 3 연소방지설비 지하구의 외관점검

| 구 분 | 점검항목 |
|---|---|
| 지하구<br>(연소방지설비 등) | ① 연소방지설비 **헤드**의 변형·손상 여부<br>② 연소방지설비 **송수구 1m** 이내 살수구역 안내표지 설치상태 적정 여부 |
| 방화벽 | **방화문** 관리상태 및 **정상기능** 적정 여부 |

비교

**비상콘센트설비, 무선통신보조설비, 지하구**의 **외관점검**

| 구 분 | 점검항목 |
|---|---|
| 비상콘센트설비 콘센트 | **변형**·손상·현저한 부식이 없고 전원의 정상 공급 여부 |
| 비상콘센트설비 보호함 | ① **"비상콘센트" 표지** 설치상태 적정 여부<br>② **위치표시등** 설치 및 정상 점등 여부 |
| 무선통신보조설비<br>무선기기접속단자 | ① 설치장소(소방활동 용이성, 상시 근무장소) 적정 여부<br>② 보호함 **"무선기기접속단자"** 표지 설치 여부 |
| 지하구<br>(연소방지설비 등) | ① 연소방지설비 **헤드**의 변형·손상 여부<br>② 연소방지설비 **송수구 1m** 이내 살수구역 안내표지 설치상태 적정 여부 |
| 방화벽 | **방화문** 관리상태 및 **정상기능** 적정 여부 |

# 18 연결살수설비

## 1 연결살수설비의 작동점검

| 구 분 | 점검항목 |
|---|---|
| 송수구 | ① 설치장소 적정 여부<br>② 송수구 구경(**65mm**) 및 형태(**쌍구형**) 적정 여부<br>③ 송수구역별 호스접결구 설치 여부(개방형 헤드의 경우)<br>④ 설치높이 적정 여부<br>⑤ "**연결살수설비송수구**" 표지 및 송수구역 일람표 설치 여부<br>⑥ 송수구 **마개** 설치 여부<br>⑦ 송수구의 **변형** 또는 **손상** 여부<br>⑧ 자동배수밸브 설치상태 적정 여부 |
| 선택밸브 | ① 선택밸브 적정 설치 및 정상작동 여부<br>② 선택밸브 부근 송수구역 **일람표** 설치 여부 |
| 배관 등 | ① 급수배관 개폐밸브 설치 적정(개폐표시형, 흡입측 버터플라이 제외) 여부<br>② 시험장치 설치 적정 여부(폐쇄형 헤드의 경우) |
| 헤드 | ① 헤드의 **변형·손상** 유무<br>② 헤드 설치 **위치·장소·상태**(고정) 적정 여부<br>③ 헤드 살수장애 여부 |
| 비고 | ※ 특정소방대상물의 위치·구조·용도 및 소방시설의 상황 등이 이 표의 항목대로 기재하기 곤란하거나 이 표에서 누락된 사항을 기재한다. |

## 2 연결살수설비의 종합점검

| 구 분 | 점검항목 |
|---|---|
| 송수구 | ① 설치장소 적정 여부<br>② 송수구 구경(**65mm**) 및 형태(**쌍구형**) 적정 여부<br>③ 송수구역별 호스접결구 설치 여부(개방형 헤드의 경우)<br>④ 설치높이 적정 여부<br>❺ 송수구에서 주배관상 연결배관 개폐밸브 설치 여부<br>⑥ "**연결살수설비송수구**" 표지 및 송수구역 일람표 설치 여부<br>⑦ 송수구 **마개** 설치 여부<br>⑧ 송수구의 **변형** 또는 **손상** 여부<br>❾ **자동배수밸브** 및 **체크밸브** 설치순서 적정 여부<br>⑩ 자동배수밸브 설치상태 적정 여부<br>⓫ 1개 송수구역 설치 살수헤드 수량 적정 여부(개방형 헤드의 경우) |
| 선택밸브 | ① 선택밸브 적정 설치 및 정상작동 여부<br>② 선택밸브 부근 송수구역 **일람표** 설치 여부 |
| 배관 등 | ① 급수배관 개폐밸브 설치 적정(개폐표시형, 흡입측 버터플라이 제외) 여부<br>❷ **동결방지조치** 상태 적정 여부(습식의 경우)<br>❸ 주배관과 타 설비 배관 및 수조 접속 적정 여부(폐쇄형 헤드의 경우)<br>④ 시험장치 설치 적정 여부(폐쇄형 헤드의 경우)<br>❺ 다른 설비의 배관과의 구분 상태 적정 여부 |
| 헤드<br>점검 01회 | ① 헤드의 **변형·손상** 유무<br>② 헤드 설치 **위치·장소·상태**(고정) 적정 여부<br>③ 헤드 살수장애 여부 |
| 비고 | ※ 특정소방대상물의 위치·구조·용도 및 소방시설의 상황 등이 이 표의 항목대로 기재하기 곤란하거나 이 표에서 누락된 사항을 기재한다. |

※ "●"는 종합점검의 경우에만 해당

## 3 연결살수설비의 외관점검

| 구 분 | 점검항목 |
|---|---|
| 연결살수설비 송수구 | ① **표지** 및 **송수구역 일람표** 설치 여부<br>② 송수구의 **변형** 또는 손상 여부 |
| 연결살수설비 헤드 | ① 헤드의 **변형**·손상 유무<br>② 헤드 **살수장애** 여부 |

비교

**연결살수설비, 연결송수관설비**의 **외관점검**

| 구 분 | 점검항목 |
|---|---|
| 연결송수관설비 송수구 | **표지** 및 **송수압력범위** 표지 적정 설치 여부 |
| 방수구 | **위치표시**(표시등, 축광식 표지) 적정 여부 |
| 방수기구함 | ① **호스** 및 **관창** 비치 적정 여부<br>② **"방수기구함"** 표지 설치상태 적정 여부 |
| 연결살수설비 송수구 | ① **표지** 및 **송수구역 일람표** 설치 여부<br>② 송수구의 **변형** 또는 손상 여부 |
| 연결살수설비 헤드 | ① 헤드의 **변형**·손상 유무<br>② 헤드 **살수장애** 여부 |

# 19 연결송수관설비

## 1 연결송수관설비의 작동점검

| 구 분 | 점검항목 |
|---|---|
| 송수구 | ① 설치장소 적정 여부<br>② 지면으로부터 설치높이 적정 여부<br>③ 급수개폐밸브가 설치된 경우 설치상태 적정 및 정상 기능 여부<br>④ 수직배관별 **1개** 이상 송수구 설치 여부<br>⑤ "**연결송수관설비송수구**" 표지 및 송수압력범위 표지 적정 설치 여부<br>⑥ 송수구 **마개** 설치 여부 |
| 방수구 | ① 방수구 형태 및 구경 적정 여부<br>② 위치표시(표시등, 축광식 표지) 적정 여부<br>③ 개폐기능 설치 여부 및 상태 적정(닫힌 상태) 여부 |
| 방수기구함 | ① **호스** 및 **관창** 비치 적정 여부<br>② "**방수기구함**" 표지 설치상태 적정 여부 |
| 가압송수장치 | ① 펌프 토출량 및 양정 적정 여부<br>② 방수구 개방시 자동기동 여부<br>③ 수동기동스위치 설치상태 적정 및 수동스위치 조작에 따른 기동 여부<br>④ 가압송수장치 "**연결송수관펌프**" 표지 설치 여부<br>⑤ 자가발전설비인 경우 연료적정량 보유 여부<br>⑥ 자가발전설비인 경우 「전기사업법」에 따른 정기점검 결과 확인 |
| 비고 | ※ 특정소방대상물의 위치·구조·용도 및 소방시설의 상황 등이 이 표의 항목대로 기재하기 곤란하거나 이 표에서 누락된 사항을 기재한다. |

## 2 연결송수관설비의 종합점검

| 구 분 | 점검항목 |
|---|---|
| 송수구 | ① 설치장소 적정 여부<br>② 지면으로부터 설치높이 적정 여부<br>③ 급수개폐밸브가 설치된 경우 설치상태 적정 및 정상 기능 여부<br>④ 수직배관별 **1개** 이상 송수구 설치 여부<br>⑤ "**연결송수관설비송수구**" 표지 및 송수압력범위 표지 적정 설치 여부<br>⑥ 송수구 **마개** 설치 여부 |
| 배관 등 | ❶ 겸용 급수배관 적정 여부<br>❷ 다른 설비의 배관과의 구분 상태 적정 여부 |
| 방수구 | ❶ 설치기준(층, 개수, 위치, 높이) 적정 여부<br>② 방수구 형태 및 구경 적정 여부<br>③ 위치표시(표시등, 축광식 표지) 적정 여부<br>④ 개폐기능 설치 여부 및 상태 적정(닫힌 상태) 여부 |
| 방수기구함 | ❶ 설치기준(층, 위치) 적정 여부<br>② **호스** 및 **관창** 비치 적정 여부<br>③ "**방수기구함**" 표지 설치상태 적정 여부 |

| | |
|---|---|
| 가압송수장치 | ❶ 가압송수장치 설치장소 기준 적합 여부<br>❷ 펌프 흡입측 **연성계·진공계** 및 **토출측 압력계** 설치 여부<br>❸ **성능시험배관** 및 **순환배관** 설치 적정 여부<br>④ 펌프 토출량 및 양정 적정 여부<br>⑤ 방수구 개방시 자동기동 여부<br>⑥ 수동기동스위치 설치상태 적정 및 수동스위치 조작에 따른 기동 여부<br>⑦ 가압송수장치 **"연결송수관펌프"** 표지 설치 여부<br>❽ 비상전원 설치장소 적정 및 관리 여부<br>⑨ 자가발전설비인 경우 연료적정량 보유 여부<br>⑩ 자가발전설비인 경우 「전기사업법」에 따른 정기점검 결과 확인 |
| 비고 | ※ 특정소방대상물의 위치·구조·용도 및 소방시설의 상황 등이 이 표의 항목대로 기재하기 곤란하거나 이 표에서 누락된 사항을 기재한다. |

※ "●"는 종합점검의 경우에만 해당

## 3 연결송수관설비의 외관점검

| 구 분 | 점검항목 |
|---|---|
| 연결송수관설비 송수구 | **표지** 및 **송수압력범위** 표지 적정 설치 여부 |
| 방수구 | **위치표시**(표시등, 축광식 표지) 적정 여부 |
| 방수기구함 | ① **호스** 및 **관창** 비치 적정 여부<br>② **"방수기구함"** 표지 설치상태 적정 여부 |

# 20 소화용수설비

## 1 소화용수설비의 작동점검

| 구 분 | | 점검항목 |
|---|---|---|
| 소화수조 및 저수조 | 수원 | 수원의 유효수량 적정 여부 |
| | 흡수관투입구 | ① 소방차 접근 용이성 적정 여부<br>② "**흡수관투입구**" 표지 설치 여부 |
| | 채수구 | ① 소방차 접근 용이성 적정 여부<br>② 개폐밸브의 조작 용이성 여부 |
| | 가압송수장치 | ① 기동스위치 **채수구** 직근 설치 여부 및 정상작동 여부<br>② "**소화용수설비펌프**" 표지 설치상태 적정 여부<br>③ 성능시험배관 적정 설치 및 정상작동 여부<br>④ 순환배관 설치 적정 여부<br>⑤ 물올림장치 설치 적정(전용 여부, 유효수량, 배관구경, 자동급수) 여부<br>⑥ 내연기관방식의 펌프 설치 적정(제어반 기동, 채수구 원격조작, 기동표시등 설치, 축전지 설비) 여부 |
| 상수도 소화용수설비 | | ① 소화전 위치 적정 여부<br>② 소화전 관리상태(변형·손상 등) 및 방수 원활 여부 |
| 비고 | | ※ 특정소방대상물의 위치·구조·용도 및 소방시설의 상황 등이 이 표의 항목대로 기재하기 곤란하거나 이 표에서 누락된 사항을 기재한다. |

## 2 소화용수설비의 종합점검

| 구 분 | | 점검항목 |
|---|---|---|
| 소화수조 및 저수조 | 수원 점검 06회 | 수원의 유효수량 적정 여부 |
| | 흡수관투입구 | ① 소방차 접근 용이성 적정 여부<br>❷ **크기** 및 **수량** 적정 여부<br>③ "**흡수관투입구**" 표지 설치 여부 |
| | 채수구 | ① 소방차 접근 용이성 적정 여부<br>❷ **결합금속구** 구경 적정 여부<br>❸ **채수구** 수량 적정 여부<br>④ 개폐밸브의 조작 용이성 여부 |
| | 가압송수장치 | ① 기동스위치 **채수구** 직근 설치 여부 및 정상작동 여부<br>② "**소화용수설비펌프**" 표지 설치상태 적정 여부<br>❸ 동결방지조치 상태 적정 여부<br>❹ 토출측 **압력계**, 흡입측 **연성계** 또는 **진공계** 설치 여부<br>⑤ 성능시험배관 적정 설치 및 정상작동 여부<br>⑥ 순환배관 설치 적정 여부<br>❼ 물올림장치 설치 적정(전용 여부, 유효수량, 배관구경, 자동급수) 여부<br>⑧ 내연기관방식의 펌프 설치 적정(제어반 기동, 채수구 원격조작, 기동표시등 설치, 축전지 설비) 여부 |
| 상수도 소화용수설비 | | ① 소화전 위치 적정 여부<br>② 소화전 관리상태(변형·손상 등) 및 방수 원활 여부 |
| 비고 | | ※ 특정소방대상물의 위치·구조·용도 및 소방시설의 상황 등이 이 표의 항목대로 기재하기 곤란하거나 이 표에서 누락된 사항을 기재한다. |

※ "●"는 종합점검의 경우에만 해당

CHAPTER

# 02 소방시설 등 점검표(전기분야)

## 1 자동화재탐지설비 및 시각경보장치

### 1 자동화재탐지설비 및 시각경보장치의 작동점검

| 구 분 | 점검항목 |
|---|---|
| 수신기<br>점검 15회, 19회 | ① 수신기 설치장소 적정(관리 용이) 여부<br>② 조작스위치의 높이는 적정하며 정상위치에 있는지 여부<br>③ **경계구역 일람도** 비치 여부<br>④ 수신기 음향기구의 **음량·음색** 구별 가능 여부<br>⑤ 수신기 **기록장치** 데이터 발생 표시시간과 표준시간 일치 여부 |
| 감지기 | ① 연기감지기 설치장소 적정 설치 여부<br>② 감지기 설치(감지면적 및 배치거리) 적정 여부<br>③ 감지기 **변형·손상** 확인 및 작동시험 적합 여부 |
| 음향장치 | ① **주음향장치** 및 **지구음향장치** 설치 적정 여부<br>② **음향장치**(경종 등) **변형·손상** 확인 및 정상작동(음량 포함) 여부 |
| 시각경보장치 | ① 시각경보장치 설치 장소 및 높이 적정 여부<br>② 시각경보장치 **변형·손상** 확인 및 정상작동 여부 |
| 발신기 | ① 발신기 설치 **장소**, **위치**(수평거리) 및 **높이** 적정 여부<br>② 발신기 **변형·손상** 확인 및 정상작동 여부<br>③ 위치표시등 **변형·손상** 확인 및 정상 점등 여부 |
| 전원 | ① 상용전원 적정 여부<br>② 예비전원 성능 적정 및 상용전원 차단시 예비전원 자동전환 여부 |
| 배선 | 수신기 **도통시험** 회로 정상 여부 |
| 비고 | ※ 특정소방대상물의 위치·구조·용도 및 소방시설의 상황 등이 이 표의 항목대로 기재하기 곤란하거나 이 표에서 누락된 사항을 기재한다. |

### 2 자동화재탐지설비 및 시각경보장치의 종합점검

| 구 분 | 점검항목 |
|---|---|
| 경계구역 | ❶ 경계구역 구분 적정 여부<br>❷ 감지기를 공유하는 경우 **스프링클러·물분무소화·제연설비** 경계구역 일치 여부 |
| 수신기 | ① 수신기 설치장소 적정(관리 용이) 여부<br>② 조작스위치의 높이는 적정하며 정상위치에 있는지 여부<br>❸ 개별 경계구역 표시 가능 **회선수** 확보 여부<br>❹ 축적기능 보유 여부(**환기·면적·높이** 조건 해당할 경우)<br>⑤ **경계구역 일람도** 비치 여부<br>⑥ 수신기 음향기구의 **음량·음색** 구별 가능 여부<br>❼ **감지기·중계기·발신기** 작동 경계구역 표시 여부(종합방재반 연동 포함)<br>❽ **1개** 경계구역 **1개** 표시등 또는 문자 표시 여부<br>❾ 하나의 대상물에 수신기가 2 이상 설치된 경우 상호 연동되는지 여부<br>⑩ 수신기 **기록장치** 데이터 발생 표시시간과 표준시간 일치 여부 |

| | |
|---|---|
| 중계기 | ❶ **중계기** 설치위치 적정 여부(수신기에서 감지기회로 도통시험하지 않는 경우)<br>❷ 설치장소(조작·점검 편의성, 화재·침수 피해 우려) 적정 여부<br>❸ 전원입력측 배선상 과전류차단기 설치 여부<br>❹ 중계기 전원 정전시 수신기 표시 여부<br>❺ **상용전원** 및 **예비전원** 시험 적정 여부 |
| 감지기 | ❶ 부착 높이 및 장소별 감지기 종류 적정 여부<br>❷ 특정 장소(환기불량, 면적협소, 저층고)에 적응성이 있는 감지기 설치 여부<br>③ 연기감지기 설치장소 적정 설치 여부<br>❹ 감지기와 실내로의 공기유입구 간 **이격거리** 적정 여부<br>❺ 감지기 부착면 적정 여부<br>⑥ 감지기 설치(감지면적 및 배치거리) 적정 여부<br>❼ 감지기별 세부 설치기준 적합 여부<br>❽ 감지기 설치제외장소 적합 여부<br>⑨ 감지기 **변형·손상** 확인 및 작동시험 적합 여부 |
| 음향장치 | ① **주음향장치** 및 **지구음향장치** 설치 적정 여부<br>② **음향장치**(경종 등) **변형·손상** 확인 및 정상작동(음량 포함) 여부<br>❸ **우선경보** 기능 정상작동 여부 |
| 시각경보장치<br>점검 11회 | ① 시각경보장치 설치 장소 및 높이 적정 여부<br>② 시각경보장치 **변형·손상** 확인 및 정상작동 여부 |
| 발신기 | ① 발신기 설치 **장소**, **위치**(수평거리) 및 **높이** 적정 여부<br>② 발신기 **변형·손상** 확인 및 정상작동 여부<br>③ 위치표시등 **변형·손상** 확인 및 정상 점등 여부 |
| 전원 | ① 상용전원 적정 여부<br>② 예비전원 성능 적정 및 상용전원 차단시 예비전원 자동전환 여부 |
| 배선 | ❶ 종단저항 **설치 장소**, **위치** 및 **높이** 적정 여부<br>❷ 종단저항 **표지 부착** 여부(종단감지기에 설치할 경우)<br>③ 수신기 **도통시험** 회로 정상 여부<br>❹ 감지기회로 **송배선식** 적용 여부<br>❺ **1개** 공통선 접속 경계구역 수량 적정 여부(**P형** 또는 **GP형**의 경우) |
| 비고 | ※ 특정소방대상물의 위치·구조·용도 및 소방시설의 상황 등이 이 표의 항목대로 기재하기 곤란하거나 이 표에서 누락된 사항을 기재한다. |

※ "●"는 종합점검의 경우에만 해당

## 3 자동화재탐지설비 및 시각경보장치의 외관점검

| 구 분 | 점검항목 |
|---|---|
| 수신기 | ① **설치장소** 적정 및 **스위치** 정상위치 여부<br>② **상용전원** 공급 및 **전원표시등** 정상 점등 여부<br>③ **예비전원**(축전지)상태 적정 여부 |
| 감지기 | 감지기의 **변형** 또는 손상이 있는지 여부(단독경보형 감지기 포함) |
| 음향장치 | 음향장치(경종 등) **변형**·손상 여부 |
| 시각경보장치 | 시각경보장치 **변형**·손상 여부 |
| 발신기 | ① 발신기 **변형**·손상 여부<br>② **위치표시등 변형**·손상 및 정상 점등 여부 |

비교

**자동화재탐지설비, 비상경보설비, 시각경보기, 비상방송설비, 자동화재속보설비**의 **외관점검**

| 구 분 | 점검항목 |
|---|---|
| 수신기 | ① **설치장소** 적정 및 **스위치** 정상위치 여부<br>② **상용전원** 공급 및 **전원표시등** 정상 점등 여부<br>③ **예비전원(**축전지)상태 적정 여부 |
| 감지기 | 감지기의 **변형** 또는 손상이 있는지 여부(단독경보형 감지기 포함) |
| 음향장치 | 음향장치(경종 등) **변형**·손상 여부 |
| 시각경보장치 | 시각경보장치 **변형**·손상 여부 |
| 발신기 | ① 발신기 **변형**·손상 여부<br>② **위치표시등 변형**·손상 및 정상 점등 여부 |
| 비상방송설비 | ① **확성기** 설치 적정(층마다 설치, 수평거리) 여부<br>② **조작부**상 설비 **작동층** 또는 **작동구역** 표시 여부 |
| 자동화재속보설비 | **상용전원** 공급 및 **전원표시등** 정상 점등 여부 |

# 2 자동화재속보설비 및 통합감시시설

## 1 자동화재속보설비 및 통합감시시설의 작동점검

| 구 분 | 점검항목 |
|---|---|
| 자동화재속보설비 | ① 상용전원 공급 및 전원표시등 정상 점등 여부<br>② 조작스위치 높이 적정 여부<br>③ **자동화재탐지설비** 연동 및 화재신호 **소방관서** 전달 여부 |
| 통합감시시설 | 수신기 간 **원격제어** 및 **정보공유** 정상작동 여부 |
| 비고 | ※ 특정소방대상물의 위치·구조·용도 및 소방시설의 상황 등이 이 표의 항목대로 기재하기 곤란하거나 이 표에서 누락된 사항을 기재한다. |

## 2 자동화재속보설비 및 통합감시시설의 종합점검

| 구 분 | 점검항목 |
|---|---|
| 자동화재속보설비 | ① 상용전원 공급 및 전원표시등 정상 점등 여부<br>② 조작스위치 높이 적정 여부<br>③ **자동화재탐지설비** 연동 및 화재신호 **소방관서** 전달 여부 |
| 통합감시시설<br>점검 20회 | ❶ 주·보조 수신기 설치 적정 여부<br>② 수신기 간 **원격제어** 및 **정보공유** 정상작동 여부<br>❸ **예비선로** 구축 여부 |
| 비고 | ※ 특정소방대상물의 위치·구조·용도 및 소방시설의 상황 등이 이 표의 항목대로 기재하기 곤란하거나 이 표에서 누락된 사항을 기재한다. |

※ "●"는 종합점검의 경우에만 해당

## 3 자동화재속보설비의 외관점검

| 구 분 | 점검항목 |
|---|---|
| 자동화재속보설비 | **상용전원** 공급 및 **전원표시등** 정상 점등 여부 |

# 3 비상경보설비 및 단독경보형 감지기

## 1 비상경보설비 및 단독경보형 감지기의 작동점검 · 종합점검

| 구 분 | 점검항목 |
|---|---|
| 비상경보설비 | ① 수신기 설치장소 적정(관리 용이) 및 스위치 정상위치 여부<br>② 수신기 상용전원 공급 및 전원표시등 정상 점등 여부<br>③ 예비전원(축전지)상태 적정 여부(상시 충전, 상용전원 차단시 자동절환)<br>④ **지구음향장치** 설치기준 적합 여부<br>⑤ 음향장치(경종 등) **변형 · 손상** 확인 및 정상작동(음량 포함) 여부<br>⑥ 발신기 설치 **장소**, **위치**(수평거리) 및 **높이** 적정 여부<br>⑦ 발신기 **변형 · 손상** 확인 및 정상작동 여부<br>⑧ 위치표시등 변형 · 손상 확인 및 정상 점등 여부 |
| 단독경보형 감지기 | ① 설치위치(각 실, 바닥면적 기준 추가 설치, 최상층 계단실) 적정 여부<br>② 감지기의 **변형** 또는 **손상**이 있는지 여부<br>③ 정상적인 감시상태를 유지하고 있는지 여부(시험작동 포함) |
| 비고 | ※ 특정소방대상물의 위치 · 구조 · 용도 및 소방시설의 상황 등이 이 표의 항목대로 기재하기 곤란하거나 이 표에서 누락된 사항을 기재한다. |

## 2 비상경보설비의 외관점검

| 구 분 | 점검항목 |
|---|---|
| 수신기 | ① **설치장소** 적정 및 스위치 정상위치 여부<br>② **상용전원** 공급 및 **전원표시등** 정상 점등 여부<br>③ **예비전원**(축전지)상태 적정 여부 |
| 음향장치 | 음향장치(경종 등) **변형** · 손상 여부 |
| 발신기 | ① 발신기 **변형** · 손상 여부<br>② **위치표시등** 변형 · 손상 및 정상 점등 여부 |